# 산업안전
## 기사 필기

10개년 과년도 문제풀이

# 머리말

새로운 도전의 길에 들어선 여러분!

자격증 취득을 목표로 삼고, 그 외로운 싸움 앞에서 얼마나 망설이고, 주저앉고, 포기를 반복하셨습니까?

다년간의 강의를 하면서 기출문제를 분석하고, 효율적으로 공부할 수 있는 교재의 필요성을 느끼게 되어 이 책을 출간하게 되었습니다.

이 책은 기출문제를 철저히 분석하여 핵심이론을 체계적으로 정리하였고, 비전공자라도 누구나 쉽게 접근할 수 있도록 구성하였습니다.

최소한의 시간 투자로 산업안전기사 자격을 취득할 수 있도록 하는 데 초점을 두었으며, 책의 주요 특징은 다음과 같습니다.

---

01  과목별 핵심이론을 수록하여 문제의 이해도를 높일 수 있도록 하였습니다.
02  기출문제에 대한 상세 해설을 수록함으로써 다시 한번 학습 내용을 다질 수 있도록 하였습니다.
03  반복해서 출제되는 문제는 똑같은 해설을 하여 학습자가 익숙해질 수 있도록 하였습니다.
04  각종 법규는 최신 개정사항을 반영하였습니다.

---

본 교재는 문제와 완전 해설을 추구한 산업안전기사 기출문제집으로 강의를 하면서 쌓아온 노하우와 자료들을 최대한 효율적으로 정리·전달하려 노력하였지만, 부족한 부분이 있으리라 생각됩니다. 산업현장의 안전을 위해 노력 중인 선후배 및 여러 교수님들의 애정 어린 관심과 아낌없는 지도·편달을 바라며, 부족한 부분들은 계속 수정·보완해 나갈 것을 약속드립니다.

끝으로 이 책이 완성되기까지 물심양면으로 도와주신 주경야독의 윤동기 대표님과 조정희 이사님, 그 외 주경야독 여러분 및 도서출판 예문사에 감사의 말씀을 드리며, 옆에서 많은 시간을 인내해 주고, 용기를 준 사랑하는 아내와 가족들에게도 고마움을 전합니다.

저자

# 출제기준

| 직무분야 | 안전관리 | 중직무분야 | 안전관리 | 자격종목 | 산업안전기사 | 적용기간 | 2024.1.1.~2026.12.31. |
|---|---|---|---|---|---|---|---|

직무내용 : 제조 및 서비스업 등 각 산업현장에 소속되어 산업재해 예방계획의 수립에 관한 사항을 수행하며, 작업환경의 점검 및 개선에 관한 사항, 사고사례 분석 및 개선에 관한 사항, 근로자의 안전교육 및 훈련 등을 수행하는 직무이다.

| 필기검정방법 | 객관식 | 문제수 | 120 | 시험시간 | 3시간 |
|---|---|---|---|---|---|

| 필기 과목명 | 문제수 | 주요항목 | 세부항목 | 세세항목 |
|---|---|---|---|---|
| 산업재해 예방 및 안전보건 교육 | 20 | 1. 산업재해 예방 계획 수립 | 1. 안전관리 | 1. 안전과 위험의 개념<br>2. 안전보건관리 제이론<br>3. 생산성과 경제적 안전도<br>4. 재해예방활동기법<br>5. KOSHA Guide<br>6. 안전보건예산 편성 및 계상 |
| | | | 2. 안전보건관리 체제 및 운용 | 1. 안전보건관리조직 구성<br>2. 산업안전보건위원회 운영<br>3. 안전보건경영시스템<br>4. 안전보건관리규정 |
| | | 2. 안전보호구 관리 | 1. 보호구 및 안전장구 관리 | 1. 보호구의 개요<br>2. 보호구의 종류별 특성<br>3. 보호구의 성능기준 및 시험방법<br>4. 안전보건표지의 종류·용도 및 적용<br>5. 안전보건표지의 색채 및 색도기준 |
| | | 3. 산업안전심리 | 1. 산업심리와 심리검사 | 1. 심리검사의 종류<br>2. 심리학적 요인<br>3. 지각과 정서<br>4. 동기·좌절·갈등<br>5. 불안과 스트레스 |
| | | | 2. 직업적성과 배치 | 1. 직업적성의 분류<br>2. 적성검사의 종류<br>3. 직무분석 및 직무평가<br>4. 선발 및 배치<br>5. 인사관리의 기초 |
| | | | 3. 인간의 특성과 안전과의 관계 | 1. 안전사고 요인<br>2. 산업안전심리의 요소<br>3. 착상심리<br>4. 착오<br>5. 착시<br>6. 착각현상 |

| 필기 과목명 | 문제수 | 주요항목 | 세부항목 | 세세항목 |
|---|---|---|---|---|
| | | 4. 인간의 행동과학 | 1. 조직과 인간행동 | 1. 인간관계<br>2. 사회행동의 기초<br>3. 인간관계 메커니즘<br>4. 집단행동<br>5. 인간의 일반적인 행동특성 |
| | | | 2. 재해 빈발성 및 행동과학 | 1. 사고경향<br>2. 성격의 유형<br>3. 재해 빈발성<br>4. 동기부여<br>5. 주의와 부주의 |
| | | | 3. 집단관리와 리더십 | 1. 리더십의 유형<br>2. 리더십과 헤드십<br>3. 사기와 집단역학 |
| | | | 4. 생체리듬과 피로 | 1. 피로의 증상 및 대책<br>2. 피로의 측정법<br>3. 작업강도와 피로<br>4. 생체리듬<br>5. 위험일 |
| | | 5. 안전보건교육의 내용 및 방법 | 1. 교육의 필요성과 목적 | 1. 교육목적<br>2. 교육의 개념<br>3. 학습지도 이론<br>4. 교육심리학의 이해 |
| | | | 2. 교육방법 | 1. 교육훈련기법<br>2. 안전보건교육방법(TWI, O.J.T, OFF.J.T 등)<br>3. 학습목적의 3요소<br>4. 교육법의 4단계<br>5. 교육훈련의 평가방법 |
| | | | 3. 교육실시 방법 | 1. 강의법<br>2. 토의법<br>3. 실연법<br>4. 프로그램학습법<br>5. 모의법<br>6. 시청각교육법 등 |
| | | | 4. 안전보건교육계획 수립 및 실시 | 1. 안전보건교육의 기본방향<br>2. 안전보건교육의 단계별 교육과정<br>3. 안전보건교육계획 |

# 출제기준

| 필기<br>과목명 | 문제수 | 주요항목 | 세부항목 | 세세항목 |
|---|---|---|---|---|
| | | | 5. 교육내용 | 1. 근로자 정기안전보건 교육내용<br>2. 관리감독자 정기안전보건 교육내용<br>3. 신규채용 시와 작업내용변경 시 안전보건 교육내용<br>4. 특별교육대상 작업별 교육내용 |
| | | 6. 산업안전 관계법규 | 1. 산업안전보건법령 | 1. 산업안전보건법<br>2. 산업안전보건법 시행령<br>3. 산업안전보건법 시행규칙<br>4. 산업안전보건기준에 관한 규칙<br>5. 관련 고시 및 지침에 관한 사항 |
| 인간공학 및<br>위험성<br>평가·관리 | 20 | 1. 안전과 인간공학 | 1. 인간공학의 정의 | 1. 정의 및 목적<br>2. 배경 및 필요성<br>3. 작업관리와 인간공학<br>4. 사업장에서의 인간공학 적용분야 |
| | | | 2. 인간-기계체계 | 1. 인간-기계시스템의 정의 및 유형<br>2. 시스템의 특성 |
| | | | 3. 체계 설계와 인간요소 | 1. 목표 및 성능명세의 결정<br>2. 기본설계<br>3. 계면설계<br>4. 촉진물 설계<br>5. 시험 및 평가<br>6. 감성공학 |
| | | | 4. 인간요소와 휴먼에러 | 1. 인간 실수의 분류<br>2. 형태적 특성<br>3. 인간 실수 확률에 대한 추정기법<br>4. 인간 실수 예방기법 |
| | | 2. 위험성 파악·결정 | 1. 위험성 평가 | 1. 위험성 평가의 정의 및 개요<br>2. 평가대상 선정<br>3. 평가항목<br>4. 관련법에 관한 사항 |
| | | | 2. 시스템 위험성 추정 및 결정 | 1. 시스템 위험성 분석 및 관리<br>2. 위험분석 기법<br>3. 결함수 분석<br>4. 정성적, 정량적 분석<br>5. 신뢰도 계산 |
| | | 3. 위험성 감소대책 수립·실행 | 1. 위험성 감소대책 수립 및 실행 | 1. 위험성 개선대책(공학적·관리적)의 종류<br>2. 허용 가능한 위험수준 분석<br>3. 감소대책에 따른 효과 분석 능력 |

| 필기<br>과목명 | 문제수 | 주요항목 | 세부항목 | 세세항목 |
|---|---|---|---|---|
| | | 4. 근골격계질환<br>예방관리 | 1. 근골격계 유해요인 | 1. 근골격계질환의 정의 및 유형<br>2. 근골격계부담작업의 범위 |
| | | | 2. 인간공학적 유해요인 평가 | 1. OWAS<br>2. RULA<br>3. REBA 등 |
| | | | 3. 근골격계 유해요인 관리 | 1. 작업관리의 목적<br>2. 방법연구 및 작업측정<br>3. 문제해결절차<br>4. 작업개선안의 원리 및 도출방법 |
| | | 5. 유해요인 관리 | 1. 물리적 유해요인 관리 | 1. 물리적 유해요인 파악<br>2. 물리적 유해요인 노출기준<br>3. 물리적 유해요인 관리대책 수립 |
| | | | 2. 화학적 유해요인 관리 | 1. 화학적 유해요인 파악<br>2. 화학적 유해요인 노출기준<br>3. 화학적 유해요인 관리대책 수립 |
| | | | 3. 생물학적 유해요인 관리 | 1. 생물학적 유해요인 파악<br>2. 생물학적 유해요인 노출기준<br>3. 생물학적 유해요인 관리대책 수립 |
| | | 6. 작업환경 관리 | 1. 인체계측 및 체계제어 | 1. 인체계측 및 응용원칙<br>2. 신체반응의 측정<br>3. 표시장치 및 제어장치<br>4. 통제표시비<br>5. 양립성<br>6. 수공구 |
| | | | 2. 신체활동의 생리학적<br>측정법 | 1. 신체반응의 측정<br>2. 신체역학<br>3. 신체활동의 에너지 소비<br>4. 동작의 속도와 정확성 |
| | | | 3. 작업공간 및 작업자세 | 1. 부품배치의 원칙<br>2. 활동분석<br>3. 개별 작업공간 설계지침 |
| | | | 4. 작업측정 | 1. 표준시간 및 연구<br>2. Work Sampling의 원리 및 절차<br>3. 표준자료(MTM, Work Factor 등) |

# 출제기준

| 필기<br>과목명 | 문제수 | 주요항목 | 세부항목 | 세세항목 |
|---|---|---|---|---|
| 기계·기구 및 설비 안전 관리 | 20 | | 5. 작업환경과 인간공학 | 1. 빛과 소음의 특성<br>2. 열교환과정과 열압박<br>3. 진동과 가속도<br>4. 실효온도와 Oxford 지수<br>5. 이상환경(고열, 한랭, 기압, 고도 등) 및 노출에 따른 사고와 부상<br>6. 사무/VDT 작업 설계 및 관리 |
| | | | 6. 중량물 취급 작업 | 1. 중량물 취급 방법<br>2. NIOSH Lifting Equation |
| | | 1. 기계공정의 안전 | 1. 기계공정의 특수성 분석 | 1. 설계도(설비 도면, 장비사양서 등) 검토<br>2. 파레토도, 특성요인도, 클로즈 분석, 관리도<br>3. 공정의 특수성에 따른 위험요인<br>4. 설계도에 따른 안전지침<br>5. 특수 작업의 조건<br>6. 표준안전작업절차서<br>7. 공정도를 활용한 공정분석 기술 |
| | | | 2. 기계의 위험 안전조건 분석 | 1. 기계의 위험요인<br>2. 본질적 안전<br>3. 기계의 일반적인 안전사항과 안전조건<br>4. 유해위험기계기구의 종류, 기능과 작동원리<br>5. 기계 위험성<br>6. 기계 방호장치<br>7. 유해위험기계기구 종류와 기능<br>8. 설비보전의 개념<br>9. 기계의 위험점 조사 능력<br>10. 기계 작동원리 분석기술 |
| | | 2. 기계분야 산업재해 조사 및 관리 | 1. 재해조사 | 1. 재해조사의 목적<br>2. 재해조사 시 유의사항<br>3. 재해발생 시 조치사항<br>4. 재해의 원인분석 및 조사기법 |
| | | | 2. 산재분류 및 통계분석 | 1. 산재분류의 이해<br>2. 재해 관련 통계의 정의<br>3. 재해 관련 통계의 종류 및 계산<br>4. 재해손실비의 종류 및 계산 |

| 필기<br>과목명 | 문제수 | 주요항목 | 세부항목 | 세세항목 |
|---|---|---|---|---|
| | | | 3. 안전점검 · 검사 · 인증 및 진단 | 1. 안전점검의 정의 및 목적<br>2. 안전점검의 종류<br>3. 안전점검표의 작성<br>4. 안전검사 및 안전인증<br>5. 안전진단 |
| | | 3. 기계설비 위험요인 분석 | 1. 공작기계의 안전 | 1. 절삭가공기계의 종류 및 방호장치<br>2. 소성가공 및 방호장치 |
| | | | 2. 프레스 및 전단기의 안전 | 1. 프레스 재해방지의 근본적인 대책<br>2. 금형의 안전화 |
| | | | 3. 기타 산업용 기계 기구 | 1. 롤러기<br>2. 원심기<br>3. 아세틸렌 용접장치 및 가스집합 용접장치<br>4. 보일러 및 압력용기<br>5. 산업용 로봇<br>6. 목재 가공용 기계<br>7. 고속회전체<br>8. 사출성형기 |
| | | | 4. 운반기계 및 양중기 | 1. 지게차<br>2. 컨베이어<br>3. 양중기(건설용은 제외)<br>4. 운반 기계 |
| | | 4. 기계안전시설 관리 | 1. 안전시설 관리 계획하기 | 1. 기계 방호장치<br>2. 안전작업절차<br>3. 공정도를 활용한 공정분석<br>4. Fool Proof<br>5. Fail Safe |
| | | | 2. 안전시설 설치하기 | 1. 안전시설물 설치기준<br>2. 안전보건표지 설치기준<br>3. 기계 종류별[지게차, 컨베이어, 양중기(건설용은 제외), 운반 기계] 안전장치 설치기준<br>4. 기계의 위험점 분석 |
| | | | 3. 안전시설 유지 · 관리하기 | 1. KS B 규격과 ISO 규격 통칙에 대한 지식<br>2. 유해위험기계기구 종류 및 특성 |

# 출제기준

| 필기<br>과목명 | 문제수 | 주요항목 | 세부항목 | 세세항목 |
|---|---|---|---|---|
| | | 5. 설비진단 및 검사 | 1. 비파괴검사의 종류 및 특징 | 1. 육안검사<br>2. 누설검사<br>3. 침투검사<br>4. 초음파검사<br>5. 자기탐상검사<br>6. 음향검사<br>7. 방사선투과검사 |
| | | | 2. 소음·진동 방지 기술 | 1. 소음방지 방법<br>2. 진동방지 방법 |
| 전기설비<br>안전관리 | 20 | 1. 전기안전관리<br>업무수행 | 1. 전기안전관리 | 1. 배(분)전반<br>2. 개폐기<br>3. 보호계전기<br>4. 과전류 및 누전 차단기<br>5. 정격차단용량(kA)<br>6. 전기안전 관련 법령 |
| | | 2. 감전재해 및 방지<br>대책 | 1. 감전재해 예방 및 조치 | 1. 안전전압<br>2. 허용접촉 및 보폭 전압<br>3. 인체의 저항 |
| | | | 2. 감전재해의 요인 | 1. 감전요소<br>2. 감전사고의 형태<br>3. 전압의 구분<br>4. 통전전류의 세기 및 그에 따른 영향 |
| | | | 3. 절연용 안전장구 | 1. 절연용 안전보호구<br>2. 절연용 안전방호구 |
| | | 3. 정전기 장·재해<br>관리 | 1. 정전기 위험요소 파악 | 1. 정전기 발생원리<br>2. 정전기의 발생현상<br>3. 방전의 형태 및 영향<br>4. 정전기의 장해 |
| | | | 2. 정전기 위험요소 제거 | 1. 접지<br>2. 유속의 제한<br>3. 보호구의 착용<br>4. 대전방지제<br>5. 가습<br>6. 제전기<br>7. 본딩 |
| | | 4. 전기 방폭 관리 | 1. 전기방폭설비 | 1. 방폭구조의 종류 및 특징<br>2. 방폭구조 선정 및 유의사항<br>3. 방폭형 전기기기 |

## Information

| 필기<br>과목명 | 문제수 | 주요항목 | 세부항목 | 세세항목 |
|---|---|---|---|---|
| | | | 2. 전기방폭 사고예방 및 대응 | 1. 전기폭발등급<br>2. 위험장소 선정<br>3. 정전기 방지대책<br>4. 절연저항, 접지저항, 정전용량 측정 |
| | | 5. 전기설비 위험요인 관리 | 1. 전기설비 위험요인 파악 | 1. 단락<br>2. 누전<br>3. 과전류<br>4. 스파크<br>5. 접촉부과열<br>6. 절연열화에 의한 발열<br>7. 지락<br>8. 낙뢰<br>9. 정전기 |
| | | | 2. 전기설비 위험요인 점검 및 개선 | 1. 유해위험기계기구 종류 및 특성<br>2. 안전보건표지 설치기준<br>3. 접지 및 피뢰 설비 점검 |
| 화학설비<br>안전관리 | 20 | 1. 화재·폭발 검토 | 1. 화재·폭발 이론 및 발생 이해 | 1. 연소의 정의 및 요소<br>2. 인화점 및 발화점<br>3. 연소·폭발의 형태 및 종류<br>4. 연소(폭발)범위 및 위험도<br>5. 완전연소 조성농도<br>6. 화재의 종류 및 예방대책<br>7. 연소파와 폭굉파<br>8. 폭발의 원리 |
| | | | 2. 소화 원리 이해 | 1. 소화의 정의<br>2. 소화의 종류<br>3. 소화기의 종류 |
| | | | 3. 폭발방지대책 수립 | 1. 폭발방지대책<br>2. 폭발하한계 및 폭발상한계의 계산 |
| | | 2. 화학물질 안전관리 실행 | 1. 화학물질(위험물, 유해화학물질) 확인 | 1. 위험물의 기초화학<br>2. 위험물의 정의<br>3. 위험물의 종류<br>4. 노출기준<br>5. 유해화학물질의 유해요인 |

# 출제기준

| 필기<br>과목명 | 문제수 | 주요항목 | 세부항목 | 세세항목 |
|---|---|---|---|---|
| | | | 2. 화학물질(위험물, 유해화학물질) 유해 위험성 확인 | 1. 위험물의 성질 및 위험성<br>2. 위험물의 저장 및 취급방법<br>3. 인화성 가스 취급 시 주의사항<br>4. 유해화학물질 취급 시 주의사항<br>5. 물질안전보건자료(MSDS) |
| | | | 3. 화학물질 취급설비 개념 확인 | 1. 각종 장치(고정, 회전 및 안전장치 등) 종류<br>2. 화학장치(반응기, 정류탑, 열교환기 등) 특성<br>3. 화학설비(건조설비 등)의 취급 시 주의사항<br>4. 전기설비(계측설비 포함) |
| | | 3. 화공안전 비상조치 계획 · 대응 | 1. 비상조치계획 및 평가 | 1. 비상조치계획<br>2. 비상대응 교육훈련<br>3. 자체 매뉴얼 개발 |
| | | 4. 화공 안전운전 · 점검 | 1. 공정안전 기술 | 1. 공정안전의 개요<br>2. 각종 장치(제어장치, 송풍기, 압축기, 배관 및 피팅류)<br>3. 안전장치의 종류 |
| | | | 2. 안전점검계획 수립 | 1. 안전운전계획 |
| | | | 3. 공정안전보고서 작성심사 · 확인 | 1. 공정안전자료<br>2. 위험성 평가 |
| 건설공사<br>안전관리 | 20 | 1. 건설공사 특성분석 | 1. 건설공사 특수성 분석 | 1. 안전관리계획 수립<br>2. 공사장 작업환경 특수성<br>3. 계약조건의 특수성 |
| | | | 2. 안전관리 고려사항 확인 | 1. 설계도서 검토<br>2. 안전관리 조직<br>3. 시공 및 재해사례 검토 |
| | | 2. 건설공사 위험성 | 1. 건설공사 유해 · 위험요인 파악 | 1. 유해 · 위험요인 선정<br>2. 안전보건자료<br>3. 유해위험방지계획서 |
| | | | 2. 건설공사 위험성 추정 · 결정 | 1. 위험성 추정 및 평가 방법<br>2. 위험성 결정 관련 지침 활용 |
| | | 3. 건설업 산업안전보건관리비 관리 | 1. 건설업 산업안전보건관리비 규정 | 1. 건설업 산업안전보건관리비의 계상 및 사용기준<br>2. 건설업 산업안전보건관리비 대상액 작성요령<br>3. 건설업 산업안전보건관리비의 항목별 사용내역 |

| 필기<br>과목명 | 문제수 | 주요항목 | 세부항목 | 세세항목 |
|---|---|---|---|---|
| | | 4. 건설현장 안전시설 관리 | 1. 안전시설 설치 및 관리 | 1. 추락방지용 안전시설<br>2. 붕괴방지용 안전시설<br>3. 낙하, 비래방지용 안전시설 |
| | | | 2. 건설공구 및 장비 안전수칙 | 1. 건설공구의 종류 및 안전수칙<br>2. 건설장비의 종류 및 안전수칙 |
| | | 5. 비계·거푸집 가시설 위험방지 | 1. 건설 가시설물 설치 및 관리 | 1. 비계<br>2. 작업통로 및 발판<br>3. 거푸집 및 동바리<br>4. 흙막이 |
| | | 6. 공사 및 작업 종류별 안전 | 1. 양중 및 해체공사 | 1. 양중공사 시 안전수칙<br>2. 해체공사 시 안전수칙 |
| | | | 2. 콘크리트 및 PC공사 | 1. 콘크리트공사 시 안전수칙<br>2. PC공사 시 안전수칙 |
| | | | 3. 운반 및 하역작업 | 1. 운반작업 시 안전수칙<br>2. 하역작업 시 안전수칙 |

# 차례

## PART 01. 핵심이론

Chapter 01 산업재해 예방 및 안전보건교육 ·················· 2
Chapter 02 인간공학 및 위험성 평가 · 관리 ·················· 33
Chapter 03 기계 · 기구 및 설비 안전 관리 ·················· 71
Chapter 04 전기설비 안전관리 ·················· 105
Chapter 05 화학설비 안전관리 ·················· 123
Chapter 06 건설공사 안전관리 ·················· 144

## PART 02. 과년도 기출문제

01 2016년 1회 기출문제 ·················· 176
02 2016년 2회 기출문제 ·················· 200
03 2016년 3회 기출문제 ·················· 224
04 2017년 1회 기출문제 ·················· 248
05 2017년 2회 기출문제 ·················· 275
06 2017년 3회 기출문제 ·················· 301
07 2018년 1회 기출문제 ·················· 327
08 2018년 2회 기출문제 ·················· 355
09 2018년 3회 기출문제 ·················· 385
10 2019년 1회 기출문제 ·················· 416
11 2019년 2회 기출문제 ·················· 445

## Contents

12  2019년 3회 기출문제 ·········································· 474
13  2020년 통합 1·2회 기출문제 ······························ 503
14  2020년 3회 기출문제 ·········································· 530
15  2020년 4회 기출문제 ·········································· 560
16  2021년 1회 기출문제 ·········································· 590
17  2021년 2회 기출문제 ·········································· 621
18  2021년 3회 기출문제 ·········································· 651
19  2022년 1회 기출문제 ·········································· 680
20  2022년 2회 기출문제 ·········································· 709
21  2023년 1회 기출복원문제 ··································· 741
22  2023년 2회 기출복원문제 ··································· 770
23  2023년 3회 기출복원문제 ··································· 799
24  2024년 1회 기출복원문제 ··································· 827
25  2024년 2회 기출복원문제 ··································· 857
26  2024년 3회 기출복원문제 ··································· 887
27  2025년 1회 기출복원문제 ··································· 917
28  2025년 2회 기출복원문제 ··································· 947
29  2025년 3회 기출복원문제 ··································· 977

산업안전기사는 2022년 3회 시험부터 CBT(Computer-Based Test)로 전면 시행됩니다.

# PART 01

# 핵심이론

# CHAPTER 01 산업재해 예방 및 안전보건교육

## 1 재해 발생의 메커니즘

### 1. 하인리히(H. W. Heinrich)의 도미노 이론(사고연쇄성)

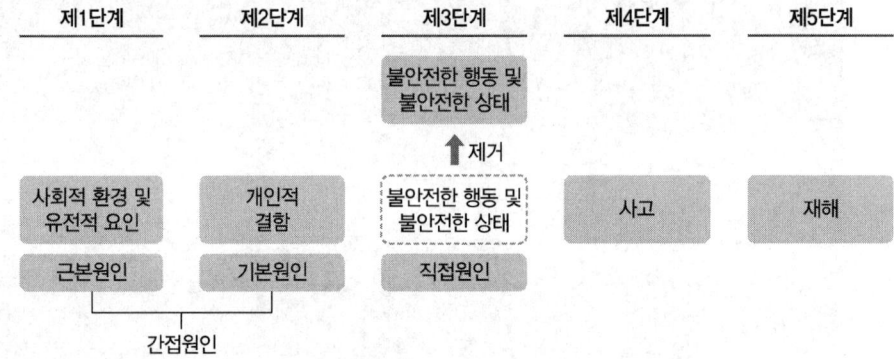

※ 불안전한 행동 및 불안전한 상태, 즉 제3단계를 제거하면 사고나 재해를 예방할 수 있다.

### 2. 버드(Bird)의 최신 도미노 이론

| 제1단계 | 제2단계 | 제3단계 | 제4단계 | 제5단계 |
| --- | --- | --- | --- | --- |
| 제어의 부족 | 기본원인 | 직접원인 | 사고 | 상해 |
| 관리 | 기원 | 징후 | 접촉 | 손실 |

※ 재해 발생의 근원적 원인은 경영자의 관리 소홀이다.

### 3. 아담스(Adams)의 사고연쇄 반응이론(사고요인과 관리시스템)

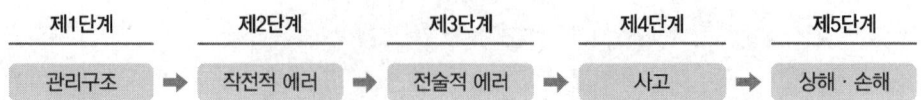

※ 재해의 직접원인을 관리시스템 내의 불안전 행동과 불안전 상태에 두고 전술적 에러로 설명하였으며, 관리상의 잘못으로 인한 개념을 강조하고 있다.

## 2. 재해구성비율

### 1. 하인리히의 법칙(1 : 29 : 300)

① 안전사고 330건 중 중상이 1건, 경상이 29건, 무상해 사고가 300건 발생한다는 법칙
② 하인리히 법칙의 핵심은 사고 발생 자체, 즉 300건의 무상해 사고를 근원적으로 예방하고 원인을 제거해야 한다는 것을 강조

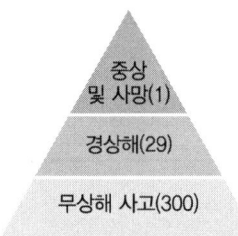

재해 발생 = 물적 불안전 상태 + 인적 불안전 행위 + α
= 설비적 결함 + 관리적 결함 + α

여기서, α : 잠재된 위험의 상태(Potential) = 재해

$$\alpha = \frac{300}{1+29+300}$$

| 재해구성비율 |

### 2. 버드의 법칙(1 : 10 : 30 : 600)

중상 또는 폐질 1, 경상(물적 또는 인적 상해) 10, 무상해 사고(물적 손실) 30, 무상해·무사고 고장(위험순간) 600의 비율로 사고가 발생한다는 이론

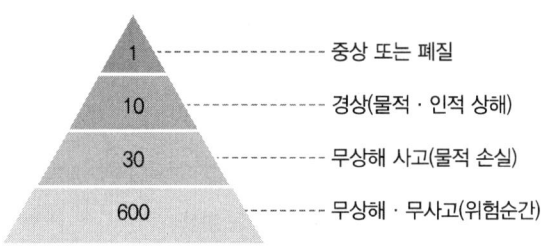

| 재해구성비율 |

# 재해의 예방에 관한 이론

## 1. 하인리히의 재해예방 4원칙

| 예방 가능의 원칙 | 천재지변을 제외한 모든 재해는 원칙적으로 예방이 가능하다. |
|---|---|
| 손실 우연의 원칙 | 사고로 생기는 상해의 종류 및 정도는 우연적이다. |
| 원인 계기의 원칙 | 사고와 손실의 관계는 우연적이지만 사고와 원인관계는 필연적이다.(사고에는 반드시 원인이 있다.) |
| 대책 선정의 원칙 | 원인을 정확히 규명해서 대책을 선정하고 실시되어야 한다.(3E, 즉 기술, 교육, 관리를 중심으로) |

## 2. 하인리히의 재해예방 5단계(사고예방 대책의 기본원리)

| 제1단계 | 조직<br>(안전관리조직) | ① 경영자의 안전목표 설정<br>② 안전관리조직의 편성<br>③ 안전관리조직과 책임 부여<br>④ 조직을 통한 안전활동<br>⑤ 안전관리 규정의 제정 |
|---|---|---|
| 제2단계 | 사실의 발견<br>(현상파악) | ① 안전사고 및 활동기록의 검토<br>② 작업분석 및 불안전요소 발견<br>③ 안전점검 및 안전진단<br>④ 사고조사<br>⑤ 관찰 및 보고서의 연구<br>⑥ 안전토의 및 회의<br>⑦ 근로자의 건의 및 여론조사 |
| 제3단계 | 분석평가 | ① 불안전 요소의 분석<br>② 현장조사 결과의 분석<br>③ 사고보고서 분석<br>④ 인적·물적 환경조건의 분석<br>⑤ 작업공정의 분석<br>⑥ 교육과 훈련의 분석<br>⑦ 안전수칙 및 안전기준의 분석 |
| 제4단계 | 시정책의 선정<br>(대책의 선정) | ① 인사 및 배치조정<br>② 기술적 개선<br>③ 기술교육 및 훈련의 개선<br>④ 안전관리 행정업무의 개선<br>⑤ 규정 및 수칙의 개선<br>⑥ 확인 및 통제체제 개선 |
| 제5단계 | 시정책의 적용<br>(목표달성) | ① 3E의 적용단계(기술적 대책 실시, 교육적 대책 실시, 독려적 대책 실시)<br>② 목표설정 실시<br>③ 결과의 재평가 및 개선 |

## 3. 하베이(J. H. Harvey)의 3E 이론(안전대책)

| | |
|---|---|
| 기술(Engineering) | 기계설비의 교체, 작업환경의 개선<br>① 설계 최적화<br>② 구조재료의 검토<br>③ 생산공정의 개선<br>④ 점검 및 보존 철저 |
| 교육(Education) | 지속이고 충실한 안전교육훈련 실시<br>① 안전지식 함양<br>② 안전수칙 교육 및 지도<br>③ 지속적·체계적 교육 실시<br>④ 작업방법 교육 철저<br>⑤ 유해·위험작업 교육 실시 |
| 관리(Enforcement) | 안전관리조직 구비, 제반 규정/수칙 준수, 안전감독의 철저<br>① 적합한 기준 설정<br>② 각종 규정 및 수칙의 준수<br>③ 전 종업원의 기준 이해<br>④ 경영자 및 관리자의 솔선수범<br>⑤ 부단한 동기부여와 사기 향상 |

# 위험예지훈련

## 1. 위험예지훈련의 4라운드(Round)

| 라운드 | 문제해결의 4라운드 | 진행방법 |
|---|---|---|
| 1라운드(1R) | 현상파악(사실을 파악한다)<br>〈어떤 위험이 잠재하고 있는가?〉 | ① 잠재위험 요인과 현상을 발견<br>② "~때문에 ~된다"라고 5~7가지 항목 정리<br>③ BS 실시 |
| 2라운드(2R) | 본질추구(요인을 찾아낸다)<br>〈이것이 위험의 포인트다〉 | ① 가장 중요한 위험을 파악하여 합의 결정<br>② 위험포인트 1~2항목에 ◎표를 한다.<br>③ 지적확인 제창 "~해서 ~ㄴ다, 좋아!" |
| 3라운드(3R) | 대책수립(대책을 선정한다)<br>〈당신이라면 어떻게 하겠는가?〉 | ① 본질추구에서 선정된 위험포인트 항목의 구체적인 대책수립<br>② 2~3항목 정도<br>③ BS 실시 |
| 4라운드(4R) | 목표설정(행동계획을 정한다)<br>〈우리들은 이렇게 하자〉 | ① 대책수립의 항목 중 중점실시항목으로 합의 결정<br>② 지적확인 제창 "~을 하여~하자 좋아!" |

## 2. 브레인스토밍(Brainstorming)

### 1) 정의

브레인스토밍(Brainstorming)이란 수 명의 멤버가 마음을 터놓고 편안한 분위기 속에서 공상, 연상의 연쇄반응을 일으키면서 자유분방하게 아이디어를 대량으로 발언해 나가는 것이다.

### 2) BS의 원칙

① 비판금지 : 「좋다」, 「나쁘다」라고 비판은 하지 않는다.
② 대량발언 : 내용의 질적 수준보다 양적으로 무엇이든 많이 발언한다.
③ 자유분방 : 자유로운 분위기에서 마음대로 편안한 마음으로 발언한다.
④ 수정발언 : 타인의 아이디어를 수정하거나 보충 발언해도 좋다.

# 5 KEYWORD 안전관리조직의 형태

## 1. 라인형(Line형, 직계형 조직)

| | | |
|---|---|---|
| 특징 | ① 안전을 전문으로 분담하는 조직이 없고, 안전관리에 관한 계획에서부터 실시·평가에 이르기까지 생산라인(생산지시)을 통해서 이루어지는 조직 형태<br>② 100명 미만의 소규모 사업장에 적합한 조직 형태 | 경영자<br>↓<br>○ ← 안전지시<br>↓ ←--- 생산지시<br>○<br>↓<br>작업자 |
| 장점 | ① 명령계통이 간단명료함<br>② 안전에 관한 지시나 조치가 신속하고, 철저함 | |
| 단점 | ① 라인에 과중한 책임을 지우기 쉬움<br>② 안전에 대한 전문지식이나 정보가 불충분<br>③ 생산라인의 업무에 중점을 두어 안전보건관리가 소홀해질 수 있음 | |

## 2. 스태프형(Staff형, 참모형 조직)

| | |
|---|---|
| 특징 | ① 회사 내에 별도로 안전활동 전담부서를 두는 방식의 조직 형태<br>② 안전관리에 관한 계획과 조정, 조사, 검토, 보고 등의 일과 현장에 대한 기술지원을 담당하도록 편성된 조직<br>③ 100명 이상 1,000명 미만의 중규모 사업장에 적합한 조직 형태 |
| 장점 | ① 사업장 특성에 적합한 기술연구를 전문적으로 할 수 있음<br>② 경영자의 조언과 자문역할을 함<br>③ 안전정보 수집이 용이하고 빠름<br>④ 안전전문가가 안전계획을 세워 문제해결방안을 모색하고 조치함 |
| 단점 | ① 생산부분은 안전에 대한 책임과 권한이 없음<br>② 권한다툼이나 조정 때문에 시간과 노력이 소모됨<br>③ 안전과 생산을 별개로 취급하기 쉬움 |

## 3. 라인 – 스태프형(Line – Staff형, 직계 참모형 조직)

| | |
|---|---|
| 특징 | ① 안전보건 업무를 전담하는 스태프를 별도로 두고 또 생산라인에는 그 부서의 장으로 하여금 계획된 생산라인의 안전관리조직을 통하여 실시하도록 한 조직 형태<br>② 스태프는 안전에 관한 기획, 입안, 조사, 검토 및 연구를 수행<br>③ 라인형과 스태프형의 장점을 취한 절충식 조직형태<br>④ 라인의 관리감독자에게도 안전에 관한 책임과 권한이 부여됨<br>⑤ 안전활동과 생산업무가 분리될 가능성이 낮기 때문에 균형을 유지할 수 있음<br>⑥ 1,000명 이상의 대규모 사업장에 적합한 조직 형태 |
| 장점 | ① 조직원 전원을 자율적으로 안전활동에 참여시킬 수 있음<br>② 스태프에 의해 입안된 것을 경영자의 지침으로 명령 실시하도록 하므로 정확·신속함 |
| 단점 | ① 명령계통과 조언이나 권고적 참여가 혼동되기 쉬움<br>② 라인과 스태프 간에 협조가 안 될 경우 업무의 원활한 추진 불가(라인과 스태프 간의 월권 또는 상호 의견충돌이 생길 수 있음)<br>③ 라인이 스태프에 의존 또는 활용하지 않는 경우가 있음 |

## 산업안전보건위원회의 구성

| 구분 | 산업안전보건위원회 구성 위원 |
|---|---|
| 근로자위원 | ① 근로자대표<br>② 명예산업안전감독관이 위촉되어 있는 사업장의 경우 근로자대표가 지명하는 1명 이상의 명예산업안전감독관<br>③ 근로자대표가 지명하는 9명 이내의 해당 사업장의 근로자(명예산업안전감독관이 근로자위원으로 지명되어 있는 경우에는 9명에서 그 위원의 수를 제외한 수를 말한다) |
| 사용자위원 | ① 해당 사업의 대표자<br>② 안전관리자 1명<br>③ 보건관리자 1명<br>④ 산업보건의(해당 사업장에 선임되어 있는 경우)<br>⑤ 해당 사업의 대표자가 지명하는 9명 이내의 해당 사업장 부서의 장<br>※ 상시 근로자 50명 이상 100명 미만을 사용하는 사업장에서는 ⑤에 해당하는 사람을 제외하고 구성할 수 있다 |

## 안전보건관리규정의 포함사항

사업주는 사업장의 안전 및 보건을 유지하기 위하여 다음 각 호의 사항이 포함된 안전보건관리규정을 작성하여야 한다.
① 안전 및 보건에 관한 관리조직과 그 직무에 관한 사항
② 안전보건교육에 관한 사항
③ 작업장의 안전 및 보건 관리에 관한 사항
④ 사고 조사 및 대책 수립에 관한 사항
⑤ 그 밖에 안전 및 보건에 관한 사항

## 8 KEYWORD 안전관리자

### 1. 안전관리자의 업무

① 산업안전보건위원회 또는 안전 및 보건에 관한 노사협의체에서 심의·의결한 업무와 해당 사업장의 안전보건관리규정 및 취업규칙에서 정한 업무
② 위험성 평가에 관한 보좌 및 지도·조언
③ 안전인증대상 기계 등과 자율안전확인대상 기계 등 구입 시 적격품의 선정에 관한 보좌 및 지도·조언
④ 해당 사업장 안전교육계획의 수립 및 안전교육 실시에 관한 보좌 및 지도·조언
⑤ 사업장 순회점검, 지도 및 조치 건의
⑥ 산업재해 발생의 원인 조사·분석 및 재발 방지를 위한 기술적 보좌 및 지도·조언
⑦ 산업재해에 관한 통계의 유지·관리·분석을 위한 보좌 및 지도·조언
⑧ 법 또는 법에 따른 명령으로 정한 안전에 관한 사항의 이행에 관한 보좌 및 지도·조언
⑨ 업무수행 내용의 기록·유지
⑩ 그 밖에 안전에 관한 사항으로서 고용노동부장관이 정하는 사항

### 2. 안전관리자 등의 증원·교체임명

지방고용노동관서의 장은 다음 각 호의 어느 하나에 해당하는 사유가 발생한 경우에는 사업주에게 안전관리자, 보건관리자 또는 안전보건관리담당자를 정수 이상으로 증원하게 하거나 교체하여 임명할 것을 명할 수 있다.
① 해당 사업장의 연간재해율이 같은 업종의 평균재해율의 2배 이상인 경우
② 중대재해가 연간 2건 이상 발생한 경우
③ 관리자가 질병이나 그 밖의 사유로 3개월 이상 직무를 수행할 수 없게 된 경우
④ 화학적 인자로 인한 직업성 질병자가 연간 3명 이상 발생한 경우. 이 경우 직업성 질병자 발생일은 요양급여의 결정일로 한다.(직업성 질병자 발생 당시 사업장에서 해당 화학적 인자를 사용하지 아니하는 경우에는 그렇지 않다.)

## 9 안전보건개선계획

### 1. 안전보건개선계획의 수립 · 시행을 명할 수 있는 사업장
① 산업재해율이 같은 업종의 규모별 평균 산업재해율보다 높은 사업장
② 사업주가 필요한 안전조치 또는 보건조치를 이행하지 아니하여 중대재해가 발생한 사업장
③ 직업성 질병자가 연간 2명 이상 발생한 사업장
④ 유해인자의 노출기준을 초과한 사업장

### 2. 안전보건진단을 받아 안전보건개선계획을 수립해야 할 사업장
① 산업재해율이 같은 업종 평균 산업재해율의 2배 이상인 사업장
② 사업주가 필요한 안전조치 또는 보건조치를 이행하지 아니하여 중대재해가 발생한 사업장
③ 직업성 질병자가 연간 2명 이상(상시근로자 1천 명 이상 사업장의 경우 3명 이상) 발생한 사업장
④ 그 밖에 작업환경 불량, 화재 · 폭발 또는 누출 사고 등으로 사업장 주변까지 피해가 확산된 사업장


## 10 보호구

### 1. 보호구의 지급

| 보호구 | 작업 |
| --- | --- |
| 안전모 | 물체가 떨어지거나 날아올 위험 또는 근로자가 추락할 위험이 있는 작업 |
| 안전대 | 높이 또는 깊이 2미터 이상의 추락할 위험이 있는 장소에서 하는 작업 |
| 안전화 | 물체의 낙하 · 충격, 물체에의 끼임, 감전 또는 정전기의 대전에 의한 위험이 있는 작업 |
| 보안경 | 물체가 흩날릴 위험이 있는 작업 |
| 보안면 | 용접 시 불꽃이나 물체가 흩날릴 위험이 있는 작업 |
| 절연용 보호구 | 감전의 위험이 있는 작업 |
| 방열복 | 고열에 의한 화상 등의 위험이 있는 작업 |
| 방진마스크 | 선창 등에서 분진(粉塵)이 심하게 발생하는 하역작업 |
| 방한모 · 방한복 · 방한화 · 방한장갑 | 섭씨 영하 18도 이하인 급냉동어창에서 하는 하역작업 |
| 승차용 안전모 | 물건을 운반하거나 수거 · 배달하기 위하여 이륜자동차를 운행하는 직업 |

## 2. 추락 및 감전 위험방지용 안전모의 종류

| 종류(기호) | 사용 구분 | 비고 |
|---|---|---|
| AB | 물체의 낙하 또는 비래 및 추락에 의한 위험을 방지 또는 경감시키기 위한 것 | |
| AE | 물체의 낙하 또는 비래에 의한 위험을 방지 또는 경감하고, 머리부위 감전에 의한 위험을 방지하기 위한 것 | 내전압성 |
| ABE | 물체의 낙하 또는 비래 및 추락에 의한 위험을 방지 또는 경감하고, 머리부위 감전에 의한 위험을 방지하기 위한 것 | 내전압성 |

※ 내전압성이란 7,000V 이하의 전압에 견디는 것을 말한다.

## 3. 절연장갑의 등급

| 등급 | 최대사용전압 | | 등급별 색상 |
|---|---|---|---|
| | 교류(V, 실효값) | 직류(V) | |
| 00 | 500 | 750 | 갈색 |
| 0 | 1,000 | 1,500 | 빨강색 |
| 1 | 7,500 | 11,250 | 흰색 |
| 2 | 17,000 | 25,500 | 노랑색 |
| 3 | 26,500 | 39,750 | 녹색 |
| 4 | 36,000 | 54,000 | 등색 |

## 4. 방진마스크의 구비조건

① 여과 효율(분집, 포집 효율)이 좋을 것
② 흡기 및 배기저항이 낮을 것
③ 사용적이 적을 것
④ 중량이 가벼울 것
⑤ 안면 밀착성이 좋을 것
⑥ 시야가 넓을 것
⑦ 피부 접촉부위의 고무질이 좋을 것

## 5. 방독마스크의 종류 및 표시색

| 종류 | 시험 가스 | 정화통 외부 측면의 표시 색 |
|---|---|---|
| 유기화합물용 | 시클로헥산($C_6H_{12}$) | 갈색 |
| | 디메틸에테르($CH_3OCH_3$) | |
| | 이소부탄($C_4H_{10}$) | |
| 할로겐용 | 염소가스 또는 증기($Cl_2$) | 회색 |
| 황화수소용 | 황화수소가스($H_2S$) | |
| 시안화수소용 | 시안화수소가스(HCN) | |
| 아황산용 | 아황산가스($SO_2$) | 노랑색 |
| 암모니아용 | 암모니아가스($NH_3$) | 녹색 |
| 복합용 및 겸용의 정화통 | | ① 복합용의 경우<br> 해당 가스 모두 표시(2층 분리)<br>② 겸용의 경우<br> 백색과 해당 가스 모두 표시(2층 분리) |

## 6. 안전모의 시험성능 항목 및 기준

| 항목 | | 시험성능기준 |
|---|---|---|
| 시험성능 항목 | 내관통성 | ① 안전인증 : AE, ABE종 안전모는 관통거리가 9.5mm 이하이고, AB종 안전모는 관통거리가 11.1mm 이하이어야 한다.<br>② 자율안전확인 : 안전모는 관통거리가 11.1mm 이하이어야 한다. |
| | 충격 흡수성 | 최고전달충격력이 4,450뉴턴(N)을 초과해서는 안 되며, 모체와 착장체의 기능이 상실되지 않아야 한다. |
| | 내전압성 | AE, ABE종 안전모는 교류 20kV에서 1분간 절연파괴 없이 견뎌야 하고, 이때 누설되는 충전전류는 10mA 이하이어야 한다.<br>(※ 자율안전확인에서는 제외) |
| | 내수성 | AE, ABE종 안전모는 질량증가율이 1% 미만이어야 한다.<br>(※ 자율안전확인에서는 제외) |
| | 난연성 | 모체가 불꽃을 내며 5초 이상 연소되지 않아야 한다. |
| | 턱끈풀림 | 150뉴턴(N) 이상 250뉴턴(N) 이하에서 턱끈이 풀려야 한다. |
| 부가성능 항목 | 측면 변형 방호 | 최대측면변형은 40mm, 잔여변형은 15mm 이내이어야 한다. |
| | 금속 용융물 분사 방호 | ① 용융물에 의해 10mm 이상의 변형이 없고 관통되지 않을 것<br>② 금속용융물의 방출을 정지한 후 5초 이상 불꽃을 내며 연소되지 않을 것<br>(※ 자율안전확인에서는 제외) |

**안전보건표지**

## 1. 안전보건표지의 종류와 형태

| 1. 금지표지 | 101 출입금지 | 102 보행금지 | 103 차량통행금지 | 104 사용금지 | 105 탑승금지 | 106 금연 |
|---|---|---|---|---|---|---|
| 107 화기금지 | 108 물체이동금지 | 2. 경고표지 | 201 인화성물질경고 | 202 산화성물질경고 | 203 폭발성물질경고 | 204 급성독성물질경고 |
| 205 부식성물질경고 | 206 방사성물질경고 | 207 고압전기경고 | 208 매달린물체경고 | 209 낙하물경고 | 210 고온경고 | 211 저온경고 |
| 212 몸균형상실경고 | 213 레이저광선경고 | 214 발암성·변이원성·생식독성·전신독성·호흡기과민성물질경고 | 215 위험장소경고 | 3. 지시표지 | 301 보안경착용 | 302 방독마스크착용 |
| 303 방진마스크착용 | 304 보안면착용 | 305 안전모착용 | 306 귀마개착용 | 307 안전화착용 | 308 안전장갑착용 | 309 안전복착용 |

## 2. 안전보건표지의 색도기준 및 용도

| 색채 | 색도기준 | 용도 | 사용례 |
|---|---|---|---|
| 빨간색 | 7.5R 4/14 | 금지 | 정지신호, 소화설비 및 그 장소, 유해행위의 금지 |
| | | 경고 | 화학물질 취급장소에서의 유해·위험 경고 |
| 노란색 | 5Y 8.5/12 | 경고 | 화학물질 취급장소에서의 유해·위험경고 이외의 위험경고, 주의표지 또는 기계방호물 |
| 파란색 | 2.5PB 4/10 | 지시 | 특정 행위의 지시 및 사실의 고지 |
| 녹색 | 2.5G 4/10 | 안내 | 비상구 및 피난소, 사람 또는 차량의 통행표지 |
| 흰색 | N9.5 | | 파란색 또는 녹색에 대한 보조색 |
| 검은색 | N0.5 | | 문자 및 빨간색 또는 노란색에 대한 보조색 |

## 3. 안전보건표지의 종류별 색채

| 분류 | 색채 |
|---|---|
| 금지표지 | 바탕은 흰색, 기본모형은 빨간색, 관련 부호 및 그림은 검은색 |
| 경고표지 | 바탕은 노란색, 기본모형, 관련 부호 및 그림은 검은색<br>다만, 인화성물질경고, 산화성물질경고, 폭발성물질경고, 급성독성물질경고, 부식성물질경고 및 발암성·변이원성·생식독성·전신독성·호흡기과민성물질경고의 경우 바탕은 무색, 기본모형은 빨간색(검은색도 가능) |
| 지시표지 | 바탕은 파란색, 관련 그림은 흰색 |
| 안내표지 | 바탕은 흰색, 기본모형 및 관련 부호는 녹색, 바탕은 녹색, 관련 부호 및 그림은 흰색 |
| 출입금지표지 | 글자는 흰색바탕에 흑색<br>다음 글자는 적색<br>• ○○○제조/사용/보관 중<br>• 석면취급/해체 중<br>• 발암물질 취급 중 |

## 12 심리검사의 구비조건

| 표준화 | 검사의 관리를 위한 조건, 절차의 일관성과 통일성에 대한 심리검사의 표준화가 마련되어야 한다. |
|---|---|
| 객관성 | 검사결과를 채점하는 과정에서 채점자의 편견이나 주관성이 배제되어야 하며, 공정한 평가가 이루어져야 한다. |
| 규준성 | 검사결과의 해석에 있어 상대적 위치를 결정하기 위한 참조 또는 비교의 기준이 있어야 한다. |
| 타당성 | 측정하고자 하는 것을 실제로 측정하고 있는가를 나타내는 것이다. |
| 신뢰성 | 검사의 일관성을 의미하는 것으로 동일한 문제를 재측정할 경우 오차가 적어야 한다. |

## 13 재해 발생의 기본원인(4M)

| 인간관계 요인<br>(Man) | ① 동료나 상사, 본인 이외의 사람 등의 인간관계를 의미<br>② 원활하지 못한 인간관계는 불안전한 행동을 유발하여 사고 발생 위험이 커지게 됨 |
|---|---|
| 작업적 요인<br>(Media) | ① 작업의 내용, 작업정보, 작업방법, 작업환경의 요인<br>② 인간과 기계를 연결하는 매개체 |
| 관리적 요인<br>(Management) | ① 교육훈련 부족<br>② 감독지도 불충분<br>③ 적성배치 불충분 |
| 설비적(물적) 요인<br>(Machine) | ① 기계설비 등의 물적 조건<br>② 기계설비의 고장, 결함 |

## 14 산업안전심리의 5대 요소

| 기질 | 인간의 성격, 능력 등 개인적인 특성으로 성장 시의 생활환경에서 영향을 받고, 여러 사람들과의 관계 및 주변 환경에 따라 변화함 |
|---|---|
| 동기 | ① 능동적인 감각에 의한 자극에서 일어나는 사고의 결과로 마음을 움직이는 원동력<br>② 인간의 행동은 어떤 동기에 의해 일어나며 행동을 좋게 하려면 긍정적인 동기부여가 필요 |
| 습관 | 개인의 특성이 자신도 모르게 습관화된 현상으로 습관에 직접 영향을 주는 요인으로는 동기, 기질, 감정, 습성이 있음 |
| 감정 | ① 대상이나 상태에 따라 발생하는 슬픔, 기쁨 등에 해당하는 마음의 현상<br>② 감정은 안전과 밀접한 관계가 있으며, 사고를 일으키는 정신적 근원이 됨 |
| 습성 | 오랜 습관으로 인하여 굳어 버린 성질로 동기, 기질, 감정 등과 밀접한 관계를 형성하여 인간의 행동에 영향을 미칠 수 있는 요소 |

## 15 착오의 요인

| 단계 | 종류 | 내용 |
|---|---|---|
| 제1단계 | 인지과정착오 | ① 심리·심리적 능력의 한계<br>② 정보량 저장의 한계 : 한계정보량보다 더 많은 정보가 들어오는 경우 정보를 처리하지 못하는 현상<br>③ 감각차단 현상 : 단조로운 업무가 장시간 지속될 때 작업자의 감각기능 및 판단능력이 둔화 또는 마비되는 현상<br>예 고도비행, 단독비행, 계기비행, 직선 고속도로 운행 등<br>④ 정서적 불안정(불안, 공포)<br>⑤ 정보수용 능력의 한계 : 인간의 감지범위 밖의 정보 |
| 제2단계 | 판단과정착오 | ① 정보부족(옹고집, 지나친 자기중심적 인간)<br>② 능력부족(지식부족, 경험부족)<br>③ 자기합리화(자기에게 유리하게 판단)<br>④ 환경조건불비(작업조건불량)<br>⑤ 자기과신(지나치게 자기 기술에 대한 믿음) |
| 제3단계 | 조치과정착오 | ① 기술능력 미숙<br>② 경험부족<br>③ 피로 |

## KEYWORD 16 인간의 착각현상

| | |
|---|---|
| 가현운동 | ① 정지하고 있는 대상물을 나타냈다가 지웠다가 자주 반복하면 그 물체가 마치 운동하는 것처럼 인식되는 현상<br>② 영화영상기법, $\beta$운동 |
| 자동운동 | ① 암실 내에서 정지된 소광점을 응시하면 그 광점이 움직이는 것처럼 보이는 현상<br>② 자동운동이 생기기 쉬운 조건<br>　• 광점이 작을 것　　　　　　　　　• 시야의 다른 부분이 어두울 것<br>　• 광(光)의 강도가 작을 것　　　　• 대상이 단순할 것 |
| 유도운동 | ① 실제로는 움직이지 않는 것이 어느 기준의 이동에 유도되어 움직이는 것처럼 느껴지는 현상<br>② 하행선 기차역에 정지하고 있는 열차 안의 승객이 반대편 상행선 열차의 출발로 인하여 하행선 열차가 움직이는 것처럼 느끼는 경우<br>③ 구름 사이의 달 관찰 시 구름이 움직일 때 구름은 정지되어 있고, 달이 움직이는 것처럼 느껴지는 현상<br>④ 버스나 전동차의 움직임으로 인하여 자신이 승차하고 있는 정지된 차량이 움직이는 것 같은 느낌을 받는 현상 |

## KEYWORD 17 레윈(K. Lewin)의 행동법칙

$$B = f(P \cdot E)$$

여기서, $B$ : Behavior(인간의 행동)
　　　　$f$ : function(함수관계) $P \cdot E$에 영향을 줄 수 있는 조건
　　　　$P$ : Person(개체, 개인의 자질, 연령, 경험, 심신상태, 성격, 지능, 소질 등)
　　　　$E$ : Environment(심리적 환경 – 작업환경, 인간관계, 설비적 결함 등)

• 레윈의 이론 : 인간의 행동($B$)은 개인의 자질과 심리학적 환경과의 상호 함수관계이다.

## KEYWORD 18 재해 누발자의 유형

| | |
|---|---|
| 상황성 누발자 | ① 작업이 어렵기 때문에　　　　　　　　③ 심신에 근심이 있기 때문에<br>② 기계설비에 결함이 있기 때문에　　　④ 환경상 주의력의 집중이 혼란되기 때문에 |
| 습관성 누발자 | ① 재해의 경험에 의해 겁을 먹거나 신경과민　　② 일종의 슬럼프 상태에 빠져 있기 때문 |
| 미숙성 누발자 | ① 기능이 미숙하기 때문에<br>② 환경에 익숙하지 못하기 때문에(환경에 적응 미숙) |
| 소질성 누발자 | ① 개인의 소질 가운데 재해원인의 요소를 가진 자 (주의력 산만, 저지능, 흥분성, 비협조성, 소심한 성격, 도덕성의 결여, 감각운동 부적합 등)<br>② 개인의 특수성격 소유자 |

# 19 동기부여에 관한 이론

## 1. 매슬로우(Maslow)의 욕구 5단계

| 제1단계 | 생리적 욕구 | 기아, 갈증, 호흡, 배설, 성욕 등 생명유지의 기본적 욕구 |
|---|---|---|
| 제2단계 | 안전의 욕구 | ① 자기보존 욕구 - 안전을 구하려는 욕구<br>② 전쟁, 재해, 질병의 위험으로부터 자유로워지려는 욕구 |
| 제3단계 | 사회적 욕구 | ① 소속감과 애정에 대한 욕구<br>② 사회적으로 관계를 향상시키는 욕구 |
| 제4단계 | 인정받으려는 욕구<br>(자기 존중의 욕구) | 자존심, 명예, 성취, 지위 등 인정받으려는 욕구 |
| 제5단계 | 자아실현의 욕구 | ① 잠재능력을 실현하고자 하는 성취욕구<br>② 특유의 창의력을 발휘 |

## 2. 맥그리거(D. McGregor)의 X, Y이론

### 1) X, Y이론

| X이론 | Y이론 |
|---|---|
| 인간불신감 | 상호신뢰감 |
| 성악설 | 성선설 |
| 인간은 본래 게으르고 태만, 수동적,<br>남의 지배받기를 즐긴다. | 인간은 본래 부지런하고 근면, 적극적,<br>스스로 일을 자기책임하에 자주적으로 행한다. |
| 저차적 욕구(물질적 욕구) | 고차적 욕구(정신적 욕구) |
| 명령, 통제에 의한 관리 | 자기통제와 자율확보 |
| 저개발국형의 관리형태 | 선진국형의 관리형태 |
| 권위주의적 리더십 | 민주적 리더십 |

### 2) X, Y이론의 관리처방

| X이론의 관리처방 | Y이론의 관리처방 |
|---|---|
| ① 권위주의적 리더십의 확립<br>② 경제적 보상 체제의 강화<br>③ 면밀한 감독과 엄격한 통제<br>④ 상부 책임제도의 강화<br>⑤ 설득, 보상, 벌, 통제에 의한 관리<br>⑥ 조직구조의 고층성 | ① 분권화와 권한의 위임<br>② 목표에 의한 관리<br>③ 비공식적 조직의 활용<br>④ 민주적 리더십의 확립<br>⑤ 직무확장<br>⑥ 자체 평가제도의 활성화<br>⑦ 조직 목표 달성을 위한 자율적인 통제<br>⑧ 조직구조의 평면화 |

## 3. 허즈버그(F. Herzberg)의 2요인(동기-위생) 이론

① 허즈버그는 연구를 통해 사람들이 직무에 만족을 느낄 때에는 직무의 내용에 관계되고, 불만족을 느낄 때에는 직무환경과 관련된다는 것을 입증하였다.
② 위생요인의 욕구가 만족되어야 동기요인 욕구가 생긴다.

| 동기요인(직무내용) | 위생요인(직무환경) |
|---|---|
| ① 성취감<br>② 책임감<br>③ 성장과 발전<br>④ 안정감<br>⑤ 도전감<br>⑥ 일 그 자체 | ① 보수<br>② 작업조건<br>③ 관리감독<br>④ 임금<br>⑤ 지위<br>⑥ 회사 정책과 관리 |

## 4. 알더퍼(Alderfer)의 ERG 이론

| 생존(Existence)욕구<br>(존재욕구) | 유기체의 생존과 유지에 관련된 욕구 | ① 의식주와 같은 기본적인 욕구<br>② 임금, 안전한 작업조건<br>③ 직무안전 |
|---|---|---|
| 관계(Relatedness)욕구 | 다른 사람과의 상호작용을 통하여 만족을 추구하는 대인욕구 | ① 의미 있는 타인과의 상호작용<br>② 대인욕구 |
| 성장(Growth)욕구 | 개인적인 발전과 증진에 관한 욕구(잠재력의 발전으로 충족) | ① 개인의 발전능력<br>② 잠재력 충족<br>③ 창의력 발휘 |

## 5. 데이비스(K. Davis)의 동기부여이론

① 인간의 성과 × 물질적 성과 = 경영의 성과
② 지식(Knowledge) × 기능(Skill) = 능력(Ability)
③ 상황(Situation) × 태도(Attitude) = 동기유발(Motivation)
④ 능력(Ability) × 동기유발(Motivation) = 인간의 성과(Human Performance)

## 20 주의와 부주의

### 1. 주의의 특징

| | |
|---|---|
| 선택성 | ① 주의는 동시에 두 개의 방향에 집중하지 못한다.<br>② 여러 종류의 자극을 지각하거나 수용할 때 특정한 것에 한하여 선택하는 기능 |
| 변동성 | ① 고도의 주의는 장시간 지속할 수 없다.<br>② 주의에는 리듬이 있어 언제나 일정수준을 유지할 수 없다. |
| 방향성 | ① 한 지점에 주의를 집중하면 다른 곳의 주의는 약해진다.<br>② 주시점만 인지하는 기능 |

### 2. 부주의 발생현상

| | |
|---|---|
| 의식의 단절(중단) | ① 의식의 흐름에 단절이 생기고 공백상태가 나타나는 경우<br>② 의식수준 제0단계의 상태(특수한 질병의 경우) |
| 의식의 우회 | ① 의식의 흐름이 옆으로 빗나가 발생한 경우<br>② 의식수준 제0단계의 상태(걱정, 고민, 욕구불만 등) |
| 의식수준의 저하 | ① 뚜렷하지 않은 의식의 상태로 심신이 피로하거나 단조로운 작업 등의 경우<br>② 의식수준 제Ⅰ단계 이하의 상태 |
| 의식의 과잉 | ① 돌발사태 및 긴급이상사태에 직면하면 순간적으로 긴장되고 의식이 한 방향으로 쏠리는 주의의 일점집중현상의 경우<br>② 의식수준 제Ⅳ단계의 상태 |
| 의식의 혼란 | ① 외적 조건에 문제가 있을 때 의식이 혼란되고 분산되어 작업에 잠재되어 있는 위험요인에 대응할 수 없는 경우<br>② 외부의 자극이 애매모호하거나, 너무 강하거나 약할 때 |

### 3. 의식레벨의 단계(의식수준의 단계)

| 단계 | 의식의 상태 | 의식의 작용 | 행동상태 | 신뢰성 | 뇌파형태 |
|---|---|---|---|---|---|
| Phase 0<br>(제0단계) | 무의식, 실신 | 0(Zero) | 수면, 뇌 발작 | 0(zero) | $\delta$파 |
| Phase Ⅰ<br>(제Ⅰ단계) | 정상 이하, 의식 흐림<br>(Subnormal)<br>의식 몽롱함 | 활발치 못함<br>(Inactive)<br>부주의 | 피로, 단조로움, 졸음,<br>술 취함 | 0.9 이하 | $\theta$파 |
| Phase Ⅱ<br>(제Ⅱ단계) | 정상,<br>이완상태,<br>느긋한 기분 | 수동적, 마음이<br>안쪽으로 향함 | 안정기거, 휴식 시,<br>정례작업 시(정상작업 시)<br>일반적으로 일을 시작할<br>때 안정된 행동 | 0.99~0.99999 | $\alpha$파 |
| Phase Ⅲ<br>(제Ⅲ단계) | 정상,<br>상쾌한 상태,<br>분명한 의식 | 능동적, 앞으로<br>향하는 주의,<br>주의력 범위 넓음 | 판단을 동반한 행동,<br>적극활동 시 가장 좋은<br>의식수준상태, 긴급이상<br>사태를 의식할 때 | 0.999999 이상<br>(신뢰도가 가장<br>높은 상태) | $\beta$파 |
| Phase Ⅳ<br>(제Ⅳ단계) | 과긴장, 흥분상태 | 판단정지,<br>주의의 치우침 | 긴급 방위반응,<br>당황해서 패닉<br>(감정흥분 시 당황한 상태) | 0.9 이하 | $\beta$파 또는<br>전자파 |

## 21 리더십과 헤드십

### 1. 리더십의 유형(업무추진의 방식에 따른 분류)

| 분류 | 개념 | 특징 |
|---|---|---|
| 권위형<br>(독재적) | ① 리더중심<br>② 부하직원의 정책 결정에 참여 거부<br>③ 집단 구성원의 행위는 공격적 아니면 무관심<br>④ 일 중심형으로 업적에 대한 관심은 높지만 인간관계에 무관심 | 지도자가 집단의 모든 권한 행사를 단독적으로 처리한다. |
| 민주형<br>(민주적) | ① 집단중심<br>② 추종자(부하직원)에게 참여와 자유 인정<br>③ 추종자(부하직원)의 적극적 자기실현 기회의 확보<br>④ 리더의 통제와 조정, 자유폭 제한 | 집단의 토론, 회의 등에 의해 정책을 결정한다. |
| 자유방임형<br>(개방적) | ① 종업원중심<br>② 집단 구성원에게 완전한 자유를 주고 리더의 권한 행사는 없음 | 집단에 대하여 전혀 리더십을 발휘하지 않고 명목상의 리더 자리만을 지키는 유형으로 지도자가 집단 구성원에게 완전히 자유를 주는 경우이다. |

### 2. 리더십의 권한

| | | |
|---|---|---|
| 조직이 지도자에게<br>부여한 권한 | 보상적 권한 | 부하직원에게 적절한 보상을 통해 효과적인 통제를 유도(봉급의 인상, 승진 등) |
| | 강압적 권한 | 부하직원에게 적절한 처벌을 통해 효과적인 통제를 유도(승진누락, 임금삭감, 해고 등) |
| | 합법적 권한 | 조직의 규정에 의해 지도자의 권한이 합법화하고 공식화된 것 |
| 지도자 자신이<br>자신에게 부여한<br>권한 | 전문성의 권한 | 지도자가 목표수행에 필요한 전문적인 지식을 갖고 부하직원들의 전문성을 인정하면 능동적으로 업무에 스스로 동참 |
| | 위임된 권한 | 지도자가 추구하는 목표를 부하직원들이 자신의 것으로 받아들여 지도자와 함께 일하는 것(목표달성을 위하여 부하직원들이 상사를 존경하여 상사와 함께 일하고자 할 때 상사에게 부여되는 권한) |

## 3. 헤드십과 리더십의 구분

| 구분 | 헤드십 | 리더십 |
|---|---|---|
| 권한행사 및 부여 | 위에서 위임하여 임명된 헤드 | 밑에서부터의 동의에 선출된 리더 |
| 권한근거 | 법적 또는 공식적 | 개인능력 |
| 상관과 부하와의 관계 | 지배적 | 개인적인 경향 |
| 책임귀속 | 상사 | 상사와 부하 |
| 부하와의 사회적 간격 | 넓다 | 좁다 |
| 지위형태 | 권위주의적 | 민주주의적 |
| 권한귀속 | 공식화된 규정에 의함 | 집단목표에 기여한 공로 인정 |

## 22 KEYWORD 생체리듬

### 1. 생체리듬의 종류 및 특징

| 종류 | 특징 |
|---|---|
| 육체적 리듬(P)<br>(Physical Cycle) | ① 건전한 활동기(11.5일)와 그렇치 못한 휴식기(11.5일)가 23일을 주기로 반복된다.<br>② 활동력, 소화력, 지구력, 식욕 등과 가장 관계가 깊다. |
| 감성적 리듬(S)<br>(Sensitivity Cycle) | ① 예민한 기간(14일)과 그렇치 못한 둔한 기간(14일)이 28일을 주기로 반복된다.<br>② 주의력, 창조력, 예감 및 통찰력 등과 가장 관계가 깊다. |
| 지성적 리듬(I)<br>(Intellectual Cycle) | ① 사고능력이 발휘되는 날(16.5일)과 그렇치 못한 날(16.5일)이 33일 주기로 반복된다.<br>② 판단력, 추리력, 상상력, 사고력, 기억력 등과 가장 관계가 깊다. |

### 2. 바이오리듬(Biorhythm)의 변화

① 혈액의 수분, 염분량 : 주간 감소, 야간 증가
② 체온, 혈압, 맥박수 : 주간 상승, 야간 감소
③ 야간에는 체중 감소, 소화분비액 불량, 말초신경기능 저하, 피로의 자각 증상이 증대된다.
④ 사고 발생률이 가장 높은 시간대
  ㉠ 24시간 업무 중 : 03~05시 사이
  ㉡ 주간 업무 중 : 오전 10~11시, 오후 15시~16시 사이

## 23 KEYWORD 교육의 3요소

| 교육의 주체 | ① 형식적 교육 : 강사<br>② 비형식적 교육 : 부모, 형, 선배, 사회지식인 등 |
|---|---|
| 교육의 객체 | ① 형식적 교육 : 수강자(학생)<br>② 비형식적 교육 : 자녀와 미성숙자 및 모든 학습대상자 등 |
| 교육의 매개체 | ① 교재(교육내용)<br>② 교육의 매개체인 교육내용은 학생의 성장발달을 촉진하는 수단이므로 과거기록이나 경험적인 요소를 포괄하고 있음 |

## 24 KEYWORD 안전보건교육의 기본적인 지도 원리(8원칙)

① 피교육자 중심 교육(상대방의 입장이 되어 가르칠 것)
② 동기부여를 중요하게
③ 쉬운 부분에서 어려운 부분으로 진행(쉬운 것에서 어려운 것으로 가르칠 것)
④ 반복에 의한 습관화 진행(중요한 것은 반복해서 가르칠 것)
⑤ 인상의 강화(강조하고 싶은 것)
　㉠ 보조자료의 활용
　㉡ 견학, 현장사진 제시
　㉢ 중요 사항의 재강조
　㉣ 사고사례의 제시
　㉤ 속담, 격언과의 연결 및 암시
　㉥ 토의과제 제시 및 의견 청취 등의 방법 채택
⑥ 5관(감각기관)의 활용

| 5관의 효과치 | | 이해도 | |
|---|---|---|---|
| 시각효과 | 60% | 귀 | 20% |
| 청각효과 | 20% | 눈 | 40% |
| 촉각효과 | 15% | 귀+눈 | 60% |
| 미각효과 | 3% | 입 | 80% |
| 후각효과 | 2% | 머리+손, 발 | 90% |

⑦ 기능적인 이해
　㉠ 작업표준의 교육
　㉡ 교육 시 작업순서와 중요한 것을 강조하고 이해시킴
⑧ 한 번에 한 가지씩 교육(피교육자의 흡수능력을 고려)

## 25 행동주의 학습이론(S-R 이론)

| 종류 | 내용 | 실험 | 학습의 원리 |
|---|---|---|---|
| 조건반사설<br>(Pavlov) | 일정한 훈련을 받으면 동일한 반응이나 새로운 행동의 변용을 가져올 수 있다. | 개의 소화작용에 대한 생리학적 문제연구(타액 반응 실험)<br>① 음식 → 타액 : 조건형성 전<br>② 종 → 반응 없음 : 조건형성 전<br>③ 음식+종 → 타액 : 조건형성 중<br>④ 종 → 타액 : 조건형성 후 | ① 강도의 원리<br>② 일관성의 원리<br>③ 시간의 원리<br>④ 계속성의 원리 |
| 시행착오설<br>(Thorndike) | 맹목적 시행을 반복하는 가운데 자극과 반응이 결합하여 행동하는 것<br>(성공한 행동은 각인되고 실패한 행동은 배제) | 문제상자 속에 고양이를 가두고 밖에 생선을 두어 탈출하게 함(반복될수록 무작위 동작이나 소요 시간 감소) | ① 효과의 법칙<br>② 준비성의 법칙<br>③ 연습의 법칙 |
| 조작적<br>조건형성이론<br>(Skinner) | 어떤 반응에 대해 체계적이고 선택적으로 강화를 주어 그 반응이 반복해서 일어날 확률을 증가시키는 것 | 스키너 상자 속에 쥐를 넣어 쥐의 행동에 따라 음식물이 떨어지게 한다. | ① 강화의 원리<br>② 소거의 원리<br>③ 조형의 원리<br>④ 자발적 회복의 원리<br>⑤ 변별의 원리 |

## 26 적응기제

### 1. 대표적인 적응기제

| 고립 | 현실도피의 행위이며 실패를 자기의 내부로 돌리는 유형<br>예 키가 작은 사람이 키가 큰 친구들과 사진을 같이 찍으려 하지 않는 것 |
|---|---|
| 퇴행 | 현실의 어려움을 이겨내지 못하고 어린시절로 되돌아가고자 하는 행위<br>예 여동생이나 남동생을 얻게 되면서 손가락을 빠는 것과 같이 어린 시절의 버릇을 나타내는 것 |
| 합리화 | ① 자신의 난처한 입장이나 실패의 결점을 이유나 변명으로 일관하는 것<br>② 실제의 행위나 상태보다 훌륭하게 평가되기 위하여 구실을 내세우는 행위<br>예 시합에 진 운동선수가 컨디션이 좋지 않았다고 하는 것 |
| 보상 | 자신의 결함과 무능에 의해 생긴 열등감을 다른 것으로 대치하여 욕구를 충족하려는 행위<br>예 공부 못하는 학생이 운동을 열심히 하는 것, 결혼에 실패한 사람이 고아들에게 정열을 쏟는 것 |
| 동일화 | 다른 사람의 행동양식이나 태도를 투입하거나 다른 사람 가운데서 자기와 비슷한 것을 발견하게 되는 것<br>예 동창생을 자랑하거나 우쭐대는 것, 아버지의 성공을 자신의 성공인 것처럼 자랑하며 거만한 태도를 보이는 것 |

## 2. 적응기제의 기본유형

| 구분 | 공격적 기제(행동) | 도피적 기제(행동) | 방어적(절충적) 기제(행동) |
|---|---|---|---|
| 개념 | 욕구 불만에 대한 반항이나 자기를 괴롭히는 대상에 대하여 적극적이고 능동적으로 적시하는 감정이나 태도를 취하는 행위 | 욕구불만에 의한 긴장이나 압박으로부터 벗어나 비합리적인 행동으로 공상에 도피하고 현실세계에서 벗어나 안정을 얻으려는 기제 | 자신의 약점이나 무능력, 열등감을 위장하여 유리하게 보호함으로써 안정감을 찾으려는 기제 |
| 유형 | ① 직접적 공격 기제 : 폭행, 싸움, 기물파손 등<br>② 간접적 공격 기제 : 비난, 폭언, 욕설 등 | ① 백일몽<br>② 퇴행<br>③ 억압<br>④ 반동 형성<br>⑤ 고립 등 | ① 승화<br>② 보상<br>③ 합리화<br>④ 투사<br>⑤ 동일화 등 |

# KEYWORD 27 안전보건교육방법

## 1. O.J.T(On the Job Training)

### 1) O.J.T(On the Job Training)의 정의

현장에서 직속상사가 부하직원에 대해서 일상 업무를 통하여 지식, 기능, 태도 및 문제해결능력 등을 교육하는 방법으로 개별교육 및 추가지도에 적합한 교육형태

### 2) O.J.T(On the Job Training)의 특징

① 직장의 실정에 맞는 구체적이고 실제적인 지도 교육이 가능하다.
② 개개인에게 적절한 지도 훈련이 가능하다.(개인의 능력과 적성에 알맞은 맞춤교육이 가능하다.)
③ 훈련 효과에 의해 상호 신뢰 이해도가 높아진다.(상사와의 의사 소통 및 신뢰도 향상에 도움이 된다.)
④ 교육의 효과가 업무에 신속하게 반영된다.
⑤ 교육의 이해도가 빠르고 동기부여가 쉽다.
⑥ 교육으로 인해 업무가 중단되는 업무손실이 적다.
⑦ 교육경비의 절감효과가 있다.

## 2. OFF.J.T(Off the Job Training)

### 1) OFF.J.T(Off the Job Training)의 정의

공통된 교육목적을 가진 근로자를 현장 외의 장소에 모아 실시하는 집체교육으로 집단교육에 적합한 교육형태

## 2) OFF.J.T(Off the Job Training)의 특징

① 외부의 전문가를 활용할 수 있다.(전문가를 초빙하여 강사로 활용이 가능하다.)
② 다수의 대상자에게 조직적 훈련이 가능하다.
③ 특별교재, 교구, 시설을 유효하게 사용할 수 있다.
④ 타 직종 사람과 많은 지식, 경험을 교류할 수 있다.
⑤ 업무와 분리되어 교육에 전념하는 것이 가능하다.
⑥ 교육목표를 위하여 집단적으로 협조와 협력이 가능하다.
⑦ 법규, 원리, 원칙, 개념, 이론 등의 교육에 적합하다.

## 3. TWI(Training Within Industry)

① 교육대상자 : 제일선 관리감독자
② 관리감독자의 구비조건
  ㉠ 직무에 관한 지식
  ㉡ 직책의 지식
  ㉢ 작업을 가르치는 능력
  ㉣ 작업의 방법을 개선하는 기능
  ㉤ 사람을 다스리는 기능
③ 진행방법 : 토의식과 실연법 중심으로
④ 교육과정
  ㉠ Job Method Training(JMT) : 작업방법훈련, 작업개선훈련
  ㉡ Job Instruction Training(JIT) : 작업지도훈련
  ㉢ Job Relations Training(JRT) : 인간관계훈련, 부하통솔법
  ㉣ Job Safety Training(JST) : 작업안전훈련
⑤ 교육시간 : 10시간(1일 2시간씩 5일), 한 그룹에 10명 내외

## 28 KEYWORD 교육방법의 4단계

| 단계 | | 내용 |
|---|---|---|
| 제1단계 | 도입 (준비) | ① 학습할 준비를 시킨다.<br>② 작업에 대한 흥미를 갖게 한다.<br>③ 학습자의 동기부여 및 마음의 안정 |
| 제2단계 | 제시 (설명) | ① 작업을 설명한다.<br>② 한 번에 하나하나씩 나누어 확실하게 이해시켜야 한다.<br>③ 강의순서대로 진행하고 설명, 교재를 통해 듣고 말하는 단계 |
| 제3단계 | 적용 (응용) | ① 작업을 시켜본다.<br>② 상호 학습 및 토의 등으로 이해력을 향상시킨다.<br>③ 자율학습을 통해 배운 것을 학습한다.<br>④ 안전교육 시 직접 작업하고, 동작함으로써 학습하는 단계<br>⑤ 지식을 실제의 상황에 맞추어 문제를 해결해 보고 그 수법을 이해시키는 단계 |
| 제4단계 | 확인 (평가) | ① 가르친 뒤 살펴본다.<br>② 잘못된 것을 수정한다.<br>③ 요점을 정리하여 복습한다. |

## 29 KEYWORD 토의법의 종류

### 1. 자유토의법

참가자가 주어진 주제에 대하여 자유로운 발표와 토의를 통하여 서로의 의견을 교환하고 상호이해력을 높이며 의견을 절충해 나가는 방법

### 2. 패널 디스커션(Panel Discussion)

전문가 4~5명이 피교육자 앞에서 자유로이 토의를 하고, 그 후에 피교육자 전원이 사회자의 사회에 따라 토의하는 방법

### 3. 심포지엄(Symposium)

발제자 없이 몇 사람의 전문가에 의하여 과제에 관한 견해를 발표한 뒤에 참가자로 하여금 의견이나 질문을 하게 하여 토의하는 방법

## 4. 포럼(Forum)

① 사회자의 진행으로 몇 사람이 주제에 대하여 발표한 후 피교육자가 질문을 하고 토론해 나가는 방법
② 새로운 자료나 주제를 내보이거나 발표한 후 피교육자로 하여금 문제나 의견을 제시하게 하고 다시 깊이 있게 토론해 나가는 방법

## 5. 버즈 세션(Buzz Session)

6-6 회의라고도 하며, 참가자가 다수인 경우에 전원을 토의에 참가시키기 위한 방법으로 소집단을 구성하여 회의를 진행시키는 방법

# 30 KEYWORD 안전보건교육의 단계별 교육과정

## 1. 안전보건교육의 3단계

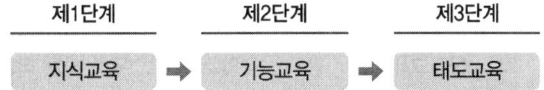

## 2. 단계별 교육과정

| 지식교육 | ① 근로자가 지켜야 할 규정의 숙지를 위한 교육<br>② 공정 속에 잠재된 위험요소를 이해시킴 |
|---|---|
| 기능교육 | ① 시범, 견학, 실습, 현장실습을 통한 경험체득과 이해<br>② 교육 대상자가 스스로 행함으로써 습득하는 교육<br>③ 같은 내용을 반복해서 개인의 시행착오에 의해서만 얻어지는 교육 |
| 태도교육 | ① 작업동작지도, 생활지도 등을 통한 안전의 습관화 및 일체감<br>② 동기를 부여하는 데 가장 적절한 교육<br>③ 안전한 작업방법을 알고는 있으나 시행하지 않는 것에 대한 교육<br>④ 표준작업방법의 습관화<br>⑤ 공구, 보호구의 관리 및 취급태도의 확립<br>⑥ 작업 전후의 점검 및 검사 요령의 정확한 습관화<br>⑦ 태도교육의 기본과정(순서)<br>청취(들어본다.) ➡ 이해하고 납득(이해시킨다.) ➡ 모범(시범을 보인다.) ➡ 평가, 권장(평가한다.) |

**안전보건교육 교육과정별 교육시간**

## 1. 근로자 안전보건교육

| 교육과정 | 교육대상 | | 교육시간 |
|---|---|---|---|
| 가. 정기교육 | 사무직 종사 근로자 | | 매반기 6시간 이상 |
| | 그 밖의 근로자 | 판매업무에 직접 종사하는 근로자 | 매반기 6시간 이상 |
| | | 판매업무에 직접 종사하는 근로자 외의 근로자 | 매반기 12시간 이상 |
| 나. 채용 시 교육 | 일용근로자 및 근로계약기간이 1주일 이하인 기간제근로자 | | 1시간 이상 |
| | 근로계약기간이 1주일 초과 1개월 이하인 기간제근로자 | | 4시간 이상 |
| | 그 밖의 근로자 | | 8시간 이상 |
| 다. 작업내용 변경 시 교육 | 일용근로자 및 근로계약기간이 1주일 이하인 기간제근로자 | | 1시간 이상 |
| | 그 밖의 근로자 | | 2시간 이상 |
| 라. 특별교육 | 일용근로자 및 근로계약기간이 1주일 이하인 기간제근로자 : 특별교육 대상 작업에 해당하는 작업에 종사하는 근로자에 한정(타워크레인을 사용하는 작업 시 신호업무를 하는 작업은 제외) | | 2시간 이상 |
| | 일용근로자 및 근로계약기간이 1주일 이하인 기간제근로자 : 타워크레인을 사용하는 작업 시 신호업무를 하는 작업에 종사하는 근로자에 한정 | | 8시간 이상 |
| | 일용근로자 및 근로계약기간이 1주일 이하인 기간제근로자를 제외한 근로자 : 특별교육 대상 작업에 종사하는 근로자에 한정 | | • 16시간 이상(최초 작업에 종사하기 전 4시간 이상 실시하고 12시간은 3개월 이내에서 분할하여 실시 가능)<br>• 단기간 작업 또는 간헐적 작업인 경우에는 2시간 이상 |
| 마. 건설업 기초안전·보건교육 | 건설 일용근로자 | | 4시간 이상 |

## 2. 관리감독자 안전보건교육

| 교육과정 | 교육시간 |
|---|---|
| 가. 정기교육 | 연간 16시간 이상 |
| 나. 채용 시 교육 | 8시간 이상 |
| 다. 작업내용 변경 시 교육 | 2시간 이상 |
| 라. 특별교육 | 16시간 이상(최초 작업에 종사하기 전 4시간 이상 실시하고, 12시간은 3개월 이내에서 분할하여 실시 가능) |
| | 단기간 작업 또는 간헐적 작업인 경우에는 2시간 이상 |

① 단기간 작업 : 2개월 이내에 종료되는 1회성 작업
② 간헐적 작업 : 연간 총 작업일수가 60일을 초과하지 않는 작업

## 3. 안전보건관리책임자 등에 대한 교육

| 교육대상 | 교육시간 | |
|---|---|---|
| | 신규교육 | 보수교육 |
| 가. 안전보건관리책임자 | 6시간 이상 | 6시간 이상 |
| 나. 안전관리자, 안전관리전문기관의 종사자 | 34시간 이상 | 24시간 이상 |
| 다. 보건관리자, 보건관리전문기관의 종사자 | 34시간 이상 | 24시간 이상 |
| 라. 건설재해예방전문지도기관의 종사자 | 34시간 이상 | 24시간 이상 |
| 마. 석면조사기관의 종사자 | 34시간 이상 | 24시간 이상 |
| 바. 안전보건관리담당자 | – | 8시간 이상 |
| 사. 안전검사기관, 자율안전검사기관의 종사자 | 34시간 이상 | 24시간 이상 |

① 신규교육 : 해당 직위에 선임(위촉의 경우를 포함)되거나 채용된 후 3개월(보건관리자가 의사인 경우는 1년) 이내에 직무를 수행하는 데 필요한 교육
② 보수교육 : 신규교육을 이수한 후 매 2년이 되는 날을 기준으로 전후 6개월 사이에 안전보건에 관한 보수교육을 받아야 한다.

## 4. 특수형태근로종사자에 대한 안전보건교육

| 교육과정 | 교육시간 |
|---|---|
| 가. 최초 노무제공 시 교육 | 2시간 이상(단기간 작업 또는 간헐적 작업에 노무를 제공하는 경우에는 1시간 이상 실시하고, 특별교육을 실시한 경우는 면제) |
| 나. 특별교육 | 16시간 이상(최초 작업에 종사하기 전 4시간 이상 실시하고 12시간은 3개월 이내에서 분할하여 실시 가능) |
| | 단기간 작업 또는 간헐적 작업인 경우에는 2시간 이상 |

## 32 안전보건교육 교육대상별 교육내용

### 1. 근로자 안전보건교육

#### 1) 정기교육

| 교육내용 | • 산업안전 및 산업재해 예방에 관한 사항(화재·폭발 사고 발생 시 대피에 관한 사항을 포함)<br>• 산업보건 및 건강장해 예방에 관한 사항(폭염·한파작업으로 인한 건강장해 발생 시 응급조치에 관한 사항을 포함)<br>• 위험성 평가에 관한 사항<br>• 건강증진 및 질병 예방에 관한 사항<br>• 유해·위험 작업환경 관리에 관한 사항<br>• 산업안전보건법령 및 산업재해보상보험 제도에 관한 사항<br>• 직무스트레스 예방 및 관리에 관한 사항<br>• 직장 내 괴롭힘, 고객의 폭언 등으로 인한 건강장해 예방 및 관리에 관한 사항 |
|---|---|

#### 2) 채용 시 교육 및 작업내용 변경 시 교육

| 교육내용 | • 산업안전 및 산업재해 예방에 관한 사항(화재·폭발 사고 발생 시 대피에 관한 사항을 포함)<br>• 산업보건 및 건강장해 예방에 관한 사항<br>• 위험성 평가에 관한 사항<br>• 산업안전보건법령 및 산업재해보상보험 제도에 관한 사항<br>• 직무스트레스 예방 및 관리에 관한 사항<br>• 직장 내 괴롭힘, 고객의 폭언 등으로 인한 건강장해 예방 및 관리에 관한 사항<br>• 기계·기구의 위험성과 작업의 순서 및 동선에 관한 사항<br>• 작업 개시 전 점검에 관한 사항<br>• 정리정돈 및 청소에 관한 사항<br>• 사고 발생 시 긴급조치에 관한 사항<br>• 물질안전보건자료에 관한 사항 |
|---|---|

## 2. 관리감독자 안전보건교육

### 1) 정기교육

| | |
|---|---|
| 교육내용 | • 산업안전 및 산업재해 예방에 관한 사항(화재·폭발 사고 발생 시 대피에 관한 사항을 포함)<br>• 산업보건 및 건강장해 예방에 관한 사항(폭염·한파작업으로 인한 건강장해 발생 시 응급조치에 관한 사항을 포함)<br>• 위험성평가에 관한 사항<br>• 유해·위험 작업환경 관리에 관한 사항<br>• 산업안전보건법령 및 산업재해보상보험 제도에 관한 사항<br>• 직무스트레스 예방 및 관리에 관한 사항<br>• 직장 내 괴롭힘, 고객의 폭언 등으로 인한 건강장해 예방 및 관리에 관한 사항<br>• 작업공정의 유해·위험과 재해 예방대책에 관한 사항<br>• 사업장 내 안전보건관리체제 및 안전·보건조치 현황에 관한 사항<br>• 표준안전 작업방법 결정 및 지도·감독 요령에 관한 사항<br>• 현장근로자와의 의사소통능력 및 강의능력 등 안전보건교육 능력 배양에 관한 사항<br>• 비상시 또는 재해 발생 시 긴급조치에 관한 사항<br>• 그 밖의 관리감독자의 직무에 관한 사항 |

### 2) 채용 시 교육 및 작업내용 변경 시 교육

| | |
|---|---|
| 교육내용 | • 산업안전 및 산업재해 예방에 관한 사항(화재·폭발 사고 발생 시 대피에 관한 사항을 포함)<br>• 산업보건 및 건강장해 예방에 관한 사항<br>• 위험성평가에 관한 사항<br>• 산업안전보건법령 및 산업재해보상보험 제도에 관한 사항<br>• 직무스트레스 예방 및 관리에 관한 사항<br>• 직장 내 괴롭힘, 고객의 폭언 등으로 인한 건강장해 예방 및 관리에 관한 사항<br>• 기계·기구의 위험성과 작업의 순서 및 동선에 관한 사항<br>• 작업 개시 전 점검에 관한 사항<br>• 물질안전보건자료에 관한 사항<br>• 사업장 내 안전보건관리체제 및 안전·보건조치 현황에 관한 사항<br>• 표준안전 작업방법 결정 및 지도·감독 요령에 관한 사항<br>• 비상시 또는 재해 발생 시 긴급조치에 관한 사항<br>• 그 밖의 관리감독자의 직무에 관한 사항 |

## 33 작업 시작 전 점검사항

| 작업의 종류 | 점검내용 |
|---|---|
| 프레스 등을 사용하여 작업을 할 때 | • 클러치 및 브레이크의 기능<br>• 크랭크축·플라이휠·슬라이드·연결봉 및 연결 나사의 풀림 여부<br>• 1행정 1정지기구·급정지장치 및 비상정지장치의 기능<br>• 슬라이드 또는 칼날에 의한 위험방지 기구의 기능<br>• 프레스의 금형 및 고정볼트 상태<br>• 방호장치의 기능<br>• 전단기의 칼날 및 테이블의 상태 |
| 로봇의 작동 범위에서 그 로봇에 관하여 교시 등(로봇의 동력원을 차단하고 하는 것은 제외한다)의 작업을 할 때 | • 외부 전선의 피복 또는 외장의 손상 유무<br>• 매니퓰레이터(manipulator) 작동의 이상 유무<br>• 제동장치 및 비상정지장치의 기능 |
| 크레인을 사용하여 작업을 하는 때 | • 권과방지장치·브레이크·클러치 및 운전장치의 기능<br>• 주행로의 상측 및 트롤리(trolley)가 횡행하는 레일의 상태<br>• 와이어로프가 통하고 있는 곳의 상태 |
| 이동식 크레인을 사용하여 작업을 할 때 | • 권과방지장치나 그 밖의 경보장치의 기능<br>• 브레이크·클러치 및 조정장치의 기능<br>• 와이어로프가 통하고 있는 곳 및 작업장소의 지반상태 |
| 지게차를 사용하여 작업을 하는 때 | • 제동장치 및 조종장치 기능의 이상 유무<br>• 하역장치 및 유압장치 기능의 이상 유무<br>• 바퀴의 이상 유무<br>• 전조등·후미등·방향지시기 및 경보장치 기능의 이상 유무 |
| 컨베이어 등을 사용하여 작업을 할 때 | • 원동기 및 풀리(Pulley) 기능의 이상 유무<br>• 이탈 등의 방지장치 기능의 이상 유무<br>• 비상정지장치 기능의 이상 유무<br>• 원동기·회전축·기어 및 풀리 등의 덮개 또는 울 등의 이상 유무 |

# CHAPTER 02 인간공학 및 위험성 평가·관리

## 1 인간공학의 정의 및 목적

### 1. 정의

① 인간의 특성과 한계 능력을 공학적으로 분석·평가하여 이를 복잡한 체계의 설계에 응용함으로써 효율을 최대로 활용할 수 있도록 하는 학문 분야이다.
② 인간의 생리적·심리적 요소를 연구하여 기계나 설비를 인간의 특성에 맞추어 설계하고자 하는 것이다.
③ 사람과 작업 간의 적합성에 관한 과학을 말한다.
④ 인간공학의 초점은 인간이 만들어 생활의 여러 가지 면에서 사용하는 물건, 기구 또는 환경을 설계하는 과정에서 인간을 고려하는 데 있다.

### 2. 인간공학의 목적

① 안전성 향상 및 사고 방지
② 기계조작의 능률성과 생산성의 향상
③ 작업환경의 쾌적성 향상

## 2 연구 기준의 요건

| | |
|---|---|
| 실제적 요건 | 평가 척도는 현실성을 가지고 있어야 하며, 실질적으로 이용하기가 용이해야 한다. 즉, 객관적이고, 정량적이며, 강요적이지 않고, 수집이 쉬우며, 자료수집 기법이나 기기가 특수하지 않고, 돈이나 실험자의 수고가 적게 드는 것이어야 한다. |
| 적절성(타당성) | 기준이 의도된 목적에 적당하다고 판단되는 정도 |
| 무오염성 | 측정하고자 하는 변수 외의 다른 변수의 영향을 받아서는 안 된다. |
| 기준 척도의 신뢰성 | 사용되는 척도의 신뢰성, 즉 반복성을 말한다. |
| 민감도 | 기대되는 차이에 적합한 정도의 단위로 측정이 가능해야 한다. 즉, 피실험자 사이에서 볼 수 있는 예상 차이점에 비례하는 단위로 측정해야 함을 의미한다. |

## 3 인간-기계시스템의 기본 기능 및 업무

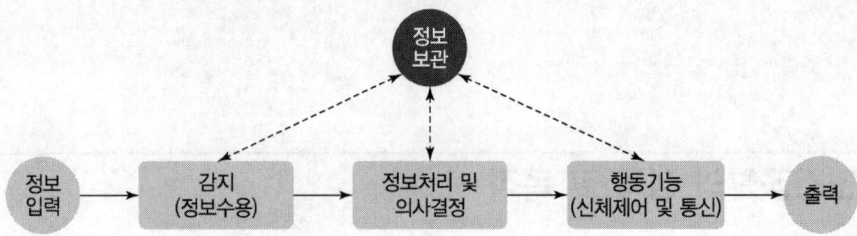

| 인간-기계시스템의 기본 기능 |

## 4 인간-기계 통합시스템의 유형(인간의 제어 정도에 의한 분류)

| | |
|---|---|
| 수동시스템 | ① 수공구나 기타 보조물로 이루어지며 자신의 신체적인 힘을 원동력으로 사용하여 작업을 통제하는 시스템(인간이 사용자나 동력원으로 가능)<br>② 다양성 있는 체계로 역할할 수 있는 능력을 충분히 활용하는 시스템<br>예 장인과 공구, 가수와 앰프 |
| 기계시스템 | ① 고도로 통합된 부품들로 구성되어 있으며, 일반적으로 변화가 거의 없는 기능들을 수행하는 시스템<br>② 운전자의 조종에 의해 운용되며 융통성이 없는 시스템<br>③ 동력은 기계가 제공하며, 조종장치를 사용하여 통제하는 것은 사람<br>④ 반자동 시스템이라고도 함<br>예 엔진, 자동차, 공작기계 |
| 자동시스템 | ① 체계가 감지, 정보보관, 정보처리 및 의사결정, 행동을 포함한 모든 임무를 수행하는 체계<br>② 대부분의 자동시스템은 폐회로를 갖는 체계이며, 인간요소를 고려하여야 함<br>③ 신뢰성이 완전한 자동체계란 불가능하므로 인간은 감시, 정비, 보전, 계획수립 등의 기능을 수행함<br>예 자동화된 처리공장, 자동교환대, 컴퓨터 |

# 5 시스템(체계) 설계 과정

| 시스템(체계) 설계 과정의 주요 단계 |

| | |
|---|---|
| 제1단계 : 목표 및 성능명세의 결정 | ① 체계가 설계되기 전에 우선 그 목적이나 존재 이유가 있어야 한다.<br>② 체계의 성능명세란 목표달성을 위해 해야 하는 것을 상세하게 기록하는 것 |
| 제2단계 : 시스템(체계)의 정의 | ① 어떤 체계(특히 복잡한 것)의 경우에 있어서는 목적을 달성하기 위해서 특정한 기본적인 기능(임무)들이 수행되어야 한다.<br>② 기능분석 단계 : 목적의 달성을 위해 어떠한 방법으로 기능이 수행되는가보다는 어떤 기능들이 필요한가에 관심을 두어야 한다. |
| 제3단계 : 기본설계 | ① 체계 개발 단계 중 체계의 형태가 갖추기 시작하는 단계<br>② 주요 인간공학 활동은 ㉠ 인간, 하드웨어, 소프트웨어에 기능할당, ㉡ 인간 성능 요건 명세, ㉢ 직무분석, ㉣ 작업설계가 있다. |
| 제4단계 : 계면(interface)설계 | ① 인간-기계체계에서 인간과 기계가 만나는 면(面)을 계면이라고 한다.<br>② 작업공간, 표시장치, 조종장치, 제어(Console), 컴퓨터 대화(Dialog) 등 |
| 제5단계 : 촉진물 설계 | ① 촉진물 설계 단계의 주 초점은 만족스러운 인간 성능을 증진시킬 보조물에 대해 설계하는 것이다.<br>② 매뉴얼 및 성능보조자료 작성은 촉진물 설계에 해당된다. |
| 제6단계 : 시험 및 평가 | 체계 개발의 산물(기기, 절차 및 요원)이 계획된 대로 작동하는지 알아보기 위해 산물(産物)들을 측정하는 것이다. |

## 1. 제3단계 : 기본설계

### 1) 체계 개발 단계 중 체계의 형태를 갖추기 시작하는 단계

### 2) 주요 인간공학 활동

① 인간, 하드웨어, 소프트웨어에 기능할당
② 인간 성능 요건 명세
③ 직무분석
④ 작업설계

### 3) 기능할당(인간, 하드웨어, 소프트웨어)

수행되어야 할 기능들이 주어졌을 때, 어떤 경우에는 어떤 특정한 기능을 인간에게 할당할 수도 있고 또는 기계부품에 할당할 수도 있을 때가 있다.

① 인간과 기계의 재능 비교

| 구분 | 인간이 우수한 재능 | 기계가 우수한 재능 |
| --- | --- | --- |
| 감지기능 | ① 저에너지 자극 감지<br>② 복잡다양한 자극형태 식별<br>③ 예기치 못한 사건 감지 | ① 인간의 정상적 감지 범위 밖의 자극 감지<br>② 인간 및 기계에 대한 모니터 기능<br>③ 드물게 발생하는 사상 감지 |
| 정보저장 | 많은 양의 정보를 장시간 보관 | 암호화된 정보를 신속하게 대량 보관 |
| 정보처리 및 결심 | ① 관찰을 통해 일반화<br>② 귀납적 추리<br>③ 원칙 적용<br>④ 다양한 문제해결 | ① 연역적 추리<br>② 정량적 정보처리 |
| 행동기능 | 과부하 상태에서는 중요한 일에만 전념 | ① 과부하 상태에서도 효율적 작동<br>② 장시간 중량작업<br>③ 반복작업, 동시에 여러 가지 작업 가능 |

② 구체적인 기능의 비교
  ㉠ 인간이 기계보다 우수한 기능
    ⓐ 매우 낮은 수준의 자극(시각, 청각, 촉각, 후각, 미각)을 감지한다.
    ⓑ 수신 상태가 나쁜 음극선관에 나타나는 영상과 같이 배경잡음이 심한 경우에도 신호를 인지할 수 있다.
    ⓒ 항공 사진의 피사체나 말소리처럼 상황에 따라 변화하는 복잡한 자극의 형태를 식별할 수 있다.
    ⓓ 주위의 예기치 못한 상황을 감지할 수 있다.
    ⓔ 많은 양의 정보를 오랜 기간 동안 보관하였다가 적절한 정보를 상기한다.
    ⓕ 다양한 경험을 토대로 의사결정을 한다.
    ⓖ 어떤 운용 방법이 실패할 경우, 다른 방법을 선택한다.
    ⓗ 관찰을 통해서 일반화하여 귀납적으로 추리한다.
    ⓘ 원칙을 적용하여 다양한 문제를 해결한다.
    ⓙ 완전히 새로운 해결책을 찾을 수 있다.
    ⓚ 다양한 운용상의 요건에 맞추어서 신체적인 반응을 적응시킨다.
    ⓛ 과부하 상황에서 불가피한 경우에는 중요한 일에만 전념한다.
    ⓜ 주관적으로 추산하고 평가한다.

ⓛ 기계가 인간보다 우수한 기능
　　　　ⓐ 인간의 정상적인 감지 범위 밖에 있는 자극(X선, 레이더파, 초음파 등)을 감지한다.
　　　　ⓑ 사전에 명시된 사상(Event), 특히 드물게 발생하는 사상을 감지한다.
　　　　ⓒ 입력신호에 대해 신속하게 일관성 있는 반응을 한다.
　　　ⓓ 암호화된 정보를 신속하게 대량으로 보관할 수 있다.
　　　ⓔ 정해진 프로그램에 따라 정량적인 정보처리를 한다.
　　　ⓕ 반복적인 작업을 신뢰성 있게 수행할 수 있다.
　　　ⓖ 연역적으로 추리한다.
　　　ⓗ 상당히 큰 물리적인 힘을 규율 있게 발휘한다.
　　　ⓘ 여러 개의 프로그램된 행동을 동시에 수행한다.
　　　ⓙ 물리적인 양을 계수하거나 측정한다.
　　　ⓚ 주의가 소란하여도 효율적으로 작동한다.
　　　ⓛ 과부하에서도 효율적으로 작동한다.
　　　ⓜ 구체적인 지시에 의해 암호화된 정보를 신속하고 정확하게 회수한다.

# 6 시스템 분석 및 설계에 있어서 인간공학의 가치

① **성능(Performance)의 향상** : 적절하게 배정되어 적절한 환경에서 적절한 장비로 적절한 직무를 수행하는 사람이 유능한 장비 운용자나 기술자가 될 수 있다.
② **훈련비용의 절감** : 장치와 그 운용 절차가 사용하기에 적절하게 설계되었을 때 조금만 훈련하여도 장치를 운용할 수 있다.
③ **인력 이용률(Utilization)의 향상** : 더 많은 인력 자원을 훈련하여 직무를 수행하도록 할 수 있고 이에 의해 인력 이용률을 향상시킬 수 있다.
④ **사고 및 오용으로부터의 손실 감소** : 장비 설계를 잘못하면 통상 인간의 착오에 기인하여 많은 사고를 유발시킬 수 있어 장비는 인간공학적 원칙을 잘 적용함으로써 부분적으로 줄일 수 있다.
⑤ **생산 및 보전의 경제성 증대** : 설계의 단순화는 운용하기 쉬울 뿐 아니라 제작이나 보전이 간단한 장치를 낳는다.
⑥ **사용자의 수용도 향상** : 운용 및 보전이 쉽고 요원을 안전하게 보호해 주도록 잘 설계된 체계는 신뢰감을 갖도록 하고 효율을 높여 준다.

# 인간 실수의 분류

## 1. 심리적인 분류(Swain)

| | |
|---|---|
| 생략에러(Omission Error, 부작위 실수) | 필요한 직무 및 절차를 수행하지 않아(생략) 발생하는 에러<br>예 가스밸브를 잠그는 것을 잊어 사고가 났다.<br>예 어떤 제품의 분해·조립과정을 거쳐서 수리를 마친 후 부품 하나가 남았다. |
| 작위에러(Commission Error, 실행에러) | ① 필요한 작업 또는 절차의 불확실한 수행(잘못 수행)으로 인한 에러<br>② 넓은 의미로 선택착오, 순서착오, 시간착오, 정성적 착오를 포함한다.<br>예 전선이 바뀌었다, 틀린 부품을 사용하였다, 부품이 거꾸로 조립되었다 등 |
| 순서에러(Sequential Error) | 필요한 작업 또는 절차의 순서 착오로 인한 에러<br>예 자동차 출발 시 핸드브레이크를 해제하지 않고 출발하여 발생한 에러 |
| 시간에러(Time Error) | 필요한 직무 또는 절차의 수행 지연으로 인한 에러<br>예 프레스 작업 중에 금형 내에 손이 오랫동안 남아 있어 발생한 재해 |
| 과잉행동에러(Extraneous Error, 불필요한 행동에러) | 불필요한 작업 또는 절차를 수행함으로써 기인한 에러<br>예 자동차 운전 중 습관적으로 손을 창문으로 내밀어 발생한 재해 |

## 2. 원인의 수준(Level)적 분류

| | |
|---|---|
| Primary Error (1차 에러) | 작업자 자신으로부터 발생한 에러 |
| Secondary Error (2차 에러) | 작업형태나 작업조건 중에서 다른 문제가 발생하여 필요한 직무나 절차를 수행할 수 없는 에러 |
| Command Error (지시 에러) | 요구된 기능을 실행하고자 하여도 필요한 물건, 정보, 에너지 등이 공급되지 않아서 작업자가 움직일 수 없는 상황에서 발생한 에러 |

## 8 인간 실수 확률(HEP)

### 1. 인간 실수 확률(HEP ; Human Error Probability)

특정한 직무에서 하나의 착오가 발생할 확률(할당된 시간은 내재적이거나 명시되지 않는다.)

$$인간\ 실수\ 확률(HEP) = \frac{인간의\ 실수\ 수}{전체\ 실수발생기회의\ 수}$$

### 2. 직무의 성공적 수행 확률(직무 신뢰도)

$$인간\ 신뢰도(R) = 1 - HEP$$

## 9 시스템의 신뢰도

### 1. 직렬구조

① 요소 중 어느 하나가 고장이면 시스템은 고장이다. 즉, 모든 요소가 정상일 때 시스템은 정상이다.
② 직렬구조는 정비나 보수로 인해 시스템의 신뢰도 함수가 가장 크게 영향을 받는다.

$$R = R_1 \times R_2 \times R_3 \times \cdots \times R_n = \prod_{i=1}^{n} R_i$$

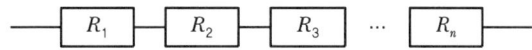

### 2. 병렬구조(Fail Safety)

① 시스템의 모든 요소가 고장 나면 시스템이 고장 나는 구조이다.
② 즉, 요소의 어느 하나가 정상적이면 계는 정상이다.

$$R = 1 - (1-R_1)(1-R_2)\cdots(1-R_n) = 1 - \prod_{i=1}^{n}(1-R_i)$$

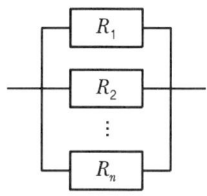

> **··· 예상문제**
>
> 다음 그림과 같은 시스템의 신뢰도는 얼마인가?(단, 숫자는 해당 부품의 신뢰도이다.)
>
>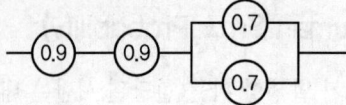
>
> **풀이** $R = 0.9 \times 0.9 \times [1-(1-0.7)(1-0.7)] = 0.7371$
>
> **답** 0.7371

## 10 정보의 측정 단위

① Bit : 실현 가능성이 같은 2개의 대안 중 하나가 명시되었을 때 우리가 얻는 정보량

② 실현 가능성이 같은 $n$개의 대안이 있을 때 총 정보량 $H$

$$H = \log_2 n$$

③ 이것은 각 대안의 실현 확률($n$의 역수)로 표현할 수도 있다. ($P$를 각 대안의 실현 확률이라 하면)

$$H = \log_2 \frac{1}{P}$$

여기서, $P = \frac{1}{n}$

④ 두 대안의 실현 확률의 차이가 커질수록 정보량 $H$는 줄어든다.

⑤ 여러 개의 실현 가능한 대안이 있을 경우 평균 정보량은 각 대안의 정보량에 실현 확률을 곱한 것을 모두 합하면 된다.

$$H = \sum_{i=1}^{n} P_i \log_2\left(\frac{1}{P_i}\right)$$

여기서, $P_i$ : 각 대안의 실현 확률

### 예상문제

인간이 절대 식별할 수 있는 대안의 최대 범위는 대략 7이라고 한다. 이를 정보량의 단위인 bit로 표시하면 약 몇 bit가 되는가?

**풀이** $H = \log_2 n = \log_2 7 = \dfrac{\log 7}{\log 2} = 2.8$

**답** 2.8[bit]

### 예상문제

동전던지기에서 앞면이 나올 확률 $P(앞) = 0.9$이고, 뒷면이 나올 확률 $P(뒤) = 0.1$일 때, 앞면과 뒷면이 나올 사건 각각의 정보량은?

**풀이**
① 앞면 : $H = \log_2 \dfrac{1}{P} = \log_2 \dfrac{1}{0.9} = 0.15[\text{bit}]$
② 뒷면 : $H = \log_2 \dfrac{1}{P} = \log_2 \dfrac{1}{0.1} = 3.32[\text{bit}]$

**답** 앞면 : 0.15[bit], 뒷면 : 3.32[bit]

### 예상문제

인간의 반응시간을 조사하는 실험에서 0.1, 0.2, 0.3, 0.4의 점등확률을 갖는 4개의 전등이 있다. 이 자극 전등이 전달하는 정보량은 약 얼마인가?

**풀이** $H = 0.1 \times \log_2\left(\dfrac{1}{0.1}\right) + 0.2 \times \log_2\left(\dfrac{1}{0.2}\right) + 0.3 \times \log_2\left(\dfrac{1}{0.3}\right) + 0.4 \times \log_2\left(\dfrac{1}{0.4}\right) = 1.85$

**답** 1.85[bit]

# 11 위험성 평가

## 1. 위험성 평가의 정의

사업주가 스스로 유해·위험요인을 파악하고 해당 유해·위험요인의 위험성 수준을 결정하여, 위험성을 낮추기 위한 적절한 조치를 마련하고 실행하는 과정을 말한다.

## 2. 용어의 정의

① 유해·위험요인 : 유해·위험을 일으킬 잠재적 가능성이 있는 것의 고유한 특징이나 속성을 말한다.
② 위험성 : 유해·위험요인이 사망, 부상 또는 질병으로 이어질 수 있는 가능성과 중대성 등을 고려한 위험의 정도를 말한다.

## 3. 위험성 평가의 절차

사업주는 위험성 평가를 다음의 절차에 따라 실시하여야 한다. 다만, 상시근로자 5인 미만 사업장(건설공사의 경우 1억 원 미만)의 경우 사전준비 절차를 생략할 수 있다.

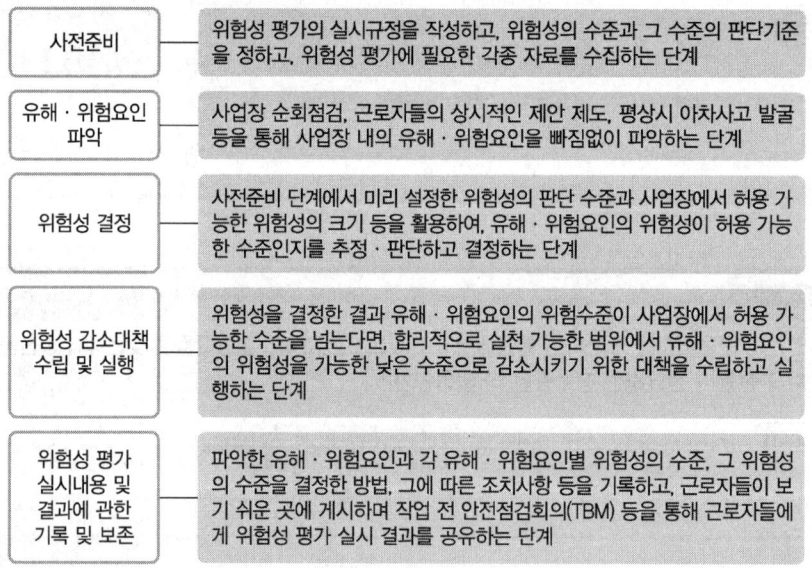

## 4. 위험성 평가 절차별 중점사항

### 1) 사전준비

사업주는 위험성 평가를 효과적으로 실시하기 위하여 최초 위험성 평가 시 다음 각 호의 사항이 포함된 위험성 평가 실시규정을 작성하고, 지속적으로 관리하여야 한다.
① 평가의 목적 및 방법
② 평가담당자 및 책임자의 역할
③ 평가시기 및 절차
④ 근로자에 대한 참여·공유방법 및 유의사항
⑤ 결과의 기록·보존

### 2) 유해·위험요인 파악

사업주는 사업장 내의 위험성 평가 대상에 따른 유해·위험요인을 파악하여야 한다. 이때 업종, 규모 등 사업장 실정에 따라 다음 각 호의 방법 중 어느 하나 이상의 방법을 사용하되, 특별한 사정이 없으면 사업장 순회점검에 의한 방법을 포함하여야 한다.
① 사업장 순회점검에 의한 방법
② 근로자들의 상시적 제안에 의한 방법
③ 설문조사·인터뷰 등 청취조사에 의한 방법
④ 물질안전보건자료, 작업환경측정결과, 특수건강진단결과 등 안전보건 자료에 의한 방법
⑤ 안전보건 체크리스트에 의한 방법
⑥ 그 밖에 사업장의 특성에 적합한 방법

### 3) 위험성 평가의 공유

① 사업주는 위험성 평가를 실시한 결과 중 다음 각 호에 해당하는 사항을 근로자에게 게시, 주지 등의 방법으로 알려야 한다.
  ㉠ 근로자가 종사하는 작업과 관련된 유해·위험요인
  ㉡ 유해·위험요인의 위험성 결정 결과
  ㉢ 유해·위험요인의 위험성 감소대책과 그 실행 계획및 실행 여부
  ㉣ 위험성 감소대책에 따라 근로자가 준수하거나 주의하여야 할 사항
② 사업주는 위험성 평가 결과 중대재해로 이어질 수 있는 유해·위험요인에 대해서는 작업 전 안전점검회의(TBM ; Tool Box Meeting) 등을 통해 근로자에게 상시적으로 주지시키도록 노력하여야 한다.

### 4) 위험성 평가 실시내용 및 결과의 기록·보존

① 사업주가 위험성 평가의 결과와 조치사항을 기록·보존할 때에는 다음 각 호의 사항이 포함되어야 한다.

㉠ 위험성 평가 대상의 유해·위험요인
㉡ 위험성 결정의 내용
㉢ 위험성 결정에 따른 조치의 내용
㉣ 그 밖에 위험성 평가의 실시내용을 확인하기 위하여 필요한 사항으로서 고용노동부장관이 정하여 고시하는 사항
    ⓐ 위험성 평가를 위해 사전조사한 안전보건정보
    ⓑ 그 밖에 사업장에서 필요하다고 정한 사항
② 사업주는 제①항에 따른 자료를 3년간 보존해야 한다.
③ 기록의 최소 보존기한은 위험성 평가의 실시 시기별 위험성 평가를 완료한 날부터 기산한다.

## 12 시스템 위험분석

### 1. 위험처리기술(위험관리기법)

| | |
|---|---|
| 위험의 회피<br>(Avoidance) | ① 위험 자체를 피하는 행위<br>② 잠재적 이익도 포기하는 극히 소극적인 수단 |
| 위험의 감소<br>(Reduction) | ① 위험을 적극적으로 예방하고 경감하는 행위<br>② 잠재적 위험의 노출을 최대한 감소하는 방법 |
| 위험의 전가<br>(Transfer) | ① 위험을 제3자에게 전가하거나 공유하는 행위<br>② 보험, 공제조합, 기금 등 |
| 위험의 보유(보류)<br>(Retention) | ① 무계획적 보유 : 가장 위험한 행위<br>② 계획적 보유 : 회피, 감소, 전가될 수 없는 위험에 적극적으로 대응 |

### 2. 위험과 운전분석(HAZOP ; Hazard and Operability Studies)

1) 개요

① 공정에 존재하는 위험요소들과 공정의 효율을 떨어뜨릴 수 있는 운전상의 문제점을 찾아내어 그 원인을 제거하는 방법을 말한다.
② 화학공장에서의 위험성(Hazard)과 운전성(Oprability)을 정해진 규칙과 설계도면에 의하여 체계적으로 분석, 평가하는 방법이다.

2) 특징

① 화학공장에서 가동문제를 파악하는 데 널리 사용된다. 즉, 위험요소를 예측하고 새로운 공정에 대한 (지식부족으로 인한) 가동문제를 예측하는 데 사용된다.
② 자세한 공장과 설비의 설명이 필요하고 각 공정과 제어에 대한 완전한 이해가 있어야 한다.

③ 5~7명의 각 분야별 전문가와 안전기사로 구성된 팀원들이 상상력을 동원하여 가이드단어로서 위험요소를 점검한다.
④ HAZOP의 적용은 대부분 상세설계 기간이나 설계가 완료된 단계, 즉 개발단계에서 수행되는 것이 보통이다.
⑤ HAZOP은 설계변경이 가능한 초기 설계단계에서 수행하는 것이 가장 바람직하다.

### 3) 가이드 워드(Guide Word)

① 설계의 각 부분의 완전성을 검토(Test)하기 위해 만들어진 질문들이 설계의도로부터 설계가 벗어날 수 있는 모든 경우를 검토해 볼 수 있도록 하기 위한 것
② 가이드 워드는 변수의 질이나 양을 표현하는 간단한 용어를 말한다.
③ 가이드 워드(가이드 단어)의 의미

| 가이드 워드 | 의미 | 설명(예) |
|---|---|---|
| No/Not or None (없음) | 설계의도의 완전한 부정 | ① 설계의도의 어떤 부분도 성취되지 않으며 아무 것도 일어나지 않음<br>② 검토구간 내에서 유량이 없거나 흐르지 않는 상태를 뜻함<br>③ 설계의도에 완전히 반하여 변수의 양이 없는 상태 |
| More / Less (증가/감소) | 양의 증가 혹은 감소 (정량적 증가 혹은 감소) | ① More : 검토구간 내에서 유량이 설계의도보다 많이 흐르는 상태를 뜻함, 변수가 양적으로 증가되는 상태<br>② Less : 증가(More)의 반대이며, 적은 경우에는 없음(No)으로 표현될 수도 있음, 변수가 양적으로 감소되는 상태 |
| As well as (부가) | 성질상의 증가 (정성적 증가) | ① 모든 설계의도와 운전조건이 어떤 부가적인 행위와 함께 일어남<br>② 설계의도 외에 다른 변수가 부가되는 상태<br>③ 오염 등과 같이 설계의도 외에 부가로 이루어지는 상태를 뜻함 |
| Part of (부분) | 성질상의 감소 (정성적 감소) | ① 어떤 의도는 성취되나 어떤 의도는 성취되지 않음<br>② 설계의도대로 완전히 이루어지지 않는 상태<br>③ 조성 비율이 잘못된 것과 같이 설계의도대로 되지 않는 상태 |
| Reverse (반대) | 설계의도의 논리적인 역 (설계의도와 반대현상) | ① 검토구간 내에서 유체가 정반대 방향으로 흐르는 상태<br>② 설계의도와 정반대로 나타나는 상태 |
| Other than (기타) | 완전한 대체의 필요 | ① 설계의도의 어떤 부분도 성취되지 않고 전혀 다른 것이 일어남<br>② 밸브가 잘못 설치되거나 다른 원료가 공급되는 상태 |

## 3. 예비위험분석(PHA ; Preliminary Hazard Analysis)

① 공정 또는 설비 등에 관한 상세한 정보를 얻을 수 없는 상황에서 위험물질과 공정요소에 초점을 맞추어 초기 위험을 확인하는 방법을 말한다.
② 시스템안전 위험분석(SSHA)을 수행하기 위한 예비적인 최초의 작업으로 위험요소가 얼마나 위험한지를 정성적으로 평가하는 것이다.
③ PHA는 구상단계나 설계 및 발주의 극히 초기에 실시된다.

## 4. 고장형태와 영향분석(FMEA ; Failure Mode and Effects Analysis)

① 시스템이나 서브시스템 위험분석을 위하여 일반적으로 사용되는 전형적인 정성적 · 귀납적 분석기법으로 시스템에 영향을 미치는 모든 요소의 고장을 형태별로 분석하여 그 영향을 검토하는 분석기법
② 시스템 내의 위험요소가 얼마나 위험한 상태에 있는가를 정성적으로 평가하는 기법
③ 고장 발생을 최소로 하고자 하는 경우에 유효하다.

## 5. 사건수 분석(ETA ; Event Tree Analysis)

### 1) 개요

① 초기 사건으로 알려진 특정한 장치의 이상 또는 운전자의 실수에 의해 발생되는 잠재적인 사고결과를 정량적으로 평가 · 분석하는 방법
② 사상의 안전도를 사용해서 시스템의 안전도를 표시하는 시스템 모델의 하나로 귀납적이기는 하지만 정량적인 해석기법
③ 항공기의 안전성 평가에 널리 사용되는 기법으로서 각 중요 부품의 고장률, 운용 형태, 보정계수, 사용시간 비율 등을 고려하여 정량적 · 귀납적으로 부품의 위험도를 평가하는 기법
④ 설비의 설계단계에서부터 사용단계까지 각 단계에서 위험을 분석하는 귀납적 · 정량적 분석방법

## 6. 위험도 분석(CA ; Criticality Analysis)

① 고장이 직접 시스템의 손실과 인명의 사상에 연결되는 높은 위험도를 가진 요소나 고장의 형태에 따른 분석기법
② FMEA를 실시한 결과 고장등급이 높은 고장모드가 시스템이나 기기의 고장에 어느 정도로 기여하는가를 정량적으로 계산하고, 그 영향을 정량적으로 평가하는 해석 기법
③ FMEA에 치명도 해석을 포함시킨 것을 FMECA(Failure Mode Effect and Criticality Analysis)라고 한다.

## 7. 이상 위험도 분석(FMECA ; Failure Mode Effect and Criticality Analysis)

① 공정 및 설비의 고장 형태 및 영향, 고장형태별 위험도 순위 등을 결정하는 방법을 말한다.
② 고장의 형태, 영향 및 치명도 분석이라고도 한다.
③ 정성적 분석방법이나 이를 정량적으로 보완하기 위하여 개발된 분석기법(정성적 분석방법과 정량적 분석방법을 동시에 사용)
④ CA는 FMEA와 병용되는 경우가 많아 SAE는 FMEA를 확장해서 개발
⑤ FMECA = FMEA + CA
⑥ 신규 제품설계평가에는 FMECA는 잘 사용하지 않고 FMEA만 사용된다.

## 8. 인간과오율 예측기법(THERP ; Technique for Human Error Rate Prediction)

① 사고원인 가운데 인간의 과오나 기인된 원인분석, 확률을 계산함으로써 제품의 결함을 감소시키고, 인간공학적 대책을 수립하는 데 사용되는 분석기법
② 인간의 과오(Human Error)를 정량적으로 평가하기 위해 개발된 기법(Swain 등에 의해 개발된 인간과오율 예측기법)

## 9. 경영위험도 분석(MORT ; Management Oversight and Risk Tree)

① 관리, 설계, 생산, 보전 등에 대한 넓은 범위에 걸쳐 안전성을 확보하려고 시도된 것
② 개발의 대상이 원자력 산업이지만 처음으로 산업안전을 목적으로 개발된 시스템 안전 프로그램
③ 연역적이면서 정량적 해석방법
④ 원자력 산업과 같이 이미 상당한 안전이 확보되어 있는 장소에서 관리, 설계, 생산, 보전 등 광범위하고 고도의 안전 달성을 목적으로 하는 시스템 해석법

## 10. 운용 및 지원 위험분석(O & SHA ; Operation and Support(O & S) Hazard Analysis)

생산, 보전, 시험, 운반, 저장, 비상탈출, 운전, 구조, 훈련 및 폐기 등에 사용되는 인원, 설비에 관하여 위험을 파악하고 제어하며, 그들의 안전요건을 결정하기 위하여 실시하는 분석기법

---

# 13 KEYWORD 결함수 분석(FTA)

## 1. FTA(Fault Tree Analysis)의 개요

① 사고의 원인이 되는 장치의 이상이나 고장의 다양한 조합 및 작업자 실수 원인을 연역적으로 분석하는 방법을 말한다.
② FTA는 시스템 고장을 발생시키는 사상과 그의 원인과의 인과관계를 논리기호를 사용하여 나뭇가지 모양의 그림으로 나타낸 고장목을 만들고 이에 의거 시스템의 고장확률을 구함으로써 문제가 되는 부분을 찾아내어 시스템의 신뢰성을 개선하는 연역적이고 정성적·정량적인 고장해석 및 신뢰성 평가방법이다.

## 2. 논리기호 및 사상기호

### 1) FTA 분석 기호

| 번호 | 기호 | 명칭 | 내용 |
|---|---|---|---|
| 1 | | 결함사상 | 사고가 일어난 사상(사건) |
| 2 | ○ | 기본사상 | 더 이상 전개가 되지 않는 기본적인 사상 또는 발생확률이 단독으로 얻어지는 낮은 레벨의 기본적인 사상 |
| 3 | | 통상사상<br>(가형사상) | 통상발생이 예상되는 사상(예상되는 원인) |
| 4 | ◇ | 생략사상<br>(최후사상) | 정보 부족 또는 분석기술 불충분으로 더 이상 전개할 수 없는 사상(작업 진행에 따라 해석이 가능할 때는 다시 속행한다) |
| 5 | △ | 전이기호<br>(이행기호) | ① FT도상에서 다른 부분에 관한 이행 또는 연결을 나타낸다.<br>② 상부에 선이 있는 경우는 다른 부분으로 전입(IN) |
| 6 | △ | 전이기호<br>(이행기호) | ① FT도상에서 다른 부분에 관한 이행 또는 연결을 나타낸다.<br>② 측면에 선이 있는 경우는 다른 부분으로 전출(OUT) |

### 2) 게이트 기호

| 명칭 | 내용 | 기호 |
|---|---|---|
| AND 게이트 | 모든 입력사상이 공존할 때만 출력사상이 발생한다. | |
| OR 게이트 | 입력사상 중 어느 하나라도 발생하게 되면 출력사상이 발생한다. | |
| 억제 게이트<br>(제어 게이트) | 입력사상 중 어느 것이나 이 게이트로 나타내는 조건을 만족하는 경우에만 출력사상이 발생한다.(조건부확률) | |
| 부정 게이트 | 입력현상의 반대현상이 출력된다. | |

## 3) 수정 게이트

| | | |
|---|---|---|
| 우선적 AND 게이트 | 입력사상 중 어떤 사상이 다른 사상보다 먼저 일어난 때에 출력사상이 생긴다. 즉, 출력이 발생하기 위해서는 입력들이 정해진 순서로 발생해야 한다. | (ai, aj, ak 순으로) |
| 조합 AND 게이트 | 3개 이상의 입력사상 중 어느 것이나 2개가 일어나면 출력이 생긴다. | (어느 것이나 2개) |
| 배타적 OR 게이트 | OR 게이트이지만 2개 또는 그 이상의 입력이 동시에 존재하는 경우에는 출력이 생기지 않는다. | (동시발생이 없음) |
| 위험 지속기호 | 입력사상이 발생하여 어떤 일정한 시간이 지속될 때에 출력이 생긴다. 만약 지속되지 않으면 출력은 생기지 않는다. | (위험 지속 시간) |

## 3. FTA에 의한 재해사례의 연구 순서

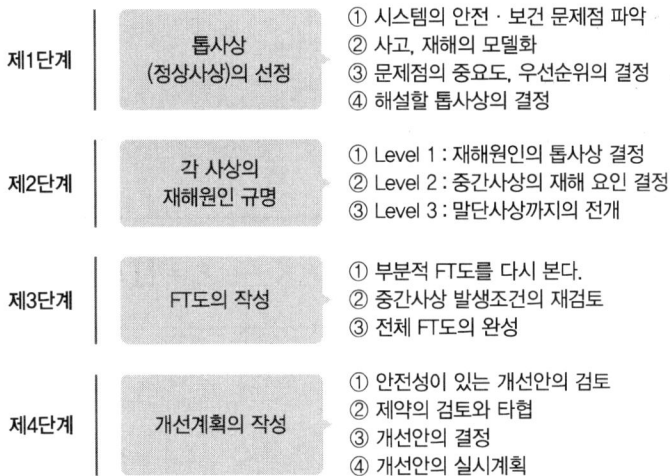

제1단계 — 톱사상(정상사상)의 선정
① 시스템의 안전·보건 문제점 파악
② 사고, 재해의 모델화
③ 문제점의 중요도, 우선순위의 결정
④ 해설할 톱사상의 결정

제2단계 — 각 사상의 재해원인 규명
① Level 1 : 재해원인의 톱사상 결정
② Level 2 : 중간사상의 재해 요인 결정
③ Level 3 : 말단사상까지의 전개

제3단계 — FT도의 작성
① 부분적 FT도를 다시 본다.
② 중간사상 발생조건의 재검토
③ 전체 FT도의 완성

제4단계 — 개선계획의 작성
① 안전성이 있는 개선안의 검토
② 제약의 검토와 타협
③ 개선안의 결정
④ 개선안의 실시계획

## 4. Cut Set & Path Set

### 1) 컷셋(Cut Set)

정상사상을 발생시키는 기본사상의 집합으로 그 안에 포함되는 모든 기본사상(여기서는 통상사상, 생략, 결함사상 등을 포함한 기본사상)이 발생할 때 정상사상을 발생시킬 수 있는 기본사상의 집합

### 2) 패스셋(Path Set)

그 안에 포함되는 모든 기본사상이 일어나지 않을 때 처음으로 정상사상이 일어나지 않는 기본사상의 집합, 즉 시스템이 고장나지 않도록 하는 사상의 조합이다.

### 3) 미니멀 컷셋(Minimal Cut Set)

① 컷셋의 집합 중에서 정상사상을 일으키기 위하여 필요한 최소한의 컷셋을 미니멀 컷셋이라 한다. 즉, 컷셋 중에서 타 컷셋을 포함하고 있는 것을 배제하고 남은 컷셋들을 의미한다.
② 어느 고장이나 실수를 발생시키면 재해가 일어나는가 하는 것, 즉 시스템의 위험성(반대로 말하면 안전성)을 나타내는 것이다.
③ 미니멀 컷셋은 시스템의 기능을 마비시키는 사고요인의 집합이다.

### 4) 미니멀 패스셋(Minimal Path Set)

① 미니멀 패스셋은 정상사상이 일어나지 않기 위해 필요한 최소한의 것을 말한다.
② 미니멀 패스셋은 어느 고장이나 실수를 일으키지 않으면 재해가 일어나지 않는다는 것으로 시스템의 신뢰성을 나타내는 것이다.
③ 미니멀 패스셋은 시스템의 기능을 살리는 최소요인의 집합이다.

## 5. 고장확률의 계산 방법

### 1) AND 게이트(Gate)의 경우

① 기본사상 $n$개가 모두가 고장을 일으키면 정상사상이 고장이 난다는 논리기호이다.
② 신뢰성 블록도에서는 병렬시스템이다.

$$F_T = F_1 \times F_2 \times F_3 \times \cdots \times F_n = \prod_{i=1}^{n} F_i$$

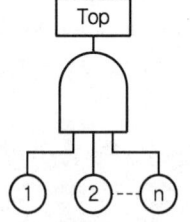

| AND 게이트의 FTA |

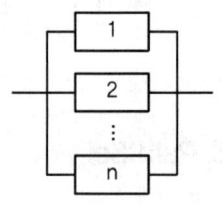

| 신뢰성 블록도(병렬) |

## 2) OR 게이트(Gate)의 경우

① 기본사상 $n$개 중 어느 하나라도 고장을 일으키면 정상사상이 고장이 난다는 논리기호이다.
② 신뢰성 블록도에서는 직렬시스템이다.

$$F_T = 1-(1-F_1)(1-F_2)\cdots(1-F_n) = 1-\prod_{i=1}^{n}(1-F_i)$$

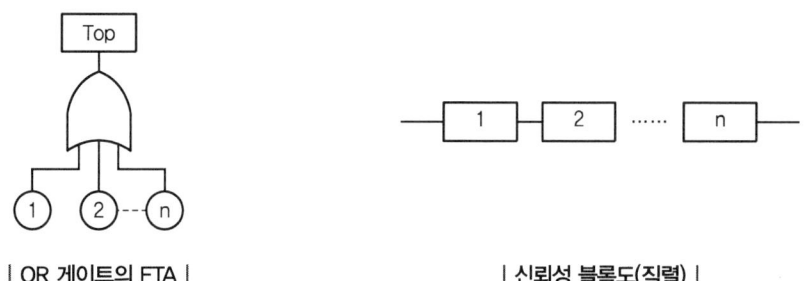

| OR 게이트의 FTA |    | 신뢰성 블록도(직렬) |

## 6. 미니멀 컷셋을 구하는 법

① AND 게이트 : 항상 컷셋의 크기를 증가시킨다.
② OR 게이트 : 항상 컷셋의 수를 증가시킨다.
③ 정상사상에서 차례로 상단의 사상을 하단의 사상으로 치환하면서 AND 게이트는 가로로 나열하고, OR 게이트는 세로로 나열시킨다.(모든 기본사상에 도달했을 때 그들 각 행이 미니멀 컷셋이 된다.)

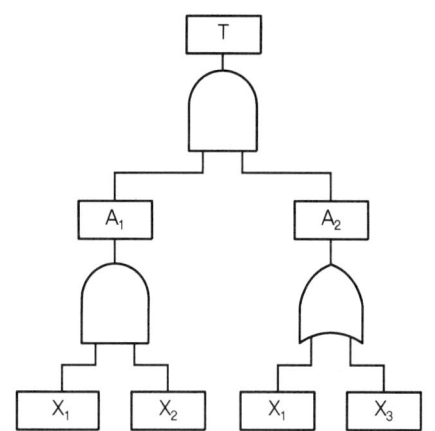

④ 미니멀 컷셋(Minimal Cut Set)

|   | ⓐ | ⓑ | ⓒ | ⓓ | ⓔ |
|---|---|---|---|---|---|
| T → | $A_1, A_2$ → | $X_1, X_2, A_2$ → | $X_1, X_2, X_1$ <br> $X_1, X_2, X_3$ → | $X_1, X_2$ <br> $X_1, X_2, X_3$ → | $X_1, X_2$ |

ⓒ에서 1행의 컷셋은 $X_1$이 중복되어 있으므로 ($X_1, X_2$)가 되고 ⓓ의 2행에서는 ($X_1, X_2$)가 포함되어 있기 때문에 최소 컷셋은 ⓔ와 같다.

## 7. FTA의 활용 및 기대효과

| 사고원인 규명의 간편화 | 사고의 세부적인 원인목록을 작성하여 전문적인 지식이 부족한 사람도 해당 사고의 구조를 파악할 수 있음 |
|---|---|
| 사고원인 분석의 일반화 | 재해 발생의 모든 원인들의 연쇄를 한눈에 알기 쉽게 Tree상으로 표현 할 수 있음 |
| 사고원인 분석의 정량화 | FTA에 의한 재해 발생원인의 정량적 해석과 예측, 컴퓨터 처리 및 통계적인 처리가 가능 |
| 노력과 시간의 절감 | FTA의 전산화를 통해 사고 발생에의 기여도가 높은 중요 원인을 분석하고 파악하여 사고예방을 위한 노력과 시간을 절감 |
| 시스템 결함 진단 | 복잡한 시스템 내의 결함을 최소시간과 최소비용으로 효과적인 교정을 통하여 재해를 예방할 수 있고 재해 발생 시 이를 극소화할 수 있음 |
| 안전점검 체크리스트 작성 | 안전점검상 중점을 두어야 할 부분 등을 체계적으로 정리한 안전점검 체크리스트를 만들 수 있음 |

# 14 시스템 수명곡선(욕조곡선)

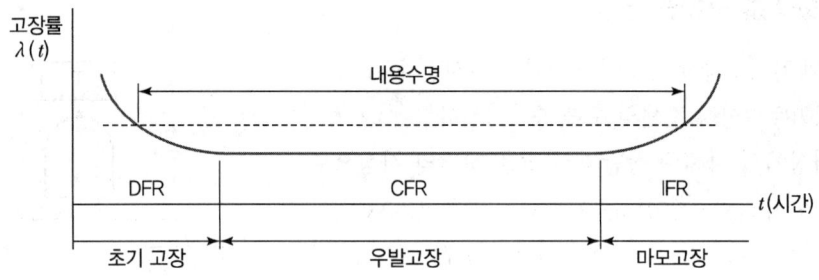

| 고장률 곡선(욕조곡선(Bath-tub Curve)) |

## 1. 초기 고장

① 감소형 – DFR(Decreasing Failure Rate) : 고장률이 시간에 따라 감소
② 불량제조, 생산과정에서 품질관리 미비, 설계미숙 등으로 일어나는 고장
③ 점검작업이나 시운전 등으로 감소시킬 수 있다.
④ 디버깅(Debugging) 기간 : 초기에 기계의 결함을 찾아내 고장률을 안정시키는 기간
⑤ 번인(Burn-in) 기간 : 제품을 실제로 장시간 가동하여 결함의 원인을 제거하는 기간
⑥ 보전예방(MP) 실시

## 2. 우발고장

① 일정형 – CFR(Constant Failure Rate) : 고장률이 시간에 관계없이 거의 일정
② 예측할 수 없을 때 발생하는 고장으로 시운전이나 점검작업으로는 방지할 수 없다.
③ 낮은 안전계수, 사용자의 과오, 설계 강도 이상의 급격한 스트레스 축적, 최선의 검사방법으로도 탐지되지 않는 결함 때문에 발생하는 고장
④ 극한 상황을 고려한 설계, 안전계수를 고려한 설계 등으로 감소시킬 수 있다.
⑤ 사후보전(BM) 실시

## 3. 마모고장

① 증가형 – IFR(Increasing Failure Rate) : 고장률이 시간에 따라 증가
② 장치의 일부가 수명을 다하여 생기는 고장
③ 부식 또는 산화, 마모 또는 피로, 불충분한 정비 등으로 발생하는 고장
④ 안전진단 및 적당한 보수에 의해 감소시킬 수 있다.
⑤ 예방보전(PM) 실시

# 15 안전성 평가

## 1. 안전성 평가의 단계

안전성 평가는 6단계에 의해 실시되며, 경우에 따라 5단계와 6단계가 동시에 이루어지기도 한다.

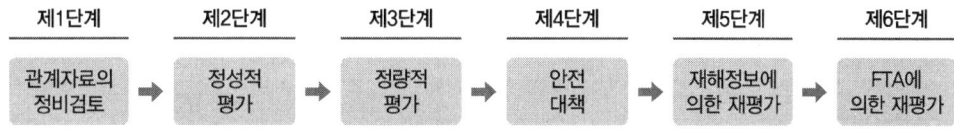

## 2. 평가항목(화학설비에 대한 안전성 평가)

### 1) 제1단계 : 관계자료의 정비검토(작성준비)

① 입지조건(지질도, 풍배도 등 입지에 관계있는 도표를 포함)
② 화학설비 배치도
③ 건조물의 평면도와 단면도 및 입면도
④ 기계실 및 전기실의 평면도와 단면도 및 입면도
⑤ 원재료, 중간체, 제품 등의 물리적·화학적 성질 및 인체에 미치는 영향
⑥ 제조공정상 일어나는 화학반응
⑦ 제조공정 개요
⑧ 공정기기 목록
⑨ 공정계통도
⑩ 배관, 계장 계통도
⑪ 안전설비의 종류와 설치장소
⑫ 운전요령
⑬ 요원배치계획, 안전보건 훈련계획
⑭ 기타 관련 자료

### 2) 제2단계 : 정성적 평가

| 설계 관계 항목 | 운전 관계 항목 |
|---|---|
| ① 입지조건<br>② 공장 내 배치<br>③ 건조물<br>④ 소방설비 | ① 원재료, 중간체, 제품 등의 위험성<br>② 프로세스의 운전조건 수송, 저장 등에 대한 안전대책<br>③ 프로세스 기기의 선정요건 |

### 3) 제3단계 : 정량적 평가

| 평가항목 | 평점 |
|---|---|
| ① 취급물질<br>② 화학설비의 용량<br>③ 온도<br>④ 압력<br>⑤ 조작 | ① A(10점)<br>② B(5점)<br>③ C(2점)<br>④ D(0점) |

▼ 등급 구분

| 위험등급 | I 등급 | II 등급 | III 등급 |
|---|---|---|---|
| 점수 | 16점 이상 | 11~15점 | 0~10점 |

4) 제4단계 : 안전대책

| 설비 등에 관한 대책 | 관리적 대책 |
|---|---|
| ① 소화용수 및 살수설비 설치<br>② 폐기설비 및 급랭설비<br>③ 비상용 전원<br>④ 경보장치<br>⑤ 용기 내 폭발 방지설비 설치<br>⑥ 가스검지기 설치 등 | ① 적정한 인원배치<br>② 교육 훈련<br>③ 보전 등 |

5) 제5단계 : 재해정보에 의한 재평가

안전의 대책 강구 후 그 설계에 동종 플랜트 또는 동종 장치에서 파악한 재해정보를 적용시켜 재평가하고 재해사례를 상호교환한다.

6) 제6단계 : FTA에 의한 재평가

위험등급이 I등급(16점 이상)에 해당하는 플랜트에 대해 FTA에 의한 재평가 실시

## 16 설비의 운전 및 유지관리

### 1. 평균고장간격(MTBF ; Mean Time Between Failure)

1) MTBF의 정의

수리하여 사용이 가능한 시스템에서 고장과 고장 사이의 정상적인 상태로 동작하는 평균시간(고장과 고장 사이 시간의 평균치)

2) 고장률과 평균고장간격

① 고장률

$$평균고장률(\lambda) = \frac{r(\text{그 기간 중의 총 고장 수})}{T(\text{총 동작시간})} = \frac{1}{MTBF} = \frac{1}{MTTF}$$

$$MTBF(MTTF) = \frac{1}{\lambda} = \frac{T(\text{총 동작시간})}{r(\text{그 기간 중의 총 고장 수})}$$

② 고장확률밀도함수가 지수분포인 부품을 평균수명만큼 사용한 경우의 신뢰도

$$t = MTBF \text{이고}, \lambda = \frac{1}{MTBF} \text{ 가 되므로}$$

$$\text{신뢰도 } R(t = MTBF) = e^{-\lambda t} = e^{-\frac{MTBF}{MTBF}} = e^{-1}$$

**··· 예상문제**

한 대의 기계를 100시간 동안 연속 사용한 경우 6회의 고장이 발생하였고, 이때의 총고장수리시간이 15시간이었다. 이 기계의 MTBF(Mean Time Between Failure)는 약 얼마인가?

**풀이**

$$MTBF(MTTF) = \frac{T(\text{총 동작시간})}{r(\text{그 기간 중의 총 고장수})} = \frac{100 - 15}{6} = 14.17$$

**답** 14.17

**··· 예상문제**

지수분포를 따르는 A 제품의 평균수명은 5,000시간이다. 이 제품을 연속적으로 6,000시간 동안 사용할 경우 고장 없이 작동할 확률은?

**풀이**

$$R(t) = e^{-\frac{t}{MTBF}} = e^{-\lambda t} = e^{-\frac{6,000}{5,000}} = 0.3011$$

**답** 0.3011

## 2. 평균고장수명(고장까지의 평균시간, MTTF ; Mean Time To Failure)

고장이 발생되면 그것으로 수명이 없어지는 제품의 평균수명이며, 이는 수리하지 않는 시스템, 제품, 기기, 부품 등이 고장 날 때까지 동작시간의 평균치

## 3. 평균수리시간(MTTR ; Mean Time To Repair)

고장 난 후 시스템이나 제품이 제 기능을 발휘하지 않은 시간부터 회복할 때까지의 소요시간에 대한 평균의 척도이며 사후보전에 필요한 수리시간의 평균치를 나타낸다.

## 17 KEYWORD 근골격계질환

① 반복적인 동작, 부적절한 작업자세, 무리한 힘의 사용, 날카로운 면과의 신체접촉, 진동 및 온도 등의 요인에 의하여 발생하는 건강장해로서 목, 어깨, 허리, 팔·다리의 신경·근육 및 그 주변 신체조직 등에 나타나는 질환을 말한다.
② 유사 용어로는 누적 외상성 질환(CTDS), 반복성 긴장 상해 등이 있다.

## 18 KEYWORD 동작경제의 원칙

작업자가 에너지의 낭비 없이 효과적으로 작업할 수 있도록 작업자의 동작을 세밀하게 분석하여 가장 경제적이고 합리적인 표준동작을 설정하는 것을 말한다.

| | |
|---|---|
| 신체 사용에 관한 원칙 | ① 두 손의 동작은 같이 시작하고 같이 끝나도록 한다.<br>② 휴식시간을 제외하고는 양손이 같이 쉬지 않도록 한다.<br>③ 두 팔의 동작은 서로 반대방향으로 대칭적으로 움직인다.<br>④ 손과 신체의 동작은 작업을 원만하게 처리할 수 있는 범위 내에서 가장 낮은 동작 등급을 사용하도록 한다.<br>⑤ 가능한 한 관성을 이용하여 작업을 하도록 하되, 작업자가 관성을 억제하여야 하는 경우에는 발생되는 관성을 최소한도로 줄인다.<br>⑥ 손의 동작은 유연하고 연속적인 동작이 되도록 하며, 방향이 갑자기 크게 바뀌는 모양의 직선동작은 피하도록 한다.<br>⑦ 탄도동작(Ballistic Movements)은 제한되거나 통제된 동작보다 더 신속, 정확, 용이하다.<br>⑧ 가능하다면 쉽고도 자연스러운 리듬이 작업동작에 생기도록 작업을 배치한다.<br>⑨ 눈의 초점을 모아야 작업을 할 수 있는 경우는 가능하면 없애고, 불가피한 경우에는 눈의 초점이 모아지는 서로 다른 두 작업지점 간의 거리를 짧게 한다. |
| 작업장 배치에 관한 원칙 | ① 모든 공구나 재료는 자기 위치에 있도록 한다.<br>② 공구, 재료 및 제어장치는 사용위치에 가까이 두도록 한다.<br>③ 중력을 이용한 부품상자나 용기를 이용하여 부품을 제품 사용위치에 가까이 보낼 수 있도록 한다.<br>④ 가능하다면 낙하시키는 운반방법을 사용하라.<br>⑤ 공구 및 재료는 동작에 가장 편리한 순서로 배치하여야 한다.<br>⑥ 채광 및 조명장치를 잘하여야 한다.<br>⑦ 작업자가 작업 중 자세를 변경, 즉 앉거나 서는 것을 임의로 할 수 있도록 작업대와 의자 높이가 조정되도록 한다.<br>⑧ 작업자가 좋은 자세를 취할 수 있도록 의자는 높이뿐만 아니라 디자인도 좋아야 한다. |
| 공구 및 설비 디자인에 관한 원칙 | ① 치구나 발로 작동시키는 기기를 사용할 수 있는 작업에서는 이러한 기기를 활용하여 양손이 다른 일을 할 수 있도록 한다.<br>② 공구의 기능은 결합하여서 사용하도록 한다.<br>③ 공구와 자재는 가능한 한 사용하기 쉽도록 미리 위치를 잡아준다.<br>④ 각 손가락에 서로 다른 작업을 할 때에는 작업량을 각 손가락의 능력에 맞게 분배해야 한다.<br>⑤ 레버, 핸들 및 제어장치는 작업자가 몸의 자세를 크게 바꾸지 않더라도 조작하기 쉽도록 배열한다. |

## 19 KEYWORD 인체계측

### 1. 인체계측의 방법

| 구조적 인체 치수(정적 측정) | ① 표준 자세에서 움직이지 않는 피측정자를 인체 계측기 등으로 측정하는 것<br>② 마틴(Martin)식 인체 측정기를 사용 |
|---|---|
| 기능적 인체 치수(동적 측정) | 인체 계측 중 운전 또는 워드 작업과 같이 인체의 각 부분이 서로 조화를 이루어 움직이는 자세에서의 인체치수를 측정하는 것 |

### 2. 인체계측 자료의 응용원칙

#### 1) 조절 가능한 설계

① 작업에 사용하는 설비, 기구 등은 체격이 다른 여러 근로자들을 위하여 직접 크기를 조절할 수 있도록 조절식으로 설계한다.
② 조절범위는 통상 여성의 5%치(최소치)에서 남성의 95%치(최대치)로 한다.
예 자동차 좌석의 전후 조절, 사무실 의자의 상하 조절, 책상 높이 등

#### 2) 극단치를 이용한 설계

① 조절 가능한 설계를 적용하기 곤란한 경우 극단치를 이용하여 설계할 수 있다.
② 극단치를 이용한 설계는 최대치를 이용하거나 최소치를 이용한다.
③ 특정한 설비를 설계할 때, 어떤 인체 계측 특성의 한 극단에 속하는 사람을 대상으로 설계하면 거의 모든 사람을 수용할 수 있는 경우가 있다.

| 구분 | 최대 집단치 설계 | 최소 집단치 설계 |
|---|---|---|
| 개념 | ① 대상 집단에 대한 인체 측정 변수의 상위 백분위수를 기준으로 90, 95, 혹은 99%치를 사용<br>② 대표치는 남성의 95백분위수를 이용<br>예 95%값에 속하는 사람을 수용할 수 있으면 이보다 작은 사람들도 모두 사용 가능 | ① 관련 인체 측정 변수 분포의 1, 5, 10% 등과 같은 하위 백분위수를 기준으로 결정<br>② 대표치는 여성의 5백분위수를 이용<br>예 팔이 짧은 사람이 잡을 수 있으면 이보다 긴 사람은 모두 잡을 수 있음 |
| 사례 | ① 출입문, 탈출구의 크기, 통로 등과 같은 공간여유를 정할 때 사용<br>② 그네, 줄사다리와 같은 지지물 등의 최소지지 중량(강도)<br>③ 버스 내 승객용 좌석 간의 거리, 위험구역 울타리<br>④ 작업대와 의자 사이의 간격 | ① 선반의 높이<br>② 조종 장치까지의 거리(조작자와 제어버튼 사이의 거리)<br>③ 비상벨의 위치 설계 |

### 3) 평균치를 이용한 설계

① 특정 장비나 설비의 경우, 최대 집단치 설계나 최소 집단치 설계 또는 조절범위식 설계가 부적절하거나 불가능할 때 평균치를 기준으로 한 설계를 할 경우가 있다.
② 대표치는 남녀 혼합 50백분위수를 이용한다.

예 가게나 은행의 계산대, 식당 테이블, 출근버스 손잡이 높이, 안내 데스크, 공원의 벤치 등

## 20 KEYWORD 시각적 표시장치

### 1. 정량적 표시장치의 종류(정량적인 동적 표시장치)

| 아날로그 (Analog) | 정목동침형 (Moving Pointer, 지침이동형) | ① 눈금이 고정되고 지침이 움직이는 형(고정눈금 이동지침 표시장치)<br>② 일정한 범위에서 수치가 자주 또는 계속 변하는 경우 가장 유용한 표시장치<br>③ 지침의 위치는 인식적인 암시 신호를 얻을 수 있다. |
|---|---|---|
| | 정침동목형 (Moving Scale, 지침고정형) | ① 지침이 고정되고 눈금이 움직이는 형(이동눈금 고정지침 표시장치)<br>② 나타내고자 하는 값의 범위가 클 때, 비교적 작은 눈금판에 모두 나타내고자 할 때(공간을 작게 차지하는 이점이 있음) |
| 디지털 (Digital) | 계수형 (Digital) | ① 전력계나 택시 요금 계기와 같이 기계, 전자적으로 숫자가 표시되는 형<br>② 출력되는 값을 정확하게 읽어야 하는 경우에 가장 적합하다.(수치를 정확하게 읽어야 할 경우)<br>③ 판독 오차는 원형 표시 장치보다 적을 뿐 아니라 판독 평균반응 시간도 짧다. (계수형 : 0.94초, 원형 : 3.54초) |

### 2. 정성적 표시장치

① 정성적 정보를 제공하는 표시장치는 온도, 압력, 속도와 같이 연속적으로 변하는 변수의 대략적인 값이나 또는 변화 추세, 변화율 등을 알고자 할 때 주로 사용된다.
② 정성적 표시장치는 색을 이용하여 각 범위 값들을 따로 암호화하여 설계를 최적화시킬 수 있다.
③ 색채 암호가 적합하지 않은 경우에는 구간을 형상 암호화할 수 있다.
④ 정성적 표시장치는 나타내는 값이 정상상태인지 여부를 판정하는 상태점검에도 사용된다.
⑤ 정성적 표시장치의 근본 자료 자체는 통상 정량적인 것이다.

## 3. 부호의 유형

| 묘사적 부호 | 사물이나 행동을 단순하고 정확하게 나타낸 부호<br>예 위험 표시판의 해골과 뼈, 보도 표지판의 걷는 사람, 소방안전표지판의 소화기 등 |
|---|---|
| 추상적 부호 | 전언의 기본요소를 도식적으로 압축한 부호(원개념과는 약간의 유사성만 존재)<br>예 별자리를 나타내는 12궁도 |
| 임의적 부호 | 부호가 이미 고안되어 이를 사용자가 배워야 하는 부호<br>예 경고표지는 삼각형, 안내표지는 사각형, 지시표지는 원형 등 |

# 21 KEYWORD 청각적 표시장치

## 1. 음압수준

$$dB_2 = dB_1 - 20\log\left(\frac{d_2}{d_1}\right)$$

여기서, $dB_1$ : 음원으로부터 $d_1$ 떨어진 지점의 음압수준
$dB_2$ : 음원으로부터 $d_2$ 떨어진 지점의 음압수준

> **··· 예상문제**
> 경보사이렌으로부터 10m 떨어진 음압수준이 140dB이면 100m 떨어진 곳에서 음의 강도는 얼마인가?
> 
> **풀이** $dB_2 = dB_1 - 20\log\left(\frac{d_2}{d_1}\right) = 140 - 20\log\left(\frac{100}{10}\right) = 120\,[dB]$
> 
> **답** 120[dB]

## 2. Phon(음량 수준)과 Sone(음량)의 관계

$$Sone값 = 2^{(Phon값 - 40)/10}$$

※ 음량 수준이 10Phon 증가하면 음량(Sone)은 2배로 증가된다.

$$Phon값 = 33.3\log(Sone값) + 40(Phon)$$

> **··· 예상문제**
>
> 음원 수준이 50Phon일 때 Sone값은 얼마인가?
>
> **풀이** Sone치 $= 2^{(\text{Phon치} - 40)/10} = 2^{(50-40)/10} = 2$
>
> **답** 2

## 3. 청각장치와 시각장치의 비교

| 청각적 표시장치 | 시각적 표시장치 |
|---|---|
| ① 전언이 간단하다. | ① 전언이 복잡하다. |
| ② 전언이 짧다. | ② 전언이 길다. |
| ③ 전언이 후에 재참조되지 않는다. | ③ 전언이 후에 재참조된다. |
| ④ 전언이 시간적 사상을 다룬다. | ④ 전언이 공간적인 위치를 다룬다. |
| ⑤ 전언이 즉각적인 행동을 요구한다.(긴급할 때) | ⑤ 전언이 즉각적인 행동을 요구하지 않는다. |
| ⑥ 수신장소가 너무 밝거나 암조응 유지가 필요시 | ⑥ 수신장소가 너무 시끄러울 때 |
| ⑦ 직무상 수신자가 자주 움직일 때 | ⑦ 직무상 수신자가 한 곳에 머물 때 |
| ⑧ 수신자가 시각계통이 과부하상태일 때 | ⑧ 수신자의 청각계통이 과부하상태일 때 |

## 4. 경계 및 경보 신호를 선택·설계할 때의 지침

① 귀는 중음역에 가장 민감하므로 500~3,000Hz의 진동수를 사용
② 고음은 멀리 가지 못하므로 300m 이상의 장거리용으로는 1,000Hz 이하의 진동수를 사용
③ 신호가 장애물을 돌아가거나 칸막이를 통과해야 할 경우에는 500Hz 이하의 진동수를 사용
④ 주의를 끌기 위해서 변조된 신호를 사용(초당 1~8번 나는 소리나 초당 1~3번 오르내리는 변조된 신호)
⑤ 배경소음의 진동수와 다른 신호를 사용(신호는 최소 0.5~1초 지속)
⑥ 경보효과를 높이기 위해서 개시시간이 짧은 고강도 신호를 사용
⑦ 주변 소음에 대한 은폐효과를 막기 위해 500~1,000Hz 신호를 사용하여, 적어도 30dB 이상 차이가 나야 함
⑧ 가능하다면 다른 용도에 쓰이지 않는 확성기, 경적 등과 같은 별도의 통신계통을 사용

## 22 암호 체계 사용상의 일반적 지침

① 암호의 검출성(Detectability) : 검출이 가능하여야 한다.
② 암호의 변별성(Discriminability) : 다른 암호 표시와 구별될 수 있어야 한다.
③ 부호의 양립성(Compatibility) : 자극들 간의, 반응들 간의, 자극-반응 조합의 관계가 인간의 기대와 모순되지 않는 것이다.
④ 부호의 의미 : 사용자가 그 뜻을 분명히 알 수 있어야 한다.
⑤ 암호의 표준화(Standardization) : 암호를 표준화하여야 한다.
⑥ 다차원 암호의 사용(Multidimensional) : 2가지 이상의 암호 차원을 조합해서 사용하면 정보 전달이 촉진된다.

## 23 통제표시비

### 1. 조종-반응 비율

#### 1) 통제표시비의 개념

① 조종-반응 비율(C/R비 : Control-Response Ratio)은 조종-표시장치 이동비율(C/D비 : Control-Display Ratio)을 확장한 개념이다.
② 통제표시비(통제비)를 C/D비라고도 한다.
③ 조종장치의 움직인 거리(회전수)와 표시장치상의 지침이 움직인 거리의 비이다.

#### 2) 공식

① 선형 조종장치가 선형 표시장치를 움직일 때 각각 직선변위의 비(제어표시비)

$$C/D비(C/R비) = \frac{조종장치(제어기기)의 \ 이동거리}{표시장치(표시기기)의 \ 반응거리}$$

> **··· 예상문제**
> 다음 중 제어장치에서 조정장치의 위치를 1cm 움직였을 때, 표시장치의 지침이 4cm 움직였다면 이 기기의 C/R비는 약 얼마인가?
>
> **풀이** $C/R비 = \dfrac{조종장치의 \ 이동거리}{표시장치의 \ 반응거리} = \dfrac{1}{4} = 0.25$
>
> **답** 0.25

② 회전운동을 하는 조종장치가 선형 표시장치를 움직일 경우

$$\text{C/D비(C/R비)} = \frac{(a/360) \times 2\pi L}{\text{표시장치의 이동거리}}$$

여기서, $L$ : 반경(지레의 길이)
$a$ : 조종장치가 움직인 각도

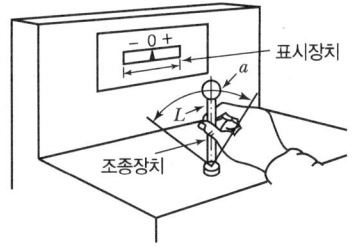

··· 예상문제

반경 7cm의 조종구를 30° 움직일 때 계기판의 표시가 3cm 이동하였다면 이 조종장치의 C/R비는 약 얼마인가?

풀이 $\text{C/R비} = \frac{(a/360) \times 2\pi L}{\text{표시장치의 이동거리}} = \frac{(30/360) \times 2 \times \pi \times 7}{3} = 1.22$

답 1.22

## 2. 최적 C/D비

① 최적통제비는 이동시간과 조정시간의 교차점이다.
② C/D비가 작을수록 이동시간은 짧고, 조종은 어려워서 민감한 조정장치이다.
③ C/D비가 클수록 미세한 조종은 쉽지만 수행시간은 상대적으로 길다.
④ 최적통제비(C/D비)는 일반적으로 1.18~2.42이다.

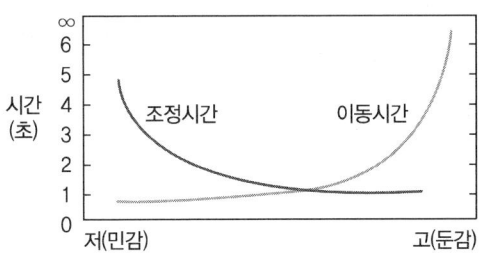

| 이동시간과 조정(조종)시간의 관계(C/R비) |

## 3. 통제표시비(C/D비)를 설계할 때 고려사항

| 계측의 크기 | 계기의 조절시간이 가장 짧게 소요되는 크기를 선택해야 하며 크기가 너무 작으면 오차가 커지므로 상대적으로 고려해야 한다. |
|---|---|
| 공차 | 짧은 주행시간 내에서 공차의 인정 범위를 초과하지 않는 계기를 마련해야 한다. |
| 목측거리 | 목측거리가 길면 길수록 조절의 정확도는 낮고 시간이 증가하게 된다. |
| 조작시간 | 조작시간의 지연은 직업적으로 조종반응비(C/R비)가 가장 크게 작용하고 있다. |
| 방향성 | 조종장치의 조작방향과 표시장치의 운동방향이 일치하지 않으면 작업자의 동작에 혼란을 초래하고, 조작시간이 오래 걸리며 오차가 커진다. |

# 24 KEYWORD 양립성

## 1. 양립성(Compatibility)의 정의

자극들 간의, 반응들 간의, 자극-반응 조합의 관계가 인간의 기대와 모순되지 않는 것이다. (인간이 기대하는 바와 자극 또는 반응들이 일치하는 관계)

## 2. 종류

| 공간(Spatial) 양립성 | ① 물리적 형태나 공간적인 배치가 사용자의 기대와 일치하는 것<br>② 표시장치와 이에 대응하는 조종장치 간의 위치 또는 배열이 인간의 기대와 모순되지 않아야 한다.<br>예 가스버너에서 오른쪽 조리대는 오른쪽 조절장치로, 왼쪽 조리대는 왼쪽 조절장치로 조정하도록 배치한다. |
|---|---|
| 운동(Movement) 양립성 | 조작장치의 방향과 표시장치의 움직이는 방향이 사용자의 기대와 일치하는 것<br>예 자동차를 운전하는 과정에서 우측으로 회전하기 위하여 핸들을 우측으로 돌린다. |
| 개념(Conceptual) 양립성 | 사람들이 가지고 있는(이미 사람들이 학습을 통해 알고 있는) 개념적 연상에 관한 기대와 일치하는 것<br>예 냉온수기에서 빨간색은 온수, 파란색은 냉수를 뜻한다. |
| 양식(Modality) 양립성 | ① 직무에 알맞은 자극과 응답의 양식의 존재에 대한 양립성<br>② 음성과업에 대해서는 청각적 자극 제시와 이에 대한 음성 응답 등에 해당<br>③ 기계가 특정 음성에 대해 정해진 반응을 하는 경우에 해당<br>④ 소리로 제시된 정보는 말로 반응케 하는 것이, 시각적으로 제시된 정보는 손으로 반응하는 것이 양립성이 높다. |

## 25 골격의 주요 기능

골격은 크고 작은 206개의 뼈로 구성되어 있으며 다음과 같은 기능을 한다.
① 지지(Support) : 신체를 지지하고 형상을 유지하는 역할
② 보호(Protection) : 주요한 부분(생명기관)을 보호하는 역할
③ 근부착(Muscle Attachment) : 골격근이 수축할 때 지렛대 역할을 하여 신체활동(인체운동)을 수행하는 역할
④ 조혈(Blood Cell Production) : 골수에서 혈구를 생산하는 조혈작용
⑤ 무기질 저장(Mineral Storage) : 칼슘, 인산의 중요한 저장고가 되며 나트륨과 마그네슘 이온의 작은 저장고 역할

## 26 휴식시간의 산출

① 작업의 성질과 강도에 따라서 휴식시간이나 횟수가 결정되어야 한다.
② 작업에 대한 평균에너지값을 4kcal/분이라 할 경우 이 단계를 넘으면 휴식시간이 필요하다.
③ 공식

$$R = \frac{60(E-4)}{E-1.5}$$

여기서, $R$ : 휴식시간[분]
$E$ : 작업 시 평균 에너지 소비량[kcal/분]
60 : 총 작업시간[분]
1.5kcal/분 : 휴식시간 중의 에너지 소비량

> **··· 예상문제**
> 어떤 작업에 대한 평균에너지 값이 4.7kcal/분일 경우 1시간의 총 작업시간 내에 포함시켜야만 하는 휴식 시간은 얼마인가?(단, 작업에 대한 평균 에너지의 상한은 4kcal/분이다.)
>
> **풀이** $R = \dfrac{60(E-4)}{E-1.5} = \dfrac{60 \times (4.7-4)}{4.7-1.5} = 13.13 [\text{분}]$
>
> **답** 13.13[분]

## 27 부품배치의 원칙

| 부품의 위치 결정 | 중요성의 원칙 | 체계의 목표달성에 긴요한 정도에 따른 우선순위를 설정 |
|---|---|---|
| | 사용빈도의 원칙 | 부품이 사용되는 빈도에 따른 우선순위 설정 |
| 부품의 배치 결정 | 기능별 배치의 원칙 | 기능적으로 관련된 부품들을 모아서 배치 |
| | 사용 순서의 원칙 | 순서적으로 사용되는 장치들을 가까이에 순서적으로 배치 |

## 28 의자설계 원칙

### 1. 의자설계의 일반적인 원칙

| 체중 분포 | ① 사람이 의자에 앉을 때 체중이 주로 좌골결절에 실려야 편안하다.<br>② 바람직한 체중 분포를 위해 적당한 두께의 탄력성 완충재나 방석을 깐다. |
|---|---|
| 의자 좌판의 높이 | ① 대퇴를 압박하지 않도록 좌판은 오금의 높이보다 높지 않아야 하고 앞 모서리는 5cm 정도 낮게 설계(치수는 5%치 사용)<br>② 좌판의 높이는 조절할 수 있도록 하는 것이 바람직하다. |
| 의자 좌판의 깊이와 폭 | ① 폭은 큰 사람에게 맞도록 하고 깊이는 장딴지 여유를 주고 대퇴를 압박하지 않도록 작은 사람에게 맞도록 설계<br>② 긴 의자에 일렬로 앉든가 의자들이 옆으로 붙어 있는 경우 팔꿈치 간의 폭을 고려(95%치 사용) |
| 몸통의 안정 | ① 체중이 좌골결절에 실려야 몸통의 안정에 유리<br>② 사무용 의자 : 좌판 각도 3°, 등판 각도 100°<br>③ 좌판은 (뒤가 낮게) 약간 경사져야 하고, 등판은 뒤로 기댈 수 있도록 뒤로 기울어야 한다. |

### 2. 의자설계 시 고려할 원리

① 등받이의 굴곡은 요추부위의 전만곡선을 유지한다.
② 조정이 용이해야 한다.
③ 자세고정을 줄인다.
④ 디스크(추간판)가 받는 압력을 줄인다.
⑤ 정적인 부하를 줄인다.
⑥ 의자의 높이는 오금의 높이보다 같거나 낮아야 한다.

## 29 KEYWORD 조명

### 1. 적정 조명 수준

| 작업의 종류 | 작업면 조도 |
|---|---|
| 초정밀작업 | 750럭스(lux) 이상 |
| 정밀작업 | 300럭스(lux) 이상 |
| 보통작업 | 150럭스(lux) 이상 |
| 그 밖의 작업 | 75럭스(lux) 이상 |

### 2. 반사율

#### 1) 개념
① 빛이나 기타 복사가 물체의 표면에서 반사하는 정도
② 표면에 도달하는 빛과 결과로서 나오는 광도의 관계

#### 2) 반사율 공식

$$반사율(\%) = \frac{광속발산도(fL)}{조도(fc)} \times 100 = \frac{cd/m^2 \times \pi}{lux}$$

#### 3) 실내 면(面)의 추천반사율
① 최대 반사율 : 약 95%
② 천장의 반사율은 80~90%가 좋으나 최소한 75% 이상은 되어야 한다.

| 5바닥 | 가구, 사무용 기기, 책상 | 창문 발(blind), 벽 | 천장 |
|---|---|---|---|
| 20~40% | 25~45% | 40~60% | 80~90% |

### 3. 휘광(Glare)

눈이 적응된 휘도보다 밝은 광원이나 반사광이 시계 내에 있을 때 생기는 눈부심 현상이다.

#### 1) 영향
① 성가신 느낌
② 불편함
③ 가시도 저하
④ 시성능 저하

2) 휘광의 처리

| | |
|---|---|
| 광원으로부터의<br>직사휘광처리 | ① 광원의 휘도를 줄이고 수를 늘림<br>② 광원을 시선에서 멀리 위치시킴<br>③ 휘광원 주위를 밝게 하여 광도비를 줄임<br>④ 가리개(Shield), 갓(Hood) 혹은 차양(Visor)을 사용 |
| 창문으로부터의<br>직사휘광처리 | ① 창문을 높이 설치<br>② 창 위(옥외)에 드리우개(Overhang)를 설치<br>③ 창문(안쪽)에 수직 날개(Fin)를 달아 직(直)시선을 제한<br>④ 차양(Shade) 혹은 발(Blind)을 사용 |

## 4. 조도와 대비

### 1) 조도

어떤 물체나 표면에 도달하는 빛의 단위면적당 밀도를 말한다.

① 조도 공식

$$조도 = \frac{광도}{(거리)^2}$$

㉠ 단위는 lux를 사용하며, 거리가 증가할 때에 조도는 거리 역자승의 법칙에 따라 감소한다.
㉡ 조도는 광도에 비례하고 거리의 제곱에 반비례한다.

> **··· 예상문제**
>
> 프레스 공장에서 모든 방향으로 빛을 발하는 점광원에서 2m 떨어진 곳의 조도가 500 lux였다면, 4m 떨어진 곳에서의 조도는 몇 lux인가?
>
> **풀이** ① 광도 = 조도 × (거리)$^2$
> ② 2m 거리의 광도 = 500 × 2$^2$ = 2,000[cd]이므로
> ③ 4m 거리의 조도 = $\frac{2,000}{4^2}$ = 125[lux]
>
> **답** 125[lux]

### 2) 대비

표적의 광도와 배경 광도의 차를 나타내는 척도이며, 광도대비 또는 휘도대비란 표면의 광도와 배경의 광도의 차를 나타내는 척도이다.

$$대비(\%) = \frac{배경의\ 광도(L_b) - 표적의\ 광도(L_t)}{배경의\ 광도(L_b)} \times 100$$

① 표적이 배경보다 어두울 경우 : 대비는 +100% ~ 0 사이
② 표적이 배경보다 밝을 경우 : 0 ~ -∞ 사이

> **... 예상문제**
>
> 조도가 400럭스인 위치에 놓인 흰색 종이 위에 짙은 회색의 글자가 씌어져 있다. 종이의 반사율은 80%이고, 글자의 반사율은 40%라 할 때 종이와 글자의 대비는 얼마인가?
>
> **풀이** 대비(%) = $\dfrac{\text{배경의 광도}(L_b) - \text{표적의 광도}(L_t)}{\text{배경의 광도}(L_b)} \times 100 = \dfrac{80-40}{80} \times 100 = 50[\%]$
>
> **답** 50[%]

## 30 KEYWORD 청력 손실의 성격

① 청력 손실의 정도는 노출되는 소음 수준에 따라 증가한다.(비례관계)
② 강한 소음에 대해서는 노출기간에 따라 청력 손실도 증가한다.
③ 약한 소음에 대해서는 노출기간과 청력 손실 간에 관계가 없다.
④ 청력 손실은 4,000Hz에서 크게 나타난다.

## 31 KEYWORD 소음 방지대책

① **소음원의 제거** : 가장 적극적인 대책
② **소음원의 통제** : 기계의 적절한 설계, 정비 및 주유, 고무받침대 부착, 소음기 사용(차량) 등
③ **소음의 격리** : 씌우개(Enclosure), 장벽을 사용(창문을 닫으면 약 10dB이 감음됨)
④ 적절한 배치(Lay Out)
⑤ 음향 처리제 사용
⑥ 차폐 장치(Baffle) 및 흡음재 사용

# 실효온도와 Oxford 지수

## 1. 실효온도(Effective Temperature, 체감온도, 감각온도)

### 1) 개요
① 온도, 습도 및 공기의 유동이 인체에 미치는 열효과를 하나의 수치로 통합한 경험적 감각지수
② 상대습도 100%일 때의 건구온도에서 느끼는 것과 동일한 온감이다.
③ 실제로 감각되는 온도로서 실감온도라고 한다.

### 2) 실효온도의 결정요소(실효온도에 영향을 주는 요인)
① 온도
② 습도
③ 공기의 유동(대류)

## 2. Oxford 지수

습건(WD) 지수라고도 부르며, 습구온도(W)와 건구온도(D)의 가중 평균치로서 정의된다.

$$WD = 0.85W + 0.15D$$

> **··· 예상문제**
> 습구온도가 20℃, 건구온도가 30℃일 때 Oxford 지수는 얼마인가?
>
> **풀이** $WD = 0.85W + 0.15D = 0.85 \times 20 + 0.15 \times 30 = 21.5$
>
> **답** 21.5

# CHAPTER 03 기계 · 기구 및 설비 안전 관리

## 1 기계운동 형태에 따른 위험점 분류

| | | |
|---|---|---|
| 협착점<br>(Squeeze – point) | 왕복운동을 하는 운동부와 움직임이 없는 고정부 사이에서 형성되는 위험점<br>(고정점 + 운동점) | ① 프레스<br>② 전단기<br>③ 성형기<br>④ 조형기<br>⑤ 밴딩기<br>⑥ 인쇄기 |
| 끼임점<br>(Shear – point) | 회전운동하는 부분과 고정부 사이에 위험이 형성되는 위험점<br>(고정점 + 회전운동) | ① 연삭숫돌과 작업대<br>② 반복동작되는 링크기구<br>③ 교반기의 날개와 몸체 사이<br>④ 회전풀리와 벨트 |
| 절단점<br>(Cutting – point) | 회전하는 운동부 자체의 위험이나 운동하는 기계부분 자체의 위험에서 형성되는 위험점(회전운동 + 기계) | ① 밀링커터<br>② 둥근 톱의 톱날<br>③ 목공용 띠톱날 |
| 물림점<br>(Nip – point) | 회전하는 두 개의 회전체에 형성되는 위험점(서로 반대방향의 회전체)(중심점 + 반대방향의 회전운동) | ① 기어와 기어의 물림<br>② 롤러와 롤러의 물림<br>③ 롤러분쇄기 |
| 접선 물림점<br>(Tangential Nip – point) | 회전하는 부분의 접선방향으로 물려 들어갈 위험이 있는 위험점 | ① V벨트와 풀리<br>② 랙과 피니언<br>③ 체인벨트<br>④ 평벨트 |
| 회전 말림점<br>(Trapping – point) | 회전하는 물체의 길이, 굵기, 속도 등의 불규칙 부위와 돌기 회전부위에 의해 장갑 또는 작업복 등이 말려들 위험이 있는 위험점 | ① 회전하는 축<br>② 커플링<br>③ 회전하는 드릴 |

## 2 KEYWORD 원동기 · 회전축 등의 위험 방지

| 원동기 · 회전축 · 기어 · 풀리 · 플라이휠 · 벨트 및 체인 등 근로자가 위험에 처할 우려가 있는 부위 | ① 덮개<br>② 울<br>③ 슬리브<br>④ 건널다리 등 |
|---|---|
| 회전축 · 기어 · 풀리 및 플라이휠 등에 부속되는 키 · 핀 등의 기계요소 | ① 묻힘형<br>② 덮개 |
| 벨트의 이음 부분 | 돌출된 고정구 사용금지 |
| 건널다리 | ① 안전난간<br>② 미끄러지지 아니하는 구조의 발판 |
| 선반 등으로부터 돌출하여 회전하고 있는 가공물 | 덮개 또는 울 등을 설치 |

> **TIP** 기타 안전사항
> ① 연삭기 또는 평삭기의 테이블, 형삭기 램 등의 행정 끝 : 덮개 또는 울 등을 설치
> ② 분쇄기 등의 개구부로부터 가동 부분에 접촉 부분 : 덮개 또는 울 등을 설치
> ③ 종이 · 천 · 비닐 및 와이어 로프 등의 감김통 등 : 덮개 또는 울 등을 설치
> ④ 날 · 공작물 또는 축이 회전하는 기계를 취급하는 경우 : 근로자의 손에 밀착이 잘되는 가죽장갑 등과 같이 손이 말려들어갈 위험이 없는 장갑을 사용

## 3 KEYWORD 기계의 안전조건

### 1. 외관상의 안전화

기계를 설계할 때 기계 외부에 나타나는 위험부분을 제거하거나 기계 내부에 내장시키는 것
① 가드 설치 : 기계 외형 부분 및 회전체 돌출 부분(묻힘형이나 덮개의 설치)
② 구획된 장소에 격리 : 원동기 및 동력전도장치(벨트, 기어, 샤프트, 체인 등)
③ 안전 색채 조절(기계 장비 및 부수되는 배관)

| 시동 스위치 | 녹색 | 고열을 내는 기계 | 청녹색, 회청색 | 기름배관 | 암황적색 |
|---|---|---|---|---|---|
| 급정지 스위치 | 적색 | 증기배관 | 암적색 | 물배관 | 청색 |
| 대형 기계 | 밝은 연녹색 | 가스배관 | 황색 | 공기배관 | 백색 |

## 2. 기능적 안전화

기계나 기구를 사용할 때 기계의 기능이 저하하지 않고 안전하게 작업하는 것으로 능률적이고 재해 방지를 위한 설계를 한다.

### 1) 적절한 조치가 필요한 이상상태(자동화된 기계설비가 재해 측면에서의 불리한 조건)
① 전압강하, 정전 시의 기계 오동작
② 단락, 스위치 릴레이 고장 시 오동작
③ 사용압력 변동 시의 오동작
④ 밸브계통의 고장에 의한 오동작

### 2) 안전화 대책

| | |
|---|---|
| 소극적 대책 | ① 이상 시 기계를 급정지<br>② 방호장치 작동 |
| 적극적 대책 | ① 회로를 개선하여 오동작 방지<br>② 별도의 완전한 회로에 의해 정상기능을 찾을 수 있도록 함<br>③ Fail Safe화 |

## 3. 작업점의 안전화

작업점은 기계설비에서 특히 위험을 발생할 우려가 있는 부분으로 다음과 같은 장치를 설치하여야 한다.
① 자동제어　　　② 원격제어장치　　　③ 방호장치

## 4. 작업의 안전화

작업의 안전화에 대한 기본 이념은 인간공학적 측면에 바탕을 두고 있다.

## 5. 구조상의 안전화

| | |
|---|---|
| 설계상의 결함 | ① 가장 큰 원인은 강도 산정(부하 예측, 강도 계산)상의 오류<br>② 사용상 강도의 열화를 고려하여 안전율을 산정 |
| 재료의 결함 | 기계 재료 자체에 균열, 부식, 강도 저하, 불순물 내재, 내부 구멍 등의 결함이 있으므로 설계 시 재료의 선택에 유의하여야 한다. |
| 가공의 결함 | 재료 가공 도중 결함이 생길 수 있으므로 기계적 특성을 갖는 적절한 열처리 등이 필요하다. |

## 6. 보전작업의 안전화

기계를 설계하고 주유, 점검, 청소, 부품교환, 수리 등이 손쉽게 이루어질 수 있도록 하는 것

# 4 Fail Safe와 Fool Proof

| 구분 | Fail Safe | Fool Proof |
| --- | --- | --- |
| 정의 | 기계나 그 부품에 파손·고장이나 기능 불량이 발생하여도 항상 안전하게 작동할 수 있는 기능을 가진 구조 | 작업자가 기계를 잘못 취급하여 불안전 행동이나 실수를 하여도 기계설비의 안전 기능이 작용되어 재해를 방지할 수 있는 기능을 가진 구조 |
| 적용 예 | 퓨즈(Fuse), 엘리베이터의 정전 시 제동장치, 압력용기 안전밸브, 항공기의 엔진 등 | 세탁기 탈수 중 문을 열면 정지하는 것, 프레스에서 실수로 손이 금형 사이로 들어가면 정지하는 것 |

> **TIP** 페일 세이프의 기능면에서의 분류
> 
> | Fail – passive | 부품이 고장 나면 기계가 정지하는 방향으로 이동하는 것(일반적인 산업기계) |
> | --- | --- |
> | Fail – active | 부품이 고장 나면 경보를 울리며 잠시 동안 계속 운전이 가능한 것 |
> | Fail – operational | 부품이 고장 나도 추후에 보수가 될 때까지 안전한 기능을 유지하는 것 |

# 5 작업점의 방호

## 1. 격리형 방호장치

① 작업점과 작업자 사이에 접촉되어 일어날 수 있는 재해를 방지하기 위해 차단벽이나 망을 설치하는 방호장치
② 종류

| 완전차단형 | ① 어떤 방향에서도 작업점까지 신체가 접근할 수 없도록 완전히 차단하는 장치<br>② 체인 및 벨트 등의 동력장치 |
| --- | --- |
| 덮개형 | ① 작업점 이외에 작업자가 말려들거나 끼일 위험이 있는 곳을 덮어씌우는 방법<br>② 기어, V벨트, 평벨트 등 |
| 안전방책 | ① 위험한 기계·기구 근처에 접근치 못하도록 방호울을 설치하는 방법<br>② 위험기계·기구, 고전압의 전기설비 등 |

## 2. 위치 제한형 방호장치

① 작업자의 신체부위가 위험한계 밖에 있도록 기계의 조작장치를 위험한 작업점에서 안전거리 이상 떨어지게 하거나 조작장치를 양손으로 동시에 조작하게 함으로써 위험한계에 접근하는 것을 제한하는 방호장치
② 프레스의 양수 조작식 방호장치

## 3. 접근 반응형 방호장치

① 작업자의 신체부위가 위험한계 또는 그 인접한 거리 내로 들어오면 이를 감지하여 그 즉시 기계의 동작을 정지시키고 경보등을 발하는 방호장치
② 프레스 및 전단기의 광전자식 방호장치

## 4. 접근 거부형 방호장치

① 작업자의 신체부위가 위험한계 내로 접근하였을 때 기계적인 작용에 의하여 접근을 못하도록 저지하는 방호장치
② 프레스의 수인식, 손쳐내기식 방호장치

## 5. 포집형 방호장치

① 작업자로부터 위험원을 차단하는 방호장치
② 연삭기 덮개나 반발 예방방치 등과 같이 위험장소에 설치하여 위험원이 비산하거나 튀는 것을 포집하여 작업자로부터 위험원을 차단하는 방호장치

## 6. 감지형 방호장치

이상온도, 이상기압, 과부하 등 기계의 부하가 안전한계치를 초과하는 경우 이를 감지하고 자동으로 안전한 상태가 되도록 조정하거나 기계의 작동을 중지시키는 방호장치

> **TIP** 안전장치(방호장치)의 기본 목적
> ① 작업자의 보호
> ② 인적 · 물적 손실의 방지
> ③ 기계 위험 부위의 접촉 방지 등

## 6 KEYWORD 안전율(안전계수)

$$\text{안전율(안전계수)} = \frac{\text{기초강도}}{\text{허용응력}} = \frac{\text{극한강도}}{\text{허용응력}} = \frac{\text{최대응력}}{\text{허용응력}} = \frac{\text{절단하중(파괴하중)}}{\text{최대사용하중}}$$

$$= \frac{\text{극한강도}}{\text{최대설계응력}} = \frac{\text{파단하중}}{\text{안전하중}} = \frac{\text{인장강도}}{\text{허용응력}}$$

# 7 유해하거나 위험한 기계·기구에 대한 방호조치

누구든지 동력(動力)으로 작동하는 기계·기구로서 유해·위험 방지를 위한 방호조치를 하지 아니하고는 양도, 대여, 설치 또는 사용에 제공하거나 양도·대여의 목적으로 진열해서는 아니 된다.

| 대상 기계·기구 | 방호조치 |
|---|---|
| 예초기 | 날접촉 예방장치 |
| 원심기 | 회전체 접촉 예방장치 |
| 공기압축기 | 압력방출장치 |
| 금속절단기 | 날접촉 예방장치 |
| 지게차 | 헤드가드, 백레스트, 전조등, 후미등, 안전벨트 |
| 포장기계(진공포장기, 래핑기로 한정) | 구동부 방호 연동장치 |

# 8 재해 발생 시 조치사항

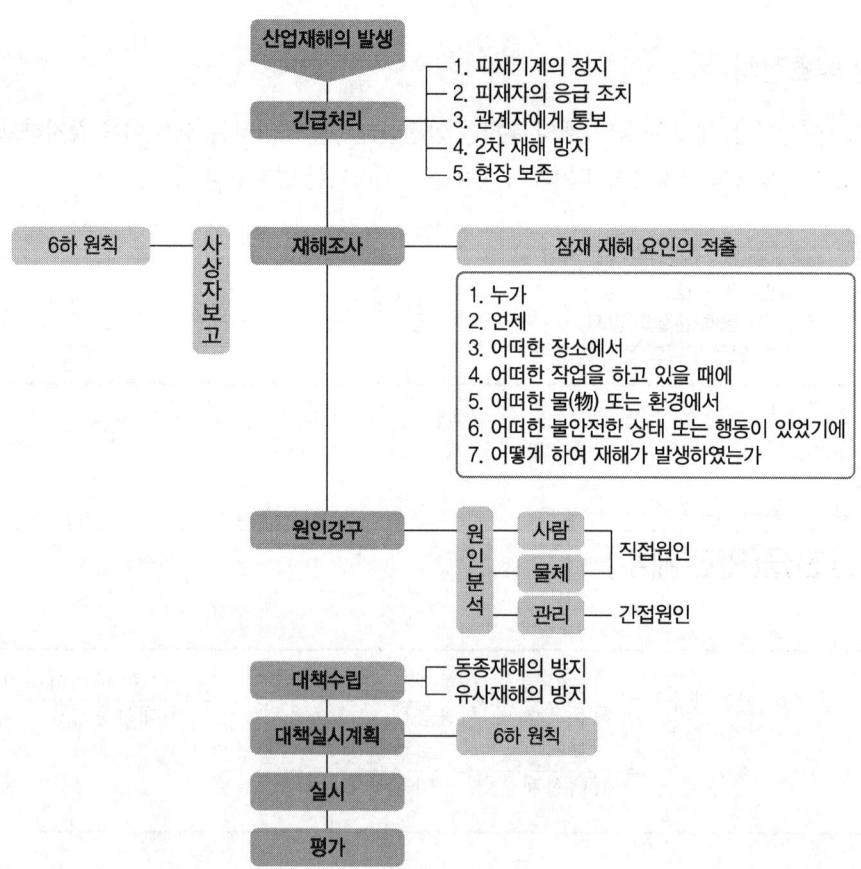

## 09 통계에 의한 원인분석

① **파레토도** : 사고의 유형, 기인물 등 분류항목을 큰 값에서 작은 값의 순서로 도표화하며, 문제나 목표의 이해에 편리하다.
② **특성 요인도** : 특성과 요인관계를 어골상으로 도표화하여 분석하는 기법(원인과 결과를 연계하여 상호 관계를 파악하기 위한 분석방법)
③ **클로즈(Close) 분석** : 두 개 이상의 문제관계를 분석하는 데 사용하는 것으로, 데이터를 집계하고 표로 표시하여 요인별 결과내역을 교차한 클로즈 그림을 작성하여 분석하는 기법
④ **관리도** : 재해 발생 건수 등의 추이에 대해 한계선을 설정하여 목표 관리를 수행하는 데 사용되는 방법으로 관리선은 관리상한선, 중심선, 관리하한선으로 구성된다.

## 10 산업재해의 원인

### 1. 직접원인(불안전한 행동과 상태)

| 불안전한 행동(인적 요인) | 불안전한 상태(물적 요인) |
|---|---|
| ① 설비ㆍ기계 및 물질의 부적절한 사용ㆍ관리<br>② 구조물 등 그 밖의 위험 방치 및 미확인<br>③ 작업수행 소홀 및 절차 미준수<br>④ 불안전한 작업자세<br>⑤ 작업수행 중 과실<br>⑥ 무모한 또는 불필요한 행위 및 동작<br>⑦ 복장, 보호구의 미착용 및 부적절한 사용<br>⑧ 불안전한 속도 조작<br>⑨ 안전장치의 기능 제거<br>⑩ 불안전한 인양 및 운반 | ① 물체 및 설비 자체의 결함<br>② 방호조치의 부적절<br>③ 작업통로 등 장소불량 및 위험<br>④ 물체, 기계기구 등의 취급상 위험<br>⑤ 작업공정ㆍ절차의 부적절<br>⑥ 작업환경 등의 부적절<br>⑦ 보호구의 성능불량<br>⑧ 불안전한 설계로 인한 결함 발생 |

### 2. 간접원인(관리적 원인)

| | | |
|---|---|---|
| 기술적 원인 | ① 건물, 기계장치의 설계불량<br>② 구조, 재료의 부적합 | ③ 생산방법의 부적당<br>④ 점검, 정비보존의 불량 |
| 교육적 원인 | ① 안전의식의 부족<br>② 안전수칙의 오해<br>③ 경험훈련의 미숙 | ④ 작업방법의 교육 불충분<br>⑤ 유해위험 작업의 교육 불충분 |
| 신체적 원인 | ① 신체적 결함(두통, 현기증, 간질병, 난청) | ② 피로(수면부족) |
| 정신적 원인 | ① 태도불량(태만, 불만, 반항) | ② 정신적 동요(공포, 긴장, 초조, 불화) |
| 작업관리상의 원인 | ① 안전관리조직의 결함<br>② 안전수칙의 미제정<br>③ 작업준비 불충분 | ④ 인원배치 부적당<br>⑤ 작업지시 부적당 |

## 11 재해 관련 통계의 종류 및 계산

### 1. 연천인율
① 근로자 1,000명당 1년간 발생하는 재해자수
② 공식

$$연천인율 = \frac{연간\ 재해자수}{연평균\ 근로자수} \times 1,000$$

### 2. 도수율(빈도율)
① 산업재해의 발생 빈도를 나타내는 단위
② 연간 근로시간 합계 100만 시간당 재해발생건수
③ 공식

$$도수율 = \frac{재해발생건수}{연간\ 총근로시간수} \times 1,000,000$$

④ 도수율과 연천인율과의 관계
  ㉠ 도수율 $= \dfrac{연천인율}{2.4}$
  ㉡ 연천인율 = 도수율 × 2.4

### 3. 강도율
① 재해의 경중, 즉 강도의 정도를 손실일수로 나타내는 재해통계
② 근로시간 1,000시간당 재해에 의해 잃어버린(상실되는) 근로손실일수
③ 공식

$$강도율 = \frac{근로손실일수}{연간\ 총근로시간수} \times 1,000$$

④ 근로손실일수의 산정 기준
  ㉠ 사망 및 영구 전 노동불능(신체장해등급 1~3급) : 7,500일
  ㉡ 영구 일부 노동불능(근로손실일수)

| 신체장해등급 | 4 | 5 | 6 | 7 | 8 | 9 | 10 | 11 | 12 | 13 | 14 |
|---|---|---|---|---|---|---|---|---|---|---|---|
| 근로손실일수 | 5,500 | 4,000 | 3,000 | 2,200 | 1,500 | 1,000 | 600 | 400 | 200 | 100 | 50 |

ⓒ 일시 전 노동불능 : 근로손실일수 = 휴업일수 × $\frac{연간근무일수}{365}$

ⓓ 연간 근무일수가 주어지지 않으면 다음의 공식 적용

> 일시 전노동불능 : 근로손실일수 = 휴업일수 × $\frac{300}{365}$

### 4. 환산재해율

① 환산강도율 : 10만 시간(평생근로)당의 근로손실일수
② 환산도수율 : 10만 시간(평생근로)당의 재해건수
③ 공식

> 환산강도율($S$) = 강도율 × $\frac{100,000}{1,000}$ = 강도율 × 100[일]
>
> 환산도수율($F$) = 도수율 × $\frac{100,000}{1,000,000}$ = 도수율 × $\frac{1}{10}$[건]
>
> $\frac{S}{F}$ = 재해 1건당의 근로손실일수

### 5. 종합재해지수(FSI ; Frequency Severity Indicator)

① 재해 빈도의 다수와 상해 정도의 강약을 나타내는 성적지표로 어떤 집단의 안전성적을 비교하는 수단으로 사용된다.
② 강도율과 도수율의 기하평균이다.

> 종합재해지수($FSI$) = $\sqrt{도수율(FR) \times 강도율(SR)}$ (단, 미국의 경우 $FSI = \sqrt{\frac{FR \times SR}{1,000}}$)

## 12 재해손실비의 종류 및 계산

### 1. 하인리히(H. W. Heinrich) 방식

#### 1) 1 : 4 원칙

> • 총 재해 코스트(재해손실비용) = 직접비 + 간접비 = 직접비 × 5
> • 직접손실비 : 간접손실비 = 1 : 4

### 2) 직접비와 간접비

① 직접비(법적으로 정한 산재보상비) : 산재자에게 지급되는 보상비 일체

| 요양급여 | 요양비 전액(진찰비, 약제치료재료대, 회진료, 병원수용비, 간호비용) |
|---|---|
| 휴업급여 | 평균임금의 100분의 70에 상당하는 금액 |
| 장해급여 | 장해등급에 따라 지급되는 금액(장해등급 1~14급) |
| 간병급여 | 요양급여를 받은 자가 치유 후 간병이 필요하여 실제로 간병을 받은 자에게 지급 |
| 유족급여 | 평균임금의 1,300일분에 상당하는 금액 |
| 장의비 | 평균임금의 120일분에 상당하는 금액 |
| 상병보상 연금 | 요양개시 후 2년 경과된 날 이후에 다음의 상태가 계속되는 경우에 지급<br>① 부상 또는 질병이 치유되지 아니한 상태<br>② 부상 또는 질병에 의한 폐질의 정도가 폐질등급기준에 해당 |
| 기타 | 장해특별급여, 유족특별급여, 직업재활급여 |

② 간접비(직접비를 제외한 모든 비용) : 산재로 인해 기업이 입은 재산상의 손실 – 인적손실, 물적손실, 생산손실, 특수손실

## 2. 시몬즈(R. H. Simonds) 방식

총 재해 코스트(cost) = 보험 코스트(cost) + 비보험 코스트(cost)

① 보험 코스트(cost) : 산재보험료
② 비보험 코스트(cost) = (A × 휴업상해건수) + (B × 통원상해건수) + (C × 응급조치건수) + (D × 무상해사고건수)
③ A, B, C, D는 상해 정도별 재해에 대한 비보험 코스트의 평균치이다.
④ 사망과 영구 전 노동불능 상해는 재해범주에서 제외된다.

# 13 재해사례의 연구순서

① 전제조건 : 재해상황의 파악
② 제1단계 : 사실의 확인
③ 제2단계 : 문제점의 발견
④ 제3단계 : 근본적 문제점의 결정
⑤ 제4단계 : 대책의 수립

## 14 안전점검

### 1. 안전점검의 목적

① 기기 및 설비의 결함이나 불안전한 상태의 제거로 사전에 안전성을 확보하기 위함
② 기기 및 설비의 안전상태 유지 및 본래의 성능을 유지하기 위함
③ 재해 방지를 위하여 그 재해 요인의 대책과 실시를 계획적으로 하기 위함
④ 합리적인 생산관리를 하기 위함

### 2. 안전점검의 종류(점검주기에 의한 구분)

| 정기점검<br>(계획점검) | 일정기간마다 정기적으로 실시하는 점검으로 주간점검, 월간점검, 연간점검 등이 있다.(마모상태, 부식, 손상, 균열 등 설비의 상태 변화나 이상 유무 등을 점검한다.) |
|---|---|
| 수시점검<br>(일상점검,<br>일일점검) | ① 매일 현장에서 작업 시작 전, 작업 중, 작업 후에 일상적으로 실시하는 점검(작업자, 작업담당자가 실시한다.)<br>② 작업 시작 전 점검사항 : 주변의 정리정돈, 주변의 청소 상태, 설비의 방호장치 점검, 설비의 주유상태, 구동부분 등<br>③ 작업 중 점검사항 : 이상소음, 진동, 냄새, 가스 및 기름 누출, 생산품질의 이상 여부 등<br>④ 작업 종료 시 점검사항 : 기계의 청소와 정비, 안전장치의 작동 여부, 스위치 조작, 환기, 통로정리 등 |
| 임시점검 | 정기점검 실시 후 다음 점검기일 이전에 임시로 실시하는 점검(기계, 기구 또는 설비의 이상 발견 시에 임시로 점검) |
| 특별점검 | ① 기계, 기구 또는 설비를 신설하거나 변경 내지는 고장 수리 등을 할 경우<br>② 강풍 또는 지진 등의 천재지변 발생 후의 점검<br>③ 산업안전 보건 강조기간에도 실시 |

## 15 안전검사 대상기계 등

① 프레스
② 전단기
③ 크레인(정격 하중이 2톤 미만인 것은 제외)
④ 리프트
⑤ 압력용기
⑥ 곤돌라
⑦ 국소배기장치(이동식은 제외)
⑧ 원심기(산업용만 해당)
⑨ 롤러기(밀폐형 구조는 제외)

⑩ 사출성형기(형 체결력 294킬로뉴턴(kN) 미만은 제외)
⑪ 고소작업대(화물자동차 또는 특수자동차에 탑재한 고소작업대로 한정)
⑫ 컨베이어
⑬ 산업용 로봇
⑭ 혼합기
⑮ 파쇄기 또는 분쇄기

## 16 안전인증

### 1. 안전인증대상 기계 등

| | |
|---|---|
| 기계 또는 설비 | ① 프레스<br>② 전단기 및 절곡기<br>③ 크레인<br>④ 리프트<br>⑤ 압력용기<br>⑥ 롤러기<br>⑦ 사출성형기<br>⑧ 고소 작업대<br>⑨ 곤돌라 |
| 방호장치 | ① 프레스 및 전단기 방호장치<br>② 양중기용 과부하방지장치<br>③ 보일러 압력방출용 안전밸브<br>④ 압력용기 압력방출용 안전밸브<br>⑤ 압력용기 압력방출용 파열판<br>⑥ 절연용 방호구 및 활선작업용 기구<br>⑦ 방폭구조 전기기계·기구 및 부품<br>⑧ 추락·낙하 및 붕괴 등의 위험 방지 및 보호에 필요한 가설기자재로서 고용노동부장관이 정하여 고시하는 것<br>⑨ 충돌·협착 등의 위험 방지에 필요한 산업용 로봇 방호장치로서 고용노동부장관이 정하여 고시하는 것 |
| 보호구 | ① 추락 및 감전 위험방지용 안전모<br>② 안전화<br>③ 안전장갑<br>④ 방진마스크<br>⑤ 방독마스크<br>⑥ 송기마스크<br>⑦ 전동식 호흡보호구<br>⑧ 보호복<br>⑨ 안전대<br>⑩ 차광 및 비산물 위험방지용 보안경<br>⑪ 용접용 보안면<br>⑫ 방음용 귀마개 또는 귀덮개 |

## 2. 자율안전 확인 대상 기계 등

| | |
|---|---|
| 기계 또는 설비 | ① 연삭기 또는 연마기(휴대형은 제외)<br>② 산업용 로봇<br>③ 혼합기<br>④ 파쇄기 또는 분쇄기<br>⑤ 식품가공용 기계(파쇄 · 절단 · 혼합 · 제면기만 해당)<br>⑥ 컨베이어<br>⑦ 자동차정비용 리프트<br>⑧ 공작기계(선반, 드릴기, 평삭 · 형삭기, 밀링만 해당)<br>⑨ 고정형 목재가공용 기계(둥근톱, 대패, 루타기, 띠톱, 모떼기 기계만 해당)<br>⑩ 인쇄기 |
| 방호장치 | ① 아세틸렌 용접장치용 또는 가스집합 용접장치용 안전기<br>② 교류 아크용접기용 자동전격방지기<br>③ 롤러기 급정지장치<br>④ 연삭기 덮개<br>⑤ 목재가공용 둥근톱 반발 예방장치와 날접촉 예방장치<br>⑥ 동력식 수동대패용 칼날 접촉 방지장치<br>⑦ 추락 · 낙하 및 붕괴 등의 위험 방지 및 보호에 필요한 가설기자재(안전인증 대상 가설기자재는 제외)로서 고용노동부장관이 정하여 고시하는 것 |
| 보호구 | ① 안전모(안전인증 대상 기계 등에 해당하는 추락 및 감전 위험방지용 안전모는 제외)<br>② 보안경(안전인증 대상 기계 등에 해당하는 차광 및 비산물 위험방지용 보안경은 제외)<br>③ 보안면(안전인증 대상 기계 등에 해당하는 용접용 보안면은 제외) |

## 17 선반 작업

### 1. 선반의 방호장치(안전장치)

| | |
|---|---|
| 칩 브레이커(Chip Breaker) | 절삭 중 칩을 자동적으로 끊어 주는 바이트에 설치된 안전장치 |
| 급정지 브레이크 | 가공작업 중 선반을 급정지시킬 수 있는 방호장치 |
| 실드(Shield) | 가공물의 칩이 비산되어 발생하는 위험을 방지하기 위해 사용하는 덮개(칩 비산방지 투명판) |
| 척 커버(Chuck Cover) | 척과 척으로 잡은 가공물의 돌출부에 작업자가 접촉하지 않도록 설치하는 덮개 |

### 2. 선반 작업 시 주의사항

① 칩(Chip)이 비산할 때는 보안경을 쓰고 방호판을 설치한다.
② 베드 위에 공구를 올려 놓지 않아야 한다.
③ 작업 중에 가공품을 만지지 않는다.
④ 면장갑 착용을 금한다.

⑤ 칩(Chip)이나 부스러기를 제거할 때는 기계를 정지시키고 압축공기를 사용하지 말고 반드시 브러시(솔)를 사용한다.
⑥ 치수 측정, 주유 및 청소를 할 때는 반드시 기계를 정지시키고 한다.
⑦ 기계를 운전 중에 백 기어(Back Gear)를 사용하지 말고 시동 전에 심압대가 잘 죄어 있는가를 확인한다.
⑧ 바이트는 가급적 짧게 장치하며 가공물의 길이가 직경의 12배 이상일 때는 반드시 방진구를 사용하여 진동을 막는다.

> **TIP** 방진구
> ① 가공물의 길이가 외경에 비해 가늘고 긴 공작물을 가공할 경우 자중 및 절삭력으로 인하여 휘거나 처짐, 진동을 방지하기 위하여 사용하는 기구로 고정식과 이동식 방진구가 있다.
> ② 가공물의 길이가 직경의 12배 이상일 때는 반드시 방진구를 사용하여야 한다.

## 18 밀링 작업에 대한 안전수칙

① 제품을 따내는 데에는 손끝을 대지 말아야 한다.
② 운전 중 가공면에 손을 대지 말아야 하며 장갑 착용을 금지한다.
③ 칩을 제거할 때에는 커터의 운전을 중지하고 브러시(솔)를 사용하며 걸레를 사용하지 않는다.
④ 커터 설치 및 측정 시에는 반드시 기계를 정지시킨 후에 한다.
⑤ 일감(공작물)은 테이블 또는 바이스에 안전하게 고정한다.
⑥ 상하 이송장치의 핸들은 사용 후 반드시 빼 두어야 한다.
⑦ 일감(공작물)을 고정하거나 풀어낼 때는 기계를 정지시킨다.
⑧ 테이블 위에 공구 등을 올려놓지 않는다.
⑨ 강력 절삭을 할 때는 일감을 바이스에 깊게 물린다.
⑩ 급속이송은 백래시 제거장치가 동작하지 않고 있음을 확인한 후 실시하고, 급속이송은 한 방향으로만 한다.

## 19 플레이너 작업에 대한 안전수칙

① 프레임 내의 피트(Pit)에는 뚜껑을 설치한다.
② 바이트는 되도록 짧게 나오도록 설치한다.
③ 배드 위에 다른 물건을 올려놓지 않는다.
④ 절삭 행정 중 일감(공작물)에 손을 대지 말아야 한다.
⑤ 기계 작동 중 테이블 위에는 절대로 올라가지 않아야 한다.

## 20 세이퍼 작업

### 1. 세이퍼의 일반사항

| 크기 표시 | ① 램의 최대 행정<br>② 테이블의 크기와 이송거리 | |
|---|---|---|
| 안전장치 | ① 칩받이<br>② 칸막이 | ③ 방책(방호울)<br>④ 가드 |
| 작업의 위험요인 | ① 공작물 이탈<br>② 램의 말단부 충돌<br>③ 가공 칩의 비산<br>④ 바이트(Bite)의 이탈 | |

### 2. 세이퍼 작업에 대한 안전수칙

① 운전 중에는 절대 급유를 하지 말아야 한다.
② 램(Ram) 조정 핸들은 조정 후 빼 놓도록 해야 한다.
③ 절삭 중에 바이트 홀더에 손을 대지 말아야 한다.
④ 바이트는 잘 갈아서 사용하며 가능한 한 짧게 물린다.
⑤ 공작물을 견고하게 고정한다.
⑥ 작업 중에는 바이트의 운동 방향에 서지 않도록 한다.

## 21 드릴링 작업

### 1. 드릴링 작업에서 일감(공작물)의 고정방법

① 일감이 작을 때 : 바이스로 고정
② 일감이 크고 복잡할 때 : 볼트와 고정구(클램프)로 고정
③ 대량 생산과 정밀도를 요할 때 : 지그(Jig)로 고정
④ 얇은 판의 재료일 때 : 나무판을 받치고 기구로 고정

## 2. 드릴링 작업에 대한 안전수칙

① 일감은 견고하게 고정시키며 관통된 것을 확인하기 위해 손으로 만져서는 안 된다.
② 드릴을 끼운 후 척 렌치(Chuck Wrench)는 반드시 **뺀다**.
③ 작업모를 착용하고 옷소매가 긴 작업복은 입지 않는다.
④ 드릴 작업에서는 보안경을 착용하고 안전덮개(Shield)를 설치한다.
⑤ 칩은 브러시(와이어 브러시)로 제거하고 장갑 착용은 금지한다.
⑥ 구멍 끝 작업에서는 절삭압력을 주어서는 안 된다.
⑦ 고정구를 사용하여 작업 중 공작물의 유동을 방지한다.
⑧ 가공 중 구멍이 관통되면 기계를 멈추고 손으로 돌려서 드릴을 **뺀다**.
⑨ 일감의 설치, 테이블의 고정이나 조정은 기계를 정지시킨 후에 실시한다.
⑩ 큰 구멍을 뚫을 때는 반드시 작은 구멍을 먼저 뚫은 후 큰 구멍을 뚫는다.
⑪ 얇은 판에 구멍을 뚫을 때에는 나무판을 밑에 받치고 뚫는다.
⑫ 구멍이 거의 다 뚫리는 끝부분에서 일감이 드릴과 함께 맞물려 회전하기 쉬우므로 주의하여야 한다.

## 22 KEYWORD 연삭숫돌의 파괴 원인

① 숫돌의 회전속도가 너무 빠를 때
② 숫돌 자체에 균열이 있을 때
③ 숫돌에 과대한 충격을 가할 때
④ 숫돌의 측면을 사용하여 작업할 때
⑤ 숫돌의 불균형이나 베어링 마모에 의한 진동이 있을 때(숫돌이 경우에 따라 파손될 수 있다)
⑥ 숫돌 반경방향의 온도변화가 심할 때
⑦ 작업에 부적당한 숫돌을 사용할 때
⑧ 숫돌의 치수가 부적당할 때
⑨ 플랜지가 현저히 작을 때

## 23 연삭기의 방호장치

### 1. 덮개의 구조

① 덮개에 인체의 접촉으로 인한 손상위험이 없어야 한다.
② 덮개에는 그 강도를 저하시키는 균열 및 기포 등이 없어야 한다.
③ 탁상용 연삭기의 덮개에는 워크레스트 및 조정편을 구비하여야 하며, 워크레스트는 연삭숫돌과의 간격을 3밀리미터 이하로 조정할 수 있는 구조이어야 한다.
④ 각종 고정부분은 부착하기 쉽고 견고하게 고정될 수 있어야 한다.

### 2. 연삭기 덮개의 각도

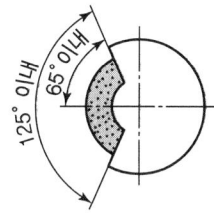

① 일반연삭작업 등에 사용하는 것을 목적으로 하는 탁상용 연삭기의 덮개 각도

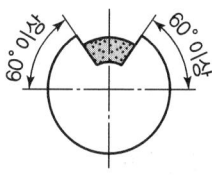

② 연삭숫돌의 상부를 사용하는 것을 목적으로 하는 탁상용 연삭기의 덮개 각도

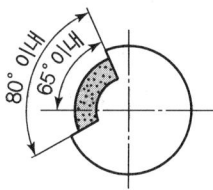

③ ① 및 ② 이외의 탁상용 연삭기, 그 밖에 이와 유사한 연삭기의 덮개 각도

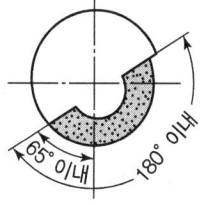

④ 원통연삭기, 센터리스연삭기, 공구연삭기, 만능연삭기, 그 밖에 이와 비슷한 연삭기의 덮개 각도

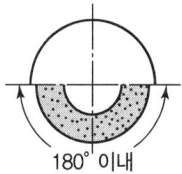

⑤ 휴대용 연삭기, 스윙 연삭기, 스라브연삭기, 그 밖에 이와 비슷한 연삭기의 덮개 각도

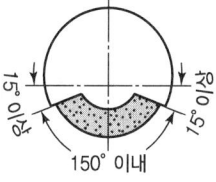

⑥ 평면연삭기, 절단연삭기, 그 밖에 이와 비슷한 연삭기의 덮개 각도

## 24 연삭기의 안전기준

### 1. 연삭기 구조면에 있어서의 안전기준

① 플랜지의 지름은 숫돌지름의 1/3 이상인 것을 사용하며 양쪽 모두 같은 크기로 한다.

$$\text{플랜지의 지름} = \text{숫돌지름} \times \frac{1}{3}$$

② 연삭숫돌과 작업대(워크레스트)와의 간격은 3mm 이내로 한다.
③ 최고회전속도 이내에서 작업을 한다.

$$V = \pi DN [\text{mm/min}] = \frac{\pi DN}{1,000} [\text{m/min}]$$

여기서, $V$ : 원주속도(회전속도)[m/min]
$D$ : 숫돌의 지름[mm]
$N$ : 숫돌의 매분 회전수[rpm]

### 2. 연삭기 작업면에 있어서의 안전기준

① 회전 중인 연삭숫돌(지름이 5센티미터 이상인 것으로 한정)이 근로자에게 위험을 미칠 우려가 있는 경우에 그 부위에 덮개를 설치하여야 한다.
② 연삭숫돌을 사용하는 작업의 경우 작업을 시작하기 전에는 1분 이상, 연삭숫돌을 교체한 후에는 3분 이상 시험운전을 하고 해당 기계에 이상이 있는지를 확인하여야 한다.
③ 시험운전에 사용하는 연삭숫돌은 작업 시작 전에 결함이 있는지를 확인한 후 사용하여야 한다.
④ 연삭숫돌의 최고 사용회전속도를 초과하여 사용하도록 해서는 아니 된다.
⑤ 측면을 사용하는 것을 목적으로 하지 않는 연삭숫돌을 사용하는 경우 측면을 사용하도록 해서는 아니 된다.

## 25 수공구 작업(정)

① 재료를 절단 또는 깎아 내는 데 사용하는 공구
② 칩이 튀는 작업에는 반드시 보호안경을 착용하여야 한다.
③ 처음에는 가볍게 때리고, 점차 힘을 가한다.
④ 절단된 가공물의 끝이 튕길 수 있는 위험의 발생을 방지하여야 한다.
⑤ 절단이 끝날 무렵에는 정을 세게 타격해서는 안 된다.
⑥ 정으로 담금질된 재료는 절대로 가공할 수 없다.

## 26 프레스의 안전대책

### 1. no-hand in die 방식

#### 1) 의의
작업 시 금형 사이에 손이 들어갈 필요가 없는 구조로, 위험을 방지하기 위한 본질적 안전화 방식이다.

#### 2) 구분 및 종류

| 구분 | 종류 |
| --- | --- |
| 위험한계에 손을 넣으려 해도 들어가지 않는 방식 | ① 안전울을 부착한 프레스 : 작업점을 제외한 개구부의 틈새를 8mm 이하로 유지<br>② 안전금형을 부착한 프레스 : 상형과 하형의 틈새 및 가이드 포스트(Guide Post)와 부시(Bush)와의 틈새는 8mm 이하<br>③ 전용프레스 : 작업자의 손을 금형 사이에 넣을 필요가 없도록 한 프레스 |
| 위험한계에 손을 넣을 수 있으나 넣을 필요가 없는 방식 | 자동프레스 : 자동으로 재료의 송급, 가공 및 제품 등의 배출을 행하는 구조<br>① 자동 송급 배출기구가 있는 것<br>② 자동 송급 배출장치를 부착한 것 |

### 2. hand in die 방식

#### 1) 의의
작업 시 금형 사이에 손이 들어가야만 하는 방식으로 반드시 방호장치를 부착시켜야 한다.

#### 2) 구분 및 종류

| 구분 | 종류 |
| --- | --- |
| 프레스기의 종류, 압력능력, 매분 행정수, 작업방법에 상응하는 방호장치 | ① 가드식 방호장치　② 수인식 방호장치　③ 손쳐내기식 방호장치 |
| 정지 성능에 상응하는 방호장치 | ① 양수조작식　② 광전자식(감응식) |

## 27 프레스의 방호장치 설치기준

### 1. 게이트 가드식 방호장치(Gate Guard)

① 슬라이드의 작동 중에 열 수 없는 구조이어야 하며, 가드를 닫지 않으면 슬라이드를 작동시킬 수 없는 구조의 것이어야 한다.
② 작동방식에 따라 하강식, 상승식, 횡슬라이드식, 도립식 등으로 분류한다.

## 2. 손쳐내기식 방호장치(Sweep Guard)

① 슬라이드와 연결된 손쳐내기 봉이 위험 구역에 있는 작업자의 손을 쳐내는 방식
② SPM 120 이하, 슬라이드 행정길이 약 40mm 이상의 프레스에 적용 가능
③ 슬라이드 하행정거리의 3/4 위치에서 손을 완전히 밀어내야 한다.
④ 방호판의 폭은 금형폭의 1/2 이상이어야 하고, 행정길이가 300mm 이상의 프레스기계에는 방호판 폭을 300mm로 해야 한다.

## 3. 수인식 방호장치(Pull Out)

① 슬라이드와 작업자 손을 끈으로 연결하여 슬라이드 하강 시 작업자 손을 당겨 위험영역에서 빼낼 수 있도록 한 장치
② SPM 120 이하 행정길이 40mm 이상 프레스에 적용 가능
③ 수인끈의 재료는 합성섬유로 직경이 4mm 이상이어야 한다.

## 4. 양수조작식 방호장치

① 기계의 조작을 양손으로 동시에 하지 않으면 기계가 가동하지 않으며 한 손이라도 떼어내면 기계가 급정지 또는 급상승하게 하는 장치
② 1행정 1정지기구에 사용할 수 있어야 한다.
③ 누름버튼을 양손으로 동시에 조작하지 않으면 작동시킬 수 없는 구조이어야 하며, 양쪽 버튼의 작동 시간 차이는 최대 0.5초 이내일 때 프레스가 동작되도록 해야 한다.
④ 누름버튼의 상호 간 내측거리는 300mm 이상이어야 한다.

## 5. 광전자식 방호장치

① 광선 검출 트립기구를 이용한 방호장치로서 신체의 일부가 광선을 차단하면 기계를 급정지 또는 급상승시켜 안전을 확보하는 장치
② 슬라이드 작동 중 정지 가능한 마찰클러치의 구조에만 적용 가능하고 확동식 클러치(핀 클러치)를 갖는 크랭크 프레스에는 사용 불가
③ 방호장치가 작동하여 정지 후 바로 연속 가공이 가능하다.
④ 정상동작표시램프는 녹색, 위험표시램프는 붉은색으로 하며, 쉽게 근로자가 볼 수 있는 곳에 설치해야 한다.

# 28 프레스 방호장치 설치 안전거리

## 1. 양수조작식

① 양수조작식 방호장치를 설치한 프레스 등의 누름버튼과 위험한계 사이의 거리는 슬라이드 등의 하강속도가 최대로 되는 위치에서 다음 식에 따라 계산한 값 이상이어야 한다.

② 공식

$$D = 1,600 \times (T_c + T_s)$$

여기서, $D$ : 안전거리[mm]
$T_c$ : 방호장치의 작동시간[즉, 누름버튼으로부터 한 손이 떨어졌을 때부터 급정지기구가 작동을 개시할 때까지의 시간(초)]
$T_s$ : 프레스 등의 급정지시간[즉, 급정지기구가 작동을 개시했을 때부터 슬라이드 등이 정지할 때까지의 시간(초)]

## 2. 양수기동식

$$D_m = 1.6 T_m$$

여기서, $D_m$ : 안전거리[mm]
$T_m$ : 양손으로 누름단추를 누르기 시작할 때부터 슬라이드가 하사점에 도달하기까지 소요시간[ms]
$T_m = \left( \dfrac{1}{\text{클러치 맞물림 개소수}} + \dfrac{1}{2} \right) \times \dfrac{60,000}{\text{매분 행정수}}$[ms]

## 3. 광전자식

① 광전자식 방호장치를 설치한 프레스 등의 광전자식 방호장치와 위험한계 사이의 거리는 슬라이드 등의 하강속도가 최대로 되는 위치에서 다음 식에 따라 계산한 값 이상이어야 한다.

② 공식

$$D = 1,600 \times (T_c + T_s)$$

여기서, $D$ : 안전거리[mm]
$T_c$ : 방호장치의 작동시간[즉, 손이 광선을 차단했을 때부터 급정지기구가 작동을 개시할 때까지의 시간(초)]
$T_s$ : 프레스 등의 최대정지시간[즉, 급정지기구가 작동을 개시했을 때부터 슬라이드 등이 정지할 때까지의 시간(초)]

## 29 기타 프레스기와 관련된 중요 사항

### 1. 급정지기구에 따른 방호장치

| 급정지기구가 부착되어 있어야만 유효한 방호장치 | 급정지기구가 부착되어 있지 않아도 유효한 방호장치 |
|---|---|
| ① 양수조작식 방호장치<br>② 감응식 방호장치 | ① 양수기동식 방호장치<br>② 게이트 가드식 방호장치<br>③ 수인식 방호장치<br>④ 손쳐내기식 방호장치 |

### 2. 기타 주요 사항

| 프레스기 페달에 U자형 덮개(커버)를 씌우는 이유 | 페달의 불시작동으로 인한 사고 예방 |
|---|---|
| 슬라이드 불시 하강 방지조치 | 안전블록 설치 |
| 금형에서 제품을 꺼낼 때 칩(Chip) 제거에 이용되는 것 | ① 공기분사장치(압축공기)<br>② Pick out 사용 |
| 프레스에서 동력 전달에 가장 중요한 부분 | 클러치 |

### 3. 금형조정작업의 위험 방지

프레스 등의 금형을 부착·해체 또는 조정하는 작업을 할 때에 해당 작업에 종사하는 근로자의 신체가 위험한계 내에 있는 경우 슬라이드가 갑자기 작동함으로써 근로자에게 발생할 우려가 있는 위험을 방지하기 위하여 안전블록을 사용하는 등 필요한 조치를 하여야 한다.

## 30 롤러기 가드의 개구부 간격

### 1. ILO 기준(위험점이 전동체가 아닌 경우)

① 프레스 및 전단기의 작업점이나 롤러기의 맞물림점에 설치
② 공식

$$Y = 6 + 0.15X\,(X < 160\text{mm})\ (단, X \geq 160\text{mm}\ 일\ 때,\ Y = 30\text{mm})$$

여기서, $X$ : 가드와 위험점 간의 거리(안전거리)[mm]
$Y$ : 가드 개구부 간격(안전간극)[mm]

## 2. 위험점이 대형 기계의 전동체(회전체)인 경우

$$Y = \frac{X}{10} + 6\text{mm} \,(단, \ X < 760\text{mm}에서 유효)$$

여기서, $X$ : 가드와 위험점 간의 거리(안전거리)[mm]
$Y$ : 가드 개구부 간격(안전간극)[mm]

## 31 롤러기 방호장치 설치방법 및 성능조건

### 1. 급정지장치의 설치방법

| 급정지장치 조작부의 종류 | 위치 | 비고 |
|---|---|---|
| 손으로 조작하는 것 | 밑면으로부터 1.8m 이내 | 위치는 급정지장치 조작부의 중심점을 기준으로 함 |
| 복부로 조작하는 것 | 밑면으로부터 0.8m 이상 1.1m 이내 | |
| 무릎으로 조작하는 것 | 밑면으로부터 0.4m 이상 0.6m 이내 | |

### 2. 급정지장치의 성능조건

| 앞면 롤러의 표면속도(m/min) | 급정지거리 |
|---|---|
| 30 미만 | 앞면 롤러 원주의 1/3 |
| 30 이상 | 앞면 롤러 원주의 1/2.5 |

$$V = \pi DN [\text{mm/min}] = \frac{\pi DN}{1{,}000} [\text{m/min}]$$

여기서, $V$ : 표면속도[m/min], $D$ : 롤러 원통의 직경[mm]
$N$ : 1분간에 롤러기가 회전되는 수[rpm]

## 32 토치의 취급상 주의사항

① 팁을 모래나 먼지 위에 놓지 말 것
② 토치를 함부로 분해하지 말 것
③ 팁이 과열된 때는 아세틸렌 가스를 멈추고 산소만 다소 분출시키면서 물속에 넣어 냉각시킬 것
④ 점화 시 아세틸렌 밸브를 열고 점화 후 산소밸브를 열어 조절한다.
⑤ 작업 종료 후 또는 고무호스에 역화·역류 발생 시에는 산소밸브를 가장 먼저 잠근다.
⑥ 용접토치팁의 청소는 팁클리너로 하는 것이 가장 좋다.


## 33 아세틸렌 용접장치

### 1. 압력의 제한

아세틸렌 용접장치를 사용하여 금속의 용접·용단 또는 가열작업을 하는 경우에는 게이지 압력이 127 킬로파스칼을 초과하는 압력의 아세틸렌을 발생시켜 사용해서는 아니 된다.

### 2. 발생기실의 설치 장소

① 아세틸렌 용접장치의 아세틸렌 발생기를 설치하는 경우에는 전용의 발생기실에 설치하여야 한다.
② 건물의 최상층에 위치하여야 하며, 화기를 사용하는 설비로부터 3미터를 초과하는 장소에 설치하여야 한다.
③ 옥외에 설치한 경우에는 그 개구부를 다른 건축물로부터 1.5미터 이상 떨어지도록 하여야 한다.

### 3. 발생기실의 구조

① 벽은 불연성 재료로 하고 철근 콘크리트 또는 그 밖에 이와 같은 수준이거나 그 이상의 강도를 가진 구조로 할 것
② 지붕과 천장에는 얇은 철판이나 가벼운 불연성 재료를 사용할 것
③ 바닥면적의 16분의 1 이상의 단면적을 가진 배기통을 옥상으로 돌출시키고 그 개구부를 창이나 출입구로부터 1.5미터 이상 떨어지도록 할 것
④ 출입구의 문은 불연성 재료로 하고 두께 1.5밀리미터 이상의 철판이나 그 밖에 그 이상의 강도를 가진 구조로 할 것
⑤ 벽과 발생기 사이에는 발생기의 조정 또는 카바이드 공급 등의 작업을 방해하지 않도록 간격을 확보할 것

## 4. 안전기의 설치

① 아세틸렌 용접장치의 취관마다 안전기를 설치하여야 한다.(다만, 주관 및 취관에 가장 가까운 분기관마다 안전기를 부착한 경우에는 그러하지 아니하다)
② 가스용기가 발생기와 분리되어 있는 아세틸렌 용접장치에 대하여 발생기와 가스용기 사이에 안전기를 설치하여야 한다.

## 5. 아세틸렌 용접장치의 관리

① 발생기(이동식 아세틸렌 용접장치의 발생기는 제외)의 종류, 형식, 제작업체명, 매시 평균 가스발생량 및 1회 카바이드 공급량을 발생기실 내의 보기 쉬운 장소에 게시할 것
② 발생기실에는 관계 근로자가 아닌 사람이 출입하는 것을 금지할 것
③ 발생기에서 5미터 이내 또는 발생기실에서 3미터 이내의 장소에서는 흡연, 화기의 사용 또는 불꽃이 발생할 위험한 행위를 금지시킬 것
④ 도관에는 산소용과 아세틸렌용의 혼동을 방지하기 위한 조치를 할 것
⑤ 아세틸렌 용접장치의 설치장소에는 소화기 한 대 이상을 갖출 것
⑥ 이동식 아세틸렌 용접장치의 발생기는 고온의 장소, 통풍이나 환기가 불충분한 장소 또는 진동이 많은 장소 등에 설치하지 않도록 할 것

# 34 가스집합 용접장치

## 1. 가스집합장치의 위험 방지

① 가스집합장치에 대해서는 화기를 사용하는 설비로부터 5미터 이상 떨어진 장소에 설치하여야 한다.
② 가스집합장치를 설치하는 경우에는 전용의 방에 설치하여야 한다.(다만, 이동하면서 사용하는 가스집합장치의 경우에는 제외)
③ 가스장치실에서 가스집합장치의 가스용기를 교환하는 작업을 할 때 가스장치실의 부속설비 또는 다른 가스용기에 충격을 줄 우려가 있는 경우에는 고무판 등을 설치하는 등 충격 방지조치를 하여야 한다.

## 2. 가스장치실의 구조

① 가스가 누출된 경우에는 그 가스가 정체되지 않도록 할 것
② 지붕과 천장에는 가벼운 불연성 재료를 사용할 것
③ 벽에는 불연성 재료를 사용할 것

## 3. 가스집합 용접장치의 배관(이동식을 포함)

① 플랜지·밸브·콕 등의 접합부에는 개스킷을 사용하고 접합면을 상호 밀착시키는 등의 조치를 할 것
② 주관 및 분기관에는 안전기를 설치할 것. 이 경우 하나의 취관에 2개 이상의 안전기를 설치하여야 한다.

## 4. 구리 사용의 제한

용해아세틸렌의 가스집합 용접장치의 배관 및 부속기구는 구리나 구리 함유량이 70퍼센트 이상인 합금을 사용해서는 아니 된다.

## 35 KEYWORD 금속의 용접·용단 또는 가열에 사용되는 가스 등의 용기를 취급하는 경우의 준수사항

① 다음 장소에서 사용하거나 해당 장소에 설치·저장 또는 방치하지 않도록 할 것
  ㉠ 통풍이나 환기가 불충분한 장소
  ㉡ 화기를 사용하는 장소 및 그 부근
  ㉢ 위험물 또는 인화성 액체를 취급하는 장소 및 그 부근
② 용기의 온도를 섭씨 40도 이하로 유지할 것
③ 전도의 위험이 없도록 할 것
④ 충격을 가하지 않도록 할 것
⑤ 운반하는 경우에는 캡을 씌울 것
⑥ 사용하는 경우에는 용기의 마개에 부착되어 있는 유류 및 먼지를 제거할 것
⑦ 밸브의 개폐는 서서히 할 것
⑧ 사용 전 또는 사용 중인 용기와 그 밖의 용기를 명확히 구별하여 보관할 것
⑨ 용해아세틸렌의 용기는 세워 둘 것
⑩ 용기의 부식·마모 또는 변형 상태를 점검한 후 사용할 것

## KEYWORD 36 역화(Back Fire)

| 정의 | 용접 도중에 모재에 팁 끝이 닿아 불꽃이 팁 끝에서 순간적으로 폭음을 내며 불꽃이 들어갔다가 꺼지는 현상 |
|---|---|
| 원인 | ① 압력 조정기의 고장<br>② 과열되었을 때<br>③ 산소 공급이 과다할 때<br>④ 토치의 성능이 좋지 않을 때<br>⑤ 토치 팁에 이물질이 묻었을 때 |
| 방지법 | ① 용접 팁을 물에 담가서 식힘　② 아세틸렌을 차단　③ 토치의 기능을 점검 |

## KEYWORD 37 보일러의 취급 시 이상현상

| 프라이밍(Priming) | 보일러수가 극심하게 끓어서 수면에서 계속하여 물방울이 비산하고 증기부가 물방울로 충만하여 수위가 불안정하게 되는 현상 |
|---|---|
| 포밍(Foaming) | 보일러수에 유지류, 고형물 등의 부유물로 인해 거품이 발생하여 수위를 판단하지 못하는 현상 |
| 캐리오버<br>(Carry Over, 기수공발) | ① 보일러에서 증기관 쪽에 보내는 증기에 대량의 물방울이 포함되는 경우로 프라이밍이나 포밍이 생기면 필연적으로 발생<br>② 보일러에서 증기의 순도를 저하시킴으로써 관 내 응축수가 생겨 워터해머의 원인이 되는 것 |
| 워터해머<br>(Water Hammer,<br>수격작용) | ① 관 내의 유동, 밸브의 급격한 개폐 등에 의해 압력파(압력변화)가 생겨 불규칙한 유체의 흐름이 생성되어 관벽을 해머로 치는 듯한 소리를 내며 관이 진동하는 현상<br>② 과열과는 상관이 없으며, 워터해머는 캐리오버에 기인한다. |

## KEYWORD 38 보일러 안전장치의 종류

### 1. 압력방출장치

① 보일러의 안전한 가동을 위하여 보일러 규격에 맞는 압력방출장치를 1개 또는 2개 이상 설치하고 최고사용압력(설계압력 또는 최고허용압력) 이하에서 작동되도록 하여야 한다.
② 압력방출장치가 2개 이상 설치된 경우에는 최고사용압력 이하에서 1개가 작동되고, 다른 압력방출장치는 최고사용압력 1.05배 이하에서 작동되도록 부착하여야 한다.
③ 압력방출장치는 매년 1회 이상 교정을 받은 압력계를 이용하여 설정압력에서 압력방출장치가 적정하게 작동하는지를 검사한 후 납으로 봉인하여 사용하여야 한다.(공정안전보고서 이행상태 평가결과가 우수한 사업장은 압력방출장치에 대하여 4년마다 1회 이상 설정압력에서 압력방출장치가 적정하게 작동하는지를 검사할 수 있다)
④ 스프링식, 중추식, 지렛대식(일반적으로 스프링식 안전밸브가 많이 사용된다)

## 2. 압력제한스위치

보일러의 과열을 방지하기 위하여 최고사용압력과 상용압력 사이에서 보일러의 버너 연소를 차단할 수 있도록 압력제한스위치를 부착하여 사용하여야 한다.

## 3. 고저수위 조절장치

고저수위 조절장치의 동작 상태를 작업자가 쉽게 감시하도록 하기 위하여 고저수위지점을 알리는 경보 등·경보음장치 등을 설치하여야 하며, 자동으로 급수되거나 단수되도록 설치하여야 한다.

## 4. 화염검출기

연소상태를 항상 감시하고 그 신호를 프레임 릴레이가 받아서 연소차단밸브를 개폐한다.

# 39 KEYWORD 산업용 로봇의 안전기준

## 1. 교시 등의 작업 시 안전조치사항

① 다음 각 목의 사항에 관한 지침을 정하고 그 지침에 따라 작업을 시킬 것
  ㉠ 로봇의 조작방법 및 순서
  ㉡ 작업 중의 매니퓰레이터의 속도
  ㉢ 2명 이상의 근로자에게 작업을 시킬 경우의 신호방법
  ㉣ 이상을 발견한 경우의 조치
  ㉤ 이상을 발견하여 로봇의 운전을 정지시킨 후 이를 재가동시킬 경우의 조치
  ㉥ 그 밖에 로봇의 예기치 못한 작동 또는 오조작에 의한 위험을 방지하기 위하여 필요한 조치
② 작업에 종사하고 있는 근로자 또는 그 근로자를 감시하는 사람은 이상을 발견하면 즉시 로봇의 운전을 정지시키기 위한 조치를 할 것
③ 작업을 하고 있는 동안 로봇의 기동스위치 등에 작업 중이라는 표시를 하는 등 작업에 종사하고 있는 근로자가 아닌 사람이 그 스위치 등을 조작할 수 없도록 필요한 조치를 할 것

## 2. 운전 중 위험 방지조치

① 높이 1.8미터 이상의 울타리
② 컨베이어 시스템의 설치 등으로 울타리를 설치할 수 없는 일부 구간 : 안전매트 또는 광전자식 방호장치 등 감응형 방호장치 설치

## 40 목재 가공용 둥근톱

### 1. 방호장치의 종류 및 구조
① 날접촉예방장치 : 톱날과 인체의 접촉을 방지하기 위한 덮개를 말한다.
② 반발예방장치 : 가공재의 반발을 방지하기 위하여 설치하는 것으로 분할날(Spreader), 반발방지기구(Finger), 반발방지롤(Roll), 보조안내판이 있다.

### 2. 분할날의 설치구조
① 분할날의 두께는 둥근톱 두께의 1.1배 이상일 것

$$1.1t_1 \leq t_2 < b$$

여기서, $t_1$ : 톱두께, $t_2$ : 분할날두께, $b$ : 치진폭

② 견고히 고정할 수 있으며 분할날과 톱날 원주면과의 거리는 12mm 이내로 조정, 유지할 수 있어야 하고 표준테이블면(승강반에 있어서도 테이블을 최하로 내린 때의 면)상의 톱 뒷날의 2/3 이상을 덮도록 할 것


## 41 고속회전체

고속회전체(회전축의 중량이 1톤을 초과하고 원주속도가 초당 120미터 이상인 것으로 한정)의 회전시험을 하는 경우 미리 회전축의 재질 및 형상 등에 상응하는 종류의 비파괴검사를 해서 결함 유무를 확인하여야 한다.


## 42 지게차의 안정조건

지게차는 화물 적재 시에 지게차 균형추(Counter Balance) 무게에 의하여 안정된 상태를 유지할 수 있도록 최대하중 이하로 적재하여야 한다.

$$Wa < Gb$$

여기서, $W$ : 화물중심에서의 화물의 중량[kgf]   $G$ : 지게차 중심에서의 지게차의 중량[kgf]
$a$ : 앞바퀴에서 화물 중심까지의 최단거리[cm]   $b$ : 앞바퀴에서 지게차 중심까지의 최단거리[cm]
$M_1 = Wa$(화물의 모멘트)   $M_2 = Gb$(지게차의 모멘트)

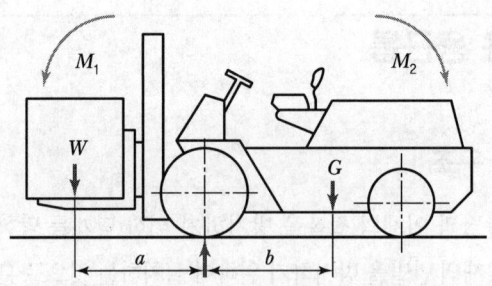

## 43 지게차의 안정도 기준

| 안정도 | 지게차의 상태 | |
|---|---|---|
| 하역작업 시의 전후 안정도 4% 이내<br>(5톤 이상 3.5% 이내)<br>(최대하중상태에서 포크를 가장 높이 올린 경우) | | (위에서 본 경우) |
| 주행 시의 전후 안정도 18% 이내<br>(기준부하상태) | | |
| 하역작업 시의 좌우안정도 6% 이내<br>(최대하중상태에서 포크를 가장 높이 올리고<br>마스트를 가장 뒤로 기울인 경우) | | (밑에서 본 경우) |
| 주행 시의 좌우 안정도 $(15+1.1V)$% 이내<br>($V$ : 최고속도(km/h))<br>(기준무부하상태) | | |

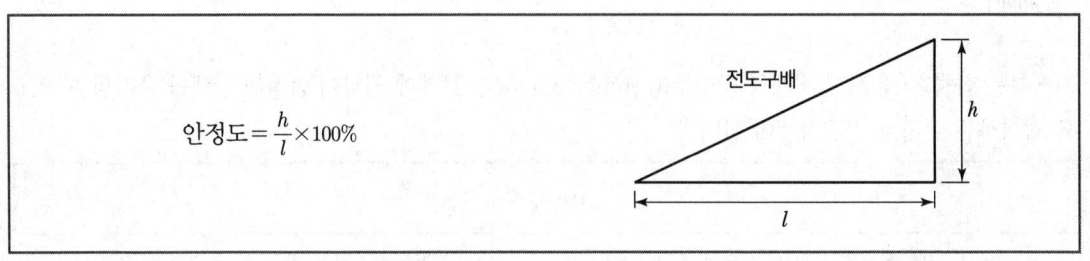

안정도 $= \dfrac{h}{l} \times 100\%$

## 44 헤드가드

① 강도는 지게차의 최대하중의 2배 값(4톤을 넘는 값에 대해서는 4톤으로 한다)의 등분포정하중에 견딜 수 있을 것
② 상부틀의 각 개구의 폭 또는 길이가 16센티미터 미만일 것
③ 운전자가 앉아서 조작하거나 서서 조작하는 지게차의 헤드가드는 한국산업표준에서 정하는 높이 기준 이상일 것
  ㉠ 좌승식 : 좌석기준점으로부터 903mm 이상
  ㉡ 입승식 : 조종사가 서 있는 플랫폼으로부터 1,880mm 이상

## 45 컨베이어

### 1. 컨베이어 방호장치의 종류

① 비상정지장치
② 역전방지장치
  ㉠ 기계식 : 라쳇식, 롤러식, 밴드식
  ㉡ 전기식 : 전기 브레이크, 스러스트 브레이크
③ 브레이크
④ 이탈 방지장치 : 전자식 브레이크, 유압식 브레이크
⑤ 덮개 또는 울
⑥ 건널다리

### 2. 컨베이어 등을 사용하여 작업을 할 때 작업시작 전 점검사항

① 원동기 및 풀리(Pulley) 기능의 이상 유무
② 이탈 등의 방지장치 기능의 이상 유무
③ 비상정지장치 기능의 이상 유무
④ 원동기 · 회전축 · 기어 및 풀리 등의 덮개 또는 울 등의 이상 유무

## 46 양중기 방호장치의 종류

### 1. 양중기의 종류

① 크레인(호이스트 포함)
② 이동식 크레인
③ 리프트(이삿짐운반용 리프트의 경우에는 적재하중이 0.1톤 이상인 것)
④ 곤돌라
⑤ 승강기

### 2. 방호장치의 종류

① 방호장치의 조정

| 방호장치의 조정 대상 | ① 크레인<br>② 이동식 크레인<br>③ 리프트<br>④ 곤돌라<br>⑤ 승강기 |
|---|---|
| 방호장치의 종류 | ① 과부하방지장치<br>② 권과방지장치<br>③ 비상정지장치 및 제동장치<br>④ 그 밖의 방호장치(승강기의 파이널 리미트 스위치, 속도조절기, 출입문 인터록 등) |

② 크레인 및 이동식 크레인의 양중기에 대한 권과방지장치는 훅·버킷 등 달기구의 윗면(그 달기구에 권상용 도르래가 설치된 경우에는 권상용 도르래의 윗면)이 드럼, 상부 도르래, 트롤리프레임 등 권상장치의 아랫면과 접촉할 우려가 있는 경우에 그 간격이 0.25m 이상(직동식 권과방지장치는 0.05미터 이상으로 한다)이 되도록 조정하여야 한다.
③ ②의 권과방지장치를 설치하지 않은 크레인에 대해서는 권상용 와이어로프에 위험표시를 하고 경보장치를 설치하는 등 권상용 와이어로프가 지나치게 감겨서 근로자가 위험해질 상황을 방지하기 위한 조치를 하여야 한다.

### 3. 리프트의 방호장치

리프트(자동차정비용 리프트 제외)의 운반구 이탈 등의 위험을 방지하기 위하여 권과방지장치, 과부하방지장치, 비상정지장치 등을 설치하는 등 필요한 조치를 하여야 한다.

#  양중기의 와이어 로프 등

## 1. 와이어로프 등 달기구의 안전계수

| 근로자가 탑승하는 운반구를 지지하는 달기와이어로프 또는 달기체인의 경우 | 10 이상 |
|---|---|
| 화물의 하중을 직접 지지하는 달기와이어로프 또는 달기체인의 경우 | 5 이상 |
| 훅, 샤클, 클램프, 리프팅 빔의 경우 | 3 이상 |
| 그 밖의 경우 | 4 이상 |

## 2. 양중기 와이어로프의 사용금지 조건

① 이음매가 있는 것
② 와이어로프의 한 꼬임에서 끊어진 소선의 수가 10% 이상인 것
③ 지름의 감소가 공칭지름의 7%를 초과하는 것
④ 꼬인 것
⑤ 심하게 변형되거나 부식된 것
⑥ 열과 전기충격에 의해 손상된 것

## 3. 양중기 달기 체인의 사용금지 조건

① 달기 체인의 길이가 달기 체인이 제조된 때의 길이의 5%를 초과한 것
② 링의 단면 지름이 달기 체인이 제조된 때의 해당 링의 지름의 10%를 초과하여 감소한 것
③ 균열이 있거나 심하게 변형된 것

## 48 와이어로프에 걸리는 하중

### 1. 와이어로프의 안전율

$$안전율(S) = \frac{\text{로프의 가닥 수}(N) \times \text{로프의 파단하중}(P) \times \text{단말고정이음효율}(nR)}{\text{안전하중}(\text{최대사용하중}, Q) \times \text{하중계수}(C)}$$

### 2. 와이어로프에 걸리는 하중 계산

| | |
|---|---|
| 와이어로프에 걸리는 총 하중 | 총 하중($W$) = 정하중($W_1$) + 동하중($W_2$)<br>동하중($W_2$) = $\dfrac{W_1}{g} \times a$<br>[$g$: 중력가속도($9.8\text{m/s}^2$), $a$: 가속도($\text{m/s}^2$)] |
| 와이어로프에 작용하는 장력 | 장력[N] = 총하중[kg] × 중력가속도[m/s²] |
| 슬링와이어로프의 한 가닥에 걸리는 하중 | 하중 = $\dfrac{\text{화물의 무게}(W_1)}{2} \div \cos\dfrac{\theta}{2}$ |

# CHAPTER 04 전기설비 안전관리

## 1 통전 경로별 위험도

| 통전경로 | 심장전류계수 | 통전경로 | 심장전류계수 |
|---|---|---|---|
| 왼손-가슴 | 1.5 | 왼손-등 | 0.7 |
| 오른손-가슴 | 1.3 | 한 손 또는 양손-앉아 있는 자리 | 0.7 |
| 왼손-한 발 또는 양발 | 1.0 | 왼손-오른손 | 0.4 |
| 양손-양발 | 1.0 | 오른손-등 | 0.3 |
| 오른손-한 발 또는 양발 | 0.8 | | |

※ 숫자가 클수록 위험도가 높다.

## 2 옴의 법칙

① 전기회로 내의 전류, 전압, 저항 사이의 관계를 나타내는 법칙
② 임의의 도체에 흐르는 전류($I$)의 크기는 전압($V$)에 비례하고($R$이 일정한 경우), 저항($R$)에 반비례($V$가 일정한 경우)한다.
③ 공식

$$V = IR[\text{V}], \quad I = \frac{V}{R}[\text{A}], \quad R = \frac{V}{I}[\Omega]$$

여기서, $V$: 전압[V], $I$: 전류[A], $R$: 저항[Ω]

## 3 통전전류에 따른 인체의 영향

| 분류 | 인체에 미치는 전류의 영향 | 통전전류 |
|---|---|---|
| 최소감지전류 | 전류의 흐름을 느낄 수 있는 최소전류 | 상용주파수 60Hz에서 성인남자 1mA |
| 고통한계전류 | 고통을 참을 수 있는 한계전류 | 상용주파수 60Hz에서 성인남자 7~8mA |
| 가수전류(이탈전류, 마비한계전류) | 인체가 자력으로 이탈할 수 있는 전류 | 상용주파수 60Hz에서 성인남자 10~15mA |
| 불수전류 | 신경이 마비되고 신체를 움직일 수 없으며 말을 할 수 없는 상태(인체가 충전부에 접촉하여 감전되었을 때 자력으로 이탈할 수 없는 상태의 전류) | 상용주파수 60Hz에서 성인남자 15~50mA |
| 심실세동전류 (치사전류) | 심장의 맥동에 영향을 주어 심장마비 상태를 유발하여 수분 이내에 사망 | $I = \dfrac{165}{\sqrt{T}}[\text{mA}]$<br>일반적으로 50~100mA |

## 4 심실세동전류(치사전류)

① 인체에 흐르는 전류가 더욱 증가하면 심장부를 흐르게 되어 정상적인 박동을 하지 못하고 불규칙적인 세동으로 혈액순환이 순조롭지 못하게 되는 현상을 말하며, 그대로 방치하면 수분 내로 사망하게 된다.
② 일반적으로 50~100mA 정도에서 일어나며 100mA 이상에서는 순간적 흐름에도 심실세동현상이 발생한다.
③ 심실세동전류와 통전시간의 관계(Dalziel)
심실세동전류의 크기는 통전시간의 제곱근에 비례한다.

$$I = \dfrac{165}{\sqrt{T}}[\text{mA}]$$

여기서, $I$ : 심실세동전류[mA], $T$ : 통전시간[sec]
전류 $I$는 1,000명 중 5명 정도가 심실세동을 일으키는 값

④ 위험한계 에너지(심실세동을 일으키는 전기에너지 값)
인체의 전기저항 $R$을 500(Ω), 통전시간이 1초라면

$$W = I^2 RT[\text{J/s}] = \left(\dfrac{165}{\sqrt{T}} \times 10^{-3}\right)^2 \times R \times T = \left(\dfrac{165}{\sqrt{T}} \times 10^{-3}\right)^2 \times 500 \times 1 = 13.61[\text{J}]$$

## 5 전기 기계·기구에 의한 감전방지대책

### 1. 직접 접촉에 의한 방지대책(전기 기계·기구 등의 충전 부분에 대한 감전방지)

① 충전부가 노출되지 않도록 폐쇄형 외함이 있는 구조로 할 것
② 충전부에 충분한 절연효과가 있는 방호망이나 절연덮개를 설치할 것
③ 충전부는 내구성이 있는 절연물로 완전히 덮어 감쌀 것
④ 발전소·변전소 및 개폐소 등 구획되어 있는 장소로서 관계 근로자가 아닌 사람의 출입이 금지되는 장소에 충전부를 설치하고, 위험표시 등의 방법으로 방호를 강화할 것
⑤ 전주 위 및 철탑 위 등 격리되어 있는 장소로서 관계 근로자가 아닌 사람이 접근할 우려가 없는 장소에 충전부를 설치할 것

### 2. 간접 접촉에 의한 방지대책

① 보호절연
② 안전 전압 이하의 전기기기 사용
③ 접지
④ 누전차단기의 설치
⑤ 비접지식 전로의 채용
⑥ 이중절연구조

## 6 전로차단 절차

① 전기기기 등에 공급되는 모든 전원을 관련 도면, 배선도 등으로 확인할 것
② 전원을 차단한 후 각 단로기 등을 개방하고 확인할 것
③ 차단장치나 단로기 등에 잠금장치 및 꼬리표를 부착할 것
④ 개로된 전로에서 유도전압 또는 전기에너지가 축적되어 근로자에게 전기위험을 끼칠 수 있는 전기기기 등은 접촉하기 전에 잔류전하를 완전히 방전시킬 것
⑤ 검전기를 이용하여 작업 대상 기기가 충전되었는지를 확인할 것
⑥ 전기기기 등이 다른 노출 충전부와의 접촉, 유도 또는 예비동력원의 역송전 등으로 전압이 발생할 우려가 있는 경우에는 충분한 용량을 가진 단락 접지기구를 이용하여 접지할 것

## 7 접근한계거리

| 충전전로의 선간전압<br>(단위 : 킬로볼트) | 충전전로에 대한 접근 한계거리<br>(단위 : 센티미터) |
|---|---|
| 0.3 이하 | 접촉금지 |
| 0.3 초과 0.75 이하 | 30 |
| 0.75 초과 2 이하 | 45 |
| 2 초과 15 이하 | 60 |
| 15 초과 37 이하 | 90 |
| 37 초과 88 이하 | 110 |
| 88 초과 121 이하 | 130 |
| 121 초과 145 이하 | 150 |
| 145 초과 169 이하 | 170 |
| 169 초과 242 이하 | 230 |
| 242 초과 362 이하 | 380 |
| 362 초과 550 이하 | 550 |
| 550 초과 800 이하 | 790 |

## 8 저압전로의 절연저항

| 전로의 사용전압(V) | DC시험전압(V) | 절연저항(MΩ) |
|---|---|---|
| SELV 및 PELV | 250 | 0.5 |
| FELV, 500V 이하 | 500 | 1.0 |
| 500V 초과 | 1,000 | 1.0 |

[주] 특별저압(Extra Low Voltage : 2차 전압이 AC 50V, DC 120V 이하)으로 SELV(비접지회로 구성) 및 PELV(접지회로 구성)는 1차와 2차가 전기적으로 절연된 회로, FELV는 1차와 2차가 전기적으로 절연되지 않은 회로

## 9 허용접촉전압

| 종별 | 접촉상태 | 허용접촉전압 |
|---|---|---|
| 제1종 | 인체의 대부분이 수중에 있는 상태 | 2.5V 이하 |
| 제2종 | ① 인체가 현저하게 젖어 있는 상태<br>② 금속성의 전기기계장치나 구조물에 인체의 일부가 상시 접촉되어 있는 상태 | 25V 이하 |
| 제3종 | 제1종, 제2종 이외의 경우로 통상의 인체상태에 있어서 접촉전압이 가해지면 위험성이 높은 상태 | 50V 이하 |
| 제4종 | ① 제1종, 제2종 이외의 경우로 통상의 인체상태에 있어서 접촉전압이 가해지더라도 위험성이 낮은 상태<br>② 접촉전압이 가해질 우려가 없는 상태 | 제한 없음 |

## 10 피부의 전기저항

### 1. 접촉 부위에 따른 저항

① 인체의 전기저항 중에서 피부의 전기저항이 가장 큰 값을 가지고 있지만 사람에 따라 피부저항이 상당히 큰 폭으로 변화한다.
② 손등, 턱, 볼, 정강이에서는 전기저항이 극히 적어 피전점(皮電点)이 존재한다.

### 2. 습기에 의한 변화

① 피부가 젖어 있는 경우에는 건조한 경우에 비해 1/10로 감소
② 땀이 난 경우 1/12~1/20로 감소
③ 물에 젖은 경우 1/25로 감소

### 3. 피부와 전극 접촉면적에 의한 변화

같은 크기의 전류가 흘러도 접촉면적이 커지면 피부저항은 그만큼 적게 되며, 전류밀도 또한 줄어든다.

### 4. 인가전압에 따른 변화

약 1,000V 정도를 넘는 고전압이 인가되면 피부저항이 완전히 파괴되기 때문에 피부저항이 0이 되어 인체 내부조직의 저항(500Ω)만 남는다.

### 5. 인가시간에 의한 변화

인가시간이 길어지면 인체의 온도상승에 의해 저항치가 감소된다.

## 11 감전재해의 요인

### 1. 1차적 감전요소

| 통전 전류의 크기 | 크면 위험, 인체의 저항이 일정할 때 접촉전압에 비례 |
|---|---|
| 통전시간 | 장시간 흐르면 위험 |
| 통전경로 | 인체의 주요한 부분을 흐를수록 위험 |
| 전원의 종류 | 전원의 크기(전압)가 동일한 경우 교류가 직류보다 위험하다. |

### 2. 2차적 감전요소

| 인체의 조건(저항) | 땀이나 물에 젖어 있는 경우 인체의 저항이 감소하므로 위험성이 높아진다. |
|---|---|
| 전압 | 전압의 크기가 클수록 위험하다. |
| 계절 | 계절에 따라 인체의 저항이 변화하므로 전격에 대한 위험도에 영향을 준다.(여름에는 땀을 많이 흘리므로 인체의 저항값이 감소하여 위험성이 높다) |

## 12 전압의 구분

| 전원의 종류 | 저압 | 고압 | 특고압 |
|---|---|---|---|
| 직류(DC) | 1,500V 이하 | 1,500V 초과, 7,000V 이하 | 7,000V 초과 |
| 교류(AC) | 1,000V 이하 | 1,000V 초과, 7,000V 이하 | 7,000V 초과 |

> **TIP** 초저전압
>
> | 초저전압(ELV) | 교류전압 50V 이하, 직류전압 120V 이하의 전압을 말한다. |
> |---|---|
> | 안전초저전압 (SELV) | 정상상태에서 또는 다른 회로에 있어서 지락고장을 포함한 단일고장상태에서 인가되는 전압이 초저전압을 초과하지 않는 전기시스템을 말한다. |
> | 보호초저전압 (PELV) | 정상상태에서 또는 다른 회로에 있어서 지락고장을 제외한 단일고장상태에서 인가되는 전압이 초저전압을 초과하지 않는 전기시스템을 말한다. |

# 13 누전차단기 감전예방

## 1. 누전차단기 접속 시 준수사항

① 전기기계·기구에 설치되어 있는 누전차단기는 정격감도 전류가 30밀리암페어 이하이고 작동시간은 0.03초 이내일 것(다만, 정격전부하전류가 50암페어 이상인 전기기계·기구에 접속되는 누전차단기는 오작동을 방지하기 위하여 정격감도전류는 200밀리암페어 이하로, 작동시간은 0.1초 이내로 할 수 있다.)
② 분기회로 또는 전기기계·기구마다 누전차단기를 접속한다.(다만, 평상시 누설전류가 매우 적은 소용량부하의 전로에는 분기회로에 일괄하여 접속할 수 있다.)
③ 누전차단기는 배전반 또는 분전반 내에 접속하거나 꽂음접속기형 누전차단기를 콘센트에 접속하는 등 파손이나 감전사고를 방지할 수 있는 장소에 접속한다.
④ 지락보호전용 기능만 있는 누전차단기는 과전류를 차단하는 퓨즈나 차단기 등과 조합하여 접속한다.

## 2. 감전방지용 누전차단기의 적용대상(누전차단기 설치장소)

① 대지전압이 150볼트를 초과하는 이동형 또는 휴대형 전기기계·기구
② 물 등 도전성이 높은 액체가 있는 습윤장소에서 사용하는 저압(1.5천볼트 이하 직류전압이나 1천볼트 이하의 교류전압)용 전기기계·기구
③ 철판·철골 위 등 도전성이 높은 장소에서 사용하는 이동형 또는 휴대형 전기기계·기구
④ 임시배선의 전로가 설치되는 장소에서 사용하는 이동형 또는 휴대형 전기기계·기구

# 14 교류아크용접 장치

① **방호장치** : 자동전격방지기
② **교류아크용접기용 자동전격방지기의 정의** : 용접기의 주 회로(변압기의 경우는 1차 회로 또는 2차 회로)를 제어하는 장치를 가지고 있어, 용접봉의 조작에 따라 용접할 때에만 용접기의 주 회로를 폐로(ON), 그 외에는 용접기의 주 회로를 개로(OFF)시켜 2차(출력) 측의 무부하전압을 25볼트 이하로 저하시켜 감전의 위험 및 전력손실을 방지하는 장치를 말한다.
③ 자동전격방지기는 아크 발생을 중지하였을 때 지동시간이 1.0초 이내에 2차 무부하전압을 25V 이하로 감압시켜 안전을 유지할 수 있어야 한다.

## 15 절연용 안전보호구

### 1. 절연보호구

활선작업 또는 활선근접작업에서 감전을 방지하기 위하여 작업자가 신체에 착용하는 절연안전모, 절연장갑, 절연화, 절연장화, 절연복 등을 말한다.

### 2. 절연안전모

물체의 낙하·비래, 추락 등에 의한 위험을 방지하고, 작업자 머리 부분의 감전에 의한 위험으로부터 보호하기 위해 전압 7,000V 이하에서 사용한다.

## 16 전기화재의 원인

### 1. 단락

① 전선로에서 2개 이상의 전선이 서로 접촉되는 것으로, 대부분의 전압은 접촉부에서 강화되어 접촉 전로에 많은 전류가 흐르게 됨으로써 배선에 높은 열이 발생하여 단락되는 순간에 폭발소리가 나면서 녹는 현상을 말한다.
② 대책 : 퓨즈 및 누전차단기를 설치하여 단속 예방(전원차단)

### 2. 누전

① 전선이나 전기기기의 절연이 파괴되어 전류의 대지 또는 대지와 전기적으로 접촉되어 있는 금속체 또는 도체 등과 접촉하게 되면 규정된 전로를 이탈하여 전기가 흐르는 것
② 누설전류가 최대 공급전류의 1/2,000을 넘지 않도록 하여야 한다.

$$누설전류 = 최대공급전류 \times \frac{1}{2,000}$$

③ 전기누전으로 인한 화재조사 시 착안해야 할 입증 흔적
  ㉠ 누전점 : 전류의 유입점
  ㉡ 발화점 : 발화된 장소
  ㉢ 접지점 : 전류의 유출점

## 3. 과전류

① 전선에 전류가 흐르면서 줄(Joule)의 법칙에 의해 발생한 열이 전선에서의 방열보다 커져 발화의 원인이 된다.

② 배선의 용단단계에 따른 전선 전류밀도(전선의 연소 과정)

| 단계 | 인화단계 | 착화단계 | 발화단계 | | 순시용단단계 |
|---|---|---|---|---|---|
| | 허용전류의 3배 정도 | 큰 전류, 점화원 없이 착화연소 | 심선이 용단 | | 심선용단 및 도선폭발 |
| | | | 발화 후 용단 | 용단과 동시 발화 | |
| 전류밀도 (A/mm²) | 40~43 | 43~60 | 60~70 | 75~120 | 120 이상 |

## 4. 스파크

① 개폐기·차단기·피뢰기 기타 이와 유사한 기구로서 동작 시에 아크가 생기는 기구의 시설

| 고압용 | 목재의 벽 또는 천장 기타의 가연성 물체로부터 1m 이상 이격할 것 |
|---|---|
| 특고압용 | 목재의 벽 또는 천장 기타의 가연성 물체로부터 2m 이상 이격할 것 |

② 개폐기를 불연성의 외함 내에 내장시키거나 통형퓨즈를 사용할 것
③ 접촉부분의 산화, 변형, 퓨즈의 나사풀림 등으로 인한 접촉저항이 증가되는 것을 방지
④ 가연성, 증기, 분진 등 위험한 물질이 있는 곳에는 방폭형 개폐기를 사용할 것
⑤ 유입개폐기는 절연유의 열화 정도, 유량에 주의하고 주위에는 내화벽을 설치할 것

## 5. 접촉부과열

전기적 접촉상태가 불완전할 때의 접촉저항에 의한 발열에 의하여 발화원인이 된다.

## 6. 절연열화에 의한 발열

옥내배선이나 배선기구의 절연피복이 노화되어 절연성이 저하되면 국부발열과 탄화현상 누적으로 발열 또는 누전현상을 일으킨다.

## 7. 지락

전선로 중 전선의 하나 또는 두 선이 대지에 접촉하여 전류가 대지로 흐르는 것을 지락이라고 하며, 이때 흐르는 전류를 지락전류라고 한다.

## 8. 낙뢰

구름과 대지 간의 방전현상으로, 낙뢰가 발생하면 전기회로에 이상전압이 발생하여 절연물파괴 및 화재 발생

## 9. 정전기 스파크

이물질의 마찰 혹은 정전유도에 의해 발생되어 방전할 때 에너지에 의해 인화성 물질 등에 착화

# 17 KEYWORD 접지시스템

## 1. 접지의 개요

① 접지란 각종 전기, 전자, 통신장비를 대지와 전기적으로 접속하는 것을 말한다.
② 접지전극은 지구의 표면이 대단히 넓어 대단히 많은 전하를 충전할 수 있으며, 무수한 전류통로가 있기 때문에 저항이 작아서 대지를 접지로 이용한다.

## 2. 접지시스템

| | |
|---|---|
| 구분 | ① 계통접지(System Earthing) : 전력계통에서 돌발적으로 발생하는 이상현상에 대비하여 대지와 계통을 연결하는 것으로, 중성점을 대지에 접속하는 것을 말한다.<br>② 보호접지(Protective Earthing) : 고장 시 감전에 대한 보호를 목적으로 기기의 한 점 또는 여러 점을 접지하는 것을 말한다.<br>③ 피뢰시스템 접지 : 뇌격전류를 안전하게 대지로 보내기 위해 접지극을 대지에 접속하는 것을 말한다. |
| 종류 | ① 단독접지 : (특)고압 계통의 접지극과 저압 접지계통의 접지극을 독립적으로 시설하는 접지방식<br>② 공통접지 : (특)고압 접지계통과 저압 접지계통을 등전위 형성을 위해 공통으로 접지하는 방식<br>③ 통합접지 : 계통접지, 통신접지, 피뢰접지극의 접지극을 통합하여 접지하는 방식 |
| 구성요소 | 접지시스템은 접지극, 접지도체, 보호도체 및 기타 설비로 구성한다. |
| 연결 | 접지극은 접지도체를 사용하여 주 접지단자에 연결하여야 한다. |

# 18 피뢰설비

## 1. 피뢰기의 설치장소(고압 및 특고압 전로)

고압 및 특고압의 전로 중 다음의 곳 또는 이에 근접한 곳에는 피뢰기를 시설하고 피뢰기 접지저항 값은 10Ω 이하로 하여야 한다.
① 발전소·변전소 또는 이에 준하는 장소의 가공전선 인입구 및 인출구
② 특고압 가공전선로에 접속하는 배전용 변압기의 고압 측 및 특고압 측
③ 고압 또는 특고압의 가공전선로로부터 공급을 받는 수용 장소의 인입구
④ 가공전선로와 지중전선로가 접속되는 곳

## 2. 피뢰기의 구비성능

① 충격 방전 개시 전압과 제한 전압이 낮을 것
② 반복 동작이 가능할 것
③ 구조가 견고하며 특성이 변화하지 않을 것
④ 점검·보수가 간단할 것
⑤ 뇌전류의 방전능력이 클 것
⑥ 속류의 차단이 확실하게 될 것

## 3. 피뢰침의 보호 여유도

$$여유도[\%] = \frac{충격절연강도 - 제한전압}{제한전압} \times 100$$

## 19 정전기 발생현상

| 마찰대전 | 두 물체가 서로 접촉 시 위치의 이동으로 전하의 분리 및 재배열이 일어나는 현상 |
|---|---|
| 박리대전 | 상호 밀착해 있던 물체가 떨어지면서 전하 분리가 생겨 정전기가 발생(필름 벗겨 낼 때) |
| 유동대전 | ① 액체류를 파이프 등으로 수송할 때 액체류가 파이프 등과 접촉하여 두 물질의 경계에 전기 2중층이 형성되어 정전기 발생<br>② 액체류의 유동속도가 정전기 발생에 큰 영향을 준다.<br>③ 파이프 속에 저항이 높은 액체가 흐를 때 발생 |
| 분출대전 | 분체류, 액체류, 기체류가 단면적이 작은 개구부를 통해 분출할 때 분출물과 개구부의 마찰로 인하여 정전기가 발생 |
| 충돌대전 | 분체류에 의한 입자끼리 또는 입자와 고정된 고체의 충돌, 접촉, 분리 등에 의해 정전기 발생 |
| 유도대전 | 접지되지 않은 도체가 대전물체 가까이 있을 경우 전하의 분리가 일어나 가까운 쪽은 반대극성의 전하가 먼 쪽은 같은 극성의 전하로 대전되는 현상 |
| 비말대전 | 공간에 분출한 액체류가 분출할 경우 미세하게 비산하여 분리되면서 새로운 표면을 형성하게 되어 정전기가 발생(액체의 분열) |
| 파괴대전 | 고체나 분체류와 같은 물체가 파괴 시 전하분리의 균형이 깨지면서 정전기가 발생 |
| 교반대전<br>(진동대전) | ① 탱크로리 등에서 액체가 진동할 때<br>② 기름을 탱크에 넣어 진동시키면 진동주파수에 따라 대전전압에 극소치가 생긴다. 이 극소부분을 제외하면 대전은 진폭이 커질수록 커지며, 진동주기가 빨라질수록 커진다. |

## 20 정전기 발생의 영향 요인(정전기 발생요인)

### 1. 물체의 특성

① 접촉 분리하는 두 가지 물체의 상호 특성에 의해 결정되며 한 가지 물체만의 특성에는 전혀 영향을 받지 않는다.
② 일반적으로 대전량은 접촉이나 분리하는 두 가지 물체가 대전서열 내에서 가까운 곳에 있으면 적고 먼 위치에 있을수록 대전량이 큰 경향이 있다.
③ 즉, 대전서열의 차이가 클수록 정전기 발생량이 크다.
④ 물체가 불순물을 포함하고 있으면 이 불순물로 정전기 발생량은 커지게 된다.

### 2. 물체의 표면 상태

① 일반적으로 물질의 표면이 깨끗하면 정전기의 발생이 적어지고 표면이 거칠수록 정전기 발생량이 커진다.
② 표면이 기름, 수분, 불순물 등 오염이 심할수록, 산화 부식이 심할수록 완화시간이 길어지므로 정전기 발생량이 커진다.

## 3. 물체의 이력

정전기 발생량은 처음 접촉, 분리가 일어날 때 최대가 되며, 발생횟수가 반복될수록 발생량이 감소한다. 그러므로 접촉 분리가 처음 일어났을 때 재해 발생 확률도 최대가 된다.

## 4. 접촉면적 및 압력

① 접촉면적 및 압력이 클수록 정전기 발생량은 커진다.
② 따라서 분제나 유체의 경우 파이프 면이 매끄러워야 정전기 발생량을 줄일 수 있다.

## 5. 분리속도

분리속도가 빠를수록 정전기 발생량이 커진다.

## 6. 완화시간(Relaxation Time)

완화시간이 길면 전하분리에 주는 에너지도 커져서 정전기 발생량이 커진다.

# 21 정전기 방전의 형태

| | |
|---|---|
| 코로나<br>(Corona) 방전 | ① 고체에 정전기가 축적되면 전위가 높아지게 되고 고체표면의 전위경도가 어느 일정치를 넘어서면 낮은 소리와 연한 빛을 수반하는 방전<br>② 방전현상으로 공기 중에서 오존($O_3$)이 발생<br>③ 방전에너지가 적어 재해 원인이 될 확률은 비교적 적다. |
| 스트리머<br>(Streamer) 방전 | ① 일반적으로 브러시(Brush) 코로나에서 다소 강해져서 파괴음과 발광을 수반하는 방전<br>② 스크리머 방전은 코로나 방전에 비해서 점화원으로 될 확률과 장해 및 재해의 원인이 될 가능성이 크다. |
| 불꽃<br>(Spark) 방전 | ① 도체가 대전되었을 때 접지된 도체 사이에서 발생하는 강한 발광과 파괴음을 수반하는 방전<br>② 스파크 방전 시 공기 중에 오존($O_3$)이 생성되어 인화성 물질에 인화하거나 분진폭발을 일으킬 수 있다. |
| 연면<br>(Surface) 방전 | ① 공기 중에 놓여진 절연체 표면의 전계강도가 큰 경우 고체 표면을 따라 진행하는 방전<br>② 부도체의 표면을 따라서 Star-check 마크를 가지는 나뭇가지 형태의 발광을 수반한다.<br>③ 대전이 큰 얇은 층상의 부도체를 박리할 때 또는 얇은 층상의 대전된 부도체의 뒷면에 밀접한 접지체가 있을 때 표면에 연한 복수의 수지상 발광을 수반하여 발생하는 방전 |
| 브러시<br>(Brush) 방전 | ① 비교적 평활한 대전물체가 만드는 불평등전계 중에서 발생하는 나뭇가지 모양의 방전<br>② 코로나 방전의 일종으로 국부적인 절연파괴이지만 방전 에너지는 통상의 코로나 방전보다 크고, 가연성 가스나 증기 등의 착화원이 될 확률이 높다. |
| 뇌상방전 | ① 번개와 같은 수지상의 발광을 수반하고 강력하게 대전한 입자군이 대규모의 구름 모양(대전운)으로 확산되어 일어나는 특수한 방전<br>② 스파크 방전이나, 연면 방전과 같이 재해나 장해의 원인이 된다. |

## 22 정전기의 장해(폭발 · 화재)

① 정전기의 방전현상에 의한 결과로 가연성 물질이 연소되어 일어나는 현상
② 정전기 방전이 일어나더라도 방전에너지가 가연성 물질의 최소 착화에너지보다 작을 경우에는 폭발 · 화재는 일어나지 않는다.
③ 화재 · 폭발은 대전물체가 도체일 경우에는 대전에너지에 관련되고, 부도체일 경우에는 대전에너지보다는 대전전위에 관련되나 정확한 기준을 제시하기가 어렵다.
④ 정전기 방전에 의한 폭발 · 화재가 일어나기 위해서는
  ㉠ 가연성 물질이 폭발한계에 있을 것
  ㉡ 정전기 방전에너지가 가연성 물질의 최소 착화에너지 이상일 것
  ㉢ 방전하기에 충분한 전위차가 있을 것
⑤ 정전기 에너지

정전기로 인해 물체 표면에 전계가 발생하여 기체의 절연파괴 전계를 초과하면 방전이 시작된다. 정전기가 방전될 때의 에너지는 다음과 같다.

$$W = \frac{1}{2}CV^2 = \frac{1}{2}QV = \frac{1}{2}\frac{Q^2}{C}$$

대전 전하량[Q] $= C \cdot V$, 대전 전위[V] $= \frac{Q}{C}$

여기서, $W$ : 정전기 에너지[J], $C$ : 도체의 정전용량[F]
$V$ : 대전 전위[V], $Q$ : 대전 전하량[C]

> **TIP** 실용화 단위
> ① 1[F] : 1[C]의 전하를 주었을 때 전위가 1[V]가 되는 전기용량
> ② 1[μF] = $10^{-6}$[F], 1[nF] = $10^{-9}$[F], 1[pF] = $10^{-12}$[F]

## 23 정전기 재해의 방지대책

### 1. 접지(도체의 대전방지)

부도체의 대전방지 : 부도체는 전하의 이동이 쉽게 일어나지 않기 때문에 접지로는 대전방지의 효과를 기대하기 어려워 정전기 발생 억제가 기본이며 가능하면 부도체를 사용하지 말고 금속도전성 재료를 사용하는 것이 바람직하다.

## 2. 유속의 제한

**불활성화할 수 없는 위험물을 주입하는 배관의 설비** : 불활성화할 수 없는 탱크, 탱커, 탱크로리, 탱크차 드럼통 등에 위험물을 주입하는 배관은 다음의 관 내 유속이 되도록 설비하고 그 유속의 값 이하로 한다.
① 저항률이 $10^{10}\Omega \cdot cm$ 미만의 도전성 위험물의 배관 내 유속은 7m/s 이하로 할 것
② 에텔, 이황화탄소 등과 같이 유동대전이 심하고 폭발 위험성이 높은 것은 배관 내 유속을 1m/s 이하로 할 것
③ 물이나 기체를 혼합하는 비수용성 위험물의 배관 내 유속은 1m/s 이하로 할 것

## 3. 보호구의 착용

① 손목 접지대
② 정전기 대전방지용 안전화
③ 발 접지대
④ 대전방지용 작업의 제전복

## 4. 대전방지제 사용

대전방지제는 섬유나 수지의 표면에 흡습성과 이온성을 부여하여 도전성을 증가시키고 이것에 의하여 대전방지를 도모하는 것

## 5. 가습

상대습도를 60~70% 정도로 유지한다.

## 6. 제전기 사용

제전은 물체에 대전된 정전기를 이온을 이용하여 중화시키는 것

▼ 제전기의 종류

| | |
|---|---|
| 전압인가식 제전기 | ① 방전침에 약 7,000V 정도의 고전압으로 코로나 방전을 일으켜 제전에 필요한 이온을 발생시키는 장치<br>② 제전능력이 가장 뛰어나고 적용범위가 넓다. |
| 자기방전식 제전기 | ① 제전대상 물체의 정전에너지를 이용하여 제전에 필요한 이온을 발생시키는 장치<br>② 필름, 셀로판 제조 공정에 유용 |
| 방사선식 제전기<br>(이온식 제전기) | ① 방사선 동위원소 등으로부터 나오는 방사선의 전리작용을 이용하여 제전에 필요한 이온을 만들어내는 장치<br>② 위험한 방사선 동위원소를 사용하기 때문에 사용상의 주의가 필요<br>③ 제전능력이 작아 제전에 많은 시간이 걸리는 단점이 있어 움직이는 대전물체에는 부적합 |

## 24 방폭구조의 종류

### 1. 방폭구조의 기호

| 내압 방폭구조 | d | 안전증 방폭구조 | e | 비점화 방폭구조 | n |
|---|---|---|---|---|---|
| 압력 방폭구조 | p | 특수 방폭구조 | s | 몰드 방폭구조 | m |
| 유입 방폭구조 | o | 본질안전 방폭구조 | i(ia, ib) | 충전 방폭구조 | q |

### 2. 방폭구조의 종류

① 내압 방폭구조(d)
  ㉠ 점화원에 의해 용기 내부에서 폭발이 발생할 경우에 용기가 폭발압력에 견딜 수 있고, 화염이 용기 외부의 폭발성 분위기로 전파되지 않도록 한 방폭구조
  ㉡ 전폐형 구조로 용기 내에 외부의 폭발성 가스가 침입하여 내부에서 폭발하더라도 용기는 그 압력에 견뎌야 하고 폭발한 고열가스나 화염이 용기의 접합부 틈을 통하여 새어나가는 동안 냉각되어 외부의 폭발성 가스에 화염이 파급될 우려가 없도록 한 방폭구조
  ㉢ 주요 성능 시험항목에는 폭발압력(기준압력) 측정, 폭발강도(정적 및 동적)시험, 폭발인화시험 등이 있다.

② 압력 방폭구조(p) : 점화원이 될 우려가 있는 부분을 용기 안에 넣고 보호 기체(신선한 공기 또는 불활성 기체)를 용기 안에 압입함으로써 폭발성 가스가 침입하는 것을 방지하도록 되어 있는 방폭구조(전폐형 구조)

③ 유입 방폭구조(o) : 유체 상부 또는 용기 외부에 존재할 수 있는 폭발성 분위기가 발화할 수 없도록 전기설비 또는 전기설비의 부품을 보호액에 함침시키는 방폭구조

④ 안전증 방폭구조(e)
  ㉠ 전기기기의 정상 사용조건 및 특정 비정상 상태에서 과도한 온도 상승, 아크 또는 스파크의 발생 위험을 방지하기 위해 추가적인 안전조치를 통한 안전도를 증가시킨 방폭구조
  ㉡ 전기기구의 권선, 접점부, 단자부 등과 같은 부분이 정상적인 운전 중에는 불꽃, 아크 또는 과열이 발생되지 않는 부분에 대하여 방지하기 위한 구조와 온도상승에 대해 특히 안전도를 증가시킨 구조

⑤ 본질안전 방폭구조(ia, ib) : 정상작동 및 고장상태 시 발생하는 불꽃, 아크 또는 고온에 의해 폭발성 가스 또는 증기에 점화되지 않는 것이 점화시험, 기타에 의해 확인된 방폭구조

⑥ 비점화 방폭구조(n) : 전기기기가 정상작동과 규정된 특정한 비정상상태에서 주위의 폭발성 가스 분위기를 점화시키지 못하도록 만든 방폭구조

⑦ 몰드 방폭구조(m) : 전기기기의 불꽃 또는 열로 인해 폭발성 위험분위기에 점화되지 않도록 컴파운드를 충전해서 보호한 방폭구조를 말한다.

## 25 최대안전틈새(MESG ; Maximum Experimental Safety Gap, 안전간극, 화염일주한계)

① 8L 정도의 구형 용기 안에 폭발성 혼합가스를 채우고 착화시켜 가스가 발화될 때 화염이 용기 외부의 폭발성 혼합가스에 전달되는가의 여부를 보아 화염을 전달시킬 수 없는 한계의 틈을 말한다.
② 화염이 틈새를 통하여 바깥쪽의 폭발성 가스에 전달되지 않는 한계의 틈새
③ 폭발화염이 외부로 전파되지 않도록 하기 위해 안전간격을 적게 한다.
④ 안전간격이 작은 가스일수록 위험하다.
⑤ 폭발성 가스의 종류에 따라 다르며, 폭발성 가스의 분류 및 내압 방폭구조의 분류와 관련이 있다.

## 26 위험장소의 선정

### 1. 가스폭발 위험장소

| 분류 | 적요 | 예 |
|---|---|---|
| 0종 장소 | 인화성 액체의 증기 또는 가연성 가스에 의한 폭발위험이 지속적으로 또는 장기간 존재하는 장소 | 용기·장치·배관 등의 내부 등 |
| 1종 장소 | 정상작동상태에서 폭발위험분위기가 존재하기 쉬운 장소 | 맨홀·벤트·피트 등의 주위 |
| 2종 장소 | 정상작동상태에서 폭발위험분위기가 존재할 우려가 없으나, 존재할 경우 그 빈도가 아주 적고 단기간만 존재할 수 있는 장소 | 개스킷·패킹 등의 주위 |

### 2. 분진폭발 위험장소

| 분류 | 적요 | 예 |
|---|---|---|
| 20종 장소 | 분진운 형태의 가연성 분진이 폭발농도를 형성할 정도로 충분한 양이 정상 작동 중에 연속적으로 또는 자주 존재하거나, 제어할 수 없을 정도의 양 및 두께의 분진층이 형성될 수 있는 장소를 말한다. | 호퍼·분진저장소·집진장치·필터 등의 내부 |
| 21종 장소 | 20종 장소 밖으로서(장소 외의 장소로서) 분진운 형태의 가연성 분진이 폭발농도를 형성할 정도의 충분한 양이 정상 작동 중에 존재할 수 있는 장소를 말한다. | 집진장치·백필터·배기구 등의 주위, 이송벨트 샘플링 지역 등 |
| 22종 장소 | 21종 장소 밖으로서(장소 외의 장소로서) 가연성 분진운 형태가 드물게 발생 또는 단기간 존재할 우려가 있거나, 이상 작동 상태하에서 가연성 분진운이 형성될 수 있는 장소를 말한다. | 21종 장소에서 예방조치가 취하여진 지역, 환기설비 등과 같은 안전장치 배출구 주위 등 |

## 27 방폭대책

### 1. 위험분위기 생성 방지

#### 1) 가연성 물질 누설 및 방출방지
① 위험물질의 사용을 억제하고 개방상태에서의 사용금지
② 배관의 이음부분, 펌프의 회전축 틈새 등에서 누설을 방지

#### 2) 가연성 물질의 체류방지
① 공기 중에 누설 또는 방출되기 쉬운 가연성 물질을 취급하는 장소는 옥외 또는 외벽에 개방된 건물에 설치
② 환기가 불충분한 장소는 강제 환기를 시켜 체류방지

#### 3) 폭발성 분진의 생성방지
① 분진의 퇴적 및 분진운의 생성을 방지
② 분진의 제거 및 정전기의 발생을 방지

### 2. 전기설비의 방폭화

| | | |
|---|---|---|
| 점화원의 실질적(방폭적) 격리 | 내압 방폭구조 | 내부 폭발이 주위에 파급되지 않게 함 |
| | 압력 방폭구조 | 점화원을 주위 폭발성 가스로부터 격리 |
| | 유입 방폭구조 | 점화원을 Oil 등에 넣어 격리 |
| 전기설비의 안전도 증가 | 안전증 방폭구조 | 정상상태에서 불꽃이나 고온부가 존재하는 전기기기의 안전도를 증대시킴 |
| 점화능력의 본질적 억제 | 본질안전 방폭구조 | 본질적으로 폭발성 물질이 점화되지 않는다는 것이 시험 등에 의해 확인된 구조를 사용 |

# CHAPTER 05 화학설비 안전관리

## 1 위험물의 정의

### 1. 위험물의 정의
① 위험물이라 함은 인화성 또는 발화성 등의 성질을 가지는 물품을 말한다.
② 위험물질이란 그 자체가 위험하든가 또는 환경조건에 따라 쉽게 위험성을 나타내는 물질로서 보통 위험성 물질이라 부른다.

### 2. 위험물의 일반적 특징
① 자연계에 흔히 존재하는 물 또는 산소와의 반응이 용이하다.
② 반응속도가 급격히 진행된다.
③ 반응 시 발생되는 발열량이 크다.
④ 수소와 같은 가연성 가스를 발생한다.
⑤ 화학적 구조 및 결합력이 대단히 불안정하다.

## 2 위험물의 종류

| 구분 | 위험물질의 종류 |
|---|---|
| 폭발성 물질 및 유기과산화물 | 가. 질산에스테르류　　　나. 니트로화합물　　　다. 니트로소화합물<br>라. 아조화합물　　　　　마. 디아조화합물　　　바. 하이드라진 유도체<br>사. 유기과산화물<br>아. 그 밖에 가목부터 사목까지의 물질과 같은 정도의 폭발 위험이 있는 물질<br>자. 가목부터 아목까지의 물질을 함유한 물질 |

| 구분 | 위험물질의 종류 |
|---|---|
| 물반응성 물질 및 인화성 고체 | 가. 리튬     나. 칼륨·나트륨     다. 황<br>라. 황린     마. 황화인·적린     바. 셀룰로이드류<br>사. 알킬알루미늄·알킬리튬     아. 마그네슘 분말     자. 금속 분말(마그네슘 분말은 제외)<br>차. 알칼리금속(리튬·칼륨 및 나트륨은 제외)<br>카. 유기 금속화합물(알킬알루미늄 및 알킬리튬은 제외)<br>타. 금속의 수소화물<br>파. 금속의 인화물<br>하. 칼슘 탄화물, 알루미늄 탄화물<br>거. 그 밖에 가목부터 하목까지의 물질과 같은 정도의 발화성 또는 인화성이 있는 물질<br>너. 가목부터 거목까지의 물질을 함유한 물질 |
| 산화성 액체 및 산화성 고체 | 가. 차아염소산 및 그 염류     나. 아염소산 및 그 염류     다. 염소산 및 그 염류<br>라. 과염소산 및 그 염류     마. 브롬산 및 그 염류     바. 요오드산 및 그 염류<br>사. 과산화수소 및 무기 과산화물     아. 질산 및 그 염류     자. 과망간산 및 그 염류<br>차. 중크롬산 및 그 염류<br>카. 그 밖에 가목부터 차목까지의 물질과 같은 정도의 산화성이 있는 물질<br>타. 가목부터 카목까지의 물질을 함유한 물질 |
| 인화성 액체 | 가. 에틸에테르, 가솔린, 아세트알데히드, 산화프로필렌, 그 밖에 인화점이 섭씨 23도 미만이고 초기 끓는 점이 섭씨 35도 이하인 물질<br>나. 노르말헥산, 아세톤, 메틸에틸케톤, 메틸알코올, 에틸알코올, 이황화탄소, 그 밖에 인화점이 섭씨 23도 미만이고 초기 끓는점이 섭씨 35도를 초과하는 물질<br>다. 크실렌, 아세트산아밀, 등유, 경유, 테레핀유, 이소아밀알코올, 아세트산, 하이드라진, 그 밖에 인화점이 섭씨 23도 이상 섭씨 60도 이하인 물질 |
| 인화성 가스 | 가. 수소     나. 아세틸렌     다. 에틸렌<br>라. 메탄     마. 에탄     바. 프로판<br>사. 부탄     아. 유해·위험물질 규정량에 따른 가스 |
| 부식성 물질 | 가. 부식성 산류<br>  ① 농도가 20퍼센트 이상인 염산, 황산, 질산, 그 밖에 이와 같은 정도 이상의 부식성을 가지는 물질<br>  ② 농도가 60퍼센트 이상인 인산, 아세트산, 불산, 그 밖에 이와 같은 정도 이상의 부식성을 가지는 물질<br>나. 부식성 염기류 : 농도가 40퍼센트 이상인 수산화나트륨, 수산화칼륨, 그 밖에 이와 같은 정도 이상의 부식성을 가지는 염기류 |
| 급성 독성 물질 | 가. 쥐에 대한 경구투입실험에 의하여 실험동물의 50퍼센트를 사망시킬 수 있는 물질의 양, 즉 $LD_{50}$(경구, 쥐)이 킬로그램당 300밀리그램 –(체중) 이하인 화학물질<br>나. 쥐 또는 토끼에 대한 경피흡수실험에 의하여 실험동물의 50퍼센트를 사망시킬 수 있는 물질의 양, 즉 $LD_{50}$(경피, 토끼 또는 쥐)이 킬로그램당 1,000밀리그램 –(체중) 이하인 화학물질<br>다. 쥐에 대한 4시간 동안의 흡입실험에 의하여 실험동물의 50퍼센트를 사망시킬 수 있는 물질의 농도, 즉 가스 $LC_{50}$(쥐, 4시간 흡입)이 2,500ppm 이하인 화학물질, 증기 $LC_{50}$(쥐, 4시간 흡입)이 10mg/L 이하인 화학물질, 분진 또는 미스트 1mg/L 이하인 화학물질 |

# 3 위험물의 저장 및 취급방법

## 1. 제1류 위험물(산화성 고체)

① 질산은($AgNO_3$) 용액 : 햇빛에 의해 변질되므로 갈색병에 보관한다.
② 과염소산칼륨($KClO_4$) : 약 400℃에서 열분해하기 시작하여 약 610℃에서 완전분해되어 염화칼륨과 산소를 방출한다.

## 2. 제2류 위험물(가연성 고체)

① 금속분(철분, 마그네슘, 금속분 등)은 물, 습기, 산과의 접촉을 피하여 저장한다.
② 적린 : 화약류, 폭발성 물질, 가연성 물질 등과 격리하여 냉암소에 보관한다.
③ 마그네슘
　㉠ 고온에서 유황 및 할로겐, 산화제와 접촉하면 매우 격렬하게 발열한다.
　㉡ 일단 연소하면 소화가 곤란하나 초기 소화 또는 대규모 화재 시 석회분, 마른 모래 등으로 소화한다.
　㉢ 물, $CO_2$, $N_2$, 포, 할로겐 화합물 소화약제는 소화 적응성이 없으므로 절대 사용을 엄금한다.

## 3. 제3류 위험물(자연 발화성 및 금수성 물질)

① 종류 : 칼륨, 나트륨, 알킬알루미늄, 알킬리튬, 황린, 알칼리금속 및 알칼리토금속, 유기금속화합물, 금속의 수소화물, 금속의 인화물, 칼슘 또는 알루미늄의 탄화물 등
② 칼륨(K), 나트륨(Na) : 석유(등유, 경유), 유동파라핀 등의 보호액을 넣어 밀봉 저장한다.
③ 황린(백린 = $P_4$) : pH 9(약알칼리성) 정도의 물속에 저장하며 보호액이 증발되지 않도록 한다.
④ 인화칼슘($Ca_3P_2$) : 인화석회라고도 하며 적갈색의 고체로 수분($H_2O$)과 반응하여 유독성 가스인 인화수소($PH_3$ : 포스핀)가스를 발생시킨다.
⑤ 탄화칼슘($CaC_2$ : 카바이드) : 백색 결정체로 자신은 불연성이나 물과 반응하여 아세틸렌을 발생시킨다.
⑥ 건조사, 팽창질석, 팽창진주암 등을 사용한 질식소화가 효과적이다.

 ① 칼륨을 석유 속에 보관하는 이유 : 수분과의 접촉을 차단하여 공기 산화를 방지하기 위해
② 나트륨을 석유 속에 보관 중 수분이 혼입되면 화재 발생의 요인이 됨
③ 황린은 포스핀의 생성을 방지하기 위하여 pH 9인 물속에 저장함

## 4. 제4류 위험물(인화성 액체)

① 아세톤($CH_3COCH_3$)
　㉠ 인화점 : -18℃, 발화점 : 538℃, 비중 : 0.8
　㉡ 일광(햇빛) 또는 공기와 접촉하면 폭발성의 과산화물을 생성시킨다.
② 수용성 위험물에는 알코올 포를 사용하거나 다량의 물로 희석시켜 가연성 증기의 발생을 억제하여 소화한다.
③ 비중이 물보다 작기 때문에 주수소화를 하면 화재 면을 확대시킬 수 있으므로 절대 금지이다.

## 5. 제5류 위험물(자기반응성 물질)

① 열열적으로 불안정하여 외부로부터 산소의 공급 없이도 가열, 충격 등에 의해 강렬하게 발열·분해하기 쉬운 액체·고체 또는 혼합물을 말한다.
② 니트로셀룰로오스(NC ; Nitro Cellulose, 질화면, 질산섬유소)
　㉠ 안전 용제로 저장 중에 물(20%) 또는 알코올(30%)로 습윤하여 저장·운반한다.
　㉡ 습윤상태에서 건조되면 충격, 마찰 시 예민하고 발화 폭발의 위험이 증대된다.
③ 니트로글리세린
　㉠ 강산화제, 나트륨(Na), 수산화나트륨(NaOH) 등과 혼촉 시 발화 폭발하며, 환기가 잘 되는 냉암소에 보관한다.
　㉡ 물에는 거의 녹지 않으나 메탄올, 벤젠, 아세톤 등에는 녹으며, 겨울철에는 동결할 우려가 있다.
④ 자기반응성 물질이기 때문에 $CO_2$, 분말, 할론, 포 등에 의한 질식소화는 적당하지 않다.
⑤ 다량의 물로 냉각소화를 하는 것이 효과적이다.

## 6. 제6류 위험물(산화성 액체)

① 액체로서 산화력의 잠재적인 위험성이 있는 것을 말한다.
② 그 자체로는 연소하지 않더라도(가연성을 가지지 않더라도), 일반적으로 산소를 발생시켜 다른 물질을 연소시키거나 연소를 촉진하는 액체를 말한다.
③ 대량의 경우 과산화수소는 다량의 물로 소화하며, 나머지는 마른 모래 또는 분말소화약제를 이용하는 것이 효과적이다.

위험물을 저장·취급하는 화학설비 및 그 부속설비를 설치하는 경우의 안전거리

| 구분 | 안전거리 |
|---|---|
| 단위공정시설 및 설비로부터 다른 단위공정시설 및 설비의 사이 | 설비의 바깥 면으로부터 10미터 이상 |
| 플레어스택으로부터 단위공정시설 및 설비, 위험물질 저장탱크 또는 위험물질 하역설비의 사이 | 플레어스택으로부터 반경 20미터 이상(다만, 단위공정시설 등이 불연재로 시공된 지붕 아래에 설치된 경우에는 제외) |
| 위험물질 저장탱크로부터 단위공정시설 및 설비, 보일러 또는 가열로의 사이 | 저장탱크의 바깥 면으로부터 20미터 이상(다만, 저장탱크의 방호벽, 원격조종화설비 또는 살수설비를 설치한 경우에는 제외) |
| 사무실·연구실·실험실·정비실 또는 식당으로부터 단위공정시설 및 설비, 위험물질 저장탱크, 위험물질 하역설비, 보일러 또는 가열로의 사이 | 사무실 등의 바깥 면으로부터 20미터 이상(다만, 난방용 보일러인 경우 또는 사무실 등의 벽을 방호구조로 설치한 경우에는 제외) |

 공정안전 일반

## 1. 공정안전보고서의 제출대상

① 원유 정제처리업
② 기타 석유정제물 재처리업
③ 석유화학계 기초화학물질 제조업 또는 합성수지 및 기타 플라스틱물질 제조업
④ 질소 화합물, 질소·인산 및 칼리질 화학비료 제조업 중 질소질 비료 제조
⑤ 복합비료 및 기타 화학비료 제조업 중 복합비료 제조(단순혼합 또는 배합에 의한 경우는 제외)
⑥ 화학 살균·살충제 및 농업용 약제 제조업(농약 원제 제조만 해당)
⑦ 화약 및 불꽃제품 제조업

## 2. 공정안전보고서의 내용

① 공정안전자료
② 공정위험성 평가서
③ 안전운전계획
④ 비상조치계획
⑤ 그 밖에 공정상의 안전과 관련하여 고용노동부장관이 필요하다고 인정하여 고시하는 사항

## 3. 공정안전보고서의 심사

① 공단은 공정안전보고서를 제출받은 경우에는 제출받은 날부터 30일 이내에 심사하여 1부를 사업주에게 송부하고, 그 내용을 지방고용노동관서의 장에게 보고해야 한다.
② 공단은 공정안전보고서를 심사한 결과 화재의 예방·소방 등과 관련된 부분이 있다고 인정되는 경우에는 그 관련 내용을 관할 소방관서의 장에게 통보하여야 한다.

## 4. 공정안전자료

① 취급·저장하고 있거나 취급·저장하려는 유해·위험물질의 종류 및 수량
② 유해·위험물질에 대한 물질안전보건자료
③ 유해하거나 위험한 설비의 목록 및 사양
④ 유해하거나 위험한 설비의 운전방법을 알 수 있는 공정도면
⑤ 각종 건물·설비의 배치도
⑥ 폭발위험장소 구분도 및 전기단선도
⑦ 위험설비의 안전설계·제작 및 설치 관련 지침서

## KEYWORD 6 폭굉파

① 폭발 범위 내의 특정 농도 범위에서 연소속도가 폭발에 비해 수백 내지 수천 배에 달하는 현상
② 음속보다 화염 전파속도가 큰 경우로 파면선단(진행전면)에 충격파라고 하는 압력파가 생겨 격렬한 파괴작용을 일으키는 현상
③ 폭발한계는 폭굉한계보다 농도범위가 넓다.
④ 진행속도가 1,000~3,500m/s에 이른다.
⑤ 화염의 전파속도가 음속보다 빠르다.

## 7 폭발의 분류

### 1. 공정(Process)에 따른 분류

| 핵 폭발 | 원자핵의 분열이나 융합에 의한 강열한 에너지 방출 현상 |
|---|---|
| 물리적 폭발 | 화학적 변화 없이 물리적 변화를 주체로 한 폭발의 형태(탱크의 감압폭발, 수증기 폭발, 고압용기의 폭발, 전선폭발, 보일러 폭발 등) |
| 화학적 폭발 | 화학반응이 관여하는 화학적 특성 변화에 의한 폭발(산화폭발, 분해폭발, 중합폭발, 반응폭주) |

### 2. 원인물질의 상태에 따른 분류

| 기상 폭발 | 가스폭발, 분무폭발, 분진폭발, 가스분해폭발, 증기운폭발 |
|---|---|
| 응상 폭발 | 수증기폭발(액체일 때), 증기폭발(액화가스일 때), 전선폭발 |

## 8 가스저장탱크에서 일어나는 현상

### 1. UVCE(개방계 증기운 폭발 : Unconfined Vapor Cloud Explosion)

| 정의 | 가연성 가스 또는 기화하기 쉬운 가연성 액체 등이 저장된 고압가스 용기(저장탱크)의 파괴로 인하여 대기 중으로 유출된 가연성 증기가 구름을 형성(증기운)한 상태에서 점화원이 증기운에 접촉하여 폭발하는 현상 |
|---|---|
| 특징 | ① 증기운의 크기가 증가되면 점화 확률이 높아진다.<br>② 증기운에 의한 재해는 폭발보다는 화재가 일반적이다.<br>③ 증기와 공기의 난류 혼합, 방출점으로부터 먼 지점에서의 증기운의 점화는 폭발 충격을 증가시킨다.<br>④ 폭발효율은 BLEVE보다 작다. 즉, 연소에너지의 약 20%만 폭풍파로 변한다. |

### 2. BLEVE(비등액 팽창증기 폭발 : Boiling Liquid Expanding Vapor Explosion)

| 정의 | 비등점이 낮은 인화성 액체 저장탱크가 화재로 인한 화염에 장시간 노출되어 탱크 내 액체가 급격히 증발하여 비등하고 증기가 팽창하면서 탱크 내 압력이 설계압력을 초과하여 폭발을 일으키는 현상 |
|---|---|
| 특징 | ① BLEVE를 방지하기 위해서는 용기의 압력상승을 방지하여 용기 내 압력이 대기압 근처에서 유지되도록 한다.<br>② 살수설비 등으로 용기를 냉각하여 온도상승을 방지하는 조치를 하여야 한다. |

# 9 분진폭발

## 1. 분진폭발 발생 순서

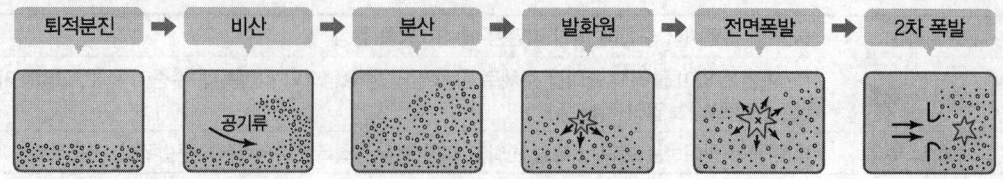

퇴적분진 → 비산 → 분산 → 발화원 → 전면폭발 → 2차 폭발

## 2. 분진폭발의 영향 인자

| 분진의 화학적 성질과 조성 | 분진의 발열량이 클수록 폭발성이 크며 휘발성분의 함유량이 많을수록 폭발하기 쉽다. |
|---|---|
| 입도와 입도분포 | ① 분진의 표면적이 입자체적에 비하여 커지면 열의 발생속도가 방열속도보다 커져서 폭발이 용이해진다.<br>② 평균 입자의 직경이 작고 밀도가 작을수록 비표면적은 크게 되고 표면에너지도 크게 되어 폭발이 용이해진다. |
| 입자의 형상과 표면의 상태 | 평균입경이 동일한 분진인 경우, 입자의 형상이 복잡하면 폭발이 잘된다. |
| 수분 | ① 수분 함유량이 적을수록 폭발성이 급격히 증가된다.<br>② 분진 속에 존재하는 수분은 분진의 부유성을 억제하고 대전성을 감소시켜 폭발성을 둔감하게 한다. |
| 분진의 농도 | 분진의 농도가 양론조성농도보다 약간 높을 때, 폭발속도가 최대가 된다. |
| 분진의 온도 | ① 초기 온도가 높을수록 최소폭발농도가 적어져서 위험하다.<br>② 초기 온도가 높을수록 최소점화에너지(MIE)는 감소된다. |
| 분진의 부유성 | ① 입자가 작고 가벼운 것은 공기 중에서 부유하기 쉽다.<br>② 부유성이 큰 것일수록 공기 중에서의 체류시간도 길고 위험성도 증가한다. |
| 산소의 농도 | ① 산소나 공기가 증가하면 폭발하한농도가 낮아짐과 동시에 입자가 큰 것도 폭발성을 갖게 된다.<br>② 불활성 가스($CO_2$, $N_2$ 등)를 사용하여 산소농도를 낮춘다. |

## 3. 분진 폭발의 특징

① 폭발한계 내에서 분진의 휘발성분이 많을수록 폭발이 쉽다.
② 가스폭발에 비해 연소속도나 폭발압력이 작다.
③ 가스폭발에 비해 연소시간이 길고 발생에너지가 크기 때문에 파괴력과 타는 정도가 크다.
④ 가스에 비해 불완전연소의 가능성이 커서 일산화탄소의 존재로 인한 가스중독의 위험이 있다.(가스폭발에 비하여 유독물의 발생이 많다.)
⑤ 화염속도보다 압력속도가 빠르다.
⑥ 주위 분진의 비산에 의해 2차, 3차의 폭발로 파급되어 피해가 커진다.
⑦ 연소열에 의한 화재가 동반되며, 연소입자의 비산으로 인체에 닿을 경우 심한 화상을 입는다.

## 10 가연성 가스의 폭발범위 영향 요소

① 가스의 온도가 높을수록 폭발범위도 일반적으로 넓어진다.(폭발하한계는 감소, 폭발상한계는 증가)
② 가스의 압력이 높아지면 폭발하한계는 영향이 없으나 폭발상한계는 증가한다.
③ 산소 중에서의 폭발범위는 공기 중에서보다 넓어진다.
④ 압력이 상압인 1atm보다 낮아질 때 폭발범위는 큰 변화가 없다.
⑤ 일산화탄소는 압력이 높을수록 폭발범위가 좁아지고, 수소는 10atm까지는 좁아지지만 그 이상의 압력에서는 넓어진다.
⑥ 불활성 기체가 첨가될 경우 혼합가스의 농도가 희석되어 폭발범위가 좁아진다.
⑦ 화학양론농도 부근에서는 연소나 폭발이 가장 일어나기 쉽고 또한 격렬한 정도도 크다.

## 11 폭발 방지(폭발 예방)

### 1. 불활성화

① 가연성 혼합가스나 혼합분진에 불활성 가스를 주입하여 산소의 농도를 최소산소농도 이하로 낮게 유지하는 것
② 불활성 가스
  ㉠ 질소
  ㉡ 이산화탄소
  ㉢ 수증기 또는 연소배기가스 등이 있으며 통상적으로 불활성 가스로 질소가 사용된다.
③ 연소 억제를 위하여 관리되어야 할 산소의 농도는 안전율을 고려하여 해당 물질의 최소산소농도보다 4% 정도 낮게 관리되어야 한다.
④ 안정적이고 지속적인 불활성화를 유지하기 위해서 대상설비에 산소농도측정기를 설치하고 산소농도를 관리하여야 한다.
⑤ 최소산소농도(MOC)
  ㉠ 일반적으로 대부분의 가스인 경우 : 10% 정도
  ㉡ 분진인 경우 : 8% 정도

## 2. 불활성화 방법

① **인너팅(Inerting)** : 산소농도를 안전한 농도로 낮추기 위하여 불활성 가스를 용기에 주입하는 것
② **치환(Purging)** : 가연성 가스 또는 증기에 불활성 가스를 주입하여 산소의 농도를 최소산소농도(MOC) 이하로 낮게 하는 작업을 통하여 제한된 공간에서 화염이 전파되지 않도록 유지된 상태
③ **종류**
  ㉠ 진공치환   ㉢ 스위프 치환
  ㉡ 압력치환   ㉣ 사이폰 치환

## 12 반응폭주

① 반응속도가 지수 함수적으로 증가하고 반응용기 내부의 온도 및 압력이 비정상적으로 급격히 상승되어 규정 조건을 벗어나고 반응이 과격하게 진행되는 현상을 말한다.
② 반응폭주는 서로 다른 물질이 폭발적으로 반응하는 현상으로 화학공장의 반응기에서 일어날 수 있는 현상이다.
③ 주로 화학공장에서 화합, 분해, 중합, 치환, 부가 반응의 제어에 실패한 경우 반응기 내부의 압력 증가, 온도 증가에 의해 반응속도가 가속화되어 반응폭주가 일어나며, 이러한 반응은 반응물질이 완전히 소모될 때까지 지속된다.

## 13 특수 화학설비

위험물을 기준량 이상으로 제조하거나 취급하는 다음의 어느 하나에 해당하는 특수화학설비를 설치하는 경우에는 내부의 이상 상태를 조기에 파악하기 위하여 필요한 온도계·유량계·압력계 등의 계측장치를 설치하여야 한다.

① 발열반응이 일어나는 반응장치
② 증류·정류·증발·추출 등 분리를 하는 장치
③ 가열시켜 주는 물질의 온도가 가열되는 위험물질의 분해온도 또는 발화점보다 높은 상태에서 운전되는 설비
④ 반응폭주 등 이상 화학반응에 의하여 위험물질이 발생할 우려가 있는 설비
⑤ 온도가 섭씨 350도 이상이거나 게이지 압력이 980킬로파스칼 이상인 상태에서 운전되는 설비
⑥ 가열로 또는 가열기

## 14 건조설비

### 1. 건조설비의 구조

① 건조설비의 바깥 면은 불연성 재료로 만들 것
② 건조설비(유기과산화물을 가열 건조하는 것은 제외한다)의 내면과 내부의 선반이나 틀은 불연성 재료로 만들 것
③ 위험물 건조설비의 측벽이나 바닥은 견고한 구조로 할 것
④ 위험물 건조설비는 그 상부를 가벼운 재료로 만들고 주위상황을 고려하여 폭발구를 설치할 것
⑤ 위험물 건조설비는 건조하는 경우에 발생하는 가스·증기 또는 분진을 안전한 장소로 배출시킬 수 있는 구조로 할 것
⑥ 액체연료 또는 가스를 열원의 연료로 사용하는 건조설비는 점화하는 경우에는 폭발이나 화재를 예방하기 위하여 연소실이나 그 밖에 점화하는 부분을 환기시킬 수 있는 구조로 할 것
⑦ 건조설비의 내부는 청소하기 쉬운 구조로 할 것
⑧ 건조설비의 감시창·출입구 및 배기구 등과 같은 개구부는 발화 시에 불이 다른 곳으로 번지지 아니하는 위치에 설치하고 필요한 경우에는 즉시 밀폐할 수 있는 구조로 할 것
⑨ 건조설비는 내부의 온도가 부분적으로 상승하지 아니하는 구조로 설치할 것
⑩ 위험물 건조설비의 열원으로서 직화를 사용하지 아니할 것
⑪ 위험물 건조설비가 아닌 건조설비의 열원으로서 직화를 사용하는 경우에는 불꽃 등에 의한 화재를 예방하기 위하여 덮개를 설치하거나 격벽을 설치할 것

### 2. 건조설비의 사용 시 준수사항

① 위험물 건조설비를 사용하는 경우에는 미리 내부를 청소하거나 환기할 것
② 위험물 건조설비를 사용하는 경우에는 건조로 인하여 발생하는 가스·증기 또는 분진에 의하여 폭발·화재의 위험이 있는 물질을 안전한 장소로 배출시킬 것
③ 위험물 건조설비를 사용하여 가열건조하는 건조물은 쉽게 이탈되지 않도록 할 것
④ 고온으로 가열건조한 액체는 발화의 위험이 없는 온도로 냉각한 후에 격납시킬 것
⑤ 건조설비(바깥 면이 현저히 고온이 되는 설비만 해당)에 가까운 장소에는 액체를 두지 않도록 할 것

## 15 특수화학설비의 안전조치사항

① 계측장치의 설치 : 내부의 이상상태를 조기에 파악하기 위해
  ㉠ 온도계
  ㉡ 유량계
  ㉢ 압력계
② 자동경보장치의 설치 : 특수화학설비를 설치하는 경우에는 그 내부의 이상 상태를 조기에 파악하기 위하여 필요한 자동경보장치를 설치하여야 한다. 다만, 자동경보장치를 설치하는 것이 곤란한 경우에는 감시인을 두고 그 특수화학설비의 운전 중 설비를 감시하도록 하는 등의 조치를 하여야 한다.
③ 긴급차단장치의 설치 : 특수화학설비를 설치하는 경우에는 이상 상태의 발생에 따른 폭발·화재 또는 위험물의 누출을 방지하기 위하여 원재료 공급의 긴급차단, 제품 등의 방출, 불활성 가스의 주입이나 냉각용수 등의 공급을 위하여 필요한 장치 등을 설치하여야 한다.
④ 예비동력원
  ㉠ 동력원의 이상에 의한 폭발이나 화재를 방지하기 위하여 즉시 사용할 수 있는 예비동력원을 갖추어 둘 것
  ㉡ 밸브·콕·스위치 등에 대해서는 오조작을 방지하기 위하여 잠금장치를 하고 색채표시 등으로 구분할 것

## 16 피팅류(Fittings)

| | |
|---|---|
| 두 개의 관을 연결할 때 | 플랜지(Flange), 유니온(Union), 커플링(Coupling), 니플(Nipple), 소켓(Socket) |
| 관로의 방향을 바꿀 때 | 엘보우(Elbow), Y자관(Y-Branch), 티(Tee), 십자(Cross) |
| 관로의 크기를 바꿀 때(관의 지름을 변경할 때) | 리듀서(Reducer), 부싱(Bushing) |
| 가지관을 설치할 때 | Y자관(Y-branch), 티(Tee), 십자(Cross) |
| 유로를 차단할 때 | 플러그(Plug), 캡(Cap), 밸브(Valve) |
| 유량조절 | 밸브(Valve) |

# 17 연소의 3요소

## 1. 가연성 물질(가연물, 산화되기 쉬운 물질)

### 1) 가연물의 구비조건(가연성 물질이 연소하기 쉬운 조건)

① 산소와 친화력이 좋고 표면적이 넓을 것
② 반응열(발열량)이 클 것
③ 열전도율이 작을 것
④ 활성화 에너지가 작을 것(점화에너지가 작을 것)

### 2) 가연물이 될 수 없는 조건

| | |
|---|---|
| 흡열반응 물질 | 질소($N_2$) 및 질소화합물은 발열반응이 아니라 흡열반응을 하므로 가연물이 될 수 없다.<br>예 질소와 산소의 반응 – 반응 또는 조작과정에서 발열을 동반하지 않는다.<br>$N_2 + O_2 \rightarrow 2NO - 43.2 kcal$ |
| 불활성 기체 | 헬륨(He), 크세논(Xe), 라돈(Rn), 아르곤(Ar), 크립톤(Kr), 네온(Ne) 등의 0족 원소는 불활성 물질이므로 연소반응을 할 수 없다. |
| 완전 산화물 | 이산화탄소($CO_2$), 물($H_2O$) 등은 더 이상 산화반응을 할 수 없으므로 불연성 물질에 포함된다. |

## 2. 산소공급원

공기는 가장 대표적인 산소공급원으로서, 공기 중에는 최적 배분율로 약 21%의 산소가 존재한다.

## 3. 점화원

① 연소반응을 일으킬 수 있는 최소의 에너지(활성화 에너지)
② 전기불꽃, 정전기 불꽃, 충격에 의한 불꽃, 마찰에 의한 불꽃, 단열 압축열, 고온 표면, 나화, 복사열 등

> **TIP**
> ① 연소의 3요소 : 가연물, 산소공급원, 점화원
> ② 연소의 4요소 : 가연물, 산소공급원, 점화원, 연쇄반응(지속적으로 반응이 지속될 수 있도록 하는 활성화 반응)

## 18 KEYWORD 인화점

### 1. 인화점(Flash Point)의 정의

① 가연성 물질에 점화원을 주었을 때 연소가 시작되는 최저온도
② 사용 중인 용기 내에서 액체가 증발하여 인화될 수 있는 가장 낮은 온도
③ 액체의 표면에서 발생한 증기 농도가 공기 중에서 연소하한 농도가 될 수 있는 가장 낮은 액체 온도

### 2. 액체의 인화점

| 액체 | 화학식 | 인화점 |
|---|---|---|
| 아세톤 | $CH_3COCH_3$ | $-20℃$ |
| 에틸알코올 | $C_2H_5OH$ | $13℃$ |
| 이황화탄소 | $CS_2$ | $-30℃$ |
| 메틸알코올 | $CH_3OH$ | $11℃$ |
| 벤젠 | $C_6H_6$ | $-11℃$ |
| 아세트산에틸 | $CH_3COOC_2H_5$ | $-4℃$ |

## 19 KEYWORD 발화점

### 1. 발화점(Ignition Point)의 정의

착화원(점화원)이 없는 상태에서 가연성 물질을 공기 또는 산소 중에서 가열하였을 때 발화되는 최저온도

### 2. 자연발화

| 개념 | 외부로 방열하는 열보다 내부에서 발생하는 열의 양이 많은 경우에 발생 |
|---|---|
| 자연발화의 조건<br>(자연발화가 쉽게 일어나는 조건) | ① 표면적이 넓을 것  ④ 주위의 온도가 높을 것(분자운동 활발)<br>② 열전도율이 작을 것  ⑤ 수분이 적당량 존재할 것<br>③ 발열량이 클 것 |
| 자연발화 방지법 | ① 통풍이 잘되게 할 것<br>② 저장실 온도를 낮출 것<br>③ 열이 축적되지 않는 퇴적방법을 선택할 것<br>④ 습도가 높지 않도록 할 것(습도가 높은 곳을 피할 것)<br>⑤ 공기가 접촉되지 않도록 불활성 액체 중에 저장할 것 |

## 20 가연물의 종류에 따른 연소의 분류

| 기체연소 | | 불꽃은 있으나 불티가 없는 연소 |
|---|---|---|
| | 확산연소 | ① 가연성 가스가 공기 중의 지연성 가스(산소)와 접촉하여 접촉면에서 연소가 일어나는 현상(수소, 메탄, 프로판, 부탄 등)<br>② 기체의 일반적인 연소형태이다. |
| | 예혼합연소 | 연소되기 전에 미리 연소 가능한 연소범위의 혼합가스를 만들어 연소시키는 형태 |
| 액체연소 | | 액체 자체가 타는 것이 아니라 발생된 증기가 연소하는 형태 |
| | 증발연소 | 액체연료인 휘발유, 등유, 알코올류, 아세톤 등이 기화하여 증기가 되어 연소 |
| | 액적연소 | 중유, 벙커C유와 같이 점도가 높고 비휘발성인 액체를 가열 등의 방법으로 점도를 낮추어 분무기(버너)를 사용하여 액체의 입자를 안개상으로 분출, 표면적을 넓게 하여 공기와의 접촉면을 많게 하는 연소방법 |
| 고체연소 | | 고체에서는 여러 가지 연소형태가 복합적으로 나타난다. |
| | 표면연소 | 고체 가연물이 열분해나 증발을 하지 않고 표면에서 산소와 반응하여 연소하는 형태(목탄(숯), 코크스, 금속분, 알루미늄 등) |
| | 분해연소 | 목재, 석탄 등의 고체 가연물이 열분해로 인하여 가연성 가스가 방출되어 착화되는 현상(목재, 종이, 석탄, 플라스틱 등) |
| | 증발연소 | 고체 가연물이 점화원에 의해 상태변화를 일으켜 액체가 되고 일정 온도에서 가연성 증기가 발생, 공기와 혼합하여 연소하는 형태(나프탈렌, 황, 파라핀 등) |
| | 자기연소 | 고체 가연물이 외부의 산소 공급원 없이 점화원에 의해 연소하는 형태(제5류 위험물, 니트로 글리세린, 니트로 셀룰로오스, 트리니트로 톨루엔, 질산 에틸렌, 피크린산, 화약, 폭약 등) |

## 21 르 샤틀리에(Le Chatelier)의 법칙(혼합가스의 폭발범위 계산)

### 1. 순수한 혼합가스일 경우

$$\frac{100}{L} = \frac{V_1}{L_1} + \frac{V_2}{L_2} + \frac{V_3}{L_3} \cdots\cdots$$

$$L = \frac{100}{\frac{V_1}{L_1} + \frac{V_2}{L_2} + \cdots\cdots + \frac{V_n}{L_n}}$$

여기서, $V_n$ : 전체 혼합가스 중 각 성분 가스의 체적(비율)[%]
$L_n$ : 각 성분 단독의 폭발한계(상한 또는 하한)
$L$ : 혼합가스의 폭발한계(상한 또는 하한)[vol%]

## 2. 혼합가스가 공기와 섞여 있을 경우

$$L = \dfrac{V_1 + V_2 + \cdots\cdots + V_n}{\dfrac{V_1}{L_1} + \dfrac{V_2}{L_2} + \cdots\cdots + \dfrac{V_n}{L_n}}$$

여기서, $V_n$ : 전체 혼합가스 중 각 성분 가스의 체적(비율)[%]
$L_n$ : 각 성분 단독의 폭발한계(상한 또는 하한)
$L$ : 혼합가스의 폭발한계(상한 또는 하한)[vol%]

## 22 KEYWORD 최소산소농도(MOC ; Minimum Oxygen Concentration)

최소산소농도(MOC) = 연소하한계 × 산소의 화학양론적 계수

① 프로판($C_3H_8$) : $C_3H_8 + 5O_2 \rightarrow 3CO_2 + 4H_2O$
② 부탄($C_4H_{10}$) : $C_4H_{10} + 6.5O_2 \rightarrow 4CO_2 + 5H_2O$
③ 메탄올($CH_3OH$) : $CH_3OH + 1.5O_2 \rightarrow CO_2 + 2H_2O$

> **참고** 산소의 화학양론적 계수
> ① 부탄($C_4H_{10}$) : 6.5
> ② 프로판($C_3H_8$) : 5
> ③ 메탄올($CH_3OH$) : 1.5

## 23 KEYWORD 최소발화에너지(MIE ; Minimum Ignition Energy)

### 1. 개요

① 처음 연소에 필요한 최소한의 에너지
② 가연성 가스나 액체의 증기 또는 폭발성 분진이 공기 중에 있을 때 이것을 발화시키는 데 필요한 최저의 에너지
③ 탄화수소의 평균적인 최소발화에너지는 0.25mJ이다.

## 2. 영향요소

① 특정화합물이나 혼합물의 조성
② 농도(높아지면 MIE는 작아진다.)
③ 압력(상승하면 MIE는 작아진다.)
④ 온도(상승하면 MIE는 작아진다.)
⑤ 유속(상승하면 MIE는 커진다.)
⑥ 연소속도(상승하면 MIE는 작아진다.)

## 3. 최소발화에너지 산출 공식

$$E = \frac{1}{2}CV^2$$

여기서, $E$ : 발화에너지[J], $C$ : 전기용량[F], $V$ : 방전전압[V]

# KEYWORD 24 발화온도와 연소점

## 1. 발화온도(AIT ; Auto Ignition Temperature)

점화원 없이 가연성 물질을 대기 중에서 가열함으로써 스스로 연소 혹은 폭발을 일으키는 최저 온도를 말한다.

## 2. 연소점(Fire Point)

인화성 액체가 공기 중에서 열을 받아 점화원의 존재하에 지속적인 연소를 일으킬 수 있는 최저온도를 말하며, 동일한 물질일 경우 연소점은 인화점보다 약 3~10℃ 정도 높으며 연소를 5초 이상 지속할 수 있는 온도이다.

## 25 위험도

① 폭발범위를 이용한 가연성 가스 및 증기의 위험성 판단방법

$$H = \frac{UFL - LFL}{LFL}$$

여기서, $UFL$ : 연소 상한값, $LFL$ : 연소 하한값, $H$ : 위험도

② 위험도 값이 클수록 위험성이 높은 물질이다.


## 26 완전연소 조성농도(화학양론농도)

### 1. 완전연소 조성농도의 개요

① 가연성 물질 1몰이 완전연소할 수 있는 공기와의 혼합기체 중 가연성 물질의 부피(vol%)를 말하며, 화학양론농도라고도 한다.
② 발열량이 최대이고 폭발 파괴력이 가장 강한 농도를 말한다.

### 2. 계산식

$$C_{st} = \frac{100}{1 + 4.773\left(n + \frac{m - f - 2\lambda}{4}\right)}$$

여기서, $n$ : 탄소의 원자수, $m$ : 수소의 원자수
$f$ : 할로겐 원소의 원자수, $\lambda$ : 산소의 원자수

### 3. 완전연소 조성농도와 폭발한계의 관계(Jones식 폭발한계)

① 연소(폭발) 하한계 : $C_{st} \times 0.55$
② 연소(폭발) 상한계 : $C_{st} \times 3.50$

## 27 화재의 종류

| 분류 | A급 화재 | B급 화재 | C급 화재 | D급 화재 |
|---|---|---|---|---|
| 명칭 | 일반화재 | 유류화재 | 전기화재 | 금속화재 |
| 분류 | 보통 잔재의 작열에 의해 발생하는 연소에서 보통 유기 성질의 고체물질을 포함한 화재 | 액체 또는 액화할 수 있는 고체를 포함한 화재 및 가연성 가스 화재 | 통전 중인 전기 설비를 포함한 화재 | 금속을 포함한 화재 |
| 가연물 | 목재, 종이, 섬유 등 | 가솔린, 등유, 프로판 가스 등 | 전기기기, 변압기, 전기다리미 등 | 가연성 금속 (Mg분, Al분) |
| 소화방법 | 냉각소화 | 질식소화 | 질식, 냉각소화 | 질식소화 |
| 적응 소화제 | ① 물 소화기<br>② 강화액 소화기<br>③ 산·알칼리 소화기 | ① 이산화탄소 소화기<br>② 할로겐화합물 소화기<br>③ 분말 소화기<br>④ 포말 소화기 | ① 이산화탄소 소화기<br>② 할로겐화합물 소화기<br>③ 분말 소화기<br>④ 무상강화액 소화기 | ① 건조사<br>② 팽창 질석<br>③ 팽창 진주암 |
| 표시색 | 백색 | 황색 | 청색 | 무색 |

## 28 소화의 종류

### 1. 제거소화

① 소화원리 : 가연성 물질을 연소구역에서 제거함으로써 소화하는 방법
② 제거소화의 예
  ㉠ 가스의 화재 : 공급밸브를 차단하여 가스의 공급을 중단
  ㉡ 산림화재 : 연소방면의 수목을 제거
  ㉢ 촛불 : 입김으로 불어 가연성 증기를 제거

### 2. 질식소화

① 소화원리 : 공기 중에 존재하고 있는 산소의 농도 21%를 15% 이하로 낮추어 소화하는 방법
② 질식소화의 예 : 연소하고 있는 가연물이 들어 있는 용기를 기계적으로 밀폐하여 산소의 공급을 차단

### 3. 냉각소화

① 소화원리 : 연소물로부터 열을 빼앗아 발화점 이하의 온도로 낮추는 방법

② 냉각소화의 예
- ㉠ 액체 사용법 : 물이나 그 밖의 액체를 사용하여 증발잠열을 이용하여 냉각시키는 방법으로 물을 분사하면 더욱 효과적이다.
- ㉡ 고체 사용법 : 기름 그릇에 인화되었을 때 싱싱한 야채를 넣어 기름의 온도를 내림으로써 불을 끄는 방법

### 4. 억제소화(부촉매소화)

① 소화원리 : 가연성 물질과 산소와의 화학반응을 느리게 함으로써 소화하는 방법
② 억제소화의 예 : 수소원자는 공기 중의 산소분자와 결합하여 연쇄반응을 일으키는데, 이와 같이 되풀이되는 화학반응을 차단하여 소화

## 29 KEYWORD 할론넘버

① 사염화탄소 소화기($CCl_4$) : 할론 1040
② 일취화일염화메탄 소화기($CH_2ClBr$) : 할론 1011
③ 이취화사불화에탄 소화기($C_2F_4Br_2$) : 할론 2402
④ 일취화삼불화메탄 소화기($CF_3Br$) : 할론 1301
⑤ 일취화일염화이불화메탄 소화기($CF_2ClBr$) : 할론 1211

## 30 KEYWORD 소화설비의 종류별 적응화재

| 소화기명 | 소화효과 |
| --- | --- |
| 포소화설비 | 질식소화 |
| 스프링클러설비 | 냉각소화 |
| 이산화탄소소화설비 | 질식소화 |
| 할로겐화합물소화설비 | 연소억제소화 |
| 강화액소화설비 | 냉각소화 |
| 에어 – 폼 | 질식소화 |
| 물분무소화설비 | 냉각소화, 질식소화, 유화소화, 희석소화 |

# 31 감지기의 종류

| 감지원리 | | 개념 | 감지범위 | 종류 |
|---|---|---|---|---|
| 열감지기 | 차동식 | 온도의 상승률이 소정의 값 이상일 때 동작하는 감지기 | 스포트형 | 공기식 |
| | | | | 전기식 |
| | | | 분포형 | 공기관식 |
| | | | | 열전대식 |
| | | | | 열반도체식 |
| | 정온식 | 일정온도 이상이 될 때 작동하는 감지기 | 스포트형 | 바이메탈식 |
| | | | | 열반도체식 |
| | | | 감지선형 | - |
| | 보상식 | 저온에서는 차동식으로 주위 온도가 공칭작동온도에 도달하면 온도상승률에 상관없이 정온식으로 작동되는 감지기 | 스포트형 | - |
| 연기감지기 | 광전식 | 연기에 의한 빛의 양 변화를 광전기 같은 전기적 변화에 의해 화재발생을 검지하는 감지기 | 스포트형 | 비축적형 |
| | | | | 축적형 |
| | | | 분리형 | - |
| | 이온화식 | 주위의 공기가 일정한 농도의 연기를 포함하게 되는 경우에 작동하는 감지기 | 스포트형 | 비축적형 |
| | | | | 축적형 |

# 32 이산화탄소($CO_2$) 소화약제

① 공기 중에 존재하고 있는 산소의 농도 21%를 15% 이하로 낮추어 소화하는 질식작용과 $CO_2$ 가스 방출 시 기화열의 흡수로 인하여 소화하는 냉각작용을 하는 소화약제이다.
② $CO_2$는 불활성 기체로 비교적 안정성이 높고 불연성, 부식성도 없다.
③ 기화잠열이 크므로 열 흡수에 의한 냉각 작용이 크다.
④ 밀폐공간에서 질식과 같은 인명 피해를 입을 수 있다.

# CHAPTER 06 건설공사 안전관리

## 1 KEYWORD 굴착면의 기울기

| 지반의 종류 | 굴착면의 기울기 |
| --- | --- |
| 모래 | 1 : 1.8 |
| 연암 및 풍화암 | 1 : 1.0 |
| 경암 | 1 : 0.5 |
| 그 밖의 흙 | 1 : 1.2 |

## 2 KEYWORD 잠함 내 작업

### 1. 급격한 침하로 인한 위험방지

사업주는 잠함 또는 우물통의 내부에서 근로자가 굴착작업을 하는 경우에 잠함 또는 우물통의 급격한 침하에 의한 위험을 방지하기 위하여 다음 각 호의 사항을 준수하여야 한다.
① 침하관계도에 따라 굴착방법 및 재하량 등을 정할 것
② 바닥으로부터 천장 또는 보까지의 높이는 1.8미터 이상으로 할 것

### 2. 잠함 등 내부에서의 작업

사업주는 잠함, 우물통, 수직갱, 그 밖에 이와 유사한 건설물 또는 설비의 내부에서 굴착작업을 하는 경우에 다음 각 호의 사항을 준수하여야 한다.
① 산소 결핍 우려가 있는 경우에는 산소의 농도를 측정하는 사람을 지명하여 측정하도록 할 것
② 근로자가 안전하게 오르내리기 위한 설비를 설치할 것
③ 굴착 깊이가 20미터를 초과하는 경우에는 해당 작업장소와 외부와의 연락을 위한 통신설비 등을 설치할 것
④ 산소의 농도 측정 결과 산소 결핍이 인정되거나 굴착 깊이가 20미터를 초과하는 경우에는 송기를 위한 설비를 설치하여 필요한 양의 공기를 공급해야 한다.

## 3 동상현상(Frost Heave)

### 1. 정의

온도가 하강함에 따라 흙 속의 간극수(공극수)가 얼면 물의 체적이 약 9% 팽창하기 때문에 지표면이 부풀어 오르게 되는 현상

### 2. 동상방지 대책

① 배수구 설치 등으로 지하수위를 저하시킨다.
② 지하수위 상부에 조립토층을 설치하여 모관상승을 차단한다.
③ 지표면 부근에 단열재료(석탄재, 코르크, 스티로폼, 부직포 등)를 매입한다.
④ 약액 및 약품처리로 흙의 동결온도를 낮춘다.
⑤ 치환공법으로 실트질 흙을 조립토로 바꾼다.(비동결성 흙 치환)


## 4 지반의 이상현상 및 안전대책

### 1. 히빙(Heaving) 현상

#### 1) 정의

연질점토 지반에서 굴착에 의한 흙막이 내·외면의 흙의 중량 차이로 인해 굴착 저면이 부풀어 올라오는 현상

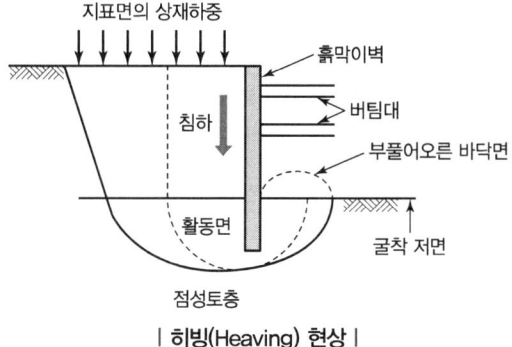

| 히빙(Heaving) 현상 |

2) 발생원인 및 안전대책

| 발생원인 | ① 흙막이 근입장 깊이 부족<br>② 흙막이 흙의 중량 차이<br>③ 지표 재하중<br>④ 점성토 지반에서 발생 |
|---|---|
| 안전대책 | ① 흙막이 근입깊이를 깊게<br>② 표토를 제거하여 하중 감소<br>③ 굴착 저면 지반개량(흙의 전단강도를 높임)<br>④ 굴착면 하중 증가<br>⑤ 어스앵커 설치<br>⑥ 주변 지하수위 저하<br>⑦ 소단굴착을 하여 소단부 흙의 중량이 바닥을 누르게 함<br>⑧ 토류벽의 배면토압을 경감 |

## 2. 보일링(Boiling) 현상

### 1) 정의

사질토 지반에서 굴착저면과 흙막이 배면과의 수위 차이로 인해 굴착저면의 흙과 물이 함께 위로 솟구쳐 오르는 현상

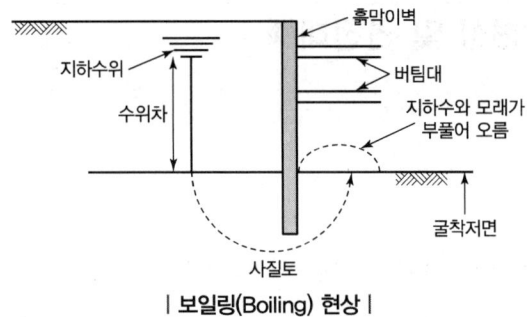

| 보일링(Boiling) 현상 |

### 2) 발생원인 및 안전대책

| 발생원인 | ① 흙막이 근입장 깊이 부족<br>② 흙막이 지하수위 높이 차이<br>③ 굴착 저면의 피압수<br>④ 사질토 지반에서 발생 |
|---|---|
| 안전대책 | ① 차수성이 높은 흙막이벽 설치<br>② 흙막이 근입깊이를 깊게<br>③ 약액주입 등의 굴착면 고결<br>④ 주변의 지하수위 저하(웰포인트 공법 등)<br>⑤ 압성토 공법 |

## 3. 파이핑(Piping) 현상

### 1) 정의

보일링 현상으로 인하여 지반 내에서 물의 통로가 생기면서 흙이 세굴되는 현상

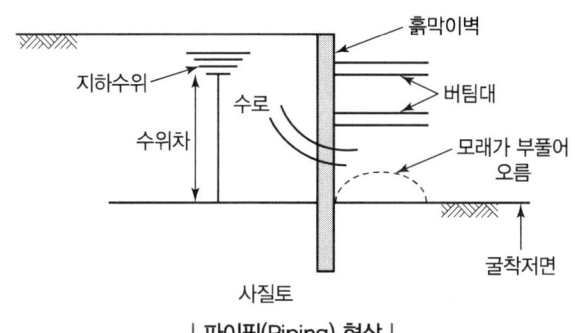

| 파이핑(Piping) 현상 |

### 2) 발생원인 및 안전대책

| 발생원인 | ① 흙막이 근입장 깊이 부족<br>② 흙막이 지하수위 높이 차이<br>③ 굴착 저면의 피압수<br>④ 댐이나 제방에서 필터의 불량, 균열, 누수 |
|---|---|
| 안전대책 | ① 차수성이 높은 흙막이벽 설치<br>② 흙막이 근입깊이를 깊게<br>③ 약액주입 등의 굴착면 고결<br>④ 주변의 지하수위 저하(웰포인트 공법 등)<br>⑤ 압성토 공법 |

## 5 건설업산업안전보건관리비의 계상 및 사용
KEYWORD

### 1. 공사 종류 및 규모별 산업안전보건관리비 계상기준표

| 공사 종류 \ 구분 | 대상액 5억 원 미만인 경우 적용비율(%) | 대상액 5억 원 이상 50억 원 미만인 경우 | | 대상액 50억 원 이상인 경우 적용비율(%) | 보건관리자 선임대상 건설공사의 적용비율(%) |
|---|---|---|---|---|---|
| | | 적용비율(%) | 기초액 | | |
| 건축공사 | 3.11% | 2.28% | 4,325,000원 | 2.37% | 2.64% |
| 토목공사 | 3.15% | 2.53% | 3,300,000원 | 2.60% | 2.73% |
| 중건설공사 | 3.64% | 3.05% | 2,975,000원 | 3.11% | 3.39% |
| 특수건설공사 | 2.07% | 1.59% | 2,450,000원 | 1.64% | 1.78% |

안전관리비 대상액 = 공사원가계산서 구성항목 중 직접재료비, 간접재료비와 직접노무비를 합한 금액(발주자가 재료를 제공할 경우에는 해당 재료비를 포함)

## 2. 공사진척에 따른 안전관리비 사용기준

| 공정률 | 50퍼센트 이상 70퍼센트 미만 | 70퍼센트 이상 90퍼센트 미만 | 90퍼센트 이상 |
|---|---|---|---|
| 사용기준 | 50퍼센트 이상 | 70퍼센트 이상 | 90퍼센트 이상 |

# 6 유해위험방지계획서

## 1. 유해위험방지계획서를 제출해야 될 건설공사

① 다음 각 목의 어느 하나에 해당하는 건축물 또는 시설 등의 건설·개조 또는 해체공사
  ㉠ 지상높이가 31미터 이상인 건축물 또는 인공구조물
  ㉡ 연면적 3만 제곱미터 이상인 건축물
  ㉢ 연면적 5천 제곱미터 이상인 시설로서 다음의 어느 하나에 해당하는 시설
    ⓐ 문화 및 집회시설(전시장 및 동물원·식물원은 제외)
    ⓑ 판매시설, 운수시설(고속철도의 역사 및 집배송시설은 제외)
    ⓒ 종교시설
    ⓓ 의료시설 중 종합병원
    ⓔ 숙박시설 중 관광숙박시설
    ⓕ 지하도상가
    ⓖ 냉동·냉장 창고시설
② 연면적 5천 제곱미터 이상인 냉동·냉장 창고시설의 설비공사 및 단열공사
③ 최대 지간길이(다리의 기둥과 기둥의 중심 사이의 거리)가 50미터 이상인 다리의 건설 등 공사
④ 터널의 건설 등 공사
⑤ 다목적댐, 발전용댐, 저수용량 2천만 톤 이상의 용수 전용 댐 및 지방상수도 전용 댐의 건설 등 공사
⑥ 깊이 10미터 이상인 굴착공사

## 2. 제출 시 첨부서류

1) 공사 개요 및 안전보건관리계획
  ① 공사 개요서
  ② 공사현장의 주변 현황 및 주변과의 관계를 나타내는 도면(매설물 현황을 포함)
  ③ 전체 공정표
  ④ 산업안전보건관리비 사용계획서

⑤ 안전관리 조직표
⑥ 재해 발생 위험 시 연락 및 대피방법

### 2) 작업 공사 종류별 유해위험방지계획

| 건축물 또는 시설 등의<br>건설·개조 또는 해체공사 | ① 가설공사<br>② 구조물공사<br>③ 마감공사 | ④ 기계설비공사<br>⑤ 해체공사 |
|---|---|---|
| 냉동·냉장창고시설의<br>설비공사 및 단열공사 | ① 가설공사<br>② 단열공사 | ③ 기계설비공사 |
| 다리 건설 등의 공사 | ① 가설공사<br>② 다리 하부(하부공) 공사 | ③ 다리 상부(상부공) 공사 |
| 터널 건설 등의 공사 | ① 가설공사<br>② 굴착 및 발파공사 | ③ 구조물공사 |
| 댐 건설 등의 공사 | ① 가설공사<br>② 굴착 및 발파공사 | ③ 댐 축조공사 |
| 굴착공사 | ① 가설공사<br>② 굴착 및 발파공사 | ③ 흙막이 지보공 공사 |

> **TIP** 유해위험방지계획서 제출시기
> ① 제조업 등 유해위험방지계획서 : 해당 작업 시작 15일 전까지 공단에 2부 제출
> ② 건설공사 유해위험방지계획서 : 해당 공사의 착공 전날까지 공단에 2부 제출

## 7 셔블계 굴착기계

### 1. 파워 셔블(Power Shovel)

① 굴착기가 위치한 지면보다 높은 곳의 굴착에 적당
② 작업대가 견고하여 단단한 토질의 굴착에도 용이

### 2. 백호(Back Hoe, 드래그 셔블)

① 굴착기가 위치한 지면보다 낮은 곳을 굴착하는 데 적당
② 도랑파기에 적당하며 굴삭력이 우수
③ 비교적 굳은 지반의 토질에서도 사용 가능
④ 경사로나 연약지반에서는 무한궤도식이 타이어식보다 안전

## 3. 드래그 라인(Drag Line)

① 굴착기가 위치한 지면보다 낮은 곳의 굴착에 적합
② 연질지반의 굴착에 적당하고 단단하게 다져진 토질에는 적합하지 않음
③ 굴삭범위가 크지만 굴삭력이 약함
④ 수중굴착 및 모래채취 등에 많이 이용

## 4. 클램셸(Clam Shell)

① 좁고 깊은 곳의 수직굴착, 수중굴착에 적당
② 지하연속벽 공사, 깊은 우물통 파기에 사용
③ 구조물의 기초바닥, 잠함 등과 같은 협소하고 깊은 범위의 굴착에 적합

# 8 KEYWORD 도저계 굴착기계(불도저)

## 1. 배토판(Blade)의 형태 및 작동방법에 의한 분류

| 스트레이트 도저<br>(Straight Dozer) | 트랙터의 종방향 중심축에 배토판을 직각으로 설치하여 직선적인 굴착 및 압토작업에 효율적 |
|---|---|
| 앵글 도저<br>(Angle Dozer) | 배토판을 진행방향에 따라 20~30°의 좌우로 돌릴 수 있도록 만든 장치, 측면 굴착에 유리 |
| 틸트 도저<br>(Tilt Dozer) | 배토판을 좌우로 상하 25~30°까지 아래로 기울어지게 하여 도랑파기, 경사면 굴착에 유리 |
| 힌지 도저<br>(Hinge Dozer) | 배토판 중앙에 힌지를 붙여 안팎으로 V자형으로 꺾을 수 있으며, 흙을 깎아 옆으로 밀어내면서 전진하므로 제설, 제토작업 및 다량의 흙을 전방으로 밀고 가는 데 적합한 도저 |

## 2. 리퍼 도저(Ripper Dozer)

아스팔트 포장도로 등 단단한 땅이나 연약한 암석을 파내는 갈고리 모양의 도저

## 9 다짐기계의 특징

| 로드 롤러(Road Roller) | 머캐덤 롤러(Macadam Roller) | 3륜 형식으로 쇄석, 자갈 등의 다짐에 사용 |
|---|---|---|
| | 탠덤 롤러(Tandem Roller) | 2륜 형식으로 아스팔트 포장의 끝마무리에 사용 |
| 탬핑 롤러(Tamping Roller) | | ① 깊은 다짐이나 고함수비 지반의 다짐에 많이 이용<br>② 롤러의 표면에 돌기를 만들어 부착한 것<br>③ 풍화암을 파쇄하고 흙 속의 간극수압을 제거<br>④ 점성토 지반에 효과적 |
| 타이어 롤러(Tire Roller) | | 사질토나 사질 점성토에 적합하며 주행속도 개선 |

## 10 차량계 건설기계

### 1. 차량계 건설기계의 작업계획서 내용

① 사용하는 차량계 건설기계의 종류 및 성능
② 차량계 건설기계의 운행경로
③ 차량계 건설기계에 의한 작업방법

### 2. 차량계 건설기계의 안전수칙

① 차량계 하역운반기계, 차량계 건설기계(최대제한속도가 시속 10킬로미터 이하인 것은 제외)를 사용하여 작업을 하는 경우 미리 작업장소의 지형 및 지반 상태 등에 적합한 제한속도를 정하고, 운전자로 하여금 준수하도록 하여야 한다.
② 차량계 건설기계에 전조등을 갖추어야 한다. 다만, 작업을 안전하게 수행하기 위하여 필요한 조명이 있는 장소에서 사용하는 경우에는 그러하지 아니하다.
③ 차량계 건설기계를 사용하는 작업할 때에 그 기계가 넘어지거나 굴러떨어짐으로써 근로자가 위험해질 우려가 있는 경우에는 유도하는 사람을 배치하고 지반의 부동침하 방지, 갓길의 붕괴 방지 및 도로 폭의 유지 등 필요한 조치를 하여야 한다.

## 11 권상용 와이어로프의 사용 시 준수사항

### 1. 항타기 또는 항발기의 권상용 와이어로프 사용금지 조건

① 이음매가 있는 것
② 와이어로프의 한 꼬임(스트랜드)에서 끊어진 소선의 수가 10퍼센트 이상인 것
③ 지름의 감소가 공칭지름의 7퍼센트를 초과하는 것
④ 꼬인 것
⑤ 심하게 변형되거나 부식된 것
⑥ 열과 전기충격에 의해 손상된 것

### 2. 권상용 와이어로프의 안전계수

항타기 또는 항발기의 권상용 와이어로프의 안전계수가 5 이상이 아니면 이를 사용해서는 아니 된다.

## 12 해체용 기구의 종류

### 1. 압쇄기

① 셔블에 설치하며 유압조작에 의해 콘크리트 등에 강력한 압축력을 가해 파쇄하는 것
② 압쇄기의 중량, 작업충격을 사전에 고려하고, 차체 지지력을 초과하는 중량의 압쇄기 부착을 금지하여야 한다.
③ 압쇄기에 의한 파쇄작업순서 : 슬래브, 보, 벽체, 기둥의 순서로 해체하여야 한다.

### 2. 대형 브레이커

대형 브레이커는 통상 셔블에 설치하여 사용한다.

### 3. 철제해머

① 해머를 크레인 등에 부착하여 구조물에 충격을 주어 파쇄하는 것
② 햄머를 매달은 와이어 로프의 종류와 직경 등은 적절한 것을 사용하여야 한다.

## 4. 화약류

화약류에 의한 발파파쇄 해체 시에는 사전에 시험발파에 의한 폭력, 폭속, 진동치속도 등에 파쇄능력과 진동, 소음의 영향력을 검토하여야 한다.

## 5. 핸드 브레이커

① 압축공기, 유압의 급속한 충격력에 의거 콘크리트 등을 해체할 때 사용하는 것
② 작은 부재의 파쇄에 유리하고 소음, 진동 및 분진이 발생
③ 끌의 부러짐을 방지하기 위하여 작업자세는 하향 수직방향으로 유지하도록 하여야 한다.

## 6. 팽창제

광물의 수화반응에 의한 팽창압을 이용하여 파쇄하는 공법

## 7. 절단톱

회전날 끝에 다이아몬드 입자를 혼합 경화하여 제조된 절단톱으로 기둥, 보, 바닥, 벽체를 적당한 크기로 절단하여 해체하는 공법

## 8. 재키

구조물의 부재 사이에 재키를 설치한 후 국소부에 압력을 가해 해체하는 공법

## 9. 쐐기타입기

직경 30내지 40밀리미터 정도의 구멍 속에 쐐기를 박아 넣어 구멍을 확대하여 해체하는 것

## 10. 화염방사기

구조체를 고온으로 용융시키면서 해체하는 것

## 11. 절단줄톱

와이어에 다이아몬드 절삭날을 부착하여, 고속회전시켜 절단 해체하는 공법

## 13 크레인

### 1. 크레인의 종류

| 이동식 크레인 | 트럭 크레인, 크롤러 크레인, 유압 크레인, 휠 크레인 |
|---|---|
| 고정식 크레인 | 타워 크레인, 지브 크레인, 호이스트 크레인 |

### 2. 타워크레인을 와이어로프로 지지하는 경우 준수사항

① 와이어로프를 고정하기 위한 전용 지지프레임을 사용할 것
② 와이어로프 설치각도는 수평면에서 60도 이내로 하되, 지지점은 4개소 이상으로 하고, 같은 각도로 설치할 것
③ 와이어로프와 그 고정부위는 충분한 강도와 장력을 갖도록 설치하고, 와이어로프를 클립·샤클(shackle) 등의 고정기구를 사용하여 견고하게 고정시켜 풀리지 아니하도록 하며, 사용 중에는 충분한 강도와 장력을 유지하도록 할 것
④ 와이어로프가 가공전선에 근접하지 않도록 할 것

### 3. 타워크레인의 작업제한(악천후 및 강풍 시 작업 중지)

| 순간풍속이 초당 10미터를 초과 | 타워크레인의 설치·수리·점검 또는 해체작업 중지 |
|---|---|
| 순간풍속이 초당 15미터를 초과 | 타워크레인의 운전작업 중지 |

## 14 폭풍 등에 의한 안전조치사항

| 풍속의 기준 | 내용 | 시기 | 안전조치사항 |
|---|---|---|---|
| 순간풍속이 초당 30미터[m/s]를 초과 | 폭풍에 의한 이탈방지 | 바람이 불어올 우려가 있는 경우 | 옥외에 설치되어 있는 주행 크레인에 대하여 이탈방지장치를 작동시키는 등 이탈 방지를 위한 조치를 하여야 한다. |
| | 폭풍 등으로 인한 이상 유무 점검 | 바람이 불거나 중진 이상 진도의 지진이 있은 후 | 옥외에 설치되어 있는 양중기를 사용하여 작업을 하는 경우에는 미리 기계 각 부위에 이상이 있는지를 점검하여야 한다. |
| 순간풍속이 초당 35미터[m/s]를 초과 | 붕괴 등의 방지 | 바람이 불어올 우려가 있는 경우 | 건설작업용 리프트(지하에 설치되어 있는 것은 제외한다)에 대하여 받침의 수를 증가시키는 등 그 붕괴 등을 방지하기 위한 조치를 하여야 한다. |
| | 폭풍에 의한 무너짐 방지 | | 옥외에 설치되어 있는 승강기에 대하여 받침의 수를 증가시키는 등 승강기가 무너지는 것을 방지하기 위한 조치를 하여야 한다. |

## 15 와이어로프 등 달기구의 안전계수

| 구분 | 안전계수 |
| --- | --- |
| 근로자가 탑승하는 운반구를 지지하는 달기와이어로프 또는 달기체인의 경우 | 10 이상 |
| 화물의 하중을 직접 지지하는 달기와이어로프 또는 달기체인의 경우 | 5 이상 |
| 훅, 샤클, 클램프, 리프팅 빔의 경우 | 3 이상 |
| 그 밖의 경우 | 4 이상 |

## 16 방망사의 강도

### 1. 방망사의 신품에 대한 인장강도

| 그물코의 크기 (단위 : 센티미터) | 방망의 종류(단위 : 킬로그램) | |
| --- | --- | --- |
| | 매듭 없는 방망 | 매듭방망 |
| 10 | 240 | 200 |
| 5 | | 110 |

### 2. 방망사의 폐기 시 인장강도

| 그물코의 크기 (단위 : 센티미터) | 방망의 종류(단위 : 킬로그램) | |
| --- | --- | --- |
| | 매듭 없는 방망 | 매듭방망 |
| 10 | 150 | 135 |
| 5 | | 60 |

## 17 지지점의 강도

방망 지지점은 600킬로그램의 외력에 견딜 수 있는 강도를 보유하여야 한다. (다만, 연속적인 구조물이 방망 지지점인 경우의 외력이 다음 식에 계산한 값에 견딜 수 있는 것은 제외)

$$F = 200B$$

여기서, $F$ : 외력(kg), $B$ : 지지점 간격(m)

## 18 KEYWORD 안전난간의 구조 및 설치요건

| 구성 | 상부 난간대, 중간 난간대, 발끝막이판 및 난간기둥으로 구성할 것(다만, 중간 난간대, 발끝막이판 및 난간기둥은 이와 비슷한 구조와 성능을 가진 것으로 대체할 수 있음) |
|---|---|
| 상부 난간대 | 상부 난간대는 바닥면·발판 또는 경사로의 표면(이하 "바닥면 등"이라 한다)으로부터 90센티미터 이상 지점에 설치하고, 상부 난간대를 120센티미터 이하에 설치하는 경우에는 중간 난간대는 상부 난간대와 바닥면 등의 중간에 설치해야 하며, 120센티미터 이상 지점에 설치하는 경우에는 중간 난간대를 2단 이상으로 균등하게 설치하고 난간의 상하 간격은 60센티미터 이하가 되도록 할 것(다만, 난간기둥 간의 간격이 25센티미터 이하인 경우에는 중간 난간대를 설치하지 않을 수 있음) |
| 발끝막이판(폭목) | 발끝막이판은 바닥면 등으로부터 10센티미터 이상의 높이를 유지할 것(다만, 물체가 떨어지거나 날아올 위험이 없거나 그 위험을 방지할 수 있는 망을 설치하는 등 필요한 예방 조치를 한 장소는 제외) |
| 난간기둥 | 상부 난간대와 중간 난간대를 견고하게 떠받칠 수 있도록 적정한 간격을 유지할 것 |
| 상부 난간대와 중간 난간대 | 상부 난간대와 중간 난간대는 난간 길이 전체에 걸쳐 바닥면 등과 평행을 유지할 것 |
| 난간대 | 난간대는 지름 2.7센티미터 이상의 금속제 파이프나 그 이상의 강도가 있는 재료일 것 |
| 하중 | 안전난간은 구조적으로 가장 취약한 지점에서 가장 취약한 방향으로 작용하는 100킬로그램 이상의 하중에 견딜 수 있는 튼튼한 구조일 것 |

## 19 KEYWORD 추락방호망의 설치기준

① 추락방호망의 설치위치는 가능하면 작업면으로부터 가까운 지점에 설치하여야 하며, 작업면으로부터 망의 설치지점까지의 수직거리는 10미터를 초과하지 아니할 것
② 추락방호망은 수평으로 설치하고, 망의 처짐은 짧은 변 길이의 12퍼센트 이상이 되도록 할 것
③ 건축물 등의 바깥쪽으로 설치하는 경우 추락방호망의 내민 길이는 벽면으로부터 3미터 이상 되도록 할 것. 다만, 그물코가 20밀리미터 이하인 추락방호망을 사용한 경우에는 낙하물에 의한 위험 방지에 따른 낙하물 방지망을 설치한 것으로 본다.

## KEYWORD 20  개구부 등의 방호조치

① 작업발판 및 통로의 끝이나 개구부로서 근로자가 추락할 위험이 있는 장소에는 안전난간, 울타리, 수직형 추락방망 또는 덮개 등의 방호 조치를 충분한 강도를 가진 구조로 튼튼하게 설치하여야 하며, 덮개를 설치하는 경우에는 뒤집히거나 떨어지지 않도록 설치하여야 한다. 이 경우 어두운 장소에서도 알아볼 수 있도록 개구부임을 표시하여야 한다.
② 난간 등을 설치하는 것이 매우 곤란하거나 작업의 필요상 임시로 난간 등을 해체하여야 하는 경우 추락방호망을 설치하여야 한다. 다만, 추락방호망을 설치하기 곤란한 경우에는 근로자에게 안전대를 착용하도록 하는 등 추락할 위험을 방지하기 위하여 필요한 조치를 하여야 한다.

## KEYWORD 21  지붕 위에서의 위험방지

사업주는 근로자가 지붕 위에서 작업을 할 때에 추락하거나 넘어질 위험이 있는 경우에는 다음 각 호의 조치를 해야 한다.
① 지붕의 가장자리에 안전난간을 설치할 것
② 채광창(Skylight)에는 견고한 구조의 덮개를 설치할 것
③ 슬레이트 등 강도가 약한 재료로 덮은 지붕에는 폭 30센티미터 이상의 발판을 설치할 것
④ 작업 환경 등을 고려할 때 안전난간을 설치하기 곤란한 경우에는 추락방호망을 설치해야 한다. 다만, 사업주는 작업 환경 등을 고려할 때 추락방호망을 설치하기 곤란한 경우에는 근로자에게 안전대를 착용하도록 하는 등 추락 위험을 방지하기 위하여 필요한 조치를 해야 한다.

## KEYWORD 22  토석붕괴의 원인

| | |
|---|---|
| 외적 원인 | ① 사면, 법면의 경사 및 기울기의 증가<br>② 절토 및 성토 높이의 증가<br>③ 공사에 의한 진동 및 반복 하중의 증가<br>④ 지표수 및 지하수의 침투에 의한 토사 중량의 증가<br>⑤ 지진, 차량, 구조물의 하중작용<br>⑥ 토사 및 암석의 혼합층 두께 |
| 내적 원인 | ① 절토 사면의 토질 · 암질<br>② 성토 사면의 토질 구성 및 분포<br>③ 토석의 강도 저하 |

## 23 붕괴예방조치

① 적절한 경사면의 기울기를 계획하여야 한다.
② 경사면의 기울기가 당초 계획과 차이가 발생되면 즉시 재검토하여 계획을 변경시켜야 한다.
③ 활동할 가능성이 있는 토석은 제거하여야 한다.
④ 경사면의 하단부에 압성토 등 보강공법으로 활동에 대한 저항대책을 강구하여야 한다.
⑤ 말뚝(강관, H형강, 철근 콘크리트)을 타입하여 지반을 강화시킨다.
⑥ 빗물, 지표수, 지하수의 사전제거 및 침투를 방지하여야 한다.

## 24 붕괴 등의 위험방지

흙막이 지보공을 설치하였을 때에는 정기적으로 다음의 사항을 점검하고 이상을 발견하면 즉시 보수하여야 한다.
① 부재의 손상·변형·부식·변위 및 탈락의 유무와 상태
② 버팀대의 긴압의 정도
③ 부재의 접속부·부착부 및 교차부의 상태
④ 침하의 정도

## 25 옹벽의 안정조건

| 전도(Over Turning)에 대한 안정 | ① 안전율($F_S$) = $\dfrac{\text{전도에 저항하는 모멘트}}{\text{전도모멘트}} \geq 2.0$<br>② 대책: 옹벽의 높이를 낮추거나 기초 후면의 길이를 길게 함 |
|---|---|
| 활동(Sliding)에 대한 안정 | ① 안전율($F_S$) = $\dfrac{\text{활동에 저항하려는 힘}}{\text{활동하려는 힘}} \geq 1.5$<br>② 대책: 기초 저판의 폭 증가, 기초 하부에 말뚝보강, 기초 하부에 활동방지벽(shear key) 설치 |
| 지반지지력(침하, Settlement)에 대한 안정 | ① 안전율($F_S$) = $\dfrac{\text{지반의 극한지지력도}}{\text{지반의 최대반력}} \geq 3.0$<br>② 대책: 기초 저반의 폭 증가, 기초 하부의 지반 개량 및 강화 |

## 26 터널굴착

### 1. 자동경보장치의 작업 시작 전 점검사항

당일 작업 시작 전 다음의 사항을 점검하고 이상을 발견하면 즉시 보수하여야 한다.
① 계기의 이상 유무
② 검지부의 이상 유무
③ 경보장치의 작동상태

### 2. 터널 지보공 조립도 및 붕괴 등의 위험방지

#### 1) 조립도

① 터널 지보공을 조립하는 경우에는 미리 그 구조를 검토한 후 조립도를 작성하고, 그 조립도에 따라 조립하도록 하여야 한다.
② 조립도에는 재료의 재질, 단면규격, 설치간격 및 이음방법 등을 명시하여야 한다.

#### 2) 터널지보공의 붕괴 등의 방지를 위한 점검사항

① 부재의 손상 · 변형 · 부식 · 변위 탈락의 유무 및 상태
② 부재의 긴압 정도
③ 부재의 접속부 및 교차부의 상태
④ 기둥침하의 유무 및 상태

## 27 낙하 · 비래의 위험방지 조치

### 1. 물체가 떨어지거나 날아올 위험이 있는 경우의 위험방지

① 낙하물 방지망 설치
② 수직보호망 설치
③ 방호선반 설치
④ 출입금지구역 설정
⑤ 보호구 착용

### 2. 낙하물방지망 또는 방호선반 설치 시 준수사항

① 높이 10미터 이내마다 설치하고, 내민 길이는 벽면으로부터 2미터 이상으로 할 것
② 수평면과의 각도는 20도 이상 30도 이하를 유지할 것

### 3. 높이 3m 이상인 장소에서 물체를 투하하는 경우 조치사항

① 투하설비 설치
② 감시인 배치

# 28 강관비계

## 1. 강관비계 조립 시의 준수사항

① 비계기둥에는 미끄러지거나 침하하는 것을 방지하기 위하여 밑받침철물을 사용하거나 깔판·받침목 등을 사용하여 밑둥잡이를 설치하는 등의 조치를 할 것
② 강관의 접속부 또는 교차부는 적합한 부속철물을 사용하여 접속하거나 단단히 묶을 것
③ 교차 가새로 보강할 것
④ 외줄비계·쌍줄비계 또는 돌출비계에 대해서는 다음 각 목에서 정하는 바에 따라 벽이음 및 버팀을 설치할 것
  ㉠ 강관비계의 조립 간격은 다음의 기준에 적합하도록 할 것

| 강관비계의 종류 | 조립간격(단위 : m) | |
|---|---|---|
| | 수직방향 | 수평방향 |
| 단관비계 | 5 | 5 |
| 틀비계(높이가 5m 미만인 것은 제외한다) | 6 | 8 |

  ㉡ 강관·통나무 등의 재료를 사용하여 견고한 것으로 할 것
  ㉢ 인장재와 압축재로 구성된 경우에는 인장재와 압축재의 간격을 1미터 이내로 할 것
⑤ 가공전로에 근접하여 비계를 설치하는 경우에는 가공전로를 이설하거나 가공전로에 절연용 방호구를 장착하는 등 가공전로와의 접촉을 방지하기 위한 조치를 할 것

## 2. 강관비계의 구조

① 비계기둥의 간격은 띠장 방향에서는 1.85미터 이하, 장선 방향에서는 1.5미터 이하로 할 것. 다만, 다음 각 목의 어느 하나에 해당하는 작업의 경우에는 안전성에 대한 구조검토를 실시하고 조립도를 작성하면 띠장 방향 및 장선 방향으로 각각 2.7미터 이하로 할 수 있다.
  ㉠ 선박 및 보트 건조작업
  ㉡ 그 밖에 장비 반입·반출을 위하여 공간 등을 확보할 필요가 있는 등 작업의 성질상 비계기둥 간격에 관한 기준을 준수하기 곤란한 작업
② 띠장 간격은 2.0미터 이하로 할 것. 다만, 작업의 성질상 이를 준수하기가 곤란하여 쌍기둥틀 등에 의하여 해당 부분을 보강한 경우에는 그러하지 아니하다.
③ 비계기둥의 제일 윗부분으로부터 31미터되는 지점 밑부분의 비계기둥은 2개의 강관으로 묶어 세울 것. 다만, 브라켓(bracket, 까치발) 등으로 보강하여 2개의 강관으로 묶을 경우 이상의 강도가 유지되는 경우에는 그러하지 아니하다.
④ 비계기둥 간의 적재하중은 400킬로그램을 초과하지 않도록 할 것

## 29 강관틀비계 조립 시의 준수사항

① 비계기둥의 밑둥에는 밑받침 철물을 사용하여야 하며 밑받침에 고저차가 있는 경우에는 조절형 밑받침철물을 사용하여 각각의 강관틀비계가 항상 수평 및 수직을 유지하도록 할 것
② 높이가 20미터를 초과하거나 중량물의 적재를 수반하는 작업을 할 경우에는 주틀 간의 간격을 1.8미터 이하로 할 것
③ 주틀 간에 교차 가새를 설치하고 최상층 및 5층 이내마다 수평재를 설치할 것
④ 수직방향으로 6미터, 수평방향으로 8미터 이내마다 벽이음을 할 것
⑤ 길이가 띠장 방향으로 4미터 이하이고 높이가 10미터를 초과하는 경우에는 10미터 이내마다 띠장 방향으로 버팀기둥을 설치할 것

## 30 달비계의 사용금지 사항

| 달비계의 와이어로프 | ① 이음매가 있는 것<br>② 와이어로프의 한 꼬임(스트랜드)에서 끊어진 소선(필러선 제외)의 수가 10퍼센트 이상(비자전로프의 경우에는 끊어진 소선의 수가 와이어로프 호칭지름의 6배 길이 이내에서 4개 이상이거나 호칭지름 30배 길이 이내에서 8개 이상)인 것<br>③ 지름의 감소가 공칭지름의 7퍼센트를 초과하는 것<br>④ 꼬인 것<br>⑤ 심하게 변형되거나 부식된 것<br>⑥ 열과 전기충격에 의해 손상된 것 |
|---|---|
| 달비계의 달기 체인 | ① 달기 체인의 길이가 달기 체인이 제조된 때의 길이의 5퍼센트를 초과한 것<br>② 링의 단면지름이 달기 체인이 제조된 때의 해당 링의 지름의 10퍼센트를 초과하여 감소한 것<br>③ 균열이 있거나 심하게 변형된 것 |

## 31 말비계 조립 시의 준수사항

① 지주부재의 하단에는 미끄럼 방지장치를 하고, 근로자가 양측 끝부분에 올라서서 작업하지 않도록 할 것
② 지주부재와 수평면의 기울기를 75° 이하로 하고, 지주부재와 지주부재 사이를 고정시키는 보조부재를 설치할 것
③ 말비계의 높이가 2미터를 초과하는 경우에는 작업발판의 폭을 40센티미터 이상으로 할 것

## 32 이동식 비계 조립 시의 준수사항

① 이동식 비계의 바퀴에는 뜻밖의 갑작스러운 이동 또는 전도를 방지하기 위하여 브레이크·쐐기 등으로 바퀴를 고정시킨 다음 비계의 일부를 견고한 시설물에 고정하거나 아웃 트리거를 설치하는 등 필요한 조치를 할 것
② 승강용 사다리는 견고하게 설치할 것
③ 비계의 최상부에서 작업을 하는 경우에는 안전난간을 설치할 것
④ 작업발판은 항상 수평을 유지하고 작업발판 위에서 안전난간을 딛고 작업을 하거나 받침대 또는 사다리를 사용하여 작업하지 않도록 할 것
⑤ 작업발판의 최대적재하중은 250킬로그램을 초과하지 않도록 할 것

## 33 시스템 비계의 구조

① 수직재·수평재·가새재를 견고하게 연결하는 구조가 되도록 할 것
② 비계 밑단의 수직재와 받침철물은 밀착되도록 설치하고, 수직재와 받침철물의 연결부의 겹침길이는 받침철물 전체길이의 3분의 1 이상이 되도록 할 것
③ 수평재는 수직재와 직각으로 설치하여야 하며, 체결 후 흔들림이 없도록 견고하게 설치할 것
④ 수직재와 수직재의 연결철물은 이탈되지 않도록 견고한 구조로 할 것
⑤ 벽 연결재의 설치간격은 제조사가 정한 기준에 따라 설치할 것

## 34 비계의 조립·해체 및 변경 시 준수사항(달비계 또는 높이 5미터 이상의 비계)

① 근로자가 관리감독자의 지휘에 따라 작업하도록 할 것
② 조립·해체 또는 변경의 시기·범위 및 절차를 그 작업에 종사하는 근로자에게 주지시킬 것
③ 조립·해체 또는 변경 작업구역에는 해당 작업에 종사하는 근로자가 아닌 사람의 출입을 금지하고 그 내용을 보기 쉬운 장소에 게시할 것
④ 비, 눈, 그 밖의 기상상태의 불안정으로 날씨가 몹시 나쁜 경우에는 그 작업을 중지시킬 것
⑤ 비계재료의 연결·해체작업을 하는 경우에는 폭 20센티미터 이상의 발판을 설치하고 근로자로 하여금 안전대를 사용하도록 하는 등 추락을 방지하기 위한 조치를 할 것
⑥ 재료·기구 또는 공구 등을 올리거나 내리는 경우에는 근로자가 달줄 또는 달포대 등을 사용하게 할 것

※ 강관비계 또는 통나무비계를 조립하는 경우 쌍줄로 하여야 한다.(다만, 별도의 작업발판을 설치할 수 있는 시설을 갖춘 경우에는 외줄로 할 수 있다.)

## 35 통로의 설치기준

### 1. 통로의 조명

근로자가 안전하게 통행할 수 있도록 통로에 75럭스 이상의 채광 또는 조명시설을 하여야 한다.(다만, 갱도 또는 상시 통행을 하지 아니하는 지하실 등을 통행하는 근로자에게 휴대용 조명기구를 사용하도록 한 경우에는 제외)

### 2. 가설통로

① 견고한 구조로 할 것
② 경사는 30도 이하로 할 것(다만, 계단을 설치하거나 높이 2미터 미만의 가설통로로서 튼튼한 손잡이를 설치한 경우에는 제외)
③ 경사가 15도를 초과하는 경우에는 미끄러지지 아니하는 구조로 할 것
④ 추락할 위험이 있는 장소에는 안전난간을 설치할 것(다만, 작업상 부득이한 경우에는 필요한 부분만 임시로 해체할 수 있다)
⑤ 수직갱에 가설된 통로의 길이가 15미터 이상인 경우에는 10미터 이내마다 계단참을 설치할 것
⑥ 건설공사에 사용하는 높이 8미터 이상인 비계다리에는 7미터 이내마다 계단참을 설치할 것

### 3. 사다리식 통로

① 견고한 구조로 할 것
② 심한 손상·부식 등이 없는 재료를 사용할 것
③ 발판의 간격은 일정하게 할 것
④ 발판과 벽과의 사이는 15센티미터 이상의 간격을 유지할 것
⑤ 폭은 30센티미터 이상으로 할 것
⑥ 사다리가 넘어지거나 미끄러지는 것을 방지하기 위한 조치를 할 것
⑦ 사다리의 상단은 걸쳐놓은 지점으로부터 60센티미터 이상 올라가도록 할 것
⑧ 사다리식 통로의 길이가 10미터 이상인 경우에는 5미터 이내마다 계단참을 설치할 것

⑨ 사다리식 통로의 기울기는 75도 이하로 할 것. 다만, 고정식 사다리식 통로의 기울기는 90도 이하로 하고, 그 높이가 7미터 이상인 경우에는 다음 각 목의 구분에 따른 조치를 할 것
   가. 등받이울이 있어도 근로자 이동에 지장이 없는 경우 : 바닥으로부터 높이가 2.5미터 되는 지점부터 등받이울을 설치할 것
   나. 등받이울이 있으면 근로자가 이동이 곤란한 경우 : 개인용 추락 방지 시스템을 설치하고 근로자로 하여금 전신안전대를 사용하도록 할 것
⑩ 접이식 사다리 기둥은 사용 시 접혀지거나 펼쳐지지 않도록 철물 등을 사용하여 견고하게 조치할 것

## 4. 가설계단의 설치기준

| | |
|---|---|
| 계단의 강도 | ① 계단 및 계단참을 설치하는 경우 매제곱미터당 500킬로그램 이상의 하중에 견딜 수 있는 강도를 가진 구조로 설치할 것<br>② 안전율(안전의 정도를 표시하는 것으로서 재료의 파괴응력도와 허용응력도의 비율)은 4 이상으로 하여야 한다.<br>③ 사업주는 계단 및 승강구 바닥을 구멍이 있는 재료로 만드는 경우 렌치나 그 밖의 공구 등이 낙하할 위험이 없는 구조로 하여야 한다. |
| 계단의 폭 | ① 계단을 설치하는 경우 그 폭을 1미터 이상으로 하여야 한다.(다만, 급유용·보수용·비상용 계단 및 나선형 계단이거나 높이 1미터 미만의 이동식 계단인 경우에는 제외)<br>② 계단에 손잡이 외의 다른 물건 등을 설치하거나 쌓아 두어서는 아니 된다. |
| 계단참의 설치 | 높이가 3미터를 초과하는 계단에 높이 3미터 이내마다 진행방향으로 길이 1.2미터 이상의 계단참을 설치해야 한다. |
| 천장의 높이 | 계단을 설치하는 경우 바닥면으로부터 높이 2미터 이내의 공간에 장애물이 없도록 하여야 한다.(다만, 급유용·보수용·비상용 계단 및 나선형 계단인 경우에는 제외) |
| 계단의 난간 | 높이 1미터 이상인 계단의 개방된 측면에 안전난간을 설치할 것 |

## 36 KEYWORD 비계(달비계, 달대비계 및 말비계는 제외)의 높이가 2미터 이상인 작업장소의 작업발판 설치기준

① 발판재료는 작업할 때의 하중을 견딜 수 있도록 견고한 것으로 할 것
② 작업발판의 폭은 40센티미터 이상으로 하고, 발판재료 간의 틈은 3센티미터 이하로 할 것
③ 제②호에도 불구하고 선박 및 보트 건조작업의 경우 선박블록 또는 엔진실 등의 좁은 작업공간에 작업발판을 설치하기 위하여 필요하면 작업발판의 폭을 30센티미터 이상으로 할 수 있고, 걸침비계의 경우 강관기둥 때문에 발판재료 간의 틈을 3센티미터 이하로 유지하기 곤란하면 5센티미터 이하로 할 수 있다. 이 경우 그 틈 사이로 물체 등이 떨어질 우려가 있는 곳에는 출입금지 등의 조치를 하여야 한다.
④ 추락의 위험이 있는 장소에는 안전난간을 설치할 것(다만, 작업의 성질상 안전난간을 설치하는 것이 곤란한 경우, 작업의 필요상 임시로 안전난간을 해체할 때에 추락방호망을 설치하거나 근로자로 하여금 안전대를 사용하도록 하는 등 추락위험 방지 조치를 한 경우에는 그러하지 아니하다.)
⑤ 작업발판의 지지물은 하중에 의하여 파괴될 우려가 없는 것을 사용할 것
⑥ 작업발판재료는 뒤집히거나 떨어지지 않도록 둘 이상의 지지물에 연결하거나 고정시킬 것
⑦ 작업발판을 작업에 따라 이동시킬 경우에는 위험 방지에 필요한 조치를 할 것


## 37 KEYWORD 거푸집 및 동바리

### 1. 거푸집 조립 시의 안전조치

① 거푸집을 조립하는 경우에는 거푸집이 콘크리트 하중이나 그 밖의 외력에 견딜 수 있거나, 넘어지지 않도록 견고한 구조의 긴결재(콘크리트를 타설할 때 거푸집이 변형되지 않게 연결하여 고정하는 재료), 버팀대 또는 지지대를 설치하는 등 필요한 조치를 할 것
② 거푸집이 곡면인 경우에는 버팀대의 부착 등 그 거푸집의 부상(浮上)을 방지하기 위한 조치를 할 것

### 2. 작업발판 일체형 거푸집의 안전조치

① 작업발판 일체형 거푸집이란 거푸집의 설치・해체, 철근 조립, 콘크리트 타설, 콘크리트 면처리 작업 등을 위하여 거푸집을 작업발판과 일체로 제작하여 사용하는 거푸집으로서 다음 각 호의 거푸집을 말한다.
  ㉠ 갱 폼(Gang Form)
  ㉡ 슬립 폼(Slip Form)

ⓒ 클라이밍 폼(Climbing Form)
　　ⓓ 터널 라이닝 폼(Tunnel Lining Form)
　　ⓔ 그 밖에 거푸집과 작업발판이 일체로 제작된 거푸집 등
② 갱 폼의 조립·이동·양중·해체 작업(조립 등)을 하는 경우에는 다음 각 호의 사항을 준수해야 한다.
　ⓐ 조립 등의 범위 및 작업절차를 미리 그 작업에 종사하는 근로자에게 주지시킬 것
　ⓑ 근로자가 안전하게 구조물 내부에서 갱 폼의 작업발판으로 출입할 수 있는 이동통로를 설치할 것
　ⓒ 갱 폼의 지지 또는 고정철물의 이상 유무를 수시점검하고 이상이 발견된 경우에는 교체하도록 할 것
　ⓓ 갱 폼을 조립하거나 해체하는 경우에는 갱 폼을 인양장비에 매단 후에 작업을 실시하도록 하고, 인양장비에 매달기 전에 지지 또는 고정철물을 미리 해체하지 않도록 할 것
　ⓔ 갱 폼 인양 시 작업발판용 케이지에 근로자가 탑승한 상태에서 갱 폼의 인양작업을 하지 않을 것
③ 슬립 폼(Slip Form), 클라이밍 폼(Climbing Form), 터널 라이닝 폼(Tunnel Lining Form), 그 밖에 거푸집과 작업발판이 일체로 제작된 거푸집의 조립 등의 작업을 하는 경우에는 다음 각 호의 사항을 준수하여야 한다.
　ⓐ 조립 등 작업 시 거푸집 부재의 변형 여부와 연결 및 지지재의 이상 유무를 확인할 것
　ⓑ 조립 등 작업과 관련한 이동·양중·운반 장비의 고장·오조작 등으로 인해 근로자에게 위험을 미칠 우려가 있는 장소에는 근로자의 출입을 금지하는 등 위험 방지 조치를 할 것
　ⓒ 거푸집이 콘크리트면에 지지될 때에 콘크리트의 굳기정도와 거푸집의 무게, 풍압 등의 영향으로 거푸집의 갑작스런 이탈 또는 낙하로 인해 근로자가 위험해질 우려가 있는 경우에는 설계도서에서 정한 콘크리트의 양생기간을 준수하거나 콘크리트면에 견고하게 지지하는 등 필요한 조치를 할 것
　ⓓ 연결 또는 지지 형식으로 조립된 부재의 조립 등 작업을 하는 경우에는 거푸집을 인양장비에 매단 후에 작업을 하도록 하는 등 낙하·붕괴·전도의 위험 방지를 위하여 필요한 조치를 할 것

## 3. 동바리 조립 시의 안전조치

동바리를 조립하는 경우에는 하중의 지지상태를 유지할 수 있도록 다음 각 호의 사항을 준수해야 한다.
① 받침목이나 깔판의 사용, 콘크리트 타설, 말뚝박기 등 동바리의 침하를 방지하기 위한 조치를 할 것
② 동바리의 상하 고정 및 미끄러짐 방지 조치를 할 것
③ 상부·하부의 동바리가 동일 수직선상에 위치하도록 하여 깔판·받침목에 고정시킬 것
④ 개구부 상부에 동바리를 설치하는 경우에는 상부하중을 견딜 수 있는 견고한 받침대를 설치할 것

⑤ U헤드 등의 단판이 없는 동바리의 상단에 멍에 등을 올릴 경우에는 해당 상단에 U헤드 등의 단판을 설치하고, 멍에 등이 전도되거나 이탈되지 않도록 고정시킬 것
⑥ 동바리의 이음은 같은 품질의 재료를 사용할 것
⑦ 강재의 접속부 및 교차부는 볼트·클램프 등 전용철물을 사용하여 단단히 연결할 것
⑧ 거푸집의 형상에 따른 부득이한 경우를 제외하고는 깔판이나 받침목은 2단 이상 끼우지 않도록 할 것
⑨ 깔판이나 받침목을 이어서 사용하는 경우에는 그 깔판·받침목을 단단히 연결할 것

### 4. 동바리 유형에 따른 동바리 조립 시의 안전조치

#### 1) 동바리로 사용하는 파이프 서포트의 경우
① 파이프 서포트를 3개 이상 이어서 사용하지 않도록 할 것
② 파이프 서포트를 이어서 사용하는 경우에는 4개 이상의 볼트 또는 전용철물을 사용하여 이을 것
③ 높이가 3.5미터를 초과하는 경우에는 높이 2미터 이내마다 수평연결재를 2개 방향으로 만들고 수평연결재의 변위를 방지할 것

#### 2) 동바리로 사용하는 강관틀의 경우
① 강관틀과 강관틀 사이에 교차가새를 설치할 것
② 최상단 및 5단 이내마다 동바리의 측면과 틀면의 방향 및 교차가새의 방향에서 5개 이내마다 수평연결재를 설치하고 수평연결재의 변위를 방지할 것
③ 최상단 및 5단 이내마다 동바리의 틀면의 방향에서 양단 및 5개틀 이내마다 교차가새의 방향으로 띠장틀을 설치할 것

#### 3) 동바리로 사용하는 조립강주의 경우
조립강주의 높이가 4미터를 초과하는 경우에는 높이 4미터 이내마다 수평연결재를 2개 방향으로 설치하고 수평연결재의 변위를 방지할 것

#### 4) 시스템 동바리(규격화·부품화된 수직재, 수평재 및 가새재 등의 부재를 현장에서 조립하여 거푸집을 지지하는 지주 형식의 동바리)의 경우
① 수평재는 수직재와 직각으로 설치해야 하며, 흔들리지 않도록 견고하게 설치할 것
② 연결철물을 사용하여 수직재를 견고하게 연결하고, 연결부위가 탈락 또는 꺾어지지 않도록 할 것
③ 수직 및 수평하중에 대해 동바리의 구조적 안정성이 확보되도록 조립도에 따라 수직재 및 수평재에는 가새재를 견고하게 설치할 것
④ 동바리 최상단과 최하단의 수직재와 받침철물은 서로 밀착되도록 설치하고 수직재와 받침철물의 연결부의 겹침길이는 받침철물 전체길이의 3분의 1 이상 되도록 할 것

5) 보 형식의 동바리[강제 갑판(Steel Deck), 철재트러스 조립 보 등 수평으로 설치하여 거푸집을 지지하는 동바리]의 경우

① 접합부는 충분한 걸침 길이를 확보하고 못, 용접 등으로 양끝을 지지물에 고정시켜 미끄러짐 및 탈락을 방지할 것
② 양끝에 설치된 보 거푸집을 지지하는 동바리 사이에는 수평연결재를 설치하거나 동바리를 추가로 설치하는 등 보 거푸집이 옆으로 넘어지지 않도록 견고하게 할 것
③ 설계도면, 시방서 등 설계도서를 준수하여 설치할 것

## 5. 조립·해체 등 작업 시의 준수사항

1) 기둥·보·벽체·슬래브 등의 거푸집 및 동바리를 조립하거나 해체하는 작업을 하는 경우 준수사항

① 해당 작업을 하는 구역에는 관계 근로자가 아닌 사람의 출입을 금지할 것
② 비, 눈, 그 밖의 기상상태의 불안정으로 날씨가 몹시 나쁜 경우에는 그 작업을 중지할 것
③ 재료, 기구 또는 공구 등을 올리거나 내리는 경우에는 근로자로 하여금 달줄·달포대 등을 사용하도록 할 것
④ 낙하·충격에 의한 돌발적 재해를 방지하기 위하여 버팀목을 설치하고 거푸집 및 동바리를 인양장비에 매단 후에 작업을 하도록 하는 등 필요한 조치를 할 것

2) 철근조립 등의 작업을 하는 경우 준수사항

① 양중기로 철근을 운반할 경우에는 두 군데 이상 묶어서 수평으로 운반할 것
② 작업위치의 높이가 2미터 이상일 경우에는 작업발판을 설치하거나 안전대를 착용하게 하는 등 위험 방지를 위하여 필요한 조치를 할 것

# 38 철근의 인력운반

① 1인당 무게는 25킬로그램 정도가 적절하며, 무리한 운반을 삼가하여야 한다.
② 2인 이상이 1조가 되어 어깨메기로 하여 운반하는 등 안전을 도모하여야 한다.
③ 긴 철근을 부득이 한 사람이 운반할 때에는 한쪽을 어깨에 메고 한쪽 끝을 끌면서 운반하여야 한다.
④ 운반할 때에는 양끝을 묶어 운반하여야 한다.
⑤ 내려놓을 때는 천천히 내려놓고 던지지 않아야 한다.
⑥ 공동 작업을 할 때에는 신호에 따라 작업을 하여야 한다.

## 39 거푸집 및 동바리 시공 시 고려하중

| 종류 | 내용 |
|---|---|
| 연직방향 하중 | 거푸집, 지보공(동바리), 콘크리트, 철근, 작업원, 타설용 기계기구, 가설설비 등의 중량 및 충격하중 |
| 횡방향 하중 | 작업할 때의 진동, 충격, 시공오차 등에 기인되는 횡방향 하중 이외에 필요에 따라 풍압, 유수압, 지진 등 |
| 콘크리트의 측압 | 굳지 않은 콘크리트의 측압 |
| 특수하중 | 시공 중에 예상되는 특수한 하중 |

## 40 콘크리트 타설작업 시 준수사항

① 당일의 작업을 시작하기 전에 해당 작업에 관한 거푸집 및 동바리의 변형·변위 및 지반의 침하 유무 등을 점검하고 이상이 있으면 보수할 것
② 작업 중에는 감시자를 배치하는 등의 방법으로 거푸집 및 동바리의 변형·변위 및 침하 유무 등을 확인해야 하며, 이상이 있으면 작업을 중지하고 근로자를 대피시킬 것
③ 콘크리트 타설작업 시 거푸집 붕괴의 위험이 발생할 우려가 있으면 충분한 보강조치를 할 것
④ 설계도서상의 콘크리트 양생기간을 준수하여 거푸집 및 동바리를 해체할 것
⑤ 콘크리트를 타설하는 경우에는 편심이 발생하지 않도록 골고루 분산하여 타설할 것

## 41 거푸집 측압 증가에 영향을 미치는 인자(측압의 영향요소)

① 거푸집 수평단면이 클수록 크다.
② 콘크리트 슬럼프치가 클수록 커진다.
③ 거푸집 표면이 평활(평탄)할수록 커진다.
④ 철골, 철근량이 적을수록 커진다.
⑤ 콘크리트 시공연도가 좋을수록 커진다.
⑥ 외기의 온도, 습도가 낮을수록 커진다.
⑦ 타설속도가 빠를수록 커진다.
⑧ 다짐이 충분할수록 커진다.
⑨ 타설 시 상부에서 직접 낙하할 경우 커진다.
⑩ 거푸집의 강성이 클수록 크다.
⑪ 콘크리트의 비중(단위중량)이 클수록 크다.
⑫ 벽 두께가 두꺼울수록 커진다.

## 42 철골 공사 안전

### 1. 외압(강풍에 의한 풍압 등)에 대한 내력 설계 확인 구조물

구조안전의 위험이 큰 다음 각 항목의 철골구조물은 건립 중 강풍에 의한 풍압 등 외압에 대한 내력이 설계에 고려되었는지 확인하여야 한다.
① 높이 20미터 이상의 구조물
② 구조물의 폭과 높이의 비가 1 : 4 이상인 구조물
③ 단면구조에 현저한 차이가 있는 구조물
④ 연면적당 철골량이 50kg/m² 이하인 구조물
⑤ 기둥이 타이플레이트(Tie Plate)형인 구조물
⑥ 이음부가 현장용접인 구조물

### 2. 작업의 제한(철골작업 중지)

① 풍속이 초당 10미터 이상인 경우
② 강우량이 시간당 1밀리미터 이상인 경우
③ 강설량이 시간당 1센티미터 이상인 경우


## 43 차량계하역 운반기계의 안전기준

### 1. 화물 적재 시의 조치

차량계 하역운반기계 등에 화물을 적재하는 경우에 다음의 사항을 준수하여야 한다.
① 하중이 한쪽으로 치우치지 않도록 적재할 것
② 구내운반차 또는 화물자동차의 경우 화물의 붕괴 또는 낙하에 의한 위험을 방지하기 위하여 화물에 로프를 거는 등 필요한 조치를 할 것
③ 운전자의 시야를 가리지 않도록 화물을 적재할 것
④ 화물을 적재하는 경우에는 최대적재량을 초과하지 않을 것

### 2. 싣거나 내리는 작업

단위화물의 무게가 100kg 이상인 경우 작업 지휘자 준수사항
① 작업순서 및 그 순서마다의 작업방법을 정하고 작업을 지휘할 것

② 기구와 공구를 점검하고 불량품을 제거할 것
③ 해당 작업을 하는 장소에 관계 근로자가 아닌 사람이 출입하는 것을 금지할 것
④ 로프 풀기 작업 또는 덮개 벗기기 작업은 적재함의 화물이 떨어질 위험이 없음을 확인한 후에 하도록 할 것

## 3. 운전위치 이탈 시의 조치

차량계 하역운반기계 등, 차량계 건설기계의 운전자가 운전위치를 이탈하는 경우 해당 운전자 준수사항
① 포크, 버킷, 디퍼 등의 장치를 가장 낮은 위치 또는 지면에 내려 둘 것
② 원동기를 정지시키고 브레이크를 확실히 거는 등 차량계 하역운반기계 등, 차량계 건설기계의 갑작스러운 이동을 방지하기 위한 조치를 할 것
③ 운전석을 이탈하는 경우에는 시동키를 운전대에서 분리시킬 것. 다만, 운전석에 잠금장치를 하는 등 운전자가 아닌 사람이 운전하지 못하도록 조치한 경우에는 그러하지 아니하다.

## 44 KEYWORD 취급운반의 원칙

| 구분 | 원칙 및 조건 | |
|---|---|---|
| 운반의 5원칙 | ① 이동되는 운반은 직선으로 할 것<br>② 연속으로 운반을 행할 것<br>③ 효율(생산성)을 최고로 높일 것 | ④ 자재 운반을 집중화할 것<br>⑤ 가능한 한 수작업을 없앨 것 |
| 운반의 3조건 | ① 운반(취급)거리는 극소화시킬 것<br>② 손이 가지 않는 작업 방법일 것 | ③ 운반(이동)은 기계화 작업일 것 |

## 45 KEYWORD 하역작업의 안전수칙

### 1. 부두 · 안벽 등 하역작업장 조치사항

① 작업장 및 통로의 위험한 부분에는 안전하게 작업할 수 있는 조명을 유지할 것
② 부두 또는 안벽의 선을 따라 통로를 설치하는 경우에는 폭을 90센티미터 이상으로 할 것
③ 육상에서의 통로 및 작업장소로서 다리 또는 선거 갑문을 넘는 보도 등의 위험한 부분에는 안전난간 또는 울타리 등을 설치할 것

## 2. 항만하역작업 시 안전수칙

### 1) 통행설비의 설치

갑판의 윗면에서 선창 밑바닥까지의 깊이가 1.5미터를 초과하는 선창의 내부에서 화물취급작업을 하는 경우에 그 작업에 종사하는 근로자가 안전하게 통행할 수 있는 설비를 설치하여야 한다. (다만, 안전하게 통행할 수 있는 설비가 선박에 설치되어 있는 경우에는 그러하지 아니하다.)

### 2) 선박승강설비의 설치

① 300톤급 이상의 선박에서 하역작업을 하는 경우에 근로자들이 안전하게 오르내릴 수 있는 현문 사다리를 설치하여야 하며, 이 사다리 밑에 안전망을 설치하여야 한다.
② 현문 사다리는 견고한 재료로 제작된 것으로 너비는 55센티미터 이상이어야 하고, 양측에 82센티미터 이상의 높이로 울타리를 설치하여야 하며, 바닥은 미끄러지지 않도록 적합한 재질로 처리되어야 한다.
③ 현문 사다리는 근로자의 통행에만 사용하여야 하며, 화물용 발판 또는 화물용 보판으로 사용하도록 해서는 아니 된다.

## 46 KEYWORD 화물의 적재 시 준수사항

① 침하 우려가 없는 튼튼한 기반 위에 적재할 것
② 건물의 칸막이나 벽 등이 화물의 압력에 견딜 만큼의 강도를 지니지 아니한 경우에는 칸막이나 벽에 기대어 적재하지 않도록 할 것
③ 불안정할 정도로 높이 쌓아 올리지 말 것
④ 하중이 한쪽으로 치우치지 않도록 쌓을 것

## 47 고소작업 안전수칙

### 1. 고소작업대 설치기준

작업대를 와이어로프 또는 체인으로 올리거나 내릴 경우에는 와이어로프 또는 체인이 끊어져 작업대가 떨어지지 아니하는 구조여야 하며, 와이어로프 또는 체인의 안전율은 5 이상일 것

### 2. 고소작업대 설치 시 준수사항

① 바닥과 고소작업대는 가능하면 수평을 유지하도록 할 것
② 갑작스러운 이동을 방지하기 위하여 아웃트리거 또는 브레이크 등을 확실히 사용할 것

### 3. 고소작업대 이동 시 준수 사항

① 작업대를 가장 낮게 내릴 것
② 작업자를 태우고 이동하지 말 것. 다만, 이동 중 전도 등의 위험예방을 위하여 유도하는 사람을 배치하고 짧은 구간을 이동하는 경우에 작업대를 가장 낮게 내린 상태에서 작업자를 태우고 이동할 수 있다.
③ 이동통로의 요철상태 또는 장애물의 유무 등을 확인할 것

PART 02

과년도 기출문제

Engineer Industrial Safety

# PART 02
## 01 | 2016년 1회 기출문제

### 1과목 안전관리론

**01** 맥그리거(McGregor)의 Y이론과 관계가 없는 것은?

① 직무확장  ② 책임과 창조력
③ 인간관계 관리방식  ④ 권위주의적 리더십

**해설**

X, Y이론의 관리처방

| X이론의 관리처방 | Y이론의 관리처방 |
|---|---|
| • 권위주의적 리더십의 확립<br>• 경제적 보상체제의 강화<br>• 면밀한 감독과 엄격한 통제<br>• 상부 책임제도의 강화<br>• 설득, 보상, 벌, 통제에 의한 관리<br>• 조직구조의 고층성 | • 분권화와 권한의 위임<br>• 목표에 의한 관리<br>• 비공식적 조직의 활용<br>• 민주적 리더십의 확립<br>• 직무확장<br>• 자체 평가제도의 활성화<br>• 조직 목표 달성을 위한 자율적인 통제<br>• 조직구조의 평면화 |

**02** 산업안전보건법령상 근로자 안전보건교육 중 채용 시의 교육 내용에 해당되지 않는 것은?(단, 산업안전보건법령 및 산업재해보상보험 제도에 관한 사항은 제외한다.)

① 사고 발생 시 긴급조치에 관한 사항
② 산업보건 및 건강장해 예방에 관한 사항
③ 기계·기구의 위험성과 작업의 순서 및 동선에 관한 사항
④ 작업공정의 유해·위험과 재해 예방대책에 관한 사항

**해설**

근로자 채용 시 교육 및 작업내용 변경 시 교육
1. 산업안전 및 산업재해 예방에 관한 사항(화재·폭발 사고 발생 시 대피에 관한 사항을 포함)
2. 산업보건 및 건강장해 예방에 관한 사항
3. 위험성 평가에 관한 사항
4. 산업안전보건법령 및 산업재해보상보험 제도에 관한 사항
5. 직무스트레스 예방 및 관리에 관한 사항
6. 직장 내 괴롭힘, 고객의 폭언 등으로 인한 건강장해 예방 및 관리에 관한 사항
7. 기계·기구의 위험성과 작업의 순서 및 동선에 관한 사항
8. 작업 개시 전 점검에 관한 사항
9. 정리정돈 및 청소에 관한 사항
10. 사고 발생 시 긴급조치에 관한 사항
11. 물질안전보건자료에 관한 사항

**03** 무재해운동 추진의 3요소에 관한 설명이 아닌 것은?

① 모든 재해는 잠재요인을 사전에 발견·파악·해결함으로써 근원적으로 산업재해를 없애야 한다.
② 안전보건은 최고경영자의 무재해 및 무질병에 대한 확고한 경영자세로 시작된다.
③ 안전보건을 추진하는 데에는 관리감독자들의 생산활동 속에 안전보건을 실천하는 것이 중요하다.
④ 안전보건은 각자 자신의 문제이며, 동시에 동료의 문제로서 직장의 팀 멤버와 협동 노력하여 자주적으로 추진하는 것이 필요하다.

**해설**

무재해운동 추진의 3기둥(요소)

| 최고경영자의 경영자세 | 안전보건은 최고경영자의 무재해, 무질병에 대한 확고한 경영자세로부터 시작된다. |
|---|---|
| 관리감독자에 의한 안전보건의 추진 (라인화의 철저) | 관리감독자(라인)들이 생산활동 속에서 안전보건을 함께 실천하는 것이 성공의 지름길이며 기본이다. |
| 직장 소집단의 자주 활동의 활성화 | 일하는 한 사람 한 사람이 안전보건을 자신의 문제이며, 동시에 같은 동료의 문제로서 진지하게 받아들여 직장의 팀 구성원과의 협동노력으로 자주적인 안전활동을 추진해 가는 것이 필요하다. |

**TIP** ①은 무재해운동의 3원칙 중 무(無)의 원칙에 해당된다.

정답 01 ④ 02 ④ 03 ①

## 04 헤드십(headship)의 특성에 관한 설명으로 틀린 것은?

① 상사와 부하의 사회적 간격은 넓다.
② 지휘형태는 권위주의적이다.
③ 상사와 부하의 관계는 지배적이다.
④ 상사의 권한 근거는 비공식적이다.

**해설**

헤드십과 리더십의 구분

| 구분 | 헤드십 | 리더십 |
|---|---|---|
| 권한행사 및 부여 | 위에서 위임하여 임명된 헤드 | 밑에서부터의 동의에 의해 선출된 리더 |
| 권한 근거 | 법적 또는 공식적 | 개인능력 |
| 상관과 부하와의 관계 | 지배적 | 개인적인 경향 |
| 책임귀속 | 상사 | 상사와 부하 |
| 부하와의 사회적 간격 | 넓다 | 좁다 |
| 지위형태 | 권위주의적 | 민주주의적 |
| 권한귀속 | 공식화된 규정에 의함 | 집단목표에 기여한 공로 인정 |

## 05 교육의 형태에 있어 존 듀이(Dewey)가 주장하는 대표적인 형식적 교육에 해당하는 것은?

① 가정안전교육
② 사회안전교육
③ 학교안전교육
④ 부모안전교육

**해설**

교육의 구분(J. Dewey)
1. 형식적 교육 : 계획적이고 의도적인 계획하에서 교육기관에 의해 이루어지는 교육으로 학교안전교육, 강습소, 양성소 등이 해당된다.
2. 비형식적 교육 : 교육기관에 의하지 않고 자연·사회·인간관계 등에 의해서 자연 발생적으로 이루어지는 교육으로 가정안전교육, 사회안전교육, 자연교육 등이 해당된다.

## 06 집단의 기능에 관한 설명으로 틀린 것은?

① 집단의 규범은 변화하기 어려운 것으로 불변적이다.
② 집단 내에 머물도록 하는 내부의 힘을 응집력이라 한다.
③ 규범은 집단을 유지하고 집단의 목표를 달성하기 위해 만들어진 것이다.
④ 집단이 하나의 집단으로서의 역할을 수행하기 위해서는 집단 목표가 있어야 한다.

**해설**

집단규범(집단목표)
집단을 유지하고 집단의 목표를 달성하기 위한 것으로, 집단에 의해 지지되면 통제가 행해지며, 집단 구성원들에 의해 변경이 가능하다.

## 07 스탭형 안전조직에 있어서 스탭의 주된 역할이 아닌 것은?

① 실시계획의 추진
② 안전관리계획안의 작성
③ 정보수집과 주지, 활용
④ 기업의 제도적 기본방침 시달

**해설**

스태프형(staff형) – 참모형 조직
1. 의의
   ㉠ 회사 내에 별도로 안전활동 전담부서를 두는 방식의 조직 형태
   ㉡ 100명 이상 1,000명 미만의 중규모 사업장에 적합한 조직형태
   ㉢ 안전관리에 관한 계획과 조정, 조사, 검토, 보고 등의 일과 현장에 대한 기술지원을 담당하도록 편성된 조직
2. 장점
   ㉠ 경영자의 조언과 자문역할을 한다.
   ㉡ 안전에 관한 지식, 기술의 정보 수집이 용이하고 빠르다.
3. 단점
   ㉠ 생산부분은 안전에 대한 책임과 권한이 없다.
   ㉡ 안전과 생산을 별개로 취급하기 쉽다.

## 08 재해통계를 포함하여 산업재해조사 보고서를 작성하는 과정 중 유의해야 할 사항으로 가장 적절하지 않은 것은?

① 설비상의 결함 요인을 개선, 시정하는 데 활용한다.
② 관리상 책임 소재를 명시하여 담당자의 평가 자료로 활용한다.
③ 재해의 구성요소와 분포상태를 알고 대책을 수립할 수 있도록 한다.
④ 근로자 행동결함을 발견하여 안전교육 훈련 자료로 활용한다.

**해설**

관리자의 책임을 추궁하는 것이 목적이 아니고 재해 원인에 대한 사실을 정확히 찾아내는 데 있다.

**정답** 04 ④ 05 ③ 06 ① 07 ④ 08 ②

**09** 인간관계 관리기법에 있어 구성원 상호 간의 선호도를 기초로 집단 내부의 동태적 상호 관계를 분석하는 방법으로 가장 적절한 것은?

① 소시오매트리(sociometry)
② 그리드 훈련(grid training)
③ 집단역학(group dynamic)
④ 감수성 훈련(sensitivity training)

**해설**

소시오메트리
1. 사회 측정법으로 집단에 있어 각 구성원 사이의 견인과 배척관계를 조사하여 어떤 개인의 집단 내에서의 관계나 위치를 발견하고 평가하는 방법(집단의 인간관계를 조사하는 방법)
2. 구성원 상호 간의 선호도를 기초로 집단 내부의 동태적 상호관계를 분석하는 기법

**10** 산업안전보건법상 안전보건관리책임자의 업무에 해당되지 않는 것은?(단, 기타 근로자의 유해·위험 예방조치에 관한 사항으로서 고용노동부령으로 정하는 사항은 제외한다.)

① 근로자의 안전·보건교육에 관한 사항
② 사업장 순회점검·지도 및 조치에 관한 사항
③ 안전보건관리규정의 작성 및 변경에 관한 사항
④ 산업재해의 원인 조사 및 재발 방지대책 수립에 관한 사항

**해설**

안전보건관리책임자의 업무
1. 사업장의 산업재해 예방계획의 수립에 관한 사항
2. 안전보건관리규정의 작성 및 변경에 관한 사항
3. 안전·보건교육에 관한 사항
4. 작업환경측정 등 작업환경의 점검 및 개선에 관한 사항
5. 근로자의 건강진단 등 건강관리에 관한 사항
6. 산업재해의 원인 조사 및 재발 방지대책 수립에 관한 사항
7. 산업재해에 관한 통계의 기록 및 유지에 관한 사항
8. 안전장치 및 보호구 구입 시 적격품 여부 확인에 관한 사항
9. 그 밖에 근로자의 유해·위험 방지조치에 관한 사항으로서 고용노동부령으로 정하는 사항

**11** 산업안전보건법상 안전인증대상 기계·기구 등의 안전인증 표시에 해당하는 것은?

①    ②

③    ④

**해설**

안전인증의 표시

| 구분 | 표시 |
|---|---|
| 안전인증 및 자율안전확인의 표시 | |
| 안전인증대상 기계 등이 아닌 유해·위험기계 등의 안전인증의 표시 | |

**12** 바람직한 안전교육을 진행시키기 위한 4단계 가운데 피교육자로 하여금 작업습관의 확립과 토론을 통한 공감을 가지도록 하는 단계는?

① 도입        ② 제시
③ 적용        ④ 확인

**해설**

교육방법의 4단계

| 단계 | | 내용 |
|---|---|---|
| 제1단계 | 도입(준비) | • 학습할 준비를 시킨다.<br>• 작업에 대한 흥미를 갖게 한다.<br>• 학습자의 동기부여 및 마음의 안정 |
| 제2단계 | 제시(설명) | • 작업을 설명한다.<br>• 한번에 하나하나씩 나누어 확실하게 이해시켜야 한다.<br>• 강의순서대로 진행하고 설명, 교재를 통해 듣고 말하는 단계 |
| 제3단계 | 적용(응용) | • 작업을 시켜본다.<br>• 상호학습 및 토의 등으로 이해력을 향상시킨다.<br>• 자율학습을 통해 배운 것을 학습한다. |
| 제4단계 | 확인(평가) | • 가르친 뒤 살펴본다.<br>• 잘못된 것을 수정한다.<br>• 요점을 정리하여 복습한다. |

**정답** 09 ① 10 ② 11 ① 12 ③

**13** 제조물책임법에 명시된 결함의 종류에 해당되지 않는 것은?

① 제조상의 결함  ② 표시상의 결함
③ 사용상의 결함  ④ 설계상의 결함

**해설**
결함의 종류
1. 제조상의 결함
2. 설계상의 결함
3. 표시상의 결함

**14** 시몬즈(Simonds) 방식의 재해손실비 산정에 있어 비보험 코스트에 해당되지 않는 것은?

① 소송관계 비용
② 신규작업자에 대한 교육훈련비
③ 부상자의 직장 복귀 후 생산 감소로 인한 임금비용
④ 산업재해보상보험법에 의해 보상된 금액

**해설**
시몬즈(R.H. Simonds) 방식
총재해 코스트(cost) = 보험 코스트(cost) + 비보험 코스트(cost)
1. 보험 코스트(cost) : 산재보험료
2. 비보험 코스트(cost) = (A × 휴업상해건수) + (B × 통원상해건수) + (C × 응급조치건수) + (D × 무상해사고건수)

**15** 주로 관리감독자를 교육대상자로 하며 직무에 관한 지식, 작업을 가르치는 능력, 작업방법을 개선하는 기능 등을 교육 내용으로 하는 기업 내 정형교육은?

① TWI(Training Within Industry)
② MTP(Management Training Program)
③ ATT(American Telephone Telegram)
④ ATP(Administration Training Program)

**해설**
TWI(Training Within Industry)
1. Job Method Training(JMT) : 작업방법훈련, 작업개선훈련
2. Job Instruction Training(JIT) : 작업지도훈련
3. Job Relations Training(JRT) : 인간관계 훈련, 부하통솔법
4. Job Safety Training(JST) : 작업안전훈련

**16** 산업안전보건법령상 안전·보건표지의 종류 중 경고표지에 해당하지 않는 것은?

① 레이저광선 경고  ② 급성독성 물질 경고
③ 매달린 물체 경고  ④ 차량통행 경고

**해설**
경고표지
1. 인화성 물질 경고   7. 고압전기 경고
2. 산화성 물질 경고   8. 매달린물체 경고
3. 폭발성 물질 경고   9. 낙하물 경고
4. 급성독성 물질 경고  10. 고온경고
5. 부식성 물질 경고   11. 저온경고
6. 방사성 물질 경고   12. 몸균형상실 경고
13. 레이저광선 경고
14. 발암성·변이원성·생식독성·전신독성·호흡기·호흡기과민성 물질 경고
15. 위험장소 경고

**17** 500명의 근로자가 근무하는 사업장에서 연간 30건이 재해가 발생하여 35명의 재해자로 인해 250일의 근로손실이 발생한 경우 이 사업장의 재해 통계에 관한 설명으로 틀린 것은?

① 이 사업장의 도수율은 약 25이다.
② 이 사업장의 강도율은 약 0.21이다.
③ 이 사업장의 연천인율은 7이다.
④ 근로시간이 명시되지 않을 경우에는 연간 1인당 2400시간을 적용한다.

**해설**
재해관련 통계
1. 도수율 = $\dfrac{\text{재해발생건수}}{\text{연간 총 근로시간수}} \times 1,000,000$
   = $\dfrac{30}{500 \times 8 \times 300} \times 1,000,000 = 25$

2. 강도율 = $\dfrac{\text{근로손실일수}}{\text{연간 총 근로시간수}} \times 1,000$
   = $\dfrac{250}{500 \times 8 \times 300} \times 1,000 = 0.21$

3. 연천인율 = $\dfrac{\text{연간재해자수}}{\text{연평균근로자수}} \times 1,000 = \dfrac{35}{500} \times 1,000 = 70$

4. 연간 총 근로시간의 산출이 곤란할 때는 1일 8시간, 1개월 25일, 1년 300일을 기준으로 2,400시간을 적용한다.

정답  13 ③  14 ④  15 ①  16 ④  17 ③

**18** 참가자가 다수인 경우에 전원을 토의에 참가시키기 위한 방법으로 소집단을 구성하여 회의를 진행시키며 6-6 회의라고도 하는 것은?

① 포럼(Forum)
② 심포지엄(Symposium)
③ 버즈 세션(Buzz session)
④ 패널 디스커션(Panel discussion)

**해설**
버즈 세션(Buzz Session)
6-6 회의라고도 하며, 참가자가 다수인 경우에 전원을 토의에 참가시키기 위한 방법으로 소집단을 구성하여 회의를 진행시키는 방법

**19** 방진마스크의 선정기준으로 적합하지 않은 것은?

① 배기저항이 낮을 것
② 흡기저항이 낮을 것
③ 사용적이 클 것
④ 시야가 넓을 것

**해설**
방진마스크의 구비조건
1. 여과 효율(분집, 포집 효율)이 좋을 것
2. 흡·배기저항이 낮을 것
3. 사용적이 적을 것
4. 중량이 가벼울 것
5. 안면 밀착성이 좋을 것
6. 시야가 넓을 것
7. 피부 접촉부위의 고무질이 좋을 것

**20** 무재해운동 추진기법에 있어 위험예지훈련 4라운드에서 제3단계 진행방법에 해당하는 것은?

① 본질추구
② 현상파악
③ 목표설정
④ 대책수립

**해설**
위험예지훈련의 4라운드
1. 1라운드(1R) : 현상파악(사실을 파악한다)
2. 2라운드(2R) : 본질추구(요인을 찾아낸다)
3. 3라운드(3R) : 대책수립(대책을 선정한다)
4. 4라운드(4R) : 목표설정(행동계획을 정한다)

## 2과목 인간공학 및 시스템 안전공학

**21** 다음 중 인간 신뢰도(Human Reliability)의 평가 방법으로 가장 적합하지 않은 것은?

① HCR
② THERP
③ SLIM
④ FMECA

**해설**
이상 위험도 분석(FMECA)
공정 및 설비의 고장 형태 및 영향, 고장 형태별 위험도 순위 등을 결정하는 방법을 말한다.

**22** 안전·보건표지에서 경고표지는 삼각형, 안내표지는 사각형, 지시표지는 원형 등으로 부호가 고안되어 있다. 이처럼 부호가 이미 고안되어 이를 사용자가 배워야 하는 부호를 무엇이라 하는가?

① 묘사적 부호
② 추상적 부호
③ 임의적 부호
④ 사실적 부호

**해설**
부호의 유형

| | |
|---|---|
| 묘사적 부호 | 사물이나 행동을 단순하고 정확하게 나타낸 부호<br>예 위험 표시판의 해골과 뼈, 보도 표지판의 걷는 사람, 소방안전표지판의 소화기 등 |
| 추상적 부호 | 전언의 기본요소를 도식적으로 압축한 부호(원개념과는 약간의 유사성만 존재) |
| 임의적 부호 | 부호가 이미 고안되어 이를 사용자가 배워야 하는 부호<br>예 경고표지는 삼각형, 안내표지는 사각형, 지시표지는 원형 등 |

**23** 다음 중 산업안전보건법 시행규칙상 유해·위험방지 계획서의 제출 기관으로 옳은 것은?

① 대한산업안전협회
② 안전관리대행기관
③ 한국건설기술인협회
④ 한국산업안전보건공단

**해설**
유해·위험방지계획서 제출시기
1. 제조업 등 유해·위험방지계획서 - 해당 작업 시작 15일 전까지 공단에 2부 제출
2. 건설공사 유해·위험방지계획서 - 해당 공사의 착공 전날까지 공단에 2부 제출

**정답** 18 ③ 19 ③ 20 ④ 21 ④ 22 ③ 23 ④

**24** 인간-기계 시스템에서 시스템의 설계를 다음과 같이 구분할 때 제3단계인 기본설계에 해당되지 않는 것은?

> 1단계 : 시스템의 목표와 성능 명세 결정
> 2단계 : 시스템의 정의
> 3단계 : 기본설계
> 4단계 : 인터페이스 설계
> 5단계 : 보조물 설계
> 6단계 : 시험 및 평가

① 화면 설계
② 작업 설계
③ 직무 분석
④ 기능 할당

**해설**
기본설계(제3단계)
주요 인간공학 활동은
1. 인간, 하드웨어, 소프트웨어에 기능 할당
2. 인간 성능 요건 명세
3. 직무 분석
4. 작업 설계가 있다.

**25** 다음 중 화학설비에 대한 안전성 평가에 있어 정량적 평가 항목에 해당되지 않는 것은?

① 공정
② 취급물질
③ 압력
④ 화학설비 용량

**해설**
안전성 평가(제3단계 : 정량적 평가)
1. 취급물질         4. 압력
2. 화학설비의 용량   5. 조작
3. 온도

**26** 자동차 엔진의 수명은 지수분포를 따르는 경우 신뢰도를 95%를 유지시키면서 8000시간을 사용하기 위한 적합한 고장률은 약 얼마인가?

① $3.4 \times 10^{-6}$/시간
② $6.4 \times 10^{-6}$/시간
③ $8.2 \times 10^{-6}$/시간
④ $9.5 \times 10^{-6}$/시간

**해설**
고장률이 사용시간에 관계없이 일정한 경우(시간당 고장률이 일정)

$$\text{신뢰도 함수} : R(t) = \exp[-\lambda t] = e^{-\lambda t}$$

1. $R(t) = e^{-\lambda t} \rightarrow 0.95 = e^{-\lambda \times 8,000}$
2. $0.95 = e^{-\lambda \times 8,000} \rightarrow \dfrac{\log 0.95}{\log e} = -(\lambda \times 8,000)$
3. $\lambda = 6.4 \times 10^{-6}$

**27** 다음 중 인간공학을 기업에 적용할 때의 기대효과로 볼 수 없는 것은?

① 노사 간의 신뢰 저하
② 제품과 작업의 질 향상
③ 작업자의 건강 및 안전 향상
④ 이직률 및 작업손실시간의 감소

**해설**
사업장에서 인간공학의 효과
1. 생산성의 향상
2. 작업자의 건강 및 안전 향상
3. 직무 만족도의 향상
4. 이직률 및 작업손실시간의 감소
5. 노사 간의 신뢰 구축

**28** 매직넘버라고도 하며, 인간이 절대식별 시 작업 기억 중에 유지할 수 있는 항목의 최대수를 나타낸 것은?

① $3 \pm 1$
② $7 \pm 2$
③ $10 \pm 1$
④ $20 \pm 2$

**해설**
매직넘버(신비의 수)
Miller는 사람이 절대적 기준으로 확인할 수 있는 단일 차원확인의 전형적 범위로서 매직넘버 $7 \pm 2(5 \sim 9)$를 제시하였다.

**29** 다음 중 청각적 표시장치보다 시각적 표시장치를 이용하는 경우가 더 유리한 경우는?

① 메시지가 간단한 경우
② 메시지가 추후에 재참조되지 않는 경우
③ 직무상 수신자가 자주 움직이는 경우
④ 메시지가 즉각적인 행동을 요구하지 않는 경우

**해설**
청각장치와 시각장치의 비교

| 청각적 표시장치 | 시각적 표시장치 |
| --- | --- |
| • 전언이 간단하다.<br>• 전언이 짧다.<br>• 전언이 후에 재참조되지 않는다.<br>• 전언이 시간적 사상을 다룬다.<br>• 전언이 즉각적인 행동을 요구한다.(긴급할 때)<br>• 수신장소가 너무 밝거나 암 적응 유지가 필요시<br>• 직무상 수신자가 자주 움직일 때<br>• 수신자가 시각계통이 과부하 상태일 때 | • 전언이 복잡하다.<br>• 전언이 길다.<br>• 전언이 후에 재참조된다.<br>• 전언이 공간적인 위치를 다룬다.<br>• 전언이 즉각적인 행동을 요구하지 않는다.<br>• 수신장소가 너무 시끄러울 때<br>• 직무상 수신자가 한곳에 머물 때<br>• 수신자의 청각 계통이 과부하 상태일 때 |

**정답** 24 ① 25 ① 26 ② 27 ① 28 ② 29 ④

**30** 다음 중 FTA(Fault Tree Analysis)에 관한 설명으로 가장 적절한 것은?

① 복잡하고, 대형화된 시스템의 신뢰성 분석에는 적절하지 않다.
② 시스템 각 구성요소의 기능을 정상인가 또는 고장인가로 점진적으로 구분 짓는다.
③ "그것이 발생하기 위해서는 무엇이 필요한가?"라는 것은 연역적이다.
④ 사건들을 일련의 이분(binary) 의사 결정 분기들로 모형화한다.

**해설**
FTA의 특징 : FTA는 시스템 고장을 발생시키는 사상과 그의 원인과의 인과관계를 논리기호를 사용하여 나뭇가지 모양의 그림으로 나타낸 고장목을 만들고 이에 의거 시스템의 고장 확률을 구함으로써 문제가 되는 부분을 찾아내어 시스템의 신뢰성을 개선하는 연역적이고 정성적·정량적인 고장해석 및 신뢰성 평가방법이다.

**31** 다음 중 욕조곡선에서의 고장 형태에서 일정한 형태의 고장률이 나타나는 구간은?

① 초기고장구간　② 마모고장구간
③ 피로고장구간　④ 우발고장구간

**해설**
시스템 수명곡선(욕조곡선)
1. 초기고장 : 감소형 – DFR(Decreasing Failure Rate) : 고장률이 시간에 따라 감소
2. 우발고장 : 일정형 – CFR(Constant Failure Rate) : 고장률이 시간에 관계없이 거의 일정
3. 마모고장 : 증가형 – IFR(Increasing Failure Rate) : 고장률이 시간에 따라 증가

**32** 한 대의 기계를 10시간 가동하는 동안 4회의 고장이 발생하였고, 이때의 고장수리시간이 다음 표와 같을 때 MTTR(Mean Time To Repair)은 얼마인가?

| 가동시간(hour) | 수리시간(hour) |
| --- | --- |
| $T_1 = 2.7$ | $T_a = 0.1$ |
| $T_2 = 1.8$ | $T_b = 0.2$ |
| $T_3 = 1.5$ | $T_c = 0.3$ |
| $T_4 = 2.3$ | $T_d = 0.3$ |

① 0.225시간/회　② 0.325시간/회
③ 0.425시간/회　④ 0.525시간/회

**해설**
평균수리시간(MTTR)

$$MTTR = \frac{\sum_{i=1}^{n} t_i}{n}$$

여기서, $t_i$ : $i$번째 고장 발생 시의 수리시간
　　　$n$ : 관측된 고장횟수(수리횟수)

$$MTTR = \frac{\sum_{i=1}^{n} t_i}{n} = \frac{0.1 + 0.2 + 0.3 + 0.3}{4} = \frac{0.9}{4} = 0.225$$

**33** 다음 중 진동의 영향을 가장 많이 받는 인간의 성능은?

① 추적(tracking) 능력
② 감시(monitoring) 작업
③ 반응시간(reaction time)
④ 형태식별(pattern recognition)

**해설**
진동이 인간 성능에 끼치는 일반적인 영향
1. 진동은 진폭에 비례하여 시력을 손상시키며 10~25Hz의 경우 가장 심하다.
2. 진동은 진폭에 비례하여 추적능력을 손상시키며 5Hz 이하의 낮은 진동수에서 가장 심하다.
3. 안정되고 정확한 근육 조절을 요하는 작업은 진동에 의해서 저하된다.
4. 반응시간, 감시, 형태 식별 등 주로 중앙 신경 처리에 달린 임무는 진동의 영향을 덜 받는다.

**34** 다음 중 소음에 대한 대책으로 가장 적합하지 않은 것은?

① 소음원의 통제　② 소음의 격리
③ 소음의 분배　　④ 적절한 배치

**해설**
소음 방지대책
1. 소음원의 제거 : 가장 적극적인 대책
2. 소음원의 통제 : 기계의 적절한 설계, 정비 및 주유, 고무 받침대 부착, 소음기 사용(차량) 등
3. 소음의 격리 : 씌우개(enclosure), 장벽을 사용(창문을 닫으면 약 10dB이 감음됨)

정답　30 ③　31 ④　32 ①　33 ①　34 ③

4. 적절한 배치(lay out)
5. 음향 처리제 사용
6. 차폐장치(baffle) 및 흡음재 사용
7. 방음 보호 용구

**35** 어떤 결함수를 분석하여 minimal cut set을 구한 결과 다음과 같았다. 각 기본사상의 발생확률을 $q_i$, $i = 1, 2, 3$이라 할 때 정상사상의 발생확률함수로 옳은 것은?

$$k_1 = [1,2], \ k_2 = [1,3], \ k_3 = [2,3]$$

① $q_1q_2 + q_1q_2 - q_2q_3$
② $q_1q_2 + q_1q_3 - q_2q_3$
③ $q_1q_2 + q_1q_3 + q_2q_3 - q_1q_2q_3$
④ $q_1q_2 + q_1q_3 + q_2q_3 - 2q_1q_2q_3$

**36** 다음 중 Fitts의 법칙에 관한 설명으로 옳은 것은?

① 표적이 크고 이동거리가 길수록 이동시간이 증가한다.
② 표적이 작고 이동거리가 길수록 이동시간이 증가한다.
③ 표적이 크고 이동거리가 짧을수록 이동시간이 증가한다.
④ 표적이 작고 이동거리가 짧을수록 이동시간이 증가한다.

해설

피츠(Fitts)의 법칙
1. 인간의 손이나 발을 이동시켜 조작장치를 조작하는 데 걸리는 시간을 표적까지의 거리와 표적 크기의 함수로 나타내는 모형
2. 인간의 행동에 대해 속도와 정확성간의 관계를 설명하는 기본적인 법칙을 타나낸다.
3. 목표물의 크기가 작아질수록 속도와 정확도가 나빠지고 목표물과의 거리가 멀어질수록 필요한 시간이 더 길어진다.

**37** FMEA에서 고장의 발생확률 $\beta$가 다음 값의 범위일 경우 고장의 영향으로 옳은 것은?

$$[\ 0.10 \leq \beta < 1.00\ ]$$

① 손실의 영향이 없음
② 실제 손실이 예상됨
③ 실제 손실이 발생됨
④ 손실 발생의 가능성이 있음

해설

위험한 고장이 생길 확률($\beta$)이 있는 운용 또는 작업의 단계

| 영향 | 발생확률($\beta$의 값) |
|---|---|
| 실제의 손실 | $\beta = 1.00$ |
| 예상되는 손실 | $0.10 \leq \beta < 1.00$ |
| 가능한 손실 | $0 < \beta < 0.10$ |
| 영향 없음 | $\beta = 0$ |

**38** 인간의 생리적 부담 척도 중 국소적 근육 활동의 척도로 가장 적합한 것은?

① 혈압
② 맥박수
③ 근전도
④ 점멸융합 주파수

해설

근전도(EMG ; Electromyogram)
1. 국소적인 근육 활동의 척도에 근전도가 있으며, 이는 근육 활동 전위차를 기록한 것을 말한다.
2. 근전도 응용의 예로는 국소 근육 피로 예측과 골프 선수의 여러 근육 작동 개시 시간차 분석 등을 들 수 있다.

**39** 재해예방 측면에서 시스템의 FT에서 상부 측 정상사상의 가장 가까운 쪽에 OR 게이트를 인터록이나 안전장치 등을 활용하여 AND 게이트로 바꿔주면 이 시스템의 재해율에는 어떠한 현상이 나타나겠는가?

① 재해율에는 변화가 없다.
② 재해율의 급격한 증가가 발생한다.
③ 재해율의 급격한 감소가 발생한다.
④ 재해율의 점진적인 증가가 발생한다.

해설

AND 게이트는 모든 입력사상이 공존할 때만 출력사상이 발생하고, OR 게이트는 입력사상 중 어느 하나만이라도 발생하게 되면 출력사상이 발생하는 것으로 재해율의 급격한 감소가 발생한다.

정답 35 ④ 36 ② 37 ② 38 ③ 39 ③

**40** 다음 중 중(重)작업의 경우 작업대의 높이로 가장 적절한 것은?

① 허리 높이보다 0~10cm 정도 낮게
② 팔꿈치 높이보다 10~20cm 정도 높게
③ 팔꿈치 높이보다 15~20cm 정도 낮게
④ 어깨 높이보다 30~40cm 정도 높게

[해설]
입식 작업대의 높이
1. 경작업 : 팔꿈치 높이보다 5~10cm 정도 낮게
2. 중작업 : 팔꿈치 높이보다 10~30cm 정도 낮게
3. 정밀작업 : 팔꿈치 높이보다 10~20cm 정도 높게

## 3과목 기계위험 방지기술

**41** 밀링 작업의 안전수칙이 아닌 것은?

① 주축속도를 변속시킬 때는 반드시 주축이 정지한 후에 변환한다.
② 절삭 공구를 설치할 때에는 전원을 반드시 끄고 한다.
③ 정면밀링커터 작업 시 날끝과 동일 높이에서 확인하며 작업한다.
④ 작은 칩의 제거는 브러쉬나 청소용 솔을 사용하며 제거한다.

[해설]
밀링 작업에 대한 안전수칙
정면밀링커터(face milling cutter) 작업 시에는 칩위 튀어 나오므로 칩 커버를 설치하고 커터 날끝과 같은 높이에서 절삭상태 확인을 금지한다.

**42** 셰이퍼(shaper) 작업에서 위험요인과 가장 거리가 먼 것은?

① 가공칩(chip) 비산
② 바이트(bite)의 이탈
③ 램(ram) 말단부 충돌
④ 척 – 핸들(chuck – handle) 이탈

[해설]
셰이퍼 작업의 위험요인
1. 공작물의 이탈
2. 램의 말단부 충돌
3. 가공칩의 비산
4. 바이트(bite)의 이탈

**43** 안전계수가 6인 체인의 정격하중이 100kg일 경우 이 체인의 극한강도는 몇 kg인가?

① 0.06  ② 16.67
③ 26.67  ④ 600

[해설]
안전율(안전계수)

안전율(안전계수) = $\dfrac{극한강도}{허용하중}$

극한강도 = 안전계수 × 허용하중 = 6 × 100 = 600[kg]

**44** 크레인의 사용 중 하중이 정격을 초과하였을 때 자동적으로 상승이 정지되는 장치는?

① 해지장치  ② 비상정지장치
③ 권과방지장치  ④ 과부하방지장치

[해설]
방호장치 관련 용어의 정의

| 방호장치 | 정의 |
|---|---|
| 과부하 방지장치 | 정격하중 이상의 하중이 부하되었을 때 자동적으로 상승이 정지되면서 경보음을 발생하는 장치 |
| 권과방지 장치 | 권과를 방지하기 위하여 인양용 와이어로프가 일정 한계 이상 감기게 되면 자동적으로 동력을 차단하고 작동을 정지시키는 장치 |
| 비상정지 장치 | 돌발사태 발생 시 안전 유지을 위한 전원 차단 및 크레인을 급정지시키는 장치 |
| 해지장치 | 줄걸이 용구인 와이어로프 슬링 또는 체인, 섬유벨트 등을 훅에 걸고 작업 시 이탈을 방지하기 위한 안전장치 |

**45** 현장에서 사용 중인 크레인의 거더 밑면에 균열이 발생되어 이를 확인하려고 하는 경우 비파괴검사 방법 중 가장 편리한 검사방법은?

① 초음파탐상검사
② 방사선투과검사
③ 자분탐상검사
④ 액체침투탐상검사

[정답] 40 ③ 41 ③ 42 ④ 43 ④ 44 ④ 45 ④

해설
침투검사(침투탐상검사)
1. 검사물 표면의 균열이나 피트 등의 결함을 비교적 간단하고 신속하게 검출할 수 있고, 특히 비자성 금속재료의 검사에 자주 이용되는 검사
2. 용접 부위에 침투액을 도포하고 표면을 닦은 후 검사액을 도포하여 표면의 결함을 검출

**46** 광전자식 방호장치를 설치한 프레스에서 광선을 차단한 후 0.2초 후에 슬라이드가 정지하였다. 이때 방호장치의 안전거리는 최소 몇 mm 이상이어야 하는가?

① 140  ② 200
③ 260  ④ 320

해설
광전자식 방호장치의 설치 안전거리

$$D = 1,600 \times (T_c + T_s)$$

여기서, $D$ : 안전거리[mm]
$T_c$ : 방호장치의 작동시간[즉, 손이 광선을 차단했을 때부터 급정지기구가 작동을 개시할 때까지의 시간(초)]
$T_s$ : 프레스등의 최대정지시간[즉, 급정지기구가 작동을 개시했을 때부터 슬라이드등이 정지할 때까지의 시간(초)]

1. $(T_c + T_s)$ = 급정지 시간(초)
2. $D = 1600 \times 0.2 = 320$[mm]

**47** 기계설비의 안전조건 중 외형의 안전화에 해당하는 것은?

① 기계의 안전기능을 기계설비에 내장하였다.
② 페일 세이프 및 풀 푸르프의 기능을 가지는 장치를 적용하였다.
③ 강도의 열화를 고려하여 안전율을 최대로 고려하여 설계하였다.
④ 작업자가 접촉할 우려가 있는 기계의 회전부에 덮개를 씌우고 안전색채를 사용하였다.

해설
외관상의 안전화
기계를 설계할 때 기계 외부에 나타나는 위험부분을 제거하거나 기계 내부에 내장시키는 것
1. 가드 설치 : 기계 외형 부분 및 회전체 돌출 부분(묻힘형이나 덮개의 설치)
2. 구획된 장소에 격리 : 원동기 및 동력전도장치(벨트, 기어, 샤프트, 체인 등)
3. 안전 색채 조절(기계 장비 및 부수되는 배관)

**48** 인터록(Interlock) 장치에 해당하지 않는 것은?

① 연삭기의 워크레스트
② 사출기의 도어잠금장치
③ 자동화 라인의 출입시스템
④ 리프트의 출입문 안전장치

해설
인터록(Interlock)
기계의 각 작동 부분 상호 간을 전기적 · 기구적 유공압장치 등으로 연결해서 기계의 각 작동 부분이 정상으로 작동하기 위한 조건이 만족되지 않을 경우 자동적으로 그 기계를 작동할 수 없도록 하는 것

**49** 연삭숫돌 교환 시 연삭숫돌을 끼우기 전에 숫돌의 파손이나 균열의 생성 여부를 확인해 보기 위한 검사방법이 아닌 것은?

① 음향검사  ② 회전검사
③ 균형검사  ④ 진동검사

해설
연삭숫돌을 사용하는 작업의 경우 작업을 시작하기 전에는 1분 이상, 연삭숫돌을 교체한 후에는 3분 이상 시험운전을 하고 해당 기계에 이상이 있는지를 확인하여야 한다.

TIP 회전검사는 숫돌을 교체한 후에 실시하는 검사이다.

**50** 아세틸렌 용기의 사용 시 주의사항으로 아닌 것은?

① 충격을 가하지 않는다.
② 화기나 열기를 멀리한다.
③ 아세틸렌 용기를 뉘어 놓고 사용한다.
④ 운반 시에는 반드시 캡을 씌우도록 한다.

해설
금속의 용접 · 용단 또는 가열에 사용되는 가스 등의 용기를 취급하는 경우 준수사항
1. 용기의 온도를 섭씨 40도 이하로 유지할 것
2. 전도의 위험이 없도록 할 것
3. 충격을 가하지 않도록 할 것
4. 운반하는 경우에는 캡을 씌울 것
5. 사용하는 경우에는 용기의 마개에 부착되어 있는 유류 및 먼지를 제거할 것

정답  46 ④  47 ④  48 ①  49 ②  50 ③

6. 밸브의 개폐는 서서히 할 것
7. 사용 전 또는 사용 중인 용기와 그 밖의 용기를 명확히 구별하여 보관할 것
8. 용해아세틸렌의 용기는 세워 둘 것
9. 용기의 부식·마모 또는 변형상태를 점검한 후 사용할 것

## 51 보일러 발생증기가 불안정하게 되는 현상이 아닌 것은?

① 캐리 오버(carry over)  ② 프라이밍(priming)
③ 절탄기(economizer)  ④ 포밍(forming)

**해설**
절탄기
보일러의 부속장치로 연도(굴뚝)에서 버려지는 여열을 이용하여 보일러에 공급되는 급수를 예열하는 장치

## 52 산업안전보건법령상 보일러의 폭발위험 방지를 위한 방호장치가 아닌 것은?

① 급정지장치  ② 압력제한스위치
③ 압력방출장치  ④ 고저수위 조절장치

**해설**
보일러 안전장치의 종류
1. 압력방출장치
2. 압력제한스위치
3. 고저수위 조절장치
4. 화염검출기

## 53 지게차의 헤드가드에 관한 기준으로 틀린 것은?

① 4톤 이하의 지게차에서 헤드가드의 강도는 지게차 최대하중의 2배 값의 등분포정하중에 견딜 수 있을 것
② 상부틀의 각 개구의 폭 또는 길이가 25cm 미만일 것
③ 운전자가 앉아서 조작하는 방식의 지게차의 경우에는 운전자의 좌석 윗면에서 헤드가드의 상부틀 아랫면까지의 높이가 1m 이상일 것
④ 운전자가 서서 조작하는 방식의 지게차의 경우에는 운전석의 바닥면에서 헤드가드의 상부틀 하면까지의 높이가 2m 이상일 것

**해설**
지게차의 헤드가드
1. 강도는 지게차의 최대하중의 2배 값(4톤을 넘는 값에 대해서는 4톤으로 한다)의 등분포정하중에 견딜 수 있을 것
2. 상부틀의 각 개구의 폭 또는 길이가 16cm 미만일 것
3. 운전자가 앉아서 조작하거나 서서 조작하는 지게차의 헤드가드는 한국산업표준에서 정하는 높이 기준 이상일 것
   • 좌승식 : 좌석기준점으로부터 903mm 이상
   • 입승식 : 조종사가 서 있는 플랫폼으로부터 1,880mm 이상

**TIP** 본 문제는 법 개정으로 일부 내용이 수정되었습니다. 해설은 법 개정으로 수정된 내용이니 해설을 학습하세요.

## 54 산업안전보건법령상 크레인에 전용탑승설비를 설치하고 근로자를 달아 올린상태에서 작업에 종사시킬 경우 근로자의 추락 위험을 방지하기 위하여 실시해야 할 조치 사항으로 적합하지 않은 것은?

① 승차석 외의 탑승 제한
② 안전대나 구명줄의 설치
③ 탑승설비의 하강 시 동력하강방법을 사용
④ 탑승설비가 뒤집히거나 떨어지지 않도록 필요한 조치

**해설**
탑승의 제한
크레인을 사용하여 근로자를 운반하거나 근로자를 달아 올린 상태에서 작업에 종사시켜서는 아니 된다. 다만, 크레인에 전용 탑승설비를 설치하고 추락 위험을 방지하기 위하여 다음의 조치를 한 경우에는 제외한다.
1. 탑승설비가 뒤집히거나 떨어지지 않도록 필요한 조치를 할 것
2. 안전대나 구명줄을 설치하고, 안전난간을 설치할 수 있는 구조인 경우에는 안전난간을 설치할 것
3. 탑승설비를 하강시킬 때에는 동력하강방법으로 할 것

## 55 원심기의 안전에 관한 설명으로 적절하지 않은 것은?

① 원심기에는 덮개를 설치하여야 한다.
② 원심기의 최고사용회전수를 초과하여 사용하여서는 아니 된다.
③ 원심기에 과압으로 인한 폭발을 방지하기 위하여 압력방출장치를 설치하여야 한다.

**정답** 51 ③  52 ①  53 ②  54 ①  55 ③

④ 원심기로부터 내용물을 꺼내거나 원심기의 정비, 청소, 검사, 수리작업을 하는 때에는 운전을 정지시켜야 한다.

**해설**

원심기의 안전
1. 방호장치 : 원심기에는 덮개를 설치하여야 한다.
2. 사용방법
   ㉠ 원심기로부터 내용물을 꺼내거나 정비, 청소, 검사, 수리 또는 그 밖에 이와 유사한 작업을 하는 때에는 운전을 정지하여야 한다.
   ㉡ 원심기의 최고사용회전수를 초과하여 사용해서는 아니 된다.

## 56 기계의 고정부분과 회전하는 동작부분이 함께 만드는 위험점의 예로 옳은 것은?

① 굽힘기계
② 기어와 랙
③ 교반기의 날개와 하우스
④ 회전하는 보링머신의 천공 공구

**해설**

끼임점(shear point)
1. 회전운동하는 부분과 고정부 사이에 위험이 형성되는 위험점(고정점 + 회전운동)
2. 위험점의 예
   ㉠ 연삭숫돌과 작업대
   ㉡ 반복동작되는 링크기구
   ㉢ 교반기의 날개와 몸체 사이
   ㉣ 회전풀리와 벨트

## 57 프레스의 방호장치에서 게이트가드(Gate Guard)식 방호장치의 종류를 작동방식에 따라 분류할 때 해당되지 않는 것은?

① 경사식
② 하강식
③ 도립식
④ 횡슬라이드식

**해설**

게이트 가드식 방호장치(gate guard)
1. 슬라이드의 작동 중에 열 수 없는 구조이어야 하며 가드를 닫지 않으면 슬라이드를 작동시킬 수 없는 구조의 것이어야 한다.
2. 작동방식에 따라 하강식, 상승식, 횡슬라이드식, 도립식 등으로 분류한다.

## 58 600rpm으로 회전하는 연삭숫돌의 지름이 20cm일 때 원주속도는 약 몇 m/min인가?

① 37.7
② 251
③ 377
④ 1200

**해설**

원주속도(회전속도)

$$V = \pi DN [mm/min] = \frac{\pi DN}{1,000} [m/min]$$

여기서, $V$ : 원주속도(회전속도)[m/min]
$D$ : 숫돌의 지름[mm]
$N$ : 숫돌의 매분 회전수[rpm]

$$V = \frac{\pi DN}{1,000} [m/min] = \frac{\pi \times 200 \times 600}{1,000} = 376.99 [m/min]$$

## 59 수공구 취급 시의 안전수칙으로 적절하지 않은 것은?

① 해머는 처음부터 힘을 주어 치지 않는다.
② 렌치는 올바르게 끼우고 몸 쪽으로 당기지 않는다.
③ 줄의 눈이 막힌 것은 반드시 와이어브러시로 제거한다.
④ 정으로는 담금질된 재료를 가공하여서는 안 된다.

**해설**

안전수칙
스패너, 렌치는 올바르게 끼우고 몸 쪽으로 당겨서 사용한다.

## 60 금형의 안전화에 관한 설명으로 틀린 것은?

① 금형을 설치하는 프레스의 T홈 안길이는 설치 볼트 직경의 2배 이상으로 한다.
② 맞춤 핀을 사용할 때에는 헐거움 끼워맞춤으로 하고, 이를 하형에 사용할 때에는 낙하방지의 대책을 세워둔다.
③ 금형의 사이에 신체 일부가 들어가지 않도록 이동 스트리퍼와 다이의 간격은 8mm 이하로 한다.
④ 대형 금형에서 생크가 헐거워짐이 예상될 경우 생크만으로 상형을 슬라이드에 설치하는 것을 피하고 볼트 등을 사용하여 조인다.

**해설**

금형의 파손에 의한 위험 방지(부품의 조립요령)
맞춤 핀을 사용할 때에는 억지끼워맞춤으로 한다. 상형에 사용할 때에는 낙하 방지의 대책을 세워둔다.

**정답** 56 ③ 57 ① 58 ③ 59 ② 60 ②

## 4과목 전기위험 방지기술

**61** 흡수성이 강한 물질은 가습에 의한 부도체의 정전기 대전 방지 효과의 성능이 좋다. 이러한 작용을 하는 기를 갖는 물질이 아닌 것은?

① OH
② C₆H₆
③ NH₂
④ COOH

**해설**

친수성 : 어떤 물질의 성질이 물과 강하게 상호작용을 하고 강한 친화력을 가지고 있으면서, 물과 잘 용해되는 물질을 말하며, -OH(수산기), -COOH(카르복시기), -NH₂(아미노기), -CO(케톤기), -SO₃H(술폰산기) 등을 갖는 물질은 친수성을 나타낸다.

**TIP** 1. 산소, 질소, 황 등의 원자를 가지고 있는 기는 거의 대부분이 친수성 기이다.
2. C₆H₆ : 벤젠

**62** 통전 경로별 위험도를 나타낼 경우 위험도가 큰 순서대로 나열한 것은?

ⓐ 왼손-오른손   ⓑ 왼손-등
ⓒ 양손-양발     ⓓ 오른손-가슴

① ⓐ-ⓒ-ⓑ-ⓓ
② ⓐ-ⓓ-ⓒ-ⓑ
③ ⓓ-ⓒ-ⓑ-ⓐ
④ ⓓ-ⓐ-ⓒ-ⓑ

**해설**

통전 경로별 위험도

| 통전 경로 | 심장전류계수 | 통전 경로 | 심장전류계수 |
|---|---|---|---|
| 왼손-가슴 | 1.5 | 왼손-등 | 0.7 |
| 오른손-가슴 | 1.3 | 한손 또는 양손-앉아 있는 자리 | 0.7 |
| 왼손-한발 또는 양발 | 1.0 | 왼손-오른손 | 0.4 |
| 양손-양발 | 1.0 | 오른손-등 | 0.3 |
| 오른손-한발 또는 양발 | 0.8 | | |

**63** 다음은 어떤 방폭구조에 대한 설명인가?

전기기구의 권선, 에어-캡, 접점부, 단자부 등과 같이 정상적인 운전 중에 불꽃, 아크, 또는 과열이 생겨서는 안 될 부분에 대하여 이를 방지하거나 또는 온도상승을 제한하기 위하여 전기안전도를 증가시켜 제작한 구조이다.

① 안전증 방폭구조
② 내압 방폭구조
③ 몰드 방폭구조
④ 본질안전 방폭구조

**해설**

안전증 방폭구조(increased safety type, e)
전기기구의 권선, 접점부, 단자부 등과 같은 부분이 정상적인 운전 중에는 불꽃, 아크 또는 과열이 발생되지 않는 부분에 대하여 방지하기 위한 구조와 온도 상승에 대해 특히 안전도를 증가시킨 구조

**64** 전기작업에서 안전을 위한 일반사항이 아닌 것은?

① 전로의 충전 여부 시험은 검전기를 사용한다.
② 단로기의 개폐는 차단기의 차단 여부를 확인한 후에 한다.
③ 전선을 연결할 때 전원 쪽을 먼저 연결하고 다른 전선을 연결한다.
④ 첨가전화선에는 사전에 접지 후 작업을 하며 끝난 후 반드시 제거해야 한다.

**해설**

전선을 연결할 때 부하 쪽을 먼저 연결하고 전원 쪽은 나중에 연결한다.

**65** 근로자가 노출된 충전부 또는 그 부근에서 작업함으로써 감전될 우려가 있는 경우에는 작업에 들어가기 전에 해당 전로를 차단하여야 하나 전로를 차단하지 않아도 되는 예외 기준이 있다. 그 예외 기준이 아닌 것은?

① 생명유지장치, 비상경보설비, 폭발위험장소의 환기설비, 비상조명설비 등의 장치·설비의 가동이 중지되어 사고의 위험이 증가되는 경우
② 관리감독자를 배치하여 짧은 시간 내에 작업을 완료할 수 있는 경우
③ 기기의 설계상 또는 작동상 제한으로 전로 차단이 불가능한 경우
④ 감전, 아크 등으로 인한 화상, 화재·폭발의 위험이 없는 것으로 확인된 경우

해설
전로차단 예외 기준
1. 생명유지장치, 비상경보설비, 폭발위험장소의 환기설비, 비상조명설비 등의 장치·설비의 가동이 중지되어 사고의 위험이 증가되는 경우
2. 기기의 설계상 또는 작동상 제한으로 전로차단이 불가능한 경우
3. 감전, 아크 등으로 인한 화상, 화재·폭발의 위험이 없는 것으로 확인된 경우

**66** 가연성 증기나 먼지 등이 체류할 우려가 있는 장소의 전기회로에 설치하여야 하는 누전경보기의 수신기가 갖추어야 할 성능으로 옳은 것은?

① 음향장치를 가진 수신기
② 차단기구를 가진 수신기
③ 가스감지기를 가진 수신기
④ 분진농도 측정기를 가진 수신기

해설
수신부의 설치장소
누전경보기의 수신부는 옥내의 점검에 편리한 장소에 설치하되, 가연성의 증기·먼지 등이 체류할 우려가 있는 장소의 전기회로에는 해당 부분의 전기회로를 차단할 수 있는 차단기구를 가진 수신부를 설치하여야 한다. 이 경우 차단기구의 부분은 해당 장소 외의 안전한 장소에 설치하여야 한다.

**67** 활선작업을 시행할 때 감전의 위험을 방지하고 안전한 작업을 하기 위한 활선장구 중 충전 중인 전선의 변경작업이나 활선작업으로 애자 등을 교환할 때 사용하는 것은?

① 점프선                   ② 활선커터
③ 활선 시메라            ④ 디스콘스위치 조작봉

해설
활선 시메라의 사용목적
1. 충전 중인 전선의 변경작업 시
2. 애자 교환 등을 활선작업으로 할 경우
3. 기타 충전 중인 전선의 장선작업 시

**68** 다음 작업조건에 적합한 보호구로 옳은 것은?

물체의 낙하 충격, 물체에의 끼임, 감전 또는 정전기의 대전에 의한 위험이 있는 작업

① 안전모                  ② 안전화
③ 방열복                  ④ 보안면

해설
보호구

| | |
|---|---|
| 안전모 | 물체가 떨어지거나 날아올 위험 또는 근로자가 추락할 위험이 있는 작업 |
| 안전화 | 물체의 낙하·충격, 물체에의 끼임, 감전 또는 정전기의 대전에 의한 위험이 있는 작업 |
| 보안면 | 용접 시 불꽃이나 물체가 흩날릴 위험이 있는 작업 |
| 방열복 | 고열에 의한 화상 등의 위험이 있는 작업 |

**69** 다음 (  ) 안의 알맞은 내용을 나타낸 것은?

폭발성 가스의 폭발등급 측정에 사용되는 표준용기는 내용적이 ( ㉮ )cm³, 반구상의 플랜지 접합면의 안길이 ( ㉯ )mm의 구상용기의 틈새를 통과시켜 화염일주 한계를 측정하는 장치이다.

① ㉮ 600    ㉯ 0.4
② ㉮ 1800   ㉯ 0.6
③ ㉮ 4500   ㉯ 8
④ ㉮ 8000   ㉯ 25

해설
최대안전틈새(화염일주한계)의 실험
1. 내용적이 8ℓ 정도의 구형 용기 안에 틈새길이가 25mm인 표준용기내에서 폭발성 혼합가스를 채우고 점화시켜 폭발시킨다.
2. 이때, 발생된 화염이 용기 밖으로 전파하여 점화되지 않는 최댓값을 측정한다.
3. 틈새는 상부의 정밀나사에 의해 세밀하게 조정한다.

> **TIP** 1ℓ = 1,000cm³

**70** 전기에 의한 감전사고를 방지하기 위한 대책이 아닌 것은?

① 전기기기에 대한 정격 표시
② 전기설비에 대한 보호 접지
③ 전기설비에 대한 누전 차단기 설치
④ 충전부가 노출된 부분은 절연방호구 사용

정답  66 ② 67 ③ 68 ② 69 ④ 70 ①

**해설**

감전사고에 대한 일반적인 방지대책
1. 전기설비의 점검 철저
2. 전기기기 및 설비의 정비
3. 전기기기 및 설비의 위험부에 위험표시
4. 설비의 필요부분에 보호접지의 실시
5. 충전부가 노출된 부분에는 절연방호구를 사용
6. 고전압 선로 및 충전부에 근접하여 작업하는 작업자는 보호구 착용
7. 유자격자 이외는 전기기계 및 기구에 전기적인 접촉 금지
8. 관리감독자는 작업에 대한 안전교육 시행
9. 사고 발생 시의 처리순서를 미리 작성하여 둘 것
10. 전기설비에 대한 누전차단기 설치

**71** 전기화상 사고 시의 응급조치 사항으로 틀린 것은?

① 상처에 달라붙지 않은 의복은 모두 벗긴다.
② 상처 부위에 파우더, 향유, 기름 등을 바른다.
③ 감전자를 담요 등으로 감싸되 상처부위가 닿지 않도록 한다.
④ 화상부위를 세균 감염으로부터 보호하기 위하여 화상용 붕대를 감는다.

**해설**

상처 부위에 파우더, 향유, 기름 등을 발라서는 안 된다.

**72** 220V 전압에 접촉된 사람의 인체저항이 약 1000Ω일 때 인체 전류와 그 결과 값의 위험성 여부로 알맞은 것은?

① 22mA, 안전  ② 220mA, 안전
③ 22mA, 위험  ④ 220mA, 위험

**해설**

옴의 법칙

$$V = IR[V], \ I = \frac{V}{R}[A], \ R = \frac{V}{I}[\Omega]$$

여기서, $V$ : 전압[V], $I$ : 전류[A], $R$ : 저항[Ω]

1. $I = \frac{V}{R} = \frac{220}{1,000} = 0.22[A] = 220[mA]$
2. 심실세동전류(치사전류)가 일반적으로 50~100mA이므로 100mA 이상이면 위험하다.

**TIP** 1A = 1,000mA, 1mA = 0.001A

**73** 금속제 외함을 가지는 사용전압이 50V를 초과하는 저압의 기계·기구로서 사람이 쉽게 접촉할 수 있는 곳에 시설하는 것에 전기를 공급하는 전로에는 지락차단장치를 설치하여야 하나 적용하지 않아도 되는 예외 기준이 있다. 그 예외 기준으로 틀린 것은?

① 기계·기구를 건조한 장소에 시설하는 경우
② 기계·기구가 고무, 합성수지, 기타 절연물로 피복된 경우
③ 기계·기구에 설치한 제3종 접지공사의 접지 저항값이 10Ω 이하인 경우
④ 전원 측에 절연 변압기(2차 전압 300V 이하)를 시설하고 부하 측을 비접지로 시설하는 경우

**해설**

누전차단기 설치 제외 대상
1. 기계기구를 발전소·변전소·개폐소 또는 이에 준하는 곳에 시설하는 경우
2. 기계기구를 건조한 곳에 시설하는 경우
3. 대지전압이 150V 이하인 기계기구를 물기가 있는 곳 이외의 곳에 시설하는 경우
4. 「전기용품 및 생활용품 안전관리법」의 적용을 받는 이중 절연구조의 기계기구를 시설하는 경우
5. 그 전로의 전원측에 절연변압기(2차 전압이 300V 이하인 경우에 한함)를 시설하고 또한 그 절연 변압기의 부하측의 전로에 접지하지 아니하는 경우
6. 기계기구가 고무·합성수지 기타 절연물로 피복된 경우
7. 기계기구가 유도전동기의 2차측 전로에 접속되는 것일 경우
8. 기계기구가 전기욕기·전기로·전기보일러·전해조 등 대지로부터 절연하는 것이 기술상 곤란한 것
9. 기계기구 내에 「전기용품 및 생활용품 안전관리법」의 적용을 받는 누전차단기를 설치하고 또한 기계기구의 전원 연결선이 손상을 받을 우려가 없도록 시설하는 경우

**74** 교류 아크용접기의 사용에서 무부하 전압이 80V, 아크 전압 25V, 아크 전류 300A일 경우 효율은 약 몇 %인가?(단, 내부손실은 4kW이다.)

① 65.2  ② 70.5
③ 75.3  ④ 80.6

**해설**

효율

$$효율 = \frac{아크출력(kW)}{소비전력(kW)} \times 100$$

여기서, 소비전력＝아크출력＋내부손실
아크출력＝아크전압×정격 2차 전류

1. 아크출력＝25[V]×300[A]＝7,500[W]＝7.5[kW]
2. 소비전력＝7.5[kW]＋4[kW]＝11.5[kW]
3. 효율＝$\frac{7.5}{7.5+4}×100＝65.21[\%]$

**75** 대전이 큰 엷은 층상의 부도체를 박리할 때 또는 엷은 층상의 대전된 부도체의 뒷면에 밀접한 접지체가 있을 때 표면에 연한 수지상의 발광을 수반하여 발생하는 방전은?

① 불꽃 방전  ② 스트리머 방전
③ 코로나 방전  ④ 연면 방전

**해설**

연면(surface) 방전
1. 공기 중에 놓여진 절연체 표면의 전계강도가 큰 경우 고체 표면을 따라 진행하는 방전
2. 대전이 큰 엷은 층상의 부도체를 박리할 때 또는 엷은 층상의 대전된 부도체의 뒷면에 밀접한 접지체가 있을 때 표면에 연한 복수의 수지상 발광을 수반하여 발생하는 방전

**76** 정전기가 발생되어도 즉시 이를 방전하고 전하의 축적을 방지하면 위험성이 제거된다. 정전기에 관한 내용으로 틀린 것은?

① 대전하기 쉬운 금속 부분에 접지한다.
② 작업장 내 습도를 높여 방전을 촉진한다.
③ 공기를 이온화하여 (＋)는 (－)로 중화시킨다.
④ 절연도가 높은 플라스틱류는 전하의 방전을 촉진시킨다.

**해설**

플라스틱은 전기저항성이 높으므로 정전기 축적이 용이하다.

**77** 폭연성 분진 또는 화약류의 분말이 전기설비가 발화원이 되어 폭발할 우려가 있는 곳에 시설하는 저압 옥내 전기설비의 공사 방법으로 옳은 것은?

① 금속관 공사  ② 합성수지관 공사
③ 가요전선관 공사  ④ 캡타이어 케이블 공사

**해설**

폭연성 분진 위험장소
폭연성 분진(마그네슘·알루미늄·티탄·지르코늄 등의 먼지가 쌓여 있는 상태에서 불이 붙었을 때에 폭발할 우려가 있는 것) 또는 화약류의 분말이 전기설비가 발화원이 되어 폭발할 우려가 있는 곳에 시설하는 저압 옥내 전기설비(사용전압이 400V 이상인 방전등을 제외)
1. 금속관 공사
2. 케이블공사(캡타이어 케이블을 사용하는 것을 제외)

**78** 정전기 발생에 영향을 주는 요인이 아닌 것은?

① 물체의 분리속도  ② 물체의 특성
③ 물체의 표면상태  ④ 외부공기의 풍속

**해설**

정전기 발생의 영향 요인(정전기 발생요인)
1. 물체의 특성     4. 접촉면적 및 압력
2. 물체의 표면상태  5. 분리속도
3. 물체의 이력     6. 완화시간

**79** 그림과 같은 전기기기 A점에서 완전 지락이 발생하였다. 이 전기기기의 외함에 인체가 접촉되었을 경우 인체를 통해서 흐르는 전류는 약 몇 mA인가? (단, 인체의 저항은 3000Ω이다)

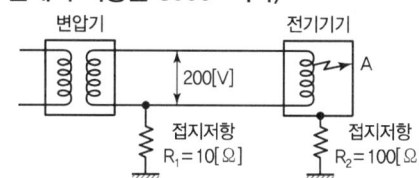

① 60.42  ② 30.21
③ 15.11  ④ 7.55

**해설**

인체가 외함에 접촉하면 이때 인체를 통해 흐르게 될 전류

$$I=\frac{E}{R_m\left(1+\frac{R_2}{R_3}\right)}[A]$$

여기서, $R_m$ : 인체저항[Ω], $R_2$ : 1선 접지[Ω], $R_3$ : 외함 접지[Ω]
$E$ : 전압[V]

$$I=\frac{E}{R_m\left(1+\frac{R_2}{R_3}\right)}=\frac{200}{3,000\times\left(1+\frac{10}{100}\right)}=0.060[A]=60[mA]$$

**TIP** 1A＝1,000mA, 1mA＝0.001A

**정답** 75 ④  76 ④  77 ①  78 ④  79 ①

**80** 3상 3선식 전선로의 보수를 위하여 정전작업을 할 때 취하여야 할 기본적인 조치는?

① 1선을 접지한다.　② 2선을 단락 접지한다.
③ 3선을 단락 접지한다.　④ 접지를 하지 않는다.

**해설**
3상 3선식 전선로의 보수를 위하여 정전작업을 할 때에는 3선을 모두 단락 접지한다.

## 5과목 화학설비위험방지기술

**81** 20℃, 1기압의 공기를 5기압으로 단열압축하면 공기의 온도는 약 몇 ℃가 되겠는가?(단, 공기의 비열비는 1.4이다.)

① 32　　② 191
③ 305　　④ 464

**해설**
단열압축 과정에서의 온도 변화

$$\frac{T_2}{T_1} = \left(\frac{P_2}{P_1}\right)^{(k-1)/k} \quad T_2 = T_1 \times \left(\frac{P_2}{P_1}\right)^{(k-1)/k}$$

여기서, $T_1$ : 압축 전 절대온도[K]
　　　　$T_2$ : 단열압축 후의 절대온도[K]
　　　　$P_1$ : 압축 전 압력, $P_2$ : 단열압축 시의 압력
　　　　$k$ : 압축비(통상 1.4를 기준)[1.1~1.8의 값]
　　　　절대온도[K] = ℃ + 273, ℃ = 절대온도[K] − 273

1. $T_2 = T_1 \times \left(\frac{P_2}{P_1}\right)^{(k-1)/k} = (273+20) \times \left(\frac{5}{1}\right)^{(1.4-1)/1.4}$
　　= 464.059[K]
2. 절대온도를 섭씨온도를 바꾸면, 464.059 − 273 = 191[℃]

**82** 위험물의 취급에 관한 설명으로 틀린 것은?

① 모든 폭발성 물질은 석유류에 침지시켜 보관해야 한다.
② 산화성 물질의 경우 가연물과의 접촉을 피해야 한다.
③ 가스 누설의 우려가 있는 장소에서는 점화원의 철저한 관리가 필요하다.
④ 도전성이 나쁜 액체는 정전기 발생을 방지하기 위한 조치를 취한다.

**해설**
니트로셀룰로오스
1. 폭발성 물질 중 니트로셀룰로오스는 물 또는 알코올로 습윤하여 저장·운반한다.
2. 건조 시 위험성이 증대되므로 주의한다.

**83** 비점이나 인화점이 낮은 액체가 들어 있는 용기 주위에 화재 등으로 인하여 가열되면, 내부의 비등현상으로 인한 압력 상승으로 용기의 벽면이 파열되면서 그 내용물이 폭발적으로 증발, 팽창하면서 폭발을 일으키는 현상을 무엇이라 하는가?

① BLEVE　　② UVCE
③ 개방계 폭발　　④ 밀폐계 폭발

**해설**
BLEVE(비등액 팽창증기 폭발)
비등점이 낮은 인화성 액체 저장탱크가 화재로 인한 화염에 장시간 노출되어 탱크 내 액체가 급격히 증발하여 비등하고 증기가 팽창하면서 탱크 내 압력이 설계압력을 초과하여 폭발을 일으키는 현상

**84** 다음 중 산화반응에 해당하는 것을 모두 나타낸 것은?

> ㉮ 철이 공기 중에서 녹이 슬었다.
> ㉯ 솜이 공기 중에서 불에 탔다.

① ㉮　　② ㉯
③ ㉮, ㉯　　④ 없음

**해설**
물질이 산소와 결합하는 것을 산화반응이라 한다.

**85** 다음 중 화재 예방에 있어 화재의 확대 방지를 위한 방법으로 적절하지 않은 것은?

① 가연물량의 제한
② 난연화 및 불연화
③ 화재의 조기발견 및 초기 소화
④ 공간의 통합과 대형화

**해설**
공간의 통합과 대형화를 하면 화재 발생 시 유독가스 등이 더 쉽게 확산하기 때문에 적절하지 않으며, 공간을 구획화하여 화재의 규모를 국한시킨다.

**정답** 80 ③　81 ②　82 ①　83 ①　84 ③　85 ④

## 86 단위공정시설 및 설비로부터 다른 단위공정시설 및 설비 사이의 안전거리는 설비의 바깥면부터 얼마 이상이 되어야 하는가?

① 5m
② 10m
③ 15m
④ 20m

**해설**

단위공정시설 및 설비로부터 다른 단위공정시설 및 설비의 사이 설비의 바깥 면으로부터 10미터 이상

## 87 물과의 반응으로 유독한 포스핀 가스를 발생하는 것은?

① HCl
② NaCl
③ $Ca_3P_2$
④ $Al(OH)_3$

**해설**

인화칼슘($Ca_3P_2$)
인화석회라고도 하며 적갈색의 고체로 수분($H_2O$)과 반응하여 유독성 가스인 인화수소($PH_3$ : 포스핀) 가스를 발생시킨다.

$$Ca_3P_2 + 6H_2O \rightarrow 3Ca(OH)_2 + 2PH_3 \uparrow$$

## 88 다음 표를 참조하여 메탄 70vol%, 프로판 21vol%, 부탄 9vol%인 혼합가스의 폭발범위를 구하면 약 몇 vol%인가?

| 가스 | 폭발하한계(vol%) | 폭발상한계(vol%) |
|---|---|---|
| $C_4H_{10}$ | 1.8 | 8.4 |
| $C_3H_8$ | 2.1 | 9.5 |
| $C_2H_6$ | 3.0 | 12.4 |
| $CH_4$ | 5.0 | 15.0 |

① 3.45~9.11
② 3.45~12.58
③ 3.85~9.11
④ 3.85~12.58

**해설**

르 샤틀리에의 법칙(순수한 혼합가스일 경우)

$$\frac{100}{L} = \frac{V_1}{L_1} + \frac{V_2}{L_2} + \frac{V_3}{L_3} \cdots$$

$$L = \frac{100}{\frac{V_1}{L_1} + \frac{V_2}{L_2} + \cdots + \frac{V_n}{L_n}}$$

여기서, $V_n$ : 전체 혼합가스 중 각 성분 가스의 체적(비율)[%]
$L_n$ : 각 성분 단독의 폭발한계(상한 또는 하한)
$L$ : 혼합가스의 폭발한계(상한 또는 하한)[vol%]

1. 폭발하한계 : $L = \dfrac{100}{\dfrac{70}{5} + \dfrac{21}{2.1} + \dfrac{9}{1.8}} = 3.45[vol\%]$

2. 폭발상한계 : $L = \dfrac{100}{\dfrac{70}{15} + \dfrac{21}{9.5} + \dfrac{9}{8.4}} = 12.58[vol\%]$

3. 폭발범위 : 3.45~12.58[vol%]

**TIP** 메탄($CH_4$), 프로판($C_3H_8$), 부탄($C_4H_{10}$)

## 89 다음 중 관로의 방향을 변경하는 데 가장 적합한 것은?

① 소켓
② 엘보우
③ 유니온
④ 플러그

**해설**

관로의 방향을 바꿀 때
1. 엘보우(elbow)
2. Y자관(Y-branch)
3. 티(tee)
4. 십자(cross)

## 90 비교적 저압 또는 상압에서 가연성의 증기를 발생하는 유류를 저장하는 탱크에서 외부에 그 증기를 방출하기도 하고, 탱크 내에 외기를 흡입하기도 하는 부분에 설치하며, 가는 눈금의 금망이 여러 개 겹쳐진 구조로 된 안전장치는?

① check valve
② flame arrester
③ ventstack
④ rupture disk

**해설**

화염방지기(Flame arrester)
1. 유류저장탱크에서 화염의 차단을 목적으로 외부에 증기를 방출하기도 하고 탱크 내 외기를 흡입하기도 하는 부분에 설치하는 안전장치
2. 화염방지기 중에서 금속망형으로 된 것을 인화방지망이라고도 하며, 40메시(mesh) 이상의 가는 눈의 철망을 여러 겹으로 해서 화염이 통과할 때 화염을 차단할 목적으로 사용

## 91 가연성 가스 A의 연소범위를 2.2~9.5vol%라고 할 때 가스 A의 위험도는 약 얼마인가?

① 2.52
② 3.32
③ 4.91
④ 5.64

**정답** 86 ② 87 ③ 88 ② 89 ② 90 ② 91 ②

> 해설

**위험도**
위험도 값이 클수록 위험성이 높은 물질이다.

$$H = \frac{UFL - LFL}{LFL}$$

여기서, $UFL$ : 연소 상한값, $LFL$ : 연소 하한값, $H$ : 위험도

$$H = \frac{UFL - LFL}{LFL} = \frac{9.5 - 2.2}{2.2} = 3.32$$

## 92 다음 중 Halon 1211의 화학식으로 옳은 것은?

① $CH_2FBr$
② $CH_2ClBr$
③ $CF_2HCl$
④ $CF_2BrCl$

> 해설

**할론소화약제의 명명법**
1. 일취화일염화메탄 소화기($CH_2ClBr$) : 할론 1011
2. 이취화사불화에탄 소화기($C_2F_4Br_2$) : 할론 2402
3. 일취화삼불화메탄 소화기($CF_3Br$) : 할론 1301
4. 일취화일염화이불화메탄 소화기($CF_2ClBr$) : 할론 1211
5. 사염화탄소 소화기($CCl_4$) : 할론 1040

## 93 연소에 관한 설명으로 틀린 것은?

① 인화점이 상온보다 낮은 가연성 액체는 상온에서 인화의 위험이 있다.
② 가연성 액체를 발화점 이상으로 공기 중에서 가열하면 별도의 점화원이 없어도 발화할 수 있다.
③ 가연성 액체는 가열되어 완전 열분해되지 않으면 착화원이 있어도 연소하지 않는다.
④ 열전도도가 클수록 연소하기 어렵다.

> 해설

**가연성 액체의 인화점**
1. 가연성 액체의 인화에 대한 위험성을 결정하는 요소로 인화점을 사용
2. 가연성 액체의 경우 인화점 이상에서 점화원의 접촉에 의해 인화
3. 인화점이 낮을수록 위험한 물질

## 94 탄산수소나트륨을 주요 성분으로 하는 것은 제 몇 종 분말소화기인가?

① 제1종
② 제2종
③ 제3종
④ 제4종

> 해설

**분말 소화약제**

| 종별 | 소화약제 | 화학식 | 적응성 | 약제의 착색 |
|---|---|---|---|---|
| 제1종 분말 | 탄산수소나트륨 | $NaHCO_3$ | B, C급 | 백색 |
| 제2종 분말 | 탄산수소칼륨 | $KHCO_3$ | B, C급 | 보라색 |
| 제3종 분말 | 제1인산암모늄 | $NH_4H_2PO_4$ | A, B, C급 | 담홍색 |
| 제4종 분말 | 탄산수소칼륨 + 요소 | $KHCO_3 + (NH_2)_2CO$ | B, C급 | 회색 |

## 95 열교환기의 열 교환 능률을 향상시키기 위한 방법이 아닌 것은?

① 유체의 유속을 적절하게 조절한다.
② 유체의 흐르는 방향을 병류로 한다.
③ 열교환기 입구와 출구의 온도차를 크게 한다.
④ 열전도율이 높은 재료를 사용한다.

> 해설

유체의 흐르는 방향을 향류로 한다.

## 96 다음은 산업안전보건기준에 관한 규칙에서 정한 폭발 또는 화재 등의 예방에 관한 내용이다. ( )에 알맞은 용어는?

> 사업주는 인화성 액체의 증기, 인화성 가스 또는 인화성 고체가 존재하여 폭발이나 화재가 발생할 우려가 있는 장소에서 해당 증기 · 가스 또는 분진에 의한 폭발 또는 화재를 예방하기 위하여 ( ) · ( ) 및 분진 제거 등의 조치를 하여야 한다.

① 통풍, 세척
② 통풍, 환기
③ 제습, 세척
④ 환기, 제습

> 해설

**폭발 또는 화재 등의 예방**
1. 인화성 액체의 증기, 인화성 가스 또는 인화성 고체가 존재하여 폭발이나 화재가 발생할 우려가 있는 장소에서 해당 증기 · 가스 또는 분진에 의한 폭발 또는 화재를 예방하기 위해 환풍기, 배풍기 등 환기장치를 적절하게 설치해야 한다.
2. 증기나 가스에 의한 폭발이나 화재를 미리 감지하기 위하여 가스 검지 및 경보 성능을 갖춘 가스 검지 및 경보 장치를 설치하여야 한다.

> TIP 본 문제는 법 개정으로 일부 내용이 수정되었습니다. 해설은 법 개정으로 수정된 내용이니 해설을 학습하세요.

**정답** 92 ④ 93 ③ 94 ① 95 ② 96 ②

**97** 다음 중 분진의 폭발위험성을 증대시키는 조건에 해당하는 것은?

① 분진의 발열량이 작을수록
② 분위기 중 산소 농도가 작을수록
③ 분진 내의 수분 농도가 작을수록
④ 표면적이 입자체적에 비교하여 작을수록

**해설**
1. 분진의 발열량이 클수록 폭발성이 크며 휘발성분의 함유량이 많을수록 폭발하기 쉽다.
2. 산소나 공기가 증가하면 폭발하한농도가 낮아짐과 동시에 입도가 큰 것도 폭발성을 갖게 된다.
3. 수분 함유량이 적을수록 폭발성이 급격히 증가된다.
4. 분진의 표면적이 입자체적에 비하여 커지면 열의 발생속도가 방열속도보다 커져서 폭발이 용이해진다.

**98** 위험물안전관리법령에서 정한 제3류 위험물에 해당하지 않는 것은?

① 나트륨          ② 알킬알루미늄
③ 황린            ④ 니트로글리세린

**해설**
제3류 위험물(자연 발화성 및 금수성 물질)
1. 고체 또는 액체로서 공기 중에서 발화의 위험성이 있거나 물과 접촉하여 발화하거나 가연성 가스를 발생하는 위험성이 있는 것을 말한다.
2. 종류 : 칼륨, 나트륨, 알킬알루미늄, 알킬리튬, 황린, 알칼리금속, 유기금속화합물, 금속의 수소화물, 금속의 인화물, 칼슘 또는 알루미늄의 탄화물 등

**99** 일반적인 자동제어 시스템의 작동순서를 바르게 나열한 것은?

① 검출 → 조절계 → 공정상황 → 밸브
② 공정상황 → 검출 → 조절계 → 밸브
③ 조절계 → 공정상황 → 검출 → 밸브
④ 밸브 → 조절계 → 공정상황 → 검출

**해설**
자동제어의 작동순서
1. 일반적인 자동제어 시스템의 작동순서
   공정상황 → 검출 → 조절계 → 밸브
2. 화학공정에서의 기본적인 자동제어의 작동순서
   검출 → 조절계 → 밸브 → 제조공정 → 검출

**100** 산업안전보건법령상 물질안전보건자료 작성 시 포함되어 있는 주요 작성항목이 아닌 것은?(단, 기타 참고사항 및 작성자가 필요에 의해 추가하는 세부 항목은 고려하지 않는다.)

① 법적규제 현황
② 폐기 시 주의사항
③ 주요 구입 및 폐기처
④ 화학제품과 회사에 관한 정보

**해설**
물질안전보건자료 작성 시 포함되어야 할 항목 및 그 순서
1. 화학제품과 회사에 관한 정보
2. 유해성·위험성
3. 구성성분의 명칭 및 함유량
4. 응급조치요령
5. 폭발·화재 시 대처방법
6. 누출사고 시 대처방법
7. 취급 및 저장방법
8. 노출 방지 및 개인보호구
9. 물리화학적 특성
10. 안정성 및 반응성
11. 독성에 관한 정보
12. 환경에 미치는 영향
13. 폐기 시 주의사항
14. 운송에 필요한 정보
15. 법적 규제 현황
16. 그 밖의 참고사항

## 6과목 건설안전기술

**101** 터널작업에 있어서 자동경보장치가 설치된 경우에 이 자동경보장치에 대하여 당일의 작업 시작 전 점검하여야 할 사항이 아닌 것은?

① 계기의 이상 유무
② 검지부의 이상 유무
③ 경보장치의 작동 상태
④ 환기 또는 조명시설의 이상 유무

**해설**
자동경보장치의 작업 시작 전 점검사항
당일 작업 시작 전 다음의 사항을 점검하고 이상을 발견하면 즉시 보수하여야 한다.

**정답** 97 ③ 98 ④ 99 ② 100 ③ 101 ④

1. 계기의 이상 유무
2. 검지부의 이상 유무
3. 경보장치의 작동상태

**102** 근로자의 추락 등의 위험을 방지하기 위한 안전난간의 설치기준으로 옳지 않은 것은?

① 상부 난간대와 중간 난간대는 난간 길이 전체에 걸쳐 바닥면 등과 평행을 유지할 것
② 발끝막이판은 바닥면 등으로부터 20cm 이하의 높이를 유지할 것
③ 난간대는 지름 2.7cm 이상의 금속제 파이프나 그 이상의 강도가 있는 재료일 것
④ 안전난간은 구조적으로 가장 취약한 지점에서 가장 취약한 방향으로 작용하는 100kg 이상의 하중에 견딜 수 있는 튼튼한 구조일 것

**해설**

발끝막이판(폭목)
바닥면 등으로부터 10센티미터 이상의 높이를 유지할 것(다만, 물체가 떨어지거나 날아올 위험이 없거나 그 위험을 방지할 수 있는 망을 설치하는 등 필요한 예방조치를 한 장소는 제외)

**103** 외줄비계 · 쌍줄비계 또는 돌출비계는 벽이음 및 버팀을 설치하여야 하는데 강관비계 중 단관비계로 설치할 때의 조립간격으로 옳은 것은?(단, 수직방향, 수평방향의 순서임)

① 4m, 4m
② 5m, 5m
③ 5.5m, 7.5m
④ 6m, 8m

**해설**

강관비계의 조립 간격

| 강관비계의 종류 | 조립간격(단위 : m) | |
|---|---|---|
| | 수직방향 | 수평방향 |
| 단관비계 | 5 | 5 |
| 틀비계(높이가 5m 미만인 것은 제외한다) | 6 | 8 |

**104** 구축물에 안전진단 등 안전성 평가를 실시하여 근로자에게 미칠 위험성을 미리 제거하여야 하는 경우가 아닌 것은?

① 구축물 또는 이와 유사한 시설물의 인근에서 굴착 · 항타작업 등으로 침하 · 균열 등이 발생하여 붕괴의 위험이 예상될 경우
② 구조물, 건축물, 그 밖의 시설물이 그 자체의 무게 · 적설 · 풍압 또는 그 밖에 부가되는 하중 등으로 붕괴 등의 위험이 있을 경우
③ 화재 등으로 구축물 또는 이와 유사한 시설물의 내력(耐力)이 심하게 저하되었을 경우
④ 구축물의 구조체가 과도한 안전 측으로 설계가 되었을 경우

**해설**

구축물 또는 이와 유사한 시설물의 안전성 평가(보기의 1, 2, 3 외)
구축물 또는 이와 유사한 시설물이 다음의 어느 하나에 해당하는 경우 안전진단 등 안전성 평가를 하여 근로자에게 미칠 위험성을 미리 제거하여야 한다.
1. 구축물 또는 이와 유사한 시설물에 지진, 동해, 부동침하 등으로 균열 · 비틀림 등이 발생하였을 경우
2. 오랜 기간 사용하지 아니하던 구축물 또는 이와 유사한 시설물을 재사용하게 되어 안전성을 검토하여야 하는 경우
3. 그 밖의 잠재위험이 예상될 경우

**105** 사급자재비가 30억, 직접노무비가 35억, 관급자재비가 20억인 빌딩신축공사를 할 경우 계상해야 할 산업안전보건관리비는 얼마인가?(단, 공사종류는 일반건설공사(갑)임)

① 122,000,000원
② 146,640,000원
③ 153,660,000원
④ 159,800,000원

**해설**

산업안전보건관리비
재료를 발주자가 제공하거나 완제품의 형태로 제작 또는 납품되어 설치되는 경우
1. 대상액[재료비(관급자재비 및 사급자재비 포함) + 직접노무비] × 요율
   산업안전보건관리비 = (20억 + 30억 + 35억) × 0.0197
   = 167,450,000
2. 대상액[재료비(사급자재비 포함) + 직접노무비] × 요율 × 1.2
   산업안전보건관리비 = (30억 + 35억) × 0.0197 × 1.2
   = 153,660,000
3. 위의 방법으로 계산한 금액 중 작은 금액으로 계상하면 된다.

**정답** 102 ② 103 ② 104 ④ 105 ③

## 106 가설구조물에서 많이 발생하는 중대 재해의 유형으로 가장 거리가 먼 것은?

① 도괴재해
② 낙하물에 의한 재해
③ 굴착기계와의 접촉에 의한 재해
④ 추락재해

**해설**

가설구조물의 재해발생 유형

| | |
|---|---|
| 도괴, 파괴 재해 | • 비계발판 혹은 지지대의 파괴<br>• 비계발판의 탈락 혹은 그 지지대의 변위 및 변형<br>• 풍압에 의한 도괴<br>• 동바리의 좌굴에 의한 도괴 |
| 추락, 낙하물에 의한 재해 | • 부재의 파손, 탈락, 변위<br>• 작업 보행 중 넘어짐, 미끄러짐, 헛디딤 등 |

## 107 다음 토공기계 중 굴착기계와 가장 관계있는 것은?

① Clam shell
② Road Roller
③ Shovel loader
④ Belt conveyer

**해설**

① Clam shell : 굴착
② Road Roller : 다짐
③ Shovel loader : 적재
④ Belt conveyer : 운반

## 108 크레인을 사용하여 작업을 하는 때 작업 시작 전 점검사항이 아닌 것은?

① 권과방지장치·브레이크·클러치 및 운전장치의 기능
② 방호장치의 이상 유무
③ 와이어로프가 통하고 있는 곳의 상태
④ 주행로의 상측 및 트롤리가 횡행하는 레일의 상태

**해설**

크레인을 사용하여 작업을 하는 때 작업 시작 전 점검사항
1. 권과방지장치·브레이크·클러치 및 운전장치의 기능
2. 주행로의 상측 및 트롤리(Trolley)가 횡행하는 레일의 상태
3. 와이어로프가 통하고 있는 곳의 상태

## 109 차량계 하역운반기계를 사용하는 작업에 있어 고려되어야 할 사항과 가장 거리가 먼 것은?

① 작업지휘자의 배치
② 유도자의 배치
③ 갓길 붕괴 방지조치
④ 안전관리자의 선임

**해설**

차량계 하역운반기계의 작업 시 고려사항
작업계획서 작성, 작업지휘자 배치, 제한속도 지정, 전도등의 방지, 화물 적재 시 조치, 탑승의 제한, 운전위치 이탈 시 조치, 접촉의 방지 등

## 110 철골작업을 중지하여야 하는 조건에 해당되지 않는 것은?

① 풍속이 초당 10m 이상인 경우
② 지진이 진도 4 이상의 경우
③ 강우량이 시간당 1mm 이상의 경우
④ 강설량이 시간당 1cm 이상의 경우

**해설**

작업의 제한(철골작업 중지)
1. 풍속이 초당 10미터 이상인 경우
2. 강우량이 시간당 1밀리미터 이상인 경우
3. 강설량이 시간당 1센티미터 이상인 경우

## 111 달비계(곤돌라의 달비계는 제외)의 최대적재하중을 정할 때 사용하는 안전계수의 기준으로 옳은 것은?

① 달기체인의 안전계수는 10 이상
② 달기강대와 달비계의 하부 및 상부 지점의 안전계수는 목재의 경우 2.5 이상
③ 달기와이어로프의 안전계수는 5 이상
④ 달기강선의 안전계수는 10 이상

**해설**

달비계(곤돌라의 달비계 제외)의 안전계수

| 구분 | | 안전계수 |
|---|---|---|
| 달기와이어로프 및 달기 강선 | | 10 이상 |
| 달기체인 및 달기훅 | | 5 이상 |
| 달기강대와 달비계의 하부 및 상부 지점 | 강재 | 2.5 이상 |
| | 목재 | 5 이상 |

**TIP** 본 문제는 법 개정으로 내용이 삭제되었습니다. 참고만 하세요.

**정답** 106 ③  107 ①  108 ②  109 ④  110 ②  111 ④

**112** 점토질 지반의 침하 및 압밀 재해를 막기 위하여 실시하는 지반개량 탈수공법으로 적당하지 않은 것은?

① 샌드드레인 공법　② 생석회 공법
③ 진동 공법　　　　④ 페이퍼드레인 공법

**해설**

지반 개량 공법

| | |
|---|---|
| 사질토 | • 동다짐 공법<br>• 전기 충격 공법<br>• 다짐 모래 말뚝 공법<br>• 진동 다짐 공법(바이브로 플로테이션 공법)<br>• 폭파다짐 공법<br>• 약액 주입 공법 |
| 점성토 | • 치환공법(굴착치환, 미끄럼치환, 폭파치환)<br>• 압밀(재하)공법(여성토 공법, 사면선단 재하공법, 압성토공법)<br>• 탈수공법(샌드드레인 공법, 페이퍼드레인 공법, 팩드레인 공법)<br>• 배수공법(디프 웰 공법, 웰 포인트 공법)<br>• 고결공법(생석회 말뚝 공법, 동결공법, 소결공법) |

**113** 흙막이벽의 근입깊이를 깊게 하고, 전면의 굴착부분을 남겨두어 흙의 중량으로 대항하게 하거나, 굴착 예정부분의 일부를 미리 굴착하여 기초콘크리트를 타설하는 등의 대책과 가장 관계 깊은 것은?

① 히빙 현상이 있을 때　② 파이핑 현상이 있을 때
③ 지하수위가 높을 때　　④ 굴착깊이가 깊을 때

**해설**

히빙(Heaving) 현상

| | |
|---|---|
| 정의 | 연질점토 지반에서 굴착에 의한 흙막이 내·외면의 흙의 중량 차로 인해 굴착저면이 부풀어 올라오는 현상 |
| 안전<br>대책 | • 흙막이 근입깊이를 깊게<br>• 표토를 제거하여 하중 감소<br>• 굴착저면 지반 개량(흙의 전단강도를 높임)<br>• 굴착면 하중 증가<br>• 어스앵커 설치<br>• 주변지하수위 저하<br>• 소단굴착을 하여 소단부 흙의 중량이 바닥을 누르게 함<br>• 토류벽의 배면토압을 경감 |

**114** 건물 외부에 낙하물 방지망을 설치할 경우 수평면과의 가장 적절한 각도는?

① 5° 이상, 10° 이하　② 10° 이상, 15° 이하
③ 15° 이상, 20° 이하　④ 20° 이상, 30° 이하

**해설**

낙하물 방지망 또는 방호선반 설치 시 준수사항
1. 높이 10미터 이내마다 설치하고, 내민 길이는 벽면으로부터 2미터 이상으로 할 것
2. 수평면과의 각도는 20도 이상 30도 이하를 유지할 것

**115** 콘크리트 타설작업의 안전대책으로 옳지 않은 것은?

① 작업 시작 전 거푸집동바리 등의 변형, 변위 및 지반 침하 유무를 점검한다.
② 작업 중 감시자를 배치하여 거푸집동바리 등의 변형, 변위 유무를 확인한다.
③ 슬래브콘크리트 타설은 한쪽부터 순차적으로 타설하여 붕괴 재해를 방지해야한다.
④ 설계도서상 콘크리트 양생기간을 준수하여 거푸집 동바리등을 해체한다.

**해설**

콘크리트 타설작업 시 준수사항
1. 당일의 작업을 시작하기 전에 해당 작업에 관한 거푸집 및 동바리의 변형·변위 및 지반의 침하 유무 등을 점검하고 이상이 있으면 보수할 것
2. 작업 중에는 감시자를 배치하는 등의 방법으로 거푸집 및 동바리의 변형·변위 및 침하 유무 등을 확인해야 하며, 이상이 있으면 작업을 중지하고 근로자를 대피시킬 것
3. 콘크리트 타설작업 시 거푸집 붕괴의 위험이 발생할 우려가 있으면 충분한 보강조치를 할 것
4. 설계도서상의 콘크리트 양생기간을 준수하여 거푸집 및 동바리를 해체할 것
5. 콘크리트를 타설하는 경우에는 편심이 발생하지 않도록 골고루 분산하여 타설할 것

**116** 굴착기계의 운행 시 안전대책으로 옳지 않은 것은?

① 버킷에 사람의 탑승을 허용해서는 안 된다.
② 운전반경 내에 사람이 있을 때 회전은 10rpm 이하의 느린 속도로 하여야 한다.
③ 장비의 주차 시 경사지나 굴착작업장으로부터 충분히 이격시켜 주차한다.
④ 전선이나 구조물 등에 인접하여 붐을 선회해야 될 작업에는 사전에 회전반경, 높이제한 등 방호조치를 강구한다.

**해설**

절대로 운전 반경 내에 사람이 있을 때는 회전하여서는 안 된다.

정답　112 ③　113 ①　114 ④　115 ③　116 ②

**117** 다음 설명에서 제시된 산업안전보건법에서 말하는 고용노동부령으로 정하는 공사에 해당하지 않는 것은?

> 건설업 중 고용노동부령으로 정하는 공사를 착공하려는 사업주는 고용노동부령으로 정하는 자격을 갖춘 자의 의견을 들은 후 유해·위험방지계획서를 작성하여 고용노동부령으로 정하는 바에 따라 고용노동부장관에게 제출하여야 한다.

① 지상 높이가 31m인 건축물의 건설·개조 또는 해체
② 최대 지간길이가 50m인 교량건설 등의 공사
③ 깊이가 8m인 굴착공사
④ 터널 건설공사

**해설**
유해위험방지계획서를 제출해야 될 건설공사
1. 다음 각 목의 어느 하나에 해당하는 건축물 또는 시설 등의 건설·개조 또는 해체공사
   ㉠ 지상높이가 31미터 이상인 건축물 또는 인공구조물
   ㉡ 연면적 3만제곱미터 이상인 건축물
   ㉢ 연면적 5천제곱미터 이상인 시설로서 다음의 어느 하나에 해당하는 시설
      • 문화 및 집회시설(전시장 및 동물원·식물원은 제외)
      • 판매시설, 운수시설(고속철도의 역사 및 집배송시설은 제외)
      • 종교시설
      • 의료시설 중 종합병원
      • 숙박시설 중 관광숙박시설
      • 지하도상가
      • 냉동·냉장 창고시설
2. 연면적 5천제곱미터 이상인 냉동·냉장 창고시설의 설비공사 및 단열공사
3. 최대 지간길이(다리의 기둥과 기둥의 중심 사이의 거리)가 50미터 이상인 다리의 건설등 공사
4. 터널의 건설 등 공사
5. 다목적댐, 발전용댐, 저수용량 2천만톤 이상의 용수 전용 댐 및 지방상수도 전용 댐의 건설 등 공사
6. 깊이 10미터 이상인 굴착공사

**118** 유해·위험방지계획서 제출 시 첨부서류에 해당하지 않는 것은?

① 교통처리계획
② 안전관리 조직표
③ 공사 개요서
④ 공사현장의 주변현황 및 주변과의 관계를 나타내는 도면

**해설**
유해·위험방지계획서의 첨부서류
1. 공사 개요 및 안전보건관리계획
   ㉠ 공사 개요서
   ㉡ 공사현장의 주변 현황 및 주변과의 관계를 나타내는 도면(매설물 현황을 포함)
   ㉢ 전체 공정표
   ㉣ 산업안전보건관리비 사용계획서
   ㉤ 안전관리 조직표
   ㉥ 재해 발생 위험 시 연락 및 대피방법
2. 작업 공사 종류별 유해·위험방지계획

**119** 다음 중 건설재해대책의 사면보호공법에 해당하지 않는 것은?

① 실드공
② 식생공
③ 뿜어 붙이기공
④ 블록공

**해설**
비탈면 보호공법(사면 보호공법)

| 구분 | 공법 | |
|---|---|---|
| 식생공법 | • 씨앗 뿌리기공<br>• 식생판공<br>• 식생 포대공 | • 떼붙임공<br>• 씨앗 뿌려 붙이기공<br>• 식생공 |
| 구조물공법 | • 현장타설 콘크리트 격자공<br>• 블록공<br>• 돌쌓기공 | • 콘크리트 붙임공법<br>• 뿜칠공법 |

**120** 토석붕괴 방지방법에 대한 설명으로 옳지 않은 것은?

① 말뚝(강관, H형강, 철근콘크리트)을 박아 지반을 강화시킨다.
② 활동의 가능성이 있는 토석은 제거한다.
③ 지표수가 침투되지 않도록 배수시키고 지하수위 저하를 위해 수평보링을 하여 배수시킨다.
④ 활동에 의한 붕괴를 방지하기 위해 비탈면, 법면의 상단을 다진다.

**해설**
붕괴예방조치
1. 적절한 경사면의 기울기를 계획하여야 한다.
2. 경사면의 기울기가 당초 계획과 차이가 발생되면 즉시 재검토하여 계획을 변경시켜야 한다.
3. 활동할 가능성이 있는 토석은 제거하여야 한다.
4. 경사면의 하단부에 압성토 등 보강공법으로 활동에 대한 저항대책을 강구하여야 한다.
5. 말뚝(강관, H형강, 철근 콘크리트)을 타입하여 지반을 강화시킨다.
6. 빗물, 지표수, 지하수의 사전제거 및 침투를 방지하여야 한다.

정답 117 ③ 118 ① 119 ① 120 ④

# 02 | 2016년 2회 기출문제

## 1과목 안전관리론

**01** 산업안전보건법상 근로자 안전보건교육 중 채용 시 교육 및 작업내용 변경 시의 교육내용이 아닌 것은?

① 기계·기구의 위험성과 작업의 순서 및 동선에 관한 사항
② 정리정돈 및 청소에 관한 사항
③ 물질안전보건자료에 관한 사항
④ 표준안전 작업방법 결정 및 지도·감독 요령에 관한 사항

**해설**

근로자 채용 시 교육 및 작업내용 변경 시 교육
1. 산업안전 및 산업재해 예방에 관한 사항(화재·폭발 사고 발생 시 대피에 관한 사항을 포함)
2. 산업보건 및 건강장해 예방에 관한 사항
3. 위험성 평가에 관한 사항
4. 산업안전보건법령 및 산업재해보상보험 제도에 관한 사항
5. 직무스트레스 예방 및 관리에 관한 사항
6. 직장 내 괴롭힘, 고객의 폭언 등으로 인한 건강장해 예방 및 관리에 관한 사항
7. 기계·기구의 위험성과 작업의 순서 및 동선에 관한 사항
8. 작업 개시 전 점검에 관한 사항
9. 정리정돈 및 청소에 관한 사항
10. 사고 발생 시 긴급조치에 관한 사항
11. 물질안전보건자료에 관한 사항

**02** 시몬즈(Simonds)의 재해코스트 산출방식에서 A, B, C, D는 무엇을 뜻하는가?

```
총재해 코스트
 = 보험코스트 + (A × 휴업상해건수)
  + (B × 통원상해건수) + (C × 응급조치건수)
  + (D × 무상해 사고건수)
```

① 직접손실비          ② 간접손실비
③ 보험 코스트         ④ 비보험 코스트 평균치

**해설**

시몬즈(Simonds) 방식
총 재해 코스트(cost) = 보험 코스트(cost) + 비보험 코스트(cost)
1. 보험 코스트(cost) : 산재보험료
2. 비보험 코스트(cost) = A × 휴업상해건수 + B × 통원상해건수 + C × 응급조치건수 + D × 무상해사고건수
3. A, B, C, D는 상해 정도별 재해에 대한 비보험 코스트의 평균치이다.
4. 사망과 영구 전노동 불능 상해는 재해범주에서 제외된다.

**03** 무재해운동의 3원칙에 해당되지 않는 것은?

① 무의 원칙          ② 참가의 원칙
③ 대책 선정의 원칙    ④ 선취의 원칙

**해설**

무재해운동의 3원칙
1. 무의 원칙
2. 참여의 원칙(전원참가의 원칙)
3. 선취의 원칙(안전제일의 원칙)

**04** 데이비스(K. Davis)의 동기부여이론 등식으로 옳은 것은?

① 지식 × 기능 = 태도
② 지식 × 상황 = 동기유발
③ 능력 × 상황 = 인간의 성과
④ 능력 × 동기유발 = 인간의 성과

**해설**

데이비스(K. Davis)의 동기 부여 이론
1. 인간의 성과 × 물질적 성과 = 경영의 성과
2. 지식(knowledge) × 기능(skill) = 능력(ability)
3. 상황(situation) × 태도(attitude) = 동기유발(motivation)
4. 능력(ability) × 동기유발(motivation) = 인간의 성과(human performance)

**정답** 01 ④ 02 ④ 03 ③ 04 ④

## 05 인간의 동작특성 중 판단과정의 착오요인이 아닌 것은?

① 합리화
② 정서 불안정
③ 작업조건 불량
④ 정보 부족

**해설**

착오의 요인(3단계)

| 단계 | 종류 | 내용 |
|---|---|---|
| 제1단계 | 인지과정 착오 | 1. 심리 또는 생리적 요인<br>2. 정보량 저장의 한계 : 한계정보량보다 더 많은 정보가 들어오는 경우 정보를 처리하지 못하는 현상<br>3. 감각차단 현상 : 단조로운 업무가 장시간 지속될 때 작업자의 감각기능 및 판단능력이 둔화 또는 마비되는 현상(예 : 고도비행, 단독비행, 계기비행, 직선 고속도로 운행 등)<br>4. 정서적 불안정(불안, 공포)<br>5. 정보수용 능력의 한계 : 인간의 감지범위 밖의 정보 |
| 제2단계 | 판단과정 착오 | 1. 정보부족(옹고집, 지나친 자기중심적 인간)<br>2. 능력부족(지식부족, 경험부족)<br>3. 자기합리화(자기에게 유리하게 판단)<br>4. 환경조건불비(작업조건 불량) |
| 제3단계 | 조작과정 착오 | 1. 기술능력 미숙<br>2. 경험부족<br>3. 피로 |

## 06 리더쉽의 유형에 해당되지 않는 것은?

① 권위형
② 민주형
③ 자유방임형
④ 혼합형

**해설**

리더십의 유형

| 선출방식에 따른 분류 | 1. 헤드십(headship)<br>2. 리더십(leadership) |
|---|---|
| 업무추진의 방식에 따른 분류 | 1. 권위형(독재적)<br>2. 민주형(민주적)<br>3. 자유방임형(개방적) |

## 07 학습이론 중 자극과 반응의 이론이라 볼 수 없는 것은?

① Kohler의 통찰성
② Thorndike의 시행착오설
③ Pavlov의 조건반사설
④ Skinner의 조작적 조건화설

**해설**

학습이론

| S(자극) – R(반응)이론<br>(행동주의 학습이론) | • 조건반사설(Pavlov)<br>• 시행 착오설(Thorndike)<br>• 조작적 조건 형성이론(Skinner) |
|---|---|
| 인지이론(형태이론) | • 통찰설(Köhler)<br>• 장이론(Lewin)<br>• 기호형태설(Tolman) |

## 08 안전표지의 종류와 분류가 올바르게 연결된 것은?

① 금연 – 금지표지
② 낙하물 경고 – 지시표지
③ 안전모 착용 – 안내표지
④ 세안장치 – 경고표지

**해설**

안전·보건표지
1. 금연 – 금지표지
2. 낙하물 경고 – 경고표지
3. 안전모 착용 – 지시표지
4. 세안장치 – 안내표지

## 09 안전에 관한 기본방침을 명확하게 해야 할 임무는 누구에게 있는가?

① 안전관리자
② 관리감독자
③ 근로자
④ 사업주

**해설**

사업주의 의무
1. 산업안전보건법에 따른 명령으로 정하는 산업재해 예방을 위한 기준을 지킬 것
2. 근로자의 신체적 피로와 정신적 스트레스 등을 줄일 수 있는 쾌적한 작업환경을 조성하고 근로조건을 개선할 것
3. 해당 사업장의 안전·보건에 관한 정보를 근로자에게 제공할 것

## 10 학습지도의 형태 중 토의법에 해당되지 않는 것은?

① 패널 디스커션(panel discussion)
② 포럼(forum)
③ 구안법(project method)
④ 버즈 세션(buzz session)

**정답** 05 ② 06 ④ 07 ① 08 ① 09 ④ 10 ③

해설
토의법의 종류
1. 자유토의법
2. 패널 디스커션(Panel Discussion)
3. 심포지엄(Symposium)
4. 포럼(Forum)
5. 버즈 세션(Buzz Session)

**TIP 구안법**
학습자 마음속에 생각하고 있는 것을 외부에 구체적으로 실현하고 형상화하기 위해 학습자 스스로가 계획을 세워서 수행하는 학습활동으로 이루어지는 교육방법

**11** A 사업장의 연천인율이 10.8인 경우, 이 사업장의 도수율은 약 얼마인가?

① 5.4　　② 4.5
③ 3.7　　④ 1.8

해설

$$도수율 = \frac{연천인율}{2.4} = \frac{10.8}{2.4} = 4.5$$

도수율과 연천인율의 관계
1. 도수율 $= \frac{연천인율}{2.4}$
2. 연천인율 $=$ 도수율$\times 2.4$

**12** 위험예지훈련의 문제해결 4라운드에 속하지 않는 것은?

① 현상파악　　② 본질추구
③ 대책수립　　④ 원인결정

해설
위험예지훈련의 4라운드
1. 1라운드(1R) : 현상파악(사실을 파악한다)
2. 2라운드(2R) : 본질추구(요인을 찾아낸다)
3. 3라운드(3R) : 대책수립(대책을 선정한다)
4. 4라운드(4R) : 목표설정(행동계획을 정한다)

**13** 다음 중 학습정도(Level of learning)의 4단계를 순서대로 옳게 나열한 것은?

① 이해 → 적용 → 인지 → 지각
② 인지 → 지각 → 이해 → 적용
③ 지각 → 인지 → 적용 → 이해
④ 적용 → 인지 → 지각 → 지각

해설
학습정도(level of learning)의 4단계

| 인지(to aquaint) | ~을 인지하여야 한다. |
|---|---|
| 지각(to know) | ~을 알아야 한다. |
| 이해(to understand) | ~을 이해하여야 한다. |
| 적용(to apply) | ~을 ~에 적용할 줄 알아야 한다. |

**14** 직계 – 참모식 조직의 특징에 대한 설명으로 옳은 것은?

① 소규모 사업장에 적합하다.
② 생산조직과는 별도의 조직과 기능을 갖고 활동한다.
③ 안전계획, 평가 및 조사는 스탭에서, 생산기술의 안전대책은 라인에서 실시한다.
④ 안전업무가 표준화되어 직장에 정착하기 쉽다.

해설
라인 – 스태프형(line – staff형) – 직계 참모형 조직
1. 의의
   ㉠ 안전보건 업무를 전담하는 스태프를 별도로 두고 또 생산 라인에는 그 부서의 장으로 하여금 계획된 생산 라인의 안전관리조직을 통하여 실시하도록 한 조직형태
   ㉡ 1,000명 이상의 대규모 사업장에 적합한 조직형태
2. 장점
   ㉠ 라인에서 안전보건 업무가 수행되어 안전보건에 관한 지시 명령 조치가 신속, 정확하게 이루어짐
   ㉡ 스태프는 안전에 관한 기획, 조사, 검토 및 연구를 수행
3. 단점
   ㉠ 명령계통과 조언, 권고적 참여가 혼동되기 쉬움
   ㉡ 라인과 스태프 간에 협조가 이루어지지 않을 경우 업무의 원활한 추진 불가(라인과 스태프 간의 월권 또는 상호 의견충돌이 생길 수 있음)
   ㉢ 라인이 스태프에 의존 또는 활용하지 않는 경우가 있음

**15** 산업안전보건법상 중대재해에 해당하지 않는 것은?

① 사망자가 2명 발생한 재해
② 6개월 요양을 요하는 부상자가 동시에 4명 발생한 재해
③ 부상자 또는 직업성 질병자가 동시에 12명 발생한 재해

정답　11 ②　12 ④　13 ②　14 ③　15 ④

④ 3개월 요양을 요하는 부상자가 1명, 2개월 요양을 요하는 부상자가 4명 발생한 재해

**해설**

중대재해
1. 사망자가 1명 이상 발생한 재해
2. 3개월 이상의 요양이 필요한 부상자가 동시에 2명 이상 발생한 재해
3. 부상자 또는 직업성 질병자가 동시에 10명 이상 발생한 재해

**16** 안전교육 훈련에 있어 동기부여방법에 대한 설명으로 가장 거리가 먼 것은?

① 안전 목표를 명확히 설정한다.
② 결과를 알려준다.
③ 경쟁과 협동을 유발시킨다.
④ 동기유발 수준을 정도 이상으로 높인다.

**해설**

동기부여방법
1. 안전의 근본이념을 인식시킨다.
2. 안전 목표를 명확히 설정하여 주지시킨다.
3. 결과의 가치를 인식하고 알려준다.
4. 상과 벌을 준다(상벌제도를 합리적으로 시행한다).
5. 경쟁과 협동을 유도한다.
6. 동기 유발의 최적수준을 유지한다.

**17** 고무제 안전화의 구비조건이 아닌 것은?

① 유해한 흠, 균열, 기포, 이물질 등이 없어야 한다.
② 바닥, 발등, 발뒤꿈치 등의 접착부분에 물이 들어오지 않아야 한다.
③ 에나멜 도포는 벗겨져야 하며, 건조가 완전하여야 한다.
④ 완성품의 성능은 압박감, 충격 등의 성능시험에 합격하여야 한다.

**해설**

고무제 안전화의 일반구조
에나멜 칠한 것은 에나멜이 벗겨지지 않아야 하고 건조가 충분하여야 하며, 몸통과 신울에 칠한 면이 대체로 평활하고, 칠한면을 겉으로 하여 180° 각도로 구부렸을 때, 에나멜 칠한 면에 균열이 생기지 않도록 해야 한다.

**18** 산업재해의 원인 중 기술적 원인에 해당하는 것은?

① 작업준비의 불충분
② 안전장치의 기능 제거
③ 안전교육의 부족
④ 구조재료의 부적당

**해설**

기술적 원인
1. 건물, 기계장치의 설계 불량
2. 구조, 재료의 부적합
3. 생산방법의 부적당
4. 점검, 정비, 보존의 불량

**19** 안전점검 체크리스트에 포함되어야 할 사항이 아닌 것은?

① 점검대상
② 점검부분
③ 점검방법
④ 점검목적

**해설**

점검표(체크 리스트)에 포함되어야 할 사항
1. 점검대상   4. 판정기준   7. 점검주기
2. 점검방법   5. 점검항목
3. 점검부분   6. 조치사항

**20** 매슬로의 욕구단계이론에서 편견 없이 받아들이는 성향, 타인과의 거리를 유지하며 사생활을 즐기거나 창의적 성격으로 봉사, 특별히 좋아하는 사람과 긴밀한 관계를 유지하려는 인간의 욕구에 해당하는 것은?

① 생리적 욕구
② 사회적 욕구
③ 자아실현의 욕구
④ 안전에 대한 욕구

**해설**

매슬로(Maslow)의 욕구단계 이론

| | | |
|---|---|---|
| 제1단계 | 생리적 욕구 | 기아, 갈증, 호흡, 배설, 성욕 등 생명 유지의 기본적 욕구 |
| 제2단계 | 안전의 욕구 | • 자기보존 욕구 - 안전을 구하려는 욕구<br>• 전쟁, 재해, 질병의 위험으로부터 자유로워지려는 욕구 |
| 제3단계 | 사회적 욕구 | • 소속감과 애정에 대한 욕구<br>• 사회적으로 관계를 향상시키는 욕구 |
| 제4단계 | 인정받으려는 욕구<br>(자기 존중의 욕구) | 자존심, 명예, 성취, 지위 등 인정받으려는 욕구 |
| 제5단계 | 자아실현의 욕구 | • 잠재능력을 실현하고자 하는 성취욕구<br>• 특유의 창의력을 발휘 |

**정답** 16 ④  17 ③  18 ④  19 ④  20 ③

## 2과목 인간공학 및 시스템 안전공학

**21** 인지 및 인식의 오류를 예방하기 위해 목표와 관련하여 작동을 계획해야 하는데 특수하고 친숙하지 않은 상황에서 발생하며, 부적절한 분석이나 의사결정을 잘못하여 발생하는 오류는?

① 기능에 기초한 행동(Skill-based Behavior)
② 규칙에 기초한 행동(Rule-based Behavior)
③ 사고에 기초한 행동(Accident-based Behavior)
④ 지식에 기초한 행동(Knowledge-based Behavior)

**해설**
원인적 분류
1. 숙련기반 에러(skill based error) : 일상적인 행동과 관련이 있으며, 정신의 상태가 명함으로써 발생하는 실수
2. 규칙기반 에러(rule based error) : 문제 해결 상황에서 나쁜 결과를 예방하거나 최소화하기 위해 설계된 규칙을 적용하는 데 실패한 실수
3. 지식기반 에러(knowledge based error) : 틀린 의사결정을 하거나 불충분한 지식이나 경험으로 인한 잘못된 계획으로 발생한 실수

**22** 실험실 환경에서 수행하는 인간공학 연구의 장·단점에 대한 설명으로 맞는 것은?

① 변수의 통제가 용이하다.
② 주위 환경의 간섭에 영향받기 쉽다.
③ 실험 참가자의 안전을 확보하기가 어렵다.
④ 피실험자의 자연스러운 반응을 기대할 수 있다.

**해설**
실험실 연구

| 장점 | 단점 |
|---|---|
| 1. 변수의 통제가 용이<br>2. 주위 환경 간섭의 제거 가능<br>3. 안전의 확보 | 사실성이나 현장감이 부족 |

**23** 산업안전보건법에 따라 유해위험방지계획서의 제출대상 사업은 해당 사업으로서 전기 계약용량이 얼마 이상인 사업을 말하는가?

① 150kW  ② 200kW
③ 300kW  ④ 500kW

**해설**
유해·위험방지계획서 제출 대상 사업장
다음 각 호의 어느 하나에 해당하는 사업으로서 전기 계약용량이 300킬로와트 이상인 경우를 말한다.
1. 금속가공제품 제조업(기계 및 가구 제외)
2. 비금속 광물제품 제조업
3. 기타 기계 및 장비 제조업
4. 자동차 및 트레일러 제조업
5. 식료품 제조업
6. 고무제품 및 플라스틱제품 제조업
7. 목재 및 나무제품 제조업
8. 기타 제품 제조업
9. 1차 금속 제조업
10. 가구 제조업
11. 화학물질 및 화학제품 제조업
12. 반도체 제조업
13. 전자부품 제조업

**24** 시스템 안전분석 방법 중 예비위험분석(PHA) 단계에서 식별하는 4가지 범주에 속하지 않는 것은?

① 위기상태
② 무시가능상태
③ 파국적 상태
④ 예비조치상태

**해설**
예비위험분석(PHA)의 범주

| 구분 | 위험분류 | 특징 |
|---|---|---|
| class 1 | 파국적<br>(Catastrophic) | 시스템의 성능을 현저히 저하시키고 그 결과 시스템의 손실, 인원의 사망 또는 다수의 부상자를 내는 상태 |
| class 2 | 중대[위험]<br>(Critical) | 인원의 부상 및 시스템의 중대한 손해를 초래하거나 인원의 생존 및 시스템의 존속을 위하여 즉시 수정조치를 필요로 하는 상태 |
| class 3 | 한계적<br>(Marginal) | 인원의 부상 및 시스템의 중대한 손해를 초래하지 않고 대처 또는 제어할 수 있는 상태 |
| class 4 | 무시가능<br>(Negligible) | 시스템의 성능을 그다지 저하시키지도 않고 또한 시스템의 기능도 손해도 인원의 부상도 초래하지 않는 상태 |

정답  21 ④  22 ①  23 ③  24 ④

**25** 다음의 그림과 같이 FTA로 분석된 시스템에서 현재 모든 기본사상에 대한 부품이 고장난 상태이다. 부품 $X_1$부터 부품 $X_5$까지 순서대로 복구한다면 어느 부품을 수리 완료하는 순간부터 시스템은 정상가동이 되겠는가?

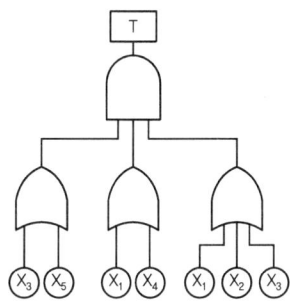

① $X_1$   ② $X_2$
③ $X_3$   ④ $X_4$

**해설**

1. $X_1$ 수리

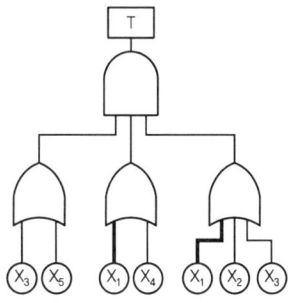

㉠ $X_3$, $X_5$가 수리되지 않아 정상가동 안 됨
㉡ $X_4$가 수리되지 않아 정상가동 안 됨
㉢ $X_2$, $X_3$가 수리되지 않아 정상가동 안 됨

2. $X_2$ 수리

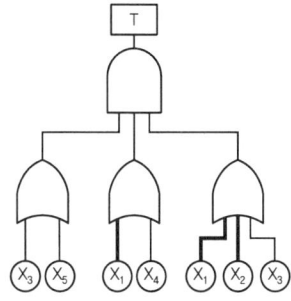

㉠ $X_3$, $X_5$가 수리되지 않아 정상가동 안 됨
㉡ $X_4$가 수리되지 않아 정상가동 안 됨
㉢ $X_3$가 수리되지 않아 정상가동 안 됨

3. $X_3$ 수리

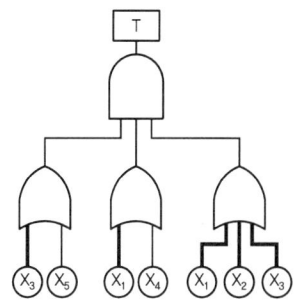

T가 정상가동되려면 AND 게이트이므로 3개의 OR 게이트에서 신호가 나와야 하나 $X_1$, $X_2$, $X_3$가 수리가 완료되면 정상가동이 된다.

**26** 다음 중 성격이 다른 정보의 제어 유형은?
① action   ② selection
③ setting   ④ data entry

**해설**

정보의 제어 유형

| 이산형 정보 (discrete information) 제어 | 작동/멈춤이나 개폐 등과 같이 운전(action), 여러 조건 중에서의 선택(selection), 자료입력(data entry) 등의 형태로 분류 |
|---|---|
| 연속형 정보 (continuous information) 제어 | 정량적 정보의 조절(setting), 조정(adjusting), 위치조정(positioning), 추적(tracking)의 형태로 분류 |

**27** 기계설비가 설계 사양대로 성능을 발휘하기 위한 적정 윤활의 원칙이 아닌 것은?
① 적량의 규정
② 주유방법의 통일화
③ 올바른 윤활법의 채용
④ 윤활기간의 올바른 준수

**해설**

윤활관리의 4원칙
1. 적유 : 기계가 필요로 하는 윤활제 선정
2. 적법 : 올바른 윤활법 채택
3. 적량 : 그 양을 규정
4. 적기 : 적절한 시기에 교환 또는 보충

정답  25 ③  26 ③  27 ②

**28** 인간공학의 궁극적인 목적과 가장 관계가 깊은 것은?

① 경제성 향상  ② 인간 능력의 극대화
③ 설비의 가동률 향상  ④ 안전성 및 효율성 향상

**해설**
인간공학의 목적
1. 안전성 향상 및 사고 방지
2. 기계조작의 능률성과 생산성의 향상
3. 작업환경의 쾌적성 향상

**29** 특정한 목적을 위해 시각적 암호, 부호 및 기호를 의도적으로 사용할 때에 반드시 고려하여야 할 사항과 가장 거리가 먼 것은?

① 검출성  ② 판별성
③ 양립성  ④ 심각성

**해설**
암호체계 사용상의 일반적 지침
1. 암호의 검출성(detectability) : 검출이 가능하여야 한다.
2. 암호의 변별성(discriminability) : 다른 암호 표시와 구별될 수 있어야 한다.
3. 부호의 양립성(compatibility) : 자극들 간의, 반응들 간의, 자극-반응 조합의 관계가 인간의 기대와 모순되지 않는 것이다.
4. 부호의 의미 : 사용자가 그 뜻을 분명히 알 수 있어야 한다.
5. 암호의 표준화(standardization) : 암호를 표준화하여야 한다.
6. 다차원 암호의 사용(multidimensional) : 2가지 이상의 암호 차원을 조합해서 사용하면 정보전달이 촉진된다.

**30** 다음 그림과 같이 7개의 기기로 구성된 시스템의 신뢰도는 약 얼마인가?

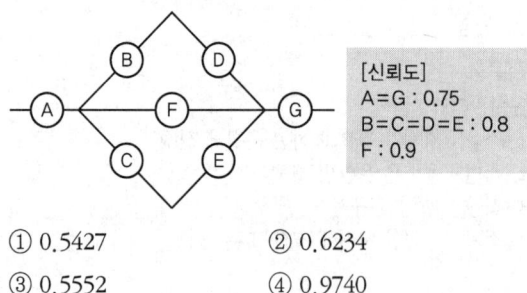

① 0.5427  ② 0.6234
③ 0.5552  ④ 0.9740

**해설**
시스템의 신뢰도

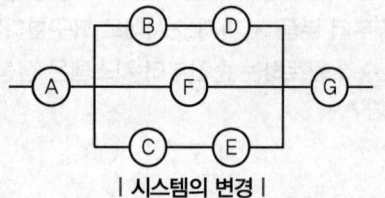

| 시스템의 변경 |

1. ⓑ와 ⓓ는 직렬이므로 $0.8 \times 0.8 = 0.64$
2. ⓒ와 ⓔ는 직렬이므로 $0.8 \times 0.8 = 0.64$
3. (ⓑ와 ⓓ), (ⓕ), (ⓒ와 ⓔ)는 병렬이므로
   $1 - (1 - 0.64)(1 - 0.9)(1 - 0.64) = 0.987$
4. ⓐ, 0.987, ⓖ는 직렬이므로
   신뢰도 $= 0.75 \times 0.987 \times 0.75 = 0.5552$

**31** 여러 사람이 사용하는 의자의 좌면 높이는 어떤 기준으로 설계하는 것이 가장 적절한가?

① 5% 오금높이  ② 50% 오금높이
③ 75% 오금높이  ④ 95% 오금높이

**해설**
의자 좌판의 높이
1. 대퇴를 압박하지 않도록 좌판은 오금의 높이보다 높지 않아야 하고 앞 모서리는 5cm 정도 낮게 설계(치수는 5%치 사용)
2. 좌판의 높이는 조절할 수 있도록 하는 것이 바람직하다.

**32** FTA에서 특정 조합의 기본사상들이 동시에 결함을 발생하였을 때 정상사상을 일으키는 기본사상의 집합을 무엇이라 하는가?

① cut set  ② error set
③ path set  ④ success set

**해설**
컷셋과 패스셋
1. 컷셋(cut set) : 정상사상을 발생시키는 기본사상의 집합으로 그 안에 포함되는 모든 기본사상(여기서는 통상사상, 생략결함사상 등을 포함한 기본사상)이 발생할 때 정상사상을 발생시킬 수 있는 기본사상의 집합
2. 미니멀 컷셋(minimal cut set) : 컷셋의 집합 중에서 정상사상을 일으키기 위하여 필요한 최소한의 컷셋을 미니멀 컷셋이라 한다. 즉, 컷셋 중에서 타 컷셋을 포함하고 있는 것을 배제하고 남은 컷셋들을 의미한다.

정답 28 ④  29 ④  30 ③  31 ①  32 ①

3. 패스셋(path set) : 그 안에 포함되는 모든 기본사상이 일어나지 않을 때 처음으로 정상사상이 일어나지 않는 기본사상의 집합, 즉 시스템이 고장나지 않도록 하는 사상의 조합이다.
4. 미니멀 패스셋(minimal path set) : 정상사상이 일어나지 않기 위해 필요한 최소한의 것을 말하며, 시스템의 신뢰성을 나타낸다. 즉, 시스템의 기능을 살리는 최소요인의 집합이다.

## 33 정보가 촉각적 암호화 방법으로만 구성된 것은?

① 점자, 진동, 온도
② 초인종, 점멸등, 점자
③ 신호등, 정보음, 점멸등
④ 연기, 온도, 모스(Morse) 부호

### 해설

동적 정보를 전달하는 촉각적 표시장치
1. 기계적 자극
   ㉠ 피부에 진동기를 부착 : 진동기의 위치, 진동수, 강도, 지속시간 등의 변수를 사용하여 암호화
   ㉡ 증폭된 음성을 하나의 진동기를 사용하여 피부에 전달
2. 전기적 자극
   ㉠ 통증을 주지 않을 정도의 맥동 전류 자극을 사용해야 한다.
   ㉡ 강도, 극성(polarity), 지속시간(duration), 시간 간격(interval), 전극의 종류, 크기, 전극 간격(spacing) 등에 의해 좌우됨

## 34 전신육체적 작업에 대한 개략적 휴식시간의 산출공식으로 맞는 것은?(단, $R$은 휴식시간(분), $E$는 작업의 에너지 소비율(kcal/분)이다.)

① $R = E \times \dfrac{60-4}{E-2}$
② $R = 60 \times \dfrac{E-4}{E-1.5}$
③ $R = 60 \times (E-4) \times (E-2)$
④ $R = E \times (60-4) \times (E-1.5)$

### 해설

휴식시간

$$R = \dfrac{60(E-4)}{E-1.5}$$

여기서, $R$ = 휴식시간(분)
$E$ = 작업 시 평균 에너지 소비량(kcal/분)
60 = 총 작업시간(분)
1.5kcal/분 = 휴식시간 중의 에너지 소비량

## 35 FT도에 사용하는 기호에서 3개의 입력현상 중 임의의 시간에 2개가 발생하면 출력이 생기는 기호의 명칭은?

① 억제 게이트
② 조합 AND 게이트
③ 배타적 OR 게이트
④ 우선적 AND 게이트

### 해설

게이트
1. 우선적 AND 게이트 : 입력사상 중 어떤 사상이 다른 사상보다 먼저 일어난 때에 출력사상이 생긴다.
2. 조합 AND 게이트 : 3개 이상의 입력사상 중 어느 것이나 2개가 일어나면 출력이 생긴다.
3. 억제 게이트 : 입력사상 중 어느 것이나 이 게이트로 나타내는 조건이 만족하는 경우에만 출력사상이 발생한다.(조건부확률)
4. 배타적 OR 게이트 : OR 게이트이지만 2개 또는 그 이상의 입력이 동시에 존재하는 경우에는 출력이 생기지 않는다.

## 36 첨단 경보시스템의 고장률은 0이다. 경계의 효과로 조작자 오류율은 0.01t/hr이며, 인간의 실수율은 균질(homogeneous)한 것으로 가정한다. 또한, 이 시스템의 스위치 조작자는 1시간마다 스위치를 작동해야 하는데 인간오류확률(HEP : Human Error Probability)이 0.001인 경우에 2시간에서 6시간 사이에 인간-기계 시스템의 신뢰도는 약 얼마인가?

① 0.938
② 0.948
③ 0.957
④ 0.967

### 해설

인간-기계시스템의 신뢰도
1. 기계의 신뢰도

$$R(t) + F(t) = 1$$

여기서, $R(t)$ : 신뢰도, $F(t)$ : 불신뢰도

첨단 경보시스템의 고장률이 0이라는 것은 불신뢰도가 0이다.
$R(t) = 1 - F(t) = 1 - 0 = 1$

2. 실수율이 $\lambda$일 때, 지정된 기간 $[t_1, t_2]$ 동안 지속되는 직무를 실수 없이 성공적으로 수행할 인간(간격) 신뢰도

$$R(t_1, t_2) = e^{-\lambda(t_2 - t_1)}$$

$R(t) = e^{-0.01 \times (6-2)} = 0.9607$

정답  33 ①  34 ②  35 ②  36 ③

3. $n$번 반복하여 실행하는 직무에서 실수 없이 성공적으로 직무를 수행할 확률

$$인간신뢰도[R(n)] = (1-p)^n$$

여기서, $p$ : 인간 실수 확률(HEP)

인간신뢰도$[R(n)] = (1-p)^n = (1-0.001)^4 = 0.9960$
여기서, 2~6시간 사이는 1시간마다 스위치를 작동하므로 $n=4$, HEP=0.001이다.

4. 신뢰도=$1 \times 0.9607 \times 0.9960 = 0.9568 ≒ 0.957$

## 37 실내에서 사용하는 습구흑구온도(WBGT : Wet Bulb Globe Temperature) 지수는?(단, NWB는 자연습구, GT는 흑구온도, DB는 건구온도이다.)

① WBGT=0.6NWB+0.4GT
② WBGT=0.7NWB+0.3GT
③ WBGT=0.6NWB+0.3GT+0.1DB
④ WBGT=0.7NWB+0.2GT+0.1DB

**해설**
고온 작업장
1. 옥외 장소(태양광선이 내리쬐는 장소)

$$WBGT(℃) = 0.7 \times 자연습구온도 + 0.2 \times 흑구온도 + 0.1 \times 건구온도$$

2. 옥내 또는 옥외 장소(태양광선이 내리쬐지 않는 장소)

$$WBGT(℃) = 0.7 \times 자연습구온도 + 0.3 \times 흑구온도$$

## 38 화학설비에 대한 안전성 평가방법 중 공장의 입지조건이나 공장 내 배치에 관한 사항은 어느 단계에서 하는가?

① 제1단계 : 관계자료의 작성 준비
② 제2단계 : 정성적 평가
③ 제3단계 : 정량적 평가
④ 제4단계 : 안전대책

**해설**
안전성 평가(제2단계 : 정성적 평가)
1. 설계 관계 항목
   ㉠ 입지조건
   ㉡ 공장 내 배치
   ㉢ 건조물
   ㉣ 소방설비

2. 운전 관계 항목
   ㉠ 원재료, 중간체, 제품 등의 위험성
   ㉡ 프로세스의 운전조건, 수송·저장 등에 대한 안전대책
   ㉢ 프로세스 기기의 선정요건

## 39 국내 규정상 1일 노출횟수가 100일 때 최대 음압수준이 몇 dB(A)를 초과하는 충격소음에 노출되어서는 아니 되는가?

① 110
② 120
③ 130
④ 140

**해설**
충격소음작업
소음이 1초 이상의 간격으로 발생하는 작업으로서 다음 어느 하나에 해당하는 작업
1. 120데시벨을 초과하는 소음이 1일 1만 회 이상 발생하는 작업
2. 130데시벨을 초과하는 소음이 1일 1천 회 이상 발생하는 작업
3. 140데시벨을 초과하는 소음이 1일 1백 회 이상 발생하는 작업

## 40 위험 및 운전성 검토(HAZOP)에서 사용되는 가이드 워드 중에서 성질상의 감소를 의미하는 것은?

① Part of
② More less
③ No/Not
④ Other than

**해설**
지침단어(가이드 워드)의 의미

| Guide Word | 의미 |
| --- | --- |
| NO 혹은 NOT | 설계의도의 완전한 부정 |
| MORE 혹은 LESS | 양의 증가 혹은 감소(정량적 증가 혹은 감소) |
| AS WELL AS | 성질상의 증가(정성적 증가) |
| PART OF | 성질상의 감소(정성적 감소) |
| REVERSE | 설계의도의 논리적인 역(설계의도와 반대 현상) |
| OTHER THAN | 완전한 대체의 필요 |

## 3과목 기계위험 방지기술

### 41 롤러기 급정지장치의 종류가 아닌 것은?

① 어깨조작식  ② 손조작식
③ 복부조작식  ④ 무릎조작식

**해설**

급정지장치의 설치방법

| 급정지장치 조작부의 종류 | 위치 | 비고 |
|---|---|---|
| 손으로 조작하는 것 | 밑면으로부터 1.8m 이내 | 위치는 급정지장치 조작부의 중심점을 기준으로 함 |
| 복부로 조작하는 것 | 밑면으로부터 0.8m 이상 1.1m 이내 | |
| 무릎으로 조작하는 것 | 밑면으로부터 0.4m 이상 0.6m 이내 | |

### 42 안전색채와 기계장비 또는 배관의 연결이 잘못된 것은?

① 시동스위치 - 녹색  ② 급정지스위치 - 황색
③ 고열기계 - 회청색  ④ 증기배관 - 암적색

**해설**

외관상의 안전화
안전 색채 조절(기계 장비 및 부수되는 배관)

| 시동 스위치 | 녹색 | 고열을 내는 기계 | 청녹색, 회청색 | 기름배관 | 암황적색 |
|---|---|---|---|---|---|
| 급정지 스위치 | 적색 | 증기배관 | 암적색 | 물배관 | 청색 |
| 대형 기계 | 밝은 연녹색 | 가스배관 | 황색 | 공기배관 | 백색 |

### 43 다음 중 지브가 없는 크레인의 정격하중에 관한 정의로 옳은 것은?

① 짐을 싣고 상승할 수 있는 최대하중
② 크레인의 구조 및 재료에 따라 들어올릴 수 있는 최대하중
③ 권상하중에서 훅, 그랩 또는 버킷 등 달기구의 중량에 상당하는 하중을 뺀 하중
④ 짐을 싣지 않고 상승할 수 있는 최대하중

**해설**

크레인의 정격하중
크레인의 권상(호이스팅)하중에서 훅, 크래브 또는 버킷 등 달기구의 중량에 상당하는 하중을 뺀 하중을 말한다. 다만, 지브가 있는 크레인 등으로서 경사각의 위치에 따라 권상능력이 달라지는 것은 그 위치에서의 권상하중에서 달기기구의 중량을 뺀 하중을 말한다.

### 44 동력프레스기의 No hand in die 방식의 안전대책으로 틀린 것은?

① 안전금형을 부착한 프레스
② 양수조작식 방호장치의 설치
③ 안전울을 부착한 프레스
④ 전용프레스의 도입

**해설**

프레스의 안전대책

| 구분 | 종류 |
|---|---|
| No-hand in die 방식 | • 안전울을 부착한 프레스<br>• 안전금형을 부착한 프레스<br>• 전용프레스<br>• 자동프레스 |
| Hand in die 방식 | • 가드식 방호장치<br>• 수인식 방호장치<br>• 손쳐내기식 방호장치<br>• 양수조작식<br>• 광전자식(감응식) |

### 45 물질 내 실제 입자의 진동이 규칙적일 경우 주파수의 단위는 헤르츠(Hz)를 사용하는데 다음 중 통상적으로 초음파는 몇 Hz 이상의 음파를 말하는가?

① 10000  ② 20000
③ 50000  ④ 100000

**해설**

초음파 소음
가청영역 위(들을 수 있는 범위 위)의 주파수를 갖는 소음으로 전형적으로 20,000Hz 이상이다.

> **TIP** 인간의 가청 주파수 : 20~20,000Hz

**정답** 41 ① 42 ② 43 ③ 44 ② 45 ②

**46** 와이어로프의 구성요소가 아닌 것은?
① 소선
② 클립
③ 스트랜드
④ 심강

해설
와이어로프의 구성
와이어로프는 강선(소선)을 여러 개 꼬아 작은 줄(스트랜드)을 만들고, 이 줄을 꼬아 로프를 만드는데 그 중심에 심(심강, 대마를 꼬아 윤활유를 침투시킨 것)을 넣는다.

**47** 이상온도, 이상기압, 과부하 등 기계의 부하가 안전 한계치를 초과하는 경우에 이를 감지하고 자동으로 안전상태가 되도록 조정하거나 기계의 작동을 중지시키는 방호장치는?
① 감지형 방호장치
② 접근거부형 방호장치
③ 위치제한형 방호장치
④ 접근반응형 방호장치

해설
감지형 방호장치
이상온도, 이상기압, 과부하 등 기계의 부하가 안전한계치를 초과하는 경우 이를 감지하고 자동으로 안전한 상태가 되도록 조정하거나 기계의 작동을 중지시키는 방호장치

**48** 일반구조용 압연강판(SS400)으로 구조물을 설계할 때 허용응력을 10kg/mm²으로 정하였다. 이때 적용된 안전율은?
① 2
② 4
③ 6
④ 8

해설
안전율(안전계수)

$$\text{안전율(안전계수)} = \frac{\text{인장강도}}{\text{허용응력}}$$

안전율(안전계수) $= \frac{40}{10} = 4$

TIP
1. SS400 = 인장강도를 나타냄(40kg/mm², 400MPa)
2. 1kg/mm² = 10MPa(10kg/mm² = 100MPa)

**49** 아세틸렌 용접장치에 관한 설명 중 틀린 것은?
① 아세틸렌 발생기로부터 5m 이내, 발생기실로부터 3m 이내에는 흡연 및 화기 사용을 금지한다.
② 역화가 일어나면 산소밸브를 즉시 잠그고 아세틸렌 밸브를 잠근다.
③ 아세틸렌 용기는 뉘어서 사용한다.
④ 건식 안전기에는 차단방법에 따라 소결금속식과 우회로식이 있다.

해설
용해아세틸렌 용기는 세워서 사용한다.

**50** 오스테나이트계열 스테인리스 강판의 표면균열 발생을 검출하기 곤란한 비파괴 검사방법은?
① 염료침투검사
② 자분검사
③ 와류검사
④ 형광침투검사

해설
자기탐상검사(자분탐상검사, MT)
강자성체의 결함을 찾을 때 사용하는 비파괴시험으로 표면 또는 표층에 결함이 있을 경우 누설자속을 이용하여 육안으로 결함을 검출하는 방법으로 비자성체는 사용이 곤란하다.

TIP 오스테나이트계열 스테인리스 강
1. 자기적 성질이 전혀 없는 것으로 자석에 붙지 않는 성질을 가지고 있다.
2. 비자성이며 열전도율은 낮다.

**51** 지름이 D(mm)인 연삭기 숫돌의 회전수가 N(rpm)일 때 숫돌의 원주속도(m/min)를 옳게 표시한 식은?
① $\frac{\pi DN}{1000}$
② $\pi DN$
③ $\frac{\pi DN}{60}$
④ $\frac{DN}{1000}$

해설
원주속도(회전속도)

$$V = \pi DN [\text{mm/min}] = \frac{\pi DN}{1,000} [\text{m/min}]$$

여기서, $V$ : 원주속도(회전속도)[m/min]
$D$ : 숫돌의 지름[mm]
$N$ : 숫돌의 매분 회전수[rpm]

## 52 회전 중인 연삭숫돌이 근로자에게 위험을 미칠 우려가 있을 시 덮개를 설치하여야 할 연삭숫돌의 최소 지름은?

① 지름이 5cm 이상인 것
② 지름이 10cm 이상인 것
③ 지름이 15cm 이상인 것
④ 지름이 20cm 이상인 것

**해설**

연삭기 작업면에 있어서의 안전기준
1. 회전 중인 연삭숫돌(지름이 5센티미터 이상인 것으로 한정)이 근로자에게 위험을 미칠 우려가 있는 경우에 그 부위에 덮개를 설치하여야 한다.
2. 연삭숫돌을 사용하는 작업의 경우 작업을 시작하기 전에는 1분 이상, 연삭숫돌을 교체한 후에는 3분 이상 시험운전을 하고 해당 기계에 이상이 있는지를 확인하여야 한다.

## 53 프레스 작업에서 재해예방을 위한 재료의 자동 송급 또는 자동배출장치가 아닌 것은?

① 롤피더  ② 그리퍼피더
③ 플라이어  ④ 셔블 이젝터

**해설**

프레스의 수공구
1. 누름봉, 갈고리류  4. 마그넷 공구류
2. 핀셋트류  5. 진공컵류
3. 플라이어류

## 54 크레인의 방호장치에 해당되지 않는 것은?

① 권과방지장치  ② 과부하방지장치
③ 자동보수장치  ④ 비상정지장치

**해설**

방호장치의 조정
정상적으로 작동될 수 있도록 미리 조정해 두어야 한다.

| 방호장치의 조정 대상 | 1. 크레인  4. 곤돌라 2. 이동식 크레인  5. 승강기 3. 리프트 |
|---|---|
| 방호장치의 종류 | 1. 과부하방지장치 2. 권과방지장치 3. 비상정지장치 및 제동장치 4. 그 밖의 방호장치(승강기의 파이널 리미트 스위치, 속도조절기, 출입문 인터록 등) |

## 55 다음 중 선반작업에서 안전한 방법이 아닌 것은?

① 보안경 착용
② 칩 제거는 브러쉬를 사용
③ 작동 중 수시로 주유
④ 운전 중 백기어 사용 금지

**해설**

치수 측정, 주유 및 청소를 할 때는 반드시 기계를 정지시키고 한다.

## 56 산업용 로봇에 사용되는 안전매트의 종류 및 일반구조에 관한 설명으로 틀린 것은?

① 안전매트의 종류는 연결사용 가능 여부에 따라 단일 감지기와 복합감지기가 있다.
② 단선경보장치가 부착되어 있어야 한다.
③ 감응시간을 조절하는 장치가 부착되어 있어야 한다.
④ 감응도 조절장치가 있는 경우 봉인되어 있어야 한다.

**해설**

산업용 로봇 안전매트의 일반구조
1. 단선경보장치가 부착되어 있어야 한다.
2. 감응시간을 조절하는 장치는 부착되어 있지 않아야 한다.
3. 감응도 조절장치가 있는 경우 봉인되어 있어야 한다.

## 57 기계 고장률의 기본 모형이 아닌 것은?

① 초기고장  ② 우발고장
③ 마모고장  ④ 수시고장

**해설**

시스템 수명곡선(욕조곡선)
1. 초기고장 : 감소형 – DFR(Decreasing Failure Rate) : 고장률이 시간에 따라 감소
2. 우발고장 : 일정형 – CFR(Constant Failure Rate) : 고장률이 시간에 관계없이 거의 일정
3. 마모고장 : 증가형 – IFR(Increasing Failure Rate) : 고장률이 시간에 따라 증가

## 58 프레스 양수조작식 방호장치에서 누름버튼 상호간 최소 내측거리로 옳은 것은?

① 200 mm 이상  ② 250 mm 이상
③ 300 mm 이상  ④ 400 mm 이상

### 해설
양수조작식
누름버튼의 상호간 내측거리는 300mm 이상이어야 한다.

## 59 보일러 과열의 원인이 아닌 것은?
① 수관과 본체의 청소 불량
② 관수 부족 시 보일러의 가동
③ 드럼 내의 물의 감소
④ 수격작용이 발생될 때

### 해설
보일러의 과열 원인
1. 수관과 본체의 청소 불량
2. 관수 부족 시 보일러의 가동
3. 수면계의 고장으로 드럼 내 물의 감소

## 60 연삭용 숫돌의 3요소가 아닌 것은?
① 조직
② 입자
③ 결합제
④ 기공

### 해설
연삭숫돌의 3요소
1. 숫돌입자
2. 기공
3. 결합제

# 4과목 전기위험 방지기술

## 61 그림과 같은 전기설비에서 누전사고가 발생하여 인체가 전기설비의 외함에 접촉하였을 때 인체통과 전류는 약 몇 mA인가?

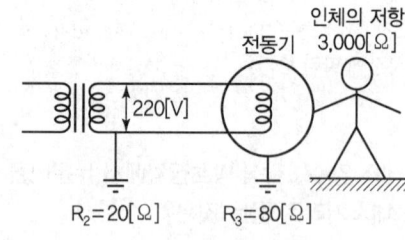

① 43.25
② 51.24
③ 58.36
④ 61.68

### 해설
인체가 외함에 접촉하면 이때 인체를 통해 흐르게 될 전류

$$I = \frac{E}{R_m\left(1 + \frac{R_2}{R_3}\right)} [A]$$

여기서, $R_m$ : 인체저항[Ω], $R_2$ : 1선 접지[Ω], $R_3$ : 외함 접지[Ω]
$E$ : 전압[V]

$$I = \frac{E}{R_m\left(1 + \frac{R_2}{R_3}\right)} = \frac{220}{3,000 \times \left(1 + \frac{20}{80}\right)} = 0.058[A] = 58[mA]$$

**TIP** 1A = 1,000mA, 1mA = 0.001A

## 62 화재 대비 비상용 동력설비에 포함되지 않는 것은?
① 소화 펌프
② 급수 펌프
③ 배연용 송풍기
④ 스프링클러용 펌프

### 해설
비상용 동력설비
1. 소화 펌프
2. 배연용 송풍기(팬)
3. 스프링클러용 펌프
4. 소방용 설비 등

## 63 방폭지역에 전기기기를 설치할 때 그 위치로 적당하지 않은 것은?
① 운전 · 조작 · 조정이 편리한 위치
② 수분이나 습기에 노출되지 않는 위치
③ 정비에 필요한 공간이 확보되는 위치
④ 부식성 가스 발산구 주변 검지가 용이한 위치

### 해설
방폭전기설비의 설치위치 선정 시 고려사항
부식성 가스 발산구의 주변 및 부식성 액체가 비산하는 위치에 설치하는 것을 피하여야 한다.

## 64 200A의 전류가 흐르는 단상 전로의 한 선에서 누전되는 최소 전류(mA)의 기준은?
① 100
② 200
③ 10
④ 20

**해설**

누설전류

$$누설전류 = 최대공급전류 \times \frac{1}{2,000}$$

$$누설전류 = 200 \times \frac{1}{2,000} = 0.1[A] = 100[mA]$$

## 65 반도체 취급 시 정전기로 인한 재해 방지대책으로 거리가 먼 것은?

① 작업자 정전화 착용
② 작업자 제전복 착용
③ 부도체 작업대 접지 실시
④ 작업장 도전성 매트 사용

**해설**

부도체의 대전 방지
부도체는 전하의 이동이 쉽게 일어나지 않기 때문에 접지로는 대전 방지의 효과를 기대하기 어려워 정전기 발생 억제가 기본이며, 가능하면 부도체를 사용하지 말고 금속도전성 재료를 사용하는 것이 바람직하다.

## 66 정전작업을 하기 위한 작업 전 조치사항이 아닌 것은?

① 단락접지 상태를 수시로 확인
② 전로의 충전 여부를 검전기로 확인
③ 전력용 커패시터, 전력케이블 등 잔류전하 방전
④ 개로개폐기의 잠금장치 및 통전금지 표지판 설치

**해설**

정전전로에서의 전로 차단 절차
1. 전기기기 등에 공급되는 모든 전원을 관련 도면, 배선도 등으로 확인할 것
2. 전원을 차단한 후 각 단로기 등을 개방하고 확인할 것
3. 차단장치나 단로기 등에 잠금장치 및 꼬리표를 부착할 것
4. 개로된 전로에서 유도전압 또는 전기에너지가 축적되어 근로자에게 전기위험을 끼칠 수 있는 전기기기 등은 접촉하기 전에 잔류전하를 완전히 방전시킬 것
5. 검전기를 이용하여 작업 대상 기기가 충전되었는지를 확인할 것
6. 전기기기 등이 다른 노출 충전부와의 접촉, 유도 또는 예비동력원의 역송전 등으로 전압이 발생할 우려가 있는 경우에는 충분한 용량을 가진 단락 접지기구를 이용하여 접지할 것

## 67 전기작업 안전의 기본대책에 해당되지 않는 것은?

① 취급자의 자세
② 전기설비의 품질 향상
③ 전기시설의 안전관리 확립
④ 유지보수를 위한 부품 재사용

**해설**

전기안전 대책의 기본 3조건

| 취급자의 자세 | 취급자의 관심도를 높이고 안전작업을 위한 작업지원을 확립할 것 |
|---|---|
| 전기설비의 품질 향상 | 전기설비의 품질이 기준에 적합하고 신뢰성 및 안전성이 높을 것 |
| 전기시설의 안전관리 확립 | 시설의 운용 및 보수의 적정화를 꾀할 것 |

## 68 피부의 전기저항 연구에 의하면 인체의 피부 중 1~2mm² 정도의 적은 부분은 전기 자극에 의해 신경이 이상적으로 흥분하여 다량의 피부지방이 분비되기 때문에 그 부분의 전기저항이 1/10 정도로 적어지는 피전점(皮電点)이 존재한다고 한다. 이러한 피전점이 존재하는 부분은?

① 머리
② 손등
③ 손바닥
④ 발바닥

**해설**

피부의 전기저항(접촉부위에 따른 저항)
1. 인체의 전기저항 중에서 피부의 전기저항이 가장 큰 값을 가지고 있지만 사람에 따라 피부저항이 상당히 큰 폭으로 변화한다.
2. 손등, 턱, 볼, 정강이에서는 전기저항이 극히 적어 피전점(皮電点)이 존재한다.
3. 피전점의 크기는 1~2mm² 정도이지만 전기 자극에 의해 신경이 이상적으로 흥분하여 다량의 피부지방이 분비되기 때문에 그 부분의 전기저항은 1/10 정도로 감소되는 특징이 있다.

## 69 대지를 접지로 이용하는 이유 중 가장 옳은 것은?

① 대지는 토양의 주성분이 규소(SiO₂)이므로 저항이 영(0)에 가깝다.
② 대지는 토양의 주성분이 산화알미늄(Al₂O₃)이므로 저항이 영(0)에 가깝다.

**정답** 65 ③  66 ①  67 ④  68 ②  69 ④

③ 대지는 철분을 많이 포함하고 있기 때문에 전류를 잘 흘릴 수 있다.
④ 대지는 넓어서 무수한 전류통로가 있기 때문에 저항이 영(0)에 가깝다.

**해설**

접지의 개요
1. 접지란 각종 전기, 전자, 통신장비를 대지와 전기적으로 접속하는 것을 말한다.
2. 접지전극은 지구의 표면이 대단히 넓어 대단히 많은 전하를 충전할 수 있으며, 무수한 전류통로가 있기 때문에 저항이 작아서 대지를 접지로 이용한다.

**70** 50kW, 60Hz 3상 유도전동기가 380V 전원에 접속된 경우 흐르는 전류는 약 몇 A인가?(단, 역률은 80%이다.)

① 82.24    ② 94.96
③ 116.30   ④ 164.47

**해설**

전류
1. 3상 전력

$$P = \sqrt{3}\,VI\cos\theta$$

여기서, $P$ : 전력[W], $V$ : 전압[V], $I$ : 전류[A], $\cos\theta$ : 역률
2. 전류 계산

$$I = \frac{P}{\sqrt{3}\,V\cos\theta} = \frac{50,000}{\sqrt{3}\times 380\times 0.8} = 94.96$$

**TIP** 1kW = 1,000W

**71** $Q = 2\times 10^{-7}$C으로 대전하고 있는 반경 25cm 도체구의 전위는 약 몇 kV인가?

① 7.2     ② 12.5
③ 14.4    ④ 25

**해설**

전위
1. 전기장 속 한 점에서 단위전하가 가지는 전기적 위치에너지
2. $Q$[C]의 전하에서 $r$[m] 떨어진 점의 전위 $V$는 다음과 같다.

$$V = \frac{Q}{4\pi\varepsilon_0\varepsilon_s r} = \frac{1}{4\pi\varepsilon_0}\cdot\frac{Q}{\varepsilon_s r} = 9\times 10^9\cdot\frac{Q}{r} = K\cdot\frac{Q}{r}\,[\text{V}]$$

여기서, $V$ : 전위[V], $Q$ : 전하[C],
 $r$ : 전하에서의 거리[m]
$\varepsilon_0$ : 진공 중의 유전율($8.855\times 10^{-12}$)[F/m]

$\varepsilon_s$ : 비유전율(진공 중의 $\varepsilon_s = 1$, 공기 중의 $\varepsilon_s \fallingdotseq 1$)
$K$ : 힘이 미치는 공간의 매질과 단위계에 따라 정해지는 상수
※ $\frac{1}{4\pi\varepsilon_0} \fallingdotseq 9\times 10^9 = K$

$$V = 9\times 10^9\cdot\frac{Q}{r}[\text{V}] = 9\times 10^9\times\frac{2\times 10^{-7}}{0.25}$$
$$= 7200[\text{V}] = 7.2[\text{kV}]$$

**TIP** 1kV = 1,000V

**72** 고압 및 특고압 전로에 시설하는 피뢰기의 설치 장소로 잘못된 곳은?

① 가공전선로와 지중전선로가 접속되는 곳
② 발전소, 변전소의 가공전선 인입구 및 인출구
③ 가공전선로에 접속하는 배전용 변압기의 전압 측
④ 특고압 가공전선로로부터 공급받는 수용장소의 인입구

**해설**

피뢰기의 설치장소(고압 및 특고압 전로)
고압 및 특고압의 전로 중 다음의 곳 또는 이에 근접한 곳에는 피뢰기를 시설하고 피뢰기 접지저항 값은 10Ω 이하로 하여야 한다.
1. 발전소 · 변전소 또는 이에 준하는 장소의 가공전선 인입구 및 인출구
2. 특고압 가공전선로에 접속하는 배전용 변압기의 고압 측 및 특고압 측
3. 고압 또는 특고압의 가공전선로로부터 공급을 받는 수용장소의 인입구
4. 가공전선로와 지중전선로가 접속되는 곳

**73** 전기기기의 케이스를 전폐구조로 하며 접합면에는 일정치 이상의 깊이를 갖는 패킹을 사용하여 분진이 용기 내로 침입하지 못하도록 한 방폭구조는?

① 보통방진 방폭구조   ② 분진특수 방폭구조
③ 특수방진 방폭구조   ④ 밀폐방진 방폭구조

**해설**

특수방진 방폭구조(SDP)
전폐구조로서 접합면 깊이를 일정치 이상으로 하거나 또는 접합면에 일정치 이상의 깊이가 있는 패킹을 사용하여 분진이 용기 내부로 침입하지 않도록 한 구조

**정답** 70 ② 71 ① 72 ③ 73 ③

## 74 전기설비 화재의 경과별 재해 중 가장 빈도가 높은 것은?

① 단락(합선)  ② 누전
③ 접촉부 과열  ④ 정전기

**해설**
전기화재의 재해율 빈도
1. 발화원 : 이동 가능한 전열기 > 전기, 전화 등의 배선 > 전기기기 > 전기장치 > 배선기구, 고정된 전열기
2. 출화의 경과(화재의 경과) : 단락 > 스파크 > 누전 > 접촉부 과열 > 절연열화에 의한 발열 > 과전류

## 75 폴리에스터, 나일론, 아크릴 등의 섬유에 정전기 대전 방지 성능이 특히 효과가 있고, 섬유에의 균일 부착성과 열 안전성이 양호한 외부용 일시성 대전 방지제로 옳은 것은?

① 양ion계 활성제  ② 음ion계 활성제
③ 비ion계 활성제  ④ 양성ion계 활성제

**해설**
음이온계 활성제
1. 값이 싸고 무독성이다.
2. 섬유의 균일 부착성과 열 안전성이 양호하다.
3. 섬유의 원사 등에 사용된다.

## 76 코로나 방전이 발생할 경우 공기 중에 생성되는 것은?

① $O_2$  ② $O_3$
③ $N_2$  ④ $N_3$

**해설**
코로나(corona) 방전
1. 고체에 정전기가 축적되면 전위가 높아지게 되고 고체 표면의 전위경도가 어느 일정치를 넘어서면 낮은 소리와 연한 빛을 수반하는 방전
2. 방전현상으로 공기 중에서 오존($O_3$)이 발생
3. 방전에너지가 적어 재해 원인이 될 확률은 비교적 적음

## 77 다음 설명과 가장 관계가 깊은 것은?

- 파이프 속에 저항이 높은 액체가 흐를 때 발생된다.
- 액체의 흐름이 정전기 발생에 영향을 준다.

① 충돌대전  ② 박리대전
③ 유동대전  ④ 분출대전

**해설**
유동대전
1. 액체류를 파이프 등으로 수송할 때 액체류가 파이프 등과 접촉하여 두 물질의 경계에 전기 2중 층이 형성되어 정전기 발생
2. 액체류의 유동속도가 정전기 발생에 큰 영향을 줌
3. 파이프속에 저항이 높은 액체가 흐를 때 발생

## 78 전기설비의 방폭구조의 종류가 아닌 것은?

① 근본 방폭구조  ② 압력 방폭구조
③ 안전증 방폭구조  ④ 본질안전 방폭구조

**해설**
방폭구조의 종류 및 기호

| 내압 방폭구조 | d | 안전증 방폭구조 | e | 비점화 방폭구조 | n |
|---|---|---|---|---|---|
| 압력 방폭구조 | p | 특수 방폭구조 | s | 몰드방폭구조 | m |
| 유입 방폭구조 | o | 본질안전 방폭구조 | i(ia, ib) | 충전방폭구조 | q |

## 79 분진폭발 방지대책으로 거리가 먼 것은?

① 작업장 등은 분진이 퇴적하지 않는 형상으로 한다.
② 분진 취급장치에는 유효한 집진장치를 설치한다.
③ 분체 프로세스의 장치는 밀폐화하고 누설이 없도록 한다.
④ 분진 폭발의 우려가 있는 작업장에는 감독자를 상주시킨다.

**해설**
분진폭발 방지대책

| 분진생성 방지 | 1. 분진발생설비는 밀폐구조로 하여 가능한 분진이 외부로 비산되지 않도록 하여야 한다.<br>2. 비산된 분진이 분진층을 형성하지 못하도록 주기적으로 청소를 한다.<br>3. 집진장치를 이용하여 포집, 정기적으로 폐기한다. |
|---|---|
| 점화원 관리 | 1. 마찰, 충격, 스파크, 정전기, 자연발화 등을 제거한다.<br>2. 분진발생 작업장 내에서는 흡연, 나화 등 점화원을 발생시키는 행위를 금지한다.<br>3. 공기로 분진발생물질을 수송하는 설비와 관련된 수송덕트의 접속부위는 접지 및 본딩하여야 한다. |

**정답** 74 ① 75 ② 76 ② 77 ③ 78 ① 79 ④

| 불활성 가스 봉입 | 1. 불활성 가스(질소, 이산화탄소 등)를 봉입하여 산소농도를 폭발최소농도 이하로 낮추어야 한다.<br>2. 불활성 가스가 봉입되는 설비에는 산소농도 측정계를 설치하여 설비 내의 산소농도를 폭발최소농도 이하로 유지하여야 한다. |
|---|---|

## 80 전기누전 화재경보기의 시험방법에 속하지 않는 것은?

① 방수시험　　② 전류특성시험
③ 접지저항시험　④ 전압특성시험

**해설**

누전경보기의 시험방법
1. 전류특성 시험
2. 전압특성 시험
3. 주파수특성 시험
4. 온도특성 시험
5. 온도 상승 시험
6. 노화 시험
7. 전로 개폐 시험
8. 과전류 시험
9. 차단기구의 개폐 자유 시험
10. 개폐 시험
11. 단락 전류 시험
12. 과누전 시험
13. 진동 시험
14. 충격 시험
15. 방수 시험
16. 절연 저항 시험
17. 절연 내력 시험
18. 전압 강하의 방지

---

### 5과목　화학설비위험방지기술

## 81 다음 중 인화점이 가장 낮은 물질은?

① 등유　　　② 아세톤
③ 이황화탄소　④ 아세트산

**해설**

인화성 액체의 인화점

| 액체 | 인화점 | 액체 | 인화점 |
|---|---|---|---|
| 등유 | 30~60℃ | 아세톤 | -18℃ |
| 이황화탄소 | -30℃ | 아세트산 | 41.7℃ |

## 82 일산화탄소에 대한 설명으로 틀린 것은?

① 무색·무취의 기체이다.
② 염소와는 촉매 존재하에 반응하여 포스겐이 된다.
③ 인체 내의 헤모글로빈과 결합하여 산소운반기능을 저하시킨다.
④ 불연성 가스로서, 허용농도가 10ppm이다.

**해설**

일산화탄소
1. 무색, 무취의 기체이며 산소가 부족한 상태로 연료가 연소할 때 불완전연소로 발생한다.
2. 사람의 폐로 들어가면 혈액 중의 헤모글로빈과 결합하여 산소 공급을 막아 심한 경우 사망에 이른다.
3. 폭발범위가 12.5~74%인 가연성 가스이다.

## 83 4% NaOH 수용액과 10% NaOH 수용액을 반응기에 혼합하여 6% 100kg의 NaOH 수용액을 만들려면 각각 몇 kg의 NaOH 수용액이 필요한가?

① 4% NaOH 수용액 : 50, 10% NaOH 수용액 : 50
② 4% NaOH 수용액 : 56.2, 10% NaOH 수용액 : 43.8
③ 4% NaOH 수용액 : 66.67, 10% NaOH 수용액 : 33.33
④ 4% NaOH 수용액 : 80, 10% NaOH 수용액 : 20

**해설**

혼합 수용액의 양
1. 4% NaOH 수용액 양 : $x$, 10% NaOH 수용액 양 : $y$
2. $0.04x + 0.1y = 0.06 \times 100$
3. $x + y = 100 \rightarrow x = 100 - y$
4. $y$값 : $0.04(100-y) + 0.1y = 6 \rightarrow 4 - 0.04y + 0.1y = 6$
　$\rightarrow 0.06y = 2 \rightarrow y = 33.33$[kg]
5. $x$값 : $x + y = 100 \rightarrow x = 100 - y = 100 - 33.33 = 66.67$[kg]

## 84 다음 중 산업안전보건기준에 관한 규칙에서 규정한 위험물질의 종류에서 "물반응성 물질 및 인화성 고체"에 해당하는 것은?

① 질산에스테르류　② 니트로화합물
③ 칼륨·나트륨　　④ 니트로소화합물

**해설**

질산에스테르류, 니트로화합물, 니트로소화합물은 폭발성 물질 및 유기과산화물에 해당된다.

정답　80 ③　81 ③　82 ④　83 ③　84 ③

## 85 다음 중 분진이 발화 폭발하기 위한 조건으로 거리가 먼 것은?

① 불연 성질
② 미분상태
③ 점화원의 존재
④ 지연성 가스 중에서의 교반과 운동

**해설**

분진 폭발을 일으키는 조건
1. 분진 : 인화성(즉, 불연성 분진은 폭발하지 않음)
2. 미분상태 : 분진이 화염을 전파할 수 있는 크기의 분포를 가지고 분진의 농도가 폭발범위 이내일 것
3. 점화원 : 충분한 에너지의 점화원이 있을 것
4. 교반과 유동 : 충분한 산소가 연소를 지원하고 유지하도록 존재해야 하며, 공기(지연성가스) 중에서의 교반과 유동이 일어나야 한다.

**TIP** 불연성 분진은 폭발이 일어나지 않는다.

## 86 다음 중 냉각소화에 해당하는 것은?

① 튀김 기름이 인화되었을 때 싱싱한 야채를 넣어 소화한다.
② 가연성 기체의 분출 화재 시 주 밸브를 닫아서 연료 공급을 차단한다.
③ 금속화재의 경우 불활성 물질로 가연물을 덮어 미연소 부분과 분리한다.
④ 촛불을 입으로 불어서 끈다.

**해설**

냉각소화
1. 연소물로부터 열을 빼앗아 발화점 이하의 온도로 낮추는 방법
2. 기름 그릇에 인화되었을 때 싱싱한 야채를 넣어 기름의 온도를 내림으로써 불을 끄는 방법

**TIP**
1. 가연성 기체의 분출 화재 시 주 밸브를 닫아서 연료 공급을 차단한다. : 제거소화
2. 금속화재의 경우 불활성 물질로 가연물을 덮어 미연소 부분과 분리한다. : 제거소화
3. 촛불을 입으로 불어서 끈다. : 제거소화

## 87 인화성 액체 위험물을 액체상태로 저장하는 저장탱크를 설치할 때, 위험물질이 누출되어 확산되는 것을 방지하기 위하여 설치해야 하는 것은?

① 방유제
② 유막시스템
③ 방폭제
④ 수막시스템

**해설**

방유제의 설치
위험물을 액체상태로 저장하는 저장탱크를 설치하는 경우에는 위험물질이 누출되어 확산되는 것을 방지하기 위하여 방유제를 설치하여야 한다.

## 88 다음 중 C급 화재에 해당하는 것은?

① 금속화재
② 전기화재
③ 일반화재
④ 유류화재

**해설**

화재의 종류
1. A급 화재 : 일반화재
2. B급 화재 : 유류·가스화재
3. C급 화재 : 전기화재
4. D급 화재 : 금속화재

## 89 다음 중 산업안전보건법령상 공정안전보고서의 안전운전계획에 포함되지 않는 항목은?

① 안전작업허가
② 안전운전지침서
③ 가동 전 점검지침
④ 비상조치계획에 따른 교육계획

**해설**

공정안전보고서의 안전운전계획 세부내용
1. 안전운전지침서
2. 설비점검·검사 및 보수계획, 유지계획 및 지침서
3. 안전작업허가
4. 도급업체 안전관리계획
5. 근로자 등 교육계획
6. 가동 전 점검지침
7. 변경요소 관리계획
8. 자체감사 및 사고조사계획
9. 그 밖에 안전운전에 필요한 사항

정답 85 ① 86 ① 87 ① 88 ② 89 ④

**90** 공업용 가스의 용기가 주황색으로 도색되어 있을 때 용기 안에는 어떠한 가스가 들어 있는가?
① 수소         ② 질소
③ 암모니아     ④ 아세틸렌

해설
고압가스 용기의 도색
1. 액화석유가스 – 밝은 회색    5. 아세틸렌 – 황색
2. 액화암모니아 – 백색         6. 산소 – 녹색
3. 수소 – 주황색              7. 질소 – 회색
4. 액화염소 – 갈색            8. 그 밖의 가스 – 회색

**91** 다음 중 Flashover의 방지(지연)대책으로 가장 적절한 것은?
① 출입구 개방 전 외부 공기 유입
② 실내의 가열
③ 가연성 건축자재 사용
④ 개구부 제한

해설
Flash over(플래시 오버)
1. 정의 : 구획된 실내에서 화재가 발생할 경우 화재의 확산이 시간의 경과에 따라 일시적으로 급속히 증가하는 구간이 발생하는데 이 구간을 플래시오버라 한다.
2. 방지대책
  ㉠ 천장의 불연화 : 천장 및 측벽을 불연화하여 화재의 발전을 지연한다.
  ㉡ 가연물 양의 제한 : 건물 내 가연물의 양을 제한하고 수용 가연물을 불연화, 난연화한다.
  ㉢ 개구부의 제한 : 개구인자가 적으면 플래시 오버 발생시기가 늦으므로 개구부의 크기를 제한하여 지연시킨다.

**92** 위험물안전관리법령에 의한 위험물 분류에서 제1류 위험물은 산화성 고체이다. 다음 중 산화성 고체 위험물에 해당하는 것은?
① 과염소산칼륨   ② 황린
③ 마그네슘       ④ 나트륨

해설
제1류 위험물(산화성 고체)
아염소산염류, 염소산염류, 과염소산염류, 무기과산화물, 브롬산염류, 질산염류, 요오드산염류, 과망간산염류, 중크롬산염류 등

**93** 다음 중 가연성 가스의 연소 형태에 해당하는 것은?
① 분해연소     ② 자기연소
③ 표면연소     ④ 확산연소

해설
확산연소
1. 가연성 가스가 공기 중의 지연성 가스(산소)와 접촉하여 접촉면에서 연소가 일어나는 현상(수소, 메탄, 프로판, 부탄 등)
2. 기체의 일반적인 연소형태이다.

**94** 다음 중 송풍기의 상사법칙으로 옳은 것은?(단, 송풍기의 크기와 공기의 비중량은 일정하다.)
① 풍압은 회전수에 반비례한다.
② 풍량은 회전수의 제곱에 비례한다.
③ 소요동력은 회전수의 세제곱에 비례한다.
④ 풍압과 동력은 절대온도에 비례한다.

해설
상사의 법칙
1. 송풍량 : 회전수에 비례하고 직경(지름)의 세제곱에 비례한다.
2. 정압 : 회전수의 제곱에 비례하고 직경(지름)의 제곱에 비례한다.
3. 축동력 : 회전수의 세제곱에 비례하고 직경(지름)의 오제곱에 비례한다.

**95** 폭발하한계를 $L$, 폭발상한계를 $U$라 할 경우 다음 중 위험도($H$)를 옳게 나타낸 것은?
① $H = \dfrac{U-L}{L}$      ② $H = \dfrac{|L-U|}{U}$
③ $H = \dfrac{L}{U-L}$      ④ $H = \dfrac{U}{|L-U|}$

해설
위험도
위험도 값이 클수록 위험성이 높은 물질이다.
$$H = \dfrac{UFL - LFL}{LFL}$$
여기서, $UFL$ : 연소 상한값, $LFL$ : 연소 하한값, $H$ : 위험도

정답  90 ①  91 ④  92 ①  93 ④  94 ③  95 ①

## 96 다음 중 공기 속에서의 폭발하한계(vol%) 값의 크기가 가장 작은 것은?

① $H_2$
② $CH_4$
③ CO
④ $C_2H_2$

**해설**

주요 가연성 가스의 폭발범위

| 가연성 가스 | 폭발하한값(%) | 폭발상한값(%) |
|---|---|---|
| 아세틸렌($C_2H_2$) | 2.5 | 81.0 |
| 수소($H_2$) | 4.0 | 75.0 |
| 일산화탄소(CO) | 12.5 | 74.0 |
| 메탄($CH_4$) | 5.0 | 15.0 |

## 97 다음 중 Halon 2402의 화학식으로 옳은 것은?

① $C_2I_4Br_2$
② $C_2F_4Br_2$
③ $C_2Cl_4Br_2$
④ $C_2I_4Cl_2$

**해설**

할론소화약제의 명명법
1. 일취화일염화메탄 소화기($CH_2ClBr$) : 할론 1011
2. 이취화사불화에탄 소화기($C_2F_4Br_2$) : 할론 2402
3. 일취화삼불화메탄 소화기($CF_3Br$) : 할론 1301
4. 일취화일염화이불화메탄 소화기($CF_2ClBr$) : 할론 1211
5. 사염화탄소 소화기($CCl_4$) : 할론 1040

## 98 관부속품 중 유로를 차단할 때 사용되는 것은?

① 유니온
② 소켓
③ 플러그
④ 엘보우

**해설**

유로를 차단할 때
플러그(plug), 캡(cap), 밸브(valve)

## 99 산업안전보건법령상 특수화학설비 설치 시 반드시 필요한 장치가 아닌 것은?

① 원재료 공급의 긴급차단장치
② 즉시 사용할 수 있는 예비동원력
③ 화재 시 긴급대응을 위한 물분무소화장치
④ 온도계·유량계·유압계 등의 계측장치

**해설**

특수화학설비 안전조치사항
1. 계측장치의 설치(내부의 이상상태를 조기에 파악하기 위해)
   ㉠ 온도계
   ㉡ 유량계
   ㉢ 압력계
2. 자동경보장치의 설치(내부의 이상상태를 조기에 파악하기 위해)
3. 긴급차단장치의 설치
4. 예비동력원

## 100 다음 중 펌프의 사용시 공동현상(cavitation)을 방지하고자 할 때의 조치사항으로 틀린 것은?

① 펌프의 회전수를 높인다.
② 흡입비 속도를 작게 한다.
③ 펌프의 흡입관의 두(head) 손실을 줄인다.
④ 펌프의 설치높이를 낮추어 흡입양정을 짧게 한다.

**해설**

공동현상(Cavitation) 조치사항
1. 펌프의 설치높이를 낮추어 흡입양정을 짧게 한다.
2. 펌프 회전수를 낮추어 흡입비교 회전도를 적게 한다.
3. 펌프의 임펠러를 수중에 완전히 잠기게 한다.
4. 흡입배관의 관지름을 굵게 하거나 굽힘을 적게 한다.
5. 양 흡입 펌프 사용 또는 두 대 이상의 펌프를 사용한다.
6. 펌프 흡입관의 마찰손실 및 저항을 작게 한다.
7. 유효흡입 헤드를 크게 한다.

# 6과목 건설안전기술

## 101 단관비계를 조립하는 경우 벽이음 및 버팀을 설치할 때의 수평방향 조립간격 기준으로 옳은 것은?

① 3m
② 5m
③ 6m
④ 8m

**해설**

강관비계의 조립 간격

| 강관비계의 종류 | 조립간격(단위 : m) | |
|---|---|---|
| | 수직방향 | 수평방향 |
| 단관비계 | 5 | 5 |
| 틀비계(높이가 5m 미만인 것은 제외한다) | 6 | 8 |

**정답** 96 ④ 97 ② 98 ③ 99 ③ 100 ① 101 ②

**102** 항타기 또는 항발기에 상용되는 권상용 와이어로프의 안전계수는 최소 얼마 이상이어야 하는가?

① 3  ② 4
③ 5  ④ 6

해설
권상용 와이어로프의 안전계수
항타기 또는 항발기의 권상용 와이어로프의 안전계수가 5 이상이 아니면 이를 사용해서는 아니 된다.

**103** 산업안전보건기준에 관한 규칙에 따른 암반 중 풍화암 굴착 시 굴착면의 기울기 기준으로 옳은 것은?

① 1 : 1.5  ② 1 : 1.1
③ 1 : 1.0  ④ 1 : 0.5

해설
굴착면의 기울기

| 지반의 종류 | 굴착면의 기울기 |
|---|---|
| 모래 | 1 : 1.8 |
| 연암 및 풍화암 | 1 : 1.0 |
| 경암 | 1 : 0.5 |
| 그 밖의 흙 | 1 : 1.2 |

TIP 본 문제는 법 개정으로 일부 내용이 수정되었습니다. 해설은 법 개정으로 수정된 내용이니 해설을 학습하세요.

**104** 다음 기계 중 양중기에 포함되지 않는 것은?

① 리프트  ② 곤돌라
③ 크레인  ④ 트롤리 컨베이어

해설
양중기의 종류
1. 크레인(호이스트 포함)
2. 이동식 크레인
3. 리프트(이삿짐운반용 리프트의 경우에는 적재하중이 0.1톤 이상인 것)
4. 곤돌라
5. 승강기

**105** 철골작업 시 철골부재에서 근로자가 수직방향으로 이동하는 경우에 설치하여야 하는 고정된 승강로의 최소 답단 간격은 얼마 이내인가?

① 20cm  ② 25cm
③ 30cm  ④ 40cm

해설
철골작업 시의 위험 방지(승강로의 설치)
근로자가 수직방향으로 이동하는 철골부재에는 답단간격이 30센티미터 이내인 고정된 승강로를 설치하여야 하며, 수평방향 철골과 수직방향 철골이 연결되는 부분에는 연결작업을 위하여 작업발판 등을 설치하여야 한다.

**106** 토질시험 중 액체 상태의 흙이 건조되어 가면서 액성, 소성, 반고체, 고체 상태의 경계선과 관련된 시험의 명칭은?

① 아터버그 한계시험  ② 압밀시험
③ 삼축압축시험  ④ 투수시험

해설
애터버그 한계(Atterberg limits)
매우 축축한 세립토가 건조되어 가는 사이에 지나는 4개의 과정, 즉 액성, 소성, 반고체, 고체의 각각의 상태가 변화하는 한계를 말한다.

**107** 시스템 동바리를 조립하는 경우 수직재와 받침철물 연결부의 겹침길이 기준으로 옳은 것은?

① 받침철물 전체 길이의 1/2 이상
② 받침철물 전체 길이의 1/3 이상
③ 받침철물 전체 길이의 1/4 이상
④ 받침철물 전체 길이의 1/5 이상

해설
시스템 비계의 구조
비계 밑단의 수직재와 받침철물은 밀착되도록 설치하고, 수직재와 받침철물의 연결부의 겹침길이는 받침철물 전체 길이의 3분의 1 이상이 되도록 할 것

**108** 흙막이 가시설 공사시 사용되는 각 계측기 설치 목적으로 옳지 않은 것은?

① 지표침하계 – 지표면 침하량 측정
② 수위계 – 지반 내 지하수위의 변화 측정
③ 하중계 – 상부 적재하중 변화 측정
④ 지중경사계 – 지중의 수평 변위량 측정

정답 102 ③ 103 ③ 104 ④ 105 ③ 106 ① 107 ② 108 ③

**해설**
하중계
흙막이 버팀대에 작용하는 토압, 어스앵커의 인장력 등을 측정

**109** 지표면에서 소정의 위치까지 파내려간 후 구조물을 축조하고 되메운 후 지표면을 원상태로 복구시키는 공법은?

① NATM 공법   ② 개착식 터널공법
③ TBM 공법    ④ 침매공법

**해설**
개착식 공법
굴착면의 안정을 유지하면서 지표면으로부터 수직으로 파내려가 구조물을 축조하고 다시 원상태로 복구하는 공법을 말하며 도심지터널, 지하철의 공법으로 널리 사용되고 있다.

**110** 신품의 추락방지망 중 그물코의 크기 10cm인 매듭방망의 인장강도 기준으로 옳은 것은?

① 110kg 이상   ② 200kg 이상
③ 360kg 이상   ④ 400kg 이상

**해설**
방망사의 신품에 대한 인장강도

| 그물코의 크기 (단위 : 센티미터) | 방망의 종류(단위 : 킬로그램) | |
|---|---|---|
| | 매듭 없는 방망 | 매듭방망 |
| 10 | 240 | 200 |
| 5 | | 110 |

**111** 차량계 건설기계를 사용하여 작업하고자 할 때 작업계획서에 포함되어야 할 사항에 해당되지 않는 것은?

① 사용하는 차량계 건설기계의 종류 및 성능
② 차량계 건설기계의 운행경로
③ 차량계 건설기계에 의한 작업방법
④ 차량계 건설기계의 유지보수방법

**해설**
차량계 건설기계의 작업계획서 내용
1. 사용하는 차량계 건설기계의 종류 및 성능
2. 차량계 건설기계의 운행경로
3. 차량계 건설기계에 의한 작업방법

**112** 산업안전보건관리비의 효율적인 집행을 위하여 고용노동부장관이 정할 수 있는 기준에 해당되지 않는 것은?

① 안전·보건에 관한 협의체 구성 및 운영
② 공사의 진척 정도에 따른 사용기준
③ 사업의 규모별 사용방법 및 구체적인 내용
④ 사업의 종류별 사용방법 및 구체적인 내용

**해설**
산업안전보건관리비의 계상
고용노동부장관은 산업안전보건관리비의 효율적인 사용을 위하여 다음 각 호의 사항을 정할 수 있다.
1. 사업의 규모별·종류별 계상 기준
2. 건설공사의 진척 정도에 따른 사용비율 등 기준
3. 그 밖에 산업안전보건관리비의 사용에 필요한 사항

**TIP** 본 문제는 법 개정으로 일부 내용이 수정되었습니다. 해설은 법 개정으로 수정된 내용이니 해설을 학습하세요.

**113** 건립 중 강풍에 의한 풍압 등 외압에 대한 내력이 설계에 고려되었는지 확인하여야 하는 철골구조물의 기준으로 옳지 않은 것은?

① 높이 20m 이상의 구조물
② 구조물의 폭과 높이의 비가 1 : 4 이상인 구조물
③ 이음부가 공장 제작인 구조물
④ 연면적당 철골량이 50kg/㎡ 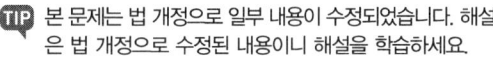 이하인 구조물

**해설**
외압(강풍에 의한 풍압 등)에 대한 내력 설계 확인 구조물
1. 높이 20미터 이상의 구조물
2. 구조물의 폭과 높이의 비가 1 : 4 이상인 구조물
3. 단면구조에 현저한 차이가 있는 구조물
4. 연면적당 철골량이 50kg/㎡ 이하인 구조물
5. 기둥이 타이플레이트(tie plate)형인 구조물
6. 이음부가 현장용접인 구조물

**114** 기계가 위치한 지면보다 높은 장소의 땅을 굴착하는 데 적합하며 산지에서의 토공사 및 암반으로부터의 점토질까지 굴착할 수 있는 건설장비의 명칭은?

① 파워 셔블   ② 불도저
③ 파일드라이버   ④ 크레인

> 해설

파워 셔블(Power Shovel)
1. 굴착기가 위치한 지면보다 높은 곳의 굴착에 적당
2. 작업대가 견고하여 단단한 토질의 굴착에도 용이

## 115 구조물 해체작업으로 사용되는 공법이 아닌 것은?

① 압쇄공법  ② 잭공법
③ 절단공법  ④ 진공공법

> 해설

해체용 기구
1. 압쇄기       4. 핸드브레이커   7. 절단줄톱
2. 대형 브레이커 5. 절단톱        8. 팽창제 등
3. 철제해머     6. 재키

## 116 유해·위험방지계획서를 제출해야 할 대상 공사의 조건으로 옳지 않은 것은?

① 터널 건설 등의 공사
② 최대지간길이가 50m 이상인 교량건설 등 공사
③ 다목적댐·발전용댐 및 저수용량 2천만 톤 이상의 용수전용댐, 지방상수도 전용댐 전설 등의 공사
④ 깊이가 5m 이상인 굴착공사

> 해설

유해위험방지계획서를 제출해야 될 건설공사
1. 다음 각 목의 어느 하나에 해당하는 건축물 또는 시설 등의 건설·개조 또는 해체공사
   ㉠ 지상높이가 31미터 이상인 건축물 또는 인공구조물
   ㉡ 연면적 3만제곱미터 이상인 건축물
   ㉢ 연면적 5천제곱미터 이상인 시설로서 다음의 어느 하나에 해당하는 시설
      • 문화 및 집회시설(전시장 및 동물원·식물원은 제외)
      • 판매시설, 운수시설(고속철도의 역사 및 집배송시설은 제외)
      • 종교시설
      • 의료시설 중 종합병원
      • 숙박시설 중 관광숙박시설
      • 지하도상가
      • 냉동·냉장 창고시설
2. 연면적 5천제곱미터 이상인 냉동·냉장 창고시설의 설비공사 및 단열공사
3. 최대 지간길이(다리의 기둥과 기둥의 중심 사이의 거리)가 50미터 이상인 다리의 건설등 공사
4. 터널의 건설 등 공사
5. 다목적댐, 발전용댐, 저수용량 2천만톤 이상의 용수 전용 댐 및 지방상수도 전용 댐의 건설 등 공사
6. 깊이 10미터 이상인 굴착공사

## 117 콘크리트 타설작업을 하는 경우에 준수해야 할 사항으로 옳지 않은 것은?

① 당일의 작업을 시작하기 전에 해당 작업에 관한 거푸집동바리 등의 변형·변위 및 지반의 침하 유무 등을 점검하고 이상이 있으면 보수할 것
② 작업 중에는 거푸집동바리 등의 변형·변위 및 침하 유무 등을 감시할 수 있는 감시자를 배치하여 이상이 있으면 작업을 빠른 시간 내 우선 완료하고 근로자를 대피시킬 것
③ 콘크리트 타설작업 시 거푸집 붕괴의 위험이 발생할 우려가 있으면 충분한 보강조치를 할 것
④ 콘크리트를 타설하는 경우에는 편심이 발생하지 않도록 골고루 분산하여 타설할 것

> 해설

콘크리트 타설작업 시 준수사항
1. 당일의 작업을 시작하기 전에 해당 작업에 관한 거푸집 및 동바리의 변형·변위 및 지반의 침하 유무 등을 점검하고 이상이 있으면 보수할 것
2. 작업 중에는 감시자를 배치하는 등의 방법으로 거푸집 및 동바리의 변형·변위 및 침하 유무 등을 확인해야 하며, 이상이 있으면 작업을 중지하고 근로자를 대피시킬 것
3. 콘크리트 타설작업 시 거푸집 붕괴의 위험이 발생할 우려가 있으면 충분한 보강조치를 할 것
4. 설계도서상의 콘크리트 양생기간을 준수하여 거푸집 및 동바리를 해체할 것
5. 콘크리트를 타설하는 경우에는 편심이 발생하지 않도록 골고루 분산하여 타설할 것

## 118 재해사고를 방지하기 위하여 크레인에 설치된 방호장치와 거리가 먼 것은?

① 공기정화장치
② 비상정지장치
③ 제동장치
④ 권과방지장치

**해설**

방호장치의 조정(정상적으로 작동될 수 있도록 미리 조정해 두어야 한다.)

| 방호장치의 조정 대상 | 1. 크레인  4. 곤돌라<br>2. 이동식 크레인  5. 승강기<br>3. 리프트 |
|---|---|
| 방호장치의 종류 | 1. 과부하방지장치<br>2. 권과방지장치<br>3. 비상정지장치 및 제동장치<br>4. 그 밖의 방호장치(승강기의 파이널 리미트 스위치, 속도조절기, 출입문 인터록 등) |

## 119 콘크리트 타설 시 거푸집 측압에 대한 설명으로 옳지 않은 것은?

① 기온이 높을수록 측압은 크다.
② 타설속도가 클수록 측압은 크다.
③ 슬럼프가 클수록 측압은 크다.
④ 다짐이 과할수록 측압은 크다.

**해설**

거푸집 측압 증가에 영향을 미치는 인자(측압의 영향요소)
1. 거푸집 수평단면이 클수록 크다.
2. 콘크리트 슬럼프치가 클수록 커진다.
3. 거푸집 표면이 평활(평탄)할수록 커진다.
4. 철골, 철근량이 적을수록 커진다.
5. 콘크리트 시공연도가 좋을수록 커진다.
6. 외기의 온도, 습도가 낮을수록 커진다.
7. 타설속도가 빠를수록 커진다.
8. 다짐이 충분할수록 커진다.
9. 타설 시 상부에서 직접 낙하할 경우 커진다.
10. 거푸집의 강성이 클수록 크다.
11. 콘크리트의 비중(단위중량)이 클수록 크다.
12. 벽 두께가 두꺼울수록 커진다.

## 120 철골보 인양 시 준수해야 할 사항으로 옳지 않은 것은?

① 인양 와이어로프의 매달기 각도는 양변 60°를 기준으로 한다.
② 크램프로 부재를 체결할 때는 크램프의 정격용량 이상 매달지 않아야 한다.
③ 크램프는 부재를 수평으로 하는 한곳의 위치에만 사용하여야 한다.
④ 인양 와이어로프는 후크의 중심에 걸쳐야 한다.

**해설**

철골보의 인양 시 주의사항
클램프는 부재를 수평으로 하는 두 곳의 위치에 사용하여야 하며 부재 양단 방향은 등간격이어야 한다.

**정답** 118 ① 119 ① 120 ③

# PART 02

## 03 | 2016년 3회 기출문제

### 1과목 안전관리론

**01** 안전보건교육의 교육지도 원칙에 해당되지 않은 것은?

① 피교육자 중심의 교육을 실시한다.
② 동기부여를 한다.
③ 5관을 활용한다.
④ 어려운 것부터 쉬운 것으로 시작한다.

**해설**

안전보건교육의 기본적인 지도 원리(8원칙)
1. 피교육자 중심교육(상대방의 입장이 되어 가르칠 것)
2. 동기부여를 중요하게
3. 쉬운 부분에서 어려운 부분으로 진행(쉬운 것에서 어려운 것으로 가르칠 것)
4. 반복에 의한 습관화 진행(중요한 것은 반복해서 가르칠 것)
5. 인상의 강화
6. 5관(감각기관)의 활용
7. 기능적인 이해
8. 한번에 한 가지씩 교육(피교육자의 흡수능력을 고려)

**02** 근로손실일수 산출에 있어서 사망으로 인한 근로손실연수는 보통 몇 년을 기준으로 산정하는가?

① 30  ② 25
③ 15  ④ 10

**해설**

사망 및 영구 전 노동불능 상해의 근로손실일수 7,500일 산출 근거
1. 재해로 인한 사망자의 평균연령 : 30세 기준
2. 근로 가능한 연령 : 55세 기준
3. 연간근로일수 : 300일 기준
4. 근로손실연수 : 근로 가능한 연령 – 재해로 인한 사망자의 평균연령=55 – 30=25년
5. 사망으로 인한 근로손실일수=25년 × 300일=7,500일

**03** 어느 사업장에서 당해 연도에 총 660명의 재해자가 발생하였다. 하인리히의 재해구성비율에 의하면 경상의 재해자는 몇 명으로 추정되겠는가?

① 58  ② 64
③ 600  ④ 631

**해설**

하인리히(H.W. Heinrich)의 재해구성비율(1 : 29 : 300 )

| 중상 및 사망 | 경상해 | 무상해사고 | 합계 |
|---|---|---|---|
| 1 | 29 | 300 | 1+29+300=330 |
| ① | ② | ③ | ①+②+③=660 |
| 1×2=2 | 29×2 =58 | 300×2 =600 | 330 : 660=1 : $x$ 비율($x$)=$\frac{660}{330}$=2배 |

**04** 안전교육 방법 중 강의식 교육을 1시간 하려고 할 경우 가장 시간이 많이 소비되는 단계는?

① 도입  ② 제시
③ 적용  ④ 확인

**해설**

단계별 시간 배분(단위시간 1시간일 경우)

| 구분 | 도입 | 제시 | 적용 | 확인 |
|---|---|---|---|---|
| 강의식 | 5분 | 40분 | 10분 | 5분 |
| 토의식 | 5분 | 10분 | 40분 | 5분 |

**05** 안전교육 중 제2단계로 시행되며 같은 것을 반복하여 개인의 시행착오에 의해서만 점차 그 사람에게 형성되는 교육은?

① 안전기술의 교육  ② 안전지식의 교육
③ 안전기능의 교육  ④ 안전태도의 교육

**해설**

기능교육(제2단계)
1. 시범, 견학, 실습, 현장실습을 통한 경험 체득과 이해
2. 교육 대상자가 스스로 행함으로써 습득하는 교육
3. 같은 내용을 반복해서 개인의 시행착오에 의해서만 얻어지는 교육

**정답** 01 ④ 02 ② 03 ① 04 ② 05 ③

## 06 산업안전보건법상 안전보건개선계획의 수립·시행명령을 받은 사업주는 고용노동부 장관이 정하는 바에 따라 안전보건개선계획서를 작성하여 그 명령을 받은 날부터 며칠 이내에 관할 지방고용노동관서의 장에게 제출해야 하는가?

① 15일　　② 30일
③ 45일　　④ 60일

**해설**
안전보건개선계획서의 제출
안전보건개선계획서를 제출해야 하는 사업주는 안전보건개선계획서 수립·시행 명령을 받은 날부터 60일 이내에 관할 지방고용노동관서의 장에게 해당 계획서를 제출(전자문서로 제출하는 것을 포함)해야 한다.

## 07 재해통계를 작성하는 필요성에 대한 설명으로 틀린 것은?

① 설비상의 결함요인을 개선 및 시정시키는 데 활용한다.
② 재해의 구성 요소를 알고 분포 상태를 알아 대책을 세우기 위함이다.
③ 근로자의 행동 결함을 발견하여 안전 재교육 훈련 자료로 활용한다.
④ 관리책임 소재를 밝혀 관리자의 인책 자료로 삼는다.

**해설**
관리자의 책임을 추궁하는 것이 목적이 아니고 재해 원인에 대한 사실을 정확히 찾아내는 데 있다.

## 08 위험예지훈련에 있어 브레인 스토밍법의 원칙으로 적절하지 않은 것은?

① 무엇이든 좋으니 많이 발언한다.
② 지정된 사람에 한하여 발언의 기회가 부여된다.
③ 타인의 의견을 수정하거나 덧붙여서 말하여도 좋다.
④ 타인의 의견에 대하여 좋고 나쁨을 비평하지 않는다.

**해설**
브레인 스토밍(Brain storming)의 원칙
1. 비판금지 : 「좋다」, 「나쁘다」라고 비판은 하지 않는다.
2. 대량발언 : 내용의 질적 수준보다 양적으로 무엇이든 많이 발언한다.
3. 자유분방 : 자유로운 분위기에서 마음대로 편안한 마음으로 발언한다.
4. 수정발언 : 타인의 아이디어를 수정하거나 보충 발언해도 좋다.

## 09 산업안전보건법상 금지표지의 종류에 해당하지 않는 것은?

① 금연　　② 출입금지
③ 차량통행금지　　④ 적재금지

**해설**
금지표지
1. 출입금지
2. 보행금지
3. 차량통행금지
4. 사용금지
5. 탑승금지
6. 금연
7. 화기금지
8. 물체이동금지

## 10 작업내용 변경 시 일용근로자를 제외한 근로자의 사업 내 안전·보건 교육시간 기준으로 옳은 것은?

① 1시간 이상　　② 2시간 이상
③ 4시간 이상　　④ 6시간 이상

**해설**
근로자 안전보건교육

| 교육과정 | 교육대상 | | 교육시간 |
|---|---|---|---|
| 가. 정기교육 | 1) 사무직 종사 근로자 | | 매반기 6시간 이상 |
| | 2) 그 밖의 근로자 | 가) 판매업무에 직접 종사하는 근로자 | 매반기 6시간 이상 |
| | | 나) 판매업무에 직접 종사하는 근로자 외의 근로자 | 매반기 12시간 이상 |
| 나. 채용 시 교육 | 1) 일용근로자 및 근로계약기간이 1주일 이하인 기간제근로자 | | 1시간 이상 |
| | 2) 근로계약기간이 1주일 초과 1개월 이하인 기간제근로자 | | 4시간 이상 |
| | 3) 그 밖의 근로자 | | 8시간 이상 |
| 다. 작업내용 변경 시 교육 | 1) 일용근로자 및 근로계약기간이 1주일 이하인 기간제근로자 | | 1시간 이상 |
| | 2) 그 밖의 근로자 | | 2시간 이상 |
| 라. 특별교육 | 1) 일용근로자 및 근로계약기간이 1주일 이하인 기간제근로자 : 특별교육 대상 작업에 해당하는 작업에 종사하는 근로자에 한정(타워크레인을 사용하는 작업 시 신호업무를 하는 작업은 제외) | | 2시간 이상 |

**정답** 06 ④　07 ④　08 ②　09 ④　10 ②

| 교육과정 | 교육대상 | 교육시간 |
|---|---|---|
| 라. 특별교육 | 2) 일용근로자 및 근로계약기간이 1주일 이하인 기간제근로자 : 타워크레인을 사용하는 작업 시 신호업무를 하는 작업에 종사하는 근로자에 한정 | 8시간 이상 |
| | 3) 일용근로자 및 근로계약기간이 1주일 이하인 기간제근로자를 제외한 근로자 : 특별교육 대상 작업에 종사하는 근로자에 한정 | 가) 16시간 이상(최초 작업에 종사하기 전 4시간 이상 실시하고 12시간은 3개월 이내에서 분할하여 실시 가능)<br>나) 단기간 작업 또는 간헐적 작업인 경우에는 2시간 이상 |
| 마. 건설업 기초 안전·보건교육 | 건설 일용근로자 | 4시간 이상 |

**TIP** 본 문제는 법 개정으로 일부 내용이 수정되었습니다. 해설은 법 개정으로 수정된 내용이니 해설을 학습하세요.

**11** OFF.J.T(Off the job Training) 교육방법의 장점으로 옳은 것은?

① 개개인에게 적절한 지도훈련이 가능하다.
② 훈련에 필요한 업무의 계속성이 끊어지지 않는다.
③ 다수의 대상자를 일괄적, 조직적으로 교육할 수 있다.
④ 효과가 곧 업무에 나타나며, 훈련의 좋고 나쁨에 따라 개선이 용이하다.

해설
OFF J.T(Off the Job Training)
1. 외부의 전문가를 활용할 수 있다.(전문가를 초빙하여 강사로 활용이 가능하다.)
2. 다수의 대상자에게 조직적 훈련이 가능하다.
3. 특별교재, 교구, 시설을 유효하게 사용할 수 있다.
4. 타 직종 사람과의 많은 지식, 경험을 교류할 수 있다.
5. 업무와 분리되어 교육에 전념하는 것이 가능하다.
6. 교육목표를 위하여 집단적으로 협조와 협력이 가능하다.
7. 법규, 원리, 원칙, 개념, 이론 등의 교육에 적합하다.

**12** 스트레스의 주요 요인 중 환경이나 기타 외부에서 일어나는 자극요인이 아닌 것은?

① 자존심의 손상　② 대인관계 갈등
③ 죽음, 질병　　　④ 경제적 어려움

해설
자존심의 손상과 공격 방어 심리는 내부적 자극요인에 해당된다.

**13** 크레인, 리프트 및 곤돌라는 사업장에 설치가 끝난 날부터 몇 년 이내에 최초의 안전검사를 실시해야 하는가?

① 1년　② 2년
③ 3년　④ 4년

해설
안전검사의 주기

| 크레인(이동식 크레인은 제외), 리프트(이삿짐운반용 리프트는 제외) 및 곤돌라 | 사업장에 설치가 끝난 날부터 3년 이내에 최초 안전검사를 실시하되, 그 이후부터 2년마다(건설현장에서 사용하는 것은 최초로 설치한 날부터 6개월마다) |
|---|---|
| 이동식 크레인, 이삿짐운반용 리프트 및 고소작업대 | 「자동차관리법」에 따른 신규등록 이후 3년 이내에 최초 안전검사를 실시하되, 그 이후부터 2년마다 |
| 프레스, 전단기, 압력용기, 국소 배기장치, 원심기, 롤러기, 사출성형기, 컨베이어, 산업용 로봇, 혼합기, 파쇄기 또는 분쇄기 | 사업장에 설치가 끝난 날부터 3년 이내에 최초 안전검사를 실시하되, 그 이후부터 2년마다(공정안전보고서를 제출하여 확인을 받은 압력용기는 4년마다) |

**14** 산업안전보건법상 고용노동부장관은 자율안전확인대상 기계·기구 등의 안전에 관한 성능이 자율안전기준에 맞지 아니하게 된 경우 관련 사항을 신고한 자에게 몇 개월 이내의 기간을 정하여 자율안전확인표시의 사용을 금지하거나 자율안전기준에 맞게 개선하도록 명할 수 있는가?

① 1　② 3
③ 6　④ 12

해설
자율안전확인표시의 사용 금지 등
고용노동부장관은 신고된 자율안전확인대상 기계·기구 등의 안전에 관한 성능이 자율안전기준에 맞지 아니하게 된 경우에는 신고한 자에게 6개월 이내의 기간을 정하여 자율안전확인표시의 사용을 금지하거나 자율안전기준에 맞게 개선하도록 명할 수 있다.

**정답** 11 ③ 12 ① 13 ③ 14 ③

**15** 방진마스크의 형태에 따른 분류 중 그림에서 나타나는 것은 무엇인가?

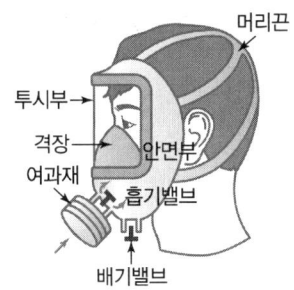

① 격리식 전면형
② 직결식 전면형
③ 격리식 반면형
④ 직결식 반면형

**해설**

방진마스크의 형태(직결식)

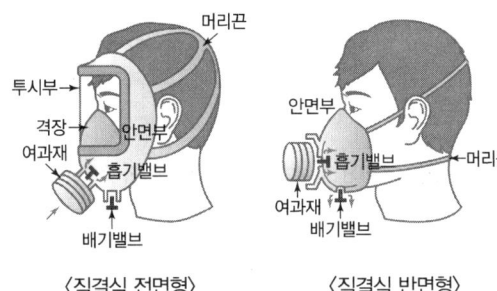

〈직결식 전면형〉    〈직결식 반면형〉

**16** 무재해운동을 추진하기 위한 조직의 3기둥으로 볼 수 없는 것은?

① 최고경영자의 경영자세
② 소집단 자주활동의 활성화
③ 전 종업원의 안전요원화
④ 라인관리자에 의한 안전보건의 추진

**해설**

무재해운동 추진의 3기둥(요소)

| 최고경영자의 경영자세 | 안전보건은 최고경영자의 무재해, 무질병에 대한 확고한 경영자세로부터 시작된다. |
|---|---|
| 관리감독자에 의한 안전보건의 추진 (라인화의 철저) | 관리감독자(라인)들이 생산활동 속에서 안전보건을 함께 실천하는 것이 성공의 지름길이며 기본이다. |
| 직장 소집단의 자주 활동의 활성화 | 일하는 한 사람 한 사람이 안전보건을 자신의 문제이며, 동시에 같은 동료의 문제로서 진지하게 받아들여 직장의 팀 구성원과의 협동노력으로 자주적인 안전활동을 추진해 가는 것이 필요하다. |

**17** 산업재해의 발생형태 중 사람이 평면상으로 넘어졌을 때의 사고 유형을 무엇이라 하는가?

① 비래   ② 전도
③ 도괴   ④ 추락

**해설**

재해 발생의 형태별 분류
1. 맞음(날아오거나 떨어진 물체에 맞음) : 구조물, 기계 등에 고정되어 있던 물체가 중력, 원심력, 관성력 등에 의하여 고정부에서 이탈하거나 또는 설비 등으로부터 물질이 분출되어 사람을 가해하는 경우
2. 넘어짐(사람이 미끄러지거나 넘어짐) : 사람이 거의 평면 또는 경사면, 층계 등에서 구르거나 넘어지는 경우
3. 무너짐(건축물이나 쌓여진 물체가 무너짐) : 토사, 적재물, 구조물, 건축물, 가설물 등이 전체적으로 허물어져 내리거나 또는 주요 부분이 꺾어져 무너지는 경우
4. 떨어짐(높이가 있는 곳에서 사람이 떨어짐) : 사람이 인력(중력)에 의하여 건축물, 구조물, 가설물, 수목, 사다리 등의 높은 장소에서 떨어지는 것

**TIP** 본 문제는 법 개정으로 일부 내용이 수정되었습니다. 해설은 법 개정으로 수정된 내용이니 해설을 학습하세요.

**18** 매슬로(Maslow)의 욕구 5단계 이론 중 자기보존에 관한 안전욕구는 몇 단계에 해당되는가?

① 제1단계   ② 제2단계
③ 제3단계   ④ 제4단계

**해설**

매슬로(Maslow)의 욕구단계 이론

| 제1단계 | 생리적 욕구 | 기아, 갈증, 호흡, 배설, 성욕 등 생명유지의 기본적 욕구 |
|---|---|---|
| 제2단계 | 안전의 욕구 | • 자기보존 욕구 – 안전을 구하려는 욕구<br>• 전쟁, 재해, 질병의 위험으로부터 자유로워지려는 욕구 |
| 제3단계 | 사회적 욕구 | • 소속감과 애정에 대한 욕구<br>• 사회적으로 관계를 향상시키는 욕구 |
| 제4단계 | 인정받으려는 욕구 (자기 존중의 욕구) | 자존심, 명예, 성취, 지위 등 인정받으려는 욕구 |
| 제5단계 | 자아실현의 욕구 | • 잠재능력을 실현하고자 하는 성취욕구<br>• 특유의 창의력을 발휘 |

**정답** 15 ② 16 ③ 17 ② 18 ②

**19** 헤드십의 특성이 아닌 것은?

① 지휘형태는 권위주의적이다.
② 권한행사는 임명된 헤드이다.
③ 구성원과의 사회적 간격은 넓다.
④ 상관과 부하와의 관계는 개인적인 영향이다.

**해설**
헤드십과 리더십의 구분

| 구분 | 헤드십 | 리더십 |
|---|---|---|
| 권한행사 및 부여 | 위에서 위임하여 임명된 헤드 | 밑에서부터의 동의에 의해 선출된 리더 |
| 권한근거 | 법적 또는 공식적 | 개인능력 |
| 상관과 부하와의 관계 | 지배적 | 개인적인 경향 |
| 책임귀속 | 상사 | 상사와 부하 |
| 부하와의 사회적 간격 | 넓다. | 좁다. |
| 지위형태 | 권위주의적 | 민주주의적 |
| 권한귀속 | 공식화된 규정에 의함 | 집단목표에 기여한 공로 인정 |

**20** 인간의 심리 중 안전수단이 생략되어 불안전 행위가 나타나는 경우와 가장 거리가 먼 것은?

① 의식과잉이 있는 경우
② 작업규율이 엄한 경우
③ 피로하거나 과로한 경우
④ 조명, 소음 등 주변 환경의 영향이 있는 경우

**해설**
안전수단을 생략하는 불안전 행위의 원인
1. 작업과 안전수단
2. 자신과잉
3. 주위의 영향
4. 피로하였을 때
5. 직장의 분위기(정리, 정돈이 안 되어 있거나 조명, 소음 등이 나쁜 장소, 작업규율이 이완되고 있을 때 안전수단이 생략)

## 2과목 인간공학 및 시스템 안전공학

**21** FTA에 사용되는 기호 중 "통상사상"을 나타내는 기호는?

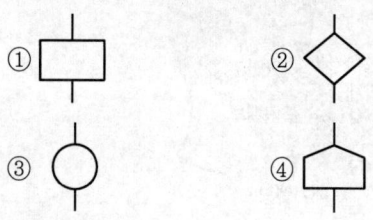

**해설**
FTA 분석 기호

|  | | | |
|---|---|---|---|
| 결함사상 | 생략사상 (최후사상) | 기본사상 | 통상사상 (가형사상) |

**22** 두 가지 상태 중 하나가 고장 또는 결함으로 나타나는 비정상적인 사건은?

① 톱사상  ② 정상적인 사상
③ 결함사상  ④ 기본적인 사상

**해설**
결함사상

| 기호 | 명칭 | 내용 |
|---|---|---|
|  | 결함사상 | 사고가 일어난 사상(사건) |

**23** 시스템안전 프로그램에서의 최초단계 해석으로 시스템 내의 위험한 요소가 어떤 위험상태에 있는가를 정성적으로 평가하는 방법은?

① FHA  ② PHA
③ FTA  ④ FMEA

**해설**
예비위험분석(PHA)
1. 시스템안전 위험분석(SSHA)을 수행하기 위한 예비적인 최초의 작업으로 위험요소가 얼마나 위험한지를 정성적으로 평가하는 것이다.
2. 구상단계나 설계 및 발주의 극히 초기에 실시된다.

**정답** 19 ④ 20 ② 21 ④ 22 ③ 23 ②

**24** 의자 설계의 일반적인 원리로 가장 적절하지 않은 것은?

① 등근육의 정적 부하를 줄인다.
② 디스크가 받는 압력을 줄인다.
③ 요부전만(腰部前灣)을 유지한다.
④ 일정한 자세를 계속 유지하도록 한다.

**해설**

의자 설계 시 고려하여야 할 원리
1. 등받이의 굴곡은 요추부위의 전만곡선을 유지한다.
2. 조정이 용이해야 한다.
3. 자세 고정을 줄인다.
4. 디스크(추간판)가 받는 압력을 줄인다.
5. 정적인 부하를 줄인다.
6. 의자의 높이는 오금의 높이보다 같거나 낮아야 한다.

**25** 다음의 설명은 무엇에 해당되는 것인가?

- 인간과오(HUMAN ERROR)에서 의지적 제어가 되지 않는다.
- 결정을 잘못한다.

① 동작 조작 미스(Miss)
② 기억 판단 미스(Miss)
③ 인지 확인 미스(Miss)
④ 조치 과정 미스(Miss)

**해설**

기억 판단 미스
1. 기억이 없거나 잘못한다.
2. 판단을 하지 않거나 잘못한다.
3. 의지적 제어가 되지 않거나 결정을 잘못한다.

**26** 다음 FT도에서 최소 컷셋(Minimal cutset)으로만 올바르게 나열한 것은?

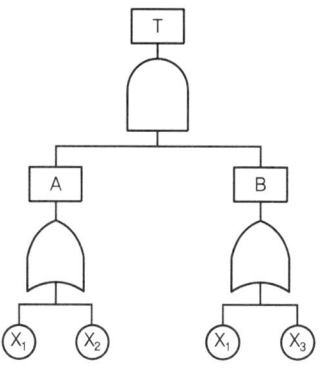

① $[X_1]$
② $[X_1], [X_2]$
③ $[X_1, X_2, X_3]$
④ $[X_1, X_2], [X_1, X_3]$

**해설**

미니멀 컷셋(minimal cut set)

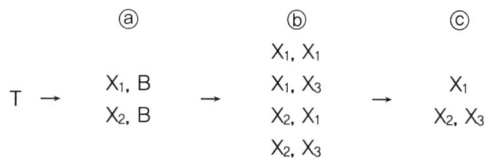

**TIP** ⓑ에서 1행의 컷셋은 $X_1$이 중복되어 있으므로 $(X_1)$이 되고 ⓑ의 2행, 3행에서는 $(X_1)$가 포함되어 있기 때문에 최소 컷셋은 ⓒ와 같다.

**27** 인간-기계시스템의 설계 원칙으로 볼 수 없는 것은?

① 배열을 고려한 설계
② 양립성에 맞게 설계
③ 인체특성에 적합한 설계
④ 기계적 성능에 적합한 설계

**해설**

인간-기계 체계의 설계 원칙
1. 배열을 고려한 설계
2. 양립성에 맞게 설계
3. 인체특성에 적합한 설계
4. 인간의 기계적 성능에 맞도록 설계

**28** 병렬로 이루어진 두 요소의 신뢰도가 각각 0.7일 경우, 시스템 전체의 신뢰도는?

① 0.30
② 0.49
③ 0.70
④ 0.91

**해설**

시스템의 신뢰도
$R = 1 - (1 - 0.7)(1 - 0.7) = 0.91$

**29** 사업장에서 인간공학 적용분야로 틀린 것은?

① 제품설계
② 산업독성학
③ 재해·질병예방
④ 작업장 내 조사 및 연구

### 해설
사업장에서의 인간공학 적용분야
1. 작업설계와 조직의 변경
2. 재해 및 질병의 예방
3. 제품의 사용성 평가
4. 작업환경의 개선
5. 핵발전소 제어실 설계
6. 고기술 제품의 인터페이스 디자인
7. 장비 및 공구의 설계 등

**30** 신호검출이론(SDT)에서 두 정규분포 곡선이 교차하는 부분에 판별기준이 놓였을 경우 Beta 값으로 맞는 것은?

① Beta = 0
② Beta < 1
③ Beta = 1
④ Beta > 1

### 해설
신호 검출 이론(SDT ; Signal Detection Theory)
1. 정의 : 인간이 자극을 감지하여 신호를 판단할 경우 잡음이나 소음이 있는 상황에서 이루어질 때, 잡음이 신호검출에 미치는 영향을 다루는 이론을 신호 검출 이론(SDT)이라 한다.
2. 판별기준

| | |
|---|---|
| $\beta = 1$ | 반응기준점에서 두 곡선이 교차할 경우(두 정규분포 곡선이 교차하는 부분) |
| $\beta > 1$ (반응기준이 오른쪽으로 이동할 경우) | 신호가 나타났을 때 신호의 정확한 판정은 적으나 허위경보를 덜 하게 되며, 보수적이라 한다. |
| $\beta < 1$ (반응기준이 왼쪽으로 이동할 경우) | 신호의 정확한 판정은 많아지나 허위경보도 증가하게 되며, 자유적이다. |

**31** 인간이 낼 수 있는 최대의 힘을 최대근력이라고 하며, 일반적으로 인간은 자기의 최대근력을 잠시 동안만 낼 수 있다. 이에 근거할 때 인간이 상당히 오래 유지할 수 있는 힘은 근력의 몇 % 이하인가?

① 15%
② 20%
③ 25%
④ 30%

### 해설
지구력(endurance)
1. 근육을 사용하여 특정한 힘을 유지할 수 있는 능력
2. 최대근력으로 유지할 수 있는 것은 몇 초이며, 최대근력의 50% 힘으로는 약 1분간 유지할 수 있다.
3. 인간은 자기의 최대근력을 잠시 동안만 낼 수 있으며 근력의 15% 이하의 힘은 상당히 오래 유지할 수 있다.

**32** 소리의 크고 작은 느낌은 주로 강도의 함수이지만 진동수에 의해서도 일부 영향을 받는다. 음량을 나타내는 척도인 phon의 기준 순음 주파수는?

① 1000Hz
② 2000Hz
③ 3000Hz
④ 4000Hz

### 해설
Phon에 의한 음량 수준
1. 정량적 평가를 하기 위한 음량 수준 척도로, 단위는 Phon
2. 어떤 음의 Phon치로 표시한 음량 수준은 이 음과 같은 크기로 들리는 1,000Hz 순음의 음압 수준(dB)이다.

**33** 위험관리에서 위험의 분석 및 평가에 유의할 사항으로 적절하지 않은 것은?

① 기업 간의 의존도는 어느 정도인지 점검한다.
② 발생의 빈도보다는 손실의 규모에 중점을 둔다.
③ 작업표준의 의미를 충분히 이해하고 있는지 점검한다.
④ 한 가지의 사고가 여러 가지 손실을 수반하는지 확인한다.

### 해설
위험의 분석 및 평가 시 유의사항
1. 기업 간의 의존도는 어느 정도인지 점검한다.
2. 발생 빈도보다는 손실의 규모에 중점을 둔다.
3. 한 가지 사고가 여러 가지 손실을 수반하는지를 확인한다.

**34** 작업장의 소음문제를 처리하기 위한 적극적인 대책이 아닌 것은?

① 소음의 격리
② 소음원을 통제
③ 방음보호 용구 사용
④ 차폐장치 및 흡음재 사용

### 해설
작업자의 보호구 착용은 음원에 대한 대책이 아니라 근로자에 대한 대책에 해당된다.

정답 30 ③ 31 ① 32 ① 33 ③ 34 ③

## 35 안전성 평가 항목에 해당하지 않은 것은?

① 작업자에 대한 평가  ② 기계설비에 대한 평가
③ 작업공정에 대한 평가  ④ 레이아웃에 대한 평가

**해설**

안전성 평가 대상
1. 기계설비
2. 작업공정
3. 배치(Lay out)

> **TIP** 안전성 평가
> 설비나 공법 등에 대해서 이동 중 또는 시공 중에 나타날 위험에 대해 설계 또는 계획단계에서 정성적 또는 정량적인 평가를 하고 그 평가에 따른 대책을 강구하는 것이다.

## 36 정량적 표시장치의 용어에 대한 설명 중 틀린 것은?

① 눈금단위 : 눈금을 읽는 최소 단위
② 눈금범위 : 눈금의 최고치와 최저치의 차
③ 수치간격 : 눈금에 나타낸 인접 수치 사이의 차
④ 눈금간격 : 최대눈금선 사이의 값 차

**해설**

눈금간격
최소 눈금선 사이의 값 차

## 37 강의용 책걸상을 설계할 때 고려해야 할 변수와 적용할 인체측정자료 응용원칙이 적절하게 연결된 것은?

① 의자 높이 – 최대 집단치 설계
② 의자 깊이 – 최대 집단치 설계
③ 의자 너비 – 최대 집단치 설계
④ 책상 높이 – 최대 집단치 설계

**해설**

책상 및 의자의 높이는 조절 가능한 설계, 의자의 깊이는 최소 집단치 설계를 하는 것이 적절하다.

## 38 촉감의 일반적인 척도의 하나인 2점문턱값(two-point threshold)이 감소하는 순서대로 나열된 것은?

① 손가락 → 손바닥 → 손가락 끝
② 손바닥 → 손가락 → 손가락 끝
③ 손가락 끝 → 손가락 → 손바닥
④ 손가락 끝 → 손바닥 → 손가락

**해설**

2점역치(two-point threshold)
1. 피부 예민성의 지표가 된다.
2. 피부에 근접하는 2점을 컴퍼스로 동시에 접촉할 때 만일 2점이 매우 가까우면 2점으로 감각되지 않고 1점이 자극이 되는 것과 같이 느낀다.
3. 2점 사이의 거리를 점차 넓혀가다가 최초로 2점을 느끼게 되는 거리를 2점역치라 하며 측정 간의 거리가 가까울수록 예민하다.
4. 손끝이나 입술은 2점역치가 작다.
5. 손바닥은 손바닥 → 손가락 → 손가락 끝으로 역치가 감소한다.

## 39 산업안전보건법령에 따라 기계·기구 및 설비의 설치·이전 등으로 인해 유해·위험방지계획서를 제출하여야 하는 대상에 해당하지 않는 것은?

① 건조설비  ② 공기압축기
③ 화학설비  ④ 가스집합 용접장치

**해설**

유해·위험방지계획서 제출 대상 기계·기구 및 설비
1. 금속이나 그 밖의 광물의 용해로
2. 화학설비
3. 건조설비
4. 가스집합 용접장치
5. 근로자의 건강에 상당한 장해를 일으킬 우려가 있는 물질로서 고용노동부령으로 정하는 물질의 밀폐·환기·배기를 위한 설비

## 40 설계단계에서부터 보전에 불필요한 설비를 설계하는 것의 보전방식은?

① 보전예방  ② 생산보전
③ 일상보전  ④ 개량보전

**해설**

보전예방(MP)
새로운 설비를 계획·설계하는 단계에서 설비보전 정보나 새로운 기술을 기초로 신뢰성, 보전성, 경제성, 조작성, 안전성 등을 고려하여 보전비나 열화 손실을 적게 하는 활동을 말하며, 궁극적으로는 보전활동이 가급적 필요하지 않도록 하는 것을 목표로 하는 설비보전방법이다.

**정답** 35 ① 36 ④ 37 ③ 38 ② 39 ② 40 ①

## 3과목 기계위험 방지기술

**41** 방호장치의 설치목적이 아닌 것은?

① 가공물 등의 낙하에 의한 위험 방지
② 위험부위와 신체의 접촉 방지
③ 비산으로 인한 위험 방지
④ 주유나 검사의 편리성

**해설**

방호장치의 기본 목적
1. 작업자의 보호
2. 인적 · 물적 손실의 방지
3. 기계 위험 부위의 접촉 방지 등

**TIP** 주유나 검사의 편리성을 위해서 방호장치를 설치하지는 않는다.

**42** 아세틸렌 및 가스집합 용접장치의 저압용 수봉식 안전기의 유효수주는 최소 몇 mm 이상을 유지해야 하는가?

① 15          ② 20
③ 25          ④ 30

**해설**

저압용 수봉식 안전기
유효수주는 25mm 이상으로 유지하여 만일의 사태에 대비하도록 할 것

**43** 크레인 로프에 질량 2000kg의 물건을 10m/s²의 가속도로 감아올릴 때, 로프에 걸리는 총 하중은 약 몇 kN인가?

① 39.6        ② 29.6
③ 19.6        ④ 9.6

**해설**

와이어로프에 걸리는 하중 계산

| | |
|---|---|
| 와이어로프에 걸리는 총 하중 | 총 하중($W$)＝정하중($W_1$)＋동하중($W_2$) <br> 동하중($W_2$) = $\dfrac{W_1}{g} \times a$ <br> [$g$ : 중력가속도(9.8m/s²), $a$ : 가속도(m/s²)] |
| 와이어로프에 작용하는 장력 | 장력[N]＝총하중[kg] × 중력가속도[m/s²] |

1. 동하중($W_2$) = $\dfrac{W_1}{g} \times a = \dfrac{2,000}{9.8} \times 10 = 2,040.82$[kgf]
2. 총 하중($W$)
   ＝정하중($W_1$)＋동하중($W_2$) = 2,000＋2,040.82[kgf]
   ＝4,040.82[kgf]
3. 장력($N$)
   ＝총 하중[kg]×중력가속도[m/s²]＝4,040.82[kgf]×9.8
   ＝39,600[N] ≒ 39.6[kN]

**44** 보일러 압력방출장치의 종류에 해당되지 않는 것은?

① 스프링식      ② 중추식
③ 플런저식      ④ 지렛대식

**해설**

보일러의 압력방출장치
스프링식, 중추식, 지렛대식(일반적으로 스프링식 안전밸브가 많이 사용)

**45** 휴대용 연삭기 덮개의 각도는 몇 도 이내인가?

① 60°         ② 90°
③ 125°        ④ 180°

**해설**

연삭기 덮개의 각도
1. 일반연삭작업 등에 사용하는 것을 목적으로 하는 탁상용 연삭기 덮개의 노출각도는 125° 이내로 한다.
2. 연삭숫돌의 상부를 사용하는 것을 목적으로 하는 탁상용 연삭기 덮개의 노출각도는 60° 이내로 한다.
3. 1 및 2 이외의 탁삭용 연삭기, 그 밖에 이와 유사한 연삭기 덮개의 노출각도는 80° 이내로 하되, 숫돌의 주축에서 수평면 위로 이루는 원주 각도는 65° 이상이 되지 않도록 한다.
4. 원통연삭기, 센터리스연삭기, 공구연삭기, 만능연삭기, 그 밖에 이와 비슷한 연삭기 덮개의 노출각도는 180° 이내로 한다.
5. 휴대용 연삭기, 스윙연삭기, 스라브연삭기, 그 밖에 이와 비슷한 연삭기 덮개의 노출각도는 180° 이내로 한다.
6. 평면연삭기, 절단연삭기, 그 밖에 이와 비슷한 연삭기 덮개의 노출각도는 150° 이내로 하되, 숫돌의 주축에서 수평면 밑으로 이루는 덮개의 각도는 15° 이상이 되도록 한다.

## 46 프레스의 종류에서 슬라이드 운동기구에 의한 분류에 해당하지 않은 것은?

① 액압 프레스  ② 크랭크 프레스
③ 너클 프레스  ④ 마찰 프레스

**해설**

슬라이드 운동기구에 의한 프레스의 분류
1. 크랭크 프레스        5. 랙 프레스
2. 크랭크레스 프레스   6. 스크류 프레스
3. 너클 프레스          7. 링크 프레스
4. 마찰 프레스          8. 캠 프레스

## 47 양중기에 해당하지 않는 것은?

① 크레인       ② 리프트
③ 체인블록    ④ 곤돌라

**해설**

양중기의 종류
1. 크레인(호이스트 포함)
2. 이동식 크레인
3. 리프트(이삿짐운반용 리프트의 경우에는 적재하중이 0.1톤 이상인 것)
4. 곤돌라
5. 승강기

## 48 비파괴시험의 종류가 아닌 것은?

① 자분 탐상시험   ② 침투 탐상시험
③ 와류 탐상시험   ④ 샤르피 충격시험

**해설**

비파괴검사의 종류
1. 육안검사
2. 누설검사
3. 침투검사(침투 탐상검사)
4. 초음파검사(초음파 탐상검사)
5. 자기탐상검사(자분 탐상검사)
6. 음향검사
7. 방사선 투과검사
8. 와류 탐상검사

**TIP** 샤르피 충격시험은 파괴검사에 해당된다.

## 49 동력프레스의 종류에 해당하지 않는 것은?

① 크랭크 프레스   ② 풋 프레스
③ 토글 프레스     ④ 액압 프레스

**해설**

프레스의 종류

| 인력 프레스 | • 풋 프레스(foot press)<br>• 나사 프레스(screw press)<br>• 아버 프레스(arbor press)<br>• 액센트릭 프레스(eccentric press) |
|---|---|
| 동력 프레스 | • 크랭크 프레스(crank press)<br>• 토글 프레스(toggle press)<br>• 마찰 프레스(friction press)<br>• 액압 프레스(hydraulic press) |

## 50 목재가공용 둥근톱의 톱날 지름이 500mm 일 경우 분할날의 최소길이는 약 몇 mm인가?

① 462   ② 362
③ 262   ④ 162

**해설**

분할날의 길이

1. $\pi \times D \times \dfrac{1}{4} = \pi \times 500 \times \dfrac{1}{4} = 392.5$

2. 분할날은 표준 테이블면 상의 톱 뒷날의 $\dfrac{2}{3}$ 이상을 덮도록 할 것

   분할날의 최소길이 $= 392.5 \times \dfrac{2}{3} = 261.79 = 262[mm]$

**TIP** 원둘레 길이 $= \pi D = 2\pi r$ 여기서, $D$ : 지름 $r$ : 반지름

## 51 연삭숫돌의 파괴원인이 아닌 것은?

① 외부의 충격을 받았을 때
② 플랜지가 현저히 작을 때
③ 회전력이 결합력보다 클 때
④ 내·외면의 플랜지 지름이 동일할 때

**해설**

연삭숫돌의 파괴원인
1. 숫돌의 회전속도가 너무 빠를 때
2. 숫돌 자체에 균열이 있을 때
3. 숫돌에 과대한 충격을 가할 때
4. 숫돌의 측면을 사용하여 작업할 때

5. 숫돌의 불균형이나 베어링 마모에 의한 진동이 있을 때 (숫돌이 경우에 따라 파손될 수 있다.)
6. 숫돌 반경방향의 온도 변화가 심할 때
7. 작업에 부적당한 숫돌을 사용할 때
8. 숫돌의 치수가 부적당할 때
9. 플랜지가 현저히 작을 때

## 52 롤러기의 급정지장치 설치기준으로 틀린 것은?

① 손조작식 급정지장치의 조작부는 밑면에서 1.8m 이내에 설치한다.
② 복부조작식 급정지장치의 조작부는 밑면에서 0.8m 이상, 1.1m 이내에 설치한다.
③ 무릎조작식 급정지장치의 조작부는 밑면에서 0.8m 이내에 설치한다.
④ 설치위치는 급정지장치의 조작부 중심점을 기준으로 한다.

**해설**
급정지장치의 설치방법

| 급정지장치 조작부의 종류 | 위치 | 비고 |
|---|---|---|
| 손으로 조작하는 것 | 밑면으로부터 1.8m 이내 | 위치는 급정지장치 조작부의 중심점을 기준으로 함 |
| 복부로 조작하는 것 | 밑면으로부터 0.8m 이상 1.1m 이내 | |
| 무릎으로 조작하는 것 | 밑면으로부터 0.4m 이상 0.6m 이내 | |

## 53 산업안전보건법상 보일러에 설치하는 압력방출장치에 대하여 검사 후 봉인에 사용되는 재료로 가장 적합한 것은?

① 납
② 주석
③ 구리
④ 알루미늄

**해설**
보일러의 압력방출장치
압력방출장치는 매년 1회 이상 교정을 받은 압력계를 이용하여 설정압력에서 압력방출장치가 적정하게 작동하는지를 검사한 후 납으로 봉인하여 사용하여야 한다. (공정안전보고서 이행상태 평가결과가 우수한 사업장은 압력방출장치에 대하여 4년마다 1회 이상 설정압력에서 압력방출장치가 적정하게 작동하는지를 검사할 수 있다.)

## 54 밀링머신 작업의 안전수칙으로 적절하지 않은 것은?

① 강력절삭을 할 때는 일감을 바이스로부터 길게 물린다.
② 일감을 측정할 때에는 반드시 정지시킨 다음에 한다.
③ 상하 이송장치의 핸들을 사용 후 반드시 빼두어야 한다.
④ 커터는 될 수 있는 한 컬럼에 가깝게 설치한다.

**해설**
밀링 작업에 대한 안전수칙
강력 절삭을 할 때는 일감을 바이스에 깊게 물린다.

## 55 지게차의 헤드가드(Head guard)는 지게차 최대하중의 몇 배가 되는 등분포정하중에 견딜 수 있는 강도를 가져야 하는가?

① 2
② 3
③ 4
④ 5

**해설**
지게차의 헤드가드
1. 강도는 지게차의 최대하중의 2배 값(4톤을 넘는 값에 대해서는 4톤으로 한다)의 등분포정하중에 견딜 수 있을 것
2. 상부틀의 각 개구의 폭 또는 길이가 16cm 미만일 것
3. 운전자가 앉아서 조작하거나 서서 조작하는 지게차의 헤드가드는 한국산업표준에서 정하는 높이 기준 이상일 것
   ㉠ 좌승식 : 좌석기준점으로부터 903mm 이상
   ㉡ 입승식 : 조종사가 서 있는 플랫폼으로부터 1,880mm 이상

## 56 기계설비의 작업능률과 안전을 위한 배치(layout)의 3단계를 올바른 순서대로 나열한 것은?

① 지역배치 → 건물배치 → 기계배치
② 건물배치 → 지역배치 → 기계배치
③ 기계배치 → 건물배치 → 지역배치
④ 지역배치 → 기계배치 → 건물배치

**해설**
배치(layout)의 3단계

| | | |
|---|---|---|
| 1단계 | 지역배치 | 제품의 원료 확보에서 제품 판매까지의 최적 배치 |
| 2단계 | 건물배치 | 공장, 사무실, 창고, 부대시설의 위치 |
| 3단계 | 기계배치 | 직능 분야별 기계배치 |

**정답** 52 ③ 53 ① 54 ① 55 ① 56 ①

**57** 프레스기의 금형을 부착 · 해체 또는 조정하는 작업을 할 때, 슬라이드가 갑자기 작동함으로써 발생하는 근로자의 위험을 방지하기 위해 사용해야 하는 것은?

① 방호울  ② 안전블록
③ 시건장치  ④ 날접촉예방장치

**해설**
금형조정작업의 위험 방지
프레스 등의 금형을 부착 · 해체 또는 조정하는 작업을 할 때에 해당 작업에 종사하는 근로자의 신체가 위험한계 내에 있는 경우 슬라이드가 갑자기 작동함으로써 근로자에게 발생할 우려가 있는 위험을 방지하기 위하여 안전블록을 사용하는 등 필요한 조치를 하여야 한다.

**58** 와이어로프의 지름 감소에 대한 폐기기준으로 옳은 것은?

① 공칭지름의 1퍼센트 초과
② 공칭지름의 3퍼센트 초과
③ 공칭지름의 5퍼센트 초과
④ 공칭지름의 7퍼센트 초과

**해설**
양중기 와이어로프 사용금지 조건
1. 이음매가 있는 것
2. 와이어로프의 한 꼬임에서 끊어진 소선의 수가 10% 이상인 것
3. 지름의 감소가 공칭지름의 7%를 초과하는 것
4. 꼬인 것
5. 심하게 변형되거나 부식된 것
6. 열과 전기충격에 의해 손상된 것

**59** 플레이너 작업 시의 안전대책이 아닌 것은?

① 베드 위에 다른 물건을 올려놓지 않는다.
② 바이트는 되도록 짧게 나오도록 설치한다.
③ 프레임 내의 피트(pit)에는 뚜껑을 설치한다.
④ 칩 브레이커를 사용하여 칩이 길게 되도록 한다.

**해설**
칩 브레이커는 선반의 방호장치로 절삭 중 칩을 자동적으로 끊어 주는 바이트에 설치된 안전장치이다.

**60** 산업안전보건법상 유해 · 위험 방지를 위한 방호조치를 하지 아니하고는 양도, 대여, 설치 또는 사용에 제공하거나, 양도 · 대여를 목적으로 진열해서는 아니 되는 기계 · 기구가 아닌 것은?

① 예초기  ② 진공포장기
③ 원심기  ④ 롤러기

**해설**
유해하거나 위험한 기계 · 기구에 대한 방호조치
1. 예초기
2. 원심기
3. 공기압축기
4. 금속절단기
5. 지게차
6. 포장기계(진공포장기, 래핑기로 한정)

## 4과목 전기위험 방지기술

**61** 가로등의 접지전극을 지면으로부터 75cm 이상 깊은 곳에 매설하는 주된 이유는?

① 전극의 부식을 방지하기 위하여
② 접촉 전압을 감소시키기 위하여
③ 접지 저항을 증가시키기 위하여
④ 접지선의 단선을 방지하기 위하여

**해설**
접촉전압 및 접지저항을 감소시키기 위해서 지면으로부터 75cm 이상 깊은 곳에 매설한다.

**62** 내압방폭 금속관배선에 대한 설명으로 틀린 것은?

① 전선관은 박강전선관을 사용한다.
② 배관 인입부분은 씰링 피팅(Sealing Fitting)을 설치하고 씰링 콤파운드로 밀봉한다.
③ 전선관과 전기기기와의 접속은 관용평형나사에 의해 완전나사부가 "5턱" 이상 결합되도록 한다.
④ 가요성을 요하는 접속부분에는 플렉시블 피팅(Flexible Fitting)을 사용하고, 플렉시블 피팅은 비틀어서 사용해서는 안 된다.

정답 57 ② 58 ④ 59 ④ 60 ④ 61 ② 62 ①

해설

전선관은 후강전선관을 사용한다.

TIP
- 박강전선관 : 일반적인 장소에 사용
- 후강전선관 : 공장 등의 배관에서 특히 강도를 필요로 하는 경우 또는 폭발성 가스나 부식성 가스가 있는 장소에 사용

**63** 정전용량 $C_1(\mu F)$ 과 $C_2(\mu F)$가 직렬 연결된 회로에 $E(V)$로 송전되다 갑자기 정전이 발생하였을 때, $C_2$ 단자의 전압을 나타낸 식은?

① $\dfrac{C_1}{C_1 + C_2} E$ 　　② $\dfrac{C_2}{C_1 + C_2} E$

③ $C_2 E$ 　　④ $\dfrac{E}{\sqrt{2}}$

해설

전압
1. 문제의 조건에 따라 그림을 그리면 다음과 같다.

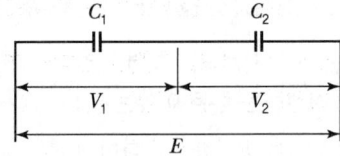

2. 합성정전용량 : $C_0 = \dfrac{C_1 C_2}{C_1 + C_2}[F]$

3. $V_1 = \dfrac{Q}{C_1} = \dfrac{C_0 E}{C_1} = \dfrac{\dfrac{C_1 C_2}{C_1 + C_2} E}{C_1} = \dfrac{C_1 C_2 E}{C_1(C_1 + C_2)}$

　　$= \dfrac{C_2}{C_1 + C_2} E [V]$

4. $V_2 = \dfrac{Q}{C_2} = \dfrac{C_0 E}{C_2} = \dfrac{\dfrac{C_1 C_2}{C_1 + C_2} E}{C_2} = \dfrac{C_1 C_2 E}{C_2(C_1 + C_2)}$

　　$= \dfrac{C_1}{C_1 + C_2} E [V]$

TIP $Q = C_0 E = C_1 E_1 = C_2 E_2 [C]$

**64** 충전 선로의 활선작업 또는 활선근접작업을 하는 작업자의 감전위험을 방지하기 위해 착용하는 보호구로서 가장 거리가 먼 것은?

① 절연장화　　② 절연장갑
③ 절연안전모　　④ 대전 방지용 구두

해설

절연보호구의 정의
활선작업 또는 활선근접작업에서 감전을 방지하기 위하여 작업자가 신체에 착용하는 절연안전모, 절연장갑, 절연화, 절연장화, 절연복 등을 말한다.

TIP 대전 방지용 구두는 정전기에 의한 위험이 있는 작업장에 착용하는 보호구

**65** 인체의 피부저항은 피부에 땀이 나 있는 경우 건조 시보다 약 어느 정도 저하되는가?

① 1/2~1/4　　② 1/6~1/10
③ 1/12~1/20　　④ 1/25~1/35

해설

피부의 전기저항(습기에 의한 변화)
1. 피부가 젖어 있는 경우에는 건조한 경우에 비해 1/10로 감소
2. 땀이 난 경우 1/12~1/20로 감소
3. 물에 젖은 경우 1/25로 감소

**66** 정전기 재해 방지를 위하여 불활성화할 수 없는 탱크, 탱크롤리 등에 위험물을 주입하는 배관 내 액체의 유속제한에 대한 설명으로 틀린 것은?

① 물이나 기체를 혼합하는 비수용성 위험물의 배관 내 유속은 1m/s 이하로 할 것
② 저항률이 $10^{10}\Omega \cdot cm$ 미만의 도전성 위험물의 배관 유속은 매초 7m이하로 할 것
③ 저항률이 $10^{10}\Omega \cdot cm$ 이상인 위험물의 배관유속은 관내경이 0.05m이면 매초 3.5m 이하로 할 것
④ 이황화탄소 등과 같이 유동대전이 심하고 폭발 위험성이 높은 것은 배관 내 유속은 5m/s 이하로 할 것

해설

유속의 제한
1. 저항률이 $10^{10}\Omega \cdot cm$ 미만의 도전성 위험물의 배관유속은 7m/s 이하로 할 것
2. 에텔, 이황화탄소 등과 같이 유동대전이 심하고 폭발 위험성이 높은 것은 배관 내 유속은 1m/s 이하로 할 것
3. 물기가 기체를 혼합한 비수용성 위험물은 배관 내 유속을 1m/s 이하로 할 것
4. 저항률 $10^{10}\Omega \cdot cm$ 이상인 위험물의 배관 내 유속은 관 내경이 0.05m일 때 3.5m/s 이하로 할 것

정답 63 ① 64 ④ 65 ③ 66 ④

**67** 정전기로 인하여 화재로 진전되는 조건 중 관계가 없는 것은?

① 방전하기에 충분한 전위차가 있을 때
② 가연성 가스 및 증기가 폭발한계 내에 있을 때
③ 대전하기 쉬운 금속 부분에 접지를 한 상태일 때
④ 정전기의 스파크 에너지가 가연성 가스 및 증기의 최소점화 에너지 이상일 때

**해설**

정전기 방전에 의한 폭발·화재가 일어나기 위한 조건
1. 가연성 물질이 폭발한계에 있을 것
2. 정전기 방전에너지가 가연성 물질의 최소 착화에너지 이상일 것
3. 방전하기에 충분한 전위차가 있을 것

> **TIP** 접지할 경우 정전기를 방지할 수 있어 화재 발생의 위험이 없다.

**68** 화염일주한계에 대한 설명으로 옳은 것은?

① 폭발성 가스와 공기의 혼합기에 온도를 높인 경우 화염이 발생할 때까지의 시간 한계치
② 폭발성 분위기에 있는 용기의 접합면 틈새를 통해 화염이 내부에서 외부로 전파되는 것을 저지할 수 있는 틈새의 최대간격치
③ 폭발성 분위기 속에서 전기불꽃에 의하여 폭발을 일으킬 수 있는 화염을 발생시키기에 충분한 교류 파형의 1주기치
④ 방폭설비에서 이상이 발생하여 불꽃이 생성된 경우에 그것이 점화원으로 작용하지 않도록 화염의 에너지를 억제하여 폭발 하한계로 되도록 화염 크기를 조정하는 한계치

**해설**

최대안전틈새(MESG ; Maximum Experimental Safety Gap = 안전간극, 화염일주한계)
1. 8L 정도의 구형 용기 안에 폭발성 혼합가스를 채우고 착화시켜 가스가 발화될 때 화염이 용기 외부의 폭발성 혼합가스에 전달되는가의 여부를 보아 화염을 전달시킬 수 없는 한계의 틈을 말한다.
2. 화염이 틈새를 통하여 바깥쪽의 폭발성 가스에 전달되지 않는 한계의 틈새
3. 폭발화염이 외부로 전파되지 않도록 하기 위해 안전간격을 적게 한다.

**69** 접지저항 저감방법으로 틀린 것은?

① 접지극의 병렬 접지를 실시한다.
② 접지극의 매설 깊이를 증가시킨다.
③ 접지극의 크기를 최대한 작게 한다.
④ 접지극 주변의 토양을 개량하여 대지 저항률을 떨어뜨린다.

**해설**

접지극 병렬접속(병렬법)
접지봉 등을 병렬접속하고 접지 전극의 면적을 크게 한다.

**70** Dalziel에 의하여 동물실험을 통해 얻어진 전류값을 인체에 적용했을 때 심실세동을 일으키는 전기에너지(J)는?(단, 인체 전기저항은 500Ω으로 보며, 흐르는 전류 $I=\frac{165}{\sqrt{T}}$ mA로 한다.)

① 9.8  ② 13.6
③ 19.6  ④ 27

**해설**

위험한계에너지

$$W = I^2 RT [J/s] = \left(\frac{165}{\sqrt{T}} \times 10^{-3}\right)^2 \times R \times T$$

$$W = \left(\frac{165}{\sqrt{1}} \times 10^{-3}\right)^2 \times 500 \times 1 = 13.61 [J]$$

**71** 접지공사에 관한 설명으로 옳은 것은?

① 뇌해 방해를 위한 피뢰기는 제1종 접지공사를 시행한다.
② 중성선 전로에 시설하는 계통접지는 특별 제3종 접지공사를 시행한다.
③ 제3종 접지공사의 저항값은 100Ω이고 교류 750V 이하의 저압기기에 설치한다.
④ 고·저압 전로의 변압기 저압 측 중성선에는 반드시 제1종 접지공사를 시행한다.

**정답** 67 ③  68 ②  69 ③  70 ②  71 ①

**해설**

접지시스템

| 구분 | • 계통접지(System Earthing) : 전력계통에서 돌발적으로 발생하는 이상현상에 대비하여 대지와 계통을 연결하는 것으로, 중성점을 대지에 접속하는 것을 말한다.<br>• 보호접지(Protective Earthing) : 고장 시 감전에 대한 보호를 목적으로 기기의 한 점 또는 여러 점을 접지하는 것을 말한다.<br>• 피뢰시스템 접지 : 뇌격전류를 안전하게 대지로 보내기 위해 접지극을 대지에 접속하는 것을 말한다. |
|---|---|
| 종류 | • 단독접지 : (특)고압 계통의 접지극과 저압 접지계통의 접지극을 독립적으로 시설하는 접지방식<br>• 공통접지 : (특)고압 접지계통과 저압 접지계통을 등전위 형성을 위해 공통으로 접지하는 방식<br>• 통합접지 : 계통접지, 통신접지, 피뢰접지극의 접지극을 통합하여 접지하는 방식 |
| 구성요소 | 접지시스템은 접지극, 접지도체, 보호도체 및 기타 설비로 구성한다. |
| 연결 | 접지극은 접지도체를 사용하여 주 접지단자에 연결하여야 한다. |

**TIP** 법 개정으로 접지대상에 따라 일괄 적용한 종별접지(1종, 2종, 3종, 특별 3종)가 폐지되었습니다. 해설을 참고하세요.

**72** 접지목적에 따른 분류에서 병원설비의 의료용 전기전자(M·E) 기기와 모든 금속부분 또는 도전바닥에도 접지하여 전위를 동일하게 하기 위한 접지를 무엇이라 하는가?

① 계통 접지
② 등전위 접지
③ 노이즈방지용 접지
④ 정전기 장해방지 이용 접지

**해설**
등전위 접지
병원에 있어서의 의료 기기 사용 시의 안전

**73** 정전기 발생 원인에 대한 설명으로 옳은 것은?

① 분리속도가 느리면 정전기 발생이 커진다.
② 정전기 발생은 처음 접촉, 분리 시 최소가 된다.
③ 물질 표면이 오염된 표면일 경우 정전기 발생이 커진다.
④ 접촉 면적이 작고 압력이 감소할수록 정전기 발생량이 크다.

**해설**
정전기 발생의 영향요인(정전기 발생요인)
1. 분리속도가 빠를수록 정전기 발생량이 커진다.
2. 정전기 발생량은 처음 접촉, 분리가 일어날 때 최대가 되며, 발생횟수가 반복될수록 발생량이 감소한다.
3. 기름, 수분, 불순물 등 오염이 심할수록, 산화 부식이 심할수록 정전기 발생량이 커진다.
4. 접촉면적 및 압력이 클수록 정전기 발생량은 커진다.

**74** 정격전류 20A와 25A인 전동기와 정격전류 10A인 전열기 6대에 전기를 공급하는 200V 단상저압 간선에는 정격전류 몇 A의 과전류 차단기를 시설하여야 하는가?

① 200
② 150
③ 125
④ 100

**해설**
과전류 차단기의 정격전류

$$과전류\ 차단기의\ 정격전류(I_n) = 3I_M + I_H$$

여기서, $I_M$ : 전동기 전류의 합, $I_H$ : 전열기 전류의 합

$$\begin{aligned}과전류\ 차단기의\ 정격전류 &= 3I_M + I_H \\ &= 3 \times (20+25) + (10 \times 6) \\ &= 195[A]\end{aligned}$$

**75** 전기기기 방폭의 기본개념과 이를 이용한 방폭구조로 볼 수 없는 것은?

① 점화원의 격리 : 내압(耐壓) 방폭구조
② 폭발성 위험분위기 해소 : 유입 방폭구조
③ 전기기기 안전도의 증강 : 안전증 방폭구조
④ 점화능력의 본질적 억제 : 본질안전 방폭구조

**해설**
전기설비의 방폭화

| 점화원의 실질적 (방폭적) 격리 | 내압 방폭구조 | 내부 폭발이 주위에 파급되지 않게 함 |
|---|---|---|
| | 압력 방폭구조 | 점화원을 주위 폭발성 가스로부터 격리 |
| | 유입 방폭구조 | 점화원을 Oil 등에 넣어 격리 |

**정답** 72 ② 73 ③ 74 ① 75 ②

| 전기설비의 안전도 증가 | 안전증 방폭구조 | 정상상태에서 불꽃이나 고온부가 존재하는 전기기기의 안전도를 증대시킴 |
|---|---|---|
| 점화능력의 본질적 억제 | 본질안전 방폭구조 | 본질적으로 폭발성 물질이 점화되지 않는다는 것이 시험 등에 의해 확인된 구조를 사용 |

**76** 최소 착화에너지가 0.26mJ인 프로판 가스에 정전용량이 100pF인 대전 물체로부터 정전기 방전에 의하여 착화할 수 있는 전압은 약 몇 V정도인가?

① 2240  ② 2260
③ 2280  ④ 2300

**해설**

정전 에너지

$$W = \frac{1}{2}CV^2 = \frac{1}{2}QV = \frac{1}{2}\frac{Q^2}{C}$$

여기서, $W$ : 정전기 에너지(J)   $C$ : 도체의 정전용량(F)
$V$ : 대전 전위(V)   $Q$ : 대전 전하량(C)

1. $W = \frac{1}{2}CV^2 \rightarrow 2W = CV^2 \rightarrow V^2 = \frac{2W}{C} \rightarrow V = \sqrt{\frac{2W}{C}}$

2. $V = \sqrt{\frac{2W}{C}} = \sqrt{\frac{2 \times 0.26 \times 10^{-3}}{100 \times 10^{-12}}} = 2,280[V]$

**TIP** pF = $10^{-12}$F, mJ = $10^{-3}$J

**77** 전기기계·기구의 기능 설명으로 옳은 것은?

① CB는 부하전류를 개폐(ON-Off)시킬 수 있다.
② ACB는 접촉스파크 소호를 진공상태로 한다.
③ DS는 회로의 개폐(ON-Off) 및 대용량부하를 개폐시킨다.
④ LA는 피뢰침으로서 낙뢰 피해의 이상 전압을 낮추어 준다.

**해설**

전기기계·기구
1. 차단기(CB ; Circuit Breaker) : 차단기는 통상의 부하전류를 개폐하고 사고 시 신속히 회로를 차단하여 전기기기 및 전선류를 보호하고 안전성을 유지하는 기기를 말한다.
2. 기중차단기(ACB) : 대기의 공기 내에서 회로를 차단할 시 공기의 자연소호방식을 이용한 것
3. 단로기(DS ; Disconnecting Switch) : 무부하 상태에서만 차단이 가능하며, 부하상태에서 개폐하면 위험하다.

4. 피뢰기(LA ; Lightning Arrester) : 전기 시설에 침입하는 낙뢰에 의한 이상 전압에 대하여 그 파고값을 저감시켜 전기 기기를 절연파괴에서 보호하는 장치(이상전압으로부터 전력설비의 기기를 보호)

**78** 배전선로에 정전잡업 중 단락 접지기구를 사용하는 목적으로 적합한 것은?

① 통신선 유도장해 방지
② 배전용 기계·기구의 보호
③ 배전선 통전 시 전위경도 저감
④ 혼촉 또는 오작동에 의한 감전방지

**해설**

정전전로에서의 전기작업
전기기기등이 다른 노출 충전부와의 접촉, 유도 또는 예비동력원의 역송전 등으로 전압이 발생할 우려가 있는 경우에는 충분한 용량을 가진 단락 접지기구를 이용하여 접지할 것

**79** 교류 아크용접기의 허용사용률(%)은?(단, 정격사용률은 10%, 2차 정격전류는 500A, 교류 아크용접기의 사용전류는 250A이다.)

① 30  ② 40
③ 50  ④ 60

**해설**

허용사용률

$$허용사용률 = \frac{(정격\ 2차\ 전류)^2}{(실제\ 용접전류)^2} \times 정격사용률$$

허용사용률 $= \frac{(정격\ 2차\ 전류)^2}{(실제\ 용접전류)^2} \times 정격사용률$

$= \frac{(500)^2}{(250)^2} \times 10 = 40[\%]$

**80** 속류를 차단할 수 있는 최고의 교류전압을 피뢰기의 정격전압이라고 하는데 이 값은 통상적으로 어떤 값으로 나타내고 있는가?

① 최댓값  ② 평균값
③ 실효값  ④ 파고값

**정답** 76 ③ 77 ① 78 ④ 79 ② 80 ③

**해설**

피뢰기의 정격

| 정격전압 | 피뢰기가 속류를 차단할 수 있는 상용주파수 최고의 교류전압의 실효값을 말한다. |
|---|---|
| 제한전압 | 피뢰기 방전 시 선로단자와 접지단가단자 간에 남게 되는 충격전압의 파고치로서 방전 중에 피뢰기 단자 간에 걸리는 전압을 말한다. |
| 충격방전 개시전압 | 극성의 충격파와 소정의 파형을 피뢰기의 선로단자와 접지단자 간에 인가했을 때 방전전류가 흐르기 이전에 도달할 수 있는 최고 전압을 말한다. |

## 5과목 화학설비위험방지기술

**81** 다음 중 인화성 물질이 아닌 것은?
① 에테르
② 아세톤
③ 에틸알코올
④ 과염소산칼륨

**해설**
과염소산 및 그 염류는 산화성 액체 및 산화성 고체에 해당된다.

**82** 다음 중 산업안전보건법령상 화학설비에 해당하는 것은?
① 응축기 · 냉각기 · 가열기 · 증발기 등 열교환기류
② 사이클론 · 백필터 · 전기집진기 등 분진처리설비
③ 온도 · 압력 · 유량 등을 지시 · 기록 등을 하는 자동제어 관련 설비
④ 안전밸브 · 안전판 · 긴급차단 또는 방출밸브 등 비상조치 관련 설비

**해설**
화학설비의 종류
1. 반응기 · 혼합조 등 화학물질 반응 또는 혼합장치
2. 증류탑 · 흡수탑 · 추출탑 · 감압탑 등 화학물질 분리장치
3. 저장탱크 · 계량탱크 · 호퍼 · 사일로 등 화학물질 저장설비 또는 계량설비
4. 응축기 · 냉각기 · 가열기 · 증발기 등 열교환기류
5. 고로 등 점화기를 직접 사용하는 열교환기류
6. 캘린더(calender) · 혼합기 · 발포기 · 인쇄기 · 압출기 등 화학제품 가공설비
7. 분쇄기 · 분체분리기 · 용융기 등 분체화학물질 취급장치
8. 결정조 · 유동탑 · 탈습기 · 건조기 등 분체화학물질 분리장치
9. 펌프류 · 압축기 · 이젝터(ejector) 등의 화학물질 이송 또는 압축설비

**83** 금속의 용접 · 용단 또는 가열에 사용되는 가스 등의 용기를 취급할 때의 준수사항으로 옳지 않은 것은?
① 밸브의 개폐는 서서히 할 것
② 용기의 온도를 섭씨 40도 이하로 유지할 것
③ 운반할 때에는 환기를 위하여 캡을 씌우지 않을 것
④ 용기의 부식 · 마모 또는 변형상태를 점검한 후 사용할 것

**해설**
충격을 가하지 않도록 하며 운반하는 경우에는 캡을 씌울 것

**84** 다음 중 자연발화를 방지하기 위한 일반적인 방법으로 적절하지 않은 것은?
① 주위의 온도를 낮춘다.
② 공기의 출입을 방지하고 밀폐시킨다.
③ 습도가 높은 곳에는 저장하지 않는다.
④ 황린의 경우 산소와의 접촉을 피한다.

**해설**
자연발화 방지법
1. 통풍이 잘되게 할 것
2. 저장실 온도를 낮출 것
3. 열이 축적되지 않는 퇴적방법을 선택할 것
4. 습도가 높지 않도록 할 것(습도가 높은 곳을 피할 것)
5. 공기가 접촉되지 않도록 불활성액체 중에 저장할 것

**85** 대기압에서 물의 엔탈피가 1kcal/kg이었던 것이 가압하여 1.45kcal/kg을 나타내었다면 flash율은 얼마인가?(단, 물의 기화열은 540cal/g이라고 가정한다.)
① 0.00083
② 0.0015
③ 0.0083
④ 0.015

**해설**
flash율
액체가 순간적으로 기화하는 현상을 말하며, flash 기화한 액체의 양($q$)과 유출된 전액체량($Q$)의 비를 flash율이라고 한다.

**정답** 81 ④ 82 ① 83 ③ 84 ② 85 ①

$$\frac{q}{Q} = \frac{(H_{t1} - H_{t2})}{L}$$

여기서, $\frac{q}{Q}$ : flash율, $q$ : 기화된 액량, $Q$(kg) : 전체 액량
$H_{t1}$(kcal/kg) : 가압하의 액체 엔탈피
$H_{t2}$(kcal/kg) : 대기압하의 액체 엔탈피, $L$ : 증발잠열(기화열)

$$\frac{q}{Q} = \frac{(H_{t1} - H_{t2})}{L} = \frac{(1.45 - 1)}{540} = 0.00083$$

## 86 다음 중 설비의 주요 구조부분을 변경함으로써 공정안전보고서를 제출하여야 하는 경우가 아닌 것은?

① 플레어스택을 설치 또는 변경하는 경우
② 가스누출감지경보기를 교체 또는 추가로 설치하는 경우
③ 변경된 생산설비 및 부대설비의 해당 전기정격용량이 300kW 이상 증가한 경우
④ 생산량의 증가, 원료 또는 제품의 변경을 위하여 반응기(관련 설비 포함)를 교체 또는 추가로 설치하는 경우

**해설**
주요 구조부분의 변경공사
1. 반응기를 교체(같은 용량과 형태로 교체되는 경우는 제외)하거나 추가로 설치하는 경우 또는 이미 설치된 반응기를 변형하여 용량을 늘리는 경우
2. 생산설비 및 부대설비(유해·위험물질의 누출·화재·폭발과 무관한 자동화창고·조명설비 등은 제외)가 교체 또는 추가되어 늘어나게 되는 전기정용용량의 총합이 300킬로와트 이상인 경우
3. 플레어스택을 설치 또는 변경하는 경우

**TIP** 본 문제는 법 개정으로 일부 내용이 수정되었습니다. 해설은 법 개정으로 수정된 내용이니 해설을 학습하세요.

## 87 다음 중 흡인 시 인체에 구내염과 혈뇨, 손 떨림 등의 증상을 일으키며 신경계를 대표적인 표적기관으로 하는 물질은?

① 백금  ② 석회석
③ 수은  ④ 이산화탄소

**해설**
수은(Hg)
흡입 시 인체의 구내염과 혈뇨, 손 떨림 등의 증상 발생

## 88 위험물을 저장·취급하는 화학설비 및 그 부속설비를 설치할 때 '단위공정시설 및 설비로부터 다른 단위공정시설 및 설비의 사이'의 안전거리는 설비의 바깥 면으로부터 몇 m 이상이 되어야 하는가?

① 5  ② 10
③ 15  ④ 20

**해설**
위험물을 저장·취급하는 화학설비 및 그 부속설비를 설치하는 경우의 안전거리(산업안전보건기준에 관한 규칙 제271조)
단위공정시설 및 설비로부터 다른 단위공정시설 및 설비의 사이 : 설비의 바깥 면으로부터 10미터 이상

## 89 다음 중 화재감지기에 있어 열감지방식이 아닌 것은?

① 정온식  ② 광전식
③ 차동식  ④ 보상식

**해설**
자동화재탐지설비 감지기의 종류
1. 열감지기 : 차동식, 정온식, 보상식
2. 연기감지기 : 광전식, 이온화식

## 90 고온에서 완전 열분해하였을 때 산소를 발생하는 물질은?

① 황화수소  ② 과염소산칼륨
③ 메틸리튬  ④ 적린

**해설**
과염소산칼륨($KClO_4$)
약 400℃에서 열분해하기 시작하여 약 610℃에서 완전 분해되어 염화칼륨과 산소를 방출한다.

## 91 다음 중 파열판에 관한 설명으로 틀린 것은?

① 압력 방출속도가 빠르다.
② 설정 파열압력 이하에서 파열될 수 있다.
③ 한 번 부착한 후에는 교환할 필요가 없다.
④ 높은 점성의 슬러리나 부식성 유체에 적용할 수 있다.

**해설**
파열판의 특징
1. 압력 방출속도가 빠르며, 분출량이 많다.

**정답** 86 ② 87 ③ 88 ② 89 ② 90 ② 91 ③

2. 높은 점성의 슬러리나 부식성 유체에 적용할 수 있다.
3. 설정 파열압력 이하에서 파열될 수 있다.
4. 한 번 작동하면 파열되므로 교체하여야 한다.

## 92 다음 중 허용노출기준(TWA)이 가장 낮은 물질은?

① 불소
② 암모니아
③ 황화수소
④ 니트로벤젠

**해설**

화학물질의 노출기준

| 유해물질의 명칭 | 화학식 | 노출기준 TWA | |
|---|---|---|---|
| | | ppm | mg/m³ |
| 불소 | $F_2$ | 0.1 | - |
| 니트로벤젠 | $C_6H_5NO_2$ | 1 | - |
| 황화수소 | $H_2S$ | 10 | |
| 암모니아 | $NH_3$ | 25 | - |

## 93 Burgess-Wheeler의 법칙에 따르면 서로 유사한 탄화수소계의 가스에서 폭발하한계의 농도(vol%)와 연소열(kcal/mol)의 곱의 값은 약 얼마 정도인가?

① 1100
② 2800
③ 3200
④ 3800

**해설**

Brugess-Wheeler의 법칙(탄화수소계에서의 적용)

$$x \cdot Q \fallingdotseq 1100 \text{kcal}$$

여기서, $x$ : 하한계, $Q$ : 분자 연소열[kcal/mol]

## 94 산업안전보건법에서 정한 공정안전보고서의 제출대상 업종이 아닌 사업장으로서 유해·위험물질의 1일 취급량이 염소 10,000kg, 수소 2,000kg인 경우 공정안전보고서 제출대상 여부를 판단하기 위한 $R$ 값은 얼마인가?(단, 유해·위험물질의 규정수량은 표에 따른다.)

| 유해·위험물질명 | 규정수량(kg) |
|---|---|
| 인화성 가스 | 5000 |
| 염소 | 20000 |
| 수소 | 50000 |

① 0.9
② 1.2
③ 1.5
④ 1.8

**해설**

공정안전보고서 제출대상
두 종류 이상의 유해·위험물질을 제조·취급·저장하는 경우

$$R = \frac{C_1}{T_1} + \frac{C_2}{T_2} + \cdots\cdots + \frac{C_n}{T_n}$$

주) $C_n$ : 유해·위험물질별($n$) 규정량과 비교하여 하루 동안 제조·취급 또는 저장할 수 있는 최대치 중 가장 큰 값
$T_n$ : 유해·위험물질별($n$) 규정량
$R$ 값이 1 이상인 경우 : 공정안전보고서 제출대상

$$R = \frac{C_1}{T_1} + \frac{C_2}{T_2} + \cdots\cdots + \frac{C_n}{T_n} = \frac{10,000}{20,000} + \frac{20,000}{50,000} = 0.9$$

**TIP** $R < 1$이므로 공정안전보고서 제출 대상이 아니다.

## 95 폭발압력과 가연성 가스의 농도와의 관계에 대한 설명으로 가장 적절한 것은?

① 가연성 가스의 농도와 폭발압력은 반비례 관계이다.
② 가연성 가스의 농도가 너무 희박하거나 너무 진하여도 폭발 압력은 최대로 높아진다.
③ 폭발압력은 화학양론 농도보다 약간 높은 농도에서 최대 폭발압력이 된다.
④ 최대 폭발압력의 크기는 공기와의 혼합기체에서보다 산소의 농도가 큰 혼합기체에서 더 낮아진다.

**해설**

최대 폭발압력($P_m$)
1. 가연성 가스의 농도가 너무 희박하거나 진하여도 폭발압력은 낮아진다.
2. 폭발압력은 양론농도보다 약간 높은 농도에서 가장 높아져 최대폭발이 된다.
3. 최대폭발압력의 크기는 공기보다 산소의 농도가 큰 혼합기체에서 더 높아진다.
4. 가연성 가스의 농도가 클수록 폭발압력은 비례하여 높아진다.

## 96 프로판가스 1m³를 완전연소시키는 데 필요한 이론 공기량 몇 m³인가?(단, 공기 중의 산소 농도는 20vol%이다.)

① 20
② 25
③ 30
④ 35

**정답** 92 ① 93 ① 94 ① 95 ③ 96 ②

**해설**

이론 공기량

프로판가스의 연소반응식 $C_3H_8 + 5O_2 \rightarrow 3CO_2 + 4H_2O$

이론 공기량 $(A_o) = 5m^3 \times \dfrac{100}{20} = 25[m^3]$

> **TIP** 이론 공기량 : 연료를 이론적으로 완전연소시키는 데 필요한 최소한의 공기량을 말한다.

**97** 니트로셀룰로오스와 같이 연소에 필요한 산소를 포함하고 있는 물질이 연소하는 것을 무엇이라고 하는가?

① 분해연소
② 확산연소
③ 그을음연소
④ 자기연소

**해설**

자기연소

고체 가연물이 외부의 산소 공급원 없이 점화원에 의해 연소하는 형태(제5류 위험물, 니트로 글리세린, 니트로 셀룰로오스, 트리 니트로 톨루엔, 질산 에틸린, 피크린산 등)

**98** 다음 중 포소화약제 혼합장치로서 정하여진 농도로 물과 혼합하여 거품 수용액을 만드는 장치가 아닌 것은?

① 관로혼합장치
② 차압혼합장치
③ 낙하혼합장치
④ 펌프혼합장치

**해설**

포소화약제 혼합장치
1. 관로 혼합장치
2. 차압 혼합장치
3. 펌프 혼합장치
4. 압입 혼합장치

**99** 다음 중 파열판과 스프링식 안전밸브를 직렬로 설치해야 할 경우가 아닌 것은?

① 부식물질로부터 스프링식 안전밸브를 보호할 때
② 독성이 매우 강한 물질을 취급 시 완벽하게 격리를 할 때
③ 스프링식 안전밸브에 막힘을 유발시킬 수 있는 슬러리를 방출시킬 때
④ 릴리프 장치가 작동 후 방출라인이 개방되어야 할 때

**해설**

파열판 및 안전밸브의 직렬 설치
1. 부식물질로부터 스프링식 안전밸브를 보호할 때
2. 독성이 매우 강한 물질을 취급 시 완벽하게 격리를 할 때
3. 스프링식 안전밸브에 막힘을 유발시킬 수 있는 슬러리를 방출시킬 때
4. 릴리프 장치가 작동 후 방출라인이 개방되지 않아야 할 때

**100** 폭발원인물질의 물리적 상태에 따라 구분할 때 기상폭발(gas explosion)에 해당되지 않는 것은?

① 분진폭발
② 응상폭발
③ 분무폭발
④ 가스폭발

**해설**

원인물질의 상태에 따른 분류

| 기상폭발 | 가스폭발, 분무폭발, 분진폭발, 가스분해폭발, 증기운폭발 |
|---|---|
| 응상폭발 | 수증기폭발(액체일 때), 증기폭발(액화가스일 때), 전선폭발 |

## 6과목 건설안전기술

**101** 크롤라 크레인 사용 시 준수사항으로 옳지 않은 것은?

① 운반에는 수송차가 필요하다.
② 붐의 조립, 해체장소를 고려해야 한다.
③ 경사지 작업 시 아웃트리거를 사용한다.
④ 크롤라의 폭을 넓게 할 수 있는 형을 사용할 경우에는 최대 폭을 고려하여 계획한다.

**해설**

크롤러 크레인(crawler crane)

지반이 연약한 곳이나 좁은 곳에서의 작업이 가능하며, 아웃트리거가 없기 때문에 경사지에서의 작업은 피해야 한다.

**정답** 97 ④  98 ③  99 ④  100 ②  101 ③

**102** 다음은 낙하물 방지망 또는 방호선반을 설치하는 경우의 준수해야 할 사항이다. (  ) 안에 알맞은 숫자는?

> 높이 ( A )미터 이내마다 설치하고, 내민 길이는 벽면으로부터 ( B )미터 이상으로 할 것

① A : 10, B : 2  ② A : 8, B : 2
③ A : 10, B : 3  ④ A : 8, B : 3

**해설**
낙하물 방지망 또는 방호선반 설치 시 준수사항
1. 높이 10미터 이내마다 설치하고, 내민 길이는 벽면으로부터 2미터 이상으로 할 것
2. 수평면과의 각도는 20도 이상 30도 이하를 유지할 것

**103** 강관을 사용하여 비계를 구성하는 경우 준수하여야 하는 사항으로 옳지 않은 것은?

① 비계기둥의 간격은 띠장 방향에서는 1.5m 이상 1.8m 이하로 할 것
② 비계기둥 간의 적재하중은 300kg을 초과하지 않도록 할 것
③ 비계기둥의 제일 윗부분으로부터 31m 되는 지점 밑부분의 비계기둥은 2개의 강관으로 묶어 세울 것
④ 띠장간격은 1.5m 이하로 설치하되, 첫 번째 띠장은 지상으로부터 2m 이하의 위치에 설치할 것

**해설**
강관비계의 구조
1. 비계기둥의 간격은 띠장 방향에서는 1.85미터 이하, 장선 방향에서는 1.5미터 이하로 할 것. 다만, 다음 각 목의 어느 하나에 해당하는 작업의 경우에는 안전성에 대한 구조검토를 실시하고 조립도를 작성하면 띠장 방향 및 장선 방향으로 각각 2.7미터 이하로 할 수 있다.
   ㉠ 선박 및 보트 건조작업
   ㉡ 그 밖에 장비 반입·반출을 위하여 공간 등을 확보할 필요가 있는 등 작업의 성질상 비계기둥 간격에 관한 기준을 준수하기 곤란한 작업
2. 띠장 간격은 2.0미터 이하로 할 것. 다만, 작업의 성질상 이를 준수하기가 곤란하여 쌍기둥틀 등에 의하여 해당 부분을 보강한 경우에는 그러하지 아니하다.
3. 비계기둥의 제일 윗부분으로부터 31미터 되는 지점 밑부분의 비계기둥은 2개의 강관으로 묶어 세울 것. 다만, 브라켓(bracket) 등으로 보강하여 2개의 강관으로 묶을 경우 이상의 강도가 유지되는 경우에는 그러하지 아니하다.

4. 비계기둥 간의 적재하중은 400킬로그램을 초과하지 않도록 할 것

**TIP** 본 문제는 법 개정으로 일부 내용이 수정되었습니다. 해설은 법 개정으로 수정된 내용이니 해설을 학습하세요.

**104** 깊이 10.5m 이상의 굴착의 경우 계측기기를 설치하여 흙막이 구조의 안전을 예측하여야 한다. 이에 해당하지 않는 계측기기는?

① 수위계  ② 경사계
③ 응력계  ④ 지진가속도계

**해설**
굴착공사 계측관리
1. 수위계      3. 하중 및 침하계
2. 경사계      4. 응력계

**105** 다음 중 흙막이벽 설치공법에 속하지 않는 것은?

① 강제 널말뚝 공법  ② 지하연속벽 공법
③ 어스앵커 공법  ④ 트렌치 컷 공법

**해설**
흙막이 공법의 종류

| 흙막이 지지방식에 의한 분류 | • 자립공법<br>• 버팀대식 공법(빗버팀대식 공법, 수평버팀대식 공법)<br>• 어스앵커 공법 |
|---|---|
| 흙막이 구조방식에 의한 분류 | • 엄지말뚝식 흙막이 공법(H-Pile)<br>• 널말뚝 공법(강널말뚝식 흙막이 공법, 강관 널말뚝식 흙막이 공법)<br>• 지하연속벽 공법(주열식, 벽식)<br>• 역타식 공법(Top Down) |

**TIP** 트렌치 컷(Trench Cut) 공법
흙파기 공법 중 부분 굴착 공법으로 아일랜드 컷 공법과 반대로 주변부를 먼저 시공한 후 나중에 중앙부를 굴착하여 지하 구조물을 완성하는 공법(주변부 먼저)

**106** 다음 중 건물 해체용 기구와 거리가 먼 것은?

① 압쇄기  ② 스크레이퍼
③ 잭  ④ 철해머

**정답** 102 ① 103 ② 104 ④ 105 ④ 106 ②

**해설**

해체용 기구
1. 압쇄기
2. 대형 브레이커
3. 철제해머
4. 핸드브레이커
5. 절단톱
6. 잭키
7. 절단줄톱
8. 팽창제 등

## 107 다음은 가설통로를 설치하는 경우의 준수사항이다. 빈칸에 알맞은 수치를 고르면?

> 건설공사에 사용하는 높이 8미터 이상인 비계다리에는 ( )미터 이내마다 계단참을 설치할 것

① 7
② 6
③ 5
④ 4

**해설**

가설통로
1. 견고한 구조로 할 것
2. 경사는 30도 이하로 할 것(다만, 계단을 설치하거나 높이 2미터 미만의 가설통로로서 튼튼한 손잡이를 설치한 경우에는 그러하지 아니하다)
3. 경사가 15도를 초과하는 경우에는 미끄러지지 아니하는 구조로 할 것
4. 추락할 위험이 있는 장소에는 안전난간을 설치할 것(다만, 작업상 부득이한 경우에는 필요한 부분만 임시로 해체할 수 있다)
5. 수직갱에 가설된 통로의 길이가 15미터 이상인 경우에는 10미터 이내마다 계단참을 설치할 것
6. 건설공사에 사용하는 높이 8미터 이상인 비계다리에는 7미터 이내마다 계단참을 설치할 것

## 108 중량물을 운반할 때의 바른 자세로 옳은 것은?

① 허리를 구부리고 양손으로 들어올린다.
② 중량은 보통 체중의 60%가 적당하다.
③ 물건은 최대한 몸에서 멀리 떼어서 들어올린다.
④ 길이가 긴 물건은 앞쪽을 높게 하여 운반한다.

**해설**

인력운반작업 시 준수사항
1. 길이가 긴 물건은 앞쪽을 높게 하여 운반할 것
2. 들어 올릴 때는 팔과 무릎을 사용하며, 척추는 곧은 자세로 할 것
3. 중량기준은 일반적으로 자신의 체중의 40% 이내만 들도록 한다.
4. 화물에 최대한 근접하여 중심을 낮게 할 것
5. 무거운 물건은 공동작업으로 실시하고 보조기구를 사용할 것

## 109 콘크리트의 압축강도에 영향을 주는 요소로 가장 거리가 먼 것은?

① 콘크리트 양생 온도
② 콘크리트 재령
③ 물-시멘트비
④ 거푸집 강도

**해설**

콘크리트 압축강도에 영향을 미치는 요인
1. 구성 재료의 영향 : 시멘트 및 혼화재료의 종류, 골재의 종류 및 크기
2. 콘크리트 재령 및 배합 : 물-시멘트비(W/C비), 혼화재료 및 골재 사용량, 공기량
3. 양생의 영향(온도, 습도) : 양생기간, 건습상태
4. 시공방법의 영향 : 타설 및 다지기 등

## 110 화물의 하중을 직접 지지하는 달기 와이어로프의 안전계수 기준은?

① 2 이상
② 3 이상
③ 5 이상
④ 10 이상

**해설**

와이어로프 등 달기구의 안전계수

| | |
|---|---|
| 근로자가 탑승하는 운반구를 지지하는 달기와이어로프 또는 달기체인의 경우 | 10 이상 |
| 화물의 하중을 직접 지지하는 달기와이어로프 또는 달기체인의 경우 | 5 이상 |
| 훅, 샤클, 클램프, 리프팅 빔의 경우 | 3 이상 |
| 그 밖의 경우 | 4 이상 |

## 111 다음은 산업안전보건기준에 관한 규칙의 콘크리트 타설작업에 관한 사항이다. 빈칸에 들어갈 적절한 용어는?

> 당일의 작업을 시작하기 전에 해당 작업에 관한 거푸집 및 동바리의 ( A )·변위 및 ( B ) 등을 점검하고 이상이 있으면 보수할 것

① A : 변형, B : 지반의 침하 유무
② A : 변형, B : 개구부 방호설비
③ A : 균열, B : 깔판
④ A : 균열, B : 지주의 침하

**정답** 107 ① 108 ④ 109 ④ 110 ③ 111 ①

**해설**

콘크리트 타설작업 시 준수사항
1. 당일의 작업을 시작하기 전에 해당 작업에 관한 거푸집 및 동바리의 변형·변위 및 지반의 침하 유무 등을 점검하고 이상이 있으면 보수할 것
2. 작업 중에는 감시자를 배치하는 등의 방법으로 거푸집 및 동바리의 변형·변위 및 침하 유무 등을 확인해야 하며, 이상이 있으면 작업을 중지하고 근로자를 대피시킬 것
3. 콘크리트 타설작업 시 거푸집 붕괴의 위험이 발생할 우려가 있으면 충분한 보강조치를 할 것
4. 설계도서상의 콘크리트 양생기간을 준수하여 거푸집 및 동바리를 해체할 것
5. 콘크리트를 타설하는 경우에는 편심이 발생하지 않도록 골고루 분산하여 타설할 것

**112** 일반건설공사(갑)로서 대상액이 5억 원 이상 50억 원 미만인 경우에 산업안전보건관리비의 비율 (가) 및 기초액(나)으로 옳은 것은?

① (가) 1.86%, (나) 5,349,000원
② (가) 1.99%, (나) 5,499,000원
③ (가) 2.35%, (나) 5,400,000원
④ (가) 1.57%, (나) 4,411,000원

**해설**

공사종류 및 규모별 산업안전보건관리비 계상기준표

| 구분<br>공사 종류 | 대상액 5억 원 미만인 경우 적용비율(%) | 대상액 5억 원 이상 50억 원 미만인 경우 | | 대상액 50억 원 이상인 경우 적용비율(%) | 보건관리자 선임대상 건설공사의 적용비율(%) |
|---|---|---|---|---|---|
| | | 적용비율(%) | 기초액 | | |
| 건축공사 | 3.11% | 2.28% | 4,325,000원 | 2.37% | 2.64% |
| 토목공사 | 3.15% | 2.53% | 3,300,000원 | 2.60% | 2.73% |
| 중건설공사 | 3.64% | 3.05% | 2,975,000원 | 3.11% | 3.39% |
| 특수건설공사 | 2.07% | 1.59% | 2,450,000원 | 1.64% | 1.78% |

안전관리비 대상액 = 공사원가계산서 구성항목 중 직접재료비, 간접재료비와 직접노무비를 합한 금액(발주자가 재료를 제공할 경우에는 해당 재료비를 포함)

 본 문제는 법 개정으로 일부 내용이 수정되었습니다. 해설은 법 개정으로 수정된 내용이니 해설을 학습하세요.

**113** 표면장력이 흙입자의 이동을 막고 조밀하게 다져지는 것을 방해하는 현상과 관계 깊은 것은?

① 흙의 압밀(consolidation)
② 흙의 침하(settlement)
③ 벌킹(bulking)
④ 과다짐(over compaction)

**해설**

벌킹(bulking)
건조한 모래 또는 사질토에 적량의 물이 가해질 경우 표면장력이 발생하여 점토지반처럼 약간의 점착력이 생기면서 체적이 처음의 건조한 상태보다 증가하는 현상을 말한다.

**114** 추락방지망 설치 시 그물코의 크기가 10cm인 매듭 있는 방망의 신품에 대한 인장강도 기준으로 옳은 것은?

① 100kgf 이상    ② 200kgf 이상
③ 300kgf 이상    ④ 400kgf 이상

**해설**

방망사의 신품에 대한 인장강도

| 그물코의 크기<br>(단위 : 센티미터) | 방망의 종류(단위 : 킬로그램) | |
|---|---|---|
| | 매듭 없는 방망 | 매듭방망 |
| 10 | 240 | 200 |
| 5 | | 110 |

**115** 차량계 건설기계를 사용하는 작업 시 작업계획서 내용에 포함되는 사항이 아닌 것은?

① 사용하는 차량계 건설기계의 종류 및 성능
② 차량계 건설기계의 운행 경로
③ 차량계 건설기계에 의한 작업방법
④ 차량계 건설기계의 유도자 배치 관련 사항

**해설**

차량계 건설기계의 작업계획서 내용
1. 사용하는 차량계 건설기계의 종류 및 성능
2. 차량계 건설기계의 운행경로
3. 차량계 건설기계에 의한 작업방법

**116** 콘크리트 타설 시 안전수칙으로 옳지 않은 것은?

① 타설순서는 계획에 의하여 실시하여야 한다.
② 진동기는 최대한 많이 사용하여야 한다.
③ 콘크리트를 치는 도중에는 거푸집, 지보공 등의 이상 유무를 확인해야 한다.

④ 손수레로 콘크리트를 운반할 때에는 손수레를 타설하는 위치까지 천천히 운반하여 거푸집에 충격을 주지 아니하도록 타설하여야 한다.

**해설**
콘크리트 타설 시 안전수칙
진동기는 적절히 사용되어야 하며, 지나친 진동은 거푸집 도괴의 원인이 될 수 있으므로 각별히 주의하여야 한다.

## 117 건설업 산업안전보건관리비로 사용할 수 없는 것은?

① 안전관리자의 인건비
② 교통통제를 위한 교통정리 · 신호수의 인건비
③ 기성제품에 부착된 안전장치 고장 시 교체 비용
④ 근로자의 안전보건 증진을 위한 교육, 세미나 등에 소요되는 비용

**해설**
안전관리비의 사용 불가내역(일부항목)
1. 유도자 또는 신호자의 인건비
   원활한 공사 수행을 위하여 사업장 주변 교통정리, 민원 및 환경 관리 등의 목적이 포함되어 있는 경우
2. 안전 · 보건보조원의 인건비
   경비원, 청소원, 폐자재 처리원 등 산업안전 · 보건과 무관하거나 사무보조원(안전보건관리자의 사무를 보조하는 경우를 포함)의 인건비

**TIP** 법 개정으로 삭제된 내용입니다. 참고만 하세요.

## 118 크레인 또는 데릭에서 붐각도 및 작업반경별로 작용시킬 수 있는 최대하중에서 후크(Hook), 와이어로프 등 달기구의 중량을 공제한 하중은?

① 작업하중  ② 정격하중
③ 이동하중  ④ 적재하중

**해설**
크레인의 정격하중
크레인의 권상(호이스팅)하중에서 혹, 크래브 또는 버킷 등 달기구의 중량에 상당하는 하중을 뺀 하중을 말한다. 다만, 지브가 있는 크레인 등으로서 경사각의 위치에 따라 권상능력이 달라지는 것은 그 위치에서의 권상하중에서 달기기구의 중량을 뺀 하중을 말한다.

## 119 산업안전보건법상 차량계 하역운반기계 등에 단위화물의 무게가 100kg 이상인 화물을 싣는 작업 또는 내리는 작업을 하는 경우에 해당 작업 지휘자가 준수하여야 할 사항과 가장 거리가 먼 것은?

① 작업순서 및 그 순서마다의 작업방법을 정하고 작업을 지휘할 것
② 기구와 공구를 점검하고 불량품을 제거할 것
③ 대피방법을 미리 교육할 것
④ 로프 풀기 작업 또는 덮개 벗기기 작업은 적재함의 화물이 떨어질 위험이 없음을 확인한 후에 하도록 할 것

**해설**
싣거나 내리는 작업
단위화물의 무게가 100kg 이상인 경우 작업 지휘자 준수사항
1. 작업순서 및 그 순서마다의 작업방법을 정하고 작업을 지휘할 것
2. 기구와 공구를 점검하고 불량품을 제거할 것
3. 해당 작업을 하는 장소에 관계 근로자가 아닌 사람이 출입하는 것을 금지할 것
4. 로프 풀기 작업 또는 덮개 벗기기 작업은 적재함의 화물이 떨어질 위험이 없음을 확인한 후에 하도록 할 것

## 120 다음 와이어로프 중 양중기에 사용 가능한 범위 안에 있다고 볼 수 있는 것은?

① 와이어로프의 한 꼬임(스트랜드)에서 끊어진 소선의 수가 8% 인 것
② 지름의 감소가 공칭지름의 8% 인 것
③ 심하게 부식된 것
④ 이음매가 있는 것

**해설**
와이어로프 사용금지 조건
1. 이음매가 있는 것
2. 와이어로프의 한 꼬임에서 끊어진 소선의 수가 10% 이상인 것
3. 지름의 감소가 공칭지름의 7%를 초과하는 것
4. 꼬인 것
5. 심하게 변형되거나 부식된 것
6. 열과 전기충격에 의해 손상된 것

# 04 2017년 1회 기출문제

## 1과목 안전관리론

**01** 산업안전보건법령상 근로자 안전·보건교육 중 채용 시의 교육 및 작업내용 변경 시의 교육 내용에 포함되지 않는 것은?

① 물질안전보건자료에 관한 사항
② 작업 개시 전 점검에 관한 사항
③ 유해·위험 작업환경 관리에 관한 사항
④ 기계·기구의 위험성과 작업의 순서 및 동선에 관한 사항

**해설**
근로자 채용 시 교육 및 작업내용 변경 시 교육
1. 산업안전 및 산업재해 예방에 관한 사항(화재·폭발 사고 발생 시 대피에 관한 사항을 포함)
2. 산업보건 및 건강장해 예방에 관한 사항
3. 위험성 평가에 관한 사항
4. 산업안전보건법령 및 산업재해보상보험 제도에 관한 사항
5. 직무스트레스 예방 및 관리에 관한 사항
6. 직장 내 괴롭힘, 고객의 폭언 등으로 인한 건강장해 예방 및 관리에 관한 사항
7. 기계·기구의 위험성과 작업의 순서 및 동선에 관한 사항
8. 작업 개시 전 점검에 관한 사항
9. 정리정돈 및 청소에 관한 사항
10. 사고 발생 시 긴급조치에 관한 사항
11. 물질안전보건자료에 관한 사항

**02** 매슬로(Maslow)의 욕구단계 이론 중 2단계에 해당되는 것은?

① 생리적 욕구
② 안전에 대한 욕구
③ 자아실현의 욕구
④ 존경과 긍지에 대한 욕구

**해설**
매슬로(Maslow)의 욕구단계 이론

| 제1단계 | 생리적 욕구 | 기아, 갈증, 호흡, 배설, 성욕 등 생명유지의 기본적 욕구 |
|---|---|---|
| 제2단계 | 안전의 욕구 | • 자기보존 욕구 – 안전을 구하려는 욕구<br>• 전쟁, 재해, 질병의 위험으로부터 자유로워지려는 욕구 |
| 제3단계 | 사회적 욕구 | • 소속감과 애정에 대한 욕구<br>• 사회적으로 관계를 향상시키는 욕구 |
| 제4단계 | 인정받으려는 욕구<br>(자기 존중의 욕구) | 자존심, 명예, 성취, 지위 등 인정받으려는 욕구 |
| 제5단계 | 자아실현의 욕구 | • 잠재능력을 실현하고자 하는 성취욕구<br>• 특유의 창의력을 발휘 |

**03** 플리커 검사(flicker test)의 목적으로 가장 적절한 것은?

① 혈중 알코올농도 측정
② 체내 산소량 측정
③ 작업강도 측정
④ 피로의 정도 측정

**해설**
플리커(Flicker)법
1. 빛에 대한 눈의 깜박임을 살펴 정신피로의 척도로 사용하는 방법이다.
2. 광원 앞에 사이가 벌어진 원판을 놓고 회전함으로써 눈에 들어오는 빛을 단속시켜 원판의 회전속도를 바꾸면 빛의 주기가 변한다. 이때 회전속도가 느리면 빛이 아른거리다가 빨라지면 융합되어 하나의 광점으로 보인다. 이러한 빛의 단속주기를 플리커치라고 한다.
3. 플리커법은 피로의 정도를 측정하는 검사이다.

**04** 라인(Line)형 안전관리 조직의 특징으로 옳은 것은?

① 안전에 관한 기술의 축적이 용이하다.
② 안전에 관한 지시나 조치가 신속하다.
③ 조직원 전원을 자율적으로 안전활동에 참여시킬 수 있다.
④ 권한 다툼이나 조정 때문에 통제수속이 복잡해지며, 시간과 노력이 소모된다.

**해설**
라인형(line형) – 직계형 조직
1. 의의
   ㉠ 안전을 전문으로 분담하는 조직이 없고, 안전관리에 관한 계획에서부터 실시·평가에 이르기까지 생산라인(생산지시)을 통해서 이루어지는 조직 형태

**정답** 01 ③ 02 ② 03 ④ 04 ②

ⓒ 100명 미만의 소규모 사업장에 적합한 조직형태
2. 장점
   ㉠ 명령과 보고가 상하관계뿐이므로 간단 명료한 조직
   ㉡ 경영자의 명령이나 지휘가 신속정확하게 전달되어 개선 조치가 빠르게 진행
3. 단점
   ㉠ 안전에 대한 전문지식이나 기술이 부족
   ㉡ 생산라인의 업무에 중점을 두어 안전보건관리가 소홀해 질 수 있음

**05** 참가자에게 일정한 역할을 주어 실제적으로 연기를 시켜봄으로써 자기의 역할을 보다 확실히 인식할 수 있도록 체험학습을 시키는 교육방법은?

① Role playing   ② Brain storming
③ Action playing  ④ Fish Bowl playing

**해설**
역할연기법(Role playing)
참석자에게 어떤 역할을 주어서 실제로 직접 연기해 본 후 훈련이나 평가에 사용하는 교육방법

**06** 인간의 적응기제 중 방어기제로 볼 수 없는 것은?

① 승화   ② 고립
③ 합리화  ④ 보상

**해설**
적응기제의 기본유형

| 공격적 기제(행동) | 도피적 기제(행동) | 방어적(절충적) 기제(행동) |
|---|---|---|
| • 직접적 공격 기제 : 폭행, 싸움, 기물파손 등<br>• 간접적 공격 기제 : 비난, 폭언, 욕설 등 | • 백일몽<br>• 퇴행<br>• 억압<br>• 반동형성<br>• 고립 등 | • 승화<br>• 보상<br>• 합리화<br>• 투사<br>• 동일화 등 |

**07** 교육훈련 기법 중 Off. J.T의 장점에 해당되지 않는 것은?

① 우수한 전문가를 강사로 활용할 수 있다.
② 특별 교재, 교구, 설비를 유효하게 활용할 수 있다.
③ 다수의 근로자에게 조직적 훈련이 가능하다.
④ 직장의 실정에 맞는 실제적인 교육이 가능하다.

**해설**
OFF J.T(Off the Job Training)
1. 외부의 전문가를 활용할 수 있다.(전문가를 초빙하여 강사로 활용이 가능하다)
2. 다수의 대상자에게 조직적 훈련이 가능하다.
3. 특별교재, 교구, 시설을 유효하게 사용할 수 있다.
4. 타 직종 사람과의 많은 지식, 경험을 교류할 수 있다.
5. 업무와 분리되어 교육에 전념하는 것이 가능하다.
6. 교육목표를 위하여 집단적으로 협조와 협력이 가능하다.
7. 법규, 원리, 원칙, 개념, 이론 등의 교육에 적합하다.

**TIP** O.J.T(On the Job Training)의 특징 : 직장의 실정에 맞는 구체적이고, 실제적인 교육이 가능하다.

**08** 산업안전보건법령상 안전·보건표지의 색채와 사용사례의 연결이 틀린 것은?

① 노란색 – 정지신호, 소화설비 및 그 장소, 유해행위의 금지
② 파란색 – 특정 행위의 지시 및 사실의 고지
③ 빨간색 – 화학물질 취급 장소에서의 유해·위험 경고
④ 녹색 – 비상구 및 피난소, 사람 또는 차량의 통행표지

**해설**
안전·보건표지의 색채, 색도기준 및 용도

| 색채 | 색도기준 | 용도 | 사용례 |
|---|---|---|---|
| 빨간색 | 7.5R 4/14 | 금지 | 정지신호, 소화설비 및 그 장소, 유해행위의 금지 |
| | | 경고 | 화학물질 취급장소에서의 유해·위험 경고 |
| 노란색 | 5Y 8.5/12 | 경고 | 화학물질 취급장소에서의 유해·위험경고 이외의 위험경고, 주의표지 또는 기계방호물 |
| 파란색 | 2.5PB 4/10 | 지시 | 특정 행위의 지시 및 사실의 고지 |
| 녹색 | 2.5G 4/10 | 안내 | 비상구 및 피난소, 사람 또는 차량의 통행표지 |
| 흰색 | N9.5 | | 파란색 또는 녹색에 대한 보조색 |
| 검은색 | N0.5 | | 문자 및 빨간색 또는 노란색에 대한 보조색 |

**09** 버드(Bird)의 재해발생에 관한 연쇄이론 중 직접적인 원인은 몇 단계에 해당되는가?

① 1단계   ② 2단계
③ 3단계   ④ 4단계

**정답** 05 ① 06 ② 07 ④ 08 ① 09 ③

**해설**

버드(bird)의 최신 도미노이론
1. 제1단계 : 제어의 부족(관리)
2. 제2단계 : 기본원인(기원)
3. 제3단계 : 직접원인(징후)
4. 제4단계 : 사고(접촉)
5. 제5단계 : 상해(손실)

**10** 근로자 수 300명, 총 근로시간 수 48시간×50주이고, 연재해건수는 200건일 때 이 사업장의 강도율은?(단, 연 근로 손실일수는 800일로 한다.)

① 1.11  ② 0.90
③ 0.16  ④ 0.84

**해설**

$$강도율 = \frac{근로 \ 손실일수}{연간 \ 총 \ 근로시간 \ 수} \times 1,000$$
$$= \frac{800}{300 \times 48 \times 50} \times 1,000 = 1.11$$

**11** 재해예방의 4원칙이 아닌 것은?

① 손실우연의 원칙   ② 사실확인의 원칙
③ 원인계기의 원칙   ④ 대책선정의 원칙

**해설**

하인리히의 재해예방 4원칙

| | |
|---|---|
| 예방 가능의 원칙 | 천재지변을 제외한 모든 재해는 원칙적으로 예방이 가능하다. |
| 손실 우연의 원칙 | 사고로 생기는 상해의 종류 및 정도는 우연적이다. |
| 원인 계기의 원칙 | 사고와 손실의 관계는 우연적이지만 사고와 원인관계는 필연적이다.(사고에는 반드시 원인이 있다.) |
| 대책 선정의 원칙 | 원인을 정확히 규명해서 대책을 선정하고 실시되어야 한다.(3E, 즉 기술, 교육, 독려를 중심으로) |

**12** 안전교육의 3요소에 해당되지 않는 것은?

① 강사     ② 교육방법
③ 수강자   ④ 교재

**해설**

교육의 3요소
1. 교육의 주체 : 강사
2. 교육의 객체 : 수강자(교육대상)
3. 교육의 매개체 : 교재(교육내용)

**13** 산업현장에서 재해 발생 시 조치 순서로 옳은 것은?

① 긴급처리 → 재해조사 → 원인분석 → 대책수립 → 실시계획 → 실시 → 평가
② 긴급처리 → 원인분석 → 재해조사 → 대책수립 → 실시 → 평가
③ 긴급처리 → 재해조사 → 원인분석 → 실시계획 → 실시 → 대책수립 → 평가
④ 긴급처리 → 실시계획 → 재해조사 → 대책수립 → 평가 → 실시

**해설**

재해 발생 시 조치사항
산업재해 발생 → 긴급처리 → 재해조사 → 원인강구(원인분석) → 대책 수립 → 대책실시계획 → 실시 → 평가

**14** 산업재해의 분석 및 평가를 위하여 재해발생 건수 등의 추이에 대해 한계선을 설정하여 목표 관리를 수행하는 재해통계 분석기법은?

① 폴리건(polygon)
② 관리도(control chart)
③ 파레토도(pareto diagram)
④ 특성 요인도(cause & effect diagram)

**해설**

관리도
재해발생 건수 등의 추이에 대해 한계선을 설정하여 목표 관리를 수행하는 데 사용되는 방법으로 관리선은 관리상한선, 중심선, 관리하한선으로 구성된다.

**15** ABE종 안전모에 대하여 내수성 시험을 할 때 물에 담그기 전의 질량이 400g이고, 물에 담근 후의 질량이 410g이었다면 질량증가율과 합격 여부로 옳은 것은?

① 질량증가율 : 2.5%, 합격 여부 : 불합격
② 질량증가율 : 2.5%, 합격 여부 : 합격
③ 질량증가율 : 102.5%, 합격 여부 : 불합격
④ 질량증가율 : 102.5%, 합격 여부 : 합격

**정답** 10 ① 11 ② 12 ② 13 ① 14 ② 15 ①

해설

**질량증가율**

1. 질량증가율(%)
 = (담근 후의 질량 − 담그기 전의 질량) / (담그기 전의 질량) × 100
 = (410 − 400) / 400 × 100 = 2.5[%]

2. 합격기준 : 질량증가율이 1% 미만일 것
 불합격

## 16 무재해운동에 관한 설명으로 틀린 것은?

① 제3자의 행위에 의한 업무상 재해는 무재해로 본다.
② 작업시간 중 천재지변 또는 돌발적인 사고로 인한 구조행위 또는 긴급피난 중 발생한 사고는 무재해로 본다.
③ 무재해란 무재해운동 시행사업장에서 근로자가 업무에 기인하여 사망 또는 2일 이상의 요양을 요하는 부상 또는 질병에 이환되지 않는 것을 말한다.
④ 작업 시간 외에 천재지변 또는 돌발적인 사고 우려가 많은 장소에서 사회통념상 인정되는 업무수행 중 발생한 사고는 무재해로 본다.

해설

**무재해의 정의**

1. 무재해라 함은 사업장에서 근로자가 업무에 기인하여 사망 또는 4일 이상의 요양을 요하는 부상 또는 질병에 이환되지 않는 것을 말한다. 다만, 다음의 어느 하나에 해당하는 경우에는 무재해로 본다.
 ㉠ 업무수행 중의 사고 중 천재지변 또는 돌발적인 사고로 인한 구조행위 또는 긴급피난 중 발생한 사고
 ㉡ 출퇴근 도중에 발생한 재해
 ㉢ 운동경기 등 각종 행사 중 발생한 재해
 ㉣ 천재지변 또는 돌발적인 사고 우려가 많은 장소에서 사회통념상 인정되는 업무수행 중 발생한 사고
 ㉤ 제3자의 행위에 의한 업무상 재해
 ㉥ 업무상 질병에 대한 구체적인 인정기준 중 뇌혈관질병 또는 심장질병에 의한 재해
 ㉦ 업무시간 외에 발생한 재해, 다만 사업주가 제공한 사업장 내의 시설물에서 발생한 재해 또는 작업개시 전의 작업준비 및 작업종료 후의 정리정돈 과정에서 발생한 재해는 제외한다.
 ㉧ 도로에서 발생한 사업장 밖의 교통사고, 소속 사업장을 벗어난 출장 및 외부기관으로 위탁교육 중 발생한 사고, 회식 중의 사고, 전염병 등 사업주의 법 위반으로 인한 것이 아니라고 인정되는 재해

2. 요양이란 부상 등의 치료를 말하며 재가, 통원 및 입원의 경우를 모두 포함한다.

## 17 맥그리거(Mcgregor)의 X, Y이론에서 X이론에 대한 관리 처방으로 볼 수 없는 것은?

① 직무의 확장
② 권위주의적 리더십의 확립
③ 경제적 보상체계의 강화
④ 면밀한 감독과 엄격한 통제

해설

**X, Y이론의 관리처방**

| X이론의 관리처방 | Y이론의 관리처방 |
|---|---|
| • 권위주의적 리더십의 확립<br>• 경제적 보상 체제의 강화<br>• 면밀한 감독과 엄격한 통제<br>• 상부 책임제도의 강화<br>• 설득, 보상, 벌, 통제에 의한 관리<br>• 조직구조의 고층성 | • 분권화와 권한의 위임<br>• 목표에 의한 관리<br>• 비공식적 조직의 활용<br>• 민주적 리더십의 확립<br>• 직무확장<br>• 자체 평가제도의 활성화<br>• 조직 목표 달성을 위한 자율적인 통제<br>• 조직구조의 평면화 |

## 18 산업안전보건법상 안전관리자가 수행해야 할 업무가 아닌 것은?

① 사업상 순회점검 · 지도 및 조치의 건의
② 산업재해에 관한 통계의 유지 · 관리 · 분석을 위한 보좌 및 조언 · 지도
③ 작업장 내에서 사용되는 전체 환기장치 및 국소 배기장치 등에 관한 설비의 점검
④ 해당 사업장 안전교육계획의 수립 및 안전교육 실시에 관한 보좌 및 조언 · 지도

해설

**안전관리자의 업무**

1. 산업안전보건위원회 또는 안전 및 보건에 관한 노사협의체에서 심의 · 의결한 업무와 해당 사업장의 안전보건관리규정 및 취업규칙에서 정한 업무
2. 위험성 평가에 관한 보좌 및 지도 · 조언
3. 안전인증대상 기계등과 자율안전확인대상 기계등 구입 시 적격품의 선정에 관한 보좌 및 지도 · 조언
4. 해당 사업장 안전교육계획의 수립 및 안전교육 실시에 관한 보좌 및 지도 · 조언

정답 16 ③ 17 ① 18 ③

5. 사업장 순회점검, 지도 및 조치 건의
6. 산업재해 발생의 원인 조사·분석 및 재발 방지를 위한 기술적 보좌 및 지도·조언
7. 산업재해에 관한 통계의 유지·관리·분석을 위한 보좌 및 지도·조언
8. 법 또는 법에 따른 명령으로 정한 안전에 관한 사항의 이행에 관한 보좌 및 지도·조언
9. 업무수행 내용의 기록·유지
10. 그 밖에 안전에 관한 사항으로서 고용노동부장관이 정하는 사항

**19** 안전교육훈련의 진행 제3단계에 해당하는 것은?
① 적용　　② 제시
③ 도입　　④ 확인

**해설**
교육방법의 4단계
1. 제1단계 : 도입(준비) : 학습할 준비를 시킨다.
2. 제2단계 : 제시(설명) : 작업을 설명한다.
3. 제3단계 : 적용(응용) : 작업을 시켜본다.
4. 제4단계 : 확인(평가) : 가르친 뒤 살펴본다.

**20** 산업안전보건기준에 관한 규칙에 따른 프레스기의 작업 시작 전 점검사항이 아닌 것은?
① 클러치 및 브레이크의 기능
② 금형 및 고정볼트 상태
③ 방호장치의 기능
④ 언로드밸브의 기능

**해설**
프레스 등을 사용하여 작업을 하는 때 작업 시작 전 점검사항
1. 클러치 및 브레이크의 기능
2. 크랭크축·플라이휠·슬라이드·연결봉 및 연결 나사의 풀림 여부
3. 1행정 1정지기구·급정지장치 및 비상정지장치의 기능
4. 슬라이드 또는 칼날에 의한 위험방지 기구의 기능
5. 프레스의 금형 및 고정볼트 상태
6. 방호장치의 기능
7. 전단기의 칼날 및 테이블의 상태

## 2과목 인간공학 및 시스템 안전공학

**21** 조종장치의 우발작동을 방지하는 방법 중 틀린 것은?
① 오목한 곳에 둔다.
② 조종장치를 덮거나 방호해서는 안 된다.
③ 작동을 위해서 힘이 요구되는 조종장치에는 저항을 제공한다.
④ 순서적 작동이 요구되는 작업일 때 순서를 지나치지 않도록 잠김 장치를 설치한다.

**해설**
조종장치 설계 시 우발작동 방지
조종장치는 덮거나 방호하여야 한다.

**22** 손이나 특정 신체부위에 발생하는 누적손상장애(CTDs)의 발생인자와 가장 거리가 먼 것은?
① 무리한 힘　　② 다습한 환경
③ 장시간의 진동　　④ 반복도가 높은 작업

**해설**
근골격계질환
1. 반복적인 동작, 부적절한 작업자세, 무리한 힘의 사용, 날카로운 면과의 신체접촉, 진동 및 온도 등의 요인에 의하여 발생하는 건강장해로서 목, 어깨, 허리, 팔·다리의 신경·근육 및 그 주변 신체조직 등에 나타나는 질환을 말한다.
2. 유사용어로는 누적 외상성 질환(CTDs), 반복성 긴장 상해 등이 있다.

**23** 프레스에 설치된 안전장치의 수명은 지수분포를 따르며 평균수명은 100시간이다. 새로 구입한 안전장치가 50시간 동안 고장 없이 작동할 확률(A)과 이미 100시간을 사용한 안전장치가 앞으로 100시간 이상 견딜 확률(B)은 약 얼마인가?
① A : 0.368, B : 0.368　　② A : 0.607, B : 0.368
③ A : 0.368, B : 0.607　　④ A : 0.607, B : 0.607

**해설**
1. 평균고장시간 $t_0$인 요소가 $t$시간 고장을 일으키지 않을 확률(고장 없이 정상 작동할 확률)

$$R(t) = e^{-\frac{t}{t_0}} = e^{-\lambda t} = e^{-\frac{t}{MTBF}}$$

2. 계산

A : 평균 수명은 100시간이다. 새로 구입한 안전장치가 향후 50시간 동안 고장 없이 작동할 확률

$R(t) = e^{-\frac{t}{MTBF}} = e^{-\frac{50}{100}} = 0.607$

B : 이미 100시간을 사용한 안전장치가 앞으로 100시간 이상 견딜 확률

$R(t) = e^{-\frac{t}{MTBF}} = e^{-\frac{100}{100}} = 0.368$

## 24 화학설비의 안전성 평가의 5단계 중 제2단계에 속하는 것은?

① 작성준비  ② 정량적 평가
③ 안전대책  ④ 정성적 평가

### 해설
안전성 평가의 기본원칙
안전성 평가는 6단계에 의해 실시되며, 경우에 따라 5단계와 6단계가 동시에 이루어지는 경우도 있다.
1. 제1단계 : 관계자료의 정비검토
2. 제2단계 : 정성적 평가
3. 제3단계 : 정량적 평가
4. 제4단계 : 안전대책
5. 제5단계 : 재해정보에 의한 재평가
6. 제6단계 : FTA에 의한 재평가

## 25 그림과 같이 FTA로 분석된 시스템에서 현재 모든 기본사상에 대한 부품이 고장 난 상태이다. 부품 $X_1$부터 부품 $X_5$까지 순서대로 복구한다면 어느 부품을 수리 완료하는 순간부터 시스템은 정상가동이 되겠는가?

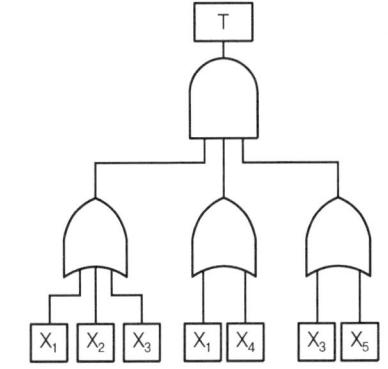

① 부품 $X_2$  ② 부품 $X_3$
③ 부품 $X_4$  ④ 부품 $X_5$

### 해설
1. $X_1$ 수리

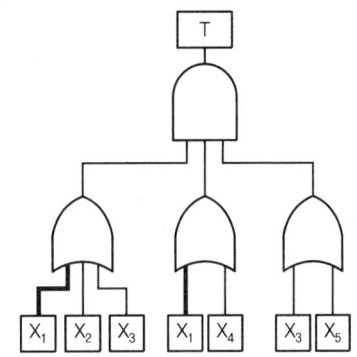

㉠ $X_2$, $X_3$가 수리되지 않아 정상가동 안 됨
㉡ $X_4$가 수리되지 않아 정상가동 안 됨
㉢ $X_3$, $X_5$가 수리되지 않아 정상가동 안 됨

2. $X_2$ 수리

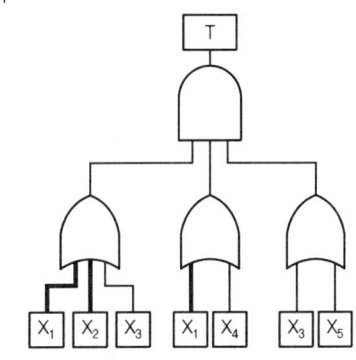

㉠ $X_3$가 수리되지 않아 정상가동 안 됨
㉡ $X_4$가 수리되지 않아 정상가동 안 됨
㉢ $X_3$, $X_5$가 수리되지 않아 정상가동 안 됨

3. $X_3$ 수리

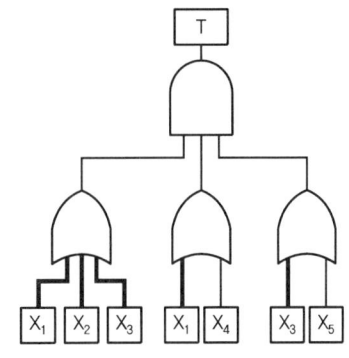

T가 정상가동되려면 AND 게이트이므로 3개의 OR게이트에서 신호가 나와야 하나 $X_1$, $X_2$, $X_3$가 수리가 완료되면 정상가동이 된다.

정답 24 ④ 25 ②

**26** 설비보전에서 평균수리시간의 의미로 맞는 것은?

① MTTR　　② MTBF
③ MTTF　　④ MTBP

해설
용어의 정의

| MTTR<br>(평균수리시간) | 고장 난 후 시스템이나 제품이 제 기능을 발휘하지 않은 시간부터 회복할 때까지의 소요시간에 대한 평균의 척도이며 사후보전에 필요한 수리시간의 평균치를 나타낸다. |
|---|---|
| MTTF<br>(평균고장수명) | 고장이 발생되면 그것으로 수명이 없어지는 제품의 평균수명이며, 이는 수리하지 않는 시스템, 제품, 기기, 부품 등이 고장 날 때까지 동작시간의 평균치 |
| MTBF<br>(평균고장간격) | 수리하여 사용이 가능한 시스템에서 고장과 고장 사이의 정상적인 상태로 동작하는 평균시간 (고장과 고장 사이 시간의 평균치) |

**27** 통화이해도를 측정하는 지표로서, 각 옥타브(octave)대의 음성과 잡음의 데시벨(dB)값에 가중치를 곱하여 합계를 구하는 것을 무엇이라 하는가?

① 명료도 지수　　② 통화 간섭 수준
③ 이해도 점수　　④ 소음 기준 곡선

해설
통화이해도의 척도

| 통화이해도 시험 | 의미 없는 음절, 음성학적으로 균형 잡힌 단어 목록, 운율시험, 문장시험 문제들로 이루어진 자료를 수화자에게 전달하고 이를 반복하게 하여 정답 수를 평가 |
|---|---|
| 명료도 지수 | 옥타브대의 음성과 잡음의 dB값에 가중치를 곱하여 합계를 구하는 것 |
| 이해도 점수 | 송화 내용 중에서 알아들은 비율(%) |
| 통화간섭수준 | 통화 이해도에 끼치는 잡음의 영향을 추정하는 지수 |
| 소음기준 곡선 | 사무실, 회의실, 공장 등에서의 통화평가 방법 |

**28** 일반적으로 보통 작업자의 정상적인 시선으로 가장 적합한 것은?

① 수평선을 기준으로 위쪽 5°
② 수평선을 기준으로 위쪽 15°
③ 수평선을 기준으로 아래쪽 5°
④ 수평선을 기준으로 아래쪽 15°

해설
VDT 작업의 작업자세
시선은 화면 상단과 눈높이가 일치할 정도로 하고 작업 화면상의 시야는 수평선상으로부터 아래로 10도 이상 15도 이하에 오도록 하며 화면과 근로자의 눈과의 거리는 40센티미터 이상을 확보할 것

**29** FT도에 사용되는 다음 기호의 명칭으로 옳은 것은?

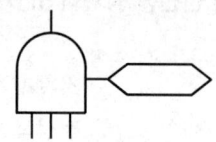

① 억제 게이트　　② 조합 AND 게이트
③ 부정 게이트　　④ 배타적 OR 게이트

해설
게이트 기호

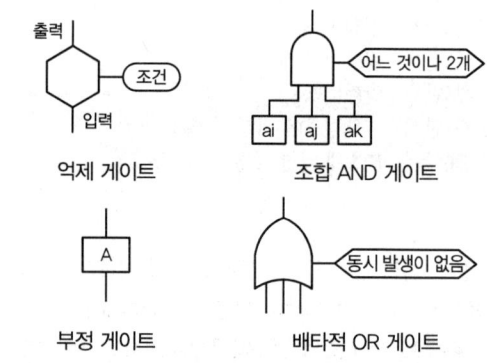

**30** 일반적으로 위험(Risk)은 3가지 기본요소로 표현되며 3요소(Triplets)로 정의된다. 3요소에 해당되지 않는 것은?

① 사고 시나리오($S_i$)　　② 사고 발생 확률($P_i$)
③ 시스템 불이용도($Q_i$)　　④ 파급효과 또는 손실($X_i$)

해설
위험(Risk)
1. 사고발생의 가능성 또는 사고발생의 불확실성을 의미한다.
2. 위험률=사고발생빈도×손실(사고의 크기)
3. 위험의 3요소 : 사고 시나리오, 사고 발생 확률, 파급효과 또는 손실

정답　26 ①　27 ①　28 ④　29 ②　30 ③

**31** 다음 FT도에서 최소 컷셋을 올바르게 구한 것은?

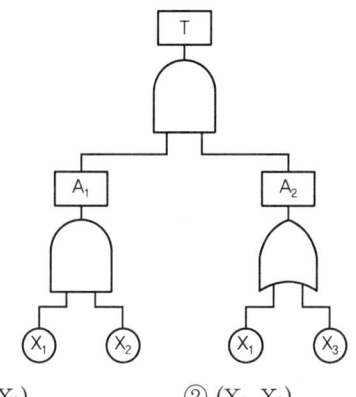

① ($X_1$, $X_2$)
② ($X_1$, $X_3$)
③ ($X_2$, $X_3$)
④ ($X_1$, $X_2$, $X_3$)

**해설**

미니멀 컷셋(minimal cut set)

ⓐ　　　ⓑ　　　ⓒ
T → $A_1$, $A_2$ → $X_1$, $X_2$, $A_2$ → $X_1$, $X_2$, $X_1$
　　　　　　　　　　　　　　　　　　　$X_1$, $X_2$, $X_3$

　　ⓓ　　　　ⓔ
→ $X_1$, $X_2$　　→ $X_1$, $X_2$
　$X_1$, $X_2$, $X_3$

ⓒ에서 1행의 컷셋은 $X_1$이 중복되어 있으므로 ($X_1$, $X_2$)가 되고 ⓓ의 2행에서는 ($X_1$, $X_2$)가 포함되어 있기 때문에 최소 컷셋은 ⓔ와 같다.

**32** 시스템이 저장되어 이동되고 실행됨에 따라 발생하는 작동시스템의 기능이나 과업, 활동으로부터 발생되는 위험에 초점을 맞춘 위험분석 차트는?

① 결함수분석(FTA : Fault Tree Analysis)
② 사상수분석(ETA : Event Tree Analysis)
③ 결함위험분석(FHA : Fault Hazard Analysis)
④ 운용위험분석(OHA : Operating Hazard Analysis)

**해설**

운용위험분석(Operating Hazard Analysis ; OHA)
1. 시스템이 저장, 이동, 실행됨에 따라 발생하는 작동시스템의 기능이나, 과업, 활동으로부터 발생되는 위험에 초점을 두고 진행하는 위험분석방법이다.
2. 시스템의 정의 및 개발 단계에서 실행한다.

**33** 자동화시스템에서 인간의 기능으로 적절하지 않은 것은?

① 설비보전
② 작업계획 수립
③ 조정장치로 기계를 통제
④ 모니터로 작업 상황 감시

**해설**

자동시스템
1. 체계가 감지, 정보보관, 정보처리 및 의사결정, 행동을 포함한 모든 임무를 수행하는 체계
2. 신뢰성이 완전한 자동체계란 불가능하므로 인간은 감시, 정비, 보전, 계획수립 등의 기능을 수행한다.
　예 자동화된 처리공장, 자동교환대, 컴퓨터

**34** 의자 설계에 대한 조건 중 틀린 것은?

① 좌판의 깊이는 작업자의 등이 등받이에 닿을 수 있도록 설계한다.
② 좌판은 엉덩이가 앞으로 미끄러지지 않는 재질과 구조로 설계한다.
③ 좌판의 넓이는 작은 사람에게 적합하도록, 깊이는 큰 사람에게 적합하도록 설계한다.
④ 등받이는 충분한 넓이를 가지고 요추 부위부터 어깨부위까지 편안하게 지지하도록 설계한다.

**해설**

의자 좌판의 깊이와 폭
1. 폭은 큰 사람에게 맞도록 하고 깊이는 장딴지 여유를 주고 대퇴를 압박하지 않도록 작은 사람에게 맞도록 설계
2. 긴 의자에 일렬로 앉든가 의자들이 옆으로 붙어 있는 경우 팔꿈치 간의 폭을 고려(95%치 사용)

**35** 시스템 분석 및 설계에 있어서 인간공학의 가치와 가장 거리가 먼 것은?

① 훈련 비용의 절감
② 인력 이용률의 향상
③ 생산 및 보전의 경제성 감소
④ 사고 및 오용으로부터의 손실 감소

정답 31 ① 32 ④ 33 ③ 34 ③ 35 ③

해설

체계 분석 및 설계에 있어서의 인간공학의 가치(기여도)
1. 성능(performance)의 향상
2. 훈련비용의 절감
3. 인력 이용률(utilization)의 향상
4. 사고 및 오용으로부터의 손실 감소
5. 생산 및 보전의 경제성 증대
6. 사용자의 수용도 향상

**36** 산업안전보건법령상 유해·위험방지계획서 제출 대상 사업은 기계 및 가구를 제외한 금속가공제품 제조업으로서 전기 계약용량이 얼마 이상인 사업을 말하는가?

① 50kW
② 100kW
③ 200kW
④ 300kW

해설

유해·위험방지계획서 제출 대상 사업장
다음 각 호의 어느 하나에 해당하는 사업으로서 전기 계약용량이 300킬로와트 이상인 경우를 말한다.
1. 금속가공제품 제조업(기계 및 가구 제외)
2. 비금속 광물제품 제조업
3. 기타 기계 및 장비 제조업
4. 자동차 및 트레일러 제조업
5. 식료품 제조업
6. 고무제품 및 플라스틱제품 제조업
7. 목재 및 나무제품 제조업
8. 기타 제품 제조업
9. 1차 금속 제조업
10. 가구 제조업
11. 화학물질 및 화학제품 제조업
12. 반도체 제조업
13. 전자부품 제조업

**37** 건구온도 30℃, 습구온도 35℃일 때의 옥스퍼드(Oxford) 지수는 얼마인가?

① 20.75℃
② 24.58℃
③ 32.78℃
④ 34.25℃

해설

Oxford 지수
1. 습건(WD) 지수라고도 부르며, 습구 온도(W)와 건구 온도(D)의 가중 평균치로서 정의된다.

$$WD = 0.85W + 0.15D$$

2. 내구한계가 같은 기후의 비교에 흡족하다.
3. 계산
$WD = 0.85W + 0.15D = 0.85 \times 35 + 0.15 \times 30 = 34.25(℃)$

**38** 작업자가 용이하게 기계·기구를 식별하도록 암호화(Coding)를 한다. 암호화 방법이 아닌 것은?

① 강도
② 형상
③ 크기
④ 색채

해설

암호화(코딩)의 종류
1. 색채 암호화
2. 형상 암호화
3. 크기 암호화
4. 촉감 암호화
5. 위치 암호화
6. 작동 방법에 의한 암호화

**39** 반사형 없이 모든 방향으로 빛을 발하는 점광원에서 5m 떨어진 곳의 조도가 120lux라면 2m 떨어진 곳의 조도는?

① 150lux
② 192.2lux
③ 750lux
④ 3000lux

해설

조도

$$조도 = \frac{광도}{(거리)^2}$$

1. 광도 = 조도 × (거리)$^2$
2. 5m 거리의 광도 = $120 \times 5^2 = 3,000$[cd] 이므로
3. 2m 거리의 조도 = $\frac{3,000}{2^2} = 750$[lux]

**40** 육체작업의 생리학적 부하측정 척도가 아닌 것은?

① 맥박수
② 산소소비량
③ 근전도
④ 점멸융합주파수

정답  36 ④  37 ④  38 ①  39 ③  40 ④

해설

점멸융합주파수
1. 시각 또는 청각적 자극이 단속적 점멸이 아니고 연속적으로 느껴지게 되는 주파수
2. 중추 신경계의 피로, 즉 정신피로의 척도로 사용

> **TIP** 동적 근력작업에 따른 생리학적 측정법
> 에너지대사량, 산소 소비량 및 $CO_2$배출량 등과 호흡량, 맥박수, 근전도 등

## 3과목 기계위험 방지기술

### 41 다음 중 드릴작업의 안전사항이 아닌 것은?

① 옷소매가 길거나 찢어진 옷은 입지 않는다.
② 작고, 길이가 긴 물건은 플라이어로 잡고 뚫는다.
③ 회전하는 드릴에 걸레 등을 가까이 하지 않는다.
④ 스핀들에서 드릴을 뽑아낼 때에는 드릴 아래에 손을 내밀지 않는다.

해설

드릴링 작업에서 일감(공작물)의 고정방법
1. 일감이 작을 때 : 바이스로 고정
2. 일감이 크고 복잡할 때 : 볼트와 고정구(클램프)로 고정
3. 대량 생산과 정밀도를 요할 때 : 지그(jig)로 고정
4. 얇은 판의 재료일 때 : 나무판을 받치고 기구로 고정

### 42 슬라이드가 내려옴에 따라 손을 쳐내는 막대가 좌우로 왕복하면서 위험점으로부터 손을 보호하며 주는 프레스의 안전장치는?

① 손쳐내기식 방호장치
② 수인식 방호장치
③ 게이트 가드식 방호장치
④ 양손조작식 방호장치

해설

손쳐내기식 방호장치(sweep guard)
1. 슬라이드와 연결된 손쳐내기봉이 위험 구역에 있는 작업자의 손을 쳐내는 방식
2. SPM 120 이하, 슬라이드 행정길이 약 40mm 이상의 프레스에 적용 가능

### 43 양중기(승강기를 제외한다.)를 사용하여 작업하는 운전자 또는 작업자가 보기 쉬운 곳에 해당 양중기에 대해 표시하여야 할 내용이 아닌 것은?

① 정격 하중
② 운전 속도
③ 경고 표시
④ 최대 인양 높이

해설

정격하중 등의 표시
양중기(승강기는 제외) 및 달기구를 사용하여 작업하는 운전자 또는 작업자가 보기 쉬운 곳에 해당 기계의 정격하중, 운전속도, 경고표시 등을 부착하여야 한다.(다만, 달기구는 정격하중만 표시)

### 44 연삭기의 연삭숫돌을 교체했을 경우 시운전은 최소 몇 분 이상 실시해야 하는가?

① 1분
② 3분
③ 5분
④ 7분

해설

연삭기의 안전기준
연삭숫돌을 사용하는 작업의 경우 작업을 시작하기 전에는 1분 이상, 연삭숫돌을 교체한 후에는 3분 이상 시험운전을 하고 해당 기계에 이상이 있는지를 확인하여야 한다.

### 45 크레인 로프에 2t의 중량을 걸어 20m/s² 가속도로 감아올릴 때 로프에 걸리는 총 하중은 약 몇 kN인가?

① 42.8
② 59.6
③ 74.5
④ 91.3

해설

와이어로프에 걸리는 하중계산

| 와이어로프에 걸리는 총 하중 | 총 하중($W$) = 정하중($W_1$) + 동하중($W_2$)<br>동하중($W_2$) = $\dfrac{W_1}{g} \times a$<br>[$g$: 중력가속도($9.8m/s^2$), $a$: 가속도($m/s^2$)] |
|---|---|
| 와이어로프에 작용하는 장력 | 장력[N] = 총하중[kg] × 중력가속도[$m/s^2$] |

1. 동하중($W_2$) = $\dfrac{W_1}{g} \times a = \dfrac{2000}{9.8} \times 20 = 4081.63$[kgf]
2. 총 하중($W$) = 정하중($W_1$) + 동하중($W_2$)
   $= 2,000 + 4,081.63 = 6,081.63$[kgf]
3. 장력[N] = 총하중[kg] × 중력가속도[$m/s^2$]
   $= 6,081.63$(kgf) × 9.8 = 59,600(N) ≒ 59.6[kN]

정답 41 ② 42 ① 43 ④ 44 ② 45 ②

**46** 산업안전보건법령에서 정하는 간이리프트의 정의에 대한 설명 중 ( ) 안에 들어갈 말로 옳은 것은?

> 간이리프트란 동력을 사용하여 가이드레일을 따라 움직이는 운반구를 매달아 소형화물 운반을 주목적으로 하며 승강기와 유사한 구조로서 운반구의 바닥면적이 ( ㉠ )이거나 천장높이가 ( ㉡ )인 것을 말한다.

① ㉠ – $1m^2$ 이상, ㉡ – $1.2m$ 이상
② ㉠ – $2m^2$ 이상, ㉡ – $2.4m$ 이상
③ ㉠ – $1m^2$ 이하, ㉡ – $1.2m$ 이하
④ ㉠ – $2m^2$ 이하, ㉡ – $2.4m$ 이하

**해설**
간이리프트
동력을 사용하여 가이드레일을 따라 움직이는 운반구를 매달아 소형화물 운반을 주목적으로 하며 승강기와 유사한 구조로서 운반구의 바닥면적이 1제곱미터 이하이거나 천장높이가 1.2미터 이하인 것 또는 동력을 사용하여 가이드레일을 따라 움직이는 지지대로 자동차 등을 일정한 높이로 올리거나 내리는 구조의 자동차정비용 리프트

**47** 다음 ( ) 안에 들어갈 용어로 알맞은 것은?

> 사업주는 보일러의 과열을 방지하기 위하여 최고 사용압력과 상용 압력 사이에서 보일러의 버너연소를 차단할 수 있도록 ( )을(를) 부착하여 사용하여야 한다.

① 고저수위 조절장치  ② 압력방출장치
③ 압력제한스위치  ④ 파열판

**해설**
보일러의 압력제한스위치
보일러의 과열을 방지하기 위하여 최고사용압력과 상용압력 사이에서 보일러의 버너 연소를 차단할 수 있도록 압력제한스위치를 부착하여 사용하여야 한다.

**48** 다음 중 금속 등의 도체에 교류를 통한 코일을 접근시켰을 때, 결함이 존재하면 코일에 유기되는 전압이나 전류가 변하는 것을 이용한 검사방법은?

① 자분탐상검사  ② 초음파탐상검사
③ 와류탐상검사  ④ 침투형광탐상검사

**해설**
와류탐상검사
금속 등의 도체에 교류를 통한 코일을 접근시켰을 때 결함이 존재하면 코일에 유기되는 전압이나 전류가 변하는 것을 이용한 검사

**49** 산업안전보건법령에서 정하는 압력용기에서 안전인증된 파열판에는 안전인증 표시 외에 추가로 나타내어야 하는 사항이 아닌 것은?

① 분출차(%)  ② 호칭지름
③ 용도(요구성능)  ④ 유체의 흐름방향 지시

**해설**
안전인증 표시 외에 추가표시 사항(파열판)
1. 호칭지름
2. 용도(요구성능)
3. 설정파열압력(MPa) 및 설정온도(℃)
4. 분출용량(kg/h) 또는 공칭분출계수
5. 파열판의 재질
6. 유체의 흐름방향 지시

> **TIP** 안전인증 표시 외에 추가표시 사항(안전밸브)
> 1. 호칭지름
> 2. 용도(증기 : 포화/가열, 가스명)
> 3. 설정압력(MPa)(냉각차설정압력 포함)
> 4. 분출차(%)
> 5. 공칭분출량(kg/h)
> 6. 정격양정

**50** 롤러기의 앞면 롤의 지름이 300mm, 분당회전수가 30회일 경우 허용되는 급정지 장치의 급정지 거리는 약 몇 mm 이내이어야 하는가?

① 37.7  ② 31.4
③ 377  ④ 314

**해설**
롤러기의 급정지 거리

$$V = \frac{\pi D N}{1,000} [m/min]$$

여기서, $V$ : 표면속도, $D$ : 롤러 원통의 직경[mm]
$N$ : 1분간에 롤러기가 회전되는 수[rpm]

1. $V = \frac{\pi D N}{1,000} [m/min] = \frac{\pi \times 300 \times 30}{1,000} = 28.27 [m/min]$

2. 무부하 동작에서 급정지거리
표면속도($V$)가 56.52[m/mm]로 30[m/min] 미만이므로 앞면 롤러 원주의 $\frac{1}{3}$이다.

| 앞면 롤러의 표면속도(m/min) | 급정지 거리 |
|---|---|
| 30 미만 | 앞면 롤러 원주의 1/3 |
| 30 이상 | 앞면 롤러 원주의 1/2.5 |

3. 급정지 거리 $= \pi \times D \times \frac{1}{3} = \pi \times 300 \times \frac{1}{3} = 314.16 [cm]$

**정답** 46 ③  47 ③  48 ③  49 ①  50 ④

> **TIP** 원둘레 길이 = $\pi D = 2\pi r$
> 여기서, $D$ : 지름  $r$ : 반지름

**51** 단면적이 1,800mm²인 알루미늄 봉의 파괴강도는 70MPa이다. 안전율을 2로 하였을 때 봉에 가해질 수 있는 최대하중은 얼마인가?

① 6.3kN  ② 126kN
③ 63kN  ④ 12.6kN

**해설**
최대사용하중

- 파괴강도 = $\dfrac{\text{파괴하중}}{\text{단면적}}$
- 안전율(안전계수) = $\dfrac{\text{파괴하중}}{\text{최대사용하중}}$

1. 파괴하중 = 파괴강도 × 단면적 = 70[N/mm²] × 1,800[mm²]
   = 126,000[N] = 126[kN]
2. 최대사용하중 = $\dfrac{\text{파괴하중}}{\text{안전율}} = \dfrac{126\text{kN}}{2.0} = 63[\text{kN}]$

> **TIP** 1kN = 1,000N, 1cm = 10mm, 1N/mm² = 1MPa

**52** 원동기, 풀리, 기어 등 근로자에게 위험을 미칠 우려가 있는 부위에 설치하는 위험방지 장치가 아닌 것은?

① 덮개  ② 슬리브
③ 건널다리  ④ 램

**해설**
원동기 · 회전축 · 기어 · 풀리 · 플라이휠 · 벨트 및 체인 등 근로자가 위험에 처할 우려가 있는 부위 위험방지 장치 덮개, 울, 슬리브, 건널다리 등

**53** 아세틸렌 용접장치에서 사용하는 발생기실의 구조에 대한 요구사항으로 틀린 것은?

① 벽의 재료는 불연성의 재료를 사용할 것
② 천정과 벽은 견고한 콘크리트 구조로 할 것
③ 출입구의 문은 두께 1.5mm 이상의 철판 또는 이와 동등 이상의 강도를 가진 구조로 할 것
④ 바닥 면적의 16분의 1 이상의 단면적을 가진 배기통을 옥상으로 돌출시킬 것

**해설**
발생기실의 구조
1. 벽은 불연성 재료로 하고 철근 콘크리트 또는 그 밖에 이와 같은 수준이거나 그 이상의 강도를 가진 구조로 할 것
2. 지붕과 천장에는 얇은 철판이나 가벼운 불연성 재료를 사용할 것
3. 바닥면적의 16분의 1 이상의 단면적을 가진 배기통을 옥상으로 돌출시키고 그 개구부를 창이나 출입구로부터 1.5미터 이상 떨어지도록 할 것
4. 출입구의 문은 불연성 재료로 하고 두께 1.5밀리미터 이상의 철판이나 그 밖에 그 이상의 강도를 가진 구조로 할 것
5. 벽과 발생기 사이에는 발생기의 조정 또는 카바이드 공급 등의 작업을 방해하지 않도록 간격을 확보할 것

**54** 롤러기의 급정지장치로 사용되는 정지봉 또는 로프의 설치에 관한 설명으로 틀린 것은?

① 복부 조작식은 밑면으로부터 1200~1400mm 이내의 높이로 설치한다.
② 손 조작식은 밑면으로부터 1800mm 이내의 높이로 설치한다.
③ 손 조작식은 앞면 롤 끝단으로부터 수평거리가 50mm 이내에 설치한다.
④ 무릎 조작식은 밑면으로부터 400~600mm이내의 높이로 설치한다.

**해설**
급정지장치의 설치방법

| 급정지장치 조작부의 종류 | 위치 | 비고 |
|---|---|---|
| 손으로 조작하는 것 | 밑면으로부터 1.8m 이내 | 위치는 급정지 장치 조작부의 중심점을 기준으로 함 |
| 복부로 조작하는 것 | 밑면으로부터 0.8m 이상 1.1m 이내 | |
| 무릎으로 조작하는 것 | 밑면으로부터 0.4m 이상 0.6m 이내 | |

**55** 산업안전보건법령상 용접장치의 안전에 관한 준수사항 설명으로 옳은 것은?

① 아세틸렌 용접장치의 발생기실을 옥외에 설치할 때에는 그 개구부를 다른 건축물로부터 1m 이상 떨어지도록 하여야 한다.

  정답  51 ③  52 ④  53 ②  54 ①  55 ④

② 가스집합장치로부터 3m 이내의 장소에서는 화기의 사용을 금지시킨다.
③ 아세틸렌 발생기에서 10m 이내 또는 발생기실에서 4m 이내의 장소에서는 흡연행위를 금지시킨다.
④ 아세틸렌 용접장치를 사용하여 용접작업을 할 경우 게이지 압력이 127kPa을 초과하는 아세틸렌을 발생시켜 사용해서는 아니 된다.

**해설**
용접장치의 안전
1. 옥외에 설치한 경우에는 그 개구부를 다른 건축물로부터 1.5미터 이상 떨어지도록 하여야 한다.
2. 가스집합장치에 대해서는 화기를 사용하는 설비로부터 5미터 이상 떨어진 장소에 설치하여야 한다.
3. 발생기에서 5미터 이내 또는 발생기실에서 3미터 이내의 장소에서는 흡연, 화기의 사용 또는 불꽃이 발생할 위험한 행위를 금지시킬 것
4. 아세틸렌 용접장치를 사용하여 금속의 용접·용단 또는 가열작업을 하는 경우에는 게이지 압력이 127킬로파스칼을 초과하는 압력의 아세틸렌을 발생시켜 사용해서는 아니 된다.

## 56 다음 중 프레스의 방호장치에 관한 설명으로 틀린 것은?

① 양수조작식 방호장치는 1행정 1정지 기구에 사용할 수 있어야 한다.
② 손쳐내기식 방호장치는 슬라이드 하행정거리의 3/4 위치에서 손을 완전히 밀어내야 한다.
③ 광전자식 방호장치의 정상동작 표시램프는 붉은색, 위험 표시램프는 녹색으로 하며, 쉽게 근로자가 볼 수 있는 곳에 설치해야 한다.
④ 게이트 가드 방호장치는 가드가 열린 상태에서 슬라이드를 동작시킬 수 없고 또한 슬라이드 작동 중에는 게이트 가드를 열 수 없어야 한다.

**해설**
광전자식 방호장치 설치방법
정상동작표시램프는 녹색, 위험표시램프는 붉은색으로 하며, 쉽게 근로자가 볼 수 있는 곳에 설치해야 한다.

## 57 다음 중 비파괴시험의 종류에 해당하지 않는 것은?

① 와류 탐상시험   ② 초음파 탐상시험
③ 인장시험       ④ 방사선 투과시험

**해설**
비파괴검사의 종류
1. 육안검사         5. 자기탐상검사
2. 누설검사         6. 음향검사
3. 침투검사         7. 방사선 투과검사
4. 초음파검사       8. 와류탐상 검사

**TIP** 인장시험은 재료에 인장력을 가해 재료의 항복점, 인장강도 등을 알 수 있는 시험으로 파괴시험에 해당한다.

## 58 두께 2mm이고 치진폭이 2.5mm인 목재가공용 둥근톱에서 반발예방장치 분할날의 두께($t$)로 적절한 것은?

① $2.2\text{mm} \leq t < 2.5\text{mm}$
② $2.0\text{mm} \leq t < 3.5\text{mm}$
③ $1.5\text{mm} \leq t < 2.5\text{mm}$
④ $2.5\text{mm} \leq t < 3.5\text{mm}$

**해설**
분할날의 설치구조
분할날의 두께는 둥근톱 두께의 1.1배 이상일 것

$$1.1t_1 \leq t_2 < b$$

여기서, $t_1$ : 톱 두께, $t_2$ : 분할날 두께, $b$ : 치진폭

1. $1.1 \times 2 \leq t_2 < 2.5$
2. $2.2 \leq t_2 < 2.5$

## 59 마찰 클러치가 부착된 프레스에 부적합한 방호장치는?(단, 방호장치는 한 가지 형식만 사용할 경우로 한정한다.)

① 양수조작식      ② 광전자식
③ 가드식         ④ 수인식

**정답** 56 ③  57 ③  58 ①  59 ④

**해설**
클러치별 방호장치의 적용 구분

| 방호장치 구분 | 확동식 클러치 (핀 클러치) | | 마찰식 클러치 | |
|---|---|---|---|---|
| | 120SPM 미만 | 120SPM 이상 | 120SPM 미만 | 120SPM 이상 |
| 가드식 | O | O | O | O |
| 손쳐내기식 | O | X | O | X |
| 수인식 | O | X | O | X |
| 양수조작식 | X | O (양수 기동식) | O | O |
| 광전자식 | X | X | O | O |

O : 사용 가능, X : 사용 불가

**60** 아세틸렌 용접장치 및 가스집합 용접장치에서 가스의 역류 및 역화를 방지하기 위한 안전기의 형식에 속하는 것은?

① 주수식  ② 침지식
③ 투입식  ④ 수봉식

**해설**
아세틸렌 용접장치 및 가스집합 용접장치에는 가스의 역류 및 역화를 방지할 수 있는 수봉식 또는 건식 안전기를 설치하여야 한다.

## 4과목 전기위험 방지기술

**61** 정전기 발생에 영향을 주는 요인이 아닌 것은?

① 분리속도  ② 물체의 질량
③ 접촉면적 및 압력  ④ 물체의 표면상태

**해설**
정전기 발생의 영향 요인(정전기 발생요인)
1. 물체의 특성
2. 물체의 표면상태
3. 물체의 이력
4. 접촉면적 및 압력
5. 분리속도
6. 완화시간

**62** 입욕자에게 전기적 자극을 주기 위한 전기욕기의 전원장치에 내장되어 있는 전원 변압기의 2차 측 전로의 사용전압은 몇 V 이하로 하여야 하는가?

① 10  ② 15
③ 30  ④ 60

**해설**
전기욕기의 시설
전기욕기에 전기를 공급하기 위한 전기욕기용 전원장치(내장되어 있는 전원 변압기의 2차 측 전로의 사용전압이 10 V 이하인 것에 한함)는 안전기준에 적합한 것

> **TIP** 전기욕기
> 욕조의 양단에 전극을 설치하여 그 전극 상호 간에 미약한 교류전압을 가하여 입욕자에게 전기적 자극을 주는 장치

**63** 피뢰기의 설치장소가 아닌 것은?(단, 직접 접속하는 전선이 짧은 경우 및 피보호기기가 보호범위 내에 위치하는 경우가 아니다.)

① 저압을 공급받는 수용장소의 인입구
② 지중전선로와 가공전선로가 접속되는 곳
③ 가공전선로에 접속하는 배전용 변압기의 고압 측
④ 발전소 또는 변전소의 가공전선 인입구 및 인출구

**해설**
피뢰기의 설치장소(고압 및 특고압 전로)
고압 및 특고압의 전로 중 다음의 곳 또는 이에 근접한 곳에는 피뢰기를 시설하고 피뢰기 접지저항 값은 10Ω 이하로 하여야 한다.
1. 발전소 · 변전소 또는 이에 준하는 장소의 가공전선 인입구 및 인출구
2. 특고압 가공전선로에 접속하는 배전용 변압기의 고압 측 및 특고압 측
3. 고압 또는 특고압의 가공전선로로부터 공급을 받는 수용장소의 인입구
4. 가공전선로와 지중전선로가 접속되는 곳

**64** 저압방폭구조 배선 중 노출 도전성 부분의 보호접지선으로 알맞은 항목은?

① 전선관이 충분한 지락전류를 흐르게 할 시에도 결합부에 본딩(bonding)을 해야 한다.
② 전선관이 최대지락전류를 안전하게 흐르게 할 시 접지선으로 이용 가능하다.
③ 접지선의 전선 또는 선심은 그 절연피복을 흰색 또는 검정색을 사용한다.
④ 접지선은 1,000V 비닐절연전선 이상 성능을 갖는 전선을 사용한다.

**정답** 60 ④ 61 ② 62 ① 63 ① 64 ②

### 해설
**노출 도전성 부분의 보호접지선**
1. 노출 도전성 부분 : 충전부가 아니나 고장 시에 충전할 우려가 있고 사람이 쉽게 닿을 수 있는 전기 기계·기구의 도전성 부분
2. 보호접지선 : 노출 도전성 부분에 접지를 하기 위해 사용하는 전선을 말하며, 전선관이 최대지락전류를 안전하게 흐르게 할 시 접지선으로 이용 가능

## 65 방폭전기설비의 용기 내부에서 폭발성 가스 또는 증기가 폭발하였을 때 용기가 그 압력에 견디고 접합면이나 개구부를 통해서 외부의 폭발성 가스나 증기에 인화되지 않도록 한 방폭구조는?
① 내압 방폭구조  ② 압력 방폭구조
③ 유입 방폭구조  ④ 본질안전 방폭구조

### 해설
**내압 방폭구조(d)**
1. 점화원에 의해 용기 내부에서 폭발이 발생할 경우에 용기가 폭발압력에 견딜 수 있고, 화염이 용기 외부의 폭발성 분위기로 전파되지 않도록 한 방폭구조
2. 전폐형 구조로 용기 내에 외부의 폭발성 가스가 침입하여 내부에서 폭발하더라도 용기는 그 압력에 견뎌야 하고 폭발한 고열가스나 화염이 용기의 접합부 틈을 통하여 새어나가는 동안 냉각되어 외부의 폭발성 가스에 화염이 파급될 우려가 없도록 한 방폭구조

## 66 전기시설의 직접 접촉에 의한 감전방지 방법으로 적절하지 않은 것은?
① 충전부는 내구성이 있는 절연물로 완전히 덮어 감쌀 것
② 충전부가 노출되지 않도록 폐쇄형 외함이 있는 구조로 할 것
③ 충전부에 충분한 절연효과가 있는 방호망 또는 절연 덮개를 설치할 것
④ 충전부는 관계자 외 출입이 용이한 전개된 장소에 설치하고 위험표시 등의 방법으로 방호를 강화할 것

### 해설
**직접 접촉에 의한 방지대책(충전 부분에 대한 감전방지)**
1. 충전부가 노출되지 않도록 폐쇄형 외함이 있는 구조로 할 것
2. 충전부에 충분한 절연효과가 있는 방호망이나 절연덮개를 설치할 것
3. 충전부는 내구성이 있는 절연물로 완전히 덮어 감쌀 것
4. 발전소·변전소 및 개폐소 등 구획되어 있는 장소로서 관계 근로자가 아닌 사람의 출입이 금지되는 장소에 충전부를 설치하고, 위험표시 등의 방법으로 방호를 강화할 것
5. 전주 위 및 철탑 위 등 격리되어 있는 장소로서 관계 근로자가 아닌 사람이 접근할 우려가 없는 장소에 충전부를 설치할 것

## 67 누전화재가 발생하기 전에 나타나는 현상으로 거리가 가장 먼 것은?
① 인체 감전현상
② 전등 밝기의 변화현상
③ 빈번한 퓨즈 용단현상
④ 전기 사용 기계장치의 오동작 감소

### 해설
누전으로 전기 사용 기계장치의 오동작이 증가하면서 누전화재의 발생이 커진다.

## 68 인체에 최소감지전류에 대한 설명으로 알맞은 것은?
① 인체가 고통을 느끼는 전류이다.
② 성인 남자의 경우 상용주파수 60Hz 교류에서 약 1mA이다.
③ 직류를 기준으로 한 값이며, 성인 남자의 경우 약 1mA에서 느낄 수 있는 전류이다.
④ 직류를 기준으로 여자의 경우 성인 남자의 70%인 0.7mA에서 느낄 수 있는 전류의 크기를 말한다.

### 해설
**최소감지전류**
1. 전류의 흐름을 느낄 수 있는 최소전류
2. 상용주파수 60Hz에서 성인 남자 1mA

## 69 그림에서 인체의 허용 접촉 전압은 약 몇 V인가?(단, 심실세동 전류는 $\frac{0.165}{\sqrt{T}}$이며, 인체 저항 $R_k$ = 1,000Ω, 발의 저항 $R_f$ = 300Ω이고, 접촉시간은 1초로 한다.)

**정답** 65 ① 66 ④ 67 ④ 68 ② 69 ③

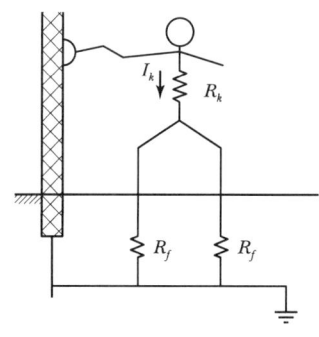

① 107　　　　② 132
③ 190　　　　④ 215

**해설**

접촉전압

$$접촉저항(E_t) = \left(R_H + R_B + \frac{R_F}{2}\right) \times \frac{0.165}{\sqrt{T}} [V]$$

여기서, $R_H$ : 손의 접촉저항(손과 구조물의 접촉저항)
$R_B$ : 인체의 내부저항(인체저항 1,000Ω으로 간주)
$R_F$ : 다리의 접촉저항(한쪽 발과 대지와의 접촉저항)

$$접촉저항(E_t) = \left(R_H + R_B + \frac{R_F}{2}\right) \times \frac{0.165}{\sqrt{T}} [V]$$
$$= \left(1,000 + \frac{300}{2}\right) \times \frac{0.165}{\sqrt{1}} = 189.75 ≒ 190[V]$$

## 70 교류아크 용접기에 전격방지기를 설치하는 요령 중 틀린 것은?

① 이완 방지 조치를 한다.
② 직각으로만 부착해야 한다.
③ 동작 상태를 알기 쉬운 곳에 설치한다.
④ 테스트 스위치는 조작이 용이한 곳에 위치시킨다.

**해설**

자동전격방지기의 설치방법
1. 직각으로 부착할 것(단, 직각이 어려울 때는 직각에 대해 20°를 넘지 않을 것)
2. 용접기의 이동·진동·충격으로 이완되지 않도록 이완 방지 조치를 취할 것
3. 전방 장치의 작동상태를 알기 위한 표시 등은 보기 쉬운 곳에 설치할 것
4. 전방 장치의 작동상태를 시험하기 위한 테스트 스위치는 조작하기 쉬운 곳에 설치할 것
5. 용접기의 전원 측에 접속하는 선과 출력 측에 접속하는 선을 혼동하지 말 것
6. 외함이 금속제인 경우는 이것에 적당한 접지단자를 설치할 것

## 71 피뢰침의 제한전압이 800kV, 충격절연강도가 1000kV라 할 때, 보호여유도는 몇 %인가?

① 25　　　　② 33
③ 47　　　　④ 63

**해설**

피뢰침의 보호여유도

$$여유도(\%) = \frac{충격절연강도 - 제한전압}{제한전압} \times 100$$

$$여유도(\%) = \frac{충격절연강도 - 제한전압}{제한전압} \times 100$$
$$= \frac{1000 - 800}{800} \times 100 = 25[\%]$$

## 72 물질의 접촉과 분리에 따른 정전기 발생량의 정도를 나타낸 것으로 틀린 것은?

① 표면이 오염될수록 크다.
② 분리속도가 빠를수록 크다.
③ 대전서열이 서로 멀수록 크다.
④ 접촉과 분리가 반복될수록 크다.

**해설**

정전기 발생의 영향요인(정전기 발생요인)

| | |
|---|---|
| 물체의 특성 | 일반적으로 대전량은 접촉이나 분리하는 두 가지 물체가 대전서열 내에서 가까운 곳에 있으면 적고 먼 위치에 있을수록 대전량이 큰 경향이 있다. |
| 물체의 표면상태 | • 표면이 거칠수록 정전기 발생량이 커진다.<br>• 기름, 수분, 불순물 등 오염이 심할수록, 산화 부식이 심할수록 정전기 발생량이 커진다. |
| 물체의 이력 | 정전기 발생량은 처음 접촉, 분리가 일어날 때 최대가 되며, 발생횟수가 반복될수록 발생량이 감소한다. |
| 접촉면적 및 압력 | 접촉면적 및 압력이 클수록 정전기 발생량은 커진다. |
| 분리속도 | 분리속도가 빠를수록 정전기 발생량이 커진다. |
| 완화시간 | 완화시간이 길면 전하분리에 주는 에너지도 커져서 정전기 발생량이 커진다. |

## 73 감전 재해자가 발생하였을 때 취하여야 할 최우선 조치는?(단, 감전자가 질식상태라 가정함)

① 부상 부위를 치료한다.
② 심폐소생술을 실시한다.
③ 의사의 왕진을 요청한다.
④ 우선 병원으로 이동시킨다.

**정답** 70 ② 71 ① 72 ④ 73 ②

> 해설

감전사고 시 응급조치
질식으로 인하여 맥박과 호흡이 정지하는 경우 인공호흡과 심장마사지를 병행하는 심폐소생술을 실시하여 재해자를 구호하여야 한다.

**74** 방폭지역 0종 장소로 결정해야 할 곳으로 틀린 것은?

① 인화성 또는 가연성 가스가 장기간 체류하는 곳
② 인화성 또는 가연성 물질을 취급하는 설비의 내부
③ 인화성 또는 가연성 액체가 존재하는 피트 등의 내부
④ 인화성 또는 가연성 증기의 순환통로를 설치한 내부

> 해설

가스폭발 위험장소의 구분(0종 장소)
1. 설비의 내부
2. 인화성 또는 가연성 액체가 존재하는 피트(PIT) 등의 내부
3. 인화성 또는 가연성의 가스나 증기가 지속적으로 또는 장기간 체류하는 곳

**75** 인체에 미치는 전격 재해의 위험을 결정하는 주된 인자 중 가장 거리가 먼 것은?

① 통전전압의 크기
② 통전전류의 크기
③ 통전경로
④ 통전시간

> 해설

감전재해의 요인

| | |
|---|---|
| 1차적 감전 요소 | • 통전 전류의 크기 : 크면 위험, 인체의 저항이 일정할 때 접촉전압에 비례<br>• 통전 경로 : 인체의 주요한 부분을 흐를수록 위험<br>• 통전시간 : 장시간 흐르면 위험<br>• 전원의 종류 : 전원의 크기(전압)가 동일한 경우 교류가 직류보다 위험 |
| 2차적 감전 요소 | • 인체의 조건(저항) : 땀에 젖어 있거나 물에 젖어 있는 경우 인체의 저항이 감소하므로 위험성이 높아진다.<br>• 전압 : 전압의 크기가 클수록 위험<br>• 계절 : 계절에 따라 인체의 저항이 변화하므로 전격에 대한 위험도에 영향을 준다. |

**76** 방전의 분류에 속하지 않는 것은?

① 연면 방전
② 불꽃 방전
③ 코로나 방전
④ 스프레이 방전

> 해설

정전기 방전의 형태
1. 코로나(corona) 방전
2. 스트리머(streamer) 방전
3. 불꽃(spark) 방전
4. 연면(surface) 방전
5. 브러시(brush) 방전
6. 뇌상방전

**77** 정전용량 $C=20\mu F$, 방전 시 전압 $V=2kV$일 때 정전에너지는 몇 J인가?

① 40
② 80
③ 400
④ 800

> 해설

정전에너지

$$W = \frac{1}{2}CV^2 = \frac{1}{2}QV = \frac{1}{2}\frac{Q^2}{C}$$

대전 전하량$(Q) = C \cdot V$, 대전전위$(V) = \frac{Q}{C}$

여기서, $W$ : 정전기 에너지[J]    $C$ : 도체의 정전용량[F]
        $V$ : 대전 전위[V]      $Q$ : 대전 전하량[C]

$$W = \frac{1}{2}CV^2 = \frac{1}{2} \times (20 \times 10^{-6}) \times (2 \times 10^3)^2 = 40[J]$$

**TIP** 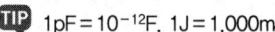 $1pF = 10^{-12}F$, $1J = 1,000mJ$

**78** 접지 저항치를 결정하는 저항이 아닌 것은?

① 접지선, 접지극의 도체저항
② 접지전극과 주 회로 사이의 낮은 절연저항
③ 접지전극 주위의 토양이 나타내는 저항
④ 접지전극의 표면과 접하는 토양 사이의 접촉저항

> 해설

접지저항의 구성 요소
1. 접지선의 저항 및 접지전극 자신의 저항
2. 접지전극의 표면과 이것에 접하는 토양 사이의 저항
3. 전극 주위의 토양이 나타내는 저항

**79** 작업장소 중 제전복을 착용하지 않아도 되는 장소는?

① 상대 습도가 높은 장소
② 분진이 발생하기 쉬운 장소
③ LCD 등 display 제조 작업 장소
④ 반도체 등 전기소자 취급 작업 장소

**해설**

대전방지용 작업의 제전복
제전복은 폭발위험분위기(가연성 가스, 증기, 분진)의 발생 우려가 있는 작업장에서 작업복 대전에 의한 착화를 방지하기 위한 것

> **TIP** 가습
> 1. 플라스틱 제품 등은 습도가 증가되면 표면저항이 저하되므로 대전방지를 위해 물의 분무, 가습기 사용, 증발법 등을 사용
> 2. 부도체 근방 또는 환경 전체의 상대습도를 60~70% 정도를 유지

### 80 방폭지역에서 저압케이블 공사 시 사용해서는 안 되는 케이블은?

① MI 케이블
② 연피 케이블
③ 0.6/1kV 고무캡타이어 케이블
④ 0.6/1kV 폴리에틸렌 외장케이블

**해설**

저압 케이블의 선정
1. MI 케이블
2. 600V 폴리에틸렌 외장 케이블(EV, EE, CV, CE)
3. 600V 비닐 절연 외장 케이블(VV)
4. 600V 콘크리트 직매용 케이블(CB-VV, CB-EV)
5. 제어용 비닐절연 비닐 외장 케이블(CVV)
6. 연피케이블
7. 약전 계장용 케이블
8. 보상도선
9. 시내대 폴리에틸렌 절연 비닐 외장 케이블(CPEV)
10. 시내대 폴리에틸렌 절연 폴리에틸렌 외장 케이블(CPEE)
11. 강관 외장 케이블
12. 강대 외장 케이블

---

## 5과목 화학설비위험방지기술

### 81 화재 감지에 있어서 열감지 방식 중 차동식에 해당하지 않는 것은?

① 공기관식
② 열전대식
③ 바이메탈식
④ 열반도체식

**해설**

차동식
1. 온도의 상승률이 소정의 값 이상일 때 동작하는 감지기
2. 종류 : 공기식, 전기식, 공기관식, 열전대식, 열반도체식

### 82 각 물질(A~D)의 폭발상한계와 하한계가 다음 표와 같을 때 다음 중 위험도가 가장 큰 물질은?

| 구분 | A | B | C | D |
|---|---|---|---|---|
| 폭발상한계 | 9.5 | 8.4 | 15.0 | 13 |
| 폭발하한계 | 2.1 | 1.8 | 5.0 | 2.6 |

① A
② B
③ C
④ D

**해설**

위험도
위험도값이 클수록 위험성이 높은 물질이다.

$$H = \frac{UFL - LFL}{LFL}$$

여기서, $UFL$ : 연소상한값, $LFL$ : 연소하한값, $H$ : 위험도

1. A의 위험도 : $H = \frac{UFL - LFL}{LFL} = \frac{9.5 - 2.1}{2.1} = 3.52$

2. B의 위험도 : $H = \frac{UFL - LFL}{LFL} = \frac{8.4 - 1.8}{1.8} = 3.67$

3. C의 위험도 : $H = \frac{UFL - LFL}{LFL} = \frac{15 - 5}{5} = 2$

4. D의 위험도 : $H = \frac{UFL - LFL}{LFL} = \frac{13 - 2.6}{2.6} = 4$

### 83 $NH_4NO_3$의 가열, 분해로부터 생성되는 무색의 가스로 일명 웃음가스라고도 하는 것은?

① $N_2O$
② $NO_2$
③ $N_2O_4$
④ $NO$

**해설**

아산화질소($N_2O$)
1. 웃음가스라고도 하며 여러 가지 질소 산화물 중의 하나이다.
2. 상쾌하고 달콤한 냄새와 맛을 가진 무색의 기체로 마취작용이 있다.

> **TIP**
> 1. $N_2O$ : 아산화질소
> 2. $NO_2$ : 이산화질소
> 3. $N_2O_4$ : 사산화질소
> 4. $NO$ : 질소

**정답** 80 ③ 81 ③ 82 ④ 83 ①

**84** 다음 중 분진폭발의 특징으로 옳은 것은?

① 가스폭발보다 연소시간이 짧고, 발생 에너지가 작다.
② 압력의 파급속도보다 화염의 파급속도가 빠르다.
③ 가스폭발에 비하여 불완전 연소가 적게 발생한다.
④ 주위의 분진에 의해 2차, 3차의 폭발로 파급될 수 있다.

**해설**

분진폭발의 특징
1. 폭발한계 내에서 분진의 휘발성분이 많을수록 폭발이 쉽다.
2. 가스폭발에 비해 연소속도나 폭발압력이 작다.
3. 가스폭발에 비해 연소시간이 길고 발생에너지가 크기 때문에 파괴력과 타는 정도가 크다.
4. 가스에 비해 불완전연소의 가능성이 커서 일산화탄소의 존재로 인한 가스중독의 위험이 있다(가스폭발에 비하여 유독물의 발생이 많다.)
5. 화염속도보다 압력속도가 빠르다.
6. 주위 분진의 비산에 의해 2차, 3차의 폭발로 파급되어 피해가 커진다.
7. 연소열에 의한 화재가 동반되며, 연소입자의 비산으로 인체에 닿을 경우 심한 화상을 입는다.
8. 분진이 발화 폭발하기 위한 조건은 인화성, 미분상태, 공기 중에서의 교반과 유동, 점화원의 존재이다.

**85** 자연발화성을 가진 물질이 자연발열을 일으키는 원인으로 거리가 먼 것은?

① 분해열
② 증발열
③ 산화열
④ 중합열

**해설**

자연발화의 형태
1. 산화열에 의한 발열(석탄, 건성유, 기름걸레 등)
2. 분해열에 의한 발열(셀룰로이드, 니트로셀룰로오스 등)
3. 흡착열에 의한 발열(활성탄, 목탄분말, 석탄분 등)
4. 미생물에 의한 발열(퇴비, 먼지, 볏짚 등)
5. 중합에 의한 발열(아크릴로니트릴 등)

**86** 다음 중 누설 발화형 폭발재해의 예방대책으로 가장 거리가 먼 것은?

① 발화원 관리
② 밸브의 오동작 방지
③ 가연성 가스의 연소
④ 누설물질의 검지 경보

**해설**

폭발재해의 형태와 방지대책

| 폭발재해의 형태 | | 방지대책 |
|---|---|---|
| 발화원 | 착화파괴형 | • 불활성 가스의 치환<br>• 가연성 혼합기 제어<br>• 발화원 관리<br>• 발화원의 열 접촉 관리<br>• 계측기기에 의한 감시 및 차단 |
| | 누설발화형<br>(누설착화형) | • 위험물질의 누설방지<br>• 밸브(설비)의 오동작 방지<br>• 누설물질의 검지 경보<br>• 발화원 관리<br>• 피해확대 방지조치(방유제 등) |

**87** 다음 중 최소발화에너지($E$[J])를 구하는 식으로 옳은 것은?(단, $I$는 전류[A], $R$은 저항[Ω], $V$는 전압[V], $C$는 콘덴서용량[F], $T$는 시간[초]이라 한다.)

① $E = I^2RT$
② $E = 0.24I^2RT$
③ $E = \frac{1}{2}CV^2$
④ $E = \frac{1}{2}\sqrt{CV}$

**해설**

최소발화에너지 산출 공식

$$E = \frac{1}{2}CV^2$$

여기서, $E$ : 발화에너지[J], $C$ : 전기용량[F], $V$ : 방전전압[V]

**88** 다음 중 분진 폭발을 일으킬 위험이 가장 높은 물질은?

① 염소
② 마그네슘
③ 산화칼슘
④ 에틸렌

**해설**

분진폭발
분진입자의 충돌, 충격 등에 의한 폭발(마그네슘, 알루미늄 등)

정답  84 ④  85 ②  86 ③  87 ③  88 ②

**TIP** 분진폭발 물질

| 분진폭발 물질 | 분진폭발이 없는 물질 |
|---|---|
| • 곡물분진 : 셀룰로오스, 코크스, 옥수수, 녹말 등<br>• 탄소질 분진 : 목탄, 역청탄, 코크스, 목재, 갈탄 등<br>• 화학분진 : 아디프산, 칼슘 아세테이트, 덱스트린, 황 등<br>• 금속분진 : 알루미늄, 마그네슘, 청동, 아연 등<br>• 플라스틱 분진 : 에폭시 수지, 멜라민 수지, 폴리에틸렌 등 | • 생석회(시멘트의 주성분)<br>• 석회석 분말<br>• 시멘트<br>• 수산화칼슘(소석회) |

**89** 사업주는 특수화학설비를 설치할 때 내부의 이상상태를 조기에 파악하기 위하여 필요한 계측장치를 설치하여야 한다. 다음 중 이에 해당하는 특수화학설비가 아닌 것은?

① 발열 반응이 일어나는 반응장치
② 증류, 증발 등 분리를 행하는 장치
③ 가열로 또는 가열기
④ 액체의 누설을 방지하는 방유장치

**해설**
특수화학설비
1. 발열반응이 일어나는 반응장치
2. 증류 · 정류 · 증발 · 추출 등 분리를 하는 장치
3. 가열시켜 주는 물질의 온도가 가열되는 위험물질의 분해온도 또는 발화점보다 높은 상태에서 운전되는 설비
4. 반응폭주 등 이상 화학반응에 의하여 위험물질이 발생할 우려가 있는 설비
5. 온도가 섭씨 350도 이상이거나 게이지 압력이 980킬로파스칼 이상인 상태에서 운전되는 설비
6. 가열로 또는 가열기

**90** 가스 또는 분진 폭발 위험장소에 설치되는 건축물의 내화 구조를 설명한 것으로 틀린 것은?

① 건축물 기둥 및 보는 지상 1층까지 내화구조로 한다.
② 위험물 저장 · 취급용기의 지지대는 지상으로부터 지지대의 끝부분까지 내화구조로 한다.
③ 건축물 주변에 자동소화설비를 설치한 경우 건축물 화재 시 1시간 이상 그 안전성을 유지한 경우는 내화구조로 하지 아니할 수 있다.
④ 배관 · 전선관 등의 지지대는 지상으로부터 1단까지 내화구조로 한다.

**해설**
가스폭발 위험장소 또는 분진폭발 위험장소에 설치되는 건축물 건축물 등의 주변에 화재에 대비하여 물 분무시설 또는 폼 헤드(foam head)설비 등의 자동소화설비를 설치하여 건축물 등이 화재 시에 2시간 이상 그 안전성을 유지할 수 있도록 한 경우에는 내화구조로 하지 아니할 수 있다.

**91** 고압가스의 분류 중 압축가스에 해당되는 것은?

① 질소　　　　　② 프로판
③ 산화에틸렌　　④ 염소

**해설**
압축가스
용기 내에 가스상태로 충전되며 비등점이 극히 낮거나 임계온도가 낮아 상온에서 압축하여도 용이하게 액화하지 않은 가스(헬륨, 수소, 네온, 공기, 일산화탄소, 질소)

 **TIP** 프로판, 염소 : 액화가스

**92** 건조설비를 사용하여 작업을 하는 경우에 폭발이나 화재를 예방하기 위하여 준수하여야 하는 사항으로 틀린 것은?

① 위험물 건조설비를 사용하는 경우에는 미리 내부를 청소하거나 환기할 것
② 위험물 건조설비를 사용하여 가열 건조하는 건조물은 쉽게 이탈되도록 할 것
③ 고온으로 가열 건조한 인화성 액체는 발화의 위험이 없는 온도로 냉각한 후에 격납시킬 것
④ 바깥 면이 현저히 고온이 되는 건조설비에 가까운 장소에는 인화성 액체를 두지 않도록 할 것

**해설**
건조설비의 사용 시 준수사항
위험물 건조설비를 사용하여 가열건조하는 건조물은 쉽게 이탈되지 않도록 할 것

**정답** 89 ④　90 ③　91 ①　92 ②

**93** 트리에틸알루미늄에 화재가 발생하였을 때 다음 중 가장 적합한 소화약제는?

① 팽창질석
② 할로겐화합물
③ 이산화탄소
④ 물

**해설**

트리에틸알루미늄[$(C_2H_5)_3Al$]
1. 제3류 위험물(자연 발화성 및 금수성 물질)에 해당된다.
2. 물, 산, 알코올과 접촉하면 폭발적으로 반응하여 에탄을 형성하고, 이때 발열, 폭발에 이른다.
3. 할론이나 $CO_2$와 반응하여 발열하므로 소화 약제로 적당하지 않으며 저장용기가 가열되면 심하게 용기의 파열이 발생한다.
3. 화재 시 주수 엄금, 팽창질석, 팽창 진주암, 흑연 분말, 규조토, 소다회, 탄산수소나트륨(중조)[$NaHCO_3$], 탄산수소칼륨($KHCO_3$)을 주재로 한 건조 분말로 질식 소화하고 주변은 마른 모래 등으로 차단하여 화재의 확대 방지에 주력한다.

**TIP** 안전방망이 추락방호망으로 법 개정 되었습니다.

**94** 액화 프로판 310kg을 내용적 50L 용기에 충전할 때 필요한 소요 용기의 수는 몇 개인가?(단, 액화 프로판의 가스정수는 2.35이다.)

① 15
② 17
③ 19
④ 21

**해설**

용기의 내용적 산정기준(액화가스)

$$G = \frac{V}{C}$$

여기서, $G$ : 액화가스의 질량[kg], $V$ : 용기의 내용적[L], $C$ : 가스에 따른 가스의 정수

1. $G = \frac{V}{C} = \frac{50}{2.35} = 21.276[kg]$
2. 용기수 $= \frac{310}{21.276} = 14.57 = 15[개]$

**95** 산업안전보건법령상 위험물질의 종류와 해당 물질의 연결이 옳은 것은?

① 폭발성 물질 : 마그네슘 분말
② 인화성 고체 : 중크롬산
③ 산화성 물질 : 니트로소화합물
④ 인화성 가스 : 에탄

**해설**

위험물의 종류
1. 마그네슘분말 : 물반응성 물질 및 인화성 고체
2. 중크롬산 : 산화성 액체 및 산화성 고체
3. 니트로소화합물 : 폭발성 물질 및 유기과산화물

**TIP** 인화성가스
  1. 수소
  2. 아세틸렌
  3. 에틸렌
  4. 메탄
  5. 에탄
  6. 프로판
  7. 부탄
  8. 유해·위험물질 규정량에 따른 인화성 가스

**96** 다음 가스 중 가장 독성이 큰 것은?

① CO
② $COCl_2$
③ $NH_3$
④ $H_2$

**해설**

화학물질의 노출기준(화학물질 및 물리적 인자의 노출기준 별표 1)

| 유해물질의 명칭 | 화학식 | 노출기준 TWA | |
|---|---|---|---|
| | | ppm | mg/m³ |
| 시안화수소 | HCN | – | – |
| 포스겐 | $COCl_2$ | 0.1 | – |
| 불소 | $F_2$ | 0.1 | – |
| 염소 | $Cl_2$ | 0.5 | – |
| 니트로벤젠 | $C_6H_5NO_2$ | 1 | – |
| 벤젠 | $C_6H_6$ | 0.5 | – |
| 황화수소 | $H_2S$ | 10 | – |
| 암모니아 | $NH_3$ | 25 | – |
| 일산화탄소 | CO | 30 | – |
| 메탄올 | $CH_3OH$ | 200 | – |
| 에탄올 | $C_2H_5OH$ | 1,000 | – |

**97** 가연성 기체의 분출 화재 시 주 공급밸브를 닫아서 연료공급을 차단하여 소화하는 방법은?

① 제거소화
② 냉각소화
③ 희석소화
④ 억제소화

**정답** 93 ① 94 ① 95 ④ 96 ② 97 ①

**해설**

제거소화

| 소화원리 | 가연성 물질을 연소구역에서 제거하여 줌으로써 소화하는 방법 |
|---|---|
| 소화의 예 | • 가스의 화재 : 공급밸브를 차단하여 가스의 공급을 중단<br>• 산림재재 : 연소방면의 수목을 제거<br>• 촛불 : 입김으로 불어 가연성 증기를 제거 |

**98** 다음 중 산업안전보건법령상 물질안전보건 자료의 작성·비치 제외 대상이 아닌 것은?

① 원자력법에 의한 방사성 물질
② 농약관리법에 의한 농약
③ 비료관리법에 의한 비료
④ 관세법에 의해 수입되는 공업용 유기용제

**해설**

물질안전보건자료의 작성·제출 제외 대상 화학물질
1. 「건강기능식품에 관한 법률」에 따른 건강기능식품
2. 「농약관리법」에 따른 농약
3. 「마약류 관리에 관한 법률」에 따른 마약 및 향정신성의약품
4. 「비료관리법」에 따른 비료
5. 「사료관리법」에 따른 사료
6. 「생활주변방사선 안전관리법」에 따른 원료물질
7. 「생활화학제품 및 살생물제의 안전관리에 관한 법률」에 따른 안전확인대상생활화학제품 및 살생물제품 중 일반소비자의 생활용으로 제공되는 제품
8. 「식품위생법」에 따른 식품 및 식품첨가물
9. 「약사법」에 따른 의약품 및 의약외품
10. 「원자력안전법」에 따른 방사성물질
11. 「위생용품 관리법」에 따른 위생용품
12. 「의료기기법」에 따른 의료기기
13. 「첨단재생의료 및 첨단바이오의약품 안전 및 지원에 관한 법률」에 따른 첨단바이오의약품
14. 「총포·도검·화약류 등의 안전관리에 관한 법률」에 따른 화약류
15. 「폐기물관리법」에 따른 폐기물
16. 「화장품법」에 따른 화장품
17. 제1호부터 제16호까지의 규정 외의 화학물질 또는 혼합물로서 일반소비자의 생활용으로 제공되는 것(일반소비자의 생활용으로 제공되는 화학물질 또는 혼합물이 사업장 내에서 취급되는 경우를 포함한다)
18. 고용노동부장관이 정하여 고시하는 연구·개발용 화학물질 또는 화학제품
19. 그 밖에 고용노동부장관이 독성·폭발성 등으로 인한 위해의 정도가 적다고 인정하여 고시하는 화학물질

**99** 다음 중 산업안전보건법령상 화학설비의 부속설비로만 이루어진 것은?

① 사이클론, 백필터, 전기집진기 등 분진처리설비
② 응축기, 냉각기, 가열기, 증발기 등 열교환기류
③ 고로 등 점화기를 직접 사용하는 열교환기류
④ 혼합기, 발포기, 압출기 등 화학제품 가공설비

**해설**

화학설비의 부속설비
1. 배관·밸브·관·부속류 등 화학물질 이송 관련 설비
2. 온도·압력·유량 등을 지시·기록 등을 하는 자동제어 관련 설비
3. 안전밸브·안전판·긴급차단 또는 방출밸브 등 비상조치 관련 설비
4. 가스누출감지 및 경보 관련 설비
5. 세정기, 응축기, 벤트스택(bent stack), 플레어스택(flare stack) 등 폐가스처리설비
6. 사이클론, 백필터(bag filter), 전기집진기 등 분진처리설비
7. 1.에서 6.까지의 설비를 운전하기 위하여 부속된 전기 관련 설비
8. 정전기 제거장치, 긴급 샤워설비 등 안전 관련 설비

**100** 증류탑에서 포종탑 내에 설치되어 있는 포종의 주요 역할로 옳은 것은?

① 압력을 증가시켜 주는 역할
② 탑내 액체를 이송하는 역할
③ 화학적 반응을 시켜주는 역할
④ 증기와 액체의 접촉을 용이하게 해주는 역할

**해설**

포종(bubble cap, glokken)
증류탑에서 증기와 액체의 접촉을 좋게 하도록 증기를 거품상으로 분산시키기 위해 설치되어 있는 것을 말한다.

## 6과목 건설안전기술

**101** 작업발판 및 통로의 끝이나 개구부로서 근로자가 추락할 위험이 있는 장소에서 난간 등의 설치가 매우 곤란하거나 작업의 필요상 임시로 난간 등을 해체하여야 하는 경우에 설치하여야 하는 것은?

① 구명구
② 수직보호망
③ 안전방망
④ 석면포

**정답** 98 ④  99 ①  100 ④  101 ③

**해설**

개구부 등의 방호조치
1. 작업발판 및 통로의 끝이나 개구부로서 근로자가 추락할 위험이 있는 장소에는 안전난간, 울타리, 수직형 추락방망 또는 덮개 등의 방호 조치를 충분한 강도를 가진 구조로 튼튼하게 설치하여야 하며, 덮개를 설치하는 경우에는 뒤집히거나 떨어지지 않도록 설치하여야 한다. 이 경우 어두운 장소에서도 알아볼 수 있도록 개구부임을 표시하여야 한다.
2. 난간 등을 설치하는 것이 매우 곤란하거나 작업의 필요상 임시로 난간 등을 해체하여야 하는 경우 추락방호망을 설치하여야 한다. 다만, 추락방호망을 설치하기 곤란한 경우에는 근로자에게 안전대를 착용하도록 하는 등 추락할 위험을 방지하기 위하여 필요한 조치를 하여야 한다.

**TIP** 안전방망이 추락방호망으로 법 개정되었습니다.

## 102 지반조사의 목적에 해당되지 않는 것은?

① 토질의 성질 파악
② 지층의 분포 파악
③ 지하수위 및 피압수 파악
④ 구조물의 편심에 의한 적절한 침하 유도

**해설**

지반조사의 필요성(목적)
1. 토질의 성질 파악
2. 지층의 분포(토질 주상도 파악)
3. 지하수위 및 피압수 여부 파악
4. 대표적인 시료채취

## 103 풍화암의 굴착면 붕괴에 따른 재해를 예방하기 위한 굴착면의 적정한 기울기 기준은?

① 1 : 1.0
② 1 : 0.8
③ 1 : 0.5
④ 1 : 0.3

**해설**

굴착면의 기울기

| 지반의 종류 | 굴착면의 기울기 |
|---|---|
| 모래 | 1 : 1.8 |
| 연암 및 풍화암 | 1 : 1.0 |
| 경암 | 1 : 0.5 |
| 그 밖의 흙 | 1 : 1.2 |

**TIP** 본 문제는 법 개정으로 일부 내용이 수정되었습니다. 해설은 법 개정으로 수정된 내용이니 해설을 학습하세요.

## 104 크레인 등 건설장비의 가공전선로 접근 시 안전대책으로 거리가 먼 것은?

① 안전 이격거리를 유지하고 작업한다.
② 장비의 조립, 준비 시부터 가공전선로에 대한 감전 방지 수단을 강구한다.
③ 장비 사용 현장의 장애물, 위험물 등을 점검 후 작업계획을 수립한다.
④ 장비를 가공전선로 밑에 보관한다.

**해설**

크레인 등 건설장비의 가공전선로 접근 시 안전대책
장비를 가공전선로 밑에 보관하면 안 된다.

## 105 다음 중 차량계 건설기계에 속하지 않는 것은?

① 불도저
② 스크레이퍼
③ 타워크레인
④ 항타기

**해설**

차량계 건설기계의 종류
1. 도저형 건설기계(불도저, 스트레이트도저, 틸트도저, 앵글도저, 버킷도저 등)
2. 모터그레이더
3. 로더(포크 등 부착물 종류에 따른 용도 변경 형식을 포함한다)
4. 스크레이퍼
5. 크레인형 굴착기계(클램셸, 드래그라인 등)
6. 굴착기(브레이커, 크러셔, 드릴 등 부착물 종류에 따른 용도 변경 형식을 포함한다)
7. 항타기 및 항발기
8. 천공용 건설기계(어스드릴, 어스오거, 크롤러드릴, 점보드릴 등)
9. 지반 압밀침하용 건설기계(샌드드레인머신, 페이퍼드레인머신, 팩드레인머신 등)
10. 지반 다짐용 건설기계(타이어롤러, 매커덤롤러, 탠덤롤러 등)
11. 준설용 건설기계(버킷준설선, 그래브준설선, 펌프준설선 등)
12. 콘크리트 펌프카
13. 덤프트럭
14. 콘크리트 믹서 트럭
15. 도로포장용 건설기계(아스팔트 살포기, 콘크리트 살포기, 아스팔트 피니셔, 콘크리트 피니셔 등)
16. 1.에서 15.까지와 유사한 구조 또는 기능을 갖는 건설기계로서 건설작업에 사용하는 것

 102 ④  103 ①  104 ④  105 ③

**106** 산업안전보건관리비 계상 및 사용기준에 따른 공사 종류별 계상기준으로 옳은 것은?(단, 철도·궤도신설공사이고 대상액이 5억 원 미만인 경우)

① 1.85%  ② 2.45%
③ 3.09%  ④ 3.43%

**해설**

공사종류 및 규모별 산업안전보건관리비 계상기준표

| 구분<br>공사 종류 | 대상액<br>5억 원<br>미만인 경우<br>적용비율(%) | 대상액 5억 원 이상<br>50억 원 미만인 경우 | | 대상액<br>50억 원<br>이상인 경우<br>적용비율(%) | 보건관리자<br>선임대상<br>건설공사의<br>적용비율(%) |
|---|---|---|---|---|---|
| | | 적용비율<br>(%) | 기초액 | | |
| 건축공사 | 3.11% | 2.28% | 4,325,000원 | 2.37% | 2.64% |
| 토목공사 | 3.15% | 2.53% | 3,300,000원 | 2.60% | 2.73% |
| 중건설공사 | 3.64% | 3.05% | 2,975,000원 | 3.11% | 3.39% |
| 특수건설공사 | 2.07% | 1.59% | 2,450,000원 | 1.64% | 1.78% |

안전관리비 대상액 = 공사원가계산서 구성항목 중 직접재료비, 간접재료비와 직접노무비를 합한 금액(발주자가 재료를 제공할 경우에는 해당 재료비를 포함)

**TIP** 본 문제는 법 개정으로 일부 내용이 수정되었습니다. 해설은 법 개정으로 수정된 내용이니 해설을 학습하세요.

---

**107** 건설공사 시공단계에 있어서 안전관리의 문제점에 해당되는 것은?

① 발주자의 조사, 설계 발주능력 미흡
② 용역자의 조사, 설계 능력 부실
③ 발주자의 감독 소홀
④ 사용자의 시설 운영관리 능력 부족

**해설**

시공단계의 문제점
1. 시공계획 수립 시 안전관리계획 미수립 또는 형식적인 계획 수립
2. 설계 및 적산 시 선정한 장비를 임의 변경 사용
3. 공정별 안전점검 및 자체 안전성 평가의 실시 미흡
4. 유해·위험공종 및 공정에 유자격 안전관리자의 상주 소홀
5. 현장에서 설계변경 수행
6. 복잡한 하도급 계약으로 안전관리조직 취약 : 안전교육 실시 미흡
7. 안전관리자의 산업안전보건관리비 집행 곤란
8. 발주처의 안전관리 전담부서의 부재

---

**108** 유해위험방지 계획서를 제출하려고 할 때 그 첨부서류와 가장 거리가 먼 것은?

① 공사개요서
② 산업안전보건관리비 작성요령
③ 전체공정표
④ 재해 발생 위험 시 연락 및 대피 방법

**해설**

유해·위험방지계획서의 첨부서류
1. 공사 개요 및 안전보건관리계획
   ㉠ 공사 개요서
   ㉡ 공사현장의 주변 현황 및 주변과의 관계를 나타내는 도면(매설물 현황을 포함)
   ㉢ 전체 공정표
   ㉣ 산업안전보건관리비 사용계획서
   ㉤ 안전관리 조직표
   ㉥ 재해 발생 위험 시 연락 및 대피방법
2. 작업 공사 종류별 유해·위험방지계획

---

**109** 흙막이 지보공을 설치하였을 때 정기적으로 점검하여 이상 발견 시 즉시 보수하여야 할 사항이 아닌 것은?

① 굴착 깊이의 정도
② 버팀대의 긴압의 정도
③ 부재의 접속부·부착부 및 교차부의 상태
④ 부재의 손상·변형·부식·변위 및 탈락의 유무와 상태

**해설**

흙막이 지보공의 붕괴 등의 방지를 위한 점검사항
1. 부재의 손상·변형·부식·변위 및 탈락의 유무와 상태
2. 버팀대의 긴압의 정도
3. 부재의 접속부·부착부 및 교차부의 상태
4. 침하의 정도

---

**110** 크레인의 운전실 또는 운전대를 통하는 통로의 끝과 건설물 등의 벽체의 간격은 최대 얼마 이하로 하여야 하는가?

① 0.2m  ② 0.3m
③ 0.4m  ④ 0.5m

---

**정답** 106 ② 107 ③ 108 ② 109 ① 110 ②

해설

**건설물 등의 벽체와 통로의 간격**
다음 각 호의 간격을 0.3미터 이하로 하여야 한다. 다만, 근로자가 추락할 위험이 없는 경우에는 그 간격을 0.3미터 이하로 유지하지 아니할 수 있다.
1. 크레인의 운전실 또는 운전대를 통하는 통로의 끝과 건설물 등의 벽체의 간격
2. 크레인 거더(girder)의 통로 끝과 크레인 거더의 간격
3. 크레인 거더의 통로로 통하는 통로의 끝과 건설물 등의 벽체의 간격

**111** 달비계를 설치할 때 작업발판의 폭은 최소 얼마 이상으로 하여야 하는가?

① 30cm  ② 40cm
③ 50cm  ④ 60cm

해설

**달비계의 구조**
작업발판은 폭을 40센티미터 이상으로 하고 틈새가 없도록 할 것

**112** 산소결핍이라 함은 공기 중 산소농도가 몇 퍼센트(%) 미만일 때를 의미하는가?

① 20%  ② 18%
③ 15%  ④ 10%

해설

**산소결핍**
공기 중의 산소농도가 18퍼센트 미만인 상태를 말한다.

> **TIP** 적정공기
> 산소농도의 범위가 18퍼센트 이상 23.5퍼센트 미만, 탄산가스의 농도가 1.5퍼센트 미만, 일산화탄소의 농도가 30피피엠 미만, 황화수소의 농도가 10피피엠 미만인 수준의 공기를 말한다.

**113** 크레인을 사용하여 작업을 할 때 작업시작 전에 점검하여야 하는 사항에 해당하지 않는 것은?

① 권과방지장치·브레이크·클러치 및 운전장치의 기능
② 주행로의 상측 및 트롤리가 횡행하는 레일의 상태
③ 와이어로프가 통하고 있는 곳의 상태
④ 압력 방출 장치의 기능

해설

**크레인을 사용하여 작업을 하는 때 작업시작 전 점검사항**
1. 권과방지장치·브레이크·클러치 및 운전장치의 기능
2. 주행로의 상측 및 트롤리(trolley)가 횡행하는 레일의 상태
3. 와이어로프가 통하고 있는 곳의 상태

**114** 흙막이 공법을 흙막이 지지방식에 의한 분류와 구조 방식에 의한 분류로 나눌 때 다음 중 지지방식에 의한 분류에 해당하는 것은?

① 수평 버팀대식 흙막이 공법
② H-Pile 공법
③ 지하연속벽 공법
④ Top down method 공법

해설

**흙막이 공법**

| 흙막이<br>지지방식에<br>의한 분류 | • 자립공법<br>• 버팀대식 공법(빗버팀대식 공법, 수평버팀대식 공법)<br>• 어스 앵커 공법 |
|---|---|
| 흙막이<br>구조방식에<br>의한 분류 | • 엄지말뚝식 흙막이 공법(H-Pile)<br>• 널말뚝 공법(강 널말뚝식 흙막이 공법, 강관 널말뚝식 흙막이 공법)<br>• 지하연속벽 공법(주열식, 벽식)<br>• 역타식 공법(Top Down) |

**115** 그물코의 크기가 10cm인 매듭 없는 방망사 신품의 인장강도는 최소 얼마 이상이어야 하는가?

① 240kg  ② 320kg
③ 400kg  ④ 500kg

해설

**방망사의 신품에 대한 인장강도**

| 그물코의 크기<br>(단위 : 센티미터) | 방망의 종류(단위 : 킬로그램) ||
|---|---|---|
| | 매듭 없는 방망 | 매듭방망 |
| 10 | 240 | 200 |
| 5 | | 110 |

정답  111 ②  112 ②  113 ④  114 ①  115 ①

## 116 항타기 및 항발기에 관한 설명으로 옳지 않은 것은?

① 도괴방지를 위해 시설 또는 가설물 등에 설치하는 때에는 그 내력을 확인하고 내력이 부족하면 그 내력을 보강해야 한다.
② 와이어로프의 한 꼬임에서 끊어진 소선(필러선을 제외한다)의 수가 10% 이상인 것은 권상용 와이어로프로 사용을 금한다.
③ 지름 감소가 공칭지름의 7%를 초과하는 것은 권상용 와이어로프로 사용을 금한다.
④ 권상용 와이어로프의 안전계수가 4 이상이 아니면 이를 사용하여서는 아니 된다.

**해설**
권상용 와이어로프의 안전계수
항타기 또는 항발기의 권상용 와이어로프의 안전계수가 5 이상이 아니면 이를 사용해서는 아니 된다.

## 117 굴착과 싣기를 동시에 할 수 있는 토공기계가 아닌 것은?

① Power shovel　② tractor shovel
③ Back hoe　　　④ Motor grader

**해설**
모터 그레이더(Motor Grader)
지면을 절삭하여 평활하게 다듬는 장비로서 노면의 성형과 정지작업에 가장 적당한 장비

## 118 다음은 강관을 사용하여 비계를 구성하는 경우에 대한 내용이다. 다음 (　) 안에 들어갈 내용으로 옳은 것은?

> 비계기둥의 간격은 띠장 방향에서는 (　), 장선 방향에서는 1.5m 이하로 할 것

① 1.2m 이상 1.5m 이하
② 1.2m 이상 2.0m 이하
③ 1.5m 이상 1.8m 이하
④ 1.5m 이상 2.0m 이하

**해설**
강관비계의 구조
1. 비계기둥의 간격은 띠장 방향에서는 1.85미터 이하, 장선 방향에서는 1.5미터 이하로 할 것. 다만, 다음 각 목의 어느 하나에 해당하는 작업의 경우에는 안전성에 대한 구조검토를 실시하고 조립도를 작성하면 띠장 방향 및 장선 방향으로 각각 2.7미터 이하로 할 수 있다.
　㉠ 선박 및 보트 건조작업
　㉡ 그 밖에 장비 반입·반출을 위하여 공간 등을 확보할 필요가 있는 등 작업의 성질상 비계기둥 간격에 관한 기준을 준수하기 곤란한 작업
2. 띠장 간격은 2.0미터 이하로 할 것. 다만, 작업의 성질상 이를 준수하기가 곤란하여 쌍기둥틀 등에 의하여 해당 부분을 보강한 경우에는 그러하지 아니하다.
3. 비계기둥의 제일 윗부분으로부터 31미터 되는 지점 밑부분의 비계기둥은 2개의 강관으로 묶어 세울 것. 다만, 브라켓(bracket) 등으로 보강하여 2개의 강관으로 묶을 경우 이상의 강도가 유지되는 경우에는 그러하지 아니하다.
4. 비계기둥 간의 적재하중은 400킬로그램을 초과하지 않도록 할 것

**TIP** 본 문제는 법 개정으로 일부 내용이 수정되었습니다. 해설은 법 개정으로 수정된 내용이니 해설을 학습하세요.

## 119 콘크리트 타설 시 거푸집의 측압에 영향을 미치는 인자들에 관한 설명으로 옳지 않은 것은?

① 슬럼프가 클수록 작다.
② 타설속도가 빠를수록 크다.
③ 거푸집 속의 콘크리트 온도가 낮을수록 크다.
④ 콘크리트의 타설높이가 높을수록 크다.

**해설**
거푸집 측압 증가에 영향을 미치는 인자(측압의 영향요소)
1. 거푸집 수평단면이 클수록 크다.
2. 콘크리트 슬럼프치가 클수록 커진다.
3. 거푸집 표면이 평활(평탄)할수록 커진다.
4. 철골, 철근량이 적을수록 커진다.
5. 콘크리트 시공연도가 좋을수록 커진다.
6. 외기의 온도, 습도가 낮을수록 커진다.
7. 타설 속도가 빠를수록 커진다.
8. 다짐이 충분할수록 커진다.
9. 타설 시 상부에서 직접 낙하할 경우 커진다.
10. 거푸집의 강성이 클수록 크다.
11. 콘크리트의 비중(단위중량)이 클수록 크다.
12. 벽 두께가 두꺼울수록 커진다.

**정답** 116 ④　117 ④　118 ③　119 ①

**120** 흙의 투수계수에 영향을 주는 인자에 관한 설명으로 옳지 않은 것은?

① 공극비 : 공극비가 클수록 투수계수는 작다.
② 포화도 : 포화도가 클수록 투수계수도 크다.
③ 유체의 점성계수 : 점성계수가 클수록 투수계수는 작다.
④ 유체의 밀도 : 유체의 밀도가 클수록 투수계수는 크다.

**해설**

지반의 투수계수에 영향을 미치는 요소
간극비(공극비)가 클수록 투수계수가 증가한다.

# PART 02
## 05 2017년 2회 기출문제

### 1과목 안전관리론

**01** 산업안전보건법상 안전관리자의 업무에 해당되지 않는 것은?

① 업무수행 내용의 기록 · 유지
② 산업재해에 관한 통계의 유지 · 관리 · 분석을 위한 보좌 및 조언 · 지도
③ 법 또는 법에 따른 명령으로 정한 안전에 관한 사항의 이행에 관한 보좌 및 조언 · 지도
④ 작업장 내에서 사용되는 전체 환기 장치 및 국소 배기장치 등에 관한 설비의 점검과 작업방법의 공학적 개선에 관한 보좌 및 조언 · 지도

**해설**
안전관리자의 업무
1. 산업안전보건위원회 또는 안전 및 보건에 관한 노사협의체에서 심의 · 의결한 업무와 해당 사업장의 안전보건관리규정 및 취업규칙에서 정한 업무
2. 위험성 평가에 관한 보좌 및 지도 · 조언
3. 안전인증대상 기계등과 자율안전확인대상 기계등 구입 시 적격품의 선정에 관한 보좌 및 지도 · 조언
4. 해당 사업장 안전교육계획의 수립 및 안전교육 실시에 관한 보좌 및 지도 · 조언
5. 사업장 순회점검, 지도 및 조치 건의
6. 산업재해 발생의 원인 조사 · 분석 및 재발 방지를 위한 기술적 보좌 및 지도 · 조언
7. 산업재해에 관한 통계의 유지 · 관리 · 분석을 위한 보좌 및 지도 · 조언
8. 법 또는 법에 따른 명령으로 정한 안전에 관한 사항의 이행에 관한 보좌 및 지도 · 조언
9. 업무수행 내용의 기록 · 유지
10. 그 밖에 안전에 관한 사항으로서 고용노동부장관이 정하는 사항

**02** 버드(Bird)의 재해분포에 따르면 20건의 경상(물적, 인적상해)사고가 발생했을 때 무상해, 무사고(위험순간) 고장은 몇 건이 발생하겠는가?

① 600
② 800
③ 1,200
④ 1,600

**해설**
버드(Bird)의 재해구성비율
버드의 재해구성비율 : (1 : 10 : 30 : 600)

| 중상 또는 폐질 | 경상 | 무상해사고 | 무상해, 무사고 |
|---|---|---|---|
| 1 | 10 | 30 | 600 |
| $1:10 = x:20$ | – | $10:30 = 20:x$ | $10:600 = 20:x$ |
| $10x = 20$ | – | $10x = 600$ | $10x = 12,000$ |

**03** 산업안전보건법상 근로자 안전보건교육 중 관리감독자 정기교육의 교육 내용이 아닌 것은?

① 유해 · 위험 작업환경 관리에 관한 사항
② 표준안전 작업방법 결정 및 지도 · 감독 요령에 관한 사항
③ 작업공정의 유해 · 위험과 재해 예방대책에 관한 사항
④ 기계 · 기구의 위험성과 작업의 순서 및 동선에 관한 사항

**해설**
관리감독자 정기교육
1. 산업안전 및 산업재해 예방에 관한 사항(화재 · 폭발 사고 발생 시 대피에 관한 사항을 포함)
2. 산업보건 및 건강장해 예방에 관한 사항(폭염 · 한파작업으로 인한 건강장해 발생 시 응급조치에 관한 사항을 포함)
3. 위험성평가에 관한 사항
4. 유해 · 위험 작업환경 관리에 관한 사항
5. 산업안전보건법령 및 산업재해보상보험 제도에 관한 사항
6. 직무스트레스 예방 및 관리에 관한 사항
7. 직장 내 괴롭힘, 고객의 폭언 등으로 인한 건강장해 예방 및 관리에 관한 사항
8. 작업공정의 유해 · 위험과 재해 예방대책에 관한 사항
9. 사업장 내 안전보건관리체제 및 안전 · 보건조치 현황에 관한 사항
10. 표준안전 작업방법 결정 및 지도 · 감독 요령에 관한 사항
11. 현장근로자와의 의사소통능력 및 강의능력 등 안전보건 교육 능력 배양에 관한 사항
12. 비상시 또는 재해 발생 시 긴급조치에 관한 사항
13. 그 밖의 관리감독자의 직무에 관한 사항

**정답** 01 ④ 02 ③ 03 ④

**04** 산업안전보건법상 방독마스크 사용이 가능한 공기 중 최소 산소농도 기준은 몇 % 이상인가?

① 14%  ② 16%
③ 18%  ④ 20%

해설

방독마스크
방독마스크는 산소농도가 18% 이상인 장소에서 사용하여야 하고, 고농도와 중농도에서 사용하는 방독마스크는 전면형(격리식, 직결식)을 사용해야 한다.

**05** 시몬즈(Simonds)의 재해손실비용 산정방식에 있어 비보험코스트에 포함되지 않는 것은?

① 영구 전노동불능 상해  ② 영구 부분노동불능 상해
③ 일시 전노동불능 상해  ④ 일시 부분노동불능 상해

해설

시몬즈(Simonds) 방식
총 재해 코스트(cost) = 보험 코스트(cost) + 비보험 코스트(cost)
1. 보험 코스트(cost) : 산재보험료
2. 비보험 코스트(cost) = A×휴업상해건수 + B×통원상해건수 + C×응급조치건수 + D×무상해사고건수
3. A, B, C, D는 상해 정도별 재해에 대한 비보험 코스트의 평균치이다.
4. 사망과 영구 전노동불능 상해는 재해범주에서 제외된다.

**06** 하인리히 사고예방대책의 기본원리 5단계로 옳은 것은?

① 조직 → 사실의 발견 → 분석 → 시정방법의 선정 → 시정책의 적용
② 조직 → 분석 → 사실의 발견 → 시정방법의 선정 → 시정책의 적용
③ 사실의 발견 → 조직 → 분석 → 시정방법의 선정 → 시정책의 적용
④ 사실의 발견 → 분석 → 조직 → 시정방법의 선정 → 시정책의 적용

해설

하인리히의 재해예방 5단계(사고예방 대책의 기본원리)
1. 제1단계 : 조직
2. 제2단계 : 사실의 발견
3. 제3단계 : 분석평가
4. 제4단계 : 시정책의 선정
5. 제5단계 : 시정책의 적용

**07** 교육훈련의 4단계를 올바르게 나열한 것은?

① 도입 → 적용 → 제시 → 확인
② 도입 → 확인 → 제시 → 적용
③ 적용 → 제시 → 도입 → 확인
④ 도입 → 제시 → 적용 → 확인

해설

교육방법의 4단계
1. 제1단계 : 도입(준비)학습할 준비를 시킨다.
2. 제2단계 : 제시(설명) 작업을 설명한다.
3. 제3단계 : 적용(응용) 작업을 시켜본다.
4. 제4단계 : 확인(평가) 가르친 뒤 살펴본다.

**08** 직무적성검사의 특징과 가장 거리가 먼 것은?

① 재현성  ② 객관성
③ 타당성  ④ 표준화

해설

심리검사의 구비조건
1. 표준화
2. 객관성
3. 규준성
4. 타당성
5. 신뢰성

**09** 아담스(Edward Adams)의 사고연쇄 반응이론 중 관리자가 의사결정을 잘못하거나 감독자가 관리적 잘못을 하였을 때의 단계에 해당되는 것은?

① 사고  ② 작전적 에러
③ 관리구조 결함  ④ 전술적 에러

해설

아담스(Adams)의 사고연쇄 반응이론

| 제1단계 | 제2단계 | 제3단계 | 제4단계 | 제5단계 |
|---|---|---|---|---|
| 관리구조 | 작전적 에러 | 전술적 에러 | 사고 | 상해·손해 |

재해의 직접원인을 관리시스템 내의 불안전 행동과 불안전 상태에 두고 전술적 에러로 설명하였으며, 관리상의 잘못으로 인한 개념을 강조하고 있다.

정답 04 ③  05 ①  06 ①  07 ④  08 ①  09 ②

**10** 재해조사의 목적에 해당되지 않는 것은?

① 재해 발생 원인 및 결함 규명
② 재해 관련 책임자 문책
③ 재해 예방 자료 수집
④ 동종 및 유사재해 재발 방지

**해설**

재해조사의 목적
1. 재해 발생원인 및 결함 규명
2. 재해 예방 자료 수집
3. 동종 및 유사재해 재발방지

**11** 주의의 특성에 관한 설명 중 틀린 것은?

① 한 지점에 주의를 집중하면 다른 곳에의 주의는 약해진다.
② 장시간 주의를 집중하려 해도 주기적으로 부주의의 리듬이 존재한다.
③ 의식이 과잉상태인 경우 최고의 주의집중이 가능해진다.
④ 여러 자극을 지각할 때 소수의 현란한 자극에 선택적 주의를 기울이는 경향이 있다.

**해설**

주의의 특성

| | |
|---|---|
| 선택성 | • 주의는 동시에 두 개의 방향에 집중하지 못한다.<br>• 여러 종류의 자극을 지각하거나 수용할 때 특정한 것에 한하여 선택하는 기능 |
| 변동성 | • 고도의 주의는 장시간 지속할 수 없다.(주의에는 리듬이 존재)<br>• 주의에는 리듬이 있어 언제나 일정수준을 유지할 수 없다. |
| 방향성 | • 한 지점에 주의를 집중하면 다른 곳의 주의는 약해진다.<br>• 주시점만 인지하는 기능 |

**12** 무재해운동의 기본이념 3원칙 중 다음에서 설명하는 것은?

직장 내의 모든 잠재위험요인을 적극적으로 사전에 발견, 파악, 해결함으로써 뿌리에서부터 산업재해를 제거하는 것

① 무의 원칙
② 선취의 원칙
③ 참가의 원칙
④ 확인의 원칙

**해설**

무재해운동의 3원칙

| | |
|---|---|
| 무(無)의<br>원칙 | 단순히 사망재해나 휴업재해만 없으면 된다는 소극적인 사고가 아닌, 사업장 내의 모든 잠재위험요인을 적극적으로 사전에 발견하고 파악·해결함으로써 산업재해의 근원적인 요소를 없앤다는 것을 의미 |
| 참여의 원칙<br>(전원참가의<br>원칙) | 작업에 따르는 잠재위험요인을 발견하고 파악·해결하기 위해 전원이 일치 협력하여 각자의 위치에서 적극적으로 문제해결을 하겠다는 것을 의미 |
| 안전제일의<br>원칙<br>(선취의<br>원칙) | 안전한 사업장을 조성하기 위한 궁극의 목표로서 사업장 내에서 행동하기 전에 잠재위험요인을 발견하고 파악·해결하여 재해을 예방하는 것을 의미 |

**13** 위험예지훈련 중 작업현장에서 그때 그 장소의 상황에 즉응하여 실시하는 것은?

① 자문자답 위험예지훈련
② T.B.M 위험예지훈련
③ 시나리오 역할연기훈련
④ 1인 위험예지훈련

**해설**

TBM(Tool Box Meeting)
직장에서 행하는 미팅으로 사고의 직접원인 중에서 주로 불안전한 행동을 근절시키기 위하여 5~7명 정도의 소집단으로 나누어 작업장 내의 적당한 장소에서 실시하는 단시간 미팅으로 현장에서 그때그때 주어진 상황에 적응하여 실시하여 즉시 즉응법이라고도 한다.

**14** 도수율이 12.5인 사업장에서 근로자 1명에게 평생 동안 약 몇 건의 재해가 발생하겠는가?(단, 평생 근로년수는 40년, 평생근로시간은 잔업시간 4000시간을 포함하여 80000시간으로 가정한다.)

① 1
② 2
③ 4
④ 12

**해설**

$$환산도수율 = 도수율 \times \frac{총 근로시간 수}{1,000,000}$$

$$= 12.5 \times \frac{80,000}{1,000,000} = 1$$

**TIP** 평생근로시간(총근로시간수)이 100,000시간이 아님을 주의한다.

**점답** 10 ② 11 ③ 12 ① 13 ② 14 ①

**15** 토의법의 유형 중 다음에서 설명하는 것은?

> 새로운 자료나 교재를 제시하고, 문제점을 피교육자로 하여금 제기하도록 하거나 피교육자의 의견을 여러 가지 방법으로 발표하게 하고 청중과 토론자 간 활발한 의견 개진 과정을 통하여 합의를 도출해 내는 방법이다.

① 포럼
② 심포지엄
③ 자유토의
④ 패널 디스커션

**해설**

포럼(Forum)
1. 사회자의 진행으로 몇 사람이 주제에 대하여 발표한 후 피교육자가 질문을 하고 토론해 나가는 방법
2. 새로운 자료나 주제를 내보이거나 발표한 후 피교육자로 하여금 문제나 의견을 제시하게 하고 다시 깊이 있게 토론해 나가는 방법

**16** 레빈(Lewin)은 인간의 행동 특성을 다음과 같이 표현하였다. 변수 "E"가 의미하는 것은?

$$B = f(P \cdot E)$$

① 연령
② 성격
③ 작업환경
④ 지능

**해설**

레윈(K. Lewin)의 행동법칙

$$B = f(P \cdot E)$$

여기서, $B$ : Behavior(인간의 행동)
$f$ : function(함수관계) $P \cdot E$ 에 영향을 줄 수 있는 조건
$P$ : person(개체, 개인의 자질, 연령, 경험, 심신상태, 성격, 지능 등)
$E$ : Environment(심리적 환경 – 작업환경, 인간관계, 설비적 결함 등)

**17** 산업안전보건법상 안전·보건표지의 종류 중 보안경 착용이 표시된 안전·보건표지는?

① 안내표지
② 금지표지
③ 경고표지
④ 지시표지

**해설**

지시표지
1. 보안경 착용
2. 방독마스크 착용
3. 방진마스크 착용
4. 보안면 착용
5. 안전모 착용
6. 귀마개 착용
7. 안전화 착용
8. 안전장갑 착용
9. 안전복 착용

**18** Off. J.T 교육의 특징에 해당되는 것은?

① 많은 지식, 경험을 교류할 수 있다.
② 교육 효과가 업무에 신속히 반영된다.
③ 현장의 관리 감독자가 강사가 되어 교육을 한다.
④ 다수의 대상자를 일괄적으로 교육하기 어려운 점이 있다.

**해설**

OFF J.T(Off the Job Training)
1. 외부의 전문가를 활용할 수 있다.(전문가를 초빙하여 강사로 활용이 가능하다)
2. 다수의 대상자에게 조직적 훈련이 가능하다.
3. 특별교재, 교구, 시설을 유효하게 사용할 수 있다.
4. 타 직종 사람과의 많은 지식, 경험을 교류할 수 있다.
5. 업무와 분리되어 교육에 전념하는 것이 가능하다.
6. 교육목표를 위하여 집단적으로 협조와 협력이 가능하다.
7. 법규, 원리, 원칙, 개념, 이론 등의 교육에 적합하다.

**19** 산업안전보건법상 안전보건관리책임자 등에 대한 교육시간 기준으로 틀린 것은?

① 보건관리자, 보건관리전문기관의 종사자 보수교육 : 24시간 이상
② 안전관리자, 안전관리전문기관의 종사자 신규교육 : 34시간 이상
③ 안전보건관리책임자의 보수교육 : 6시간 이상
④ 재해예방 전문지도기관의 종사자 신규교육 : 24시간 이상

**해설**

안전보건관리책임자 등에 대한 교육시간

| 교육대상 | 교육시간 | |
|---|---|---|
| | 신규교육 | 보수교육 |
| 가. 안전보건관리책임자 | 6시간 이상 | 6시간 이상 |
| 나. 안전관리자, 안전관리전문기관의 종사자 | 34시간 이상 | 24시간 이상 |
| 다. 보건관리자, 보건관리전문기관의 종사자 | 34시간 이상 | 24시간 이상 |
| 라. 건설재해예방전문지도기관의 종사자 | 34시간 이상 | 24시간 이상 |
| 마. 석면조사기관의 종사자 | 34시간 이상 | 24시간 이상 |
| 바. 안전보건관리담당자 | – | 8시간 이상 |
| 사. 안전검사기관, 자율안전검사기관의 종사자 | 34시간 이상 | 24시간 이상 |

**정답** 15 ① 16 ③ 17 ④ 18 ① 19 ④

**20** 안전점검표(Check list)에 포함되어야 할 사항이 아닌 것은?

① 점검대상  ② 판정기준
③ 점검방법  ④ 조치결과

**해설**
점검표(체크 리스트)에 포함되어야 할 사항
1. 점검대상
2. 점검부분
3. 점검항목
4. 점검주기
5. 점검방법
6. 판정기준
7. 조치사항

## 2과목 인간공학 및 시스템 안전공학

**21** A제지회사의 유아용 화장지 생산공정에서 작업자의 불안전한 행동을 유발하는 상황이 자주 발생하고 있다. 이를 해결하기 위한 개선의 ECRS에 해당하지 않는 것은?

① Combine  ② Standard
③ Eliminate  ④ Rearrange

**해설**
작업방법의 개선원칙(새로운 작업 방법의 개선원칙, ECRS)
1. 제거(Eliminate)
2. 결합(Combine)
3. 재배치(Rearrange)
4. 단순화(Simplify)

**22** 결함수분석법에서 path set에 관한 설명으로 맞는 것은?

① 시스템의 약점을 표현한 것이다.
② Top 사상을 발생시키는 조합이다.
③ 시스템이 고장 나지 않도록 하는 사상의 조합이다.
④ 시스템 고장을 유발시키는 필요불가결한 기본사상들의 집합이다.

**해설**
패스셋(path set)
그 안에 포함되는 모든 기본사상이 일어나지 않을 때 처음으로 정상사상이 일어나지 않는 기본사상의 집합, 즉 시스템이 고장 나지 않도록 하는 사상의 조합이다.

**23** 고령자의 정보처리 과업을 설계할 경우 지켜야 할 지침으로 틀린 것은?

① 표시 신호를 더 크게 하거나 밝게 한다.
② 개념, 공간, 운동 양립성을 높은 수준으로 유지한다.
③ 정보처리 능력에 한계가 있으므로 시분할 요구량을 늘린다.
④ 제어표시장치를 설계할 때 불필요한 세부내용을 줄인다.

**해설**
시분할(time-sharing, 시배분)
1. 사람이 주의를 번갈아 가며 두 가지 이상을 돌봐야 하는 상황을 말한다.
2. 인간이 동시에 여러 가지 일을 담당하는 경우 동시에 주의를 기울일 수 없으며, 사실은 주의를 번갈아가며 일을 행하고 있는 것이므로 인간의 작업 효율은 떨어지게 된다.
3. 청각과 시각이 시배분될 때에는 청각이 우월하다.
   예 이어폰으로 노래를 들으며 책을 보는 경우 책의 내용보다는 노래가 훨씬 더 잘 들어온다.

**24** 자극과 반응의 실험에서 자극 A가 나타날 경우 1로 반응하고 자극 B가 나타날 경우 2로 반응하는 것으로 하고, 100회 반복하여 표와 같은 결과를 얻었다. 제대로 전달된 정보량을 계산하면 약 얼마인가?

| 자극＼반응 | 1 | 2 |
| --- | --- | --- |
| A | 50 | – |
| B | 10 | 40 |

① 0.610  ② 0.871
③ 1.000  ④ 1.361

**해설**
전달된 정보량

전달된 정보량 : $T(x, y) = H(x) + H(y) - H(x, y)$

여기서, $H(x)$ : 자극정보량
$H(y)$ : 반응정보량
$H(x, y)$ : 결합정보량

| 자극＼반응 | 1 | 2 | 계 |
| --- | --- | --- | --- |
| A | 50 | – | 50 |
| B | 10 | 40 | 50 |
| 계 | 60 | 40 | – |

1. 자극정보량 : $H(x) = 0.5\log_2\dfrac{1}{0.5} + 0.5\log_2\dfrac{1}{0.5} = 1.0$

2. 반응정보량 : $H(y) = 0.6\log_2\dfrac{1}{0.6} + 0.4\log_2\dfrac{1}{0.4} = 0.9709$

3. 결합정보량
$H(x, y) = 0.5\log_2\dfrac{1}{0.5} + 0.1\log_2\dfrac{1}{0.1} + 0.4\log_2\dfrac{1}{0.4} = 1.3609$

4. 전달된 정보량
$T(x, y) = H(x) + H(y) - H(x, y)$
$= 1.0 + 0.9709 - 1.3609 = 0.610[\text{bit}]$

> **TIP** 정보의 측정단위
> 여러 개의 실현 가능한 대안이 있을 경우 평균 정보량은 각 대안의 정보량에 실현 확률을 곱한 것을 모두 합하면 된다.
> $H = \sum_{i=1}^{n} P_i \log_2\left(\dfrac{1}{P_i}\right)$
> $P_i =$ 각 대안의 실현 확률

## 25 결함수분석법(FTA)에서의 미니멀 컷셋과 미니멀 패스셋에 관한 설명으로 맞는 것은?

① 미니멀 컷셋은 시스템의 신뢰성을 표시하는 것이다.
② 미니멀 패스셋은 시스템의 위험성을 표시하는 것이다.
③ 미니멀 패스셋은 시스템의 고장을 발생시키는 최소의 패스셋이다.
④ 미니멀 컷셋은 정상사상(top event)을 일으키기 위한 최소한의 컷셋이다.

**해설**

미니멀 컷셋과 미니멀 패스셋

| | |
|---|---|
| 미니멀 컷셋 (minimal cut set) | • 컷셋의 집합 중에서 정상사상을 일으키기 위하여 필요한 최소한의 컷셋을 미니멀 컷셋이라 한다. 즉, 컷셋 중에서 타 컷셋을 포함하고 있는 것을 배제하고 남은 컷셋들을 의미한다.<br>• 어느 고장이나 실수를 발생시키면 재해가 일어나는가 하는 것, 즉 시스템의 위험성(반대로 말하면 안전성)을 타나내는 것이다. |
| 미니멀 패스셋 (minimal path set) | 정상사상이 일어나지 않기 위해 필요한 최소한의 것을 말하며, 시스템의 신뢰성을 나타낸다. 즉, 시스템의 기능을 살리는 최소요인의 집합이다. |

## 26 자극-반응 조합의 관계에서 인간의 기대와 모순되지 않는 성질을 무엇이라 하는가?

① 양립성　　② 적응성
③ 변별성　　④ 신뢰성

**해설**

양립성
자극들 간의, 반응들 간의, 자극-반응 조합의 관계가 인간의 기대와 모순되지 않는 것이다.(인간의 기대하는 바와 자극 또는 반응들이 일치하는 관계)

> **TIP** 양립성의 종류
> 1. 공간 양립성　　3. 개념 양립성
> 2. 운동 양립성　　4. 양식 양립성

## 27 인간-기계시스템에 관한 내용으로 틀린 것은?

① 인간 성능의 고려는 개발의 첫 단계에서부터 시작되어야 한다.
② 기능 할당 시에 인간 기능에 대한 초기의 주의가 필요하다.
③ 평가 초점은 인간 성능의 수용 가능한 수준이 되도록 시스템을 개선하는 것이다.
④ 인간-컴퓨터 인터페이스 설계는 인간보다 기계의 효율이 우선적으로 고려되어야 한다.

**해설**

인터페이스(계면) 설계
1. 인간-기계체계에서 인간과 기계가 만나는 면(面)을 계면이라고 한다.
2. 이 시기에 내려지는 설계 결정들의 특성은 사용자에게 불편을 주어 체계의 성능을 저하시킬 수도 있고, 반대로 적절하게 설계되었다면 사용자에게 편의를 제공하여 좀 더 나은 체계의 성능을 발휘시킬 수도 있다.

> **TIP** 인간-기계시스템은 인간과 기계의 상호작용으로 인간의 역할에 중점을 두고 시스템을 설계하는 것이 바람직하다.

## 28 반사율이 85%, 글자의 밝기가 400cd/m²인 VDT 화면에 350lx의 조명이 있다면 대비는 약 얼마 인가?

① -2.8　　② -4.2
③ -5.0　　④ -6.0

해설

1. 반사율(%) = $\frac{광속발산도(fL)}{조도(fc)} \times 100 = \frac{cd/m^2 \times \pi}{lux}$

2. 휘도($L_b$) = $\frac{반사율 \times 조도}{\pi} = \frac{0.85 \times 350}{\pi}$
   = 94.697[cd/m²]

3. 전체 휘도($L_t$) = 400 + 94.697 = 494.697[cd/m²]

4. 대비 = $\frac{배경의 광도(L_b) - 표적의 광도(L_t)}{배경의 광도(L_b)}$
   = $\frac{94.697 - 494.697}{94.697}$ = −4.223 ≒ −4.2

TIP 휘도의 단위 : cd/m²

## 29 신호검출이론에 대한 설명으로 틀린 것은?

① 신호와 소음을 쉽게 식별할 수 없는 상황에 적용된다.
② 일반적인 상황에서 신호 검출을 간섭하는 소음이 있다.
③ 통제된 실험실에서 얻은 결과를 현장에 그대로 적용 가능하다.
④ 긍정(hit), 허위(false alarm), 누락(miss), 부정(correct rejection)의 네 가지 결과로 나눌 수 있다.

해설
신호검출이론의 응용
1. 신호검출이론은 공장에서의 소음과 같은 청각신호에 대한 것뿐만 아니라, 소리의 파형, 빛 같은 시각신호 등 다른 유형의 신호나 잡음에도 적용될 수 있다.
2. 신호검출이론은 음파탐지, 품질검사 임무, 의료진단, 증인 증언, 항공기 관제 등 광범위한 실제 상황에 적용되지만 통제된(제어된) 실험실에서 개발된 것으로 실제 상황에 적용하기 위해서는 세심한 주의가 필요하다.

## 30 근섬유의 직경이 작아서 큰 힘을 발휘하지 못하지만 장시간 지속시키고 피로가 쉽게 발생하지 않는 골격근의 근섬유는 무엇인가?

① Type S 근섬유
② Type Ⅱ 근섬유
③ Type F 근섬유
④ Type Ⅲ 근섬유

해설
Type S 근섬유는 유산소 운동에 동원되며, 장시간 지속되는 운동에 사용되어 피로가 늦게 온다.(큰 힘은 아니지만 장시간 활동이 가능한 근섬유)

## 31 의자 설계의 인간공학적 원리로 틀린 것은?

① 쉽게 조절할 수 있도록 한다.
② 추간판의 압력을 줄일 수 있도록 한다.
③ 등근육의 정적 부하를 줄일 수 있도록 한다.
④ 고정된 자세로 장시간 유지할 수 있도록 한다.

해설
의자 설계 시 고려하여야 할 원리
1. 등받이의 굴곡은 요추부위의 전만곡선을 유지한다.
2. 조정이 용이해야 한다.
3. 자세고정을 줄인다.
4. 디스크(추간판)가 받는 압력을 줄인다.
5. 정적인 부하를 줄인다.
6. 의자의 높이는 오금의 높이보다 같거나 낮아야 한다.

## 32 그림과 같은 시스템의 전체 신뢰도는 약 얼마인가?(단, 네모 안의 수치는 각 구성요소의 신뢰도이다.)

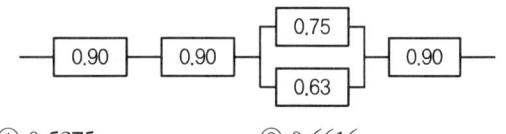

① 0.5275
② 0.6616
③ 0.7575
④ 0.8516

해설
시스템의 신뢰도
$R = 0.90 \times 0.90 \times [1 - (1 - 0.75)(1 - 0.63)] \times 0.90 = 0.6616$

## 33 시각적 부호의 유형과 내용으로 틀린 것은?

① 임의적 부호 - 주의를 나타내는 삼각형
② 명시적 부호 - 위험표지판의 해골과 뼈
③ 묘사적 부호 - 보도 표지판의 걷는 사람
④ 추상적 부호 - 별자리를 나타내는 12궁도

해설
부호의 유형

| | |
|---|---|
| 묘사적 부호 | 사물이나 행동을 단순하고 정확하게 나타낸 부호<br>예 위험표시판의 해골과 뼈, 보도표지판의 걷는 사람, 소방안전표지판의 소화기 등 |
| 추상적 부호 | 전언의 기본요소를 도식적으로 압축한 부호(원개념과는 약간의 유사성만 존재) |
| 임의적 부호 | 부호가 이미 고안되어 이를 사용자가 배워야 하는 부호<br>예 경고표지는 삼각형, 안내표지는 사각형, 지시표지는 원형 등 |

정답 29 ③ 30 ① 31 ④ 32 ② 33 ②

**34** 병렬 시스템에 대한 특성이 아닌 것은?
① 요소의 수가 많을수록 고장의 기회는 줄어든다.
② 요소의 중복도가 늘어날수록 시스템의 수명은 길어진다.
③ 요소의 어느 하나라도 정상이면 시스템은 정상이다.
④ 시스템의 수명은 요소 중에서 수명이 가장 짧은 것으로 정해진다.

**해설**
시스템의 특징(직렬구조 시스템)
시스템의 수명은 요소 중에서 수명이 가장 짧은 것으로 정해진다.

**35** 적절한 온도의 작업환경에서 추운 환경으로 변할 때, 우리의 신체가 수행하는 조절작용이 아닌 것은?
① 발한(發汗)이 시작된다.
② 피부의 온도가 내려간다.
③ 직장온도가 약간 올라간다.
④ 혈액의 많은 양이 몸의 중심부를 순환한다.

**해설**
온도 변화에 대한 인체의 적응

| 적정온도에서 고온환경(더운 환경)으로 변할 때 | • 많은 양의 혈액이 피부를 경유하며 피부온도가 올라간다.<br>• 직장(直腸)온도가 내려간다.<br>• 발한이 시작된다. |
|---|---|
| 적정온도에서 한랭환경(추운 환경)으로 변할 때 | • 혈액은 피부를 경유하는 순환량이 감소하고, 많은 양의 혈액이 몸의 중심부를 순환한다.<br>• 피부온도가 내려간다.<br>• 직장(直腸)온도가 약간 올라간다.<br>• 소름이 돋고 몸이 떨린다. |

**36** 부품에 고장이 있더라도 플레이너 공작기계를 가장 안전하게 운전할 수 있는 방법은?
① fail-soft         ② fail-active
③ fail-passive    ④ fail-operational

**해설**
페일 세이프의 기능 면에서의 분류

| Fail-passive | 부품이 고장 나면 기계가 정지하는 방향으로 이동하는 것(일반적인 산업기계) |
|---|---|
| Fail-active | 부품이 고장 나면 경보를 울리며 잠시 동안 계속 운전이 가능한 것 |
| Fail-operational | 부품이 고장 나도 추후에 보수가 될 때까지 안전한 기능을 유지하는 것 |

**37** 산업안전보건법상 유해·위험방지계획서를 제출한 사업주는 건설공사 중 얼마 이내마다 관련법에 따라 유해·위험방지계획서의 내용과 실제공사 내용이 부합하는지의 여부 등을 확인받아야 하는가?
① 1개월         ② 3개월
③ 6개월         ④ 12개월

**해설**
확인
유해·위험방지계획서를 제출한 사업주는 해당 건설물·기계·기구 및 설비의 시운전단계에서, 건설공사 중 6개월 이내마다 다음의 사항에 관하여 공단의 확인을 받아야 한다.
1. 유해·위험방지계획서의 내용과 실제공사 내용이 부합하는지 여부
2. 유해·위험방지계획서 변경내용의 적정성
3. 추가적인 유해·위험요인의 존재 여부

**38** 다음 설명에 해당하는 설비보전방식의 유형은?

> 설비보전 정보와 신기술을 기초로 신뢰성, 조작성, 보전성, 안전성, 경제성 등이 우수한 설비의 선정, 조달 또는 설계를 통하여 궁극적으로 설비의 설계, 제작단계에서 보전활동이 불필요한 체제를 목표로 한 설비보전 방법을 말한다.

① 개량보전      ② 보전예방
③ 사후보전      ④ 일상보전

**해설**
보전예방
새로운 설비를 계획·설계하는 단계에서 설비보전 정보나 새로운 기술을 기초로 신뢰성, 보전성, 경제성, 조작성, 안전성 등을 고려하여 보전비나 열화 손실을 적게 하는 활동을 말하며, 궁극적으로는 보전활동이 가급적 필요하지 않도록 하는 것을 목표로 하는 설비보전 방법이다.

**39** 다음 설명 중 ( ) 안에 알맞은 용어가 올바르게 짝지어진 것은?

> ( ㉠ ): FTA와 동일의 논리적 방법을 사용하여 관리, 설계, 생산, 보전 등에 대한 넓은 범위에 걸쳐 안전성을 확보하려는 시스템안전 프로그램
> ( ㉡ ): 사고 시나리오에서 연속된 사건들의 발생경로를 파악하고 평가하기 위한 귀납적이고 정량적인 시스템안전 프로그램

**정답** 34 ④  35 ①  36 ④  37 ③  38 ②  39 ③

① ㉠ : PHA, ㉡ : ETA  ② ㉠ : ETA, ㉡ : MORT
③ ㉠ : MORT, ㉡ : ETA  ④ ㉠ : MORT, ㉡ : PHA

**해설**

1. 경영위험도 분석(MORT)
   ㉠ FTA와 동일한 논리적 방법을 사용
   ㉡ 관리, 설계, 생산, 보전 등에 대한 넓은 범위에 걸쳐 안전성을 확보하려고 시도된 것
   ㉢ 연역적이면서 정량적 해석방법
2. 사건수 분석(ETA)
   ㉠ 초기사건으로 알려진 특정한 장치의 이상 또는 운전자의 실수에 의해 발생되는 잠재적인 사고결과를 정량적으로 평가·분석하는 방법
   ㉡ 설비의 설계단계에서부터 사용단계까지 각 단계에서 위험을 분석하는 귀납적, 정량적 분석방법

**40** FTA에서 사용하는 다음 사상기호에 대한 설명으로 맞는 것은?

① 시스템 분석에서 좀 더 발전시켜야 하는 사상
② 시스템의 정상적인 가동상태에서 일어날 것이 기대되는 사상
③ 불충분한 자료로 결론을 내릴 수 없어 더 이상 전개할 수 없는 사상
④ 주어진 시스템의 기본사상으로 고장원인이 분석되었기 때문에 더 이상 분석할 필요가 없는 사상

**해설**

생략사상(최후사상)
정보부족 또는 분석기술 불충분으로 더 이상 전개할 수 없는 사상(작업진행에 따라 해석이 가능할 때는 다시 속행한다.)

## 3과목 기계위험 방지기술

**41** 반복응력을 받게 되는 기계구조부분의 설계에서 허용응력을 결정하기 위한 기초강도로 가장 적합한 것은?

① 항복점(Yield piont)
② 극한 강도(Ultimate strength)
③ 크리프 한도(Creep limit)
④ 피로 한도(Fatigue limit)

**해설**

허용응력을 결정하기 위한 기초강도

| 재료의 조건 | 기초 강도 |
|---|---|
| 상온에서 연성재료가 정하중을 받을 경우 | 극한강도 또는 항복점 |
| 상온에서 취성재료가 정하중을 받을 경우 | 극한강도 |
| 고온에서 정하중을 받을 경우 | 크리프 강도 |
| 반복응력을 받을 경우 | 피로한도 |

**42** 그림과 같이 목재가공용 둥근톱 기계에서 분할날($t_2$) 두께가 4.0mm일 때 톱날 두께 및 톱날 진폭과의 관계로 옳은 것은?

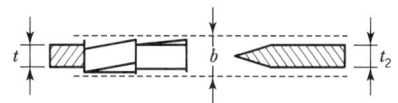

$t$: 톱날 두께   $b$: 톱날 진폭   $t_2$: 분할날 두께

① $b > 4.0$mm, $t \leq 3.6$mm
② $b > 4.0$mm, $t \leq 4.0$mm
③ $b < 4.0$mm, $t \leq 4.4$mm
④ $b > 4.0$mm, $t \geq 3.6$mm

**해설**

분할날의 설치구조
분할날의 두께는 둥근톱 두께의 1.1배 이상일 것

$1.1t_1 \leq t_2 < b(t_1$ : 톱 두께, $t_2$ : 분할날 두께, $b$ : 치진폭)

1. $4.0 < b \rightarrow 4.0[\text{mm}] < b$
2. $1.1t_1 \leq 4.0 \rightarrow t_1 \leq \dfrac{4.0[\text{mm}]}{1.1} = 3.6[\text{mm}]$

**43** 컨베이어, 이송용 롤러 등을 사용하는 때에 정전, 전압강하 등에 의한 위험을 방지하기 위하여 설치하는 안전장치는?

① 덮개 또는 울   ② 비상정지장치
③ 과부하방지장치  ④ 이탈 및 역주행 방지장치

**해설**

이탈 등의 방지
컨베이어, 이송용 롤러 등을 사용하는 경우에는 정전·전압강하 등에 따른 화물 또는 운반구의 이탈 및 역주행을 방지하는 장치를 갖추어야 한다.

**정답** 40 ③  41 ④  42 ①  43 ④

**44** 드릴링 머신에서 드릴의 지름이 20mm이고 원주속도가 62.8m/min일 때 드릴의 회전수는 약 몇 rpm인가?

① 500
② 1000
③ 2000
④ 3000

**해설**

드릴의 원주속도

$$V = \frac{\pi DN}{1,000} [\text{m/min}]$$

여기서, $V$ : 원주속도(회전속도)[m/min]
$D$ : 숫돌의 지름[mm]
$N$ : 숫돌의 매분 회전수[rpm]

1. $V = \frac{\pi DN}{1,000} \to 1,000V = \pi DN \to N = \frac{1,000V}{\pi D}$

2. $N = \frac{1,000V}{\pi D} = \frac{1,000 \times 62.8}{\pi \times 20} = 999.493 \fallingdotseq 1,000 [\text{rpm}]$

**45** 롤러 작업 시 위험점에서 가드(guard) 개구부까지의 최단 거리를 60mm라고 할 때, 최대로 허용할 수 있는 가드 개구부 틈새는 약 몇 mm인가?(단, 위험점이 비전동체이다.)

① 6
② 10
③ 15
④ 18

**해설**

롤러기 가드의 개구부 간격(ILO 기준, 위험점이 전동체가 아닌 경우)

$$Y = 6 + 0.15X (X < 160\text{mm})$$
$$(단, X \geq 160\text{mm}일 때, Y = 30\text{mm})$$

여기서, $X$ : 가드와 위험점 간의 거리(안전거리)[mm]
$Y$ : 가드 개구부 간격(안전간극)[mm]
$Y = 6 + 0.15X = 6 + 0.15 \times 60 = 15[\text{mm}]$

**46** 지게차의 안정을 유지하기 위한 안정도 기준으로 틀린 것은?

① 5톤 미만의 부하 상태에서 하역작업 시의 전후 안정도는 4% 이내이어야 한다.
② 부하 상태에서 하역작업 시의 좌우 안정도는 10% 이내이어야 한다.
③ 무부하 상태에서 주행 시의 좌우 안정도는 (15+1.1×V)% 이내이어야 한다.(단, V는 구내 최고 속도 [km/h])
④ 부하 상태에서 주행 시 전후 안정도는 18% 이내이어야 한다.

**해설**

지게차의 안정도 기준
1. 하역작업 시 전후 안정도 4% 이내(5톤 이상 : 3.5% 이내) (최대하중상태에서 포크를 가장 높이 올린 경우)
2. 주행 시의 전후 안정도 18% 이내
3. 하역작업 시의 좌우안정도 6% 이내(최대하중상태에서 포크를 가장 높이 올리고 마스트를 가장 뒤로 기울인 경우)
4. 주행 시의 좌우 안정도[(15+1.1V)%이내, V : 최고속도 (km/hr)]

**47** 산업용 로봇에서 근로자에게 발생할 수 있는 부상 등의 위험을 방지하기 위하여 방책을 세우고자 할 때 일반적으로 높이는 몇 m 이상으로 해야 하는가?

① 1.8
② 2.1
③ 2.4
④ 2.7l

**해설**

운전 중 위험방지(근로자가 로봇에 부딪힐 위험이 있을 경우)
1. 높이 1.8미터 이상의 울타리
2. 컨베이어 시스템의 설치 등으로 울타리를 설치할 수 없는 일부 구간 : 안전매트 또는 광전자식 방호장치 등 감응형 방호장치 설치

**48** 프레스 방호장치에서 수인식 방호장치를 사용하기에 가장 적합한 기준은?

① 슬라이드 행정길이가 100mm 이상, 슬라이드 행정수가 100spm 이하
② 슬라이드 행정길이가 50mm 이상, 슬라이드 행정수가 100spm 이하
③ 슬라이드 행정길이가 100mm 이상, 슬라이드 행정수가 200spm 이하
④ 슬라이드 행정길이가 50mm 이상, 슬라이드 행정수가 200spm 이하

**정답** 44 ② 45 ③ 46 ② 47 ① 48 ②

**해설**

수인식 방호장치(pull out)
1. 작업자의 손과 기구가 슬라이드와 직결되어 프레스기의 작동에 따라 작업자의 손을 위험 구역 밖으로 끌어내는 작용을 하는 방식
2. 작업자의 손과 수인기구가 슬라이드와 직결되어 있기 때문에 연속 낙하로 인한 재해를 방지
3. SPM 120 이하 행정길이 40mm 이상 프레스에 적용 가능

**49** 숫돌지름이 60cm인 경우 숫돌 고정 장치인 평형 플랜지 지름은 몇 cm 이상이어야 하는가?

① 10cm
② 20cm
③ 30cm
④ 60cm

**해설**

플랜지의 지름
플랜지의 지름은 숫돌지름의 1/3 이상인 것을 사용하며 양쪽 모두 같은 크기로 한다.

$$\text{플랜지의 지름} = \text{숫돌지름} \times \frac{1}{3}$$

플랜지의 지름 = 숫돌지름 $\times \frac{1}{3} = 60 \times \frac{1}{3} = 20$[cm]

**50** 다음 중 산업안전보건법령상 프레스 등을 사용하여 작업을 할 때에 작업시작 전 점검 사항으로 볼 수 없는 것은?

① 압력방출장치의 기능
② 클러치 및 브레이크의 기능
③ 프레스의 금형 및 고정볼트 상태
④ 1행정 1정지기구·급정지장치 및 비상정지장치의 기능

**해설**

프레스 등의 작업시작 전 점검사항
1. 클러치 및 브레이크의 기능
2. 크랭크축·플라이휠·슬라이드·연결봉 및 연결 나사의 풀림 여부
3. 1행정 1정지기구·급정지장치 및 비상정지장치의 기능
4. 슬라이드 또는 칼날에 의한 위험방지 기구의 기능
5. 프레스의 금형 및 고정볼트 상태
6. 방호장치의 기능
7. 전단기의 칼날 및 테이블의 상태

**51** 산업안전보건법령에 따른 가스집합 용접장치의 안전에 관한 설명으로 옳지 않은 것은?

① 가스집합장치에 대해서는 화기를 사용하는 설비로부터 5m 이상 떨어진 장소에 설치해야 한다.
② 가스집합 용접장치의 배관에서 플랜지, 밸브 등의 접합부에는 개스킷을 사용하고 접합면을 상호 밀착시킨다.
③ 주관 및 분기관에 안전기를 설치해야 하며 이 경우 하나의 취관에 2개 이상의 안전기를 설치해야 한다.
④ 용해아세틸렌을 사용하는 가스집합 용접장치의 배관 및 부속기구는 구리나 구리 함유량이 60퍼센트 이상인 합금을 사용해서는 아니 된다.

**해설**

구리사용의 제한
용해아세틸렌의 가스집합 용접장치의 배관 및 부속기구는 구리나 구리 함유량이 70퍼센트 이상인 합금을 사용해서는 아니 된다.

**52** 다음 중 안전율을 구하는 산식으로 옳은 것은?

① $\dfrac{\text{허용응력}}{\text{기초강도}}$
② $\dfrac{\text{허용응력}}{\text{인장강도}}$
③ $\dfrac{\text{인장강도}}{\text{허용응력}}$
④ $\dfrac{\text{안전하중}}{\text{파단하중}}$

**해설**

안전율(안전계수)

$$\text{안전율(안전계수)} = \frac{\text{기초강도}}{\text{허용응력}} = \frac{\text{극한강도}}{\text{허용응력}} = \frac{\text{최대응력}}{\text{허용응력}}$$

$$= \frac{\text{절단하중(파괴하중)}}{\text{최대사용하중}} = \frac{\text{극한강도}}{\text{최대설계응력}}$$

$$= \frac{\text{파단하중}}{\text{안전하중}} = \frac{\text{인장강도}}{\text{허용응력}}$$

**53** 다음 중 선반의 방호장치로 볼 수 없는 것은?

① 실드(shield)
② 슬라이딩(sliding)
③ 척커버(chuck cover)
④ 칩 브레이커(chip breaker)

**정답** 49 ② 50 ① 51 ④ 52 ③ 53 ②

해설
선반의 방호장치(안전장치)
1. 칩 브레이커(chip breaker)
2. 급정지 브레이크
3. 실드(shield)
4. 척 커버(chuck cover)

**54** 다음 중 프레스기에 사용되는 방호장치에 있어 원칙적으로 급정지 기구가 부착되어야만 사용할 수 있는 방식은?

① 양수조작식　　② 손쳐내기식
③ 가드식　　　　④ 수인식

해설
급정지 기구에 따른 방호장치

| 급정지 기구가 부착되어 있어야만 유효한 방호장치 | • 양수 조작식 방호장치<br>• 감응식 방호장치 |
|---|---|
| 급정지 기구가 부착되어 있지 않아도 유효한 방호장치 | • 양수 기동식 방호장치<br>• 게이트 가드식 방호장치<br>• 수인식 방호장치<br>• 손쳐내기식 방호장치 |

**55** 다음 중 보일러의 방호장치와 가장 거리가 먼 것은?

① 언로드밸브　　② 압력방출장치
③ 압력제한스위치　④ 고저수위조절장치

해설
보일러 안전장치의 종류
1. 압력방출장치　　3. 고저수위조절장치
2. 압력제한스위치　4. 화염검출기

**56** 안전계수가 5인 체인의 최대설계하중이 1000N 이라면 이 체인의 극한하중은 약 몇 N인가?

① 200　　　　② 2000
③ 5000　　　④ 12000

해설
안전율(안전계수)

$$안전율(안전계수) = \frac{극한하중}{최대설계하중}$$

극한하중 = 안전계수 × 최대설계하중
　　　　= 5 × 1,000[N] = 5,000[N]

**57** 산업안전보건법령에 따른 아세틸렌 용접장치 발생기실의 구조에 관한 설명으로 옳지 않은 것은?

① 벽은 불연성 재료로 할 것
② 지붕과 천장에는 얇은 철판과 같은 가벼운 불연성 재료를 사용할 것
③ 벽과 발생기 사이에는 작업에 필요한 공간을 확보할 것
④ 배기통을 옥상으로 돌출시키고 그 개구부를 출입구로부터 1.5m 거리 이내에 설치할 것

해설
발생기실의 구조
1. 벽은 불연성 재료로 하고 철근 콘크리트 또는 그 밖에 이와 같은 수준이거나 그 이상의 강도를 가진 구조로 할 것
2. 지붕과 천장에는 얇은 철판이나 가벼운 불연성 재료를 사용할 것
3. 바닥면적의 16분의 1 이상의 단면적을 가진 배기통을 옥상으로 돌출시키고 그 개구부를 창이나 출입구로부터 1.5미터 이상 떨어지도록 할 것
4. 출입구의 문은 불연성 재료로 하고 두께 1.5밀리미터 이상의 철판이나 그 밖에 그 이상의 강도를 가진 구조로 할 것
5. 벽과 발생기 사이에는 발생기의 조정 또는 카바이드 공급 등의 작업을 방해하지 않도록 간격을 확보할 것

**58** 지름 5cm 이상을 갖는 회전 중인 연삭숫돌의 파괴에 대비하여 필요한 방호장치는?

① 받침대　　　② 과부하 방지장치
③ 덮개　　　　④ 프레임

해설
연삭기 작업면에 있어서의 안전기준
1. 회전 중인 연삭숫돌(지름이 5센티미터 이상인 것으로 한정)이 근로자에게 위험을 미칠 우려가 있는 경우에 그 부위에 덮개를 설치하여야 한다.
2. 연삭숫돌을 사용하는 작업의 경우 작업을 시작하기 전에는 1분 이상, 연삭숫돌을 교체한 후에는 3분 이상 시험운전을 하고 해당 기계에 이상이 있는지를 확인하여야 한다.
3. 시험운전에 사용하는 연삭숫돌은 작업시작 전에 결함이 있는지를 확인한 후 사용하여야 한다.
4. 연삭숫돌의 최고 사용회전속도를 초과하여 사용하도록 해서는 아니 된다.
5. 측면을 사용하는 것을 목적으로 하지 않는 연삭숫돌을 사용하는 경우 측면을 사용하도록 해서는 아니 된다.

정답　54 ①　55 ①　56 ③　57 ④　58 ③

**59** 다음 중 와전류비파괴검사법의 특징과 가장 거리가 먼 것은?

① 관, 환봉 등의 제품에 대해 자동화 및 고속화된 검사가 가능하다.
② 검사 대상 이외의 재료적 인자(투자율, 열처리, 운동 등)에 대한 영향이 적다.
③ 가는 선, 얇은 관의 경우도 검사가 가능하다.
④ 표면 아래 깊은 위치에 있는 결함은 검출이 곤란하다.

**해설**
와류탐상검사의 특징
1. 자동화 및 고속화가 가능
2. 고온하에서 측정, 얇은 시험체, 가는 선, 구멍 내부 등 다른 비파괴 검사로 검사하기 곤란한 대상물에 검사가 가능
3. 표면으로부터 깊은 내부 결함은 검출이 곤란하다.
4. 진동, 재질, 치수 변화 등 잡음 인자의 영향을 받는다.
5. 결함의 종류, 형상, 치수 판별의 정확성이 어렵고, 복잡한 형상의 전면 탐상에는 능률이 좋지 않다.

**60** 재료에 대한 시험 중 비파괴시험이 아닌 것은?

① 방사선투과시험      ② 자분탐상시험
③ 초음파탐상시험      ④ 피로시험

**해설**
비파괴검사의 종류
1. 육안검사        5. 자기탐상검사
2. 누설검사        6. 음향검사
3. 침투검사        7. 방사선 투과검사
4. 초음파검사      8. 와류탐상검사

**TIP** 피로시험은 파괴시험에 해당한다.

## 4과목 전기위험 방지기술

**61** 전기설비에 작업자의 직접 접촉에 의한 감전방지 대책이 아닌 것은?

① 충전부에 절연 방호망을 설치할 것
② 충전부는 내구성이 있는 절연물로 완전히 덮어 감쌀 것
③ 충전부가 노출되지 않도록 폐쇄형 외함구조로 할 것
④ 관계자 외에도 쉽게 출입이 가능한 장소에 충전부를 설치할 것

**해설**
직접 접촉에 의한 방지대책(충전 부분에 대한 감전방지)
1. 충전부가 노출되지 않도록 폐쇄형 외함이 있는 구조로 할 것
2. 충전부에 충분한 절연효과가 있는 방호망이나 절연덮개를 설치할 것
3. 충전부는 내구성이 있는 절연물로 완전히 덮어 감쌀 것
4. 발전소·변전소 및 개폐소 등 구획되어 있는 장소로서 관계 근로자가 아닌 사람의 출입이 금지되는 장소에 충전부를 설치하고, 위험표시 등의 방법으로 방호를 강화할 것
5. 전주 위 및 철탑 위 등 격리되어 있는 장소로서 관계 근로자가 아닌 사람이 접근할 우려가 없는 장소에 충전부를 설치할 것

**62** 교류 아크용접기의 자동전격방지장치는 아크 발생이 중단된 후 출력 측 무부하 전압을 1초 이내 몇 V 이하로 저하시켜야 하는가?

① 25~30       ② 35~50
③ 55~75       ④ 80~100

**해설**
자동전격방지기
1. 교류 아크용접기는 65~90(V)의 무부하 전압이 인가되어 감전의 위험성이 높으며, 자동전격방지기를 설치하여 아크 발생을 중단할 때 용접기의 2차(출력) 측 무부하 전압을 25~30(V) 이하로 유지시켜 감전의 위험을 줄이도록 되어 있다.
2. 즉, 용접 시에만 용접기의 주 회로가 접속되고 그 외는 용접기 2차 전압을 안전 전압이하로 제한한다.

**TIP** 2차(출력) 측 무부하 전압을 자동적으로 25V 이하로 강하시켜야 하나 전원전압의 변동이 있을 경우 30V 이하로 강하시켜야 한다.

**63** 그림과 같은 설비에 누전되었을 때 인체가 접촉하여도 안전하도록 ELB를 설치하려고 한다. 누전차단기 동작전류 및 시간으로 가장 적당한 것은?

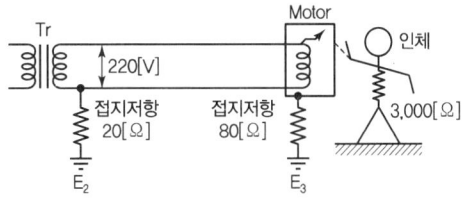

① 30mA, 0.1초       ② 60mA, 0.1초
③ 90mA, 0.1초       ④ 120mA, 0.1초

**정답** 59 ② 60 ④ 61 ④ 62 ① 63 ①

**해설**
**누전차단기 접속 시 준수사항**
전기기계·기구에 설치되어 있는 누전차단기는 정격감도전류가 30밀리암페어 이하이고 작동시간은 0.03초 이내일 것 (다만, 정격전부하전류가 50암페어 이상인 전기기계·기구에 접속되는 누전차단기는 오작동을 방지하기 위하여 정격감도전류는 200밀리암페어 이하로, 작동시간은 0.1초 이내로 할 수 있다.)

**64** 고압 및 특고압의 전로에 시설하는 피뢰기의 접지저항은 몇 Ω 이하로 하여야 하는가?
① 10Ω 이하
② 100Ω 이하
③ $10^6$Ω 이하
④ 1kΩ 이하

**해설**
**피뢰기의 설치장소(고압 및 특고압 전로)**
고압 및 특고압의 전로 중 다음의 곳 또는 이에 근접한 곳에는 피뢰기를 시설하고 피뢰기 접지저항 값은 10Ω 이하로 하여야 한다.
1. 발전소·변전소 또는 이에 준하는 장소의 가공전선 인입구 및 인출구
2. 특고압 가공전선로에 접속하는 배전용 변압기의 고압 측 및 특고압 측
3. 고압 또는 특고압의 가공전선로로부터 공급을 받는 수용장소의 인입구
4. 가공전선로와 지중전선로가 접속되는 곳

**65** 절연전선의 과전류에 의한 연소단계 중 착화단계의 전선전류밀도(A/mm²)로 알맞은 것은?
① 40
② 50
③ 65
④ 120

**해설**
배선의 용단단계에 따른 전선 전류밀도(전선의 연소 과정)
1. 인화단계 : 40~43(A/mm²)
2. 착화단계 : 43~60(A/mm²)
3. 발화단계 : 60~120(A/mm²)
4. 순시용단단계 : 120(A/mm²) 이상

**66** 변압기의 중성점을 제2종 접지한 수전전압 22.9kV, 사용전압 220V인 공장에서 외함을 제3종 접지공사를 한 전동기가 운전 중에 누전되었을 경우에 작업자가 접촉될 수 있는 최소전압은 약 몇 V인가?(단, 1선 지락전류 10A, 제3종 접지저항 30Ω, 인체저항 : 10000Ω이다.)

① 116.7
② 127.5
③ 146.7
④ 165.6

**해설**
전압

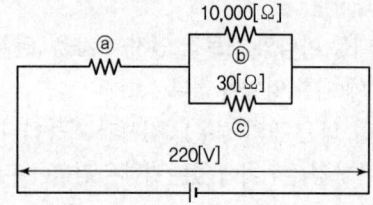

1. ⓐ의 저항(제2종 접지공사 접지저항값)
접지저항값 = $\frac{150}{1선지락전류[A]} = \frac{150}{10} = 15[\Omega]$

2. ⓑ와 ⓒ의 합성저항
합성저항$(R) = \cfrac{1}{\cfrac{1}{R_1} + \cfrac{1}{R_2}} = \cfrac{1}{\cfrac{1}{10000} + \cfrac{1}{30}} = 29.94$

3. 전체저항
ⓐ + (ⓑ와 ⓒ의 합성저항) = 15 + 29.94 = 44.94[Ω]

4. 전류
$I = \frac{V}{R} = \frac{220}{44.94} = 4.89[A]$

5. ⓐ의 전압
$V = I \times R = 4.89 \times 15 = 73.35[V]$

6. ⓑ와 ⓒ의 전압
220 − 73.35 = 146.65 ≒ 146.7[V]

**TIP**
1. 직렬접속회로에서는 전류가 같고, 병렬접속회로에서는 전압이 같다.
2. 계산방식은 동일하나 법 개정으로 접지대상에 따라 일괄 적용한 종별접지(1종, 2종, 3종, 특별 3종)가 폐지되었습니다.
3. 접지시스템

| 구분 | |
|---|---|
| 구분 | • 계통접지(System Earthing) : 전력계통에서 돌발적으로 발생하는 이상현상에 대비하여 대지와 계통을 연결하는 것으로, 중성점을 대지에 접속하는 것을 말한다.<br>• 보호접지(Protective Earthing) : 고장 시 감전에 대한 보호를 목적으로 기기의 한 점 또는 여러 점을 접지하는 것을 말한다.<br>• 피뢰시스템 접지 : 뇌격전류를 안전하게 대지로 보내기 위해 접지극을 대지에 접속하는 것을 말한다. |
| 종류 | • 단독접지 : (특)고압 계통의 접지극과 저압 접지계통의 접지극을 독립적으로 시설하는 접지방식<br>• 공통접지 : (특)고압 접지계통과 저압 접지계통을 등전위 형성을 위해 공통으로 접지하는 방식<br>• 통합접지 : 계통접지, 통신접지, 피뢰접지극의 접지극을 통합하여 접지하는 방식 |
| 구성요소 | 접지시스템은 접지극, 접지도체, 보호도체 및 기타 설비로 구성한다. |
| 연결 | 접지극은 접지도체를 사용하여 주 접지단자에 연결하여야 한다. |

**정답** 64 ① 65 ② 66 ③

**67** 전압은 저압, 고압 및 특별고압으로 구분되고 있다. 다음 중 저압에 대한 설명으로 가장 알맞은 것은?

① 직류 750V 미만, 교류 650V 미만
② 직류 750V 이하, 교류 650V 이하
③ 직류 750V 이하, 교류 600V 이하
④ 직류 750V 미만, 교류 600V 미만

**해설**

전압의 구분

| 전원의 종류 | 저압 | 고압 | 특고압 |
|---|---|---|---|
| 직류[DC] | 1,500V 이하 | 1,500V 초과, 7,000V 이하 | 7,000V 초과 |
| 교류[AC] | 1,000V 이하 | 1,000V 초과, 7,000V 이하 | 7,000V 초과 |

**TIP** 본 문제는 법 개정으로 일부 내용이 수정되었습니다. 해설은 법 개정으로 수정된 내용이니 해설을 학습하세요.

**68** 대전의 완화를 나타내는 데 중요한 인자인 시정수(time constant)는 최초의 전하가 약 몇 %까지 완화되는 시간을 말하는가?

① 20    ② 37
③ 45    ④ 50

**해설**

시정수
일반적으로 절연체에 발생하는 정전기는 일정장소에 축적되었다가 점차 소멸되는데 처음 값의 36.8%로 감소되는 시간을 그 물체에 대한 시정수 또는 완화시간이라 한다.

**69** 금속성의 전기기계장치나 구조물에 인체의 일부가 상시 접촉되어 있는 상태의 허용접촉전압으로 옳은 것은?

① 2.5V 이하    ② 25V 이하
③ 50V 이하     ④ 제한 없음

**해설**

허용접촉전압

| 종별 | 접촉상태 | 허용접촉전압 |
|---|---|---|
| 제1종 | • 인체의 대부분이 수중에 있는 상태 | 2.5V 이하 |
| 제2종 | • 인체가 현저하게 젖어 있는 상태<br>• 금속성의 전기기계장치나 구조물에 인체의 일부가 상시 접촉되어 있는 상태 | 25V 이하 |
| 제3종 | • 제1종, 제2종 이외의 경우로 통상의 인체상태에 있어서 접촉전압이 가해지면 위험성이 높은 상태 | 50V 이하 |
| 제4종 | • 제1종, 제2종 이외의 경우로 통상의 인체상태에 있어서 접촉전압이 가해지더라도 위험성이 낮은 상태<br>• 접촉전압이 가해질 우려가 없는 상태 | 제한 없음 |

**70** 정전기 대전현상의 설명으로 틀린 것은?

① 충돌대전 : 분체류와 같은 입자 상호 간이나 입자와 고체와의 충돌에 의해 빠른 접촉 또는 분리가 행하여짐으로써 정전기가 발생되는 현상
② 유동대전 : 액체류가 파이프 등 내부에서 유동할 때 액체와 관 벽 사이에서 정전기가 발생되는 현상
③ 박리대전 : 고체나 분체류와 같은 물체가 파괴되었을 때 전하분리에 의해 정전기가 발생되는 현상
④ 분출대전 : 분체류, 액체류, 기체류가 단면적이 작은 분출구를 통해 공기 중으로 분출될 때 분출하는 물질과 분출구의 마찰로 인해 정전기가 발생되는 현상

**해설**

박리대전
상호 밀착해 있던 물체가 떨어지면서 전하 분리가 생겨 정전기가 발생(필름 벗겨낼 때)

**TIP** 파괴대전
고체나 분체류와 같은 물체가 파괴 시 전하분리의 균형이 깨지면서 정전기가 발생

**71** 상용주파수 60Hz 교류에서 성인 남자의 경우 고통한계 전류로 가장 알맞은 것은?

① 15~20mA    ② 10~15mA
③ 7~8mA      ④ 1mA

**해설**

고통한계전류
1. 고통을 참을 수 있는 한계전류
2. 상용주파수 60Hz에서 성인남자 7~8mA

**정답** 67 ③  68 ②  69 ②  70 ③  71 ③

**72** 정상작동 상태에서 폭발 가능성이 없으나 이상상태에서 짧은 시간 동안 폭발성 가스 또는 증기가 존재하는 지역에 사용 가능한 방폭용기를 나타내는 기호는?

① ib  ② p
③ e   ④ n

**해설**
비점화방폭구조(n)
전기기기가 정상작동과 규정된 특정한 비정상상태에서 주위의 폭발성 가스 분위기를 점화시키지 못하도록 만든 방폭구조

**73** 정전기 발생에 영향을 주는 요인에 대한 설명으로 틀린 것은?

① 물체의 분리속도가 빠를수록 발생량은 적어진다.
② 접촉면적이 크고 접촉압력이 높을수록 발생량이 많아진다.
③ 물체 표면이 수분이나 기름으로 오염되면 산화 및 부식에 의해 발생량이 많아진다.
④ 정전기의 발생은 처음 접촉, 분리할 때가 최대로 되고 접촉, 분리가 반복됨에 따라 발생량은 감소한다.

**해설**
분리속도
분리속도가 빠를수록 정전기 발생량이 커진다.

**74** 분진방폭 배선시설에 분진침투 방지재료로 가장 적합한 것은?

① 분진침투 케이블  ② 컴파운드(compound)
③ 자기융착성 테이프  ④ 씰링피팅(sealing fitting)

**해설**
자기융착성 테이프
분진, 습기 등의 침투를 방지하는 테이프

TIP 컴파운드와 씰링피팅은 가스가 새는 것을 방지

**75** 인체의 저항을 1,000Ω으로 볼 때 심실세동을 일으키는 전류에서의 전기에너지는 약 몇 J인가?(단, 심실세동전류는 $\frac{165}{\sqrt{T}}$ mA이며, 통전시간 T는 1초, 전원은 정현파 교류이다.)

① 13.6   ② 27.2
③ 136.6  ④ 272.2

**해설**
위험한계에너지

$$W = I^2 RT[J/s] = \left(\frac{165}{\sqrt{T}} \times 10^{-3}\right)^2 \times R \times T$$

$$W = \left(\frac{165}{\sqrt{1}} \times 10^{-3}\right)^2 \times 1000 \times 1 = 27.23[J]$$

**76** 정전작업 시 조치사항으로 부적합한 것은?

① 작업 전 전기설비의 잔류 전하를 확실히 방전한다.
② 개로된 전로의 충전 여부를 검전기구에 의하여 확인한다.
③ 개폐기에 시건장치를 하고 통전금지에 관한 표지판은 제거한다.
④ 예비 동력원의 역송전에 의한 감전의 위험을 방지하기 위해 단락접지 기구를 사용하여 단락접지를 한다.

**해설**
정전전로에서의 전로차단 절차
1. 전기기기 등에 공급되는 모든 전원을 관련 도면, 배선도 등으로 확인할 것
2. 전원을 차단한 후 각 단로기 등을 개방하고 확인할 것
3. 차단장치나 단로기 등에 잠금장치 및 꼬리표를 부착할 것
4. 개로된 전로에서 유도전압 또는 전기에너지가 축적되어 근로자에게 전기위험을 끼칠 수 있는 전기기기 등은 접촉하기 전에 잔류전하를 완전히 방전시킬 것
5. 검전기를 이용하여 작업 대상 기기가 충전되었는지를 확인할 것
6. 전기기기 등이 다른 노출 충전부와의 접촉, 유도 또는 예비동력원의 역송전 등으로 전압이 발생할 우려가 있는 경우에는 충분한 용량을 가진 단락 접지기구를 이용하여 접지할 것

**77** 300A의 전류가 흐르는 저압 가공전선로의 1(한) 선에서 허용 가능한 누설전류는 몇 mA인가?

① 600  ② 450
③ 300  ④ 150

**해설**
누설전류

$$누설전류 = 최대공급전류 \times \frac{1}{2,000}$$

**정답** 72 ④  73 ①  74 ③  75 ②  76 ③  77 ④

누설전류 = $300 \times \dfrac{1}{2,000} = 0.15[A] = 150[mA]$

> **TIP** 1A = 1,000mA

## 78 방폭 전기기기의 성능을 나타내는 기호표시 EX P ⅡA T5를 나타내었을 때 관계가 없는 표시 내용은?

① 온도등급  ② 폭발성능
③ 방폭구조  ④ 폭발등급

**해설**
방폭구조의 표시방법
1. Ex : 방폭기기 인증 표시
2. P : 방폭구조의 종류(압력방폭구조)
3. ⅡA : 그룹을 나타낸 기호
4. T5 : 온도등급, 최고표면온도(100℃)

## 79 다음 중 1종 위험장소로 분류되지 않는 것은?

① Floating roof tank 상의 shell 내의 부분
② 인화성 액체의 용기 내부의 액면 상부의 공간부
③ 점검수리 작업에서 가연성 가스 또는 증기를 방출하는 경우의 밸브 부근
④ 탱크롤리, 드럼관 등이 인화성 액체를 충전하고 있는 경우의 개구부 부근

**해설**
가스폭발 위험장소의 구분(1종)
1. 탱크롤리, 드럼관 등 인화성 액체를 충전하고 있는 경우의 개구부 부근
2. 릴리프 밸브가 가끔 작동하여 가연성 가스 또는 증기가 방출되는 경우의 부근
3. 탱크류의 벤트의 개구부 부근
4. 점검 및 수리작업 시에 가연성 가스 또는 증기가 방출되는 경우
5. 실내에서 가연성 가스 또는 증기가 방출될 염려가 있는 장소
6. 위험한 가스가 누출될 염려가 있는 장소로서 피트(PIT)와 같이 가스가 축적되는 장소
7. 플로팅 루프 탱크상의 셸 내의 부분

> **TIP** 0종 장소
> 1. 인화성 액체 또는 가연성 용기와 설비의 내부
> 2. 인화성 액체의 용기 또는 탱크 내 액면 상부 공간
> 3. 가연성 액체 내의 액중 펌프

## 80 저압 전기기기의 누전으로 인한 감전재해의 방지대책이 아닌 것은?

① 보호접지
② 안전전압의 사용
③ 비접지식 전로의 채용
④ 배선용 차단기(MCCB)의 사용

**해설**
간접 접촉에 의한 방지대책
1. 보호절연
2. 안전 전압 이하의 전기기기 사용
3. 접지
4. 누전차단기의 설치
5. 비접지식 전로의 채용
6. 이중절연구조

# 5과목 화학설비위험방지기술

## 81 다음 중 화학공장에서 주로 사용되는 불활성 가스는?

① 수소  ② 수증기
③ 질소  ④ 일산화탄소

**해설**
불활성 가스
1. 질소
2. 이산화탄소
3. 수증기 또는 연소배기가스 등이 있으며 통상적으로 불활성 가스로 질소가 사용된다.

## 82 위험물안전관리법령에서 정한 위험물의 유별 구분이 나머지 셋과 다른 하나는?

① 질산  ② 질산칼륨
③ 과염소산  ④ 과산화수소

**해설**
제6류 위험물(산화성 액체)
과염소산, 과산화수소, 질산 등

> **TIP** 질산칼륨 : 제1류 위험물(산화성 고체)

**정답** 78 ② 79 ② 80 ④ 81 ③ 82 ②

**83** 다음 중 압축기 운전 시 토출압력이 갑자기 증가하는 이유로 가장 적절한 것은?

① 윤활유의 과다
② 피스톤 링의 가스 누설
③ 토출관 내에 저항 발생
④ 저장조 내 가스압의 감소

**해설**
토출관 내에 저항이 발생하면 토출압력이 증가하게 된다.

**84** 프로판($C_3H_8$) 가스가 공기 중 연소할 때의 화학양론농도의 약 얼마인가?(단, 공기 중의 산소농도는 21vol%이다.)

① 2.5 vol%   ② 4.0 vol%
③ 5.6 vol%   ④ 9.5 vol%

**해설**
완전연소 조성농도(화학양론농도)

$$C_{st} = \frac{100}{1+4.773\left(n+\frac{m-f-2\lambda}{4}\right)}$$

여기서, $n$ : 탄소의 원자수, $m$ : 수소의 원자수
$f$ : 할로젠 원소의 원자수, $\lambda$ : 산소의 원자수

$$C_{st} = \frac{100}{1+4.773\left(n+\frac{m-f-2\lambda}{4}\right)} = \frac{100}{1+4.773\left(3+\frac{8}{4}\right)}$$
$$= 4.02[\%]$$

(단, $C_3H_8 \rightarrow n=3, m=8, f=0, \lambda=0$)

**85** 다음 중 $CO_2$ 소화약제의 장점으로 볼 수 없는 것은?

① 기체 팽창률 및 기화 잠열이 작다.
② 액화하여 용기에 보관할 수 있다.
③ 전기에 대해 부도체이다.
④ 자체 증기압이 높기 때문에 자체 압력으로 방사가 가능하다.

**해설**
이산화탄소($CO_2$) 소화약제
1. 공기 중에 존재하고 있는 산소의 농도 21%를 15% 이하로 낮추어 소화하는 질식 작용과 $CO_2$ 가스 방출 시 기화열의 흡수로 인하여 소화하는 냉각 작용을 하는 소화약제이다.
2. $CO_2$는 불활성 기체로 비교적 안정성이 높고 불연성, 부식성도 없다.
3. 기화잠열이 크므로 열 흡수에 의한 냉각 작용이 크다.

**86** 아세톤에 대한 설명으로 틀린 것은?

① 증기는 유독하므로 흡입하지 않도록 주의해야 한다.
② 무색이고 휘발성이 강한 액체이다.
③ 비중이 0.79이므로 물보다 가볍다.
④ 인화점이 20℃이므로 여름철에 더 인화 위험이 높다.

**해설**
아세톤($CH_3COCH_3$)
1. 인화점 : -18℃, 발화점 : 538℃, 비중 : 0.8
2. 무색의 휘발성 액체로 독특한 냄새가 난다.
3. 아세틸렌을 저장할 때 용제로 사용된다.
4. 10%의 수용액 상태에서도 인화의 위험이 있다.
5. 일광(햇빛) 또는 공기와 접촉하면 폭발성의 과산화물을 생성시킨다.

**87** 다음 중 인화점이 가장 낮은 것은?

① 벤젠     ② 메탄올
③ 이황화탄소   ④ 경유

**해설**
인화성 액체의 인화점

| 액체 | 인화점 | 액체 | 인화점 |
|---|---|---|---|
| 벤젠 | -11℃ | 이황화탄소 | -30℃ |
| 메탄올 | 16℃ | 경유 | 50℃ |

**88** 다음 중 왕복펌프에 속하지 않는 것은?

① 피스톤 펌프   ② 플런저 펌프
③ 기어 펌프    ④ 격막 펌프

**해설**
왕복펌프
피스톤의 왕복운동에 의해 액체를 압송하는 펌프를 말한다.

**TIP** 회전펌프
- 스크류, 기어, 편심모터 등의 회전운동에 의해 액체를 압송하는 펌프
- 종류 : 기어펌프, 스크류 펌프, 나사 펌프, 캠 펌프, 베인 펌프

**정답** 83 ③  84 ②  85 ①  86 ④  87 ③  88 ③

## 89 다음 중 아세틸렌을 용해가스로 만들 때 사용되는 용제로 가장 적합한 것은?

① 아세톤  ② 메탄
③ 부탄  ④ 프로판

**해설**
분해, 폭발의 위험을 방지하기 위하여 아세틸렌은 일반적으로 아세톤 용액으로 한다.

## 90 다음 금속 중 산(acid)과 접촉하여 수소를 가장 잘 방출시키는 원소는?

① 칼륨  ② 구리
③ 수은  ④ 백금

**해설**
칼륨(K)
1. 물과 격렬히 반응하여 발열하고 수산화칼륨과 수소($H_2$)를 발생한다.
2. 칼륨은 금수성 물질로 수분과 접촉을 차단하여 공기 산화를 방지하기 위해 석유 속에 보관하다.

> **TIP** 산의 성질
> - 수용액은 신맛을 낸다.
> - 수용액은 푸른색 리트머스 종이를 붉은색으로 변화시킨다.
> - 많은 금속과 작용하여 수소($H_2$)를 발생한다.

## 91 비점이 낮은 액체 저장탱크 주위에 화재가 발생했을 때 저장탱크 내부의 비등 현상으로 인한 압력 상승으로 탱크가 파열되어 그 내용물이 증발, 팽창하면서 발생되는 폭발현상은?

① Back Draft  ② BLEVE
③ Flash Over  ④ UVCE

**해설**
BLEVE(비등액 팽창증기 폭발)
비등점이 낮은 인화성 액체 저장탱크가 화재로 인한 화염에 장시간 노출되어 탱크 내 액체가 급격히 증발하여 비등하고 증기가 팽창하면서 탱크 내 압력이 설계압력을 초과하여 폭발을 일으키는 현상

## 92 가연성 가스의 폭발범위에 관한 설명으로 틀린 것은?

① 압력 증가에 따라 폭발 상한계와 하한계가 모두 현저히 증가한다.
② 불활성 가스를 주입하면 폭발범위는 좁아진다.
③ 온도의 상승과 함께 폭발범위는 넓어진다.
④ 산소 중에서의 폭발범위는 공기 중에서보다 넓어진다.

**해설**
가연성 가스의 폭발범위 영향 요소
1. 가스의 온도가 높을수록 폭발범위도 일반적으로 넓어진다.(폭발하한계는 감소, 폭발상한계는 증가)
2. 가스의 압력이 높아지면 폭발하한계는 영향이 없으나 폭발상한계는 증가한다.
3. 산소 중에서의 폭발범위는 공기 중에서보다 넓어진다.
4. 압력이 상압인 1atm보다 낮아질 때 폭발범위는 큰 변화가 없다.
5. 일산화탄소는 압력이 높을수록 폭발범위가 좁아지고, 수소는 10atm까지는 좁아지지만 그 이상의 압력에서는 넓어진다.
6. 불활성 기체가 첨가될 경우 혼합가스의 농도가 희석되어 폭발범위가 좁아진다.
7. 화학양론농도 부근에서는 연소나 폭발이 가장 일어나기 쉽고 또한 격렬한 정도도 크다.

## 93 고체 가연물의 일반적인 4가지 연소방식에 해당하지 않는 것은?

① 분해연소  ② 표면연소
③ 확산연소  ④ 증발연소

**해설**
가연물의 종류에 따른 연소의 분류

| 기체연소 | · 확산연소 | · 예혼합연소 |
|---|---|---|
| 액체연소 | · 증발연소 | · 액적연소 |
| 고체연소 | · 표면연소<br>· 분해연소 | · 증발연소<br>· 자기연소 |

## 94 산업안전보건법령에 따라 정변위 압축기 등에 대해서 과압에 따른 폭발을 방지하기 위하여 설치하여야 하는 것은?

① 역화방지기  ② 안전밸브
③ 감지기  ④ 체크밸브

**정답** 89 ① 90 ① 91 ② 92 ① 93 ③ 94 ②

### 해설
**안전밸브 등의 설치**
다음 각 호의 어느 하나에 해당하는 설비에 대해서는 과압에 따른 폭발을 방지하기 위하여 안전밸브 또는 파열판을 설치하여야 한다.
1. 압력용기(안지름이 150밀리미터 이하인 압력용기는 제외하며, 압력 용기 중 관형 열교환기의 경우에는 관의 파열로 인하여 상승한 압력이 압력용기의 최고사용압력을 초과할 우려가 있는 경우)
2. 정변위 압축기
3. 정변위 펌프(토출 측에 차단밸브가 설치된 것만 해당)
4. 배관(2개 이상의 밸브에 의하여 차단되어 대기온도에서 액체의 열팽창에 의하여 파열될 우려가 있는 것으로 한정)
5. 그 밖의 화학설비 및 그 부속설비로서 해당 설비의 최고사용압력을 초과할 우려가 있는 것

## 95 다음 중 응상폭발이 아닌 것은?
① 분해폭발
② 수증기폭발
③ 전선폭발
④ 고상 간의 전이에 의한 폭발

### 해설
**폭발의 분류**

| | | |
|---|---|---|
| 공정에 따른 분류 | 핵폭발 | 원자핵의 분열이나 융합에 의한 강렬한 에너지 방출 현상 |
| | 물리적 폭발 | 화학적 변화 없이 물리 변화를 주체로 한 폭발의 형태(탱크의 감압폭발, 수증기 폭발, 고압기의 폭발, 전선폭발, 보일러 폭발 등) |
| | 화학적 폭발 | 화학반응이 관여하는 화학적 특성 변화에 의한 폭발(산화폭발, 분해폭발, 중합폭발, 반응폭주) |
| 원인물질의 상태에 따른 분류 | 기상폭발 | 가스폭발, 분무폭발, 분진폭발, 가스분해폭발, 증기운폭발 |
| | 응상폭발 | 수증기폭발(액체일 때), 증기폭발(액화가스일 때), 전선폭발 |

## 96 5% NaOH 수용액과 10% NaOH 수용액을 반응기에 혼합하여 6% 100kg의 NaOH 수용액을 만들려면 각각 몇 kg의 NaOH 수용액이 필요한가?
① 5% NaOH 수용액 : 33.3, 10% NaOH 수용액 : 66.7
② 5% NaOH 수용액 : 50, 10% NaOH 수용액 : 50
③ 5% NaOH 수용액 : 66.7, 10% NaOH 수용액 : 33.3
④ 5% NaOH 수용액 : 80, 10% NaOH 수용액 : 20

### 해설
**혼합 수용액의 양**
1. 5% NaOH 수용액 양 : $x$, 10% NaOH 수용액 양 : $y$
2. $0.05x + 0.1y = 0.06 \times 100$
3. $x + y = 100 \rightarrow x = 100 - y$
4. $y$값 : $0.05(100 - y) + 0.1y = 6 \rightarrow 5 - 0.05y + 0.1y = 6 \rightarrow 0.05y = 1 \rightarrow y = 20[kg]$
5. $x$값 : $x + y = 100 \rightarrow x = 100 - y = 100 - 20 = 80[kg]$

## 97 다음 설명이 의미하는 것은?

온도, 압력 등 제어상태가 규정의 조건을 벗어나는 것에 의해 반응속도가 지수 함수적으로 증대되고, 반응용기 내의 온도, 압력이 급격히 이상 상승되어 규정 조건을 벗어나고, 반응이 과격화되는 현상

① 비등
② 과열 · 과압
③ 폭발
④ 반응폭주

### 해설
**반응폭주**
1. 반응속도가 지수 함수적으로 증가하고 반응용기 내부의 온도 및 압력이 비정상적으로 급격히 상승되어 규정 조건을 벗어나고 반응이 과격하게 진행되는 현상을 말한다.
2. 반응폭주는 서로 다른 물질이 폭발적으로 반응하는 현상으로 화학공장의 반응기에서 일어날 수 있는 현상이다.

## 98 분진폭발의 발생 순서로 옳은 것은?
① 비산 → 분산 → 퇴적분진 → 발화원 → 2차 폭발 → 전면폭발
② 비산 → 퇴적분진 → 분산 → 발화원 → 2차 폭발 → 전면폭발
③ 퇴적분진 → 발화원 → 분산 → 비산 → 전면폭발 → 2차 폭발
④ 퇴적분진 → 비산 → 분산 → 발화원 → 전면폭발 → 2차 폭발

### 해설
**분진폭발 발생 순서**

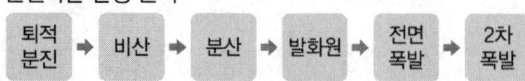

**99** 건축물 공사에 사용되고 있으나, 불에 타는 성질이 있어서 화재 시 유독한 시안화수소 가스가 발생되는 물질은?

① 염화비닐
② 염화에틸렌
③ 메타크릴산메틸
④ 우레탄

**해설**
우레탄
1. 화재 시 건축내장재(우레탄)에서 시안화수소의 발생량이 많아 치사량이 높아진다.
2. 자동차 내장재에서 침구 매트리스에 이르기까지 다양한 용도로 사용되고 있다.

**100** 다음 중 밀폐 공간 내 작업 시의 조치사항으로 가장 거리가 먼 것은?

① 산소결핍이 우려되거나 유해가스 등의 농도가 높아서 폭발할 우려가 있는 경우는 진행 중인 작업에 방해되지 않도록 주의하면서 환기를 강화하여야 한다.
② 해당 작업장을 적정한 공기상태로 유지되도록 환기하여야 한다.
③ 해당 장소에 근로자를 입장시킬 때와 퇴장시킬 때에 각각 인원을 점검하여야 한다.
④ 해당 작업장과 외부의 감시인 사이에 상시 연락을 취할 수 있는 설비를 설치하여야 한다.

**해설**
사고 시의 대피 등
근로자가 밀폐공간에서 작업을 하는 때에 산소결핍이 우려되거나 유해가스 등의 농도가 높아서 폭발할 우려가 있는 경우에 즉시 작업을 중단시키고 해당 근로자를 대피하도록 하여야 한다.

**TIP** 법 개정으로 삭제된 내용입니다. 참고만 하세요.

## 6과목 건설안전기술

**101** 공정률이 65%인 건설현장의 경우 공사 진척에 따른 산업안전보건관리비의 최소 사용기준으로 옳은 것은?

① 40%
② 50%
③ 60%
④ 70%

**해설**
공사진척에 따른 안전관리비 사용기준

| 공정률 | 50퍼센트 이상 70퍼센트 미만 | 70퍼센트 이상 90퍼센트 미만 | 90퍼센트 이상 |
| --- | --- | --- | --- |
| 사용기준 | 50퍼센트 이상 | 70퍼센트 이상 | 90퍼센트 이상 |

※ 공정률은 기성공정률을 기준으로 한다.

**102** 화물취급작업과 관련한 위험방지를 위해 조치하여야 할 사항으로 옳지 않은 것은?

① 작업장 및 통로의 위험한 부분에는 안전하게 작업할 수 있는 조명을 유지할 것
② 차량 등에서 화물을 내리는 작업을 하는 경우에 해당 작업에 종사하는 근로자에게 쌓여 있는 화물 중간에서 화물을 빼내도록 하지 말 것
③ 육상에서의 통로 및 작업장소로서 다리 또는 선거 갑문을 넘는 보도 등의 위험한 부분에는 안전난간 또는 울타리 등을 설치할 것
④ 부두 또는 안벽의 선을 따라 통로를 설치하는 경우에는 폭을 50cm 이상으로 할 것

**해설**
부두·안벽 등 하역작업장 조치사항
1. 작업장 및 통로의 위험한 부분에는 안전하게 작업할 수 있는 조명을 유지할 것
2. 부두 또는 안벽의 선을 따라 통로를 설치하는 경우에는 폭을 90센티미터 이상으로 할 것
3. 육상에서의 통로 및 작업장소로서 다리 또는 선거 갑문을 넘는 보도 등의 위험한 부분에는 안전난간 또는 울타리 등을 설치할 것

**정답** 99 ④ 100 ① 101 ② 102 ④

**103** 타워크레인을 자립고(自立高) 이상의 높이로 설치할 때 지지벽체가 없어 와이어로프로 지지하는 경우의 준수사항으로 옳지 않은 것은?

① 와이어로프를 고정하기 위한 전용 지지프레임을 사용할 것
② 와이어로프 설치각도는 수평면에서 60° 이내로 하되, 지지점은 4개소 이상으로 하고, 같은 각도로 설치할 것
③ 와이어로프와 그 고정부위는 충분한 강도와 장력을 갖도록 설치하되, 와이어로프를 클립·샤클(Shackle) 등의 기구를 사용하여 고정하지 않도록 유의할 것
④ 와이어로프가 가공전선(加供電線)에 근접하지 않도록 할 것

**해설**
타워크레인을 와이어로프로 지지하는 경우 준수사항
와이어로프와 그 고정부위는 충분한 강도와 장력을 갖도록 설치하고, 와이어로프를 클립·샤클(shackle) 등의 고정기구를 사용하여 견고하게 고정시켜 풀리지 아니하도록 하며, 사용 중에는 충분한 강도와 장력을 유지하도록 할 것

**104** 말비계를 조립하여 사용할 때의 준수사항으로 옳지 않은 것은?

① 지주부재의 하단에는 미끄럼 방지장치를 한다.
② 지주부재와 수평면과의 기울기는 75° 이하로 한다.
③ 말비계의 높이가 2m를 초과할 경우에는 작업발판의 폭을 30cm 이상으로 한다.
④ 지주부재와 지주부재 사이를 고정시키는 보조부재를 설치한다.

**해설**
말비계 조립 시의 준수사항
1. 지주부재의 하단에는 미끄럼 방지장치를 하고, 근로자가 양측 끝부분에 올라서서 작업하지 않도록 할 것
2. 지주부재와 수평면의 기울기를 75도 이하로 하고, 지주부재와 지주부재 사이를 고정시키는 보조부재를 설치할 것
3. 말비계의 높이가 2미터를 초과하는 경우에는 작업발판의 폭을 40센티미터 이상으로 할 것

**105** 흙막이 지보공의 안전조치로 옳지 않은 것은?

① 굴착배면에 배수로 미설치
② 지하매설물에 대한 조사 실시
③ 조립도의 작성 및 작업순서 준수
④ 흙막이 지보공에 대한 조사 및 점검 철저

**해설**
흙막이 지보공의 안전대책
1. 조립도 작성 및 작업순서 준수
2. 부재의 변형, 손상, 부식 조사와 점검
3. 부재접합, 교차부, 지지점의 상태 확인
4. 수평 버팀대 좌굴방지 조치
5. 굴착과 동시에 토류판을 설치하고 배면에 공극이 없도록 뒤채움 실시
6. 표면수가 유입되지 않도록 배수로 설치
7. 배면부에 토사충전 철저
8. 수직 승강계단, 안전대, 방호울, 안전난간 설치
9. 주변 및 흙막이 계측관리 철저
10. 지하매설물 및 근접 구조물 조사

**106** 거푸집동바리 등을 조립 또는 해체하는 작업을 하는 경우의 준수사항으로 옳지 않은 것은?

① 재료, 기구 또는 공구 등을 올리거나 내리는 경우에는 근로자로 하여금 달줄·달포대 등의 사용을 금하도록 할 것
② 낙하·충격에 의한 돌발적 재해를 방지하기 위하여 버팀목을 설치하고 거푸집동바리 등을 인양장비에 매단 후에 작업을 하도록 하는 등 필요한 조치를 할 것
③ 비, 눈, 그 밖의 기상상태의 불안정으로 날씨가 몹시 나쁜 경우에는 그 작업을 중지할 것
④ 해당 작업을 하는 구역에는 관계 근로자가 아닌 사람의 출입을 금지할 것

**해설**
기둥·보·벽체·슬래브 등의 거푸집 및 동바리를 조립하거나 해체하는 작업을 하는 경우 준수사항
1. 해당 작업을 하는 구역에는 관계 근로자가 아닌 사람의 출입을 금지할 것
2. 비, 눈, 그 밖의 기상상태의 불안정으로 날씨가 몹시 나쁜 경우에는 그 작업을 중지할 것
3. 재료, 기구 또는 공구 등을 올리거나 내리는 경우에는 근로자로 하여금 달줄·달포대 등을 사용하도록 할 것
4. 낙하·충격에 의한 돌발적 재해를 방지하기 위하여 버팀목을 설치하고 거푸집 및 동바리를 인양장비에 매단 후에 작업을 하도록 하는 등 필요한 조치를 할 것

**정답** 103 ③ 104 ③ 105 ① 106 ①

**107** 로드(rod) · 유압잭(jack) 등을 이용하여 거푸집을 연속적으로 이동시키면서 콘크리트를 타설할 때 사용되는 것으로 silo 공사 등에 적합한 거푸집은?

① 메탈 폼  ② 슬라이딩 폼
③ 위플 폼  ④ 페코빔

**해설**

슬라이딩 폼
1. 수평 · 수직적으로 반복된 구조물을 시공 이음이 없이 균일한 형상으로 시공하기 위하여 요크(yoke), 로드(rod), 유압잭(jack)을 이용하여 거푸집을 연속적으로 이동시키면서 콘크리트를 타설하여 구조물을 시공하는 공법
2. 이동 거푸집의 하나로 슬립 폼, 미끄럼 거푸집이라고도 한다.

**108** 양중기에 사용하는 와이어로프에서 화물의 하중을 직접 지지하는 달기와이어로프 또는 달기체인의 안전계수 기준은?

① 3 이상  ② 4 이상
③ 5 이상  ④ 10 이상

**해설**

와이어로프 등 달기구의 안전계수

| 근로자가 탑승하는 운반구를 지지하는 달기와이어로프 또는 달기체인의 경우 | 10 이상 |
|---|---|
| 화물의 하중을 직접 지지하는 달기와이어로프 또는 달기체인의 경우 | 5 이상 |
| 훅, 샤클, 클램프, 리프팅 빔의 경우 | 3 이상 |
| 그 밖의 경우 | 4 이상 |

**109** 건설업의 산업안전보건관리비 사용항목에 해당되지 않는 것은?

① 안전시설비  ② 근로자 건강관리비
③ 운반기계 수리비  ④ 안전진단비

**해설**

안전보건관리비 사용항목
1. 안전 · 보건관리자 임금 등
2. 안전시설비 등
3. 보호구 등
4. 안전보건진단비 등
5. 안전보건교육비 등
6. 근로자 건강장해예방비 등
7. 건설재해예방전문지도기관 기술지도비
8. 본사 전담조직 근로자 임금 등
9. 위험성 평가 등에 따른 소요비용

**TIP** 본 문제는 법 개정으로 일부 내용이 수정되었습니다. 해설은 법 개정으로 수정된 내용이니 해설을 학습하세요.

**110** 설치 · 이전하는 경우 안전인증을 받아야 하는 기계 · 기구에 해당되지 않는 것은?

① 크레인  ② 리프트
③ 곤돌라  ④ 고소작업대

**해설**

| 설치 · 이전하는 경우 안전인증을 받아야 하는 기계 · 기구 | • 크레인<br>• 리프트<br>• 곤돌라 |
|---|---|
| 주요 구조 부분을 변경하는 경우 안전인증을 받아야 하는 기계 · 기구 | • 프레스<br>• 전단기 및 절곡기<br>• 크레인<br>• 리프트<br>• 압력용기<br>• 롤러기<br>• 사출성형기<br>• 고소작업대<br>• 곤돌라<br>• 기계톱 |

**111** 유해 · 위험방지계획서 첨부서류에 해당되지 않는 것은?

① 안전관리를 위한 교육자료
② 안전관리 조직표
③ 건설물, 사용 기계설비 등의 배치를 나타내는 도면
④ 재해 발생 위험 시 연락 및 대피방법

**해설**

유해 · 위험방지계획서의 첨부서류
1. 공사 개요 및 안전보건관리계획
   ㉠ 공사 개요서
   ㉡ 공사현장의 주변 현황 및 주변과의 관계를 나타내는 도면(매설물 현황을 포함)
   ㉢ 전체 공정표
   ㉣ 산업안전보건관리비 사용계획서
   ㉤ 안전관리 조직표
   ㉥ 재해 발생 위험 시 연락 및 대피방법
2. 작업 공사 종류별 유해 · 위험방지계획

**정답** 107 ② 108 ③ 109 ③ 110 ④ 111 ①

**112** 항타기 또는 항발기의 권상용 와이어로프의 사용금지 기준에 해당하지 않는 것은?

① 이음매가 없는 것
② 지름의 감소가 공칭지름의 7%를 초과하는 것
③ 꼬인 것
④ 열과 전기충격에 의해 손상된 것

**해설**

항타기 또는 항발기의 권상용 와이어로프 사용금지 조건
1. 이음매가 있는 것
2. 와이어로프의 한 꼬임에서 끊어진 소선의 수가 10퍼센트 이상인 것
3. 지름의 감소가 공칭지름의 7퍼센트를 초과하는 것
4. 꼬인 것
5. 심하게 변형되거나 부식된 것
6. 열과 전기충격에 의해 손상된 것

**113** 철골작업 시 기상조건에 따라 안전상 작업을 중지하여야 하는 경우에 해당되는 기준으로 옳은 것은?

① 강우량이 시간당 5mm 이상인 경우
② 강우량이 시간당 10mm 이상인 경우
③ 풍속이 초당 10m 이상인 경우
④ 강설량이 시간당 20mm 이상인 경우

**해설**

작업의 제한(철골작업 중지)
1. 풍속이 초당 10미터 이상인 경우
2. 강우량이 시간당 1밀리미터 이상인 경우
3. 강설량이 시간당 1센티미터 이상인 경우

**114** 가설통로의 구조에 관한 기준으로 옳지 않은 것은?

① 경사가 15°를 초과하는 경우에는 미끄러지지 아니하는 구조로 할 것
② 경사는 20° 이하로 할 것
③ 추락의 위험이 있는 장소에는 안전난간을 설치할 것
④ 수직갱에 가설된 통로의 길이가 15m 이상인 경우에는 10m 이내마다 계단참을 설치할 것

**해설**

가설통로
1. 견고한 구조로 할 것
2. 경사는 30도 이하로 할 것(다만, 계단을 설치하거나 높이 2미터 미만의 가설통로로서 튼튼한 손잡이를 설치한 경우에는 그러하지 아니하다)
3. 경사가 15도를 초과하는 경우에는 미끄러지지 아니하는 구조로 할 것
4. 추락할 위험이 있는 장소에는 안전난간을 설치할 것(다만, 작업상 부득이한 경우에는 필요한 부분만 임시로 해체할 수 있다)
5. 수직갱에 가설된 통로의 길이가 15미터 이상인 경우에는 10미터 이내마다 계단참을 설치할 것
6. 건설공사에 사용하는 높이 8미터 이상인 비계다리에는 7미터 이내마다 계단참을 설치할 것

**115** 동바리로 사용하는 파이프 서포트는 최대 몇 개 이상 이어서 사용하지 않아야 하는가?

① 2개
② 3개
③ 4개
④ 5개

**해설**

동바리로 사용하는 파이프 서포트
1. 파이프 서포트를 3개 이상 이어서 사용하지 않도록 할 것
2. 파이프 서포트를 이어서 사용하는 경우에는 4개 이상의 볼트 또는 전용철물을 사용하여 이을 것
3. 높이가 3.5미터를 초과하는 경우에는 높이 2미터 이내마다 수평연결재를 2개 방향으로 만들고 수평연결재의 변위를 방지할 것

**116** 건설현장에 설치하는 사다리식 통로의 설치기준으로 옳지 않은 것은?

① 발판과 벽과의 사이는 15cm 이상의 간격을 유지할 것
② 발판의 간격은 일정하게 할 것
③ 사다리의 상단은 걸쳐 놓은 지점으로부터 60cm 이상 올라가도록 할 것
④ 사다리식 통로의 길이가 10m 이상인 경우에는 3m 이내마다 계단참을 설치할 것

### 해설
사다리식 통로
1. 견고한 구조로 할 것
2. 심한 손상·부식 등이 없는 재료를 사용할 것
3. 발판의 간격은 일정하게 할 것
4. 발판과 벽과의 사이는 15센티미터 이상의 간격을 유지할 것
5. 폭은 30센티미터 이상으로 할 것
6. 사다리가 넘어지거나 미끄러지는 것을 방지하기 위한 조치를 할 것
7. 사다리의 상단은 걸쳐 놓은 지점으로부터 60센티미터 이상 올라가도록 할 것
8. 사다리식 통로의 길이가 10미터 이상인 경우에는 5미터 이내마다 계단참을 설치할 것
9. 사다리식 통로의 기울기는 75도 이하로 할 것. 다만, 고정식 사다리식 통로의 기울기는 90도 이하로 하고, 그 높이가 7미터 이상인 경우에는 다음 각 목의 구분에 따른 조치를 할 것
   가. 등받이울이 있어도 근로자 이동에 지장이 없는 경우 : 바닥으로부터 높이가 2.5미터 되는 지점부터 등받이울을 설치할 것
   나. 등받이울이 있으면 근로자가 이동이 곤란한 경우 : 개인용 추락 방지 시스템을 설치하고 근로자로 하여금 전신안전대를 사용하도록 할 것
10. 접이식 사다리 기둥은 사용 시 접히거나 펼쳐지지 않도록 철물 등을 사용하여 견고하게 조치할 것

## 117 흙막이 계측기의 종류 중 주변 지반의 변형을 측정하는 기계는?

① Tilt meter
② Inclino meter
③ Strain gauge
④ Load cell

### 해설
계측기

| 장치 | 용도 |
|---|---|
| 건물 경사계 (Tilt Meter) | 지상 인접구조물의 기울기 측정(구조물의 경사, 변형상태를 측정) |
| 지중 경사계 (Inclino Meter) | 지중 수평변위를 측정하여 흙막이의 기울어진 정도 파악 |
| 변형률계 (Strain Gauge) | 흙막이벽 버팀대의 응력 변화 측정 |
| 하중계 (Load Cell) | 흙막이 버팀대에 작용하는 토압, 어스앵커의 인장력 등 측정 |

## 118 차량계 하역운반기계 등에 화물을 적재하는 경우에 준수해야 할 사항으로 옳지 않은 것은?

① 하중이 한쪽으로 치우치도록 하여 공간상 효율적으로 적재할 것
② 구내운반차 또는 화물자동차의 경우 화물의 붕괴 또는 낙하에 의한 위험을 방지하기 위하여 화물에 로프를 거는 등 필요한 조치를 할 것
③ 운전자의 시야를 가리지 않도록 화물을 적재할 것
④ 화물을 적재하는 경우 최대적재량을 초과하지 않을 것

### 해설
화물적재 시의 조치
1. 하중이 한쪽으로 치우치지 않도록 적재할 것
2. 구내운반차 또는 화물자동차의 경우 화물의 붕괴 또는 낙하에 의한 위험을 방지하기 위하여 화물에 로프를 거는 등 필요한 조치를 할 것
3. 운전자의 시야를 가리지 않도록 화물을 적재할 것
4. 화물을 적재하는 경우에는 최대적재량을 초과하지 않을 것

## 119 다음 설명에 해당하는 안전대와 관련된 용어로 옳은 것은?(단, 보호구 안전인증 고시 기준)

> 신체지지의 목적으로 전신에 착용하는 띠 모양의 것으로서 상체 등 신체 일부분만 지지하는 것은 제외한다.

① 안전그네    ② 벨트
③ 죔줄       ④ 버클

### 해설
안전대 용어의 정의
1. 벨트 : 신체지지의 목적으로 허리에 착용하는 띠 모양의 부품을 말한다.
2. 안전그네 : 신체지지의 목적으로 전신에 착용하는 띠 모양의 것으로서 상체 등 신체 일부분만 지지하는 것은 제외한다.
3. 죔줄 : 벨트 또는 안전그네를 구명줄 또는 구조물 등 그 밖의 걸이설비와 연결하기 위한 줄모양의 부품을 말한다.
4. 버클 : 벨트 또는 안전그네를 신체에 착용하기 위해 그 끝에 부착한 금속장치를 말한다.

정답  117 ②  118 ①  119 ①

**120** 터널공사의 전기발파작업에 관한 설명으로 옳지 않은 것은?

① 전선은 점화하기 전에 화약류를 충진한 장소로부터 30m 이상 떨어진 안전한 장소에서 도통시험 및 저항시험을 하여야 한다.
② 점화는 충분한 허용량을 갖는 발파기를 사용하고 규정된 스위치를 반드시 사용하여야 한다.
③ 발파 후 발파기와 발파모선의 연결을 유지한 채 그 단부를 절연시킨다.
④ 점화는 선임된 발파책임자가 행하고 발파기의 핸들을 점화할 때 이외는 시건장치를 하거나 모선을 분리하여야 하며 발파책임자의 엄중한 관리하에 두어야 한다.

**해설**

터널공사 전기발파작업 시 준수사항
발파 후 즉시 발파모선을 발파기로부터 분리하고 그 단부를 절연시킨 후 재점화가 되지 않도록 하여야 한다.

# 2017년 3회 기출문제

## 1과목 안전관리론

**01** 하인리히의 재해 발생 이론은 다음과 같이 표현할 수 있다. 이때 α가 의미하는 것으로 옳은 것은?

> 재해의 발생 = 물적 불안전 상태 + 인적 불안전 행위 + α
> = 설비적 결함 + 관리적 결함 + α

① 노출된 위험의 상태
② 재해의 직접원인
③ 재해의 간접원인
④ 잠재된 위험의 상태

### 해설
하인리히의 법칙

> 재해 발생 = 물적 불안전 상태 + 인적 불안전 행위 + α
> = 설비적 결함 + 관리적 결함 + α

여기서, α : 잠재된 위험의 상태(potential) = 재해

**02** 다음 그림과 같은 안전관리 조직의 특징으로 틀린 것은?

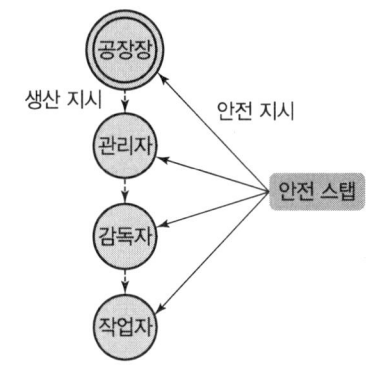

① 1000명 이상의 대규모 사업장에 적합하다.
② 생산부분은 안전에 대한 책임과 권한이 없다.
③ 사업장의 특수성에 적합한 기술연구를 전문적으로 할 수 있다.
④ 권한 다툼이나 조정 때문에 통제수속이 복잡해지며, 시간과 노력이 소모된다.

### 해설
스태프형(staff형) – 참모형 조직
1. 의의
   ⊙ 회사 내에 별도로 안전활동 전담부서를 두는 방식의 조직 형태
   ⓒ 100명 이상 1,000명 미만의 중규모 사업장에 적합한 조직형태
   ⓒ 안전관리에 관한 계획과 조정, 조사, 검토, 보고 등의 일과 현장에 대한 기술지원을 담당하도록 편성된 조직
2. 장점
   ⊙ 경영자의 조언과 자문역할을 한다.
   ⓒ 안전에 관한 지식, 기술의 정보 수집이 용이하고 빠르다.
3. 단점
   ⊙ 생산부분은 안전에 대한 책임과 권한이 없다.
   ⓒ 안전과 생산을 별개로 취급하기 쉽다.

**03** 브레인스토밍(Brain-storming) 기법의 4원칙에 관한 설명으로 틀린 것은?

① 한 사람이 많은 의견을 제시할 수 있다.
② 타인의 의견을 수정하여 발언할 수 있다.
③ 타인의 의견에 대하여 비판, 비평하지 않는다.
④ 의견을 발언할 때에는 주어진 요건에 맞추어 발언한다.

### 해설
브레인스토밍(Brain storming)의 원칙
1. 비판금지 : 「좋다」, 「나쁘다」라고 비판은 하지 않는다.
2. 대량발언 : 내용의 질적 수준보다 양적으로 무엇이든 많이 발언한다.
3. 자유분방 : 자유로운 분위기에서 마음대로 편안한 마음으로 발언한다.
4. 수정발언 : 타인의 아이디어를 수정하거나 보충 발언해도 좋다.

**04** 부주의의 현상으로 볼 수 없는 것은?

① 의식의 단절
② 의식수준 지속
③ 의식의 과잉
④ 의식의 우회

정답 01 ④ 02 ① 03 ④ 04 ②

### 해설
부주의 발생현상

| | |
|---|---|
| 의식의 단절(중단) | 의식의 흐름에 단절이 생기고 공백상태가 나타나는 경우(특수한 질병의 경우) |
| 의식의 우회 | 의식의 흐름이 옆으로 빗나가 발생한 경우(걱정, 고민, 욕구불만 등) |
| 의식수준의 저하 | 뚜렷하지 않은 의식의 상태로 심신이 피로하거나 단조로운 작업 등의 경우 |
| 의식의 과잉 | 돌발사태 및 긴급이상사태에 직면하면 순간적으로 긴장되고 의식이 한 방향으로 쏠리는 주의의 일점집중현상의 경우 |
| 의식의 혼란 | 외적 조건에 문제가 있을 때 의식이 혼란되고 분산되어 작업에 잠재되어 있는 위험요인에 대응할 수 없는 경우 |

**05** 보호구 안전인증 고시에 따른 방음용 귀마개 또는 귀덮개와 관련된 용어의 정의 중 다음 (　) 안에 알맞은 것은?

> 음압수준이란 음압을 다음 식에 따라 데시벨(dB)로 나타낸 것을 말하며 적분 평균소음계(KS C 1505) 또는 소음계(KS C 1502)에 규정하는 소음계의 (　) 특성을 기준으로 한다.

① A  ② B
③ C  ④ D

### 해설
방음 보호구 용어의 정의
음압수준이란 음압을 데시벨(dB)로 나타낸 것을 말하며 적분평균소음계(KS C 1505) 또는 소음계(KS C 1502)에 규정하는 소음계의 "C" 특성을 기준으로 한다.

**06** 인간의 행동 특성과 관련한 레빈의 법칙(Lewin) 중 $P$ 가 의미하는 것은?

$$B = f(P \cdot E)$$

① 사람의 경험, 성격 등
② 인간의 행동
③ 심리에 영향을 주는 인간관계
④ 심리에 영향을 미치는 작업환경

### 해설
레윈(K. Lewin)의 행동법칙

$$B = f(P \cdot E)$$

여기서, $B$ : Behavior(인간의 행동)
$f$ : function(함수관계), $P \cdot E$에 영향을 줄 수 있는 조건
$P$ : Person(개체, 개인의 자질, 연령, 경험, 심신상태, 성격, 지능 등)
$E$ : Environment(심리적 환경 – 작업환경, 인간관계, 설비적 결함 등)

**07** 재해 발생 시 조치순서 중 재해조사 단계에서 실시하는 내용으로 옳은 것은?

① 현장보존
② 관계자에게 통보
③ 잠재재해 위험요인의 색출
④ 피재자의 응급조치

### 해설
재해조사
1. 6하원칙에 의거 사상자보고
2. 잠재재해 요인의 적출

> **TIP** 재해 발생 시 조치사항
> 산업재해 발생 → 긴급처리 → 재해조사 → 원인강구(원인분석) → 대책수립 → 대책실시계획 → 실시 → 평가

**08** 안전교육의 단계에 있어 교육대상자가 스스로 행함으로서 습득하게 하는 교육은?

① 의식교육
② 기능교육
③ 지식교육
④ 태도교육

### 해설
기능교육(제2단계)
1. 시범, 견학, 실습, 현장실습을 통한 경험체득과 이해
2. 교육 대상자가 스스로 행함으로써 습득하는 교육
3. 같은 내용을 반복해서 개인의 시행착오에 의해서만 얻어지는 교육

**정답** 05 ③  06 ①  07 ③  08 ②

## 09 산업안전보건법상 근로시간 연장의 제한에 관한 기준에서 아래의 (  ) 안에 알맞은 것은?

사업주는 유해하거나 위험한 작업으로서 대통령령으로 정하는 작업에 종사하는 근로자에게는 1일 ( ㉠ )시간, 1주 ( ㉡ )시간을 초과하여 근로하게 하여서는 아니 된다.

① ㉠ 6, ㉡ 34
② ㉠ 7, ㉡ 36
③ ㉠ 8, ㉡ 40
④ ㉠ 8, ㉡ 44

**해설**
유해·위험작업에 대한 근로시간 제한
유해하거나 위험한 작업으로서 대통령령으로 정하는(잠함 또는 잠수작업 등 높은 기압에서 하는) 작업에 종사하는 근로자에게는 1일 6시간, 1주 34시간을 초과하여 근로하게 하여서는 아니 된다.

## 10 산업안전보건법령상 근로자 안전보건교육 중 관리감독자 정기교육의 교육내용이 아닌것은?

① 작업 개시 전 점검에 관한 사항
② 산업보건 및 건강장해 예방에 관한 사항
③ 유해·위험 작업환경 관리에 관한 사항
④ 작업공정의 유해·위험과 재해 예방대책에 관한 사항

**해설**
관리감독자 정기교육
1. 산업안전 및 산업재해 예방에 관한 사항(화재·폭발 사고 발생 시 대피에 관한 사항을 포함)
2. 산업보건 및 건강장해 예방에 관한 사항(폭염·한파작업으로 인한 건강장해 발생 시 응급조치에 관한 사항을 포함)
3. 위험성평가에 관한 사항
4. 유해·위험 작업환경 관리에 관한 사항
5. 산업안전보건법령 및 산업재해보상보험 제도에 관한 사항
6. 직무스트레스 예방 및 관리에 관한 사항
7. 직장 내 괴롭힘, 고객의 폭언 등으로 인한 건강장해 예방 및 관리에 관한 사항
8. 작업공정의 유해·위험과 재해 예방대책에 관한 사항
9. 사업장 내 안전보건관리체제 및 안전·보건조치 현황에 관한 사항
10. 표준안전 작업방법 결정 및 지도·감독 요령에 관한 사항
11. 현장근로자와의 의사소통능력 및 강의능력 등 안전보건 교육 능력 배양에 관한 사항
12. 비상시 또는 재해 발생 시 긴급조치에 관한 사항
13. 그 밖의 관리감독자의 직무에 관한 사항

## 11 무재해운동 추진기법 중 위험예지훈련 4라운드 기법에 해당하지 않는 것은?

① 현상파악
② 행동 목표설정
③ 대책수립
④ 안전평가

**해설**
위험예지훈련의 4라운드
1. 1라운드(1R) : 현상파악(사실을 파악한다)
2. 2라운드(2R) : 본질추구(요인을 찾아낸다)
3. 3라운드(3R) : 대책수립(대책을 선정한다)
4. 4라운드(4R) : 목표설정(행동계획을 정한다)

## 12 안전교육방법 중 구안법(Project Method)의 4단계의 순서로 옳은 것은?

① 목적결정 → 계획수립 → 활동 → 평가
② 계획수립 → 목적결정 → 활동 → 평가
③ 활동 → 계획수립 → 목적결정 → 평가
④ 평가 → 계획수립 → 목적결정 → 평가

**해설**
구안법의 4단계

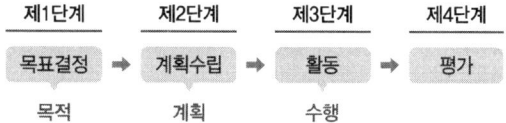

## 13 안전점검 보고서 작성내용 중 주요 사항에 해당되지 않는 것은?

① 작업현장의 현 배치 상태와 문제점
② 재해다발요인과 유형분석 및 비교 데이터 제시
③ 안전관리 스텝의 인적사항
④ 보호구, 방호장치 작업환경 실태와 개선 제시

**해설**
안전관리 스태프의 인적사항은 안전점검사항과 관련이 없으며, 안전점검보고서에 수록될 내용이 아니다.

## 14 성인학습의 원리에 해당되지 않는 것은?

① 간접경험의 원리
② 자발학습의 원리
③ 상호학습의 원리
④ 참여교육의 원리

**해설**
성인학습의 원리
1. 자발적인 학습참여의 원리
2. 자기주도성의 원리
3. 상호학습의 원리
4. 경험중심의 원리
5. 다양성의 원리 등

**15** 재해원인 분석방법의 통계적 원인분석 중 사고의 유형, 기인물 등 분류항목을 큰 순서대로 도표화한 것은?

① 파레토도
② 특성요인도
③ 크로스도
④ 관리도

**해설**
파레토도
사고의 유형, 기인물 등 분류항목을 큰 값에서 작은 값의 순서로 도표화하며, 문제나 목표의 이해에 편리하다.

**16** 산업안전보건법령상 안전·보건표지의 종류 중 안내표지에 해당하지 않는 것은?

① 들것
② 비상용 기구
③ 출입구
④ 세안장치

**해설**
안내표지
1. 녹십자표지  4. 세안장치  7. 좌측 비상구
2. 응급구호표지 5. 비상용 기구 8. 우측 비상구
3. 들것  6. 비상구

**17** 일반적으로 시간의 변화에 따라 야간에 상승하는 생체리듬은?

① 맥박수
② 염분량
③ 혈압
④ 체중

**해설**
바이오리듬(Biorhythm)의 변화
1. 혈액의 수분, 염분량 : 주간감소, 야간증가
2. 체온, 혈압, 맥박수 : 주간상승, 야간감소
3. 야간에는 체중감소, 소화분비액 불량, 말초신경기능 저하, 피로의 자각 증상이 증대된다.

**18** 학습지도 형태 중 다음 토의법 유형에 대한 설명으로 옳은 것은?

6-6 회의라고도 하며, 6명씩 소집단으로 구분하고, 집단별로 각각의 사회자를 선발하여 6분간씩 자유토의를 행하여 의견을 종합하는 방법

① 버즈 세션(Buzz session)
② 포럼(Forum)
③ 심포지엄(Symposium)
④ 패널 디스커션(Panel discussion)

**해설**
버즈 세션(Buzz Session)
6-6 회의라고도 하며, 참가자가 다수인 경우에 전원을 토의에 참가시키기 위한 방법으로 소집단을 구성하여 회의를 진행시키는 방법

**19** A사업장의 강도율이 2.5이고, 연간 재해 발생 건수가 12건, 연간 총 근로시간 수가 120만 시간일 때 이 사업장의 종합재해지수는 약 얼마인가?

① 1.6
② 5.0
③ 27.6
④ 230

**해설**
종합재해지수(FSI ; Frequency Severity Indicator)

$$종합재해지수(FSI) = \sqrt{도수율(FR) \times 강도율(SR)}$$
$$\left(단, 미국의 경우 FSI = \sqrt{\frac{FR \times SR}{1,000}}\right)$$

㉠ 도수율 $= \frac{재해발생건수}{연간총근로시간수} \times 1,000,000$
$= \frac{12}{1,200,000} \times 1,000,000 = 10$

㉡ 종합재해지수$(FSI) = \sqrt{도수율(FR) \times 강도율(SR)}$
$= \sqrt{10 \times 2.5} = 5$

**20** 위치, 순서, 패턴 형상, 기억오류 등 외부적 요인에 의해 나타나는 것은?

① 메트로놈
② 리스크테이킹
③ 부주의
④ 착오

**해설**
착오의 유형(착오의 메커니즘)
1. 위치착오  4. 형상착오
2. 순서착오  5. 기억착오
3. 패턴착오

**정답** 15 ① 16 ③ 17 ② 18 ① 19 ② 20 ④

## 2과목  인간공학 및 시스템 안전공학

**21** 인간의 에러 중 불필요한 작업 또는 절차를 수행함으로써 기인한 에러를 무엇이라 하는가?

① Omission error   ② Sequential error
③ Extraneous error   ④ Commission error

**해설**

인간실수의 분류(심리적인 분류)

| 생략에러<br>(omission error)<br>부작위 실수 | 필요한 직무 및 절차를 수행하지 않아(생략) 발생하는 에러 |
|---|---|
| 작위에러<br>(commission error) | 필요한 작업 또는 절차의 불확실한 수행 (잘못 수행)으로 인한 에러<br>예 전선이 바뀌었다, 틀린 부품을 사용하였다, 부품이 거꾸로 조립되었다. |
| 순서에러<br>(sequential error) | 필요한 작업 또는 절차의 순서 착오로 인한 에러<br>예 자동차 출발 시 핸드브레이크를 해제하지 않고 출발하여 발생한 에러 |
| 시간에러<br>(time error) | 필요한 직무 또는 절차의 수행지연으로 인한 에러<br>예 프레스 작업 중에 금형 내에 손이 오랫동안 남아 있어 발생한 재해 |
| 과잉행동에러<br>(extraneous error) | 불필요한 작업 또는 절차를 수행함으로써 기인한 에러<br>예 자동차 운전 중 습관적으로 손을 창문으로 내밀어 발생한 재해 |

**22** 화학설비에 대한 안전성 평가에서 정성적 평가 항목이 아닌 것은?

① 건조물   ② 취급물질
③ 공장 내의 배치   ④ 입지조건

**해설**

안전성 평가(제2단계 : 정성적 평가)
1. 설계 관계 항목
 ㉠ 입지조건
 ㉡ 공장 내 배치
 ㉢ 건조물
 ㉣ 소방설비
2. 운전 관계 항목
 ㉠ 원재료, 중간체, 제품 등의 위험성
 ㉡ 프로세스의 운전조건 수송, 저장 등에 대한 안전대책
 ㉢ 프로세스기기의 선정요건

**23** 4m 또는 그보다 먼 물체만을 잘 볼 수 있는 원시안경은 몇 D인가?(단, 명시거리는 25cm로 한다.)

① 1.75D   ② 2.75D
③ 3.75D   ④ 4.75D

**해설**

초점거리와 디옵터

1. $\dfrac{1}{0.25} - \dfrac{1}{4} = \dfrac{1}{초점거리}$

2. 초점거리 = 0.2666

3. 디옵터 = $\dfrac{1}{0.2666} = 3.75D$

**TIP**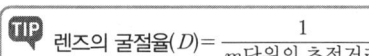

렌즈의 굴절율$(D) = \dfrac{1}{m단위의 초점거리}$

**24** 시스템의 운용단계에서 이루어져야 할 주요한 시스템안전 부문의 작업이 아닌 것은?

① 생산시스템 분석 및 효율성 검토
② 안전성 손상 없이 사용설명서의 변경과 수정을 평가
③ 운용, 안전성 수준유지를 보증하기 위한 안전성 검사
④ 운용, 보전 및 위급 시 절차를 평가하여 설계 시 고려사항과 같은 타당성 여부 식별

**해설**

운용단계에서 이루어져야 할 주요한 시스템 안전부문의 작업
1. 운용·보전 및 위급 시의 절차를 평가하여 설계 시 고려된 바와 같은 타당성을 갖고 있느냐의 여부를 확인할 것
2. 안전성이 손상 없도록 조작장치, 사용설명서의 변경과 수정을 평가할 것
3. 바람직한 운용안전 수준의 유지를 보증하기 위한 안전 검사를 할 것
4. 제조, 조립 및 시험 단계에서 확립된 고장의 정보 피드백 시스템을 유지할 것
5. 사고와 그 유발사고를 조사하고 해석할 것, 재발을 방지하기 위하여 적절한 개량조치를 강구할 것

**25** 격렬한 육체적 작업의 작업부담 평가 시 활용되는 주요 생리적 척도로만 이루어진 것은?

① 부정맥, 작업량
② 맥박수, 산소 소비량
③ 점멸융합주파수, 폐활량
④ 점멸융합주파수, 근전도

**정답** 21 ③  22 ②  23 ③  24 ①  25 ②

해설
생리적 부담의 척도
작업이 인체에 끼치는 생리적 부담은 흔히 맥박수와 산소 소비량으로 측정한다.

> **TIP** 동적 근력작업에 따른 생리학적 측정법
> 에너지대사량, 산소 소비량 및 $CO_2$배출량 등과 호흡량, 맥박수, 근전도 등

**26** 산업안전보건기준에 관한 규칙상 작업장의 작업면에 따른 적정 조명 수준을 초정밀 작업에서 ( ㉠ )lux 이상이고, 보통작업에서는 ( ㉡ )lux 이상이다. ( ) 안에 들어갈 내용은?

① ㉠ : 650, ㉡ : 150
② ㉠ : 650, ㉡ : 250
③ ㉠ : 750, ㉡ : 150
④ ㉠ : 750, ㉡ : 250

해설
적정 조명 수준

| 작업의 종류 | 작업면 조도 |
|---|---|
| 초정밀작업 | 750럭스(lux) 이상 |
| 정밀작업 | 300럭스(lux) 이상 |
| 보통작업 | 150럭스(lux) 이상 |
| 그 밖의 작업 | 75럭스(lux) 이상 |

**27** 산업안전보건법령상 유해·위험방지계획서의 심사 결과에 따른 구분·판정의 종류에 해당하지 않는 것은?

① 보류
② 부적정
③ 적정
④ 조건부 적정

해설
심사 결과의 구분

| 적정 | 근로자의 안전과 보건을 위하여 필요한 조치가 구체적으로 확보되었다고 인정되는 경우 |
|---|---|
| 조건부 적정 | 근로자의 안전과 보건을 확보하기 위하여 일부 개선이 필요하다고 인정되는 경우 |
| 부적정 | 건설물·기계·기구 및 설비 또는 건설공사가 심사기준에 위반되어 공사착공 시 중대한 위험이 발생할 우려가 있거나 해당 계획에 근본적 결함이 있다고 인정되는 경우 |

**28** 초음파 소음(ultrasonic noise)에 대한 설명으로 잘못된 것은?

① 전형적으로 20000Hz 이상이다.
② 가청영역 위의 주파수를 갖는 소음이다.
③ 소음이 3dB 증가하면 허용기간은 반감이다.
④ 20000Hz 이상에서 노출 제한은 110dB이다.

해설
초음파 소음(ultrasonic noise)
1. 가청영역 위(들을 수 있는 범위 위)의 주파수를 갖는 소음으로 전형적으로 20,000Hz 이상이다.
2. 노출 한계 : 20,000Hz 이상에서 110dB로 노출을 한정

**29** FTA(Fault tree analysis)의 기호 중 다음의 사상기호에 적합한 각각의 명칭은?

① 전이기호와 통상사상
② 통상사상과 생략사상
③ 통상사상과 전이기호
④ 생략사상과 전이기호

해설
FTA분석 기호

| 기호 | 명칭 | 내용 |
|---|---|---|
| | 통상사상 (가형사상) | 통상발생이 예상되는 사상(예상되는 원인) |
| | 생략사상 (최후사상) | 정보부족 또는 분석기술 불충분으로 더 이상 전개할 수 없는 사상(작업진행에 따라 해석이 가능할 때는 다시 속행한다.) |

**30** 인체측정치의 응용원리에 해당하지 않는 것은?

① 조절식 설계
② 극단치 설계
③ 평균치 설계
④ 다차원식 설계

해설
인체계측 자료의 응용원칙
1. 조절 가능한 설계
2. 극단치를 이용한 설계
3. 평균치를 이용한 설계

정답 26 ③ 27 ① 28 ③ 29 ② 30 ④

**31** 인간-기계 통합 체계의 인간 또는 기계에 의해서 수행되는 기본기능의 유형에 해당하지 않는 것은?

① 감지   ② 환경
③ 행동   ④ 정보보관

**해설**
체계의 기본 기능의 유형

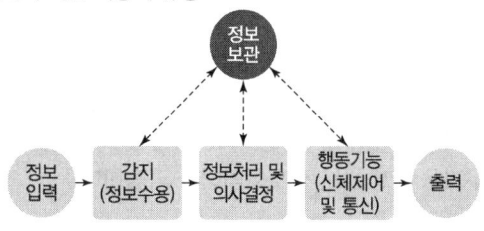

**32** 다음 그림과 같은 시스템의 신뢰도는 약 얼마인가?(단, 각각의 네모 안의 수치는 각 공정의 신뢰도를 나타낸 것이다.)

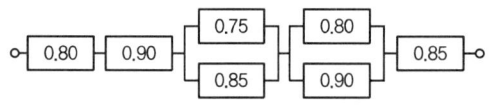

① 0.378   ② 0.478
③ 0.578   ④ 0.678

**해설**
시스템의 신뢰도
$R = 0.80 \times 0.90 \times [1-(1-0.75)(1-0.85)]$
$\times [1-(1-0.80)(1-0.90)] \times 0.85 = 0.578$

**33** FTA 결과 다음과 같은 패스셋을 구하였다. X₄가 중복사상인 경우, 최소 패스셋(minimal path sets)으로 맞는 것은?

[다음]
{X₂, X₃, X₄}   {X₁, X₃, X₄}   {X₃, X₄}

① {X₃, X₄}   ② {X₁, X₃, X₄}
③ {X₂, X₃, X₄}   ④ {X₂, X₃, X₄}와 {X₃, X₄}

**해설**
미니멀 패스셋(minimal path set)
1. 미니멀 패스셋은 정상사상이 일어나지 않기 위해 필요한 최소한의 것을 말한다.
2. 미니멀 패스셋은 어느 고장이나 실수를 일으키지 않으면 재해가 일어나지 않는다는 것으로 시스템의 신뢰성을 나타내는 것이다.
3. 미니멀 패스셋은 시스템의 기능을 살리는 최소요인의 집합이다.

**34** 작업공간 설계에 있어 "접근 제한 요건"에 대한 설명으로 맞는 것은?

① 조절식 의자와 같이 누구나 사용할 수 있도록 설계한다.
② 비상벨의 위치를 작업자의 신체조건에 맞추어 설계한다.
③ 트럭운전이나 수리작업을 위한 공간을 확보하여 설계한다.
④ 박물관의 미술품 전시와 같이, 장애물 뒤의 타겟과의 거리를 확보하여 설계한다.

**해설**
접근 제한 요건
1. 장애물을 넘어 어떤 것에 미치지 못하도록 하는 데 필요한 거리를 말한다.
2. 장애물 및 표적 높이의 관계, 롤러기의 개구부 간격 등

**35** 인간공학 연구조사에 사용되는 기준의 구비조건과 가장 거리가 먼 것은?

① 적절성   ② 다양성
③ 무오염성   ④ 기준 척도의 신뢰성

**해설**
연구 기준의 요건
1. 적절성(타당성) : 기준이 의도된 목적에 적당하다고 판단되는 정도
2. 무오염성 : 측정하고자 하는 변수 이외의 다른 변수들의 영향을 받아서는 안 된다.
3. 기준척도의 신뢰성(reliability of criterion measure) : 사용되는 척도의 신뢰성, 즉 반복성을 말한다.
4. 민감도 : 기대되는 차이에 적합한 정도의 단위로 측정이 가능해야 한다. 즉, 피실험자 사이에서 볼 수 있는 예상 차이점에 비례하는 단위로 측정해야 함을 의미한다.

**36** 설비보전을 평가하기 위한 식으로 틀린 것은?

① 성능가동률=속도가동률×정미가동률
② 시간가동률=(부하시간-정지시간)/부하시간
③ 설비종합효율=시간가동률×성능가동률×양품률
④ 정미가동률=(생산량×기준 주기시간)/가동시간

### 해설
정미가동률
단위시간 내에서 일정 Speed로 가동하고 있는지를 나타내는 기준

$$정미가동률 = \frac{총생산량 \times 실제사이클타임}{부하시간 - 정지시간}$$
$$= \frac{총생산량 \times 실제사이클타임}{실가동시간}$$

**37** "표시장치와 이에 대응하는 조종장치 간의 위치 또는 배열이 인간의 기대와 모순되지 않아야 한다"는 인간공학적 설계원리와 가장 관계가 깊은 것은?

① 개념양립성  ② 운동양립성
③ 문화양립성  ④ 공간양립성

### 해설
공간양립성
1. 물리적 형태나 공간적인 배치가 사용자의 기대와 일치하는 것
2. 표시장치와 이에 대응하는 조종장치 간의 위치 또는 배열이 인간의 기대와 모순되지 않아야 한다.
3. 가스버너에서 오른쪽 조리대는 오른쪽 조절장치로, 왼쪽 조리대는 왼쪽 조절장치로 조정하도록 배치한다.

> **TIP** 양립성의 종류
> 1. 공간양립성
> 2. 운동양립성
> 3. 개념양립성
> 4. 양식양립성

**38** 청각에 관한 설명으로 틀린 것은?

① 인간에게 음의 높고 낮은 감각을 주는 것은 음의 진폭이다.
② 1000Hz 순음의 가청최소음압을 음의 강도 표준치로 사용한다.
③ 일반적으로 음이 한 옥타브 높아지면 진동수는 2배 높아진다.
④ 복합음은 여러 주파수대의 강도를 표현한 주파수별 분포를 사용하여 나타낸다.

### 해설
진폭과 진동수
1. 진폭 : 음의 강도(세기) : 큰소리는 진폭이 크고, 작은 소리는 진폭이 작다.
2. 진동수 : 음의 고저(높낮이) : 높은 소리는 진동수가 크고, 낮은 소리는 진동수가 작다.

**39** 다음 그림은 THERP를 수행하는 예이다. 작업개시점 $N_1$에서부터 작업종점 $N_4$까지 도달할 확률은? (단, $P(B_i)$, $i = 1, 2, 3, 4$는 해당 확률을 나타내며, 각 직무과오의 발생은 상호독립이라 가정한다.)

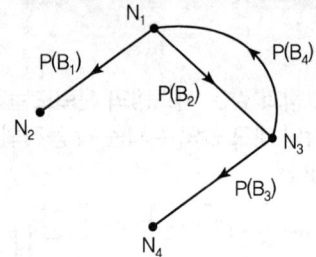

① $1 - P(B_i)$  ② $P(B_2) \cdot P(B_3)$
③ $\dfrac{P(B_2) \cdot P(B_3)}{1 - P(B_4)}$  ④ $\dfrac{P(B_2) \cdot P(B_3)}{1 - P(B_2) \cdot P(B_4)}$

### 해설
도달확률
$$P(N_4) = \frac{최단경로}{1 - 루프(loop) 경로의 곱} = \frac{P(B_2) \cdot P(B_3)}{1 - P(B_2) \cdot P(B_4)}$$

**40** FTA에 대한 설명으로 틀린 것은?

① 정성적 분석만 가능하다.
② 하향식(top-down) 방법이다.
③ 짧은 시간에 점검할 수 있다.
④ 비전문가라도 쉽게 할 수 있다.

### 해설
결함수 분석(FTA)
1. FTA는 시스템 고장을 발생시키는 사상과 그의 원인과의 인과관계를 논리기호를 사용하여 나뭇가지 모양의 그림으로 나타낸 고장목를 만들고 이에 의거 시스템의 고장확률을 구함으로써 문제가 되는 부분을 찾아내어 시스템의 신뢰성을 개선하는 연역적이고 정성적, 정량적인 고장해석 및 신뢰성 평가방법이다.
2. 연역적이고 정량적인 해석방법이며, 상황에 따라 정성적 해석뿐만 아니라 재해의 직접원인 해석도 가능하다.

## 3과목 기계위험 방지기술

**41** 보일러에서 압력방출장치가 2개 설치된 경우 최고 사용압력이 1MPa일 때 압력방출장치의 설정방법으로 가장 옳은 것은?

① 2개 모두 1.1MPa 이하에서 작동되도록 설정하였다.
② 하나는 1MPa 이하에서 작동되고 나머지는 1.1MPa 이하에서 작동되도록 설정하였다.
③ 하나는 1MPa 이하에서 작동되고 나머지는 1.05MPa 이하에서 작동되도록 설정하였다.
④ 2개 모두 1.05MPa 이하에서 작동되도록 설정하였다.

**해설**
보일러의 압력방출장치
압력방출장치가 2개 이상 설치된 경우에는 최고사용압력 이하에서 1개가 작동되고, 다른 압력방출장치는 최고사용압력 1.05배 이하에서 작동되도록 부착하여야 한다.

**42** 크레인의 방호장치에 대한 설명으로 틀린 것은?

① 권과방지장치를 설치하지 않은 크레인에 대해서는 권상용 와이어로프에 위험표시를 하고 경보장치를 설치하는 등 권상용 와이어로프가 지나치게 감겨서 근로자가 위험해질 상황을 방지하기 위한 조치를 하여야 한다.
② 운반물의 중량이 초과되지 않도록 과부하방지장치를 설치하여야 한다.
③ 크레인을 필요한 상황에서는 저속으로 중지시킬 수 있도록 브레이크장치와 충돌 시 충격을 완화시킬 수 있는 완충장치를 설치한다.
④ 작업 중에 이상발견 또는 긴급히 정지시켜야 할 경우에는 비상정지장치를 사용할 수 있도록 설치하여야 한다.

**43** 취성재료의 극한강도가 128MPa이며, 허용응력이 64MPa일 경우 안전계수는?

① 1
② 2
③ 4
④ 1/2

**해설**
$$\text{안전율(안전계수)} = \frac{\text{극한강도}}{\text{허용응력}} = \frac{128}{64} = 2$$

**44** 슬라이드 행정수가 100spm 이하이거나, 행정길이가 50mm 이상의 프레스에 설치해야 하는 방호장치 방식은?

① 양수조작식
② 수인식
③ 가드식
④ 광전자식

**해설**
수인식 방호장치(pull out)
1. 작업자의 손과 기구가 슬라이드와 직결되어 프레스기의 작동에 따라 작업자의 손을 위험 구역 밖으로 끌어내는 작용을 하는 방식
2. 작업자의 손과 수인기구가 슬라이드와 직결되어 있기 때문에 연속 낙하로 인한 재해를 방지
3. SPM 120 이하 행정길이 40mm 이상 프레스에 적용 가능

**45** 보일러에서 압력이 규정 압력 이상으로 상승하여 과열되는 원인으로 가장 관계가 적은 것은?

① 수관 및 본체의 청소 불량
② 관수가 부족할 때 보일러 가동
③ 절탄기의 미부착
④ 수면계의 고장으로 인한 드럼 내의 물의 감소

**해설**
보일러의 과열 원인
1. 수관과 본체의 청소불량
2. 관수 부족 시 보일러의 가동
3. 수면계의 고장으로 드럼 내의 물의 감소

**46** 프레스의 작업 시작 전 점검 사항이 아닌 것은?

① 권과방지장치 및 그 밖의 경보장치의 기능
② 슬라이드 또는 칼날에 의한 위험방지 기구의 기능
③ 프레스기의 금형 및 고정볼트 상태
④ 전단기의 칼날 및 테이블의 상태

**해설**
프레스 등의 작업시작 전 점검사항
1. 클러치 및 브레이크의 기능
2. 크랭크축 · 플라이휠 · 슬라이드 · 연결봉 및 연결 나사의 풀림 여부

**정답** 41 ③  42 ③  43 ②  44 ②  45 ③  46 ①

3. 1행정 1정지기구·급정지장치 및 비상정지장치의 기능
4. 슬라이드 또는 칼날에 의한 위험방지 기구의 기능
5. 프레스의 금형 및 고정볼트 상태
6. 방호장치의 기능
7. 전단기의 칼날 및 테이블의 상태

## 47 컨베이어 작업시작 전 검검사항에 해당하지 않는 것은?

① 브레이크 및 클러치 기능의 이상 유무
② 비상정지장치 기능의 이상 유무
③ 이탈 등의 방지장치 기능의 이상 유무
④ 원동기 및 풀리 기능의 이상 유무

**해설**
컨베이어 작업시작 전 점검사항
1. 원동기 및 풀리(pulley) 기능의 이상 유무
2. 이탈 등의 방지장치 기능의 이상 유무
3. 비상정지장치 기능의 이상 유무
4. 원동기·회전축·기어 및 풀리 등의 덮개 또는 울 등의 이상 유무

## 48 "강렬한 소음작업"이라 함은 90dB 이상의 소음이 1일 몇 시간 이상 발생되는 작업을 말하는가?

① 2시간          ② 4시간
③ 8시간          ④ 10시간

**해설**
강렬한 소음작업
1. 90데시벨 이상의 소음이 1일 8시간 이상 발생하는 작업
2. 95데시벨 이상의 소음이 1일 4시간 이상 발생하는 작업
3. 100데시벨 이상의 소음이 1일 2시간 이상 발생하는 작업
4. 105데시벨 이상의 소음이 1일 1시간 이상 발생하는 작업
5. 110데시벨 이상의 소음이 1일 30분 이상 발생하는 작업
6. 115데시벨 이상의 소음이 1일 15분 이상 발생하는 작업

## 49 프레스기에 금형 설치 및 조정작업 시 준수 하여야 할 안전수칙으로 틀린 것은?

① 금형을 부착하기 전에 하사점을 확인한다.
② 금형의 체결은 올바른 치공구를 사용하고 균등하게 체결한다.
③ 금형은 하형부터 잡고 무거운 금형의 받침은 인력으로 하지 않는다.
④ 슬라이드의 불시하강을 방지하기 위하여 안전블록을 제거한다.

**해설**
금형의 설치 및 조정 시 안전수칙
슬라이드의 불시하강을 방지하기 위하여 안전블록을 사용하는 등 필요한 조치를 한다.

## 50 다음 설명에 해당하는 기계는?

- chip이 가늘고 예리하여 손을 잘 다치게 한다.
- 주로 평면공작물을 절삭 가공하나, 더브테일 가공이나 나사 가공 등의 복잡한 가공도 가능하다.
- 장갑은 착용을 금하고, 보안경을 착용해야 한다.

① 선반            ② 호빙 머신
③ 연삭기          ④ 밀링

**해설**
밀링머신
1. 공작물을 고정하고 많은 날을 가진 밀링커터를 회전시켜 테이블 위에 고정한 공작물을 이송하여 절삭하는 공작기계이다.
2. 주로 평면공작물을 절삭가공하나, 더브테일 가공이나 나사가공 등의 복잡한 가공도 가능하다.
3. 공작기계 중 칩(chip)이 가장 가늘고 예리하여 손을 잘 다치게 한다.

## 51 다음 중 용접부에 발생한 미세균열, 용입부족, 융합불량의 검출에 가장 적합한 비파괴검사법은?

① 방사선투과 검사      ② 침투탐상 검사
③ 자분탐상 검사        ④ 초음파탐상 검사

**해설**
초음파검사(UT ; Ultrasonic Test, 초음파 탐상검사)
1. 용접부위에 초음파 투입과 동시에 브라운관 화면에 나타난 형상으로 내부결함을 검출
2. 넓은 면을 판단하여 검사속도가 빠르고 경제적이다.
3. 적용범위 : 결함의 종류, 위치, 범위 등을 검출, 현장에서 주로 사용
4. 투과력이 탁월하고 미세한 결함에 대해 감도가 높다.

## 52 다음 중 롤러기에 설치하여야 할 방호장치는?

① 반발예방장치        ② 급정지장치
③ 접촉예방장치        ④ 파열판장치

**정답** 47 ① 48 ③ 49 ④ 50 ④ 51 ④ 52 ②

**해설**

**급정지장치**
롤러기의 전면에서 작업하고 있는 근로자의 신체일부가 롤러 사이에 말려들어 가거나 말려들어갈 우려가 있는 경우에 근로자가 손·무릎·복부 등으로 급정지 조작부를 동작시켜 롤러기를 급정지시키는 장치를 말한다.

## 53 컨베이어에 사용되는 방호장치와 그 목적에 관한 설명이 옳지 않은 것은?

① 운전 중인 컨베이어 등의 위로 넘어가고자 할 때를 위하여 급정지장치를 설치한다.
② 근로자의 신체 일부가 말려들 위험이 있을 때 이를 즉시 정지시키기 위한 비상정지장치를 설치한다.
③ 정전, 전압강하 등에 따른 화물 이탈을 방지하기 위해 이탈 및 역주행 방지장치를 설치한다.
④ 낙하물에 의한 위험 방지를 위한 덮개 또는 울을 설치한다.

**해설**

**통행의 제한**
1. 운전 중인 컨베이어 등의 위로 근로자를 넘어가도록 하는 경우에는 위험을 방지하기 위하여 건널다리를 설치하는 등 필요한 조치를 하여야 한다.
2. 동일선 상에 구간별 설치된 컨베이어에 중량물을 운반하는 경우에는 중량물 충돌에 대비한 스토퍼를 설치하거나 작업자 출입을 금지하여야 한다.

## 54 보일러에서 프라이밍(priming)과 포밍(forming)의 발생 원인으로 가장 거리가 먼 것은?

① 역화가 발생되었을 경우
② 기계적 결함이 있을 경우
③ 보일러가 과부하로 사용될 경우
④ 보일러 수에 불순물이 많이 포함되었을 경우

**해설**

프라이밍과 포밍의 발생원인

| 프라이밍 | 포밍 |
|---|---|
| • 보일러 관수의 농축<br>• 주증기 밸브의 급개<br>• 보일러 부하의 급변화 운전<br>• 보일러수 또는 관수의 수위를 높게 운전 | • 관수의 농축<br>• 유지분 및 부유물 포함<br>• 보일러가 과부하일 때<br>• 보일러수가 고수위일 때 |

## 55 범용 수동 선반의 방호조치에 관한 설명으로 옳지 않은 것은?

① 척 가드의 폭은 공작물의 가공작업에 방해가 되지 않는 범위 내에서 척 전체 길이를 방호할 수 있을 것
② 척 가드의 개방 시 스핀들의 작동이 정지되도록 연동회로를 구성할 것
③ 전면 칩 가드의 폭은 새들 폭 이하로 설치할 것
④ 전면 칩 가드는 심압대가 베드 끝단부에 위치하고 있고 공작물 고정 장치에서 심압대까지 가드를 연장시킬 수 없는 경우에는 부착위치를 조정할 수 있을 것

**해설**

**범용 수동선반의 방호조치(위험기계기구 자율안전확인 고시 별표 8)**
1. 가드의 폭은 척 전체 길이를 방호할 수 있을 것. 다만, 공작물의 가공작업에 방해가 되지 않을 것
2. 가드의 개방 시 스핀들의 작동이 정지되도록 연동회로를 구성할 것
3. 가드의 폭은 새들 폭 이상일 것
4. 심압대(tailstock)가 베드 끝단부에 위치하고 있고 공작물 고정장치에서 심압대까지 가드를 연장시킬 수 없는 경우에는 새들에 부착하는 등 부착위치를 조정할 수 있을 것

> **TIP** 범용 수동선반
> 기계의 모든 작동이 수치제어를 사용하지 않고 조작자에 의해서만 이루어지는 기계

## 56 연삭숫돌의 지름이 20cm이고, 원주속도가 250m/min일 때 연삭숫돌의 회전수는 약 몇 rpm인가?

① 398  ② 433
③ 489  ④ 552

**해설**

원주속도(회전속도)

$$V = \pi DN [mm/min] = \frac{\pi DN}{1000}[m/min]$$

여기서, $V$ : 원주속도(회전속도)[m/min]
$D$ : 숫돌의 지름[mm]
$N$ : 숫돌의 매분 회전수[rpm]

1. $V = \dfrac{\pi DN}{1000} \rightarrow 1000V = \pi DN \rightarrow N = \dfrac{1000V}{\pi D}$

2. $N = \dfrac{1000V}{\pi D} = \dfrac{1000 \times 250}{\pi \times 200} = 397.89[rpm]$

**정답** 53 ① 54 ① 55 ③ 56 ①

**57** 크레인에서 일반적인 권상용 와이어로프 및 권상용 체인의 안전율 기준은?

① 10 이상
② 2.7 이상
③ 4 이상
④ 5 이상

**해설**
작업대를 와이어로프 또는 체인으로 올리거나 내릴 경우에는 와이어로프 또는 체인이 끊어져 작업대가 지지 아니하는 구조여야 하며, 와이어로프 또는 체인의 안전율은 5 이상일 것

**58** 기계설비에 대한 본질적인 안전화 방안의 하나인 풀 프루프(Fool Proof)에 관한 설명으로 거리가 먼 것은?

① 계기나 표시를 보기 쉽게 하거나 이른바 인체공학적 설계도 넓은 의미의 풀 프루프에 해당된다.
② 설비 및 기계장치 일부가 고장이 난 경우 기능의 저하는 가져오나 전체 기능은 정지하지 않는다.
③ 인간이 에러를 일으키기 어려운 구조나 기능을 가진다.
④ 조작순서가 잘못되어도 올바르게 작동한다.

**해설**
풀 프루프(Fool Proof)
작업자가 기계를 잘못 취급하여 불안전 행동이나 실수를 하여도 기계설비의 안전 기능이 작용되어 재해를 방지할 수 있는 기능을 가진 구조

**59** 허용응력이 1kN/mm²이고, 단면적이 2mm²인 강판의 극한하중이 4000N이라면 안전율은 얼마인가?

① 2
② 4
③ 5
④ 50

**해설**
안전율

$$안전율(안전계수) = \frac{극한강도}{허용응력}$$

1. 극한강도 $= \frac{극한하중}{단면적} = \frac{4,000}{2} = 2,000[N/mm^2]$
2. 안전율 $= \frac{극한강도}{허용응력} = \frac{2,000}{1,000} = 2$

**TIP** 1kN = 1,000N

**60** 연삭기의 숫돌 지름이 300mm일 경우 평형 플랜지의 지름은 몇 mm 이상으로 해야 하는가?

① 50
② 100
③ 150
④ 200

**해설**
플랜지의 지름
플랜지의 지름은 숫돌지름의 1/3 이상인 것을 사용하며 양쪽 모두 같은 크기로 한다.

$$플랜지의 \ 지름 = 숫돌지름 \times \frac{1}{3}$$

플랜지의 지름 $= 숫돌지름 \times \frac{1}{3} = 300 \times \frac{1}{3} = 100[mm]$

### 4과목 전기위험 방지기술

**61** 누전차단기를 설치하여야 하는 곳은?

① 기계기구를 건조한 장소에 시설한 경우
② 대지전압이 220V에서 기계기구를 물기가 없는 장소에 시설한 경우
③ 전기용품안전 관리법의 적용을 받는 2중 절연구조의 기계기구
④ 전원 측에 절연변압기(2차 전압이 300V 이하)를 시설한 경우

**해설**
누전차단기의 적용대상
1. 대지전압이 150볼트를 초과하는 이동형 또는 휴대형 전기기계·기구
2. 물 등 도전성이 높은 액체가 있는 습윤장소에서 사용하는 저압(1.5천볼트 이하 직류전압이나 1천볼트 이하의 교류전압)용 전기기계·기구
3. 철판·철골 위 등 도전성이 높은 장소에서 사용하는 이동형 또는 휴대형 전기기계·기구
4. 임시배선의 전로가 설치되는 장소에서 사용하는 이동형 또는 휴대형 전기기계·기구

**62** 누전으로 인한 화재의 3요소에 대한 요건이 아닌 것은?

① 접속점
② 출화점
③ 누전점
④ 접지점

**정답** 57 ④  58 ②  59 ①  60 ②  61 ②  62 ①

## 해설
**누전 화재의 3요소**
누전 화재는 전선의 충전부에서 금속 조영재 등으로 전류가 흘러들어 오는 누전점, 과열 개소의 출화점, 접지물로 전기가 들어오는 접지점의 3요소가 있다. 누전으로 인한 전기화재의 원인조사에 있어서도 이것을 분명히 하는 것이 중요하다.

## 63 다음 중 전압을 구분한 것으로 알맞은 것은?
① 저압이란 교류 600V 이하, 직류는 교류의 $\sqrt{2}$ 배 이하인 전압을 말한다.
② 고압이란 교류 7000V 이하, 직류 7500V 이하의 전압을 말한다.
③ 특고압이란 교류, 직류 모두 7000V를 초과하는 전압을 말한다.
④ 고압이란 교류, 직류 모두 7500V를 넘지 않는 전압을 말한다.

### 해설
**전압의 구분**

| 전원의 종류 | 저압 | 고압 | 특고압 |
|---|---|---|---|
| 직류[DC] | 1,500V 이하 | 1,500V 초과, 7,000V 이하 | 7,000V 초과 |
| 교류[AC] | 1,000V 이하 | 1,000V 초과, 7,000V 이하 | 7,000V 초과 |

**TIP** 본 문제는 법 개정으로 일부 내용이 수정되었습니다. 해설은 법 개정으로 수정된 내용이니 학습하세요.

## 64 어느 변전소에서 고장전류가 유입되었을 때 도전성구조물과 그 부근 지표상의 점과의 사이(약 1m)의 허용접촉전압은 약 몇 V인가?(단, 심실세동전류 : $I_k = \dfrac{0.165}{\sqrt{t}} A$, 인체의 저항 : 1000Ω, 지표면의 저항율 : 150Ω·m, 통전시간을 1초로 한다.)
① 202
② 186
③ 228
④ 164

### 해설
**허용접촉전압**
$$\text{허용접촉전압}(E) = \left(R_b + \dfrac{3\rho_s}{2}\right) \times I_k$$

여기서, $R_b$ : 인체의 저항[Ω], $\rho_s$ : 지표상층 저항률[Ω·m]
$$I_k : \dfrac{0.165}{\sqrt{T}} [A]$$

$$\text{허용접촉전압}(E) = \left(R_b + \dfrac{3\rho_s}{2}\right) \times I_k$$
$$= \left(1,000 + \dfrac{3 \times 150}{2}\right) \times \dfrac{0.165}{\sqrt{1}} = 202[V]$$

## 65 방폭구조와 기호의 연결이 틀린 것은?
① 압력방폭구조 : p
② 내압방폭구조 : d
③ 안전증방폭구조 : s
④ 본질안전방폭구조 : ia 또는 ib

### 해설
**방폭구조의 종류 및 기호**

| 종류 | 기호 | 종류 | 기호 | 종류 | 기호 |
|---|---|---|---|---|---|
| 내압방폭구조 | d | 안전증방폭구조 | e | 비점화방폭구조 | n |
| 압력방폭구조 | p | 특수방폭구조 | s | 몰드방폭구조 | m |
| 유입방폭구조 | o | 본질안전방폭구조 | i(ia, ib) | 충전방폭구조 | q |

## 66 다음은 전기안전에 관한 일반적인 사항을 기술한 것이다. 옳게 설명된 것은?
① 220V 동력용 전동기의 외함에 특별 제3종 접지공사를 하였다.
② 배선에 사용할 전선의 굵기를 허용전류, 기계적 강도, 전압강하 등을 고려하여 결정하였다.
③ 누전을 방지하기 위해 피뢰침 설비를 설치하였다.
④ 전선 접속 시 전선의 세기가 30% 이상 감소되었다.

### 해설
**전기안전에 관한 일반적인 사항**
1. 누전을 방지하기 위해 누전차단기를 설치한다.
2. 피뢰침의 정의 : 낙뢰에 의한 충격전류를 대지로 안전하게 유도함으로써 낙뢰로 인해 생기는 건물의 화재·파손 및 사람과 가축에 대한 상해를 방지할 목적으로 설치하는 장치를 말한다.(건물과 내부의 사람이나 물체를 뇌해로부터 보호)
3. 전선의 세기(인장하중으로 표시)를 20% 이상 감소시키지 아니할 것

**정답** 63 ③  64 ①  65 ③  66 ②

**TIP** 1. 보기 ①의 내용은 법 개정으로 접지대상에 따라 일괄 적용한 종별접지(1종, 2종, 3종, 특별 3종)가 폐지되었습니다. 해설을 참고하세요.
2. 접지시스템

| 구분 | • 계통접지(System Earthing) : 전력계통에서 돌발적으로 발생하는 이상현상에 대비하여 대지와 계통을 연결하는 것으로, 중성점을 대지에 접속하는 것을 말한다.<br>• 보호접지(Protective Earthing) : 고장 시 감전에 대한 보호를 목적으로 기기의 한 점 또는 여러 점을 접지하는 것을 말한다.<br>• 피뢰시스템 접지 : 뇌격전류를 안전하게 대지로 보내기 위해 접지극을 대지에 접속하는 것을 말한다. |
|---|---|
| 종류 | • 단독접지 : (특)고압 계통의 접지극과 저압 접지계통의 접지극을 독립적으로 시설하는 접지방식<br>• 공통접지 : (특)고압 접지계통과 저압 접지계통을 등전위 형성을 위해 공통으로 접지하는 방식<br>• 통합접지 : 계통접지, 통신접지, 피뢰접지극의 접지극을 통합하여 접지하는 방식 |
| 구성<br>요소 | 접지시스템은 접지극, 접지도체, 보호도체 및 기타 설비로 구성한다. |
| 연결 | 접지극은 접지도체를 사용하여 주 접지단자에 연결하여야 한다. |

**67** 감전되어 사망하는 주된 메커니즘으로 틀린 것은?

① 심장부에 전류가 흘러 심실세동이 발생하여 혈액순환기능이 상실되어 일어난 것
② 흉골에 전류가 흘러 혈압이 약해져 뇌에 산소공급 기능이 정지되어 일어난 것
③ 뇌의 호흡중추 신경에 전류가 흘러 호흡기능이 정지되어 일어난 것
④ 흉부에 전류가 흘러 흉부수축에 의한 질식으로 일어난 것

**해설**
전격(감전)현상의 메커니즘
1. 심장부에 전류가 흘러 심실세동이 발생하여 혈액순환기능이 상실되어 일어난 것
2. 뇌의 호흡중추신경에 전류가 흘러 호흡기능이 정지되어 일어난 것
3. 흉부에 전류가 흘러 흉부근육수축에 의한 질식으로 일어난 것

**68** 고압 및 특고압의 전로에 시설하는 피뢰기에 접지공사를 할 때 접지저항의 최댓값은 몇 Ω 이하로 해야 하는가?

① 100   ② 20
③ 10    ④ 5

**해설**
피뢰기의 설치장소(고압 및 특고압 전로)
고압 및 특고압의 전로 중 다음의 곳 또는 이에 근접한 곳에는 피뢰기를 시설하고 피뢰기 접지저항 값은 10Ω 이하로 하여야 한다.
1. 발전소・변전소 또는 이에 준하는 장소의 가공전선 인입구 및 인출구
2. 특고압 가공전선로에 접속하는 배전용 변압기의 고압 측 및 특고압 측
3. 고압 또는 특고압의 가공전선로로부터 공급을 받는 수용장소의 인입구
4. 가공전선로와 지중전선로가 접속되는 곳

**69** 인체의 손과 발 사이에 과도전류를 인가한 경우에 파두장 $700\mu s$에 따른 전류파고치의 최댓값은 약 몇 mA 이하인가?

① 4     ② 40
③ 400   ④ 800

**70** 인체저항에 대한 설명으로 옳지 않은 것은?

① 인체저항은 접촉면적에 따라 변한다.
② 피부저항은 물에 젖어 있는 경우 건조 시의 약 1/12로 저하된다.
③ 인체저항은 한 개의 단일 저항체로 보아 최악의 상태를 적용한다.
④ 인체에 전압이 인가되면 체내로 전류가 흐르게 되어 전격의 정도를 결정한다.

**해설**
피부의 전기저항(습기에 의한 변화)
1. 피부가 젖어 있는 경우에는 건조한 경우에 비해 1/10로 감소
2. 땀이 난 경우 1/12~1/20로 감소
3. 물에 젖은 경우 1/25로 감소

**71** 욕실 등 물기가 많은 장소에서 인체감전보호형 누전차단기의 정격감도전류와 동작시간은?

① 정격감도전류 30mA, 동작시간 0.01초 이내
② 정격감도전류 30mA, 동작시간 0.03초 이내
③ 정격감도전류 15mA, 동작시간 0.01초 이내
④ 정격감도전류 15mA, 동작시간 0.03초 이내

**정답** 67 ② 68 ③ 69 ② 70 ② 71 ④

### 해설
옥내에 시설하는 저압용의 배선기구의 시설
욕조나 샤워시설이 있는 욕실 또는 화장실 등 인체가 물에 젖어 있는 상태에서 전기를 사용하는 장소에 콘센트를 시설하는 경우에는 다음에 따라 시설하여야 한다.
1. 인체감전보호용 누전차단기(정격감도전류 15 mA 이하, 동작시간 0.03초 이하의 전류동작형의 것에 한함) 또는 절연변압기(정격용량 3 kVA 이하인 것에 한함)로 보호된 전로에 접속하거나, 인체감전보호용 누전차단기가 부착된 콘센트를 시설하여야 한다.
2. 콘센트는 접지극이 있는 방적형 콘센트를 사용하여 접지하여야 한다.

**72** 정격 사용률이 30%, 정격 2차 전류가 300A인 교류아크 용접기를 200A로 사용하는 경우의 허용사용률(%)은?

① 67.5  ② 91.6
③ 110.3  ④ 130.5

### 해설
허용사용률

$$\text{허용사용률} = \frac{(\text{정격 2차 전류})^2}{(\text{실제용접전류})^2} \times \text{정격사용률}$$

$\text{허용사용률} = \frac{(\text{정격2차전류})^2}{(\text{실제용접전류})^2} \times \text{정격사용률}$
$= \frac{(300)^2}{(200)^2} \times 30 = 67.5[\%]$

**73** 전동기용 퓨즈의 사용 목적으로 알맞은 것은?

① 과전압 차단
② 누설전류 차단
③ 지락과전류 차단
④ 회로에 흐르는 과전류 차단

### 해설
퓨즈
일정치 이상의 과전류를 차단하여 전로나 기기를 보호하는 장치이다.

**74** 단로기를 사용하는 주된 목적은?

① 과부하 차단  ② 변성기의 개폐
③ 이상전압의 차단  ④ 무부하 선로의 개폐

### 해설
단로기(DS : disconnecting switch)
1. 무부하 상태에서만 차단이 가능하며, 부하상태에서 개폐하면 위험하다.
2. 차단기의 전후 또는 차단기의 측로회로 및 회로접속의 변환에 사용한다.

**75** 전격에 의해 심실세동이 일어날 확률이 가장 큰 심장 맥동주기 파형의 설명으로 옳은 것은?(단, 심장 맥동주기를 심전도에서 보았을 때의 파형이다.)

① 심실의 수축에 따른 파형이다.
② 심실의 팽창에 따른 파형이다.
③ 심실의 수축 종료 후 심실의 휴식 시 발생하는 파형이다.
④ 심실의 수축 시작 후 심실의 휴식 시 발생하는 파형이다.

### 해설
심장의 맥동주기
1. P파 : 심방수축에 따른 파형이다.
2. Q-R-S파 : 심실수축에 따른 파형이다.
3. T파 : 심실의 수축 종료 후 심실의 휴식 시 발생하는 파형이다.
4. R-R : 심장의 맥동주기
※ 전격이 인가되면 심실세동을 일으키는 확률이 가장 크고 위험한 부분은 심실의 휴식 시 발생하는 T파 부분이다.

**76** Freiberger가 제시한 인체의 전기적 등가회로는 다음 중 어느 것인가?(단, 단위는 다음과 같다. 단위 : $R(\Omega)$, $L(H)$, $C(F)$)

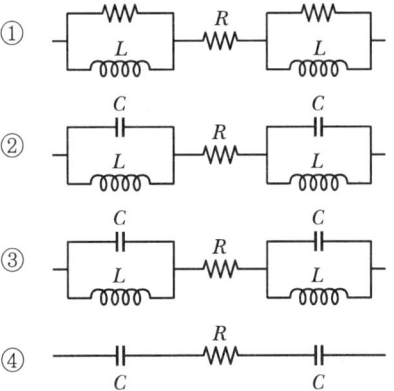

**정답** 72 ① 73 ④ 74 ④ 75 ③ 76 ②

**해설**

인체의 등가회로
인체의 등가저항은 인체 피부저항과 인체 내부저항의 합으로 나타낼 수 있다.

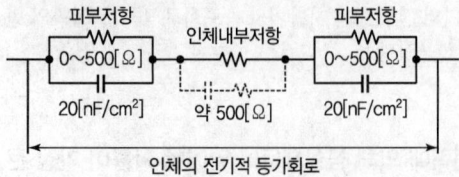

인체의 전기적 등가회로

**77** 아크용접작업 시 감전사고 방지대책으로 틀린 것은?
① 절연 장갑의 사용   ② 절연 용접봉의 사용
③ 적정한 케이블의 사용   ④ 절연 용접봉 홀더의 사용

**해설**

아크용접작업 시 감전사고 방지대책
1. 자동전격방지장치를 부착
2. 규격품 용접용 홀더의 사용(절연 용접봉 홀더의 사용)
3. 아크전류에 적절한 굵기의 케이블 사용

| 1차 측 전선(전원 측) | 2차 측 전선(홀더 측) |
|---|---|
| 3심 캡타이어 케이블 | 용접용 케이블 또는 2종 이상의 캡타이어 케이블 |

4. 용접기 외함 및 피용접모재 접지 실시
5. 용접기 단자와 케이블 접속단자 절연방호
6. 절연장갑의 사용 등

**78** 전격의 위험을 결정하는 주된 인자로 가장 거리가 먼 것은?
① 통전전류   ② 통전시간
③ 통전경로   ④ 통전전압

**해설**

감전재해의 요인

| | |
|---|---|
| 1차적 감전요소 | • 통전 전류의 크기 : 크면 위험, 인체의 저항이 일정할 때 접촉전압에 비례<br>• 통전 경로 : 인체의 주요한 부분을 흐를수록 위험<br>• 통전시간 : 장시간 흐르면 위험<br>• 전원의 종류 : 전원의 크기(전압)가 동일한 경우 교류가 직류보다 위험하다. |
| 2차적 감전요소 | • 인체의 조건(저항) : 땀에 젖어 있거나 물에 젖어 있는 경우 인체의 저항이 감소하므로 위험성이 높아진다.<br>• 전압 : 전압의 크기가 클수록 위험하다.<br>• 계절 : 계절에 따라 인체의 저항이 변화하므로 전격에 대한 위험도에 영향을 준다. |

**79** 교류아크 용접기의 자동전격 방지장치란 용접기의 2차 전압을 25V 이하로 자동조절하여 안전을 도모하려는 것이다. 다음 사항 중 어떤 시점에서 그 기능이 발휘되어야 하는가?
① 전체 작업시간 동안
② 아크를 발생시킬 때만
③ 용접작업을 진행하고 있는 동안만
④ 용접작업 중단 직후부터 다음 아크 발생 시까지

**해설**

자동전격방지기
1. 교류 아크 용접기는 65~90(V)의 무부하 전압이 인가되어 감전의 위험성이 높으며, 자동전격방지기를 설치하여 아크 발생을 중단할 때 용접기의 2차(출력) 측 무부하 전압을 25~30(V) 이하로 유지시켜 감전의 위험을 줄이도록 되어 있다.
2. 즉, 용접 시에만 용접기의 주회로가 접속되고 그 외는 용접기 2차 전압을 안전 전압 이하로 제한한다.

**80** 저압방폭전기의 배관방법에 대한 설명으로 틀린 것은?
① 전선관용 부속품은 방폭구조에 정한 것을 사용한다.
② 전선관용 부속품은 유효 접속면의 깊이를 5mm 이상 되도록 한다.
③ 배선에서 케이블의 표면온도가 대상하는 발화온도에 충분한 여유가 있도록 한다.
④ 가요성 피팅(Fitting)은 방폭 구조를 이용하되 내측 반경을 5배 이상으로 한다.

### 5과목  화학설비위험방지기술

**81** 다음 중 산업안전보건법령상 위험물질의 종류와 해당 물질이 올바르게 연결된 것은?
① 부식성 산류 – 아세트산(농도 90%)
② 부식성 염기류 – 아세톤(농도 90%)
③ 인화성 가스 – 이황화탄소
④ 인화성 가스 – 수산화칼륨

정답  77 ② 78 ④ 79 ④ 80 ② 81 ①

해설

부식성 물질

| 부식성 산류 | • 농도가 20퍼센트 이상인 염산, 황산, 질산, 그 밖에 이와 같은 정도 이상의 부식성을 가지는 물질<br>• 농도가 60퍼센트 이상인 인산, 아세트산, 불산, 그 밖에 이와 같은 정도 이상의 부식성을 가지는 물질 |
|---|---|
| 부식성 염기류 | 농도가 40퍼센트 이상인 수산화나트륨, 수산화칼륨, 그 밖에 이와 같은 정도 이상의 부식성을 가지는 염기류 |

TIP 이황화탄소, 아세톤 : 인화성 액체

## 82 다음의 2가지 물질을 혼합 또는 접촉하였을 때 발화 또는 폭발의 위험성이 가장 낮은 것은?

① 니트로셀룰로오스와 물
② 나트륨과 물
③ 염소산칼륨과 유황
④ 황화인과 무기과산화물

해설

니트로셀룰로오스(Nitro Cellulose, NC : 질화면, 질산섬유소)
1. 안전 용제로 저장 중에 물(20%) 또는 알코올(30%)로 습윤하여 저장·운반한다.
2. 습윤상태에서 건조되면 충격, 마찰 시 예민하고 발화 폭발의 위험이 증대된다.

## 83 다음 중 자연발화에 대한 설명으로 틀린 것은?

① 분해열에 의해 자연발화가 발생할 수 있다.
② 입자의 표면적이 넓을수록 자연발화가 발생하기 쉽다.
③ 자연발화가 발생되지 않기 위해 습도를 가능한 한 높게 유지시킨다.
④ 열의 축적은 자연발화를 일으킬 수 있는 인자이다.

해설

자연발화

| 자연발화의 조건<br>(자연발화가 쉽게 일어나는 조건) | • 표면적이 넓을 것<br>• 열전도율이 작을 것<br>• 발열량이 클 것<br>• 주위의 온도가 높을 것(분자운동 활발)<br>• 수분이 적당량 존재할 것 |
|---|---|

| 자연발화의 인자 | • 열의 축적(클수록) : 열축적이 용이할수록 자연발화가 되기 쉽다.<br>• 발열량(클수록) : 발열량이 큰 물질일수록 자연발화가 되기 쉽다.<br>• 열전도율 : 열전도율이 작을수록 자연발화가 되기 쉽다.<br>• 수분 : 적당량의 수분이 존재할 때 자연발화가 쉽다.<br>• 퇴적방법 : 열 축적이 용이하게 가연물이 적재되어 있으면 자연발화가 쉽다.<br>• 공기의 유동 : 공기의 이동이 잘 안 될수록 열 축적이 용이하여 자연발화가 되기 쉽다. |
|---|---|

## 84 다음 물질 중 인화점이 가장 낮은 물질은?

① 이황화탄소
② 아세톤
③ 크실렌
④ 경유

해설

인화성 액체의 인화점

| 액체 | 인화점 | 액체 | 인화점 |
|---|---|---|---|
| 이황화탄소 | -30℃ | 크실렌 | 17.2~32 |
| 아세톤 | -18℃ | 경유 | 50℃ |

## 85 폭발을 기상폭발과 응상폭발로 분류할 때 다음 중 기상폭발에 해당되지 않는 것은?

① 분진폭발
② 혼합가스폭발
③ 분무폭발
④ 수증기폭발

해설

폭발의 분류

| 공정에 따른 분류 | 핵 폭발 | 원자핵의 분열이나 융합에 의한 강열한 에너지 방출 현상 |
|---|---|---|
| | 물리적 폭발 | 화학적 변화 없이 물리 변화를 주체로 한 폭발의 형태(탱크의 감압폭발, 수증기 폭발, 고압용기의 폭발, 전선폭발, 보일러 폭발 등) |
| | 화학적 폭발 | 화학반응이 관여하는 화학적 특성 변화에 의한 폭발(산화폭발, 분해폭발, 중합폭발, 반응폭주) |
| 원인물질의 상태에 따른 분류 | 기상 폭발 | 가스폭발, 분무폭발, 분진폭발, 가스분해폭발, 증기운폭발 |
| | 응상 폭발 | 수증기폭발(액체일 때), 증기폭발(액화가스일 때), 전선폭발 |

정답 82 ① 83 ③ 84 ① 85 ④

**86** 물질을 폭발 범위가 넓은 것부터 좁은 순서로 바르게 배열한 것은?

| $H_2$ | $C_3H_8$ | $CH_4$ | $CO$ |

① $CO > H_2 > C_3H_8 > CH_4$
② $H_2 > CO > CH_4 > C_3H_8$
③ $C_3H_8 > CO > CH_4 > H_2$
④ $CH_4 > H_2 > CO > C_3H_8$

**해설**

주요 가연성 가스의 폭발범위

| 가연성 가스 | 폭발하한 값(%) | 폭발상한 값(%) | 폭발범위 |
|---|---|---|---|
| 수소($H_2$) | 4.0 | 75.0 | 75.0 − 4.0 = 71.0 |
| 일산화탄소($CO$) | 12.5 | 74.0 | 74.0 − 12.5 = 61.5 |
| 프로판($C_3H_8$) | 2.1 | 9.5 | 9.5 − 2.1 = 7.4 |
| 메탄($CH_4$) | 5.0 | 15.0 | 15.0 − 5.0 = 10.0 |

**87** 다음 중 관의 지름을 변경하고자 할 때 필요한 관 부속품은?

① reducer  ② elbow
③ plug  ④ valve

**해설**

관로의 크기를 바꿀 때(관의 지름을 변경할 때)
1. 리듀서(reducer)
2. 부싱(bushin)

**88** 메탄($CH_4$) 70vol%, 부탄($C_4H_{10}$) 30vol% 혼합가스의 25℃, 대기압에서의 공기 중 폭발하한계(vol%)는 약 얼마인가?(단, 각 물질의 폭발하한계는 다음 식을 이용하여 추정, 계산한다.)

$$C_{st} = \frac{1}{1+4.77 \times O_2} \times 100, \quad L_{25} ≒ 0.55 C_{st}$$

① 1.2  ② 3.2
③ 5.7  ④ 7.7

**해설**

혼합가스의 폭발범위 계산
1. 메탄($CH_4$)
  ㉠ 메탄($CH_4$)의 $O_2$

$$\left(n + \frac{m-f-2\lambda}{4}\right) = \left(1 + \frac{4}{4}\right) = 2$$

(단, $CH_4 \rightarrow n=1, m=4, f=0, \lambda=0$)
  ㉡ 메탄($CH_4$)의 폭발하한계

$$C_{st} = \frac{1}{1+4.77 \times O_2} \times 100$$
$$= \frac{1}{1+4.77 \times 2} \times 100 = 9.487$$
$$\rightarrow L_{25} ≒ 0.55 C_{st} = 0.55 \times 9.487 = 5.21[vol\%]$$

2. 부탄($C_4H_{10}$)
  ㉠ 부탄($C_4H_{10}$)의 $O_2$

$$\left(n + \frac{m-f-2\lambda}{4}\right) = \left(4 + \frac{10}{4}\right) = 6.5$$

(단, $C_4H_{10} \rightarrow n=4, m=10, f=0, \lambda=0$)
  ㉡ 부탄($C_4H_{10}$)의 폭발하한계

$$C_{st} = \frac{1}{1+4.77 \times O_2} \times 100$$
$$= \frac{1}{1+4.77 \times 6.5} \times 100 = 3.124$$
$$\rightarrow L_{25} ≒ 0.55 C_{st} = 0.55 \times 3.124 = 1.72[vol\%]$$

3. 르 샤틀리에(Le Chatelier)의 법칙(혼합가스의 폭발범위 계산)

$$\frac{100}{L} = \frac{V_1}{L_1} + \frac{V_2}{L_2} + \frac{V_2}{L_3} \cdots\cdots$$

$$L = \frac{100}{\frac{V_1}{L_1} + \frac{V_2}{L_2} + \cdots\cdots + \frac{V_n}{L_n}}$$

여기서, $V_n$ : 전체 혼합가스 중 각 성분 가스의 체적(비율)[%]
$L_n$ : 각 성분 단독의 폭발한계(상한 또는 하한)
$L$ : 혼합가스의 폭발한계(상한 또는 하한)[vol%]

$$\frac{100}{L} = \frac{70}{5.21} + \frac{30}{1.72} = 3.24[vol\%]$$

**89** 다음 중 완전연소 조성농도가 가장 낮은 것은?

① 메탄($CH_4$)  ② 프로판($C_3H_8$)
③ 부탄($C_4H_{10}$)  ④ 아세틸렌($C_2H_2$)

**해설**

완전연소 조성농도(화학양론농도)

$$C_{st} = \frac{100}{1+4.773\left(n+\frac{m-f-2\lambda}{4}\right)}$$

여기서, $n$ : 탄소의 원자수, $m$ : 수소의 원자수
$f$ : 할로겐 원소의 원자수, $\lambda$ : 산소의 원자수

정답  86 ②  87 ①  88 ②  89 ③

1. 메탄($CH_4$)의 완전연소 조성농도

$$C_{st} = \frac{100}{1+4.773\left(n+\frac{m-f-2\lambda}{4}\right)}$$

$$= \frac{100}{1+4.773\left(1+\frac{4}{4}\right)} = 9.48[\%]$$

(단, $CH_4 \to n=1, m=4, f=0, \lambda=0$)

2. 프로판($C_3H_8$)의 완전연소 조성농도

$$C_{st} = \frac{100}{1+4.773\left(n+\frac{m-f-2\lambda}{4}\right)}$$

$$= \frac{100}{1+4.773\left(3+\frac{8}{4}\right)} = 4.02[\%]$$

(단, $C_3H_8 \to n=3, m=8, f=0, \lambda=0$)

3. 부탄($C_4H_{10}$)의 완전연소 조성농도

$$C_{st} = \frac{100}{1+4.773\left(n+\frac{m-f-2\lambda}{4}\right)}$$

$$= \frac{100}{1+4.773\left(4+\frac{10}{4}\right)} = 3.12[\%]$$

(단, $C_4H_{10} \to n=4, m=10, f=0, \lambda=0$)

4. 아세틸렌($C_2H_2$)의 완전연소 조성농도

$$C_{st} = \frac{100}{1+4.773\left(n+\frac{m-f-2\lambda}{4}\right)}$$

$$= \frac{100}{1+4.773\left(2+\frac{2}{4}\right)} = 7.73[\%]$$

(단, $C_2H_2 \to n=2, m=2, f=0, \lambda=0$)

**90** 산업안전보건법령상 안전밸브 등의 전단·후단에는 차단밸브를 설치하여서는 아니 되지만 다음 중 자물쇠형 또는 이에 준하는 형식의 차단밸브를 설치할 수 있는 경우로 틀린 것은?

① 인접한 화학설비 및 그 부속설비에 안전밸브 등이 각각 설치되어 있고, 해당 화학설비 및 그 부속설비의 연결배관에 차단밸브가 없는 경우
② 안전밸브 등의 배출용량의 4분의 1 이상에 해당하는 용량의 자동압력조절밸브와 안전밸브 등이 직렬로 연결된 경우
③ 화학설비 및 그 부속설비에 안전밸브 등이 복수방식으로 설치되어 있는 경우
④ 열팽창에 의하여 상승된 압력을 낮추기 위한 목적으로 안전밸브가 설치된 경우

**해설**

차단밸브 설치금지
안전밸브 등의 배출용량의 2분의 1 이상에 해당하는 용량의 자동압력조절밸브(구동용 동력원의 공급을 차단하는 경우 열리는 구조인 것으로 한정한다)와 안전밸브 등이 병렬로 연결된 경우

**91** 다음 중 상온에서 물과 격렬히 반응하여 수소를 발생시키는 물질은?

① Au
② K
③ S
④ Ag

**해설**

칼륨(K)

$$2K + 2H_2O \to 2KOH + H$$
(칼륨) (물) (수산화칼륨) (수소)

**TIP**
1. 상온에서 고체인 것은 구리(Cu), 아연(Zn), 철(Fe), 금(Au), 은(Ag), 탄소(C) 등으로 물과 반응 시 녹는점이 아주 낮아 반응하지 않는다.
2. 금수성 물질(물과 접촉을 금지해야 하는 물질)
  - 칼륨
  - 칼슘
  - 알킬알루미늄
  - 나트륨
  - 알킬리튬
  - 탄화칼슘 등
  - 리튬
  - 마그네슘
  - 철분
  - 금속분 등

**92** 반응성 화학물질의 위험성은 실험에 의한 평가 대신 문헌조사 등을 통해 계산에 의해 평가하는 방법을 사용할 수 있다. 이에 관한 설명으로 옳지 않은 것은?

① 위험성이 너무 커서 물성을 측정할 수 없는 경우 계산에 의한 평가 방법을 사용할 수도 있다.
② 연소열, 분해열, 폭발열 등의 크기에 의해 그 물질의 폭발 또는 발화의 위험예측이 가능하다.
③ 계산에 의한 평가를 하기 위해서는 폭발 또는 분해에 따른 생성물의 예측이 이루어져야 한다.
④ 계산에 의한 위험성 예측은 모든 물질에 대해 정확성이 있으므로 더 이상의 실험을 필요로 하지 않는다.

**해설**

계산에 의한 위험성 예측은 물질에 따라 차이가 날 수 있으므로 실험을 통해 더 정확한 값을 구해야 한다.

**정답** 90 ② 91 ② 92 ④

## 93 유체의 역류를 방지하기 위해 설치하는 밸브는?

① 체크밸브  ② 게이트밸브
③ 대기밸브  ④ 글로브밸브

**해설**

밸브

| 체크밸브 | 유체의 역류를 방지하는 밸브이며, 펌프의 토출구 등에 많이 사용된다. |
|---|---|
| 게이트밸브 | 유체의 흐름과 직각으로 움직이는 게이트를 상하 운동에 의행 유량 조절(저수지 수문과 같은 것으로 섬세한 유량의 조절은 힘들다.) |
| 대기밸브 | 항상 탱크 내의 압력을 대기압과 평형한 압력으로 유지하는 밸브 |
| 글로브밸브 | 유체의 흐름과 평행하게 밸브가 개폐(가정에서 사용하는 수도꼭지 같은 것으로 섬세한 유량을 조절할 수 있다.) |

## 94 다음 중 마그네슘의 저장 및 취급에 관한 설명으로 틀린 것은?

① 산화제와 접촉을 피한다.
② 고온의 물이나 과열 수증기가 접촉하면 격렬히 반응하므로 주의한다.
③ 분말은 분진폭발성이 있으므로 누설되지 않도록 포장한다.
④ 화재 발생 시 물의 사용을 금하고, 이산화탄소소화기를 사용하여야 한다.

**해설**

마그네슘의 저장 및 취급방법
1. 고온에서 유황 및 할로겐, 산화제와 접촉하면 매우 격렬하게 발열한다.
2. 상온에서는 물을 분해하지 못해 안정하고, 뜨거운 물이나 과열 수증기와 접촉하면 격렬하게 수소를 발생하며 연소 시 주수하면 위험성이 증대된다.
3. 분진 폭발의 위험이 있으므로 분진이 비산되지 않도록 주의한다.
4. 일단 연소하면 소화가 곤란하나 초기 소화 또는 대규모 화재 시는 석회분, 마른 모래 등으로 소화한다.
5. 물, $CO_2$, $N_2$, 포, 할로겐 화합물 소화약제는 소화 적응성이 없으므로 절대 사용을 엄금한다.

## 95 다음 중 화재 시 주수에 의해 오히려 위험성이 증대되는 물질은?

① 황린  ② 니트로셀룰로오스
③ 적린  ④ 금속나트륨

**해설**

금속나트륨과 물의 반응 시 다량의 수소가 발생하여 위험하다.

$$2Na + 2H_2O \rightarrow 2KOH + H$$
(나트륨) (물) (수산화칼륨) (수소)

**TIP** 금수성 물질(물과 접촉을 금지해야 하는 물질)
1. 칼륨       6. 나트륨
2. 리튬       7. 철분
3. 칼슘       8. 알킬리튬
4. 마그네슘    9. 금속분 등
5. 알킬알루미늄  10. 탄화칼슘 등

## 96 압축기와 송풍의 관로에 심한 공기의 맥동과 진동을 발생하면서 불안정한 운전이 되는 서징(surging) 현상의 방지법으로 옳지 않은 것은?

① 풍량을 감소시킨다.
② 배관의 경사를 완만하게 한다.
③ 교축밸브를 기계에서 멀리 설치한다.
④ 토출가스를 흡입 측에 바이패스시키거나 방출밸브에 의해 대기로 방출시킨다.

**해설**

조치사항
1. 교축밸브를 기계에 가까이 설치한다.
2. 임펠러의 회전수를 변경시킨다.

**TIP** 교축밸브
통로의 단면적을 교축현상(직경이 일정한 배관을 어느 일정한 부위에서 직경을 줄임)으로 감압과 유량을 조절하는 밸브

## 97 다음 물질 중 공기에서 폭발상한계값이 가장 큰 것은?

① 사이클로헥산  ② 산화에틸렌
③ 수소       ④ 이황화탄소

**정답** 93 ① 94 ④ 95 ④ 96 ③ 97 ②

**해설**

주요 가연성 가스의 폭발범위

| 가연성 가스 | 폭발하한값(%) | 폭발상한값(%) |
|---|---|---|
| 아세틸렌($C_2H_2$) | 2.5 | 81.0 |
| 산화에틸렌($C_2H_4O$) | 3.0 | 80.0 |
| 수소($H_2$) | 4.0 | 75.0 |
| 일산화탄소(CO) | 12.5 | 74.0 |
| 프로판($C_3H_8$) | 2.1 | 9.5 |
| 에탄($C_2H_6$) | 3.0 | 12.5 |
| 메탄($CH_4$) | 5.0 | 15.0 |
| 부탄($C_4H_{10}$) | 1.8 | 8.4 |
| 이황화탄소($CS_2$) | 1.25 | 41.0 |

**98** 산업안전보건법령상 위험물질의 종류를 구분할 때 다음 물질들이 해당하는 것은?

리튬, 칼륨·나트륨, 황, 황린, 황화인·적린리튬, 칼륨·나트륨, 황, 황린, 황화인·적린

① 폭발성 물질 및 유기과산화물
② 산화성 액체 및 산화성 고체
③ 물반응성 물질 및 인화성 고체
④ 급성 독성 물질

**해설**

물반응성 물질 및 인화성 고체
1. 리튬
2. 칼륨·나트륨
3. 황
4. 황린
5. 황화인·적린
6. 셀룰로이드류
7. 알킬알루미늄·알킬리튬
8. 마그네슘 분말
9. 금속 분말(마그네슘 분말은 제외)
10. 알칼리금속(리튬·칼륨 및 나트륨은 제외)
11. 유기 금속화합물(알킬알루미늄 및 알킬리튬은 제외)
12. 금속의 수소화물
13. 금속의 인화물
14. 칼슘 탄화물, 알루미늄 탄화물
15. 그 밖에 1.부터 14.까지의 물질과 같은 정도의 발화성 또는 인화성이 있는 물질
16. 1.부터 15.까지의 물질을 함유한 물질

**99** 물과 탄화칼슘이 반응하면 어떤 가스가 생성되는가?

① 염소가스
② 아황산가스
③ 수성가스
④ 아세틸렌가스

**해설**

아세틸렌
$CaC_2$(탄화칼슘, 카바이드)은 백색 결정체로 자신은 불연성이나 물과 반응하여 아세틸렌을 발생시킨다.

$CaC_2$ + $2H_2O$ → $Ca(OH)_2$ + $C_2H_2$ + 31.88kcal
(탄화칼슘) + (물)　　(수산화칼슘) (아세틸렌)

**100** 다음 중 분진폭발에 관한 설명으로 틀린 것은?

① 가스폭발에 비교하여 연소시간이 짧고, 발생에너지가 작다.
② 최초의 부분적인 폭발이 분진의 비산으로 2차, 3차 폭발로 파급되어 피해가 커진다.
③ 가스에 비하여 불완전 연소를 일으키기 쉬우므로 연소 후 가스에 의한 중독 위험이 있다.
④ 폭발 시 입자가 비산하므로 이것에 부딪치는 가연물은 국부적으로 탄화를 일으킬 수 있다.

**해설**

분진 폭발의 특징
1. 폭발한계 내에서 분진의 휘발성분이 많을수록 폭발이 쉽다.
2. 가스폭발에 비해 연소속도나 폭발압력이 작다.
3. 가스폭발에 비해 연소시간이 길고 발생에너지가 크기 때문에 파괴력과 타는 정도가 크다.
4. 가스에 비해 불완전 연소의 가능성이 커서 일산화탄소의 존재로 인한 가스중독의 위험이 있다(가스폭발에 비하여 유독물의 발생이 많다.)
5. 화염속도보다 압력속도가 빠르다.
6. 주위 분진의 비산에 의해 2차, 3차의 폭발로 파급되어 피해가 커진다.
7. 연소열에 의한 화재가 동반되며, 연소입자의 비산으로 인체에 닿을 경우 심한 화상을 입는다.
8. 분진이 발화 폭발하기 위한 조건은 인화성, 미분상태, 공기 중에서의 교반과 유동, 점화원의 존재이다.

## 6과목 건설안전기술

**101** 터널 지보공을 조립하는 경우에는 미리 그 구조를 검토한 후 조립도를 작성하고, 그 조립도에 따라 조립하도록 하여야 하는데 이 조립도에 명시하여야 할 사항과 가장 거리가 먼 것은?

① 이음방법
② 단면규격
③ 재료의 재질
④ 재료의 구입처

**해설**
조립도

| 흙막이 지보공 | 흙막이판·말뚝·버팀대 및 띠장 등 부재의 배치·치수·재질 및 설치방법과 순서가 명시되어야 한다. |
|---|---|
| 터널 지보공 | 재료의 재질, 단면규격, 설치간격 및 이음방법 등을 명시하여야 한다. |
| 거푸집 동바리 | 부재의 재질·단면규격·설치간격 및 이음방법 등을 명시해야 한다. |

**102** 취급·운반의 원칙으로 옳지 않은 것은?

① 연속운반을 할 것
② 생산을 최고로 하는 운반을 생각할 것
③ 운반작업을 집중하여 시킬 것
④ 곡선운반을 할 것

**해설**
취급·운반의 원칙

| 구분 | 원칙 및 조건 |
|---|---|
| 운반의 5원칙 | • 이동되는 운반은 직선으로 할 것<br>• 연속으로 운반을 행할 것<br>• 효율(생산성)을 최고로 높일 것<br>• 자재 운반을 집중화할 것<br>• 가능한 한 수작업을 없앨 것 |
| 운반의 3조건 | • 운반(취급)거리는 극소화시킬 것<br>• 손이 가지 않는 작업 방법일 것<br>• 운반(이동)은 기계화 작업일 것 |

**103** 콘크리트 타설을 위한 거푸집동바리의 구조검토 시 가장 선행되어야 할 작업은?

① 각 부재에 생기는 응력에 대하여 안전한 단면을 산정한다.
② 가설물에 작용하는 하중 및 외력의 종류, 크기를 산정한다.
③ 하중·외력에 의하여 각 부재에 생기는 응력을 구한다.
④ 사용할 거푸집동바리의 설치간격을 결정한다.

**해설**
거푸집 동바리의 구조검토 순서

| 하중계산 | 거푸집 동바리에 작용하는 하중 및 외력의 종류, 크기를 산정한다. |
|---|---|
| ↓ | |
| 응력계산 | 하중·외력에 의하여 각 부재에 생기는 응력을 구한다. |
| ↓ | |
| 단면, 배치간격 계산 | 각 부재에 발생되는 응력에 대하여 안전한 단면 및 배치간격을 결정한다. |

**104** 산업안전보건법령에 따른 유해하거나 위험한 기계·기구에 설하여야 할 방호장치를 연결한 것으로 옳지 않은 것은?

① 포장기계 – 헤드 가드
② 예초기 – 날접촉 예방장치
③ 원심기 – 회전체 접촉 예방장치
④ 금속절단기 – 날접촉 예방장치

**해설**
유해·위험 방지를 위하여 방호조치가 필요한 기계·기구

| 대상 기계·기구 | 방호조치 |
|---|---|
| 예초기 | 날접촉 예방장치 |
| 원심기 | 회전체 접촉 예방장치 |
| 공기압축기 | 압력방출장치 |
| 금속절단기 | 날접촉 예방장치 |
| 지게차 | 헤드가드, 백레스트, 전조등, 후미등, 안전벨트 |
| 포장기계(진공포장기, 래핑기로 한정) | 구동부 방호 연동장치 |

**105** 이동식 비계를 조립하여 작업을 하는 경우에 대한 준수사항으로 옳지 않은 것은?

① 승강용 사다리는 견고하게 설치할 것
② 비계의 최상부에서 작업을 하는 경우에는 안전난간을 설치할 것
③ 작업발판의 최대적재하중은 400kg을 초과하지 않도록 할 것

**정답** 101 ④  102 ④  103 ②  104 ①  105 ③

④ 작업발판은 항상 수평을 유지하고 작업발판 위에서 안전난간을 딛고 작업을 하거나 받침대 또는 사다리를 사용하여 작업하지 않도록 할 것

**해설**

이동식 비계 조립 시의 준수사항
작업발판의 최대적재하중은 250킬로그램을 초과하지 않도록 할 것

**106** 철골구조의 앵커볼트매립과 관련된 준수사항 중 옳지 않은 것은?

① 기둥중심은 기준선 및 인접기둥의 중심에서 3mm 이상 벗어나지 않을 것
② 앵커 볼트는 매립 후에 수정하지 않도록 설치할 것
③ 베이스플레이트의 하단은 기준 높이 및 인접기둥의 높이에서 3mm 이상 벗어나지 않을 것
④ 앵커 볼트는 기둥중심에서 2mm 이상 벗어나지 않을 것

**해설**

앵커 볼트의 매립 시 준수사항
기둥중심은 기준선 및 인접기둥의 중심에서 5밀리미터 이상 벗어나지 않을 것

**107** 비계(달비계, 달대비계 및 말비계는 제외)의 높이가 2m 이상인 작업장소에 설치하는 작업발판의 구조 및 설비에 관한 기준으로 옳지 않은 것은?

① 작업발판의 폭이 40cm 이상이 되도록 한다.
② 발판재료 간의 틈은 3cm 이하로 한다.
③ 작업발판을 작업에 따라 이동시킬 경우에는 위험 방지에 필요한 조치를 한다.
④ 작업발판재료는 뒤집히거나 떨어지지 않도록 하나 이상의 지지물에 연결하거나 고정시킨다.

**해설**

비계(달비계, 달대비계 및 말비계는 제외)의 높이가 2미터 이상인 작업장소의 작업발판 설치기준
작업발판재료는 뒤집히거나 떨어지지 않도록 둘 이상의 지지물에 연결하거나 고정시킬 것

**108** 산업안전보건관리비계상기준에 따른 일반건설공사(갑), 대상액 「5억 원 이상~50억 원 미만」의 비율 및 기초액으로 옳은 것은?

① 비율 : 1.86%, 기초액 : 5,349,000원
② 비율 : 1.99%, 기초액 : 5,499,000원
③ 비율 : 2.35%, 기초액 : 5,400,000원
④ 비율 : 1.57%, 기초액 : 4,411,000원

**해설**

공사종류 및 규모별 산업안전보건관리비 계상기준표

| 공사 종류 | 대상액 5억 원 미만인 경우 적용비율(%) | 대상액 5억 원 이상 50억 원 미만인 경우 | | 대상액 50억 원 이상인 경우 적용비율(%) | 보건관리자 선임대상 건설공사의 적용비율(%) |
|---|---|---|---|---|---|
| | | 적용비율(%) | 기초액 | | |
| 건축공사 | 3.11% | 2.28% | 4,325,000원 | 2.37% | 2.64% |
| 토목공사 | 3.15% | 2.53% | 3,300,000원 | 2.60% | 2.73% |
| 중건설공사 | 3.64% | 3.05% | 2,975,000원 | 3.11% | 3.39% |
| 특수건설공사 | 2.07% | 1.59% | 2,450,000원 | 1.64% | 1.78% |

안전관리비 대상액 = 공사원가계산서 구성항목 중 직접재료비, 간접재료비와 직접노무비를 합한 금액(발주자가 재료를 제공할 경우에는 해당 재료비를 포함)

 본 문제는 법 개정으로 일부 내용이 수정되었습니다. 해설은 법 개정으로 수정된 내용이니 해설을 학습하세요.

**109** 강관비계를 조립할 때 준수하여야 할 사항으로 옳지 않은 것은?

① 띠장간격은 2m 이하로 설치하되, 첫 번째 띠장은 지상으로부터 3m 이하의 위치에 설치할 것
② 비계기둥의 간격은 띠장 방향에서 1.5m 이상 1.8m 이하로 할 것
③ 비계기둥의 제일 윗부분으로부터 31m 되는 지점 밑부분의 비계기둥은 2개의 강관으로 묶어 세울 것
④ 비계기둥 간의 적재하중은 400kg을 초과하지 않도록 할 것

**해설**

강관비계의 구조
1. 비계기둥의 간격은 띠장 방향에서는 1.85미터 이하, 장선 방향에서는 1.5미터 이하로 할 것. 다만, 다음 각 목의 어느 하나에 해당하는 작업의 경우에는 안전성에 대한 구조 검토를 실시하고 조립도를 작성하면 띠장 방향 및 장선 방향으로 각각 2.7미터 이하로 할 수 있다.
㉠ 선박 및 보트 건조작업

**정답** 106 ① 107 ④ 108 ① 109 ①

ⓒ 그 밖에 장비 반입·반출을 위하여 공간 등을 확보할 필요가 있는 등 작업의 성질상 비계기둥 간격에 관한 기준을 준수하기 곤란한 작업
2. 띠장 간격은 2.0미터 이하로 할 것. 다만, 작업의 성질상 이를 준수하기가 곤란하여 쌍기둥틀 등에 의하여 해당 부분을 보강한 경우에는 그러하지 아니하다.
3. 비계기둥의 제일 윗부분으로부터 31미터 되는 지점 밑부분의 비계기둥은 2개의 강관으로 묶어 세울 것. 다만, 브라켓(bracket) 등으로 보강하여 2개의 강관으로 묶을 경우 이상의 강도가 유지되는 경우에는 그러하지 아니하다.
4. 비계기둥 간의 적재하중은 400킬로그램을 초과하지 않도록 할 것

TIP 본 문제는 법 개정으로 일부 내용이 수정되었습니다. 해설은 법 개정으로 수정된 내용이니 해설을 학습하세요.

### 110 지반조사의 간격 및 깊이에 대한 내용으로 옳지 않은 것은?

① 조사간격은 지층상태, 구조물 규모에 따라 정한다.
② 절토, 개착, 터널구간은 기반암의 심도 5~6m까지 확인한다.
③ 지층이 복잡한 경우에는 기조사한 간격 사이에 보완조사를 실시한다.
④ 조사깊이는 액상화 문제가 있는 경우에는 모래층 하단에 있는 단단한 지층까지 조사한다.

해설
절토, 개착, 터널구간은 기반암의 심도 2[m]까지 확인한다.

### 111 옥외에 설치되어 있는 주행크레인에 대하여 이탈방지장치를 작동시키는 등 이탈 방지를 위한 조치를 하여야 하는 풍속기준으로 옳은 것은?

① 순간풍속이 20m/sec를 초과할 때
② 순간풍속이 25m/sec를 초과할 때
③ 순간풍속이 30m/sec를 초과할 때
④ 순간풍속이 35m/sec를 초과할 때

해설
폭풍 등에 의한 안전조치사항

| 풍속의 기준 | 내용 | 안전조치사항 |
|---|---|---|
| 순간풍속이 초당 30미터[m/s]를 초과 | 폭풍에 의한 이탈방지 | 옥외에 설치되어 있는 주행 크레인에 대하여 이탈방지장치를 작동시키는 등 이탈 방지를 위한 조치를 하여야 한다. |
| | 폭풍 등으로 인한 이상 유무 점검 | 옥외에 설치되어 있는 양중기를 사용하여 작업을 하는 경우에는 미리 기계 각 부위에 이상이 있는지를 점검하여야 한다. |
| 순간풍속이 초당 35미터[m/s]를 초과 | 붕괴 등의 방지 | 건설작업용 리프트(지하에 설치되어 있는 것은 제외한다)에 대하여 받침의 수를 증가시키는 등 그 붕괴 등을 방지하기 위한 조치를 하여야 한다. |
| | 폭풍에 의한 무너짐 방지 | 옥외에 설치되어 있는 승강기에 대하여 받침의 수를 증가시키는 등 승강기가 무너지는 것을 방지하기 위한 조치를 하여야 한다. |

### 112 토사붕괴 재해를 방지하기 위한 흙막이 지보공 설비를 구성하는 부재와 거리가 먼 것은?

① 말뚝　　② 버팀대
③ 띠장　　④ 턴버클

해설
턴버클(Turn buckle)
지지막대나 지지 와이어 로프 등의 길이를 조절하기 위한 기구로 철골 구조나 목조의 현장 조립 등에서 다시 세우기나 철근 가새 등에 사용하는 것을 말한다.

### 113 작업장소의 지형 및 지반 상태 등에 적합한 제한속도를 미리 정하지 않아도 되는 차량계 건설기계는 최대제한속도가 최대 시속 얼마 이하인 것을 의미하는가?

① 5km/hr 이하　　② 10km/hr 이하
③ 15km/hr 이하　　④ 20km/hr 이하

해설
제한속도의 지정
차량계 하역운반기계, 차량계 건설기계(최대제한속도가 시속 10킬로미터 이하인 것은 제외)를 사용하여 작업을 하는 경우 미리 작업장소의 지형 및 지반 상태 등에 적합한 제한속도를 정하고, 운전자로 하여금 준수하도록 하여야 한다.

정답　110 ②　111 ③　112 ④　113 ②

**114** 건설현장에서 작업 중 물체가 떨어지거나 날아올 우려가 있는 경우에 대한 안전조치에 해당하지 않는 것은?

① 수직보호망 설치
② 방호선반 설치
③ 울타리설치
④ 낙하물 방지망 설치

**해설**

물체가 떨어지거나 날아올 위험이 있는 경우의 위험방지
1. 낙하물 방지망 설치
2. 수직보호망 설치
3. 방호선반 설치
4. 출입금지구역 설정
5. 보호구 착용

**115** 항타기 또는 항발기의 권상용 와이어로프의 절단하중이 100ton일 때 와이어로프에 걸리는 최대하중을 얼마까지 할 수 있는가?

① 20ton
② 33.3ton
③ 40ton
④ 50ton

**해설**

안전계수

$$안전율(안전계수) = \frac{절단하중}{최대하중}$$

1. 항타기 또는 항발기의 권상용 와이어로프의 안전계수가 5 이상이 아니면 이를 사용해서는 아니 된다.
2. 최대하중 $= \frac{절단하중}{안전계수} = \frac{100}{5} = 20[ton]$

**116** 유해위험방지계획서를 제출해야 할 건설공사 대상 사업장 기준으로 옳지 않은 것은?

① 최대 지간길이가 40m 이상인 교량건설 등의 공사
② 지상높이가 31m 이상인 건축물
③ 터널 건설등의 공사
④ 깊이 10m 이상인 굴착공사

**해설**

유해위험방지계획서를 제출해야 될 건설공사
1. 다음 각 목의 어느 하나에 해당하는 건축물 또는 시설 등의 건설·개조 또는 해체공사
   ㉠ 지상높이가 31미터 이상인 건축물 또는 인공구조물
   ㉡ 연면적 3만제곱미터 이상인 건축물
   ㉢ 연면적 5천제곱미터 이상인 시설로서 다음의 어느 하나에 해당하는 시설
   - 문화 및 집회시설(전시장 및 동물원·식물원은 제외)
   - 판매시설, 운수시설(고속철도의 역사 및 집배송시설은 제외)
   - 종교시설
   - 의료시설 중 종합병원
   - 숙박시설 중 관광숙박시설
   - 지하도상가
   - 냉동·냉장 창고시설
2. 연면적 5천제곱미터 이상인 냉동·냉장 창고시설의 설비공사 및 단열공사
3. 최대 지간길이(다리의 기둥과 기둥의 중심 사이의 거리)가 50미터 이상인 다리의 건설등 공사
4. 터널의 건설 등 공사
5. 다목적댐, 발전용댐, 저수용량 2천만톤 이상의 용수 전용 댐 및 지방상수도 전용 댐의 건설 등 공사
6. 깊이 10미터 이상인 굴착공사

**117** 공사현장에서 가설계단을 설치하는 경우 높이가 3m를 초과하는 계단에는 높이 3m 이내마다 최소 얼마 이상의 너비를 가진 계단참을 설치하여야 하는가?

① 3.5m
② 2.5m
③ 1.2m
④ 1.0m

**해설**

계단참의 설치
높이가 3미터를 초과하는 계단에 높이 3미터 이내마다 진행방향으로 길이 1.2미터 이상의 계단참을 설치해야 한다.

**118** 이동식 비계를 조립하여 작업을 하는 경우에 작업발판의 최대적재하중은 몇 kg을 초과하지 않도록 해야 하는가?

① 150kg
② 200kg
③ 250kg
④ 300kg

**해설**

이동식 비계 조립 시의 준수사항
작업발판의 최대적재하중은 250킬로그램을 초과하지 않도록 할 것

**119** 차량계 하역운반기계 등에 화물을 적재하는 경우의 준수사항이 아닌 것은?

① 하중이 한쪽으로 치우치지 않도록 적재할 것
② 구내운반차 또는 화물자동차의 경우 화물의 붕괴 또는 낙하에 의한 위험을 방지하기 위하여 화물에 로프를 거는 등 필요한 조치를 할 것
③ 운전자의 시야를 가리지 않도록 화물을 적재할 것
④ 차륜의 이상 유무를 점검할 것

> 해설

화물 적재 시의 조치
1. 하중이 한쪽으로 치우치지 않도록 적재할 것
2. 구내운반차 또는 화물자동차의 경우 화물의 붕괴 또는 낙하에 의한 위험을 방지하기 위하여 화물에 로프를 거는 등 필요한 조치를 할 것
3. 운전자의 시야를 가리지 않도록 화물을 적재할 것
4. 화물을 적재하는 경우에는 최대적재량을 초과하지 않을 것

**120** 보일링(Boiling) 현상에 관한 설명으로 옳지 않은 것은?

① 지하수위가 높은 모래 지반을 굴착할 때 발생하는 현상이다.
② 보일링 현상에 대한 대책의 일환으로 공사기간 중 지하수위를 일정하게 유지시켜야 한다.
③ 보일링 현상이 발생하는 경우 흙막이 보는 지지력이 저하된다.
④ 아랫부분의 토사가 수압을 받아 굴착한 곳으로 밀려나와 굴착부분을 다시 메우는 현상이다.

> 해설

보일링(Boiling) 현상
1. 정의
   사질토 지반에서 굴착저면과 흙막이 배면과의 수위 차이로 인해 굴착저면의 흙과 물이 함께 위로 솟구쳐 오르는 현상

2. 안전대책
   ㉠ 차수성이 높은 흙막이벽 설치
   ㉡ 흙막이 근입깊이를 깊게
   ㉢ 약액주입 등의 굴착면 고결
   ㉣ 주변의 지하수위저하(웰포인트 공법 등)
   ㉤ 압성토 공법

# PART 02
## 07 2018년 1회 기출문제

### 1과목 안전관리론

**01** 기업 내 정형교육 중 TWI(Training Within Industry)의 교육내용이 아닌 것은?

① Job Method Training
② Job Relation Training
③ Job Instruction Training
④ Job Standardization Training

**해설**

TWI의 교육 과정
1. Job Method Training(JMT) : 작업방법훈련, 작업개선훈련
2. Job Instruction Training(JIT) : 작업지도훈련
3. Job Relations Training(JRT) : 인간관계훈련, 부하통솔법
4. Job Safety Training(JST) : 작업안전훈련

**02** 재해사례연구의 진행단계 중 다음 ( ) 안에 알맞은 것은?

재해 상황의 파악 → ( ㉠ ) → ( ㉡ ) → 근본적 문제점의 결정 → ( ㉢ )

① ㉠ 사실의 확인, ㉡ 문제점의 발견, ㉢ 대책수립
② ㉠ 문제점의 발견, ㉡ 사실의 확인, ㉢ 대책수립
③ ㉠ 사실의 확인, ㉡ 대책수립, ㉢ 문제점의 발견
④ ㉠ 문제점의 발견, ㉡ 대책수립, ㉢ 사실의 확인

**해설**

재해사례의 연구순서
1. 전제조건 : 재해상황의 파악
2. 제1단계 : 사실의 확인
3. 제2단계 : 문제점의 발견
4. 제3단계 : 근본적 문제점의 결정
5. 제4단계 : 대책의 수립

**03** 교육심리학의 학습이론에 관한 설명 중 옳은 것은?

① 파블로프(Pavlov)의 조건반사설은 맹목적 시행을 반복하는 가운데 자극과 반응이 결합하여 행동하는 것이다.
② 레빈(Lewin)의 장설은 후천적으로 얻게 되는 반사작용으로 행동을 발생시킨다는 것이다.
③ 톨만(Tolman)의 기호형태설은 학습자의 머리 속에 인지적 지도 같은 인지구조를 바탕으로 학습하려는 것이다.
④ 손다이크(Thorndike)의 시행착오설은 내적, 외적의 전체구조를 새로운 시점에서 파악하여 행동하는 것이다.

**해설**

학습이론
1. 조건반사설(Pavlov) : 일정한 훈련을 받으면 동일한 반응이나 새로운 행동의 변용을 가져올 수 있다.
2. 장이론(Lewin) : 개인의 심리학적 장이나 생활공간에서 동시에 작용하는 힘이 심리학적 행동에 영향을 미친다.
3. 기호형태설(Tolman) : 학습자의 머릿속에 인지적 지도 같은 인지구조를 바탕으로 학습하려는 것
4. 시행착오설(Thorndike) : 맹목적 시행을 반복하는 가운데 자극과 반응이 결합하여 행동하는 것(성공한 행동은 각인되고 실패한 행동은 배제)

**04** 레빈(Lewin)의 법칙 $B = f(P \cdot E)$ 중 $B$가 의미하는 것은?

① 인간관계
② 행동
③ 환경
④ 함수

**해설**

레윈(K. Lewin)의 행동법칙

$$B = f(P \cdot E)$$

여기서, $B$ : Behavior(인간의 행동)
$f$ : function(함수관계) : $P \cdot E$에 영향을 줄 수 있는 조건
$P$ : person(개체, 개인의 자질, 연령, 경험, 심신상태, 성격, 지능 등)
$E$ : Environment(심리적 환경 – 작업환경, 인간관계, 설비적 결함 등)

레윈의 이론
인간의 행동($B$)은 개인의 자질과 심리학적 환경과의 상호함수관계이다.

**정답** 01 ④ 02 ① 03 ③ 04 ②

**05** 학습지도의 형태 중 몇 사람의 전문가에 의해 과정에 관한 견해를 발표하고 참가자로 하여금 의견이나 질문을 하게 하는 토의방식은?

① 포럼(Form)
② 심포지엄(Symposium)
③ 버즈세션(Buzz session)
④ 자유토의법(Fee Discussion Method)

**해설**
토의법의 종류
1. 자유토의법 : 참가자가 주어진 주제에 대하여 자유로운 발표와 토의를 통하여 서로의 의견을 교환하고 상호이해력을 높이며 의견을 절충해 나가는 방법
2. 패널 디스커션(Panel Discussion) : 전문가 4~5명이 피교육자 앞에서 자유로이 토의를 하고, 그 후에 피교육자 전원이 사회자의 사회에 따라 토의하는 방법
3. 심포지엄(Symposium) : 발제자 없이 몇 사람의 전문가에 의하여 과제에 관한 견해를 발표한 뒤에 참가자로 하여금 의견이나 질문을 하게 하여 토의하는 방법
4. 포럼(Forum)
   ㉠ 사회자의 진행으로 몇 사람이 주제에 대하여 발표한 후 피교육자가 질문을 하고 토론해 나가는 방법
   ㉡ 새로운 자료나 주제를 내보이거나 발표한 후 피교육자로 하여금 문제나 의견을 제시하게 하고 다시 깊이 있게 토론해 나가는 방법
5. 버즈 세션(Buzz Session) : 6-6 회의라고도 하며, 참가자가 다수인 경우에 전원을 토의에 참가시키기 위한 방법으로 소집단을 구성하여 회의를 진행시키는 방법

**06** 산업안전보건법령상 지방고용노동관서의 장이 사업주에게 안전관리자·보건관리자 또는 안전보건관리담당자를 정수 이상으로 증원하게 하거나 교체하여 임명할 것을 명할 수 있는 경우의 기준 중 다음 ( ) 안에 알맞은 것은?

- 중대재해가 연간 ( ㉠ )건 이상 발생한 경우
- 해당 사업장의 연간재해율이 같은 업종의 평균재해율의 ( ㉡ )배 이상인 경우

① ㉠ 3, ㉡ 2    ② ㉠ 2, ㉡ 3
③ ㉠ 2, ㉡ 2    ④ ㉠ 3, ㉡ 3

**해설**
안전관리자 증원·교체임명
1. 해당 사업장의 연간재해율이 같은 업종의 평균재해율의 2배 이상인 경우
2. 중대재해가 연간 2건 이상 발생한 경우
3. 관리자가 질병이나 그 밖의 사유로 3개월 이상 직무를 수행할 수 없게 된 경우
4. 화학적 인자로 인한 직업성질병자가 연간 3명 이상 발생한 경우. 이 경우 직업성질병자 발생일은 요양급여의 결정일로 한다.(직업성질병자 발생 당시 사업장에서 해당 화학적 인자를 사용하지 아니하는 경우에는 그렇지 않다.)

**07** 하인리히(Heinrich)의 재해구성비율에 따른 58건의 경상이 발생한 경우 무상해 사고는 몇 건이 발생하겠는가?

① 58건        ② 116건
③ 600건       ④ 900건

**해설**
하인리히(H. W. Heinrich)의 재해구성비율(1 : 29 : 300)

| 중상 및 사망 | 경상해 | 무상해사고 |
|---|---|---|
| 1 | 29 | 300 |
| $1 : 29 = x : 58$ | — | $29 : 300 = 58 : x$ |
| $29x = 58$ | | $29x = 300 \times 58$ |
| $x = \dfrac{58}{29} = 2(건)$ | $29 \times 2 = 58(건)$ | $x = \dfrac{300 \times 58}{29} = 600(건)$ |

**08** 상해 정도별 분류 중 의사의 진단으로 일정기간 정규 노동에 종사할 수 없는 상해에 해당하는 것은?

① 영구 일부노동 불능상해
② 일시 전노동 불능상해
③ 영구 전노동 불능상해
④ 구급처치 상해

**해설**
상해정도별 분류(국제노동기구(ILO)에 따른 분류)

| | |
|---|---|
| 사망 | 안전사고 혹은 부상의 결과로 사망한 경우 : 노동손실일수 7,500일 |
| 영구 전노동불능 상해 | 부상결과 근로기능을 완전히 잃은 경우(신체장해등급 제1급~제3급) : 노동손실일수 7,500일 |
| 영구 일부노동불능 상해 | 부상결과 신체의 일부가 근로기능을 상실한 경우(신체장해등급 제4급~제14급) |
| 일시 전노동불능 상해 | 의사의 진단에 따라 일정기간 근로를 할 수 없는 경우(신체장해가 남지 않는 일반적인 휴업재해) |

정답  05 ②  06 ③  07 ③  08 ②

| 일시 일부노동불능 상해 | 의사의 진단에 따라 부상 다음 날 혹은 그 이후에 정규근로에 종사할 수 없는 휴업재해 이외의 경우(일시적으로 작업시간 중에 업무를 떠나 치료를 받는 것 또는 가벼운 작업에 종사하는 정도의 휴업재해) |
|---|---|
| 응급(구급)조치 상해 | 응급처치 혹은 의료조치를 받아 부상한 다음 날 정규근로에 종사할 수 있는 경우 |

## 09 데이비스(Davis)의 동기부여이론 중 동기유발의 식으로 옳은 것은?

① 지식 × 기능
② 지식 × 태도
③ 상황 × 기능
④ 상황 × 태도

**해설**

데이비스(K. Davis)의 동기부여이론
1. 인간의 성과×물질적 성과=경영의 성과
2. 지식(knowledge)×기능(skill)=능력(ability)
3. 상황(situation)×태도(attitude)=동기유발(motivation)
4. 능력(ability)×동기유발(motivation)
   =인간의 성과(human performance)

## 10 안전보건관리조직의 유형 중 스탭형(Staff) 조직의 특징이 아닌 것은?

① 생산부분은 안전에 대한 책임과 권한이 없다.
② 권한 다툼이나 조정 때문에 통제수속이 복잡해지며 시간과 노력이 소모된다.
③ 생산부분에 협력하여 안전명령을 전달, 실시하므로 안전지시가 용이하지 않으며 안전과 생산을 별개로 취급하기 쉽다.
④ 명령 계통과 조언 권고적 참여가 혼동되기 쉽다.

**해설**

스태프형(staff형, 참모형) 조직

| 의의 | • 회사 내에 별도로 안전활동 전담부서를 두는 방식의 조직 형태<br>• 100명 이상 1,000명 미만의 중규모 사업장에 적합한 조직형태<br>• 안전관리에 관한 계획과 조정, 조사, 검토, 보고 등의 일과 현장에 대한 기술지원을 담당하도록 편성된 조직 |
|---|---|
| 장점 | • 경영자의 조언과 자문역할을 한다.<br>• 안전에 관한 지식, 기술의 정보 수집이 용이하고 빠르다. |
| 단점 | • 생산부분은 안전에 대한 책임과 권한이 없다.<br>• 안전과 생산을 별개로 취급하기 쉽다. |

**TIP** 라인-스태프형(line-staff형, 직계 참모형) 조직 : 명령 계통과 조언 권고적 참여가 혼동되기 쉽다.

## 11 자율검사프로그램을 인정받기 위해 보유하여야 할 검사장비의 이력카드 작성, 교정주기와 방법 설정 및 관리 등의 관리주체는 누구인가?

① 사업주
② 제조자
③ 안전관리전문기관
④ 안전보건관리책임자

**해설**

검사장비 및 관리
사업주는 고용노동부장관이 정하여 고시하는 검사장비를 다음과 같이 관리하여야 한다.
1. 검사장비의 이력카드를 작성하고 장비의 점검·수리 등의 현황을 기록할 것
2. 검사장비는 교정주기와 방법을 설정하고 관리할 것
3. 검사장비는 수시 또는 정기적으로 점검을 실시할 것
4. 검사원은 검사장비의 조작·사용 방법을 숙지할 것

## 12 다음의 방진마스크 형태로 옳은 것은?

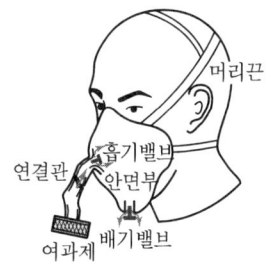

① 직결식 전면형
② 직결식 반면형
③ 격리식 전면형
④ 격리식 반면형

**해설**

방진마스크의 형태(격리식)

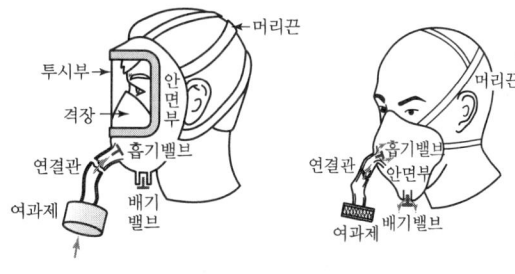

〈격리식 전면형〉　　〈격리식 반면형〉

**정답** 09 ④　10 ④　11 ①　12 ④

**13** 작업자 적성의 요인이 아닌 것은?
① 성격(인간성)   ② 지능
③ 인간의 연령   ④ 흥미

해설
적성의 요인
1. 직업적성        3. 흥미
2. 지능           4. 인간성

**14** 산업안전보건법령상 근로자 안전보건교육 기준 중 관리감독자 정기교육의 교육내용으로 옳은 것은? (단, 산업안전보건법령 및 산업재해보상보험 제도에 관한 사항은 제외한다.)
① 작업 개시 전 점검에 관한 사항
② 사고 발생 시 긴급조치에 관한 사항
③ 건강증진 및 질병 예방에 관한 사항
④ 산업보건 및 건강장해 예방에 관한 사항

해설
관리감독자 정기교육
1. 산업안전 및 산업재해 예방에 관한 사항(화재 · 폭발 사고 발생 시 대피에 관한 사항을 포함)
2. 산업보건 및 건강장해 예방에 관한 사항(폭염 · 한파작업으로 인한 건강장해 발생 시 응급조치에 관한 사항을 포함)
3. 위험성평가에 관한 사항
4. 유해 · 위험 작업환경 관리에 관한 사항
5. 산업안전보건법령 및 산업재해보상보험 제도에 관한 사항
6. 직무스트레스 예방 및 관리에 관한 사항
7. 직장 내 괴롭힘, 고객의 폭언 등으로 인한 건강장해 예방 및 관리에 관한 사항
8. 작업공정의 유해 · 위험과 재해 예방대책에 관한 사항
9. 사업장 내 안전보건관리체제 및 안전 · 보건조치 현황에 관한 사항
10. 표준안전 작업방법 결정 및 지도 · 감독 요령에 관한 사항
11. 현장근로자와의 의사소통능력 및 강의능력 등 안전보건 교육 능력 배양에 관한 사항
12. 비상시 또는 재해 발생 시 긴급조치에 관한 사항
13. 그 밖의 관리감독자의 직무에 관한 사항

**15** 산업안전보건법령상 안전 · 보건표지의 색채와 색도기준의 연결이 틀린 것은?(단, 색도기준은 한국산업표준(KS)에 따른 색의 3속성에 의한 표시방법에 따른다.)
① 빨간색 – 7.5R 4/14   ② 노란색 – 5Y 8.5/12
③ 파란색 – 2.5PB 4/10   ④ 흰색 – N0.5

해설
안전 · 보건표지의 색채, 색도기준 및 용도

| 색채 | 색도기준 | 용도 | 사용 예 |
|---|---|---|---|
| 빨간색 | 7.5R 4/14 | 금지 | 정지신호, 소화설비 및 그 장소, 유해행위의 금지 |
| | | 경고 | 화학물질 취급장소에서의 유해 · 위험 경고 |
| 노란색 | 5Y 8.5/12 | 경고 | 화학물질 취급장소에서의 유해 · 위험경고 이외의 위험경고, 주의표지 또는 기계방호물 |
| 파란색 | 2.5PB 4/10 | 지시 | 특정 행위의 지시 및 사실의 고지 |
| 녹색 | 2.5G 4/10 | 안내 | 비상구 및 피난소, 사람 또는 차량의 통행표지 |
| 흰색 | N9.5 | | 파란색 또는 녹색에 대한 보조색 |
| 검은색 | N0.5 | | 문자 및 빨간색 또는 노란색에 대한 보조색 |

**16** 강도율에 관한 설명 중 틀린 것은?
① 사망 및 영구 전노동불능(신체장해등급 1~3급)의 손실일수는 7,500일로 환산한다.
② 신체장해등급 중 제14급은 근로손실일수를 50일로 환산한다.
③ 영구 일부노동불능은 신체장해등급에 따른 근로손실일수에 $\frac{300}{365}$을 곱하여 환산한다.
④ 일시 전노동불능은 휴업일수에 $\frac{300}{365}$을 곱하여 근로손실일수를 환산한다.

해설
근로손실일수의 산정 기준
1. 사망 및 영구 전노동불능(신체장해등급 1~3급) : 7,500일
2. 영구 일부노동불능(근로손실일수)

| 신체장해등급 | 4 | 5 | 6 | 7 | 8 | 9 |
|---|---|---|---|---|---|---|
| 근로손실일수 | 5,500 | 4,000 | 3,000 | 2,200 | 1,500 | 1,000 |
| 신체장해등급 | 10 | 11 | 12 | 13 | 14 | |
| 근로손실일수 | 600 | 400 | 200 | 100 | 50 | |

정답  13 ③  14 ④  15 ④  16 ③

3. 일시 전노동불능

근로손실일수 = 휴업일수 × $\frac{300}{365}$

**17** 산업안전보건법령상 안전·보건표지의 종류 중 경고표지의 기본모형(형태)이 다른 것은?

① 폭발성물질 경고
② 방사성물질 경고
③ 매달린 물체 경고
④ 고압전기 경고

**[해설]**
안전·보건표지(경고표지)

| 폭발성물질 경고 | 방사성물질 경고 | 매달린물체 경고 | 고압전기 경고 |
|---|---|---|---|

**18** 석면 취급장소에서 사용하는 방진마스크의 등급으로 옳은 것은?

① 특급
② 1급
③ 2급
④ 3급

**[해설]**
방진마스크의 등급 및 사용장소

| 등급 | 특급 | 1급 | 2급 |
|---|---|---|---|
| 사용 장소 | • 베릴륨 등과 같이 독성이 강한 물질들을 함유한 분진 등 발생장소<br>• 석면 취급장소 | • 특급마스크 착용장소를 제외한 분진 등 발생장소<br>• 금속흄 등과 같이 열적으로 생기는 분진 등 발생장소<br>• 기계적으로 생기는 분진 등 발생장소(규소 등과 같이 2급 방진마스크를 착용하여도 무방한 경우는 제외) | • 특급 및 1급 마스크 착용장소를 제외한 분진 등 발생장소 |

※ 배기밸브가 없는 안면부여과식 마스크는 특급 및 1급 장소에 사용해서는 안 된다.

**19** 적응기제 중 도피기제의 유형이 아닌 것은?

① 합리화
② 고립
③ 퇴행
④ 억압

**[해설]**
적응기제의 기본유형

| 공격적 기제(행동) | 도피적 기제(행동) | 방어적(절충적) 기제(행동) |
|---|---|---|
| • 직접적 공격 기제: 폭행, 싸움, 기물파손 등<br>• 간접적 공격 기제: 비난, 폭언, 욕설 등 | • 백일몽<br>• 퇴행<br>• 억압<br>• 반동형성<br>• 고립 등 | • 승화<br>• 보상<br>• 합리화<br>• 투사<br>• 동일화 등 |

**20** 생체 리듬(Bio Rhythm)중 일반적으로 33일을 주기로 반복되며, 상상력, 사고력, 기억력 또는 의지, 판단 및 비판력 등과 깊은 관련성을 갖는 리듬은?

① 육체적 리듬
② 지성적 리듬
③ 감성적 리듬
④ 생활 리듬

**[해설]**
생체 리듬(Biorhythm)의 종류 및 특징

| 종류 | 특징 |
|---|---|
| 육체적 리듬(P) (Physical cycle) | • 건전한 활동기(11.5일)와 그렇치 못한 휴식기(11.5일)가 23일을 주기로 반복된다.<br>• 활동력, 소화력, 지구력, 식욕 등과 가장 관계가 깊다. |
| 감성적 리듬(S) (Sensitivity cycle) | • 예민한 기간(14일)과 그렇치 못한 둔한 기간(14일)이 28일을 주기로 반복된다.<br>• 주의력, 창조력, 예감 및 통찰력 등과 가장 관계가 깊다. |
| 지성적 리듬(I) (Intellectual cycle) | • 사고능력이 발휘되는 날(16.5일)과 그렇치 못한 날(16.5일)이 33일 주기로 반복된다.<br>• 판단력, 추리력, 상상력, 사고력, 기억력 등과 가장 관계가 깊다. |

## 2과목 인간공학 및 시스템 안전공학

**21** 에너지 대사율(RMR)에 대한 설명으로 틀린 것은?

① $RMR = \frac{운동대사량}{기초대사량}$

② 보통 작업 시 RMR은 4~7임

③ 가벼운 작업 시 RMR은 0~2임

④ $RMR = \frac{운동 시 산소소모량 - 안정 시 산소소모량}{기초대사량(산소소비량)}$

해설

에너지 대사율(RMR ; Relative Metabolic Rate)

1. 공식

$$RMR = \frac{\text{작업 시 소비에너지} - \text{안정 시 소비에너지}}{\text{기초대사량}}$$

$$= \frac{\text{작업대사량}}{\text{기초대사량}}$$

2. RMR에 의한 작업강도단계

| | | |
|---|---|---|
| 0~2RMR | 경(輕)작업 | 사무작업, 감시작업, 정밀작업 등 |
| 2~4RMR | 중(中)작업(보통) | 손이나 발작업 동작, 속도가 적은 것 |
| 4~7RMR | 중(重)작업(무거운) | 일반적인 전신작업 |
| 7RMR 이상 | 초중(超重)작업 (무거운) | 과격한 작업(중노동)에 해당하는 전신작업 |

**22** FMEA의 특징에 대한 설명으로 틀린 것은?

① 서브시스템 분석 시 FTA보다 효과적이다.
② 시스템 해석기법은 정성적·귀납적 분석법 등에 사용된다.
③ 각 요소 간 영향 해석이 어려워 2가지 이상 동시 고장은 해석이 곤란하다.
④ 양식이 비교적 간단하고 적은 노력으로 특별한 훈련 없이 해석이 가능하다.

해설

FMEA의 특징
1. CA(Criticality Analysis)와 병행하는 일이 많다.
2. FTA보다 서식이 간단하다.
3. 적은 노력으로 특별한 훈련 없이 분석이 가능하다.
4. 논리성이 부족하다.
5. 각 요소 간의 영향 분석이 어려워 동시에 둘 이상의 요소가 고장하는 경우 해석이 곤란하다.
6. 요소가 물체로 한정되어 있어 인적 원인 해명이 곤란하다.
7. 서브시스템 분석의 경우 FMEA보다 FTA를 하는 것이 더 실제적인 방법이다.
8. 정성적, 귀납적 해석방법 등에 사용한다.

**23** A사의 안전관리자는 자사 화학 설비의 안전성 평가를 위해 제2단계인 정성적 평가를 진행하기 위하여 평가 항목 대상을 분류하였다. 주요 평가 항목 중에서 설계관계항목이 아닌 것은?

① 건조물
② 공장 내 배치
③ 입지조건
④ 원재료, 중간제품

해설

화학설비에 대한 안전성 평가 단계(제2단계 : 정성적 평가)

| 설계 관계 항목 | 입지조건, 공장 내 배치, 건조물, 소방설비 |
|---|---|
| 운전 관계 항목 | • 원재료, 중간체, 제품 등의 위험성<br>• 프로세스의 운전조건 수송, 저장 등에 대한 안전대책<br>• 프로세스기기의 선정요건 |

TIP 화학설비에 대한 안전성 평가 단계
① 제1단계 : 관계자료의 정비검토(작성준비)
② 제2단계 : 정성적 평가
③ 제3단계 : 정량적 평가
④ 제4단계 : 안전대책
⑤ 제5단계 : 재해정보에 의한 재평가
⑥ 제6단계 : FTA에 의한 재평가

**24** 기계설비 고장 유형 중 기계의 초기결함을 찾아내 고장률을 안정시키는 기간은?

① 마모고장 기간
② 우발고장 기간
③ 에이징(aging) 기간
④ 디버깅(debugging) 기간

해설

초기고장
1. 감소형 – DFR(Decreasing Failure Rate) : 고장률이 시간에 따라 감소
2. 불량제조, 생산과정에서 품질관리 미비, 설계미숙 등으로 일어나는 고장
3. 점검작업이나 시운전 등으로 감소시킬 수 있다.
4. 디버깅(debugging) 기간 : 초기에 기계의 결함을 찾아내 고장률을 안정시키는 기간
5. 번인(burn – in) 기간 : 제품을 실제로 장시간 가동하여 결함의 원인을 제거하는 기간
6. 보전예방(MP) 실시

정답 22 ① 23 ④ 24 ④

## 25 들기 작업 시 요통재해예방을 위하여 고려할 요소와 가장 거리가 먼 것은?

① 들기 빈도  ② 작업자 신장
③ 손잡이 형상  ④ 허리 비대칭 각도

**해설**

권장무게한계(RWL) 산출 관계식

$$RWL(kg) = LC \times HM \times VM \times DM \times AM \times FM \times CM$$

여기서, LC : 부하상수(23kg : 최적 작업상태 권장 최대무게, 즉 모든 조건이 가장 좋지 않을 경우 허용되는 최대중량의 의미)
HM : 수평계수(수평거리에 따른 계수)
VM : 수직계수(수직거리에 따른 계수)
DM : 거리계수(물체의 이동거리에 따른 계수 : 수직방향의 이동거리)
AM : 비대칭계수(비대칭각도계수)
FM : 빈도계수(작업빈도에 따른 계수)
CM : 결합계수(손잡이 계수)

## 26 일반적으로 작업장에서 구성요소를 배치할 때 공간의 배치 원칙에 속하지 않는 것은?

① 사용빈도의 원칙  ② 중요도의 원칙
③ 공정개선의 원칙  ④ 기능성의 원칙

**해설**

부품배치의 원칙

| 부품의 위치 결정 | 중요성의 원칙 | 체계의 목표달성에 긴요한 정도에 따른 우선순위를 설정 |
|---|---|---|
| | 사용빈도의 원칙 | 부품이 사용되는 빈도에 따른 우선순위 설정 |
| 부품의 배치 결정 | 기능별 배치의 원칙 | 기능적으로 관련된 부품들을 모아서 배치 |
| | 사용 순서의 원칙 | 순서적으로 사용되는 장치들을 가까이에 순서적으로 배치 |

## 27 반사율이 60%인 작업 대상물에 대하여 근로자가 검사작업을 수행할 때 휘도(luminance)가 90fL이라면 이 작업에서의 소요조명(fc)은 얼마인가?

① 75  ② 150
③ 200  ④ 300

**해설**

소요조명

$$소요조명(fc) = \frac{광속발산도(fL)}{반사율(\%)} \times 100$$

$$소요조명(fc) = \frac{광속발산도(fL)}{반사율(\%)} \times 100 = \frac{90}{60} \times 100 = 150(fc)$$

## 28 산업안전보건법령상 유해하거나 위험한 장소에서 사용하는 기계·기구 및 설비를 설치·이전하는 경우 유해·위험방지계획서를 작성, 제출하여야 하는 대상이 아닌 것은?

① 화학설비  ② 금속 용해로
③ 건조설비  ④ 전기용접장치

**해설**

유해·위험방지계획서 제출 대상 기계·기구 및 설비
1. 금속이나 그 밖의 광물의 용해로
2. 화학설비
3. 건조설비
4. 가스집합 용접장치
5. 근로자의 건강에 상당한 장해를 일으킬 우려가 있는 물질로서 고용노동부령으로 정하는 물질의 밀폐·환기·배기를 위한 설비

## 29 동작경제의 원칙에 해당하지 않는 것은?

① 공구의 기능을 각각 분리하여 사용하도록 한다.
② 두 팔의 동작은 동시에 서로 반대방향으로 대칭적으로 움직이도록 한다.
③ 공구나 재료는 작업동작이 원활하게 수행되도록 그 위치를 정해준다.
④ 가능하다면 쉽고도 자연스러운 리듬이 작업동작에 생기도록 작업을 배치한다.

**해설**

동작경제의 원칙

| 신체사용에 관한 원칙 | • 두 손의 동작은 같이 시작하고 같이 끝나도록 한다.<br>• 휴식시간을 제외하고는 양손이 같이 쉬지 않도록 한다.<br>• 두 팔의 동작은 서로 반대방향으로 대칭적으로 움직인다.<br>• 가능한 한 관성을 이용하여 작업을 하도록 하되, 작업자가 관성을 억제하여야 하는 경우에는 발생되는 관성을 최소한도로 줄인다.<br>• 손의 동작은 유연하고 연속적인 동작이 되도록 하며, 방향이 갑자기 크게 바뀌는 모양의 직선동작은 피하도록 한다.<br>• 가능하다면 쉽고도 자연스러운 리듬이 작업동작에 생기도록 작업을 배치한다. |
|---|---|

정답 25 ② 26 ③ 27 ② 28 ④ 29 ①

| 작업장 배치에 관한 원칙 | • 모든 공구나 재료는 자기 위치에 있도록 한다.<br>• 공구, 재료 및 제어장치는 사용위치에 가까이 두도록 한다.<br>• 중력을 이용한 부품상자나 용기를 이용하여 부품을 제품 사용위치에 가까이 보낼 수 있도록 한다.<br>• 가능하다면 낙하시키는 운반방법을 사용한다.<br>• 공구 및 재료는 동작에 가장 편리한 순서로 배치하여야 한다.<br>• 작업자가 작업 중 자세를 변경, 즉 앉거나 서는 것을 임의로 할 수 있도록 작업대와 의자 높이가 조정되도록 한다. |
|---|---|
| 공구 및 설비 디자인에 관한 원칙 | • 공구의 기능은 결합하여서 사용하도록 한다.<br>• 공구와 자재는 가능한 한 사용하기 쉽도록 미리 위치를 잡아준다. |

**30** 휴먼 에러 예방 대책 중 인적 요인에 대한 대책이 아닌 것은?

① 설비 및 환경 개선
② 소집단 활동의 활성화
③ 작업에 대한 교육 및 훈련
④ 전문인력의 적재적소 배치

해설

인적요인에 대한 대책
1. 작업에 관한 교육 및 훈련과 작업 전, 후의 회의소집
2. 작업의 모의훈련으로 시나리오에 의한 리허설
3. 소집단 활동의 활성화로 작업방법 및 순서, 위험예지활동 등을 지속적으로 수행
4. 적재적소에 숙달된 전문인력 배치 등

TIP 관리요인에 대한 대책 : 설비, 환경의 사전개선

**31** 다음 시스템에 대하여 톱사상(top event)에 도달할 수 있는 최소 컷셋(minimal cut sets)을 구할 때 올바른 집합은?(단, $X_1$, $X_2$, $X_3$, $X_4$는 각 부품의 고장확률을 의미하며 집합 $\{X_1, X_2\}$는 $X_1$ 부품과 $X_2$ 부품이 동시에 고장 나는 경우를 의미한다.)

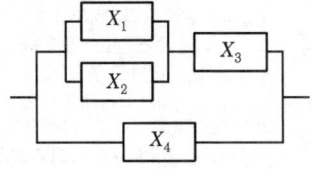

① $\{X_1, X_2\}, \{X_3, X_4\}$
② $\{X_1, X_3\}, \{X_2, X_4\}$
③ $\{X_1, X_2, X_4\}, \{X_3, X_4\}$
④ $\{X_1, X_3, X_4\}, \{X_2, X_3, X_4\}$

해설

미니멀 컷셋(minimal cut sets)
1. 시스템에서 $X_1$과 $X_2$를 $B$로 하고, $B$와 $X_3$을 $A$로 하여 FT도를 작성하면 다음과 같다.

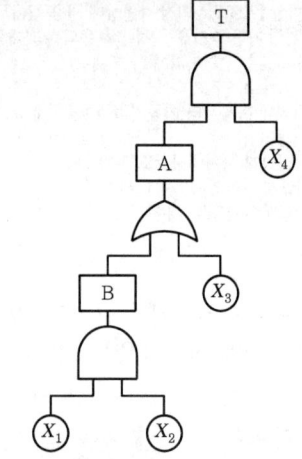

2. 미니멀 컷셋 구하기

$$T \rightarrow A, X_4 \rightarrow \begin{matrix} B, X_4 \\ X_3, X_4 \end{matrix} \rightarrow \begin{matrix} X_1, X_2, X_4 \\ X_3, X_4 \end{matrix}$$

**32** 운동관계의 양립성을 고려하여 동목(Moving scale)형 표시장치를 바람직하게 설계한 것은?

① 눈금과 손잡이가 같은 방향으로 회전하도록 설계한다.
② 눈금의 숫자는 우측으로 감소하도록 설계한다.
③ 꼭지의 시계 방향 회전이 지시치를 감소시키도록 설계한다.
④ 위의 세 가지 요건을 동시에 만족시키도록 설계한다.

해설

운동관계의 양립성
1. 눈금과 손잡이가 같은 방향으로 회전하도록 설계한다.
2. 눈금의 숫자는 우측으로 증가하도록 설계한다.
3. 꼭지의 시계방향 회전이 지시치를 증가시키도록 설계한다.

> **TIP** ① 워릭의 원리(Warrick's principle) : 표시장치 지침의 설계에 있어서 양립성을 높이기 위한 원리로, 제어기구가 표시장치 옆에 설치될 때에는 표시장치상의 지침의 운동방향과 제어기구의 제어방향이 동일하도록 설계하는 것이 바람직하다.
> ② 정침동목형(Moving scale : 지침고정형)
>   ㉠ 지침이 고정되고 눈금이 움직이는 형(이동눈금 고정지침 표시장치)
>   ㉡ 나타내고자 하는 값의 범위가 클 때, 비교적 작은 눈금판에 모두 나타내고자 할 때(공간을 적게 차지하는 이점이 있음)

## 33 신뢰성과 보전성 개선을 목적으로 한 효과적인 보전기록자료에 해당하는 것은?

① 자재관리표  ② 주유지시서
③ 재고관리표  ④ MTBF 분석표

**해설**
보전기록자료
1. 설비이력카드
2. MTBF분석표
3. 고장원인대책표

## 34 보기의 실내면에서 빛의 반사율이 낮은 곳에서부터 높은 순서대로 나열한 것은?

[보기]
A : 바닥   B : 천정   C : 가구   D : 벽

① A<B<C<D  ② A<C<B<D
③ A<C<D<B  ④ A<D<C<B

**해설**
실내 면(面)의 추천 반사율

| 바닥 | 가구, 사무용 기기, 책상 | 창문 발(blind), 벽 | 천정 |
|---|---|---|---|
| 20~40% | 25~45% | 40~60% | 80~90% |

## 35 다음 시스템의 신뢰도는 얼마인가?(단, 각 요소의 신뢰도는 a, b가 각 0.8, c, d가 각 0.6이다.)

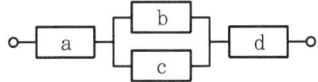

① 0.2245  ② 0.3754
③ 0.4416  ④ 0.5756

**해설**
시스템의 신뢰도
$R = a \times [1-(1-b)(1-c)] \times d$
$= 0.8 \times [1-(1-0.8)(1-0.6)] \times 0.6 = 0.4416$

## 36 FTA(Fault Tree Analysis)에 사용되는 논리기호와 명칭이 올바르게 연결된 것은?

 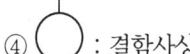

**해설**
FTA 분석 기호

| 기호 | 명칭 | 내용 |
|---|---|---|
| ▭ | 결함사상 | 사고가 일어난 사상(사건) |
| ○ | 기본사상 | 더 이상 전개가 되지 않는 기본적인 사상 또는 발생확률이 단독으로 얻어지는 낮은 레벨의 기본적인 사상 |
| ⬠ | 통상사상 (가형사상) | 통상발생이 예상되는 사상(예상되는 원인) |
| ◇ | 생략사상 (최후사상) | 정보부족 또는 분석기술 불충분으로 더 이상 전개할 수 없는 사상(작업진행에 따라 해석이 가능할 때는 다시 속행한다.) |

## 37 HAZOP 기법에서 사용하는 가이드 워드와 그 의미가 잘못 연결된 것은?

① Other than : 기타 환경적인 요인
② No/Not : 디자인 의도의 완전한 부정
③ Reverse : 디자인 의도의 논리적 반대
④ More/Less : 정량적인 증가 또는 감소

**정답** 33 ④  34 ③  35 ③  36 ③  37 ①

해설

지침단어(가이드 워드)의 의미

| GUIDE WORD | 의미 |
|---|---|
| NO 혹은 NOT | 설계의도의 완전한 부정 |
| MORE 혹은 LESS | 양의 증가 혹은 감소 (정량적 증가 혹은 감소) |
| AS WELL AS | 성질상의 증가 (정성적 증가) |
| PART OF | 성질상의 감소 (정성적 감소) |
| REVERSE | 설계의도의 논리적인 역 (설계의도와 반대현상) |
| OTHER THAN | 완전한 대체의 필요 |

## 38 경계 및 경보신호의 설계지침으로 틀린 것은?

① 주의를 환기시키기 위하여 변조된 신호를 사용한다.
② 배경소음의 진동수와 다른 진동수의 신호를 사용한다.
③ 귀는 중음역에 민감하므로 500~3,000Hz의 진동수를 사용한다.
④ 300m 이상의 장거리용으로는 1,000Hz를 초과하는 진동수를 사용한다.

해설

경계 및 경보 신호를 선택, 설계할 때의 지침
1. 귀는 중음역에 가장 민감하므로 500~3,000Hz의 진동수를 사용
2. 고음은 멀리 가지 못하므로 300m 이상의 장거리용으로는 1,000Hz 이하의 진동수를 사용
3. 신호가 장애물을 돌아가거나 칸막이를 통과해야 할 경우에는 500Hz 이하의 진동수를 사용
4. 주의를 끌기 위해서 변조된 신호를 사용(초당 1~8번 나는 소리나 초당 1~3번 오르내리는 변조된 신호)
5. 배경소음의 진동수와 다른 신호를 사용(신호는 최소 0.5 ~ 1초 지속)
6. 경보효과를 높이기 위해서 개시시간이 짧은 고강도 신호 사용
7. 주변 소음에 대한 은폐효과를 막기 위해 500~1,000Hz 신호를 사용하여, 적어도 30dB 이상 차이가 나야 함
8. 가능하다면 다른 용도에 쓰이지 않는 확성기, 경적 등과 같은 별도의 통신계통을 사용

## 39 동작의 합리화를 위한 물리적 조건으로 적절하지 않은 것은?

① 고유 진동을 이용한다.
② 접촉 면적을 크게 한다.
③ 대체로 마찰력을 감소시킨다.
④ 인체표면에 가해지는 힘을 적게 한다.

해설

접촉 면적을 크게 하면 마찰력이 커지게 되어 더 많은 힘이 필요하게 되므로 동작의 합리화를 위하여 접촉 면적을 작게 한다.

## 40 정량적 표시장치에 관한 설명으로 맞는 것은?

① 정확한 값을 읽어야 하는 경우 일반적으로 디지털보다 아날로그 표시장치가 유리하다.
② 동목(moving scale)형 아날로그 표시장치는 표시장치의 면적을 최소화할 수 있는 장점이 있다.
③ 연속적으로 변화하는 양을 나타내는 데에는 일반적으로 아날로그보다 디지털 표시장치가 유리하다.
④ 동침(moving pointer)형 아날로그 표시장치는 바늘의 진행 방향과 증감 속도에 대한 인식적인 암시 신호를 얻는 것이 불가능한 단점이 있다.

해설

정량적 표시장치의 종류(정량적인 동적 표시장치)

| | | |
|---|---|---|
| 아날로그 (Analog) | 정목동침형 (Moving Pointer) (지침이동형) | • 눈금이 고정되고 지침이 움직이는 형(고정눈금 이동지침 표시장치)<br>• 일정한 범위에서 수치가 자주 또는 계속 변하는 경우 가장 유용한 표시장치<br>• 지침의 위치는 인식적인 암시 신호를 얻을 수 있다. |
| | 정침동목형 (Moving Scale) (지침고정형) | • 지침이 고정되고 눈금이 움직이는 형(이동눈금 고정지침 표시장치)<br>• 나타내고자 하는 값의 범위가 클 때, 비교적 작은 눈금판에 모두 나타내고자 할 때(공간을 적게 차지하는 이점이 있음) |
| 디지털 (Digital) | 계수형 (Digital) | • 전력계나 택시 요금 계기와 같이 기계, 전자적으로 숫자가 표시되는 형<br>• 출력되는 값을 정확하게 읽어야 하는 경우에 가장 적합하다.(수치를 정확하게 읽어야 할 경우)<br>• 판독 오차는 원형 표시장치보다 적을 뿐 아니라 판독(평균반응) 시간도 짧다.(계수형 : 0.94초, 원형 : 3.54초) |

정답 38 ④ 39 ② 40 ②

## 3과목 기계위험 방지기술

**41** 로봇의 작동범위 내에서 그 로봇에 관하여 교시 등(로봇의 동력원을 차단하고 행하는 것을 제외한다.)의 작업을 행하는 때 작업시작 전 점검사항으로 옳은 것은?

① 과부하방지장치의 이상 유무
② 압력제한 스위치 등의 기능의 이상 유무
③ 외부전선의 피복 또는 외장의 손상 유무
④ 권과방지장치의 이상 유무

**해설**
작업시작 전 점검사항
로봇의 작동 범위에서 그 로봇에 관하여 교시 등(로봇의 동력원을 차단하고 하는 것을 제외한다.)의 작업을 할 때
1. 외부 전선의 피복 또는 외장의 손상 유무
2. 매니퓰레이터(manipulator) 작동의 이상 유무
3. 제동장치 및 비상정지장치의 기능

**42** 방사선 투과검사에서 투과사진에 영향을 미치는 인자는 크게 콘트라스트(명암도)와 명료도로 나누어 검토할 수 있다. 다음 중 투과사진의 콘트라스트(명암도)에 영향을 미치는 인자에 속하지 않는 것은?(새로운 유형)

① 방사선의 선질
② 필름의 종류
③ 현상액의 강도
④ 초점-필름 간 거리

**해설**
초점-필름 간의 거리는 명료도를 좌우하는 인자로 초점이 큰 경우는 선원과 필름 간의 거리를 증가시킴으로써 명료도를 증가시킨다.

**TIP**
① 콘트라스트(contrast : 명암도) : 시험편을 투과한 각기 다른 강도의 선량이 사진상에서 다른 농도의 상으로 나타나는 한 부위와 다른 부위의 농도차를 콘트라스트라 말한다.
② 명료도(sharpness : 선명도) : 투과 사진의 질(화상의 정도)을 결정하는 척도로서 피사체(사진을 찍는 대상이 되는 물체)의 형태가 어느 정도 필름에 완전히 투과되어 있는가를 표시하는 것을 말한다.

**43** 보기와 같은 기계요소가 단독으로 발생시키는 위험점은?

[보기] 밀링커터, 둥근톱날

① 협착점
② 끼임점
③ 절단점
④ 물림점

**해설**
기계운동 형태에 따른 위험점 분류

| | | |
|---|---|---|
| 협착점 | 왕복운동을 하는 운동부와 움직임이 없는 고정부 사이에서 형성되는 위험점 (고정점+운동점) | • 프레스 • 전단기<br>• 성형기 • 조형기<br>• 밴딩기 • 인쇄기 |
| 끼임점 | 회전운동하는 부분과 고정부 사이에 위험이 형성되는 위험점 (고정점+회전운동) | • 연삭숫돌과 작업대<br>• 반복동작되는 링크기구<br>• 교반기의 날개와 몸체 사이<br>• 회전풀리와 벨트 |
| 절단점 | 회전하는 운동부 자체의 위험이나 운동하는 기계부분 자체의 위험에서 형성되는 위험점 (회전운동+기계) | • 밀링커터<br>• 둥근 톱의 톱날<br>• 목공용 띠톱 날 |
| 물림점 | 회전하는 두 개의 회전체에 형성되는 위험점(서로 반대방향의 회전체) (중심점+반대방향의 회전운동) | • 기어와 기어의 물림<br>• 롤러와 롤러의 물림<br>• 롤러분쇄기 |
| 접선 물림점 | 회전하는 부분의 접선방향으로 물려들어갈 위험이 있는 위험점 | • V벨트와 풀리<br>• 랙과 피니언<br>• 체인벨트<br>• 평벨트 |
| 회전 말림점 | 회전하는 물체의 길이, 굵기, 속도 등의 불규칙 부위와 돌기 회전부위에 의해 장갑 또는 작업복 등이 말려들 위험이 있는 위험점 | • 회전하는 축<br>• 커플링<br>• 회전하는 드릴 |

**44** 프레스 및 전단기에서 위험한계 내에서 작업하는 작업자의 안전을 위하여 안전블록의 사용 등 필요한 조치를 취해야 한다. 다음 중 안전 블록을 사용해야 하는 작업으로 가장 거리가 먼 것은?

① 금형 가공작업
② 금형 해체작업
③ 금형 부착작업
④ 금형 조정작업

정답 41 ③ 42 ④ 43 ③ 44 ①

> [해설]
>
> 금형 조정작업의 위험 방지
> 프레스 등의 금형을 부착·해체 또는 조정하는 작업을 할 때에 해당 작업에 종사하는 근로자의 신체가 위험한계 내에 있는 경우 슬라이드가 갑자기 작동함으로써 근로자에게 발생할 우려가 있는 위험을 방지하기 위하여 안전블록을 사용하는 등 필요한 조치를 하여야 한다.

## 45 아세틸렌 용접장치를 사용하여 금속의 용접·용단 또는 가열작업을 하는 경우 아세틸렌을 발생시키는 게이지 압력은 최대 몇 kPa 이하이어야 하는가?

① 17
② 88
③ 127
④ 210

> [해설]
>
> 압력의 제한
> 아세틸렌 용접장치를 사용하여 금속의 용접·용단 또는 가열작업을 하는 경우에는 게이지 압력이 127킬로파스칼을 초과하는 압력의 아세틸렌을 발생시켜 사용해서는 아니 된다.

## 46 산업안전보건법령상 프레스 작업시작 전 점검해야 할 사항에 해당하는 것은?

① 언로드 밸브의 기능
② 하역장치 및 유압장치 기능
③ 권과방지장치 및 그 밖의 경보장치의 기능
④ 1행정 1정지기구·급정지장치 및 비상정지장치의 기능

> [해설]
>
> 프레스 등의 작업시작 전 점검사항
> 1. 클러치 및 브레이크의 기능
> 2. 크랭크축·플라이휠·슬라이드·연결봉 및 연결 나사의 풀림 여부
> 3. 1행정 1정지기구·급정지장치 및 비상정지장치의 기능
> 4. 슬라이드 또는 칼날에 의한 위험방지 기구의 기능
> 5. 프레스의 금형 및 고정볼트 상태
> 6. 방호장치의 기능
> 7. 전단기의 칼날 및 테이블의 상태

## 47 화물중량이 200kgf, 지게차의 중량이 400kgf, 앞바퀴에서 화물의 무게중심까지의 최단거리가 1m일 때 지게차가 안정되기 위하여 앞바퀴에서 지게차의 무게중심까지 최단거리는 최소 몇 m를 초과해야 하는가?

① 0.2m
② 0.5m
③ 1m
④ 2m

> [해설]
>
> 지게차의 안정조건
>
> $$Wa < Gb$$
>
> 여기서, $W$ : 화물중심에서의 화물의 중량(kgf)
> $G$ : 지게차 중심에서의 지게차의 중량(kgf)
> $a$ : 앞바퀴에서 화물 중심까지의 최단거리(cm)
> $b$ : 앞바퀴에서 지게차 중심까지의 최단거리(cm)
> $M_1$ : $Wa$ (화물의 모멘트)
> $M_2$ : $Gb$ (지게차의 모멘트)
>
> 1. $Wa < Gb \rightarrow 200 \times 1 < 400 \times b$
> 2. $b > \dfrac{200 \times 1}{400}$
> 3. $b > 0.5[m]$

## 48 다음 중 셰이퍼에서 근로자의 보호를 위한 방호장치가 아닌 것은?

① 방책
② 칩받이
③ 칸막이
④ 급속귀환장치

> [해설]
>
> 셰이퍼의 안전장치
> 1. 칩받이     3. 방책(방호울)
> 2. 칸막이     4. 가드

## 49 지게차 및 구내 운반차의 작업시작 전 점검사항이 아닌 것은?

① 버킷, 디퍼 등의 이상 유무
② 제동장치 및 조종장치 기능의 이상 유무
③ 하역장치 및 유압장치 기능의 이상 유무
④ 전조등, 후미등, 경보장치 기능의 이상 유무

정답  45 ③  46 ④  47 ②  48 ④  49 ①

**해설**

작업시작 전 점검사항

| 지게차를 사용하여 작업을 할 때 | • 제동장치 및 조종장치 기능의 이상 유무<br>• 하역장치 및 유압장치 기능의 이상 유무<br>• 바퀴의 이상 유무<br>• 전조등·후미등·방향지시기 및 경보장치 기능의 이상 유무 |
|---|---|
| 구내운반차를 사용하여 작업을 할 때 | • 제동장치 및 조종장치 기능의 이상 유무<br>• 하역장치 및 유압장치 기능의 이상 유무<br>• 바퀴의 이상 유무<br>• 전조등·후미등·방향지시기 및 경음기 기능의 이상 유무<br>• 충전장치를 포함한 홀더 등의 결합상태의 이상 유무 |

**50** 다음 중 선반에서 절삭가공 시 발생하는 칩을 짧게 끊어지도록 공구에 설치되어 있는 방호장치의 일종인 칩 제거기구를 무엇이라 하는가?

① 칩 브레이커
② 칩 받침
③ 칩 실드
④ 칩 커터

**해설**

선반의 방호장치(안전장치)

| 칩 브레이커<br>(chip breaker) | 절삭 중 칩을 자동적으로 끊어 주는 바이트에 설치된 안전장치 |
|---|---|
| 급정지 브레이크 | 가공작업 중 선반을 급정지시킬 수 있는 방호장치 |
| 실드(shield) | 가공물의 칩이 비산되어 발생하는 위험을 방지하기 위해 사용하는 덮개(칩비산방지 투명판) |
| 척 커버<br>(chuck cover) | 척과 척으로 잡은 가공물의 돌출부에 작업자가 접촉하지 않도록 설치하는 덮개 |

**51** 아세틸렌 용접장치에 사용하는 역화방지기에서 요구되는 일반적인 구조로 옳지 않은 것은?

① 재사용 시 안전에 우려가 있으므로 역화방지 후 바로 폐기하도록 해야 한다.
② 다듬질 면이 매끈하고 사용상 지장이 없는 부식, 흠, 균열 등이 없어야 한다.
③ 가스의 흐름방향은 지워지지 않도록 돌출 또는 각인하여 표시하여야 한다.
④ 소염소자는 금망, 소결금속, 스틸울(steel wool), 다공성 금속물 또는 이와 동등 이상의 소염성능을 갖는 것이어야 한다.

**해설**

역화방지기의 일반구조
역화방지기는 역화를 방지한 후 복원이 되어 계속 사용할 수 있는 구조이어야 한다.

**52** 초음파 탐상법의 종류에 해당하지 않는 것은?

① 반사식
② 투과식
③ 공진식
④ 침투식

**해설**

초음파검사(Ultrasonic Test ; UT)의 종류

| 펄스<br>반사법 | 전자파나 초음파의 펄스를 발사하여 측정대상으로부터의 반사파를 수신하고, 반사파의 시간지연으로부터 대상까지의 거리를 측정하는 것이다(가장 널리 이용). |
|---|---|
| 투과법 | 시험체를 투과하는 투과파를 이용하여 시험체의 한쪽 면에서 송신 탐촉자로 일정한 강도의 초음파 펄스를 연속파로 보내고, 반대 면에서 투과되어 나오는 초음파를 수신 탐촉자로 받는 것이다. |
| 공진법 | 시험체의 한쪽 면에서 초음파의 연속파를 입사시키면 시험체 두께가 이 파장의 1/2정수 배에 해당할 때 공진이 생기므로 결함위치를 파악하는 것이다. |

**53** 다음 목재가공용 기계에 사용되는 방호장치의 연결이 옳지 않은 것은?

① 둥근톱기계 : 톱날접촉예방장치
② 띠톱기계 : 날접촉예방장치
③ 모떼기계 : 날접촉예방장치
④ 동력식 수동대패기계 : 반발예방장치

**해설**

동력식 수동대패기의 방호장치
칼날접촉방지장치 : 인체가 대패날에 접촉하지 않도록 덮어 주는 것으로 덮개를 의미한다.

**54** 급정지기구가 부착되어 있지 않아도 유효한 프레스의 방호장치로 옳지 않은 것은?

① 양수기동식
② 가드식
③ 손쳐내기식
④ 양수조작식

정답 50 ① 51 ① 52 ④ 53 ④ 54 ④

해설

급정지기구에 따른 방호장치

| 급정지기구가 부착되어<br>있어야만 유효한 방호장치 | • 양수조작식 방호장치<br>• 감응식 방호장치 |
|---|---|
| 급정지기구가 부착되어 있지<br>않아도 유효한 방호장치 | • 양수기동식 방호장치<br>• 게이트 가드식 방호장치<br>• 수인식 방호장치<br>• 손쳐내기식 방호장치 |

**55** 인장강도가 350MPa인 강판의 안전율이 4라면 허용응력은 몇 N/mm²인가?

① 76.4    ② 87.5
③ 98.7    ④ 102.3

해설

안전율(안전계수)

$$안전율(안전계수) = \frac{인장강도}{허용응력}$$

$$허용응력 = \frac{인장강도}{안전율} = \frac{350}{4} = 87.5 [N/mm^2]$$

**TIP** 1kN=1,000N, 1cm=10mm, 1N/mm²=1MPa

**56** 그림과 같이 50kN의 중량물을 와이어 로프를 이용하여 상부에 60°의 각도가 되도록 들어 올릴 때, 로프 하나에 걸리는 하중(T)은 약 몇 kN인가?

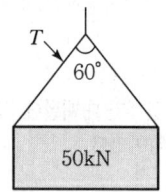

① 16.8    ② 24.5
③ 28.9    ④ 37.9

해설

슬링와이어로프의 한 가닥에 걸리는 하중

$$하중 = \frac{화물의 무게(W_1)}{2} \div \cos\frac{\theta}{2}$$

$$하중 = \frac{50}{2} \div \cos\frac{60°}{2} = 25 \div \cos 30° = 28.86(kN)$$

**57** 다음 중 휴대용 동력 드릴 작업 시 안전사항에 관한 설명으로 틀린 것은?

① 드릴의 손잡이를 견고하게 잡고 작업하여 드릴 손잡이 부위가 회전하지 않고 확실하게 제어 가능하도록 한다.
② 절삭하기 위하여 구멍에 드릴날을 넣거나 뺄 때 반발에 의하여 손잡이 부분이 튀거나 회전하여 위험을 초래하지 않도록 팔을 드릴과 직선으로 유지한다.
③ 드릴이나 리머를 고정시키거나 제거하고자 할 때 금속성 망치 등을 사용하여 확실히 고정 또는 제거한다.
④ 드릴을 구멍에 맞추거나 스핀들의 속도를 낮추기 위해서 드릴날을 손으로 잡아서는 안 된다.

해설

휴대용 동력 드릴 작업의 안전
드릴이나 리머를 고정시키거나 제거하고자 할 때 금속성 물질로 두드리면 변형 및 파손될 우려가 있으므로 고무망치 등을 사용하거나 나무블록 등을 사이에 두고 두드린다.

**58** 보일러에서 폭발사고를 미연에 방지하기 위해 화염 상태를 검출할 수 있는 장치가 필요하다. 이 중 바이메탈을 이용하여 화염을 검출하는 것은?

① 프레임 아이    ② 스택 스위치
③ 전자 개폐기    ④ 프레임 로드

해설

화염검출기
1. 보일러 운전 중 실화(flame failure)가 되거나 점화 시 착화가 되지 않을 경우 연료공급을 차단하여 연료누입으로 인한 미연소 가스 폭발사고를 방지하기 위한 안전장치
2. 종류

| 플레임 아이 | 화염의 발광체를 이용하며, 화염에서 방사되는 빛을 광전관이 흡수하여 화염의 유무를 검출한다. |
|---|---|
| 플레임 로드 | 화염의 이온화를 이용하며, 화염 중에 흐르는 전극을 측정하여 화염의 유무를 검출한다. |
| 스택 스위치 | 연소가스의 발열체를 이용하며, 연도에 감열장치인 바이메탈을 설치하여 배기가스의 온도를 측정하여 화염의 유무를 검출한다. |

정답  55 ②  56 ③  57 ③  58 ②

**59** 밀링작업 시 안전수칙에 관한 설명으로 옳지 않은 것은?

① 칩은 기계를 정지시킨 다음에 브러시 등으로 제거한다.
② 일감 또는 부속장치 등을 설치하거나 제저할 때는 반드시 기계를 정지시키고 작업한다.
③ 커터는 될 수 있는 한 컬럼에서 멀게 설치한다.
④ 강력 절삭을 할 때는 일감을 바이스에 깊게 물린다.

**해설**

밀링작업에 대한 안전수칙
1. 제품을 따내는 데에는 손끝을 대지 말아야 한다.
2. 운전 중 가공면에 손을 대지 말아야 하며 장갑 착용을 금지한다.
3. 칩을 제거할 때에는 커터의 운전을 중지하고 브러시(솔)를 사용하며 걸레를 사용하지 않는다.
4. 칩의 비산이 많으므로 보안경을 착용한다.
5. 커터 설치 시 및 측정은 반드시 기계를 정지시킨 후에 한다.
6. 일감(공작물)은 테이블 또는 바이스에 안전하게 고정한다.
7. 상하 이송장치의 핸들은 사용 후 반드시 빼 두어야 한다.
8. 가공 중에 밀링머신에 얼굴을 대지 않는다.
9. 절삭 속도는 재료에 따라 정한다.
10. 커터를 끼울 때는 아버를 깨끗이 닦는다.
11. 일감(공작물)을 고정하거나 풀어낼 때는 기계를 정지시킨다.
12. 테이블 위에 공구 등을 올려놓지 않는다.
13. 강력 절삭을 할 때는 일감을 바이스에 깊게 물린다.
14. 급속이송은 백래시 제거장치가 동작하지 않고 있음을 확인한 후 실시하고, 급속이송은 한 방향으로만 한다.

**60** 다음 중 방호장치의 기본목적과 가장 관계가 먼 것은?

① 작업자의 보호
② 기계기능의 향상
③ 인적·물적 손실의 방지
④ 기계위험 부위의 접촉방지

**해설**

방호장치의 기본 목적
1. 작업자의 보호
2. 인적, 물적 손실의 방지
3. 기계위험 부위의 접촉방지 등

## 4과목 전기위험 방지기술

**61** 화재·폭발 위험분위기의 생성방지 방법으로 옳지 않은 것은?

① 폭발성 가스의 누설 방지
② 가연성 가스의 방출 방지
③ 폭발성 가스의 체류 방지
④ 폭발성 가스의 옥내 체류

**해설**

위험분위기 생성방지

| | |
|---|---|
| 가연성 물질 누설 및 방출 방지 | • 위험물질의 사용을 억제하고 개방상태에서의 사용금지<br>• 배관의 이음부분, 펌프의 회전축 틈새 등에서 누설을 방지 |
| 가연성 물질의 체류 방지 | • 공기 중에 누설 또는 방출되기 쉬운 가연성 물질을 취급하는 장소는 옥외 또는 외벽에 개방된 건물에 설치<br>• 환기가 불충분한 장소는 강제 환기를 시켜 체류 방지 |
| 폭발성 분진의 생성 방지 | • 분진의 퇴적 및 분진운의 생성을 방지<br>• 분진의 제거 및 정전기의 발생을 방지 |

**62** 우리나라에서 사용하고 있는 전압(교류와 직류)을 크기에 따라 구분한 것으로 알맞은 것은?

① 저압 : 직류는 700V 이하
② 저압 : 교류는 600V 이하
③ 고압 : 직류는 800V를 초과하고, 6kN 이하
④ 고압 : 교류는 700V를 초과하고, 6kN 이하

**해설**

전압의 구분

| 전원의 종류 | 저압 | 고압 | 특고압 |
|---|---|---|---|
| 직류[DC] | 1,500V 이하 | 1,500V 초과, 7,000V 이하 | 7,000V 초과 |
| 교류[AC] | 1,000V 이하 | 1,000V 초과 7,000V 이하 | 7,000V 초과 |

**TIP** 본 문제는 법 개정으로 일부 내용이 수정되었습니다. 해설은 법 개정으로 수정된 내용이니 해설을 학습하세요.

**정답** 59 ③  60 ②  61 ④  62 ②

**63** 내압방폭구조의 주요 시험항목이 아닌 것은?

① 폭발강도  ② 인화시험
③ 절연시험  ④ 기계적 강도시험

해설
주요 성능 시험항목(내압방폭구조)
1. 폭발압력(기준압력) 측정
2. 폭발강도(정적 및 동적)시험
3. 폭발인화시험 등

**64** 교류아크 용접기의 접점방식(Magnet식)의 전격방지장치에서 지동시간과 용접기 2차측 무부하전압(V)을 바르게 표현한 것은?

① 0.05초 이내, 25V 이하
② 1±0.03초 이내, 25V 이하
③ 2±0.3초 이내, 50V 이하
④ 1.5±0.05초 이내, 50V 이하

해설
지동시간
1. 용접봉 홀더에 용접기 출력 측의 무부하전압이 발생한 후 주접점이 개방될 때까지의 시간을 말한다. 즉, 피용접물에서 용접봉이 떨어진 후부터 전격방지장치에 무부하전압(25V)으로 떨어질 때까지의 시간이다.
2. 접점 방식에서는 1±0.3초, 무접점 방식에서는 1초 이내이다.

**65** 누전차단기의 시설방법 중 옳지 않은 것은?

① 시설장소는 배전반 또는 분전반 내에 설치한다.
② 정격전류용량은 해당 전로의 부하전류 값 이상이어야 한다.
③ 정격감도전류는 정상의 사용상태에서 불필요하게 동작하지 않도록 한다.
④ 인체감전보호형은 0.05초 이내에 동작하는 고감도 고속형이어야 한다.

해설
누전차단기
1. 고감도형 : 정격감도전류에서 0.1초 이내
2. 인체감전보호형 : 0.03초 이내

**66** 방폭전기기기의 온도등급에서 기호 $T_2$의 의미로 맞는 것은?

① 최고표면온도의 허용치가 135℃ 이하인 것
② 최고표면온도의 허용치가 200℃ 이하인 것
③ 최고표면온도의 허용치가 300℃ 이하인 것
④ 최고표면온도의 허용치가 450℃ 이하인 것

해설
전기기기의 최고표면온도
방폭기기가 사양 범위 내의 최악의 조건에서 사용한 경우에 주위의 폭발성분위기에 점화될 우려가 있는 해당 전기기기의 구성부품이 도달하는 표면온도 중 가장 높은 온도를 최고표면온도라 한다.

| 온도등급 | $T_1$ | $T_2$ | $T_3$ | $T_4$ | $T_5$ | $T_6$ |
|---|---|---|---|---|---|---|
| 최고표면온도 (℃) | 450 이하 | 300 이하 | 200 이하 | 135 이하 | 100 이하 | 85 이하 |

**67** 사업장에서 많이 사용되고 있는 이동식 전기기계·기구의 안전대책으로 가장 거리가 먼 것은?

① 충전부 전체를 절연한다.
② 절연이 불량인 경우 접지저항을 측정한다.
③ 금속제 외함이 있는 경우 접지를 한다.
④ 습기가 많은 장소는 누전차단기를 설치한다.

해설
절연이 불량인 경우 절연저항을 측정하여 조치를 한다.

**68** 감전사고를 방지하기 위해 허용보폭전압에 대한 수식으로 맞는 것은?

$E$ : 허용보폭전압   $R_b$ : 인체의 저항
$\rho_s$ : 지표상층 저항률   $I_K$ : 심실세동전류

① $E = (R_b + 3\rho_s)I_K$
② $E = (R_b + 4\rho_s)I_K$
③ $E = (R_b + 5\rho_s)I_K$
④ $E = (R_b + 6\rho_s)I_K$

해설
허용보폭전압

$$허용보폭전압(E) = (R_b + 6\rho_s) \times I_k$$

여기서, $R_b$ : 인체의 저항(Ω), $\rho_s$ : 지표상층 저항률(Ωm)

$$I_k : \frac{0.165}{\sqrt{T}} (A)$$

정답  63 ③  64 ②  65 ④  66 ③  67 ②  68 ④

**69** 인체저항이 5,000Ω이고, 전류가 3mA가 흘렀다. 인체의 정전용량이 0.1μF라면 인체에 대전된 정전하는 몇 μC인가?

① 0.5
② 1.0
③ 1.5
④ 2.0

**해설**

정전 에너지

$$W = \frac{1}{2}CV^2 = \frac{1}{2}QV = \frac{1}{2}\frac{Q^2}{C}$$

대전 전하량 $(Q) = C \cdot V$, 대전전위 $(V) = \frac{Q}{C}$

여기서, $W$ : 정전기 에너지(J)
$C$ : 도체의 정전용량(F)
$V$ : 대전 전위(V)
$Q$ : 대전 전하량(C)

1. $V = I \times R = (3 \times 10^{-3}) \times 5,000 = 15[V]$
2. 대전 전하량 $(Q) = C \cdot V = (0.1 \times 10^{-6}) \times 15$
   $= 0.0000015[C] = 1.5[\mu C]$

**TIP** $1[\mu C] = 10^{-6}[C]$

---

**70** 저압전로의 절연성능 시험에서 전로의 사용전압이 380V인 경우 전로의 전선 상호 간 및 전로와 대지 사이의 절연저항은 최소 몇 MΩ 이상이어야 하는가?

① 0.4MΩ
② 0.3MΩ
③ 0.2MΩ
④ 0.1MΩ

**해설**

저압전로의 절연저항

| 전로의 사용전압(V) | DC시험전압(V) | 절연저항(MΩ) |
|---|---|---|
| SELV 및 PELV | 250 | 0.5 |
| FELV, 500V 이하 | 500 | 1.0 |
| 500V 초과 | 1,000 | 1.0 |

주) 특별저압(Extra Low Voltage : 2차 전압이 AC 50V, DC 120V 이하)으로 SELV(비접지회로 구성) 및 PELV(접지회로 구성)는 1차와 2차가 전기적으로 절연된 회로, FELV는 1차와 2차가 전기적으로 절연되지 않은 회로

**TIP** 본 문제는 법 개정으로 일부 내용이 수정되었습니다. 해설은 법 개정으로 수정된 내용이니 해설을 학습하세요.

---

**71** 방폭전기기기의 등급에서 위험장소의 등급분류에 해당되지 않는 것은?

① 3종 장소
② 2종 장소
③ 1종 장소
④ 0종 장소

**해설**

위험장소의 분류

| 가스폭발 위험장소 | • 0종 | • 1종 | • 2종 |
|---|---|---|---|
| 분진폭발 위험장소 | • 20종 | • 21종 | • 22종 |

---

**72** 다음은 무슨 현상을 설명한 것인가?

전위차가 있는 2개의 대전체가 특정거리에 접근하게 되면 등전위가 되기 위하여 전하가 절연공간을 깨고 순간적으로 빛과 열을 발생하며 이동하는 현상

① 대전
② 충전
③ 방전
④ 열전

**해설**

방전
대전체가 전기를 잃는 현상으로, 전위차가 있는 2개의 대전체가 특정거리에 접근하게 되면 등전위가 되기 위하여 전하가 절연공간을 깨고 순간적으로 흘러가면서 열과 빛 등이 발생된다.

**TIP** 정전기 방전의 형태
① 코로나 방전
② 스트리머 방전
③ 불꽃 방전
④ 연면 방전
⑤ 브러시 방전
⑥ 뇌상 방전

---

**73** 다음 그림은 심장맥동주기를 나타낸 것이다. T파는 어떤 경우인가?

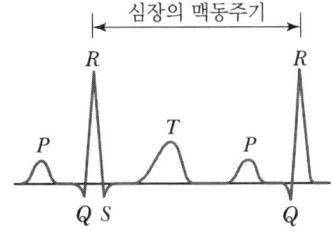

① 심방의 수축에 따른 파형
② 심실의 수축에 따른 파형
③ 심실이 휴식 시 발생하는 파형
④ 심방의 휴식 시 발생하는 파형

---

**정답** 69 ③  70 ②  71 ①  72 ③  73 ③

**해설**

심장의 맥동주기
1. P파 : 심방수축에 따른 파형이다.
2. Q-R-S파 : 심실수축에 따른 파형이다.
3. T파 : 심실의 수축 종료 후 심실의 휴식 시 발생하는 파형이다.
4. R-R : 심장의 맥동주기

※ 전격이 인가되면 심실세동을 일으키는 확률이 가장 크고 위험한 부분은 심실의 휴식 시 발생하는 T파 부분이다.

**74** 교류 아크 용접기의 자동전격장치는 전격의 위험을 방지하기 위하여 아크 발생이 중단된 후 약 1초 이내에 출력측 무부하전압을 자동적으로 몇 V 이하로 저하시켜야 하는가?

① 85　　② 70
③ 50　　④ 25

**해설**

자동전격방지기의 성능조건
1. 자동전격방지기는 아크 발생을 중지하였을 때 지동시간이 1.0초 이내에 2차 무부하전압을 25V 이하로 감압시켜 안전을 유지할 수 있어야 한다.
2. 시동시간은 0.04초 이내이고, 전격방지기를 시동시키는 데 필요한 용접봉의 접촉 소요시간은 0.03초 이내일 것

**75** 인체의 대부분이 수중에 있는 상태에서 허용접촉전압은 몇 V 이하인가?

① 2.5V　　② 25V
③ 30V　　④ 50V

**해설**

접촉전압

| 종별 | 접촉상태 | 허용접촉전압 |
|---|---|---|
| 제1종 | 인체의 대부분이 수중에 있는 상태 | 2.5V 이하 |
| 제2종 | • 인체가 현저하게 젖어있는 상태<br>• 금속성의 전기기계장치나 구조물에 인체의 일부가 상시 접촉되어 있는 상태 | 25V 이하 |
| 제3종 | 제1종, 제2종 이외의 경우로 통상의 인체상태에 있어서 접촉전압이 가해지면 위험성이 높은 상태 | 50V 이하 |
| 제4종 | • 제1종, 제2종 이외의 경우로 통상의 인체상태에 있어서 접촉전압이 가해지더라도 위험성이 낮은 상태<br>• 접촉전압이 가해질 우려가 없는 상태 | 제한없음 |

**76** 우리나라의 안전전압으로 볼 수 있는 것은 약 몇 V인가?

① 30V　　② 50V
③ 60V　　④ 70V

**해설**

안전전압
회로의 정격 전압이 일정 수준 이하의 낮은 전압으로 절연파괴 등의 사고 시에도 인체에 위험을 주지 않게 되는 전압을 말하며, 이 전압 이하를 사용하는 기기는 제반 안전대책을 강구하지 않아도 된다.

| 국가명 | 안전전압[V] | 국가명 | 안전전압[V] |
|---|---|---|---|
| 체코 | 20 | 스위스 | 36 |
| 독일 | 24 | 프랑스 | 24 AC, 50 DC |
| 영국 | 24 | 네덜란드 | 50 |
| 일본 | 24~30 | 한국 | 30 |
| 벨기에 | 35 | 오스트리아 | 60(0.5초),<br>110~130(0.2초) |

**77** 22.9kV 충전전로에 대해 필수적으로 작업자와 이격시켜야 하는 접근한계 거리는?

① 45cm　　② 60cm
③ 90cm　　④ 110cm

**해설**

충전전로에서의 전기작업

| 충전전로의 선간전압<br>(단위 : 킬로볼트) | 충전전로에 대한 접근 한계거리<br>(단위 : 센티미터) |
|---|---|
| 0.3 이하 | 접촉금지 |
| 0.3 초과 0.75 이하 | 30 |
| 0.75 초과 2 이하 | 45 |
| 2 초과 15 이하 | 60 |
| 15 초과 37 이하 | 90 |
| 37 초과 88 이하 | 110 |
| 88 초과 121 이하 | 130 |
| 121 초과 145 이하 | 150 |
| 145 초과 169 이하 | 170 |
| 169 초과 242 이하 | 230 |
| 242 초과 362 이하 | 380 |
| 362 초과 550 이하 | 550 |
| 550 초과 800 이하 | 790 |

**정답** 74 ④　75 ①　76 ①　77 ③

**78** 개폐조작 시 안전절차에 따른 차단 순서와 투입 순서로 가장 올바른 것은?

```
인입 ─o o─ ┌─o o─┐ ─o o─ 부하
       ① DS   ② VCB   ③ DS
```

① 차단 ② → ① → ③, 투입 ① → ② → ③
② 차단 ② → ③ → ①, 투입 ① → ② → ③
③ 차단 ② → ① → ③, 투입 ③ → ② → ①
④ 차단 ② → ③ → ①, 투입 ③ → ① → ②

**해설**
진공차단기(VCB)의 투입 및 차단 순서
1. 전원 차단 시 : 차단기(VCB)를 개방한 후 단로기(DS) 개방
2. 전원 투입 시 : 단로기(DS)를 투입한 후 차단기(VCB) 투입

**79** 정전기에 대한 설명으로 가장 옳은 것은?

① 전하의 공간적 이동이 크고, 자계의 효과가 전계의 효과에 비해 매우 큰 전기
② 전하의 공간적 이동이 크고, 자계의 효과와 전계의 효과를 서로 비교할 수 없는 전기
③ 전하의 공간적 이동이 적고, 전계의 효과와 자계의 효과가 서로 비슷한 전기
④ 전하의 공간적 이동이 적고, 자계의 효과가 전계에 비해 무시할 정도의 적은 전기

**해설**
정전기
1. 대전에 의해 얻어진 전하가 절연체 위에서 더 이상 이동하지 않고 정지하고 있는 것을 말한다.
2. 전하의 공간적 이동이 적어 이 전류에 의한 자계효과가 전계효과에 비해 무시할 정도로 아주 적은 전기라 할 수 있다.

**80** 인체저항을 500Ω이라 한다면, 심실세동을 일으키는 위험한계에너지는 약 몇 J인가?(단, 심실세동 전류값 $I=\frac{165}{\sqrt{T}}$ mA의 Dalziel의 식을 이용하며, 통전시간은 1초로 한다.)

① 11.5
② 13.6
③ 15.3
④ 16.2

**해설**
위험한계에너지

$$W = I^2RT[\text{J/s}] = \left(\frac{165}{\sqrt{T}} \times 10^{-3}\right)^2 \times R \times T$$

$$W = \left(\frac{165}{\sqrt{1}} \times 10^{-3}\right)^2 \times 500 \times 1 = 13.61(\text{J})$$

## 5과목 화학설비위험방지기술

**81** 다음 물질 중 물에 가장 잘 용해되는 것은?
① 아세톤    ② 벤젠
③ 톨루엔    ④ 휘발유

**해설**
아세톤
물과 유기 용제에 잘 녹고 일광(햇빛) 또는 공기와 접촉하면 폭발성의 과산화물을 생성시킨다.

**82** 다음 중 최소발화에너지가 가장 작은 가연성 가스는?
① 수소    ② 메탄
③ 에탄    ④ 프로판

**해설**
최소발화에너지의 연소범위

| 가연성 가스 | 최소발화에너지 ($10^{-3}$ Joule) | 가연성 가스 | 최소발화에너지 ($10^{-3}$ Joule) |
|---|---|---|---|
| 수소 | 0.019 | 에탄 | 0.31 |
| 메탄 | 0.28 | 프로판 | 0.26 |
| 이황화수소 | 0.064 | 아세틸렌 | 0.019 |
| 에틸렌 | 0.096 | 벤젠 | 0.20 |
| 시클로헥산 | 0.22 | 부탄 | 0.25 |
| 암모니아 | 0.77 | 아세톤 | 1.15 |

**정답** 78 ④  79 ④  80 ②  81 ①  82 ①

**83** 안전설계의 기초에 있어 기상폭발대책을 예방대책, 긴급대책, 방호대책으로 나눌 때 다음 중 방호대책과 가장 관계가 깊은 것은?

① 경보
② 발화의 저지
③ 방폭벽과 안전거리
④ 가연조건의 성립저지

**해설**
기상폭발 방호대책
1. 압력상승의 억제
2. 방폭벽과 안전거리

> **TIP** ① 경보 : 긴급대책
> ② 발화의 저지, 가연조건의 성립저지 : 예방대책

**84** 공정안전보고서 중 공정안전자료에 포함하여야 할 세부내용에 해당하는 것은?

① 비상조치계획에 따른 교육계획
② 안전운전지침서
③ 각종 건물·설비의 배치도
④ 도급업체 안전관리계획

**해설**
공정안전자료
1. 취급·저장하고 있거나 취급·저장하려는 유해·위험물질의 종류 및 수량
2. 유해·위험물질에 대한 물질안전보건자료
3. 유해하거나 위험한 설비의 목록 및 사양
4. 유해하거나 위험한 설비의 운전방법을 알 수 있는 공정도면
5. 각종 건물·설비의 배치도
6. 폭발위험장소 구분도 및 전기단선도
7. 위험설비의 안전설계·제작 및 설치 관련 지침서

**85** 다음 중 물질에 대한 저장방법으로 잘못된 것은?

① 나트륨 – 유동 파라핀 속에 저장
② 니트로글리세린 – 강산화제 속에 저장
③ 적린 – 냉암소에 격리 저장
④ 칼륨 – 등유 속에 저장

**해설**
니트로글리세린
1. 강산화제, 나트륨(Na), 수산화나트륨(NaOH) 등과 혼촉 시 발화 폭발하며, 환기가 잘 되는 냉암소에 보관한다.
2. 물에는 거의 녹지 않으나 메탄올, 벤젠, 아세톤 등에는 녹으며, 겨울철에는 동결할 우려가 있다.

**86** 화학설비 가운데 분체화학물질 분리장치에 해당하지 않는 것은?

① 건조기
② 분쇄기
③ 유동탑
④ 결정조

**해설**
화학설비의 종류
1. 반응기·혼합조 등 화학물질 반응 또는 혼합장치
2. 증류탑·흡수탑·추출탑·감압탑 등 화학물질 분리장치
3. 저장탱크·계량탱크·호퍼·사일로 등 화학물질 저장설비 또는 계량설비
4. 응축기·냉각기·가열기·증발기 등 열교환기류
5. 고로 등 점화기를 직접 사용하는 열교환기류
6. 캘린더(calender)·혼합기·발포기·인쇄기·압출기 등 화학제품 가공설비
7. 분쇄기·분체분리기·용융기 등 분체화학물질 취급장치
8. 결정조·유동탑·탈습기·건조기 등 분체화학물질 분리장치
9. 펌프류·압축기·이젝터(ejector) 등의 화학물질 이송 또는 압축설비

**87** 특수화학설비를 설치할 때 내부의 이상상태를 조기에 파악하기 위하여 필요한 계측장치로 가장 거리가 먼 것은?

① 압력계
② 유량계
③ 온도계
④ 비중계

**해설**
계측장치의 설치
특수화학설비를 설치하는 경우에는 내부의 이상 상태를 조기에 파악하기 위하여 필요한 온도계·유량계·압력계 등의 계측장치를 설치하여야 한다.

**정답** 83 ③ 84 ③ 85 ② 86 ② 87 ④

## 88 위험물 또는 위험물이 발생하는 물질을 가열·건조하는 경우 내용적이 몇 세제곱미터 이상인 건조설비인 경우 건조실을 설치하는 건축물의 구조를 독립된 단층건물로 하여야 하는가?(단, 건조실을 건축물의 최상층에 설치하거나 건축물이 내화구조인 경우는 제외한다.)

① 1
② 10
③ 100
④ 1000

### 해설
위험물 건조설비를 설치하는 건축물의 구조
다음의 어느 하나에 해당하는 위험물 건조설비 중 건조실을 설치하는 건축물의 구조는 독립된 단층건물로 하여야 한다. 다만, 해당 건조실을 건축물의 최상층에 설치하거나 건축물이 내화구조인 경우에는 그러하지 아니하다.
1. 위험물 또는 위험물이 발생하는 물질을 가열·건조하는 경우 내용적이 1세제곱미터 이상인 건조설비
2. 위험물이 아닌 물질을 가열·건조하는 경우로서 다음 각 목의 어느 하나의 용량에 해당하는 건조설비
   ㉠ 고체 또는 액체연료의 최대사용량이 시간당 10킬로그램 이상
   ㉡ 기체연료의 최대사용량이 시간당 1세제곱미터 이상
   ㉢ 전기사용 정격용량이 10킬로와트 이상

## 89 공기 중에서 폭발범위가 12.5~74vol%인 일산화탄소의 위험도는 얼마인가?

① 4.92
② 5.26
③ 6.26
④ 7.05

### 해설
위험도
위험도 값이 클수록 위험성이 높은 물질이다.

$$H = \frac{UFL - LFL}{LFL}$$

여기서, $UFL$ : 연소 상한값
$LFL$ : 연소 하한값
$H$ : 위험도

$$H = \frac{UFL - LFL}{LFL} = \frac{74 - 12.5}{12.5} = 4.92$$

## 90 숯, 코크스, 목탄의 대표적인 연소 형태는?

① 혼합연소
② 증발연소
③ 표면연소
④ 비혼합연소

### 해설
표면연소
고체 가연물이 열분해나 증발을 하지 않고 표면에서 산소와 반응하여 연소하는 형태(목탄(숯), 코크스, 금속분, 알루미늄 등)

## 91 다음 중 자연발화가 가장 쉽게 일어나기 위한 조건에 해당하는 것은?

① 큰 열전도율
② 고온, 다습한 환경
③ 표면적이 작은 물질
④ 공기의 이동이 많은 장소

### 해설
자연발화

| 자연발화의 조건 (자연발화가 쉽게 일어나는 조건) | • 표면적이 넓을 것<br>• 열전도율이 작을 것<br>• 발열량이 클 것<br>• 주위의 온도가 높을 것(분자운동 활발)<br>• 수분이 적당량 존재할 것 |
|---|---|
| 자연발화의 인자 | • 열의 축적(클수록) : 열축적이 용이할수록 자연발화가 되기 쉽다.<br>• 발열량(클수록) : 발열량이 큰 물질일수록 자연발화가 되기 쉽다.<br>• 열전도율 : 열전도율이 작을수록 자연발화가 되기 쉽다.<br>• 수분 : 적당량의 수분이 존재할 때 자연발화가 되기 쉽다.<br>• 퇴적방법 : 열 축적이 용이하게 가연물이 적재되어 있으면 자연발화가 되기 쉽다.<br>• 공기의 유동 : 공기의 이동이 잘 안 될수록 열 축적이 용이하여 자연발화가 되기 쉽다. |

## 92 위험물에 관한 설명으로 틀린 것은?

① 이황화탄소의 인화점은 0℃ 보다 낮다.
② 과염소산은 쉽게 연소되는 가연성 물질이다.
③ 황린은 물속에 저장한다.
④ 알킬알루미늄은 물과 격렬하게 반응한다.

**정답** 88 ① 89 ① 90 ③ 91 ② 92 ②

해설

위험물의 성질
1. 이황화탄소의 인화점 : -30℃
2. 과염소산은 산화성 액체로 무색무취의 유동하기 쉬운 액체이며 대단히 불안정한 강산이다.
3. 황린(백린=$P_4$) : pH9(약알칼리성) 정도의 물속에 저장하며 보호액이 증발되지 않도록 한다.
4. 알킬알루미늄은 금수성 물질로 물과 접촉하면 발열 또는 발화한다.

## 93 물과 반응하여 가연성 기체를 발생하는 것은?

① 피크린산  ② 이황화탄소
③ 칼륨  ④ 과산화칼륨

해설

칼륨
1. 물과 접촉하여 가연성 가스를 발생하는 금수성 물질로 용기의 파손이나 부식을 방지하고 수분과의 접촉을 피할 것
2. 물과 격렬히 반응하여 발열하고 수산화칼륨과 수소를 발생한다. 이때 발생한 열은 점화원의 역할을 한다.

> **TIP** 금수성 물질(물과 접촉을 금지해야 하는 물질)
> ① 물과 접촉하면 격렬한 발열반응을 하는 것으로 물질이 공기 중의 습기를 흡수해서 화학반응을 일으켜 발열하거나 수분과 접촉해서 발열하여 그 온도가 가속도적으로 높아져 발화되는 물질
> ② 종류
>   ㉠ 칼륨 ㉡ 리튬 ㉢ 칼슘 ㉣ 마그네슘 ㉤ 알킬알루미늄 ㉥ 나트륨 ㉦ 철분 ㉧ 알킬리튬 ㉨ 금속분 등 ㉩ 탄화칼슘 등

## 94 프로판($C_3H_8$)의 연소하한계가 2.2vol% 일 때 연소를 위한 최소산소농도(MOC)는 몇 vol%인가?

① 5.0  ② 7.0
③ 9.0  ④ 11.0

해설

최소산소농도(Minimum Oxygen Concentration ; MOC)

> 최소산소농도(MOC) = 연소하한계 × 산소의 화학양론적 계수

1. $C_3H_8 + 5O_2 \rightarrow 3CO_2 + 4H_2O$
2. 최소산소농도(MOC)
   = 연소하한계 × 산소의 화학양론적 계수 = 2.2×5 = 11(%)

## 95 다음 중 유기과산화물로 분류되는 것은?

① 메틸에틸케톤  ② 과망간산칼륨
③ 과산화마그네슘  ④ 과산화벤조일

해설

유기과산화물
1. 과산화벤조일
2. 과산화메틸에틸케톤
3. 다이소프로필퍼옥시디카르보네이트
4. 아세틸퍼옥사이드

## 96 연소이론에 대한 설명으로 틀린 것은?

① 착화온도가 낮을수록 연소위험이 크다.
② 인화점이 낮은 물질은 반드시 착화점도 낮다.
③ 인화점이 낮을수록 일반적으로 연소위험이 크다.
④ 연소범위가 넓을수록 연소위험이 크다.

해설

인화점이 낮은 물질이라도 착화점이 반드시 낮은 것은 아니다.

> **TIP** 인화점과 발화점(착화점)
> ① 인화점 : 가연성 물질에 점화원을 주었을 때 연소가 시작되는 최저온도
> ② 발화점 : 착화원(점화원)이 없는 상태에서 가연성 물질을 공기 또는 산소 중에서 가열하였을 때 발화되는 최저온도
>
> | 구분 | 인화점 | 발화점 |
> | --- | --- | --- |
> | 가솔린 | -43 ~ -20℃ | 약 300℃ |
> | 등유 | 38~72℃ | 약 210℃ |
> | 아세톤 | -18℃ | 468℃ |

## 97 디에틸에테르의 연소범위에 가장 가까운 값은?

① 2~10.4%  ② 1.9~48%
③ 2.5~15%  ④ 1.5~7.8%

해설

디에틸에테르(제4류 위험물)
무색 투명한 유동성 액체로 휘발성이 크며, 인화점(-45℃), 발화점(180℃)이 매우 낮고 연소범위(1.9~48%)가 넓어 인화성, 발화성이 강하다.

정답 93 ③ 94 ④ 95 ④ 96 ② 97 ②

**98** 송풍기의 회전차 속도가 1,300rpm 일 때 송풍량이 분당 300m³였다. 송풍량을 분당 400m³으로 증가시키고자 한다면 송풍기의 회전차 속도는 약 몇 rpm으로 하여야 하는가?

① 1,533
② 1,733
③ 1,967
④ 2,167

**해설**

상사의 법칙(송풍량)

$$Q' = Q \times \left(\frac{N'}{N}\right) \times \left(\frac{D'}{D}\right)^3$$

여기서, $Q$ : 회전수 및 송풍기의 크기(회전차 직경) 변경 전 송풍량(유량)
$Q'$ : 회전수 및 송풍기의 크기(회전차 직경) 변경 후 송풍량(유량)
$N$ : 변경 전 회전 수
$N'$ : 변경 후 회전 수
$D$ : 변경 전 송풍기의 크기(회전차 직경)
$D'$ : 변경 후 송풍기의 크기(회전차 직경)

1. $Q = 300[\text{m}^3/\text{min}]$, $Q' = 400[\text{m}^3/\text{min}]$, $N = 1,300[\text{rpm}]$
2. $Q' = Q \times \left(\frac{N'}{N}\right) \rightarrow Q' = \frac{Q \times N'}{N}$
   $\rightarrow Q' \times N = Q \times N' \rightarrow N' = \frac{Q' \times N}{Q}$
3. $N' = \frac{400 \times 1,300}{300} = 1,733[\text{rpm}]$

**99** 다음 중 물과 반응하였을 때 흡열반응을 나타내는 것은?

① 질산암모늄
② 탄화칼슘
③ 나트륨
④ 과산화칼륨

**해설**

질산암모늄
조해성과 흡습성이 있고, 물에 녹을 때 열을 대량 흡수한다. (흡열반응)

**100** 다음 중 노출기준(TWA)이 가장 낮은 물질은?

① 염소
② 암모니아
③ 에탄올
④ 메탄올

**해설**

화학물질의 노출기준
1. 염소($Cl_2$) : 0.5ppm
2. 암모니아($NH_3$) : 25ppm
3. 에탄올($C_2H_5OH$) : 1,000ppm
4. 메탄올($CH_3OH$) : 200ppm

## 6과목 건설안전기술

**101** 경암지반을 인력으로 굴착할 때 연직높이가 2m라면, 수평길이는 최소 얼마 이상이 필요한가?

① 2.0m 이상
② 1.5m 이상
③ 1.0m 이상
④ 0.5m 이상

**해설**

굴착면의 기울기

| 지반의 종류 | 굴착면의 기울기 |
| --- | --- |
| 모래 | 1 : 1.8 |
| 연암 및 풍화암 | 1 : 1.0 |
| 경암 | 1 : 0.5 |
| 그 밖의 흙 | 1 : 1.2 |

1. 경암의 기울기가 1 : 0.5 이므로
2. 1 : 0.5 = 2 : $x$(수평길이)
3. $x$(수평길이) = 0.5 × 2 = 1.0[m]

**102** 흙막이 지보공을 조립하는 경우 미리 조립도를 작성하여야 하는데 이 조립도에 명시되어야 할 사항과 가장 거리가 먼 것은?

① 부재의 배치
② 부재의 치수
③ 부재의 긴압정도
④ 설치방법과 순서

**해설**

조립도

| 흙막이 지보공 | 흙막이판·말뚝·버팀대 및 띠장 등 부재의 배치·치수·재질 및 설치방법과 순서가 명시되어야 한다. |
| --- | --- |
| 터널 지보공 | 재료의 재질, 단면규격, 설치간격 및 이음방법 등을 명시하여야 한다. |
| 거푸집 동바리 | 부재의 재질·단면규격·설치간격 및 이음방법 등을 명시해야 한다. |

**103** 미리 작업장소의 지형 및 지반상태 등에 적합한 제한속도를 정하지 않아도 되는 차량계 건설기계의 속도 기준은?

① 최대 제한 속도가 10km/h 이하
② 최대 제한 속도가 20km/h 이하
③ 최대 제한 속도가 30km/h 이하
④ 최대 제한 속도가 40km/h 이하

**정답** 98 ② 99 ① 100 ① 101 ③ 102 ③ 103 ①

> **해설**
>
> 제한속도의 지정
> 차량계 하역운반기계, 차량계 건설기계(최대제한속도가 시속 10킬로미터 이하인 것은 제외)를 사용하여 작업을 하는 경우 미리 작업장소의 지형 및 지반 상태 등에 적합한 제한속도를 정하고, 운전자로 하여금 준수하도록 하여야 한다.

## 104 터널공사에서 발파작업 시 안전대책으로 옳지 않은 것은?

① 발파 전 도화선 연결상태, 저항치 조사 등의 목적으로 도통시험 실시 및 발파기의 작동상태에 대한 사전점검 실시
② 모든 동력선은 발원점으로부터 최소한 15m 이상 후방으로 옮길 것
③ 지질, 암의 절리 등에 따라 화약량에 대한 검토 및 시방기준과 대비하여 안전조치 실시
④ 발파용 점화회선은 타 동력선 및 조명회선과 한곳으로 통합하여 관리

> **해설**
>
> 터널공사 발파작업 시 준수사항
> 발파용 점화회선은 타 동력선 및 조명회선으로부터 분리되어야 한다.

## 105 달비계의 최대 적재하중을 정함에 있어서 활용하는 안전계수의 기준으로 옳은 것은?(단, 곤돌라의 달비계를 제외한다.)

① 달기 와이어로프 : 5 이상
② 달기 강선 : 5 이상
③ 달기 체인 : 3 이상
④ 달기 훅 : 5 이상

> **해설**
>
> 달비계(곤돌라의 달비계 제외)의 안전계수
>
> | 구분 | | 안전계수 |
> |---|---|---|
> | 달기 와이어로프 및 달기 강선 | | 10 이상 |
> | 달기 체인 및 달기 훅 | | 5 이상 |
> | 달기 강대와 달비계의 하부 및 상부 지점 | 강재 | 2.5 이상 |
> | | 목재 | 5 이상 |
>
> **TIP** 본 문제는 법 개정으로 내용이 삭제되었습니다. 참고만 하세요.

## 106 다음 보기의 ( ) 안에 알맞은 내용은?

> 동바리로 사용하는 파이프 서포트의 높이가 ( )m를 초과하는 경우에는 높이 2m 이내마다 수평연결재를 2개 방향으로 만들고 수평연결재의 변위를 방지할 것

① 3
② 3.5
③ 4
④ 4.5

> **해설**
>
> 동바리로 사용하는 파이프 서포트
> 1. 파이프 서포트를 3개 이상 이어서 사용하지 않도록 할 것
> 2. 파이프 서포트를 이어서 사용하는 경우에는 4개 이상의 볼트 또는 전용철물을 사용하여 이을 것
> 3. 높이가 3.5미터를 초과하는 경우에는 높이 2미터 이내마다 수평연결재를 2개 방향으로 만들고 수평연결재의 변위를 방지할 것

## 107 건립 중 강풍에 의한 풍압 등 외압에 대한 내력이 설계에 고려되었는지 확인하여야 하는 철골 구조물이 아닌 것은?

① 단면이 일정한 구조물
② 기둥이 타이플레이트형인 구조물
③ 이음부가 현장용접인 구조물
④ 구조물의 폭과 높이의 비가 1 : 4 이상인 구조물

> **해설**
>
> 외압(강풍에 의한 풍압 등)에 대한 내력 설계 확인 구조물
> 1. 높이 20미터 이상의 구조물
> 2. 구조물의 폭과 높이의 비가 1 : 4 이상인 구조물
> 3. 단면구조에 현저한 차이가 있는 구조물
> 4. 연면적당 철골량이 50kg/㎡ 이하인 구조물
> 5. 기둥이 타이플레이트(tie plate)형인 구조물
> 6. 이음부가 현장용접인 구조물

## 108 건설업 산업안전보건관리비 중 안전시설비로 사용할 수 없는 것은?

① 안전통로
② 비계에 추가 설치하는 추락방지용 안전난간
③ 사다리 전도방지장치
④ 통로의 낙하물 방호선반

**정답** 104 ④ 105 ④ 106 ② 107 ① 108 ①

**해설**

안전시설비 등 사용기준
1. 산업재해 예방을 위한 안전난간, 추락방호망, 안전대 부착설비, 방호장치(기계·기구와 방호장치가 일체로 제작된 경우, 방호장치 부분의 가액에 한함) 등 안전시설의 구입·임대 및 설치를 위해 소요되는 비용
2. 스마트 안전장비 구입·임대 비용. 다만, 계상기준에 따라 계상된 산업안전보건관리비 총액의 10분의 2를 초과할 수 없다.
3. 용접 작업 등 화재 위험작업 시 사용하는 소화기의 구입·임대비용

TIP 본 문제는 법 개정으로 일부 내용이 수정되었습니다. 해설은 법 개정으로 수정된 내용이니 해설을 학습하세요.

## 109 터널 등의 건설작업을 하는 경우에 낙반 등에 의하여 근로자가 위험해질 우려가 있는 경우에 필요한 조치와 가장 거리가 먼 것은?

① 터널 지보공을 설치한다.
② 록볼트를 설치한다.
③ 환기, 조명시설을 설치한다.
④ 부석을 제거한다.

**해설**

낙반 등에 의한 위험방지 조치
1. 터널 지보공 및 록볼트의 설치
2. 부석의 제거

## 110 강관을 사용하여 비계를 구성하는 경우 준수해야 할 사항으로 옳지 않은 것은?

① 비계기둥의 간격은 띠장 방향에서는 1.5m 이상 1.8m 이하, 장선(長線) 방향에서는 1.5m 이하로 할 것
② 띠장 간격은 1.5m 이하로 설치하되, 첫 번째 띠장은 지상으로부터 2m 이하의 위치에 설치할 것
③ 비계기둥의 제일 윗부분으로부터 31m 되는 지점 밑부분의 비계기둥은 3개의 강관으로 묶어 세울 것
④ 비계기둥 간의 적재하중은 400kg을 초과하지 않도록 할 것

**해설**

강관비계의 구조
1. 비계기둥의 간격은 띠장 방향에서는 1.85미터 이하, 장선 방향에서는 1.5미터 이하로 할 것. 다만, 다음 각 목의 어느 하나에 해당하는 작업의 경우에는 안전성에 대한 구조검토를 실시하고 조립도를 작성하면 띠장 방향 및 장선 방향으로 각각 2.7미터 이하로 할 수 있다.
  ㉠ 선박 및 보트 건조작업
  ㉡ 그 밖에 장비 반입·반출을 위하여 공간 등을 확보할 필요가 있는 등 작업의 성질상 비계기둥 간격에 관한 기준을 준수하기 곤란한 작업
2. 띠장 간격은 2.0미터 이하로 할 것. 다만, 작업의 성질상 이를 준수하기가 곤란하여 쌍기둥틀 등에 의하여 해당 부분을 보강한 경우에는 그러하지 아니하다.
3. 비계기둥의 제일 윗부분으로부터 31미터 되는 지점 밑부분의 비계기둥은 2개의 강관으로 묶어 세울 것. 다만, 브라켓(bracket) 등으로 보강하여 2개의 강관으로 묶을 경우 이상의 강도가 유지되는 경우에는 그러하지 아니하다.
4. 비계기둥 간의 적재하중은 400킬로그램을 초과하지 않도록 할 것

TIP 본 문제는 법 개정으로 일부 내용이 수정되었습니다. 해설은 법 개정으로 수정된 내용이니 해설을 학습하세요.

## 111 이동식비계 조립 및 사용 시 준수사항으로 옳지 않은 것은?

① 비계의 최상부에서 작업을 하는 경우에는 안전난간을 설치할 것
② 승강용사다리는 견고하게 설치할 것
③ 작업발판은 항상 수평을 유지하고 작업발판 위에서 작업을 위한 거리가 부족할 경우에는 받침대 또는 사다리를 사용할 것
④ 작업발판의 최대적재하중은 250kg을 초과하지 않도록 할 것

**해설**

이동식비계 조립 시의 준수사항
1. 이동식 비계의 바퀴에는 뜻밖의 갑작스러운 이동 또는 전도를 방지하기 위하여 브레이크·쐐기 등으로 바퀴를 고정시킨 다음 비계의 일부를 견고한 시설물에 고정하거나 아웃 트리거를 설치하는 등 필요한 조치를 할 것
2. 승강용사다리는 견고하게 설치할 것
3. 비계의 최상부에서 작업을 하는 경우에는 안전난간을 설치할 것
4. 작업발판은 항상 수평을 유지하고 작업발판 위에서 안전난간을 딛고 작업을 하거나 받침대 또는 사다리를 사용하여 작업하지 않도록 할 것

**정답** 109 ③  110 ③  111 ③

5. 작업발판의 최대적재하중은 250킬로그램을 초과하지 않도록 할 것

## 112 유해·위험 방지를 위한 방호조치를 하지 아니하고는 양도, 대여, 설치 또는 사용에 제공하거나, 양도·대여를 목적으로 진열해서는 아니 되는 기계·기구에 해당하지 않는 것은?

① 지게차
② 공기압축기
③ 원심기
④ 덤프트럭

**해설**

유해·위험 방지를 위하여 방호조치가 필요한 기계·기구

| 대상 기계·기구 | 방호조치 |
|---|---|
| 예초기 | 날접촉 예방장치 |
| 원심기 | 회전체 접촉 예방장치 |
| 공기압축기 | 압력방출장치 |
| 금속절단기 | 날접촉 예방장치 |
| 지게차 | 헤드가드, 백레스트, 전조등, 후미등, 안전벨트 |
| 포장기계(진공포장기, 래핑기로 한정) | 구동부 방호 연동장치 |

## 113 화물운반하역 작업 중 걸이작업에 관한 설명으로 옳지 않은 것은?

① 와이어로프 등은 크레인의 후크 중심에 걸어야 한다.
② 인양 물체의 안정을 위하여 2줄 걸이 이상을 사용하여야 한다.
③ 매다는 각도는 60° 이상으로 하여야 한다.
④ 근로자를 매달린 물체 위에 탑승시키지 않아야 한다.

**해설**

매다는 각도는 60° 이내로 하여야 한다.

## 114 거푸집 동바리 등을 조립하는 경우에 준수하여야 할 사항으로 옳지 않은 것은?

① 깔목의 사용, 콘크리트 타설, 말뚝박기 등 동바리의 침하를 방지하기 위한 조치를 할 것
② 개구부 상부에 동바리를 설치하는 경우에는 상부하중을 견딜 수 있는 견고한 받침대를 설치할 것
③ 거푸집이 곡면인 경우에는 버팀대의 부착 등 그 거푸집의 부상(浮上)을 방지하기 위한 조치를 할 것
④ 동바리의 이음은 맞댄이음이나 장부이음을 피할 것

**해설**

거푸집 및 동바리 조립 시의 안전조치
1. 거푸집 조립 시의 안전조치
   ㉠ 거푸집을 조립하는 경우에는 거푸집이 콘크리트 하중이나 그 밖의 외력에 견딜 수 있거나, 넘어지지 않도록 견고한 구조의 긴결재(콘크리트를 타설할 때 거푸집이 변형되지 않게 연결하여 고정하는 재료), 버팀대 또는 지지대를 설치하는 등 필요한 조치를 할 것
   ㉡ 거푸집이 곡면인 경우에는 버팀대의 부착 등 그 거푸집의 부상(浮上)을 방지하기 위한 조치를 할 것
2. 동바리 조립 시의 안전조치
   동바리를 조립하는 경우에는 하중의 지지상태를 유지할 수 있도록 다음 각 호의 사항을 준수해야 한다.
   ㉠ 받침목이나 깔판의 사용, 콘크리트 타설, 말뚝박기 등 동바리의 침하를 방지하기 위한 조치를 할 것
   ㉡ 동바리의 상하 고정 및 미끄러짐 방지 조치를 할 것
   ㉢ 상부·하부의 동바리가 동일 수직선상에 위치하도록 하여 깔판·받침목에 고정시킬 것
   ㉣ 개구부 상부에 동바리를 설치하는 경우에는 상부하중을 견딜 수 있는 견고한 받침대를 설치할 것
   ㉤ U헤드 등의 단판이 없는 동바리의 상단에 멍에 등을 올릴 경우에는 해당 상단에 U헤드 등의 단판을 설치하고, 멍에 등이 전도되거나 이탈되지 않도록 고정시킬 것
   ㉥ 동바리의 이음은 같은 품질의 재료를 사용할 것
   ㉦ 강재의 접속부 및 교차부는 볼트·클램프 등 전용철물을 사용하여 단단히 연결할 것
   ㉧ 거푸집의 형상에 따른 부득이한 경우를 제외하고는 깔판이나 받침목은 2단 이상 끼우지 않도록 할 것
   ㉨ 깔판이나 받침목을 이어서 사용하는 경우에는 그 깔판·받침목을 단단히 연결할 것

**TIP** 본 문제는 법 개정으로 일부 내용이 수정되었습니다. 해설은 법 개정으로 수정된 내용이니 해설을 학습하세요.

## 115 사업의 종류가 건설업이고, 공사금액이 850억 원일 경우 산업안전보건법령에 따른 안전관리자를 최소 몇 명 이상 두어야 하는가?(단, 상시근로자는 600명으로 가정)

① 1명 이상
② 2명 이상
③ 3명 이상
④ 4명 이상

**정답** 112 ④  113 ③  114 ④  115 ②

**해설**

건설업 안전관리자의 수

| 규모 | 안전관리자의 수 |
|---|---|
| 공사금액 50억 원 이상(관계수급인은 100억 원 이상) 120억 원 미만(토목공사업의 경우에는 150억 원 미만) | 1명 이상 |
| 공사금액 120억 원 이상(토목공사업의 경우에는 150억 원 이상) 800억 원 미만 | 1명 이상 |
| 공사금액 800억 원 이상 1,500억 원 미만 | 2명 이상. 다만, 전체 공사기간을 100으로 할 때 공사 시작에서 15에 해당하는 기간과 공사 종료 전의 15에 해당하는 기간 동안은 1명 이상으로 한다. |
| 공사금액 1,500억 원 이상 2,200억 원 미만 | 3명 이상. 다만, 전체 공사기간 중 전·후 15에 해당하는 기간은 2명 이상으로 한다. |
| 공사금액 2,200억 원 이상 3천억 원 미만 | 4명 이상. 다만, 전체 공사기간 중 전·후 15에 해당하는 기간은 2명 이상으로 한다. |
| 공사금액 3천억 원 이상 3,900억 원 미만 | 5명 이상. 다만, 전체 공사기간 중 전·후 15에 해당하는 기간은 3명 이상으로 한다. |
| 공사금액 3,900억 원 이상 4,900억 원 미만 | 6명 이상. 다만, 전체 공사기간 중 전·후 15에 해당하는 기간은 3명 이상으로 한다. |
| 공사금액 4,900억 원 이상 6천억 원 미만 | 7명 이상. 다만, 전체 공사기간 중 전·후 15에 해당하는 기간은 4명 이상으로 한다. |
| 공사금액 6천억 원 이상 7,200억 원 미만 | 8명 이상. 다만, 전체 공사기간 중 전·후 15에 해당하는 기간은 4명 이상으로 한다. |
| 공사금액 7,200억 원 이상 8,500억 원 미만 | 9명 이상. 다만, 전체 공사기간 중 전·후 15에 해당하는 기간은 5명 이상으로 한다. |
| 공사금액 8,500억 원 이상 1조 원 미만 | 10명 이상. 다만, 전체 공사기간 중 전·후 15에 해당하는 기간은 5명 이상으로 한다. |
| 1조 원 이상 | 11명 이상[매 2천억 원(2조 원 이상부터는 매 3천억 원)마다 1명씩 추가한다]. 다만, 전체 공사기간 중 전·후 15에 해당하는 기간은 선임 대상 안전관리자 수의 2분의 1(소수점 이하는 올림한다) 이상으로 한다. |

**TIP** 본 문제는 법 개정으로 일부 내용이 수정되었습니다. 해설은 법 개정으로 수정된 내용이니 해설을 학습하세요.

**116** 선박에서 하역작업 시 근로자들이 안전하게 오르내릴 수 있는 현문 사다리 및 안전망을 설치하여야 하는 것은 선박이 최소 몇 톤급 이상일 경우인가?

① 500톤급　　② 300톤급
③ 200톤급　　④ 100톤급

**해설**

선박승강설비의 설치
1. 300톤급 이상의 선박에서 하역작업을 하는 경우에 근로자들이 안전하게 오르내릴 수 있는 현문 사다리를 설치하여야 하며, 이 사다리 밑에 안전망을 설치하여야 한다.
2. 현문 사다리는 견고한 재료로 제작된 것으로 너비는 55센티미터 이상이어야 하고, 양측에 82센티미터 이상의 높이로 울타리를 설치하여야 하며, 바닥은 미끄러지지 않도록 적합한 재질로 처리되어야 한다.
3. 현문 사다리는 근로자의 통행에만 사용하여야 하며, 화물용 발판 또는 화물용 보판으로 사용하도록 해서는 아니 된다.

**117** 타워크레인을 와이어로프로 지지하는 경우에 준수해야 할 사항으로 옳지 않은 것은?

① 와이어로프를 고정하기 위한 전용 지지프레임을 사용할 것
② 와이어로프 설치각도는 수평면에서 60° 이상으로 하되, 지지점은 4개소 미만으로 할 것
③ 와이어로프와 그 고정부위는 충분한 강도와 장력을 갖도록 설치할 것
④ 와이어로프가 가공전선에 근접하지 않도록 할 것

**해설**

타워크레인을 와이어로프로 지지하는 경우 준수사항
1. 와이어로프를 고정하기 위한 전용 지지프레임을 사용할 것
2. 와이어로프 설치각도는 수평면에서 60도 이내로 하되, 지지점은 4개소 이상으로 하고, 같은 각도로 설치할 것
3. 와이어로프와 그 고정부위는 충분한 강도와 장력을 갖도록 설치하고, 와이어로프를 클립·샤클(shackle) 등의 고정기구를 사용하여 견고하게 고정시켜 풀리지 아니하도록 하며, 사용 중에는 충분한 강도와 장력을 유지하도록 할 것
4. 와이어로프가 가공전선에 근접하지 않도록 할 것

**정답** 116 ② 117 ②

**118** 터널붕괴를 방지하기 위한 지보공에 대한 점검사항과 가장 거리가 먼 것은?

① 부재의 긴압 정도
② 부재의 손상 · 변형 · 부식 · 변위 탈락의 유무 및 상태
③ 기둥침하의 유무 및 상태
④ 경보장치의 작동상태

**해설**
터널지보공의 붕괴 등의 방지를 위한 점검사항
1. 부재의 손상 · 변형 · 부식 · 변위 탈락의 유무 및 상태
2. 부재의 긴압 정도
3. 부재의 접속부 및 교차부의 상태
4. 기둥침하의 유무 및 상태

**119** 작업 중이던 미장공이 상부에서 떨어지는 공구에 의해 상해를 입었다면 어느 부분에 대한 결함이 있었겠는가?

① 작업대 설치    ② 작업방법
③ 낙하물 방지시설 설치    ④ 비계설치

**해설**
물체가 떨어지거나 날아올 위험이 있는 경우의 위험방지
1. 낙하물 방지망 설치    4. 출입금지구역 설정
2. 수직보호망 설치    5. 보호구 착용
3. 방호선반 설치

**120** 이동식 크레인을 사용하여 작업을 할 때 작업시작 전 점검사항이 아닌 것은?

① 주행로의 상측 및 트롤리(trolley)가 횡행하는 레일의 상태
② 권과방지장치 그 밖의 경보장치의 기능
③ 브레이크 · 클러치 및 조정장치의 기능
④ 와이어로프가 통하고 있는 곳 및 작업장소의 지반상태

**해설**
이동식 크레인을 사용하여 작업을 하는 때 작업시작 전 점검사항
1. 권과방지장치나 그 밖의 경보장치의 기능
2. 브레이크 · 클러치 및 조정장치의 기능
3. 와이어로프가 통하고 있는 곳 및 작업장소의 지반상태

정답  118 ④  119 ③  120 ①

# PART 02
## 08 2018년 2회 기출문제

### 1과목 안전관리론

**01** 6~12명의 구성원으로 타인의 비판 없이 자유로운 토론을 통하여 다량의 독창적인 아이디어를 이끌어내고, 대안적 해결안을 찾기 위한 집단적 사고기법은?

① Role playing
② Brain storming
③ Action playing
④ Fish Bowl playing

**해설**
브레인 스토밍(Brain storming)
브레인 스토밍(Brain storming)이란 수 명의 멤버가 마음을 터놓고 편안한 분위기 속에서 공상, 연상의 연쇄반응을 일으키면서 자유분방하게 아이디어를 대량으로 발언해 나가는 것이다.

> **TIP** 브레인 스토밍(Brain storming)의 원칙
> ① 비판금지 : 「좋다」, 「나쁘다」라고 비판은 하지 않는다.
> ② 대량발언 : 내용의 질적수준보다 양적으로 무엇이든 많이 발언한다.
> ③ 자유분방 : 자유로운 분위기에서 마음대로 편안한 마음으로 발언한다.
> ④ 수정발언 : 타인의 아이디어를 수정하거나 보충 발언해도 좋다.

**02** 재해의 발생형태 중 다음 그림이 나타내는 것은?

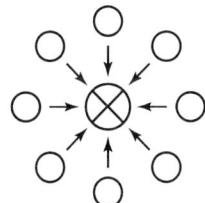

① 1단순연쇄형
② 2복합연쇄형
③ 단순자극형
④ 복합형

**해설**
산업재해의 발생형태

| 구분 | 내용 | 발생형태 |
|---|---|---|
| 단순 자극형 (집중형) | 상호 자극에 의하여 순간적으로 재해가 발생하는 유형으로 재해가 일어난 장소와 그 시기에 일시적으로 요인이 한 곳에 집중 | |
| 연쇄형 | 어느 하나의 사고 요인이 또 다른 사고 요인을 발생시키면서 재해를 발생시키는 유형 | 단순 연쇄형 / 복합 연쇄형 |
| 복합형 | 단순자극형(집중형)과 연쇄형의 복합적인 재해 발생 유형 | |

**03** 산업안전보건법령상 근로자에 대한 일반건강진단의 실시 시기 기준으로 옳은 것은?

① 사무직에 종사하는 근로자 : 1년에 1회 이상
② 사무직에 종사하는 근로자 : 2년에 1회 이상
③ 사무직 외의 업무에 종사하는 근로자 : 6월에 1회 이상
④ 사무직 외의 업무에 종사하는 근로자 : 2년에 1회 이상

**해설**
일반건강진단
1. 상시 사용하는 근로자의 건강관리를 위하여 사업주가 주기적으로 실시하는 건강진단을 말한다.
2. 사무직에 종사하는 근로자(판매업무 등에 직접 종사하는 근로자 제외) : 2년에 1회 이상 실시
3. 그 밖의 근로자 : 1년에 1회 이상 실시

**정답** 01 ② 02 ③ 03 ②

**04** 재해통계에 있어 강도율이 2.0인 경우에 대한 설명으로 옳은 것은?

① 한 건의 재해로 인해 전체 작업비용의 2.0%에 해당하는 손실이 발생하였다.
② 근로자 1,000명당 2.0건의 재해가 발생하였다.
③ 근로시간 1,000시간당 2.0건의 재해가 발생하였다.
④ 근로시간 1,000시간당 2.0일의 근로손실이 발생하였다.

**해설**
강도율
강도율이 2.0이란 뜻은 1,000시간당 재해로 인하여 2.0일간의 근로손실이 발생하였다는 뜻이다.

**TIP** 강도율
근로시간 1,000시간당 재해에 의해 잃어버린(상실되는) 근로손실일수

$$강도율 = \frac{근로손실일수}{연간총근로시간수} \times 1,000$$

**05** 산업안전보건법령상 교육대상별 교육내용 중 관리감독자의 정기교육 내용이 아닌 것은?

① 정리정돈 및 청소에 관한 사항
② 산업보건 및 건강장해 예방에 관한 사항
③ 유해·위험 작업환경 관리에 관한 사항
④ 표준안전 작업방법 결정 및 지도·감독 요령에 관한 사항

**해설**
관리감독자 정기교육
1. 산업안전 및 산업재해 예방에 관한 사항(화재·폭발 사고 발생 시 대피에 관한 사항을 포함)
2. 산업보건 및 건강장해 예방에 관한 사항(폭염·한파작업으로 인한 건강장해 발생 시 응급조치에 관한 사항을 포함)
3. 위험성평가에 관한 사항
4. 유해·위험 작업환경 관리에 관한 사항
5. 산업안전보건법령 및 산업재해보상보험 제도에 관한 사항
6. 직무스트레스 예방 및 관리에 관한 사항
7. 직장 내 괴롭힘, 고객의 폭언 등으로 인한 건강장해 예방 및 관리에 관한 사항
8. 작업공정의 유해·위험과 재해 예방대책에 관한 사항
9. 사업장 내 안전보건관리체제 및 안전·보건조치 현황에 관한 사항
10. 표준안전 작업방법 결정 및 지도·감독 요령에 관한 사항
11. 현장근로자와의 의사소통능력 및 강의능력 등 안전보건교육 능력 배양에 관한 사항
12. 비상시 또는 재해 발생 시 긴급조치에 관한 사항
13. 그 밖의 관리감독자의 직무에 관한 사항

**06** Off JT(Off the Job Training)의 특징으로 옳은 것은?

① 훈련에만 전념할 수 있다.
② 상호신뢰 및 이해도가 높아진다.
③ 개개인에게 적절한 지도훈련이 가능하다.
④ 직장의 실정에 맞게 실제적 훈련이 가능하다.

**해설**
OFF JT(Off the Job Training)
1. 외부의 전문가를 활용할 수 있다.(전문가를 초빙하여 강사로 활용이 가능하다.)
2. 다수의 대상자에게 조직적 훈련이 가능하다.
3. 특별교재, 교구, 시설을 유효하게 사용할 수 있다.
4. 타 직종 사람과의 많은 지식, 경험을 교류할 수 있다.
5. 업무와 분리되어 교육에 전념하는 것이 가능하다.
6. 교육목표를 위하여 집단적으로 협조와 협력이 가능하다.
7. 법규, 원리, 원칙, 개념, 이론 등의 교육에 적합하다.

**07** 산업안전보건법령상 안전·보건표지의 종류 중 다음 안전·보건 표지의 명칭은?

① 화물적재금기
② 차량통행금지
③ 물체이동금지
④ 화물출입금지

**해설**
안전·보건표지

| 차량통행금지 | 물체이동금지 |
|---|---|

## 08 AE형 안전모에 있어 내전압성이란 최대 몇 V이하의 전압에 견디는 것을 말하는가?

① 750
② 1,000
③ 3,000
④ 7,000

**해설**

추락 및 감전 위험방지용 안전모의 종류

| 종류(기호) | 사용 구분 | 비고 |
|---|---|---|
| AB | 물체의 낙하 또는 비래 및 추락에 의한 위험을 방지 또는 경감시키기 위한 것 | |
| AE | 물체의 낙하 또는 비래에 의한 위험을 방지 또는 경감하고, 머리부위 감전에 의한 위험을 방지하기 위한 것 | 내전압성 |
| ABE | 물체의 낙하 또는 비래 및 추락에 의한 위험을 방지 또는 경감하고, 머리부위 감전에 의한 위험을 방지하기 위한 것 | 내전압성 |

※ 내전압성이란 7,000V 이하의 전압에 견디는 것을 말한다.

## 09 안전점검의 종류 중 태풍, 폭우 등에 의한 침수, 지진 등의 천재지변이 발생한 경우나 이상사태 발생 시 관리자나 감독자가 기계·기구, 설비 등의 기능상 이상 유무에 대하여 점검하는 것은?

① 일상점검
② 정기점검
③ 특별점검
④ 수시점검

**해설**

안전점검(점검주기에 의한 구분)

| | |
|---|---|
| 정기점검 (계획점검) | 일정기간마다 정기적으로 실시하는 점검으로 주간점검, 월간점검, 연간점검 등이 있다.(마모상태, 부식, 손상, 균열 등 설비의 상태 변화나 이상 유무 등을 점검한다.) |
| 수시점검 (일상점검, 일일점검) | • 매일 현장에서 작업 시작 전, 작업 중, 작업 후에 일상적으로 실시하는 점검(작업자, 작업담당자가 실시한다.)<br>• 작업 시작 전 점검사항 : 주변의 정리정돈, 주변의 청소 상태, 설비의 방호장치 점검, 설비의 주유상태, 구동부분 등<br>• 작업 중 점검사항 : 이상소음, 진동, 냄새, 가스 및 기름 누출, 생산품질의 이상 여부 등<br>• 작업 종료 시 점검사항 : 기계의 청소와 정비, 안전장치의 작동 여부, 스위치 조작, 환기, 통로정리 등 |
| 임시점검 | 정기점검 실시 후 다음 점검기일 이전에 임시로 실시하는 점검(기계, 기구 또는 설비의 이상 발견 시에 임시로 점검) |
| 특별점검 | • 기계, 기구 또는 설비를 신설하거나 변경 내지는 고장 수리 등을 할 경우<br>• 강풍 또는 지진 등의 천재지변 발생 후의 점검<br>• 산업안전 보건 강조기간에도 실시 |

## 10 재해발생의 직접원인 중 불안전한 상태가 아닌 것은?

① 불안전한 인양
② 부적절한 보호구
③ 결함 있는 기계설비
④ 불안전한 방호장치

**해설**

불안전한 행동과 상태의 분류

| 불안전한 행동(인적 요인) | 불안전한 상태 |
|---|---|
| • 설비·기계 및 물질의 부적절한 사용·관리<br>• 구조물 등 그 밖의 위험방치 및 미확인<br>• 작업수행 소홀 및 절차 미준수<br>• 불안전한 작업자세<br>• 작업수행 중 과실<br>• 무모한 또는 불필요한 행위 및 동작<br>• 복장, 보호구의 미착용 및 부적절한 사용<br>• 불안전한 속도 조작<br>• 안전장치의 기능 제거<br>• 불안전한 인양 및 운반 | • 물체 및 설비 자체의 결함<br>• 방호조치의 부적절<br>• 작업통로 등 장소불량 및 위험<br>• 물체, 기계기구 등의 취급상 위험<br>• 작업공정·절차의 부적절<br>• 작업환경 등의 부적절<br>• 보호구의 성능불량<br>• 불안전한 설계로 인한 결함 발생 |

## 11 매슬로(Maslow)의 욕구단계 이론 중 제2단계 욕구에 해당하는 것은?

① 자아실현의 욕구
② 안전에 대한 욕구
③ 사회적 욕구
④ 생리적 욕구

**해설**

매슬로(Maslow)의 욕구단계 이론

| 제1단계 | 생리적 욕구 | 기아, 갈증, 호흡, 배설, 성욕 등 생명 유지의 기본적 욕구 |
|---|---|---|
| 제2단계 | 안전의 욕구 | • 자기보존 욕구 - 안전을 구하려는 욕구<br>• 전쟁, 재해, 질병의 위험으로부터 자유로워지려는 욕구 |
| 제3단계 | 사회적 욕구 | • 소속감과 애정에 대한 욕구<br>• 사회적으로 관계를 향상시키는 욕구 |
| 제4단계 | 인정받으려는 욕구 (자기존중의 욕구) | 자존심, 명예, 성취, 지위 등 인정받으려는 욕구 |
| 제5단계 | 자아실현의 욕구 | • 잠재능력을 실현하고자 하는 성취욕구<br>• 특유의 창의력을 발휘 |

**정답** 08 ④ 09 ③ 10 ① 11 ②

**12** 대뇌의 human error로 인한 착오요인이 아닌 것은?

① 인지과정 착오  ② 조치과정 착오
③ 판단과정 착오  ④ 행동과정 착오

**해설**

착오의 요인

| 종류 | 내용 |
|---|---|
| 인지과정 착오 | • 심리적 또는 생리적 요인<br>• 정보량 저장의 한계 : 한계정보량보다 더 많은 정보가 들어오는 경우 정보를 처리하지 못하는 현상<br>• 감각차단 현상 : 단조로운 업무가 장시간 지속될 때 작업자의 감각기능 및 판단능력이 둔화 또는 마비되는 현상(예 : 고도비행, 단독비행, 계기비행, 직선 고속도로 운행 등)<br>• 정서적 불안정(불안, 공포)<br>• 정보수용 능력의 한계 : 인간의 감지범위 밖의 정보 |
| 판단과정 착오 | • 정보부족(옹고집, 지나친 자기중심적 인간)<br>• 능력부족(지식부족, 경험부족)<br>• 자기합리화(자기에게 유리하게 판단)<br>• 환경조건불비(작업조건불량) |
| 조치과정 착오 | • 기술능력 미숙<br>• 경험 부족<br>• 피로 |

**13** 주의의 수준이 Phase 0인 상태에서의 의식상태로 옳은 것은?

① 무의식 상태  ② 의식의 이완 상태
③ 명료한 상태  ④ 과긴장 상태

**해설**

의식수준의 단계

| 단계 | 의식의 상태 | 신뢰성 |
|---|---|---|
| Phase 0(제0단계) | 무의식, 실신 | 0 (zero) |
| Phase I(제 I 단계) | 정상 이하, 의식 흐림, 의식 몽롱함 | 0.9 이하 |
| Phase II(제 II 단계) | 정상, 이완상태, 느긋한 기분 | 0.99~0.99999 |
| Phase III(제 III 단계) | 정상, 상쾌한 상태, 분명한 의식 | 0.999999 이상 (신뢰도가 가장 높은 상태) |
| Phase IV(제 IV 단계) | 과긴장, 흥분상태 | 0.9 이하 |

**14** 생체리듬의 변화에 대한 설명으로 틀린 것은?

① 야간에는 체중이 감소한다.
② 야간에는 말초운동 기능이 저하된다.
③ 체온, 혈압, 맥박수는 주간에 상승하고 야간에 감소한다.
④ 혈액의 수분과 염분량은 주간에 증가하고 야간에 감소한다.

**해설**

바이오리듬(Biorhythm)의 변화

1. 혈액의 수분, 염분량 : 주간감소, 야간증가
2. 체온, 혈압, 맥박수 : 주간상승, 야간감소
3. 야간에는 체중감소, 소화분비액 불량, 말초신경기능 저하, 피로의 자각 증상이 증대된다.

**15** 어떤 사업장의 상시근로자 1,000명이 작업 중 2명 사망자와 의사진단에 의한 휴업일수 90일 손실을 가져온 경우의 강도율은?(단, 1일 8시간, 연 300일 근무)

① 7.32  ② 6.28
③ 8.12  ④ 5.92

**해설**

강도율

$$강도율 = \frac{근로손실일수}{연간총근로시간수} \times 1,000$$

$$강도율 = \frac{근로손실일수}{연간총근로시간수} \times 1,000$$

$$= \frac{(7,500 \times 2) + \left(90 \times \frac{300}{365}\right)}{1,000 \times 8 \times 300} \times 1,000 = 6.28$$

**TIP** 근로손실일수의 산정 기준

① 사망 및 영구 전노동불능(신체장해등급 1~3급) : 7,500일
② 영구 일부노동불능(근로손실일수)

| 신체장해 등급 | 4 | 5 | 6 | 7 | 8 | 9 |
|---|---|---|---|---|---|---|
| 근로손실 일수 | 5,500 | 4,000 | 3,000 | 2,200 | 1,500 | 1,000 |
| 신체장해 등급 | 10 | 11 | 12 | 13 | 14 | |
| 근로손실 일수 | 600 | 400 | 200 | 100 | 50 | |

**정답** 12 ④ 13 ① 14 ④ 15 ②

**16** 교육심리학의 기본이론 중 학습지도의 원리가 아닌 것은?

① 직관의 원리
② 개별화의 원리
③ 계속성의 원리
④ 사회화의 원리

**해설**

학습지도의 원리

| | |
|---|---|
| 자발성의 원리 | 학습자의 내적동기가 유발된 학습, 즉 학습자 자신이 자발적으로 학습에 참여하는 데 중점을 둔 원리 |
| 개별화의 원리 | 학습자가 지니고 있는 각자의 요구와 능력 등 개인차에 맞도록 지도해야 한다는 원칙 |
| 사회화의 원리 | 학교에서 경험한 것과 사회에서 경험한 것을 교류시키고 함께 하는 학습을 통하여 협력적이고 우호적인 학습을 진행하는 원리 |
| 통합의 원리 | 학습을 통합적인 전체로서 학습자의 모든 능력을 조화적으로 발달시키는 원리 |
| 직관의 원리 | 구체적인 사물을 직접 제시하거나 경험시킴으로써 큰 효과를 볼 수 있다는 원리 |

**17** 안전보건교육 계획에 포함하여야 할 사항이 아닌 것은?

① 교육의 종류 및 대상
② 교육의 과목 및 내용
③ 교육장소 및 방법
④ 교육지도안

**해설**

안전보건교육 계획 수립 시 포함하여야 할 사항(통합계획)
1. 교육목표(교육계획 수립 시 첫째 과제)
2. 교육의 종류 및 교육대상
3. 교육방법
4. 교육의 과목 및 교육내용
5. 교육 기간 및 시간
6. 교육장소
7. 교육 담당자 및 강사

**18** 인간관계의 메커니즘 중 다른 사람의 행동양식이나 태도를 투입시키거나 다른 사람 가운데서 자기와 비슷한 것을 발견하는 것은?

① 동일화
② 일체화
③ 투사
④ 공감

**해설**

인간관계 메커니즘

| | |
|---|---|
| 투사(Projection) | 자기 마음속의 억압된 것을 다른 사람의 것으로 생각하는 것 |
| 암시(Suggestion) | 다른 사람으로부터의 판단이나 행동을 무비판적으로 논리적, 사실적 근거 없이 받아들이는 것 |
| 동일화(Identification) | 다른 사람의 행동양식이나 태도를 투입하거나 다른 사람 가운데서 자기와 비슷한 것을 발견하게 되는 것 |
| 모방(Imitation) | 남의 행동이나 판단을 표본으로 하여 그것과 같거나 그것에 가까운 행동 또는 판단을 취하려는 것 |
| 커뮤니케이션(Communication) | 여러 가지 행동양식이 기로를 매개로 하여 한 사람으로부터 다른 사람에게 전달되는 과정으로 언어, 손짓, 몸짓, 표정 등 |

**19** 유기화합물용 방독마스크 시험가스의 종류가 아닌 것은?

① 염소가스 또는 증기
② 시클로헥산
③ 디메틸에테르
④ 이소부탄

**해설**

방독마스크의 종류 및 표시색

| 종류 | 시험가스 | 정화통 외부 측면의 표시 색 |
|---|---|---|
| 유기화합물용 | 시클로헥산($C_6H_{12}$) | 갈색 |
| | 디메틸에테르($CH_3OCH_3$) | |
| | 이소부탄($C_4H_{10}$) | |
| 할로겐용 | 염소가스 또는 증기($Cl_2$) | 회색 |
| 황화수소용 | 황화수소가스($H_2S$) | |
| 시안화수소용 | 시안화수소가스(HCN) | |
| 아황산용 | 아황산가스($SO_2$) | 노랑색 |
| 암모니아용 | 암모니아가스($NH_3$) | 녹색 |

**20** Line-Staff형 안전보건관리조직에 관한 특징이 아닌 것은?

① 조직원 전원을 자율적으로 안전활동에 참여시킬 수 있다.
② 스탭의 월권행위의 경우가 있으며 라인스탭에 의존 또는 활용치 않는 경우가 있다.
③ 생산부문은 안전에 대한 책임과 권한이 없다.
④ 명령계통과 조언 권고적 참여가 혼동되기 쉽다.

**정답** 16 ③ 17 ④ 18 ① 19 ① 20 ③

### 해설

라인-스태프형(line-staff형, 직계 참모형) 조직

| | |
|---|---|
| 의의 | • 안전보건 업무를 전담하는 스태프를 별도로 두고 또 생산라인에는 그 부서의 장으로 하여금 계획된 생산라인의 안전관리조직을 통하여 실시하도록 한 조직 형태<br>• 1,000명 이상의 대규모 사업장에 적합한 조직 형태 |
| 장점 | • 라인에서 안전보건 업무가 수행되어 안전보건에 관한 지시 명령 조치가 신속·정확하게 이루어짐<br>• 스태프는 안전에 관한 기획, 조사, 검토 및 연구를 수행 |
| 단점 | • 명령계통과 조언, 권조적 참여가 혼동되기 쉬움<br>• 라인과 스태프 간에 협조가 안 될 경우 업무의 원활한 추진 불가(라인과 스태프 간의 월권 또는 상호 의견충돌이 생길 수 있음)<br>• 라인이 스태프에 의존 또는 활용하지 않는 경우가 있음 |

**TIP** 생산부문은 안전에 대한 책임과 권한이 없다. : 스태프형(staff형, 참모형) 조직

## 2과목 인간공학 및 시스템 안전공학

**21** 사업장에서 인간공학의 적용분야로 가장 거리가 먼 것은?

① 제품설계
② 설비의 고장률
③ 재해·질병 예방
④ 장비·공구·설비의 배치

### 해설

사업장에서의 인간공학 적용분야
1. 작업설계와 조직의 변경
2. 재해 및 질병의 예방
3. 제품의 사용성 평가
4. 작업 환경의 개선
5. 핵발전소 제어실 설계
6. 고기술 제품의 인터페이스 디자인
7. 장비 및 공구의 설계 등

**22** 결함수분석법(FTA)의 특징으로 볼 수 없는 것은?

① Top Down 형식
② 특정사상에 대한 해석
③ 정성적 해석의 불가능
④ 논리기호를 사용한 해석

### 해설

결함수 분석(FTA)
1. FTA는 시스템 고장을 발생시키는 사상과 그 원인과의 인과관계를 논리기호를 사용하여 나뭇가지 모양의 그림으로 나타낸 고장목을 만들고 이에 의거 시스템의 고장확률을 구함으로써 문제가 되는 부분을 찾아내어 시스템의 신뢰성을 개선하는 연역적이고 정성적, 정량적인 고장해석 및 신뢰성 평가방법이다.
2. 연역적이고 정량적인 해석방법이며, 상황에 따라 정성적 해석뿐만 아니라 재해의 직접원인 해석도 가능하다.

**23** 음향기기 부품 생산공장에서 안전업무를 담당하는 OOO 대리는 공장 내부에 경보등을 설치하는 과정에서 도움이 될 만한 몇 가지 지식을 적용하고자 한다. 적용 지식 중 맞는 것은?

① 신호 대 배경의 휘도대비가 작을 때는 백색신호가 효과적이다.
② 광원의 노출시간이 1초보다 작으면 광속발산도는 작아야 한다.
③ 표적의 크기가 커짐에 따라 광도의 역치가 안정되는 노출시간은 증가한다.
④ 배경광 중 점멸 잡음광의 비율이 10% 이상이면 점멸등은 사용하지 않는 것이 좋다.

### 해설

빛의 검출성에 영향을 주는 인자
1. 신호 대 배경의 휘도 대비가 작을 경우 적색 신호가 효과적이다.
2. 광도의 역치가 안정되는 노출시간은 표적의 크기에 따라 일관성 있게 감소한다.
3. 배경-잡음의 불빛 중 어느 하나라도 깜박이면 점멸 신호의 효과는 완전히 상실된다(점멸 잡음광의 비율이 1/10 이상이면 상점등이 효과적).

**24** 인간이 기계와 비교하여 정보처리 및 결정의 측면에서 상대적으로 우수한 것은?(단, 인공지능은 제외한다.)

① 연역적 추리
② 정량적 정보처리
③ 관찰을 통한 일반화
④ 정보의 신속한 보관

**해설**

인간이 기계보다 우수한 기능
1. 매우 낮은 수준의 자극(시각, 청각, 촉각, 후각, 미각적인)을 감지한다.
2. 수신 상태가 나쁜 음극선과에 나타나는 영상과 같이 배경 잡음이 심한 경우에도 신호를 인지할 수 있다.
3. 항공 사진의 피사체나 말소리처럼 상황에 따라 변화하는 복잡한 자극의 형태를 식별할 수 있다.
4. 주위의 예기치 못한 상황을 감지할 수 있다.
5. 많은 양의 정보를 오랜 기간 동안 보관하였다가 적절한 정보를 상기한다.
6. 다양한 경험을 토대로 의사결정을 한다.
7. 어떤 운용 방법이 실패할 경우, 다른 방법을 선택한다.
8. 관찰을 통해서 일반화하여 귀납적으로 추리한다.
9. 원칙을 적용하여 다양한 문제를 해결한다.
10. 완전히 새로운 해결책을 찾을 수 있다.
11. 다양한 운용상의 요건에 맞추어서 신체적인 반응을 적응시킨다.
12. 과부하 상황에서 불가피한 경우에는 중요한 일에만 전념한다.
13. 주관적으로 추산하고 평가한다.

## 25 제한된 실내 공간에서 소음문제의 음원에 관한 대책이 아닌 것은?

① 저소음 기계로 대체한다.
② 소음 발생원을 밀폐한다.
③ 방음 보호구를 착용한다.
④ 소음 발생원을 제거한다.

**해설**

소음방지대책
1. 소음원의 제거 : 가장 적극적인 대책
2. 소음원의 통제 : 기계의 적절한 설계, 정비 및 주유, 고무 받침대 부착, 소음기 사용(차량) 등
3. 소음의 격리 : 씌우개(enclosure), 장벽을 사용(창문을 닫으면 약 10dB이 감음됨)
4. 적절한 배치(layout)
5. 음향 처리제 사용
6. 차폐 장치(baffle) 및 흡음재 사용
7. 방음 보호 용구 착용

**TIP** 작업자의 보호구 착용은 음원에 대한 대책이 아니라 근로자에 대한 대책에 해당된다.

## 26 인간실수확률에 대한 추정기법으로 가장 적절하지 않은 것은?

① CIT(Critical Incident Technique) : 위급사건기법
② FMEA(Failure Mode and Effect Analysis) : 고장형태 영향분석
③ TCRAM(Task Criticality Rating Analysis Method) : 직무위급도 분석법
④ THERP(Technique for Human Error Rate Prediction) : 인간 실수율 예측기법

**해설**

인간실수확률에 대한 추정기법
1. 위급사건기법(CIT ; Critical Incident Technique)
2. 직무위급도 분석(TCRAM ; Task Criticality Rating Analysis Method)
3. 인간 실수율 예측기법(THERP ; Technique for Human Error Rate Prediction)
4. 조작자 행동 나무(OAT ; Operator Action Tree)
5. 인간 실수 자료 은행(human error rate bank)
6. 간헐적 사건의 결함 나무 분석(FTA ; Fault Tree Analysis)
7. 인간 신뢰도 예측을 위한 컴퓨터 모의실험

**TIP** 고장형태와 영향분석
(FMEA ; Failure Mode and Effects Analysis)
① 시스템 내의 위험요소가 얼마나 위험한 상태에 있는가를 정성적으로 평가하는 기법
② 고장 발생을 최소로 하고자 하는 경우에 유효하다.

## 27 음성통신에 있어 소음환경과 관련하여 성격이 다른 지수는?

① AI(Articulation Index) : 명료도 지수
② MAA(Minimum Audible Angle) : 최소가청 각도
③ PSIL(Preferred-Octave Speech Interference Level) : 음성간섭수준
④ PNC(Preferred Noise Criteria Curves) : 선호 소음 판단 기준곡선

**해설**

음성통신에 관한 소음환경
1. AI(Articulation Index)[명료도 지수]
대화가 상대방에 얼마나 정확히 전해졌는가를 나타내는 지수로 통화 이해도를 추정할 수 있는 근거로 명료도 지수를 사용한다.

2. PNC(Preferred Noise Criteria Curves)[우선 회화 방해 레벨]
실내의 광대역 소음을 평가하기 위한 도표의 하나로 음질에 의한 불쾌감의 평가를 도입하고 있다.
3. PSIL(Preferred-Octave Speech Interference Level)[선호 옥타브 음성간섭수준]
음성 전송에 있어서의 소음의 영향을 추정하는 척도를 말한다.

> **TIP** MAMA(Minimum Audible Movement Angle)
> 청각신호의 위치를 식별하는 척도를 말하며 소음환경보다는 소리의 방위각과 관련이 있다.

**28** A 회사에서는 새로운 기계를 설계하면서 레버를 위로 올리면 압력이 올라가도록 하고, 오른쪽 스위치를 눌렀을 때 오른쪽 전등이 켜지도록 하였다면, 이것은 각각 어떤 유형의 양립성을 고려한 것인가?

① 레버-공간양립성, 스위치-개념양립성
② 레버-운동양립성, 스위치-개념양립성
③ 레버-개념양립성, 스위치-운동양립성
④ 레버-운동양립성, 스위치-공간양립성

#### 해설
양립성의 종류

| | |
|---|---|
| 공간 양립성 | • 표시장치와 이에 대응하는 조종장치 간의 위치 또는 배열이 인간의 기대와 모순되지 않아야 한다.<br>• 가스버너에서 오른쪽 조리대는 오른쪽 조절장치로, 왼쪽 조리대는 왼쪽 조절장치로 조정하도록 배치한다. |
| 운동 양립성 | • 조작장치의 방향과 표시장치의 움직이는 방향이 사용자의 기대와 일치하는 것<br>• 자동차를 운전하는 과정에서 우측으로 회전하기 위하여 핸들을 우측으로 돌린다. |
| 개념 양립성 | • 사람들이 가지고 있는(이미 사람들이 학습을 통해 알고 있는) 개념적 연상에 관한 기대와 일치하는 것<br>• 냉온수기에서 빨간색은 온수, 파란색은 냉수가 나온다. |
| 양식 양립성 | 음성과업에 대해서는 청각적 자극 제시와 이에 대한 음성 응답 등에 해당 |

**29** 압력 $B_1$과 $B_2$의 어느 한쪽이 일어나면 출력 A가 생기는 경우를 논리합의 관계라 한다. 이때 입력과 출력 사이에는 무슨 게이트로 연결되는가?

① OR 게이트   ② 억제 게이트
③ AND 게이트  ④ 부정 게이트

#### 해설
게이트

| 명칭 | 기호 | 의의 |
|---|---|---|
| OR 게이트 | | 입력사상 중 어느 하나만이라도 발생하게 되면 출력사상이 발생한다. |
| 억제 게이트 | | 입력사상 중 어느 것이나 이 게이트로 나타내는 조건이 만족하는 경우에만 출력사상이 발생한다.(조건부확률) |
| AND 게이트 | | 모든 입력사상이 공존할 때만이 출력사상이 발생한다. |
| 부정 게이트 | | 입력현상의 반대현상이 출력된다. |

**30** 다음의 FT도에서 사상 A의 발생 확률 값은?

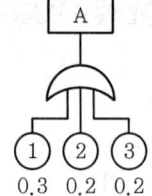

① 게이트 기호가 OR이므로 0.012
② 게이트 기호가 AND이므로 0.012
③ 게이트 기호가 OR이므로 0.552
④ 게이트 기호가 AND이므로 0.552

#### 해설
발생확률 계산
$1-(1-0.3)(1-0.2)(1-0.2)=0.552$

**31** 작업공간의 포락면(包絡面)에 대한 설명으로 맞는 것은?

① 개인이 그 안에서 일하는 일차원 공간이다.
② 작업복 등은 포락면에 영향을 미치지 않는다.
③ 가장 작은 포락면은 몸통을 움직이는 공간이다.
④ 작업의 성질에 따라 포락면의 경계가 달라진다.

정답  28 ④  29 ①  30 ③  31 ④

**해설**

작업공간 포락면(work-space envelope)
1. 한 장소에 앉아서 수행하는 작업 활동에서, 사람이 작업하는 데 사용하는 공간
2. 어떤 작업을 앉아서 수행할 경우 작업을 행하는 사람에게 최적에 가까운 3차원적 공간으로 구성(즉각적으로 혹은 자주 사용하는 물건은 3차원적 공간 내에 위치해야 함)
3. 작업복은 동작과 닿을 수 있는 거리에 제한을 주며 작업공간 한계의 크기에 영향을 줌
4. 작업의 유형에 따라 작업공간 포락면의 경계는 달라짐

**32** 안전교육을 받지 못한 신입직원이 작업 중 전극을 반대로 끼우려고 시도했으나, 플러그의 모양이 반대로 끼울 수 없도록 설계되어 있어서 사고를 예방할 수 있었다. 작업자가 범한 오류와 이와 같은 사고 예방을 위해 적용된 안전설계 원칙으로 가장 적합한 것은?

① 누락(omission) 오류, fail safe 설계원칙
② 누락(omission) 오류, fool proof 설계원칙
③ 작위(commission) 오류, fail safe 설계원칙
④ 작위(commission) 오류, fool proof 설계원칙

**해설**

인간실수의 분류 및 안전설계
1. 인간실수의 분류(심리적인 분류)

| 생략에러 (omission error, 부작위 실수) | 필요한 직무 및 절차를 수행하지 않아(생략) 발생하는 에러<br>예 가스밸브를 잠그는 것을 잊어 사고가 났다. |
|---|---|
| 작위에러 (commission error, 실행에러) | ① 필요한 작업 또는 절차의 불확실한 수행(잘못 수행)으로 인한 에러<br>② 넓은 의미로 선택착오, 순서착오, 시간착오, 정성적 착오를 포함한다.<br>예 전선이 바뀌었다. 틀린 부품을 사용하였다. 부품이 거꾸로 조립되었다 등 |
| 순서에러 (sequential error) | 필요한 작업 또는 절차의 순서 착오로 인한 에러<br>예 자동차 출발 시 핸드브레이크를 해제하지 않고 출발하여 발생한 에러 |
| 시간에러 (time error) | 필요한 직무 또는 절차의 수행지연으로 인한 에러<br>예 프레스 작업 중에 금형 내에 손이 오랫동안 남아 있어 발생한 재해 |
| 과잉행동에러 (extraneous error, 불필요한 행동에러) | 불필요한 작업 또는 절차를 수행함으로써 기인한 에러<br>예 자동차 운전 중 습관적으로 손을 창문으로 내밀어 발생한 재해 |

2. Fool Proof
작업자가 기계를 잘못 취급하여 불안전 행동이나 실수를 하여도 기계설비의 안전 기능이 작용되어 재해를 방지할 수 있는 기능을 가진 구조

**33** FMEA에서 고장 평점을 결정하는 5가지 평가요소에 해당하지 않는 것은?

① 생산능력의 범위
② 고장발생의 빈도
③ 고장방지의 가능성
④ 영향을 미치는 시스템의 범위

**해설**

고장평점법($C_s$ 평점법)
다음의 다섯 가지 평가요소의 전부 또는 2~3개의 평가요소를 사용하여 고장평점을 계산하고 고장등급을 결정하는 방법
평가요소를 모두 사용하는 경우의 고장평점 $C_s$

$$C_s = (C_1 \cdot C_2 \cdot C_3 \cdot C_4 \cdot C_5)^{\frac{1}{5}}$$

여기서, $C_1$ : 기능적 고장의 영향의 중요도
$C_2$ : 영향을 미치는 시스템의 범위
$C_3$ : 고장발생의 빈도
$C_4$ : 고장방지의 가능성
$C_5$ : 신규설계의 정도

**34** 어떤 소리가 1,000Hz, 60dB인 음과 같은 높이임에도 4배 더 크게 들린다면, 이 소리의 음압수준은 얼마인가?

① 70dB
② 80dB
③ 90dB
④ 100dB

**해설**

Phon(음량 수준)과 Sone(음량)의 관계

$$\text{Sone치} = 2^{(\text{phon치}-40)/10}$$

※ 음량 수준이 10phon 증가하면 음량(sone)은 2배로 증가된다.
1. 1,000Hz, 60dB은 60phon이다.
2. 60phon
   Sone치 $= 2^{(\text{phon치}-40)/10} = 2^{(60-40)/10} = 4$
3. 70phon
   Sone치 $= 2^{(\text{phon치}-40)/10} = 2^{(70-40)/10} = 8$

4. 80phon
   Sone치 = $2^{(phon치 - 40)/10} = 2^{(80-40)/10} = 16$
5. ∴ phon치는 80dB(1,000Hz 기준)

## 35 작업장 배치 시 유의사항으로 적절하지 않은 것은?

① 작업의 흐름에 따라 기계를 배치한다.
② 생산효율 증대를 위해 기계설비 주위에 재료나 반제품을 충분히 놓아둔다.
③ 공장 내외는 안전한 통로를 두어야 하며, 통로는 선을 그어 작업장과 명확히 구별하도록 한다.
④ 비상시에 쉽게 대비할 수 있는 통로를 마련하고 사고 전압을 위한 활동통로가 반드시 마련되어야 한다.

### 해설

배치(Layout)
1. 기계설비의 배치가 작업의 흐름에 맞지 않는 작업장에서는 재료나 반제품이 정체하기 쉽고, 더욱이 이런 작업장에서는 일반적으로 기계설비의 주위에 공간이 충분히 없기 때문에 통로에 재료나 반제품이 놓이게 되므로 이러한 작업장은 공장의 배치 그 자체를 근본적으로 처음부터 다시 하여야 한다.
2. 배치에 대하여 검토를 요하는 사항
   ㉠ 작업의 흐름에 따라 기계설비를 배치시켜 필요 없는 운반작업을 배제할 것
   ㉡ 작업자가 능률적으로 작업할 수 있도록 기계의 배치, 가공품을 놓아둘 장소, 공구, 선반 등의 배치를 적정하게 할 것
   ㉢ 재료, 제품, 공구 등의 크기, 기계의 운동범위 등을 생각하여 충분한 공간을 취할 것
   ㉣ 안전한 통로를 설정하고, 작업장소와 통로는 명확히 구분할 것
   ㉤ 폭발성 물질을 취급하는 위험도가 높은 설비를 설치함에 있어서는 이상 시에 그 피해를 최소로 하도록 하고 다른 기계설비와의 위치관계를 적정히 할 것

## 36 시스템의 수명 및 신뢰성에 관한 설명으로 틀린 것은?

① 병렬설계 및 디레이팅 기술로 시스템의 신뢰성을 증가시킬 수 있다.
② 직렬시스템에서는 부품들 중 최소 수명을 갖는 부품에 의해 시스템 수명이 정해진다.
③ 수리가 가능한 시스템의 평균수명(MTBF)은 평균고장률(λ)과 정비례관계가 성립한다.
④ 수리가 불가능한 구성요소로 병렬구조를 갖는 설비는 중복도가 늘어날수록 시스템 수명이 길어진다.

### 해설

평균고장간격(mean time between failure ; MTBF)
1. 수리하여 사용이 가능한 시스템에서 고장과 고장 사이의 정상적인 상태로 동작하는 평균시간(고장과 고장 사이 시간의 평균치)
2. 고장률 : MTBF = $\dfrac{1}{\lambda(평균고장율)}$
   즉, MTBF는 평균고장률에 반비례한다.

## 37 스트레스에 반응하는 신체의 변화로 맞는 것은?

① 혈소판이나 혈액응고 인자가 증가한다.
② 더 많은 산소를 얻기 위해 호흡이 느려진다.
③ 중요한 장기인 뇌·심장·근육으로 가는 혈류가 감소한다.
④ 상황 판단과 빠른 행동 대응을 위해 감각기관은 매우 둔감해진다.

### 해설

스트레스 반응에 대한 신체의 변화
1. 외상을 입었을 때 출혈 방지를 위하여 혈소판이나 혈액응고인자가 증가한다.
2. 더 많은 산소를 얻기 위해 호흡이 빨라진다.
3. 위험을 대비한 중요한 장기인 뇌·심장·근육으로 가는 혈류가 증가한다.
4. 상황 판단과 빠른 행동 대응을 위해 정신이 더 명료해지고 감각기관이 더 예민해진다.
5. 뇌·심장·근육에 더 많은 혈액을 보낼 수 있도록 맥박과 혈압의 증가가 나타난다.
6. 행동을 할 준비 때문에 근육이 긴장한다.
7. 위험한 시기에 혈액이 가장 적게 요구되는 곳인 피부·소화기관·신장·간으로 가는 혈류는 감소한다.
8. 추가 에너지를 위해서 혈액 중에 있는 당·지방·콜레스테롤의 양이 증가한다.

**38** 산업안전보건법령에 따라 제조업 등 유해·위험 방지계획서를 작성하고자 할 때 관련 규정에 따라 1명 이상 포함시켜야 하는 사람의 자격으로 적합하지 않은 것은?

① 한국산업안전보건공단이 실시하는 관련교육을 8시간 이수한 사람
② 기계, 재료, 화학, 전기, 전자, 안전관리 또는 환경분야 기술사 자격을 취득한 사람
③ 관련분야 기사 자격을 취득한 사람으로서 해당 분야에서 3년 이상 근무한 경력이 있는 사람
④ 기계안전, 전기안전, 화공안전분야의 산업안전지도사 또는 산업보건지도사 자격을 취득한 사람

**해설**
제조업 유해·위험 방지계획서 작성자의 자격
계획서를 작성할 때에 다음의 어느 하나에 해당하는 자격을 갖춘 사람 또는 공단이 실시하는 관련교육을 20시간 이상 이수한 사람 중 1명 이상을 포함시켜야 한다.
1. 기계, 재료, 화학, 전기·전자, 안전관리 또는 환경분야 기술사 자격을 취득한 사람
2. 기계안전·전기안전·화공안전분야의 산업안전지도사 또는 산업보건지도사 자격을 취득한 사람
3. 제1호 관련분야 기사 자격을 취득한 사람으로서 해당 분야에서 3년 이상 근무한 경력이 있는 사람
4. 제1호 관련분야 산업기사 자격을 취득한 사람으로서 해당 분야에서 5년 이상 근무한 경력이 있는 사람
5. 「고등교육법」에 따른 대학 및 산업대학(이공계 학과에 한정)을 졸업한 후 해당 분야에서 5년 이상 근무한 경력이 있는 사람 또는 「고등교육법」에 따른 전문대학(이공계 학과에 한정)을 졸업한 후 해당 분야에서 7년 이상 근무한 경력이 있는 사람
6. 「초·중등교육법」에 따른 전문계 고등학교 또는 이와 같은 수준 이상의 학교를 졸업하고 해당 분야에서 9년 이상 근무한 경력이 있는 사람

**39** 다음 그림과 같은 직·병렬 시스템의 신뢰도는?(단, 병렬 각 구성요소의 신뢰도는 R이고, 직렬 구성요소의 신뢰도는 M이다.)

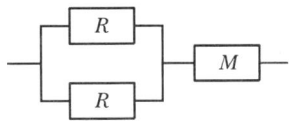

① $MR^3$
② $R^2(1-MR)$
③ $M(R^2+R)-1$
④ $M(2R-R^2)$

**해설**
시스템의 신뢰도
$R = M \times \{1-(1-R)(1-R)\} = M \times \{1-(1-R-R+R^2)\}$
$= M \times (2R-R^2)$

**40** 현재 시험문제와 같이 4지택일형 문제의 정보량은 얼마인가?

① 2bit
② 4bit
③ 2byte
④ 4byte

**해설**
정보의 측정 단위
1. bit : 실현 가능성이 같은 2개의 대안 중 하나가 명시되었을 때 우리가 얻는 정보량
2. 실현 가능성이 같은 $n$개의 대안이 있을 때 총 정보량 $H$

$$H = \log_2 n$$

$H = \log_2 4 = \dfrac{\log 4}{\log 2} = 2(\text{bit})$

## 3과목 기계위험 방지기술

**41** 연삭숫돌의 상부를 사용하는 것을 목적으로 하는 탁상용 연삭기에서 안전덮개의 노출부위 각도는 몇 ° 이내이어야 하는가?

① 90° 이내
② 75° 이내
③ 60° 이내
④ 105° 이내

**해설**
연삭기 덮개의 각도
1. 일반연삭작업 등에 사용하는 것을 목적으로 하는 탁상용 연삭기 덮개의 노출각도는 125° 이내로 한다.
2. 연삭숫돌의 상부를 사용하는 것을 목적으로 하는 탁상용 연삭기 덮개의 노출각도는 60° 이내로 한다.
3. 1. 및 2. 이외의 탁상용 연삭기, 그 밖에 이와 유사한 연삭기 덮개의 노출각도는 80° 이내로 하되, 숫돌의 주축에서 수평면 위로 이루는 원주 각도는 65° 이상이 되지 않도록 한다.
4. 원통연삭기, 센터리스연삭기, 공구연삭기, 만능연삭기, 그 밖에 이와 비슷한 연삭기 덮개의 노출각도는 180° 이내로 한다.
5. 휴대용 연삭기, 스윙연삭기, 스라브연삭기, 그 밖에 이와 비슷한 연삭기 덮개의 노출각도는 180° 이내로 한다.

**정답** 38 ① 39 ④ 40 ① 41 ③

6. 평면연삭기, 절단연삭기, 그 밖에 이와 비슷한 연삭기 덮개의 노출각도는 150° 이내로 하되, 숫돌의 주축에서 수평면 밑으로 이루는 덮개의 각도는 15° 이상이 되도록 한다.

**42** 다음 중 산업안전보건법령상 아세틸렌 가스용접장치에 관한 기준으로 틀린 것은?

① 전용의 발생기실은 건물의 최상층에 위치하여야 하며, 화기를 사용하는 설비로부터 1m를 초과하는 장소에 설치하여야 한다.
② 전용의 발생기실을 옥외에 설치한 경우에는 그 개구부를 다른 건축물로부터 1.5m 이상 떨어지도록 하여야 한다.
③ 아세틸렌 용접장치를 사용하여 금속의 용접 · 용단 또는 가열작업을 하는 경우에는 게이지 압력이 127kPa을 초과하는 압력의 아세틸렌을 발생시켜 사용해서는 아니된다.
④ 전용의 발생기실을 설치하는 경우 벽은 불연성 재료로 하고 철근 콘크리트 또는 그 밖에 이와 동등하거나 그 이상의 강도를 가진 구조로 하여야 한다.

**해설**

발생기실의 설치 장소 및 구조

| | |
|---|---|
| 압력의 제한 | 아세틸렌 용접장치를 사용하여 금속의 용접 · 용단 또는 가열작업을 하는 경우에는 게이지 압력이 127 킬로파스칼을 초과하는 압력의 아세틸렌을 발생시켜 사용해서는 아니 된다. |
| 발생기실의 설치 장소 | • 아세틸렌 용접장치의 아세틸렌 발생기를 설치하는 경우에는 전용의 발생기실에 설치하여야 한다.<br>• 건물의 최상층에 위치하여야 하며, 화기를 사용하는 설비로부터 3미터를 초과하는 장소에 설치하여야 한다.<br>• 옥외에 설치한 경우에는 그 개구부를 다른 건축물로부터 1.5미터 이상 떨어지도록 하여야 한다. |
| 발생기실의 구조 | • 벽은 불연성 재료로 하고 철근 콘크리트 또는 그 밖에 이와 같은 수준이거나 그 이상의 강도를 가진 구조로 할 것<br>• 지붕과 천장에는 얇은 철판이나 가벼운 불연성 재료를 사용할 것<br>• 바닥면적의 16분의 1 이상의 단면적을 가진 배기통을 옥상으로 돌출시키고 그 개구부를 창이나 출입구로부터 1.5미터 이상 떨어지도록 할 것<br>• 출입구의 문은 불연성 재료로 하고 두께 1.5밀리미터 이상의 철판이나 그 밖에 그 이상의 강도를 가진 구조로 할 것<br>• 벽과 발생기 사이에는 발생기의 조정 또는 카바이드 공급 등의 작업을 방해하지 않도록 간격을 확보할 것 |

**43** 다음 중 포터블 벨트 컨베이어(potable belt conveyor)의 안전 사항과 관련한 설명으로 옳지 않은 것은?

① 포터블 벨트 컨베이어의 차륜 간의 거리는 전도 위험이 최소가 되도록 하여야 한다.
② 기복장치는 포터블 벨트 컨베이어의 옆면에서만 조작하도록 한다.
③ 포터블 벨트 컨베이어를 사용하는 경우는 차륜을 고정하여야 한다.
④ 전동식 포터블 벨트 컨베이어를 이동하는 경우는 먼저 전원을 내린 후 컨베이어를 이동시킨 다음 컨베이어를 최저의 위치로 내린다.

**해설**

포터블 벨트 컨베이어의 안전조치
포터블 벨트 컨베이어를 이동하는 경우는 먼저 컨베이어를 최저의 위치로 내리고 전동식의 경우 전원을 차단한 후에 이동한다.

**44** 사람이 작업하는 기계장치에서 작업자가 실수를 하거나 오조작을 하여도 안전하게 유지되게 하는 안전설계방법은?

① Fail Safe  ② 다중계화
③ Fool Proof  ④ Back up

**해설**

풀 프루프와 페일 세이프

| | |
|---|---|
| 풀 프루프<br>(Fool Proof) | 작업자가 기계를 잘못 취급하여 불안전 행동이나 실수를 하여도 기계설비의 안전 기능이 작용되어 재해를 방지할 수 있는 기능을 가진 구조 |
| 페일 세이프<br>(Fail Safe) | 기계나 그 부품에 파손 · 고장이나 기능불량이 발생하여도 항상 안전하게 작동할 수 있는 기능을 가진 구조 |

**45** 질량 100kg의 화물이 와이어로프에 매달려 $2m/s^2$의 가속도로 권상되고 있다. 이때 와이어로프에 작용하는 장력의 크기는 몇 N인가?(단, 여기서 중력가속도는 $10m/s^2$로 한다.)

① 200N  ② 300N
③ 1,200N  ④ 2,000N

정답 42 ① 43 ④ 44 ③ 45 ③

**[해설]**
와이어로프에 걸리는 하중계산

| 와이어로프에 걸리는 총 하중 | 총 하중($W$) = 정하중($W_1$) + 동하중($W_2$) <br> 동하중($W_2$) = $\dfrac{W_1}{g} \times a$ <br> [$g$ : 중력가속도(9.8m/s²), $a$ : 가속도(m/s²)] |
|---|---|
| 와이어로프에 작용하는 장력 | 장력[N] = 총 하중[kg] × 중력가속도[m/s²] |

1. 동하중 : $(W_2) = \dfrac{W_1}{g} \times a = \dfrac{100}{10} \times 2 = 20$(kgf)
2. 총하중 : $(W) =$ 정하중($W_1$) + 동하중($W_2$)
   $= 100 + 20 = 120$(kgf)
3. 장력[N] = 총하중[kg] × 중력가속도[m/s²]
   $= 120$(kgf) × 10 = 1,200(N)

**46** 광전자식 방호장치의 광선에 신체의 일부가 감지된 후로부터 급정지기구가 작동개시 하기까지의 시간이 40ms이고, 광축의 최소설치거리(안전거리)가 200mm일 때 급정지기구가 작동개시한 때로부터 프레스기의 슬라이드가 정지될 때까지의 시간은 약 몇 ms인가?

① 60ms  ② 85ms
③ 105ms  ④ 130ms

**[해설]**
광전자식 방호장치의 설치 안전거리

$$D = 1,600 \times (T_c + T_s)$$

여기서, $D$ : 안전거리(mm)
$T_c$ : 방호장치의 작동시간[즉, 손이 광선을 차단했을 때부터 급정지기구가 작동을 개시할 때까지의 시간(초)]
$T_s$ : 프레스 등의 최대정지시간[즉, 급정지기구가 작동을 개시했을 때부터 슬라이드 등이 정지할 때까지의 시간(초)]

1. $(T_c + T_s) = \dfrac{D}{1,600} = \dfrac{200}{1,600} = 0.125$(초) × 1,000(ms)
   $= 125$(ms)
2. $T_s = 125 - T_c = 125 - 40 = 85$(ms)

**TIP** 1밀리세컨드(ms) = $\dfrac{1}{1,000}$(초)

**47** 방사선 투과검사에서 투과사진의 상질을 점검할 때 확인해야 할 항목으로 거리가 먼 것은?

① 투과도계의 식별도
② 시험부의 사진농도 범위
③ 계조계의 값
④ 주파수의 크기

**[해설]**
투과사진이 구비할 조건(확인해야 할 항목)
1. 투과도계 식별도 : 보통 요구하는 식별도는 2.0% 이하
2. 시험부 사진농도 : 1.0~3.5
3. 계조계 농도차 : 0.1 이상
4. 흠이나 얼룩현상의 유무

**48** 양중기의 과부하장치에서 요구하는 일반적인 성능기준으로 틀린 것은?

① 과부하방지장치 작동 시 경보음과 경보램프가 작동되어야 하며 양중기는 작동이 되지 않아야 한다.
② 외함의 전선 접촉부분은 고무 등으로 밀폐되어 물과 먼지 등이 들어가지 않도록 한다.
③ 과부하방지장치와 타 방호장치는 기능에 서로 장애를 주지 않도록 부착할 수 있는 구조이어야 한다.
④ 방호장치의 기능을 제거하더라도 양중기는 원활하게 작동시킬 수 있는 구조이어야 한다.

**[해설]**
양중기 과부하방지장치 성능기준
방호장치의 기능을 제거 또는 정지할 때 양중기의 기능도 동시에 정지할 수 있는 구조이어야 한다.

**49** 프레스 작업에서 제품 및 스크랩을 자동적으로 위험한계 밖으로 배출하기 위한 장치로 볼 수 없는 것은?

① 피더  ② 키커
③ 이젝터  ④ 공기 분사 장치

**[해설]**
이송장치(금형 사이에 손을 넣을 필요가 없도록 한 장치)
1. 1차 가공용 송급배출장치(롤 피더, 그리퍼 피드 등)
2. 2차 가공용 송급배출장치(슈트, 다이얼 피더, 푸셔 피더, 트랜스퍼 피더, 프레스용 로봇 등)
3. 제품 및 스크랩이 금형에 부착되는 것을 방지하기 위해 녹아웃, 키커 핀 등을 설치한다.

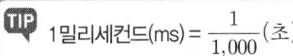
46 ② 47 ④ 48 ④ 49 ①

4. 가공 완료한 제품 및 스크랩은 자동적으로 또는 위험한계 밖으로 배출하기 위해 에어분사장치, 키커, 이젝터 등을 설치한다.

## 50 용접장치에서 안전기의 설치 기준에 관한 설명으로 옳지 않은 것은?

① 아세틸렌 용접장치에 대하여는 일반적으로 각 취관마다 안전기를 설치하여야 한다.
② 아세틸렌 용접장치의 안전기는 가스용기와 발생기가 분리되어 있는 경우 발생기와 가스용기 사이에 설치한다.
③ 가스집합 용접장치에서는 주관 및 분기관에 안전기를 설치하며, 이 경우 하나의 취관에 2개 이상의 안전기를 설치한다.
④ 가스집합 용접장치의 안전기 설치는 화기사용설비로부터 3m 이상 떨어진 곳에 설치한다.

### 해설
안전기의 설치기준

| | |
|---|---|
| 아세틸렌 용접장치 | • 아세틸렌 용접장치의 취관마다 안전기를 설치하여야 한다.(다만, 주관 및 취관에 가장 가까운 분기관마다 안전기를 부착한 경우에는 그러하지 아니하다.)<br>• 가스용기가 발생기와 분리되어 있는 아세틸렌 용접장치에 대하여 발생기와 가스용기 사이에 안전기를 설치하여야 한다. |
| 가스집합 용접장치의 배관 (이동식을 포함) | • 플랜지·밸브·콕 등의 접합부에는 개스킷을 사용하고 접합면을 상호 밀착시키는 등의 조치를 할 것<br>• 주관 및 분기관에는 안전기를 설치할 것. 이 경우 하나의 취관에 2개 이상의 안전기를 설치하여야 한다. |

**TIP** 가스집합장치에 대해서는 화기를 사용하는 설비로부터 5미터 이상 떨어진 장소에 설치하여야 한다.

## 51 산업안전보건법상 보일러의 안전한 가동을 위하여 보일러 규격에 맞는 압력방출장치가 2개 이상 설치된 경우에 최고사용압력 이하에서 1개가 작동되고, 다른 압력방출장치는 최고 사용압력의 몇 배 이하에서 작동되도록 부착하여야 하는가?

① 1.03배
② 1.05배
③ 1.2배
④ 1.5배

### 해설
보일러의 압력방출장치
1. 보일러의 안전한 가동을 위하여 보일러 규격에 맞는 압력방출장치를 1개 또는 2개 이상 설치하고 최고사용압력(설계압력 또는 최고허용압력) 이하에서 작동되도록 하여야 한다.
2. 압력방출장치가 2개 이상 설치된 경우에는 최고사용압력 이하에서 1개가 작동되고, 다른 압력방출장치는 최고사용압력 1.05배 이하에서 작동되도록 부착하여야 한다.
3. 압력방출장치는 매년 1회 이상 교정을 받은 압력계를 이용하여 설정압력에서 압력방출장치가 적정하게 작동하는지를 검사한 후 납으로 봉인하여 사용하여야 한다.(공정안전보고서 이행상태 평가결과가 우수한 사업장은 압력방출장치에 대하여 4년마다 1회 이상 설정압력에서 압력방출장치가 적정하게 작동하는지를 검사할 수 있다.)
4. 스프링식, 중추식, 지렛대식(일반적으로 스프링식 안전밸브가 많이 사용)

## 52 밀링작업에서 주의해야 할 사항으로 옳지 않은 것은?

① 보안경을 쓴다.
② 일감 절삭 중 치수를 측정한다.
③ 커터에 옷이 감기지 않게 한다.
④ 커터는 될 수 있는 한 컬럼에 가깝게 설치한다.

### 해설
밀링작업에 대한 안전수칙
1. 제품을 따내는 데에는 손끝을 대지 말아야 한다.
2. 운전 중 가공면에 손을 대지 말아야 하며 장갑 착용을 금지한다.
3. 칩을 제거할 때에는 커터의 운전을 중지하고 브러시(솔)를 사용하며 걸레를 사용하지 않는다.
4. 칩의 비산이 많으므로 보안경을 착용한다.
5. 커터 설치 시 및 측정은 반드시 기계를 정지시킨 후에 한다.
6. 일감(공작물)은 테이블 또는 바이스에 안전하게 고정한다.
7. 상하 이송장치의 핸들은 사용 후 반드시 빼 두어야 한다.
8. 가공 중에 밀링머신에 얼굴을 대지 않는다.
9. 절삭 속도는 재료에 따라 정한다.
10. 커터를 끼울 때는 아버를 깨끗이 닦는다.
11. 일감(공작물)을 고정하거나 풀어낼 때는 기계를 정지시킨다.
12. 테이블 위에 공구 등을 올려놓지 않는다.
13. 강력 절삭을 할 때는 일감을 바이스에 깊게 물린다.
14. 급속이송은 백래시 제거장치가 동작하지 않고 있음을 확인한 후 실시하고, 급속이송은 한 방향으로만 한다.

정답 50 ④ 51 ② 52 ②

## 53 작업자의 신체부위가 위험한계 내로 접근하였을 때 기계적인 작용에 의하여 접근을 못하도록 하는 방호장치는?

① 위치제한형 방호장치
② 접근거부형 방호장치
③ 접근반응형 방호장치
④ 감지형 방호장치

**해설**

작업점의 방호방법
1. 격리형 방호장치
   작업점과 작업자 사이에 접촉되어 일어날 수 있는 재해를 방지하기 위해 차단벽이나 망을 설치하는 방호장치
2. 위치제한형 방호장치
   작업자의 신체부위가 위험한계 밖에 있도록 기계의 조작장치를 위험한 작업점에서 안전거리 이상 떨어지게 하거나 조작장치를 양손으로 동시에 조작하게 함으로써 위험한계에 접근하는 것을 제한하는 방호장치
3. 접근반응형 방호장치
   작업자의 신체부위가 위험한계 또는 그 인접한 거리 내로 들어오면 이를 감지하여 그 즉시 기계의 동작을 정지시키고 경보등을 발하는 방호장치
4. 접근거부형 방호장치
   작업자의 신체부위가 위험한계 내로 접근하였을 때 기계적인 작용에 의하여 접근을 못하도록 저지하는 방호장치
5. 포집형 방호장치
   작업자로부터 위험원을 차단하는 방호장치
6. 감지형 방호장치
   이상온도, 이상기압, 과부하 등 기계의 부하가 안전한계치를 초과하는 경우 이를 감지하고 자동으로 안전한 상태가 되도록 조정하거나 기계의 작동을 중지시키는 방호장치

## 54 사업주가 보일러의 폭발사고예방을 위하여 기능이 정상적으로 작동될 수 있도록 유지, 관리할 대상이 아닌 것은?

① 과부하방지장치   ② 압력방출장치
③ 압력제한스위치   ④ 고저수위조절장치

**해설**

보일러 안전장치의 종류
1. 압력방출장치
2. 압력제한스위치
3. 고저수위조절장치
4. 화염검출기

## 55 산업안전보건법령에 따라 프레스 등을 사용하여 작업을 하는 경우 작업시작 전 점검사항과 거리가 먼 것은?

① 전단기의 칼날 및 테이블의 상태
② 프레스의 금형 및 고정 볼트 상태
③ 슬라이드 또는 칼날에 의한 위험방지 기구의 기능
④ 전자밸브, 압력조정밸브 기타 공압 계통의 이상 유무

**해설**

프레스 등의 작업시작 전 점검사항
1. 클러치 및 브레이크의 기능
2. 크랭크축·플라이휠·슬라이드·연결봉 및 연결 나사의 풀림 여부
3. 1행정 1정지기구·급정지장치 및 비상정지장치의 기능
4. 슬라이드 또는 칼날에 의한 위험방지 기구의 기능
5. 프레스의 금형 및 고정볼트 상태
6. 방호장치의 기능
7. 전단기의 칼날 및 테이블의 상태

## 56 숫돌 바깥지름이 150mm일 경우 평형 플랜지의 지름은 최소 몇 mm 이상이어야 하는가?

① 25mm   ② 50mm
③ 75mm   ④ 100mm

**해설**

플랜지의 지름
플랜지의 지름은 숫돌지름의 1/3 이상인 것을 사용하며 양쪽 모두 같은 크기로 한다.

$$\text{플랜지의 지름} = \text{숫돌지름} \times \frac{1}{3}$$

플랜지의 지름 = 숫돌지름 $\times \frac{1}{3} = 150 \times \frac{1}{3} = 50(\text{mm})$

## 57 다음 중 아세틸렌 용접장치에서 역화의 원인으로 가장 거리가 먼 것은?

① 아세틸렌의 공급 과다
② 토치 성능의 부실
③ 압력조정기의 고장
④ 토치 팁에 이물질이 묻은 경우

### 해설
**역화(Back Fire)**

| 정의 | 용접 도중에 모재에 팁 끝이 닿아 불꽃이 순간적으로 팁 끝에서 순간적으로 폭음을 내며 불꽃이 들어갔다가 꺼지는 현상 |
|---|---|
| 원인 | ① 압력 조정기의 고장 ② 과열되었을 때 ③ 산소 공급이 과다할 때 ④ 토치의 성능이 좋지 않을 때 ⑤ 토치 팁에 이물질이 묻었을 때 |
| 방지법 | ① 용접 팁을 물에 담궈서 식힘 ② 아세틸렌을 차단 ③ 토치의 기능을 점검 |

## 58 설비의 고장형태를 크게 초기고장, 우발고장, 마모고장으로 구분할 때 다음 중 마모고장과 가장 거리가 먼 것은?

① 부품, 부재의 마모
② 열화에 생기는 고장
③ 부품, 부재의 반복피로
④ 순간적 외력에 의한 파손

### 해설
순간적 외력에 의한 파손은 우발고장에 해당된다.

**TIP 시스템 수명곡선(욕조곡선)**

| 초기 고장 | • 감소형 : 고장률이 시간에 따라 감소<br>• 불량제조, 생산과정에서 품질관리 미비, 설계미숙 등으로 일어나는 고장<br>• 점검작업이나 시운전 등으로 감소시킬 수 있다. |
|---|---|
| 우발 고장 | • 일정형 : 고장률이 시간에 관계없이 거의 일정<br>• 예측할 수 없을 때 발생하는 고장으로 시운전이나 점검작업으로는 방지할 수 없다.<br>• 낮은 안전계수, 사용자의 과오, 설계 강도 이상의 급격한 스트레스 축적, 최선의 검사방법으로도 탐지되지 않는 결함 때문에 발생하는 고장 |
| 마모 고장 | • 증가형 : 고장률이 시간에 따라 증가<br>• 장치의 일부가 수명을 다하여 생기는 고장<br>• 부식 또는 산화, 마모 또는 피로, 불충분한 정비 등으로 발생하는 고장 |

## 59 와이어로프 호칭이 '6×19'라고 할 때 숫자 '6'이 의미하는 것은?

① 소선의 지름(mm)
② 소선의 수량(wire수)
③ 꼬임의 수량(strand수)
④ 로프의 최대인장강도(MPa)

### 해설
**로프의 구성**
로프의 구성은 "스트랜드 수×소선의 개수"로 표시한다.

## 60 목재가공용 둥근톱에서 안전을 위해 요구되는 구조로 옳지 않은 것은?

① 톱날은 어떤 경우에도 외부에 노출되지 않고 덮개가 덮여 있어야 한다.
② 작업 중 근로자의 부주의에도 신체의 일부가 날에 접촉할 염려가 없도록 설계되어야 한다.
③ 덮개 및 지지부는 경량이면서 충분한 강도를 가져야 하며, 외부에서 힘을 가했을 때 쉽게 회전될 수 있는 구조로 설계되어야 한다.
④ 덮개의 가동부는 원활하게 상하로 움직일 수 있고 좌우로 움직일 수 없는 구조로 설계되어야 한다.

### 해설
**덮개의 일반구조**
덮개 및 지지부는 경량이면서 충분한 강도를 가져야 하며, 외부에서 힘을 가했을 때 지지부는 회전되지 않는 구조로 설계되어야 한다.

# 4과목 전기위험 방지기술

## 61 전기기기의 충격 전압시험 시 사용하는 표준충격파형($T_f$, $T_t$)은?

① $1.2 \times 50 \mu s$
② $1.2 \times 100 \mu s$
③ $2.4 \times 50 \mu s$
④ $2.4 \times 100 \mu s$

### 해설
**충격파 표시 방법**
1. 파두장 : 파고값 30%에서 파고값 90%까지 직선을 그었을 때 가로축과 만나는 기점~파고값과 만나는 교점까지의 파형을 그리는 시간
2. 파미장 : 파고값 30%에서 파고값 90%까지 직선을 그었을 때 가로축과 만나는 기점~파고점의 50%까지 내려오는 파형을 그리는 시간

**정답** 58 ④ 59 ③ 60 ③ 61 ①

3. 충격파 표시법
   ㉠ 충격파 : 파두장×파미장($\mu s$)
   ㉡ 우리나라 표준충격파 : 1.2×50$\mu s$

## 62 심실세동 전류란?

① 최소 감지전류  ② 치사적 전류
③ 고통 한계전류  ④ 마비 한계전류

**해설**

심실세동 전류(치사 전류)
1. 인체에 흐르는 전류가 더욱 증가하면 심장부를 흐르게 되어 정상적인 박동을 하지 못하고 불규칙적인 세동으로 혈액순환이 순조롭지 못하게 되는 현상을 말하며, 그대로 방치하면 수분 내로 사망하게 된다.
2. 일반적으로 50~100mA 정도에서 일어나며 100mA 이상에서는 순간적 흐름에도 심실세동현상이 발생한다.

## 63 인체의 전기저항을 0.5kΩ이라고 하면 심실세동을 일으키는 위험한계에너지는 몇 J인가?(단, 심실세동전류값 $I=\frac{165}{\sqrt{T}}$mA의 Dalziel의 식을 이용하며, 통전시간은 1초로 한다.)

① 13.6  ② 12.6
③ 11.6  ④ 10.6

**해설**

위험한계에너지

$$W = I^2RT[\text{J/s}] = \left(\frac{165}{\sqrt{T}} \times 10^{-3}\right)^2 \times R \times T$$

$$W = \left(\frac{165}{\sqrt{1}} \times 10^{-3}\right)^2 \times 500 \times 1 = 13.61(\text{J})$$

**TIP** 1kΩ = 1,000Ω

## 64 지구를 고립한 지구도체라 생각하고 1[C]의 전하가 대전되었다면 지구 표면의 전위는 대략 몇 [V]인가?(단, 지구의 반경은 6,367km이다.)

① 1,414V  ② 2,828V
③ 9×10⁴V  ④ 9×10⁹V

**해설**

전위

$$V = 9 \times 10^9 \cdot \frac{Q}{r}$$

여기서, $V$ : 전위[V]
$Q$ : 전하[C]
$r$ : 전하에서의 거리[m]

$$V = 9 \times 10^9 \cdot \frac{Q}{r}[\text{V}] = 9 \times 10^9 \times \frac{1}{6,367 \times 10^3} = 1,413.54[\text{V}]$$

**TIP** 1km = 1,000m

## 65 감전사고로 인한 전격사의 메커니즘으로 가장 거리가 먼 것은?

① 흉부수축에 의한 질식
② 심실세동에 의한 혈액순환기능의 상실
③ 내장파열에 의한 소화기계통의 기능상실
④ 호흡중추신경 마비에 따른 호흡기능 상실

**해설**

전격(감전)현상의 메커니즘
1. 심장부에 전류가 흘러 심실세동이 발생하여 혈액순환기능이 상실되어 일어난 것
2. 뇌의 호흡중추신경에 전류가 흘러 호흡기능이 정지되어 일어난 것
3. 흉부에 전류가 흘러 흉부근육수축에 의한 질식으로 일어난 것

## 66 조명기구를 사용함에 따라 작업면의 조도가 점차적으로 감소되어가는 원인으로 가장 거리가 먼 것은?

① 점등 광원의 노화로 인한 광속의 감소
② 조명기구에 붙은 먼지, 오물, 반사면의 변질에 의한 광속 흡수율 감소
③ 실내 반사면에 붙은 먼지, 오물, 반사면의 화학적 변질에 의한 광속 반사율 감소
④ 공급전압과 광원의 정격전압의 차이에서 오는 광속의 감소

**해설**

조명기구에 붙은 먼지, 오물, 반사면의 변질에 의한 광속 흡수율 증가는 작업면 조도의 감소 원인이다.

**정답** 62 ② 63 ① 64 ① 65 ③ 66 ②

**67** 정전작업 시 정전시킨 전로에 잔류전하를 방전할 필요가 있다. 전원차단 이후에도 잔류 전하가 남아있을 가능성이 가장 낮은 것은?

① 방전 코일
② 전력 케이블
③ 전력용 콘덴서
④ 용량이 큰 부하기기

해설
잔류 전하
개로된 전로가 전력케이블, 전력콘덴서 등을 가진 것으로서 잔류전하에 의하여 위험발생 우려가 있는 것에 대하여는 당해 잔류 전하를 확실히 방전 조치시킬 것

TIP 방전코일
저압 및 고압 특별고압용 콘덴서 또는 콘덴서군에 상시 병용되어 사용되는 방전코일은 콘덴서 및 콘덴서군을 회로로부터 개방(off)하였을 때 콘덴서에 남아 있는 잔류 전하로 인한 안정성 확보, 재투입 시의 과전압의 방지와 단시간에 방전시킬 목적으로 사용

**68** 이동식 전기기기의 감전사고를 방지하기 위한 가장 적정한 시설은?

① 접지설비
② 폭발방지설비
③ 시건장치
④ 피뢰기설비

해설
감전사고에 대한 일반적인 방지대책
1. 전기설비의 점검 철저
2. 전기기기 및 설비의 정비
3. 전기기기 및 설비의 위험부에 위험표시
4. 설비의 필요부분에 보호접지의 실시
5. 충전부가 노출된 부분에는 절연방호구를 사용
6. 고전압 선로 및 충전부에 근접하여 작업하는 작업자는 보호구 착용
7. 유자격자 이외는 전기기계 및 기구에 전기적인 접촉 금지
8. 관리감독자는 작업에 대한 안전교육 시행
9. 사고발생 시의 처리순서를 미리 작성하여 둘 것
10. 전기설비에 대한 누전차단기 설치

**69** 인체의 피부 전기저항은 여러 가지의 제반조건에 의해서 변화를 일으키는데 제반조건으로써 가장 가까운 것은?

① 피부의 청결
② 피부의 노화
③ 인가전압의 크기
④ 통전경로

해설
피부의 전기저항
1. 접촉부위에 따른 저항
2. 습기에 의한 변화
3. 피부와 전극 접촉면적에 의한 변화
4. 인가전압에 따른 변화
5. 인가시간에 의한 변화

**70** 자동차가 통행하는 도로에서 고압의 지중전선로를 직접 매설식으로 시설할 때 사용되는 전선으로 가장 적합한 것은?

① 비닐 외장 케이블
② 폴리에틸렌 외장 케이블
③ 클로로프렌 외장 케이블
④ 콤바인 덕트 케이블(combine duct cable)

해설
저압 또는 고압의 지중 전선로를 직접 매설식에 의하여 시설하는 경우에는 콤바인 덕트 케이블을 사용하여 시설한다.

**71** 산업안전보건법에는 보호구를 사용 시 안전인증을 받은 제품을 사용토록 하고 있다. 다음 중 안전인증 대상이 아닌 것은?

① 안전화
② 고무장화
③ 안전장갑
④ 감전위험방지용 안전모

해설
안전인증 대상 보호구
1. 추락 및 감전 위험방지용 안전모
2. 안전화
3. 안전장갑
4. 방진마스크
5. 방독마스크
6. 송기마스크

정답 67 ① 68 ① 69 ③ 70 ④ 71 ②

7. 전동식 호흡보호구
8. 보호복
9. 안전대
10. 차광 및 비산물 위험방지용 보안경
11. 용접용 보안면
12. 방음용 귀마개 또는 귀덮개

## 72 감전사고로 인한 호흡 정지 시 구강대 구강법에 의한 인공호흡의 매분 횟수와 시간은 어느 정도 하는 것이 가장 바람직한가?

① 매분 5~10회, 30분 이하
② 매분 12~15회, 30분 이상
③ 매분 20~30회, 30분 이하
④ 매분 30회 이상, 20~30분 정도

**해설**
인공호흡
1. 호흡은 정지되었으나 심장 기능이 정지되기 전에 신속하게 인공호흡
2. 매분 12~15회로 30분 이상 실시(구강대 구강법)

## 73 누전차단기의 구성요소가 아닌 것은?

① 누전검출부          ② 영상변류기
③ 차단장치            ④ 전력퓨즈

**해설**
누전차단기
누전 검출부, 영상변류기, 차단기구 등으로 구성된 장치로서, 이동형 또는 휴대형의 전기기계·기구 이하의 금속제 외함, 금속제 외피 등에서 누전, 절연파괴 등으로 인하여 지락전류가 발생하면 주어진 시간 이내에 전기기기의 전로를 차단하는 것을 말한다.

## 74 1[C]을 갖는 2개의 전하가 공기 중에서 1[m]의 거리에 있을 때 이들 사이에 작용하는 정전력은?

① $8.854 \times 10^{-12}$[N]   ② 1.0[N]
③ $3 \times 10^3$[N]            ④ $9 \times 10^9$[N]

**해설**
쿨롱의 법칙(Coulomb's Law)
2개의 전하 간에 작용하는 정전기력의 크기는 두 전하(전기량)의 곱에 비례하고, 양 전하 간의 거리의 제곱에 반비례한다.

$$F = 9 \times 10^9 \cdot \frac{Q_1 Q_2}{r^2}$$

여기서, $F$ : 정전기력의 크기[N]
$Q_1, Q_2$ : 전하[C]
$r$ : 두 전하 사이의 거리[m]

$$F = 9 \times 10^9 \cdot \frac{Q_1 Q_2}{r^2}[N] = 9 \times 10^9 \times \frac{1[C] \times 1[C]}{1^2} = 9 \times 10^9 [N]$$

## 75 고장전류와 같은 대전류를 차단할 수 있는 것은?

① 차단기(CB)          ② 유입 개폐기(OS)
③ 단로기(DS)          ④ 선로 개폐기(LS)

**해설**
차단기(Circuit Breaker)
차단기는 통상의 부하전류를 개폐하고 사고 시 신속히 회로를 차단하여 전기기기 및 전선류를 보호하고 안전성을 유지하는 기기를 말한다.

## 76 금속제 외함을 가지는 기계기구에 전기를 공급하는 전로에 지락이 발생했을 때에 자동적으로 전로를 차단하는 누전차단기 등을 설치하여야 한다. 누전차단기를 설치해야 되는 경우로 옳은 것은?

① 기계기구가 고무, 합성수지 기타 절연물로 피복된 것일 경우
② 기계기구가 유도전동기의 2차측 전로에 접속된 저항기일 경우
③ 대지전압이 150V를 초과하는 전동기계·기구를 시설하는 경우
④ 전기용품안전관리법의 적용을 받는 2중절연구조의 기계기구를 시설하는 경우

**해설**
누전차단기의 적용대상
1. 대지전압이 150볼트를 초과하는 이동형 또는 휴대형 전기기계·기구
2. 물 등 도전성이 높은 액체가 있는 습윤장소에서 사용하는 저압(1.5천볼트 이하 직류전압이나 1천볼트 이하의 교류전압)용 전기기계·기구
3. 철판·철골 위 등 도전성이 높은 장소에서 사용하는 이동형 또는 휴대형 전기기계·기구

**정답** 72 ② 73 ④ 74 ④ 75 ① 76 ③

4. 임시배선의 전로가 설치되는 장소에서 사용하는 이동형 또는 휴대형 전기기계·기구

**TIP 누전차단기 설치 제외 대상**
- 기계기구를 발전소·변전소·개폐소 또는 이에 준하는 곳에 시설하는 경우
- 기계기구를 건조한 곳에 시설하는 경우
- 대지전압이 150V 이하인 기계기구를 물기가 있는 곳 이외의 곳에 시설하는 경우
- 「전기용품 및 생활용품 안전관리법」의 적용을 받는 이중 절연구조의 기계기구를 시설하는 경우
- 그 전로의 전원측에 절연변압기(2차 전압이 300V 이하인 경우에 한함)를 시설하고 또한 그 절연 변압기의 부하측의 전로에 접지하지 아니하는 경우
- 기계기구가 고무·합성수지 기타 절연물로 피복된 경우
- 기계기구가 유도전동기의 2차측 전로에 접속되는 것일 경우
- 기계기구가 전기욕기·전기로·전기보일러·전해조 등 대지로부터 절연하는 것이 기술상 곤란한 것
- 기계기구 내에 「전기용품 및 생활용품 안전관리법」의 적용을 받는 누전차단기를 설치하고 또한 기계기구의 전원 연결선이 손상을 받을 우려가 없도록 시설하는 경우

## 77 전기화재의 경로별 원인으로 거리가 먼 것은?

① 단락
② 누전
③ 저전압
④ 접촉부의 과열

**해설**
전기화재의 발생원인 분류

| 발화원 (기기별) | ① 전열기 ② 전기기기 ③ 배선 및 배선기구 ④ 단열압축 ⑤ 충격·마찰 ⑥ 광선 및 방사선 ⑦ 낙뢰 ⑧ 전기불꽃 ⑨ 정전기 ⑩ 충격파 등 |
|---|---|
| 착화물 | 연소물질(타는 물질) |
| 출화의 경과 (화재의 경과) | ① 단락 ② 누전 ③ 과전류 ④ 스파크 ⑤ 접촉부 과열 ⑥ 절연열화에 의한 발열 ⑦ 지락 ⑧ 낙뢰 ⑨ 정전기 스파크 등 |

## 78 내압 방폭구조는 다음 중 어느 경우에 가장 가까운가?

① 점화 능력의 본질적 억제
② 점화원의 방폭적 격리
③ 전기설비의 안전도 증강
④ 전기 설비의 밀폐화

**해설**
전기설비의 방폭화

| 점화원의 실질적 (방폭적) 격리 | 내압방폭구조 | 내부 폭발이 주위에 파급되지 않게 함 |
|---|---|---|
| | 압력방폭구조 | 점화원을 주위 폭발성 가스로부터 격리 |
| | 유입방폭구조 | 점화원을 Oil 등에 넣어 격리 |
| 전기설비의 안전도 증가 | 안전증방폭구조 | 정상상태에서 불꽃이나 고온부가 존재하는 전기기기의 안전도를 증대시킴 |
| 점화능력의 본질적 억제 | 본질안전방폭구조 | 본질적으로 폭발성 물질이 점화되지 않는다는 것이 시험 등에 의해 확인된 구조를 사용 |

## 79 인입개폐기를 개방하지 않고 전등용 변압기 1차측 COS만 개방 후 전등용 변압기 접속용 볼트 작업 중 동력용 COS에 접촉, 사망한 사고에 대한 원인으로 가장 거리가 먼 것은?

① 안전장구 미사용
② 동력용 변압기 COS 미개방
③ 전등용 변압기 2차측 COS 미개방
④ 인입구 개폐기 미개방한 상태에서 작업

**해설**
전등용 변압기 1차 측 COS가 개방된 상태이므로 2차측과 무관하다.

## 80 인체통전으로 인한 전격(electric shock)의 정도를 정함에 있어 그 인자로서 가장 거리가 먼 것은?

① 전압의 크기
② 통전시간
③ 전류의 크기
④ 통전경로

**해설**
감전재해의 요인

| 1차적 감전요소 | · 통전 전류의 크기 : 크면 위험, 인체의 저항이 일정할 때 접촉전압에 비례<br>· 통전 경로 : 인체의 주요한 부분을 흐를수록 위험<br>· 통전시간 : 장시간 흐르면 위험<br>· 전원의 종류 : 전원의 크기(전압)가 동일한 경우 교류가 직류보다 위험 |
|---|---|
| 2차적 감전요소 | · 인체의 조건(저항) : 땀에 젖어 있거나 물에 젖어있는 경우 인체의 저항이 감소하므로 위험성이 높아진다.<br>· 전압 : 전압의 크기가 클수록 위험하다.<br>· 계절 : 계절에 따라 인체의 저항이 변화하므로 전격에 대한 위험도에 영향을 준다. |

**정답** 77 ③ 78 ② 79 ③ 80 ①

## 5과목 화학설비위험방지기술

**81** 다음 중 가연성 물질과 산화성 고체가 혼합하고 있을 때 연소에 미치는 현상으로 옳은 것은?

① 착화온도(발화점)가 높아진다.
② 최소점화에너지가 감소하며, 폭발의 위험성이 증가한다.
③ 가스나 가연성 증기의 경우 공기혼합보다 연소범위가 축소된다.
④ 공기 중에서보다 산화작용이 약하게 발생하여 화염온도가 감소하며 연소속도가 늦어진다.

**해설**

산화성 고체(제1류 위험물)
1. 물에 대한 비중은 1보다 크며 물에 녹는 것이 많고, 조해성이 있는 것도 있으며 강산화성 물질이다.(조해성 : 공기 중의 수분을 흡수하여 녹아버리는 성질)
2. 가열, 충격, 촉매, 이물질 등과의 접촉으로 심하게 연소되거나 경우에 따라서는 폭발한다.
3. 가연성 물질과 혼합 시 산소공급원이 되어 최소점화에너지가 감소하며, 폭발의 위험성이 증가한다.

**82** 다음 중 전기화재의 종류에 해당하는 것은?

① A급  ② B급
③ C급  ④ D급

**해설**

화재의 종류

| 분류 | A급 화재 | B급 화재 | C급 화재 | D급 화재 |
|---|---|---|---|---|
| 명칭 | 일반화재 | 유류화재 | 전기화재 | 금속화재 |
| 분류 | 보통 잔재의 작열에 의해 발생하는 연소에서 보통 유기 성질의 고체물질을 포함한 화재 | 액체 또는 액화할 수 있는 고체를 포함한 화재 및 가연성 가스 화재 | 통전 중인 전기 설비를 포함한 화재 | 금속을 포함한 화재 |
| 가연물 | 목재, 종이, 섬유 등 | 가솔린, 등유, 프로판 가스 등 | 전기기기, 변압기, 전기다리미 등 | 가연성 금속 (Mg분, Al분) |
| 소화방법 | 냉각소화 | 질식소화 | 질식, 냉각소화 | 질식소화 |

| | | | | |
|---|---|---|---|---|
| 적응소화제 | • 물 소화기<br>• 강화액 소화기<br>• 산·알칼리 소화기 | • 이산화탄소 소화기<br>• 할로겐 화합물 소화기<br>• 분말 소화기<br>• 포말 소화기 | • 이산화탄소 소화기<br>• 할로겐 화합물 소화기<br>• 분말 소화기<br>• 무상강화액 소화기 | • 건조사<br>• 팽창 질석<br>• 팽창 진주암 |

**83** 사업주는 산업안전보건법령에서 정한 설비에 대해서는 과압에 따른 폭발을 방지하기 위하여 안전밸브 등을 설치하여야 한다. 다음 중 이에 해당하는 설비가 아닌 것은?

① 원심펌프
② 정변위 압축기
③ 정변위 펌프(토출 측에 차단밸브가 설치된 것만 해당한다.)
④ 배관(2개 이상의 밸브에 의하여 차단되어 대기온도에서 액체의 열팽창에 의하여 파열될 우려가 있는 것으로 한정한다.)

**해설**

안전밸브 등의 설치
다음의 어느 하나에 해당하는 설비에 대해서는 과압에 따른 폭발을 방지하기 위하여 안전밸브 또는 파열판을 설치하여야 한다.
1. 압력용기(안지름이 150밀리미터 이하인 압력용기는 제외하며, 압력 용기 중 관형 열교환기의 경우에는 관의 파열로 인하여 상승한 압력이 압력용기의 최고사용압력을 초과할 우려가 있는 경우)
2. 정변위 압축기
3. 정변위 펌프(토출 측에 차단밸브가 설치된 것만 해당)
4. 배관(2개 이상의 밸브에 의하여 차단되어 대기온도에서 액체의 열팽창에 의하여 파열될 우려가 있는 것으로 한정)
5. 그 밖의 화학설비 및 그 부속설비로서 해당 설비의 최고사용압력을 초과할 우려가 있는 것

**84** 니트로셀룰로오스의 취급 및 저장방법에 관한 설명으로 틀린 것은?

① 저장 중 충격과 마찰 등을 방지하여야 한다.
② 물과 격렬히 반응하여 폭발하므로 습기를 제거하고, 건조 상태를 유지한다.

정답 81 ② 82 ③ 83 ① 84 ②

③ 자연발화 방지를 위하여 안전용제를 사용한다.
④ 화재 시 질식소화는 적응성이 없으므로 냉각소화를 한다.

**해설**

니트로셀룰로오스(Nitro Cellulose : 질화면, 질산섬유소)
1. 안전 용제로 저장 중에 물(20%) 또는 알코올(30%)로 습윤하여 저장 운반한다.
2. 습윤상태에서 건조되면 충격, 마찰 시 예민하고 발화 폭발의 위험이 증대된다.

**85** 위험물을 산업안전보건법령에서 정한 기준량 이상으로 제조하거나 취급하는 설비로서 특수화학설비에 해당되는 것은?

① 가열시켜 주는 물질의 온도가 가열되는 위험물질의 분해온도보다 높은 상태에서 운전되는 설비
② 상온에서 게이지 압력으로 200kPa의 압력으로 운전되는 설비
③ 대기압하에서 섭씨 300℃로 운전되는 설비
④ 흡열반응이 행하여지는 반응설비

**해설**

특수화학설비
위험물을 기준량 이상으로 제조하거나 취급하는 다음 각 호의 어느 하나에 해당하는 특수화학설비를 설치하는 경우에는 내부의 이상 상태를 조기에 파악하기 위하여 필요한 온도계·유량계·압력계 등의 계측장치를 설치하여야 한다.
1. 발열반응이 일어나는 반응장치
2. 증류·정류·증발·추출 등 분리를 하는 장치
3. 가열시켜 주는 물질의 온도가 가열되는 위험물질의 분해온도 또는 발화점보다 높은 상태에서 운전되는 설비
4. 반응폭주 등 이상 화학반응에 의하여 위험물질이 발생할 우려가 있는 설비
5. 온도가 섭씨 350도 이상이거나 게이지 압력이 980킬로파스칼 이상인 상태에서 운전되는 설비
6. 가열로 또는 가열기

**86** 폭발에 관한 용어 중 "BLEVE"가 의미하는 것은?

① 고농도의 분진폭발
② 저농도의 분해폭발
③ 개방계 증기운 폭발
④ 비등액 팽창증기폭발

**해설**

BLEVE(비등액 팽창증기 폭발 : Boiling Liquid Expanding Vapor Explosion)
비등점이 낮은 인화성 액체 저장탱크가 화재로 인한 화염에 장시간 노출되어 탱크 내 액체가 급격히 증발하여 비등하고 증기가 팽창하면서 탱크 내 압력이 설계압력을 초과하여 폭발을 일으키는 현상

**87** 다음 중 인화점이 가장 낮은 물질은?

① $CS_2$
② $C_2H_5OH$
③ $CH_3COCH_3$
④ $CH_3COOC_2H_5$

**해설**

인화성 액체의 인화점

| 액체 | 화학식 | 인화점 |
|---|---|---|
| 아세톤 | $CH_3COCH_3$ | -20℃ |
| 에틸알코올 | $C_2H_5OH$ | 13℃ |
| 이황화탄소 | $CS_2$ | -30℃ |
| 메틸알코올 | $CH_3OH$ | 11℃ |
| 벤젠 | $C_6H_6$ | -11℃ |
| 아세트산에틸 | $CH_3COOC_2H_5$ | -4℃ |

**88** 아세틸렌 압축 시 사용되는 희석제로 적당하지 않은 것은?

① 메탄
② 질소
③ 산소
④ 에틸렌

**해설**

아세틸렌의 폭발성

| 산화 폭발 | 공기 중 산소와 반응하여 점화하면 폭발을 일으킴 |
|---|---|
| 분해 폭발 | 가압, 충격에 의해 탄소와 수소로 분해되면서 폭발을 일으킴 |
| 화합 폭발 | 구리, 동, 은 등의 금속과 반응하여 폭발성 아세틸리드를 생성 |

**89** 수분을 함유하는 에탄올에서 순수한 에탄올을 얻기 위해 벤젠과 같은 물질을 첨가하여 수분을 제거하는 증류 방법은?

① 공비증류
② 추출증류
③ 가압증류
④ 감압증류

### 해설
**특수한 증류방법**

| | |
|---|---|
| 감압증류<br>(진공증류) | 상압하에서 끓는점까지 가열할 경우 분해할 우려가 있는 물질의 증류를 감압 또는 진공하여 끓는점을 내려서 증류하는 방법 |
| 추출증류 | 분리하여야 하는 물질의 끓는점이 비슷한 경우 증류하는 방법 |
| 공비증류 | 일반적인 증류로 순수한 성분을 분리할 수 없는 혼합물의 경우 증류하는 방법 |
| 수증기증류 | 물에 거의 용해하지 않는 휘발성 액체에 수증기를 불어넣으면서 가열하여 그 액체의 원래 끓는점보다 상당히 낮은 온도에서 유출하는 방법 |

## 90 다음 중 벤젠($C_6H_6$)의 공기 중 폭발하한계값(vol%)에 가장 가까운 것은?

① 1.0  ② 1.5
③ 2.0  ④ 2.5

### 해설
**완전연소 조성농도(화학양론농도)**

$$C_{st} = \frac{100}{1+4.773\left(n+\frac{m-f-2\lambda}{4}\right)}$$

여기서, $n$ : 탄소의 원자수, $m$ : 수소의 원자수
$f$ : 할로겐 원소의 원자수, $\lambda$ : 산소의 원자수

1. 완전연소 조성농도
$$C_{st} = \frac{100}{1+4.773\left(n+\frac{m-f-2\lambda}{4}\right)} = \frac{100}{1+4.773\left(6+\frac{6}{4}\right)}$$
$= 2.7[\%]$
(단, $C_6H_6 \rightarrow n=6, m=6, f=0, \lambda=0$)

2. 연소(폭발)하한계 : $C_{st} \times 0.55 = 2.7 \times 0.55 = 1.5[vol\%]$

## 91 다음 중 퍼지의 종류에 해당하지 않는 것은?

① 압력퍼지  ② 진공퍼지
③ 스위프퍼지  ④ 가열퍼지

### 해설
**불활성화 방법**
1. 진공퍼지(저압퍼지)
2. 압력퍼지
3. 스위프퍼지
4. 사이폰퍼지

## 92 공업용 용기의 몸체 도색으로 가스명과 도색명의 연결이 옳은 것은?

① 산소 - 청색  ② 질소 - 백색
③ 수소 - 주황색  ④ 아세틸렌 - 회색

### 해설
**고압가스 용기의 도색**

| 가스의 종류 | 도색의 구분 | 가스의 종류 | 도색의 구분 |
|---|---|---|---|
| 액화석유가스 | 밝은 회색 | 액화암모니아 | 백색 |
| 수소 | 주황색 | 액화염소 | 갈색 |
| 아세틸렌 | 황색 | 산소 | 녹색 |
| 액화탄산가스 | 청색 | 질소 | 회색 |
| 소방용 용기 | 소방법에 따른 도색 | 그 밖의 가스 | 회색 |

## 93 다음 중 분말 소화약제로 가장 적절한 것은?

① 사염화탄소  ② 브롬화메탄
③ 수산화암모늄  ④ 제1인산암모늄

### 해설
**분말 소화약제**

| 종별 | 소화약제 | 화학식 | 적응성 | 약제의 착색 |
|---|---|---|---|---|
| 제1종 분말 | 탄산수소나트륨 | $NaHCO_3$ | B, C급 | 백색 |
| 제2종 분말 | 탄산수소칼륨 | $KHCO_3$ | B, C급 | 보라색 |
| 제3종 분말 | 제1인산암모늄 | $NH_4H_2PO_4$ | A, B, C급 | 담홍색 |
| 제4종 분말 | 탄산수소칼륨+요소 | $KHCO_3 + (NH_2)_2CO$ | B, C급 | 회색 |

## 94 비중이 1.50이고, 직경이 74μm인 분체가 종말속도 0.2m/s로 직경 6m의 사일로(silo)에서 질량유속 400kg/h로 흐를 때 평균 농도는 약 얼마인가?

① 10.8mg/L  ② 14.8mg/L
③ 19.8mg/L  ④ 25.8mg/L

### 해설
**평균 농도**
1. 단위 환산(h → s)
$$400\text{kg/h} = \frac{400}{60\text{분}\times 60\text{초}} = 0.111\text{kg/s}$$

2. 단위 환산(kg → mg)
$0.111\text{kg/s} = 0.111 \times 10^6 = 111,000\text{mg/s}$

**정답** 90 ② 91 ④ 92 ③ 93 ④ 94 ③

3. 평균농도$(mg/L) = \dfrac{111,000}{\dfrac{\pi}{4} \times 6^2 \times 0.2} = 19,629[mg/m^3]$

$= 19.6[mg/L]$

**95** 다음 중 분진폭발이 발생하기 쉬운 조건으로 적절하지 않은 것은?
① 발열량이 클 때
② 입자의 표면적이 작을 때
③ 입자의 형상이 복잡할 때
④ 분진의 초기 온도가 높을 때

해설
분진폭발의 영향 인자

| 분진의 화학적 성질과 조성 | 분진의 발열량이 클수록 폭발성이 크며 휘발성분의 함유량이 많을수록 폭발하기 쉽다. |
|---|---|
| 입도와 입도분포 | • 분진의 표면적이 입자체적에 비하여 커지면 열의 발생속도가 방열속도보다 커져서 폭발이 용이해진다.<br>• 평균 입자의 직경이 작고 밀도가 작을수록 비표면적은 크게 되고 표면에너지도 크게 되어 폭발이 용이해진다. |
| 입자의 형상과 표면의 상태 | 평균입경이 동일한 분진인 경우, 입자의 형상이 복잡하면 폭발이 잘된다. |
| 수분 | • 수분 함유량이 적을수록 폭발성이 급격히 증가된다.<br>• 분진 속에 존재하는 수분은 분진의 부유성을 억제하고 대전성을 감소시켜 폭발성을 둔감하게 한다. |
| 분진의 농도 | 분진의 농도가 양론조성농도보다 약간 높을 때, 폭발속도가 최대가 된다. |
| 분진의 온도 | • 초기 온도가 높을수록 최소폭발농도가 적어져서 위험하다.<br>• 초기 온도가 높을수록 최소점화에너지(MIE)는 감소된다. |
| 분진의 부유성 | • 입자가 작고 가벼운 것은 공기 중에서 부유하기 쉽다.<br>• 부유성이 큰 것일수록 공기 중에서의 체류시간도 길고 위험성도 증가한다. |
| 산소의 농도 | • 산소나 공기가 증가하면 폭발하한농도가 낮아짐과 동시에 입도가 큰 것도 폭발성을 갖게 된다.<br>• 불활성가스($CO_2$, $N_2$ 등)를 사용하여 산소농도를 낮춘다. |

**96** 다음 중 폭발 또는 화재가 발생할 우려가 있는 건조설비의 구조로 적절하지 않은 것은?
① 건조설비의 바깥 면은 불연성 재료로 만들 것
② 위험물 건조설비의 열원으로서 직화를 사용하지 아니할 것
③ 위험물 건조설비의 측벽이나 바닥은 견고한 구조로 할 것
④ 위험물 건조설비는 상부를 무거운 재료로 만들고 폭발구를 설치할 것

해설
건조설비의 구조
위험물 건조설비는 그 상부를 가벼운 재료로 만들고 주위 상황을 고려하여 폭발구를 설치할 것

**97** 위험물안전관리법령에 의한 위험물의 분류 중 제1류 위험물에 속하는 것은?
① 염소산염류    ② 황린
③ 금속칼륨    ④ 질산에스테르

해설
제1류 위험물(산화성 고체)
아염소산염류, 염소산염류, 과염소산염류, 무기과산화물, 브롬산염류, 질산염류, 요오드산염류, 과망간산염류, 중크롬산염류 등

**98** 산업안전보건법령상 위험물질의 종류에서 "폭발성 물질 및 유기과산화물"에 해당하는 것은?
① 리튬    ② 아조화합물
③ 아세틸렌    ④ 셀룰로이드류

해설
폭발성 물질 및 유기과산화물
1. 질산에스테르류
2. 니트로화합물
3. 니트로소화합물
4. 아조화합물
5. 디아조화합물
6. 하이드라진 유도체
7. 유기과산화물
8. 그 밖에 1.목부터 7.목까지의 물질과 같은 정도의 폭발 위험이 있는 물질
9. 1.목부터 8.목까지의 물질을 함유한 물질

정답  95 ②  96 ④  97 ①  98 ②

TIP ① 리튬, 셀룰로이드류 : 물 반응성 물질 및 인화성 고체
② 아세틸렌 : 인화성 가스

**99** 다음 중 축류식 압축기에 대한 설명으로 옳은 것은?

① Casing 내에 1개 또는 수 개의 회전체를 설치하여 이것을 회전시킬 때 Casing과 피스톤 사이의 체적이 감소해서 기체를 압축하는 방식이다.
② 실린더 내에서 피스톤을 왕복시켜 이것에 따라 개폐하는 흡입밸브 및 배기밸브의 작용에 의해 기체를 압축하는 방식이다.
③ Casing 내에 넣어진 날개바퀴를 회전시켜 기체에 작용하는 원심력에 의해서 기체를 압송하는 방식이다.
④ 프로펠러의 회전에 의한 추진력에 의해 기체를 압송하는 방식이다.

**해설**

압축기의 분류

| 회전식 압축기 | 케이싱(Casing) 내에 1개 또는 여러 개의 특수피스톤을 설치하고 이것을 회전시킬 때의 케이싱과 피스톤과의 사이의 체적이 감소해서 기체를 압축하는 것 |
| --- | --- |
| 왕복식 압축기 | 실린더 내의 피스톤을 왕복시키고 여기에 따라서 개폐하는 흡입밸브 및 토출밸브의 작용에 의해 기체를 압축하는 것 |
| 원심식 압축기 | 케이싱(Casing) 내에 임펠러(프로펠러)를 회전시켜 기체에 작용하는 원심력에 의해서 기체를 압송하는 것 |
| 축류식 압축기 | 프로펠러의 회전에 의한 추진력에 의해 기체를 압송하는 것 |

**100** 메탄 50vol%, 에탄 30vol%, 프로판 20vol% 혼합가스의 공기 중 폭발 하한계는?(단, 메탄, 에탄, 프로판의 폭발 하한계는 각각 5.0vol%, 3.0vol%, 2.1vol%이다.)

① 1.6vol%
② 2.1vol%
③ 3.4vol%
④ 4.8vol%

**해설**

르샤틀리에의 법칙(순수한 혼합가스일 경우)

$$\frac{100}{L} = \frac{V_1}{L_1} + \frac{V_2}{L_2} + \frac{V_3}{L_3} \cdots\cdots$$

$$L = \frac{100}{\frac{V_1}{L_1} + \frac{V_2}{L_2} + \cdots\cdots + \frac{V_n}{L_n}}$$

여기서, $V_n$ : 전체 혼합가스 중 각 성분 가스의 체적(비율)[%]
$L_n$ : 각 성분 단독의 폭발한계(상한 또는 하한)
$L$ : 혼합가스의 폭발한계(상한 또는 하한)[vol%]

$$L = \frac{100}{\frac{50}{5.0} + \frac{30}{3.0} + \frac{20}{2.1}} = 3.387 = 3.4[vol\%]$$

## 6과목 건설안전기술

**101** 차량계 건설기계를 사용하여 작업할 때에 그 기계가 넘어지거나 굴러떨어짐으로써 근로자가 위험해질 우려가 있는 경우에 조치하여야 할 사항과 거리가 먼 것은?

① 갓길의 붕괴 방지
② 작업반경 유지
③ 지반의 부동침하 방지
④ 도로 폭의 유지

**해설**

전도 등의 방지
차량계 하역운반기계 등을 사용하는 작업을 할 때에 그 기계가 넘어지거나 굴러떨어짐으로써 근로자에게 위험을 미칠 우려가 있는 경우에는 그 기계를 유도하는 사람(유도자)을 배치하고 지반의 부동침하 및 갓길 붕괴를 방지하기 위한 조치를 해야 한다.

**102** 유해위험방지계획서 제출 대상 공사로 볼 수 없는 것은?

① 지상 높이가 31m 이상인 건축물의 건설공사
② 터널건설공사
③ 깊이 10m 이상인 굴착공사
④ 교량의 전체길이가 40m 이상인 교량공사

정답 99 ④ 100 ③ 101 ② 102 ④

**해설**

유해위험방지계획서를 제출해야 될 건설공사
1. 다음 각 목의 어느 하나에 해당하는 건축물 또는 시설 등의 건설·개조 또는 해체공사
   ㉠ 지상높이가 31미터 이상인 건축물 또는 인공구조물
   ㉡ 연면적 3만 제곱미터 이상인 건축물
   ㉢ 연면적 5천 제곱미터 이상인 시설로서 다음의 어느 하나에 해당하는 시설
   - 문화 및 집회시설(전시장 및 동물원·식물원은 제외)
   - 판매시설, 운수시설(고속철도의 역사 및 집배송시설은 제외)
   - 종교시설
   - 의료시설 중 종합병원
   - 숙박시설 중 관광숙박시설
   - 지하도상가
   - 냉동·냉장 창고시설
2. 연면적 5천 제곱미터 이상인 냉동·냉장 창고시설의 설비공사 및 단열공사
3. 최대 지간길이(다리의 기둥과 기둥의 중심 사이의 거리)가 50미터 이상인 다리의 건설 등 공사
4. 터널의 건설 등 공사
5. 다목적댐, 발전용댐, 저수용량 2천만 톤 이상의 용수 전용 댐 및 지방상수도 전용 댐의 건설 등 공사
6. 깊이 10미터 이상인 굴착공사

**103** 건설업 산업안전보건관리비 계상 및 사용기준에 따른 안전관리비의 개인보호구 및 안전장구 구입비 항목에서 안전관리비로 사용이 가능한 경우는?

① 안전·보건관리자가 선임되지 않은 현장에서 안전·보건업무를 담당하는 현장관계자용 무전기, 카메라, 컴퓨터, 프린터 등 업무용 기기
② 혹한·혹서에 장기간 노출로 인해 건강장해를 일으킬 우려가 있는 경우 특정 근로자에게 지급되는 기능성 보호 장구
③ 근로자에게 일률적으로 지급하는 보냉·보온장구
④ 감리원이나 외부에서 방문하는 인사에게 지급하는 보호구

**해설**

안전관리비의 항목별 사용 불가내역(개인보호구 및 안전장구 구입비 등)
근로자 재해나 건강장해 예방 목적이 아닌 근로자 식별, 복리·후생적 근무여건 개선·향상, 사기 진작, 원활한 공사수행을 목적으로 하는 다음 장구의 구입·수리·관리 등에 소요되는 비용

1. 안전·보건관리자가 선임되지 않은 현장에서 안전·보건업무를 담당하는 현장관계자용 무전기, 카메라, 컴퓨터, 프린터 등 업무용 기기
2. 근로자 보호 목적으로 보기 어려운 피복, 장구, 용품 등
   ㉠ 작업복, 방한복, 방한장갑, 면장갑, 코팅장갑 등
   ※ 다만, 근로자의 건강장해 예방을 위해 사용하는 미세먼지 마스크, 쿨토시, 아이스조끼, 핫팩, 발열조끼 등은 사용 가능함
   ㉡ 감리원이나 외부에서 방문하는 인사에게 지급하는 보호구

 법 개정으로 삭제된 내용입니다. 참고만 하세요.

**104** 지반에서 나타나는 보일링(boiling) 현상의 직접적인 원인으로 볼 수 있는 것은?

① 굴착부와 배면부의 지하수위의 수두차
② 굴착부와 배면부의 흙의 중량차
③ 굴착부와 배면부의 흙의 함수비차
④ 굴착부와 배면부의 흙의 토압차

**해설**

지반의 이상현상

| 히빙(Heaving) 현상 | 연질점토 지반에서 굴착에 의한 흙막이 내·외면의 흙의 중량 차이로 인해 굴착저면이 부풀어 올라오는 현상 |
|---|---|
| 보일링(Boiling) 현상 | 사질토 지반에서 굴착저면과 흙막이 배면과의 수위 차이로 인해 굴착저면의 흙과 물이 함께 위로 솟구쳐 오르는 현상 |
| 파이핑(Piping) 현상 | 보일링 현상으로 인하여 지반 내에서 물의 통로가 생기면서 흙이 세굴되는 현상 |

**105** 강풍이 불어올 때 타워크레인의 운전작업을 중지하여야 하는 순간풍속의 기준으로 옳은 것은?

① 순간풍속이 초당 10m 초과
② 순간풍속이 초당 15m 초과
③ 순간풍속이 초당 25m 초과
④ 순간풍속이 초당 30m 초과

**해설**

타워크레인의 작업제한(악천후 및 강풍 시 작업 중지)

| 순간풍속이 초당 10미터를 초과 | 타워크레인의 설치·수리·점검 또는 해체작업 중지 |
|---|---|
| 순간풍속이 초당 15미터를 초과 | 타워크레인의 운전작업 중지 |

**정답** 103 ② 104 ① 105 ②

**106** 말비계를 조립하여 사용하는 경우에 지주부재와 수평면의 기울기는 최대 몇 도 이하로 하여야 하는가?

① 30°
② 45°
③ 60°
④ 75°

**해설**

말비계 조립 시의 준수사항
1. 지주부재의 하단에는 미끄럼 방지장치를 하고, 근로자가 양측 끝부분에 올라서서 작업하지 않도록 할 것
2. 지주부재와 수평면의 기울기를 75도 이하로 하고, 지주부재와 지주부재 사이를 고정시키는 보조부재를 설치할 것
3. 말비계의 높이가 2미터를 초과하는 경우에는 작업발판의 폭을 40센티미터 이상으로 할 것

**107** 추락의 위험이 있는 개구부에 대한 방호조치와 거리가 먼 것은?

① 안전난간, 울타리, 수직형 추락방망 등으로 방호조치를 한다.
② 충분한 강도를 가진 구조의 덮개를 뒤집히거나 떨어지지 않도록 설치한다.
③ 어두운 장소에서도 식별이 가능한 개구부 주의 표지를 부착한다.
④ 폭 30cm 이상의 발판을 설치한다.

**해설**

개구부 등의 방호조치
1. 작업발판 및 통로의 끝이나 개구부로서 근로자가 추락할 위험이 있는 장소에는 안전난간, 울타리, 수직형 추락방망 또는 덮개 등의 방호 조치를 충분한 강도를 가진 구조로 튼튼하게 설치하여야 하며, 덮개를 설치하는 경우에는 뒤집히거나 떨어지지 않도록 설치하여야 한다. 이 경우 어두운 장소에서도 알아볼 수 있도록 개구부임을 표시하여야 한다.
2. 난간 등을 설치하는 것이 매우 곤란하거나 작업의 필요상 임시로 난간 등을 해체하여야 하는 경우 추락방호망을 설치하여야 한다. 다만, 추락방호망을 설치하기 곤란한 경우에는 근로자에게 안전대를 착용하도록 하는 등 추락할 위험을 방지하기 위하여 필요한 조치를 하여야 한다.

**108** 로프길이 2m의 안전대를 착용한 근로자가 추락으로 인한 부상을 당하지 않기 위한 지면으로부터 안전대 고정점까지의 높이($H$)의 기준으로 옳은 것은?(단, 로프의 신율 30%, 근로자의 신장 180cm)

① $H > 1.5m$
② $H > 2.5m$
③ $H > 3.5m$
④ $H > 4.5m$

**해설**

최하사점

$$H > h = 로프의 길이(l) + 로프의 신장(율)길이(l \times a) + 작업자의 키 \times \frac{1}{2}$$

여기서, $h$ : 추락 시 로프지지 위치에서 신체의 최하사점까지의 거리(최하사점)
$H$ : 로프를 지지한 위치에서 바닥면까지의 거리

$h = 200 + (200 \times 0.3) + 180 \times \frac{1}{2}$
$= 350[cm] = 3.5[m]$
$\therefore H > 3.5m$

**109** 가설통로의 설치 기준으로 옳지 않은 것은?

① 추락할 위험이 있는 장소에는 안전난간을 설치할 것
② 경사가 10°를 초과하는 경우에는 미끄러지지 아니하는 구조로 할 것
③ 경사는 30° 이하로 할 것
④ 건설공사에 사용하는 높이 8m 이상인 비계다리에는 7m 이내마다 계단참을 설치할 것

**해설**

가설통로
1. 견고한 구조로 할 것
2. 경사는 30도 이하로 할 것
3. 경사가 15도를 초과하는 경우에는 미끄러지지 아니하는 구조로 할 것
4. 추락할 위험이 있는 장소에는 안전난간을 설치할 것
5. 수직갱에 가설된 통로의 길이가 15미터 이상인 경우에는 10미터 이내마다 계단참을 설치할 것
6. 건설공사에 사용하는 높이 8미터 이상인 비계다리에는 7미터 이내마다 계단참을 설치할 것

**정답** 106 ④ 107 ④ 108 ③ 109 ②

**110** 터널 지보공을 조립하거나 변경하는 경우에 조치하여야 하는 사항으로 옳지 않은 것은?

① 목재의 터널 지보공은 그 터널 지보공의 각 부재에 작용하는 긴압정도를 체크하여 그 정도가 최대한 차이나도록 한다.
② 강(鋼)아치 지보공의 조립은 연결볼트 및 띠장 등을 사용하여 주재 상호 간을 튼튼하게 연결할 것
③ 기둥에는 침하를 방지하기 위하여 받침목을 사용하는 등의 조치를 할 것
④ 주재(主材)를 구성하는 1세트의 부재는 동일 평면 내에 배치할 것

**해설**
터널 지보공 조립 또는 변경 시 조치사항
목재의 터널 지보공은 그 터널 지보공의 각 부재의 긴압정도가 균등하게 되도록 할 것

**111** 콘크리트 타설작업 시 안전에 대한 유의사항으로 옳지 않은 것은?

① 콘크리트를 치는 도중에는 지보공·거푸집 등의 이상유무를 확인한다.
② 높은 곳으로부터 콘크리트를 타설할 때는 호퍼로 받아 거푸집 내에 꽂아 넣는 슈트를 통해서 부어 넣어야 한다.
③ 진동기를 가능한 한 많이 사용할수록 거푸집에 작용하는 측압상 안전하다.
④ 콘크리트를 한 곳에만 치우쳐서 타설하지 않도록 주의한다.

**해설**
콘크리트 타설 시 안전수칙
1. 진동기는 적절히 사용되어야 하며, 지나친 진동은 거푸집 도괴의 원인이 될 수 있으므로 각별히 주의하여야 한다.
2. 진동기를 너무 많이 사용할 경우 콘크리트 재료분리의 원인이 된다.

**112** 개착식 흙막이벽의 계측 내용에 해당되지 않는 것은?

① 경사측정
② 지하수위 측정
③ 변형률 측정
④ 내공변위 측정

**해설**
내공변위 측정
터널공사의 계측관리에 해당하는 것으로 터널 벽면의 변위를 측정하여 터널 내부의 붕괴예측 및 터널 주변의 굴착지반이나 구조물 설치로 인한 변위예측을 통해 안전을 도모하기 위한 것을 말한다.

> **TIP** 터널공사 계측관리
> ① 내공변위 측정
> ② 천단침하측정
> ③ 지중, 지표침하측정
> ④ 록볼트 축력측정
> ⑤ 숏크리트 응력 측정

**113** 다음은 산업안전보건법령에 따른 달비계를 설치하는 경우에 준수해야 할 사항이다. ( )에 들어갈 내용으로 옳은 것은?

| 작업발판은 폭을 ( ) 이상으로 하고 틈새가 없도록 할 것 |

① 15cm
② 20cm
③ 40cm
④ 60cm

**해설**
달비계의 구조
작업발판은 폭을 40센티미터 이상으로 하고 틈새가 없도록 할 것

**114** 강관틀 비계를 조립하여 사용하는 경우 준수해야 하는 사항으로 옳지 않은 것은?

① 길이가 띠장 방향으로 4m 이하이고 높이가 10m를 초과하는 경우에는 10m 이내마다 띠장 방향으로 버팀기둥을 설치할 것
② 높이가 20m를 초과하거나 중량물의 적재를 수반하는 작업을 할 경우에는 주틀 간의 간격을 1.8m 이하로 할 것
③ 주틀 간에 교차가새를 설치하고 최상층 및 10층 이내마다 수평재를 설치할 것
④ 수직방향으로 6m, 수평방향으로 8m 이내마다 벽 이음을 할 것

**정답** 110 ① 111 ③ 112 ④ 113 ③

**해설**
강관틀비계 조립 시의 준수사항
1. 비계기둥의 밑둥에는 밑받침 철물을 사용하여야 하며 밑받침에 고저차가 있는 경우에는 조절형 밑받침철물을 사용하여 각각의 강관틀비계가 항상 수평 및 수직을 유지하도록 할 것
2. 높이가 20미터를 초과하거나 중량물의 적재를 수반하는 작업을 할 경우에는 주틀 간의 간격을 1.8미터 이하로 할 것
3. 주틀 간에 교차 가새를 설치하고 최상층 및 5층 이내마다 수평재를 설치할 것
4. 수직방향으로 6미터, 수평방향으로 8미터 이내마다 벽이음을 할 것
5. 길이가 띠장 방향으로 4미터 이하이고 높이가 10미터를 초과하는 경우에는 10미터 이내마다 띠장 방향으로 버팀기둥을 설치할 것

## 115 철골기둥, 빔 및 트러스 등의 철골구조물을 일체화 또는 지상에서 조립하는 이유로 가장 타당한 것은?

① 고소작업의 감소
② 화기사용의 감소
③ 구조체 강성 증가
④ 운반물량의 감소

**해설**
철골기둥과 빔 및 트러스 등의 일체화 또는 지상에서 조립하는 방법이 고소작업의 추락을 감소시킬 수 있는 근본적인 대책이다.

## 116 압쇄기를 사용하여 건물해체 시 그 순서로 가장 타당한 것은?

[보기]
A : 보, B : 기둥, C : 슬래브, D : 벽체

① A → B → C → D
② A → C → B → D
③ C → A → D → B
④ D → C → B → A

**해설**
압쇄기
1. 셔블에 설치하며 유압조작에 의해 콘크리트 등에 강력한 압축력을 가해 파쇄하는 것
2. 압쇄기의 중량, 작업충격을 사전에 고려하고, 차체 지지력을 초과하는 중량의 압쇄기부착을 금지하여야 한다.
3. 압쇄기에 의한 파쇄작업순서 : 슬래브-보-벽체-기둥의 순서로 해체하여야 한다.

## 117 흙의 간극비를 나타낸 식으로 옳은 것은?

① $\dfrac{\text{공기}+\text{물의 체적}}{\text{흙}+\text{물의 체적}}$

② $\dfrac{\text{공기}+\text{물의 체적}}{\text{흙의 체적}}$

③ $\dfrac{\text{물의 체적}}{\text{물}+\text{물의 체적}}$

④ $\dfrac{\text{공기}+\text{물의 체적}}{\text{공기}+\text{흙}+\text{물의 체적}}$

**해설**
간극비(공극비)
1. 흙입자를 제외한 물과 공기가 차지하는 부피를 간극이라 한다.
2. 흙입자의 부피에 대한 간극의 부피의 비

$$e = \dfrac{V_V}{V_S}$$

여기서, $V_V$ : 간극(공극)의 부피(물+공기)
$V_S$ : 흙입자의 부피

## 118 부두 · 안벽 등 하역작업을 하는 장소에서 부두 또는 안벽의 선을 따라 통로를 설치하는 경우에는 그 폭을 최소 얼마 이상으로 하여야 하는가?

① 80cm
② 90cm
③ 100cm
④ 120cm

**해설**
부두 · 안벽 등 하역작업장 조치사항
부두 또는 안벽의 선을 따라 통로를 설치하는 경우에는 폭을 90센티미터 이상으로 할 것

## 119 취급 · 운반의 원칙으로 옳지 않은 것은?

① 곡선 운반을 할 것
② 운반 작업을 집중하여 시킬 것
③ 생산을 최고로 하는 운반을 생각할 것
④ 연속 운반을 할 것

**정답** 114 ③  115 ①  116 ③  117 ②  118 ②  119 ①

해설

취급운반의 원칙

| 구분 | 원칙 및 조건 |
|---|---|
| 운반의 5원칙 | • 이동되는 운반은 직선으로 할 것<br>• 연속으로 운반을 행할 것<br>• 효율(생산성)을 최고로 높일 것<br>• 자재 운반을 집중화할 것<br>• 가능한 한 수작업을 없앨 것 |
| 운반의 3조건 | • 운반(취급)거리는 극소화 시킬 것<br>• 손이 가지 않는 작업 방법일 것<br>• 운반(이동)은 기계화 작업일 것 |

**120** 사면보호공법 중 구조물에 의한 보호 공법에 해당되지 않는 것은?

① 식생구멍공
② 블록공
③ 돌쌓기공
④ 현장타설 콘크리트 격자공

해설

비탈면 보호공법(사면보호공법)
강우에 의한 표면 침식 또는 붕괴를 방지하고 동시에 경관이나 미관을 목적으로 시공한다.

| 구분 | 개요 | 공법 |
|---|---|---|
| 식생 공법 | 식물을 사면·경사면 상에 초목이 무성하게 자라게 함으로써 경사면 침식을 방비하는 공법을 말하며 녹화공법이라고도 한다. | • 씨앗 뿌리기공<br>• 식생판공<br>• 식생 포대공<br>• 떼 붙임공<br>• 씨앗 뿜어붙이기공<br>• 식생공 |
| 구조물 공법 | 침식, 세굴, 풍화 및 동상 등으로부터 비탈면을 보호하기 위하여 비탈면 안에 블록이나 구조물을 설치하는 공법 | • 현장타설 콘크리트 격자공<br>• 블록공<br>• 돌쌓기공<br>• 콘크리트 붙임공법<br>• 뿜칠공법 |

정답 120 ①

# PART 02

## 09 2018년 3회 기출문제

### 1과목 안전관리론

**01** 집단에서의 인간관계 메커니즘(Mechanism)과 가장 거리가 먼 것은?

① 모방, 암시
② 분열, 강박
③ 동일화, 일체화
④ 커뮤니케이션, 공감

**해설**

인간관계 메커니즘

| | |
|---|---|
| 투사 (Projection) | 자기 마음속의 억압된 것을 다른 사람의 것으로 생각하는 것 |
| 암시 (Suggestion) | 다른 사람으로부터의 판단이나 행동을 무비판적으로 논리적, 사실적 근거 없이 받아들이는 것 |
| 동일화 (Identification) | 다른 사람의 행동양식이나 태도를 투입하거나 다른 사람 가운데서 자기와 비슷한 것을 발견하게 되는 것 |
| 모방 (Imitation) | 남의 행동이나 판단을 표본으로 하여 그것과 같거나 그것에 가까운 행동 또는 판단을 취하려는 것 |
| 커뮤니케이션 (Communication) | 여러 가지 행동양식이 기로를 매개로 하여 한 사람으로부터 다른 사람에게 전달되는 과정으로 언어, 손짓, 몸짓, 표정 등 |

**02** 산업안전보건법령에 따른 안전보건관리규정에 포함되어야 할 세부 내용이 아닌 것은?

① 위험성 감소대책 수립 및 시행에 관한 사항
② 하도급 사업장에 대한 안전 · 보건관리에 관한 사항
③ 질병자의 근로 금지 및 취업 제한 등에 관한 사항
④ 물질안전보건자료에 관한 사항

**해설**

물질안전보건자료에 관한 사항
채용 시 교육 및 작업내용 변경 시 교육 내용

**03** 안전교육 중 프로그램 학습법의 장점이 아닌 것은?

① 학습자의 학습과정을 쉽게 알 수 있다.
② 여러 가지 수업 매체를 동시에 다양하게 활용할 수 있다.
③ 지능, 학습속도 등 개인차를 충분히 고려할 수 있다.
④ 매 반응마다 피드백이 주어지기 때문에 학습자가 흥미를 가질 수 있다.

**해설**

프로그램 학습법(programmed self-instruction method)
자기 학습속도에 따른 학습이 허용되어 있는 상태에서 학습자가 프로그램 자료를 가지고 단독으로 학습하도록 하는 교육방법

| | |
|---|---|
| 장점 | • 수업의 모든 단계에서 적용이 가능하다.<br>• 수강자들이 학습이 가능한 시간대의 폭이 넓다.<br>• 개인차가 최대한 조절되어야 할 경우에도 가능하다. (지능, 학습속도 등 개인차를 충분히 고려할 수 있다.)<br>• 학습자의 학습과정을 쉽게 알 수 있다.<br>• 매 반응마다 피드백이 주어지기 때문에 학습자가 흥미를 가질 수 있다. |
| 단점 | • 교육 내용이 고정화되어 있다.<br>• 학습에 많은 시간이 걸린다.<br>• 집단사고의 기회가 없어 학생들의 사회성이 결여되기 쉽다.<br>• 한번 개발된 프로그램 자료는 개조하기 어렵다.<br>• 항상 새로운 프로그램의 개발에 노력해야 하므로 개발비가 높다.<br>• 학습자가 단독으로 학습하는 방법으로 리더의 지도기술을 요하지 않는다. |

**04** 산업안전보건법령에 따른 근로자 안전보건교육 중 근로자 정기교육의 교육내용에 해당하지 않는 것은?(단, 산업안전보건법령 및 산업재해보상보험 제도에 관한 사항은 제외한다.)

① 건강증진 및 질병 예방에 관한 사항
② 산업보건 및 건강장해 예방에 관한 사항
③ 유해 · 위험 작업환경 관리에 관한 사항
④ 작업공정의 유해 · 위험과 재해 예방대책에 관한 사항

**정답** 01 ② 02 ④ 03 ② 04 ④

**해설**

근로자 정기교육
1. 산업안전 및 산업재해 예방에 관한 사항(화재·폭발 사고 발생 시 대피에 관한 사항을 포함)
2. 산업보건 및 건강장해 예방에 관한 사항(폭염·한파작업으로 인한 건강장해 발생 시 응급조치에 관한 사항을 포함)
3. 위험성 평가에 관한 사항
4. 건강증진 및 질병 예방에 관한 사항
5. 유해·위험 작업환경 관리에 관한 사항
6. 산업안전보건법령 및 산업재해보상보험 제도에 관한 사항
7. 직무스트레스 예방 및 관리에 관한 사항
8. 직장 내 괴롭힘, 고객의 폭언 등으로 인한 건강장해 예방 및 관리에 관한 사항

**05** 최대사용전압이 교류(실효값) 500V 또는 직류 750V인 내전압용 절연장갑의 등급은?

① 00  ② 0
③ 1   ④ 2

**해설**

내전압용 절연장갑의 등급

| 등급 | 최대사용전압 | | 등급별 색상 |
|---|---|---|---|
| | 교류(V, 실효값) | 직류(V) | |
| 00 | 500 | 750 | 갈색 |
| 0 | 1,000 | 1,500 | 빨강색 |
| 1 | 7,500 | 11,250 | 흰색 |
| 2 | 17,000 | 25,500 | 노랑색 |
| 3 | 26,500 | 39,750 | 녹색 |
| 4 | 36,000 | 54,000 | 등색 |

**06** 산업재해 기록·분류에 관한 지침에 따른 분류 기준 중 다음의 (  ) 안에 알맞은 것은?

> 재해자가 넘어짐으로 인하여 기계의 동력전달부위 등에 끼이는 사고가 발생하여 신체부위가 절단된 경우는 (   )으로 분류한다.

① 넘어짐  ② 끼임
③ 깔림    ④ 절단

**해설**

산업재해 분류 시 유의사항
두 가지 이상의 발생형태가 연쇄적으로 발생된 사고의 경우는 상해결과 또는 피해를 크게 유발한 형태로 분류한다.
1. 재해자가 「넘어짐」으로 인하여 기계의 동력전달부위 등에 끼이는 사고가 발생하여 신체부위가 「절단」된 경우에는 「끼임」으로 분류
2. 재해자가 구조물 상부에서 「넘어짐」으로 인하여 사람이 떨어져 두개골 골절이 발생한 경우에는 「떨어짐」으로 분류
3. 재해자가 「넘어짐」 또는 「떨어짐」으로 물에 빠져 익사한 경우에는 「유해·위험물질 노출·접촉」으로 분류
4. 재해자가 전주에서 작업 중 「전류접촉」으로 떨어진 경우 상해결과가 골절인 경우에는 「떨어짐」으로 분류하고, 상해결과가 전기쇼크인 경우에는 「전류접촉」으로 분류

**07** 산업안전보건법령에 따라 사업주가 사업장에서 중대재해가 발생한 사실을 알게 된 경우 관할 지방고용노동관서의 장에게 보고하여야 하는 시기로 옳은 것은?(단, 천재지변 등 부득이한 사유가 발생한 경우에는 제외한다.)

① 지체 없이       ② 12시간 이내
③ 24시간 이내     ④ 48시간 이내

**해설**

산업재해 발생보고 방법 및 내용(중대재해 발생 사실을 알게 된 경우)

| 보고방법 | 지체 없이 사업장 소재지를 관할하는 지방고용노동관서의 장에게 전화·팩스 또는 그 밖의 적절한 방법으로 보고해야 한다. |
|---|---|
| 보고사항 | • 발생 개요 및 피해 상황<br>• 조치 및 전망<br>• 그 밖의 중요한 사항 |

**08** 유기화합물용 방독마스크의 시험가스가 아닌 것은?

① 증기($Cl_2$)
② 디메틸에테르($CH_3OCH_3$)
③ 시클로헥산($C_6H_{12}$)
④ 이소부탄($C_4H_{10}$)

**해설**

방독마스크의 종류 및 표시색

| 종류 | 시험가스 | 정화통 외부 측면의 표시 색 |
|---|---|---|
| 유기화합물용 | 시클로헥산($C_6H_{12}$) | 갈색 |
| | 디메틸에테르($CH_3OCH_3$) | |
| | 이소부탄($C_4H_{10}$) | |
| 할로겐용 | 염소가스 또는 증기($Cl_2$) | 회색 |
| 황화수소용 | 황화수소가스($H_2S$) | |
| 시안화수소용 | 시안화수소가스(HCN) | |

**정답** 05 ① 06 ② 07 ① 08 ①

| 종류 | 시험가스 | 정화통 외부 측면의 표시 색 |
|---|---|---|
| 아황산용 | 아황산가스($SO_2$) | 노랑색 |
| 암모니아용 | 암모니아가스($NH_3$) | 녹색 |

## 09 안전교육의 학습경험선정 원리에 해당되지 않는 것은?

① 계속성의 원리  ② 가능성의 원리
③ 동기유발의 원리  ④ 다목적 달성의 원리

**해설**

학습경험 선정의 원리

| 기회의 원리 | 학습자에게 교육목표 달성에 필요한 학습경험을 할 수 있는 기회를 제공하는 것이어야 한다. |
|---|---|
| 동기유발의 원리 | 학습자에게 동기유발이 될 수 있는 것이어야 한다. |
| 만족의 원리 | 학습자에게 학습을 함에 있어서 만족감을 느낄 수 있는 경험이어야 한다. |
| 가능성의 원리 | 학습자들의 현재 수준에서 경험이 가능한 것이어야 한다. |
| 다활동의 원리 (일목표 다경험) | 하나의 목표를 달성하기 위하여 여러 가지 학습경험을 할 수 있는 것이어야 한다. |
| 다목적 달성의 원리 | 교육목표의 달성에 도움이 되고 전이효과가 높은 학습경험이 되어야 한다. |

## 10 재해사례연구의 진행순서로 옳은 것은?

① 재해 상황 파악 → 사실의 확인 → 문제점 발견 → 근본적 문제점 결정 → 대책수립
② 사실의 확인 → 재해 상황 파악 → 문제점 발견 → 근본적 문제점 결정 → 대책수립
③ 재해 상황 파악 → 사실의 확인 → 근본적 문제점 결정 → 문제점 발견 → 대책수립
④ 사실의 확인 → 재해 상황 파악 → 근본적 문제점 결정 → 문제점 발견 → 대책수립

**해설**

재해사례의 연구순서
1. 전제조건 : 재해상황의 파악
2. 제1단계 : 사실의 확인
3. 제2단계 : 문제점의 발견
4. 제3단계 : 근본적 문제점의 결정
5. 제4단계 : 대책의 수립

## 11 산업안전보건법령에 따른 특정 행위의 지시 및 사실의 고지에 사용되는 안전·보건표지의 색도기준으로 옳은 것은?

① 2.5G 4/10  ② 2.5PB 4/10
③ 5Y 8.5/12  ④ 7.5R 4/14

**해설**

안전·보건표지의 색채, 색도기준 및 용도

| 색채 | 색도기준 | 용도 | 사용 예 |
|---|---|---|---|
| 빨간색 | 7.5R 4/14 | 금지 | 정지신호, 소화설비 및 그 장소, 유해행위의 금지 |
| | | 경고 | 화학물질 취급장소에서의 유해·위험 경고 |
| 노란색 | 5Y 8.5/12 | 경고 | 화학물질 취급장소에서의 유해·위험경고 이외의 위험경고, 주의표지 또는 기계방호물 |
| 파란색 | 2.5PB 4/10 | 지시 | 특정 행위의 지시 및 사실의 고지 |
| 녹색 | 2.5G 4/10 | 안내 | 비상구 및 피난소, 사람 또는 차량의 통행표지 |
| 흰색 | N9.5 | | 파란색 또는 녹색에 대한 보조색 |
| 검은색 | N0.5 | | 문자 및 빨간색 또는 노란색에 대한 보조색 |

## 12 부주의에 대한 사고방지대책 중 기능 및 작업 측면의 대책이 아닌 것은?

① 표준작업의 습관화
② 적성배치
③ 안전 의식의 재고
④ 작업조건의 개선

**해설**

부주의에 대한 사고방지대책

| 정신적 측면 | • 주의력 집중훈련<br>• 스트레스 해소 대책<br>• 안전의식의 재고<br>• 작업의욕의 고취 |
|---|---|
| 기능 및 작업측면 | • 적성배치<br>• 안전작업 방법 습득<br>• 표준작업의 습관화<br>• 적응력 향상과 작업조건의 개선 |
| 설비 및 환경측면 | • 표준작업제도 도입<br>• 설비 및 작업의 안전화<br>• 긴급 시 안전대책수립 |

**13** 버드(Bird)의 신연쇄성 이론 중 재해발생의 근원적 원인에 해당하는 것은?

① 상해 발생
② 징후 발생
③ 접촉 발생
④ 관리의 부족

**해설**
버드(bird)의 최신 도미노이론
1. 제1단계 : 제어의 부족(관리)
2. 제2단계 : 기본원인(기원)
3. 제3단계 : 직접원인(징후)
4. 제4단계 : 사고(접촉)
5. 제5단계 : 상해(손실)

**TIP** 재해발생의 근원적 원인은 경영자의 관리소홀이다.

**14** 브레인스토밍(Brain-storming) 기법의 4원칙에 관한 설명으로 옳은 것은?

① 주제와 관련이 없는 내용은 발표할 수 없다.
② 동료의 의견에 대하여 좋고 나쁨을 평가한다.
③ 발표순서를 정하고, 동일한 발표기회를 부여한다.
④ 타인의 의견에 대하여는 수정하여 발표할 수 있다.

**해설**
브레인 스토밍(Brain storming)의 원칙
1. 비판금지 : 「좋다」, 「나쁘다」라고 비판은 하지 않는다.
2. 대량발언 : 내용의 질적수준보다 양적으로 무엇이든 많이 발언한다.
3. 자유분방 : 자유로운 분위기에서 마음대로 편안한 마음으로 발언한다.
4. 수정발언 : 타인의 아이디어를 수정하거나 보충 발언해도 좋다.

**15** 주의의 특성에 해당되지 않는 것은?

① 선택성     ② 변동성
③ 가능성     ④ 방향성

**해설**
주의의 특성

| | |
|---|---|
| 선택성 | • 주의는 동시에 두 개의 방향에 집중하지 못한다.<br>• 여러 종류의 자극을 지각하거나 수용할 때 특정한 것에 한하여 선택하는 기능 |
| 변동성 | • 고도의 주의는 장시간 지속할 수 없다.(주의에는 리듬이 존재)<br>• 주의에는 리듬이 있어 언제나 일정수준을 유지할 수 없다. |
| 방향성 | • 한 지점에 주의를 집중하면 다른 곳의 주의는 약해진다.<br>• 주시점만 인지하는 기능 |

**16** OJT(On the Job Training)의 특징에 대한 설명으로 옳은 것은?

① 특별한 교재·교구·설비 등을 이용하는 것이 가능하다.
② 외부의 전문가를 위촉하여 전문교육을 실시할 수 있다.
③ 직장의 실정에 맞는 구체적이고 실제적인 지도 교육이 가능하다.
④ 다수의 근로자들에게 조직적 훈련이 가능하다.

**해설**
O.J.T(On the Job Training)
1. 직장의 실정에 맞는 구체적이고 실제적인 지도 교육이 가능하다.
2. 개개인에게 적절한 지도 훈련이 가능하다.(개인의 능력과 적성에 알맞은 맞춤교육이 가능하다.)
3. 훈련 효과에 의해 상호 신뢰이해도가 높아진다.(상사와의 의사소통 및 신뢰도 향상에 도움이 된다.)
4. 교육의 효과가 업무에 신속하게 반영된다.
5. 교육의 이해도가 빠르고 동기부여가 쉽다.
6. 교육으로 인해 업무가 중단되는 업무손실이 적다.
7. 교육경비의 절감효과가 있다.

**17** 연간근로자수가 1,000명인 공장의 도수율이 10인 경우 이 공장에서 연간 발생한 재해건수는 몇 건인가?

① 20건     ② 22건
③ 24건     ④ 26건

### 해설

도수율

$$\text{도수율} = \frac{\text{재해발생건수}}{\text{연간 총 근로시간 수}} \times 1,000,000$$

재해발생건수 = 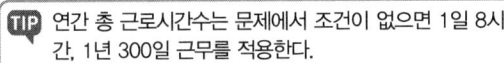 = 24(건)

> **TIP** 연간 총 근로시간수는 문제에서 조건이 없으면 1일 8시간, 1년 300일 근무를 적용한다.

**18** 산업안전보건법령상 안전검사 대상 유해 · 위험 기계 등에 해당하는 것은?

① 정격 하중이 2톤 미만인 크레인
② 이동식 국소 배기장치
③ 밀폐형 구조 롤러기
④ 산업용 원심기

### 해설

안전검사 대상 기계 등
1. 프레스
2. 전단기
3. 크레인(정격 하중이 2톤 미만인 것은 제외)
4. 리프트
5. 압력용기
6. 곤돌라
7. 국소 배기장치(이동식은 제외)
8. 원심기(산업용만 해당)
9. 롤러기(밀폐형 구조는 제외)
10. 사출성형기(형 체결력 294킬로뉴턴(kN) 미만은 제외)
11. 고소작업대(화물자동차 또는 특수자동차에 탑재한 고소작업대로 한정)
12. 컨베이어
13. 산업용 로봇
14. 혼합기
15. 파쇄기 또는 분쇄기

**19** 안전교육 방법의 4단계의 순서로 옳은 것은?

① 도입 → 확인 → 적용 → 제시
② 도입 → 제시 → 적용 → 확인
③ 제시 → 도입 → 적용 → 확인
④ 제시 → 확인 → 도입 → 적용

### 해설

교육방법의 4단계

| 단계 | | 내용 |
|---|---|---|
| 제1단계 | 도입 (준비) | • 학습할 준비를 시킨다.<br>• 작업에 대한 흥미를 갖게 한다.<br>• 학습자의 동기부여 및 마음의 안정 |
| 제2단계 | 제시 (설명) | • 작업을 설명한다.<br>• 한번에 하나하나씩 나누어 확실하게 이해시켜야 한다.<br>• 강의 순서대로 진행하고 설명, 교재를 통해 듣고 말하는 단계 |
| 제3단계 | 적용 (응용) | • 작업을 시켜본다.<br>• 상호 학습 및 토의 등으로 이해력을 향상시킨다.<br>• 자율학습을 통해 배운 것을 학습한다. |
| 제4단계 | 확인 (평가) | • 가르친 뒤 살펴본다.<br>• 잘못된 것을 수정한다.<br>• 요점을 정리하여 복습한다. |

**20** 관리 그리드 이론에서 인간관계 유지에는 낮은 관심을 보이지만 과업에 대해서는 높은 관심을 가지는 리더십의 유형은?

① 1.1형  ② 1.9형
③ 9.1형  ④ 9.9형

### 해설

관리 그리드(Managerial Grid)

| 유형 | 경향 |
|---|---|
| (1.1) 무관심형 | • 생산과 인간에 대한 관심이 모두 낮은 무관심한 유형<br>• 리더 자신의 직분을 유지하는 데 필요한 최소의 노력만 투입하는 유형 |
| (1.9) 인기형 | • 인간에 대한 관심은 매우 높고, 생산에 대한 관심은 매우 낮은 유형<br>• 구성원 간의 만족한 관계, 친밀한 분위기를 조성하는 데 노력하는 유형 |
| (9.1) 과업형 | • 생산에 대한 관심은 높지만, 인간에 대한 관심은 매우 낮은 유형<br>• 인간적 요소보다 과업상의 능력을 최고로 중시하는 유형 |
| (5.5) 타협형 | • 과업의 능률과 인간적 요소를 절충하는 유형<br>• 적당한 수준의 성과를 지향하는 리더 스타일의 유형 |
| (9.9) 이상형 | • 구성원들과 조직체의 공동목표, 상호의존관계를 강조하는 유형<br>• 상호 신뢰적이고 가장 이상적인 리더의 유형 |

**정답** 18 ④  19 ②  20 ③

### 2과목 인간공학 및 시스템 안전공학

**21** 고용노동부 고시의 근골격계부담작업의 범위에서 근골격계부담작업에 대한 설명으로 틀린 것은?

① 하루에 10회 이상 25kg 이상의 물체를 드는 작업
② 하루에 총 2시간 이상 쪼그리고 앉거나 무릎을 굽힌 자세에서 이루어지는 작업
③ 하루에 총 2시간 이상 집중적으로 자료입력 등을 위해 키보드 또는 마우스를 조작하는 작업
④ 하루에 총 2시간 이상 지지되지 않은 상태에서 4.5kg 이상의 물건을 한 손으로 들거나 동일한 힘으로 쥐는 작업

**해설**
근골격계부담작업의 범위
1. 하루에 4시간 이상 집중적으로 자료입력 등을 위해 키보드 또는 마우스를 조작하는 작업
2. 하루에 총 2시간 이상 목, 어깨, 팔꿈치, 손목 또는 손을 사용하여 같은 동작을 반복하는 작업
3. 하루에 총 2시간 이상 머리 위에 손이 있거나, 팔꿈치가 어깨 위에 있거나, 팔꿈치를 몸통으로부터 들거나, 팔꿈치를 몸통 뒤쪽에 위치하도록 하는 상태에서 이루어지는 작업
4. 지지되지 않은 상태이거나 임의로 자세를 바꿀 수 없는 조건에서, 하루에 총 2시간 이상 목이나 허리를 구부리거나 트는 상태에서 이루어지는 작업
5. 하루에 총 2시간 이상 쪼그리고 앉거나 무릎을 굽힌 자세에서 이루어지는 작업
6. 하루에 총 2시간 이상 지지되지 않은 상태에서 1kg 이상의 물건을 한 손의 손가락으로 집어 옮기거나, 2kg 이상에 상응하는 힘을 가하여 한 손의 손가락으로 물건을 쥐는 작업
7. 하루에 총 2시간 이상 지지되지 않은 상태에서 4.5kg 이상의 물건을 한 손으로 들거나 동일한 힘으로 쥐는 작업
8. 하루에 10회 이상 25kg 이상의 물체를 드는 작업
9. 하루에 25회 이상 10kg 이상의 물체를 무릎 아래에서 들거나, 어깨 위에서 들거나, 팔을 뻗은 상태에서 드는 작업
10. 하루에 총 2시간 이상, 분당 2회 이상 4.5kg 이상의 물체를 드는 작업
11. 하루에 총 2시간 이상 시간당 10회 이상 손 또는 무릎을 사용하여 반복적으로 충격을 가하는 작업

**22** 양립성(compatibility)에 대한 설명 중 틀린 것은?

① 개념양립성, 운동양립성, 공간양립성 등이 있다.
② 인간의 기대에 맞는 자극과 반응의 관계를 의미한다.
③ 양립성의 효과가 크면 클수록 코딩의 시간이나 반응의 시간은 길어진다.
④ 양립성이란 제어장치와 표시장치의 연관성이 인간의 예상과 어느 정도 일치하는 것을 의미한다.

**해설**
양립성의 효과가 크면 클수록 코딩의 시간이나 반응의 시간은 줄어든다.

**TIP 양립성**
① 자극들 간의, 반응들 간의 자극-반응 조합의 관계가 인간의 기대와 모순되지 않는 것이다.(인간의 기대하는 바와 자극 또는 반응들이 일치하는 관계)
② 양립성의 종류
  ㉠ 공간 양립성
  ㉡ 운동 양립성
  ㉢ 개념 양립성
  ㉣ 양식 양립성

**23** 정보처리과정에서 부적절한 분석이나 의사결정의 오류에 의하여 발생하는 행동은?

① 규칙에 기초한 행동(Rule-based Behavior)
② 기능에 기초한 행동(Skill-based Behavior)
③ 지식에 기초한 행동(Knowledge-based Behavior)
④ 무의식에 기초한 행동(Unconsciousness-based Behavior)

**해설**
원인적 분류
1. 숙련기반 에러(skill based error) : 일상적인 행동과 관련이 있으며, 정신의 상태가 명함으로써 발생하는 실수
2. 규칙기반 에러(rule based error) : 문제 해결 상황에서 나쁜 결과를 예방하거나 최소화하기 위해 설계된 규칙을 적용하는 데 실패한 실수
3. 지식기반 에러(knowledge based error) : 틀린 의사결정을 하거나 불충분한 지식이나 경험으로 인한 잘못된 계획으로 발생한 실수

## 24 욕조곡선의 설명으로 맞는 것은?

① 마모고장 기간의 고장 형태는 감소형이다.
② 디버깅(debugging) 기간은 마모고장에 나타난다.
③ 부식 또는 산화로 인하여 초기고장이 일어난다.
④ 우발고장기간은 고장률이 비교적 낮고 일정한 현상이 나타난다.

**해설**

시스템 수명곡선(욕조곡선)

| | |
|---|---|
| 초기고장 | • 감소형 : 고장률이 시간에 따라 감소<br>• 불량제조, 생산과정에서 품질관리 미비, 설계미숙 등으로 일어나는 고장<br>• 점검작업이나 시운전 등으로 감소시킬 수 있다.<br>• 디버깅(debugging) 기간 : 초기에 기계의 결함을 찾아내 고장률을 안정시키는 기간 |
| 우발고장 | • 일정형 : 고장률이 시간에 관계없이 거의 일정<br>• 낮은 안전계수, 사용자의 과오, 설계 강도 이상의 급격한 스트레스 축적, 최선의 검사방법으로도 탐지되지 않는 결함 때문에 발생하는 고장 |
| 마모고장 | • 증가형 : 고장률이 시간에 따라 증가<br>• 부식 또는 산화, 마모 또는 피로, 불충분한 정비 등으로 발생하는 고장 |

## 25 시력에 대한 설명으로 맞는 것은?

① 배열시력(vernier acuity) – 배경과 구별하여 탐지할 수 있는 최소의 점
② 동적시력(dynamic visual acuity – 비슷한 두 물체가 다른 거리에 있다고 느껴지는 시차각의 최소차로 측정되는 시력
③ 입체시력(stereoscopic acuity) – 거리가 있는 한 물체에 대한 약간 다른 상이 두 눈의 망막에 맺힐 때 이것을 구별하는 능력
④ 최소지각시력(minimum perceptible acuity) – 하나의 수직선이 중간에서 끊겨 아래 부분이 옆으로 옮겨진 경우에 탐지할 수 있는 최소 측변방위

**해설**

시력의 유형

| | |
|---|---|
| 최소가분시력<br>(minimum separable acuity)<br>[최소분간시력] | 가장 보편적으로 사용되는 시력의 척도로 사람의 눈이 식별할 수 있는 과녁(target)[표적]의 최소 특징(모양)이나 과녁(표적) 부분들 간의 최소공간 |
| 최소인식시력<br>(minimum perceptible acuity)<br>[최소지각시력] | 배경으로부터 한 점을 분간하여 탐지할 수 있는 최소의 점 |
| 입체시력<br>(stereoscopic acuity) | 거리가 있는 하나의 물체에 대해 두 눈의 망막에서 수용할 때 상이나 그림의 차이를 분간하는 능력 |
| 배열시력<br>(vernier acuity) | 하나의 수직선이 중간에 끊어져 아래 부분이 옆으로 이동한 경우 탐지할 수 있는 최소 측방변위, 즉 미세한 치우침(offset)를 분간하는 능력 |
| 동시력<br>(dynamic visual acuity) | 표적 물체나 관측자가 움직일 때의 시식별 능력 |

## 26 인간의 귀의 구조에 대한 설명으로 틀린 것은?

① 외이는 귓바퀴와 외이도로 구성된다.
② 고막은 중이와 내이의 경계부위에 위치해 있으며 음파를 진동으로 바꾼다.
③ 중이에는 인두와 교통하여 고실 내압을 조절하는 유스타키오관이 존재한다.
④ 내이는 신체의 평형감각수용기인 반규관과 청각을 담당하는 전정기관 및 와우로 구성되어 있다.

**해설**

귀의 기능

| 구조 | | 기능 |
|---|---|---|
| 외이<br>(바깥귀) | 귓바퀴 | 귀 부분으로 소리를 모아 외이도로 보낸다. |
| | 외이도 | 귓바퀴에서 고막까지의 관으로 음파의 통로역할을 한다. |
| 중이<br>(가운데 귀) | 고막 | 외이와 중이의 경계에 있는 얇은 막으로 소리에 의해 진동한다. |
| | 청소골<br>(귓속뼈) | 고막의 진동을 증폭시켜 달팽이관으로 전달한다.(추골, 침골, 등골) |
| | 유스타키오관 | 인두와 중이를 연결하며 중이의 압력을 외이와 같게 조절한다. |
| 내이<br>(속귀) | 달팽이관 | 림프라는 액체가 들어 있고 청각세포가 분포되어 있어서 소리의 자극을 받아들인다.(청각기관) |
| | 전정 기관 | 몸이 기울어지는 자극을 받아들인다.(위치감각) |
| | 반고리관 | 세 개의 반원형의 관으로 되어 있고 몸의 회전의 자극을 받는다.(회전감각) |

**정답** 24 ④  25 ③  26 ②, ④

**27** FTA를 수행함에 있어 기본사상들의 발생이 서로 독립인가 아닌가의 여부를 파악하기 위해서는 어느 값을 계산해 보는 것이 가장 적합한가?

① 공분산　　② 분산
③ 고장률　　④ 발생확률

**해설**
공분산은 2개의 확률 변수의 상관정도를 나타내는 값을 말하며, FTA 수행 시 기본사상 간의 독립여부는 공분산으로 판단한다.

**28** 산업안전보건법령에 따라 제출된 유해·위험방지계획서의 심사 결과에 따른 구분·판정결과에 해당하지 않는 것은?

① 적정
② 일부 적정
③ 부적정
④ 조건부 적정

**해설**
심사결과의 구분

| 적정 | 근로자의 안전과 보건을 위하여 필요한 조치가 구체적으로 확보되었다고 인정되는 경우 |
|---|---|
| 조건부 적정 | 근로자의 안전과 보건을 확보하기 위하여 일부 개선이 필요하다고 인정되는 경우 |
| 부적정 | 건설물·기계·기구 및 설비 또는 건설공사가 심사기준에 위반되어 공사착공 시 중대한 위험이 발생할 우려가 있거나 해당 계획에 근본적 결함이 있다고 인정되는 경우 |

**29** 일반적으로 기계가 인간보다 우월한 기능에 해당되는 것은?(단, 인공지능은 제외한다.)

① 귀납적으로 추리한다.
② 원칙을 적용하여 다양한 문제를 해결한다.
③ 다양한 경험을 토대로 하여 의사 결정을 한다.
④ 명시된 절차에 따라 신속하고, 정량적인 정보처리를 한다.

**해설**
기계가 인간보다 우수한 기능
1. 인간의 정상적인 감지 범위 밖에 있는 자극(X선, 레이더파, 초음파 등)을 감지한다.
2. 사전에 명시된 사상(event), 특히 드물게 발생하는 사상을 감지한다.
3. 입력신호에 대해 신속하게 일관성 있는 반응을 한다.
4. 암호화된 정보를 신속하게 대량으로 보관할 수 있다.
5. 정해진 프로그램에 따라 정량적인 정보 처리를 한다.
6. 반복적인 작업을 신뢰성 있게 수행할 수 있다.
7. 연역적으로 추리한다.
8. 상당히 큰 물리적인 힘을 규율있게 발휘한다.
9. 여러 개의 프로그램된 행동을 동시에 수행한다.
10. 물리적인 양을 계수하거나 측정한다.
11. 주의가 소란하여도 효율적으로 작동한다.
12. 과부하에서도 효율적으로 작동한다.
13. 구체적인 지시에 의해 암호화된 정보을 신속하고 정확하게 회수한다.

**30** 섬유유연제 생산 공정이 복잡하게 연결되어 있어 작업자의 불안전한 행동을 유발하는 상황이 발생하고 있다. 이것을 해결하기 위한 위험처리 기술에 해당하지 않는 것은?

① Transfer(위험전가)
② Retention(위험보류)
③ Reduction(위험감축)
④ Rearrange(작업순서의 변경 및 재배열)

**해설**
위험처리기술(위험관리기법)

| 위험의 회피 (avoidance) | • 위험 자체를 피하는 행위<br>• 잠재적 이익도 포기하는 극히 소극적인 수단 |
|---|---|
| 위험의 감소 (reduction) | • 위험을 적극적으로 예방하고 경감하는 행위<br>• 잠재적 위험의 노출을 최대한 감소하는 방법 |
| 위험의 전가 (transfer) | • 위험을 제3자에게 전가하거나 공유하는 행위<br>• 보험, 공제조합, 기금 등 |
| 위험의 보유(보류) (retention) | • 무계획적 보유 : 가장 위험한 행위<br>• 계획적 보유 : 회피, 감소, 전가될 수 없는 위험에 적극적으로 대응 |

정답　27 ①　28 ②　29 ④　30 ④

**31** 다음 그림의 결함수에서 최소 패스셋(minimal path sets)과 그 신뢰도 R(t)는?(단, 각각의 부품 신뢰도는 0.9이다.)

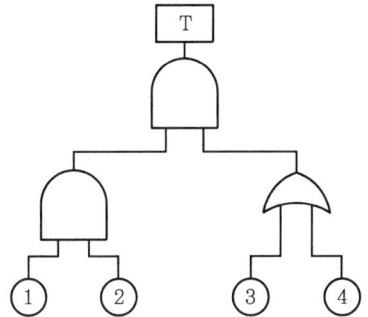

① 최소 패스셋 : {1}, {2}, {3, 4} R(t)=0.9081
② 최소 패스셋 : {1}, {2}, {3, 4} R(t)=0.9981
③ 최소 패스셋 : {1, 2, 3}, {1, 2, 4} R(t)=0.9081
④ 최소 패스셋 : {1, 2, 3}, {1, 2, 4} R(t)=0.9981

**해설**

최소 패스셋(minimal path sets)
1. 쌍대 FT도

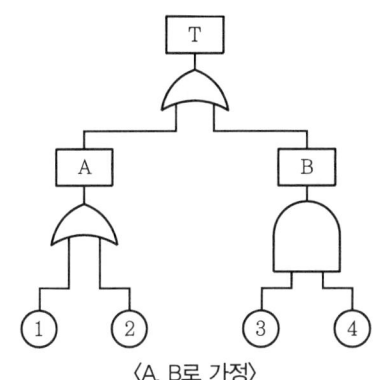

〈A, B로 가정〉

2. 최소 패스셋

$$T \to \begin{matrix}A\\B\end{matrix} \to \begin{matrix}1\\2\\B\end{matrix} \to \begin{matrix}1\\2\\3, 4\end{matrix}$$

3. 신뢰도
A = 1−(1−0.9)(1−0.9) = 0.99
B = 0.9×0.9 = 0.81
R(t) = 1−(1−A)(1−B) = 1−(1−0.99)(1−0.81)
     = 0.9981

**TIP** 미니멀 패스셋을 구하기 위해서는 미니멀 컷셋과 미니멀 패스셋의 쌍대성을 이용하여 구하는 것이 좋다. 즉 FT의 논리곱을 논리합, 논리합을 논리곱으로 치환해서 모든 사상이 일어나지 않는 경우로 생각한 FT이다.

**32** 3개 공정의 소음수준 측정 결과 1공정은 100dB에서 1시간, 2공정은 95dB에서 1시간, 3공정은 90dB에서 1시간이 소요될 때 총 소음량(TND)과 소음설계의 적합성을 맞게 나열한 것은?(단, 90dB에 8시간 노출될 때를 허용기준으로 하며, 5dB 증가할 때 허용시간은 1/2로 감소되는 법칙을 적용한다.)

① TND=0.785, 적합
② TND=0.875, 적합
③ TND=0.985, 적합
④ TND=1.085, 부적합

**해설**

소음 노출분량과 소음 노출 허용수준
1. 소음 노출분량(noise dose)

$$\text{부분 노출분량} = \frac{\text{실제 노출 시간}}{\text{최대 허용 시간}}$$

※ 허용 노출 수준 : 1의 소음 투여량(총 소음 투여량은 부분 노출분량의 합과 같다.)

2. 소음 노출 허용수준

| 음압 수준 | 90dB | 95dB | 100dB | 105dB | 110dB |
|---|---|---|---|---|---|
| 허용 시간 | 8 | 4 | 2 | 1 | 0.5 |

3. 계산
  ㉠ 소음 노출 수준 = $\left(\frac{1}{2}+\frac{1}{4}+\frac{1}{8}\right)$ = 0.875 ≒ 0.88
  ㉡ 소음 노출 기준 초과 여부 : 1 미만이므로 적합

**33** 인간공학에 있어 기본적인 가정에 관한 설명으로 틀린 것은?

① 인간 기능의 효율은 인간−기계 시스템의 효율과 연계된다.
② 인간에게 적절한 동기부여가 된다면 좀 더 나은 성과를 얻게 된다.
③ 개인이 시스템에서 효과적으로 기능을 하지 못하여도 시스템의 수행도는 변함없다.
④ 장비, 물건, 환경 특성이 인간의 수행도와 인간−기계 시스템의 성과에 영향을 준다.

**해설**

인간공학의 정의
1. 인간의 특성과 한계 능력을 공학적으로 분석, 평가하여 이를 복잡한 체계의 설계에 응용함으로써 효율을 최대로 활용할 수 있도록 하는 학문분야이다.
2. 인간의 생리적, 심리적 요소를 연구하여 기계나 설비를 인간의 특성에 맞추어 설계하고자 하는 것이다.

정답 31 ② 32 ② 33 ③

3. 사람과 작업 간의 적합성에 관한 과학을 말한다.
4. 인간공학의 초점은 인간이 만들어 생활의 여러 가지 면에서 사용하는 물건, 기구 또는 환경을 설계하는 과정에서 인간을 고려하는 데 있다.

> **TIP** 개인이 시스템에서 효과적으로 기능을 하지 못하면 시스템은 개인의 기능에 맞게 수행이 변하여야 한다.

## 34 안전성 평가의 기본원칙 6단계에 해당되지 않는 것은?

① 안전대책
② 정성적 평가
③ 작업환경 평가
④ 관계 자료의 정비검토

**해설**
안전성 평가의 기본원칙
안전성 평가는 6단계에 의해 실시되며, 경우에 따라 5단계와 6단계가 동시에 이루어지는 경우도 있다.
1. 제1단계 : 관계자료의 정비검토
2. 제2단계 : 정성적 평가
3. 제3단계 : 정량적 평가
4. 제4단계 : 안전대책
5. 제5단계 : 재해정보에 의한 재평가
6. 제6단계 : FTA에 의한 재평가

## 35 다음 내용의 ( ) 안에 들어갈 내용을 순서대로 정리한 것은?

> 근섬유의 수축단위는 ( A )(이)라 하는데, 이것은 두 가지 기본형의 단백질 필라멘트로 구성되어 있으며, ( B )이 (가) ( C ) 사이로 미끄러져 들어가는 현상으로 근육의 수축을 설명하기도 한다.

① A : 근막, B : 마이오신, C : 액틴
② A : 근막, B : 액틴, C : 마이오신
③ A : 근원섬유, B : 근막, C : 근섬유
④ A : 근원섬유, B : 액틴, C : 마이오신

**해설**
근원섬유는 전체 근섬유의 90% 정도를 차지하는 원통형 구조로 액틴(actin)과 마이오신(myosin)의 작용에 의해 근육의 수축 및 이완작용을 한다.

## 36 소음 발생에 있어 음원에 대한 대책으로 볼 수 없는 것은?

① 설비의 격리
② 적절한 재배치
③ 저소음 설비 사용
④ 귀마개 및 귀덮개 사용

**해설**
소음방지대책
1. 소음원의 제거 : 가장 적극적인 대책
2. 소음원의 통제 : 기계의 적절한 설계, 정비 및 주유, 고무받침대 부착, 소음기 사용(차량) 등
3. 소음의 격리 : 씌우개(enclosure), 장벽을 사용(창문을 달으면 약 10dB이 감음됨)
4. 적절한 배치(layout)
5. 음향 처리제 사용
6. 차폐 장치(baffle) 및 흡음재 사용
7. 방음 보호 용구 착용

> **TIP** 작업자의 보호구 착용은 음원에 대한 대책이 아니라 근로자에 대한 대책에 해당된다.

## 37 인간공학적 의자 설계의 원리로 가장 적합하지 않은 것은?

① 자세고정을 줄인다.
② 요부측만을 촉진한다.
③ 디스크 압력을 줄인다.
④ 등근육의 정적 부하를 줄인다.

**해설**
의자 설계 시 고려하여야 할 원리
1. 등받이의 굴곡은 요추 부위의 전만곡선을 유지한다.
2. 조정이 용이해야 한다.
3. 자세고정을 줄인다.
4. 디스크(추간판)가 받는 압력을 줄인다.
5. 정적인 부하를 줄인다.
6. 의자의 높이는 오금의 높이보다 같거나 낮아야 한다.

## 38 FTA에서 사용되는 논리게이트 중 입력과 반대되는 현상으로 출력되는 것은?

① 부정 게이트          ② 억제 게이트
③ 배타적 OR 게이트    ④ 우선적 AND 게이트

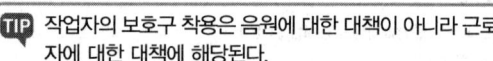

정답  34 ③  35 ④  36 ④  37 ②  38 ①

**해설**

게이트

| 명칭 | 기호 | 의의 |
|---|---|---|
| 부정 게이트 | A | 입력현상의 반대현상이 출력된다. |
| 억제 게이트 | 출력/조건/입력 | 입력사상 중 어느 것이나 이 게이트로 나타내는 조건이 만족하는 경우에만 출력사상이 발생한다.(조건부확률) |
| 배타적 OR 게이트 | 동시발생이 없음 | OR 게이트이지만 2개 또는 그 이상의 입력이 동시에 존재하는 경우에는 출력이 생기지 않는다. |
| 우선적 AND 게이트 | ai, aj, ak 순으로 | 입력사상 중 어떤 사상이 다른 사상보다 먼저 일어난 때에 출력사상이 생긴다. 즉, 출력이 발생하기 위해서는 입력들이 정해진 순서로 발생해야 한다. |

**39** 다음 그림에서 시스템 위험분석 기법 중 PHA (예비위험분석)가 실행되는 사이클의 영역으로 맞는 것은?

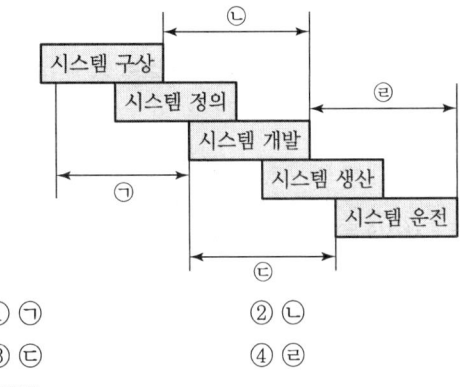

① ㉠  ② ㉡
③ ㉢  ④ ㉣

**해설**

예비위험분석(Preliminary Hazards Analysis ; PHA)
1. 시스템안전 위험분석(SSHA)을 수행하기 위한 예비적인 최초의 작업으로 위험요소가 얼마나 위험한지를 정성적으로 평가하는 것이다.
2. PHA는 구상단계나 설계 및 발주의 극히 초기에 실시된다.

**40** 인간과 기계의 신뢰도가 인간 0.40, 기계 0.95인 경우, 병렬작업 시 전체 신뢰도는?

① 0.89  ② 0.92
③ 0.95  ④ 0.97

**해설**

신뢰도
R = 1 − (1 − 0.40)(1 − 0.95) = 0.97

**TIP** 인간 − 기계(man − machine) 체계의 신뢰도(병렬 연결)
① $r_1$ : 인간의 신뢰도, $r_2$ : 기계의 신뢰도
② R = $r_1 + r_2(1 − r_1)$ = 0.40 + 0.95(1 − 0.40) = 0.97

## 3과목 기계위험 방지기술

**41** 어떤 양중기에서 3,000kg의 질량을 가진 물체를 한쪽이 45°인 각도로 그림과 같이 2개의 와이어로프로 직접 들어올릴 때, 안전율이 고려된 가장 적절한 와이어로프 지름을 표에서 구하면?(단, 안전율은 산업안전보건법령을 따르고, 두 와이어로프의 지름은 동일하며, 기준을 만족하는 가장 작은 지름을 선정한다.)

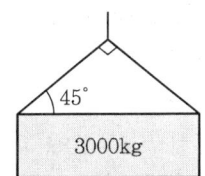

〈와이어로프 지름 및 절단강도〉

| 와이어로프 지름[mm] | 절단강도[kN] |
|---|---|
| 10 | 56kN |
| 12 | 88kN |
| 14 | 110kN |
| 16 | 144kN |

① 10mm  ② 12mm
③ 14mm  ④ 16mm

**해설**

와이어로프에 걸리는 하중계산
1. 슬링와이어로프의 한 가닥에 걸리는 하중

$$하중 = \frac{화물의 무게(W_1)}{2} \div \cos\frac{\theta}{2}$$

**정답** 39 ① 40 ④ 41 ③

하중 = $\frac{3,000}{2} \div \cos\frac{90°}{2} = 1,500 \div \cos 45°$
       $= 2,121.32(\text{kg}) = 2.12(\text{ton})$

2. 안전계수
   ㉠ 안전율(안전계수) = $\frac{\text{파단하중}}{\text{안전하중}}$
   ㉡ 파단하중 = 안전율 × 안전하중 = 5 × 2.12 = 10.6(ton)
                = 10.6 × 9.8 = 103.88kN

3. 파단하중이 103.88(kN)로 근삿값을 표에서 구하면 110(kN)이 된다.
4. ∴ 와이어로프 지름은 14(mm)이다.

> **TIP** ① 안전계수
> 화물의 하중을 직접 지지하는 달기와이어로프 또는 달기체인의 경우: 5 이상
> ② 1ton = 9.8kN

## 42 다음 중 금형 설치·해체작업의 일반적인 안전사항으로 틀린 것은?

① 금형을 설치하는 프레스의 T홈 안길이는 설치 볼트 직경 이하로 한다.
② 금형의 설치용구는 프레스의 구조에 적합한 형태로 한다.
③ 고정볼트는 고정 후 가능하면 나사산이 3~4개 정도 짧게 남겨 슬라이드 면과의 사이에 협착이 발생하지 않도록 해야 한다.
④ 금형 고정용 브래킷(물림판)을 고정시킬 때 고정용 브래킷을 수평이 되게 하고 고정볼트는 수직이 되게 고정하여야 한다.

**해설**
금형 설치·해체작업의 안전사항
금형을 설치하는 프레스의 T홈 안길이는 설치 볼트 직경의 2배 이상으로 한다.

## 43 휴대용 동력드릴의 사용 시 주의해야 할 사항에 대한 설명으로 옳지 않은 것은?

① 드릴 작업 시 과도한 진동을 일으키면 즉시 작동을 중단한다.
② 드릴이나 리머를 고정하거나 제거할 때는 금속성 망치 등을 사용한다.
③ 절삭하기 위하여 구멍에 드릴날을 넣거나 뺄 때는 팔을 드릴과 직선이 되도록 한다.
④ 작업 중에는 드릴을 구멍에 맞추거나 하기 위해서 드릴날을 손으로 잡아서는 안된다.

**해설**
휴대용 동력드릴 작업의 안전
드릴이나 리머를 고정시키거나 제거하고자 할 때 금속성 물질로 두드리면 변형 및 파손될 우려가 있으므로 고무망치 등을 사용하거나 나무블록 등을 사이에 두고 두드린다.

## 44 방호장치를 분류할 때는 크게 위험장소에 대한 방호장치와 위험원에 대한 방호장치로 구분할 수 있는데, 다음 중 위험장소에 대한 방호장치가 아닌 것은?

① 격리형 방호장치
② 접근거부형 방호장치
③ 접근반응형 방호장치
④ 포집형 방호장치

**해설**
방호장치의 분류

| 위험장소 | 격리형 방호장치, 위치제한형 방호장치, 접근 반응형 방호장치, 접근 거부형 방호장치 |
|---|---|
| 위험원 | 포집형 방호장치, 감지형 방호장치 |

## 45 다음 (   ) 안의 A와 B의 내용을 옳게 나타낸 것은?

> 아세틸렌 용접장치의 관리상 발생기에서 ( A )미터 이내 또는 발생기실에서 ( B )미터 이내의 장소에서는 흡연, 화기의 사용 또는 불꽃이 발생할 위험한 행위을 금지해야 한다.

① A : 7, B : 5
② A : 3, B : 1
③ A : 5, B : 5
④ A : 5, B : 3

**해설**
아세틸렌 용접장치의 관리
발생기에서 5미터 이내 또는 발생기실에서 3미터 이내의 장소에서는 흡연, 화기의 사용 또는 불꽃이 발생할 위험한 행위를 금지시킬 것

**정답** 42 ① 43 ② 44 ④ 45 ④

**46** 크레인의 로프에 질량 100kg인 물체를 5m/s² 의 가속도로 감아올릴 때, 로프에 걸리는 하중은 약 몇 N인가?

① 500N  ② 1,480N
③ 2,540N  ④ 4,900N

**해설**

와이어로프에 걸리는 하중계산

| 와이어로프에 걸리는 총 하중 | 총 하중($W$) = 정하중($W_1$) + 동하중($W_2$) <br> 동하중($W_2$) = $\dfrac{W_1}{g} \times a$ <br> [$g$ : 중력가속도(9.8m/s²), $a$ : 가속도(m/s²)] |
|---|---|
| 와이어로프에 작용하는 장력 | 장력[N] = 총 하중[kg] × 중력가속도[m/s²] |

1. 동하중($W_2$) = $\dfrac{W_1}{g} \times a$
   = $\dfrac{100}{9.8} \times 5$ = 51.02(kgf)
2. 총하중($W$) = 정하중($W_1$) + 동하중($W_2$)(kgf)
   = 100 + 51 = 151.02(kgf)
3. 장력[N] = 총하중[kg] × 중력가속도[m/s²]
   = 151.02(kgf) × 9.8
   = 1,479.996(N) ≒ 1,480(N)

**47** 침투탐상검사에서 일반적인 작업 순서로 옳은 것은?

① 전처리 → 침투처리 → 세척처리 → 현상처리 → 관찰 → 후처리
② 전처리 → 세척처리 → 침투처리 → 현상처리 → 관찰 → 후처리
③ 전처리 → 현상처리 → 침투처리 → 세척처리 → 관찰 → 후처리
④ 전처리 → 침투처리 → 현상처리 → 세척처리 → 관찰 → 후처리

**해설**

침투탐상검사의 순서
전처리 → 침투처리 → 세척처리 → 현상처리 → 관찰 → 후처리

**48** 연삭기 덮개의 개구부 각도가 그림과 같이 150° 이하여야 하는 연삭기의 종류로 옳은 것은?

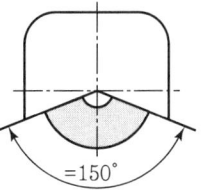

① 센터리스 연삭기  ② 탁상용 연삭기
③ 내면 연삭기  ④ 평면 연삭기

**해설**

연삭기 덮개의 각도
1. 일반연삭작업 등에 사용하는 것을 목적으로 하는 탁상용 연삭기 덮개의 노출각도는 125° 이내로 한다.
2. 연삭숫돌의 상부를 사용하는 것을 목적으로 하는 탁상용 연삭기 덮개의 노출각도는 60° 이내로 한다.
3. 1. 및 2. 이외의 탁상용 연삭기, 그 밖에 이와 유사한 연삭기 덮개의 노출각도는 80° 이내로 하되, 숫돌의 주축에서 수평면 위로 이루는 원주 각도는 65° 이상이 되지 않도록 한다.
4. 원통연삭기, 센터리스연삭기, 공구연삭기, 만능연삭기, 그 밖에 이와 비슷한 연삭기 덮개의 노출각도는 180° 이내로 한다.
5. 휴대용 연삭기, 스윙연삭기, 스라브연삭기, 그 밖에 이와 비슷한 연삭기 덮개의 노출각도는 180° 이내로 한다.
6. 평면연삭기, 절단연삭기, 그 밖에 이와 비슷한 연삭기 덮개의 노출각도는 150° 이내로 하되, 숫돌의 주축에서 수평면 밑으로 이루는 덮개의 각도는 15° 이상이 되도록 한다.

**49** 다음 중 선반에서 사용하는 바이트와 관련된 방호장치는?

① 심압대  ② 터릿
③ 칩 브레이커  ④ 주축대

**해설**

선반의 방호장치(안전장치)

| 칩 브레이커 (chip breaker) | 절삭 중 칩을 자동적으로 끊어 주는 바이트에 설치된 안전장치 |
|---|---|
| 급정지 브레이크 | 가공작업 중 선반을 급정지시킬 수 있는 방호장치 |
| 실드(shield) | 가공물의 칩이 비산되어 발생하는 위험을 방지하기 위해 사용하는 덮개(칩비산방지 투명판) |
| 척 커버 (chuck cover) | 척과 척으로 잡은 가공물의 돌출부에 작업자가 접촉하지 않도록 설치하는 덮개 |

**정답** 46 ② 47 ① 48 ④ 49 ③

**50** 프레스기를 사용하여 작업을 할 때 작업시작 전 점검사항으로 틀린 것은?

① 클러치 및 브레이크의 기능
② 압력방출장치의 기능
③ 크랭크축·플라이휠·슬라이드·연결봉 및 연결 나사의 풀림 유무
④ 금형 및 고정 볼트의 상태

**해설**

프레스 등의 작업시작 전 점검사항
1. 클러치 및 브레이크의 기능
2. 크랭크축·플라이휠·슬라이드·연결봉 및 연결 나사의 풀림 여부
3. 1행정 1정지기구·급정지장치 및 비상정지장치의 기능
4. 슬라이드 또는 칼날에 의한 위험방지 기구의 기능
5. 프레스의 금형 및 고정볼트 상태
6. 방호장치의 기능
7. 전단기의 칼날 및 테이블의 상태

**51** 다음 중 기계 설비에서 재료 내부의 균열 결함을 확인할 수 있는 가장 적절한 검사방법은?

① 육안검사
② 초음파탐상검사
③ 피로검사
④ 액체침투탐상검사

**해설**

초음파검사(Ultrasonic Test ; UT)
1. 용접 부위에 초음파 투입과 동시에 브라운관 화면에 나타난 형상으로 내부결함을 검출
2. 넓은 면을 판단하여 검사속도가 빠르고 경제적이다.
3. 적용범위 : 결함의 종류, 위치, 범위 등을 검출, 현장에서 주로 사용
4. 투과력이 탁월하고 미세한 결함에 대해 감도가 높다.

**52** 다음은 프레스 제작 및 안전기준에 따라 높이 2m 이상인 작업용 발판의 설치 기준을 설명한 것이다. ( ) 안에 알맞은 말은?

[안전난간 설치기준]
• 상부 난간대는 바닥면으로부터 ( 가 ) 이상 120cm 이하에 설치하고, 중간 난간대는 상부 난간대와 바닥면 등의 중간에 설치할 것
• 발끝막이판은 바닥면 등으로부터 ( 나 ) 이상의 높이를 유지할 것

① 가. 90cm, 나. 10cm
② 가. 60cm, 나. 10cm
③ 가. 90cm, 나. 20cm
④ 가. 60cm, 나. 20cm

**해설**

안전난간의 구조 및 설치요건
1. 상부 난간대, 중간 난간대, 발끝막이판 및 난간기둥으로 구성할 것. 다만, 중간 난간대, 발끝막이판 및 난간기둥은 이와 비슷한 구조와 성능을 가진 것으로 대체할 수 있다.
2. 상부 난간대는 바닥면·발판 또는 경사로의 표면(바닥면 등)으로부터 90센티미터 이상 지점에 설치하고, 상부 난간대를 120센티미터 이하에 설치하는 경우에는 중간 난간대는 상부 난간대와 바닥면 등의 중간에 설치해야 하며, 120센티미터 이상 지점에 설치하는 경우에는 중간 난간대를 2단 이상으로 균등하게 설치하고 난간의 상하 간격은 60센티미터 이하가 되도록 할 것. 다만, 난간기둥 간의 간격이 25센티미터 이하인 경우에는 중간 난간대를 설치하지 않을 수 있다.
3. 발끝막이판은 바닥면 등으로부터 10센티미터 이상의 높이를 유지할 것. 다만, 물체가 떨어지거나 날아올 위험이 없거나 그 위험을 방지할 수 있는 망을 설치하는 등 필요한 예방 조치를 한 장소는 제외한다.
4. 난간기둥은 상부 난간대와 중간 난간대를 견고하게 떠받칠 수 있도록 적정한 간격을 유지할 것
5. 상부 난간대와 중간 난간대는 난간 길이 전체에 걸쳐 바닥면 등과 평행을 유지할 것
6. 난간대는 지름 2.7센티미터 이상의 금속제 파이프나 그 이상의 강도가 있는 재료일 것
7. 안전난간은 구조적으로 가장 취약한 지점에서 가장 취약한 방향으로 작용하는 100킬로그램 이상의 하중에 견딜 수 있는 튼튼한 구조일 것

**53** 다음 중 산업안전보건법령상 보일러 및 압력용기에 관한 사항으로 틀린 것은?

① 공정안전보고서 제출 대상으로서 이행상태 평가결과가 우수한 사업장의 경우 보일러의 압력방출장치에 대하여 8년에 1회 이상으로 설정압력에서 압력방출장치가 적정하게 작동하는지를 검사할 수 있다.
② 보일러의 안전한 가동을 위하여 보일러 규격에 맞는 압력방출장치를 1개 이상 설치하고 최고 사용압력 이하에서 작동되도록 하여야 한다.
③ 보일러의 과열을 방지하기 위하여 최고사용압력과 상용 압력 사이에서 보일러의 버너 연소를 차단할 수 있도록 압력제한스위치를 부착하여 사용하여야 한다.

정답 50 ② 51 ② 52 ① 53 ①

④ 압력용기에서는 이를 식별할 수 있도록 하기 위하여 그 압력 용기의 최고사용압력, 제조연월일, 제조회사명이 지워지지 않도록 각인(刻印) 표시된 것을 사용하여야 한다.

**해설**

보일러의 압력방출장치
1. 보일러의 안전한 가동을 위하여 보일러 규격에 맞는 압력방출장치를 1개 또는 2개 이상 설치하고 최고사용압력(설계압력 또는 최고허용압력) 이하에서 작동되도록 하여야 한다.
2. 압력방출장치가 2개 이상 설치된 경우에는 최고사용압력 이하에서 1개가 작동되고, 다른 압력방출장치는 최고사용압력 1.05배 이하에서 작동되도록 부착하여야 한다.
3. 압력방출장치는 매년 1회 이상 교정을 받은 압력계를 이용하여 설정압력에서 압력방출장치가 적정하게 작동하는지를 검사한 후 납으로 봉인하여 사용하여야 한다.(공정안전보고서 이행상태 평가결과가 우수한 사업장은 압력방출장치에 대하여 4년마다 1회 이상 설정압력에서 압력방출장치가 적정하게 작동하는지를 검사할 수 있다.)
4. 스프링식, 중추식, 지렛대식(일반적으로 스프링식 안전밸브가 많이 사용)

## 54 목재가공용 둥근톱 기계에서 가동식 접촉예방장치에 대한 요건으로 옳지 않은 것은?

① 덮개의 하단이 송급되는 가공재의 상면에 항상 접하는 방식의 것이고 절단작업을 하고 있지 않을 때에는 톱날에 접촉되는 것을 방지할 수 있어야 한다.
② 절단작업 중 가공재의 절단에 필요한 날 이외의 부분을 항상 자동적으로 덮을 수 있는 구조여야 한다
③ 지지부는 덮개의 위치를 조정할 수 있고 체결볼트에는 이완방지조치를 해야 한다.
④ 톱날이 보이지 않게 완전히 가려진 구조이어야 한다.

**해설**

가동식 접촉예방장치의 구조
1. 덮개의 하단이 송급되는 가공재의 상면에 항상 접하는 방식의 것이고 가공재의 절단을 하고 있지 않을 때는 어떠한 경우라도 근로자의 손이 톱날에 접촉하는 것을 방지하도록 한 장치이어야 한다.
2. 가공재의 절단에 필요한 날 부분 이외의 날을 항상 자동적으로 덮을 수 있는 구조이어야 한다.
3. 작업에 현저한 지장을 초래하지 않도록 톱날을 볼 수 있는 구조이어야 한다.
4. 지지부는 덮개의 위치를 조정할 수 있는 구조이어야 하며, 또한 덮개를 지지하기 위한 충분한 강도를 보유해야 한다.
5. 지지부는 덮개의 위치를 조정하기 위한 볼트는 이완방지장치가 되어 있어야 한다.

## 55 다음 중 기계설비에서 반대로 회전하는 두 개의 회전체가 맞닿는 사이에 발생하는 위험점을 무엇이라 하는가?

① 물림점(nip point)
② 협착점(squeeze point)
③ 접선물림점(tangential point)
④ 회전말림점(trapping point)

**해설**

기계운동 형태에 따른 위험점 분류

| | | |
|---|---|---|
| 협착점 | 왕복운동을 하는 운동부와 움직임이 없는 고정부 사이에서 형성되는 위험점 (고정점+운동점) | • 프레스  • 전단기<br>• 성형기  • 조형기<br>• 밴딩기  • 인쇄기 |
| 끼임점 | 회전운동하는 부분과 고정부 사이에 위험이 형성되는 위험점 (고정점+회전운동) | • 연삭숫돌과 작업대<br>• 반복동작되는 링크기구<br>• 교반기의 날개와 몸체 사이<br>• 회전풀리와 벨트 |
| 절단점 | 회전하는 운동부 자체의 위험이나 운동하는 기계부분 자체의 위험에서 형성되는 위험점 (회전운동+기계) | • 밀링커터<br>• 둥근 톱의 톱날<br>• 목공용 띠톱 날 |
| 물림점 | 회전하는 두 개의 회전체에 형성되는 위험점(서로 반대방향의 회전체) (중심점+반대방향의 회전운동) | • 기어와 기어의 물림<br>• 롤러와 롤러의 물림<br>• 롤러분쇄기 |
| 접선 물림점 | 회전하는 부분의 접선방향으로 물려들어갈 위험이 있는 위험점 | • V벨트와 풀리<br>• 랙과 피니언<br>• 체인벨트<br>• 평벨트 |
| 회전 말림점 | 회전하는 물체의 길이, 굵기, 속도 등의 불규칙 부위와 돌기 회전부위에 의해 장갑 또는 작업복 등이 말려들 위험이 있는 위험점 | • 회전하는 축<br>• 커플링<br>• 회전하는 드릴 |

**정답** 54 ④ 55 ①

**56** 롤러의 가드 설치방법 중 안전한 작업공간에서 사고를 일으키는 공간함정(trap)을 막기 위해 확보해야 할 신체 부위별 최소 틈새가 바르게 짝지어진 것은?

① 다리 : 240mm
② 발 : 180mm
③ 손목 : 150mm
④ 손가락 : 25mm

**해설**

가드에 필요한 공간(공간 함정(trap))을 막기 위한 신체부위와 최소틈새)

| 신체부위 | 최소틈새 |
|---|---|
| 몸 | 500mm |
| 다리 | 180mm |
| 발과 팔 | 120mm |
| 손목 | 100mm |
| 손가락 | 25mm |

**57** 지게차가 부하상태에서 수평거리가 12m이고, 수직높이가 1.5m인 오르막길을 주행할 때 이 지게차의 전후 안정도와 지게차 안정도 기준의 만족여부로 옳은 것은?

① 지게차 전후 안정도는 12.5%이고 안정도 기준을 만족하지 못한다.
② 지게차 전후 안정도는 12.5%이고 안정도 기준을 만족한다.
③ 지게차 전후 안정도는 25%이고 안정도 기준을 만족하지 못한다.
④ 지게차 전후 안정도는 25%이고 안정도 기준을 만족한다.

**해설**

지게차의 안정도

$$안정도 = \frac{h}{l} \times 100\%$$

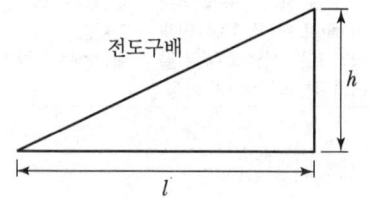

1. 안정도 $= \frac{h}{l} \times 100\% = \frac{1.5}{12} \times 100 = 12.5[\%]$
2. 안정도가 12.5%로 주행 시의 전후 안정도 기준인 18% 이내이므로 안정도 기준을 만족한다.

> **TIP** 지게차의 안정도 기준
> ① 하역작업 시의 전후 안정도 4% 이내(5톤 이상 : 3.5% 이내)(최대하중상태에서 포크를 가장 높이 올린 경우)
> ② 주행 시의 전후 안정도 18% 이내
> ③ 하역작업 시의 좌우 안정도 6% 이내(최대하중상태에서 포크를 가장 높이 올리고 마스트를 가장 뒤로 기울인 경우)
> ④ 주행 시의 좌우 안정도 (15+1.1V)% 이내(V : 최고속도(km/h))

**58** 사출성형기에서 동력 작동식 금형고정장치의 안전사항에 대한 설명으로 옳지 않은 것은?

① 금형 또는 부품의 낙하를 방지하기 위해 기계적 억제장치를 추가하거나 자체 고정장치(self retain clamping unit) 등을 설치해야 한다.
② 자석식 금형 고정장치는 상·하(좌·우)금형의 정확한 위치가 자동적으로 모니터(monitor)되어야 한다.
③ 상·하(좌·우)의 두 금형 중 어느 하나가 위치를 이탈하는 경우 플레이트를 작동시켜야 한다.
④ 전자석 금형 고정장치를 사용하는 경우에는 전자기파에 의한 영향을 받지 않도록 전자파 내성대책을 고려해야 한다.

**해설**

사출성형기의 동력 작동식 금형고정장치 안전기준
1. 금형 또는 부품의 낙하를 방지하기 위해 기계적 억제장치를 추가하거나 자체 고정장치(self retain clamping unit) 등을 설치해야 한다.
2. 자석식 금형 고정장치는 상·하(좌·우)금형의 정확한 위치가 자동적으로 모니터(monitor)되어야 하며, 두 금형 중 어느 하나가 위치를 이탈하는 경우 플레이트를 더 이상 움직이지 않아야 한다.
3. 전자석 금형 고정장치를 사용하는 경우에는 전자기파에 의한 영향을 받지 않도록 전자파 내성대책을 고려해야 한다.

**정답** 56 ④ 57 ② 58 ③

**59** 인장강도가 250N/mm²인 강판의 안전율이 4라면 이 강판의 허용응력(N/mm²)은 얼마인가?

① 42.5  ② 62.5
③ 82.5  ④ 102.5

**해설**

안전율(안전계수)

$$안전율(안전계수) = \frac{인장강도}{허용응력}$$

$$허용응력 = \frac{인장강도}{안전율} = \frac{250}{4} = 62.5[N/mm^2]$$

**60** 다음 설명 중 ( ) 안에 알맞은 내용은?

롤러기의 급정지장치는 롤러를 무부하로 회전시킨 상태에서 앞면 롤러의 표면속도가 30m/min 미만일 때에는 급정지거리가 앞면 롤러 원주의 ( ) 이내에서 롤러를 정지시킬 수 있는 성능을 보유해야 한다.

① $\frac{1}{2}$  ② $\frac{1}{4}$
③ $\frac{1}{3}$  ④ $\frac{1}{2.5}$

**해설**

무부하 동작에서 급정지거리

| 앞면 롤러의 표면속도(m/min) | 급정지거리 |
|---|---|
| 30 미만 | 앞면 롤러 원주의 1/3 |
| 30 이상 | 앞면 롤러 원주의 1/2.5 |

### 4과목 전기위험 방지기술

**61** 심장의 맥동주기 중 어느 때에 전격이 인가되면 심실세동을 일으킬 확률이 크고, 위험한가?

① 심방의 수축이 있을 때
② 심실의 수축이 있을 때
③ 심실의 수축 종료 후 심실의 휴식이 있을 때
④ 심실의 수축이 있고 심방의 휴식이 있을 때

**해설**

심장의 맥동주기
1. P파 : 심방수축에 따른 파형이다.
2. Q-R-S파 : 심실수축에 따른 파형이다.
3. T파 : 심실의 수축 종료 후 심실의 휴식 시 발생하는 파형이다.
4. R-R : 심장의 맥동주기

※ 전격이 인가되면 심실세동을 일으키는 확률이 가장 크고 위험한 부분은 심실의 휴식 시 발생하는 T파 부분이다.

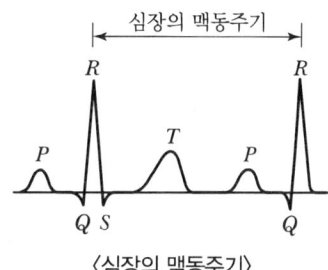

〈심장의 맥동주기〉

**62** 교류 아크 용접기의 전격방지장치에서 시동감도를 바르게 정의한 것은?

① 용접봉을 모재에 접촉시켜 아크를 발생시킬 때 전격방지 장치가 동작할 수 있는 용접기의 2차측 최대저항을 말한다.
② 안전전압(24V 이하)이 2차측 전압(85~95V)으로 얼마나 빨리 전환되는가 하는 것을 말한다.
③ 용접봉을 모재로부터 분리시킨 후 주접점이 개로되어 용접기의 2차측 전압이 무부하전압(25V 이하)으로 될 때까지의 시간을 말한다.
④ 용접봉에서 아크를 발생시키고 있을 때 누설전류가 발생하면 전격방지 장치를 작동시켜야 할지 운전을 계속해야 할지를 결정해야 하는 민감도를 말한다.

**해설**

시동감도
1. 용접봉을 모재에 접촉시켜 아크를 발생시킬 때 전격방지 장치가 작동할 수 있는 용접기의 2차측 최대저항, 즉 용접봉과 모재 사이의 접촉저항을 말한다.
2. 시동감도가 클수록 아크발생이 쉽고 검정규격상 500Ω 이 상한치이다.

### 63 다음 ( ) 안에 들어갈 내용으로 옳은 것은?

A. 감전 시 인체에 흐르는 전류는 인가전압에 ( ㉠ )하고 인체저항에 ( ㉡ )한다.
B. 인체는 전류의 열작용이 ( ㉢ )×( ㉣ )이 어느 정도 이상이 되면 발생한다.

① ㉠ 비례 ㉡ 반비례 ㉢ 전류의 세기 ㉣ 시간
② ㉠ 반비례 ㉡ 비례 ㉢ 전류의 세기 ㉣ 시간
③ ㉠ 비례 ㉡ 반비례 ㉢ 전압 ㉣ 시간
④ ㉠ 반비례 ㉡ 비례 ㉢ 전압 ㉣ 시간

**해설**
옴의 법칙 및 전류의 열작용
1. 옴의 법칙 : 임의의 도체에 흐르는 전류($I$)의 크기는 전압($V$)에 비례하고($R$이 일정한 경우), 저항($R$)에 반비례($V$가 일정한 경우)한다.

$$V = IR[\text{V}], \quad I = \frac{V}{R}[\text{A}], \quad R = \frac{V}{I}[\Omega]$$

여기서, $V$ : 전압[V], $I$ : 전류[A], $R$ : 저항[Ω]

2. 전류의 열작용 : 인체에 전류가 흘러서 (전류의 세기)×(시간)이 어느 정도 이상이 되면 전류의 열작용에 의해 전기의 입구와 출구에 화상이 생기고 체내에서는 세포를 파괴하거나 혈구를 변질시키거나 한다.

### 64 폭발 위험장소 분류 시 분진폭발위험장소의 종류에 해당하지 않는 것은?

① 20종 장소
② 21종 장소
③ 22종 장소
④ 23종 장소

**해설**
위험장소의 분류

| 가스폭발 위험장소 | • 0종 | • 1종 | • 2종 |
|---|---|---|---|
| 분진폭발 위험장소 | • 20종 | • 21종 | • 22종 |

### 65 분진폭발 방지대책으로 가장 거리가 먼 것은?

① 작업장 등은 분진이 퇴적하지 않는 형상으로 한다.
② 분진 취급 장치에는 유효한 집진 장치를 설치한다.
③ 분체 프로세스 장치는 밀폐화하고 누설이 없도록 한다.
④ 분진 폭발의 우려가 있는 작업장에는 감독자를 상주시킨다.

**해설**
분진폭발 방지대책

| 분진생성 방지 | • 분진발생설비는 밀폐구조로 하여 가능한 분진이 외부로 비산되지 않도록 하여야 한다.<br>• 비산된 분진이 분진층을 형성하지 못하도록 주기적으로 청소를 한다.<br>• 집진장치를 이용하여 포집, 정기적으로 폐기한다. |
|---|---|
| 점화원 관리 | • 마찰, 충격, 스파크, 정전기, 자연발화 등을 제거한다.<br>• 분진발생 작업장 내에서는 흡연, 나화 등 점화원을 발생시키는 행위를 금지한다.<br>• 공기로 분진발생물질을 수송하는 설비와 관련된 수송덕트의 접속부위는 접지 및 본딩하여야 한다. |
| 불활성 가스 봉입 | • 불활성 가스(질소, 이산화탄소 등)를 봉입하여 산소농도를 폭발최소농도 이하로 낮추어야 한다.<br>• 불활성 가스가 봉입되는 설비에는 산소농도 측정계를 설치하여 설비 내의 산소농도를 폭발최소농도 이하로 유지하여야 한다. |

### 66 정전유도를 받고 있는 접지되어 있지 않는 도전성 물체에 접촉한 경우 전격을 당하게 되는데 이때 물체에 유도된 전압 $V$(V)를 옳게 나타낸 것은?(단, $E$는 송전선의 대지전압, $C_1$은 송전선과 물체 사이의 정전용량, $C_2$는 물체와 대지 사이의 정전용량이며, 물체와 대지 사이의 저항은 무시한다.)

① $V = \dfrac{C_1}{C_1 + C_2} \cdot E$
② $V = \dfrac{C_1 + C_2}{C_1} \cdot E$
③ $V = \dfrac{C_1}{C_1 \cdot C_2} \cdot E$
④ $V = \dfrac{C_1 \cdot C_2}{C_1} \cdot E$

**해설**
전압
1. 문제의 조건에 따라 그림을 그리면 다음과 같다.

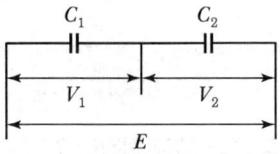

2. 합성정전용량
$$C_0 = \frac{C_1 C_2}{C_1 + C_2}[\text{F}]$$

3. $V_1 = \dfrac{Q}{C_1} = \dfrac{C_0 E}{C_1} = \dfrac{\frac{C_1 C_2}{C_1 + C_2} E}{C_1} = \dfrac{C_1 C_2 E}{C_1(C_1 + C_2)}$
$= \dfrac{C_2}{C_1 + C_2} E[\text{V}]$

4. $V_2 = \dfrac{Q}{C_2} = \dfrac{C_0 E}{C_2} = \dfrac{\dfrac{C_1 C_2}{C_1 + C_2} E}{C_2} = \dfrac{C_1 C_2 E}{C_2(C_1 + C_2)}$

   $= \dfrac{C_1}{C_1 + C_2} E \text{[V]}$

**TIP** $Q = C_0 E = C_1 E_1 = C_2 E_2 \text{[C]}$

## 67 화염일주한계에 대해 가장 잘 설명한 것은?

① 화염이 발화온도로 전파될 가능성의 한계값이다.
② 화염이 전파되는 것을 저지할 수 있는 틈새의 최대 간격치이다.
③ 폭발성 가스와 공기가 혼합되어 폭발한계 내에 있는 상태를 유지하는 한계값이다.
④ 폭발성 분위기가 전기 불꽃에 의하여 화염을 일으킬 수 있는 최소의 전류값이다.

**해설**
최대안전틈새(안전간극, 화염일주한계)
1. 화염이 틈새를 통하여 바깥쪽의 폭발성 가스에 전달되지 않는 한계의 틈새
2. 폭발화염이 외부로 전파되지 않도록 하기 위해 안전간격을 작게 한다.
3. 안전간격이 작은 가스일수록 위험하다.

## 68 정전기 발생의 일반적인 종류가 아닌 것은?

① 마찰          ② 중화
③ 박리          ④ 유동

**해설**
정전기 발생현상
1. 마찰대전
2. 박리대전
3. 유동대전
4. 분출대전
5. 충돌대전
6. 유도대전
7. 비말대전
8. 파괴대전
9. 교반대전(진동대전)

## 69 전기기계·기구의 조작 시 안전조치로서 사업주는 근로자가 안전하게 작업할 수 있도록 전기 기계·기구로부터 폭 얼마 이상의 작업공간을 확보하여야 하는가?

① 30cm          ② 50cm
③ 70cm          ④ 100cm

**해설**
전기기계·기구의 조작 시 등의 안전조치
1. 전기기계·기구의 조작부분을 점검하거나 보수하는 경우에는 근로자가 안전하게 작업할 수 있도록 전기기계·기구로부터 폭 70센티미터 이상의 작업공간을 확보하여야 한다. 다만, 작업공간을 확보하는 것이 곤란하여 근로자에게 절연용 보호구를 착용하도록 한 경우에는 그러하지 아니하다.
2. 전기적 불꽃 또는 아크에 의한 화상의 우려가 있는 고압 이상의 충전전로 작업에 근로자를 종사시키는 경우에는 방염처리된 작업복 또는 난연성능을 가진 작업복을 착용시켜야 한다.

## 70 가수전류(Let-go Current)에 대한 설명으로 옳은 것은?

① 마이크 사용 중 전격으로 사망에 이른 전류
② 전격을 일으킨 전류가 교류인지 직류인지 구별할 수 없는 전류
③ 충전부로부터 인체가 자력으로 이탈할 수 있는 전류
④ 몸이 물에 젖어 전압이 낮은데도 전격을 일으킨 전류

**해설**
통전전류에 따른 인체의 영향

| 분류 | 인체에 미치는 전류의 영향 | 통전전류 |
| --- | --- | --- |
| 최소감지전류 | 전류의 흐름을 느낄 수 있는 최소전류 | 상용주파수 60Hz에서 성인남자 1mA |
| 고통한계전류 | 고통을 참을 수 있는 한계전류 | 상용주파수 60Hz에서 성인남자 7~8mA |
| 가수전류 (이탈전류, 마비한계전류) | 인체가 자력으로 이탈할 수 있는 전류 | 상용주파수 60Hz에서 성인남자 10~15mA |

**정답** 67 ② 68 ② 69 ③ 70 ③

| 분류 | 인체에 미치는 전류의 영향 | 통전전류 |
|---|---|---|
| 불수전류 | 신경이 마비되고 신체를 움직일 수 없으며 말을 할 수 없는 상태(인체가 충전부에 접촉하여 감전되었을 때 자력으로 이탈할 수 없는 상태의 전류) | 상용주파수 60Hz에서 성인남자 15~50mA |
| 심실세동전류 (치사전류) | 심장의 맥동에 영향을 주어 심장마비 상태를 유발하여 수 분 이내에 사망 | $I = \dfrac{165}{\sqrt{T}}$ [mA] 일반적으로 50~100mA |

## 71 정전 작업 시 작업 전 안전조치사항으로 가장 거리가 먼 것은?

① 단락 접지
② 잔류 전하 방전
③ 절연 보호구 수리
④ 검전기에 의한 정전확인

**해설**

정전전로에서의 전로차단 절차
1. 전기기기 등에 공급되는 모든 전원을 관련 도면, 배선도 등으로 확인할 것
2. 전원을 차단한 후 각 단로기 등을 개방하고 확인할 것
3. 차단장치나 단로기 등에 잠금장치 및 꼬리표를 부착할 것
4. 개로된 전로에서 유도전압 또는 전기에너지가 축적되어 근로자에게 전기위험을 끼칠 수 있는 전기기기 등은 접촉하기 전에 잔류 전하를 완전히 방전시킬 것
5. 검전기를 이용하여 작업 대상 기기가 충전되었는지를 확인할 것
6. 전기기기 등이 다른 노출 충전부와의 접촉, 유도 또는 예비동력원의 역송전 등으로 전압이 발생할 우려가 있는 경우에는 충분한 용량을 가진 단락 접지기구를 이용하여 접지할 것

## 72 감전사고 방지 대책으로 가장 거리가 먼 것은?

① 전기 위험부의 위험 표시
② 충전부가 노출된 부분에 절연방호구 사용
③ 충전부에 접근하여 작업하는 작업자 보호구 착용
④ 사고발생 시 처리프로세스 작성 및 조치

**해설**

감전사고에 대한 일반적인 방지대책
1. 전기설비의 점검 철저
2. 전기기기 및 설비의 정비
3. 전기기기 및 설비의 위험부에 위험표시
4. 설비의 필요부분에 보호접지의 실시
5. 충전부가 노출된 부분에는 절연방호구를 사용
6. 고압전 선로 및 충전부에 근접하여 작업하는 작업자는 보호구 착용
7. 유자격자 이외는 전기기계 및 기구에 전기적인 접촉 금지
8. 관리감독자는 작업에 대한 안전교육 시행
9. 사고발생 시의 처리순서를 미리 작성하여 둘 것
10. 전기설비에 대한 누전차단기 설치

## 73 위험방지를 위한 전기기계·기구의 설치 시 고려할 사항으로 거리가 먼 것은?

① 전기 기계·기구의 충분한 전기적 용량 및 기계적 강도
② 전기기계·기구의 안전효율을 높이기 위한 시간 가동률
③ 습기·분진 등 사용장소의 주위 환경
④ 전기적·기계적 방호수단의 적정성

**해설**

전기기계·기구 설치 시 고려사항
1. 전기 기계·기구의 충분한 전기적 용량 및 기계적 강도
2. 습기·분진 등 사용장소의 주위 환경
3. 전기적·기계적 방호수단의 적정성

## 74 200A의 전류가 흐르는 단상 전로의 한 선에서 누전되는 최소 전류(mA)의 기준은?

① 100   ② 200
③ 10    ④ 20

**해설**

누설전류

$$\text{누설전류} = \text{최대공급전류} \times \dfrac{1}{2{,}000}$$

누설전류 $= 200 \times \dfrac{1}{2{,}000}$
$= 0.1[A] = 100[mA]$

**75** 정전기 방전에 의한 폭발로 추정되는 사고를 조사함에 있어서 필요한 조치로 가장 거리가 먼 것은?

① 가연성 분위기 규명
② 사고현장의 방전흔적 조사
③ 방전에 따른 점화 가능성 평가
④ 전하발생 부위 및 축적 기구 규명

**해설**

정전기 폭발사고 조사 시 필요한 조치 사항
1. 사고의 성격 및 특징
2. 가연성 분위기의 요인 규명
3. 전하 발생기구의 규명
4. 방전에 따른 점화 가능성 평가 및 점화지점 규명
5. 전하 축적 메커니즘 규명
6. 사고 재발 방지를 위한 강구 등

**76** 감전쇼크에 의해 호흡이 정지되었을 경우 일반적으로 약 몇 분 이내에 응급조치를 개시하면 95% 정도를 소생시킬 수 있는가?

① 1분 이내
② 3분 이내
③ 5분 이내
④ 7분 이내

**해설**

감전사고 후 응급조치 개시시간에 따른 소생률

| 호흡정지 후 인공호흡개시까지의 시간(분) | 소생률 (100명당) | 사망률 (100명당) |
|---|---|---|
| 1 | 95 | 5 |
| 2 | 90 | 10 |
| 3 | 75 | 25 |
| 4 | 50 | 50 |
| 5 | 25 | 75 |

**77** 다음 중 방폭구조의 종류가 아닌 것은?

① 본질안전 방폭구조
② 고압 방폭구조
③ 압력 방폭구조
④ 내압 방폭구조

**해설**

방폭구조의 종류 및 기호

| 내압 방폭구조 | d | 안전증 방폭구조 | e | 비점화 방폭구조 | n |
|---|---|---|---|---|---|
| 압력 방폭구조 | p | 특수 방폭구조 | s | 몰드방폭구조 | m |
| 유입 방폭구조 | o | 본질안전 방폭구조 | i(ia, ib) | 충전방폭구조 | q |

**78** 전선의 절연 피복이 손상되어 동선이 서로 직접 접촉한 경우를 무엇이라 하는가?

① 절연
② 누전
③ 접지
④ 단락

**해설**

단락
전선로에서 2개 이상의 전선이 서로 접촉되는 것으로 대부분의 전압은 접촉부에서 강화되어 접촉 전로에 많은 전류가 흐르게 됨으로써 배선에 높은 열이 발생하여 단락되는 순간에 폭발소리가 나면서 녹는 현상이다.

**79** 이상적인 피뢰기가 가져야 할 성능으로 틀린 것은?

① 제한전압이 낮을 것
② 방전개시 전압이 낮을 것
③ 뇌전류 방전능력이 적을 것
④ 속류차단을 확실하게 할 수 있을 것

**해설**

피뢰기의 구비성능
1. 충격 방전 개시 전압과 제한 전압이 낮을 것
2. 반복 동작이 가능할 것
3. 구조가 견고하며 특성이 변화하지 않을 것
4. 점검, 보수가 간단할 것
5. 뇌전류의 방전능력이 클 것
6. 속류의 차단이 확실하게 될 것

**80** 인체의 전기저항이 5,000Ω이고, 세동전류와 통전시간과의 관계를 $I=\dfrac{165}{\sqrt{T}}$ mA라 할 경우, 심실세동을 일으키는 위험에너지는 약 몇 J인가?(단, 통전시간은 1초로 한다.)

① 5
② 30
③ 136
④ 825

**정답**  75 ②  76 ①  77 ②  78 ④  79 ③  80 ③

### 해설
위험한계에너지

$$W = I^2RT[J/s] = \left(\frac{165}{\sqrt{T}} \times 10^{-3}\right)^2 \times R \times T$$

$W = \left(\frac{165}{\sqrt{1}} \times 10^{-3}\right)^2 \times 5,000 \times 1 = 136[J]$

## 5과목 화학설비위험방지기술

**81** 사업주는 인화성 액체 및 인화성 가스를 저장취급하는 화학설비에서 증기나 가스를 대기로 방출하는 경우에는 외부로부터의 화염을 방지하기 위하여 화염방지기를 설치하여야 한다. 다음 중 화염방지기의 설치 위치로 옳은 것은?

① 설비의 상단
② 설비의 하단
③ 설비의 측면
④ 설비의 조작부

### 해설
통기설비 및 화염방지기 설치
1. 인화성 액체를 저장·취급하는 대기압 탱크에는 통기관 또는 통기밸브(breather valve)등을 설치하여야 한다.
2. 인화성 액체 및 인화성 가스를 저장 취급하는 화학설비에서 증기나 가스를 대기로 방출하는 경우에는 외부로부터의 화염을 방지하기 위하여 화염방지기를 그 설비 상단에 설치하여야 한다.(다만, 대기로 연결된 통기관에 통기밸브가 설치되어 있거나, 인화점이 섭씨 38도 이상 60도 이하인 인화성 액체를 저장·취급할 때에 화염방지 기능을 가지는 인화방지망을 설치한 경우에는 제외)

**82** 다음 중 자연발화가 쉽게 일어나는 조건으로 틀린 것은?

① 주위온도가 높을수록
② 열 축적이 클수록
③ 적당량의 수분이 존재할 때
④ 표면적이 작을수록

### 해설
자연발화가 쉽게 일어나는 조건
1. 표면적이 넓을 것
2. 열전도율이 작을 것
3. 발열량이 클 것
4. 주위의 온도가 높을 것(분자운동 활발)
5. 수분이 적당량 존재할 것

**83** 8% NaOH 수용액과 5% NaOH 수용액을 반응기에 혼합하여 6% 100kg의 NaOH 수용액을 만들려면 각각 몇 kg의 NaOH 수용액이 필요한가?

① 5% NaOH 수용액 : 33.3kg,
   8% NaOH 수용액 : 66.7kg
② 5% NaOH 수용액 : 56.8kg,
   8% NaOH 수용액 : 43.2kg
③ 5% NaOH 수용액 : 66.7kg,
   8% NaOH 수용액 : 33.3kg
④ 5% NaOH 수용액 : 43.2kg,
   8% NaOH 수용액 : 56.8kg

### 해설
혼합 수용액의 양
1. 8% NaOH 수용액 양 : $x$, 5% NaOH 수용액 양 : $y$
2. $0.08x + 0.05y = 0.06 \times 100$
3. $x + y = 100 \rightarrow x = 100 - y$
4. $y$값 : $0.08(100-y) + 0.05y = 6 \rightarrow 8 - 0.08y + 0.05y = 6$
   $\rightarrow 0.03y = 2 \rightarrow y = 66.7[kg]$
5. $x$값 : $x + y = 100 \rightarrow x = 100 - y = 100 - 66.7 = 33.3[kg]$

**84** 사업주는 산업안전보건기준에 관한 규칙에서 정한 위험물을 기준량 이상으로 제조하거나 취급하는 특수화학설비를 설치하는 경우에는 내부의 이상 상태를 조기에 파악하기 위하여 필요한 온도계·유량계·압력계 등의 계측장치를 설치하여야 한다. 이때 위험물질별 기준량으로 옳은 것은?

① 부탄 – 25m³
② 부탄 – 150m³
③ 시안화수소 – 5kg
④ 시안화수소 – 200kg

### 해설
위험물질의 기준량
1. 부탄 : 50m³
2. 시안화수소 : 5kg

정답 81 ① 82 ④ 83 ③ 84 ③

**85** 폭발의 위험성을 고려하기 위해 정전에너지값을 구하고자 한다. 다음 중 정전에너지를 구하는 식은? (단, $E$는 정전에너지, $C$는 정전용량, $V$는 전압을 의미한다.)

① $E = \dfrac{1}{2}CV^2$  ② $E = \dfrac{1}{2}VC^2$

③ $E = VC^2$  ④ $E = \dfrac{1}{4}VC$

**해설**

정전에너지

$$E = \frac{1}{2}CV^2 = \frac{1}{2}QV = \frac{1}{2}\frac{Q^2}{C}$$

대전 전하량 $(Q) = C \cdot V$, 대전전위 $(V) = \dfrac{Q}{C}$

여기서, $E$ : 정전기 에너지(J)
$C$ : 도체의 정전용량(F)
$V$ : 대전 전위(V)
$Q$ : 대전 전하량(C)

**86** 다음 중 유류화재에 해당하는 화재의 급수는?

① A급  ② B급
③ C급  ④ D급

**해설**

화재의 종류

| 분류 | A급 화재 | B급 화재 | C급 화재 | D급 화재 |
|---|---|---|---|---|
| 명칭 | 일반화재 | 유류화재 | 전기화재 | 금속화재 |
| 분류 | 보통 잔재의 작열에 의해 발생하는 연소에서 보통 유기 성질의 고체물질을 포함한 화재 | 액체 또는 액화할 수 있는 고체를 포함한 화재 및 가연성 가스 화재 | 통전 중인 전기설비를 포함한 화재 | 금속을 포함한 화재 |
| 가연물 | 목재, 종이, 섬유 등 | 가솔린, 등유, 프로판 가스 등 | 전기기기, 변압기, 전기다리미 등 | 가연성 금속 (Mg분, Al분) |
| 소화방법 | 냉각소화 | 질식소화 | 질식, 냉각소화 | 질식소화 |
| 적응소화제 | • 물 소화기<br>• 강화액 소화기<br>• 산·알칼리 소화기 | • 이산화탄소 소화기<br>• 할로겐 화합물 소화기<br>• 분말 소화기<br>• 포말 소화기 | • 이산화탄소 소화기<br>• 할로겐 화합물 소화기<br>• 분말 소화기<br>• 무상강화액 소화기 | • 건조사<br>• 팽창 질석<br>• 팽창 진주암 |

**87** 할론 소화약제 중 Halon 2402의 화학식으로 옳은 것은?

① $C_2F_4Br_2$  ② $C_2H_4Br_2$
③ $C_2Br_4H_2$  ④ $C_2Br_4F_2$

**해설**

할론소화약제의 명명법
1. 일취화일염화메탄 소화기($CH_2ClBr$) : 할론 1011
2. 이취화사불화에탄 소화기($C_2F_4Br_2$) : 할론 2402
3. 일취화삼불화메탄 소화기($CF_3Br$) : 할론 1301
4. 일취화일염화이불화메탄 소화기($CF_2ClBr$) : 할론 1211
5. 사염화탄소 소화기($CCl_4$) : 할론 1040

**88** 위험물의 저장방법으로 적절하지 않은 것은?

① 탄화칼슘은 물속에 저장한다.
② 벤젠은 산화성 물질과 격리시킨다.
③ 금속나트륨은 석유 속에 저장한다.
④ 질산은 갈색병에 넣어 냉암소에 보관한다.

**해설**

탄화칼슘
탄화칼슘은 물과 반응하여 아세틸렌가스를 발생시켜 화재·폭발의 위험이 있으며 밀폐용기에 저장하고 불연성가스로 봉입한다.

**89** 다음 중 산업안전보건법령상 공정안전보고서의 안전운전 계획에 포함되지 않는 항목은?

① 안전작업허가
② 안전운전지침서
③ 가동 전 점검지침
④ 비상조치계획에 따른 교육계획

**해설**

공정안전보고서의 안전운전계획 세부내용
1. 안전운전지침서
2. 설비점검·검사 및 보수계획, 유지계획 및 지침서
3. 안전작업허가
4. 도급업체 안전관리계획
5. 근로자 등 교육계획
6. 가동 전 점검지침
7. 변경요소 관리계획
8. 자체감사 및 사고조사계획
9. 그 밖에 안전운전에 필요한 사항

**정답** 85 ① 86 ② 87 ① 88 ① 89 ④

**90** 마그네슘의 저장 및 취급에 관한 설명으로 틀린 것은?

① 화기를 엄금하고, 가열, 충격, 마찰을 피한다.
② 분말이 비산하지 않도록 완전 밀봉하여 저장한다.
③ 제6류 위험물과 같은 산화제와 혼합되지 않도록 격리, 저장한다.
④ 일단 연소하면 소화가 곤란하지만 초기 소화 또는 소규모 화재시 물, $CO_2$소화설비를 이용하여 소화한다.

**해설**
마그네슘의 저장 및 취급방법
1. 분진 폭발의 위험이 있으므로 분진이 비산되지 않도록 주의한다.
2. 가열, 충격, 마찰 등을 피하고 산화제, 수분, 할로겐원소와의 접촉을 피한다.
3. 제1류 또는 제6류 위험물과 같은 강산화제와 혼합된 것은 약간의 가열, 충격, 마찰 등에 의해 발화, 폭발한다.
4. 이산화탄소와는 폭발적인 반응을 한다.
5. 일단 연소하면 소화가 곤란하나 초기 소화 또는 대규모 화재 시는 석회분, 마른 모래 등으로 소화한다.

**91** 다음 중 분진이 발화 폭발하기 위한 조건으로 거리가 먼 것은?

① 불연성질
② 미분상태
③ 점화원의 존재
④ 지연성가스 중에서의 교반과 운동

**해설**
분진 폭발을 일으키는 조건
1. 분진 : 인화성(즉, 불연성 분진은 폭발하지 않음)
2. 미분상태 : 분진이 화염을 전파할 수 있는 크기의 분포를 가지고 분진의 농도가 폭발범위 이내일 것
3. 점화원 : 충분한 에너지의 점화원이 있을 것
4. 교반과 유동 : 충분한 산소가 연소를 지원하고 유지하도록 존재해야 하며, 공기(지연성가스) 중에서의 교반과 유동이 일어나야 한다.

**TIP** 불연성 분진은 폭발이 일어나지 않는다.

**92** 다음 중 산업안전보건법령상 산화성 액체 또는 산화성 고체에 해당하지 않는 것은?

① 질산
② 중크롬산
③ 과산화수소
④ 질산에스테르

**해설**
산화성 액체 및 산화성 고체
1. 차아염소산 및 그 염류
2. 아염소산 및 그 염류
3. 염소산 및 그 염류
4. 과염소산 및 그 염류
5. 브롬산 및 그 염류
6. 요오드산 및 그 염류
7. 과산화수소 및 무기 과산화물
8. 질산 및 그 염류
9. 과망간산 및 그 염류
10. 중크롬산 및 그 염류
11. 그 밖에 1.목부터 10.목까지의 물질과 같은 정도의 산화성이 있는 물질
12. 1.목부터 11.목까지의 물질을 함유한 물질

**TIP** 질산에스테르 : 폭발성 물질 및 유기과산화물

**93** 열교환기의 열 교환 능률을 향상시키기 위한 방법이 아닌 것은?

① 유체의 유속을 적절하게 조절한다.
② 유체의 흐르는 방향을 병류로 한다.
③ 열교환하는 유체의 온도차를 크게 한다.
④ 열전도율이 높은 재료를 사용한다.

**해설**
유체의 흐르는 방향을 향류로 한다.

**TIP** 병류 : 유체가 같은 방향으로 흐르는 것
향류 : 유체가 반대 방향으로 흐르는 것

**94** 다음 중 고체의 연소방식에 관한 설명으로 옳은 것은?

① 분해연소란 고체가 표면의 고온을 유지하며 타는 것을 말한다.
② 표면연소란 고체가 가열되어 열분해가 일어나고 가연성 가스가 공기 중의 산소와 타는 것을 말한다.

정답 90 ④ 91 ① 92 ④ 93 ② 94 ③

③ 자기연소란 공기 중 산소를 필요로 하지 않고 자신이 분해되며 타는 것을 말한다.
④ 분무연소란 고체가 가열되어 가연성 가스를 발생시키며 타는 것을 말한다.

**해설**

고체연소

| | |
|---|---|
| 표면연소 | 고체 가연물이 열분해나 증발을 하지 않고 표면에서 산소와 반응하여 연소하는 형태(목탄(炭), 코크스, 금속분, 알루미늄 등) |
| 분해연소 | 목재, 석탄 등의 고체 가연물이 열분해로 인하여 가연성 가스가 방출되어 착화되는 현상(목재, 종이, 석탄, 플라스틱 등) |
| 증발연소 | 고체 가연물이 점화원에 의해 상태변화를 일으켜 액체가 되고 일정 온도에서 가연성 증기가 발생, 공기와 혼합하여 연소하는 형태(나프탈렌, 황, 파라핀 등) |
| 자기연소 | 고체 가연물이 외부의 산소 공급원 없이 점화원에 의해 연소하는 형태(제5류 위험물, 니트로글리세린, 니트로셀룰로오스, 트리니트로톨루엔, 질산에틸린, 피크린산 등) |

**95** 사업주는 안전밸브 등의 전단·후단에 차단밸브를 설치해서는 아니 된다. 다만, 별도로 정한 경우에 해당할 때는 자물쇠형 또는 이에 준하는 형식의 차단밸브를 설치할 수 있다. 이에 해당하는 경우가 아닌 것은?

① 화학설비 및 그 부속설비에 안전밸브 등이 복수방식으로 설치되어 있는 경우
② 예비용 설비를 설치하고 각각의 설비에 안전밸브 등이 설치되어 있는 경우
③ 파열판과 안전밸브를 직렬로 설치한 경우
④ 열팽창에 의하여 상승된 압력을 낮추기 위한 목적으로 안전밸브가 설치된 경우

**해설**

차단밸브 설치금지
1. 안전밸브 등의 전단·후단에 차단밸브를 설치해서는 아니 된다.
2. 다만, 다음의 어느 하나에 해당하는 경우에는 자물쇠형 또는 이에 준하는 형식의 차단밸브를 설치할 수 있다.
   ㉠ 인접한 화학설비 및 그 부속설비에 안전밸브 등이 각각 설치되어 있고, 해당 화학설비 및 그 부속설비의 연결배관에 차단밸브가 없는 경우
   ㉡ 안전밸브 등의 배출용량의 2분의 1 이상에 해당하는 용량의 자동압력조절밸브(구동용 동력원의 공급을 차단하는 경우 열리는 구조인 것으로 한정한다.)와 안전밸브 등이 병렬로 연결된 경우
   ㉢ 화학설비 및 그 부속설비에 안전밸브 등이 복수방식으로 설치되어 있는 경우
   ㉣ 예비용 설비를 설치하고 각각의 설비에 안전밸브 등이 설치되어 있는 경우
   ㉤ 열팽창에 의하여 상승된 압력을 낮추기 위한 목적으로 안전밸브가 설치된 경우
   ㉥ 하나의 플레어 스택(flare stack)에 둘 이상의 단위공정의 플레어 헤더(flare header)를 연결하여 사용하는 경우로서 각각의 단위공정의 플레어 헤더에 설치된 차단밸브의 열림·닫힘 상태를 중앙제어실에서 알 수 있도록 조치한 경우

**96** 위험물안전관리법령에서 정한 제3류 위험물에 해당하지 않는 것은?

① 나트륨
② 알킬알루미늄
③ 황린
④ 니트로글리세린

**해설**

제3류 위험물(자연 발화성 및 금수성 물질)
1. 고체 또는 액체로서 공기 중에서 발화의 위험성이 있거나 물과 접촉하여 발화하거나 가연성 가스를 발생하는 위험성이 있는 것을 말한다.
2. 종류 : 칼륨, 나트륨, 알킬알루미늄, 알킬리튬, 황린, 알칼리금속, 유기금속화합물, 금속의 수소화물, 금속의 인화물, 칼슘 또는 알루미늄의 탄화물 등

**TIP** 니트로글리세린 : 제5류 위험물(자기반응성 물질)

**97** 다음 표를 참조하여 메탄 70vol%, 프로판 21vol%, 부탄 9vol%인 혼합가스의 폭발범위를 구하면 약 몇 vol%인가?

| 가스 | 폭발하한계(vol%) | 폭발상한계(vol%) |
|---|---|---|
| $C_4H_{10}$ | 1.8 | 8.4 |
| $C_3H_8$ | 2.1 | 9.5 |
| $C_2H_6$ | 3.0 | 12.4 |
| $CH_4$ | 5.0 | 15.0 |

① 3.45~9.11
② 3.45~12.58
③ 3.85~9.11
④ 3.85~12.58

**정답** 95 ③  96 ④  97 ②

**해설**

르샤틀리에의 법칙(순수한 혼합가스일 경우)

$$\frac{100}{L} = \frac{V_1}{L_1} + \frac{V_2}{L_2} + \frac{V_3}{L_3} \cdots$$

$$L = \frac{100}{\frac{V_1}{L_1} + \frac{V_2}{L_2} + \cdots + \frac{V_n}{L_n}}$$

여기서, $V_n$ : 전체 혼합가스 중 각 성분 가스의 체적(비율)[%]
$L_n$ : 각 성분 단독의 폭발한계(상한 또는 하한)
$L$ : 혼합가스의 폭발한계(상한 또는 하한)[vol%]

1. 폭발하한계

$$L = \frac{100}{\frac{70}{5} + \frac{21}{2.1} + \frac{9}{1.8}} = 3.45[vol\%]$$

2. 폭발상한계

$$L = \frac{100}{\frac{70}{15} + \frac{21}{9.5} + \frac{9}{8.4}} = 12.58[vol\%]$$

3. 폭발범위 : 3.45~12.58[vol%]

**TIP** 메탄($CH_4$), 에탄($C_2H_6$), 프로판($C_3H_8$), 부탄($C_4H_{10}$)

**98** ABC급 분말 소화약제의 주성분에 해당하는 것은?

① $NH_4H_2PO_4$
② $Na_2CO_3$
③ $Na_2SO_3$
④ $K_2CO_3$

**해설**

분말 소화약제

| 종별 | 소화약제 | 화학식 | 적응성 | 약제의 착색 |
|---|---|---|---|---|
| 제1종 분말 | 탄산수소나트륨 | $NaHCO_3$ | B, C급 | 백색 |
| 제2종 분말 | 탄산수소칼륨 | $KHCO_3$ | B, C급 | 보라색 |
| 제3종 분말 | 제1인산암모늄 | $NH_4H_2PO_4$ | A, B, C급 | 담홍색 |
| 제4종 분말 | 탄산수소칼륨 + 요소 | $KHCO_3$ + $(NH_2)_2CO$ | B, C급 | 회색 |

**99** 공기 중 아세톤의 농도가 200ppm(TLV 500 ppm), 메틸에틸케톤(MEK)의 농도가 100ppm(TLV 200ppm)일 때 혼합 물질의 허용농도는 약 몇 ppm 인가?(단, 두 물질은 서로 상가작용을 하는 것으로 가정한다.)

① 150
② 200
③ 270
④ 333

**해설**

노출지수(EI ; Exposure Index) : 공기 중 혼합물질

$$노출지수(EI) = \frac{C_1}{TLV_1} + \frac{C_2}{TLV_2} + \cdots + \frac{C_n}{TLV_n}$$

여기서, $C_n$ : 각 혼합물질의 공기 중 농도
$TLV_n$ : 각 혼합물질의 노출기준

$$보정된 허용농도(기준) = \frac{혼합물의 공기중 농도(C_1 + C_2 + \cdots + C_n)}{노출지수(EI)}$$

1. 노출지수$(EI) = \frac{C_1}{TLV_1} + \frac{C_2}{TLV_2} = \frac{200}{500} + \frac{100}{200} = 0.9$

2. 보정된 허용농도(기준)

$= \frac{혼합물의 공기중농도(C_1 + C_2 + \cdots + C_n)}{노출지수(EI)}$

$= \frac{200 + 100}{0.9} = 333.33[ppm]$

**100** 다음의 설명에 해당하는 안전장치는?

"대형의 반응기, 탑, 탱크 등에서 이상상태가 발생할 때 밸브를 정지시켜 원료공급을 차단하기 위한 안전장치로, 공기압식, 유압식, 전기식 등이 있다."

① 파열판
② 안전밸브
③ 스팀트랩
④ 긴급차단장치

**해설**

긴급차단장치

| | |
|---|---|
| 의의 | 대형의 반응기, 탑, 탱크 등에 있어서 이상상태가 발생할 때 밸브를 정지시켜 원료공급을 차단하기 위한 안전장치 |
| 종류 (작동 동력원에 의한 분류) | • 공기압식<br>• 유압식<br>• 전기식 |
| 운전 및 보수 | • 외관검사<br>• 작동 상황검사<br>• 누출 및 기밀검사 |

정답 98 ① 99 ④ 100 ④

## 6과목 건설안전기술

**101** 단관비계의 도괴 또는 전도를 방지하기 위하여 사용하는 벽이음의 간격기준으로 옳은 것은?

① 수직방향 5m 이하, 수평방향 5m 이하
② 수직방향 6m 이하, 수평방향 6m 이하
③ 수직방향 7m 이하, 수평방향 7m 이하
④ 수직방향 8m 이하, 수평방향 8m 이하

**해설**

강관비계의 조립 간격

| 강관비계의 종류 | 조립간격(단위 : m) ||
|---|---|---|
| | 수직방향 | 수평방향 |
| 단관비계 | 5 | 5 |
| 틀비계 (높이가 5m 미만인 것은 제외한다) | 6 | 8 |

**102** 건설업 산업안전보건관리비 내역 중 계상비용에 해당되지 않는 것은?

① 근로자 건강관리비
② 건설재해예방 기술지도비
③ 개인보호구 및 안전장구 구입비
④ 외부비계, 작업발판 등의 가설구조물 설치 소요비

**해설**

안전보건관리비 사용항목
1. 안전·보건관리자 임금 등
2. 안전시설비 등
3. 보호구 등
4. 안전보건진단비 등
5. 안전보건교육비 등
6. 근로자 건강장해예방비 등
7. 건설재해예방전문지도기관 기술지도비
8. 본사 전담조직 근로자 임금 등
9. 위험성 평가 등에 따른 소요비용

**TIP** 본 문제는 법 개정으로 일부 내용이 수정되었습니다. 해설은 법 개정으로 수정된 내용이니 해설을 학습하세요.

**103** 다음은 산업안전보건법령에 따른 동바리로 사용하는 파이프 서포트에 관한 사항이다. ( ) 안에 들어갈 내용을 순서대로 옳게 나타낸 것은?

가. 파이프 서포트를 ( A ) 이상 이어서 사용하지 않도록 할 것
나. 파이프 서포트를 이어서 사용하는 경우에는 ( B ) 이상의 볼트 또는 전용철물을 사용하여 이을 것

① A : 2개, B : 2개
② A : 3개, B : 4개
③ A : 4개, B : 3개
④ A : 4개, B : 4개

**해설**

동바리로 사용하는 파이프 서포트의 경우 조립 시의 안전조치
1. 파이프 서포트를 3개 이상 이어서 사용하지 않도록 할 것
2. 파이프 서포트를 이어서 사용하는 경우에는 4개 이상의 볼트 또는 전용철물을 사용하여 이을 것
3. 높이가 3.5미터를 초과하는 경우에는 높이 2미터 이내마다 수평연결재를 2개 방향으로 만들고 수평연결재의 변위를 방지할 것

**104** 화물취급 작업 시 준수사항으로 옳지 않은 것은?

① 꼬임이 끊어지거나 심하게 부식된 섬유로프는 화물운반용으로 사용해서는 아니 된다.
② 섬유로프 등을 사용하여 화물취급작업을 하는 경우에 해당 섬유로프 등을 점검하고 이상을 발견한 섬유로프 등을 즉시 교체하여야 한다.
③ 차량 등에서 화물을 내리는 작업을 하는 경우에 해당 작업에 종사하는 근로자에게 쌓여 있는 화물의 중간에서 필요한 화물을 빼낼 수 있도록 허용한다.
④ 하역작업을 하는 장소에서 작업장 및 통로의 위험한 부분에는 안전하게 작업할 수 있는 조명을 유지한다.

**해설**

화물 중간에서 화물 빼내기 금지
차량 등에서 화물을 내리는 작업을 하는 경우에 해당 작업에 종사하는 근로자에게 쌓여 있는 화물 중간에서 화물을 빼내도록 해서는 아니 된다.

**105** 시스템 비계를 사용하여 비계를 구성하는 경우의 준수사항으로 옳지 않은 것은?

① 수직재·수평재·가새재를 견고하게 연결하는 구조가 되도록 할 것
② 수평재는 수직재와 직각으로 설치하여야 하며, 체결 후 흔들림이 없도록 견고하게 설치할 것

**정답** 101 ① 102 ④ 103 ② 104 ③ 105 ④

③ 비계 밑단의 수직재와 받침철물은 밀착되도록 설치하고, 수직재와 받침철물의 연결부의 겹침길이는 받침철물 전체길이의 3분의 1 이상이 되도록 할 것
④ 벽 연결재의 설치간격은 시공자가 안전을 고려하여 임의대로 결정한 후 설치할 것

**해설**

시스템 비계의 구조
1. 수직재·수평재·가새재를 견고하게 연결하는 구조가 되도록 할 것
2. 비계 밑단의 수직재와 받침철물은 밀착되도록 설치하고, 수직재와 받침철물의 연결부의 겹침길이는 받침철물 전체길이의 3분의 1 이상이 되도록 할 것
3. 수평재는 수직재와 직각으로 설치하여야 하며, 체결 후 흔들림이 없도록 견고하게 설치할 것
4. 수직재와 수직재의 연결철물은 이탈되지 않도록 견고한 구조로 할 것
5. 벽 연결재의 설치간격은 제조사가 정한 기준에 따라 설치할 것

## 106 건설공사 위험성 평가에 관한 내용으로 옳지 않은 것은?

① 건설물, 기계·기구, 설비 등에 의한 유해·위험요인을 찾아내어 위험성을 결정하고 그 결과에 따른 조치를 하는 것을 말한다.
② 사업주는 위험성 평가의 실시내용 및 결과를 기록·보존하여야 한다.
③ 위험성 평가 기록물의 보존기간은 2년이다.
④ 위험성 평가 기록물에는 평가대상의 유해·위험요인, 위험성결정의 내용 등이 포함된다.

**해설**

위험성 평가 실시내용 및 결과에 관한 기록(3년간 보존)
위험성 평가의 실시내용 및 결과를 기록·보존할 때에는 다음의 사항이 포함되어야 한다.
1. 위험성 평가 대상의 유해·위험요인
2. 위험성 결정의 내용
3. 위험성 결정에 따른 조치의 내용
4. 그 밖에 위험성 평가의 실시내용을 확인하기 위하여 필요한 사항으로서 고용노동부장관이 정하여 고시하는 사항

## 107 철골작업에서의 승강로 설치기준 중 ( ) 안에 알맞은 것은?

사업주는 근로자가 수직방향으로 이동하는 철골부재에는 답단간격이 ( ) 이내인 고정된 승강로를 설치하여야 한다.

① 20cm
② 30cm
③ 40cm
④ 50cm

**해설**

철골작업 시의 위험방지(승강로의 설치)
근로자가 수직방향으로 이동하는 철골부재에는 답단간격이 30센티미터 이내인 고정된 승강로를 설치하여야 하며, 수평방향 철골과 수직방향 철골이 연결되는 부분에는 연결작업을 위하여 작업발판 등을 설치하여야 한다.

## 108 사다리식 통로 등을 설치하는 경우 폭은 최소 얼마 이상으로 하여야 하는가?

① 30cm
② 40cm
③ 50cm
④ 60cm

**해설**

사다리식 통로
1. 견고한 구조로 할 것
2. 심한 손상·부식 등이 없는 재료를 사용할 것
3. 발판의 간격은 일정하게 할 것
4. 발판과 벽과의 사이는 15센티미터 이상의 간격을 유지할 것
5. 폭은 30센티미터 이상으로 할 것
6. 사다리가 넘어지거나 미끄러지는 것을 방지하기 위한 조치를 할 것
7. 사다리의 상단은 걸쳐놓은 지점으로부터 60센티미터 이상 올라가도록 할 것
8. 사다리식 통로의 길이가 10미터 이상인 경우에는 5미터 이내마다 계단참을 설치할 것
9. 사다리식 통로의 기울기는 75도 이하로 할 것. 다만, 고정식 사다리식 통로의 기울기는 90도 이하로 하고, 그 높이가 7미터 이상인 경우에는 다음 각 목의 구분에 따른 조치를 할 것
   가. 등받이울이 있어도 근로자 이동에 지장이 없는 경우 : 바닥으로부터 높이가 2.5미터 되는 지점부터 등받이울을 설치할 것
   나. 등받이울이 있으면 근로자가 이동이 곤란한 경우 : 개인용 추락 방지 시스템을 설치하고 근로자로 하여금 전신안전대를 사용하도록 할 것
10. 접이식 사다리 기둥은 사용 시 접혀지거나 펼쳐지지 않도록 철물 등을 사용하여 견고하게 조치할 것

**정답** 106 ③ 107 ② 108 ①

**109** 추락재해에 대한 예방차원에서 고소작업의 감소를 위한 근본적인 대책으로 옳은 것은?

① 방망 설치
② 지붕트러스의 일체화 또는 지상에서 조립
③ 안전대 사용
④ 비계 등에 의한 작업대 설치

**해설**
철골기둥과 빔 및 트러스 등의 일체화 또는 지상에서 조립하는 방법이 고소작업의 추락을 감소시킬 수 있는 근본적인 대책이다.

**110** 다음 중 건설공사 유해·위험방지계획서 제출 대상 공사가 아닌 것은?

① 지상높이가 50m인 건축물 또는 인공구조물 건설공사
② 연면적이 3,000m²인 냉동·냉장창고시설의 설비공사
③ 최대 지간길이가 60m인 교량건설공사
④ 터널건설공사

**해설**
유해위험방지계획서를 제출해야 될 건설공사
1. 다음 각 목의 어느 하나에 해당하는 건축물 또는 시설 등의 건설·개조 또는 해체공사
   ㉠ 지상높이가 31미터 이상인 건축물 또는 인공구조물
   ㉡ 연면적 3만제곱미터 이상인 건축물
   ㉢ 연면적 5천제곱미터 이상인 시설로서 다음의 어느 하나에 해당하는 시설
   • 문화 및 집회시설(전시장 및 동물원·식물원은 제외)
   • 판매시설, 운수시설(고속철도의 역사 및 집배송시설은 제외)
   • 종교시설
   • 의료시설 중 종합병원
   • 숙박시설 중 관광숙박시설
   • 지하도상가
   • 냉동·냉장 창고시설
2. 연면적 5천제곱미터 이상인 냉동·냉장 창고시설의 설비공사 및 단열공사
3. 최대 지간길이(다리의 기둥과 기둥의 중심 사이의 거리)가 50미터 이상인 다리의 건설등 공사
4. 터널의 건설 등 공사
5. 다목적댐, 발전용댐, 저수용량 2천만톤 이상의 용수 전용 댐 및 지방상수도 전용 댐의 건설 등 공사
6. 깊이 10미터 이상인 굴착공사

**111** 겨울철 공사 중인 건축물의 벽체 콘크리트 타설 시 거푸집이 터져서 콘크리트 쏟아지는 사고가 발생하였다. 이 사고의 발생 원인으로 추정 가능한 사안 중 가장 타당한 것은?

① 콘크리트의 타설속도가 빨랐다.
② 진동기를 사용하지 않았다.
③ 철근 사용량이 많았다.
④ 콘크리트의 슬럼프가 작았다.

**해설**
거푸집 측압증가에 영향을 미치는 인자(측압의 영향요소)
1. 거푸집 수평단면이 클수록 크다.
2. 콘크리트 슬럼프치가 클수록 커진다.
3. 거푸집 표면이 평활할수록(평탄) 커진다.
4. 철골, 철근량이 적을수록 커진다.
5. 콘크리트 시공연도가 좋을수록 커진다.
6. 외기의 온도, 습도가 낮을수록 커진다.
7. 타설 속도가 빠를수록 커진다.
8. 다짐이 충분할수록 커진다.
9. 타설 시 상부에서 직접 낙하할 경우 커진다.
10. 거푸집의 강성이 클수록 크다.
11. 콘크리트의 비중(단위중량)이 클수록 크다.
12. 벽 두께가 두꺼울수록 커진다.

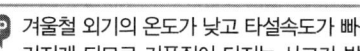
겨울철 외기의 온도가 낮고 타설속도가 빠를수록 측압이 커지게 되므로 거푸집이 터지는 사고가 발생할 수 있다.

**112** 다음 중 운반작업 시 주의사항으로 옳지 않은 것은?

① 운반 시의 시선은 진행방향을 향하고 뒷걸음 운반을 하여서는 안 된다.
② 무거운 물건을 운반할 때 무게 중심이 높은 화물은 인력으로 운반하지 않는다.
③ 어깨높이보다 높은 위치에서 화물을 들고 운반하여서는 안 된다.
④ 단독으로 긴 물건을 어깨에 메고 운반할 때에는 뒤쪽을 위로 올린 상태로 운반한다.

정답 109 ② 110 ② 111 ① 112 ④

> [해설]
> 인력운반작업의 준수사항
> 단독으로 어깨에 메고 운반할 때에는 하물 앞부분 끝을 근로자 신장보다 약간 높게 하여 모서리, 곡선 등에 충돌하지 않도록 주의하여야 한다.

**113** 다음 중 직접기초의 터파기 공법이 아닌 것은?

① 개착 공법
② 시트 파일 공법
③ 트렌치 컷 공법
④ 아일랜드 컷 공법

> [해설]
> 흙파기 공법
> 건축 구조물의 기초를 설치하기 위하여 적정한 깊이로 땅을 파는 것을 말한다.

| | | |
|---|---|---|
| Open Cut 공법 (개착식 굴착공법) | 경사면(비탈면) Open Cut 공법 | 흙막이 지보공(버팀대)이 필요 없이 굴착면을 경사지게 파내는 공법 |
| | 흙막이 Open Cut 공법 | 흙막이벽과 널말뚝에 의해 지지하면서 터파기를 하는 공법 |
| 아일랜드 컷 공법 (Island Cut) | | 중앙부를 먼저 굴착하여 기초를 시공하고 기초에 버팀대로 지지하여 주변 부분을 굴착하는 방법(중앙부 먼저) |
| 트렌치 컷 공법 (Trench Cut) | | 아일랜드 컷 공법과 반대로 주변부를 먼저 시공한 후 나중에 중앙부를 굴착하여 지하 구조물을 완성하는 공법(주변부 먼저) |

> TIP 흙막이 공법이란 흙막이 배면에 작용하는 토압에 대응하는 구조물로 기초굴착에 따른 지반의 붕괴와 물의 침입을 방지하기 위하여 토압과 수압을 지지하는 공법으로 시트 파일 공법은 흙막이 공법의 종류이다.

**114** 건설재해대책의 사면보호공법 중 식물을 생육시켜 그 뿌리로 사면의 표층토를 고정하여 빗물에 의한 침식, 동상, 이완 등을 방지하고, 녹화에 의한 경관 조성을 목적으로 시공하는 것은?

① 식생공
② 실드공
③ 뿜어 붙이기공
④ 블록공

> [해설]
> 비탈면 보호공법(사면보호공법)
> 강우에 의한 표면 침식 또는 붕괴를 방지하고 동시에 경관이나 미관을 목적으로 시공한다.

| 구분 | 개요 | 공법 |
|---|---|---|
| 식생 공법 | 식물을 사면·경사면 상에 초목이 무성하게 자라게 함으로써 경사면 침식을 방비하는 공법을 말하며 녹화공법 이라고도 한다. | • 씨앗 뿌리기공<br>• 식생판공<br>• 식생 포대공<br>• 떼 붙임공<br>• 씨앗 뿜어붙이기공<br>• 식생공 |
| 구조물 공법 | 침식, 세굴, 풍화 및 동상 등으로부터 비탈면을 보호하기 위하여 비탈면 안에 블록이나 구조물을 설치하는 공법 | • 현장타설 콘크리트 격자공<br>• 블록공<br>• 돌쌓기공<br>• 콘크리트 붙임공법<br>• 뿜칠공법 |

**115** 훅걸이용 와이어로프 등이 훅으로부터 벗겨지는 것을 방지하기 위한 장치는?

① 해지장치
② 권과방지장치
③ 과부하방지장치
④ 턴버클

> [해설]
> 후크해지장치
> 줄걸이 용구인 와이어로프 슬링 또는 체인, 섬유벨트 등을 훅에 걸고 작업 시 이탈을 방지하기 위한 안전장치

**116** 장비가 위치한 지면보다 낮은 장소를 굴착하는 데 적합한 장비는?

① 트럭크레인
② 파워 셔블
③ 백호
④ 진폴

> [해설]
> 백호(Back Hoe : 드래그 셔블)
> 1. 굴착기가 위치한 지면보다 낮은 곳을 굴착하는 데 적당
> 2. 도랑파기에 적당하며 굴삭력이 우수
> 3. 비교적 굳은 지반의 토질에서도 사용 가능
> 4. 경사로나 연약지반에서는 무한궤도식이 타이어식보다 안전

**117** 추락방지용 방망 중 그물코의 크기가 5cm인 매듭방망 신품의 인장강도는 최소 몇 kg 이상이어야 하는가?

① 60
② 110
③ 150
④ 200

[정답] 113 ② 114 ① 115 ① 116 ③ 117 ②

**해설**

방망사의 신품에 대한 인장강도

| 그물코의 크기 (단위 : 센티미터) | 방망의 종류(단위 : 킬로그램) | |
|---|---|---|
| | 매듭 없는 방망 | 매듭방망 |
| 10 | 240 | 200 |
| 5 | | 110 |

## 118 잠함 또는 우물통의 내부에서 굴착작업을 할 때의 준수사항으로 옳지 않은 것은?

① 굴착 깊이가 10m를 초과하는 경우에는 해당 작업장소와 외부와의 연락을 위한 통신설비 등을 설치하여야 한다.
② 산소 결핍의 우려가 있는 경우에는 산소의 농도를 측정하는 자를 지명하여 측정하도록 한다.
③ 근로자가 안전하게 승강하기 위한 설비를 설치한다.
④ 측정 결과 산소의 결핍이 인정될 경우에는 송기를 위한 설비를 설치하여 필요한 양의 공기를 공급하여야 한다.

**해설**

잠함 등 내부에서의 작업(잠함, 우물통, 수직갱 등 이와 유사한 건설물 또는 설비)
1. 산소 결핍 우려가 있는 경우에는 산소의 농도를 측정하는 사람을 지명하여 측정하도록 할 것
2. 근로자가 안전하게 오르내리기 위한 설비를 설치할 것
3. 굴착 깊이가 20미터를 초과하는 경우에는 해당 작업장소와 외부와의 연락을 위한 통신설비 등을 설치할 것
4. 산소 결핍이 인정되거나 굴착 깊이가 20미터를 초과하는 경우에는 송기를 위한 설비를 설치하여 필요한 양의 공기를 공급해야 한다.

## 119 이동식비계를 조립하여 작업을 하는 경우의 준수사항으로 옳지 않은 것은?

① 비계의 최상부에서 작업을 하는 경우에는 안전난간을 설치할 것
② 작업발판은 항상 수평을 유지하고 작업발판 위에서 안전난간을 딛고 작업을 하거나 받침대 또는 사다리를 사용하여 작업하지 않도록 할 것
③ 작업발판의 최대적재하중은 150kg을 초과하지 않도록 할 것
④ 이동식비계의 바퀴에는 뜻밖의 갑작스러운 이동 또는 전도를 방지하기 위하여 브레이크·쐐기 등으로 바퀴를 고정시킨 다음 비계의 일부를 견고한 시설물에 고정하거나 아웃트리거(outrigger)를 설치하는 등 필요한 조치를 할 것

**해설**

이동식비계 조립 시의 준수사항
1. 이동식 비계의 바퀴에는 뜻밖의 갑작스러운 이동 또는 전도를 방지하기 위하여 브레이크·쐐기 등으로 바퀴를 고정시킨 다음 비계의 일부를 견고한 시설물에 고정하거나 아웃 트리거를 설치하는 등 필요한 조치를 할 것
2. 승강용사다리는 견고하게 설치할 것
3. 비계의 최상부에서 작업을 하는 경우에는 안전난간을 설치할 것
4. 작업발판은 항상 수평을 유지하고 작업발판 위에서 안전난간을 딛고 작업을 하거나 받침대 또는 사다리를 사용하여 작업하지 않도록 할 것
5. 작업발판의 최대적재하중은 250킬로그램을 초과하지 않도록 할 것

## 120 항타기 또는 항발기의 권상장치 드럼축과 권상장치로부터 첫 번째 도르래의 축 간의 거리는 권상장치 드럼폭의 몇 배 이상으로 하여야 하는가?

① 5배
② 8배
③ 10배
④ 15배

**해설**

항타기 또는 항발기의 도르래의 위치
1. 항타기 또는 항발기의 권상장치의 드럼축과 권상장치로부터 첫 번째 도르래의 축 간의 거리를 권상장치 드럼폭의 15배 이상으로 하여야 한다.
2. 도르래는 권상장치의 드럼 중심을 지나야 하며 축과 수직면상에 있어야 한다.

**정답** 118 ① 119 ③ 120 ④

# PART 02
# 10 2019년 1회 기출문제

## 1과목 안전관리론

**01** 안전교육방법 중 학습자가 이미 설명을 듣거나 시범을 보고 알게 된 지식이나 기능을 강사의 감독 아래 직접적으로 연습하여 적용할 수 있도록 하는 교육방법은?

① 모의법
② 토의법
③ 실연법
④ 반복법

### 해설
**교육방법**

| | |
|---|---|
| 강의법 | 교사가 일방적으로 학습자에게 정보를 제공하는 교사 중심적 형태의 교육방법으로 한 단원의 도입단계나 초보적인 단계에 대해서는 극히 효과가 큰 교육방법(일방적 의사전달방법) |
| 토의법 | 다양한 과제와 문제에 대해 학습자 상호 간에 솔직하게 의견을 내어 공통의 이해를 꾀하면서 그룹의 결론을 도출해가는 것으로 안전지식과 관리에 대한 유경험자에게 적합한 교육방법(쌍방적 의사전달방법) |
| 실연법 | 학습자가 이미 설명을 듣거나 시범을 보고 알게 된 지식이나 기능을 강사의 감독 아래 직접적으로 연습해 적용해 보게 하는 교육방법 |
| 프로그램학습법 | 학생이 자기 학습속도에 따른 학습이 허용되어 있는 상태에서 학습자가 프로그램 자료를 가지고 단독으로 학습하도록 하는 교육방법 |
| 모의법 | 실제의 장면이나 상태와 극히 유사한 상황을 인위적으로 만들어 그 속에서 학습하도록 하는 교육방법 |
| 시청각교육법 | 시청각교재(TV, 비디오, 슬라이드, 사진, 그림, 도표 등)를 최대한 활용한 교육방법 |
| 시범 | 기능이나 작업과정을 학습시키기 위해 필요로 하는 분명한 동작을 제시하는 방법 |
| 반복법 | 이미 학습한 내용이나 기능을 반복해서 말하거나 실연토록 하는 방법 |
| 구안법 | 학습자 마음속에 생각하고 있는 것을 외부에 구체적으로 실현하고 형상화하기 위해 학습자 스스로가 계획을 세워서 수행하는 학습활동으로 이루어지는 교육방법 |

**02** 제일선의 감독자를 교육대상으로 하고, 작업을 지도하는 방법, 작업개선방법 등의 주요 내용을 다루는 기업 내 교육방법은?

① TWI
② MTP
③ ATT
④ CCS

### 해설
TWI(Training Within Industry)
1. 교육대상자 : 제일선 관리감독자
2. 관리감독자의 구비조건
   ㉠ 직무에 관한 지식
   ㉡ 직책의 지식
   ㉢ 작업을 가르치는 능력
   ㉣ 작업의 방법을 개선하는 기능
   ㉤ 사람을 다스리는 기능
3. 교육과정
   ㉠ Job Method Training(JMT) : 작업방법훈련, 작업개선훈련
   ㉡ Job Instruction Training(JIT) : 작업지도훈련
   ㉢ Job Relations Training(JRT) : 인간관계 훈련, 부하통솔법
   ㉣ Job Safety Training(JST) : 작업안전훈련
4. 교육시간 : 10시간(1일 2시간씩 5일), 한 그룹에 10명 내외

**03** 사고의 원인분석방법에 해당하지 않는 것은?

① 통계적 원인분석
② 종합적 원인분석
③ 클로즈(close)분석
④ 관리도

### 해설
재해원인의 분석방법
1. 개별적 원인분석
   ㉠ 개개의 재해를 각각 분석하는 것으로 상세하게 그 원인을 규명
   ㉡ 특별재해나 중대한 재해의 원인분석에 적합
   ㉢ 재해 발생 수가 비교적 적은 중소기업에 적합
2. 통계에 의한 원인분석
   ㉠ 파레토도 : 사고의 유형, 기인물 등 분류항목을 큰 값에서 작은 값의 순서로 도표화하며, 문제나 목표의 이해에 편리하다.
   ㉡ 특성 요인도 : 특성과 요인관계를 어골상으로 도표화하여 분석하는 기법(원인과 결과를 연계하여 상호 관계를 파악하기 위한 분석방법)

정답 01 ③ 02 ① 03 ②

ⓒ 클로즈(Close) 분석 : 두 개 이상의 문제관계를 분석하는 데 사용하는 것으로, 데이터를 집계하고 표로 표시하여 요인별 결과내역을 교차한 클로즈 그림을 작성하여 분석하는 기법
ⓓ 관리도 : 재해 발생 건수 등의 추이에 대해 한계선을 설정하여 목표 관리를 수행하는 데 사용되는 방법으로 관리선은 관리상한선, 중심선, 관리하한선으로 구성된다.

**TIP** 기인물과 가해물의 정의
- 기인물 : 직접적으로 재해를 유발하거나 영향을 끼친 에너지원(운동, 위치, 열, 전기 등)을 지닌 기계·장치, 구조물, 물체·물질, 사람 또는 환경 등을 말한다.
- 가해물 : 사람에게 직접적으로 상해를 입힌 기계, 장치, 구조물, 물체·물질, 사람 또는 환경요인을 말한다.

## 04 국제노동기구(ILO)의 산업재해 정도 구분에서 부상 결과 근로자가 신체장해등급 제12급 판정을 받았다면 이는 어느 정도의 부상을 의미하는가?

① 영구 전노동불능
② 영구 일부노동불능
③ 일시 전노동불능
④ 일시 일부노동불능

**해설**

상해 정도별 분류(국제노동기구(ILO)에 따른 분류)

| 사망 | 안전사고 혹은 부상의 결과로 사망한 경우 : 노동손실일수 7,500일 |
|---|---|
| 영구 전 노동불능 상해 | 부상 결과 근로기능을 완전히 잃은 경우(신체장해등급 제1급~제3급) : 노동손실일수 7,500일 |
| 영구 일부 노동불능 상해 | 부상 결과 신체의 일부가 근로기능을 상실한 경우(신체장해등급 제4급~제14급) |
| 일시 전 노동불능 상해 | 의사의 진단에 따라 일정기간 근로를 할 수 없는 경우(신체장해가 남지 않는 일반적인 휴업재해) |
| 일시 일부 노동불능 상해 | 의사의 진단에 따라 부상 다음날 혹은 그 이후에 정규근로에 종사할 수 없는 휴업재해 이외의 경우(일시적으로 작업시간 중에 업무를 떠나 치료를 받는 것 또는 가벼운 작업에 종사하는 정도의 휴업재해) |
| 응급(구급)조치 상해 | 응급처치 혹은 의료조치를 받아 부상당한 다음날 정규근로에 종사할 수 있는 경우 |

## 05 다음 재해사례에서 기인물에 해당하는 것은?

기계작업에 배치된 작업자가 반장의 지시를 받기 전에 정지된 선반을 운전시키면서 변속치차의 덮개를 벗겨내고 치차를 저속으로 운전하면서 급유하려고 할 때 오른손이 변속치차에 맞물려 손가락이 절단되었다.

① 덮개
② 급유
③ 선반
④ 변속치차

**해설**
1. 기인물 : 선반
2. 가해물 : 변속치차

## 06 하인리히의 재해 코스트 평가방식 중 직접비에 해당하지 않는 것은?

① 산재보상비
② 치료비
③ 간호비
④ 생산손실

**해설**

직접비와 간접비

| 직접비 | 법적으로 정한 산재보상비(산재자에게 지급되는 보상비 일체)<br>1. 요양급여(진찰비, 간호비용 등)<br>2. 휴업급여  5. 유족급여<br>3. 장해급여  6. 장의비<br>4. 간병급여  7. 상병보상 연금<br>8. 기타(장해특별급여, 유족특별급여, 직업재활급여) |
|---|---|
| 간접비 | 직접비를 제외한 모든 비용(산재로 인해 기업이 입은 재산상의 손실)<br>1. 인적 손실  4. 특수 손실<br>2. 물적 손실  5. 기타 손실<br>3. 생산 손실 |

## 07 한 사람 한 사람의 위험에 대한 감수성 향상을 도모하기 위하여 삼각 및 원 포인트 위험예지훈련을 통합한 활용기법은?

① 1인 위험예지훈련
② TBM 위험예지훈련
③ 자문자답 위험예지훈련
④ 시나리오 역할연기훈련

**해설**

무재해운동의 실천기법

| 1인 위험예지훈련 | 한 사람 한 사람의 위험에 대한 감수성 향상을 도모하기 위해 삼각 및 원 포인트 위험예지훈련을 통합한 활용기법 |
|---|---|
| TBM 위험예지훈련 | 현장에서 그때 그때 주어진 상황에 적응하여 실시하는 위험예지활동으로 즉시 즉응법이라고도 한다. |

| 자문자답<br>위험예지훈련 | 자문자답 카드의 체크항목을 큰 소리로 자문자답하면서 위험요인을 발견·파악하여 단시간에 행동목표를 정하여 지적확인하는 것 |
|---|---|
| 시나리오<br>역할연기훈련 | 작업 전 5분간 미팅의 시나리오를 작성하여 그 시나리오에 의해 역할연기를 함으로써 체험 학습하는 기법 |

**08** 보호구 안전인증 고시에 따른 분리식 방진마스크의 성능기준에서 포집효율이 특급인 경우, 염화나트륨(NaCl) 및 파라핀 오일(Paraffin oil)시험에서의 포집효율은?

① 99.95% 이상
② 99.9% 이상
③ 99.5% 이상
④ 99.0% 이상

해설
방진마스크 여과재 분진 등 포집효율

| 형태 및 등급 | | 염화나트륨(NaCl) 및 파라핀<br>오일(Paraffin oil) 시험(%) |
|---|---|---|
| 분리식 | 특급 | 99.95 이상 |
| | 1급 | 94.0 이상 |
| | 2급 | 80.0 이상 |
| 안면부<br>여과식 | 특급 | 99.0 이상 |
| | 1급 | 94.0 이상 |
| | 2급 | 80.0 이상 |

**09** 안전검사기관 및 자율검사 프로그램 인정기관은 고용노동부장관에게 그 실적을 보고하도록 관련법에 명시되어 있는데, 그 주기로 옳은 것은?

① 매월
② 격월
③ 분기
④ 반기

해설
안전검사 실적보고
안전검사기관은 분기마다 다음 달 10일까지 분기별 실적과, 매년 1월 20일까지 전년도 실적을 고용노동부장관에게 제출하여야 하며, 공단은 분기마다 다음 달 10일까지 분기별 실적과, 매년 1월 20일까지 전년도 실적을 고용노동부장관에게 제출하여야 한다.

**10** 사고예방대책의 기본원리 5단계 중 틀린 것은?

① 1단계 : 안전관리계획
② 2단계 : 현상파악
③ 3단계 : 분석평가
④ 4단계 : 대책의 선정

해설
하인리히의 재해예방 5단계(사고예방대책의 기본원리)
1. 제1단계 : 조직(안전관리조직)
2. 제2단계 : 사실의 발견(현상파악)
3. 제3단계 : 분석평가
4. 제4단계 : 시정책의 선정(대책의 선정)
5. 제5단계 : 시정책의 적용(목표달성)

**11** 산업안전보건법상의 안전·보건표지 종류 중 관계자 외 출입금지표지에 해당되는 것은?

① 안전모 착용
② 폭발성물질 경고
③ 방사성물질 경고
④ 석면취급 및 해체·제거

해설
관계자 외 출입금지

| 허가대상물질<br>작업장 | 석면취급/<br>해체작업장 | 금지대상물질의<br>취급 실험실 등 |
|---|---|---|
| 관계자 외 출입금지<br>(허가물질 명칭)<br>제조/사용/보관 중 | 관계자 외 출입금지<br>석면 취급/<br>해체 중 | 관계자 외 출입금지<br>발암물질 취급 중 |
| 보호구/보호복 착용<br>흡연 및 음식물<br>섭취 금지 | 보호구/보호복 착용<br>흡연 및 음식물<br>섭취 금지 | 보호구/보호복 착용<br>흡연 및 음식물<br>섭취 금지 |

**12** 재해예방의 4원칙에 관한 설명으로 틀린 것은?

① 재해의 발생에는 반드시 원인이 존재한다.
② 재해의 발생과 손실의 발생은 우연적이다.
③ 재해를 예방할 수 있는 안전대책은 반드시 존재한다.
④ 재해는 원인 제거가 불가능하므로 예방만이 최선이다.

정답 08 ① 09 ③ 10 ① 11 ④ 12 ④

### 해설
하인리히의 재해예방 4원칙

| | |
|---|---|
| 예방 가능의 원칙 | 천재지변을 제외한 모든 재해는 원칙적으로 예방이 가능하다. |
| 손실 우연의 원칙 | 사고로 생기는 상해의 종류 및 정도는 우연적이다. |
| 원인 계기의 원칙 | 사고와 손실의 관계는 우연적이지만 사고와 원인관계는 필연적이다.(사고에는 반드시 원인이 있다.) |
| 대책 선정의 원칙 | 원인을 정확히 규명해서 대책을 선정하고 실시되어야 한다.(3E, 즉 기술, 교육, 관리를 중심으로) |

## 13 적응기제(適應機制, Adjustment Mechanism)의 종류 중 도피적 기제(행동)에 해당하지 않는 것은?

① 고립
② 퇴행
③ 억압
④ 합리화

### 해설
적응기제의 기본유형

| 공격적 기제(행동) | 도피적 기제(행동) | 방어적(절충적) 기제(행동) |
|---|---|---|
| • 직접적 공격 기제 : 폭행, 싸움, 기물파손 등<br>• 간접적 공격 기제 : 비난, 폭언, 욕설 등 | • 백일몽<br>• 퇴행<br>• 억압<br>• 반동형성<br>• 고립 등 | • 승화<br>• 보상<br>• 합리화<br>• 투사<br>• 동일화 등 |

## 14 안전관리조직의 참모식(Staff형)에 대한 장점이 아닌 것은?

① 경영자의 조언과 자문역할을 한다.
② 안전정보 수집이 용이하고 빠르다.
③ 안전에 관한 명령과 지시는 생산라인을 통해 신속하게 전달한다.
④ 안전전문가가 안전계획을 세워 문제해결방안을 모색하고 조치한다.

### 해설
스태프형(Staff형, 참모형 조직)
1. 의의
   ㉠ 회사 내에 별도로 안전활동 전담부서를 두는 방식의 조직 형태
   ㉡ 100명 이상 1,000명 미만의 중규모 사업장에 적합한 조직 형태
   ㉢ 안전관리에 관한 계획과 조정, 조사, 검토, 보고 등의 일과 현장에 대한 기술지원을 담당하도록 편성된 조직
2. 장점
   ㉠ 경영자의 조언과 자문역할을 함
   ㉡ 안전에 관한 지식, 기술의 정보 수집이 용이하고 빠름
3. 단점
   ㉠ 생산부분은 안전에 대한 책임과 권한이 없음
   ㉡ 안전과 생산을 별개로 취급하기 쉬움

## 15 주의의 수준이 Phase 0인 상태에서의 의식상태는?

① 무의식상태
② 의식의 이완상태
③ 명료한 상태
④ 과긴장상태

### 해설
의식수준의 단계

| 단계 | 의식의 상태 | 신뢰성 |
|---|---|---|
| Phase 0 (제0단계) | 무의식, 실신 | 0(Zero) |
| Phase I (제I단계) | 정상 이하, 의식 흐림, 의식 몽롱함 | 0.9 이하 |
| Phase II (제II단계) | 정상, 이완상태, 느긋한 기분 | 0.99~0.99999 |
| Phase III (제III단계) | 정상, 상쾌한 상태, 분명한 의식 | 0.999999 이상 (신뢰도가 가장 높은 상태) |
| Phase IV (제IV단계) | 과긴장, 흥분상태 | 0.9 이하 |

## 16 인간오류에 관한 분류 중 독립행동에 의한 분류가 아닌 것은?

① 생략오류
② 실행오류
③ 명령오류
④ 시간오류

### 해설
인간실수의 분류(심리적인 분류)

| | |
|---|---|
| 생략에러 (Omission Error) 부작위 실수 | 필요한 직무 및 절차를 수행하지 않아(생략) 발생하는 에러<br>예 가스밸브를 잠그는 것을 잊어 사고가 났다. |
| 작위에러 (Commission Error) | 필요한 작업 또는 절차의 불확실한 수행 (잘못 수행)으로 인한 에러<br>예 전선이 바뀌었다, 틀린 부품을 사용하였다, 부품이 거꾸로 조립되었다 등 |

**정답** 13 ④  14 ③  15 ①  16 ③

| 순서에러<br>(Sequential Error) | 필요한 작업 또는 절차의 순서 착오로 인한 에러<br>예 자동차 출발 시 핸드브레이크를 해제하지 않고 출발하여 발생한 에러 |
|---|---|
| 시간에러<br>(Time Error) | 필요한 직무 또는 절차의 수행지연으로 인한 에러<br>예 프레스 작업 중에 금형 내에 손이 오랫동안 남아 있어 발생한 재해 |
| 과잉행동에러<br>(Extraneous Error) | 불필요한 작업 또는 절차를 수행함으로써 기인한 에러<br>예 자동차 운전 중 습관적으로 손을 창문으로 내밀어 발생한 재해 |

**17** 산업안전보건법상 특별안전보건교육에서 방사선 업무에 관계되는 작업을 할 때 교육내용으로 거리가 먼 것은?

① 방사선의 유해·위험 및 인체에 미치는 영향
② 방사선 측정기기 기능의 점검에 관한 사항
③ 비상시 응급처리 및 보호구 착용에 관한 사항
④ 산소농도측정 및 작업환경에 관한 사항

[해설]
방사선 업무에 관계되는 작업(의료 및 실험용은 제외)
1. 방사선의 유해·위험 및 인체에 미치는 영향
2. 방사선의 측정기기 기능의 점검에 관한 사항
3. 방호거리·방호벽 및 방사선물질의 취급 요령에 관한 사항
4. 응급처치 및 보호구 착용에 관한 사항
5. 그 밖에 안전·보건관리에 필요한 사항

**18** 특정과업에서 에너지 소비수준에 영향을 미치는 인자가 아닌 것은?

① 작업방법   ② 작업속도
③ 작업관리   ④ 도구

[해설]
에너지 소비량에 영향을 미치는 인자
1. 작업자세
2. 작업속도
3. 작업방법
4. 도구설계

**19** 산업안전보건법령상 의무안전인증대상 기계·기구 및 설비가 아닌 것은?

① 연삭기   ② 롤러기
③ 압력용기   ④ 고소(高所) 작업대

[해설]
안전인증대상 기계 등

| 기계 또는 설비 | 1. 프레스<br>2. 전단기 및 절곡기<br>3. 크레인<br>4. 리프트<br>5. 압력용기 | 6. 롤러기<br>7. 사출성형기<br>8. 고소 작업대<br>9. 곤돌라 |
|---|---|---|
| 방호장치 | 1. 프레스 및 전단기 방호장치<br>2. 양중기용 과부하방지장치<br>3. 보일러 압력방출용 안전밸브<br>4. 압력용기 압력방출용 안전밸브<br>5. 압력용기 압력방출용 파열판<br>6. 절연용 방호구 및 활선작업용 기구<br>7. 방폭구조 전기기계·기구 및 부품<br>8. 추락·낙하 및 붕괴 등의 위험 방지 및 보호에 필요한 가설기자재로서 고용노동부장관이 정하여 고시하는 것<br>9. 충돌·협착 등의 위험 방지에 필요한 산업용 로봇 방호장치로서 고용노동부장관이 정하여 고시하는 것 ||
| 보호구 | 1. 추락 및 감전 위험 방지용 안전모<br>2. 안전화<br>3. 안전장갑<br>4. 방진마스크<br>5. 방독마스크<br>6. 송기마스크<br>7. 전동식 호흡보호구 | 8. 보호복<br>9. 안전대<br>10. 차광 및 비산물 위험방지용 보안경<br>11. 용접용 보안면<br>12. 방음용 귀마개 또는 귀덮개 |

**20** 다음 중 안전·보건교육계획을 수립할 때 고려할 사항으로 가장 거리가 먼 것은?

① 현장의 의견을 충분히 반영한다.
② 대상자의 필요한 정보를 수집한다.
③ 안전교육 시행체계와의 연관성을 고려한다.
④ 정부 규정에 의한 교육에 한정하여 실시한다.

[해설]
안전보건교육계획 수립 시 고려할 사항
1. 필요한 정보를 수집한다.
2. 현장의 의견을 반영한다.
3. 안전교육 시행체계와의 관련을 고려한다.
4. 법 규정에 의한 교육에만 그치지 않는다.
5. 교육담당자를 지정한다.

[정답] 17 ④  18 ③  19 ①  20 ④

## 2과목 인간공학 및 시스템 안전공학

**21** 의도는 올바른 것이었지만, 행동이 의도한 것과는 다르게 나타나는 오류를 무엇이라 하는가?

① Slip
② Mistake
③ Lapse
④ Violation

**해설**

인간의 오류 모형

| | |
|---|---|
| 착오 (Mistake) | 상황해석을 잘못하거나 목표를 잘못 이해하고 착각하여 행하는 경우(어떤 목적으로 행동하려고 했는데, 그 행동과 일치하지 않는 것) |
| 실수 (Slip) | 상황이나 목표의 해석을 제대로 했으나 의도와는 다른 행동을 하는 경우 |
| 건망증 (Lapse) | 여러 과정이 연계적으로 계속하여 일어나는 행동 중 일부를 잊어버리고 하지 않거나 또는 기억의 실패에 의해 발생하는 오류 |
| 위반 (Violation) | 정해진 규칙을 알고 있음에도 고의적으로 따르지 않거나 무시하는 행위 |

**22** 음압수준이 70dB인 경우, 1,000Hz에서 순음의 phon치는?

① 50phon
② 70phon
③ 90phon
④ 100phon

**해설**

phon에 의한 음량 수준
1. 정량적 평가를 하기 위한 음량 수준 척도로 단위는 phon
2. 어떤 음의 phon치로 표시한 음량 수준은 이 음과 같은 크기로 들리는 1,000Hz 순음의 음압 수준(dB)이다.

**23** 쾌적환경에서 추운 환경으로 변화 시 신체의 조절작용이 아닌 것은?

① 피부온도가 내려간다.
② 직장온도가 약간 내려간다.
③ 몸이 떨리고 소름이 돋는다.
④ 피부를 경유하는 혈액 순환량이 감소한다.

**해설**

온도 변화에 대한 인체의 적응

| | |
|---|---|
| 적정온도에서 고온환경 (더운환경)으로 변할 때 | • 많은 양의 혈액이 피부를 경유하며 피부온도가 올라간다.<br>• 직장(直腸)온도가 내려간다.<br>• 발한이 시작된다. |
| 적정온도에서 한랭환경 (추운 환경)으로 변할 때 | • 혈액은 피부를 경유하는 순환량이 감소하고, 많은 양의 혈액이 몸의 중심부를 순환한다.<br>• 피부온도가 내려간다.<br>• 직장(直腸)온도가 약간 올라간다.<br>• 소름이 돋고 몸이 떨린다. |

**24** 다음의 각 단계를 결함수분석법(FTA)에 의한 재해사례의 연구 순서대로 나열한 것은?

㉠ 정상사상의 선정
㉡ FT도 작성 및 분석
㉢ 개선 계획의 작성
㉣ 각 사상의 재해원인 규명

① ㉠ → ㉡ → ㉢ → ㉣
② ㉠ → ㉣ → ㉢ → ㉡
③ ㉠ → ㉢ → ㉡ → ㉣
④ ㉠ → ㉣ → ㉡ → ㉢

**해설**

FTA에 의한 재해사례의 연구 순서
1. 제1단계 : 톱사상(정상사상)의 선정
2. 제2단계 : 각 사상의 재해원인 규명
3. 제3단계 : FT도의 작성
4. 제4단계 : 개선 계획의 작성

**25** 점광원으로부터 0.3m 떨어진 구면에 비추는 광량이 5Lumen일 때, 조도는 약 몇 럭스인가?

① 0.06
② 16.7
③ 55.6
④ 83.4

**해설**

조도
어떤 물체나 표면에 도달하는 빛의 단위 면적당 밀도를 말한다.

$$조도 = \frac{광도}{(거리)^2} = \frac{5}{0.3^2} = 55.55 = 55.6$$

**26** 생명유지에 필요한 단위시간당 에너지량을 무엇이라 하는가?

① 기초대사량
② 산소 소비율
③ 작업대사량
④ 에너지 소비율

**해설**

기초대사량(BMR : Basal Metabolic Rate)
1. 생명을 유지하기 위한 최소한의 에너지대사량(에너지 소비량)을 의미한다.

2. 성, 연령, 체중은 개인의 기초대사량에 영향을 주는 중요한 요인이며, 일반적으로 신체가 크고 젊은 남성의 기초대사량이 크다.
3. 성인의 경우 보통 1,500~1,800kcal/일, 기초대사와 여가에 필요한 대사량은 2,300kcal/일, 작업 시 정상적인 에너지 소비량은 2,300kcal/일이다.

## 27 FT도에 사용되는 다음 게이트의 명칭은?

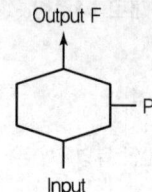

① 부정 게이트
② 억제 게이트
③ 배타적 OR 게이트
④ 우선적 AND 게이트

**해설**
게이트 기호

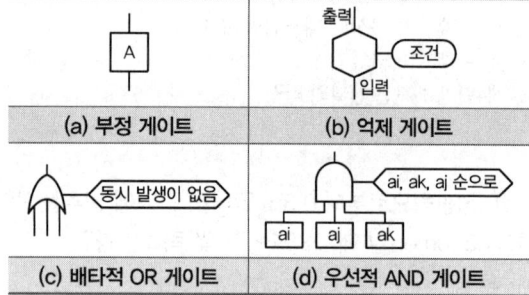

## 28 인간-기계시스템의 설계를 6단계로 구분할 때, 첫 번째 단계에서 시행하는 것은?

① 기본설계
② 시스템의 정의
③ 인터페이스 설계
④ 시스템의 목표와 성능 명세 결정

**해설**
인간-기계체계 설계의 기본단계 순서
1. 제1단계 : 목표 및 성능 명세 결정
2. 제2단계 : 시스템(체계)의 정의
3. 제3단계 : 기본설계
4. 제4단계 : 인터페이스(계면) 설계
5. 제5단계 : 촉진물설계
6. 제6단계 : 시험 및 평가

## 29 음량 수준을 측정할 수 있는 3가지 척도에 해당되지 않는 것은?

① sone
② 럭스
③ phon
④ 인식소음 수준

**해설**
음량 수준의 측정 척도

| | |
|---|---|
| phon에 의한 음량 수준 | • 정량적 평가를 하기 위한 음량 수준 척도로 단위는 phon<br>• 어떤 음의 phon치로 표시한 음량 수준은 이 음과 같은 크기로 들리는 1,000Hz 순음의 음압 수준(dB)이다. |
| sone에 의한 음량 | • 40dB의 1,000Hz 순음의 크기(=40phon)를 1sone이라 정의한다.<br>• 기준음보다 10배 크게 들리는 음은 10sone의 음량을 갖는다. |
| 인식 소음 수준 | • PNdB의 인식 소음 수준의 척도는 같은 소음으로 들리는 910~1,090Hz대의 소음 음압 수준으로 정의<br>• PLdB 인식 소음 수준의 척도는 3,150Hz에 중심을 둔 1/3 옥타브대 음을 기준으로 사용 |

## 30 수리 가능한 어떤 기계의 가용도(Availability)는 0.9이고, 평균수리시간(MTTR)이 2시간일 때, 이 기계의 평균수명(MTBF)은?

① 15시간
② 16시간
③ 17시간
④ 18시간

**해설**
가동성(Availability, 가용도)
시스템이 어떤 기간 중에 기능을 발휘하고 있을 시간의 비율

1. 가용도$(A) = \dfrac{MTBF}{MTBF + MTTR}$
2. $0.9 = \dfrac{MTBF}{MTBF + 2}$
3. $0.9(MTBF + 2) = MTBF$
4. $0.9MTBF + 1.8 = MTBF$
5. $MTBF - 0.9MTBF = 1.8$
6. $(1 - 0.9)MTBF = 1.8$
7. $MTBF = \dfrac{1.8}{0.1} = 18$시간

## 31 동작경제원칙에 해당되지 않는 것은?

① 신체 사용에 관한 원칙
② 작업장 배치에 관한 원칙
③ 사용자 요구 조건에 관한 원칙
④ 공구 및 설비 디자인에 관한 원칙

**해설**

동작경제의 원칙
작업자가 에너지의 낭비 없이 효과적으로 작업할 수 있도록 작업자의 동작을 세밀하게 분석하여 가장 경제적이고 합리적인 표준동작을 설정하는 것을 말한다.
1. 신체 사용에 관한 원칙
2. 작업장 배치에 관한 원칙
3. 공구 및 설비 디자인에 관한 원칙

## 32 인간-기계시스템의 연구 목적으로 가장 적절한 것은?

① 정보 저장의 극대화
② 운전 시 피로의 평준화
③ 시스템의 신뢰성 극대화
④ 안전의 극대화 및 생산능률의 향상

**해설**

인간-기계시스템(Man-Machine System)의 정의
어떤 환경조건하에서 주어진 입력으로부터 원하는 결과를 생성하기 위한 인간과 기계시스템의 기능적이고 조화로운 결합을 의미하는 것으로 주목적은 안전의 최대화와 능률의 극대화이다.

## 33 산업안전보건법령에 따라 제조업 중 유해·위험방지계획서 제출대상 사업의 사업주가 유해·위험방지계획서를 제출하고자 할 때 첨부하여야 하는 서류에 해당하지 않는 것은?(단, 기타 고용노동부장관이 정하는 도면 및 서류 등은 제외한다.)

① 공사개요서
② 기계·설비의 배치도면
③ 기계·설비의 개요를 나타내는 서류
④ 원재료 및 제품의 취급, 제조 등의 작업방법의 개요

**해설**

유해·위험 방지계획서 제출 시 첨부서류(제조업)
1. 건축물 각 층의 평면도
2. 기계·설비의 개요를 나타내는 서류
3. 기계·설비의 배치도면
4. 원재료 및 제품의 취급, 제조 등의 작업방법의 개요
5. 그 밖에 고용노동부장관이 정하는 도면 및 서류

## 34 인체계측자료의 응용원칙 중 조절범위에서 수용하는 통상의 범위는 얼마인가?

① 5~95%tile
② 20~80%tile
③ 30~70%tile
④ 40~60%tile

**해설**

조절 가능한 설계
1. 작업에 사용하는 설비, 기구 등은 체격이 다른 여러 근로자들을 위하여 직접 크기를 조절할 수 있도록 조절식으로 설계하는 것이 바람직한 경우도 있다.
2. 조절범위는 통상 여성의 5%치(최소치)에서 남성의 95%치(최대치)로 한다.
3. 자동차 좌석의 전후 조절, 사무실 의자의 상하 조절, 책상 높이 등이 사례이다.

## 35 FTA에서 시스템의 기능을 살리는 데 필요한 최소 요인의 집합을 무엇이라 하는가?

① Critical Set
② Minimal Gate
③ Minimal Path
④ Boolean Indicated Cut Set

**해설**

미니멀 패스 셋(Minimal Path Set)
1. 미니멀 패스 셋은 정상사상이 일어나지 않기 위해 필요한 최소한의 것을 말한다.
2. 미니멀 패스 셋은 어느 고장이나 실수를 일으키지 않으면 재해가 일어나지 않는다는 것으로 시스템의 신뢰성을 나타내는 것이다.
3. 미니멀 패스 셋은 시스템의 기능을 살리는 최소요인의 집합이다.

## 36 시스템 수명주기 단계 중 마지막 단계인 것은?

① 구상단계
② 개발단계
③ 운전단계
④ 생산단계

**정답** 31 ③ 32 ④ 33 ① 34 ① 35 ③ 36 ③

**해설**

시스템의 수명 주기
1. 1단계 : 구상단계 – 예비위험분석(PHA)
2. 2단계 : 정의단계 – 시스템 개발의 가능성과 타당성의 확인, 시스템 안전성 위험분석(SSHA) 수행, 생산물의 적합성 검토
3. 3단계 : 개발단계 – FMEA(고장형태와 영향분석)
4. 4단계 : 생산단계 – 안전교육의 실시
5. 5단계 : 운전단계 – 사고조사 참여, 기술변경의 개발, 고객에 의한 최종 성능검사, 시스템의 보수 및 폐기, 시스템 안전 프로그램에 따른 평가
6. 6단계 : 폐기

**TIP** 일반적으로 6단계 폐기를 제외한 5단계로 구분할 수 있다.

**37** 염산을 취급하는 A 업체에서는 신설 설비에 관한 안전성 평가를 실시해야 한다. 정성적 평가단계의 주요 진단 항목에 해당하는 것은?

① 공장 내의 배치
② 제조공정의 개요
③ 재평가 방법 및 계획
④ 안전·보건교육 훈련계획

**해설**

안전성 평가(제2단계 : 정성적 평가)
1. 설계 관계 항목
   ㉠ 입지조건
   ㉡ 공장 내 배치
   ㉢ 건조물
   ㉣ 소방설비
2. 운전 관계 항목
   ㉠ 원재료, 중간체, 제품 등의 위험성
   ㉡ 프로세스의 운조조건 수송, 저장 등에 대한 안전대책
   ㉢ 프로세스 기기의 선정요건

**38** 실린더 블록에 사용하는 가스켓의 수명은 평균 10,000시간이며, 표준편차는 200시간으로 정규분포를 따른다. 사용시간이 9,600시간일 경우에 신뢰도는 약 얼마인가?(단, 표준정규분포표에서 $u_{0.8413}=1$, $u_{0.9772}=2$이다.)

① 84.13%
② 88.73%
③ 92.72%
④ 97.72%

**해설**

$$P(x \geq 9,600) = P\left(Z \geq \frac{x-\mu}{\sigma}\right) = P(Z \geq 2)$$
$$= P\left(Z \geq \frac{9,600-10,000}{200}\right) = P(Z \geq -2)$$
$$= 1 - 0.0228 = 0.9772 = 97.72\%$$

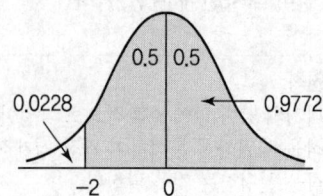

**39** 정신적 작업 부하에 관한 생리적 척도에 해당하지 않는 것은?

① 부정맥 지수
② 근전도
③ 점멸융합주파수
④ 뇌파도

**해설**

정신부하의 생리적 측정방법
주로 단일 감각기관에 의존하는 경우 작업에 대한 정신부하를 측정할 때 이용되는 방법으로 부정맥, 점멸융합주파수, 피부전기반사, 눈 깜박거림, 뇌파 등이 정신 작업부하 평가에 이용

**TIP** 근전도(EMG)
국소적인 근육 활동의 척도에 근전도(EMG)가 있으며, 이는 근육 활동 전위차를 기록한 것을 말한다.

**40** FMEA의 장점이라 할 수 있는 것은?

① 분석방법에 대한 논리적 배경이 강하다.
② 물적, 인적 요소 모두가 분석대상이 된다.
③ 서식이 간단하고 비교적 적은 노력으로 분석이 가능하다.
④ 두 가지 이상의 요소가 동시에 고장 나는 경우에도 분석이 용이하다.

**해설**

FMEA의 특징
1. CA(Criticality Analysis)와 병행하는 일이 많다.
2. FTA보다 서식이 간단하다.
3. 적은 노력으로 특별한 훈련 없이 분석이 가능하다.
4. 논리성이 부족하다.

**정답** 37 ① 38 ④ 39 ② 40 ③

5. 각 요소 간의 영향 분석이 어려워 동시에 둘 이상의 요소가 고장하는 경우 해석이 곤란하다.
6. 요소가 물체로 한정되어 있어 인적 원인 해명이 곤란하다.
7. 서브시스템 분석의 경우 FMEA보다 FTA를 하는 것이 더 실제적인 방법이다.
8. 정성적·귀납적 해석방법 등에 사용한다.

## 3과목 기계위험 방지기술

### 41 다음 중 용접 결함의 종류에 해당하지 않는 것은?

① 비드(Bead)
② 기공(Blow Hole)
③ 언더컷(Under Cut)
④ 용입 불량(Incomplete Penetration)

**해설**

용접의 결함

| 결함의 종류 | 결함의 모양 | 원인 | 상태 |
|---|---|---|---|
| 기공<br>(블로우홀)<br>(blow hole) | | 용접전류의 과대 사용, 강재에 부착되어 있는 기름, 페인트 등, 모재 가운데 유황 함유량 과대 | 용착금속에 방출가스로 인해 생긴 기포나 작은 틈 |
| 용입 부족<br>(lack of penetration, incomplete penetration) | | 운봉속도 과대, 낮은 전류, 용접봉 선택 불량 | 이음부에 두께가 불충분하게 용입된 현상 |
| 언더컷<br>(under cut) | | 과대전류, 운봉속도가 빠를 때, 부당한 용접봉을 사용할 때 | 용접된 경계 부근에 움푹 파여 들어가 홈이 생긴 것 |

**TIP** 비드(Bead)
용접작업에서 모재와 용접봉이 녹아서 생긴 띠 모양의 가늘고 긴 파형이다.

### 42 와이어로프의 꼬임은 일반적으로 특수로프를 제외하고는 보통 꼬임(Ordinary Lay)과 랭 꼬임(Lang's Lay)으로 분류할 수 있다. 다음 중 랭 꼬임과 비교하여 보통 꼬임의 특징에 관한 설명으로 틀린 것은?

① 킹크가 잘 생기지 않는다.
② 내마모성, 유연성, 저항성이 우수하다.
③ 로프의 변형이나 하중을 걸었을 때 저항성이 크다.
④ 스트랜드의 꼬임 방향과 로프의 꼬임 방향이 반대이다.

**해설**

와이어로프의 꼬임

| 보통 꼬임 | 랭 꼬임 |
|---|---|
| 로프의 꼬임 방향과 스트랜드의 꼬임 방향이 서로 반대 방향으로 꼬는 방법 | 로프의 꼬임 방향과 스트랜드의 꼬임 방향이 서로 동일한 방향으로 꼬는 방법 |
| • 하중에 대한 저항성이 크고 취급이 용이<br>• 소선의 외부 접촉 길이가 짧아서 비교적 마모가 되기 쉽다. | • 보통꼬임에 비하여 내마모성, 유연성, 내피로성 우수<br>• 꼬임이 풀리기 쉽고 킹크(꼬임)가 생기기 쉬워 자유롭게 회전하는 경우에는 적당하지 않다. |

### 43 다음 중 산업안전보건법령상 연삭숫돌을 사용하는 작업의 안전수칙으로 틀린 것은?

① 연삭숫돌을 사용하는 경우 작업시작 전과 연삭숫돌을 교체한 후에는 1분 정도 시운전을 통해 이상 유무를 확인한다.
② 회전 중인 연삭숫돌이 근로자에게 위험을 미칠 우려가 있는 경우에 그 부위에 덮개를 설치하여야 한다.
③ 연삭숫돌의 최고 사용회전속도를 초과하여 사용하여서는 안 된다.
④ 측면을 사용하는 목적으로 하는 연삭숫돌 이외에는 측면을 사용해서는 안 된다.

**해설**

연삭기 작업면에 있어서의 안전기준
1. 회전 중인 연삭숫돌(지름이 5cm 이상인 것으로 한정)이 근로자에게 위험을 미칠 우려가 있는 경우에 그 부위에 덮개를 설치하여야 한다.
2. 연삭숫돌을 사용하는 작업의 경우 작업을 시작하기 전에는 1분 이상, 연삭숫돌을 교체한 후에는 3분 이상 시험운전을 하고 해당 기계에 이상이 있는지를 확인하여야 한다.
3. 시험운전에 사용하는 연삭숫돌은 작업시작 전에 결함이 있는지를 확인한 후 사용하여야 한다.
4. 연삭숫돌의 최고 사용회전속도를 초과하여 사용하도록 해서는 아니 된다.
5. 측면을 사용하는 것을 목적으로 하지 않는 연삭숫돌을 사용하는 경우 측면을 사용하도록 해서는 아니 된다.

**정답** 41 ① 42 ② 43 ①

**44** 기능의 안전화 방안을 소극적 대책과 적극적 대책으로 구분할 때 다음 중 적극적 대책에 해당하는 것은?

① 기계의 이상을 확인하고 급정지시켰다.
② 원활한 작동을 위해 급유를 하였다.
③ 회로를 개선하여 오동작을 방지하도록 하였다.
④ 기계의 볼트 및 너트가 이완되지 않도록 다시 조립하였다.

**해설**

기능적 안전화
1. 기계나 기구를 사용할 때 기계의 기능이 저하하지 않고 안전하게 작업하는 것으로, 능률적이고 재해방지를 위한 설계를 한다.
2. 적절한 조치가 필요한 이상상태(자동화된 기계설비가 재해 측면에서의 불리한 조건)
   ㉠ 전압강하, 정전 시의 기계 오동작
   ㉡ 단락, 스위치 릴레이 고장 시 오동작
   ㉢ 사용압력 변동 시 오동작
   ㉣ 밸브계통의 고장에 의한 오동작
3. 안전화 대책

| 소극적 대책 | • 이상 시 기계를 급정지<br>• 방호장치 작동 |
|---|---|
| 적극적 대책 | • 회로를 개선하여 오동작 방지<br>• 별도의 완전한 회로에 의해 정상기능을 찾을 수 있도록 함<br>• 페일 세이프(Fail Safe)화 |

**45** 다음 중 공장 소음에 대한 방지계획에 있어 소음원에 대한 대책에 해당하지 않는 것은?

① 해당 설비의 밀폐
② 설비실의 차음벽 시공
③ 작업자의 보호구 착용
④ 소음기 및 흡음장치 설치

**해설**

소음방지대책
1. 소음원의 제거 : 가장 적극적인 대책
2. 소음원의 통제 : 기계의 적절한 설계, 정비 및 주유, 고무 받침대 부착, 소음기 사용(차량) 등
3. 소음의 격리 : 씌우개(Enclosure), 장벽을 사용(창문을 닫으면 약 10dB이 감음됨)
4. 적절한 배치(Layout)
5. 음향 처리제 사용
6. 차폐 장치(baffle) 및 흡음재 사용
7. 방음 보호 용구 착용

**TIP** 작업자의 보호구 착용은 음원에 대한 대책이 아니라 근로자에 대한 대책에 해당된다.

**46** 재료의 강도시험 중 항복점을 알 수 있는 시험의 종류는?

① 비파괴시험
② 충격시험
③ 인장시험
④ 피로시험

**해설**

인장시험
1. 재료에 인장력을 가해 기계적인 성질을 조사하는 재료 시험을 말한다.
2. 종류
   항복점, 내력, 인장강도, 비례한도, 탄성한도, 신장, 연신율, 단면 수축률

**47** 프레스 및 전단기에 사용되는 손쳐내기식 방호장치의 성능기준에 대한 설명 중 옳지 않은 것은?

① 진동각도·진폭시험 : 행정길이가 최소일 때 진동각도는 60~90°이다.
② 진동각도·진폭시험 : 행정길이가 최대일 때 진동각도는 30~60°이다.
③ 완충시험 : 손쳐내기봉에 의한 과도한 충격이 없어야 한다.
④ 무부하 동작시험 : 1회의 오동작도 없어야 한다.

**해설**

손쳐내기식 방호장치의 성능기준
1. 진동각도·진폭시험

| 행정길이가 최소일 때 | (60~90)° 진동각도 |
|---|---|
| 행정길이가 최대일 때 | (45~90)° 진동각도 |

2. 완충시험 : 손쳐내기봉에 의한 과도한 충격이 없어야 한다.
3. 무부하 동작시험 : 1회의 오동작도 없어야 한다.

**정답** 44 ③ 45 ③ 46 ③ 47 ②

**48** 다음 중 프레스를 제외한 사출성형기·주형조형기 및 형단조기 등에 관한 안전조치 사항으로 틀린 것은?

① 근로자의 신체 일부가 말려 들어 갈 우려가 있는 경우에는 양수조작식 방호장치를 설치하여 사용한다.
② 게이트가드식 방호장치를 설치할 경우에는 연동구조를 적용하여 문을 닫지 않아도 동작할 수 있도록 한다.
③ 사출성형기의 전면에 작업용 발판을 설치할 경우 근로자가 쉽게 미끄러지지 않는 구조여야 한다.
④ 기계의 히터 등의 가열 부위, 감전 우려가 있는 부위에는 방호덮개를 설치하여 사용한다.

**해설**
사출성형기 등의 방호장치
1. 사출성형기·주형조형기 및 형단조기(프레스 등은 제외) 등에 근로자의 신체 일부가 말려 들어 갈 우려가 있는 경우 게이트가드(Gate Guard) 또는 양수조작식 등에 의한 방호장치, 그 밖에 필요한 방호 조치를 하여야 한다.
2. 게이트가드는 닫지 아니하면 기계가 작동되지 아니하는 연동구조여야 한다.
3. 기계의 히터 등의 가열 부위 또는 감전 우려가 있는 부위에는 방호덮개를 설치하는 등 필요한 안전 조치를 하여야 한다.

**49** 보일러 등에 사용하는 압력방출장치의 봉인은 무엇으로 실시해야 하는가?

① 구리 테이프
② 납
③ 봉인용 철사
④ 알루미늄 실(Seal)

**해설**
보일러의 압력방출장치
1. 보일러의 안전한 가동을 위하여 보일러 규격에 맞는 압력방출장치를 1개 또는 2개 이상 설치하고 최고사용압력(설계압력 또는 최고허용압력) 이하에서 작동되도록 하여야 한다.
2. 압력방출장치가 2개 이상 설치된 경우에는 최고사용압력 이하에서 1개가 작동되고, 다른 압력방출장치는 최고사용압력 1.05배 이하에서 작동되도록 부착하여야 한다.
3. 압력방출장치는 매년 1회 이상 교정을 받은 압력계를 이용하여 설정압력에서 압력방출장치가 적정하게 작동하는지를 검사한 후 납으로 봉인하여 사용하여야 한다.(공정안전보고서 이행상태 평가결과가 우수한 사업장은 압력방출장치에 대하여 4년마다 1회 이상 설정압력에서 압력방출장치가 적정하게 작동하는지를 검사할 수 있다)
4. 스프링식, 중추식, 지렛대식(일반적으로 스프링식 안전밸브가 많이 사용)

**50** 유해·위험기계·기구 중에서 진동과 소음을 동시에 수반하는 기계설비로 가장 거리가 먼 것은?

① 컨베이어
② 사출 성형기
③ 가스 용접기
④ 공기 압축기

**해설**
가스 용접기는 진동과 소음을 동시에 수반하지 않는다.

**51** 압력용기 등에 설치하는 안전밸브에 관련한 설명으로 옳지 않은 것은?

① 안지름이 150mm를 초과하는 압력용기에 대해서는 과압에 따른 폭발을 방지하기 위하여 규정에 맞는 안전밸브를 설치해야 한다.
② 급성 독성물질이 지속적으로 외부에 유출될 수 있는 화학설비 및 그 부속설비에는 파열판과 안전밸브를 병렬로 설치한다.
③ 안전밸브는 보호하려는 설비의 최고사용압력 이하에서 작동되도록 하여야 한다.
④ 안전밸브의 배출용량은 그 작동원인에 따라 각각의 소요분출량을 계산하여 가장 큰 수치를 해당 안전밸브의 배출용량으로 하여야 한다.

**해설**
파열판 및 안전밸브의 직렬설치
급성 독성물질이 지속적으로 외부에 유출될 수 있는 화학설비 및 그 부속설비에 파열판과 안전밸브를 직렬로 설치하고 그 사이에는 압력지시계 또는 자동경보장치를 설치하여야 한다.

**52** 다음 중 소성가공을 열간가공과 냉간가공으로 분류하는 가공온도의 기준은?

① 융해점 온도
② 공석점 온도
③ 공정점 온도
④ 재결정 온도

**정답** 48 ② 49 ② 50 ③ 51 ② 52 ④

**해설**

소성가공의 분류
1. 냉간가공(Cold Working) : 재결정 온도 이하에서 가공하는 방법
2. 열간가공(Hot Working) : 재결정 온도 이상에서 가공하는 방법

**53** 컨베이어(Conveyor) 역전방지장치의 형식을 기계식과 전기식으로 구분할 때 기계식에 해당하지 않는 것은?

① 라쳇식   ② 밴드식
③ 스러스트식   ④ 롤러식

**해설**

역전방지장치
1. 기계식 : 라쳇식, 롤러식, 밴드식
2. 전기식 : 전기 브레이크, 스러스트 브레이크

**54** 프레스 작업 시작 전 점검해야 할 사항으로 거리가 먼 것은?

① 매니퓰레이터 작동의 이상 유무
② 클러치 및 브레이크 기능
③ 슬라이드, 연결봉 및 연결 나사의 풀림 여부
④ 프레스 금형 및 고정볼트 상태

**해설**

프레스 등의 작업시작 전 점검사항
1. 클러치 및 브레이크의 기능
2. 크랭크축 · 플라이휠 · 슬라이드 · 연결봉 및 연결 나사의 풀림 여부
3. 1행정 1정지기구 · 급정지장치 및 비상정지장치의 기능
4. 슬라이드 또는 칼날에 의한 위험방지기구의 기능
5. 프레스의 금형 및 고정볼트 상태
6. 방호장치의 기능
7. 전단기의 칼날 및 테이블의 상태

**55** 다음 중 산업용 로봇에 의한 작업 시 안전조치 사항으로 적절하지 않은 것은?

① 로봇의 운전으로 인해 근로자가 로봇에 부딪칠 위험이 있을 때에는 1.8m 이상의 울타리를 설치하여야 한다.
② 작업을 하고 있는 동안 로봇의 기동스위치 등은 작업에 종사하고 있는 근로자가 아닌 사람이 그 스위치 등을 조작할 수 없도록 필요한 조치를 한다.
③ 로봇의 조작방법 및 순서, 작업 중의 매니퓰레이터의 속도 등에 관한 지침에 따라 작업을 하여야 한다.
④ 작업에 종사하는 근로자가 이상을 발견하면, 관리감독자에게 우선 보고하고, 지시에 따라 로봇의 운전을 정지시킨다.

**해설**

해당 로봇에 대하여 교시 등의 작업 시 안전조치사항
1. 다음 각 목의 사항에 관한 지침을 정하고 그 지침에 따라 작업을 시킬 것
   ㉠ 로봇의 조작방법 및 순서
   ㉡ 작업 중의 매니퓰레이터의 속도
   ㉢ 2명 이상의 근로자에게 작업을 시킬 경우의 신호방법
   ㉣ 이상을 발견한 경우의 조치
   ㉤ 이상을 발견하여 로봇의 운전을 정지시킨 후 이를 재가동시킬 경우의 조치
   ㉥ 그 밖에 로봇의 예기치 못한 작동 또는 오조작에 의한 위험을 방지하기 위하여 필요한 조치
2. 작업에 종사하고 있는 근로자 또는 그 근로자를 감시하는 사람은 이상을 발견하면 즉시 로봇의 운전을 정지시키기 위한 조치를 할 것
3. 작업을 하고 있는 동안 로봇의 기동스위치 등에 작업 중이라는 표시를 하는 등 작업에 종사하고 있는 근로자가 아닌 사람이 그 스위치 등을 조작할 수 없도록 필요한 조치를 할 것

운전 중 위험방지(근로자가 로봇에 부딪힐 위험이 있을 경우)
1. 높이 1.8m 이상의 울타리
2. 컨베이어 시스템의 설치 등으로 울타리를 설치할 수 없는 일부 구간 : 안전매트 또는 광전자식 방호장치 등 감응형 방호장치 설치

**56** 프레스기의 비상정지스위치 작동 후 슬라이드가 하사점까지 도달시간이 0.15초 걸렸다면 양수기동식 방호장치의 안전거리는 최소 몇 cm 이상이어야 하는가?

① 24   ② 240
③ 15   ④ 150

**정답** 53 ③   54 ①   55 ④   56 ①

**해설**

방호장치 설치 안전거리(양수기동식)

$$D_m = 1.6 T_m$$

여기서, $D_m$ : 안전거리(mm)
$T_m$ : 양손으로 누름단추 누르기 시작할 때부터 슬라이드가 하사점에 도달하기까지 소요시간(ms)

$$T_m = \left(\frac{1}{\text{클러치 맞물림 개소수}} + \frac{1}{2}\right) \times \frac{60,000}{\text{매분 행정수}} (\text{ms})$$

1. $ms = \frac{1}{1,000}$ 초, 즉 1ms = 0.001s
   여기서는 0.15초 × 1,000 = 150(ms)
2. $D_m = 1.6 T_m = 1.6 × 150 = 240(mm) = 24(cm)$

**TIP** 단위환산에 주의할 것

## 57 컨베이어 설치 시 주의사항에 관한 설명으로 옳지 않은 것은?

① 컨베이어에 설치된 보도 및 운전실 상면은 가능한 수평이어야 한다.
② 근로자가 컨베이어를 횡단하는 곳에는 바닥면 등으로부터 90cm 이상 120cm 이하에 상부난간대를 설치하고, 바닥면과의 중간에 중간난간대가 설치된 건널다리를 설치한다.
③ 폭발의 위험이 있는 가연성 분진 등을 운반하는 컨베이어 또는 폭발의 위험이 있는 장소에 사용되는 컨베이어의 전기기계 및 기구는 방폭구조이어야 한다.
④ 보도, 난간, 계단, 사다리의 설치 시 컨베이어를 가동시킨 후에 설치하면서 설치상황을 확인한다.

**해설**

컨베이어 설치 시 준수사항
보도, 난간, 계단, 사다리 등은 컨베이어의 가동 개시 전에 설치하여야 한다.

## 58 휴대용 연삭기 덮개의 개방부 각도는 몇 도(°) 이내여야 하는가?

① 60°　　② 90°
③ 125°　　④ 180°

**해설**

연삭기 덮개의 각도
1. 일반연삭작업 등에 사용하는 것을 목적으로 하는 탁상용 연삭기 덮개의 노출각도는 125° 이내로 한다.
2. 연삭숫돌의 상부를 사용하는 것을 목적으로 하는 탁상용 연삭기 덮개의 노출각도는 60° 이내로 한다.
3. 1. 및 2. 이외의 탁상용 연삭기, 그 밖에 이와 유사한 연삭기 덮개의 노출각도는 80° 이내로 하되, 숫돌의 주축에서 수평면 위로 이루는 원주 각도는 65° 이상이 되지 않도록 한다.
4. 원통연삭기, 센터리스연삭기, 공구연삭기, 만능연삭기, 그 밖에 이와 비슷한 연삭기 덮개의 노출각도는 180° 이내로 한다.
5. 휴대용 연삭기, 스윙연삭기, 스라브연삭기, 그 밖에 이와 비슷한 연삭기 덮개의 노출각도는 180° 이내로 한다.
6. 평면연삭기, 절단연삭기, 그 밖에 이와 비슷한 연삭기 덮개의 노출각도는 150° 이내로 하되, 숫돌의 주축에서 수평면 밑으로 이루는 덮개의 각도는 15° 이상이 되도록 한다.

## 59 롤러기 급정지장치 조작부에 사용하는 로프의 성능 기준으로 적합한 것은?(단, 로프의 재질은 관련 규정에 적합한 것으로 본다.)

① 지름 1mm 이상의 와이어로프
② 지름 2mm 이상의 합성섬유로프
③ 지름 3mm 이상의 합성섬유로프
④ 지름 4mm 이상의 와이어로프

**해설**

조작부에 사용하는 로프의 성능 기준
조작부에 로프를 사용할 경우는 KS D 3514(와이어로프)에 정한 규격에 적합한 직경 4mm 이상의 와이어로프 또는 직경 6mm 이상이고 절단하중이 2.94킬로뉴턴(kN) 이상의 합성섬유의 로프를 사용하여야 한다.

## 60 자분탐상검사에서 사용하는 자화방법이 아닌 것은?

① 축통전법　　② 전류 관통법
③ 극간법　　　④ 임피던스법

**해설**

자분탐상검사의 자화방법
자화방법은 강자성체에 자속을 발생시키는 방법이다.

**정답** 57 ④　58 ④　59 ④　60 ④

| 축통전법 | 시험품의 축 방향에 직접 전류를 흐르게 한다. |
|---|---|
| 전류 관통법 | 시험품의 구멍 등에 관통시킨 도체에 전류를 흐르게 한다. |
| 극간법 | 시험품 또는 시험하고자 하는 부위를 전자식 또는 영구자석의 2극 사이에 놓는다. |

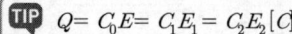
TIP $Q = C_0 E = C_1 E_1 = C_2 E_2 \, [C]$

## 4과목 전기위험 방지기술

**61** 대전물체의 표면전위를 검출전극에 의한 용량분할을 통해 측정할 수 있다. 대전물체의 표면전위 $V_s$는?(단, 대전물체와 검출전극 간의 정전용량을 $C_1$, 검출전극과 대지 간의 정전용량을 $C_2$, 검출전극의 전위를 $V_e$이다.)

① $V_s = \left(\dfrac{C_1 + C_2}{C_1} + 1\right) V_e$

② $V_s = \dfrac{C_1 + C_2}{C_1} V_e$

③ $V_s = \dfrac{C_2}{C_1 + C_2} V_e$

④ $V_s = \left(\dfrac{C_1}{C_1 + C_2} + 1\right) V_e$

**해설**

전압
1. 문제의 조건에 따라 그림을 그리면 다음과 같다.

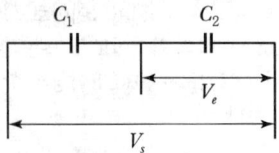

2. 합성정전용량

$C_0 = \dfrac{C_1 C_2}{C_1 + C_2} [F]$

3. $V_e = \dfrac{Q}{C_2} = \dfrac{C_0 E}{C_2} = \dfrac{\frac{C_1 C_2}{C_1 + C_2} E}{C_2}$

$= \dfrac{C_1 C_2 E}{C_2(C_1 + C_2)} = \dfrac{C_1}{C_1 + C_2} V_s [V]$

4. $V_s = \dfrac{C_1 + C_2}{C_1} V_e$

**62** 방폭 기기-일반요구사항(KS C IEC 60079-0) 규정에서 제시하고 있는 방폭기기 설치 시 표준환경조건이 아닌 것은?

① 압력 : 80~110kPa
② 상대습도 : 40~80%
③ 주위온도 : -20~40℃
④ 산소 함유율 21% v/v의 공기

**해설**

적용범위
KS C IEC 60079 계열의 규격을 준수하는 기기는 다음의 대기 조건에서 공기와 가스, 증기, 미스트의 혼합물에 의해 발생하는 폭발가스 분위기가 존재하는 폭발위험장소에 사용할 수 있다.
1. 온도 : -20~+60℃
2. 압력 : 80~110kPa(0.8~1.1bar)
3. 산소 함유율 21% v/v의 공기
(최고표면온도는 제조자가 별도로 규정하지 않는 한, -20~+40℃의 작동 대기온도를 기준으로 정한다)

**63** 피뢰기의 구성요소로 옳은 것은?

① 직렬갭, 특성요소
② 병렬갭, 특성요소
③ 직렬갭, 충격요소
④ 병렬갭, 충격요소

**해설**

피뢰기의 구성

| 직렬갭 | 이상전압 내습 시 뇌전류를 대지로 방전시키는 역할을 한다. |
|---|---|
| 특성요소 | 방전 종료 후 속류를 차단시키는 역할을 한다. 속류란 방전 현상이 실질적으로 끝난 후 계속하여 전력계통에서 공급되어 피뢰기에 흐르는 전류를 말한다. |

**64** 전기기기 방폭의 기본 개념이 아닌 것은?

① 점화원의 방폭적 격리
② 전기기기의 안전도 증강
③ 점화능력의 본질적 억제
④ 전기설비 주위 공기의 절연능력 향상

**해설**

전기설비의 방폭화

| 점화원의 실질적 (방폭적) 격리 | 내압방폭구조 | 내부 폭발이 주위에 파급되지 않게 함 |
|---|---|---|
| | 압력방폭구조 | 점화원을 주위 폭발성가스로부터 격리 |
| | 유입방폭구조 | 점화원을 Oil 등에 넣어 격리 |
| 전기설비의 안전도 증가 | 안전증방폭구조 | 정상상태에서 불꽃이나 고온부가 존재하는 전기기기의 안전도를 증대시킴 |
| 점화능력의 본질적 억제 | 본질안전방폭구조 | 본질적으로 폭발성 물질이 점화되지 않는다는 것이 시험 등에 의해 확인된 구조를 사용 |

## 65 감전사고를 방지하기 위한 방법으로 틀린 것은?

① 전기기기 및 설비의 위험부에 위험표지
② 전기설비에 대한 누전차단기 설치
③ 전기기기에 대한 정격표시
④ 무자격자는 전기기계 및 기구에 전기적인 접촉 금지

**해설**

감전사고에 대한 일반적인 방지대책
1. 전기설비의 점검 철저
2. 전기기기 및 설비의 정비
3. 전기기기 및 설비의 위험부에 위험표시
4. 설비의 필요부분에 보호접지의 실시
5. 충전부가 노출된 부분에는 절연방호구를 사용
6. 고전압 선로 및 충전부에 근접하여 작업하는 작업자는 보호구 착용
7. 유자격자 이외는 전기기계 및 기구에 전기적인 접촉 금지
8. 관리감독자는 작업에 대한 안전교육 시행
9. 사고발생 시의 처리순서를 미리 작성하여 둘 것
10. 전기설비에 대한 누전차단기 설치

## 66 인체의 저항을 500Ω이라 할 때 단상 440V의 회로에서 누전으로 인한 감전재해를 방지할 목적으로 실시하는 누전 차단기의 규격은?

① 30mA, 0.1초
② 30mA, 0.03초
③ 50mA, 0.1초
④ 50mA, 0.3초

**해설**

누전차단기 접속 시 준수사항
전기기계·기구에 설치되어 있는 누전차단기는 정격감도전류가 30mA 이하이고 작동시간은 0.03초 이내일 것(다만, 정격전부하전류가 50A 이상인 전기기계·기구에 접속되는 누전차단기는 오작동을 방지하기 위하여 정격감도전류는 200mA 이하로, 작동시간은 0.1초 이내로 할 수 있다)

## 67 접지의 종류와 목적이 바르게 짝지어지지 않은 것은?

① 계통접지 – 고압전로와 저압전로가 혼촉되었을 때의 감전이나 화재 방지를 위하여
② 지락검출용 접지 – 차단기의 동작을 확실하게 하기 위하여
③ 기능용 접지 – 피뢰기 등의 기능손상을 방지하기 위하여
④ 등전위 접지 – 병원에 있어서 의료기기 사용 시 안전을 위하여

**해설**

목적에 따른 접지의 분류

| 접지의 종류 | 목적 |
|---|---|
| 계통접지 | 고압전로와 저압전로가 혼촉되었을 때의 감전이나 화재 방지를 위해 변압기의 중성점을 접지하는 방식 |
| 지락 검출용 접지 | 누전 차단기의 동작을 확실하게 한다. |
| 등전위 접지 | 병원에 있어서의 의료 기기 사용 시의 안전을 위함 |
| 기능용 접지 | 전기 방식 설비 등의 접지 |

## 68 방폭지역 구분 중 폭발성가스 분위기가 정상상태에서 조성되지 않거나 조성된다 하더라도 짧은 기간에만 존재할 수 있는 장소는?

① 0종 장소
② 1종 장소
③ 2종 장소
④ 비방폭지역

**해설**

가스폭발 위험장소

| 0종 장소 | 인화성 액체의 증기 또는 가연성 가스에 의한 폭발위험이 지속적으로 또는 장기간 존재하는 장소 | 용기·장치·배관 등의 내부 등 |
|---|---|---|
| 1종 장소 | 정상작동상태에서 폭발위험분위기가 존재하기 쉬운 장소 | 맨홀·벤트·피트 등의 주위 |
| 2종 장소 | 정상작동상태에서 폭발위험분위기가 존재할 우려가 없으나, 존재할 경우 그 빈도가 아주 적고 단기간만 존재할 수 있는 장소 | 개스킷·패킹 등의 주위 |

**정답** 65 ③ 66 ② 67 ③ 68 ③

**69** 다음 그림과 같이 완전 누전되고 있는 전기기기의 외함에 사람이 접촉하였을 경우 인체에 흐르는 전류($I_m$)는?(단, $E$(V)는 전원의 대지전압, $R_2$(Ω)는 변압기 1선 접지, 제2종 접지저항, $R_3$(Ω)는 전기기기 외함 접지, 제3종 접지저항, $R_m$(Ω)는 인체저항이다.)

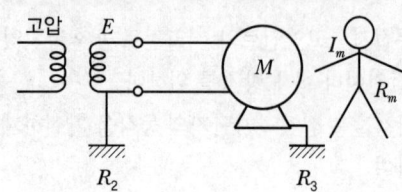

① $\dfrac{E}{R_2+\left(\dfrac{R_3 \times R_m}{R_3+R_m}\right)} \times \dfrac{R_3}{R_3+R_m}$

② $\dfrac{E}{R_2+\left(\dfrac{R_3+R_m}{R_3 \times R_m}\right)} \times \dfrac{R_3}{R_3+R_m}$

③ $\dfrac{E}{R_2+\left(\dfrac{R_3 \times R_m}{R_3+R_m}\right)} \times \dfrac{R_m}{R_3+R_m}$

④ $\dfrac{E}{R_3+\left(\dfrac{R_2 \times R_m}{R_2+R_m}\right)} \times \dfrac{R_3}{R_3+R_m}$

**해설**

인체가 외함에 접촉하면 이때 인체를 통해 흐르게 될 전류

$$I = \dfrac{E}{R_2+\left(\dfrac{R_3 \times R_m}{R_3+R_m}\right)} \times \dfrac{R_3}{R_3+R_m}$$

여기서, $R_m$ : 인체저항[Ω], $R_2$ : 1선 접지[Ω], $R_3$ : 외함 접지[Ω]
$E$ : 대지전압[V]

**70** 내압방폭구조의 필요충분조건에 대한 사항으로 틀린 것은?

① 폭발화염이 외부로 유출되지 않을 것
② 습기침투에 대한 보호를 충분히 할 것
③ 내부에서 폭발한 경우 그 압력에 견딜 것
④ 외함의 표면온도가 외부의 폭발성가스를 점화하지 않을 것

**해설**

내압방폭구조(Flameproof Enclosure, d)
1. 점화원에 의해 용기 내부에서 폭발이 발생할 경우에 용기가 폭발압력에 견딜 수 있고, 화염이 용기 외부의 폭발성 분위기로 전파되지 않도록 한 방폭구조
2. 전폐형 구조로 용기 내에 외부의 폭발성가스가 침입하여 내부에서 폭발하더라도 용기는 그 압력에 견뎌야 하고 폭발한 고열가스나 화염이 용기의 접합부 틈을 통하여 새어 나가는 동안 냉각되어 외부의 폭발성가스에 화염이 파급될 우려가 없도록 한 방폭구조
3. 주요 성능 시험항목은 폭발압력(기준압력) 측정, 폭발강도(정적 및 동적)시험, 폭발인화시험 등이 있다.

**71** 역률개선용 커패시터(Capacitor)가 접속되어 있는 전로에서 정전작업을 할 경우 다른 정전작업과는 달리 주의 깊게 취해야 할 조치사항으로 옳은 것은?

① 안전표지 부착
② 개폐기 전원투입 금지
③ 잔류전하 방전
④ 활선 근접작업에 대한 방호

**해설**

잔류전하
개로된 전로가 전력케이블, 전력콘덴서 등을 가진 것으로서 잔류전하에 의하여 위험발생 우려가 있는 것에 대하여는 당해 잔류전하를 확실히 방전 조치시킬 것

**72** 전기화재가 발생되는 비중이 가장 큰 발화원은?

① 주방기기
② 이동식 전열기
③ 회전체 전기기계 및 기구
④ 전기배선 및 배선기구

**해설**

전기화재가 발생되는 비중이 가장 큰 발화원은 전기배선 및 배선기구이다.

**73** 다음 중 불꽃(Spark)방전의 발생 시 공기 중에 생성되는 물질은?

① $O_2$   ② $O_3$
③ $H_2$   ④ C

**정답** 69 ① 70 ② 71 ③ 72 ④ 73 ②

해설
불꽃(Spark)방전
1. 도체가 대전되었을 때 접지된 도체 사이에서 발생하는 강한 발광과 파괴음을 수반하는 방전이다.
2. 스파크 방전 시 공기 중에 오존($O_3$)이 생성되어 인화성 물질에 인화하거나 분진폭발을 일으킬 수 있다.

## 74 전기설비기술기준에서 정의하는 전압의 구분으로 틀린 것은?

① 교류 저압 : 600V 이하
② 직류 저압 : 750V 이하
③ 직류 고압 : 750V 초과 7,000V 이하
④ 특고압 : 7,000V 이상

해설
전압의 구분

| 전원의 종류 | 저압 | 고압 | 특고압 |
|---|---|---|---|
| 직류[DC] | 1,500V 이하 | 1,500V 초과, 7,000V 이하 | 7,000V 초과 |
| 교류[AC] | 1,000V 이하 | 1,000V 초과 7,000V 이하 | 7,000V 초과 |

TIP 본 문제는 법 개정으로 일부 내용이 수정되었습니다. 해설은 법 개정으로 수정된 내용이니 해설을 학습하세요.

## 75 자동전격방지장치에 대한 설명으로 틀린 것은?

① 무부하 시 전력손실을 줄인다.
② 무부하 전압을 안전전압 이하로 저하시킨다.
③ 용접을 할 때에만 용접기의 주회로를 개로(OFF)시킨다.
④ 교류 아크용접기의 안전장치로서 용접기의 1차 또는 2차 측에 부착한다.

해설
자동전격방지기
용접기의 주회로(변압기의 경우는 1차회로 또는 2차회로)를 제어하는 장치를 가지고 있어, 용접봉의 조작에 따라 용접할 때에만 용접기의 주회로를 폐로(ON), 그 외에는 용접기의 주회로를 개로(OFF)시켜 2차(출력) 측의 무부하전압을 25볼트 이하로 저하시켜 감전의 위험 및 전력손실을 방지하는 장치를 말한다.

## 76 샤워시설이 있는 욕실에 콘센트를 시설하고자 한다. 이때 설치되는 인체감전보호용 누전차단기의 정격감도전류는 몇 mA 이하인가?

① 5
② 15
③ 30
④ 60

해설
설치장소에 따른 누전차단기의 선정기준

| 설치장소 | 선정기준 |
|---|---|
| 욕조나 샤워시설이 있는 욕실 또는 화장실 등 인체가 물에 젖어 있는 상태에서 전기를 사용하는 장소 | 인체감전보호용 누전차단기(정격감도전류 15mA 이하, 동작시간 0.03초 이하의 전류동작형의 것에 한함) 또는 절연변압기(정격용량 3kVA 이하인 것에 한한다)로 보호된 전로에 접속하거나, 인체감전보호용 누전차단기가 부착된 콘센트를 시설하여야 한다. |
| 의료장소의 전로 | 정격 감도전류 30mA 이하, 동작시간 0.03초 이내의 누전차단기를 설치할 것 |

## 77 정격감도전류에서 동작시간이 가장 짧은 누전차단기는?

① 시연형 누전차단기
② 반한시형 누전차단기
③ 고속형 누전차단기
④ 감전보호용 누전차단기

해설
누전차단기
1. 고속형 : 정격감도전류에서 0.1초 이내, 인체감전보호형은 0.03초 이내
2. 시연형 : 정격감도전류에서 0.1초를 초과하고 2초 이내
3. 반한시형
   ㉠ 정격감도전류에서 0.2초를 초과하고 1초 이내
   ㉡ 정격감도전류 1.4배의 전류에서 0.1초를 초과하고 0.5초 이내
   ㉢ 정격감도전류 4.4배의 전류에서 0.05초 이내
4. 감전방지용 누전차단기 : 정격 감도전류가 30mA 이하이고, 동작시간이 0.03초 이내

## 78 인체의 전기저항 R을 1,000Ω이라고 할 때 위험 한계 에너지의 최저는 약 몇 J인가?(단, 통전 시간은 1초이고, 심실세동전류 $I=\frac{165}{\sqrt{T}}$ mA이다.)

① 17.23
② 27.23
③ 37.23
④ 47.23

정답 74 ④ 75 ③ 76 ② 77 ④ 78 ②

**해설**

위험한계에너지

$$W = I^2 RT [\text{J/s}] = \left(\frac{165}{\sqrt{T}} \times 10^{-3}\right)^2 \times R \times T$$

$$W = \left(\frac{165}{\sqrt{1}} \times 10^{-3}\right)^2 \times 1,000 \times 1 = 27.23 [\text{J}]$$

**79** 감전사고가 발생했을 때 피해자를 구출하는 방법으로 틀린 것은?

① 피해자가 계속하여 전기설비에 접촉되어 있다면 우선 그 설비의 전원을 신속히 차단한다.
② 감전 상황을 빠르게 판단하고 피해자의 몸과 충전부가 접촉되어 있는지를 확인한다.
③ 충전부에 감전되어 있으면 몸이나 손을 잡고 피해자를 곧바로 이탈시켜야 한다.
④ 절연 고무장갑, 고무장화 등을 착용한 후에 구원해 준다.

**해설**

감전사고의 조치 순서
1. 전원의 차단
   ㉠ 감전 사고 시 피해자가 접속된 회로를 차단한다.
   ㉡ 감전자를 직접 충전부로부터 이탈시키려고 만지면 본인도 감전의 우려가 있으므로 주의한다.
2. 구출
   감전자를 회로로부터 분리 구출한다.
3. 감전자 상태 확인
   ㉠ 의식상태
   ㉡ 호흡상태
   ㉢ 맥박상태
   ㉣ 추락한 경우(골절상태, 출혈상태)
4. 응급조치
   ㉠ 감전쇼크에 의하여 호흡이 정지되었을 경우 혈액 중의 산소 함유량이 약 1분 이내에 감소하기 시작하여 산소 결핍현상이 나타나기 시작한다.
   ㉡ 단시간 내에 인공호흡 등 응급조치를 실시할 경우 감전 재해자의 95% 이상을 소생시킬 수 있다.

**80** 정전작업 시 작업 중의 조치사항으로 옳은 것은?

① 검전기에 의한 정전 확인
② 개폐기의 관리
③ 전류전하의 방전
④ 단락접지 실시

**해설**

정전전로에서의 전로차단 절차
1. 전기기기 등에 공급되는 모든 전원을 관련 도면, 배선도 등으로 확인할 것
2. 전원을 차단한 후 각 단로기 등을 개방하고 확인할 것
3. 차단장치나 단로기 등에 잠금장치 및 꼬리표를 부착할 것
4. 개로된 전로에서 유도전압 또는 전기에너지가 축적되어 근로자에게 전기위험을 끼칠 수 있는 전기기기 등은 접촉하기 전에 잔류전하를 완전히 방전시킬 것
5. 검전기를 이용하여 작업 대상 기기가 충전되었는지를 확인할 것
6. 전기기기 등이 다른 노출 충전부와의 접촉, 유도 또는 예비동력원의 역송전 등으로 전압이 발생할 우려가 있는 경우에는 충분한 용량을 가진 단락접지기구를 이용하여 접지할 것

**TIP** 정전작업 중의 조치사항
- 작업지휘자에 의한 지휘
- 단락접지 상태 수시 확인
- 개폐기의 관리
- 근접활선에 대한 방호상태 관리

## 5과목 화학설비위험방지기술

**81** 메탄이 공기 중에서 연소될 때의 이론혼합비(화학양론조성)는 약 몇 vol%인가?

① 2.21  ② 4.03
③ 5.76  ④ 9.50

**해설**

완전연소 조성농도(화학양론농도)

$$C_{st} = \frac{100}{1 + 4.773\left(n + \frac{m-f-2\lambda}{4}\right)}$$

여기서, $n$ : 탄소의 원자수, $m$ : 수소의 원자수
$f$ : 할로겐 원소의 원자수, $\lambda$ : 산소의 원자수

$$C_{st} = \frac{100}{1 + 4.773\left(n + \frac{m-f-2\lambda}{4}\right)} = \frac{100}{1 + 4.773\left(1 + \frac{4}{4}\right)}$$

$= 9.5 [\text{vol}\%]$

(단, $CH_4 \rightarrow n=1,\ m=4,\ f=0,\ \lambda=0$)

**정답** 79 ③  80 ②  81 ④

**82** 분진폭발을 방지하기 위하여 첨가하는 불활성 첨가물로 적합하지 않은 것은?

① 탄산칼슘  ② 모래
③ 석분  ④ 마그네슘

**해설**
분진폭발
분진폭발을 방지하기 위하여 첨가하는 불활성 분진폭발 첨가물은 탄산칼슘, 모래, 석분(규산칼륨) 및 석고분 등이 있으며 대체적으로 불활성 분진을 60% 이상 혼입하면 안전하다.

**83** 산업안전보건기준에 관한 규칙 중 급성독성물질에 관한 기준 중 일부이다. (A)와 (B)에 알맞은 수치를 옳게 나타낸 것은?

- 쥐에 대한 경구투입실험에 의하여 실험동물의 50퍼센트를 사망시킬 수 있는 물질의 양, 즉 $LD_{50}$(경구, 쥐)이 킬로그램당 ( A )밀리그램 – (체중) 이하인 화학물질
- 쥐 또는 토끼에 대한 경피흡수실험에 의하여 실험동물의 50퍼센트를 사망시킬 수 있는 물질의 양, 즉 $LD_{50}$(경피, 토끼 또는 쥐)이 킬로그램당 ( B )밀리그램 – (체중) 이하인 화학물질

① A : 1,000, B : 300  ② A : 1,000, B : 1,000
③ A : 300, B : 300  ④ A : 300, B : 1,000

**해설**
급성독성물질
1. 쥐에 대한 경구투입실험에 의하여 실험동물의 50퍼센트를 사망시킬 수 있는 물질의 양, 즉 $LD_{50}$(경구, 쥐)이 킬로그램당 300밀리그램 – (체중) 이하인 화학물질
2. 쥐 또는 토끼에 대한 경피흡수실험에 의하여 실험동물의 50퍼센트를 사망시킬 수 있는 물질의 양, 즉 $LD_{50}$(경피, 토끼 또는 쥐)이 킬로그램당 1,000밀리그램 – (체중) 이하인 화학물질
3. 쥐에 대한 4시간 동안의 흡입실험에 의하여 실험동물의 50퍼센트를 사망시킬 수 있는 물질의 농도, 즉 가스 $LC_{50}$(쥐, 4시간 흡입)이 2,500ppm 이하인 화학물질, 증기 $LC_{50}$(쥐, 4시간 흡입)이 10mg/L 이하인 화학물질, 분진 또는 미스트 1mg/L 이하인 화학물질

**84** 인화성가스가 발생할 우려가 있는 지하작업장에서 작업을 할 경우 폭발이나 화재를 방지하기 위한 조치사항 중 가스의 농도를 측정하는 기준으로 적절하지 않은 것은?

① 매일 작업을 시작하기 전에 측정한다.
② 가스의 누출이 의심되는 경우 측정한다.
③ 장시간 작업할 때에는 매 8시간마다 측정한다.
④ 가스가 발생하거나 정체할 위험이 있는 장소에 대하여 측정한다.

**해설**
인화성가스에 의한 폭발 화재 방지조치
인화성가스가 발생할 우려가 있는 지하작업장에서 작업하는 경우 또는 가스도관에서 가스가 발산될 위험이 있는 장소에서 굴착작업을 하는 경우에는 폭발이나 화재를 방지하기 위하여 다음의 조치를 하여야 한다.
1. 가스의 농도를 측정하는 사람을 지명하고 다음의 경우에 해당 가스의 농도를 측정하도록 할 것
   ㉠ 매일 작업을 시작하기 전
   ㉡ 가스의 누출이 의심되는 경우
   ㉢ 가스가 발생하거나 정체할 위험이 있는 장소의 경우
   ㉣ 장시간 작업을 계속하는 경우(이 경우 4시간마다 가스 농도 측정)
2. 가스의 농도가 인화하한계 값의 25% 이상으로 밝혀진 때에는 즉시 근로자를 안전한 장소에 대피시키고 화기나 그 밖에 점화원이 될 우려가 있는 기계 · 기구 등의 사용을 중지하며 통풍 · 환기 등을 할 것

**85** 공기 중에서 A 가스의 폭발하한계는 2.2vol%이다. 이 폭발하한계 값을 기준으로 하여 표준상태에서 A 가스와 공기의 혼합기체 $1m^3$에 함유되어 있는 A 가스의 질량을 구하면 약 몇 g인가?(단, A 가스의 분자량은 26이다.)

① 19.02  ② 25.54
③ 29.02  ④ 35.54

**해설**
질량
1. A 가스의 부피
$1,000l \times \dfrac{2.2}{100} = 22l$
2. 표준상태(0℃, 1기압)에서 A 가스의 분자량은 26g이므로
A 가스의 질량 $= 22l \times \dfrac{26g}{22.4l} = 25.54[g]$

**TIP** $1m^3 = 1,000l$

**정답** 82 ④ 83 ④ 84 ③ 85 ②

**86** 다음 중 물과 반응하여 수소가스를 발생할 위험이 가장 낮은 물질은?

① Mg  ② Zn
③ Cu  ④ Na

**해설**
1. Mg(마그네슘), Zn(아연), Li(리튬), 나트륨(Na) 등은 물과 반응하여 수소가스를 발생시킨다.
2. Cu(구리)는 순수한 물과 반응하지 않는다.

**87** 고압의 환경에서 장시간 작업하는 경우에 발생할 수 있는 잠함병(潛函病) 또는 잠수병(潛水病)은 다음 중 어떤 물질에 의하여 중독현상이 일어나는가?

① 질소
② 황화수소
③ 일산화탄소
④ 이산화탄소

**해설**
잠함병(감압병)
1. 고압환경에서 체내에 과다하게 용해되었던 불활성 기체(질소 등)는 압력이 낮아질 때 과포화상태로 되어 혈액과 조직에 기포를 형성하여 혈액순환을 방해하거나 주위 조직에 기계적 영향을 줌으로써 다양한 증상을 일으키는데, 이 질환을 감압병(잠함병)이라 한다.
2. 잠수병의 직접적인 원인은 혈액과 조직에 질소기포의 증가이다.

**88** 다음 중 열교환기의 보수에 있어 일상점검항목과 정기적 개방점검항목으로 구분할 때 일상점검항목으로 가장 거리가 먼 것은?

① 도장의 노후상황
② 부착물에 의한 오염의 상황
③ 보온재, 보냉재의 파손 여부
④ 기초볼트의 체결 정도

**해설**
열교환기의 보수

| 일상점검항목 | • 보온재, 보냉재의 파손 여부<br>• 도장의 노후 상황<br>• 플랜지(Flange)부, 용접부 등의 누설 여부<br>• 기초볼트의 체결 정도 |
|---|---|
| 정기적 개방 점검항목 | • 부식 및 고분자 등 생성물의 상황<br>• 부착물에 의한 오염의 상황<br>• 부식의 형태, 정도, 범위<br>• 누출의 원인이 되는 균열, 흠집의 여부<br>• 칠의 두께 감소 정도<br>• 용접선의 상황<br>• 라이닝(Lining) 또는 코팅 상태 |

**89** 다음 중 가연성 가스이며 독성가스에 해당하는 것은?

① 수소  ② 프로판
③ 산소  ④ 일산화탄소

**해설**
일산화탄소
1. 무색, 무취의 기체이며 산소가 부족한 상태로 연료가 연소할 때 불완전연소로 발생한다.
2. 사람의 폐로 들어가면 혈액 중의 헤모글로빈과 결합하여 산소공급을 막아 심한 경우 사망에 이른다.
3. 폭발범위가 12.5~74%의 가연성 가스이다.

> **TIP** 비독성가스
> 독성가스 이외의 독성이 없는 가스(헬륨, 네온, 질소, 아르곤, 이산화탄소, 수소, 프로판, 부탄 등)

**90** 위험물 또는 가스에 의한 화재를 경보하는 기구에 필요한 설비가 아닌 것은?

① 간이완강기  ② 자동화재감지기
③ 축전지설비  ④ 자동화재수신기

**해설**
피난구조설비

| 피난기구 | • 피난사다리  • 완강기 등<br>• 구조대 |
|---|---|
| 인명구조기구 | • 방열복, 방화복(안전헬멧, 보호장갑 및 안전화를 포함)<br>• 공기호흡기<br>• 인공소생기 |
| 유도등 | • 피난유도선  • 객석유도등<br>• 피난구유도등  • 유도표지<br>• 통로유도등 |
| 비상조명등 및 휴대용 비상조명등 | |

**정답** 86 ③ 87 ① 88 ② 89 ④ 90 ①

## 91 다음 중 가연성물질이 연소하기 쉬운 조건으로 옳지 않은 것은?

① 연소 발열량이 클 것
② 점화에너지가 작을 것
③ 산소와 친화력이 클 것
④ 입자의 표면적이 작을 것

**해설**

가연물의 구비조건(가연성물질이 연소하기 쉬운 조건)
1. 산소와 친화력이 좋고 표면적이 넓을 것
2. 반응열(발열량)이 클 것
3. 열전도율이 작을 것
4. 활성화 에너지가 작을 것(점화에너지가 작을 것)

## 92 이산화탄소소화약제의 특징으로 가장 거리가 먼 것은?

① 전기절연성이 우수하다.
② 액체로 저장할 경우 자체 압력으로 방사할 수 있다.
③ 기화상태에서 부식성이 매우 강하다.
④ 저장에 의한 변질이 없어 장기간 저장이 용이한 편이다.

**해설**

이산화탄소($CO_2$) 소화약제
1. 공기 중에 존재하고 있는 산소의 농도 21%를 15% 이하로 낮추어 소화하는 질식작용과 $CO_2$ 가스 방출 시 기화열의 흡수로 인하여 소화하는 냉각작용을 하는 소화약제이다.
2. $CO_2$는 불활성 기체로 비교적 안정성이 높고 불연성, 부식성도 없다.
3. 기화잠열이 크므로 열 흡수에 의한 냉각작용이 크다.
4. 밀폐공간에서 질식과 같은 인명의 피해를 입을 수 있다.
5. 전기에 대한 절연성이 우수하다.

## 93 헥산 1vol%, 메탄 2vol%, 에틸렌 2vol%, 공기 95vol%로 된 혼합가스의 폭발하한계 값(vol%)은 약 얼마인가?(단, 헥산, 메탄, 에틸렌의 폭발하한계 값은 각각 1.1, 5.0, 2.7vol%이다.)

① 2.44
② 12.89
③ 21.78
④ 48.78

**해설**

르샤틀리에(Le Chatelier)의 법칙
혼합가스가 공기와 섞여 있을 경우

$$L = \frac{V_1 + V_2 + \cdots + V_n}{\frac{V_1}{L_1} + \frac{V_2}{L_2} + \cdots + \frac{V_n}{L_n}}$$

여기서, $V_n$ : 전체 혼합가스 중 각 성분가스의 체적(비율)[%]
$L_n$ : 각 성분 단독의 폭발한계(상한 또는 하한)
$L$ : 혼합가스의 폭발한계(상한 또는 하한)[vol%]

$$L = \frac{V_1 + V_2 + \cdots + V_n}{\frac{V_1}{L_1} + \frac{V_2}{L_2} + \cdots + \frac{V_n}{L_n}} = \frac{1+2+2}{\frac{1}{1.1} + \frac{2}{5} + \frac{2}{2.7}}$$

$= 2.44[vol\%]$

## 94 위험물질을 저장하는 방법으로 틀린 것은?

① 황인은 물속에 저장
② 나트륨은 석유 속에 저장
③ 칼륨은 석유 속에 저장
④ 리튬은 물속에 저장

**해설**

리튬(Li)
1. 건조하여 환기가 잘 되는 실내에 저장한다.
2. 수분과의 접촉 혼입을 방지하고, 누출에 주의하여야 한다.
3. 물과는 상온에서 천천히, 고온에서 격렬하게 반응하여 수소를 발생한다.

**TIP** 위험물의 저장 및 취급방법(대표적인 위험물)

| 질산은 용액 | 햇빛에 의해 변질되므로 갈색병에 보관 |
|---|---|
| 금속분(철분, 마그네슘, 금속분 등) | 물, 습기, 산과의 접촉을 피하여 저장 |
| 적린 | 화약류, 폭발성 물질, 가연성 물질 등과 격리하여 냉암소에 보관 |
| 황린(백린) | pH9(약알칼리성) 정도의 물속에 저장 |
| 니트로 셀룰로오스 (질화면) | 물 또는 알코올로 습윤하여 저장 |
| 칼륨, 나트륨 | 석유, 유동파라핀 등의 보호액을 넣어 밀봉 저장 |

**95** 다음 중 반응기를 조작방식에 따라 분류할 때 이에 해당하지 않는 것은?

① 회분식 반응기  ② 반회분식 반응기
③ 연속식 반응기  ④ 관형식 반응기

해설
반응기의 분류

| 반응 조작방식에 의한 분류 | • 회분식 반응기(회분식 균일상 반응기)<br>• 반회분식 반응기<br>• 연속식 반응기 |
|---|---|
| 반응기 구조방식에 의한 분류 | • 관형 반응기<br>• 탑형 반응기<br>• 교반조형 반응기<br>• 유동층형 반응기 |

**96** 다음 중 자연발화의 방지법으로 가장 거리가 먼 것은?

① 직접 인화할 수 있는 불꽃과 같은 점화원만 제거하면 된다.
② 저장소 등의 주위 온도를 낮게 한다.
③ 습기가 많은 곳에는 저장하지 않는다.
④ 통풍이나 저장법을 고려하여 열의 축적을 방지한다.

해설
자연발화 방지법
1. 통풍이 잘되게 할 것
2. 저장실 온도를 낮출 것
3. 열이 축적되지 않는 퇴적방법을 선택할 것
4. 습도가 높지 않도록 할 것(습도가 높은 것을 피할 것)
5. 공기가 접촉되지 않도록 불활성액체 중에 저장할 것

**97** 산업안전보건기준에 관한 규칙에서 지정한 '화학설비 및 그 부속설비의 종류' 중 화학설비의 부속설비에 해당하는 것은?

① 응축기 · 냉각기 · 가열기 등의 열교환기류
② 반응기 · 혼합조 등의 화학물질 반응 또는 혼합장치
③ 펌프류 · 압축기 등의 화학물질 이송 또는 압축설비
④ 온도 · 압력 · 유량 등을 지시 · 기록하는 자동제어 관련 설비

해설
화학설비의 부속설비
1. 배관 · 밸브 · 관 · 부속류 등 화학물질 이송 관련 설비
2. 온도 · 압력 · 유량 등을 지시 · 기록 등을 하는 자동제어 관련 설비
3. 안전밸브 · 안전판 · 긴급차단 또는 방출밸브 등 비상조치 관련 설비
4. 가스누출감지 및 경보 관련 설비
5. 세정기, 응축기, 벤트스택(Bent Stack), 플레어스택(Flare Stack) 등 폐가스처리설비
6. 사이클론, 백필터(Bag Filter), 전기집진기 등 분진처리설비
7. 1.목부터 6.목까지의 설비를 운전하기 위하여 부속된 전기 관련 설비
8. 정전기 제거장치, 긴급 샤워설비 등 안전 관련 설비

**98** 다음 중 인화성가스가 아닌 것은?

① 부탄  ② 메탄
③ 수소  ④ 산소

해설
인화성가스
수소, 아세틸렌, 에틸렌, 메탄, 에탄, 프로판, 부탄, 유해 · 위험물질 규정량에 따른 인화성가스

**99** 다음 중 가연성 가스가 밀폐된 용기 안에서 폭발할 때 최대폭발압력에 영향을 주는 인자로 가장 거리가 먼 것은?

① 가연성 가스의 농도(몰수)
② 가연성 가스의 초기 온도
③ 가연성 가스의 유속
④ 가연성 가스의 초기 압력

해설
밀폐된 용기 내에서의 최대 폭발압력(Pm)
1. 다른 조건이 일정할 때 처음 온도가 높을수록 감소한다.
2. 다른 조건이 일정할 때 초기 압력이 상승할수록 증가한다.
3. 용기의 형태 및 부피에 큰 영향을 받지 않는다.
4. 발화원의 강도가 클수록 증가된다.
5. 가연성 가스의 유량이 클수록 증가한다.
6. 가연성 가스의 농도 증가에 따라 증가한다.

정답 95 ④ 96 ① 97 ④ 98 ④ 99 ③

**100** 물이 관 속을 흐를 때 유동하는 물속의 어느 부분의 정압이 그때의 물의 증기압보다 낮을 경우 물이 증발하여 부분적으로 증기가 발생되어 배관의 부식을 초래하는 경우가 있다. 이러한 현상을 무엇이라 하는가?

① 서징(Surging)
② 공동현상(Cavitation)
③ 비말동반(Entrainment)
④ 수격작용(Water Hammering)

**해설**
펌프의 현상

| | |
|---|---|
| 공동현상 (Cavitation) | 물이 관내를 유동하고 있을 때에 흐르는 물속의 어떤 부분의 정압력이 그때의 수온에 상당하는 증기압 이하가 되면 부분적으로 증기를 발생하는 현상을 공동현상이라 하며, 펌프의 임펠러나 동체 안에서 자주 일어난다. |
| 서징 [맥동현상] (Surging)] | 펌프나 기타 유체기계에 펌프 출구, 입구에 부착한 압력계 및 진공계의 바늘이 흔들리고 동시에 송출유량이 변화하는 현상 |
| 수격현상 (Water Hammering) | 관 속의 액체가 충만하게 흐르고 있을 때 정전 등으로 펌프가 급히 멈추거나 수량조절밸브를 급히 폐쇄할 때 관 속의 유속이 급격히 변화하면 액체에 큰 압력의 변화가 생기는 현상 |

## 6과목 건설안전기술

**101** 강관비계 조립 시의 준수사항으로 옳지 않은 것은?

① 비계기둥에는 미끄러지거나 침하하는 것을 방지하기 위하여 밑받침철물을 사용한다.
② 지상높이 4층 이하 또는 12m 이하인 건축물의 해체 및 조립 등의 작업에서만 사용한다.
③ 교차가새로 보강한다.
④ 외줄비계·쌍줄비계 또는 돌출비계에 대해서는 벽이음 및 버팀을 설치한다.

**해설**
강관비계 조립 시의 준수사항
1. 비계기둥에는 미끄러지거나 침하하는 것을 방지하기 위하여 밑받침철물을 사용하거나 깔판·받침목 등을 사용하여 밑둥잡이를 설치하는 등의 조치를 할 것
2. 강관의 접속부 또는 교차부는 적합한 부속철물을 사용하여 접속하거나 단단히 묶을 것
3. 교차 가새로 보강할 것
4. 외줄비계·쌍줄비계 또는 돌출비계에 대해서는 다음 각 목에서 정하는 바에 따라 벽이음 및 버팀을 설치할 것
   ㉠ 강관비계의 조립 간격은 다음의 기준에 적합하도록 할 것

| 강관비계의 종류 | 조립간격(단위 : m) | |
|---|---|---|
| | 수직방향 | 수평방향 |
| 단관비계 | 5 | 5 |
| 틀비계 (높이가 5m 미만인 것은 제외한다) | 6 | 8 |

   ㉡ 강관·통나무 등의 재료를 사용하여 견고한 것으로 할 것
   ㉢ 인장재와 압축재로 구성된 경우에는 인장재와 압축재의 간격을 1m 이내로 할 것
5. 가공전로에 근접하여 비계를 설치하는 경우에는 가공전로를 이설하거나 가공전로에 절연용 방호구를 장착하는 등 가공전로와의 접촉을 방지하기 위한 조치를 할 것

> **TIP** 통나무 비계 사용기준
> 통나무 비계는 지상높이 4층 이하 또는 12m 이하인 건축물·공작물 등의 건조·해체 및 조립 등의 작업에만 사용할 수 있다.

**102** 승강기 강선의 과다감기를 방지하는 장치는?

① 비상정지장치
② 권과방지장치
③ 해지장치
④ 과부하방지장치

**해설**
방호장치 용어의 정의

| 방호장치 | 정의 |
|---|---|
| 과부하방지장치 | 정격하중 이상의 하중이 부하되었을 때 자동적으로 상승이 정지되면서 경보음을 발생하는 장치 |
| 권과방지장치 | 권과를 방지하기 위하여 인양용 와이어로프가 일정한계 이상 감기게 되면 자동적으로 동력을 차단하고 작동을 정지시키는 장치 |
| 비상정지장치 | 돌발사태 발생 시 안전유지를 위한 전원 차단 및 크레인을 급정지시키는 장치 |
| 후크해지방치 | 훅걸이용 와이어로프 등이 훅으로부터 벗겨지는 것(이탈하는 것)을 방지하기 위한 장치 |

**정답** 100 ② 101 ② 102 ②

**103** 다음 중 방망에 표시해야 할 사항이 아닌 것은?

① 방망의 신축성  ② 제조자명
③ 제조연월  ④ 재봉 치수

**해설**
추락방지용 방망의 표시
1. 제조자명
2. 제조연월
3. 재봉 치수
4. 그물코
5. 신품인 때의 방망의 강도

**104** 부두·안벽 등 하역작업을 하는 장소에서 부두 또는 안벽의 선을 따라 통로를 설치하는 경우에는 폭을 최소 얼마 이상으로 해야 하는가?

① 70cm  ② 80cm
③ 90cm  ④ 100cm

**해설**
부두·안벽 등 하역작업장 조치사항
1. 작업장 및 통로의 위험한 부분에는 안전하게 작업할 수 있는 조명을 유지할 것
2. 부두 또는 안벽의 선을 따라 통로를 설치하는 경우에는 폭을 90cm 이상으로 할 것
3. 육상에서의 통로 및 작업장소로서 다리 또는 선거 갑문을 넘는 보도 등의 위험한 부분에는 안전난간 또는 울타리 등을 설치할 것

**105** 중량물을 운반할 때의 바른 자세로 옳은 것은?

① 허리를 구부리고 양손으로 들어올린다.
② 중량은 보통 체중의 60%가 적당하다.
③ 물건은 최대한 몸에서 멀리 떼어서 들어올린다.
④ 길이가 긴 물건은 앞쪽을 높게 하여 운반한다.

**해설**
인력운반작업 준수사항
1. 길이가 긴 물건은 앞쪽을 높게 하여 운반할 것
2. 들어 올릴 때는 팔과 무릎을 사용하며, 척추는 곧은 자세로 할 것
3. 중량기준은 일반적으로 자신의 체중의 40% 이내만 들도록 할 것
4. 화물에 최대한 근접하여 중심을 낮게 할 것
5. 무거운 물건은 공동작업으로 실시하고 보조기구를 사용할 것

**106** 건설작업장에서 근로자가 상시 작업하는 장소의 작업면 조도기준으로 옳지 않은 것은?(단, 갱내 작업장과 감광재료를 취급하는 작업장의 경우는 제외)

① 초정밀작업 : 600럭스(lux) 이상
② 정밀작업 : 300럭스(lux) 이상
③ 보통작업 : 150럭스(lux) 이상
④ 초정밀, 정밀, 보통작업을 제외한 기타 작업 : 75럭스(lux) 이상

**해설**
근로자가 상시 작업하는 장소의 작업면 조도기준

| 작업의 종류 | 작업면 조도 |
| --- | --- |
| 초정밀작업 | 750럭스(lux) 이상 |
| 정밀작업 | 300럭스(lux) 이상 |
| 보통작업 | 150럭스(lux) 이상 |
| 그 밖의 작업 | 75럭스(lux) 이상 |

**107** 산업안전보건법령에 따른 거푸집 동바리를 조립하는 경우의 준수사항으로 옳지 않은 것은?

① 개구부 상부에 동바리를 설치하는 경우에는 상부하중을 견딜 수 있는 견고한 받침대를 설치할 것
② 동바리의 이음은 맞댄이음이나 장부이음으로 하고 같은 품질의 제품을 사용할 것
③ 강재와 강재의 접속부 및 교차부는 철선을 사용하여 단단히 연결할 것
④ 거푸집이 곡면인 경우에는 버팀대의 부착 등 거푸집의 부상(浮上)을 방지하기 위한 조치를 할 것

**해설**
거푸집 및 동바리 조립 시의 안전조치
1. 거푸집 조립 시의 안전조치
 ㉠ 거푸집을 조립하는 경우에는 거푸집이 콘크리트 하중이나 그 밖의 외력에 견딜 수 있거나, 넘어지지 않도록 견고한 구조의 긴결재(콘크리트를 타설할 때 거푸집이 변형되지 않게 연결하여 고정하는 재료), 버팀대 또는 지지대를 설치하는 등 필요한 조치를 할 것
 ㉡ 거푸집이 곡면인 경우에는 버팀대의 부착 등 그 거푸집의 부상(浮上)을 방지하기 위한 조치를 할 것
2. 동바리 조립 시의 안전조치
 동바리를 조립하는 경우에는 하중의 지지상태를 유지할 수 있도록 다음 각 호의 사항을 준수해야 한다.

㉠ 받침목이나 깔판의 사용, 콘크리트 타설, 말뚝박기 등 동바리의 침하를 방지하기 위한 조치를 할 것
㉡ 동바리의 상하 고정 및 미끄러짐 방지 조치를 할 것
㉢ 상부·하부의 동바리가 동일 수직선상에 위치하도록 하여 깔판·받침목에 고정시킬 것
㉣ 개구부 상부에 동바리를 설치하는 경우에는 상부하중을 견딜 수 있는 견고한 받침대를 설치할 것
㉤ U헤드 등의 단판이 없는 동바리의 상단에 멍에 등을 올릴 경우에는 해당 상단에 U헤드 등의 단판을 설치하고, 멍에 등이 전도되거나 이탈되지 않도록 고정시킬 것
㉥ 동바리의 이음은 같은 품질의 재료를 사용할 것
㉦ 강재의 접속부 및 교차부는 볼트·클램프 등 전용철물을 사용하여 단단히 연결할 것
㉧ 거푸집의 형상에 따른 부득이한 경우를 제외하고는 깔판이나 받침목은 2단 이상 끼우지 않도록 할 것
㉨ 깔판이나 받침목을 이어서 사용하는 경우에는 그 깔판·받침목을 단단히 연결할 것

**TIP** 본 문제는 법 개정으로 일부 내용이 수정되었습니다. 해설은 법 개정으로 수정된 내용이니 해설을 학습하세요.

**108** 추락방지용 방망의 그물코의 크기가 10cm인 신품 매듭방망사의 인장강도는 몇 킬로그램 이상이어야 하는가?

① 80
② 110
③ 150
④ 200

**해설**

방망사의 신품에 대한 인장강도

| 그물코의 크기 (단위 : 센티미터) | 방망의 종류(단위 : 킬로그램) | |
|---|---|---|
| | 매듭 없는 방망 | 매듭방망 |
| 10 | 240(150) | 200(135) |
| 5 | | 110(60) |

단, ( )는 폐기 시 인장강도

**109** 구축물이 풍압·지진 등에 의하여 붕괴 또는 전도하는 위험을 예방하기 위한 조치와 가장 거리가 먼 것은?

① 설계도서에 따라 시공했는지 확인
② 건설공사 시방서에 따라 시공했는지 확인
③ 「건축물의 구조기준 등에 관한 규칙」에 따른 구조기준을 준수했는지 확인
④ 보호구 및 방호장치의 성능검정 합격품을 사용했는지 확인

**해설**

구축물 또는 이와 유사한 시설물 등의 안전유지
구축물 또는 이와 유사한 시설물에 대하여 자중, 적재하중, 적설, 풍압, 지진이나 진동 및 충격 등에 의하여 전도·폭발하거나 무너지는 등의 위험을 예방하기 위하여 다음의 조치를 하여야 한다.
1. 설계도서에 따라 시공했는지 확인
2. 건설공사 시방서에 따라 시공했는지 확인
3. 「건축물의 구조기준 등에 관한 규칙」에 따른 구조기준을 준수했는지 확인

**110** 흙막이 지보공을 설치하였을 때 정기적으로 점검하여야 할 사항과 거리가 먼 것은?

① 경보장치의 작동상태
② 부재의 손상·변형·부식·변위 및 탈락의 유무와 상태
③ 버팀대의 긴압(緊壓)의 정도
④ 부재의 접속부·부착부 및 교차부의 상태

**해설**

흙막이 지보공의 붕괴 등의 방지를 위한 점검사항
1. 부재의 손상·변형·부식·변위 및 탈락의 유무와 상태
2. 버팀대의 긴압의 정도
3. 부재의 접속부·부착부 및 교차부의 상태
4. 침하의 정도

**111** 사다리식 통로 등을 설치하는 경우 고정식 사다리식 통로의 기울기는 최대 몇 도 이하로 하여야 하는가?

① 60도
② 75도
③ 80도
④ 90도

**해설**

사다리식 통로
1. 견고한 구조로 할 것
2. 심한 손상·부식 등이 없는 재료를 사용할 것
3. 발판의 간격은 일정하게 할 것
4. 발판과 벽과의 사이는 15cm 이상의 간격을 유지할 것
5. 폭은 30cm 이상으로 할 것
6. 사다리가 넘어지거나 미끄러지는 것을 방지하기 위한 조치를 할 것

**정답** 108 ④ 109 ④ 110 ① 111 ④

7. 사다리의 상단은 걸쳐놓은 지점으로부터 60cm 이상 올라가도록 할 것
8. 사다리식 통로의 길이가 10m 이상인 경우에는 5m 이내마다 계단참을 설치할 것
9. 사다리식 통로의 기울기는 75도 이하로 할 것. 다만, 고정식 사다리식 통로의 기울기는 90도 이하로 하고, 그 높이가 7미터 이상인 경우에는 다음 각 목의 구분에 따른 조치를 할 것
   가. 등받이울이 있어도 근로자 이동에 지장이 없는 경우 : 바닥으로부터 높이가 2.5미터 되는 지점부터 등받이울을 설치할 것
   나. 등받이울이 있으면 근로자가 이동이 곤란한 경우 : 개인용 추락 방지 시스템을 설치하고 근로자로 하여금 전신안전대를 사용하도록 할 것
10. 접이식 사다리 기둥은 사용 시 접혀지거나 펼쳐지지 않도록 철물 등을 사용하여 견고하게 조치할 것

## 112 달비계의 구조에서 달비계 작업발판의 폭은 최소 얼마 이상이어야 하는가?

① 30cm
② 40cm
③ 50cm
④ 60cm

**해설**

달비계의 구조
작업발판은 폭을 40cm 이상으로 하고 틈새가 없도록 할 것

## 113 달비계(곤돌라의 달비계는 제외)의 최대적재하중을 정하는 경우에 사용하는 안전계수의 기준으로 옳은 것은?

① 달기체인의 안전계수 : 10 이상
② 달기강대와 달비계의 하부 및 상부지점의 안전계수(목재의 경우) : 2.5 이상
③ 달기와이어로프의 안전계수 : 5 이상
④ 달기강선의 안전계수 : 10 이상

**해설**

달비계(곤돌라의 달비계 제외)의 안전계수

| 구분 | | 안전계수 |
|---|---|---|
| 달기와이어로프 및 달기강선 | | 10 이상 |
| 달기체인 및 달기훅 | | 5 이상 |
| 달기강대와 달비계의 하부 및 상부 지점 | 강재 | 2.5 이상 |
| | 목재 | 5 이상 |

**TIP** 본 문제는 법 개정으로 내용이 삭제되었습니다. 참고만 하세요.

## 114 사질지반 굴착 시, 굴착부와 지하수위차가 있을 때 수두차에 의하여 삼투압이 생겨 흙막이벽 근입부분을 침식하는 동시에 모래가 액상화되어 솟아오르는 현상은?

① 동상현상
② 연화현상
③ 보일링현상
④ 히빙현상

**해설**

지반의 이상현상

| 구분 | 정의 |
|---|---|
| 히빙(Heaving)현상 | 연질점토 지반에서 굴착에 의한 흙막이 내·외면의 흙의 중량 차이로 인해 굴착저면이 부풀어 올라오는 현상 |
| 보일링(Boiling)현상 | 사질토 지반에서 굴착저면과 흙막이 배면과의 수위 차이로 인해 굴착저면의 흙과 물이 함께 위로 솟구쳐 오르는 현상 |
| 파이핑(Piping)현상 | 보일링 현상으로 인하여 지반 내에서 물의 통로가 생기면서 흙이 세굴되는 현상 |

**TIP** 동상 및 연화현상

| 동상현상 (Frost heave) | 온도가 하강함에 따라 흙 속의 간극수(공극수)가 얼면 물의 체적이 약 9% 팽창하기 때문에 지표면이 부풀어 오르게 되는 현상 |
|---|---|
| 연화현상 (Frost boil) | 동결된 지반이 융해하면 흙 속에 과잉수분으로 인해 함수비가 증가하여 지반이 연약해지고 전단강도가 저하되는 현상 |

## 115 일반건설공사(갑)로서 대상액이 5억 원 이상 50억 원 미만인 경우에 산업안전보건관리비의 비율(가) 및 기초액(나)으로 옳은 것은?

① (가) 1.86%, (나) 5,349,000원
② (가) 1.99%, (나) 5,499,000원
③ (가) 2.35%, (나) 5,400,000원
④ (가) 1.57%, (나) 4,411,000원

**해설**

공사종류 및 규모별 산업안전보건관리비 계상기준표

| 공사 종류 \ 구분 | 대상액 5억 원 미만인 경우 적용비율(%) | 대상액 5억 원 이상 50억 원 미만인 경우 | | 대상액 50억 원 이상인 경우 적용비율(%) | 보건관리자 선임대상 건설공사의 적용비율(%) |
|---|---|---|---|---|---|
| | | 적용비율(%) | 기초액 | | |
| 건축공사 | 3.11% | 2.28% | 4,325,000원 | 2.37% | 2.64% |
| 토목공사 | 3.15% | 2.53% | 3,300,000원 | 2.60% | 2.73% |
| 중건설공사 | 3.64% | 3.05% | 2,975,000원 | 3.11% | 3.39% |
| 특수건설공사 | 2.07% | 1.59% | 2,450,000원 | 1.64% | 1.78% |

안전관리비 대상액 = 공사원가계산서 구성항목 중 직접재료비, 간접재료비와 직접노무비를 합한 금액(발주자가 재료를 제공할 경우에는 해당 재료비도 포함)

**정답** 112 ② 113 ④ 114 ③ 115 ①

> TIP 본 문제는 법 개정으로 일부 내용이 수정되었습니다. 해설은 법 개정으로 수정된 내용이니 해설을 학습하세요.

**116** 건설업 중 교량건설 공사의 경우 유해위험방지계획서를 제출하여야 하는 기준으로 옳은 것은?

① 최대 지간길이가 40m 이상인 교량건설 등 공사
② 최대 지간길이가 50m 이상인 교량건설 등 공사
③ 최대 지간길이가 60m 이상인 교량건설 등 공사
④ 최대 지간길이가 70m 이상인 교량건설 등 공사

**해설**

유해위험방지계획서를 제출해야 될 건설공사
1. 다음 각 목의 어느 하나에 해당하는 건축물 또는 시설 등의 건설·개조 또는 해체공사
   ㉠ 지상높이가 31미터 이상인 건축물 또는 인공구조물
   ㉡ 연면적 3만제곱미터 이상인 건축물
   ㉢ 연면적 5천제곱미터 이상인 시설로서 다음의 어느 하나에 해당하는 시설
     • 문화 및 집회시설(전시장 및 동물원·식물원은 제외)
     • 판매시설, 운수시설(고속철도의 역사 및 집배송시설은 제외)
     • 종교시설
     • 의료시설 중 종합병원
     • 숙박시설 중 관광숙박시설
     • 지하도상가
     • 냉동·냉장 창고시설
2. 연면적 5천제곱미터 이상인 냉동·냉장 창고시설의 설비공사 및 단열공사
3. 최대 지간길이(다리의 기둥과 기둥의 중심 사이의 거리)가 50미터 이상인 다리의 건설등 공사
4. 터널의 건설 등 공사
5. 다목적댐, 발전용댐, 저수용량 2천만톤 이상의 용수 전용 댐 및 지방상수도 전용 댐의 건설 등 공사
6. 깊이 10미터 이상인 굴착공사

**117** 철골건립준비를 할 때 준수하여야 할 사항과 가장 거리가 먼 것은?

① 지상 작업장에서 건립준비 및 기계기구를 배치할 경우에는 낙하물의 위험이 없는 평탄한 장소를 선정하여 정비하고 경사지에는 작업대나 임시발판 등을 설치하는 등 안전조치를 한 후 작업하여야 한다.
② 건립작업에 다소 지장이 있다 하더라도 수목은 제거하여서는 안 된다.
③ 사용 전에 기계기구에 대한 정비 및 보수를 철저히 실시하여야 한다.
④ 기계에 부착된 앵커 등 고정장치 외 기초구조 등을 확인하여야 한다.

**해설**

철골건립준비 시 준수사항
1. 지상 작업장에서 건립준비 및 기계기구를 배치할 경우에는 낙하물의 위험이 없는 평탄한 장소를 선정하여 정비하고 경사지에서는 작업대나 임시발판 등을 설치하는 등 안전하게 한 후 작업하여야 한다.
2. 건립작업에 지장이 되는 수목은 제거하거나 이설하여야 한다.
3. 인근에 건축물 또는 고압선 등이 있는 경우에는 이에 대한 방호조치 및 안전조치를 하여야 한다.
4. 사용 전에 기계기구에 대한 정비 및 보수를 철저히 실시하여야 한다.
5. 기계가 계획대로 배치되어 있는가, 윈치는 작업구역을 확인할 수 있는 곳에 위치하였는가, 기계에 부착된 앵카 등 고정장치와 기초구조 등을 확인하여야 한다.

**118** 건설현장에서 근로자의 추락재해를 예방하기 위한 안전난간을 설치하는 경우 그 구성요소와 거리가 먼 것은?

① 상부 난간대     ② 중간 난간대
③ 사다리         ④ 발끝막이판

**해설**

안전난간의 구조 및 설치요건
1. 상부 난간대, 중간 난간대, 발끝막이판 및 난간기둥으로 구성할 것. 다만, 중간 난간대, 발끝막이판 및 난간기둥은 이와 비슷한 구조와 성능을 가진 것으로 대체할 수 있다.
2. 상부 난간대는 바닥면·발판 또는 경사로의 표면(바닥면 등)으로부터 90센티미터 이상 지점에 설치하고, 상부 난간대를 120센티미터 이하에 설치하는 경우에는 중간 난간대는 상부 난간대와 바닥면 등의 중간에 설치해야 하며, 120센티미터 이상 지점에 설치하는 경우에는 중간 난간대를 2단 이상으로 균등하게 설치하고 난간의 상하 간격은 60센티미터 이하가 되도록 할 것. 다만, 난간기둥 간의 간격이 25센티미터 이하인 경우에는 중간 난간대를 설치하지 않을 수 있다.
3. 발끝막이판은 바닥면 등으로부터 10센티미터 이상의 높이를 유지할 것. 다만, 물체가 떨어지거나 날아올 위험이 없거나 그 위험을 방지할 수 있는 망을 설치하는 등 필요

정답  116 ②  117 ②  118 ③

한 예방 조치를 한 장소는 제외한다.
4. 난간기둥은 상부 난간대와 중간 난간대를 견고하게 떠받칠 수 있도록 적정한 간격을 유지할 것
5. 상부 난간대와 중간 난간대는 난간 길이 전체에 걸쳐 바닥면 등과 평행을 유지할 것
6. 난간대는 지름 2.7센티미터 이상의 금속제 파이프나 그 이상의 강도가 있는 재료일 것
7. 안전난간은 구조적으로 가장 취약한 지점에서 가장 취약한 방향으로 작용하는 100킬로그램 이상의 하중에 견딜 수 있는 튼튼한 구조일 것

### 119 타워 크레인(Tower Crane)을 선정하기 위한 사전 검토사항으로서 가장 거리가 먼 것은?

① 붐의 모양
② 인양능력
③ 작업반경
④ 붐의 높이

**해설**
타워 크레인을 선정하기 위한 사전 검토사항은 인양능력, 작업반경, 붐의 높이 등이 있다.

### 120 건설현장에서 높이 5m 이상인 콘크리트 교량의 설치작업을 하는 경우 재해예방을 위해 준수해야 할 사항으로 옳지 않은 것은?

① 작업을 하는 구역에는 관계 근로자가 아닌 사람의 출입을 금지할 것
② 재료, 기구 또는 공구 등을 올리거나 내릴 경우에는 근로자로 하여금 크레인을 이용하도록 하고 달줄, 달포대 등의 사용을 금하도록 할 것
③ 중량물 부재를 크레인 등으로 인양하는 경우에는 부재에 인양용 고리를 견고하게 설치하고, 인양용 로프는 부재에 두 군데 이상 결속하여 인양하여야 하며, 중량물이 안전하게 거치되기 전까지는 걸이로프를 해제시키지 아니할 것
④ 자재나 부재의 낙하·전도 또는 붕괴 등에 의하여 근로자에게 위험을 미칠 우려가 있을 경우에는 출입금지구역의 설정, 자재 또는 가설시설의 좌굴(坐屈) 또는 변형 방지를 위한 보강재 부착 등의 조치를 할 것

**해설**
교량의 설치·해체 또는 변경작업을 하는 경우 준수사항
1. 작업을 하는 구역에는 관계 근로자가 아닌 사람의 출입을 금지할 것
2. 재료, 기구 또는 공구 등을 올리거나 내릴 경우에는 근로자로 하여금 달줄, 달포대 등을 사용하도록 할 것
3. 중량물 부재를 크레인 등으로 인양하는 경우에는 부재에 인양용 고리를 견고하게 설치하고, 인양용 로프는 부재에 두 군데 이상 결속하여 인양하여야 하며, 중량물이 안전하게 거치되기 전까지는 걸이로프를 해제시키지 아니할 것
4. 자재나 부재의 낙하·전도 또는 붕괴 등에 의하여 근로자에게 위험을 미칠 우려가 있을 경우에는 출입금지구역의 설정, 자재 또는 가설시설의 좌굴(挫屈) 또는 변형 방지를 위한 보강재 부착 등의 조치를 할 것

**정답** 119 ① 120 ②

# 11 2019년 2회 기출문제

## 1과목 안전관리론

**01** 연천인율 45인 사업장의 도수율은 얼마인가?

① 10.8
② 18.75
③ 108
④ 187.5

**해설**

도수율

$$도수율 = \frac{연천인율}{2.4}$$

$$도수율 = \frac{45}{2.4} = 18.75$$

**02** 다음 중 산업안전보건법상 안전인증대상 기계·기구 등의 안전인증 표시로 옳은 것은?

①
②
③
④

**해설**

안전인증의 표시

| 구분 | 표시 |
|---|---|
| 안전인증 및 자율안전확인의 표시 |  |
| 안전인증대상 기계 등이 아닌 유해·위험기계 등의 안전인증의 표시 |  |

**03** 불안전상태와 불안전행동을 제거하는 안전관리의 시책에는 적극적인 대책과 소극적인 대책이 있다. 다음 중 소극적인 대책에 해당하는 것은?

① 보호구의 사용
② 위험공정의 배제
③ 위험물질의 격리 및 대체
④ 위험성 평가를 통한 작업환경 개선

**해설**

보호구의 정의
1. 유해한 작업환경이나 위험에 노출되어 있는 작업조건에서 작업자가 입을 수 있는 재해나 건강장해를 방지하기 위한 목적으로 작업자의 신체 일부 또는 전부에 장착하는 보조기구를 보호구라 한다.
2. 사고의 결과로 오는 상해 또는 직업병을 어느 정도까지 최소화하기 위하여 조치되는 소극적이며 2차적인 안전대책이다.

**04** 안전조직 중에서 라인-스탭(Line-Staff)조직의 특징으로 옳지 않은 것은?

① 라인형과 스탭형의 장점을 취한 절충식 조직형태이다.
② 중규모 사업장(100명 이상~500명 미만)에 적합하다.
③ 라인의 관리, 감독자에게도 안전에 관한 책임과 권한이 부여된다.
④ 안전 활동과 생산업무가 분리될 가능성이 낮기 때문에 균형을 유지할 수 있다.

**해설**

라인-스태프형(Line-Staff형)-직계 참모형 조직
1. 의의
   ㉠ 안전보건업무를 전담하는 스태프를 별도로 두고 또 생산 라인에는 그 부서의 장으로 하여금 계획된 생산 라인의 안전관리조직을 통하여 실시하도록 한 조직 형태
   ㉡ 1,000명 이상의 대규모 사업장에 적합한 조직형태
2. 장점
   ㉠ 라인에서 안전보건업무가 수행되어 안전보건에 관한 지시 명령 조치가 신속, 정확하게 이루어짐
   ㉡ 스태프는 안전에 관한 기획, 조사, 검토 및 연구를 수행
3. 단점
   ㉠ 명령계통과 조언, 권고적 참여가 혼동되기 쉬움
   ㉡ 라인과 스태프 간에 협조가 안 될 경우 업무의 원활한 추진 불가(라인과 스태프 간의 월권 또는 상호 의견충돌이 생길 수 있음)

**정답** 01 ② 02 ① 03 ① 04 ②

ⓒ 라인이 스태프에 의존 또는 활용하지 않는 경우가 있음

**TIP 안전관리조직의 형태**

| 라인형(Line형)<br>(직계형 조직) | 100명 미만의 소규모 사업장에 적합한 조직형태 |
|---|---|
| 스태프형(Staff형)<br>(참모형 조직) | 100명 이상 1,000명 미만의 중규모 사업장에 적합한 조직형태 |
| 라인-스태프형<br>(Line-Staff형)<br>(직계 참모형 조직) | 1,000명 이상의 대규모 사업장에 적합한 조직형태 |

**05** 다음 중 브레인스토밍(Brainstorming)의 4원칙을 올바르게 나열한 것은?

① 자유분방, 비판금지, 대량발언, 수정발언
② 비판자유, 소량발언, 자유분방, 수정발언
③ 대량발언, 비판자유, 자유분방, 수정발언
④ 소량발언, 자유분방, 비판금지, 수정발언

해설

브레인스토밍(Brainstorming)의 원칙
1. 비판금지 : 「좋다」, 「나쁘다」라고 비판은 하지 않는다.
2. 대량발언 : 내용의 질적 수준보다 양적으로 무엇이든 많이 발언한다.
3. 자유분방 : 자유로운 분위기에서 마음대로 편안한 마음으로 발언한다.
4. 수정발언 : 타인의 아이디어를 수정하거나 보충 발언해도 좋다.

**06** 매슬로의 욕구단계이론 중 자기의 잠재력을 최대한 살리고 자기가 하고 싶었던 일을 실현하려는 인간의 욕구에 해당하는 것은?

① 생리적 욕구       ② 사회적 욕구
③ 자아실현의 욕구   ④ 안전에 대한 욕구

해설

매슬로(Maslow)의 욕구단계이론

| 제1단계 | 생리적 욕구 | 기아, 갈증, 호흡, 배설, 성욕 등 생명 유지의 기본적 욕구 |
|---|---|---|
| 제2단계 | 안전의 욕구 | • 자기보존 욕구 : 안전을 구하려는 욕구<br>• 전쟁, 재해, 질병의 위험으로부터 자유로워지려는 욕구 |
| 제3단계 | 사회적 욕구 | • 소속감과 애정에 대한 욕구<br>• 사회적으로 관계를 향상시키는 욕구 |
| 제4단계 | 인정받으려는 욕구<br>(자기존중의 욕구) | 자존심, 명예, 성취, 지위 등 인정받으려는 욕구 |
| 제5단계 | 자아실현의 욕구 | • 잠재능력을 실현하고자 하는 성취욕구<br>• 특유의 창의력을 발휘 |

**07** 수업매체별 장·단점 중 '컴퓨터 수업(Computer Assisted Instruction)'의 장점으로 옳지 않은 것은?

① 개인차를 최대한 고려할 수 있다.
② 학습자가 능동적으로 참여하고, 실패율이 낮다.
③ 교사와 학습자가 시간을 효과적으로 이용할 수 없다.
④ 학생의 학습과 과정의 평가를 과학적으로 할 수 있다.

해설

컴퓨터 수업의 장·단점

| 장점 | 단점 |
|---|---|
| • 개인차를 최대한 고려할 수 있다.<br>• 학습자가 능동적으로 참여하고, 실패율이 낮다.<br>• 교사와 학습자가 시간을 효과적으로 이용할 수 있다.<br>• 학습자의 학습과 과정의 평가를 과학적으로 할 수 있다. | 고등정신을 기르는 데 불리하다. |

**08** 산업안전보건법령상 산업안전보건위원회의 구성에서 사용자위원 구성원이 아닌 것은?(단, 해당 위원이 사업장에 선임이 되어 있는 경우에 한한다.)

① 안전관리자       ② 보건관리자
③ 산업보건의       ④ 명예산업안전감독관

해설

산업안전보건위원회의 구성

| 구분 | 산업안전보건위원회 구성위원 |
|---|---|
| 근로자<br>위원 | • 근로자대표<br>• 근로자대표가 지명하는 1명 이상의 명예산업안전감독관(위촉되어 있는 사업장의 경우)<br>• 근로자대표가 지명하는 9명 이내의 해당 사업장의 근로자(명예산업안전감독관이 근로자위원으로 지명되어 있는 경우에는 그 수를 제외한 수의 근로자를 말한다) |

정답  05 ① 06 ③ 07 ③ 08 ④

| 사용자 위원 | 상시 근로자 50명 이상 100명 미만을 사용하는 사업장에서는 ⑤에 해당하는 사람을 제외하고 구성할 수 있다.<br>① 해당 사업의 대표자<br>② 안전관리자 1명<br>③ 보건관리자 1명<br>④ 산업보건의(해당 사업장에 선임되어 있는 경우)<br>⑤ 해당 사업의 대표자가 지명하는 9명 이내의 해당 사업장 부서의 장 |
|---|---|

## 09 다음 중 상황성 누발자의 재해유발원인으로 옳지 않은 것은?

① 작업의 난이성   ② 기계설비의 결함
③ 도덕성의 결여   ④ 심신의 근심

**해설**

재해 누발자의 유형

| 상황성 누발자 | • 작업이 어렵기 때문에<br>• 기계설비에 결함이 있기 때문에<br>• 심신에 근심이 있기 때문에<br>• 환경상 주의력의 집중이 혼란되기 때문에 |
|---|---|
| 습관성 누발자 | • 재해의 경험에 의해 겁을 먹거나 신경과민<br>• 일종의 슬럼프 상태 |
| 미숙성 누발자 | • 기능이 미숙하기 때문에<br>• 환경에 익숙하지 못하기 때문에(환경에 적응 미숙) |
| 소질성 누발자 | • 개인의 소질 가운데 재해원인의 요소를 가진 자<br>• 개인의 특수성격 소유자 |

## 10 다음 중 안전·보건교육의 단계별 교육과정 순서로 옳은 것은?

① 안전 태도교육 → 안전 지식교육 → 안전 기능교육
② 안전 지식교육 → 안전 기능교육 → 안전 태도교육
③ 안전 기능교육 → 안전 지식교육 → 안전 태도교육
④ 안전 자세교육 → 안전 지식교육 → 안전 기능교육

**해설**

안전·보건교육의 단계별 교육과정
1. 제1단계 : 지식교육
   ㉠ 강의, 시청각교육을 통한 지식의 전달과 이해
   ㉡ 근로자가 지켜야 할 규정의 숙지를 위한 교육
2. 제2단계 : 기능교육
   ㉠ 시범, 견학, 실습, 현장실습을 통한 경험체득과 이해
   ㉡ 교육 대상자가 스스로 행함으로써 습득하는 교육
   ㉢ 같은 내용을 반복해서 개인의 시행착오에 의해서만 얻어지는 교육
3. 제3단계 : 태도교육
   ㉠ 작업동작지도, 생활지도 등을 통한 안전의 습관화 및 일체감
   ㉡ 동기를 부여하는 데 가장 적절한 교육
   ㉢ 안전한 작업방법을 알고는 있으나 시행하지 않는 것에 대한 교육

## 11 산업안전보건법령상 안전모의 시험성능기준 항목으로 옳지 않은 것은?

① 내열성         ② 턱 끈 풀림
③ 내관통성      ④ 충격흡수성

**해설**

안전모의 시험성능 항목 및 기준

| 항목 | 시험성능기준 |
|---|---|
| 내관통성 | • 안전인증 : AE, ABE종 안전모는 관통거리가 9.5mm 이하이고, AB종 안전모는 관통거리가 11.1mm 이하이어야 한다.<br>• 자율안전확인 : 안전모는 관통거리가 11.1mm이어야 한다. |
| 충격흡수성 | 최고전달충격력이 4,450N을 초과해서는 안 되며, 모체와 착장체의 기능이 상실되지 않아야 한다. |
| 내전압성 | AE, ABE종 안전모는 교류 20kV에서 1분간 절연파괴 없이 견뎌야 하고, 이때 누설되는 충전전류는 10mA 이하이어야 한다.<br>(※ 자율안전확인에서는 제외) |
| 내수성 | AE, ABE종 안전모는 질량증가율이 1% 미만이어야 한다.(※ 자율안전확인에서는 제외) |
| 난연성 | 모체가 불꽃을 내며 5초 이상 연소되지 않아야 한다. |
| 턱 끈 풀림 | 150N 이상 250N 이하에서 턱끈이 풀려야 한다. |

**TIP** 자율안전확인 안전모의 시험성능 항목
내관통성, 충격 흡수성, 난연성, 턱 끈 풀림

## 12 재해통계에 있어 강도율이 2.0인 경우에 대한 설명으로 옳은 것은?

① 재해로 인해 전체 작업비용의 2.0%에 해당하는 손실이 발생하였다.
② 근로자 1,000명당 2.0건의 재해가 발생하였다.
③ 근로시간 1,000시간당 2.0건의 재해가 발생하였다.
④ 근로시간 1,000시간당 2.0일의 근로손실일수가 발생하였다.

해설

**강도율**
강도율이 2.0이란 뜻은 1,000시간당 재해로 인하여 2.0일간의 근로손실이 발생하였다는 뜻이다.

> **TIP** 강도율
> 근로시간 1,000시간당 재해에 의해 잃어버린(상실되는) 근로손실일수
> $$강도율 = \frac{근로손실일수}{연간총근로시간수} \times 1,000$$

### 13 다음 중 산업안전심리의 5대 요소에 포함되지 않는 것은?

① 습관  ② 동기
③ 감정  ④ 지능

해설

**산업안전심리의 5대요소**

| 기질 | 인간의 성격, 능력 등 개인적인 특성(생활환경, 주위환경에 따라 변화한다) |
|---|---|
| 동기 | 능동적인 감각에 의한 자극에서 일어나는 사고의 결과로 마음을 움직이는 원동력 |
| 습관 | 개인의 특성이 자신도 모르게 습관화된 현상으로 습관에 직접 영향을 주는 요인으로는 동기, 기질, 감정, 습성이 있다. |
| 감정 | 대상이나 상태에 따라 발생하는 슬픔, 기쁨 등에 해당하는 마음의 현상 |
| 습성 | 오랜 습관으로 인하여 굳어 버린 성질로 동기, 기질, 감정 등이 밀접한 연관관계이다. |

### 14 교육훈련 방법 중 OJT(On the Job Training)의 특징으로 옳지 않은 것은?

① 동시에 다수의 근로자들을 조직적으로 훈련이 가능하다.
② 개개인에게 적절한 지도 훈련이 가능하다.
③ 훈련효과에 의해 상호 신뢰 및 이해도가 높아진다.
④ 직장의 실정에 맞게 실제적 훈련이 가능하다.

해설

**OJT(On the Job Training)**
1. 직장의 실정에 맞는 구체적이고 실제적인 지도 교육이 가능하다.
2. 개개인에게 적절한 지도 훈련이 가능하다.(개인의 능력과 적성에 알맞은 맞춤교육이 가능하다)
3. 훈련 효과에 의해 상호 신뢰이해도가 높아진다.(상사와의 의사소통 및 신뢰도 향상에 도움이 된다)
4. 교육의 효과가 업무에 신속하게 반영된다.
5. 교육의 이해도가 빠르고 동기부여가 쉽다.
6. 교육으로 인해 업무가 중단되는 업무손실이 적다.
7. 교육경비의 절감효과가 있다.

> **TIP** 동시에 다수의 근로자들을 조직적으로 훈련이 가능하다 : OFF-JT의 특징이다.

### 15 기술교육의 형태 중 존 듀이(J.Dewey)의 사고 과정 5단계에 해당하지 않는 것은?

① 추론한다.  ② 시사를 받는다.
③ 가설을 설정한다.  ④ 가슴으로 생각한다.

해설

**존 듀이(J. Dewey)의 사고 과정 5단계**

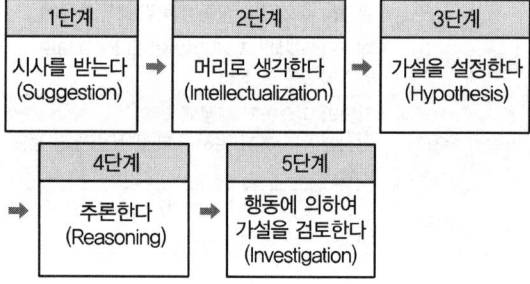

### 16 허츠버그(Herzberg)의 일을 통한 동기부여 원칙으로 틀린 것은?

① 새롭고 어려운 업무의 부여
② 교육을 통한 간접적 정보 제공
③ 자기과업을 위한 작업자의 책임감 증대
④ 작업자에게 불필요한 통제를 배제

해설

**일을 통한 동기부여 원칙(직무확대방법)**
1. 근로자에게 정기 보고서를 통하여 직접적인 정보를 제공한다.
2. 자기 과업을 위한 근로자의 책임을 증대시킨다.
3. 특정과업을 수행할 기회를 부여한다.
4. 근로자에게 단위의 분배 작업을 부여하도록 조정한다.
5. 근로자에게 보다 새롭고 힘든 과업을 부여한다.
6. 근로자에게 불필요한 통제를 배제한다.

정답  13 ④  14 ①  15 ④  16 ②

**17** 산업안전보건법상 환기가 극히 불량한 좁고 밀폐된 장소에서 용접작업을 하는 근로자 대상의 특별 안전보건교육 교육내용에 해당하지 않는 것은?(단, 기타 안전·보건관리에 필요한 사항은 제외한다.)

① 환기설비에 관한 사항
② 작업환경 점검에 관한 사항
③ 질식 시 응급조치에 관한 사항
④ 화재예방 및 초기대응에 관한 사항

**해설**

밀폐된 장소(탱크 내 또는 환기가 극히 불량한 좁은 장소)에서 하는 용접작업 또는 습한 장소에서 하는 전기용접 작업 시 특별 안전·보건교육내용
1. 작업순서, 안전작업방법 및 수칙에 관한 사항
2. 환기설비에 관한 사항
3. 전격 방지 및 보호구 착용에 관한 사항
4. 질식 시 응급조치에 관한 사항
5. 작업환경 점검에 관한 사항
6. 그 밖에 안전·보건관리에 필요한 사항

> **TIP** 화재예방 및 초기대응에 관한 사항
> 아세틸렌 용접장치 또는 가스집합 용접장치를 사용하는 금속의 용접·용단 또는 가열작업(발생기·도관 등에 의하여 구성되는 용접장치만 해당한다) 시 특별 안전·보건교육내용

**18** 다음의 무재해운동의 이념 중 "선취의 원칙"에 대한 설명으로 가장 적절한 것은?

① 사고의 잠재요인을 사후에 파악하는 것
② 근로자 전원이 일체감을 조성하여 참여하는 것
③ 위험요소를 사전에 발견, 파악하여 재해를 예방 또는 방지하는 것
④ 관리감독자 또는 경영층에서의 자발적 참여로 안전활동을 촉진하는 것

**해설**

무재해운동의 3원칙

| | |
|---|---|
| 무(無)의 원칙 | 단순히 사망재해나 휴업재해만 없으면 된다는 소극적인 사고가 아닌, 사업장 내의 모든 잠재위험요인을 적극적으로 사전에 발견하고 파악·해결함으로써 산업재해의 근원적인 요소를 없앤다는 것을 의미 |
| 참여의 원칙 (전원 참가의 원칙) | 작업에 따르는 잠재위험요인을 발견하고 파악·해결하기 위해 전원이 일치 협력하여 각자의 위치에서 적극적으로 문제를 해결하겠다는 것을 의미 |
| 안전제일의 원칙 (선취의 원칙) | 안전한 사업장을 조성하기 위한 궁극의 목표로서 사업장 내에서 행동하기 전에 잠재위험요인을 발견하고 파악·해결하여 재해를 예방하는 것을 의미 |

**19** 산업안전보건법령상 유기화합물용 방독마스크의 시험가스로 옳지 않은 것은?

① 이소부탄
② 시클로헥산
③ 디메틸에테르
④ 염소가스 또는 증기

**해설**

방독마스크의 종류 및 표시색

| 종류 | 시험가스 | 정화통 외부 측면의 표시 색 |
|---|---|---|
| 유기화합물용 | 시클로헥산($C_6H_{12}$) | 갈색 |
| | 디메틸에테르($CH_3OCH_3$) | |
| | 이소부탄($C_4H_{10}$) | |
| 할로겐용 | 염소가스 또는 증기($Cl_2$) | 회색 |
| 황화수소용 | 황화수소가스($H_2S$) | |
| 시안화수소용 | 시안화수소가스(HCN) | |
| 아황산용 | 아황산가스($SO_2$) | 노란색 |
| 암모니아용 | 암모니아가스($NH_3$) | 녹색 |

**20** 산업안전보건법령상 근로자 안전보건교육 중 작업내용 변경 시의 교육을 할 때 일용근로자를 제외한 근로자의 교육시간으로 옳은 것은?

① 1시간 이상
② 2시간 이상
③ 4시간 이상
④ 8시간 이상

**정답** 17 ④ 18 ③ 19 ④ 20 ②

### 해설
근로자 안전보건교육

| 교육과정 | 교육대상 | | 교육시간 |
|---|---|---|---|
| 가. 정기 교육 | 1) 사무직 종사 근로자 | | 매반기 6시간 이상 |
| | 2) 그 밖의 근로자 | 가) 판매업무에 직접 종사하는 근로자 | 매반기 6시간 이상 |
| | | 나) 판매업무에 직접 종사하는 근로자 외의 근로자 | 매반기 12시간 이상 |
| 나. 채용 시 교육 | 1) 일용근로자 및 근로계약기간이 1주일 이하인 기간제근로자 | | 1시간 이상 |
| | 2) 근로계약기간이 1주일 초과 1개월 이하인 기간제근로자 | | 4시간 이상 |
| | 3) 그 밖의 근로자 | | 8시간 이상 |
| 다. 작업내용 변경 시 교육 | 1) 일용근로자 및 근로계약기간이 1주일 이하인 기간제근로자 | | 1시간 이상 |
| | 2) 그 밖의 근로자 | | 2시간 이상 |
| 라. 특별 교육 | 1) 일용근로자 및 근로계약기간이 1주일 이하인 기간제근로자 : 특별교육 대상 작업에 해당하는 작업에 종사하는 근로자에 한정(타워크레인을 사용하는 작업 시 신호업무를 하는 작업은 제외) | | 2시간 이상 |
| | 2) 일용근로자 및 근로계약기간이 1주일 이하인 기간제근로자 : 타워크레인을 사용하는 작업 시 신호업무를 하는 작업에 종사하는 근로자에 한정 | | 8시간 이상 |
| | 3) 일용근로자 및 근로계약기간이 1주일 이하인 기간제근로자를 제외한 근로자 : 특별교육 대상 작업에 종사하는 근로자에 한정 | | 가) 16시간 이상(최초 작업에 종사하기 전 4시간 이상 실시하고 12시간은 3개월 이내에서 분할하여 실시 가능) 나) 단기간 작업 또는 간헐적 작업인 경우에는 2시간 이상 |
| 마. 건설업 기초 안전·보건 교육 | 건설 일용근로자 | | 4시간 이상 |

> **TIP** 본 문제는 법 개정으로 일부 내용이 수정되었습니다. 해설은 법 개정으로 수정된 내용이니 해설을 학습하세요.

## 2과목 인간공학 및 시스템 안전공학

**21** 화학설비에 대한 안전성 평가(Safety Assessment)에서 정량적 평가 항목이 아닌 것은?

① 습도  ② 온도
③ 압력  ④ 용량

### 해설
화학설비에 대한 안전성 평가(제3단계 : 정량적 평가)
취급물질, 화학설비의 용량, 온도, 압력, 조작

> **TIP** 화학설비에 대한 안전성 평가 단계
> 안전성 평가는 6단계에 의해 실시되며, 경우에 따라 5단계와 6단계가 동시에 이루어지기도 한다.
> • 제1단계 : 관계자료의 정비검토
> • 제2단계 : 정성적 평가
> • 제3단계 : 정량적 평가
> • 제4단계 : 안전대책
> • 제5단계 : 재해정보에 의한 재평가
> • 제6단계 : FTA에 의한 재평가

**22** 신체 부위의 운동에 대한 설명으로 틀린 것은?

① 굴곡(Flexion)은 부위 간의 각도가 증가하는 신체의 움직임을 의미한다.
② 외전(Abduction)은 신체 중심선으로부터 이동하는 신체의 움직임을 의미한다.
③ 내전(Adduction)은 신체의 외부에서 중심선으로 이동하는 신체의 움직임을 의미한다.
④ 외선(Lateral Rotation)은 신체의 중심선으로부터 회전하는 신체의 움직임을 의미한다.

### 해설
신체 부위의 운동(기본적인 동작)
• 굴곡(Flexion) : 관절에서의(부위 간의) 각도가 감소하는 동작
• 신전(Extension) : 관절에서의(부위 간의) 각도가 증가하는 동작
• 내전(內轉, Adduction) : 몸(신체)의 중심선으로 향하는 이동 동작
• 외전(外轉, Abduction) : 몸(신체)의 중심선으로부터 멀어지는 이동 동작
• 내선(內旋, Medial Rotation) : 몸(신체)의 중심선으로 향하는 회전 동작
• 외선(外旋, Lateral Rotation) : 몸(신체)의 중심선으로부터 회전 동작
• 하향(Pronation) : 몸(신체) 또는 손바닥을 아래로 향하는 회전
• 상향(Supination) : 몸(신체) 또는 손바닥을 위로 향하는 회전

정답 21 ① 22 ①

**23** $n$개의 요소를 가진 병렬 시스템에 있어 요소의 수명(MTTF)이 지수분포를 따를 경우 이 시스템의 수명을 구하는 식으로 맞는 것은?

① $MTTF \times n$
② $MTTF \times \dfrac{1}{n}$
③ $MTTF \left(1 + \dfrac{1}{2} + \cdots + \dfrac{1}{n}\right)$
④ $MTTF \left(1 \times \dfrac{1}{2} \times \cdots \times \dfrac{1}{n}\right)$

**해설**
계(system)의 수명(요소의 수명이 지수분포를 따를 경우)
1. 직렬계
$$MTTF_s = \dfrac{MTTF}{n}$$
2. 병렬계
$$MTTF_s = MTTF\left(1 + \dfrac{1}{2} + \dfrac{1}{3} + \cdots + \dfrac{1}{n}\right)$$

**24** 인간 전달 함수(Human Transfer Function)의 결점이 아닌 것은?

① 입력의 협소성
② 시점적 제약성
③ 정신운동의 묘사성
④ 불충분한 직무묘사

**해설**
인간 전달 함수(Human Transfer Function)
1. 인간 전달 함수의 개입변수
  ㉠ 감각(Sensation)과정
  ㉡ 인식(Perception)과정
  ㉢ 중재(Mediation)과정
  ㉣ 정신운동(Psychomotor) 통제 등
2. 인간 전달 함수의 결점
  ㉠ 입력의 협소성
  ㉡ 불충분한 직무묘사
  ㉢ 시점적 제약성

**25** 고장형태와 영향분석(FMEA)에서 평가요소로 틀린 것은?

① 고장발생의 빈도
② 고장의 영향 크기
③ 고장방지의 가능성
④ 기능적 고장 영향의 중요도

**해설**
고장평점법($C_s$ 평점법)
다음의 다섯 가지 평가요소의 전부 또는 2~3개의 평가요소를 사용하여 고장평점을 계산하고 고장등급을 결정하는 방법
• $C_1$ : 기능적 고장의 영향의 중요도
• $C_2$ : 영향을 미치는 시스템의 범위
• $C_3$ : 고장발생의 빈도
• $C_4$ : 고장방지의 가능성
• $C_5$ : 신규설계의 정도
평가요소를 모두 사용하는 경우의 고장평점 $C_s$
$$C_s = (C_1 \cdot C_2 \cdot C_3 \cdot C_4 \cdot C_5)^{\frac{1}{5}}$$

**26** 결함수분석의 기대효과와 가장 관계가 먼 것은?

① 시스템의 결함 진단
② 시간에 따른 원인 분석
③ 사고원인 규명의 간편화
④ 사고원인 분석의 정량화

**해설**
FTA의 활용 및 기대효과

| | |
|---|---|
| 사고원인 규명의 간편화 | 사고의 세부적인 원인목록을 작성하여 전문적인 지식이 부족한 사람도 해당 사고의 구조를 파악할 수 있음 |
| 사고원인 분석의 일반화 | 재해발생의 모든 원인들의 연쇄를 한눈에 알기 쉽게 Tree상으로 표현할 수 있음 |
| 사고원인 분석의 정량화 | FTA에 의한 재해발생원인의 정량적 해석과 예측, 컴퓨터 처리 및 통계적인 처리가 가능 |
| 노력과 시간의 절감 | FTA의 전산화를 통해 사고발생에의 기여도가 높은 중요 원인을 분석하고 파악하여 사고예방을 위한 노력과 시간을 절감 |
| 시스템 결함 진단 | 복잡한 시스템 내의 결함을 최소시간과 최소비용으로 효과적인 교정을 통하여 재해를 예방할 수 있고 재해 발생 시 이를 극소화할 수 있음 |
| 안전점검 체크리스트 작성 | 안전점검상 중점을 두어야 할 부분 등을 체계적으로 정리한 안전점검 체크리스트를 만들 수 있음 |

**정답** 23 ③  24 ③  25 ②  26 ②

**27** 인간공학에 대한 설명으로 틀린 것은?

① 인간이 사용하는 물건, 설비, 환경의 설계에 적용된다.
② 인간을 작업과 기계에 맞추는 설계 철학이 바탕이 된다.
③ 인간-기계 시스템의 안전성과 편리성, 효율성을 높인다.
④ 인간의 생리적·심리적인 면에서의 특성이나 한계점을 고려한다.

**해설**

인간공학의 정의
1. 인간의 특성과 한계 능력을 공학적으로 분석, 평가하여 이를 복잡한 체계의 설계에 응용함으로써 효율을 최대로 활용할 수 있도록 하는 학문분야이다.
2. 인간의 생리적·심리적 요소를 연구하여 기계나 설비를 인간의 특성에 맞추어 설계하고자 하는 것이다.
3. 사람과 작업 간의 적합성에 관한 과학을 말한다.
4. 인간공학의 초점은 인간이 만들어 생활의 여러 가지 면에서 사용하는 물건, 기구 또는 환경을 설계하는 과정에서 인간을 고려하는 데 있다.

**28** 빨강, 노랑, 파랑의 3가지 색으로 구성된 교통 신호등이 있다. 신호등은 항상 3가지 색 중 하나가 켜지도록 되어 있다. 1시간 동안 조사한 결과, 파란등은 총 30분 동안, 빨간등과 노란등은 각각 총 15분 동안 켜진 것으로 나타났다. 이 신호등의 총 정보량은 몇 bit인가?

① 0.5  ② 0.75
③ 1.0  ④ 1.5

**해설**

정보의 측정 단위
여러 개의 실현 가능한 대안이 있을 경우 평균 정보량은 각 대안의 정보량에 실현 확률을 곱한 것을 모두 합하면 된다.

$$H = \sum_{i=1}^{n} P_i \log_2 \left( \frac{1}{P_i} \right)$$

여기서, $P_i$ : 각 대안의 실현확률

1. 확률 계산
   ㉠ 파란등 확률 $= \frac{30}{60} = 0.5$
   ㉡ 빨간등 확률 $= \frac{15}{60} = 0.25$
   ㉢ 노란등 확률 $= \frac{15}{60} = 0.25$

2. 총 정보량
$$H = 0.5 \times \log_2\left(\frac{1}{0.5}\right) + 0.25 \times \log_2\left(\frac{1}{0.25}\right) + 0.25 \times \log_2\left(\frac{1}{0.25}\right)$$
$$= 1.5 \text{(bit)}$$

**29** 다음과 같은 실내 표면에서 일반적으로 추천반사율의 크기를 맞게 나열한 것은?

| ㉠ 바닥 | ㉡ 천정 | ㉢ 가구 | ㉣ 벽 |

① ㉠<㉣<㉢<㉡  ② ㉣<㉠<㉡<㉢
③ ㉠<㉢<㉣<㉡  ④ ㉣<㉡<㉠<㉢

**해설**

실내 면(面)의 추천 반사율

| 바닥 | 가구, 사무용 기기, 책상 | 창문 발(Blind), 벽 | 천정 |
| --- | --- | --- | --- |
| 20~40% | 25~45% | 40~60% | 80~90% |

**30** 어떤 결함수를 분석하여 minimal cut set을 구한 결과 다음과 같았다. 각 기본사상의 발생확률을 $q_i$, $i = 1, 2, 3$이라 할 때, 정상사상의 발생확률함수로 맞는 것은?

$k_1 = [1, 2]$   $k_2 = [1, 3]$   $k_3 = [2, 3]$

① $q_1q_2 + q_1q_2 - q_2q_3$
② $q_1q_2 + q_1q_3 - q_2q_3$
③ $q_1q_2 + q_1q_3 + q_2q_3 - q_1q_2q_3$
④ $q_1q_2 + q_1q_3 + q_2q_3 - 2q_1q_2q_3$

**해설**

minimal cut set을 FT도로 표시하면 다음과 같다.

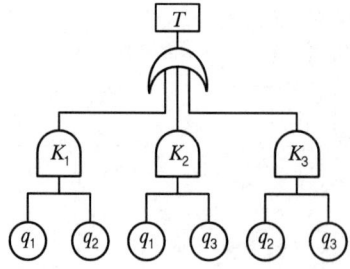

$T = 1-(1-K_1)(1-K_2)(1-K_3)$
$T = 1-[(1-K_2-K1+K_1K_2)(1-K_3)]$
$T = 1-(1-K_3-K_2+K_2K_3-K_1+K_1K_3+K_1K_2-K_1K_2K_3)$
$T = 1-1+K_1+K_2+K_3-K_1K_2-K_1K_3-K_2K_3+K_1K_2K_3$
$T = K_1+K_2+K_3-K_1K_2-K_1K_3-K_2K_3+K_1K_2K_3$
$T = q_1q_2+q_1q_3+q_2q_3-q_1q_2q_3-q_1q_2q_3-q_1q_2q_3+q_1q_2q_3$
$T = q_1q_2+q_1q_3+q_2q_3-2q_1q_2q_3$

## 31 산업안전보건법령에 따라 유해위험방지 계획서의 제출대상 사업은 해당 사업으로서 전기 계약용량이 얼마 이상인 사업인가?

① 150kW  ② 200kW
③ 300kW  ④ 500kW

**해설**

유해·위험방지계획서 제출 대상 사업장
다음 각 호의 어느 하나에 해당하는 사업으로서 전기 계약용량이 300킬로와트 이상인 경우를 말한다.
1. 금속가공제품 제조업(기계 및 가구 제외)
2. 비금속 광물제품 제조업
3. 기타 기계 및 장비 제조업
4. 자동차 및 트레일러 제조업
5. 식료품 제조업
6. 고무제품 및 플라스틱제품 제조업
7. 목재 및 나무제품 제조업
8. 기타 제품 제조업
9. 1차 금속 제조업
10. 가구 제조업
11. 화학물질 및 화학제품 제조업
12. 반도체 제조업
13. 전자부품 제조업

## 32 음량수준을 평가하는 척도와 관계없는 것은?

① HSI  ② phon
③ dB   ④ sone

**해설**

음량 수준의 측정 척도

| phon에 의한 음량 수준 | • 정량적 평가를 하기 위한 음량 수준 척도로 단위는 Phon<br>• 어떤 음의 Phon치로 표시한 음량 수준은 이 음과 같은 크기로 들리는 1,000Hz 순음의 음압 수준(dB)이다. |
|---|---|
| sone에 의한 음량 | • 40dB의 1,000Hz 순음의 크기(=40phon)를 1sone이라 정의한다.<br>• 기준음보다 10배 크게 들리는 음은 10sone의 음량을 갖는다. |
| 인식 소음 수준 | • PNdB의 인식 소음 수준의 척도는 같은 소음으로 들리는 910~1,090Hz대의 소음 음압 수준으로 정의<br>• PLdB 인식 소음 수준의 척도는 3,150Hz에 중심을 둔 1/3 옥타브대 음을 기준으로 사용 |

**TIP** 열압박지수(HSI)
열평형을 유지하기 위해서 증발해야 하는 발한량으로 열부하를 나타내는 지수이다.

## 33 인간의 오류모형에서 "알고 있음에도 의도적으로 따르지 않거나 무시한 경우"를 무엇이라 하는가?

① 실수(Slip)    ② 착오(Mistake)
③ 건망증(Lapse)  ④ 위반(Violation)

**해설**

인간의 오류 모형

| 착오(Mistake) | 상황해석을 잘못하거나 목표를 잘못 이해하고 착각하여 행하는 경우(어떤 목적으로 행동하려고 했는데, 그 행동과 일치하지 않는 것) |
|---|---|
| 실수(Slip) | 상황이나 목표의 해석을 제대로 했으나 의도와는 다른 행동을 하는 경우 |
| 건망증(Lapse) | 여러 과정이 연계적으로 계속하여 일어나는 행동 중 일부를 잊어버리고 하지 않거나 또는 기억의 실패에 의해 발생하는 오류 |
| 위반(Violation) | 정해진 규칙을 알고 있음에도 고의적으로 따르지 않거나 무시하는 행위 |

## 34 그림과 같이 7개의 부품으로 구성된 시스템의 신뢰도는 약 얼마인가?(단, 네모 안의 숫자는 각 부품의 신뢰도이다.)

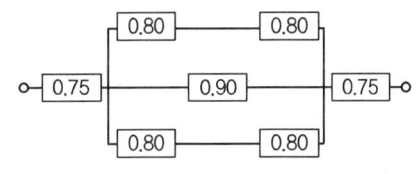

① 0.5552  ② 0.5427
③ 0.6234  ④ 0.9740

**정답** 31 ③  32 ①  33 ④  34 ①

**해설**

시스템의 신뢰도

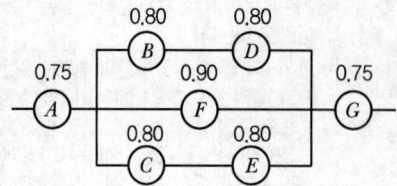

1. ⓑ와 ⓓ는 직렬이므로
   $0.8 \times 0.8 = 0.64$
2. ⓒ와 ⓔ는 직렬이므로
   $0.8 \times 0.8 = 0.64$
3. (ⓑ와 ⓓ), (ⓕ), (ⓒ와 ⓔ)는 병렬이므로
   $1-(1-0.64)(1-0.9)(1-0.64)=0.987$
4. Ⓐ, 0.987, Ⓖ는 직렬이므로
   신뢰도 = $0.75 \times 0.987 \times 0.75 = 0.5552$

**35** 소음방지대책에 있어 가장 효과적인 방법은?

① 음원에 대한 대책
② 수음자에 대한 대책
③ 전파경로에 대한 대책
④ 거리감쇠와 지향성에 대한 대책

**해설**

소음방지대책
1. 소음원의 제거 : 가장 적극적인 대책
2. 소음원의 통제 : 기계의 적절한 설계, 정비 및 주유, 고무 받침대 부착, 소음기 사용(차량) 등
3. 소음의 격리 : 씌우개(Enclosure), 장벽을 사용(창문을 닫으면 약 10dB이 감음됨)
4. 적절한 배치(Layout)
5. 음향 처리제 사용
6. 차폐 장치(Baffle) 및 흡음재 사용
7. 방음 보호 용구 착용

**36** 정성적 표시장치의 설명으로 틀린 것은?

① 정성적 표시장치의 근본 자료 자체는 정량적인 것이다.
② 전력계에서와 같이 기계적 혹은 전자적으로 숫자가 표시된다.
③ 색채 부호가 부적합한 경우에는 계기판 표시 구간을 형상 부호화하여 나타낸다.
④ 연속적으로 변하는 변수의 대략적인 값이나 변화추세, 변화율 등을 알고자 할 때 사용된다.

**해설**

정성적 표시장치
1. 정성적 정보를 제공하는 표시장치는 온도, 압력, 속도같이 연속적으로 변하는 변수의 대략적인 값이나 또는 변화 추세, 변화율 등을 알고자 할 때 주로 사용된다.
2. 정성적 표시장치는 색을 이용하여 각 범위 값들을 따로 암호화하여 설계를 최적화시킬 수 있다.
3. 색채 암호가 적합하지 않은 경우에는 구간을 형상 암호화 할 수 있다.
4. 정성적 표시장치는 나타내는 값이 정상상태인지의 여부를 판정하는 상태점검에도 사용된다.
5. 정성적 표시장치의 근본 자료 자체는 통상 정량적인 것이다.

**TIP** 정량적 계수형
전력계에서와 같이 기계적 또는 전자적으로 숫자가 표시된다.

**37** FT도에 사용하는 기호에서 3개의 입력현상 중 임의의 시간에 2개가 발생하면 출력이 생기는 기호의 명칭은?

① 억제 게이트
② 조합 AND 게이트
③ 배타적 OR 게이트
④ 우선적 AND 게이트

**해설**

게이트
1. 우선적 AND 게이트 : 입력사상 중 어떤 사상이 다른 사상보다 먼저 일어난 때에 출력사상이 생긴다.
2. 조합 AND 게이트 : 3개 이상의 입력사상 중 어느 것이나 2개가 일어나면 출력이 생긴다.
3. 억제 게이트 : 입력사상 중 어느 것이나 이 게이트로 나타내는 조건이 만족하는 경우에만 출력사상이 발생한다.(조건부확률)
4. 배타적 OR 게이트 : OR 게이트이지만 2개 또는 그 이상의 입력이 동시에 존재하는 경우에는 출력이 생기지 않는다.

**38** 공정안전관리(PSM : Process Safety Management)의 적용대상 사업장이 아닌 것은?

① 복합비료 제조업
② 농약 원제 제조업
③ 차량 등의 운송설비업
④ 합성수지 및 기타 플라스틱물질 제조업

정답 35 ① 36 ② 37 ② 38 ③

### 해설
공정안전보고서 제출대상
1. 원유 정제처리업
2. 기타 석유정제물 재처리업
3. 석유화학계 기초화학물질 제조업 또는 합성수지 및 기타 플라스틱물질 제조업
4. 질소 화합물, 질소·인산 및 칼리질 화학비료 제조업 중 질소질 비료 제조
5. 복합비료 및 기타 화학비료 제조업 중 복합비료 제조(단순혼합 또는 배합에 의한 경우는 제외)
6. 화학 살균·살충제 및 농업용 약제 제조업(농약 원제 제조만 해당)
7. 화약 및 불꽃제품 제조업

**39** 아령을 사용하여 30분간 훈련한 후, 이두근의 근육 수축작용에 대한 전기적인 신호 데이터를 모았다. 이 데이터들을 이용하여 분석할 수 있는 것은 무엇인가?

① 근육의 질량과 밀도
② 근육의 활성도와 밀도
③ 근육의 피로도와 크기
④ 근육의 피로도와 활성도

### 해설
근전도(Electromyogram, EMG)
1. 국소적인 근육 활동의 척도에 근전도(Electromyogram, EMG)가 있으며, 이는 근육 활동 전위차를 기록한 것을 말한다.
2. 근전도 응용의 예로는 국소 근육 피로 예측과 골프 선수의 여러 근육 작동 개시 시간차 분석 등을 들 수 있다.

**40** 착석식 작업대의 높이 설계를 할 경우 고려해야 할 사항과 가장 관계가 먼 것은?

① 의자의 높이
② 대퇴 여유
③ 작업의 성격
④ 작업대의 형태

### 해설
착석식 작업대 높이
1. 섬세한 작업(미세 부품 조립)일수록 높아야 하며 거친 작업에는 약간 낮은 편이 유리
2. 작업대 높이 설계 시 고려사항으로는 의자의 높이, 작업대 두께, 대퇴 여유 등
3. 의자 높이, 작업대 높이, 발걸이 등을 조절할 수 있도록 설계하는 것이 바람직

4. 작업면 하부 여유공간이 가장 큰 사람의 대퇴부가 자유롭게 움직일 수 있도록 설계

## 3과목 기계위험 방지기술

**41** 컨베이어 방호장치에 대한 설명으로 맞는 것은?

① 역전방지장치에 롤러식, 라쳇식, 권과방지식, 전기브레이크식 등이 있다.
② 작업자가 임의로 작업을 중단할 수 없도록 비상정지장치를 부착하지 않는다.
③ 구동부 측면에 롤러 안내가이드 등의 이탈방지장치를 설치한다.
④ 롤러 컨베이어의 롤 사이에 방호판을 설치할 때 롤과의 최대간격은 8mm이다.

### 해설
1. 역전방지장치에는 기계식(라쳇식, 롤러식, 밴드식), 전기식(전기 브레이크, 스러스트 브레이크) 등이 있다.
2. 컨베이어 등에 해당 근로자의 신체의 일부가 말려드는 등 근로자가 위험해질 우려가 있는 경우 및 비상시에는 즉시 컨베이어 등의 운전을 정지시킬 수 있는 장치를 설치하여야 한다.
3. 롤러 컨베이어의 롤 사이에 방호판을 설치할 때 롤과의 최대간격은 5mm이다.

**42** 가스 용접에 이용되는 아세틸렌가스 용기의 색상으로 옳은 것은?

① 녹색
② 회색
③ 황색
④ 청색

### 해설
고압가스 용기의 도색

| 가스의 종류 | 도색의 구분 | 가스의 종류 | 도색의 구분 |
|---|---|---|---|
| 액화석유가스 | 밝은 회색 | 액화암모니아 | 백색 |
| 수소 | 주황색 | 액화염소 | 갈색 |
| 아세틸렌 | 황색 | 산소 | 녹색 |
| 액화탄산가스 | 청색 | 질소 | 회색 |
| 소방용 용기 | 소방법에 따른 도색 | 그 밖의 가스 | 회색 |

정답 39 ④ 40 ④ 41 ③ 42 ③

**43** 롤러기 맞물림점의 전방에 개구부의 간격을 30mm로 하여 가드를 설치하고자 한다. 가드의 설치 위치는 맞물림점에서 적어도 얼마의 간격을 유지하여야 하는가?

① 154mm
② 160mm
③ 166mm
④ 172mm

**해설**

롤러기 가드의 개구부 간격[ILO 기준(위험점이 전동체가 아닌 경우)]

$$Y = 6 + 0.15X \, (X < 160mm)$$
$$(단, X \geq 160mm일 때, Y = 30mm)$$

여기서, $X$ : 가드와 위험점 간의 거리(안전거리)(mm)
$Y$ : 가드 개구부 간격(안전간극)(mm)

1. $Y = 6 + 0.15X \rightarrow 30 = 6 + 0.15X$
2. $X = \dfrac{30-6}{0.15} = 160(mm)$

**44** 비파괴시험의 종류가 아닌 것은?

① 자분탐상시험
② 침투탐상시험
③ 와류탐상시험
④ 샤르피 충격시험

**해설**

비파괴검사의 종류
육안검사, 누설검사, 침투검사, 초음파검사, 자기탐상검사, 음향검사, 방사선 투과검사, 와류탐상검사

**TIP** 샤르피 충격시험은 파괴검사에 해당된다.

**45** 소음에 관한 사항으로 틀린 것은?

① 소음에는 익숙해지기 쉽다.
② 소음계는 소음에 한하여 계측할 수 있다.
③ 소음의 피해는 정신적, 심리적인 것이 주가 된다.
④ 소음이란 귀에 불쾌한 음이나 생활을 방해하는 음을 통틀어 말한다.

**해설**

소음
공기의 진동에 의한 음파 중 감각적으로 바람직하지 못한 소리를 말하며, 심신상태, 환경조건에 따라 모든 소리가 주관적인 판단에 의해 소음이 될 수 있다.

**TIP** 소음계는 소리를 인간의 청감에 대해서 보정하여 인간이 느끼는 감각적인 크기의 레벨에 근사한 값으로 측정할 수 있도록 한 것으로 특정 소음에 한하여 계측할 수는 없다.

**46** 와이어로프의 꼬임에 관한 설명으로 틀린 것은?

① 보통꼬임에는 S꼬임이나 Z꼬임이 있다.
② 보통꼬임은 스트랜드의 꼬임방향과 로프의 꼬임방향이 반대로 된 것을 말한다.
③ 랭꼬임은 로프의 끝이 자유로이 회전하는 경우나 킹크가 생기기 쉬운 곳에 적당하다.
④ 랭꼬임은 보통꼬임에 비하여 마모에 대한 저항성이 우수하다.

**해설**

와이어로프의 꼬임

| 보통 꼬임 | 랭 꼬임 |
|---|---|
| 로프의 꼬임 방향과 스트랜드의 꼬임 방향이 서로 반대 방향으로 꼬는 방법 | 로프의 꼬임 방향과 스트랜드의 꼬임 방향이 서로 동일한 방향으로 꼬는 방법 |
| • 하중에 대한 저항성이 크고 취급이 용이<br>• 소선의 외부 접촉 길이가 짧아서 비교적 마모가 되기 쉽다. | • 보통꼬임에 비하여 내마모성, 유연성, 내피로성이 우수<br>• 꼬임이 풀리기 쉽고 킹크(꼬임)가 생기기 쉬워 자유롭게 회전하는 경우에는 적당하지 않다. |

**47** 구내운반차의 제동장치 준수사항에 대한 설명으로 틀린 것은?

① 조명이 없는 장소에서 작업 시 전조등과 후미등을 갖출 것
② 운전석이 차 실내에 있는 것은 좌우에 한 개씩 방향지시기를 갖출 것
③ 핸들의 중심에서 차체 바깥 측까지의 거리가 70센티미터 이상일 것
④ 주행을 제동하거나 정지상태를 유지하기 위하여 유효한 제동장치를 갖출 것

**해설**

구내운반차 사용 시 준수사항(작업장 내 운반을 주 목적으로 하는 차량으로 한정)
1. 주행을 제동하거나 정지상태를 유지하기 위하여 유효한 제동장치를 갖출 것

2. 경음기를 갖출 것
3. 운전석이 차 실내에 있는 것은 좌우에 한 개씩 방향지시기를 갖출 것
4. 전조등과 후미등을 갖출 것(다만, 작업을 안전하게 하기 위하여 필요한 조명이 있는 장소에서 사용하는 구내운반차에 대해서는 그러하지 아니하다.)
5. 구내운반차가 후진 중에 주변의 근로자 또는 차량계하역운반기계 등과 충돌할 위험이 있는 경우에는 구내운반차에 후진경보기와 경광등을 설치할 것

> **TIP** 본 문제는 법 개정으로 일부 내용이 수정되었습니다. 해설은 법 개정으로 수정된 내용이니 해설을 학습하세요.

## 48 프레스의 방호장치 중 광전자식 방호장치에 관한 설명으로 틀린 것은?

① 연속 운전작업에 사용할 수 있다.
② 핀클러치 구조의 프레스에 사용할 수 있다.
③ 기계적 고장에 의한 2차 낙하에는 효과가 없다.
④ 시계를 차단하지 않기 때문에 작업에 지장을 주지 않는다.

**해설**

광전자식 방호장치
1. 광선 검출트립기구를 이용한 방호장치로서 신체의 일부가 광선을 차단하면 기계를 급정지 또는 급상승시켜 안전을 확보하는 장치
2. 방식에 따라 초음파식, 용량식, 광선식 등이 있다.
3. 마찰클러치의 구조에만 적용 가능하고 확동식 클러치(핀클러치)를 갖는 크랭크 프레스에는 사용이 불가능하다.

## 49 다음 용접 중 불꽃 온도가 가장 높은 것은?

① 산소-메탄 용접
② 산소-수소 용접
③ 산소-프로판 용접
④ 산소-아세틸렌 용접

**해설**

가스 종류별 최고 불꽃 온도
1. 메탄 : 2,700℃
2. 수소 : 2,900℃
3. 프로판 : 2,820℃
4. 아세틸렌 : 3,430℃
5. 일산화탄소 : 2,820℃

## 50 다음 중 선반 작업 시 지켜야 할 안전수칙으로 거리가 먼 것은?

① 작업 중 절삭칩이 눈에 들어가지 않도록 보안경을 착용한다.
② 공작물 세팅에 필요한 공구는 세팅이 끝난 후 바로 제거한다.
③ 상의의 옷자락은 안으로 넣고, 끈을 이용하여 소맷자락을 묶어 작업을 준비한다.
④ 공작물은 전원스위치를 끄고 바이트를 충분히 멀리 위치시킨 후 고정한다.

**해설**

선반 작업에 대한 안전수칙
끈을 이용하여 소맷자락을 묶고 작업할 경우 끈이 풀려 기계에 말려들 위험성이 있어 상의의 옷자락은 안으로 넣고 소맷자락을 묶을 때는 끈을 사용하지 않는다.

## 51 기계설비 구조의 안전화 중 가공결함 방지를 위해 고려할 사항이 아닌 것은?

① 안전율
② 열처리
③ 가공경화
④ 응력집중

**해설**

구조상의 안전화

| 설계상의 결함 | • 가장 큰 원인은 강도산정(부하예측, 강도계산)상의 오류<br>• 사용상 강도의 열화를 고려하여 안전율을 산정 |
|---|---|
| 재료의 결함 | 기계 재료 자체에 균열, 부식, 강도 저하 등 결함이 있으므로 설계 시 재료의 선택에 유의하여야 한다. |
| 가공의 결함 | 재료 가공 도중 결함이 생길 수 있으므로 기계적 특성을 갖는 적절한 열처리 등이 필요하다. |

## 52 회전수가 300rpm, 연삭숫돌의 지름이 200mm일 때 숫돌의 원주 속도는 약 몇 m/min인가?

① 60.0
② 94.2
③ 150.0
④ 188.5

**해설**

원주속도(회전속도)

$$V = \pi DN(\text{mm/min}) = \frac{\pi DN}{1,000}(\text{m/min})$$

여기서, $V$ : 원주속도(회전속도)(m/min)
$D$ : 숫돌의 지름(mm)
$N$ : 숫돌의 매분 회전수(rpm)

$$V = \frac{\pi DN}{1,000}(\text{m/min}) = \frac{\pi \times 200 \times 300}{1,000} = 188.5(\text{m/min})$$

**정답** 48 ② 49 ④ 50 ③ 51 ① 52 ④

**53** 일반적으로 장갑을 착용해야 하는 작업은?
① 드릴작업  ② 밀링작업
③ 선반작업  ④ 전기용접작업

**해설**
장갑의 사용 금지
1. 회전체에는 말려 들어 가는 위험을 방지하기 위해 장갑 착용 금지
2. 날·공작물 또는 축이 회전하는 기계를 취급하는 경우 : 근로자의 손에 밀착이 잘되는 가죽장갑 등과 같이 손이 말려 들어 갈 위험이 없는 장갑을 사용

**54** 산업용 로봇에 사용되는 안전 매트의 종류 및 일반구조에 관한 설명으로 틀린 것은?
① 단선경보장치가 부착되어 있어야 한다.
② 감응시간을 조절하는 장치가 부착되어 있어야 한다.
③ 감응도 조절장치가 있는 경우 봉인되어 있어야 한다.
④ 안전 매트의 종류는 연결 사용 가능 여부에 따라 단일 감지기와 복합 감지기가 있다.

**해설**
산업용 로봇 안전매트의 일반구조
1. 단선경보장치가 부착되어 있어야 한다.
2. 감응시간을 조절하는 장치는 부착되어 있지 않아야 한다.
3. 감응도 조절장치가 있는 경우 봉인되어 있어야 한다.

> **TIP** 산업용 로봇 안전매트
> ① 정의 : 유효감지영역 내의 임의의 위치에 일정한 정도 이상의 압력이 주어졌을 때 이를 감지하여 신호를 발생시키는 장치를 말하며 감지기, 제어부 및 출력부로 구성된다.
> ② 종류 : 연결사용 가능 여부에 따라 다음과 같다.
>   ㉠ 단일 감지기 : 감지기를 단독으로 사용
>   ㉡ 복합 감지기 : 여러 개의 감지기를 연결하여 사용

**55** 지게차의 방호장치인 헤드가드에 대한 설명으로 맞는 것은?
① 상부틀의 각 개구의 폭 또는 길이는 16센티미터 미만일 것
② 운전자가 앉아서 조작하는 방식의 지게차의 경우에는 운전자의 좌석 윗면에서 헤드가드의 상부틀 아랫면까지의 높이는 1.5미터 이상일 것
③ 지게차에는 최대하중의 2배(5톤을 넘는 값에 대해서는 5톤으로 한다)에 해당하는 등분포정하중에 견딜 수 있는 강도의 헤드가드를 설치하여야 한다.
④ 운전자가 서서 조작하는 방식의 지게차의 경우에는 운전석의 바닥면에서 헤드가드의 상부틀 하면까지의 높이는 1.8미터 이상일 것

**해설**
지게차의 헤드가드
1. 강도는 지게차의 최대하중의 2배 값(4톤을 넘는 값에 대해서는 4톤으로 한다)의 등분포정하중에 견딜 수 있을 것
2. 상부틀의 각 개구의 폭 또는 길이가 16cm 미만일 것
3. 운전자가 앉아서 조작하거나 서서 조작하는 지게차의 헤드가드는 한국산업표준에서 정하는 높이 기준 이상일 것
   ㉠ 좌승식 : 좌석기준점으로부터 903mm 이상
   ㉡ 입승식 : 조종사가 서 있는 플랫폼으로부터 1,880mm 이상

> **TIP** 본 문제는 법 개정으로 일부 내용이 수정되었습니다. 해설은 법 개정으로 수정된 내용이니 해설을 학습하세요.

**56** 프레스기에 설치하는 방호장치에 관한 사항으로 틀린 것은?
① 수인식 방호장치의 수인끈 재료는 합성섬유로 직경이 4mm 이상이어야 한다.
② 양수조작식 방호장치는 1행정마다 누름 버튼에서 양손을 떼지 않으면 다음 작업의 동작을 할 수 없는 구조이어야 한다.
③ 광전자식 방호장치는 정상동작표시램프는 적색, 위험표시램프는 녹색으로 하며, 쉽게 근로자가 볼 수 있는 곳에 설치해야 한다.
④ 손쳐내기식 방호장치는 슬라이드 하행정거리의 3/4 위치에서 손을 완전히 밀어내야 한다.

**해설**
광전자식 방호장치 설치방법
정상동작표시램프는 녹색, 위험표시램프는 붉은색으로 하며, 쉽게 근로자가 볼 수 있는 곳에 설치해야 한다.

**57** 프레스 금형 부착, 수리 작업 등의 경우 슬라이드의 낙하를 방지하기 위하여 설치하는 것은?

① 슈트   ② 키이록
③ 안전블록   ④ 스트리퍼

**해설**

금형조정작업의 위험 방지
프레스 등의 금형을 부착·해체 또는 조정하는 작업을 할 때에 해당 작업에 종사하는 근로자의 신체가 위험한계 내에 있는 경우 슬라이드가 갑자기 작동함으로써 근로자에게 발생할 우려가 있는 위험을 방지하기 위하여 안전블록을 사용하는 등 필요한 조치를 하여야 한다.

**58** 회전 중인 연삭숫돌이 근로자에게 위험을 미칠 우려가 있을 시 덮개를 설치하여야 할 연삭숫돌의 최소 지름은?

① 지름이 5cm 이상인 것
② 지름이 10cm 이상인 것
③ 지름이 15cm 이상인 것
④ 지름이 20cm 이상인 것

**해설**

연삭기 작업면에 있어서의 안전기준
1. 회전 중인 연삭숫돌(지름이 5cm 이상인 것으로 한정)이 근로자에게 위험을 미칠 우려가 있는 경우에 그 부위에 덮개를 설치하여야 한다.
2. 연삭숫돌을 사용하는 작업의 경우 작업을 시작하기 전에는 1분 이상, 연삭숫돌을 교체한 후에는 3분 이상 시험운전을 하고 해당 기계에 이상이 있는지를 확인하여야 한다.
3. 시험운전에 사용하는 연삭숫돌은 작업시작 전에 결함이 있는지를 확인한 후 사용하여야 한다.
4. 연삭숫돌의 최고 사용회전속도를 초과하여 사용하도록 해서는 아니 된다.
5. 측면을 사용하는 것을 목적으로 하지 않는 연삭숫돌을 사용하는 경우 측면을 사용하도록 해서는 아니 된다.

**59** 다음 중 기계설비의 정비·청소·급유·검사·수리 등의 작업 시 근로자가 위험해질 우려가 있는 경우 필요한 조치와 거리가 먼 것은?

① 근로자의 위험방지를 위하여 해당 기계를 정지시킨다.
② 작업지휘자를 배치하여 갑작스러운 기계가동에 대비한다.
③ 기계 내부에 압출된 기체나 액체가 불시에 방출될 수 있는 경우에는 사전에 방출조치를 실시한다.
④ 기계 운전을 정지한 경우에는 기동장치에 잠금장치를 하고 다른 작업자가 그 기계를 임의 조작할 수 있도록 열쇠를 찾기 쉬운 곳에 보관한다.

**해설**

정비 등의 작업 시의 운전정지 등
1. 공작기계·수송기계·건설기계 등의 정비·청소·급유·검사·수리·교체 또는 조정 작업 또는 그 밖에 이와 유사한 작업을 할 때에는 해당 기계의 운전을 정지하여야 한다.(다만, 덮개가 설치되어 있는 등 기계의 구조상 근로자가 위험해질 우려가 없는 경우에는 제외)
2. 기계의 운전을 정지한 경우에 다른 사람이 그 기계를 운전하는 것을 방지하기 위하여 기계의 기동장치에 잠금장치를 하고 그 열쇠를 별도 관리하거나 표지판을 설치하는 등 필요한 방호 조치를 하여야 한다.
3. 작업하는 과정에서 부적절한 작업방법으로 인하여 기계가 갑자기 가동될 우려가 있는 경우 작업지휘자를 배치하는 등 필요한 조치를 하여야 한다.
4. 기계·기구 및 설비 등의 내부에 압축된 기체 또는 액체 등이 방출되어 근로자가 위험해질 우려가 있는 경우에는 압축된 기체 또는 액체 등을 미리 방출시키는 등 위험 방지를 위하여 필요한 조치를 하여야 한다.

**60** 아세틸렌 용접 시 역류를 방지하기 위하여 설치하여야 하는 것은?

① 안전기   ② 청정기
③ 발생기   ④ 유량기

**해설**

안전기
용접 시 발생하는 역화 및 역류에 의해 폭발되는 것을 방지하기 위한 장치

> **TIP** 역류(Contra Flow)
> 고압의 산소가 밖으로 나가지 못하게 되어 산소보다 압력이 낮은 아세틸렌을 밀어내면서 산소가 아세틸렌 호스 쪽으로 거꾸로 흐르게 되는 현상

**정답** 57 ③  58 ①  59 ④  60 ①

## 4과목 전기위험 방지기술

**61** 교류 아크용접기의 허용사용률(%)은?(단, 정격사용률은 10%, 2차 정격전류는 500A, 교류 아크용접기의 사용전류는 250A이다.)

① 30   ② 40
③ 50   ④ 60

**해설**
허용사용률

$$\text{허용사용률} = \frac{(\text{정격 2차 전류})^2}{(\text{실제용접전류})^2} \times \text{정격사용률}$$

허용사용률 $= \frac{(\text{정격 2차 전류})^2}{(\text{실제용접전류})^2} \times \text{정격사용률}$
$= \frac{(500)^2}{(250)^2} \times 10 = 40[\%]$

**62** 피뢰기의 여유도가 33%이고, 충격절연강도가 1,000kV라고 할 때 피뢰기의 제한전압은 약 몇 kV인가?

① 852   ② 752
③ 652   ④ 552

**해설**
피뢰침의 보호 여유도

$$\text{여유도}(\%) = \frac{\text{충격절연강도} - \text{제한전압}}{\text{제한전압}} \times 100$$

$33 = \frac{(1{,}000 - x) \times 100}{x}$
$33x = 100{,}000 - 100x$
$33x + 100x = 100{,}000$
$133x = 100{,}000$
$\therefore x = \frac{100{,}000}{133} = 751.88[\text{kV}]$

제한전압은 752[kV]이다.

**63** 전력용 피뢰기에서 직렬갭의 주된 사용 목적은?
① 방전내량을 크게 하고 장시간 사용 시 열화를 적게 하기 위하여
② 충격방전 개시전압을 높게 하기 위하여
③ 이상전압 발생 시 신속히 대지로 방류함과 동시에 속류를 즉시 차단하기 위하여
④ 충격파 침입 시에 대지로 흐르는 방전전류를 크게 하여 제한전압을 낮게 하기 위하여

**해설**
피뢰기의 구성

| 직렬갭 | 이상전압 내습 시 뇌전류를 대지로 방전시키는 역할을 한다. |
|---|---|
| 특성요소 | 방전 종료 후 속류를 차단시키는 역할을 한다. 속류란 방전현상이 실질적으로 끝난 후 계속하여 전력계통에서 공급되어 피뢰기에 흐르는 전류를 말한다. |

**64** 방전전극에 약 7,000V의 전압을 인가하면 공기가 전리되어 코로나 방전을 일으킴으로써 발생한 이온으로 대전체의 전하를 중화시키는 방법을 이용한 제전기는?

① 전압인가식 제전기
② 자기방전식 제전기
③ 이온스프레이식 제전기
④ 이온식 제전기

**해설**
제전기의 종류

| 전압인가식 제전기 | 약 7,000V 정도의 고전압으로 코로나 방전을 일으켜 제전에 필요한 이온을 발생시키는 장치 |
|---|---|
| 자기방전식 제전기 | 제전대상 물체의 정전에너지를 이용하여 제전에 필요한 이온을 발생시키는 장치 |
| 방사선식 제전기 (이온식 제전기) | 방사선 동위원소 등으로부터 나오는 방사선의 전리작용을 이용하여 제전에 필요한 이온을 만들어 내는 장치 |

**65** 전류가 흐르는 상태에서 단로기를 끊었을 때 여러 가지 파괴작용을 일으킨다. 다음 그림에서 유입차단기의 차단순위와 투입순위가 안전수칙에 가장 적합한 것은?

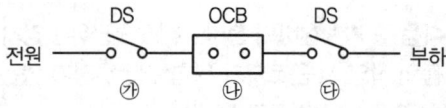

① 차단 : ㉮ → ㉯ → ㉰, 투입 : ㉮ → ㉯ → ㉰
② 차단 : ㉯ → ㉰ → ㉮, 투입 : ㉯ → ㉰ → ㉮
③ 차단 : ㉰ → ㉯ → ㉮, 투입 : ㉰ → ㉮ → ㉯
④ 차단 : ㉯ → ㉰ → ㉮, 투입 : ㉰ → ㉮ → ㉯

**정답** 61 ② 62 ② 63 ③ 64 ① 65 ④

**해설**

유입차단기(OCB)의 투입 및 차단 순서
1. 전원 차단 시 : 차단기(OCB)를 개방한 후 단로기(DS) 개방
2. 전원 투입 시 : 단로기(DS)를 투입한 후 차단기(OCB) 투입

**TIP**
- 단로기가 많을 경우 항상 부하 측부터 먼저 조작한다.
- 차단기 : 차단기는 통상의 부하전류를 개폐하고 사고 시 신속히 회로를 차단하여 전기기기 및 전선류를 보호하고 안전성을 유지하는 기기를 말한다.
- 단로기 : 무부하 선로를 개폐하는 역할을 수행한다.

## 66 내압방폭구조에서 안전간극(Safe Gap)을 적게 하는 이유로 옳은 것은?

① 최소점화에너지를 높게 하기 위해
② 폭발화염이 외부로 전파되지 않도록 하기 위해
③ 폭발압력에 견디고 파손되지 않도록 하기 위해
④ 설치류가 전선 등을 훼손하지 않도록 하기 위해

**해설**

안전간극(화염일주한계)
1. 화염이 틈새를 통하여 바깥쪽의 폭발성가스에 전달되지 않는 한계의 틈새
2. 폭발화염이 외부로 전파되지 않도록 하기 위해 안전간극을 적게 한다.
3. 안전간격이 작은 가스일수록 위험하다.

**TIP** 내압방폭구조(Flameproof Enclosure, d)
- 점화원에 의해 용기 내부에서 폭발이 발생할 경우에 용기가 폭발압력에 견딜 수 있고, 화염이 용기 외부의 폭발성 분위기로 전파되지 않도록 한 방폭구조
- 전폐형 구조로 용기 내에 외부의 폭발성가스가 침입하여 내부에서 폭발하더라도 용기는 그 압력에 견뎌야 하고 폭발한 고열가스나 화염이 용기의 접합부 틈을 통하여 새어나가는 동안 냉각되어 외부의 폭발성가스에 화염이 파급될 우려가 없도록 한 방폭구조

## 67 정전작업 시 작업 전 조치하여야 할 실무사항으로 틀린 것은?

① 잔류전하의 방전
② 단락접지기구의 철거
③ 검전기에 의한 정전 확인
④ 개로개폐기의 잠금 또는 표시

**해설**

정전전로에서의 전로차단 절차
1. 전기기기 등에 공급되는 모든 전원을 관련 도면, 배선도 등으로 확인할 것
2. 전원을 차단한 후 각 단로기 등을 개방하고 확인할 것
3. 차단장치나 단로기 등에 잠금장치 및 꼬리표를 부착할 것
4. 개로된 전로에서 유도전압 또는 전기에너지가 축적되어 근로자에게 전기위험을 끼칠 수 있는 전기기기 등은 접촉하기 전에 잔류전하를 완전히 방전시킬 것
5. 검전기를 이용하여 작업 대상 기기가 충전되었는지를 확인할 것
6. 전기기기 등이 다른 노출 충전부와의 접촉, 유도 또는 예비동력원의 역송전 등으로 전압이 발생할 우려가 있는 경우에는 충분한 용량을 가진 단락접지기구를 이용하여 접지할 것

**TIP** 단락접지기구의 철거는 정전 작업 후 전원 공급 시 준수사항이다.

## 68 인체감전보호용 누전차단기의 정격감도전류(mA)와 동작시간(초)의 최댓값은?

① 10mA, 0.03초
② 20mA, 0.01초
③ 30mA, 0.03초
④ 50mA, 0.1초

**해설**

감전방지용 누전차단기
정격 감도전류가 30mA 이하이고, 동작시간이 0.03초 이내인 누전차단기를 말한다.

## 69 방폭전기기기의 온도등급의 기호는?

① E
② S
③ T
④ N

**해설**

전기기기의 최고표면온도
방폭기기가 사양 범위 내의 최악의 조건에서 사용한 경우에 주위의 폭발성 분위기에 점화될 우려가 있는 해당 전기기기의 구성부품이 도달하는 표면온도 중 가장 높은 온도를 최고표면온도라 한다.

| 온도등급 | $T_1$ | $T_2$ | $T_3$ | $T_4$ | $T_5$ | $T_6$ |
|---|---|---|---|---|---|---|
| 최고표면온도 (℃) | 450 이하 | 300 이하 | 200 이하 | 135 이하 | 100 이하 | 85 이하 |

**정답** 66 ② 67 ② 68 ③ 69 ③

**70** 산업안전보건기준에 관한 규칙에서 일반 작업장에 전기위험 방지 조치를 취하지 않아도 되는 전압은 몇 V 이하인가?

① 24
② 30
③ 50
④ 100

**해설**

안전전압
회로의 정격 전압이 일정 수준 이하의 낮은 전압으로 절연파괴 등의 사고 시에도 인체에 위험을 주지 않게 되는 전압을 말하며, 이 전압 이하를 사용하는 기기는 제반 안전대책을 강구하지 않아도 된다. 일반사업장의 경우 30V로 규정하고 있다.

> **TIP** 대지전압이 30V 이하인 전기기계·기구·배선 또는 이동전선에 대해서는 전기로 인한 위험방지조치를 적용하지 아니한다.

**71** 폭발위험장소에서의 본질안전 방폭구조에 대한 설명으로 틀린 것은?

① 본질안전 방폭구조의 기본적 개념은 점화능력의 본질적 억제이다.
② 본질안전 방폭구조의 Exib는 fault에 대한 2중 안전보장으로 0종~2종 장소에 사용할 수 있다.
③ 이론적으로는 모든 전기기기를 본질안전 방폭구조를 적용할 수 있으나, 동력을 직접 사용하는 기기는 실제적으로 적용이 곤란하다.
④ 온도, 압력, 액면유량 등의 검출용 측정기는 대표적인 본질안전 방폭구조의 예이다.

**해설**

본질안전 방폭구조
방폭구조의 선정기준에서 0종 장소는 본질안전 방폭구조 중에서 ia만 가능하며, 1종 장소는 ia, ib가 가능하다.

**72** 감전사고를 방지하기 위한 대책으로 틀린 것은?

① 전기설비에 대한 보호 접지
② 전기기기에 대한 정격 표시
③ 전기설비에 대한 누전차단기 설치
④ 충전부가 노출된 부분에는 절연방호구 사용

**해설**

감전사고에 대한 일반적인 방지대책
1. 전기설비의 점검 철저
2. 전기기기 및 설비의 정비
3. 전기기기 및 설비의 위험부에 위험표시
4. 설비의 필요부분에 보호접지의 실시
5. 충전부가 노출된 부분에는 절연방호구를 사용
6. 고전압 선로 및 충전부에 근접하여 작업하는 작업자는 보호구 착용
7. 유자격자 이외는 전기기계 및 기구에 전기적인 접촉 금지
8. 관리감독자는 작업에 대한 안전교육 시행
9. 사고 발생 시의 처리순서를 미리 작성하여 둘 것
10. 전기설비에 대한 누전차단기 설치

**73** 인체 피부의 전기저항에 영향을 주는 주요 인자와 가장 거리가 먼 것은?

① 접촉면적
② 인가전압의 크기
③ 통전경로
④ 인가시간

**해설**

피부의 전기저항
1. 접촉 부위에 따른 저항
2. 습기에 의한 변화
3. 피부와 전극 접촉면적에 의한 변화
4. 인가전압에 따른 변화
5. 인가시간에 의한 변화

**74** 다음 중 전동기를 운전하고자 할 때 개폐기의 조작순서로 옳은 것은?

① 메인 스위치 → 분전반 스위치 → 전동기용 개폐기
② 분전반 스위치 → 메인 스위치 → 전동기용 개폐기
③ 전동기용 개폐기 → 분전반 스위치 → 메인 스위치
④ 분전반 스위치 → 전동기용 스위치 → 메인 스위치

**해설**

전동기 운전 시 개폐기의 조작순서
메인 스위치 → 분전반 스위치 → 전동기용 개폐기

> **TIP** 개폐기
> 회로나 장치의 상태(ON, OFF)를 바꾸어 접속하기 위한 물리적 또는 전기적 장치

## 75 정전기 발생현상의 분류에 해당되지 않는 것은?

① 유체대전   ② 마찰대전
③ 박리대전   ④ 교반대전

**해설**

정전기 발생현상
마찰대전, 박리대전, 유동대전, 분출대전, 충돌대전, 유도대전, 비말대전, 파괴대전, 교반대전(진동대전)

**TIP 분류별 특징**

| | |
|---|---|
| 마찰대전 | 두 물체가 서로 접촉 시 위치의 이동으로 전하의 분리 및 재배열이 일어나는 현상 |
| 박리대전 | 상호 밀착해 있던 물체가 떨어지면서 전하 분리가 생겨 정전기가 발생(필름 벗겨낼 때) |
| 교반대전 (진동대전) | 탱크로리 등에서 액체가 진동할 때 |

## 76 전기기기, 설비 및 전선로 등의 충전 유무 등을 확인하기 위한 장비는?

① 위상검출기   ② 디스콘 스위치
③ COS        ④ 저압 및 고압용 검전기

**해설**

검출용구
1. 정전작업 시작 전 설비의 정전 여부를 확인하기 위한 용구
2. 검전기 : 기기 설비, 전로 등의 충전 유무를 확인하기 위해 사용
3. 종류 : 저압 및 고압용 검전기, 특별고압용 검전기, 활선접근 경보기

## 77 다음 ( ) 안에 들어갈 내용으로 알맞은 것은?

> 과전류차단장치는 반드시 접지선이 아닌 전로에 ( )로 연결하여 과전류 발생 시 전로를 자동으로 차단하도록 설치할 것

① 직렬   ② 병렬
③ 임시   ④ 직병렬

**해설**

과전류 차단장치의 설치기준
1. 과전류차단장치는 반드시 접지선이 아닌 전로에 직렬로 연결하여 과전류 발생 시 전로를 자동으로 차단하도록 설치할 것
2. 차단기·퓨즈는 계통에서 발생하는 최대 과전류에 대하여 충분하게 차단할 수 있는 성능을 가질 것
3. 과전류차단장치가 전기계통상에서 상호 협조·보완되어 과전류를 효과적으로 차단하도록 할 것

## 78 일반 허용접촉전압과 그 종별을 짝지은 것으로 틀린 것은?

① 제1종 : 0.5V 이하   ② 제2종 : 25V 이하
③ 제3종 : 50V 이하    ④ 제4종 : 제한 없음

**해설**

허용접촉전압

| 종별 | 접촉상태 | 허용접촉전압 |
|---|---|---|
| 제1종 | 인체의 대부분이 수중에 있는 상태 | 2.5V 이하 |
| 제2종 | • 인체가 현저하게 젖어 있는 상태<br>• 금속성의 전기기계장치나 구조물에 인체의 일부가 상시 접촉되어 있는 상태 | 25V 이하 |
| 제3종 | • 제1종, 제2종 이외의 경우로 통상의 인체상태에 있어서 접촉전압이 가해지면 위험성이 높은 상태 | 50V 이하 |
| 제4종 | • 제1종, 제2종 이외의 경우로 통상의 인체상태에 있어서 접촉전압이 가해지더라도 위험성이 낮은 상태<br>• 접촉전압이 가해질 우려가 없는 상태 | 제한 없음 |

## 79 누전된 전동기에 인체가 접촉하여 500mA의 누전전류가 흘렀고 정격감도전류 500mA인 누전차단기가 동작하였다. 이때 인체전류를 약 10mA로 제한하기 위해서는 전동기 외함에 설치할 접지저항의 크기는 약 몇 Ω인가?(단, 인체저항은 500Ω이며, 다른 저항은 무시한다.)

① 5     ② 10
③ 50    ④ 100

**정답** 75 ① 76 ④ 77 ① 78 ① 79 ②

### 해설
접지저항

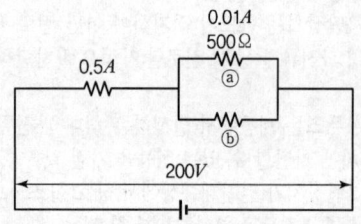

1. ⓑ의 전류
   0.5A - 0.01A = 0.49A
2. ⓐ의 전압
   V = I × R = 0.01 × 500 = 5V
3. ⓑ의 저항
   $R = \dfrac{V}{I} = \dfrac{5}{0.49} = 10.20[\Omega]$

> **TIP** 직렬접속회로에서는 전류가 같고, 병렬접속회로에서는 전압이 같다.
> • 1A = 1,000mA, 1mA = 0.001A

**80** 내부에서 폭발하더라도 틈의 냉각 효과로 인하여 외부의 폭발성가스에 착화될 우려가 없는 방폭구조는?
① 내압방폭구조  ② 유입방폭구조
③ 안전증 방폭구조  ④ 본질안전 방폭구조

### 해설
내압방폭구조(Flameproof Enclosure, d)
1. 점화원에 의해 용기 내부에서 폭발이 발생할 경우에 용기가 폭발압력에 견딜 수 있고, 화염이 용기 외부의 폭발성 분위기로 전파되지 않도록 한 방폭구조
2. 전폐형 구조로 용기 내에 외부의 폭발성가스가 침입하여 내부에서 폭발하더라도 용기는 그 압력에 견뎌야 하고 폭발한 고열가스나 화염이 용기의 접합부 틈을 통하여 새어 나가는 동안 냉각되어 외부의 폭발성가스에 화염이 파급될 우려가 없도록 한 방폭구조

> **TIP**
> • 유입 방폭구조 : 유체 상부 또는 용기 외부에 존재할 수 있는 폭발성 분위기가 발화할 수 없도록 전기설비 또는 전기설비의 부품을 보호액에 침함시키는 방폭구조
> • 안전증 방폭구조 : 전기 기기의 정상 사용조건 및 특정 비정상 상태에서 과도한 온도 상승, 아크 또는 스파크의 발생 위험을 방지하기 위해 추가적인 안전조치를 통한 안전도를 증가시킨 방폭구조
> • 본질안전 방폭구조 : 정상작동 및 고장상태 시 발생하는 불꽃, 아크 또는 고온에 의해 폭발성가스 또는 증기에 점화되지 않는 것이 점화시험, 기타에 의해 확인된 방폭구조

## 5과목 화학설비위험방지기술

**81** 가연성 가스 혼합물을 구성하는 각 성분의 조성과 연소범위가 다음 표와 같을 때 혼합가스의 연소하한값은 약 몇 vol%인가?

| 성분 | 조성 (vol%) | 연소하한값 (vol%) | 연소상한값 (vol%) |
|---|---|---|---|
| 헥산 | 1 | 1.1 | 7.4 |
| 메탄 | 2.5 | 5.0 | 15.0 |
| 에틸렌 | 0.5 | 2.7 | 36.0 |
| 공기 | 96 | – | – |

① 2.51  ② 7.51
③ 12.07  ④ 15.01

### 해설
르샤틀리에(Le Chatelier)의 법칙
혼합가스가 공기와 섞여 있을 경우

$$L = \dfrac{V_1 + V_2 + \cdots\cdots + V_n}{\dfrac{V_1}{L_1} + \dfrac{V_2}{L_2} + \cdots\cdots + \dfrac{V_n}{L_n}}$$

여기서, $V_n$ : 전체 혼합가스 중 각 성분 가스의 체적(비율)[%]
$L_n$ : 각 성분 단독의 폭발한계(상한 또는 하한)
$L$ : 혼합가스의 폭발한계(상한 또는 하한)[vol%]

$L = \dfrac{1 + 2.5 + 0.5}{\dfrac{1}{1.1} + \dfrac{2.5}{5.0} + \dfrac{0.5}{2.7}} = 2.51[\text{vol}\%]$

**82** 다음 중 자연발화의 방지법으로 적절하지 않은 것은?
① 통풍을 잘 시킬 것
② 습도가 높은 곳에 저장할 것
③ 저장실의 온도 상승을 피할 것
④ 공기가 접촉되지 않도록 불활성물질 중에 저장할 것

### 해설
자연발화 방지법
1. 통풍이 잘되게 할 것
2. 저장실 온도를 낮출 것
3. 열이 축적되지 않는 퇴적방법을 선택할 것
4. 습도가 높지 않도록 할 것(습도가 높은 것을 피할 것)
5. 공기가 접촉되지 않도록 불활성액체 중에 저장할 것

정답  80 ①  81 ①  82 ②

## 83 알루미늄분이 고온의 물과 반응하였을 때 생성되는 가스는?

① 산소　　② 수소
③ 메탄　　④ 에탄

**해설**

알루미늄

$$2Al + 6H_2O \rightarrow 2Al(OH)_3 + 3H_2$$
(알루미늄)　(물)　(수산화알루미늄)　(수소)

**TIP** 물과의 반응 시 생성되는 가스
- 칼륨, 알루미늄분 : 수소 발생
- 인화칼슘 : 포스핀 발생
- 탄화칼슘(카바이드) : 아세틸렌 발생

## 84 20℃, 1기압의 공기를 5기압으로 단열압축하면 공기의 온도는 약 몇 ℃가 되겠는가?(단, 공기의 비열비는 1.4이다.)

① 32　　② 191
③ 305　　④ 464

**해설**

단열압축 과정에서의 온도 변화

$$\frac{T_2}{T_1} = \left(\frac{P_2}{P_1}\right)^{(k-1)/k} \qquad T_2 = T_1 \times \left(\frac{P_2}{P_1}\right)^{(k-1)/k}$$

여기서, $T_1$ : 압축 전 절대온도(K), $T_2$ : 단열압축 후의 절대온도(K)
$P_1$ : 압축 전 압력, $P_2$ : 단열압축 시의 압력
$k$ : 압축비(통상 1.4를 기준)[1.1~1.8의 값]

절대온도[K] = ℃ + 273, ℃ = 절대온도[K] - 273

1. $T_2 = T_1 \times \left(\frac{P_2}{P_1}\right)^{(k-1)/k} = (273+20) \times \left(\frac{5}{1}\right)^{(1.4-1)/1.4}$
   $= 464.059(K)$
2. 절대온도를 섭씨온도로 바꾸면, 464.059 - 273 = 191[℃]

## 85 가연성물질을 취급하는 장치를 퍼지하고자 할 때 잘못된 것은?

① 대상물질의 물성을 파악한다.
② 사용하는 불활성가스의 물성을 파악한다.
③ 퍼지용 가스를 가능한 한 빠른 속도로 단시간에 다량 송입한다.
④ 장치 내부를 세정한 후 퍼지용 가스를 송입한다.

**해설**

퍼지용 가스는 장시간에 걸쳐 천천히 송입한다.

## 86 다음 물질이 물과 접촉하였을 때 위험성이 가장 낮은 것은?

① 과산화칼륨　　② 나트륨
③ 메틸리튬　　④ 이황화탄소

**해설**

이황화탄소
1. 물보다 무겁고 물에 녹기 어렵기 때문에 가연성증기의 발생을 억제하기 위하여 물속에 저장한다.
2. 고온(150℃ 이상)의 물과 반응하면 이산화탄소와 황화수소가 발생한다.

**TIP** 금수성물질
- 정의 : 물과 접촉하면 격렬한 발열반응하는 것으로 물질이 공기 중의 습기를 흡수해서 화학반응을 일으켜 발열하거나, 수분과 접촉해서 발열하여 그 온도가 가속도적으로 높아져 발화되는 물질
- 종류 : 칼륨, 리튬, 칼슘, 마그네슘, 알킬알루미늄, 나트륨, 철분, 알킬리튬, 금속분, 탄화칼슘 등

## 87 폭발원인물질의 물리적 상태에 따라 구분할 때 기상폭발(Gas Explosion)에 해당되지 않는 것은?

① 분진폭발　　② 응상폭발
③ 분무폭발　　④ 가스폭발

**해설**

폭발의 분류

| | | |
|---|---|---|
| | 핵폭발 | 원자핵의 분열이나 융합에 의한 강열한 에너지 방출 현상 |
| 공정에 따른 분류 | 물리적 폭발 | 화학적 변화 없이 물리 변화를 주로 한 폭발의 형태(탱크의 감압폭발, 수증기폭발, 고압용기의 폭발, 전선폭발, 보일러폭발 등) |
| | 화학적 폭발 | 화학반응이 관여하는 화학적 특성 변화에 의한 폭발(산화폭발, 분해폭발, 중합폭발, 반응폭주) |
| 원인물질의 상태에 따른 분류 | 기상폭발 | 가스폭발, 분무폭발, 분진폭발, 가스분해폭발, 증기운폭발 |
| | 응상폭발 | 수증기폭발(액체일 때), 증기폭발(액화가스일 때), 전선폭발 |

정답 83 ② 84 ② 85 ③ 86 ④ 87 ②

**88** 화염방지기의 설치에 관한 사항으로 ( )에 알맞은 것은?

> 사업주는 인화성 액체 및 인화성가스를 저장 취급하는 화학설비에서 증기나 가스를 대기로 방출하는 경우에는 외부로부터의 화염을 방지하기 위하여 화염방지기를 그 설비 ( )에 설치하여야 한다.

① 상단  ② 하단
③ 중앙  ④ 무게 중심

**해설**
통기설비 및 화염방지기 설치
1. 인화성액체를 저장·취급하는 대기압탱크에는 통기관 또는 통기밸브(Breather Valve) 등을 설치하여야 한다.
2. 인화성액체 및 인화성 가스를 저장 취급하는 화학설비에서 증기나 가스를 대기로 방출하는 경우에는 외부로부터의 화염을 방지하기 위하여 화염방지기를 그 설비 상단에 설치하여야 한다.

**89** 공정안전보고서에 포함하여야 할 세부 내용 중 공정안전자료의 세부 내용이 아닌 것은?

① 유해·위험설비의 목록 및 사양
② 폭발위험장소 구분도 및 전기단선도
③ 유해·위험물질에 대한 물질안전보건자료
④ 설비점검·검사 및 보수계획, 유지계획 및 지침서

**해설**
공정안전자료
1. 취급·저장하고 있거나 취급·저장하려는 유해·위험물질의 종류 및 수량
2. 유해·위험물질에 대한 물질안전보건자료
3. 유해하거나 위험한 설비의 목록 및 사양
4. 유해하거나 위험한 설비의 운전방법을 알 수 있는 공정도면
5. 각종 건물·설비의 배치도
6. 폭발위험장소 구분도 및 전기단선도
7. 위험설비의 안전설계·제작 및 설치 관련 지침서

**90** 산업안전보건법령상 화학설비와 화학설비의 부속설비를 구분할 때 화학설비에 해당하는 것은?

① 응축기·냉각기·가열기·증발기 등 열교환기류
② 사이클론·백필터·전기집진기 등 분진처리설비
③ 온도·압력·유량 등을 지시·기록 등을 하는 자동제어 관련 설비
④ 안전밸브·안전판·긴급차단 또는 방출밸브 등 비상조치 관련 설비

**해설**
화학설비의 종류
1. 반응기·혼합조 등 화학물질 반응 또는 혼합장치
2. 증류탑·흡수탑·추출탑·감압탑 등 화학물질 분리장치
3. 저장탱크·계량탱크·호퍼·사일로 등 화학물질 저장설비 또는 계량설비
4. 응축기·냉각기·가열기·증발기 등 열교환기류
5. 고로 등 점화기를 직접 사용하는 열교환기류
6. 캘린더(Calender)·혼합기·발포기·인쇄기·압출기 등 화학제품 가공설비
7. 분쇄기·분체분리기·용융기 등 분체화학물질 취급장치
8. 결정조·유동탑·탈습기·건조기 등 분체화학물질 분리장치
9. 펌프류·압축기·이젝터(Ejector) 등의 화학물질 이송 또는 압축설비

**91** 산업안전보건법령에 따라 사업주가 특수화학설비를 설치하는 때에 그 내부의 이상상태를 조기에 파악하기 위하여 설치하여야 하는 장치는?

① 자동경보장치  ② 긴급차단장치
③ 자동문개폐장치  ④ 스크러버개방장치

**해설**
특수화학설비 안전조치사항
1. 계측장치의 설치(내부의 이상상태를 조기에 파악하기 위해)
   ㉠ 온도계
   ㉡ 유량계
   ㉢ 압력계
2. 자동경보장치의 설치(내부의 이상상태를 조기에 파악하기 위해)
3. 긴급차단장치의 설치
4. 예비동력원

**92** 다음 중 위험물과 그 소화방법이 잘못 연결된 것은?

① 염소산칼륨 - 다량의 물로 냉각소화
② 마그네슘 - 건조사 등에 의한 질식소화
③ 칼륨 - 이산화탄소에 의한 질식소화
④ 아세트알데히드 - 다량의 물에 의한 희석소화

**정답** 88 ① 89 ④ 90 ① 91 ① 92 ③

### 해설
칼륨의 소화방법
1. 주수소화는 절대엄금한다.
2. 건조사, 건조된 소금 분말, 탄산칼슘 분말의 혼합물로 피복하여 질식소화한다.

**93** 부탄($C_4H_{10}$)의 연소에 필요한 최소산소농도(MOC)를 추정하여 계산하면 약 몇 vol%인가?(단, 부탄의 폭발하한계는 공기 중에서 1.6vol%이다.)

① 5.6　　② 7.8
③ 10.4　　④ 14.1

### 해설
최소산소농도(Minimum Oxygen Concentration : MOC)

> 최소산소농도(MOC) = 연소하한계 × 산소의 화학양론적 계수

1. $C_4H_{10} + 6.5O_2 \rightarrow 4CO_2 + 5H_2O$
2. 최소산소농도(MOC)
   = 연소하한계 × 산소의 화학양론적 계수
   = 1.6 × 6.5 = 10.4vol%

**94** 다음 중 산화성물질이 아닌 것은?

① $KNO_3$　　② $NH_4ClO_3$
③ $HNO_3$　　④ $P_4S_3$

### 해설
위험물의 종류
① 질산칼륨($KNO_3$) : 산화성액체 및 산화성고체
② 염소산암모늄($NH_4ClO_3$) : 산화성액체 및 산화성고체
③ 질산($HNO_3$) : 산화성액체 및 산화성고체
④ 삼황화린($P_4S_3$) : 인화성고체

**95** 위험물안전관리법령상 제4류 위험물 중 제2석유류로 분류되는 물질은?

① 실린더유　　② 휘발유
③ 등유　　　　④ 중유

### 해설
제2석유류
1. 등유, 경유 그 밖에 1기압에서 인화점이 섭씨 21℃ 이상 70℃ 미만인 것을 말한다.(다만, 도료류 그 밖의 물품에 있어서 가연성 액체량이 40중량퍼센트 이하이면서 인화점이 섭씨 40℃ 이상 동시에 연소점이 섭씨 60℃ 이상인 것은 제외)

2. 테레핀유(송정유), 스티렌(비닐벤젠), 클로로벤젠, 장뇌유, 초산, 포름산 등

> **TIP**
> • 실린더유 : 제4석유류
> • 휘발유 : 제1석유류
> • 중유 : 제3석유류

**96** 산업안전보건법령상 사업주가 인화성액체 위험물을 액체상태로 저장하는 저장탱크를 설치하는 경우에는 위험물질이 누출되어 확산되는 것을 방지하기 위하여 무엇을 설치하여야 하는가?

① Flame Arrester　　② Ventstack
③ 긴급방출장치　　　④ 방유제

### 해설
방유제의 설치
위험물을 액체상태로 저장하는 저장탱크를 설치하는 경우에는 위험물질이 누출되어 확산되는 것을 방지하기 위하여 방유제를 설치하여야 한다.

**97** 다음 가스 중 가장 독성이 큰 것은?

① CO　　　② $COCl_2$
③ $NH_3$　　④ $H_2$

### 해설
화학물질의 노출기준

| 유해물질의 명칭 | 화학식 | 노출기준 TWA | |
|---|---|---|---|
| | | ppm | mg/m³ |
| 시안화수소 | HCN | − | − |
| 포스겐 | $COCl_2$ | 0.1 | − |
| 불소 | $F_2$ | 0.1 | − |
| 염소 | $Cl_2$ | 0.5 | − |
| 니트로벤젠 | $C_6H_5NO_2$ | 1 | − |
| 벤젠 | $C_6H_6$ | 0.5 | − |
| 황화수소 | $H_2S$ | 10 | − |
| 암모니아 | $NH_3$ | 25 | − |
| 일산화탄소 | CO | 30 | − |
| 메탄올 | $CH_3OH$ | 200 | − |
| 에탄올 | $C_2H_5OH$ | 1,000 | − |

**정답** 93 ③　94 ④　95 ③　96 ④　97 ②

**98** 건조설비를 사용하여 작업을 하는 경우에 폭발이나 화재를 예방하기 위하여 준수하여야 하는 사항으로 틀린 것은?

① 위험물 건조설비를 사용하는 경우에는 미리 내부를 청소하거나 환기할 것
② 위험물 건조설비를 사용하여 가열건조하는 건조물은 쉽게 이탈되도록 할 것
③ 고온으로 가열건조한 인화성액체는 발화의 위험이 없는 온도로 냉각한 후에 격납시킬 것
④ 바깥 면이 현저히 고온이 되는 건조설비에 가까운 장소에는 인화성액체를 두지 않도록 할 것

**해설**
건조설비의 사용 시 준수사항
1. 위험물 건조설비를 사용하는 경우에는 미리 내부를 청소하거나 환기할 것
2. 위험물 건조설비를 사용하는 경우에는 건조로 인하여 발생하는 가스·증기 또는 분진에 의하여 폭발·화재의 위험이 있는 물질을 안전한 장소로 배출시킬 것
3. 위험물 건조설비를 사용하여 가열건조하는 건조물은 쉽게 이탈되지 않도록 할 것
4. 고온으로 가열건조한 인화성액체는 발화의 위험이 없는 온도로 냉각한 후에 격납시킬 것
5. 건조설비(바깥 면이 현저히 고온이 되는 설비만 해당)에 가까운 장소에는 인화성액체를 두지 않도록 할 것

**99** 가솔린(휘발유)의 일반적인 연소범위에 가장 가까운 값은?

① 2.7~27.8vol%
② 3.4~11.8vol%
③ 1.4~7.6vol%
④ 5.1~18.2vol%

**해설**
가솔린(휘발유)
1. 비점(끓는점) : 30~225℃
2. 인화점 : -43~-20℃
3. 발화점 : 300℃
4. 연소범위 : 1.4~7.6%

**100** 가스 또는 분진 폭발 위험장소에 설치되는 건축물의 내화 구조를 설명한 것으로 틀린 것은?

① 건축물 기둥 및 보는 지상 1층까지 내화구조로 한다.
② 위험물 저장·취급용기의 지지대는 지상으로부터 지지대의 끝부분까지 내화구조로 한다.
③ 건축물 주변에 자동소화설비를 설치한 경우 건축물 화재 시 1시간 이상 그 안전성을 유지한 경우는 내화구조로 하지 아니할 수 있다.
④ 배관·전선관 등의 지지대는 지상으로부터 1단까지 내화구조로 한다.

**해설**
가스폭발 위험장소 또는 분진폭발 위험장소에 설치되는 건축물 다음에 해당하는 부분을 내화구조로 하여야 하며, 그 성능이 항상 유지될 수 있도록 점검·보수 등 적절한 조치를 하여야 한다.
1. 건축물의 기둥 및 보 : 지상 1층(지상 1층의 높이가 6m를 초과하는 경우에는 6m)까지
2. 위험물 저장·취급용기의 지지대(높이가 30cm 이하인 것은 제외) : 지상으로부터 지지대의 끝부분까지
3. 배관·전선관 등의 지지대 : 지상으로부터 1단(1단의 높이가 6m를 초과하는 경우에는 6m)까지
4. 건축물 등의 주변에 화재에 대비하여 물분무시설 또는 폼 헤드(Foam Head)설비 등의 자동소화설비를 설치하여 건축물 등이 화재 시에 2시간 이상 그 안전성을 유지할 수 있도록 한 경우에는 내화구조로 하지 아니할 수 있다.

## 6과목 건설안전기술

**101** 그물코의 크기가 5cm인 매듭 방망사의 폐기 시 인장강도 기준으로 옳은 것은?

① 200kg
② 100kg
③ 60kg
④ 30kg

**해설**
방망사의 폐기 시 인장강도

| 그물코의 크기 (단위 : 센티미터) | 방망의 종류(단위 : 킬로그램) | |
|---|---|---|
| | 매듭 없는 방망 | 매듭방망 |
| 10 | 150(240) | 135(200) |
| 5 | | 60(110) |

단, ( )는 신품에 대한 인장강도

점답 98 ② 99 ③ 100 ③ 101 ③

**102** 크레인 또는 데릭에서 붐각도 및 작업반경별로 작용시킬 수 있는 최대하중에서 후크(Hook), 와이어로프 등 달기구의 중량을 공제한 하중은?

① 작업하중  ② 정격하중
③ 이동하중  ④ 적재하중

**해설**
크레인의 정격하중
크레인의 권상(호이스팅)하중에서 훅, 크래브 또는 버킷 등 달기기구의 중량에 상당하는 하중을 뺀 하중을 말한다. 다만, 지브가 있는 크레인 등으로서 경사각의 위치에 따라 권상 능력이 달라지는 것은 그 위치에서의 권상하중에서 달기기구의 중량을 뺀 하중을 말한다.

**103** 차량계 하역운반기계를 사용하는 작업을 할 때 그 기계가 넘어지거나 굴러떨어짐으로써 근로자에게 위험을 미칠 우려가 있는 경우에 우선적으로 조치하여야 할 사항과 가장 거리가 먼 것은?

① 해당 기계에 대한 유도자 배치
② 지반의 부동침하 방지 조치
③ 갓길 붕괴 방지 조치
④ 경보 장치 설치

**해설**
전도 등의 방지
차량계 하역운반기계 등을 사용하는 작업을 할 때에 그 기계가 넘어지거나 굴러떨어짐으로써 근로자에게 위험을 미칠 우려가 있는 경우에는 그 기계를 유도하는 사람(유도자)을 배치하고 지반의 부동침하 및 갓길 붕괴를 방지하기 위한 조치를 해야 한다.

**104** 보통흙의 건조된 지반을 흙막이지보공 없이 굴착하려 할 때 굴착면의 기울기 기준으로 옳은 것은?

① 1 : 1 ~ 1 : 1.5  ② 1 : 0.5 ~ 1 : 1
③ 1 : 1.8  ④ 1 : 2

**해설**
굴착면의 기울기

| 지반의 종류 | 굴착면의 기울기 |
|---|---|
| 모래 | 1 : 1.8 |
| 연암 및 풍화암 | 1 : 1.0 |
| 경암 | 1 : 0.5 |
| 그 밖의 흙 | 1 : 1.2 |

**TIP** 본 문제는 법 개정으로 일부 내용이 수정되었습니다. 해설은 법 개정으로 수정된 내용이니 해설을 학습하세요.

**105** 차량계 하역운반기계 등에 화물을 적재하는 경우에 준수하여야 할 사항으로 옳지 않은 것은?

① 하중이 한쪽으로 치우쳐서 효율적으로 적재되도록 할 것
② 구내운반차 또는 화물자동차의 경우 화물의 붕괴 또는 낙하에 의한 위험을 방지하기 위하여 화물에 로프를 거는 등 필요한 조치를 할 것
③ 운전자의 시야를 가리지 않도록 화물을 적재할 것
④ 최대적재량을 초과하지 않도록 할 것

**해설**
화물적재 시의 조치
1. 하중이 한쪽으로 치우치지 않도록 적재할 것
2. 구내운반차 또는 화물자동차의 경우 화물의 붕괴 또는 낙하에 의한 위험을 방지하기 위하여 화물에 로프를 거는 등 필요한 조치를 할 것
3. 운전자의 시야를 가리지 않도록 화물을 적재할 것
4. 화물을 적재하는 경우에는 최대적재량을 초과하지 않을 것

**106** 강관비계의 설치 기준으로 옳은 것은?

① 비계기둥의 간격은 띠장방향에서는 1.5m 이상 1.8m 이하로 하고, 장선방향에서는 2.0m 이하로 한다.
② 띠장 간격은 1.8m 이하로 설치하되, 첫 번째 띠장은 지상으로부터 2m 이하의 위치에 설치한다.
③ 비계기둥 간의 적재하중은 400kg을 초과하지 않도록 한다.
④ 비계기둥의 제일 윗부분으로부터 21m되는 지점 밑부분의 비계기둥은 2개의 강관으로 묶어 세운다.

**해설**
강관비계의 구조
1. 비계기둥의 간격은 띠장 방향에서는 1.85미터 이하, 장선 방향에서는 1.5미터 이하로 할 것. 다만, 다음 각 목의 어느 하나에 해당하는 작업의 경우에는 안전성에 대한 구조 검토를 실시하고 조립도를 작성하면 띠장 방향 및 장선 방향으로 각각 2.7미터 이하로 할 수 있다.
㉠ 선박 및 보트 건조작업

**정답** 102 ② 103 ④ 104 ② 105 ① 106 ③

ⓒ 그 밖에 장비 반입·반출을 위하여 공간 등을 확보할 필요가 있는 등 작업의 성질상 비계기둥 간격에 관한 기준을 준수하기 곤란한 작업
2. 띠장 간격은 2.0미터 이하로 할 것. 다만, 작업의 성질상 이를 준수하기가 곤란하여 쌍기둥틀 등에 의하여 해당 부분을 보강한 경우에는 그러하지 아니하다.
3. 비계기둥의 제일 윗부분으로부터 31미터 되는 지점 밑부분의 비계기둥은 2개의 강관으로 묶어 세울 것. 다만, 브라켓(bracket) 등으로 보강하여 2개의 강관으로 묶을 경우 이상의 강도가 유지되는 경우에는 그러하지 아니하다.
4. 비계기둥 간의 적재하중은 400킬로그램을 초과하지 않도록 할 것

**TIP** 본 문제는 법 개정으로 일부 내용이 수정되었습니다. 해설은 법 개정으로 수정된 내용이니 해설을 학습하세요.

## 107 다음 중 유해·위험방지계획서를 작성 및 제출하여야 하는 공사에 해당되지 않는 것은?

① 지상높이가 31m인 건축물의 건설·개조 또는 해체
② 최대 지간길이가 50m인 교량건설 등 공사
③ 깊이가 9m인 굴착공사
④ 터널 건설 등의 공사

**해설**
유해위험방지계획서를 제출해야 될 건설공사
1. 다음 각 목의 어느 하나에 해당하는 건축물 또는 시설 등의 건설·개조 또는 해체공사
 ㉠ 지상높이가 31미터 이상인 건축물 또는 인공구조물
 ㉡ 연면적 3만제곱미터 이상인 건축물
 ㉢ 연면적 5천제곱미터 이상인 시설로서 다음의 어느 하나에 해당하는 시설
  • 문화 및 집회시설(전시장 및 동물원·식물원은 제외)
  • 판매시설, 운수시설(고속철도의 역사 및 집배송시설은 제외)
  • 종교시설
  • 의료시설 중 종합병원
  • 숙박시설 중 관광숙박시설
  • 지하도상가
  • 냉동·냉장 창고시설
2. 연면적 5천제곱미터 이상인 냉동·냉장 창고시설의 설비공사 및 단열공사
3. 최대 지간길이(다리의 기둥과 기둥의 중심 사이의 거리) 가 50미터 이상인 다리의 건설등 공사
4. 터널의 건설 등 공사

5. 다목적댐, 발전용댐, 저수용량 2천만톤 이상의 용수 전용 댐 및 지방상수도 전용 댐의 건설 등 공사
6. 깊이 10미터 이상인 굴착공사

## 108 건립 중 강풍에 의한 풍압 등 외압에 대한 내력이 설계에 고려되었는지 확인하여야 하는 철골구조물의 기준으로 옳지 않은 것은?

① 높이 20m 이상의 구조물
② 구조물의 폭과 높이의 비가 1 : 4 이상인 구조물
③ 이음부가 공장 제작인 구조물
④ 연면적당 철골량이 50kg/m² 이하인 구조물

**해설**
외압(강풍에 의한 풍압 등)에 대한 내력 설계 확인 구조물
1. 높이 20m 이상의 구조물
2. 구조물의 폭과 높이의 비가 1 : 4 이상인 구조물
3. 단면구조에 현저한 차이가 있는 구조물
4. 연면적당 철골량이 50kg/m² 이하인 구조물
5. 기둥이 타이플레이트(Tie Plate)형인 구조물
6. 이음부가 현장용접인 구조물

## 109 흙막이 가시설 공사 시 사용되는 각 계측기 설치 목적으로 옳지 않은 것은?

① 지표침하계 – 지표면 침하량 측정
② 수위계 – 지반 내 지하수위의 변화 측정
③ 하중계 – 상부 적재하중 변화 측정
④ 지중경사계 – 지중의 수평 변위량 측정

**해설**
계측기

| 장치 | 용도 |
|---|---|
| 지표면 침하계 (Level and Staff) | 주위 지반에 대한 지표면의 침하량을 측정 |
| 지하수위계 (Water Level Meter) | 지하수의 수위변화를 측정 |
| 하중계 (Load Cell) | 흙막이 버팀대에 작용하는 토압, 어스앵커의 인장력 등을 측정 |
| 지중 경사계 (Inclino Meter) | 지중 수평변위를 측정하여 흙막이의 기울어진 정도를 파악 |

**정답** 107 ③ 108 ③ 109 ③

**110** 건설현장의 가설계단 및 계단참을 설치하는 경우 얼마 이상의 하중에 견딜 수 있는 강도를 가진 구조로 설치하여야 하는가?

① 200kg/m²   ② 300kg/m²
③ 400kg/m²   ④ 500kg/m²

**해설**

계단 및 계단참의 강도
1. 매 제곱미터당 500kg 이상의 하중에 견딜 수 있는 강도를 가진 구조로 설치하여야 한다.
2. 안전율(재료의 파괴응력도와 허용응력도의 비율)은 4 이상으로 하여야 한다.
3. 계단 및 승강구 바닥을 구멍이 있는 재료로 만드는 경우 렌치나 그 밖의 공구 등이 낙하할 위험이 없는 구조로 하여야 한다.

**111** 터널굴착작업을 하는 때 미리 작성하여야 하는 작업계획서에 포함되어야 할 사항이 아닌 것은?

① 굴착의 방법
② 암석의 분할방법
③ 환기 또는 조명시설을 설치할 때에는 그 방법
④ 터널지보공 및 복공의 시공방법과 용수의 처리방법

**해설**

터널굴착작업을 하는 경우 작업계획서 내용
1. 굴착의 방법
2. 터널지보공 및 복공의 시공방법과 용수의 처리방법
3. 환기 또는 조명시설을 설치할 때에는 그 방법

**112** 근로자에게 작업 중 또는 통행 시 전락(轉落)으로 인하여 근로자가 화상·질식 등의 위험에 처할 우려가 있는 케틀(Kettle), 호퍼(Hopper), 피트(Pit) 등이 있는 경우에 그 위험을 방지하기 위하여 최소 높이 얼마 이상의 울타리를 설치하여야 하는가?

① 80cm 이상   ② 85cm 이상
③ 90cm 이상   ④ 95cm 이상

**해설**

울타리의 설치
작업 중 또는 통행 시 굴러떨어짐으로 인하여 근로자가 화상·질식 등의 위험에 처할 우려가 있는 케틀(Kettle, 가열 용기), 호퍼(Hopper, 깔때기 모양의 출입구가 있는 큰 통), 피트(Pit, 구덩이) 등이 있는 경우에 그 위험을 방지하기 위하여 필요한 장소에 높이 90cm 이상의 울타리를 설치하여야 한다.

**113** 거푸집 해체작업 시 유의사항으로 옳지 않은 것은?

① 일반적으로 수평부재의 거푸집은 연직부재의 거푸집보다 빨리 떼어낸다.
② 해체된 거푸집이나 각목 등에 박혀 있는 못 또는 날카로운 돌출물은 즉시 제거하여야 한다.
③ 상하 동시 작업은 원칙적으로 금지하여 부득이한 경우에는 긴밀히 연락을 취하며 작업을 하여야 한다.
④ 거푸집 해체작업장 주위에는 관계자를 제외하고는 출입을 금지시켜야 한다.

**해설**

거푸집 해체작업 시 유의사항
1. 해체작업을 할 때에는 안전모 등 안전보호장구를 착용토록 하여야 한다.
2. 거푸집 해체작업장 주위에는 관계자를 제외하고는 출입을 금지시켜야 한다.
3. 상하 동시 작업은 원칙적으로 금지하여 부득이한 경우에는 긴밀히 연락을 취하며 작업을 하여야 한다.
4. 거푸집 해체 때 구조체에 무리한 충격이나 큰 힘에 의한 지렛대 사용은 금지하여야 한다.
5. 보 또는 슬래브 거푸집을 제거할 때에는 거푸집의 낙하 충격으로 인한 작업원의 돌발적 재해를 방지하여야 한다.
6. 해체된 거푸집이나 각목 등에 박혀 있는 못 또는 날카로운 돌출물은 즉시 제거하여야 한다.
7. 해체된 거푸집이나 각목은 재사용 가능한 것과 보수하여야 할 것을 선별, 분리하여 적치하고 정리정돈을 하여야 한다.

**114** 비계(달비계, 달대비계 및 말비계는 제외한다.)의 높이가 2m 이상인 작업장소에 설치하여야 하는 작업발판의 기준으로 옳지 않은 것은?

① 작업발판의 폭은 40cm 이상으로 하고, 발판재료 간의 틈은 3cm 이하로 할 것
② 추락의 위험이 있는 장소에는 안전난간을 설치할 것
③ 작업발판의 지지물은 하중에 의하여 파괴될 우려가 없는 것을 사용할 것
④ 작업발판재료는 뒤집히거나 떨어지지 않도록 1개 이상의 지지물에 연결하거나 고정시킬 것

정답 110 ④   111 ②   112 ③   113 ①   114 ④

해설
비계(달비계, 달대비계 및 말비계는 제외)의 높이가 2m 이상인 작업장소의 작업발판 설치기준
1. 발판재료는 작업할 때의 하중을 견딜 수 있도록 견고한 것으로 할 것
2. 작업발판의 폭은 40cm 이상으로 하고, 발판재료 간의 틈은 3cm 이하로 할 것
3. 제2호에도 불구하고 선박 및 보트 건조작업의 경우 선박블록 또는 엔진실 등의 좁은 작업공간에 작업발판을 설치하기 위하여 필요하면 작업발판의 폭을 30cm 이상으로 할 수 있고, 걸침비계의 경우 강관기둥 때문에 발판재료 간의 틈을 3cm 이하로 유지하기 곤란하면 5cm 이하로 할 수 있다. 이 경우 그 틈 사이로 물체 등이 떨어질 우려가 있는 곳에는 출입금지 등의 조치를 하여야 한다.
4. 추락의 위험이 있는 장소에는 안전난간을 설치할 것
5. 작업발판의 지지물은 하중에 의하여 파괴될 우려가 없는 것을 사용할 것
6. 작업발판재료는 뒤집히거나 떨어지지 않도록 둘 이상의 지지물에 연결하거나 고정시킬 것
7. 작업발판을 작업에 따라 이동시킬 경우에는 위험 방지에 필요한 조치를 할 것

**115** 안전대의 종류는 사용 구분에 따라 벨트식과 안전그네식으로 구분되는데, 이 중 안전그네식에만 적용하는 것은?

① 추락방지대, 안전블록
② 1개 걸이용, U자 걸이용
③ 1개 걸이용, 추락방지대
④ U자 걸이용, 안전블록

해설
안전대의 종류

| 종류 | 사용구분 |
|---|---|
| 벨트식<br>안전그네식 | 1개 걸이용 |
| | U자 걸이용 |
| | 추락방지대 |
| | 안전블록 |

※ 추락방지대 및 안전블록은 안전그네식에만 적용함

**116** 다음은 달비계 또는 높이 5m 이상의 비계를 조립·해체하거나 변경하는 작업을 하는 경우에 대한 내용이다. ( )에 알맞은 숫자는?

비계재료의 연결·해체작업을 하는 경우에는 폭 ( )cm 이상의 발판을 설치하고 근로자로 하여금 안전대를 사용하도록 하는 등 추락을 방지하기 위한 조치를 할 것

① 15  ② 20
③ 25  ④ 30

해설
비계의 조립·해체 및 변경 시 준수사항(달비계 또는 높이 5m 이상의 비계)
1. 근로자가 관리감독자의 지휘에 따라 작업하도록 할 것
2. 조립·해체 또는 변경의 시기·범위 및 절차를 그 작업에 종사하는 근로자에게 주지시킬 것
3. 조립·해체 또는 변경 작업구역에는 해당 작업에 종사하는 근로자가 아닌 사람의 출입을 금지하고 그 내용을 보기 쉬운 장소에 게시할 것
4. 비, 눈, 그 밖의 기상상태의 불안정으로 날씨가 몹시 나쁜 경우에는 그 작업을 중지시킬 것
5. 비계재료의 연결·해체작업을 하는 경우에는 폭 20cm 이상의 발판을 설치하고 근로자로 하여금 안전대를 사용하도록 하는 등 추락을 방지하기 위한 조치를 할 것
6. 재료·기구 또는 공구 등을 올리거나 내리는 경우에는 근로자가 달줄 또는 달포대 등을 사용하게 할 것

**117** 다음은 사다리식 통로 등을 설치하는 경우의 준수사항이다. ( ) 안에 들어갈 숫자로 옳은 것은?

사다리의 상단은 걸쳐놓은 지점으로부터 ( )cm 이상 올라가도록 할 것

① 30  ② 40
③ 50  ④ 60

해설
사다리식 통로
1. 견고한 구조로 할 것
2. 심한 손상·부식 등이 없는 재료를 사용할 것
3. 발판의 간격은 일정하게 할 것
4. 발판과 벽과의 사이는 15cm 이상의 간격을 유지할 것
5. 폭은 30cm 이상으로 할 것
6. 사다리가 넘어지거나 미끄러지는 것을 방지하기 위한 조치를 할 것
7. 사다리의 상단은 걸쳐놓은 지점으로부터 60cm 이상 올라가도록 할 것

8. 사다리식 통로의 길이가 10m 이상인 경우에는 5m 이내마다 계단참을 설치할 것
9. 사다리식 통로의 기울기는 75도 이하로 할 것. 다만, 고정식 사다리식 통로의 기울기는 90도 이하로 하고, 그 높이가 7미터 이상인 경우에는 다음 각 목의 구분에 따른 조치를 할 것
   가. 등받이울이 있어도 근로자 이동에 지장이 없는 경우 : 바닥으로부터 높이가 2.5미터 되는 지점부터 등받이울을 설치할 것
   나. 등받이울이 있으면 근로자 이동이 곤란한 경우 : 개인용 추락 방지 시스템을 설치하고 근로자로 하여금 전신안전대를 사용하도록 할 것
10. 접이식 사다리 기둥은 사용 시 접혀지거나 펼쳐지지 않도록 철물 등을 사용하여 견고하게 조치할 것

## 118 다음은 가설통로를 설치하는 경우의 준수사항이다. ( ) 안에 들어갈 숫자로 옳은 것은?

건설공사에 사용하는 높이 8m 이상인 비계다리에는 ( )m 이내마다 계단참을 설치할 것

① 7
② 6
③ 5
④ 4

### 해설
가설통로
1. 견고한 구조로 할 것
2. 경사는 30℃ 이하로 할 것(다만, 계단을 설치하거나 높이 2m 미만의 가설통로로서 튼튼한 손잡이를 설치한 경우에는 그러하지 아니하다)
3. 경사가 15℃를 초과하는 경우에는 미끄러지지 아니하는 구조로 할 것
4. 추락할 위험이 있는 장소에는 안전난간을 설치할 것(다만, 작업상 부득이한 경우에는 필요한 부분만 임시로 해체할 수 있다)
5. 수직갱에 가설된 통로의 길이가 15m 이상인 경우에는 10m 이내마다 계단참을 설치할 것
6. 건설공사에 사용하는 높이 8m 이상인 비계다리에는 7m 이내마다 계단참을 설치할 것

## 119 건설업 산업안전보건관리비의 사용내역에 대하여 수급인 또는 자기공사자는 공사 시작 후 몇 개월마다 1회 이상 발주자 또는 감리원의 확인을 받아야 하는가?

① 3개월
② 4개월
③ 5개월
④ 6개월

### 해설
확인
수급인 또는 자기공사자는 안전보건관리비 사용내역에 대하여 공사 시작 후 6개월마다 1회 이상 발주자 또는 감리원의 확인을 받아야 한다. 다만, 6개월 이내에 공사가 종료되는 경우에는 종료 시 확인을 받아야 한다.

## 120 터널 지보공을 설치한 경우에 수시로 점검하여 이상을 발견 시 즉시 보강하거나 보수해야 할 사항이 아닌 것은?

① 부재의 손상·변형·부식·변위·탈락의 유무 및 상태
② 부재의 긴압의 정도
③ 부재의 접속부 및 교차부의 상태
④ 계측기 설치상태

### 해설
터널지보공의 붕괴 등의 방지를 위한 점검사항
1. 부재의 손상·변형·부식·변위 탈락의 유무 및 상태
2. 부재의 긴압 정도
3. 부재의 접속부 및 교차부의 상태
4. 기둥침하의 유무 및 상태

# 12 2019년 3회 기출문제

## 1과목 안전관리론

**01** 적성요인에 있어 직업적성을 검사하는 항목이 아닌 것은?
① 지능
② 촉각 적응력
③ 형태 식별 능력
④ 운동 속도

**해설**
적성검사 대상
지능, 형태 식별 능력, 운동 속도, 시각과 수동력의 적응력, 손 작업 능력

**02** 라인(Line)형 안전관리조직에 대한 설명으로 옳은 것은?
① 명령계통과 조언이나 권고적 참여가 혼동되기 쉽다.
② 생산부서와의 마찰이 일어나기 쉽다.
③ 명령계통이 간단명료하다.
④ 생산부분에는 안전에 대한 책임과 권한이 없다.

**해설**
라인형(Line형, 직계형 조직)

| | |
|---|---|
| 의의 | • 안전을 전문으로 분담하는 조직이 없고, 안전관리에 관한 계획에서부터 실시·평가에 이르기까지 생산라인(생산 지시)을 통해서 이루어지는 조직 형태<br>• 100명 미만의 소규모 사업장에 적합한 조직 형태 |
| 장점 | • 명령과 보고가 상하관계뿐이므로 간단명료한 조직<br>• 경영자의 명령이나 지휘가 신속·정확하게 전달되어 개선 조치가 빠르게 진행 |
| 단점 | • 안전에 대한 전문지식이나 정보가 불충분<br>• 생산라인의 업무에 중점을 두어 안전보건관리가 소홀해질 수 있음 |

**TIP**
• 라인-스태프형(Line-Staff형, 직계 참모형 조직) : 명령계통과 조언이나 권고적 참여가 혼동되기 쉽다.
• 스태프형(Staff형, 참모형 조직) : 생산부서와의 마찰이 일어나기 쉽다.
• 스태프형(Staff형, 참모형 조직) : 생산부분에는 안전에 대한 책임과 권한이 없다.

**03** 서로 손을 얹고 팀의 행동구호를 외치는 무재해 운동 추진 기업의 하나로, 스킨십(Skinship)에 바탕을 두고 팀 전원의 일체감, 연대감을 느끼게 하며, 대뇌피질에 안전태도 형성에 좋은 이미지를 심어주는 기법은?
① Touch and Call
② Brainstorming
③ Error Cause Removal
④ Safety Training Observation Program

**해설**
터치 앤 콜(Touch and Call)
현장에서 동료들과 손과 어깨 등을 맞대고 행동목표나 구호를 외치는 것으로서 스킨십(Skinship)을 통한 일체감이나 연대감을 조성하는 기법을 말한다.

**04** 안전점검의 종류 중 태풍이나 폭우 등의 천재지변이 발생한 후에 실시하는 기계, 기구 및 설비 등에 대한 점검의 명칭은?
① 정기점검
② 수시점검
③ 특별점검
④ 임시점검

**해설**
안전점검(점검주기에 의한 구분)

| | |
|---|---|
| 정기점검<br>(계획점검) | 일정기간마다 정기적으로 실시하는 점검으로 주간점검, 월간점검, 연간점검 등이 있다.(마모상태, 부식, 손상, 균열 등 설비의 상태변화나 이상 유무 등을 점검한다) |
| 수시점검<br>(일상점검,<br>일일점검) | • 매일 현장에서 작업 시작 전, 작업 중, 작업 후에 일상적으로 실시하는 점검(작업자, 작업담당자가 실시한다)<br>• 작업 시작 전 점검사항 : 주변의 정리정돈, 주변의 청소상태, 설비의 방호장치 점검, 설비의 주유상태, 구동부분 등<br>• 작업 중 점검사항 : 이상소음, 진동, 냄새, 가스 및 기름 누출, 생산품질의 이상 여부 등<br>• 작업 종료 시 점검사항 : 기계의 청소와 정비, 안전장치의 작동 여부, 스위치 조작, 환기, 통로정리 등 |

 정답 01 ② 02 ③ 03 ① 04 ③

| 임시점검 | 정기점검 실시 후 다음 점검기일 이전에 임시로 실시하는 점검(기계, 기구 또는 설비의 이상 발견 시에 임시로 점검) |
|---|---|
| 특별점검 | • 기계, 기구 또는 설비를 신설하거나 변경 내지는 고장 수리 등을 할 경우<br>• 강풍 또는 지진 등의 천재지변 발생 후의 점검<br>• 산업안전보건 강조기간에도 실시 |

## 05 하인리히 안전론에서 ( ) 안에 들어갈 단어로 적합한 것은?

- 안전은 사고예방
- 사고예방은 ( )와(과) 인간 및 기계의 관계를 통제하는 과학이자 기술이다.

① 물리적 환경  ② 화학적 요소
③ 위험요인  ④ 사고 및 재해

**해설**

하인리히(H. W. Heinrich)의 안전론
안전은 사고방지라고 말하며, 사고방지는 물리적 환경과 인간 및 기계의 관계를 통제하는 과학인 동시에 기술이라고 주장

## 06 1년간 80건의 재해가 발생한 A사업장은 1,000명의 근로자가 1주일당 48시간, 1년간 52주를 근무하고 있다. A사업장의 도수율은?(단, 근로자들은 재해와 관련 없는 사유로 연간 노동시간의 3%를 결근하였다.)

① 31.06  ② 32.05
③ 33.04  ④ 34.03

**해설**

도수율

$$도수율 = \frac{재해 발생 건수}{연간 총 근로시간 수} \times 1,000,000$$

1. 출근율 $= 1 - \frac{3}{100} = 0.97$
2. 도수율 $= \frac{80}{(1,000 \times 48 \times 52) \times 0.97} \times 1,000,000 = 33.04$

## 07 안전보건교육의 단계에 해당하지 않는 것은?

① 지식교육  ② 기초교육
③ 태도교육  ④ 기능교육

**해설**

안전보건교육의 3단계

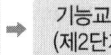

지식교육(제1단계) → 기능교육(제2단계) → 태도교육(제3단계)

## 08 위험예지훈련의 문제해결 4라운드에 속하지 않는 것은?

① 현상파악  ② 본질추구
③ 원인결정  ④ 대책수립

**해설**

위험예지훈련의 4라운드
1. 1라운드(1R) : 현상파악(사실을 파악한다)
2. 2라운드(2R) : 본질추구(요인을 찾아낸다)
3. 3라운드(3R) : 대책수립(대책을 선정한다)
4. 4라운드(4R) : 목표설정(행동계획을 정한다)

## 09 산소결핍이 예상되는 맨홀 내에서 작업을 실시할 때의 사고 방지 대책으로 적절하지 않은 것은?

① 작업 시작 전 및 작업 중 충분한 환기 실시
② 작업 장소의 입장 및 퇴장 시 인원점검
③ 방진마스크의 보급과 착용 철저
④ 작업장과 외부와의 상시 연락을 위한 설비 설치

**해설**

밀폐공간에서 작업을 하는 경우 근로자에게 공기호흡기 또는 송기마스크를 지급하여 착용하도록 하여야 한다.

> **TIP** 방진마스크
> • 방진마스크는 산소결핍장소에서는 사용하지 말아야 한다.
> • 방진마스크는 산소농도가 18% 이상인 장소에서 사용하여야 한다.

## 10 안전교육방법 중 강의법에 대한 설명으로 옳지 않은 것은?

① 단기간의 교육 시간 내에 비교적 많은 내용을 전달할 수 있다.
② 다수의 수강자를 대상으로 동시에 교육할 수 있다.
③ 다른 교육 방법에 비해 수강자의 참여가 제약된다.
④ 수강자 개개인의 학습진도를 조절할 수 있다.

**정답** 05 ① 06 ③ 07 ② 08 ③ 09 ③ 10 ④

**[해설]**

강의식 교육의 장·단점

| 장점 | • 한번에 많은 사람이 지식을 부여받는다.(최적인원 40~50명)<br>• 시간의 계획과 통제가 용이하다.<br>• 체계적으로 교육할 수 있다.<br>• 준비가 간단하고 어디에서도 가능하다.<br>• 수업의 도입이나 초기단계에 적용하는 것이 효과적이다. |
|---|---|
| 단점 | • 가르치는 방법이 일방적·기계적·획일적이다.<br>• 참가자는 대개 수동적 입장이며 참여가 제약된다.<br>• 암기에 빠지기 쉽고, 현실에서 필요한 개념이 형성되기 어렵다. |

**TIP** 강의법은 다수의 수강자를 대상으로 교육하는 방법으로 개개인의 학습진도를 조절하기 어렵다.

**11** 적응기제(適應機制)의 형태 중 방어적 기제에 해당하지 않는 것은?

① 고립  ② 보상
③ 승화  ④ 합리화

**[해설]**

적응기제의 기본 유형

| 공격적 기제<br>(행동) | 도피적 기제<br>(행동) | 방어적(절충적)<br>기제(행동) |
|---|---|---|
| • 직접적 공격 기제 : 폭행, 싸움, 기물파손 등<br>• 간접적 공격 기제 : 비난, 폭언, 욕설 등 | • 백일몽<br>• 퇴행<br>• 억압<br>• 반동형성<br>• 고립 등 | • 승화<br>• 보상<br>• 합리화<br>• 투사<br>• 동일화 등 |

**12** 부주의의 발생 원인에 포함되지 않는 것은?

① 의식의 단절  ② 의식의 우회
③ 의식 수준의 저하  ④ 의식의 지배

**[해설]**

부주의 발생 현상

| 의식의 단절<br>(중단) | 의식의 흐름에 단절이 생기고 공백상태가 나타나는 경우(특수한 질병의 경우) |
|---|---|
| 의식의 우회 | 의식의 흐름이 옆으로 빗나가 발생한 경우(걱정, 고민, 욕구불만 등) |
| 의식 수준의 저하 | 뚜렷하지 않은 의식의 상태로 심신이 피로하거나 단조로운 작업 등의 경우 |
| 의식의 과잉 | 돌발사태 및 긴급이상사태에 직면하면 순간적으로 긴장되고 의식이 한 방향으로 쏠리는 주의의 일점집중현상의 경우 |
| 의식의 혼란 | 외적 조건에 문제가 있을 때 의식이 혼란되고 분산되어 작업에 잠재되어 있는 위험요인에 대응할 수 없는 경우 |

**13** 안전교육훈련에 있어 동기부여 방법에 대한 설명으로 가장 거리가 먼 것은?

① 안전 목표를 명확히 설정한다.
② 안전 활동의 결과를 평가, 검토하도록 한다.
③ 경쟁과 협동을 유발시킨다.
④ 동기유발 수준을 과도하게 높인다.

**[해설]**

동기부여의 방법
1. 안전의 근본이념을 인식시킨다.
2. 안전 목표를 명확히 설정하여 주지시킨다.
3. 결과의 가치를 인식하고 알려준다.
4. 상과 벌을 준다.(상벌 제도를 합리적으로 시행한다)
5. 경쟁과 협동을 유도한다.
6. 동기 유발의 최적 수준을 유지한다.

**14** 산업안전보건법령상 유해·위험방지계획서 제출 대상 공사에 해당하는 것은?

① 깊이가 5m 이상인 굴착공사
② 최대지간거리 30m 이상인 교량건설공사
③ 지상높이 21m 이상인 건축물공사
④ 터널건설공사

**[해설]**

유해위험방지계획서를 제출해야 될 건설공사
1. 다음 각 목의 어느 하나에 해당하는 건축물 또는 시설 등의 건설·개조 또는 해체공사
   ㉠ 지상높이가 31미터 이상인 건축물 또는 인공구조물
   ㉡ 연면적 3만제곱미터 이상인 건축물
   ㉢ 연면적 5천제곱미터 이상인 시설로서 다음의 어느 하나에 해당하는 시설
      • 문화 및 집회시설(전시장 및 동물원·식물원은 제외)
      • 판매시설, 운수시설(고속철도의 역사 및 집배송시설은 제외)
      • 종교시설
      • 의료시설 중 종합병원

**[정답]** 11 ① 12 ④ 13 ④ 14 ④

- 숙박시설 중 관광숙박시설
- 지하도상가
- 냉동 · 냉장 창고시설
2. 연면적 5천제곱미터 이상인 냉동 · 냉장 창고시설의 설비공사 및 단열공사
3. 최대 지간길이(다리의 기둥과 기둥의 중심 사이의 거리)가 50미터 이상인 다리의 건설등 공사
4. 터널의 건설 등 공사
5. 다목적댐, 발전용댐, 저수용량 2천만톤 이상의 용수 전용 댐 및 지방상수도 전용 댐의 건설 등 공사
6. 깊이 10미터 이상인 굴착공사

## 15 스트레스의 요인 중 외부적 자극 요인에 해당하지 않는 것은?

① 자존심의 손상
② 대인관계 갈등
③ 가족의 죽음, 질병
④ 경제적 어려움

**해설**

스트레스의 영향요소

| 외부적 자극 요인 | 내부적 자극 요인 |
|---|---|
| · 경제적인 어려움<br>· 직장에서의 대인관계상의 갈등과 대립<br>· 가정에서의 가족관계의 갈등<br>· 가족의 죽음이나 질병<br>· 자신의 건강문제 | · 자존심의 손상과 공격 방어 심리<br>· 출세욕의 좌절감과 자만심의 상충<br>· 지나친 과거에의 집착과 허탈<br>· 업무상의 죄책감<br>· 지나친 경쟁심과 재물에 대한 욕심<br>· 남에게 의지하고자 하는 심리<br>· 가족 간의 대화 단절, 의견의 불일치<br>· 현실에서의 부적응 |

## 16 하인리히 방식의 재해코스트 산정에서 직접비에 해당되지 않는 것은?

① 휴업보상비
② 병상위문금
③ 장해특별보상비
④ 상병보상연금

**해설**

직접비와 간접비

| | 법적으로 정한 산재보상비(산재자에게 지급되는 보상비 일체) |
|---|---|
| 직접비 | 1. 요양급여(진찰비, 간호비용 등)<br>2. 휴업급여  5. 유족급여<br>3. 장해급여  6. 장의비<br>4. 간병급여  7. 상병보상연금<br>8. 기타(장해특별급여, 유족특별급여, 직업재활급여) |
| | 직접비를 제외한 모든 비용(산재로 인해 기업이 입은 재산상의 손실) |
| 간접비 | 1. 인적 손실  3. 생산 손실  5. 기타 손실<br>2. 물적 손실  4. 특수 손실 |

## 17 산업안전보건법령상 관리감독자 대상 정기교육의 교육 내용으로 옳은 것은?

① 작업 개시 전 점검에 관한 사항
② 정리정돈 및 청소에 관한 사항
③ 작업공정의 유해 · 위험과 재해 예방대책에 관한 사항
④ 기계 · 기구의 위험성과 작업의 순서 및 동선에 관한 사항

**해설**

관리감독자 정기교육
1. 산업안전 및 산업재해 예방에 관한 사항(화재 · 폭발 사고 발생 시 대피에 관한 사항을 포함)
2. 산업보건 및 건강장해 예방에 관한 사항(폭염 · 한파작업으로 인한 건강장해 발생 시 응급조치에 관한 사항을 포함)
3. 위험성평가에 관한 사항
4. 유해 · 위험 작업환경 관리에 관한 사항
5. 산업안전보건법령 및 산업재해보상보험 제도에 관한 사항
6. 직무스트레스 예방 및 관리에 관한 사항
7. 직장 내 괴롭힘, 고객의 폭언 등으로 인한 건강장해 예방 및 관리에 관한 사항
8. 작업공정의 유해 · 위험과 재해 예방대책에 관한 사항
9. 사업장 내 안전보건관리체제 및 안전 · 보건조치 현황에 관한 사항
10. 표준안전 작업방법 결정 및 지도 · 감독 요령에 관한 사항
11. 현장근로자와의 의사소통능력 및 강의능력 등 안전보건교육 능력 배양에 관한 사항
12. 비상시 또는 재해 발생 시 긴급조치에 관한 사항
13. 그 밖의 관리감독자의 직무에 관한 사항

## 18 산업안전보건법령상 (   )에 알맞은 기준은?

> 안전보건표지의 제작에 있어 안전보건표지 속의 그림 또는 부호의 크기는 안전보건표지의 크기와 비례하여야 하며, 안전보건표지 전체 규격의 (   ) 이상이 되어야 한다.

① 20%
② 30%
③ 40%
④ 50%

**해설**

안전보건표지의 제작
1. 종류별로 기본모형에 의하여 종류별 용도, 설치 · 부착장소, 형태 및 색채의 구분에 따라 제작하여야 한다.
2. 표시 내용을 근로자가 빠르고 쉽게 알아볼 수 있는 크기로 제작하여야 한다.
3. 그림 또는 부호의 크기는 안전보건표지의 크기와 비례하여야 하며, 안전보건표지 전체 규격의 30% 이상이 되어야 한다.
4. 쉽게 파손되거나 변형되지 않는 재료로 제작해야 한다.

**정답** 15 ① 16 ② 17 ③ 18 ②

5. 야간에 필요한 안전보건표지는 야광물질을 사용하는 등 쉽게 알아볼 수 있도록 제작해야 한다.

**19** 산업안전보건법령상 주로 고음을 차음하고, 저음은 차음하지 않는 방음보호구의 기호로 옳은 것은?

① NRR
② EM
③ EP-1
④ EP-2

**해설**
방음용 귀마개 또는 귀덮개의 종류 및 등급

| 종류 | 등급 | 기호 | 성능 | 비고 |
|---|---|---|---|---|
| 귀마개 | 1종 | EP-1 | 저음부터 고음까지 차음하는 것 | 귀마개의 경우 재사용 여부를 제조 특성으로 표기 |
| | 2종 | EP-2 | 주로 고음을 차음하고 저음(회화음영역)은 차음하지 않는 것 | |
| 귀덮개 | - | EM | | |

**20** 산업재해의 기본 원인 중 "작업정보, 작업방법 및 작업환경" 등이 분류되는 항목은?

① Man
② Machine
③ Media
④ Management

**해설**
재해발생의 기본원인(4M)

| 인간관계 요인(Man) | 동료나 상사, 본인 이외의 사람 등의 인간관계를 의미 |
|---|---|
| 작업적 요인(Media) | • 작업의 내용, 작업정보, 작업방법, 작업환경의 요인<br>• 인간과 기계를 연결하는 매개체<br>• 작업방법의 부적절 |
| 관리적 요인(Management) | 안전법규의 준수, 안전기준, 지휘·감독 등의 단속 및 점검<br>• 교육훈련 부족<br>• 감독지도 불충분<br>• 적성배치 불충분 |
| 설비적(물적) 요인(Machine) | • 기계설비 등의 물적 조건<br>• 기계설비의 고장, 결함 |

## 2과목 인간공학 및 시스템 안전공학

**21** 작업의 강도는 에너지대사율(RMR)에 따라 분류된다. 분류기준 중, 중(中)작업(보통작업)의 에너지대사율은?

① 0~1RMR
② 2~4RMR
③ 4~7RMR
④ 7~9RMR

**해설**
에너지대사율(RMR : Relative Metabolic Rate)
에너지대사율이 높을수록 힘든 작업이므로 작업강도에 따른 적정한 휴식시간의 증가가 필요하다.
1. 공식

$$RMR = \frac{\text{작업 시 소비에너지} - \text{안정 시 소비에너지}}{\text{기초대사량}} = \frac{\text{작업대사량}}{\text{기초대사량}}$$

2. RMR에 의한 작업강도단계

| 0~2RMR | 경(輕)작업 | 사무작업, 감시작업, 정밀작업 등 |
|---|---|---|
| 2~4RMR | 중(中)작업(보통) | 손이나 발작업 동작, 속도가 적은 것 |
| 4~7RMR | 중(重)작업(무거운) | 일반적인 전신작업 |
| 7RMR 이상 | 초중(超重)작업(무거운) | 과격한 작업(중노동)에 해당하는 전신작업 |

**22** 산업안전보건법령상 유해위험방지계획서의 제출 시 첨부하는 서류에 포함되지 않는 것은?

① 설비 점검 및 유지계획
② 기계·설비의 배치도면
③ 건축물 각 층의 평면도
④ 원재료 및 제품의 취급, 제조 등의 작업방법의 개요

**해설**
유해·위험방지계획서 제출 시 첨부서류(제조업)
1. 건축물 각 층의 평면도
2. 기계·설비의 개요를 나타내는 서류
3. 기계·설비의 배치도면
4. 원재료 및 제품의 취급, 제조 등의 작업방법의 개요
5. 그 밖에 고용노동부장관이 정하는 도면 및 서류

## 23 인간의 실수 중 수행해야 할 작업 및 단계를 생략하여 발생하는 오류는?

① Omission Error
② Commission Error
③ Sequence Error
④ Timing Error

**해설**

인간 실수의 분류(심리적인 분류)

| | |
|---|---|
| 생략에러<br>(Omission Error)<br>부작위 실수 | 필요한 직무 및 절차를 수행하지 않아(생략) 발생하는 에러<br>예 가스밸브를 잠그는 것을 잊어 사고가 났다. |
| 작위에러<br>(Commission Error) | 필요한 작업 또는 절차의 불확실한 수행(잘못 수행)으로 인한 에러<br>예 전선이 바뀌었다, 틀린 부품을 사용하였다, 부품이 거꾸로 조립되었다 등 |
| 순서에러<br>(Sequential Error) | 필요한 작업 또는 절차의 순서 착오로 인한 에러<br>예 자동차 출발 시 핸드브레이크를 해제하지 않고 출발하여 발생한 경우 |
| 시간에러<br>(Time Error) | 필요한 직무 또는 절차의 수행지연으로 인한 에러<br>예 프레스 작업 중에 금형 내에 손이 오랫동안 남아 있어 발생한 재해 |
| 과잉행동에러<br>(Extraneous Error) | 불필요한 작업 또는 절차를 수행함으로써 기인한 에러<br>예 자동차 운전 중 습관적으로 손을 창문으로 내밀어 발생한 재해 |

## 24 초기고장과 마모고장 각각의 고장형태와 그 예방대책에 관한 연결로 틀린 것은?

① 초기고장 – 감소형 – 번인(Burn in)
② 마모고장 – 증가형 – 예방보전(PM)
③ 초기고장 – 감소형 – 디버깅(Debugging)
④ 마모고장 – 증가형 – 스크리닝(Screening)

**해설**

시스템 수명곡선(욕조곡선)

| | |
|---|---|
| 초기고장 | • 감소형 : 고장률이 시간에 따라 감소<br>• 디버깅(Debugging) 기간 : 초기에 기계의 결함을 찾아내 고장률을 안정시키는 기간<br>• 번인(Burn–in) 기간 : 제품을 실제로 장시간 가동하여 결함의 원인을 제거하는 기간<br>• 보전예방(MP) 실시 |
| 우발고장 | • 일정형 : 고장률이 시간에 관계없이 거의 일정<br>• 사후보전(BM) 실시 |
| 마모고장 | • 증가형 : 고장률이 시간에 따라 증가<br>• 사후보전(BM) 실시 |

## 25 작업개선을 위하여 도입되는 원리인 ECRS에 포함되지 않는 것은?

① Combine
② Standard
③ Eliminate
④ Rearrange

**해설**

작업방법의 개선원칙(새로운 작업 방법의 개선원칙, ECRS)
1. 제거(Eliminate)
2. 결합(Combine)
3. 재배치(Rearrange)
4. 단순화(Simplify)

## 26 온도와 습도 및 공기 유동이 인체에 미치는 열효과를 하나의 수치로 통합한 경험적 감각지수로, 상대습도 100%일 때의 건구온도에서 느끼는 것과 동일한 온감을 의미하는 온열조건의 용어는?

① Oxford 지수
② 발한율
③ 실효온도
④ 열압박지수

**해설**

실효온도(Effective Temperature, 체감온도, 감각온도)
1. 개요
  ㉠ 온도, 습도 및 공기의 유동이 인체에 미치는 열효과를 하나의 수치로 통합한 경험적 감각지수
  ㉡ 상대습도 100%일 때의 건구온도에서 느끼는 것과 동일한 온감이다.
  ㉢ 실제로 감각되는 온도로서 실감온도라고 한다.
2. 실효온도의 결정요소(실효온도에 영향을 주는 요인)
  ㉠ 온도    ㉡ 습도    ㉢ 공기의 유동(대류)

## 27 화학설비의 안전성 평가 5단계 중 4단계에 해당하는 것은?

① 안전대책
② 정성적 평가
③ 정량적 평가
④ 재평가

**해설**

안전성 평가의 단계
안전성 평가는 6단계에 의해 실시되며, 경우에 따라 5단계와 6단계가 동시에 이루어지는 경우도 있다.
1. 제1단계 : 관계자료의 정비 검토
2. 제2단계 : 정성적 평가
3. 제3단계 : 정량적 평가
4. 제4단계 : 안전대책
5. 제5단계 : 재해정보에 의한 재평가
6. 제6단계 : FTA에 의한 재평가

**정답** 23 ① 24 ④ 25 ② 26 ③ 27 ①

## 28 양립성의 종류에 포함되지 않는 것은?

① 공간 양립성  ② 형태 양립성
③ 개념 양립성  ④ 운동 양립성

해설
양립성의 종류

| 공간 양립성 | • 표시장치와 이에 대응하는 조종장치 간의 위치 또는 배열이 인간의 기대와 모순되지 않아야 한다.<br>• 가스버너에서 오른쪽 조리대는 오른쪽 조절장치로, 왼쪽 조리대는 왼쪽 조절장치로 조정하도록 배치한다. |
|---|---|
| 운동 양립성 | • 조작장치의 방향과 표시장치의 움직이는 방향이 사용자의 기대와 일치하는 것<br>• 자동차를 운전하는 과정에서 우측으로 회전하기 위하여 핸들을 우측으로 돌린다. |
| 개념 양립성 | • 사람들이 가지고 있는(이미 사람들이 학습을 통해 알고 있는) 개념적 연상에 관한 기대와 일치하는 것<br>• 냉온수기에서 빨간색은 온수, 파란색은 냉수가 나온다. |
| 양식 양립성 | 음성과업에 대해서는 청각적 자극 제시와 이에 대한 음성 응답 등에 해당 |

## 29 다음 설명에 해당하는 설비보전방식의 유형은?

설비보전 정보와 신기술을 기초로 신뢰성, 조작성, 보전성, 안전성, 경제성 등이 우수한 설비의 선정, 조달 또는 설계를 통하여 궁극적으로 설비의 설계, 제작 단계에서 보전활동이 불필요한 체제를 목표로 한 설비보전 방법을 말한다.

① 개량보전  ② 보전예방
③ 사후보전  ④ 일상보전

해설
설비의 보전

| 개량보전 | 설비의 고장이 일어나지 않도록 혹은 보전이나 수리가 쉽도록 설비를 개량하는 것을 개량보전이라 한다. |
|---|---|
| 보전예방 | 새로운 설비를 계획·설계하는 단계에서 설비보전 정보나 새로운 기술을 기초로 신뢰성, 보전성, 경제성, 조작성, 안전성 등을 고려하여 보전비나 열화 손실을 적게 하는 활동을 말하며, 궁극적으로는 보전활동이 가급적 필요하지 않도록 하는 것을 목표로 하는 설비보전 방법이다. |
| 사후보전 | 고장정지 또는 유해한 성능 저하를 초래한 뒤 수리를 하는 보전 방법으로 기계설비가 고장을 일으키거나 파손되었을 때 신속히 교체 또는 보수하는 것을 지칭한다. |
| 일상보전 | 설비의 열화를 방지하고 그 진행을 지연시켜 수명을 연장하기 위한 목적으로 설비의 점검, 청소, 주유 및 교체 등의 활동을 위한 보전 |

## 30 원자력 산업과 같이 상당한 안전이 확보되어 있는 장소에서 추가적인 고도의 안전 달성을 목적으로 하고 있으며, 관리, 설계, 생산, 보전 등 광범위한 안전을 도모하기 위하여 개발된 분석기법은?

① DT  ② FTA
③ THERP  ④ MORT

해설
시스템 위험분석기법

| 디시전 트리 (DT) | 요소의 신뢰도를 이용하여 시스템의 신뢰도를 나타내는 시스템 분석기법으로 사건수 분석(ETA)에 주로 활용한다. |
|---|---|
| 결함수 분석 (FTA) | 사고의 원인이 되는 장치의 이상이나 고장의 다양한 조합 및 작업자 실수 원인을 연역적으로 분석하는 방법을 말한다. |
| 인간과오율 예측기법 (THERP) | 인간의 과오(Human Error)를 정량적으로 평가하기 위해 개발된 기법이다. |
| 경영위험도 분석 (MORT) | 원자력 산업과 같이 이미 상당한 안전이 확보되어 있는 장소에서 관리, 설계, 생산, 보전 등 광범위하고 고도의 안전달성을 목적으로 하는 시스템 해석법이다. |

## 31 결함수 분석(FTA)에 관한 설명으로 틀린 것은?

① 연역적 방법이다.
② 버텀-업(Bottom-Up) 방식이다.
③ 기능적 결함의 원인을 분석하는 데 용이하다.
④ 정량적 분석이 가능하다.

해설
결함수 분석(Fault Tree Analysis : FTA)
1. 사고의 원인이 되는 장치의 이상이나 고장의 다양한 조합 및 작업자 실수 원인을 연역적으로 분석하는 방법을 말한다.
2. 정량적인 고장해석 평가방법이다.
3. Top Down(하향식) 방식이다.

정답  28 ②  29 ②  30 ④  31 ②

## 32 조종 – 반응비(Control – Response Ratio, C/R 비)에 대한 설명 중 틀린 것은?

① 조종장치와 표시장치의 이동 거리 비율을 의미한다.
② C/R비가 클수록 조종장치는 민감하다.
③ 최적 C/R비는 조정시간과 이동시간의 교점이다.
④ 이동시간과 조정시간을 감안하여 최적 C/R비를 구할 수 있다.

**해설**

조종 – 반응 비율(통제 표시비)
1. 조종장치의 움직인 거리(회전수)와 표시장치상의 지침이 움직인 거리의 비이다.

$$C/D비(C/R비) = \frac{조종장치(제어기기)의 이동거리}{표시장치(표시기기)의 반응거리}$$

2. 최적 C/D비
   ㉠ 최적통제비는 이동시간과 조정시간의 교차점이다.
   ㉡ C/D비가 작을수록 이동시간은 짧고, 조종은 어려워서 민감한 조정장치이다.
   ㉢ C/D비가 클수록 미세한 조종은 쉽지만 수행시간은 상대적으로 길다.

## 33 다음 FT도에서 최소 컷 셋(Minimal Cut Set)으로만 올바르게 나열한 것은?

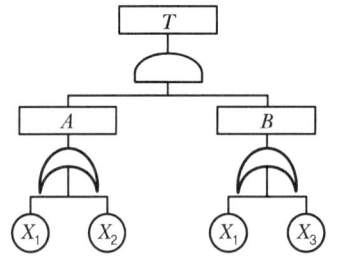

① $[X_1]$
② $[X_1], [X_2]$
③ $[X_1, X_2, X_3]$
④ $[X_1, X_2], [X_1, X_3]$

**해설**

미니멀 컷 셋(Minimal Cut Set)

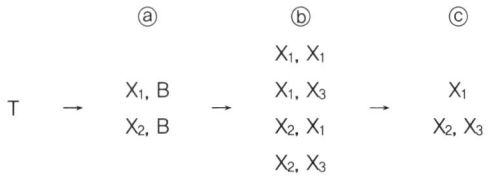

**TIP** ⓑ에서 1행의 컷 셋은 $X_1$이 중복되어 있으므로 $(X_1)$이 되고 ⓑ의 2행, 3행에서는 $(X_1)$이 포함되어 있기 때문에 최소 컷 셋은 ⓒ와 같다.

## 34 인간의 정보처리 과정 3단계에 포함되지 않는 것은?

① 인지 및 정보처리단계
② 반응단계
③ 행동단계
④ 인식 및 감지단계

**해설**

인식과 자극의 정보처리 과정
인지단계 → 인식단계 → 행동단계

## 35 시각 표시장치보다 청각 표시장치의 사용이 바람직한 경우는?

① 전언이 복잡한 경우
② 전언이 재참조되는 경우
③ 전언이 즉각적인 행동을 요구하는 경우
④ 직무상 수신자가 한 곳에 머무는 경우

**해설**

청각장치와 시각장치의 비교

| 청각적 표시장치 | 시각적 표시장치 |
| --- | --- |
| • 전언이 간단하다. | • 전언이 복잡하다. |
| • 전언이 짧다. | • 전언이 길다. |
| • 전언이 후에 재참조되지 않는다. | • 전언이 후에 재참조된다. |
| • 전언이 시간적 사상을 다룬다. | • 전언이 공간적 위치를 다룬다. |
| • 전언이 즉각적인 행동을 요구한다.(긴급할 때) | • 전언이 즉각적인 행동을 요구하지 않는다. |
| • 수신장소가 너무 밝거나 암조응 유지가 필요시 | • 수신장소가 너무 시끄러울 때 |
| • 직무상 수신자가 자주 움직일 때 | • 직무상 수신자가 한 곳에 머물 때 |
| • 수신자가 시각계통이 과부하상태일 때 | • 수신자의 청각 계통이 과부하상태일 때 |

## 36 FTA에서 사용하는 수정 게이트의 종류 중 3개의 입력현상 중 2개가 발생한 경우에 출력이 생기는 경우는?

① 위험지속기호
② 조합 AND 게이트
③ 배타적 OR 게이트
④ 억제 게이트

**해설**

게이트
1. 위험지속기호
   입력사상이 생겨 어떤 일정한 시간이 지속했을 때 출력이 생긴다. 만약 지속되지 않으면 출력은 생기지 않는다.
2. 조합 AND 게이트
   3개 이상의 입력사상 중 어느 것이나 2개가 일어나면 출력이 생긴다.
3. 배타적 OR 게이트
   OR 게이트이지만 2개 또는 그 이상의 입력이 동시에 존재하는 경우에는 출력이 생기지 않는다.
4. 억제 게이트
   입력사상 중 어느 것이나 이 게이트로 나타내는 조건이 만족하는 경우에만 출력사상이 발생한다.(조건부확률)

## 37 인간의 신뢰도가 0.6, 기계의 신뢰도가 0.9이다. 인간과 기계가 직렬체제로 작업할 때의 신뢰도는?

① 0.32　　② 0.54
③ 0.75　　④ 0.96

**해설**

신뢰도
1. $r_1$ : 인간의 신뢰도, $r_2$ : 기계의 신뢰도
2. $R_S = r_1 \times r_2 = 0.6 \times 0.9 = 0.54$

## 38 8시간 근무를 기준으로 남성작업자 A의 대사량을 측정한 결과, 산소소비량이 1.3L/min으로 측정되었다. Murrell방법으로 계산 시, 8시간의 총 근로시간에 포함되어야 할 휴식시간은?

① 124분　　② 134분
③ 144분　　④ 154분

**해설**

휴식시간

$$R = \frac{60(E-5)}{E-1.5}$$

여기서, $R$ = 휴식시간(분)
$E$ = 작업 시 평균에너지 소비량(kcal/분)
60 = 총작업시간(분)
1.5kcal/분 = 휴식시간 중의 에너지 소비량

1. 1(L/분)당 평균 에너지 소비량은 5kcal이다.
2. 작업 시 평균에너지 소비량 : 1.3L/분 × 5kcal = 6.5(kcal/분)이 된다.

3. 총작업시간 = 8시간 × 60분 = 480분
4. $R = \dfrac{480(6.5-5)}{6.5-1.5} = 144$ [분]

**TIP** Murrell은 작업활동에 필요한 휴식시간을 추산할 때 작업에 대한 평균에너지 값의 상한을 5(kcal/분)으로 잡아서 계산하였다.

## 39 국소진동에 지속적으로 노출된 근로자에게 발생할 수 있으며, 말초혈관 장해로 손가락이 창백해지고 동통을 느끼는 질환의 명칭은?

① 레이노병(Raynaud'S Phenomenon)
② 파킨슨병(Parkinson'S Disease)
③ 규폐증
④ C5-dip 현상

**해설**

레이노 현상(Raynaud's Phenomenon)
손가락에 있는 말초혈관운동의 장애로 손가락이 창백해지고 손이 차며 절이거나 통증이 오는 현상으로 추위에 노출되면 이러한 현상은 더욱 악화되며 백납병을 초래하게 된다.

## 40 암호체계의 사용상에 있어서, 일반적인 지침에 포함되지 않는 것은?

① 암호의 검출성　　② 부호의 양립성
③ 암호의 표준화　　④ 암호의 단일 차원화

**해설**

암호체계 사용상의 일반적 지침
1. 암호의 검출성(Detectability) : 검출이 가능하여야 한다.
2. 암호의 변별성(Discriminability) : 다른 암호 표시와 구별될 수 있어야 한다.
3. 부호의 양립성(Compatibility) : 자극들 간의, 반응들 간의, 자극-반응 조합의 관계가 인간의 기대와 모순되지 않는 것이다.
4. 부호의 의미 : 사용자가 그 뜻을 분명히 알 수 있어야 한다.
5. 암호의 표준화(Standardization) : 암호를 표준화하여야 한다.
6. 다차원 암호의 사용(Multidimensional) : 2가지 이상의 암호 차원을 조합해서 사용하면 정보전달이 촉진된다.

**정답** 37 ② 38 ③ 39 ① 40 ④

## 3과목 기계위험 방지기술

**41** 연삭기에서 숫돌의 바깥지름이 180mm일 경우 숫돌 고정용 평형플랜지의 지름으로 적합한 것은?

① 30mm 이상  ② 40mm 이상
③ 50mm 이상  ④ 60mm 이상

**해설**
플랜지의 지름
플랜지의 지름은 숫돌지름의 1/3 이상인 것을 사용하며 양쪽 모두 같은 크기로 한다.

$$플랜지의\ 지름 = 숫돌지름 \times \frac{1}{3}$$

플랜지의 지름 $= 숫돌지름 \times \frac{1}{3} = 180 \times \frac{1}{3} = 60(mm)$

**42** 산업안전보건법령에 따라 산업용 로봇의 작동범위에서 교시 등의 작업을 하는 경우에 로봇에 의한 위험을 방지하기 위한 조치사항으로 틀린 것은?

① 2명 이상의 근로자에게 작업을 시킬 경우의 신호방법을 정한다.
② 작업 중의 매니퓰레이터 속도에 관한 지침을 정하고 그 지침에 따라 작업한다.
③ 작업을 하는 동안 다른 작업자가 작동시킬 수 없도록 기동스위치에 작업 중 표시를 한다.
④ 작업에 종사하고 있는 근로자가 이상을 발견하면 즉시 안전담당자에게 보고하고 계속해서 로봇을 운전한다.

**해설**
교시 등의 작업 시 안전조치사항
1. 다음 각 목의 사항에 관한 지침을 정하고 그 지침에 따라 작업을 시킬 것
  ㉠ 로봇의 조작방법 및 순서
  ㉡ 작업 중의 매니퓰레이터의 속도
  ㉢ 2명 이상의 근로자에게 작업을 시킬 경우의 신호방법
  ㉣ 이상을 발견한 경우의 조치
  ㉤ 이상을 발견하여 로봇의 운전을 정지시킨 후 이를 재가동시킬 경우의 조치
  ㉥ 그 밖에 로봇의 예기치 못한 작동 또는 오조작에 의한 위험을 방지하기 위하여 필요한 조치
2. 작업에 종사하고 있는 근로자 또는 그 근로자를 감시하는 사람은 이상을 발견하면 즉시 로봇의 운전을 정지시키기 위한 조치를 할 것
3. 작업을 하고 있는 동안 로봇의 기동스위치 등에 작업 중이라는 표시를 하는 등 작업에 종사하고 있는 근로자가 아닌 사람이 그 스위치 등을 조작할 수 없도록 필요한 조치를 할 것

**43** 기준무부하 상태에서 지게차 주행 시의 좌우 안정도 기준은?(단, $V$는 구내최고속도(km/h)이다.)

① $(15+1.1 \times V)\%$ 이내  ② $(15+1.5 \times V)\%$ 이내
③ $(20+1.1 \times V)\%$ 이내  ④ $(20+1.5 \times V)\%$ 이내

**해설**
지게차의 안정도 기준
1. 하역작업 시의 전후안정도 4% 이내(5톤 이상 : 3.5% 이내)(최대하중상태에서 포크를 가장 높이 올린 경우)
2. 주행 시의 전후안정도 18% 이내
3. 하역작업 시의 좌우안정도 6% 이내(최대하중상태에서 포크를 가장 높이 올리고 마스트를 가장 뒤로 기울인 경우)
4. 주행 시의 좌우안정도 $(15+1.1V)\%$ 이내, $V$ : 최고속도(km/h)

**44** 산업안전보건법령에 따라 사다리식 통로를 설치하는 경우 준수해야 할 기준으로 틀린 것은?

① 사다리식 통로의 기울기는 60° 이하로 할 것
② 발판과 벽과의 사이는 15cm 이상의 간격을 유지할 것
③ 사다리의 상단은 걸쳐놓은 지점으로부터 60cm 이상 올라가도록 할 것
④ 사다리식 통로의 길이가 10m 이상인 경우에는 5m 이내마다 계단참을 설치할 것

**해설**
사다리식 통로 등의 구조
1. 견고한 구조로 할 것
2. 심한 손상·부식 등이 없는 재료를 사용할 것
3. 발판의 간격은 일정하게 할 것
4. 발판과 벽과의 사이는 15cm 이상의 간격을 유지할 것
5. 폭은 30cm 이상으로 할 것
6. 사다리가 넘어지거나 미끄러지는 것을 방지하기 위한 조치를 할 것
7. 사다리의 상단은 걸쳐놓은 지점으로부터 60cm 이상 올라가도록 할 것

**정답** 41 ④ 42 ④ 43 ① 44 ①

8. 사다리식 통로의 길이가 10m 이상인 경우에는 5m 이내마다 계단참을 설치할 것
9. 사다리식 통로의 기울기는 75도 이하로 할 것. 다만, 고정식 사다리식 통로의 기울기는 90도 이하로 하고, 그 높이가 7미터 이상인 경우에는 다음 각 목의 구분에 따른 조치를 할 것
    가. 등받이울이 있어도 근로자 이동에 지장이 없는 경우 : 바닥으로부터 높이가 2.5미터 되는 지점부터 등받이울을 설치할 것
    나. 등받이울이 있으면 근로자가 이동이 곤란한 경우 : 개인용 추락 방지 시스템을 설치하고 근로자로 하여금 전신안전대를 사용하도록 할 것
10. 접이식 사다리 기둥은 사용 시 접혀지거나 펼쳐지지 않도록 철물 등을 사용하여 견고하게 조치할 것

## 45 산업안전보건법령에 따른 승강기의 종류에 해당하지 않는 것은?

① 리프트
② 승용 승강기
③ 에스컬레이터
④ 화물용 승강기

**해설**

승강기
1. 개요
   건축물이나 고정된 시설물에 설치되어 일정한 경로에 따라 사람이나 화물을 승강장으로 옮기는 데 사용되는 설비를 말한다.
2. 종류

| 승객용 엘리베이터 | 사람의 운송에 적합하게 제조·설치된 엘리베이터 |
|---|---|
| 승객화물용 엘리베이터 | 사람의 운송과 화물 운반을 겸용하는 데 적합하게 제조·설치된 엘리베이터 |
| 화물용 엘리베이터 | 화물 운반에 적합하게 제조·설치된 엘리베이터로서 조작자 또는 화물취급자 1명은 탑승할 수 있는 것(적재용량이 300kg 미만인 것은 제외) |
| 에스컬레이터 | 일정한 경사로 또는 수평로를 따라 위·아래 또는 옆으로 움직이는 디딤판을 통해 사람이나 화물을 승강장으로 운송시키는 설비 |

**TIP** 본 문제는 법 개정으로 일부 내용이 수정되었습니다. 해설은 법 개정으로 수정된 내용이니 해설을 학습하세요.

## 46 재료가 변형 시에 외부응력이나 내부의 변형과정에서 방출되는 낮은 응력파(Stress Wave)를 감지하여 측정하는 비파괴시험은?

① 와류탐상 시험
② 침투탐상 시험
③ 음향탐상 시험
④ 방사선투과 시험

**해설**

음향방출검사
하중을 받고 있는 재료의 결함부에서 방출되는 응력파(Stress Wave)를 수신하여 분석함으로써 결함의 위치 판정, 손상의 진전감시 등 동적 거동을 판단하는 검사방법이다.

## 47 산업안전보건법령에 따라 다음 괄호 안에 들어갈 내용으로 옳은 것은?

사업주는 바닥으로부터 짐 윗면까지의 높이가 ( )m 이상인 화물자동차에 짐을 싣는 작업 또는 내리는 작업을 하는 경우에는 근로자의 추가 위험을 방지하기 위하여 해당 작업에 종사하는 근로자가 바닥과 적재함의 짐 윗면 간을 안전하게 오르내리기 위한 설비를 설치하여야 한다.

① 1.5
② 2
③ 2.5
④ 3

**해설**

화물자동차의 승강설비
바닥으로부터 짐 윗면까지의 높이가 2m 이상인 화물자동차에 짐을 싣는 작업 또는 내리는 작업을 하는 경우에는 근로자의 추가 위험을 방지하기 위하여 해당 작업에 종사하는 근로자가 바닥과 적재함의 짐 윗면 간을 안전하게 오르내리기 위한 설비를 설치하여야 한다.

## 48 진동에 의한 1차 설비진단법 중 정상, 비정상, 악화의 정도를 판단하기 위한 방법에 해당하지 않는 것은?

① 상호판단
② 비교판단
③ 절대판단
④ 평균판단

**해설**

진동에 의한 설비진단법

| 목적 | 방법 | 내용 |
|---|---|---|
| 정상, 비정상, 악화의 정도를 판단 | 상호판단 | 동일 종류의 기계가 여러 대 있을 경우, 이들을 동일 조건에서 측정하여 상호 간에 비교, 판단 |
| | 비교판단 | 동일 부위를 정기적으로 측정하고 이를 비교하여 정상인 경우의 값을 초기치로 하고, 그 값의 몇 배가 되는가를 보고 주의 또는 위험의 판단으로 사용 |
| | 절대판단 | 동일 부위에서 측정한 값을 직접적으로 양호, 주의, 위험 수준의 판정기준과 비교 |

**정답** 45 ① 46 ③ 47 ② 48 ④

**49** 둥근톱 기계의 방호장치에서 분할날과 톱날 원주면과의 거리는 몇 mm 이내로 조정, 유지할 수 있어야 하는가?

① 12  ② 14
③ 16  ④ 18

**해설**

분할날의 설치구조
1. 분할 날의 두께는 둥근톱 두께의 1.1배 이상일 것

$$1.1t_1 \leq t_2 < b$$

여기서, $t_1$ : 톱두께, $t_2$ : 분할날두께, $b$ : 치진폭
2. 견고히 고정할 수 있으며 분할날과 톱날 원주면과의 거리는 12mm 이내로 조정, 유지할 수 있어야 하고 표준 테이블면(승강반에 있어서도 테이블을 최하로 내린 때의 면)상의 톱 뒷날의 2/3 이상을 덮도록 할 것
3. 재료는 KS D 3751(탄소공구강재)에서 정한 STC 5(탄소공구강) 또는 이와 동등 이상의 재료를 사용할 것
4. 분할날 조임볼트는 2개 이상이어야 하며 볼트는 이완방지 조치가 되어 있어야 한다.

**50** 산업안전보건법령에 따라 사업주가 보일러의 폭발 사고를 예방하기 위하여 유지·관리하여야 할 안전장치가 아닌 것은?

① 압력방호판  ② 화염검출기
③ 압력방출장치  ④ 고저수위조절장치

**해설**

보일러 안전장치의 종류
압력방출장치, 압력제한스위치, 고저수위조절장치, 화염검출기

**51** 질량이 100kg인 물체를 그림과 같이 길이가 같은 2개의 와이어로프로 매달아 옮기고자 할 때 와이어로프 $T_a$에 걸리는 장력은 약 몇 N인가?

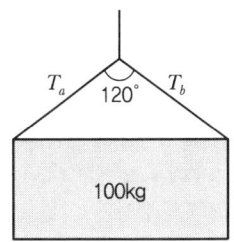

① 200  ② 400
③ 490  ④ 980

**해설**

슬링와이어로프의 한 가닥에 걸리는 하중

$$하중 = \frac{화물의\ 무게(W_1)}{2} \div \cos\frac{\theta}{2}$$

$$하중 = \frac{100}{2} \div \cos\frac{120°}{2} = 50 \div \cos 60°$$
$$= 100(\text{kg}) \times 9.8 = 980[\text{N}]$$

**TIP** 장력[N] = 총하중[kg]×중력가속도[m/s²]

**52** 다음 중 드릴 작업의 안전수칙으로 가장 적합한 것은?

① 손을 보호하기 위하여 장갑을 착용한다.
② 작은 일감은 양손으로 견고히 잡고 작업한다.
③ 정확한 작업을 위하여 구멍에 손을 넣어 확인한다.
④ 작업시작 전 척 렌치(Chuck Wrench)를 반드시 제거하고 작업한다.

**해설**

드릴링 작업에 대한 안전수칙
1. 일감은 견고하게 고정시키며 관통된 것을 확인하기 위해 손으로 만져서는 안 된다.
2. 드릴을 끼운 후 척 렌치(Chuck Wrench)는 반드시 뺀다.
3. 작업모를 착용하고 옷소매가 긴 작업복은 입지 않는다.
4. 드릴작업에서는 보안경 및 안전덮개(Shield)를 설치한다.
5. 칩은 브러시(와이어 브러시)로 제거하고 장갑 착용은 금지한다.
6. 구멍 끝 작업에서는 절삭압력을 주어서는 안 된다.
7. 고정구를 사용하여 작업 중 공작물의 유동을 방지한다.
8. 가공 중에 구멍이 관통되면 기계를 멈추고 손으로 돌려서 드릴을 뺀다.
9. 일감의 설치, 테이블의 고정이나 조정은 기계를 정지시킨 후에 실시한다.
10. 큰 구멍을 뚫을 때는 반드시 작은 구멍을 먼저 뚫은 후 큰 구멍을 뚫는다.
11. 얇은 판에 구멍을 뚫을 때에는 나무판을 밑에 받치고 뚫는다.
12. 구멍이 거의 다 뚫리는 끝부분에서 일감이 드릴과 함께 맞물려 회전하기 쉬우므로 주의하여야 한다.

정답 49 ① 50 ① 51 ④ 52 ④

**53** 산업안전보건법령에 따라 레버 풀러(Lever Puller) 또는 체인 블록(Chain Block)을 사용하는 경우 훅의 입구(Hook Mouth) 간격이 제조자가 제공하는 제품 사양서 기준으로 몇 % 이상 벌어진 것은 폐기하여야 하는가?

① 3  ② 5
③ 7  ④ 10

**해설**
레버 풀러(Lever Puller) 또는 체인 블록(Chain Block)을 사용하는 경우 준수사항
훅의 입구(Hook Mouth) 간격이 제조자가 제공하는 제품사양서 기준으로 10% 이상 벌어진 것은 폐기할 것

**54** 금형의 설치, 해체, 운반 시 안전사항에 관한 설명으로 틀린 것은?

① 운반을 위하여 관통 아이볼트가 사용될 때는 구멍 틈새가 최소화되도록 한다.
② 금형을 설치하는 프레스의 T홈 안길이는 설치 볼트 지름의 1/2배 이하로 한다.
③ 고정볼트는 고정 후 가능하면 나사산이 3~4개 정도 짧게 남겨 설치 또는 해체 시 슬라이드 면과의 사이에 협착이 발생하지 않도록 해야 한다.
④ 운반 시 상부금형과 하부금형이 닿을 위험이 있을 때는 고정 패드를 이용한 스트랩, 금속재질이나 우레탄 고무의 블록 등을 사용한다.

**해설**
금형 설치 · 해체작업의 안전사항
금형을 설치하는 프레스의 T홈 안길이는 설치 볼트 직경의 2배 이상으로 한다.

**55** 밀링작업의 안전조치에 대한 설명으로 적절하지 않은 것은?

① 절삭 중의 칩 제거는 칩 브레이커로 한다.
② 공작물을 고정할 때에는 기계를 정지시킨 후 작업한다.
③ 강력절삭을 할 경우에는 공작물을 바이스에 깊게 물려 작업한다.
④ 가공 중 공작물의 치수를 측정할 때에는 기계를 정지시킨 후 측정한다.

**해설**
밀링 작업에 대한 안전수칙
1. 제품을 따 내는 데에는 손끝을 대지 말아야 한다.
2. 운전 중 가공면에 손을 대지 말아야 하며 장갑 착용을 금지한다.
3. 칩을 제거할 때에는 커터의 운전을 중지하고 브러시(솔)를 사용하며 걸레를 사용하지 않는다.
4. 칩의 비산이 많으므로 보안경을 착용한다.
5. 커터 설치 시 및 측정은 반드시 기계를 정지시킨 후에 한다.
6. 일감(공작물)은 테이블 또는 바이스에 안전하게 고정한다.
7. 상하 이송장치의 핸들은 사용 후 반드시 빼 두어야 한다.
8. 가공 중에 밀링머신에 얼굴을 대지 않는다.
9. 절삭 속도는 재료에 따라 정한다.
10. 커터를 끼울 때는 아버를 깨끗이 닦는다.
11. 일감(공작물)을 고정하거나 풀어낼 때는 기계를 정지시킨다.
12. 테이블 위에 공구 등을 올려놓지 않는다.
13. 강력 절삭을 할 때는 일감을 바이스에 깊게 물린다.
14. 급속이송은 백래시 제거장치가 동작하지 않고 있음을 확인한 후 실시하고, 급속이송은 한 방향으로만 한다.

**56** 산업안전보건법령에 따라 아세틸렌 용접장치의 아세틸렌 발생기를 설치하는 경우, 발생기실의 설치장소에 대한 설명 중 A, B에 들어갈 내용으로 옳은 것은?

- 발생기실은 건물의 최상층에 위치하여야 하며, 화기를 사용하는 설비로부터 ( A )를 초과하는 장소에 설치하여야 한다.
- 발생기실을 옥외에 설치한 경우에는 그 개구부를 다른 건축물로부터 ( B ) 이상 떨어지도록 하여야 한다.

① A : 1.5m, B : 3m   ② A : 2m, B : 4m
③ A : 3m, B : 1.5m   ④ A : 4m, B : 2m

**해설**
발생기실의 설치장소
1. 아세틸렌 용접장치의 아세틸렌 발생기를 설치하는 경우에는 전용의 발생기실에 설치하여야 한다.
2. 건물의 최상층에 위치하여야 하며, 화기를 사용하는 설비로부터 3m를 초과하는 장소에 설치하여야 한다.
3. 옥외에 설치한 경우에는 그 개구부를 다른 건축물로부터 1.5m 이상 떨어지도록 하여야 한다.

**정답** 53 ④  54 ②  55 ①  56 ③

**57** 프레스기의 방호장치 중 위치제한형 방호장치에 해당되는 것은?

① 수인식 방호장치  ② 광전자식 방호장치
③ 손쳐내기식 방호장치  ④ 양수조작식 방호장치

**해설**

위치제한형 방호장치
1. 작업자의 신체 부위가 위험한계 밖에 있도록 기계의 조작장치를 위험한 작업점에서 안전거리 이상 떨어지게 하거나 조작장치를 양손으로 동시에 조작하게 함으로써 위험한계에 접근하는 것을 제한하는 방호장치
2. 프레스의 양수조작식 방호장치

**TIP** 기타 프레스의 방호장치

| 접근 반응형 방호장치 | 프레스 및 전단기의 광전자식 방호장치 |
|---|---|
| 접근 거부형 방호장치 | 프레스의 수인식, 손쳐내기식 방호장치 |

**58** 프레스 방호장치 중 수인식 방호장치의 일반 구조에 대한 사항으로 틀린 것은?

① 수인끈의 재료는 합성섬유로 지름이 4mm 이상이어야 한다.
② 수인끈의 길이는 작업자에 따라 임의로 조정할 수 없도록 해야 한다.
③ 수인끈의 안내통은 끈의 마모와 손상을 방지할 수 있는 조치를 해야 한다.
④ 손목밴드(Wrist Band)의 재료는 유연한 내유성 피혁 또는 이와 동등한 재료를 사용해야 한다.

**해설**

수인식 방호장치 설치방법
1. 손목밴드(Wrist Band)의 재료는 유연한 내유성 피혁 또는 이와 동등한 재료를 사용해야 한다.
2. 손목밴드는 착용감이 좋으며 쉽게 착용할 수 있는 구조이어야 한다.
3. 수인끈의 재료는 합성섬유로 직경이 4mm 이상이어야 한다.
4. 수인끈은 작업자와 작업공정에 따라 그 길이를 조정할 수 있어야 한다.
5. 수인끈의 안내통은 끈의 마모와 손상을 방지할 수 있는 조치를 해야 한다.
6. 각종 레버는 경량이면서 충분한 강도를 가져야 한다.
7. 수인량의 시험은 수인량이 링크에 의해서 조정될 수 있도록 되어야 하며 금형으로부터 위험한계 밖으로 당길 수 있는 구조이어야 한다.

**59** 산업안전보건법령에 따라 원동기·회전축 등의 위험 방지를 위한 설명 중 괄호 안에 들어갈 내용은?

> 사업주는 회전축·기어·풀리 및 플라이휠 등에 부속되는 키·핀 등의 기계요소는 (　)으로 하거나 해당 부위에 덮개를 설치하여야 한다.

① 개방형  ② 돌출형
③ 묻힘형  ④ 고정형

**해설**

원동기·회전축 등의 위험방지

| 원동기·회전축·기어·풀리·플라이휠·벨트 및 체인 등 근로자가 위험에 처할 우려가 있는 부위 | 덮개, 울, 슬리브, 건널다리 등 |
|---|---|
| 회전축·기어·풀리 및 플라이휠 등에 부속되는 키·핀 등의 기계요소 | • 묻힘형<br>• 덮개 |
| 벨트의 이음 부분 | 돌출된 고정구를 사용금지 |
| 건널다리 | • 안전난간<br>• 미끄러지지 아니하는 구조의 발판 |
| 선반 등으로부터 돌출하여 회전하고 있는 가공물 | 덮개 또는 울 등을 설치 |

**60** 공기압축기의 방호장치가 아닌 것은?

① 언로드 밸브  ② 압력방출장치
③ 수봉식 안전기  ④ 회전부의 덮개

**해설**

공기압축기 작업 시작 전 점검사항
1. 공기저장 압력용기의 외관 상태
2. 드레인밸브(Drain Valve)의 조작 및 배수
3. 압력방출장치의 기능
4. 언로드 밸브(Unloading Valve)의 기능
5. 윤활유의 상태
6. 회전부의 덮개 또는 울
7. 그 밖의 연결 부위의 이상 유무

**TIP** 수봉식 안전기
아세틸렌 용접장치에서 가스의 역류 및 역화를 방지하기 위하여 설치한다.

**정답** 57 ④  58 ②  59 ③  60 ③

## 4과목 전기위험 방지기술

**61** 아래 그림과 같이 인체가 전기설비의 외함에 접촉하였을 때 누전사고가 발생하였다. 인체통과전류(mA)는 약 얼마인가?

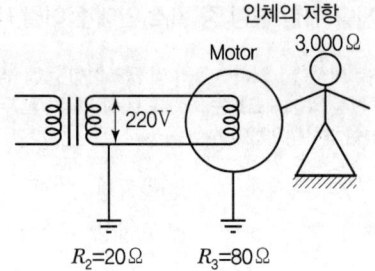

① 35
② 47
③ 58
④ 66

**[해설]**
인체가 외함에 접촉하면 이때 인체를 통해 흐르게 될 전류

$$I = \frac{E}{R_m\left(1 + \frac{R_2}{R_3}\right)} [A]$$

여기서, $R_m$ : 인체저항[Ω], $R_2$ : 1선 접지[Ω], $R_3$ : 외함 접지[Ω]
$E$ : 전압[V]

$$I = \frac{E}{R_m\left(1 + \frac{R_2}{R_3}\right)} = \frac{220}{3,000 \times \left(1 + \frac{20}{80}\right)} = 0.058[A] = 58[mA]$$

 1A = 1,000mA, 1mA = 0.001A

**62** 전기화재 발생 원인으로 틀린 것은?

① 발화원
② 내화물
③ 착화물
④ 출화의 경과

**[해설]**
전기화재의 발생원인 분류

| 발화원<br>(기기별) | 전열기, 전기기기, 배선 및 배선기구, 단열압축, 충격·마찰, 광선 및 방사선, 낙뢰, 전기불꽃, 정전기, 충격파 등 |
|---|---|
| 착화물 | 연소물질(타는 물질) |
| 출화의 경과<br>(화재의 경과) | 단락, 누전, 과전류, 스파크, 접촉부 과열, 절연열화에 의한 발열, 지락, 낙뢰, 정전기 스파크 등 |

**63** 사용전압이 380V인 전동기 전로에서 절연저항은 몇 MΩ 이상이어야 하는가?

① 0.1
② 0.2
③ 0.3
④ 0.4

**[해설]**
저압전로의 절연저항

| 전로의 사용전압(V) | DC시험전압(V) | 절연저항(MΩ) |
|---|---|---|
| SELV 및 PELV | 250 | 0.5 |
| FELV, 500V 이하 | 500 | 1.0 |
| 500V 초과 | 1,000 | 1.0 |

주) 특별저압(Extra Low Voltage : 2차 전압이 AC 50V, DC 120V 이하)으로 SELV(비접지회로 구성) 및 PELV(접지회로 구성)는 1차와 2차가 전기적으로 절연된 회로, FELV는 1차와 2차가 전기적으로 절연되지 않은 회로

**TIP** 본 문제는 법 개정으로 일부 내용이 수정되었습니다. 해설은 법 개정으로 수정된 내용이니 해설을 학습하세요.

**64** 정전에너지를 나타내는 식으로 알맞은 것은? (단, $Q$는 대전 전하량, $C$는 정전용량이다.)

① $\frac{Q}{2C}$
② $\frac{Q}{2C^2}$
③ $\frac{Q^2}{2C}$
④ $\frac{Q^2}{2C^2}$

**[해설]**
정전 에너지

$$W = \frac{1}{2}CV^2 = \frac{1}{2}QV = \frac{Q^2}{2C}$$

대전 전하량($Q$) = $C \cdot V$, 대전전위($V$) = $\frac{Q}{C}$

여기서, $W$ : 정전기 에너지(J), $C$ : 도체의 정전용량(F)
$V$ : 대전 전위(V), $Q$ : 대전 전하량(C)

**65** 누전차단기의 설치가 필요한 것은?

① 이중절연 구조의 전기기계·기구
② 비접지식 전로의 전기기계·기구
③ 절연대 위에서 사용하는 전기기계·기구
④ 도전성이 높은 장소의 전기기계·기구

**[해설]**
감전방지용 누전차단기의 적용대상(누전차단기 설치장소)
1. 대지전압이 150볼트를 초과하는 이동형 또는 휴대형 전기기계·기구

**[정답]** 61 ③ 62 ② 63 ③ 64 ③ 65 ④

2. 물 등 도전성이 높은 액체가 있는 습윤장소에서 사용하는 저압(1.5천볼트 이하 직류전압이나 1천볼트 이하의 교류전압)용 전기기계·기구
3. 철판·철골 위 등 도전성이 높은 장소에서 사용하는 이동형 또는 휴대형 전기기계·기구
4. 임시배선의 전로가 설치되는 장소에서 사용하는 이동형 또는 휴대형 전기기계·기구

> **TIP** 감전방지용 누전차단기의 적용 제외 대상
> - 이중절연구조 또는 이와 같은 수준 이상으로 보호되는 구조로 된 전기기계·기구
> - 절연대 위 등과 같이 감전위험이 없는 장소에서 사용하는 전기기계·기구
> - 비접지방식의 전로

## 66 동작 시 아크를 발생하는 고압용 개폐기·차단기·피뢰기 등은 목재의 벽 또는 천장 기타의 가연성 물체로부터 몇 m 이상 떼어놓아야 하는가?

① 0.3　　② 0.5
③ 1.0　　④ 1.5

**해설**

아크를 발생하는 기구의 시설

| 기구 등의 구분 | 이격거리 |
|---|---|
| 고압용의 것 | 1m 이상 |
| 특고압용의 것 | 2m 이상(사용전압이 35kV 이하의 특고압용의 기구 등으로서 동작할 때에 생기는 아크의 방향과 길이를 화재가 발생할 우려가 없도록 제한하는 경우에는 1m 이상) |

## 67 6,600/100V, 15kVA의 변압기에서 공급하는 저압 전선로의 허용 누설전류는 몇 A를 넘지 않아야 하는가?

① 0.025　　② 0.045
③ 0.075　　④ 0.085

**해설**

누설전류

$$\text{누설전류} = \text{최대공급전류} \times \frac{1}{2,000}$$

1. 전력

$$P = VI$$

여기서, $P$: 전력[W], $V$: 전압[V], $I$: 전류[A]

2. $I = \dfrac{P}{V} = \dfrac{15,000}{100} = 150[A]$

3. 누설전류 = 최대공급전류 $\times \dfrac{1}{2,000} = 150 \times \dfrac{1}{2,000}$
　　　　　= 0.075[A]

## 68 이동하여 사용하는 전기기계기구의 금속제 외함 등에 제1종 접지공사를 하는 경우, 접지선 중 가요성을 요하는 부분의 접지선 종류와 단면적의 기준으로 옳은 것은?

① 다심코드, 0.75mm² 이상
② 다심캡타이어 케이블, 2.5mm² 이상
③ 3종 클로로프렌캡타이어 케이블, 4mm² 이상
④ 3종 클로로프렌캡타이어 케이블, 10mm² 이상

**해설**

이동하여 사용하는 전기기계기구의 금속제 외함 등의 접지시스템

1. 특고압·고압 전기설비용 접지도체 및 중성점 접지용 접지도체는 클로로프렌캡타이어케이블(3종 및 4종) 또는 클로로설포네이트폴리에틸렌캡타이어케이블(3종 및 4종)의 1개 도체 또는 다심 캡타이어케이블의 차폐 또는 기타의 금속체로 단면적이 10mm² 이상인 것을 사용
2. 저압 전기설비용 접지도체는 다심 코드 또는 다심 캡타이어케이블의 1개 도체의 단면적이 0.75mm² 이상인 것을 사용한다. 다만, 기타 유연성이 있는 연동연선은 1개 도체의 단면적이 1.5mm² 이상인 것을 사용

> **TIP** 1. 법 개정으로 접지대상에 따라 일괄 적용한 종별접지(1종, 2종, 3종, 특별 3종)가 폐지되었습니다. 해설을 학습하세요.
> 2. 접지시스템

| 구분 | • 계통접지(System Earthing) : 전력계통에서 돌발적으로 발생하는 이상현상에 대비하여 대지와 계통을 연결하는 것으로, 중성점을 대지에 접속하는 것을 말한다.<br>• 보호접지(Protective Earthing) : 고장 시 감전에 대한 보호를 목적으로 기기의 한 점 또는 여러 점을 접지하는 것을 말한다.<br>• 피뢰시스템 접지 : 뇌격전류를 안전하게 대지로 보내기 위해 접지극을 대지에 접속하는 것을 말한다. |
|---|---|
| 종류 | • 단독접지 : (특)고압 계통의 접지극과 저압 접지계통의 접지극을 독립적으로 시설하는 접지방식<br>• 공통접지 : (특)고압 접지계통과 저압 접지계통을 등전위 형성을 위해 공통으로 접지하는 방식<br>• 통합접지 : 계통접지, 통신접지, 피뢰접지극의 접지극을 통합하여 접지하는 방식 |
| 구성요소 | 접지시스템은 접지극, 접지도체, 보호도체 및 기타 설비로 구성한다. |
| 연결 | 접지극은 접지도체를 사용하여 주 접지단자에 연결하여야 한다. |

**정답** 66 ③ 67 ③ 68 ④

**69** 정전기 발생에 대한 방지대책의 설명으로 틀린 것은?

① 가스용기, 탱크 등의 도체부는 전부 접지한다.
② 배관 내 액체의 유속을 제한한다.
③ 화학섬유의 작업복을 착용한다.
④ 대전 방지제 또는 제전기를 사용한다.

**해설**
정전기재해의 방지대책
1. 접지(도체의 대전방지)
2. 유속의 제한
3. 보호구의 착용
4. 대전방지제 사용
5. 가습(상대습도를 60~70% 정도 유지)
6. 제전기 사용
7. 대전물체의 차폐
8. 정치시간의 확보
9. 도전성 재료 사용

TIP 작업자는 작업복이 아닌 대전방지용 작업의 제전복을 착용한다.

**70** 정전기의 유동대전에 가장 크게 영향을 미치는 요인은?

① 액체의 밀도          ② 액체의 유동속도
③ 액체의 접촉면적      ④ 액체의 분출온도

**해설**
유동대전
1. 액체류를 파이프 등으로 수송할 때 액체류가 파이프 등과 접촉하여 두 물질의 경계에 전기 2중층이 형성되어 정전기 발생
2. 액체류의 유동속도가 정전기 발생에 큰 영향을 준다.
3. 파이프 속에 저항이 높은 액체가 흐를 때 발생

**71** 과전류에 의해 전선의 허용전류보다 큰 전류가 흐르는 경우 절연물이 화구가 없더라도 자연히 발화하고 심선이 용단되는 발화단계의 전선 전류밀도 (A/mm²)는?

① 10~20           ② 30~50
③ 60~120          ④ 130~200

**해설**
배선의 용단단계에 따른 전선 전류밀도(전선의 연소 과정)

| 단계 | 인화단계 | 착화단계 | 발화단계 | | 순시용단단계 |
|---|---|---|---|---|---|
| | 허용전류의 3배 정도 | 큰 전류, 점화원 없이 착화연소 | 심선이 용단 | | 심선용단 및 도선폭발 |
| | | | 발화 후 용단 | 용단과 동시발화 | |
| 전류밀도 (A/mm²) | 40~43 | 43~60 | 60~70 | 75~120 | 120 이상 |

**72** 방폭구조에 관계있는 위험 특성이 아닌 것은?

① 발화 온도           ② 증기 밀도
③ 화염 일주한계       ④ 최소점화전류

**해설**
폭발성가스의 위험특성

| 방폭구조에 관계있는 위험특성 | 폭발성 분위기의 생성조건에 관계있는 위험특성 |
|---|---|
| 발화온도(착화온도, 착화점, 발화점) | 폭발한계(연소범위, 폭발범위, 폭발농도) |
| 화염 일주한계(최대안전틈새) | 인화점 |
| 최소점화전류 | 증기밀도 |

**73** 금속관의 방폭형 부속품에 대한 설명으로 틀린 것은?

① 재료는 아연도금을 하거나 녹이 스는 것을 방지하도록 한 강 또는 가단주철일 것
② 안쪽 면 및 끝부분은 전선의 피복을 손상하지 않도록 매끈한 것일 것
③ 전선관과의 접속부분의 나사는 5턱 이상 완전히 나사결합이 될 수 있는 길이일 것
④ 완성품은 유입방폭구조의 폭발압력시험에 적합할 것

**해설**
금속관의 방폭형 부속품의 표준
1. 재료는 건식아연도금법에 의하여 아연도금을 한 위에 투명한 도료를 칠하거나 기타 적당한 방법으로 녹이 스는 것을 방지하도록 한 강 또는 가단주철일 것
2. 안쪽면 및 끝부분은 전선을 넣거나 바꿀 때에 전선의 피복을 손상하지 아니하도록 매끈한 것일 것

정답  69 ③  70 ②  71 ③  72 ②  73 ④

3. 전선관과의 접속부분의 나사는 5턱 이상 완전히 나사결합이 될 수 있는 길이일 것
4. 접합면(나사의 결합부분을 제외)은 내압방폭구조(d) 방폭접합의 일반 요구사항에 적합한 것일 것
5. 접합면 중 나사의 접합은 내압방폭구조(d)의 나사 접합에 적합한 것일 것
6. 완성품은 내압방폭구조(d)의 폭발압력(기준압력) 측정 및 압력시험에 적합한 것일 것

## 74 접지의 목적과 효과로 볼 수 없는 것은?

① 낙뢰에 의한 피해방지
② 송배전선에서 지락사고의 발생 시 보호계전기를 신속하게 작동시킴
③ 설비의 절연물이 손상되었을 때 흐르는 누설전류에 의한 감전방지
④ 송배전선로의 지락사고 시 대지전위의 상승을 억제하고 절연강도를 상승시킴

**해설**

접지의 목적
1. 낙뢰에 의한 피해방지
2. 송배전선, 고전압 모선 등에서 지락사고의 발생 시 보호계전기를 신속하게 작동시킴
3. 설비의 절연물이 손상되었을 때 흐르는 누설전류에 의한 감전방지
4. 송배전선로의 지락사고 시 대지전위의 상승을 억제하고 절연강도를 경감
5. 고압·저압의 혼촉사고 발생 시 인간에 위험을 줄 수 있는 전류를 대지로 흘려 보내 감전방지

## 75 방폭전기설비의 용기 내부에 보호가스를 압입하여 내부압력을 외부 대기 이상의 압력으로 유지함으로써 용기 내부에 폭발성가스 분위기가 형성되는 것을 방지하는 방폭구조는?

① 내압 방폭구조
② 압력 방폭구조
③ 안전증 방폭구조
④ 유입 방폭구조

**해설**

방폭구조

| | |
|---|---|
| 내압 방폭구조 | 점화원에 의해 용기 내부에서 폭발이 발생할 경우에 용기가 폭발압력에 견딜 수 있고, 화염이 용기 외부의 폭발성 분위기로 전파되지 않도록 한 방폭구조 |
| 압력 방폭구조 | 점화원이 될 우려가 있는 부분을 용기 안에 넣고 보호 기체(신선한공기 또는 불활성기체)를 용기 안에 압입함으로써 폭발성가스가 침입하는 것을 방지하도록 되어 있는 방폭구조(전폐형 구조) |
| 안전증 방폭구조 | 전기기구의 권선, 접점부, 단자부 등과 같은 부분이 정상적인 운전 중에는 불꽃, 아크 또는 과열이 발생되지 않는 부분에 대하여 방지하기 위한 구조와 온도상승에 대해 특히 안전도를 증가시킨 구조 |
| 유입 방폭구조 | 유체 상부 또는 용기 외부에 존재할 수 있는 폭발성 분위기가 발화할 수 없도록 전기설비 또는 전기설비의 부품을 보호액에 함침시키는 방폭구조 |

## 76 1종 위험장소로 분류되지 않는 것은?

① 탱크류의 벤트(Vent) 개구부 부근
② 인화성액체 탱크 내의 액면 상부의 공간부
③ 점검수리 작업에서 가연성 가스 또는 증기를 방출하는 경우의 밸브 부근
④ 탱크로리, 드럼관 등이 인화성액체를 충전하고 있는 경우의 개구부 부근

**해설**

가스폭발 위험장소의 구분(1종)
1. 탱크로리, 드럼관 등 인화성액체를 충전하고 있는 경우의 개구부 부근
2. 릴리프 밸브가 가끔 작동하여 가연성 가스 또는 증기가 방출되는 경우의 부근
3. 탱크류의 벤트의 개구부 부근
4. 점검 및 수리작업 시에 가연성 가스 또는 증기가 방출되는 경우
5. 실내에서 가연성 가스 또는 증기가 방출될 염려가 있는 장소
6. 위험한 가스가 누출될 염려가 있는 장소로서 피트(PIT)와 같이 가스가 축적되는 장소
7. 플로팅 루프 탱크상의 셀 내의 부분

> **TIP** 0종 장소
> - 인화성액체 또는 가연성 용기와 설비의 내부
> - 인화성액체의 용기 또는 탱크 내 액면상부 공간
> - 가연성 액체 내의 액중 펌프

## 77 기중 차단기의 기호로 옳은 것은?

① VCB
② MCCB
③ OCB
④ ACB

해설

차단기의 종류

| 진공차단기<br>(VCB : Vacuum Circuit Breaker) | 진공 속에서 전극을 개폐하여 소호하는 방식 |
|---|---|
| 배선용 차단기<br>(MCCB : Molded Case Circuit Breaker) | 과전류에 대하여 자동차단하는 브레이크를 내장한 것으로 평상시에는 수동으로 개폐하고 과부하 및 단락 시에는 자동으로 전류를 차단하는 것 |
| 유입차단기<br>(OCB : Oil Circuit Breaker) | 전로의 차단을 절연유를 매질로 하여 동작하는 것 |
| 기중차단기<br>(ACB : Air Circuit Breaker) | 대기의 공기 내에서 회로를 차단할 시 공기의 자연소호방식을 이용한 것(압축공기를 사용하여 아크를 끄는 것) |

### 78 누전사고가 발생될 수 있는 취약 개소가 아닌 것은?

① 나선으로 접속된 분기회로의 접속점
② 전선의 열화가 발생한 곳
③ 부도체를 사용하여 이중절연이 되어 있는 곳
④ 리드선과 단자와의 접속이 불량한 곳

해설
PVC 등의 부도체를 사용하는 경우에는 누전발생 가능성이 거의 없다.

### 79 지락전류가 거의 0에 가까워서 안정도가 양호하고 무정전의 송전이 가능한 접지방식은?

① 직접접지방식
② 리액터접지방식
③ 저항접지방식
④ 소호리액터접지방식

해설

중성점 접지의 종류

| 직접접지방식<br>(유효접지) | • Y결선 변압기의 중성점을 도선으로 직접 접지하는 방식<br>• 지락 사고 시 건전상의 대지 전압은 거의 상승하지 않아(1.3배 이하) 선로 애자 개수를 줄이고 기기의 절연 레벨을 낮출 수 있다.<br>• 이상전압 발생의 우려가 가장 적다. |
|---|---|
| 리액터접지<br>방식 | 과도 안정도를 향상시킬 목적으로 채용하는 방식이다. |
| 저항접지방식 | 저항값이 30Ω 이하인 저저항접지방식과 100~1,000Ω인 고저항접지방식이 있다. |
| 소호리액터<br>접지방식 | • 중성점에 리액터를 연결하여 지락전류를 줄이는 방식<br>• 중성점에 접속된 리액터와 대지 정전용량의 병렬공진에 의해 지락전류를 소멸시켜 안정도를 최대로 하기 위한 접지 |

### 80 피뢰기가 갖추어야 할 특성으로 알맞은 것은?

① 충격방전 개시전압이 높을 것
② 제한 전압이 높을 것
③ 뇌전류의 방전 능력이 클 것
④ 속류를 차단하지 않을 것

해설
피뢰기의 구비성능
1. 충격 방전 개시 전압과 제한 전압이 낮을 것
2. 반복 동작이 가능할 것
3. 구조가 견고하며 특성이 변화하지 않을 것
4. 점검, 보수가 간단할 것
5. 뇌전류의 방전능력이 클 것
6. 속류의 차단이 확실하게 될 것

## 5과목 화학설비위험방지기술

### 81 고체의 연소형태 중 증발연소에 속하는 것은?

① 나프탈렌     ② 목재
③ TNT         ④ 목탄

해설
증발연소
1. 액체표면에서 발생된 증기나, 가연성고체가 기화하면서 발생된 증기가 연소하는 현상
2. 알코올, 에테르, 등유, 경유 등의 액체 연소, 나프탈렌, 파라핀(양초), 황 등의 고체 연소

TIP
• 목재 : 분해연소
• TNT : 자기연소
• 목탄 : 표면연소

### 82 산업안전보건법령상 "부식성 산류"에 해당하지 않는 것은?

① 농도 20%인 염산     ② 농도 40%인 인산
③ 농도 50%인 질산     ④ 농도 60%인 아세트산

### 해설
**부식성 물질**

| 부식성 산류 | • 농도가 20% 이상인 염산, 황산, 질산, 그 밖에 이와 같은 정도 이상의 부식성을 가지는 물질<br>• 농도가 60% 이상인 인산, 아세트산, 불산, 그 밖에 이와 같은 정도 이상의 부식성을 가지는 물질 |
|---|---|
| 부식성 염기류 | 농도가 40% 이상인 수산화나트륨, 수산화칼륨, 그 밖에 이와 같은 정도 이상의 부식성을 가지는 염기류 |

## 83 뜨거운 금속에 물이 닿으면 튀는 현상과 같이 핵비등(Nucleate Boiling) 상태에서 막비등(Film Boiling)으로 이행하는 온도를 무엇이라 하는가?

① Burn-Out Point
② Leidenfrost Point
③ Entrainment Point
④ Sub-Cooling Boiling Point

### 해설
**라이덴프로스트점(Leidenfrost Point)**
핵비등에서 막비등으로 넘어가는 온도를 말한다.(물은 200℃ 근방)

## 84 위험물의 취급에 관한 설명으로 틀린 것은?

① 모든 폭발성물질은 석유류에 침지시켜 보관해야 한다.
② 산화성물질의 경우 가연물과의 접촉을 피해야 한다.
③ 가스 누설의 우려가 있는 장소에서는 점화원의 철저한 관리가 필요하다.
④ 도전성이 나쁜 액체는 정전기 발생을 방지하기 위한 조치를 취한다.

### 해설
**니트로셀룰로오스**
1. 폭발성물질 중 니트로셀룰로오스는 저장 중에 물 또는 알코올로 습윤하여 저장 운반한다.
2. 건조 시 위험성이 증대되므로 주의한다.

## 85 이상반응 또는 폭발로 인하여 발생되는 압력의 방출장치가 아닌 것은?

① 파열판
② 폭압방산구
③ 화염방지기
④ 가용합금안전밸브

### 해설
**각종 차단 및 안전장치의 분류**
1. 내부압력의 과잉에 대한 방출, 경감 안전장치 : 안전밸브, 파열판, 폭압방산공, 릴리프 밸브 등
2. 화염전파 방지대책 안전장치 : 화염방지기(Flame Arrester), 폭굉억제기
3. 설비 및 장치의 차단 안전장치 : 격리밸브, 차단밸브

## 86 분진 폭발의 특징으로 옳은 것은?

① 연소속도가 가스 폭발보다 크다.
② 완전연소로 가스중독의 위험이 작다.
③ 화염의 파급속도보다 압력의 파급속도가 크다.
④ 가스 폭발보다 연소시간은 짧고 발생에너지는 작다.

### 해설
**분진 폭발의 특징**
1. 폭발한계 내에서 분진의 휘발성분이 많을수록 폭발이 쉽다.
2. 가스 폭발에 비해 연소속도나 폭발압력이 작다.
3. 가스 폭발에 비해 연소시간이 길고 발생에너지가 크기 때문에 파괴력과 타는 정도가 크다.
4. 가스에 비해 불완전연소의 가능성이 커서 일산화탄소의 존재로 인한 가스중독의 위험이 있다(가스폭발에 비하여 유독물의 발생이 많다.)
5. 화염속도보다 압력속도가 빠르다.
6. 주위 분진의 비산에 의해 2차, 3차의 폭발로 파급되어 피해가 커진다.
7. 연소열에 의한 화재가 동반되며, 연소입자의 비산으로 인체에 닿을 경우 심한 화상을 입는다.
8. 분진이 발화 폭발하기 위한 조건은 인화성, 미분상태, 공기 중에서의 교반과 유동, 점화원의 존재이다.

## 87 독성가스에 속하지 않는 것은?

① 암모니아
② 황화수소
③ 포스겐
④ 질소

### 해설
**비독성가스**
독성가스 이외의 독성이 없는 가스(헬륨, 네온, 질소, 아르곤, 이산화탄소, 수소, 프로판, 부탄 등)

**정답** 83 ② 84 ① 85 ③ 86 ③ 87 ④

**88** Burgess-Wheeler의 법칙에 따르면 서로 유사한 탄화수소계의 가스에서 폭발하한계의 농도(vol%)와 연소열(kcal/mol)의 곱의 값은 약 얼마 정도인가?

① 1,100  ② 2,800
③ 3,200  ④ 3,800

**해설**

Brugess-Wheeler의 법칙(탄화수소계에서의 적용)

$$x \cdot Q ≒ 1,100\text{kcal}$$

여기서, $x$ : 하한계, $Q$ : 분자 연소열(kcal/mol)

**89** 위험물안전관리법령상 제3류 위험물 중 금수성 물질에 대하여 적응성이 있는 소화기는?

① 포소화기  ② 이산화탄소소화기
③ 할로겐화합물소화기  ④ 탄산수소염류분말소화기

**해설**

소화설비의 적응성(금수성물질)
1. 탄산수소염류소화기
2. 건조사
3. 팽창질석 또는 팽창진주암

**90** 공기 중에서 이황화탄소($CS_2$)의 폭발한계는 하한값이 1.25vol%, 상한값이 44vol%이다. 이를 20℃ 대기압하에서 mg/L의 단위로 환산하면 하한값과 상한값은 각각 약 얼마인가?(단, 이황화탄소의 분자량은 76.1이다.)

① 하한값 : 61, 상한값 : 640
② 하한값 : 39.6, 상한값 : 1,393
③ 하한값 : 146, 상한값 : 860
④ 하한값 : 55.4, 상한값 : 1,642

**해설**

단위 환산
1. 샤를의 법칙

$$\frac{V_1}{T_1} = \frac{V_2}{T_2}$$

여기서, $V_1$ : 변하기 전의 부피
$V_2$ : 변한 후의 부피
$T_1$ : 변하기 전의 절대온도[K]
$T_2$ : 변한 후의 절대온도[K]

㉠ 20℃, 1기압일 때 부피 구하기
㉡ 기체 1몰의 부피는 0℃ 1기압에서 22.4L를 가진다.
㉢ $\frac{V_1}{T_1} = \frac{V_2}{T_2} \rightarrow V_2 = \frac{T_2}{T_1} \times V_1$
㉣ $V_1 = 22.4[L]$, $T_1 = (273 + 0)$, $T_2 = (273 + 20)$
㉤ $V_2 = \frac{T_2}{T_1} \times V_1 = \frac{(273+20)}{(273+0)} \times 22.4 = 24.04 ≒ 24[L]$

2. 환산식

$$mg/m^3 = ppm \times \frac{분자량(g)}{24} \text{ (20℃, 1기압)}$$

여기서, 24 : 20℃, 1기압에서 물질 1mol의 부피

㉠ 하한값

하한값 = 농도 × $\frac{분자량}{24}$

= $(1.25 \times 10^4) \times \frac{76.1}{24}$

= $39635.416[mg/m^3]$ ≒ $39.6[mg/L]$

㉡ 상한값

상한값 = 농도 × $\frac{분자량}{24}$

= $(44 \times 10^4) \times \frac{76.1}{24}$

= $1,395,166.667[mg/m^3]$ = $1,395.2[mg/L]$

**TIP** 10,000ppm = 1%, 1mg/m³ = 0.001mg/L

**91** 일산화탄소에 대한 설명으로 틀린 것은?

① 무색·무취의 기체이다.
② 염소와 촉매 존재하에 반응하여 포스겐이 된다.
③ 인체 내의 헤모글로빈과 결합하여 산소운반기능을 저하시킨다.
④ 불연성가스로서, 허용농도가 10ppm이다.

**해설**

일산화탄소
1. 무색, 무취의 기체이며 산소가 부족한 상태로 연료가 연소할 때 불완전연소로 발생한다.
2. 사람의 폐로 들어가면 혈액 중의 헤모글로빈과 결합하여 산소공급을 막아 심한 경우 사망에 이른다.
3. 폭발범위가 12.5~74%의 가연성 가스이다.

**정답** 88 ① 89 ④ 90 ② 91 ④

**92** 금속의 용접·용단 또는 가열에 사용되는 가스 등의 용기를 취급할 때의 준수사항으로 틀린 것은?

① 전도의 위험이 없도록 한다.
② 밸브를 서서히 개폐한다.
③ 용해아세틸렌의 용기는 세워서 보관한다.
④ 용기의 온도를 섭씨 65도 이하로 유지한다.

**해설**

금속의 용접·용단 또는 가열에 사용되는 가스 등의 용기를 취급하는 경우 준수사항
1. 다음 장소에서 사용하거나 해당 장소에 설치·저장 또는 방치하지 않도록 할 것
   ㉠ 통풍이나 환기가 불충분한 장소
   ㉡ 화기를 사용하는 장소 및 그 부근
   ㉢ 위험물 또는 인화성액체를 취급하는 장소 및 그 부근
2. 용기의 온도를 섭씨 40도 이하로 유지할 것
3. 전도의 위험이 없도록 할 것
4. 충격을 가하지 않도록 할 것
5. 운반하는 경우에는 캡을 씌울 것
6. 사용하는 경우에는 용기의 마개에 부착되어 있는 유류 및 먼지를 제거할 것
7. 밸브의 개폐는 서서히 할 것
8. 사용 전 또는 사용 중인 용기와 그 밖의 용기를 명확히 구별하여 보관할 것
9. 용해아세틸렌의 용기는 세워 둘 것
10. 용기의 부식·마모 또는 변형상태를 점검한 후 사용할 것

**93** 산업안전보건법령상 건조설비를 사용하여 작업을 하는 경우 폭발 또는 화재를 예방하기 위하여 준수하여야 하는 사항으로 적절하지 않은 것은?

① 위험물 건조설비를 사용하는 때에는 미리 내부를 청소하거나 환기할 것
② 위험물 건조설비를 사용하는 때에는 건조로 인하여 발생하는 가스·증기 또는 분진에 의하여 폭발·화재의 위험이 있는 물질을 안전한 장소로 배출시킬 것
③ 위험물 건조설비를 사용하여 가열건조하는 건조물은 쉽게 이탈되도록 할 것
④ 고온으로 가열건조한 가연성물질은 발화의 위험이 없는 온도로 냉각한 후에 격납시킬 것

**해설**

건조설비의 사용 시 준수사항
1. 위험물 건조설비를 사용하는 경우에는 미리 내부를 청소하거나 환기할 것
2. 위험물 건조설비를 사용하는 경우에는 건조로 인하여 발생하는 가스·증기 또는 분진에 의하여 폭발·화재의 위험이 있는 물질을 안전한 장소로 배출시킬 것
3. 위험물 건조설비를 사용하여 가열건조하는 건조물은 쉽게 이탈되지 않도록 할 것
4. 고온으로 가열건조한 인화성액체는 발화의 위험이 없는 온도로 냉각한 후에 격납시킬 것
5. 건조설비(바깥 면이 현저히 고온이 되는 설비만 해당)에 가까운 장소에는 인화성액체를 두지 않도록 할 것

**94** 유류저장탱크에서 화염의 차단을 목적으로 외부에 증기를 방출하기도 하고 탱크 내 외기를 흡입하기도 하는 부분에 설치하는 안전장치는?

① Vent Stack          ② Safety Valve
③ Gate Valve         ④ Flame Arrester

**해설**

화염방지기(Flame Arrester)
1. 유류저장탱크에서 화염의 차단을 목적으로 외부에 증기를 방출하기도 하고 탱크 내 외기를 흡입하기도 하는 부분에 설치하는 안전장치
2. 화염방지기 중에서 금속망형으로 된 것을 인화방지망이라고도 하며 40메시(mesh) 이상의 가는 눈의 철망을 여러 겹으로 해서 화염이 통과할 때 화염을 차단할 목적으로 한다.

**95** 다음 중 공기와 혼합 시 최소착화에너지 값이 가장 작은 것은?

① $CH_4$          ② $C_3H_8$
③ $C_6H_6$       ④ $H_2$

**해설**

최소발화에너지의 연소범위

| 가연성 가스 | 최소발화에너지 ($10^{-3}$ Joule) | 가연성 가스 | 최소발화에너지 ($10^{-3}$ Joule) |
|---|---|---|---|
| 수소 | 0.019 | 에탄 | 0.31 |
| 메탄 | 0.28 | 프로판 | 0.26 |
| 이황화수소 | 0.064 | 아세틸렌 | 0.019 |
| 에틸렌 | 0.096 | 벤젠 | 0.20 |
| 시클로헥산 | 0.22 | 부탄 | 0.25 |
| 암모니아 | 0.77 | 아세톤 | 1.15 |

**TIP** $CH_4$ : 메탄, $C_3H_8$ : 프로판, $C_6H_6$ : 벤젠, $H_2$ : 수소

**정답** 92 ④  93 ③  94 ④  95 ④

**96** 펌프의 사용 시 공동현상(Cavitation)을 방지하고자 할 때의 조치사항으로 틀린 것은?

① 펌프의 회전수를 높인다.
② 흡입비 속도를 작게 한다.
③ 펌프의 흡입관의 두(Head) 손실을 줄인다.
④ 펌프의 설치 높이를 낮추어 흡입양정을 짧게 한다.

**해설**

공동현상(Cavitation)
1. 정의
   물이 관내를 유동하고 있을 때에 흐르는 물속의 어떤 부분의 정압력이 그때의 수온에 상당하는 증기압 이하가 되면 부분적으로 증기를 발생하는 현상을 공동현상이라 하며, 펌프의 임펠러나 동체 안에서 자주 일어난다.
2. 조치사항
   ㉠ 펌프의 설치 높이를 낮추어 흡입양정을 짧게 한다.
   ㉡ 펌프 회전수를 낮추어 흡입비교 회전도를 적게 한다.
   ㉢ 펌프의 임펠러를 수중에 완전히 잠기게 한다.
   ㉣ 흡입배관이 관지름을 굵게 하거나 굽힘을 적게 한다.
   ㉤ 양 흡입 펌프 사용 또는 두 대 이상의 펌프를 사용한다.
   ㉥ 펌프 흡입관의 마찰손실 및 저항을 작게 한다.
   ㉦ 유효흡입 헤드를 크게 한다.

**97** 다음 중 연소속도에 영향을 주는 요인으로 가장 거리가 먼 것은?

① 가연물의 색상        ② 촉매
③ 산소와의 혼합비      ④ 반응계의 온도

**해설**

연소속도
1. 정의
   연료가 연소로 인하여 소모되는 속도를 말한다.
2. 연소속도의 영향인자

| 가연물의 종류 | 가연물이 산화되기 쉬울수록, 열전도율이 작을수록, 산화 시 활성화에너지가 작고 발열량이 높은 물질일수록 연소속도가 증가 |
|---|---|
| 산화성 물질의 종류 | 산소를 많이 함유하고 있는 물질일수록 연소속도가 증가 |
| 온도 | 온도가 높을수록 연소속도가 증가 |
| 촉매 | 부촉매(화학반응의 속도를 줄이는 작용)는 활성화 에너지를 크게 하여 연소속도를 느리게 하지만 정촉매는 활성화 에너지를 작게 하여 연소속도를 빠르게 하는 역할을 함 |

**98** 기체의 자연발화온도 측정법에 해당하는 것은?

① 중량법        ② 접촉법
③ 예열법        ④ 발열법

**해설**

자연발화온도 측정법

| 기체 시료의 발화점 측정법 | 유통법, 단열압축법, 예열법 등 |
|---|---|
| 액체, 고체 시료의 발화점 측정법 | 발열법, 중량법, 접촉법 등 |

**99** 디에틸에테르와 에틸알코올이 3 : 1로 혼합증기의 몰비가 각각 0.75, 0.25이고, 디에틸에테르와 에틸알코올의 폭발하한값이 각각 1.9vol%, 4.3vol%일 때, 혼합가스의 폭발하한값은 약 몇 vol%인가?

① 2.2        ② 3.5
③ 22.0       ④ 34.7

**해설**

르샤틀리에의 법칙(순수한 혼합가스일 경우)

$$\frac{100}{L} = \frac{V_1}{L_1} + \frac{V_2}{L_2} + \frac{V_3}{L_3} \cdots$$

$$L = \frac{100}{\frac{V_1}{L_1} + \frac{V_2}{L_2} + \cdots + \frac{V_n}{L_n}}$$

여기서, $V_n$ : 전체 혼합가스 중 각 성분가스의 체적(비율)[%]
$L_n$ : 각 성분 단독의 폭발한계(상한 또는 하한)
$L$ : 혼합가스의 폭발한계(상한 또는 하한)[vol%]

1. 에틸에테르의 비율($V_1$) : $\frac{3}{3+1} \times 100 = 75\%$

2. 에틸알코올의 비율($V_2$) : $\frac{1}{3+1} \times 100 = 25\%$

3. $L = \dfrac{100}{\frac{V_1}{L_1} + \frac{V_2}{L_2}} = \dfrac{100}{\frac{75}{1.9} + \frac{25}{4.3}} = 2.208[\text{vol}\%]$

**100** 프로판가스 1m³를 완전 연소시키는 데 필요한 이론공기량은 몇 m³인가?(단, 공기 중의 산소농도는 20vol%이다.)

① 20        ② 25
③ 30        ④ 35

**정답** 96 ① 97 ① 98 ③ 99 ① 100 ②

### 해설

이론공기량
프로판가스의 연소반응식
$C_3H_8 + 5O_2 \rightarrow 3CO_2 + 4H_2O$

이론공기량$(A_o) = 5m^3 \times \dfrac{100}{20} = 25[m^3]$

> **TIP** 이론공기량
> 연료를 이론적으로 완전연소시키는 데 필요한 최소한의 공기량을 말한다.

## 6과목 건설안전기술

**101** 다음은 동바리로 사용하는 파이프 서포트의 설치기준이다. ( ) 안에 들어갈 내용으로 옳은 것은?

파이프 서포트를 ( ) 이상 이어서 사용하지 않도록 할 것

① 2개
② 3개
③ 4개
④ 5개

### 해설

동바리로 사용하는 파이프 서포트의 경우 조립 시의 안전조치
1. 파이프 서포트를 3개 이상 이어서 사용하지 않도록 할 것
2. 파이프 서포트를 이어서 사용하는 경우에는 4개 이상의 볼트 또는 전용철물을 사용하여 이을 것
3. 높이가 3.5미터를 초과하는 경우에는 높이 2미터 이내마다 수평연결재를 2개 방향으로 만들고 수평연결재의 변위를 방지할 것

**102** 콘크리트 타설 시 거푸집 측압에 관한 설명으로 옳지 않은 것은?

① 타설속도가 빠를수록 측압이 커진다.
② 거푸집의 투수성이 낮을수록 측압은 커진다.
③ 타설높이가 높을수록 측압이 커진다.
④ 콘크리트의 온도가 높을수록 측압이 커진다.

### 해설

거푸집 측압 증가에 영향을 미치는 인자(측압의 영향요소)
1. 거푸집 수평단면이 클수록 크다.
2. 콘크리트 슬럼프치가 클수록 커진다.
3. 거푸집 표면이 평활할수록(평탄) 커진다.
4. 철골, 철근량이 적을수록 커진다.
5. 콘크리트 시공연도가 좋을수록 커진다.
6. 외기의 온도, 습도가 낮을수록 커진다.
7. 타설 속도가 빠를수록 커진다.
8. 다짐이 충분할수록 커진다.
9. 타설 시 상부에서 직접 낙하할 경우 커진다.
10. 거푸집의 강성이 클수록 크다.
11. 콘크리트의 비중(단위중량)이 클수록 크다.
12. 벽 두께가 두꺼울수록 커진다.

**103** 권상용 와이어로프의 절단하중이 200ton일 때 와이어로프에 걸리는 최대하중은?(단, 안전계수는 5임)

① 1,000ton
② 400ton
③ 100ton
④ 40ton

### 해설

안전계수

$$안전율(안전계수) = \dfrac{절단하중}{최대하중}$$

최대하중 $= \dfrac{절단하중}{안전계수} = \dfrac{200}{5} = 40[ton]$

**104** 터널지보공을 설치한 경우에 수시로 점검하고, 이상을 발견한 경우에는 즉시 보강하거나 보수해야 할 사항이 아닌 것은?

① 부재의 긴압 정도
② 기둥침하의 유무 및 상태
③ 부재의 접속부 및 교차부 상태
④ 부재를 구성하는 재질의 종류 확인

### 해설

터널지보공의 붕괴 등의 방지를 위한 점검사항
1. 부재의 손상·변형·부식·변위 탈락의 유무 및 상태
2. 부재의 긴압 정도
3. 부재의 접속부 및 교차부의 상태
4. 기둥침하의 유무 및 상태

**정답** 101 ② 102 ④ 103 ④ 104 ④

**105** 선창의 내부에서 화물취급작업을 하는 근로자가 안전하게 통행할 수 있는 설비를 설치하여야 하는 기준은 갑판의 윗면에서 선창(船倉) 밑바닥까지의 깊이가 최소 얼마를 초과할 때인가?

① 1.3m   ② 1.5m
③ 1.8m   ④ 2.0m

해설
통행설비의 설치
갑판의 윗면에서 선창 밑바닥까지의 깊이가 1.5m를 초과하는 선창의 내부에서 화물취급작업을 하는 경우에 그 작업에 종사하는 근로자가 안전하게 통행할 수 있는 설비를 설치하여야 한다.

**106** 굴착기계의 운행 시 안전대책으로 옳지 않은 것은?

① 버킷에 사람의 탑승을 허용해서는 안 된다.
② 운전반경 내에 사람이 있을 때 회전은 10rpm 정도의 느린 속도로 하여야 한다.
③ 장비의 주차 시 경사지나 굴착작업장으로부터 충분히 이격시켜 주차한다.
④ 전선이나 구조물 등에 인접하여 붐을 선회해야 할 작업에는 사전에 회전반경, 높이제한 등 방호조치를 강구한다.

해설
굴착기계 작업 안전대책
1. 버킷이나 다른 부수장치 혹은 뒷부분에 사람을 태우지 말아야 한다.
2. 절대로 운전반경 내에 사람이 있을 때는 회전하여서는 안 된다.
3. 장비의 주차 시는 경사지나 굴착작업장으로부터 충분히 이격시켜 주차하고, 버킷은 반드시 지면에 놓아야 한다.
4. 전선 밑에서는 주의하여 작업을 하여야 하며, 특히 전선과 장치의 안전간격을 반드시 유지한다.
5. 항상 뒤쪽의 카운터 웨이트의 회전반경을 측정한 후 작업에 임한다.
6. 작업 시에는 항상 사람의 접근에 특별히 주의한다.
7. 유압계통 분리 시에는 반드시 붐을 지면에 놓고 엔진을 정지시킨 다음 유압을 제거한 후 행한다.

**107** 폭우 시 옹벽배면의 배수시설이 취약하면 옹벽 저면을 통하여 침투수(Seepage)의 수위가 올라간다. 이 침투수가 옹벽의 안정에 미치는 영향으로 옳지 않은 것은?

① 옹벽 배면토의 단위수량 감소로 인한 수직 저항력 증가
② 옹벽 바닥면에서의 양압력 증가
③ 수평 저항력(수동토압)의 감소
④ 포화 또는 부분 포화에 따른 뒷채움용 흙무게의 증가

해설
침투수가 옹벽의 안정에 미치는 영향
1. 옹벽 바닥면(저면)에서의 양압력 증가
2. 수평 저항력(수동토압)의 감소
3. 포화 또는 부분 포화에 따른 뒷채움용 흙무게의 증가
4. 활동면에서의 양압력의 증가

TIP 옹벽 배면토의 단위수량은 증가한다.

**108** 그물코의 크기가 5cm인 매듭방망일 경우 방망사의 인장강도는 최소 얼마 이상이어야 하는가? (단, 방망사는 신품인 경우이다.)

① 50kg   ② 100kg
③ 110kg   ④ 150kg

해설
방망사의 신품에 대한 인장강도

| 그물코의 크기 (단위 : cm) | 방망의 종류(단위 : 킬로그램) | |
|---|---|---|
| | 매듭 없는 방망 | 매듭방망 |
| 10 | 240(150) | 200(135) |
| 5 | | 110(60) |

단, ( )은 폐기 시 인장강도

**109** 부두 등의 하역작업장에서 부두 또는 안벽의 선에 따라 통로를 설치하는 경우, 최소 폭 기준은?

① 90cm 이상   ② 75cm 이상
③ 60cm 이상   ④ 45cm 이상

정답  105 ②  106 ②  107 ①  108 ③  109 ①

### 해설
부두·안벽 등 하역작업장 조치사항
1. 작업장 및 통로의 위험한 부분에는 안전하게 작업할 수 있는 조명을 유지할 것
2. 부두 또는 안벽의 선을 따라 통로를 설치하는 경우에는 폭을 90cm 이상으로 할 것
3. 육상에서의 통로 및 작업장소로서 다리 또는 선거 갑문을 넘는 보도 등의 위험한 부분에는 안전난간 또는 울타리 등을 설치할 것

## 110 건설업 산업안전보건관리비 계상 및 사용기준은 산업안전보건법령에 따른 건설공사 중 총공사금액이 얼마 이상인 공사에 적용하는가?

① 4천만 원  ② 3천만 원
③ 2천만 원  ④ 1천만 원

### 해설
적용범위
건설공사 중 총공사금액 2천만 원 이상인 공사에 적용한다. 다만, 단가계약에 의하여 행하는 공사에 대하여는 총계약금액을 기준으로 적용한다.

## 111 가설통로를 설치하는 경우 준수하여야 할 기준으로 옳지 않은 것은?

① 경사는 30° 이하로 할 것
② 경사가 15°를 초과하는 경우에는 미끄러지지 아니하는 구조로 할 것
③ 수직갱에 가설된 통로의 길이가 15m 이상인 때에는 15m 이내마다 계단참을 설치할 것
④ 건설공사에 사용하는 높이 8m 이상의 비계다리에는 7m 이내마다 계단참을 설치할 것

### 해설
가설통로
1. 견고한 구조로 할 것
2. 경사는 30도 이하로 할 것(다만, 계단을 설치하거나 높이 2m 미만의 가설통로로서 튼튼한 손잡이를 설치한 경우에는 그러하지 아니하다)
3. 경사가 15도를 초과하는 경우에는 미끄러지지 아니하는 구조로 할 것
4. 추락할 위험이 있는 장소에는 안전난간을 설치할 것(다만, 작업상 부득이한 경우에는 필요한 부분만 임시로 해체할 수 있다)

5. 수직갱에 가설된 통로의 길이가 15m 이상인 경우에는 10m 이내마다 계단참을 설치할 것
6. 건설공사에 사용하는 높이 8m 이상인 비계다리에는 7m 이내마다 계단참을 설치할 것

## 112 온도가 하강함에 따라 토중수가 얼어 부피가 약 9% 정도 증대하게 됨으로써 지표면이 부풀어 오르는 현상은?

① 동상현상   ② 연화현상
③ 리칭현상  ④ 액상화현상

### 해설
동상현상(Frost Heave)
온도가 하강함에 따라 흙 속의 간극수가 얼면 물의 체적이 약 9% 팽창하기 때문에 지표면이 부풀어 오르게 되는 현상

> **TIP**
> • 연화현상 : 동결된 지반이 융해하면 흙 속에 과잉수분으로 인해 함수비가 증가하여 지반이 연약해지고 전단강도가 저하되는 현상을 말한다.
> • 리칭현상 : 토립자 구성물질의 일부 또는 간극수 중의 염분이 침투수와 지하수 등의 작용으로 용해, 유출되는 것으로 강도가 저하되는 현상을 말한다.
> • 액상화현상 : 모래지반에서 순간충격 등에 의해 간극수압의 상승으로 유효응력이 감소되어 전단저항을 상실하고 지반이 액체와 같이 되는 현상

## 113 강관틀비계를 조립하여 사용하는 경우 준수해야 할 기준으로 옳지 않은 것은?

① 높이가 20m를 초과하거나 중량물의 적재를 수반하는 작업을 할 경우에는 주틀 간의 간격을 2.4m 이하로 할 것
② 수직방향으로 6m, 수평방향으로 8m 이내마다 벽이음을 할 것
③ 길이가 띠장 방향으로 4m 이하이고 높이가 10m를 초과하는 경우에는 10m 이내마다 띠장 방향으로 버팀기둥을 설치할 것
④ 주틀 간에 교차 가새를 설치하고 최상층 및 5층 이내마다 수평재를 설치할 것

**정답** 110 ③  111 ③  112 ①  113 ①

해설

**강관틀비계조립 시의 준수사항**
1. 비계기둥의 밑둥에는 밑받침 철물을 사용하여야 하며 밑받침에 고저차가 있는 경우에는 조절형 밑받침철물을 사용하여 각각의 강관틀비계가 항상 수평 및 수직을 유지하도록 할 것
2. 높이가 20m를 초과하거나 중량물의 적재를 수반하는 작업을 할 경우에는 주틀 간의 간격을 1.8m 이하로 할 것
3. 주틀 간에 교차 가새를 설치하고 최상층 및 5층 이내마다 수평재를 설치할 것
4. 수직방향으로 6m, 수평방향으로 8미터 이내마다 벽이음을 할 것
5. 길이가 띠장 방향으로 4m 이하이고 높이가 10m를 초과하는 경우에는 10m 이내마다 띠장 방향으로 버팀기둥을 설치할 것

**114** 근로자의 추락 등의 위험을 방지하기 위한 안전난간의 구조 및 설치요건에 관한 기준으로 옳지 않은 것은?

① 상부난간대는 바닥면 · 발판 또는 경사로의 표면으로부터 90cm 이상 지점에 설치할 것
② 발끝막이판은 바닥면 등으로부터 10cm 이상의 높이를 유지할 것
③ 난간대는 지름 1.5cm 이상의 금속제파이프나 그 이상의 강도를 가진 재료일 것
④ 안전난간은 구조적으로 가장 취약한 지점에서 가장 취약한 방향으로 작용하는 100kg 이상의 하중에 견딜 수 있는 튼튼한 구조일 것

해설

**안전난간의 구조 및 설치요건**
1. 상부 난간대, 중간 난간대, 발끝막이판 및 난간기둥으로 구성할 것. 다만, 중간 난간대, 발끝막이판 및 난간기둥은 이와 비슷한 구조와 성능을 가진 것으로 대체할 수 있다.
2. 상부 난간대는 바닥면 · 발판 또는 경사로의 표면(바닥면 등)으로부터 90센티미터 이상 지점에 설치하고, 상부 난간대를 120센티미터 이하에 설치하는 경우에는 중간 난간대는 상부 난간대와 바닥면 등의 중간에 설치해야 하며, 120센티미터 이상 지점에 설치하는 경우에는 중간 난간대를 2단 이상으로 균등하게 설치하고 난간의 상하 간격은 60센티미터 이하가 되도록 할 것. 다만, 난간기둥 간의 간격이 25센티미터 이하인 경우에는 중간 난간대를 설치하지 않을 수 있다.
3. 발끝막이판은 바닥면 등으로부터 10센티미터 이상의 높이를 유지할 것. 다만, 물체가 떨어지거나 날아올 위험이 없거나 그 위험을 방지할 수 있는 망을 설치하는 등 필요한 예방 조치를 한 장소는 제외한다.
4. 난간기둥은 상부 난간대와 중간 난간대를 견고하게 떠받칠 수 있도록 적정한 간격을 유지할 것
5. 상부 난간대와 중간 난간대는 난간 길이 전체에 걸쳐 바닥면 등과 평행을 유지할 것
6. 난간대는 지름 2.7센티미터 이상의 금속제 파이프나 그 이상의 강도가 있는 재료일 것
7. 안전난간은 구조적으로 가장 취약한 지점에서 가장 취약한 방향으로 작용하는 100킬로그램 이상의 하중에 견딜 수 있는 튼튼한 구조일 것

**115** 건설공사 유해 · 위험방지계획서를 제출해야 할 대상공사에 해당하지 않는 것은?

① 깊이 10m인 굴착공사
② 다목적댐 건설공사
③ 최대 지간길이가 40m인 교량건설공사
④ 연면적 5,000m²인 냉동 · 냉장창고시설의 설비공사

해설

**유해위험방지계획서를 제출해야 될 건설공사**
1. 다음 각 목의 어느 하나에 해당하는 건축물 또는 시설 등의 건설 · 개조 또는 해체공사
   ㉠ 지상높이가 31미터 이상인 건축물 또는 인공구조물
   ㉡ 연면적 3만제곱미터 이상인 건축물
   ㉢ 연면적 5천제곱미터 이상인 시설로서 다음의 어느 하나에 해당하는 시설
   • 문화 및 집회시설(전시장 및 동물원 · 식물원은 제외)
   • 판매시설, 운수시설(고속철도의 역사 및 집배송시설은 제외)
   • 종교시설
   • 의료시설 중 종합병원
   • 숙박시설 중 관광숙박시설
   • 지하도상가
   • 냉동 · 냉장 창고시설
2. 연면적 5천제곱미터 이상인 냉동 · 냉장 창고시설의 설비공사 및 단열공사
3. 최대 지간길이(다리의 기둥과 기둥의 중심 사이의 거리)가 50미터 이상인 다리의 건설등 공사
4. 터널의 건설 등 공사
5. 다목적댐, 발전용댐, 저수용량 2천만톤 이상의 용수 전용 댐 및 지방상수도 전용 댐의 건설 등 공사
6. 깊이 10미터 이상인 굴착공사

**116** 건설현장에 달비계를 설치하여 작업 시 달비계에 사용 가능한 와이어로프로 볼 수 있는 것은?

① 이음매가 있는 것
② 와이어로프의 한 꼬임에서 끊어진 소선의 수가 5%인 것
③ 지름의 감소가 공칭지름의 10%인 것
④ 열과 전기충격에 의해 손상된 것

**해설**

달비계의 와이어로프 사용 금지사항
1. 이음매가 있는 것
2. 와이어로프의 한 꼬임(스트랜드)에서 끊어진 소선(필러선 제외)의 수가 10% 이상(비자전로프의 경우에는 끊어진 소선의 수가 와이어로프 호칭지름의 6배 길이 이내에서 4개 이상이거나 호칭지름 30배 길이 이내에서 8개 이상)인 것
3. 지름의 감소가 공칭지름의 7%를 초과하는 것
4. 꼬인 것
5. 심하게 변형되거나 부식된 것
6. 열과 전기충격에 의해 손상된 것

**117** 토질시험(Soil Test) 방법 중 전단시험에 해당하지 않는 것은?

① 1면전단시험
② 베인 테스트
③ 일축압축시험
④ 투수시험

**해설**

역학적 성질 시험

| 투수시험 | 지하수위, 투수계수를 측정하는 시험 |
|---|---|
| 압밀시험 | 압밀에 의한 지반의 침하량과 침하속도를 계산 |
| 전단시험 | 흙의 전단저항을 측정, 직접전단시험(일면전단시험, 베인 테스트), 간접전단시험(일축압축시험, 삼축압축시험) |

▶ 일축압축시험 : 흙의 일축압축강도 및 예민비를 결정하는 시험
▶ 삼축압축시험 : 흙의 강도 및 변형계수를 결정하는 시험

**118** 철골 건립기계 선정 시 사전 검토사항과 가장 거리가 먼 것은?

① 건립기계의 소음영향
② 건립기계로 인한 일조권 침해
③ 건물형태
④ 작업반경

**해설**

건립기계 선정 시 검토사항
1. 건립기계의 출입로, 설치장소, 기계조립에 필요한 면적, 이동식 크레인은 건물 주위 주행통로의 유무, 타워크레인과 가이데릭 등 기초구조물을 필요로 하는 정치식 기계는 기초구조물을 설치할 수 있는 공간과 면적 등을 검토하여야 한다.
2. 이동식 크레인의 엔진소음은 부근의 환경을 해칠 우려가 있으므로 학교, 병원, 주택 등이 근접되어 있는 경우에는 소음을 측정 조사하고 소음진동 허용치는 관계법에서 정하는 바에 따라 처리하여야 한다.
3. 건물의 길이 또는 높이 등 건물의 형태에 적합한 건립기계를 선정하여야 한다.
4. 타워크레인, 가이데릭, 삼각데릭 등 정치식 건립기계의 경우 그 기계의 작업반경이 건물 전체를 수용할 수 있는지의 여부, 또 부움이 안전하게 인양할 수 있는 하중범위, 수평거리, 수직높이 등을 검토하여야 한다.

**119** 감전재해의 직접적인 요인으로 가장 거리가 먼 것은?

① 통전전압의 크기
② 통전전류의 크기
③ 통전시간
④ 통전경로

**해설**

감전재해의 요인

| 1차적 감전요소 | • 통전전류의 크기 : 크면 위험, 인체의 저항이 일정할 때 접촉전압에 비례<br>• 통전경로 : 인체의 주요한 부분을 흐를수록 위험<br>• 통전시간 : 장시간 흐르면 위험<br>• 전원의 종류 : 전원의 크기(전압)가 동일한 경우 교류가 직류보다 위험하다. |
|---|---|
| 2차적 감전요소 | • 인체의 조건(저항) : 땀에 젖어 있거나 물에 젖어있는 경우 인체의 저항이 감소하므로 위험성이 높아진다.<br>• 전압 : 전압의 크기가 클수록 위험하다.<br>• 계절 : 계절에 따라 인체의 저항이 변화하므로 전격에 대한 위험도에 영향을 준다. |

정답 116 ② 117 ④ 118 ② 119 ①

**120** 클램셸(Clamshell)의 용도로 옳지 않은 것은?
① 잠함안의 굴착에 사용된다.
② 수면 아래의 자갈, 모래를 굴착하고 준설선에 많이 사용된다.
③ 건축구조물의 기초 등 정해진 범위의 깊은 굴착에 적합하다.
④ 단단한 지반의 작업도 가능하며 작업속도가 빠르고 특히 암반굴착에 적합하다.

**해설**
클램셸(Clamshell)
1. 좁고 깊은 곳의 수직굴착, 수중굴착에 적당
2. 지하연속벽 공사, 깊은 우물통 파기에 사용
3. 구조물의 기초바닥, 잠함 등과 같은 협소하고 깊은 범위의 굴착에 적합

**정답** 120 ④

# PART 02
# 13 2020년 통합 1·2회 기출문제

## 1과목 안전관리론

**01** 산업안전보건법령상 안전보건표지의 종류 중 경고표지에 해당하지 않는 것은?

① 레이저광선 경고
② 급성독성 물질 경고
③ 매달린 물체 경고
④ 차량통행 경고

**해설**
경고표지
1. 인화성 물질 경고
2. 산화성 물질 경고
3. 폭발성 물질 경고
4. 급성독성 물질 경고
5. 부식성 물질 경고
6. 방사성 물질 경고
7. 고압전기 경고
8. 매달린 물체 경고
9. 낙하물 경고
10. 고온경고
11. 저온경고
12. 몸균형상실 경고
13. 레이저광선 경고
14. 발암성·변이원성·생식독성·전신독성·호흡기·호흡기과민성 물질 경고
15. 위험장소 경고

**02** 몇 사람의 전문가에 의하여 과제에 관한 견해를 발표한 뒤에 참가자로 하여금 의견이나 질문을 하게 하여 토의하는 방법을 무엇이라 하는가?

① 심포지움(Symposium)
② 버즈 세션(Buzz session)
③ 케이스 메소드(Case method)
④ 패널 디스커션(Panel discussion)

**해설**
토의법의 종류
1. 자유토의법 : 참가자가 주어진 주제에 대하여 자유로운 발표와 토의를 통하여 서로의 의견을 교환하고 상호 이해력을 높이며 의견을 절충해 나가는 방법
2. 패널 디스커션(Panel Discussion) : 전문가 4~5명이 피교육자 앞에서 자유로이 토의를 하고, 그 후에 피교육자 전원이 사회자의 사회에 따라 토의하는 방법
3. 심포지엄(Symposium) : 발제자 없이 몇 사람의 전문가에 의하여 과제에 관한 견해를 발표한 뒤에 참가자로 하여금 의견이나 질문을 하게 하여 토의하는 방법
4. 포럼(Forum)
   ㉠ 사회자의 진행으로 몇 사람이 주제에 대하여 발표한 후 피교육자가 질문을 하고 토론해 나가는 방법
   ㉡ 새로운 자료나 주제를 내보이거나 발표한 후 피교육자로 하여금 문제나 의견을 제시하게 하고 다시 깊이 있게 토론해 나가는 방법
5. 버즈 세션(Buzz Session) : 6-6 회의라고도 하며, 참가자가 다수인 경우에 전원을 토의에 참가시키기 위한 방법으로 소집단을 구성하여 회의를 진행시키는 방법

**03** 작업을 하고 있을 때 긴급 이상상태 또는 돌발사태가 되면 순간적으로 긴장하게 되어 판단능력의 둔화 또는 정지상태가 되는 것은?

① 의식의 우회
② 의식의 과잉
③ 의식의 단절
④ 의식의 수준저하

**해설**
부주의 발생현상

| | |
|---|---|
| 의식의 단절(중단) | 의식의 흐름에 단절이 생기고 공백상태가 나타나는 경우(특수한 질병의 경우) |
| 의식의 우회 | 의식의 흐름이 옆으로 빗나가 발생한 경우 (걱정, 고민, 욕구불만 등) |
| 의식수준의 저하 | 뚜렷하지 않은 의식의 상태로 심신이 피로하거나 단조로운 작업 등의 경우 |
| 의식의 과잉 | 돌발사태 및 긴급 이상사태에 직면하면 순간적으로 긴장되고 의식이 한 방향으로 쏠리는 주의의 일점집중현상의 경우 |
| 의식의 혼란 | 외적 조건에 문제가 있을 때 의식이 혼란되고 분산되어 작업에 잠재되어 있는 위험요인에 대응할 수 없는 경우 |

**04** A 사업장의 2019년 도수율이 10이라 할 때 연천인율은 얼마인가?

① 2.4
② 5
③ 12
④ 24

**해설**
연천인율
연천인율 = 도수율 × 2.4 = 10 × 2.4 = 24

**정답** 01 ④ 02 ① 03 ② 04 ④

> **TIP** 도수율과 연천인율의 관계
> ① 도수율 = $\frac{연천인율}{2.4}$
> ② 연천인율 = 도수율 × 2.4

**05** 산업안전보건법령상 산업안전보건위원회의 사용자위원에 해당되지 않는 사람은?(단, 각 사업장은 해당하는 사람을 선임하여야 하는 대상 사업장으로 한다.)

① 안전관리자  ② 산업보건의
③ 명예산업안전감독관  ④ 해당 사업장 부서의 장

**해설**

산업안전보건위원회의 구성

| 구분 | 산업안전보건위원회 구성위원 |
|---|---|
| 근로자 위원 | • 근로자대표<br>• 근로자대표가 지명하는 1명 이상의 명예산업안전감독관(위촉되어 있는 사업장의 경우)<br>• 근로자대표가 지명하는 9명 이내의 해당 사업장의 근로자(명예산업안전감독관이 근로자위원으로 지명되어 있는 경우에는 그 수를 제외한 수의 근로자를 말한다) |
| 사용자 위원 | 상시 근로자 50명 이상 100명 미만을 사용하는 사업장에서는 ⑤에 해당하는 사람을 제외하고 구성할 수 있다.<br>① 해당 사업의 대표자<br>② 안전관리자 1명<br>③ 보건관리자 1명<br>④ 산업보건의(해당 사업장에 선임되어 있는 경우)<br>⑤ 해당 사업의 대표자가 지명하는 9명 이내의 해당 사업장 부서의 장 |

**06** 산업안전보건법상 안전관리자의 업무는?

① 직업성질환 발생의 원인조사 및 대책수립
② 해당 사업장 안전교육계획의 수립 및 안전교육 실시에 관한 보좌 및 조언·지도
③ 근로자의 건강장해의 원인조사와 재발방지를 위한 의학적 조치
④ 해당 작업에서 발생한 산업재해에 관한 보고 및 이에 대한 응급조치

**해설**

안전관리자의 업무
1. 산업안전보건위원회 또는 안전 및 보건에 관한 노사협의체에서 심의·의결한 업무와 해당 사업장의 안전보건관리규정 및 취업규칙에서 정한 업무
2. 위험성 평가에 관한 보좌 및 지도·조언
3. 안전인증대상 기계 등과 자율안전확인대상 기계 등 구입 시 적격품의 선정에 관한 보좌 및 지도·조언
4. 해당 사업장 안전교육계획의 수립 및 안전교육 실시에 관한 보좌 및 지도·조언
5. 사업장 순회점검, 지도 및 조치 건의
6. 산업재해 발생의 원인 조사·분석 및 재발 방지를 위한 기술적 보좌 및 지도·조언
7. 산업재해에 관한 통계의 유지·관리·분석을 위한 보좌 및 조언·지도
8. 법 또는 법에 따른 명령으로 정한 안전에 관한 사항의 이행에 관한 보좌 및 지도·조언
9. 업무수행 내용의 기록·유지
10. 그 밖에 안전에 관한 사항으로서 고용노동부장관이 정하는 사항

**07** 어느 사업장에서 물적 손실이 수반된 무상해사고가 180건 발생하였다면 중상은 몇 건이나 발생할 수 있는가?(단, 버드의 재해구성 비율법칙에 따른다.)

① 6건  ② 18건
③ 20건  ④ 29건

**해설**

버드(Bird)의 재해구성비율

| 버드의 재해구성비율 : (1 : 10 : 30 : 600) | | | |
|---|---|---|---|
| 중상 또는 폐질 | 경상 | 무상해사고 | 무상해, 무사고 |
| 1 | 10 | 30 | 600 |
| 1 : 30 = $x$ : 180 | 10 : 30 = $x$ : 180 | – | 30 : 600 = 180 : $x$ |
| $30x = 180$ | $30x = 1,800$ | – | $30x = 108,000$ |
| $x = \frac{180}{30}$ = 6(건) | $x = \frac{1,800}{30}$ = 60(건) | 30×6 = 180(건) | $x = \frac{108,000}{30}$ = 3,600(건) |

**08** 안전보건교육 계획에 포함해야 할 사항이 아닌 것은?

① 교육지도안
② 교육장소 및 교육방법
③ 교육의 종류 및 대상
④ 교육의 과목 및 교육내용

**정답** 05 ③ 06 ② 07 ① 08 ①

> **해설**

안전보건교육 계획 수립 시 포함하여야 할 사항(통합계획)
1. 교육목표(교육계획 수립 시 첫째 과제)
2. 교육의 종류 및 교육대상
3. 교육방법
4. 교육의 과목 및 교육내용
5. 교육 기간 및 시간
6. 교육장소
7. 교육 담당자 및 강사

## 09 Y·G 성격검사에서 "안전, 적응, 적극형"에 해당하는 형의 종류는?

① A형
② B형
③ C형
④ D형

> **해설**

Y-G 성격검사
1. A형(평균형) : 조화적, 적응적
2. B형(우편형) : 정서 불안정, 활동적, 외향적(불안전, 적극형, 부적응)
3. C형(좌편형) : 안정 소극형(온순, 소극적, 안정, 내향적, 비활동)
4. D형(우하형) : 안정, 적응, 적극형(정서 안정, 활동적, 사회 적응, 대인 관계 양호)
5. E형(좌하형) : 불안정, 부적응 수동형(D형과 반대)

## 10 안전교육에 대한 설명으로 옳은 것은?

① 사례 중심과 실연을 통하여 기능적 이해를 돕는다.
② 사무직과 기능직은 그 업무가 판이하게 다르므로 분리하여 교육한다.
③ 현장 작업자는 이해력이 낮으므로 단순반복 및 암기를 시킨다.
④ 안전교육에 건성으로 참여하는 것을 방지하기 위하여 인사고과에 필히 반영한다.

> **해설**

안전보건교육의 기본방향
1. 사고사례 중심의 안전교육
   이미 발생한 사고사례를 중심으로 동일하거나 유사한 사고를 방지하기 위하여 직접적인 원인에 대한 치료방법으로서의 교육
2. 안전표준작업을 위한 안전교육
   표준동작이나 표준작업을 위한 가장 기본이 되는 안전교육으로 체계적·조직적인 교육실시가 요구된다.
3. 안전의식 향상을 위한 안전교육
   모든 기계·기구 설비제품에 대한 설계에서부터 사용에 이르기까지 교육으로만 끝나지 않고 추후지도로 교육의 지속성 유지 및 안전의식의 개발이 필요하다.

## 11 산업안전보건법령에 따라 환기가 극히 불량한 좁은 밀폐된 장소에서 용접작업을 하는 근로자를 대상으로 한 특별안전·보건교육내용에 포함되지 않는 것은?(단, 일반적인 안전·보건에 필요한 사항은 제외한다.)

① 환기설비에 관한 사항
② 질식 시 응급조치에 관한 사항
③ 작업순서, 안전작업방법 및 수칙에 관한 사항
④ 폭발한계점, 발화점 및 인화점 등에 관한 사항

> **해설**

밀폐된 장소(탱크 내 또는 환기가 극히 불량한 좁은 장소에서 하는 용접작업 또는 습한 장소에서 하는 전기용접 작업 시 특별안전·보건교육내용
1. 작업순서, 안전작업방법 및 수칙에 관한 사항
2. 환기설비에 관한 사항
3. 전격 방지 및 보호구 착용에 관한 사항
4. 질식 시 응급조치에 관한 사항
5. 작업환경 점검에 관한 사항
6. 그 밖에 안전·보건관리에 필요한 사항

> **TIP** 폭발한계점, 발화점 및 인화점 등에 관한 사항
> 폭발성·물반응성·자기반응성·자기발열성 물질, 자연발화성 액체·고체 및 인화성 액체의 제조 또는 취급작업(시험연구를 위한 취급작업은 제외) 시 특별안전·보건교육내용

## 12 크레인, 리프트 및 곤돌라는 사업장에 설치가 끝난 날부터 몇 년 이내에 최초의 안전검사를 실시해야 하는가?(단, 이동식 크레인, 이삿짐운반용 리프트는 제외한다.)

① 1년
② 2년
③ 3년
④ 4년

**정답** 09 ④  10 ①  11 ④  12 ③

### 해설
안전검사의 주기

| 크레인(이동식 크레인은 제외), 리프트(이삿짐운반용 리프트는 제외) 및 곤돌라 | 사업장에 설치가 끝난 날부터 3년 이내에 최초 안전검사를 실시하되, 그 이후부터 2년마다(건설현장에서 사용하는 것은 최초로 설치한 날부터 6개월마다) |
|---|---|
| 이동식 크레인, 이삿짐운반용 리프트 및 고소작업대 | 「자동차관리법」에 따른 신규등록 이후 3년 이내에 최초 안전검사를 실시하되, 그 이후부터 2년마다 |
| 프레스, 전단기, 압력용기, 국소 배기장치, 원심기, 롤러기, 사출성형기, 컨베이어, 산업용 로봇, 혼합기, 파쇄기 또는 분쇄기 | 사업장에 설치가 끝난 날부터 3년 이내에 최초 안전검사를 실시하되, 그 이후부터 2년마다(공정안전보고서를 제출하여 확인을 받은 압력용기는 4년마다) |

**13** 재해 코스트 산정에 있어 시몬즈(R. H. Simonds) 방식에 의한 재해코스트 산정법으로 옳은 것은?

① 직접비＋간접비
② 간접비＋비보험 코스트
③ 보험 코스트＋비보험 코스트
④ 보험 코스트＋사업부보상금 지급액

### 해설
시몬즈(Simonds) 방식
총재해 코스트(cost) = 보험 코스트 + 비보험 코스트

1. 보험 코스트 : 산재보험료
2. 비보험 코스트
   = (A×휴업상해건수) + (B×통원상해건수)
   + (C×응급조치건수) + (D×무상해사고건수)
3. A, B, C, D는 상해 정도별 재해에 대한 비보험 코스트의 평균치이다.
4. 사망과 영구 전노동 불능 상해는 재해범주에서 제외된다.

**14** 다음 중 맥그리거(McGregor)의 Y이론과 가장 거리가 먼 것은?

① 성선설
② 상호 신뢰
③ 선진국형
④ 권위주의적 리더십

### 해설
맥그리거(D. McGregor)의 X, Y이론

| X이론 | Y이론 |
|---|---|
| 인간 불신감 | 상호 신뢰감 |
| 성악설 | 성선설 |
| 인간은 본래 게으르고 태만, 수동적, 남의 지배받기를 즐긴다. | 인간은 본래 부지런하고 근면, 적극적, 스스로 일을 자기책임 하에 자주적으로 행한다. |
| 저차적 욕구(물질적 욕구) | 고차적 욕구(정신적 욕구) |
| 명령, 통제에 의한 관리 | 자기통제와 자율확보 |
| 저개발국형의 관리형태 | 선진국형의 관리형태 |
| 권위주의적 리더십 | 민주적 리더십 |

**15** 생체 리듬(Biorhythm) 중 일반적으로 28일을 주기로 반복되며, 주의력·창조력·예감 및 통찰력 등을 좌우하는 리듬은?

① 육체적 리듬
② 지성적 리듬
③ 감성적 리듬
④ 정신적 리듬

### 해설
생체리듬(Biorhythm)의 종류 및 특징

| 종류 | 특징 |
|---|---|
| 육체적 리듬(P) (Physical Cycle) | • 건전한 활동기(11.5일)와 그렇지 못한 휴식기(11.5일)가 23일을 주기로 반복된다.<br>• 활동력, 소화력, 지구력, 식욕 등과 가장 관계가 깊다. |
| 감성적 리듬(S) (Sensitivity Cycle) | • 예민한 기간(14일)과 그렇지 못한 둔한 기간(14일)이 28일을 주기로 반복된다.<br>• 주의력, 창조력, 예감 및 통찰력 등과 가장 관계가 깊다. |
| 지성적 리듬(I) (Intellectual Cycle) | • 사고능력이 발휘되는 날(16.5일)과 그렇지 못한 날(16.5일)이 33일을 주기로 반복된다.<br>• 판단력, 추리력, 상상력, 사고력, 기억력 등과 가장 관계가 깊다. |

**16** 재해예방의 4원칙에 해당하지 않는 것은?

① 예방 가능의 원칙
② 손실 가능의 원칙
③ 원인 연계의 원칙
④ 대책 선정의 원칙

정답 13 ③  14 ④  15 ③  16 ②

### 해설
하인리히의 재해예방 4원칙

| 예방 가능의 원칙 | 천재지변을 제외한 모든 재해는 원칙적으로 예방이 가능하다. |
|---|---|
| 손실 우연의 원칙 | 사고로 생기는 상해의 종류 및 정도는 우연적이다. |
| 원인 계기의 원칙 | 사고와 손실의 관계는 우연적이지만 사고와 원인관계는 필연적이다.(사고에는 반드시 원인이 있다.) |
| 대책 선정의 원칙 | 원인을 정확히 규명해서 대책을 선정하고 실시되어야 한다.(3E, 즉 기술, 교육, 관리를 중심으로) |

**17** 관리감독자를 대상으로 교육하는 TWI의 교육내용이 아닌 것은?

① 문제해결훈련  ② 작업지도훈련
③ 인간관계훈련  ④ 작업방법훈련

### 해설
TWI의 교육과정
1. Job Method Training(JMT) : 작업방법훈련, 작업개선훈련
2. Job Instruction Training(JIT) : 작업지도훈련
3. Job Relations Training(JRT) : 인간관계훈련, 부하통솔법
4. Job Safety Training(JST) : 작업안전훈련

**18** 위험예지훈련 4R(라운드) 기법의 진행방법에서 3R에 해당하는 것은?

① 목표설정  ② 대책수립
③ 본질추구  ④ 현상파악

### 해설
위험예지훈련의 4라운드
1. 1라운드(1R) : 현상파악(사실을 파악한다)
2. 2라운드(2R) : 본질추구(요인을 찾아낸다)
3. 3라운드(3R) : 대책수립(대책을 선정한다)
4. 4라운드(4R) : 목표설정(행동계획을 정한다)

**19** 무재해운동의 기본이념 3원칙 중 다음에서 설명하는 것은?

> 직장 내의 모든 잠재위험요인을 적극적으로 사전에 발견·파악·해결함으로써 뿌리에서부터 산업재해를 제거하는 것

① 무의 원칙  ② 선취의 원칙
③ 참가의 원칙  ④ 확인의 원칙

### 해설
무재해운동의 3원칙

| 무(無)의 원칙 | 단순히 사망재해나 휴업재해만 없으면 된다는 소극적인 사고가 아닌, 사업장 내의 모든 잠재위험요인을 적극적으로 사전에 발견하고 파악·해결함으로써 산업재해의 근원적인 요소를 없앤다는 것을 의미 |
|---|---|
| 참여의 원칙 (전원 참가의 원칙) | 작업에 따르는 잠재위험요인을 발견하고 파악·해결하기 위해 전원이 일치 협력하여 각자의 위치에서 적극적으로 문제해결을 하겠다는 것을 의미 |
| 안전제일의 원칙 (선취의 원칙) | 안전한 사업장을 조성하기 위한 궁극의 목표로서 사업장 내에서 행동하기 전에 잠재위험요인을 발견하고 파악·해결하여 재해를 예방하는 것을 의미 |

**20** 방진마스크의 사용조건 중 산소농도의 최소기준으로 옳은 것은?

① 16%  ② 18%
③ 21%  ④ 23.5%

### 해설
방진마스크의 사용조건
산소농도가 18% 이상인 장소에서 사용하여야 한다.

**TIP**
- 방독마스크 : 산소농도가 18% 이상인 장소에서 사용
- 송기마스크 : 공기 중 산소농도가 부족하고(산소농도 18% 미만 장소), 공기 중에 미립자상 물질이 부유하는 장소에서 사용

## 2과목 인간공학 및 시스템 안전공학

**21** 인체계측 자료의 응용원칙이 아닌 것은?

① 기존 동일 제품을 기준으로 한 설계
② 최대치수와 최소치수를 기준으로 한 설계
③ 조절범위를 기준으로 한 설계
④ 평균치를 기준으로 한 설계

**정답** 17 ① 18 ② 19 ① 20 ② 21 ①

**해설**

인체계측 자료의 응용원칙

| 조절 가능한 설계 | 작업에 사용하는 설비, 기구 등은 체격이 다른 여러 근로자들을 위하여 직접 크기를 조절할 수 있도록 조절식으로 설계한다. |
|---|---|
| 극단치를 이용한 설계 | 조절 가능한 설계를 적용하기 곤란한 경우 극단치를 이용하여 설계할 수 있으며, 최대치를 이용하거나 최소치를 이용한다. |
| 평균치를 이용한 설계 | 특정 장비나 설비의 경우, 최대 집단치 설계나 최소 집단치 설계 또는 조절범위식 설계가 부적절하거나 불가능할 때 평균치를 기준으로 한 설계를 할 경우가 있다. |

**22** 인체에서 뼈의 주요 기능이 아닌 것은?
① 인체의 지주  ② 장기의 보호
③ 골수의 조혈  ④ 근육의 대사

**해설**

골격의 주요 기능
1. 지지 : 신체를 지지하고 형상을 유지하는 역할
2. 보호 : 주요한 부분(생명기관)을 보호하는 역할
3. 근부착 : 골격근이 수축할 때 지렛대 역할을 하여 신체활동(인체운동)을 수행하는 역할
4. 조혈 : 골수에서 혈구를 생산하는 조혈작용
5. 무기질 저장 : 칼슘, 인산의 중요한 저장고가 되며 나트륨과 마그네슘 이온의 작은 저장고 역할

**23** 각 부품의 신뢰도가 다음과 같을 때 시스템의 전체 신뢰도는 약 얼마인가?

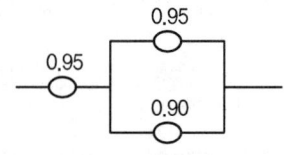

① 0.8123  ② 0.9453
③ 0.9553  ④ 0.9953

**해설**

시스템의 신뢰도
$R = 0.95 \times [1-(1-0.95)(1-0.90)] = 0.9453$

**24** 손이나 특정 신체부위에 발생하는 누적손상장애(CTD)의 발생인자와 가장 거리가 먼 것은?

① 무리한 힘  ② 다습한 환경
③ 장시간의 진동  ④ 반복도가 높은 작업

**해설**

근골격계질환
1. 반복적인 동작, 부적절한 작업자세, 무리한 힘의 사용, 날카로운 면과의 신체접촉, 진동 및 온도 등의 요인에 의하여 발생하는 건강장해로서 목, 어깨, 허리, 팔·다리의 신경·근육 및 그 주변 신체조직 등에 나타나는 질환을 말한다.
2. 유사용어로는 누적 외상성 질환(CTDS), 반복성 긴장 상해 등이 있다.

**25** 인간공학 연구조사에 사용되는 기준의 구비조건과 가장 거리가 먼 것은?
① 다양성  ② 적절성
③ 무오염성  ④ 기준 척도의 신뢰성

**해설**

연구기준의 요건
1. 적절성(타당성) : 기준이 의도된 목적에 적당하다고 판단되는 정도를 말한다.
2. 무오염성 : 측정하고자 하는 변수 이외의 다른 변수들의 영향을 받아서는 안 된다.
3. 기준척도의 신뢰성 : 사용되는 척도의 신뢰성, 즉 반복성을 말한다.
4. 민감도 : 기대되는 차이에 적합한 정도의 단위로 측정이 가능해야 한다. 즉, 피실험자 사이에서 볼 수 있는 예상 차이점에 비례하는 단위로 측정해야 함을 의미한다.

**26** 의자 설계 시 고려해야 할 일반적인 원리와 가장 거리가 먼 것은?
① 자세고정을 줄인다.
② 조정이 용이해야 한다.
③ 디스크가 받는 압력을 줄인다.
④ 요추 부위의 후만곡선을 유지한다.

**해설**

의자 설계 시 고려하여야 할 원리
1. 등받이의 굴곡은 요추 부위의 전만곡선을 유지한다.
2. 조정이 용이해야 한다.
3. 자세고정을 줄인다.
4. 디스크(추간판)가 받는 압력을 줄인다.
5. 정적인 부하를 줄인다.
6. 의자의 높이는 오금의 높이보다 같거나 낮아야 한다.

**정답** 22 ④  23 ②  24 ②  25 ①  26 ④

**27** 다음 FT도에서 시스템에 고장이 발생할 확률은 약 얼마인가?(단, $X_1$과 $X_2$의 발생확률은 각각 0.05, 0.03이다.)

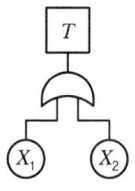

① 0.0015  
② 0.0785  
③ 0.9215  
④ 0.9985  

**해설**

발생확률의 계산  
$T = 1 - (1 - 0.05)(1 - 0.03) = 0.0785$

**28** 반사율이 85%, 글자의 밝기가 400cd/m²인 VDT 화면에 350lux의 조명이 있다면 대비는 약 얼마인가?

① -6.0  ② -5.0  
③ -4.2  ④ -2.8

**해설**

대비
1. 반사율(%) = $\dfrac{광속발산도(fL)}{조도(fc)} \times 100 = \dfrac{cd/m^2 \times \pi}{lux}$
2. 휘도($L_b$) = $\dfrac{반사율 \times 조도}{\pi} = \dfrac{0.85 \times 350}{\pi} = 94.697[cd/m^2]$
3. 전체 휘도($L_t$) = $400 + 94.697 = 494.697[cd/m^2]$
4. 대비 = $\dfrac{배경의\ 광도(L_b) - 표적의\ 광도(L_t)}{배경의\ 광도(L_b)}$
   $= \dfrac{94.697 - 494.697}{94.697} = -4.223 ≒ -4.2$

 휘도의 단위 : cd/m²

**29** 화학설비에 대한 안정성 평가 중 정량적 평가항목에 해당되지 않는 것은?

① 공정  
② 취급물질  
③ 압력  
④ 화학설비용량

**해설**

안전성 평가항목(제3단계 : 정량적 평가)
1. 취급물질    4. 압력
2. 화학설비의 용량  5. 조작
3. 온도

**TIP** 화학설비에 대한 안전성 평가 단계  
안전성 평가는 6단계에 의해 실시되며, 경우에 따라 5단계와 6단계가 동시에 이루어지기도 한다.
- 제1단계 : 관계자료의 정비검토
- 제2단계 : 정성적 평가
- 제3단계 : 정량적 평가
- 제4단계 : 안전대책
- 제5단계 : 재해정보에 의한 재평가
- 제6단계 : FTA에 의한 재평가

**30** 시각장치와 비교하여 청각장치 사용이 유리한 경우는?

① 메시지가 길 때  
② 메시지가 복잡할 때  
③ 정보 전달 장소가 너무 소란할 때  
④ 메시지에 대한 즉각적인 반응이 필요할 때

**해설**

청각장치와 시각장치의 비교

| 청각적 표시장치 | 시각적 표시장치 |
| --- | --- |
| • 전언이 간단하다. | • 전언이 복잡하다. |
| • 전언이 짧다 | • 전언이 길다. |
| • 전언이 후에 재참조되지 않는다. | • 전언이 후에 재참조된다. |
| • 전언이 시간적 사상을 다룬다. | • 전언이 공간적인 위치를 다룬다. |
| • 전언이 즉각적인 행동을 요구한다.(긴급할 때) | • 전언이 즉각적인 행동을 요구하지 않는다. |
| • 수신장소가 너무 밝거나 암조응 유지가 필요시 | • 수신장소가 너무 시끄러울 때 |
| • 직무상 수신자가 자주 움직일 때 | • 직무상 수신자가 한곳에 머물 때 |
| • 수신자가 시각계통이 과부하상태일 때 | • 수신자의 청각 계통이 과부하상태일 때 |

**31** 산업안전보건법령상 사업주가 유해위험방지 계획서를 제출할 때에는 사업장별로 관련 서류를 첨부하여 해당 작업 시작 며칠 전까지 해당 기관에 제출하여야 하는가?

① 7일  ② 15일  
③ 30일  ④ 60일

**정답** 27 ② 28 ③ 29 ① 30 ④ 31 ②

해설
유해·위험방지계획서 제출
1. 제조업 등 유해·위험방지계획서 : 해당 작업 시작 15일 전까지 공단에 2부 제출
2. 건설공사 유해·위험방지계획서 : 해당 공사의 착공 전 날까지 공단에 2부 제출

**32** 인간-기계 시스템을 설계할 때에는 특정기능을 기계에 할당하거나 인간에게 할당하게 된다. 이러한 기능할당과 관련된 사항으로 옳지 않은 것은?(단, 인공지능과 관련된 사항은 제외한다.)

① 인간은 원칙을 적용하여 다양한 문제를 해결하는 능력이 기계에 비해 우월하다.
② 일반적으로 기계는 장시간 일관성이 있는 작업을 수행하는 능력이 인간에 비해 우월하다.
③ 인간은 소음, 이상온도 등의 환경에서 작업을 수행하는 능력이 기계에 비해 우월하다.
④ 일반적으로 인간은 주위가 이상하거나 예기치 못한 사건을 감지하여 대처하는 능력이 기계에 비해 우월하다.

해설
인간과 기계의 기능 비교
기계는 주의가 소란하거나 과부하에서도 효율적으로 작동한다.

**33** 모든 시스템 안전분석에서 제일 첫 번째 단계의 분석으로, 실행되고 있는 시스템을 포함한 모든 것의 상태를 인식하고 시스템의 개발단계에서 시스템 고유의 위험상태를 식별하여 예상되고 있는 재해의 위험수준을 결정하는 것을 목적으로 하는 위험분석기법은?

① 결함위험분석(FHA : Fault Hazard Analysis)
② 시스템위험분석(SHA : System Hazard Analysis)
③ 예비위험분석(PHA : Preliminary Hazard Analysis)
④ 운용위험분석(OHA : Operating Hazard Analysis)

해설
예비위험분석(PHA : Preliminary Hazards Analysis)
1. 시스템안전 위험분석(SSHA)을 수행하기 위한 예비적인 최초의 작업으로 위험요소가 얼마나 위험한지를 정성적으로 평가하는 것이다.
2. PHA는 구상단계나 설계 및 발주의 극히 초기에 실시된다.

**34** 컷셋(Cut Set)과 패스셋(Pass Set)에 관한 설명으로 옳은 것은?

① 동일한 시스템에서 패스셋의 개수와 컷셋의 개수는 같다.
② 패스셋은 동시에 발생했을 때 정사사상을 유발하는 사상들의 집합이다.
③ 일반적으로 시스템에서 최소 컷셋의 개수가 늘어나면 위험수준이 높아진다.
④ 최소 컷셋은 어떤 고장이나 실수를 일으키지 않으면 재해는 일어나지 않는다고 하는 것이다.

해설
미니멀 컷셋은 정상사상(고장)을 일으키기 위하여 필요한 최소한의 컷셋으로 개수가 늘어나면 위험수준이 높아진다.

TIP

| | |
|---|---|
| 컷셋 (Cut Set) | 정상사상을 발생시키는 기본사상의 집합으로 그 안에 포함되는 모든 기본사상이 발생할 때 정상사상을 발생시킬 수 있는 기본사상의 집합 |
| 패스셋 (Path Set) | 그 안에 포함되는 모든 기본사상이 일어나지 않을 때 처음으로 정상사상이 일어나지 않는 기본사상의 집합. 즉 시스템이 고장 나지 않도록 하는 사상의 조합이다. |
| 미니멀 컷셋 (Minimal Cut Set) | 컷셋의 집합 중에서 정상사상을 일으키기 위하여 필요한 최소한의 컷셋을 미니멀 컷셋이라 한다. |
| 미니멀 패스셋 (Minimal Path Set) | 미니멀 패스셋은 정상사상이 일어나지 않기 위해 필요한 최소한의 것을 말한다. |

**35** 조종장치를 촉각적으로 식별하기 위하여 사용되는 촉각적 코드화의 방법으로 옳지 않은 것은?

① 색감을 활용한 코드화
② 크기를 이용한 코드화
③ 조종장치의 형상 코드화
④ 표면 촉감을 이용한 코드화

해설
조종장치의 촉각적 암호화방법
촉각적 표시장치에서 기본 정보 수용기로 주로 사용되는 것은 손이다.
1. 형상을 이용한 암호화
2. 표면 촉감을 이용한 암호화
3. 크기를 이용한 암호화

정답 32 ③ 33 ③ 34 ③ 35 ①

**36** FT도에서 사용하는 기호 중 다음 그림과 같이 OR 게이트이지만 2개 또는 그 이상의 입력이 동시에 존재할 때 출력이 생기지 않는 경우 사용하는 것은?

① 부정 OR 게이트  ② 배타적 OR 게이트
③ 억제 게이트  ④ 조합 OR 게이트

**해설**

게이트

| 명칭 | 기호 | 의의 |
|---|---|---|
| 배타적 OR 게이트 | 동시발생이 없음 | OR 게이트이지만 2개 또는 그 이상의 입력이 동시에 존재하는 경우에는 출력이 생기지 않는다. |
| 억제 게이트 | 출력/조건/입력 | 입력사상 중 어느 것이나 이 게이트로 나타내는 조건을 만족하는 경우에만 출력사상이 발생한다.(조건부확률) |

**37** 휴먼 에러(Human Error)의 요인을 심리적 요인과 물리적 요인으로 구분할 때 심리적 요인에 해당하는 것은?

① 일이 너무 복잡한 경우
② 일의 생산성이 너무 강조될 경우
③ 동일 형상의 것이 나란히 있을 경우
④ 서두르거나 절박한 상황에 놓여 있을 경우

**해설**

휴먼 에러(Human Error)의 요인
1. 휴먼 에러의 심리적 요인
   ㉠ 현재 하고 있는 일에 대한 지식이 부족할 경우
   ㉡ 일을 할 의욕이 결여되어 있을 경우
   ㉢ 서두르거나 절박한 상황에 놓여 있을 경우
   ㉣ 무엇인가의 체험이 습관적으로 되어 있을 경우
   ㉤ 선입견으로 괜찮다고 느끼고 있을 경우
   ㉥ 주의를 끄는 것이 있어 그것에 치우쳐 주의를 빼앗기고 있을 경우
   ㉦ 많은 자극이 있어 어떤 것에 반응해야 좋을지 알 수 없을 경우
   ㉧ 매우 피로해 있을 경우
2. 휴먼 에러의 물리적 요인
   ㉠ 일이 단조로운 경우

   ㉡ 일이 너무 복잡한 경우
   ㉢ 일의 생산성이 너무 강조되는 경우
   ㉣ 동일 형상의 것이 나란히 있을 경우
   ㉤ 공간적 배치에 맞지 않는 기기의 경우
   ㉥ 재촉을 느끼게 하는 조직이 있을 경우

**38** 적절한 온도의 작업환경에서 추운 환경으로 온도가 변할 때 우리의 신체가 수행하는 조절작용이 아닌 것은?

① 발한(發汗)이 시작된다.
② 피부의 온도가 내려간다.
③ 직장(直腸)온도가 약간 올라간다.
④ 혈액의 많은 양이 몸의 중심부를 위주로 순환한다.

**해설**

온도 변화에 대한 인체의 적응

| 적정온도에서 고온환경(더운 환경)으로 변할 때 | • 많은 양의 혈액이 피부를 경유하며 피부온도가 올라간다.<br>• 직장(直腸)온도가 내려간다.<br>• 발한이 시작된다. |
|---|---|
| 적정온도에서 한랭환경(추운 환경)으로 변할 때 | • 혈액은 피부를 경유하는 순환량이 감소하고, 많은 양의 혈액이 몸의 중심부를 순환한다.<br>• 피부온도가 내려간다.<br>• 직장(直腸)온도가 약간 올라간다.<br>• 소름이 돋고 몸이 떨린다. |

**39** 시스템안전 MIL-STD-882B 분류기준의 위험성 평가 매트릭스에서 발생빈도에 속하지 않는 것은?

① 거의 발생하지 않는(Remote)
② 전혀 발생하지 않는(Impossible)
③ 보통 발생하는(Reasonably Probable)
④ 극히 발생하지 않을 것 같은(Extremely Improbable)

**해설**

시스템안전 MIL-STD-882B 위험성 평가 발생빈도 분류기준
1. 자주 발생(Frequent)
2. 빈번히 발생(Probable)
3. 가끔 발생(Occasional)
4. 거의 발생하지 않음(Remote)
5. 발생 가능성 없음(Improbable)
6. 위험요인 제거됨(Eliminated)

**TIP** '전혀 발생하지 않는(Impossible)'은 Chapanis의 위험분석에 포함된다.

**정답** 36 ② 37 ④ 38 ① 39 ②

**40** FTA에 의한 재해사례 연구순서 중 2단계에 해당하는 것은?

① FT도의 작성
② 톱사상의 선정
③ 개선계획의 작성
④ 사상의 재해원인을 규명

[해설]
FTA에 의한 재해사례의 연구순서
1. 제1단계 : 톱사상(정상사상)의 선정
2. 제2단계 : 각 사상의 재해원인 규명
3. 제3단계 : FT도의 작성
4. 제4단계 : 개선계획의 작성

## 3과목 기계위험 방지기술

**41** 산업안전보건법령상 로봇에 설치되는 제어장치의 조건에 적합하지 않은 것은?

① 누름버튼은 오작동 방지를 위한 가드를 설치하는 등 불시기동을 방지할 수 있는 구조로 제작·설치되어야 한다.
② 로봇에는 외부 보호장치와 연결하기 위해 하나 이상의 보호정지회로를 구비해야 한다.
③ 전원공급램프, 자동운전, 결함검출 등 작동제어의 상태를 확인할 수 있는 표시장치를 설치해야 한다.
④ 조작버튼 및 선택스위치 등 제어장치에는 해당 기능을 명확하게 구분할 수 있도록 표시해야 한다.

[해설]
로봇에 설치되는 제어장치
로봇에 설치되는 제어장치는 다음 요건에 적합하도록 설계·제작되어야 한다.
1. 누름버튼은 오작동 방지를 위한 가드를 설치하는 등 불시기동을 방지할 수 있는 구조로 제작·설치되어야 한다.
2. 전원공급램프, 자동운전, 결함검출 등 작동제어의 상태를 확인할 수 있는 표시장치를 설치해야 한다.
3. 조작버튼 및 선택스위치 등 제어장치에는 해당 기능을 명확하게 구분할 수 있도록 표시해야 한다.

[TIP] '로봇에는 외부 보호장치와 연결하기 위해 하나 이상의 보호정지회로를 구비해야 한다'는 산업용 로봇의 제작 및 안전기준 중 보호정지의 구비조건에 해당된다.

**42** 컨베이어의 제작 및 안전기준상 작업구역 및 통행구역에 덮개, 울 등을 설치해야 하는 부위에 해당하지 않는 것은?

① 컨베이어의 동력전달 부분
② 컨베이어의 제동장치 부분
③ 호퍼, 슈트의 개구부 및 장력 유지장치
④ 컨베이어 벨트, 풀리, 롤러, 체인, 스프라켓, 스크류 등

[해설]
덮개 또는 울
작업구역 및 통행구역에서 다음의 부위에는 덮개, 울, 물림보호물(Nip Guard), 감응형 방호장치(광전자식, 안전매트 등) 등을 설치해야 한다.
1. 컨베이어의 동력전달 부분
2. 컨베이어 벨트, 풀리, 롤러, 체인, 스프라켓, 스크류 등
3. 호퍼, 슈트의 개구부 및 장력 유지장치
4. 기타 가동부분과 정지부분 또는 다른 물건 사이 틈 등 작업자에게 위험을 미칠 우려가 있는 부분. 다만, 그 틈이 5mm 이내인 경우에는 예외로 할 수 있다.
5. 운반되는 재료 또는 컨베이어가 화상 등을 일으킬 수 있는 구간. 다만, 이 경우 덮개나 울을 설치해야 한다.

**43** 산업안전보건법령상 탁상용 연삭기의 덮개에는 작업 받침대와 연삭숫돌과의 간격을 몇 mm 이하로 조정할 수 있어야 하는가?

① 3
② 4
③ 5
④ 10

[해설]
덮개의 구조
탁상용 연삭기의 덮개에는 워크레스트 및 조정편을 구비하여야 하며, 워크레스트는 연삭숫돌과의 간격을 3mm 이하로 조정할 수 있는 구조이어야 한다.

**44** 다음 중 회전축, 커플링 등 회전하는 물체에 작업복 등이 말려드는 위험을 초래하는 위험점은?

① 협착점
② 접선물림점
③ 절단점
④ 회전말림점

**해설**

기계운동 형태에 따른 위험점 분류

| 형식 | | |
|---|---|---|
| 협착점 | 왕복운동을 하는 운동부와 움직임이 없는 고정부 사이에서 형성되는 위험점 (고정점 + 운동점) | • 프레스<br>• 성형기<br>• 밴딩기<br>• 전단기<br>• 조형기<br>• 인쇄기 |
| 끼임점 | 회전운동하는 부분과 고정부 사이에 위험이 형성되는 위험점 (고정점 + 회전운동) | • 연삭숫돌과 작업대<br>• 반복동작되는 링크기구<br>• 교반기의 날개와 몸체 사이<br>• 회전풀리와 벨트 |
| 절단점 | 회전하는 운동부 자체의 위험이나 운동하는 기계부분 자체의 위험에서 형성되는 위험점 (회전운동 + 기계) | • 밀링커터<br>• 둥근 톱의 톱날<br>• 목공용 띠톱날 |
| 물림점 | 회전하는 두 개의 회전체에 형성되는 위험점(서로 반대 방향의 회전체) (중심점 + 반대방향의 회전운동) | • 기어와 기어의 물림<br>• 롤러와 롤러의 물림<br>• 롤러분쇄기 |
| 접선<br>물림점 | 회전하는 부분의 접선방향으로 물려 들어갈 위험이 있는 위험점 | • V벨트와 풀리<br>• 랙과 피니언<br>• 체인벨트<br>• 평벨트 |
| 회전<br>말림점 | 회전하는 물체의 길이, 굵기, 속도 등의 불규칙 부위와 돌기 회전부위에 의해 장갑 또는 작업복 등이 말려들 위험이 있는 위험점 | • 회전하는 축<br>• 커플링<br>• 회전하는 드릴 |

**45** 가공기계에 쓰이는 주된 풀 푸르프(Fool Proof)에서 가드(Guard)의 형식으로 틀린 것은?

① 인터록가드(Interlock Guard)
② 안내가드(Guide Guard)
③ 조정가드(Adjustable Guard)
④ 고정가드(Fixed Guard)

**해설**

가드(Guard)의 형식

| 형식 | 기능 |
|---|---|
| 고정가드<br>(Fixed Guard) | 개구부로부터 가공물과 공구 등을 넣어도 손은 위험영역에 머무르지 않음 |
| 조절가드<br>(Adjustable Guard) | 가공물과 공구에 맞도록 형상과 크기를 조절함 |
| 경고가드<br>(Warning Guard) | 손이 위험영역에 들어가기 전에 경고함 |
| 인터록가드<br>(Interlock Guard) | 기계가 작동 중에 개폐되는 경우 기계가 정지함 |

**46** 밀링작업 시 안전수칙으로 틀린 것은?

① 보안경을 착용한다.
② 칩은 기계를 정지시킨 다음에 브러시로 제거한다.
③ 가공 중에는 손으로 가공면을 점검하지 않는다.
④ 면장갑을 착용하여 작업한다.

**해설**

밀링작업에 대한 안전수칙
1. 제품을 따 내는 데에는 손끝을 대지 말아야 한다.
2. 운전 중 가공면에 손을 대지 말아야 하며 장갑 착용을 금지한다.
3. 칩을 제거할 때에는 커터의 운전을 중지하고 브러시(솔)를 사용하며 걸레를 사용하지 않는다.
4. 칩의 비산이 많으므로 보안경을 착용한다.
5. 커터 설치 시 및 측정은 반드시 기계를 정지시킨 후에 한다.
6. 일감(공작물)은 테이블 또는 바이스에 안전하게 고정한다.
7. 상하 이송장치의 핸들은 사용 후 반드시 빼 두어야 한다.
8. 가공 중에 밀링머신에 얼굴을 대지 않는다.
9. 절삭 속도는 재료에 따라 정한다.
10. 커터를 끼울 때는 아버를 깨끗이 닦는다.
11. 일감(공작물)을 고정하거나 풀어낼 때는 기계를 정지시킨다.
12. 테이블 위에 공구 등을 올려놓지 않는다.
13. 강력 절삭을 할 때는 일감을 바이스에 깊이 물린다.
14. 급속이송은 백래시 제거장치가 동작하지 않고 있음을 확인한 후 실시하고, 급속이송은 한 방향으로만 한다.

**47** 크레인의 방호장치에 해당되지 않은 것은?

① 권과방지장치
② 과부하방지장치
③ 비상정지장치
④ 자동보수장치

**해설**

방호장치의 조정 대상 및 종류

| 방호장치의<br>조정 대상 | • 크레인<br>• 리프트<br>• 승강기 | • 이동식 크레인<br>• 곤돌라 |
|---|---|---|
| 방호장치의<br>종류 | • 과부하방지장치<br>• 권과방지장치<br>• 비상정지장치 및 제동장치<br>• 그 밖의 방호장치(승강기의 파이널 리미트 스위치, 속도조절기, 출입문 인터록 등) | |

**정답** 45 ② 46 ④ 47 ④

**48** 무부하 상태에서 지게차로 20km/h의 속도로 주행할 때, 좌우 안정도는 몇 % 이내이어야 하는가?

① 37%   ② 39%
③ 41%   ④ 43%

**해설**
지게차의 안정도 기준
주행 시의 좌우 안정도 $= (15+1.1V)\%$ 이내
$= (15+1.1 \times 20) = 37(\%)$
여기서, $V$ : 최고 속도(km/hr)

**49** 선반가공 시 연속적으로 발생되는 칩으로 인해 작업자가 다치는 것을 방지하기 위하여 칩을 짧게 절단시켜 주는 안전장치는?

① 커버   ② 브레이크
③ 보안경   ④ 칩 브레이커

**해설**
선반의 방호장치(안전장치)

| 칩 브레이커 (Chip Breaker) | 바이트에 설치된 절삭 중 칩을 자동적으로 끊어 주는 안전장치 |
|---|---|
| 급정지 브레이크 | 가공작업 중 선반을 급정지시킬 수 있는 방호장치 |
| 실드 (Shield) | 가공물의 칩이 비산되어 발생하는 위험을 방지하기 위해 사용하는 덮개(칩 비산방지 투명판) |
| 척 커버 (Chuck Cover) | 척과 척으로 잡은 가공물의 돌출부에 작업자가 접촉하지 않도록 설치하는 덮개 |

**50** 아세틸렌 용접장치에 관한 설명 중 틀린 것은?

① 아세틸렌 발생기로부터 5m 이내, 발생기실로부터 3m 이내에는 흡연 및 화기사용을 금지한다.
② 발생기실에는 관계 근로자가 아닌 사람이 출입하는 것을 금지한다.
③ 아세틸렌 용기는 뉘어서 사용한다.
④ 건식 안전기의 형식으로 소결금속식과 우회로식이 있다.

**해설**
금속의 용접·용단 또는 가열에 사용되는 가스 등의 용기를 취급하는 경우 준수사항
용해아세틸렌의 용기는 세워 둘 것

**51** 산업안전보건법령상 프레스의 작업시작 전 점검사항이 아닌 것은?

① 금형 및 고정볼트 상태
② 방호장치의 기능
③ 전단기의 칼날 및 테이블의 상태
④ 트롤리(Trolley)가 횡행하는 레일의 상태

**해설**
프레스 등의 작업시작 전 점검사항
1. 클러치 및 브레이크의 기능
2. 크랭크축·플라이휠·슬라이드·연결봉 및 연결나사의 풀림 여부
3. 1행정 1정지기구·급정지장치 및 비상정지장치의 기능
4. 슬라이드 또는 칼날에 의한 위험방지기구의 기능
5. 프레스의 금형 및 고정볼트 상태
6. 방호장치의 기능
7. 전단기의 칼날 및 테이블의 상태

**52** 프레스 양수조작식 방호장치 누름버튼의 상호 간 내측거리는 몇 mm 이상인가?

① 50   ② 100
③ 200   ④ 300

**해설**
양수조작식 누름버튼의 상호 간 내측거리는 300mm 이상이어야 한다.

**53** 산업안전보건법령상 승강기의 종류에 해당하지 않는 것은?

① 리프트
② 에스컬레이터
③ 화물용 엘리베이터
④ 승객용 엘리베이터

**해설**
승강기
1. 개요
   건축물이나 고정된 시설물에 설치되어 일정한 경로에 따라 사람이나 화물을 승강장으로 옮기는 데에 사용되는 설비를 말한다.

**정답** 48 ① 49 ④ 50 ③ 51 ④ 52 ④ 53 ①

2. 종류

| | |
|---|---|
| 승객용 엘리베이터 | 사람의 운송에 적합하게 제조·설치된 엘리베이터 |
| 승객화물용 엘리베이터 | 사람의 운송과 화물 운반을 겸용하는 데 적합하게 제조·설치된 엘리베이터 |
| 화물용 엘리베이터 | 화물 운반에 적합하게 제조·설치된 엘리베이터로서 조작자 또는 화물취급자 1명은 탑승할 수 있는 것(적재용량이 300kg 미만인 것은 제외) |
| 소형화물용 엘리베이터 | 음식물이나 서적 등 소형 화물의 운반에 적합하게 제조·설치된 엘리베이터로서 사람의 탑승이 금지된 것 |
| 에스컬레이터 | 일정한 경사로 또는 수평로를 따라 위·아래 또는 옆으로 움직이는 디딤판을 통해 사람이나 화물을 승강장으로 운송시키는 설비 |

**54** 롤러기의 앞면 롤의 지름이 300mm, 분당 회전수가 30회일 경우 허용되는 급정지장치의 급정지거리는 약 몇 mm 이내이어야 하는가?

① 37.7  ② 31.4
③ 377   ④ 314

**해설**

롤러기의 급정지거리

$$V = \frac{\pi DN}{1,000} (\text{m/min})$$

여기서, $V$ : 표면속도
$D$ : 롤러 원통의 직경(mm)
$N$ : 1분간에 롤러기가 회전되는 수(rpm)

1. $V = \frac{\pi DN}{1,000}(\text{m/min}) = \frac{\pi \times 300 \times 30}{1,000} = 28.27(\text{m/min})$

2. 무부하 동작에서 급정지거리
   표면속도($V$)가 28.27(m/mm)로 30(m/min) 미만이므로 앞면 롤러 원주의 $\frac{1}{3}$이다.

| 앞면 롤러의 표면속도(m/min) | 급정지거리 |
|---|---|
| 30 미만 | 앞면 롤러 원주의 1/3 |
| 30 이상 | 앞면 롤러 원주의 1/2.5 |

3. 급정지 거리 $= \pi \times D \times \frac{1}{3} = \pi \times 300 \times \frac{1}{3} = 314.16(\text{cm})$

**TIP** 원둘레 길이 $= \pi D = 2\pi r$
여기서, $D$ : 지름, $r$ : 반지름

**55** 어떤 로프의 최대하중이 700N이고, 정격하중은 100N이다. 이때 안전계수는 얼마인가?

① 5   ② 6
③ 7   ④ 8

**해설**

안전율(안전계수)

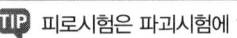

안전율(안전계수) $= \frac{\text{최대하중}}{\text{정격하중}} = \frac{700}{100} = 7$

**56** 다음 중 설비의 진단방법에 있어 비파괴시험이나 검사에 해당하지 않는 것은?

① 피로시험          ② 음향탐상검사
③ 방사선투과시험    ④ 초음파탐상검사

**해설**

비파괴검사의 종류
1. 육안검사      5. 자기탐상검사
2. 누설검사      6. 음향검사
3. 침투검사      7. 방사선투과검사
4. 초음파검사    8. 와류탐상검사

**TIP** 피로시험은 파괴시험에 해당한다.

**57** 지름 5cm 이상을 갖는 회전 중인 연삭숫돌이 근로자들에게 위험을 미칠 우려가 있는 경우에 필요한 방호장치는?

① 받침대           ② 과부하 방지장치
③ 덮개             ④ 프레임

**해설**

연삭기 작업면에 있어서의 안전기준
1. 회전 중인 연삭숫돌(지름이 5센티미터 이상인 것으로 한정)이 근로자에게 위험을 미칠 우려가 있는 경우에 그 부위에 덮개를 설치하여야 한다.
2. 연삭숫돌을 사용하는 작업의 경우 작업을 시작하기 전에는 1분 이상, 연삭숫돌을 교체한 후에는 3분 이상 시험운전을 하고 해당 기계에 이상이 있는지를 확인하여야 한다.
3. 시험운전에 사용하는 연삭숫돌은 작업시작 전에 결함이 있는지를 확인한 후 사용하여야 한다.
4. 연삭숫돌의 최고 사용회전속도를 초과하여 사용하도록 해서는 아니 된다.
5. 측면을 사용하는 것을 목적으로 하지 않는 연삭숫돌을 사용하는 경우 측면을 사용하도록 해서는 아니 된다.

**정답** 54 ④  55 ③  56 ①  57 ③

**58** 프레스 금형의 파손에 의한 위험방지방법이 아닌 것은?

① 금형에 사용하는 스프링은 반드시 인장형으로 할 것
② 작업 중 진동 및 충격에 의해 볼트 및 너트의 헐거워짐이 없도록 할 것
③ 금형의 하중 중심은 원칙적으로 프레스 기계의 하중 중심과 일치하도록 할 것
④ 캠, 기타 충격이 반복해서 가해지는 부분에는 완충장치를 설치할 것

해설
금형의 파손에 의한 위험방지
금형에 사용하는 스프링은 압축형으로 한다.

**59** 기계설비의 작업능률과 안전을 위해 공장의 설비배치 3단계를 올바른 순서대로 나열한 것은?

① 지역배치 → 건물배치 → 기계배치
② 건물배치 → 지역배치 → 기계배치
③ 기계배치 → 건물배치 → 지역배치
④ 지역배치 → 기계배치 → 건물배치

해설
배치(Layout)의 3단계

| 1단계 | 지역배치 | 제품의 원료 확보에서 제품의 판매까지의 최적의 배치 |
|---|---|---|
| 2단계 | 건물배치 | 공장, 사무실, 창고, 부대시설의 위치 |
| 3단계 | 기계배치 | 직능 분야별 기계배치 |

**60** 다음 중 연삭숫돌의 파괴원인으로 거리가 먼 것은?

① 플랜지가 현저히 클 때
② 숫돌에 균열이 있을 때
③ 숫돌의 측면을 사용할 때
④ 숫돌의 치수 특히 내경의 크기가 적당하지 않을 때

해설
연삭숫돌의 파괴원인
1. 숫돌의 회전속도가 너무 빠를 때
2. 숫돌 자체에 균열이 있을 때
3. 숫돌에 과대한 충격을 가할 때
4. 숫돌의 측면을 사용하여 작업할 때
5. 숫돌의 불균형이나 베어링 마모에 의한 진동이 있을 때 (숫돌이 경우에 따라 파손될 수 있다.)
6. 숫돌 반경방향의 온도변화가 심할 때
7. 작업에 부적당한 숫돌을 사용할 때
8. 숫돌의 치수가 부적당할 때
9. 플랜지가 현저히 작을 때

### 4과목 전기위험 방지기술

**61** 충격전압시험 시의 표준충격파형을 $1.2 \times 50\mu s$로 나타내는 경우 1.2와 50이 뜻하는 것은?

① 파두장 – 파미장
② 최초섬락시간 – 최종섬락시간
③ 라이징타임 – 스테이블타임
④ 라이징타임 – 충격전압인가시간

해설
충격파 표시방법
1. 파두장
   파고값 30%에서 파고값 90%까지 직선을 그었을 때 가로축과 만나는 기점~파고값과 만나는 교점까지의 파형을 그리는 시간
2. 파미장
   파고값 30%에서 파고값 90%까지 직선을 그을 때 가로축과 만나는 기점~파고점의 50%까지 내려오는 파형을 그리는 시간
3. 충격파 표시법
   ㉠ 충격파 : 파두장 × 파미장($\mu s$)
   ㉡ 우리나라 표준충격파 : $1.2 \times 50\mu s$

**62** 폭발위험장소의 분류 중 인화성 액체의 증기 또는 가연성 가스에 의한 폭발위험이 지속적으로 또는 장기간 존재하는 장소는 몇 종 장소로 분류되는가?

① 0종 장소
② 1종 장소
③ 2종 장소
④ 3종 장소

해설
가스폭발 위험장소

| 0종 장소 | 인화성 액체의 증기 또는 가연성 가스에 의한 폭발위험이 지속적으로 또는 장기간 존재하는 장소 | 용기·장치·배관 등의 내부 등 |
|---|---|---|

정답 58 ① 59 ① 60 ① 61 ① 62 ①

| 1종 장소 | 정상작동상태에서 폭발위험분위기가 존재하기 쉬운 장소 | 맨홀·벤트·피트 등의 주위 |
|---|---|---|
| 2종 장소 | 정상작동상태에서 폭발위험분위기가 존재할 우려가 없으나, 존재할 경우 그 빈도가 아주 적고 단기간만 존재할 수 있는 장소 | 개스킷·패킹 등의 주위 |

## 63 활선작업 시 사용할 수 없는 전기작업용 안전장구는?

① 전기안전모
② 절연장갑
③ 검전기
④ 승주용 가제

**해설**

활선작업용 안전장구
1. 절연용 보호구 : 활선작업 또는 활선근접작업에서 감전을 방지하기 위하여 작업자가 신체에 착용하는 절연안전모, 절연장갑, 절연화, 절연장화, 절연복 등을 말한다.
2. 절연용 방호구 : 충전전로를 취급하는 작업 또는 그 인접한 곳에서 작업하는 경우, 감전 또는 선로손상의 위험 등을 방지하기 위하여 충전부분을 덮는 기구를 말하며, 절연덮개, 선로호스, 절연매트, 절연담요, 절연봉 등이 있다.
3. 활선작업용 기구 : 손으로 잡는 부분이 절연재료로 만들어진 절연물로서 절연용 보호구를 착용하지 않고 활선작업을 하는 것으로 절연봉, 배전선용 후크봉 등이 있다.

**TIP** 승주용 가제는 작업용 설비이다.

## 64 인체의 전기저항을 500Ω이라 한다면 심실세동을 일으키는 위험에너지(J)는?(단, 심실세동전류 $I=\frac{165}{\sqrt{T}}$ mA, 통전시간은 1초이다.)

① 13.61
② 23.21
③ 33.42
④ 44.63

**해설**

위험한계에너지

$$W = I^2RT[\text{J/s}] = \left(\frac{165}{\sqrt{T}} \times 10^{-3}\right)^2 \times R \times T$$

$$W = \left(\frac{165}{\sqrt{1}} \times 10^{-3}\right)^2 \times 500 \times 1 = 13.61(\text{J})$$

## 65 피뢰침의 제한전압이 800kV, 충격절연강도가 1,000kV라 할 때, 보호여유도는 몇 %인가?

① 25
② 33
③ 47
④ 63

**해설**

피뢰침의 보호여유도

$$여유도(\%) = \frac{충격절연강도 - 제한전압}{제한전압} \times 100$$

$$여유도(\%) = \frac{충격절연강도 - 제한전압}{제한전압} \times 100$$
$$= \frac{1000 - 800}{800} \times 100 = 25[\%]$$

## 66 감전사고를 일으키는 주된 형태가 아닌 것은?

① 충전전로에 인체가 접촉되는 경우
② 이중절연 구조로 된 전기 기계·기구를 사용하는 경우
③ 고전압의 전선로에 인체가 근접하여 섬락이 발생된 경우
④ 충전 전기회로에 인체가 단락회로의 일부를 형성하는 경우

**해설**

감전사고의 형태

| 충전된 전로에 인체가 접촉되는 경우 | 인체를 통해 대지로 지락전류가 흘러 감전된다. |
|---|---|
| 누전된 전기기기에 인체가 접촉하는 경우 | • 절연이 불량한 전기기기에 주로 발생한다.<br>• 누전이 발생하면 외함이 철재로 되어 있기 때문에 기기 내부의 전선에서 외함으로 전류가 흐르게 된다. |
| 충전 전기회로에 인체가 단락회로를 형성하는 경우 | 인체가 직접 또는 도전성 물체를 통해 단락되며, 교류아크용접기에서 많이 발생한다 |
| 고전압의 전선로에 인체가 근접하여 섬락을 이루는 경우 | • 공기의 절연파괴(섬락) : 인체가 고전압 전로에 너무 가깝게 접근하게 되면 공기의 절연파괴 현상이 발생하여 감전사고를 당하게 된다.<br>• 공기의 절연파괴는 30kV/cm 정도이므로 전압이 높을수록 공기의 절연파괴에 의한 감전사고의 발생위험이 커진다. |

**정답** 63 ④ 64 ① 65 ① 66 ②

| 초고압 전선로에 인체가 접근하여 인체에 대전된 전하가 접지된 금속체를 통해 방전하는 경우 | 송전선로 주변에서 주로 발생하고 작게는 찌릿한 느낌에서 크게는 전격으로 사망한다. |

**TIP** 감전사고를 방지하기 위하여 이중절연 구조로 된 전기 기계·기구를 사용한다.

## 67 화재가 발생하였을 때 조사해야 하는 내용으로 가장 관계가 먼 것은?

① 발화원  ② 착화물
③ 출화의 경과  ④ 응고물

**해설**

전기화재의 발생원인 분류

| 발화원 (기기별) | • 전열기<br>• 배선 및 배선기구<br>• 충격·마찰<br>• 낙뢰<br>• 정전기 | • 전기기기<br>• 단열압축<br>• 광선 및 방사선<br>• 전기불꽃<br>• 충격파 등 |
|---|---|---|
| 착화물 | 연소물질(타는 물질) | |
| 출화의 경과 (화재의 경과) | • 단락<br>• 과전류<br>• 접촉부 과열<br>• 지락<br>• 정전기 스파크 등 | • 누전<br>• 스파크<br>• 절연열화에 의한 발열<br>• 낙뢰 |

## 68 정전기에 관한 설명으로 옳은 것은?

① 정전기는 발생에서부터 억제-축적방지-안전한 방전이 재해를 방지할 수 있다.
② 정전기발생은 고체의 분쇄공정에서 가장 많이 발생한다.
③ 액체의 이송 시는 그 속도(유속)를 7m/s 이상 빠르게 하여 정전기의 발생을 억제한다.
④ 접지값은 10Ω 이하로 하되 플라스틱 같은 절연도가 높은 부도체를 사용한다.

**해설**

정전기

1. 정전기의 발생은 물체의 특성, 물체의 표면상태, 물체의 이력, 접촉면적 및 압력, 분리속도 등에 따라 달라지며 분진 취급 공정에서 가장 많이 발생한다.
2. 저항률이 $10^{10}Ω·cm$ 미만의 도전성 위험물의 배관유속은 7m/s 이하로 한다.
3. 정전기 대책을 위한 접지는 $1×10^6Ω$ 이하이면 충분하나, 확실한 안정을 위해서는 $1×10^3Ω$ 미만으로 하되, 타 목적의 접지와 공용으로 할 경우에는 그 접지저항값으로 충분하다(부도체는 효과를 기대하기 어려움).

## 69 전기설비의 필요한 부분에 반드시 보호접지를 실시하여야 한다. 접지공사의 종류에 따른 접지저항과 접지선의 굵기가 틀린 것은?

① 제1종 : 10Ω 이하, 공칭단면적 6mm² 이상의 연동선
② 제2종 : $\frac{150}{1선지락전류}$ Ω 이하, 공칭단면적 2.5mm² 이상의 연동선
③ 제3종 : 100Ω 이하, 공칭단면적 2.5mm² 이상의 연동선
④ 특별 제3종 : 10Ω 이하, 공칭단면적 2.5mm² 이상의 연동선

**해설**

접지공사의 종류

| 접지대상 | (개정 전) 접지방식 | (개정 후) KEC 접지방식 |
|---|---|---|
| (특)고압설비 | 1종 : 접지저항 10Ω | • 계통접지 : TN, TT, IT 계통<br>• 보호접지 : 등전위본딩 등<br>• 피뢰시스템접지<br>"변압기 중성점 접지"로 명칭 변경 |
| 600V 이하 설비 | 특3종 : 접지저항 10Ω | |
| 400V 이하 설비 | 3종 : 접지저항 100Ω | |
| 변압기 | 2종 : (계산 요함) | |

| 접지대상 | (개정 전) 접지도체 최소단면적 | (개정 후)KEC 접지/보호도체 최소단면적 |
|---|---|---|
| (특)고압설비 | 1종 : 6.0mm² 이상 | 상도체 단면적 $S$(mm²)에 따라 선정*<br>• $S ≤ 16$ : $S$<br>• $16 < S ≤ 35$ : 16<br>• $35 < S$ : $S/2$<br>또는 차단시간 5초 이하의 경우<br>• $S = \sqrt{I^2 t}/k$ |
| 600V 이하 설비 | 특3종 : 2.5mm² 이상 | |
| 400V 이하 설비 | 3종 : 2.5mm² 이상 | |
| 변압기 | 2종 : 16.0mm² 이상 | |

**TIP** 법 개정으로 접지대상에 따라 일괄 적용한 종별 접지(1종, 2종, 3종, 특별 3종)가 폐지되었습니다. 해설을 참고하세요.

**정답** 67 ④  68 ①  69 ②

**70** 교류아크 용접기에 전격방지기를 설치하는 요령 중 틀린 것은?

① 이완 방지 조치를 한다.
② 직각으로만 부착해야 한다.
③ 동작 상태를 알기 쉬운 곳에 설치한다.
④ 테스트 스위치는 조작이 용이한 곳에 위치시킨다.

**해설**

자동전격방지기의 설치방법
1. 직각으로 부착할 것(단, 직각이 어려울 때는 직각에 대해 20°를 넘지 않을 것)
2. 용접기의 이동 · 진동 · 충격으로 이완되지 않도록 이완 방지 조치를 취할 것
3. 전방장치의 작동상태를 알기 위한 표시 등은 보기 쉬운 곳에 설치할 것
4. 전방장치의 작동상태를 시험하기 위한 테스트 스위치는 조작하기 쉬운 곳에 설치할 것
5. 용접기의 전원 측에 접속하는 선과 출력 측에 접속하는 선을 혼동하지 말 것
6. 외함이 금속제인 경우는 이것에 적당한 접지단자를 설치하여야 한다.

**71** 전기기기의 Y종 절연물의 최고 허용온도는?

① 80℃  ② 85℃
③ 90℃  ④ 105℃

**해설**

절연방식에 따른 분류

| 절연종별 | 허용최고온도[℃] | 용도 |
|---|---|---|
| Y종 | 90 | 저전압의 기기 |
| A종 | 105 | 보통의 회전기, 변압기 |
| E종 | 120 | 대용량 및 보통의 기기 |
| B종 | 130 | 고전압의 기기 |
| F종 | 155 | 고전압의 기기 |
| H종 | 180 | 건식 변압기 |
| C종 | 180 초과 | 특수한 기기 |

**72** 내압 방폭구조의 기본적 성능에 관한 사항으로 틀린 것은?

① 내부에서 폭발할 경우 그 압력에 견딜 것
② 폭발화염이 외부로 유출되지 않을 것
③ 습기침투에 대한 보호가 될 것
④ 외함 표면온도가 주위의 가연성 가스에 점화하지 않을 것

**해설**

내압 방폭구조(flameproof enclosure, d)
1. 점화원에 의해 용기 내부에서 폭발이 발생할 경우에 용기가 폭발압력에 견딜 수 있고, 화염이 용기 외부의 폭발성 분위기로 전파되지 않도록 한 방폭구조
2. 전폐형 구조로 용기 내에 외부의 폭발성 가스가 침입하여 내부에서 폭발하더라도 용기는 그 압력에 견뎌야 하고 폭발한 고열가스나 화염이 용기의 접합부 틈을 통하여 새어 나가는 동안 냉각되어 외부의 폭발성 가스에 화염이 파급될 우려가 없도록 한 방폭구조
3. 주요 성능 시험항목은 폭발압력(기준압력) 측정, 폭발강도(정적 및 동적)시험, 폭발인화시험 등이 있다.

**73** 온도조절용 바이메탈과 온도 퓨즈가 회로에 조합되어 있는 다리미를 사용한 가정에서 화재가 발생했다. 다리미에 부착되어 있던 바이메탈과 온도 퓨즈를 대상으로 화재사고를 분석하려는데 논리기호를 사용하여 표현하고자 한다. 어느 기호가 적당한가? (단, 바이메탈의 작동과 온도 퓨즈가 끊어졌을 경우를 0, 그렇지 않을 경우를 1이라 한다.)

**해설**

바이메탈과 온도 퓨즈가 하나라도 정상작동 하였다면 화재는 발생하지 않는다. 즉, 동시에 작동하지 않을 경우 화재가 발생할 수 있으므로 논리곱(AND)의 기호를 사용한다.

| 입력신호 | | 출력신호 |
|---|---|---|
| 바이메탈 | 온도 퓨즈 | |
| 0 | 0 | 0 |
| 0 | 1 | 0 |
| 1 | 0 | 0 |
| 1 | 1 | 1 |

**74** 화염일주한계에 대한 설명으로 옳은 것은?

① 폭발성 가스와 공기의 혼합기에 온도를 높인 경우 화염이 발생할 때까지의 시간 한계치

② 폭발성 분위기에 있는 용기의 접합면 틈새를 통해 화염이 내부에서 외부로 전파되는 것을 저지할 수 있는 틈새의 최대간격치
③ 폭발성 분위기 속에서 전기불꽃에 의하여 폭발을 일으킬 수 있는 화염을 발생시키기에 충분한 교류 파형의 1주기치
④ 방폭설비에서 이상이 발생하여 불꽃이 생성된 경우에 그것이 점화원으로 작용하지 않도록 화염의 에너지를 억제하여 폭발하계로 되도록 화염 크기를 조정하는 한계치

**해설**

최대안전틈새(MESG : Maximum Experimental Safety Gap = 안전간극 = 화염일주한계)
1. 8L 정도의 구형 용기 안에 폭발성 혼합가스를 채우고 착화시켜 가스가 발화될 때 화염이 용기 외부의 폭발성 혼합가스에 전달되는가의 여부를 보아 화염을 전달시킬 수 없는 한계의 틈을 말한다.
2. 화염이 틈새를 통하여 바깥쪽의 폭발성 가스에 전달되지 않는 한계의 틈새를 말한다.
3. 폭발화염이 외부로 전파되지 않도록 하기 위해 안전간격을 작게 한다.
4. 안전간격이 작은 가스일수록 위험하다.
5. 폭발성 가스의 종류에 따라 다르며, 폭발성 가스의 분류 및 내압방폭구조의 분류와 관련이 있다.

## 75 폭발위험이 있는 장소의 설정 및 관리와 가장 관계가 먼 것은?

① 인화성 액체의 증기 사용
② 가연성 가스의 제조
③ 가연성 분진 제조
④ 종이 등 가연성 물질 취급

**해설**

폭발위험이 있는 장소의 설정 및 관리
다음의 장소에 대하여 폭발위험장소의 구분도를 작성하는 경우에는 한국산업표준으로 정하는 기준에 따라 가스폭발 위험장소 또는 분진폭발 위험방소를 설정하여 관리하여야 한다.
1. 인화성 액체의 증기나 인화성 가스 등을 제조·취급 또는 사용하는 장소
2. 인화성 고체를 제조·사용하는 장소

## 76 인체의 표면적이 $0.5m^2$이고 정전용량은 $0.02 pF/cm^2$이다. 3,300V의 전압이 인가되어 있는 전선에 접근하여 작업을 할 때 인체에 축적되는 정전기 에너지(J)는?

① $5.445 \times 10^{-2}$
② $5.445 \times 10^{-4}$
③ $2.723 \times 10^{-2}$
④ $2.723 \times 10^{-4}$

**해설**

정전에너지

$$W = \frac{1}{2}CV^2 = \frac{1}{2}QV = \frac{1}{2}\frac{Q^2}{C}$$

대전 전하량$(Q) = C \cdot V$, 대전 전위$(V) = \frac{Q}{C}$

여기서, $W$ : 정전기 에너지(J), $C$ : 도체의 정전용량(F)
$V$ : 대전 전위(V), $Q$ : 대전 전하량(C)

1. $C = 0.5 \times 10,000 cm^2 \times 0.02 pF/cm^2 = 100 pF$
2. $W = \frac{1}{2}CV^2 = \frac{1}{2} \times (100 \times 10^{-12}) \times (3,300)^2$
   $= 5.445 \times 10^{-4} [J]$

**TIP** $1pF = 10^{-12}F$, $1m^2 = 10,000cm^2$

## 77 제3종 접지공사를 시설하여야 하는 장소가 아닌 것은?

① 금속몰드 배선에 사용하는 몰드
② 고압계기용 변압기의 2차 측 전로
③ 고압용 금속제 케이블트레이 계통의 금속트레이
④ 400V 미만의 저압용 기계기구의 철대 및 금속제 외함

**해설**

| 접지대상 | (개정 전) 접지방식 | (개정 후) KEC 접지방식 |
|---|---|---|
| (특)고압설비 | 1종 : 접지저항 10Ω | • 계통접지 : TN, TT, IT 계통 |
| 600V 이하 설비 | 특3종 : 접지저항 10Ω | • 보호접지 : 등전위본딩 등 |
| 400V 이하 설비 | 3종 : 접지저항 100Ω | • 피뢰시스템접지 |
| 변압기 | 2종 : (계산 요함) | "변압기 중성점 접지"로 명칭 변경 |

**TIP** 법 개정으로 접지대상에 따라 일괄 적용한 종별 접지(1종, 2종, 3종, 특별 3종)가 폐지되었습니다. 해설을 참고하세요.

## 78 전자파 중에서 광량자 에너지가 가장 큰 것은?

① 극저주파  ② 마이크로파
③ 가시광선  ④ 적외선

**해설**

**전자파**
전자파란 전기 및 자기의 흐름에서 발생하는 일종의 전자기 에너지이다. 즉, 전기가 흐를 때 그 주위에 전기장과 자기장이 동시에 발생하는데 이들이 주기적으로 바뀌면서 생기는 파동을 전자파라고 하며 광량자 에너지의 크기는 자외선 > 가시광선 > 적외선 > 마이크로파이다.

**TIP** 광량자 에너지 : 빛을 입자로 보았을 때 그 빛의 입자들(광량자)의 에너지를 말한다.

## 79 다음 중 폭발위험장소에 전기설비를 설치할 때 전기적인 방호조치로 적절하지 않은 것은?

① 다상 전기기기는 결상운전으로 인한 과열방지 조치를 한다.
② 배선은 단락·지락사고 시의 영향과 과부하로부터 보호한다.
③ 자동차단이 점화의 위험보다 클 때는 경보장치를 사용한다.
④ 단락보호장치는 고장상태에서 자동복구 되도록 한다.

**해설**

방폭전기설비의 전기적 보호(자동차단장치 등)
자동차단장치는 사고가 제거되지 않은 상태에서 자동복귀되지 않는 구조이어야 한다.(단, 2종 장소에 설치된 설비의 과부하방지장치에는 적용 제외)

## 80 감전사고 방지대책으로 틀린 것은?

① 설비의 필요한 부분에 보호접지 실시
② 노출된 충전부에 통전망 설치
③ 안전전압 이하의 전기기기 사용
④ 전기기기 및 설비의 정비

**해설**

감전사고에 대한 일반적인 방지대책
1. 전기설비의 점검 철저
2. 전기기기 및 설비의 정비
3. 전기기기 및 설비의 위험부에 위험표시
4. 설비의 필요부분에 보호접지의 실시
5. 충전부가 노출된 부분에는 절연방호구를 사용
6. 고전압 선로 및 충전부에 근접하여 작업하는 작업자는 보호구 착용
7. 유자격자 이외는 전기기계 및 기구에 전기적인 접촉 금지
8. 관리감독자는 작업에 대한 안전교육 시행
9. 사고발생 시의 처리순서를 미리 작성하여 둘 것
10. 전기설비에 대한 누전차단기 설치

# 5과목 화학설비위험방지기술

## 81 다음 관(Pipe) 부속품 중 관로의 방향을 변경하기 위하여 사용하는 부속품은?

① 니플(Nipple)  ② 유니온(Union)
③ 플랜지(Flange)  ④ 엘보우(Elbow)

**해설**

피팅류(Fittings)

| | |
|---|---|
| 두 개의 관을 연결할 때 | 플랜지(flange), 유니온(union), 커플링(coupling), 니플(nipple), 소켓(socket) |
| 관로의 방향을 바꿀 때 | 엘보우(elbow), Y지관(Y-branch), 티(tee), 십자(cross) |
| 관로의 크기를 바꿀 때 (관의 지름을 변경할 때) | 리듀서(reducer), 부싱(bushing) |
| 가지관을 설치할 때 | Y지관(Y-branch), 티(tee), 십자(cross) |
| 유로를 차단할 때 | 플러그(plug), 캡(cap), 밸브(valve) |
| 유량을 조절할 때 | 밸브(valve) |

## 82 산업안전보건기준에 관한 규칙상 국소배기장치의 후드 설치기준이 아닌 것은?

① 유해물질이 발생하는 곳마다 설치할 것
② 후드의 개구부 면적은 가능한 한 크게 할 것
③ 외부식 또는 리시버식 후드는 해당 분진 등의 발산원에 가장 가까운 위치에 설치할 것
④ 후드 형식은 가능하면 포위식 또는 부스식 후드를 설치할 것

**해설**

후드의 설치기준
1. 유해물질이 발생하는 곳마다 설치할 것

**정답** 78 ③ 79 ④ 80 ② 81 ④ 82 ②

2. 유해인자의 발생형태와 비중, 작업방법 등을 고려하여 해당 분진 등의 발산원을 제어할 수 있는 구조로 설치할 것
3. 후드(hood) 형식은 가능하면 포위식 또는 부스식 후드를 설치할 것
4. 외부식 또는 리시버식 후드는 해당 분진 등의 발산원에 가장 가까운 위치에 설치할 것

**83** 산업안전보건기준에 관한 규칙에 따르면 쥐에 대한 경구투입실험에 의하여 실험동물의 50퍼센트를 사망시킬 수 있는 물질의 양, 즉 $LD_{50}$(경구, 쥐)이 킬로그램당 몇 밀리그램 – (체중) 이하인 화학물질이 급성독성 물질에 해당하는가?

① 25
② 100
③ 300
④ 500

**해설**

급성독성 물질
1. 쥐에 대한 경구투입실험에 의하여 실험동물의 50퍼센트를 사망시킬 수 있는 물질의 양, 즉 $LD_{50}$(경구, 쥐)이 킬로그램당 300밀리그램 – (체중) 이하인 화학물질
2. 쥐 또는 토끼에 대한 경피흡수실험에 의하여 실험동물의 50퍼센트를 사망시킬 수 있는 물질의 양, 즉 $LD_{50}$(경피, 토끼 또는 쥐)이 킬로그램당 1,000밀리그램 – (체중) 이하인 화학물질
3. 쥐에 대한 4시간 동안의 흡입실험에 의하여 실험동물의 50퍼센트를 사망시킬 수 있는 물질의 농도, 즉 가스 $LC_{50}$(쥐, 4시간 흡입)이 2,500ppm 이하인 화학물질, 증기 $LC_{50}$(쥐, 4시간 흡입)이 10mg/$l$ 이하인 화학물질, 분진 또는 미스트 1mg/L 이하인 화학물질

**84** 반응성 화학물질의 위험성은 실험에 의한 평가 대신 문헌조사 등을 통해 계산에 의해 평가하는 방법을 사용할 수 있다. 이에 관한 설명으로 옳지 않은 것은?

① 위험성이 너무 커서 물성을 측정할 수 없는 경우 계산에 의한 평가방법을 사용할 수도 있다.
② 연소열, 분해열, 폭발열 등의 크기에 의해 그 물질의 폭발 또는 발화의 위험예측이 가능하다.
③ 계산에 의한 평가를 하기 위해서는 폭발 또는 분해에 따른 생성물의 예측이 이루어져야 한다.
④ 계산에 의한 위험성 예측은 모든 물질에 대해 정확성이 있으므로 더 이상의 실험을 필요로 하지 않는다.

**해설**

계산에 의한 위험성 예측은 물질에 따라 차이가 날 수 있으므로 실험을 통해 더 정확한 값을 구해야 한다.

**85** 압축기와 송풍의 관로에 심한 공기의 맥동과 진동을 발생하면서 불안정한 운전이 되는 서징(surging) 현상의 방지법으로 옳지 않은 것은?

① 풍량을 감소시킨다.
② 배관의 경사를 완만하게 한다.
③ 교축밸브를 기계에서 멀리 설치한다.
④ 토출가스를 흡입 측에 바이패스 시키거나 방출밸브에 의해 대기로 방출시킨다.

**해설**

서징의 조치사항
1. 베인을 컨트롤하여 풍량을 감소시킨다.
2. 배관의 경사를 완만하게 한다.
3. 교축밸브를 기계에 가까이 설치한다.
4. 토출가스를 흡입 측에 바이패스 시키거나 방출밸브에 의해 대기로 방출시킨다.
5. 임펠러의 회전수를 변경시킨다.

**86** 다음 중 독성이 가장 강한 가스는?

① $NH_3$
② $COCl_2$
③ $C_6H_5CH_3$
④ $H_2S$

**해설**

화학물질의 노출기준

| 유해물질의 명칭 | 화학식 | 노출기준 TWA | |
|---|---|---|---|
| | | ppm | mg/m³ |
| 시안화수소 | HCN | – | – |
| 포스겐 | $COCl_2$ | 0.1 | – |
| 불소 | $F_2$ | 0.1 | – |
| 염소 | $Cl_2$ | 0.5 | – |
| 니트로벤젠 | $C_6H_5NO_2$ | 1 | – |
| 벤젠 | $C_6H_6$ | 0.5 | – |
| 황화수소 | $H_2S$ | 10 | – |
| 암모니아 | $NH_3$ | 25 | – |
| 일산화탄소 | CO | 30 | – |
| 메탄올 | $CH_3OH$ | 200 | – |
| 에탄올 | $C_2H_5OH$ | 1,000 | – |

정답 83 ③ 84 ④ 85 ③ 86 ②

**87** 다음 중 분해 폭발의 위험성이 있는 아세틸렌의 용제로 가장 적절한 것은?

① 에테르
② 에틸알코올
③ 아세톤
④ 아세트알데히드

**해설**
아세틸렌은 분해, 폭발의 위험을 방지하기 위하여 일반적으로 아세톤 용액을 용제로 사용한다.

**88** 분진폭발의 발생 순서로 옳은 것은?

① 비산 → 분산 → 퇴적분진 → 발화원 → 2차폭발 → 전면폭발
② 비산 → 퇴적분진 → 분산 → 발화원 → 2차폭발 → 전면폭발
③ 퇴적분진 → 발화원 → 분산 → 비산 → 전면폭발 → 2차폭발
④ 퇴적분진 → 비산 → 분산 → 발화원 → 전면폭발 → 2차폭발

**해설**
분진폭발 발생 순서

퇴적분진 → 비산 → 분산 → 발화원 → 전면폭발 → 2차폭발

**89** 폭발방호대책 중 이상 또는 과잉압력에 대한 안전장치로 볼 수 없는 것은?

① 안전밸브(safety valve)
② 릴리프밸브(relief valve)
③ 파열판(bursting disk)
④ 플레임 어레스터(flame arrester)

**해설**
각종 차단 및 안전장치의 분류
1. 내부압력의 과잉에 대한 방출, 경감 안전장치 : 안전밸브, 파열판, 폭압방산공, 릴리프밸브 등
2. 화염전파 방지대책 안전장치 : 화염방지기(flame arrester), 폭굉억제기
3. 설비 및 장치의 차단 안전장치 : 격리밸브, 차단밸브

**90** 다음 인화성 가스 중 가장 가벼운 물질은?

① 아세틸렌
② 수소
③ 부탄
④ 에틸렌

**해설**
수소
무색무취의 기체로서 우주에서 가장 가볍고 가장 다량으로 존재하는 원소다.

**91** 가연성 가스 및 증기의 위험도에 따른 방폭전기기기의 분류로 폭발등급을 사용하는데, 이러한 폭발등급을 결정하는 것은?

① 발화도
② 화염일주한계
③ 폭발한계
④ 최소발화에너지

**해설**
최대안전틈새(안전간격 = 화염일주한계)
1. 8L 정도의 구형 용기 안에 폭발성 혼합가스를 채우고 착화시켜 가스가 발화될 때 화염이 용기 외부의 폭발성 혼합가스에 전달되는가의 여부를 보아 화염을 전달시킬 수 없는 한계의 틈을 말한다.
2. 화염이 틈새를 통하여 바깥쪽의 폭발성 가스에 전달되지 않는 한계의 틈새를 말한다.
3. 폭발화염이 외부로 전파되지 않도록 하기 위해 안전간격을 적게 한다.
4. 안전간격이 작은 가스일수록 위험하다.
5. 폭발성가스의 종류에 따라 다르며, 폭발성가스의 분류 및 내압 방폭구조의 분류와 관련이 있다.

**92** 다음 중 메타인산($HPO_3$)에 의한 소화효과를 가진 분말소화약제의 종류는?

① 제1종 분말소화약제
② 제2종 분말소화약제
③ 제3종 분말소화약제
④ 제4종 분말소화약제

**해설**
제3종 분말소화약제
열 분해 시 암모니아와 수증기에 의한 질식효과, 열분해에 의한 냉각효과, 암모늄에 의한 부촉매효과와 메타인산에 의한 방진작용이 주된 소화효과이다.
$NH_4H_2PO_4 \rightarrow NH_3 + H_3PO_4$(인산)

**93** 다음 중 파열판에 관한 설명으로 틀린 것은?

① 압력 방출속도가 빠르다.
② 한번 파열되면 재사용할 수 없다.
③ 한번 부착한 후에는 교환할 필요가 없다.
④ 높은 점성의 슬러리나 부식성 유체에 적용할 수 있다.

**정답** 87 ③ 88 ④ 89 ④ 90 ② 91 ② 92 ③ 93 ③

### 해설
파열판의 특징
1. 압력 방출속도가 빠르며, 분출량이 많다.
2. 높은 점성의 슬러리나 부식성 유체에 적용할 수 있다.
3. 설정 파열압력 이하에서 파열될 수 있다.
4. 한번 작동하면 파열되므로 교체하여야 한다.

**94** 공기 중에서 폭발범위가 12.5~74vol%인 일산화탄소의 위험도는 얼마인가?

① 4.92  ② 5.26
③ 6.26  ④ 7.05

### 해설
위험도
위험도값이 클수록 위험성이 높은 물질이다.

$$H = \frac{UFL - LFL}{LFL}$$

여기서, $UFL$ : 연소상한값, $LFL$ : 연소하한값, $H$ : 위험도

$H = \frac{UFL - LFL}{LFL} = \frac{74 - 12.5}{12.5} = 4.92$

**95** 산업안전보건법령에 따라 유해하거나 위험한 설비의 설치·이전 또는 주요 구조부분의 변경공사 시 공정안전보고서의 제출시기는 착공일 며칠 전까지 관련 기관에 제출하여야 하는가?

① 15일  ② 30일
③ 60일  ④ 90일

### 해설
공정안전보고서의 제출시기 및 절차
유해하거나 위험한 설비의 설치·이전 또는 주요 구조부분의 변경공사의 착공일 30일 전까지 공정안전보고서 2부를 작성하여 공단에 제출해야 한다.

**96** 소화약제 IG-100의 구성성분은?

① 질소  ② 산소
③ 이산화탄소  ④ 수소

### 해설
불연성·불활성 기체혼합가스 소화약제

| IG-01 | 아르곤(Ar) |
| IG-100 | 질소($N_2$) |
| IG-541 | 질소($N_2$) : 52%, 아르곤(Ar) : 40% 이산화탄소($CO_2$) : 8% |
| IG-55 | 질소($N_2$) : 50%, 아르곤(Ar) : 50% |

**97** 프로판($C_3H_8$)의 연소에 필요한 최소산소농도의 값은 약 얼마인가?(단, 프로판의 폭발하한은 Jone식에 의해 추산한다.)

① 8.1%v/v  ② 11.1%v/v
③ 15.1%v/v  ④ 20.1%v/v

### 해설
최소산소농도(MOC : Minimum oxygen concentration)

최소산소농도(MOC) = 연소하한계 × 산소의 화학양론적 계수

완전연소 조성농도(화학양론농도)

$$C_{st} = \frac{100}{1 + 4.773\left(n + \frac{m - f - 2\lambda}{4}\right)}$$

여기서, $n$ : 탄소의 원자수, $m$ : 수소의 원자수
$f$ : 할로겐 원소의 원자수, $\lambda$ : 산소의 원자수

1. 프로판($C_3H_8$)의 완전연소 조성농도

$C_{st} = \frac{100}{1 + 4.773\left(n + \frac{m - f - 2\lambda}{4}\right)}$

$= \frac{100}{1 + 4.773\left(3 + \frac{8}{4}\right)} = 4.02[\%]$

(단, $C_3H_8 \rightarrow n = 3, m = 8, f = 0, \lambda = 0$)

2. 연소(폭발)하한계 : $C_{st} \times 0.55 = 4.02 \times 0.55 = 2.21[vol\%]$
3. 프로판 산소의 화학양론적 계수
   $C_3H_8 + 5O_2 \rightarrow 3CO_2 + 4H_2O$
4. 최소산소농도(MOC)
   = 연소하한계 × 산소의 화학양론적 계수
   = $2.21 \times 5 = 11.1(\%)$

**98** 다음 중 물과 반응하여 아세틸렌을 발생시키는 물질은?

① Zn  ② Mg
③ Al  ④ $CaC_2$

**정답** 94 ① 95 ② 96 ① 97 ② 98 ④

해설

아세틸렌

CaC$_2$(탄화칼슘, 카바이드)은 백색 결정체로 자신은 불연성이나 물과 반응하여 아세틸렌을 발생시킨다.

CaC$_2$ + 2H$_2$O → Ca(OH)$_2$ + C$_2$H$_2$ + 31.88kcal
(탄화칼슘) + (물)    (수산화칼슘) (아세틸렌)

**99** 메탄 1vol%, 헥산 2vol%, 에틸렌 2vol%, 공기 95vol%로 된 혼합가스의 폭발하한계 값(vol%)은 약 얼마인가?(단, 메탄, 헥산, 에틸렌의 폭발하한계 값은 각각 5.0, 1.1, 2.7vol%이다.)

① 1.8  ② 3.5
③ 12.8  ④ 21.7

해설

르 샤틀리에(Le Chatelier)의 법칙(혼합가스가 공기와 섞여 있을 경우)

$$L = \frac{V_1 + V_2 + \cdots + V_n}{\frac{V_1}{L_1} + \frac{V_2}{L_2} + \cdots + \frac{V_n}{L_n}}$$

여기서, $V_n$ : 전체 혼합가스 중 각 성분가스의 체적(비율)[%]
$L_n$ : 각 성분 단독의 폭발한계(상한 또는 하한)
$L$ : 혼합가스의 폭발한계(상한 또는 하한)[vol%]

$$L = \frac{V_1 + V_2 + \cdots + V_n}{\frac{V_1}{L_1} + \frac{V_2}{L_2} + \cdots + \frac{V_n}{L_n}} = \frac{1+2+2}{\frac{1}{5} + \frac{2}{1.1} + \frac{2}{2.7}} = 1.8[vol\%]$$

**100** 가열·마찰·충격 또는 다른 화학물질과의 접촉 등으로 인하여 산소나 산화제의 공급이 없더라도 폭발 등 격렬한 반응을 일으킬 수 있는 물질은?

① 에틸알코올  ② 인화성 고체
③ 니트로화합물  ④ 테레핀유

해설

제5류 위험물(자기반응성 물질)
1. 개요 : 열적으로 불안정하여 외부로부터 산소의 공급 없이도 가열, 충격 등에 의해 강렬하게 발열·분해하기 쉬운 액체·고체 또는 혼합물을 말한다.
2. 종류 : 유기과산화물, 질산에스테르류, 니트로화합물, 아조화합물, 디아조화합물, 히드라진 유도체, 히드록실아민, 히드록실아민염류 등

## 6과목 건설안전기술

**101** 사업주가 유해위험방지계획서 제출 후 건설공사 중 6개월 이내마다 안전보건공단의 확인을 받아야 할 내용이 아닌 것은?

① 유해위험방지계획서의 내용과 실제공사 내용이 부합하는지 여부
② 유해위험방지계획서 변경내용의 적정성
③ 자율안전관리 업체 유해·위험방지 계획서 제출·심사 면제
④ 추가적인 유해·위험요인의 존재 여부

해설

유해위험방지계획서의 확인사항(공단의 확인사항)
1. 유해위험방지계획서의 내용과 실제공사 내용이 부합하는지 여부
2. 유해위험방지계획서 변경내용의 적정성
3. 추가적인 유해위험요인의 존재 여부

**102** 철골공사 시 안전작업방법 및 준수사항으로 옳지 않은 것은?

① 강풍, 폭우 등과 같은 악천우 시에는 작업을 중지하여야 하며 특히 강풍 시에는 높은 곳에 있는 부재나 공구류가 낙하비래하지 않도록 조치하여야 한다.
② 철골부재 반입 시 시공순서가 빠른 부재는 상단부에 위치하도록 한다.
③ 구명줄 설치 시 마닐라 로프 직경 10mm를 기준하여 설치하고 작업방법을 충분히 검토하여야 한다.
④ 철골보의 두 곳을 매어 인양시킬 때 와이어로프의 내각은 60° 이하이어야 한다.

해설

구명줄 설치
1가닥의 구명줄을 여러 명이 동시에 사용하지 않도록 하여야 하며 구명줄을 마닐라 로프 직경 16mm를 기준하여 설치하고 작업방법을 충분히 검토하여야 한다.

**103** 지면보다 낮은 땅을 파는 데 적합하고 수중굴착도 가능한 굴착기계는?

① 백호  ② 파워 셔블
③ 가이데릭  ④ 파일드라이버

정답 99 ① 100 ③ 101 ③ 102 ③ 103 ①

해설
백호(Back Hoe, 드래그 셔블)
1. 굴착기가 위치한 지면보다 낮은 곳을 굴착하는 데 적당
2. 도랑파기에 적당하며 굴삭력이 우수
3. 비교적 굳은 지반의 토질에서도 사용 가능
4. 경사로나 연약지반에서는 무한궤도식이 타이어식보다 안전

**104** 산업안전보건법령에 따른 지반의 종류별 굴착면의 기울기 기준으로 옳지 않은 것은?

① 보통흙 습지 – 1 : 1~1 : 1.5
② 보통흙 건지 – 1 : 0.3~1 : 1
③ 풍화암 – 1 : 1.0
④ 연암 – 1 : 1.0

해설
굴착면의 기울기

| 지반의 종류 | 굴착면의 기울기 |
|---|---|
| 모래 | 1 : 1.8 |
| 연암 및 풍화암 | 1 : 1.0 |
| 경암 | 1 : 0.5 |
| 그 밖의 흙 | 1 : 1.2 |

TIP 본 문제는 법 개정으로 일부 내용이 수정되었습니다. 해설은 법 개정으로 수정된 내용이니 해설을 학습하세요.

**105** 콘크리트 타설 시 거푸집 측압에 관한 설명으로 옳지 않은 것은?

① 기온이 높을수록 측압은 크다.
② 타설속도가 클수록 측압은 크다.
③ 슬럼프가 클수록 측압은 크다.
④ 다짐이 과할수록 측압은 크다.

해설
거푸집 측압증가에 영향을 미치는 인자(측압의 영향요소)
1. 거푸집 수평단면이 클수록 크다.
2. 콘크리트 슬럼프치가 클수록 커진다.
3. 거푸집 표면이 평활할수록(평탄) 커진다.
4. 철골, 철근량이 적을수록 커진다.
5. 콘크리트 시공연도가 좋을수록 커진다.
6. 외기의 온도, 습도가 낮을수록 커진다.
7. 타설 속도가 빠를수록 커진다.
8. 다짐이 충분할수록 커진다.
9. 타설 시 상부에서 직접 낙하할 경우 커진다.
10. 거푸집의 강성이 클수록 크다.
11. 콘크리트의 비중(단위중량)이 클수록 크다.
12. 벽 두께가 두꺼울수록 커진다.

**106** 강관비계의 수직방향 벽이음 조립간격(m)으로 옳은 것은?(단, 틀비계이며 높이가 5m 이상일 경우)

① 2m  ② 4m
③ 6m  ④ 9m

해설
강관비계의 조립간격

| 강관비계의 종류 | 조립간격(단위 : m) | |
|---|---|---|
| | 수직방향 | 수평방향 |
| 단관비계 | 5 | 5 |
| 틀비계(높이가 5m 미만인 것은 제외한다) | 6 | 8 |

**107** 굴착과 싣기를 동시에 할 수 있는 토공기계가 아닌 것은?

① Power shovel  ② Tractor shovel
③ Back hoe  ④ Motor grader

해설
모터 그레이더(motor grader)
지면을 절삭하여 평활하게 다듬는 장비로서 노면의 성형과 정지작업에 가장 적당한 장비

**108** 구축물에 안전진단 등 안전성 평가를 실시하여 근로자에게 미칠 위험성을 미리 제거하여야 하는 경우가 아닌 것은?

① 구축물 또는 이와 유사한 시설물의 인근에서 굴착·항타작업 등으로 침하·균열 등이 발생하여 붕괴의 위험이 예상될 경우
② 구조물, 건축물, 그 밖의 시설물이 그 자체의 무게·적설·풍압 또는 그 밖에 부가되는 하중 등으로 붕괴 등의 위험이 있을 경우
③ 화재 등으로 구축물 또는 이와 유사한 시설물의 내력(耐力)이 심하게 저하되었을 경우
④ 구축물의 구조체가 안전 측으로 과도하게 설계가 되었을 경우

정답  104 ②  105 ①  106 ③  107 ④  108 ④

### 해설

**구축물 또는 이와 유사한 시설물의 안전성 평가**
구축물 또는 이와 유사한 시설물이 다음의 어느 하나에 해당하는 경우 안전진단 등 안전성 평가를 하여 근로자에게 미칠 위험성을 미리 제거하여야 한다.
1. 구축물 또는 이와 유사한 시설물의 인근에서 굴착·항타 작업 등으로 침하·균열 등이 발생하여 붕괴의 위험이 예상될 경우
2. 구축물 또는 이와 유사한 시설물에 지진, 동해, 부동침하 등으로 균열·비틀림 등이 발생하였을 경우
3. 구조물, 건축물, 그 밖의 시설물이 그 자체의 무게·적설·풍압 또는 그 밖에 부가되는 하중 등으로 붕괴 등의 위험이 있을 경우
4. 화재 등으로 구축물 또는 이와 유사한 시설물의 내력이 심하게 저하되었을 경우
5. 오랜 기간 사용하지 아니하던 구축물 또는 이와 유사한 시설물을 재사용하게 되어 안전성을 검토하여야 하는 경우
6. 그 밖의 잠재위험이 예상될 경우

---

**109** 다음 중 방망사의 폐기 시 인장강도에 해당하는 것은?(단, 그물코의 크기는 10cm이며 매듭 없는 방망의 경우임)

① 50kg  ② 100kg
③ 150kg  ④ 200kg

### 해설

방망사의 폐기 시 인장강도

| 그물코의 크기 (단위 : cm) | 방망의 종류(단위 : kg) | |
|---|---|---|
| | 매듭 없는 방망 | 매듭방망 |
| 10 | 150(240) | 135(200) |
| 5 | | 60(110) |

※ 단, ( )는 신품에 대한 인장강도

---

**110** 작업장에 계단 및 계단참을 설치하는 경우 매 제곱미터당 최소 몇 킬로그램 이상의 하중에 견딜 수 있는 강도를 가진 구조로 설치하여야 하는가?

① 300kg  ② 400kg
③ 500kg  ④ 600kg

### 해설

**계단 및 계단참의 강도**
1. 매 제곱미터당 500킬로그램 이상의 하중에 견딜 수 있는 강도를 가진 구조로 설치하여야 한다.

2. 안전율(재료의 파괴응력도와 허용응력도의 비율)은 4 이상으로 하여야 한다.
3. 계단 및 승강구 바닥을 구멍이 있는 재료로 만드는 경우 렌치나 그 밖의 공구 등이 낙하할 위험이 없는 구조로 하여야 한다.

---

**111** 굴착공사에서 비탈면 또는 비탈면 하단을 성토하여 붕괴를 방지하는 공법은?

① 배수공
② 배토공
③ 공작물에 의한 방지공
④ 압성토공

### 해설

**압성토 공법**
성토의 활동파괴를 방지하기 위해 사면선단에 성토하여 측방 유동을 구속시키는 공법

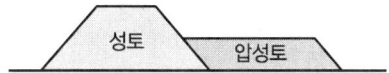

---

**112** 공정률이 65%인 건설현장의 경우 공사진척에 따른 산업안전보건관리비의 최소 사용기준으로 옳은 것은?(단, 공정률은 기성공정률을 기준으로 함)

① 40% 이상  ② 50% 이상
③ 60% 이상  ④ 70% 이상

### 해설

공사진척에 따른 안전관리비 사용기준

| 공정률 | 50퍼센트 이상 70퍼센트 미만 | 70퍼센트 이상 90퍼센트 미만 | 90퍼센트 이상 |
|---|---|---|---|
| 사용기준 | 50퍼센트 이상 | 70퍼센트 이상 | 90퍼센트 이상 |

※ 공정률은 기성공정률을 기준으로 한다.

---

**113** 해체공사 시 작업용 기계기구의 취급 안전기준에 관한 설명으로 옳지 않은 것은?

① 철제햄머와 와이어로프의 결속은 경험이 많은 사람으로서 선임된 자에 한하여 실시하도록 하여야 한다.
② 팽창제 천공간격은 콘크리트 강도에 의하여 결정되나 70~120cm 정도를 유지하도록 한다.

---

**정답** 109 ③  110 ③  111 ④  112 ②  113 ②

③ 쐐기타입으로 해체 시 천공구멍은 타입기 삽입부분의 직경과 거의 같아야 한다.
④ 화염방사기로 해체작업 시 용기 내 압력은 온도에 의해 상승하기 때문에 항상 40℃ 이하로 보존해야 한다.

**해설**
해체작업용 기계기구의 취급 안전기준
팽창제 천공간격은 콘크리트 강도에 의하여 결정되나 30~70cm 정도를 유지하도록 한다.

## 114 가설통로의 설치에 관한 기준으로 옳지 않은 것은?

① 경사는 30° 이하로 한다.
② 건설공사에 사용하는 높이 8m 이상인 비계다리에는 7m 이내마다 계단참을 설치한다.
③ 작업상 부득이한 경우에는 필요한 부분에 한하여 안전난간을 임시로 해체할 수 있다.
④ 수직갱에 가설된 통로의 길이가 10m 이상인 경우에는 5m 이내마다 계단참을 설치한다.

**해설**
가설통로
1. 견고한 구조로 할 것
2. 경사는 30도 이하로 할것(다만, 계단을 설치하거나 높이 2미터 미만의 가설통로로서 튼튼한 손잡이를 설치한 경우에는 그러하지 아니하다)
3. 경사가 15도를 초과하는 경우에는 미끄러지지 아니하는 구조로 할 것
4. 추락할 위험이 있는 장소에는 안전난간을 설치할 것(다만, 작업상 부득이한 경우에는 필요한 부분만 임시로 해체할 수 있다)
5. 수직갱에 가설된 통로의 길이가 15미터 이상인 경우에는 10미터 이내마다 계단참을 설치할 것
6. 건설공사에 사용하는 높이 8미터 이상인 비계다리에는 7미터 이내마다 계단참을 설치할 것

## 115 작업으로 인하여 물체가 떨어지거나 날아올 위험이 있는 경우 필요한 조치와 가장 거리가 먼 것은?

① 투하설비 설치
② 낙하물 방지망 설치
③ 수직보호망 설치
④ 출입금지구역 설정

**해설**
물체가 떨어지거나 날아올 위험이 있는 경우의 위험방지
1. 낙하물 방지망 설치
2. 수직보호망 설치
3. 방호선반 설치
4. 출입금지구역 설정
5. 보호구 착용

**TIP** 높이 3m 이상인 장소에서 물체를 투하하는 경우 조치사항
• 투하설비 설치
• 감시인 배치

## 116 다음은 안전대와 관련된 설명이다. 아래 내용에 해당되는 용어로 옳은 것은?

로프 또는 레일 등과 같은 유연하거나 단단한 고정줄로서 추락발생 시 추락을 저지시키는 추락방지대를 지탱해 주는 줄모양의 부품

① 안전블록
② 수직구명줄
③ 죔줄
④ 보조죔줄

**해설**
안전대 용어의 정의
1. 안전블록 : 안전그네와 연결하여 추락발생 시 추락을 억제할 수 있는 자동잠김장치가 갖추어져 있고 죔줄이 자동적으로 수축되는 장치를 말한다.
2. 수직구명줄 : 로프 또는 레일 등과 같은 유연하거나 단단한 고정줄로서 추락발생 시 추락을 저지시키는 추락방지대를 지탱해 주는 줄모양의 부품을 말한다.
3. 죔줄 : 벨트 또는 안전그네를 구명줄 또는 구조물 등 그 밖의 걸이설비와 연결하기 위한 줄모양의 부품을 말한다.
4. 보조죔줄 : 안전대를 U자걸이로 사용할 때 U자걸이를 위해 훅 또는 카라비너를 지탱벨트의 D링에 걸거나 떼어낼 때 잘못하여 추락하는 것을 방지하기 위한 링과 걸이설비 연결에 사용하는 훅 또는 카라비너를 갖춘 줄모양의 부품을 말한다.

## 117 크레인의 운전실 또는 운전대를 통하는 통로의 끝과 건설물 등의 벽체의 간격은 최대 얼마 이하로 하여야 하는가?

① 0.2m
② 0.3m
③ 0.4m
④ 0.5m

**정답** 114 ④ 115 ① 116 ② 117 ②

### 해설
건설물 등의 벽체와 통로의 간격
다음 각 호의 간격을 0.3미터 이하로 하여야 한다. 다만, 근로자가 추락할 위험이 없는 경우에는 그 간격을 0.3미터 이하로 유지하지 아니할 수 있다.
1. 크레인의 운전실 또는 운전대를 통하는 통로의 끝과 건설물 등의 벽체의 간격
2. 크레인 거더(girder)의 통로 끝과 크레인 거더의 간격
3. 크레인 거더의 통로로 통하는 통로의 끝과 건설물 등의 벽체의 간격

**118** 달비계의 최대 적재하중을 정하는 경우 그 안전계수 기준으로 옳지 않은 것은?

① 달기와이어로프 및 달기강선의 안전계수 : 10 이상
② 달기체인 및 달기 훅의 안전계수 : 5 이상
③ 달기강대와 달비계의 하부 및 상부지점의 안전계수 : 강재의 경우 3 이상
④ 달기강대와 달비계의 하부 및 상부지점의 안전계수 : 목재의 경우 5 이상

### 해설
달비계(곤돌라의 달비계 제외)의 안전계수

| 구분 | | 안전계수 |
|---|---|---|
| 달기와이어로프 및 달기강선 | | 10 이상 |
| 달기체인 및 달기훅 | | 5 이상 |
| 달기강대와 달비계의 하부 및 상부 지점 | 강재 | 2.5 이상 |
| | 목재 | 5 이상 |

**TIP** 본 문제는 법 개정으로 내용이 삭제되었습니다. 참고만 하세요.

**119** 달비계의 사용이 불가한 와이어로프의 기준으로 옳지 않은 것은?

① 이음매가 있는 것
② 와이어로프의 한 꼬임에서 끊어진 소선의 수가 7% 이상인 것
③ 지름의 감소가 공칭지름의 7%를 초과하는 것
④ 심하게 변형되거나 부식된 것

### 해설
달비계의 와이어로프 사용금지 사항
1. 이음매가 있는 것
2. 와이어로프의 한 꼬임에서 끊어진 소선의 수가 10퍼센트 이상인 것
3. 지름의 감소가 공칭지름의 7퍼센트를 초과하는 것
4. 꼬인 것
5. 심하게 변형되거나 부식된 것
6. 열과 전기충격에 의해 손상된 것

**120** 흙막이 지보공을 설치하였을 때 정기적으로 점검하여 이상 발견 시 즉시 보수하여야 할 사항이 아닌 것은?

① 굴착 깊이의 정도
② 버팀대의 긴압의 정도
③ 부재의 접속부 · 부착부 및 교차부의 상태
④ 부재의 손상 · 변형 · 부식 · 변위 및 탈락의 유무와 상태

### 해설
흙막이 지보공의 붕괴 등의 방지를 위한 점검사항
1. 부재의 손상 · 변형 · 부식 · 변위 및 탈락의 유무와 상태
2. 버팀대의 긴압의 정도
3. 부재의 접속부 · 부착부 및 교차부의 상태
4. 침하의 정도

# PART 02

## 14 | 2020년 3회 기출문제

### 1과목  안전관리론

**01** 레빈(Lewin)은 인간의 행동 특성을 다음과 같이 표현하였다. 변수 'E'가 의미하는 것은?

$$B = f(P \cdot E)$$

① 연령
② 성격
③ 환경
④ 지능

**해설**

레윈(K. Lewin)의 행동법칙

$$B = f(P \cdot E)$$

여기서, $B$ : Behavior(인간의 행동)
  $f$ : function(함수관계) $P \cdot E$에 영향을 줄 수 있는 조건
  $P$ : Person(개체, 개인의 자질, 연령, 경험, 심신상태, 성격, 지능 등)
  $E$ : Environment(심리적 환경 – 작업환경, 인간관계, 설비적 결함 등)

**02** 다음 중 안전교육의 형태 중 OJT(On The Job of Training) 교육에 대한 설명과 거리가 먼 것은?

① 다수의 근로자에게 조직적 훈련이 가능하다.
② 직장의 실정에 맞게 실제적인 훈련이 가능하다.
③ 훈련에 필요한 업무의 지속성이 유지된다.
④ 직장의 직속상사에 의한 교육이 가능하다.

**해설**

OJT(On the Job Training)
1. 직장의 실정에 맞는 구체적이고 실제적인 지도 교육이 가능하다.
2. 개개인에게 적절한 지도 훈련이 가능하다.(개인의 능력과 적성에 알맞은 맞춤교육이 가능하다)
3. 훈련 효과에 의해 상호 신뢰이해도가 높아진다.(상사와의 의사소통 및 신뢰도 향상에 도움이 된다)
4. 교육의 효과가 업무에 신속하게 반영된다.
5. 교육의 이해도가 빠르고 동기부여가 쉽다.
6. 교육으로 인해 업무가 중단되는 업무손실이 적다.
7. 교육경비의 절감효과가 있다.

**TIP** '다수의 근로자에게 조직적 훈련이 가능하다.'는 OFF JT 의 특징이다.

**03** 다음 중 안전교육의 기본방향과 가장 거리가 먼 것은?

① 생산성 향상을 위한 교육
② 사고사례 중심의 안전교육
③ 안전작업을 위한 교육
④ 안전의식 향상을 위한 교육

**해설**

안전보건교육의 기본방향
1. 사고사례 중심의 안전교육
   이미 발생한 사고사례를 중심으로 동일하거나 유사한 사고를 방지하기 위하여 직접적인 원인에 대한 치료방법으로서의 교육
2. 안전표준작업을 위한 안전교육
   표준동작이나 표준작업을 위한 가장 기본이 되는 안전교육으로 체계적·조직적인 교육실시가 요구된다.
3. 안전의식 향상을 위한 안전교육
   모든 기계·기구 설비제품에 대한 설계에서부터 사용에 이르기까지 교육으로만 끝나지 않고 추후지도로 교육의 지속성 유지 및 안전의식의 개발이 필요하다.

**04** 다음 설명의 학습지도 형태는 어떤 토의법 유형인가?

6–6 회의라고도 하며, 6명씩 소집단으로 구분하고, 집단별로 각각의 사회자를 선발하여 6분간씩 자유토의를 행하여 의견을 종합하는 방법

① 포럼(Forum)
② 버즈세션(Buzz Session)
③ 케이스 메소드(Case Method)
④ 패널 디스커션(Panel Discussion)

**해설**

토의법의 종류
1. 자유토의법
   참가자가 주어진 주제에 대하여 자유로운 발표와 토의를 통하여 서로의 의견을 교환하고 상호이해력을 높이며 의견을 절충해 나가는 방법
2. 패널 디스커션(Panel Discussion)
   전문가 4~5명이 피교육자 앞에서 자유로이 토의를 하고,

**정답** 01 ③  02 ①  03 ①  04 ②

그 후에 피교육자 전원이 사회자의 사회에 따라 토의하는 방법
3. 심포지엄(Symposium)
발제자 없이 몇 사람의 전문가에 의하여 과제에 관한 견해를 발표한 뒤에 참가자로 하여금 의견이나 질문을 하게 하여 토의하는 방법
4. 포럼(Forum)
㉠ 사회자의 진행으로 몇 사람이 주제에 대하여 발표한 후 피교육자가 질문을 하고 토론해 나가는 방법
㉡ 새로운 자료나 주제를 내보이거나 발표한 후 피교육자로 하여금 문제나 의견을 제시하게 하고 다시 깊이 있게 토론해 나가는 방법
5. 버즈 세션(Buzz Session)
6-6 회의라고도 하며, 참가자가 다수인 경우에 전원을 토의에 참가시키기 위한 방법으로 소집단을 구성하여 회의를 진행시키는 방법

## 05 안전점검의 종류 중 태풍, 폭우 등에 의한 침수, 지진 등의 천재지변이 발생한 경우나 이상사태 발생 시 관리자나 감독자가 기계·기구·설비 등의 기능상 이상 유무에 대하여 점검하는 것은?

① 일상점검  ② 정기점검
③ 특별점검  ④ 수시점검

**해설**

안전점검(점검주기에 의한 구분)

| 정기점검<br>(계획점검) | 일정기간마다 정기적으로 실시하는 점검으로 주간점검, 월간점검, 연간점검 등이 있다.(마모상태, 부식, 손상, 균열 등 설비의 상태 변화나 이상 유무 등을 점검한다.) |
|---|---|
| 수시점검<br>(일상점검,<br>일일점검) | • 매일 현장에서 작업 시작 전, 작업 중, 작업 후에 일상적으로 실시하는 점검(작업자, 작업담당자가 실시한다.)<br>• 작업 시작 전 점검사항 : 주변의 정리정돈, 주변의 청소 상태, 설비의 방호장치 점검, 설비의 주유상태, 구동부분 등<br>• 작업 중 점검사항 : 이상소음, 진동, 냄새, 가스 및 기름 누출, 생산품질의 이상 여부 등<br>• 작업 종료 시 점검사항 : 기계의 청소와 정비, 안전장치의 작동 여부, 스위치 조작, 환기, 통로정리 등 |
| 임시점검 | 정기점검 실시 후 다음 점검기일 이전에 임시로 실시하는 점검(기계, 기구 또는 설비의 이상 발견 시에 임시로 점검) |
| 특별점검 | • 기계, 기구 또는 설비를 신설하거나 변경 내지는 고장 수리 등을 할 경우<br>• 강풍 또는 지진 등의 천재지변 발생 후의 점검<br>• 산업안전보건 강조기간에도 실시 |

## 06 다음 중 산업재해의 원인으로 간접적 원인에 해당되지 않는 것은?

① 기술적 원인  ② 물적 원인
③ 관리적 원인  ④ 교육적 원인

**해설**

산업재해의 원인
1. 직접 원인
㉠ 불안전한 행동(인적 요인)
㉡ 불안전한 상태(물적 요인)
2. 간접 원인

| 기술적 원인 | • 건물, 기계장치의 설계불량<br>• 구조, 재료의 부적합<br>• 생산방법의 부적당<br>• 점검, 정비보존의 불량 |
|---|---|
| 교육적 원인 | • 안전의식의 부족<br>• 안전수칙의 오해<br>• 경험훈련의 미숙<br>• 작업방법의 교육 불충분<br>• 유해위험작업의 교육 불충분 |
| 신체적 원인 | • 신체적 결함(두통, 현기증, 간질병, 난청)<br>• 피로(수면 부족) |
| 정신적 원인 | • 태도 불량(태만, 불만, 반항)<br>• 정신적 동요(공포, 긴장, 초조, 불화) |
| 작업관리상의<br>원인 | • 안전관리조직의 결함<br>• 안전수칙의 미제정<br>• 작업준비 불충분<br>• 인원배치 부적당<br>• 작업지시 부적당 |

## 07 산업안전보건법령상 안전보건관리책임자 등에 대한 교육시간기준으로 틀린 것은?

① 보건관리자, 보건관리전문기관의 종사자 보수교육 : 24시간 이상
② 안전관리자, 안전관리전문기관의 종사자 신규교육 : 34시간 이상
③ 안전보건관리책임자 보수교육 : 6시간 이상
④ 건설재해예방전문지도기관의 종사자 신규교육 : 24시간 이상

해설
안전보건관리책임자 등에 대한 교육시간

| 교육대상 | 교육시간 | |
|---|---|---|
| | 신규교육 | 보수교육 |
| 가. 안전보건관리책임자 | 6시간 이상 | 6시간 이상 |
| 나. 안전관리자, 안전관리전문기관의 종사자 | 34시간 이상 | 24시간 이상 |
| 다. 보건관리자, 보건관리전문기관의 종사자 | 34시간 이상 | 24시간 이상 |
| 라. 건설재해예방전문지도기관의 종사자 | 34시간 이상 | 24시간 이상 |
| 마. 석면조사기관의 종사자 | 34시간 이상 | 24시간 이상 |
| 바. 안전보건관리담당자 | – | 8시간 이상 |
| 사. 안전검사기관, 자율안전검사기관의 종사자 | 34시간 이상 | 24시간 이상 |

## 08 매슬로(Maslow)의 욕구단계 이론 중 제2단계 욕구에 해당하는 것은?

① 자아실현의 욕구  ② 안전에 대한 욕구
③ 사회적 욕구  ④ 생리적 욕구

해설
매슬로(Maslow)의 욕구단계 이론

| 제1단계 | 생리적 욕구 | 기아, 갈증, 호흡, 배설, 성욕 등 생명 유지의 기본적 욕구 |
|---|---|---|
| 제2단계 | 안전의 욕구 | • 자기보존 욕구–안전을 구하려는 욕구<br>• 전쟁, 재해, 질병의 위험으로부터 자유로워지려는 욕구 |
| 제3단계 | 사회적 욕구 | • 소속감과 애정에 대한 욕구<br>• 사회적으로 관계를 향상시키는 욕구 |
| 제4단계 | 인정받으려는 욕구 (자기존중의 욕구) | 자존심, 명예, 성취, 지위 등 인정받으려는 욕구 |
| 제5단계 | 자아실현의 욕구 | • 잠재능력을 실현하고자 하는 성취욕구<br>• 특유의 창의력을 발휘 |

## 09 다음 중 재해예방의 4원칙과 관련이 가장 적은 것은?

① 모든 재해의 발생 원인은 우연적인 상황에서 발생한다.
② 재해손실은 사고가 발생할 때 사고 대상의 조건에 따라 달라진다.
③ 재해예방을 위한 가능한 안전대책은 반드시 존재한다.
④ 재해는 원칙적으로 원인만 제거되면 예방이 가능하다.

해설
하인리히의 재해예방 4원칙

| 예방 가능의 원칙 | 천재지변을 제외한 모든 재해는 원칙적으로 예방이 가능하다. |
|---|---|
| 손실 우연의 원칙 | 사고로 생기는 상해의 종류 및 정도는 우연적이다. |
| 원인 계기의 원칙 | 사고와 손실의 관계는 우연적이지만 사고와 원인관계는 필연적이다.(사고에는 반드시 원인이 있다.) |
| 대책 선정의 원칙 | 원인을 정확히 규명해서 대책을 선정하고 실시되어야 한다.(3E, 즉 기술, 교육, 독려를 중심으로) |

## 10 파블로프(Pavlov)의 조건반사설에 의한 학습이론의 원리가 아닌 것은?

① 일관성의 원리
② 계속성의 원리
③ 준비성의 원리
④ 강도의 원리

해설
학습의 원리

| 조건반사설<br>(Pavlov) | 시행 착오설<br>(Thorndike) | 조작적 조건 형성이론<br>(Skinner) |
|---|---|---|
| • 강도의 원리<br>• 일관성의 원리<br>• 시간의 원리<br>• 계속성의 원리 | • 효과의 법칙<br>• 준비성의 법칙<br>• 연습의 법칙 | • 강화의 원리<br>• 소거의 원리<br>• 조형의 원리<br>• 자발적 회복의 원리<br>• 변별의 원리 |

## 11 인간의 동작특성 중 판단과정의 착오요인이 아닌 것은?

① 합리화  ② 정서 불안정
③ 작업조건 불량  ④ 정보 부족

정답  08 ②  09 ①  10 ③  11 ②

### 해설
착오의 요인

| 종류 | 내용 |
|---|---|
| 인지과정 착오 | • 심리적 또는 생리적 요인<br>• 정보량 저장의 한계 : 한계정보량보다 더 많은 정보가 들어오는 경우 정보를 처리하지 못하는 현상<br>• 감각차단 현상 : 단조로운 업무가 장시간 지속될 때 작업자의 감각기능 및 판단능력이 둔화 또는 마비되는 현상(예 : 고도비행, 단독비행, 계기비행, 직선 고속도로 운행 등)<br>• 정서적 불안정(불안, 공포)<br>• 정보수용 능력의 한계 : 인간의 감지범위 밖의 정보 |
| 판단과정 착오 | • 정보 부족(옹고집, 지나친 자기중심적 인간)<br>• 능력 부족(지식 부족, 경험 부족)<br>• 자기합리화(자기에게 유리하게 판단)<br>• 환경조건 불비(작업조건 불량) |
| 조치과정 착오 | • 기술능력 미숙<br>• 경험 부족<br>• 피로 |

## 12 산업안전보건법령상 안전·보건표지의 색채와 사용사례의 연결로 틀린 것은?

① 노란색 – 정지신호, 소화설비 및 그 장소, 유해행위의 금지
② 파란색 – 특정 행위의 지시 및 사실의 고지
③ 빨간색 – 화학물질 취급장소에서의 유해·위험 경고
④ 녹색 – 비상구 및 피난소, 사람 또는 차량의 통행표지

### 해설
안전·보건표지의 색채, 색도기준 및 용도

| 색채 | 색도기준 | 용도 | 사용례 |
|---|---|---|---|
| 빨간색 | 7.5R 4/14 | 금지 | 정지신호, 소화설비 및 그 장소, 유해행위의 금지 |
| | | 경고 | 화학물질 취급장소에서의 유해·위험 경고 |
| 노란색 | 5Y 8.5/12 | 경고 | 화학물질 취급장소에서의 유해·위험경고 이외의 위험경고, 주의표지 또는 기계방호물 |
| 파란색 | 2.5PB 4/10 | 지시 | 특정 행위의 지시 및 사실의 고지 |
| 녹색 | 2.5G 4/10 | 안내 | 비상구 및 피난소, 사람 또는 차량의 통행표지 |
| 흰색 | N9.5 | | 파란색 또는 녹색에 대한 보조색 |
| 검은색 | N0.5 | | 문자 및 빨간색 또는 노란색에 대한 보조색 |

## 13 산업안전보건법령상 안전·보건표지의 종류 중 다음 표지의 명칭은?(단, 마름모 테두리는 빨간색이며, 안의 내용은 검은색이다.)

① 폭발성 물질 경고
② 산화성 물질 경고
③ 부식성 물질 경고
④ 급성독성 물질 경고

### 해설
안전보건표지

| 폭발성물질경고 | 산화성물질경고 | 부식성물질경고 | 급성독성물질경고 |
|---|---|---|---|
|  |  |  |  |

## 14 하인리히의 재해발생 이론이 다음과 같이 표현될 때, $\alpha$가 의미하는 것으로 옳은 것은?

재해의 발생=설비적 결함+관리적 결함+$\alpha$

① 노출된 위험의 상태
② 재해의 직접 원인
③ 물적 불안전 상태
④ 잠재된 위험의 상태

### 해설
하인리히의 법칙

재해 발생=물적 불안전 상태+인적 불안전 행위+$\alpha$
         =설비적 결함+관리적 결함+$\alpha$

여기서, $\alpha$ : 잠재된 위험의 상태(potential)=재해

## 15 허즈버그(Herzberg)의 위생-동기 이론에서 동기요인에 해당하는 것은?

① 감독
② 안전
③ 책임감
④ 작업조건

해설

허즈버그(F. Herzberg)의 2요인(동기 – 위생) 이론
허즈버그는 연구를 통해 사람들이 직무에 만족을 느낄 때에는 직무의 내용에 관계되고, 불만족을 느낄 때에는 직무환경과 관련된다는 것을 입증하였다.

| 동기요인(직무내용) | 위생요인(직무환경) |
|---|---|
| • 성취감<br>• 책임감<br>• 성장과 발전<br>• 안정감<br>• 도전감<br>• 일 그 자체 | • 보수<br>• 작업조건<br>• 관리감독<br>• 임금<br>• 지위<br>• 회사 정책과 관리 |

**16** 재해분석도구 중 재해발생의 유형을 어골상(魚骨像)으로 분류하여 분석하는 것은?

① 파레토도  ② 특성요인도
③ 관리도  ④ 클로즈분석

해설

통계에 의한 원인분석
1. 파레토도 : 사고의 유형, 기인물 등 분류항목을 큰 값에서 작은 값의 순서로 도표화하며, 문제나 목표의 이해에 편리하다.
2. 특성요인도 : 특성과 요인관계를 어골상으로 도표화하여 분석하는 기법(원인과 결과를 연계하여 상호 관계를 파악하기 위한 분석방법)
3. 클로즈(Close)분석 : 두 개 이상의 문제관계를 분석하는 데 사용하는 것으로, 데이터를 집계하고 표로 표시하여 요인별 결과내역을 교차한 클로즈 그림을 작성하여 분석하는 기법
4. 관리도 : 재해 발생 건수 등의 추이에 대해 한계선을 설정하여 목표 관리를 수행하는 데 사용되는 방법으로 관리선은 관리상한선, 중심선, 관리하한선으로 구성된다.

**17** 다음 중 안전모의 성능시험에 있어서 AE, ABE종에만 한하여 실시하는 시험은?

① 내관통성시험, 충격흡수성시험
② 난연성시험, 내수성시험
③ 난연성시험, 내전압성시험
④ 내전압성시험, 내수성시험

해설

안전모의 시험성능 항목 및 기준

| 항목 | 시험성능기준 |
|---|---|
| 내관통성 | • 안전인증 : AE, ABE종 안전모는 관통거리가 9.5mm 이하이고, AB종 안전모는 관통거리가 11.1mm 이하이어야 한다.<br>• 자율안전확인 : 안전모는 관통거리가 11.1mm 이어야 한다. |
| 충격 흡수성 | 최고전달충격력이 4,450N을 초과해서는 안 되며, 모체와 착장체의 기능이 상실되지 않아야 한다. |
| 내전압성 | AE, ABE종 안전모는 교류 20kV에서 1분간 절연파괴 없이 견뎌야 하고, 이때 누설되는 충전전류는 10mA 이하이어야 한다.(※ 자율안전확인에서는 제외) |
| 내수성 | AE, ABE종 안전모는 질량증가율이 1% 미만이어야 한다.(※ 자율안전확인에서는 제외) |
| 난연성 | 모체가 불꽃을 내며 5초 이상 연소되지 않아야 한다. |
| 턱끈 풀림 | 150N 이상 250N 이하에서 턱끈이 풀려야 한다. |

**18** 플리커검사(Flicker Test)의 목적으로 가장 적절한 것은?

① 혈중 알코올농도 측정
② 체내 산소량 측정
③ 작업강도 측정
④ 피로의 정도 측정

해설

플리커(Flicker)법
1. 빛에 대한 눈의 깜박임을 살펴 정신피로의 척도로 사용하는 방법이다.
2. 광원 앞에 사이가 벌어진 원판을 놓고 회전함으로써 눈에 들어오는 빛을 단속시켜 원판의 회전속도를 바꾸면 빛의 주기가 변한다. 이때 회전속도가 느리면 빛이 아른거리다가 빨라지면 융합되어 하나의 광점으로 보인다. 이러한 빛의 단속주기를 플리커치라고 한다.
3. 플리커법은 피로의 정도를 측정하는 검사이다.
4. 융합한계빈도(Crifical Fusion Frequency of Flicker) : CFF법이라고도 한다.

**19** 강도율에 관한 설명 중 틀린 것은?

① 사망 및 영구 전노동불능(신체장해등급 1~3급)의 근로손실일수는 7,500일로 환산한다.
② 신체장해등급 중 제14급은 근로손실일수를 50일로 환산한다.
③ 영구 일부노동불능은 신체장해등급에 따른 근로손실일수에 $\frac{300}{365}$을 곱하여 환산한다.
④ 일시 전노동불능은 휴업일수에 $\frac{300}{365}$을 곱하여 근로손실일수를 환산한다.

**해설**

근로손실일수의 산정기준
1. 사망 및 영구 전노동불능(신체장해등급 1~3급) : 7,500일
2. 영구 일부노동불능(근로손실일수)

| 신체장해 등급 | 4 | 5 | 6 | 7 | 8 | 9 |
|---|---|---|---|---|---|---|
| 근로손실 일수 | 5,500 | 4,000 | 3,000 | 2,200 | 1,500 | 1,000 |
| 신체장해 등급 | 10 | 11 | 12 | 13 | 14 | |
| 근로손실 일수 | 600 | 400 | 200 | 100 | 50 | |

3. 일시 전노동불능 : 근로손실일수 = 휴업일수 × $\frac{300}{365}$

**20** 다음 중 브레인스토밍의 4원칙과 가장 거리가 먼 것은?

① 자유로운 비평  ② 자유분방한 발언
③ 대량적인 발언  ④ 타인 의견의 수정 발언

**해설**

브레인스토밍(Brain Storming)의 원칙
1. 비판금지 : 「좋다」, 「나쁘다」라고 비판은 하지 않는다.
2. 대량발언 : 내용의 질적 수준보다 양적으로 무엇이든 많이 발언한다.
3. 자유분방 : 자유로운 분위기에서 마음대로 편안한 마음으로 발언한다.
4. 수정발언 : 타인의 아이디어를 수정하거나 보충 발언해도 좋다.

## 2과목 인간공학 및 시스템 안전공학

**21** 화학설비의 안전성 평가에서 정량적 평가의 항목에 해당되지 않는 것은?

① 훈련  ② 조작
③ 취급물질  ④ 화학설비용량

**해설**

화학설비에 대한 안전성 평가 단계
1. 제1단계 : 관계자료의 작성준비(정비검토)
   ㉠ 입지조건(지질도, 풍배도 등 입지에 관계있는 도표를 포함)
   ㉡ 화학설비 배치도
   ㉢ 건조물의 평면도와 단면도 및 입면도
   ㉣ 기계실 및 전기실의 평면도와 단면도 및 입면도
   ㉤ 원재료, 중간체, 제품 등의 물리적·화학적 성질 및 인체에 미치는 영향
   ㉥ 제조공정상 일어나는 화학반응
   ㉦ 제조공정 개요
   ㉧ 공정기기 목록
   ㉨ 공정계통도
   ㉩ 배관, 계장 계통도
   ㉪ 안전설비의 종류와 설치장소
   ㉫ 운전요령
   ㉬ 요원배치계획, 안전보건 훈련계획
   ㉭ 기타 관련 자료
2. 제2단계 : 정성적 평가

| 설계 관계 항목 | 입지조건, 공장 내 배치, 건조물, 소방설비 |
|---|---|
| 운전 관계 항목 | • 원재료, 중간체, 제품 등의 위험성<br>• 프로세스의 운전조건 수송, 저장 등에 대한 안전대책<br>• 프로세스기기의 선정조건 |

3. 제3단계 : 정량적 평가
   ㉠ 취급물질
   ㉡ 화학설비의 용량
   ㉢ 온도
   ㉣ 압력
   ㉤ 조작
4. 제4단계 : 안전대책
   ㉠ 설비 등에 관한 대책
   ㉡ 관리적 대책
5. 제5단계 : 재해정보에 의한 재평가
6. 제6단계 : FTA에 의한 재평가

**TIP** 훈련은 제4단계인 안전대책 중 관리적 대책의 항목에 해당

정답 19 ③ 20 ① 21 ①

**22** 인간 에러(Human Error)에 관한 설명으로 틀린 것은?

① Omission Error : 필요한 작업 또는 절차를 수행하지 않는 데 기인한 에러
② Commission Error : 필요한 작업 또는 절차의 수행 지연으로 인한 에러
③ Extraneous Error : 불필요한 작업 또는 절차를 수행함으로써 기인한 에러
④ Sequential Error : 필요한 작업 또는 절차의 순서 착오로 인한 에러

**해설**
인간실수의 분류(심리적인 분류)

| 생략에러 (Omission Error, 부작위 실수) | 필요한 직무 및 절차를 수행하지 않아(생략) 발생하는 에러<br>예 가스밸브를 잠그는 것을 잊어 사고가 났다. |
|---|---|
| 작위에러 (Commission Error, 실행에러) | • 필요한 작업 또는 절차의 불확실한 수행(잘못 수행)으로 인한 에러<br>• 넓은 의미로 선택착오, 순서착오, 시간착오, 정성적 착오를 포함한다.<br>예 전선이 바뀌었다, 틀린 부품을 사용하였다. 부품이 거꾸로 조립되었다 등 |
| 순서에러 (Sequential Error) | 필요한 작업 또는 절차의 순서 착오로 인한 에러<br>예 자동차 출발 시 핸드브레이크를 해제하지 않고 출발하여 발생한 에러 |
| 시간에러 (Time Error) | 필요한 직무 또는 절차의 수행지연으로 인한 에러<br>예 프레스 작업 중에 금형 내에 손이 오랫동안 남아 있어 발생한 재해 |
| 과잉행동에러 (Extraneous Error, 불필요한 행동에러) | 불필요한 작업 또는 절차를 수행함으로써 기인한 에러<br>예 자동차 운전 중 습관적으로 손을 창문으로 내밀어 발생한 재해 |

**23** 다음은 유해위험방지계획서의 제출에 관한 설명이다. ( ) 안에 들어갈 내용으로 옳은 것은?

산업안전보건법령상 "대통령령으로 정하는 사업의 종류 및 규모에 해당하는 사업으로서 해당 제품의 생산 공정과 직접적으로 관련된 건설물·기계·기구 및 설비 등 일체를 설치·이전하거나 그 주요 구조부분을 변경하려는 경우"에 해당하는 사업주는 유해위험방지계획서에 관련 서류를 첨부하여 해당 작업 시작 ( ㉠ )까지 공단에 ( ㉡ )부를 제출하여야 한다.

① ㉠ : 7일 전, ㉡ : 2
② ㉠ : 7일 전, ㉡ : 4
③ ㉠ : 15일 전, ㉡ : 2
④ ㉠ : 15일 전, ㉡ : 4

**해설**
유해·위험방지계획서 제출
1. 제조업 등 유해·위험방지계획서 : 해당 작업 시작 15일 전까지 공단에 2부 제출
2. 건설공사 유해·위험방지계획서 : 해당 공사의 착공 전날까지 공단에 2부 제출

**24** 그림과 같이 FTA로 분석된 시스템에서 현재 모든 기본사상에 대한 부품이 고장 난 상태이다. 부품 $X_1$부터 부품 $X_5$까지 순서대로 복구한다면 어느 부품을 수리 완료하는 시점에서 시스템이 정상가동되는가?

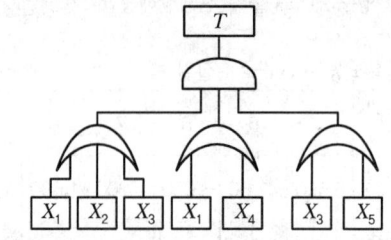

① 부품 $X_2$
② 부품 $X_3$
③ 부품 $X_4$
④ 부품 $X_5$

**해설**
1. $X_1$ 수리

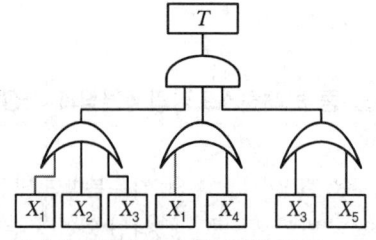

㉠ $X_2$, $X_3$가 수리되지 않아 정상가동 안 됨
㉡ $X_4$가 수리되지 않아 정상가동 안 됨
㉢ $X_3$, $X_5$가 수리되지 않아 정상가동 안 됨

2. $X_2$ 수리

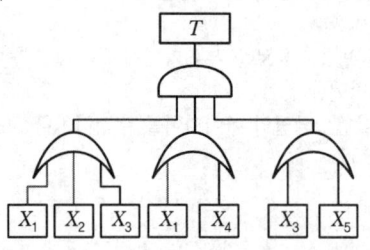

정답  22 ② 23 ③ 24 ②

㉠ $X_3$가 수리되지 않아 정상가동 안 됨
㉡ $X_4$가 수리되지 않아 정상가동 안 됨
㉢ $X_3$, $X_5$가 수리되지 않아 정상가동 안 됨

3. $X_3$ 수리

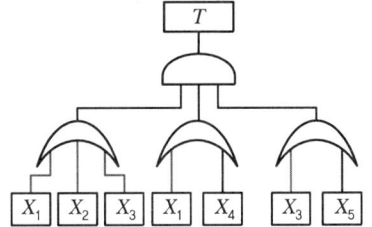

$T$가 정상가동 되려면 AND 게이트이므로 3개의 OR 게이트에서 신호가 나와야 하나, $X_1$, $X_2$, $X_3$가 수리가 완료되면 정상가동이 된다.

**25** 눈과 물체의 거리가 23cm, 시선과 직각으로 측정한 물체의 크기가 0.03cm일 때 시각(분)은 얼마인가?(단, 시각은 600 이하이며, radian 단위를 분으로 환산하기 위한 상수값은 57.3과 60을 모두 적용하여 계산하도록 한다.)

① 0.001
② 0.007
③ 4.48
④ 24.55

**해설**

시각

시각(Visual Angle)이란 보는 물체에 의한 눈에서의 대각(對角)으로, 보통 분이나 초단위로 나타낸다[1°=60′(분)=3,600″(초)]

$$\text{시각(분)} = \frac{57.3 \times 60 \times L}{D}$$

$$\text{시력} = \frac{1}{\text{시각}}$$

여기서, $L$ : 시선과 직각으로 측정한 물체의 크기(글자일 경우 획폭 등)
$D$ : 물체와 눈 사이의 거리
57.3과 60 : 시각이 600′(분) 이하일 때 라디안(radian) 단위를 분으로 환산하기 위한 상수

시각 $= \dfrac{57.3 \times 60 \times L}{D} = \dfrac{57.3 \times 60 \times 0.03}{23} = 4.48$[분]

**26** Sanders와 McCormick의 의자 설계의 일반적인 원칙으로 옳지 않은 것은?

① 요부 후만을 유지한다.
② 조정이 용이해야 한다.
③ 등근육의 정적부하를 줄인다.
④ 디스크가 받는 압력을 줄인다.

**해설**

의자 설계 시 고려하여야 할 원리
1. 등받이의 굴곡은 요추 부위의 전만곡선을 유지한다.
2. 조정이 용이해야 한다.
3. 자세고정을 줄인다.
4. 디스크(추간판)가 받는 압력을 줄인다.
5. 정적인 부하를 줄인다.
6. 의자의 높이는 오금의 높이보다 같거나 낮아야 한다.

**27** 후각적 표시장치(Olfactory Display)와 관련된 내용으로 옳지 않은 것은?

① 냄새의 확산을 제어할 수 없다.
② 시각적 표시장치에 비해 널리 사용되지 않는다.
③ 냄새에 대한 민감도의 개별적 차이가 존재한다.
④ 경보장치로서 실용성이 없기 때문에 사용되지 않는다.

**해설**

후각적 표시장치를 많이 쓰지 않는 이유
1. 사람마다 여러 냄새에 대한 민감도의 개인차가 심하고, 코가 막히면 민감도가 떨어진다.
2. 사람은 냄새에 빨리 익숙해져서 노출 후 얼마 이상이 지나면 냄새의 존재를 느끼지 못한다.
3. 냄새의 확산을 통제하기 힘들다.
4. 어떤 냄새는 메스껍게 하고 사람이 싫어할 수도 있다.

**TIP** 후각적 표시장치의 사용 예
• 주로 경보장치로 가스 누출을 탐지할 수 있도록 한다.
• 비상시 광산의 탈출 신호용(악취는 광산의 환기 계통에 방출되어 광산에 퍼진다.)

**28** 그림과 같은 FT도에서 $F_1 = 0.015$, $F_2 = 0.02$ $F_3 = 0.05$이면, 정상사상 $T$가 발생할 확률은 약 얼마인가?

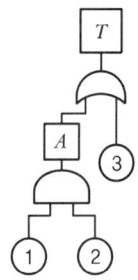

정답 25 ③  26 ①  27 ④  28 ③

① 0.0002
② 0.0283
③ 0.0503
④ 0.9500

**해설**

발생확률 계산
1. $A = ① \times ② = 0.015 \times 0.02 = 0.0003$
2. $T = 1 - (1-A)(1-③) = 1 - (1-0.0003)(1-0.05)$
   $= 0.0503$

## 29 NOISH Lifting Guideline에서 권장무게한계(RWL) 산출에 사용되는 계수가 아닌 것은?

① 휴식계수
② 수평계수
③ 수직계수
④ 비대칭계수

**해설**

권장무게한계(RWL) 산출 관계식

$$RWL(kg) = LC \times HM \times VM \times DM \times AM \times FM \times CM$$

여기서, LC : 부하상수(23kg : 최적 작업상태 권장 최대무게, 즉 모든 조건이 가장 좋지 않을 경우 허용되는 최대중량의 의미)
HM : 수평계수(수평거리에 따른 계수)
VM : 수직계수(수직거리에 따른 계수)
DM : 거리계수(물체의 이동거리에 따른 계수 ; 수직방향의 이동거리)
AM : 비대칭계수(비대칭각도계수)
FM : 빈도계수(작업빈도에 따른 계수)
CM : 결합계수(손잡이 계수)

## 30 인간공학을 기업에 적용할 때의 기대효과로 볼 수 없는 것은?

① 노사 간의 신뢰 저하
② 작업손실시간의 감소
③ 제품과 작업의 질 향상
④ 작업자의 건강 및 안전 향상

**해설**

사업장에서의 인간공학의 효과
1. 생산성의 향상
2. 작업자의 건강 및 안전 향상
3. 직무만족도의 향상
4. 이직률 및 작업손실시간의 감소
5. 노사 간의 신뢰 구축

## 31 THERP(Technique for Human Error Rate Prediction)의 특징에 대한 설명으로 옳은 것을 모두 고른 것은?

> ㉠ 인간 - 기계 계(system)에서 여러 가지의 인간의 에러와 이에 의해 발생할 수 있는 위험성의 예측과 개선을 위한 기법
> ㉡ 인간의 과오를 정성적으로 평가하기 위하여 개발된 기법
> ㉢ 가지처럼 갈라지는 형태의 논리구조와 나무 형태의 그래프를 이용

① ㉠, ㉡
② ㉠, ㉢
③ ㉡, ㉢
④ ㉠, ㉡, ㉢

**해설**

인간과오율 예측기법(THERP : Technique For Human Error Rate Prediction)
1. 사고원인 가운데 인간의 과오나 기인된 원인분석, 확률을 계산함으로써 제품의 결함을 감소시키고, 인간공학적 대책을 수립하는 데 사용되는 분석기법
2. 인간의 과오(Human Error)를 정량적으로 평가하기 위해 개발된 기법(Swain 등에 의해 개발된 인간과오율 예측기법)

## 32 차폐효과에 대한 설명으로 옳지 않은 것은?

① 차폐음과 배음의 주파수가 가까울 때 차폐효과가 크다.
② 헤어드라이어 소음 때문에 전화 음을 듣지 못한 것과 관련이 있다.
③ 유의적 신호와 배경 소음의 차이를 신호/소음(S/N)비로 나타낸다.
④ 차폐효과는 어느 한 음 때문에 다른 음에 대한 감도가 증가되는 현상이다.

**해설**

차폐(Masking)효과
크고 작은 두 소리가 동시에 들릴 때 큰 소리만 듣고 작은 소리는 듣지 못하는 현상으로 어느 한 음 때문에 다른 음에 대한 감도가 감소되는 현상이다.

**33** 산업안전보건기준에 관한 규칙상 "강렬한 소음작업"에 해당하는 기준은?

① 85데시벨 이상의 소음이 1일 4시간 이상 발생하는 작업
② 85데시벨 이상의 소음이 1일 8시간 이상 발생하는 작업
③ 90데시벨 이상의 소음이 1일 4시간 이상 발생하는 작업
④ 90데시벨 이상의 소음이 1일 8시간 이상 발생하는 작업

해설
강렬한 소음작업
1. 90데시벨 이상의 소음이 1일 8시간 이상 발생하는 작업
2. 95데시벨 이상의 소음이 1일 4시간 이상 발생하는 작업
3. 100데시벨 이상의 소음이 1일 2시간 이상 발생하는 작업
4. 105데시벨 이상의 소음이 1일 1시간 이상 발생하는 작업
5. 110데시벨 이상의 소음이 1일 30분 이상 발생하는 작업
6. 115데시벨 이상의 소음이 1일 15분 이상 발생하는 작업

**34** HAZOP 기법에서 사용하는 가이드 워드와 의미가 잘못 연결된 것은?

① No/Not – 설계의도의 완전한 부정
② More/Less – 정량적인 증가 또는 감소
③ Part of – 성질상의 감소
④ Other than – 기타 환경적인 요인

해설
지침단어(가이드 워드)의 의미

| GUIDE WORD | 의미 |
|---|---|
| NO 혹은 NOT | 설계의도의 완전한 부정 |
| MORE 혹은 LESS | 양의 증가 혹은 감소<br>(정량적 증가 혹은 감소) |
| AS WELL AS | 성질상의 증가<br>(정성적 증가) |
| PART OF | 성질상의 감소<br>(정성적 감소) |
| REVERSE | 설계의도의 논리적인 역<br>(설계의도와 반대현상) |
| OTHER THAN | 완전한 대체의 필요 |

**35** 그림과 같이 신뢰도가 95%인 펌프 A가 각각 신뢰도 90%인 밸브 B와 밸브 C의 병렬밸브계와 직렬계를 이룬 시스템의 실패확률은 약 얼마인가?

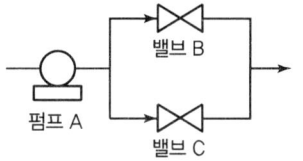

① 0.0091    ② 0.0595
③ 0.9405    ④ 0.9811

해설
시스템의 신뢰도
1. $R = 0.95 \times [1 - (1 - 0.90)(1 - 0.90)] = 0.9405$
2. 실패확률 $= 1 - 0.9405 = 0.0595$

**36** 인간이 기계보다 우수한 기능으로 옳지 않은 것은?(단, 인공지능은 제외한다.)

① 암호화된 정보를 신속하게 대량으로 보관할 수 있다.
② 관찰을 통해서 일반화하여 귀납적으로 추리한다.
③ 항공사진의 피사체나 말소리처럼 상황에 따라 변화하는 복잡한 자극의 형태를 식별할 수 있다.
④ 수신 상태가 나쁜 음극선관에 나타나는 영상과 같이 배경 잡음이 심한 경우에도 신호를 인지할 수 있다.

해설
인간이 기계보다 우수한 기능
1. 매우 낮은 수준의 자극(시각, 청각, 촉각, 후각, 미각적인)을 감지한다.
2. 수신 상태가 나쁜 음극선관에 나타나는 영상과 같이 배경 잡음이 심한 경우에도 신호를 인지할 수 있다.
3. 항공사진의 피사체나 말소리처럼 상황에 따라 변화하는 복잡한 자극의 형태를 식별할 수 있다.
4. 주위의 예기치 못한 상황을 감지할 수 있다.
5. 많은 양의 정보를 오랜 기간 동안 보관하였다가 적절한 정보를 상기한다.
6. 다양한 경험을 토대로 의사결정을 한다.
7. 어떤 운용방법이 실패할 경우, 다른 방법을 선택한다.
8. 관찰을 통해서 일반화하여 귀납적으로 추리한다.
9. 원칙을 적용하여 다양한 문제를 해결한다.
10. 완전히 새로운 해결책을 찾을 수 있다.
11. 다양한 운용상의 요건에 맞추어서 신체적인 반응을 적응시킨다.
12. 과부하 상황에서 불가피한 경우에는 중요한 일에만 전념한다.

정답  33 ④  34 ④  35 ②  36 ①

13. 주관적으로 추산하고 평가한다.

> **TIP** '암호화된 정보를 신속하게 대량으로 보관할 수 있다.'는 기계가 인간보다 우수한 기능이다.

## 37 FTA에서 사용되는 최소 컷셋에 관한 설명으로 옳지 않은 것은?

① 일반적으로 Fussell Algorithm을 이용한다.
② 정상사상(Top event)을 일으키는 최소한의 집합이다.
③ 반복되는 사건이 많은 경우 Limnios와 Ziani Algorithm을 이용하는 것이 유리하다.
④ 시스템에 고장이 발생하지 않도록 하는 모든 사상의 집합이다.

**해설**

컷셋과 패스셋

| | |
|---|---|
| 컷셋(Cut Set) | 정상사상을 발생시키는 기본사상의 집합으로 그 안에 포함되는 모든 기본사상(여기서는 통상사상, 생략결함사상 등을 포함한 기본사상)이 발생할 때 정상사상을 발생시킬 수 있는 기본사상의 집합 |
| 미니멀 컷셋(Minimal Cut Set) | 컷셋의 집합 중에서 정상사상을 일으키기 위하여 필요한 최소한의 컷셋을 미니멀 컷셋이라 한다. 즉, 컷셋 중에서 타 컷셋을 포함하고 있는 것을 배제하고 남은 컷셋들을 의미한다. |
| 패스셋(Path Set) | 그 안에 포함되는 모든 기본사상이 일어나지 않을 때 처음으로 정상사상이 일어나지 않는 기본사상의 집합, 즉 시스템이 고장 나지 않도록 하는 사상의 조합이다. |
| 미니멀 패스셋(Minimal Path Set) | 정상사상이 일어나지 않기 위해 필요한 최소한의 것을 말하며, 시스템의 신뢰성을 나타낸다. 즉, 시스템의 기능을 살리는 최소요인의 집합이다. |

## 38 직무에 대하여 청각적 자극 제시에 대한 음성 응답을 하도록 할 때 가장 관련 있는 양립성은?

① 공간적 양립성   ② 양식 양립성
③ 운동 양립성   ④ 개념적 양립성

**해설**

양립성의 종류

| | |
|---|---|
| 공간 양립성 | • 표시장치와 이에 대응하는 조종장치 간의 위치 또는 배열이 인간의 기대와 모순되지 않아야 한다.<br>• 가스버너에서 오른쪽 조리대는 오른쪽 조절장치로, 왼쪽 조리대는 왼쪽 조절장치로 조정하도록 배치한다. |
| 운동 양립성 | • 조작장치의 방향과 표시장치의 움직이는 방향이 사용자의 기대와 일치하는 것<br>• 자동차를 운전하는 과정에서 우측으로 회전하기 위하여 핸들을 우측으로 돌린다. |
| 개념 양립성 | • 사람들이 가지고 있는(이미 사람들이 학습을 통해 알고 있는) 개념적 연상에 관한 기대와 일치하는 것<br>• 냉온수기에서 빨간색은 온수, 파란색은 냉수가 나온다. |
| 양식 양립성 | 음성과업에 대해서는 청각적 자극 제시와 이에 대한 음성 응답 등에 해당 |

## 39 컴퓨터 스크린상에 있는 버튼을 선택하기 위해 커서를 이동시키는 데 걸리는 시간을 예측하는 가장 적합한 법칙은?

① Fitts의 법칙   ② Lewin의 법칙
③ Hick의 법칙   ④ Weber의 법칙

**해설**

피츠(Fitts)의 법칙
1. 인간의 손이나 발을 이동시켜 조작장치를 조작하는 데 걸리는 시간을 표적까지의 거리와 표적 크기의 함수로 나타내는 모형
2. 인간의 행동에 대해 속도와 정확성 간의 관계를 설명하는 기본적인 법칙을 나타낸다.
3. 목표물의 크기가 작아질수록 속도와 정확도가 나빠지고 목표물과의 거리가 멀어질수록 필요한 시간이 더 길어진다.

## 40 설비의 고장과 같이 발생확률이 낮은 사건의 특정시간 또는 구간에서의 발생횟수를 측정하는 데 가장 적합한 확률분포는?

① 이항분포(Binomial Distribution)
② 푸아송분포(Poisson Distribution)
③ 와이블분포(Weibull Distribution)
④ 지수분포(Exponential Distribution)

**해설**

확률분포

| | |
|---|---|
| 이항분포 | 결과가 성공과 실패 두 가지인 경우에, 단 하나의 실험이 아니라 여러 번의 연속된 복원 추출실험의 확률 분포 |
| 푸아송분포 | 특정시간이나 단위구간 및 공간에 대하여 어떤 사건의 발생횟수가 갖는 분포<br>**예** 철판의 흠의 수, 공장의 사고건수와 같은 확률값을 구하려고 할 때 |

**정답** 37 ④  38 ②  39 ①  40 ②

| 와이블분포 | 신뢰성 모델로서 가장 자주 사용되는 분포로 고장률함수 $\lambda(t)$가 상수, 증가 또는 감소함수인 수명분포들을 모형화할 때 적당한 분포이다. |
|---|---|
| 지수분포 | 여러 개의 부품이 조합되어 만들어진 기기나 시스템의 고장확률 밀도함수는 지수분포에 따르게 되며, 이때의 고장률은 시간에 관계없이 일정하게 된다.(시간당 고장률이 일정) |

## 3과목 기계위험 방지기술

**41** 산업안전보건법령상 양중기를 사용하여 작업하는 운전자 또는 작업자가 보기 쉬운 곳에 해당 양중기에 대해 표시하여야 할 내용으로 가장 거리가 먼 것은?(단, 승강기는 제외한다.)

① 정격하중
② 운전속도
③ 경고표시
④ 최대인양높이

### 해설
정격하중 등의 표시
양중기(승강기는 제외) 및 달기구를 사용하여 작업하는 운전자 또는 작업자가 보기 쉬운 곳에 해당 기계의 정격하중, 운전속도, 경고표시 등을 부착하여야 한다.(다만, 달기구는 정격하중만 표시)

**42** 롤러기의 급정지장치에 관한 설명으로 가장 적절하지 않은 것은?

① 복부 조작식은 조작부 중심점을 기준으로 밑면으로부터 1.2~1.4m 이내의 높이로 설치한다.
② 손 조작식은 조작부 중심점을 기준으로 밑면으로부터 1.8m 이내의 높이로 설치한다.
③ 급정지장치의 조작부에 사용하는 줄은 사용 중에 늘어져서는 안 된다.
④ 급정지장치의 조작부에 사용하는 줄은 충분한 인장강도를 가져야 한다.

### 해설
급정지장치의 설치방법

| 급정지장치 조작부의 종류 | 위치 | 비고 |
|---|---|---|
| 손으로 조작하는 것 | 밑면으로부터 1.8m 이내 | 위치는 급정지장치 조작부의 중심점을 기준으로 함 |
| 복부로 조작하는 것 | 밑면으로부터 0.8m 이상 1.1m 이내 | |
| 무릎으로 조작하는 것 | 밑면으로부터 0.4m 이상 0.6m 이내 | |

**43** 연삭기의 안전작업수칙에 대한 설명 중 가장 거리가 먼 것은?

① 숫돌의 정면에 서서 숫돌 원주면을 사용한다.
② 숫돌 교체 시 3분 이상 시운전을 한다.
③ 숫돌의 회전은 최고 사용 원주속도를 초과하여 사용하지 않는다.
④ 연삭숫돌에 충격을 가하지 않는다.

### 해설
연삭기 작업면에 있어서의 안전기준
1. 회전 중인 연삭숫돌(지름이 5센티미터 이상인 것으로 한정)이 근로자에게 위험을 미칠 우려가 있는 경우에 그 부위에 덮개를 설치하여야 한다.
2. 연삭숫돌을 사용하는 작업의 경우 작업을 시작하기 전에는 1분 이상, 연삭숫돌을 교체한 후에는 3분 이상 시험운전을 하고 해당 기계에 이상이 있는지를 확인하여야 한다.
3. 시험운전에 사용하는 연삭숫돌은 작업시작 전에 결함이 있는지를 확인한 후 사용하여야 한다.
4. 연삭숫돌의 최고 사용회전속도를 초과하여 사용하도록 해서는 아니 된다.
5. 측면을 사용하는 것을 목적으로 하지 않는 연삭숫돌을 사용하는 경우 측면을 사용하도록 해서는 아니 된다.

**TIP** 숫돌회전방향의 정면에 서지 않는다.

**44** 롤러기의 가드와 위험점 간의 거리가 100mm일 경우 ILO 규정에 의한 가드 개구부의 안전간격은?

① 11mm
② 21mm
③ 26mm
④ 31mm

### 해설
롤러기 가드의 개구부간격(ILO 기준, 위험점이 전동체가 아닌 경우)

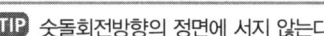

정답 41 ④ 42 ① 43 ① 44 ②

$$Y = 6 + 0.15X \, (X < 160\text{mm})$$
(단, $X \geq 160\text{mm}$일 때, $Y = 30\text{mm}$)

여기서, $X$ : 가드와 위험점 간의 거리(안전거리)(mm)
$Y$ : 가드 개구부 간격(안전간극)(mm)

$Y = 6 + 0.15X = 6 + 0.15 \times 100 = 21 [\text{mm}]$

**45** 지게차의 포크에 적재된 화물이 마스트 후방으로 낙하함으로써 근로자에게 미치는 위험을 방지하기 위하여 설치하는 것은?

① 헤드가드  ② 백레스트
③ 낙하방지장치  ④ 과부하방지장치

**해설**
백레스트
지게차의 포크에 적재된 화물이 마스트 후방으로 낙하함으로써 근로자에게 미치는 위험을 방지하기 위하여 설치하는 짐받이 틀을 말한다.

**46** 산업안전보건법령상 프레스 및 전단기에서 안전블록을 사용해야 하는 작업으로 가장 거리가 먼 것은?

① 금형 가공작업  ② 금형 해체작업
③ 금형 부착작업  ④ 금형 조정작업

**해설**
금형 조정작업의 위험방지
프레스 등의 금형을 부착·해체 또는 조정하는 작업을 할 때에 해당 작업에 종사하는 근로자의 신체가 위험한계 내에 있는 경우 슬라이드가 갑자기 작동함으로써 근로자에게 발생할 우려가 있는 위험을 방지하기 위하여 안전블록을 사용하는 등 필요한 조치를 하여야 한다.

**47** 다음 중 기계설비의 안전조건에서 안전화의 종류로 가장 거리가 먼 것은?

① 재질의 안전화  ② 작업의 안전화
③ 기능의 안전화  ④ 외형의 안전화

**해설**
기계의 안전조건
1. 외관상의 안전화   4. 작업의 안전화
2. 기능적 안전화    5. 구조상의 안전화
3. 작업점의 안전화   6. 보전작업의 안전화

**48** 다음 중 비파괴검사법으로 틀린 것은?

① 인장검사  ② 자기탐상검사
③ 초음파탐상검사  ④ 침투탐상검사

**해설**
인장시험
1. 재료에 인장력을 가해 기계적인 성질을 조사하는 재료시험을 말한다.
2. 종류
항복점, 내력, 인장강도, 비례한도, 탄성한도, 신장, 연신율, 단면 수축률

**49** 산업안전보건법령상 아세틸렌 용접장치를 사용하여 금속의 용접·용단 또는 가열작업을 하는 경우 게이지 압력은 얼마를 초과하는 압력의 아세틸렌을 발생시켜 사용하면 안 되는가?

① 98kPa  ② 127kPa
③ 147kPa  ④ 196kPa

**해설**
압력의 제한
아세틸렌 용접장치를 사용하여 금속의 용접·용단 또는 가열작업을 하는 경우에는 게이지 압력이 127킬로파스칼을 초과하는 압력의 아세틸렌을 발생시켜 사용해서는 아니 된다.

**50** 산업안전보건법령상 산업용 로봇으로 인하여 근로자에게 발생할 수 있는 부상 등의 위험이 있는 경우 위험을 방지하기 위하여 울타리를 설치할 때 높이는 최소 몇 m 이상으로 해야 하는가?(단, 산업표준화법 및 국제적으로 통용되는 안전기준은 제외한다.)

① 1.8  ② 2.1
③ 2.4  ④ 1.2

**해설**
운전 중 위험방지(근로자가 로봇에 부딪칠 위험이 있을 경우)
1. 높이 1.8미터 이상의 울타리 설치
2. 컨베이어 시스템의 설치 등으로 울타리를 설치할 수 없는 일부 구간 : 안전매트 또는 광전자식 방호장치 등 감응형 방호장치 설치

**정답** 45 ② 46 ① 47 ① 48 ① 49 ② 50 ①

## 51 크레인의 사용 중 하중이 정격을 초과하였을 때 자동적으로 상승이 정지되는 장치는?

① 해지장치
② 이탈방지장치
③ 아웃트리거
④ 과부하방지장치

**해설**
과부하방지장치
정격하중 이상의 하중이 부하되었을 때 자동적으로 상승이 정지되면서 경보음을 발생하는 장치

## 52 인간이 기계 등의 취급을 잘못해도 그것이 바로 사고나 재해와 연결되는 일이 없는 기능을 의미하는 것은?

① Fail Safe
② Fail Active
③ Fail Operational
④ Fool Proof

**해설**
풀 프루프와 페일 세이프

| 풀 프루프 (Fool Proof) | 작업자가 기계를 잘못 취급하여 불안전 행동이나 실수를 하여도 기계설비의 안전 기능이 작용되어 재해를 방지할 수 있는 기능을 가진 구조 |
|---|---|
| 페일 세이프 (Fail Safe) | 기계나 그 부품에 파손·고장이나 기능불량이 발생하여도 항상 안전하게 작동할 수 있는 기능을 가진 구조 |

## 53 산업안전보건법령상 컨베이어를 사용하여 작업을 할 때 작업시작 전 점검사항으로 가장 거리가 먼 것은?

① 원동기 및 풀리(Pulley) 기능의 이상 유무
② 이탈 등의 방지장치 기능의 이상 유무
③ 유압장치 기능의 이상 유무
④ 비상정지장치 기능의 이상 유무

**해설**
컨베이어 작업시작 전 점검사항
1. 원동기 및 풀리(Pulley) 기능의 이상 유무
2. 이탈 등의 방지장치 기능의 이상 유무
3. 비상정지장치 기능의 이상 유무
4. 원동기·회전축·기어 및 풀리 등의 덮개 또는 울 등의 이상 유무

## 54 다음 중 기계설비에서 반대로 회전하는 두 개의 회전체가 맞닿는 사이에 발생하는 위험점으로 가장 적절한 것은?

① 물림점
② 협착점
③ 끼임점
④ 절단점

**해설**
기계운동 형태에 따른 위험점 분류

| | | |
|---|---|---|
| 협착점 | 왕복운동을 하는 운동부와 움직임이 없는 고정부 사이에서 형성되는 위험점 (고정점+운동점) | • 프레스 • 전단기<br>• 성형기 • 조형기<br>• 밴딩기 • 인쇄기 |
| 끼임점 | 회전운동하는 부분과 고정부 사이에 위험이 형성되는 위험점 (고정점+회전운동) | • 연삭숫돌과 작업대<br>• 반복동작되는 링크기구<br>• 교반기의 날개와 몸체 사이<br>• 회전풀리와 벨트 |
| 절단점 | 회전하는 운동부 자체의 위험이나 운동하는 기계부분 자체의 위험에서 형성되는 위험점 (회전운동+기계) | • 밀링커터<br>• 둥근 톱의 톱날<br>• 목공용 띠톱날 |
| 물림점 | 회전하는 두 개의 회전체에 형성되는 위험점(서로 반대 방향의 회전체) (중심점+반대방향의 회전운동) | • 기어와 기어의 물림<br>• 롤러와 롤러의 물림<br>• 롤러분쇄기 |
| 접선 물림점 | 회전하는 부분의 접선방향으로 물려들어갈 위험이 있는 위험점 | • V벨트와 풀리<br>• 랙과 피니언<br>• 체인벨트<br>• 평벨트 |
| 회전 말림점 | 회전하는 물체의 길이, 굵기, 속도 등의 불규칙 부위와 돌기 회전부위에 의해 장갑 또는 작업복 등이 말려들 위험이 있는 위험점 | • 회전하는 축<br>• 커플링<br>• 회전하는 드릴 |

## 55 선반작업 시 안전수칙으로 가장 적절하지 않은 것은?

① 기계에 주유 및 청소 시 반드시 기계를 정지시키고 한다.
② 칩 제거 시 브러시를 사용한다.
③ 바이트에는 칩 브레이커를 설치한다.
④ 선반의 바이트는 끝을 길게 장치한다.

**정답** 51 ④  52 ④  53 ③  54 ①  55 ④

해설

선반작업 시 주의사항
1. 칩(Chip)이 비산할 때는 보안경을 쓰고 방호판을 설치 사용한다.
2. 베드 위에 공구를 올려놓지 않아야 한다.
3. 작업 중에 가공품을 만지지 않는다.
4. 장갑 착용을 금한다.
5. 작업 시 공구는 항상 정리해 둔다.
6. 가능한 한 절삭 방향은 주축대 쪽으로 한다.
7. 기계 점검을 한 후 작업을 시작한다.
8. 칩(chip)이나 부스러기를 제거할 때는 기계를 정지시키고 압축공기를 사용하지 말고 반드시 브러시(솔)을 사용한다.
9. 치수 측정, 주유 및 청소를 할 때는 반드시 기계를 정지시키고 한다.
10. 기계를 운전 중에 백 기어(Back Gear)를 사용하지 말고 시동 전에 심압대가 잘죄어 있는가를 확인 한다.
11. 바이트는 가급적 짧게 장치하며 가공물의 길이가 직경의 12배 이상일 때는 반드시 방진구를 사용하여 진동을 막는다.
12. 리드 스크루에는 작업자의 하부가 걸리기 쉬우므로 조심해야 한다.

## 56 산업안전보건법령상 산업용 로봇의 작업 시작 전 점검사항으로 가장 거리가 먼 것은?

① 외부 전선의 피복 또는 외장의 손상 유무
② 압력방출장치의 이상 유무
③ 매니퓰레이터 작동 이상 유무
④ 제동장치 및 비상정지 장치의 기능

해설

작업시작 전 점검사항
로봇의 작동 범위에서 그 로봇에 관하여 교시 등(로봇의 동력원을 차단하고 하는 것은 제외한다)의 작업을 할 때
1. 외부 전선의 피복 또는 외장의 손상 유무
2. 매니퓰레이터(Manipulator) 작동의 이상 유무
3. 제동장치 및 비상정지장치의 기능

## 57 산업안전보건법령상 보일러의 과열을 방지하기 위하여 최고사용압력과 상용압력 사이에서 보일러의 버너 연소를 차단하여 정상 압력으로 유도하는 방호장치로 가장 적절한 것은?

① 압력방출장치
② 고저수위조절장치
③ 언로우드밸브
④ 압력제한스위치

해설

보일러의 압력제한스위치
보일러의 과열을 방지하기 위하여 최고사용압력과 상용압력 사이에서 보일러의 버너 연소를 차단할 수 있도록 압력제한스위치를 부착하여 사용하여야 한다.

## 58 프레스 작동 후 슬라이드가 하사점에 도달할 때까지의 소요시간이 0.5s일 때 양수기동식 방호장치의 안전거리는 최소 얼마인가?

① 200mm
② 400mm
③ 600mm
④ 800mm

해설

방호장치 설치 안전거리(양수기동식)

$$D_m = 1.6 T_m$$

여기서, $D_m$ : 안전거리(mm)
$T_m$ : 양손으로 누름단추를 누르기 시작할 때부터 슬라이드가 하사점에 도달하기까지 소요시간(ms)
$$T_m = \left(\frac{1}{\text{클러치 맞물림 개소수}} + \frac{1}{2}\right) \times \frac{60,000}{\text{매분 행정수}}(ms)$$

1. $ms = \frac{1}{1,000}$초, 즉 $1ms = 0.001s$
   $0.5초 \times 1,000 = 500(ms)$
2. $D_m = 1.6 T_m = 1.6 \times 500 = 800(mm)$

TIP 단위환산에 주의할 것

## 59 둥근톱기계의 방호장치 중 반발예방장치의 종류로 틀린 것은?

① 분할날
② 반발방지기구(Finger)
③ 보조안내판
④ 안전덮개

해설

반발예방장치

| | |
|---|---|
| 분할날<br>(Spreader) | 톱 뒷날(후면톱날) 가까이에 설치되고 절삭된 가공재의 홈 사이로 들어가면서 가공재의 모든 두께에 걸쳐서 쐐기작용을 하여 가공재가 톱날에 밀착되는 것을 방지하는 것 |
| 반발방지기구<br>(finger,<br>반발방지발톱) | 목재의 송급 쪽에 설치하는 것으로 가공재가 뒷날 측에 대해서 조금 들뜨고 역행하려고 할 때 기구가 가공재에 파고들어 반발을 방지하는 것 |

정답 56 ② 57 ④ 58 ④ 59 ④

| 반발방지룔 (Roll) | 항상 가공재가 톱 후면에 있어서 들뜨는 것을 누르고 반발을 방지하는 것으로 가공재 윗면을 항상 일정한 힘으로 누름 |
|---|---|
| 보조안내판 | 주 안내판과 톱날 사이의 공간에서 나무가 퍼질 수 있게 하여 죄임으로 인한 반발을 방지하는 것 |

## 60 산업안전보건법령상 형삭기(Slotter, Shaper)의 주요 구조부로 가장 거리가 먼 것은?(단, 수치제어식은 제외)

① 공구대
② 공작물 테이블
③ 램
④ 아버

**해설**

형삭기(Slotter, Shaper)
1. 공작물을 테이블 위에 고정시키고 램(ram)에 의하여 절삭 공구가 수평 또는 상·하 운동하면서 공작물을 절삭하는 공작기계를 말한다.
2. 주요 구조부
   ㉠ 공작물 테이블
   ㉡ 공구대
   ㉢ 공구공급장치(수치제어식으로 한정)
   ㉣ 램

## 4과목 전기위험 방지기술

## 61 피뢰기가 구비하여야 할 조건으로 틀린 것은?

① 제한전압이 낮아야 한다.
② 상용주파방전 개시전압이 높아야 한다.
③ 충격방전 개시전압이 높아야 한다.
④ 속류 차단능력이 충분하여야 한다.

**해설**

피뢰기의 구비성능
1. 충격방전 개시전압과 제한전압이 낮을 것
2. 반복 동작이 가능할 것
3. 구조가 견고하며 특성이 변화하지 않을 것
4. 점검, 보수가 간단할 것
5. 뇌전류의 방전능력이 클 것
6. 속류의 차단이 확실하게 될 것

## 62 다음 중 정전기의 발생 현상에 포함되지 않는 것은?

① 파괴에 의한 발생
② 분출에 의한 발생
③ 전도 대전
④ 유동에 의한 대전

**해설**

정전기 발생현상

| 파괴대전 | 고체나 분체류와 같은 물체가 파괴 시 전하분리의 균형이 깨지면서 정전기 발생 |
|---|---|
| 분출대전 | 분체류, 액체류, 기체류가 단면적이 작은 개구부를 통해 분출할 때 분출물과 개구부의 마찰로 인하여 정전기 발생 |
| 유동대전 | 액체류를 파이프 등으로 수송할 때 액체류가 파이프 등과 접촉하여 두 물질의 경계에 전기 2중층이 형성되어 정전기 발생 |

## 63 방폭기기에 별도의 주위 온도 표시가 없을 때 방폭기기의 주위 온도범위는?(단, 기호 "X"의 표시가 없는 기기이다.)

① 20℃~40℃
② -20℃~40℃
③ 10℃~50℃
④ -10℃~50℃

**해설**

방폭기기의 정상 주위 온도범위
표준 대기 조건에서 -20℃~+60℃의 대기 온도범위를 표준으로 하지만, 달리 명시하거나 표시하지 않는 한 방폭기기의 정상 주위 온도범위는 -20℃~+40℃이다.

## 64 정전기로 인한 화재 및 폭발을 방지하기 위하여 조치가 필요한 설비가 아닌 것은?

① 드라이클리닝 설비
② 위험물 건조설비
③ 화약류 제조설비
④ 위험기구의 제전설비

**해설**

정전기로 인한 화재 폭발을 방지하기 위한 조치가 필요한 설비 다음의 설비를 사용할 때에 정전기에 의한 화재 또는 폭발 등의 위험이 발생할 우려가 있는 경우에는 해당 설비에 대하여 확실한 방법으로 접지를 하거나 도전성 재료를 사용하거나 가습 및 점화원이 될 우려가 없는 제전장치를 사용하는 등 정전기의 발생을 억제하거나 제거하기 위하여 필요한 조치를 하여야 한다.

**정답** 60 ④ 61 ③ 62 ③ 63 ② 64 ④

1. 위험물을 탱크로리·탱크차 및 드럼 등에 주입하는 설비
2. 탱크로리·탱크차 및 드럼 등 위험물저장설비
3. 인화성 액체를 함유하는 도료 및 접착제 등을 제조·저장·취급 또는 도포하는 설비
4. 위험물 건조설비 또는 그 부속설비
5. 인화성 고체를 저장하거나 취급하는 설비
6. 드라이클리닝설비, 염색가공설비 또는 모피류 등을 씻는 설비 등 인화성 유기용제를 사용하는 설비
7. 유압, 압축공기 또는 고전위정전기 등을 이용하여 인화성 액체나 인화성 고체를 분무하거나 이송하는 설비
8. 고압가스를 이송하거나 저장·취급하는 설비
9. 화약류 제조설비
10. 발파공에 장전된 화약류를 점화시키는 경우에 사용하는 발파기(발파공을 막는 재료로 물을 사용하거나 갱도발파를 하는 경우는 제외)

**해설**
정전전로에서의 전로차단 절차
1. 전기기기 등에 공급되는 모든 전원을 관련 도면, 배선도 등으로 확인할 것
2. 전원을 차단한 후 각 단로기 등을 개방하고 확인할 것
3. 차단장치나 단로기 등에 잠금장치 및 꼬리표를 부착할 것
4. 개로된 전로에서 유도전압 또는 전기에너지가 축적되어 근로자에게 전기위험을 끼칠 수 있는 전기기기 등은 접촉하기 전에 잔류전하를 완전히 방전시킬 것
5. 검전기를 이용하여 작업 대상 기기가 충전되었는지를 확인할 것
6. 전기기기 등이 다른 노출 충전부와의 접촉, 유도 또는 예비동력원의 역송전 등으로 전압이 발생할 우려가 있는 경우에는 충분한 용량을 가진 단락 접지기구를 이용하여 접지할 것

## 65 300A의 전류가 흐르는 저압 가공전선로의 1선에서 허용 가능한 누설전류(mA)는?

① 600
② 450
③ 300
④ 150

**해설**
누설전류

$$누설전류 = 최대공급전류 \times \frac{1}{2,000}$$

$$누설전류 = 300 \times \frac{1}{2,000} = 0.15[A] = 150[mA]$$

**TIP** 1A = 1,000mA

## 67 유자격자가 아닌 근로자가 방호되지 않은 충전전로 인근의 높은 곳에서 작업할 때에 근로자의 몸은 충전전로에서 몇 cm 이내로 접근할 수 없도록 하여야 하는가?(단, 대지전압이 50kV이다.)

① 50
② 100
③ 200
④ 300

**해설**
충전전로를 취급하거나 그 인근에서의 작업
유자격자가 아닌 근로자가 충전전로 인근의 높은 곳에서 작업할 때에 근로자의 몸 또는 긴 도전성 물체가 방호되지 않은 충전전로에서 대지전압이 50킬로볼트 이하인 경우에는 300센티미터 이내로, 대지전압이 50킬로볼트를 넘는 경우에는 10킬로볼트당 10센티미터씩 더한 거리 이내로 각각 접근할 수 없도록 할 것

## 66 산업안전보건기준에 관한 규칙 제319조에 따라 감전될 우려가 있는 장소에서 작업을 하기 위해서는 전로를 차단하여야 한다. 전로 차단을 위한 시행 절차 중 틀린 것은?

① 전기기기 등에 공급되는 모든 전원을 관련 도면, 배선도 등으로 확인
② 각 단로기를 개방한 후 전원 차단
③ 단로기 개방 후 차단장치나 단로기 등에 잠금장치 및 꼬리표를 부착
④ 잔류전하 방전 후 검전기를 이용하여 작업 대상기기가 충전되어 있는지 확인

## 68 다음 중 정전기의 재해방지 대책으로 틀린 것은?

① 설비의 도체 부분을 접지
② 작업자는 정전화를 착용
③ 작업장의 습도를 30% 이하로 유지
④ 배관 내 액체의 유속제한

**해설**
정전기재해의 방지대책
1. 접지(도체의 대전방지)
2. 유속의 제한
3. 보호구의 착용

**정답** 65 ④  66 ②  67 ④  68 ③

4. 대전방지제 사용
5. 가습(상대습도를 60~70% 정도 유지)
6. 제전기 사용
7. 대전물체의 차폐
8. 정치시간의 확보
9. 도전성 재료 사용

## 69 가스(발화온도 120℃)가 존재하는 지역에 방폭기기를 설치하고자 한다. 설치가 가능한 기기의 온도 등급은?

① $T_2$  ② $T_3$
③ $T_4$  ④ $T_5$

**해설**

발화온도와 최고표면온도

| 발화도 | 발화점의 범위(℃) | Class | 최대표면온도(℃) |
|---|---|---|---|
| $G_1$ | 450 초과 | $T_1$ | 300 초과 450 이하 |
| $G_2$ | 300 초과 450 이하 | $T_2$ | 200 초과 300 이하 |
| $G_3$ | 200 초과 300 이하 | $T_3$ | 135 초과 200 이하 |
| $G_4$ | 135 초과 200 이하 | $T_4$ | 100 초과 135 이하 |
| $G_5$ | 100 초과 135 이하 | $T_5$ | 85 초과 100 이하 |
|  |  | $T_6$ | 85 이하 |

## 70 변압기의 중성점을 제2종 접지한 수전전압 22.9kV, 사용전압 220V인 공장에서 외함을 제3종 접지공사를 한 전동기가 운전 중에 누전되었을 경우에 작업자가 접촉될 수 있는 최소전압은 약 몇 V인가?(단, 1선 지락전류 : 10A, 제3종 접지저항 : 30Ω, 인체저항 : 10,000Ω이다.)

① 116.7  ② 127.5
③ 146.7  ④ 165.6

**해설**

전압

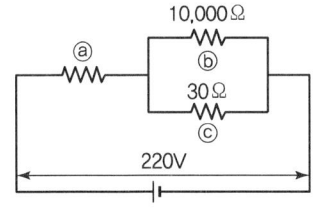

1. ⓐ의 저항(제2종 접지공사 접지저항 값)

   접지저항 값 = $\frac{150}{1선\ 지락전류[A]} = \frac{150}{10} = 15[\Omega]$

2. ⓑ와 ⓒ의 합성저항

   합성저항$(R) = \frac{1}{\frac{1}{R_1}+\frac{1}{R_2}} = \frac{1}{\frac{1}{10,000}+\frac{1}{30}} = 29.94$

3. 전체 저항

   ⓐ + (ⓑ와 ⓒ의 합성저항) = 15 + 29.94 = 44.94[Ω]

4. 전류

   $I = \frac{V}{R} = \frac{220}{44.94} = 4.89[A]$

5. ⓐ의 전압

   $V = I \times R = 4.89 \times 15 = 73.35[V]$

6. ⓑ와 ⓒ의 전압

   220 - 73.35 = 146.65 ≒ 146.7[V]

**TIP**
- 직렬접속회로에서는 전류가 같고, 병렬접속회로에서는 전압이 같다.
- ※ 계산방식은 동일하나 법 개정으로 접지대상에 따라 일괄 적용한 종별 접지(1종, 2종, 3종, 특별 3종)가 폐지되었습니다.

| 접지대상 | (개정 전) 접지방식 | (개정 후) KEC 접지방식 |
|---|---|---|
| (특)고압설비 | 1종 : 접지저항 10Ω | • 계통접지 : TN, TT, IT 계통<br>• 보호접지 : 등전위본딩 등<br>• 피뢰시스템접지 |
| 600V 이하 설비 | 특3종 : 접지저항 10Ω | |
| 400V 이하 설비 | 3종 : 접지저항 100Ω | |
| 변압기 | 2종 : (계산 요함) | "변압기 중성점 접지"로 명칭 변경 |

## 71 제전기의 종류가 아닌 것은?

① 전압인가식 제전기  ② 정전식 제전기
③ 방사선식 제전기    ④ 자기방전식 제전기

**해설**

제전기의 종류

| 전압인가식 제전기 | 약 7,000V 정도의 고전압으로 코로나 방전을 일으켜 제전에 필요한 이온을 발생시키는 장치 |
|---|---|
| 자기방전식 제전기 | 제전대상 물체의 정전에너지를 이용하여 제전에 필요한 이온을 발생시키는 장치 |
| 방사선식 제전기 (이온식 제전기) | 방사선 동위원소 등으로부터 나오는 방사선의 전리작용을 이용하여 제전에 필요한 이온을 만들어 내는 장치 |

**정답** 69 ④  70 ③  71 ②

## 72 정전기 방전현상에 해당되지 않는 것은?

① 연면 방전
② 코로나 방전
③ 낙뢰 방전
④ 스팀 방전

**해설**

정전기 방전의 형태

| | |
|---|---|
| 코로나<br>(Corona) 방전 | 고체에 정전기가 축적되면 전위가 높아지게 되고 고체표면의 전위경도가 어느 일정치를 넘어서면 낮은 소리와 연한 빛을 수반하는 방전 |
| 스트리머<br>(Streamer) 방전 | 일반적으로 브러시(Brush) 코로나에서 다소 강해져서 파괴음과 발광을 수반하는 방전 |
| 불꽃(Spark)<br>방전 | 도체가 대전되었을 때 접지된 도체 사이에서 발생하는 강한 발광과 파괴음을 수반하는 방전 |
| 연면(Surface)<br>방전 | 공기 중에 놓여진 절연체 표면의 전계강도가 큰 경우 고체 표면을 따라 진행하는 방전 |
| 브러시(Brush)<br>방전 | 비교적 평활한 대전물체가 만드는 불평등전계 중에서 발생하는 나뭇가지 모양의 방전 |
| 뇌상방전 | 번개와 같은 수지상의 발광을 수반하고 강력하게 대전한 입자군이 대규모의 구름 모양(대전운)으로 확산되어 일어나는 특수한 방전 |

## 73 전로에 지락이 생겼을 때에 자동적으로 전로를 차단하는 장치를 시설해야 하는 전기기계의 사용전압 기준은?(단, 금속제 외함을 가지는 저압의 기계 기구로서 사람이 쉽게 접촉할 우려가 있는 곳에 시설되어 있다.)

① 30V 초과
② 50V 초과
③ 90V 초과
④ 150V 초과

**해설**

누전차단기의 설치대상
금속제 외함을 가지는 사용전압이 50V를 초과하는 저압의 기계 기구로서 사람이 쉽게 접촉할 우려가 있는 곳에 시설하는 것에 전기를 공급하는 전로

## 74 정전용량 $C=20\mu F$, 방전 시 전압 $V=2kV$일 때 정전에너지(J)는 얼마인가?

① 40
② 80
③ 400
④ 800

**해설**

정전에너지

$$W = \frac{1}{2}CV^2 = \frac{1}{2}QV = \frac{1}{2}\frac{Q^2}{C}$$

대전 전하량 $(Q) = C \cdot V$, 대전 전위 $(V) = \frac{Q}{C}$

여기서, $W$ : 정전기 에너지(J), $C$ : 도체의 정전용량(F)
$V$ : 대전 전위(V), $Q$ : 대전 전하량(C)

$$W = \frac{1}{2}CV^2 = \frac{1}{2} \times (20 \times 10^{-6}) \times (2 \times 10^3)^2 = 40[J]$$

**TIP** $\mu F = 10^{-6} F$, $kV = 1,000V$

## 75 전로에 시설하는 기계기구의 금속제 외함에 접지공사를 하지 않아도 되는 경우로 틀린 것은?

① 저압용의 기계기구를 건조한 목재의 마루 위에서 취급하도록 시설한 경우
② 외함 주위에 적당한 절연대를 설치한 경우
③ 교류 대지전압이 300V 이하인 기계기구를 건조한 곳에 시설한 경우
④ 전기용품 및 생활용품 안전관리법의 적용을 받는 2중 절연구조로 되어 있는 기계기구를 시설하는 경우

**해설**

접지를 하지 않아도 되는 대상
사용전압이 직류 300V 또는 교류 대지전압이 150V 이하인 기계기구를 건조한 곳에 시설하는 경우

## 76 Dalziel에 의하여 동물실험을 통해 얻어진 전류값을 인체에 적용했을 때 심실세동을 일으키는 전기에너지(J)는 약 얼마인가?(단, 인체 전기저항은 500Ω으로 보며, 흐르는 전류 $I = \frac{165}{\sqrt{T}}$ mA로 한다.)

① 9.8
② 13.6
③ 19.6
④ 27

**해설**

위험한계에너지

$$W = I^2 RT[J/s] = \left(\frac{165}{\sqrt{T}} \times 10^{-3}\right)^2 \times R \times T$$

정답 72 ④ 73 ② 74 ① 75 ③ 76 ②

$$W = \left(\frac{165}{\sqrt{1}} \times 10^{-3}\right)^2 \times 500 \times 1 = 13.61(J)$$

## 77 전기설비의 방폭구조의 종류가 아닌 것은?

① 근본 방폭구조  ② 압력 방폭구조
③ 안전증 방폭구조  ④ 본질안전 방폭구조

**해설**

방폭구조의 종류 및 기호

| 내압 방폭구조 | d | 안전증 방폭구조 | e | 비점화 방폭구조 | n |
|---|---|---|---|---|---|
| 압력 방폭구조 | p | 특수 방폭구조 | s | 몰드 방폭구조 | m |
| 유입 방폭구조 | o | 본질안전 방폭구조 | i(ia, ib) | 충전 방폭구조 | q |

## 78 작업자가 교류전압 7,000V 이하의 전로에 활선 근접작업 시 감전사고 방지를 위한 절연용 보호구는?

① 고무절연관  ② 절연시트
③ 절연커버  ④ 절연안전모

**해설**

절연안전모
물체의 낙하・비래, 추락 등에 의한 위험을 방지하고, 작업자 머리 부분의 감전에 의한 위험으로부터 보호하기 위해 전압 7,000V 이하에서 사용한다.

## 79 방폭전기기기에 "Ex ia IIC T₄ Ga"라고 표시되어 있다. 해당 기기에 대한 설명으로 틀린 것은?

① 정상 작동, 예상된 오작동에 또는 드문 오작동 중에 점화원이 될 수 없는 "매우 높은" 보호등급의 기기이다.
② 온도등급이 T₄이므로 최고표면온도가 150℃를 초과해서는 안 된다.
③ 본질안전 방폭구조로 0종 장소에서 사용이 가능하다.
④ 수소 및 아세틸렌 등의 가스가 존재하는 곳에 사용이 가능하다.

**해설**

전기기기의 최고표면온도
방폭기기가 사양 범위 내의 최악의 조건에서 사용한 경우에 주위의 폭발성분위기에 점화될 우려가 있는 해당 전기기기의 구성부품이 도달하는 표면온도 중 가장 높은 온도를 최고 표면온도라 한다.

| 온도등급 | $T_1$ | $T_2$ | $T_3$ | $T_4$ | $T_5$ | $T_6$ |
|---|---|---|---|---|---|---|
| 최고표면 온도(℃) | 450 이하 | 300 이하 | 200 이하 | 135 이하 | 100 이하 | 85 이하 |

## 80 전기기계・기구의 기능 설명으로 옳은 것은?

① CB는 부하전류를 개폐시킬 수 있다.
② ACB는 진공 중에서 차단동작을 한다.
③ DS는 회로의 개폐 및 대용량부하를 개폐시킨다.
④ 피뢰침은 뇌나 계통의 개폐에 의해 발생하는 이상전압을 대지로 방전시킨다.

**해설**

전기기계・기구
1. 차단기(CB : Circuit Breaker) : 차단기는 통상의 부하전류를 개폐하고 사고 시 신속히 회로를 차단하여 전기기기 및 전선류를 보호하고 안전성을 유지하는 기기를 말한다.
2. 기중차단기(ACB) : 대기의 공기 내에서 회로를 차단할 시 공기의 자연소호방식을 이용한 것이다.
3. 단로기(DS : Disconnecting Switch) : 무부하 상태에서만 차단이 가능하며, 부하상태에서 개폐하면 위험하다.
4. 피뢰기(LA : Lightning Arrester) : 전기시설에 침입하는 낙뢰에 의한 이상전압에 대하여 그 파고값을 저감시켜 전기 기기를 절연파괴에서 보호하는 장치이다(이상전압으로부터 전력설비의 기기를 보호).

## 5과목 화학설비위험방지기술

## 81 다음 중 압축기 운전 시 토출압력이 갑자기 증가하는 이유로 가장 적절한 것은?

① 윤활유의 과다
② 피스톤 링의 가스 누설
③ 토출관 내에 저항 발생
④ 저장조 내 가스압의 감소

**해설**

토출관 내의 저항이 발생하면 토출압력이 증가하게 된다.

**정답** 77 ① 78 ④ 79 ② 80 ① 81 ③

**82** 진한 질산이 공기 중에서 햇빛에 의해 분해되었을 때 발생하는 갈색 증기는?

① $N_2$
② $NO_2$
③ $NH_3$
④ $NH_2$

**해설**
질산($HNO_3$)
자극성 부식성이 강하며 휘발성·발연성이다. 직사광선에 의해 분해되어 이산화질소($NO_2$)를 생성시키며, 질산을 가열하면 적갈색의 유독한 갈색증기($NO_2$)가 발생한다.

**83** 고온에서 완전 열분해하였을 때 산소를 발생하는 물질은?

① 황화수소
② 과염소산칼륨
③ 메틸리튬
④ 적린

**해설**
과염소산칼륨($KClO_4$)
약 400℃에서 열분해하기 시작하여 약 610℃에서 완전 분해되어 염화칼륨과 산소를 방출한다.

**84** 다음 중 분진 폭발에 관한 설명으로 틀린 것은?

① 폭발한계 내에서 분진의 휘발성분이 많으면 폭발 위험성이 높다.
② 분진이 발화 폭발하기 위한 조건은 가연성, 미분상태, 공기 중에서의 교반과 유동 및 점화원의 존재이다.
③ 가스폭발과 비교하여 연소의 속도나 폭발의 압력이 크고, 연소시간이 짧으며, 발생에너지가 작다.
④ 폭발한계는 입자의 크기, 입도분포, 산소농도, 함유 수분, 가연성 가스의 혼입 등에 의해 같은 물질의 분진에서도 달라진다.

**해설**
분진 폭발의 특징
1. 폭발한계 내에서 분진의 휘발성분이 많을수록 폭발이 쉽다.
2. 가스폭발에 비해 연소속도나 폭발압력이 작다.
3. 가스폭발에 비해 연소시간이 길고 발생에너지가 크기 때문에 파괴력과 타는 정도가 크다.
4. 가스에 비해 불완전연소의 가능성이 커서 일산화탄소의 존재로 인한 가스중독의 위험이 있다(가스폭발에 비하여 유독물의 발생이 많다).
5. 화염속도보다 압력속도가 빠르다.
6. 주위 분진의 비산에 의해 2차, 3차의 폭발로 파급되어 피해가 커진다.
7. 연소열에 의한 화재가 동반되며, 연소입자의 비산으로 인체에 닿을 경우 심한 화상을 입는다.
8. 분진이 발화 폭발하기 위한 조건은 인화성, 미분상태, 공기 중에서의 교반과 유동, 점화원의 존재이다.

**85** 다음 중 유류화재의 화재급수에 해당하는 것은?

① A급
② B급
③ C급
④ D급

**해설**
화재의 종류

| 분류 | A급 화재 | B급 화재 | C급 화재 | D급 화재 |
|---|---|---|---|---|
| 명칭 | 일반화재 | 유류화재 | 전기화재 | 금속화재 |
| 분류 | 보통 잔재의 작열에 의해 발생하는 연소에서 보통 유기 성질의 고체물질을 포함한 화재 | 액체 또는 액화할 수 있는 고체를 포함한 화재 및 가연성 가스 화재 | 통전 중인 전기 설비를 포함한 화재 | 금속을 포함한 화재 |
| 가연물 | 목재, 종이, 섬유 등 | 가솔린, 등유, 프로판 가스 등 | 전기기기, 변압기, 전기다리미 등 | 가연성 금속 (Mg분, Al분) |
| 소화 방법 | 냉각소화 | 질식소화 | 질식, 냉각소화 | 질식소화 |
| 적응 소화제 | · 물 소화기<br>· 강화액 소화기<br>· 산·알칼리 소화기 | · 이산화탄소 소화기<br>· 할로겐화합물 소화기<br>· 분말 소화기<br>· 포말 소화기 | · 이산화탄소 소화기<br>· 할로겐화합물 소화기<br>· 분말 소화기<br>· 무상강화액 소화기 | · 건조사<br>· 팽창 질석<br>· 팽창 진주암 |
| 표시색 | 백색 | 황색 | 청색 | 무색 |

**86** 증기 배관 내에 생성하는 응축수를 제거할 때 증기가 배출되지 않도록 하면서 응축수를 자동적으로 배출하기 위한 장치를 무엇이라 하는가?

① Vent Stack
② Steam Trap
③ Blow Down
④ Relief Valve

**해설**
스팀트랩(Steam trap)
증기 배관 내에 생성하는 응축수를 제거할 때 증기가 배출되지 않도록 하면서 응축수를 자동적으로 배출하기 위한 장치

| TIP | | |
|---|---|---|
| Vent Stack | 탱크 내의 압력을 정상적인 상태로 유지하기 위한 가스 방출 안전장치 | |
| Blow Down | 응축성 증기, 열유, 열액 등 공정 액체를 빼내고 이것을 안전하게 유지 또는 처리하기 위한 장치 | |
| Relief Valve | 액체의 취급 시 사용하는 안전밸브로 밸브개방은 압력증가에 비례하여 서서히 개방함 | |

## 87 다음 중 수분($H_2O$)과 반응하여 유독성 가스인 포스핀이 발생되는 물질은?

① 금속나트륨
② 알루미늄 분말
③ 인화칼슘
④ 수소화리튬

**해설**

인화칼슘($Ca_3P_2$)

인화석회라고도 하며 적갈색의 고체로 수분($H_2O$)과 반응하여 유독성 가스인 인화수소($PH_3$ : 포스핀)가스를 발생시킨다.

$$Ca_3P_2 + 6H_2O \rightarrow 3Ca(OH)_2 + 2PH_3 \uparrow$$

## 88 대기압에서 사용하나 증발에 의한 액체의 손실을 방지함과 동시에 액면 위의 공간에 폭발성 위험가스를 형성할 위험이 적은 구조의 저장탱크는?

① 유동형 지붕 탱크
② 원추형 지붕 탱크
③ 원통형 저장 탱크
④ 구형 저장탱크

**해설**

석유류 저장탱크의 종류

1. 유동형 지붕 탱크(FRT : Floating Roof Tank)
   탱크 상부에 지붕이 없고, 액표면 위에 부유하는 지붕을 설치하여 저장 액체의 증발 손실을 줄일 수 있도록 한 저장탱크를 말하며, 탱크 내 증기공간이 없어 화재 예방효과가 크다.
2. 원추형 지붕 탱크(CRT : Cone Roof Tank)
   원추형의 고정 지붕을 가진 저장탱크를 말하며, 설치비가 저렴하고, 석유류의 장기간 보관이 가능하다.
3. 복합형 탱크(IFRT : Internal Floating Roof Tank)
   원통형 지붕 탱크(CRT) 내부에 액면 위를 부유하는 지붕을 설치한 저장탱크를 말하며, 기존 CRT의 저장제품을 증기압이 높은 것으로 바꾸거나 빗물 등이 제품에 유입되어서는 안 되는 고증기압 제품 저장 시에 적용한다.

## 89 자동화재탐지설비의 감지기 종류 중 열감지기가 아닌 것은?

① 차동식
② 정온식
③ 보상식
④ 광전식

**해설**

자동화재탐지설비 감지기의 종류

| 감지원리 | | 개념 |
|---|---|---|
| 열감지기 | 차동식 | 온도의 상승률이 소정의 값 이상일 때 동작하는 감지기 |
| | 정온식 | 일정온도 이상이 될 때 작동하는 감지기 |
| | 보상식 | 저온도에서는 차동식으로 주위 온도가 공칭작동온도에 도달하면 온도상승률에 상관없이 정온식으로 작동되는 감지기 |
| 연기 감지기 | 광전식 | 연기에 의한 빛의 양 변화를 광전기 같은 전기적 변화에 의해 화재발생을 검지하는 감지기 |
| | 이온화식 | 주위의 공기가 일정한 농도의 연기를 포함하게 되는 경우에 작동하는 감지기 |

## 90 산업안전보건법령에서 규정하고 있는 위험물질의 종류 중 부식성 염기류로 분류되기 위하여 농도가 40% 이상이어야 하는 물질은?

① 염산
② 아세트산
③ 불산
④ 수산화칼륨

**해설**

부식성 물질

| 부식성 산류 | • 농도가 20퍼센트 이상인 염산, 황산, 질산, 그 밖에 이와 같은 정도 이상의 부식성을 가지는 물질<br>• 농도가 60퍼센트 이상인 인산, 아세트산, 불산, 그 밖에 이와 같은 정도 이상의 부식성을 가지는 물질 |
|---|---|
| 부식성 염기류 | 농도가 40퍼센트 이상인 수산화나트륨, 수산화칼륨, 그 밖에 이와 같은 정도 이상의 부식성을 가지는 염기류 |

## 91 인화점이 각 온도 범위에 포함되지 않는 물질은?

① −30℃ 미만 : 디에틸에테르
② −30℃ 이상 0℃ 미만 : 아세톤
③ 0℃ 이상 30℃ 미만 : 벤젠
④ 30℃ 이상 65℃ 이하 : 아세트산

정답 87 ③ 88 ① 89 ④ 90 ④ 91 ③

해설
인화점
1. 디에틸에테르 : -45℃
2. 아세톤 : -20℃
3. 벤젠 : -11℃
4. 아세트산 : 41.7℃

**92** 다음 중 아세틸렌을 용해가스로 만들 때 사용되는 용제로 가장 적합한 것은?

① 아세톤  ② 메탄
③ 부탄    ④ 프로판

해설
분해, 폭발의 위험을 방지하기 위하여 아세틸렌은 일반적으로 아세톤 용액으로 한다.

**93** 다음 중 산업안전보건법령상 화학설비의 부속설비로만 이루어진 것은?

① 사이클론, 백필터, 전기집진기 등 분진처리설비
② 응축기, 냉각기, 가열기, 증발기 등 열교환기류
③ 고로 등 점화기를 직접 사용하는 열교환기류
④ 혼합기, 발포기, 압출기 등 화학제품 가공설비

해설
화학설비의 부속설비
1. 배관·밸브·관·부속류 등 화학물질 이송 관련 설비
2. 온도·압력·유량 등을 지시·기록 등을 하는 자동제어 관련 설비
3. 안전밸브·안전판·긴급차단 또는 방출밸브 등 비상조치 관련 설비
4. 가스누출감지 및 경보 관련 설비
5. 세정기, 응축기, 벤트스택(Bent Stack), 플레어스택(Flare Stack) 등 폐가스처리설비
6. 사이클론, 백필터(Bag Filter), 전기집진기 등 분진처리설비
7. 1.목부터 6.목까지의 설비를 운전하기 위하여 부속된 전기 관련 설비
8. 정전기 제거장치, 긴급 샤워설비 등 안전 관련 설비

**94** 다음 중 밀폐공간 내 작업 시의 조치사항으로 가장 거리가 먼 것은?

① 산소결핍이나 유해가스로 인한 질식의 우려가 있으면 진행 중인 작업에 방해되지 않도록 주의하면서 환기를 강화하여야 한다.
② 해당 작업장을 적정한 공기상태로 유지되도록 환기하여야 한다.
③ 그 장소에 근로자를 입장시킬 때와 퇴장시킬 때마다 인원을 점검하여야 한다.
④ 그 작업장과 외부의 감시인 간에 항상 연락을 취할 수 있는 설비를 설치하여야 한다.

해설
근로자가 밀폐공간에서 작업을 하는 때에 산소결핍이 우려되거나 유해가스 등의 농도가 높아서 폭발할 우려가 있는 경우에 즉시 작업을 중단시키고 해당 근로자를 대피하도록 하여야 한다.

**95** 산업안전보건법령상 폭발성 물질을 취급하는 화학설비를 설치하는 경우에 단위공정설비로부터 다른 단위공정설비 사이의 안전거리는 설비 바깥 면으로부터 몇 m 이상이어야 하는가?

① 10  ② 15
③ 20  ④ 30

해설
위험물을 저장·취급하는 화학설비 및 그 부속설비를 설치하는 경우의 안전거리

| 구분 | 안전거리 |
|---|---|
| 단위공정시설 및 설비로부터 다른 단위공정시설 및 설비의 사이 | 설비의 바깥 면으로부터 10미터 이상 |
| 플레어스택으로부터 단위공정시설 및 설비, 위험물질 저장탱크 또는 위험물질 하역설비의 사이 | 플레어스택으로부터 반경 20미터 이상(다만, 단위공정시설 등이 불연재로 시공된 지붕 아래에 설치된 경우에는 제외) |
| 위험물질 저장탱크로부터 단위공정시설 및 설비, 보일러 또는 가열로의 사이 | 저장탱크의 바깥 면으로부터 20미터 이상(다만, 저장탱크의 방호벽, 원격조종화설비 또는 살수설비를 설치한 경우에는 제외) |
| 사무실·연구실·실험실·정비실 또는 식당으로부터 단위공정시설 및 설비, 위험물질 저장탱크, 위험물질 하역설비, 보일러 또는 가열로의 사이 | 사무실 등의 바깥 면으로부터 20미터 이상(다만, 난방용 보일러인 경우 또는 사무실 등의 벽을 방호구조로 설치한 경우에는 제외) |

**96** 탄화수소 증기의 연소하한값 추정식은 연료의 양론농도($C_{st}$)의 0.55배 이다. 프로판 1몰의 연소반응식이 다음과 같을 때 연소하한값은 약 몇 vol%인가?

$$C_3H_8 + 5O_2 \rightarrow 3CO_2 + 4H_2O$$

① 2.22　　② 4.03
③ 4.44　　④ 8.06

**해설**

완전연소 조성농도(화학양론농도)

$$C_{st} = \frac{100}{1+4.773\left(n+\frac{m-f-2\lambda}{4}\right)}$$

여기서, $n$ : 탄소의 원자수, $m$ : 수소의 원자수
$f$ : 할로겐 원소의 원자수, $\lambda$ : 산소의 원자수

1. 프로판($C_3H_8$)의 완전연소 조성농도

$$C_{st} = \frac{100}{1+4.773\left(n+\frac{m-f-2\lambda}{4}\right)}$$

$$= \frac{100}{1+4.773\left(3+\frac{8}{4}\right)} = 4.02[\%]$$

(단, $C_3H_8 \rightarrow n=3,\ m=8,\ f=0,\ \lambda=0$)

2. 연소(폭발)하한계 : $C_{st} \times 0.55 = 4.02 \times 0.55 = 2.211[\text{vol}\%]$

**97** 에틸알콜($C_2H_5OH$) 1몰이 완전연소 할 때 생성되는 $CO_2$의 몰수로 옳은 것은?

① 1　　② 2
③ 3　　④ 4

**해설**

에틸알콜의 연소반응식
$C_2H_5OH + 3O_2 \rightarrow 2CO_2 + 3H_2O$
∴ $CO_2 = 2,\ H_2O = 3$

**98** 프로판과 메탄의 폭발하한계가 각각 2.5, 5.0vol%이라고 할 때 프로판과 메탄이 3 : 1의 체적비로 혼합되어 있다면 이 혼합가스의 폭발하한계는 약 몇 vol%인가?(단, 상온, 상압 상태이다.)

① 2.9　　② 3.3
③ 3.8　　④ 4.0

**해설**

르 샤틀리에의 법칙(순수한 혼합가스일 경우)

$$\frac{100}{L} = \frac{V_1}{L_1} + \frac{V_2}{L_2} + \frac{V_3}{L_3} \cdots$$

$$L = \frac{100}{\frac{V_1}{L_1} + \frac{V_2}{L_2} + \cdots + \frac{V_n}{L_n}}$$

여기서, $V_n$ : 전체 혼합가스 중 각 성분 가스의 체적(비율)[%]
$L_n$ : 각 성분 단독의 폭발한계(상한 또는 하한)
$L$ : 혼합가스의 폭발한계(상한 또는 하한)[vol%]

1. 프로판의 비율($V_1$) : $\frac{3}{3+1} \times 100 = 75\%$

2. 메탄의 비율($V_2$) : $\frac{1}{3+1} \times 100 = 25\%$

3. $L = \dfrac{100}{\dfrac{V_1}{L_1} + \dfrac{V_2}{L_2}} = \dfrac{100}{\dfrac{75}{2.5} + \dfrac{25}{5.0}} = 2.857 = 2.9[\text{vol}\%]$

**99** 다음 중 소화약제로 사용되는 이산화탄소에 관한 설명으로 틀린 것은?

① 사용 후에 오염의 영향이 거의 없다.
② 장시간 저장하여도 변화가 없다.
③ 주된 소화효과는 억제소화이다.
④ 자체 압력으로 방사가 가능하다.

**해설**

이산화탄소($CO_2$) 소화약제

1. 공기 중에 존재하고 있는 산소의 농도 21%를 15% 이하로 낮추어 소화하는 질식 작용과 $CO_2$ 가스 방출 시 기화열의 흡수로 인하여 소화하는 냉각 작용을 하는 소화약제이다.
2. 상온에서 무색무취의 기체이며, 비중은 1.529로 공기보다 무겁다.
3. $CO_2$는 불활성 기체로 비교적 안정성이 높고 불연성, 부식성도 없다.
4. 장단점

| | |
|---|---|
| 장점 | • 소화 후에 오염과 잔유물이 남지 않는다.<br>• 약제의 수명이 반영구적이며 가격이 저렴하다.<br>• 기화잠열이 크므로 열 흡수에 의한 냉각 작용이 크다.<br>• 전기의 부도체로서 C급 화재에 매우 효과적이다.<br>• 자체 증기압이 높으며 심부화재에 효과적이다. |
| 단점 | • 밀폐공간에서 질식과 같은 인명의 피해를 입을 수 있다.<br>• 기화 시 온도가 급랭하여 동결 위험이 있다.<br>• 방사 시 소음이 매우 크며 시야를 가린다. |

**정답** 96 ① 97 ② 98 ① 99 ③

**100** 다음 중 물질의 자연발화를 촉진시키는 요인으로 가장 거리가 먼 것은?

① 표면적이 넓고, 발열량이 클 것
② 열전도율이 클 것
③ 주위 온도가 높을 것
④ 적당한 수분을 보유할 것

> [해설]
> 자연발화

| 자연발화의 조건<br>(자연발화가<br>쉽게 일어나는<br>조건) | • 표면적이 넓을 것<br>• 열전도율이 작을 것<br>• 발열량이 클 것<br>• 주위의 온도가 높을 것(분자운동 활발)<br>• 수분이 적당량 존재할 것 |
|---|---|
| 자연발화의<br>인자 | • 열의 축적 : 열축적이 용이할수록 자연발화가 되기 쉽다.<br>• 발열량 : 발열량이 큰 물질일수록 자연발화가 되기 쉽다.<br>• 열전도율 : 열전도율이 작을수록 자연발화가 쉽다.<br>• 수분 : 적당량의 수분이 존재할 때 자연발화가 쉽다.<br>• 퇴적방법 : 열 축적이 용이하게 가연물이 적재되어 있으면 자연발화가 쉽다.<br>• 공기의 유동 : 공기의 이동이 잘 안 될수록 열 축적이 용이하여 자연발화가 되기 쉽다. |

---

### 6과목  건설안전기술

**101** 콘크리트 타설을 위한 거푸집 동바리의 구조검토 시 가장 선행되어야 할 작업은?

① 각 부재에 생기는 응력에 대하여 안전한 단면을 산정한다.
② 가설물에 작용하는 하중 및 외력의 종류, 크기를 산정한다.
③ 하중 및 외력에 의하여 각 부재에 생기는 응력을 구한다.
④ 사용할 거푸집 동바리의 설치간격을 결정한다.

> [해설]
> 거푸집 동바리의 구조검토 순서
>
> | 하중계산 | 거푸집 동바리에 작용하는 하중 및 외력의 종류, 크기를 산정한다. |
> |---|---|
> | 응력계산 | 하중·외력에 의하여 각 부재에 생기는 응력을 구한다. |
> | 단면, 배치간격 계산 | 각 부재에 발생되는 응력에 대하여 안전한 단면 및 배치간격을 결정한다. |

**102** 다음 중 해체작업용 기계 기구로 가장 거리가 먼 것은?

① 압쇄기          ② 핸드 브레이커
③ 철제 햄머       ④ 진동롤러

> [해설]
> 해체용 기구
> 1. 압쇄기          5. 절단톱
> 2. 대형브레이커    6. 잭키
> 3. 철제 햄머       7. 절단줄톱
> 4. 핸드브레이커    8. 팽창제 등
>
> TIP 진동롤러
> 철 바퀴를 진동시키는 데 따라 자중 및 진동을 주어서 다지는 다짐기계를 말한다.

**103** 거푸집동바리 등을 조립하는 경우에 준수하여야 할 안전조치기준으로 옳지 않은 것은?

① 동바리로 사용하는 강관은 높이 2m 이내마다 수평 연결재를 2개 방향으로 만들고 수평연결재의 변위를 방지할 것
② 동바리로 사용하는 파이프 서포트는 3개 이상이어서 사용하지 않도록 할 것
③ 동바리로 사용하는 파이프 서포트를 이어서 사용하는 경우에는 3개 이상의 볼트 또는 전용철물을 사용하여 이을 것
④ 동바리로 사용하는 강관틀과 강관틀 사이에는 교차 가새를 설치할 것

> [해설]
> 동바리 유형에 따른 동바리 조립 시의 안전조치
> 1. 동바리로 사용하는 파이프 서포트의 경우
>    ㉠ 파이프 서포트를 3개 이상 이어서 사용하지 않도록 할 것

---

[정답] 100 ②  101 ②  102 ④  103 ③

ⓒ 파이프 서포트를 이어서 사용하는 경우에는 4개 이상의 볼트 또는 전용철물을 사용하여 이을 것
ⓒ 높이가 3.5미터를 초과하는 경우에는 높이 2미터 이내마다 수평연결재를 2개 방향으로 만들고 수평연결재의 변위를 방지할 것
2. 동바리로 사용하는 강관틀의 경우
  ㉠ 강관틀과 강관틀 사이에 교차가새를 설치할 것
  ㉡ 최상단 및 5단 이내마다 동바리의 측면과 틀면의 방향 및 교차가새의 방향에서 5개 이내마다 수평연결재를 설치하고 수평연결재의 변위를 방지할 것
  ㉢ 최상단 및 5단 이내마다 동바리의 틀면의 방향에서 양단 및 5개틀 이내마다 교차가새의 방향으로 띠장틀을 설치할 것

> **TIP** 본 문제는 법 개정으로 일부 내용이 수정되었습니다. 해설은 법 개정으로 수정된 내용이니 해설을 학습하세요.

## 104 다음은 말비계를 조립하여 사용하는 경우에 관한 준수사항이다. ( ) 안에 들어갈 내용으로 옳은 것은?

> • 지주부재와 수평면의 기울기를 ( A )° 이하로 하고 지주부재와 지주부재 사이를 고정시키는 보조부재를 설치할 것
> • 말비계의 높이가 2m를 초과하는 경우에는 작업발판의 폭을 ( B )cm 이상으로 할 것

① A : 75, B : 30   ② A : 75, B : 40
③ A : 85, B : 30   ④ A : 85, B : 40

**해설**

말비계 조립 시의 준수사항
1. 지주부재의 하단에는 미끄럼 방지장치를 하고, 근로자가 양측 끝부분에 올라서 작업하지 않도록 할 것
2. 지주부재와 수평면의 기울기를 75도 이하로 하고, 지주부재와 지주부재 사이를 고정시키는 보조부재를 설치할 것
3. 말비계의 높이가 2미터를 초과하는 경우에는 작업발판의 폭을 40센티미터 이상으로 할 것

## 105 산업안전보건관리비계상기준에 따른 일반건설공사(갑), 대상액 「5억 원 이상~50억 원 미만」의 안전관리비비율 및 기초액으로 옳은 것은?

① 비율 : 1.86%, 기초액 : 5,349,000원
② 비율 : 1.99%, 기초액 : 5,499,000원
③ 비율 : 2.35%, 기초액 : 5,400,000원
④ 비율 : 1.57%, 기초액 : 4,411,000원

**해설**

공사종류 및 규모별 산업안전보건관리비 계상기준표

| 구분<br>공사 종류 | 대상액<br>5억 원<br>미만인 경우<br>적용비율(%) | 대상액 5억 원 이상<br>50억 원 미만인 경우 | | 대상액<br>50억 원<br>이상인 경우<br>적용비율(%) | 보건관리자<br>선임대상<br>건설공사의<br>적용비율(%) |
|---|---|---|---|---|---|
| | | 적용비율<br>(%) | 기초액 | | |
| 건축공사 | 3.11% | 2.28% | 4,325,000원 | 2.37% | 2.64% |
| 토목공사 | 3.15% | 2.53% | 3,300,000원 | 2.60% | 2.73% |
| 중건설공사 | 3.64% | 3.05% | 2,975,000원 | 3.11% | 3.39% |
| 특수건설공사 | 2.07% | 1.59% | 2,450,000원 | 1.64% | 1.78% |

안전관리비 대상액 = 공사원가계산서 구성항목 중 직접재료비, 간접재료비와 직접노무비를 합한 금액(발주자가 재료를 제공할 경우에는 해당 재료비를 포함)

> **TIP** 본 문제는 법 개정으로 일부 내용이 수정되었습니다. 해설은 법 개정으로 수정된 내용이니 해설을 학습하세요.

## 106 터널작업 시 자동경보장치에 대하여 당일의 작업시작 전 점검하여야 할 사항으로 옳지 않은 것은?

① 검지부의 이상 유무
② 조명시설의 이상 유무
③ 경보장치의 작동 상태
④ 계기의 이상 유무

**해설**

자동경보장치의 작업시작 전 점검사항
당일 작업 시작 전 다음의 사항을 점검하고 이상을 발견하면 즉시 보수하여야 한다.
1. 계기의 이상 유무
2. 검지부의 이상 유무
3. 경보장치의 작동상태

## 107 다음은 강관틀비계를 조립하여 사용하는 경우 준수해야할 기준이다. ( ) 안에 알맞은 숫자를 나열한 것은?

> 길이가 띠장방향으로 ( A )미터 이하이고 높이가 ( B )미터를 초과하는 경우에는 ( C )미터 이내마다 띠장방향으로 버팀기둥을 설치할 것

① A : 4, B : 10, C : 5    ② A : 4, B : 10, C : 10
③ A : 5, B : 10, C : 5    ④ A : 5, B : 10, C : 10

**정답** 104 ② 105 ① 106 ② 107 ②

해설
강관틀비계 조립 시의 준수사항
1. 비계기둥의 밑둥에는 밑받침 철물을 사용하여야 하며 밑받침에 고저차가 있는 경우에는 조절형 밑받침철물을 사용하여 각각의 강관틀비계가 항상 수평 및 수직을 유지하도록 할 것
2. 높이가 20미터를 초과하거나 중량물의 적재를 수반하는 작업을 할 경우에는 주틀 간의 간격을 1.8미터 이하로 할 것
3. 주틀 간에 교차 가새를 설치하고 최상층 및 5층 이내마다 수평재를 설치할 것
4. 수직방향으로 6미터, 수평방향으로 8미터 이내마다 벽이음을 할 것
5. 길이가 띠장방향으로 4미터 이하이고 높이가 10미터를 초과하는 경우에는 10미터 이내마다 띠장방향으로 버팀기둥을 설치할 것

## 108 지반의 종류가 다음과 같을 때 굴착면의 기울기 기준으로 옳은 것은?

| 보통흙의 습지 |
|---|

① 1 : 0.5~1 : 1  ② 1 : 1~1 : 1.5
③ 1 : 0.8      ④ 1 : 0.5

해설
굴착면의 기울기

| 지반의 종류 | 굴착면의 기울기 |
|---|---|
| 모래 | 1 : 1.8 |
| 연암 및 풍화암 | 1 : 1.0 |
| 경암 | 1 : 0.5 |
| 그 밖의 흙 | 1 : 1.2 |

TIP 본 문제는 법 개정으로 일부 내용이 수정되었습니다. 해설은 법 개정으로 수정된 내용이니 해설을 학습하세요.

## 109 동력을 사용하는 항타기 또는 항발기에 대하여 무너짐을 방지하기 위하여 준수하여야 할 기준으로 옳지 않은 것은?

① 연약한 지반에 설치하는 경우에는 각부(脚部)나 가대(架臺)의 침하를 방지하기 위하여 깔판·깔목 등을 사용할 것
② 각부나 가대가 미끄러질 우려가 있는 경우에는 말뚝 또는 쐐기 등을 사용하여 각부나 가대를 고정시킬 것
③ 버팀대만으로 상단부분을 안정시키는 경우에는 버팀대는 3개 이상으로 하고 그 하단 부분은 견고한 버팀·말뚝 또는 철골 등으로 고정시킬 것
④ 버팀줄만으로 상단 부분을 안정시키는 경우에는 버팀줄을 2개 이상으로 하고 같은 간격으로 배치할 것

해설
무너짐의 방지 준수사항
1. 연약한 지반에 설치하는 경우에는 아웃트리거·받침 등 지지구조물의 침하를 방지하기 위하여 깔판·받침목 등을 사용할 것
2. 시설 또는 가설물 등에 설치하는 경우에는 그 내력을 확인하고 내력이 부족하면 그 내력을 보강할 것
3. 아웃트리거·받침 등 지지구조물이 미끄러질 우려가 있는 경우에는 말뚝 또는 쐐기 등을 사용하여 해당 지지구조물을 고정시킬 것
4. 궤도 또는 차로 이동하는 항타기 또는 항발기에 대해서는 불시에 이동하는 것을 방지하기 위하여 레일 클램프(rail clamp) 및 쐐기 등으로 고정시킬 것
5. 상단 부분은 버팀대·버팀줄로 고정하여 안정시키고, 그 하단 부분은 견고한 버팀·말뚝 또는 철골 등으로 고정시킬 것

TIP 본 문제는 법 개정으로 일부 내용이 수정되었습니다. 해설은 법 개정으로 수정된 내용이니 해설을 학습하세요.

## 110 운반작업을 인력운반작업과 기계운반작업으로 분류할 때 기계운반작업으로 실시하기에 부적당한 대상은?

① 단순하고 반복적인 작업
② 표준화되어 있어 지속적이고 운반량이 많은 작업
③ 취급물의 형상, 성질, 크기 등이 다양한 작업
④ 취급물이 중량인 작업

해설
취급물의 형상, 성질, 크기 등이 다양한 작업은 인력운반이 적합하다.

## 111 터널 등의 건설작업을 하는 경우에 낙반 등에 의하여 근로자가 위험해질 우려가 있는 경우에 필요한 직접적인 조치사항과 거리가 먼 것은?

① 터널지보공 설치    ② 부석의 제거
③ 울 설치           ④ 록볼트 설치

정답 108 ② 109 ④ 110 ③ 111 ③

해설
낙반 등에 의한 위험방지 조치
1. 터널 지보공 및 록볼트의 설치
2. 부석의 제거

## 112 장비 자체보다 높은 장소의 땅을 굴착하는 데 적합한 장비는?

① 파워 셔블(Power Shovel)
② 불도저(Bulldozer)
③ 드래그라인(Drag Line)
④ 클램셸(Clam Shell)

해설
굴삭장비
1. 파워셔블 : 굴착기가 위치한 지면보다 높은 곳의 굴착에 적당
2. 불도저 : 굴착, 절토, 운반 정지작업 등을 할 수 있는 만능 토공기계
3. 드래그라인 : 굴착기가 위치한 지면보다 낮은 곳의 굴착에 적합
4. 클램셸 : 굴착기가 위치한 지면보다 낮은 곳의 굴착에 접합, 좁고 깊은 곳의 수직굴착, 수중굴착에 적당

## 113 사다리식 통로의 길이가 10m 이상일 때 얼마 이내마다 계단참을 설치하여야 하는가?

① 3m 이내마다
② 4m 이내마다
③ 5m 이내마다
④ 6m 이내마다

해설
사다리식 통로
1. 견고한 구조로 할 것
2. 심한 손상·부식 등이 없는 재료를 사용할 것
3. 발판의 간격은 일정하게 할 것
4. 발판과 벽과의 사이는 15센티미터 이상의 간격을 유지할 것
5. 폭은 30센티미터 이상으로 할 것
6. 사다리가 넘어지거나 미끄러지는 것을 방지하기 위한 조치를 할 것
7. 사다리의 상단은 걸쳐 놓은 지점으로부터 60센티미터 이상 올라가도록 할 것
8. 사다리식 통로의 길이가 10미터 이상인 경우에는 5미터 이내마다 계단참을 설치할 것
9. 사다리식 통로의 기울기는 75도 이하로 할 것. 다만, 고정식 사다리식 통로의 기울기는 90도 이하로 하고, 그 높이가 7미터 이상인 경우에는 다음 각 목의 구분에 따른 조치를 할 것
   가. 등받이울이 있어도 근로자 이동에 지장이 없는 경우 : 바닥으로부터 높이가 2.5미터 되는 지점부터 등받이울을 설치할 것
   나. 등받이울이 있으면 근로자가 이동이 곤란한 경우 : 개인용 추락 방지 시스템을 설치하고 근로자로 하여금 전신안전대를 사용하도록 할 것
10. 접이식 사다리 기둥은 사용 시 접혀지거나 펼쳐지지 않도록 철물 등을 사용하여 견고하게 조치할 것

## 114 추락방지망 설치 시 그물코의 크기가 10cm인 매듭 있는 방망의 신품에 대한 인장강도 기준으로 옳은 것은?

① 100kgf 이상
② 200kgf 이상
③ 300kgf 이상
④ 400kgf 이상

해설
방망사의 신품에 대한 인장강도

| 그물코의 크기 (단위 : 센티미터) | 방망의 종류(단위 : 킬로그램) ||
|---|---|---|
| | 매듭 없는 방망 | 매듭방망 |
| 10 | 240(150) | 200(135) |
| 5 | | 110(60) |

단, ( )는 폐기 시 인장강도

## 115 타워크레인을 자립고(自立高) 이상의 높이로 설치할 때 지지벽체가 없어 와이어로프로 지지하는 경우의 준수사항으로 옳지 않은 것은?

① 와이어로프를 고정하기 위한 전용 지지프레임을 사용할 것
② 와이어로프 설치각도는 수평면에서 60° 이내로 하되, 지지점은 4개소 이상으로 하고, 같은 각도로 설치할 것
③ 와이어로프와 그 고정부위는 충분한 강도와 장력을 갖도록 설치하되, 와이어로프를 클립·샤클(Shackle) 등의 기구를 사용하여 고정하지 않도록 유의할 것
④ 와이어로프가 가공전선(架空電線)에 근접하지 않도록 할 것

정답  112 ①  113 ③  114 ②  115 ③

해설
타워크레인을 와이어로프로 지지하는 경우 준수사항
1. 와이어로프를 고정하기 위한 전용 지지프레임을 사용할 것
2. 와이어로프 설치각도는 수평면에서 60도 이내로 하되, 지지점은 4개소 이상으로 하고, 같은 각도로 설치할 것
3. 와이어로프와 그 고정부위는 충분한 강도와 장력을 갖도록 설치하고, 와이어로프를 클립·샤클(Shackle) 등의 고정기구를 사용하여 견고하게 고정시켜 풀리지 아니하도록 하며, 사용 중에는 충분한 강도와 장력을 유지하도록 할 것
4. 와이어로프가 가공전선에 근접하지 않도록 할 것

## 116 토질시험 중 연약한 점토 지반의 점착력을 판별하기 위하여 실시하는 현장시험은?

① 베인테스트(Vane Test)  ② 표준관입시험(SPT)
③ 하중재하시험  ④ 삼축압축시험

해설
베인테스트(Vane Test)
1. 깊이 10m 이내의 연약점토 지반에 적용
2. 로드 선단에 +자형 날개(Vane)를 부착하여 지중에 박아 회전시켜 점토의 점착력을 판별하는 시험

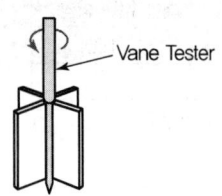

베인테스트(Vane Test)

## 117 비계의 부재 중 기둥과 기둥을 연결시키는 부재가 아닌 것은?

① 띠장  ② 장선
③ 가새  ④ 작업발판

해설
비계 용어의 정의

| 비계기둥 | 비계를 조립할 때 수직으로 세우는 부재 |
|---|---|
| 띠장 | 비계기둥에 수평으로 설치하는 부재 |
| 장선 | 쌍줄비계에서 띠장 사이에 수평으로 걸쳐 작업발판을 지지하는 가로재 |
| 교차가새 | 비계기둥과 띠장을 일체화하고 비계의 도괴에 대한 저항력을 증대시키기 위해 비계 전면에 X형태로 설치하는 것 |

## 118 항만하역작업에서의 선박승강설비 설치기준으로 옳지 않은 것은?

① 200톤급 이상의 선박에서 하역작업을 하는 경우에 근로자들이 안전하게 오르내릴 수 있는 현문(舷門) 사다리를 설치하여야 하며, 이 사다리 밑에 안전망을 설치하여야 한다.
② 현문 사다리는 견고한 재료로 제작된 것으로 너비는 55cm 이상이어야 한다.
③ 현문 사다리의 양측에는 82cm 이상의 높이로 울타리를 설치하여야 한다.
④ 현문 사다리는 근로자의 통행에만 사용하여야 하며, 화물용 발판 또는 화물용 보관으로 사용하도록 해서는 아니 된다.

해설
선박승강설비의 설치
1. 300톤급 이상의 선박에서 하역작업을 하는 경우에 근로자들이 안전하게 오르내릴 수 있는 현문 사다리를 설치하여야 하며, 이 사다리 밑에 안전망을 설치하여야 한다.
2. 현문 사다리는 견고한 재료로 제작된 것으로 너비는 55센티미터 이상이어야 하고, 양측에 82센티미터 이상의 높이로 울타리를 설치하여야 하며, 바닥은 미끄러지지 않도록 적합한 재질로 처리되어야 한다.
3. 현문 사다리는 근로자의 통행에만 사용하여야 하며, 화물용 발판 또는 화물용 보관으로 사용하도록 해서는 아니 된다.

## 119 다음 중 유해위험방지계획서 제출 대상공사가 아닌 것은?

① 지상높이가 30m인 건축물 건설공사
② 최대 지간길이가 50m인 교량건설공사
③ 터널 건설공사
④ 깊이가 11m인 굴착공사

해설
유해위험방지계획서를 제출해야 될 건설공사
1. 다음 각 목의 어느 하나에 해당하는 건축물 또는 시설 등의 건설·개조 또는 해체공사
 ㉠ 지상높이가 31미터 이상인 건축물 또는 인공구조물
 ㉡ 연면적 3만제곱미터 이상인 건축물
 ㉢ 연면적 5천제곱미터 이상인 시설로서 다음의 어느 하나에 해당하는 시설
  • 문화 및 집회시설(전시장 및 동물원·식물원은 제외)

- 판매시설, 운수시설(고속철도의 역사 및 집배송시설은 제외)
- 종교시설
- 의료시설 중 종합병원
- 숙박시설 중 관광숙박시설
- 지하도상가
- 냉동·냉장 창고시설
2. 연면적 5천제곱미터 이상인 냉동·냉장 창고시설의 설비공사 및 단열공사
3. 최대 지간길이(다리의 기둥과 기둥의 중심 사이의 거리)가 50미터 이상인 다리의 건설 등 공사
4. 터널의 건설 등 공사
5. 다목적댐, 발전용댐, 저수용량 2천만 톤 이상의 용수 전용댐 및 지방상수도 전용 댐의 건설등 공사
6. 깊이 10미터 이상인 굴착공사

**120** 본 터널(Main Tunnel)을 시공하기 전에 터널에서 약간 떨어진 곳에 지질조사, 환기, 배수, 운반 등의 상태를 알아보기 위하여 설치하는 터널은?

① 프리패브(Prefab) 터널
② 사이드(Side) 터널
③ 실드(Shield) 터널
④ 파일럿(Pilot) 터널

**해설**
파일럿 터널(Pilot Tunnel)공법
1. 본 터널 시공 전에 약간 떨어진 곳에 먼저 굴착해 놓고 지질조사, 환기, 배수, 재료운반 등의 상태를 알아보기 위하여 설치하는 터널을 말한다.
2. 파일럿 터널은 본 터널이 완공되면 다시 매립한다.

**정답** 120 ④

# PART 02
# 15 | 2020년 4회 기출문제

## 1과목 안전관리론

**01** 라인(Line)형 안전관리 조직의 특징으로 옳은 것은?

① 안전에 관한 기술의 축적이 용이하다.
② 안전에 관한 지시나 조치가 신속하다.
③ 조직원 전원을 자율적으로 안전활동에 참여시킬 수 있다.
④ 권한 다툼이나 조정 때문에 통제수속이 복잡해지며, 시간과 노력이 소모된다.

### 해설
라인형(Line형, 직계형 조직)

| 의의 | • 안전을 전문으로 분담하는 조직이 없고, 안전관리에 관한 계획에서부터 실시·평가에 이르기까지 생산라인(생산 지시)을 통해서 이루어지는 조직 형태<br>• 100명 미만의 소규모 사업장에 적합한 조직 형태 |
|---|---|
| 장점 | • 명령과 보고가 상하관계뿐이므로 간단명료한 조직<br>• 경영자의 명령이나 지휘가 신속·정확하게 전달되어 개선 조치가 빠르게 진행 |
| 단점 | • 안전에 대한 전문지식이나 정보가 불충분<br>• 생산라인의 업무에 중점을 두어 안전보건관리가 소홀해질 수 있음 |

**TIP**
• 안전에 관한 기술의 축적이 용이하다, 권한 다툼이나 조정 때문에 통제수속이 복잡해지며, 시간과 노력이 소모된다. : 스태프형(Staff형, 참모형 조직)
• 조직원 전원을 자율적으로 안전활동에 참여시킬 수 있다. : 라인-스태프형(Line-Staff형, 직계 참모형 조직)

**02** 레빈(Lewin)은 인간 행동 특성을 다음과 같이 표현하였다. 변수 '$P$'가 의미하는 것은?

$$B = f(P \cdot E)$$

① 행동
② 소질
③ 환경
④ 함수

### 해설
레빈(K. Lewin)의 행동법칙

$$B = f(P \cdot E)$$

여기서, $B$ : Behavior(인간의 행동)
$f$ : function(함수관계) $P \cdot E$에 영향을 줄 수 있는 조건
$P$ : Person(개체, 개인의 자질, 연령, 경험, 심신상태, 성격, 지능 등)
$E$ : Environment(심리적 환경 – 작업환경, 인간관계, 설비적 결함 등)

**03** Y-K(Yutaka-Kohate) 성격검사에 관한 사항으로 옳은 것은?

① C,C'형은 적응이 빠르다.
② M,M'형은 내구성, 집념이 부족하다.
③ S,S'형은 담력, 자신감이 강하다.
④ P,P'형은 운동, 결단이 빠르다.

### 해설
Y-K(Yutaka-Kohata) 성격검사

| 작업 성격 유형 | 작업 성격 인자 |
|---|---|
| C,C'형 : 담즙질<br>(진공성형) | ① 운동, 결단, 기민이 빠름<br>② 적응 빠름<br>③ 세심하지 않음<br>④ 내구, 집념 부족<br>⑤ 자신감 강함 |
| M,M'형 : 흑담즙질<br>(신경질형) | ① 운동성 느리고 지속성 풍부<br>② 적응 느림<br>③ 세심, 억제, 정확함<br>④ 내구성, 집념, 지속성<br>⑤ 담력, 자신감 강함 |
| S,S'형 : 다혈질<br>(운동성형) | ①, ②, ③, ④ : C,C'형과 동일<br>⑤ 담력, 자신감 약함 |
| P,P'형 : 점액질<br>(평범수동성형) | ①, ②, ③, ④ : M,M'형과 동일<br>⑤ 자신감 약함 |
| Am형(이상질) | ① 극도로 나쁨<br>② 극도로 느림<br>③ 극도로 나쁨<br>④ 극도로 결핍<br>⑤ 극도로 강하거나 약함 |

정답 01 ② 02 ② 03 ①

## 04 재해예방의 4원칙이 아닌 것은?

① 손실 우연의 원칙  ② 사전 준비의 원칙
③ 원인 계기의 원칙  ④ 대책 선정의 원칙

**해설**

하인리히의 재해예방 4원칙

| 예방 가능의 원칙 | 천재지변을 제외한 모든 재해는 원칙적으로 예방이 가능하다. |
|---|---|
| 손실 우연의 원칙 | 사고로 생기는 상해의 종류 및 정도는 우연적이다. |
| 원인 계기의 원칙 | 사고와 손실의 관계는 우연적이지만 사고와 원인관계는 필연적이다.(사고에는 반드시 원인이 있다.) |
| 대책 선정의 원칙 | 원인을 정확히 규명해서 대책을 선정하고 실시되어야 한다.(3E, 즉 기술, 교육, 독려를 중심으로) |

## 05 재해의 발생확률은 개인적 특성이 아니라 그 사람이 종사하는 작업의 위험성에 기초한다는 이론은?

① 암시설  ② 경향설
③ 미숙설  ④ 기회설

**해설**

재해 빈발설
재해를 일으킨 사람이 처음의 재해를 일으킨 사람보다 더 많은 재해를 일으킨다는 학설

| 기회설 | 재해가 빈발하는 것은 개인의 영향이 아니라 종사하는 작업에 위험성이 많기 때문이며 그 사람이 위험한 작업을 담당하고 있기 때문이라는 설 (안전교육, 작업환경개선의 대책) |
|---|---|
| 암시설 | 한번 재해를 당하면 겁쟁이가 되거나 신경과민이 되어 그 사람이 갖는 대응 능력이 열화하기 때문에 재해를 빈발하게 된다는 설 |
| 재해 빈발 경향자설 | 근로자 가운데 재해를 빈발하는 소질적 결함자가 있다는 설 |

## 06 타인의 비판 없이 자유로운 토론을 통하여 다량의 독창적인 아이디어를 이끌어내고, 대안적 해결안을 찾기 위한 집단적 사고기법은?

① Role Playing
② Brainstorming
③ Action Playing
④ Fish Bowl Playing

**해설**

브레인스토밍(Brainstorming)의 원칙
1. 비판금지 : 「좋다」, 「나쁘다」라고 비판은 하지 않는다.
2. 대량발언 : 내용의 질적 수준보다 양적으로 무엇이든 많이 발언한다.
3. 자유분방 : 자유로운 분위기에서 마음대로 편안한 마음으로 발언한다.
4. 수정발언 : 타인의 아이디어를 수정하거나 보충 발언해도 좋다.

**TIP** 브레인스토밍(Brainstorming)
수 명의 멤버가 마음을 터놓고 편안한 분위기 속에서 공상, 연상의 연쇄반응을 일으키면서 자유분방하게 아이디어를 대량으로 발언해 나가는 것이다.

## 07 강도율 7인 사업장에서 한 작업자가 평생 동안 작업을 한다면 산업재해로 인한 근로손실일수는 며칠로 예상되는가?(단, 이 사업장의 연근로시간과 한 작업자의 평생근로시간은 100,000시간으로 가정한다.)

① 500  ② 600
③ 700  ④ 800

**해설**

환산강도율

- 환산강도율$(S)$ = 강도율 $\times \dfrac{100,000}{1,000}$ = 강도율 $\times 100$(일)
- 환산도수율$(F)$ = 도수율 $\times \dfrac{100,000}{1,000,000}$ = 도수율 $\times \dfrac{1}{10}$(건)
- $\dfrac{S}{F}$ = 재해 1건당의 근로손실일수

환산강도율 = $7 \times 100 = 700$(일)

## 08 산업안전보건법령상 유해·위험 방지를 위한 방호 조치가 필요한 기계·기구가 아닌 것은?

① 예초기  ② 지게차
③ 금속절단기  ④ 금속탐지기

**해설**

유해하거나 위험한 기계·기구에 대한 방호조치
동력으로 작동하는 기계·기구로서 유해·위험 방지를 위한 방호조치를 하지 아니하고는 양도, 대여, 설치 또는 사용에 제공하거나 양도·대여를 목적으로 진열해서는 아니 되는 기계·기구는 다음과 같다.

**정답** 04 ② 05 ④ 06 ② 07 ③ 08 ④

| 대상 기계·기구 | 방호조치 |
|---|---|
| 예초기 | 날 접촉 예방장치 |
| 원심기 | 회전체 접촉 예방장치 |
| 공기압축기 | 압력방출장치 |
| 금속절단기 | 날 접촉 예방장치 |
| 지게차 | 헤드가드, 백레스트, 전조등, 후미등, 안전벨트 |
| 포장기계(진공포장기, 래핑기로 한정) | 구동부 방호 연동장치 |

**09** 산업안전보건법령상 안전·보건표지의 색채와 사용사례의 연결로 틀린 것은?

① 노란색 – 화학물질 취급장소에서의 유해·위험 경고 이외의 위험경고
② 파란색 – 특정 행위의 지시 및 사실의 고지
③ 빨간색 – 화학물질 취급장소에서의 유해·위험 경고
④ 녹색 – 정지신호, 소화설비 및 그 장소, 유해행위의 금지

해설

안전·보건표지의 색채, 색도기준 및 용도

| 색채 | 색도기준 | 용도 | 사용례 |
|---|---|---|---|
| 빨간색 | 7.5R 4/14 | 금지 | 정지신호, 소화설비 및 그 장소, 유해행위의 금지 |
| | | 경고 | 화학물질 취급장소에서의 유해·위험 경고 |
| 노란색 | 5Y 8.5/12 | 경고 | 화학물질 취급장소에서의 유해·위험경고 이외의 위험경고, 주의표지 또는 기계방호물 |
| 파란색 | 2.5PB 4/10 | 지시 | 특정 행위의 지시 및 사실의 고지 |
| 녹색 | 2.5G 4/10 | 안내 | 비상구 및 피난소, 사람 또는 차량의 통행표지 |
| 흰색 | N9.5 | | 파란색 또는 녹색에 대한 보조색 |
| 검은색 | N0.5 | | 문자 및 빨간색 또는 노란색에 대한 보조색 |

**10** 재해의 발생형태 중 다음 그림이 나타내는 것은?

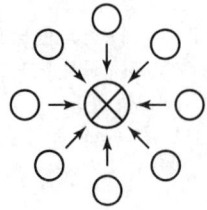

① 단순연쇄형
② 복합연쇄형
③ 단순자극형
④ 복합형

해설

산업재해의 발생형태

| 구분 | 내용 | 발생형태 |
|---|---|---|
| 단순 자극형 (집중형) | 상호 자극에 의하여 순간적으로 재해가 발생하는 유형으로 재해가 일어난 장소와 그 시기에 일시적으로 요인이 한 곳에 집중 | |
| 연쇄형 | 어느 하나의 사고 요인이 또 다른 사고 요인을 발생시키면서 재해를 발생시키는 유형 | 단순 연쇄형 / 복합 연쇄형 |
| 복합형 | 단순자극형(집중형)과 연쇄형의 복합적인 재해 발생 유형 | |

**11** 생체리듬의 변화에 대한 설명으로 틀린 것은?

① 야간에는 체중이 감소한다.
② 야간에는 말초운동 기능이 증가된다.
③ 체온, 혈압, 맥박수는 주간에 상승하고 야간에 감소한다.
④ 혈액의 수분과 염분량은 주간에 감소하고 야간에 상승한다.

해설

바이오리듬(Biorhythm)의 변화
1. 혈액의 수분, 염분량 : 주간 감소, 야간 증가
2. 체온, 혈압, 맥박수 : 주간 상승, 야간 감소
3. 야간에는 체중 감소, 소화분비액 불량, 말초신경기능 저하, 피로의 자각 증상이 증대된다.

정답 09 ④ 10 ③ 11 ②

## 12 무재해 운동을 추진하기 위한 조직의 세 기둥으로 볼 수 없는 것은?

① 최고경영자의 경영자세
② 소집단 자주활동의 활성화
③ 전 종업원의 안전요원화
④ 라인관리자에 의한 안전보건의 추진

**해설**

무재해 운동 추진의 3기둥(요소)
1. 최고경영자의 경영자세 : 사업주
2. 관리감독자의 안전보건의 추진(라인화의 철저) : 관리감독자
3. 직장 소집단의 자율활동의 활성화 : 근로자

## 13 안전인증 절연장갑에 안전인증 표시 외에 추가로 표시하여야 하는 등급별 색상의 연결로 옳은 것은?(단, 고용노동부 고시를 기준으로 한다.)

① 00등급 : 갈색
② 0등급 : 흰색
③ 1등급 : 노란색
④ 2등급 : 빨강색

**해설**

내전압용 절연장갑의 등급

| 등급 | 최대사용전압 | | 등급별 색상 |
|---|---|---|---|
| | 교류(V, 실효값) | 직류(V) | |
| 00 | 500 | 750 | 갈색 |
| 0 | 1,000 | 1,500 | 빨강색 |
| 1 | 7,500 | 11,250 | 흰색 |
| 2 | 17,000 | 25,500 | 노랑색 |
| 3 | 26,500 | 39,750 | 녹색 |
| 4 | 36,000 | 54,000 | 등색 |

## 14 안전교육방법 중 구안법(Project Method)의 4단계의 순서로 옳은 것은?

① 계획수립 → 목적결정 → 활동 → 평가
② 평가 → 계획수립 → 목적결정 → 활동
③ 목적결정 → 계획수립 → 활동 → 평가
④ 활동 → 계획수립 → 목적결정 → 평가

**해설**

구안법(Project Method)
1. 학습자 마음속에 생각하고 있는 것을 외부에 구체적으로 실현하고 형상화하기 위해 학습자 스스로가 계획을 세워서 수행하는 학습활동으로 이루어지는 교육방법

2. 구안법의 4단계

제1단계 목표결정 (목적) → 제2단계 계획수립 (계획) → 제3단계 활동 (수행) → 제4단계 평가

## 15 산업안전보건법령상 사업 내 안전보건교육 중 관리감독자 정기교육의 내용이 아닌 것은?

① 유해 · 위험 작업환경 관리에 관한 사항
② 표준안전 작업방법 결정 및 지도 · 감독 요령에 관한 사항
③ 작업공정의 유해 · 위험과 재해 예방대책에 관한 사항
④ 기계 · 기구의 위험성과 작업의 순서 및 동선에 관한 사항

**해설**

관리감독자 정기교육
1. 산업안전 및 산업재해 예방에 관한 사항(화재 · 폭발 사고 발생 시 대피에 관한 사항을 포함)
2. 산업보건 및 건강장해 예방에 관한 사항(폭염 · 한파작업으로 인한 건강장해 발생 시 응급조치에 관한 사항을 포함)
3. 위험성평가에 관한 사항
4. 유해 · 위험 작업환경 관리에 관한 사항
5. 산업안전보건법령 및 산업재해보상보험 제도에 관한 사항
6. 직무스트레스 예방 및 관리에 관한 사항
7. 직장 내 괴롭힘, 고객의 폭언 등으로 인한 건강장해 예방 및 관리에 관한 사항
8. 작업공정의 유해 · 위험과 재해 예방대책에 관한 사항
9. 사업장 내 안전보건관리체제 및 안전 · 보건조치 현황에 관한 사항
10. 표준안전 작업방법 결정 및 지도 · 감독 요령에 관한 사항
11. 현장근로자와의 의사소통능력 및 강의능력 등 안전보건 교육 능력 배양에 관한 사항
12. 비상시 또는 재해 발생 시 긴급조치에 관한 사항
13. 그 밖의 관리감독자의 직무에 관한 사항

## 16 다음 재해원인 중 간접 원인에 해당하지 않는 것은?

① 기술적 원인
② 교육적 원인
③ 관리적 원인
④ 인적 원인

**해설**

산업재해의 원인
1. 직접 원인
   ㉠ 불안전한 행동(인적 요인)
   ㉡ 불안전한 상태(물적 요인)

**정답** 12 ③ 13 ① 14 ③ 15 ④ 16 ④

2. 간접 원인

| 기술적 원인 | • 건물, 기계장치의 설계 불량<br>• 구조, 재료의 부적합<br>• 생산방법의 부적당<br>• 점검, 정비보존의 불량 |
|---|---|
| 교육적 원인 | • 안전의식의 부족<br>• 안전수칙의 오해<br>• 경험훈련의 미숙<br>• 작업방법의 교육 불충분<br>• 유해위험 작업의 교육 불충분 |
| 신체적 원인 | • 신체적 결함(두통, 현기증, 간질병, 난청)<br>• 피로(수면 부족) |
| 정신적 원인 | • 태도 불량(태만, 불만, 반항)<br>• 정신적 동요(공포, 긴장, 초조, 불화) |
| 작업관리상의 원인 | • 안전관리조직의 결함<br>• 안전수칙의 미제정<br>• 작업준비 불충분<br>• 인원배치 부적당<br>• 작업지시 부적당 |

**17** 재해원인 분석방법의 통계적 원인분석 중 사고의 유형, 기인물 등 분류항목을 큰 순서대로 도표화한 것은?

① 파레토도  ② 특성요인도
③ 크로스도  ④ 관리도

해설
통계에 의한 원인분석
1. 파레토도 : 사고의 유형, 기인물 등 분류항목을 큰 값에서 작은 값의 순서로 도표화하며, 문제나 목표의 이해에 편리하다.
2. 특성요인도 : 특성과 요인관계를 어골상으로 도표화하여 분석하는 기법이다(원인과 결과를 연계하여 상호 관계를 파악하기 위한 분석방법).
3. 클로즈(Close)분석 : 두 개 이상의 문제관계를 분석하는 데 사용하는 것으로, 데이터를 집계하고 표로 표시하여 요인별 결과내역을 교차한 클로즈 그림을 작성하여 분석하는 기법이다.
4. 관리도 : 재해 발생 건수 등의 추이에 대해 한계선을 설정하여 목표 관리를 수행하는 데 사용되는 방법으로 관리선은 관리상한선, 중심선, 관리하한선으로 구성된다.

**18** 다음 중 헤드십(Headship)에 관한 설명과 가장 거리가 먼 것은?

① 권한의 근거는 공식적이다.
② 지휘의 형태는 민주주의적이다.
③ 상사와 부하와의 사회적 간격은 넓다.
④ 상사와 부하와의 관계는 지배적이다.

해설
헤드십과 리더십의 구분

| 구분 | 헤드십 | 리더십 |
|---|---|---|
| 권한행사 및 부여 | 위에서 위임하여 임명된 헤드 | 밑에서부터의 동의에 의해 선출된 리더 |
| 권한근거 | 법적 또는 공식적 | 개인능력 |
| 상관과 부하와의 관계 | 지배적 | 개인적인 경향 |
| 책임귀속 | 상사 | 상사와 부하 |
| 부하와의 사회적 간격 | 넓다. | 좁다. |
| 지위형태 | 권위주의적 | 민주주의적 |
| 권한귀속 | 공식화된 규정에 의함 | 집단목표에 기여한 공로 인정 |

**19** 다음 설명에 해당하는 학습 지도의 원리는?

학습자가 지니고 있는 각자의 요구와 능력 등에 알맞은 학습활동의 기회를 마련해 주어야 한다는 원리

① 직관의 원리  ② 자기활동의 원리
③ 개별화의 원리  ④ 사회화의 원리

해설
학습지도의 원리

| 자발성의 원리 | 학습자의 내적 동기가 유발된 학습, 즉 학습자 자신이 자발적으로 학습에 참여하는 데 중점을 둔 원리 |
|---|---|
| 개별화의 원리 | 학습자가 지니고 있는 각자의 요구와 능력 등 개인차에 맞도록 지도해야 한다는 원칙 |
| 사회화의 원리 | 학교에서 경험한 것과 사회에서 경험한 것을 교류시키고 함께 하는 학습을 통하여 협력적이고 우호적인 학습을 진행하는 원리 |
| 통합의 원리 | 학습을 통합적인 전체로서 학습자의 모든 능력을 조화적으로 발달시키는 원리 |
| 직관의 원리 | 구체적인 사물을 직접 제시하거나 경험시킴으로써 큰 효과를 볼 수 있다는 원리 |

**20** 안전교육의 단계에 있어 교육대상자가 스스로 행함으로써 습득을 하게 하는 교육은?

① 의식교육  ② 기능교육
③ 지식교육  ④ 태도교육

정답  17 ①  18 ②  19 ③  20 ②

**[해설]**

안전교육 3단계
1. 제1단계 : 지식교육
   ㉠ 강의, 시청각교육을 통한 지식의 전달과 이해
   ㉡ 근로자가 지켜야 할 규정의 숙지를 위한 교육
2. 제2단계 : 기능교육
   ㉠ 시범, 견학, 실습, 현장실습을 통한 경험체득과 이해
   ㉡ 교육 대상자가 스스로 행함으로써 습득하는 교육
   ㉢ 같은 내용을 반복해서 개인의 시행착오에 의해서만 얻어지는 교육
3. 제3단계 : 태도교육
   ㉠ 작업동작지도, 생활지도 등을 통한 안전의 습관화 및 일체감
   ㉡ 동기를 부여하는 데 가장 적절한 교육
   ㉢ 안전한 작업방법을 알고 있으나 시행하지 않는 것에 대한 교육

## 2과목 인간공학 및 시스템 안전공학

**21** 결함수분석의 기호 중 입력사상이 어느 하나라도 발생할 경우 출력사상이 발생하는 것은?

① NOR GATE
② AND GATE
③ OR GATE
④ NAND GATE

**[해설]**

게이트

| 명칭 | 기호 | 의의 |
|---|---|---|
| AND 게이트 | (출력/입력) | 모든 입력사상이 공존할 때만 이 출력사상이 발생한다. |
| OR 게이트 | (출력/입력) | 입력사상 중 어느 하나만이라도 발생하게 되면 출력사상이 발생한다. |
| 억제 게이트 | (출력/조건/입력) | 입력사상 중 어느 것이나 이 게이트로 나타내는 조건이 만족하는 경우에만 출력사상이 발생한다.(조건부확률) |
| 부정 게이트 | (A) | 입력현상의 반대현상이 출력된다. |

**22** 가스밸브를 잠그는 것을 잊어 사고가 발생했다면 작업자는 어떤 인적 오류를 범한 것인가?

① 생략 오류(Omission Error)
② 시간지연 오류(Time Error)
③ 순서 오류(Sequential Error)
④ 작위적 오류(Commission Error)

**[해설]**

인간실수의 분류(심리적인 분류)

| | |
|---|---|
| 생략에러 (Omission Error, 부작위 실수) | 필요한 직무 및 절차를 수행하지 않아(생략) 발생하는 에러<br>예 가스밸브를 잠그는 것을 잊어 사고가 났다. |
| 작위에러 (Commission Error, 실행에러) | • 필요한 작업 또는 절차의 불확실한 수행(잘못 수행)으로 인한 에러<br>• 넓은 의미로 선택착오, 순서착오, 시간착오, 정성적 착오를 포함한다.<br>예 전선이 바뀌었다, 틀린 부품을 사용하였다, 부품이 거꾸로 조립되었다 등 |
| 순서에러 (Sequential Error) | 필요한 작업 또는 절차의 순서 착오로 인한 에러<br>예 자동차 출발 시 핸드브레이크를 해제하지 않고 출발하여 발생한 에러 |
| 시간에러 (Time Error) | 필요한 직무 또는 절차의 수행지연으로 인한 에러<br>예 프레스 작업 중에 금형 내에 손이 오랫동안 남아 있어 발생한 재해 |
| 과잉행동에러 (Extraneous Error, 불필요한 행동에러) | 불필요한 작업 또는 절차를 수행함으로써 기인한 에러<br>예 자동차 운전 중 습관적으로 손을 창문으로 내밀어 발생한 재해 |

**23** 어떤 소리가 1,000Hz, 60dB인 음과 같은 높이임에도 4배 더 크게 들린다면, 이 소리의 음압수준은 얼마인가?

① 70dB
② 80dB
③ 90dB
④ 100dB

**[해설]**

Phon(음량 수준)과 Sone(음량)의 관계

$$\text{Sone 치} = 2^{(\text{phon 치} - 40)/10}$$

※ 음량 수준이 10phon 증가하면 음량(sone)은 2배로 증가된다.

1. 1,000Hz, 60dB은 60phon이다.
2. 60phon
   $\text{Sone 치} = 2^{(\text{phon 치} - 40)/10} = 2^{(60-40)/10} = 4$

**[정답]** 21 ③  22 ①  23 ②

3. 70phon
   Sone 치 = $2^{(phon치 - 40)/10} = 2^{(70-40)/10} = 8$
4. 80phon
   Sone 치 = $2^{(phon치 - 40)/10} = 2^{(80-40)/10} = 16$
∴ phon치는 80dB(1,000Hz 기준)

**24** 시스템 안전분석 방법 중 예비위험분석(PHA)단계에서 식별하는 4가지 범주에 속하지 않는 것은?
① 위기 상태
② 무시 가능 상태
③ 파국적 상태
④ 예비 조치 상태

**해설**
예비위험분석(PHA)의 범주

| 구분 | 위험분류 | 특징 |
| --- | --- | --- |
| Class 1 | 파국적 (Catastrophic) | 시스템의 성능을 현저히 저하시키고 그 결과 시스템의 손실, 인원의 사망 또는 다수의 부상자를 내는 상태 |
| Class 2 | 중대[위험] (Critical) | 인원의 부상 및 시스템의 중대한 손해를 초래하거나 인원의 생존 및 시스템의 존속을 위하여 즉시 수정조치를 필요로 하는 상태 |
| Class 3 | 한계적 (Marginal) | 인원의 부상 및 시스템의 중대한 손해를 초래하지 않고 대처 또는 제어할 수 있는 상태 |
| Class 4 | 무시가능 (Negligible) | 시스템의 성능을 그다지 저하시키지도 않고 또한 시스템의 기능도 손해도 인원의 부상도 초래하지 않는 상태 |

**25** 다음은 불꽃놀이용 화학물질취급설비에 대한 정량적 평가이다. 해당 항목에 대한 위험등급이 올바르게 연결된 것은?

| 항목 | A(10점) | B(5점) | C(2점) | D(0점) |
| --- | --- | --- | --- | --- |
| 취급물질 | ○ | ○ | ○ | |
| 조작 | | ○ | | ○ |
| 화학설비의 용량 | ○ | | ○ | |
| 온도 | ○ | ○ | | |
| 압력 | | ○ | ○ | ○ |

① 취급물질-Ⅰ등급, 화학설비의 용량-Ⅰ등급
② 온도-Ⅰ등급, 화학설비의 용량-Ⅱ등급
③ 취급물질-Ⅰ등급, 조작-Ⅳ등급
④ 온도-Ⅱ등급, 압력-Ⅲ등급

**해설**
등급 구분

| 위험등급 | Ⅰ등급 | Ⅱ등급 | Ⅲ등급 |
| --- | --- | --- | --- |
| | 16점 이상 | 11~15점 | 0~10점 |
| 점수 | • 취급물질 10+5+2 =17점 | • 화학설비의 용량 10+2=12점<br>• 온도 10+5=15점 | • 조작 5+0=5점<br>• 압력 5+2+0=7점 |

**26** 산업안전보건법령상 유해위험방지계획서의 제출 대상 제조업은 전기계약용량이 얼마 이상인 경우에 해당되는가?(단, 기타 예외사항은 제외한다.)
① 50kW
② 100kW
③ 200kW
④ 300kW

**해설**
유해위험방지계획서 제출대상 사업장
다음 각 호의 어느 하나에 해당하는 사업으로서 전기계약용량이 300킬로와트 이상인 경우를 말한다.
1. 금속가공제품 제조업(기계 및 가구 제외)
2. 비금속 광물제품 제조업
3. 기타 기계 및 장비 제조업
4. 자동차 및 트레일러 제조업
5. 식료품 제조업
6. 고무제품 및 플라스틱제품 제조업
7. 목재 및 나무제품 제조업
8. 기타 제품 제조업
9. 1차 금속 제조업
10. 가구 제조업
11. 화학물질 및 화학제품 제조업
12. 반도체 제조업
13. 전자부품 제조업

**27** 인간-기계 시스템에서 시스템의 설계를 다음과 같이 구분할 때 제3단계인 기본설계에 해당되지 않는 것은?

1단계 : 시스템의 목표와 성능 명세 결정
2단계 : 시스템의 정의
3단계 : 기본설계
4단계 : 인터페이스설계
5단계 : 보조물 설계
6단계 : 시험 및 평가

① 화면설계
② 작업설계
③ 직무분석
④ 기능할당

점답 24 ④ 25 ④ 26 ④ 27 ①

### 해설

인간-기계 체계설계의 기본단계 순서

1. 제1단계 : 목표 및 성능 명세 결정
   체계가 설계되기 전에 우선 그 목적이나 존재 이유가 있어야 한다.
2. 제2단계 : 시스템(체계)의 정의
   어떤 체계(특히 복잡한 것)의 경우에 있어서는 목적을 달성하기 위해서 특정한 기본적인 기능(임무)들이 수행되어야 한다.
3. 제3단계 : 기본설계
   주요 인간공학 활동은 ㉠ 인간, 하드웨어, 소프트웨어에 기능할당, ㉡ 인간 성능 요건 명세, ㉢ 직무분석, ㉣ 작업설계가 있다.
4. 제4단계 : 인터페이스(계면) 설계
   인간-기계체계에서 인간과 기계가 만나는 면(面)을 계면이라고 한다.
5. 제5단계 : 촉진물 설계
   촉진물 설계 단계의 주 초점은 만족스러운 인간 성능을 증진시킬 보조물에 대해 설계하는 것이다.
6. 제6단계 : 시험 및 평가
   체계 개발의 산물(기기, 절차 및 요원)이 계획된 대로 작동하는지 알아보기 위해 산물(産物)들을 측정하는 것이다.

### 28 결함수분석법에서 Path Set에 관한 설명으로 옳은 것은?

① 시스템의 약점을 표현한 것이다.
② Top 사상을 발생시키는 조합이다.
③ 시스템이 고장 나지 않도록 하는 사상의 조합이다.
④ 시스템고장을 유발시키는 필요불가결한 기본사상들의 집합이다.

### 해설

컷셋과 패스셋

| 컷셋<br>(Cut Set) | 정상사상을 발생시키는 기본사상의 집합으로 그 안에 포함되는 모든 기본사상(여기서는 통상사상, 생략결함사상 등을 포함한 기본사상)이 발생할 때 정상사상을 발생시킬 수 있는 기본사상의 집합 |
|---|---|
| 미니멀 컷셋<br>(Minimal Cut Set) | 컷셋의 집합 중에서 정상사상을 일으키기 위하여 필요한 최소한의 컷셋을 미니멀 컷셋이라 한다. 즉 컷셋 중에서 타 컷셋을 포함하고 있는 것을 배제하고 남은 컷셋들을 의미한다. |
| 패스셋<br>(Path Set) | 그 안에 포함되는 모든 기본사상이 일어나지 않을 때 처음으로 정상사상이 일어나지 않는 기본사상의 집합, 즉 시스템이 고장 나지 않도록 하는 사상의 조합이다. |
| 미니멀 패스셋<br>(Minimal Path Set) | 정상사상이 일어나지 않기 위해 필요한 최소한의 것을 말하며, 시스템의 신뢰성을 나타낸다. 즉, 시스템의 기능을 살리는 최소요인의 집합이다. |

### 29 연구 기준의 요건과 내용이 옳은 것은?

① 무오염성 : 실제로 의도하는 바와 부합해야 한다.
② 적절성 : 반복 실험 시 재현성이 있어야 한다.
③ 신뢰성 : 측정하고자 하는 변수 이외의 다른 변수의 영향을 받아서는 안 된다.
④ 민감도 : 피실험자 사이에서 볼 수 있는 예상 차이점에 비례하는 단위로 측정해야 한다.

### 해설

연구 기준의 요건

1. 적절성(타당성) : 기준이 의도된 목적에 적당하다고 판단되는 정도
2. 무오염성 : 측정하고자 하는 변수 이외의 다른 변수들의 영향을 받아서는 안 된다.
3. 기준척도의 신뢰성 : 사용되는 척도의 신뢰성, 즉 반복성을 말한다.
4. 민감도 : 기대되는 차이에 적합한 정도의 단위로 측정이 가능해야 한다. 즉, 피실험자 사이에서 볼 수 있는 예상 차이점에 비례하는 단위로 측정해야 함을 의미한다.

### 30 FTA 결과 다음과 같은 패스셋을 구하였다. 최소 패스셋(Minimal Path Sets)으로 옳은 것은?

{$X_2, X_3, X_4$}
{$X_1, X_3, X_4$}
{$X_3, X_4$}

① {$X_3, X_4$}
② {$X_1, X_3, X_4$}
③ {$X_2, X_3, X_4$}
④ {$X_2, X_3, X_4$}와 {$X_3, X_4$}

### 해설

미니멀 패스셋(Minimal Path Set)

1. 정상사상이 일어나지 않기 위해 필요한 최소한의 것을 말한다.
2. 어느 고장이나 실수를 일으키지 않으면 재해가 일어나지 않는다는 것으로 시스템의 신뢰성을 나타내는 것이다.
3. 시스템의 기능을 살리는 최소요인의 집합이다.

정답 28 ③ 29 ④ 30 ①

**31** 인체측정에 대한 설명으로 옳은 것은?

① 인체측정은 동적 측정과 정적 측정이 있다.
② 인체측정학은 인체의 생화학적 특징을 다룬다.
③ 자세에 따른 인체지수의 변화는 없다고 가정한다.
④ 측정항목에 무게, 둘레, 두께, 길이는 포함되지 않는다.

**해설**

인체측정
인체측정학과 이와 밀접한 관계를 가지고 있는 생체역학에서는 신체 부위의 길이, 무게, 부피, 운동범위 등을 포함하여 신체 모양이나 기능을 측정하는 것을 다룬다. 일반적으로 몸의 치수측정은 정적 측정(구조적 인체 치수)과 동적 측정(기능적 인체 치수)으로 나눈다.

**TIP** 인체 계측의 방법

| 구조적 인체 치수 (정적 측정) | 표준 자세에서 움직이지 않는 피측정자를 인체 계측기 등으로 측정하는 것 |
|---|---|
| 기능적 인체 치수 (동적 측정) | 인체 계측 중 운전 또는 워드 작업과 같이 인체의 각 부분이 서로 조화를 이루어 움직이는 자세에서의 인체치수를 측정하는 것 |

**32** 실린더 블록에 사용하는 가스켓의 수명 분포는 $X \sim N(10,000, 200^2)$인 정규분포를 따른다. $t = 9,600$시간일 경우에 신뢰도($R(t)$)는?(단, $P(Z \le 1) = 0.8413$, $P(Z \le 1.5) = 0.9332$, $P(Z \le 2) = 0.9772$, $P(Z \le 3) = 0.9987$이다.)

① 84.13%  ② 93.32%
③ 97.72%  ④ 99.87%

**해설**

$$P(x \ge 9,600) = P\left(Z \ge \frac{x-\mu}{\sigma}\right) = P(Z \ge 2)$$
$$= P\left(Z \ge \frac{9,600 - 10,000}{200}\right) = P(Z \ge -2)$$
$$= 1 - 0.0228 = 0.9772 = 97.72\%$$

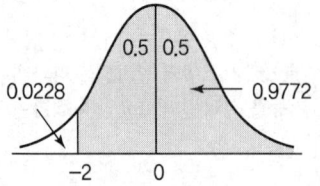

**33** 다음 중 열 중독증(Heat Illness)의 강도를 올바르게 나열한 것은?

ⓐ 열소모(Heat Exhaustion)
ⓑ 열발진(Heat Rash)
ⓒ 열경련(Heat Cramp)
ⓓ 열사병(Heat Stroke)

① ⓒ<ⓑ<ⓐ<ⓓ   ② ⓒ<ⓑ<ⓓ<ⓐ
③ ⓑ<ⓒ<ⓐ<ⓓ   ④ ⓑ<ⓓ<ⓐ<ⓒ

**해설**

고열장애의 분류
1. 열발진(Heat Rash)
   작업환경에서 가장 흔히 발생하는 피부장애로 땀샘이 막히는 경우에 발생하는 발진으로 땀띠라고도 한다.
2. 열경련(Heat Cramp)
   고온환경에서 지속적으로 심한 육체적인 노동을 함으로써 과다한 땀의 배출로 전해질이 고갈되어 발생하는 근육의 경련현상을 말한다.
3. 열소모(Heat Exhaustion)
   고온환경에서 장시간 힘든 노동을 할 때 땀을 많이 흘려 (과다 발한) 수분과 염분 손실이 많을 때 생긴다.
4. 열사병(Heat Stroke)
   고온다습한 환경에 노출될 때 뇌 온도의 상승으로 신체 내부의 체온조절 중추에 기능장애를 일으켜 생기는 위급한 상태를 말한다.

**34** 사무실 의자나 책상에 적용할 인체 측정 자료의 설계 원칙으로 가장 적합한 것은?

① 평균치 설계   ② 조절식 설계
③ 최대치 설계   ④ 최소치 설계

**해설**

인체계측 자료의 응용원칙 사례
1. 극단치를 이용한 설계
   ㉠ 최대 집단치 설계 : 출입문, 탈출구의 크기, 통로, 그네, 줄사다리, 버스 내 승객용 좌석 간 거리, 위험구역 울타리 등
   ㉡ 최소 집단치 설계 : 선반의 높이, 조종장치까지의 거리, 비상벨의 위치 설계 등
2. 조절 가능한 설계
   자동차 좌석의 전후 조절, 사무실 의자의 상하 조절, 책상 높이 등
3. 평균치를 이용한 설계
   가게나 은행의 계산대, 식당 테이블, 출근버스 손잡이 높이, 안내 데스크 등

정답  31 ①  32 ③  33 ③  34 ②

## 35 암호체계의 사용 시 고려해야 될 사항과 거리가 먼 것은?

① 정보를 암호화한 자극은 검출이 가능하여야 한다.
② 다차원의 암호보다 단일 차원화된 암호가 정보전달이 촉진된다.
③ 암호를 사용할 때는 사용자가 그 뜻을 분명히 알 수 있어야 한다.
④ 모든 암호 표시는 감지장치에 의해 검출될 수 있고, 다른 암호 표시와 구별될 수 있어야 한다.

### 해설
암호체계 사용상의 일반적 지침
1. 암호의 검출성(Detectability) : 검출이 가능하여야 한다.
2. 암호의 변별성(Discriminability) : 다른 암호 표시와 구별될 수 있어야 한다.
3. 부호의 양립성(Compatibility) : 자극들 간의, 반응들 간의, 자극-반응 조합의 관계가 인간의 기대와 모순되지 않는 것이다.
4. 부호의 의미 : 사용자가 그 뜻을 분명히 알 수 있어야 한다.
5. 암호의 표준화(Standardization) : 암호를 표준화하여야 한다.
6. 다차원 암호의 사용(Multidimensional) : 2가지 이상의 암호 차원을 조합해서 사용하면 정보전달이 촉진된다.

## 36 신호검출이론(SDT)의 판정결과 중 신호가 없었는데도 있었다고 말하는 경우는?

① 긍정(Hit)
② 누락(Miss)
③ 허위(False Alarm)
④ 부정(Correct Rejection)

### 해설
신호 유무의 판정
1. 신호의 정확한 판정(Hit) : 신호가 나타났을 때 신호라고 판정
2. 허위경보(False Alarm) : 잡음을 신호로 판정
3. 신호검출 실패(Miss) : 신호가 나타났는 데도 잡음으로 판정
4. 잡음을 제대로 판정(Correct Noise) : 잡음만 있을 때 잡음이라고 판정

**TIP** 신호검출이론(SDT)
인간이 자극을 감지하여 신호를 판단할 경우 잡음이나 소음이 있는 상황에서 이루어질 때, 잡음이 신호검출에 미치는 영향을 다루는 이론을 신호검출이론(SDT)이라 한다.

## 37 촉감의 일반적인 척도의 하나인 2점 문턱값(Two-Point Threshold)이 감소하는 순서대로 나열된 것은?

① 손가락 → 손바닥 → 손가락 끝
② 손바닥 → 손가락 → 손가락 끝
③ 손가락 끝 → 손가락 → 손바닥
④ 손가락 끝 → 손바닥 → 손가락

### 해설
2점 역치(Two-Point Threshold)
1. 피부 예민성의 지표가 된다.
2. 피부에 근접하는 2점을 컴퍼스로 동시에 접촉할 때 만일 2점이 매우 가까우면 2점으로 감각되지 않고 1점이 자극이 되는 것과 같이 느낀다.
3. 2점 사이의 거리를 점차 넓혀가다가 최초로 2점을 느끼게 되는 거리를 2점 역치라 하며 측정 간의 거리가 가까울수록 예민하다.
4. 손끝이나 입술은 2점 역치가 작다.
5. 손바닥은 손바닥 → 손가락 → 손가락 끝으로 역치가 감소한다.

## 38 시스템 안전분석방법 중 HAZOP에서 "완전대체"를 의미하는 것은?

① NOT
② REVERSE
③ PART OF
④ OTHER THAN

### 해설
지침단어(가이드 워드)의 의미

| GUIDE WORD | 의미 |
| --- | --- |
| NO 혹은 NOT | 설계의도의 완전한 부정 |
| MORE 혹은 LESS | 양의 증가 혹은 감소 (정량적 증가 혹은 감소) |
| AS WELL AS | 성질상의 증가 (정성적 증가) |
| PART OF | 성질상의 감소 (정성적 감소) |
| REVERSE | 설계의도의 논리적인 역 (설계의도와 반대현상) |
| OTHER THAN | 완전한 대체의 필요 |

**정답** 35 ② 36 ③ 37 ② 38 ④

**39** 어느 부품 1,000개를 100,000시간 동안 가동하였을 때 5개의 불량품이 발생하였을 경우 평균동작시간(MTTF)은?

① $1 \times 10^6$시간　　② $2 \times 10^7$시간
③ $1 \times 10^8$시간　　④ $2 \times 10^9$시간

**해설**
평균고장수명(고장까지의 평균시간, MTTF : Mean Time To Failure)
고장이 발생되면 그것으로 수명이 없어지는 제품의 평균수명이며, 이는 수리하지 않는 시스템, 제품, 기기, 부품 등이 고장 날 때까지 동작시간의 평균치

$$MTTF = \frac{1}{\lambda} = \frac{T(\text{총동작시간})}{r(\text{그 기간 중의 총고장 수})}$$

$$MTTF = \frac{1}{\lambda} = \frac{T}{r} = \frac{1,000 \times 100,000}{5} = 2 \times 10^7$$

**40** 신체활동의 생리학적 측정법 중 전신의 육체적인 활동을 측정하는 데 가장 적합한 방법은?

① Flicker 측정
② 산소 소비량 측정
③ 근전도(EMG) 측정
④ 피부전기반사(GSR) 측정

**해설**
생리적 부담의 척도
작업이 인체에 끼치는 생리적 부담은 흔히 맥박수와 산소 소비량으로 측정한다.

### 3과목　기계위험 방지기술

**41** 산업안전보건법령상 롤러기의 방호장치 중 롤러의 앞면 표면속도가 30m/min 이상일 때 무부하 동작에서 급정지거리는?

① 앞면 롤러 원주의 1/2.5 이내
② 앞면 롤러 원주의 1/3 이내
③ 앞면 롤러 원주의 1/3.5 이내
④ 앞면 롤러 원주의 1/5.5 이내

**해설**
급정지거리

| 앞면 롤러의 표면속도(m/min) | 급정지거리 |
| --- | --- |
| 30 미만 | 앞면 롤러 원주의 1/3 |
| 30 이상 | 앞면 롤러 원주의 1/2.5 |

**42** 극한하중이 600N인 체인에 안전계수가 4일 때 체인의 정격하중(N)은?

① 130　　② 140
③ 150　　④ 160

**해설**
안전율(안전계수)

$$\text{안전율(안전계수)} = \frac{\text{극한하중}}{\text{정격하중}}$$

$$\text{정격하중} = \frac{\text{극한하중}}{\text{안전율}} = \frac{600}{4} = 150$$

**43** 연삭작업에서 숫돌의 파괴원인으로 가장 적절하지 않은 것은?

① 숫돌의 회전속도가 너무 빠를 때
② 연삭작업 시 숫돌의 정면을 사용할 때
③ 숫돌에 큰 충격을 줬을 때
④ 숫돌의 회전중심이 제대로 잡히지 않았을 때

**해설**
연삭숫돌의 파괴원인
1. 숫돌의 회전속도가 너무 빠를 때
2. 숫돌 자체에 균열이 있을 때
3. 숫돌에 과대한 충격을 가할 때
4. 숫돌의 측면을 사용하여 작업할 때
5. 숫돌의 불균형이나 베어링 마모에 의한 진동이 있을 때 (숫돌이 경우에 따라 파손될 수 있다.)
6. 숫돌 반경방향의 온도변화가 심할 때
7. 작업에 부적당한 숫돌을 사용할 때
8. 숫돌의 치수가 부적당할 때
9. 플랜지가 현저히 작을 때

**44** 산업안전보건법령상 용접장치의 안전에 관한 준수사항으로 옳은 것은?

① 아세틸렌 용접장치의 발생기실을 옥외에 설치한 경우에는 그 개구부를 다른 건축물로부터 1m 이상 떨어지도록 하여야 한다.
② 가스집합장치로부터 7m 이내의 장소에서는 화기의 사용을 금지시킨다.
③ 아세틸렌 발생기에서 10m 이내 또는 발생기실에서 4m 이내의 장소에서는 화기의 사용을 금지시킨다.
④ 아세틸렌 용접장치를 사용하여 용접작업을 할 경우 게이지 압력이 127kPa을 초과하는 압력의 아세틸렌을 발생시켜 사용해서는 아니 된다.

**해설**
용접장치의 안전
1. 옥외에 설치한 경우에는 그 개구부를 다른 건축물로부터 1.5미터 이상 떨어지도록 하여야 한다.
2. 가스집합장치에 대해서는 화기를 사용하는 설비로부터 5미터 이상 떨어진 장소에 설치하여야 한다.
3. 발생기에서 5미터 이내 또는 발생기실에서 3미터 이내의 장소에서는 흡연, 화기의 사용 또는 불꽃이 발생할 위험한 행위를 금지시킬 것
4. 아세틸렌 용접장치를 사용하여 금속의 용접·용단 또는 가열작업을 하는 경우에는 게이지 압력이 127킬로파스칼을 초과하는 압력의 아세틸렌을 발생시켜 사용해서는 아니 된다.

**45** 500rpm으로 회전하는 연삭숫돌의 지름이 300mm일 때 원주속도(m/min)는?

① 약 748  ② 약 650
③ 약 532  ④ 약 471

**해설**
원주속도(회전속도)

$$V = \pi DN(\text{mm/min}) = \frac{\pi DN}{1000}(\text{m/min})$$

여기서, $V$ : 원주속도(회전속도)(m/min)
$D$ : 숫돌의 지름(mm)
$N$ : 숫돌의 매분 회전수(rpm)

$$V = \frac{\pi DN}{1,000}(\text{m/min}) = \frac{\pi \times 300 \times 500}{1,000} = 471.23(\text{m/min})$$

**46** 산업안전보건법령상 로봇을 운전하는 경우 근로자가 로봇에 부딪칠 위험이 있을 때 높이는 최소 얼마 이상의 울타리를 설치하여야 하는가?(단, 로봇의 가동범위 등을 고려하여 높이로 인한 위험성이 없는 경우는 제외)

① 0.9m  ② 1.2m
③ 1.5m  ④ 1.8m

**해설**
운전 중 위험방지(근로자가 로봇에 부딪칠 위험이 있을 경우)
1. 높이 1.8미터 이상의 울타리 설치
2. 컨베이어 시스템의 설치 등으로 울타리를 설치할 수 없는 일부 구간 : 안전매트 또는 광전자식 방호장치 등 감응형 방호장치 설치

**47** 일반적으로 전류가 과대하고, 용접속도가 너무 빠르며, 아크를 짧게 유지하기 어려운 경우 모재 및 용접부의 일부가 녹아서 홈 또는 오목한 부분이 생기는 용접부 결함은?

① 잔류응력  ② 융합불량
③ 기공  ④ 언더컷

**해설**
언더컷(Under Cut)

| 결함의 모양 | 원인 | 상태 |
|---|---|---|
|  | 과대전류, 운봉속도가 빠를 때, 부당한 용접봉을 사용할 때 | 용접된 경계부근에 움푹 파여 들어가 홈이 생긴 것 |

**48** 산업안전보건법령상 승강기의 종류로 옳지 않은 것은?

① 승객용 엘리베이터
② 리프트
③ 화물용 엘리베이터
④ 승객화물용 엘리베이터

**해설**
승강기
1. 개요
건축물이나 고정된 시설물에 설치되어 일정한 경로에 따라 사람이나 화물을 승강장으로 옮기는 데에 사용되는 설비를 말한다.

정답  44 ④  45 ④  46 ④  47 ④  48 ②

## 2. 종류

| 승객용 엘리베이터 | 사람의 운송에 적합하게 제조·설치된 엘리베이터 |
|---|---|
| 승객화물용 엘리베이터 | 사람의 운송과 화물 운반을 겸용하는 데 적합하게 제조·설치된 엘리베이터 |
| 화물용 엘리베이터 | 화물 운반에 적합하게 제조·설치된 엘리베이터로서 조작자 또는 화물취급자 1명은 탑승할 수 있는 것(적재용량이 300kg 미만인 것은 제외) |
| 에스컬레이터 | 일정한 경사로 또는 수평로를 따라 위·아래 또는 옆으로 움직이는 디딤판을 통해 사람이나 화물을 승강장으로 운송시키는 설비 |

### 49 다음 중 선반의 방호장치로 가장 거리가 먼 것은?

① 실드(Shield)
② 슬라이딩
③ 척 커버
④ 칩 브레이커

**해설**

선반의 방호장치(안전장치)

| 칩 브레이커 (Chip Breaker) | 바이트에 설치된 절삭 중 칩을 자동적으로 끊어주는 안전장치 |
|---|---|
| 급정지 브레이크 | 가공작업 중 선반을 급정지시킬 수 있는 방호장치 |
| 실드 (Shield) | 가공물의 칩이 비산되어 발생하는 위험을 방지하기 위해 사용하는 덮개(칩비산방지 투명판) |
| 척 커버 (Chuck Cover) | 척과 척으로 잡은 가공물의 돌출부에 작업자가 접촉하지 않도록 설치하는 덮개 |

### 50 산업안전보건법령상 목재가공용 둥근톱 작업에서 분할날과 톱날 원주면과의 간격은 최대 얼마 이내가 되도록 조정하는가?

① 10mm
② 12mm
③ 14mm
④ 16mm

**해설**

분할날의 설치구조

1. 분할날의 두께는 둥근톱 두께의 1.1배 이상일 것

$$1.1t_1 \leq t_2 < b$$

여기서, $t_1$ : 톱두께, $t_2$ : 분할날두께, $b$ : 치진폭

2. 견고히 고정할 수 있으며 분할날과 톱날 원주면과의 거리는 12mm 이내로 조정, 유지할 수 있어야 하고 표준 테이블면(승강반에 있어서도 테이블을 최하로 내린 때의 면) 상의 톱 뒷날의 2/3 이상을 덮도록 할 것

3. 재료는 KS D 3751(탄소공구강재)에서 정한 STC 5(탄소공구강) 또는 이와 동등 이상의 재료를 사용할 것
4. 분할날 조임볼트는 2개 이상이어야 하며 볼트는 이완방지 조치가 되어 있어야 한다.

### 51 기계설비에서 기계 고장률의 기본모형으로 옳지 않은 것은?

① 조립 고장
② 초기 고장
③ 우발 고장
④ 마모 고장

**해설**

기계 고장률의 기본모형

| 초기 고장 | 감소형 (DFR : Decreasing Failure Rate) | • 고장률이 시간에 따라 감소<br>• 디버깅 기간<br>• 번인(Burn-in) 기간 |
|---|---|---|
| 우발 고장 | 일정형 (CFR : Constant Failure Rate) | • 고장률이 시간에 관계없이 거의 일정<br>• 고장률이 가장 낮음<br>• 사후보전(BM) 실시 |
| 마모 고장 | 증가형 (IFR : Increasing Failure Rate) | • 고장률이 시간에 따라 증가<br>• 예방보전(PM) 실시 |

### 52 산업안전보건법령상 화물의 낙하에 의해 운전자가 위험을 미칠 경우 지게차의 헤드가드(Head Guard)는 지게차의 최대하중의 몇 배가 되는 등분포정하중에 견디는 강도를 가져야 하는가?(단, 4톤을 넘는 값은 제외)

① 1배
② 1.5배
③ 2배
④ 3배

**해설**

지게차의 헤드가드

1. 강도는 지게차의 최대하중의 2배 값(4톤을 넘는 값에 대해서는 4톤으로 한다)의 등분포정하중에 견딜 수 있을 것
2. 상부틀의 각 개구의 폭 또는 길이가 16센티미터 미만일 것
3. 운전자가 앉아서 조작하거나 서서 조작하는 지게차의 헤드가드는 한국산업표준에서 정하는 높이 기준 이상일 것
   ㉠ 좌승식 : 좌석기준점으로부터 903mm 이상
   ㉡ 입승식 : 조종사가 서 있는 플랫폼으로부터 1,880mm 이상

**53** 다음 중 컨베이어의 안전장치로 옳지 않은 것은?

① 비상정지장치  ② 반발예방장치
③ 역회전방지장치  ④ 이탈방지장치

**해설**
컨베이어의 안전장치
1. 이탈 및 역주행방지장치
2. 비상정지장치
3. 덮개 또는 울
4. 건널다리

**54** 크레인에 돌발 상황이 발생한 경우 안전을 유지하기 위하여 모든 전원을 차단하여 크레인을 급정지시키는 방호장치는?

① 호이스트  ② 이탈방지장치
③ 비상정지장치  ④ 아우트리거

**해설**
비상정지장치
돌발사태 발생 시 안전유지를 위한 전원차단 및 크레인을 급정지시키는 장치

**55** 산업안전보건법령상 프레스 등을 사용하여 작업을 할 때에 작업시작 전 점검사항으로 가장 거리가 먼 것은?

① 압력방출장치의 기능
② 클러치 및 브레이크의 기능
③ 프레스의 금형 및 고정볼트 상태
④ 1행정 1정지기구·급정지장치 및 비상정지장치의 기능

**해설**
프레스 등의 작업시작 전 점검사항
1. 클러치 및 브레이크의 기능
2. 크랭크축·플라이휠·슬라이드·연결봉 및 연결나사의 풀림 여부
3. 1행정 1정지기구·급정지장치 및 비상정지장치의 기능
4. 슬라이드 또는 칼날에 의한 위험방지기구의 기능
5. 프레스의 금형 및 고정볼트 상태
6. 방호장치의 기능
7. 전단기의 칼날 및 테이블의 상태

**56** 다음 중 프레스 방호장치에서 게이트 가드식 방호장치의 종류를 작동방식에 따라 분류할 때 가장 거리가 먼 것은?

① 경사식  ② 하강식
③ 도립식  ④ 횡슬라이드식

**해설**
게이트 가드식(Gate Guard) 방호장치
1. 슬라이드의 작동 중에 열 수 없는 구조이어야 하며 가드를 닫지 않으면 슬라이드를 작동시킬 수 없는 구조의 것이어야 한다.
2. 위험부위를 차단하지 않으면 작동되지 않도록 확실하게 연동(Interlock)되어야 한다.
3. 작동방식에 따라 하강식, 상승식, 횡슬라이드식, 도립식 등으로 분류한다.
4. 양수조작식 병행 적용 가능
5. 금형의 크기에 따라 게이트 크기 선택

**57** 선반작업의 안전수칙으로 가장 거리가 먼 것은?

① 기계에 주유 및 청소를 할 때에는 저속회전에서 한다.
② 일반적으로 가공물의 길이가 지름의 12배 이상일 때는 방진구를 사용하여 선반작업을 한다.
③ 바이트는 가급적 짧게 설치한다.
④ 면장갑을 사용하지 않는다.

**해설**
선반작업 시 주의사항
1. 칩(Chip)이 비산할 때는 보안경을 쓰고 방호판을 설치 사용한다.
2. 베드 위에 공구를 올려놓지 않아야 한다.
3. 작업 중에 가공품을 만지지 않는다.
4. 장갑 착용을 금한다.
5. 작업 시 공구는 항상 정리해 둔다.
6. 가능한 한 절삭 방향은 주축대 쪽으로 한다.
7. 기계 점검을 한 후 작업을 시작한다.
8. 칩(Chip)이나 부스러기를 제거할 때는 기계를 정지시키고 압축공기를 사용하지 말고 반드시 브러시(솔)를 사용한다.
9. 치수 측정, 주유 및 청소를 할 때는 반드시 기계를 정지시키고 한다.
10. 기계를 운전 중에 백 기어(Back Gear)를 사용하지 말고 시동 전에 심압대가 잘죄어 있는가를 확인한다.
11. 바이트는 가급적 짧게 장치하며 가공물의 길이가 직경의 12배 이상일 때는 반드시 방진구를 사용하여 진동을 막는다.
12. 리드 스크루에는 작업자의 하부가 걸리기 쉬우므로 조심해야 한다.

## 58 다음 중 보일러 운전 시 안전수칙으로 가장 적절하지 않은 것은?

① 가동 중인 보일러에는 작업자가 항상 정위치를 떠나지 아니할 것
② 보일러의 각종 부속장치의 누설상태를 점검할 것
③ 압력방출장치는 매 7년마다 정기적으로 작동시험을 할 것
④ 노 내의 환기 및 통풍장치를 점검할 것

**해설**
보일러의 압력방출장치
1. 보일러의 안전한 가동을 위하여 보일러 규격에 맞는 압력방출장치를 1개 또는 2개 이상 설치하고 최고사용압력(설계압력 또는 최고허용압력) 이하에서 작동되도록 하여야 한다.
2. 압력방출장치가 2개 이상 설치된 경우에는 최고사용압력 이하에서 1개가 작동되고, 다른 압력방출장치는 최고사용압력 1.05배 이하에서 작동되도록 부착하여야 한다.
3. 압력방출장치는 매년 1회 이상 교정을 받은 압력계를 이용하여 설정압력에서 압력방출장치가 적정하게 작동하는지를 검사한 후 납으로 봉인하여 사용하여야 한다.(공정안전보고서 이행상태 평가결과가 우수한 사업장은 압력방출장치에 대하여 4년마다 1회 이상 설정압력에서 압력방출장치가 적정하게 작동하는지를 검사할 수 있다.)

**TIP** 보일러 안전장치의 종류
- 압력방출장치
- 압력제한스위치
- 고저수위조절장치
- 화염검출기

## 59 산업안전보건법령상 크레인에서 권과방지장치의 달기구 윗면이 권상장치의 아랫면과 접촉할 우려가 있는 경우 최소 몇 m 이상 간격이 되도록 조정하여야 하는가?(단, 직동식 권과방지장치의 경우는 제외)

① 0.1
② 0.15
③ 0.25
④ 0.3

**해설**
방호장치의 조정
크레인 및 이동식 크레인의 양중기에 대한 권과방지장치는 훅·버킷 등 달기구의 윗면(그 달기구에 권상용 도르래가 설치된 경우에는 권상용 도르래의 윗면)이 드럼, 상부 도르래, 트롤리프레임 등 권상장치의 아랫면과 접촉할 우려가 있는 경우에 그 간격이 0.25미터 이상(직동식 권과방지장치는 0.05미터 이상으로 한다)이 되도록 조정하여야 한다.

## 60 슬라이드가 내려옴에 따라 손을 쳐내는 막대가 좌우로 왕복하면서 위험한계에 있는 손을 보호하는 프레스 방호장치는?

① 수인식
② 게이트 가드식
③ 반발예방장치
④ 손쳐내기식

**해설**
손쳐내기식 방호장치(Sweep Guard)
1. 슬라이드와 연결된 손쳐내기봉이 위험 구역에 있는 작업자의 손을 쳐내는 방식
2. 소형 프레스기에 적합하다.
3. SPM 120 이하, 슬라이드 행정길이 약 40mm 이상의 프레스에 적용 가능
4. 양수조작식 병행 적용 가능
5. 금형의 크기에 따라 방호판의 크기 선택

# 4과목 전기위험 방지기술

## 61 KS C IEC 60079-0에 따른 방폭기기에 대한 설명이다. 다음 빈칸에 들어갈 알맞은 용어는?

( ⓐ )은 EPL로 표현되며 점화원이 될 수 있는 가능성에 기초하여 기기에 부여된 보호등급이다. EPL의 등급 중 ( ⓑ )는 정상 작동, 예상된 오작동, 드문 오작동 중에 점화원이 될 수 없는 "매우 높은" 보호등급의 기기이다.

① ⓐ Explosion Protection Level, ⓑ EPL Ga
② ⓐ Explosion Protection Level, ⓑ EPL Gc
③ ⓐ Equipment Protection Level, ⓑ EPL Ga
④ ⓐ Equipment Protection Level, ⓑ EPL Gc

**해설**
기기보호등급(Equipment Protection Level)
1. EPL : 점화원이 될 수 있는 가능성에 기초하여 기기에 부여된 보호등급으로, 폭발성 가스 분위기, 폭발성 분진 분위기 및 폭발성 갱내 가스에 취약한 광산 내 폭발성 분위기의 차이를 구별한다.
2. EPL Ga : 폭발성 가스분위기에 설치되는 기기로 정상 작동, 예상된 오작동 또는 드문 오작동 중에 점화원이 될 수 없는 "매우 높은" 보호등급의 기기이다.

정답 58 ③ 59 ③ 60 ④ 61 ③

**TIP** EPL Gc
폭발성 가스 분위기에 설치되는 기기로 정상 작동 중에 점화원이 될 수 없고 정기적인 고장(예 : 램프의 고장) 발생 시 점화원으로서 비활성 상태의 유지를 보장하기 위하여 추가적인 보호장치가 있을 수 있는 "강화된(Enhanced)" 보호등급의 기기

## 62 접지계통 분류에서 TN 접지방식이 아닌 것은?

① TN-S 방식　② TN-C 방식
③ TN-T 방식　④ TN-C-S 방식

**해설**

TN 접지방식

1. TN-S 방식 : 전원 측 계통의 한 점은 대지와 접지하고, 노출된 도전성 부분의 보호선을 전원 측 계통의 중성선과 분리시켜 전원 측 접지극에 접속하는 방식
2. TN-C 방식 : 전원 측 계통의 한 점은 대지와 직접 연결하고, 노출된 도전성 부분의 보호선은 전원 측 중성선과 결합시켜 접지하는 방식
3. TN-C-S 방식 : 전원 측 계통의 한 점은 직접 연결하고, 노출된 도전성 부분의 보호선 중 일부는 전원 측 중성선과 결합시키고, 나머지 부분은 전원 측 중성선과 분리시켜 전원 측 접지극에 접속하는 방식

## 63 접지공사의 종류에 따른 접지선(연동선)의 굵기 기준으로 옳은 것은?

① 제1종 : 공칭단면적 6mm² 이상
② 제2종 : 공칭단면적 12mm² 이상
③ 제3종 : 공칭단면적 5mm² 이상
④ 특별 제3종 : 공칭단면적 3.5mm² 이상

**해설**

접지공사의 종류

| 접지대상 | (개정 전) 접지방식 | (개정 후) KEC 접지방식 |
|---|---|---|
| (특)고압설비 | 1종 : 접지저항 10Ω | • 계통접지 : TN, TT, IT 계통 |
| 600V 이하 설비 | 특3종 : 접지저항 10Ω | • 보호접지 : 등전위본딩 등 |
| 400V 이하 설비 | 3종 : 접지저항 100Ω | • 피뢰시스템접지 |
| 변압기 | 2종 : (계산 요함) | "변압기 중성점 접지"로 명칭 변경 |

| 접지대상 | (개정 전) 접지도체 최소단면적 | (개정 후) KEC 접지/보호도체 최소단면적 |
|---|---|---|
| (특)고압설비 | 1종 : 6.0mm² 이상 | 상도체 단면적 $S(mm^2)$에 따라 선정*<br>• $S \leq 16$ : S<br>• $16 < S \leq 35$ : 16<br>• $35 < S$ : S/2<br>또는 차단시간 5초 이하의 경우<br>• $S = \sqrt{I^2 t}/k$ |
| 600V 이하 설비 | 특3종 : 2.5mm² 이상 | |
| 400V 이하 설비 | 3종 : 2.5mm² 이상 | |
| 변압기 | 2종 : 16.0mm² 이상 | |

**TIP** 법 개정으로 접지대상에 따라 일괄 적용한 종별 접지(1종, 2종, 3종, 특별 3종)가 폐지되었습니다. 해설을 참고하세요.

## 64 최소 착화에너지가 0.26mJ인 가스에 정전용량이 100pF인 대전 물체로부터 정전기 방전에 의하여 착화할 수 있는 전압은 약 몇 V인가?

① 2,240　② 2,260
③ 2,280　④ 2,300

**해설**

정전 에너지

$$W = \frac{1}{2}CV^2 = \frac{1}{2}QV = \frac{1}{2}\frac{Q^2}{C}$$

대전 전하량$(Q) = C \cdot V$, 대전 전위$(V) = \frac{Q}{C}$

여기서, $W$ : 정전기 에너지(J), $C$ : 도체의 정전용량(F)
$V$ : 대전 전위(V), $Q$ : 대전 전하량(C)

1. $W = \frac{1}{2}CV^2 \rightarrow 2W = CV^2 \rightarrow V^2 = \frac{2W}{C} \rightarrow V = \sqrt{\frac{2W}{C}}$

2. $V = \sqrt{\frac{2W}{C}} = \sqrt{\frac{2 \times 0.26 \times 10^{-3}}{100 \times 10^{-12}}} = 2,280[V]$

**TIP** pF = $10^{-12}$F, mJ = $10^{-3}$J

## 65 누전차단기의 구성요소가 아닌 것은?

① 누전검출부　② 영상변류기
③ 차단장치　④ 전력퓨즈

**해설**

누전차단기
누전검출부, 영상변류기, 차단기구 등으로 구성된 장치로서, 이동형 또는 휴대형의 전기기계 · 기구 이하의 금속제 외함, 금속제 외피 등에서 누전, 절연파괴 등으로 인하여 지락전류

**정답** 62 ③　63 ①　64 ③　65 ④

가 발생하면 주어진 시간 이내에 전기기기의 전로를 차단하는 것을 말한다.

## 66 우리나라의 안전전압으로 볼 수 있는 것은 약 몇 V인가?

① 30  ② 50
③ 60  ④ 70

**해설**

**안전전압**
회로의 정격 전압이 일정 수준 이하의 낮은 전압으로 절연파괴 등의 사고 시에도 인체에 위험을 주지 않게 되는 전압을 말하며, 이 전압 이하를 사용하는 기기는 제반 안전대책을 강구하지 않아도 된다. 일반사업장의 경우 30V로 규정하고 있다.

**TIP** 대지전압이 30V 이하인 전기기계·기구·배선 또는 이동전선에 대해서는 전기로 인한 위험방지조치를 적용하지 아니한다.

## 67 산업안전보건기준에 관한 규칙에 따라 누전에 의한 감전의 위험을 방지하기 위하여 접지를 하여야 하는 대상의 기준으로 틀린 것은?(단, 예외조건은 고려하지 않는다.)

① 전기기계·기구의 금속제 외함
② 고압 이상의 전기를 사용하는 전기기계·기구주변의 금속제 칸막이
③ 고정배선에 접속된 전기기계·기구 중 사용전압이 대지 전압 100V를 넘는 비충전 금속체
④ 코드와 플러그를 접속하여 사용하는 전기기계·기구 중 휴대형 전동기계·기구의 노출된 비충전 금속체

**해설**

**전기 기계·기구의 접지(접지 대상)**
1. 전기 기계·기구의 금속제 외함, 금속제 외피 및 철대
2. 고정 설치되거나 고정배선에 접속된 전기기계·기구의 노출된 비충전 금속체 중 충전될 우려가 있는 다음 각 목의 어느 하나에 해당하는 비충전 금속체
   ㉠ 지면이나 접지된 금속체로부터 수직거리 2.4미터, 수평거리 1.5미터 이내인 것
   ㉡ 물기 또는 습기가 있는 장소에 설치되어 있는 것
   ㉢ 금속으로 되어 있는 기기접지용 전선의 피복·외장 또는 배선관 등
   ㉣ 사용전압이 대지전압 150볼트를 넘는 것
3. 전기를 사용하지 아니하는 설비 중 다음 각 목의 어느 하나에 해당하는 금속체
   ㉠ 전동식 양중기의 프레임과 궤도
   ㉡ 전선이 붙어 있는 비전동식 양중기의 프레임
   ㉢ 고압 이상의 전기를 사용하는 전기 기계·기구 주변의 금속제 칸막이·망 및 이와 유사한 장치
4. 코드와 플러그를 접속하여 사용하는 전기 기계·기구 중 다음 각 목의 어느 하나에 해당하는 노출된 비충전 금속체
   ㉠ 사용전압이 대지전압 150볼트를 넘는 것
   ㉡ 냉장고·세탁기·컴퓨터 및 주변기기 등과 같은 고정형 전기기계·기구
   ㉢ 고정형·이동형 또는 휴대형 전동기계·기구
   ㉣ 물 또는 도전성이 높은 곳에서 사용하는 전기기계·기구, 비접지형 콘센트
   ㉤ 휴대형 손전등
5. 수중펌프를 금속제 물탱크 등의 내부에 설치하여 사용하는 경우 그 탱크(이 경우 탱크를 수중펌프의 접지선과 접속하여야 한다)

## 68 정전유도를 받고 있는 접지되어 있지 않은 도전성 물체에 접촉한 경우 전격을 당하게 되는데 이때 물체에 유도된 전압 $V(V)$를 옳게 나타낸 것은?(단, $E$는 송전선의 대지전압, $C_1$은 송전선과 물체 사이의 정전용량, $C_2$는 물체와 대지 사이의 정전용량이며, 물체와 대지 사이의 저항은 무시한다.)

① $V = \dfrac{C_1}{C_1 + C_2} \times E$  ② $V = \dfrac{C_1 + C_2}{C_1} \times E$

③ $V = \dfrac{C_1}{C_1 \times C_2} \times E$  ④ $V = \dfrac{C_1 \times C_2}{C_1} \times E$

**해설**

**전압**
1. 문제의 조건에 따라 그림을 그리면 다음과 같다.

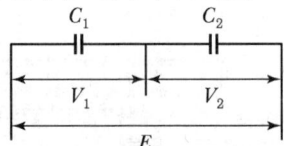

2. 합성정전용량
$$C_0 = \dfrac{C_1 C_2}{C_1 + C_2}[F]$$

3. $V_1 = \dfrac{Q}{C_1} = \dfrac{C_0 E}{C_1} = \dfrac{\dfrac{C_1 C_2}{C_1 + C_2} E}{C_1} = \dfrac{C_1 C_2 E}{C_1(C_1 + C_2)}$
$= \dfrac{C_2}{C_1 + C_2} E[V]$

4. $V_2 = \dfrac{Q}{C_2} = \dfrac{C_0 E}{C_2} = \dfrac{\dfrac{C_1 C_2}{C_1 + C_2}E}{C_2} = \dfrac{C_1 C_2 E}{C_2(C_1+C_2)}$
$= \dfrac{C_1}{C_1+C_2}E[V]$

**TIP** $Q = C_0 E = C_1 E_1 = C_2 E_2 [C]$

## 69 교류 아크 용접기의 자동전격방지장치는 전격의 위험을 방지하기 위하여 아크 발생이 중단된 후 약 1초 이내에 출력 측 무부하 전압을 자동적으로 몇 V 이하로 저하시켜야 하는가?

① 85  ② 70
③ 50  ④ 25

### 해설
자동전격방지기의 성능조건
1. 자동전격방지기는 아크발생을 중지하였을 때 지동시간이 1.0초 이내에 2차 무부하 전압을 25V 이하로 감압시켜 안전을 유지할 수 있어야 한다.
2. 시동시간은 0.04초 이내이고, 전격방지기를 시동시키는 데 필요한 용접봉의 접촉 소요시간은 0.03초 이내일 것

## 70 정전기 발생에 영향을 주는 요인으로 가장 적절하지 않은 것은?

① 분리속도  ② 물체의 질량
③ 접촉면적 및 압력  ④ 물체의 표면상태

### 해설
정전기 발생의 영향요인(정전기 발생요인)

| | |
|---|---|
| 물체의 특성 | 일반적으로 대전량은 접촉이나 분리하는 두 가지 물체가 대전서열 내에서 가까운 곳에 있으면 적고, 먼 위치에 있을수록 대전량이 큰 경향이 있다. |
| 물체의 표면상태 | • 표면이 거칠수록 정전기 발생량이 커진다.<br>• 기름, 수분, 불순물 등 오염이 심할수록, 산화 부식이 심할수록 정전기 발생량이 커진다. |
| 물체의 이력 | 정전기 발생량은 처음 접촉, 분리가 일어날 때 최대가 되며, 발생횟수가 반복될수록 발생량이 감소한다. |
| 접촉면적 및 압력 | 접촉면적 및 압력이 클수록 정전기 발생량은 커진다. |
| 분리속도 | 분리속도가 빠를수록 정전기 발생량이 커진다. |
| 완화시간 | 완화시간이 길면 전하분리에 주는 에너지도 커져서 정전기 발생량이 커진다. |

## 71 다음에서 설명하고 있는 방폭구조는?

전기기기의 정상 사용 조건 및 특정 비정상 상태에서 과도한 온도 상승, 아크 또는 스파크의 발생위험을 방지하기 위해 추가적인 안전 조치를 취한 것으로 Ex e라고 표시한다.

① 유입 방폭구조  ② 압력 방폭구조
③ 내압 방폭구조  ④ 안전증 방폭구조

### 해설
안전증 방폭구조(Increased Safety Type, e)
1. 전기기기의 정상 사용조건 및 특정 비정상 상태에서 과도한 온도 상승, 아크 또는 스파크의 발생 위험을 방지하기 위해 추가적인 안전조치를 통한 안전도를 증가시킨 방폭구조
2. 전기기구의 권선, 접점부, 단자부 등과 같은 부분이 정상적인 운전 중에는 불꽃, 아크 또는 과열이 발생되지 않는 부분에 대하여 방지하기 위한 구조와 온도상승에 대해 특히 안전도를 증가시킨 구조

## 72 KS C IEC 60079-6에 따른 유입방폭구조 "o" 방폭장비의 최소 IP등급은?

① IP44  ② IP54
③ IP55  ④ IP66

### 해설
유입방폭구조
IP66 이상의 보호등급을 가져야 한다.

## 73 20Ω의 저항 중에 5A의 전류를 3분간 흘렸을 때의 발열량(cal)은?

① 4,320  ② 90,000
③ 21,600  ④ 376,560

### 해설
열량

$$Q = 0.24 I^2 RT \times 10^{-3} [kcal] = 0.24 I^2 RT [cal]$$

여기서, $Q$ : 열량[J], $I$ : 전류[A], $R$ : 저항[Ω]
$T$ : 전류가 흐른 시간[sec]

$Q = 0.24 I^2 RT = 0.24 \times 5^2 \times 20 \times (3 \times 60초) = 21,600 [cal]$

**정답** 69 ④  70 ②  71 ④  72 ④  73 ③

**74** 다음은 어떤 방전에 대한 설명인가?

> 정전기가 대전되어 있는 부도체에 접지체가 접근한 경우 대전물체와 접지체 사이에 발생하는 방전과 거의 동시에 부도체의 표면을 따라서 발생하는 나뭇가지 형태의 발광을 수반하는 방전

① 코로나 방전
② 뇌상 방전
③ 연면 방전
④ 불꽃 방전

**해설**

정전기 방전의 형태

| | |
|---|---|
| 코로나 방전 | 고체에 정전기가 축적되면 전위가 높아지게 되고 고체표면의 전위경도가 어느 일정치를 넘어서면 낮은 소리와 연한 빛을 수반하는 방전 |
| 뇌상 방전 | 번개와 같은 수지상의 발광을 수반하고 강력하게 대전한 입자군이 대규모의 구름 모양(대전운)으로 확산되어 일어나는 특수한 방전 |
| 연면 방전 | 부도체의 표면을 따라서 Star-Check 마크를 가지는 나뭇가지 형태의 발광을 수반한다. |
| 불꽃 방전 | 도체가 대전되었을 때 접지된 도체 사이에서 발생하는 강한 발광과 파괴음을 수반하는 방전 |

**75** 가연성 가스가 있는 곳에 저압 옥내전기설비를 금속관 공사에 의해 시설하고자 한다. 관 상호 간 또는 관과 전기기계기구와는 몇 턱 이상 나사조임으로 접속하여야 하는가?

① 2턱   ② 3턱
③ 4턱   ④ 5턱

**해설**

가스증기 위험장소
가연성 가스 또는 인화성 물질의 증기가 새거나 체류하여 전기설비가 발화원이 되어 폭발할 우려가 있는 곳(프로판 가스 등의 가연성 액화 가스를 다른 용기에 옮기거나 나누는 등의 작업을 하는 곳, 에탄올·메탄올 등의 인화성 액체를 옮기는 곳 등)에 있는 저압 옥내전기설비를 금속관배선에 의하여 시설할 때에는 관 상호 간 및 관과 박스 기타의 부속품·풀 박스 또는 전기기계기구와는 5턱 이상 나사 조임으로 접속하는 방법 또는 기타 이와 동등 이상의 효력이 있는 방법에 의하여 견고하게 접속할 것

**76** 전기시설의 직접 접촉에 의한 감전방지방법으로 적절하지 않은 것은?

① 충전부는 내구성이 있는 절연물로 완전히 덮어 감쌀 것
② 충전부가 노출되지 않도록 폐쇄형 외함이 있는 구조로 할 것
③ 충전부에 충분한 절연효과가 있는 방호망 또는 절연 덮개를 설치할 것
④ 충전부는 출입이 용이한 전개된 장소에 설치하고, 위험표시 등의 방법으로 방호를 강화할 것

**해설**

직접 접촉에 의한 방지대책(충전 부분에 대한 감전방지)
1. 충전부가 노출되지 않도록 폐쇄형 외함이 있는 구조로 할 것
2. 충전부에 충분한 절연효과가 있는 방호망이나 절연덮개를 설치할 것
3. 충전부는 내구성이 있는 절연물로 완전히 덮어 감쌀 것
4. 발전소·변전소 및 개폐소 등 구획되어 있는 장소로서 관계 근로자가 아닌 사람의 출입이 금지되는 장소에 충전부를 설치하고, 위험표시 등의 방법으로 방호를 강화할 것
5. 전주 위 및 철탑 위 등 격리되어 있는 장소로서 관계 근로자가 아닌 사람이 접근할 우려가 없는 장소에 충전부를 설치할 것

**77** 심실세동을 일으키는 위험한계 에너지는 약 몇 J인가?(단, 심실세동 전류 $I=\dfrac{165}{\sqrt{T}}$ mA, 인체의 전기저항 $R=800\Omega$, 통전시간 $T=1$초이다.)

① 12   ② 22
③ 32   ④ 42

**해설**

위험한계 에너지

$$W = I^2RT[J/s] = \left(\dfrac{165}{\sqrt{T}} \times 10^{-3}\right)^2 \times R \times T$$

$$W = \left(\dfrac{165}{\sqrt{1}} \times 10^{-3}\right)^2 \times 800 \times 1 = 21.78 ≒ 22(J)$$

**78** 전기기계·기구에 설치되어 있는 감전방지용 누전차단기의 정격감도전류 및 작동시간으로 옳은 것은?(단, 정격전부하전류가 50A 미만이다.)

① 15mA 이하, 0.1초 이내
② 30mA 이하, 0.03초 이내
③ 50mA 이하, 0.5초 이내
④ 100mA 이하, 0.05초 이내

**해설**
누전차단기 접속 시 준수사항
전기기계·기구에 설치되어 있는 누전차단기는 정격감도전류가 30밀리암페어 이하이고 작동시간은 0.03초 이내일 것(다만, 정격전부하전류가 50암페어 이상인 전기기계·기구에 접속되는 누전차단기는 오작동을 방지하기 위하여 정격감도전류는 200밀리암페어 이하로, 작동시간은 0.1초 이내로 할 수 있다.)

**79** 피뢰레벨에 따른 회전구체 반경이 틀린 것은?

① 피뢰레벨 Ⅰ : 20m    ② 피뢰레벨 Ⅱ : 30m
③ 피뢰레벨 Ⅲ : 50m    ④ 피뢰레벨 Ⅳ : 60m

**해설**
보호등급별 회전구체 반지름

| 보호등급 | 회전구체 반경(m) |
|---|---|
| Ⅰ | 20 |
| Ⅱ | 30 |
| Ⅲ | 45 |
| Ⅳ | 60 |

**80** 지락사고 시 1초를 초과하고 2초 이내에 고압전로를 자동차단하는 장치가 설치되어 있는 고압전로에 제2종 접지공사를 하였다. 접지저항은 몇 Ω 이하로 유지해야 하는가?(단, 변압기의 고압 측 전로의 1선 지락전류는 10A이다.)

① 10Ω    ② 20Ω
③ 30Ω    ④ 40Ω

**해설**
변압기 중성점 접지저항값

접지저항값 = $\dfrac{300}{1선\ 지락전류[A]}$ [Ω] 이하
= $\dfrac{300}{10}$ = 30[Ω] 이하

**TIP** 변압기 중성점 접지저항값
1. 일반적으로 변압기의 고압·특고압 측 전로 1선 지락전류로 150을 나눈 값과 같은 저항값 이하
2. 변압기의 고압·특고압 측 전로 또는 사용전압이 35kV 이하의 특고압전로가 저압 측 전로와 혼촉하고 저압전로의 대지전압이 150V를 초과하는 경우는 저항값은 다음에 의한다.
   ㉠ 1초 초과 2초 이내에 고압·특고압 전로를 자동으로 차단하는 장치를 설치할 때는 300을 나눈 값 이하
   ㉡ 1초 이내에 고압·특고압 전로를 자동으로 차단하는 장치를 설치할 때는 600을 나눈 값 이하

※ 법 개정으로 접지대상에 따라 일괄 적용한 종별 접지(1종, 2종, 3종, 특별 3종)가 폐지되었습니다. 해설을 참고하세요.

| 접지대상 | (개정 전) 접지방식 | (개정 후) KEC 접지방식 |
|---|---|---|
| (특)고압설비 | 1종 : 접지저항 10Ω | • 계통접지 : TN, TT, IT 계통<br>• 보호접지 : 등전위본딩 등<br>• 피뢰시스템접지 |
| 600V 이하 설비 | 특3종 : 접지저항 10Ω | |
| 400V 이하 설비 | 3종 : 접지저항 100Ω | |
| 변압기 | 2종 : (계산 요함) | "변압기 중성점 접지"로 명칭 변경 |

## 5과목 화학설비위험방지기술

**81** 사업주는 가스폭발 위험장소 또는 분진폭발 위험장소에 설치되는 건축물 등에 대해서는 규정에서 정한 부분을 내화구조로 하여야 한다. 다음 중 내화구조로 하여야 하는 부분에 대한 기준이 틀린 것은?

① 건축물의 기둥 : 지상 1층(지상 1층의 높이가 6미터를 초과하는 경우에는 6미터)까지
② 위험물 저장·취급용기의 지지대(높이가 30센티미터 이하인 것은 제외) : 지상으로부터 지지대의 끝부분까지
③ 건축물의 보 : 지상 2층(지상 2층의 높이가 10미터를 초과하는 경우에는 10미터)까지
④ 배관·전선관 등의 지지대 : 지상으로부터 1단(1단의 높이가 6미터를 초과하는 경우에는 6미터)까지

**정답** 78 ② 79 ③ 80 ③ 81 ③

**[해설]**
가스폭발 위험장소 또는 분진폭발 위험장소에 설치되는 건축물 다음에 해당하는 부분을 내화구조로 하여야 하며, 그 성능이 항상 유지될 수 있도록 점검·보수 등 적절한 조치를 하여야 한다.
1. 건축물의 기둥 및 보 : 지상 1층(지상 1층의 높이가 6미터를 초과하는 경우에는 6미터)까지
2. 위험물 저장·취급용기의 지지대(높이가 30센티미터 이하인 것은 제외) : 지상으로부터 지지대의 끝부분까지
3. 배관·전선관 등의 지지대 : 지상으로부터 1단(1단의 높이가 6미터를 초과하는 경우에는 6미터)까지
4. 건축물 등의 주변에 화재에 대비하여 물분무시설 또는 폼 헤드(Foam Head)설비 등의 자동소화설비를 설치하여 건축물 등이 화재 시에 2시간 이상 그 안전성을 유지할 수 있도록 한 경우에는 내화구조로 하지 아니할 수 있다.

## 82 다음 물질 중 인화점이 가장 낮은 물질은?

① 이황화탄소  ② 아세톤
③ 크실렌  ④ 경유

**[해설]**
인화성 액체의 인화점
1. 이황화탄소 : -30℃
2. 아세톤 : -20℃
3. 크실렌 : 3가지 이성질체를 가지고 있음
   ㉠ 오르소 크실렌 : 17.2℃
   ㉡ 메타 크실렌 : 23.2℃
   ㉢ 파라 크실렌 : 23.0℃
4. 경유 : 50~70℃

## 83 물의 소화력을 높이기 위하여 물에 탄산칼륨($K_2CO_3$)과 같은 염류를 첨가한 소화약제를 일반적으로 무엇이라 하는가?

① 포 소화약제  ② 분말 소화약제
③ 강화액 소화약제  ④ 산알칼리 소화약제

**[해설]**
강화액 소화약제
1. 물 소화약제의 성능을 강화시킨 소화약제로서 물에 탄산칼륨($K_2CO_3$)을 용해시킨 소화약제이다.
2. 강화액은 -30℃에서도 동결되지 않으므로 한랭지역에서도 보온의 필요가 없다.
3. 탈수·탄화작용으로 목재·종이 등을 불연화하고 재연방지의 효과도 있어 A급 화재에 대한 소화능력이 증가된다.

## 84 다음 중 분진의 폭발위험성을 증대시키는 조건에 해당하는 것은?

① 분진의 온도가 낮을수록
② 분위기 중 산소농도가 작을수록
③ 분진 내의 수분농도가 작을수록
④ 분진의 표면적이 입자체적에 비교하여 작을수록

**[해설]**
분진폭발의 영향 인자

| 분진의 화학적 성질과 조성 | 분진의 발열량이 클수록 폭발성이 크며 휘발성분의 함유량이 많을수록 폭발하기 쉽다. |
|---|---|
| 입도와 입도분포 | • 분진의 표면적이 입자체적에 비하여 커지면 열의 발생속도가 방열속도보다 커져서 폭발이 용이해진다.<br>• 평균 입자의 직경이 작고 밀도가 작을수록 비표면적은 크게 되고 표면에너지도 크게 되어 폭발이 용이해진다. |
| 입자의 형상과 표면의 상태 | 평균입경이 동일한 분진인 경우, 입자의 형상이 복잡하면 폭발이 잘된다. |
| 수분 | 수분 함유량이 적을수록 폭발성이 급격히 증가된다. |
| 분진의 농도 | 분진의 농도가 양론조성농도보다 약간 높을 때, 폭발속도가 최대가 된다. |
| 분진의 온도 | 초기온도가 높을수록 최소폭발농도가 작아져서 위험하다. |
| 분진의 부유성 | 부유성이 큰 것일수록 공기중에 체류시간도 길고 위험성도 증가한다. |
| 산소의 농도 | 산소나 공기가 증가하면 폭발하한농도가 낮아짐과 동시에 입도가 큰 것도 폭발성을 갖게 된다. |

## 85 다음 중 관의 지름을 변경하는 데 사용되는 관의 부속품으로 가장 적절한 것은?

① 엘보우(Elbow)  ② 커플링(Coupling)
③ 유니온(Union)  ④ 리듀서(Reducer)

**[해설]**
피팅류(Fittings)

| 두 개의 관을 연결할 때 | 플랜지(Flange), 유니온(Union), 커플링(Coupling), 니플(Nipple), 소켓(Socket) |
|---|---|
| 관로의 방향을 바꿀 때 | 엘보우(Elbow), Y지관(Y-Branch), 티(Tee), 십자(Cross) |
| 관로의 크기를 바꿀 때 (관의 지름을 변경할 때) | 리듀서(Reducer), 부싱(Bushing) |
| 가지관을 설치할 때 | Y지관(Y-Branch), 티(Tee), 십자(Cross) |
| 유로를 차단할 때 | 플러그(Plug), 캡(Cap), 밸브(Valve) |
| 유량을 조절할 때 | 밸브(Valve) |

**정답** 82 ① 83 ③ 84 ③ 85 ④

**86** 가연성 물질의 저장 시 산소농도를 일정한 값 이하로 낮추어 연소를 방지할 수 있는데 이때 첨가하는 물질로 적합하지 않은 것은?

① 질소　　② 이산화탄소
③ 헬륨　　④ 일산화탄소

**해설**

불연성 가스
가스 자신이 연소하지도 않고 다른 물질도 연소시키지 않는 가스로서 보통 장치에서 가연성 가스의 치환(Purge)용으로 사용되며, 헬륨, 네온, 질소, 아르곤, 이산화탄소 등이 있다.

**87** 다음 중 물과의 반응성이 가장 큰 물질은?

① 니트로글리세린　　② 이황화탄소
③ 금속나트륨　　④ 석유

**해설**

금수성 물질(물과 접촉을 금지해야 하는 물질)
1. 물과 접촉하면 격렬한 발열반응하는 것으로 물질이 공기 중의 습기를 흡수해서 화학반응을 일으켜 발열하거나 수분과 접촉해서 발열하여 그 온도가 가속도적으로 높아져 발화되는 물질
2. 칼륨, 리튬, 칼슘, 마그네슘, 알킬알루미늄, 나트륨, 철분, 알킬리튬, 금속분, 탄화칼슘 등이 있다.

**88** 산업안전보건법령상 위험물질의 종류에서 폭발성 물질에 해당하는 것은?

① 니트로화합물　　② 등유
③ 황　　④ 질산

**해설**

폭발성 물질 및 유기과산화물
1. 질산에스테르류
2. 니트로화합물
3. 니트로소화합물
4. 아조화합물
5. 디아조화합물
6. 하이드라진 유도체
7. 유기과산화물
8. 그 밖에 1.목부터 7.목까지의 물질과 같은 정도의 폭발 위험이 있는 물질
9. 1.목부터 8.목까지의 물질을 함유한 물질

**89** 어떤 습한 고체재료 10kg을 완전 건조 후 무게를 측정하였더니 6.8kg이었다. 이 재료의 건량 기준 함수율은 몇 kg·H₂O/kg인가?

① 0.25　　② 0.36
③ 0.47　　④ 0.58

**해설**

함수율
1. 재료가 함유하고 있는 물의 양을 정량적으로 표시한 것을 말한다.
2. 재료의 질량에 대한 물의 질량의 비율로 표시된다.

$$함수율 = \frac{W_1 - W_2}{W_2}$$

여기서, $W_1$ : 건조 전 질량, $W_2$ : 건조 후 질량

$$함수율 = \frac{W_1 - W_2}{W_2} = \frac{10 - 6.8}{6.8} = 0.47 [kg \cdot H_2O/kg]$$

**90** 대기압하에서 인화점이 0℃ 이하인 물질이 아닌 것은?

① 메탄올　　② 이황화탄소
③ 산화프로필렌　　④ 디에틸에테르

**해설**

인화점
1. 메탄올 : 12℃
2. 이황화탄소 : -30℃
3. 산화프로필렌 : -37℃
4. 디에틸에테르 : -45℃

**91** 가연성 가스의 폭발범위에 관한 설명으로 틀린 것은?

① 압력 증가에 따라 폭발상한계와 하한계가 모두 현저히 증가한다.
② 불활성 가스를 주입하면 폭발범위는 좁아진다.
③ 온도의 상승과 함께 폭발범위는 넓어진다.
④ 산소 중에서 폭발범위는 공기 중에서보다 넓어진다.

**해설**

가연성 가스의 폭발범위 영향 요소
1. 가스의 온도가 높을수록 폭발범위도 일반적으로 넓어진다.(폭발하한계는 감소, 폭발상한계는 증가)

정답　86 ④　87 ③　88 ①　89 ③　90 ①　91 ①

2. 가스의 압력이 높아지면 폭발하한계는 영향이 없으나 폭발상한계는 증가한다.
3. 산소 중에서의 폭발범위는 공기 중에서보다 넓어진다.
4. 압력이 상압인 1atm보다 낮아질 때 폭발범위는 큰 변화가 없다.
5. 일산화탄소는 압력이 높을수록 폭발범위가 좁아지고, 수소는 10atm까지는 좁아지지만 그 이상의 압력에서는 넓어진다.
6. 불활성 기체가 첨가될 경우 혼합가스의 농도가 희석되어 폭발범위가 좁아진다.
7. 화학양론농도 부근에서는 연소나 폭발이 가장 일어나기 쉽고 또한 격렬한 정도도 크다.

> **TIP** 분진폭발 물질
>
> | 분진폭발 물질 | 분진폭발이 없는 물질 |
> |---|---|
> | • 곡물분진 : 셀룰로오스, 코크스, 옥수수, 녹말 등<br>• 탄소질 분진 : 목탄, 역청탄, 코크스, 목재, 갈탄 등<br>• 화학분진 : 아디프산, 칼슘 아세테이트, 덱스트린, 황 등<br>• 금속분진 : 알루미늄, 마그네슘, 청동, 아연 등<br>• 플라스틱 분진 : 에폭시 수지, 멜라민 수지, 폴리에틸렌 등 | • 생석회(시멘트의 주성분)<br>• 석회석 분말<br>• 시멘트<br>• 수산화칼슘 (소석회) |

## 92 열교환기의 정기적 점검을 일상점검과 개방점검으로 구분할 때 개방점검 항목에 해당하는 것은?

① 보냉재의 파손 상황
② 플랜지부나 용접부에서의 누출 여부
③ 기초볼트의 체결 상태
④ 생성물, 부착물에 의한 오염 상황

**해설**

열교환기의 보수

| 일상점검항목 | • 보온재, 보냉재의 파손 여부<br>• 도장의 노후 상황<br>• 플랜지(Flange)부, 용접부 등의 누설 여부<br>• 기초볼트의 체결 정도 |
|---|---|
| 정기적 개방 점검항목 | • 부식 및 고분자 등 생성물의 상황<br>• 부착물에 의한 오염의 상황<br>• 부식의 형태, 정도, 범위<br>• 누출의 원인이 되는 균열, 흠집의 여부<br>• 칠의 두께 감소 정도<br>• 용접선의 상황<br>• 라이닝(Lining) 또는 코팅 상태 |

## 93 다음 중 분진폭발을 일으킬 위험이 가장 높은 물질은?

① 염소
② 마그네슘
③ 산화칼슘
④ 에틸렌

**해설**

분진폭발
분진입자의 충돌, 충격 등에 의한 폭발(마그네슘, 알루미늄 등)

## 94 산업안전보건법령에서 인화성 액체를 정의할 때 기준이 되는 표준압력은 몇 kPa인가?

① 1
② 100
③ 101.3
④ 273.15

**해설**

인화성 액체
표준압력(101.3kPa)하에서 인화점이 60℃ 이하이거나 고온·고압의 공정운전조건으로 인하여 화재·폭발위험이 있는 상태에서 취급되는 가연성 물질을 말한다.

## 95 다음 중 C급 화재에 해당하는 것은?

① 금속화재
② 전기화재
③ 일반화재
④ 유류화재

**해설**

화재의 종류

| 분류 | A급 화재 | B급 화재 | C급 화재 | D급 화재 |
|---|---|---|---|---|
| 명칭 | 일반화재 | 유류화재 | 전기화재 | 금속화재 |
| 분류 | 보통 잔재의 작열에 의해 발생하는 연소에서 보통 유기 성질의 고체물질을 포함한 화재 | 액체 또는 액화할 수 있는 고체를 포함한 화재 | 통전 중인 전기설비를 포함한 화재 | 금속을 포함한 화재 |
| 가연물 | 목재, 종이, 섬유 등 | 가솔린, 등유, 프로판 가스 등 | 전기기기, 변압기, 전기다리미 등 | 가연성 금속 (Mg분, Al분) |
| 소화방법 | 냉각소화 | 질식소화 | 질식, 냉각소화 | 질식소화 |

**정답** 92 ④  93 ②  94 ③  95 ②

| 분류 | A급 화재 | B급 화재 | C급 화재 | D급 화재 |
|---|---|---|---|---|
| 적응 소화제 | • 물 소화기<br>• 강화액 소화기<br>• 산·알칼리 소화기 | • 이산화탄소 소화기<br>• 할로겐화합물 소화기<br>• 분말 소화기<br>• 포말 소화기 | • 이산화탄소 소화기<br>• 할로겐화합물 소화기<br>• 분말 소화기<br>• 무상강화액 소화기 | • 건조사<br>• 팽창 질석<br>• 팽창 진주암 |
| 표시색 | 백색 | 황색 | 청색 | 무색 |

**96** 액화 프로판 310kg을 내용적 50L 용기에 충전할 때 필요한 소요 용기의 수는 몇 개인가?(단, 액화 프로판의 가스정수는 2.35이다.)

① 15  ② 17
③ 19  ④ 21

#### 해설
용기의 내용적 산정기준(액화가스)

$$G = \frac{V}{C}$$

여기서, $G$ : 액화가스의 질량(kg), $V$ : 용기의 내용적($l$)
$C$ : 가스에 따른 가스의 정수

1. $G = \dfrac{V}{C} = \dfrac{50}{2.35} = 21.276[kg]$

2. 용기수 $= \dfrac{310}{21.276} = 14.57 = 15[개]$

**97** 다음 중 가연성 가스의 연소 형태에 해당하는 것은?

① 분해연소  ② 증발연소
③ 표면연소  ④ 확산연소

#### 해설
확산연소
1. 가연성 가스가 공기 중의 지연성 가스(산소)와 접촉하여 접촉면에서 연소가 일어나는 현상(수소, 메탄, 프로판, 부탄 등)
2. 기체의 일반적인 연소형태이다.

**98** 다음 중 산업안전보건법령상 위험물질의 종류에 있어 인화성 가스에 해당하지 않는 것은?

① 수소  ② 부탄
③ 에틸렌  ④ 과산화수소

#### 해설
인화성 가스
1. 수소       5. 에탄
2. 아세틸렌   6. 프로판
3. 에틸렌     7. 부탄
4. 메탄

> **TIP** 과산화수소 : 산화성 액체

**99** 반응폭주 등 급격한 압력상승의 우려가 있는 경우에 설치하여야 하는 것은?

① 파열판  ② 통기밸브
③ 체크밸브  ④ Flame Arrester

#### 해설
파열판의 설치조건
1. 반응폭주 등 급격한 압력상승 우려가 있는 경우
2. 급성독성 물질의 누출로 인하여 주위의 작업환경을 오염시킬 우려가 있는 경우
3. 운전 중 안전밸브에 이상 물질이 누적되어 안전밸브가 작동되지 아니할 우려가 있는 경우

**100** 다음 중 응상폭발이 아닌 것은?

① 분해폭발
② 수증기폭발
③ 전선폭발
④ 고상 간의 전이에 의한 폭발

#### 해설
폭발의 분류

| | | |
|---|---|---|
| 공정에 따른 분류 | 핵폭발 | 원자핵의 분열이나 융합에 의한 강렬한 에너지 방출 현상 |
| | 물리적 폭발 | 화학적 변화 없이 물리 변화를 주체로 한 폭발의 형태(탱크의 감압폭발, 수증기폭발, 고압용기의 폭발, 전선폭발, 보일러폭발 등) |
| | 화학적 폭발 | 화학반응이 관여하는 화학적 특성 변화에 의한 폭발(산화폭발, 분해폭발, 중합폭발, 반응폭주) |
| 원인물질의 상태에 따른 분류 | 기상폭발 | 가스폭발, 분무폭발, 분진폭발, 가스분해폭발, 증기운폭발 |
| | 응상폭발 | 수증기폭발(액체일 때), 증기폭발(액화가스일 때), 전선폭발 |

정답 96 ① 97 ④ 98 ④ 99 ① 100 ①

## 6과목 건설안전기술

**101** 건설재해대책의 사면보호공법 중 식물을 생육시켜 그 뿌리로 사면의 표층토를 고정하여 빗물에 의한 침식, 동상, 이완 등을 방지하고, 녹화에 의한 경관조성을 목적으로 시공하는 것은?

① 식생공
② 실드공
③ 뿜어붙이기공
④ 블록공

**해설**

비탈면 보호공법(사면 보호공법)
강우에 의한 표면 침식 또는 붕괴를 방지하고 동시에 경관이나 미관을 목적으로 시공한다.

| 구분 | 개요 | 공법 |
|---|---|---|
| 식생공법 | 식물을 사면·경사면상에 초목이 무성하게 자라게 함으로써 경사면 침식을 방비하는 공법을 말하며 녹화공법이라고도 한다. | • 씨앗 뿌리기공<br>• 식생판공<br>• 식생 포대공<br>• 떼 붙임공<br>• 씨앗 뿜어붙이기공<br>• 식생공 |
| 구조물공법 | 침식, 세굴, 풍화 및 동상 등으로부터 비탈면을 보호하기 위하여 비탈면 안에 블록이나 구조물을 설치하는 공법이다. | • 현장타설 콘크리트 격자공<br>• 블록공<br>• 돌쌓기공<br>• 콘크리트 붙임공법<br>• 뿜칠공법 |

**102** 산업안전보건법령에 따른 양중기의 종류에 해당하지 않는 것은?

① 곤돌라
② 리프트
③ 클램셸
④ 크레인

**해설**

양중기의 종류
1. 크레인(호이스트 포함)
2. 이동식 크레인
3. 리프트(이삿짐운반용 리프트의 경우 적재하중 0.1톤 이상인 것)
4. 곤돌라
5. 승강기

**103** 화물취급작업과 관련한 위험방지를 위해 조치하여야 할 사항으로 옳지 않은 것은?

① 하역작업을 하는 장소에서 작업장 및 통로의 위험한 부분에는 안전하게 작업할 수 있는 조명을 유지할 것
② 하역작업을 하는 장소에서 부두 또는 안벽의 선을 따라 통로를 설치하는 경우에는 폭을 50cm 이상으로 할 것
③ 차량 등에서 화물을 내리는 작업을 하는 경우에 해당 작업에 종사하는 근로자에게 쌓여 있는 화물 중간에서 화물을 빼내도록 하지 말 것
④ 꼬임이 끊어진 섬유로프 등을 화물운반용 또는 고정용으로 사용하지 말 것

**해설**

부두·안벽 등 하역작업장 조치사항
1. 작업장 및 통로의 위험한 부분에는 안전하게 작업할 수 있는 조명을 유지할 것
2. 부두 또는 안벽의 선을 따라 통로를 설치하는 경우에는 폭을 90센티미터 이상으로 할 것
3. 육상에서의 통로 및 작업장소로서 다리 또는 선거 갑문을 넘는 보도 등의 위험한 부분에는 안전난간 또는 울타리 등을 설치할 것

**104** 표준관입시험에 관한 설명으로 옳지 않은 것은?

① N치(N-value)는 지반을 30cm 굴진하는 데 필요한 타격횟수를 의미한다.
② N치 4~10일 경우 모래의 상대밀도는 매우 단단한 편이다.
③ 63.5kg 무게의 추를 76cm 높이에서 자유낙하 하여 타격하는 시험이다.
④ 사질지반에 적용하며, 점토지반에서는 편차가 커서 신뢰성이 떨어진다.

**해설**

표준관입시험(Standard Penetration Test)
1. 무게 63.5kg의 해머로 76cm 높이에서 자유낙하시켜 샘플러를 30cm 관입시키는 데 소요되는 타격횟수 N치를 측정하는 시험이다.
2. 흙의 지내력 판단, 사질토 지반에 적용한다.
3. N값이 클수록 밀실한 토질이다.

**정답** 101 ① 102 ③ 103 ② 104 ②

| N의 값 | 흙의 상태 |
| --- | --- |
| 0~4 | 매우 느슨 |
| 4~10 | 느슨 |
| 10~30 | 보통 |
| 30~50 | 조밀 |
| 50 이상 | 매우 조밀 |

**105** 근로자의 추락 등의 위험을 방지하기 위한 안전난간의 설치요건에서 상부난간대를 120cm 이상 지점에 설치하는 경우 중간난간대를 최소 몇 단 이상 균등하게 설치하여야 하는가?

① 2단  ② 3단
③ 4단  ④ 5단

**해설**

안전난간의 구조 및 설치요건
1. 상부 난간대, 중간 난간대, 발끝막이판 및 난간기둥으로 구성할 것. 다만, 중간 난간대, 발끝막이판 및 난간기둥은 이와 비슷한 구조와 성능을 가진 것으로 대체할 수 있다.
2. 상부 난간대는 바닥면·발판 또는 경사로의 표면(바닥면 등)으로부터 90센티미터 이상 지점에 설치하고, 상부 난간대를 120센티미터 이하에 설치하는 경우에는 중간 난간대는 상부 난간대와 바닥면 등의 중간에 설치해야 하며, 120센티미터 이상 지점에 설치하는 경우에는 중간 난간대를 2단 이상으로 균등하게 설치하고 난간의 상하 간격은 60센티미터 이하가 되도록 할 것. 다만, 난간기둥 간의 간격이 25센티미터 이하인 경우에는 중간 난간대를 설치하지 않을 수 있다.
3. 발끝막이판은 바닥면 등으로부터 10센티미터 이상의 높이를 유지할 것. 다만, 물체가 떨어지거나 날아올 위험이 없거나 그 위험을 방지할 수 있는 망을 설치하는 등 필요한 예방 조치를 한 장소는 제외한다.
4. 난간기둥은 상부 난간대와 중간 난간대를 견고하게 떠받칠 수 있도록 적정한 간격을 유지할 것
5. 상부 난간대와 중간 난간대는 난간 길이 전체에 걸쳐 바닥면 등과 평행을 유지할 것
6. 난간대는 지름 2.7센티미터 이상의 금속제 파이프나 그 이상의 강도가 있는 재료일 것
7. 안전난간은 구조적으로 가장 취약한 지점에서 가장 취약한 방향으로 작용하는 100킬로그램 이상의 하중에 견딜 수 있는 튼튼한 구조일 것

**106** 건설현장에 설치하는 사다리식 통로의 설치기준으로 옳지 않은 것은?

① 발판과 벽과의 사이는 15cm 이상의 간격을 유지할 것
② 발판의 간격은 일정하게 할 것
③ 사다리의 상단은 걸쳐 놓은 지점으로부터 60cm 이상 올라가도록 할 것
④ 사다리식 통로의 길이가 10m 이상인 경우에는 3m 이내마다 계단참을 설치할 것

**해설**

사다리식 통로
1. 견고한 구조로 할 것
2. 심한 손상·부식 등이 없는 재료를 사용할 것
3. 발판의 간격은 일정하게 할 것
4. 발판과 벽과의 사이는 15센티미터 이상의 간격을 유지할 것
5. 폭은 30센티미터 이상으로 할 것
6. 사다리가 넘어지거나 미끄러지는 것을 방지하기 위한 조치를 할 것
7. 사다리의 상단은 걸쳐 놓은 지점으로부터 60센티미터 이상 올라가도록 할 것
8. 사다리식 통로의 길이가 10미터 이상인 경우에는 5미터 이내마다 계단참을 설치할 것
9. 사다리식 통로의 기울기는 75도 이하로 할 것. 다만, 고정식 사다리식 통로의 기울기는 90도 이하로 하고, 그 높이가 7미터 이상인 경우에는 다음 각 목의 구분에 따른 조치를 할 것
   가. 등받이울이 있어도 근로자 이동에 지장이 없는 경우: 바닥으로부터 높이가 2.5미터 되는 지점부터 등받이울을 설치할 것
   나. 등받이울이 있으면 근로자가 이동이 곤란한 경우: 개인용 추락 방지 시스템을 설치하고 근로자로 하여금 전신안전대를 사용하도록 할 것
10. 접이식 사다리 기둥은 사용 시 접혀지거나 펼쳐지지 않도록 철물 등을 사용하여 견고하게 조치할 것

**107** 불도저를 이용한 작업 중 안전조치사항으로 옳지 않은 것은?

① 작업종료와 동시에 삽날을 지면에서 띄우고 주차제동장치를 건다.
② 모든 조종간은 엔진 시동 전에 중립 위치에 놓는다.

정답 105 ① 106 ④ 107 ①

③ 장비의 승차 및 하차 시 뛰어내리거나 오르지 말고 안전하게 잡고 오르내린다.
④ 야간작업 시 자주 장비에서 내려와 장비 주위를 살피며 점검하여야 한다.

**해설**

불도저작업 안전조치사항
수리·점검·운행정지 시 토공판(Blade)을 지면에 내려놓고 원동기 정지 등 불시이동 방지조치를 한다.

**108** 건설공사의 산업안전보건관리비 계상 시 대상액이 구분되어 있지 않은 공사는 도급계약 또는 자체 사업계획상의 총공사금액 중 얼마를 대상액으로 하는가?

① 50%   ② 60%
③ 70%   ④ 80%

**해설**

대상액이 구분되어 있지 않은 공사
대상액이 구분되어 있지 않은 공사는 도급계약 또는 자체 사업계획상의 총공사금액의 70퍼센트를 대상액으로 하여 안전보건관리비를 계상하여야 한다.

**109** 도심지 폭파해체공법에 관한 설명으로 옳지 않은 것은?

① 장기간 발생하는 진동, 소음이 적다.
② 해체 속도가 빠르다.
③ 주위의 구조물에 끼치는 영향이 적다.
④ 많은 분진 발생으로 민원을 발생시킬 우려가 있다.

**해설**

도심지 폭파해체공법
1. 주위의 구조물에 끼치는 영향이 크다.
2. 폭파할 때 진동이 작은 특수공법(미진동 발파공법)을 사용하면 폭파대상 건물 외에는 주위건물에 진동에 의한 큰 영향을 끼치지 않으나, 파쇄, 절단 등의 해체공법은 장기간 소음과 진동이 가해지므로 주위의 구조물에 끼치는 영향이 크다.

**110** NATM 공법 터널공사의 경우 록 볼트 작업과 관련된 계측결과에 해당되지 않는 것은?

① 내공변위 측정 결과   ② 천단침하 측정 결과
③ 인발시험 결과        ④ 진동 측정 결과

**해설**

록 볼트 시공
록 볼트 작업의 표준시공방식으로서 시스템 볼팅을 실시하여야 하며 인발시험, 내공변위 측정, 천단침하 측정, 지중변위 측정 등의 계측결과로부터 다음의 사항에 해당될 때에는 록 볼트의 추가시공을 하여야 한다.
1. 터널벽면의 변형이 록 볼트 길이의 약 6% 이상으로 판단되는 경우
2. 록 볼트의 인발시험 결과로부터 충분한 인발내력이 얻어지지 않는 경우
3. 록 볼트 길이의 약 반 이상으로부터 지반 심부까지의 사이에 축력분포의 최대치가 존재하는 경우
4. 소성영역의 확대가 록 볼트 길이를 초과한 것으로 판단되는 경우

**111** 거푸집 동바리 등을 조립하는 경우에 준수하여야 할 사항으로 옳지 않은 것은?

① 깔목의 사용, 콘크리트 타설, 말뚝박기 등 동바리의 침하를 방지하기 위한 조치를 할 것
② 개구부 상부에 동바리를 설치하는 경우에는 상부하중을 견딜 수 있는 견고한 받침대를 설치할 것
③ 거푸집이 곡면인 경우에는 버팀대의 부착 등 그 거푸집의 부상(浮上)을 방지하기 위한 조치를 할 것
④ 동바리의 이음은 맞댄이음이나 장부이음을 피할 것

**해설**

거푸집 및 동바리 조립 시의 안전조치
1. 거푸집 조립 시의 안전조치
   ㉠ 거푸집을 조립하는 경우에는 거푸집이 콘크리트 하중이나 그 밖의 외력에 견딜 수 있거나, 넘어지지 않도록 견고한 구조의 긴결재(콘크리트를 타설할 때 거푸집이 변형되지 않게 연결하여 고정하는 재료), 버팀대 또는 지지대를 설치하는 등 필요한 조치를 할 것
   ㉡ 거푸집이 곡면인 경우에는 버팀대의 부착 등 그 거푸집의 부상(浮上)을 방지하기 위한 조치를 할 것
2. 동바리 조립 시의 안전조치
   동바리를 조립하는 경우에는 하중의 지지상태를 유지할 수 있도록 다음 각 호의 사항을 준수해야 한다.
   ㉠ 받침목이나 깔판의 사용, 콘크리트 타설, 말뚝박기 등

**정답** 108 ③  109 ③  110 ④  111 ④

동바리의 침하를 방지하기 위한 조치를 할 것
ⓒ 동바리의 상하 고정 및 미끄러짐 방지 조치를 할 것
ⓒ 상부·하부의 동바리가 동일 수직선상에 위치하도록 하여 깔판·받침목에 고정시킬 것
ⓔ 개구부 상부에 동바리를 설치하는 경우에는 상부하중을 견딜 수 있는 견고한 받침대를 설치할 것
ⓜ U헤드 등의 단판이 없는 동바리의 상단에 멍에 등을 올릴 경우에는 해당 상단에 U헤드 등의 단판을 설치하고, 멍에 등이 전도되거나 이탈되지 않도록 고정시킬 것
ⓗ 동바리의 이음은 같은 품질의 재료를 사용할 것
ⓢ 강재의 접속부 및 교차부는 볼트·클램프 등 전용철물을 사용하여 단단히 연결할 것
ⓞ 거푸집의 형상에 따른 부득이한 경우를 제외하고는 깔판이나 받침목은 2단 이상 끼우지 않도록 할 것
ⓩ 깔판이나 받침목을 이어서 사용하는 경우에는 그 깔판·받침목을 단단히 연결할 것

TIP 본 문제는 법 개정으로 일부 내용이 수정되었습니다. 해설은 법 개정으로 수정된 내용이니 해설을 학습하세요.

## 112 비계의 높이가 2m 이상인 작업장소에 설치하는 작업발판의 설치기준으로 옳지 않은 것은?(단, 달비계, 달대비계 및 말비계는 제외)

① 작업발판의 폭은 40cm 이상으로 한다.
② 작업발판재료는 뒤집히거나 떨어지지 않도록 하나 이상의 지지물에 연결하거나 고정시킨다.
③ 발판재료 간의 틈은 3cm 이하로 한다.
④ 작업발판의 지지물은 하중에 의하여 파괴될 우려가 없는 것을 사용한다.

**해설**

비계(달비계, 달대비계 및 말비계는 제외)의 높이가 2미터 이상인 작업장소의 작업발판 설치기준
1. 발판재료는 작업할 때의 하중을 견딜 수 있도록 견고한 것으로 할 것
2. 작업발판의 폭은 40센티미터 이상으로 하고, 발판재료 간의 틈은 3센티미터 이하로 할 것
3. 제2호에도 불구하고 선박 및 보트 건조작업의 경우 선박블록 또는 엔진실 등의 좁은 작업공간에 작업발판을 설치하기 위하여 필요하면 작업발판의 폭을 30센티미터 이상으로 할 수 있고, 걸침비계의 경우 강관기둥 때문에 발판재료 간의 틈을 3센티미터 이하로 유지하기 곤란하면 5센티미터 이하로 할 수 있다. 이 경우 그 틈 사이로 물체 등이 떨어질 우려가 있는 곳에는 출입금지 등의 조치를 하여야 한다.

4. 추락의 위험이 있는 장소에는 안전난간을 설치할 것(다만, 작업의 성질상 안전난간을 설치하는 것이 곤란한 경우, 작업의 필요상 임시로 안전난간을 해체할 때에 안전방망을 설치하거나 근로자로 하여금 안전대를 사용하도록 하는 등 추락위험 방지 조치를 한 경우에는 그러하지 아니하다.)
5. 작업발판의 지지물은 하중에 의하여 파괴될 우려가 없는 것을 사용할 것
6. 작업발판재료는 뒤집히거나 떨어지지 않도록 둘 이상의 지지물에 연결하거나 고정시킬 것
7. 작업발판을 작업에 따라 이동시킬 경우에는 위험 방지에 필요한 조치를 할 것

## 113 흙막이 지보공을 설치하였을 경우 정기적으로 점검하고 이상을 발견하면 즉시 보수하여야 하는 사항과 가장 거리가 먼 것은?

① 부재의 접속부·부착부 및 교차부의 상태
② 버팀대의 긴압(緊壓)의 정도
③ 부재의 손상·변형·부식·변위 및 탈락의 유무와 상태
④ 지표수의 흐름 상태

**해설**

흙막이 지보공의 붕괴 등의 방지를 위한 점검사항
1. 부재의 손상·변형·부식·변위 및 탈락의 유무와 상태
2. 버팀대의 긴압의 정도
3. 부재의 접속부·부착부 및 교차부의 상태
4. 침하의 정도

## 114 말비계를 조립하여 사용하는 경우 지주부재와 수평면의 기울기는 얼마 이하로 하여야 하는가?

① 65°
② 70°
③ 75°
④ 80°

**해설**

말비계 조립 시의 준수사항
1. 지주부재의 하단에는 미끄럼 방지장치를 하고, 근로자가 양측 끝부분에 올라서서 작업하지 않도록 할 것
2. 지주부재와 수평면의 기울기를 75도 이하로 하고, 지주부재와 지주부재 사이를 고정시키는 보조부재를 설치할 것
3. 말비계의 높이가 2미터를 초과하는 경우에는 작업발판의 폭을 40센티미터 이상으로 할 것

정답 112 ② 113 ④ 114 ③

**115** 지반 등의 굴착 시 위험을 방지하기 위한 연암 지반 굴착면의 기울기 기준으로 옳은 것은?

① 1 : 0.3
② 1 : 0.4
③ 1 : 1.0
④ 1 : 0.6

해설
굴착면의 기울기

| 지반의 종류 | 굴착면의 기울기 |
|---|---|
| 모래 | 1 : 1.8 |
| 연암 및 풍화암 | 1 : 1.0 |
| 경암 | 1 : 0.5 |
| 그 밖의 흙 | 1 : 1.2 |

 TIP 본 문제는 법 개정으로 일부 내용이 수정되었습니다. 해설은 법 개정으로 수정된 내용이니 해설을 학습하세요.

**116** 작업발판 및 통로의 끝이나 개구부로서 근로자가 추락할 위험이 있는 장소에서 난간 등의 설치가 매우 곤란하거나 작업의 필요상 임시로 난간 등을 해체하여야 하는 경우에 설치하여야 하는 것은?

① 구명구
② 수직보호망
③ 석면포
④ 추락방호망

해설
개구부 등의 방호조치
1. 작업발판 및 통로의 끝이나 개구부로서 근로자가 추락할 위험이 있는 장소에는 안전난간, 울타리, 수직형 추락방망 또는 덮개 등의 방호 조치를 충분한 강도를 가진 구조로 튼튼하게 설치하여야 하며, 덮개를 설치하는 경우에는 뒤집히거나 떨어지지 않도록 설치하여야 한다. 이 경우 어두운 장소에서도 알아볼 수 있도록 개구부임을 표시하여야 한다.
2. 난간 등을 설치하는 것이 매우 곤란하거나 작업의 필요상 임시로 난간 등을 해체하여야 하는 경우 추락방호망을 설치하여야 한다. 다만, 추락방호망을 설치하기 곤란한 경우에는 근로자에게 안전대를 착용하도록 하는 등 추락할 위험을 방지하기 위하여 필요한 조치를 하여야 한다.

**117** 흙막이 공법을 흙막이 지지방식에 의한 분류와 구조방식에 의한 분류로 나눌 때 다음 중 지지방식에 의한 분류에 해당하는 것은?

① 수평 버팀대식 흙막이 공법
② H-Pile 공법
③ 지하연속벽 공법
④ Top Down Method 공법

해설
흙막이 공법

| 흙막이 지지방식에 의한 분류 | • 자립공법<br>• 버팀대식 공법(빗버팀대식 공법, 수평버팀대식 공법)<br>• 어스 앵커 공법 |
|---|---|
| 흙막이 구조방식에 의한 분류 | • 엄지말뚝식 흙막이 공법(H-Pile)<br>• 널말뚝 공법(강 널말뚝식 흙막이 공법, 강관 널말뚝식 흙막이 공법)<br>• 지하연속벽 공법(주열식, 벽식)<br>• 역타식 공법(Top Down) |

**118** 철골용접부의 내부결함을 검사하는 방법으로 가장 거리가 먼 것은?

① 알칼리 반응시험
② 방사선 투과시험
③ 자기분말 탐상시험
④ 침투 탐상시험

해설
방사선 투과시험
1. X선, γ선을 투과하고 투과방지선을 필름에 촬영하여 내부결함을 검출한다.
2. 검사한 상태를 기록으로 보존이 가능하며 두꺼운 부재도 검사가 가능하다.

**119** 유해위험방지계획서를 제출하려고 할 때 그 첨부서류와 가장 거리가 먼 것은?

① 공사개요서
② 산업안전보건관리비 작성요령
③ 전체 공정표
④ 재해 발생 위험 시 연락 및 대피방법

정답 115 ③ 116 ④ 117 ① 118 ①, ③, ④ 119 ②

### 해설
유해 · 위험방지계획서의 첨부서류
1. 공사 개요 및 안전보건관리계획
   ㉠ 공사 개요서
   ㉡ 공사현장의 주변 현황 및 주변과의 관계를 나타내는 도면(매설물 현황을 포함)
   ㉢ 전체 공정표
   ㉣ 산업안전보건관리비 사용계획서
   ㉤ 안전관리 조직표
   ㉥ 재해 발생 위험 시 연락 및 대피방법
2. 작업 공사 종류별 유해 · 위험방지계획

| 건축물 또는 시설 등의 건설 · 개조 또는 해체공사 | • 가설공사  • 구조물공사<br>• 마감공사  • 기계설비공사<br>• 해체공사 |
|---|---|
| 냉동 · 냉장창고시설의 설비공사 및 단열공사 | • 가설공사<br>• 단열공사<br>• 기계 설비 공사 |
| 다리 건설 등의 공사 | • 가설공사<br>• 다리 하부(하부공) 공사<br>• 다리 상부(상부공) 공사 |
| 터널 건설 등의 공사 | • 가설공사<br>• 굴착 및 발파공사<br>• 구조물공사 |
| 댐 건설 등의 공사 | • 가설공사<br>• 굴착 및 발파공사<br>• 댐 축조공사 |
| 굴착공사 | • 가설공사<br>• 굴착 및 발파공사<br>• 흙막이 지보공 공사 |

**120** 콘크리트 타설작업과 관련하여 준수하여야 할 사항으로 가장 거리가 먼 것은?

① 당일의 작업을 시작하기 전에 해당 작업에 관한 거푸집 동바리 등의 변형 · 변위 및 지반의 침하 유무 등을 점검하고 이상이 있으면 보수할 것
② 콘크리트를 타설하는 경우에는 편심이 발생하지 않도록 골고루 분산하여 타설할 것
③ 진동기의 사용은 많이 할수록 균일한 콘크리트를 얻을 수 있으므로 가급적 많이 사용할 것
④ 설계도서상의 콘크리트 양생기간을 준수하여 거푸집 동바리 등을 해체할 것

### 해설
콘크리트 타설작업 시 준수사항
1. 당일의 작업을 시작하기 전에 해당 작업에 관한 거푸집 및 동바리의 변형 · 변위 및 지반의 침하 유무 등을 점검하고 이상이 있으면 보수할 것
2. 작업 중에는 감시자를 배치하는 등의 방법으로 거푸집 및 동바리의 변형 · 변위 및 침하 유무 등을 확인해야 하며, 이상이 있으면 작업을 중지하고 근로자를 대피시킬 것
3. 콘크리트 타설작업 시 거푸집 붕괴의 위험이 발생할 우려가 있으면 충분한 보강조치를 할 것
4. 설계도서상의 콘크리트 양생기간을 준수하여 거푸집 및 동바리를 해체할 것
5. 콘크리트를 타설하는 경우에는 편심이 발생하지 않도록 골고루 분산하여 타설할 것

정답 120 ③

# 16 2021년 1회 기출문제

## 1과목 안전관리론

**01** 산업안전보건법령상 중대재해의 범위에 해당하지 않는 것은?

① 1명의 사망자가 발생한 재해
② 1개월의 요양을 요하는 부상자가 동시에 5명 발생한 재해
③ 3개월의 요양을 요하는 부상자가 동시에 3명 발생한 재해
④ 10명의 직업성 질병자가 동시에 발생한 재해

**해설**
중대재해
1. 사망자가 1명 이상 발생한 재해
2. 3개월 이상의 요양이 필요한 부상자가 동시에 2명 이상 발생한 재해
3. 부상자 또는 직업성 질병자가 동시에 10명 이상 발생한 재해

**02** Thorndike의 시행착오설에 의한 학습의 원칙이 아닌 것은?

① 연습의 원칙
② 효과의 원칙
③ 동일성의 원칙
④ 준비성의 원칙

**해설**
학습의 원리

| 조건반사설<br>(Pavlov) | 시행착오설<br>(Thorndike) | 조작적 조건형성이론<br>(Skinner) |
|---|---|---|
| • 강도의 원리<br>• 일관성의 원리<br>• 시간의 원리<br>• 계속성의 원리 | • 효과의 법칙<br>• 준비성의 법칙<br>• 연습의 법칙 | • 강화의 원리<br>• 소거의 원리<br>• 조형의 원리<br>• 자발적 회복의 원리<br>• 변별의 원리 |

**03** 재해의 빈도와 상해의 강약도를 혼합하여 집계하는 지표로 옳은 것은?

① 강도율
② 종합재해지수
③ 안전활동률
④ Safe-T-Score

**해설**
종합재해지수(Frequency Severity Indicator ; FSI)
1. 재해 빈도의 다수와 상해 정도의 강약을 나타내는 성적지표로 어떤 집단의 안전성적을 비교하는 수단으로 사용된다.
2. 강도율과 도수율의 기하평균이다.

$$종합재해지수(FSI) = \sqrt{도수율(FR) \times 강도율(SR)}$$
$$\left(단, 미국의 경우 \ FSI = \sqrt{\frac{FR \times SR}{1,000}}\right)$$

**04** 집단에서의 인간관계 메커니즘(Mechanism)과 가장 거리가 먼 것은?

① 분열, 강박
② 모방, 암시
③ 동일화, 일체화
④ 커뮤니케이션, 공감

**해설**
인간관계 메커니즘

| | |
|---|---|
| 투사<br>(Projection) | 자기 마음속의 억압된 것을 다른 사람의 것으로 생각하는 것 |
| 암시<br>(Suggestion) | 다른 사람으로부터의 판단이나 행동을 무비판적으로 논리적, 사실적 근거 없이 받아들이는 것 |
| 동일화<br>(Identification) | 다른 사람의 행동양식이나 태도를 투입하거나 다른 사람 가운데서 자기와 비슷한 것을 발견하게 되는 것 |
| 모방<br>(Imitation) | 남의 행동이나 판단을 표본으로 하여 그것과 같거나 그것에 가까운 행동 또는 판단을 취하려는 것 |
| 커뮤니케이션<br>(Communication) | 여러 가지 행동양식이 기로를 매개로 하여 한 사람으로부터 다른 사람에게 전달되는 과정으로 언어, 손짓, 몸짓, 표정 등 |

**05** 재해조사의 목적과 가장 거리가 먼 것은?

① 재해예방 자료 수집
② 재해 관련 책임자 문책
③ 동종 및 유사재해 재발방지
④ 재해발생 원인 및 결함 규명

**정답** 01 ② 02 ③ 03 ② 04 ① 05 ②

> **해설**

재해조사의 목적
재해 원인과 결함을 규명하고 예방 자료를 수집하여 동종재해 및 유사재해의 재발 방지 대책을 강구하는 데 목적이 있다.
1. 재해발생 원인 및 결함 규명
2. 재해예방 자료 수집
3. 동종 및 유사재해 재발방지

## 06 무재해 운동의 3원칙에 해당되지 않는 것은?

① 무의 원칙
② 참가의 원칙
③ 선취의 원칙
④ 대책선정의 원칙

> **해설**

무재해운동의 3원칙

| 무(無)의 원칙 | 단순히 사망재해나 휴업재해만 없으면 된다는 소극적인 사고가 아닌, 사업장 내의 모든 잠재위험요인을 적극적으로 사전에 발견하고 파악·해결함으로써 산업재해의 근원적인 요소을 없앤다는 것을 의미 |
|---|---|
| 참여의 원칙 (전원참가의 원칙) | 작업에 따르는 잠재위험요인을 발견하고 파악·해결하기 위해 전원이 일치 협력하여 각자의 위치에서 적극적으로 문제해결을 하겠다는 것을 의미 |
| 안전제일의 원칙 (선취의 원칙) | 안전한 사업장을 조성하기 위한 궁극의 목표로서 사업장 내에서 행동하기 전에 잠재 위험요인을 발견하고 파악·해결하여 재해를 예방하는 것을 의미 |

## 07 산업안전보건법령상 보안경 착용을 포함하는 안전보건표지의 종류는?

① 지시표지
② 안내표지
③ 금지표지
④ 경고표지

> **해설**

지시표지
1. 보안경 착용
2. 방독마스크 착용
3. 방진마스크 착용
4. 보안면 착용
5. 안전모 착용
6. 귀마개 착용
7. 안전화 착용
8. 안전장갑 착용
9. 안전복 착용

## 08 안전보건관리조직의 형태 중 라인-스태프(Line-Staff)형에 관한 설명으로 틀린 것은?

① 조직원 전원을 자율적으로 안전활동에 참여시킬 수 있다.
② 라인의 관리, 감독자에게도 안전에 관한 책임과 권한이 부여된다.
③ 중규모 사업장(100명 이상~500명 미만)에 적합하다.
④ 안전 활동과 생산업무가 유리될 우려가 없기 때문에 균형을 유지할 수 있어 이상적인 조직형태이다.

> **해설**

라인-스태프형(Line-Staff형)-직계 참모형 조직
1. 의의
   ㉠ 안전보건업무를 전담하는 스태프를 별도로 두고 또 생산 라인에는 그 부서의 장으로 하여금 계획된 생산 라인의 안전관리조직을 통하여 실시하도록 한 조직 형태
   ㉡ 1,000명 이상의 대규모 사업장에 적합한 조직 형태
2. 장점
   ㉠ 라인에서 안전보건업무가 수행되어 안전보건에 관한 지시 명령 조치가 신속, 정확하게 이루어진다.
   ㉡ 스태프는 안전에 관한 기획, 조사, 검토 및 연구를 수행
3. 단점
   ㉠ 명령계통과 조언, 권고적 참여가 혼동되기 쉬움
   ㉡ 라인과 스태프 간에 협조가 안 될 경우 업무의 원활한 추진 불가(라인과 스태프 간의 월권 또는 상호 의견충돌이 생길 수 있음)
   ㉢ 라인이 스태프에 의존 또는 활용하지 않는 경우가 있음

> **TIP** 안전관리 조직의 형태

| 라인형(Line형) (직계형 조직) | 100명 미만의 소규모 사업장에 적합한 조직형태 |
|---|---|
| 스태프형(Staff형) (참모형 조직) | 100명 이상 1,000명 미만의 중규모 사업장에 적합한 조직형태 |
| 라인-스태프형 (Line-Staff형) (직계 참모형 조직) | 1,000명 이상의 대규모 사업장에 적합한 조직형태 |

## 09 교육훈련기법 중 OFF J.T(OFF the Job Training)의 장점이 아닌 것은?

① 업무의 계속성이 유지된다.
② 외부의 전문가를 강사로 활용할 수 있다.
③ 특별교재, 시설을 유효하게 사용할 수 있다.
④ 다수의 대상자에게 조직적 훈련이 가능하다.

**정답** 06 ④ 07 ① 08 ③ 09 ①

해설

OFF J.T(OFF the Job Training)
1. 외부의 전문가를 활용할 수 있다.(전문가를 초빙하여 강사로 활용이 가능하다)
2. 다수의 대상자에게 조직적 훈련이 가능하다.
3. 특별교재, 교구, 시설을 유효하게 사용할 수 있다.
4. 타 직종 사람과의 많은 지식, 경험을 교류할 수 있다.
5. 업무와 분리되어 교육에 전념하는 것이 가능하다.
6. 교육목표를 위하여 집단적으로 협조와 협력이 가능하다.
7. 법규, 원리, 원칙, 개념, 이론 등의 교육에 적합하다.

**10** 안전교육 중 같은 것을 반복하여 개인의 시행착오에 의해서만 점차 그 사람에게 형성되는 것은?

① 안전기술의 교육
② 안전지식의 교육
③ 안전기능의 교육
④ 안전태도의 교육

해설

안전교육 3단계
1. 제1단계 : 지식교육
   ㉠ 강의, 시청각교육을 통한 지식의 전달과 이해
   ㉡ 근로자가 지켜야 할 규정의 숙지를 위한 교육
2. 제2단계 : 기능교육
   ㉠ 시범, 견학, 실습, 현장실습을 통한 경험체득과 이해
   ㉡ 교육 대상자가 스스로 행함으로써 습득하는 교육
   ㉢ 같은 내용을 반복해서 개인의 시행착오에 의해서만 얻어지는 교육
3. 제3단계 : 태도교육
   ㉠ 작업동작지도, 생활지도 등을 통한 안전의 습관화 및 일체감
   ㉡ 동기를 부여하는 데 가장 적절한 교육
   ㉢ 안전한 작업방법을 알고는 있으나 시행하지 않는 것에 대한 교육

**11** 산업안전보건법령상 안전인증대상 기계 등에 포함되는 기계, 설비, 방호장치에 해당하지 않는 것은?

① 롤러기
② 크레인
③ 동력식 수동대패용 칼날 접촉 방지장치
④ 방폭구조(防爆構造) 전기기계·기구 및 부품

해설

안전인증대상 기계 등

| | | |
|---|---|---|
| 기계 또는 설비 | · 프레스<br>· 전단기 및 절곡기<br>· 크레인<br>· 리프트<br>· 압력용기 | · 롤러기<br>· 사출성형기<br>· 고소 작업대<br>· 곤돌라 |
| 방호장치 | · 프레스 및 전단기 방호장치<br>· 양중기용 과부하방지장치<br>· 보일러 압력방출용 안전밸브<br>· 압력용기 압력방출용 안전밸브<br>· 압력용기 압력방출용 파열판<br>· 절연용 방호구 및 활선작업용 기구<br>· 방폭구조 전기기계·기구 및 부품<br>· 추락·낙하 및 붕괴 등의 위험 방지 및 보호에 필요한 가설기자재로서 고용노동부장관이 정하여 고시하는 것<br>· 충돌·협착 등의 위험 방지에 필요한 산업용 로봇 방호장치로서 고용노동부장관이 정하여 고시하는 것 | |
| 보호구 | · 추락 및 감전 위험방지용 안전모<br>· 안전화<br>· 안전장갑<br>· 방진마스크<br>· 방독마스크<br>· 송기마스크<br>· 전동식 호흡보호구 | · 보호복<br>· 안전대<br>· 차광 및 비산물 위험 방지용 보안경<br>· 용접용 보안면<br>· 방음용 귀마개 또는 귀덮개 |

TIP 동력식 수동대패용 칼날 접촉 방지장치
자율안전 확인대상 기계등에 포함되는 방호장치

**12** 재해로 인한 직접비용으로 8,000만 원의 산재보상비가 지급되었을 때, 하인리히 방식에 따른 총손실비용은?

① 16,000만 원
② 24,000만 원
③ 32,000만 원
④ 40,000만 원

해설

하인리히(H. W. Heinrich) 방식(1 : 4 원칙)

· 총재해 코스트(재해손실비용) = 직접비 + 간접비
　　　　　　　　　　　　　 = 직접비 × 5
· 직접손실비 : 간접손실비 = 1 : 4

총재해 코스트(재해손실비용) = 직접비 + 간접비
　　　　　　　　　　　　　 = 직접비 × 5
　　　　　　　　　　　　　 = 8,000만 원 × 5
　　　　　　　　　　　　　 = 40,000만 원

정답 10 ③  11 ③  12 ④

## 13 일반적으로 시간의 변화에 따라 야간에 상승하는 생체리듬은?

① 혈압
② 맥박수
③ 체중
④ 혈액의 수분

**해설**

바이오리듬(Biorhythm)의 변화
1. 혈액의 수분, 염분량 : 주간 감소, 야간 증가
2. 체온, 혈압, 맥박수 : 주간 상승, 야간 감소
3. 야간에는 체중 감소, 소화분비액 불량, 말초신경기능 저하, 피로의 자각 증상이 증대된다.

## 14 상황성 누발자의 재해 유발원인과 가장 거리가 먼 것은?

① 작업이 어렵기 때문이다.
② 심신에 근심이 있기 때문이다.
③ 기계설비의 결함이 있기 때문이다.
④ 도덕성이 결여되어 있기 때문이다.

**해설**

재해 누발자의 유형

| 상황성 누발자 | ・작업이 어렵기 때문에<br>・기계설비에 결함이 있기 때문에<br>・심신에 근심이 있기 때문에<br>・환경상 주의력의 집중이 혼란되기 때문에 |
|---|---|
| 습관성 누발자 | ・재해의 경험에 의해 겁을 먹거나 신경과민<br>・일종의 슬럼프 상태 |
| 미숙성 누발자 | ・기능이 미숙하기 때문에<br>・환경에 익숙하지 못하기 때문에(환경에 적응 미숙) |
| 소질성 누발자 | ・개인의 소질 가운데 재해원인의 요소를 가진 자(주의력 산만, 저지능, 흥분성, 비협조성, 소심한 성격, 도덕성의 결여, 감각운동 부적합 등)<br>・개인의 특수성격 소유자 |

## 15 작업자 적성의 요인이 아닌 것은?

① 지능
② 인간성
③ 흥미
④ 연령

**해설**

적성의 요인
1. 직업적성
2. 지능
3. 흥미
4. 인간성

## 16 보호구에 관한 설명으로 옳은 것은?

① 유해물질이 발생하는 산소결핍지역에서는 필히 방독마스크를 착용하여야 한다.
② 차광용 보안경의 사용구분에 따른 종류에는 자외선용, 적외선용, 복합용, 용접용이 있다.
③ 선반작업과 같이 손에 재해가 많이 발생하는 작업장에서는 장갑 착용을 의무화한다.
④ 귀마개는 처음에는 저음만을 차단하는 제품부터 사용하며, 일정 기간이 지난 후 고음까지 모두 차단할 수 있는 제품을 사용한다.

**해설**

차광보안경(안전인증)의 종류

| 종류 | 사용구분 |
|---|---|
| 자외선용 | 자외선이 발생하는 장소 |
| 적외선용 | 적외선이 발생하는 장소 |
| 복합용 | 자외선 및 적외선이 발생하는 장소 |
| 용접용 | 산소용접작업 등과 같이 자외선, 적외선 및 강렬한 가시광선이 발생하는 장소 |

- 산소결핍장소에서는 방독마스크를 착용하여서는 안 되며 공기호흡기 또는 송기마스크를 착용한다.
- 선반작업 중 회전물에 장갑이 말려들어 갈 위험이 있어 면장갑 착용을 금지하고 근로자의 손에 밀착이 잘되는 가죽장갑 등과 같이 손이 말려들어 갈 위험이 없는 장갑을 사용한다.
- 1종 귀마개는 저음부터 고음까지 차음하고, 2종 귀마개는 주로 고음을 차음하고 저음(회화음영역)은 차음하지 않는다.

## 17 참가자에게 일정한 역할을 주어 실제적으로 연기를 시켜봄으로써 자기의 역할을 보다 확실히 인식할 수 있도록 체험학습을 시키는 교육방법은?

① Symposium
② Brainstorming
③ Role Playing
④ Fish Bowl Playing

**해설**

역할연기법(Role Playing)
참석자에게 어떤 역할을 주어서 실제로 직접 연기해 본 후 훈련이나 평가에 사용하는 교육방법이다.

**정답** 13 ④  14 ④  15 ④  16 ②  17 ③

**18** 브레인스토밍 기법에 관한 설명으로 옳은 것은?

① 타인의 의견을 수정하지 않는다.
② 지정된 표현방식에서 벗어나 자유롭게 의견을 제시한다.
③ 참여자에게는 동일한 횟수의 의견제시 기회가 부여된다.
④ 주제와 내용이 다르거나 잘못된 의견은 지적하여 조정한다.

해설
브레인스토밍(Brainstorming)의 원칙
1. 비판금지 : 「좋다」, 「나쁘다」라고 비판은 하지 않는다.
2. 대량발언 : 내용의 질적 수준보다 양적으로 무엇이든 많이 발언한다.
3. 자유분방 : 자유로운 분위기에서 마음대로 편안한 마음으로 발언한다.
4. 수정발언 : 타인의 아이디어를 수정하거나 보충 발언해도 좋다.

**19** 하인리히의 재해구성비율 "1:29:300"에서 "29"에 해당되는 사고발생비율은?

① 8.8%  ② 9.8%
③ 10.8%  ④ 11.8%

해설
하인리히(H. W. Heinrich)의 재해구성비율

하인리히의 재해구성비율 : (1 : 29 : 300)
$1 + 29 + 300 = 330$

| 중상 및 사망 | 경상해 | 무상해사고 |
|---|---|---|
| $\left(\dfrac{1}{330}\right) \times 100$ $= 0.3\%$ | $\left(\dfrac{29}{330}\right) \times 100$ $= 8.8\%$ | $\left(\dfrac{300}{330}\right) \times 100$ $= 90.9\%$ |

**20** 산업안전보건법령상 사업 내 안전보건교육의 교육시간에 관한 설명으로 옳은 것은?

① 일용근로자의 작업내용 변경 시의 교육은 2시간 이상이다.
② 사무직에 종사하는 근로자의 정기교육은 매 분기 3시간 이상이다.
③ 일용근로자를 제외한 근로자의 채용 시 교육은 4시간 이상이다.
④ 관리감독자의 지위에 있는 사람의 정기교육은 연간 8시간 이상이다.

해설
근로자 안전보건교육

| 교육과정 | 교육대상 | 교육시간 |
|---|---|---|
| 가. 정기 교육 | 1) 사무직 종사 근로자 | 매반기 6시간 이상 |
| | 2) 그 밖의 근로자 가) 판매업무에 직접 종사하는 근로자 | 매반기 6시간 이상 |
| | 나) 판매업무에 직접 종사하는 근로자 외의 근로자 | 매반기 12시간 이상 |
| 나. 채용 시 교육 | 1) 일용근로자 및 근로계약기간이 1주일 이하인 기간제근로자 | 1시간 이상 |
| | 2) 근로계약기간이 1주일 초과 1개월 이하인 기간제근로자 | 4시간 이상 |
| | 3) 그 밖의 근로자 | 8시간 이상 |
| 다. 작업내용 변경 시 교육 | 1) 일용근로자 및 근로계약기간이 1주일 이하인 기간제근로자 | 1시간 이상 |
| | 2) 그 밖의 근로자 | 2시간 이상 |
| 라. 특별 교육 | 1) 일용근로자 및 근로계약기간이 1주일 이하인 기간제근로자 : 특별교육 대상 작업에 해당하는 작업에 종사하는 근로자에 한정(타워크레인을 사용하는 작업 시 신호업무를 하는 작업은 제외) | 2시간 이상 |
| | 2) 일용근로자 및 근로계약기간이 1주일 이하인 기간제근로자 : 타워크레인을 사용하는 작업 시 신호업무를 하는 작업에 종사하는 근로자에 한정 | 8시간 이상 |
| | 3) 일용근로자 및 근로계약기간이 1주일 이하인 기간제근로자를 제외한 근로자 : 특별교육 대상 작업에 종사하는 근로자에 한정 | 가) 16시간 이상(최초 작업에 종사하기 전 4시간 이상 실시하고 12시간은 3개월 이내에서 분할하여 실시 가능) 나) 단기간 작업 또는 간헐적 작업인 경우에는 2시간 이상 |
| 마. 건설업 기초 안전·보건 교육 | 건설 일용근로자 | 4시간 이상 |

**TIP** 본 문제는 법 개정으로 일부 내용이 수정되었습니다. 해설은 법 개정으로 수정된 내용이니 해설을 학습하세요.

정답  18 ②  19 ①  20 ②

## 2과목 인간공학 및 시스템 안전공학

**21** 자동차를 생산하는 공장의 어떤 근로자가 95dB(A)의 소음수준에서 하루 8시간 작업하며 매 시간 조용한 휴게실에서 20분씩 휴식을 취한다고 가정하였을 때, 8시간 시간가중평균(TWA)은?(단, 소음은 누적소음노출량측정기로 측정하였으며, OSHA에서 정한 95dB(A)의 허용시간은 4시간이라 가정한다.)

① 약 91dB(A)
② 약 92dB(A)
③ 약 93dB(A)
④ 약 94dB(A)

**해설**

시간가중평균 소음수준(TWA)

$$TWA = 16.61 \log\left(\frac{D}{100}\right) + 90$$

여기서, TWA : 시간가중평균 소음수준[dB(A)]
　　　　$D$ : 누적소음노출량(%)

1. 누적소음노출량($D$)

$$(D) = \frac{[8 \times (60-20)]/60}{4} \times 100 = 133.33\%$$

2. 시간가중평균 소음수준(TWA)

$$TWA = 16.61 \log\left(\frac{133}{100}\right) + 90 = 92.06 dB(A)$$

**TIP** 누적소음노출량(%)

누적소음 노출량($D$)
$$= \left(\frac{C_1}{T_1} + \frac{C_2}{T_2} + \cdots + \frac{C_n}{T_n}\right) \times 100$$

여기서, $D$ : 누적소음노출량(%)
　　　　$C$ : 각각의 소음도에 노출되는 시간(hr)
　　　　$T$ : 각각의 소음도에 노출될 수 있는 허용노출시간(hr)

**22** 정신작업 부하를 측정하는 척도를 크게 4가지로 분류할 때 심박수의 변동, 뇌 전위, 동공 반응 등 정보 처리에 중추신경계 활동이 관여하고 그 활동이나 징후를 측정하는 것은?

① 주관적(Subjective) 척도
② 생리적(Physiological) 척도
③ 주 임무(Primary Task) 척도
④ 부 임무(Secondary Task) 척도

**해설**

정신부하의 측정방법

| 주작업 측정 | 이용 가능한 시간에 대해서 실제로 이용한 시간을 비율로 정한 방법 |
|---|---|
| 부수작업 측정 | 주작업 수행도에 직접 관련이 없는 부수작업을 이용하여 여유능력을 측정하고자 하는 것 |
| 생리적 측정 | 주로 단일 감각기관에 의존하는 경우에 작업에 대한 정신부하를 측정할 때 이용되는 방법으로 부정맥, 점멸 융합 주파수, 피부전기반사, 눈깜박거림, 뇌파 등이 정신 작업부하 평가에 이용 |
| 주관적 측정 | 측정 시 주관적인 상태를 표시하는 등급을 쉽게 조정할 수 있음 |

**23** Chapanis가 정의한 위험의 확률수준과 그에 따른 위험발생률로 옳은 것은?

① 전혀 발생하지 않는(Impossible) 발생빈도 : $10^{-8}$/day
② 극히 발생할 것 같지 않는(Extremely Unlikely) 발생빈도 : $10^{-7}$/day
③ 거의 발생하지 않은(Remote) 발생빈도 : $10^{-6}$/day
④ 가끔 발생하는(Occasional) 발생빈도 : $10^{-5}$/day

**해설**

Chapanis의 위험분석
1. 전혀 발생하지 않는(발생 불가능) : Impossible > $10^{-8}$/day
2. 극히 발생할 것 같지 않는 : Extremely Unlikely > $10^{-6}$/day
3. 거의 발생하지 않는 : Remote > $10^{-5}$/day
4. 가끔 발생하는 : Occasional > $10^{-4}$/day
5. 보통 발생하는 : Reasonably Probable > $10^{-3}$/day
6. 자주 발생하는 : Frequent > $10^{-2}$/day

**24** 인간의 위치 동작에 있어 눈으로 보지 않고 손을 수평면상에서 움직이는 경우 짧은 거리는 지나치고, 긴 거리는 못 미치는 경향이 있는데 이를 무엇이라고 하는가?

① 사정효과(Range Effect)
② 반응효과(Reaction Effect)
③ 간격효과(Distance Effect)
④ 손동작효과(Hand Action Effect)

**정답** 21 ② 22 ② 23 ① 24 ①

해설

사정효과(Range Effect)
1. 눈으로 보지 않고 손을 수평면 위에서 움직이는 경우에 짧은 거리는 지나치고, 긴 거리는 못 미치는 경향을 말한다.
2. 조작자가 작은 오차에는 과잉반응, 큰 오차에는 과소반응을 한다.

**25** 불(Boole) 대수의 정리를 나타낸 관계식으로 틀린 것은?

① $A \cdot A = A$
② $A + \overline{A} = 0$
③ $A + AB = A$
④ $A + A = A$

해설

불(Boolean Algebra)의 식

| | |
|---|---|
| 흡수법칙 | $A + (A \cdot B) = A$, $A \cdot (A \cdot B) = A \cdot B$, $A \cdot (A + B) = A$ |
| 동정법칙 | $A + A = A$, $A \cdot A = A$ |
| 분배법칙 | $A \cdot (B + C) = A \cdot B + A \cdot C$, $A + (B \cdot C) = (A + B) \cdot (A + C)$ |
| 교환법칙 | $A \cdot B = B \cdot A$, $A + B = B + A$ |
| 결합법칙 | $A \cdot (B \cdot C) = (A \cdot B) \cdot C$, $A + (B + C) = (A + B) + C$ |
| 항등법칙 | $A + 0 = A$, $A + 1 = 1$, $A \cdot 1 = A$, $A \cdot 0 = 0$ |
| 보원법칙 | $A + \overline{A} = 1$, $A \cdot \overline{A} = 0$ |
| 드 모르간의 정리 | $\overline{(A + B)} = \overline{A} \cdot \overline{B}$, $\overline{(A \cdot B)} = \overline{A} + \overline{B}$ |

**26** 그림과 같은 FT도에서 정상사상 $T$의 발생 확률은?(단, $X_1$, $X_2$, $X_3$의 발생확률은 각각 0.1, 0.15, 0.1이다.)

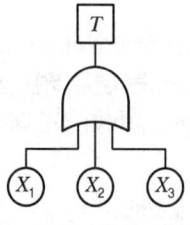

① 0.3115
② 0.35
③ 0.496
④ 0.9985

해설

발생확률의 계산
$T = 1 - (1 - 0.1)(1 - 0.15)(1 - 0.1) = 0.3115$

**27** 서브시스템, 구성요소, 기능 등의 잠재적 고장 형태에 따른 시스템의 위험을 파악하는 위험분석기법으로 옳은 것은?

① ETA(Event Tree Analysis)
② HEA(Human Error Analysis)
③ PHA(Preliminary Hazard Analysis)
④ FMEA(Failure Mode and Effect Analysis)

해설

고장형태와 영향분석(Failure Mode and Effects Analysis : FMEA)
1. 시스템이나 서브시스템 위험분석을 위하여 일반적으로 사용되는 전형적인 정성적, 귀납적 분석기법으로 시스템에 영향을 미치는 모든 요소의 고장을 형태별로 분석하여 그 영향을 검토하는 분석기법이다.
2. 시스템 내의 위험요소가 얼마나 위험한 상태에 있는가를 정성적으로 평가하는 기법이다.
3. 고장 발생을 최소로 하고자 하는 경우에 유효하다.

**28** 불필요한 작업을 수행함으로써 발생하는 오류로 옳은 것은?

① Command Error
② Extraneous Error
③ Secondary Error
④ Commission Error

해설

인간실수의 분류(심리적인 분류)

| | |
|---|---|
| 생략에러 (Omission Error, 부작위 실수) | 필요한 직무 및 절차를 수행하지 않아(생략) 발생하는 에러<br>예) 가스밸브를 잠그는 것을 잊어 사고가 났다. |
| 작위에러 (Commission Error) | 필요한 작업 또는 절차의 불확실한 수행(잘못 수행)으로 인한 에러<br>예) 전선이 바뀌었다, 틀린 부품을 사용하였다, 부품이 거꾸로 조립되었다 등 |
| 순서에러 (Sequential Error) | 필요한 작업 또는 절차의 순서 착오로 인한 에러<br>예) 자동차 출발 시 핸드브레이크를 해제하지 않고 출발하여 발생한 에러 |

| 시간에러<br>(Time Error) | 필요한 직무 또는 절차의 수행지연으로 인한 에러<br>예 프레스 작업 중에 금형 내에 손이 오랫동안 남아 있어 발생한 재해 |
|---|---|
| 과잉행동에러<br>(Extraneous Error) | 불필요한 작업 또는 절차를 수행함으로써 기인한 에러<br>예 자동차 운전 중 습관적으로 손을 창문으로 내밀어 발생한 재해 |

## 29 작업공간의 배치에 있어 구성요소 배치의 원칙에 해당하지 않는 것은?

① 기능성의 원칙
② 사용빈도의 원칙
③ 사용 순서의 원칙
④ 사용방법의 원칙

**해설**

부품배치의 원칙

| 부품의<br>위치<br>결정 | 중요성의 원칙 | 체계의 목표달성에 긴요한 정도에 따른 우선순위를 설정 |
|---|---|---|
| | 사용빈도의<br>원칙 | 부품이 사용되는 빈도에 따른 우선순위 설정 |
| 부품의<br>배치<br>결정 | 기능별 배치의<br>원칙 | 기능적으로 관련된 부품들을 모아서 배치 |
| | 사용 순서의<br>원칙 | 순서적으로 사용되는 장치들을 가까이에 순서적으로 배치 |

## 30 인간이 기계보다 우수한 기능이라 할 수 있는 것은?(단, 인공지능은 제외한다.)

① 일반화 및 귀납적 추리
② 신뢰성 있는 반복 작업
③ 신속하고 일관성 있는 반응
④ 대량의 암호화된 정보의 신속한 보관

**해설**

인간이 기계보다 우수한 기능
1. 매우 낮은 수준의 자극(시각, 청각, 촉각, 후각, 미각적인)을 감지한다.
2. 수신 상태가 나쁜 음극선관에 나타나는 영상과 같이 배경 잡음이 심한 경우에도 신호를 인지할 수 있다.
3. 항공 사진의 피사체나 말소리처럼 상황에 따라 변화하는 복잡한 자극의 형태를 식별할 수 있다.
4. 주위의 예기치 못한 상황을 감지할 수 있다.
5. 많은 양의 정보를 오랜 기간 동안 보관하였다가 적절한 정보를 상기한다.
6. 다양한 경험을 토대로 의사결정을 한다.
7. 어떤 운용방법이 실패할 경우, 다른 방법을 선택한다.
8. 관찰을 통해서 일반화하여 귀납적으로 추리한다.
9. 원칙을 적용하여 다양한 문제를 해결한다.
10. 완전히 새로운 해결책을 찾을 수 있다.
11. 다양한 운용상의 요건에 맞추어서 신체적인 반응을 적응시킨다.
12. 과부하 상황에서 불가피한 경우에는 중요한 일에만 전념한다.
13. 주관적으로 추산하고 평가한다.

> **TIP** 기계가 인간보다 우수한 기능
> 신뢰성 있는 반복 작업, 신속하고 일관성 있는 반응, 대량의 암호화된 정보의 신속한 보관

## 31 다음 시스템의 신뢰도 값은?

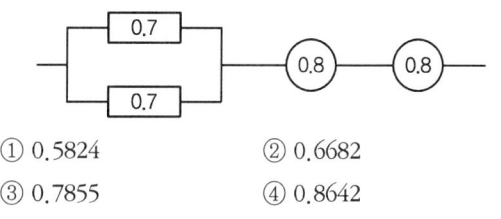

① 0.5824
② 0.6682
③ 0.7855
④ 0.8642

**해설**

시스템의 신뢰도
$R = [1-(1-0.7)(1-0.7)] \times 0.8 \times 0.8 = 0.5824$

## 32 인체측정 자료를 장비, 설비 등의 설계에 적용하기 위한 응용원칙에 해당하지 않는 것은?

① 조절식 설계
② 극단치를 이용한 설계
③ 구조적 치수 기준의 설계
④ 평균치를 기준으로 한 설계

**해설**

인체계측 자료의 응용원칙

| 조절 가능한 설계 | 작업에 사용하는 설비, 기구 등은 체격이 다른 여러 근로자들을 위하여 직접 크기를 조절할 수 있도록 조절식으로 설계한다. |
|---|---|
| 극단치를 이용한<br>설계 | 조절 가능한 설계를 적용하기 곤란한 경우 극단치를 이용하여 설계할 수 있으며, 최대치를 이용하거나 최소치를 이용한다. |
| 평균치를 이용한<br>설계 | 특정 장비나 설비의 경우, 최대 집단치 설계나 최소 집단치 설계 또는 조절범위식 설계가 부적절하거나 불가능할 때 평균치를 기준으로 한 설계를 할 경우가 있다. |

**정답** 29 ④ 30 ① 31 ① 32 ③

**33** 시각적 표시장치보다 청각적 표시장치를 사용하는 것이 더 유리한 경우는?

① 정보의 내용이 복잡하고 긴 경우
② 정보가 공간적인 위치를 다룬 경우
③ 직무상 수신자가 한 곳에 머무르는 경우
④ 수신 장소가 너무 밝거나 암순응이 요구될 경우

**해설**

청각장치와 시각장치의 비교

| 청각적 표시장치 | 시각적 표시장치 |
| --- | --- |
| • 전언이 간단하다.<br>• 전언이 짧다.<br>• 전언이 후에 재참조되지 않는다.<br>• 전언이 시간적 사상을 다룬다.<br>• 전언이 즉각적인 행동을 요구한다.(긴급할 때)<br>• 수신장소가 너무 밝거나 암조응 유지가 필요시<br>• 직무상 수신자가 자주 움직일 때<br>• 수신자가 시각계통이 과부하상태일 때 | • 전언이 복잡하다.<br>• 전언이 길다.<br>• 전언이 후에 재참조된다.<br>• 전언이 공간적인 위치를 다룬다.<br>• 전언이 즉각적인 행동을 요구하지 않는다.<br>• 수신장소가 너무 시끄러울 때<br>• 직무상 수신자가 한 곳에 머물 때<br>• 수신자의 청각 계통이 과부하상태일 때 |

**34** 시스템의 수명 및 신뢰성에 관한 설명으로 틀린 것은?

① 병렬설계 및 디레이팅 기술로 시스템의 신뢰성을 증가시킬 수 있다.
② 직렬시스템에서는 부품들 중 최소 수명을 갖는 부품에 의해 시스템 수명이 정해진다.
③ 수리가 가능한 시스템의 평균 수명(MTBF)은 평균고장률($\lambda$)과 정비례 관계가 성립한다.
④ 수리가 불가능한 구성요소로 병렬구조를 갖는 설비는 중복도가 늘어날수록 시스템 수명이 길어진다.

**해설**

평균고장간격(Mean Time Between Failure : MTBF)
1. 수리하여 사용이 가능한 시스템에서 고장과 고장 사이의 정상적인 상태로 동작하는 평균시간(고장과 고장 사이 시간의 평균치)
2. 고장률
$$MTBF = \frac{1}{\lambda(평균고장률)}$$
즉, MTBF는 평균고장률에 반비례한다.

**35** 컷셋(Cut Sets)과 최소 패스셋(Minimal Path Sets)의 정의로 옳은 것은?

① 컷셋은 시스템 고장을 유발시키는 필요 최소한의 고장들의 집합이며, 최소 패스셋은 시스템의 신뢰성을 표시한다.
② 컷셋은 시스템 고장을 유발시키는 기본고장들의 집합이며, 최소 패스셋은 시스템의 불신뢰도를 표시한다.
③ 컷셋은 그 속에 포함되어 있는 모든 기본 사상이 일어났을 때 정상사상을 일으키는 기본사상의 집합이며, 최소 패스셋은 시스템의 신뢰성을 표시한다.
④ 컷셋은 그 속에 포함되어 있는 모든 기본 사상이 일어났을 때 정상사상을 일으키는 기본사상의 집합이며, 최소 패스셋은 시스템의 성공을 유발하는 기본사상의 집합이다.

**해설**

컷셋과 패스셋

| | |
| --- | --- |
| 컷셋<br>(Cut Set) | 정상사상을 발생시키는 기본사상의 집합으로 그 안에 포함되는 모든 기본사상이 발생할 때 정상사상을 발생시킬 수 있는 기본사상의 집합 |
| 패스셋<br>(Path Set) | 그 안에 포함되는 모든 기본사상이 일어나지 않을 때 처음으로 정상사상이 일어나지 않는 기본사상의 집합, 즉 시스템이 고장나지 않도록 하는 사상의 조합이다. |
| 미니멀 컷셋<br>(Minimal Cut Set) | 컷 셋의 집합 중에서 정상사상을 일으키기 위하여 필요한 최소한의 컷 셋을 미니멀 컷 셋이라 한다. |
| 미니멀 패스셋<br>(Minimal Path Set) | 미니멀 패스 셋은 정상사상이 일어나지 않기 위해 필요한 최소한의 것을 말하며, 시스템의 신뢰성을 나타내는 것이다. |

**36** 동작경제의 원칙에 해당하지 않는 것은?

① 공구의 기능을 각각 분리하여 사용하도록 한다.
② 두 팔의 동작은 동시에 서로 반대방향으로 대칭적으로 움직이도록 한다.
③ 공구나 재료는 작업동작이 원활하게 수행되도록 그 위치를 정해준다.
④ 가능하다면 쉽고도 자연스러운 리듬이 작업동작에 생기도록 작업을 배치한다.

**정답** 33 ④  34 ③  35 ③  36 ①

## 해설
### 동작경제의 원칙

| | |
|---|---|
| 신체 사용에 관한 원칙 | • 두 손의 동작은 같이 시작하고 같이 끝나도록 한다.<br>• 휴식시간을 제외하고는 양손이 같이 쉬지 않도록 한다.<br>• 두 팔의 동작은 서로 반대방향으로 대칭적으로 움직인다.<br>• 손과 신체의 동작은 작업을 원만하게 처리할 수 있는 범위 내에서 가장 낮은 동작 등급을 사용하도록 한다.<br>• 가능한 한 관성을 이용하여 작업을 하도록 하되, 작업자가 관성을 억제하여야 하는 경우에는 발생되는 관성을 최소한도로 줄인다.<br>• 손의 동작은 유연하고 연속적인 동작이 되도록 하며, 방향이 갑자기 크게 바뀌는 모양의 직선 동작은 피하도록 한다.<br>• 탄도동작(Ballistic Movements)은 제한되거나 통제된 동작보다 더 신속, 정확, 용이하다.<br>• 가능하다면 쉽고도 자연스러운 리듬이 작업동작에 생기도록 작업을 배치한다.<br>• 눈의 초점을 모아야 작업을 할 수 있는 경우는 가능하면 없애고, 불가피한 경우에는 눈의 초점이 모아지는 서로 다른 두 작업 지점 간의 거리를 짧게 한다. |
| 작업장 배치에 관한 원칙 | • 모든 공구나 재료는 자기 위치에 있도록 한다.<br>• 공구, 재료 및 제어장치는 사용위치에 가까이 두도록 한다.<br>• 중력을 이용한 부품상자나 용기를 이용하여 부품을 제품 사용 위치에 가까이 보낼 수 있도록 한다.<br>• 가능하다면 낙하시키는 운반방법을 사용한다.<br>• 공구 및 재료는 동작에 가장 편리한 순서로 배치하여야 한다.<br>• 채광 및 조명장치를 잘 하여야 한다.<br>• 작업자가 작업 중 자세를 변경, 즉 앉거나 서는 것을 임의로 할 수 있도록 작업대와 의자 높이가 조정되도록 한다.<br>• 작업자가 좋은 자세를 취할 수 있도록 의자는 높이뿐만 아니라 디자인도 좋아야 한다. |
| 공구 및 설비 디자인에 관한 원칙 | • 치구나 발로 작동시키는 기기를 사용할 수 있는 작업에서는 이러한 기기를 활용하여 양손이 다른 일을 할 수 있도록 한다.<br>• 공구의 기능은 결합하여서 사용하도록 한다.<br>• 공구와 자재는 가능한 한 사용하기 쉽도록 미리 위치를 잡아준다.<br>• 각 손가락에 서로 다른 작업을 할 때에는 작업량을 각 손가락의 능력에 맞게 분배해야 한다.<br>• 레버, 핸들 및 제어장치는 작업자가 몸의 자세를 크게 바꾸지 않더라도 조작하기 쉽도록 배열한다. |

## 37 화학설비에 대한 안정성 평가 중 정성적 평가방법의 주요 진단 항목으로 볼 수 없는 것은?

① 건조물
② 취급물질
③ 입지조건
④ 공장 내 배치

### 해설
화학설비에 대한 안전성 평가단계
1. 제1단계 : 관계자료의 작성준비(정비검토)
   ㉠ 입지조건(지질도, 풍배도 등 입지에 관계있는 도표를 포함)
   ㉡ 화학설비 배치도
   ㉢ 건조물의 평면도와 단면도 및 입면도
   ㉣ 기계실 및 전기실의 평면도와 단면도 및 입면도
   ㉤ 원재료, 중간체, 제품 등의 물리적·화학적 성질 및 인체에 미치는 영향
   ㉥ 제조공정상 일어나는 화학반응
   ㉦ 제조공정 개요
   ㉧ 공정기기 목록
   ㉨ 공정계통도
   ㉩ 배관, 계장 계통도
   ㉪ 안전설비의 종류와 설치장소
   ㉫ 운전요령
   ㉬ 요원배치계획, 안전보건 훈련계획
   ㉭ 기타 관련 자료
2. 제2단계 : 정성적 평가

   | 설계 관계 항목 | 입지조건, 공장 내 배치, 건조물, 소방설비 |
   |---|---|
   | 운전 관계 항목 | • 원재료, 중간체, 제품 등의 위험성<br>• 프로세스의 운전조건 수송, 저장 등에 대한 안전대책<br>• 프로세스기기의 선정요건 |

3. 제3단계 : 정량적 평가
   ㉠ 취급물질
   ㉡ 화학설비의 용량
   ㉢ 온도
   ㉣ 압력
   ㉤ 조작
4. 제4단계 : 안전대책
   ㉠ 설비 등에 관한 대책
   ㉡ 관리적 대책
5. 제5단계 : 재해정보에 의한 재평가
6. 제6단계 : FTA에 의한 재평가

정답 37 ②

**38** 산업안전보건법령상 해당 사업주가 유해위험방지계획서를 작성하여 제출해야 하는 대상은?

① 시·도지사  ② 관할 구청장
③ 고용노동부장관  ④ 행정안전부장관

**해설**

유해위험방지계획서의 작성·제출 등
사업주는 유해·위험방지에 관한 사항을 적은 계획서(유해위험방지계획서)를 작성하여 고용노동부장관에게 제출하고 심사를 받아야 한다.

**39** 작업면상의 필요한 장소만 높은 조도를 취하는 조명은?

① 완화조명  ② 전반조명
③ 투명조명  ④ 국소조명

**해설**

국소조명
1. 작업면상의 필요한 장소만 높은 조도를 취하는 조명방법이다.
2. 국부만을 조명하기 때문에 밝고 어둠의 차가 커서 눈부심 현상이 나타나고 눈이 피로하기 쉽다.

**40** 다음 현상을 설명한 이론은?

> 인간이 감지할 수 있는 외부의 물리적 자극 변화의 최소 범위는 표준자극의 크기에 비례한다.

① 피츠(Fitts) 법칙
② 웨버(Weber) 법칙
③ 신호검출이론(SDT)
④ 힉–하이만(Hick–Hyman) 법칙

**해설**

웨버(Weber)의 법칙
1. 음의 높이, 무게, 빛의 밝기 등 물리적 자극을 상대적으로 판단하는 데 있어 특정감각기관의 변화감지역은 표준자극에 비례한다는 법칙이다.
2. 감각기관의 표준자극과 변화감지역의 연관관계
3. 변화감지역은 사용되는 표준자극의 크기에 비례
4. 원래 자극의 강도가 클수록 변화 감지를 위한 자극의 변화량은 커지게 된다.

$$\text{Weber 비} = \frac{\Delta I}{I} = \frac{\text{변화감지역}}{\text{표준자극}}$$

여기서, $\Delta I$ : 변화감지역, $I$ : 표준자극

## 3과목 기계위험 방지기술

**41** 비파괴검사방법으로 틀린 것은?

① 인장시험
② 음향 탐상시험
③ 와류 탐상시험
④ 초음파 탐상시험

**해설**

인장시험
인장시험은 재료에 인장력을 가해 재료의 항복점, 인장강도 등을 알 수 있는 시험으로 파괴시험에 해당한다.

**TIP** 비파괴검사의 종류
- 육안검사
- 침투검사
- 자기탐상검사
- 방사선 투과검사
- 누설검사
- 초음파검사
- 음향검사
- 와류 탐상검사

**42** 기계설비의 위험점 중 연삭숫돌과 작업받침대, 교반기의 날개와 하우스 등 고정부분과 회전하는 동작 부분 사이에서 형성되는 위험점은?

① 끼임점  ② 물림점
③ 협착점  ④ 절단점

**해설**

기계운동 형태에 따른 위험점 분류

| | | |
|---|---|---|
| 협착점 | 왕복운동을 하는 운동부와 움직임이 없는 고정부 사이에서 형성되는 위험점 (고정점+운동점) | • 프레스 • 전단기<br>• 성형기 • 조형기<br>• 밴딩기 • 인쇄기 |
| 끼임점 | 회전운동하는 부분과 고정부 사이에 위험이 형성되는 위험점 (고정점+회전운동) | • 연삭숫돌과 작업대<br>• 반복동작되는 링크기구<br>• 교반기의 날개와 몸체 사이<br>• 회전풀리와 벨트 |
| 절단점 | 회전하는 운동부 자체의 위험이나 운동하는 기계부분 자체의 위험에서 형성되는 위험점 (회전운동+기계) | • 밀링커터<br>• 둥근 톱의 톱날<br>• 목공용 띠톱 날 |
| 물림점 | 회전하는 두 개의 회전체에 형성되는 위험점(서로 반대방향의 회전체) (중심점+반대방향의 회전운동) | • 기어와 기어의 물림<br>• 롤러와 롤러의 물림<br>• 롤러분쇄기 |

**정답** 38 ③ 39 ④ 40 ② 41 ① 42 ①

| 접선 물림점 | 회전하는 부분의 접선방향으로 물려들어 갈 위험이 있는 위험점 | • V벨트와 풀리<br>• 랙과 피니언<br>• 체인벨트<br>• 평벨트 |
|---|---|---|
| 회전 말림점 | 회전하는 물체의 길이, 굵기, 속도 등의 불규칙 부위와 돌기 회전부위에 의해 장갑 또는 작업복 등이 말려들 위험이 있는 위험점 | • 회전하는 축<br>• 커플링<br>• 회전하는 드릴 |

## 43 다음 중 금형을 설치 및 조정할 때 안전수칙으로 가장 적절하지 않은 것은?

① 금형을 체결할 때에는 적합한 공구를 사용한다.
② 금형의 설치 및 조정은 전원을 끄고 실시한다.
③ 금형을 부착하기 전에 하사점을 확인하고 설치한다.
④ 금형을 체결할 때에는 안전블록을 잠시 제거하고 실시한다.

**해설**

금형의 설치 및 조정 시 안전수칙
1. 금형은 하형부터 잡고 무거운 금형의 받침은 인력으로 하지 않는다.
2. 금형의 부착 전에 하사점을 확인한다.
3. 금형을 설치하거나 조정할 때는 반드시 동력을 끊고 페달의 불시작동으로 인한 사고를 예방하기 위해 방호장치(U 자형 덮개)를 하여 놓는다.
4. 금형의 체결은 올바른 치공구를 사용하고 균등하게 체결한다.
5. 슬라이드의 불시하강을 방지하기 위하여 안전블록을 사용하는 등 필요한 조치를 한다.

## 44 선반 작업에 대한 안전수칙으로 가장 적절하지 않은 것은?

① 선반의 바이트는 끝을 짧게 장치한다.
② 작업 중에는 면장갑을 착용하지 않도록 한다.
③ 작업이 끝난 후 절삭 칩의 제거는 반드시 브러시 등의 도구를 사용한다.
④ 작업 중 일감의 치수 측정 시 기계 운전 상태를 저속으로 하고 측정한다.

**해설**

선반 작업 시 주의사항
1. 칩(Chip)이 비산할 때는 보안경을 쓰고 방호판을 설치 사용한다.
2. 베드 위에 공구를 올려 놓지 않아야 한다.
3. 작업 중에 가공품을 만지지 않는다.
4. 장갑 착용을 금한다.
5. 작업 시 공구는 항상 정리해 둔다.
6. 가능한 한 절삭 방향은 주축대 쪽으로 한다.
7. 기계 점검을 한 후 작업을 시작한다.
8. 칩(Chip)이나 부스러기를 제거할 때는 기계를 정지시키고 압축공기를 사용하지 말고 반드시 브러시(솔)를 사용한다.
9. 치수 측정, 주유 및 청소를 할 때는 반드시 기계를 정지시키고 한다.
10. 기계를 운전 중에 백 기어(back gear)를 사용하지 말고 시동 전에 심압대가 잘죄어 있는가를 확인 한다.
11. 바이트는 가급적 짧게 장치하며 가공물의 길이가 직경의 12배 이상일 때는 반드시 방진구를 사용하여 진동을 막는다.
12. 리드 스크루에는 작업자의 하부가 걸리기 쉬우므로 조심해야 한다.

## 45 프레스의 손쳐내기식 방호장치 설치기준으로 틀린 것은?

① 방호판의 폭이 금형폭의 1/2 이상이어야 한다.
② 슬라이드 행정수가 300SPM 이상의 것에 사용한다.
③ 손쳐내기봉의 행정(Stroke) 길이를 금형의 높이에 따라 조정할 수 있고 진동폭은 금형폭 이상이어야 한다.
④ 슬라이드 하행정거리의 3/4 위치에서 손을 완전히 밀어내야 한다.

**해설**

손쳐내기식 방호장치 설치방법
1. 슬라이드 하행정거리의 3/4 위치에서 손을 완전히 밀어내야 한다.
2. 손쳐내기봉의 행정(Stroke) 길이를 금형의 높이에 따라 조정할 수 있고 진동폭은 금형폭 이상이어야 한다.
3. 방호판과 손쳐내기봉은 경량이면서 충분한 강도를 가져야 한다.
4. 방호판의 폭은 금형폭의 1/2 이상이어야 하고, 행정길이가 300mm 이상의 프레스기계에는 방호판 폭을 300mm로 해야 한다.
5. 손쳐내기봉은 손 접촉 시 충격을 완화할 수 있는 완충재를 부착해야 한다.
6. 부착볼트 등의 고정금속부분은 예리하게 돌출되지 않아야 한다.
7. SPM 120 이하, 슬라이드 행정길이 약 40mm 이상의 프레스에 적용 가능하다.

**정답** 43 ④ 44 ④ 45 ②

**46** 산업안전보건법령상 정상적으로 작동될 수 있도록 미리 조정해 두어야 할 이동식 크레인의 방호장치로 가장 적절하지 않은 것은?

① 제동장치
② 권과방지장치
③ 과부하방지장치
④ 파이널 리미트 스위치

해설
방호장치의 조정
정상적으로 작동될 수 있도록 미리 조정해 두어야 한다.

| 방호장치의 조정 대상 | • 크레인<br>• 리프트<br>• 승강기 | • 이동식 크레인<br>• 곤돌라 |
|---|---|---|
| 방호장치의 종류 | • 과부하방지장치<br>• 권과방지장치<br>• 비상정지장치 및 제동장치<br>• 그 밖의 방호장치(승강기의 파이널 리미트 스위치, 속도조절기, 출입문 인터록 등) | |

**47** 산업안전보건법령상 고속회전체의 회전시험을 하는 경우 미리 회전축의 재질 및 형상 등에 상응하는 종류의 비파괴검사를 해서 결함 유무를 확인해야 한다. 이때 검사 대상이 되는 고속회전체의 기준은?

① 회전축의 중량이 0.5톤을 초과하고, 원주속도가 100m/s 이내인 것
② 회전축의 중량이 0.5톤을 초과하고, 원주속도가 120m/s 이상인 것
③ 회전축의 중량이 1톤을 초과하고, 원주속도가 100m/s 이내인 것
④ 회전축의 중량이 1톤을 초과하고, 원주속도가 120m/s 이상인 것

해설
고속 회전체의 위험방지

| 고속회전체(원주속도가 초당 25m를 초과하는 것)의 회전시험을 하는 경우 | 전용의 견고한 시설물의 내부 또는 견고한 장벽 등으로 격리된 장소에서 하여야 한다. |
|---|---|
| 회전축의 중량이 1톤을 초과하고, 원주속도가 초당 120m 이상인 것의 회전시험을 하는 경우 | 미리 회전축의 재질 및 형상 등에 상응하는 종류의 비파괴검사를 해서 결함 유무를 확인하여야 한다. |

**48** 보일러 부하의 급변, 수위의 과상승 등에 의해 수분이 증기와 분리되지 않아 보일러 수면이 심하게 솟아올라 올바른 수위를 판단하지 못하는 현상은?

① 프라이밍 ② 모세관
③ 워터해머 ④ 역화

해설
보일러 취급 시 이상현상

| 프라이밍<br>(Priming) | 보일러수가 극심하게 끓어서 수면에서 계속하여 물방울이 비산하고 증기부가 물방울로 충만하여 수위가 불안정하게 되는 현상 |
|---|---|
| 포밍<br>(Foaming) | 보일러수에 유지류, 고형물 등의 부유물로 인해 거품이 발생하여 수위를 판단하지 못하는 현상 |
| 캐리오버<br>(Carry Over) | • 보일러에서 증기관 쪽에 보내는 증기에 대량의 물방울이 포함되는 경우로 플라이밍이나 포밍이 생기면 필연적으로 발생<br>• 보일러에서 증기의 순도를 저하시킴으로써 관 내 응축수가 생겨 워터해머의 원인이 되는 것 |
| 워터해머<br>(Water Hammer, 수격작용) | 증기관 내에서 증기를 보내기 시작할 때 해머로 치는 듯한 소리를 내며 관이 진동하는 현상으로 워터해머는 캐리오버에 기인한다. |

**49** 다음 중 절삭가공으로 틀린 것은?

① 선반 ② 밀링
③ 프레스 ④ 보링

해설
재료의 소성을 이용하여 필요한 형상으로 하거나, 주조 조직을 파괴하여 균일한 미세결정으로 강도, 연성 등의 기계적 성질을 개선하는 가공법을 소성가공이라 하며 프레스는 소성가공의 종류이다.

> **TIP** 절삭가공
> 가공물로부터 도면상에 나타난 불필요한 부분을 제거함으로써 필요로 하는 치수형상 또는 표면성질, 제품을 만드는 작업으로 이때 나오는 소재의 부스러기를 칩(Chip)이라 한다.

**50** 500rpm으로 회전하는 연삭숫돌의 지름이 300mm일 때 회전속도(m/min)는?

① 471 ② 551
③ 751 ④ 1,025

**해설**

원주속도(회전속도)

$$V = \pi DN (\text{mm/min}) = \frac{\pi DN}{1,000} (\text{m/min})$$

여기서, $V$ : 원주속도(회전속도)(m/min)
$D$ : 숫돌의 지름(mm)
$N$ : 숫돌의 매분 회전수(rpm)

$V = \frac{\pi DN}{1,000} (\text{m/min}) = \frac{\pi \times 300 \times 500}{1,000} = 471.23 (\text{m/min})$

---

**51** 산업안전보건법령상 금속의 용접, 용단에 사용하는 가스 용기를 취급할 때 유의사항으로 틀린 것은?

① 밸브의 개폐는 서서히 할 것
② 운반하는 경우에는 캡을 벗길 것
③ 용기의 온도는 40℃ 이하로 유지할 것
④ 통풍이나 환기가 불충분한 장소에는 설치하지 말 것

**해설**

금속의 용접·용단 또는 가열에 사용되는 가스 등의 용기를 취급하는 경우 준수사항
1. 다음 장소에서 사용하거나 해당 장소에 설치·저장 또는 방치하지 않도록 할 것
   ㉠ 통풍이나 환기가 불충분한 장소
   ㉡ 화기를 사용하는 장소 및 그 부근
   ㉢ 위험물 또는 인화성 액체를 취급하는 장소 및 그 부근
2. 용기의 온도를 섭씨 40도 이하로 유지할 것
3. 전도의 위험이 없도록 할 것
4. 충격을 가하지 않도록 할 것
5. 운반하는 경우에는 캡을 씌울 것
6. 사용하는 경우에는 용기의 마개에 부착되어 있는 유류 및 먼지를 제거할 것
7. 밸브의 개폐는 서서히 할 것
8. 사용 전 또는 사용 중인 용기와 그 밖의 용기를 명확히 구별하여 보관할 것
9. 용해아세틸렌의 용기는 세워 둘 것
10. 용기의 부식·마모 또는 변형상태를 점검한 후 사용할 것

---

**52** 크레인 로프에 질량 2,000kg의 물건을 10m/s²의 가속도로 감아올릴 때, 로프에 걸리는 총하중(kN)은?(단, 중력가속도는 9.8m/s²)

① 9.6
② 19.6
③ 29.6
④ 39.6

**해설**

와이어로프에 걸리는 하중계산

| 와이어로프에 걸리는 총 하중 | 총하중($W$) = 정하중($W_1$) + 동하중($W_2$) <br> 동하중($W_2$) = $\frac{W_1}{g} \times a$ <br> [$g$: 중력가속도(9.8m/s²), $a$: 가속도(m/s²)] |
|---|---|
| 와이어로프에 작용하는 장력 | 장력[N] = 총하중[kg] × 중력가속도[m/s²] |

1. 동하중($W_2$) = $\frac{W_1}{g} \times a = \frac{2,000}{9.8} \times 10 = 2,040.82 (\text{kgf})$
2. 총하중($W$) = 정하중($W_1$) + 동하중($W_2$)
   $= 2,000 + 2,040.82 = 4,040.82 (\text{kgf})$
3. 장력[N] = 총하중[kg] × 중력가속도[m/s²]
   $= 4,040.82 (\text{kgf}) \times 9.8 = 39,600 (\text{N}) \approx 39.6 (\text{kN})$

---

**53** 산업안전보건법령상 숫돌지름이 60cm인 경우 숫돌 고정 장치인 평형 플랜지의 지름은 최소 몇 cm 이상인가?

① 10
② 20
③ 30
④ 60

**해설**

플랜지의 지름
플랜지의 지름은 숫돌지름의 1/3 이상인 것을 사용하며 양쪽 모두 같은 크기로 한다.

$$\text{플랜지의 지름} = \text{숫돌지름} \times \frac{1}{3}$$

플랜지의 지름 = 숫돌지름 × $\frac{1}{3}$ = $60 \times \frac{1}{3}$ = 20(cm)

---

**54** 산업안전보건법령상 롤러기의 방호장치 설치 시 유의해야 할 사항으로 가장 적절하지 않은 것은?

① 손으로 조작하는 급정지장치의 조작부는 롤러기의 전면 및 후면에 각각 1개씩 수평으로 설치하여야 한다.
② 앞면 롤러의 표면속도가 30m/min 미만인 경우 급정지 거리는 앞면 롤러 원주의 1/2.5 이하로 한다.
③ 급정지장치의 조작부에 사용하는 줄은 사용 중 늘어져서는 안 된다.
④ 급정지장치의 조작부에 사용하는 줄은 충분한 인장강도를 가져야 한다.

---

정답  51 ② 52 ④ 53 ② 54 ②

해설

급정지장치의 성능조건

| 앞면 롤러의 표면속도(m/min) | 급정지 거리 |
|---|---|
| 30 미만 | 앞면 롤러 원주의 1/3 |
| 30 이상 | 앞면 롤러 원주의 1/2.5 |

**55** 산업안전보건법령상 컨베이어에 설치하는 방호장치로 거리가 가장 먼 것은?

① 건널다리   ② 반발예방장치
③ 비상정지장치   ④ 역주행방지장치

해설

컨베이어의 안전장치
1. 이탈 및 역주행방지장치
2. 비상정지장치
3. 덮개 또는 울
4. 건널다리

**56** 자동화 설비를 사용하고자 할 때 기능의 안전화를 위하여 검토할 사항으로 거리가 가장 먼 것은?

① 재료 및 가공 결함에 의한 오동작
② 사용압력 변동 시의 오동작
③ 전압강하 및 정전에 따른 오동작
④ 단락 또는 스위치 고장 시의 오동작

해설

기능적 안전화
1. 기계나 기구를 사용할 때 기계의 기능이 저하하지 않고 안전하게 작업하는 것으로, 능률적이고 재해방지를 위한 설계를 한다.
2. 적절한 조치가 필요한 이상상태(자동화된 기계설비가 재해 측면에서의 불리한 조건)
   ㉠ 전압강하, 정전 시의 기계 오동작
   ㉡ 단락, 스위치 릴레이 고장 시 오동작
   ㉢ 사용압력 변동 시 오동작
   ㉣ 밸브계통의 고장에 의한 오동작
3. 안전화 대책

| 소극적 대책 | • 이상 시 기계를 급정지<br>• 방호장치 작동 |
|---|---|
| 적극적 대책 | • 회로를 개선하여 오동작 방지<br>• 별도의 완전한 회로에 의해 정상기능을 찾을 수 있도록 함<br>• Fail Safe화 |

**57** 프레스 작동 후 작업점까지의 도달시간이 0.3초인 경우 위험한계로부터 양수조작식 방호장치의 최단 설치거리는?

① 48cm 이상   ② 58cm 이상
③ 68cm 이상   ④ 78cm 이상

해설

방호장치 설치 안전거리(양수조작식)

$$D = 1,600 \times (T_c + T_s)$$

여기서, $D$ : 안전거리(mm)
$T_c$ : 방호장치의 작동시간[즉, 누름버튼으로부터 한 손이 떨어졌을 때부터 급정지기구가 작동을 개시할 때까지의 시간(초)]
$T_s$ : 프레스 등의 급정지시간[즉, 급정지기구가 작동을 개시했을 때부터 슬라이드 등이 정지할 때까지의 시간(초)]

1. $(T_c + T_s)$ = 급정지시간
2. $D = 1,600 \times$ 급정지시간(초)
   $= 1,600 \times 0.3 = 480(mm) = 48(cm)$

**58** 휴대형 연삭기 사용 시 안전사항에 대한 설명으로 가장 적절하지 않은 것은?

① 잘 안 맞는 장갑이나 옷은 착용하지 말 것
② 긴 머리는 묶고 모자를 착용하고 작업할 것
③ 연삭숫돌을 설치하거나 교체하기 전에 전선과 압축 공기 호스를 설치할 것
④ 연삭작업 시 클램핑 장치를 사용하여 공작물을 확실히 고정할 것

해설

휴대형 연삭기의 위험 요인과 사고예방 대책
연삭숫돌을 설치하거나 교체하기 전에 전선이나 압축공기 호스는 뽑아 놓을 것

**59** 산업안전보건법령상 보일러에 설치해야 하는 안전장치로 거리가 가장 먼 것은?

① 해지장치   ② 압력방출장치
③ 압력제한스위치   ④ 고·저수위조절장치

해설

보일러 안전장치의 종류
1. 압력방출장치   3. 고저수위조절장치
2. 압력제한스위치   4. 화염검출기

정답  55 ②  56 ①  57 ①  58 ③  59 ①

**60** 지게차의 방호장치에 해당하는 것은?

① 버킷  ② 포크
③ 마스트  ④ 헤드가드

해설

지게차 방호장치
1. 전조등 및 후미등
2. 헤드가드
3. 백레스트
4. 좌석 안전띠

## 4과목 전기위험 방지기술

**61** 전기설비에 접지를 하는 목적으로 틀린 것은?

① 누설전류에 의한 감전방지
② 낙뢰에 의한 피해방지
③ 지락사고 시 대지전위 상승유도 및 절연강도 증가
④ 지락사고 시 보호계전기 신속동작

해설

접지의 목적
1. 낙뢰에 의한 피해방지
2. 송배전선, 고전압 모선 등에서 지락사고의 발생 시 보호계전기를 신속하게 작동시킴
3. 설비의 절연물이 손상되었을 때 흐르는 누설전류에 의한 감전방지
4. 송배전선로의 지락사고 시 대지전위의 상승을 억제하고 절연강도를 경감
5. 고압·저압의 혼촉사고 발생 시 인간에 위험을 줄 수 있는 전류를 대지로 흘려보내 감전방지

**62** 전로에 시설하는 기계기구의 철대 및 금속제 외함에 접지공사를 생략할 수 없는 경우는?

① 30V 이하의 기계기구를 건조한 곳에 시설하는 경우
② 물기 없는 장소에 설치하는 저압용 기계기구를 위한 전로에 정격감도전류 40mA 이하, 동작시간 2초 이하의 전류동작형 누전차단기를 시설하는 경우
③ 철대 또는 외함의 주위에 적당한 절연대를 설치하는 경우
④ 「전기용품 및 생활용품 안전관리법」의 적용을 받는 이중절연구조로 되어 있는 기계기구를 시설하는 경우

해설

기계기구의 철대 및 외함의 접지를 하지 않아도 되는 대상
1. 사용전압이 직류 300V 또는 교류 대지전압이 150V 이하인 기계기구를 건조한 곳에 시설하는 경우
2. 저압용의 기계기구를 건조한 목재의 마루 기타 이와 유사한 절연성 물건 위에서 취급하도록 시설하는 경우
3. 저압용이나 고압용의 기계기구, 특고압 전선로에 접속하는 배전용 변압기나 이에 접속하는 전선에 시설하는 기계기구 또는 특고압 가공전선로의 전로에 시설하는 기계기구를 사람이 쉽게 접촉할 우려가 없도록 목주 기타 이와 유사한 것의 위에 시설하는 경우
4. 철대 또는 외함의 주위에 적당한 절연대를 설치하는 경우
5. 외함이 없는 계기용변성기가 고무·합성수지 기타의 절연물로 피복한 것일 경우
6. 「전기용품 및 생활용품 안전관리법」의 적용을 받는 이중절연구조로 되어 있는 기계기구를 시설하는 경우
7. 저압용 기계기구에 전기를 공급하는 전로의 전원 측에 절연변압기(2차 전압이 300V 이하이며, 정격용량이 3kVA 이하인 것에 한한다)를 시설하고 또한 그 절연변압기의 부하 측 전로를 접지하지 않은 경우
8. 물기 있는 장소 이외의 장소에 시설하는 저압용의 개별 기계기구에 전기를 공급하는 전로에 「전기용품 및 생활용품 안전관리법」의 적용을 받는 인체감전보호용 누전차단기(정격감도전류가 30mA 이하, 동작시간이 0.03초 이하의 전류동작형에 한한다)를 시설하는 경우
9. 외함을 충전하여 사용하는 기계기구에 사람이 접촉할 우려가 없도록 시설하거나 절연대를 시설하는 경우

**63** 한국전기설비규정에 따라 욕조나 샤워시설이 있는 욕실 등 인체가 물에 젖어 있는 상태에서 전기를 사용하는 장소에 인체감전보호용 누전차단기가 부착된 콘센트를 시설하는 경우 누전차단기의 정격감도전류 및 동작시간은?

① 15mA 이하, 0.01초 이하
② 15mA 이하, 0.03초 이하
③ 30mA 이하, 0.01초 이하
④ 30mA 이하, 0.03초 이하

정답  60 ④  61 ③  62 ②  63 ②

### 해설
설치장소에 따른 누전차단기의 선정기준

| 설치장소 | 선정기준 |
|---|---|
| 욕조나 샤워시설이 있는 욕실 또는 화장실 등 인체가 물에 젖어 있는 상태에서 전기를 사용하는 장소 | 인체감전보호용 누전차단기(정격감도 전류 15mA 이하, 동작시간 0.03초 이하의 전류동작형의 것에 한함) 또는 절연변압기(정격용량 3kVA 이하인 것에 한한다)로 보호된 전로에 접속하거나, 인체감전보호용 누전차단기가 부착된 콘센트를 시설하여야 한다. |
| 의료장소의 전로 | 정격 감도전류 30mA 이하, 동작시간 0.03초 이내의 누전차단기를 설치할 것 |

**64** 개폐기로 인한 발화는 스파크에 의한 가연물의 착화화재가 많이 발생한다. 이를 방지하기 위한 대책으로 틀린 것은?

① 가연성 증기, 분진 등이 있는 곳은 방폭형을 사용한다.
② 개폐기를 불연성 상자 안에 수납한다.
③ 비포장 퓨즈를 사용한다.
④ 접속부분의 나사풀림이 없도록 한다.

### 해설
스파크에 의한 화재방지 대책
1. 개폐기를 불연성의 외함 내에 내장시키거나 통형퓨즈를 사용할 것
2. 접촉부분의 산화, 변형, 퓨즈의 나사풀림 등으로 인한 접촉저항이 증가되는 것을 방지
3. 가연성 증기, 분진 등 위험한 물질이 있는 곳에는 방폭형 개폐기를 사용할 것
4. 유입개폐기는 절연유의 열화 정도, 유량에 주의하고 주위에는 내화벽을 설치할 것

**65** 인체의 전기저항을 500Ω으로 하는 경우 심실세동을 일으킬 수 있는 에너지는 약 얼마인가?(단, 심실세동전류 $I = \dfrac{165}{\sqrt{T}}$ mA로 한다.)

① 13.6J ② 19.0J
③ 13.6mJ ④ 19.0mJ

### 해설
위험한계에너지

$$W = I^2 RT[\text{J/s}] = \left(\dfrac{165}{\sqrt{T}} \times 10^{-3}\right)^2 \times R \times T$$

$$W = \left(\dfrac{165}{\sqrt{1}} \times 10^{-3}\right)^2 \times 500 \times 1 = 13.61(\text{J})$$

**66** 방폭인증서에 방폭부품을 나타내는 데 사용되는 인증번호의 접미사는?

① "G" ② "X"
③ "D" ④ "U"

### 해설
방폭부품
1. "방폭부품(Ex component)"이란 전기기기 및 모듈(예 케이블글랜드를 제외)의 부품을 말하며, 기호 "U"로 표시한다.
2. "U기호(Symbol "U")"란 방폭부품을 나타내는 데 사용하는 기호를 말한다.

**67** 개폐기, 차단기, 유도 전압조정기의 최대사용 전압이 7kV 이하인 전로의 경우 절연 내력시험은 최대사용전압의 1.5배의 전압을 몇 분간 가하는가?

① 10 ② 15
③ 20 ④ 25

### 해설
기구 등의 전로의 절연내력
개폐기 · 차단기 · 전력용 커패시터 · 유도전압조정기 · 계기용변성기 기타의 기구의 전로 및 발전소 · 변전소 · 개폐소 또는 이에 준하는 곳에 시설하는 기계기구의 접속선 및 모선은 다음에서 정하는 시험전압을 충전 부분과 대지 사이(다심케이블은 심선 상호 간 및 심선과 대지 사이)에 연속하여 10분간 가하여 절연내력을 시험하였을 때에 이에 견디어야 한다.

| 종류 | 시험전압 |
|---|---|
| 최대사용전압이 7kV 이하인 기구 등의 전로 | 최대사용전압이 1.5배의 전압(직류의 충전 부분에 대하여는 최대 사용전압의 1.5배의 직류전압 또는 1배의 교류전압) (500V 미만으로 되는 경우에는 500V) |

**68** 다른 두 물체가 접촉할 때 접촉 전위차가 발생하는 원인으로 옳은 것은?

① 두 물체의 온도 차 ② 두 물체의 습도 차
③ 두 물체의 밀도 차 ④ 두 물체의 일함수 차

**정답** 64 ③ 65 ① 66 ④ 67 ① 68 ④

**해설**
일함수(Work Function)
물질 내에 있는 전자 하나를 밖으로 끌어내는 데 필요한 최소의 일 또는 에너지를 말한다.

**69** 방폭전기설비의 용기 내부에서 폭발성가스 또는 증기가 폭발하였을 때 용기가 그 압력에 견디고 접합면이나 개구부를 통해서 외부의 폭발성가스나 증기에 인화되지 않도록 한 방폭구조는?

① 내압 방폭구조
② 압력 방폭구조
③ 유입 방폭구조
④ 본질안전 방폭구조

**해설**
내압 방폭구조(Flameproof Enclosure, d)
1. 점화원에 의해 용기 내부에서 폭발이 발생할 경우에 용기가 폭발압력에 견딜 수 있고, 화염이 용기 외부의 폭발성 분위기로 전파되지 않도록 한 방폭구조
2. 전폐형구조로 용기 내에 외부의 폭발성가스가 침입하여 내부에서 폭발하더라도 용기는 그 압력에 견뎌야 하고 폭발한 고열가스나 화염이 용기의 접합부 틈을 통하여 새어 나가는 동안 냉각되어 외부의 폭발성 가스에 화염이 파급될 우려가 없도록 한 방폭구조

**TIP**
- 압력 방폭구조 : 점화원이 될 우려가 있는 부분을 용기 안에 넣고 보호 기체(신선한공기 또는 불활성기체)를 용기 안에 압입함으로써 폭발성 가스가 침입하는 것을 방지하도록 되어 있는 방폭 구조(전폐형구조)
- 유입 방폭구조 : 유체 상부 또는 용기 외부에 존재할 수 있는 폭발성 분위기가 발화할 수 없도록 전기설비 또는 전기설비의 부품을 보호액에 함침시키는 방폭구조
- 본질안전 방폭구조 : 정상작동 및 고장상태 시 발생하는 불꽃, 아크 또는 고온에 의해 폭발성가스 또는 증기에 점화되지 않는 것이 점화시험, 기타에 의해 확인된 방폭구조

**70** 불활성화할 수 없는 탱크, 탱크롤리 등에 위험물을 주입하는 배관은 정전기 재해방지를 위하여 배관 내 액체의 유속제한을 한다. 배관 내 유속제한에 대한 설명으로 틀린 것은?

① 물이나 기체를 혼합하는 비수용성 위험물의 배관 내 유속은 1m/s 이하로 할 것
② 저항률이 $10^{10}\Omega \cdot cm$ 미만의 도전성 위험물의 배관 내 유속은 7m/s 이하로 할 것
③ 저항률이 $10^{10}\Omega \cdot cm$ 이상인 위험물의 배관 내 유속은 관내경이 0.05m이면 3.5m/s 이하로 할 것
④ 이황화탄소 등과 같이 유동대전이 심하고 폭발 위험성이 높은 것은 배관 내 유속을 3m/s 이하로 할 것

**해설**
유속의 제한
1. 저항률이 $10^{10}\Omega \cdot cm$ 미만의 도전성 위험물의 배관 내 유속은 7m/s 이하로 할 것
2. 에텔, 이황화탄소 등과 같이 유동대전이 심하고 폭발 위험성이 높은 것은 배관 내 유속을 1m/s 이하로 할 것
3. 물이나 기체를 혼합하는 비수용성 위험물의 배관 내 유속은 1m/s 이하로 할 것
4. 저항률 $10^{10}\Omega \cdot cm$ 이상인 위험물의 배관 내 유속은 관내경이 0.05m일 때 3.5m/s 이하로 할 것

**71** 고압 및 특고압 전로에 시설하는 피뢰기의 설치 장소로 잘못된 곳은?

① 가공전선로와 지중전선로가 접속되는 곳
② 발전소, 변전소의 가공전선 인입구 및 인출구
③ 고압 가공전선로에 접속하는 배전용 변압기의 저압 측
④ 고압 가공전선로로부터 공급을 받는 수용장소의 인입구

**해설**
피뢰기의 설치장소(고압 및 특고압 전로)
고압 및 특고압의 전로 중 다음의 곳 또는 이에 근접한 곳에는 피뢰기를 시설하고 피뢰기 접지저항 값은 10Ω 이하로 하여야 한다.
1. 발전소 · 변전소 또는 이에 준하는 장소의 가공전선 인입구 및 인출구
2. 특고압 가공전선로에 접속하는 배전용 변압기의 고압 측 및 특고압 측
3. 고압 또는 특고압의 가공전선로로부터 공급을 받는 수용장소의 인입구
4. 가공전선로와 지중전선로가 접속되는 곳

**72** 속류를 차단할 수 있는 최고의 교류전압을 피뢰기의 정격전압이라고 하는데 이 값은 통상적으로 어떤 값으로 나타내고 있는가?

① 최댓값
② 평균값
③ 실효값
④ 파고값

**정답** 69 ① 70 ④ 71 ③ 72 ③

### 해설
피뢰기의 정격

| 정격전압 | 피뢰기가 속류를 차단할 수 있는 상용주파수 최고의 교류전압의 실효값을 말한다. |
|---|---|
| 제한전압 | 피뢰기 방전 시 선로단자와 접지단자 간에 남게 되는 충격전압의 파고치로서 방전 중에 피뢰기 단자 간에 걸리는 전압을 말한다. |
| 충격방전 개시전압 | 극성의 충격파와 소정의 파형을 피뢰기의 선로단자와 접지단자 간에 인가했을 때 방전전류가 흐르기 이전에 도달할 수 있는 최고전압을 말한다. |

**73** 감전 등의 재해를 예방하기 위하여 특고압용 기계·기구 주위에 관계자 외 출입을 금하도록 울타리를 설치할 때, 울타리의 높이와 울타리로부터 충전부분까지의 거리의 합이 최소 몇 m 이상이 되어야 하는가?(단, 사용전압이 35kV 이하인 특고압용 기계기구이다.)

① 5m  ② 6m
③ 7m  ④ 9m

### 해설
발전소 등의 울타리, 담 등의 시설
1. 울타리·담 등의 높이는 2m 이상으로 하고 지표면과 울타리·담 등의 하단 사이의 간격은 0.15m 이하로 할 것
2. 울타리·담 등과 고압 및 특고압의 충전 부분이 접근하는 경우에는 울타리·담 등의 높이와 울타리·담 등으로부터 충전부분까지 거리의 합계는 다음 표에서 정한 값 이상으로 할 것

| 사용전압의 구분 | 울타리·담 등의 높이와 울타리·담 등으로부터 충전부분까지의 거리의 합계 |
|---|---|
| 35kV 이하 | 5m |
| 35kV 초과 160kV 이하 | 6m |
| 160kV 초과 | 6m에 160kV를 초과하는 10kV 또는 그 단수마다 0.12m를 더한 값 |

**74** 산업안전보건기준에 관한 규칙 제319조에 의한 정전전로에서의 정전 작업을 마친 후 전원을 공급하는 경우에 사업주가 작업에 종사하는 근로자 및 전기기기와 접촉할 우려가 있는 근로자에게 감전의 위험이 없도록 준수해야 할 사항이 아닌 것은?

① 단락 접지기구 및 작업기구를 제거하고 전기기기 등이 안전하게 통전될 수 있는지 확인한다.
② 모든 작업자가 작업이 완료된 전기기기에서 떨어져 있는지 확인한다.
③ 잠금장치와 꼬리표를 근로자가 직접 설치한다.
④ 모든 이상 유무를 확인한 후 전기기기 등의 전원을 투입한다.

### 해설
작업 중 또는 작업 후 전원 공급 시 준수사항
1. 작업기구, 단락 접지기구 등을 제거하고 전기기기 등이 안전하게 통전될 수 있는지를 확인할 것
2. 모든 작업자가 작업이 완료된 전기기기 등에서 떨어져 있는지를 확인할 것
3. 잠금장치와 꼬리표는 설치한 근로자가 직접 철거할 것
4. 모든 이상 유무를 확인한 후 전기기기 등의 전원을 투입할 것

**75** 한국전기설비규정에 따라 과전류차단기로 저압전로에 사용하는 범용 퓨즈(gG)의 용단전류는 정격전류의 몇 배인가?(단, 정격전류가 4A 이하인 경우이다.)

① 1.5배  ② 1.6배
③ 1.9배  ④ 2.1배

### 해설
저압전로에 사용하는 퓨즈 : 과전류차단기로 저압전로에 사용하는 퓨즈는 다음의 표에 적합한 것이어야 한다.

| 정격전류의 구분 | 시간 | 정격전류의 배수 | |
|---|---|---|---|
| | | 불용단전류 | 용단전류 |
| 4A 이하 | 60분 | 1.5배 | 2.1배 |
| 4A 초과 16A 미만 | 60분 | 1.5배 | 1.9배 |
| 16A 이상 63A 이하 | 60분 | 1.25배 | 1.6배 |
| 63A 초과 160A 이하 | 120분 | 1.25배 | 1.6배 |
| 160A 초과 400A 이하 | 180분 | 1.25배 | 1.6배 |
| 400A 초과 | 240분 | 1.25배 | 1.6배 |

**76** 정전기가 대전된 물체를 제전시키려고 한다. 다음 중 대전된 물체의 절연저항이 증가되어 제전의 효과를 감소시키는 것은?

① 접지한다.
② 건조시킨다.
③ 도전성 재료를 첨가한다.
④ 주위를 가습한다.

**정답** 73 ① 74 ③ 75 ④ 76 ②

**해설**

정전기재해의 방지대책
1. 접지(도체의 대전방지)
2. 유속의 제한
3. 보호구의 착용
4. 대전방지제 사용
5. 가습(상대습도를 60~70% 정도 유지)
6. 제전기 사용
7. 대전물체의 차폐
8. 정치시간의 확보
9. 도전성 재료 사용

## 77 변압기의 최소 IP 등급은?(단, 유입 방폭구조의 변압기이다.)

① IP55
② IP56
③ IP65
④ IP66

**해설**

유입방폭구조
IP66 이상의 보호등급을 가져야 한다.

 **TIP** IP등급(IP코드)
위험 부분으로의 접근, 외부 분진의 침투 또는 물의 침투에 대한 외함의 방진 보호 및 방수 보호등급을 표시하는 코딩(Coding) 방식으로 보호에 대한 추가 정보를 나타낸다.

## 78 절연물의 절연계급을 최고허용온도가 낮은 온도에서 높은 온도 순으로 배치한 것은?

① Y종 → A종 → E종 → B종
② A종 → B종 → E종 → Y종
③ Y종 → E종 → B종 → A종
④ B종 → Y종 → A종 → E종

**해설**

절연방식에 따른 분류

| 절연종별 | 허용최고온도(°C) | 용도 |
|---|---|---|
| Y종 | 90 | 저전압의 기기 |
| A종 | 105 | 보통의 회전기, 변압기 |
| E종 | 120 | 대용량 및 보통의 기기 |
| B종 | 130 | 고전압의 기기 |
| F종 | 155 | 고전압의 기기 |
| H종 | 180 | 건식 변압기 |
| C종 | 180 초과 | 특수한 기기 |

## 79 가스그룹이 ⅡB인 지역에 내압방폭구조 "d"의 방폭기기가 설치되어 있다. 기기의 플랜지 개구부에서 장애물까지의 최소거리(mm)는?

① 10
② 20
③ 30
④ 40

**해설**

내압방폭구조 플랜지 접합부와 장애물 최소 이격거리

| 가스그룹 | 최소 이격거리(mm) |
|---|---|
| ⅡA | 10 |
| ⅡB | 30 |
| ⅡC | 40 |

**TIP** 장애물
강재, 벽, 기후 보호물(Weather Guard), 장착용 브래킷, 배관 또는 기타 전기기기

## 80 극간 정전용량이 1,000pF이고, 착화에너지가 0.019mJ인 가스에서 폭발한계 전압(V)은 약 얼마인가?(단, 소수점 이하는 반올림한다.)

① 3,900
② 1,950
③ 390
④ 195

**해설**

착화에너지

$$W = \frac{1}{2}CV^2 = \frac{1}{2}QV = \frac{1}{2}\frac{Q^2}{C}$$

대전 전하량$(Q) = C \cdot V$, 대전전위$(V) = \frac{Q}{C}$

여기서, $W$ : 정전기 에너지(J)
$C$ : 도체의 정전용량(F)
$V$ : 대전 전위(V)
$Q$ : 대전 전하량(C)

1. $W = \frac{1}{2}CV^2 \rightarrow 2W = CV^2 \rightarrow V^2 = \frac{2W}{C} \rightarrow V = \sqrt{\frac{2W}{C}}$

2. $V = \sqrt{\frac{2W}{C}} = \sqrt{\frac{2 \times 0.019 \times 10^{-3}}{1,000 \times 10^{-12}}} = 194.93(V)$

 **TIP** pF = $10^{-12}$F, mJ = $10^{-3}$J

## 5과목 화학설비위험방지기술

**81** 산업안전보건법령상 대상 설비에 설치된 안전밸브에 대해서는 경우에 따라 구분된 검사주기마다 안전밸브가 적정하게 작동하는지 검사하여야 한다. 화학공정 유체와 안전밸브의 디스크 또는 시트가 직접 접촉될 수 있도록 설치된 경우의 검사주기로 옳은 것은?

① 매년 1회 이상
② 2년마다 1회 이상
③ 3년마다 1회 이상
④ 4년마다 1회 이상

**해설**
안전밸브의 검사주기(압력계를 이용하여 설정압력에서 안전밸브가 적정하게 작동하는지를 검사한 후 납으로 봉인하여 사용)

| 화학공정 유체와 안전밸브의 디스크 또는 시트가 직접 접촉될 수 있도록 설치된 경우 | 2년마다 1회 이상 |
|---|---|
| 안전밸브 전단에 파열판이 설치된 경우 | 3년마다 1회 이상 |
| 공정안전보고서 제출 대상으로서 고용노동부장관이 실시하는 공정안전보고서 이행상태 평가결과가 우수한 사업장의 안전밸브의 경우 | 4년마다 1회 이상 |

**82** 위험물안전관리법령상 제1류 위험물에 해당하는 것은?

① 과염소산나트륨
② 과염소산
③ 과산화수소
④ 과산화벤조일

**해설**
1. 과염소산나트륨 : 제1류 위험물(산화성 고체)
2. 과염소산, 과산화수소 : 제6류 위험물(산화성 액체)
3. 과산화벤조일 : 제5류 위험물(자기 반응성 물질)

**83** 산업안전보건법령상 다음 내용에 해당하는 폭발위험장소는?

> 20종 장소 밖으로서 분진운 형태의 가연성 분진이 폭발농도를 형성할 정도의 충분한 양이 정상작동 중에 존재할 수 있는 장소를 말한다.

① 21종 장소
② 22종 장소
③ 0종 장소
④ 1종 장소

**해설**
분진폭발위험장소

| 분류 | 정의 |
|---|---|
| 20종 장소 | 분진운 형태의 가연성 분진이 폭발농도를 형성할 정도로 충분한 양이 정상 작동 중에 연속적으로 또는 자주 존재하거나, 제어할 수 없을 정도의 양 및 두께의 분진층이 형성될 수 있는 장소를 말한다. |
| 21종 장소 | 20종 장소 밖으로서 분진운 형태의 가연성 분진이 폭발농도를 형성할 정도의 충분한 양이 정상 작동 중에 존재할 수 있는 장소를 말한다. |
| 22종 장소 | 21종 장소 밖으로서 가연성 분진운 형태가 드물게 발생 또는 단기간 존재할 우려가 있거나, 이상 작동 상태하에서 가연성 분진운이 형성될 수 있는 장소를 말한다. |

**84** 다음 중 질식소화에 해당하는 것은?

① 가연성 기체의 분출화재 시 주 밸브를 닫는다.
② 가연성 기체의 연쇄반응을 차단하여 소화한다.
③ 연료 탱크를 냉각하여 가연성 가스의 발생속도를 작게 한다.
④ 연소하고 있는 가연물이 존재하는 장소를 기계적으로 폐쇄하여 공기의 공급을 차단한다.

**해설**
질식소화
1. 공기 중에 존재하고 있는 산소의 농도 21%를 15% 이하로 낮추어 소화하는 방법이다.
2. 연소하고 있는 가연물이 들어 있는 용기를 기계적으로 밀폐하여 산소의 공급을 차단한다.

> **TIP** 1. 제거소화
>  • 가연성 물질을 연소구역에서 제거하여 줌으로써 소화하는 방법
>  • 가연성 기체의 분출화재 시 주 밸브를 닫는다.
>  • 연료 탱크를 냉각하여 가연성 가스의 발생속도를 작게 한다.
> 2. 억제소화
>  • 가연성 물질과 산소와의 화학반응을 느리게 함으로써 소화하는 방법(연쇄반응을 억제시켜 소화하는 방법)
>  • 가연성 기체의 연쇄반응을 차단하여 소화한다.

**85** 포스겐가스 누설검지의 시험지로 사용되는 것은?

① 연당지
② 염화파라듐지
③ 하리슨시험지
④ 초산벤젠지

**정답** 81 ② 82 ① 83 ① 84 ④ 85 ③

**해설**

시험지법
검지하고자 하는 가스와 반응하여 색이 변하는 시약을 종이 등에 침투시킨 것을 사용하는 방법

| 검지가스 | 시험지 | 반응 |
|---|---|---|
| 황화수소 | 연당지 | 회흑색 |
| 일산화탄소 | 염화파라듐지 | 흑색 |
| 포스겐 | 하리슨 시험지 | 유자색 |
| 시안화수소 | 초산벤젠지 | 청색 |

**86** 공기 중 아세톤의 농도가 200ppm(TLV 500ppm), 메틸에틸케톤(MEK)의 농도가 100ppm(TLV 200ppm)일 때 혼합물질의 허용농도(ppm)는?(단, 두 물질은 서로 상가작용을 하는 것으로 가정한다.)

① 150
② 200
③ 270
④ 333

**해설**

노출지수(EI : Exposure Index) : 공기 중 혼합물질

$$노출지수(EI) = \frac{C_1}{TLV_1} + \frac{C_2}{TLV_2} + \cdots + \frac{C_n}{TLV_n}$$

여기서, $C_n$ : 각 혼합물질의 공기 중 농도
$TLV_n$ : 각 혼합물질의 노출기준

$$보정된 허용농도(기준) = \frac{혼합물의 공기 중 농도(C_1 + C_2 + \cdots + C_n)}{노출지수(EI)}$$

1. 노출지수(EI) $= \frac{C_1}{TLV_1} + \frac{C_2}{TLV_2}$
   $= \frac{200}{500} + \frac{100}{200} = 0.9$

2. 보정된 허용농도(기준)
   $= \frac{혼합물의 공기 중 농도(C_1 + C_2 + \cdots + C_n)}{노출지수(EI)}$
   $= \frac{200 + 100}{0.9} = 333.33 (ppm)$

**87** Li과 Na에 관한 설명으로 틀린 것은?

① 두 금속 모두 실온에서 자연발화의 위험성이 있으므로 알코올 속에 저장해야 한다.
② 두 금속은 물과 반응하여 수소기체를 발생한다.
③ Li은 비중 값이 물보다 작다.
④ Na는 은백색의 무른 금속이다.

**해설**

리튬(Li)과 나트륨(Na)

| 리튬 (Li) | • 물과는 상온에서 천천히, 고온에서 격렬하게 반응하여 수소를 발생시킨다.<br>• 건조하여 환기가 잘 되는 실내에 저장한다.<br>• 알코올류와는 격렬히 반응하여 수소를 발생시킨다. |
|---|---|
| 나트륨 (Na) | • 은백색의 무른 금속으로 물보다 가볍다.<br>• 물과 격렬히 반응하여 발열하고 수소를 발생시킨다.<br>• 알코올과 반응하여 나트륨알코올레이드와 수소 가스를 발생시킨다. |

**88** 분진폭발의 특징에 관한 설명으로 옳은 것은?

① 가스폭발보다 발생에너지가 작다.
② 폭발압력과 연소속도는 가스폭발보다 크다.
③ 입자의 크기, 부유성 등이 분진폭발에 영향을 준다.
④ 불완전연소로 인한 가스중독의 위험성은 작다.

**해설**

분진폭발의 특징
1. 폭발한계 내에서 분진의 휘발성분이 많을수록 폭발이 쉽다.
2. 가스폭발에 비해 연소속도나 폭발압력이 작다.
3. 가스폭발에 비해 연소시간이 길고 발생에너지가 크기 때문에 파괴력과 타는 정도가 크다.
4. 가스에 비해 불완전연소의 가능성이 커서 일산화탄소의 존재로 인한 가스중독의 위험이 있다.(가스폭발에 비하여 유독물의 발생이 많다.)
5. 화염속도보다 압력속도가 빠르다.
6. 주위 분진의 비산에 의해 2차, 3차의 폭발로 파급되어 피해가 커진다.
7. 연소열에 의한 화재가 동반되며, 연소입자의 비산으로 인체에 닿을 경우 심한 화상을 입는다.
8. 분진이 발화 폭발하기 위한 조건은 인화성, 미분상태, 공기 중에서의 교반과 유동, 점화원의 존재이다.

**정답** 86 ④ 87 ① 88 ③

| TIP | 분진폭발의 영향 인자 | |
|---|---|---|
| | 분진의 화학적 성질과 조성 | 분진의 발열량이 클수록 폭발성이 크며 휘발성분의 함유량이 많을수록 폭발하기 쉽다. |
| | 입도와 입도분포 | 분진의 표면적이 입자체적에 비하여 커지면 열의 발생속도가 방열속도보다 커져서 폭발이 용이해진다. |
| | 입자의 형상과 표면의 상태 | 평균입경이 동일한 분진인 경우, 입자의 형상이 복잡하면 폭발이 잘된다. |
| | 수분 | 수분 함유량이 적을수록 폭발성이 급격히 증가된다. |
| | 분진의 농도 | 분진의 농도가 양론조성농도보다 약간 높을 때, 폭발속도가 최대가 된다. |
| | 분진의 온도 | 초기 온도가 높을수록 최소폭발농도가 적어져서 위험하다. |
| | 분진의 부유성 | 부유성이 큰 것일수록 공기 중에서의 체류시간도 길고 위험성도 증가한다. |
| | 산소의 농도 | 산소나 공기가 증가하면 폭발하한농도가 낮아짐과 동시에 입도가 큰 것도 폭발성을 갖게 된다. |

## 89 다음 중 누설 발화형 폭발재해의 예방대책으로 가장 거리가 먼 것은?

① 발화원 관리
② 밸브의 오동작 방지
③ 가연성 가스의 연소
④ 누설물질의 검지 경보

**해설**

누설발화형(누설착화형) 폭발재해 방지대책
1. 위험물질의 누설방지
2. 밸브(설비)의 오동작 방지
3. 누설물질의 검지 경보
4. 발화원 관리
5. 피해확대 방지조치(방유제 등)

## 90 다음 중 폭발한계(vol%)의 범위가 가장 넓은 것은?

① 메탄
② 부탄
③ 톨루엔
④ 아세틸렌

**해설**

주요 가연성 가스의 폭발범위

| 가연성 가스 | 폭발 하한값(%) | 폭발 상한값(%) | 폭발범위 |
|---|---|---|---|
| 메탄 | 5.0 | 15.0 | 15.0 − 5.0 = 10.0 |
| 부탄 | 1.8 | 8.4 | 8.4 − 1.8 = 6.6 |
| 톨루엔 | 1.1 | 7.1 | 7.1 − 1.1 = 6.0 |
| 아세틸렌 | 2.5 | 81.0 | 81.0 − 2.5 = 78.5 |

## 91 다음 중 관의 지름을 변경하고자 할 때 필요한 관 부속품은?

① Elbow
② Reducer
③ Plug
④ Valve

**해설**

피팅류(Fittings)

| 두 개의 관을 연결할 때 | 플랜지(Flange), 유니온(Union), 커플링(Coupling), 니플(Nipple), 소켓(Socket) |
|---|---|
| 관로의 방향을 바꿀 때 | 엘보우(Elbow), Y지관(Y−branch), 티(Tee), 십자(Cross) |
| 관로의 크기를 바꿀 때 (관의 지름을 변경할 때) | 리듀서(Reducer), 부싱(Bushing) |
| 가지관을 설치할 때 | Y지관(Y−branch), 티(Tee), 십자(Cross) |
| 유로를 차단할 때 | 플러그(Plug), 캡(Cap), 밸브(Valve) |
| 유량조절 | 밸브(Valve) |

## 92 안전밸브 전단·후단에 자물쇠형 또는 이에 준하는 형식의 차단밸브 설치를 할 수 있는 경우에 해당하지 않는 것은?

① 자동압력조절밸브와 안전밸브 등이 직렬로 연결된 경우
② 화학설비 및 그 부속설비에 안전밸브 등이 복수방식으로 설치되어 있는 경우
③ 열팽창에 의하여 상승된 압력을 낮추기 위한 목적으로 안전밸브가 설치된 경우
④ 인접한 화학설비 및 그 부속설비에 안전밸브 등이 각각 설치되어 있고, 해당 화학설비 및 그 부속설비의 연결배관에 차단밸브가 없는 경우

### 해설
차단밸브 설치금지
1. 안전밸브 등의 전단·후단에 차단밸브를 설치해서는 아니 된다.
2. 다만, 다음 각 호의 어느 하나에 해당하는 경우에는 자물쇠형 또는 이에 준하는 형식의 차단밸브를 설치할 수 있다.
   ㉠ 인접한 화학설비 및 그 부속설비에 안전밸브 등이 각각 설치되어 있고, 해당 화학설비 및 그 부속설비의 연결배관에 차단밸브가 없는 경우
   ㉡ 안전밸브 등의 배출용량의 2분의 1 이상에 해당하는 용량의 자동압력조절밸브(구동용 동력원의 공급을 차단하는 경우 열리는 구조인 것으로 한정한다)와 안전밸브 등이 병렬로 연결된 경우
   ㉢ 화학설비 및 그 부속설비에 안전밸브 등이 복수방식으로 설치되어 있는 경우
   ㉣ 예비용 설비를 설치하고 각각의 설비에 안전밸브 등이 설치되어 있는 경우
   ㉤ 열팽창에 의하여 상승된 압력을 낮추기 위한 목적으로 안전밸브가 설치된 경우
   ㉥ 하나의 플레어 스택(Flare Stack)에 둘 이상의 단위공정의 플레어 헤더(Flare Header)를 연결하여 사용하는 경우로서 각각의 단위공정의 플레어헤더에 설치된 차단밸브의 열림·닫힘 상태를 중앙제어실에서 알 수 있도록 조치한 경우

## 93 산업안전보건기준에 관한 규칙에서 정한 위험물질의 종류에서 "물반응성 물질 및 인화성 고체"에 해당하는 것은?
① 질산에스테르류   ② 니트로화합물
③ 칼륨·나트륨      ④ 니트로소화합물

### 해설
물반응성 물질 및 인화성 고체
1. 리튬
2. 칼륨·나트륨
3. 황
4. 황린
5. 황화인·적린
6. 셀룰로이드류
7. 알킬알루미늄·알킬리튬
8. 마그네슘 분말
9. 금속 분말(마그네슘 분말은 제외)
10. 알칼리금속(리튬·칼륨 및 나트륨은 제외)
11. 유기 금속화합물(알킬알루미늄 및 알킬은 제외)
12. 금속의 수소화물
13. 금속의 인화물
14. 칼슘 탄화물, 알루미늄 탄화물
15. 그 밖에 1.부터 14.까지의 물질과 같은 정도의 발화성 또는 인화성이 있는 물질
16. 1.부터 15.까지의 물질을 함유한 물질

 질산에스테르류, 니트로화합물, 니트로소화합물은 폭발성 물질 및 유기과산화물에 해당된다.

## 94 다음 중 인화점에 관한 설명으로 옳은 것은?
① 액체의 표면에서 발생한 증기농도가 공기 중에서 연소하한 농도가 될 수 있는 가장 높은 액체온도
② 액체의 표면에서 발생한 증기농도가 공기 중에서 연소상한 농도가 될 수 있는 가장 낮은 액체온도
③ 액체의 표면에서 발생한 증기농도가 공기 중에서 연소하한 농도가 될 수 있는 가장 낮은 액체온도
④ 액체의 표면에서 발생한 증기농도가 공기 중에서 연소상한 농도가 될 수 있는 가장 높은 액체온도

### 해설
인화점
1. 가연성 물질에 점화원을 주었을 때 연소가 시작되는 최저 온도
2. 사용 중인 용기 내에서 인화성 액체가 증발하여 인화될 수 있는 가장 낮은 온도
3. 액체의 표면에서 발생한 증기농도가 공기 중에서 연소하한 농도가 될 수 있는 가장 낮은 액체온도

## 95 수분을 함유하는 에탄올에서 순수한 에탄올을 얻기 위해 벤젠과 같은 물질은 첨가하여 수분을 제거하는 증류방법은?
① 공비증류   ② 추출증류
③ 가압증류   ④ 감압증류

### 해설
특수한 증류방법

| | |
|---|---|
| 감압증류 (진공증류) | 상압하에서 끓는점까지 가열할 경우 분해할 우려가 있는 물질의 증류를 감압 또는 진공하여 끓는점을 내려서 증류하는 방법 |
| 추출증류 | 분리하여야 하는 물질의 끓는점이 비슷한 경우 증류하는 방법 |
| 공비증류 | 일반적인 증류로 순수한 성분을 분리할 수 없는 혼합물의 경우 증류하는 방법 |

정답  93 ③  94 ③  95 ①

| 수증기증류 | 물에 거의 용해하지 않는 휘발성 액체에 수증기를 불어 넣으면서 가열하면 그 액체는 원래의 끓는점보다 상당히 낮은 온도에서 유출하는 방법 |
|---|---|

$$H = \frac{UFL - LFL}{LFL} = \frac{75-4}{4} = 17.75$$

**96** 위험물을 산업안전보건법령에서 정한 기준량 이상으로 제조하거나 취급하는 설비로서 특수화학설비에 해당되는 것은?

① 가열시켜 주는 물질의 온도가 가열되는 위험물질의 분해온도보다 높은 상태에서 운전되는 설비
② 상온에서 게이지 압력으로 200kPa의 압력으로 운전되는 설비
③ 대기압하에서 300℃로 운전되는 설비
④ 흡열반응이 행하여지는 반응설비

**해설**
특수화학설비
위험물을 기준량 이상으로 제조하거나 취급하는 다음 각 호의 어느 하나에 해당하는 특수화학설비를 설치하는 경우에는 내부의 이상 상태를 조기에 파악하기 위하여 필요한 온도계·유량계·압력계 등의 계측장치를 설치하여야 한다.
1. 발열반응이 일어나는 반응장치
2. 증류·정류·증발·추출 등 분리를 하는 장치
3. 가열시켜 주는 물질의 온도가 가열되는 위험물질의 분해온도 또는 발화점보다 높은 상태에서 운전되는 설비
4. 반응폭주 등 이상 화학반응에 의하여 위험물질이 발생할 우려가 있는 설비
5. 온도가 섭씨 350도 이상이거나 게이지 압력이 980킬로파스칼 이상인 상태에서 운전되는 설비
6. 가열로 또는 가열기

**97** 공기 중에서 A 물질의 폭발하한계가 4vol%, 상한계가 75vol%라면 이 물질의 위험도는?

① 16.75
② 17.75
③ 18.75
④ 19.75

**해설**
위험도
위험도 값이 클수록 위험성이 높은 물질이다.

$$H = \frac{UFL - LFL}{LFL}$$

여기서, $UFL$ : 연소 상한값
$LFL$ : 연소 하한값
$H$ : 위험도

**98** 다음 중 최소발화에너지($E$[J])를 구하는 식으로 옳은 것은?(단, $I$는 전류[A], $R$은 저항[Ω], $V$는 전압[V], $C$는 콘덴서용량[F], $T$는 시간[초]이라 한다.)

① $E = IRT$
② $E = 0.24I^2\sqrt{R}$
③ $E = \frac{1}{2}CV^2$
④ $E = \frac{1}{2}\sqrt{C^2V}$

**해설**
최소발화에너지 산출 공식

$$E = \frac{1}{2}CV^2$$

여기서, $E$ : 발화에너지(J)
$C$ : 전기용량(F)
$V$ : 방전전압(V)

**99** 다음 중 분진이 발화 폭발하기 위한 조건으로 거리가 먼 것은?

① 불연성질
② 미분상태
③ 점화원의 존재
④ 산소 공급

**해설**
분진폭발을 일으키는 조건
1. 분진 : 인화성(즉, 불연성 분진은 폭발하지 않음)
2. 미분상태 : 분진이 화염을 전파할 수 있는 크기의 분포를 가지고 분진의 농도가 폭발범위 이내일 것
3. 점화원 : 충분한 에너지의 점화원이 있을 것
4. 교반과 유동 : 충분한 산소가 연소를 지원하고 유지하도록 존재해야 하며, 공기(지연성가스) 중에서의 교반과 유동이 일어나야 한다.

**100** 압축하면 폭발할 위험성이 높아 아세톤 등에 용해시켜 다공성 물질과 함께 저장하는 물질은?

① 염소
② 아세틸렌
③ 에탄
④ 수소

**해설**
아세틸렌을 용해가스로 만들 때 분해, 폭발의 위험을 방지하기 위하여 일반적으로 아세톤 용액을 용제로 사용한다.

정답 96 ① 97 ② 98 ③ 99 ① 100 ②

## 6과목 건설안전기술

**101** 거푸집 동바리 등을 조립하는 경우에 준수하여야 하는 기준으로 옳지 않은 것은?

① 동바리로 사용하는 파이프 서포트를 이어서 사용하는 경우에는 3개 이상의 볼트 또는 전용철물을 사용하여 이을 것
② 동바리로 사용하는 강관은 높이 2m 이내마다 수평연결재를 2개 방향으로 만들 것
③ 깔목의 사용, 콘크리트 타설, 말뚝박기 등 동바리의 침하를 방지하기 위한 조치를 할 것
④ 동바리로 사용하는 파이프 서포트를 3개 이상 이어서 사용하지 않도록 할 것

**해설**

동바리 조립 시의 안전조치
1. 동바리 조립 시의 안전조치
   동바리를 조립하는 경우에는 하중의 지지상태를 유지할 수 있도록 다음 각 호의 사항을 준수해야 한다.
   ㉠ 받침목이나 깔판의 사용, 콘크리트 타설, 말뚝박기 등 동바리의 침하를 방지하기 위한 조치를 할 것
   ㉡ 동바리의 상하 고정 및 미끄러짐 방지 조치를 할 것
   ㉢ 상부·하부의 동바리가 동일 수직선상에 위치하도록 하여 깔판·받침목에 고정시킬 것
   ㉣ 개구부 상부에 동바리를 설치하는 경우에는 상부하중을 견딜 수 있는 견고한 받침대를 설치할 것
   ㉤ U헤드 등의 단판이 없는 동바리의 상단에 멍에 등을 올릴 경우에는 해당 상단에 U헤드 등의 단판을 설치하고, 멍에 등이 전도되거나 이탈되지 않도록 고정시킬 것
   ㉥ 동바리의 이음은 같은 품질의 재료를 사용할 것
   ㉦ 강재의 접속부 및 교차부는 볼트·클램프 등 전용철물을 사용하여 단단히 연결할 것
   ㉧ 거푸집의 형상에 따른 부득이한 경우를 제외하고는 깔판이나 받침목은 2단 이상 끼우지 않도록 할 것
   ㉨ 깔판이나 받침목을 이어서 사용하는 경우에는 그 깔판·받침목을 단단히 연결할 것
2. 동바리 유형에 따른 동바리 조립 시의 안전조치
   ㉠ 동바리로 사용하는 파이프 서포트의 경우
   • 파이프 서포트를 3개 이상 이어서 사용하지 않도록 할 것
   • 파이프 서포트를 이어서 사용하는 경우에는 4개 이상의 볼트 또는 전용철물을 사용하여 이을 것
   • 높이가 3.5미터를 초과하는 경우에는 높이 2미터 이내마다 수평연결재를 2개 방향으로 만들고 수평연결재의 변위를 방지할 것
   ㉡ 동바리로 사용하는 강관틀의 경우
   • 강관틀과 강관틀 사이에 교차가새를 설치할 것
   • 최상단 및 5단 이내마다 동바리의 측면과 틀면의 방향 및 교차가새의 방향에서 5개 이내마다 수평연결재를 설치하고 수평연결재의 변위를 방지할 것
   • 최상단 및 5단 이내마다 동바리의 틀면의 방향에서 양단 및 5개틀 이내마다 교차가새의 방향으로 띠장틀을 설치할 것

> **TIP** 본 문제는 법 개정으로 일부 내용이 수정되었습니다. 해설은 법 개정으로 수정된 내용이니 해설을 학습하세요.

**102** 사면 보호 공법 중 구조물에 의한 보호 공법에 해당되지 않는 것은?

① 블럭공
② 식생구멍공
③ 돌쌓기공
④ 현장타설 콘크리트 격자공

**해설**

비탈면 보호공법(사면 보호공법)
강우에 의한 표면 침식 또는 붕괴를 방지하고 동시에 경관이나 미관을 목적으로 시공한다.

| 구분 | 개요 | 공법 |
|---|---|---|
| 식생 공법 | 식물을 사면·경사면상에 초목이 무성하게 자라게 함으로써 경사면 침식을 방비하는 공법을 말하며 녹화공법이라고도 한다. | • 씨앗 뿌리기공<br>• 식생판공<br>• 식생 포대공<br>• 떼 붙임공<br>• 씨앗 뿜어붙이기공<br>• 식생공 |
| 구조물 공법 | 침식, 세굴, 풍화 및 동상 등으로부터 비탈면을 보호하기 위하여 비탈면 안에 블록이나 구조물을 설치하는 공법 | • 현장타설 콘크리트 격자공<br>• 블록공<br>• 돌쌓기공<br>• 콘크리트 붙임공법<br>• 뿜칠공법 |

정답 101 ① 102 ②

**103** 산업안전보건법령에서 규정하는 철골작업을 중지하여야 하는 기후조건에 해당하지 않는 것은?

① 풍속이 초당 10m 이상인 경우
② 강우량이 시간당 1mm 이상인 경우
③ 강설량이 시간당 1cm 이상인 경우
④ 기온이 영하 5℃ 이하인 경우

**해설**
작업의 제한(철골작업 중지)
1. 풍속이 초당 10미터 이상인 경우
2. 강우량이 시간당 1밀리미터 이상인 경우
3. 강설량이 시간당 1센티미터 이상인 경우

**104** 강관을 사용하여 비계를 구성하는 경우 준수하여야 할 기준으로 옳지 않은 것은?

① 비계기둥의 간격은 띠장 방향에서는 1.85m 이하, 장선(長線) 방향에서는 1.5m 이하로 할 것
② 띠장 간격은 2.0m 이하로 할 것
③ 비계기둥의 제일 윗부분으로부터 31m되는 지점 밑부분의 비계기둥은 3개의 강관으로 묶어 세울 것
④ 비계기둥 간의 적재하중은 400kg을 초과하지 않도록 할 것

**해설**
강관비계의 구조
1. 비계기둥의 간격은 띠장 방향에서는 1.85미터 이하, 장선 방향에서는 1.5미터 이하로 할 것. 다만, 다음 각 목의 어느 하나에 해당하는 작업의 경우에는 안전성에 대한 구조검토를 실시하고 조립도를 작성하면 띠장 방향 및 장선 방향으로 각각 2.7미터 이하로 할 수 있다.
   ⊙ 선박 및 보트 건조작업
   ⊙ 그 밖에 장비 반입·반출을 위하여 공간 등을 확보할 필요가 있는 등 작업의 성질상 비계기둥 간격에 관한 기준을 준수하기 곤란한 작업
2. 띠장 간격은 2.0미터 이하로 할 것. 다만, 작업의 성질상 이를 준수하기가 곤란하여 쌓기둥틀 등에 의하여 해당 부분을 보강한 경우에는 그러하지 아니하다.
3. 비계기둥의 제일 윗부분으로부터 31미터 되는 지점 밑부분의 비계기둥은 2개의 강관으로 묶어 세울 것. 다만, 브라켓(bracket) 등으로 보강하여 2개의 강관으로 묶을 경우 이상의 강도가 유지되는 경우에는 그러하지 아니하다.
4. 비계기둥 간의 적재하중은 400킬로그램을 초과하지 않도록 할 것

**105** 다음 중 지하수위 측정에 사용되는 계측기는?

① Load Cell    ② Inclinometer
③ Extensometer    ④ Piezometer

**해설**
계측기

| 장치 | 용도 |
|---|---|
| 하중계 (Load Cell) | 흙막이 버팀대에 작용하는 토압, 어스앵커의 인장력 등을 측정 |
| 지중 경사계 (Inclino Meter) | 지중 수평변위를 측정하여 흙막이의 기울어진 정도를 파악 |
| 지중 침하계 (Extension Meter) | 지중수직변위를 측정하여 지반의 침하 정도를 파악 |
| 간극 수압계 (Piezo Meter) | 굴착으로 인한 지하의 간극수압을 측정 |
| 지하수위계 (Water Level Meter) | 지하수의 수위변화를 측정 |

**106** 터널 지보공을 조립하거나 변경하는 경우에 조치하여야 하는 사항으로 옳지 않은 것은?

① 목재의 터널 지보공은 그 터널 지보공의 각 부재에 작용하는 긴압 정도를 체크하여 그 정도가 최대한 차이나도록 할 것
② 강(鋼)아치 지보공의 조립은 연결볼트 및 띠장 등을 사용하여 주재 상호 간을 튼튼하게 연결할 것
③ 기둥에는 침하를 방지하기 위하여 받침목을 사용하는 등의 조치를 할 것
④ 주재(主材)를 구성하는 1세트의 부재는 동일 평면 내에 배치할 것

**해설**
터널 지보공 조립 또는 변경 시 조치사항
1. 주재를 구성하는 1세트의 부재는 동일 평면 내에 배치할 것
2. 목재의 터널 지보공은 그 터널 지보공의 각 부재의 긴압 정도가 균등하게 되도록 할 것
3. 기둥에는 침하를 방지하기 위하여 받침목을 사용하는 등의 조치를 할 것
4. 강아치 지보공의 조립은 다음의 사항을 따를 것
   ⊙ 조립간격은 조립도에 따를 것
   ⊙ 주재가 아치작용을 충분히 할 수 있도록 쐐기를 박는 등 필요한 조치를 할 것
   ⊙ 연결볼트 및 띠장 등을 사용하여 주재 상호 간을 튼튼하게 연결할 것

**정답** 103 ④  104 ③  105 [전 항 정답]  106 ①

ⓔ 터널 등의 출입구 부분에는 받침대를 설치할 것
ⓜ 낙하물이 근로자에게 위험을 미칠 우려가 있는 경우에는 널판 등을 설치할 것
5. 목재 지주식 지보공은 다음의 사항을 따를 것
   ㉠ 주기둥은 변위를 방지하기 위하여 쐐기 등을 사용하여 지반에 고정시킬 것
   ㉡ 양끝에는 받침대를 설치할 것
   ㉢ 터널 등의 목재 지주식 지보공에 세로방향의 하중이 걸림으로써 넘어지거나 비틀어질 우려가 있는 경우에는 양끝 외의 부분에도 받침대를 설치할 것
   ㉣ 부재의 접속부는 꺾쇠 등으로 고정시킬 것
6. 강아치 지보공 및 목재지주식 지보공 외의 터널 지보공에 대해서는 터널 등의 출입구 부분에 받침대를 설치할 것

## 107 미리 작업장소의 지형 및 지반상태 등에 적합한 제한속도를 정하지 않아도 되는 차량계 건설기계의 속도 기준은?

① 최대제한속도가 10km/h 이하
② 최대제한속도가 20km/h 이하
③ 최대제한속도가 30km/h 이하
④ 최대제한속도가 40km/h 이하

**해설**
제한속도의 지정
차량계 하역운반기계, 차량계 건설기계(최대제한속도가 시속 10킬로미터 이하인 것은 제외)를 사용하여 작업을 하는 경우 미리 작업장소의 지형 및 지반 상태 등에 적합한 제한속도를 정하고, 운전자로 하여금 준수하도록 하여야 한다.

## 108 차량계 건설기계를 사용하여 작업을 하는 경우 작업계획서 내용에 포함되지 않는 사항은?

① 사용하는 차량계 건설기계의 종류 및 성능
② 차량계 건설기계의 운행경로
③ 차량계 건설기계에 의한 작업방법
④ 차량계 건설기계 사용 시 유도자 배치 위치

**해설**
차량계 건설기계의 작업계획서 내용
1. 사용하는 차량계 건설기계의 종류 및 성능
2. 차량계 건설기계의 운행경로
3. 차량계 건설기계에 의한 작업방법

## 109 이동식 비계를 조립하여 작업을 하는 경우에 준수하여야 할 기준으로 옳지 않은 것은?

① 승강용사다리는 견고하게 설치할 것
② 비계의 최상부에서 작업을 하는 경우에는 안전난간을 설치할 것
③ 작업발판의 최대적재하중은 400kg을 초과하지 않도록 할 것
④ 작업발판은 항상 수평을 유지하고 작업발판 위에서 안전난간을 딛고 작업을 하거나 받침대 또는 사다리를 사용하여 작업하지 않도록 할 것

**해설**
이동식 비계 조립 시의 준수사항
1. 이동식 비계의 바퀴에는 뜻밖의 갑작스러운 이동 또는 전도를 방지하기 위하여 브레이크·쐐기 등으로 바퀴를 고정시킨 다음 비계의 일부를 견고한 시설물에 고정하거나 아웃 트리거를 설치하는 등 필요한 조치를 할 것
2. 승강용사다리는 견고하게 설치할 것
3. 비계의 최상부에서 작업을 하는 경우에는 안전난간을 설치할 것
4. 작업발판은 항상 수평을 유지하고 작업발판 위에서 안전난간을 딛고 작업을 하거나 받침대 또는 사다리를 사용하여 작업하지 않도록 할 것
5. 작업발판의 최대적재하중은 250킬로그램을 초과하지 않도록 할 것

## 110 화물을 적재하는 경우의 준수사항으로 옳지 않은 것은?

① 침하 우려가 없는 튼튼한 기반 위에 적재할 것
② 건물의 칸막이나 벽 등이 화물의 압력에 견딜 만큼의 강도를 지니지 아니한 경우에는 칸막이나 벽에 기대어 적재하지 않도록 할 것
③ 불안정한 정도로 높이 쌓아 올리지 말 것
④ 하중을 한쪽으로 치우치더라도 화물을 최대한 효율적으로 적재할 것

**해설**
화물의 적재 시 준수사항
1. 침하 우려가 없는 튼튼한 기반 위에 적재할 것
2. 건물의 칸막이나 벽 등이 화물의 압력에 견딜 만큼의 강도를 지니지 아니한 경우에는 칸막이나 벽에 기대어 적재하지 않도록 할 것

**정답** 107 ① 108 ④ 109 ③ 110 ④

3. 불안정할 정도로 높이 쌓아 올리지 말 것
4. 하중이 한쪽으로 치우치지 않도록 쌓을 것

**111** 유해위험방지계획서를 고용노동부장관에게 제출하고 심사를 받아야 하는 대상 건설공사 기준으로 옳지 않은 것은?

① 최대지간길이가 50m 이상인 다리의 건설등 공사
② 지상높이 25m 이상인 건축물 또는 인공구조물의 건설등 공사
③ 깊이 10m 이상인 굴착공사
④ 다목적댐, 발전용댐, 저수용량 2천만 톤 이상의 용수 전용 댐 및 지방상수도 전용 댐의 건설등 공사

**해설**

유해위험방지계획서를 제출해야 될 건설공사
1. 다음 각 목의 어느 하나에 해당하는 건축물 또는 시설 등의 건설·개조 또는 해체공사
   ㉠ 지상높이가 31미터 이상인 건축물 또는 인공구조물
   ㉡ 연면적 3만제곱미터 이상인 건축물
   ㉢ 연면적 5천제곱미터 이상인 시설로서 다음의 어느 하나에 해당하는 시설
      • 문화 및 집회시설(전시장 및 동물원·식물원은 제외)
      • 판매시설, 운수시설(고속철도의 역사 및 집배송시설은 제외)
      • 종교시설
      • 의료시설 중 종합병원
      • 숙박시설 중 관광숙박시설
      • 지하도상가
      • 냉동·냉장 창고시설
2. 연면적 5천제곱미터 이상인 냉동·냉장 창고시설의 설비공사 및 단열공사
3. 최대지간길이(다리의 기둥과 기둥의 중심 사이의 거리)가 50미터 이상인 다리의 건설등 공사
4. 터널의 건설등 공사
5. 다목적댐, 발전용댐, 저수용량 2천만 톤 이상의 용수 전용 댐 및 지방상수도 전용 댐의 건설등 공사
6. 깊이 10미터 이상인 굴착공사

**112** 가설통로를 설치하는 경우 준수하여야 할 기준으로 옳지 않은 것은?

① 경사는 30° 이하로 할 것
② 경사가 15°를 초과하는 경우에는 미끄러지지 아니하는 구조로 할 것
③ 추락할 위험이 있는 장소에는 안전난간을 설치할 것
④ 수직갱에 가설된 통로의 길이가 15m 이상인 경우에는 7m 이내마다 계단참을 설치할 것

**해설**

가설통로
1. 견고한 구조로 할 것
2. 경사는 30도 이하로 할 것(다만, 계단을 설치하거나 높이 2미터 미만의 가설통로로서 튼튼한 손잡이를 설치한 경우에는 그러하지 아니하다)
3. 경사가 15도를 초과하는 경우에는 미끄러지지 아니하는 구조로 할 것
4. 추락할 위험이 있는 장소에는 안전난간을 설치할 것(다만, 작업상 부득이한 경우에는 필요한 부분만 임시로 해체할 수 있다)
5. 수직갱에 가설된 통로의 길이가 15미터 이상인 경우에는 10미터 이내마다 계단참을 설치할 것
6. 건설공사에 사용하는 높이 8미터 이상인 비계다리에는 7미터 이내마다 계단참을 설치할 것

**113** 발파구간 인접구조물에 대한 피해 및 손상을 예방하기 위한 건물기초에서의 허용진동치(cm/sec) 기준으로 옳지 않은 것은?(단, 기존 구조물에 금이 가 있거나 노후구조물 대상일 경우 등은 고려하지 않는다.)

① 문화재 : 0.2cm/sec
② 주택, 아파트 : 0.5cm/sec
③ 상가 : 1.0cm/sec
④ 철골콘크리트 빌딩 : 0.8~1.0cm/sec

**해설**

발파허용진동치 규제 기준

| 건물분류 | 문화재 | 주택 아파트 | 상가 (금이 없는 상태) | 철골 콘크리트 빌딩 및 상가 |
|---|---|---|---|---|
| 건물기초에서의 허용 진동치 (cm/sec) | 0.2 | 0.5 | 1.0 | 1.0~4.0 |

**정답** 111 ② 112 ④ 113 ④

**114** 안전계수가 4이고 2,000MPa의 인장강도를 갖는 강선의 최대허용응력은?

① 500MPa
② 1,000MPa
③ 1,500MPa
④ 2,000MPa

**해설**

안전율(안전계수)

$$\text{안전율(안전계수)} = \frac{\text{인장강도}}{\text{최대허용응력}}$$

1. 안전율(안전계수) $= \dfrac{\text{인장강도}}{\text{최대허용응력}}$

    → 최대허용응력 $= \dfrac{\text{인장강도}}{\text{안전계수}}$

2. 최대허용응력 $= \dfrac{\text{인장강도}}{\text{안전계수}} = \dfrac{2,000}{4} = 500 \text{(MPa)}$

---

**115** 지하수위 상승으로 포화된 사질토 지반의 액상화 현상을 방지하기 위한 가장 직접적이고 효과적인 대책은?

① Well Point 공법 적용
② 동다짐 공법 적용
③ 입도가 불량한 재료를 입도가 양호한 재료로 치환
④ 밀도를 증가시켜 한계간극비 이하로 상대밀도를 유지하는 방법 강구

**해설**

웰 포인트(Well Point) 공법
1. 웰 포인트라는 필터가 달린 집수관을 지하수면 아래에 설치하여 진공 펌프로 지하수를 강제로 흡수하여 물을 뽑아내어 지하수위를 낮추는 공법
2. 적용범위 : 사질토 및 Silt질 모래 지반에서 가장 경제적인 지하수위 저하공법

**TIP** 액상화 현상
액상화란 모래지반에서 순간충격 등에 의해 간극수압의 상승으로 유효응력이 감소되어 전단저항을 상실하고 지반이 액체와 같이 되는 현상

---

**116** 공사진척에 따른 공정율이 다음과 같을 때 안전관리비 사용기준으로 옳은 것은?(단, 공정율은 기성공정율을 기준으로 함)

공정율 : 70퍼센트 이상, 90퍼센트 미만

① 50퍼센트 이상
② 60퍼센트 이상
③ 70퍼센트 이상
④ 80퍼센트 이상

**해설**

공사진척에 따른 안전관리비 사용기준

| 공정율 | 50퍼센트 이상 70퍼센트 미만 | 70퍼센트 이상 90퍼센트 미만 | 90퍼센트 이상 |
|---|---|---|---|
| 사용기준 | 50퍼센트 이상 | 70퍼센트 이상 | 90퍼센트 이상 |

※ 공정율은 기성공정율을 기준으로 한다.

---

**117** 크레인 등 건설장비의 가공전선로 접근 시 안전대책으로 옳지 않은 것은?

① 안전 이격거리를 유지하고 작업한다.
② 장비를 가공전선로 밑에 보관한다.
③ 장비의 조립, 준비 시부터 가공전선로에 대한 감전방지 수단을 강구한다.
④ 장비 사용 현장의 장애물, 위험물 등을 점검 후 작업계획을 수립한다.

**해설**

크레인 등 건설장비의 가공전선로 접근 시 안전대책
1. 장비사용현장의 장애물, 위험물 등을 점검하고 현장의 작업자에게 업무분담을 하여 작업을 위한 계획을 수립한다.
2. 장비 사용을 위한 신호수를 선정한다.(신호수는 시야가 가리지 않는 곳에 위치하여, 무전기로서 장비운전사와 긴밀히 연락할 수 있도록 한다.)
3. 크레인 등 장비의 조립·준비 시부터 가공전선로에 대한 감전방지수단을 강구해야 한다. 확실한 감전방지수단은 가공전선로를 정전시킨 후 단락접지를 하여야 하나 정전작업이 곤란할 경우 가공전선로에 절연방호구를 설치한다.
4. 안전이격거리를 유지하여 작업한다.

**TIP** 장비를 가공전선로 밑에 보관하면 안 된다.

---

정답 114 ① 115 ① 116 ③ 117 ②

**118** 거푸집 동바리 등을 조립 또는 해체하는 작업을 하는 경우의 준수사항으로 옳지 않은 것은?

① 재료, 기구 또는 공구 등을 올리거나 내리는 경우에는 근로자로 하여금 달줄·달포대 등의 사용을 금하도록 할 것
② 낙하·충격에 의한 돌발적 재해를 방지하기 위하여 버팀목을 설치하고 거푸집 동바리 등을 인양장비에 매단 후에 작업을 하도록 하는 등 필요한 조치를 할 것
③ 비, 눈, 그 밖의 기상상태의 불안정으로 날씨가 몹시 나쁜 경우에는 그 작업을 중지할 것
④ 해당 작업을 하는 구역에는 관계 근로자가 아닌 사람의 출입을 금지할 것

**해설**

기둥·보·벽체·슬래브 등의 거푸집 및 동바리를 조립하거나 해체하는 작업을 하는 경우 준수사항
1. 해당 작업을 하는 구역에는 관계 근로자가 아닌 사람의 출입을 금지할 것
2. 비, 눈, 그 밖의 기상상태의 불안정으로 날씨가 몹시 나쁜 경우에는 그 작업을 중지할 것
3. 재료, 기구 또는 공구 등을 올리거나 내리는 경우에는 근로자로 하여금 달줄·달포대 등을 사용하도록 할 것
4. 낙하·충격에 의한 돌발적 재해를 방지하기 위하여 버팀목을 설치하고 거푸집 및 동바리를 인양장비에 매단 후에 작업을 하도록 하는 등 필요한 조치를 할 것

**119** 흙의 투수계수에 영향을 주는 인자에 관한 설명으로 옳지 않은 것은?

① 포화도 : 포화도가 클수록 투수계수도 크다.
② 공극비 : 공극비가 클수록 투수계수는 작다.
③ 유체의 점성계수 : 점성계수가 클수록 투수계수는 작다.
④ 유체의 밀도 : 유체의 밀도가 클수록 투수계수는 크다.

**해설**

지반의 투수계수에 영향을 미치는 요소
1. 흙입자의 크기가 클수록 투수계수가 증가한다.
2. 물의 밀도와 농도가 클수록 투수계수가 증가한다.
3. 물의 점성계수가 클수록 투수계수가 감소한다.
4. 간극비(공극비)가 클수록 투수계수가 증가한다.
5. 포화도가 클수록 투수계수가 증가한다.
6. 점토의 면모구조가 이산구조보다 투수계수가 크다.
7. 흙의 비중은 투수계수와 관계가 없다.

**120** 터널공사의 전기발파작업에 관한 설명으로 옳지 않은 것은?

① 전선은 점화하기 전에 화약류를 충진한 장소로부터 30m 이상 떨어진 안전한 장소에서 도통시험 및 저항시험을 하여야 한다.
② 점화는 충분한 허용량을 갖는 발파기를 사용하고 규정된 스위치를 반드시 사용하여야 한다.
③ 발파 후 발파기와 발파모선의 연결을 유지한 채 그 단부를 절연시킨 후 재점화가 되지 않도록 한다.
④ 점화는 선임된 발파책임자가 행하고 발파기의 핸들을 점화할 때 이외는 시건장치를 하거나 모선을 분리하여야 하며 발파책임자의 엄중한 관리하에 두어야 한다.

**해설**

터널공사 전기발파작업 시 준수사항
발파 후 즉시 발파모선을 발파기로부터 분리하고 그 단부를 절연시킨 후 재점화가 되지 않도록 하여야 한다.

# PART 02

## 17 2021년 2회 기출문제

### 1과목 안전관리론

**01** 학습자가 자신의 학습속도에 적합하도록 프로그램 자료를 가지고 단독으로 학습하도록 하는 안전교육방법은?

① 실연법
② 모의법
③ 토의법
④ 프로그램 학습법

**해설**

교육방법

| | |
|---|---|
| 토의법 | 다양한 과제와 문제에 대해 학습자 상호 간에 솔직하게 의견을 내어 공통의 이해를 꾀하면서 그룹의 결론을 도출해가는 것으로 안전지식과 관리에 대한 유경험자에게 적합한 교육방법(쌍방적 의사전달방법) |
| 실연법 | 학습자가 이미 설명을 듣거나 시범을 보고 알게 된 지식이나 기능을 강사의 감독 아래 직접적으로 연습해 적용해 보게 하는 교육방법 |
| 프로그램 학습법 | 학생이 자기 학습속도에 따른 학습이 허용되어 있는 상태에서 학습자가 프로그램 자료를 가지고 단독으로 학습하도록 하는 교육방법 |
| 모의법 | 실제의 장면이나 상태와 극히 유사한 상황을 인위적으로 만들어 그 속에서 학습하도록 하는 교육방법 |

**02** 헤드십의 특성이 아닌 것은?

① 지휘형태는 권위주의적이다.
② 권한행사는 임명된 헤드이다.
③ 구성원과의 사회적 간격은 넓다.
④ 상관과 부하와의 관계는 개인적인 영향이다.

**해설**

헤드십과 리더십의 구분

| 구분 | 헤드십 | 리더십 |
|---|---|---|
| 권한행사 및 부여 | 위에서 위임하여 임명된 헤드 | 밑에서부터의 동의에 의해 선출된 리더 |
| 권한근거 | 법적 또는 공식적 | 개인능력 |
| 상관과 부하와의 관계 | 지배적 | 개인적인 경향 |
| 책임귀속 | 상사 | 상사와 부하 |
| 부하와의 사회적 간격 | 넓다. | 좁다. |
| 지위형태 | 권위주의적 | 민주주의적 |
| 권한귀속 | 공식화된 규정에 의함 | 집단목표에 기여한 공로 인정 |

**03** 산업안전보건법령상 특정행위의 지시 및 사실의 고지에 사용되는 안전·보건표지의 색도기준으로 옳은 것은?

① 2.5G 4/10
② 5Y 8.5/12
③ 2.5PB 4/10
④ 7.5R 4/14

**해설**

안전·보건표지의 색채, 색도기준 및 용도

| 색채 | 색도기준 | 용도 | 사용례 |
|---|---|---|---|
| 빨간색 | 7.5R 4/14 | 금지 | 정지신호, 소화설비 및 그 장소, 유해행위의 금지 |
| | | 경고 | 화학물질 취급장소에서의 유해·위험 경고 |
| 노란색 | 5Y 8.5/12 | 경고 | 화학물질 취급장소에서의 유해·위험경고 이외의 위험경고, 주의표지 또는 기계방호물 |
| 파란색 | 2.5PB 4/10 | 지시 | 특정 행위의 지시 및 사실의 고지 |
| 녹색 | 2.5G 4/10 | 안내 | 비상구 및 피난소, 사람 또는 차량의 통행표지 |
| 흰색 | N9.5 | | 파란색 또는 녹색에 대한 보조색 |
| 검은색 | N0.5 | | 문자 및 빨간색 또는 노란색에 대한 보조색 |

**04** 인간관계의 메커니즘 중 다른 사람의 행동 양식이나 태도를 투입시키거나 다른 사람 가운데서 자기와 비슷한 것을 발견하는 것은?

① 공감
② 모방
③ 동일화
④ 일체화

**정답** 01 ④ 02 ④ 03 ③ 04 ③

해설
인간관계 메커니즘

| 투사<br>(Projection) | 자기 마음속의 억압된 것을 다른 사람의 것으로 생각하는 것 |
|---|---|
| 암시<br>(Suggestion) | 다른 사람으로부터의 판단이나 행동을 무비판적으로 논리적, 사실적 근거 없이 받아들이는 것 |
| 동일화<br>(Identification) | 다른 사람의 행동양식이나 태도를 투입하거나 다른 사람 가운데서 자기와 비슷한 것을 발견하게 되는 것 |
| 모방<br>(Imitation) | 남의 행동이나 판단을 표본으로 하여 그것과 같거나 그것에 가까운 행동 또는 판단을 취하려는 것 |
| 커뮤니케이션<br>(Communication) | 여러 가지 행동양식이 기로를 매개로 하여 한 사람으로부터 다른 사람에게 전달되는 과정으로 언어, 손짓, 몸짓, 표정 등 |

## 05 다음의 교육내용과 관련 있는 교육은?

- 작업 동작 및 표준작업방법의 습관화
- 공구·보호구 등의 관리 및 취급태도의 확립
- 작업 전후의 점검, 검사요령의 정확화 및 습관화

① 지식교육  ② 기능교육
③ 태도교육  ④ 문제해결교육

해설
안전교육 3단계
1. 제1단계 : 지식교육
   ㉠ 강의, 시청각교육을 통한 지식의 전달과 이해
   ㉡ 근로자가 지켜야 할 규정의 숙지를 위한 교육
2. 제2단계 : 기능교육
   ㉠ 시범, 견학, 실습, 현장실습을 통한 경험체득과 이해
   ㉡ 교육 대상자가 스스로 행함으로써 습득하는 교육
   ㉢ 같은 내용을 반복해서 개인의 시행착오에 의해서만 얻어지는 교육
3. 제3단계 : 태도교육
   ㉠ 작업동작지도, 생활지도 등을 통한 안전의 습관화 및 일체감
   ㉡ 동기를 부여하는 데 가장 적절한 교육
   ㉢ 안전한 작업방법을 알고는 있으나 시행하지 않는 것에 대한 교육
   ㉣ 교육내용
   - 표준작업방법의 습관화
   - 공구, 보호구의 관리 및 취급태도의 확립
   - 작업 전후의 점점 및 검사 요령의 정확한 습관화
   - 안전작업의 지시, 전달, 확인 등 언어태도의 습관화 및 정확화

## 06 데이비스(K. Davis)의 동기부여이론에 관한 등식에서 그 관계가 틀린 것은?

① 지식×기능=능력
② 상황×능력=동기유발
③ 능력×동기유발=인간의 성과
④ 인간의 성과×물질의 성과=경영의 성과

해설
데이비스(K. Davis)의 동기부여이론
1. 인간의 성과 × 물질적 성과=경영의 성과
2. 지식(Knowledge) × 기능(Skill)=능력(Ability)
3. 상황(Situation) × 태도(Attitude)=동기유발(Motivation)
4. 능력(Ability) × 동기유발(Motivation)
   = 인간의 성과(Human Performance)

## 07 산업안전보건법령상 보호구 안전인증 대상 방독마스크의 유기화합물용 정화통 외부 측면 표시 색으로 옳은 것은?

① 갈색
② 녹색
③ 회색
④ 노랑색

해설
방독마스크의 종류 및 표시색

| 종류 | 시험가스 | 정화통 외부 측면의 표시 색 |
|---|---|---|
| 유기화합물용 | 시클로헥산($C_6H_{12}$) | 갈색 |
| | 디메틸에테르($CH_3OCH_3$) | |
| | 이소부탄($C_4H_{10}$) | |
| 할로겐용 | 염소가스 또는 증기($Cl_2$) | 회색 |
| 황화수소용 | 황화수소가스($H_2S$) | |
| 시안화수소용 | 시안화수소가스(HCN) | |
| 아황산용 | 아황산가스($SO_2$) | 노랑색 |
| 암모니아용 | 암모니아가스($NH_3$) | 녹색 |

정답  05 ③  06 ②  07 ①

## 08 재해원인 분석기법의 하나인 특성요인도의 작성방법에 대한 설명으로 틀린 것은?

① 큰뼈는 특성이 일어나는 요인이라고 생각되는 것을 크게 분류하여 기입한다.
② 등뼈는 원칙적으로 우측에서 좌측으로 향하여 가는 화살표를 기입한다.
③ 특성의 결정은 무엇에 대한 특성요인도를 작성할 것인가를 결정하고 기입한다.
④ 중뼈는 특성이 일어나는 큰뼈의 요인마다 다시 미세하게 원인을 결정하여 기입한다.

**해설**
특성 요인도
1. 특성과 요인관계를 어골상으로 도표화하여 분석하는 기법(원인과 결과를 연계하여 상호 관계를 파악하기 위한 분석방법)이다.
2. 등뼈는 원칙적으로 좌측에서 우측으로 향하여 굵은 화살표를 기입한다.

**TIP** 통계에 의한 원인분석
- 파레토도 : 사고의 유형, 기인물 등 분류항목을 큰 값에서 작은 값의 순서로 도표화하며, 문제나 목표의 이해에 편리하다.
- 특성 요인도 : 특성과 요인관계를 어골상으로 도표화하여 분석하는 기법(원인과 결과를 연계하여 상호 관계를 파악하기 위한 분석방법)
- 클로즈(Close) 분석 : 두 개 이상의 문제관계를 분석하는 데 사용하는 것으로, 데이터를 집계하고 표로 표시하여 요인별 결과내역을 교차한 클로즈 그림을 작성하여 분석하는 기법
- 관리도 : 재해 발생 건수 등의 추이에 대해 한계선을 설정하여 목표 관리를 수행하는 데 사용되는 방법으로 관리선은 관리상한선, 중심선, 관리하한선으로 구성된다.

## 09 TWI의 교육내용 중 인간관계 관리방법, 즉 부하통솔법을 주로 다루는 것은?

① JST(Job Safety Training)
② JMT(Job Method Training)
③ JRT(Job Relation Training)
④ JIT(Job Instruction Training)

**해설**
TWI의 교육과정
1. Job Method Training(JMT) : 작업방법훈련, 작업개선훈련
2. Job Instruction Training(JIT) : 작업지도훈련
3. Job Relations Training(JRT) : 인간관계 훈련, 부하통솔법
4. Job Safety Training(JST) : 작업안전훈련

## 10 산업안전보건법령상 안전보건관리규정에 반드시 포함되어야 할 사항이 아닌 것은?(단, 그 밖에 안전 및 보건에 관한 사항은 제외한다.)

① 재해코스트 분석방법
② 사고 조사 및 대책 수립
③ 작업장 안전 및 보건관리
④ 안전 및 보건관리조직과 그 직무

**해설**
안전보건관리규정의 포함사항
1. 안전 및 보건에 관한 관리조직과 그 직무에 관한 사항
2. 안전보건교육에 관한 사항
3. 작업장의 안전 및 보건관리에 관한 사항
4. 사고 조사 및 대책 수립에 관한 사항
5. 그 밖에 안전 및 보건에 관한 사항

## 11 재해조사에 관한 설명으로 틀린 것은?

① 조사목적에 무관한 조사는 피한다.
② 조사는 현장을 정리한 후에 실시한다.
③ 목격자나 현장 책임자의 진술을 듣는다.
④ 조사자는 객관적이고 공정한 입장을 취해야 한다.

**해설**
조사상의 유의사항
1. 사실을 수집하고 재해 이유는 뒤로 미룬다.
2. 목격자 등이 발언하는 사실 이외의 추측의 말은 참고로 한다.
3. 조사는 신속하게 행하고 2차 재해의 방지를 도모한다.
4. 사람, 설비, 환경의 측면에서 재해요인을 도출한다.
5. 객관성을 가지고 제3자의 입장에서 공정하게 조사하며, 조사는 2인 이상으로 한다.
6. 책임추궁보다 재발방지를 우선하는 기본태도를 갖는다.
7. 피해자에 대한 구급조치를 우선으로 한다.
8. 2차 재해의 예방과 위험성에 대응하여 보호구를 착용한다.
9. 발생 후 가급적 빨리 재해현장이 변형되지 않은 상태에서 실시한다.

**정답** 08 ② 09 ③ 10 ① 11 ②

**12** 산업안전보건법령상 안전보건표지의 종류 중 경고표지의 기본모형(형태)이 다른 것은?

① 고압전기 경고
② 방사성물질 경고
③ 폭발성물질 경고
④ 매달린 물체 경고

**해설**
안전보건표지(경고표지)

| 고압전기 경고 | 방사성물질 경고 | 폭발성물질 경고 | 매달린 물체 경고 |
|---|---|---|---|
| ⚡ | ☢ | 💥 | 🏗 |

**13** 무재해운동 추진의 3요소에 관한 설명이 아닌 것은?

① 안전보건은 최고경영자의 무재해 및 무질병에 대한 확고한 경영자세로 시작된다.
② 안전보건을 추진하는 데에는 관리감독자들의 생산 활동 속에 안전보건을 실천하는 것이 중요하다.
③ 모든 재해는 잠재요인을 사전에 발견·파악·해결 함으로써 근원적으로 산업재해를 없애야 한다.
④ 안전보건은 각자 자신의 문제이며, 동시에 동료의 문제로서 직장의 팀 멤버와 협동 노력하여 자주적 으로 추진하는 것이 필요하다.

**해설**
무재해운동 추진의 3기둥(요소)
1. 최고경영자의 경영자세 : 사업주
2. 관리감독자에 의한 안전보건의 추진(라인화의 철저) : 관리감독자
3. 직장 소집단의 자주 활동의 활성화 : 근로자

> **TIP** 무재해 운동의 3원칙
>
> | 무(無)의 원칙 | 단순히 사망재해나 휴업재해만 없으면 된다는 소극적인 사고가 아닌, 사업장 내의 모든 잠재위험요인을 적극적으로 사전에 발견하고 파악·해결함으로써 산업재해의 근원적인 요소을 없앤다는 것을 의미 |
> |---|---|
> | 참여의 원칙 (전원참가의 원칙) | 작업에 따르는 잠재위험요인을 발견하고 파악·해결하기 위해 전원이 일치 협력하여 각자의 위치에서 적극적으로 문제해결을 하겠다는 것을 의미 |
> | 안전제일의 원칙 (선취의 원칙) | 안전한 사업장을 조성하기 위한 궁극의 목표로서 사업장 내에서 행동하기 전에 잠재위험요인을 발견하고 파악·해결하여 재해를 예방하는 것을 의미 |

**14** 헤링(Hering)의 착시현상에 해당하는 것은?

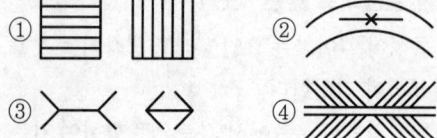

**해설**
착시현상

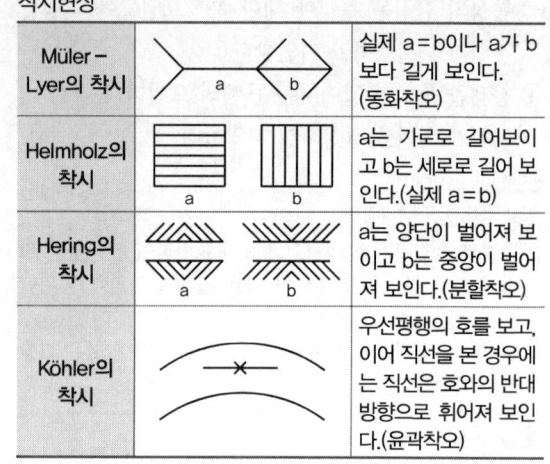

| | | |
|---|---|---|
| Müler-Lyer의 착시 | | 실제 a=b이나 a가 b보다 길게 보인다.(동화착오) |
| Helmholz의 착시 | | a는 가로로 길어보이고 b는 세로로 길어 보인다.(실제 a=b) |
| Hering의 착시 | | a는 양단이 벌어져 보이고 b는 중앙이 벌어져 보인다.(분할착오) |
| Köhler의 착시 | | 우선평행의 호를 보고, 이어 직선을 본 경우에는 직선은 호와의 반대 방향으로 휘어져 보인다.(윤곽착오) |

**15** 도수율이 24.50이고, 강도율이 1.15인 사업장에서 한 근로자가 입사하여 퇴직할 때까지의 근로손실 일수는?

① 2.45일
② 115일
③ 215일
④ 245일

**해설**
환산강도율=강도율×100=1.15×100=115(일)

> **TIP** 환산재해율
> - 환산강도율(S) : 10만 시간(평생근로)당의 근로손실 일수
> - 환산도수율(F) : 10만 시간(평생근로)당의 재해건수
> - 환산강도율(S)=강도율×$\frac{100,000}{1,000}$=강도율×100(일)
> - 환산도수율(F)=도수율×$\frac{100,000}{1,000,000}$
>   =도수율×$\frac{1}{10}$(건)
> - $\frac{S}{F}$=재해 1건당의 근로손실일수

정답 12 ③ 13 ③ 14 ④ 15 ②

**16** 학습을 자극(Stimulus)에 의한 반응(Response)으로 보는 이론에 해당하는 것은?

① 장설(Field Theory)
② 통찰설(Insight Theory)
③ 기호형태설(Sign-gestalt Theory)
④ 시행착오설(Trial and Error Theory)

**해설**

학습이론

| S(자극)-R(반응)이론<br>(행동주의 학습이론) | • 조건반사설(Pavlov)<br>• 시행착오설(Thorndike)<br>• 조작적 조건형성이론(Skinner) |
|---|---|
| 인지이론(형태이론) | • 통찰설(Köhler)<br>• 장이론(Lewin)<br>• 기호형태설(Tolman) |

**17** 하인리히의 사고방지 기본원리 5단계 중 시정방법의 선정 단계에 있어서 필요한 조치가 아닌 것은?

① 인사조정
② 안전행정의 개선
③ 교육 및 훈련의 개선
④ 안전점검 및 사고조사

**해설**

하인리히의 재해예방 5단계(사고예방 대책의 기본원리)

| 제1단계 | 조직<br>(안전관리조직) | • 경영자의 안전목표 설정<br>• 안전관리조직의 편성<br>• 안전관리 조직과 책임 부여<br>• 조직을 통한 안전활동<br>• 안전관리 규정의 제정 |
|---|---|---|
| 제2단계 | 사실의 발견<br>(현상파악) | • 안전사고 및 활동기록의 검토<br>• 작업분석 및 불안전요소 발견<br>• 안전점검 및 안전진단<br>• 사고조사<br>• 관찰 및 보고서의 연구<br>• 안전토의 및 회의<br>• 근로자의 건의 및 여론조사 |
| 제3단계 | 분석평가 | • 불안전 요소의 분석<br>• 현장조사 결과의 분석<br>• 사고보고서 분석<br>• 인적물적 환경조건의 분석<br>• 작업공정의 분석<br>• 교육과 훈련의 분석<br>• 안전수칙 및 안전기준의 분석 |
| 제4단계 | 시정책의 선정<br>(대책의 선정) | • 인사 및 배치조정<br>• 기술적 개선<br>• 기술교육 및 훈련의 개선<br>• 안전관리 행정업무의 개선<br>• 규정 및 수칙의 개선<br>• 확인 및 통제체제 개선 |
| 제5단계 | 시정책의 적용<br>(목표달성) | • 3E의 적용단계(기술적 대책실시, 교육적대책 실시, 독려적 대책실시)<br>• 목표설정 실시<br>• 결과의 재평가 및 개선 |

**18** 산업안전보건법령상 안전보건교육 교육대상별 교육내용 중 관리감독자 정기교육의 내용으로 틀린 것은?

① 정리정돈 및 청소에 관한 사항
② 유해·위험 작업환경 관리에 관한 사항
③ 표준안전 작업방법 결정 및 지도·감독 요령에 관한 사항
④ 작업공정의 유해·위험과 재해 예방대책에 관한 사항

**해설**

관리감독자 정기교육
1. 산업안전 및 산업재해 예방에 관한 사항(화재·폭발 사고 발생 시 대피에 관한 사항을 포함)
2. 산업보건 및 건강장해 예방에 관한 사항(폭염·한파작업으로 인한 건강장해 발생 시 응급조치에 관한 사항을 포함)
3. 위험성평가에 관한 사항
4. 유해·위험 작업환경 관리에 관한 사항
5. 산업안전보건법령 및 산업재해보상보험 제도에 관한 사항
6. 직무스트레스 예방 및 관리에 관한 사항
7. 직장 내 괴롭힘, 고객의 폭언 등으로 인한 건강장해 예방 및 관리에 관한 사항
8. 작업공정의 유해·위험과 재해 예방대책에 관한 사항
9. 사업장 내 안전보건관리체제 및 안전·보건조치 현황에 관한 사항
10. 표준안전 작업방법 결정 및 지도·감독 요령에 관한 사항
11. 현장근로자와의 의사소통능력 및 강의능력 등 안전보건교육 능력 배양에 관한 사항
12. 비상시 또는 재해 발생 시 긴급조치에 관한 사항
13. 그 밖의 관리감독자의 직무에 관한 사항

**정답** 16 ④ 17 ④ 18 ①

**19** 산업안전보건법령상 협의체 구성 및 운영에 관한 사항으로 ( )에 알맞은 내용은?

> 도급인은 관계수급인 근로자가 도급인의 사업장에서 작업을 하는 경우 도급인과 수급인을 구성원으로 하는 안전 및 보건에 관한 협의체를 구성 및 운영하여야 한다. 이 협의체는 ( ) 정기적으로 회의를 개최하고 그 결과를 기록·보존해야 한다.

① 매월 1회 이상  ② 2개월마다 1회
③ 3개월마다 1회  ④ 6개월마다 1회

**해설**

안전 및 보건에 관한 협의체의 구성 및 운영

| 구성 | 도급인 및 그의 수급인 전원으로 구성해야 한다. |
|---|---|
| 협의사항 | • 작업의 시작 시간<br>• 작업 또는 작업장 간의 연락방법<br>• 재해발생 위험이 있는 경우 대피방법<br>• 작업장에서의 위험성 평가의 실시에 관한 사항<br>• 사업주와 수급인 또는 수급인 상호 간의 연락방법 및 작업공정의 조정 |
| 회의 | 협의체는 매월 1회 이상 정기적으로 회의를 개최하고 그 결과를 기록·보존해야 한다. |

**20** 산업안전보건법령상 프레스를 사용하여 작업을 할 때 작업 시작 전 점검사항으로 틀린 것은?

① 방호장치의 기능
② 언로드밸브의 기능
③ 금형 및 고정볼트 상태
④ 클러치 및 브레이크의 기능

**해설**

프레스 등을 사용하여 작업을 할 때 작업 시작 전 점검사항
1. 클러치 및 브레이크의 기능
2. 크랭크축·플라이휠·슬라이드·연결봉 및 연결 나사의 풀림 여부
3. 1행정 1정지기구·급정지장치 및 비상정지장치의 기능
4. 슬라이드 또는 칼날에 의한 위험방지기구의 기능
5. 프레스의 금형 및 고정볼트 상태
6. 방호장치의 기능
7. 전단기의 칼날 및 테이블의 상태

## 2과목 인간공학 및 시스템 안전공학

**21** 일반적으로 은행의 접수대 높이나 공원의 벤치를 설계할 때 가장 적합한 인체측정자료의 응용원칙은?

① 조절식 설계
② 평균치를 이용한 설계
③ 최대치수를 이용한 설계
④ 최소치수를 이용한 설계

**해설**

인체계측자료의 응용원칙의 사례
1. 극단치를 이용한 설계
   ㉠ 최대 집단치 설계 : 출입문, 탈출구의 크기, 통로, 그네, 줄사다리, 버스 내 승객용 좌석 간 거리. 위험구역 울타리 등
   ㉡ 최소 집단치 설계 : 선반의 높이, 조종 장치까지의 거리, 비상벨의 위치 설계 등
2. 조절 가능한 설계
   자동차 좌석의 전후 조절, 사무실 의자의 상하 조절, 책상 높이 등
3. 평균치를 이용한 설계
   가게나 은행의 계산대, 식당 테이블, 출근버스 손잡이 높이, 안내 데스크 등

**22** 위험분석기법 중 고장이 시스템의 손실과 인명의 사상에 연결되는 높은 위험도를 가진 요소나 고장의 형태에 따른 분석법은?

① CA     ② ETA
③ FHA    ④ FTA

**해설**

치명도 해석(Criticality Analysis : CA)
1. 고장이 직접 시스템의 손실과 인명의 사상에 연결되는 높은 위험도를 가진 요소나 고장의 형태에 따른 분석기법이다.
2. FMEA를 실시한 결과 고장등급이 높은 고장모드가 시스템이나 기기의 고장에 어느 정도로 기여하는가를 정량적으로 계산하고, 고장모드가 시스템이나 기기에 미치는 영향을 정량적으로 평가하는 해석기법이다.
3. FMEA에다 치명도 해석을 포함시킨 것을 FMECA(Failure Mode Effect and Criticality Analysis)라고 한다.

## 23 작업장의 설비 3대에서 각각 80dB, 86dB, 78dB의 소음이 발생되고 있을 때 작업장의 음압 수준은?

① 약 81.3dB  ② 약 85.5dB
③ 약 87.5dB  ④ 약 90.3dB

**해설**

합성소음도(전체소음, 소음원의 동시 가동 시 소음도)

$$L = 10\log(10^{\frac{L_1}{10}} + 10^{\frac{L_2}{10}} + \cdots + 10^{\frac{L_n}{10}})\text{dB}$$

여기서, $L$ : 합성소음도(dB)
$L_n$ : 각각 소음원의 소음(dB)

$L = 10\log(10^{\frac{L_1}{10}} + 10^{\frac{L_2}{10}} + \cdots + 10^{\frac{L_n}{10}})\text{dB}$
$= 10\log(10^{\frac{80}{10}} + 10^{\frac{86}{10}} + 10^{\frac{78}{10}}) = 87.49 = 87.5(\text{dB})$

## 24 일반적인 화학설비에 대한 안전성 평가(Safety Assessment) 절차에 있어 안전대책 단계에 해당되지 않는 것은?

① 보전  ② 위험도 평가
③ 설비적 대책  ④ 관리적 대책

**해설**

안전성 평가(제4단계 : 안전대책)

| 설비 등에 관한 대책 | • 소화용수 및 살수설비 설치<br>• 폐기설비 및 급랭설비<br>• 비상용 전원<br>• 경보장치<br>• 용기 내 폭발방지설비 설치<br>• 가스검지기 설치 등 |
|---|---|
| 관리적 대책 | • 적정한 인원배치<br>• 교육 훈련<br>• 보전 등 |

**TIP** 화학설비에 대한 안전성 평가단계
안전성 평가는 6단계에 의해 실시되며, 경우에 따라 5단계와 6단계가 동시에 이루어지기도 한다.
• 제1단계 : 관계자료의 정비검토
• 제2단계 : 정성적 평가
• 제3단계 : 정량적 평가
• 제4단계 : 안전대책
• 제5단계 : 재해정보에 의한 재평가
• 제6단계 : FTA에 의한 재평가

## 25 욕조곡선에서의 고장 형태에서 일정한 형태의 고장률이 나타나는 구간은?

① 초기고장구간
② 마모고장구간
③ 피로고장구간
④ 우발고장구간

**해설**

시스템 수명곡선(욕조곡선)
1. 초기고장 : 감소형 − DFR(Decreasing Failure Rate) : 고장률이 시간에 따라 감소
2. 우발고장 : 일정형 − CFR(Constant Failure Rate) : 고장률이 시간에 관계없이 거의 일정
3. 마모고장 : 증가형 − IFR(Increasing Failure Rate) : 고장률이 시간에 따라 증가

## 26 음량수준을 평가하는 척도와 관계없는 것은?

① dB  ② HSI
③ phon  ④ sone

**해설**

음량수준의 측정 척도

| phon에 의한 음량 수준 | • 정량적 평가를 하기 위한 음량 수준 척도로 단위는 phon<br>• 어떤 음의 phon 치로 표시한 음량 수준은 이 음과 같은 크기로 들리는 1,000Hz 순음의 음압 수준(dB)이다. |
|---|---|
| sone에 의한 음량 | • 40dB의 1,000Hz 순음의 크기(=40phon)를 1sone이라 정의한다.<br>• 기준음보다 10배 크게 들리는 음은 10sone의 음량을 갖는다. |
| 인식 소음 수준 | • PNdB의 인식 소음 수준의 척도는 같은 소음으로 들리는 910~1,090Hz대의 소음 음압 수준으로 정의<br>• PLdB 인식 소음 수준의 척도는 3,150Hz에 중심을 둔 1/3 옥타브대 음을 기준으로 사용 |

**TIP** 열압박 지수(HSI)
열평형을 유지하기 위해서 증발해야 하는 발한량으로 열부하를 나타내는 지수이다.

## 27 실효온도(Effective Temperature)에 영향을 주는 요인이 아닌 것은?

① 온도  ② 습도
③ 복사열  ④ 공기 유동

정답  23 ③  24 ②  25 ④  26 ②  27 ③

> [해설]

실효온도(Effective Temperature, 체감온도, 감각온도)
1. 개요
   ㉠ 온도, 습도 및 공기의 유동이 인체에 미치는 열효과를 하나의 수치로 통합한 경험적 감각지수
   ㉡ 상대습도 100%일 때의 건구온도에서 느끼는 것과 동일한 온감이다.
   ㉢ 실제로 감각되는 온도로서 실감온도라고 한다.
2. 실효온도의 결정요소(실효온도에 영향을 주는 요인)
   ㉠ 온도
   ㉡ 습도
   ㉢ 공기의 유동(대류)

**28** FT도에서 시스템의 신뢰도는 얼마인가?(단, 모든 부품의 발생확률은 0.1이다.)

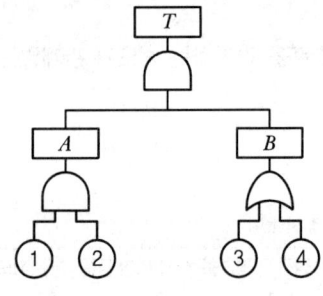

① 0.0033  ② 0.0062
③ 0.9981  ④ 0.9936

> [해설]

발생확률 계산
1. $A = ① \times ② = 0.1 \times 0.1 = 0.01$
2. $B = 1 - (1-③)(1-④) = 1 - (1-0.1)(1-0.1) = 0.19$
3. $T = A \times B = 0.01 \times 0.19 = 0.0019$
4. 신뢰도 $= 1 -$ 발생확률 $= 1 - 0.0019 = 0.9981$

> **TIP** 본 문제는 고장확률을 구하는 문제가 아니라 신뢰도를 구하는 문제이다. FTA는 사고의 원인이 되는 장치의 이상이나 고장의 다양한 조합 및 작업자 실수 원인을 연역적으로 분석하는 방법이라는 개념을 알고 있어야 한다.

**29** 인간공학 연구방법 중 실제의 제품이나 시스템이 추구하는 특성 및 수준이 달성되는지를 비교하고 분석하는 연구는?

① 조사연구  ② 실험연구
③ 분석연구  ④ 평가연구

> [해설]

인간공학의 연구방법
1. 묘사적 연구 : 현장연구로 인간기준이 사용된다.
2. 실험적 연구 : 어떤 변수가 행동에 미치는 영향을 시험
3. 평가적 연구 : 시스템이나 제품의 영향 평가

**30** 어떤 설비의 시간당 고장률이 일정하다고 할 때 이 설비의 고장간격은 다음 중 어떤 확률분포를 따르는가?

① $t$분포  ② 와이블 분포
③ 지수분포  ④ 아이링(Eyring) 분포

> [해설]

지수분포
여러 개의 부품이 조합되어 만들어진 기기나 시스템의 고장 확률 밀도함수는 지수분포에 따르게 되며, 이때의 고장률은 시간에 관계없이 일정하다.(시간당 고장률이 일정)

**31** 시스템 수명주기에 있어서 예비위험분석(PHA)이 이루어지는 단계에 해당하는 것은?

① 구상단계  ② 점검단계
③ 운전단계  ④ 생산단계

> [해설]

예비위험분석(PHA)
1. 시스템안전 위험분석(SSHA)을 수행하기 위한 예비적인 최초의 작업으로 위험요소가 얼마나 위험한지를 정성적으로 평가하는 것이다.
2. PHA는 구상단계나 설계 및 발주의 극히 초기에 실시된다.

**32** FTA에서 사용하는 다음 사상기호에 대한 설명으로 맞는 것은?

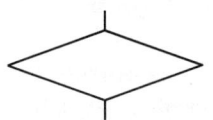

① 시스템 분석에서 좀 더 발전시켜야 하는 사상
② 시스템의 정상적인 가동상태에서 일어날 것이 기대되는 사상
③ 불충분한 자료로 결론을 내릴 수 없어 더 이상 전개할 수 없는 사상
④ 주어진 시스템의 기본사상으로 고장원인이 분석되었기 때문에 더 이상 분석할 필요가 없는 사상

[정답] 28 ③  29 ④  30 ③  31 ①  32 ③

### 해설
생략사상(최후사상)
정보부족 또는 분석기술 불충분으로 더 이상 전개할 수 없는 사상이다.(작업진행에 따라 해석이 가능할 때는 다시 속행한다.)

**33** 정보를 전송하기 위해 청각적 표시장치보다 시각적 표시장치를 사용하는 것이 더 효과적인 경우는?

① 정보의 내용이 간단한 경우
② 정보가 후에 재참조되는 경우
③ 정보가 즉각적인 행동을 요구하는 경우
④ 정보의 내용이 시간적인 사건을 다루는 경우

### 해설
청각장치와 시각장치의 비교

| 청각적 표시장치 | 시각적 표시장치 |
|---|---|
| • 전언이 간단하다. | • 전언이 복잡하다. |
| • 전언이 짧다. | • 전언이 길다. |
| • 전언이 후에 재참조되지 않는다. | • 전언이 후에 재참조된다. |
| • 전언이 시간적 사상을 다룬다. | • 전언이 공간적인 위치를 다룬다. |
| • 전언이 즉각적인 행동을 요구한다.(긴급할 때) | • 전언이 즉각적인 행동을 요구하지 않는다. |
| • 수신장소가 너무 밝거나 암조응 유지가 필요시 | • 수신장소가 너무 시끄러울 때 |
| • 직무상 수신자가 자주 움직일 때 | • 직무상 수신자가 한 곳에 머물 때 |
| • 수신자가 시각계통이 과부하상태일 때 | • 수신자의 청각 계통이 과부하상태일 때 |

**34** 감각저장으로부터 정보를 작업기억으로 전달하기 위한 코드화 분류에 해당되지 않는 것은?

① 시각코드   ② 촉각코드
③ 음성코드   ④ 의미코드

### 해설
감각보관
1. 개개의 감각 경로는 임시 보관 창고를 가지고 있는 것 같으며 자극이 사라진 후에도 잠시 감각이 지속된다.
2. 감각보관은 비교적 자동적이며, 좀 더 긴 시간 동안 정보를 보관하기 위해서는 암호화되어 작업기억으로 이전되어야 한다.
3. 촉각 및 후각의 감각 보관에 대한 증거도 있기는 하지만, 가장 잘 알려진 감각 보관 기구는 시각계통의 상(象)보관(Iconic Storage)과 청각계통의 향(響)보관(Echoic Storage)이다.

**35** 인간-기계시스템 설계과정 중 직무분석을 하는 단계는?

① 제1단계 : 시스템의 목표와 성능명세 결정
② 제2단계 : 시스템의 정의
③ 제3단계 : 기본 설계
④ 제4단계 : 인터페이스 설계

### 해설
인간-기계 체계설계의 기본단계 순서
1. 제1단계 : 목표 및 성능명세 결정
   체계가 설계되기 전에 우선 그 목적이나 존재 이유가 있어야 한다.
2. 제2단계 : 시스템(체계)의 정의
   어떤 체계(특히, 복잡한 것)의 경우에 있어서는 목적을 달성하기 위해서 특정한 기본적인 기능(임무)들이 수행되어야 한다.
3. 제3단계 : 기본 설계
   주요 인간공학 활동은 ㉠ 인간, 하드웨어, 소프트웨어에 기능할당, ㉡ 인간 성능 요건 명세, ㉢ 직무분석, ㉣ 작업 설계가 있다.
4. 제4단계 : 인터페이스(계면) 설계
   인간-기계체계에서 인간과 기계가 만나는 면(面)을 계면이라고 한다.
5. 제5단계 : 촉진물 설계
   촉진물 설계 단계의 주 초점은 만족스러운 인간 성능을 증진시킬 보조물에 대해 설계하는 것이다.
6. 제6단계 : 시험 및 평가
   체계 개발의 산물(기기, 절차 및 요원)이 계획된 대로 작동하는지 알아보기 위해 산물(産物)들을 측정하는 것이다.

**36** 중량물 들기 작업 시 5분간의 산소소비량을 측정한 결과 90L의 배기량 중에 산소가 16%, 이산화탄소가 4%로 분석되었다. 해당 작업에 대한 산소소비량(L/min)은 약 얼마인가?(단, 공기 중 질소는 79vol%, 산소는 21vol%이다.)

① 0.948
② 1.948
③ 4.74
④ 5.74

정답  33 ②  34 ②  35 ③  36 ①

**해설**

산소 소비량의 측정

흡기부피를 $V_1$, 배기부피(분당배기량)를 $V_2$라 하면
$$79\% \times V_1 = N_2\% \times V_2$$
$$V_1 = \frac{(100 - O_2\% - CO_2\%)}{79} \times V_2$$
산소 소비량 $= (21\% \times V_1) - (O_2\% \times V_2)$
에너지가(價)(kcal/min) = 분당 산소 소비량$(l) \times 5$kcal
※ 1 liter의 산소소비 = 5kcal

1. 분당 배기량 $(V_2) = \dfrac{90}{5} = 18(l/min)$
2. 흡기부피 $(V_1) = \dfrac{(100 - 16 - 4)}{79} \times 18 = 18.23(l/min)$
3. 산소 소비량 $= (21\% \times V_1) - (O_2\% \times V_2)$
   $= (0.21 \times 18.23) - (0.16 \times 18)$
   $= 0.948(l/min)$

**37** 의도는 올바른 것이었지만, 행동이 의도한 것과는 다르게 나타나는 오류는?

① Slip  ② Mistake
③ Lapse  ④ Violation

**해설**

인간의 오류 모형

| | |
|---|---|
| 착오 (Mistake) | 상황해석을 잘못하거나 목표를 잘못 이해하고 착각하여 행하는 경우(어떤 목적으로 행동하려고 했는데, 그 행동과 일치하지 않는 것) |
| 실수 (Slip) | 상황이나 목표의 해석을 제대로 했으나 의도와는 다른 행동을 하는 경우 |
| 건망증 (Lapse) | 여러 과정이 연계적으로 계속하여 일어나는 행동 중 일부를 잊어버리고 하지 않거나 또는 기억의 실패에 의해 발생하는 오류 |
| 위반 (Violation) | 정해진 규칙을 알고 있음에도 고의적으로 따르지 않거나 무시하는 행위 |

**38** 동작경제의 원칙과 가장 거리가 먼 것은?

① 급작스런 방향의 전환은 피하도록 할 것
② 가능한 관성을 이용하여 작업하도록 할 것
③ 두 손의 동작은 같이 시작하고 같이 끝나도록 할 것
④ 두 팔의 동작은 동시에 같은 방향으로 움직일 것

**해설**

동작경제의 원칙

| | |
|---|---|
| 신체 사용에 관한 원칙 | • 두손의 동작은 같이 시작하고 같이 끝나도록 한다.<br>• 휴식시간을 제외하고는 양손이 같이 쉬지 않도록 한다.<br>• 두 팔의 동작은 서로 반대방향으로 대칭적으로 움직인다.<br>• 손과 신체의 동작은 작업을 원만하게 처리할 수 있는 범위 내에서 가장 낮은 동작 등급을 사용하도록 한다.<br>• 가능한 한 관성을 이용하여 작업을 하도록 하되, 작업자가 관성을 억제하여야 하는 경우에는 발생되는 관성을 최소한도로 줄인다.<br>• 손의 동작은 유연하고 연속적인 동작이 되도록 하며, 방향이 갑자기 크게 바뀌는 모양의 직선 동작은 피하도록 한다.<br>• 탄도동작(Ballistic Movements)은 제한되거나 통제된 동작보다 더 신속, 정확, 용이하다.<br>• 가능하다면 쉽고도 자연스러운 리듬이 작업동작에 생기도록 작업을 배치한다.<br>• 눈의 초점을 모아야 작업을 할 수 있는 경우는 가능하면 없애고, 불가피한 경우에는 눈의 초점이 모아지는 서로 다른 두 작업 지점 간의 거리를 짧게 한다. |
| 작업장 배치에 관한 원칙 | • 모든 공구나 재료는 자기 위치에 있도록 한다.<br>• 공구, 재료 및 제어장치는 사용위치에 가까이 두도록 한다.<br>• 중력을 이용한 부품상자나 용기를 이용하여 부품을 제품 사용위치에 가까이 보낼 수 있도록 한다.<br>• 가능하다면 낙하시키는 운반방법을 사용하라.<br>• 공구 및 재료는 동작에 가장 편리한 순서로 배치하여야 한다.<br>• 채광 및 조명장치를 잘 하여야 한다.<br>• 작업자가 작업 중 자세를 변경, 즉 앉거나 서는 것을 임의로 할 수 있도록 작업대와 의자 높이가 조정되도록 한다.<br>• 작업자가 좋은 자세를 취할 수 있도록 의자는 높이뿐만 아니라 디자인도 좋아야 한다. |
| 공구 및 설비 디자인에 관한 원칙 | • 치구나 발로 작동시키는 기기를 사용할 수 있는 작업에서는 이러한 기기를 활용하여 양손이 다른 일을 할 수 있도록 한다.<br>• 공구의 기능은 결합하여서 사용하도록 한다.<br>• 공구와 자재는 가능한 한 사용하기 쉽도록 미리 위치를 잡아준다.<br>• 각 손가락에 서로 다른 작업을 할 때에는 작업량을 각 손가락의 능력에 맞게 분배해야 한다.<br>• 레버, 핸들 및 제어장치는 작업자가 몸의 자세를 크게 바꾸지 않더라도 조작하기 쉽도록 배열한다. |

**39** 두 가지 상태 중 하나가 고장 또는 결함으로 나타나는 비정상적인 사건은?

① 톱사상
② 결함사상
③ 정상적인 사상
④ 기본적인 사상

**해설**

결함사상

| 기호 | 명칭 | 내용 |
|---|---|---|
| ▭ | 결함사상 | 사고가 일어난 사상(사건) |

**40** 설비보전방법 중 설비의 열화를 방지하고 그 진행을 지연시켜 수명을 연장하기 위한 점검, 청소, 주유 및 교체 등의 활동은?

① 사후보전
② 개량보전
③ 일상보전
④ 보전예방

**해설**

설비의 보전

| | |
|---|---|
| 예방보전 | 설비를 항상 정상, 양호한 상태로 유지하기 위한 정기적인 검사와 초기의 단계에서 성능의 저하나 고장을 제거하던가 조정 또는 수복하기 위한 설비의 보수활동을 말한다. |
| 일상보전 | 설비의 열화를 방지하고 그 진행을 지연시켜 수명을 연장하기 위한 목적으로 설비의 점검, 청소, 주유 및 교체 등의 활동을 위한 보전방법이다. |
| 개량보전 | 설비의 고장이 일어나지 않도록 혹은 보전이나 수리가 쉽도록 설비를 개량하는 것을 개량보전이라 한다. |
| 사후보전 | 고장정지 또는 유해한 성능저하를 초래한 뒤 수리를 하는 보전방법으로 기계설비가 고장을 일으키거나 파손되었을 때 신속히 교체 또는 보수하는 것을 지칭한다. |
| 보전예방 | 새로운 설비를 계획·설계하는 단계에서 설비보전 정보나 새로운 기술을 기초로 신뢰성, 보전성, 경제성, 조작성, 안전성 등을 고려하여 보전비나 열화 손실을 적게 하는 활동을 말하며, 궁극적으로는 보전활동이 가급적 필요하지 않도록 하는 것을 목표로 하는 설비보전방법이다. |

## 3과목 기계위험 방지기술

**41** 산업안전보건법령상 보일러 수위가 이상현상으로 인해 위험수위로 변하면 작업자가 쉽게 감지할 수 있도록 경보등, 경보음을 발하고 자동적으로 급수 또는 단수되어 수위를 조절하는 방호장치는?

① 압력방출장치
② 고저수위 조절장치
③ 압력제한 스위치
④ 과부하방지장치

**해설**

고저수위 조절장치
고저수위 조절장치의 동작 상태를 작업자가 쉽게 감시하도록 하기 위하여 고저수위지점을 알리는 경보등·경보음장치 등을 설치하여야 하며, 자동으로 급수되거나 단수되도록 설치하여야 한다.

> **TIP** 보일러 안전장치의 종류
> - 압력방출장치
> - 압력제한스위치
> - 고저수위조절장치
> - 화염검출기

**42** 프레스 작업에서 제품 및 스크랩을 자동적으로 위험한계 밖으로 배출하기 위한 장치로 틀린 것은?

① 피더
② 키커
③ 이젝터
④ 공기 분사 장치

**해설**

이송장치(금형 사이에 손을 넣을 필요가 없도록 한 장치)
1. 1차 가공용 송급배출장치(롤 피더, 그리퍼 피드 등)
2. 2차 가공용 송급배출장치(슈트, 다이얼 피더, 푸셔 피더, 트랜스퍼 피더, 프레스용 로봇 등)
3. 제품 및 스크랩이 금형에 부착되는 것을 방지하기 위해 녹아웃, 키커핀 등을 설치한다.
4. 가공 완료한 제품 및 스크랩은 자동적으로 또는 위험한계 밖으로 배출하기 위해 에어분사장치, 키커, 이젝터 등을 설치한다.

**정답** 39 ② 40 ③ 41 ② 42 ①

**43** 산업안전보건법령상 로봇의 작동범위 내에서 그 로봇에 관하여 교시 등 작업을 행하는 때 작업 시작 전 점검사항으로 옳은 것은?(단, 로봇의 동력원을 차단하고 행하는 것은 제외)

① 과부하방지장치의 이상 유무
② 압력제한스위치의 이상 유무
③ 외부 전선의 피복 또는 외장의 손상 유무
④ 권과방지장치의 이상 유무

**해설**

작업 시작 전 점검사항
로봇의 작동 범위에서 그 로봇에 관하여 교시 등(로봇의 동력원을 차단하고 하는 것은 제외한다)의 작업을 할 때
1. 외부 전선의 피복 또는 외장의 손상 유무
2. 매니퓰레이터(Manipulator) 작동의 이상 유무
3. 제동장치 및 비상정지장치의 기능

**44** 산업안전보건법령상 지게차 작업 시작 전 점검사항으로 거리가 가장 먼 것은?

① 제동장치 및 조종장치 기능의 이상 유무
② 압력방출장치의 작동 이상 유무
③ 바퀴의 이상 유무
④ 전조등·후미등·방향지시기 및 경보장치 기능의 이상 유무

**해설**

지게차를 사용하여 작업을 하는 때 작업 시작 전 점검사항
1. 제동장치 및 조종장치 기능의 이상 유무
2. 하역장치 및 유압장치 기능의 이상 유무
3. 바퀴의 이상 유무
4. 전조등·후미등·방향지시기 및 경보장치 기능의 이상 유무

**45** 다음 중 가공재료의 칩이나 절삭유 등이 비산되어 나오는 위험으로부터 보호하기 위한 선반의 방호장치는?

① 바이트
② 권과방지장치
③ 압력제한스위치
④ 실드(Shield)

**해설**

선반의 방호장치(안전장치)

| 칩 브레이커 (Chip Breaker) | 절삭 중 칩을 자동적으로 끊어 주는 바이트에 설치된 안전장치 |
|---|---|
| 급정지 브레이크 | 가공작업 중 선반을 급정지시킬 수 있는 방호장치 |
| 실드 (Shield) | 가공물의 칩이 비산되어 발생하는 위험을 방지하기 위해 사용하는 덮개(칩비산방지 투명판) |
| 척 커버 (Chuck Cover) | 척과 척으로 잡은 가공물의 돌출부에 작업자가 접촉하지 않도록 설치하는 덮개 |

**46** 산업안전보건법령상 보일러의 압력방출장치가 2개 설치된 경우 그중 1개는 최고사용압력 이하에서 작동된다고 할 때 다른 압력방출장치는 최고사용압력의 최대 몇 배 이하에서 작동되도록 하여야 하는가?

① 0.5
② 1
③ 1.05
④ 2

**해설**

보일러의 압력방출장치
1. 보일러의 안전한 가동을 위하여 보일러 규격에 맞는 압력방출장치를 1개 또는 2개 이상 설치하고 최고사용압력(설계압력 또는 최고허용압력) 이하에서 작동되도록 하여야 한다.
2. 압력방출장치가 2개 이상 설치된 경우에는 최고사용압력 이하에서 1개가 작동되고, 다른 압력방출장치는 최고사용압력 1.05배 이하에서 작동되도록 부착하여야 한다.
3. 압력방출장치는 매년 1회 이상 교정을 받은 압력계를 이용하여 설정압력에서 압력방출장치가 적정하게 작동하는지를 검사한 후 납으로 봉인하여 사용하여야 한다.(공정안전보고서 이행상태 평가결과가 우수한 사업장은 압력방출장치에 대하여 4년마다 1회 이상 설정압력에서 압력방출장치가 적정하게 작동하는지를 검사할 수 있다.)
4. 스프링식, 중추식, 지렛대식(일반적으로 스프링식 안전밸브가 많이 사용)

**TIP** 보일러 안전장치의 종류
• 압력방출장치
• 압력제한스위치
• 고저수위조절장치
• 화염검출기

**정답** 43 ③  44 ②  45 ④  46 ③

**47** 상용운전압력 이상으로 압력이 상승할 경우 보일러의 파열을 방지하기 위하여 버너의 연소를 차단하여 정상압력으로 유도하는 장치는?

① 압력방출장치
② 고저수위 조절장치
③ 압력제한스위치
④ 통풍제어스위치

**해설**
보일러의 압력제한스위치
보일러의 과열을 방지하기 위하여 최고사용압력과 상용압력 사이에서 보일러의 버너 연소를 차단할 수 있도록 압력제한스위치를 부착하여 사용하여야 한다.

**48** 용접부 결함에서 전류가 과대하고, 용접속도가 너무 빨라 용접부의 일부가 홈 또는 오목하게 생기는 결함은?

① 언더컷        ② 기공
③ 균열          ④ 융합불량

**해설**
언더컷(Under Cut)

| 결함의 모양 | 원인 | 상태 |
|---|---|---|
| 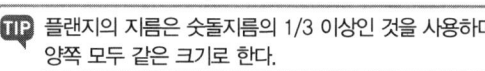 | 과대전류, 운봉속도가 빠를 때, 부당한 용접봉을 사용할 때 | 용접된 경계 부근에 움푹 파여 들어가 홈이 생긴 것 |

**49** 물체의 표면에 침투력이 강한 적색 또는 형광성의 침투액을 표면 개구 결함에 침투시켜 직접 또는 자외선 등으로 관찰하여 결함장소와 크기를 판별하는 비파괴시험은?

① 피로시험       ② 음향탐상시험
③ 와류탐상시험   ④ 침투탐상시험

**해설**
침투검사(침투탐상검사)
1. 검사물 표면의 균열이나 피트 등의 결함을 비교적 간단하고 신속하게 검출할 수 있고, 특히 비자성 금속재료의 검사에 자주 이용되는 검사
2. 용접 부위에 침투액을 도포하고 표면을 닦은 후 검사액을 도포하여 표면의 결함을 검출

**50** 연삭숫돌의 파괴원인으로 거리가 가장 먼 것은?

① 숫돌이 외부의 큰 충격을 받았을 때
② 숫돌의 회전속도가 너무 빠를 때
③ 숫돌 자체에 이미 균열이 있을 때
④ 플랜지 직경이 숫돌 직경의 1/3 이상일 때

**해설**
연삭숫돌의 파괴 원인
1. 숫돌의 회전속도가 너무 빠를 때
2. 숫돌 자체에 균열이 있을 때
3. 숫돌에 과대한 충격을 가할 때
4. 숫돌의 측면을 사용하여 작업할 때
5. 숫돌의 불균형이나 베어링 마모에 의한 진동이 있을 때
   (숫돌이 경우에 따라 파손될 수 있다.)
6. 숫돌 반경방향의 온도변화가 심할 때
7. 작업에 부적당한 숫돌을 사용할 때
8. 숫돌의 치수가 부적당할 때
9. 플랜지가 현저히 작을 때

**TIP** 플랜지의 지름은 숫돌지름의 1/3 이상인 것을 사용하며 양쪽 모두 같은 크기로 한다.

$$플랜지의\ 지름 = 숫돌지름 \times \frac{1}{3}$$

**51** 산업안전보건법령상 프레스 등 금형을 부착·해체 또는 조정하는 작업을 할 때, 슬라이드가 갑자기 작동함으로써 근로자에게 발생할 우려가 있는 위험을 방지하기 위해 사용해야 하는 것은?(단, 해당 작업에 종사하는 근로자의 신체가 위험한계 내에 있는 경우)

① 방진구          ② 안전블록
③ 시건장치        ④ 날접촉예방장치

**해설**
금형조정작업의 위험 방지
프레스 등의 금형을 부착·해체 또는 조정하는 작업을 할 때에 해당 작업에 종사하는 근로자의 신체가 위험한계 내에 있는 경우 슬라이드가 갑자기 작동함으로써 근로자에게 발생할 우려가 있는 위험을 방지하기 위하여 안전블록을 사용하는 등 필요한 조치를 하여야 한다.

정답  47 ③  48 ①  49 ④  50 ④  51 ②

## 52 페일 세이프(Fail Safe)의 기능적인 면에서 분류할 때 거리가 가장 먼 것은?

① Fool Proof
② Fail Passive
③ Fail Active
④ Fail Operational

**해설**
페일 세이프의 기능면에서의 분류

| | |
|---|---|
| Fail – passive | 부품이 고장나면 기계가 정지하는 방향으로 이동하는 것(일반적인 산업기계) |
| Fail – active | 부품이 고장나면 경보를 울리며 잠시 동안 계속 운전이 가능한 것 |
| Fail – operational | 부품이 고장나도 추후에 보수가 될 때까지 안전한 기능을 유지하는 것 |

**TIP 풀 프루프와 페일 세이프**

| | |
|---|---|
| 풀 프루프 (Fool Proof) | 작업자가 기계를 잘못 취급하여 불안전 행동이나 실수를 하여도 기계설비의 안전 기능이 작용되어 재해를 방지할 수 있는 기능을 가진 구조 |
| 페일 세이프 (Fail Safe) | 기계나 그 부품에 파손·고장이나 기능불량이 발생하여도 항상 안전하게 작동할 수 있는 기능을 가진 구조 |

## 53 산업안전보건법령상 크레인에서 정격하중에 대한 정의는?(단, 지브가 있는 크레인은 제외)

① 부하할 수 있는 최대하중
② 부하할 수 있는 최대하중에서 달기기구의 중량에 상당하는 하중을 뺀 하중
③ 짐을 싣고 상승할 수 있는 최대하중
④ 가장 위험한 상태에서 부하할 수 있는 최대하중

**해설**
크레인의 정격하중
크레인의 권상하중에서 훅, 크래브 또는 버킷 등 달기기구의 중량에 상당하는 하중을 뺀 하중을 말한다. 다만, 지브가 있는 크레인 등으로서 경사각의 위치, 지브의 길이에 따라 권상능력이 달라지는 것은 그 위치의 권상하중에서 달기기구의 중량을 뺀 하중 가운데 최대치를 말한다.

## 54 기계설비의 안전조건인 구조의 안전화와 거리가 가장 먼 것은?

① 전압 강하에 따른 오동작 방지
② 재료의 결함 방지
③ 설계상의 결함 방지
④ 가공 결함 방지

**해설**
구조상의 안전화

| | |
|---|---|
| 설계상의 결함 | • 가장 큰 원인은 강도산정(부하예측, 강도계산)상의 오류<br>• 사용상 강도의 열화를 고려하여 안전율을 산정 |
| 재료의 결함 | 기계 재료 자체에 균열, 부식, 강도 저하 등 결함이 있으므로 설계 시 재료의 선택에 유의하여야 한다. |
| 가공의 결함 | 재료 가공 도중 결함이 생길 수 있으므로 기계적 특성을 갖는 적절한 열처리 등이 필요하다. |

## 55 공기압축기의 작업안전수칙으로 가장 적절하지 않은 것은?

① 공기압축기의 점검 및 청소는 반드시 전원을 차단한 후에 실시한다.
② 운전 중에 어떠한 부품도 건드려서는 안 된다.
③ 공기압축기 분해 시 내부의 압축공기를 이용하여 분해한다.
④ 최대공기압력을 초과한 공기압력으로는 절대로 운전하여서는 안 된다.

**해설**
분해 시에는 공기압축기, 공기탱크 및 관로 안의 압축공기를 완전히 배출한 뒤에 실시한다.

## 56 산업안전보건법령상 컨베이어, 이송용 롤러 등을 사용하는 경우 정전·전압강하 등에 의한 위험을 방지하기 위하여 설치하는 안전장치는?

① 권과방지장치
② 동력전달장치
③ 과부하방지장치
④ 화물의 이탈 및 역주행 방지장치

### 해설

컨베이어 안전조치사항

| 이탈 등의 방지 | 컨베이어, 이송용 롤러 등을 사용하는 경우에는 정전·전압강하 등에 따른 화물 또는 운반구의 이탈 및 역주행을 방지하는 장치를 갖추어야 한다. 다만, 무동력상태 또는 수평상태로만 사용하여 근로자가 위험해질 우려가 없는 경우에는 그러하지 아니하다. |
|---|---|
| 비상정지 장치 | 컨베이어 등에 해당 근로자의 신체의 일부가 말려드는 등 근로자가 위험해질 우려가 있는 경우 및 비상시에는 즉시 컨베이어 등의 운전을 정지시킬 수 있는 장치를 설치하여야 한다. 다만, 무동력상태로만 사용하여 근로자가 위험해질 우려가 없는 경우에는 그러하지 아니하다. |
| 낙하물에 의한 위험 방지 | 컨베이어 등으로부터 화물이 떨어져 근로자가 위험해질 우려가 있는 경우에는 해당 컨베이어 등에 덮개 또는 울을 설치하는 등 낙하 방지를 위한 조치를 하여야 한다. |
| 트롤리 컨베이어 | 트롤리 컨베이어(Trolley Conveyor)를 사용하는 경우에는 트롤리와 체인·행거(Hanger)가 쉽게 벗겨지지 않도록 서로 확실하게 연결하여 사용하도록 하여야 한다. |
| 통행의 제한 | • 운전 중인 컨베이어 등의 위로 근로자를 넘어가도록 하는 경우에는 위험을 방지하기 위하여 건널다리를 설치하는 등 필요한 조치를 하여야 한다.<br>• 동일선상에 구간별 설치된 컨베이어에 중량물을 운반하는 경우에는 중량물 충돌에 대비한 스토퍼를 설치하거나 작업자 출입을 금지하여야 한다. |

## 57 회전하는 동작부분과 고정부분이 함께 만드는 위험점으로 주로 연삭숫돌과 작업대, 교반기의 교반날개와 몸체 사이에서 형성되는 위험점은?

① 협착점  ② 절단점
③ 물림점  ④ 끼임점

### 해설

기계운동 형태에 따른 위험점 분류

| 협착점 | 왕복운동을 하는 운동부와 움직임이 없는 고정부 사이에서 형성되는 위험점<br>(고정점+운동점) | • 프레스  • 전단기<br>• 성형기  • 조형기<br>• 밴딩기  • 인쇄기 |
|---|---|---|
| 끼임점 | 회전운동하는 부분과 고정부 사이에 위험이 형성되는 위험점<br>(고정점+회전운동) | • 연삭숫돌과 작업대<br>• 반복동작되는 링크기구<br>• 교반기의 날개와 몸체 사이<br>• 회전풀리와 벨트 |
| 절단점 | 회전하는 운동부 자체의 위험이나 운동하는 기계부분 자체의 위험에서 형성되는 위험점<br>(회전운동+기계) | • 밀링커터<br>• 둥근 톱의 톱날<br>• 목공용 띠톱 날 |
| 물림점 | 회전하는 두 개의 회전체에 형성되는 위험점(서로 반대방향의 회전체)<br>(중심점+반대방향의 회전운동) | • 기어와 기어의 물림<br>• 롤러와 롤러의 물림<br>• 롤러분쇄기 |
| 접선 물림점 | 회전하는 부분의 접선방향으로 물려들어 갈 위험이 있는 위험점 | • V벨트와 풀리<br>• 랙과 피니언<br>• 체인벨트<br>• 평벨트 |
| 회전 말림점 | 회전하는 물체의 길이, 굵기, 속도 등의 불규칙 부위와 돌기 회전부위에 의해 장갑 또는 작업복 등이 말려들 위험이 있는 위험점 | • 회전하는 축<br>• 커플링<br>• 회전하는 드릴 |

## 58 다음 중 드릴 작업의 안전사항으로 틀린 것은?

① 옷소매가 길거나 찢어진 옷은 입지 않는다.
② 작고, 길이가 긴 물건은 손으로 잡고 뚫는다.
③ 회전하는 드릴에 걸레 등을 가까이 하지 않는다.
④ 스핀들에서 드릴을 뽑아낼 때에는 드릴 아래에 손을 내밀지 않는다.

### 해설

드릴링 작업에서 일감(공작물)의 고정방법
1. 일감이 작을 때 : 바이스로 고정
2. 일감이 크고 복잡할 때 : 볼트와 고정구(클램프)로 고정
3. 대량 생산과 정밀도를 요할 때 : 지그(Jig)로 고정
4. 얇은 판의 재료일 때 : 나무판을 받치고 기구로 고정

## 59 산업안전보건법령상 양중기의 과부하방지장치에서 요구하는 일반적인 성능기준으로 가장 적절하지 않은 것은?

① 과부하방지장치 작동 시 경보음과 경보램프가 작동되어야 하며 양중기는 작동이 되지 않아야 한다.
② 외함의 전선 접촉부분은 고무 등으로 밀폐되어 물과 먼지 등이 들어가지 않도록 한다.
③ 과부하방지장치와 타 방호장치는 기능에 서로 장애를 주지 않도록 부착할 수 있는 구조이어야 한다.
④ 방호장치의 기능을 정지 및 제거할 때 양중기의 기능이 동시에 원활하게 작동하는 구조이며 정지해서는 안 된다.

**해설**

양중기 과부하방지장치 성능기준
1. 과부하방지장치 작동 시 경보음과 경보램프가 작동되어야 하며 양중기는 작동이 되지 않아야 한다.
2. 외함은 납봉인 또는 시건할 수 있는 구조이어야 한다.
3. 외함의 전선 접촉부분은 고무 등으로 밀폐되어 물과 먼지 등이 들어가지 않도록 한다.
4. 과부하방지장치와 타 방호장치는 기능에 서로 장애를 주지 않도록 부착할 수 있는 구조이어야 한다.
5. 방호장치의 기능을 제거 또는 정지할 때 양중기의 기능도 동시에 정지할 수 있는 구조이어야 한다.
6. 과부하방지장치는 정격하중의 1.1배 권상 시 경보와 함께 권상동작이 정지되고 횡행과 주행동작이 불가능한 구조이어야 한다. 다만, 타워크레인은 정격하중의 1.05배 이내로 한다.
7. 과부하방지장치에는 정상동작상태의 녹색램프와 과부하 시 경고 표시를 할 수 있는 붉은색램프와 경보음을 발하는 장치 등을 갖추어야 하며, 양중기 운전자가 확인할 수 있는 위치에 설치해야 한다.

**60** 프레스기의 SPM(Stroke Per Minute)이 200이고, 클러치의 맞물림 개소수가 6인 경우 양수기동식 방호장치의 안전거리는?

① 120mm　　② 200mm
③ 320mm　　④ 400mm

**해설**

방호장치 설치 안전거리(양수기동식)

$$D_m = 1.6 T_m$$

여기서, $D_m$ : 안전거리(mm)
　　　$T_m$ : 양손으로 누름단추를 누르기 시작할 때부터 슬라이드가 하사점에 도달하기까지 소요시간(ms)

$$T_m = \left(\frac{1}{\text{클러치 맞물림 개소수}} + \frac{1}{2}\right) \times \frac{60{,}000}{\text{매분 행정 수}}(\text{ms})$$

1. $T_m = \left(\dfrac{1}{\text{클러치 맞물림 개소수}} + \dfrac{1}{2}\right) \times \dfrac{60{,}000}{\text{매분 행정수}}$
$= \left(\dfrac{1}{6} + \dfrac{1}{2}\right) \times \dfrac{60{,}000}{200} = 200(\text{ms})$
2. $D_m = 1.6 \times 200 = 320(\text{mm})$

## 4과목 전기위험 방지기술

**61** 폭발한계에 도달한 메탄가스가 공기에 혼합되었을 경우 착화한계전압(V)은 약 얼마인가?(단, 메탄의 착화최소에너지는 0.2mJ, 극간용량은 10pF으로 한다.)

① 6,325　　② 5,225
③ 4,135　　④ 3,035

**해설**

최소발화에너지

$$W = \frac{1}{2}CV^2 = \frac{1}{2}QV = \frac{1}{2}\frac{Q^2}{C}$$

대전 전하량$(Q) = C \cdot V$, 대전전위$(V) = \dfrac{Q}{C}$

여기서, $W$ : 정전기 에너지(J)
　　　$C$ : 도체의 정전용량(F)
　　　$V$ : 대전 전위(V)
　　　$Q$ : 대전 전하량(C)

1. $W = \dfrac{1}{2}CV^2 \to 2W = CV^2 \to V^2 = \dfrac{2W}{C} \to V = \sqrt{\dfrac{2W}{C}}$
2. $V = \sqrt{\dfrac{2W}{C}} = \sqrt{\dfrac{2 \times 0.2 \times 10^{-3}}{10 \times 10^{-12}}} = 6{,}325(\text{V})$

**TIP** pF = $10^{-12}$F, mJ = $10^{-3}$J

**62** $Q = 2 \times 10^{-7}$C으로 대전하고 있는 반경 25cm 도체구의 전위(kV)는 약 얼마인가?

① 7.2　　② 12.5
③ 14.4　　④ 25

**해설**

전위
1. 전기장 속 한 점에서 단위전하가 가지는 전기적 위치에너지
2. $Q$(C)의 전하에서 $r$(m) 떨어진 점의 전위 $V$는 다음과 같다.

$$V = 9 \times 10^9 \cdot \frac{Q}{r}$$

여기서, $V$ : 전위(V)
　　　$Q$ : 전하(C)
　　　$r$ : 전하에서의 거리(m)

$V = 9 \times 10^9 \cdot \dfrac{Q}{r}(\text{V}) = 9 \times 10^9 \times \dfrac{2 \times 10^{-7}}{0.25}$
$= 7{,}200(\text{V}) = 7.2(\text{kV})$

> **TIP** 1kV = 1,000V

**63** 다음 중 누전차단기를 시설하지 않아도 되는 전로가 아닌 것은?(단, 전로는 금속제 외함을 가지는 사용전압이 50V를 초과하는 저압의 기계기구에 전기를 공급하는 전로이며, 기계기구에는 사람이 쉽게 접촉할 우려가 있다.)

① 기계기구를 건조한 장소에 시설하는 경우
② 기계기구가 고무, 합성수지, 기타 절연물로 피복된 경우
③ 대지전압 200V 이하인 기계기구를 물기가 있는 곳 이외의 곳에 시설하는 경우
④ 「전기용품 및 생활용품 안전관리법」의 적용을 받는 이중절연구조의 기계기구를 시설하는 경우

**해설**
누전차단기 설치 제외 대상
1. 기계기구를 발전소·변전소·개폐소 또는 이에 준하는 곳에 시설하는 경우
2. 기계기구를 건조한 곳에 시설하는 경우
3. 대지전압이 150V 이하인 기계기구를 물기가 있는 곳 이외의 곳에 시설하는 경우
4. 「전기용품 및 생활용품 안전관리법」의 적용을 받는 이중절연구조의 기계기구를 시설하는 경우
5. 그 전로의 전원 측에 절연변압기(2차 전압이 300V 이하인 경우에 한함)를 시설하고 또한 그 절연 변압기의 부하 측의 전로에 접지하지 아니하는 경우
6. 기계기구가 고무·합성수지 기타 절연물로 피복된 경우
7. 기계기구가 유도전동기의 2차 측 전로에 접속되는 것일 경우
8. 기계기구가 전기욕기·전기로·전기보일러·전해조 등 대지로부터 절연하는 것이 기술상 곤란한 것
9. 기계기구 내에 「전기용품 및 생활용품 안전관리법」의 적용을 받는 누전차단기를 설치하고 또한 기계기구의 전원 연결선이 손상을 받을 우려가 없도록 시설하는 경우

**64** 고압전로에 설치된 전동기용 고압전류 제한퓨즈의 불용단전류의 조건은?

① 정격전류 1.3배의 전류로 1시간 이내에 용단되지 않을 것
② 정격전류 1.3배의 전류로 2시간 이내에 용단되지 않을 것
③ 정격전류 2배의 전류로 1시간 이내에 용단되지 않을 것
④ 정격전류 2배의 전류로 2시간 이내에 용단되지 않을 것

**해설**
고압전로에 사용하는 퓨즈

| 포장퓨즈 | 비포장 퓨즈 |
| --- | --- |
| • 정격전류의 1.3배의 전류에 견딜 것 | • 정격전류의 1.25배의 전류에 견딜 것 |
| • 2배의 전류로 120분 안에 용단되는 것 | • 2배의 전류로 2분 안에 용단되는 것 |

**65** 누전차단기의 시설방법 중 옳지 않은 것은?

① 시설장소는 배전반 또는 분전반 내에 설치한다.
② 정격전류용량은 해당 전로의 부하전류 값 이상이어야 한다.
③ 정격감도전류는 정상의 사용상태에서 불필요하게 동작하지 않도록 한다.
④ 인체감전보호형은 0.05초 이내에 동작하는 고감도 고속형이어야 한다.

**해설**
누전차단기
고감도 고속형 : 정격감도전류에서 0.1초 이내, 인체감전보호형은 0.03초 이내

**66** 정전기 방지대책 중 적합하지 않는 것은?

① 대전서열이 가급적 먼 것으로 구성한다.
② 카본 블랙을 도포하여 도전성을 부여한다.
③ 유속을 저감시킨다.
④ 도전성 재료를 도포하여 대전을 감소시킨다.

**정답** 63 ③  64 ②  65 ④  66 ①

### 해설
**대전서열**
일반적으로 대전량은 접촉이나 분리하는 두 가지 물체가 대전서열 내에서 가까운 곳에 있으면 적고 먼 위치에 있을수록 대전량이 큰 경향이 있다. 즉, 대전서열의 차이가 클수록 정전기 발생량이 크다.

**67** 다음 중 방폭전기기기의 구조별 표시방법으로 틀린 것은?

① 내압방폭구조 : p
② 본질안전방폭구조 : ia, ib
③ 유입방폭구조 : o
④ 안전증방폭구조 : e

### 해설
방폭구조의 종류 및 기호

| 내압<br>방폭구조 | d | 안전증<br>방폭구조 | e | 비점화<br>방폭구조 | n |
|---|---|---|---|---|---|
| 압력<br>방폭구조 | p | 특수<br>방폭구조 | s | 몰드<br>방폭구조 | m |
| 유입<br>방폭구조 | o | 본질안전<br>방폭구조 | i(ia, ib) | 충전<br>방폭구조 | q |

**68** 내접압용절연장갑의 등급에 따른 최대사용전압이 틀린 것은?(단, 교류 전압은 실효값이다.)

① 등급 00 : 교류 500V
② 등급 1 : 교류 7,500V
③ 등급 2 : 직류 17,000V
④ 등급 3 : 직류 39,750V

### 해설
내전압용 절연장갑의 등급

| 등급 | 최대사용전압 | | 등급별 색상 |
|---|---|---|---|
| | 교류(V, 실효값) | 직류(V) | |
| 00 | 500 | 750 | 갈색 |
| 0 | 1,000 | 1,500 | 빨강색 |
| 1 | 7,500 | 11,250 | 흰색 |
| 2 | 17,000 | 25,500 | 노랑색 |
| 3 | 26,500 | 39,750 | 녹색 |
| 4 | 36,000 | 54,000 | 등색 |

**69** 저압전로의 절연성능에 관한 설명으로 적합하지 않은 것은?

① 전로의 사용전압이 SELV 및 PELV일 때 절연저항은 0.5MΩ 이상이어야 한다.
② 전로의 사용전압이 FELV일 때 절연저항은 1.0MΩ 이상이어야 한다.
③ 전로의 사용전압이 FELV일 때 DC 시험 전압은 500V 이다.
④ 전로의 사용전압이 600V일 때 절연저항은 1.5MΩ 이상이어야 한다.

### 해설
저압전로의 절연저항

| 전로의 사용전압(V) | DC 시험전압(V) | 절연저항(MΩ) |
|---|---|---|
| SELV 및 PELV | 250 | 0.5 |
| FELV, 500V 이하 | 500 | 1.0 |
| 500V 초과 | 1,000 | 1.0 |

주) 특별저압(Extra Low Voltage : 2차 전압이 AC 50V, DC 120V 이하)으로 SELV(비접지회로 구성) 및 PELV(접지회로 구성)는 1차와 2차가 전기적으로 절연된 회로, FELV는 1차와 2차가 전기적으로 절연되지 않은 회로

**70** 다음 중 0종 장소에 사용될 수 있는 방폭구조의 기호는?

① Ex ia
② Ex ib
③ Ex d
④ Ex e

### 해설
방폭구조의 선정기준(가스폭발 위험장소)

| 폭발 위험장소의 분류 | 방폭구조 전기기계기구의 선정기준 |
|---|---|
| 0종 장소 | • 본질안전방폭구조(ia)<br>• 그 밖에 관련 공인인증기관이 0종 장소에서 사용이 가능한 방폭구조로 인증한 방폭구조 |
| 1종 장소 | • 내압방폭구조(d)<br>• 압력방폭구조(p)<br>• 충전방폭구조(q)<br>• 유입방폭구조(o)<br>• 안전증방폭구조(e)<br>• 본질안전방폭구조(ia, ib)<br>• 몰드방폭구조(m)<br>• 그 밖에 관련 공인인증기관이 1종 장소에서 사용이 가능한 방폭구조로 인증한 방폭구조 |

**정답** 67 ① 68 ③ 69 ④ 70 ①

| 폭발 위험장소의 분류 | 방폭구조 전기기계기구의 선정기준 |
|---|---|
| 2종 장소 | • 0종 장소 및 1종 장소에 사용 가능한 방폭구조<br>• 비점화방폭구조(n)<br>• 그 밖에 2종 장소에서 사용하도록 특별히 고안된 비방폭형 구조 |

## 71 다음 중 전기화재의 주요 원인이라고 할 수 없는 것은?

① 절연전선의 열화
② 정전기 발생
③ 과전류 발생
④ 절연저항값의 증가

**해설**
전기화재의 원인
1. 단락
2. 누전
3. 과전류
4. 스파크
5. 접촉부과열
6. 절연열화에 의한 발열
7. 지락
8. 낙뢰
9. 정전기 스파크

## 72 배전선로에 정전작업 중 단락접지기구를 사용하는 목적으로 가장 적합한 것은?

① 통신선 유도 장해 방지
② 배전용 기계 기구의 보호
③ 배전선 통전 시 전위경도 저감
④ 혼촉 또는 오동작에 의한 감전방지

**해설**
정전전로에서의 전기작업
전기기기 등이 다른 노출 충전부와의 접촉, 유도 또는 예비동력원의 역송전 등으로 전압이 발생할 우려가 있는 경우에는 충분한 용량을 가진 단락접지기구를 이용하여 접지할 것

## 73 어느 변전소에서 고장전류가 유입되었을 때 도전성 구조물과 그 부근 지표상의 점과의 사이(약 1m)의 허용접촉전압은 약 몇 V인가?(단, 심실세동전류 : $I_k = \frac{0.165}{\sqrt{t}}$ A, 인체의 저항 : 1,000Ω, 지표면의 저항률 : 150Ω·m, 통전시간을 1초로 한다.)

① 164
② 186
③ 202
④ 228

**해설**
허용접촉전압

$$허용접촉전압(E) = \left(R_b + \frac{3\rho_s}{2}\right) \times I_k$$

여기서, $R_b$ : 인체의 저항(Ω)
$\rho_s$ : 지표상층 저항률(Ω·m)
$I_k$ : $\frac{0.165}{\sqrt{T}}$ (A)

$$허용접촉전압(E) = \left(R_b + \frac{3\rho_s}{2}\right) \times I_k$$
$$= \left(1,000 + \frac{3 \times 150}{2}\right) \times \frac{0.165}{\sqrt{1}} = 202(V)$$

## 74 방폭기기 그룹에 관한 설명으로 틀린 것은?

① 그룹 Ⅰ, 그룹 Ⅱ, 그룹 Ⅲ가 있다.
② 그룹 Ⅰ의 기기는 폭발성 갱내 가스에 취약한 광산에서의 사용을 목적으로 한다.
③ 그룹 Ⅱ의 세부 분류로 ⅡA, ⅡB, ⅡC가 있다.
④ ⅡA로 표시된 기기는 그룹 ⅡB기기를 필요로 하는 지역에 사용할 수 있다.

**해설**
ⅡB로 표시된 전기기기는 ⅡA 전기기기를 필요로 하는 지역에 사용할 수 있으며, ⅡC로 표시된 전기기기는 ⅡA 또는 ⅡB 전기기기를 필요로 하는 지역에 사용 할 수 있다.

## 75 한국전기설비규정에 따라 피뢰설비에서 외부피뢰시스템의 수뢰부시스템으로 적합하지 않은 것은?

① 돌침
② 수평도체
③ 메시도체
④ 환상도체

**해설**
수뢰부시스템(Air-termination System)
낙뢰를 포착할 목적으로 돌침, 수평도체, 메시도체 등과 같은 금속 물체를 이용한 외부피뢰시스템의 일부를 말한다.

**정답** 71 ④ 72 ④ 73 ③ 74 ④ 75 ④

**76** 정전기 재해의 방지를 위하여 배관 내 액체의 유속 제한이 필요하다. 배관의 내경과 유속제한값으로 적절하지 않은 것은?

① 관내경(mm) : 25, 제한유속(m/s) : 6.5
② 관내경(mm) : 50, 제한유속(m/s) : 3.5
③ 관내경(mm) : 100, 제한유속(m/s) : 2.5
④ 관내경(mm) : 200, 제한유속(m/s) : 1.8

[해설]
관경과 유속제한값

| 관내경 $D$ | | 유속 $V$ (m/초) | $V^2$ | $V^2D$ |
|---|---|---|---|---|
| (inch) | (m) | | | |
| 0.5 | 0.01 | 8 | 64 | 0.64 |
| 1 | 0.025 | 4.9 | 24 | 0.6 |
| 2 | 0.05 | 3.5 | 12.25 | 0.61 |
| 4 | 0.01 | 2.5 | 6.25 | 0.63 |
| 8 | 0.02 | 1.8 | 3.25 | 0.64 |
| 16 | 0.04 | 1.3 | 1.6 | 0.67 |
| 24 | 0.06 | 1.0 | 1.0 | 0.6 |

**77** 지락이 생긴 경우 접촉상태에 따라 접촉전압을 제한할 필요가 있다. 인체의 접촉상태에 따른 허용접촉전압을 나타낸 것으로 다음 중 옳지 않은 것은?

① 제1종 : 2.5V 이하
② 제2종 : 25V 이하
③ 제3종 : 35V 이하
④ 제4종 : 제한 없음

[해설]
허용접촉전압

| 종별 | 접촉상태 | 허용접촉전압 |
|---|---|---|
| 제1종 | 인체의 대부분이 수중에 있는 상태 | 2.5V 이하 |
| 제2종 | • 인체가 현저하게 젖어 있는 상태<br>• 금속성의 전기기계장치나 구조물에 인체의 일부가 상시 접촉되어 있는 상태 | 25V 이하 |
| 제3종 | 제1종, 제2종 이외의 경우로 통상의 인체상태에 있어서 접촉전압이 가해지면 위험성이 높은 상태 | 50V 이하 |
| 제4종 | • 제1종, 제2종 이외의 경우로 통상의 인체상태에 있어서 접촉전압이 가해지더라도 위험성이 낮은 상태<br>• 접촉전압이 가해질 우려가 없는 상태 | 제한 없음 |

**78** 계통접지로 적합하지 않는 것은?

① TN계통
② TT계통
③ IN계통
④ IT계통

[해설]
접지계통의 종류

| TN 계통 | 전원 측의 한 점을 직접 접지하고 설비의 노출 도전부를 보호도체로 접속시키는 방식 |
|---|---|
| TT 계통 | 전원 측의 한 점을 직접 접지하고 설비의 노출 도전부는 전원의 접지전극과 전기적으로 독립적인 접지극에 접속시키는 방식 |
| IT 계통 | 전력계통은 모든 충전부를 대지에서 절연하거나 또는 1점을 임피던스를 통하여 접지하고 설비의 노출 도전부를 단독 또는 일괄해서 접속시키는 방식 |

**79** 정전기 발생에 영향을 주는 요인이 아닌 것은?

① 물체의 분리속도
② 물체의 특성
③ 물체의 접촉시간
④ 물체의 표면상태

[해설]
정전기 발생의 영향요인(정전기 발생요인)

| 물체의 특성 | 일반적으로 대전량은 접촉이나 분리하는 두 가지 물체가 대전서열 내에서 가까운 곳에 있으면 적고 먼 위치에 있을수록 대전량이 큰 경향이 있다. |
|---|---|
| 물체의 표면상태 | • 표면이 거칠수록 정전기 발생량이 커진다.<br>• 기름, 수분, 불순물 등 오염이 심할수록, 산화 부식이 심할수록 정전기 발생량이 커진다. |
| 물체의 이력 | 정전기 발생량은 처음 접촉, 분리가 일어날 때 최대가 되며, 발생횟수가 반복될수록 발생량이 감소한다. |
| 접촉면적 및 압력 | 접촉면적 및 압력이 클수록 정전기 발생량은 커진다. |
| 분리속도 | 분리속도가 빠를수록 정전기 발생량이 커진다. |
| 완화시간 | 완화시간이 길면 전하분리에 주는 에너지도 커져서 정전기 발생량이 커진다. |

**80** 정전기재해의 방지대책에 대한 설명으로 적합하지 않는 것은?

① 접지의 접속은 납땜, 용접 또는 멈춤나사로 실시한다.
② 회전부품의 유막저항이 높으면 도전성의 윤활제를 사용한다.
③ 이동식의 용기는 절연성 고무제 바퀴를 달아서 폭발위험을 제거한다.
④ 폭발의 위험이 있는 구역은 도전성 고무류로 바닥처리를 한다.

[해설]
절연성이 아니라 도전성 재료를 사용하여야 한다.

[정답] 76 ① 77 ③ 78 ③ 79 ③ 80 ③

## 5과목 화학설비위험방지기술

**81** 산업안전보건법령상 특수화학설비를 설치할 때 내부의 이상상태를 조기에 파악하기 위하여 필요한 계측장치를 설치하여야 한다. 이러한 계측장치로 거리가 먼 것은?

① 압력계  ② 유량계
③ 온도계  ④ 비중계

**해설**
계측장치의 설치
특수화학설비를 설치하는 경우에는 내부의 이상 상태를 조기에 파악하기 위하여 필요한 온도계·유량계·압력계 등의 계측장치를 설치하여야 한다.

**82** 불연성이지만 다른 물질의 연소를 돕는 산화성 액체 물질에 해당하는 것은?

① 히드라진  ② 과염소산
③ 벤젠  ④ 암모니아

**해설**
과염소산
산화성 액체로 무색무취의 유동하기 쉬운 액체이며 대단히 불안정한 강산이다.

**83** 아세톤에 대한 설명으로 틀린 것은?

① 증기는 유독하므로 흡입하지 않도록 주의해야 한다.
② 무색이고 휘발성이 강한 액체이다.
③ 비중이 0.79이므로 물보다 가볍다.
④ 인화점이 20℃이므로 여름철에 인화 위험이 더 높다.

**해설**
아세톤($CH_3COCH_3$)
1. 인화점 : -18℃, 발화점 : 538℃, 비중 : 0.79
2. 무색의 휘발성 액체로 독특한 냄새가 난다.
3. 아세틸렌을 저장할 때 용제로 사용된다.
4. 10%의 수용액 상태에서도 인화의 위험이 있다.
5. 일광(햇빛) 또는 공기와 접촉하면 폭발성의 과산화물을 생성시킨다.

**84** 화학물질 및 물리적 인자의 노출기준에서 정한 유해인자에 대한 노출기준의 표시단위가 잘못 연결된 것은?

① 에어로졸 : ppm
② 증기 : ppm
③ 가스 : ppm
④ 고온 : 습구흑구온도지수(WBGT)

**해설**
노출기준의 표시단위

| 가스 및 증기 | 피피엠(ppm) |
|---|---|
| 분진 및 미스트 등 에어로졸 | 세제곱미터당 밀리그램($mg/m^3$) (다만, 석면 및 내화성세라믹섬유의 노출기준 표시단위는 세제곱센티미터당 개수(개/$cm^3$)를 사용) |
| 고온 | 습구흑구온도지수(WBGT)<br>• 태양광선이 내리쬐는 옥외 장소 :<br>WBGT(℃) = 0.7×자연습구온도 + 0.2×흑구온도 + 0.1×건구온도<br>• 태양광선이 내리쬐지 않는 옥내 또는 옥외 장소 :<br>WBGT(℃) = 0.7×자연습구온도 + 0.3×흑구온도 |

**85** 다음 표를 참조하여 메탄 70vol%, 프로판 21vol%, 부탄 9vol%인 혼합가스의 폭발범위를 구하면 약 몇 vol%인가?

| 가스 | 폭발하한계(vol%) | 폭발상한계(vol%) |
|---|---|---|
| $C_4H_{10}$ | 1.8 | 8.4 |
| $C_3H_8$ | 2.1 | 9.5 |
| $C_2H_6$ | 3.0 | 12.4 |
| $CH_4$ | 5.0 | 15.0 |

① 3.45~9.11  ② 3.45~12.58
③ 3.85~9.11  ④ 3.85~12.58

**해설**
르샤틀리에의 법칙(순수한 혼합가스일 경우)

$$\frac{100}{L} = \frac{V_1}{L_1} + \frac{V_2}{L_2} + \frac{V_3}{L_3} \cdots$$

$$L = \frac{100}{\frac{V_1}{L_1} + \frac{V_2}{L_2} + \cdots + \frac{V_n}{L_n}}$$

여기서, $V_n$ : 전체 혼합가스 중 각 성분 가스의 체적(비율)[%]
$L_n$ : 각 성분 단독의 폭발한계(상한 또는 하한)
$L$ : 혼합가스의 폭발한계(상한 또는 하한)[vol%]

**정답** 81 ④ 82 ② 83 ④ 84 ① 85 ②

1. 폭발하한계

$$L = \frac{100}{\frac{70}{5} + \frac{21}{2.1} + \frac{9}{1.8}} = 3.45(\text{vol}\%)$$

2. 폭발상한계

$$L = \frac{100}{\frac{70}{15} + \frac{21}{9.5} + \frac{9}{8.4}} = 12.58(\text{vol}\%)$$

3. 폭발범위: 3.45~12.58(vol%)

**TIP** 메탄($CH_4$), 프로판($C_3H_8$), 부탄($C_4H_{10}$), 에탄($C_2H_6$)

## 86 산업안전보건법령상 위험물질의 종류를 구분할 때 다음 물질들이 해당하는 것은?

> 리튬, 칼륨·나트륨, 황, 황린, 황화인·적린

① 폭발성 물질 및 유기과산화물
② 산화성 액체 및 산화성 고체
③ 물반응성 물질 및 인화성 고체
④ 급성 독성 물질

**해설**
물반응성 물질 및 인화성 고체
1. 리튬
2. 칼륨·나트륨
3. 황
4. 황린
5. 황화인·적린
6. 셀룰로이드류
7. 알킬알루미늄·알킬리튬
8. 마그네슘 분말
9. 금속 분말(마그네슘 분말은 제외)
10. 알칼리금속(리튬·칼륨 및 나트륨은 제외)
11. 유기 금속화합물(알킬알루미늄 및 알킬은 제외)
12. 금속의 수소화물
13. 금속의 인화물
14. 칼슘 탄화물, 알루미늄 탄화물
15. 그 밖에 1.부터 14.까지의 물질과 같은 정도의 발화성 또는 인화성이 있는 물질
16. 1.부터 15.까지의 물질을 함유한 물질

## 87 제1종 분말소화약제의 주성분에 해당하는 것은?

① 사염화탄소
② 브롬화메탄
③ 수산화암모늄
④ 탄산수소나트륨

**해설**
분말소화약제

| 종별 | 소화약제 | 화학식 | 적응성 |
|---|---|---|---|
| 제1종 분말 | 탄산수소나트륨 | $NaHCO_3$ | B, C급 |
| 제2종 분말 | 탄산수소칼륨 | $KHCO_3$ | B, C급 |
| 제3종 분말 | 제1인산암모늄 | $NH_4H_2PO_4$ | A, B, C급 |
| 제4종 분말 | 탄산수소칼륨+요소 | $KHCO_3 + (NH_2)_2CO$ | B, C급 |

## 88 탄화칼슘이 물과 반응하였을 때 생성물을 옳게 나타낸 것은?

① 수산화칼슘+아세틸렌
② 수산화칼슘+수소
③ 염화칼슘+아세틸렌
④ 염화칼슘+수소

**해설**
아세틸렌
$CaC_2$(탄화칼슘, 카바이드)은 백색 결정체로 자신은 불연성이나 물과 반응하여 아세틸렌을 발생시킨다.

$$CaC_2 + 2H_2O \rightarrow Ca(OH)_2 + C_2H_2 + 31.88\text{kcal}$$
(탄화칼슘) + (물)  (수산화칼슘) (아세틸렌)

## 89 다음 중 분진 폭발의 특징으로 옳은 것은?

① 가스폭발보다 연소시간이 짧고, 발생에너지가 작다.
② 압력의 파급속도보다 화염의 파급속도가 빠르다.
③ 가스폭발에 비하여 불완전 연소의 발생이 없다.
④ 주위의 분진에 의해 2차, 3차의 폭발로 파급될 수 있다.

**해설**
분진 폭발의 특징
1. 폭발한계 내에서 분진의 휘발성분이 많을수록 폭발 쉽다.
2. 가스폭발에 비해 연소속도나 폭발압력이 작다.
3. 가스폭발에 비해 연소시간이 길고 발생에너지가 크기 때문에 파괴력과 타는 정도가 크다.
4. 가스에 비해 불완전연소의 가능성이 커서 일산화탄소의 존재로 인한 가스중독의 위험이 있다.(가스폭발에 비하여 유독물의 발생이 많다)
5. 화염속도보다 압력속도가 빠르다.

**정답** 86 ③ 87 ④ 88 ① 89 ④

6. 주위 분진의 비산에 의해 2차, 3차의 폭발로 파급되어 피해가 커진다.
7. 연소열에 의한 화재가 동반되며, 연소입자의 비산으로 인체에 닿을 경우 심한 화상을 입는다.
8. 분진이 발화 폭발하기 위한 조건은 인화성, 미분상태, 공기 중에서의 교반과 유동, 점화원의 존재이다.

**90** 가연성 가스 A의 연소범위를 2.2~9.5vol%라 할 때 가스 A의 위험도는 얼마인가?

① 2.52
② 3.32
③ 4.91
④ 5.64

**해설**

위험도
위험도 값이 클수록 위험성이 높은 물질이다.

$$H = \frac{UFL - LFL}{LFL}$$

여기서, $UFL$ : 연소 상한값
$LFL$ : 연소 하한값
$H$ : 위험도

$$H = \frac{UFL - LFL}{LFL} = \frac{9.5 - 2.2}{2.2} = 3.32$$

**91** 다음 중 증기배관 내에 생성된 증기의 누설을 막고 응축수를 자동적으로 배출하기 위한 안전장치는?

① Steam Trap
② Vent Stack
③ Blow Down
④ Flame Arrester

**해설**

스팀트랩(Steam Trap)
증기배관 내에 생성하는 응축수를 제거할 때 증기가 배출되지 않도록 하면서 응축수를 자동적으로 배출하기 위한 장치이다.

| TIP | | |
|---|---|---|
| | Vent Stack | 탱크 내의 압력을 정상적인 상태로 유지하기 위한 가스 방출 안전장치 |
| | Blow Down | 응축성 증기, 열유, 열액 등 공정 액체를 빼내고 이것을 안전하게 유지 또는 처리하기 위한 장치 |
| | Flame Arrester | 유류저장탱크에서 화염의 차단을 목적으로 외부에 증기를 방출하기도 하고 탱크 내 외기를 흡입하기도 하는 부분에 설치하는 안전장치 |

**92** $CF_3Br$ 소화약제의 할론 번호를 옳게 나타낸 것은?

① 할론 1031
② 할론 1311
③ 할론 1301
④ 할론 1310

**해설**

할론소화약제의 명명법
1. 일취화일염화메탄 소화기($CH_2ClBr$) : 할론 1011
2. 이취화사불화에탄 소화기($C_2F_4Br_2$) : 할론 2402
3. 일취화삼불화메탄 소화기($CF_3Br$) : 할론 1301
4. 일취화일염화이불화메탄 소화기($CF_2ClBr$) : 할론 1211
5. 사염화탄소 소화기($CCl_4$) : 할론 1040

**93** 산업안전보건법령에 따라 공정안전보고서에 포함해야 할 세부내용 중 공정안전자료에 해당하지 않는 것은?

① 안전운전지침서
② 각종 건물·설비의 배치도
③ 유해하거나 위험한 설비의 목록 및 사양
④ 위험설비의 안전설계·제작 및 설치 관련 지침서

**해설**

공정안전자료
1. 취급·저장하고 있거나 취급·저장하려는 유해·위험물질의 종류 및 수량
2. 유해·위험물질에 대한 물질안전보건자료
3. 유해하거나 위험한 설비의 목록 및 사양
4. 유해하거나 위험한 설비의 운전방법을 알 수 있는 공정도면
5. 각종 건물·설비의 배치도
6. 폭발위험장소 구분도 및 전기단선도
7. 위험설비의 안전설계·제작 및 설치 관련 지침서

**94** 산업안전보건법령상 단위공정시설 및 설비로부터 다른 단위공정 시설 및 설비 사이의 안전거리는 설비의 바깥 면부터 얼마 이상이 되어야 하는가?

① 5m
② 10m
③ 15m
④ 20m

정답 90 ② 91 ① 92 ③ 93 ① 94 ②

해설
위험물을 저장·취급하는 화학설비 및 그 부속설비를 설치하는 경우의 안전거리

| 구분 | 안전거리 |
|---|---|
| 단위공정시설 및 설비로부터 다른 단위공정시설 및 설비의 사이 | 설비의 바깥 면으로부터 10미터 이상 |
| 플레어스택으로부터 단위공정시설 및 설비, 위험물질 저장탱크 또는 위험물질 하역설비의 사이 | 플레어스택으로부터 반경 20미터 이상(다만, 단위공정시설 등이 불연재로 시공된 지붕 아래에 설치된 경우에는 제외) |
| 위험물질 저장탱크로부터 단위공정시설 및 설비, 보일러 또는 가열로의 사이 | 저장탱크의 바깥 면으로부터 20미터 이상(다만, 저장탱크의 방호벽, 원격조종화설비 또는 살수설비를 설치한 경우에는 제외) |
| 사무실·연구실·실험실·정비실 또는 식당으로부터 단위공정시설 및 설비, 위험물질 저장탱크, 위험물질 하역설비, 보일러 또는 가열로의 사이 | 사무실 등의 바깥 면으로부터 20미터 이상(다만, 난방용 보일러인 경우 또는 사무실 등의 벽을 방호구조로 설치한 경우에는 제외) |

## 95 자연발화 성질을 갖는 물질이 아닌 것은?

① 질화면  ② 목탄분말
③ 아마인유  ④ 과염소산

해설
자연발화의 형태
외부로 방열하는 열보다 내부에서 발생하는 열의 양이 많은 경우에 발생한다.
1. 산화열에 의한 발열(석탄, 건성유, 기름걸레 등)
2. 해열에 의한 발열(셀룰로이드, 니트로셀룰로오스 등)
3. 흡착열에 의한 발열(활성탄, 목탄분말, 석탄분 등)
4. 미생물에 의한 발열(퇴비, 먼지, 볏짚 등)
5. 중합에 의한 발열(아크릴로니트릴 등)

TIP 과염소산
산화성 액체로 무색무취의 유동하기 쉬운 액체이며 대단히 불안정한 강산이다.

## 96 다음 중 왕복 펌프에 속하지 않는 것은?

① 피스톤 펌프  ② 플런저 펌프
③ 기어 펌프  ④ 격막 펌프

해설
왕복 펌프
피스톤의 왕복운동에 의해 액체를 압송하는 펌프를 말한다.

TIP 회전 펌프
• 스크류, 기어, 편심모터 등의 회전운동에 의해 액체를 압송하는 펌프
• 종류 : 기어 펌프, 스크류 펌프, 나사 펌프, 캠 펌프, 베인 펌프

## 97 두 물질을 혼합하면 위험성이 커지는 경우가 아닌 것은?

① 이황화탄소+물
② 나트륨+물
③ 과산화나트륨+염산
④ 염소산칼륨+적린

해설
이황화탄소
1. 물보다 무겁고 물에 녹기 어렵기 때문에 가연성증기의 발생을 억제하기 위하여 물속에 저장한다.
2. 고온(150℃ 이상)의 물과 반응하면 이산화탄소와 황화수소가 발생한다.

TIP 금수성물질
• 정의 : 물과 접촉하면 격렬하게 발열반응하는 것으로 물질이 공기 중의 습기를 흡수해서 화학반응을 일으켜 발열하거나, 수분과 접촉해서 발열하여 그 온도가 가속도적으로 높아져 발화되는 물질
• 종류 : 칼륨, 리튬, 칼슘, 마그네슘, 알킬알루미늄, 나트륨, 철분, 알킬리튬, 금속분, 탄화칼슘 등

## 98 5% NaOH 수용액과 10% NaOH 수용액을 반응기에 혼합하여 6% 100kg의 NaOH 수용액을 만들려면 각각 몇 kg의 NaOH 수용액이 필요한가?

① 5% NaOH 수용액 : 33.3, 10% NaOH 수용액 : 66.7
② 5% NaOH 수용액 : 50, 10% NaOH 수용액 : 50
③ 5% NaOH 수용액 : 66.7, 10% NaOH 수용액 : 33.3
④ 5% NaOH 수용액 : 80, 10% NaOH 수용액 : 20

해설
혼합 수용액의 양
1. 5% NaOH 수용액 양 : $x$, 10% NaOH 수용액 양 : $y$
2. $0.05x + 0.1y = 0.06 \times 100$
3. $x + y = 100 \rightarrow x = 100 - y$

정답 95 ④  96 ③  97 ①  98 ④

4. $y$값 : $0.05(100-y)+0.1y=6 \rightarrow 5-0.05y+0.1y=6$
   $\rightarrow 0.05y=1 \rightarrow y=20(kg)$
5. $x$값 : $x+y=100 \rightarrow x=100-y=100-20=80(kg)$

## 99 다음 중 노출기준(TWA, ppm) 값이 가장 작은 물질은?

① 염소
② 암모니아
③ 에탄올
④ 메탄올

**해설**

화학물질의 노출기준
1. 염소($Cl_2$) : 0.5ppm
2. 암모니아($NH_3$) : 25ppm
3. 에탄올($C_2H_5OH$) : 1,000ppm
4. 메탄올($CH_3OH$) : 200ppm

## 100 산업안전보건법령에 따라 위험물 건조설비 중 건조실을 설치하는 건축물의 구조를 독립된 단층 건물로 하여야 하는 건조설비가 아닌 것은?

① 위험물 또는 위험물이 발생하는 물질을 가열·건조하는 경우 내용적이 $2m^3$인 건조설비
② 위험물이 아닌 물질을 가열·건조하는 경우 액체연료의 최대사용량이 5kg/h인 건조설비
③ 위험물이 아닌 물질을 가열·건조하는 경우 기체연료의 최대사용량이 $2m^3$/h인 건조설비
④ 위험물이 아닌 물질을 가열·건조하는 경우 전기사용 정격용량이 20kW인 건조설비

**해설**

위험물 건조설비를 설치하는 건축물의 구조
다음 각 호의 어느 하나에 해당하는 위험물 건조설비 중 건조실을 설치하는 건축물의 구조는 독립된 단층건물로 하여야 한다. 다만, 해당 건조실을 건축물의 최상층에 설치하거나 건축물이 내화구조인 경우에는 그러하지 아니하다.
1. 위험물 또는 위험물이 발생하는 물질을 가열·건조하는 경우 내용적이 1세제곱미터 이상인 건조설비
2. 위험물이 아닌 물질을 가열·건조하는 경우로서 다음 각 목의 어느 하나의 용량에 해당하는 건조설비
   ㉠ 고체 또는 액체연료의 최대사용량이 시간당 10킬로그램 이상
   ㉡ 기체연료의 최대사용량이 시간당 1세제곱미터 이상
   ㉢ 전기사용 정격용량이 10킬로와트 이상

# 6과목 건설안전기술

## 101 부두·안벽 등 하역작업을 하는 장소에서 부두 또는 안벽의 선을 따라 통로를 설치하는 경우에는 폭을 최소 얼마 이상으로 하여야 하는가?

① 85cm
② 90cm
③ 100cm
④ 120cm

**해설**

부두·안벽 등 하역작업장 조치사항
1. 작업장 및 통로의 위험한 부분에는 안전하게 작업할 수 있는 조명을 유지할 것
2. 부두 또는 안벽의 선을 따라 통로를 설치하는 경우에는 폭을 90센티미터 이상으로 할 것
3. 육상에서의 통로 및 작업장소로서 다리 또는 선거 갑문을 넘는 보도 등의 위험한 부분에는 안전난간 또는 울타리 등을 설치할 것

## 102 다음은 산업안전보건법령에 따른 산업안전보건관리비의 사용에 관한 규정이다. ( ) 안에 들어갈 내용을 순서대로 옳게 작성한 것은?

> 건설공사도급인은 고용노동부장관이 정하는 바에 따라 해당 건설공사를 위하여 계상된 산업안전보건관리비를 그가 사용하는 근로자와 그의 관계수급인이 사용하는 근로자의 산업재해 및 건강장해 예방에 사용하고, 그 사용명세서를 ( ) 작성하고 건설공사 종료 후 ( )간 보존해야 한다.

① 매월, 6개월
② 매월, 1년
③ 2개월 마다, 6개월
④ 2개월 마다, 1년

**해설**

산업안전보건관리비의 사용
1. 건설공사도급인은 도급금액 또는 사업비에 계상(計上)된 산업안전보건관리비의 범위에서 그의 관계수급인에게 해당 사업의 위험도를 고려하여 적정하게 산업안전보건관리비를 지급하여 사용하게 할 수 있다.
2. 건설공사도급인은 산업안전보건관리비를 사용하는 해당 건설공사의 금액(고용노동부장관이 정하여 고시하는 방법에 따라 산정한 금액)이 4천만 원 이상인 때에는 고용노동부장관이 정하는 바에 따라 매월(건설공사가 1개월 이내에 종료되는 사업의 경우에는 해당 건설공사가 끝나는 날이 속하는 달을 말함) 사용명세서를 작성하고, 건설공사 종료 후 1년 동안 보존해야 한다.

**정답** 99 ① 100 ② 101 ② 102 ②

**103** 지반의 굴착작업에 있어서 비가 올 경우를 대비한 직접적인 대책으로 옳은 것은?

① 측구 설치
② 낙하물 방지망 설치
③ 추락 방호망 설치
④ 매설물 등의 유무 또는 상태 확인

해설
굴착면의 붕괴 등에 의한 위험방지
비가 올 경우를 대비하여 측구(側溝)를 설치하거나 굴착경사면에 비닐을 덮는 등 빗물 등의 침투에 의한 붕괴재해를 예방하기 위하여 필요한 조치를 해야 한다.

**104** 강관틀비계(높이 5m 이상)의 넘어짐을 방지하기 위하여 사용하는 벽이음 및 버팀의 설치간격 기준으로 옳은 것은?

① 수직방향 5m, 수평방향 5m
② 수직방향 6m, 수평방향 7m
③ 수직방향 6m, 수평방향 8m
④ 수직방향 7m, 수평방향 8m

해설
강관비계의 조립간격

| 강관비계의 종류 | 조립간격(단위 : m) | |
|---|---|---|
| | 수직방향 | 수평방향 |
| 단관비계 | 5 | 5 |
| 틀비계(높이가 5m 미만인 것은 제외한다) | 6 | 8 |

**105** 굴착공사에 있어서 비탈면붕괴를 방지하기 위하여 실시하는 대책으로 옳지 않은 것은?

① 지표수의 침투를 막기 위해 표면배수공을 한다.
② 지하수위를 내리기 위해 수평배수공을 설치한다.
③ 비탈면 하단을 성토한다.
④ 비탈면 상부에 토사를 적재한다.

해설
비탈면 상부의 토사를 제거하여 비탈면의 안정을 확보한다.

TIP 붕괴예방대책
• 적절한 경사면의 기울기를 계획하여야 한다.
• 경사면의 기울기가 당초 계획과 차이가 발생되면 즉시 재검토하여 계획을 변경시켜야 한다.
• 활동할 가능성이 있는 토석은 제거하여야 한다.
• 경사면의 하단부에 압성토 등 보강공법으로 활동에 대한 저항대책을 강구하여야 한다.
• 말뚝(강관, H형강, 철근콘크리트)을 타입하여 지반을 강화시킨다.
• 빗물, 지표수, 지하수의 사전 제거 및 침투를 방지하여야 한다.

**106** 강관을 사용하여 비계를 구성하는 경우 준수해야 할 사항으로 옳지 않은 것은?

① 비계기둥의 간격은 띠장 방향에서는 1.85m 이하, 장선(長線) 방향에서는 1.5m 이하로 할 것
② 띠장 간격은 2.0m 이하로 할 것
③ 비계기둥의 제일 윗부분으로부터 31m되는 지점 밑부분의 비계기둥은 3개의 강관으로 묶어 세울 것
④ 비계기둥 간의 적재하중은 400kg을 초과하지 않도록 할 것

해설
강관비계의 구조
1. 비계기둥의 간격은 띠장 방향에서는 1.85미터 이하, 장선 방향에서는 1.5미터 이하로 할 것. 다만, 다음 각 목의 어느 하나에 해당하는 작업의 경우에는 안전성에 대한 구조검토를 실시하고 조립도를 작성하면 띠장 방향 및 장선 방향으로 각각 2.7미터 이하로 할 수 있다.
   ㉠ 선박 및 보트 건조작업
   ㉡ 그 밖에 장비 반입·반출을 위하여 공간 등을 확보할 필요가 있는 등 작업의 성질상 비계기둥 간격에 관한 기준을 준수하기 곤란한 작업
2. 띠장 간격은 2.0미터 이하로 할 것. 다만, 작업의 성질상 이를 준수하기가 곤란하여 쌍기둥틀 등에 의하여 해당 부분을 보강한 경우에는 그러하지 아니하다.
3. 비계기둥의 제일 윗부분으로부터 31미터 되는 지점 밑부분의 비계기둥은 2개의 강관으로 묶어 세울 것. 다만, 브라켓(bracket) 등으로 보강하여 2개의 강관으로 묶을 경우 이상의 강도가 유지되는 경우에는 그러하지 아니하다.
4. 비계기둥 간의 적재하중은 400킬로그램을 초과하지 않도록 할 것

**107** 다음은 산업안전보건법령에 따른 시스템 비계의 구조에 관한 사항이다. ( ) 안에 들어갈 내용으로 옳은 것은?

> 비계 밑단의 수직재와 받침철물은 밀착되도록 설치하고, 수직재와 받침철물의 연결부의 겹침길이는 받침철물 전체길이의 ( ) 이상이 되도록 할 것

① 2분의 1  ② 3분의 1
③ 4분의 1  ④ 5분의 1

**해설**

시스템 비계의 구조
1. 수직재 · 수평재 · 가새재를 견고하게 연결하는 구조가 되도록 할 것
2. 비계 밑단의 수직재와 받침철물은 밀착되도록 설치하고, 수직재와 받침철물의 연결부의 겹침길이는 받침철물 전체길이의 3분의 1 이상이 되도록 할 것
3. 수평재는 수직재와 직각으로 설치하여야 하며, 체결 후 흔들림이 없도록 견고하게 설치할 것
4. 수직재와 수직재의 연결철물은 이탈되지 않도록 견고한 구조로 할 것
5. 벽 연결재의 설치간격은 제조사가 정한 기준에 따라 설치할 것

**108** 건설현장에서 작업으로 인하여 물체가 떨어지거나 날아올 위험이 있는 경우에 대한 안전조치에 해당하지 않는 것은?

① 수직보호망 설치  ② 방호선반 설치
③ 울타리 설치  ④ 낙하물 방지망 설치

**해설**

물체가 떨어지거나 날아올 위험이 있는 경우의 위험방지
1. 낙하물 방지망 설치   4. 출입금지구역 설정
2. 수직보호망 설치   5. 보호구 착용
3. 방호선반 설치

**109** 흙막이 가시설 공사 중 발생할 수 있는 보일링(Boiling) 현상에 관한 설명으로 옳지 않은 것은?

① 이 현상이 발생하면 흙막이 벽의 지지력이 상실된다.
② 지하수위가 높은 지반을 굴착할 때 주로 발생된다.
③ 흙막이벽의 근입장 깊이가 부족할 경우 발생한다.
④ 연약한 점토지반에서 굴착면의 융기로 발생한다.

**해설**

지반의 이상현상

| 구분 | 정의 |
|---|---|
| 히빙(Heaving)현상 | 연질점토 지반에서 굴착에 의한 흙막이 내·외면의 흙의 중량 차이로 인해 굴착 저면이 부풀어 올라오는 현상 |
| 보일링(Boiling)현상 | 사질토 지반에서 굴착저면과 흙막이 배면과의 수위 차이로 인해 굴착저면의 흙과 물이 함께 위로 솟구쳐 오르는 현상 |
| 파이핑(Piping)현상 | 보일링 현상으로 인하여 지반 내에서 물의 통로가 생기면서 흙이 세굴되는 현상 |

**110** 거푸집동바리 등을 조립하는 경우에 준수해야 할 기준으로 옳지 않은 것은?

① 동바리의 상하 고정 및 미끄러짐 방지조치를 하고, 하중의 지지상태를 유지한다.
② 강재와 강재의 접속부 및 교차부는 볼트·클램프 등 전용철물을 사용하여 단단히 연결한다.
③ 파이프서포트를 제외한 동바리로 사용하는 강관은 높이 2m마다 수평연결재를 2개 방향으로 만들고 수평연결재의 변위를 방지할 것
④ 동바리로 사용하는 파이프서포트는 4개 이상 이어서 사용하지 않도록 할 것

**해설**

동바리 조립 시의 안전조치
1. 동바리 조립 시의 안전조치
   동바리를 조립하는 경우에는 하중의 지지상태를 유지할 수 있도록 다음 각 호의 사항을 준수해야 한다.
   ㉠ 받침목이나 깔판의 사용, 콘크리트 타설, 말뚝박기 등 동바리의 침하를 방지하기 위한 조치를 할 것
   ㉡ 동바리의 상하 고정 및 미끄러짐 방지 조치를 할 것
   ㉢ 상부·하부의 동바리가 동일 수직선상에 위치하도록 하여 깔판·받침목에 고정시킬 것
   ㉣ 개구부 상부에 동바리를 설치하는 경우에는 상부하중을 견딜 수 있는 견고한 받침대를 설치할 것
   ㉤ U헤드 등의 단판이 없는 동바리의 상단에 멍에 등을 올릴 경우에는 해당 상단에 U헤드 등의 단판을 설치하고, 멍에 등이 전도되거나 이탈되지 않도록 고정시킬 것
   ㉥ 동바리의 이음은 같은 품질의 재료를 사용할 것
   ㉦ 강재의 접속부 및 교차부는 볼트·클램프 등 전용철물을 사용하여 단단히 연결할 것
   ㉧ 거푸집의 형상에 따른 부득이한 경우를 제외하고는 깔판이나 받침목은 2단 이상 끼우지 않도록 할 것

정답 107 ② 108 ③ 109 ④ 110 ④

ⓒ 깔판이나 받침목을 이어서 사용하는 경우에는 그 깔판·받침목을 단단히 연결할 것
2. 동바리 유형에 따른 동바리 조립 시의 안전조치
   ㉠ 동바리로 사용하는 파이프 서포트의 경우
   - 파이프 서포트를 3개 이상 이어서 사용하지 않도록 할 것
   - 파이프 서포트를 이어서 사용하는 경우에는 4개 이상의 볼트 또는 전용철물을 사용하여 이을 것
   - 높이가 3.5미터를 초과하는 경우에는 높이 2미터 이내마다 수평연결재를 2개 방향으로 만들고 수평연결재의 변위를 방지할 것
   ㉡ 동바리로 사용하는 강관틀의 경우
   - 강관틀과 강관틀 사이에 교차가새를 설치할 것
   - 최상단 및 5단 이내마다 동바리의 측면과 틀면의 방향 및 교차가새의 방향에서 5개 이내마다 수평연결재를 설치하고 수평연결재의 변위를 방지할 것
   - 최상단 및 5단 이내마다 동바리의 틀면의 방향에서 양단 및 5개틀 이내마다 교차가새의 방향으로 띠장틀을 설치할 것

TIP 본 문제는 법 개정으로 일부 내용이 수정되었습니다. 해설은 법 개정으로 수정된 내용이니 해설을 학습하세요.

## 111 장비가 위치한 지면보다 낮은 장소를 굴착하는 데 적합한 장비는?

① 트럭크레인  ② 파워셔블
③ 백호       ④ 진폴

해설
백호(Back Hoe, 드래그 셔블)
1. 굴삭기가 위치한 지면보다 낮은 곳을 굴착하는 데 적당
2. 도랑 파기에 적당하며 굴삭력이 우수하다.
3. 비교적 굳은 지반의 토질에서도 사용 가능하다.
4. 경사로나 연약지반에서는 무한궤도식이 타이어식보다 안전하다.

TIP 파워셔블
- 굴삭기가 위치한 지면보다 높은 곳의 굴착에 적당
- 작업대가 견고하여 단단한 토질의 굴착에도 용이

## 112 건설공사도급인은 건설공사 중에 가설구조물의 붕괴 등 산업재해가 발생할 위험이 있다고 판단되면 건축·토목 분야의 전문가의 의견을 들어 건설공사 발주자에게 해당 건설공사의 설계변경을 요청할 수 있는데, 이러한 가설구조물의 기준으로 옳지 않은 것은?

① 높이 20m 이상인 비계
② 작업발판 일체형 거푸집 또는 높이 6m 이상인 거푸집 동바리
③ 터널의 지보공 또는 높이 2m 이상인 흙막이 지보공
④ 동력을 이용하여 움직이는 가설구조물

해설
설계변경의 요청
건설공사도급인은 해당 건설공사 중에 가설구조물의 붕괴 등으로 산업재해가 발생할 위험이 있다고 판단되면 건축·토목 분야의 전문가의 의견을 들어 건설공사발주자에게 해당 건설공사의 설계변경을 요청할 수 있다. 다만, 건설공사발주자가 설계를 포함하여 발주한 경우는 그러하지 아니하다.
1. 높이 31미터 이상인 비계
2. 작업발판 일체형 거푸집 또는 높이 6미터 이상인 거푸집 동바리[타설(打設)된 콘크리트가 일정 강도에 이르기까지 하중 등을 지지하기 위하여 설치하는 부재(部材)]
3. 터널의 지보공(支保工 : 무너지지 않도록 지지하는 구조물) 또는 높이 2미터 이상인 흙막이 지보공
4. 동력을 이용하여 움직이는 가설구조물

## 113 콘크리트 타설 시 안전수칙으로 옳지 않은 것은?

① 타설순서는 계획에 의하여 실시하여야 한다.
② 진동기는 최대한 많이 사용하여야 한다.
③ 콘크리트를 치는 도중에는 거푸집, 지보공 등의 이상 유무를 확인하여야 한다.
④ 손수레로 콘크리트를 운반할 때에는 손수레를 타설하는 위치까지 천천히 운반하여 거푸집에 충격을 주지 아니하도록 타설하여야 한다.

해설
콘크리트 타설 시 안전수칙
1. 타설순서는 계획에 의하여 실시하여야 한다.
2. 콘크리트를 치는 도중에는 거푸집, 지보공 등의 이상 유무를 확인하여야 하고, 담당자를 배치하여 이상이 발생한 때에는 신속한 처리를 하여야 한다.

3. 손수레를 타설하는 위치까지 천천히 운반하여 거푸집에 충격을 주지 아니하도록 타설하여야 한다.
4. 콘크리트를 한 곳에만 치우쳐서 타설할 경우 거푸집의 변형 및 탈락에 의한 붕괴사고가 발생되므로 타설순서를 준수하여야 한다.
5. 진동기는 적절히 사용되어야 하며, 지나친 진동은 거푸집 도괴의 원인이 될 수 있으므로 각별히 주의하여야 한다.

## 114 산업안전보건법령에 따른 작업발판 일체형 거푸집에 해당되지 않는 것은?

① 갱 폼(Gang Form)
② 슬립 폼(Slip Form)
③ 유로 폼(Euro Form)
④ 클라이밍 폼(Climbing Form)

**해설**

작업발판 일체형 거푸집
1. 갱 폼(Gang Form)
2. 슬립 폼(Slip Form)
3. 클라이밍 폼(Climbing Form)
4. 터널 라이닝 폼(Tunnel Lining Form)
5. 그 밖에 거푸집과 작업발판이 일체로 제작된 거푸집 등

## 115 터널 지보공을 조립하는 경우에는 미리 그 구조를 검토한 후 조립도를 작성하고, 그 조립도에 따라 조립하도록 하여야 하는데 이 조립도에 명시하여야 할 사항과 가장 거리가 먼 것은?

① 이음방법
② 단면규격
③ 재료의 재질
④ 재료의 구입처

**해설**

조립도

| | |
|---|---|
| **흙막이 지보공** | 흙막이판·말뚝·버팀대 및 띠장 등 부재의 배치·치수·재질 및 설치방법과 순서가 명시되어야 한다. |
| **터널 지보공** | 재료의 재질, 단면규격, 설치간격 및 이음방법 등을 명시하여야 한다. |
| **거푸집 동바리** | 부재의 재질·단면규격·설치간격 및 이음방법 등을 명시해야 한다. |

## 116 산업안전보건법령에 따른 건설공사 중 다리건설공사의 경우 유해위험방지계획서를 제출하여야 하는 기준으로 옳은 것은?

① 최대지간길이가 40m 이상인 다리의 건설등 공사
② 최대지간길이가 50m 이상인 다리의 건설등 공사
③ 최대지간길이가 60m 이상인 다리의 건설등 공사
④ 최대지간길이가 70m 이상인 다리의 건설등 공사

**해설**

유해위험방지계획서를 제출해야 될 건설공사
1. 다음 각 목의 어느 하나에 해당하는 건축물 또는 시설 등의 건설·개조 또는 해체공사
   ㉠ 지상높이가 31미터 이상인 건축물 또는 인공구조물
   ㉡ 연면적 3만제곱미터 이상인 건축물
   ㉢ 연면적 5천제곱미터 이상인 시설로서 다음의 어느 하나에 해당하는 시설
   • 문화 및 집회시설(전시장 및 동물원·식물원은 제외)
   • 판매시설, 운수시설(고속철도의 역사 및 집배송시설은 제외)
   • 종교시설
   • 의료시설 중 종합병원
   • 숙박시설 중 관광숙박시설
   • 지하도상가
   • 냉동·냉장 창고시설
2. 연면적 5천제곱미터 이상인 냉동·냉장 창고시설의 설비공사 및 단열공사
3. 최대지간길이(다리의 기둥과 기둥의 중심 사이의 거리)가 50미터 이상인 다리의 건설등 공사
4. 터널의 건설등 공사
5. 다목적댐, 발전용댐, 저수용량 2천만 톤 이상의 용수 전용댐 및 지방상수도 전용 댐의 건설등 공사
6. 깊이 10미터 이상인 굴착공사

## 117 가설통로 설치에 있어 경사가 최소 얼마를 초과하는 경우에는 미끄러지지 아니하는 구조로 하여야 하는가?

① 15도
② 20도
③ 30도
④ 40도

**해설**

가설통로
1. 견고한 구조로 할 것
2. 경사는 30도 이하로 할 것(다만, 계단을 설치하거나 높이 2미터 미만의 가설통로로서 튼튼한 손잡이를 설치한 경우에는 그러하지 아니하다)

**정답** 114 ③  115 ④  116 ②  117 ①

3. 경사가 15도를 초과하는 경우에는 미끄러지지 아니하는 구조로 할 것
4. 추락할 위험이 있는 장소에는 안전난간을 설치할 것(다만, 작업상 부득이한 경우에는 필요한 부분만 임시로 해체할 수 있다)
5. 수직갱에 가설된 통로의 길이가 15미터 이상인 경우에는 10미터 이내마다 계단참을 설치할 것
6. 건설공사에 사용하는 높이 8미터 이상인 비계다리에는 7미터 이내마다 계단참을 설치할 것

## 118 굴착과 실기를 동시에 할 수 있는 토공기계가 아닌 것은?

① 트랙터 셔블(Tractor Shovel)
② 백호(Back Hoe)
③ 파워 셔블(Power Shovel)
④ 모터 그레이더(Motor Grader)

**해설**

모터 그레이더(Motor Grader)
지면을 절삭하여 평활하게 다듬는 장비로서 노면의 성형과 정지작업에 가장 적당한 장비이다.

TIP
• 백호(Back Hoe) : 굴삭기가 위치한 지면보다 낮은 곳을 굴착하는 데 적당
• 파워 셔블(Power Shovel) : 굴삭기가 위치한 지면보다 높은 곳의 굴착에 적당

## 119 강관틀비계를 조립하여 사용하는 경우 준수하여야 할 사항으로 옳지 않은 것은?

① 비계기둥의 밑둥에는 밑받침 철물을 사용할 것
② 높이가 20m를 초과하거나 중량물의 적재를 수반하는 작업을 할 경우에는 주틀 간의 간격을 1.8m 이하로 할 것
③ 주틀 간에 교차 가새를 설치하고 최하층 및 3층 이내마다 수평재를 설치할 것
④ 길이가 띠장 방향으로 4m 이하이고 높이가 10m를 초과하는 경우에는 10m 이내마다 띠장 방향으로 버팀기둥을 설치할 것

**해설**

강관틀비계 조립 시 준수사항
1. 비계기둥의 밑둥에는 밑받침 철물을 사용하여야 하며 밑받침에 고저차가 있는 경우에는 조절형 밑받침철물을 사용하여 각각의 강관틀비계가 항상 수평 및 수직을 유지하도록 할 것
2. 높이가 20미터를 초과하거나 중량물의 적재를 수반하는 작업을 할 경우에는 주틀 간의 간격을 1.8미터 이하로 할 것
3. 주틀 간에 교차 가새를 설치하고 최상층 및 5층 이내마다 수평재를 설치할 것
4. 수직방향으로 6미터, 수평방향으로 8미터 이내마다 벽이음을 할 것
5. 길이가 띠장 방향으로 4미터 이하이고 높이가 10미터를 초과하는 경우에는 10미터 이내마다 띠장 방향으로 버팀기둥을 설치할 것

## 120 산업안전보건법령에 따른 양중기의 종류에 해당하지 않는 것은?

① 고소작업차
② 이동식 크레인
③ 승강기
④ 리프트(Lift)

**해설**

양중기의 종류
1. 크레인(호이스트 포함)
2. 이동식 크레인
3. 리프트(이삿짐운반용 리프트의 경우 적재하중 0.1톤 이상인 것)
4. 곤돌라
5. 승강기

# PART 02
# 18 | 2021년 3회 기출문제

## 1과목  안전관리론

**01** 무재해운동의 이념 중 선취의 원칙에 대한 설명으로 옳은 것은?

① 사고의 잠재요인을 사후에 파악하는 것
② 근로자 전원이 일체감을 조성하여 참여하는 것
③ 위험요소를 사전에 발견, 파악하여 재해를 예방 또는 방지하는 것
④ 관리감독자 또는 경영층에서의 자발적 참여로 안전활동을 촉진하는 것

**해설**

무재해운동의 3원칙

| 무(無)의 원칙 | 단순히 사망재해나 휴업재해만 없으면 된다는 소극적인 사고가 아닌, 사업장 내의 모든 잠재위험요인을 적극적으로 사전에 발견하고 파악·해결함으로써 산업재해의 근원적인 요소를 없앤다는 것을 의미 |
|---|---|
| 참여의 원칙 (전원참가의 원칙) | 작업에 따르는 잠재위험요인을 발견하고 파악·해결하기 위해 전원이 일치 협력하여 각자의 위치에서 적극적으로 문제해결을 하겠다는 것을 의미 |
| 안전제일의 원칙 (선취의 원칙) | 안전한 사업장을 조성하기 위한 궁극의 목표로서 사업장 내에서 행동하기 전에 잠재위험요인을 발견하고 파악·해결하여 재해를 예방하는 것을 의미 |

**02** 교육과정 중 학습경험조직의 원리에 해당하지 않는 것은?

① 기회의 원리  ② 계속성의 원리
③ 계열성의 원리  ④ 통합성의 원리

**해설**

학습경험조직의 원리
1. 계속성의 원리 : 핵심적 교육과정의 요소 또는 교육내용이 시간에 따라 반복적으로 경험되도록 조직
2. 계열성의 원리 : 동일한 수준에서 반복되는 것이 아니라 핵심 요소의 경험수준이 심화되고 광범위해지도록 조직(교육내용의 순서를 결정하고 내용을 폭과 깊이를 더해 조직)
3. 통합성의 원리 : 각 학습경험의 핵심적 요소가 여러 교과 영역에서 다루어지도록 조직(유사한 교육내용들을 관련지어 하나의 교과나 단원으로 묶어 조직)

**03** 인간의 의식수준을 5단계로 구분할 때 의식이 몽롱한 상태의 단계는?

① Phase Ⅰ  ② Phase Ⅱ
③ Phase Ⅲ  ④ Phase Ⅳ

**해설**

의식수준의 단계

| 단계 | 의식의 상태 | 신뢰성 |
|---|---|---|
| Phase 0(제0단계) | 무의식, 실신 | 0(Zero) |
| Phase I(제I단계) | 정상 이하, 의식 흐림, 의식 몽롱함 | 0.9 이하 |
| Phase II(제II단계) | 정상, 이완상태, 느긋한 기분 | 0.99~0.99999 |
| Phase III(제III단계) | 정상, 상쾌한 상태, 분명한 의식 | 0.999999 이상 (신뢰도가 가장 높은 상태) |
| Phase IV(제IV단계) | 과긴장, 흥분상태 | 0.9 이하 |

**04** 교육계획 수립 시 가장 먼저 실시하여야 하는 것은?

① 교육내용의 결정
② 실행교육계획서 작성
③ 교육의 요구사항 파악
④ 교육실행을 위한 순서, 방법, 자료의 검토

**해설**

안전보건교육계획의 수립 및 추진순서

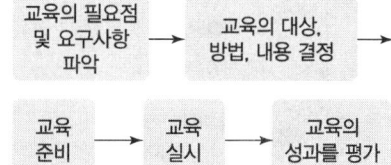

정답  01 ③  02 ①  03 ①  04 ③

**05** 산업안전보건법령상 명시된 타워크레인을 사용하는 작업에서 신호업무를 하는 작업 시 특별교육 대상 작업별 교육내용이 아닌 것은?(단, 그 밖에 안전보건관리에 필요한 사항은 제외한다.)

① 신호방법 및 요령에 관한 사항
② 걸고리·와이어로프 점검에 관한 사항
③ 화물의 취급 및 안전작업방법에 관한 사항
④ 인양물이 적재될 지반의 조건, 인양하중, 풍압 등이 인양물과 타워크레인에 미치는 영향

해설
타워크레인을 사용하는 작업 시 신호업무를 하는 작업 특별교육 대상 작업별 교육
1. 타워크레인의 기계적 특성 및 방호장치 등에 관한 사항
2. 화물의 취급 및 안전작업방법에 관한 사항
3. 신호방법 및 요령에 관한 사항
4. 인양 물건의 위험성 및 낙하·비래·충돌재해 예방에 관한 사항
5. 인양물이 적재될 지반의 조건, 인양하중, 풍압 등이 인양물과 타워크레인에 미치는 영향
6. 그 밖에 안전보건관리에 필요한 사항

**06** 강의식 교육지도에서 가장 많은 시간을 소비하는 단계는?

① 도입　　② 제시
③ 적용　　④ 확인

해설
단계별 시간 배분(단위시간 1시간일 경우)

| 구분 | 도입 | 제시 | 적용 | 확인 |
|---|---|---|---|---|
| 강의식 | 5분 | 40분 | 10분 | 5분 |
| 토의식 | 5분 | 10분 | 40분 | 5분 |

TIP 교육방법의 4단계

| 단계 | | 내용 |
|---|---|---|
| 제1단계 | 도입(준비) | • 학습할 준비를 시킨다.<br>• 작업에 대한 흥미를 갖게 한다.<br>• 학습자의 동기부여 및 마음의 안정 |
| 제2단계 | 제시(설명) | • 작업을 설명한다.<br>• 한번에 하나하나씩 나누어 확실하게 이해시켜야 한다.<br>• 강의 순서대로 진행하고 설명, 교재를 통해 듣고 말하는 단계 |
| 제3단계 | 적용(응용) | • 작업을 시켜본다.<br>• 상호 학습 및 토의 등으로 이해력을 향상시킨다.<br>• 자율학습을 통해 배운 것을 학습한다. |
| 제4단계 | 확인(평가) | • 가르친 뒤 살펴본다.<br>• 잘못된 것을 수정한다.<br>• 요점을 정리하여 복습한다. |

**07** 산업안전보건법령상 사업장에서 산업재해 발생 시 사업주가 기록·보존하여야 하는 사항을 모두 고른 것은?(단, 산업재해조사표와 요양신청서의 사본은 보존하지 않았다.)

ㄱ. 사업장의 개요 및 근로자의 인적사항
ㄴ. 재해 발생의 일시 및 장소
ㄷ. 재해 발생의 원인 및 과정
ㄹ. 재해 재발방지계획

① ㄱ, ㄹ　　② ㄴ, ㄷ, ㄹ
③ ㄱ, ㄴ, ㄷ　　④ ㄱ, ㄴ, ㄷ, ㄹ

해설
산업재해 발생 시 기록·보존사항
1. 사업장의 개요 및 근로자의 인적사항
2. 재해 발생의 일시 및 장소
3. 재해 발생의 원인 및 과정
4. 재해 재발방지계획

**08** 위험예지훈련 4단계의 진행 순서를 바르게 나열한 것은?

① 목표설정 → 현상파악 → 대책수립 → 본질추구
② 목표설정 → 현상파악 → 본질추구 → 대책수립
③ 현상파악 → 본질추구 → 대책수립 → 목표설정
④ 현상파악 → 본질추구 → 목표설정 → 대책수립

해설
위험예지훈련의 4라운드
1. 1라운드(1R) : 현상파악(사실을 파악한다)
2. 2라운드(2R) : 본질추구(요인을 찾아낸다)
3. 3라운드(3R) : 대책수립(대책을 선정한다)
4. 4라운드(4R) : 목표설정(행동계획을 정한다)

정답　05 ②　06 ②　07 ④　08 ③

**09** 안전교육에 있어서 동기부여방법으로 가장 거리가 먼 것은?

① 책임감을 느끼게 한다.
② 관리감독을 철저히 한다.
③ 자기 보존본능을 자극한다.
④ 물질적 이해관계에 관심을 두도록 한다.

**10** 레윈(Lewin. K)에 의하여 제시된 인간의 행동에 관한 식을 올바르게 표현한 것은?(단, $B$는 인간의 행동, $P$는 개체, $E$는 환경, $f$는 함수관계를 의미한다.)

① $B=f(P \cdot E)$
② $B=f(P+1)^E$
③ $P=E \cdot f(B)$
④ $E=f(P \cdot B)$

**해설**

레윈(K. Lewin)의 행동법칙

$$B=f(P \cdot E)$$

여기서, $B$ : Behavior(인간의 행동)
$f$ : function(함수관계) $P \cdot E$에 영향을 줄 수 있는 조건
$P$ : Person(개체, 개인의 자질, 연령, 경험, 심신상태, 성격, 지능 등)
$E$ : Environment(심리적 환경 – 작업환경, 인간관계, 설비적 결함 등)

**11** 안전점검표(체크리스트) 항목 작성 시 유의사항으로 틀린 것은?

① 정기적으로 검토하여 설비나 작업방법이 타당성 있게 개조된 내용일 것
② 사업장에 적합한 독자적 내용을 가지고 작성할 것
③ 위험성이 낮은 순서 또는 긴급을 요하는 순서대로 작성할 것
④ 점검항목을 이해하기 쉽게 구체적으로 표현할 것

**해설**

점검표(체크리스트) 작성 시 유의사항
1. 사업장에 적합한 독자적인 내용일 것
2. 위험성이 높고 긴급을 요하는 순으로 작성할 것
3. 정기적으로 검토하여 재해방지에 실효성 있게 개조된 내용일 것(관계자 의견청취)
4. 점검표는 되도록 일정한 양식으로 할 것
5. 점검표의 내용은 이해하기 쉽도록 표현하고 구체적일 것

**12** 재해사례연구 순서로 옳은 것은?

재해상황의 파악 → ( ㉠ ) → ( ㉡ ) → 근본적 문제점의 결정 → ( ㉢ )

① ㉠ 문제점의 발견, ㉡ 대책 수립, ㉢ 사실의 확인
② ㉠ 문제점의 발견, ㉡ 사실의 확인, ㉢ 대책 수립
③ ㉠ 사실의 확인, ㉡ 대책 수립, ㉢ 문제점의 발견
④ ㉠ 사실의 확인, ㉡ 문제점의 발견, ㉢ 대책 수립

**해설**

재해사례의 연구순서

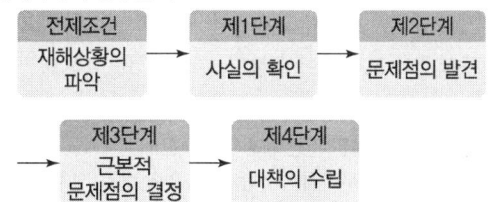

**13** 매슬로(Maslow)의 욕구 5단계 이론 중 안전욕구의 단계는?

① 제1단계
② 제2단계
③ 제3단계
④ 제4단계

**해설**

매슬로(Maslow)의 욕구단계 이론

| | | |
|---|---|---|
| 제1단계 | 생리적 욕구 | 기아, 갈증, 호흡, 배설, 성욕 등 생명 유지의 기본적 욕구 |
| 제2단계 | 안전의 욕구 | • 자기보존 욕구 – 안전을 구하려는 욕구<br>• 전쟁, 재해, 질병의 위험으로부터 자유로워지려는 욕구 |
| 제3단계 | 사회적 욕구 | • 소속감과 애정에 대한 욕구<br>• 사회적으로 관계를 향상시키는 욕구 |
| 제4단계 | 인정받으려는 욕구<br>(자기존중의 욕구) | 자존심, 명예, 성취, 지위 등 인정받으려는 욕구 |
| 제5단계 | 자아실현의 욕구 | • 잠재능력을 실현하고자 하는 성취욕구<br>• 특유의 창의력을 발휘 |

**정답** 09 ② 10 ① 11 ③ 12 ④ 13 ②

**14** 보호구 안전인증 고시상 추락방지대가 부착된 안전대 일반구조에 관한 내용 중 틀린 것은?

① 죔줄은 합성섬유로프를 사용해서는 안 된다.
② 고정된 추락방지대의 수직구명줄은 와이어로프 등으로 하며 최소지름이 8mm 이상이어야 한다.
③ 수직구명줄에서 걸이설비와의 연결부위는 훅 또는 카라비너 등이 장착되어 걸이설비와 확실히 연결되어야 한다.
④ 추락방지대를 부착하여 사용하는 안전대는 신체지지의 방법으로 안전그네만을 사용하여야 하며 수직구명줄이 포함되어야 한다.

[해설]
추락방지대가 부착된 안전대의 일반구조
1. 추락방지대를 부착하여 사용하는 안전대는 신체지지의 방법으로 안전그네만을 사용하여야 하며 수직구명줄이 포함될 것
2. 수직구명줄에서 걸이설비와의 연결부위는 훅 또는 카라비너 등이 장착되어 걸이설비와 확실히 연결될 것
3. 유연한 수직구명줄은 합성섬유로프 또는 와이어로프 등이어야 하며 구명줄이 고정되지 않아 흔들림에 의한 추락방지대의 오작동을 막기 위하여 적절한 긴장수단을 이용, 팽팽히 당겨질 것
4. 죔줄은 합성섬유로프, 웨빙, 와이어로프 등일 것
5. 고정된 추락방지대의 수직구명줄은 와이어로프 등으로 하며 최소지름이 8mm 이상일 것
6. 고정 와이어로프에는 하단부에 무게추가 부착되어 있을 것

**15** 산업안전보건법령상 근로자에 대한 일반 건강진단의 실시 시기 기준으로 옳은 것은?

① 사무직에 종사하는 근로자 : 1년에 1회 이상
② 사무직에 종사하는 근로자 : 2년에 1회 이상
③ 사무직 외의 업무에 종사하는 근로자 : 6월에 1회 이상
④ 사무직 외의 업무에 종사하는 근로자 : 2년에 1회 이상

[해설]
일반건강진단

| 정의 | 상시 사용하는 근로자의 건강관리를 위하여 건강진단을 실시하여야 한다. |
|---|---|
| 실시시기 | 사업주는 상시 사용하는 근로자 중 사무직에 종사하는 근로자(공장 또는 공사현장과 같은 구역에 있지 않은 사무실에서 서무·인사·경리·판매·설계 등의 사무업무에 종사하는 근로자를 말하며, 판매업무 등에 직접 종사하는 근로자는 제외)에 대해서는 2년에 1회 이상, 그 밖의 근로자에 대해서는 1년에 1회 이상 일반건강진단을 실시하여야 한다. |

**16** 산업안전보건법령상 안전보건표지의 종류와 형태 중 관계자 외 출입금지에 해당하지 않는 것은?

① 관리대상물질 작업장
② 허가대상물질 작업장
③ 석면취급·해체 작업장
④ 금지대상물질의 취급 실험실

[해설]
관계자 외 출입금지

| 허가대상물질 작업장 | 석면취급/ 해체작업장 | 금지대상물질의 취급 실험실 등 |
|---|---|---|
| 관계자 외 출입금지 (허가물질 명칭) 제조/사용/보관 중 | 관계자 외 출입금지 석면취급/ 해체 중 | 관계자 외 출입금지 발암물질 취급 중 |
| 보호구/보호복 착용 흡연 및 음식물 섭취 금지 | 보호구/보호복 착용 흡연 및 음식물 섭취 금지 | 보호구/보호복 착용 흡연 및 음식물 섭취 금지 |

**17** 상황성 누발자의 재해유발원인이 아닌 것은?

① 심신의 근심        ② 작업의 어려움
③ 도덕성의 결여      ④ 기계설비의 결함

[해설]
재해 누발자의 유형

| 상황성 누발자 | • 작업이 어렵기 때문에<br>• 기계설비에 결함이 있기 때문에<br>• 심신에 근심이 있기 때문에<br>• 환경상 주의력의 집중이 혼란되기 때문에 |
|---|---|
| 습관성 누발자 | • 재해의 경험에 의해 겁을 먹거나 신경과민<br>• 일종의 슬럼프 상태 |
| 미숙성 누발자 | • 기능이 미숙하기 때문에<br>• 환경에 익숙하지 못하기 때문에(환경에 적응 미숙) |
| 소질성 누발자 | • 개인의 소질 가운데 재해원인의 요소를 가진 자(주의력 산만, 저지능, 흥분성, 비협조성, 소심한 성격, 도덕성의 결여, 감각운동 부적합 등)<br>• 개인의 특수성격 소유자 |

정답 14 ① 15 ② 16 ① 17 ③

**18** A사업장의 조건이 다음과 같을 때 A사업장에서 연간재해발생으로 인한 근로손실일수는?

[조건]
• 강도율 : 0.4
• 근로자 수 : 1,000명
• 연근로시간수 : 2,400시간

① 480  ② 720
③ 960  ④ 1,440

**해설**
강도율

$$강도율 = \frac{근로손실일수}{연간총근로시간수} \times 1,000$$

$$근로손실일수 = \frac{강도율 \times 연간총근로시간수}{1,000}$$

$$= \frac{0.4 \times (1,000 \times 2400)}{1,000} = 960(일)$$

**19** 하인리히 재해구성비율 중 무상해사고가 600건 이라면 사망 또는 중상 발생 건수는?

① 1  ② 2
③ 29  ④ 58

**해설**
하인리히의 재해구성비율

하인리히의 재해구성비율 : (1 : 29 : 300)

| 중상 및 사망 | 경상해 | 무상해사고 |
|---|---|---|
| 1 | 29 | 300 |
| 1 : 300 = $x$ : 600 | 29 : 300 = $x$ : 600 | – |
| $x = \frac{600}{300}$ | $x = \frac{29 \times 600}{300}$ | – |
| $x = 2$(건) | $x = 58$(건) | 300×2 = 600(건) |

**20** 근로자 1,000명 이상의 대규모 사업장에 적합한 안전관리 조직의 유형은?

① 직계식 조직
② 참모식 조직
③ 병렬식 조직
④ 직계참모식 조직

**해설**
안전관리 조직의 형태

| 라인형(Line형)<br>(직계형 조직) | 100명 미만의 소규모 사업장에 적합한 조직형태 |
|---|---|
| 스태프형(Staff형)<br>(참모형 조직) | 100명 이상 1,000명 미만의 중규모 사업장에 적합한 조직형태 |
| 라인-스태프형<br>(Line-Staff형)<br>(직계 참모형 조직) | 1,000명 이상의 대규모 사업장에 적합한 조직형태 |

## 2과목 인간공학 및 시스템 안전공학

**21** FTA에서 사용되는 사상기호 중 결함사상을 나타낸 기호로 옳은 것은?

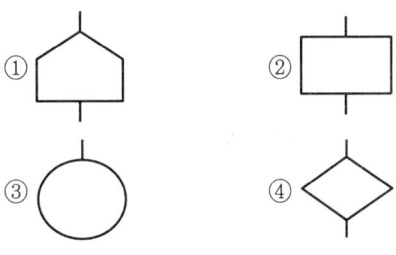

**해설**
FTA 분석기호

| 기호 | 명칭 | 내용 |
|---|---|---|
| ▭ | 결함사상 | 사고가 일어난 사상(사건) |
| ○ | 기본사상 | 더 이상 전개가 되지 않는 기본적인 사상 또는 발생확률이 단독으로 얻어지는 낮은 레벨의 기본적인 사상 |
| ⬠ | 통상사상<br>(가형사상) | 통상 발생이 예상되는 사상(예상되는 원인) |
| ◇ | 생략사상<br>(최후사상) | 정보부족 또는 분석기술 불충분으로 더 이상 전개할 수 없는 사상(작업진행에 따라 해석이 가능할 때는 다시 속행한다.) |
| △ | 전이기호<br>(이행기호) | • FT도상에서 다른 부분에 관한 이행 또는 연결을 나타낸다.<br>• 상부에 선이 있는 경우는 다른 부분으로 전입(IN) |
| △ | 전이기호<br>(이행기호) | • FT도상에서 다른 부분에 관한 이행 또는 연결을 나타낸다.<br>• 측면에 선이 있는 경우는 다른 부분으로 전출(OUT) |

**정답** 18 ③  19 ②  20 ④  21 ②

## 22 다음 상황은 인간실수의 분류 중 어느 것에 해당하는가?

> 전자기기 수리공이 어떤 제품의 분해·조립과정을 거쳐서 수리를 마친 후 부품 하나가 남았다.

① Time Error  
② Omission Error  
③ Command Error  
④ Extraneous Error

### 해설
인간실수의 분류(심리적인 분류)

| | |
|---|---|
| 생략에러<br>(Omission Error,<br>부작위 실수) | 필요한 직무 및 절차를 수행하지 않아(생략) 발생하는 에러<br>예 가스밸브를 잠그는 것을 잊어 사고가 났다. |
| 작위에러<br>(Commission Error,<br>실행에러) | ① 필요한 작업 또는 절차의 불확실한 수행(잘못 수행)으로 인한 에러<br>② 넓은 의미로 선택착오, 순서착오, 시간착오, 정성적 착오를 포함한다.<br>예 전선이 바뀌었다, 틀린 부품을 사용하였다, 부품이 거꾸로 조립되었다 등 |
| 순서에러<br>(Sequential Error) | 필요한 작업 또는 절차의 순서 착오로 인한 에러<br>예 자동차 출발 시 핸드브레이크를 해제하지 않고 출발하여 발생한 에러 |
| 시간에러<br>(Time Error) | 필요한 직무 또는 절차의 수행지연으로 인한 에러<br>예 프레스 작업 중에 금형 내에 손이 오랫동안 남아 있어 발생한 재해 |
| 과잉행동에러<br>(Extraneous Error,<br>불필요한 행동에러) | 불필요한 작업 또는 절차를 수행함으로써 기인한 에러<br>예 자동차 운전 중 습관적으로 손을 창문으로 내밀어 발생한 재해 |

## 23 인간-기계 시스템의 설계 과정을 [보기]와 같이 분류할 때 다음 중 인간, 기계의 기능을 할당하는 단계는?

[보기]  
1단계 : 시스템의 목표와 성능명세 결정  
2단계 : 시스템의 정의  
3단계 : 기본 설계  
4단계 : 인터페이스 설계  
5단계 : 보조물 설계 혹은 편의수단 설계  
6단계 : 평가

① 기본 설계  
② 인터페이스 설계  
③ 시스템의 목표와 성능명세 결정  
④ 보조물 설계 혹은 편의수단 설계

### 해설
인간-기계 체계설계의 기본단계 순서
1. 제1단계 : 목표 및 성능 명세 결정  
   체계가 설계되기 전에 우선 그 목적이나 존재 이유가 있어야 한다.
2. 제2단계 : 시스템(체계)의 정의  
   어떤 체계(특히 복잡한 것)의 경우에 있어서는 목적을 달성하기 위해서 특정한 기본적인 기능(임무)들이 수행되어야 한다.
3. 제3단계 : 기본설계  
   주요 인간공학 활동은 ㉠ 인간, 하드웨어, 소프트웨어에 기능할당, ㉡ 인간 성능 요건 명세, ㉢ 직무분석, ㉣ 작업설계가 있다.
4. 제4단계 : 인터페이스(계면) 설계  
   인간-기계체계에서 인간과 기계가 만나는 면(面)을 계면이라고 한다.
5. 제5단계 : 촉진물 설계  
   촉진물 설계 단계의 주 초점은 만족스러운 인간 성능을 증진시킬 보조물에 대해 설계하는 것이다.
6. 제6단계 : 시험 및 평가  
   체계 개발의 산물(기기, 절차 및 요원)이 계획된 대로 작동하는지 알아보기 위해 산물(産物)들을 측정하는 것이다.

## 24 FT도에서 최소 컷셋을 올바르게 구한 것은?

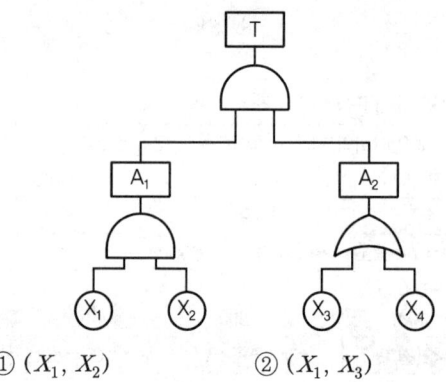

① $(X_1, X_2)$  
② $(X_1, X_3)$  
③ $(X_2, X_3)$  
④ $(X_1, X_2, X_3)$

### 해설
미니멀 컷셋(Minimal Cut Set)

$$T \xrightarrow{ⓐ} A_1, A_2 \xrightarrow{ⓑ} X_1, X_2, A_2 \xrightarrow{ⓒ} \begin{matrix} X_1, X_2, X_1 \\ X_1, X_2, X_3 \end{matrix}$$

$$\xrightarrow{ⓓ} \begin{matrix} X_1, X_2 \\ X_1, X_2, X_3 \end{matrix} \xrightarrow{ⓔ} X_1, X_2$$

정답 22 ② 23 ① 24 ①

ⓒ에서 1행의 컷셋은 $X_1$이 중복되어 있으므로 $(X_1, X_2)$가 되고 ⓓ의 2행에서는 $(X_1, X_2)$가 포함되어 있기 때문에 최소 컷셋은 ⓔ와 같다.

**25** '화재 발생'이라는 시작(초기) 사상에 대하여, 화재감지기, 화재 경보, 스프링클러 등의 성공 또는 실패 작동 여부와 그 확률에 따른 피해 결과를 분석하는 데 가장 적합한 위험 분석 기법은?

① FTA      ② ETA
③ FHA      ④ THERP

**해설**
사건수 분석(ETA)
초기 사건으로 알려진 특정한 장치의 이상 또는 운전자의 실수에 의해 발생되는 잠재적인 사고결과를 정량적으로 평가·분석하는 방법을 말한다.

**26** 다음 그림에서 명료도 지수는?

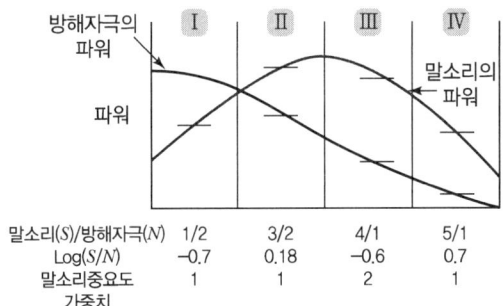

① 0.38      ② 0.68
③ 1.38      ④ 5.68

**해설**
명료도 지수
옥타브대의 음성과 잡음의 dB값에 가중치를 곱하여 합계를 구하는 것을 말한다.
명료도 지수 = $(-0.7 \times 1) + (0.18 \times 1) + (0.6 \times 2) + (0.7 \times 1)$
= 1.38

**27** 여러 사람이 사용하는 의자의 좌판 높이 설계 기준으로 옳은 것은?

① 5% 오금높이      ② 50% 오금높이
③ 75% 오금높이      ④ 95% 오금높이

**해설**
의자 좌판의 높이
1. 대퇴를 압박하지 않도록 좌판은 오금의 높이보다 높지 않아야 하고 앞 모서리는 5cm 정도 낮게 설계(치수는 5%치 사용)
2. 좌판의 높이는 조절할 수 있도록 하는 것이 바람직하다.

**28** 일반적으로 인체측정치의 최대집단치를 기준으로 설계하는 것은?

① 선반의 높이      ② 공구의 크기
③ 출입문의 크기      ④ 안내 데스크의 높이

**해설**
인체계측 자료의 응용원칙 사례
1. 극단치를 이용한 설계
 ㉠ 최대집단치 설계 : 출입문, 탈출구의 크기, 통로, 그네, 줄사다리, 버스 내 승객용 좌석 간 거리. 위험구역 울타리 등
 ㉡ 최소집단치 설계 : 선반의 높이, 조종장치까지의 거리, 비상벨의 위치 설계 등
2. 조절 가능한 설계
 자동차 좌석의 전후 조절, 사무실 의자의 상하 조절, 책상 높이 등
3. 평균치를 이용한 설계
 가게나 은행의 계산대, 식당 테이블, 출근버스 손잡이 높이, 안내 데스크 등

**29** 설비보전에서 평균수리시간을 나타내는 것은?

① MTBF      ② MTTR
③ MTTF      ④ MTBP

**해설**
용어의 정의

| | |
|---|---|
| MTTR (평균수리시간) | 고장 난 후 시스템이나 제품이 제 기능을 발휘하지 않은 시간부터 회복할 때까지의 소요시간에 대한 평균의 척도이며 사후보전에 필요한 수리시간의 평균치를 나타낸다. |
| MTTF (평균고장수명) | 고장이 발생되면 그것으로 수명이 없어지는 제품의 평균수명이며, 이는 수리하지 않는 시스템, 제품, 기기, 부품 등이 고장 날 때까지 동작시간의 평균치 |
| MTBF (평균고장간격) | 수리하여 사용이 가능한 시스템에서 고장과 고장 사이의 정상적인 상태로 동작하는 평균시간(고장과 고장 사이 시간의 평균치) |

**정답** 25 ② 26 ③ 27 ① 28 ③ 29 ②

**30** 기술개발과정에서 효율성과 위험성을 종합적으로 분석·판단할 수 있는 평가방법으로 가장 적절한 것은?

① Risk Assessment
② Risk Management
③ Safety Assessment
④ Technology Assessment

**해설**

안전성 평가
1. 테크놀로지 어세스먼트(Technology Assessment) : 기술개발의 종합평가
   기술개발의 종합평가라고 말할 수 있으며 기술개발 과정에서 효율성과 위험성을 종합적으로 분석 판단함과 아울러 대체수단의 이해득실을 평가하여 의사결정에 필요한 포괄적인 자료를 체계화한 조직적인 계획과 예측의 프로세스라고 정의하였다.
2. 리스크 어세스먼트(Risk Assessment, Risk Management) : 위험성 평가
   손실방지를 위한 관리활동으로 기업경영은 생산활동을 둘러싸고 있는 모든 Risk를 제거하여 이익을 얻는 것이다.
3. 세이프티 어세스먼트(Safety Assessment) : 안전성 사전 평가
   인적 상해를 수반하는 재해사고의 경우 필연적으로 물적 손실을 동반하게 되므로 인적·물적 양면의 전체적 손실방지를 위하여 기업 전반에 안전성 평가를 실시해야 한다.

**31** 정보수용을 위한 작업자의 시각 영역에 대한 설명으로 옳은 것은?

① 판별시야 – 안구운동만으로 정보를 주시하고 순간적으로 특정정보를 수용할 수 있는 범위
② 유효시야 – 시력, 색판별 등의 시각 기능이 뛰어나며 정밀도가 높은 정보를 수용할 수 있는 범위
③ 보조시야 – 머리부분의 운동이 안구운동을 돕는 형태로 발생하며 무리 없이 주시가 가능한 범위
④ 유도시야 – 제시된 정보의 존재를 판별할 수 있는 정도의 식별능력밖에 없지만 인간의 공간좌표 감각에 영향을 미치는 범위

**32** 인간공학의 궁극적인 목적과 가장 관계가 깊은 것은?

① 경제성 향상
② 인간 능력의 극대화
③ 설비의 가동률 향상
④ 안전성 및 효율성 향상

**해설**

인간공학의 목적
1. 안전성 향상 및 사고방지
2. 기계조작의 능률성과 생산성의 향상
3. 작업환경의 쾌적성 향상

**33** 발생 확률이 동일한 64가지의 대안이 있을 때 얻을 수 있는 총 정보량은?

① 6bit  ② 16bit
③ 32bit  ④ 64bit

**해설**

정보의 측정 단위
1. Bit : 실현 가능성이 같은 2개의 대안 중 하나가 명시되었을 때 우리가 얻는 정보량
2. 실현 가능성이 같은 $n$개의 대안이 있을 때 총 정보량 $H$

$$H = \log_2 n$$

$H = \log_2 64 = \dfrac{\log 64}{\log 2} = 6(\text{bit})$

**34** 스트레스의 영향으로 발생된 신체 반응의 결과인 스트레인(Strain)을 측정하는 척도가 잘못 연결된 것은?

① 인지적 활동 – EEG
② 육체적 동적 활동 – GSR
③ 정신 운동적 활동 – EOG
④ 국부적 근육 활동 – EMG

**해설**

피부전기반사(GSR ; Galvanic Skin Reflex)
작업부하의 정신적 부담이 피로와 함께 증대하는 현상을 전기저항의 변화로 측정, 정신 전류현상이라고도 한다.

**35** 일반적인 시스템의 수명곡선(욕조곡선)에서 고장형태 중 증가형 고장률을 나타내는 기간으로 옳은 것은?

① 우발 고장기간
② 마모 고장기간
③ 초기 고장기간
④ Burn-in 고장기간

**해설**

시스템 수명곡선(욕조곡선)
1. 초기고장 : 감소형-DFR(Decreasing Failure Rate) : 고장률이 시간에 따라 감소
2. 우발고장 : 일정형-CFR(Constant Failure Rate) : 고장률이 시간에 관계없이 거의 일정
3. 마모고장 : 증가형-IFR(Increasing Failure Rate) : 고장률이 시간에 따라 증가

**36** 자동차를 타이어가 4개인 하나의 시스템으로 볼 때, 타이어 1개가 파열될 확률이 0.01이라면, 이 자동차의 신뢰도는 약 얼마인가?

① 0.91
② 0.93
③ 0.96
④ 0.99

**해설**

신뢰도
1. 타이어 1개의 신뢰도(파열되지 않을 확률)
 $R = 1 - 0.01 = 0.99$
2. 자동차 타이어는 직렬로 연결(1개의 타이어만 파열되어도 시스템은 정지)
 $R = 0.99 \times 0.99 \times 0.99 \times 0.99 = 0.96$

**37** FMEA 분석 시 고장평점법의 5가지 평가요소에 해당하지 않는 것은?

① 고장발생의 빈도
② 신규설계의 가능성
③ 기능적 고장 영향의 중요도
④ 영향을 미치는 시스템의 범위

**해설**

고장평점법($C_s$ 평점법)
다음의 다섯 가지 평가요소의 전부 또는 2~3개의 평가요소를 사용하여 고장평점을 계산하고 고장등급을 결정하는 방법

1. $C_1$ : 기능적 고장의 영향의 중요도
2. $C_2$ : 영향을 미치는 시스템의 범위
3. $C_3$ : 고장발생의 빈도
4. $C_4$ : 고장방지의 가능성
5. $C_5$ : 신규설계의 정도
6. 평가요소를 모두 사용하는 경우의 고장평점 $C_s$

$$C_s = (C_1 \cdot C_2 \cdot C_3 \cdot C_4 \cdot C_5)^{\frac{1}{5}}$$

**38** 건구온도 30℃, 습구온도 35℃일 때의 옥스퍼드(Oxford) 지수는?

① 20.75
② 24.58
③ 30.75
④ 34.25

**해설**

Oxford 지수
습건(WD) 지수라고도 부르며, 습구온도(W)와 건구온도(D)의 가중 평균치로서 정의된다.

$$WD = 0.85W + 0.15D$$

$WD = 0.85W + 0.15D$
$= 0.85 \times 35 + 0.15 \times 30 = 34.25(℃)$

**39** FTA에 대한 설명으로 가장 거리가 먼 것은?

① 정성적 분석만 가능
② 하향식(Top-Down) 방법
③ 복잡하고 대형화된 시스템에 활용
④ 논리게이트를 이용하여 도해적으로 표현하여 분석하는 방법

**해설**

결함수 분석(FTA)
1. FTA는 시스템 고장을 발생시키는 사상과 그의 원인과의 인과관계를 논리기호를 사용하여 나뭇가지 모양의 그림으로 나타낸 고장목을 만들고 이에 의거 시스템의 고장확률을 구함으로써 문제가 되는 부분을 찾아내어 시스템의 신뢰성을 개선하는 연역적이고 정성적, 정량적인 고장해석 및 신뢰성 평가방법이다.
2. 연역적이고 정량적인 해석방법이며, 상황에 따라 정성적 해석뿐만 아니라 재해의 직접원인 해석도 가능하다.

**정답** 35 ② 36 ③ 37 ② 38 ④ 39 ①

**40** 청각적 표시장치의 설계 시 적용하는 일반 원리에 대한 설명으로 틀린 것은?

① 양립성이란 긴급용 신호일 때는 낮은 주파수를 사용하는 것을 의미한다.
② 검약성이란 조작자에 대한 입력신호는 꼭 필요한 정보만을 제공하는 것이다.
③ 근사성이란 복잡한 정보를 나타내고자 할 때 2단계의 신호를 고려하는 것이다.
④ 분리성이란 두 가지 이상의 채널을 듣고 있다면 각 채널의 주파수가 분리되어 있어야 한다는 의미이다.

**해설**

청각적 표시장치 설계 시의 일반원리
1. 양립성 : 가능한 한 사용자가 알고 있거나 자연스러운 신호차원과 코드를 선택한다.(긴급용 신호일 때는 높은 주파수를 사용한다)
2. 근사성 : 복잡한 정보를 나타낼 때는 2단계의 신호를 고려한다.
3. 분리성 : 두 가지 이상의 채널을 듣고 있다면 각 채널의 주파수가 분리되어야 한다.
4. 검약성 : 조작자에 대한 입력신호는 꼭 필요한 것만을 제공하여야 한다.
5. 불변성 : 동일한 신호는 항상 동일한 정보를 지정한다.

## 3과목 기계위험 방지기술

**41** 산업안전보건법령상 지게차에서 통상적으로 갖추고 있어야 하나, 마스트의 후방에서 화물이 낙하함으로써 근로자에게 위험을 미칠 우려가 없는 때에는 반드시 갖추지 않아도 되는 것은?

① 전조등  ② 헤드가드
③ 백레스트  ④ 포크

**해설**

지게차 취급 시 안전대책

| 전조등 등의 설치 | • 전조등과 후미등을 갖추지 아니한 지게차를 사용해서는 아니 된다.(다만, 작업을 안전하게 수행하기 위하여 필요한 조명이 확보되어 있는 장소에서 사용하는 경우에는 제외)<br>• 지게차 작업 중 근로자와 충돌할 위험이 있는 경우에는 지게차에 후진경보기와 경광등을 설치하거나 후방감지기를 설치하는 등 후방을 확인할 수 있는 조치를 해야 한다. |
|---|---|
| 헤드가드 | 적합한 헤드가드(Head Guard)를 갖추지 아니한 지게차를 사용해서는 아니 된다.(다만, 화물의 낙하에 의하여 지게차의 운전자에게 위험을 미칠 우려가 없는 경우에는 제외) |
| 백레스트 | 백레스트(Backrest)를 갖추지 아니한 지게차를 사용해서는 아니 된다.(다만, 마스트의 후방에서 화물이 낙하함으로써 근로자가 위험해질 우려가 없는 경우에는 제외) |
| 팔레트 또는 스키드 | • 적재하는 화물의 중량에 따른 충분한 강도를 가질 것<br>• 심한 손상·변형 또는 부식이 없을 것 |
| 좌석 안전띠의 착용 | 앉아서 조작하는 방식의 지게차를 운전하는 근로자에게 좌석 안전띠를 착용하도록 하여야 한다. |

**42** 동력전달부분의 전방 35cm 위치에 일반 평형보호망을 설치하고자 한다. 보호망의 최대 구멍의 크기는 몇 mm인가?

① 41  ② 45
③ 51  ④ 55

**해설**

롤러기 가드의 개구부 간격(위험점이 대형기계의 전동체(회전체)인 경우)

$$Y = \frac{X}{10} + 6mm$$
(단, $X < 760mm$에서 유효)

여기서, $X$ : 가드와 위험점 간의 거리(안전거리)(mm)
$Y$ : 가드 개구부 간격(안전간극)(mm)

$$Y = \frac{X}{10} + 6mm = \frac{350}{10} + 6 = 41(mm)$$

**TIP** 롤러기 가드의 개구부 간격(ILO 기준(위험점이 전동체가 아닌 경우)

$$Y = 6 + 0.15X (X < 160mm)$$
(단, $X \geq 160mm$ 일 때, $Y = 30mm$)

여기서, $X$ : 가드와 위험점 간의 거리(안전거리)(mm)
$Y$ : 가드 개구부 간격(안전간극)(mm)

## 43 다음 연삭숫돌의 파괴원인 중 가장 적절하지 않은 것은?

① 숫돌의 회전속도가 너무 빠른 경우
② 플랜지의 직경이 숫돌 직경의 1/3 이상으로 고정된 경우
③ 숫돌 자체에 균열 및 파손이 있는 경우
④ 숫돌에 과대한 충격을 준 경우

**해설**
연삭숫돌의 파괴 원인
1. 숫돌의 회전속도가 너무 빠를 때
2. 숫돌 자체에 균열이 있을 때
3. 숫돌에 과대한 충격을 가할 때
4. 숫돌의 측면을 사용하여 작업할 때
5. 숫돌의 불균형이나 베어링 마모에 의한 진동이 있을 때 (숫돌이 경우에 따라 파손될 수 있다.)
6. 숫돌 반경방향의 온도변화가 심할 때
7. 작업에 부적당한 숫돌을 사용할 때
8. 숫돌의 치수가 부적당할 때
9. 플랜지가 현저히 작을 때

**TIP** 플랜지의 지름은 숫돌지름의 1/3 이상인 것을 사용하며 양쪽 모두 같은 크기로 한다.

$$플랜지의 지름 = 숫돌지름 \times \frac{1}{3}$$

## 44 산업안전보건법령상 지게차의 최대하중의 2배 값이 6톤일 경우 헤드가드의 강도는 몇 톤의 등분포정하중에 견딜 수 있어야 하는가?

① 4  ② 6
③ 8  ④ 10

**해설**
지게차의 헤드가드
1. 강도는 지게차의 최대하중의 2배 값(4톤을 넘는 값에 대해서는 4톤으로 한다)의 등분포정하중에 견딜 수 있을 것
2. 상부틀의 각 개구의 폭 또는 길이가 16센티미터 미만일 것
3. 운전자가 앉아서 조작하거나 서서 조작하는 지게차의 헤드가드는 한국산업표준에서 정하는 높이 기준 이상일 것
  ㉠ 좌승식 : 좌석기준점으로부터 903mm 이상
  ㉡ 입승식 : 조종사가 서 있는 플랫폼으로부터 1,880mm 이상

## 45 산업안전보건법령상 보일러 방호장치로 거리가 가장 먼 것은?

① 고저수위 조절장치
② 아우트리거
③ 압력방출장치
④ 압력제한스위치

**해설**
보일러 안전장치의 종류
1. 압력방출장치
2. 압력제한스위치
3. 고저수위조절장치
4. 화염검출기

## 46 산업안전보건법령상 압력용기에서 안전인증된 파열판에 안전인증 표시 외에 추가로 나타내어야 하는 사항이 아닌 것은?

① 분출차(%)
② 호칭지름
③ 용도(요구성능)
④ 유체의 흐름방향 지시

**해설**
안전인증 표시 외에 추가 표시사항(파열판)
1. 호칭지름
2. 용도(요구성능)
3. 설정파열압력(MPa) 및 설정온도(℃)
4. 분출용량(kg/h) 또는 공칭분출계수
5. 파열판의 재질
6. 유체의 흐름방향 지시

**TIP** 안전인증 표시 외에 추가 표시사항(안전밸브)
1. 호칭지름
2. 용도(증기 : 포화/가열, 가스명)
3. 설정압력(MPa)(냉각차설정압력 포함)
4. 분출차(%)
5. 공칭분출량(kg/h)
6. 정격양정

**47** 산업안전보건법령상 사업장 내 근로자 작업환경 중 '강렬한 소음작업'에 해당하지 않는 것은?

① 85데시벨 이상의 소음이 1일 10시간 이상 발생하는 작업
② 90데시벨 이상의 소음이 1일 8시간 이상 발생하는 작업
③ 95데시벨 이상의 소음이 1일 4시간 이상 발생하는 작업
④ 100데시벨 이상의 소음이 1일 2시간 이상 발생하는 작업

**해설**
강렬한 소음작업
1. 90데시벨 이상의 소음이 1일 8시간 이상 발생하는 작업
2. 95데시벨 이상의 소음이 1일 4시간 이상 발생하는 작업
3. 100데시벨 이상의 소음이 1일 2시간 이상 발생하는 작업
4. 105데시벨 이상의 소음이 1일 1시간 이상 발생하는 작업
5. 110데시벨 이상의 소음이 1일 30분 이상 발생하는 작업
6. 115데시벨 이상의 소음이 1일 15분 이상 발생하는 작업

**48** 선반에서 일감의 길이가 지름에 비하여 상당히 길 때 사용하는 부속품에서 절삭 시 절삭저항에 의한 일감의 진동을 방지하는 장치는?

① 칩 브레이커     ② 척 커버
③ 방진구         ④ 실드

**해설**
방진구
1. 가공물의 길이가 외경에 비해 가늘고 긴 공작물을 가공할 경우 자중 및 절삭력으로 인하여 휘거나 처짐, 진동을 방지하기 위하여 사용하는 기구로 고정식과 이동식 방진구가 있다.
2. 가공물의 길이가 직경의 12배 이상일 때는 반드시 방진구를 사용하여야 한다.

**49** 산업안전보건법령상 프레스를 제외한 사출성형기·주형조형기 및 형단조기 등에 관한 안전조치사항으로 틀린 것은?

① 근로자의 신체 일부가 말려들어갈 우려가 있는 경우에는 양수조작식 방호장치를 설치하여 사용한다.
② 게이트 가드식 방호장치를 설치할 경우에는 연동구조를 적용하여 문을 닫지 않아도 동작할 수 있도록 한다.
③ 사출성형기의 전면에 작업용 발판을 설치할 경우 근로자가 쉽게 미끄러지지 않는 구조여야 한다.
④ 기계의 히터 등의 가열 부위, 감전 우려가 있는 부위에는 방호덮개를 설치하여 사용한다.

**해설**
사출성형기 등의 방호장치
1. 사출성형기·주형조형기 및 형단조기(프레스 등은 제외) 등에 근로자의 신체 일부가 말려들어갈 우려가 있는 경우 게이트 가드(Gate Guard) 또는 양수조작식 등에 의한 방호장치, 그 밖에 필요한 방호 조치를 하여야 한다.
2. 게이트가드는 닫지 아니하면 기계가 작동되지 아니하는 연동구조여야 한다.
3. 기계의 히터 등의 가열 부위 또는 감전 우려가 있는 부위에는 방호덮개를 설치하는 등 필요한 안전조치를 하여야 한다.

**50** 강자성체를 자화하여 표면의 누설자속을 검출하는 비파괴 검사방법은?

① 방사선 투과시험     ② 인장시험
③ 초음파 탐상시험     ④ 자분탐상시험

**해설**
자기탐상검사(자분탐상검사)
1. 강자성체의 결함을 찾을 때 사용하는 비파괴시험으로 표면 또는 표층에 결함이 있을 경우 누설자속을 이용하여 육안으로 결함을 검출하는 방법으로 비자성체는 사용이 곤란하다.
2. 적용범위 : 표면에 가까운 곳의 균열, 편석, 용입불량 등의 검출에 사용

**51** 밀링 작업 시 안전수칙에 관한 설명으로 틀린 것은?

① 칩은 기계를 정지시킨 다음에 브러시 등으로 제거한다.
② 일감 또는 부속장치 등을 설치하거나 제거할 때는 반드시 기계를 정지시키고 작업한다.
③ 면장갑을 반드시 끼고 작업한다.
④ 강력 절삭을 할 때는 일감을 바이스에 깊게 물린다.

정답  47 ①  48 ③  49 ②  50 ④  51 ③

### 해설

밀링 작업에 대한 안전수칙
1. 제품을 따 내는 데에는 손끝을 대지 말아야 한다.
2. 운전 중 가공면에 손을 대지 말아야 하며 장갑 착용을 금지한다.
3. 칩을 제거할 때에는 커터의 운전을 중지하고 브러시(솔)를 사용하며 걸레를 사용하지 않는다.
4. 칩의 비산이 많으므로 보안경을 착용한다.
5. 커터 설치 시 및 측정은 반드시 기계를 정지시킨 후에 한다.
6. 일감(공작물)은 테이블 또는 바이스에 안전하게 고정한다.
7. 상하 이송장치의 핸들은 사용 후 반드시 빼 두어야 한다.
8. 가공 중에 밀링머신에 얼굴을 대지 않는다.
9. 절삭 속도는 재료에 따라 정한다.
10. 커터를 끼울 때는 아버를 깨끗이 닦는다.
11. 일감(공작물)을 고정하거나 풀어낼 때는 기계를 정지시킨다.
12. 테이블 위에 공구 등을 올려놓지 않는다.
13. 강력 절삭을 할 때는 일감을 바이스에 깊게 물린다.
14. 급속이송은 백래시 제거장치가 동작하지 않고 있음을 확인한 후 실시하고, 급속이송은 한 방향으로만 한다.

### 52 다음 중 프레스기에 사용되는 방호장치에 있어 원칙적으로 급정지 기구가 부착되어야만 사용할 수 있는 방식은?

① 양수조작식
② 손쳐내기식
③ 가드식
④ 수인식

### 해설

급정지 기구에 따른 방호장치

| 급정지 기구가 부착되어 있어야만 유효한 방호장치 | • 양수 조작식 방호장치<br>• 감응식 방호장치 |
|---|---|
| 급정지 기구가 부착되어 있지 않아도 유효한 방호장치 | • 양수 기동식 방호장치<br>• 게이트 가드식 방호장치<br>• 수인식 방호장치<br>• 손쳐내기식 방호장치 |

### 53 화물중량이 200kgf, 지게차의 중량이 400kgf, 앞바퀴에서 화물의 무게 중심까지의 최단거리가 1m일 때 지게차가 안정되기 위하여 앞바퀴에서 지게차의 무게 중심까지 최단거리는 최소 몇 m를 초과해야 하는가?

① 0.2m
② 0.5m
③ 1m
④ 2m

### 해설

지게차의 안정조건

$$Wa < Gb$$

여기서, $W$ : 화물 중심에서의 화물의 중량(kgf)
$G$ : 지게차 중심에서의 지게차의 중량(kgf)
$a$ : 앞바퀴에서 화물 중심까지의 최단거리(cm)
$b$ : 앞바퀴에서 지게차 중심까지의 최단거리(cm)
$M_1$ : Wa(화물의 모멘트)
$M_2$ : Gb(지게차의 모멘트)

$Wa < Gb \rightarrow 200 \times 1 < 400 \times b$

$\therefore b > \dfrac{200 \times 1}{400} = 0.5 (\text{m})$

### 54 산업안전보건법령상 프레스의 작업 시작 전 점검사항이 아닌 것은?

① 슬라이드 또는 칼날에 의한 위험방지 기구의 기능
② 프레스의 금형 및 고정볼트 상태
③ 전단기의 칼날 및 테이블의 상태
④ 권과방지장치 및 그 밖의 경보장치의 기능

### 해설

프레스 등을 사용하여 작업을 할 때 작업 시작 전 점검사항
1. 클러치 및 브레이크의 기능
2. 크랭크축·플라이휠·슬라이드·연결봉 및 연결 나사의 풀림 여부
3. 1행정 1정지기구·급정지장치 및 비상정지장치의 기능
4. 슬라이드 또는 칼날에 의한 위험방지 기구의 기능
5. 프레스의 금형 및 고정볼트 상태
6. 방호장치의 기능
7. 전단기의 칼날 및 테이블의 상태

### 55 산업안전보건법령상 아세틸렌 용접장치에 관한 설명이다. ( ) 안에 공통으로 들어갈 내용으로 옳은 것은?

• 사업주는 아세틸렌 용접장치의 취관마다 ( )를 설치하여야 한다.
• 사업주는 가스용기가 발생기와 분리되어 있는 아세틸렌 용접장치에 대하여 발생기와 가스용기 사이에 ( )를 설치하여야 한다.

① 분기장치
② 자동발생 확인장치
③ 유수 분리장치
④ 안전기

해설
안전기의 설치
1. 아세틸렌 용접장치의 취관마다 안전기를 설치하여야 한다.(다만, 주관 및 취관에 가장 가까운 분기관마다 안전기를 부착한 경우에는 그러하지 아니하다)
2. 가스용기가 발생기와 분리되어 있는 아세틸렌 용접장치에 대하여 발생기와 가스용기 사이에 안전기를 설치하여야 한다.

## 56 다음 설명 중 ( ) 안에 알맞은 내용은?

산업안전보건법령상 롤러기의 급정지장치는 롤러를 무부하로 회전시킨 상태에서 앞면 롤러의 표면속도가 30m/min 미만일 때에는 급정지거리가 앞면 롤러 원주의 ( ) 이내에서 롤러를 정지시킬 수 있는 성능을 보유해야 한다.

① $\frac{1}{4}$   ② $\frac{1}{3}$
③ $\frac{1}{2.5}$   ④ $\frac{1}{2}$

해설
급정지장치의 성능조건

| 앞면 롤러의 표면속도(m/min) | 급정지 거리 |
|---|---|
| 30 미만 | 앞면 롤러 원주의 1/3 |
| 30 이상 | 앞면 롤러 원주의 1/2.5 |

 TIP

$$V = \pi DN (\text{mm/min}) = \frac{\pi DN}{1,000} (\text{m/min})$$

여기서, $V$ : 표면속도(m/min)
$D$ : 롤러 원통의 직경(mm)
$N$ : 1분간에 롤러기가 회전되는 수(rpm)

## 57 연강의 인장강도가 420MPa이고, 허용응력이 140MPa이라면 안전율은?

① 1   ② 2
③ 3   ④ 4

해설
안전율(안전계수)

$$\text{안전율(안전계수)} = \frac{\text{인장강도}}{\text{허용응력}}$$

$$\text{안전율} = \frac{\text{인장강도}}{\text{허용응력}} = \frac{420}{140} = 3$$

## 58 산업안전보건법령상 양중기에 해당하지 않는 것은?

① 곤돌라
② 이동식 크레인
③ 적재하중 0.05톤의 이삿짐운반용 리프트
④ 화물용 엘리베이터

해설
양중기의 종류
1. 크레인(호이스트 포함)
2. 이동식 크레인
3. 리프트(이삿짐운반용 리프트의 경우 적재하중 0.1톤 이상인 것)
4. 곤돌라
5. 승강기

## 59 회전하는 부분의 접선방향으로 물려 들어갈 위험이 존재하는 점으로 주로 체인, 풀리, 벨트, 기어와 랙 등에서 형성되는 위험점은?

① 끼임점   ② 협착점
③ 절단점   ④ 접선물림점

해설
기계운동 형태에 따른 위험점 분류

| | | |
|---|---|---|
| 협착점 | 왕복운동을 하는 운동부와 움직임이 없는 고정부 사이에서 형성되는 위험점 (고정점+운동점) | • 프레스  • 전단기<br>• 성형기  • 조형기<br>• 밴딩기  • 인쇄기 |
| 끼임점 | 회전운동하는 부분과 고정부 사이에 위험이 형성되는 위험점 (고정점+회전운동) | • 연삭숫돌과 작업대<br>• 반복동작되는 링크기구<br>• 교반기의 날개와 몸체 사이<br>• 회전풀리와 벨트 |
| 절단점 | 회전하는 운동부 자체의 위험이나 운동하는 기계부분 자체의 위험에서 형성되는 위험점 (회전운동+기계) | • 밀링커터<br>• 둥근 톱의 톱날<br>• 목공용 띠톱 날 |
| 물림점 | 회전하는 두 개의 회전체에 형성되는 위험점(서로 반대방향의 회전체) (중심점+반대방향의 회전운동) | • 기어와 기어의 물림<br>• 롤러와 롤러의 물림<br>• 롤러분쇄기 |
| 접선물림점 | 회전하는 부분의 접선방향으로 물려들어갈 위험이 있는 위험점 | • V벨트와 풀리<br>• 랙과 피니언<br>• 체인벨트<br>• 평벨트 |

정답  56 ②  57 ③  58 ③, ④  59 ④

| 회전<br>말림점 | 회전하는 물체의 길이, 굵기, 속도 등의 불규칙 부위와 돌기 회전부위에 의해 장갑 또는 작업복 등이 말려들 위험이 있는 위험점 | • 회전하는 축<br>• 커플링<br>• 회전하는 드릴 |
|---|---|---|

**60** 프레스기의 안전대책 중 손을 금형 사이에 집어 넣을 수 없도록 하는 본질적 안전화를 위한 방식(No-hand in Die)에 해당하는 것은?

① 수인식
② 광전자식
③ 방호울식
④ 손쳐내기식

**해설**

프레스의 안전대책

| 구분 | | 종류 |
|---|---|---|
| No-hand in Die 방식 | 위험한계에 손을 넣으려 해도 들어가지 않는 방식 | • 안전울을 부착한 프레스<br>• 안전금형을 부착한 프레스<br>• 전용프레스 |
| | 위험한계에 손을 넣을 수 있으나 넣을 필요가 없는 방식 | 자동프레스 |
| Hand in Die 방식 | 프레스기의 종류, 압력능력, 매분 행정수, 작업방법에 상응하는 방호장치 | • 가드식 방호장치<br>• 수인식 방호장치<br>• 손쳐내기식 방호장치 |
| | 정지 성능에 상응하는 방호장치 | • 양수조작식<br>• 광전자식(감응식) |

## 4과목 전기위험 방지기술

**61** 3,300/220V, 20kVA인 3상 변압기로부터 공급받고 있는 저압 전선로의 절연 부분의 전선과 대지 간의 절연저항의 최솟값은 약 몇 Ω인가?(단, 변압기의 저압 측 중성점에 접지가 되어 있다.)

① 1,240
② 2,794
③ 4,840
④ 8,383

**해설**

1. 3상 전력

$$P = \sqrt{3}\,VI \rightarrow I = \frac{P}{\sqrt{3}\,V}(A)$$

여기서, $P$ : 전력(W), $V$ : 전압(V), $I$ : 전류(A)

2. 누설전류

$$누설전류 = 최대공급전류 \times \frac{1}{2,000}$$

3. 절연저항 최솟값

$$R = \frac{V}{I} = \frac{220}{\frac{1}{2,000} \times \frac{P}{\sqrt{3}\,V}}$$

$$= \frac{220}{\frac{1}{2,000} \times \frac{20 \times 10^3}{\sqrt{3} \times 220}} = 8,383(\Omega)$$

**62** 내압방폭용기 "d"에 대한 설명으로 틀린 것은?

① 원통형 나사 접합부의 체결 나사산 수는 5산 이상이어야 한다.
② 가스/증기 그룹이 ⅡB일 때 내압 접합면과 장애물과의 최소이격거리는 20mm이다.
③ 용기 내부의 폭발이 용기 주위의 폭발성 가스 분위기로 화염이 전파되지 않도록 방지하는 부분은 내압방폭 접합부이다.
④ 가스/증기 그룹이 ⅡC일 때 내압 접합면과 장애물과의 최소 이격거리는 40mm이다.

**해설**

내압방폭구조 플랜지 접합부와 장애물 최소이격거리

| 가스그룹 | 최소이격거리(mm) |
|---|---|
| ⅡA | 10 |
| ⅡB | 30 |
| ⅡC | 40 |

**TIP** 장애물
강재, 벽, 기후 보호물(Weather Guard), 장착용 브래킷, 배관 또는 기타 전기기기

**63** 인체저항을 500Ω이라 한다면, 심실세동을 일으키는 위험한계에너지는 약 몇 J인가?(단, 심실세동 전류값 $I = \frac{165}{\sqrt{T}}$ mA의 Dalziel의 식을 이용하며, 통전시간은 1초로 한다.)

① 11.5
② 13.6
③ 15.3
④ 16.2

**정답** 60 ③ 61 ④ 62 ② 63 ②

**해설**

위험한계에너지

$$W = I^2RT[\text{J/s}] = \left(\frac{165}{\sqrt{T}} \times 10^{-3}\right)^2 \times R \times T$$

$$W = \left(\frac{165}{\sqrt{1}} \times 10^{-3}\right)^2 \times 500 \times 1 = 13.61(\text{J})$$

**64** 절연물의 절연불량 주요 원인으로 거리가 먼 것은?

① 진동, 충격 등에 의한 기계적 요인
② 산화 등에 의한 화학적 요인
③ 온도상승에 의한 열적 요인
④ 정격전압에 의한 전기적 요인

**해설**

전기절연물의 절연파괴(불량) 주요 원인
1. 진동, 충격 등에 의한 기계적 요인
2. 산화 등에 의한 화학적 요인
3. 온도상승에 의한 열적 요인
4. 높은 이상전압 등에 의한 전기적 요인

**65** 정격사용률이 30%, 정격2차전류가 300A인 교류아크 용접기를 200A로 사용하는 경우의 허용사용률(%)은?

① 13.3
② 67.5
③ 110.3
④ 157.5

**해설**

허용사용률

$$\text{허용사용률} = \frac{(\text{정격2차전류})^2}{(\text{실제용접전류})^2} \times \text{정격사용률}$$

$$\text{허용사용률} = \frac{(\text{정격2차전류})^2}{(\text{실제용접전류})^2} \times \text{정격사용률}$$

$$= \frac{(300)^2}{(200)^2} \times 30 = 67.5(\%)$$

**66** 정전기 화재폭발 원인으로 인체대전에 대한 예방대책으로 옳지 않은 것은?

① Wrist Strap을 사용하여 접지선과 연결한다.
② 대전방지제를 넣은 제전복을 착용한다.
③ 대전방지 성능이 있는 안전화를 착용한다.
④ 바닥 재료는 고유저항이 큰 물질로 사용한다.

**해설**

인체에 대전된 정전기에 의한 화재 또는 폭발 위험이 있는 경우 정전기 대전방지용 안전화 착용, 제전복 착용, 정전기 제전용구 사용 등의 조치를 하거나 작업장 바닥 등에 도전성을 갖추도록 하는 등 필요한 조치를 하여야 한다.

> **TIP** 고유저항은 전류의 흐름을 방해하는 물질의 고유한 성질로 보통, 고유저항이 $10^9 \Omega \cdot m$보다 작은 물질은 정전기 축적으로 인한 화재·폭발의 위험성이 적으나 고유저항이 $10^9 \Omega \cdot m$보다 큰 물질에 대해서는 정전기 대책이 필요하다.

**67** 주택용 배선차단기 B타입의 경우 순시동작범위는?(단, $I_n$는 차단기 정격전류이다.)

① $3I_n$ 초과~$5I_n$ 이하
② $5I_n$ 초과~$10I_n$ 이하
③ $10I_n$ 초과~$15I_n$ 이하
④ $10I_n$ 초과~$20I_n$ 이하

**해설**

순시트립에 따른 구분(주택용 배선차단기)

| 형 | 순시트립 범위 |
| --- | --- |
| B | $3I_n$ 초과 ~ $5I_n$ 이하 |
| C | $5I_n$ 초과 ~ $10I_n$ 이하 |
| D | $10I_n$ 초과 ~ $20I_n$ 이하 |

비고 1. B, C, D : 순시트립전류에 따른 차단기 분류
   2. $I_n$ : 차단기 정격전류

**68** 다음 중 방폭구조의 종류가 아닌 것은?

① 유압 방폭구조(k)
② 내압 방폭구조(d)
③ 본질안전 방폭구조(i)
④ 압력 방폭구조(p)

**정답** 64 ④  65 ②  66 ④  67 ①  68 ①

**해설**

방폭구조의 종류 및 기호

| 내압 방폭구조 | d | 안전증 방폭구조 | e | 비점화 방폭구조 | n |
|---|---|---|---|---|---|
| 압력 방폭구조 | p | 특수 방폭구조 | s | 몰드 방폭구조 | m |
| 유입 방폭구조 | o | 본질안전 방폭구조 | i(ia, ib) | 충전 방폭구조 | q |

## 69 피뢰시스템의 등급에 따른 회전구체의 반지름으로 틀린 것은?

① Ⅰ등급 : 20m   ② Ⅱ등급 : 30m
③ Ⅲ등급 : 40m   ④ Ⅳ등급 : 60m

**해설**

보호등급별 회전구체 반지름

| 보호등급 | 회전구체 반경(m) |
|---|---|
| Ⅰ | 20 |
| Ⅱ | 30 |
| Ⅲ | 45 |
| Ⅳ | 60 |

## 70 고장전류를 차단할 수 있는 것은?

① 차단기(CB)   ② 유입 개폐기(OS)
③ 단로기(DS)   ④ 선로 개폐기(LS)

**해설**

차단기(Circuit Breaker)
차단기는 통상의 부하전류를 개폐하고 사고 시 신속히 회로를 차단하여 전기기기 및 전선류를 보호하고 안전성을 유지하는 기기를 말한다.

## 71 정전기 재해를 예방하기 위해 설치하는 제전기의 제전효율은 설치 시에 얼마 이상이 되어야 하는가?

① 40% 이상   ② 50% 이상
③ 70% 이상   ④ 90% 이상

**해설**

제전기의 설치
제전기 설치하기 전후의 대전전위를 측정하여 제전의 목표치를 만족하는 위치 또는 제전효율이 90% 이상이 되는 곳을 선정한다.

## 72 감전사고로 인한 전격사의 메커니즘으로 가장 거리가 먼 것은?

① 흉부수축에 의한 질식
② 심실세동에 의한 혈액순환기능의 상실
③ 내장파열에 의한 소화기계통의 기능상실
④ 호흡중추신경 마비에 따른 호흡기능 상실

**해설**

전격(감전)현상의 메커니즘
1. 심장부에 전류가 흘러 심실세동이 발생하여 혈액순환기능이 상실되어 일어난 것
2. 뇌의 호흡중추신경에 전류가 흘러 호흡기능이 정지되어 일어난 것
3. 흉부에 전류가 흘러 흉부근육수축에 의한 질식으로 일어난 것

## 73 다음은 무슨 현상을 설명한 것인가?

> 전위차가 있는 2개의 대전체가 특정거리에 접근하게 되면 등전위가 되기 위하여 전하가 절연공간을 깨고 순간적으로 빛과 열을 발생하며 이동하는 현상

① 대전   ② 충전
③ 방전   ④ 열전

**해설**

방전
대전체가 전기를 잃는 현상으로, 전위차가 있는 2개의 대전체가 특정거리에 접근하게 되면 등전위가 되기 위하여 전하가 절연공간을 깨고 순간적으로 흘러가면서 열과 빛 등이 발생된다.

**TIP** 정전기 방전의 형태
- 코로나 방전
- 스트리머 방전
- 불꽃 방전
- 연면 방전
- 브러시 방전
- 뇌상방전

## 74 KS C IEC 60079-0의 정의에 따라 '두 도전부 사이의 고체 절연물 표면을 따른 최단거리'를 나타내는 명칭은?

① 전기적 간격   ② 절연공간거리
③ 연면거리   ④ 충전물 통과거리

**정답** 69 ③  70 ①  71 ④  72 ③  73 ③  74 ③

[해설]
용어의 정의
1. 전기적 간격 : 다른 전위를 갖고 있는 도전부 사이의 이격거리
2. 절연공간거리 : 두 도전부 사이의 공간을 통한 최단거리
3. 연면거리 : 두 도전부 사이의 고체 절연물 표면을 따른 최단거리
4. 충전물 통과거리 : 두 도전부 사이의 충전물을 통과한 최단거리

**75** 욕조나 샤워시설이 있는 욕조 또는 화장실에 콘센트가 시설되어 있다. 해당 전로에 설치된 누전차단기의 정격감도전류와 동작시간은?

① 정격감도전류 15mA 이하, 동작시간 0.01초 이하
② 정격감도전류 15mA 이하, 동작시간 0.03초 이하
③ 정격감도전류 30mA 이하, 동작시간 0.01초 이하
④ 정격감도전류 30mA 이하, 동작시간 0.03초 이하

[해설]
설치장소에 따른 누전차단기의 선정기준

| 설치장소 | 선정기준 |
| --- | --- |
| 욕조나 샤워시설이 있는 욕실 또는 화장실 등 인체가 물에 젖어 있는 상태에서 전기를 사용하는 장소 | 인체감전보호용 누전차단기(정격감도전류 15mA 이하, 동작시간 0.03초 이하의 전류동작형의 것에 한함) 또는 절연변압기(정격용량 3kVA 이하인 것에 한한다)로 보호된 전로에 접속하거나, 인체감전보호용 누전차단기가 부착된 콘센트를 시설하여야 한다. |
| 의료장소의 전로 | 정격 감도전류 30mA 이하, 동작시간 0.03초 이내의 누전차단기를 설치할 것 |

**76** 동작 시 아크가 발생하는 고압 및 특고압용 개폐기·차단기의 이격거리(목재의 벽 또는 천장, 기타 가연성 물체로부터의 거리)의 기준으로 옳은 것은?(단, 사용전압이 35kV 이하의 특고압용의 기구 등으로서 동작할 때에 생기는 아크의 방향과 길이를 화재가 발생할 우려가 없도록 제한하는 경우가 아니다.)

① 고압용 : 0.8m 이상, 특고압용 : 1.0m 이상
② 고압용 : 1.0m 이상, 특고압용 : 2.0m 이상
③ 고압용 : 2.0m 이상, 특고압용 : 3.0m 이상
④ 고압용 : 3.5m 이상, 특고압용 : 4.0m 이상

[해설]
아크를 발생하는 기구의 시설
고압용 또는 특고압용의 개폐기·차단기·피뢰기 기타 이와 유사한 기구로서 동작 시에 아크가 생기는 것은 목재의 벽 또는 천장 기타의 가연성 물체로부터 다음 표에서 정한 값 이상 이격하여 시설하여야 한다.

| 기구 등의 구분 | 이격거리 |
| --- | --- |
| 고압용의 것 | 1m 이상 |
| 특고압용의 것 | 2m 이상(사용전압이 35kV 이하의 특고압용의 기구 등으로서 동작할 때에 생기는 아크의 방향과 길이를 화재가 발생할 우려가 없도록 제한하는 경우에는 1m 이상) |

**77** 전류가 흐르는 상태에서 단로기를 끊었을 때 여러 가지 파괴작용을 일으킨다. 다음 그림에서 유입차단기의 차단순서와 투입순서가 안전수칙에 가장 적합한 것은?

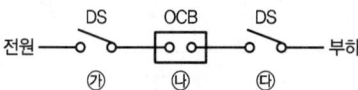

① 차단 : ㉮ → ㉯ → ㉰,  투입 : ㉮ → ㉯ → ㉰
② 차단 : ㉯ → ㉰ → ㉮,  투입 : ㉯ → ㉰ → ㉮
③ 차단 : ㉰ → ㉯ → ㉮,  투입 : ㉮ → ㉯ → ㉰
④ 차단 : ㉯ → ㉰ → ㉮,  투입 : ㉰ → ㉮ → ㉯

[해설]
유입차단기(OCB)의 투입 및 차단 순서
1. 전원 차단 시 : 차단기(OCB)를 개방한 후 단로기(DS) 개방
2. 전원 투입 시 : 단로기(DS)를 투입한 후 차단기(OCB) 투입

TIP
- 단로기가 많을 경우 항상 부하 측부터 먼저 조작한다.
- 차단기 : 차단기는 통상의 부하전류를 개폐하고 사고 시 신속히 회로를 차단하여 전기기기 및 전선류를 보호하고 안전성을 유지하는 기기를 말한다.
- 단로기 : 무부하 선로를 개폐하는 역할을 수행한다.

**78** 50kW, 60Hz 3상 유도전동기가 380V 전원에 접속된 경우 흐르는 전류(A)는 약 얼마인가?(단, 역률은 80%이다.)

① 82.24
② 94.96
③ 116.30
④ 164.47

### 해설
전류
1. 3상 전력

$$P = \sqrt{3}\,VI\cos\theta$$

여기서, $P$ : 전력(W)
$V$ : 전압(V)
$I$ : 전류(A)
$\cos\theta$ : 역률

2. 전류 계산

$$I = \frac{P}{\sqrt{3}\,V\cos\theta} = \frac{50,000}{\sqrt{3} \times 380 \times 0.8} = 94.96$$

**TIP** 1kW = 1,000W

**79** 피뢰기의 제한 전압이 752kV이고 변압기의 기준충격 절연강도가 1,050kV라면, 보호 여유도(%)는 약 얼마인가?

① 18
② 28
③ 40
④ 43

### 해설
피뢰침의 보호 여유도

$$\text{여유도(\%)} = \frac{\text{충격절연강도} - \text{제한전압}}{\text{제한전압}} \times 100$$

$$\text{여유도(\%)} = \frac{\text{충격절연강도} - \text{제한전압}}{\text{제한전압}} \times 100$$
$$= \frac{1,050 - 752}{752} \times 100 = 39.6 ≒ 40(\%)$$

**80** 접지 목적에 따른 분류에서 병원설비의 의료용 전기전자(M·E)기기와 모든 금속부분 또는 도전바닥에도 접지하여 전위를 동일하게 하기 위한 접지를 무엇이라 하는가?

① 계통 접지
② 등전위 접지
③ 노이즈방지용 접지
④ 정전기 장해방지 이용 접지

### 해설
목적에 따른 접지의 분류

| 접지의 종류 | 목적 |
| --- | --- |
| 계통접지 | 고압전로와 저압전로가 혼촉되었을 때의 감전이나 화재 방지를 위해 변압기의 중성점을 접지하는 방식 |
| 기기 접지 | 누전되고 있는 기기에 접촉되었을 때의 감전 방지 |
| 피뢰기 접지 | 낙뢰로부터 전기기기의 손상을 방지 |
| 정전기 장해 방지용 접지 | 정전기 축적에 의한 폭발 재해 방지 |
| 지락 검출용 접지 | 누전 차단기의 동작을 확실하게 한다. |
| 등전위 접지 | 병원에 있어서의 의료기기 사용 시의 안전 |
| 잡음 대책용 접지 | 잡음에 의한 전자장치의 파괴나 오동작을 방지 |
| 기능용 접지 | 전기 방식 설비 등의 접지 |
| 노이즈 방지용 접지 | 노이즈에 의한 전기장치의 파괴나 오동작 방지를 위한 접지 |

## 5과목 화학설비위험방지기술

**81** 반응기를 조작방식에 따라 분류할 때 해당되지 않는 것은?

① 회분식 반응기
② 반회분식 반응기
③ 연속식 반응기
④ 관형식 반응기

### 해설
반응기의 분류

| 반응 조작방식에 의한 분류 | • 회분식 반응기(회분식 균일상 반응기)<br>• 반회분식 반응기<br>• 연속식 반응기 |
| --- | --- |
| 반응기 구조방식에 의한 분류 | • 관형 반응기<br>• 탑형 반응기<br>• 교반조형 반응기<br>• 유동층형 반응기 |

정답 79 ③ 80 ② 81 ④

**82** 위험물질에 대한 설명 중 틀린 것은?

① 과산화나트륨에 물이 접촉하는 것은 위험하다.
② 황린은 물속에 저장한다.
③ 염소산나트륨은 물과 반응하여 폭발성의 수소기체를 발생한다.
④ 아세트알데히드는 0℃ 이하의 온도에서도 인화할 수 있다.

**해설**
염소산나트륨
1. 물, 알코올, 글리세린, 에테르 등에 잘 녹는다.
2. 가열, 충격, 마찰 등을 피하고 분해하기 쉬운 약품과의 접촉을 피한다.
3. 소화방법 : 다량의 물에 의한 주수 소화

**83** 다음 물질 중 물에 가장 잘 용해되는 것은?

① 아세톤   ② 벤젠
③ 톨루엔   ④ 휘발유

**해설**
아세톤
물과 유기용제에 잘 녹고 일광(햇빛) 또는 공기와 접촉하면 폭발성의 과산화물을 생성시킨다.

**84** 산업안전보건법령상 위험물질의 종류에서 "폭발성 물질 및 유기과산화물"에 해당하는 것은?

① 디아조화합물   ② 황린
③ 알킬알루미늄   ④ 마그네슘 분말

**해설**
폭발성 물질 및 유기과산화물
1. 질산에스테르류
2. 니트로화합물
3. 니트로소화합물
4. 아조화합물
5. 디아조화합물
6. 하이드라진 유도체
7. 유기과산화물
8. 그 밖에 1.목부터 7.목까지의 물질과 같은 정도의 폭발 위험이 있는 물질
9. 1.목부터 8.목까지의 물질을 함유한 물질

**85** 다음 중 고체연소의 종류에 해당하지 않는 것은?

① 표면연소   ② 증발연소
③ 분해연소   ④ 예혼합연소

**해설**
가연물의 종류에 따른 연소의 분류

| 기체연소 | • 확산연소 | • 예혼합연소 |
|---|---|---|
| 액체연소 | • 증발연소 | • 액적연소 |
| 고체연소 | • 표면연소<br>• 증발연소 | • 분해연소<br>• 자기연소 |

**86** 다음 가스 중 가장 독성이 큰 것은?

① CO   ② $COCl_2$
③ $NH_3$   ④ $H_2$

**해설**
화학물질의 노출기준

| 유해물질의 명칭 | 화학식 | 노출기준 TWA | |
|---|---|---|---|
| | | ppm | mg/m³ |
| 시안화수소 | HCN | – | – |
| 포스겐 | $COCl_2$ | 0.1 | – |
| 불소 | $F_2$ | 0.1 | – |
| 염소 | $Cl_2$ | 0.5 | – |
| 니트로벤젠 | $C_6H_5NO_2$ | 1 | – |
| 벤젠 | $C_6H_6$ | 0.5 | – |
| 황화수소 | $H_2S$ | 10 | – |
| 암모니아 | $NH_3$ | 25 | – |
| 일산화탄소 | CO | 30 | – |
| 메탄올 | $CH_3OH$ | 200 | – |
| 에탄올 | $C_2H_5OH$ | 1,000 | – |

**87** 공정안전보고서 중 공정안전자료에 포함하여야 할 세부내용에 해당하는 것은?

① 비상조치계획에 따른 교육계획
② 안전운전지침서
③ 각종 건물·설비의 배치도
④ 도급업체 안전관리계획

정답  82 ③  83 ①  84 ①  85 ④  86 ②  87 ③

### 해설
공정안전자료
1. 취급·저장하고 있거나 취급·저장하려는 유해·위험물질의 종류 및 수량
2. 유해·위험물질에 대한 물질안전보건자료
3. 유해하거나 위험한 설비의 목록 및 사양
4. 유해하거나 위험한 설비의 운전방법을 알 수 있는 공정도면
5. 각종 건물·설비의 배치도
6. 폭발위험장소 구분도 및 전기단선도
7. 위험설비의 안전설계·제작 및 설치 관련 지침서

**88** 디에틸에테르의 연소범위에 가장 가까운 값은?

① 2~10.4%  ② 1.9~48%
③ 2.5~15%  ④ 1.5~7.8%

### 해설
디에틸에테르(제4류 위험물)
무색 투명한 유동성 액체로 휘발성이 크며, 인화점(-45℃), 발화점(180℃)이 매우 낮고 연소범위(1.9~48%)가 넓어 인화성, 발화성이 강하다.

**89** 공기 중에서 A 가스의 폭발하한계는 2.2vol%이다. 이 폭발하한계 값을 기준으로 하여 표준상태에서 A 가스와 공기의 혼합기체 1m³에 함유되어 있는 A 가스의 질량을 구하면 약 몇 g인가?(단, A 가스의 분자량은 26이다.)

① 19.02  ② 25.54
③ 29.02  ④ 35.54

### 해설
질량
1. A 가스의 부피
$1,000L \times \dfrac{2.2}{100} = 22L$
2. 표준상태(0℃, 1기압)에서 A 가스의 분자량은 26g 이므로
$A 가스의 질량 = 22L \times \dfrac{26g}{22.4L} = 25.54(g)$

 $1m^3 = 1,000L$

**90** 가연성물질을 취급하는 장치를 퍼지하고자 할 때 잘못된 것은?

① 대상물질의 물성을 파악한다.
② 사용하는 불활성가스의 물성을 파악한다.
③ 퍼지용 가스를 가능한 한 빠른 속도로 단시간에 다량 송입한다.
④ 장치 내부를 세정한 후 퍼지용 가스를 송입한다.

### 해설
퍼지용 가스는 장시간에 걸쳐 천천히 송입한다.

**91** 에틸렌($C_2H_4$)이 완전연소하는 경우 다음의 Jones 식을 이용하여 계산할 경우 연소하한계는 약 몇 vol%인가?

$$\text{Jones식} : LFL = 0.55 \times C_{st}$$

① 0.55  ② 3.6
③ 6.3   ④ 8.5

### 해설
연소(폭발) 하한계
1. 완전연소 조성농도(화학양론농도)

$$C_{st} = \dfrac{100}{1 + 4.773\left(n + \dfrac{m-f-2\lambda}{4}\right)}$$

여기서 $n$ : 탄소의 원자수
$m$ : 수소의 원자수
$f$ : 할로겐 원소의 원자수
$\lambda$ : 산소의 원자수

2. Jones식 폭발한계
㉠ 연소(폭발) 하한계 : $C_{st} \times 0.55$
㉡ 연소(폭발) 상한계 : $C_{st} \times 3.5$

3. $C_{st} = \dfrac{100}{1 + 4.773\left(n + \dfrac{m-f-2\lambda}{4}\right)}$
$= \dfrac{100}{1 + 4.773\left(2 + \dfrac{4}{4}\right)} = 6.53(\%)$

(단, $C_2H_4 \rightarrow n = 2, m = 4, f = 0, \lambda = 0$)

4. 연소(폭발)하한계 : $C_{st} \times 0.55 = 6.53 \times 0.55 = 3.6(vol\%)$

**정답** 88 ② 89 ② 90 ③ 91 ②

**92** 건조설비의 구조를 구조부분, 가열장치, 부속설비로 구분할 때 다음 중 "부속설비"에 속하는 것은?

① 보온판   ② 열원장치
③ 소화장치   ④ 철골부

**해설**

건조설비의 구성

| 구조부분 | 몸체(철골부, 보온판, shell부 등) 및 내부구조를 말한다. 또 이들의 내부에 있는 구동장치도 포함한다. |
|---|---|
| 가열장치 | • 열원장치, 순환용 송풍기 등 열을 발생하고 이것을 이동하는 부분을 총괄한 것을 말한다.<br>• 본체의 내부에 설치된 경우도 있고, 외부에 설치된 경우도 있다. |
| 부속설비 | • 본체에 부속되어 있는 설비의 전반을 말한다.<br>• 환기장치, 온도조절장치, 온도측정장치, 안전장치, 소화장치, 전기설비, 집진장치 등이 포함된다. |

**93** 폭발을 기상폭발과 응상폭발로 분류할 때 기상폭발에 해당되지 않는 것은?

① 분진폭발   ② 혼합가스폭발
③ 분무폭발   ④ 수증기폭발

**해설**

폭발의 분류

| 공정에 따른 분류 | 핵폭발 | 원자핵의 분열이나 융합에 의한 강렬한 에너지 방출 현상 |
|---|---|---|
| | 물리적 폭발 | 화학적 변화 없이 물리 변화를 주체로 한 폭발의 형태(탱크의 감압폭발, 수증기 폭발, 고압용기의 폭발, 전선폭발, 보일러폭발 등) |
| | 화학적 폭발 | 화학반응이 관여하는 화학적 특성 변화에 의한 폭발(산화폭발, 분해폭발, 중합폭발, 반응폭주) |
| 원인물질의 상태에 따른 분류 | 기상폭발 | 가스폭발, 분무폭발, 분진폭발, 가스분해폭발, 증기운폭발 |
| | 응상폭발 | 수증기폭발(액체일 때), 증기폭발(액화가스일 때), 전선폭발 |

**94** 가스누출감지경보기 설치에 관한 기술상의 지침으로 틀린 것은?

① 암모니아를 제외한 가연성 가스 누출감지경보기는 방폭성능을 갖는 것이어야 한다.
② 독성가스 누출감지경보기는 해당 독성가스 허용농도의 25% 이하에서 경보가 울리도록 설정하여야 한다.
③ 하나의 감지대상가스가 가연성이면서 독성인 경우에는 독성가스를 기준하여 가스누출감지경보기를 선정하여야 한다.
④ 건축물 안에 설치되는 경우, 감지대상가스의 비중이 공기보다 무거운 경우에는 건축물 내의 하부에 설치하여야 한다.

**해설**

가스누출감지경보기의 경보설정치 및 정밀도
1. 가연성 가스누출감지경보기는 감지대상 가스의 폭발하한계 25퍼센트 이하, 독성가스 누출감지경보기는 해당 독성가스의 허용농도 이하에서 경보가 울리도록 설정하여야 한다.
2. 가스누출감지경보의 정밀도는 경보설정치에 대하여 가연성 가스누출감지경보기는 ±25퍼센트 이하, 독성가스누출감지경보기는 ±30퍼센트 이하이어야 한다.

**95** 화염방지기의 설치에 관한 사항으로 (   )에 알맞은 것은?

> 사업주는 인화성 액체 및 인화성 가스를 저장·취급하는 화학설비에서 증기나 가스를 대기로 방출하는 경우에는 외부로부터의 화염을 방지하기 위하여 화염방지기를 그 설비 (   )에 설치하여야 한다.

① 상단   ② 하단
③ 중앙   ④ 무게 중심

**해설**

통기설비 및 화염방지기 설치
1. 인화성 액체를 저장·취급하는 대기압탱크에는 통기관 또는 통기밸브(Breather Valve) 등을 설치하여야 한다.
2. 인화성 액체 및 인화성 가스를 저장 취급하는 화학설비에서 증기나 가스를 대기로 방출하는 경우에는 외부로부터의 화염을 방지하기 위하여 화염방지기를 그 설비 상단에 설치하여야 한다.

**96** 처음 온도가 20℃인 공기를 절대압력 1기압에서 3기압으로 단열압축하면 최종온도는 약 몇 도인가?(단, 공기의 비열비는 1.4이다.)

① 68℃   ② 75℃
③ 128℃   ④ 164℃

**해설**

단열압축 과정에서의 온도 변화

$$\frac{T_2}{T_1} = \left(\frac{P_2}{P_1}\right)^{(k-1)/k} \qquad T_2 = T_1 \times \left(\frac{P_2}{P_1}\right)^{(k-1)/k}$$

여기서, $T_1$ : 압축 전 절대온도(K)
$T_2$ : 단열압축 후의 절대온도(K)
$P_1$ : 압축 전 압력
$P_2$ : 단열압축 시의 압력
$k$ : 압축비(통상 1.4를 기준)[1.1~1.8의 값
절대온도(K)=℃+273, ℃=절대온도(K)−273

1. $T_2 = T_1 \times \left(\frac{P_2}{P_1}\right)^{(k-1)/k}$
   $= (273+20) \times \left(\frac{3}{1}\right)^{(1.4-1)/1.4} = 401.04$(K)
2. 절대온도를 섭씨온도로 바꾸면,
   $401.04 - 273 = 128.04 ≒ 128$(℃)

## 97 [보기]의 물질을 폭발 범위가 넓은 것부터 좁은 순서로 옳게 배열한 것은?

[보기]
$H_2$   $C_3H_8$   $CH_4$   CO

① $CO > H_2 > C_3H_8 > CH_4$
② $H_2 > CO > CH_4 > C_3H_8$
③ $C_3H_8 > CO > CH_4 > H_2$
④ $CH_4 > H_2 > CO > C_3H_8$

**해설**

주요 가연성 가스의 폭발범위

| 가연성 가스 | 폭발하한 값(%) | 폭발상한 값(%) | 폭발 범위 |
|---|---|---|---|
| 수소($H_2$) | 4.0 | 75.0 | 75.0 − 4.0 = 71.0 |
| 일산화탄소(CO) | 12.5 | 74.0 | 74.0 − 12.5 = 61.5 |
| 프로판($C_3H_8$) | 2.1 | 9.5 | 9.5 − 2.1 = 7.4 |
| 메탄($CH_4$) | 5.0 | 15.0 | 15.0 − 5.0 = 10.0 |

## 98 다음 중 가연성 물질과 산화성 고체가 혼합하고 있을 때 연소에 미치는 현상으로 옳은 것은?

① 착화온도(발화점)가 높아진다.
② 최소점화에너지가 감소하며, 폭발의 위험성이 증가한다.
③ 가스나 가연성 증기의 경우 공기혼합보다 연소범위가 축소된다.
④ 공기 중에서보다 산화작용이 약하게 발생하여 화염 온도가 감소하며 연소속도가 늦어진다.

**해설**

산화성 고체(제1류 위험물)
1. 물에 대한 비중은 1보다 크며 물에 녹는 것이 많고, 조해성이 있는 것도 있으며 강산화성 물질이다.(조해성 : 공기 중의 수분을 흡수하여 녹아버리는 성질)
2. 가열, 충격, 촉매, 이물질 등과의 접촉으로 심하게 연소하거나 경우에 따라서는 폭발한다.
3. 가연성물질과 혼합 시 산소공급원이 되어 최소점화에너지가 감소하며, 폭발의 위험성이 증가한다.

## 99 물질의 누출방지용으로써 접합면을 상호 밀착시키기 위하여 사용하는 것은?

① 개스킷    ② 체크밸브
③ 플러그    ④ 콕크

**해설**

덮개 등 접합부의 조치사항
화학설비 또는 그 배관의 덮개·플랜지·밸브 및 콕의 접합부에 대해서는 접합부에서 위험물질 등이 누출되어 폭발·화재 또는 위험물이 누출되는 것을 방지하기 위하여 적절한 개스킷(Gasket)을 사용하고 접합면을 서로 밀착시키는 등 적절한 조치를 하여야 한다.

## 100 다음 중 인화성 가스가 아닌 것은?

① 부탄    ② 메탄
③ 수소    ④ 산소

**해설**

인화성 가스
1. 수소
2. 아세틸렌
3. 에틸렌
4. 메탄
5. 에탄
6. 프로판
7. 부탄

**정답** 97 ② 98 ② 99 ① 100 ④

## 6과목 건설안전기술

**101** 산업안전보건관리비 항목 중 안전시설비로 사용 가능한 것은?

① 원활한 공사수행을 위한 가설시설 중 비계설치 비용
② 소음 관련 민원예방을 위한 건설현장 소음방지용 방음시설 설치 비용
③ 근로자의 재해예방을 위한 목적으로만 사용하는 CCTV에 사용되는 비용
④ 기계·기구 등과 일체형 안전장치의 구입비용

**해설**

안전시설비 등 사용기준
1. 산업재해 예방을 위한 안전난간, 추락방호망, 안전대 부착설비, 방호장치(기계·기구와 방호장치가 일체로 제작된 경우, 방호장치 부분의 가액에 한함) 등 안전시설의 구입·임대 및 설치를 위해 소요되는 비용
2. 스마트 안전장비 구입·임대 비용. 다만, 계상기준에 따라 계상된 산업안전보건관리비 총액의 10분의 2를 초과할 수 없다.
3. 용접 작업 등 화재 위험작업 시 사용하는 소화기의 구입·임대비용

> **TIP** 본 문제는 법 개정으로 일부 내용이 수정되었습니다. 해설은 법 개정으로 수정된 내용이니 해설을 학습하세요.

**102** 강관비계를 사용하여 비계를 구성하는 경우 준수해야 할 기준으로 옳지 않은 것은?

① 비계기둥의 간격은 띠장 방향에서는 1.85m 이하, 장선(長線) 방향에서는 1.5m 이하로 할 것
② 띠장 간격은 2.0m 이하로 할 것
③ 비계기둥의 제일 윗부분으로부터 31m되는 지점 밑부분의 비계기둥은 2개의 강관으로 묶어 세울 것
④ 비계기둥 간의 적재하중은 600kg을 초과하지 않도록 할 것

**해설**

강관비계의 구조
1. 비계기둥의 간격은 띠장 방향에서는 1.85미터 이하, 장선 방향에서는 1.5미터 이하로 할 것. 다만, 다음 각 목의 어느 하나에 해당하는 작업의 경우에는 안전성에 대한 구조검토를 실시하고 조립도를 작성하면 띠장 방향 및 장선 방향으로 각각 2.7미터 이하로 할 수 있다.
   ㉠ 선박 및 보트 건조작업
   ㉡ 그 밖에 장비 반입·반출을 위하여 공간 등을 확보할 필요가 있는 등 작업의 성질상 비계기둥 간격에 관한 기준을 준수하기 곤란한 작업
2. 띠장 간격은 2.0미터 이하로 할 것. 다만, 작업의 성질상 이를 준수하기가 곤란하여 쌍기둥틀 등에 의하여 해당 부분을 보강한 경우에는 그러하지 아니하다.
3. 비계기둥의 제일 윗부분으로부터 31미터 되는 지점 밑부분의 비계기둥은 2개의 강관으로 묶어 세울 것. 다만, 브라켓(bracket) 등으로 보강하여 2개의 강관으로 묶을 경우 이상의 강도가 유지되는 경우에는 그러하지 아니하다.
4. 비계기둥 간의 적재하중은 400킬로그램을 초과하지 않도록 할 것

**103** 달비계의 최대적재하중을 정함에 있어서 활용하는 안전계수의 기준으로 옳은 것은?(단, 곤돌라의 달비계를 제외한다.)

① 달기 혹 : 5 이상
② 달기 강선 : 5 이상
③ 달기 체인 : 3 이상
④ 달기 와이어로프 : 5 이상

**해설**

달비계(곤돌라의 달비계 제외)의 안전계수

| 구분 | | 안전계수 |
|---|---|---|
| 달기 와이어로프 및 달기 강선 | | 10 이상 |
| 달기 체인 및 달기 혹 | | 5 이상 |
| 달기 강대와 달비계의 하부 및 상부 지점 | 강재 | 2.5 이상 |
| | 목재 | 5 이상 |

> **TIP** 본 문제는 법 개정으로 내용이 삭제되었습니다. 참고만 하세요.

**104** 흙 속의 전단응력을 증대시키는 원인에 해당하지 않는 것은?

① 자연 또는 인공에 의한 지하공동의 형성
② 함수비의 감소에 따른 흙의 단위체적 중량의 감소
③ 지진, 폭파에 의한 진동 발생
④ 균열 내에 작용하는 수압 증가

**해설**

전단응력 증가 요인
1. 외적 하중 증가(건물하중, 강우, 눈, 성토 등)
2. 함수비 증가에 따른 흙의 단위체적 중량의 증가

**정답** 101 ③  102 ④  103 ①  104 ②

3. 균열 내 작용하는 수압 증가
4. 인장응력에 의한 균열 발생
5. 지진, 폭파 등에 의한 진동
6. 자연 또는 인공에 의한 지하공동의 형성(투수, 침식, 인위적인 절토 등)

**105** 사다리식 통로 등을 설치하는 경우 고정식 사다리식 통로의 기울기는 최대 몇 도 이하로 하여야 하는가?

① 60도　　　② 75도
③ 80도　　　④ 90도

**해설**

사다리식 통로
1. 견고한 구조로 할 것
2. 심한 손상·부식 등이 없는 재료를 사용할 것
3. 발판의 간격은 일정하게 할 것
4. 발판과 벽과의 사이는 15센티미터 이상의 간격을 유지할 것
5. 폭은 30센티미터 이상으로 할 것
6. 사다리가 넘어지거나 미끄러지는 것을 방지하기 위한 조치를 할 것
7. 사다리의 상단은 걸쳐놓은 지점으로부터 센티미터 이상 올라가도록 할 것
8. 사다리식 통로의 길이가 10미터 이상인 경우에는 5미터 이내마다 계단참을 설치할 것
9. 사다리식 통로의 기울기는 75도 이하로 할 것. 다만, 고정식 사다리식 통로의 기울기는 90도 이하로 하고, 그 높이가 7미터 이상인 경우에는 다음 각 목의 구분에 따른 조치를 할 것
   가. 등받이울이 있어도 근로자 이동에 지장이 없는 경우 : 바닥으로부터 높이가 2.5미터 되는 지점부터 등받이울을 설치할 것
   나. 등받이울이 있으면 근로자가 이동이 곤란한 경우 : 개인용 추락 방지 시스템을 설치하고 근로자로 하여금 전신안전대를 사용하도록 할 것
10. 접이식 사다리 기둥은 사용 시 접혀지거나 펼쳐지지 않도록 철물 등을 사용하여 견고하게 조치할 것

**106** 유한사면에서 원형활동면에 의해 발생하는 일반적인 사면 파괴의 종류에 해당하지 않는 것은?

① 사면 내 파괴(Slope Failure)
② 사면 선단 파괴(Toe Failure)
③ 사면 인장 파괴(Tension Failure)
④ 사면 저부 파괴(Base Failure)

**해설**

단순사면(유한사면)의 붕괴형태
1. 사면 내 파괴(Slope Failure)[사면 중심부 붕괴] : 성토층이 여러 층이고 기반이 얕은 경우
2. 사면 선(선단) 파괴(Toe Failure)[사면 천단부 붕괴] : 사면이 비교적 급하고(53° 이상) 점착력이 작은 경우
3. 사면 저부(바닥면) 파괴(Base Failure)[사면 하단부 붕괴] : 사면이 비교적 완만하고 점착력이 큰 경우

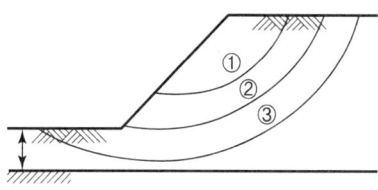

단순사면(유한사면)

**107** 차량계 건설기계를 사용하여 작업을 하는 경우 작업계획서 내용에 포함되지 않는 것은?

① 사용하는 차량계 건설기계의 종류 및 성능
② 차량계 건설기계의 운행경로
③ 차량계 건설기계에 의한 작업방법
④ 차량계 건설기계의 유지보수방법

**해설**

차량계 건설기계의 작업계획서 내용
1. 사용하는 차량계 건설기계의 종류 및 성능
2. 차량계 건설기계의 운행경로
3. 차량계 건설기계에 의한 작업방법

**108** 단관비계의 도괴 또는 전도를 방지하기 위하여 사용하는 벽이음의 간격기준으로 옳은 것은?

① 수직방향 5m 이하, 수평방향 5m 이하
② 수직방향 6m 이하, 수평방향 6m 이하
③ 수직방향 7m 이하, 수평방향 7m 이하
④ 수직방향 8m 이하, 수평방향 8m 이하

**해설**

강관비계의 조립 간격

| 강관비계의 종류 | 조립간격(단위 : m) | |
|---|---|---|
| | 수직방향 | 수평방향 |
| 단관비계 | 5 | 5 |
| 틀비계(높이가 5m 미만인 것은 제외한다) | 6 | 8 |

정답　105 ④　106 ③　107 ④　108 ①

**109** 다음은 산업안전보건법령에 따른 항타기 또는 항발기에 권상용 와이어로프를 사용하는 경우에 준수하여야 할 사항이다. ( ) 안에 알맞은 내용으로 옳은 것은?

> 권상용 와이어로프는 추 또는 해머가 최저의 위치에 있을 때 또는 널말뚝을 빼내기 시작할 때를 기준으로 권상장치의 드럼에 적어도 ( ) 감기고 남을 수 있는 충분한 길이일 것

① 1회　　　　　② 2회
③ 4회　　　　　④ 6회

**해설**
권상용 와이어로프 사용 시 준수사항
1. 권상용 와이어로프는 추 또는 해머가 최저의 위치에 있을 때 또는 널말뚝을 빼내기 시작할 때를 기준으로 권상장치의 드럼에 적어도 2회 감기고 남을 수 있는 충분한 길이일 것
2. 권상용 와이어로프는 권상장치의 드럼에 클램프·클립 등을 사용하여 견고하게 고정할 것
3. 항타기의 권상용 와이어로프에서 추·해머 등과의 연결은 클램프·클립 등을 사용하여 견고하게 할 것

**110** 인력으로 화물을 인양할 때의 몸의 자세와 관련하여 준수하여야 할 사항으로 옳지 않은 것은?

① 한쪽 발은 들어올리는 물체를 향하여 안전하게 고정시키고 다른 발은 그 뒤에 안전하게 고정시킬 것
② 등은 항상 직립한 상태와 90도 각도를 유지하여 가능한 한 지면과 수평이 되도록 할 것
③ 팔은 몸에 밀착시키고 끌어당기는 자세를 취하며 가능한 한 수평거리를 짧게 할 것
④ 손가락으로만 인양물을 잡아서는 아니 되며 손바닥으로 인양물 전체를 잡을 것

**해설**
인력운반작업의 준수사항
인양할 때의 몸의 자세는 다음 사항을 준수하여야 한다.
1. 한쪽 발은 들어올리는 물체를 향하여 안전하게 고정시키고 다른 발은 그 뒤에 안전하게 고정시킬 것
2. 등은 항상 직립을 유지하여 가능한 한 지면과 수직이 되도록 할 것
3. 무릎은 직각자세를 취하고 몸은 가능한 한 인양물에 근접하여 정면에서 인양할 것
4. 턱은 안으로 당겨 척추와 일직선이 되도록 할 것

5. 팔은 몸에 밀착시키고 끌어당기는 자세를 취하며 가능한 한 수평거리를 짧게 할 것
6. 손가락으로만 인양물을 잡아서는 아니 되며 손바닥으로 인양물 전체를 잡을 것
7. 체중의 중심은 항상 양 다리 중심에 있게 하여 균형을 유지할 것
8. 인양하는 최초의 힘은 뒷발 쪽에 두고 인양할 것

**111** 추락방지용 방망 중 그물코의 크기가 5cm인 매듭방망 신품의 인장강도는 최소 몇 kg 이상이어야 하는가?

① 60　　　　　② 110
③ 150　　　　④ 200

**해설**
방망사의 신품에 대한 인장강도

| 그물코의 크기<br>(단위 : 센티미터) | 방망의 종류(단위 : 킬로그램) | |
|---|---|---|
| | 매듭 없는 방망 | 매듭방망 |
| 10 | 240(150) | 200(135) |
| 5 | | 110(60) |

단, ( )는 폐기 시 인장강도

**112** 하역작업 등에 의한 위험을 방지하기 위하여 준수하여야 할 사항으로 옳지 않은 것은?

① 꼬임이 끊어진 섬유로프를 화물운반용으로 사용해서는 안 된다.
② 심하게 부식된 섬유로프를 고정용으로 사용해서는 안 된다.
③ 차량 등에서 화물을 내리는 작업 시 해당 작업에 종사하는 근로자에게 쌓여 있는 화물 중간에서 화물을 빼내도록 할 경우에는 사전 교육을 철저히 한다.
④ 부두 또는 안벽의 선을 따라 통로를 설치하는 경우에는 폭을 90cm 이상으로 한다.

**해설**
화물 중간에서 화물 빼내기 금지
차량 등에서 화물을 내리는 작업을 하는 경우에 해당 작업에 종사하는 근로자에게 쌓여 있는 화물 중간에서 화물을 빼내도록 해서는 아니 된다.

**정답**　109 ②　110 ②　111 ②　112 ③

**113** 산업안전보건법령에 따른 유해위험방지계획서 제출 대상 공사로 볼 수 없는 것은?

① 지상 높이가 31m 이상인 건축물의 건설공사
② 터널 건설공사
③ 깊이 10m 이상인 굴착공사
④ 다리의 전체길이가 40m 이상인 건설공사

**해설**

유해위험방지계획서를 제출해야 될 건설공사
1. 다음 각 목의 어느 하나에 해당하는 건축물 또는 시설 등의 건설·개조 또는 해체공사
   ㉠ 지상높이가 31미터 이상인 건축물 또는 인공구조물
   ㉡ 연면적 3만제곱미터 이상인 건축물
   ㉢ 연면적 5천제곱미터 이상인 시설로서 다음의 어느 하나에 해당하는 시설
   • 문화 및 집회시설(전시장 및 동물원·식물원은 제외)
   • 판매시설, 운수시설(고속철도의 역사 및 집배송시설은 제외)
   • 종교시설
   • 의료시설 중 종합병원
   • 숙박시설 중 관광숙박시설
   • 지하도상가
   • 냉동·냉장 창고시설
2. 연면적 5천제곱미터 이상인 냉동·냉장 창고시설의 설비공사 및 단열공사
3. 최대 지간길이(다리의 기둥과 기둥의 중심 사이의 거리)가 50미터 이상인 다리의 건설 등 공사
4. 터널의 건설 등 공사
5. 다목적댐, 발전용댐, 저수용량 2천만 톤 이상의 용수 전용 댐 및 지방상수도 전용 댐의 건설 등 공사
6. 깊이 10미터 이상인 굴착공사

**114** 버팀보, 앵커 등의 축하중 변화상태를 측정하여 이들 부재의 지지효과 및 그 변화 추이를 파악하는 데 사용되는 계측기기는?

① Water Level Meter    ② Load Cell
③ Piezo Meter          ④ Strain Gauge

**해설**

계측기의 종류

| 장치 | 용도 |
|---|---|
| 지하수위계<br>(Water Level Meter) | 지하수의 수위변화를 측정 |
| 하중계<br>(Load Cell) | • 흙막이 버팀대에 작용하는 토압, 어스앵커의 인장력 등을 측정<br>• 스트럿(Strut) 또는 어스앵커(Earth Anchor) 등의 축 하중 변화를 측정 |
| 간극 수압계<br>(Piezo Meter) | 굴착으로 인한 지하의 간극수압을 측정 |
| 변형률계<br>(Strain Gauge) | • 흙막이벽 버팀대의 응력변화를 측정<br>• 흙막이 구조물 각 부재와 인접 구조물의 변형률을 측정 |

**115** 건설현장에서 사용되는 작업발판 일체형 거푸집의 종류에 해당되지 않는 것은?

① 갱폼(Gang Form)
② 슬립폼(Slip Form)
③ 클라이밍 폼(Climbing Form)
④ 유로폼(Euro Form)

**해설**

작업발판 일체형 거푸집
1. 갱폼(Gang Form)
2. 슬립폼(Slip Form)
3. 클라이밍 폼(Climbing Form)
4. 터널 라이닝 폼(Tunnel Lining Form)
5. 그 밖에 거푸집과 작업발판이 일체로 제작된 거푸집 등

**116** 콘크리트 타설작업을 하는 경우 준수하여야 할 사항으로 옳지 않은 것은?

① 당일의 작업을 시작하기 전에 해당 작업에 관한 거푸집동바리 등의 변형·변위 및 지반의 침하 유무 등을 점검하고 이상이 있으면 보수할 것
② 콘크리트를 타설하는 경우에는 편심이 발생하지 않도록 골고루 분산하여 타설할 것
③ 설계도서상의 콘크리트 양생기간을 준수하여 거푸집동바리 등을 해체할 것
④ 작업 중에는 거푸집동바리 등의 변형·변위 및 침하 유무 등을 감시할 수 있는 감시자를 배치하여 이상이 있으면 작업을 중지하지 아니하고, 즉시 충분한 보강조치를 실시할 것

정답  113 ④  114 ②  115 ④  116 ④

**해설**

**콘크리트 타설작업 시 준수사항**
1. 당일의 작업을 시작하기 전에 해당 작업에 관한 거푸집 및 동바리의 변형·변위 및 지반의 침하 유무 등을 점검하고 이상이 있으면 보수할 것
2. 작업 중에는 감시자를 배치하는 등의 방법으로 거푸집 및 동바리의 변형·변위 및 침하 유무 등을 확인해야 하며, 이상이 있으면 작업을 중지하고 근로자를 대피시킬 것
3. 콘크리트 타설작업 시 거푸집 붕괴의 위험이 발생할 우려가 있으면 충분한 보강조치를 할 것
4. 설계도서상의 콘크리트 양생기간을 준수하여 거푸집 및 동바리를 해체할 것
5. 콘크리트를 타설하는 경우에는 편심이 발생하지 않도록 골고루 분산하여 타설할 것

**117** 다음은 산업안전보건법령에 따른 화물자동차의 승강설비에 관한 사항이다. ( ) 안에 알맞은 내용으로 옳은 것은?

> 사업주는 바닥으로부터 짐 윗면까지의 높이가 ( ) 이상인 화물자동차에 짐을 싣는 작업 또는 내리는 작업을 하는 경우에는 근로자의 추가 위험을 방지하기 위하여 해당 작업에 종사하는 근로자가 바닥과 적재함의 짐 윗면 간을 안전하게 오르내리기 위한 설비를 설치하여야 한다.

① 2m  ② 4m
③ 6m  ④ 8m

**해설**

**승강설비**
바닥으로부터 짐 윗면까지의 높이가 2미터 이상인 화물자동차에 짐을 싣는 작업 또는 내리는 작업을 하는 경우에는 근로자의 추가 위험을 방지하기 위하여 해당 작업에 종사하는 근로자가 바닥과 적재함의 짐 윗면 간을 안전하게 오르내리기 위한 설비를 설치하여야 한다.

**118** 근로자의 추락 등의 위험을 방지하기 위한 안전난간의 설치기준으로 옳지 않은 것은?

① 상부 난간대와 중간 난간대는 난간 길이 전체에 걸쳐 바닥면 등과 평행을 유지할 것
② 발끝막이판은 바닥면 등으로부터 20cm 이상의 높이를 유지할 것
③ 난간대는 지름 2.7cm 이상의 금속제 파이프나 그 이상의 강도가 있는 재료일 것
④ 안전난간은 구조적으로 가장 취약한 지점에서 가장 취약한 방향으로 작용하는 100kg 이상의 하중에 견딜 수 있는 튼튼한 구조일 것

**해설**

**안전난간의 구조 및 설치요건**
1. 상부 난간대, 중간 난간대, 발끝막이판 및 난간기둥으로 구성할 것. 다만, 중간 난간대, 발끝막이판 및 난간기둥은 이와 비슷한 구조와 성능을 가진 것으로 대체할 수 있다.
2. 상부 난간대는 바닥면·발판 또는 경사로의 표면(바닥면 등)으로부터 90센티미터 이상 지점에 설치하고, 상부 난간대를 120센티미터 이하에 설치하는 경우에는 중간 난간대는 상부 난간대와 바닥면 등의 중간에 설치해야 하며, 120센티미터 이상 지점에 설치하는 경우에는 중간 난간대를 2단 이상으로 균등하게 설치하고 난간의 상하 간격은 60센티미터 이하가 되도록 할 것. 다만, 난간기둥 간의 간격이 25센티미터 이하인 경우에는 중간 난간대를 설치하지 않을 수 있다.
3. 발끝막이판은 바닥면 등으로부터 10센티미터 이상의 높이를 유지할 것. 다만, 물체가 떨어지거나 날아올 위험이 없거나 그 위험을 방지할 수 있는 망을 설치하는 등 필요한 예방 조치를 한 장소는 제외한다.
4. 난간기둥은 상부 난간대와 중간 난간대를 견고하게 떠받칠 수 있도록 적정한 간격을 유지할 것
5. 상부 난간대와 중간 난간대는 난간 길이 전체에 걸쳐 바닥면 등과 평행을 유지할 것
6. 난간대는 지름 2.7센티미터 이상의 금속제 파이프나 그 이상의 강도가 있는 재료일 것
7. 안전난간은 구조적으로 가장 취약한 지점에서 가장 취약한 방향으로 작용하는 100킬로그램 이상의 하중에 견딜 수 있는 튼튼한 구조일 것

**119** 발파작업 시 암질변화 구간 및 이상암질의 출현 시 반드시 암질판별을 실시하여야 하는데, 이와 관련된 암질판별기준과 가장 거리가 먼 것은?

① R.Q.D(%)  ② 탄성파속도(m/sec)
③ 전단강도(kg/cm²)  ④ R.M.R

**해설**

**암질판별 기준**
발파굴착작업 시 암질변화 구간 및 이상암질의 출현 시 반드시 암질판별을 실시하여야 한다.
1. R.Q.D(%)
2. 탄성파속도(m/sec)
3. R.M.R
4. 일축압축강도(kg/cm²)
5. 진동치 속도(cm/sec=Kine)

정답 117 ① 118 ② 119 ③

**120** 거푸집동바리 구조에서 높이가 $l=3.5m$인 파이프서포트의 좌굴하중은?(단, 상부받이판과 하부받이판은 힌지로 가정하고, 단면2차모멘트 $I=8.31cm^4$, 탄성계수 $E=2.1\times10^5MPa$)

① 14,060N  ② 15,060N
③ 16,060N  ④ 17,060N

### 해설

좌굴하중

$$P_{cr} = \frac{\pi^2 EI_{min}}{(kl)^2}$$

여기서, $kl$ : 기둥의 유효길이(파이프서포트 높이)
  $k$ : 유효길이 계수
  $l$ : 양쪽 끝이 힌지로 연결된 기둥 길이(파이프서포트 높이)
  $E$ : 탄성계수
  $I_{min}$ : 최소 단면2차모멘트

$P_{cr} = \dfrac{\pi^2 EI_{min}}{(kl)^2}$

$= \dfrac{\pi^2 \times (2.1\times10^5 N/mm^2) \times (8.31\times10^4 mm^4)}{(1\times3.5\times10^3 mm)^2}$

$= 14,059N \fallingdotseq 14,060N$

> **TIP** 양단힌지인 경우
> 유효(좌굴)길이 계수 $k$(이론 값) = 1.0
>
>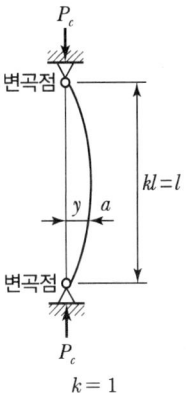
>
> $k=1$
>
> 1MPa = 1N/mm²가 되고 문제를 풀 때 모든 단위를 mm² 단위로 환산하여 계산할 것

**정답** 120 ①

## PART 02
## 19  2022년 1회 기출문제

### 1과목 안전관리론

**01** 산업안전보건법령상 산업안전보건위원회의 구성·운영에 관한 설명 중 틀린 것은?

① 정기회의는 분기마다 소집한다.
② 위원장은 위원 중에서 호선(互選)한다.
③ 근로자대표가 지명하는 명예산업안전감독관은 근로자 위원에 속한다.
④ 공사금액 100억 원 이상의 건설업의 경우 산업안전보건위원회를 구성·운영해야 한다.

**해설**
산업안전보건위원회의 구성·운영
공사금액 120억 원 이상(토목공사업의 경우에는 150억 원 이상)의 건설업

**02** 산업안전보건법령상 잠함(潛函) 또는 잠수작업 등 높은 기압에서 작업하는 근로자의 근로시간 기준은?

① 1일 6시간, 1주 32시간 초과금지
② 1일 6시간, 1주 34시간 초과금지
③ 1일 8시간, 1주 32시간 초과금지
④ 1일 8시간, 1주 34시간 초과금지

**해설**
유해·위험작업에 대한 근로시간 제한
유해하거나 위험한 작업으로서 높은 기압에서 하는 작업 등 대통령령으로 정하는(잠함 또는 잠수작업 등 높은 기압에서 하는) 작업에 종사하는 근로자에게는 1일 6시간, 1주 34시간을 초과하여 근로하게 하여서는 아니 된다.

**03** 산업현장에서 재해 발생 시 조치순서로 옳은 것은?

① 긴급처리 → 재해조사 → 원인분석 → 대책수립
② 긴급처리 → 원인분석 → 대책수립 → 재해조사
③ 재해조사 → 원인분석 → 대책수립 → 긴급처리
④ 재해조사 → 대책수립 → 원인분석 → 긴급처리

**해설**
재해 발생 시 조치사항
산업재해 발생 → 긴급처리 → 재해조사 → 원인강구(원인분석) → 대책 수립 → 대책실시계획 → 실시 → 평가

**04** 산업재해보험적용근로자 1,000명인 플라스틱 제조 사업장에서 작업 중 재해 5건이 발생하였고, 1명이 사망하였을 때 이 사업장의 사망만인율은?

① 2      ② 5
③ 10    ④ 20

**해설**
사망만인율

$$사망만인율 = \frac{사망자수}{산재보험적용근로자수} \times 10,000$$

$$사망만인율 = \frac{1}{1,000} \times 10,000 = 10$$

**05** 안전·보건교육계획 수립 시 고려사항 중 틀린 것은?

① 필요한 정보를 수집한다.
② 현장의 의견은 고려하지 않는다.
③ 지도안은 교육대상을 고려하여 작성한다.
④ 법령에 의한 교육에만 그치지 않아야 한다.

**해설**
안전보건교육계획 수립 시 고려사항
1. 필요한 정보를 수집한다.
2. 현장의 의견을 반영한다.
3. 안전교육 시행체계와의 관련을 고려한다.
4. 법 규정에 의한 교육에만 그치지 않는다.
5. 교육담당자를 지정한다.

**정답** 01 ④  02 ②  03 ①  04 ③  05 ②

**06** 학습지도의 형태 중 몇 사람의 전문가가 주제에 대한 견해를 발표하고 참가자로 하여금 의견을 내거나 질문을 하게 하는 토의방식은?

① 포럼(Forum)
② 심포지엄(Symposium)
③ 버즈세션(Buzz session)
④ 자유토의법(Free discussion method)

**해설**

토의법의 종류
1. 자유토의법 : 참가자가 주어진 주제에 대하여 자유로운 발표와 토의를 통하여 서로의 의견을 교환하고 상호이해력을 높이며 의견을 절충해 나가는 방법
2. 패널 디스커션(Panel Discussion) : 전문가 4~5명이 피교육자 앞에서 자유로이 토의를 하고, 그 후에 피교육자 전원이 사회자의 사회에 따라 토의하는 방법
3. 심포지엄(Symposium) : 발제자 없이 몇 사람의 전문가에 의하여 과제에 관한 견해를 발표한 뒤에 참가자로 하여금 의견이나 질문을 하게 하여 토의하는 방법
4. 포럼(Forum)
   ㉠ 사회자의 진행으로 몇 사람이 주제에 대하여 발표한후 피교육자가 질문을 하고 토론해 나가는 방법
   ㉡ 새로운 자료나 주제를 내보이거나 발표한 후 피교육자로 하여금 문제나 의견을 제시하게 하고 다시 깊이 있게 토론해 나가는 방법
5. 버즈 세션(Buzz Session) : 6-6 회의라고도 하며, 참가자가 다수인 경우에 전원을 토의에 참가시키기 위한 방법으로 소집단을 구성하여 회의를 진행시키는 방법

**07** 산업안전보건법령상 근로자 안전보건교육 대상에 따른 교육시간 기준 중 틀린 것은?(단, 상시작업이며, 일용근로자는 제외한다)

① 특별교육-16시간 이상
② 채용 시 교육-8시간 이상
③ 작업내용 변경 시 교육-2시간 이상
④ 사무직 종사 근로자 정기교육-매분기 1시간 이상

**해설**

근로자 안전보건교육

| 교육과정 | 교육대상 | | 교육시간 |
|---|---|---|---|
| 가. 정기 교육 | 1) 사무직 종사 근로자 | | 매반기 6시간 이상 |
| | 2) 그 밖의 근로자 | 가) 판매업무에 직접 종사하는 근로자 | 매반기 6시간 이상 |
| | | 나) 판매업무에 직접 종사하는 근로자 외의 근로자 | 매반기 12시간 이상 |
| 나. 채용 시 교육 | 1) 일용근로자 및 근로계약기간이 1주일 이하인 기간제 근로자 | | 1시간 이상 |
| | 2) 근로계약기간이 1주일 초과 1개월 이하인 기간제근로자 | | 4시간 이상 |
| | 3) 그 밖의 근로자 | | 8시간 이상 |
| 다. 작업 내용 변경 시 교육 | 1) 일용근로자 및 근로계약기간이 1주일 이하인 기간제 근로자 | | 1시간 이상 |
| | 2) 그 밖의 근로자 | | 2시간 이상 |
| 라. 특별 교육 | 1) 일용근로자 및 근로계약기간이 1주일 이하인 기간제근로자 : 특별교육 대상 작업에 해당하는 작업에 종사하는 근로자에 한정(타워크레인을 사용하는 작업 시 신호업무를 하는 작업은 제외) | | 2시간 이상 |
| | 2) 일용근로자 및 근로계약기간이 1주일 이하인 기간제근로자 : 타워크레인을 사용하는 작업 시 신호업무를 하는 작업에 종사하는 근로자에 한정 | | 8시간 이상 |
| | 3) 일용근로자 및 근로계약기간이 1주일 이하인 기간제근로자를 제외한 근로자 : 특별교육 대상 작업에 종사하는 근로자에 한정 | | 가) 16시간 이상(최초 작업에 종사하기 전 4시간 이상 실시하고 12시간은 3개월 이내에서 분할하여 실시 가능) 나) 단기간 작업 또는 간헐적 작업인 경우에는 2시간 이상 |
| 마. 건설업 기초 안전 · 보건 교육 | 건설 일용근로자 | | 4시간 이상 |

**TIP** 본 문제는 법 개정으로 일부 내용이 수정되었습니다. 해설은 법 개정으로 수정된 내용이니 해설을 학습하세요.

**정답** 06 ② 07 ④

## 08 버드(Bird)의 신 도미노이론 5단계에 해당하지 않는 것은?

① 제어부족(관리)  ② 직접원인(징후)
③ 간접원인(평가)  ④ 기본원인(기원)

**해설**

버드(Bird)의 최신 도미노이론
1. 제1단계 : 제어의 부족(관리)
2. 제2단계 : 기본원인(기원)
3. 제3단계 : 직접원인(징후)
4. 제4단계 : 사고(접촉)
5. 제5단계 : 상해(손실)

 **TIP** 재해발생의 근원적 원인은 경영자의 관리소홀이다.

## 09 재해예방의 4원칙에 해당하지 않는 것은?

① 예방 가능의 원칙  ② 손실 우연의 원칙
③ 원인 연계의 원칙  ④ 재해 연쇄성의 원칙

**해설**

하인리히의 재해예방 4원칙

| | |
|---|---|
| 예방 가능의 원칙 | 천재지변을 제외한 모든 재해는 원칙적으로 예방이 가능하다. |
| 손실 우연의 원칙 | 사고로 생기는 상해의 종류 및 정도는 우연적이다. |
| 원인 계기의 원칙 | 사고와 손실의 관계는 우연적이지만 사고와 원인관계는 필연적이다.(사고에는 반드시 원인이 있다.) |
| 대책 선정의 원칙 | 원인을 정확히 규명해서 대책을 선정하고 실시되어야 한다.(3E, 즉 기술, 교육, 독려를 중심으로) |

## 10 안전점검을 점검시기에 따라 구분할 때 다음에서 설명하는 안전점검은?

작업담당자 또는 해당 관리감독자가 맡고 있는 공정의 설비, 기계, 공구 등을 매일 작업 전 또는 작업 중에 일상적으로 실시하는 안전점검

① 정기점검  ② 수시점검
③ 특별점검  ④ 임시점검

**해설**

안전점검(점검주기에 의한 구분)

| | |
|---|---|
| 정기점검<br>(계획점검) | 일정기간마다 정기적으로 실시하는 점검으로 주간점검, 월간점검, 연간점검 등이 있다.(마모상태, 부식, 손상, 균열 등 설비의 상태 변화나 이상 유무 등을 점검한다.) |
| 수시점검<br>(일상점검,<br>일일점검) | • 매일 현장에서 작업 시작 전, 작업 중, 작업 후에 일상적으로 실시하는 점검(작업자, 작업담당자가 실시한다.)<br>• 작업 시작 전 점검사항 : 주변의 정리정돈, 주변의 청소 상태, 설비의 방호장치 점검, 설비의 주유상태, 구동부분 등<br>• 작업 중 점검사항 : 이상소음, 진동, 냄새, 가스 및 기름 누출, 생산품질의 이상 여부 등<br>• 작업 종료 시 점검사항 : 기계의 청소와 정비, 안전장치의 작동 여부, 스위치 조작, 환기, 통로정리 등 |
| 임시점검 | 정기점검 실시 후 다음 점검기일 이전에 임시로 실시하는 점검(기계, 기구 또는 설비의 이상 발견 시에 임시로 점검) |
| 특별점검 | • 기계, 기구 또는 설비를 신설하거나 변경 내지는 고장 수리 등을 할 경우<br>• 강풍 또는 지진 등의 천재지변 발생 후의 점검<br>• 산업안전 보건 강조기간에도 실시 |

## 11 타일러(Tyler)의 교육과정 중 학습경험 선정의 원리에 해당하는 것은?

① 기회의 원리  ② 계속성의 원리
③ 계열성의 원리  ④ 통합성의 원리

**해설**

학습경험 선정의 원리

| | |
|---|---|
| 기회의 원리 | 학습자에게 교육목표 달성에 필요한 학습경험을 할 수 있는 기회를 제공하는 것이어야 한다. |
| 동기유발의 원리 | 학습자에게 동기유발이 될 수 있는 것이어야 한다. |
| 만족의 원리 | 학습자에게 학습을 함에 있어서 만족감을 느낄 수 경험이어야 한다. |
| 가능성의 원리 | 학습자들의 현재 수준에서 경험이 가능한 것이어야 한다. |
| 다활동의 원리<br>(일목표 다경험) | 하나의 목표를 달성하기 위하여 여러 가지 학습경험을 할 수 있는 것이어야 한다. |
| 다목적 달성의 원리 | 교육목표의 달성에 도움이 되고 전이효과가 높은 학습경험이 되어야 한다. |

> **TIP** 학습경험조직의 원리
> - 계속성의 원리 : 핵심적 교육과정의 요소 또는 교육내용이 시간에 따라 반복적으로 경험되도록 조직
> - 계열성의 원리 : 동일한 수준에서 반복되는 것이 아니라 핵심 요소의 경험 수준이 심화되고 광범위해지도록 조직(교육내용의 순서를 결정하고 내용을 폭과 깊이를 더해 조직)
> - 통합성의 원리 : 각 학습경험의 핵심적 요소가 여러 교과영역에서 다루어지도록 조직(유사한 교육내용들을 관련지어 하나의 교과나 단원으로 묶어 조직)

## 12 주의(Attention)의 특성에 관한 설명 중 틀린 것은?

① 고도의 주의는 장시간 지속하기 어렵다.
② 한 지점에 주의를 집중하면 다른 곳의 주의는 약해진다.
③ 최고의 주의 집중은 의식의 과잉 상태에서 가능하다.
④ 여러 자극을 지각할 때 소수의 현란한 자극에 선택적 주의를 기울이는 경향이 있다.

**해설**

주의의 특성

| | |
|---|---|
| 선택성 | • 주의는 동시에 두 개의 방향에 집중하지 못한다.<br>• 여러 종류의 자극을 지각하거나 수용할 때 특정한 것에 한하여 선택하는 기능 |
| 변동성 | • 고도의 주의는 장시간 지속할 수 없다.(주의에는 리듬이 존재)<br>• 주의에는 리듬이 있어 언제나 일정수준을 유지할 수 없다. |
| 방향성 | • 한 지점에 주의를 집중하면 다른 곳의 주의는 약해진다.<br>• 주시점만 인지하는 기능 |

## 13 산업재해보상보험법령상 보험급여의 종류가 아닌 것은?

① 장례비
② 간병급여
③ 직업재활급여
④ 생산손실비용

**해설**

보험급여의 종류
1. 요양급여
2. 휴업급여
3. 장해급여
4. 간병급여
5. 유족급여
6. 상병(傷病)보상연금
7. 장례비
8. 직업재활급여

> **TIP** 하인리히 재해코스트(직접비와 간접비)
>
> | | |
> |---|---|
> | 직접비 | 법적으로 정한 산재보상비(산재자에게 지급되는 보상비 일체)<br>1. 요양급여(진찰비, 간호비용 등)<br>2. 휴업급여  5. 유족급여<br>3. 장해급여  6. 장의비<br>4. 간병급여  7. 상병보상 연금<br>8. 기타(장해특별급여, 유족특별급여, 직업재활급여) |
> | 간접비 | 직접비를 제외한 모든 비용(산재로 인해 기업이 입은 재산상의 손실)<br>1. 인적 손실  4. 특수 손실<br>2. 물적 손실  5. 기타 손실<br>3. 생산 손실 |

## 14 산업안전보건법령상 그림과 같은 기본모형이 나타내는 안전·보건표지의 표시사항으로 옳은 것은? (단, $L$은 안전·보건표지를 인식할 수 있거나 인식해야 할 안전거리를 말한다.)

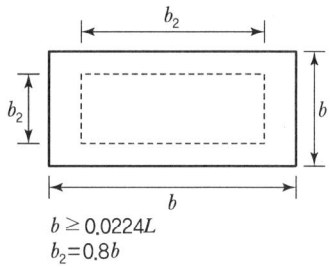

$b \geq 0.0224L$
$b_2 = 0.8b$

① 금지
② 경고
③ 지시
④ 안내

**해설**

안전·보건표지의 기본모형

| 번호 | 기본모형 | 표시사항 |
|---|---|---|
| 1 | (원형에 대각선, 45°, $d_3$, $d_2$, $d_1$, $d$) | 금지 |
| 2 | (삼각형, 60°, $a_2$, $a_1$, $a$) | 경고 |

정답 12 ③ 13 ④ 14 ④

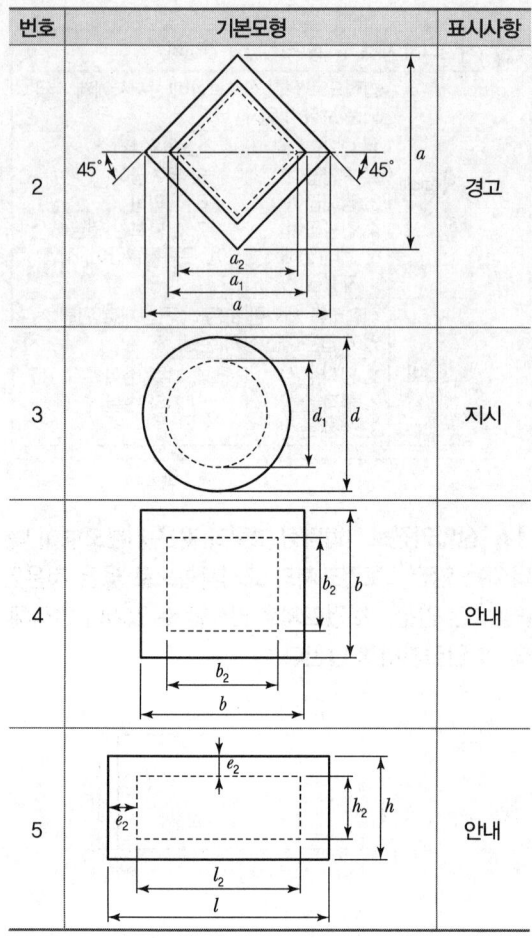

**15** 기업 내의 계층별 교육훈련 중 주로 관리감독자를 교육대상자로 하며 작업을 가르치는 능력, 작업방법을 개선하는 기능 등을 교육 내용으로 하는 기업 내 정형교육은?

① TWI(Training Within Industry)
② ATT(American Telephone Telegram)
③ MTP(Management Training Program)
④ ATP(Administration Training Program)

**해설**
TWI(Training Within Industry)
1. Job Method Training(JMT) : 작업방법훈련, 작업개선훈련
2. Job Instruction Training(JIT) : 작업지도훈련
3. Job Relations Training(JRT) : 인간관계 훈련, 부하통솔법
4. Job Safety Training(JST) : 작업안전훈련

**16** 사회행동의 기본형태가 아닌 것은?
① 모방 ② 대립
③ 도피 ④ 협력

**해설**
사회행동의 기본형태

| | |
|---|---|
| 사회행동의 기초 | • 욕구 • 개성<br>• 인지 • 신념<br>• 태도 |
| 사회행동의 기본형태 | • 협력(조력, 분업)<br>• 대립(공격, 경쟁)<br>• 도피(고립, 정신병, 자살)<br>• 융합(강제, 타협, 통합) |

**17** 위험예지훈련의 문제해결 4라운드에 해당하지 않는 것은?
① 현상파악 ② 본질추구
③ 대책수립 ④ 원인결정

**해설**
위험예지훈련의 4라운드
1. 1라운드(1R) : 현상파악(사실을 파악한다)
2. 2라운드(2R) : 본질추구(요인을 찾아낸다)
3. 3라운드(3R) : 대책수립(대책을 선정한다)
4. 4라운드(4R) : 목표설정(행동계획을 정한다)

**18** 바이오리듬(생체리듬)에 관한 설명 중 틀린 것은?
① 안정기(+)와 불안정기(−)의 교차점을 위험일이라 한다.
② 감성적 리듬은 33일을 주기로 반복하며, 주의력, 예감 등과 관련되어 있다.
③ 지성적 리듬은 "I"로 표시하며 사고력과 관련이 있다.
④ 육체적 리듬은 신체적 컨디션의 율동적 발현, 즉 식욕·활동력 등과 밀접한 관계를 갖는다.

**해설**
생체리듬(Biorhythm)의 종류 및 특징

| 종류 | 특징 |
|---|---|
| 육체적 리듬(P)<br>(Physical cycle) | • 건전한 활동기(11.5일)와 그렇지 못한 휴식기(11.5일)가 23일을 주기로 반복된다.<br>• 활동력, 소화력, 지구력, 식욕 등과 가장 관계가 깊다. |

**정답** 15 ① 16 ① 17 ④ 18 ②

| 종류 | 특징 |
|---|---|
| 감성적 리듬(S)<br>(Sensitivity cycle) | • 예민한 기간(14일)과 그렇지 못한 둔한 기간(14일)이 28일을 주기로 반복된다.<br>• 주의력, 창조력, 예감 및 통찰력 등과 가장 관계가 깊다. |
| 지성적 리듬(I)<br>(Intellectual cycle) | • 사고능력이 발휘되는 날(16.5일)과 그렇지 못한 날(16.5일)이 33일 주기로 반복된다.<br>• 판단력, 추리력, 상상력, 사고력, 기억력 등과 가장 관계가 깊다. |

**19** 운동의 시지각(착각현상) 중 자동운동이 발생하기 쉬운 조건에 해당하지 않는 것은?

① 광점이 작은 것
② 대상이 단순한 것
③ 광의 강도가 큰 것
④ 시야의 다른 부분이 어두운 것

**해설**
인간의 착각현상

| 가현운동 | 정지하고 있는 대상물을 나타냈다가 지웠다가 자주 반복하면 그 물체가 마치 운동하는 것처럼 인식되는 현상 |
|---|---|
| 자동운동 | ① 암실 내에서 정지된 소광점을 응시하면 그 광점이 움직이는 것처럼 보이는 현상<br>② 자동운동이 생기기 쉬운 조건<br>• 광점이 작을 것<br>• 시야의 다른 부분이 어두울 것<br>• 광(光)의 강도가 작을 것<br>• 대상이 단순 할 것 |
| 유도운동 | ① 실제로는 움직이지 않는 것이 어느 기준의 이동에 유도되어 움직이는 것처럼 느껴지는 현상<br>② 하행선 기차역에 정지하고 있는 열차안의 승객이 반대편 상행선 열차의 출발로 인하여 하행선 열차가 움직이는 것처럼 느끼는 경우 |

**20** 보호구 안전인증 고시상 안전인증 방독마스크의 정화통 종류와 외부 측면의 표시색이 잘못 연결된 것은?

① 할로겐용 – 회색
② 황화수소용 – 회색
③ 암모니아용 – 회색
④ 시안화수소용 – 회색

**해설**
방독마스크의 종류 및 표시색

| 종류 | 시험가스 | 정화통 외부<br>측면의 표시색 |
|---|---|---|
| 유기화합물용 | 시클로헥산($C_6H_{12}$) | 갈색 |
| | 디메틸에테르($CH_3OCH_3$) | |
| | 이소부탄($C_4H_{10}$) | |
| 할로겐용 | 염소가스 또는 증기($Cl_2$) | 회색 |
| 황화수소용 | 황화수소가스($H_2S$) | |
| 시안화수소용 | 시안화수소가스(HCN) | |
| 아황산용 | 아황산가스($SO_2$) | 노랑색 |
| 암모니아용 | 암모니아가스($NH_3$) | 녹색 |

## 2과목 인간공학 및 시스템 안전공학

**21** 인간공학적 연구에 사용되는 기준 척도의 요건 중 다음 설명에 해당하는 것은?

> 기준 척도는 측정하고자 하는 변수 외의 다른 변수들의 영향을 받아서는 안 된다.

① 신뢰성
② 적절성
③ 검출성
④ 무오염성

**해설**
연구 기준의 요건
1. 적절성(타당성) : 기준이 의도된 목적에 적당하다고 판단되는 정도
2. 무오염성 : 측정하고자 하는 변수 이외의 다른 변수들의 영향을 받아서는 안 된다.
3. 기준척도의 신뢰성 : 사용되는 척도의 신뢰성, 즉 반복성을 말한다.
4. 민감도 : 기대되는 차이에 적합한 정도의 단위로 측정이 가능해야 한다. 즉, 피실험자 사이에서 볼 수 있는 예상 차이점에 비례하는 단위로 측정해야 함을 의미한다.

**22** 그림과 같은 시스템에서 부품 A, B, C, D의 신뢰도가 모두 $r$로 동일할 때 이 시스템의 신뢰도는?

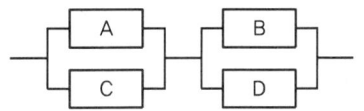

① $r(2-r^2)$   ② $r^2(2-r)^2$
③ $r^2(2-r^2)$   ④ $r^2(2-r)$

**해설**

시스템의 신뢰도
$R = [1-(1-r)(1-r)] \times [1-(1-r)(1-r)]$
$= [1-(1-r-r+r^2)] \times [1-(1-r-r+r^2)]$
$= (1-1+r+r-r^2) \times (1-1+r+r-r^2)$
$= (2r-r^2) \times (2r-r^2)$
$= 4r^2 - 2r^3 - 2r^3 + r^4$
$= 4r^2 - 4r^3 + r^4 = r^2(2-r)^2$

**23** 서브시스템 분석에 사용되는 분석방법으로 시스템 수명주기에서 ㉠에 들어갈 위험분석기법은?

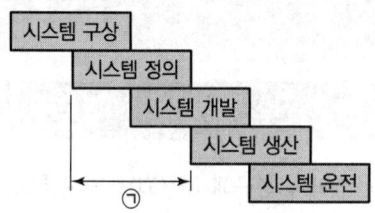

① PHA   ② FHA
③ FTA   ④ ETA

**해설**

시스템의 수명주기

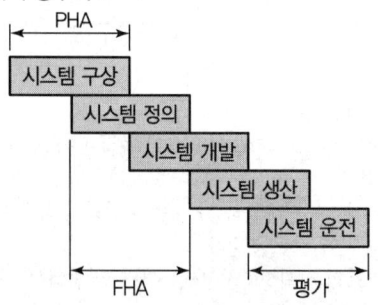

**24** 정신적 작업부하에 관한 생리적 척도에 해당하지 않는 것은?

① 근전도   ② 뇌파도
③ 부정맥 지수   ④ 점멸융합주파수

**해설**

정신부하의 생리적 측정방법
주로 단일 감각기관에 의존하는 경우에 작업에 대한 정신부하를 측정할 때 이용되는 방법으로 부정맥, 점멸융합주파수, 피부전기반사, 눈깜박거림, 뇌파 등이 정신 작업부하 평가에 이용된다.

**TIP** 근전도(EMG)
국소적인 근육 활동의 척도에 근전도(EMG)가 있으며, 이는 근육 활동 전위차를 기록한 것을 말한다.

**25** A사의 안전관리자는 자사 화학설비의 안전성 평가를 실시하고 있다. 그중 제2단계인 정성적 평가를 진행하기 위하여 평가 항목을 설계 관계 대상과 운전 관계 대상으로 분류하였을 때 설계 관계 항목이 아닌 것은?

① 건조물   ② 공장 내 배치
③ 입지조건   ④ 원재료, 중간제품

**해설**

안전성 평가(제2단계 : 정성적 평가)

| 설계 관계 항목 | 입지조건, 공장 내 배치, 건조물, 소방설비 |
|---|---|
| 운전 관계 항목 | • 원재료, 중간체, 제품 등의 위험성<br>• 프로세스의 운전조건 수송, 저장 등에 대한 안전대책<br>• 프로세스기기의 선정조건 |

**TIP** 화학설비에 대한 안전성 평가 단계
안전성 평가는 6단계에 의해 실시되며, 경우에 따라 5단계와 6단계가 동시에 이루어지기도 한다.
• 제1단계 : 관계자료의 정비검토
• 제2단계 : 정성적 평가
• 제3단계 : 정량적 평가
• 제4단계 : 안전대책
• 제5단계 : 재해정보에 의한 재평가
• 제6단계 : FTA에 의한 재평가

**26** 불(Boole) 대수의 관계식으로 틀린 것은?

① $A + \overline{A} = 1$   ② $A + AB = A$
③ $A(A+B) = A+B$   ④ $A + \overline{A}B = A+B$

**해설**

불(Boolean Algebra)의 식

| 흡수법칙 | $A+(A \cdot B) = A$, $A \cdot (A \cdot B) = A \cdot B$, $A \cdot (A+B) = A$ |
|---|---|
| 동정법칙 | $A+A = A$, $A \cdot A = A$ |
| 분배법칙 | $A \cdot (B+C) = A \cdot B + A \cdot C$, $A+(B \cdot C) = (A+B) \cdot (A+C)$ |
| 교환법칙 | $A \cdot B = B \cdot A$, $A+B = B+A$ |
| 결합법칙 | $A \cdot (B \cdot C) = (A \cdot B) \cdot C$, $A+(B+C) = (A+B)+C$ |

**정답** 23 ② 24 ① 25 ④ 26 ③

| 항등법칙 | $A+0=A$, $A+1=1$, $A \cdot 1=A$, $A \cdot 0=0$ |
|---|---|
| 보원법칙 | $A+\bar{A}=1$, $A \cdot \bar{A}=0$ |
| 드 모르간의 정리 | $\overline{(A+B)}=\bar{A} \cdot \bar{B}$, $\overline{(A \cdot B)}=\bar{A}+\bar{B}$ |

**27** 인간공학의 목표와 거리가 가장 먼 것은?

① 사고 감소  ② 생산성 증대
③ 안전성 향상  ④ 근골격계질환 증가

**해설**

인간공학의 목적
1. 안전성 향상 및 사고방지
2. 기계조작의 능률성과 생산성 향상
3. 작업환경의 쾌적성 향상

**28** 통화이해도 척도로서 통화이해도에 영향을 주는 잡음의 영향을 추정하는 지수는?

① 명료도지수  ② 통화간섭지수
③ 이해도점수  ④ 통화공진수준

**해설**

통화 이해도의 척도

| 통화이해도시험 | 의미 없는 음절, 음성학적으로 균형 잡힌 단어 목록, 운율시험, 문장시험 문제들로 이루어진 자료를 수화자에게 전달하고 이를 반복하게 하여 정답 수를 평가 |
|---|---|
| 명료도지수 | 옥타브대의 음성과 잡음의 dB값에 가중치를 곱하여 합계를 구하는 것 |
| 이해도점수 | 송화 내용 중에서 알아들은 비율(%) |
| 통화간섭수준 | 통화 이해도에 끼치는 잡음의 영향을 추정하는 지수 |
| 소음기준곡선 | 사무실, 회의실, 공장 등에서의 통화평가방법 |

**29** 예비위험분석(PHA)에서 식별된 사고의 범주가 아닌 것은?

① 중대(Critical)
② 한계적(Marginal)
③ 파국적(Catastrophic)
④ 수용가능(Acceptable)

**해설**

예비위험분석(PHA)의 범주

| 구분 | 위험분류 | 특징 |
|---|---|---|
| class 1 | 파국적 (Catastrophic) | 시스템의 성능을 현저히 저하시키고 그 결과 시스템의 손실, 인원의 사망 또는 다수의 부상자를 내는 상태 |
| class 2 | 중대 (위험, Critical) | 인원의 부상 및 시스템의 중대한 손해를 초래하거나 인원의 생존 및 시스템의 존속을 위하여 즉시 수정조치를 필요로 하는 상태 |
| class 3 | 한계적 (Marginal) | 인원의 부상 및 시스템의 중대한 손해를 초래하지 않고 대처 또는 제어할 수 있는 상태 |
| class 4 | 무시가능 (Negligible) | 시스템의 성능을 그다지 저하시키지도 않고 또한 시스템의 기능도 손해도 인원의 부상도 초래하지 않는 상태 |

**30** 어떤 결함수를 분석하여 minimal cut set을 구한 결과 다음과 같았다. 각 기본사상의 발생확률을 $q_i$, $i=1, 2, 3$이라 할 때, 정상사상의 발생확률함수로 맞는 것은?

$$k_1 = [1, 2],\ k_2 = [1, 3],\ k_3 = [2, 3]$$

① $q_1 q_2 + q_1 q_2 - q_2 q_3$
② $q_1 q_2 + q_1 q_3 - q_2 q_3$
③ $q_1 q_2 + q_1 q_3 + q_2 q_3 - q_1 q_2 q_3$
④ $q_1 q_2 + q_1 q_3 + q_2 q_3 - 2 q_1 q_2 q_3$

**해설**

minimal cut set을 FT도로 표시하면 다음과 같다.

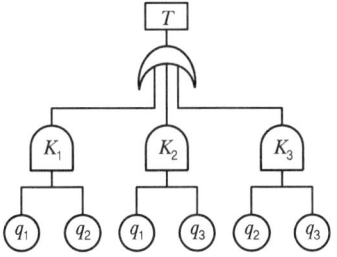

$T = 1 - (1-K_1)(1-K_2)(1-K_3)$
$T = 1 - [(1-K_2-K_1+K_1 K_2)(1-K_3)]$
$T = 1 - (1-K_3-K_2+K_2 K_3-K_1+K_1 K_3+K_1 K_2-K_1 K_2 K_3)$
$T = 1-1+K_1+K_2+K_3-K_1 K_2-K_1 K_3-K_2 K_3+K_1 K_2 K_3$
$T = K_1+K_2+K_3-K_1 K_2-K_1 K_3-K_2 K_3+K_1 K_2 K_3$
$T = q_1 q_2+q_1 q_3+q_2 q_3-q_1 q_2 q_3-q_1 q_2 q_3-q_1 q_2 q_3+q_1 q_2 q_3$
$T = q_1 q_2+q_1 q_3+q_2 q_3-2 q_1 q_2 q_3$

**31** 반사경 없이 모든 방향으로 빛을 발하는 점광원에서 3m 떨어진 곳의 조도가 300lux라면 2m 떨어진 곳에서 조도(lux)는?

① 375　　② 675
③ 875　　④ 975

**해설**

조도

$$조도 = \frac{광도}{(거리)^2}$$

1. 광도 = 조도 × (거리)$^2$
2. 3m 거리의 광도 = $300 \times 3^2 = 2,700[cd]$이므로
3. 2m 거리의 조도 = $\frac{2,700}{2^2} = 675[lux]$

**32** 근골격계부담작업의 범위 및 유해요인조사 방법에 관한 고시상 근골격계부담작업에 해당하지 않는 것은?(단, 상시작업을 기준으로 한다.)

① 하루에 10회 이상 25kg 이상의 물체를 드는 작업
② 하루에 총 2시간 이상 쪼그리고 앉거나 무릎을 굽힌 자세에서 이루어지는 작업
③ 하루에 총 2시간 이상 시간당 5회 이상 손 또는 무릎을 사용하여 반복적으로 충격을 가하는 작업
④ 하루에 4시간 이상 집중적으로 자료입력 등을 위해 키보드 또는 마우스를 조작하는 작업

**해설**

근골격계부담작업의 범위
1. 하루에 4시간 이상 집중적으로 자료입력 등을 위해 키보드 또는 마우스를 조작하는 작업
2. 하루에 총 2시간 이상 목, 어깨, 팔꿈치, 손목 또는 손을 사용하여 같은 동작을 반복하는 작업
3. 하루에 총 2시간 이상 머리 위에 손이 있거나, 팔꿈치가 어깨 위에 있거나, 팔꿈치를 몸통으로부터 들거나, 팔꿈치를 몸통 뒤쪽에 위치하도록 하는 상태에서 이루어지는 작업
4. 지지되지 않은 상태이거나 임의로 자세를 바꿀 수 없는 조건에서, 하루에 총 2시간 이상 목이나 허리를 구부리거나 트는 상태에서 이루어지는 작업
5. 하루에 총 2시간 이상 쪼그리고 앉거나 무릎을 굽힌 자세에서 이루어지는 작업
6. 하루에 총 2시간 이상 지지되지 않은 상태에서 1kg 이상의 물건을 한 손의 손가락으로 집어 옮기거나, 2kg 이상에 상응하는 힘을 가하여 한 손의 손가락으로 물건을 쥐는 작업
7. 하루에 총 2시간 이상 지지되지 않은 상태에서 4.5kg 이상의 물건을 한 손으로 들거나 동일한 힘으로 쥐는 작업
8. 하루에 10회 이상 25kg 이상의 물체를 드는 작업
9. 하루에 25회 이상 10kg 이상의 물체를 무릎 아래에서 들거나, 어깨 위에서 들거나, 팔을 뻗은 상태에서 드는 작업
10. 하루에 총 2시간 이상, 분당 2회 이상 4.5kg 이상의 물체를 드는 작업
11. 하루에 총 2시간 이상 시간당 10회 이상 손 또는 무릎을 사용하여 반복적으로 충격을 가하는 작업

**33** 시각적 식별에 영향을 주는 각 요소에 대한 설명 중 틀린 것은?

① 조도는 광원의 세기를 말한다.
② 휘도는 단위 면적당 표면에 반사 또는 방출되는 광량을 말한다.
③ 반사율은 물체의 표면에 도달하는 조도와 광도의 비를 말한다.
④ 광도 대비란 표적의 광도와 배경의 광도의 차이를 배경 광도로 나눈 값을 말한다.

**해설**

조도
어떤 물체나 표면에 도달하는 빛의 단위 면적당 밀도를 말한다.

$$조도 = \frac{광도}{(거리)^2}$$

**34** 부품배치의 원칙 중 기능적으로 관련된 부품들을 모아서 배치한다는 원칙은?

① 중요성의 원칙　　② 사용빈도의 원칙
③ 사용순서의 원칙　　④ 기능별 배치의 원칙

**해설**

부품배치의 원칙

| | | |
|---|---|---|
| 부품의 위치 결정 | 중요성의 원칙 | 체계의 목표달성에 긴요한 정도에 따른 우선순위를 설정 |
| | 사용빈도의 원칙 | 부품이 사용되는 빈도에 따른 우선순위 설정 |
| 부품의 배치 결정 | 기능별 배치의 원칙 | 기능적으로 관련된 부품들을 모아서 배치 |
| | 사용순서의 원칙 | 순서적으로 사용되는 장치들을 가까이에 순서적으로 배치 |

정답　31 ②　32 ③　33 ①　34 ④

## 35 HAZOP 분석기법의 장점이 아닌 것은?

① 학습 및 적용이 쉽다.
② 기법 적용에 큰 전문성을 요구하지 않는다.
③ 짧은 시간에 저렴한 비용으로 분석이 가능하다.
④ 다양한 관점을 가진 팀 단위 수행이 가능하다.

**해설**
많은 소요비용과 인력이 필요하다는 단점이 있다.

## 36 태양광이 내리쬐지 않는 옥내의 습구흑구온도지수(WBGT) 산출 식은?

① 0.6 × 자연습구온도 + 0.3 × 흑구온도
② 0.7 × 자연습구온도 + 0.3 × 흑구온도
③ 0.6 × 자연습구온도 + 0.4 × 흑구온도
④ 0.7 × 자연습구온도 + 0.4 × 흑구온도

**해설**
습구흑구온도지수(WBGT)
1. 옥외장소(태양광선이 내리쬐는 장소)

   WBGT(℃) = 0.7 × 자연습구온도 + 0.2 × 흑구온도 + 0.1 × 건구온도

2. 옥내 또는 옥외장소(태양광선이 내리쬐지 않는 장소)

   WBGT(℃) = 0.7 × 자연습구온도 + 0.3 × 흑구온도

## 37 FTA에서 사용되는 논리게이트 중 입력과 반대되는 현상으로 출력되는 것은?

① 부정 게이트
② 억제 게이트
③ 배타적 OR 게이트
④ 우선적 AND 게이트

**해설**
게이트 기호

| | | |
|---|---|---|
| 부정 게이트 | [A] | 입력현상의 반대현상이 출력된다. |
| 억제 게이트 | 출력/조건/입력 | 입력사상 중 어느 것이나 이 게이트로 나타내는 조건이 만족하는 경우에만 출력사상이 발생한다.(조건부확률) |
| 배타적 OR 게이트 | 동시 발생이 없음 | OR 게이트이지만 2개 또는 그 이상의 입력이 동시에 존재하는 경우에는 출력이 생기지 않는다. |
| 우선적 AND 게이트 | ai, ak, aj 순으로 / ai aj ak | 입력사상 중 어떤 사상이 다른 사상보다 먼저 일어난 때에 출력사상이 생긴다. 즉, 출력이 발생하기 위해서는 입력들이 정해진 순서로 발생해야 한다. |

## 38 부품고장이 발생하여도 기계가 추후 보수될 때까지 안전한 기능을 유지할 수 있도록 하는 기능은?

① Fail-soft
② Fail-active
③ Fail-operational
④ Fail-passive

**해설**
페일 세이프의 기능면에서의 분류

| | |
|---|---|
| Fail-passive | 부품이 고장 나면 기계가 정지하는 방향으로 이동하는 것(일반적인 산업기계) |
| Fail-active | 부품이 고장 나면 경보를 울리며 잠시 동안 계속 운전이 가능한 것 |
| Fail-operational | 부품이 고장 나도 추후에 보수가 될 때까지 안전한 기능을 유지하는 것 |

## 39 양립성의 종류가 아닌 것은?

① 개념의 양립성
② 감성의 양립성
③ 운동의 양립성
④ 공간의 양립성

**정답** 35 ③ 36 ② 37 ① 38 ③ 39 ②

해설

양립성의 종류

| 공간 양립성 | • 표시장치와 이에 대응하는 조종장치 간의 위치 또는 배열이 인간의 기대와 모순되지 않아야 한다.<br>• 가스버너에서 오른쪽 조리대는 오른쪽 조절장치로, 왼쪽 조리대는 왼쪽 조절장치로 조정하도록 배치한다. |
|---|---|
| 운동 양립성 | • 조작장치의 방향과 표시장치의 움직이는 방향이 사용자의 기대와 일치하는 것<br>• 자동차를 운전하는 과정에서 우측으로 회전하기 위하여 핸들을 우측으로 돌린다. |
| 개념 양립성 | • 사람들이 가지고 있는(이미 사람들이 학습을 통해 알고 있는) 개념적 연상에 관한 기대와 일치하는 것<br>• 냉온수기에서 빨간색은 온수, 파란색은 냉수가 나온다. |
| 양식 양립성 | 음성과업에 대해서는 청각적 자극 제시와 이에 대한 음성 응답 등에 해당 |

**40** James Reason의 원인적 휴먼 에러 종류 중 다음 설명의 휴먼 에러 종류는?

> 자동차가 우측 운행하는 한국의 도로에 익숙해진 운전자가 좌측 운행을 해야 하는 일본에서 우측 운행을 하다가 교통사고를 냈다.

① 고의 사고(Violation)
② 숙련기반 에러(Skill based error)
③ 규칙기반 착오(Rule based mistake)
④ 지식기반 착오(Knowledge based mistake)

해설

휴먼 에러의 원인적 분류(James Reason)

| 숙련기반 에러<br>(skill based error) | 일상적인 행동과 관련이 있으며, 정신의 상태가 명함으로써 발생하는 실수<br>예 자동차 창문 개폐를 잊어버리고 내려 분실사고가 발생(실수)<br>예 전화통화 중 번호를 기억하였으나 종료 후 옮겨 적는 행동을 잊어버림(망각) |
|---|---|
| 규칙기반 에러<br>(rule based error) | 잘못된 규칙을 기억하거나, 정확한 규칙이라도 상황에 맞지 않게 잘못 적용한 경우<br>예 일본에서 자동차를 우측 운행하다가 사고를 유발하거나, 음주 후 차선을 착각하여 역주행하여 사고를 유발하는 경우 |
| 지식기반 에러<br>(knowledge based error) | 틀린 의사결정을 하거나 불충분한 지식이나 경험으로 잘못된 계획으로 인해 발생한 실수<br>예 외국에서 도로표지판을 이해하지 못해서 교통위반을 하는 경우 |

## 3과목 기계위험 방지기술

**41** 산업안전보건법령상 사업주가 진동작업을 하는 근로자에게 충분히 알려야 할 사항과 거리가 먼 것은?

① 인체에 미치는 영향과 증상
② 진동 기계·기구 관리 및 사용 방법
③ 보호구 선정과 착용방법
④ 진동재해 시 비상연락체계

해설

유해성 등의 주지
근로자가 진동작업에 종사하는 경우 다음의 사항을 근로자에게 충분히 알려야 한다.
1. 인체에 미치는 영향과 증상
2. 보호구의 선정과 착용방법
3. 진동 기계·기구 관리 및 사용 방법
4. 진동 장해 예방방법

**42** 산업안전보건법령상 크레인에 전용 탑승설비를 설치하고 근로자를 달아 올린 상태에서 작업에 종사시킬 경우 근로자의 추락 위험을 방지하기 위하여 실시해야 할 조치 사항으로 적합하지 않은 것은?

① 승차석 외의 탑승 제한
② 안전대나 구명줄의 설치
③ 탑승설비의 하강 시 동력하강방법을 사용
④ 탑승설비가 뒤집히거나 떨어지지 않도록 필요한 조치

해설

탑승의 제한
크레인을 사용하여 근로자를 운반하거나 근로자를 달아 올린 상태에서 작업에 종사시켜서는 아니 된다. 다만, 크레인에 전용 탑승설비를 설치하고 추락 위험을 방지하기 위하여 다음의 조치를 한 경우에는 제외한다.
1. 탑승설비가 뒤집히거나 떨어지지 않도록 필요한 조치를 할 것
2. 안전대나 구명줄을 설치하고, 안전난간을 설치할 수 있는 구조인 경우에는 안전난간을 설치할 것
3. 탑승설비를 하강시킬 때에는 동력하강방법으로 할 것

정답 40 ③ 41 ④ 42 ①

## 43 연삭기에서 숫돌의 바깥지름이 150mm일 경우 평형플랜지 지름은 몇 mm 이상이어야 하는가?

① 30
② 50
③ 60
④ 90

**해설**

플랜지의 지름
플랜지의 지름은 숫돌지름의 1/3 이상인 것을 사용하며 양쪽 모두 같은 크기로 한다.

$$\text{플랜지의 지름} = \text{숫돌지름} \times \frac{1}{3}$$

플랜지의 지름 = 숫돌지름 $\times \frac{1}{3} = 150 \times \frac{1}{3} = 50(mm)$

## 44 플레이너 작업 시의 안전대책이 아닌 것은?

① 베드 위에 다른 물건을 올려놓지 않는다.
② 바이트는 되도록 짧게 나오도록 설치한다.
③ 프레임 내의 피트(pit)에는 뚜껑을 설치한다.
④ 칩 브레이커를 사용하여 칩이 길게 되도록 한다.

**해설**

플레이너 작업 시 안전수칙
1. 프레임 내의 피트(pit)에는 뚜껑을 설치한다.
2. 바이트는 되도록 짧게 나오도록 설치한다.
3. 베드 위에 다른 물건을 올려놓지 않는다.
4. 비산하는 공구 파편으로부터 작업자를 지키기 위해 가드를 마련한다.
5. 테이블과 고정벽이나 다른 기계와의 최소 거리가 40cm 이하가 될 때는 기계의 양쪽 끝부분에 방책을 설치하여 작업자의 통행을 차단하여야 한다.
6. 일감(공작물)은 견고하게 장치한다.
7. 일감(공작물) 고정 작업 중에는 반드시 동력 스위치를 꺼놓는다.
8. 절삭행정 중 일감(공작물)에 손을 대지 말아야 한다.
9. 기계작동 중 테이블 위에는 절대로 올라가지 않아야 한다.
10. 플레이너의 안전작업을 위한 절삭행정속도는 30m/min 정도이다.

## 45 양중기 과부하방지장치의 일반적인 공통사항에 대한 설명 중 부적합한 것은?

① 과부하방지장치와 타 방호장치는 기능에 서로 장애를 주지 않도록 부착할 수 있는 구조이어야 한다.
② 방호장치의 기능을 변형 또는 보수할 때 양중기의 기능도 동시에 정지할 수 있는 구조이어야 한다.
③ 과부하방지장치에는 정상동작상태의 녹색램프와 과부하 시 경고표시를 할 수 있는 붉은색 램프와 경보음을 발하는 장치 등을 갖추어야 하며, 양중기 운전자가 확인할 수 있는 위치에 설치해야 한다.
④ 과부하방지장치 작동 시 경보음과 경보램프가 작동되어야 하며 양중기는 작동이 되지 않아야 한다. 다만, 크레인은 과부하상태 해지를 위하여 권상된 만큼 권하시킬 수 있다.

**해설**

양중기 과부하방지장치 성능기준
1. 과부하방지장치 작동 시 경보음과 경보램프가 작동되어야 하며 양중기는 작동이 되지 않아야 한다. 다만, 크레인은 과부하상태 해지를 위하여 권상된 만큼 권하시킬 수 있다.
2. 외함은 납봉인 또는 시건할 수 있는 구조이어야 한다.
3. 외함의 전선 접촉부분은 고무 등으로 밀폐되어 물과 먼지 등이 들어가지 않도록 한다.
4. 과부하방지장치와 타 방호장치는 기능에 서로 장애를 주지 않도록 부착할 수 있는 구조이어야 한다.
5. 방호장치의 기능을 제거 또는 정지할 때 양중기의 기능도 동시에 정지할 수 있는 구조이어야 한다.
6. 과부하방지장치는 정격하중의 1.1배 권상 시 경보와 함께 권상동작이 정지되고 횡행과 주행동작이 불가능한 구조이어야 한다. 다만, 타워크레인은 정격하중의 1.05배 이내로 한다.
7. 과부하방지장치에는 정상동작상태의 녹색 램프와 과부하 시 경고표시를 할 수 있는 붉은색 램프와 경보음을 발하는 장치 등을 갖추어야 하며, 양중기 운전자가 확인할 수 있는 위치에 설치해야 한다.
8. 안정기가 부착된 설비의 과부하방지장치에는 붐의 길이 및 각도, 안정기의 확장 길이 등과 연동하여 작동하여야 한다.

**정답** 43 ② 44 ④ 45 ②

**46** 산업안전보건법령상 프레스 작업시작 전 점검해야 할 사항에 해당하는 것은?

① 와이어로프가 통하고 있는 곳 및 작업장소의 지반 상태
② 하역장치 및 유압장치 기능
③ 권과방지장치 및 그 밖의 경보장치의 기능
④ 1행정 1정지기구 · 급정지장치 및 비상정지장치의 기능

**해설**
프레스 등의 작업시작 전 점검사항
1. 클러치 및 브레이크의 기능
2. 크랭크축 · 플라이휠 · 슬라이드 · 연결봉 및 연결 나사의 풀림 여부
3. 1행정 1정지기구 · 급정지장치 및 비상정지장치의 기능
4. 슬라이드 또는 칼날에 의한 위험방지 기구의 기능
5. 프레스의 금형 및 고정볼트 상태
6. 방호장치의 기능
7. 전단기의 칼날 및 테이블의 상태

**47** 방호장치를 분류할 때는 크게 위험장소에 대한 방호장치와 위험원에 대한 방호장치로 구분할 수 있는데, 다음 중 위험장소에 대한 방호장치가 아닌 것은?

① 격리형 방호장치
② 접근거부형 방호장치
③ 접근반응형 방호장치
④ 포집형 방호장치

**해설**
방호장치의 분류

| 위험장소 | 격리형 방호장치, 위치제한형 방호장치, 접근반응형 방호장치, 접근거부형 방호장치 |
|---|---|
| 위험원 | 포집형 방호장치, 감지형 방호장치 |

**48** 산업안전보건법령상 목재가공용 기계에 사용되는 방호장치의 연결이 옳지 않은 것은?

① 둥근톱기계 : 톱날접촉예방장치
② 띠톱기계 : 날접촉예방장치
③ 모떼기기계 : 날접촉예방장치
④ 동력식 수동대패기계 : 반발예방장치

**해설**
동력식 수동대패기의 방호장치
칼날접촉방지장치 : 인체가 대패날에 접촉하지 않도록 덮어주는 것으로 덮개를 의미한다.

**49** 다음 중 금속 등의 도체에 교류를 통한 코일을 접근시켰을 때, 결함이 존재하면 코일에 유기되는 전압이나 전류가 변하는 것을 이용한 검사방법은?

① 자분탐상검사
② 초음파탐상검사
③ 와류탐상검사
④ 침투형광탐상검사

**해설**
와류탐상검사(Eddy Current Test)

| 개요 | 적용범위 |
|---|---|
| 금속 등의 도체에 교류를 통한 코일을 접근시켰을 때 결함이 존재하면 코일에 유기되는 전압이나 전류가 변하는 것을 이용한 검사 | 주로 용접부 표면결함 검출, 비철금속도 검출이 가능, 금속의 전도도측정, 각종 항공산업에서 각종 중요 부품 검사 등 |

**50** 산업안전보건법령상에서 정한 양중기의 종류에 해당하지 않는 것은?

① 크레인[호이스트(Hoist)를 포함한다]
② 도르래
③ 곤돌라
④ 승강기

**해설**
양중기의 종류
1. 크레인(호이스트 포함)
2. 이동식 크레인
3. 리프트(이삿짐운반용 리프트의 경우 적재하중 0.1톤 이상인 것)
4. 곤돌라
5. 승강기

**51** 롤러의 급정지를 위한 방호장치를 설치하고자 한다. 앞면 롤러 직경이 36cm이고, 분당회전속도가 50rpm이라면 급정지거리는 약 얼마 이내이어야 하는가?(단, 무부하동작에 해당한다.)

① 45cm
② 50cm
③ 55cm
④ 60cm

**정답** 46 ④ 47 ④ 48 ④ 49 ③ 50 ② 51 ①

**해설**

롤러기의 급정지거리

$$V = \frac{\pi DN}{1,000} \text{(m/min)}$$

여기서 V : 표면속도
D : 롤러 원통의 직경(mm)
N : 1분간에 롤러기가 회전되는 수(rpm)

1. $V = \frac{\pi DN}{1,000}(\text{m/min}) = \frac{\pi \times 360 \times 50}{1,000} = 56.52(\text{m/min})$

2. 무부하 동작에서 급정지거리
   표면속도(V)가 56.52(m/mm)로 30(m/min) 이상이므로 앞면 롤러 원주의 $\frac{1}{2.5}$이다.

| 앞면 롤러의 표면속도(m/min) | 급정지거리 |
|---|---|
| 30 미만 | 앞면 롤러 원주의 1/3 |
| 30 이상 | 앞면 롤러 원주의 1/2.5 |

3. 급정지거리 $= \pi \times D \times \frac{1}{2.5} = \pi \times 36 \times \frac{1}{2.5}$
   $= 45.216 = 45(\text{cm})$

> **TIP** 원둘레 길이 $= \pi D = 2\pi r$
> 여기서, D : 지름, r : 반지름

**52** 다음 중 금형 설치·해체작업의 일반적인 안전 사항으로 틀린 것은?

① 고정볼트는 고정 후 가능하면 나사산이 3~4개 정도 짧게 남겨 슬라이드 면과의 사이에 협착이 발생하지 않도록 해야 한다.
② 금형 고정용 브래킷(물림판)을 고정시킬 때 고정용 브래킷은 수평이 되게 하고, 고정볼트는 수직이 되게 고정하여야 한다.
③ 금형을 설치하는 프레스의 T홈 안길이는 설치 볼트 직경 이하로 한다.
④ 금형의 설치용구는 프레스의 구조에 적합한 형태로 한다.

**해설**

금형 설치·해체작업의 안전사항
1. 금형의 설치용구는 프레스의 구조에 적합한 형태로 한다.
2. 금형을 설치하는 프레스의 T홈 안길이는 설치 볼트 직경의 2배 이상으로 한다.
3. 고정볼트는 고정 후 가능하면 나사산이 3~4개 정도 짧게 남겨 슬라이드면과의 사이에 협착이 발생하지 않도록 해야 한다.
4. 금형 고정용 브래킷(물림판)을 고정시킬 때 고정용 브래킷은 수평이 되게 하고 고정볼트는 수직이 되게 고정하여야 한다.
5. 부적합한 프레스에 금형을 설치하는 것을 방지하기 위해 금형에 부품번호, 상형중량, 총중량, 다이하이트, 제품소재(재질) 등을 기록 하여야 한다.

**53** 산업안전보건법령상 보일러에 설치하는 압력방출장치에 대하여 검사 후 봉인에 사용되는 재료로 가장 적합한 것은?

① 납
② 주석
③ 구리
④ 알루미늄

**해설**

보일러의 압력방출장치
1. 보일러의 안전한 가동을 위하여 보일러 규격에 맞는 압력방출장치를 1개 또는 2개 이상 설치하고 최고사용압력(설계압력 또는 최고허용압력) 이하에서 작동되도록 하여야 한다.
2. 압력방출장치가 2개 이상 설치된 경우에는 최고사용압력 이하에서 1개가 작동되고, 다른 압력방출장치는 최고사용압력 1.05배 이하에서 작동되도록 부착하여야 한다.
3. 압력방출장치는 매년 1회 이상 교정을 받은 압력계를 이용하여 설정압력에서 압력방출장치가 적정하게 작동하는지를 검사한 후 납으로 봉인하여 사용하여야 한다.(공정안전보고서 이행상태 평가결과가 우수한 사업장은 압력방출장치에 대하여 4년마다 1회 이상 설정압력에서 압력방출장치가 적정하게 작동하는지를 검사할 수 있다.)
4. 스프링식, 중추식, 지렛대식(일반적으로 스프링식 안전밸브가 많이 사용)

> **TIP** 보일러 안전장치의 종류
> • 압력방출장치       • 압력제한스위치
> • 고저수위조절장치   • 화염검출기

**54** 슬라이드가 내려옴에 따라 손을 쳐내는 막대가 좌우로 왕복하면서 위험점으로부터 손을 보호하여 주는 프레스의 안전장치는?

① 수인식 방호장치
② 양손조작식 방호장치

**정답** 52 ③  53 ①  54 ③

③ 손쳐내기식 방호장치
④ 게이트 가드식 방호장치

**해설**

손쳐내기식 방호장치(Sweep Guard)
1. 슬라이드와 연결된 손쳐내기봉이 위험 구역에 있는 작업자의 손을 쳐내는 방식
2. 소형 프레스기에 적합
3. SPM 120 이하, 슬라이드 행정길이 약 40mm 이상의 프레스에 적용 가능
4. 양수조작식 병행 적용 가능
5. 금형의 크기에 따라 방호판의 크기 선택

**55** 산업안전보건법령에 따라 사업주는 근로자가 안전하게 통행할 수 있도록 통로에 얼마 이상의 채광 또는 조명시설을 하여야 하는가?

① 50럭스
② 75럭스
③ 90럭스
④ 100럭스

**해설**

통로의 조명
근로자가 안전하게 통행할 수 있도록 통로에 75럭스 이상의 채광 또는 조명시설을 하여야 한다.(다만, 갱도 또는 상시 통행을 하지 아니하는 지하실 등을 통행하는 근로자에게 휴대용 조명기구를 사용하도록 한 경우에는 제외)

**56** 산업안전보건법령상 다음 중 보일러의 방호장치와 가장 거리가 먼 것은?

① 언로드밸브
② 압력방출장치
③ 압력제한스위치
④ 고저수위조절장치

**해설**

보일러 안전장치의 종류
1. 압력방출장치
2. 압력제한스위치
3. 고저수위조절장치
4. 화염검출기

**57** 다음 중 롤러기 급정지장치의 종류가 아닌 것은?

① 어깨조작식
② 손조작식
③ 복부조작식
④ 무릎조작식

**해설**

급정지장치의 종류

| 종류 | 설치위치 | 비고 |
|---|---|---|
| 손조작식 | 밑면에서 1.8미터 이내 | 위치는 급정지장치의 조작부의 중심점을 기준 |
| 복부조작식 | 밑면에서 0.8미터 이상 1.1미터 이내 | |
| 무릎조작식 | 밑면에서 0.6미터 이내 | |

**58** 산업안전보건법령에 따라 레버풀러(Lever Puller) 또는 체인블록(Chain Block)을 사용하는 경우 훅의 입구(Hook Mouth) 간격이 제조자가 제공하는 제품사양서 기준으로 몇 % 이상 벌어진 것은 폐기하여야 하는가?

① 3
② 5
③ 7
④ 10

**해설**

레버풀러(Lever Puller) 또는 체인블록(Chain Block)을 사용하는 경우 준수사항
훅의 입구(Hook Mouth) 간격이 제조자가 제공하는 제품사양서 기준으로 10퍼센트 이상 벌어진 것은 폐기할 것

**59** 컨베이어(Conveyor) 역전방지장치의 형식을 기계식과 전기식으로 구분할 때 기계식에 해당하지 않는 것은?

① 라쳇식
② 밴드식
③ 슬러스트식
④ 롤러식

**해설**

역전방지장치
1. 기계식 : 라쳇식, 롤러식, 밴드식
2. 전기식 : 전기 브레이크, 스러스트 브레이크

**60** 다음 중 연삭숫돌의 3요소가 아닌 것은?

① 결합제
② 입자
③ 저항
④ 기공

**해설**

연삭숫돌의 3요소
1. 숫돌입자
2. 기공
3. 결합제

**정답** 55 ② 56 ① 57 ① 58 ④ 59 ③ 60 ③

## 4과목 전기위험 방지기술

**61** 다음 (   ) 안에 알맞은 내용을 나타낸 것은?

> 폭발성 가스의 폭발등급 측정에 사용되는 표준용기는 내용적이 ( ㉮ )cm³, 반구상의 플렌지 접합면의 안길이 ( ㉯ )mm의 구상용기의 틈새를 통과시켜 화염일주한계를 측정하는 장치이다.

① ㉮ 600  ㉯ 0.4
② ㉮ 1,800  ㉯ 0.6
③ ㉮ 4,500  ㉯ 8
④ ㉮ 8,000  ㉯ 25

**해설**

최대안전틈새(화염일주한계)의 실험
1. 내용적이 8L 정도의 구형용기 안에 틈새길이가 25mm인 표준용기 내에서 폭발성 혼합가스를 채우고 점화시켜 폭발시킨다.
2. 이때, 발생된 화염이 용기 밖으로 전파하여 점화되지 않는 최댓값을 측정한다.
3. 틈새는 상부의 정밀나사에 의해 세밀하게 조정한다.

**TIP** 1L = 1,000cm³

**62** 다음 차단기는 개폐기구가 절연물의 용기 내에 일체로 조립된 것으로 과부하 및 단락사고 시에 자동적으로 전로를 차단하는 장치는?

① OS
② VCB
③ MCCB
④ ACB

**해설**

배선용 차단기(MCCB : Molded Case Circuit Breaker)
과전류에 대하여 자동 차단하는 브레이크를 내장한 것으로 평상시에는 수동으로 개폐하고 과부하 및 단락 시에는 자동으로 전류를 차단하는 것

**63** 한국전기설비규정에 따라 보호등전위본딩 도체로서 주 접지단자에 접속하기 위한 등전위본딩 도체(구리도체)의 단면적은 몇 mm² 이상이어야 하는가? (단, 등전위본딩 도체는 설비 내에 있는 가장 큰 보호접지 도체 단면적의 1/2 이상의 단면적을 가지고 있다.)

① 2.5
② 6
③ 16
④ 50

**해설**

보호등전위본딩 도체
주 접지단자에 접속하기 위한 등전위본딩 도체는 설비 내에 있는 가장 큰 보호접지도체 단면적의 1/2 이상의 단면적을 가져야 하고 다음의 단면적 이상이어야 한다.
1. 구리 도체 6mm²
2. 알루미늄 도체 16mm²
3. 강철 도체 50mm²

**64** 저압전로의 절연성능시험에서 전로의 사용전압이 380V인 경우 전로의 전선 상호 간 및 전로와 대지 사이의 절연저항은 최소 몇 MΩ 이상이어야 하는가?

① 0.1
② 0.3
③ 0.5
④ 1

**해설**

저압전로의 절연저항

| 전로의 사용전압(V) | DC시험전압(V) | 절연저항(MΩ) |
| --- | --- | --- |
| SELV 및 PELV | 250 | 0.5 |
| FELV, 500V 이하 | 500 | 1.0 |
| 500V 초과 | 1,000 | 1.0 |

[주] 특별저압(extra low voltage : 2차 전압이 AC 50V, DC 120V 이하)으로 SELV(비접지회로 구성) 및 PELV(접지회로 구성)은 1차와 2차가 전기적으로 절연된 회로, FELV는 1차와 2차가 전기적으로 절연되지 않은 회로

**65** 전격의 위험을 결정하는 주된 인자로 가장 거리가 먼 것은?

① 통전전류
② 통전시간
③ 통전경로
④ 접촉전압

**해설**

감전재해의 요인

| | |
| --- | --- |
| 1차적 감전요소 | • 통전전류의 크기 : 크면 위험, 인체의 저항이 일정할 때 접촉전압에 비례<br>• 통전경로 : 인체의 주요한 부분을 흐를수록 위험<br>• 통전시간 : 장시간 흐르면 위험<br>• 전원의 종류 : 전원의 크기(전압)가 동일한 경우 교류가 직류보다 위험하다. |
| 2차적 감전요소 | • 인체의 조건(저항) : 땀에 젖어 있거나 물에 젖어 있는 경우 인체의 저항이 감소하므로 위험성이 높아진다.<br>• 전압 : 전압의 크기가 클수록 위험하다.<br>• 계절 : 계절에 따라 인체의 저항이 변화하므로 전격에 대한 위험도에 영향을 준다. |

**정답** 61 ④  62 ③  63 ②  64 ④  65 ④

**66** 교류 아크용접기의 허용사용률(%)은?(단, 정격사용률은 10%, 2차 정격전류는 500A, 교류 아크용접기의 사용전류는 250A이다.)

① 30　　② 40
③ 50　　④ 60

**해설**
허용사용률

$$\text{허용사용률} = \frac{(\text{정격2차전류})^2}{(\text{실제용접전류})^2} \times \text{정격사용률}$$

$$\text{허용사용률} = \frac{(\text{정격2차전류})^2}{(\text{실제용접전류})^2} \times \text{정격사용률}$$

$$= \frac{(500)^2}{(250)^2} \times 10 = 40(\%)$$

**67** 내압방폭구조의 필요충분조건에 대한 사항으로 틀린 것은?

① 폭발화염이 외부로 유출되지 않을 것
② 습기침투에 대한 보호를 충분히 할 것
③ 내부에서 폭발한 경우 그 압력에 견딜 것
④ 외함의 표면온도가 외부의 폭발성가스를 점화하지 않을 것

**해설**
내압방폭구조(Flameproof Enclosure, d)
1. 점화원에 의해 용기 내부에서 폭발이 발생할 경우에 용기가 폭발압력에 견딜 수 있고, 화염이 용기 외부의 폭발성 분위기로 전파되지 않도록 한 방폭구조
2. 전폐형구조로 용기 내에 외부의 폭발성 가스가 침입하여 내부에서 폭발하더라도 용기는 그 압력에 견뎌야 하고 폭발한 고열가스나 화염이 용기의 접합부 틈을 통하여 새어 나가는 동안 냉각되어 외부의 폭발성 가스에 화염이 파급될 우려가 없도록 한 방폭구조
3. 주요 성능 시험항목은 폭발압력(기준압력) 측정, 폭발강도(정적 및 동적)시험, 폭발인화시험 등이 있다.

**68** 다음 중 전동기를 운전하고자 할 때 개폐기의 조작순서로 옳은 것은?

① 메인 스위치 → 분전반 스위치 → 전동기용 개폐기
② 분전반 스위치 → 메인 스위치 → 전동기용 개폐기
③ 전동기용 개폐기 → 분전반 스위치 → 메인 스위치
④ 분전반 스위치 → 전동기용 개폐기 → 메인 스위치

**해설**
전동기 운전 시 개폐기의 조작순서
메인 스위치 → 분전반 스위치 → 전동기용 개폐기

**TIP** 개폐기
회로나 장치의 상태(ON, OFF)를 바꾸어 접속하기 위한 물리적 또는 전기적 장치

**69** 다음 빈칸에 들어갈 내용으로 알맞은 것은?

"교류 특고압 가공전선로에서 발생하는 극저주파 전자계는 지표상 1m에서 전계가 ( ⓐ ), 자계가 ( ⓑ )가 되도록 시설하는 등 상시 정전유도 및 전자유도 작용에 의하여 사람에게 위험을 줄 우려가 없도록 시설하여야 한다."

① ⓐ 0.35kV/m 이하　ⓑ 0.833$\mu$T 이하
② ⓐ 3.5kV/m 이하　ⓑ 8.33$\mu$T 이하
③ ⓐ 3.5kV/m 이하　ⓑ 83.3$\mu$T 이하
④ ⓐ 35kV/m 이하　ⓑ 833$\mu$T 이하

**해설**
유도장해 방지
교류 특고압 가공전선로에서 발생하는 극저주파 전자계는 지표상 1m에서 전계가 3.5kV/m 이하, 자계가 83.3$\mu$T 이하가 되도록 시설하고, 직류 특고압 가공전선로에서 발생하는 직류전계는 지표면에서 25kV/m 이하, 직류자계는 지표상 1m에서 400,000$\mu$T 이하가 되도록 시설하는 등 상시 정전유도 및 전자유도 작용에 의하여 사람에게 위험을 줄 우려가 없도록 시설하여야 한다.

**70** 감전사고를 방지하기 위한 방법으로 틀린 것은?

① 전기기기 및 설비의 위험부에 위험표지
② 전기설비에 대한 누전차단기 설치
③ 전기기기에 대한 정격표시
④ 무자격자는 전기기계 및 기구에 전기적인 접촉 금지

**해설**
감전사고에 대한 일반적인 방지대책
1. 전기설비의 점검 철저
2. 전기기기 및 설비의 정비
3. 전기기기 및 설비의 위험부에 위험표시
4. 설비의 필요부분에 보호접지의 실시
5. 충전부가 노출된 부분에는 절연방호구를 사용
6. 고전압 선로 및 충전부에 근접하여 작업하는 작업자는 보호구 착용

**정답** 66 ② 67 ② 68 ① 69 ③ 70 ③

7. 유자격자 이외는 전기기계 및 기구에 전기적인 접촉 금지
8. 관리감독자는 작업에 대한 안전교육 시행
9. 사고발생 시의 처리순서를 미리 작성하여 둘 것
10. 전기설비에 대한 누전차단기 설치

## 71 외부피뢰시스템에서 접지극은 지표면에서 몇 m 이상 깊이로 매설하여야 하는가?(단, 동결심도는 고려하지 않는 경우이다.)

① 0.5
② 0.75
③ 1
④ 1.25

**해설**
접지극의 시설
지표면에서 0.75m 이상 깊이로 매설하여야 한다. 다만, 필요 시는 해당 지역의 동결심도를 고려한 깊이로 할 수 있다.

## 72 정전기의 재해방지 대책이 아닌 것은?

① 부도체에는 도전성을 향상 또는 제전기를 설치 운영한다.
② 접촉 및 분리를 일으키는 기계적 작용으로 인한 정전기 발생을 적게 하기 위해서는 가능한 접촉면적을 크게 하여야 한다.
③ 저항률이 $10^{10}\Omega \cdot cm$ 미만의 도전성 위험물의 배관유속은 7m/s 이하로 한다.
④ 생산공정에 별다른 문제가 없다면, 습도를 70% 정도 유지하는 것도 무방하다.

**해설**
접촉면적 및 압력이 클수록 정전기 발생량은 커진다.

## 73 어떤 부도체에서 정전용량이 10pF이고, 전압이 5kV일 때 전하량($C$)은?

① $9 \times 10^{-12}$
② $6 \times 10^{-10}$
③ $5 \times 10^{-8}$
④ $2 \times 10^{-6}$

**해설**
정전 에너지

$$W = \frac{1}{2}CV^2 = \frac{1}{2}QV = \frac{1}{2}\frac{Q^2}{C}$$

대전 전하량$(Q) = C \cdot V$, 대전전위$(V) = \frac{Q}{C}$

여기서, $W$ : 정전기 에너지(J), $C$ : 도체의 정전용량(F)
$V$ : 대전 전위(V), $Q$ : 대전 전하량(C)

대전 전하량$(Q) = C \cdot V = (10 \times 10^{-12}) \times 5,000$
$= 5 \times 10^{-8}$[C]

**TIP** 1pF = $10^{-12}$[F], 5kV = 5,000V

## 74 KS C IEC 60079-0에 따른 방폭에 대한 설명으로 틀린 것은?

① 기호 "X"는 방폭기기의 특정사용조건을 나타내는 데 사용되는 인증번호의 접미사이다.
② 인화하한(LFL)과 인화상한(UFL) 사이의 범위가 클수록 폭발성 가스 분위기 형성 가능성이 크다.
③ 기기그룹에 따라 폭발성 가스를 분류할 때 ⅡA의 대표 가스로 에틸렌이 있다.
④ 연면거리는 두 도전부 사이의 고체 절연물 표면을 따른 최단거리를 말한다.

**해설**
그룹 Ⅱ의 세부 분류
1. ⅡA : 대표 가스는 프로판
2. ⅡB : 대표 가스는 에틸렌
3. ⅡC : 대표 가스 수소 및 아세틸렌

**TIP** 하인리히 재해코스트(직접비와 간접비)

| | |
|---|---|
| 그룹 Ⅰ (Group Ⅰ) | 그룹 Ⅰ의 기기는 폭발성 갱내 가스에 취약한 광산에서의 사용을 목적으로 한다. |
| 그룹 Ⅱ (Group Ⅱ) | 그룹 Ⅱ의 기기는 폭발성 갱내 가스에 취약한 광산 이외의 폭발성 가스 분위기가 존재하는 장소에서 사용하기 위한 것이다. |
| 그룹 Ⅲ (Group Ⅲ) | ① 그룹 Ⅲ의 기기는 폭발성 갱내 가스에 취약한 광산 이외의 폭발성 분진이 존재하는 장소에서 사용하기 위한 것이다.<br>② 그룹 Ⅲ의 세부 분류<br>• ⅢA : 가연성 부유물<br>• ⅢB : 비도전성 분진<br>• ⅢC : 도전성 분진 |

**정답** 71 ② 72 ② 73 ③ 74 ③

**75** 다음 중 활선근접작업 시의 안전조치로 적절하지 않은 것은?

① 근로자가 절연용 방호구의 설치·해체작업을 하는 경우에는 절연용 보호구를 착용하거나 활선작업용 기구 및 장치를 사용하도록 하여야 한다.
② 저압인 경우에는 해당 전기작업자가 절연용 보호구를 착용하되, 충전전로에 접촉할 우려가 없는 경우에는 절연용 방호구를 설치하지 아니할 수 있다.
③ 유자격자가 아닌 근로자가 근로자의 몸 또는 긴 도전성 물체가 방호되지 않은 충전전로에서 대지전압이 50kV 이하인 경우에는 400cm 이내로 접근할 수 없도록 하여야 한다.
④ 고압 및 특별고압의 전로에서 전기작업을 하는 근로자에게 활선작업용 기구 및 장치를 사용하여야 한다.

**해설**
유자격자가 아닌 근로자가 충전전로 인근의 높은 곳에서 작업할 때에 근로자의 몸 또는 긴 도전성 물체가 방호되지 않은 충전전로에서 대지전압이 50킬로볼트 이하인 경우에는 300센티미터 이내로, 대지전압이 50킬로볼트를 넘는 경우에는 10킬로볼트당 10센티미터씩 더한 거리 이내로 각각 접근할 수 없도록 할 것

**76** 밸브 저항형 피뢰기의 구성요소로 옳은 것은?

① 직렬갭, 특성요소
② 병렬갭, 특성요소
③ 직렬갭, 충격요소
④ 병렬갭, 충격요소

**해설**
피뢰기의 구성

| | |
|---|---|
| 직렬갭 | 이상전압 내습 시 뇌전류를 대지로 방전시키는 역할을 한다. |
| 특성요소 | 방전 종료 후 속류를 차단시키는 역할을 한다. 속류란 방전 현상이 실질적으로 끝난 후 계속하여 전력계통에서 공급되어 피뢰기에 흐르는 전류를 말한다. |

**77** 정전기 제거방법으로 가장 거리가 먼 것은?

① 작업장 바닥을 도전처리한다.
② 설비의 도체 부분은 접지시킨다.
③ 작업자는 대전방지화를 신는다.
④ 작업장을 항온으로 유지한다.

**해설**
정전기재해의 방지대책
1. 접지(도체의 대전방지)
2. 유속의 제한
3. 보호구의 착용
4. 대전방지제 사용
5. 가습(상대습도를 60~70% 정도 유지)
6. 제전기 사용
7. 대전물체의 차폐
8. 정치시간의 확보
9. 도전성 재료 사용

**78** 인체의 전기저항을 0.5kΩ이라고 하면 심실세동을 일으키는 위험한계 에너지는 몇 J인가?(단, 심실세동전류값 $I=\frac{165}{\sqrt{T}}$ mA의 Dalziel의 식을 이용하며, 통전시간은 1초로 한다.)

① 13.6
② 12.6
③ 11.6
④ 10.6

**해설**
위험한계 에너지

$$W = I^2RT[J/s] = \left(\frac{165}{\sqrt{T}} \times 10^{-3}\right)^2 \times R \times T$$

$$W = \left(\frac{165}{\sqrt{1}} \times 10^{-3}\right)^2 \times 500 \times 1 = 13.61(J)$$

**TIP** 1kΩ = 1,000Ω

**79** 다음 중 전기설비기술기준에 따른 전압의 구분으로 틀린 것은?

① 저압 : 직류 1kV 이하
② 고압 : 교류 1kV 초과, 7kV 이하
③ 특고압 : 직류 7kV 초과
④ 특고압 : 교류 7kV 초과

**해설**
전압의 구분

| 전원의 종류 | 저압 | 고압 | 특고압 |
|---|---|---|---|
| 직류[DC] | 1,500V 이하 | 1,500V 초과, 7,000V 이하 | 7,000V 초과 |
| 교류[AC] | 1,000V 이하 | 1,000V 초과, 7,000V 이하 | 7,000V 초과 |

**80** 가스 그룹 IIB지역에 설치된 내압방폭구조 "d" 장비의 플랜지 개구부에서 장애물까지의 최소 거리 (mm)는?

① 10
② 20
③ 30
④ 40

**해설**

내압방폭구조 플랜지 접합부와 장애물 최소 이격거리

| 가스그룹 | 최소 이격거리(mm) |
|---|---|
| IIA | 10 |
| IIB | 30 |
| IIC | 40 |

**TIP** 장애물
강재, 벽, 기후 보호물(Weather Guard), 장착용 브래킷, 배관 또는 기타 전기기기

## 5과목 화학설비위험방지기술

**81** 다음 설명이 의미하는 것은?

온도, 압력 등 제어상태가 규정의 조건을 벗어나는 것에 의해 반응속도가 지수 함수적으로 증대되고, 반응용기 내의 온도, 압력이 급격히 이상 상승되어 규정 조건을 벗어나고, 반응이 과격화되는 현상

① 비등
② 과열·과압
③ 폭발
④ 반응폭주

**해설**

반응폭주
1. 반응속도가 지수 함수적으로 증가하고 반응용기 내부의 온도 및 압력이 비정상적으로 급격히 상승되어 규정 조건을 벗어나고 반응이 과격하게 진행되는 현상을 말한다.
2. 반응폭주는 서로 다른 물질이 폭발적으로 반응하는 현상으로 화학공장의 반응기에서 일어날 수 있는 현상이다.
3. 주로 화학공장에서 화합, 분해, 중합, 치환, 부가 반응의 제어가 실패한 경우 반응기 내부의 압력증가, 온도증가에 의해 반응속도가 가속화되어 반응폭주가 일어나며, 이러한 반응은 반응물질이 완전히 소모될 때까지 지속된다.

**82** 다음 중 전기화재의 종류에 해당하는 것은?

① A급
② B급
③ C급
④ D급

**해설**

화재의 종류
1. A급 화재 : 일반화재
2. B급 화재 : 유류·가스화재
3. C급 화재 : 전기화재
4. D급 화재 : 금속화재

**83** 다음 중 폭발범위에 관한 설명으로 틀린 것은?

① 상한값과 하한값이 존재한다.
② 온도에는 비례하지만 압력과는 무관하다.
③ 가연성 가스의 종류에 따라 각각 다른 값을 갖는다.
④ 공기와 혼합된 가연성 가스의 체적 농도로 나타낸다.

**해설**

가연성 가스의 폭발범위 영향 요소
1. 가스의 온도가 높을수록 폭발범위도 일반적으로 넓어진다.(폭발하한계는 감소, 폭발상한계는 증가)
2. 가스의 압력이 높아지면 폭발하한계는 영향이 없으나 폭발상한계는 증가한다.
3. 산소 중에서의 폭발범위는 공기 중에서보다 넓어진다.
4. 압력이 상압인 1atm보다 낮아질 때 폭발범위는 큰 변화가 없다.
5. 일산화탄소는 압력이 높을수록 폭발범위가 좁아지고, 수소는 10atm까지는 좁아지지만 그 이상의 압력에서는 넓어진다.
6. 불활성 기체가 첨가될 경우 혼합가스의 농도가 희석되어 폭발범위가 좁아진다.
7. 화학양론농도 부근에서는 연소나 폭발이 가장 일어나기 쉽고 또한 격렬한 정도도 크다.

**84** 다음 표와 같은 혼합가스의 폭발범위(vol%)로 옳은 것은?

| 종류 | 용적비율 (vol%) | 폭발하한계 (vol%) |
|---|---|---|
| $CH_4$ | 70 | 5 |
| $C_2H_6$ | 15 | 3 |
| $C_3H_8$ | 5 | 2.1 |
| $C_4H_{10}$ | 10 | 1.9 |

**정답** 80 ③ 81 ④ 82 ③ 83 ② 84 ①

① 3.75~13.21　　② 4.33~13.21
③ 4.33~15.22　　④ 3.75~15.22

**해설**

르 샤틀리에의 법칙(순수한 혼합가스일 경우)

$$\frac{100}{L} = \frac{V_1}{L_1} + \frac{V_2}{L_2} + \frac{V_3}{L_3} \cdots$$

$$L = \frac{100}{\frac{V_1}{L_1} + \frac{V_2}{L_2} + \cdots + \frac{V_n}{L_n}}$$

여기서, $V_n$ : 전체 혼합가스 중 각 성분 가스의 체적(비율)[%]
　　　$L_n$ : 각 성분 단독의 폭발한계(상한 또는 하한)
　　　$L$ : 혼합가스의 폭발한계(상한 또는 하한)[vol%]

1. 폭발하한계

$$L = \frac{100}{\frac{70}{5} + \frac{15}{3} + \frac{5}{2.1} + \frac{10}{1.9}} = 3.75[\text{vol}\%]$$

2. 폭발상한계

$$L = \frac{100}{\frac{70}{15} + \frac{15}{12.5} + \frac{5}{9.5} + \frac{10}{8.5}} = 13.21[\text{vol}\%]$$

3. 폭발범위 : 3.75~13.21[vol%]

**85** 위험물을 저장·취급하는 화학설비 및 그 부속설비를 설치할 때 '단위공정시설 및 설비로부터 다른 단위공정시설 및 설비의 사이'의 안전거리는 설비의 바깥 면으로부터 몇 m 이상이 되어야 하는가?

① 5　　② 10
③ 15　　④ 20

**해설**

위험물을 저장·취급하는 화학설비 및 그 부속설비를 설치하는 경우의 안전거리

| 구분 | 안전거리 |
|---|---|
| 단위공정시설 및 설비로부터 다른 단위공정시설 및 설비의 사이 | 설비의 바깥 면으로부터 10미터 이상 |
| 플레어스택으로부터 단위공정시설 및 설비, 위험물질 저장탱크 또는 위험물질 하역설비의 사이 | 플레어스택으로부터 반경 20미터 이상(다만, 단위공정시설 등이 불연재로 시공된 지붕 아래에 설치된 경우에는 제외) |
| 위험물 저장탱크로부터 단위공정시설 및 설비, 보일러 또는 가열로의 사이 | 저장탱크의 바깥 면으로부터 20미터 이상(다만, 저장탱크의 방호벽, 원격조종설비 또는 살수설비를 설치한 경우에는 제외) |
| 사무실·연구실·실험실·정비실 또는 식당으로부터 단위공정시설 및 설비, 위험물질 저장탱크, 위험물질 하역설비, 보일러 또는 가열로의 사이 | 사무실 등의 바깥 면으로부터 20미터 이상(다만, 난방용 보일러인 경우 또는 사무실 등의 벽을 방호구조로 설치한 경우에는 제외) |

**86** 열교환기의 열교환 능률을 향상시키기 위한 방법으로 거리가 먼 것은?

① 유체의 유속을 적절하게 조절한다.
② 유체의 흐르는 방향을 병류로 한다.
③ 열교환기 입구와 출구의 온도차를 크게 한다.
④ 열전도율이 좋은 재료를 사용한다.

**해설**

유체의 흐르는 방향을 향류로 한다.

**TIP** 열이 높은 유체와 낮은 유체의 흐름에서 같은 방향으로 흐르는 것을 병류형, 반대방향으로 흐르는 것을 향류형이라 한다.

**87** 다음 중 인화성 물질이 아닌 것은?

① 디에틸에테르
② 아세톤
③ 에틸알코올
④ 과염소산칼륨

**해설**

과염소산 및 그 염류는 산화성 액체 및 산화성 고체에 해당된다.

**88** 산업안전보건법령상 위험물질의 종류에서 "폭발성 물질 및 유기과산화물"에 해당하는 것은?

① 리튬
② 아조화합물
③ 아세틸렌
④ 셀룰로이드류

**해설**

1. 리튬, 셀룰로이드류 : 물반응성 물질 및 인화성 고체
2. 아세틸렌 : 인화성 가스

**정답** 85 ② 86 ② 87 ④ 88 ②

**89** 건축물 공사에 사용되고 있으나, 불에 타는 성질이 있어서 화재 시 유독한 시안화수소 가스가 발생되는 물질은?

① 염화비닐
② 염화에틸렌
③ 메타크릴산메틸
④ 우레탄

**해설**
우레탄
1. 화재 시 건축내장재(우레탄)에서 시안화수소의 발생량이 많아 치사량이 높아진다.
2. 자동차 내장재에서 침구 매트리스에 이르기까지 다양한 용도로 사용되고 있다.

**90** 반응기를 설계할 때 고려하여야 할 요인으로 가장 거리가 먼 것은?

① 부식성
② 상의 형태
③ 온도 범위
④ 중간생성물의 유무

**해설**
반응기 안전설계 시 고려요소
1. 상(phase)의 형태
2. 온도 범위
3. 운전압력
4. 체류시간 또는 공간속도
5. 부식성
6. 열전달
7. 온도조절
8. 조작방법
9. 수율(생산비율)

**91** 에틸알코올 1몰이 완전연소 시 생성되는 $CO_2$와 $H_2O$의 몰수로 옳은 것은?

① $CO_2 : 1, H_2O : 4$
② $CO_2 : 2, H_2O : 3$
③ $CO_2 : 3, H_2O : 2$
④ $CO_2 : 4, H_2O : 1$

**해설**
에틸알코올의 연소반응식
$C_2H_5OH + 3O_2 \rightarrow 2CO_2 + 3H_2O$
∴ $CO_2 = 2, H_2O = 3$

**92** 산업안전보건법령상 각 물질이 해당하는 위험물질의 종류를 옳게 연결한 것은?

① 아세트산(농도 90%) – 부식성 산류
② 아세톤(농도 90%) – 부식성 염기류
③ 이황화탄소 – 인화성 가스
④ 수산화칼륨 – 인화성 가스

**해설**
부식성 물질

| 부식성 산류 | • 농도가 20퍼센트 이상인 염산, 황산, 질산, 그 밖에 이와 같은 정도 이상의 부식성을 가지는 물질<br>• 농도가 60퍼센트 이상인 인산, 아세트산, 불산, 그 밖에 이와 같은 정도 이상의 부식성을 가지는 물질 |
|---|---|
| 부식성 염기류 | 농도가 40퍼센트 이상인 수산화나트륨, 수산화칼륨, 그 밖에 이와 같은 정도 이상의 부식성을 가지는 염기류 |

**TIP** 이황화탄소, 아세톤 : 인화성 액체

**93** 물과의 반응으로 유독한 포스핀 가스를 발생하는 것은?

① HCl
② NaCl
③ $Ca_3P_2$
④ $Al(OH)_3$

**해설**
인화칼슘($Ca_3P_2$)
인화석회라고도 하며 적갈색의 고체로 수분($H_2O$)과 반응하여 유독성 가스인 인화수소($PH_3$ : 포스핀) 가스를 발생시킨다.

$$Ca_3P_2 + 6H_2O \rightarrow 3Ca(OH)_2 + 2PH_3 \uparrow$$
(인화칼슘) (물) (수산화칼슘) (포스핀)

**94** 분진폭발의 요인을 물리적 인자와 화학적 인자로 분류할 때 화학적 인자에 해당하는 것은?

① 연소열
② 입도분포
③ 열전도율
④ 입자의 형성

**해설**
분진의 화학적 성질과 조성
분진의 발열량이 클수록 폭발성이 크며 휘발성분의 함유량이 많을수록 폭발하기 쉽다.

**정답** 89 ④ 90 ④ 91 ② 92 ① 93 ③ 94 ①

**95** 메탄올에 관한 설명으로 틀린 것은?
① 무색투명한 액체이다.
② 비중은 1보다 크고, 증기는 공기보다 가볍다.
③ 금속나트륨과 반응하여 수소를 발생한다.
④ 물에 잘 녹는다.

**해설**
메탄올(메틸알코올)
비중 0.79(증기 비중 1.1)이며, 연소 범위가 7.3~36%로 넓어서 용기 내 인화의 위험이 있으며 용기를 파열할 수도 있다.

**96** 다음 중 자연발화가 쉽게 일어나는 조건으로 틀린 것은?
① 주위온도가 높을수록
② 열축적이 클수록
③ 적당량의 수분이 존재할 때
④ 표면적이 작을수록

**해설**
자연발화의 조건(자연발화가 쉽게 일어나는 조건)
1. 표면적이 넓을 것
2. 열전도율이 작을 것
3. 발열량이 클 것
4. 주위의 온도가 높을 것(분자운동 활발)
5. 수분이 적당량 존재할 것

**97** 다음 중 인화점이 가장 낮은 것은?
① 벤젠              ② 메탄올
③ 이황화탄소        ④ 경유

**해설**
인화성 액체의 인화점

| 액체 | 인화점 | 액체 | 인화점 |
|---|---|---|---|
| 벤젠 | -11℃ | 이황화탄소 | -30℃ |
| 메탄올 | 16℃ | 경유 | 50℃ |

**98** 자연발화성을 가진 물질이 자연발화를 일으키는 원인으로 거리가 먼 것은?
① 분해열            ② 증발열
③ 산화열            ④ 중합열

**해설**
자연발화의 형태
1. 산화열에 의한 발열(석탄, 건성유, 기름걸레 등)
2. 분해열에 의한 발열(셀룰로이드, 니트로셀룰로스 등)
3. 흡착열에 의한 발열(활성탄, 목탄분말, 석탄분 등)
4. 미생물에 의한 발열(퇴비, 먼지, 볏짚 등)
5. 중합에 의한 발열(아크릴로니트릴 등)

**99** 비점이 낮은 가연성 액체 저장탱크 주위에 화재가 발생했을 때 저장탱크 내부의 비등현상으로 인한 압력 상승으로 탱크가 파열되어 그 내용물이 증발, 팽창하면서 발생되는 폭발현상은?
① Back Draft       ② BLEVE
③ Flash Over       ④ UVCE

**해설**
BLEVE(비등액 팽창증기 폭발)
비등점이 낮은 인화성 액체 저장탱크가 화재로 인한 화염에 장시간 노출되어 탱크 내 액체가 급격히 증발하여 비등하고 증기가 팽창하면서 탱크 내 압력이 설계압력을 초과하여 폭발을 일으키는 현상

**TIP** UVCE(개방계 증기운 폭발)
가연성 가스 또는 기화하기 쉬운 가연성 액체 등이 저장된 고압가스 용기(저장탱크)의 파괴로 인하여 대기 중으로 유출된 가연성 증기가 구름을 형성(증기운)한 상태에서 점화원이 증기운에 접촉하여 폭발하는 현상

**100** 사업주는 산업안전보건법령에서 정한 설비에 대해서는 과압에 따른 폭발을 방지하기 위하여 안전밸브 등을 설치하여야 한다. 다음 중 이에 해당하는 설비가 아닌 것은?
① 원심펌프
② 정변위 압축기
③ 정변위 펌프(토출 측에 차단밸브가 설치된 것만 해당한다)
④ 배관(2개 이상의 밸브에 의하여 차단되어 대기온도에서 액체의 열팽창에 의하여 파열될 우려가 있는 것으로 한정한다)

**정답** 95 ② 96 ④ 97 ③ 98 ② 99 ② 100 ①

### 해설
안전밸브 등의 설치
다음 각 호의 어느 하나에 해당하는 설비에 대해서는 과압에 따른 폭발을 방지하기 위하여 안전밸브 또는 파열판을 설치하여야 한다.
1. 압력용기(안지름이 150밀리미터 이하인 압력용기는 제외하며, 압력용기 중 관형 열교환기의 경우에는 관의 파열로 인하여 상승한 압력이 압력용기의 최고사용압력을 초과할 우려가 있는 경우)
2. 정변위 압축기
3. 정변위 펌프(토출 측에 차단밸브가 설치된 것만 해당)
4. 배관(2개 이상의 밸브에 의하여 차단되어 대기온도에서 액체의 열팽창에 의하여 파열될 우려가 있는 것으로 한정)
5. 그 밖의 화학설비 및 그 부속설비로서 해당 설비의 최고사용압력을 초과할 우려가 있는 것

## 6과목 건설안전기술

**101** 유해·위험방지계획서 제출 시 첨부서류로 옳지 않은 것은?

① 공사현장의 주변 현황 및 주변과의 관계를 나타내는 도면
② 공사개요서
③ 전체 공정표
④ 작업인부의 배치를 나타내는 도면 및 서류

### 해설
유해·위험방지계획서의 첨부서류
1. 공사개요 및 안전보건관리계획
   ㉠ 공사 개요서
   ㉡ 공사현장의 주변 현황 및 주변과의 관계를 나타내는 도면(매설물 현황을 포함)
   ㉢ 전체 공정표
   ㉣ 산업안전보건관리비 사용계획서
   ㉤ 안전관리 조직표
   ㉥ 재해 발생 위험 시 연락 및 대피방법
2. 작업 공사 종류별 유해·위험방지계획

**102** 거푸집 해체작업 시 유의사항으로 옳지 않은 것은?

① 일반적으로 수평부재의 거푸집은 연직부재의 거푸집보다 빨리 떼어낸다.
② 해체된 거푸집이나 각목 등에 박혀 있는 못 또는 날카로운 돌출물은 즉시 제거하여야 한다.
③ 상하 동시 작업은 원칙적으로 금지하여 부득이한 경우에는 긴밀히 연락을 위하며 작업을 하여야 한다.
④ 거푸집 해체작업장 주위에는 관계자를 제외하고는 출입을 금지시켜야 한다.

### 해설
거푸집 해체작업 시 유의사항
1. 해체작업을 할 때에는 안전모 등 안전보호장구를 착용토록 하여야 한다.
2. 거푸집 해체작업장 주위에는 관계자를 제외하고는 출입을 금지시켜야 한다.
3. 상하 동시 작업은 원칙적으로 금지하여 부득이한 경우에는 긴밀히 연락을 위하며 작업을 하여야 한다.
4. 거푸집 해체 때 구조체에 무리한 충격이나 큰 힘에 의한 지렛대 사용은 금지하여야 한다.
5. 보 또는 슬래브 거푸집을 제거할 때에는 거푸집의 낙하 충격으로 인한 작업원의 돌발적 재해를 방지하여야 한다.
6. 해체된 거푸집이나 각목 등에 박혀 있는 못 또는 날카로운 돌출물은 즉시 제거하여야 한다.
7. 해체된 거푸집이나 각목은 재사용 가능한 것과 보수하여야 할 것을 선별, 분리하여 적치하고 정리정돈을 하여야 한다.

**103** 사다리식 통로 등을 설치하는 경우 통로구조로서 옳지 않은 것은?

① 발판의 간격은 일정하게 한다.
② 발판과 벽과의 사이는 15cm 이상의 간격을 유지한다.
③ 사다리의 상단은 걸쳐 놓은 지점으로부터 60cm 이상 올라가도록 한다.
④ 폭은 40cm 이상으로 한다.

### 해설
사다리식 통로
1. 견고한 구조로 할 것
2. 심한 손상·부식 등이 없는 재료를 사용할 것
3. 발판의 간격은 일정하게 할 것
4. 발판과 벽과의 사이는 15센티미터 이상의 간격을 유지할 것
5. 폭은 30센티미터 이상으로 할 것
6. 사다리가 넘어지거나 미끄러지는 것을 방지하기 위한 조치를 할 것

**정답** 101 ④ 102 ① 103 ④

7. 사다리의 상단은 걸쳐 놓은 지점으로부터 60센티미터 이상 올라가도록 할 것
8. 사다리식 통로의 길이가 10미터 이상인 경우에는 5미터 이내마다 계단참을 설치할 것
9. 사다리식 통로의 기울기는 75도 이하로 할 것. 다만, 고정식 사다리식 통로의 기울기는 90도 이하로 하고, 그 높이가 7미터 이상인 경우에는 다음 각 목의 구분에 따른 조치를 할 것
   가. 등받이울이 있어도 근로자 이동에 지장이 없는 경우 : 바닥으로부터 높이가 2.5미터 되는 지점부터 등받이울을 설치할 것
   나. 등받이울이 있으면 근로자가 이동이 곤란한 경우 : 개인용 추락 방지 시스템을 설치하고 근로자로 하여금 전신안전대를 사용하도록 할 것
10. 접이식 사다리 기둥은 사용 시 접혀지거나 펼쳐지지 않도록 철물 등을 사용하여 견고하게 조치할 것

## 104 추락재해방지 설비 중 근로자의 추락재해를 방지할 수 있는 설비로 작업발판 설치가 곤란한 경우에 필요한 설비는?

① 경사로
② 추락방호망
③ 고정사다리
④ 달비계

### 해설
추락의 방지
1. 근로자가 추락하거나 넘어질 위험이 있는 장소(작업발판의 끝·개구부 등을 제외) 또는 기계·설비·선박블록 등에서 작업을 할 때에 근로자가 위험해질 우려가 있는 경우 비계를 조립하는 등의 방법으로 작업발판을 설치하여야 한다.
2. 작업발판을 설치하기 곤란한 경우 추락방호망을 설치해야 한다. 다만, 추락방호망을 설치하기 곤란한 경우에는 근로자에게 안전대를 착용하도록 하는 등 추락위험을 방지하기 위해 필요한 조치를 해야 한다.

## 105 콘크리트 타설작업을 하는 경우에 준수해야 할 사항으로 옳지 않은 것은?

① 당일의 작업을 시작하기 전에 해당 작업에 관한 거푸집동바리 등의 변형·변위 및 지반의 침하 유무 등을 점검하고 이상이 있으면 보수한다.
② 작업 중에는 거푸집동바리 등의 변형·변위 및 침하 유무 등을 감시할 수 있는 감시자를 배치하여 이상이 있으면 작업을 빠른 시간 내 우선 완료하고 근로자를 대피시킨다.
③ 콘크리트 타설작업 시 거푸집 붕괴의 위험이 발생할 우려가 있으면 충분한 보강조치를 한다.
④ 콘크리트를 타설하는 경우에는 편심이 발생하지 않도록 골고루 분산하여 타설한다.

### 해설
콘크리트 타설작업 시 준수사항
1. 당일의 작업을 시작하기 전에 해당 작업에 관한 거푸집 및 동바리의 변형·변위 및 지반의 침하 유무 등을 점검하고 이상이 있으면 보수할 것
2. 작업 중에는 감시자를 배치하는 등의 방법으로 거푸집 및 동바리의 변형·변위 및 침하 유무 등을 확인해야 하며, 이상이 있으면 작업을 중지하고 근로자를 대피시킬 것
3. 콘크리트 타설작업 시 거푸집 붕괴의 위험이 발생할 우려가 있으면 충분한 보강조치를 할 것
4. 설계도서상의 콘크리트 양생기간을 준수하여 거푸집 및 동바리를 해체할 것
5. 콘크리트를 타설하는 경우에는 편심이 발생하지 않도록 골고루 분산하여 타설할 것

## 106 작업장 출입구 설치 시 준수해야 할 사항으로 옳지 않은 것은?

① 출입구의 위치·수 및 크기가 작업장의 용도와 특성에 맞도록 한다.
② 출입구에 문을 설치하는 경우에는 근로자가 쉽게 열고 닫을 수 있도록 한다.
③ 주된 목적이 하역운반기계용인 출입구에는 보행자용 출입구를 따로 설치하지 않는다.
④ 계단이 출입구와 바로 연결된 경우에는 작업자의 안전한 통행을 위하여 그 사이에 1.2m 이상 거리를 두거나 안내표지 또는 비상벨 등을 설치한다.

### 해설
출입구의 설치(비상구는 제외)
1. 출입구의 위치, 수 및 크기가 작업장의 용도와 특성에 맞도록 할 것
2. 출입구에 문을 설치하는 경우에는 근로자가 쉽게 열고 닫을 수 있도록 할 것
3. 주된 목적이 하역운반기계용인 출입구에는 인접하여 보행자용 출입구를 따로 설치할 것
4. 하역운반기계의 통로와 인접하여 있는 출입구에서 접촉에 의하여 근로자에게 위험을 미칠 우려가 있는 경우에는 비상등·비상벨 등 경보장치를 할 것

5. 계단이 출입구와 바로 연결된 경우에는 작업자의 안전한 통행을 위하여 그 사이에 1.2미터 이상 거리를 두거나 안내표지 또는 비상벨 등을 설치할 것(다만, 출입구에 문을 설치하지 아니한 경우에는 제외)

**107** 건설작업장에서 근로자가 상시 작업하는 장소의 작업면 조도기준으로 옳지 않은 것은?(단, 갱내 작업장과 감광재료를 취급하는 작업장의 경우는 제외)

① 초정밀작업 : 600럭스(lux) 이상
② 정밀작업 : 300럭스(lux) 이상
③ 보통작업 : 150럭스(lux) 이상
④ 초정밀, 정밀, 보통작업을 제외한 기타 작업 : 75럭스(lux) 이상

**해설**

근로자가 상시 작업하는 장소의 작업면 조도기준

| 작업의 종류 | 작업면 조도 |
|---|---|
| 초정밀작업 | 750럭스(lux) 이상 |
| 정밀작업 | 300럭스(lux) 이상 |
| 보통작업 | 150럭스(lux) 이상 |
| 그 밖의 작업 | 75럭스(lux) 이상 |

**108** 건설업 산업안전보건관리비 계상 및 사용기준에 따른 안전관리비의 개인보호구 및 안전장구 구입비 항목에서 안전관리비로 사용이 가능한 경우는?

① 안전·보건관리자가 선임되지 않은 현장에서 안전·보건업무를 담당하는 현장관계자용 무전기, 카메라, 컴퓨터, 프린터 등 업무용 기기
② 혹한·혹서에 장기간 노출로 인해 건강장해를 일으킬 우려가 있는 경우 특정근로자에게 지급되는 기능성 보호장구
③ 근로자에게 일률적으로 지급하는 보냉·보온장구
④ 감리원이나 외부에서 방문하는 인사에게 지급하는 보호구

**해설**

보호구 등 사용기준
1. 보호구의 구입·수리·관리 등에 소요되는 비용
2. 근로자가 보호구를 직접 구매·사용하여 합리적인 범위 내에서 보전하는 비용
3. 안전관리자 등의 업무용 피복, 기기 등을 구입하기 위한 비용
4. 안전관리자 및 보건관리자가 안전보건 점검 등을 목적으로 건설공사 현장에서 사용하는 차량의 유류비·수리비·보험료

> **TIP** 본 문제는 법 개정으로 일부 내용이 수정되었습니다. 해설은 법 개정으로 수정된 내용이니 해설을 학습하세요.

**109** 옥외에 설치되어 있는 주행크레인에 대하여 이탈방지장치를 작동시키는 등 그 이탈을 방지하기 위한 조치를 하여야 하는 순간풍속에 대한 기준으로 옳은 것은?

① 순간풍속이 초당 10m를 초과하는 바람이 불어올 우려가 있는 경우
② 순간풍속이 초당 20m를 초과하는 바람이 불어올 우려가 있는 경우
③ 순간풍속이 초당 30m를 초과하는 바람이 불어올 우려가 있는 경우
④ 순간풍속이 초당 40m를 초과하는 바람이 불어올 우려가 있는 경우

**해설**

폭풍 등에 의한 안전조치사항

| 풍속의 기준 | 내용 | 시기 | 안전조치사항 |
|---|---|---|---|
| 순간풍속이 초당 30미터[m/s]를 초과 | 폭풍에 의한 이탈방지 | 바람이 불어올 우려가 있는 경우 | 옥외에 설치되어 있는 주행크레인에 대하여 이탈방지장치를 작동시키는 등 이탈방지를 위한 조치를 하여야 한다. |
| | 폭풍 등으로 인한 이상 유무 점검 | 바람이 불거나 중진 이상 진도의 지진이 있은 후 | 옥외에 설치되어 있는 양중기를 사용하여 작업을 하는 경우에는 미리 기계 각 부위에 이상이 있는지를 점검하여야 한다. |
| 순간풍속이 초당 35미터[m/s]를 초과 | 붕괴 등의 방지 | 바람이 불어올 우려가 있는 경우 | 건설작업용 리프트(지하에 설치되어 있는 것은 제외한다)에 대하여 받침의 수를 증가시키는 등 그 붕괴 등을 방지하기 위한 조치를 하여야 한다. |
| | 폭풍에 의한 무너짐 방지 | | 옥외에 설치되어 있는 승강기에 대하여 받침의 수를 증가시키는 등 승강기가 무너지는 것을 방지하기 위한 조치를 하여야 한다. |

정답 107 ① 108 ② 109 ③

**110** 지반 등의 굴착작업 시 연암의 굴착면 기울기로 옳은 것은?

① 1 : 0.3
② 1 : 0.5
③ 1 : 0.8
④ 1 : 1.0

해설
굴착면의 기울기

| 지반의 종류 | 굴착면의 기울기 |
|---|---|
| 모래 | 1 : 1.8 |
| 연암 및 풍화암 | 1 : 1.0 |
| 경암 | 1 : 0.5 |
| 그 밖의 흙 | 1 : 1.2 |

TIP 본 문제는 법 개정으로 일부 내용이 수정되었습니다. 해설은 법 개정으로 수정된 내용이니 해설을 학습하세요.

**111** 철골작업 시 철골부재에서 근로자가 수직방향으로 이동하는 경우에 설치하여야 하는 고정된 승강로의 최대 답단간격은 얼마 이내인가?

① 20cm
② 25cm
③ 30cm
④ 40cm

해설
철골작업 시의 위험방지(승강로의 설치)
근로자가 수직방향으로 이동하는 철골부재에는 답단간격이 30센티미터 이내인 고정된 승강로를 설치하여야 하며, 수평방향 철골과 수직방향 철골이 연결되는 부분에는 연결작업을 위하여 작업발판 등을 설치하여야 한다.

**112** 흙막이벽의 근입깊이를 깊게 하고, 전면의 굴착부분을 남겨 두어 흙의 중량으로 대항하게 하거나, 굴착예정부분의 일부를 미리 굴착하여 기초콘크리트를 타설하는 등의 대책과 가장 관계 깊은 것은?

① 파이핑현상이 있을 때
② 히빙현상이 있을 때
③ 지하수위가 높을 때
④ 굴착깊이가 깊을 때

해설
히빙(Heaving)현상

| 정의 | 연질점토 지반에서 굴착에 의한 흙막이 내·외면의 흙의 중량차로 인해 굴착저면이 부풀어 올라오는 현상 |
|---|---|
| 안전대책 | • 흙막이 근입깊이를 깊게<br>• 표토를 제거하여 하중감소<br>• 굴착저면 지반개량(흙의 전단강도를 높임)<br>• 굴착면 하중증가<br>• 어스앵커 설치<br>• 주변지하수위 저하<br>• 소단굴착을 하여 소단부 흙의 중량이 바닥을 누르게 함<br>• 토류벽의 배면토압을 경감 |

**113** 재해사고를 방지하기 위하여 크레인에 설치된 방호장치로 옳지 않은 것은?

① 공기정화장치
② 비상정지장치
③ 제동장치
④ 권과방지장치

해설
방호장치의 조정

| 방호장치의 조정 대상 | • 크레인<br>• 리프트<br>• 승강기 | • 이동식 크레인<br>• 곤돌라 |
|---|---|---|
| 방호장치의 종류 | • 과부하방지장치<br>• 권과방지장치<br>• 비상정지장치 및 제동장치<br>• 그 밖의 방호장치(승강기의 파이널 리미트 스위치, 속도조절기, 출입문 인터록 등) | |

**114** 가설구조물의 문제점으로 옳지 않은 것은?

① 도괴재해의 가능성이 크다.
② 추락재해 가능성이 크다.
③ 부재의 결합이 간단하나 연결부가 견고하다.
④ 구조물이라는 통상의 개념이 확고하지 않으며 조립의 정밀도가 낮다.

해설
가설구조물의 특징
1. 연결재가 적은 구조가 되기 쉽다.
2. 부재결합이 간략하여 불안전 결합이 되기 쉽다.
3. 구조물이라는 개념이 확고하지 않아 조립 정밀도가 낮다.
4. 사용부재는 과소 단면이거나 결함재가 되기 쉽다.

정답 110 ④ 111 ③ 112 ② 113 ① 114 ③

**115** 강관틀비계를 조립하여 사용하는 경우 준수해야 할 기준으로 옳지 않은 것은?

① 수직방향으로 6m, 수평방향으로 8m 이내마다 벽이음을 할 것
② 높이가 20m를 초과하거나 중량물의 적재를 수반하는 작업을 할 경우에는 주틀 간의 간격을 2.4m 이하로 할 것
③ 길이가 띠장방향으로 4m 이하이고 높이가 10m를 초과하는 경우에는 10m 이내마다 띠장방향으로 버팀기둥을 설치 할 것
④ 주틀 간에 교차가새를 설치하고 최상층 및 5층 이내마다 수평재를 설치할 것

해설
강관틀비계 조립 시의 준수사항
1. 비계기둥의 밑둥에는 밑받침 철물을 사용하여야 하며 밑받침에 고저차가 있는 경우에는 조절형 밑받침철물을 사용하여 각각의 강관틀비계가 항상 수평 및 수직을 유지하도록 할 것
2. 높이가 20미터를 초과하거나 중량물의 적재를 수반하는 작업을 할 경우에는 주틀 간의 간격을 1.8미터 이하로 할 것
3. 주틀 간에 교차가새를 설치하고 최상층 및 5층 이내마다 수평재를 설치할 것
4. 수직방향으로 6미터, 수평방향으로 8미터 이내마다 벽이음을 할 것
5. 길이가 띠장방향으로 4미터 이하이고 높이가 10미터를 초과하는 경우에는 10미터 이내마다 띠장방향으로 버팀기둥을 설치할 것

**116** 비계의 높이가 2m 이상인 작업장소에 작업발판을 설치할 경우 준수하여야 할 기준으로 옳지 않은 것은?

① 작업발판의 폭은 30cm 이상으로 한다.
② 발판재료 간의 틈은 3cm 이하로 한다.
③ 추락의 위험성이 있는 장소에는 안전난간을 설치한다.
④ 발판재료는 뒤집히거나 떨어지지 않도록 2개 이상의 지지물에 연결하거나 고정시킨다.

해설
비계(달비계, 달대비계 및 말비계는 제외)의 높이가 2미터 이상인 작업장소의 작업발판 설치기준
작업발판의 폭은 40센티미터 이상으로 하고, 발판재료 간의 틈은 3센티미터 이하로 할 것

**117** 사면지반 개량공법으로 옳지 않은 것은?

① 전기화학적 공법  ② 석회안정처리공법
③ 이온교환공법  ④ 옹벽공법

해설
비탈면지반 개량공법

| 주입공법 | 시멘트액, 모르타르액 등의 약액을 주입하여 지반을 강화하는 공법 |
|---|---|
| 이온교환 공법 | 흙의 공학적 성질을 변경하여 사면의 안정을 강화하는 공법으로, 특히 염화칼슘을 사면상부에 타설하여 칼슘이온을 흡착시키는 방법을 이용 |
| 전기화학적 공법 | 직류전기를 가해 전기화학적으로 흙을 개량하여 사면의 안정을 강화하는 공법 |
| 시멘트안정 처리공법 | 흙에 시멘트 재료를 첨가하여 혼합, 교반하여 사면의 안정을 도모하는 공법 |
| 석회안정처리 공법 | 점성토에 소석회 또는 생석회를 가하여 화학적 결합작용 등에 따라 사면의 안정을 도모하는 공법 |
| 소결공법 | 가열에 의한 토성개량을 목적으로 하는 공법 |

**118** 법면 붕괴에 의한 재해 예방조치로서 옳은 것은?

① 지표수와 지하수의 침투를 방지한다.
② 법면의 경사를 증가한다.
③ 절토 및 성토높이를 증가한다.
④ 토질의 상태에 관계없이 구배조건을 일정하게 한다.

해설
붕괴예방대책
1. 적절한 경사면의 기울기를 계획하여야 한다.
2. 경사면의 기울기가 당초 계획과 차이가 발생되면 즉시 재검토하여 계획을 변경시켜야 한다.
3. 활동할 가능성이 있는 토석은 제거하여야 한다.
4. 경사면의 하단부에 압성토 등 보강공법으로 활동에 대한 저항대책을 강구하여야 한다.
5. 말뚝(강관, H형강, 철근 콘크리트)을 타입하여 지반을 강화시킨다.
6. 빗물, 지표수, 지하수의 사전제거 및 침투를 방지하여야 한다.

정답 115 ② 116 ① 117 ④ 118 ①

**119** 취급·운반의 원칙으로 옳지 않은 것은?

① 운반작업을 집중하여 시킬 것
② 생산을 최고로 하는 운반을 생각할 것
③ 곡선운반을 할 것
④ 연속운반을 할 것

**해설**

취급운반의 원칙

| 구분 | 원칙 및 조건 |
|---|---|
| 운반의 5원칙 | • 이동되는 운반은 직선으로 할 것<br>• 연속으로 운반을 행할 것<br>• 효율(생산성)을 최고로 높일 것<br>• 자재운반을 집중화할 것<br>• 가능한 한 수작업을 없앨 것 |
| 운반의 3조건 | • 운반(취급)거리는 극소화시킬 것<br>• 손이 가지 않는 작업방법일 것<br>• 운반(이동)은 기계화 작업일 것 |

**120** 가설통로의 설치기준으로 옳지 않은 것은?

① 경사가 15°를 초과하는 때에는 미끄러지지 않는 구조로 한다.
② 건설공사에 사용하는 높이 8m 이상인 비계다리에는 7m 이내마다 계단참을 설치한다.
③ 수직갱에 가설된 통로의 길이가 15m 이상일 경우에는 15m 이내마다 계단참을 설치한다.
④ 추락의 위험이 있는 장소에는 안전난간을 설치한다.

**해설**

가설통로
1. 견고한 구조로 할 것
2. 경사는 30도 이하로 할 것(다만, 계단을 설치하거나 높이 2미터 미만의 가설통로로서 튼튼한 손잡이를 설치한 경우에는 그러하지 아니하다)
3. 경사가 15도를 초과하는 경우에는 미끄러지지 아니하는 구조로 할 것
4. 추락할 위험이 있는 장소에는 안전난간을 설치할 것(다만, 작업상 부득이한 경우에는 필요한 부분만 임시로 해체할 수 있다)
5. 수직갱에 가설된 통로의 길이가 15미터 이상인 경우에는 10미터 이내마다 계단참을 설치할 것
6. 건설공사에 사용하는 높이 8미터 이상인 비계다리에는 7미터 이내마다 계단참을 설치할 것

# PART 02

# 20 | 2022년 2회 기출문제

## 1과목 안전관리론

**01** 매슬로(Maslow)의 인간의 욕구단계 중 5번째 단계에 속하는 것은?

① 안전 욕구  ② 존경의 욕구
③ 사회적 욕구  ④ 자아실현의 욕구

**해설**

매슬로(Maslow)의 욕구단계 이론

| 제1단계 | 생리적 욕구 | 기아, 갈증, 호흡, 배설, 성욕 등 생명 유지의 기본적 욕구 |
|---|---|---|
| 제2단계 | 안전의 욕구 | • 자기보존 욕구 – 안전을 구하려는 욕구<br>• 전쟁, 재해, 질병의 위험으로부터 자유로워지려는 욕구 |
| 제3단계 | 사회적 욕구 | • 소속감과 애정에 대한 욕구<br>• 사회적으로 관계를 향상시키는 욕구 |
| 제4단계 | 인정받으려는 욕구 (자기존중의 욕구) | 자존심, 명예, 성취, 지위 등 인정받으려는 욕구 |
| 제5단계 | 자아실현의 욕구 | • 잠재능력을 실현하고자 하는 성취욕구<br>• 특유의 창의력을 발휘 |

**02** A사업장의 현황이 다음과 같을 때 이 사업장의 강도율은?

• 근로자수 : 500명
• 연근로시간수 : 2,400시간
• 신체장해등급
 − 2급 : 3명
 − 10급 : 5명
• 의사 진단에 의한 휴업일수 : 1,500일

① 0.22  ② 2.22
③ 22.28  ④ 222.88

**해설**

강도율

$$강도율 = \frac{근로손실일수}{연간총근로시간수} \times 1,000$$

$$= \frac{(7,500 \times 3) + (600 \times 5) + \left(1,500 \times \frac{300}{365}\right)}{500 \times 2400} \times 1,000$$

$$= 22.28$$

**TIP** 근로손실일수의 산정 기준

• 사망 및 영구 전노동불능(신체장해등급 1~3급) : 7,500일
• 영구 일부노동불능(근로손실일수)

| 신체장해등급 | 4 | 5 | 6 | 7 | 8 | 9 |
|---|---|---|---|---|---|---|
| 근로손실일수 | 5,500 | 4,000 | 3,000 | 2,200 | 1,500 | 1,000 |
| 신체장해등급 | 10 | 11 | 12 | 13 | 14 | |
| 근로손실일수 | 600 | 400 | 200 | 100 | 50 | |

• 일시 전노동불능

$$근로손실일수 = 휴업일수 \times \frac{연간근무일수}{365}$$

**03** 보호구 자율안전확인 고시상 자율안전확인 보호구에 표시하여야 하는 사항을 모두 고른 것은?

ㄱ. 모델명  ㄴ. 제조번호
ㄷ. 사용 기한  ㄹ. 자율안전확인 번호

① ㄱ, ㄴ, ㄷ  ② ㄱ, ㄴ, ㄹ
③ ㄱ, ㄷ, ㄹ  ④ ㄴ, ㄷ, ㄹ

**해설**

안전인증 및 자율안전 확인 제품의 표시

| 안전인증제품 | • 형식 또는 모델명<br>• 규격 또는 등급 등<br>• 제조자명<br>• 제조번호 및 제조연월<br>• 안전인증 번호 |
|---|---|
| 자율안전확인제품 | • 형식 또는 모델명<br>• 규격 또는 등급 등<br>• 제조자명<br>• 제조번호 및 제조연월<br>• 자율안전확인 번호 |

**정답** 01 ④ 02 ③ 03 ②

**04** 학습지도의 형태 중 참가자에게 일정한 역할을 주어 실제적으로 연기를 시켜봄으로써 자기의 역할을 보다 확실히 인식시키는 방법은?

① 포럼(Forum)
② 심포지엄(Symposium)
③ 롤 플레잉(Role Playing)
④ 사례연구법(Case Study Method)

**해설**

역할연기법(Role Playing)
참석자에게 어떤 역할을 주어서 실제로 직접 연기해 본 후 훈련이나 평가에 사용하는 교육방법

| TIP | | |
|---|---|---|
| 포럼<br>(Forum) | 새로운 자료나 주제를 내보이거나 발표한 후 피교육자로 하여금 문제나 의견을 제시하게 하고 다시 깊이 있게 토론해 나가는 방법 | |
| 심포지엄<br>(Symposium) | 발제자 없이 몇 사람의 전문가에 의하여 과제에 관한 견해를 발표한 뒤에 참가자로 하여금 의견이나 질문을 하게 하여 토의하는 방법 | |
| 사례연구법<br>(Case Study Method) | 먼저 사례를 제시하고 문제가 되는 사실들과 그 상호관계에 대해서 검토하고 대책을 토의하는 방법 | |

**05** 보호구 안전인증 고시상 전로 또는 평로 등의 작업 시 사용하는 방열두건의 차광도 번호는?

① #2~#3
② #3~#5
③ #6~#8
④ #9~#11

**해설**

방열두건의 사용구분

| 차광도 번호 | 사용구분 |
|---|---|
| #2~#3 | 고로강판가열로, 조괴(造塊) 등의 작업 |
| #3~#5 | 전로 또는 평로 등의 작업 |
| #6~#8 | 전기로의 작업 |

 • 차광도 번호 : 필터와 플레이트의 유해광선을 차단할 수 있는 능력
• 방열두건 : 내열원단으로 제조되어 안전모와 안면렌즈가 일체형으로 부착되어 있는 형태의 두건

**06** 산업재해의 분석 및 평가를 위하여 재해발생건수 등의 추이에 대해 한계선을 설정하여 목표 관리를 수행하는 재해통계 분석기법은?

① 관리도
② 안전 T점수
③ 파레토도
④ 특성 요인도

**해설**

통계에 의한 원인분석
1. 파레토도 : 사고의 유형, 기인물 등 분류항목을 큰 값에서 작은 값의 순서로 도표화하며, 문제나 목표의 이해에 편리하다.
2. 특성 요인도 : 특성과 요인관계를 어골상으로 도표화하여 분석하는 기법이다.(원인과 결과를 연계하여 상호 관계를 파악하기 위한 분석방법)
3. 클로즈(Close) 분석 : 두 개 이상의 문제관계를 분석하는 데 사용하는 것으로, 데이터를 집계하고 표로 표시하여 요인별 결과내역을 교차한 클로즈 그림을 작성하여 분석하는 기법이다.
4. 관리도 : 재해발생건수 등의 추이에 대해 한계선을 설정하여 목표 관리를 수행하는 데 사용되는 방법으로 관리선은 관리상한선, 중심선, 관리하한선으로 구성된다.

**07** 산업안전보건법령상 안전보건관리규정 작성 시 포함되어야 하는 사항을 모두 고른 것은?(단, 그 밖에 안전 및 보건에 관한 사항은 제외한다.)

ㄱ. 안전보건교육에 관한 사항
ㄴ. 재해사례 연구·토의결과에 관한 사항
ㄷ. 사고 조사 및 대책 수립에 관한 사항
ㄹ. 작업장의 안전 및 보건 관리에 관한 사항
ㅁ. 안전 및 보건에 관한 관리조직과 그 직무에 관한 사항

① ㄱ, ㄴ, ㄷ, ㄹ
② ㄱ, ㄴ, ㄹ, ㅁ
③ ㄱ, ㄷ, ㄹ, ㅁ
④ ㄴ, ㄷ, ㄹ, ㅁ

**해설**

안전보건관리규정의 포함사항
1. 안전 및 보건에 관한 관리조직과 그 직무에 관한 사항
2. 안전보건교육에 관한 사항
3. 작업장의 안전 및 보건 관리에 관한 사항
4. 사고 조사 및 대책 수립에 관한 사항
5. 그 밖에 안전 및 보건에 관한 사항

## 08 억측판단이 발생하는 배경으로 볼 수 없는 것은?

① 정보가 불확실할 때
② 타인의 의견에 동조할 때
③ 희망적인 관측이 있을 때
④ 과거에 성공한 경험이 있을 때

**해설**

억측판단
1. 억측판단 : 자기 멋대로 하는 주관적인 판단
2. 억측판단의 발생 배경
   ㉠ 정보가 불확실할 때
   ㉡ 희망적인 관측이 있을 때
   ㉢ 과거의 성공한 경험이 있을 때
   ㉣ 초조한 심정

## 09 하인리히의 사고예방원리 5단계 중 교육 및 훈련의 개선, 인사조정, 안전관리규정 및 수칙의 개선 등을 행하는 단계는?

① 사실의 발견
② 분석 평가
③ 시정방법의 선정
④ 시정책의 적용

**해설**

하인리히의 재해예방 5단계(사고예방 대책의 기본원리)

| | | |
|---|---|---|
| 제1단계 | 조직<br>(안전관리조직) | • 경영자의 안전목표 설정<br>• 안전관리조직의 편성<br>• 안전관리 조직과 책임 부여<br>• 조직을 통한 안전활동<br>• 안전관리 규정의 제정 |
| 제2단계 | 사실의 발견<br>(현상파악) | • 안전사고 및 활동기록의 검토<br>• 작업분석 및 불안전요소 발견<br>• 안전점검 및 안전진단<br>• 사고조사<br>• 관찰 및 보고서의 연구<br>• 안전토의 및 회의<br>• 근로자의 건의 및 여론조사 |
| 제3단계 | 분석평가 | • 불안전 요소의 분석<br>• 현장조사 결과의 분석<br>• 사고보고서 분석<br>• 인적물적 환경조건의 분석<br>• 작업공정의 분석<br>• 교육과 훈련의 분석<br>• 안전수칙 및 안전기준의 분석 |
| 제4단계 | 시정책의 선정<br>(대책의 선정) | • 인사 및 배치조정<br>• 기술적 개선<br>• 기술교육 및 훈련의 개선<br>• 안전관리 행정업무의 개선<br>• 규정 및 수칙의 개선<br>• 확인 및 통제체제 개선 |
| 제5단계 | 시정책의 적용<br>(목표달성) | • 3E의 적용단계<br>(기술적 대책 실시, 교육적 대책 실시, 독려적 대책 실시)<br>• 목표설정 실시<br>• 결과의 재평가 및 개선 |

## 10 재해예방의 4원칙에 대한 설명으로 틀린 것은?

① 재해발생은 반드시 원인이 있다.
② 손실과 사고와의 관계는 필연적이다.
③ 재해는 원인을 제거하면 예방이 가능하다.
④ 재해를 예방하기 위한 대책은 반드시 존재한다.

**해설**

하인리히의 재해예방 4원칙

| | |
|---|---|
| 예방 가능의 원칙 | 천재지변을 제외한 모든 재해는 원칙적으로 예방이 가능하다. |
| 손실 우연의 원칙 | 사고로 생기는 상해의 종류 및 정도는 우연적이다. |
| 원인 계기의 원칙 | 사고와 손실의 관계는 우연적이지만 사고와 원인관계는 필연적이다.(사고에는 반드시 원인이 있다.) |
| 대책 선정의 원칙 | 원인을 정확히 규명해서 대책을 선정하고 실시되어야 한다.(3E, 즉 기술, 교육, 독려를 중심으로) |

## 11 산업안전보건법령상 안전보건진단을 받아 안전보건개선계획의 수립 및 명령을 할 수 있는 대상이 아닌 것은?

① 유해인자의 노출기준을 초과한 사업장
② 산업재해율이 같은 업종 평균 산업재해율의 2배 이상인 사업장
③ 사업주가 필요한 안전조치 또는 보건조치를 이행하지 아니하여 중대재해가 발생한 사업장
④ 상시근로자 1천 명 이상인 사업장에서 직업성 질병자가 연간 2명 이상 발생한 사업장

**해설**

안전보건진단을 받아 안전보건개선계획을 수립해야 할 사업장
직업성 질병자가 연간 2명 이상(상시근로자 1천 명 이상 사업장의 경우 3명 이상) 발생한 사업장

**12** 버드(Bird)의 재해분포에 따르면 20건의 경상(물적, 인적상해)사고가 발생했을 때 무상해·무사고(위험순간) 고장발생건수는?

① 200  ② 600
③ 1,200  ④ 12,000

**해설**

버드(Bird)의 재해구성비율

버드의 재해구성비율 : (1 : 10 : 30 : 600)

| 중상 또는 폐질 | 경상 | 무상해사고 | 무상해, 무사고 |
|---|---|---|---|
| 1 | 10 | 30 | 600 |
| $1:10=$ $x:20$ | — | $10:30=$ $20:x$ | $10:600=$ $20:x$ |
| $10x=20$ | — | $10x=600$ | $10x=12,000$ |
| $x=\dfrac{20}{10}$ $=2(건)$ | $10\times2$ $=20(건)$ | $x=\dfrac{600}{10}$ $=60(건)$ | $x=\dfrac{12,000}{10}$ $=1,200(건)$ |

**13** 산업안전보건법령상 거푸집 동바리의 조립 또는 해체작업 시 특별교육 내용이 아닌 것은?(단, 그 밖에 안전·보건관리에 필요한 사항은 제외한다.)

① 비계의 조립순서 및 방법에 관한 사항
② 조립 해체 시의 사고 예방에 관한 사항
③ 동바리의 조립방법 및 작업 절차에 관한 사항
④ 조립재료의 취급방법 및 설치기준에 관한 사항

**해설**

거푸집 동바리의 조립 또는 해체작업 시 특별교육 내용
1. 동바리의 조립방법 및 작업 절차에 관한 사항
2. 조립재료의 취급방법 및 설치기준에 관한 사항
3. 조립 해체 시의 사고 예방에 관한 사항
4. 보호구 착용 및 점검에 관한 사항
5. 그 밖에 안전·보건관리에 필요한 사항

**TIP** 비계의 조립순서 및 방법에 관한 사항
비계의 조립·해체 또는 변경작업 시 특별교육 내용

**14** 산업안전보건법령상 다음의 안전보건표지 중 기본모형이 다른 것은?

① 위험장소 경고  ② 레이저 광선 경고
③ 방사성 물질 경고  ④ 부식성 물질 경고

**해설**

경고표지

| 위험장소 경고 | 레이저 광선 경고 | 방사성 물질 경고 | 부식성 물질 경고 |
|---|---|---|---|
|  |  |  |  |

**TIP** 경고표지(산업안전보건법 시행규칙 제38조 별표6)
1. 인화성 물질 경고    2. 산화성 물질 경고
3. 폭발성 물질 경고    4. 급성독성 물질 경고
5. 부식성 물질 경고    6. 방사성 물질 경고
7. 고압전기 경고       8. 매달린 물체 경고
9. 낙하물 경고         10. 고온경고
11. 저온경고           12. 몸균형 상실 경고
13. 레이저광선 경고
14. 발암성·변이원성·생식독성·전신독성·호흡기·호흡기과민성 물질 경고
15. 위험장소 경고

**15** 학습정도(Level of Learning)의 4단계를 순서대로 나열한 것은?

① 인지 → 이해 → 지각 → 적용
② 인지 → 지각 → 이해 → 적용
③ 지각 → 이해 → 인지 → 적용
④ 지각 → 인지 → 이해 → 적용

**해설**

학습정도(Level of Learning)의 4단계
1. 인지 : ~을 인지하여야 한다.
2. 지각 : ~을 알아야 한다.
3. 이해 : ~을 이해하여야 한다.
4. 적용 : ~을 ~에 적용할 줄 알아야 한다.

**16** 기업 내 정형교육 중 TWI(Training Within Industry)의 교육내용이 아닌 것은?

① Job Method Training
② Job Relation Training
③ Job Instruction Training
④ Job Standardization Training

**정답** 12 ③  13 ①  14 ④  15 ②  16 ④

**해설**

TWI의 교육 과정
1. Job Method Training(JMT) : 작업방법훈련, 작업개선훈련
2. Job Instruction Training(JIT) : 작업지도훈련
3. Job Relations Training(JRT) : 인간관계 훈련, 부하통솔법
4. Job Safety Training(JST) : 작업안전훈련

## 17 레빈(Lewin)의 법칙 $B = f(P \cdot E)$ 중 $B$가 의미하는 것은?

① 행동　　　　② 경험
③ 환경　　　　④ 인간관계

**해설**

레빈(K. Lewin)의 행동법칙

$$B = f(P \cdot E)$$

여기서, $B$ : Behavior(인간의 행동)
$f$ : function(함수관계) $P \cdot E$에 영향을 줄 수 있는 조건
$P$ : Person(개체, 개인의 자질, 연령, 경험, 심신상태, 성격, 지능 등)
$E$ : Environment(심리적 환경 – 작업환경, 인간관계, 설비적 결함 등)

## 18 재해원인을 직접원인과 간접원인으로 분류할 때 직접원인에 해당하는 것은?

① 물적 원인　　　② 교육적 원인
③ 정신적 원인　　④ 관리적 원인

**해설**

산업재해의 원인
1. 직접원인
   ㉠ 불안전한 행동(인적 요인)
   ㉡ 불안전한 상태(물적 요인)
2. 간접원인

| 기술적 원인 | • 건물, 기계장치의 설계불량<br>• 구조, 재료의 부적합<br>• 생산방법의 부적당<br>• 점검, 정비보존의 불량 |
|---|---|
| 교육적 원인 | • 안전의식의 부족<br>• 안전수칙의 오해<br>• 경험훈련의 미숙<br>• 작업방법의 교육 불충분<br>• 유해위험 작업의 교육 불충분 |
| 신체적 원인 | • 신체적 결함(두통, 현기증, 간질병, 난청)<br>• 피로(수면부족) |
| 정신적 원인 | • 태도불량(태만, 불만, 반항)<br>• 정신적 동요(공포, 긴장, 초조, 불화) |
| 작업관리상의 원인 | • 안전관리조직의 결함<br>• 안전수칙의 미제정<br>• 작업준비 불충분<br>• 인원배치 부적당<br>• 작업지시 부적당 |

## 19 산업안전보건법령상 안전관리자의 업무가 아닌 것은?(단, 그 밖에 고용노동부장관이 정하는 사항은 제외한다.)

① 업무수행 내용의 기록
② 산업재해에 관한 통계의 유지·관리·분석을 위한 보좌 및 지도·조언
③ 안전교육계획의 수립 및 안전교육 실시에 관한 보좌 및 지도·조언
④ 작업장 내에서 사용되는 전체 환기장치 및 국소배기장치 등에 관한 설비의 점검

**해설**

안전관리자의 업무
1. 산업안전보건위원회 또는 안전 및 보건에 관한 노사협의체에서 심의·의결한 업무와 해당 사업장의 안전보건관리규정 및 취업규칙에서 정한 업무
2. 위험성 평가에 관한 보좌 및 지도·조언
3. 안전인증대상 기계 등과 자율안전확인대상 기계 등 구입 시 적격품의 선정에 관한 보좌 및 지도·조언
4. 해당 사업장 안전교육계획의 수립 및 안전교육 실시에 관한 보좌 및 지도·조언
5. 사업장 순회점검, 지도 및 조치 건의
6. 산업재해 발생의 원인 조사·분석 및 재발 방지를 위한 기술적 보좌 및 지도·조언
7. 산업재해에 관한 통계의 유지·관리·분석을 위한 보좌 및 지도·조언
8. 법 또는 법에 따른 명령으로 정한 안전에 관한 사항의 이행에 관한 보좌 및 지도·조언
9. 업무수행 내용의 기록·유지
10. 그 밖에 안전에 관한 사항으로서 고용노동부장관이 정하는 사항

**TIP** 보건관리자의 업무
작업장 내에서 사용되는 전체 환기장치 및 국소배기장치 등에 관한 설비의 점검과 작업방법의 공학적 개선에 관한 보좌 및 지도·조언

정답　17 ①　18 ①　19 ④

**20** 헤드십(Headship)의 특성에 관한 설명으로 틀린 것은?

① 지휘형태는 권위주의적이다.
② 상사의 권한근거는 비공식적이다.
③ 상사와 부하의 관계는 지배적이다.
④ 상사와 부하의 사회적 간격은 넓다.

**해설**
헤드십과 리더십의 구분

| 구분 | 헤드십 | 리더십 |
|---|---|---|
| 권한행사 및 부여 | 위에서 위임하여 임명된 헤드 | 밑에서부터의 동의에 의해 선출된 리더 |
| 권한근거 | 법적 또는 공식적 | 개인능력 |
| 상관과 부하와의 관계 | 지배적 | 개인적인 경향 |
| 책임귀속 | 상사 | 상사와 부하 |
| 부하와의 사회적 간격 | 넓다. | 좁다. |
| 지위형태 | 권위주의적 | 민주주의적 |
| 권한귀속 | 공식화된 규정에 의함 | 집단목표에 기여한 공로 인정 |

## 2과목 인간공학 및 시스템 안전공학

**21** 위험분석기법 중 시스템 수명주기 관점에서 적용 시점이 가장 빠른 것은?

① PHA
② FHA
③ OHA
④ SHA

**해설**
예비위험분석(PHA)
1. 공정 또는 설비 등에 관한 상세한 정보를 얻을 수 없는 상황에서 위험물질과 공정 요소에 초점을 맞추어 초기위험을 확인하는 방법을 말한다.
2. 시스템안전 위험분석(SSHA)을 수행하기 위한 예비적인 최초의 작업으로 위험요소가 얼마나 위험한지를 정성적으로 평가하는 것이다.
3. PHA는 구상단계나 설계 및 발주의 극히 초기에 실시된다.

**22** 상황해석을 잘못하거나 목표를 잘못 설정하여 발생하는 인간의 오류 유형은?

① 실수(Slip)
② 착오(Mistake)
③ 위반(Violation)
④ 건망증(Lapse)

**해설**
인간의 오류 모형

| 착오 (Mistake) | 상황해석을 잘못하거나 목표를 잘못 이해하고 착각하여 행하는 경우(어떤 목적으로 행동하려고 했는데 그 행동과 일치하지 않는 것) |
|---|---|
| 실수 (Slip) | 상황이나 목표의 해석을 제대로 했으나 의도와는 다른 행동을 하는 경우 |
| 건망증 (Lapse) | 여러 과정이 연계적으로 계속하여 일어나는 행동 중 일부를 잊어버리고 하지 않거나 또는 기억의 실패에 의해 발생하는 오류 |
| 위반 (Violation) | 정해진 규칙을 알고 있음에도 고의적으로 따르지 않거나 무시하는 행위 |

**23** A작업의 평균 에너지소비량이 다음과 같을 때, 60분간의 총작업시간 내에 포함되어야 하는 휴식시간(분)은?

• 휴식 중 에너지소비량 : 1.5kcal/min
• A작업 시 평균 에너지소비량 : 6kcal/min
• 기초대사를 포함한 작업에 대한 평균 에너지소비량 상한 : 5kcal/min

① 10.3
② 11.3
③ 12.3
④ 13.3

**해설**
휴식시간

$$R = \frac{60(E-5)}{E-1.5}$$

여기서, $R$ = 휴식시간(분)
$E$ = 작업 시 평균 에너지소비량(kcal/분)
60 = 총작업시간(분)
1.5kcal/분 = 휴식시간 중의 에너지소비량

$$R = \frac{60(E-5)}{E-1.5} = \frac{60(6-5)}{6-1.5} = 13.3$$

정답 20 ② 21 ① 22 ② 23 ④

## 24 시스템의 수명곡선(욕조곡선)에 있어서 디버깅(Debugging)에 관한 설명으로 옳은 것은?

① 초기고장의 결함을 찾아 고장률을 안정시키는 과정이다.
② 우발고장의 결함을 찾아 고장률을 안정시키는 과정이다.
③ 마모고장의 결함을 찾아 고장률을 안정시키는 과정이다.
④ 기계결함을 발견하기 위해 동작시험을 하는 기간이다.

### 해설
**초기고장**
1. 감소형 – DFR(Decreasing Failure Rate) : 고장률이 시간에 따라 감소
2. 불량제조, 생산과정에서 품질관리 미비, 설계미숙 등으로 일어나는 고장
3. 점검작업이나 시운전 등으로 감소시킬 수 있다.
4. 디버깅(Debugging) 기간 : 초기에 기계의 결함을 찾아내 고장률을 안정시키는 기간
5. 번인(Burn-In) 기간 : 제품을 실제로 장시간 가동하여 결함의 원인을 제거하는 기간
6. 보전예방(MP) 실시

**TIP 시스템 수명곡선(욕조곡선)**
- 초기고장 : 감소형 – DFR(Decreasing Failure Rate) 고장률이 시간에 따라 감소
- 우발고장 : 일정형 – CFR(Constant Failure Rate) 고장률이 시간에 관계없이 거의 일정
- 마모고장 : 증가형 – IFR(Increasing Failure Rate) 고장률이 시간에 따라 증가

## 25 밝은 곳에서 어두운 곳으로 갈 때 망막에 시홍이 형성되는 생리적 과정인 암조응이 발생하는데 완전 암조응(Dark Adaptation)이 발생하는 데 소요되는 시간은?

① 약 3~5분
② 약 10~15분
③ 약 30~40분
④ 약 60~90분

### 해설
**암조응(Dark Adaptation)**
1. 밝은 곳에서 어두운 곳으로 이동할 때 새로운 광도수준에 대한 적응
2. 어두운 곳에서 원추세포는 색에 대한 감수성을 상실하게 되고 간상세포에 의존하게 되므로 색의 식별은 제한된다.
3. 완전 암조응은 보통 30~40분이 소요된다.

## 26 인간공학에 대한 설명으로 틀린 것은?

① 인간-기계 시스템의 안전성, 편리성, 효율성을 높인다.
② 인간을 작업과 기계에 맞추는 설계 철학이 바탕이 된다.
③ 인간이 사용하는 물건, 설비, 환경의 설계에 적용된다.
④ 인간의 생리적, 심리적인 면에서의 특성이나 한계점을 고려한다.

### 해설
**인간공학의 정의**
1. 인간의 특성과 한계 능력을 공학적으로 분석, 평가하여 이를 복잡한 체계의 설계에 응용함으로써 효율을 최대로 활용할 수 있도록 하는 학문분야이다.
2. 인간의 생리적, 심리적 요소를 연구하여 기계나 설비를 인간의 특성에 맞추어 설계하고자 하는 것이다.
3. 사람과 작업 간의 적합성에 관한 과학을 말한다.
4. 인간공학의 초점은 인간이 만들어 생활의 여러 가지 면에서 사용하는 물건, 기구 또는 환경을 설계하는 과정에서 인간을 고려하는 데 있다.

## 27 HAZOP 기법에서 사용하는 가이드워드와 그 의미가 잘못 연결된 것은?

① Part of : 성질상의 감소
② As well as : 성질상의 증가
③ Other than : 기타 환경적인 요인
④ More/Less : 정량적인 증가 또는 감소

### 해설
**지침단어(가이드워드)의 의미**

| GUIDE WORD | 의미 |
|---|---|
| NO 혹은 NOT | 설계의도의 완전한 부정 |
| MORE 혹은 LESS | 양의 증가 혹은 감소 (정량적 증가 혹은 감소) |
| AS WELL AS | 성질상의 증가 (정성적 증가) |
| PART OF | 성질상의 감소 (정성적 감소) |
| REVERSE | 설계의도의 논리적인 역 (설계의도와 반대현상) |
| OTHER THAN | 완전한 대체의 필요 |

정답 24 ① 25 ③ 26 ② 27 ③

**28** 그림과 같은 FT도에 대한 최소 컷셋(Minimal Cut Sets)으로 옳은 것은?(단, Fussell의 알고리즘을 따른다.)

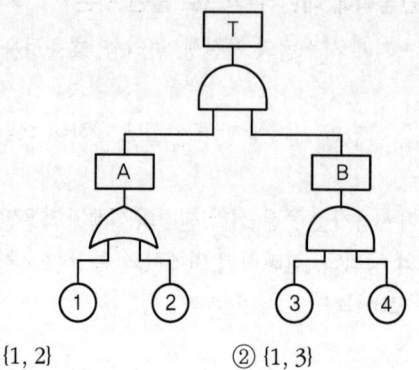

① {1, 2}  ② {1, 3}
③ {2, 3}  ④ {1, 2, 3}

**해설**

미니멀 컷셋(Minimal Cut Set)

| | ⓐ | ⓑ | ⓒ | ⓓ |
|---|---|---|---|---|
| T → | A, B → | 1, B<br>2, B → | 1, 3, 1<br>2, 3, 1 → | 1, 3 |

**TIP** ⓒ에서 1행의 컷셋은 (1)이 중복되어 있으므로 (1, 3)이 되고 ⓒ의 2행에서는 (1, 3)이 포함되어 있기 때문에 최소 컷셋은 ⓓ와 같다.

**29** 경계 및 경보신호의 설계지침으로 틀린 것은?
① 주의를 환기시키기 위하여 변조된 신호를 사용한다.
② 배경소음의 진동수와 다른 진동수의 신호를 사용한다.
③ 귀는 중음역에 민감하므로 500~3,000Hz의 진동수를 사용한다.
④ 300m 이상의 장거리용으로는 1,000Hz를 초과하는 진동수를 사용한다.

**해설**

경계 및 경보신호를 선택, 설계할 때의 지침
1. 귀는 중음역에 가장 민감하므로 500~3,000Hz의 진동수를 사용
2. 고음은 멀리 가지 못하므로 300m 이상의 장거리용으로는 1,000Hz 이하의 진동수를 사용
3. 신호가 장애물을 돌아가거나 칸막이를 통과해야 할 경우에는 500Hz 이하의 진동수를 사용
4. 주의를 끌기 위해서 변조된 신호를 사용(초당 1~8번 나는 소리나 초당 1~3번 오르내리는 변조된 신호)
5. 배경소음의 진동수와 다른 신호를 사용(신호는 최소 0.5~1초 지속)
6. 경보효과를 높이기 위해서 개시시간이 짧은 고강도 신호 사용
7. 주변 소음에 대한 은폐효과를 막기 위해 500~1,000Hz 신호를 사용하여, 적어도 30dB 이상 차이가 나야 함
8. 가능하다면 다른 용도에 쓰이지 않는 확성기, 경적 등과 같은 별도의 통신계통을 사용

**30** FTA(Fault Tree Analysis)에서 사용되는 사상 기호 중 통상의 작업이나 기계의 상태에서 재해의 발생 원인이 되는 요소가 있는 것을 나타내는 것은?

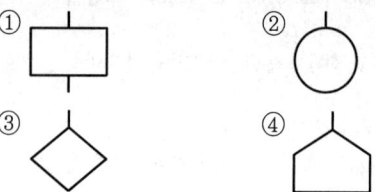

**해설**

FTA 분석기호

| 기호 | 명칭 | 내용 |
|---|---|---|
| ▭ | 결함사상 | 사고가 일어난 사상(사건) |
| ○ | 기본사상 | 더 이상 전개가 되지 않는 기본적인 사상 또는 발생확률이 단독으로 얻어지는 낮은 레벨의 기본적인 사상 |
| ⌂ | 통상사상<br>(가형사상) | 통상발생이 예상되는 사상(예상되는 원인) |
| ◇ | 생략사상<br>(최후사상) | 정보부족 또는 분석기술 불충분으로 더 이상 전개할 수 없는 사상(작업진행에 따라 해석이 가능할 때는 다시 속행한다.) |
| △ | 전이기호<br>(이행기호) | • FT도상에서 다른 부분에 관한 이행 또는 연결을 나타낸다.<br>• 상부에 선이 있는 경우는 다른 부분으로 전입(IN) |
| △ | 전이기호<br>(이행기호) | • FT도상에서 다른 부분에 관한 이행 또는 연결을 나타낸다.<br>• 측면에 선이 있는 경우는 다른 부분으로 전출(OUT) |

## 31 불(Bool) 대수의 정리를 나타낸 관계식 중 틀린 것은?

① $A \cdot 0 = 0$
② $A + 1 = 1$
③ $A \cdot \overline{A} = 1$
④ $A(A+B) = A$

**해설**

불(Boolean Algebra)의 식

| 흡수법칙 | $A+(A \cdot B)=A$, $A \cdot (A \cdot B)=A \cdot B$, $A \cdot (A+B)=A$ |
|---|---|
| 동정법칙 | $A+A=A$, $A \cdot A=A$ |
| 분배법칙 | $A \cdot (B+C)=A \cdot B+A \cdot C$, $A+(B \cdot C)=(A+B) \cdot (A+C)$ |
| 교환법칙 | $A \cdot B=B \cdot A$, $A+B=B+A$ |
| 결합법칙 | $A \cdot (B \cdot C)=(A \cdot B) \cdot C$, $A+(B+C)=(A+B)+C$ |
| 항등법칙 | $A+0=A$, $A+1=1$, $A \cdot 1=A$, $A \cdot 0=0$ |
| 보원법칙 | $A+\overline{A}=1$, $A \cdot \overline{A}=0$ |
| 드 모르간의 정리 | $\overline{(A+B)}=\overline{A} \cdot \overline{B}$, $\overline{(A \cdot B)}=\overline{A}+\overline{B}$ |

## 32 근골격계질환 작업분석 및 평가방법인 OWAS의 평가요소를 모두 고른 것은?

ㄱ. 상지
ㄴ. 무게(하중)
ㄷ. 하지
ㄹ. 허리

① ㄱ, ㄴ
② ㄱ, ㄷ, ㄹ
③ ㄴ, ㄷ, ㄹ
④ ㄱ, ㄴ, ㄷ, ㄹ

**해설**

OWAS
1. 육체작업에 있어서 부적절한 작업자세를 구별하기 위한 목적으로 개발한 방법
2. 평가되는 유해요인 : 불편한 자세, 과도한 힘
3. 적용 신체부위 : 몸통, 머리와 목, 허리, 다리, 팔
4. 적용대상 작업의 종류 : 인력에 의한 중량물 취급작업

## 33 다음 중 좌식작업이 가장 적합한 작업은?

① 정밀조립작업
② 4.5kg 이상의 중량물을 다루는 작업
③ 작업장이 서로 떨어져 있으며 작업장 간 이동이 작은 작업
④ 작업자의 정면에서 매우 높거나 낮은 곳으로 손을 자주 뻗어야 하는 작업

**해설**

정밀한 조립작업을 하는 경우에는 좌식작업이 적합하다.

## 34 $n$개의 요소를 가진 병렬 시스템에 있어 요소의 수명(MTTF)이 지수분포를 따를 경우, 이 시스템의 수명으로 옳은 것은?

① $MTTF \times n$
② $MTTF \times \dfrac{1}{n}$
③ $MTTF \times \left(1 + \dfrac{1}{2} + \cdots + \dfrac{1}{n}\right)$
④ $MTTF \times \left(1 \times \dfrac{1}{2} \times \cdots \times \dfrac{1}{n}\right)$

**해설**

계(System)의 수명(요소의 수명이 지수분포를 따를 경우)
1. 직렬계

$$MTTF_s = \dfrac{MTTF}{n}$$

2. 병렬계

$$MTTF_s = MTTF\left(1 + \dfrac{1}{2} + \dfrac{1}{3} + \cdots + \dfrac{1}{n}\right)$$

## 35 인간-기계 시스템에 관한 설명으로 틀린 것은?

① 자동시스템에서는 인간요소를 고려하여야 한다.
② 자동차 운전이나 전기드릴작업은 반자동시스템의 예시이다.
③ 자동시스템에서 인간은 감시, 정비유지, 프로그램 등의 작업을 담당한다.
④ 수동시스템에서 기계는 동력원을 제공하고 인간의 통제하에서 제품을 생산한다.

해설

인간 – 기계 통합체계의 유형

| 수동시스템 | • 수공구나 기타 보조물로 이루어지며 자신의 신체적인 힘을 원동력으로 사용하여 작업을 통제하는 시스템(인간이 사용자나 동력원으로 가능)<br>• 다양성 있는 체계로 역할을 할 수 있는 능력을 충분히 활용하는 시스템<br>예 장인과 공구, 가수와 앰프 |
|---|---|
| 기계시스템 | • 고도로 통합된 부품들로 구성되어 있으며, 일반적으로 변화가 거의 없는 기능들을 수행하는 시스템<br>• 운전자의 조종에 의해 운용되며 융통성이 없는 시스템<br>• 동력은 기계가 제공하며, 조종장치를 사용하여 통제하는 것은 사람이다.<br>• 반자동체계라고도 한다.<br>예 엔진, 자동차, 공작기계 |
| 자동시스템 | • 체계가 감지, 정보보관, 정보처리 및 의사결정, 행동을 포함한 모든 임무를 수행하는 체계<br>• 대부분의 자동시스템은 폐회로를 갖는 체계이며, 인간요소를 고려하여야 한다.<br>• 신뢰성이 완전한 자동체계란 불가능하므로 인간은 감시, 정비, 보전, 계획수립 등의 기능을 수행한다.<br>예 자동화된 처리공장, 자동교환대, 컴퓨터 |

## 36 양식 양립성의 예시로 가장 적절한 것은?

① 자동차 설계 시 고도계 높낮이 표시
② 방사능 사업장에 방사능 폐기물 표시
③ 청각적 자극 제시와 이에 대한 음성 응답
④ 자동차 설계 시 제어장치와 표시장치의 배열

해설

양립성의 종류

| 공간<br>양립성 | 표시장치와 이에 대응하는 조종장치 간의 위치 또는 배열이 인간의 기대와 모순되지 않아야 한다.<br>예 가스버너에서 오른쪽 조리대는 오른쪽 조절장치로, 왼쪽 조리대는 왼쪽 조절장치로 조정하도록 배치한다. |
|---|---|
| 운동<br>양립성 | 조작장치의 방향과 표시장치의 움직이는 방향이 사용자의 기대와 일치하는 것<br>예 자동차를 운전하는 과정에서 우측으로 회전하기 위하여 핸들을 우측으로 돌린다. |
| 개념<br>양립성 | 사람들이 가지고 있는(이미 사람들이 학습을 통해 알고 있는) 개념적 연상에 관한 기대와 일치하는 것<br>예 냉온수기에서 빨간색은 온수, 파란색은 냉수가 나온다. |
| 양식<br>양립성 | 음성과업에 대해서는 청각적 자극 제시와 이에 대한 음성 응답 등에 해당 |

## 37 다음에서 설명하는 용어는?

유해·위험요인을 파악하고 해당 유해·위험요인에 의한 부상 또는 질병의 발생 가능성(빈도)과 중대성(강도)을 추정·결정하고 감소대책을 수립하여 실행하는 일련의 과정을 말한다.

① 위험성 결정
② 위험성 평가
③ 위험빈도 추정
④ 유해·위험요인 파악

해설

용어의 정의

| 위험성<br>결정 | 유해·위험요인별로 추정한 위험성의 크기가 허용 가능한 범위인지 여부를 판단하는 것을 말한다. |
|---|---|
| 위험성<br>평가 | 유해·위험요인을 파악하고 해당 유해·위험요인에 의한 부상 또는 질병의 발생 가능성(빈도)과 중대성(강도)을 추정·결정하고 감소대책을 수립하여 실행하는 일련의 과정을 말한다. |
| 유해·위험<br>요인 파악 | 유해요인과 위험요인을 찾아내는 과정을 말한다. |

## 38 태양광선이 내리쬐는 옥외장소의 자연습구온도 20℃, 흑구온도 18℃, 건구온도 30℃일 때 습구흑구온도지수(WBGT)는?

① 20.6℃
② 22.5℃
③ 25.0℃
④ 28.5℃

해설

옥외장소(태양광선이 내리쬐는 장소)

$$WBGT(℃) = 0.7 × 자연습구온도 + 0.2 × 흑구온도 + 0.1 × 건구온도$$

$WBGT(℃) = 0.7 × 20 + 0.2 × 18 + 0.1 × 30 = 20.6℃$

TIP 옥내 또는 옥외장소(태양광선이 내리쬐지 않는 장소)

$$WBGT(℃) = 0.7 × 자연습구온도 + 0.3 × 흑구온도$$

**39** FTA(Fault Tree Analysis)에 관한 설명으로 옳은 것은?

① 정성적 분석만 가능하다.
② 복잡하고 대형화된 시스템의 신뢰성 분석 및 안정성 분석에 이용되는 기법이다.
③ FT에 동일한 사건이 중복되어 나타나는 경우 상향식(Bottom-up)으로 정상사건 T의 발생확률을 계산할 수 있다.
④ 기초사건과 생략사건의 확률값이 주어지게 되더라도 정상사건의 최종적인 발생확률을 계산할 수 없다.

**해설**

결함수 분석(FTA)
1. FTA는 시스템 고장을 발생시키는 사상과 그의 원인과의 인과관계를 논리기호를 사용하여 나뭇가지 모양의 그림으로 나타낸 고장목을 만들고 이에 의거 시스템의 고장확률을 구함으로써 문제가 되는 부분을 찾아내어 시스템의 신뢰성을 개선하는 연역적이고 정성적, 정량적인 고장해석 및 신뢰성 평가방법이다.
2. 연역적이고 정량적인 해석방법이며, 상황에 따라 정성적 해석뿐만 아니라 재해의 직접원인 해석도 가능하다.
3. Top Down 형식(하향식)이다.
4. 정상사건의 발생확률을 계산할 수 있다.

**40** 1sone에 관한 설명으로 ( )에 알맞은 수치는?

1sone : ( ㄱ )Hz, ( ㄴ )dB의 음압수준을 가진 순음의 크기

① ㄱ : 1,000, ㄴ : 1
② ㄱ : 4,000, ㄴ : 1
③ ㄱ : 1,000, ㄴ : 40
④ ㄱ : 4,000, ㄴ : 40

**해설**

sone
1,000Hz 순음의 음의 세기레벨 40dB의 음의 크기를 1sone으로 정의한다.

## 3과목 기계위험 방지기술

**41** 다음 중 와이어로프의 구성요소가 아닌 것은?

① 클립         ② 소선
③ 스트랜드     ④ 심강

**해설**

와이어로프의 구성
와이어로프는 강선(소선)을 여러 개 꼬아 작은 줄(스트랜드)을 만들고, 이 줄을 꼬아 로프를 만드는데 그 중심에 심(심강 : 대마를 꼬아 윤활유를 침투시킨 것)을 넣는다.
1. 로프의 구성은 "스트랜드 수 × 소선의 개수"로 표시한다.
2. 로프의 크기는 단면 외접원의 지름으로 나타낸다.

**42** 산업안전보건법령상 산업용 로봇에 의한 작업 시 안전조치 사항으로 적절하지 않은 것은?

① 로봇의 운전으로 인해 근로자가 로봇에 부딪칠 위험이 있을 때에는 높이 1.8m 이상의 울타리를 설치하여야 한다.
② 작업을 하고 있는 동안 로봇의 기동스위치 등은 작업에 종사하고 있는 근로자가 아닌 사람이 그 스위치 등을 조작할 수 없도록 필요한 조치를 한다.
③ 로봇의 조작방법 및 순서, 작업 중의 매니퓰레이터의 속도 등에 관한 지침에 따라 작업을 하여야 한다.
④ 작업에 종사하는 근로자가 이상을 발견하면, 관리감독자에게 우선 보고하고, 지시가 나올 때까지 작업을 진행한다.

**해설**

교시 등의 작업 시 안전조치 사항
1. 다음의 사항에 관한 지침을 정하고 그 지침에 따라 작업을 시킬 것
   ㉠ 로봇의 조작방법 및 순서
   ㉡ 작업 중의 매니퓰레이터의 속도
   ㉢ 2명 이상의 근로자에게 작업을 시킬 경우의 신호방법
   ㉣ 이상을 발견한 경우의 조치
   ㉤ 이상을 발견하여 로봇의 운전을 정지시킨 후 이를 재가동시킬 경우의 조치
   ㉥ 그 밖에 로봇의 예기치 못한 작동 또는 오조작에 의한 위험을 방지하기 위하여 필요한 조치
2. 작업에 종사하고 있는 근로자 또는 그 근로자를 감시하는 사람은 이상을 발견하면 즉시 로봇의 운전을 정지시키기 위한 조치를 할 것

정답  39 ②  40 ③  41 ①  42 ④

3. 작업을 하고 있는 동안 로봇의 기동스위치 등에 작업 중이라는 표시를 하는 등 작업에 종사하고 있는 근로자가 아닌 사람이 그 스위치 등을 조작할 수 없도록 필요한 조치를 할 것

운전 중 위험방지(근로자가 로봇에 부딪힐 위험이 있을 경우)
1. 높이 1.8미터 이상의 울타리 설치
2. 컨베이어 시스템의 설치 등으로 울타리를 설치할 수 없는 일부 구간 : 안전매트 또는 광전자식 방호장치 등 감응형 방호장치 설치

## 43 밀링작업 시 안전수칙으로 옳지 않은 것은?

① 테이블 위에 공구나 기타 물건 등을 올려놓지 않는다.
② 제품 치수를 측정할 때는 절삭공구의 회전을 정지한다.
③ 강력 절삭을 할 때는 일감을 바이스에 짧게 물린다.
④ 상·하, 좌·우 이송장치의 핸들은 사용 후 풀어 둔다.

### 해설

밀링 작업에 대한 안전수칙
1. 제품을 따 내는 데에는 손끝을 대지 말아야 한다.
2. 운전 중 가공면에 손을 대지 말아야 하며 장갑 착용을 금지한다.
3. 칩을 제거할 때에는 커터의 운전을 중지하고 브러시(솔)를 사용하며 걸레를 사용하지 않는다.
4. 칩의 비산이 많으므로 보안경을 착용한다.
5. 커터 설치 시 및 측정은 반드시 기계를 정지시킨 후에 한다.
6. 일감(공작물)은 테이블 또는 바이스에 안전하게 고정한다.
7. 상하 이송장치의 핸들은 사용 후 반드시 빼 두어야 한다.
8. 가공 중에 밀링머신에 얼굴을 대지 않는다.
9. 절삭 속도는 재료에 따라 정한다.
10. 커터를 끼울 때는 아버를 깨끗이 닦는다.
11. 일감(공작물)을 고정하거나 풀어낼 때는 기계를 정지시킨다.
12. 테이블 위에 공구 등을 올려놓지 않는다.
13. 강력 절삭을 할 때는 일감을 바이스에 깊에 물린다.
14. 급속이송은 백래시 제거장치가 동작하지 않고 있음을 확인한 후 실시하고, 급속이송은 한 방향으로만 한다.

## 44 다음 중 지게차의 작업 상태별 안정도에 관한 설명으로 틀린 것은?(단, $V$는 최고속도(km/h)이다.)

① 기준 부하상태에서 하역작업 시의 전후안정도는 20% 이내이다.
② 기준 부하상태에서 하역작업 시의 좌우안정도는 6% 이내이다.
③ 기준 무부하상태에서 주행 시의 전후안정도는 18% 이내이다.
④ 기준 무부하상태에서 주행 시의 좌우안정도는 (15 + 1.1V)% 이내이다.

### 해설

지게차의 안정도 기준
1. 하역작업 시의 전후안정도 4% 이내(5톤 이상 : 3.5% 이내)(최대하중상태에서 포크를 가장 높이 올린 경우)
2. 주행 시의 전후안정도 18% 이내
3. 하역작업시의 좌우안정도 6% 이내(최대하중상태에서 포크를 가장 높이 올리고 마스트를 가장 뒤로 기울인 경우)
4. 주행 시의 좌우안정도 (15 + 1.1V)% 이내
   여기서, $V$ : 최고속도(km/h)

## 45 산업안전보건법령상 보일러의 안전한 가동을 위하여 보일러 규격에 맞는 압력방출장치가 2개 이상 설치된 경우에 최고사용압력 이하에서 1개가 작동되고, 다른 압력방출장치는 최고사용압력의 몇 배 이하에서 작동되도록 부착하여야 하는가?

① 1.03배   ② 1.05배
③ 1.2배    ④ 1.5배

### 해설

보일러의 압력방출장치
1. 보일러의 안전한 가동을 위하여 보일러 규격에 맞는 압력방출장치를 1개 또는 2개 이상 설치하고 최고사용압력(설계압력 또는 최고허용압력) 이하에서 작동되도록 하여야 한다.
2. 압력방출장치가 2개 이상 설치된 경우에는 최고사용압력 이하에서 1개가 작동되고, 다른 압력방출장치는 최고사용압력 1.05배 이하에서 작동되도록 부착하여야 한다.
3. 압력방출장치는 매년 1회 이상 교정을 받은 압력계를 이용하여 설정압력에서 압력방출장치가 적정하게 작동하는지를 검사한 후 납으로 봉인하여 사용하여야 한다.(공정안전보고서 이행상태 평가결과가 우수한 사업장은 압력방출장치에 대하여 4년마다 1회 이상 설정압력에서 압력방출장치가 적정하게 작동하는지를 검사할 수 있다.)
4. 스프링식, 중추식, 지렛대식(일반적으로 스프링식 안전밸브가 많이 사용)

> **TIP** 보일러 안전장치의 종류
> - 압력방출장치
> - 압력제한스위치
> - 고저수위조절장치
> - 화염검출기

정답 43 ③  44 ①  45 ②

**46** 금형의 설치, 해체, 운반 시 안전사항에 관한 설명으로 틀린 것은?

① 운반을 위하여 관통 아이볼트가 사용될 때는 구멍 틈새가 최소화되도록 한다.
② 금형을 설치하는 프레스의 T홈 안길이는 설치 볼트 지름의 1/2 이하로 한다.
③ 고정볼트는 고정 후 가능하면 나사산을 3~4개 정도 짧게 남겨 설치 또는 해체 시 슬라이드 면과의 사이에 협착이 발생하지 않도록 해야 한다.
④ 운반 시 상부금형과 하부금형이 닿을 위험이 있을 때는 고정 패드를 이용한 스트랩, 금속재질이나 우레탄 고무의 블록 등을 사용한다.

**해설**
금형의 설치, 해체, 운반 시 안전사항
금형을 설치하는 프레스의 T홈 안길이는 설치 볼트 직경의 2배 이상으로 한다.

**47** 선반에서 절삭가공 시 발생하는 칩을 짧게 끊어지도록 공구에 설치되어 있는 방호장치의 일종인 칩 제거기구를 무엇이라 하는가?

① 칩 브레이커  ② 칩 받침
③ 칩 실드     ④ 칩 커터

**해설**
선반의 방호장치(안전장치)

| | |
|---|---|
| 칩 브레이커 (Chip Breaker) | 절삭 중 칩을 자동적으로 끊어 주는 바이트에 설치된 안전장치 |
| 급정지 브레이크 | 가공작업 중 선반을 급정지시킬 수 있는 방호장치 |
| 실드 (Shield) | 가공물의 칩이 비산되어 발생하는 위험을 방지하기 위해 사용하는 덮개(칩비산방지 투명판) |
| 척 커버 (Chuck Cover) | 척과 척으로 잡은 가공물의 돌출부에 작업자가 접촉하지 않도록 설치하는 덮개 |

**48** 다음 중 산업안전보건법령상 안전인증대상 방호장치에 해당하지 않는 것은?

① 연삭기 덮개
② 압력용기 압력방출용 파열판
③ 압력용기 압력방출용 안전밸브
④ 방폭구조(防爆構造) 전기기계·기구 및 부품

**해설**
안전인증대상 기계 등

| 기계 또는 설비 | • 프레스<br>• 전단기 및 절곡기<br>• 크레인<br>• 리프트<br>• 압력용기 | • 롤러기<br>• 사출성형기<br>• 고소 작업대<br>• 곤돌라 |
|---|---|---|
| 방호장치 | • 프레스 및 전단기 방호장치<br>• 양중기용 과부하방지장치<br>• 보일러 압력방출용 안전밸브<br>• 압력용기 압력방출용 안전밸브<br>• 압력용기 압력방출용 파열판<br>• 절연용 방호구 및 활선작업용 기구<br>• 방폭구조 전기기계·기구 및 부품<br>• 추락·낙하 및 붕괴 등의 위험 방지 및 보호에 필요한 가설기자재로서 고용노동부장관이 정하여 고시하는 것<br>• 충돌·협착 등의 위험 방지에 필요한 산업용 로봇 방호장치로서 고용노동부장관이 정하여 고시하는 것 | |
| 보호구 | • 추락 및 감전 위험 방지용 안전모<br>• 안전화<br>• 안전장갑<br>• 방진마스크<br>• 방독마스크<br>• 송기마스크<br>• 전동식 호흡보호구 | • 보호복<br>• 안전대<br>• 차광 및 비산물 위험 방지용 보안경<br>• 용접용 보안면<br>• 방음용 귀마개 또는 귀덮개 |

**TIP** 연삭기 덮개
자율안전확인대상 방호장치

**49** 인장강도가 250N/mm²인 강판에서 안전율이 4라면 이 강판의 허용응력(N/mm²)은 얼마인가?

① 42.5  ② 62.5
③ 82.5  ④ 102.5

**해설**
안전율(안전계수)

$$안전율(안전계수) = \frac{인장강도}{허용응력}$$

$$허용응력 = \frac{인장강도}{안전율} = \frac{250}{4} = 62.5[N/mm^2]$$

**50** 산업안전보건법령상 강렬한 소음작업에서 데시벨에 따른 노출시간으로 적합하지 않은 것은?

① 100데시벨 이상의 소음이 1일 2시간 이상 발생하는 작업
② 110데시벨 이상의 소음이 1일 30분 이상 발생하는 작업
③ 115데시벨 이상의 소음이 1일 15분 이상 발생하는 작업
④ 120데시벨 이상의 소음이 1일 7분 이상 발생하는 작업

[해설]
강렬한 소음작업
1. 90데시벨 이상의 소음이 1일 8시간 이상 발생하는 작업
2. 95데시벨 이상의 소음이 1일 4시간 이상 발생하는 작업
3. 100데시벨 이상의 소음이 1일 2시간 이상 발생하는 작업
4. 105데시벨 이상의 소음이 1일 1시간 이상 발생하는 작업
5. 110데시벨 이상의 소음이 1일 30분 이상 발생하는 작업
6. 115데시벨 이상의 소음이 1일 15분 이상 발생하는 작업

**51** 방호장치 안전인증 고시에 따라 프레스 및 전단기에 사용되는 광전자식 방호장치의 일반구조에 대한 설명으로 가장 적절하지 않은 것은?

① 정상동작표시램프는 녹색, 위험표시램프는 붉은색으로 하며, 근로자가 쉽게 볼 수 있는 곳에 설치해야 한다.
② 슬라이드 하강 중 정전 또는 방호장치의 이상 시에 정지할 수 있는 구조이어야 한다.
③ 방호장치는 릴레이, 리미트 스위치 등의 전기부품의 고장, 전원전압의 변동 및 정전에 의해 슬라이드가 불시에 동작하지 않아야 하며, 사용전원전압의 ±(100분의 10)의 변동에 대하여 정상으로 작동되어야 한다.
④ 방호장치의 감지기능은 규정한 검출영역 전체에 걸쳐 유효하여야 한다.(다만, 블랭킹 기능이 있는 경우 그렇지 않다.)

[해설]
광전자식 방호장치의 일반구조
방호장치는 릴레이, 리미트 스위치 등의 전기부품의 고장, 전원전압의 변동 및 정전에 의해 슬라이드가 불시에 동작하지 않아야 하며, 사용전원전압의 ±(100분의 20)의 변동에 대하여 정상으로 작동되어야 한다.

**52** 산업안전보건법령상 연삭기작업 시 작업자가 안심하고 작업을 할 수 있는 상태는?

① 탁상용 연삭기에서 숫돌과 작업 받침대의 간격이 5mm이다.
② 덮개 재료의 인장강도는 224MPa이다.
③ 숫돌 교체 후 2분 정도 시험운전을 실시하여 해당 기계의 이상 여부를 확인하였다.
④ 작업 시작 전 1분 정도 시험운전을 실시하여 해당 기계의 이상 여부를 확인하였다.

[해설]
연삭기의 안전기준
1. 연삭숫돌과 작업대(워크레스트)와의 간격은 3mm 이내로 한다.
2. 덮개 재료는 인장강도 274.5메가파스칼(MPa) 이상이고 신장도가 14퍼센트 이상이어야 하며, 인장강도의 값(단위 : MPa)에 신장도(단위 : %)의 20배를 더한 값이 754.5 이상이어야 한다.
3. 연삭숫돌을 사용하는 작업의 경우 작업을 시작하기 전에는 1분 이상, 연삭숫돌을 교체한 후에는 3분 이상 시험운전을 하고 해당 기계에 이상이 있는지를 확인하여야 한다.

**53** 보기와 같은 기계요소가 단독으로 발생시키는 위험점은?

[보기]
밀링커터, 둥근 톱날

① 협착점  ② 끼임점
③ 절단점  ④ 물림점

[해설]
기계운동 형태에 따른 위험점 분류

| | | |
|---|---|---|
| 협착점 | 왕복운동을 하는 운동부와 움직임이 없는 고정부 사이에서 형성되는 위험점 (고정점+운동점) | • 프레스 • 전단기<br>• 성형기 • 조형기<br>• 밴딩기 • 인쇄기 |
| 끼임점 | 회전운동하는 부분과 고정부 사이에 위험이 형성되는 위험점 (고정점+회전운동) | • 연삭숫돌과 작업대<br>• 반복동작되는 링크기구<br>• 교반기의 날개와 몸체 사이<br>• 회전풀리와 벨트 |

| | | | |
|---|---|---|---|
| 절단점 | 회전하는 운동부 자체의 위험이나 운동하는 기계부분 자체의 위험에서 형성되는 위험점 (회전운동+기계) | • 밀링커터<br>• 둥근 톱의 톱날<br>• 목공용 띠톱날 | |
| 물림점 | 회전하는 두 개의 회전체에 형성되는 위험점(서로 반대 방향의 회전체) (중심점+반대방향의 회전운동) | • 기어와 기어의 물림<br>• 롤러와 롤러의 물림<br>• 롤러분쇄기 | |
| 접선 물림점 | 회전하는 부분의 접선방향으로 물려 들어갈 위험이 있는 위험점 | • V벨트와 풀리<br>• 랙과 피니언<br>• 체인벨트<br>• 평벨트 | |
| 회전 말림점 | 회전하는 물체의 길이, 굵기, 속도 등의 불규칙 부위와 돌기 회전부위에 의해 장갑 또는 작업복 등이 말려 위험이 있는 위험점 | • 회전하는 축<br>• 커플링<br>• 회전하는 드릴 | |

## 54 다음 중 크레인의 방호장치로 가장 거리가 먼 것은?

① 권과방지장치  ② 과부하방지장치
③ 비상정지장치  ④ 자동보수장치

**해설**

방호장치의 조정

| 방호장치의 조정 대상 | • 크레인<br>• 리프트<br>• 승강기 | • 이동식 크레인<br>• 곤돌라 |
|---|---|---|
| 방호장치의 종류 | • 과부하방지장치<br>• 권과방지장치<br>• 비상정지장치 및 제동장치<br>• 그 밖의 방호장치(승강기의 파이널 리미트 스위치, 속도조절기, 출입문 인터록 등) | |

## 55 산업안전보건법령상 프레스기를 사용하여 작업을 할 때 작업시작 전 점검사항으로 틀린 것은?

① 클러치 및 브레이크의 기능
② 압력방출장치의 기능
③ 크랭크축·플라이휠·슬라이드 및 연결봉 및 연결 나사의 풀림 유무
④ 프레스의 금형 및 고정 볼트의 상태

**해설**

프레스 등의 작업시작 전 점검사항
1. 클러치 및 브레이크의 기능
2. 크랭크축·플라이휠·슬라이드·연결봉 및 연결 나사의 풀림 여부
3. 1행정 1정지기구·급정지장치 및 비상정지장치의 기능
4. 슬라이드 또는 칼날에 의한 위험방지 기구의 기능
5. 프레스의 금형 및 고정볼트 상태
6. 방호장치의 기능
7. 전단기의 칼날 및 테이블의 상태

## 56 설비보전은 예방보전과 사후보전으로 대별된다. 다음 중 예방보전의 종류가 아닌 것은?

① 시간계획보전  ② 개량보전
③ 상태기준보전  ④ 적응보전

**해설**

| 예방보전 | 설비를 항상 정상, 양호한 상태로 유지하기 위한 정기적인 검사와 초기의 단계에서 성능의 저하나 고장을 제거하거나 조정 또는 수복하기 위한 설비의 보수활동을 말한다. |
|---|---|
| 사후보전 | 고장정지 또는 유해한 성능저하를 초래한 뒤 수리를 하는 보전방법으로 기계설비가 고장을 일으키거나 파손되었을 때 신속히 교체 또는 보수하는 것을 지칭한다. |
| 개량보전 | 설비의 고장이 일어나지 않도록 혹은 보전이나 수리가 쉽도록 설비를 개량하는 것이다. |

## 57 천장크레인에 중량 3kN의 화물을 2줄로 매달았을 때 매달기용 와이어(Sling Wire)에 걸리는 장력은 약 몇 kN인가?(단, 매달기용 와이어(Sling Wire) 2줄 사이의 각도는 55°이다.)

① 1.3  ② 1.7
③ 2.0  ④ 2.3

**해설**

슬링 와이어로프의 한 가닥에 걸리는 하중

$$하중 = \frac{화물의\ 무게(W_1)}{2} \div \cos\frac{\theta}{2}$$

$$하중 = \frac{화물의\ 무게(W_1)}{2} \div \cos\frac{\theta}{2}$$
$$= \frac{3}{2} \div \cos\frac{55}{2} = 1.69 = 1.7[kN]$$

**58** 다음 중 롤러의 급정지 성능으로 적합하지 않은 것은?

① 앞면 롤러 표면 원주속도가 25m/min, 앞면 롤러의 원주가 5m일 때 급정지거리 1.6m 이내
② 앞면 롤러 표면 원주속도가 35m/min, 앞면 롤러의 원주가 7m일 때 급정지거리 2.8m 이내
③ 앞면 롤러 표면 원주속도가 30m/min, 앞면 롤러의 원주가 6m일 때 급정지거리 2.6m 이내
④ 앞면 롤러 표면 원주속도가 20m/min, 앞면 롤러의 원주가 8m일 때 급정지거리 2.6m 이내

**해설**

급정지거리
앞면 롤러 표면 원주속도가 30m/min, 앞면 롤러의 원주가 6m일 때

급정지거리 $= 6 \times \dfrac{1}{2.5} = 2.4\text{m}$ 이내

**TIP** 급정지거리

| 앞면 롤러의 표면속도(m/min) | 급정지거리 |
|---|---|
| 30 미만 | 앞면 롤러 원주의 1/3 |
| 30 이상 | 앞면 롤러 원주의 1/2.5 |

$$V = \pi DN(\text{mm/min}) = \dfrac{\pi DN}{1,000}(\text{m/min})$$

여기서, $V$ : 표면속도(m/min)
$D$ : 롤러 원통의 직경(mm)
$N$ : 1분간에 롤러기가 회전되는 수(rpm)

**59** 조작자의 신체부위가 위험한계 밖에 위치하도록 기계의 조작장치를 위험구역에서 일정거리 이상 떨어지게 하는 방호장치는?

① 덮개형 방호장치
② 차단형 방호장치
③ 위치제한형 방호장치
④ 접근반응형 방호장치

**해설**

위치제한형 방호장치
1. 작업자의 신체부위가 위험한계 밖에 있도록 기계의 조작장치를 위험한 작업점에서 안전거리 이상 떨어지게 하거나 조작장치를 양손으로 동시에 조작하게 함으로써 위험한계에 접근하는 것을 제한하는 방호장치
2. 프레스의 양수 조작식 방호장치

**TIP** 접근반응형 방호장치
- 작업자의 신체부위가 위험한계 또는 그 인접한 거리 내로 들어오면 이를 감지하여 그 즉시 기계의 동작을 정지시키고 경보등을 발하는 방호장치
- 프레스 및 전단기의 광전자식 방호장치

**60** 산업안전보건법령상 아세틸렌 용접장치의 아세틸렌 발생기실을 설치하는 경우 준수하여야 하는 사항으로 옳은 것은?

① 벽은 가연성 재료로 하고 철근 콘크리트 또는 그 밖에 이와 동등하거나 그 이상의 강도를 가진 구조로 할 것
② 바닥면적의 16분의 1 이상의 단면적을 가진 배기통을 옥상으로 돌출시키고 그 개구부를 창이나 출입구로부터 1.5미터 이상 떨어지도록 할 것
③ 출입구의 문은 불연성 재료로 하고 두께 1.0밀리미터 이하의 철판이나 그 밖에 그 이상의 강도를 가진 구조로 할 것
④ 발생기실을 옥외에 설치한 경우에는 그 개구부를 다른 건축물로부터 1.0미터 이내 떨어지도록 할 것

**해설**

발생기실의 구조
1. 벽은 불연성 재료로 하고 철근 콘크리트 또는 그 밖에 이와 같은 수준이거나 그 이상의 강도를 가진 구조로 할 것
2. 지붕과 천장에는 얇은 철판이나 가벼운 불연성 재료를 사용할 것
3. 바닥면적의 16분의 1 이상의 단면적을 가진 배기통을 옥상으로 돌출시키고 그 개구부를 창이나 출입구로부터 1.5미터 이상 떨어지도록 할 것
4. 출입구의 문은 불연성 재료로 하고 두께 1.5밀리미터 이상의 철판이나 그 밖에 그 이상의 강도를 가진 구조로 할 것
5. 벽과 발생기 사이에는 발생기의 조정 또는 카바이드 공급 등의 작업을 방해하지 않도록 간격을 확보할 것

## 4과목 전기위험 방지기술

**61** 대지에서 용접작업을 하고 있는 작업자가 용접봉에 접촉한 경우 통전전류는?(단, 용접기의 출력 측 무부하전압 : 90V, 접촉저항(손, 용접봉 등 포함) : 10kΩ, 인체의 내부저항 : 1kΩ, 발과 대지의 접촉저항 : 20kΩ이다.)

① 약 0.19mA  ② 약 0.29mA
③ 약 1.96mA  ④ 약 2.90mA

**해설**
아크용접 시의 전격위험
대지에서 용접작업을 하고 있는 작업자가 홀더의 충전부분이나 용접봉 등에 접촉되어 감전된 경우 통전전류는 다음과 같다.

$$I = \frac{V}{R_1 + R_2 + R_3}$$

여기서, $I$ : 인체의 통전전류[A]
 $V$ : 용접기의 출력 측 무부하전압[V]
 $R_1$ : 손, 홀더, 용접봉 등의 접촉전압[Ω]
 $R_2$ : 인체의 내부저항[Ω]
 $R_3$ : 발과 대지의 접촉저항[Ω]

$I = \frac{V}{R_1 + R_2 + R_3}$
$= \frac{90}{(10 \times 10^3) + (1 \times 10^3) + (20 \times 10^3)} = 0.00290[A]$
$= 0.00290[A] \times 1,000 = 2.90[mA]$

**TIP 합성저항**

| 합성저항(직렬접속회로) | 합성저항(병렬접속회로) |
|---|---|
| $R = R_1 + R_2 \cdots R_n [\Omega]$ | $R = \dfrac{1}{\dfrac{1}{R_1} + \dfrac{1}{R_2} + \dfrac{1}{R_n}} [\Omega]$ |

※ 직렬접속회로에서는 전류가 같고, 병렬접속회로에서는 전압이 같다.
• 1A = 1,000mA

**62** KS C IEC 60079 - 10 - 2에 따라 공기 중에 분진운의 형태로 폭발성 분진 분위기가 지속적으로 또는 장기간 또는 빈번히 존재하는 장소는?

① 0종 장소  ② 1종 장소
③ 20종 장소  ④ 21종 장소

**해설**
분진폭발 위험장소

| 20종 장소 | 공기 중에 분진운의 형태로 폭발성 분진 분위기가 지속적으로 또는 장기간 또는 빈번히 존재하는 장소 |
|---|---|
| 21종 장소 | 공기 중에 분진운의 형태로 폭발성 분진 분위기가 정상작동조건에서 발생할 수 있는 장소 |
| 22종 장소 | 공기 중에 분진운의 형태로 폭발성 분진 분위기가 정상작동조건에서 발생하지 않으며, 발생하더라도 단기간만 지속되는 장소 |

**63** 설비의 이상현상에 나타나는 아크(Arc)의 종류가 아닌 것은?

① 단락에 의한 아크  ② 지락에 의한 아크
③ 차단기에서의 아크  ④ 전선저항에 의한 아크

**해설**
아크(Arc)
흐르고 있는 전기를 끊을 때, 즉 접점이 떨어지는 순간 갑자기 절단되어 열과 빛이 발생하는 현상
1. 교류 아크 용접기의 아크
2. 단락에 의한 아크
3. 지락(고장접지)에 의한 아크
4. 섬락(플래시오버)의 아크
5. 전선 절단에 의한 아크
6. 차단기에 있어서의 아크

**64** 정전기 재해방지에 관한 설명 중 틀린 것은?

① 이황화탄소의 수송 과정에서 배관 내의 유속을 2.5m/s 이상으로 한다.
② 포장 과정에서 용기를 도전성 재료에 접지한다.
③ 인쇄 과정에서 도포량을 소량으로 하고 접지한다.
④ 작업장의 습도를 높여 전하가 제거되기 쉽게 한다.

**해설**
유속의 제한
1. 저항률이 $10^{10} \Omega \cdot cm$ 미만의 도전성 위험물의 배관유속은 7m/s 이하로 할 것
2. 에텔, 이황화탄소 등과 같이 유동대전이 심하고 폭발위험성이 높은 것은 배관 내 유속을 1m/s 이하로 할 것
3. 물기가 기체를 혼합한 비수용성 위험물은 배관 내 유속을 1m/s 이하로 할 것

정답  61 ④  62 ③  63 ④  64 ①

**65** 한국전기설비규정에 따라 사람이 쉽게 접촉할 우려가 있는 곳에 금속제 외함을 가지는 저압의 기계기구가 시설되어 있다. 이 기계기구의 사용전압이 몇 V를 초과할 때 전기를 공급하는 전로에 누전차단기를 시설해야 하는가?(단, 누전차단기를 시설하지 않아도 되는 조건은 제외한다.)

① 30V  ② 40V
③ 50V  ④ 60V

**해설**
누전차단기의 설치대상
금속제 외함을 가지는 사용전압이 50V를 초과하는 저압의 기계기구로서 사람이 쉽게 접촉할 우려가 있는 곳에 시설하는 것에 전기를 공급하는 전로

**66** 다음 중 방폭설비의 보호등급(IP)에 대한 설명으로 옳은 것은?

① 제1 특성 숫자가 "1"인 경우 지름 50mm 이상의 외부 분진에 대한 보호
② 제1 특성 숫자가 "2"인 경우 지름 10mm 이상의 외부 분진에 대한 보호
③ 제2 특성 숫자가 "1"인 경우 지름 50mm 이상의 외부 분진에 대한 보호
④ 제2 특성 숫자가 "2"인 경우 지름 10mm 이상의 외부 분진에 대한 보호

**해설**
제1 특성 숫자

| 제1 특성 숫자 | 설명 |
| --- | --- |
| 0 | 비보호 |
| 1 | 지름 50mm 이상의 외부 분진에 대한 보호 |
| 2 | 지름 12.5mm 이상의 외부 분진에 대한 보호 |
| 3 | 지름 2.5mm 이상의 외부 분진에 대한 보호 |
| 4 | 지름 1.0mm 이상의 외부 분진에 대한 보호 |
| 5 | 먼지 보호 |
| 6 | 방진(먼지 침투 없음) |

**TIP** IP등급(IP코드)
위험 부분으로의 접근, 외부 분진의 침투 또는 물의 침투에 대한 외함의 방진 보호 및 방수 보호등급을 표시하는 코딩(Coding) 방식으로 보호에 대한 추가 정보를 나타낸다.

**67** 정전기 발생에 영향을 주는 요인에 대한 설명으로 틀린 것은?

① 물체의 분리속도가 빠를수록 발생량은 적어진다.
② 접촉면적이 크고 접촉압력이 높을수록 발생량이 많아진다.
③ 물체 표면이 수분이나 기름으로 오염되면 산화 및 부식에 의해 발생량이 많아진다.
④ 정전기의 발생은 처음 접촉, 분리할 때가 최대로 되고 접촉, 분리가 반복됨에 따라 발생량은 감소한다.

**해설**
정전기 발생의 영향요인(정전기 발생요인)

| 물체의 특성 | 일반적으로 대전량은 접촉이나 분리하는 두 가지 물체가 대전서열 내에서 가까운 곳에 있으면 적고, 먼 위치에 있을수록 대전량이 큰 경향이 있다. |
| --- | --- |
| 물체의 표면상태 | • 표면이 거칠수록 정전기 발생량이 커진다.<br>• 기름, 수분, 불순물 등 오염이 심할수록, 산화 부식이 심할수록 정전기 발생량이 커진다. |
| 물체의 이력 | 정전기 발생량은 처음 접촉, 분리가 일어날 때 최대가 되며, 발생횟수가 반복될수록 발생량이 감소한다. |
| 접촉면적 및 압력 | 접촉면적 및 압력이 클수록 정전기 발생량이 커진다. |
| 분리속도 | 분리속도가 빠를수록 정전기 발생량이 커진다. |
| 완화시간 | 완화시간이 길면 전하분리에 주는 에너지도 커져서 정전기 발생량이 커진다. |

**68** 전기기기, 설비 및 전선로 등의 충전 유무 등을 확인하기 위한 장비는?

① 위상검출기
② 디스콘 스위치
③ COS
④ 저압 및 고압용 검전기

**해설**
검출용구
1. 정전작업 시작 전 설비의 정전 여부를 확인하기 위한 용구
2. 검전기 : 기기 설비, 전로 등의 충전 유무를 확인하기 위해 사용
3. 종류
   ㉠ 저압 및 고압용 검전기
   ㉡ 특별고압용 검전기
   ㉢ 활선접근 경보기

## 69 피뢰기로서 갖추어야 할 성능 중 틀린 것은?

① 충격방전 개시전압이 낮을 것
② 뇌전류 방전능력이 클 것
③ 제한전압이 높을 것
④ 속류 차단을 확실하게 할 수 있을 것

**해설**

피뢰기의 구비성능
1. 충격방전 개시전압과 제한전압이 낮을 것
2. 반복 동작이 가능할 것
3. 구조가 견고하며 특성이 변화하지 않을 것
4. 점검, 보수가 간단할 것
5. 뇌전류의 방전능력이 클 것
6. 속류의 차단이 확실하게 될 것

## 70 접지저항 저감방법으로 틀린 것은?

① 접지극의 병렬 접지를 실시한다.
② 접지극의 매설 깊이를 증가시킨다.
③ 접지극의 크기를 최대한 작게 한다.
④ 접지극 주변의 토양을 개량하여 대지 저항률을 떨어뜨린다.

**해설**

접지저항 저감방법

| 물리적 저감법 | 수평 공법 | • 접지극 병렬접속(병렬법) : 접지봉 등을 병렬접속하고 접지전극의 면적을 크게 한다.<br>• 접지극의 치수 확대 : 접지봉의 지름을 2배 정도 증대 시 접지저항의 10% 정도 감소<br>• 메쉬(Mesh) 공법 : 공용접지 시 안정성 및 효과가 뛰어남 |
|---|---|---|
| | 수직 공법 | • 보링 공법 : 보링기로 지하를 뚫어 접지 저감제를 채운 후 접지극을 매설하는 방식<br>• 접지봉 심타법 : 접지극 매설깊이를 깊게 한다.(지표면 아래 75cm 이하에 시설) |
| 화학적 저감법 (약품법) | | • 접지극 주변 토양 개량<br>• 접지저항 저감제를 사용하여 접지극에 주입<br>• 접지극 주위에 전해질계 또는 화학적 약제를 뿌려 대지 저항률을 낮추는 방법 |

## 71 교류 아크용접기의 사용에서 무부하전압이 80V, 아크전압 25V, 아크전류 300A일 경우 효율은 약 몇 %인가?(단, 내부손실은 4kW이다.)

① 65.2
② 70.5
③ 75.3
④ 80.6

**해설**

효율

$$효율 = \frac{아크출력(kW)}{소비전력(kW)} \times 100$$

여기서, 소비전력=아크출력+내부손실
아크출력=아크전압×정격 2차 전류

1. 아크출력 = 25[V] × 300[A] = 7,500[W] = 7.5[kW]
2. 소비전력 = 7.5[kW] + 4[kW] = 11.5[kW]
3. 효율 = $\frac{7.5}{7.5+4} \times 100 = 65.21[\%]$

## 72 아크방전의 전압전류 특성으로 가장 옳은 것은?

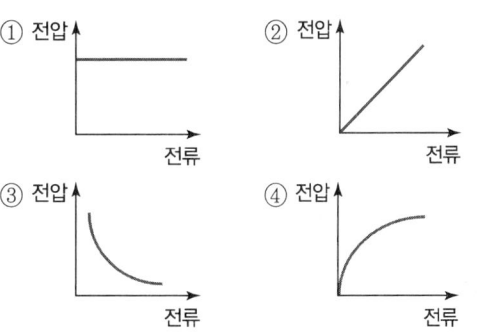

**해설**

부저항 특성
일반 전기회로는 옴의 법칙에 따라 동일 저항에 흐르는 전류는 그 전압에 비례하지만 아크의 경우는 그 반대로 전류가 커지면 저항이 작아져 전압도 낮아진다. 이와 같은 현상을 아크의 부저항 특성 또는 부특성이라 한다.

## 73 다음 중 기기보호등급(EPL)에 해당하지 않는 것은?

① EPL Ga
② EPL Ma
③ EPL Dc
④ EPL Mc

**해설**

기기보호등급(EPL : Equipment Protection Level)
점화원이 될 수 있는 가능성에 기초하여 기기에 부여된 보호등급으로, 폭발성 가스 분위기, 폭발성 분진 분위기 및 폭발성 갱내 가스에 취약한 광산 내 폭발성 분위기의 차이를 구별한다.
1. EPL Ga : 폭발성 가스 분위기에 설치되는 기기로 정상 작동, 예상된 오작동 또는 드문 오작동 중에 점화원이 될 수 없는 "매우 높은" 보호등급의 기기

**정답** 69 ③ 70 ③ 71 ① 72 ③ 73 ④

2. EPL Ma : 폭발성 갱내 가스에 취약한 광산에 설치되는 기기로 정상 작동, 예상된 오작동 또는 드문 오작동 중에, 심지어 가스의 누출이 발생된 상황에서 충전된 상태로 있더라도 점화원이 될 가능성이 거의 없는 충분한 안전성을 갖고 있는 "매우 높은" 보호 등급의 기기
3. EPL Dc : 폭발성 분진 분위기에 설치되는 기기로 정상 작동 중에 점화원이 될 수 없고 정기적인 고장(예 : 램프의 고장) 발생 시 점화원으로서 비활성 상태의 유지를 보장하기 위하여 추가적인 보호장치가 있을 수 있는 "강화된" 보호등급의 기기

## 74 다음 중 산업안전보건기준에 관한 규칙에 따라 누전차단기를 설치하지 않아도 되는 곳은?

① 철판·철골 위 등 도전성이 높은 장소에서 사용하는 이동형 전기기계·기구
② 대지전압이 220V인 휴대형 전기기계·기구
③ 임시배선의 전로가 설치되는 장소에서 사용하는 이동형 전기기계·기구
④ 절연대 위에서 사용하는 전기기계·기구

### 해설
감전방지용 누전차단기의 적용대상(누전차단기 설치장소)
1. 대지전압이 150볼트를 초과하는 이동형 또는 휴대형 전기기계·기구
2. 물 등 도전성이 높은 액체가 있는 습윤장소에서 사용하는 저압(1.5천 볼트 이하 직류전압이나 1천 볼트 이하의 교류전압)용 전기기계·기구
3. 철판·철골 위 등 도전성이 높은 장소에서 사용하는 이동형 또는 휴대형 전기기계·기구
4. 임시배선의 전로가 설치되는 장소에서 사용하는 이동형 또는 휴대형 전기기계·기구

> TIP 감전방지용 누전차단기의 적용 제외 대상
> • 이중절연구조 또는 이와 같은 수준 이상으로 보호되는 구조로 된 전기기계·기구
> • 절연대 위 등과 같이 감전위험이 없는 장소에서 사용하는 전기기계·기구
> • 비접지방식의 전로

## 75 다음 설명이 나타내는 현상은?

전압이 인가된 이극 도체 간의 고체 절연물 표면에 이물질이 부착되면 미소방전이 일어난다. 이 미소방전이 반복되면서 절연물 표면에 도전성 통로가 형성되는 현상이다.

① 흑연화 현상
② 트래킹 현상
③ 반단선 현상
④ 절연이동 현상

### 해설
트래킹 현상
전자제품 등에 묻어 있는 습기, 수분, 먼지, 기타 오염물질이 부착된 표면을 따라서 전류가 흘러 주변의 절연물질을 탄화시키는 것

## 76 다음 중 방폭구조의 종류가 아닌 것은?

① 본질안전 방폭구조
② 고압 방폭구조
③ 압력 방폭구조
④ 내압 방폭구조

### 해설
방폭구조의 종류

| | |
|---|---|
| 본질안전 방폭구조 | 정상작동 및 고장상태 시 발생하는 불꽃, 아크 또는 고온에 의해 폭발성 가스 또는 증기에 점화되지 않는 것이 점화시험, 기타에 의해 확인된 방폭구조 |
| 압력 방폭구조 | 점화원이 될 우려가 있는 부분을 용기 안에 넣고 보호기체(신선한 공기 또는 불활성 기체)를 용기 안에 압입함으로써 폭발성 가스가 침입하는 것을 방지하도록 되어 있는 방폭구조(전폐형 구조) |
| 내압 방폭구조 | 점화원에 의해 용기 내부에서 폭발이 발생할 경우에 용기가 폭발압력에 견딜 수 있고, 화염이 용기 외부의 폭발성 분위기로 전파되지 않도록 한 방폭구조 |

> TIP 방폭구조의 종류 및 기호
>
> | 내압 방폭구조 | d | 안전증 방폭구조 | e | 비점화 방폭구조 | n |
> |---|---|---|---|---|---|
> | 압력 방폭구조 | p | 특수 방폭구조 | s | 몰드 방폭구조 | m |
> | 유입 방폭구조 | o | 본질안전 방폭구조 | i(ia, ib) | 충전 방폭구조 | q |

## 77 심실세동 전류 $I = \frac{165}{\sqrt{t}}$ (mA)라면 심실세동 시 인체에 직접 받는 전기에너지(cal)는 약 얼마인가?(단, $t$는 통전시간으로 1초이며, 인체의 저항은 500Ω으로 한다.)

① 0.52
② 1.35
③ 2.14
④ 3.27

점답 74 ④ 75 ② 76 ② 77 ④

**해설**

위험한계에너지

$$W = I^2RT[\text{J/s}] = \left(\frac{165}{\sqrt{T}} \times 10^{-3}\right)^2 \times R \times T$$

1. $W = \left(\frac{165}{\sqrt{1}} \times 10^{-3}\right)^2 \times 500 \times 1 = 13.61[\text{J}]$
2. $13.61 \times 0.24 = 3.2664 ≒ 3.27[\text{cal}]$

**TIP** 1J = 0.24cal

## 78 산업안전보건기준에 관한 규칙에 따른 전기기계·기구의 설치 시 고려할 사항으로 거리가 먼 것은?

① 전기기계·기구의 충분한 전기적 용량 및 기계적 강도
② 전기기계·기구의 안전효율을 높이기 위한 시간 가동률
③ 습기·분진 등 사용장소의 주위 환경
④ 전기적·기계적 방호수단의 적정성

**해설**

전기기계·기구 설치 시 고려사항
1. 전기 기계·기구의 충분한 전기적 용량 및 기계적 강도
2. 습기·분진 등 사용장소의 주위 환경
3. 전기적·기계적 방호수단의 적정성

## 79 정전작업 시 조치사항으로 틀린 것은?

① 작업 전 전기설비의 잔류전하를 확실히 방전한다.
② 개로된 전로의 충전 여부를 검전기구에 의하여 확인한다.
③ 개폐기에 잠금장치를 하고 통전금지에 관한 표지판은 제거한다.
④ 예비 동력원의 역송전에 의한 감전의 위험을 방지하기 위해 단락 접지기구를 사용하여 단락 접지를 한다.

**해설**

정전전로에서의 전로차단 절차
1. 전기기기 등에 공급되는 모든 전원을 관련 도면, 배선도 등으로 확인할 것
2. 전원을 차단한 후 각 단로기 등을 개방하고 확인할 것
3. 차단장치나 단로기 등에 잠금장치 및 꼬리표를 부착할 것
4. 개로된 전로에서 유도전압 또는 전기에너지가 축적되어 근로자에게 전기위험을 끼칠 수 있는 전기기기 등은 접촉하기 전에 잔류전하를 완전히 방전시킬 것
5. 검전기를 이용하여 작업 대상 기기가 충전되었는지를 확인할 것
6. 전기기기 등이 다른 노출 충전부와의 접촉, 유도 또는 예비동력원의 역송전 등으로 전압이 발생할 우려가 있는 경우에는 충분한 용량을 가진 단락 접지기구를 이용하여 접지할 것

## 80 정전기로 인한 화재 폭발의 위험이 가장 높은 것은?

① 드라이클리닝설비
② 농작물 건조기
③ 가습기
④ 전동기

**해설**

정전기로 인한 화재 폭발을 방지하기 위한 조치가 필요한 설비
다음의 설비를 사용할 때에 정전기에 의한 화재 또는 폭발 등의 위험이 발생할 우려가 있는 경우에는 해당 설비에 대하여 확실한 방법으로 접지를 하거나, 도전성 재료를 사용하거나 가습 및 점화원이 될 우려가 없는 제전장치를 사용하는 등 정전기의 발생을 억제하거나 제거하기 위하여 필요한 조치를 하여야 한다.
1. 위험물을 탱크로리·탱크차 및 드럼 등에 주입하는 설비
2. 탱크로리·탱크차 및 드럼 등 위험물저장설비
3. 인화성 액체를 함유하는 도료 및 접착제 등을 제조·저장·취급 또는 도포하는 설비
4. 위험물 건조설비 또는 그 부속설비
5. 인화성 고체를 저장하거나 취급하는 설비
6. 드라이클리닝설비, 염색가공설비 또는 모피류 등을 씻는 설비 등 인화성유기용제를 사용하는 설비
7. 유압, 압축공기 또는 고전위정전기 등을 이용하여 인화성 액체나 인화성 고체를 분무하거나 이송하는 설비
8. 고압가스를 이송하거나 저장·취급하는 설비
9. 화약류 제조설비
10. 발파공에 장전된 화약류를 점화시키는 경우에 사용하는 발파기(발파공을 막는 재료로 물을 사용하거나 갱도발파를 하는 경우는 제외)

**정답** 78 ② 79 ③ 80 ①

## 5과목 화학설비위험방지기술

**81** 산업안전보건법에서 정한 위험물질을 기준량 이상 제조하거나 취급하는 화학설비로서 내부의 이상 상태를 조기에 파악하기 위하여 필요한 온도계·유량계·압력계 등의 계측장치를 설치하여야 하는 대상이 아닌 것은?

① 가열로 또는 가열기
② 증류·정류·증발·추출 등 분리를 하는 장치
③ 반응폭주 등 이상 화학반응에 의하여 위험물질이 발생할 우려가 있는 설비
④ 흡열반응이 일어나는 반응장치

**해설**

특수화학설비

위험물을 기준량 이상으로 제조하거나 취급하는 다음 각 호의 어느 하나에 해당하는 특수화학설비를 설치하는 경우에는 내부의 이상 상태를 조기에 파악하기 위하여 필요한 온도계·유량계·압력계 등의 계측장치를 설치하여야 한다.
1. 발열반응이 일어나는 반응장치
2. 증류·정류·증발·추출 등 분리를 하는 장치
3. 가열시켜 주는 물질의 온도가 가열되는 위험물질의 분해 온도 또는 발화점보다 높은 상태에서 운전되는 설비
4. 반응폭주 등 이상 화학반응에 의하여 위험물질이 발생할 우려가 있는 설비
5. 온도가 섭씨 350도 이상이거나 게이지 압력이 980킬로파스칼 이상인 상태에서 운전되는 설비
6. 가열로 또는 가열기

**82** 다음 중 퍼지(Purge)의 종류에 해당하지 않는 것은?

① 압력퍼지
② 진공퍼지
③ 스위프퍼지
④ 가열퍼지

**해설**

불활성화 방법

| 진공치환 (진공퍼지, 저압퍼지) | 용기에 대한 가장 통상적인 치환절차 |
|---|---|
| 압력치환 (압력퍼지) | 용기에 가압된 불활성 가스를 주입하는 방법으로 가압한 가스가 용기 내에서 충분히 확산된 후 그것을 대기로 방출하여야 한다. |
| 스위프치환 (스위프퍼지) | 용기의 한 개구부로 불활성 가스를 이너팅하고 다른 개구부로 대기 등으로 혼합가스를 방출하는 방법 |
| 사이폰치환 (사이폰퍼지) | 용기에 물 또는 비가연성, 비반응성의 적합한 액체를 채운 후 액체를 뽑아내면서 불활성 가스를 주입하는 방법 |

**83** 폭발한계와 완전연소 조정관계인 Jones식을 이용하여 부탄($C_4H_{10}$)의 폭발하한계를 구하면 몇 vol%인가?

① 1.4
② 1.7
③ 2.0
④ 2.3

**해설**

연소(폭발)하한계

1. $C_{st} = \dfrac{100}{1+4.773\left(n+\dfrac{m-f-2\lambda}{4}\right)}$

   $= \dfrac{100}{1+4.773\left(4+\dfrac{10}{4}\right)} = 3.12[\%]$

   (단, $C_4H_{10} \to n=4, m=10, f=0, \lambda=0$)

2. 연소(폭발)하한계: $C_{st} \times 0.55 = 3.12 \times 0.55 = 1.7[\text{vol}\%]$

**TIP** 완전연소 조성농도(화학양론농도)

$$C_{st} = \dfrac{100}{1+4.773\left(n+\dfrac{m-f-2\lambda}{4}\right)}$$

여기서, $n$: 탄소의 원자수, $m$: 수소의 원자수
$f$: 할로겐 원소의 원자수
$\lambda$: 산소의 원자수

Jones식 폭발한계
• 연소(폭발)하한계: $C_{st} \times 0.55$
• 연소(폭발)상한계: $C_{st} \times 3.5$

**84** 가스를 분류할 때 독성 가스에 해당하지 않는 것은?

① 황화수소
② 시안화수소
③ 이산화탄소
④ 산화에틸렌

**해설**

비독성 가스

독성 가스 이외의 독성이 없는 가스(헬륨, 네온, 질소, 아르곤, 이산화탄소, 수소, 프로판, 부탄 등)

**정답** 81 ④ 82 ④ 83 ② 84 ③

## 85 다음 중 폭발방호대책과 가장 거리가 먼 것은?

① 불활성화  ② 억제
③ 방산  ④ 봉쇄

**해설**

불활성화는 폭발방지(예방)대책이다.

**TIP 폭발방호대책**

| | |
|---|---|
| 폭발 봉쇄 (Explosion Containment) | 유독성 물질이나 공기 중에 방출되어서는 안 되는 물질의 폭발 시 안전밸브나 파열판을 통하여 다른 탱크나 저장소 등으로 보내어 압력을 완화시켜 파열을 방지하는 방법 |
| 폭발 억제 (Explosion Suppression) | 압력이 상승하였을 때 폭발억제장치가 작동하여 고압불활성 가스가 담겨 있는 소화기가 터져서 증기, 가스, 분진폭발 등의 폭발을 진압하여 큰 파괴적인 폭발압력이 되지 않도록 하는 방법 |
| 폭발 방산 (Explosion Venting) | 안전밸브나 파열판 등에 의해 탱크 내의 기체를 밖으로 방출시켜 압력을 정상화하는 방법 |

## 86 질화면(Nitrocellulose)은 저장·취급 중에는 에틸알코올 등으로 습면상태를 유지해야 한다. 그 이유를 옳게 설명한 것은?

① 질화면은 건조 상태에서는 자연적으로 분해하면서 발화할 위험이 있기 때문이다.
② 질화면은 알코올과 반응하여 안정한 물질을 만들기 때문이다.
③ 질화면은 건조 상태에서 공기 중의 산소와 환원반응을 하기 때문이다.
④ 질화면은 건조 상태에서 유독한 중합물을 형성하기 때문이다.

**해설**

니트로셀룰로오스(NC : Nitro Cellulose, 질화면, 질산섬유소)
1. 안전 용제로 저장 중에 물(20%) 또는 알코올(30%)로 습윤하여 저장·운반한다.
2. 습윤 상태에서 건조되면 충격, 마찰 시 예민하고 발화 폭발의 위험이 증대된다.

## 87 분진폭발의 특징으로 옳은 것은?

① 연소속도가 가스폭발보다 크다.
② 완전연소로 가스중독의 위험이 작다.
③ 화염의 파급속도보다 압력의 파급속도가 빠르다.
④ 가스폭발보다 연소시간은 짧고 발생에너지는 작다.

**해설**

분진폭발의 특징
1. 폭발한계 내에서 분진의 휘발성분이 많을수록 폭발이 쉽다.
2. 가스폭발에 비해 연소속도나 폭발압력이 작다.
3. 가스폭발에 비해 연소시간이 길고 발생에너지가 크기 때문에 파괴력과 타는 정도가 크다.
4. 가스에 비해 불완전연소의 가능성이 커서 일산화탄소의 존재로 인한 가스중독의 위험이 있다.(가스폭발에 비하여 유독물의 발생이 많다.)
5. 화염속도보다 압력속도가 빠르다.
6. 주위 분진의 비산에 의해 2차, 3차의 폭발로 파급되어 피해가 커진다.
7. 연소열에 의한 화재가 동반되며, 연소입자의 비산으로 인체에 닿을 경우 심한 화상을 입는다.
8. 분진이 발화 폭발하기 위한 조건은 인화성, 미분상태, 공기 중에서의 교반과 유동, 점화원의 존재이다.

## 88 크롬에 대한 설명으로 옳은 것은?

① 은백색 광택이 있는 금속이다.
② 중독 시 미나마타병이 발병한다.
③ 비중이 물보다 작은 값을 나타낸다.
④ 3가 크롬이 인체에 가장 유해하다.

**해설**

크롬(Cr)
1. 비점 2,200℃의 은백색의 금속이다.
2. 비중격천공증을 유발, 궤양, 폐암을 유발하고 3가 크롬은 피부흡수가 어려우나 6가 크롬은 쉽게 피부를 통과하여 6가 크롬이 더 해롭다.

## 89 사업주는 인화성 액체 및 인화성 가스를 저장·취급하는 화학설비에서 증기나 가스를 대기로 방출하는 경우에는 외부로부터의 화염을 방지하기 위하여 화염방지기를 설치하여야 한다. 다음 중 화염방지기의 설치 위치로 옳은 것은?

① 설비의 상단  ② 설비의 하단
③ 설비의 측면  ④ 설비의 조작부

**정답** 85 ① 86 ① 87 ③ 88 ① 89 ①

해설

통기설비 및 화염방지기 설치
1. 인화성 액체를 저장·취급하는 대기압탱크에는 통기관 또는 통기밸브(Breather Valve) 등을 설치하여야 한다.
2. 인화성 액체 및 인화성 가스를 저장·취급하는 화학설비에서 증기나 가스를 대기로 방출하는 경우에는 외부로부터의 화염을 방지하기 위하여 화염방지기를 그 설비 상단에 설치하여야 한다.

**90** 열교환탱크 외부를 두께 0.2m의 단열재(열전도율 $k = 0.037$kcal/m·h·℃)로 보온하였더니 단열재 내면은 40℃, 외면은 20℃이었다. 면적 1m²당 1시간에 손실되는 열량(kcal)은?

① 0.0037
② 0.037
③ 1.37
④ 3.7

해설

$$Q = k \times \frac{T_1 - T_2}{t} = 0.037 \times \frac{40-20}{0.2} = 3.7\text{kcal}$$

**91** 산업안전보건법령상 다음 인화성 가스의 정의에서 ( ) 안에 알맞은 값은?

"인화성 가스"란 인화한계 농도의 최저한도가 ( ㉠ )% 이하 또는 최고한도와 최저한도의 차가 ( ㉡ )% 이상인 것으로서 표준압력(101.3KPa), 20℃에서 가스 상태인 물질을 말한다.

① ㉠ 13, ㉡ 12
② ㉠ 13, ㉡ 15
③ ㉠ 12, ㉡ 13
④ ㉠ 12, ㉡ 15

해설

인화성 가스
인화한계 농도의 최저한도가 13퍼센트 이하 또는 최고한도와 최저한도의 차가 12퍼센트 이상인 것으로서 표준압력(101.3kPa)하의 20℃에서 가스 상태인 물질을 말한다.

**92** 액체 표면에서 발생한 증기농도가 공기 중에서 연소하한농도가 될 수 있는 가장 낮은 액체온도를 무엇이라 하는가?

① 인화점
② 비등점
③ 연소점
④ 발화온도

해설

인화점
1. 가연성 물질에 점화원을 주었을 때 연소가 시작되는 최저 온도
2. 사용 중인 용기 내에서 인화성 액체가 증발하여 인화될 수 있는 가장 낮은 온도
3. 액체의 표면에서 발생한 증기농도가 공기 중에서 연소하한 농도가 될 수 있는 가장 낮은 액체온도

**93** 위험물의 저장방법으로 적절하지 않은 것은?

① 탄화칼슘은 물속에 저장한다.
② 벤젠은 산화성 물질과 격리시킨다.
③ 금속나트륨은 석유 속에 저장한다.
④ 질산은 갈색병에 넣어 냉암소에 보관한다.

해설

탄화칼슘은 물과 반응하여 아세틸렌가스를 발생시켜 화재·폭발의 위험이 있으며 밀폐용기에 저장하고 불연성 가스로 봉입한다.

**94** 다음 중 열교환기의 보수에 있어 일상점검항목과 정기적 개방점검항목으로 구분할 때 일상점검항목으로 거리가 먼 것은?

① 도장의 노후 상황
② 부착물에 의한 오염의 상황
③ 보온재, 보냉재의 파손 여부
④ 기초볼트의 체결 정도

해설

열교환기의 보수

| | |
|---|---|
| 일상점검항목 | • 보온재, 보냉재의 파손 여부<br>• 도장의 노후 상황<br>• 플랜지(Flange)부, 용접부 등의 누설 여부<br>• 기초볼트의 체결 정도 |
| 정기적 개방 점검항목 | • 부식 및 고분자 등 생성물의 상황<br>• 부착물에 의한 오염의 상황<br>• 부식의 형태, 정도, 범위<br>• 누출의 원인이 되는 균열, 흠집의 여부<br>• 칠의 두께 감소 정도<br>• 용접선의 상황<br>• 라이닝(Lining) 또는 코팅 상태 |

## 95 다음 중 반응기의 구조방식에 의한 분류에 해당하는 것은?

① 탑형 반응기
② 연속식 반응기
③ 반회분식 반응기
④ 회분식 균일상반응기

**해설**

반응기의 분류

| 반응 조작방식에 의한 분류 | • 회분식 반응기(회분식 균일상 반응기)<br>• 반회분식 반응기<br>• 연속식 반응기 |
|---|---|
| 반응기 구조방식에 의한 분류 | • 관형 반응기<br>• 탑형 반응기<br>• 교반조형 반응기<br>• 유동층형 반응기 |

**TIP** 반응기
반응하는 물질들이 목적하는 최적의 화합물로 전환하도록 반응을 촉진, 통제하여 반응조건을 유지할 수 있는 장치

## 96 다음 중 공기 중 최소발화에너지 값이 가장 작은 물질은?

① 에틸렌
② 아세트알데히드
③ 메탄
④ 에탄

**해설**

최소발화에너지

| 가연성 가스 | 최소발화에너지[$10^{-3}$ Joule] |
|---|---|
| 에틸렌 | 0.096 |
| 아세트알데히드 | 0.36 |
| 메탄 | 0.28 |
| 에탄 | 0.31 |

## 97 다음 표의 가스(A~D)를 위험도가 큰 것부터 작은 순으로 나열한 것은?

| 구분 | 폭발하한값 | 폭발상한값 |
|---|---|---|
| A | 4.0vol% | 75.0vol% |
| B | 3.0vol% | 80.0vol% |
| C | 1.25vol% | 44.0vol% |
| D | 2.5vol% | 81.0vol% |

① D-B-C-A
② D-B-A-C
③ C-D-A-B
④ C-D-B-A

**해설**

위험도

1. A가스 위험도
$$H = \frac{UFL - LFL}{LFL} = \frac{75 - 4.0}{4.0} = 17.75$$

2. B가스 위험도
$$H = \frac{UFL - LFL}{LFL} = \frac{80 - 3.0}{3.0} = 25.67$$

3. C가스 위험도
$$H = \frac{UFL - LFL}{LFL} = \frac{44 - 1.25}{1.25} = 34.2$$

4. D가스 위험도
$$H = \frac{UFL - LFL}{LFL} = \frac{81 - 2.5}{2.5} = 31.4$$

**TIP** 전연소 조성농도(화학양론농도)

$$H = \frac{UFL - LFL}{LFL}$$

여기서, $H$ : 위험도
$UFL$ : 연소상한값
$LFL$ : 연소하한값

## 98 알루미늄분이 고온의 물과 반응하였을 때 생성되는 가스는?

① 이산화탄소
② 수소
③ 메탄
④ 에탄

**해설**

알루미늄

$$2Al + 6H_2O \rightarrow 2Al(OH)_3 + 3H_2$$
(알루미늄) (물) (수산화알루미늄) (수소)

**TIP** 물과 반응 시 생성되는 가스
• 칼륨, 알루미늄분 : 수소 발생
• 인화칼슘 : 포스핀 발생
• 탄화칼슘(카바이드) : 아세틸렌 발생

**정답** 95 ① 96 ① 97 ④ 98 ②

**99** 메탄, 에탄, 프로판의 폭발하한계가 각각 5vol%, 3vol%, 2.1vol%일 때 다음 중 폭발하한계가 가장 낮은 것은?(단, Le Chatelier의 법칙을 이용한다.)

① 메탄 20vol%, 에탄 30vol%, 프로판 50vol%의 혼합가스
② 메탄 30vol%, 에탄 30vol%, 프로판 40vol%의 혼합가스
③ 메탄 40vol%, 에탄 30vol%, 프로판 30vol%의 혼합가스
④ 메탄 50vol%, 에탄 30vol%, 프로판 20vol%의 혼합가스

**해설**

르샤틀리에의 법칙(순수한 혼합가스일 경우)

$$\frac{100}{L} = \frac{V_1}{L_1} + \frac{V_2}{L_2} + \frac{V_3}{L_3} \cdots$$

$$L = \frac{100}{\frac{V_1}{L_1} + \frac{V_2}{L_2} + \cdots + \frac{V_n}{L_n}}$$

여기서, $V_n$ : 전체 혼합가스 중 각 성분 가스의 체적(비율)[%]
$L_n$ : 각 성분 단독의 폭발한계(상한 또는 하한)
$L$ : 혼합가스의 폭발한계(상한 또는 하한)[vol%]

1. $L = \dfrac{100}{\frac{20}{5} + \frac{30}{3} + \frac{50}{2.1}} = 2.64\,[\text{vol}\%]$

2. $L = \dfrac{100}{\frac{30}{5} + \frac{30}{3} + \frac{40}{2.1}} = 2.85\,[\text{vol}\%]$

3. $L = \dfrac{100}{\frac{40}{5} + \frac{30}{3} + \frac{30}{2.1}} = 3.09\,[\text{vol}\%]$

4. $L = \dfrac{100}{\frac{50}{5} + \frac{30}{3} + \frac{20}{2.1}} = 3.38\,[\text{vol}\%]$

**100** 고압가스 용기 파열사고의 주요 원인 중 하나는 용기의 내압력(耐壓力, Capacity to Resist Pressure) 부족이다. 다음 중 내압력 부족의 원인으로 거리가 먼 것은?

① 용기 내벽의 부식  ② 강재의 피로
③ 과잉 충전        ④ 용접 불량

**해설**

고압가스 용기 파열사고의 주요 원인
1. 용기의 내압력 부족 : 강재의 피로, 용기 내벽의 부식, 용접불량, 용기 자체에 결함이 있는 경우
2. 용기내압의 이상 상승 : 과잉충전의 경우, 가열, 내용물의 중합반응 또는 분해반응
3. 용기 내에서의 폭발성 혼합가스의 발화 : 가스의 혼합충전 등

## 6과목 건설안전기술

**101** 건설현장에 거푸집 동바리 설치 시 준수사항으로 옳지 않은 것은?

① 파이프서포트 높이가 4.5m를 초과하는 경우에는 높이 2m 이내마다 2개 방향으로 수평연결재를 설치한다.
② 동바리의 침하 방지를 위해 깔목의 사용, 콘크리트 타설, 말뚝박기 등을 실시한다.
③ 강재와 강재의 접속부는 볼트 또는 클램프 등 전용철물을 사용한다.
④ 강관틀 동바리는 강관틀과 강관틀 사이에 교차가새를 설치한다.

**해설**

동바리 조립 시의 안전조치
1. 동바리 조립 시의 안전조치
   동바리를 조립하는 경우에는 하중의 지지상태를 유지할 수 있도록 다음 각 호의 사항을 준수해야 한다.
   ㉠ 받침목이나 깔판의 사용, 콘크리트 타설, 말뚝박기 등 동바리의 침하를 방지하기 위한 조치를 할 것
   ㉡ 동바리의 상하 고정 및 미끄러짐 방지 조치를 할 것
   ㉢ 상부·하부의 동바리가 동일 수직선상에 위치하도록 하여 깔판·받침목에 고정시킬 것
   ㉣ 개구부 상부에 동바리를 설치하는 경우에는 상부하중을 견딜 수 있는 견고한 받침대를 설치할 것
   ㉤ U헤드 등의 단판이 없는 동바리의 상단에 멍에 등을 올릴 경우에는 해당 상단에 U헤드 등의 단판을 설치하고, 멍에 등이 전도되거나 이탈되지 않도록 고정시킬 것
   ㉥ 동바리의 이음은 같은 품질의 재료를 사용할 것
   ㉦ 강재의 접속부 및 교차부는 볼트·클램프 등 전용철물을 사용하여 단단히 연결할 것

ⓔ 거푸집의 형상에 따른 부득이한 경우를 제외하고는 깔판이나 받침목은 2단 이상 끼우지 않도록 할 것
ⓕ 깔판이나 받침목을 이어서 사용하는 경우에는 그 깔판·받침목을 단단히 연결할 것

2. 동바리 유형에 따른 동바리 조립 시의 안전조치
   ㉠ 동바리로 사용하는 파이프 서포트의 경우
   - 파이프 서포트를 3개 이상 이어서 사용하지 않도록 할 것
   - 파이프 서포트를 이어서 사용하는 경우에는 4개 이상의 볼트 또는 전용철물을 사용하여 이을 것
   - 높이가 3.5미터를 초과하는 경우에는 높이 2미터 이내마다 수평연결재를 2개 방향으로 만들고 수평연결재의 변위를 방지할 것
   ㉡ 동바리로 사용하는 강관틀의 경우
   - 강관틀과 강관틀 사이에 교차가새를 설치할 것
   - 최상단 및 5단 이내마다 동바리의 측면과 틀면의 방향 및 교차가새의 방향에서 5개 이내마다 수평연결재를 설치하고 수평연결재의 변위를 방지할 것
   - 최상단 및 5단 이내마다 동바리의 틀면의 방향에서 양단 및 5개틀 이내마다 교차가새의 방향으로 띠장틀을 설치할 것

TIP 본 문제는 법 개정으로 일부 내용이 수정되었습니다. 해설은 법 개정으로 수정된 내용이니 해설을 학습하세요.

## 102 고소작업대를 설치 및 이동하는 경우에 준수하여야 할 사항으로 옳지 않은 것은?

① 와이어로프 또는 체인의 안전율은 3 이상일 것
② 붐의 최대 지면경사각을 초과 운전하여 전도되지 않도록 할 것
③ 고소작업대를 이동하는 경우 작업대를 가장 낮게 내릴 것
④ 작업대에 끼임·충돌 등 재해를 예방하기 위한 가드 또는 과상승방지장치를 설치할 것

**해설**
고소작업대 설치 및 이동하는 경우 준수사항
작업대를 와이어로프 또는 체인으로 올리거나 내릴 경우에는 와이어로프 또는 체인이 끊어져 작업대가 떨어지지 아니하는 구조여야 하며, 와이어로프 또는 체인의 안전율은 5 이상일 것

## 103 건설공사의 유해위험방지계획서 제출 기준일로 옳은 것은?

① 당해 공사 착공 1개월 전까지
② 당해 공사 착공 15일 전까지
③ 당해 공사 착공 전날까지
④ 당해 공사 착공 15일 후까지

**해설**
유해위험방지계획서 제출 기준일
1. 제조업 등 유해·위험방지계획서 : 해당 작업 시작 15일 전까지 공단에 2부 제출
2. 건설공사 유해·위험방지계획서 : 해당 공사의 착공 전날까지 공단에 2부 제출

## 104 철골건립준비를 할 때 준수하여야 할 사항으로 옳지 않은 것은?

① 지상 작업장에서 건립준비 및 기계기구를 배치할 경우에는 낙하물의 위험이 없는 평탄한 장소를 선정하여 정비하여야 한다.
② 건립작업에 다소 지장이 있다 하더라도 수목은 제거하거나 이설하여서는 안 된다.
③ 사용 전에 기계기구에 대한 정비 및 보수를 철저히 실시하여야 한다.
④ 기계에 부착된 앵커 등 고정장치와 기초구조 등을 확인하여야 한다.

**해설**
철골건립준비 시 준수사항
1. 지상 작업장에서 건립준비 및 기계기구를 배치할 경우에는 낙하물의 위험이 없는 평탄한 장소를 선정하여 정비하고 경사지에서는 작업대나 임시발판 등을 설치하는 등 안전하게 한 후 작업하여야 한다.
2. 건립작업에 지장이 되는 수목은 제거하거나 이설하여야 한다.
3. 인근에 건축물 또는 고압선 등이 있는 경우에는 이에 대한 방호조치 및 안전조치를 하여야 한다.
4. 사용 전에 기계기구에 대한 정비 및 보수를 철저히 실시하여야 한다.
5. 기계가 계획대로 배치되어 있는가, 윈치는 작업구역을 확인할 수 있는 곳에 위치하였는가, 기계에 부착된 앵커 등 고정장치와 기초구조 등을 확인하여야 한다.

정답 102 ① 103 ③ 104 ②

**105** 가설공사 표준안전 작업지침에 따른 통로발판을 설치하여 사용함에 있어 준수사항으로 옳지 않은 것은?

① 추락의 위험이 있는 곳에는 안전난간이나 철책을 설치하여야 한다.
② 작업발판의 최대폭은 1.6m 이내이어야 한다.
③ 비계발판의 구조에 따라 최대적재하중을 정하고 이를 초과하지 않도록 하여야 한다.
④ 발판을 겹쳐 이음하는 경우 장선 위에서 이음을 하고 겹침길이는 10cm 이상으로 하여야 한다.

**해설**

통로발판의 설치기준
1. 근로자가 작업 및 이동하기에 충분한 넓이가 확보되어야 한다.
2. 추락의 위험이 있는 곳에는 안전난간이나 철책을 설치하여야 한다.
3. 발판을 겹쳐 이음하는 경우 장선 위에서 이음을 하고 겹침길이는 20센티미터 이상으로 하여야 한다.
4. 발판 1개에 대한 지지물은 2개 이상이어야 한다.
5. 작업발판의 최대폭은 1.6미터 이내이어야 한다.
6. 작업발판 위에는 돌출된 못, 옹이, 철선 등이 없어야 한다.
7. 비계발판의 구조에 따라 최대적재하중을 정하고 이를 초과하지 않도록 하여야 한다.

**106** 항타기 또는 항발기의 사용 시 준수사항으로 옳지 않은 것은?

① 증기나 공기를 차단하는 장치를 작업관리자가 쉽게 조작할 수 있는 위치에 설치한다.
② 해머의 운동에 의하여 증기호스 또는 공기호스와 해머의 접속부가 파손되거나 벗겨지는 것을 방지하기 위하여 그 접속부가 아닌 부위를 선정하여 증기호스 또는 공기호스를 해머에 고정시킨다.
③ 항타기나 항발기의 권상장치의 드럼에 권상용 와이어로프가 꼬인 경우에는 와이어로프에 하중을 걸어서는 안 된다.
④ 항타기나 항발기의 권상장치에 하중을 건 상태로 정지하여 두는 경우에는 쐐기장치 또는 역회전방지용 브레이크를 사용하여 제동하는 등 확실하게 정지시켜 두어야 한다.

**해설**

항타기 또는 항발기 사용 시 준수사항
1. 사업주는 압축공기를 동력원으로 하는 항타기나 항발기를 사용하는 경우에는 다음 사항을 준수하여야 한다.
   ㉠ 해머의 운동에 의하여 공기호스와 해머의 접속부가 파손되거나 벗겨지는 것을 방지하기 위하여 그 접속부가 아닌 부위를 선정하여 공기호스를 해머에 고정시킬 것
   ㉡ 공기를 차단하는 장치를 해머의 운전자가 쉽게 조작할 수 있는 위치에 설치할 것
2. 사업주는 항타기나 항발기의 권상장치의 드럼에 권상용 와이어로프가 꼬인 경우에는 와이어로프에 하중을 걸어서는 아니 된다.
3. 사업주는 항타기나 항발기의 권상장치에 하중을 건 상태로 정지하여 두는 경우에는 쐐기장치 또는 역회전방지용 브레이크를 사용하여 제동하는 등 확실하게 정지시켜 두어야 한다.

**TIP** 본 문제는 법 개정으로 일부 내용이 수정되었습니다. 해설은 법 개정으로 수정된 내용이니 해설을 학습하세요.

**107** 건설업 중 유해위험방지계획서 제출 대상 사업장으로 옳지 않은 것은?

① 지상높이가 31m 이상인 건축물 또는 인공구조물, 연면적 30,000m² 이상인 건축물 또는 연면적 5,000m² 이상의 문화 및 집회시설의 건설공사
② 연면적 3,000m² 이상의 냉동·냉장 창고시설의 설비공사 및 단열공사
③ 깊이 10m 이상인 굴착공사
④ 최대 지간길이가 50m 이상인 다리의 건설공사

**해설**

유해위험방지계획서를 제출해야 될 건설공사
1. 다음 각 목의 어느 하나에 해당하는 건축물 또는 시설 등의 건설·개조 또는 해체공사
   ㉠ 지상높이가 31미터 이상인 건축물 또는 인공구조물
   ㉡ 연면적 3만 제곱미터 이상인 건축물
   ㉢ 연면적 5천 제곱미터 이상인 시설로서 다음의 어느 하나에 해당하는 시설
      • 문화 및 집회시설(전시장 및 동물원·식물원은 제외)
      • 판매시설, 운수시설(고속철도의 역사 및 집배송시설은 제외)
      • 종교시설
      • 의료시설 중 종합병원
      • 숙박시설 중 관광숙박시설

- 지하도상가
- 냉동·냉장 창고시설
2. 연면적 5천 제곱미터 이상인 냉동·냉장 창고시설의 설비공사 및 단열공사
3. 최대 지간길이(다리의 기둥과 기둥의 중심 사이의 거리)가 50미터 이상인 다리의 건설 등 공사
4. 터널의 건설 등 공사
5. 다목적댐, 발전용댐, 저수용량 2천만 톤 이상의 용수 전용 댐 및 지방상수도 전용 댐의 건설 등 공사
6. 깊이 10미터 이상인 굴착공사

## 108 건설작업용 타워크레인의 안전장치로 옳지 않은 것은?

① 권과방지장치
② 과부하방지장치
③ 비상정지장치
④ 호이스트 스위치

**해설**
건설작업용 타워크레인의 안전장치
1. 과부하방지장치
2. 권과방지장치
3. 비상정지장치 및 제동장치

## 109 이동식 비계를 조립하여 작업을 하는 경우의 준수기준으로 옳지 않은 것은?

① 비계의 최상부에서 작업을 할 때에는 안전난간을 설치하여야 한다.
② 작업발판의 최대적재하중은 400kg을 초과하지 않도록 한다.
③ 승강용 사다리는 견고하게 설치하여야 한다.
④ 작업발판은 항상 수평을 유지하고 작업발판 위에서 안전난간을 딛고 작업을 하거나 받침대 또는 사다리를 사용하여 작업하지 않도록 한다.

**해설**
이동식비계 조립 시의 준수사항
1. 이동식 비계의 바퀴에는 뜻밖의 갑작스러운 이동 또는 전도를 방지하기 위하여 브레이크·쐐기 등으로 바퀴를 고정시킨 다음 비계의 일부를 견고한 시설물에 고정하거나 아웃 트리거를 설치하는 등 필요한 조치를 할 것
2. 승강용 사다리는 견고하게 설치할 것
3. 비계의 최상부에서 작업을 하는 경우에는 안전난간을 설치할 것
4. 작업발판은 항상 수평을 유지하고 작업발판 위에서 안전난간을 딛고 작업을 하거나 받침대 또는 사다리를 사용하여 작업하지 않도록 할 것
5. 작업발판의 최대적재하중은 250킬로그램을 초과하지 않도록 할 것

## 110 토사붕괴 원인으로 옳지 않은 것은?

① 경사 및 기울기 증가
② 성토높이의 증가
③ 건설기계 등 하중작용
④ 토사중량의 감소

**해설**
토석붕괴의 원인

| | |
|---|---|
| 외적 원인 | • 사면, 법면의 경사 및 기울기의 증가<br>• 절토 및 성토 높이의 증가<br>• 공사에 의한 진동 및 반복 하중의 증가<br>• 지표수 및 지하수의 침투에 의한 토사중량의 증가<br>• 지진, 차량, 구조물의 하중작용<br>• 토사 및 암석의 혼합층두께 |
| 내적 원인 | • 절토 사면의 토질·암질<br>• 성토 사면의 토질구성 및 분포<br>• 토석의 강도 저하 |

## 111 건설용 리프트의 붕괴 등을 방지하기 위해 받침의 수를 증가시키는 등 안전조치를 하여야 하는 순간풍속 기준은?

① 초당 15미터 초과
② 초당 25미터 초과
③ 초당 35미터 초과
④ 초당 45미터 초과

**해설**
건설용 리프트 안전조치
순간풍속이 초당 35미터를 초과하는 바람이 불어올 우려가 있는 경우 건설용 리프트(지하에 설치되어 있는 것은 제외한다)에 대하여 받침의 수를 증가시키는 등 그 붕괴 등을 방지하기 위한 조치를 하여야 한다.

정답 108 ④ 109 ② 110 ④ 111 ③

**112** 토사붕괴에 따른 재해를 방지하기 위한 흙막이 지보공 부재로 옳지 않은 것은?

① 흙막이판
② 말뚝
③ 턴버클
④ 띠장

**해설**

흙막이 지보공 부재의 종류
1. 버팀기둥(H-pile) : 버팀대를 지지하는 기둥(엄지말뚝)
2. 흙막이 벽체(토류판, 널말뚝) : 수평 흙막이판
3. 띠장(Waling) : 널말뚝, 버팀기둥(H-Pile)을 지지하기 위하여 벽면에 수평으로 부착하는 부재
4. 수평버팀대(Strut) : 띠장을 수평방향으로 지지하는 부재
5. 기타 경사버팀대, 브래킷(Bracket)

**TIP** 턴버클(Turn Buckle)
지지막대나 지지 와이어로프 등의 길이를 조절하기 위한 기구로 철골 구조나 목조의 현장 조립 등에서 다시 세우기나 철근 가새 등에 사용하는 것을 말한다.

**113** 가설구조물의 특징으로 옳지 않은 것은?

① 연결재가 적은 구조로 되기 쉽다.
② 부재 결합이 간략하여 불안전 결합이다.
③ 구조물이라는 개념이 확고하여 조립의 정밀도가 높다.
④ 사용부재는 과소단면이거나 결함재가 되기 쉽다.

**해설**

가설구조물의 특징
1. 연결재가 적은 구조가 되기 쉽다.
2. 부재결합이 간략하여 불안전결합이 되기 쉽다.
3. 구조물이라는 개념이 확고하지 않아 조립 정밀도가 낮다.
4. 사용부재는 과소단면이거나 결함재가 되기 쉽다.

**114** 사다리식 통로 등의 구조에 대한 설치기준으로 옳지 않은 것은?

① 발판의 간격은 일정하게 할 것
② 발판과 벽과의 사이는 15cm 이상의 간격을 유지할 것
③ 사다리식 통로의 길이가 10m 이상인 때에는 7m 이내마다 계단참을 설치할 것
④ 사다리의 상단은 걸쳐놓은 지점으로부터 60cm 이상 올라가도록 할 것

**해설**

사다리식 통로
1. 견고한 구조로 할 것
2. 심한 손상·부식 등이 없는 재료를 사용할 것
3. 발판의 간격은 일정하게 할 것
4. 발판과 벽과의 사이는 15센티미터 이상의 간격을 유지할 것
5. 폭은 30센티미터 이상으로 할 것
6. 사다리가 넘어지거나 미끄러지는 것을 방지하기 위한 조치를 할 것
7. 사다리의 상단은 걸쳐놓은 지점으로부터 60센티미터 이상 올라가도록 할 것
8. 사다리식 통로의 길이가 10미터 이상인 경우에는 5미터 이내마다 계단참을 설치할 것
9. 사다리식 통로의 기울기는 75도 이하로 할 것. 다만, 고정식 사다리식 통로의 기울기는 90도 이하로 하고, 그 높이가 7미터 이상인 경우에는 다음 각 목의 구분에 따른 조치를 할 것
   가. 등받이울이 있어도 근로자 이동에 지장이 없는 경우 : 바닥으로부터 높이가 2.5미터 되는 지점부터 등받이울을 설치할 것
   나. 등받이울이 있으면 근로자가 이동이 곤란한 경우 : 개인용 추락 방지 시스템을 설치하고 근로자로 하여금 전신안전대를 사용하도록 할 것
10. 접이식 사다리 기둥은 사용 시 접혀지거나 펼쳐지지 않도록 철물 등을 사용하여 견고하게 조치할 것

**115** 가설통로를 설치하는 경우 준수해야 할 기준으로 옳지 않은 것은?

① 경사는 30° 이하로 할 것
② 경사가 25°를 초과하는 경우에는 미끄러지지 아니하는 구조로 할 것
③ 건설공사에 사용하는 높이 8m 이상인 비계다리에는 7m 이내마다 계단참을 설치할 것
④ 수직갱에 가설된 통로의 길이가 15m 이상인 때에는 10m 이내마다 계단참을 설치할 것

**해설**

가설통로
1. 견고한 구조로 할 것
2. 경사는 30도 이하로 할 것(다만, 계단을 설치하거나 높이 2미터 미만의 가설통로로서 튼튼한 손잡이를 설치한 경우에는 그러하지 아니하다.)
3. 경사가 15도를 초과하는 경우에는 미끄러지지 아니하는 구조로 할 것

**정답** 112 ③  113 ③  114 ③  115 ②

4. 추락할 위험이 있는 장소에는 안전난간을 설치할 것(다만, 작업상 부득이한 경우에는 필요한 부분만 임시로 해체할 수 있다.)
5. 수직갱에 가설된 통로의 길이가 15미터 이상인 경우에는 10미터 이내마다 계단참을 설치할 것
6. 건설공사에 사용하는 높이 8미터 이상인 비계다리에는 7미터 이내마다 계단참을 설치할 것

## 116 터널공사에서 발파작업 시 안전대책으로 옳지 않은 것은?

① 발파 전 도화선 연결상태, 저항치 조사 등의 목적으로 도통시험 실시 및 발파기의 작동상태에 대한 사전점검 실시
② 모든 동력선은 발원점으로부터 최소한 15m 이상 후방으로 옮길 것
③ 지질, 암의 절리 등에 따라 화약량에 대한 검토 및 시방기준과 대비하여 안전조치 실시
④ 발파용 점화회선은 타 동력선 및 조명회선과 한곳으로 통합하여 관리

**해설**
터널공사 발파작업 시 준수사항
발파용 점화회선은 타 동력선 및 조명회선으로부터 분리되어야 한다.

## 117 건설업 산업안전보건관리비 계상 및 사용기준은 산업안전보건법령에 따른 건설공사 중 총공사금액이 얼마 이상인 공사에 적용하는가?

① 4천만 원
② 3천만 원
③ 2천만 원
④ 1천만 원

**해설**
적용범위
건설공사 중 총공사금액 2천만 원 이상인 공사에 적용한다. 다만, 단가계약에 의하여 행하는 공사에 대하여는 총계약금액을 기준으로 적용한다.

## 118 건설업의 공사금액이 850억 원일 경우 산업안전보건법령에 따른 안전관리자의 수로 옳은 것은? (단, 전체 공사기간을 100으로 할 때 공사 전·후 15에 해당하는 경우는 고려하지 않는다.)

① 1명 이상
② 2명 이상
③ 3명 이상
④ 4명 이상

**해설**
안전관리자의 수
공사금액 800억 원 이상 1,500억 원 미만 : 2명 이상. 다만, 전체 공사기간을 100으로 할 때 공사 시작에서 15에 해당하는 기간과 공사 종료 전의 15에 해당하는 기간 동안은 1명 이상으로 한다.

## 119 거푸집 동바리의 침하를 방지하기 위한 직접적인 조치로 옳지 않은 것은?

① 수평연결재 사용
② 깔목의 사용
③ 콘크리트의 타설
④ 말뚝박기

**해설**
동바리 조립 시의 안전조치
동바리를 조립하는 경우에는 하중의 지지상태를 유지할 수 있도록 다음 각 호의 사항을 준수해야 한다.
1. 받침목이나 깔판의 사용, 콘크리트 타설, 말뚝박기 등 동바리의 침하를 방지하기 위한 조치를 할 것
2. 동바리의 상하 고정 및 미끄러짐 방지 조치를 할 것
3. 상부·하부의 동바리가 동일 수직선상에 위치하도록 하여 깔판·받침목에 고정시킬 것
4. 개구부 상부에 동바리를 설치하는 경우에는 상부하중을 견딜 수 있는 견고한 받침대를 설치할 것
5. U헤드 등의 단판이 없는 동바리의 상단에 멍에 등을 올릴 경우에는 해당 상단에 U헤드 등의 단판을 설치하고, 멍에 등이 전도되거나 이탈되지 않도록 고정시킬 것
6. 동바리의 이음은 같은 품질의 재료를 사용할 것
7. 강재의 접속부 및 교차부는 볼트·클램프 등 전용철물을 사용하여 단단히 연결할 것
8. 거푸집의 형상에 따른 부득이한 경우를 제외하고는 깔판이나 받침목은 2단 이상 끼우지 않도록 할 것
9. 깔판이나 받침목을 이어서 사용하는 경우에는 그 깔판·받침목을 단단히 연결할 것

**정답** 116 ④ 117 ③ 118 ② 119 ①

**120** 달비계에 사용하는 와이어로프의 사용금지 기준으로 옳지 않은 것은?

① 이음매가 있는 것
② 열과 전기충격에 의해 손상된 것
③ 지름의 감소가 공칭지름의 7%를 초과하는 것
④ 와이어로프의 한 꼬임에서 끊어진 소선의 수가 7% 이상인 것

**해설**

달비계의 와이어로프 사용금지 사항
1. 이음매가 있는 것
2. 와이어로프의 한 꼬임에서 끊어진 소선의 수가 10퍼센트 이상인 것
3. 지름의 감소가 공칭지름의 7퍼센트를 초과하는 것
4. 꼬인 것
5. 심하게 변형되거나 부식된 것
6. 열과 전기충격에 의해 손상된 것

정답 120 ④

# PART 02

# 21  2023년 1회 기출복원문제

## 1과목 안전관리론

**01** 안전조직 중 직계–참모(Line & Staff)형 조직에 관한 설명으로 옳은 것은?

① 안전스탭은 안전에 관한 기획·입안·조사·검토 및 연구를 행한다.
② 500인 미만의 중규모 사업장에 적합하다.
③ 명령과 보고가 상하관계뿐이므로 간단명료하다.
④ 생산부문은 안전에 대한 책임과 권한이 없다.

### 해설
라인–스태프(Line–Staff)형(직계–참모형) 조직

| | |
|---|---|
| 의의 | • 안전보건 업무를 전담하는 스태프를 별도로 두고, 생산라인에는 그 부서의 장으로 하여금 계획된 생산라인의 안전관리조직을 통하여 실시하도록 한 조직 형태<br>• 스태프는 안전에 관한 기획, 조사, 검토 및 연구를 수행<br>• 1,000명 이상의 대규모 사업장에 적합한 조직 형태 |
| 장점 | • 조직원 전원을 자율적으로 안전활동에 참여시킬 수 있음<br>• 스태프에 의해 입안된 것을 경영자의 지침으로 명령 실시하도록 하므로 정확·신속함 |
| 단점 | • 명령계통과 조언이나 권고적 참여가 혼동되기 쉬움<br>• 라인과 스태프 간에 협조가 안 될 경우 업무의 원활한 추진 불가(라인과 스태프 간의 월권 또는 상호 의견충돌이 생길 수 있음)<br>• 라인이 스태프에 의존 또는 활용하지 않는 경우가 있음 |

**02** 주로 관리감독자를 교육대상자로 하며 직무에 관한 지식, 작업을 가르치는 능력, 작업방법을 개선하는 기능 등을 교육 내용으로 하는 기업 내 정형교육의 종류는?

① TWI(Training Within Industry)
② MTP(Management Training Program)
③ ATT(American Telephone Telegram)
④ ATP(Administration Training Program)

### 해설
TWI(Training Within Industry)

| | |
|---|---|
| 관리감독자의 구비조건 | • 직무에 관한 지식<br>• 직책의 지식<br>• 작업을 가르치는 능력<br>• 작업의 방법을 개선하는 기능<br>• 사람을 다스리는 기능 |
| 교육과정 | • Job Method Training(JMT) : 작업방법훈련, 작업개선훈련<br>• Job Instruction Training(JIT) : 작업지도훈련<br>• Job Relations Training(JRT) : 인간관계 훈련, 부하통솔법<br>• Job Safety Training(JST) : 작업안전훈련 |

**03** 바이오리듬(생체리듬)에 관한 설명 중 틀린 것은?

① 안정기(+)와 불안정기(-)의 교차점을 위험일이라 한다.
② 감성적 리듬은 33일을 주기로 반복하며, 주의력, 예감 등과 관련되어 있다.
③ 지성적 리듬은 "I"로 표시하며 사고력과 관련이 있다.
④ 육체적 리듬은 신체적 컨디션의 율동적 발현, 즉 식욕·활동력 등과 밀접한 관계를 갖는다.

### 해설
생체리듬(Biorhythm)의 종류 및 특징

| 종류 | 특징 |
|---|---|
| 육체적 리듬(P)<br>(Physical Cycle) | • 건전한 활동기(11.5일)와 그렇지 못한 휴식기(11.5일)가 23일을 주기로 반복된다.<br>• 활동력, 소화력, 지구력, 식욕 등과 가장 관계가 깊다. |
| 감성적 리듬(S)<br>(Sensitivity Cycle) | • 예민한 기간(14일)과 그렇지 못한 둔한 기간(14일)이 28일을 주기로 반복된다.<br>• 주의력, 창조력, 예감 및 통찰력 등과 가장 관계가 깊다. |
| 지성적 리듬(I)<br>(Intellectual Cycle) | • 사고능력이 발휘되는 날(16.5일)과 그렇지 못한 날(16.5일)이 33일 주기로 반복된다.<br>• 판단력, 추리력, 상상력, 사고력, 기억력 등과 가장 관계가 깊다. |

정답 01 ① 02 ① 03 ②

**04** 인간의 동작특성 중 판단과정의 착오요인이 아닌 것은?

① 합리화  ② 정서불안정
③ 작업조건불량  ④ 정보부족

**해설**
착오의 요인

| 종류 | 내용 |
|---|---|
| 인지과정 착오 | • 심리·심리적 능력의 한계<br>• 정보량 저장의 한계 : 한계정보량보다 더 많은 정보가 들어오는 경우 정보를 처리하지 못하는 현상<br>• 감각차단 현상 : 단조로운 업무가 장시간 지속될 때 작업자의 감각기능 및 판단능력이 둔화 또는 마비되는 현상(예 : 고도비행, 단독비행, 계기비행, 직선 고속도로 운행 등)<br>• 정서적 불안정(불안, 공포)<br>• 정보수용 능력의 한계 : 인간의 감지범위 밖의 정보 |
| 판단과정 착오 | • 정보부족(옹고집, 지나친 자기중심적 인간)<br>• 능력부족(지식부족, 경험부족)<br>• 자기합리화(자기에게 유리하게 판단)<br>• 환경조건불비(작업조건불량)<br>• 자기과신(지나친 자기 기술에 대한 믿음) |
| 조치과정 착오 | • 기술능력 미숙<br>• 경험부족<br>• 피로 |

**05** 1년간 80건의 재해가 발생한 A사업장은 1,000명의 근로자가 1주일당 48시간, 1년간 52주를 근무하고 있다. A사업장의 도수율은?(단, 근로자들은 재해와 관련 없는 사유로 연간 노동시간의 3%를 결근하였다.)

① 31.06  ② 32.05
③ 33.04  ④ 34.03

**해설**
도수율

$$도수율 = \frac{재해발생건수}{연간 총근로시간수} \times 1,000,000$$

1. 출근율 $= 1 - \frac{3}{100} = 0.97$
2. 도수율 $= \frac{80}{(1,000 \times 48 \times 52) \times 0.97} \times 1,000,000 = 33.04$

**06** AE형 안전모에 있어 '내전압성'이란 최대 몇 V 이하의 전압에 견디는 것을 말하는가?

① 750  ② 1,000
③ 3,000  ④ 7,000

**해설**
추락 및 감전 위험방지용 안전모의 종류

| 종류(기호) | 사용 구분 | 비고 |
|---|---|---|
| AB | 물체의 낙하 또는 비래 및 추락에 의한 위험을 방지 또는 경감시키기 위한 것 | |
| AE | 물체의 낙하 또는 비래에 의한 위험을 방지 또는 경감하고, 머리부위 감전에 의한 위험을 방지하기 위한 것 | 내전압성 |
| ABE | 물체의 낙하 또는 비래 및 추락에 의한 위험을 방지 또는 경감하고, 머리부위 감전에 의한 위험을 방지하기 위한 것 | 내전압성 |

※ 내전압성이란 7,000V 이하의 전압에 견디는 것을 말한다.

**07** 교육훈련기법 중 Off.J.T(Off the Job Training)의 장점이 아닌 것은?

① 업무의 계속성이 유지된다.
② 외부의 전문가를 강사로 활용할 수 있다.
③ 특별교재, 시설을 유효하게 사용할 수 있다.
④ 다수의 대상자에게 조직적 훈련이 가능하다.

**해설**
Off J.T(Off the Job Training)
1. 외부의 전문가를 활용할 수 있다(전문가를 초빙하여 강사로 활용이 가능하다).
2. 다수의 대상자에게 조직적 훈련이 가능하다.
3. 특별교재, 교구, 시설을 유효하게 사용할 수 있다.
4. 타 직종 사람과의 많은 지식, 경험을 교류할 수 있다.
5. 업무와 분리되어 교육에 전념하는 것이 가능하다.
6. 교육목표를 위하여 집단적으로 협조와 협력이 가능하다.
7. 법규, 원리, 원칙, 개념, 이론 등의 교육에 적합하다.

**08** 몇 사람의 전문가에 의하여 과제에 관한 견해를 발표한 뒤에 참가자로 하여금 의견이나 질문을 하게 하여 토의하는 방법을 무엇이라 하는가?

① 심포지엄(Symposium)
② 버즈 세션(Buzz Session)
③ 케이스 메소드(Case Method)
④ 패널 디스커션(Panel Discussion)

**정답** 04 ② 05 ③ 06 ④ 07 ① 08 ①

해설
토의법의 종류
1. 자유토의법 : 참가자가 주어진 주제에 대하여 자유로운 발표와 토의를 통하여 서로의 의견을 교환하고 상호이해력을 높이며 의견을 절충해 나가는 방법
2. 패널 디스커션(Panel Discussion) : 전문가 4~5명이 피교육자 앞에서 자유로이 토의를 하고, 그 후에 피교육자 전원이 사회자의 사회에 따라 토의하는 방법
3. 심포지엄(Symposium) : 발제자 없이 몇 사람의 전문가에 의하여 과제에 관한 견해를 발표한 뒤에 참가자로 하여금 의견이나 질문을 하게 하여 토의하는 방법
4. 포럼(Forum)
   ㉠ 사회자의 진행으로 몇 사람이 주제에 대하여 발표한 후 피교육자가 질문을 하고 토론해 나가는 방법
   ㉡ 새로운 자료나 주제를 내보이거나 발표한 후 피교육자로 하여금 문제나 의견을 제시하게 하고 다시 깊이 있게 토론해 나가는 방법
5. 버즈 세션(Buzz Session) : 6-6 회의라고도 하며, 참가자가 다수인 경우에 전원을 토의에 참가시키기 위한 방법으로 소집단을 구성하여 회의를 진행시키는 방법

## 09 A사업장에서 58건의 경상해가 발생하였다면 하인리히의 재해구성비율을 적용할 때 이 사업장의 재해구성비율을 올바르게 나열한 것은?(단, 구성은 중상해 : 경상해 : 무상해 순서이다.)

① 2 : 58 : 600
② 3 : 58 : 660
③ 6 : 58 : 330
④ 10 : 58 : 600

해설
하인리히(H. W. Heinrich)의 재해구성비율

| 하인리히의 재해구성비율(1 : 29 : 300) |||
| --- | --- | --- |
| 중상 및 사망 | 경상해 | 무상해사고 |
| 1 | 29 | 300 |
| $1:29=x:58$ | – | $29:300=58:x$ |
| $29x=58$ | – | $29x=300\times58$ |
| $x=\dfrac{58}{29}=2(건)$ | $29\times2=58(건)$ | $x=\dfrac{300\times58}{29}=600(건)$ |

## 10 무재해 운동을 추진하기 위한 조직의 세 기둥으로 볼 수 없는 것은?

① 최고경영자의 경영자세
② 소집단 자주활동의 활성화
③ 전 종업원의 안전요원화
④ 라인관리자에 의한 안전보건의 추진

해설
무재해 운동 추진의 3기둥(요소)
1. 최고경영자의 경영자세 : 사업주
2. 관리감독자의 안전보건의 추진(라인화의 철저) : 관리감독자
3. 직장 소집단의 자율활동의 활성화 : 근로자

## 11 경험한 내용이나 학습된 행동을 다시 생각하여 작업에 적용하지 아니하고 방치함으로써 경험의 내용이나 인상이 약해지거나 소멸되는 현상을 무엇이라 하는가?

① 착각
② 훼손
③ 망각
④ 단절

해설
망각
경험한 내용이나 학습된 행동을 다시 생각하여 작업에 적용하지 아니하고 방치함으로써 경험의 내용이나 인상이 약해지거나 소멸되는 현상

> **TIP** 파지
> 학습된 내용이 지속되는 현상

## 12 산업안전보건법령상 특정 행위의 지시 및 사실의 고지에 사용되는 안전 · 보건표지의 색도기준으로 옳은 것은?

① 2.5G 4/10
② 5Y 8.5/12
③ 2.5PB 4/10
④ 7.5R 4/14

> **해설**
> 안전·보건표지의 색채, 색도기준 및 용도

| 색채 | 색도기준 | 용도 | 사용례 |
|---|---|---|---|
| 빨간색 | 7.5R 4/14 | 금지 | 정지신호, 소화설비 및 그 장소, 유해행위의 금지 |
| | | 경고 | 화학물질 취급장소에서의 유해·위험 경고 |
| 노란색 | 5Y 8.5/12 | 경고 | 화학물질 취급장소에서의 유해·위험경고 이외의 위험경고, 주의표지 또는 기계방호물 |
| 파란색 | 2.5PB 4/10 | 지시 | 특정 행위의 지시 및 사실의 고지 |
| 녹색 | 2.5G 4/10 | 안내 | 비상구 및 피난소, 사람 또는 차량의 통행표지 |
| 흰색 | N9.5 | | 파란색 또는 녹색에 대한 보조색 |
| 검은색 | N0.5 | | 문자 및 빨간색 또는 노란색에 대한 보조색 |

**13** 안전점검의 종류 중 태풍이나 폭우 등의 천재지변이 발생한 후에 실시하는 기계, 기구 및 설비 등에 대한 점검의 명칭은?

① 정기점검  ② 수시점검
③ 특별점검  ④ 임시점검

> **해설**
> 안전점검(점검주기에 의한 구분)

| 정기점검 (계획점검) | 일정기간마다 정기적으로 실시하는 점검으로 주간점검, 월간점검, 연간점검 등이 있다.(마모상태, 부식, 손상, 균열 등 설비의 상태 변화나 이상 유무 등을 점검한다.) |
|---|---|
| 수시점검 (일상점검, 일일점검) | • 매일 현장에서 작업 시작 전, 작업 중, 작업 후에 일상적으로 실시하는 점검(작업자, 작업담당자가 실시한다.)<br>• 작업 시작 전 점검사항 : 주변의 정리정돈, 주변의 청소 상태, 설비의 방호장치 점검, 설비의 주유상태, 구동부분 등<br>• 작업 중 점검사항 : 이상소음, 진동, 냄새, 가스 및 기름 누출, 생산품질의 이상 여부 등<br>• 작업 종료 시 점검사항: 기계의 청소와 정비, 안전장치의 작동 여부, 스위치 조작, 환기, 통로정리 등 |
| 임시점검 | 정기점검 실시 후 다음 점검기일 이전에 임시로 실시하는 점검(기계, 기구 또는 설비의 이상 발견 시에 임시로 점검) |
| 특별점검 | • 기계, 기구 또는 설비를 신설하거나 변경 내지는 고장 수리 등을 할 경우<br>• 강풍 또는 지진 등의 천재지변 발생 후의 점검<br>• 산업안전 보건 강조기간에도 실시 |

**14** 산업안전보건법령상 지방고용노동관서의 장이 사업주에게 안전관리자·보건관리자 또는 안전보건관리담당자를 정수 이상으로 증원하게 하거나 교체하여 임명할 것을 명할 수 있는 경우의 기준 중 다음 ( ) 안에 알맞은 것은?

• 중대재해가 연간 ( ㉠ )건 이상 발생한 경우
• 해당 사업장의 연간재해율이 같은 업종의 평균재해율의 ( ㉡ )배 이상인 경우

① ㉠ 3, ㉡ 2     ② ㉠ 2, ㉡ 3
③ ㉠ 2, ㉡ 2     ④ ㉠ 3, ㉡ 3

> **해설**
> 안전관리자 등의 증원·교체임명
> 지방고용노동관서의 장은 다음 각 호의 어느 하나에 해당하는 사유가 발생한 경우에는 사업주에게 안전관리자, 보건관리자 또는 안전보건관리담당자를 정수 이상으로 증원하게 하거나 교체하여 임명할 것을 명할 수 있다.
> 1. 해당 사업장의 연간재해율이 같은 업종의 평균재해율의 2배 이상인 경우
> 2. 중대재해가 연간 2건 이상 발생한 경우
> 3. 관리자가 질병이나 그 밖의 사유로 3개월 이상 직무를 수행할 수 없게 된 경우
> 4. 화학적 인자로 인한 직업성 질병자가 연간 3명 이상 발생한 경우. 이 경우 직업성 질병자 발생일은 요양급여의 결정일로 한다.(직업성질병자 발생 당시 사업장에서 해당 화학적 인자를 사용하지 아니하는 경우에는 그렇지 않다.)

**15** 산업안전보건법상 사업 내 안전보건교육 중 근로자 정기안전보건교육의 내용이 아닌 것은?

① 산업안전 및 산업재해 예방에 관한 사항
② 산업보건 및 건강장해 예방에 관한 사항
③ 유해·위험 작업환경 관리에 관한 사항
④ 작업공정의 유해·위험과 재해 예방대책에 관한 사항

> **해설**
> 근로자 정기교육
> 1. 산업안전 및 산업재해 예방에 관한 사항(화재·폭발 사고 발생 시 대피에 관한 사항을 포함)
> 2. 산업보건 및 건강장해 예방에 관한 사항(폭염·한파작업으로 인한 건강장해 발생 시 응급조치에 관한 사항을 포함)
> 3. 위험성 평가에 관한 사항
> 4. 건강증진 및 질병 예방에 관한 사항

5. 유해·위험 작업환경 관리에 관한 사항
6. 산업안전보건법령 및 산업재해보상보험 제도에 관한 사항
7. 직무스트레스 예방 및 관리에 관한 사항
8. 직장 내 괴롭힘, 고객의 폭언 등으로 인한 건강장해 예방 및 관리에 관한 사항

## 16 다음 중 위험예지훈련에 있어 브레인스토밍법의 원칙으로 적절하지 않은 것은?

① 무엇이든 좋으니 많이 발언한다.
② 지정된 사람에 한하여 발언의 기회가 부여된다.
③ 타인의 의견을 수정하거나 덧붙여서 말하여도 좋다.
④ 타인의 의견에 대하여 좋고 나쁨을 비평하지 않는다.

**해설**

브레인스토밍(Brainstorming)의 원칙
1. 비판금지 : 「좋다」, 「나쁘다」라고 비판은 하지 않는다.
2. 대량발언 : 내용의 질적수준보다 양적으로 무엇이든 많이 발언한다.
3. 자유분방 : 자유로운 분위기에서 마음대로 편안한 마음으로 발언한다.
4. 수정발언 : 타인의 아이디어를 수정하거나 보충 발언해도 좋다.

## 17 재해원인 분석방법의 통계적 원인분석 중 사고의 유형, 기인물 등 분류항목을 큰 순서대로 도표화한 것은?

① 파레토도          ② 특성요인도
③ 크로스도          ④ 관리도

**해설**

통계에 의한 원인분석
1. 파레토도 : 사고의 유형, 기인물 등 분류항목을 큰 값에서 작은 값의 순서로 도표화하며, 문제나 목표의 이해에 편리하다.
2. 특성요인도 : 특성과 요인관계를 어골상으로 도표화하여 분석하는 기법(원인과 결과를 연계하여 상호관계를 파악하기 위한 분석방법)
3. 클로즈(Close) 분석 : 두 개 이상의 문제관계를 분석하는데 사용하는 것으로, 데이터를 집계하고 표로 표시하여 요인별 결과내역을 교차한 클로즈 그림을 작성하여 분석하는 기법
4. 관리도 : 재해 발생 건수 등의 추이에 대해 한계선을 설정하여 목표 관리를 수행하는 데 사용되는 방법으로 관리선은 관리상한선, 중심선, 관리하한선으로 구성된다.

## 18 산업현장에서 재해 발생 시 조치순서로 옳은 것은?

① 긴급처리 → 재해조사 → 원인분석 → 대책수립
② 긴급처리 → 원인분석 → 대책수립 → 재해조사
③ 재해조사 → 원인분석 → 대책수립 → 긴급처리
④ 재해조사 → 대책수립 → 원인분석 → 긴급처리

**해설**

재해 발생 시 조치사항
산업재해 발생 → 긴급처리 → 재해조사 → 원인강구(원인분석) → 대책수립 → 대책실시계획 → 실시 → 평가

## 19 인간의 행동에 관한 레윈(Lewin)의 식, $B = f(P \cdot E)$에 관한 설명으로 옳은 것은?

① 인간의 개성($P$)에는 연령과 지능이 포함되지 않는다.
② 인간의 행동($B$)은 개인의 능력과 관련이 있으며, 환경과는 무관하다.
③ 인간의 행동($B$)은 개인의 자질과 심리학적 환경과의 상호 함수관계에 있다.
④ $B$는 행동, $P$는 개성, $E$는 기술을 의미하며 행동은 능력을 기반으로 하는 개성에 따라 나타나는 함수관계이다.

**해설**

레윈(K. Lewin)의 행동법칙

$$B = f(P \cdot E)$$

여기서, $B$ : Behavior(인간의 행동)
$f$ : Function(함수관계) $P \cdot E$ 에 영향을 줄 수 있는 조건
$P$ : Person(개체, 개인의 자질, 연령, 경험, 심신상태, 성격, 지능 등)
$E$ : Environment(심리적 환경 – 작업환경, 인간관계, 설비적 결함 등)

레윈의 이론
인간의 행동($B$)은 개인의 자질과 심리학적 환경과의 상호 함수관계이다.

## 20 부주의의 발생 원인에 포함되지 않는 것은?

① 의식의 단절          ② 의식의 우회
③ 의식수준의 저하     ④ 의식의 지배

**정답** 16 ② 17 ① 18 ① 19 ③ 20 ④

### 해설

부주의 발생 현상

| | |
|---|---|
| 의식의 단절 (중단) | 의식의 흐름에 단절이 생기고 공백상태가 나타나는 경우(특수한 질병의 경우) |
| 의식의 우회 | 의식의 흐름이 옆으로 빗나가 발생한 경우(걱정, 고민, 욕구불만 등) |
| 의식수준의 저하 | 뚜렷하지 않은 의식의 상태로 심신이 피로하거나 단조로운 작업 등의 경우 |
| 의식의 과잉 | 돌발사태 및 긴급이상사태에 직면하면 순간적으로 긴장되고 의식이 한 방향으로 쏠리는 주의의 일점집중현상의 경우 |
| 의식의 혼란 | 외적 조건에 문제가 있을 때 의식이 혼란되고 분산되어 작업에 잠재되어 있는 위험요인에 대응할 수 없는 경우 |

## 2과목 인간공학 및 시스템 안전공학

**21** 결함수분석(FTA)에 의한 재해사례의 연구 순서가 다음과 같을 때 올바른 순서대로 나열한 것은?

㉠ FT(Fault Tree)도 작성
㉡ 개선안 실시계획
㉢ 톱 사상의 선정
㉣ 사상마다 재해원인 및 요인 규명
㉤ 개선계획 작성

① ㉣ → ㉤ → ㉢ → ㉠ → ㉡
② ㉡ → ㉣ → ㉢ → ㉤ → ㉠
③ ㉢ → ㉣ → ㉠ → ㉤ → ㉡
④ ㉤ → ㉢ → ㉡ → ㉠ → ㉣

### 해설

FTA에 의한 재해사례의 연구 순서
1. 제1단계 : 톱사상(정상사상)의 선정
2. 제2단계 : 각 사상의 재해원인 규명
3. 제3단계 : FT도의 작성
4. 제4단계 : 개선 계획의 작성

**22** 열압박 지수 중 실효온도(Effective Temperature)지수 개발 시 고려한 인체에 미치는 열효과의 조건에 해당하지 않는 것은?

① 온도
② 습도
③ 공기 유동
④ 복사열

### 해설

실효온도(Effective Temperature, 체감온도, 감각온도)
1. 개요
  ㉠ 온도, 습도 및 공기의 유동이 인체에 미치는 열효과를 하나의 수치로 통합한 경험적 감각지수
  ㉡ 상대습도 100%일 때의 건구온도에서 느끼는 것과 동일한 온감이다.
  ㉢ 실제로 감각되는 온도로서 실감온도라고 한다.
2. 실효온도의 결정요소(실효온도에 영향을 주는 요인)
  ㉠ 온도
  ㉡ 습도
  ㉢ 공기의 유동(대류)

**23** 여러 사람이 사용하는 의자의 좌판 높이 설계 기준으로 옳은 것은?

① 5% 오금높이
② 50% 오금높이
③ 75% 오금높이
④ 95% 오금높이

### 해설

의자 좌판의 높이
1. 대퇴를 압박하지 않도록 좌판은 오금의 높이보다 높지 않아야 하고 앞 모서리는 5cm 정도 낮게 설계(치수는 5%치 사용)
2. 좌판의 높이는 조절할 수 있도록 하는 것이 바람직하다.

**24** 시스템안전 프로그램에서의 최초단계 해석으로 시스템 내의 위험한 요소가 어떤 위험상태에 있는가를 정성적으로 평가하는 방법은?

① FHA
② PHA
③ FTA
④ FMEA

### 해설

예비위험분석(PHA ; Preliminary Hazards Analysis)
1. 시스템안전 위험분석(SSHA)을 수행하기 위한 예비적인 최초의 작업으로 위험요소가 얼마나 위험한지를 정성적으로 평가하는 것이다.
2. PHA는 구상단계나 설계 및 발주의 극히 초기에 실시된다.

정답  21 ③  22 ④  23 ①  24 ②

**25** 산업안전보건법령에 따라 기계·기구 및 설비의 설치·이전 등으로 인해 유해·위험방지계획서를 제출하여야 하는 대상에 해당하지 않는 것은?

① 건조설비
② 공기압축기
③ 화학설비
④ 가스집합 용접장치

**해설**

유해·위험방지계획서 제출 대상 기계·기구 및 설비
1. 금속이나 그 밖의 광물의 용해로
2. 화학설비
3. 건조설비
4. 가스집합 용접장치
5. 근로자의 건강에 상당한 장해를 일으킬 우려가 있는 물질로서 고용노동부령으로 정하는 물질의 밀폐·환기·배기를 위한 설비

**26** 다음 중 Fitts의 법칙에 관한 설명으로 옳은 것은?

① 표적이 크고 이동거리가 길수록 이동시간이 증가한다.
② 표적이 작고 이동거리가 길수록 이동시간이 증가한다.
③ 표적이 크고 이동거리가 작을수록 이동시간이 증가한다.
④ 표적이 작고 이동거리가 작을수록 이동시간이 증가한다.

**해설**

핏츠(Fitts)의 법칙
1. 인간의 손이나 발을 이동시켜 조작장치를 조작하는 데 걸리는 시간을 표적까지의 거리와 표적 크기의 함수로 나타내는 모형
2. 인간의 행동에 대해 속도와 정확성간의 관계를 설명하는 기본적인 법칙을 타나낸다.
3. 공식

$$T = a + b\log_2\left(\frac{D}{W} + 1\right)$$

여기서, $T$ : 동작을 완수하는 데 필요한 평균시간
  $a, b$ : 실험 상수(데이터를 측정하기 위해 직선을 측정하여 얻어진 실험치)
  $D$ : 대상물체의 중심으로부터 측정한 거리
  $W$ : 움직이는 방향을 축으로 하였을 때 측정되는 목표물의 폭

4. 목표물의 크기가 작아질수록 속도와 정확도가 나빠지고 목표물과의 거리가 멀어질수록 필요한 시간이 더 길어진다.

**27** 다음 중 인간의 감각 반응속도가 빠른 것부터 순서대로 나열한 것은?

① 청각 > 시각 > 통각 > 촉각
② 청각 > 촉각 > 시각 > 통각
③ 촉각 > 시각 > 통각 > 청각
④ 촉각 > 시각 > 청각 > 통각

**해설**

감각 기관별 자극반응시간

| 청각 | 촉각 | 시각 | 미각 | 통각 |
|---|---|---|---|---|
| 0.17초 | 0.18초 | 0.20초 | 0.29초 | 0.70초 |

**28** 경보사이렌으로부터 10m 떨어진 음압수준이 140 dB이면 100m 떨어진 곳에서 음의 강도는 얼마인가?

① 100dB
② 110dB
③ 120dB
④ 140dB

**해설**

거리에 따른 음의 강도 변화

$$dB_2 = dB_1 - 20\log\left(\frac{d_2}{d_1}\right)$$

여기서, $dB_1$ : 음원으로부터 $d_1$ 떨어진 지점의 음압수준
  $dB_2$ : 음원으로부터 $d_2$ 떨어진 지점의 음압수준

$dB_2 = dB_1 - 20\log\left(\frac{d_2}{d_1}\right) = 140 - 20\log\left(\frac{100}{10}\right) = 120(dB)$

**29** NOISH Lifting Guideline에서 권장무게한계(RWL) 산출에 사용되는 계수가 아닌 것은?

① 휴식 계수
② 수평 계수
③ 수직 계수
④ 비대칭 계수

**해설**

권장무게한계(RWL) 산출 관계식

$$RWL(kg) = LC \times HM \times VM \times DM \times AM \times FM \times CM$$

여기서, $LC$ : 부하상수(23kg : 최적 작업상태 권장 최대무게, 즉 모든 조건이 가장 좋지 않을 경우 허용되는 최대중량의 의미)
  $HM$ : 수평계수(수평거리에 따른 계수)
  $VM$ : 수직계수(수직거리에 따른 계수)
  $DM$ : 거리계수(물체의 이동거리에 따른 계수 ; 수직방향의 이동거리)
  $AM$ : 비대칭계수(비대칭각도계수)
  $FM$ : 빈도계수(작업빈도에 따른 계수)
  $CM$ : 결합계수(손잡이 계수)

정답 25 ② 26 ② 27 ② 28 ③ 29 ①

**30** 인간공학 실험에서 측정변수가 다른 외적 변수에 영향을 받지 않도록 하는 요건을 의미하는 특성은?

① 적절성　　② 무오염성
③ 민감도　　④ 신뢰성

**해설**
연구 기준의 요건
1. 적절성(타당성) : 기준이 의도된 목적에 적당하다고 판단되는 정도
2. 무오염성 : 측정하고자 하는 변수 이외의 다른 변수들의 영향을 받아서는 안 된다.
3. 기준척도의 신뢰성 : 사용되는 척도의 신뢰성, 즉 반복성을 말한다.
4. 민감도 : 기대되는 차이에 적합한 정도의 단위로 측정이 가능해야 한다. 즉, 피실험자 사이에서 볼 수 있는 예상 차이점에 비례하는 단위로 측정해야 함을 의미한다.

**31** FT도에 사용되는 다음 게이트의 명칭은?

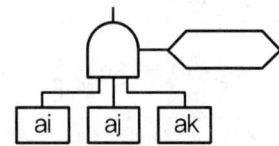

① 억제 게이트
② 부정 게이트
③ 배타적 OR 게이트
④ 우선적 AND 게이트

**해설**
게이트
1. 억제 게이트(제어게이트) : 입력사상 중 어느 것이나 이 게이트로 나타내는 조건이 만족하는 경우에만 출력사상이 발생한다.(조건부확률)
2. 부정 게이트 : 입력현상의 반대현상이 출력된다.
3. 배타적 OR 게이트 : OR 게이트이지만 2개 또는 그 이상의 입력이 동시에 존재하는 경우에는 출력이 생기지 않는다.
4. 우선적 AND 게이트 : 입력사상 중 어떤 사상이 다른 사상보다 먼저 일어난 때에 출력사상이 생긴다. 즉, 출력이 발생하기 위해서는 입력들이 정해진 순서로 발생해야 한다.

| 명칭 | 기호 |
|---|---|
| 억제 게이트 (제어게이트) | 출력 — 조건 — 입력 |
| 부정 게이트 | A |
| 배타적 OR 게이트 | 동시 발생이 없음 |
| 우선적 AND 게이트 | ai, ak, aj 순으로 / ai aj ak |

**32** 한 화학공장에는 24개의 공정제어회로가 있으며, 4,000시간의 공정 가동 중 이 회로에는 14번의 고장이 발생하였고, 고장이 발생하였을 때마다 회로는 즉시 교체되었다. 이 회로의 평균고장시간(MTTF)은 약 얼마인가?

① 6,857시간　　② 7,571시간
③ 8,240시간　　④ 9,800시간

**해설**
평균고장수명(고장까지의 평균시간, MTTF ; Mean Time To Failure)
고장이 발생되면 그것으로 수명이 없어지는 제품의 평균수명이며, 이는 수리하지 않는 시스템, 제품, 기기, 부품 등이 고장 날 때까지 동작시간의 평균치

$$MTBF(MTTF) = \frac{1}{\lambda} = \frac{T(\text{총 동작시간})}{r(\text{그 기간 중의 총 고장수})}$$

$$MTBF(MTTF) = \frac{T}{r} = \frac{4,000 \times 24}{14} = 6857.14$$

**33** 다음 중 인간공학적 설계 대상에 해당되지 않는 것은?

① 물건(Objects)
② 기계(Machinery)
③ 환경(Environment)
④ 보전(Maintenance)

> **해설**
>
> 인간공학의 초점
> 인간공학의 초점은 인간이 만들어 생활의 여러 가지 면에서 사용하는 물건, 기구 또는 환경을 설계하는 과정에서 인간을 고려하는 데 있다.

## 34 결함수분석법에서 Path Set에 관한 설명으로 맞는 것은?

① 시스템의 약점을 표현한 것이다.
② Top 사상을 발생시키는 조합이다.
③ 시스템이 고장 나지 않도록 하는 사상의 조합이다.
④ 시스템고장을 유발시키는 필요불가결한 기본사상들의 집합이다.

> **해설**
>
> 패스셋(Path Set)
> 그 안에 포함되는 모든 기본사상이 일어나지 않을 때 처음으로 정상사상이 일어나지 않는 기본사상의 집합, 즉 시스템이 고장나지 않도록 하는 사상의 조합이다.

## 35 위험관리에서 위험의 분석 및 평가에 유의할 사항으로 적절하지 않은 것은?

① 발생의 빈도보다는 손실의 규모에 중점을 둔다.
② 한 가지의 사고가 여러 가지 손실을 수반하는지 확인한다.
③ 기업 간의 의존도는 어느 정도인지 점검한다.
④ 작업표준의 의미를 충분히 이해하고 있는지 점검한다.

> **해설**
>
> 위험의 분석 및 평가 유의사항
> 1. 기업 간의 의존도는 어느 정도인지 점검한다.
> 2. 발생 빈도보다는 손실의 규모에 중점을 둔다.
> 3. 한 가지 사고가 여러 가지 손실을 수반하는지를 확인한다.

## 36 다음 설명에 해당하는 설비보전방식의 유형은?

> 설비보전 정보와 신기술을 기초로 신뢰성, 조작성, 보전성, 안전성, 경제성 등이 우수한 설비의 선정, 조달 또는 설계를 통하여 궁극적으로 설비의 설계, 제작단계에서 보전활동이 불필요한 체제를 목표로 한 설비보전방법을 말한다.

① 개량보전
② 보전예방
③ 사후보전
④ 일상보전

> **해설**
>
> 설비의 보전
>
> | | |
> |---|---|
> | 예방보전 | 설비를 항상 정상, 양호한 상태로 유지하기 위한 정기적인 검사와 초기의 단계에서 성능의 저하나 고장을 제거하던가 조정 또는 수복하기 위한 설비의 보수활동을 말한다. |
> | 일상보전 | 설비의 열화를 방지하고 그 진행을 지연시켜 수명을 연장하기 위한 목적으로 설비의 점검, 청소, 주유 및 교체 등의 활동을 위한 보전을 말한다. |
> | 개량보전 | 설비의 고장이 일어나지 않도록 혹은 보전이나 수리가 쉽도록 설비를 개량하는 것을 말한다. |
> | 사후보전 | 고장정지 또는 유해한 성능저하를 초래한 뒤 수리를 하는 보전방법으로 기계설비가 고장을 일으키거나 파손되었을 때 신속히 교체 또는 보수하는 것을 지칭한다. |
> | 보전예방 | 새로운 설비를 계획·설계하는 단계에서 설비보전 정보나 새로운 기술을 기초로 신뢰성, 보전성, 경제성, 조작성, 안전성 등을 고려하여 보전비나 열화손실을 적게 하는 활동을 말하며, 궁극적으로는 보전활동이 가급적 필요하지 않도록 하는 것을 목표로 하는 설비보전방법이다. |

## 37 의도는 올바른 것이었지만, 행동이 의도한 것과는 다르게 나타나는 오류를 무엇이라 하는가?

① Slip
② Mistake
③ Lapse
④ Violation

> **해설**
>
> 인간의 오류 모형
>
> | | |
> |---|---|
> | 착오 (Mistake) | 상황해석을 잘못하거나 목표를 잘못 이해하고 착각하여 행하는 경우(어떤 목적으로 행동하려고 했는데 그 행동과 일치하지 않는 것) |
> | 실수 (Slip) | 상황이나 목표의 해석을 제대로 했으나 의도와는 다른 행동을 하는 경우 |
> | 건망증 (Lapse) | 여러 과정이 연계적으로 계속하여 일어나는 행동 중 일부를 잊어버리고 하지 않거나 또는 기억의 실패에 의해 발생하는 오류 |
> | 위반 (Violation) | 정해진 규칙을 알고 있음에도 고의적으로 따르지 않거나 무시하는 행위 |

**38** 다음 중 경고등의 설계지침으로 가장 적절한 것은?

① 1초에 한 번씩 점멸시킨다.
② 일반 시야 범위 밖에 설치한다.
③ 배경보다 2배 이상의 밝기를 사용한다.
④ 일반적으로 2개 이상의 경고등을 사용한다.

**해설**
경고등의 설계지침
1. 점멸속도 : 초당 3~10회, 지속시간 0.05초 이상
2. 바로 뒤의 배경보다 2배 이상의 밝기를 가진다.
3. 경고등의 수는 일반적으로 하나가 좋다.
4. 정상 시선의 30° 안에 있어야 한다.

**39** 후각적 표시장치(Olfactory Display)와 관련된 내용으로 옳지 않은 것은?

① 냄새의 확산을 제어할 수 없다.
② 시각적 표시장치에 비해 널리 사용되지 않는다.
③ 냄새에 대한 민감도의 개별적 차이가 존재한다.
④ 경보장치로서 실용성이 없기 때문에 사용되지 않는다.

**해설**
후각적 표시장치를 많이 쓰지 않는 이유
1. 사람마다 여러 냄새에 대한 민감도의 개인차가 심하고, 코가 막히면 민감도가 떨어진다.
2. 사람은 냄새에 빨리 익숙해져서 노출 후 얼마 이상이 지나면 냄새의 존재를 느끼지 못한다.
3. 냄새의 확산을 통제하기가 힘들다.
4. 어떤 냄새는 메스껍게 하고 사람이 싫어할 수도 있다.

> **TIP** 후각적 표시장치의 사용 예
> • 주로 경보장치로 가스 누출을 탐지할 수 있도록 한다.
> • 비상시 광산의 탈출 신호용(악취는 광산의 환기 계통에 방출되어 광산에 퍼진다.)

**40** 작업장 배치 시 유의사항으로 적절하지 않은 것은?

① 작업의 흐름에 따라 기계를 배치한다.
② 생산효율 증대를 위해 기계설비 주위에 재료나 반제품을 충분히 놓아둔다.
③ 공장 내외는 안전한 통로를 두어야 하며, 통로는 선을 그어 작업장과 명확히 구별하도록 한다.
④ 비상시에 쉽게 대비할 수 있는 통로를 마련하고 사고 전압을 위한 활동통로가 반드시 마련되어야 한다.

**해설**
배치(Layout)
1. 기계설비의 배치가 작업의 흐름에 맞지 않는 작업장에서는 재료나 반제품이 정체하기 쉽고, 더욱이 이런 작업장에서는 일반적으로 기계설비의 주위에 공간이 충분히 없기 때문에 통로에 재료나 반제품이 놓이게 되므로 이러한 작업장은 공장의 배치 그 자체를 근본적으로 처음부터 다시 하여야 한다.
2. 배치에 대하여 검토를 요하는 사항
   ㉠ 작업의 흐름에 따라 기계설비를 배치시켜 필요 없는 운반작업을 배제할 것
   ㉡ 작업자가 능률적으로 작업할 수 있도록 기계의 배치, 가공품을 놓아둘 장소, 공구, 선반 등의 배치를 적정하게 할 것
   ㉢ 재료, 제품, 공구 등의 크기, 기계의 운동범위 등을 생각하여 충분한 공간을 취할 것
   ㉣ 안전한 통로를 설정하고, 작업장소와 통로는 명확히 구분할 것
   ㉤ 폭발성 물질을 취급하는 위험도가 높은 설비를 설치함에 있어서는 이상 시에 그 피해를 최소로 하도록 하고 다른 기계설비와의 위치관계를 적정히 할 것

## 3과목 기계위험 방지기술

**41** 극한하중이 600N인 체인에 안전계수가 4일 때 체인의 정격하중(N)은?

① 130  ② 140
③ 150  ④ 160

**해설**
안전율(안전계수)

$$\text{안전율(안전계수)} = \frac{\text{극한하중}}{\text{정격하중}}$$

$$\text{정격하중} = \frac{\text{극한하중}}{\text{안전율}} = \frac{600}{4} = 150$$

**42** 산업안전보건법령에서 정한 양중기의 종류에 해당하지 않는 것은?

① 크레인  ② 도르래
③ 곤돌라  ④ 리프트

**해설**
양중기의 종류
1. 크레인(호이스트 포함)
2. 이동식 크레인
3. 리프트(이삿짐운반용 리프트의 경우 적재하중 0.1톤 이상인 것)
4. 곤돌라
5. 승강기

**43** 기계의 각 작동 부분 상호 간을 전기적, 기구적, 공유압장치 등으로 연결해서 기계의 각 작동 부분이 정상으로 작동하기 위한 조건이 만족되지 않을 경우 자동적으로 그 기계를 작동할 수 없도록 하는 것을 무엇이라 하는가?

① 인터록기구  ② 과부하방지장치
③ 트립기구  ④ 오버런기구

**해설**
인터록(Interlock)
1. 기계의 각 작동 부분 상호 간을 전기적, 기구적, 유공압 장치 등으로 연결해서 기계의 각 작동 부분이 정상으로 작동하기 위한 조건이 만족되지 않을 경우 자동적으로 그 기계를 작동할 수 없도록 하는 것
2. 인터록(연동장치)의 요건
   ㉠ 가드가 완전히 닫히기 전에는 기계가 작동되어서는 안 된다.
   ㉡ 가드가 열리는 순간 기계의 작동은 반드시 정지되어야 한다.

**44** 산업안전보건법령에 따라 아세틸렌 용접장치의 아세틸렌 발생기를 설치하는 경우, 발생기실의 설치장소에 대한 설명 중 A, B에 들어갈 내용으로 옳은 것은?

- 발생기실은 건물의 최상층에 위치하여야 하며, 화기를 사용하는 설비로부터 ( A )를 초과하는 장소에 설치하여야 한다.
- 발생기실을 옥외에 설치한 경우에는 그 개구부를 다른 건축물로부터 ( B ) 이상 떨어지도록 하여야 한다.

① A : 1.5m, B : 3m
② A : 2m, B : 4m
③ A : 3m, B : 1.5m
④ A : 4m, B : 2m

**해설**
발생기실의 설치장소
1. 아세틸렌 용접장치의 아세틸렌 발생기를 설치하는 경우에는 전용의 발생기실에 설치하여야 한다.
2. 건물의 최상층에 위치하여야 하며, 화기를 사용하는 설비로부터 3미터를 초과하는 장소에 설치하여야 한다.
3. 옥외에 설치한 경우에는 그 개구부를 다른 건축물로부터 1.5미터 이상 떨어지도록 하여야 한다.

**45** 지게차에서 통상적으로 갖추고 있어야 하나, 마스트의 후방에서 화물이 낙하함으로써 근로자에게 위험을 미칠 우려가 없는 때에는 반드시 갖추지 않아도 되는 것은?

① 전조등  ② 헤드가드
③ 백레스트  ④ 포크

**해설**
지게차 취급 시 안전대책

| | |
|---|---|
| 전조등 등의 설치 | • 전조등과 후미등을 갖추지 아니한 지게차를 사용해서는 아니 된다.(다만, 작업을 안전하게 수행하기 위하여 필요한 조명이 확보되어 있는 장소에서 사용하는 경우에는 제외)<br>• 지게차 작업 중 근로자와 충돌할 위험이 있는 경우에는 지게차에 후진경보기와 경광등을 설치하거나 후방감지기를 설치하는 등 후방을 확인할 수 있는 조치를 해야 한다. |
| 헤드가드 | 적합한 헤드가드(Head Guard)를 갖추지 아니한 지게차를 사용해서는 아니 된다.(다만, 화물의 낙하에 의하여 지게차의 운전자에게 위험을 미칠 우려가 없는 경우에는 제외) |
| 백레스트 | 백레스트(Backrest)를 갖추지 아니한 지게차를 사용해서는 아니 된다.(다만, 마스트의 후방에서 화물이 낙하함으로써 근로자가 위험해질 우려가 없는 경우에는 제외) |
| 팔레트 또는 스키드 | • 적재하는 화물의 중량에 따른 충분한 강도를 가질 것<br>• 심한 손상 · 변형 또는 부식이 없을 것 |
| 좌석 안전띠의 착용 | 앉아서 조작하는 방식의 지게차를 운전하는 근로자에게 좌석 안전띠를 착용하도록 하여야 한다. |

**정답** 42 ② 43 ① 44 ③ 45 ③

**46** 다음 중 선반의 안전장치 및 작업 시 주의사항으로 잘못된 것은?

① 선반의 바이트는 되도록 짧게 물린다.
② 방진구는 공작물의 길이가 지름의 5배 이상일 때 사용한다.
③ 선반의 배드 위에는 공구를 올려놓지 않는다.
④ 칩 브레이커는 바이트에 직접 설치한다.

**해설**

선반 작업 시 주의사항
1. 칩(Chip)이 비산할 때는 보안경을 쓰고 방호판을 설치 사용한다.
2. 베드 위에 공구를 올려 놓지 않아야 한다.
3. 작업 중에 가공품을 만지지 않는다.
4. 장갑 착용을 금한다.
5. 작업 시 공구는 항상 정리해 둔다.
6. 가능한 한 절삭 방향은 주축대 쪽으로 한다.
7. 기계 점검을 한 후 작업을 시작한다.
8. 칩(Chip)이나 부스러기를 제거할 때는 기계를 정지시키고 압축공기를 사용하지 말고 반드시 브러시(솔)을 사용한다.
9. 치수 측정, 주유 및 청소를 할 때는 반드시 기계를 정지시키고 한다.
10. 기계를 운전 중에 백 기어(Back Gear)를 사용하지 말고 시동 전에 심압대가 잘 죄어 있는가를 확인한다.
11. 바이트는 가급적 짧게 장치하며 가공물의 길이가 직경의 12배 이상일 때는 반드시 방진구를 사용하여 진동을 막는다.
12. 리드 스크루에는 작업자의 하부가 걸리기 쉬우므로 조심해야 한다.

**47** 회전수가 300rpm, 연삭숫돌의 지름이 200mm일 때 숫돌의 원주속도는 약 몇 m/min인가?

① 60.0
② 94.2
③ 150.0
④ 188.5

**해설**

원주속도(회전속도)

$$V = \pi DN (\text{mm/min}) = \frac{\pi DN}{1,000} (\text{m/min})$$

여기서, $V$ : 원주속도(회전속도)(m/min)
$D$ : 숫돌의 지름(mm)
$N$ : 숫돌의 매분 회전수(rpm)

$$V = \frac{\pi DN}{1,000} (\text{m/min}) = \frac{\pi \times 200 \times 300}{1,000} = 188.5 (\text{m/min})$$

**48** 연삭숫돌의 파괴원인이 아닌 것은?

① 외부의 충격을 받았을 때
② 플랜지가 현저히 작을 때
③ 회전력이 결합력보다 클 때
④ 내·외면의 플랜지 지름이 동일할 때

**해설**

연삭숫돌의 파괴원인
1. 숫돌의 회전속도가 너무 빠를 때
2. 숫돌 자체에 균열이 있을 때
3. 숫돌에 과대한 충격을 가할 때
4. 숫돌의 측면을 사용하여 작업할 때
5. 숫돌의 불균형이나 베어링 마모에 의한 진동이 있을 때 (숫돌이 경우에 따라 파손될 수 있다.)
6. 숫돌 반경방향의 온도변화가 심할 때
7. 작업에 부적당한 숫돌을 사용할 때
8. 숫돌의 치수가 부적당할 때
9. 플랜지가 현저히 작을 때

**49** 산업안전보건법령상 로봇의 작동범위 내에서 그 로봇에 관하여 교시 등 작업을 행하는 때 작업시작 전 점검사항으로 옳은 것은?(단, 로봇의 동력원을 차단하고 행하는 것은 제외)

① 과부하방지장치의 이상 유무
② 압력제한스위치의 이상 유무
③ 외부 전선의 피복 또는 외장의 손상 유무
④ 권과방지장치의 이상 유무

**해설**

작업시작 전 점검사항
로봇의 작동범위에서 그 로봇에 관하여 교시 등(로봇의 동력원을 차단하고 하는 것은 제외한다)의 작업을 할 때
1. 외부 전선의 피복 또는 외장의 손상 유무
2. 매니퓰레이터(Manipulator) 작동의 이상 유무
3. 제동장치 및 비상정지장치의 기능

**정답** 46 ② 47 ④ 48 ④ 49 ③

**50** 롤러의 급정지를 위한 방호장치를 설치하고자 한다. 앞면 롤러 직경이 36cm이고, 분당회전속도가 50rpm이라면 급정지거리는 약 얼마 이내이어야 하는가?(단, 무부하동작에 해당한다.)

① 45cm  ② 50cm
③ 55cm  ④ 60cm

**해설**

롤러기의 급정지거리

$$V = \frac{\pi DN}{1,000} \text{(m/min)}$$

여기서, $V$ : 표면속도
$D$ : 롤러 원통의 직경(mm)
$N$ : 1분간에 롤러기가 회전되는 수(rpm)

1. $V = \frac{\pi DN}{1,000}\text{(m/min)} = \frac{\pi \times 360 \times 50}{1,000} = 56.52\text{(m/min)}$

2. 무부하 동작에서 급정지거리
   표면속도($V$)가 56.52(m/mm)로 30(m/min) 이상이므로 앞면 롤러 원주의 $\frac{1}{2.5}$ 이다.

| 앞면 롤러의 표면속도(m/min) | 급정지거리 |
|---|---|
| 30 미만 | 앞면 롤러 원주의 1/3 |
| 30 이상 | 앞면 롤러 원주의 1/2.5 |

3. 급정지 거리 $= \pi \times D \times \frac{1}{2.5} = \pi \times 36 \times \frac{1}{2.5}$
   $= 45.216 = 45\text{(cm)}$

원둘레 길이 $= \pi D = 2\pi r$

여기서, $D$ : 지름
$r$ : 반지름

**51** 산업안전보건법령상 프레스 등 금형을 부착·해체 또는 조정하는 작업을 할 때, 슬라이드가 갑자기 작동함으로써 근로자에게 발생할 우려가 있는 위험을 방지하기 위해 사용해야 하는 것은?(단, 해당 작업에 종사하는 근로자의 신체가 위험한계 내에 있는 경우)

① 방진구
② 안전블록
③ 시건장치
④ 날접촉예방장치

**해설**

금형조정작업의 위험 방지
프레스 등의 금형을 부착·해체 또는 조정하는 작업을 할 때에 해당 작업에 종사하는 근로자의 신체가 위험한계 내에 있는 경우 슬라이드가 갑자기 작동함으로써 근로자에게 발생할 우려가 있는 위험을 방지하기 위하여 안전블록을 사용하는 등 필요한 조치를 하여야 한다.

**52** 다음 중 설비의 진단방법에 있어 비파괴시험이나 검사에 해당하지 않는 것은?

① 피로시험  ② 응향탐상검사
③ 방사선투과시험  ④ 초음파탐상검사

**해설**

비파괴검사의 종류
1. 육안검사
2. 누설검사
3. 침투검사
4. 초음파검사
5. 자기탐상검사
6. 음향검사
7. 방사선 투과검사
8. 와류탐상 검사

**TIP** 피로시험은 파괴시험에 해당한다.

**53** 무부하 상태에서 지게차로 20km/h의 속도로 주행할 때, 좌우 안정도는 몇 % 이내이어야 하는가?

① 37%  ② 39%
③ 41%  ④ 43%

**해설**

지게차의 안정도 기준
주행 시의 좌우 안정도 $= (15 + 1.1V)\%$ 이내
$V$ : 최고속도(km/hr)
$= (15 + 1.1 \times 20) = 37(\%)$

**54** 다음 중 회전축, 커플링 등 회전하는 물체에 작업복 등이 말려드는 위험을 초래하는 위험점은?

① 협착점  ② 접선물림점
③ 절단점  ④ 회전말림점

**정답** 50 ① 51 ② 52 ① 53 ① 54 ④

## 해설
기계운동 형태에 따른 위험점 분류

| 협착점 | 왕복운동을 하는 운동부와 움직임이 없는 고정부 사이에서 형성되는 위험점(고정점+운동점) | • 프레스 • 전단기<br>• 성형기 • 조형기<br>• 밴딩기 • 인쇄기 |
|---|---|---|
| 끼임점 | 회전운동하는 부분과 고정부 사이에 위험이 형성되는 위험점(고정점+회전운동) | • 연삭숫돌과 작업대<br>• 반복동작되는 링크기구<br>• 교반기의 날개와 몸체 사이<br>• 회전풀리와 벨트 |
| 절단점 | 회전하는 운동부 자체의 위험이나 운동하는 기계부분 자체의 위험에서 형성되는 위험점(회전운동+기계) | • 밀링커터<br>• 둥근 톱의 톱날<br>• 목공용 띠톱 날 |
| 물림점 | 회전하는 두 개의 회전체에 형성되는 위험점(서로 반대 방향의 회전체)(중심점+반대방향의 회전운동) | • 기어와 기어의 물림<br>• 롤러와 롤러의 물림<br>• 롤러분쇄기 |
| 접선<br>물림점 | 회전하는 부분의 접선방향으로 물려들어갈 위험이 있는 위험점 | • V벨트와 풀리<br>• 랙과 피니언<br>• 체인벨트<br>• 평벨트 |
| 회전<br>말림점 | 회전하는 물체의 길이, 굵기, 속도 등의 불규칙 부위와 돌기 회전부위에 의해 장갑 또는 작업복 등이 말려들 위험이 있는 위험점 | • 회전하는 축<br>• 커플링<br>• 회전하는 드릴 |

**55** 완전 회전식 클러치 기구가 있는 프레스의 양수기동식 방호장치에서 SPM(Stroke Per Minute)이 150, 확동클러치 봉합 개소수가 4개인 경우 방호장치의 최소안전거리는?

① 48mm ② 250mm
③ 360mm ④ 480mm

## 해설
방호장치 설치 안전거리(양수기동식)

$$D_m = 1.6 T_m$$

여기서, $D_m$ : 안전거리(mm)
$T_m$ : 양손으로 누름단추 누르기 시작할 때부터 슬라이드가 하사점에 도달하기까지 소요시간(ms)

$$T_m = \left(\frac{1}{\text{클러치 맞물림 개소수}} + \frac{1}{2}\right) \times \frac{60,000}{\text{매분 행정수}} (\text{ms})$$

1. $T_m = \left(\frac{1}{4} + \frac{1}{2}\right) \times \frac{60,000}{150} = 300(\text{ms})$
2. $D_m = 1.6 \times 300 = 480(\text{mm})$

**56** 사전에 회전축의 재질, 형상 등에 상응하는 종류의 비파괴검사를 실시해야 하는 고속회전체는?

① 회전축의 중량이 1톤을 초과하고, 원주속도가 100 m/s 이상인 것
② 회전축의 중량이 1톤을 초과하고, 원주속도가 120 m/s 이상인 것
③ 회전축의 중량이 0.5톤을 초과하고, 원주속도가 100 m/s 이상인 것
④ 회전축의 중량이 0.5톤을 초과하고, 원주속도가 120 m/s 이상인 것

## 해설
고속회전체의 위험방지

| 고속회전체(원주속도가 초당 25미터를 초과하는 것)의 회전시험을 하는 경우 | 전용의 견고한 시설물의 내부 또는 견고한 장벽 등으로 격리된 장소에서 하여야 한다. |
|---|---|
| 회전축의 중량이 1톤을 초과하고, 원주속도가 초당 120미터 이상인 것의 회전시험을 하는 경우 | 미리 회전축의 재질 및 형상 등에 상응하는 종류의 비파괴검사를 해서 결함 유무를 확인하여야 한다. |

**57** 다음 중 방호장치의 기본목적과 관계가 먼 것은?

① 작업자의 보호
② 기계기능의 향상
③ 인적·물적 손실의 방지
④ 기계위험 부위의 접촉방지

## 해설
방호장치의 기본목적
1. 작업자의 보호
2. 인적, 물적 손실의 방지
3. 기계 위험 부위의 접촉 방지 등

정답 55 ④ 56 ② 57 ②

**58** 질량 100kg의 화물이 와이어로프에 매달려 2m/s²의 가속도로 권상되고 있다. 이때 와이어로프에 작용하는 장력의 크기는 몇 N인가?(단, 여기서 중력가속도는 10m/s²로 한다.)

① 200N  ② 300N
③ 1,200N  ④ 2,000N

**해설**

와이어로프에 걸리는 하중계산

| 와이어로프에 걸리는 총하중 | 총하중($W$)=정하중($W_1$)+동하중($W_2$)<br>동하중($W_2$) = $\frac{W_1}{g} \times a$<br>[$g$ : 중력가속도(9.8m/s²), $a$ : 가속도(m/s²)] |
|---|---|
| 와이어로프에 작용하는 장력 | 장력[N]=총하중[kg]×중력가속도[m/s²] |

1. 동하중($W_2$) = $\frac{W_1}{g} \times a = \frac{100}{10} \times 2 = 20$(kgf)
2. 총하중($W$) = 정하중($W_1$)+동하중($W_2$) = 100+20 = 120(kgf)
3. 장력[N]=총하중[kg]×중력가속도[m/s²]=120(kgf)×10 = 1,200(N)

**59** 셰이퍼(Shaper) 작업에서 위험요인이 아닌 것은?

① 가공칩(Chip) 비산
② 램(Ram)말단부 충돌
③ 바이트(Bite)의 이탈
④ 척 – 핸들(Chuck – Handle) 이탈

**해설**

셰이퍼 작업의 위험요인
1. 공작물 이탈
2. 램의 말단부 충돌
3. 가공칩의 비산
4. 바이트(Bite)의 이탈

**60** 공기압축기에서 공기탱크 내의 압력이 최고사용압력에 달하면 압송을 정지하고, 소정의 압력까지 강하하면 다시 압송작업을 하는 밸브는?

① 감압 밸브  ② 언로드 밸브
③ 릴리프 밸브  ④ 시퀀스 밸브

**해설**

언로드 밸브(Unload Valve)
토출압력을 일정하게 유지하기 위해 공기압축기의 작동을 조정하는 장치(밸브형, 접점형이 있음)를 말한다. 공기탱크 내의 압력이 최고사용압력에 달하면 공기탱크 내로의 압송을 정지하고, 소정의 압력까지 강하하면 다시 압송작업을 하는 밸브로, 공기탱크의 적합한 위치에 수직이 되게 설치한다.

## 4과목 전기위험 방지기술

**61** 절연열화가 진행되어 누설전류가 증가하면 여러 가지 사고를 유발하게 되는 경우로서 거리가 먼 것은?

① 감전사고
② 누전화재
③ 정전기 증가
④ 아크 지락에 의한 기기의 손상

**해설**

1. 누설전류와 정전기 증가는 무관하다.
2. 누설전류가 증가하게 되면 인체에 대한 감전사고, 누전에 의한 화재, 아크 지락에 의한 기기의 손상이 발생한다. 이를 방지하기 위하여 누전차단기를 설치한다.

**62** 전기시설의 직접 접촉에 의한 감전방지 방법으로 적절하지 않은 것은?

① 충전부는 내구성이 있는 절연물로 완전히 덮어 감쌀 것
② 충전부가 노출되지 않도록 폐쇄형 외함이 있는 구조로 할 것
③ 충전부에 충분한 절연효과가 있는 방호망 또는 절연 덮개를 설치할 것
④ 충전부는 관계자 외 출입이 용이한 전개된 장소에 설치하고 위험표시 등의 방법으로 방호를 강화할 것

**해설**

직접 접촉에 의한 방지대책(충전 부분에 대한 감전방지)
1. 충전부가 노출되지 않도록 폐쇄형 외함이 있는 구조로 할 것
2. 충전부에 충분한 절연효과가 있는 방호망이나 절연덮개를 설치할 것

정답 58 ③ 59 ④ 60 ② 61 ③ 62 ④

3. 충전부는 내구성이 있는 절연물로 완전히 덮어 감쌀 것
4. 발전소·변전소 및 개폐소 등 구획되어 있는 장소로서 관계 근로자가 아닌 사람의 출입이 금지되는 장소에 충전부를 설치하고, 위험표시 등의 방법으로 방호를 강화할 것
5. 전주 위 및 철탑 위 등 격리되어 있는 장소로서 관계 근로자가 아닌 사람이 접근할 우려가 없는 장소에 충전부를 설치할 것

**63** 220V 전압에 접촉된 사람의 인체저항이 약 1,000Ω일 때 인체 전류와 그 결과 값의 위험성 여부로 알맞은 것은?

① 22mA, 안전   ② 220mA, 안전
③ 22mA, 위험   ④ 220mA, 위험

**해설**

옴의 법칙

$$V = IR[V], \quad I = \frac{V}{R}[A], \quad R = \frac{V}{I}[\Omega]$$

여기서, $V$ : 전압[V], $I$ : 전류[A], $R$ : 저항[Ω]

1. $I = \frac{V}{R} = \frac{220}{1,000} = 0.22[A] = 220[mA]$
2. 심실세동전류(치사전류)가 일반적으로 50~100mA이므로 100mA 이상이면 위험하다.

**TIP** 1A = 1,000mA, 1mA = 0.001A

**64** 대전이 큰 얇은 층상의 부도체를 박리할 때 또는 얇은 층상의 대전된 부도체의 뒷면에 밀접한 접지체가 있을 때 표면에 연한 수지상의 발광을 수반하여 발생하는 방전은?

① 불꽃 방전   ② 스트리머 방전
③ 코로나 방전   ④ 연면 방전

**해설**

연면(Surface) 방전
1. 공기 중에 놓여진 절연체 표면의 전계강도가 큰 경우 고체 표면을 따라 진행하는 방전
2. 부도체의 표면을 따라서 Star-Check 마크를 가지는 나뭇가지 형태의 발광을 수반한다.
3. 대전이 큰 얇은 층상의 부도체를 박리할 때 또는 얇은 층상의 대전된 부도체의 뒷면에 밀접한 접지체가 있을 때 표면에 연한 복수의 수지상 발광을 수반하여 발생하는 방전

**65** 감전되어 사망하는 주된 메커니즘으로 틀린 것은?

① 심장부에 전류가 흘러 심실세동이 발생하여 혈액순환기능이 상실되어 일어난 것
② 흉골에 전류가 흘러 혈압이 약해져 뇌에 산소공급 기능이 정지되어 일어난 것
③ 뇌의 호흡중추 신경에 전류가 흘러 호흡기능이 정지되어 일어난 것
④ 흉부에 전류가 흘러 흉부수축에 의한 질식으로 일어난 것

**해설**

전격(감전)현상의 메커니즘
1. 심장부에 전류가 흘러 심실세동이 발생하여 혈액순환기능이 상실되어 일어난 것
2. 뇌의 호흡중추신경에 전류가 흘러 호흡기능이 정지되어 일어난 것
3. 흉부에 전류가 흘러 흉부근육수축에 의한 질식으로 일어난 것

**66** 감전 등의 재해를 예방하기 위하여 특고압용 기계·기구 주위에 관계자 외 출입을 금하도록 울타리를 설치할 때, 울타리의 높이와 울타리로부터 충전부분까지의 거리의 합이 최소 몇 m 이상이 되어야 하는가?(단, 사용전압이 35kV 이하인 특고압용 기계기구이다.)

① 5m   ② 6m
③ 7m   ④ 9m

**해설**

발전소 등의 울타리, 담 등의 시설
1. 울타리·담 등의 높이는 2m 이상으로 하고 지표면과 울타리·담 등의 하단사이의 간격은 0.15m 이하로 할 것
2. 울타리·담 등과 고압 및 특고압의 충전 부분이 접근하는 경우에는 울타리·담 등의 높이와 울타리·담 등으로부터 충전부분까지 거리의 합계는 다음 표에서 정한 값 이상으로 할 것

| 사용전압의 구분 | 울타리·담 등의 높이와 울타리·담 등으로부터 충전부분까지의 거리의 합계 |
|---|---|
| 35kV 이하 | 5m |
| 35kV 초과 160kV 이하 | 6m |
| 160kV 초과 | 6m에 160kV를 초과하는 10kV 또는 그 단수마다 0.12m를 더한 값 |

**정답** 63 ④  64 ④  65 ②  66 ①

## 67 계통접지로 적합하지 않은 것은?

① TN계통  ② TT계통
③ IN계통  ④ IT계통

**해설**

접지계통의 종류

| TN계통 | 전원 측의 한 점을 직접 접지하고 설비의 노출 도전부를 보호도체로 접속시키는 방식 |
|---|---|
| TT계통 | 전원 측의 한 점을 직접 접지하고 설비의 노출 도전부는 전원의 접지전극과 전기적으로 독립적인 접지극에 접속시키는 방식 |
| IT계통 | 전력계통은 모든 충전부를 대지에서 절연하거나 또는 1점을 임피던스를 통하여 접지하고 설비의 노출 도전부를 단독 또는 일괄해서 접속시키는 방식 |

## 68 고장전류와 같은 대전류를 차단할 수 있는 것은?

① 차단기(CB)  ② 유입 개폐기(OS)
③ 단로기(DS)  ④ 선로 개폐기(LS)

**해설**

차단기(Circuit Breaker)
차단기는 통상의 부하전류를 개폐하고 사고 시 신속히 회로를 차단하여 전기기기 및 전선류를 보호하고 안전성을 유지하는 기기를 말한다.

## 69 다음 중 전동기를 운전하고자 할 때 개폐기의 조작순서로 옳은 것은?

① 메인 스위치 → 분전반 스위치 → 전동기용 개폐기
② 분전반 스위치 → 메인 스위치 → 전동기용 개폐기
③ 전동기용 개폐기 → 분전반 스위치 → 메인 스위치
④ 분전반 스위치 → 전동기용 스위치 → 메인 스위치

**해설**

전동기 운전 시 개폐기의 조작순서
메인 스위치 → 분전반 스위치 → 전동기용 개폐기

> **TIP** 개폐기
> 회로나 장치의 상태(ON, OFF)를 바꾸어 접속하기 위한 물리적 또는 전기적 장치

## 70 불꽃이나 아크 등이 발생하지 않는 기기의 경우 기기의 표면온도를 낮게 유지하여 고온으로 인한 착화의 우려를 없애고 또 기계적, 전기적으로 안정성을 높게 한 방폭구조를 무엇이라 하는가?

① 유입 방폭구조  ② 압력 방폭구조
③ 내압 방폭구조  ④ 안전증 방폭구조

**해설**

안전증 방폭구조(Increased Safety Type, e)
1. 전기기기의 정상 사용조건 및 특정 비정상 상태에서 과도한 온도 상승, 아크 또는 스파크의 발생 위험을 방지하기 위해 추가적인 안전조치를 통한 안전도를 증가시킨 방폭구조
2. 전기기구의 권선, 접점부, 단자부 등과 같은 부분이 정상적인 운전 중에는 불꽃, 아크 또는 과열이 발생 되지 않는 부분에 대하여 방지하기 위한 구조와 온도상승에 대해 특히 안전도를 증가시킨 구조
3. 정상운전 중에 아크나 불꽃을 발생시키는 전기기기는 안전증 방폭구조의 전기기기 범위에서 제외

## 71 전기설비를 방폭구조로 하는 이유 중 가장 타당한 것은?

① 노동안전위생법에 화재 폭발의 위험성이 있는 곳에는 전기설비를 방폭화하도록 되어 있으므로
② 사업장에서 발생하는 화재 폭발의 점화원으로서는 전기설비에 의한 것이 대단히 많으므로
③ 전기설비는 방폭화하면 접지 설비를 생략해도 되므로
④ 사업장에 있어서 자동화설비에 드는 비용이 가장 크므로 화재 폭발에 의한 어떤 사고에서도 전기 설비만은 보호하기 위해

**해설**

방폭화 이론
1. 전기설비로 인한 화재 폭발 방지를 위해서는 위험분위기 생성확률과 전기설비가 점화원으로 되는 확률과의 곱이 0이 되도록 하여야 한다.
2. 구체적인 조치사항은 먼저 위험분위기의 생성을 방지하고 다음으로는 전기설비를 방폭화하여야 한다.
3. 전기설비가 점화원의 역할을 하여 발생하는 화재 폭발이 많이 발생하므로 이를 예방하기 위하여 해당하는 전기설비는 방폭구조로 해야 한다.

**정답** 67 ③  68 ①  69 ①  70 ④  71 ②

**72** 가연성 가스 또는 인화성 액체의 용기류가 부식, 열화 등으로 파손되어 가스 또는 액체가 누출할 염려가 있는 경우의 방폭지역은?

① 0종 장소  ② 1종 장소
③ 2종 장소  ④ 비방폭지역

해설

가스폭발 위험장소

| | | |
|---|---|---|
| 0종 장소 | 인화성 액체의 증기 또는 가연성 가스에 의한 폭발위험이 지속적으로 또는 장기간 존재하는 장소 | 용기·장치·배관 등의 내부 등 |
| 1종 장소 | 정상작동상태에서 폭발위험분위기가 존재하기 쉬운 장소 | 맨홀·벤트·피트 등의 주위 |
| 2종 장소 | 정상작동상태에서 폭발위험분위기가 존재할 우려가 없으나, 존재할 경우 그 빈도가 아주 적고 단기간만 존재할 수 있는 장소 | 개스킷·패킹 등의 주위 |

**73** 다음 중 전기설비기술기준에 따른 전압의 구분으로 틀린 것은?

① 저압 : 직류 1kV 이하
② 고압 : 교류 1kV 초과, 7kV 이하
③ 특고압 : 직류 7kV 초과
④ 특고압 : 교류 7kV 초과

해설

전압의 구분

| 전원의 종류 | 저압 | 고압 | 특고압 |
|---|---|---|---|
| 직류(DC) | 1,500V 이하 | 1,500V 초과 7,000V 이하 | 7,000V 초과 |
| 교류(AC) | 1,000V 이하 | 1,000V 초과 7,000V 이하 | 7,000V 초과 |

**74** 인체감전보호용 누전차단기의 정격감도전류(mA)와 동작시간(초)의 최댓값은?

① 10mA, 0.03초  ② 20mA, 0.01초
③ 30mA, 0.03초  ④ 50mA, 0.1초

해설

감전방지용 누전차단기
정격감도전류가 30mA 이하이고, 동작시간이 0.03초 이내인 누전차단기를 말한다.

**75** 피뢰침의 제한전압이 800kV, 충격절연강도가 1,260kV라 할 때, 보호여유도는 몇 %인가?

① 33.33  ② 47.33
③ 57.5  ④ 63.5

해설

피뢰침의 보호 여유도

$$여유도(\%) = \frac{충격절연강도 - 제한전압}{제한전압} \times 100$$

$$여유도(\%) = \frac{충격절연강도 - 제한전압}{제한전압} \times 100$$
$$= \frac{1,260 - 800}{800} \times 100 = 57.5[\%]$$

**76** 정전기의 발생원인 설명 중 맞는 것은?

① 정전기 발생은 처음 접촉, 분리 시 최소가 된다.
② 물질 표면이 오염된 표면일 경우 정전기 발생이 커진다.
③ 접촉면적이 작고 압력이 감소할수록 정전기 발생량이 크다.
④ 분리속도가 빠르면 정전기 발생이 작아진다.

해설

정전기 발생의 영향요인(정전기 발생요인)

| | |
|---|---|
| 물체의 특성 | 일반적으로 대전량은 접촉이나 분리하는 두 가지 물체가 대전서열 내에서 가까운 곳에 있으면 적고 먼 위치에 있을수록 대전량이 큰 경향이 있다. |
| 물체의 표면상태 | • 표면이 거칠수록 정전기 발생량이 커진다.<br>• 기름, 수분, 불순물 등 오염이 심할수록, 산화 부식이 심할수록 정전기 발생량이 커진다. |
| 물체의 이력 | 정전기 발생량은 처음 접촉, 분리가 일어날 때 최대가 되며, 발생횟수가 반복될수록 발생량이 감소한다. |
| 접촉면적 및 압력 | 접촉면적 및 압력이 클수록 정전기 발생량은 커진다. |
| 분리속도 | 분리속도가 빠를수록 정전기 발생량이 커진다. |
| 완화시간 | 완화시간이 길면 전하분리에 주는 에너지도 커져서 정전기 발생량이 커진다. |

**77** 인체에 전기 저항을 500Ω이라 한다면, 심실세동을 일으키는 위험한계에너지는 약 몇 [J]인가?(단, 심실세동전류값 $I = \dfrac{165}{\sqrt{T}}$ [mA]의 Dalziel의 식을 이용하며, 통전시간은 1초로 한다.)

① 11.5　　② 13.6
③ 15.3　　④ 16.2

**해설**
위험한계에너지

$$W = I^2 RT [\text{J/s}] = \left(\dfrac{165}{\sqrt{T}} \times 10^{-3}\right)^2 \times R \times T$$

$W = \left(\dfrac{165}{\sqrt{1}} \times 10^{-3}\right)^2 \times 500 \times 1 = 13.61 (\text{J})$

**78** 전기기기, 설비 및 전선로 등의 충전 유무 등을 확인하기 위한 장비는?

① 위상검출기
② 디스콘 스위치
③ COS
④ 저압 및 고압용 검전기

**해설**
검출용구
1. 정전작업 시작 전 설비의 정전여부를 확인하기 위한 용구
2. 검전기
　기기 설비, 전로 등의 충전유무를 확인하기 위해 사용
3. 종류
　㉠ 저압 및 고압용 검전기
　㉡ 특별고압용 검전기
　㉢ 활선접근 경보기

**79** 다음 중 산업안전보건기준에 관한 규칙에 따라 누전차단기를 설치하지 않아도 되는 곳은?

① 철판·철골 위 등 도전성이 높은 장소에서 사용하는 이동형 전기기계·기구
② 대지전압이 220V인 휴대형 전기기계·기구
③ 임시배선의 전로가 설치되는 장소에서 사용하는 이동형 전기기계·기구
④ 절연대 위에서 사용하는 전기기계·기구

**해설**
감전방지용 누전차단기의 적용대상(누전차단기 설치장소)
1. 대지전압이 150볼트를 초과하는 이동형 또는 휴대형 전기기계·기구
2. 물 등 도전성이 높은 액체가 있는 습윤장소에서 사용하는 저압(1.5천 볼트 이하 직류전압이나 1천 볼트 이하의 교류전압)용 전기기계·기구
3. 철판·철골 위 등 도전성이 높은 장소에서 사용하는 이동형 또는 휴대형 전기기계·기구
4. 임시배선의 전로가 설치되는 장소에서 사용하는 이동형 또는 휴대형 전기기계·기구

> **TIP** 감전방지용 누전차단기의 적용제외 대상
> 1. 이중절연구조 또는 이와 같은 수준 이상으로 보호되는 구조로 된 전기기계·기구
> 2. 절연대 위 등과 같이 감전위험이 없는 장소에서 사용하는 전기기계·기구
> 3. 비접지방식의 전로

**80** 전기의 안전장구에 속하지 않는 것은?

① 활선장구
② 검출용구
③ 접지용구
④ 전선접속용구

**해설**
절연용 안전장구
1. 절연용 보호구
2. 절연용 방호구
3. 안전표시용구
4. 검출용구
5. 접지용구
6. 활선 작업용 기구 및 장치 등

정답　77 ②　78 ④　79 ④　80 ④

## 5과목 화학설비위험방지기술

**81** 메탄, 에탄, 프로판의 폭발하한계가 각각 5vol%, 3vol%, 2.1vol%일 때 다음 중 폭발하한계가 가장 낮은 것은?(단, Le Chatelier의 법칙을 이용한다.)

① 메탄 20vol%, 에탄 30vol%, 프로판 50vol%의 혼합가스
② 메탄 30vol%, 에탄 30vol%, 프로판 40vol%의 혼합가스
③ 메탄 40vol%, 에탄 30vol%, 프로판 30vol%의 혼합가스
④ 메탄 50vol%, 에탄 30vol%, 프로판 20vol%의 혼합가스

**해설**
르 샤틀리에의 법칙(순수한 혼합가스일 경우)

$$\frac{100}{L} = \frac{V_1}{L_1} + \frac{V_2}{L_2} + \frac{V_3}{L_3} \cdots$$

$$L = \frac{100}{\frac{V_1}{L_1} + \frac{V_2}{L_2} + \cdots + \frac{V_n}{L_n}}$$

여기서, $V_n$ : 전체 혼합가스 중 각 성분 가스의 체적(비율)[%]
$L_n$ : 각 성분 단독의 폭발한계(상한 또는 하한)
$L$ : 혼합가스의 폭발한계(상한 또는 하한)[vol%]

1. $L = \dfrac{100}{\frac{20}{5} + \frac{30}{3} + \frac{50}{2.1}} = 2.64[\text{vol}\%]$

2. $L = \dfrac{100}{\frac{30}{5} + \frac{30}{3} + \frac{40}{2.1}} = 2.85[\text{vol}\%]$

3. $L = \dfrac{100}{\frac{40}{5} + \frac{30}{3} + \frac{30}{2.1}} = 3.09[\text{vol}\%]$

4. $L = \dfrac{100}{\frac{50}{5} + \frac{30}{3} + \frac{20}{2.1}} = 3.38[\text{vol}\%]$

**82** 니트로셀룰로오스의 취급 및 저장방법에 관한 설명으로 틀린 것은?

① 저장 중 충격과 마찰 등을 방지하여야 한다.
② 물과 격렬히 반응하여 폭발하므로 습기를 제거하고, 건조상태를 유지한다.
③ 자연발화 방지를 위하여 안전용제를 사용한다.
④ 화재 시 질식소화는 적응성이 없으므로 냉각소화를 한다.

**해설**
니트로셀룰로오스(NC ; Nitro Cellulose, 질화면, 질산섬유소)
1. 안전용제로 저장 중에 물(20%) 또는 알코올(30%)로 습윤하여 저장 운반한다.
2. 습윤상태에서 건조되면 충격, 마찰 시 예민하고 발화 폭발의 위험이 증대된다.

**83** 다음 중 산업안전보건법상 공정안전보고서에 포함되어야 할 사항으로 가장 거리가 먼 것은?

① 평균안전율         ② 공정안전자료
③ 비상조치계획       ④ 공정위험성 평가서

**해설**
공정안전보고서의 내용
1. 공정안전자료
2. 공정위험성 평가서
3. 안전운전계획
4. 비상조치계획
5. 그 밖에 공정상의 안전과 관련하여 고용노동부장관이 필요하다고 인정하여 고시하는 사항

**84** 다음 중 분진폭발의 특징을 가장 올바르게 설명한 것은?

① 연소속도가 가스폭발보다 크다.
② 완전연소로 가스중독의 위험은 적다.
③ 가스폭발보다 연소시간은 짧고, 발생에너지는 적다.
④ 화염의 파급속도보다 압력의 파급속도가 크다.

**해설**
분진폭발의 특징
1. 폭발한계 내에서 분진의 휘발성분이 많을수록 폭발이 쉽다.
2. 가스폭발에 비해 연소속도나 폭발압력이 작다.
3. 가스폭발에 비해 연소시간이 길고 발생에너지가 크기 때문에 파괴력과 타는 정도가 크다.
4. 가스에 비해 불완전연소의 가능성이 커서 일산화탄소의 존재로 인한 가스중독의 위험이 있다(가스폭발에 비하여 유독물의 발생이 많다).
5. 화염속도보다 압력속도가 빠르다.
6. 주위 분진의 비산에 의해 2차, 3차의 폭발로 파급되어 피해가 커진다.

**정답** 81 ① 82 ② 83 ① 84 ④

7. 연소열에 의한 화재가 동반되며, 연소입자의 비산으로 인체에 닿을 경우 심한 화상을 입는다.
8. 분진이 발화 폭발하기 위한 조건은 인화성, 미분상태, 공기 중에서의 교반과 유동, 점화원의 존재이다.

## 85 다음 중 유류화재의 화재급수에 해당하는 것은?

① A급
② B급
③ C급
④ D급

**해설**

화재의 종류

| 분류 | A급 화재 | B급 화재 | C급 화재 | D급 화재 |
|---|---|---|---|---|
| 명칭 | 일반화재 | 유류화재 | 전기화재 | 금속화재 |
| 분류 | 보통 잔재의 작열에 의해 발생하는 연소에서 보통 유기 성질의 고체물질을 포함한 화재 | 액체 또는 액화할 수 있는 고체를 포함한 화재 및 가연성 가스 화재 | 통전 중인 전기설비를 포함한 화재 | 금속을 포함한 화재 |
| 가연물 | 목재, 종이, 섬유 등 | 가솔린, 등유, 프로판 가스 등 | 전기기기, 변압기, 전기다리미 등 | 가연성 금속 (Mg분, Al분) |
| 소화방법 | 냉각소화 | 질식소화 | 질식, 냉각소화 | 질식소화 |
| 적응 소화제 | • 물 소화기<br>• 강화액 소화기<br>• 산·알칼리 소화기 | • 이산화탄소 소화기<br>• 할로겐화합물 소화기<br>• 분말 소화기<br>• 포말 소화기 | • 이산화탄소 소화기<br>• 할로겐화합물 소화기<br>• 분말 소화기<br>• 무상강화액 소화기 | • 건조사<br>• 팽창 질석<br>• 팽창 진주암 |
| 표시색 | 백색 | 황색 | 청색 | 무색 |

## 86 다음은 산업안전보건기준에 관한 규칙 중 급성 독성물질에 관한 기준 중 일부이다. (A)와 (B)에 알맞은 수치를 옳게 나타낸 것은?

- 쥐에 대한 경구투입실험에 의하여 실험동물의 50퍼센트를 사망시킬 수 있는 물질의 양, 즉 LD₅₀(경구, 쥐)이 킬로그램당 ( A )밀리그램-(체중) 이하인 화학물질
- 쥐 또는 토끼에 대한 경피흡수실험에 의하여 실험동물의 50퍼센트를 사망시킬 수 있는 물질의 양, 즉 LD₅₀(경피, 토끼 또는 쥐)이 킬로그램당 ( B )밀리그램-(체중) 이하인 화학물질

① A : 1,000, B : 300
② A : 1,000, B : 1,000
③ A : 300, B : 300
④ A : 300, B : 1,000

**해설**

급성 독성물질
1. 쥐에 대한 경구투입실험에 의하여 실험동물의 50퍼센트를 사망시킬 수 있는 물질의 양, 즉 LD₅₀(경구, 쥐)이 킬로그램당 300밀리그램-(체중) 이하인 화학물질
2. 쥐 또는 토끼에 대한 경피흡수실험에 의하여 실험동물의 50퍼센트를 사망시킬 수 있는 물질의 양, 즉 LD₅₀(경피, 토끼 또는 쥐)이 킬로그램당 1,000밀리그램-(체중) 이하인 화학물질
3. 쥐에 대한 4시간 동안의 흡입실험에 의하여 실험동물의 50퍼센트를 사망시킬 수 있는 물질의 농도, 즉 가스 LC₅₀(쥐, 4시간 흡입)이 2,500ppm 이하인 화학물질, 증기 LC₅₀(쥐, 4시간 흡입)이 10mg/L 이하인 화학물질, 분진 또는 미스트 1mg/L 이하인 화학물질

## 87 폭발(연소)범위에 영향을 미치는 요소에 대한 설명으로 가장 거리가 먼 것은?

① 폭발(연소)하한계는 온도 증가에 따라 감소한다.
② 폭발(연소)상한계는 온도 증가에 따라 증가한다.
③ 폭발(연소)하한계는 압력 증가에 따라 감소한다.
④ 폭발(연소)상한계는 압력 증가에 따라 증가한다.

**해설**

가연성 가스의 폭발범위 영향 요소
1. 가스의 온도가 높을수록 폭발범위도 일반적으로 넓어진다.(폭발하한계는 감소, 폭발상한계는 증가)
2. 가스의 압력이 높아지면 폭발하한계는 영향이 없으나 폭발상한계는 증가한다.
3. 산소 중에서의 폭발범위는 공기 중에서 보다 넓어진다.
4. 압력이 상압인 1atm보다 낮아질 때 폭발범위는 큰 변화가 없다.
5. 일산화탄소는 압력이 높을수록 폭발범위가 좁아지고, 수소는 10atm까지는 좁아지지만 그 이상의 압력에서는 넓어진다.
6. 불활성 기체가 첨가될 경우 혼합가스의 농도가 희석되어 폭발범위가 좁아진다.
7. 화학양론농도 부근에서는 연소나 폭발이 가장 일어나기 쉽고 또한 격렬한 정도도 크다.

**88** 소화방식의 종류 중 주된 작용이 질식소화에 해당되는 것은?

① 스프링클러  ② 에어-폼
③ 강화액    ④ 할로겐화합물

**해설**

소화설비의 종류별 적응화재

| 소화기명 | 소화효과 |
|---|---|
| 포소화설비 | 질식소화 |
| 스프링클러설비 | 냉각소화 |
| 이산화탄소소화설비 | 질식소화 |
| 할로겐화합물소화설비 | 연소억제소화 |
| 강화액소화설비 | 냉각소화 |
| 에어-폼 | 질식소화 |

**89** 다음 중 산업안전보건법상 화학설비 및 그 부속설비에 안전밸브를 설치하여야 하는 설비가 아닌 것은?

① 원심펌프
② 정변위압축기
③ 안지름이 600mm 이상인 압력용기
④ 대기에서 액체의 열팽창에 의하여 구조적으로 파열이 우려되는 배관

**해설**

안전밸브 등의 설치
다음 각 호의 어느 하나에 해당하는 설비에 대해서는 과압에 따른 폭발을 방지하기 위하여 안전밸브 또는 파열판을 설치하여야 한다.
1. 압력용기(안지름이 150밀리미터 이하인 압력용기는 제외하며, 압력용기 중 관형 열교환기의 경우에는 관의 파열로 인하여 상승한 압력이 압력용기의 최고사용압력을 초과할 우려가 있는 경우)
2. 정변위 압축기
3. 정변위 펌프(토출 측에 차단밸브가 설치된 것만 해당)
4. 배관(2개 이상의 밸브에 의하여 차단되어 대기온도에서 액체의 열팽창에 의하여 파열될 우려가 있는 것으로 한정)
5. 그 밖의 화학설비 및 그 부속설비로서 해당 설비의 최고사용압력을 초과할 우려가 있는 것

**90** 다음 중 누설 발화형 폭발재해의 예방대책으로 가장 거리가 먼 것은?

① 발화원 관리
② 밸브의 오동작 방지
③ 가연성 가스의 연소
④ 누설물질의 검지 경보

**해설**

누설발화형(누설착화형) 폭발재해 방지대책
1. 위험물질의 누설방지
2. 밸브(설비)의 오동작 방지
3. 누설물질의 검지 경보
4. 발화원 관리
5. 피해확대 방지조치(방유제 등)

**91** 다음 정의에 해당하는 물질의 명칭으로 옳은 것은?

"금속의 증기가 공기 중에서 응고되어, 화학변화를 일으켜 고체의 미립자로 되어 공기 중에 부유하는 것"

① 흄(Fume)   ② 분진(Dust)
③ 미스트(Mist)  ④ 스모크(Smoke)

**해설**

유해물질의 종류

| 분진 (Dust) | 기계적 작용에 의해 발생된 고체 미립자가 공기 중에 부유하고 있는 것(입경 0.01~500$\mu m$ 정도) |
|---|---|
| 미스트 (Mist) | 액체의 미세한 입자가 공기 중에 부유하고 있는 것 (입경 0.1~100$\mu m$ 정도) |
| 흄 (Fume) | 고체 상태의 물질이 액체화된 다음 증기화되고, 증기화된 물질의 응축 및 산화로 인하여 생기는 고체상의 미립자(입경 0.01~1$\mu m$ 정도) |
| 스모크 (Smoke) | 일반적으로 유기물이 불완전연소할 때 생긴 미립자를 말하며 주성분은 탄소의 미립자이다.(0.01~1$\mu m$) |

**92** 다음 [보기]의 물질들이 가지고 있는 공통적인 특성은?

[보기]
$CuCl_2$,  $Cu(NO_3)_2$,  $Zn(NO_3)_2$

① 조해성   ② 풍해성
③ 발화성   ④ 산화성

해설

조해성
공기 중의 수분을 흡수하여 녹아버리는 성질
1. 염화구리($CuCl_2$)
2. 질산구리($Cu(NO_3)_2$)
3. 질산아연($Zn(NO_3)_2$)

### 93 다음 중 질식소화에 해당하는 것은?

① 가연성 기체의 분출화재 시 주 밸브를 닫는다.
② 가연성 기체의 연쇄반응을 차단하여 소화한다.
③ 연료 탱크를 냉각하여 가연성 가스의 발생속도를 작게 한다.
④ 연소하고 있는 가연물이 존재하는 장소를 기계적으로 폐쇄하여 공기의 공급을 차단한다.

해설

질식소화
1. 공기 중에 존재하고 있는 산소의 농도 21%를 15% 이하로 낮추어 소화하는 방법
2. 연소하고 있는 가연물이 들어 있는 용기를 기계적으로 밀폐하여 산소의 공급을 차단

TIP
1. 제거소화
   - 가연성 물질을 연소구역에서 제거하여 줌으로써 소화하는 방법
   - 가연성 기체의 분출화재 시 주 밸브를 닫는다.
   - 연료 탱크를 냉각하여 가연성 가스의 발생속도를 작게 한다.
2. 억제소화
   - 가연성 물질과 산소와의 화학반응을 느리게 함으로써 소화하는 방법(연쇄반응을 억제시켜 소화하는 방법)
   - 가연성 기체의 연쇄반응을 차단하여 소화한다.

### 94 건조설비의 구조를 구조부분, 가열장치, 부속설비로 구분할 때 다음 중 "부속설비"에 속하는 것은?

① 보온판
② 열원장치
③ 소화장치
④ 철골부

해설

건조설비의 구성

| | |
|---|---|
| 구조부분 | 몸체(철골부, 보온판, shell부 등) 및 내부구조를 말한다. 또 이들의 내부에 있는 구동장치도 포함한다. |
| 가열장치 | • 열원장치, 순환용 송풍기 등 열을 발생하고 이것을 이동하는 부분을 총괄한 것을 말한다.<br>• 본체의 내부에 설치된 경우도 있고, 외부에 설치된 경우도 있다. |
| 부속설비 | • 본체에 부속되어 있는 설비의 전반을 말한다.<br>• 환기장치, 온도조절장치, 온도측정장치, 안전장치, 소화장치, 전기설비, 집진장치 등이 포함된다. |

### 95 압축하면 폭발할 위험성이 높아 아세톤 등에 용해시켜 다공성 물질과 함께 저장하는 물질은?

① 염소
② 아세틸렌
③ 에탄
④ 수소

해설

아세틸렌을 용해가스로 만들 때 분해, 폭발의 위험을 방지하기 위하여 일반적으로 아세톤 용액을 용제로 사용한다.

### 96 다음 중 황산($H_2SO_4$)에 관한 설명으로 틀린 것은?

① 무취이며, 순수한 황산은 무색 투명하다.
② 진한 황산은 유기물과 접촉할 경우 발열반응을 한다.
③ 묽은 황산은 수소보다 이온화 경향이 큰 금속과 반응하면 수소를 발생한다.
④ 자신은 가연성이며, 강산화성 물질로서 진한 황산은 산화력이 강하다.

해설

황산($H_2SO_4$)
1. 무색, 무취의 액체로 물보다 무겁다.
2. 불연성 물질이다.
3. 물과 접촉하면 다량의 열을 발생한다.
4. 희석된 황산(묽은 황산)은 금속을 부식하여 수소 가스를 발생한다.
5. 소화작업 : 물과 접촉하면 다량의 열을 발생하므로 물을 뿌려 소화하는 것을 금하며, 모래, 회(灰) 등이 효과적이다.

**97** 다음 중 자연발화를 방지하기 위한 일반적인 방법으로 적절하지 않은 것은?

① 주위의 온도를 낮춘다.
② 공기의 출입을 방지하고 밀폐시킨다.
③ 습도가 높은 곳에는 저장하지 않는다.
④ 황린의 경우 산소와의 접촉을 피한다.

**해설**
자연발화 방지법
1. 통풍이 잘되게 할 것
2. 저장실 온도를 낮출 것
3. 열이 축적되지 않는 퇴적방법을 선택할 것
4. 습도가 높지 않도록 할 것(습도가 높은 것을 피할 것)
5. 공기가 접촉되지 않도록 불활성액체 중에 저장할 것

**98** 산업안전보건법에 의한 공정안전보고서에 포함되어야 하는 내용 중 공정안전자료의 세부내용에 해당하지 않는 것은?

① 안전운전 지침서
② 유해·위험설비의 목록 및 사양
③ 각종 건물·설비의 배치도
④ 위험설비의 안전설계·제작 및 설치 관련 지침서

**해설**
공정안전자료
1. 취급·저장하고 있거나 취급·저장하려는 유해·위험물질의 종류 및 수량
2. 유해·위험물질에 대한 물질안전보건자료
3. 유해·위험설비의 목록 및 사양
4. 유해·위험설비의 운전방법을 알 수 있는 공정도면
5. 각종 건물·설비의 배치도
6. 폭발위험장소 구분도 및 전기단선도
7. 위험설비의 안전설계·제작 및 설치 관련 지침서

**99** 다음 중 방폭구조의 종류와 그 기호가 잘못 짝지어진 것은?

① 안전증방폭구조 : e
② 본질안전방폭구조 : ia
③ 몰드방폭구조 : m
④ 충전방폭구조 : n

**해설**
방폭구조의 종류 및 기호

| 종류 | 기호 |
|---|---|
| 내압 방폭구조 | d |
| 압력 방폭구조 | p |
| 유입 방폭구조 | o |
| 안전증 방폭구조 | e |
| 특수 방폭구조 | s |
| 본질안전 방폭구조 | I(ia, ib) |
| 비점화 방폭구조 | n |
| 몰드방폭구조 | m |
| 충전방폭구조 | q |

**100** 물질의 누출방지용으로서 접합면을 상호 밀착시키기 위하여 사용하는 것은?

① 개스킷    ② 체크밸브
③ 플러그    ④ 콕크

**해설**
덮개 등 접합부의 조치사항
화학설비 또는 그 배관의 덮개·플랜지·밸브 및 콕의 접합부에 대해서는 접합부에서 위험물질 등이 누출되어 폭발·화재 또는 위험물이 누출되는 것을 방지하기 위하여 적절한 개스킷(Gasket)을 사용하고 접합면을 서로 밀착시키는 등 적절한 조치를 하여야 한다.

## 6과목 건설안전기술

**101** 크레인 또는 데릭에서 붐각도 및 작업반경별로 작용시킬 수 있는 최대하중에서 후크(Hook), 와이어로프 등 달기구의 중량을 공제한 하중은?

① 작업하중    ② 정격하중
③ 이동하중    ④ 적재하중

**해설**
크레인의 정격하중
크레인의 권상(호이스팅)하중에서 훅, 크래브 또는 버킷 등 달기기구의 중량에 상당하는 하중을 뺀 하중을 말한다. 다만, 지브가 있는 크레인 등으로서 경사각의 위치에 따라 권상능력이 달라지는 것은 그 위치에서의 권상하중에서 달기기구의 중량을 뺀 하중을 말한다.

정답  97 ②  98 ①  99 ④  100 ①  101 ②

**102** 항만하역작업에서의 선박승강설비 설치기준으로 옳지 않은 것은?

① 200톤급 이상의 선박에서 하역작업을 하는 경우에 근로자들이 안전하게 오르내릴 수 있는 현문(舷門) 사다리를 설치하여야 하며, 이 사다리 밑에 안전망을 설치하여야 한다.
② 현문 사다리는 견고한 재료로 제작된 것으로 너비는 55cm 이상이어야 한다.
③ 현문 사다리의 양측에는 82cm 이상의 높이로 울타리를 설치하여야 한다.
④ 현문 사다리는 근로자의 통행에만 사용하여야 하며, 화물용 발판 또는 화물용 보판으로 사용하도록 해서는 아니 된다.

**해설**
선박승강설비의 설치
1. 300톤급 이상의 선박에서 하역작업을 하는 경우에 근로자들이 안전하게 오르내릴 수 있는 현문 사다리를 설치하여야 하며, 이 사다리 밑에 안전망을 설치하여야 한다.
2. 현문 사다리는 견고한 재료로 제작된 것으로 너비는 55센티미터 이상이어야 하고, 양측에 82센티미터 이상의 높이로 울타리를 설치하여야 하며, 바닥은 미끄러지지 않도록 적합한 재질로 처리되어야 한다.
3. 현문 사다리는 근로자의 통행에만 사용하여야 하며, 화물용 발판 또는 화물용 보판으로 사용하도록 해서는 아니 된다.

**103** 토류벽의 붕괴예방에 관한 조치 중 옳지 않은 것은?

① 웰 포인트(Well Point) 공법 등에 의해 수위를 저하시킨다.
② 근입깊이를 가급적 짧게 한다.
③ 어스앵커(Earth Anchor) 시공을 한다.
④ 토류벽 인접지반에 중량물 적치를 피한다.

**해설**
근입깊이를 깊게 하여야 한다.

**104** 다음 중 철골작업을 중지하여야 하는 기준으로 옳은 것은?

① 풍속이 초당 1m 이상인 경우
② 강우량이 시간당 1cm 이상인 경우
③ 강설량이 시간당 1cm 이상인 경우
④ 10분간 평균풍속이 초당 5m 이상인 경우

**해설**
작업의 제한(철골작업 중지)
1. 풍속이 초당 10미터 이상인 경우
2. 강우량이 시간당 1밀리미터 이상인 경우
3. 강설량이 시간당 1센티미터 이상인 경우

**105** 다음 중 건물 해체용 기구가 아닌 것은?

① 압쇄기
② 스크레이퍼
③ 잭
④ 철해머

**해설**
해체용 기구
1. 압쇄기
2. 대형 브레이커
3. 철제 해머
4. 핸드브레이커
5. 절단톱
6. 재키
7. 절단줄톱
8. 팽창제 등

**106** 다음 중 토사붕괴로 인한 재해를 방지하기 위한 흙막이 지보공 설비가 아닌 것은?

① 흙막이판　　② 말뚝
③ 턴버클　　　④ 띠장

**해설**
턴버클(Turn Buckle)
지지막대나 지지 와이어 로프 등의 길이를 조절하기 위한 기구로 철골 구조나 목조의 현장 조립 등에서 다시 세우기나 철근 가새 등에 사용하는 것을 말한다.

**정답** 102 ① 103 ② 104 ③ 105 ② 106 ③

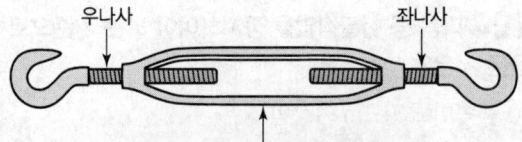
턴버클의 구조

흙막이 지보공 부재의 종류
1. 버팀기둥(H-pile) : 버팀대를 지지하는 기둥(엄지말뚝)
2. 흙막이 벽체(토류판, 널말뚝) : 수평 흙막이판
3. 띠장(Waling) : 널말뚝, 버팀기둥(H-Pile)을 지지하기 위하여 벽면에 수평으로 부착하는 부재
4. 수평버팀대(Strut) : 띠장을 수평방향으로 지지하는 부재
5. 기타 경사버팀대, 브래킷(Bracket)

**107** 강관을 사용하여 비계를 구성할 때의 설치기준으로 옳지 않은 것은?

① 비계기둥의 간격은 띠장 방향에서는 1.85m 이하로 한다.
② 띠장 간격은 1m 이하로 설치한다.
③ 비계기둥의 제일 윗부분으로부터 31m 되는 지점 밑부분의 비계기둥은 2개의 강관으로 묶어 세운다.
④ 비계기둥 간의 적재하중은 400kg을 초과하지 아니하도록 한다.

**해설**
강관비계의 구조
1. 비계기둥의 간격은 띠장 방향에서는 1.85미터 이하, 장선 방향에서는 1.5미터 이하로 할 것. 다만, 다음 각 목의 어느 하나에 해당하는 작업의 경우에는 안전성에 대한 구조 검토를 실시하고 조립도를 작성하면 띠장 방향 및 장선 방향으로 각각 2.7미터 이하로 할 수 있다.
   ㉠ 선박 및 보트 건조작업
   ㉡ 그 밖에 장비 반입·반출을 위하여 공간 등을 확보할 필요가 있는 등 작업의 성질상 비계기둥 간격에 관한 기준을 준수하기 곤란한 작업
2. 띠장 간격은 2.0미터 이하로 할 것. 다만, 작업의 성질상 이를 준수하기가 곤란하여 쌍기둥틀 등에 의하여 해당 부분을 보강한 경우에는 그러하지 아니하다.
3. 비계기둥의 제일 윗부분으로부터 31미터 되는 지점 밑부분의 비계기둥은 2개의 강관으로 묶어 세울 것. 다만, 브래킷(Bracket, 까치발) 등으로 보강하여 2개의 강관으로 묶을 경우 이상의 강도가 유지되는 경우에는 그러하지 아니하다.

4. 비계기둥 간의 적재하중은 400킬로그램을 초과하지 않도록 할 것

**108** 차량계 건설기계를 사용하여 작업할 때에 그 기계가 넘어지거나 굴러떨어짐으로써 근로자가 위험해질 우려가 있는 경우에 조치하여야 할 사항과 거리가 먼 것은?

① 갓길의 붕괴 방지
② 작업반경 유지
③ 지반의 부동침하 방지
④ 도로 폭의 유지

**해설**
차량계 건설기계의 전도 등의 방지조치
차량계 건설기계를 사용하는 작업할 때에 그 기계가 넘어지거나 굴러떨어짐으로써 근로자가 위험해질 우려가 있는 경우에는 유도하는 사람을 배치하고 지반의 부동침하 방지, 갓길의 붕괴 방지 및 도로 폭의 유지 등 필요한 조치를 하여야 한다.

**109** 항타기 또는 항발기의 권상장치 드럼축과 권상장치로부터 첫 번째 도르래의 축 간의 거리는 권상장치 드럼폭의 몇 배 이상으로 하여야 하는가?

① 5배  ② 8배
③ 10배  ④ 15배

**해설**
항타기 또는 항발기의 도르래의 위치
1. 항타기 또는 항발기의 권상장치의 드럼축과 권상장치로부터 첫 번째 도르래의 축 간의 거리를 권상장치 드럼폭의 15배 이상으로 하여야 한다.
2. 도르래는 권상장치의 드럼 중심을 지나야 하며 축과 수직면상에 있어야 한다.

**110** 다음 중 토석붕괴의 원인이 아닌 것은?

① 사면 법면의 경사 및 기울기의 증가
② 절토 및 성토의 높이 증가
③ 토석의 강도 상승
④ 지표수·지하수의 침투에 의한 토사 중량의 증가

정답 107 ② 108 ② 109 ④ 110 ③

### 해설
토석붕괴의 원인

| 구분 | 내용 |
|---|---|
| 외적 원인 | • 사면, 법면의 경사 및 기울기의 증가<br>• 절토 및 성토 높이의 증가<br>• 공사에 의한 진동 및 반복 하중의 증가<br>• 지표수 및 지하수의 침투에 의한 토사 중량의 증가<br>• 지진, 차량, 구조물의 하중작용<br>• 토사 및 암석의 혼합층두께 |
| 내적 원인 | • 절토 사면의 토질·암질<br>• 성토 사면의 토질구성 및 분포<br>• 토석의 강도 저하 |

**111** 비계에서 벽 고정을 하고 기둥과 기둥을 수평재나 가새로 연결하는 가장 큰 이유는?

① 작업자의 추락재해를 방지하기 위해
② 인장파괴를 방지하기 위해
③ 좌굴을 방지하기 위해
④ 해체를 용이하게 하기 위해

### 해설
가설구조물의 좌굴현상
1. 부재의 강성이 부족하여 가늘고 긴 부재가 압축력에 의하여 파괴되는 현상
2. 좌굴방지를 위해 비계에서 벽고정을 하고 기둥과 기둥을 수평재나 가새로 연결한다.

**112** 잠함 또는 우물통의 내부에서 굴착작업을 할 때의 준수사항으로 옳지 않은 것은?

① 굴착 깊이가 10m를 초과하는 경우에는 해당 작업 장소와 외부와의 연락을 위한 통신설비 등을 설치하여야 한다.
② 산소 결핍의 우려가 있는 경우에는 산소의 농도를 측정하는 자를 지명하여 측정하도록 한다.
③ 근로자가 안전하게 승강하기 위한 설비를 설치한다.
④ 측정 결과 산소의 결핍이 인정될 경우에는 송기를 위한 설비를 설치하여 필요한 양의 공기를 공급하여야 한다.

### 해설
잠함 등 내부에서의 작업(잠함, 우물통, 수직갱 등 이와 유사한 건설물 또는 설비)
1. 산소 결핍 우려가 있는 경우에는 산소의 농도를 측정하는 사람을 지명하여 측정하도록 할 것
2. 근로자가 안전하게 오르내리기 위한 설비를 설치할 것
3. 굴착 깊이가 20미터를 초과하는 경우에는 해당 작업장소와 외부와의 연락을 위한 통신설비 등을 설치할 것
4. 산소 결핍이 인정되거나 굴착 깊이가 20미터를 초과하는 경우에는 송기를 위한 설비를 설치하여 필요한 양의 공기를 공급해야 한다.

**113** 다음 중 취급·운반의 원칙으로 옳지 않은 것은?

① 연속 운반을 할 것
② 곡선 운반을 할 것
③ 운반 작업을 집중하여 시킬 것
④ 최대한 시간과 경비를 절약할 수 있는 운반방법을 고려할 것

### 해설
취급운반의 원칙

| 구분 | 원칙 및 조건 |
|---|---|
| 운반의 5원칙 | • 이동되는 운반은 직선으로 할 것<br>• 연속으로 운반을 행할 것<br>• 효율(생산성)을 최고로 높일 것<br>• 자재 운반을 집중화할 것<br>• 가능한 한 수작업을 없앨 것 |
| 운반의 3조건 | • 운반(취급)거리는 극소화시킬 것<br>• 손이 가지 않는 작업 방법일 것<br>• 운반(이동)은 기계화 작업일 것 |

**114** 다음은 산업안전기준에 관한 규칙의 콘크리트 타설작업에 관한 사항이다. 괄호 안에 들어갈 적절한 용어는?

> 당일의 작업을 시작하기 전에 해당작업에 관한 거푸집 및 동바리의 ( ㉠ ), 변위 및 ( ㉡ ) 등을 점검하고 이상이 있으면 보수할 것

① ㉠ 변형, ㉡ 지반의 침하유무
② ㉠ 변형, ㉡ 개구부 방호설비
③ ㉠ 균열, ㉡ 깔판
④ ㉠ 균열, ㉡ 지주의 침하

정답 111 ③  112 ①  113 ②  114 ①

**해설**

콘크리트 타설 작업 시 준수사항
1. 당일의 작업을 시작하기 전에 해당 작업에 관한 거푸집 및 동바리의 변형·변위 및 지반의 침하 유무 등을 점검하고 이상이 있으면 보수할 것
2. 작업 중에는 감시자를 배치하는 등의 방법으로 거푸집 및 동바리의 변형·변위 및 침하 유무 등을 확인해야 하며, 이상이 있으면 작업을 중지하고 근로자를 대피시킬 것
3. 콘크리트 타설작업 시 거푸집 붕괴의 위험이 발생할 우려가 있으면 충분한 보강조치를 할 것
4. 설계도서상의 콘크리트 양생기간을 준수하여 거푸집 및 동바리를 해체할 것
5. 콘크리트를 타설하는 경우에는 편심이 발생하지 않도록 골고루 분산하여 타설할 것

**115** 다음 중 근로자의 추락위험을 방지하기 위한 안전난간의 설치기준으로 옳지 않은 것은?

① 상부난간대는 바닥면·발판 또는 경사로의 표면으로부터 90cm 이상 120cm 이하에 설치하고, 중간 난간대는 상부난간대와 바닥면 등의 중간에 설치할 것
② 발끝막이판은 바닥면 등으로부터 20cm 이하의 높이를 유지할 것
③ 난간대는 지름 2.7cm 이상의 금속제파이프나 그 이상의 강도를 가진 재료일 것
④ 안전난간은 임의의 점에서 임의의 방향으로 움직이는 100kg 이상의 하중에 견딜 수 있는 튼튼한 구조일 것

**해설**

안전난간의 구조 및 설치요건

| | |
|---|---|
| 구성 | 상부 난간대, 중간 난간대, 발끝막이판 및 난간기둥으로 구성할 것(다만, 중간 난간대, 발끝막이판 및 난간기둥은 이와 비슷한 구조와 성능을 가진 것으로 대체할 수 있음) |
| 상부 난간대 | 상부 난간대는 바닥면·발판 또는 경사로의 표면 으로부터 90센티미터 이상 지점에 설치하고, 상부 난간대를 120센티미터 이하에 설치하는 경우에는 중간 난간대는 상부 난간대와 바닥면 등의 중간에 설치하여야 하며, 120센티미터 이상 지점에 설치하는 경우에는 중간 난간대를 2단 이상으로 균등하게 설치하고 난간의 상하 간격은 60센티미터 이하가 되도록 할 것 |
| 발끝막이판 (폭목) | 바닥면 등으로부터 10센티미터 이상의 높이를 유지할 것(다만, 물체가 떨어지거나 날아올 위험이 없거나 그 위험을 방지할 수 있는 망을 설치하는 등 필요한 예방 조치를 한 장소는 제외) |
| 난간기둥 | 상부 난간대와 중간 난간대를 견고하게 떠받칠 수 있도록 적정한 간격을 유지할 것 |
| 상부 난간대와 중간 난간대 | 상부 난간대와 중간 난간대는 난간 길이 전체에 걸쳐 바닥면등과 평행을 유지할 것 |
| 난간대 | 지름 2.7센티미터 이상의 금속제 파이프나 그 이상의 강도가 있는 재료일 것 |
| 하중 | 안전난간은 구조적으로 가장 취약한 지점에서 가장 취약한 방향으로 작용하는 100킬로그램 이상의 하중에 견딜 수 있는 튼튼한 구조일 것 |

**116** 사다리식 통로 등의 구조에 대한 설치기준으로 옳지 않은 것은?

① 발판의 간격은 일정하게 할 것
② 발판과 벽과의 사이는 15cm 이상의 간격을 유지할 것
③ 사다리식 통로의 길이가 10m 이상인 때에는 7m 이내마다 계단참을 설치할 것
④ 사다리의 상단은 걸쳐놓은 지점으로부터 60cm 이상 올라가도록 할 것

**해설**

사다리식 통로
1. 견고한 구조로 할 것
2. 심한 손상·부식 등이 없는 재료를 사용할 것
3. 발판의 간격은 일정하게 할 것
4. 발판과 벽과의 사이는 15센티미터 이상의 간격을 유지할 것
5. 폭은 30센티미터 이상으로 할 것
6. 사다리가 넘어지거나 미끄러지는 것을 방지하기 위한 조치를 할 것
7. 사다리의 상단은 걸쳐놓은 지점으로부터 60센티미터 이상 올라가도록 할 것
8. 사다리식 통로의 길이가 10미터 이상인 경우에는 5미터 이내마다 계단참을 설치할 것
9. 사다리식 통로의 기울기는 75도 이하로 할 것. 다만, 고정식 사다리식 통로의 기울기는 90도 이하로 하고, 그 높이가 7미터 이상인 경우에는 다음 각 목의 구분에 따른 조치를 할 것
   가. 등받이울이 있어도 근로자 이동에 지장이 없는 경우 : 바닥으로부터 높이가 2.5미터 되는 지점부터 등받이울을 설치할 것

나. 등받이울이 있으면 근로자가 이동이 곤란한 경우 : 개인용 추락 방지 시스템을 설치하고 근로자로 하여금 전신안전대를 사용하도록 할 것
10. 접이식 사다리 기둥은 사용 시 접혀지거나 펼쳐지지 않도록 철물 등을 사용하여 견고하게 조치할 것

### 117 다음 중 백호(Back Hoe)의 운행방법으로 적절하지 않은 것은?

① 경사로나 연약지반에서는 무한궤도식보다는 타이어식이 안전하다.
② 작업계획서를 작성하고 계획에 따라 작업을 실시하여야 한다.
③ 작업장소의 지형 및 지반상태 등에 적합한 제한속도를 정하고 운전자로 하여금 이를 준수하도록 하여야 한다.
④ 작업 중 승차석 외의 위치에 근로자를 탑승시켜서는 안 된다.

**해설**
백호(Back Hoe, 드래그 셔블)
1. 주행방식에 따라 무한궤도식과 타이어식으로 분류
2. 무한궤도식은 작업 시 안전성이 더 높고, 타이어식은 기동성이 더 높다.
3. 경사로나 연약지반에서는 무한궤도식이 타이어식보다 안전하다.

### 118 그물코 크기가 가로, 세로 각각 10센티미터인 매듭방망 방망사의 신품에 대해 등속인장강도 시험을 하였을 경우 그 강도가 최소 얼마 이상이어야 하는가?

① 150kg    ② 200kg
③ 220kg    ④ 240kg

**해설**
방망사의 신품에 대한 인장강도

| 그물코의 크기 (단위 : 센티미터) | 방망의 종류(단위 : 킬로그램) | |
|---|---|---|
| | 매듭 없는 방망 | 매듭방망 |
| 10 | 240 | 200 |
| 5 | | 110 |

### 119 달비계의 최대 적재하중을 정함에 있어서 활용하는 안전계수의 기준으로 옳은 것은?(단, 곤돌라의 달비계를 제외한다.)

① 달기 훅 : 5 이상
② 달기 강선 : 5 이상
③ 달기 체인 : 3 이상
④ 달기 와이어로프 : 5 이상

**해설**
달비계(곤돌라의 달비계 제외)의 안전계수

| 구분 | | 안전계수 |
|---|---|---|
| 달기 와이어로프 및 달기 강선 | | 10 이상 |
| 달기 체인 및 달기 훅 | | 5 이상 |
| 달기 강대와 달비계의 하부 및 상부 지점 | 강재 | 2.5 이상 |
| | 목재 | 5 이상 |

**TIP** 본 문제는 법 개정으로 내용이 삭제되었습니다. 참고만 하세요.

### 120 사업주는 높이가 3m를 초과하는 계단에는 높이 3m 이내마다 진행방향으로 최소 얼마 이상 계단참을 설치하여야 하는가?

① 3.5m    ② 2.5m
③ 1.2m    ④ 1.0m

**해설**
계단참의 설치
높이가 3미터를 초과하는 계단에 높이 3미터 이내마다 진행방향으로 길이 1.2미터 이상의 계단참을 설치해야 한다.

**정답** 117 ① 118 ② 119 ① 120 ③

# PART 02
# 22 2023년 2회 기출복원문제

## 1과목 안전관리론

**01** 재해예방의 4원칙에 대한 설명으로 틀린 것은?
① 재해발생은 반드시 원인이 있다.
② 손실과 사고와의 관계는 필연적이다.
③ 재해는 원인을 제거하면 예방이 가능하다.
④ 재해를 예방하기 위한 대책은 반드시 존재한다.

**해설**
하인리히의 재해예방 4원칙

| 예방 가능의 원칙 | 천재지변을 제외한 모든 재해는 원칙적으로 예방이 가능하다. |
|---|---|
| 손실 우연의 원칙 | 사고로 생기는 상해의 종류 및 정도는 우연적이다. |
| 원인 계기의 원칙 | 사고와 손실의 관계는 우연적이지만 사고와 원인관계는 필연적이다.(사고에는 반드시 원인이 있다.) |
| 대책 선정의 원칙 | 원인을 정확히 규명해서 대책을 선정하고 실시되어야 한다.(3E, 즉 기술, 교육, 독려를 중심으로) |

**02** 산업안전보건법령상 중대재해의 범위에 해당하지 않는 것은?
① 1명의 사망자가 발생한 재해
② 1개월의 요양을 요하는 부상자가 동시에 5명 발생한 재해
③ 3개월의 요양을 요하는 부상자가 동시에 3명 발생한 재해
④ 10명의 직업성 질병자가 동시에 발생한 재해

**해설**
중대재해
1. 사망자가 1명 이상 발생한 재해
2. 3개월 이상의 요양이 필요한 부상자가 동시에 2명 이상 발생한 재해
3. 부상자 또는 직업성 질병자가 동시에 10명 이상 발생한 재해

**03** 파블로프(Pavlov)의 조건반사설에 의한 학습이론의 원리가 아닌 것은?
① 준비성의 원리  ② 일관성의 원리
③ 계속성의 원리  ④ 강도의 원리

**해설**
학습의 원리

| 조건반사설 (Pavlov) | 시행착오설 (Thorndike) | 조작적 조건 형성이론 (Skinner) |
|---|---|---|
| • 강도의 원리<br>• 일관성의 원리<br>• 시간의 원리<br>• 계속성의 원리 | • 효과의 법칙<br>• 준비성의 법칙<br>• 연습의 법칙 | • 강화의 원리<br>• 소거의 원리<br>• 조형의 원리<br>• 자발적 회복의 원리<br>• 변별의 원리 |

**04** 다음 중 재해발생 시 조치사항에 있어 가장 우선적으로 실시해야 하는 것은?
① 재해자의 응급조치  ② 재해조사
③ 원인강구  ④ 대책수립

**해설**
긴급처리 순서
1. 피재기계의 정지
2. 피재자의 응급조치
3. 관계자에게 통보
4. 2차 재해 방지
5. 현장보존

**05** 안전교육의 3요소에 해당되지 않는 것은?
① 강사  ② 교육방법
③ 수강자  ④ 교재

**해설**
교육의 3요소
1. 교육의 주체 : 강사
2. 교육의 객체 : 수강자(교육대상)
3. 교육의 매개체 : 교재(교육내용)

**정답** 01 ② 02 ② 03 ① 04 ① 05 ②

## 06 플리커 검사(Flicker Test)의 목적으로 가장 적절한 것은?

① 혈중 알코올농도 측정
② 체내 산소량 측정
③ 작업강도 측정
④ 피로의 정도 측정

**해설**

플리커(Flicker)법
1. 빛에 대한 눈의 깜박임을 살펴 정신피로의 척도로 사용하는 방법이다.
2. 광원 앞에 사이가 벌어진 원판을 놓고 회전함으로써 눈에 들어오는 빛을 단속시켜 원판의 회전속도를 바꾸면 빛의 주기가 변한다. 이때 회전속도가 느리면 빛이 아른거리다가 빨라지면 융합되어 하나의 광점으로 보인다. 이러한 빛의 단속주기를 플리커치라고 한다.
3. 플리커법은 피로의 정도를 측정하는 검사이다.
4. 융합한계빈도(Crifical Fusion Frequency of Flicker), 즉 CFF법이라고도 한다.

## 07 다음 중 레윈의 법칙 "$B = f(P \cdot E)$"에서 "$B$"에 해당되는 것은?

① 인간관계
② 행동
③ 환경
④ 함수

**해설**

레윈(K. Lewin)의 행동법칙

$$B = f(P \cdot E)$$

여기서, $B$ : Behavior(인간의 행동)
$f$ : Function(함수관계) $P \cdot E$에 영향을 줄 수 있는 조건
$P$ : Person(개체, 개인의 자질, 연령, 경험, 심신상태, 성격, 지능 등)
$E$ : Environment(심리적 환경 – 작업환경, 인간관계, 설비적 결함 등)

레윈의 이론
인간의 행동(B)은 개인의 자질과 심리학적 환경과의 상호 함수관계이다.

## 08 안전인증 대상 보호구의 방독마스크에서 유기화합물용 정화통 외부 측면의 표시색으로 옳은 것은?

① 갈색
② 노랑색
③ 녹색
④ 백색과 녹색

**해설**
방독마스크의 종류 및 표시색

| 종류 | 시험가스 | 정화통 외부 측면의 표시색 |
|---|---|---|
| 유기화합물용 | 시클로헥산 ($C_6H_{12}$) | 갈색 |
| | 디메틸에테르 ($CH_3OCH_3$) | |
| | 이소부탄($C_4H_{10}$) | |
| 할로겐용 | 염소가스 또는 증기($Cl_2$) | 회색 |
| 황화수소용 | 황화수소가스 ($H_2S$) | |
| 시안화수소용 | 시안화수소가스 (HCN) | |
| 아황산용 | 아황산가스($SO_2$) | 노랑색 |
| 암모니아용 | 암모니아가스 ($NH_3$) | 녹색 |
| 복합용 및 겸용의 정화통 | | • 복합용의 경우 : 해당 가스 모두 표시(2층 분리)<br>• 겸용의 경우 : 백색과 해당 가스 모두 표시(2층 분리) |

## 09 안전보건관리조직 중 라인-스탭(Line-Staff) 조직에 관한 설명으로 틀린 것은?

① 조직원 전원을 자율적으로 안전 활동에 참여시킬 수 있다.
② 라인의 관리, 감독자에게도 안전에 관한 책임과 권한이 부여된다.
③ 중규모 사업장(100명 이상~500명 미만)에 적합하다.
④ 안전 활동과 생산업무가 유리될 우려가 없기 때문에 균형을 유지할 수 있어 이상적인 조직형태이다.

**해설**
안전관리 조직의 형태

| 라인형(Line형)<br>(직계형 조직) | 100명 미만의 소규모 사업장에 적합한 조직형태 |
|---|---|
| 스태프형(Staff형)<br>(참모형 조직) | 100명 이상 1,000명 미만의 중규모 사업장에 적합한 조직형태 |
| 라인-스태프형<br>(Line-Staff형)<br>(직계 참모형 조직) | 1,000명 이상의 대규모 사업장에 적합한 조직형태 |

**정답** 06 ④ 07 ② 08 ① 09 ③

**10** 다음 중 교육방법의 4단계를 올바르게 나열한 것은?

① 제시 → 도입 → 적용 → 확인
② 제시 → 확인 → 도입 → 적용
③ 도입 → 확인 → 적용 → 제시
④ 도입 → 제시 → 적용 → 확인

**해설**

교육방법의 4단계

| 단계 | | 내용 |
|---|---|---|
| 제1단계 | 도입 (준비) | • 학습할 준비를 시킨다.<br>• 작업에 대한 흥미를 갖게 한다.<br>• 학습자의 동기부여 및 마음의 안정 |
| 제2단계 | 제시 (설명) | • 작업을 설명한다.<br>• 한 번에 하나하나씩 나누어 확실하게 이해시켜야 한다.<br>• 강의순서대로 진행하고 설명, 교재를 통해 듣고 말하는 단계 |
| 제3단계 | 적용 (응용) | • 작업을 시켜본다.<br>• 상호학습 및 토의 등으로 이해력을 향상시킨다.<br>• 자율학습을 통해 배운 것을 학습한다. |
| 제4단계 | 확인 (평가) | • 가르친 뒤 살펴본다.<br>• 잘못된 것을 수정한다.<br>• 요점을 정리하여 복습한다. |

**11** 토의식 교육방법 중 새로운 교재를 제시하고 거기에서의 문제점을 피교육자로 하여금 제기하게 하거나, 의견을 여러 가지 방법으로 발표하게 하고, 다시 깊이 파고 들어서 토의하는 방법은?

① 포럼(Forum)
② 심포지엄(Symposium)
③ 패널 디스커션(Panel Discussion)
④ 버즈세션(Buzz Session)

**해설**

토의법의 종류
1. 자유토의법 : 참가자가 주어진 주제에 대하여 자유로운 발표와 토의를 통하여 서로의 의견을 교환하고 상호이해력을 높이며 의견을 절충해 나가는 방법
2. 패널 디스커션(Panel Discussion) : 전문가 4~5명이 피교육자 앞에서 자유로이 토의를 하고, 그 후에 피교육자 전원이 사회자의 사회에 따라 토의하는 방법
3. 심포지엄(Symposium) : 발제자 없이 몇 사람의 전문가에 의하여 과제에 관한 견해를 발표한 뒤에 참가자로 하여금 의견이나 질문을 하게 하여 토의하는 방법
4. 포럼(Forum)
   ㉠ 사회자의 진행으로 몇 사람이 주제에 대하여 발표한 후 피교육자가 질문을 하고 토론해 나가는 방법
   ㉡ 새로운 자료나 주제를 내보이거나 발표한 후 피교육자로 하여금 문제나 의견을 제시하게 하고 다시 깊이 있게 토론해 나가는 방법
5. 버즈 세션(Buzz Session) : 6-6 회의라고도 하며, 참가자가 다수인 경우에 전원을 토의에 참가시키기 위한 방법으로 소집단을 구성하여 회의를 진행시키는 방법

**12** 재해 코스트 산정에 있어 시몬즈(R. H. Simonds) 방식에 의한 재해코스트 산정법으로 옳은 것은?

① 직접비＋간접비
② 간접비＋비보험코스트
③ 보험코스트＋비보험코스트
④ 보험코스트＋사업부보상금 지급액

**해설**

시몬즈(Simonds) 방식
총재해 코스트(Cost) = 보험코스트 + 비보험코스트
1. 보험코스트 : 산재보험료
2. 비보험코스트 = (A×휴업상해건수) + (B×통원상해건수) + (C×응급조치건수) + (D×무상해사고건수)
3. A, B, C, D는 상해 정도별 재해에 대한 비보험 코스트의 평균치이다.
4. 사망과 영구 전노동 불능 상해는 재해범주에서 제외된다.

**13** 다음 중 맥그리거(McGregor)의 Y이론과 관계가 없는 것은?

① 직무확장
② 인간관계 관리방식
③ 권위주의적 리더십
④ 책임과 창조력

**해설**

X, Y이론의 관리처방

| X이론의 관리처방 | Y이론의 관리처방 |
|---|---|
| • 권위주의적 리더십의 확립<br>• 경제적 보상 체제의 강화<br>• 면밀한 감독과 엄격한 통제<br>• 상부 책임제도의 강화<br>• 설득, 보상, 벌, 통제에 의한 관리<br>• 조직구조의 고층성 | • 분권화와 권한의 위임<br>• 목표에 의한 관리<br>• 비공식적 조직의 활용<br>• 민주적 리더십의 확립<br>• 직무확장<br>• 자체 평가제도의 활성화<br>• 조직 목표 달성을 위한 자율적인 통제<br>• 조직구조의 평면화 |

**정답** 10 ④ 11 ① 12 ③ 13 ③

**14** 위험예지훈련의 문제해결 4라운드에 해당하지 않는 것은?

① 현상파악  ② 본질추구
③ 대책수립  ④ 원인결정

> **해설**
>
> 위험예지훈련의 4라운드
> 1. 1라운드(1R) : 현상파악(사실을 파악한다)
> 2. 2라운드(2R) : 본질추구(요인을 찾아낸다)
> 3. 3라운드(3R) : 대책수립(대책을 선정한다)
> 4. 4라운드(4R) : 목표설정(행동계획을 정한다)

**15** 산업안전보건법령상 보안경 착용을 포함하는 안전보건표지의 종류는?

① 지시표지  ② 안내표지
③ 금지표지  ④ 경고표지

> **해설**
>
> 지시표지
> 1. 보안경 착용
> 2. 방독마스크 착용
> 3. 방진마스크 착용
> 4. 보안면 착용
> 5. 안전모 착용
> 6. 귀마개 착용
> 7. 안전화 착용
> 8. 안전장갑 착용
> 9. 안전복 착용

**16** 근로자수 300명, 총근로시간수 48시간×50주 이고, 연재해건수는 200건일 때 이 사업장의 강도율은?(단, 연 근로손실일수는 800일로 한다.)

① 1.11  ② 0.90
③ 0.16  ④ 0.84

> **해설**
>
> 강도율 = $\dfrac{근로손실일수}{연간\ 총근로시간수} \times 1,000$
>
> $= \dfrac{800}{300 \times 48 \times 50} \times 1,000$
>
> $= 1.11$

**17** 산소결핍이 예상되는 맨홀 내에서 작업을 실시할 때의 사고 방지 대책으로 적절하지 않은 것은?

① 직업 시작 전 및 작업 중 충분한 환기 실시
② 작업 장소의 입장 및 퇴장 시 인원점검
③ 방진마스크의 보급과 착용 철저
④ 작업장과 외부와의 상시 연락을 위한 설비 설치

> **해설**
>
> 밀폐공간에서 작업을 하는 경우 근로자에게 공기호흡기 또는 송기마스크를 지급하여 착용하도록 하여야 한다.
>
> **TIP** 방진마스크
> - 방진마스크는 산소결핍장소에서는 사용하지 말아야 한다.
> - 방진마스크는 산소농도가 18% 이상인 장소에서 사용하여야 한다.

**18** 재해누발자의 유형 중 상황성 누발자와 관련이 없는 것은?

① 작업이 어렵기 때문에
② 기능이 미숙하기 때문에
③ 심신에 근심이 있기 때문에
④ 기계설비에 결함이 있기 때문에

> **해설**
>
> 재해누발자의 유형
>
> | | |
> |---|---|
> | 상황성 누발자 | • 작업이 어렵기 때문에<br>• 기계설비에 결함이 있기 때문에<br>• 심신에 근심이 있기 때문에<br>• 환경상 주의력의 집중이 혼란되기 때문에 |
> | 습관성 누발자 | • 재해의 경험에 의해 겁을 먹거나 신경과민<br>• 일종의 슬럼프 상태 |
> | 미숙성 누발자 | • 기능이 미숙하기 때문에<br>• 환경에 익숙하지 못하기 때문에(환경에 적응 미숙) |
> | 소질성 누발자 | • 개인의 소질 가운데 재해원인의 요소를 가진 자<br>• 개인의 특수성격 소유자 |

**정답** 14 ④  15 ①  16 ①  17 ③  18 ②

**19** 다음 중 재해발생에 관련된 하인리히의 도미노 이론을 올바르게 나열한 것은?

① 개인적 결함 → 사회적 환경 및 유전적 요소 → 불안전한 행동 및 불안전한 상태 → 사고 → 재해
② 사회적 환경 및 유전적 요소 → 개인적 결함 → 불안전한 행동 및 불안전한 상태 → 사고 → 재해
③ 사회적 환경 및 유전적 요소 → 불안전한 행동 및 불안전한 상태 → 개인적 결함 → 재해 → 사고
④ 개인적 결함 → 사회적 환경 및 유전적 요소 → 불안전한 행동 및 불안전한 상태 → 재해 → 사고

**해설**
하인리히(H. W. Heinrich)의 도미노이론(사고연쇄성)
1. 제1단계: 사회적 환경 및 유전적 요인
2. 제2단계: 개인적 결함
3. 제3단계: 불안전한 행동 및 불안전한 상태
4. 제4단계: 사고
5. 제5단계: 재해
※ 불안전한 행동이나 불안전한 상태, 즉 제3단계를 제거하면 사고나 재해를 예방할 수 있다.

**20** 교육훈련기법 중 Off.J.T(Off the Job Training)의 장점에 해당되지 않는 것은?

① 우수한 전문가를 강사로 활용할 수 있다.
② 특별교재, 교구, 시설을 유효하게 활용할 수 있다.
③ 다수의 근로자에게 조직적 훈련이 가능하다.
④ 직장의 실정에 맞는 구체적이고, 실제적인 교육이 가능하다.

**해설**
Off J.T(Off the Job Training)
1. 정의
   공통된 교육목적을 가진 근로자를 현장 외의 장소에 모아 실시하는 집체교육으로 집단교육에 적합한 교육형태
2. 특징
   ㉠ 외부의 전문가를 활용할 수 있다(전문가를 초빙하여 강사로 활용이 가능하다).
   ㉡ 다수의 대상자에게 조직적 훈련이 가능하다.
   ㉢ 특별교재, 교구, 시설을 유효하게 사용할 수 있다.
   ㉣ 타 직종 사람과의 많은 지식, 경험을 교류할 수 있다.
   ㉤ 업무와 분리되어 교육에 전념하는 것이 가능하다.
   ㉥ 교육목표를 위하여 집단적으로 협조와 협력이 가능하다.
   ㉦ 법규, 원리, 원칙, 개념, 이론 등의 교육에 적합하다.

※ ④는 O.J.T(On the Job Training)의 특징이다.

## 2과목 인간공학 및 시스템 안전공학

**21** 정량적 표시장치에 관한 설명으로 맞는 것은?

① 정확한 값을 읽어야 하는 경우 일반적으로 디지털보다 아날로그 표시장치가 유리하다.
② 동목(Moving Scale)형 아날로그 표시장치는 표시장치의 면적을 최소화할 수 있는 장점이 있다.
③ 연속적으로 변화하는 양을 나타내는 데에는 일반적으로 아날로그보다 디지털 표시장치가 유리하다.
④ 동침(Moving Pointer)형 아날로그 표시장치는 바늘의 진행 방향과 증감 속도에 대한 인식적인 암시 신호를 얻는 것이 불가능한 단점이 있다.

**해설**
정량적 표시장치의 종류(정량적인 동적 표시장치)

| | | |
|---|---|---|
| 아날로그 (Analog) | 정목동침형 (Moving Pointer) (지침이동형) | • 눈금이 고정되고 지침이 움직이는 형(고정눈금 이동지침 표시장치)<br>• 일정한 범위에서 수치가 자주 또는 계속 변하는 경우 가장 유용한 표시장치<br>• 지침의 위치는 인식적인 암시 신호를 얻을 수 있다. |
| | 정침동목형 (Moving Scale) (지침고정형) | • 지침이 고정되고 눈금이 움직이는 형(이동눈금 고정지침 표시장치)<br>• 나타내고자 하는 값의 범위가 클 때, 비교적 작은 눈금판에 모두 나타내고자 할 때(공간을 적게 차지하는 이점이 있음) |
| 디지털 (Digital) | 계수형 (Digital) | • 전력계나 택시 요금 계기와 같이 기계, 전자적으로 숫자가 표시되는 형<br>• 출력되는 값을 정확하게 읽어야 하는 경우에 가장 적합하다.(수치를 정확하게 읽어야 할 경우)<br>• 판독 오차는 원형 표시 장치보다 적을 뿐 아니라 판독(평균반응)시간도 짧다.(계수형: 0.94초, 원형: 3.54초) |

## 22 다음 중 조작상의 과오로 기기의 일부에 고장이 발생하는 경우, 이 부분의 고장으로 인하여 사고가 발생하는 것을 방지하도록 설계하는 방법은?

① 신뢰성 설계
② 페일 세이프(Fail Safe) 설계
③ 풀 프루프(Fool Proof) 설계
④ 사고 방지(Accident Proof) 설계

**해설**

페일 세이프와 풀 프루프

| 구분 | Fail Safe | Fool Proof |
|---|---|---|
| 정의 | 기계나 그 부품에 파손·고장이나 기능불량이 발생하여도 항상 안전하게 작동할 수 있는 기능을 가진 구조 | 작업자가 기계를 잘못 취급하여 불안전 행동이나 실수를 하여도 기계설비의 안전 기능이 작용되어 재해를 방지할 수 있는 기능을 가진 구조 |
| 예 | 퓨즈(Fuse), 엘리베이터의 정전 시 제동장치 등 | 세탁기 탈수 중 문을 열면 정지, 프레스에서 실수로 손이 금형 사이로 들어가면 멈춘다. |

## 23 산업안전보건기준에 관한 규칙상 "강렬한 소음작업"에 해당하는 기준은?

① 85데시벨 이상의 소음이 1일 4시간 이상 발생하는 작업
② 85데시벨 이상의 소음이 1일 8시간 이상 발생하는 작업
③ 90데시벨 이상의 소음이 1일 4시간 이상 발생하는 작업
④ 90데시벨 이상의 소음이 1일 8시간 이상 발생하는 작업

**해설**

강렬한 소음작업
1. 90데시벨 이상의 소음이 1일 8시간 이상 발생하는 작업
2. 95데시벨 이상의 소음이 1일 4시간 이상 발생하는 작업
3. 100데시벨 이상의 소음이 1일 2시간 이상 발생하는 작업
4. 105데시벨 이상의 소음이 1일 1시간 이상 발생하는 작업
5. 110데시벨 이상의 소음이 1일 30분 이상 발생하는 작업
6. 115데시벨 이상의 소음이 1일 15분 이상 발생하는 작업

## 24 사무실 의자나 책상에 적용할 인체 측정 자료의 설계 원칙으로 가장 적합한 것은?

① 평균치 설계
② 조절식 설계
③ 최대치 설계
④ 최소치 설계

**해설**

인체계측 자료의 응용원칙의 사례
1. 극단치를 이용한 설계
   ㉠ 최대 집단치 설계 : 출입문, 탈출구의 크기, 통로, 그네, 줄사다리, 버스 내 승객용 좌석 간 거리. 위험구역 울타리 등
   ㉡ 최소 집단치 설계 : 선반의 높이, 조종 장치까지의 거리, 비상벨의 위치 설계 등
2. 조절 가능한 설계
   자동차 좌석의 전후 조절, 사무실 의자의 상하 조절, 책상 높이 등
3. 평균치를 이용한 설계
   가게나 은행의 계산대, 식당 테이블, 출근버스 손잡이 높이, 안내 데스크 등

## 25 인간공학에 있어 기본적인 가정에 관한 설명으로 틀린 것은?

① 인간 기능의 효율은 인간-기계 시스템의 효율과 연계된다.
② 인간에게 적절한 동기부여가 된다면 좀 더 나은 성과를 얻게 된다.
③ 개인이 시스템에서 효과적으로 기능을 하지 못하여도 시스템의 수행도는 변함없다.
④ 장비, 물건, 환경 특성이 인간의 수행도와 인간-기계 시스템의 성과에 영향을 준다.

**해설**

인간공학의 정의
1. 인간의 특성과 한계 능력을 공학적으로 분석, 평가하여 이를 복잡한 체계의 설계에 응용함으로써 효율을 최대로 활용할 수 있도록 하는 학문분야이다.
2. 인간의 생리적, 심리적 요소를 연구하여 기계나 설비를 인간의 특성에 맞추어 설계하고자 하는 것이다.
3. 사람과 작업 간의 적합성에 관한 과학을 말한다.
4. 인간공학의 초점은 인간이 만들어 생활의 여러 가지 면에서 사용하는 물건, 기구 또는 환경을 설계하는 과정에서 인간을 고려하는 데 있다.

> **TIP** 개인이 시스템에서 효과적으로 기능을 하지 못하면 시스템은 개인의 기능에 맞게 수행은 변하여야 한다.

**정답** 22 ② 23 ④ 24 ② 25 ③

**26** "표시장치와 이에 대응하는 조종장치 간의 위치 또는 배열이 인간의 기대와 모순되지 않아야 한다."는 인간 공학적 설계원리와 가장 관계가 깊은 것은?

① 개념양립성
② 공간양립성
③ 운동양립성
④ 문화양립성

**해설**

양립성의 종류

| | |
|---|---|
| 공간 양립성 | • 표시장치와 이에 대응하는 조종장치 간의 위치 또는 배열이 인간의 기대와 모순되지 않아야 한다.<br>• 가스버너에서 오른쪽 조리대는 오른쪽 조절장치로, 왼쪽 조리대는 왼쪽 조절장치로 조정하도록 배치한다. |
| 운동 양립성 | • 조작장치의 방향과 표시장치의 움직이는 방향이 사용자의 기대와 일치하는 것<br>• 자동차를 운전하는 과정에서 우측으로 회전하기 위하여 핸들을 우측으로 돌린다. |
| 개념 양립성 | • 사람들이 가지고 있는(이미 사람들이 학습을 통해 알고 있는) 개념적 연상에 관한 기대와 일치하는 것<br>• 냉온수기에서 빨간색은 온수, 파란색은 냉수가 나온다. |
| 양식 양립성 | 음성과업에 대해서는 청각적 자극 제시와 이에 대한 음성 응답 등에 해당 |

**27** 다음 중 동작경제의 원칙에 있어 신체사용에 관한 원칙이 아닌 것은?

① 두 손의 동작은 같이 시작해서 같이 끝나야 한다.
② 손의 동작은 유연하고 연속적인 동작이어야 한다.
③ 공구, 재료 및 제어장치는 사용하기 가까운 곳에 배치해야한다.
④ 동작이 급작스럽게 크게 바뀌는 직선 동작은 피해야 한다.

**해설**

동작경제의 원칙

| | |
|---|---|
| 신체사용에 관한 원칙 | • 두 손의 동작은 같이 시작하고 같이 끝나도록 한다.<br>• 휴식시간을 제외하고는 양손이 같이 쉬지 않도록 한다.<br>• 두 팔의 동작은 서로 반대방향으로 대칭적으로 움직인다.<br>• 손과 신체의 동작은 작업을 원만하게 처리할 수 있는 범위 내에서 가장 낮은 동작 등급을 사용하도록 한다.<br>• 가능한 한 관성을 이용하여 작업을 하도록 하되, 작업자가 관성을 억제하여야 하는 경우에는 발생되는 관성을 최소한도로 줄인다.<br>• 손의 동작은 유연하고 연속적인 동작이 되도록 하며, 방향이 갑자기 크게 바뀌는 모양의 직선동작은 피하도록 한다.<br>• 탄도동작(Ballistic Movements)은 제한되거나 통제된 동작보다 더 신속, 정확, 용이하다.<br>• 가능하다면 쉽고도 자연스러운 리듬이 작업 동작에 생기도록 작업을 배치한다.<br>• 눈의 초점을 모아야 작업을 할 수 있는 경우는 가능하면 없애고, 불가피한 경우에는 눈의 초점이 모아지는 서로 다른 두 작업 지점 간의 거리를 짧게 한다. |
| 작업장 배치에 관한 원칙 | • 모든 공구나 재료는 자기 위치에 있도록 한다.<br>• 공구, 재료 및 제어장치는 사용위치에 가까이 두도록 한다.<br>• 중력을 이용한 부품상자나 용기를 이용하여 부품을 제품 사용위치에 가까이 보낼 수 있도록 한다.<br>• 가능하다면 낙하시키는 운반방법을 사용하라.<br>• 공구 및 재료는 동작에 가장 편리한 순서로 배치하여야 한다.<br>• 채광 및 조명장치를 잘 하여야 한다.<br>• 작업자가 작업 중 자세를 변경, 즉 앉거나 서는 것을 임의로 할 수 있도록 작업대와 의자 높이가 조정되도록 한다.<br>• 작업자가 좋은 자세를 취할 수 있도록 의자는 높이뿐만 아니라 디자인도 좋아야 한다. |
| 공구 및 설비 디자인에 관한 원칙 | • 치구나 발로 작동시키는 기기를 사용할 수 있는 작업에서는 이러한 기기를 활용하여 양손이 다른 일을 할 수 있도록 한다.<br>• 공구의 기능은 결합하여서 사용하도록 한다.<br>• 공구와 자재는 가능한 한 사용하기 쉽도록 미리 위치를 잡아준다.<br>• 각 손가락에 서로 다른 작업을 할 때에는 작업량을 각 손가락의 능력에 맞게 분배해야 한다.<br>• 레버, 핸들 및 제어장치는 작업자가 몸의 자세를 크게 바꾸지 않더라도 조작하기 쉽도록 배열한다. |

## 28 인간-기계 시스템에 관한 설명으로 틀린 것은?

① 자동 시스템에서는 인간요소를 고려하여야 한다.
② 자동차 운전이나 전기 드릴 작업은 반자동 시스템의 예시이다.
③ 자동 시스템에서 인간은 감시, 정비유지, 프로그램 등의 작업을 담당한다.
④ 수동 시스템에서 기계는 동력원을 제공하고 인간의 통제하에서 제품을 생산한다.

**해설**

인간-기계 통합 체계의 유형

| | |
|---|---|
| 수동시스템 | • 수공구나 기타 보조물로 이루어지며 자신의 신체적인 힘을 원동력으로 사용하여 작업을 통제하는 시스템(인간이 사용자나 동력원으로 가능)<br>• 다양성 있는 체계로 역할을 할 수 있는 능력을 충분히 활용하는 시스템<br>예 장인과 공구, 가수와 앰프 |
| 기계시스템 | • 고도로 통합된 부품들로 구성되어 있으며, 일반적으로 변화가 거의 없는 기능들을 수행하는 시스템<br>• 운전자의 조종에 의해 운용되며 융통성이 없는 시스템<br>• 동력은 기계가 제공하며, 조종장치를 사용하여 통제하는 것은 사람이다.<br>• 반자동 체계라고도 한다.<br>예 엔진, 자동차, 공작기계 |
| 자동시스템 | • 체계가 감지, 정보보관, 정보처리 및 의사결정, 행동을 포함한 모든 임무를 수행하는 체계<br>• 대부분의 자동시스템은 폐회로를 갖는 체계이며, 인간요소를 고려하여야 한다.<br>• 신뢰성이 완전한 자동체계란 불가능하므로 인간은 감시, 정비, 보전, 계획수립 등의 기능을 수행한다.<br>예 자동화된 처리공장, 자동교환대, 컴퓨터 |

## 29 경계 및 경보신호의 설계지침으로 틀린 것은?

① 주의를 환기시키기 위하여 변조된 신호를 사용한다.
② 배경소음의 진동수와 다른 진동수의 신호를 사용한다.
③ 귀는 중음역에 민감하므로 500~3,000Hz의 진동수를 사용한다.
④ 300m 이상의 장거리용으로는 1,000Hz를 초과하는 진동수를 사용한다.

**해설**

경계 및 경보 신호를 선택, 설계할 때의 지침
1. 귀는 중음역에 가장 민감하므로 500~3,000Hz의 진동수를 사용
2. 고음은 멀리 가지 못하므로 300m 이상의 장거리용으로는 1,000Hz 이하의 진동수를 사용
3. 신호가 장애물을 돌아가거나 칸막이를 통과해야 할 경우에는 500Hz 이하의 진동수를 사용
4. 주의를 끌기 위해서 변조된 신호를 사용(초당 1~8번 나는 소리나 초당 1~3번 오르내리는 변조된 신호)
5. 배경소음의 진동수와 다른 신호를 사용(신호는 최소 0.5~1초 지속)
6. 경보효과를 높이기 위해서 개시시간이 짧은 고강도 신호 사용
7. 주변 소음에 대한 은폐효과를 막기 위해 500~1,000Hz 신호를 사용하여, 적어도 30dB 이상 차이가 나야 함
8. 가능하다면 다른 용도에 쓰이지 않는 확성기, 경적 등과 같은 별도의 통신계통을 사용

## 30 다음 중 FTA에서 시스템의 기능을 살리는 데 필요한 최소요인이 집합을 무엇이라 하는가?

① Critical Set
② Minimal Gate
③ Minimal Path
④ Boolean Indicated Cut Set

**해설**

미니멀 패스셋(Minimal Path Set)
1. 미니멀 패스셋은 정상사상이 일어나지 않기 위한 필요한 최소한의 것을 말한다.
2. 미니멀 패스셋은 어느 고장이나 실수를 일으키지 않으면 재해가 일어나지 않는다는 것으로 시스템의 신뢰성을 타나내는 것이다.
3. 미니멀 패스셋은 시스템의 기능을 살리는 최소요인의 집합이다.

## 31 다음 중 안전성 평가의 기본원칙 6단계 과정에 해당 되지 않는 것은?

① 작업 조건의 분석
② 정성적 평가
③ 안전대책
④ 관계자료의 정비검토

**정답** 28 ④ 29 ④ 30 ③ 31 ①

### 해설
**안전성 평가의 기본원칙**
안전성 평가는 6단계에 의해 실시되며, 경우에 따라 5단계와 6단계가 동시에 이루어지는 경우도 있다.
1. 제1단계 : 관계자료의 정비검토
2. 제2단계 : 정성적 평가
3. 제3단계 : 정량적 평가
4. 제4단계 : 안전대책
5. 제5단계 : 재해정보에 의한 재평가
6. 제6단계 : FTA에 의한 재평가

**32** 다음 중 소음에 대한 대책으로 가장 적합하지 않은 것은?

① 소음원의 통제
② 소음의 격리
③ 소음의 분배
④ 적절한 배치

### 해설
**소음방지대책**
1. 소음원의 제거 : 가장 적극적인 대책
2. 소음원을 통제 : 기계의 적절한 설계, 정비 및 주유, 고무 받침대 부착, 소음기 사용(차량) 등
3. 소음의 격리 : 씌우개(Enclosure), 장벽을 사용(창문을 닫으면 약 10dB 감음됨)
4. 적절한 배치(Layout)
5. 음향 처리제 사용
6. 차폐 장치(Baffle) 및 흡음재 사용
7. 방음 보호 용구

**33** 시스템의 수명 및 신뢰성에 관한 설명으로 틀린 것은?

① 병렬설계 및 디레이팅 기술로 시스템의 신뢰성을 증가시킬 수 있다.
② 직렬시스템에서는 부품들 중 최소 수명을 갖는 부품에 의해 시스템 수명이 정해진다.
③ 수리가 가능한 시스템의 평균수명(MTBF)은 평균고장률($\lambda$)과 정비례 관계가 성립한다.
④ 수리가 불가능한 구성요소로 병렬구조를 갖는 설비는 중복도가 늘어날수록 시스템 수명이 길어진다.

### 해설
**평균고장간격(MTBF ; Mean Time Between Failure)**
1. 수리하여 사용이 가능한 시스템에서 고장과 고장 사이의 정상적인 상태로 동작하는 평균시간(고장과 고장 사이 시간의 평균치)
2. 고장률
$$MTBF = \frac{1}{\lambda(평균고장률)}$$
즉, MTBF는 평균고장률에 반비례한다.

**34** 시스템 안전분석 방법 중 HAZOP에서 "완전대체"를 의미하는 것은?

① NOT
② REVERSE
③ PART OF
④ OTHER THAN

### 해설
**지침단어(가이드 워드)의 의미**

| GUIDE WORD | 의미 |
| --- | --- |
| NO 혹은 NOT | 설계의도의 완전한 부정 |
| MORE 혹은 LESS | 양의 증가 혹은 감소 (정량적 증가 혹은 감소) |
| AS WELL AS | 성질상의 증가 (정성적 증가) |
| PART OF | 성질상의 감소 (정성적 감소) |
| REVERSE | 설계의도의 논리적인 역 (설계의도와 반대현상) |
| OTHER THAN | 완전한 대체의 필요 |

**35** 의자 설계 시 고려해야 할 일반적인 원리와 가장 거리가 먼 것은?

① 자세고정을 줄인다.
② 조정이 용이해야 한다.
③ 디스크가 받는 압력을 줄인다.
④ 요추 부위의 후만곡선을 유지한다.

### 해설
**의자 설계 시 고려하여야 할 원리**
1. 등받이의 굴곡은 요추 부위의 전만곡선을 유지한다.
2. 조정이 용이해야 한다.
3. 자세고정을 줄인다.
4. 디스크(추간판)가 받는 압력을 줄인다.
5. 정적인 부하를 줄인다.
6. 의자의 높이는 오금의 높이보다 같거나 낮아야 한다.

**정답** 32 ③ 33 ③ 34 ④ 35 ④

**36** 다음 중 FTA(Fault Tree Analysis)에 사용되는 논리기호와 명칭이 올바르게 연결된 것은?

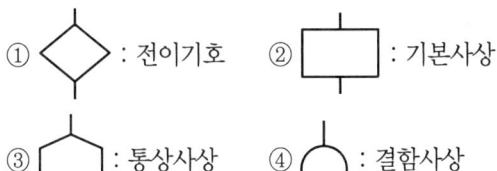

**해설**

FTA분석 기호

| 번호 | 기호 | 명칭 | 내용 |
|---|---|---|---|
| 1 | □ | 결함사상 | 사고가 일어난 사상(사건) |
| 2 | ○ | 기본사상 | 더 이상 전개가 되지 않는 기본적인 사상 또는 발생확률이 단독으로 얻어지는 낮은 레벨의 기본적인 사상 |
| 3 | ⌂ | 통상사상(가형사상) | 통상발생이 예상되는 사상(예상되는 원인) |
| 4 | ◇ | 생략사상(최후사상) | 정보부족 또는 분석기술 불충분으로 더 이상 전개할 수 없는 사상(작업진행에 따라 해석이 가능할 때는 다시 속행한다.) |
| 5 | △ | 전이기호(이행기호) | FT도상에서 다른 부분에 관한 이행 또는 연결을 나타낸다. 상부에 선이 있는 경우는 다른 부분으로 전입(IN) |
| 6 | △ | 전이기호(이행기호) | FT도상에서 다른 부분에 관한 이행 또는 연결을 나타낸다. 측면에 선이 있는 경우는 다른 부분으로 전출(OUT) |

**37** 반사경 없이 모든 방향으로 빛을 발하는 점광원에서 5m 떨어진 곳의 조도가 120lux라면 2m 떨어진 곳의 조도는?

① 150lux  ② 192.2lux
③ 750lux  ④ 3,000lux

**해설**

조도

$$조도 = \frac{광도}{(거리)^2}$$

1. 광도 = 조도 × (거리)$^2$
2. 5m 거리의 광도 = 120 × 5$^2$ = 3,000[cd]이므로
3. 2m 거리의 조도 = $\frac{3,000}{2^2}$ = 750[lux]

**38** 자동차는 타이어가 4개인 하나의 시스템으로 볼 수 있다. 타이어 1개가 파열될 확률이 0.01이라면, 이 자동차의 신뢰도는 약 얼마인가?

① 0.91  ② 0.93
③ 0.96  ④ 0.99

**해설**

신뢰도
1. 타이어 1개의 신뢰도(파열되지 않을 확률)
   $R = 1 - 0.01 = 0.99$
2. 자동차 타이어는 직렬로 연결(1개의 타이어만 파열되어도 시스템은 정지)
   $R = 0.99 × 0.99 × 0.99 × 0.99 ≒ 0.96$

**39** 다음 중 인체에서 뼈의 주요 기능이 아닌 것은?

① 인체의 지주  ② 장기의 보호
③ 골수의 조혈  ④ 근육의 대사

**해설**

골격의 주요 기능
1. 지지(Support) : 신체를 지지하고 형상을 유지하는 역할
2. 보호(Protection) : 주요한 부분(생명기관)을 보호하는 역할
3. 근부착(Muscle Attachment) : 골격근이 수축할 때 지렛대 역할을 하여 신체활동(인체운동)을 수행하는 역할
4. 조혈(Blood Cell Production) : 골수에서 혈구를 생산하는 조혈작용
5. 무기질 저장(Mineral Storage) : 칼슘, 인산의 중요한 저장고가 되며 나트륨과 마그네슘 이온의 작은 저장고 역할

**40** 다음 중 사고원인 가운데 인간의 과오에 기인된 원인분석, 확률을 계산함으로써 제품의 결함을 감소시키고, 인간공학적 대책을 수립하는 데 사용되는 분석기법은?

① CA  ② FMEA
③ THERP  ④ MORT

**정답** 36 ③  37 ③  38 ③  39 ④  40 ③

### 해설
인간과오율 예측기법(THERP ; Technique for Human Error Rate Prediction)
1. 사고원인 가운데 인간의 과오나 기인된 원인분석, 확률을 계산함으로써 제품의 결함을 감소시키고, 인간공학적 대책을 수립하는 데 사용되는 분석기법
2. 인간의 과오(Human error)를 정량적으로 평가하기 위해 개발된 기법(Swain 등에 의해 개발된 인간과오율 예측기법)

## 3과목 기계위험 방지기술

**41** 작업자의 신체부위가 위험한계 내로 접근하였을 때 기계적인 작용에 의하여 접근을 못하도록 하는 방호장치는?

① 위치제한형 방호장치
② 접근거부형 방호장치
③ 접근반응형 방호장치
④ 감지형 방호장치

### 해설
작업점의 방호방법
1. 격리형 방호장치
    작업점과 작업자 사이에 접촉되어 일어날 수 있는 재해를 방지하기 위해 차단벽이나 망을 설치하는 방호장치
2. 위치 제한형 방호장치
    작업자의 신체부위가 위험한계 밖에 있도록 기계의 조작장치를 위험한 작업점에서 안전거리 이상 떨어지게 하거나 조작장치를 양손으로 동시에 조작하게 함으로써 위험한계에 접근하는 것을 제한하는 방호장치
3. 접근 반응형 방호장치
    작업자의 신체부위가 위험한계 또는 그 인접한 거리 내로 들어오면 이를 감지하여 그 즉시 기계의 동작을 정지시키고 경보등을 발하는 방호장치
4. 접근 거부형 방호장치
    작업자의 신체부위가 위험한계 내로 접근하였을 때 기계적인 작용에 의하여 접근을 못하도록 저지하는 방호장치
5. 포집형 방호장치
    작업자로부터 위험원을 차단하는 방호장치
6. 감지형 방호장치
    이상온도, 이상기압, 과부하 등 기계의 부하가 안전한계치를 초과하는 경우 이를 감지하고 자동으로 안전한 상태가 되도록 조정하거나 기계의 작동을 중지시키는 방호장치

**42** 롤러기의 가드와 위험점검간의 거리가 100mm일 경우 ILO 규정에 의한 가드 개구부의 안전간격은?

① 11mm
② 21mm
③ 26mm
④ 31mm

### 해설
롤러기 가드의 개구부 간격(ILO 기준(위험점이 전동체가 아닌 경우)

$$Y = 6 + 0.15X (X < 160mm)$$
(단, $X \geq 160mm$일 때, $Y = 30mm$)

여기서, $X$ : 가드와 위험점 간의 거리(안전거리)(mm)
$Y$ : 가드 개구부 간격(안전간극)(mm)

$Y = 6 + 0.15X = 6 + 0.15 \times 100 = 21[mm]$

**43** 고용노동부장관이 실시하는 공정안전관리 이행수준 평가결과가 우수한 사업장을 제외한 나머지 사업장은 보일러 압력방출장치에 대하여 몇 년마다 1회 이상 토출압력을 시험하여야 하는가?

① 1년
② 2년
③ 3년
④ 4년

### 해설
보일러의 압력방출장치
1. 보일러의 안전한 가동을 위하여 보일러 규격에 맞는 압력방출장치를 1개 또는 2개 이상 설치하고 최고사용압력(설계압력 또는 최고허용압력) 이하에서 작동되도록 하여야 한다.
2. 압력방출장치가 2개 이상 설치된 경우에는 최고사용압력 이하에서 1개가 작동되고, 다른 압력방출장치는 최고사용압력 1.05배 이하에서 작동되도록 부착하여야 한다.
3. 압력방출장치는 매년 1회 이상 교정을 받은 압력계를 이용하여 설정압력에서 압력방출장치가 적정하게 작동하는지를 검사한 후 납으로 봉인하여 사용하여야 한다.(공정안전보고서 이행상태 평가결과가 우수한 사업장은 압력방출장치에 대하여 4년마다 1회 이상 설정압력에서 압력방출장치가 적정하게 작동하는지를 검사할 수 있다.)
4. 스프링식, 중추식, 지렛대식(일반적으로 스프링식 안전밸브가 많이 사용)

## 44 기계설비의 위험점에서 끼임점(Shear Point) 형성에 해당되지 않는 것은?

① 연삭숫돌과 작업대
② 체인과 스프로킷
③ 반복동작되는 링크기구
④ 교반기의 날개와 몸체사이

### 해설
기계운동 형태에 따른 위험점 분류

| | | |
|---|---|---|
| 협착점 (Squeeze Point) | 왕복운동을 하는 운동부와 움직임이 없는 고정부 사이에서 형성되는 위험점(고정점+운동점) | • 프레스 • 전단기<br>• 성형기 • 조형기<br>• 밴딩기 • 인쇄기 |
| 끼임점 (Shear Point) | 회전운동하는 부분과 고정부 사이에 위험이 형성되는 위험점(고정점+회전운동) | • 연삭숫돌과 작업대<br>• 반복동작되는 링크기구<br>• 교반기의 날개와 몸체사이<br>• 회전풀리와 벨트 |
| 절단점 (Cutting Point) | 회전하는 운동부 자체의 위험이나 운동하는 기계부분 자체의 위험에서 형성되는 위험점(회전운동+기계) | • 밀링커터<br>• 둥근 톱의 톱날<br>• 목공용 띠톱 날 |
| 물림점 (Nip Point) | 회전하는 두 개의 회전체에 형성되는 위험점 (서로 반대방향의 회전체)(중심점+반대방향의 회전운동) | • 기어와 기어의 물림<br>• 롤러와 롤러의 물림<br>• 롤러분쇄기 |
| 접선 물림점 (Tangential Nip Point) | 회전하는 부분의 접선 방향으로 물려들어갈 위험이 있는 위험점 | • V벨트와 풀리<br>• 랙과 피니언<br>• 체인벨트<br>• 평벨트 |
| 회전 말림점 (Trapping Point) | 회전하는 물체의 길이, 굵기, 속도 등의 불규칙 부위와 돌기 회전부위에 의해 장갑 또는 작업복 등이 말려들 위험이 있는 위험점 | • 회전하는 축<br>• 커플링<br>• 회전하는 드릴 |

## 45 산업안전보건법령상 목재가공용 둥근톱 작업에서 분할날과 톱날 원주면과의 간격은 최대 얼마 이내가 되도록 조정하는가?

① 10mm  ② 12mm
③ 14mm  ④ 16mm

### 해설
분할날의 설치구조
1. 분할 날의 두께는 둥근톱 두께의 1.1배 이상일 것

$$1.1t_1 \leq t_2 < b$$

여기서, $t_1$ : 톱두께
$t_2$ : 분할날두께
$b$ : 치진폭

2. 견고히 고정할 수 있으며 분할날과 톱날 원주면과의 거리는 12mm 이내로 조정, 유지할 수 있어야 하고 표준 테이블면(승강반에 있어서도 테이블을 최하로 내린 때의 면) 상의 톱 뒷날의 2/3 이상을 덮도록 할 것
3. 재료는 KS D 3751(탄소공구강재)에서 정한 STC 5(탄소공구강) 또는 이와 동등 이상의 재료를 사용할 것
4. 분할날 조임볼트는 2개 이상이어야 하며 볼트는 이완방지 조치가 되어 있어야 한다.

## 46 산소-아세틸렌 용접작업에 있어 고무호스에 역화 현상이 발생하였다면 다음 중 가장 먼저 취하여야 할 조치사항은?

① 산소 밸브를 잠근다.
② 토치를 물에 넣는다.
③ 아세틸렌 밸브를 잠근다.
④ 산소 밸브 및 아세틸렌 밸브를 동시에 잠근다.

### 해설
토치 취급상 주의사항
1. 팁을 모래나 먼지 위에 놓지 말 것
2. 토치를 함부로 분해하지 말 것
3. 팁이 과열된 때는 아세틸렌 가스를 멈추고 산소만 다소 분출시키면서 물속에 넣어 냉각시킬 것
4. 점화 시 아세틸렌 밸브를 열고 점화 후 산소를 밸브를 열어 조절
5. 작업 종료 후 또는 고무호스에 역화·역류발생 시에는 산소밸브를 가장 먼저 잠근다.
6. 용접토치팁의 청소는 팁클리너로 하는 것이 가장 좋다.

**47** 산업안전보건법령상 산업용 로봇에 의한 작업 시 안전조치 사항으로 적절하지 않은 것은?

① 로봇의 운전으로 인해 근로자가 로봇에 부딪힐 위험이 있을 때에는 높이 1.8m 이상의 울타리를 설치하여야 한다.
② 작업을 하고 있는 동안 로봇의 기동스위치 등은 작업에 종사하고 있는 근로자가 아닌 사람이 그 스위치 등을 조작할 수 없도록 필요한 조치를 한다.
③ 로봇의 조작방법 및 순서, 작업 중의 매니퓰레이터의 속도 등에 관한 지침에 따라 작업을 하여야 한다.
④ 작업에 종사하는 근로자가 이상을 발견하면, 관리감독자에게 우선 보고하고, 지시가 나올 때까지 작업을 진행한다.

**해설**

교시 등의 작업 시 안전조치 사항
1. 다음 각 목의 사항에 관한 지침을 정하고 그 지침에 따라 작업을 시킬 것
   ㉠ 로봇의 조작방법 및 순서
   ㉡ 작업 중의 매니퓰레이터의 속도
   ㉢ 2명 이상의 근로자에게 작업을 시킬 경우의 신호방법
   ㉣ 이상을 발견한 경우의 조치
   ㉤ 이상을 발견하여 로봇의 운전을 정지시킨 후 이를 재가동시킬 경우의 조치
   ㉥ 그 밖에 로봇의 예기치 못한 작동 또는 오조작에 의한 위험을 방지하기 위하여 필요한 조치
2. 작업에 종사하고 있는 근로자 또는 그 근로자를 감시하는 사람은 이상을 발견하면 즉시 로봇의 운전을 정지시키기 위한 조치를 할 것
3. 작업을 하고 있는 동안 로봇의 기동스위치 등에 작업 중이라는 표시를 하는 등 작업에 종사하고 있는 근로자가 아닌 사람이 그 스위치 등을 조작할 수 없도록 필요한 조치를 할 것

운전 중 위험방지(근로자가 로봇에 부딪힐 위험이 있을 경우)
1. 높이 1.8미터 이상의 울타리 설치
2. 컨베이어 시스템의 설치 등으로 울타리를 설치할 수 없는 일부 구간 : 안전매트 또는 광전자식 방호장치 등 감응형 방호장치 설치

**48** 다음 중 지게차의 작업 상태별 안정도에 관한 설명으로 틀린 것은?(단, $V$는 최고속도(km/h)이다.)

① 기준 부하상태에서 하역작업 시의 전후 안정도는 20% 이내이다.
② 기준 부하상태에서 하역작업 시의 좌우 안정도는 6% 이내이다.
③ 기준 무부하상태에서 주행 시의 전후 안정도는 18% 이내이다.
④ 기준 무부하상태에서 주행 시의 좌우 안정도는 $(15+1.1V)$% 이내이다.

**해설**

지게차의 안정도 기준
1. 하역작업 시의 전후안정도 4% 이내(5톤 이상 : 3.5%이내)(최대하중상태에서 포크를 가장 높이 올린 경우)
2. 주행 시의 전후안정도 18% 이내
3. 하역작업 시의 좌우안정도 6% 이내(최대하중상태에서 포크를 가장 높이 올리고 마스트를 가장 뒤로 기울인 경우)
4. 주행 시의 좌우안정도 $(15+1.1V)$% 이내, $V$ : 최고속도(km/h)

**49** 프레스의 양수조작식 방호장치에서 양쪽 누름 버튼의 상호 간의 내측거리는 몇 mm 이상이어야 하는가?

① 400mm   ② 300mm
③ 200mm   ④ 100mm

**해설**

양수조작식 누름버튼의 상호 간 내측거리는 300mm 이상이어야 한다.

**50** 산업안전보건법령상 프레스의 작업시작 전 점검 사항이 아닌 것은?

① 금형 및 고정볼트 상태
② 방호장치의 기능
③ 전단기의 칼날 및 테이블의 상태
④ 트롤리(Trolley)가 횡행하는 레일의 상태

**정답** 47 ④ 48 ① 49 ② 50 ④

#### 해설
프레스 등의 작업시작 전 점검사항
1. 클러치 및 브레이크의 기능
2. 크랭크축·플라이휠·슬라이드·연결봉 및 연결 나사의 풀림 여부
3. 1행정 1정지기구·급정지장치 및 비상정지장치의 기능
4. 슬라이드 또는 칼날에 의한 위험방지 기구의 기능
5. 프레스의 금형 및 고정볼트 상태
6. 방호장치의 기능
7. 전단기의 칼날 및 테이블의 상태

### 51 질량 100kg의 화물이 와이어로프에 매달려 2m/s²의 가속도로 권상되고 있다. 이때 와이어로프에 작용하는 장력의 크기는 몇 N인가?(단, 여기서 중력가속도는 10m/s²로 한다.)

① 200N  
② 1,000N  
③ 1,200N  
④ 2,000N  

#### 해설
와이어로프에 걸리는 하중계산

| 와이어로프에 걸리는 총 하중 | 총하중($W$) = 정하중($W_1$) + 동하중($W_2$)<br>동하중($W_2$) = $\dfrac{W_1}{g} \times a$<br>[$g$: 중력가속도(9.8m/s²), $a$: 가속도(m/s²)] |
|---|---|
| 와이어로프에 작용하는 장력 | 장력[N] = 총하중[kg] × 중력가속도[m/s²] |

1. 동하중
   동하중($W_2$) = $\dfrac{W_1}{g} \times a = \dfrac{100}{10} \times 2 = 20$(kgf)
2. 총하중
   총하중($W$) = 정하중($W_1$) + 동하중($W_2$) = 100 + 20 = 120(kgf)
3. 장력
   장력[N] = 총하중[kg] × 중력가속도[m/s²] = 120(kgf) × 10 = 1,200(N)

### 52 다음 중 연삭숫돌의 파괴원인으로 거리가 먼 것은?
① 플랜지가 현저히 클 때
② 숫돌에 균열이 있을 때
③ 숫돌의 측면을 사용할 때
④ 숫돌의 치수, 특히 내경의 크기가 적당하지 않을 때

#### 해설
연삭숫돌의 파괴 원인
1. 숫돌의 회전속도가 너무 빠를 때
2. 숫돌 자체에 균열이 있을 때
3. 숫돌에 과대한 충격을 가할 때
4. 숫돌의 측면을 사용하여 작업할 때
5. 숫돌의 불균형이나 베어링 마모에 의한 진동이 있을 때 (숫돌이 경우에 따라 파손될 수 있다.)
6. 숫돌 반경방향의 온도변화가 심할 때
7. 작업에 부적당한 숫돌을 사용할 때
8. 숫돌의 치수가 부적당할 때
9. 플랜지가 현저히 작을 때

### 53 압력용기에 설치해야 하는 안전장치는?
① 압력방출장치
② 압력제한스위치
③ 고저수위조절장치
④ 화염검출기

#### 해설
압력용기 및 공기압축기 안전장치

| 압력용기 | 최고사용압력이하에서 작동하는 압력방출장치(안전밸브 및 파열판)를 설치하여야 한다. |
|---|---|
| 공기압축기 | 압력방출장치 및 언로드밸브(압력제한스위치를 포함)를 설치하여야 한다. |

### 54 드릴링 작업에서 일감의 고정방법에 대한 설명으로 적절하지 않은 것은?
① 일감이 작을 때는 바이스로 고정한다.
② 일감이 작고 길 때에는 플라이어로 고정한다.
③ 일감이 크고 복잡할 때에는 볼트와 고정구(클램프)로 고정한다.
④ 대량생산과 정밀도를 요구할 때에는 지그로 고정한다.

#### 해설
드릴링 작업에서 일감(공작물)의 고정방법
1. 일감이 작을 때 : 바이스로 고정
2. 일감이 크고 복잡할 때 : 볼트와 고정구(클램프)로 고정
3. 대량 생산과 정밀도를 요할 때 : 지그(Jig)로 고정
4. 얇은 판의 재료일 때 : 나무판을 받치고 기구로 고정

정답 51 ③ 52 ① 53 ① 54 ②

**55** 확동 클러치의 봉합개소의 수는 4개, 300SPM (Stroke Per Minute)의 완전회전식 클러치 기구가 있는 프레스의 양수기동식 방호장치의 안전거리는 약 몇 mm 이상이어야 하는가?

① 360
② 315
③ 240
④ 225

**해설**
방호장치 설치 안전거리(양수기동식)

$$D_m = 1.6 T_m$$

여기서, $D_m$ : 안전거리(mm)
$T_m$ : 양손으로 누름단추 누르기 시작할 때부터 슬라이드가 하사점에 도달하기까지 소요시간(ms)

$$T_m = \left(\frac{1}{\text{클러치 맞물림 개소수}} + \frac{1}{2}\right) \times \frac{60,000}{\text{매분 행정수}} (\text{ms})$$

1. $T_m = \left(\frac{1}{4} + \frac{1}{2}\right) \times \frac{60,000}{300} = 150(\text{ms})$
2. $D_m = 1.6 \times 150 = 240(\text{mm})$

**56** 연삭기에서 숫돌의 바깥지름이 150mm일 경우 평형 플랜지 지름은 몇 mm 이상이어야 하는가?

① 30
② 50
③ 60
④ 90

**해설**
플랜지의 지름
플랜지의 지름은 숫돌지름의 1/3 이상인 것을 사용하며 양쪽 모두 같은 크기로 한다.

$$\text{플랜지의 지름} = \text{숫돌지름} \times \frac{1}{3}$$

플랜지의 지름 = 숫돌지름 × $\frac{1}{3}$ = 150 × $\frac{1}{3}$ = 50(mm)

**57** 선반작업 시 발생되는 칩(Chip)으로 인한 재해를 예방하기 위하여 칩을 짧게 끊어지게 하는 것은?

① 방진구
② 브레이크
③ 칩 브레이커
④ 덮개

**해설**
칩 브레이커(Chip Breaker)
절삭 중 칩을 자동적으로 끊어 주는 바이트에 설치된 안전장치

**58** 산업용 로봇의 작동 범위 내에서 교시 등의 작업을 하는 때에는 작업시작 전에 점검해야 하는 사항에 해당하는 것은?

① 언로드 밸브 기능의 이상 유무
② 자동제어방치 기능의 이상 유무
③ 제동장치 및 비상정지장치 기능의 이상 유무
④ 권과 방지 장치의 이상 유무

**해설**
작업시작 전 점검사항
로봇의 작동 범위에서 그 로봇에 관하여 교시 등(로봇의 동력원을 차단하고 하는 것은 제외한다)의 작업을 할 때
1. 외부 전선의 피복 또는 외장의 손상 유무
2. 매니퓰레이터(Manipulator) 작동의 이상 유무
3. 제동장치 및 비상정지장치의 기능

**59** 방호장치의 설치목적과 가장 관계가 먼 것은?

① 가공물 등의 낙하에 의한 위험 방지
② 위험부위와 신체의 접촉방지
③ 방음이나 집진
④ 주유나 검사의 편리성

**해설**
주유나 검사의 편리성을 위해서 방호장치를 설치하지는 않는다.

방호장치의 기본 목적
1. 작업자의 보호
2. 인적, 물적 손실의 방지
3. 기계 위험 부위의 접촉 방지 등

**60** 보일러 부하의 급변, 수위의 과상승 등에 의해 수분이 증기와 분리되지 않아 보일러 수면이 심하게 솟아올라 올바른 수위를 판단하지 못하는 현상은?

① 프라이밍
② 모세관
③ 워터해머
④ 역화

### 해설
보일러 취급 시 이상현상

| | |
|---|---|
| 프라이밍<br>(Priming) | 보일러수가 극심하게 끓어서 수면에서 계속하여 물방울이 비산하고 증기부가 물방울로 충만하여 수위가 불안정하게 되는 현상 |
| 포밍<br>(Foaming) | 보일러수에 유지류, 고형물 등의 부유물로 인해 거품이 발생하여 수위를 판단하지 못하는 현상 |
| 캐리오버<br>(Carry Over) | • 보일러에서 증기관 쪽에 보내는 증기에 대량의 물방울이 포함되는 경우로 프라이밍이나 포밍이 생기면 필연적으로 발생<br>• 보일러에서 증기의 순도를 저하시킴으로써 관 내 응축수가 생겨 워터해머의 원인이 되는 것 |
| 워터해머<br>(Water Hammer)<br>(수격작용) | • 증기관 내에서 증기를 보내기 시작할 때 해머로 치는 듯한 소리를 내며 관이 진동하는 현상<br>• 워터해머는 캐리오버에 기인한다. |

## 4과목 전기위험 방지기술

### 61 누전차단기의 구성요소가 아닌 것은?

① 누전검출부
② 영상변류기
③ 차단장치
④ 전력퓨즈

### 해설
누전차단기
누전 검출부, 영상변류기, 차단기구 등으로 구성된 장치로서, 이동형 또는 휴대형의 전기기계·기구 이하의 금속제 외함, 금속제 외피 등에서 누전, 절연파괴 등으로 인하여 지락전류가 발생하면 주어진 시간 이내에 전기기기의 전로를 차단하는 것을 말한다.

### 62 교류 아크용접기의 자동전격방지장치는 아크 발생이 중단된 후 출력 측 무부하 전압을 몇 [V] 이하로 저하시켜야 하는가?

① 25~30  ② 35~50
③ 55~75  ④ 80~100

### 해설
자동전격방지기
1. 교류 아크 용접기는 65~90V의 무부하 전압이 인가되어 감전의 위험성이 높으며, 자동전격방지기를 설치하여 아크 발생을 중단할 때 용접기의 2차(출력) 측 무부하 전압을 25~30V 이하로 유지시켜 감전의 위험을 줄이도록 되어 있다.
2. 즉, 용접 시에만 용접기의 주회로가 접속되고 그 외는 용접기 2차 전압을 안전 전압이하로 제한한다.

> **TIP** 2차(출력) 측 무부하 전압을 자동적으로 25V 이하로 강하시켜야 하나 전원전압의 변동이 있을 경우 30V 이하로 강하시켜야 한다.

### 63 다음 ( ) 안에 들어갈 내용으로 옳은 것은?

> A. 감전 시 인체에 흐르는 전류는 인가전압에 ( ㉠ )하고 인체저항에 ( ㉡ )한다.
> B. 인체는 전류의 열작용이 ( ㉢ )×( ㉣ )이 어느 정도 이상이 되면 발생한다.

① ㉠ 비례, ㉡ 반비례, ㉢ 전류의 세기, ㉣ 시간
② ㉠ 반비례, ㉡ 비례, ㉢ 전류의 세기, ㉣ 시간
③ ㉠ 비례, ㉡ 반비례, ㉢ 전압, ㉣ 시간
④ ㉠ 반비례, ㉡ 비례, ㉢ 전압, ㉣ 시간

### 해설
옴의 법칙 및 전류의 열작용
1. 옴의 법칙
임의의 도체에 흐르는 전류($I$)의 크기는 전압($V$)에 비례하고($R$이 일정한 경우), 저항($R$)에 반비례($V$가 일정한 경우)한다.

$$V = IR[\text{V}], \quad I = \frac{V}{R}[\text{A}], \quad R = \frac{V}{I}[\Omega]$$

여기서, $V$ : 전압[V]
$I$ : 전류[A]
$R$ : 저항[Ω]

2. 전류의 열작용
인체에 전류가 흘러서 (전류의 세기)×(시간)이 어느 정도 이상이 되면 전류의 열작용에 의해 전기의 입구와 출구에 화상이 생기고 체내에서는 세포를 파괴하거나 혈구를 변질시키거나 한다.

정답 61 ④ 62 ① 63 ①

**64** 가수전류(Let-go Current)에 대한 설명으로 옳은 것은?

① 마이크 사용 중 전격으로 사망에 이른 전류
② 전격을 일으킨 전류가 교류인지 직류인지 구별할 수 없는 전류
③ 충전부로부터 인체가 자력으로 이탈할 수 있는 전류
④ 몸이 물에 젖어 전압이 낮은 데도 전격을 일으킨 전류

해설
통전전류에 따른 인체의 영향

| 분류 | 인체에 미치는 전류의 영향 | 통전전류 |
|---|---|---|
| 최소감지전류 | 전류의 흐름을 느낄 수 있는 최소전류 | 상용주파수 60Hz에서 성인남자 1mA |
| 고통한계전류 | 고통을 참을 수 있는 한계전류 | 상용주파수 60Hz에서 성인남자 7~8mA |
| 가수전류 (이탈전류, 마비한계전류) | 인체가 자력으로 이탈할 수 있는 전류 | 상용주파수 60Hz에서 성인남자 10~15mA |
| 불수전류 | 신경이 마비되고 신체를 움직일 수 없으며 말을 할 수 없는 상태(인체가 충전부에 접촉하여 감전되었을 때 자력으로 이탈할 수 없는 상태의 전류) | 상용주파수 60Hz에서 성인남자 15~50mA |
| 심실세동전류 (치사전류) | 심장의 맥동에 영향을 주어 심장마비 상태를 유발하여 수분 이내에 사망 | $I=\dfrac{165}{\sqrt{T}}[mA]$ 일반적으로 50~100mA |

**65** 정전기가 대전된 물체를 제전시키려고 한다. 다음 중 대전된 물체의 절연저항이 증가되어 제전의 효과를 감소시키는 것은?

① 접지한다.
② 건조시킨다.
③ 도전성 재료를 첨가한다.
④ 주위를 가습한다.

해설
정전기재해의 방지대책
1. 접지(도체의 대전방지)
2. 유속의 제한
3. 보호구의 착용
4. 대전방지제 사용
5. 가습(상대습도를 60~70% 정도 유지)
6. 제전기 사용
7. 대전물체의 차폐
8. 정치시간의 확보
9. 도전성 재료 사용

**66** 피뢰기로서 갖추어야 할 성능 중 옳지 않은 것은?

① 방전 개시 전압이 높을 것
② 뇌전류 방전 능력이 클 것
③ 제한전압이 낮을 것
④ 속류 차단을 확실하게 할 수 있을 것

해설
피뢰기의 구비성능
1. 충격 방전 개시 전압과 제한 전압이 낮을 것
2. 반복 동작이 가능할 것
3. 구조가 견고하며 특성이 변화하지 않을 것
4. 점검, 보수가 간단할 것
5. 뇌전류의 방전능력이 클 것
6. 속류의 차단이 확실하게 될 것

**67** 감전사고를 방지하기 위한 대책으로 틀린 것은?

① 전기설비에 대한 보호 접지
② 전기기기에 대한 정격 표시
③ 전기설비에 대한 누전차단기 설치
④ 충전부가 노출된 부분에는 절연 방호구 사용

해설
감전사고에 대한 일반적인 방지대책
1. 전기설비의 점검 철저
2. 전기기기 및 설비의 정비
3. 전기기기 및 설비의 위험부에 위험표시
4. 설비의 필요부분에 보호접지의 실시
5. 충전부가 노출된 부분에는 절연방호구를 사용
6. 고전압 선로 및 충전부에 근접하여 작업하는 작업자는 보호구 착용
7. 유자격자 이외는 전기기계 및 기구에 전기적인 접촉 금지
8. 관리감독자는 작업에 대한 안전교육 시행
9. 사고발생시의 처리순서를 미리 작성하여 둘 것
10. 전기설비에 대한 누전차단기 설치

정답  64 ③  65 ②  66 ①  67 ②

**68** 내부에서 폭발하더라도 틈의 냉각 효과로 인하여 외부의 폭발성 가스에 착화될 우려가 없는 방폭구조는?

① 내압 방폭구조  ② 유입 방폭구조
③ 안전증 방폭구조  ④ 본질안전 방폭구조

**해설**
내압 방폭구조(Flameproof Enclosure, d)
1. 점화원에 의해 용기 내부에서 폭발이 발생할 경우에 용기가 폭발압력에 견딜 수 있고, 화염이 용기 외부의 폭발성 분위기로 전파되지 않도록 한 방폭구조
2. 전폐형 구조로 용기 내에 외부의 폭발성 가스가 침입하여 내부에서 폭발하더라도 용기는 그 압력에 견뎌야 하고 폭발한 고열가스나 화염이 용기의 접합부 틈을 통하여 새어 나가는 동안 냉각되어 외부의 폭발성 가스에 화염이 파급될 우려가 없도록 한 방폭구조

**TIP**
- 유입 방폭구조 : 유체 상부 또는 용기 외부에 존재할 수 있는 폭발성 분위기가 발화할 수 없도록 전기설비 또는 전기설비의 부품을 보호액에 함침시키는 방폭구조
- 안전증 방폭구조 : 전기 기기의 정상 사용조건 및 특정 비정상 상태에서 과도한 온도 상승, 아크 또는 스파크의 발생 위험을 방지하기 위해 추가적인 안전조치를 통한 안전도를 증가시킨 방폭구조
- 본질안전 방폭구조 : 정상작동 및 고장상태 시 발생하는 불꽃, 아크 또는 고온에 의해 폭발성 가스 또는 증기에 점화되지 않는 것이 점화시험, 기타에 의해 확인된 방폭구조

**69** 다음 중 정전기 발생에 영향을 주는 요인이 아닌 것은?

① 분리속도  ② 접촉면적 및 압력
③ 물체의 질량  ④ 물체의 표면상태

**해설**
정전기 발생의 영향요인(정전기 발생요인)

| 물체의 특성 | 일반적으로 대전량은 접촉이나 분리하는 두 가지 물체가 대전서열 내에서 가까운 곳에 있으면 적고 먼 위치에 있을수록 대전량이 큰 경향이 있다. |
|---|---|
| 물체의 표면상태 | • 표면이 거칠수록 정전기 발생량이 커진다.<br>• 기름, 수분, 불순물 등 오염이 심할수록, 산화 부식이 심할수록 정전기 발생량이 커진다. |
| 물체의 이력 | 정전기 발생량은 처음 접촉, 분리가 일어날 때 최대가 되며, 발생횟수가 반복될수록 발생량이 감소한다. |
| 접촉면적 및 압력 | 접촉면적 및 압력이 클수록 정전기 발생량은 커진다. |
| 분리속도 | 분리속도가 빠를수록 정전기 발생량이 커진다. |
| 완화시간 | 완화시간이 길면 전하분리에 주는 에너지도 커져서 정전기 발생량이 커진다. |

**70** 전류가 흐르는 상태에서 단로기를 끊었을 때 여러 가지 파괴작용을 일으킨다. 다음 그림에서 유입차단기의 차단순위와 투입순위가 안전수칙에 가장 적합한 것은?

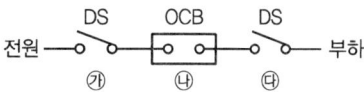

① 차단 : ㉮→㉯→㉰,  투입 : ㉮→㉯→㉰
② 차단 : ㉯→㉰→㉮,  투입 : ㉯→㉰→㉮
③ 차단 : ㉰→㉯→㉮,  투입 : ㉰→㉯→㉮
④ 차단 : ㉯→㉰→㉮,  투입 : ㉰→㉮→㉯

**해설**
유입차단기(OCB)의 투입 및 차단 순서
1. 전원 차단 시 : 차단기(OCB)를 개방한 후 단로기(DS) 개방
2. 전원 투입 시 : 단로기(DS)를 투입한 후 차단기(OCB) 투입

**TIP**
- 단로기가 많을 경우 항상 부하 측부터 먼저 조작한다.
- 차단기 : 차단기는 통상의 부하전류를 개폐하고 사고 시 신속히 회로를 차단하여 전기기기 및 전선류를 보호하고 안전성을 유지하는 기기를 말한다.
- 단로기 : 무부하 선로를 개폐하는 역할을 수행한다.

**71** 방전침에 약 7,000V의 전압을 인가하면 공기가 전리되어 코로나 방전을 일으킴으로써 발생한 이온으로 대전체의 전하를 중화시키는 방법을 이용한 제전기는?

① 전압인가식 제전기
② 자기방전식 제전기
③ 이온스프레이식 제전기
④ 이온식 제전기

**해설**
제전기의 종류

| 전압인가식 제전기 | 약 7,000V 정도의 고전압으로 코로나 방전을 일으켜 제전에 필요한 이온을 발생시키는 장치 |
|---|---|
| 자기방전식 제전기 | 제전대상 물체의 정전에너지를 이용하여 제전에 필요한 이온을 발생시키는 장치 |
| 방사선식 제전기 (이온식 제전기) | 방사선 동위원소 등으로부터 나오는 방사선의 전리작용을 이용하여 제전에 필요한 이온을 만들어 내는 장치 |

**정답** 68 ① 69 ③ 70 ④ 71 ①

**72** 다음 중 화재경보 설비에 해당되지 않는 것은?
① 누전경보기설비  ② 제연설비
③ 비상방송설비  ④ 비상벨설비

▶ 해설
경보설비의 종류
화재발생 사실을 통보하는 기계·기구 또는 설비를 말한다.
1. 단독경보형 감지기
2. 비상경보설비(비상벨설비, 자동식사이렌설비)
3. 시각경보기
4. 자동화재탐지설비
5. 비상방송설비
6. 자동화재속보설비
7. 통합감시시설
8. 누전경보기
9. 가스누설경보기

**73** 다음 중 분진폭발의 위험이 가장 적은 것은?
① 알루미늄분  ② 유황
③ 생석회  ④ 적린

▶ 해설
분진폭발이 없는 물질
1. 생석회(시멘트의 주성분)
2. 석회석 분말
3. 시멘트
4. 수산화칼슘(소석회)

**74** 인체에 전격을 당하였을 경우 만약 통전시간이 1초간 걸렸다면 1,000명 중 5명이 심실세동을 일으킬 수 있는 전류치는 얼마인가?
① 165mA  ② 105mA
③ 50mA  ④ 0.5A

▶ 해설
심실세동 전류

$$I = \frac{165}{\sqrt{T}} (mA)$$

여기서, $I$ : 심실세동전류
$T$ : 통전시간(sec)
전류 $I$는 1,000명 중 5명 정도가 심실세동을 일으키는 값

$I = \frac{165}{\sqrt{T}}(mA) = \frac{165}{\sqrt{1}} = 165[mA]$

**75** 정격사용률이 30%, 정격 2차 전류가 300A인 교류아크 용접기를 200A로 사용하는 경우의 허용사용률(%)은?
① 13.3  ② 67.5
③ 110.3  ④ 157.5

▶ 해설
허용사용률

$$허용사용률 = \frac{(정격 \ 2차 \ 전류)^2}{(실제용접전류)^2} \times 정격사용률$$

$허용사용률 = \frac{(정격 \ 2차 \ 전류)^2}{(실제용접전류)^2} \times 정격사용률$
$= \frac{(300)^2}{(200)^2} \times 30 = 67.5[\%]$

**76** 극간 정전용량이 1,000pF이고, 착화에너지가 0.019mJ인 아세틸렌가스에서 폭발한계 전압은 약 얼마인가?(단, 소수점 이하는 반올림 적용)
① $4.0 \times 10^4[V]$
② $4.0 \times 10^2[V]$
③ $2.0 \times 10^4[V]$
④ $2.0 \times 10^2[V]$

▶ 해설
정전 에너지

$$W = \frac{1}{2}CV^2 = \frac{1}{2}QV = \frac{1}{2}\frac{Q^2}{C}$$

대전 전하량$(Q) = C \cdot V$, 대전전위$(V) = \frac{Q}{C}$

여기서, $W$ : 정전기 에너지(J)
$C$ : 도체의 정전용량(F)
$V$ : 대전 전위(V)
$Q$ : 대전 전하량(C)

1. $W = \frac{1}{2}CV^2 \to 2W = CV^2 \to V^2 = \frac{2W}{C} \to V = \sqrt{\frac{2W}{C}}$

2. $V = \sqrt{\frac{2W}{C}} = \sqrt{\frac{2 \times 0.019 \times 10^{-3}}{1,000 \times 10^{-12}}} \fallingdotseq 195 \fallingdotseq 2.0 \times 10^2[V]$

**TIP** $pF = 10^{-12}F$, $mJ = 10^{-3}J$

**정답** 72 ② 73 ③ 74 ① 75 ② 76 ④

## 77 누전차단기가 자주 동작하는 이유가 아닌 것은?

① 전동기의 기동전류에 비해 용량이 작은 차단기를 사용한 경우
② 배선과 전동기에 의해 누전이 발생한 경우
③ 전로의 대지정전용량이 큰 경우
④ 고주파가 발생하는 경우

**해설**
고주파가 발생하는 경우는 누전차단기의 오동작의 원인이다.

## 78 전기설비를 방폭구조로 설치하는 근본적인 이유 중 가장 타당한 것은?

① 전기안전관리법에 화재, 폭발의 위험성이 있는 곳에는 전기설비를 방폭화하도록 되어 있으므로
② 사업장에서 발생하는 화재, 폭발의 점화원으로서는 전기설비가 원인이 되지 않도록 하기 위하여
③ 전기설비를 방폭화하면 접지설비를 생략해도 되므로
④ 사업장에 있어서 전기설비에 드는 비용이 가장 크므로 화재, 폭발에 의한 어떤 사고에서도 전기설비만은 보호하기 위해

**해설**
방폭화 이론
1. 전기설비로 인한 화재, 폭발방지를 위해서는 위험분위기 생성확률과 전기설비가 점화원으로 되는 확률과의 곱이 0이 되도록 하여야 한다.
2. 구체적인 조치 사항은 먼저 위험분위기의 생성을 방지하고 다음으로는 전기설비를 방폭화하여야 한다.
3. 전기설비가 점화원의 역할을 하여 발생하는 화재 폭발이 많이 발생하므로 이를 예방하기 위하여 해당하는 전기설비는 방폭구조로 해야 한다.

## 79 전기절연재료의 허용온도가 낮은 온도에서 높은 온도 순으로 배치가 맞는 것은?

① Y-A-E-B종
② A-B-E-Y종
③ Y-E-B-A종
④ B-Y-A-E종

**해설**
절연방식에 따른 분류

| 절연종별 | 허용최고온도[℃] | 용도 |
|---|---|---|
| Y종 | 90 | 저전압의 기기 |
| A종 | 105 | 보통의 회전기, 변압기 |
| E종 | 120 | 대용량 및 보통의 기기 |
| B종 | 130 | 고전압의 기기 |
| F종 | 155 | 고전압의 기기 |
| H종 | 180 | 건식 변압기 |
| C종 | 180 초과 | 특수한 기기 |

## 80 감전사고의 방지대책으로 적합하지 않은 것은?

① 보호절연
② 사고회로의 신속한 차단
③ 보호접지
④ 절연저항 저감

**해설**
절연저항을 상승시켜야 감전사고를 예방할 수 있다.

간접 접촉에 의한 방지대책
1. 보호절연
2. 안전 전압 이하의 전기기기 사용
3. 접지
4. 누전차단기의 설치
5. 비접지식 전로의 채용
6. 이중절연구조

---

### 5과목 화학설비위험방지기술

## 81 다음 중 액체 표면에서 발생한 증기농도가 공기 중에서 연소하한농도가 될 수 있는 가장 낮은 액체온도를 무엇이라 하는가?

① 인화점
② 비등점
③ 연소점
④ 발화온도

**해설**
인화점
1. 가연성 물질에 점화원을 주었을 때 연소가 시작되는 최저온도
2. 사용 중인 용기 내에서 인화성 액체가 증발하여 인화될 수 있는 가장 낮은 온도

**정답** 77 ④ 78 ② 79 ① 80 ④ 81 ①

3. 액체의 표면에서 발생한 증기농도가 공기 중에서 연소하한 농도가 될 수 있는 가장 낮은 액체온도

## 82 다음 중 노출기준(TWA, ppm) 값이 가장 작은 물질은?

① 염소
② 암모니아
③ 에탄올
④ 메탄올

**해설**

화학물질의 노출기준
1. 염소($Cl_2$) : 0.5ppm
2. 암모니아($NH_3$) : 25ppm
3. 에탄올($C_2H_5OH$) : 1,000ppm
4. 메탄올($CH_3OH$) : 200ppm

## 83 다음 중 니트로셀룰로오스의 취급 및 저장방법에 관한 설명으로 틀린 것은?

① 제조, 건조, 저장 중 충격과 마찰 등을 방지하여야 한다.
② 물과 격렬히 반응하여 폭발하므로 습기를 제거하고, 건조 상태를 유지시킨다.
③ 자연발화 방지를 위하여 에탄올, 메탄올 등의 안전용제를 사용한다.
④ 할로겐화합물 소화약제는 적응성이 없으며, 다량의 물로 냉각 소화한다.

**해설**

니트로셀룰로오스(NC ; Nitro Cellulose, 질화면, 질산섬유소)
1. 안전 용제로 저장 중에 물(20%) 또는 알코올(30%)로 습윤하여 저장 운반한다.
2. 습윤상태에서 건조되면 충격, 마찰 시 예민하고 발화 폭발의 위험이 증대된다.

## 84 이상반응 또는 폭발로 인하여 발생되는 압력의 방출장치가 아닌 것은?

① 파열판
② 폭압방산구
③ 화염방지기
④ 가용합금안전밸브

**해설**

각종 차단 및 안전장치의 분류
1. 내부압력의 과잉에 대한 방출, 경감 안전장치 : 안전밸브, 파열판, 폭압방산공, 릴리프 밸브 등
2. 화염전파 방지대책 안전장치 : 화염방지기(Flame Arrester), 폭굉억제기
3. 설비 및 장치의 차단 안전장치 : 격리밸브, 차단밸브

## 85 산업안전보건법령에 따라 유해하거나 위험한 설비의 설치·이전 또는 주요 구조부분의 변경공사 시 공정안전보고서의 제출시기는 착공일 며칠 전까지 관련기관에 제출하여야 하는가?

① 15일
② 30일
③ 60일
④ 90일

**해설**

공정안전보고서의 제출시기 및 절차
유해하거나 위험한 설비의 설치·이전 또는 주요 구조부분의 변경공사의 착공일 30일 전까지 공정안전보고서 2부를 작성하여 공단에 제출해야 한다.

## 86 다음 중 퍼지(Purge)의 종류에 해당하지 않는 것은?

① 압력퍼지
② 진공퍼지
③ 스위프퍼지
④ 가열퍼지

**해설**

불활성화 방법

| | |
|---|---|
| 진공치환<br>(진공 퍼지, 저압퍼지) | 용기에 대한 가장 통상적인 치환절차 |
| 압력치환<br>(압력 퍼지) | 용기에 가압된 불활성가스를 주입하는 방법으로 가압한 가스가 용기 내에서 충분히 확산된 후 그것을 대기로 방출하여야 한다. |
| 스위프치환<br>(스위프 퍼지) | 용기의 한 개구부로 불활성가스를 인너팅하고 다른 개구부로 대기 등으로 혼합가스를 방출하는 방법 |
| 사이폰치환<br>(사이폰 퍼지) | 용기에 물 또는 비가연성, 비반응성의 적합한 액체를 채운 후 액체를 뽑아내면서 불활성가스를 주입하는 방법 |

**정답** 82 ① 83 ② 84 ③ 85 ② 86 ④

**87** 다음 중 분진폭발에 관한 설명으로 틀린 것은?

① 가스폭발에 비교하여 연소시간이 짧고, 발생에너지가 작다.
② 최초의 부분적인 폭발이 분진의 비산으로 2차, 3차 폭발로 파급되어 피해가 커진다.
③ 가스에 비하여 불완전연소를 일으키기 쉬우므로 연소 후 가스에 의한 중독 위험이 있다.
④ 폭발 시 입자가 비산하므로 이것에 부딪치는 가연물은 국부적으로 심한 탄화를 일으킨다.

**해설**
분진 폭발의 특징
1. 폭발한계 내에서 분진의 휘발성분이 많을수록 폭발이 쉽다.
2. 가스폭발에 비해 연소속도나 폭발압력이 작다.
3. 가스폭발에 비해 연소시간이 길고 발생에너지가 크기 때문에 파괴력과 타는 정도가 크다.
4. 가스에 비해 불완전연소의 가능성이 커서 일산화탄소의 존재로 인한 가스중독의 위험이 있다(가스폭발에 비하여 유독물의 발생이 많다).
5. 화염속도보다 압력속도가 빠르다.
6. 주위 분진의 비산에 의해 2차, 3차의 폭발로 파급되어 피해가 커진다.
7. 연소열에 의한 화재가 동반되며, 연소입자의 비산으로 인체에 닿을 경우 심한 화상을 입는다.
8. 분진이 발화 폭발하기 위한 조건은 인화성, 미분상태, 공기 중에서의 교반과 유동, 점화원의 존재이다.

**88** 다음 중 유해화학물질의 중독에 대한 일반적인 응급처치 방법으로 적절하지 않은 것은?

① 알콜이나 필요한 약품을 투여한다.
② 호흡 정지 시 가능한 경우 인공호흡을 실시한다.
③ 환자를 안정시키고, 침대에 옆으로 누인다.
④ 신체를 따뜻하게 하고 신선한 공기를 확보한다.

**해설**
알콜이나 약품을 투여하는 것은 전문가의 진단을 받아 해야 하며 임의로 투여하면 안 된다.

유해물 중독에 대한 응급처지 방법
1. 신체를 따뜻하게 하고 신선한 공기를 확보한다.
2. 환자를 안정시키고, 침대에 옆으로 누인다.
3. 호흡 정지 시 인공호흡을 실시한다.

**89** 산업안전보건법령상 특수화학설비를 설치할 때 내부의 이상상태를 조기에 파악하기 위하여 필요한 계측장치를 설치하여야 한다. 이러한 계측장치로 거리가 먼 것은?

① 압력계  ② 유량계
③ 온도계  ④ 비중계

**해설**
계측장치의 설치
특수화학설비를 설치하는 경우에는 내부의 이상상태를 조기에 파악하기 위하여 필요한 온도계·유량계·압력계 등의 계측장치를 설치하여야 한다.

**90** 탄화수소 증기의 연소하한값 추정식은 연료의 양론농도($C_{st}$)의 0.55배이다. 프로판의 연소반응식이 다음과 같을 때 연소하한값은 약 몇 vol%인가?

$$C_3H_8 + 5O_2 \rightarrow 3CO_2 + 4H_2O$$

① 2.22  ② 4.03
③ 4.44  ④ 8.06

**해설**
완전연소 조성농도(화학양론농도)

$$C_{st} = \frac{100}{1+4.773\left(n+\frac{m-f-2\lambda}{4}\right)}$$

여기서, $n$ : 탄소의 원자수
$m$ : 수소의 원자수
$f$ : 할로겐 원소의 원자수
$\lambda$ : 산소의 원자수

1. 프로판($C_3H_8$)의 완전연소 조성농도

$$C_{st} = \frac{100}{1+4.773\left(n+\frac{m-f-2\lambda}{4}\right)} = \frac{100}{1+4.773\left(3+\frac{8}{4}\right)}$$

$= 4.02[\%]$

(단, $C_3H_8 \rightarrow n=3, m=8, f=0, \lambda=0$)

2. 연소(폭발)하한계
$C_{st} \times 0.55 = 4.02 \times 0.55 = 2.211[vol\%]$

**91** 다음 중 공기와 혼합 시 최소착화에너지가 가장 적은 것은?

① $CH_4$(메탄)  ② $C_3H_8$(프로판)
③ $C_6H_6$(벤젠)  ④ $H_2$(수소)

**정답** 87 ① 88 ① 89 ④ 90 ① 91 ④

**해설**

최소발화에너지의 연소범위

| 가연성 가스 | 최소발화에너지 [$10^{-3}$ Joule] | 가연성 가스 | 최소발화에너지 [$10^{-3}$ Joule] |
|---|---|---|---|
| 수소 | 0.019 | 에탄 | 0.31 |
| 메탄 | 0.28 | 프로판 | 0.26 |
| 이황화수소 | 0.064 | 아세틸렌 | 0.019 |
| 에틸렌 | 0.096 | 벤젠 | 0.20 |
| 시클로헥산 | 0.22 | 부탄 | 0.25 |
| 암모니아 | 0.77 | 아세톤 | 1.15 |

**92** 다음 설명에 해당하는 안전장치는?

"대형의 반응기, 탑, 탱크 등에 있어서 이상상태가 발생할 때 밸브를 정지시켜 원료공급을 차단하기 위한 안전장치로, 공기압식, 유압식, 전기식 등이 있다."

① 파열판  ② 안전밸브
③ 스팀트랩  ④ 긴급차단장치

**해설**

긴급차단장치

| 의의 | 대형의 반응기, 탑, 탱크 등에 있어서 이상상태가 발생할 때 밸브를 정지시켜 원료공급을 차단하기 위한 안전장치 |
|---|---|
| 종류 (작동 동력원에 의한 분류) | • 공기압식<br>• 유압식<br>• 전기식 |
| 운전 및 보수 | • 외관검사<br>• 작동 상황검사<br>• 누출 및 기밀검사 |

**93** 다음 중 Halon 1211의 화학식으로 옳은 것은?

① $C_2F_4Br_2$  ② $CF_3Br$
③ $CCl_4$  ④ $CF_2ClBr$

**해설**

할론소화약제의 명명법
1. 일염화일취화메탄 소화기($CH_2ClBr$) : 할론 1011
2. 이취화사불화에탄 소화기($C_2F_4Br_2$) : 할론 2402
3. 일취화삼불화메탄 소화기($CF_3Br$) : 할론 1301
4. 일취화일염화이불화메탄 소화기($CF_2ClBr$) : 할론 1211
5. 사염화탄소 소화기($CCl_4$) : 할론 1040

**94** 다음 중 물과의 반응성이 가장 큰 물질은?

① 니트로글리세린  ② 이황화탄소
③ 금속나트륨  ④ 석유

**해설**

금수성 물질(물과 접촉을 금지해야 하는 물질)
1. 물과 접촉하면 격렬한 발열반응하는 것으로 물질이 공기 중의 습기를 흡수해서 화학반응을 일으켜 발열하거나, 수분과 접촉해서 발열하여 그 온도가 가속도적으로 높아져 발화되는 물질
2. 칼륨, 리튬, 칼슘, 마그네슘, 알킬알루미늄, 나트륨, 철분, 알킬리튬, 금속분, 탄화칼슘 등이 있다.

**95** 산업안전보건법령상 사업주가 인화성 액체 위험물을 액체상태로 저장하는 저장탱크를 설치하는 경우에는 위험물질이 누출되어 확산되는 것을 방지하기 위하여 무엇을 설치하여야 하는가?

① Flame Arrester  ② Ventstack
③ 긴급방출장치  ④ 방유제

**해설**

방유제의 설치
위험물을 액체상태로 저장하는 저장탱크를 설치하는 경우에는 위험물질이 누출되어 확산되는 것을 방지하기 위하여 방유제를 설치하여야 한다.

**96** 다음 중 산업안전보건법상 폭발성 물질에 해당하는 것은?

① 리튬  ② 유기과산화물
③ 아세틸렌  ④ 셀룰로이드류

**해설**

폭발성 물질 및 유기과산화물
1. 질산에스테르류
2. 니트로화합물
3. 니트로소화합물
4. 아조화합물
5. 디아조화합물
6. 하이드라진 유도체
7. 유기과산화물
8. 그 밖에 1.목부터 7.목까지의 물질과 같은 정도의 폭발 위험이 있는 물질
9. 1.목부터 8.목까지의 물질을 함유한 물질

**정답** 92 ④ 93 ④ 94 ③ 95 ④ 96 ②

**97** 다음 중 종이, 목재, 섬유류 등에 의하여 발생한 화재의 화재급수로 옳은 것은?

① A급
② B급
③ C급
④ D급

**해설**

화재의 종류

| 분류 | A급 화재 | B급 화재 | C급 화재 | D급 화재 |
|------|---------|---------|---------|---------|
| 명칭 | 일반화재 | 유류화재 | 전기화재 | 금속화재 |
| 분류 | 보통 잔재의 작열에 의해 발생하는 연소에서 보통 유기 성질 및 가연성 가스의 고체물질을 포함한 화재 | 액체 또는 액화할 수 있는 고체를 포함한 화재 및 가연성 가스 화재 | 통전 중인 전기설비를 포함한 화재 | 금속을 포함한 화재 |
| 가연물 | 목재, 종이, 섬유 등 | 가솔린, 등유, 프로판 가스 등 | 전기기기, 변압기, 전기다리미 등 | 가연성 금속 (Mg분, Al분) |
| 소화방법 | 냉각소화 | 질식소화 | 질식, 냉각소화 | 질식소화 |
| 적응소화제 | • 물 소화기<br>• 강화액 소화기<br>• 산·알칼리 소화기 | • 이산화탄소 소화기<br>• 할로겐화합물 소화기<br>• 분말 소화기<br>• 포말 소화기 | • 이산화탄소 소화기<br>• 할로겐화합물 소화기<br>• 분말 소화기<br>• 무상강화액 소화기 | • 건조사<br>• 팽창 질석<br>• 팽창 진주암 |
| 표시색 | 백색 | 황색 | 청색 | 무색 |

**98** 가연성 물질의 LFL, UFL값이 다음 표와 같이 주어졌을 때 위험도가 가장 큰 물질은?

| 구분 | 프로판 | 부탄 | 벤젠 | 가솔린 |
|------|-------|------|------|-------|
| UFL(Vol%) | 9.5 | 8.4 | 6.7 | 6.2 |
| LFL(Vol%) | 2.4 | 1.8 | 1.4 | 1.4 |

① 프로판
② 부탄
③ 벤젠
④ 가솔린

**해설**

위험도
위험도 값이 클수록 위험성이 높은 물질이다.

$$H = \frac{UFL - LFL}{LFL}$$

여기서, $UFL$ : 연소 상한값
$LFL$ : 연소 하한값
$H$ : 위험도

1. 프로판 위험도
$H = \dfrac{UFL - LFL}{LFL} = \dfrac{9.5 - 2.4}{2.4} = 2.96$

2. 부탄 위험도
$H = \dfrac{UFL - LFL}{LFL} = \dfrac{8.4 - 1.8}{1.8} = 3.67$

3. 벤젠 위험도
$H = \dfrac{UFL - LFL}{LFL} = \dfrac{6.7 - 1.4}{1.4} = 3.79$

4. 가솔린 위험도
$H = \dfrac{UFL - LFL}{LFL} = \dfrac{6.2 - 1.4}{1.4} = 3.43$

**99** 다음 중 자연발화가 가장 쉽게 일어나기 위한 조건에 해당하는 것은?

① 큰 열전도율
② 고온, 다습한 환경
③ 표면적이 작은 물질
④ 공기의 이동이 많은 장소

**해설**

자연발화

| 자연발화의 조건<br>(자연발화가 쉽게<br>일어나는 조건) | • 표면적이 넓을 것<br>• 열전도율이 작을 것<br>• 발열량이 클 것<br>• 주위의 온도가 높을 것(분자운동 활발)<br>• 수분이 적당량 존재할 것 |
|---|---|
| 자연발화의 인자 | • 열의 축적(클수록) : 열축적이 용이할수록 자연발화가 되기 쉽다.<br>• 발열량(클수록) : 발열량이 큰 물질일수록 자연발화가 되기 쉽다.<br>• 열전도율 : 열전도율이 작을수록 자연발화가 쉽다.<br>• 수분 : 적당량의 수분이 존재할 때 자연발화가 쉽다.<br>• 퇴적방법 : 열축적이 용이하게 가연물이 적재되어 있으면 자연발화가 쉽다.<br>• 공기의 유동 : 공기의 이동이 잘 안 될수록 열축적이 용이하여 자연발화가 되기 쉽다. |

**정답** 97 ① 98 ③ 99 ②

**100** 다음 중 산업안전보건법상 화학설비에 해당하는 것은?

① 사이클론 · 백필터 · 전기집진기 등 분진처리설비
② 응축기 · 냉각기 · 가열기 · 증발기 등 열교환기류
③ 온도 · 압력 · 유량 등을 지시 · 기록 등을 하는 자동제어 관련설비
④ 안전밸브 · 안전판 · 긴급차단 또는 방출밸브 등 비상조치 관련설비

해설
화학설비의 종류
1. 반응기 · 혼합조 등 화학물질 반응 또는 혼합장치
2. 증류탑 · 흡수탑 · 추출탑 · 감압탑 등 화학물질 분리장치
3. 저장탱크 · 계량탱크 · 호퍼 · 사일로 등 화학물질 저장설비 또는 계량설비
4. 응축기 · 냉각기 · 기열기 · 증발기 등 열교환기류
5. 고로 등 점화기를 직접 사용하는 열교환기류
6. 캘린더(Calender) · 혼합기 · 발포기 · 인쇄기 · 압출기 등 화학제품 가공설비
7. 분쇄기 · 분체분리기 · 용융기 등 분체화학물질 취급장치
8. 결정조 · 유동탑 · 탈습기 · 건조기 등 분체화학물질 분리장치
9. 펌프류 · 압축기 · 이젝터(Ejector) 등의 화학물질 이송 또는 압축설비

---

### 6과목 건설안전기술

**101** 굴착작업에서 지반의 붕괴 또는 매설물, 기타 지하공작물의 손괴 등에 의하여 근로자에게 위험을 미칠 우려가 있을 때 작업장소 및 그 주변에 대한 사전 지반조사사항으로 가장 거리가 먼 것은?

① 형상 · 지질 및 지층의 상태
② 매설물 등의 유무 또는 상태
③ 지표수의 흐름 상태
④ 균열 · 함수 · 용수 및 동결의 유무 또는 상태

해설
굴착작업 시 지반조사 사항
1. 형상 · 지질 및 지층의 상태
2. 균열 · 함수 · 용수 및 동결의 유무 또는 상태
3. 매설물 등의 유무 또는 상태
4. 지반의 지하수위 상태

**102** 건립 중 강풍에 의한 풍압 등 외압에 대한 내력이 설계에 고려되었는지 확인하여야 하는 철골구조물의 기준으로 옳지 않은 것은?

① 높이 20m 이상의 구조물
② 구조물의 폭과 높이의 비가 1 : 4 이상인 구조물
③ 이음부가 공장 제작인 구조물
④ 연면적당 철골량이 50kg/m² 이하인 구조물

해설
외압(강풍에 의한 풍압 등)에 대한 내력 설계 확인 구조물
1. 높이 20미터 이상의 구조물
2. 구조물의 폭과 높이의 비가 1 : 4 이상인 구조물
3. 단면구조에 현저한 차이가 있는 구조물
4. 연면적당 철골량이 50kg/m² 이하인 구조물
5. 기둥이 타이플레이트(Tie Plate)형인 구조물
6. 이음부가 현장용접인 구소물

**103** 작업발판 및 통로의 끝이나 개구부로서 근로자가 추락할 위험이 있는 장소에서 난간 등의 설치가 매우 곤란하거나 작업의 필요상 임시로 난간등을 해체하여야 하는 경우에 설치하여야 하는 것은?

① 구명구
② 수직보호망
③ 석면포
④ 추락방호망

해설
개구부 등의 방호조치
1. 작업발판 및 통로의 끝이나 개구부로서 근로자가 추락할 위험이 있는 장소에는 안전난간, 울타리, 수직형 추락방망 또는 덮개 등의 방호 조치를 충분한 강도를 가진 구조로 튼튼하게 설치하여야 하며, 덮개를 설치하는 경우에는 뒤집히거나 떨어지지 않도록 설치하여야 한다. 이 경우 어두운 장소에서도 알아볼 수 있도록 개구부임을 표시하여야 한다.
2. 난간 등을 설치하는 것이 매우 곤란하거나 작업의 필요상 임시로 난간등을 해체하여야 하는 경우 추락방호망을 설치하여야 한다. 다만, 추락방호망을 설치하기 곤란한 경우에는 근로자에게 안전대를 착용하도록 하는 등 추락할 위험을 방지하기 위하여 필요한 조치를 하여야 한다.

정답 100 ② 101 ③ 102 ③ 103 ④

**104** 롤러의 표면에 돌기를 만들어 부착한 것으로 돌기가 전압층에 매입되어 풍화암을 파쇄하고 흙 속의 간극수압을 제거하는 롤러는?

① 머캐덤롤러  ② 탠덤롤러
③ 탬핑롤러  ④ 진동롤러

**해설**

탬핑 롤러(Tamping Roller)
1. 깊은 다짐이나 고함수비 지반의 다짐에 많이 이용
2. 롤러의 표면에 돌기를 만들어 부착한 것
3. 풍화암을 파쇄하고 흙 속의 간극수압을 제거
4. 점성토 지반에 효과적

**105** 철골작업에서의 승강로 설치기준 중 ( ) 안에 알맞은 것은?

> 사업주는 근로자가 수직방향으로 이동하는 철골부재에는 답단간격이 ( ) 이내인 고정된 승강로를 설치하여야 한다.

① 20cm  ② 30cm
③ 40cm  ④ 50cm

**해설**

철골작업 시의 위험방지(승강로의 설치)
근로자가 수직방향으로 이동하는 철골부재에는 답단간격이 30센티미터 이내인 고정된 승강로를 설치하여야 하며, 수평방향 철골과 수직방향 철골이 연결되는 부분에는 연결작업을 위하여 작업발판 등을 설치하여야 한다.

**106** 이동식 크레인을 사용하여 작업을 할 때 작업시작 전 점검사항이 아닌 것은?

① 주행로의 상측 및 트롤리(Trolley)가 횡행하는 레일의 상태
② 권과방지장치 그 밖의 경보장치의 기능
③ 브레이크·클러치 및 조정장치의 기능
④ 와이어로프가 통하고 있는 곳 및 작업장소의 지반상태

**해설**

이동식 크레인을 사용하여 작업을 하는 때 작업시작 전 점검사항
1. 권과방지장치나 그 밖의 경보장치의 기능
2. 브레이크·클러치 및 조정장치의 기능
3. 와이어로프가 통하고 있는 곳 및 작업장소의 지반상태

**107** 연약지반에서 발생하는 히빙(Heaving) 현상에 관한 설명 중 옳지 않은 것은?

① 배면의 토사가 붕괴된다.
② 지보공이 파괴된다.
③ 굴착저면이 솟아오른다.
④ 저면이 액상화된다.

**해설**

히빙(Heaving) 현상

| 정의 | 연질점토 지반에서 굴착에 의한 흙막이 내·외면의 흙의 중량차이로 인해 굴착저면이 부풀어 올라오는 현상 |
|---|---|
| 안전대책 | • 흙막이 근입깊이를 깊게 함<br>• 표토를 제거하여 하중 감소<br>• 굴착저면 지반개량(흙의 전단강도를 높임)<br>• 굴착면 하중 증가<br>• 어스앵커 설치<br>• 주변 지하수위 저하<br>• 소단굴착을 하여 소단부 흙의 중량이 바닥을 누르게 함<br>• 토류벽의 배면토압을 경감 |

> **TIP** 액상화 현상
> 모래지반에서 순간충격 등에 의해 간극수압의 상승으로 유효응력이 감소되어 전단저항을 상실하고 지반이 액체와 같이 되는 현상

**108** 달비계의 최대 적재하중을 정함에 있어 그 안전계수 기준으로 옳지 않은 것은?

① 달기와이어로프 및 달기강선의 안전계수는 10 이상
② 달기체인 및 달기훅의 안전계수는 5 이상
③ 달기강대와 달비계의 하부 및 상부지점의 안전계수는 강재의 경우 3 이상
④ 달기강대와 달비계의 하부 및 상부지점의 안전계수는 목재의 경우 5 이상

**해설**

달비계(곤돌라의 달비계 제외)의 안전계수

| 구분 | | 안전계수 |
|---|---|---|
| 달기 와이어로프 및 달기 강선 | | 10 이상 |
| 달기 체인 및 달기 훅 | | 5 이상 |
| 달기 강대와 달비계의 하부 및 상부 지점 | 강재 | 2.5 이상 |
| | 목재 | 5 이상 |

> **TIP** 본 문제는 법 개정으로 내용이 삭제되었습니다. 참고만 하세요.

**정답** 104 ③  105 ②  106 ①  107 ④  108 ③

**109** 콘크리트 타설 시 거푸집 측압에 관한 설명으로 옳지 않은 것은?

① 기온이 높을수록 측압은 크다.
② 타설속도가 클수록 측압은 크다.
③ 슬럼프가 클수록 측압은 크다.
④ 다짐이 과할수록 측압은 크다.

**해설**
거푸집 측압증가에 영향을 미치는 인자(측압의 영향요소)
1. 거푸집 수평단면이 클수록 크다.
2. 콘크리트 슬럼프치가 클수록 커진다.
3. 거푸집 표면이 평활할수록(평탄) 커진다.
4. 철골, 철근량이 적을수록 커진다.
5. 콘크리트 시공연도가 좋을수록 커진다.
6. 외기의 온도, 습도가 낮을수록 커진다.
7. 타설 속도가 빠를수록 커진다.
8. 다짐이 충분할수록 커진다.
9. 타설 시 상부에서 직접 낙하할 경우 커진다.
10. 거푸집의 강성이 클수록 크다.
11. 콘크리트의 비중(단위중량)이 클수록 크다.
12. 벽 두께가 두꺼울수록 커진다.

**110** 철골건립준비를 할 때 준수하여야 할 사항으로 옳지 않은 것은?

① 지상 작업장에서 건립준비 및 기계기구를 배치할 경우에는 낙하물의 위험이 없는 평탄한 장소를 선정하여 정비하여야 한다.
② 건립작업에 다소 지장이 있다하더라도 수목은 제거하거나 이설하여서는 안된다.
③ 사용 전에 기계기구에 대한 정비 및 보수를 철저히 실시하여야 한다.
④ 기계에 부착된 앵카 등 고정장치와 기초구조 등을 확인하여야 한다.

**해설**
철골건립준비 시 준수사항
1. 지상 작업장에서 건립준비 및 기계기구를 배치할 경우에는 낙하물의 위험이 없는 평탄한 장소를 선정하여 정비하고 경사지에서는 작업대나 임시발판 등을 설치하는 등 안전하게 한 후 작업하여야 한다.
2. 건립작업에 지장이 되는 수목은 제거하거나 이설하여야 한다.
3. 인근에 건축물 또는 고압선 등이 있는 경우에는 이에 대한 방호조치 및 안전조치를 하여야 한다.
4. 사용 전에 기계기구에 대한 정비 및 보수를 철저히 실시하여야 한다.
5. 기계가 계획대로 배치되어 있는가, 윈치는 작업구역을 확인할 수 있는 곳에 위치하였는가, 기계에 부착된 앵카 등 고정장치와 기초구조 등을 확인하여야 한다.

**111** 산업안전보건법령에서 규정하는 철골작업을 중지하여야 하는 기후조건에 해당하지 않는 것은?

① 풍속이 초당 10m 이상인 경우
② 강우량이 시간당 1mm 이상인 경우
③ 강설량이 시간당 1cm 이상인 경우
④ 기온이 영하 5℃ 이하인 경우

**해설**
작업의 제한(철골작업 중지)
1. 풍속이 초당 10미터 이상인 경우
2. 강우량이 시간당 1밀리미터 이상인 경우
3. 강설량이 시간당 1센티미터 이상인 경우

**112** 공사진척에 따른 공정률이 다음과 같을 때 안전관리비 사용기준으로 옳은 것은?(단, 공정률은 기성공정률을 기준으로 함)

| 공정률 : 70퍼센트 이상, 90퍼센트 미만 |
|---|

① 50퍼센트 이상   ② 60퍼센트 이상
③ 70퍼센트 이상   ④ 80퍼센트 이상

**해설**
공사진척에 따른 안전관리비 사용기준

| 공정률 | 50퍼센트 이상 70퍼센트 미만 | 70퍼센트 이상 90퍼센트 미만 | 90퍼센트 이상 |
|---|---|---|---|
| 사용기준 | 50퍼센트 이상 | 70퍼센트 이상 | 90퍼센트 이상 |

※ 공정률은 기성공정률을 기준으로 한다.

**113** 흙 속의 전단응력을 증대시키는 원인에 해당하지 않는 것은?

① 자연 또는 인공에 의한 지하공동의 형성
② 함수비의 감소에 따른 흙의 단위체적 중량의 감소
③ 지진, 폭파에 의한 진동 발생
④ 균열 내에 작용하는 수압증가

정답  109 ①  110 ②  111 ④  112 ③  113 ②

### 해설
전단응력 증가 요인
1. 외적하중 증가(건물하중, 강우, 눈, 성토 등)
2. 함수비 증가에 따른 흙의 단위체적 중량의 증가
3. 균열 내 작용하는 수압 증가
4. 인장응력에 의한 균열 발생
5. 지진, 폭파 등에 의한 진동
6. 자연 또는 인공에 의한 지하공동의 형성(투수, 침식, 인위적인 절토 등)

## 114 사면지반 개량공법으로 옳지 않은 것은?

① 전기 화학적 공법
② 석회 안정처리 공법
③ 이온 교환 공법
④ 옹벽 공법

### 해설
비탈면지반 개량공법

| 주입공법 | 시멘트액, 모르타르액 등의 약액을 주입하여 지반을 강화하는 공법 |
|---|---|
| 이온 교환 공법 | 흙의 공학적 성질을 변경하여 사면의 안정을 강화하는 공법으로 특히 염화칼슘을 사면상부에 타설하여 칼슘이온을 흡착시키는 방법을 이용 |
| 전기화학적 공법 | 직류전기를 가해 전기화학적으로 흙을 개량하여 사면의 안정을 강화하는 공법 |
| 시멘트 안정처리공법 | 흙에 시멘트 재료를 첨가하여 혼합, 교반하여 사면의 안정을 도모하는 공법 |
| 석회안정처리 공법 | 점성토에 소석회 또는 생석회를 가하여 화학적 결합작용 등에 따라 사면의 안정을 도모하는 공법 |
| 소결공법 | 가열에 의한 토성개량을 목적으로 하는 공법 |

## 115 안전난간대에 폭목(Toe Board)을 대는 이유는?

① 작업자의 손을 보호하기 위하여
② 작업자의 작업능률을 높이기 위하여
③ 안전난간대의 강도를 높이기 위하여
④ 공구 등 물체가 작업발판에서 지상으로 낙하되지 않도록 하기 위하여

### 해설
공구 등 물체가 작업발판에서 지상으로 낙하되지 않도록 하기 위하여 바닥면 등으로부터 10cm 이상의 높이로 설치한다.

발끝막이판(폭목)
바닥면 등으로부터 10센티미터 이상의 높이를 유지할 것(다만, 물체가 떨어지거나 날아올 위험이 없거나 그 위험을 방지할 수 있는 망을 설치하는 등 필요한 예방 조치를 한 장소는 제외)

## 116 터널 지보공을 설치한 때 수시 점검하여 이상 발견 시 즉시 보강하거나 보수해야 할 사항이 아닌 것은?

① 부재의 손상·변형·부식·변위·탈락의 유무 및 상태
② 부재의 긴압 정도
③ 부재의 접속부 및 교차부의 상태
④ 경보장치의 작동 상태

### 해설
터널지보공의 붕괴 등의 방지를 위한 점검사항
1. 부재의 손상·변형·부식·변위 탈락의 유무 및 상태
2. 부재의 긴압 정도
3. 부재의 접속부 및 교차부의 상태
4. 기둥침하의 유무 및 상태

## 117 작업 중이던 미장공이 상부에서 떨어지는 공구에 의해 상해를 입었다면 어느 부분에 대한 결함이 있었겠는가?

① 작업대 설치
② 작업방법
③ 낙하물 방지시설 설치
④ 비계설치

### 해설
물체가 떨어지거나 날아올 위험이 있는 경우의 위험방지
1. 낙하물 방지망 설치
2. 수직보호망 설치
3. 방호선반 설치
4. 출입금지구역 설정
5. 보호구 착용

정답  114 ④  115 ④  116 ④  117 ③

**118** 건설업 중 유해위험방지계획서 제출 대상 사업장으로 옳지 않은 것은?

① 지상높이가 31m 이상인 건축물 또는 인공구조물, 연면적 30,000m² 이상인 건축물 또는 연면적 5,000m² 이상의 문화 및 집회시설의 건설공사
② 연면적 3,000m² 이상의 냉동·냉장 창고시설의 설비공사 및 단열공사
③ 깊이 10m 이상인 굴착공사
④ 최대 지간길이가 50m 이상인 다리의 건설공사

**해설**
유해위험방지계획서를 제출해야 될 건설공사
1. 다음 각 목의 어느 하나에 해당하는 건축물 또는 시설 등의 건설·개조 또는 해체공사
   ㉠ 지상높이가 31미터 이상인 건축물 또는 인공구조물
   ㉡ 연면적 3만제곱미터 이상인 건축물
   ㉢ 연면적 5천제곱미터 이상인 시설로서 다음의 어느 하나에 해당하는 시설
   • 문화 및 집회시설(전시장 및 동물원·식물원은 제외)
   • 판매시설, 운수시설(고속철도의 역사 및 집배송시설은 제외)
   • 종교시설
   • 의료시설 중 종합병원
   • 숙박시설 중 관광숙박시설
   • 지하도상가
   • 냉동·냉장 창고시설
2. 연면적 5천제곱미터 이상인 냉동·냉장 창고시설의 설비공사 및 단열공사
3. 최대 지간길이(다리의 기둥과 기둥의 중심사이의 거리)가 50미터 이상인 다리의 건설등 공사
4. 터널의 건설등 공사
5. 다목적댐, 발전용댐, 저수용량 2천만톤 이상의 용수 전용 댐 및 지방상수도 전용 댐의 건설등 공사
6. 깊이 10미터 이상인 굴착공사

**119** 작업장에 계단 및 계단참을 설치하는 때에는 기준상으로 매 제곱미터당 최소 몇 킬로그램 이상의 하중에 견딜 수 있는 강도를 가진 구조로 설치하여야 하는가?

① 300kg  ② 400kg
③ 500kg  ④ 600kg

**해설**
계단 및 계단참의 강도
1. 매 제곱미터당 500킬로그램 이상의 하중에 견딜 수 있는 강도를 가진 구조로 설치하여야 한다.
2. 안전율(재료의 파괴응력도와 허용응력도의 비율)은 4 이상으로 하여야 한다.
3. 계단 및 승강구 바닥을 구멍이 있는 재료로 만드는 경우 렌치나 그 밖의 공구 등이 낙하할 위험이 없는 구조로 하여야 한다.

**120** 가설통로의 설치기준으로 옳지 않은 것은?

① 경사는 30° 이하로 할 것
② 경사가 15°를 초과하는 때에는 미끄러지지 아니하는 구조로 할 것
③ 추락의 위험이 있는 장소에는 안전난간을 설치할 것
④ 수직갱에 가설된 통로의 길이가 15m 이상인 때에는 12m 이내마다 계단참을 설치할 것

**해설**
가설통로
1. 견고한 구조로 할 것
2. 경사는 30도 이하로 할 것(다만, 계단을 설치하거나 높이 2미터 미만의 가설통로로서 튼튼한 손잡이를 설치한 경우에는 그러하지 아니하다)
3. 경사가 15도를 초과하는 경우에는 미끄러지지 아니하는 구조로 할 것
4. 추락할 위험이 있는 장소에는 안전난간을 설치할 것(다만, 작업상 부득이한 경우에는 필요한 부분만 임시로 해체할 수 있다)
5. 수직갱에 가설된 통로의 길이가 15미터 이상인 경우에는 10미터 이내마다 계단참을 설치할 것
6. 건설공사에 사용하는 높이 8미터 이상인 비계다리에는 7미터 이내마다 계단참을 설치할 것

정답 118 ② 119 ③ 120 ④

# PART 02
# 23 | 2023년 3회 기출복원문제

## 1과목 안전관리론

**01** 산업안전보건법령상 안전보건관리규정 작성 시 포함되어야 하는 사항을 모두 고른 것은?(단, 그 밖에 안전 및 보건에 관한 사항은 제외한다.)

ㄱ. 안전보건교육에 관한 사항
ㄴ. 재해사례 연구·토의결과에 관한 사항
ㄷ. 사고 조사 및 대책 수립에 관한 사항
ㄹ. 작업장의 안전 및 보건 관리에 관한 사항
ㅁ. 안전 및 보건에 관한 관리조직과 그 직무에 관한 사항

① ㄱ, ㄴ, ㄷ, ㄹ
② ㄱ, ㄴ, ㄹ, ㅁ
③ ㄱ, ㄷ, ㄹ, ㅁ
④ ㄴ, ㄷ, ㄹ, ㅁ

**해설**
안전보건관리규정의 포함사항
1. 안전 및 보건에 관한 관리조직과 그 직무에 관한 사항
2. 안전보건교육에 관한 사항
3. 작업장의 안전 및 보건 관리에 관한 사항
4. 사고 조사 및 대책 수립에 관한 사항
5. 그 밖에 안전 및 보건에 관한 사항

**02** 산업안전보건법령상 안전보건표지의 종류와 형태 중 관계자 외 출입금지에 해당하지 않는 것은?

① 관리대상물질 작업장
② 허가대상물질 작업장
③ 석면취급·해체 작업장
④ 금지대상물질의 취급 실험실

**해설**
관계자외 출입금지

| 허가대상물질 작업장 | 석면취급/ 해체작업장 | 금지대상물질의 취급 실험실 등 |
|---|---|---|
| 관계자 외 출입금지 (허가물질 명칭) 제조/사용/보관 중 | 관계자 외 출입금지 석면취급/ 해체 중 | 관계자 외 출입금지 발암물질 취급 중 |
| 보호구/보호복 착용 흡연 및 음식물 섭취 금지 | 보호구/보호복 착용 흡연 및 음식물 섭취 금지 | 보호구/보호복 착용 흡연 및 음식물 섭취 금지 |

**03** 다음 중 브레인스토밍(Brainstorming) 기법에 관한 설명으로 옳은 것은?

① 지정된 표현방식을 벗어나 자유롭게 의견을 제시한다.
② 주제와 내용이 다르거나 잘못된 의견은 지적하여 조정한다.
③ 참여자에게는 동일한 회수의 의견제시 기회가 부여된다.
④ 타인의 의견을 수정하거나 동의하여 다시 제시하지 않는다.

**해설**
브레인스토밍(Brainstorming)의 원칙
1. 비판금지 : 「좋다」, 「나쁘다」라고 비판은 하지 않는다.
2. 대량발언 : 내용의 질적수준보다 양적으로 무엇이든 많이 발언한다.
3. 자유분방 : 자유로운 분위기에서 마음대로 편안한 마음으로 발언한다.
4. 수정발언 : 타인의 아이디어를 수정하거나 보충 발언해도 좋다.

**04** 강도율에 관한 설명 중 틀린 것은?

① 사망 및 영구전노동불능(신체장해등급 1~3급)의 손실일수는 7,500일로 환산한다.
② 신체장해 등급 중 제14급은 근로손실일수를 50일로 환산한다.
③ 영구 일부 노동불능은 신체 장해등급에 따른 근로손실일수에 $\frac{300}{365}$ 을 곱하여 환산한다.
④ 일시 전노동 불능은 휴업일수에 $\frac{300}{365}$ 을 곱하여 근로손실일수를 환산한다.

**해설**
근로손실일수의 산정 기준
1. 사망 및 영구 전노동불능(신체장해등급 1~3급) : 7,500일

**정답** 01 ③ 02 ① 03 ① 04 ③

2. 영구 일부노동불능(근로손실일수)

| 신체장해등급 | 4 | 5 | 6 | 7 | 8 |
|---|---|---|---|---|---|
| 근로손실일수 | 5,500 | 4,000 | 3,000 | 2,200 | 1,500 |
| 신체장해등급 | 9 | 10 | 11 | 12 | 13 | 14 |
| 근로손실일수 | 1,000 | 600 | 400 | 200 | 100 | 50 |

3. 일시 전노동불능 : 근로손실일수=휴업일수×$\frac{300}{365}$

## 05 산업현장에서 재해 발생 시 조치 순서로 옳은 것은?

① 긴급처리 → 재해조사 → 원인분석 → 대책수립
② 긴급처리 → 원인분석 → 대책수립 → 재해조사
③ 재해조사 → 원인분석 → 대책수립 → 긴급처리
④ 재해조사 → 대책수립 → 원인분석 → 긴급처리

**해설**
재해 발생 시 조치사항
산업재해 발생 → 긴급처리 → 재해조사 → 원인강구(원인분석) → 대책수립 → 대책실시계획 → 실시 → 평가

## 06 버드(Bird)의 신 도미노이론 5단계에 해당하지 않는 것은?

① 제어부족(관리)        ② 직접원인(징후)
③ 간접원인(평가)        ④ 기본원인(기원)

**해설**
버드(Bird)의 최신 도미노이론
1. 제1단계 : 제어의 부족(관리)
2. 제2단계 : 기본원인(기원)
3. 제3단계 : 직접원인(징후)
4. 제4단계 : 사고(접촉)
5. 제5단계 : 상해(손실)

**TIP** 재해발생의 근원적 원인은 경영자의 관리소홀이다.

## 07 다음 중 안전교육의 단계에 있어 올바른 행동의 습관화 및 가치관을 형성하도록 하는 교육은?

① 안전의식 교육        ② 안전태도 교육
③ 안전지식 교육        ④ 안전기능 교육

**해설**
안전교육 3단계
1. 제1단계 : 지식교육
   ㉠ 강의, 시청각교육을 통한 지식의 전달과 이해
   ㉡ 근로자가 지켜야할 규정의 숙지를 위한 교육
2. 제2단계 : 기능교육
   ㉠ 시범, 견학, 실습, 현장실습을 통한 경험체득과 이해
   ㉡ 교육 대상자가 스스로 행함으로서 습득하는 교육
   ㉢ 같은 내용을 반복해서 개인의 시행착오에 의해서만 얻어지는 교육
3. 제3단계 : 태도교육
   ㉠ 작업동작지도, 생활지도 등을 통한 안전의 습관화 및 일체감
   ㉡ 동기를 부여하는 데 가장 적절한 교육
   ㉢ 안전한 작업방법을 알고는 있으나 시행하지 않는 것에 대한 교육

## 08 다음 재해원인 중 간접원인에 해당하지 않는 것은?

① 기술적 원인        ② 교육적 원인
③ 관리적 원인        ④ 인적 원인

**해설**
산업재해의 원인
1. 직접원인
   ㉠ 불안전한 행동(인적 요인)
   ㉡ 불안전한 상태(물적 요인)
2. 간접원인

| 기술적 원인 | • 건물, 기계장치의 설계불량<br>• 구조, 재료의 부적합<br>• 생산방법의 부적당<br>• 점검, 정비보존의 불량 |
|---|---|
| 교육적 원인 | • 안전의식의 부족<br>• 안전수칙의 오해<br>• 경험훈련의 미숙<br>• 작업방법의 교육 불충분<br>• 유해위험 작업의 교육 불충분 |
| 신체적 원인 | • 신체적 결함(두통, 현기증, 간질병, 난청)<br>• 피로(수면부족) |
| 정신적 원인 | • 태도불량(태만, 불만, 반항)<br>• 정신적 동요(공포, 긴장, 초조, 불화) |
| 작업관리상의 원인 | • 안전관리조직의 결함<br>• 안전수칙의 미제정<br>• 작업준비 불충분<br>• 인원배치 부적당<br>• 작업지시 부적당 |

**정답** 05 ① 06 ③ 07 ② 08 ④

## 09 헤드십의 특성이 아닌 것은?

① 지휘형태는 권위주의적이다.
② 권한행사는 임명된 헤드이다.
③ 구성원과의 사회적 간격은 넓다.
④ 상관과 부하와의 관계는 개인적인 영향이다.

**해설**

헤드십과 리더십의 구분

| 구분 | 헤드십 | 리더십 |
|---|---|---|
| 권한행사 및 부여 | 위에서 위임하여 임명된 헤드 | 밑에서부터의 동의에 의해 선출된 리더 |
| 권한근거 | 법적 또는 공식적 | 개인능력 |
| 상관과 부하와의 관계 | 지배적 | 개인적인 경향 |
| 책임귀속 | 상사 | 상사와 부하 |
| 부하와의 사회적 간격 | 넓다 | 좁다 |
| 지위형태 | 권위주의적 | 민주주의적 |
| 권한귀속 | 공식화된 규정에 의함 | 집단목표에 기여한 공로 인정 |

## 10 안전점검을 점검시기에 따라 구분할 때 다음에서 설명하는 안전점검은?

> 작업담당자 또는 해당 관리감독자가 맡고 있는 공정의 설비, 기계, 공구 등을 매일 작업 전 또는 작업 중에 일상적으로 실시하는 안전점검

① 정기점검  ② 수시점검
③ 특별점검  ④ 임시점검

**해설**

안전점검(점검주기에 의한 구분)

| 정기점검 (계획점검) | 일정기간마다 정기적으로 실시하는 점검으로 주간점검, 월간점검, 연간점검 등이 있다.(마모 상태, 부식, 손상, 균열 등 설비의 상태 변화나 이상 유무 등을 점검한다.) |
|---|---|
| 수시점검 (일상점검, 일일점검) | • 매일 현장에서 작업 시작 전, 작업 중, 작업 후에 일상적으로 실시하는 점검(작업자, 작업담당자가 실시한다.)<br>• 작업 시작 전 점검사항 : 주변의 정리정돈, 주변의 청소 상태, 설비의 방호장치 점검, 설비의 주유상태, 구동부분 등<br>• 작업 중 점검사항 : 이상소음, 진동, 냄새, 가스 및 기름 누출, 생산품질의 이상 여부 등<br>• 작업 종료 시 점검사항 : 기계의 청소와 정비, 안전장치의 작동 여부, 스위치 조작, 환기, 통로정리 등 |
| 임시점검 | 정기점검 실시 후 다음 점검기일 이전에 임시로 실시하는 점검(기계, 기구 또는 설비의 이상 발견 시에 임시로 점검) |
| 특별점검 | • 기계, 기구 또는 설비를 신설하거나 변경 내지는 고장 수리 등을 할 경우<br>• 강풍 또는 지진 등의 천재지변 발생 후의 점검<br>• 산업안전 보건 강조기간에도 실시 |

## 11 학습을 자극(Stimulus)에 의한 반응(Response)으로 보는 이론에 해당하는 것은?

① 장설(Field Theory)
② 통찰설(Insight Theory)
③ 기호형태설(Sign-Gestalt Theory)
④ 시행착오설(Trial and Error Theory)

**해설**

학습이론

| S(자극)-R(반응)이론 (행동주의 학습이론) | • 조건반사설(Pavlov)<br>• 시행착오설(Thorndike)<br>• 조작적 조건 형성이론(Skinner) |
|---|---|
| 인지이론(형태이론) | • 통찰설(Köhler)<br>• 장이론(Lewin)<br>• 기호형태설(Tolman) |

## 12 다음 중 Off.J.T(Off Job Training) 교육방법의 장점으로 옳은 것은?

① 개개인에게 적절한 지도훈련이 가능하다.
② 훈련에 필요한 업무의 계속성이 끊어지지 않는다.
③ 다수의 대상자를 일괄적, 조직적으로 교육할 수 있다.
④ 효과가 곧 업무에 나타나며, 훈련의 좋고 나쁨에 따라 개선이 용이하다.

**해설**

OFF J.T(Off the Job Training)
1. 정의
   공통된 교육목적을 가진 근로자를 현장 외의 장소에 모아 실시하는 집체교육으로 집단교육에 적합한 교육형태
2. 특징
   ⊙ 외부의 전문가를 활용할 수 있다(전문가를 초빙하여 강사로 활용이 가능하다).
   ⓒ 다수의 대상자에게 조직적 훈련이 가능하다.
   ⓒ 특별교재, 교구, 시설을 유효하게 사용할 수 있다.
   ⓔ 타 직종 사람과의 많은 지식, 경험을 교류할 수 있다.

ⓜ 업무와 분리되어 교육에 전념하는 것이 가능하다.
ⓗ 교육목표를 위하여 집단적으로 협조와 협력이 가능하다.
ⓢ 법규, 원리, 원칙, 개념, 이론 등의 교육에 적합하다.

**13** 다음 중 학습에 대한 동기유발 방법 가운데 외적 동기 유발방법이 아닌 것은?

① 경쟁심을 일으키도록 한다.
② 학습의 결과를 알려준다.
③ 학습자의 요구 수준에 맞는 교재를 제시한다.
④ 적절한 상벌에 의한 학습의욕을 환기시킨다.

**해설**
동기유발 방법

| 내적 동기유발 | • 목표의 인식<br>• 학습자의 요구 수준에 맞는 교재를 제시<br>• 성취의욕의 고취<br>• 지적호기심의 제고<br>• 흥미 등의 방법 |
|---|---|
| 외적 동기유발 | • 학습의 결과를 알려줌<br>• 경쟁심을 일으키도록 함<br>• 적절한 상과 벌에 의한 학습의욕을 환기시킬 것 |

**14** 데이비스(Davis)의 동기부여이론 중 동기유발의 식으로 옳은 것은?

① 지식×기능
② 지식×태도
③ 상황×기능
④ 상황×태도

**해설**
데이비스(K. Davis)의 동기부여이론
1. 인간의 성과×물질적 성과=경영의 성과
2. 지식(Knowledge)×기능(Skill)=능력(Ability)
3. 상황(Situation)×태도(Attitude)=동기유발(Motivation)
4. 능력(Ability)×동기유발(Motivation)=인간의 성과 (Human Performance)

**15** 다음 중 재해원인 분석기법의 하나인 특성요인도의 작성방법으로 잘못 설명된 것은?

① 특성의 결정은 무엇에 대한 특성요인도를 작성할 것인가를 결정하고 기입한다.
② 등뼈는 원칙적으로 우측에서 좌측으로 향하여 가는 화살표를 기입한다.
③ 큰뼈는 특성이 일어나는 요인이라고 생각하는 것을 크게 분류하여 기입한다.
④ 중뼈는 특성이 일어나는 큰뼈의 요인마다 다시 미세하게 원인을 결정하여 기입한다.

**해설**
특성 요인도
1. 특성과 요인관계를 어골상으로 도표화하여 분석하는 기법(원인과 결과를 연계하여 상호관계를 파악하기 위한 분석방법)
2. 등뼈는 원칙적으로 좌측에서 우측으로 향하여 굵은 화살표를 기입한다.

**16** 근로자 1,000명 이상의 대규모 사업장에 적합한 안전관리 조직의 유형은?

① 직계식 조직
② 참모식 조직
③ 병렬식 조직
④ 직계참모식 조직

**해설**
안전관리 조직의 형태

| 라인형(Line형)<br>(직계형 조직) | 100명 미만의 소규모 사업장에 적합한 조직형태 |
|---|---|
| 스태프형(Staff형)<br>(참모형 조직) | 100명 이상 1,000명 미만의 중규모 사업장에 적합한 조직형태 |
| 라인-스태프형<br>(Line-Staff형)<br>(직계 참모형 조직) | 1,000명 이상의 대규모 사업장에 적합한 조직형태 |

**17** 다음 중 적성의 기본요소라 할 수 있는 것은?

① 지능
② 교육수준
③ 환경조건
④ 가족관계

**해설**
적성의 요인
1. 직업적성
2. 지능
3. 흥미
4. 인간성

**18** 안전교육방법 중 학습자가 자신의 학습속도에 적합하도록 프로그램 자료를 가지고 단독으로 학습하도록 하는 교육방법은?

① 실연법
② 모의법
③ 토의법
④ 프로그램 학습법

**정답** 13 ③ 14 ④ 15 ② 16 ④ 17 ① 18 ④

**해설**

교육방법

| | |
|---|---|
| 토의법 | 다양한 과제와 문제에 대해 학습자 상호간에 솔직하게 의견을 내어 공통의 이해를 꾀하면서 그룹의 결론을 도출해가는 것으로 안전지식과 관리에 대한 유경험자에게 적합한 교육방법(쌍방적 의사전달 방법) |
| 실연법 | 학습자가 이미 설명을 듣거나 시범을 보고 알게 된 지식이나 기능을 강사의 감독 아래 직접적으로 연습해 적용해 보게 하는 교육방법 |
| 프로그램학습법 | 학생이 자기 학습속도에 따른 학습이 허용되어 있는 상태에서 학습자가 프로그램 자료를 가지고 단독으로 학습하도록 하는 교육방법 |
| 모의법 | 실제의 장면이나 상태와 극히 유사한 상황을 인위적으로 만들어 그 속에서 학습하도록 하는 교육방법 |

**19** 레윈(Lewin)은 인간의 행동 특성을 다음가 같이 표현하였다. 변수 "$E$"가 의미하는 것으로 옳은 것은?

$$B = f(P \cdot E)$$

① 연령　　② 성격
③ 작업환경　　④ 지능

**해설**

레윈(K. Lewin)의 행동법칙

$$B = f(P \cdot E)$$

여기서, $B$ : Behavior(인간의 행동)
$f$ : Function(함수관계) $P \cdot E$에 영향을 줄 수 있는 조건
$P$ : Person(개체, 개인의 자질, 연령, 경험, 심신상태, 성격, 지능 등)
$E$ : Environment(심리적 환경 – 작업환경, 인간관계, 설비적 결함 등)

레윈의 이론
인간의 행동($B$)은 개인의 자질과 심리학적 환경과의 상호함수관계이다.

**20** 다음 중 작업현장에서 낙하의 위험과 상부에 전선이 있어 감전위험이 있을 때 사용하여야 하는 안전모의 종류는?

① A형 안전모　　② B형 안전모
③ AB형 안전모　　④ AE형 안전모

**해설**

추락 및 감전 위험방지용 안전모의 종류

| 종류(기호) | 사용구분 | 비고 |
|---|---|---|
| AB | 물체의 낙하 또는 비래 및 추락에 의한 위험을 방지 또는 경감시키기 위한 것 | |
| AE | 물체의 낙하 또는 비래에 의한 위험을 방지 또는 경감하고, 머리부위 감전에 의한 위험을 방지하기 위한 것 | 내전압성 |
| ABE | 물체의 낙하 또는 비래 및 추락에 의한 위험을 방지 또는 경감하고, 머리부위 감전에 의한 위험을 방지하기 위한 것 | 내전압성 |

※ 내전압성이란 7,000V 이하의 전압에 견디는 것을 말한다.

## 2과목 인간공학 및 시스템 안전공학

**21** 인간의 감각 중 반응시간이 가장 빠른 것은?

① 시각　　② 통각
③ 청각　　④ 미각

**해설**

감각 기관별 자극반응시간

| 청각 | 촉각 | 시각 | 미각 | 통각 |
|---|---|---|---|---|
| 0.17초 | 0.18초 | 0.20초 | 0.29초 | 0.70초 |

**22** 산업안전보건법상 근로자가 상시로 정밀작업을 하는 장소의 작업면 조도기준으로 옳은 것은?

① 75럭스(lux) 이상
② 150럭스(lux) 이상
③ 300럭스(lux) 이상
④ 750럭스(lux) 이상

**해설**

작업장의 적정 조도 기준

| 작업의 종류 | 작업면 조도(照度) |
|---|---|
| 초정밀작업 | 750럭스(lux) 이상 |
| 정밀작업 | 300럭스(lux) 이상 |
| 보통작업 | 150럭스(lux) 이상 |
| 그 밖의 작업 | 75럭스(lux) 이상 |

정답 19 ③　20 ④　21 ③　22 ③

**23** 다음 중 HAZOP기법에서 사용하는 가이드워드와 그 의미가 잘못 연결된 것은?

① PART OF : 성질상의 감소
② MORE/LESS : 정량적인 증가 또는 감소
③ NO/NOT : 설계 의도의 안전한 부정
④ OTHER THAN : 기타 환경적인 요인

해설
지침단어(가이드워드)의 의미

| GUIDE WORD | 의미 |
| --- | --- |
| NO 혹은 NOT | 설계의도의 완전한 부정 |
| MORE 혹은 LESS | 양의 증가 혹은 감소<br>(정량적 증가 혹은 감소) |
| AS WELL AS | 성질상의 증가<br>(정성적 증가) |
| PART OF | 성질상의 감소<br>(정성적 감소) |
| REVERSE | 설계의도의 논리적인 역<br>(설계의도와 반대현상) |
| OTHER THAN | 완전한 대체의 필요 |

**24** FT도에 사용하는 기호에서 3개의 입력현상 중 임의의 시간에 2개가 발생하면 출력이 생기는 기호의 명칭은?

① 우선적 AND 게이트
② 조합 AND 게이트
③ 억제 게이트
④ 배타적 OR 게이트

해설
게이트
1. 우선적 AND 게이트
   입력사상 중 어떤 사상이 다른 사상보다 먼저 일어난 때에 출력사상이 생긴다.
2. 조합 AND 게이트
   3개 이상의 입력사상 중 어느 것이나 2개가 일어나면 출력이 생긴다.
3. 억제 게이트
   입력사상 중 어느 것이나 이 게이트로 나타내는 조건이 만족하는 경우에만 출력사상이 발생한다.(조건부확률)
4. 배타적 OR 게이트
   OR 게이트이지만 2개 또는 그 이상의 입력이 동시에 존재하는 경우에는 출력이 생기지 않는다.

**25** 다음 중 작업공간의 배치에 있어 구성요소 배치의 원칙에 해당하지 않는 것은?

① 기능성의 원칙
② 사용빈도의 원칙
③ 사용순서의 원칙
④ 사용방법의 원칙

해설
부품배치의 원칙

| 부품의<br>위치 결정 | 중요성의 원칙 | 체계의 목표달성에 긴요한 정도에 따른 우선순위를 설정 |
| --- | --- | --- |
| | 사용빈도의 원칙 | 부품이 사용되는 빈도에 따른 우선순위 설정 |
| 부품의<br>배치 결정 | 기능별 배치의 원칙 | 기능적으로 관련된 부품들을 모아서 배치 |
| | 사용순서의 원칙 | 순서적으로 사용되는 장치들을 가까이에 순서적으로 배치 |

**26** 인간이 기계보다 우수한 기능으로 옳지 않은 것은?(단, 인공지능은 제외한다.)

① 암호화된 정보를 신속하게 대량으로 보관할 수 있다.
② 관찰을 통해서 일반화하여 귀납적으로 추리한다.
③ 항공사진의 피사체나 말소리처럼 상황에 따라 변화하는 복잡한 자극의 형태를 식별할 수 있다.
④ 수신 상태가 나쁜 음극선관에 나타나는 영상과 같이 배경 잡음이 심한 경우에도 신호를 인지할 수 있다.

해설
인간이 기계보다 우수한 기능
1. 매우 낮은 수준의 자극(시각, 청각, 촉각, 후각, 미각적인)을 감지한다.
2. 수신 상태가 나쁜 음극선과에 나타나는 영상과 같이 배경 잡음이 심한 경우에도 신호를 인지할 수 있다.
3. 항공 사진의 피사체나 말소리처럼 상황에 따라 변화하는 복잡한 자극의 형태를 식별할 수 있다.
4. 주의의 예기치 못한 상황을 감지할 수 있다.
5. 많은 양의 정보를 오랜 기간 동안 보관하였다가 적절한 정보를 상기한다.
6. 다양한 경험을 토대로 의사결정을 한다.
7. 어떤 운용 방법이 실패할 경우, 다른 방법을 선택한다.
8. 관찰을 통해서 일반화하여 귀납적으로 추리한다.
9. 원칙을 적용하여 다양한 문제를 해결한다.
10. 완전히 새로운 해결책을 찾을 수 있다.
11. 다양한 운용상의 요건에 맞추어서 신체적인 반응을 적응시킨다.

정답 23 ④ 24 ② 25 ④ 26 ①

12. 과부하 상황에서 불가피한 경우에는 중요한 일에만 전념한다.
13. 주관적으로 추산하고 평가한다.

**TIP** 암호화된 정보를 신속하게 대량으로 보관할 수 있다. : 기계가 인간보다 우수한 기능

## 27 어느 부품 1,000개를 100,000시간 동안 가동하였을 때 5개의 불량품이 발생하였을 경우 평균동작시간(MTTF)은?

① $1 \times 10^6$시간
② $2 \times 10^7$시간
③ $1 \times 10^8$시간
④ $2 \times 10^9$시간

**해설**

평균고장수명(고장까지의 평균시간, MTTF ; Mean Time To Failure)
고장이 발생되면 그것으로 수명이 없어지는 제품의 평균수명이며, 이는 수리하지 않는 시스템, 제품, 기기, 부품 등이 고장 날 때까지 동작시간의 평균치

$$MTTF(MTBF) = \frac{1}{\lambda} = \frac{T(\text{총 동작시간})}{r(\text{그 기간 중의 총 고장수})}$$

$$MTTF(MTBF) = \frac{T}{r} = \frac{1,000 \times 100,000}{5} = 2 \times 10^7$$

## 28 다음 중 소음에 의한 청력손실이 가장 심각한 주파수 범위는?

① 500~1,000Hz
② 3,000~4,000Hz
③ 8,000~10,000Hz
④ 15,000~20,000Hz

**해설**

청력 손실의 성격
1. 청력 손실의 정도는 노출되는 소음 수준에 따라 증가한다.(비례관계)
2. 강한 소음에 대해서는 노출기간에 따라 청력 손실도 증가한다.
3. 약한 소음에 대해서는 노출기간과 청력손실 간에 관계가 없다.
4. 청력 손실은 4,000Hz에서 크게 나타난다.

## 29 발생 확률이 동일한 64가지의 대안이 있을 때 얻을 수 있는 총 정보량은?

① 6bit
② 16bit
③ 32bit
④ 64bit

**해설**

정보의 측정 단위
1. Bit : 실현 가능성이 같은 2개의 대안 중 하나가 명시되었을 때 우리가 얻는 정보량
2. 실현 가능성이 같은 $n$개의 대안이 있을 때 총 정보량 $H$

$$H = \log_2 n$$

$$H = \log_2 64 = \frac{\log 64}{\log 2} = 6(\text{bit})$$

## 30 휴먼 에러 예방대책 중 인적 요인에 대한 대책이 아닌 것은?

① 설비 및 환경 개선
② 소집단 활동의 활성화
③ 작업에 대한 교육 및 훈련
④ 전문인력의 적재적소 배치

**해설**

인적 요인에 대한 대책
1. 작업에 관한 교육 및 훈련과 작업 전, 후의 회의소집
2. 작업의 모의훈련으로 시나리오에 의한 리허설
3. 소집단 활동의 활성화로 작업방법 및 순서, 위험예지활동 등을 지속적으로 수행
4. 숙달된 전문인력의 적재적소에 배치 등

**TIP** 관리요인에 대한 대책 : 설비, 환경의 사전 개선

## 31 다음 설명에 해당하는 인간의 오류모형은?

상황이나 목표의 해석은 정확하나 의도와는 다른 행동을 한 경우

① 착오(Mistake)
② 실수(Slip)
③ 건망증(Lapse)
④ 위반(Violation)

**정답** 27 ② 28 ② 29 ① 30 ① 31 ②

### 해설
인간의 오류 모형

| 착오<br>(Mistake) | 상황해석을 잘못하거나 목표를 잘못 이해하고 착각하여 행하는 경우(어떤 목적으로 행동하려고 했는데 그 행동과 일치하지 않는 것) |
|---|---|
| 실수<br>(Slip) | 상황이나 목표의 해석을 제대로 했으나 의도와는 다른 행동을 하는 경우 |
| 건망증<br>(Lapse) | 여러 과정이 연계적으로 계속하여 일어나는 행동 중 일부를 잊어버리고 하지 않거나 또는 기억의 실패에 의해 발생하는 오류 |
| 위반<br>(Violation) | 정해진 규칙을 알고 있음에도 고의적으로 따르지 않거나 무시하는 행위 |

**32** 화학설비의 안전성 평가에서 정량적 평가의 항목에 해당되지 않는 것은?

① 훈련
② 조작
③ 취급물질
④ 화학설비용량

### 해설
화학설비에 대한 안전성 평가 단계
1. 제1단계 : 관계자료의 작성준비(정비검토)
    ㉠ 입지조건(지질도, 풍배도 등 입지에 관계있는 도표를 포함)
    ㉡ 화학설비 배치도
    ㉢ 건조물의 평면도와 단면도 및 입면도
    ㉣ 기계실 및 전기실의 평면도와 단면도 및 입면도
    ㉤ 원재료, 중간체, 제품 등의 물리적, 화학적 성질 및 인체에 미치는 영향
    ㉥ 제조공정상 일어나는 화학반응
    ㉦ 제조공정 개요
    ㉧ 공정기기 목록
    ㉨ 공정계통도
    ㉩ 배관, 계장 계통도
    ㉪ 안전설비의 종류와 설치장소
    ㉫ 운전요령
    ㉬ 요원배치계획, 안전보건 훈련계획
    ㉭ 기타 관련자료
2. 제2단계 : 정성적 평가

| 설계 관계 항목 | 입지조건, 공장내 배치, 건조물, 소방설비 |
|---|---|
| 운전 관계 항목 | • 원재료, 중간체, 제품 등의 위험성<br>• 프로세스의 운전조건 수송, 저장 등에 대한 안전대책<br>• 프로세스기기의 선정요건 |

3. 제3단계 : 정량적 평가
    ㉠ 취급물질
    ㉡ 화학설비의 용량

㉢ 온도
㉣ 압력
㉤ 조작
4. 제4단계 : 안전대책
    ㉠ 설비 등에 관한 대책
    ㉡ 관리적 대책
5. 제5단계 : 재해정보에 의한 재평가
6. 제6단계 : FTA에 의한 재평가

**TIP** 훈련은 제4단계인 안전대책 중 관리적 대책의 항목에 해당

**33** 다음 중 경고등의 점멸속도로 가장 적합한 것은?

① 3~10회/초
② 20~40회/초
③ 40~60회/초
④ 60~90회/초

### 해설
점멸속도
1. 점멸등의 경우 점멸속도는 불이 계속 켜진 것처럼 보이게 되는 점멸 : 융합주파수(약 30Hz)보다 훨씬 적어야 한다.
2. 주의를 끌기 위해서는 초당 3~10회의 점멸속도(지속시간 0.05초 이상)가 적당하다.

**34** 다음 중 은행 창구나 슈퍼마켓의 계산대에 적용하기에 가장 적합한 인체 측정 자료의 응용원칙은?

① 평균치 설계
② 최대 집단치 설계
③ 극단치 설계
④ 최소 집단치 설계

### 해설
인체계측 자료의 응용원칙의 사례
1. 극단치를 이용한 설계
    ㉠ 최대 집단치 설계 : 출입문, 탈출구의 크기, 통로, 그네, 줄사다리, 버스 내 승객용 좌석간 거리. 위험구역 울타리 등
    ㉡ 최소 집단치 설계 : 선반의 높이, 조종 장치까지의 거리, 비상벨의 위치 설계 등
2. 조절 가능한 설계
    자동차 좌석의 전후 조절, 사무실 의자의 상하 조절, 책상 높이 등
3. 평균치를 이용한 설계
    가게나 은행의 계산대, 식당 테이블, 출근버스 손잡이 높이, 안내 데스크 등

정답 32 ① 33 ① 34 ①

**35** 그림과 같은 FT도에 대한 미니멀 컷셋(Minimal Cut Sets)으로 옳은 것은?(단, Fussell의 알고리즘을 따른다.)

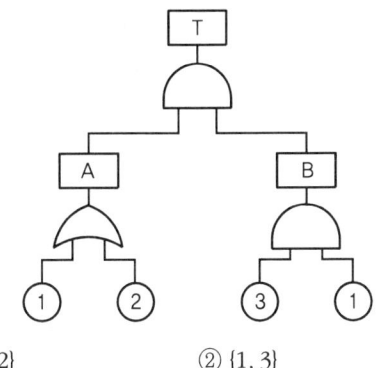

① {1, 2}  ② {1, 3}
③ {2, 3}  ④ {1, 2, 3}

**해설**

미니멀 컷셋(Minimal Cut Set)

```
        ⓐ        ⓑ        ⓒ         ⓓ
T   →  A, B  →  1, B  →  1, 3, 1  →  1, 3
                2, B     2, 3, 1
```

**TIP** ⓒ에서 1행의 컷셋은 (1)이 중복되어 있으므로 (1, 3)이 되고 ⓒ의 2행에서는 (1,3)이 포함되어 있기 때문에 최소 컷셋은 ⓓ와 같다.

**36** '화재 발생'이라는 시작(초기)사상에 대하여, 화재감지기, 화재 경보, 스프링클러 등의 성공 또는 실패 작동여부와 그 확률에 따른 피해결과를 분석하는데 가장 적합한 위험분석 기법은?

① FTA  ② ETA
③ FHA  ④ THERP

**해설**

사건수 분석(ETA)

초기사건으로 알려진 특정한 장치의 이상 또는 운전자의 실수에 의해 발생되는 잠재적인 사고결과를 정량적으로 평가·분석하는 방법을 말한다.

**37** 자동화시스템에서 인간의 기능으로 적절하지 않은 것은?

① 설비보전
② 작업계획 수립
③ 조종장치로 기계를 통제
④ 모니터로 작업 상황 감시

**해설**

인간 – 기계 통합 체계의 유형

| | |
|---|---|
| 수동 시스템 | • 수공구나 기타 보조물로 이루어지며 자신의 신체적인 힘을 원동력으로 사용하여 작업을 통제하는 시스템(인간이 사용자나 동력원으로 가능)<br>• 다양성 있는 체계로 역할을 할 수 있는 능력을 충분히 활용하는 시스템<br>예 장인과 공구, 가수와 앰프 |
| 기계 시스템 | • 고도로 통합된 부품들로 구성되어 있으며, 일반적으로 변화가 거의 없는 기능들을 수행하는 시스템<br>• 운전자의 조종에 의해 운용되며 융통성이 없는 시스템<br>• 동력은 기계가 제공하며, 조종장치를 사용하여 통제하는 것은 사람이다.<br>• 반자동 체계라고도 한다.<br>예 엔진, 자동차, 공작기계 |
| 자동 시스템 | • 체계가 감지, 정보보관, 정보처리 및 의사결정, 행동을 포함한 모든 임무를 수행하는 체계<br>• 신뢰성이 완전한 자동체계란 불가능하므로 인간은 감시, 정비, 보전, 계획수립 등의 기능을 수행한다.<br>예 자동화된 처리공장, 자동교환대, 컴퓨터 |

**38** 불필요한 작업을 수행함으로써 발생하는 오류로 옳은 것은?

① Command Error  ② Extraneous Error
③ Secondary Error  ④ Commission Error

**해설**

인간실수의 분류(심리적인 분류)

| | |
|---|---|
| 생략에러<br>(Omission Error)<br>부작위 실수 | 필요한 직무 및 절차를 수행하지 않아(생략) 발생하는 에러<br>예 가스밸브를 잠그는 것을 잊어 사고가 났다. |
| 작위에러<br>(Commission Error) | 필요한 작업 또는 절차의 불확실한 수행(잘못 수행)으로 인한 에러<br>예 전선이 바뀌었다, 틀린 부품을 사용하였다, 부품이 거꾸로 조립되었다 등 |
| 순서에러<br>(Sequential Error) | 필요한 작업 또는 절차의 순서 착오로 인한 에러<br>예 자동차 출발 시 핸들브레이크를 해제하지 않고 출발하여 발생한 경우 |
| 시간에러<br>(Time Error) | 필요한 직무 또는 절차의 수행지연으로 인한 에러<br>예 프레스 작업 중에 금형 내에 손이 오랫동안 남아 있어 발생한 재해 |
| 과잉행동에러<br>(Extraneous Error) | 불필요한 작업 또는 절차를 수행함으로써 기인한 에러<br>예 자동차 운전 중 습관적으로 손을 창문으로 내밀어 발생한 재해 |

정답 35 ② 36 ② 37 ③ 38 ②

**39** 통화이해도를 측정하는 지표로서, 각 옥타브(Octave)대의 음성과 잡음의 데시벨(dB)값에 가중치를 곱하여 합계를 구하는 것을 무엇이라 하는가?

① 명료도 지수
② 통화 간섭 수준
③ 이해도 점수
④ 소음 기준 곡선

**해설**

통화 이해도의 척도

| 통화 이해도 시험 | 의미없는 음절, 음성학적으로 균형잡힌 단어목록, 운율시험, 문장시험 문제들로 이루어진 자료를 수화자에게 전달하고 이를 반복하게 하여 정답 수를 평가 |
|---|---|
| 명료도 지수 | 옥타브대의 음성과 잡음의 dB값에 가중치를 곱하여 합계를 구하는 것 |
| 이해도 점수 | 송화 내용 중에서 알아 들은 비율(%) |
| 통화간섭수준 | 통화 이해도에 끼치는 잡음의 영향을 추정하는 지수 |
| 소음기준 곡선 | 사무실, 회의실, 공장 등에서의 통화평가 방법 |

**40** 다음 중 인간공학의 정의로 가장 적합한 것은?

① 인간의 과오가 시스템에 미치는 영향을 최소화하기 위한 연구분야
② 인간, 기계, 물자, 환경으로 구성된 복잡한 체계의 효율을 최대로 활용하기 위하여 인간의 한계 능력을 최대화하는 학문분야
③ 인간, 기계, 물자, 환경으로 구성된 복잡한 체계의 효율을 최대로 활용하기 위하여 인간의 생리적, 심리적 조건을 시스템에 맞추는 학문분야
④ 인간의 특성과 한계 능력을 공학적으로 분석, 평가하여 이를 복잡한 체계의 설계에 응용함으로써 효율을 최대로 활용할 수 있도록 하는 학문분야

**해설**

인간공학의 정의
1. 인간의 특성과 한계 능력을 공학적으로 분석, 평가하여 이를 복잡한 체계의 설계에 응용함으로써 효율을 최대로 활용할 수 있도록 하는 학문분야이다.
2. 인간의 생리적, 심리적 요소를 연구하여 기계나 설비를 인간의 특성에 맞추어 설계하고자 하는 것이다.
3. 사람과 작업 간의 적합성에 관한 과학을 말한다.
4. 인간공학의 초점은 인간이 만들어 생활의 여러 가지 면에서 사용하는 물건, 기구 또는 환경을 설계하는 과정에서 인간을 고려하는 데 있다.

## 3과목 기계위험 방지기술

**41** 아세틸렌 용접장치에 사용하는 역화방지기에서 요구되는 일반적인 구조로 옳지 않은 것은?

① 재사용 시 안전에 우려가 있으므로 역화방지 후 바로 폐기하도록 해야 한다.
② 다듬질 면이 매끈하고 사용상 지장이 없는 부식, 흠, 균열 등이 없어야 한다.
③ 가스의 흐름방향은 지워지지 않도록 돌출 또는 각인하여 표시하여야 한다.
④ 소염소자는 금망, 소결금속, 스틸울(Steel Wool), 다공성 금속물 또는 이와 동등 이상의 소염성능을 갖는 것이어야 한다.

**해설**

역화방지기의 일반구조
역화방지기는 역화를 방지한 후 복원이 되어 계속 사용할 수 있는 구조이어야 한다.

**42** 마찰클러치식 프레스에서 손이 광선을 차단한 순간부터 급정지 장치가 작동 개시하기까지의 시간이 0.05초이고, 급정지 장치가 작동을 개시하여 슬라이드가 정지할 때까지의 시간이 0.15초일 때 이 광전자식 방호장치의 최소 안전거리는 몇 mm인가?

① 80
② 160
③ 240
④ 320

**해설**

광전자식 방호장치의 설치 안전거리(위험기계·기구 의무안전인증 고시 별표1의 70)

$$D = 1,600 \times (T_c + T_s)$$

여기서, $D$ : 안전거리(mm)
$T_c$ : 방호장치의 작동시간[즉, 손이 광선을 차단했을 때부터 급정지기구가 작동을 개시할 때까지의 시간(초)]
$T_s$ : 프레스 등의 최대정지시간[즉, 급정지기구가 작동을 개시했을 때부터 슬라이드 등이 정지할 때까지의 시간(초)]

$D = 1,600 \times (0.05 + 0.15) = 320 \text{(mm)}$

**TIP** 광전자식 방호장치
슬라이드 작동 중 정지 가능한 마찰클러치의 구조에만 적용가능하고 확동식 클러치(핀 클러치)를 갖는 크랭크 프레스에는 사용 불가

**정답** 39 ① 40 ④ 41 ① 42 ④

**43** 산업용 로봇의 작동범위 내에서 해당 로봇에 대하여 교시 등의 작업 시 예기치 못한 작동 및 오조작에 의한 위험을 방지하기 위하여 수립해야 하는 지침사항에 해당하지 않는 것은?

① 로봇 구성품의 설계 및 조립방법
② 2명 이상의 근로자에게 작업을 시킬 경우의 신호 방법
③ 로봇의 조작방법 및 순서
④ 작업 중의 매니퓰레이터의 속도

**해설**
교시 등의 작업시 안전조치 사항
1. 다음 각 목의 사항에 관한 지침을 정하고 그 지침에 따라 작업을 시킬 것
   ㉠ 로봇의 조작방법 및 순서
   ㉡ 작업 중의 매니퓰레이터의 속도
   ㉢ 2명 이상의 근로자에게 작업을 시킬 경우의 신호방법
   ㉣ 이상을 발견한 경우의 조치
   ㉤ 이상을 발견하여 로봇의 운전을 정지시킨 후 이를 재가동시킬 경우의 조치
   ㉥ 그 밖에 로봇의 예기치 못한 작동 또는 오조작에 의한 위험을 방지하기 위하여 필요한 조치
2. 작업에 종사하고 있는 근로자 또는 그 근로자를 감시하는 사람은 이상을 발견하면 즉시 로봇의 운전을 정지시키기 위한 조치를 할 것
3. 작업을 하고 있는 동안 로봇의 기동스위치 등에 작업 중이라는 표시를 하는 등 작업에 종사하고 있는 근로자가 아닌 사람이 그 스위치 등을 조작할 수 없도록 필요한 조치를 할 것

**44** 다음 중 선반의 방호장치로 가장 거리가 먼 것은?

① 실드(Shield)     ② 슬라이딩
③ 척 커버         ④ 칩 브레이커

**해설**
선반의 방호장치(안전장치)

| 칩 브레이커 (Chip Breaker) | 절삭 중 칩을 자동적으로 끊어 주는 바이트에 설치된 안전장치 |
|---|---|
| 급정지 브레이크 | 가공작업 중 선반을 급정지시킬 수 있는 방호장치 |
| 실드 (Shield) | 가공물의 칩이 비산되어 발생하는 위험을 방지하기 위해 사용하는 덮개(칩비산방지 투명판) |
| 척 커버 (Chuck Cover) | 척과 척으로 잡은 가공물의 돌출부에 작업자가 접촉하지 않도록 설치하는 덮개 |

**45** 산업안전보건법령상 프레스 및 전단기에서 안전블록을 사용해야 하는 작업으로 가장 거리가 먼 것은?

① 금형 가공작업
② 금형 해체작업
③ 금형 부착작업
④ 금형 조정작업

**해설**
금형조정작업의 위험방지
프레스등의 금형을 부착·해체 또는 조정하는 작업을 할 때에 해당 작업에 종사하는 근로자의 신체가 위험한계 내에 있는 경우 슬라이드가 갑자기 작동함으로써 근로자에게 발생할 우려가 있는 위험을 방지하기 위하여 안전블록을 사용하는 등 필요한 조치를 하여야 한다.

**46** 지게차의 방호장치에 해당하는 것은?

① 버킷       ② 포크
③ 마스트     ④ 헤드가드

**해설**
지게차 방호장치
1. 전조등 및 후미등
2. 헤드가드
3. 백레스트
4. 좌석 안전띠

**47** 로봇의 작동범위 내에서 그 로봇에 관하여 교시 등(로봇의 동력원을 차단하고 행하는 것을 제외한다)의 작업을 행하는 때 작업시작 전 점검사항으로 옳은 것은?

① 과부하방지장치의 이상 유무
② 압력제한 스위치 등의 기능의 이상 유무
③ 외부전선의 피복 또는 외장의 손상 유무
④ 권과방지장치의 이상 유무

**해설**
작업시작 전 점검사항
로봇의 작동 범위에서 그 로봇에 관하여 교시 등(로봇의 동력원을 차단하고 하는 것은 제외한다)의 작업을 할 때
1. 외부 전선의 피복 또는 외장의 손상 유무
2. 매니퓰레이터(Manipulator) 작동의 이상 유무
3. 제동장치 및 비상정지장치의 기능

**정답** 43 ① 44 ② 45 ① 46 ④ 47 ③

**48** 산업안전보건법령상 연삭기 작업 시 작업자가 안심하고 작업을 할 수 있는 상태는?

① 탁상용 연삭기에서 숫돌과 작업 받침대의 간격이 5mm이다.
② 덮개 재료의 인장강도는 224MPa이다.
③ 숫돌 교체 후 2분 정도 시험운전을 실시하여 해당 기계의 이상 여부를 확인하였다.
④ 작업 시작 전 1분 정도 시험운전을 실시하여 해당 기계의 이상여부를 확인하였다.

**해설**

연삭기의 안전기준
1. 연삭숫돌과 작업대(워크레스트)와의 간격은 3mm 이내로 한다.
2. 덮개 재료는 인장강도 274.5메가파스칼(MPa) 이상이고 신장도가 14퍼센트 이상이어야 하며, 인장강도의 값(단위 : MPa)에 신장도(단위 : %)의 20배를 더한 값이 754.5 이상이어야 한다.
3. 연삭숫돌을 사용하는 작업의 경우 작업을 시작하기 전에는 1분 이상, 연삭숫돌을 교체한 후에는 3분 이상 시험운전을 하고 해당 기계에 이상이 있는지를 확인하여야 한다.

**49** 회전수가 300rpm, 연삭숫돌의 지름이 200mm일 때 숫돌의 원주속도는 약 몇 m/min인가?

① 60.0
② 94.2
③ 150.0
④ 188.5

**해설**

원주속도(회전속도)

$$V = \pi DN (\text{mm/min}) = \frac{\pi DN}{1,000} (\text{m/min})$$

여기서, $V$ : 원주속도(회전속도)(m/min)
$D$ : 숫돌의 지름(mm)
$N$ : 숫돌의 매분 회전수(rpm)

$$V = \frac{\pi DN}{1,000} (\text{m/min})$$
$$= \frac{\pi \times 200 \times 300}{1,000} = 188.5 (\text{m/min})$$

**50** 밀링 작업 시 안전수칙으로 옳지 않은 것은?

① 테이블 위에 공구나 기타 물건 등을 올려놓지 않는다.
② 제품 치수를 측정할 때는 절삭 공구의 회전을 정지한다.
③ 강력 절삭을 할 때는 일감을 바이스에 얇게 물린다.
④ 상하 좌우 이송장치의 핸들은 사용 후 풀어 둔다.

**해설**

밀링 작업에 대한 안전수칙
1. 제품을 따 내는 데에는 손끝을 대지 말아야 한다.
2. 운전 중 가공면에 손을 대지 말아야 하며 장갑 착용을 금지한다.
3. 칩을 제거할 때에는 커터의 운전을 중지하고 브러시(솔)를 사용하며 걸레를 사용하지 않는다.
4. 칩의 비산이 많으므로 보안경을 착용한다.
5. 커터 설치 시 및 측정은 반드시 기계를 정지시킨 후에 한다.
6. 일감(공작물)은 테이블 또는 바이스에 안전하게 고정한다.
7. 상하 이송장치의 핸들은 사용 후 반드시 빼 두어야 한다.
8. 가공 중에 밀링머신에 얼굴을 대지 않는다.
9. 절삭 속도는 재료에 따라 정한다.
10. 커터를 끼울 때는 아버를 깨끗이 닦는다.
11. 일감(공작물)을 고정하거나 풀어낼 때는 기계를 정지시킨다.
12. 테이블 위에 공구 등을 올려놓지 않는다.
13. 강력 절삭을 할 때는 일감을 바이스에 깊게 물린다.
14. 급속이송은 백래시 제거장치가 동작하지 않고 있음을 확인한 후 실시하고, 급속이송은 한 방향으로만 한다.

**51** 다음 중 기계설비에서 반대로 회전하는 두 개의 회전체가 맞닿는 사이에 발생하는 위험점으로 가장 적절한 것은?

① 물림점
② 협착점
③ 끼임점
④ 절단점

**해설**

기계운동 형태에 따른 위험점 분류

| 협착점 | 왕복운동을 하는 운동부와 움직임이 없는 고정부 사이에서 형성되는 위험점(고정점+운동점) | • 프레스<br>• 성형기<br>• 밴딩기 | • 전단기<br>• 조형기<br>• 인쇄기 |
|---|---|---|---|

| | | |
|---|---|---|
| 끼임점 | 회전운동하는 부분과 고정부 사이에 위험이 형성되는 위험점(고정점 + 회전운동) | • 연삭숫돌과 작업대<br>• 반복동작되는 링크기구<br>• 교반기의 날개와 몸체 사이<br>• 회전풀리와 벨트 |
| 절단점 | 회전하는 운동부 자체의 위험이나 운동하는 기계부분 자체의 위험에서 형성되는 위험점(회전운동 + 기계) | • 밀링커터<br>• 둥근 톱의 톱날<br>• 목공용 띠톱 날 |
| 물림점 | 회전하는 두 개의 회전체에 형성되는 위험점(서로 반대방향의 회전체)(중심점 + 반대방향의 회전운동) | • 기어와 기어의 물림<br>• 롤러와 롤러의 물림<br>• 롤러분쇄기 |
| 접선 물림점 | 회전하는 부분의 접선방향으로 물려들어갈 위험이 있는 위험점 | • V벨트와 풀리<br>• 랙과 피니언<br>• 체인벨트<br>• 평벨트 |
| 회전 말림점 | 회전하는 물체의 길이, 굵기, 속도 등의 불규칙 부위와 돌기 회전부위에 의해 장갑 또는 작업복 등이 말려들 위험이 있는 위험점 | • 회전하는 축<br>• 커플링<br>• 회전하는 드릴 |

## 52 정 작업 시의 작업안전수칙으로 틀린 것은?

① 정 작업 시에는 보안경을 착용하여야 한다.
② 정 작업 시에는 담금질된 재료를 가공해서는 안 된다.
③ 정 작업을 시작할 때와 끝날 무렵에는 세게 친다.
④ 철강재를 정으로 절단 시에는 철편이 날아 튀는 것에 주의한다.

**해설**

정(chisel)
1. 재료를 절단 또는 깎아 내는 데 사용하는 공구
2. 안전수칙
   ㉠ 칩이 튀는 작업에는 반드시 보호안경을 착용하여야 한다.
   ㉡ 처음에는 가볍게 때리고, 점차 힘을 가한다.
   ㉢ 절단된 가공물의 끝이 튕길 수 있는 위험의 발생을 방지하여야 한다.
   ㉣ 절단이 끝날 무렵에는 정을 세게 타격해서는 안 된다.
   ㉤ 정으로 담금질 된 재료를 절대로 가공할 수 없다.

## 53 다음 중 설비의 내부에 균열 결함을 확인할 수 있는 가장 적절한 검사방법은?

① 육안검사
② 초음파탐상검사
③ 피로검사
④ 액체침투탐상검사

**해설**

초음파검사(UT ; Ultrasonic Test)
1. 용접부위에 초음파 투입과 동시에 브라운관 화면에 나타난 형상으로 내부결함을 검출
2. 넓은 면을 판단하여 검사속도가 빠르고 경제적
3. 적용범위 : 결함의 종류, 위치, 범위 등을 검출, 현장에서 주로 사용

## 54 금속의 용접, 용단에 사용하는 가스의 용기를 취급할 시 유의사항으로 틀린 것은?

① 통풍이나 환기가 불충분한 장소는 설치를 피한다.
② 용기의 온도는 40℃가 넘지 않도록 한다.
③ 운반하는 경우에는 캡을 벗기고 운반하다.
④ 밸브의 개폐는 서서히 하도록 한다.

**해설**

금속의 용접 · 용단 또는 가열에 사용되는 가스 등의 용기를 취급하는 경우 준수사항
1. 다음 장소에서 사용하거나 해당 장소에 설치 · 저장 또는 방치하지 않도록 할 것
   ㉠ 통풍이나 환기가 불충분한 장소
   ㉡ 화기를 사용하는 장소 및 그 부근
   ㉢ 위험물 또는 인화성 액체를 취급하는 장소 및 그 부근
2. 용기의 온도를 섭씨 40도 이하로 유지할 것
3. 전도의 위험이 없도록 할 것
4. 충격을 가하지 않도록 할 것
5. 운반하는 경우에는 캡을 씌울 것
6. 사용하는 경우에는 용기의 마개에 부착되어 있는 유류 및 먼지를 제거할 것
7. 밸브의 개폐는 서서히 할 것
8. 사용 전 또는 사용 중인 용기와 그 밖의 용기를 명확히 구별하여 보관할 것
9. 용해아세틸렌의 용기는 세워 둘 것
10. 용기의 부식 · 마모 또는 변형상태를 점검한 후 사용할 것

**정답** 52 ③ 53 ② 54 ③

**55** 인장강도가 250N/mm²인 강판의 안전율이 4라면 이 강판의 허용응력(N/mm²)은 얼마인가?

① 42.5　　② 62.5
③ 82.5　　④ 102.5

**해설**

안전율(안전계수)

$$\text{안전율(안전계수)} = \frac{\text{인장강도}}{\text{허용응력}}$$

$$\text{허용응력} = \frac{\text{인장강도}}{\text{안전율}} = \frac{250}{4} = 62.5\,[\text{N/mm}^2]$$

**56** 다음 설명 중 ( ) 안에 알맞은 내용은?

산업안전보건법령상 롤러기의 급정지장치는 롤러를 무부하로 회전시킨 상태에서 앞면 롤러의 표면속도가 30m/min 미만일 때에는 급정지거리가 앞면 롤러 원주의 ( ) 이내에서 롤러를 정지시킬 수 있는 성능을 보유해야 한다.

① $\frac{1}{4}$　　② $\frac{1}{3}$
③ $\frac{1}{2.5}$　　④ $\frac{1}{2}$

**해설**

급정지장치의 성능조건

| 앞면 롤러의 표면속도(m/min) | 급정지 거리 |
| --- | --- |
| 30 미만 | 앞면 롤러 원주의 1/3 |
| 30 이상 | 앞면 롤러 원주의 1/2.5 |

 TIP

$$V = \pi DN(\text{mm/min}) = \frac{\pi DN}{1,000}(\text{m/min})$$

여기서, $V$ : 표면속도(m/min)
　　　　$D$ : 롤러 원통의 직경(mm)
　　　　$N$ : 1분간에 롤러기가 회전되는 수(rpm)

**57** 산업안전보건법령상 아세틸렌 용접장치에 관한 설명이다. ( ) 안에 공통으로 들어갈 내용으로 옳은 것은?

- 사업주는 아세틸렌 용접장치의 취관마다 ( )를 설치하여야 한다.
- 사업주는 가스용기가 발생기와 분리되어 있는 아세틸렌 용접장치에 대하여 발생기와 가스용기 사이에 ( )를 설치하여야 한다.

① 분기장치　　② 자동발생 확인장치
③ 유수 분리장치　　④ 안전기

**해설**

안전기의 설치
1. 아세틸렌 용접장치의 취관마다 안전기를 설치하여야 한다(다만, 주관 및 취관에 가장 가까운 분기관마다 안전기를 부착한 경우에는 그러하지 아니하다).
2. 가스용기가 발생기와 분리되어 있는 아세틸렌 용접장치에 대하여 발생기와 가스용기 사이에 안전기를 설치하여야 한다.

**58** 산업안전보건법령상 다음 중 보일러의 방호장치와 가장 거리가 먼 것은?

① 언로드밸브　　② 압력방출장치
③ 압력제한스위치　　④ 고저수위 조절장치

**해설**

보일러 안전장치의 종류
1. 압력방출장치
2. 압력제한스위치
3. 고저수위조절장치
4. 화염검출기

**59** 이상온도, 이상기압, 과부하 등 기계의 부하가 안전 한계치를 초과하는 경우에 이를 감지하고 자동으로 안전상태가 되도록 조정하거나 기계의 작동을 중지시키는 방호장치는?

① 감지형 방호장치
② 접근거부형 방호장치
③ 위치제한형 방호장치
④ 접근반응형 방호장치

점답　55 ②　56 ②　57 ④　58 ①　59 ①

해설

작업점의 방호방법
1. 격리형 방호장치
   작업점과 작업자 사이에 접촉되어 일어날 수 있는 재해를 방지하기 위해 차단벽이나 망을 설치하는 방호장치
2. 위치 제한형 방호장치
   작업자의 신체부위가 위험한계 밖에 있도록 기계의 조작장치를 위험한 작업점에서 안전거리 이상 떨어지게 하거나 조작장치를 양손으로 동시에 조작하게 함으로써 위험한계에 접근하는 것을 제한하는 방호장치
3. 접근 반응형 방호장치
   작업자의 신체부위가 위험한계 또는 그 인접한 거리 내로 들어오면 이를 감지하여 그 즉시 기계의 동작을 정지시키고 경보등을 발하는 방호장치
4. 접근 거부형 방호장치
   작업자의 신체부위가 위험한계 내로 접근하였을 때 기계적인 작용에 의하여 접근을 못하도록 저지하는 방호장치
5. 포집형 방호장치
   작업자로부터 위험원을 차단하는 방호장치
6. 감지형 방호장치
   이상온도, 이상기압, 과부하 등 기계의 부하가 안전한계치를 초과하는 경우 이를 감지하고 자동으로 안전한 상태가 되도록 조정하거나 기계의 작동을 중지시키는 방호장치

**60** 산업안전보건법령에 따라 아세틸렌 용접장치의 아세틸렌 발생기를 설치하는 경우, 발생기실의 설치장소에 대한 설명 중 A, B에 들어갈 내용으로 옳은 것은?

> • 발생기실은 건물의 최상층에 위치하여야 하며, 화기를 사용하는 설비로부터 ( A )를 초과하는 장소에 설치하여야 한다.
> • 발생기실을 옥외에 설치한 경우에는 그 개구부를 다른 건축물로부터 ( B ) 이상 떨어지도록 하여야 한다.

① A : 1.5m, B : 3m
② A : 2m, B : 4m
③ A : 3m, B : 1.5m
④ A : 4m, B : 2m

해설

발생기실의 설치장소
1. 아세틸렌 용접장치의 아세틸렌 발생기를 설치하는 경우에는 전용의 발생기실에 설치하여야 한다.
2. 건물의 최상층에 위치하여야 하며, 화기를 사용하는 설비로부터 3미터를 초과하는 장소에 설치하여야 한다.
3. 옥외에 설치한 경우에는 그 개구부를 다른 건축물로부터 1.5미터 이상 떨어지도록 하여야 한다.

## 4과목 전기위험 방지기술

**61** 내압 방폭구조에서 안전간극(Safe Gap)을 적게 하는 이유로 옳은 것은?

① 최소점화에너지를 높게 하기 위해
② 폭발화염이 외부로 전파되지 않도록 하기 위해
③ 폭발압력에 견디고 파손되지 않도록 하기 위해
④ 설치류가 전선 등을 훼손하지 않도록 하기 위해

해설

안전간극(화염일주한계)
1. 화염이 틈새를 통하여 바깥쪽의 폭발성 가스에 전달되지 않는 한계의 틈새
2. 폭발화염이 외부로 전파되지 않도록 하기 위해 안전간극을 적게 한다.
3. 안전간극이 작은 가스일수록 위험하다.

> **TIP** 내압 방폭구조(Flameproof Enclosure, d)
> • 점화원에 의해 용기 내부에서 폭발이 발생할 경우에 용기가 폭발압력에 견딜 수 있고, 화염이 용기 외부의 폭발성 분위기로 전파되지 않도록 한 방폭구조
> • 전폐형 구조로 용기 내에 외부의 폭발성 가스가 침입하여 내부에서 폭발하더라도 용기는 그 압력에 견뎌야 하고 폭발한 고열가스나 화염이 용기의 접합부 틈을 통하여 새어나가는 동안 냉각되어 외부의 폭발성 가스에 화염이 파급될 우려가 없도록 한 방폭구조

**62** 동전기와 정전기에서 공통적으로 발생하는 것은?

① 감전에 의한 사망·실신 등
② 정전으로 인한 제반 장애 및 2차 재해
③ 충격으로 인한 추락, 전도에 의한 상해
④ 반복충격으로 인한 정신 및 피부질환

해설

동전기나 정전기 모두 감전 시 충격이 발생하며 이로 인해 고소에서의 추락, 전도 등 2차적 재해를 일으키는 요인이 되기도 한다.

동전기와 정전기

| | |
|---|---|
| 동전기 | 움직이는 상태에 있는 전기(전류)를 말하며, 우리가 일반적으로 알고 있는 전기는 이 동전기를 말한다. |
| 정전기 | 대전에 의해 얻어진 전하가 절연체 위에서 더 이상 이동하지 않고 정지하고 있는 것을 말한다. |

## 63 전격의 위험을 결정하는 주된 인자로 가장 거리가 먼 것은?

① 통전전류
② 통전시간
③ 통전경로
④ 통전전압

**해설**

감전재해의 요인

| | |
|---|---|
| 1차적 감전요소 | • 통전 전류의 크기 : 크면 위험, 인체의 저항이 일정할 때 접촉전압에 비례<br>• 통전경로 : 인체의 주요한 부분을 흐를수록 위험<br>• 통전시간 : 장시간 흐르면 위험<br>• 전원의 종류 : 전원의 크기(전압)가 동일한 경우 교류가 직류보다 위험하다. |
| 2차적 감전요소 | • 인체의 조건(저항) : 땀에 젖어 있거나 물에 젖어있는 경우 인체의 저항이 감소하므로 위험성이 높아진다.<br>• 전압 : 전압의 크기가 클수록 위험이다.<br>• 계절 : 계절에 따라 인체의 저항이 변화하므로 전격에 대한 위험도에 영향을 준다. |

## 64 저압전로의 절연성능 시험에서 전로의 사용전압이 380V인 경우 전로의 전선 상호 간 및 전로와 대지 사이의 절연저항은 최소 몇 MΩ 이상이어야 하는가?

① 0.1
② 0.3
③ 0.5
④ 1.0

**해설**

저압전로의 절연저항

| 전로의 사용전압(V) | DC 시험전압(V) | 절연저항(MΩ) |
|---|---|---|
| SELV 및 PELV | 250 | 0.5 |
| FELV, 500V 이하 | 500 | 1.0 |
| 500V 초과 | 1,000 | 1.0 |

주) 특별저압(Extra Low Voltage : 2차 전압이 AC 50V, DC 120V 이하)으로 SELV(비접지회로 구성) 및 PELV(접지회로 구성)는 1차와 2차가 전기적으로 절연된 회로, FELV는 1차와 2차가 전기적으로 절연되지 않은 회로

## 65 다음 중 불꽃(Spark) 방전의 발생 시 공기 중에 생성되는 물질은?

① $O_2$
② $O_3$
③ $H_2$
④ C

**해설**

불꽃(Spark) 방전
1. 도체가 대전되었을 때 접지된 도체사이에서 발생하는 강한 발광과 파괴음을 수반하는 방전
2. 스파크 방전 시 공기 중에 오존($O_3$)이 생성되어 인화성 물질에 인화하거나 분진폭발을 일으킬 수 있다.

## 66 피뢰침의 제한전압이 800kV, 충격절연강도가 1,000kV라 할 때, 보호여유도는 몇 %인가?

① 25
② 33
③ 47
④ 63

**해설**

피뢰침의 보호 여유도

$$여유도(\%) = \frac{충격절연강도 - 제한전압}{제한전압} \times 100$$

$$여유도(\%) = \frac{충격절연강도 - 제한전압}{제한전압} \times 100$$
$$= \frac{1000 - 800}{800} \times 100 = 25[\%]$$

## 67 교류 아크용접기의 허용사용률[%]은?(단, 정격사용률은 10%, 2차 정격전류는 400A, 교류 아크용접기의 사용전류는 200A이다.)

① 40%
② 50%
③ 60%
④ 70%

**해설**

허용사용률

$$허용사용률 = \frac{(정격\ 2차\ 전류)^2}{(실제용접전류)^2} \times 정격사용률$$

$$허용사용률 = \frac{(정격\ 2차\ 전류)^2}{(실제용접전류)^2} \times 정격사용률$$
$$= \frac{(400)^2}{(200)^2} \times 10 = 40[\%]$$

## 68 다음 ( ) 안에 들어갈 내용으로 알맞은 것은?

과전류차단장치는 반드시 접지선이 아닌 전로에 ( )로 연결하여 과전류 발생 시 전로를 자동으로 차단하도록 설치할 것

**정답** 63 ④ 64 ④ 65 ② 66 ① 67 ① 68 ①

① 직렬　　　　　② 병렬
③ 임시　　　　　④ 직병렬

해설
과전류 차단장치의 설치 기준
1. 과전류차단장치는 반드시 접지선이 아닌 전로에 직렬로 연결하여 과전류 발생 시 전로를 자동으로 차단하도록 설치할 것
2. 차단기·퓨즈는 계통에서 발생하는 최대 과전류에 대하여 충분하게 차단할 수 있는 성능을 가질 것
3. 과전류차단장치가 전기계통상에서 상호 협조·보완되어 과전류를 효과적으로 차단하도록 할 것

**69** 방폭전기설비의 용기 내부에 보호가스를 압입하여 내부압력을 유지함으로써 폭발성 가스 또는 증기가 내부로 유입하지 않도록 된 방폭구조는?

① 내압 방폭구조　　② 압력 방폭구조
③ 안전증 방폭구조　④ 유입 방폭구조

해설
압력 방폭구조(Pressurized Type, p)
1. 점화원이 될 우려가 있는 부분을 용기 안에 넣고 보호 기체(신선한 공기 또는 불활성 기체)를 용기 안에 압입함으로써 폭발성 가스가 침입하는 것을 방지하도록 되어 있는 방폭구조(전폐형 구조)
2. 운전 중에 보호기체의 압력이 저하하는 경우 자동경보를 하거나, 운전을 정지하는 보호장치를 설치하도록 하고 있음

**70** 감전사고로 인한 전격사의 메커니즘으로 가장 거리가 먼 것은?

① 흉부수축에 의한 질식
② 심실세동에 의한 혈액순환기능의 상실
③ 내장파열에 의한 소화기계통의 기능상실
④ 호흡중추신경 마비에 따른 호흡기능 상실

해설
전격(감전)현상의 메커니즘
1. 심장부에 전류가 흘러 심실세동이 발생하여 혈액순환기능이 상실되어 일어난 것
2. 뇌의 호흡중추신경에 전류가 흘러 호흡기능이 정지되어 일어난 것
3. 흉부에 전류가 흘러 흉부근육수축에 의한 질식으로 일어난 것

**71** 통전 경로별 위험도를 나타낸 경우 위험도가 큰 순서로 옳은 것은?

① 왼손 – 오른손 > 왼손 – 등 > 양손 – 양발 > 오른손 – 가슴
② 왼손 – 오른손 > 오른손 – 가슴 > 왼손 – 등 > 양손 – 양발
③ 오른손 – 가슴 > 양손 – 양발 > 왼손 – 등 > 왼손 – 오른손
④ 오른손 – 가슴 > 왼손 – 오른손 > 양손 – 양발 > 왼손 – 등

해설
통전 경로별 위험도
감전 시의 영향은 전류의 경로에 따라 그 위험성이 달라지며, 전류가 심장 또는 그 주위를 통하게 되면 심장에 영향을 주어 가장 위험하다.

| 통전경로 | 심장전류계수 | 통전경로 | 심장전류계수 |
|---|---|---|---|
| 왼손 – 가슴 | 1.5 | 왼손 – 등 | 0.7 |
| 오른손 – 가슴 | 1.3 | 한손 또는 양손 – 앉아 있는 자리 | 0.7 |
| 왼손 – 한발 또는 양발 | 1.0 | 왼손 – 오른손 | 0.4 |
| 양손 – 양발 | 1.0 | 오른손 – 등 | 0.3 |
| 오른손 – 한발 또는 양발 | 0.8 | | |

**72** 교류 아크 용접기의 자동전격방지장치는 전격의 위험을 방지하기 위하여 아크 발생이 중단된 후 약 1초 이내에 출력 측 무부하 전압을 자동적으로 몇 V 이하로 저하시켜야 하는가?

① 85　　　　　② 70
③ 50　　　　　④ 25

해설
자동전격방지기의 성능조건
1. 자동전격방지기는 아크 발생을 중지하였을 때 지동시간이 1.0초 이내에 2차 무부하 전압을 25V 이하로 감압시켜 안전을 유지할 수 있어야 한다.
2. 시동시간은 0.04초 이내이고, 전격방지기를 시동시키는 데 필요한 용접봉의 접촉 소요시간은 0.03초 이내일 것

정답　69 ②　70 ③　71 ③　72 ④

**73** 전격 재해를 가장 잘 설명한 것은?

① 30mA 이상의 전류가 1,000ms 이상 인체에 흘러 심실세동을 일으킬 정도의 감전재해를 말한다.
② 감전사고로 인한 상태이며, 2차적인 추락, 전도 등에 의한 인명 상해를 말한다.
③ 정전기 또는 충전부나 낙뢰에 인체가 접촉하는 감전사고로 인한 상해를 말하며 전자파에 의한 것은 전격재해라 하지 않는다.
④ 전격이란 감전과 구분하기 어려워 감전으로 인한 상해가 발생했을 때에만 전격재해라 말한다.

**해설**
전격(감전)에 의한 재해
일반적으로 전격은 감전이라고도 하며, 인체의 일부 또는 전체에 전류가 흘렀을 때 인체 내에서 일어나는 생리적인 현상으로 근육의 수축, 호흡곤란, 심실세동 등으로 부상·사망하거나 추락·전도 등의 2차적 재해가 일어나는 것을 말한다.

**74** 내전압용 절연장갑의 등급에 따른 최대사용전압이 틀린 것은?(단, 교류 전압은 실효값이다.)

① 등급 00 : 교류 500V
② 등급 1 : 교류 7,500V
③ 등급 2 : 직류 17,000V
④ 등급 3 : 직류 39,750V

**해설**
내전압용 절연장갑의 등급

| 등급 | 최대사용전압 | | 등급별 색상 |
| --- | --- | --- | --- |
| | 교류(V, 실효값) | 직류(V) | |
| 00 | 500 | 750 | 갈색 |
| 0 | 1,000 | 1,500 | 빨강색 |
| 1 | 7,500 | 11,250 | 흰색 |
| 2 | 17,000 | 25,500 | 노랑색 |
| 3 | 26,500 | 39,750 | 녹색 |
| 4 | 36,000 | 54,000 | 등색 |

**75** 심실세동전류란?

① 최소 감지전류
② 치사적 전류
③ 고통 한계전류
④ 마비 한계전류

**해설**
심실세동전류(치사전류)
1. 인체에 흐르는 전류가 더욱 증가하면 심장부를 흐르게 되어 정상적인 박동을 하지 못하고 불규칙적인 세동으로 혈액순환이 순조롭지 못하게 되는 현상을 말하며, 그대로 방치하면 수분 내로 사망하게 된다.
2. 심근의 미세한 진동으로 혈액을 방출하는 기능이 장애를 받는 현상을 심실세동이라 하고, 이때의 전류를 심실세동전류라 한다.
3. 일반적으로 50~100mA 정도에서 일어나며 100mA 이상에서는 순간적 흐름에도 심실세동현상이 발생한다.

**76** 고압 및 특고압 전로에 시설하는 피뢰기의 설치 장소로 잘못된 곳은?

① 가공전선로와 지중전선로가 접속되는 곳
② 발전소, 변전소의 가공전선 인입구 및 인출구
③ 고압 가공전선로에 접속하는 배전용 변압기의 저압측
④ 고압 가공전선로로부터 공급을 받는 수용장소의 인입구

**해설**
피뢰기의 설치장소(고압 및 특고압 전로)
고압 및 특고압의 전로 중 다음의 곳 또는 이에 근접한 곳에는 피뢰기를 시설하고 피뢰기 접지저항 값은 10Ω 이하로 하여야 한다.
1. 발전소·변전소 또는 이에 준하는 장소의 가공전선 인입구 및 인출구
2. 특고압 가공전선로에 접속하는 배전용 변압기의 고압 측 및 특고압 측
3. 고압 또는 특고압의 가공전선로로부터 공급을 받는 수용장소의 인입구
4. 가공전선로와 지중전선로가 접속되는 곳

**77** 설비의 이상현상에 나타나는 아크(Arc)의 종류가 아닌 것은?

① 단락에 의한 아크
② 지락에 의한 아크
③ 차단기에서의 아크
④ 전선저항에 의한 아크

### 해설
아크(Arc)
흐르고 있는 전기를 끊을 때 즉 접점이 떨어지는 순간 갑자기 절단되어 열과 빛이 발생하는 현상
1. 교류 아크 용접기의 아크
2. 단락에 의한 아크
3. 지락(고장접지)에 의한 아크
4. 섬락(플래시오버)의 아크
5. 전선절단에 의한 아크
6. 차단기에 있어서의 아크

**78** 과전류에 의한 전선의 인화로부터 용단에 이르기까지 각 단계별 기준으로 옳지 않은 것은?(단, 전선 전류밀도의 단위는 A/mm²이다.)

① 인화 단계 : 40~43A/mm²
② 착화 단계 : 43~60A/mm²
③ 발화 단계 : 60~150A/mm²
④ 용단 단계 : 120A/mm² 이상

### 해설
배선의 용단단계에 따른 전선 전류밀도(전선의 연소 과정)

| 단계 | 인화단계 | 착화단계 | 발화단계 | | 순시용단단계 |
|---|---|---|---|---|---|
| | 허용전류의 3배정도 | 큰 전류, 점화원없이 착화연소 | 심선이 용단 | | 심선용단 및 도선폭발 |
| | | | 발화 후 용단 | 용단과 동시발화 | |
| 전류밀도 (A/mm²) | 40~43 | 43~60 | 60~70 | 75~120 | 120 이상 |

**79** 피뢰기가 갖추어야 할 이상적인 성능 중 잘못된 것은?

① 제한전압이 낮아야 한다.
② 반복작동이 가능하여야 한다.
③ 충격방전 개시전압이 높아야 한다.
④ 뇌전류의 방전능력이 크고 속류의 차단이 확실하여야 한다.

### 해설
피뢰기의 구비성능
1. 충격방전 개시전압과 제한전압이 낮을 것
2. 반복 동작이 가능할 것
3. 구조가 견고하며 특성이 변화하지 않을 것
4. 점검, 보수가 간단할 것

5. 뇌전류의 방전능력이 클 것
6. 속류의 차단이 확실하게 될 것

**80** 고장전류를 차단할 수 있는 것은?

① 차단기(CB)
② 유입 개폐기(OS)
③ 단로기(DS)
④ 선로 개폐기(LS)

### 해설
차단기(Circuit Breaker)
차단기는 통상의 부하전류를 개폐하고 사고 시 신속히 회로를 차단하여 전기기기 및 전선류를 보호하고 안전성을 유지하는 기기를 말한다.

## 5과목 화학설비위험방지기술

**81** 산업안전보건법령에서 인화성 액체를 정의할 때 기준이 되는 표준압력은 몇 kPa인가?

① 1
② 100
③ 101.3
④ 273.15

### 해설
인화성 액체
표준압력(101.3kPa)하에서 인화점이 60℃ 이하이거나 고온·고압의 공정운전조건으로 인하여 화재·폭발위험이 있는 상태에서 취급되는 가연성 물질을 말한다.

**82** 아세틸렌 용접장치로 금속을 용접할 때 아세틸렌 가스의 발생압력은 게이지 압력으로 몇 kPa을 초과하여서는 안 되는가?

① 49
② 98
③ 127
④ 196

### 해설
아세틸렌 용접장치 압력의 제한
아세틸렌 용접장치를 사용하여 금속의 용접·용단 또는 가열작업을 하는 경우에는 게이지 압력이 127킬로파스칼(1.3kgf·cm²)을 초과하는 압력의 아세틸렌을 발생시켜 사용해서는 아니 된다.

정답 78 ③ 79 ③ 80 ① 81 ③ 82 ③

**83** 다음 중 금속화재에 해당하는 화재의 급수는?

① A급　　　② B급
③ C급　　　④ D급

**해설**

화재의 종류

| 분류 | A급 화재 | B급 화재 | C급 화재 | D급 화재 |
|---|---|---|---|---|
| 명칭 | 일반화재 | 유류화재 | 전기화재 | 금속화재 |
| 분류 | 보통 잔재의 작열에 의해 발생하는 연소에서 보통 유기 성질의 고체물질을 포함한 화재 | 액체 또는 액화할 수 있는 고체를 포함한 화재 및 가연성 가스 화재 | 통전 중인 전기 설비를 포함한 화재 | 금속을 포함한 화재 |
| 가연물 | 목재, 종이, 섬유 등 | 가솔린, 등유, 프로판 가스 등 | 전기기기, 변압기, 전기다리미 등 | 가연성 금속 (Mg분, Al분) |
| 소화방법 | 냉각소화 | 질식소화 | 질식, 냉각소화 | 질식소화 |
| 적응소화제 | • 물 소화기<br>• 강화액 소화기<br>• 산·알칼리 소화기 | • 이산화탄소 소화기<br>• 할로겐화합물 소화기<br>• 분말 소화기<br>• 포말 소화기 | • 이산화탄소 소화기<br>• 할로겐화합물 소화기<br>• 분말 소화기<br>• 무상강화액 소화기 | • 건조사<br>• 팽창 질석<br>• 팽창 진주암 |
| 표시색 | 백색 | 황색 | 청색 | 무색 |

**84** 위험물에 관한 설명으로 틀린 것은?

① 이황화탄소의 인화점은 0℃보다 낮다.
② 과염소산은 쉽게 연소되는 가연성 물질이다.
③ 황린은 물속에 저장한다.
④ 알킬알루미늄은 물과 격렬하게 반응한다.

**해설**

위험물의 성질
1. 이황화탄소의 인화점 : −30℃
2. 과염소산은 산화성 액체로 무색무취의 유동하기 쉬운 액체이며 대단히 불안정한 강산이다.
3. 황린(백린=P₄) : pH 9(약알칼리성) 정도의 물속에 저장하며 보호액이 증발되지 않도록 한다.
4. 알킬알루미늄은 금수성 물질로 물과 접촉하면 발열 또는 발화한다.

**85** 다음 중 "BLEVE"를 나타낸 용어로 옳은 것은?

① 개방계 증기운 폭발
② 비등액 팽창증기폭발
③ 고농도의 분진폭발
④ 저농도의 분해폭발

**해설**

BLEVE(비등액 팽창증기 폭발 : Boliling Liquid Expanding Vapor Explosion)
비등점이 낮은 인화성액체 저장탱크가 화재로 인한 화염에 장시간 노출되어 탱크 내 액체가 급격히 증발하여 비등하고 증기가 팽창하면서 탱크 내 압력이 설계압력을 초과하여 폭발을 일으키는 현상

**86** 특수화학설비를 설치할 때 내부의 이상 상태를 조기에 파악하기 위하여 필요한 계측장치가 아닌 것은?

① 습도계　　　② 유량계
③ 온도계　　　④ 압력계

**해설**

계측장치의 설치
특수화학설비를 설치하는 경우에는 내부의 이상 상태를 조기에 파악하기 위하여 필요한 온도계·유량계·압력계 등의 계측장치를 설치하여야 한다.

**87** 건조설비를 사용하여 작업을 하는 경우에 폭발이나 화재를 예방하기 위하여 준수하여야 하는 사항으로 틀린 것은?

① 위험물 건조설비를 사용하는 경우에는 미리 내부를 청소하거나 환기할 것
② 위험물 건조설비를 사용하여 가열건조하는 건조물은 쉽게 이탈되도록 할 것
③ 고온으로 가열건조한 인화성 액체는 발화의 위험이 없는 온도로 냉각한 후에 격납시킬 것
④ 바깥 면이 현저히 고온이 되는 건조설비에 가까운 장소에는 인화성 액체를 두지 않도록 할 것

**해설**

건조설비의 사용 시 준수사항
1. 위험물 건조설비를 사용하는 경우에는 미리 내부를 청소하거나 환기할 것

**정답** 83 ④　84 ②　85 ②　86 ①　87 ②

2. 위험물 건조설비를 사용하는 경우에는 건조로 인하여 발생하는 가스·증기 또는 분진에 의하여 폭발·화재의 위험이 있는 물질을 안전한 장소로 배출시킬 것
3. 위험물 건조설비를 사용하여 가열건조하는 건조물은 쉽게 이탈되지 않도록 할 것
4. 고온으로 가열건조한 인화성 액체는 발화의 위험이 없는 온도로 냉각한 후에 격납시킬 것
5. 건조설비(바깥 면이 현저히 고온이 되는 설비만 해당)에 가까운 장소에는 인화성 액체를 두지 않도록 할 것

## 88 공기 중에서 폭발범위가 12.5~74vol%인 일산화탄소의 위험도는 얼마인가?

① 4.92
② 5.26
③ 6.26
④ 7.05

### 해설

**위험도**
위험도 값이 클수록 위험성이 높은 물질이다.

$$H = \frac{UFL - LFL}{LFL}$$

여기서, $UFL$ : 연소 상한값
$LFL$ : 연소 하한값
$H$ : 위험도

$H = \frac{UFL - LFL}{LFL} = \frac{74 - 12.5}{12.5} = 4.92$

## 89 다음 중 산업안전보건법상 폭발성 물질에 해당하는 것은?

① 유기과산화물
② 리튬
③ 황
④ 질산

### 해설

**폭발성 물질 및 유기과산화물**
1. 질산에스테르류
2. 니트로화합물
3. 니트로소화합물
4. 아조화합물
5. 디아조화합물
6. 하이드라진 유도체
7. 유기과산화물
8. 그 밖에 1.목부터 7.목까지의 물질과 같은 정도의 폭발 위험이 있는 물질
9. 1.목부터 8.목까지의 물질을 함유한 물질

## 90 산업안전보건법상 다음 내용에 해당하는 폭발위험 요소는?

20종 장소외의 장소로서, 분진운 형태의 인화성 분진이 폭발농도를 형성할 정도의 충분한 양이 정상작동 중에 존재할 수 있는 장소

① 21종 장소
② 22종 장소
③ 0종 장소
④ 1종 장소

### 해설

**분진폭발위험장소**

| 분류 | 적요 |
|---|---|
| 20종 장소 | 분진운 형태의 가연성 분진이 폭발농도를 형성할 정도로 충분한 양이 정상 작동 중에 연속적으로 또는 자주 존재하거나, 제어할 수 없을 정도의 양 및 두께의 분진층이 형성될 수 있는 장소를 말한다.<br>예 호퍼·분진저장소·집진장치·필터 등의 내부 |
| 21종 장소 | 20종 장소 밖으로서(장소 외의 장소로서) 분진운 형태의 가연성 분진이 폭발농도를 형성할 정도의 충분한 양이 정상 작동 중에 존재할 수 있는 장소를 말한다.<br>예 집진장치·백필터·배기구 등의 주위, 이송벨트 샘플링 지역 등 |
| 22종 장소 | 21종 장소 밖으로서(장소 외의 장소로서) 가연성 분진운 형태가 드물게 발생 또는 단기간 존재할 우려가 있거나, 이상 작동 상태 하에서 가연성 분진운이 형성될 수 있는 장소를 말한다.<br>예 21종 장소에서 예방조치가 취하여진 지역, 환기설비 등과 같은 안전장치 배출구 주위 등 |

## 91 산업안전보건법에서 분류한 위험물질의 종류 중 부식성 산류는 농도가 몇 % 이하인 염산, 황산, 질산, 그 밖에 이와 같은 정도 이상의 부식성을 가지는 물질을 말하는가?

① 10
② 15
③ 20
④ 25

### 해설

**부식성 물질**

| | |
|---|---|
| 부식성 산류 | • 농도가 20퍼센트 이상인 염산, 황산, 질산, 그 밖에 이와 같은 정도 이상의 부식성을 가지는 물질<br>• 농도가 60퍼센트 이상인 인산, 아세트산, 불산, 그 밖에 이와 같은 정도 이상의 부식성을 가지는 물질 |
| 부식성 염기류 | 농도가 40퍼센트 이상인 수산화나트륨, 수산화칼륨, 그 밖에 이와 같은 정도 이상의 부식성을 가지는 염기류 |

정답 88 ① 89 ① 90 ① 91 ③

**92** 다음 중 자연발화의 방지법에 관계가 없는 것은?

① 점화원을 제거한다.
② 저장소 등의 주위 온도를 낮게 한다.
③ 습기가 많은 곳에는 저장하지 않는다.
④ 통풍이나 저장법을 고려하여 열의 축적을 방지한다.

**해설**

자연발화 방지법
1. 통풍이 잘되게 할 것
2. 저장실 온도를 낮출 것
3. 열이 축적되지 않는 퇴적방법을 선택할 것
4. 습도가 높지 않도록 할 것(습도가 높은 것을 피할 것)
5. 공기가 접촉되지 않도록 불활성액체 중에 저장할 것

**93** 가연성 기체의 분출 화재 시 주 공급밸브를 닫아서 연료공급을 차단하여 소화하는 방법은?

① 제거소화     ② 냉각소화
③ 희석소화     ④ 억제소화

**해설**

제거소화

| 소화원리 | 가연성 물질을 연소구역에서 제거하여 줌으로써 소화하는 방법 |
|---|---|
| 소화의 예 | • 가스의 화재 : 공급밸브를 차단하여 가스의 공급을 중단<br>• 산림화재 : 연소방면의 수목을 제거<br>• 촛불 : 입김으로 불어 가연성 증기를 제거 |

**94** 폭발을 기상폭발과 응상폭발로 분류할 때 기상폭발에 해당되지 않는 것은?

① 분진폭발     ② 혼합가스폭발
③ 분무폭발     ④ 수증기폭발

**해설**

폭발의 분류

| 공정에 따른 분류 | 핵 폭발 | 원자핵의 분열이나 융합에 의한 강열한 에너지 방출 현상 |
|---|---|---|
| | 물리적 폭발 | 화학적 변화없이 물리 변화를 주체로한 폭발의 형태(탱크의 감압폭발, 수증기 폭발, 고압용기의 폭발, 전선폭발, 보일러 폭발 등) |
| | 화학적 폭발 | 화학반응이 관여하는 화학적 특성 변화에 의한 폭발(산화폭발, 분해폭발, 중합폭발, 반응폭주) |

| 원인물질의 상태에 따른 분류 | 기상 폭발 | 가스폭발, 분무폭발, 분진폭발, 가스분해폭발, 증기운폭발 |
|---|---|---|
| | 응상 폭발 | 수증기폭발(액체일 때), 증기폭발(액화가스일 때), 전선폭발 |

**95** 다음 중 압축하면 폭발할 위험성이 높아서 아세톤 등에 용해시켜 다공성 물질과 함께 저장하는 물질은?

① 염소        ② 에탄
③ 아세틸렌    ④ 수소

**해설**

분해, 폭발의 위험을 방지하기 위하여 아세틸렌은 일반적으로 아세톤 용액으로 한다.

**96** 다음 중 관의 지름을 변경하고자 할 때 필요한 관 부속품은?

① Reducer    ② Elbow
③ Plug       ④ Valve

**해설**

피팅류(Fittings)

| 두 개의 관을 연결할 때 | 플랜지(Flange), 유니온(Union), 커플링(Coupling), 니플(Nipple), 소켓(Socket) |
|---|---|
| 관로의 방향을 바꿀 때 | 엘보우(Elbow), Y지관(Y-branch), 티(Tee), 십자(Cross) |
| 관로의 크기를 바꿀 때 (관의 지름을 변경할 때) | 리듀서(Reducer), 부싱(Bushing) |
| 가지관을 설치 할 때 | Y지관(Y-branch), 티(Tee), 십자(Cross) |
| 유로를 차단할 때 | 플러그(Plug), 캡(Cap), 밸브(Valve) |
| 유량조절 | 밸브(Valve) |

**97** 다음 중 Halon 1211의 화학식으로 옳은 것은?

① $CH_2FBr$    ② $CH_2ClBr$
③ $CF_2HCl$    ④ $CF_2ClBr$

**해설**

할론소화약제의 명명법
1. 일취화일염화메탄 소화기($CH_2ClBr$) : 할론 1011
2. 이취화사불화에탄 소화기($C_2F_4Br_2$) : 할론 2402
3. 일취화삼불화메탄 소화기($CF_3Br$) : 할론 1301

4. 일취화일염화이불화메탄 소화기($CF_2ClBr$) : 할론 1211
5. 사염화탄소 소화기($CCl_4$) : 할론 1040

**98** 공기 중에는 암모니아가 20ppm(노출기준 25ppm), 톨루엔이 20ppm(노출기준 50ppm)이 완전 혼합되어 존재하고 있다. 혼합물질의 노출기준을 보정하는데 활용하는 노출지수는 약 얼마인가?(단, 두 물질 간에 유해성이 인체의 서로 다른 부위에 작용한다는 증거는 없다.)

① 1.0
② 1.2
③ 1.5
④ 1.6

**해설**

노출지수(EI ; Exposure Index, 공기 중 혼합물질)
1. 2가지 이상의 독성이 유사한 유해화학 물질이 공기 중에 공존할 때 대부분의 물질은 유해성의 상가작용을 나타낸다고 가정하고 계산한 노출지수로 결정
2. 노출지수는 1을 초과하면 노출기준을 초과한다고 평가한다.
3. 다만, 독성이 서로 다른 물질이 혼합되어 있는 경우 혼합된 물질의 유해성이 상승작용 또는 상가작용이 없으므로 각 물질에 대하여 개별적으로 노출기준 초과 여부를 결정한다.(독립작용)

$$노출지수(EI) = \frac{C_1}{TLV_1} + \frac{C_2}{TLV_2} + \cdots + \frac{C_n}{TLV_n}$$

여기서, $C_n$ : 각 혼합물질의 공기 중 농도
$TLV_n$ : 각 혼합물질의 노출기준

$노출지수(EI) = \frac{C_1}{TLV_1} + \frac{C_2}{TLV_2} = \frac{20}{25} + \frac{20}{50} = 1.2$

**99** 다음 중 분진 폭발에 관한 설명으로 틀린 것은?

① 폭발한계 내에서 분진의 휘발성분이 많으면 폭발 위험성이 높다.
② 분진이 발화 폭발하기 위한 조건은 가연성, 미분상태, 공기 중에서의 교반과 유동 및 점화원의 존재이다.
③ 가스폭발과 비교하여 연소의 속도나 폭발의 압력이 크고, 연소시간이 짧으며, 발생에너지가 작다.
④ 폭발한계는 입자의 크기, 입도분포, 산소농도, 함유수분, 가연성 가스의 혼입 등에 의해 같은 물질의 분진에서도 달라진다.

**해설**

분진 폭발의 특징
1. 폭발한계 내에서 분진의 휘발성분이 많을수록 폭발이 쉽다.
2. 가스폭발에 비해 연소속도나 폭발압력이 작다.
3. 가스폭발에 비해 연소시간이 길고 발생에너지가 크기 때문에 파괴력과 타는 정도가 크다.
4. 가스에 비해 불완전연소의 가능성이 커서 일산화탄소의 존재로 인한 가스중독의 위험이 있다(가스폭발에 비하여 유독물의 발생이 많다).
5. 화염속도보다 압력속도가 빠르다.
6. 주위 분진의 비산에 의해 2차, 3차의 폭발로 파급되어 피해가 커진다.
7. 연소열에 의한 화재가 동반되며, 연소입자의 비산으로 인체에 닿을 경우 심한 화상을 입는다.
8. 분진이 발화 폭발하기 위한 조건은 인화성, 미분상태, 공기 중에서의 교반과 유동, 점화원의 존재이다.

**100** 가연성 가스 혼합물을 구성하는 각 성분의 조성과 연소범위가 다음 표와 같을 때 혼합가스의 연소하한값은 약 몇 vol%인가?

| 성분 | 조성 (vol%) | 연소하한값 (vol%) | 연소상한값 (vol%) |
|---|---|---|---|
| 헥산 | 1 | 1.1 | 7.4 |
| 메탄 | 2.5 | 5.0 | 15.0 |
| 에틸렌 | 0.5 | 2.7 | 36.0 |
| 공기 | 95 | – | – |

① 2.51
② 7.51
③ 12.07
④ 15.01

**해설**

르 샤틀리에(Le Chatelier)의 법칙(혼합가스가 공기와 섞여 있을 경우)

$$L = \frac{V_1 + V_2 + \cdots + V_n}{\frac{V_1}{L_1} + \frac{V_2}{L_2} + \cdots + \frac{V_n}{L_n}}$$

여기서, $V_n$ : 전체 혼합가스 중 각 성분 가스의 체적(비율)[%]
$L_n$ : 각 성분 단독의 폭발한계(상한 또는 하한)
$L$ : 혼합가스의 폭발한계(상한 또는 하한)[vol%]

$L = \frac{1 + 2.5 + 0.5}{\frac{1}{1.1} + \frac{2.5}{5.0} + \frac{0.5}{2.7}} = 2.51[vol\%]$

정답 98 ② 99 ③ 100 ①

## 6과목 건설안전기술

**101** 다음 중 건설공사 안전관리(安全管理) 순서로 옳은 것은?

① 계획(Plan) – 실시(Do) – 검토(Check) – 조치(Action)
② 실시(Do) – 조치(Action) – 검토(Check) – 계획(Plan)
③ 계획(Plan) – 실시(Do) – 조치(Action) – 검토(Check)
④ 검토(Check) – 계획(Plan) – 조치(Action) – 실시(Do)

**해설**
안전관리 PDCA Cycle

| PDCA | PDCA 단계별 추진내용 |
|---|---|
| 계획(Plan) | 현장에 적합한 안전관리방법 및 안전관리 계획의 수립 |
| 실시(Do) | 안전관리활동의 실시, 교육 및 훈련 실시, 환경설비의 개선 |
| 검토(Check) | 안전관리활동에 대한 검사 및 확인, 안전관리활동의 결과 검토 |
| 조치(Action) | 검토된 안전관리활동의 수정 조치 |

**102** 강풍 시 타워크레인의 작업제한과 관련된 사항으로 타워크레인의 작업운전을 중지해야 하는 순간풍속 기준으로 옳은 것은?

① 순간풍속이 매 초당 10미터 초과
② 순간풍속이 매 초당 15미터 초과
③ 순간풍속이 매 초당 30미터 초과
④ 순간풍속이 매 초당 40미터 초과

**해설**
타워크레인의 작업제한(악천후 및 강풍 시 작업 중지)

| 순간풍속이 초당 10미터를 초과 | 타워크레인의 설치·수리·점검 또는 해체 작업 중지 |
|---|---|
| 순간풍속이 초당 15미터를 초과 | 타워크레인의 운전작업 중지 |

**103** 이동식 크레인을 사용하여 작업을 할 때 작업시작 전 점검사항이 아닌 것은?

① 주행로의 상측 및 트롤리(Trolley)가 횡행하는 레일의 상태
② 권과방지장치 그 밖의 경보장치의 기능
③ 브레이크·클러치 및 조정장치의 기능
④ 와이어로프가 통하고 있는 곳 및 작업장소의 지반 상태

**해설**
이동식 크레인을 사용하여 작업을 하는 때 작업시작 전 점검사항
1. 권과방지장치나 그 밖의 경보장치의 기능
2. 브레이크·클러치 및 조정장치의 기능
3. 와이어로프가 통하고 있는 곳 및 작업장소의 지반상태

**104** 쇼벨계 굴착기의 작업안전대책으로 옳지 않은 것은?

① 항상 뒤쪽의 카운터웨이트의 회전반경을 측정한 후 작업에 임한다.
② 작업 시에는 항상 사람의 접근에 특별히 주의한다.
③ 유압계통 분리 시에는 붐을 지면에 놓고 엔진을 정지시킨 후 유압을 제거한다.
④ 장비의 주차 시에는 굴착작업에 주차하고 버킷은 지면에서 띄워 놓도록 한다.

**해설**
굴착기계 작업 안전대책
1. 버킷이나 다른 부수장치 혹은 뒷부분에 사람을 태우지 말아야 한다.
2. 절대로 운전 반경 내에 사람이 있을 때는 회전하여서는 안 된다.
3. 장비의 주차 시에는 경사지나 굴착작업장으로부터 충분히 이격시켜 주차하고, 버킷은 반드시 지면에 놓아야 한다.
4. 전선 밑에서는 주의하여 작업을 하여야 하며, 특히 전선과 장치의 안전간격을 반드시 유지한다.
5. 항상 뒤쪽의 카운터 웨이트의 회전반경을 측정한 후 작업에 임한다.
6. 작업 시에는 항상 사람의 접근에 특별히 주의한다.
7. 유압계통 분리 시에는 반드시 붐을 지면에 놓고 엔진을 정지시킨 다음 유압을 제거한 후 행한다.

정답 101 ① 102 ② 103 ① 104 ④

## 105 흙막이 공법을 흙막이 지지방식에 의한 분류와 구조방식에 의한 분류로 나눌 때 다음 중 지지방식에 의한 분류에 해당하는 것은?

① 수평 버팀대식 흙막이 공법
② H-Pile 공법
③ 지하연속벽 공법
④ Top Down Method 공법

**해설**

흙막이 공법

| 흙막이 지지방식에 의한 분류 | • 자립공법<br>• 버팀대식 공법(빗버팀대식 공법, 수평버팀대식 공법)<br>• 어스 앵커 공법 |
|---|---|
| 흙막이 구조방식에 의한 분류 | • 엄지말뚝식 흙막이 공법(H-Pile)<br>• 널말뚝 공법(강 널말뚝식 흙막이 공법, 강관 널말뚝식 흙막이 공법)<br>• 지하연속벽 공법(주열식, 벽식)<br>• 역타식 공법(Top Down) |

## 106 토석붕괴의 외적 원인으로 옳지 않은 것은?

① 사면, 법면의 경사 및 기울기의 증가
② 절토 및 성토 높이의 증가
③ 토사 및 암석의 혼합층 두께
④ 토석의 강도 저하

**해설**

토석붕괴의 원인

| 외적 원인 | • 사면, 법면의 경사 및 기울기의 증가<br>• 절토 및 성토 높이의 증가<br>• 공사에 의한 진동 및 반복 하중의 증가<br>• 지표수 및 지하수의 침투에 의한 토사 중량의 증가<br>• 지진, 차량, 구조물의 하중작용<br>• 토사 및 암석의 혼합층두께 |
|---|---|
| 내적 원인 | • 절토 사면의 토질·암질<br>• 성토 사면의 토질구성 및 분포<br>• 토석의 강도 저하 |

## 107 다음은 안전난간의 구조 및 설치요건에 대한 기준이다. ( ) 안에 적당한 숫자는?

> 안전난간은 구조적으로 가장 취약한 지점에서 가장 취약한 방향으로 작용하는 ( )킬로그램 이상의 하중에 견딜 수 있는 튼튼한 구조일 것

① 80
② 100
③ 120
④ 150

**해설**

안전난간의 구조 및 설치요건

| 구성 | 상부 난간대, 중간 난간대, 발끝막이판 및 난간기둥으로 구성할 것(다만, 중간 난간대, 발끝막이판 및 난간기둥은 이와 비슷한 구조와 성능을 가진 것으로 대체할 수 있음) |
|---|---|
| 상부 난간대 | 상부 난간대는 바닥면·발판 또는 경사로의 표면으로부터 90센티미터 이상 지점에 설치하고, 상부 난간대를 120센티미터 이하에 설치하는 경우에는 중간 난간대는 상부 난간대와 바닥면 등의 중간에 설치하여야 하며, 120센티미터 이상 지점에 설치하는 경우에는 중간 난간대를 2단 이상으로 균등하게 설치하고 난간의 상하 간격은 60센티미터 이하가 되도록 할 것 |
| 발끝막이판 (폭목) | 바닥면 등으로부터 10센티미터 이상의 높이를 유지할 것(다만, 물체가 떨어지거나 날아올 위험이 없거나 그 위험을 방지할 수 있는 망을 설치하는 등 필요한 예방 조치를 한 장소는 제외) |
| 난간기둥 | 상부 난간대와 중간 난간대를 견고하게 떠받칠 수 있도록 적정한 간격을 유지할 것 |
| 상부난간대와 중간난간대 | 상부 난간대와 중간 난간대는 난간 길이 전체에 걸쳐 바닥면등과 평행을 유지할 것 |
| 난간대 | 지름 2.7센티미터 이상의 금속제 파이프나 그 이상의 강도가 있는 재료일 것 |
| 하중 | 안전난간은 구조적으로 가장 취약한 지점에서 가장 취약한 방향으로 작용하는 100킬로그램 이상의 하중에 견딜 수 있는 튼튼한 구조일 것 |

## 108 클램셸(Clam Shell)의 용도로 옳지 않은 것은?

① 잠함 안의 굴착에 사용된다.
② 수면 아래의 자갈, 모래를 굴착하고 준설선에 많이 사용된다.
③ 건축구조물의 기초 등 정해진 범위의 깊은 굴착에 적합하다.
④ 단단한 지반의 작업도 가능하며 작업속도가 빠르고 특히 암반굴착에 적합하다.

**해설**

클램셸(Clam Shell)
1. 좁고 깊은 곳의 수직굴착, 수중굴착에 적당
2. 지하연속벽 공사, 깊은 우물통 파기에 사용
3. 구조물의 기초바닥, 잠함 등과 같은 협소하고 깊은 범위의 굴착에 적합

**정답** 105 ① 106 ④ 107 ② 108 ④

**109** 로드(Rod)·유압잭(Jack) 등을 이용하여 거푸집을 연속적으로 이동시키면서 콘크리트를 타설할 때 사용되는 것으로 Silo 공사 등에 적합한 거푸집은?

① 메탈폼
② 슬라이딩폼
③ 워플폼
④ 페코빔

**해설**

슬라이딩 폼
1. 수평·수직적으로 반복된 구조물을 시공 이음이 없이 균일한 형상으로 시공하기 위하여 요크(Yoke), 로드(Rod), 유압잭(Jack)을 이용하여 거푸집을 연속적으로 이동시키면서 콘크리트를 타설하여 구조물을 시공하는 공법
2. 이동 거푸집의 하나로 슬립 폼, 미끄럼 거푸집이라고도 한다.
3. 사일로(Silo), 급수탑 등의 타설에 사용한다.

**110** 추락에 의한 위험방지를 위하여 설치하는 추락방호망의 경우 작업면으로부터 망의 설치지점까지의 수직거리가 최대 몇 미터를 초과하지 않도록 설치하는가?

① 5m
② 7m
③ 8m
④ 10m

**해설**

추락방호망의 설치기준
1. 추락방호망의 설치위치는 가능하면 작업면으로부터 가까운 지점에 설치하여야 하며, 작업면으로부터 망의 설치지점까지의 수직거리는 10미터를 초과하지 아니할 것
2. 추락방호망은 수평으로 설치하고, 망의 처짐은 짧은 변 길이의 12퍼센트 이상이 되도록 할 것
3. 건축물 등의 바깥쪽으로 설치하는 경우 추락방호망의 내민 길이는 벽면으로부터 3미터 이상 되도록 할 것. 다만, 그물코가 20밀리미터 이하인 추락방호망을 사용한 경우에는 낙하물에 의한 위험 방지에 따른 낙하물방지망을 설치한 것으로 본다.

**111** 굴착과 싣기를 동시에 할 수 있는 토공기계가 아닌 것은?

① 트랙터 셔블(Tractor Shovel)
② 백호(Back Hoe)
③ 파워 셔블(Power Shovel)
④ 모터 그레이더(Motor Grader)

**해설**

모터 그레이더(Motor Grader)
지면을 절삭하여 평활하게 다듬는 장비로서 노면의 성형과 정지작업에 가장 적당한 장비

**112** 연약지반의 이상현상 중 하나인 히빙(Heaving) 현상에 대한 안전대책이 아닌 것은?

① 흙막이벽의 관입깊이를 깊게 한다.
② 굴착면에 토사 등으로 하중을 가한다.
③ 흙막이 배면의 표토를 제거하여 토압을 경감시킨다.
④ 주변 수위를 높인다.

**해설**

히빙(Heaving) 현상
1. 정의
   연질점토 지반에서 굴착에 의한 흙막이 내·외면의 흙의 중량차로 인해 굴착저면이 부풀어 올라오는 현상
2. 안전대책
   ㉠ 흙막이 근입깊이를 깊게 함
   ㉡ 표토제거 하중 감소
   ㉢ 굴착저면 지반개량(흙의 전단강도를 높임)
   ㉣ 굴착면 하중 증가
   ㉤ 어스앵커 설치
   ㉥ 주변 지하수위 저하
   ㉦ 소단굴착을 하여 소단부 흙의 중량이 바닥을 누르게 함
   ㉧ 토류벽의 배면토압을 경감

**113** 법면 붕괴에 의한 재해 예방조치로서 옳은 것은?

① 지표수와 지하수의 침투를 방지한다.
② 법면의 경사를 증가한다.
③ 절토 및 성토높이를 증가한다.
④ 토질의 상태에 관계없이 구배조건을 일정하게 한다.

**해설**

붕괴예방대책
1. 적절한 경사면의 기울기를 계획하여야 한다.
2. 경사면의 기울기가 당초 계획과 차이가 발생되면 즉시 재검토하여 계획을 변경시켜야 한다.
3. 활동할 가능성이 있는 토석은 제거하여야 한다.
4. 경사면의 하단부에 압성토 등 보강공법으로 활동에 대한 저항대책을 강구하여야 한다.
5. 말뚝(강관, H형강, 철근 콘크리트)을 타입하여 지반을 강화시킨다.

**정답** 109 ② 110 ④ 111 ④ 112 ④ 113 ①

6. 빗물, 지표수, 지하수의 사전제거 및 침투를 방지하여야 한다.

### 114 가설통로를 설치하는 경우 준수사항 기준으로 옳지 않은 것은?

① 건설공사에 사용하는 높이 8m 이상인 비계다리에는 5m 이내마다 계단참을 설치하는 것
② 수직갱에 가설된 통로의 길이가 15m 이상인 경우에는 10m 이내마다 계단참을 설치할 것
③ 경사가 15°를 초과하는 경우에는 미끄러지지 아니하는 구조로 할 것
④ 추락할 위험이 있는 장소에는 안전난간을 설치할 것

**해설**

가설통로
1. 견고한 구조로 할 것
2. 경사는 30도 이하로 할 것(다만, 계단을 설치하거나 높이 2미터 미만의 가설통로서 튼튼한 손잡이를 설치한 경우에는 그러하지 아니하다)
3. 경사가 15도를 초과하는 경우에는 미끄러지지 아니하는 구조로 할 것
4. 추락할 위험이 있는 장소에는 안전난간을 설치할 것(다만, 작업상 부득이한 경우에는 필요한 부분만 임시로 해체할 수 있다)
5. 수직갱에 가설된 통로의 길이가 15미터 이상인 경우에는 10미터 이내마다 계단참을 설치할 것
6. 건설공사에 사용하는 높이 8미터 이상인 비계다리에는 7미터 이내마다 계단참을 설치할 것

### 115 10cm 그물코 크기의 방망사 신품에 대한 인장강도는 얼마 이상이어야 하는가?(단, 매듭 없는 방망)

① 240kg
② 200kg
③ 110kg
④ 80kg

**해설**

방망사의 신품에 대한 인장강도

| 그물코의 크기 (단위 : 센티미터) | 방망의 종류(단위 : 킬로그램) | |
|---|---|---|
| | 매듭 없는 방망 | 매듭방망 |
| 10 | 240 | 200 |
| 5 | | 110 |

### 116 미리 작업장소의 지형 및 지반상태 등에 적합한 제한속도를 정하지 않아도 되는 차량계 건설기계의 속도 기준은?

① 최대제한속도가 10km/h 이하
② 최대제한속도가 20km/h 이하
③ 최대제한속도가 30km/h 이하
④ 최대제한속도가 40km/h 이하

**해설**

제한속도의 지정
차량계 하역운반기계, 차량계 건설기계(최대제한속도가 시속 10킬로미터 이하인 것은 제외)를 사용하여 작업을 하는 경우 미리 작업장소의 지형 및 지반 상태 등에 적합한 제한속도를 정하고, 운전자로 하여금 준수하도록 하여야 한다.

### 117 콘크리트의 압축강도에 영향을 주는 요소로 가장 거리가 먼 것은?

① 콘크리트 양생 온도
② 콘크리트 재령
③ 물-시멘트비
④ 거푸집 강도

**해설**

콘크리트 압축강도에 영향을 미치는 요인
1. 구성 재료의 영향 : 시멘트 및 혼화재료의 종류, 골재 종류 및 크기
2. 콘크리트 재령 및 배합 : 물-시멘트비(W/C비), 혼화재료 및 골재 사용량, 공기량
3. 양생의 영향(온도, 습도) : 양생기간, 건습상태
4. 시공방법의 영향 : 타설 및 다지기 등

### 118 다음은 낙하물 방지망 또는 방호선반을 설치하는 경우의 준수해야 할 사항이다. ( ) 안에 알맞은 숫자는?

높이 ( ㉠ )미터 이내마다 설치하고, 내민 길이는 벽면으로부터 ( ㉡ )미터 이상으로 할 것

① ㉠ : 10, ㉡ : 2
② ㉠ : 8, ㉡ : 2
③ ㉠ : 10, ㉡ : 3
④ ㉠ : 8, ㉡ : 3

**정답** 114 ① 115 ① 116 ① 117 ④ 118 ①

해설
낙하물방지망 또는 방호선반 설치 시 준수사항
1. 높이 10미터 이내마다 설치하고, 내민 길이는 벽면으로부터 2미터 이상으로 할 것
2. 수평면과의 각도는 20도 이상 30도 이하를 유지할 것

**119** 물체가 떨어지거나 날아올 위험이 있는 때 위험방지를 위해 준수해야 할 조치사항으로 가장 거리가 먼 것은?

① 낙하물방지망 설치
② 출입금지구역 설정
③ 보호구 착용
④ 작업지휘자 선정

해설
물체가 떨어지거나 날아올 위험이 있는 경우의 위험방지
1. 낙하물 방지망 설치
2. 수직보호망 설치
3. 방호선반 설치
4. 출입금지구역 설정
5. 보호구 착용

**120** 철골 작업 시 기상조건에 따라 안전상 작업을 중지토록 하여야 한다. 다음 중 작업을 중지토록 하는 기준으로 옳은 것은?

① 강우량이 시간당 5mm 이상인 경우
② 강우량이 시간당 10mm 이상인 경우
③ 풍속이 초당 10m 이상인 경우
④ 강설량이 시간당 20mm 이상인 경우

해설
작업의 제한(철골작업 중지)
1. 풍속이 초당 10미터 이상인 경우
2. 강우량이 시간당 1밀리미터 이상인 경우
3. 강설량이 시간당 1센티미터 이상인 경우

정답 119 ④ 120 ③

# PART 02

# 24 | 2024년 1회 기출복원문제

## 1과목 산업재해 예방 및 안전보건교육

**01** 다음 중 KOSHA Guide의 분야별 또는 업종별 분류기호가 올바르게 연결된 것은?

① 기계일반지침 : M
② 공정안전지침 : W
③ 안전 · 보건 일반지침 : H
④ 건설안전지침 : A

**해설**

분류기호

| 분야별 또는 업종별 | 분류기호 |
|---|---|
| 기계일반지침 | M |
| 공정안전지침 | P |
| 안전 · 보건 일반지침 | G |
| 건설안전지침 | C |

**02** 다음 중 KOSHA Guide에 대한 설명으로 옳은 것은?

① KOSHA Guide는 산업안전보건법령에서 정한 최소한의 수준이 아니라, 사업장의 자기규율 예방체계 확립을 지원하고, 좀 더 높은 수준의 안전보건 향상을 위해 참고할 수 있는 기술적 내용을 기술한 강제적인 안전보건가이드이다.
② KOSHA Guide는 권고 기술기준으로서 대한산업안전협회에 의해서 제 · 개정되고 있는 지침이다.
③ KOSHA Guide는 법적 기준이 아닌 사업장의 이해를 돕기 위해 작성된 기술적 권고 지침으로서, 법적 구속력(효력)은 없다.
④ KOSHA Guide는 사업장의 안전 · 보건을 확보하기 위하여 위험설비 · 공정, 작업에 대한 선진 각국의 기술수준 및 국제표준을 참고하여 우리나라 실정에 맞게 일반, 기계, 전기, 화공, 건설, 보건 등 전문분야별로 세분화하여 산업안전보건법령으로 제정 · 공표하여 사업장에 보급 · 활용되고 있다.

**해설**

KOSHA Guide
1. KOSHA Guide는 산업안전보건법령에서 정한 최소한의 수준이 아니라, 사업장의 자기규율 예방체계 확립을 지원하고, 좀 더 높은 수준의 안전보건 향상을 위해 참고할 수 있는 기술적 내용을 기술한 자율적 안전보건가이드입니다.
2. KOSHA Guide는 산업안전보건법과 같은 강제적인 법률이 아닌 권고 기술기준으로서 한국산업안전보건공단에 의해서 제 · 개정되고 있는 지침입니다.
3. KOSHA Guide는 사업장의 안전 · 보건을 확보하기 위하여 위험설비 · 공정, 작업에 대한 선진 각국의 기술수준 및 국제표준을 참고하여 우리나라 실정에 맞게 일반, 기계, 전기, 화공, 건설, 보건 등 전문분야별로 세분화하여 안전보건기술지침(KOSHA Guide)으로 제정 · 공표하여 사업장에 보급 · 활용되고 있습니다.
4. KOSHA Guide는 법적 기준이 아닌 사업장의 이해를 돕기 위해 작성된 기술적 권고 지침으로서, 법적 구속력(효력)은 없습니다.

**03** 산업안전보건법령에 따른 근로자 안전보건 교육 중 근로자 정기교육의 교육내용에 해당하지 않는 것은?

① 건강증진 및 질병 예방에 관한 사항
② 산업보건 및 건강장해 예방에 관한 사항
③ 유해 · 위험 작업환경 관리에 관한 사항
④ 작업공정의 유해 · 위험과 재해 예방대책에 관한 사항

**해설**

근로자 정기교육
1. 산업안전 및 산업재해 예방에 관한 사항(화재 · 폭발 사고 발생 시 대피에 관한 사항을 포함)
2. 산업보건 및 건강장해 예방에 관한 사항(폭염 · 한파작업으로 인한 건강장해 발생 시 응급조치에 관한 사항을 포함)
3. 위험성 평가에 관한 사항
4. 건강증진 및 질병 예방에 관한 사항
5. 유해 · 위험 작업환경 관리에 관한 사항
6. 산업안전보건법령 및 산업재해보상보험 제도에 관한 사항
7. 직무스트레스 예방 및 관리에 관한 사항
8. 직장 내 괴롭힘, 고객의 폭언 등으로 인한 건강장해 예방 및 관리에 관한 사항

**정답** 01 ① 02 ③ 03 ④

**04** 라인(Line)형 안전관리조직에 대한 설명으로 옳은 것은?

① 명령계통과 조언이나 권고적 참여가 혼동되기 쉽다.
② 생산부서와의 마찰이 일어나기 쉽다.
③ 명령계통이 간단명료하다.
④ 생산부분에는 안전에 대한 책임과 권한이 없다.

**해설**
라인형(Line형, 직계형 조직)

| 의의 | • 안전을 전문으로 분담하는 조직이 없고, 안전관리에 관한 계획에서부터 실시·평가에 이르기까지 생산라인(생산지시)을 통해서 이루어지는 조직 형태<br>• 100명 미만의 소규모 사업장에 적합한 조직 형태 |
|---|---|
| 장점 | • 명령과 보고가 상하관계뿐이므로 간단명료한 조직<br>• 경영자의 명령이나 지휘가 신속·정확하게 전달되어 개선 조치가 빠르게 진행 |
| 단점 | • 안전에 대한 전문지식이나 정보가 불충분<br>• 생산라인의 업무에 중점을 두어 안전보건관리가 소홀해질 수 있음 |

 • 명령계통과 조언이나 권고적 참여가 혼동되기 쉽다. : 라인-스태프형(Line-staff형, 직계 참모형 조직)
• 생산부서와의 마찰이 일어나기 쉽다. : 스태프형(Staff형, 참모형 조직)
• 생산부분에는 안전에 대한 책임과 권한이 없다. : 스태프형(Staff형, 참모형 조직)

**05** 다음 중 헤드십(Head-ship)의 특성으로 옳지 않은 것은?

① 권한의 근거는 공식적이다.
② 지휘의 형태는 권위주의적이다.
③ 상사와 부하와의 사회적 간격은 좁다.
④ 상사와 부하와의 관계는 지배적이다.

**해설**
헤드십과 리더십의 구분

| 구분 | 헤드십 | 리더십 |
|---|---|---|
| 권한 행사 및 부여 | 위에서 위임하여 임명된 헤드 | 밑에서부터의 동의에 선출된 리더 |
| 권한근거 | 법적 또는 공식적 | 개인능력 |
| 상관과 부하와의 관계 | 지배적 | 개인적인 경향 |
| 책임귀속 | 상사 | 상사와 부하 |
| 부하와의 사회적 간격 | 넓다 | 좁다 |
| 지위형태 | 권위주의적 | 민주주의적 |
| 권한귀속 | 공식화된 규정에 의함 | 집단목표에 기여한 공로 인정 |

**06** Off.J.T 교육의 특징에 해당되는 것은?

① 많은 지식, 경험을 교류할 수 있다.
② 교육 효과가 업무에 신속히 반영된다.
③ 현장의 관리 감독자가 강사가 되어 교육을 한다.
④ 다수의 대상자를 일괄적으로 교육하기 어려운 점이 있다.

**해설**
Off.J.T(Off the Job Training)
1. 정의
   공통된 교육목적을 가진 근로자를 현장 외의 장소에 모아 실시하는 집체교육으로 집단교육에 적합한 교육형태
2. 특징
   • 외부의 전문가를 활용할 수 있다.(전문가를 초빙하여 강사로 활용이 가능하다.)
   • 다수의 대상자에게 조직적 훈련이 가능하다.
   • 특별교재, 교구, 시설을 유효하게 사용할 수 있다.
   • 타 직종 사람과의 많은 지식, 경험을 교류할 수 있다.
   • 업무와 분리되어 교육에 전념하는 것이 가능하다.
   • 교육목표를 위하여 집단적으로 협조와 협력이 가능하다.
   • 법규, 원리, 원칙, 개념, 이론 등의 교육에 적합하다.

**07** 레윈(Lewin)은 인간의 행동 특성을 다음과 같이 표현하였다. 변수 '$E$'가 의미하는 것은?

$$B = f(P \cdot E)$$

① 연령  ② 성격
③ 환경  ④ 지능

**해설**
레윈(K. Lewin)의 행동법칙

$$B = f(P \cdot E)$$

여기서, $B$ : Behavior(인간의 행동)
$f$ : Function(함수관계) - $P$ · $E$에 영향을 줄 수 있는 조건
$P$ : Person(개체, 개인의 자질, 연령, 경험, 심신상태, 성격, 지능 등)
$E$ : Environment(심리적 환경-작업환경, 인간관계, 설비적 결함 등)

**08** 재해예방의 4원칙에 해당하지 않는 것은?

① 예방 가능의 원칙    ② 손실 우연의 원칙
③ 원인 연계의 원칙    ④ 계속성의 원칙

해설

하인리히의 재해예방 4원칙

| 예방 가능의 원칙 | 천재지변을 제외한 모든 재해는 원칙적으로 예방이 가능하다. |
|---|---|
| 손실 우연의 원칙 | 사고로 생기는 상해의 종류 및 정도는 우연적이다. |
| 원인 계기의 원칙 | 사고와 손실의 관계는 우연적이지만 사고와 원인관계는 필연적이다.(사고에는 반드시 원인이 있다.) |
| 대책 선정의 원칙 | 원인을 정확히 규명해서 대책을 선정하고 실시되어야 한다.(3E, 즉 기술, 교육, 독려를 중심으로) |

**09** 파블로프(Pavlov)의 조건반사설에 의한 학습이론의 원리가 아닌 것은?

① 일관성의 원리
② 계속성의 원리
③ 준비성의 원리
④ 강도의 원리

해설

학습의 원리

| 조건반사설 (Pavlov) | 시행착오설 (Thorndike) | 조작적 조건 형성이론 (Skinner) |
|---|---|---|
| • 강도의 원리<br>• 일관성의 원리<br>• 시간의 원리<br>• 계속성의 원리 | • 효과의 법칙<br>• 준비성의 법칙<br>• 연습의 법칙 | • 강화의 원리<br>• 소거의 원리<br>• 조형의 원리<br>• 자발적 회복의 원리<br>• 변별의 원리 |

**10** 산업안전보건법령상 안전보건표지의 색채와 용도의 연결로 틀린 것은?

① 지시 - 파란색
② 안내 - 녹색
③ 경고 - 노란색
④ 금지 - 검은색

해설

안전·보건표지의 색채, 색도기준 및 용도

| 색채 | 색도기준 | 용도 | 사용례 |
|---|---|---|---|
| 빨간색 | 7.5R 4/14 | 금지 | 정지신호, 소화설비 및 그 장소, 유해행위의 금지 |
| | | 경고 | 화학물질 취급장소에서의 유해·위험경고 |
| 노란색 | 5Y 8.5/12 | 경고 | 화학물질 취급장소에서의 유해·위험경고 이외의 위험경고, 주의표지 또는 기계방호물 |
| 파란색 | 2.5PB 4/10 | 지시 | 특정 행위의 지시 및 사실의 고지 |
| 녹색 | 2.5G 4/10 | 안내 | 비상구 및 피난소, 사람 또는 차량의 통행표지 |
| 흰색 | N9.5 | | 파란색 또는 녹색에 대한 보조색 |
| 검은색 | N0.5 | | 문자 및 빨간색 또는 노란색에 대한 보조색 |

**11** 아담스(Edward Adams)의 사고연쇄반응이론 5단계에서 불안전 행동 및 불안전 상태는 어느 단계에 해당되는가?

① 제1단계 : 관리구조
② 제2단계 : 작전적 에러
③ 제3단계 : 전술적 에러
④ 제4단계 : 사고

해설

아담스(Adams)의 사고연쇄반응이론

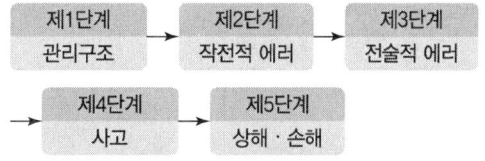

• 재해의 직접원인을 관리시스템 내의 불안전 행동과 불안전 상태에 두고 전술적 에러로 설명하였으며, 관리상의 잘못으로 인한 개념을 강조하고 있다.

**12** 인간관계의 메커니즘 중 다른 사람의 행동양식이나 태도를 투입시키거나 다른 사람 가운데서 자기와 비슷한 것을 발견하는 것은?

① 공감
② 모방
③ 동일화
④ 일체화

해설

인간관계 메커니즘

| 투사 (Projection) | 자기 마음속의 억압된 것을 다른 사람의 것으로 생각하는 것 |
|---|---|
| 암시 (Suggestion) | 다른 사람으로부터의 판단이나 행동을 무비판적으로 논리적·사실적 근거 없이 받아들이는 것 |
| 동일화 (Identification) | 다른 사람의 행동양식이나 태도를 투입하거나 다른 사람 가운데서 자기와 비슷한 것을 발견하게 되는 것 |
| 모방 (Imitation) | 남의 행동이나 판단을 표본으로 하여 그것과 같거나 그것에 가까운 행동 또는 판단을 취하려는 것 |
| 커뮤니케이션 (Communication) | 여러 가지 행동양식이 기호를 매개로 하여 한 사람으로부터 다른 사람에게 전달되는 과정 - 언어, 손짓, 몸짓, 표정 등 |

정답 09 ③ 10 ④ 11 ③ 12 ③

**13** 다음 중 알더퍼(Alderfer)의 ERG 이론에 해당하지 않는 것은?

① 생존욕구  ② 관계욕구
③ 안전욕구  ④ 성장욕구

**해설**

알더퍼(Alderfer)의 ERG 이론

| 생존(Existence)욕구 (존재욕구) | 유기체의 생존과 유지에 관련된 욕구<br>• 의식주와 같은 기본적인 욕구<br>• 임금, 안전한 작업조건<br>• 직무안전 |
|---|---|
| 관계(Relatedness)욕구 | 다른 사람과의 상호작용을 통하여 만족을 추구하는 대인욕구<br>• 의미 있는 타인과의 상호작용<br>• 대인욕구 |
| 성장(Growth)욕구 | 개인적인 발전과 증진에 관한 욕구(잠재력의 발전으로 충족)<br>• 개인의 발전능력<br>• 잠재력 충족 |

**14** 하인리히의 재해발생이론이 다음과 같이 표현될 때, α가 의미하는 것으로 옳은 것은?

재해의 발생 = 설비적 결함 + 관리적 결함 + α

① 노출된 위험의 상태
② 재해의 직접원인
③ 물적 불안전 상태
④ 잠재된 위험의 상태

**해설**

하인리히의 법칙

재해 발생 = 물적 불안전 상태 + 인적 불안전 행위 + α
         = 설비적 결함 + 관리적 결함 + α

여기서, α : 잠재된 위험의 상태(potential) = 재해

**15** 안전인증 절연장갑에 안전인증 표시 외에 추가로 표시하여야 하는 등급별 색상의 연결로 옳은 것은?(단, 고용노동부 고시를 기준으로 한다.)

① 00등급 : 갈색
② 0등급 : 흰색
③ 1등급 : 노란색
④ 2등급 : 빨강색

**해설**

내전압용 절연장갑의 등급

| 등급 | 최대사용전압 | | 등급별 색상 |
|---|---|---|---|
| | 교류(V, 실효값) | 직류(V) | |
| 00 | 500 | 750 | 갈색 |
| 0 | 1,000 | 1,500 | 빨강색 |
| 1 | 7,500 | 11,250 | 흰색 |
| 2 | 17,000 | 25,500 | 노랑색 |
| 3 | 26,500 | 39,750 | 녹색 |
| 4 | 36,000 | 54,000 | 등색 |

**16** 생체리듬의 변화에 대한 설명으로 틀린 것은?

① 야간에는 체중이 감소한다.
② 야간에는 말초운동 기능이 저하된다.
③ 체온, 혈압, 맥박수는 주간에 상승하고 야간에 감소한다.
④ 혈액의 수분과 염분량은 주간에 증가하고 야간에 감소한다.

**해설**

바이오리듬(Biorhythm)의 변화
1. 혈액의 수분, 염분량 : 주간 감소, 야간 증가
2. 체온, 혈압, 맥박수 : 주간 상승, 야간 감소
3. 야간에는 체중 감소, 소화분비액 불량, 말초신경 기능 저하, 피로의 자각 증상이 증대된다.

**17** 학습이론 중 자극과 반응의 이론이라 볼 수 없는 것은?

① Köhler의 통찰설(Insight Theory)
② Thorndike의 시행착오설(Trial and Error Theory)
③ Pavlov의 조건반사설(Classical Conditioning Theory)
④ Skinner의 조작적 조건화설(Operant Conditioning Theory)

**해설**

학습이론

| S(자극) – R(반응)이론 (행동주의 학습이론) | • 조건반사설(Pavlov)<br>• 시행착오설(Thorndike)<br>• 조작적 조건 형성이론(Skinner) |
|---|---|
| 인지이론(형태이론) | • 통찰설(Köhler)<br>• 장이론(Lewin)<br>• 기호형태설(Tolman) |

정답 13 ③ 14 ④ 15 ① 16 ④ 17 ①

**18** 토의법의 유형 중 다음에서 설명하는 것은?

> 새로운 자료나 교재를 제시하고, 문제점을 피교육자로 하여금 제기하도록 하거나 피교육자의 의견을 여러 가지 방법으로 발표하게 하고 청중과 토론자 간 활발한 의견 개진 과정을 통하여 합의를 도출해 내는 방법이다.

① 포럼
② 심포지엄
③ 자유토의
④ 패널 디스커션

**해설**
토의법의 종류
1. 자유토의법
   참가자가 주어진 주제에 대하여 자유로운 발표와 토의를 통하여 서로의 의견을 교환하고 상호이해력을 높이며 의견을 절충해 나가는 방법
2. 패널 디스커션(Panel Discussion)
   전문가 4~5명이 피교육자 앞에서 자유로이 토의를 하고, 그 후에 피교육자 전원이 사회자의 사회에 따라 토의하는 방법
3. 심포지엄(Symposium)
   발제자 없이 몇 사람의 전문가에 의하여 과제에 관한 견해를 발표한 뒤에 참가자로 하여금 의견이나 질문을 하게 하여 토의하는 방법
4. 포럼(Forum)
   - 사회자의 진행으로 몇 사람이 주제에 대하여 발표한 후 피교육자가 질문을 하고 토론해 나가는 방법
   - 새로운 자료나 주제를 내보이거나 발표한 후 피교육자로 하여금 문제나 의견을 제시하게 하고 다시 깊이 있게 토론해 나가는 방법
5. 버즈 세션(Buzz Session)
   6-6 회의라고도 하며, 참가자가 다수인 경우에 전원을 토의에 참가시키기 위한 방법으로 소집단을 구성하여 회의를 진행시키는 방법

**19** 다음 중 인간관계 관리기법에 있어 구성원 상호 간의 선호도를 기초로 집단 내부의 동태적 상호관계를 분석하는 방법으로 가장 적절한 것은?

① 소시오메트리(Sociometry)
② 그리드 훈련(Grid Training)
③ 집단역학(Group Dynamic)
④ 감수성 훈련(Sensitivity Training)

**해설**
소시오메트리
1. 사회 측정법으로 집단에 있어 각 구성원 사이의 견인과 배척관계를 조사하여 어떤 개인의 집단 내에서의 관계나 위치를 발견하고 평가하는 방법(집단의 인간관계를 조사하는 방법)
2. 구성원 상호 간의 선호도를 기초로 집단 내부의 동태적 상호관계를 분석하는 방법

**20** 사용장소에 따른 방진마스크의 등급을 구분할 때 베릴륨 등과 같이 독성이 강한 물질들을 함유한 분진 등 발생장소에 가장 적합한 등급은?

① 특급
② 1급
③ 2급
④ 3급

**해설**
방진마스크의 등급 및 사용장소

| 등급 | 특급 | 1급 | 2급 |
| --- | --- | --- | --- |
| 사용 장소 | • 베릴륨 등과 같이 독성이 강한 물질들을 함유한 분진 등 발생장소<br>• 석면 취급장소 | • 특급 마스크 착용장소를 제외한 분진 등 발생장소<br>• 금속흄 등과 같이 열적으로 생기는 분진 등 발생장소<br>• 기계적으로 생기는 분진 등 발생장소(규소 등과 같이 2급 방진마스크를 착용하여도 무방한 경우는 제외) | • 특급 및 1급 마스크 착용장소를 제외한 분진 등 발생장소 |

배기밸브가 없는 안면부여과식 마스크는 특급 및 1급 장소에 사용해서는 안 된다.

## 2과목 인간공학 및 위험성 평가·관리

**21** 산업안전보건기준에 관한 규칙상 "강렬한 소음작업"에 해당하지 않는 것은?

① 85데시벨 이상의 소음이 1일 8시간 이상 발생하는 작업
② 90데시벨 이상의 소음이 1일 8시간 이상 발생하는 작업
③ 95데시벨 이상의 소음이 1일 4시간 이상 발생하는 작업
④ 100데시벨 이상의 소음이 1일 2시간 이상 발생하는 작업

정답 18 ① 19 ① 20 ① 21 ①

해설
강렬한 소음작업
1. 90데시벨 이상의 소음이 1일 8시간 이상 발생하는 작업
2. 95데시벨 이상의 소음이 1일 4시간 이상 발생하는 작업
3. 100데시벨 이상의 소음이 1일 2시간 이상 발생하는 작업
4. 105데시벨 이상의 소음이 1일 1시간 이상 발생하는 작업
5. 110데시벨 이상의 소음이 1일 30분 이상 발생하는 작업
6. 115데시벨 이상의 소음이 1일 15분 이상 발생하는 작업

**22** 컷셋(Cut Sets)과 최소 패스셋(Minimal Path Sets)의 정의로 옳은 것은?

① 컷셋은 시스템 고장을 유발시키는 필요 최소한의 고장들의 집합이며, 최소 패스셋은 시스템의 신뢰성을 표시한다.
② 컷셋은 시스템 고장을 유발시키는 기본고장들의 집합이며, 최소 패스셋은 시스템의 불신뢰도를 표시한다.
③ 컷셋은 그 속에 포함되어 있는 모든 기본사상이 일어났을 때 정상사상을 일으키는 기본사상의 집합이며, 최소 패스셋은 시스템의 신뢰성을 표시한다.
④ 컷셋은 그 속에 포함되어 있는 모든 기본사상이 일어났을 때 정상사상을 일으키는 기본사상의 집합이며, 최소 패스셋은 시스템의 성공을 유발하는 기본사상의 집합이다.

해설
컷셋과 패스셋

| 컷셋<br>(Cut Set) | 정상사상을 발생시키는 기본사상의 집합으로 그 안에 포함되는 모든 기본사상이 발생할 때 정상사상을 발생시킬 수 있는 기본사상의 집합 |
|---|---|
| 패스셋<br>(Path Set) | 그 안에 포함되는 모든 기본사상이 일어나지 않을 때 처음으로 정상사상이 일어나지 않는 기본사상의 집합, 즉 시스템이 고장나지 않도록 하는 사상의 조합이다. |
| 미니멀 컷셋<br>(Minimal Cut Set) | 컷셋의 집합 중에서 정상사상을 일으키기 위하여 필요한 최소한의 컷셋을 미니멀 컷셋이라 한다. |
| 미니멀 패스셋<br>(Minimal Path Set) | 미니멀 패스셋은 정상사상이 일어나지 않기 위한 필요한 최소한의 것을 말하며, 시스템의 신뢰성을 나타내는 것이다. |

**23** FTA에서 사용하는 수정게이트의 종류 중 3개의 입력현상 중 2개가 발생한 경우에 출력이 생기는 경우는?

① 위험지속기호
② 조합 AND 게이트
③ 배타적 OR 게이트
④ 억제 게이트

해설
게이트
1. 위험지속기호
 입력사상이 발생하여 어떤 일정한 시간이 지속될 때에 출력이 생긴다. 만약 지속되지 않으면 출력은 생기지 않는다.
2. 조합 AND 게이트
 3개 이상의 입력사상 중 어느 것이나 2개가 일어나면 출력이 생긴다.
3. 배타적 OR 게이트
 OR 게이트이지만 2개 또는 그 이상의 입력이 동시에 존재하는 경우에는 출력이 생기지 않는다.
4. 억제 게이트
 입력사상 중 어느 것이나 이 게이트로 나타내는 조건이 만족하는 경우에만 출력사상이 발생한다.(조건부확률)

**24** 인간 – 기계 시스템에서 시스템의 설계를 다음과 같이 구분할 때 제3단계인 기본설계에 해당되지 않는 것은?

- 1단계 : 시스템의 목표와 성능 명세 결정
- 2단계 : 시스템의 정의
- 3단계 : 기본설계
- 4단계 : 인터페이스 설계
- 5단계 : 보조물 설계
- 6단계 : 시험 및 평가

① 화면 설계  ② 작업 설계
③ 직무 분석  ④ 기능 할당

해설
인간 – 기계 체계 설계의 기본단계 순서
1. 제1단계 : 목표 및 성능 명세 결정
 체계가 설계되기 전에 우선 그 목적이나 존재 이유가 있어야 한다.
2. 제2단계 : 시스템(체계)의 정의
 어떤 체계(특히 복잡한 것)의 경우에 있어서는 목적을 달성하기 위해서 특정한 기본적인 기능(임무)들이 수행되어야 한다.

3. 제3단계 : 기본설계
   주요 인간공학 활동은 ㉠ 인간, 하드웨어, 소프트웨어에 기능 할당, ㉡ 인간 성능 요건 명세, ㉢ 직무 분석, ㉣ 작업설계가 있다.
4. 제4단계 : 인터페이스(계면) 설계
   인간-기계 체계에서 인간과 기계가 만나는 면(面)을 계면이라고 한다.
5. 제5단계 : 촉진물 설계
   촉진물 설계 단계의 주 초점은 만족스러운 인간 성능을 증진시킬 보조물에 대해 설계하는 것이다.
6. 제6단계 : 시험 및 평가
   체계 개발의 산물(기기, 절차 및 요원)이 계획된 대로 작동하는지 알아보기 위해 산물(産物)들을 측정하는 것이다.

**25** 손이나 특정 신체부위에 발생하는 누적손상장애(CTD)의 발생인자와 가장 거리가 먼 것은?

① 무리한 힘
② 다습한 환경
③ 장시간의 진동
④ 반복도가 높은 작업

#### 해설
근골격계 질환
1. 반복적인 동작, 부적절한 작업자세, 무리한 힘의 사용, 날카로운 면과의 신체접촉, 진동 및 온도 등의 요인에 의하여 발생하는 건강장해로서 목, 어깨, 허리, 팔·다리의 신경·근육 및 그 주변 신체조직 등에 나타나는 질환을 말한다.
2. 유사용어로는 누적 외상성 질환(CTDs), 반복성 긴장 상해 등이 있다.

**26** 어떠한 신호가 전달하려는 내용과 연관성이 있어야 하는 것으로 정의되며, 예로써 위험신호는 빨간색, 주의신호는 노란색, 안전신호는 파란색으로 표시하는 것은 다음 중 어떠한 양립성(Compatibility)에 해당하는가?

① 공간양립성
② 개념양립성
③ 동작양립성
④ 형식양립성

#### 해설
양립성의 종류

| | |
|---|---|
| 공간<br>(Spatial)<br>양립성 | • 물리적 형태나 공간적인 배치가 사용자의 기대와 일치하는 것<br>• 표시장치와 이에 대응하는 조종장치 간의 위치 또는 배열이 인간의 기대와 모순되지 않아야 한다.<br>• 가스버너에서 오른쪽 조리대는 오른쪽 조절장치로, 왼쪽 조리대는 왼쪽 조절장치로 조정하도록 배치한다. |
| 운동<br>(Movement)<br>양립성 | • 조작장치의 방향과 표시장치의 움직이는 방향이 사용자의 기대와 일치하는 것<br>• 자동차를 운전하는 과정에서 우측으로 회전하기 위하여 핸들을 우측으로 돌린다. |
| 개념<br>(Conceptual)<br>양립성 | • 사람들이 가지고 있는(이미 사람들이 학습을 통해 알고 있는) 개념적 연상에 관한 기대와 일치하는 것<br>• 냉온수기에서 빨간색은 온수, 파란색은 냉수가 나온다. |
| 양식<br>(Modality)<br>양립성 | • 직무에 알맞은 자극과 응답의 양식의 존재에 대한 양립성<br>• 음성과업에 대해서는 청각적 자극 제시와 이에 대한 음성 응답 등에 해당<br>• 기계가 특정 음성에 대해 정해진 반응을 하는 경우에 해당<br>• 소리로 제시된 정보는 말로 반응케 하는 것이, 시각적으로 제시된 정보는 손으로 반응하는 것이 양립성이 높다. |

**27** 다음 중 인체와 환경 사이에서 발생하는 열교환 작용의 교환경로와 가장 거리가 먼 것은?

① 대류
② 복사
③ 증발
④ 분자량

#### 해설
열균형 방정식
인간과 주위와의 열교환 과정은 다음과 같은 열균형 방정식으로 나타낼 수 있다.

$$S(열축적) = M(대사) - E(증발) \pm R(복사) \pm C(대류) - W(한 일)$$

여기서, $S$는 열이득 및 열손실량이며 열평형 상태에서는 0이 된다.

**28** 태양광선이 내리쬐는 옥외장소의 자연습구온도 20℃, 흑구온도 18℃, 건구온도 30℃일 때 습구흑구온도지수(WBGT)는?

① 20.6℃
② 22.5℃
③ 25.0℃
④ 28.5℃

정답  25 ②  26 ②  27 ④  28 ①

**해설**

옥외장소(태양광선이 내리쬐는 장소)

> WBGT(℃) = 0.7 × 자연습구온도 + 0.2 × 흑구온도
> + 0.1 × 건구온도

WBGT(℃) = 0.7 × 20 + 0.2 × 18 + 0.1 × 30 = 20.6℃

**TIP** 옥내 또는 옥외장소(태양광선이 내리쬐지 않는 장소)
> WBGT(℃) = 0.7 × 자연습구온도 + 0.3 × 흑구온도

**29** 경보사이렌으로부터 10m 떨어진 음압수준이 140 dB이면 100m 떨어진 곳에서 음의 강도는 얼마인가?

① 100dB   ② 110dB
③ 120dB   ④ 140dB

**해설**

거리에 따른 음의 강도 변화

$$dB_2 = dB_1 - 20\log\left(\frac{d_2}{d_1}\right)$$

여기서, $dB_1$ : 음원으로부터 $d_1$ 떨어진 지점의 음압수준
$dB_2$ : 음원으로부터 $d_2$ 떨어진 지점의 음압수준

$dB_2 = dB_1 - 20\log\left(\frac{d_2}{d_1}\right) = 140 - 20\log\left(\frac{100}{10}\right) = 120(dB)$

**30** 작업자가 계기판의 수치를 읽고 판단하여 밸브를 잠그는 작업을 수행한다고 할 때, 다음 중 이 작업자의 실수 확률을 예측하는 데 가장 적합한 기법은?

① THERP   ② FMEA
③ OSHA    ④ MORT

**해설**

인간과오율 예측기법(THERP : Technique for Human Error Rate Prediction)
1. 사고원인 가운데 인간의 과오나 기인된 원인분석, 확률을 계산함으로써 제품의 결함을 감소시키고, 인간공학적 대책을 수립하는 데 사용되는 분석기법
2. 인간의 과오(Human Error)를 정량적으로 평가하기 위해 개발된 기법(Swain 등에 의해 개발된 인간과오율 예측기법)

**31** 프레스에 설치된 안전장치의 수명은 지수분포를 따르며 평균수명은 100시간이다. 새로 구입한 안전장치가 50시간 동안 고장 없이 작동할 확률(A)과 이미 100시간을 사용한 안전장치가 앞으로 100시간 이상 견딜 확률(B)은 약 얼마인가?

① A : 0.368, B : 0.368
② A : 0.607, B : 0.368
③ A : 0.368, B : 0.607
④ A : 0.607, B : 0.607

**해설**

1. 평균고장시간 $t_0$인 요소가 $t$시간 고장을 일으키지 않을 확률(고장 없이 정상 작동할 확률)

$$R(t) = e^{-\frac{t}{t_0}} = e^{-\lambda t} = e^{-\frac{t}{MTBF}}$$

2. 계산
   - A : 평균 수명은 100시간이다. 새로 구입한 안전장치가 향후 50시간 동안 고장 없이 작동할 확률
   $R(t) = e^{-\frac{t}{MTBF}} = e^{-\frac{50}{100}} = 0.607$
   - B : 이미 100시간을 사용한 안전장치가 앞으로 100시간 이상 견딜 확률
   $R(t) = e^{-\frac{t}{MTBF}} = e^{-\frac{100}{100}} = 0.368$

**32** 근골격계부담작업의 범위 및 유해요인조사 방법에 관한 고시상 근골격계부담작업에 해당하지 않는 것은?(단, 상시작업을 기준으로 한다.)

① 하루에 10회 이상 25kg 이상의 물체를 드는 작업
② 하루에 총 2시간 이상 쪼그리고 앉거나 무릎을 굽힌 자세에서 이루어지는 작업
③ 하루에 총 2시간 이상 시간당 5회 이상 손 또는 무릎을 사용하여 반복적으로 충격을 가하는 작업
④ 하루에 4시간 이상 집중적으로 자료입력 등을 위해 키보드 또는 마우스를 조작하는 작업

**해설**

근골격계부담작업의 범위
1. 하루에 4시간 이상 집중적으로 자료입력 등을 위해 키보드 또는 마우스를 조작하는 작업
2. 하루에 총 2시간 이상 목, 어깨, 팔꿈치, 손목 또는 손을 사용하여 같은 동작을 반복하는 작업

**정답** 29 ③  30 ①  31 ②  32 ③

3. 하루에 총 2시간 이상 머리 위에 손이 있거나, 팔꿈치가 어깨 위에 있거나, 팔꿈치를 몸통으로부터 들거나, 팔꿈치를 몸통 뒤쪽에 위치하도록 하는 상태에서 이루어지는 작업
4. 지지되지 않은 상태이거나 임의로 자세를 바꿀 수 없는 조건에서, 하루에 총 2시간 이상 목이나 허리를 구부리거나 트는 상태에서 이루어지는 작업
5. 하루에 총 2시간 이상 쪼그리고 앉거나 무릎을 굽힌 자세에서 이루어지는 작업
6. 하루에 총 2시간 이상 지지되지 않은 상태에서 1kg 이상의 물건을 한 손의 손가락으로 집어 옮기거나, 2kg 이상에 상응하는 힘을 가하여 한 손의 손가락으로 물건을 쥐는 작업
7. 하루에 총 2시간 이상 지지되지 않은 상태에서 4.5kg 이상의 물건을 한 손으로 들거나 동일한 힘으로 쥐는 작업
8. 하루에 10회 이상 25kg 이상의 물체를 드는 작업
9. 하루에 25회 이상 10kg 이상의 물체를 무릎 아래에서 들거나, 어깨 위에서 들거나, 팔을 뻗은 상태에서 드는 작업
10. 하루에 총 2시간 이상, 분당 2회 이상 4.5kg 이상의 물체를 드는 작업
11. 하루에 총 2시간 이상 시간당 10회 이상 손 또는 무릎을 사용하여 반복적으로 충격을 가하는 작업

## 33 비상통로에 적용할 인체 측정 자료의 설계원칙으로 가장 적합한 것은?

① 조절식 설계
② 극단치를 이용한 설계
③ 구조적 치수 기준의 설계
④ 평균치를 기준으로 한 설계

**해설**

인체 계측 자료의 응용원칙 사례
1. 극단치를 이용한 설계
   - 최대 집단치 설계 : 출입문, 탈출구의 크기, 통로, 그네, 줄사다리, 버스 내 승객용 좌석 간 거리, 위험구역 울타리 등
   - 최소 집단치 설계 : 선반의 높이, 조종 장치까지의 거리, 비상벨의 위치 설계 등
2. 조절 가능한 설계
   자동차 좌석의 전후 조절, 사무실 의자의 상하 조절, 책상 높이 등
3. 평균치를 이용한 설계
   가게나 은행의 계산대, 식당 테이블, 출근버스 손잡이 높이, 안내 데스크, 공원의 벤치 등

## 34 시각장치와 비교하여 청각장치 사용이 유리한 경우는?

① 메시지가 길 때
② 메시지가 복잡할 때
③ 정보 전달 장소가 너무 소란할 때
④ 메시지에 대한 즉각적인 반응이 필요할 때

**해설**

청각장치와 시각장치의 비교

| | |
|---|---|
| 청각적 표시장치 | • 전언이 간단하다.<br>• 전언이 짧다.<br>• 전언이 후에 재참조되지 않는다.<br>• 전언이 시간적 사상을 다룬다.<br>• 전언이 즉각적인 행동을 요구한다.(긴급할 때)<br>• 수신장소가 너무 밝거나 암조응 유지 필요시<br>• 직무상 수신자가 자주 움직일 때<br>• 수신자의 시각계통이 과부하 상태일 때 |
| 시각적 표시장치 | • 전언이 복잡하다.<br>• 전언이 길다.<br>• 전언이 후에 재참조된다.<br>• 전언이 공간적인 위치를 다룬다.<br>• 전언이 즉각적인 행동을 요구하지 않는다.<br>• 수신장소가 너무 시끄러울 때<br>• 직무상 수신자가 한곳에 머물 때<br>• 수신자의 청각계통이 과부하 상태일 때 |

## 35 동작경제의 원칙에 해당하지 않는 것은?

① 공구의 기능을 각각 분리하여 사용하도록 한다.
② 두 팔의 동작은 동시에 서로 반대방향으로 대칭적으로 움직이도록 한다.
③ 공구나 재료는 작업동작이 원활하게 수행되도록 그 위치를 정해준다.
④ 가능하다면 쉽고도 자연스러운 리듬이 작업동작에 생기도록 작업을 배치한다.

**해설**

동작경제의 원칙

| 신체 사용에 관한 원칙 | • 두손의 동작은 같이 시작하고 같이 끝나도록 한다.<br>• 휴식시간을 제외하고는 양손이 같이 쉬지 않도록 한다.<br>• 두 팔의 동작은 서로 반대방향으로 대칭적으로 움직인다.<br>• 가능한 한 관성을 이용하여 작업을 하도록 하되, 작업자가 관성을 억제하여야 하는 경우에는 발생되는 관성을 최소한도로 줄인다.<br>• 손의 동작은 유연하고 연속적인 동작이 되도록 하며, 방향이 갑자기 크게 바뀌는 모양의 직선동작은 피하도록 한다.<br>• 가능하다면 쉽고도 자연스러운 리듬이 작업동작에 생기도록 작업을 배치한다. |
|---|---|
| 작업장 배치에 관한 원칙 | • 모든 공구나 재료는 자기 위치에 있도록 한다.<br>• 공구, 재료 및 제어장치는 사용위치에 가까이 두도록 한다.<br>• 중력을 이용한 부품상자나 용기를 이용하여 부품을 제품 사용위치에 가까이 보낼 수 있도록 한다.<br>• 가능하다면 낙하시키는 운반방법을 사용하라.<br>• 공구 및 재료는 동작에 가장 편리한 순서로 배치하여야 한다.<br>• 작업자가 작업 중 자세를 변경, 즉 앉거나 서는 것을 임의로 할 수 있도록 작업대와 의자 높이가 조정되도록 한다. |
| 공구 및 설비 디자인에 관한 원칙 | • 공구의 기능은 결합하여서 사용하도록 한다.<br>• 공구와 자재는 가능한 한 사용하기 쉽도록 미리 위치를 잡아준다. |

### 36 다음 설명에 해당하는 설비보전방식의 유형은?

설비보전 정보와 신기술을 기초로 신뢰성, 조작성, 보전성, 안전성, 경제성 등이 우수한 설비의 선정, 조달 또는 설계를 통하여 궁극적으로 설비의 설계, 제작 단계에서 보전활동이 불필요한 체제를 목표로 한 설비보전 방법을 말한다.

① 개량보전  ② 보전예방
③ 사후보전  ④ 일상보전

**해설**

설비의 보전

| 개량보전 | 설비의 고장이 일어나지 않도록 혹은 보전이나 수리가 쉽도록 설비를 개량하는 방법이다. |
|---|---|
| 보전예방 | 새로운 설비를 계획·설계하는 단계에서 설비보전 정보나 새로운 기술을 기초로 신뢰성, 보전성, 경제성, 조작성, 안전성 등을 고려하여 보전비나 열화 손실을 적게 하는 활동을 말하며, 궁극적으로는 보전활동이 가급적 필요하지 않도록 하는 것을 목표로 하는 설비보전 방법이다. |
| 사후보전 | 고장정지 또는 유해한 성능저하를 초래한 뒤 수리를 하는 보전 방법으로 기계설비가 고장을 일으키거나 파손되었을 때 신속히 교체 또는 보수하는 것을 지칭한다. |
| 일상보전 | 설비의 열화를 방지하고 그 진행을 지연시켜 수명을 연장하기 위한 목적으로 설비의 점검, 청소, 주유 및 교체 등의 활동을 위한 보전 방법이다. |

### 37 다음의 각 단계를 결함수분석법(FTA)에 의한 재해사례의 연구 순서대로 나열한 것은?

㉠ 정상사상의 선정
㉡ FT도 작성 및 분석
㉢ 개선 계획의 작성
㉣ 각 사상의 재해원인 규명

① ㉠ → ㉡ → ㉢ → ㉣
② ㉠ → ㉣ → ㉢ → ㉡
③ ㉠ → ㉢ → ㉡ → ㉣
④ ㉠ → ㉣ → ㉡ → ㉢

**해설**

FTA에 의한 재해사례의 연구 순서
1. 제1단계 : 톱사상(정상사상)의 선정
2. 제2단계 : 각 사상의 재해원인 규명
3. 제3단계 : FT도의 작성
4. 제4단계 : 개선 계획의 작성

### 38 컴퓨터 스크린 상에 있는 버튼을 선택하기 위해 커서를 이동시키는 데 걸리는 시간을 예측하는 가장 적합한 법칙은?

① Fitts의 법칙  ② Lewin의 법칙
③ Hick의 법칙  ④ Weber의 법칙

**해설**

핏츠(Fitts)의 법칙
1. 인간의 손이나 발을 이동시켜 조작장치를 조작하는 데 걸리는 시간을 표적까지의 거리와 표적 크기의 함수로 나타내는 모형이다.
2. 인간의 행동에 대해 속도와 정확성 간의 관계를 설명하는 기본적인 법칙을 나타낸다.
3. 목표물의 크기가 작아질수록 속도와 정확도가 나빠지고 목표물과의 거리가 멀어질수록 필요한 시간이 더 길어진다.

**39** 인간 에러(Human Error)에 관한 설명으로 틀린 것은?

① Omission Error : 필요한 작업 또는 절차를 수행하지 않는 데 기인한 에러
② Commission Error : 필요한 작업 또는 절차의 수행 지연으로 인한 에러
③ Extraneous Error : 불필요한 작업 또는 절차를 수행함으로써 기인한 에러
④ Sequential Error : 필요한 작업 또는 절차의 순서 착오로 인한 에러

**해설**

인간실수의 분류(심리적인 분류)

| 생략에러 (Omission Error, 부작위 실수) | 필요한 직무 및 절차를 수행하지 않아(생략) 발생하는 에러<br>예 가스밸브를 잠그는 것을 잊어 사고가 났다. |
|---|---|
| 작위에러 (Commission Error, 실행에러) | • 필요한 작업 또는 절차의 불확실한 수행(잘못 수행)으로 인한 에러<br>• 넓은 의미로 선택착오, 순서착오, 시간착오, 정성적 착오를 포함한다.<br>예 전선이 바뀌었다, 틀린 부품을 사용하였다, 부품이 거꾸로 조립되었다 등 |
| 순서에러 (Sequential Error) | 필요한 작업 또는 절차의 순서 착오로 인한 에러<br>예 자동차 출발 시 핸드브레이크를 해제하지 않고 출발하여 발생한 에러 |
| 시간에러 (Time Error) | 필요한 직무 또는 절차의 수행지연으로 인한 에러<br>예 프레스 작업 중에 금형 내에 손이 오랫동안 남아 있어 발생한 재해 |
| 과잉행동에러 (Extraneous Error, 불필요한 행동에러) | 불필요한 작업 또는 절차를 수행함으로써 기인한 에러<br>예 자동차 운전 중 습관적으로 손을 창문으로 내밀어 발생한 재해 |

**40** '화재 발생'이라는 시작(초기) 사상에 대하여, 화재감지기, 화재경보, 스프링클러 등의 성공 또는 실패 작동 여부와 그 확률에 따른 피해 결과를 분석하는 데 가장 적합한 위험 분석기법은?

① FTA    ② ETA
③ FHA    ④ THERP

**해설**

사건수 분석(ETA)
초기 사건으로 알려진 특정한 장치의 이상 또는 운전자의 실수에 의해 발생되는 잠재적인 사고결과를 정량적으로 평가·분석하는 방법을 말한다.

## 3과목 기계·기구 및 설비 안전 관리

**41** 회전하는 동작부분과 고정부분이 함께 만드는 위험점으로 주로 연삭숫돌과 작업대, 교반기의 교반 날개와 몸체 사이에서 형성되는 위험점은?

① 협착점    ② 절단점
③ 물림점    ④ 끼임점

**해설**

기계운동 형태에 따른 위험점 분류

| 협착점 | 왕복운동을 하는 운동부와 움직임이 없는 고정부 사이에서 형성되는 위험점(고정점+운동점) | • 프레스  • 전단기<br>• 성형기  • 조형기<br>• 밴딩기  • 인쇄기 |
|---|---|---|
| 끼임점 | 회전운동하는 부분과 고정부 사이에 위험이 형성되는 위험점(고정점+회전운동) | • 연삭숫돌과 작업대<br>• 반복동작되는 링크기구<br>• 교반기의 날개와 몸체 사이<br>• 회전풀리와 벨트 |
| 절단점 | 회전하는 운동부 자체의 위험이나 운동하는 기계부분 자체의 위험에서 형성되는 위험점(회전운동+기계) | • 밀링커터<br>• 둥근 톱의 톱날<br>• 목공용 띠톱 날 |
| 물림점 | 회전하는 두 개의 회전체에 형성되는 위험점(서로 반대 방향의 회전체) (중심점+반대방향의 회전운동) | • 기어와 기어의 물림<br>• 롤러와 롤러의 물림<br>• 롤러분쇄기 |
| 접선 물림점 | 회전하는 부분의 접선방향으로 물려들어갈 위험이 있는 위험점 | • V벨트와 풀리<br>• 랙과 피니언<br>• 체인벨트<br>• 평벨트 |

**정답** 39 ② 40 ② 41 ④

| 회전 말림점 | 회전하는 물체의 길이, 굵기, 속도 등의 불규칙 부위와 돌기 회전부위에 의해 장갑 또는 작업복 등이 말려들 위험이 있는 위험점 | • 회전하는 축<br>• 커플링<br>• 회전하는 드릴 |
|---|---|---|

| 대상 기계 · 기구 | 방호조치 |
|---|---|
| 포장기계(진공포장기, 래핑기로 한정) | 구동부 방호 연동장치 |

**42** 기계설비의 안전조건인 구조의 안전화와 거리가 가장 먼 것은?

① 전압 강하에 따른 오동작 방지
② 재료의 결함 방지
③ 설계상의 결함 방지
④ 가공의 결함 방지

**해설**

구조상의 안전화

| 설계상의 결함 | • 가장 큰 원인은 강도산정(부하예측, 강도계산)상의 오류<br>• 사용상 강도의 열화를 고려하여 안전율을 산정 |
|---|---|
| 재료의 결함 | 기계 재료 자체에 균열, 부식, 강도 저하 등 결함이 있으므로 설계 시 재료의 선택에 유의하여야 한다. |
| 가공의 결함 | 재료 가공 도중 결함이 생길 수 있으므로 기계적 특성을 갖는 적절한 열처리 등이 필요하다. |

**43** 산업안전보건법령상 유해 · 위험 방지를 위한 방호조치를 하지 아니하고는 양도, 대여, 설치 또는 사용에 제공하거나, 양도 · 대여를 목적으로 진열해서는 아니 되는 기계 · 기구가 아닌 것은?

① 예초기                ② 지게차
③ 금속절단기         ④ 금속탐지기

**해설**

유해하거나 위험한 기계 · 기구에 대한 방호조치
동력으로 작동하는 기계 · 기구로서 유해 · 위험 방지를 위한 방호조치를 하지 아니하고는 양도, 대여, 설치 또는 사용에 제공하거나, 양도 · 대여를 목적으로 진열해서는 아니 되는 기계 · 기구는 다음과 같다.

| 대상 기계 · 기구 | 방호조치 |
|---|---|
| 예초기 | 날접촉 예방장치 |
| 원심기 | 회전체 접촉 예방장치 |
| 공기압축기 | 압력방출장치 |
| 금속절단기 | 날접촉 예방장치 |
| 지게차 | 헤드가드, 백레스트, 전조등, 후미등, 안전벨트 |

**44** 연강의 인장강도가 420MPa이고, 허용응력이 140MPa이라면 안전율은?

① 1                ② 2
③ 3                ④ 4

**해설**

안전율(안전계수)

$$안전율(안전계수) = \frac{인장강도}{허용응력}$$

$$안전율 = \frac{인장강도}{허용응력} = \frac{420}{140} = 3$$

**45** 선반에서 일감의 길이가 지름에 비하여 상당히 길 때 사용하는 부속품에서 절삭 시 절삭저항에 의한 일감의 진동을 방지하는 장치는?

① 칩 브레이커        ② 척 커버
③ 방진구                ④ 실드

**해설**

방진구
1. 가공물의 길이가 외경에 비해 가늘고 긴 공작물을 가공할 경우 자중 및 절삭력으로 인하여 휘어나 처짐, 진동을 방지하기 위하여 사용하는 기구로 고정식과 이동식 방진구가 있다.
2. 가공물의 길이가 직경의 12배 이상일 때는 반드시 방진구를 사용하여야 한다.

**46** 다음 설명에 해당하는 기계는?

• Chip이 가늘고 예리하여 손을 잘 다치게 한다.
• 주로 평면공작물을 절삭 가공하나, 더브테일 가공이나 나사 가공 등의 복잡한 가공도 가능하다.
• 장갑은 착용을 금하고, 보안경을 착용해야 한다.

① 선반                ② 호빙 머신
③ 연삭기            ④ 밀링

> 해설

밀링 머신
1. 공작물을 고정하고 많은 날을 가진 밀링커터를 회전시켜 테이블 위에 고정한 공작물을 이송하여 절삭하는 공작기계이다.
2. 주로 평면공작물을 절삭가공하나, 더브테일 가공이나 나사가공 등의 복잡한 가공도 가능하다.
3. 공작기계 중 칩(Chip)이 가장 가늘고 예리하여 손을 잘 다치게 한다.

**47** 산업안전보건법령상 아세틸렌 용접장치의 아세틸렌 발생기실을 설치하는 경우 준수하여야 하는 사항으로 옳은 것은?

① 벽은 가연성 재료로 하고 철근 콘크리트 또는 그 밖에 이와 동등하거나 그 이상의 강도를 가진 구조로 할 것
② 바닥면적의 16분의 1 이상의 단면적을 가진 배기통을 옥상으로 돌출시키고 그 개구부를 창이나 출입구로부터 1.5미터 이상 떨어지도록 할 것
③ 출입구의 문은 불연성 재료로 하고 두께 1.0밀리미터 이하의 철판이나 그 밖에 그 이상의 강도를 가진 구조로 할 것
④ 발생기실을 옥외에 설치한 경우에는 그 개구부를 다른 건축물로부터 1.0미터 이내 떨어지도록 할 것

> 해설

발생기실의 구조
1. 벽은 불연성 재료로 하고 철근 콘크리트 또는 그 밖에 이와 같은 수준이거나 그 이상의 강도를 가진 구조로 할 것
2. 지붕과 천장에는 얇은 철판이나 가벼운 불연성 재료를 사용할 것
3. 바닥면적의 16분의 1 이상의 단면적을 가진 배기통을 옥상으로 돌출시키고 그 개구부를 창이나 출입구로부터 1.5미터 이상 떨어지도록 할 것
4. 출입구의 문은 불연성 재료로 하고 두께 1.5밀리미터 이상의 철판이나 그 밖에 그 이상의 강도를 가진 구조로 할 것
5. 벽과 발생기 사이에는 발생기의 조정 또는 카바이드 공급 등의 작업을 방해하지 않도록 간격을 확보할 것

**48** 산업안전보건법령상 다음 중 보일러의 방호장치와 가장 거리가 먼 것은?

① 언로드 밸브
② 압력방출장치
③ 압력제한스위치
④ 고저수위조절장치

> 해설

보일러 안전장치의 종류
1. 압력방출장치
2. 압력제한스위치
3. 고저수위조절장치
4. 화염검출기

**49** 산업안전보건법령상 지게차의 최대하중의 2배 값이 6톤일 경우 헤드가드의 강도는 몇 톤의 등분포정하중에 견딜 수 있어야 하는가?

① 4      ② 6
③ 8      ④ 12

> 해설

지게차의 헤드가드
1. 강도는 지게차의 최대하중의 2배 값(4톤을 넘는 값에 대해서는 4톤으로 한다)의 등분포정하중에 견딜 수 있을 것
2. 상부틀의 각 개구의 폭 또는 길이가 16cm 미만일 것
3. 운전자가 앉아서 조작하거나 서서 조작하는 지게차의 헤드가드는 한국산업표준에서 정하는 높이 기준 이상일 것
   - 좌승식 : 좌석기준점으로부터 903mm 이상
   - 입승식 : 조종사가 서 있는 플랫폼으로부터 1,880mm 이상

**50** 다음 중 크레인의 방호장치로 가장 거리가 먼 것은?

① 권과방지장치
② 과부하방지장치
③ 비상정지장치
④ 자동보수장치

정답  47 ②  48 ①  49 ①  50 ④

### 해설
#### 방호장치의 조정

| 방호장치의 조정 대상 | • 크레인<br>• 이동식 크레인<br>• 리프트<br>• 곤돌라<br>• 승강기 |
|---|---|
| 방호장치의 종류 | • 과부하방지장치<br>• 권과방지장치<br>• 비상정지장치 및 제동장치<br>• 그 밖의 방호장치(승강기의 파이널 리미트 스위치, 속도조절기, 출입문 인터록 등) |

**51** 어떤 양중기에서 3,000kg의 질량을 가진 물체를 한쪽이 45°인 각도로 그림과 같이 2개의 와이어로프로 직접 들어올릴 때, 안전율이 고려된 가장 적절한 와이어로프 지름을 표에서 구하면?(단, 안전율은 산업안전보건법령을 따르고, 두 와이어로프의 지름은 동일하며, 기준을 만족하는 가장 작은 지름을 선정한다.)

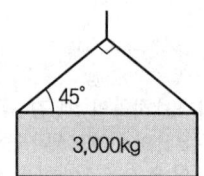

와이어로프 지름 및 절단강도

| 와이어로프 지름 | 절단강도 |
|---|---|
| 10mm | 56kN |
| 12mm | 88kN |
| 14mm | 110kN |
| 16mm | 144kN |

① 10mm　　② 12mm
③ 14mm　　④ 16mm

### 해설
와이어로프에 걸리는 하중계산
1. 슬링와이어로프의 한 가닥에 걸리는 하중

$$하중 = \frac{화물의\ 무게(W_1)}{2} \div \cos\frac{\theta}{2}$$

$하중 = \frac{3,000}{2} \div \cos\frac{90°}{2} = 1,500 \div \cos 45°$
　　$= 2,121.32(kg)$
　　$= 2.12(ton)$

2. 안전계수
  • 안전율(안전계수) $= \frac{파단하중}{안전하중}$
  • 파단하중 = 안전율 × 안전하중 = 5 × 2.12 = 10.6(ton)
　　　　　= 10.6 × 9.8 = 103.88kN
3. 파단하중이 103.88(kN)으로 근사값을 표에서 구하면 110(kN)이 된다.
∴ 와이어로프 지름은 14(mm)이다.

> **TIP**
> • 안전계수
>   화물의 하중을 직접 지지하는 달기와이어로프 또는 달기체인의 경우 : 5 이상
> • 1ton = 9.8kN

**52** 비파괴검사 방법으로 틀린 것은?

① 인장시험　　② 음향탐상시험
③ 와류탐상시험　　④ 초음파탐상시험

### 해설
인장시험
인장시험은 재료에 인장력을 가해 재료의 항복점, 인장강도 등을 알 수 있는 시험으로 파괴시험에 해당한다.

> **TIP** 비파괴검사의 종류
> • 육안검사　　• 누설검사
> • 침투검사　　• 초음파검사
> • 자기탐상검사　• 음향검사
> • 방사선 투과검사　• 와류탐상검사

**53** 와이어로프 클립(Clip) 고정법의 클립 고정방법으로 옳은 것은?

①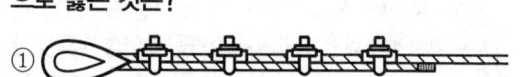
②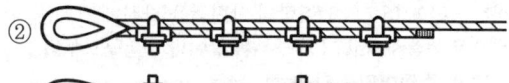
③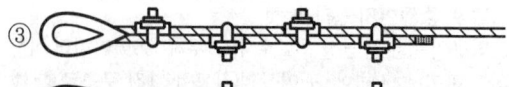
④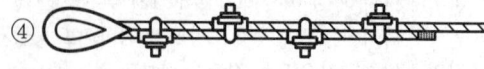

### 해설
클립(Clip) 고정법
클립의 새들(Saddle)은 와이어로프의 힘이 걸리는 쪽에 있어야 한다.

정답　51 ③　52 ①　53 ①

**54** 1년간 80건의 재해가 발생한 A사업장은 1,000명의 근로자가 1주일당 48시간, 1년간 52주를 근무하고 있다. A사업장의 도수율은?(단, 근로자들은 재해와 관련 없는 사유로 연간 노동시간의 3%를 결근하였다.)

① 31.06  ② 32.05
③ 33.04  ④ 34.03

**해설**

도수율

$$\text{도수율} = \frac{\text{재해 발생 건수}}{\text{연간 총 근로시간 수}} \times 1,000,000$$

1. 출근율 $= 1 - \frac{3}{100} = 0.97$
2. 도수율 $= \frac{80}{(1,000 \times 48 \times 52) \times 0.97} \times 1,000,000 = 33.04$

**55** 프레스기의 방호장치 중 위치제한형 방호장치에 해당되는 것은?

① 수인식 방호장치
② 광전자식 방호장치
③ 손쳐내기식 방호장치
④ 양수조작식 방호장치

**해설**

위치제한형 방호장치
1. 작업자의 신체부위가 위험한계 밖에 있도록 기계의 조작장치를 위험한 작업점에서 안전거리 이상 떨어지게 하거나 조작장치를 양손으로 동시에 조작하게 함으로써 위험한계에 접근하는 것을 제한하는 방호장치
2. 프레스의 양수조작식 방호장치

**TIP** 기타 프레스의 방호장치

| 접근 반응형 방호장치 | 프레스 및 전단기의 광전자식 방호장치 |
|---|---|
| 접근 거부형 방호장치 | 프레스의 수인식·손쳐내기식 방호장치 |

**56** 광전자식 방호장치를 설치한 프레스에서 광선을 차단한 후 0.2초 후에 슬라이드가 정지하였다. 이때 방호장치의 안전거리는 최소 몇 mm 이상이어야 하는가?

① 140  ② 200
③ 260  ④ 320

**해설**

광전자식 방호장치의 설치 안전거리

$$D = 1,600 \times (T_c + T_s)$$

여기서, $D$ : 안전거리(mm)
$T_c$ : 방호장치의 작동시간[즉, 손이 광선을 차단했을 때부터 급정지기구가 작동을 개시할 때까지의 시간(초)]
$T_s$ : 프레스 등의 최대정지시간[즉, 급정지기구가 작동을 개시했을 때부터 슬라이드 등이 정지할 때까지의 시간(초)]

1. $(T_c + T_s)$ = 급정지시간(초)
2. $D = 1,600 \times 0.2 = 320$(mm)

**57** 크레인, 리프트 및 곤돌라는 사업장에 설치가 끝난 날부터 몇 년 이내에 최초의 안전검사를 실시해야 하는가?(단, 이동식 크레인, 이삿짐운반용 리프트는 제외한다.)

① 1년  ② 2년
③ 3년  ④ 4년

**해설**

안전검사의 주기

| 크레인(이동식 크레인 제외), 리프트(이삿짐운반용 리프트 제외) 및 곤돌라 | 사업장에 설치가 끝난 날부터 3년 이내에 최초 안전검사를 실시하되, 그 이후부터 2년마다(건설현장에서 사용하는 것은 최초로 설치한 날부터 6개월마다) |
|---|---|
| 이동식 크레인, 이삿짐운반용 리프트 및 고소작업대 | 자동차관리법에 따른 신규등록 이후 3년 이내에 최초 안전검사를 실시하되, 그 이후부터 2년마다 |
| 프레스, 전단기, 압력용기, 국소 배기장치, 원심기, 롤러기, 사출성형기, 컨베이어, 산업용 로봇, 혼합기, 파쇄기 또는 분쇄기 | 사업장에 설치가 끝난 날부터 3년 이내에 최초 안전검사를 실시하되, 그 이후부터 2년마다(공정안전보고서를 제출하여 확인을 받은 압력용기는 4년마다) |

**정답** 54 ③  55 ④  56 ④  57 ③

## 58 재해조사의 목적과 가장 거리가 먼 것은?

① 재해예방 자료수집
② 재해 관련 책임자 문책
③ 동종 및 유사재해 재발방지
④ 재해발생 원인 및 결함 규명

**해설**

재해조사의 목적
재해원인과 결함을 규명하고 예방자료를 수집하여 동종 재해 및 유사재해의 재발 방지 대책을 강구하는 데 목적이 있다.
1. 재해발생 원인 및 결함 규명
2. 재해예방 자료수집
3. 동종 및 유사재해 재발방지

## 59 연삭기에서 숫돌의 바깥지름이 150mm일 경우 평형플랜지 지름은 몇 mm 이상이어야 하는가?

① 30　　② 50
③ 60　　④ 90

**해설**

플랜지의 지름
플랜지의 지름은 숫돌 지름의 1/3 이상인 것을 사용하며 양쪽 모두 같은 크기로 한다.

$$\text{플랜지의 지름} = \text{숫돌 지름} \times \frac{1}{3}$$

플랜지의 지름 = 숫돌 지름 $\times \frac{1}{3} = 150 \times \frac{1}{3} = 50(\text{mm})$

## 60 산업안전보건법령상 로봇의 작동범위 내에서 그 로봇에 관하여 교시 등 작업을 행하는 때 작업시작 전 점검 사항으로 옳은 것은?(단, 로봇의 동력원을 차단하고 행하는 것은 제외한다.)

① 과부하방지장치의 이상 유무
② 압력제한 스위치의 이상 유무
③ 외부 전선의 피복 또는 외장의 손상 유무
④ 권과방지장치의 이상 유무

**해설**

작업시작 전 점검사항
로봇의 작동 범위에서 그 로봇에 관하여 교시 등(로봇의 동력원을 차단하고 하는 것은 제외한다)의 작업을 할 때
1. 외부 전선의 피복 또는 외장의 손상 유무
2. 매니퓰레이터(Manipulator) 작동의 이상 유무
3. 제동장치 및 비상정지장치의 기능

---

### 4과목　전기설비 안전관리

## 61 가수전류(Let-go Current)에 대한 설명으로 옳은 것은?

① 마이크 사용 중 전격으로 사망에 이른 전류
② 전격을 일으킨 전류가 교류인지 직류인지 구별할 수 없는 전류
③ 충전부로부터 인체가 자력으로 이탈할 수 있는 전류
④ 몸이 물에 젖어 전압이 낮은 데도 전격을 일으킨 전류

**해설**

통전전류에 따른 인체의 영향

| 분류 | 인체에 미치는 전류의 영향 | 통전전류 |
|---|---|---|
| 최소감지전류 | 전류의 흐름을 느낄 수 있는 최소전류 | 상용주파수 60Hz에서 성인남자 1mA |
| 고통한계전류 | 고통을 참을 수 있는 한계전류 | 상용주파수 60Hz에서 성인남자 7~8mA |
| 가수전류<br>(이탈전류,<br>마비한계전류) | 인체가 자력으로 이탈할 수 있는 전류 | 상용주파수 60Hz에서 성인남자 10~15mA |
| 불수전류 | 신경이 마비되고 신체를 움직일 수 없으며 말을 할 수 없는 상태(인체가 충전부에 접촉하여 감전되었을 때 자력으로 이탈할 수 없는 상태의 전류) | 상용주파수 60Hz에서 성인남자 15~50mA |
| 심실세동전류<br>(치사전류) | 심장의 맥동에 영향을 주어 심장마비 상태를 유발하여 수분 이내에 사망 | $I = \frac{165}{\sqrt{T}}$[mA]<br>일반적으로<br>50~100mA |

**정답** 58 ② 59 ② 60 ③ 61 ③

**62** 교류 아크 용접기의 전격방지장치에서 시동감도를 바르게 정의한 것은?

① 용접봉을 모재에 접촉시켜 아크를 발생시킬 때 전격방지장치가 동작할 수 있는 용접기의 2차측 최대 저항을 말한다.
② 안전전압(24V 이하)이 2차측 전압(85~95V)으로 얼마나 빨리 전환되는가 하는 것을 말한다.
③ 용접봉을 모재로부터 분리시킨 후 주접점이 개로 되어 용접기의 2차측 전압이 무부하전압(25V 이하)으로 될 때까지의 시간을 말한다.
④ 용접봉에서 아크를 발생시키고 있을 때 누설전류가 발생하면 전격방지 장치를 작동시켜야 할지 운전을 계속해야 할지를 결정해야 하는 민감도를 말한다.

**해설**

시동감도
1. 용접봉을 모재에 접촉시켜 아크를 발생시킬 때 전격방지장치가 작동할 수 있는 용접기의 2차측 최대저항, 즉 용접봉과 모재 사이의 접촉저항을 말한다.
2. 시동감도가 클수록 아크 발생이 쉽고 검정규격상 500Ω 이상한치이다.

**63** 정전기의 유동대전에 가장 크게 영향을 미치는 요인은?

① 액체의 밀도　　② 액체의 유동속도
③ 액체의 접촉면적　④ 액체의 분출온도

**해설**

유동대전
1. 액체류를 파이프 등으로 수송할 때 액체류가 파이프 등과 접촉하여 두 물질의 경계에 전기 2중층이 형성되어 정전기가 발생한다.
2. 액체류의 유동속도가 정전기 발생에 큰 영향을 준다.
3. 파이프 속에 저항이 높은 액체가 흐를 때 발생한다.

**64** 인체에 전격을 당하였을 경우 만약 통전시간이 1초간 걸렸다면 1,000명 중 5명이 심실세동을 일으킬 수 있는 전류치는 얼마인가?

① 165mA　　② 105mA
③ 50mA　　 ④ 0.5A

**해설**

심실세동 전류

$$I = \frac{165}{\sqrt{T}}[mA]$$

여기서, $I$ : 심실세동전류, $T$ : 통전시간(sec)
전류 $I$는 1,000명 중 5명 정도가 심실세동을 일으키는 값

$$I = \frac{165}{\sqrt{T}}[mA] = \frac{165}{\sqrt{1}} = 165[mA]$$

**65** 전기기계·기구에 설치되어 있는 감전방지용 누전차단기의 정격감도전류 및 작동시간으로 옳은 것은?(단, 정격전부하전류가 50A 미만이다.)

① 15mA 이하, 0.1초 이내
② 30mA 이하, 0.03초 이내
③ 50mA 이하, 0.5초 이내
④ 100mA 이하, 0.05초 이내

**해설**

누전차단기 접속 시 준수사항
전기기계·기구에 설치되어 있는 누전차단기는 정격감도전류가 30mA 이하이고 작동시간은 0.03초 이내일 것(다만, 정격전부하전류가 50A 이상인 전기기계·기구에 접속되는 누전차단기는 오작동을 방지하기 위하여 정격감도전류는 200mA 이하로, 작동시간은 0.1초 이내로 할 수 있다.)

**66** 감전쇼크에 의해 호흡이 정지되었을 경우 일반적으로 약 몇 분 이내에 응급조치를 개시하면 95% 정도를 소생시킬 수 있는가?

① 1분 이내　　② 3분 이내
③ 5분 이내　　④ 7분 이내

**해설**

감전사고 후 응급조치 개시시간에 따른 소생률

| 호흡정지 후 인공호흡 개시까지의 시간(분) | 소생률 (100명당) | 사망률 (100명당) |
|---|---|---|
| 1 | 95 | 5 |
| 2 | 90 | 10 |
| 3 | 75 | 25 |
| 4 | 50 | 50 |
| 5 | 25 | 75 |

**정답** 62 ① 63 ② 64 ① 65 ② 66 ①

**67** 내압방폭구조의 기본적 성능에 관한 사항으로 틀린 것은?

① 내부에서 폭발할 경우 그 압력에 견딜 것
② 폭발화염이 외부로 유출되지 않을 것
③ 습기침투에 대한 보호가 될 것
④ 외함 표면온도가 주위의 가연성 가스에 점화하지 않을 것

**해설**

내압방폭구조(Flameproof Enclosure, d)
1. 점화원에 의해 용기 내부에서 폭발이 발생할 경우에 용기가 폭발압력에 견딜 수 있고, 화염이 용기 외부의 폭발성 분위기로 전파되지 않도록 한 방폭구조이다.
2. 전폐형구조로 용기 내에 외부의 폭발성 가스가 침입하여 내부에서 폭발하더라도 용기는 그 압력에 견뎌야 하고 폭발한 고열가스나 화염이 용기의 접합부 틈을 통하여 새어나가는 동안 냉각되어 외부의 폭발성 가스에 화염이 파급될 우려가 없도록 한 방폭구조이다.
3. 주요 성능 시험항목은 폭발압력(기준압력) 측정, 폭발강도(정적 및 동적)시험, 폭발인화시험 등이 있다.

**68** 한국전기설비규정에 따른 전선의 색상에 관한 내용이다. 다음 빈칸에 들어갈 내용으로 알맞은 것은?

- L1-( A )
- L2-검은색
- L3-회색
- N-( B )

① A : 갈색, B : 흰색
② A : 노란색, B : 파란색
③ A : 갈색, B : 파란색
④ A : 노란색, B : 흰색

**해설**

전선식별

| 상(문자) | 색상 |
|---|---|
| L1 | 갈색 |
| L2 | 검은색 |
| L3 | 회색 |
| N | 파란색 |
| 보호도체 | 녹색-노란색 |

**69** 전기시설의 직접 접촉에 의한 감전방지 방법으로 적절하지 않은 것은?

① 충전부는 내구성이 있는 절연물로 완전히 덮어 감쌀 것
② 충전부는 노출되어 있는 구조로 할 것
③ 충전부에 충분한 절연효과가 있는 방호망 또는 절연덮개를 설치할 것
④ 충전부는 구획되어 있는 장소로서 관계 근로자가 아닌 사람의 출입이 금지되는 장소에 설치하고, 위험표시 등의 방법으로 방호를 강화할 것

**해설**

직접 접촉에 의한 방지대책(충전 부분에 대한 감전방지)
1. 충전부가 노출되지 않도록 폐쇄형 외함이 있는 구조로 할 것
2. 충전부에 충분한 절연효과가 있는 방호망이나 절연덮개를 설치할 것
3. 충전부는 내구성이 있는 절연물로 완전히 덮어 감쌀 것
4. 발전소·변전소 및 개폐소 등 구획되어 있는 장소로서 관계 근로자가 아닌 사람의 출입이 금지되는 장소에 충전부를 설치하고, 위험표시 등의 방법으로 방호를 강화할 것
5. 전주 위 및 철탑 위 등 격리되어 있는 장소로서 관계 근로자가 아닌 사람이 접근할 우려가 없는 장소에 충전부를 설치할 것

**70** 220V 전압에 접촉된 사람의 인체저항이 약 1,000Ω일 때 인체 전류와 그 결과 값의 위험성 여부로 알맞은 것은?

① 22mA, 안전
② 220mA, 안전
③ 22mA, 위험
④ 220mA, 위험

**해설**

옴의 법칙

$$V = IR[\text{V}], \quad I = \frac{V}{R}[\text{A}], \quad R = \frac{V}{I}[\Omega]$$

여기서, $V$ : 전압[V], $I$ : 전류[A], $R$ : 저항[Ω]

1. $I = \dfrac{V}{R} = \dfrac{220}{1,000} = 0.22(\text{A}) = 220(\text{mA})$
2. 심실세동전류(치사전류)가 일반적으로 50~100mA이므로 100mA 이상이면 위험하다.

**TIP** 1A=1,000mA, 1mA=0.001A

## 71 계통접지로 적합하지 않은 것은?

① TN 계통  ② TT 계통
③ IN 계통  ④ IT 계통

**해설**

접지계통의 종류

| | |
|---|---|
| TN 계통 | 전원측의 한 점을 직접 접지하고 설비의 노출 도전부를 보호도체로 접속시키는 방식 |
| TT 계통 | 전원측의 한 점을 직접 접지하고 설비의 노출 도전부는 전원의 접지전극과 전기적으로 독립적인 접지극에 접속시키는 방식 |
| IT 계통 | 전력계통은 모든 충전부를 대지에서 절연하거나 또는 1점을 임피던스를 통하여 접지하고 설비의 노출 도전부를 단독 또는 일괄해서 접속시키는 방식 |

## 72 전격의 위험을 결정하는 주된 인자로 가장 거리가 먼 것은?

① 통전전류  ② 통전시간
③ 통전경로  ④ 접촉전압

**해설**

감전재해의 요인

| | |
|---|---|
| 1차적 감전요소 | • 통전전류의 크기 : 크면 위험, 인체의 저항이 일정할 때 접촉전압에 비례<br>• 통전경로 : 인체의 주요한 부분을 흐를수록 위험<br>• 통전시간 : 장시간 흐르면 위험<br>• 전원의 종류 : 전원의 크기(전압)가 동일한 경우 교류가 직류보다 위험하다. |
| 2차적 감전요소 | • 인체의 조건(저항) : 땀에 젖어 있거나 물에 젖어 있는 경우 인체의 저항이 감소하므로 위험성이 높아진다.<br>• 전압 : 전압의 크기가 클수록 위험하다.<br>• 계절 : 계절에 따라 인체의 저항이 변화하므로 전격에 대한 위험도에 영향을 준다. |

## 73 다음 중 정전기의 재해방지 대책으로 틀린 것은?

① 설비의 도체 부분을 접지
② 작업자는 정전화를 착용
③ 작업장의 습도를 30% 이하로 유지
④ 배관 내 액체의 유속 제한

**해설**

정전기재해의 방지대책
1. 접지(도체의 대전방지)
2. 유속의 제한
3. 보호구의 착용
4. 대전방지제 사용
5. 가습(상대습도를 60~70% 정도 유지)
6. 제전기 사용
7. 대전물체의 차폐
8. 정치시간의 확보
9. 도전성 재료 사용

## 74 지락이 생긴 경우 접촉상태에 따라 접촉전압을 제한할 필요가 있다. 인체의 접촉상태에 따른 허용접촉전압을 나타낸 것으로 다음 중 옳지 않은 것은?

① 제1종 : 2.5V 이하
② 제2종 : 25V 이하
③ 제3종 : 35V 이하
④ 제4종 : 제한 없음

**해설**

허용접촉전압

| 종별 | 접촉상태 | 허용접촉전압 |
|---|---|---|
| 제1종 | • 인체의 대부분이 수중에 있는 상태 | 2.5V 이하 |
| 제2종 | • 인체가 현저하게 젖어있는 상태<br>• 금속성의 전기기계장치나 구조물에 인체의 일부가 상시 접촉되어 있는 상태 | 25V 이하 |
| 제3종 | • 제1종, 제2종 이외의 경우로 통상의 인체상태에 있어서 접촉전압이 가해지면 위험성이 높은 상태 | 50V 이하 |
| 제4종 | • 제1종, 제2종 이외의 경우로 통상의 인체상태에 있어서 접촉전압이 가해지더라도 위험성이 낮은 상태<br>• 접촉전압이 가해질 우려가 없는 상태 | 제한 없음 |

## 75 전로에 시설하는 기계기구의 금속제 외함에 접지공사를 하지 않아도 되는 경우로 틀린 것은?

① 저압용의 기계기구를 건조한 목재의 마루 위에서 취급하도록 시설한 경우
② 외함 주위에 적당한 절연대를 설치한 경우
③ 교류 대지전압이 300V 이하인 기계기구를 건조한 곳에 시설한 경우
④ 전기용품 및 생활용품 안전관리법의 적용을 받는 2중 절연구조로 되어 있는 기계기구를 시설하는 경우

**정답** 71 ③  72 ④  73 ③  74 ③  75 ③

해설

접지를 하지 않아도 되는 대상
사용전압이 직류 300V 또는 교류 대지전압이 150V 이하인 기계기구를 건조한 곳에 시설하는 경우

**76** 한국전기설비규정에 따라 피뢰시스템은 전기전자설비가 설치된 건축물·구조물로서 낙뢰로부터 보호가 필요한 것 또는 지상으로부터 높이가 몇 m 이상인 것에 적용하여야 하는가?

① 20m  ② 30m
③ 40m  ④ 50m

해설

피뢰시스템의 적용범위
다음에 시설되는 피뢰시스템에 적용한다.
1. 전기전자설비가 설치된 건축물·구조물로서 낙뢰로부터 보호가 필요한 것 또는 지상으로부터 높이가 20m 이상인 것
2. 전기설비 및 전자설비 중 낙뢰로부터 보호가 필요한 설비

**77** 전기기계·기구의 조작 시 안전조치로서 사업주는 근로자가 안전하게 작업할 수 있도록 전기기계·기구로부터 폭 얼마 이상의 작업공간을 확보하여야 하는가?

① 30cm  ② 50cm
③ 70cm  ④ 100cm

해설

전기기계·기구의 조작 시 등의 안전조치
1. 전기기계·기구의 조작부분을 점검하거나 보수하는 경우에는 근로자가 안전하게 작업할 수 있도록 전기기계·기구로부터 폭 70cm 이상의 작업공간을 확보하여야 한다. 다만, 작업공간을 확보하는 것이 곤란하여 근로자에게 절연용 보호구를 착용하도록 한 경우에는 그러하지 아니하다.
2. 전기적 불꽃 또는 아크에 의한 화상의 우려가 있는 고압 이상의 충전전로 작업에 근로자를 종사시키는 경우에는 방염처리된 작업복 또는 난연성능을 가진 작업복을 착용시켜야 한다.

**78** 정격사용률이 30%, 정격 2차 전류가 300A인 교류 아크 용접기를 200A로 사용하는 경우의 허용사용률(%)은?

① 13.3  ② 67.5
③ 110.3  ④ 157.5

해설

허용사용률

$$허용사용률 = \frac{(정격\ 2차\ 전류)^2}{(실제\ 용접전류)^2} \times 정격사용률$$

$$허용사용률 = \frac{(정격\ 2차\ 전류)^2}{(실제\ 용접전류)^2} \times 정격사용률$$
$$= \frac{(300)^2}{(200)^2} \times 30 = 67.5(\%)$$

**79** 피뢰기의 제한전압이 752kV이고 변압기의 기준충격 절연강도가 1,050kV이라면, 보호 여유도(%)는 약 얼마인가?

① 18  ② 28
③ 40  ④ 43

해설

피뢰침의 보호 여유도

$$여유도(\%) = \frac{충격절연강도 - 제한전압}{제한전압} \times 100$$

$$여유도(\%) = \frac{충격절연강도 - 제한전압}{제한전압} \times 100$$
$$= \frac{1,050 - 752}{752} \times 100$$
$$= 39.6 = 40(\%)$$

**80** 자동전격방지장치에 대한 설명으로 틀린 것은?

① 무부하 시 전력손실을 줄인다.
② 무부하 전압을 안전전압 이하로 저하시킨다.
③ 용접을 할 때에만 용접기의 주회로를 개로(OFF)시킨다.
④ 교류 아크 용접기의 안전장치로서 용접기의 1차 또는 2차 측에 부착한다.

> 해설

자동전격방지기
용접기의 주회로(변압기의 경우는 1차 회로 또는 2차 회로)를 제어하는 장치를 가지고 있어, 용접봉의 조작에 따라 용접할 때에만 용접기의 주회로를 폐로(ON), 그 외에는 용접기의 주회로를 개로(OFF)시켜 2차(출력) 측의 무부하 전압을 25볼트 이하로 저하시켜 감전의 위험 및 전력손실을 방지하는 장치를 말한다.

## 5과목 화학설비 안전관리

**81** 가스를 분류할 때 독성 가스에 해당하지 않는 것은?

① 황화수소
② 시안화수소
③ 이산화탄소
④ 산화에틸렌

> 해설

비독성 가스
독성 가스 이외의 독성이 없는 가스(헬륨, 네온, 질소, 아르곤, 이산화탄소, 수소, 프로판, 부탄 등)

**82** 물질의 누출방지용으로써 접합면을 상호 밀착시키기 위하여 사용하는 것은?

① 개스킷
② 체크 밸브
③ 플러그
④ 콕크

> 해설

덮개 등 접합부의 조치사항
화학설비 또는 그 배관의 덮개·플랜지·밸브 및 콕의 접합부에 대해서는 접합부에서 위험물질 등이 누출되어 폭발·화재 또는 위험물이 누출되는 것을 방지하기 위하여 적절한 개스킷(Gasket)을 사용하고 접합면을 서로 밀착시키는 등 적절한 조치를 하여야 한다.

**83** 산업안전보건법에서 분류한 위험물질의 종류 중 부식성 산류는 농도가 몇 % 이상인 염산, 황산, 질산, 그 밖에 이와 같은 정도 이상의 부식성을 가지는 물질을 말하는가?

① 10
② 15
③ 20
④ 25

> 해설

부식성 물질

| | |
|---|---|
| 부식성 산류 | • 농도가 20% 이상인 염산, 황산, 질산, 그 밖에 이와 같은 정도 이상의 부식성을 가지는 물질<br>• 농도가 60% 이상인 인산, 아세트산, 불산, 그 밖에 이와 같은 정도 이상의 부식성을 가지는 물질 |
| 부식성 염기류 | 농도가 40% 이상인 수산화나트륨, 수산화칼륨, 그 밖에 이와 같은 정도 이상의 부식성을 가지는 염기류 |

**84** 산업안전보건기준에 관한 규칙 중 급성 독성 물질에 관한 기준 중 일부이다. (A)와 (B)에 알맞은 수치를 옳게 나타낸 것은?

- 쥐에 대한 경구투입실험에 의하여 실험동물의 50퍼센트를 사망시킬 수 있는 물질의 양, 즉 LD50(경구, 쥐)이 킬로그램당 ( A )밀리그램 – (체중) 이하인 화학물질
- 쥐 또는 토끼에 대한 경피흡수실험에 의하여 실험동물의 50퍼센트를 사망시킬 수 있는 물질의 양, 즉 LD50(경피, 토끼 또는 쥐)이 킬로그램당 ( B )밀리그램 – (체중) 이하인 화학물질

① A : 1,000, B : 300
② A : 1,000, B : 1,000
③ A : 300, B : 300
④ A : 300, B : 1,000

> 해설

급성 독성 물질
1. 쥐에 대한 경구투입실험에 의하여 실험동물의 50퍼센트를 사망시킬 수 있는 물질의 양, 즉 LD50(경구, 쥐)이 킬로그램당 300밀리그램 – (체중) 이하인 화학물질
2. 쥐 또는 토끼에 대한 경피흡수실험에 의하여 실험동물의 50퍼센트를 사망시킬 수 있는 물질의 양, 즉 LD50(경피, 토끼 또는 쥐)이 킬로그램당 1,000밀리그램 – (체중) 이하인 화학물질
3. 쥐에 대한 4시간 동안의 흡입실험에 의하여 실험동물의 50퍼센트를 사망시킬 수 있는 물질의 농도, 즉 가스 LC50(쥐, 4시간 흡입)이 2,500ppm 이하인 화학물질, 증기 LC50(쥐, 4시간 흡입)이 10mg/L 이하인 화학물질, 분진 또는 미스트 1mg/L 이하인 화학물질

**정답** 81 ③ 82 ① 83 ③ 84 ④

**85** 메탄, 에탄, 프로판의 폭발하한계가 각각 5vol%, 3vol%, 2.1vol%일 때 다음 중 폭발하한계가 가장 낮은 것은?(단, Le Chatelier의 법칙을 이용한다.)

① 메탄 20vol%, 에탄 30vol%, 프로판 50vol%의 혼합가스
② 메탄 30vol%, 에탄 30vol%, 프로판 40vol%의 혼합가스
③ 메탄 40vol%, 에탄 30vol%, 프로판 30vol%의 혼합가스
④ 메탄 50vol%, 에탄 30vol%, 프로판 20vol%의 혼합가스

**해설**

르 샤틀리에의 법칙(순수한 혼합가스일 경우)

$$\frac{100}{L} = \frac{V_1}{L_1} + \frac{V_2}{L_2} + \frac{V_3}{L_3} \cdots$$

$$L = \frac{100}{\frac{V_1}{L_1} + \frac{V_2}{L_2} + \cdots + \frac{V_n}{L_n}}$$

여기서, $V_n$ : 전체 혼합가스 중 각 성분 가스의 체적(비율)[%]
$L_n$ : 각 성분 단독의 폭발한계(상한 또는 하한)
$L$ : 혼합가스의 폭발한계(상한 또는 하한)[vol%]

① $L = \dfrac{100}{\frac{20}{5} + \frac{30}{3} + \frac{50}{2.1}} = 2.64(\text{vol}\%)$

② $L = \dfrac{100}{\frac{30}{5} + \frac{30}{3} + \frac{40}{2.1}} = 2.85(\text{vol}\%)$

③ $L = \dfrac{100}{\frac{40}{5} + \frac{30}{3} + \frac{30}{2.1}} = 3.09(\text{vol}\%)$

④ $L = \dfrac{100}{\frac{50}{5} + \frac{30}{3} + \frac{20}{2.1}} = 3.38(\text{vol}\%)$

**86** 금속의 용접·용단 또는 가열에 사용되는 가스 등의 용기를 취급할 때의 준수사항으로 옳지 않은 것은?

① 밸브의 개페는 서서히 할 것
② 용기의 온도를 섭씨 40도 이하로 유지할 것
③ 운반할 때에는 환기를 위하여 캡을 씌우지 않을 것
④ 용기의 부식·마모 또는 변형상태를 점검한 후 사용할 것

**해설**

금속의 용접·용단 또는 가열에 사용되는 가스 등의 용기를 취급하는 경우 준수사항
1. 다음 장소에서 사용하거나 해당 장소에 설치·저장 또는 방치하지 않도록 할 것
   • 통풍이나 환기가 불충분한 장소
   • 화기를 사용하는 장소 및 그 부근
   • 위험물 또는 인화성 액체를 취급하는 장소 및 그 부근
2. 용기의 온도를 섭씨 40도 이하로 유지할 것
3. 전도의 위험이 없도록 할 것
4. 충격을 가하지 않도록 할 것
5. 운반하는 경우에는 캡을 씌울 것
6. 사용하는 경우에는 용기의 마개에 부착되어 있는 유류 및 먼지를 제거할 것
7. 밸브의 개페는 서서히 할 것
8. 사용 전 또는 사용 중인 용기와 그 밖의 용기를 명확히 구별하여 보관할 것
9. 용해아세틸렌의 용기는 세워 둘 것
10. 용기의 부식·마모 또는 변형상태를 점검한 후 사용할 것

**87** 다음 중 증기배관 내에 생성된 증기의 누설을 막고 응축수를 자동적으로 배출하기 위한 안전장치는?

① Steam Trap
② Vent Stack
③ Blow Down
④ Flame Arrester

**해설**

스팀 트랩(Steam Trap)
증기배관 내에 생성하는 응축수를 제거할 때 증기가 배출되지 않도록 하면서 응축수를 자동적으로 배출하기 위한 장치

| TIP | | |
|---|---|
| Vent Stack | 탱크 내의 압력을 정상적인 상태로 유지하기 위한 가스 방출 안전장치 |
| Blow Down | 응축성 증기, 열유, 열액 등 공정 액체를 빼내고 이것을 안전하게 유지 또는 처리하기 위한 장치 |
| Flame Arrester | 유류저장탱크에서 화염의 차단을 목적으로 외부에 증기를 방출하기도 하고 탱크 내 외기를 흡입하기도 하는 부분에 설치하는 안전장치 |

정답  85 ①  86 ③  87 ①

**88** 사업주는 안전밸브 등의 전단·후단에 차단밸브를 설치해서는 아니 된다. 다만, 별도로 정한 경우에 해당할 때는 자물쇠형 또는 이에 준하는 형식의 차단밸브를 설치할 수 있다. 이에 해당하는 경우가 아닌 것은?

① 화학설비 및 그 부속설비에 안전밸브 등이 복수방식으로 설치되어 있는 경우
② 예비용 설비를 설치하고 각각의 설비에 안전밸브 등이 설치되어 있는 경우
③ 파열판과 안전밸브를 직렬로 설치한 경우
④ 열팽창에 의하여 상승된 압력을 낮추기 위한 목적으로 안전밸브가 설치된 경우

**해설**
차단밸브 설치금지
1. 안전밸브 등의 전단·후단에 차단밸브를 설치해서는 아니 된다.
2. 다만, 다음의 어느 하나에 해당하는 경우에는 자물쇠형 또는 이에 준하는 형식의 차단밸브를 설치할 수 있다.
   - 인접한 화학설비 및 그 부속설비에 안전밸브 등이 각각 설치되어 있고, 해당 화학설비 및 그 부속설비의 연결배관에 차단밸브가 없는 경우
   - 안전밸브 등의 배출용량의 2분의 1 이상에 해당하는 용량의 자동압력조절밸브(구동용 동력원의 공급을 차단하는 경우 열리는 구조인 것으로 한정한다)와 안전밸브 등이 병렬로 연결된 경우
   - 화학설비 및 그 부속설비에 안전밸브 등이 복수방식으로 설치되어 있는 경우
   - 예비용 설비를 설치하고 각각의 설비에 안전밸브 등이 설치되어 있는 경우
   - 열팽창에 의하여 상승된 압력을 낮추기 위한 목적으로 안전밸브가 설치된 경우
   - 하나의 플레어 스택(Flare Stack)에 둘 이상의 단위공정의 플레어 헤더(Flare Header)를 연결하여 사용하는 경우로서 각각의 단위공정의 플레어 헤더에 설치된 차단밸브의 열림·닫힘 상태를 중앙제어실에서 알 수 있도록 조치한 경우

**89** 다음 중 포소화설비 적용대상이 아닌 것은?

① 유류저장탱크
② 비행기 격납고
③ 주차장 또는 차고
④ 유입차단기 등의 전기기기 설치장소

**해설**
포소화기의 소화약제는 물을 다량 함유하고 있어, 전기설비에 사용할 수 없다.

**90** 다음 중 물과 반응하였을 때 흡열반응을 나타내는 것은?

① 질산암모늄
② 탄화칼슘
③ 나트륨
④ 과산화칼륨

**해설**
질산암모늄
조해성과 흡습성이 있고, 물에 녹을 때 열을 대량 흡수한다. (흡열반응)

**91** 금속의 증기가 공기 중에서 응고되어 화학변화를 일으켜 고체의 미립자로 되어 공기 중에 부유하는 것을 의미하는 용어는?

① 흄(Fume)
② 분진(Dust)
③ 미스트(Mist)
④ 스모크(Smoke)

**해설**
유해물질의 종류

| | |
|---|---|
| 분진 (Dust) | 기계적 작용에 의해 발생된 고체 미립자가 공기 중에 부유하고 있는 것(입경 0.01~500μm 정도) |
| 미스트 (Mist) | 액체의 미세한 입자가 공기 중에 부유하고 있는 것 (입경 0.1~100μm 정도) |
| 흄 (Fume) | 고체 상태의 물질이 액체화된 다음 증기화되고, 증기화된 물질의 응축 및 산화로 인하여 생기는 고체상의 미립자(입경 0.01~1μm 정도) |
| 스모크 (Smoke) | 일반적으로 유기물이 불완전연소할 때 생긴 미립자를 말하며 주성분은 탄소의 미립자이다. (0.01~1μm) |

정답 88 ③ 89 ④ 90 ① 91 ①

**92** 질화면(Nitrocellulose)은 저장·취급 중에는 에틸알코올 등으로 습면상태를 유지해야 한다. 그 이유를 옳게 설명한 것은?

① 질화면은 건조상태에서는 자연적으로 분해하면서 발화할 위험이 있기 때문이다.
② 질화면은 알코올과 반응하여 안정한 물질을 만들기 때문이다.
③ 질화면은 건조상태에서 공기 중의 산소와 환원반응을 하기 때문이다.
④ 질화면은 건조상태에서 유독한 중합물을 형성하기 때문이다.

**해설**

니트로셀룰로오스(NC : Nitro Cellulose, 질화면, 질산섬유소)
1. 안전 용제로 저장 중에 물(20%) 또는 알코올(30%)로 습윤하여 저장·운반한다.
2. 습윤상태에서 건조되면 충격·마찰 시 예민하고 발화 폭발의 위험이 증대된다.

**93** 폭발에 관한 용어 중 'BLEVE'가 의미하는 것은?

① 고농도의 분진폭발
② 저농도의 분해폭발
③ 개방계 증기운 폭발
④ 비등액 팽창 증기 폭발

**해설**

BLEVE(비등액 팽창 증기 폭발 : Boliling Liquid Expanding Vapor Explosion)
비등점이 낮은 인화성 액체 저장탱크가 화재로 인한 화염에 장시간 노출되어 탱크 내 액체가 급격히 증발하여 비등하고 증기가 팽창하면서 탱크 내 압력이 설계압력을 초과하여 폭발을 일으키는 현상

**94** 다음 중 물과 반응하여 수소가스를 발생시키지 않는 물질은?

① Mg  ② Zn
③ Cu  ④ Li

**해설**

1. Mg(마그네슘), Zn(아연), Li(리튬), 나트륨(Na) 등은 물과 반응하여 수소가스를 발생시킨다.
2. Cu(구리)는 순수한 물과 반응하지 않는다.

**95** 다음 중 증기운 폭발에 대한 설명으로 옳은 것은?

① 폭발효율은 BLEVE보다 크다.
② 증기운의 크기가 증가하면 점화 확률이 높아진다.
③ 증기운 폭발의 방지대책으로 가장 좋은 방법은 점화방지용 안전장치의 설치이다.
④ 증기와 공기의 난류 혼합, 방출점으로부터 먼 지점에서 증기운의 점화는 폭발의 충격을 감소시킨다.

**해설**

UVCE(개방계 증기운 폭발 : Unconfined Vapor Cloud Explosion)
1. 정의
가연성 가스 또는 기화하기 쉬운 가연성 액체 등이 저장된 고압가스 용기(저장탱크)의 파괴로 인하여 대기 중으로 유출된 가연성 증기가 구름을 형성(증기운)한 상태에서 점화원이 증기운에 접촉하여 폭발하는 현상
2. 특징
• 증기운의 크기가 증가되면 점화 확률이 높아진다.
• 증기운에 의한 재해는 폭발보다는 화재가 일반적이다.
• 증기와 공기의 난류 혼합, 방출점으로부터 먼 지점에서의 증기운의 점화는 폭발 충격을 증가시킨다.
• 폭발효율은 BLEVE보다 작다. 즉, 연소에너지의 약 20%만 폭풍파로 변한다.

**96** 다음 중 공기 중 최소 발화에너지 값이 가장 작은 물질은?

① 에틸렌  ② 아세트알데히드
③ 메탄    ④ 에탄

**해설**

최소 발화에너지

| 가연성 가스 | 최소 발화에너지[$10^{-3}$ Joule] |
|---|---|
| 에틸렌 | 0.096 |
| 아세트알데히드 | 0.36 |
| 메탄 | 0.28 |

**97** 분진폭발의 특징으로 옳은 것은?

① 연소속도가 가스폭발보다 크다.
② 완전연소로 가스중독의 위험이 작다.
③ 화염의 파급속도보다 압력의 파급속도가 빠르다.
④ 가스폭발보다 연소시간은 짧고 발생에너지는 작다.

**정답** 92 ① 93 ④ 94 ③ 95 ② 96 ① 97 ③

> 해설

분진폭발의 특징
1. 폭발한계 내에서 분진의 휘발성분이 많을수록 폭발이 쉽다.
2. 가스폭발에 비해 연소속도나 폭발압력이 작다.
3. 가스폭발에 비해 연소시간이 길고 발생에너지가 크기 때문에 파괴력과 타는 정도가 크다.
4. 가스에 비해 불완전연소의 가능성이 커서 일산화탄소의 존재로 인한 가스중독의 위험이 있다.(가스폭발에 비하여 유독물의 발생이 많다.)
5. 화염속도보다 압력속도가 빠르다.
6. 주위 분진의 비산에 의해 2차, 3차의 폭발로 파급되어 피해가 커진다.
7. 연소열에 의한 화재가 동반되며, 연소입자의 비산으로 인체에 닿을 경우 심한 화상을 입는다.
8. 분진이 발화 폭발하기 위한 조건은 인화성, 미분상태, 공기 중에서의 교반과 유동, 점화원의 존재이다.

**98** 다음 중 자연발화를 방지하기 위한 일반적인 방법으로 적절하지 않은 것은?

① 주위의 온도를 낮춘다.
② 공기의 출입을 방지하고 밀폐시킨다.
③ 습도가 높은 곳에는 저장하지 않는다.
④ 황린의 경우 산소와의 접촉을 피한다.

> 해설

자연발화 방지법
1. 통풍이 잘 되게 할 것
2. 저장실 온도를 낮출 것
3. 열이 축적되지 않는 퇴적방법을 선택할 것
4. 습도가 높지 않도록 할 것(습도가 높은 것을 피할 것)
5. 공기가 접촉되지 않도록 불활성액체 중에 저장할 것

**99** 사업주는 인화성 액체 및 인화성 가스를 저장 취급하는 화학설비에서 증기나 가스를 대기로 방출하는 경우에는 외부로부터의 화염을 방지하기 위하여 화염방지기를 설치하여야 한다. 다음 중 화염방지기의 설치 위치로 옳은 것은?

① 설비의 상단
② 설비의 하단
③ 설비의 측면
④ 설비의 조작부

> 해설

통기설비 및 화염방지기 설치
1. 인화성 액체를 저장·취급하는 대기압탱크에는 통기관 또는 통기밸브(Breather Valve) 등을 설치하여야 한다.
2. 인화성 액체 및 인화성 가스를 저장 취급하는 화학설비에서 증기나 가스를 대기로 방출하는 경우에는 외부로부터의 화염을 방지하기 위하여 화염방지기를 그 설비 상단에 설치하여야 한다.

**100** 물이 관 속을 흐를 때 유동하는 물속의 어느 부분의 정압이 그때의 물의 증기압보다 낮을 경우 물이 증발하여 부분적으로 증기가 발생되어 배관의 부식을 초래하는 경우가 있다. 이러한 현상을 무엇이라 하는가?

① 서어징(Surging)
② 공동현상(Cavitation)
③ 비말동반(Entrainment)
④ 수격작용(Water Hammering)

> 해설

펌프의 현상

| | |
|---|---|
| 공동현상<br>(Cavitation) | 물이 관 내를 유동하고 있을 때에 흐르는 물속의 어떤 부분의 정압력이 그때의 수온에 상당하는 증기압 이하가 되면 부분적으로 증기를 발생하는 현상을 공동현상이라 하며, 펌프의 임펠러나 동체 안에서 자주 일어난다. |
| 서징<br>[맥동현상<br>(Surging)] | 펌프나 기타 유체기계에 펌프출구, 입구에 부착한 압력계 및 진공계의 바늘이 흔들리고 동시에 송출유량이 변화하는 현상 |
| 수격현상<br>(Water Hammering) | 관 속의 액체가 충만하게 흐르고 있을 때 정전 등으로 펌프가 급히 멈추거나 수량조절밸브를 급히 폐쇄할 때 관 속의 유속이 급격히 변화하면 액체에 큰 압력의 변화가 생기는 현상 |

### 6과목 건설공사 안전관리

**101** 경암지반을 인력으로 굴착 시 연직높이가 2m일 때, 수평길이는 최소 얼마 이상이 필요한가?

① 2.0m 이상
② 1.5m 이상
③ 1.0m 이상
④ 0.5m 이상

정답 98 ② 99 ① 100 ② 101 ③

**해설**

굴착면의 기울기

| 지반의 종류 | 굴착면의 기울기 |
|---|---|
| 모래 | 1 : 1.8 |
| 연암 및 풍화암 | 1 : 1.0 |
| 경암 | 1 : 0.5 |
| 그 밖의 흙 | 1 : 1.2 |

경암의 기울기가 1 : 0.5이므로 1 : 0.5 = 2 : $x$(수평길이)
∴ $x$(수평길이) = 0.5 × 2 = 1.0(m)

## 102 차량계 건설기계에 해당되지 않는 것은?

① 불도저
② 콘크리트 펌프카
③ 드래그 셔블
④ 가이데릭

**해설**

가이데릭은 철골 세우기용 기계이다.

차량계 건설기계의 종류
1. 도저형 건설기계(불도저, 스트레이트도저, 틸트도저, 앵글도저, 버킷도저 등)
2. 모터그레이더
3. 로더(포크 등 부착물 종류에 따른 용도 변경 형식을 포함한다)
4. 스크레이퍼
5. 크레인형 굴착기계(크램쉘, 드래그라인 등)
6. 굴삭기(브레이커, 크러셔, 드릴 등 부착물 종류에 따른 용도 변경 형식을 포함)
7. 항타기 및 항발기
8. 천공용 건설기계(어스드릴, 어스오거, 크롤러드릴, 점보드릴 등)
9. 지반 압밀침하용 건설기계(샌드드레인머신, 페이퍼드레인머신, 팩드레인머신 등)
10. 지반 다짐용 건설기계(타이어롤러, 매커덤롤러, 탠덤롤러 등)
11. 준설용 건설기계(버킷준설선, 그래브준설선, 펌프준설선 등)
12. 콘크리트 펌프카
13. 덤프트럭
14. 콘크리트 믹서 트럭
15. 도로포장용 건설기계(아스팔트 살포기, 콘크리트 살포기, 아스팔트 피니셔, 콘크리트 피니셔 등)
16. 1.부터 15.까지와 유사한 구조 또는 기능을 갖는 건설기계로서 건설작업에 사용하는 것

## 103 크레인을 사용하여 작업을 할 때 작업시작 전에 점검하여야 하는 사항에 해당하지 않는 것은?

① 권과방지장치 · 브레이크 · 클러치 및 운전장치의 기능
② 주행로의 상측 및 트롤리가 횡행하는 레일의 상태
③ 와이어로프가 통하고 있는 곳의 상태
④ 압력방출장치의 기능

**해설**

크레인을 사용하여 작업을 하는 때 작업시작 전 점검사항
1. 권과방지장치 · 브레이크 · 클러치 및 운전장치의 기능
2. 주행로의 상측 및 트롤리(Trolley)가 횡행하는 레일의 상태
3. 와이어로프가 통하고 있는 곳의 상태

## 104 굴착공사에서 비탈면 또는 비탈면 하단을 성토하여 붕괴를 방지하는 공법은?

① 배수공
② 배토공
③ 공작물에 의한 방지공
④ 압성토공

**해설**

압성토 공법
성토의 활동파괴를 방지하기 위해 사면선단에 성토하여 측방 유동을 구속시키는 공법

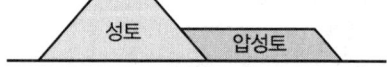

## 105 강관비계의 수직방향 벽이음 조립간격(m)으로 옳은 것은?(단, 틀비계이며 높이가 5m 이상일 경우)

① 2m
② 4m
③ 6m
④ 9m

**해설**

강관비계의 조립 간격

| 강관비계의 종류 | 조립간격(단위 : m) | |
|---|---|---|
| | 수직방향 | 수평방향 |
| 단관비계 | 5 | 5 |
| 틀비계(높이가 5m 미만인 것은 제외) | 6 | 8 |

## 106 달비계의 구조에서 달비계 작업발판의 폭은 최소 얼마 이상이어야 하는가?

① 30cm  ② 40cm
③ 50cm  ④ 60cm

**해설**
달비계의 구조
작업발판은 폭을 40cm 이상으로 하고 틈새가 없도록 할 것

## 107 사다리식 통로 등의 구조에 대한 설치기준으로 옳지 않은 것은?

① 발판의 간격은 일정하게 할 것
② 발판과 벽과의 사이는 15cm 이상의 간격을 유지할 것
③ 사다리식 통로의 길이가 10m 이상인 때에는 7m 이내마다 계단참을 설치할 것
④ 사다리의 상단은 걸쳐놓은 지점으로부터 60cm 이상 올라가도록 할 것

**해설**
사다리식 통로
1. 견고한 구조로 할 것
2. 심한 손상 · 부식 등이 없는 재료를 사용할 것
3. 발판의 간격은 일정하게 할 것
4. 발판과 벽과의 사이는 15cm 이상의 간격을 유지할 것
5. 폭은 30cm 이상으로 할 것
6. 사다리가 넘어지거나 미끄러지는 것을 방지하기 위한 조치를 할 것
7. 사다리의 상단은 걸쳐놓은 지점으로부터 60cm 이상 올라가도록 할 것
8. 사다리식 통로의 길이가 10m 이상인 경우에는 5m 이내마다 계단참을 설치할 것
9. 사다리식 통로의 기울기는 75° 이하로 할 것, 다만, 고정식 사다리식 통로의 기울기는 90° 이하로 하고, 그 높이가 7m 이상인 경우에는 다음의 구분에 따른 조치를 할 것
   - 등받이울이 있어도 근로자 이동에 지장이 없는 경우 : 바닥으로부터 높이가 2.5m 되는 지점부터 등받이울을 설치할 것
   - 등받이울이 있으면 근로자가 이동이 곤란한 경우 : 개인용 추락 방지 시스템을 설치하고 근로자로 하여금 전신안전대를 사용하도록 할 것
10. 접이식 사다리 기둥은 사용 시 접혀지거나 펼쳐지지 않도록 철물 등을 사용하여 견고하게 조치할 것

## 108 사다리식 통로 등을 설치하는 경우 고정식 사다리식 통로의 기울기는 최대 몇 도 이하로 하여야 하는가?

① 60도  ② 75도
③ 80도  ④ 90도

**해설**
문제 107번 해설 참고

## 109 동바리를 조립하는 경우에 준수해야 할 기준으로 옳지 않은 것은?

① 동바리의 상하 고정 및 미끄러짐 방지조치를 하고, 하중의 지지상태를 유지한다.
② 강재의 접속부 및 교차부는 볼트 · 클램프 등 전용 철물을 사용하여 단단히 연결한다.
③ 동바리로 사용하는 파이프 서포트의 경우 높이가 3.5m를 초과하는 경우에는 높이 2m 이내마다 수평연결재를 2개 방향으로 만들고 수평연결재의 변위를 방지할 것
④ 동바리로 사용하는 파이프 서포트는 4개 이상 이어서 사용하지 않도록 할 것

**해설**
동바리로 사용하는 파이프 서포트의 경우 조립 시 안전조치
1. 파이프 서포트를 3개 이상 이어서 사용하지 않도록 할 것
2. 파이프 서포트를 이어서 사용하는 경우에는 4개 이상의 볼트 또는 전용철물을 사용하여 이을 것
3. 높이가 3.5m를 초과하는 경우에는 높이 2m 이내마다 수평연결재를 2개 방향으로 만들고 수평연결재의 변위를 방지할 것

**정답** 106 ② 107 ③ 108 ④ 109 ④

## 110 항만하역작업에서의 선박승강설비 설치기준으로 옳지 않은 것은?

① 200톤급 이상의 선박에서 하역작업을 하는 때에는 근로자들이 안전하게 승강할 수 있는 현문사다리를 설치하여야 한다.
② 현문사다리는 견고한 재료로 제작된 것으로 너비는 55cm 이상이어야 한다.
③ 현문사다리의 양측에는 82cm 이상의 높이로 방책을 설치하여야 한다.
④ 현문사다리는 근로자의 통행에만 사용하여야 하며, 화물용 발판 또는 화물용 보판으로 사용하도록 하여서는 아니 된다.

해설
선박승강설비의 설치
1. 300톤급 이상의 선박에서 하역작업을 하는 경우에 근로자들이 안전하게 오르내릴 수 있는 현문사다리를 설치하여야 하며, 이 사다리 밑에 안전망을 설치하여야 한다.
2. 현문사다리는 견고한 재료로 제작된 것으로 너비는 55cm 이상이어야 하고, 양측에 82cm 이상의 높이로 방책을 설치하여야 하며, 바닥은 미끄러지지 않도록 적합한 재질로 처리되어야 한다.
3. 현문사다리는 근로자의 통행에만 사용하여야 하며, 화물용 발판 또는 화물용 보판으로 사용하도록 해서는 아니 된다.

## 111 화물을 적재하는 경우의 준수사항으로 옳지 않은 것은?

① 침하 우려가 없는 튼튼한 기반 위에 적재할 것
② 건물의 칸막이나 벽 등이 화물의 압력에 견딜 만큼의 강도를 지니지 아니한 경우에는 칸막이나 벽에 기대어 적재하지 않도록 할 것
③ 불안정할 정도로 높이 쌓아 올리지 말 것
④ 하중을 한쪽으로 치우치더라도 화물을 최대한 효율적으로 적재할 것

해설
화물의 적재 시 준수사항
1. 침하 우려가 없는 튼튼한 기반 위에 적재할 것
2. 건물의 칸막이나 벽 등이 화물의 압력에 견딜 만큼의 강도를 지니지 아니한 경우에는 칸막이나 벽에 기대어 적재하지 않도록 할 것
3. 불안정할 정도로 높이 쌓아 올리지 말 것
4. 하중이 한쪽으로 치우치지 않도록 쌓을 것

## 112 건설업 산업안전보건관리비 내역 중 사용항목에 해당되지 않는 것은?

① 근로자 건강장해 예방비
② 안전시설비
③ 건설재해예방기술지도비
④ 외부비계, 작업발판 등의 가설구조물 설치 소요비

해설
건설업 산업안전보건관리비의 사용내역
1. 안전관리자·보건관리자의 임금 등
2. 안전시설비 등
3. 보호구 등
4. 안전보건진단비 등
5. 안전보건교육비 등
6. 근로자 건강장해 예방비 등
7. 건설재해예방전문지도기관의 지도에 대한 대가로 자기공사자가 지급하는 비용

 TIP 안전발판, 안전통로, 안전계단 등과 같이 명칭에 관계없이 원활한 공사수행을 위한 가설시설 등은 사용이 불가하도록 정하고 있습니다.

## 113 철골작업에서는 강풍과 같은 악천후 시 작업을 중지하도록 하여야 하는데, 건립작업을 중지하여야 하는 풍속기준은?

① 7m/s 이상
② 10m/s 이상
③ 14m/s 이상
④ 17m/s 이상

해설
작업의 제한(철골작업 중지)
1. 풍속이 초당 10미터 이상인 경우
2. 강우량이 시간당 1밀리미터 이상인 경우
3. 강설량이 시간당 1센티미터 이상인 경우

**114** 강관비계를 사용하여 비계를 구성하는 경우 준수해야 할 기준으로 옳지 않은 것은?

① 비계기둥의 간격은 띠장 방향에서는 1.85m 이하, 장선(長線) 방향에서는 1.5m 이하로 할 것
② 띠장 간격은 2.0m 이하로 할 것
③ 비계기둥의 제일 윗부분으로부터 31m 되는 지점 밑부분의 비계기둥은 2개의 강관으로 묶어 세울 것
④ 비계기둥 간의 적재하중은 600kg을 초과하지 않도록 할 것

**해설**

강관비계의 구조
1. 비계기둥의 간격은 띠장 방향에서는 1.85m 이하, 장선 방향에서는 1.5m 이하로 할 것
2. 띠장 간격은 2.0m 이하로 할 것
3. 비계기둥의 제일 윗부분으로부터 31m 되는 지점 밑부분의 비계기둥은 2개의 강관으로 묶어 세울 것
4. 비계기둥 간의 적재하중은 400kg을 초과하지 않도록 할 것

**115** 근로자의 추락 등의 위험을 방지하기 위한 안전난간의 구조 및 설치요건에 관한 기준으로 옳지 않은 것은?

① 상부 난간대는 바닥면·발판 또는 경사로의 표면으로부터 90cm 이상 지점에 설치할 것
② 발끝막이판은 바닥면 등으로부터 10cm 이상의 높이를 유지할 것
③ 난간대는 지름 1.5cm 이상의 금속제 파이프나 그 이상의 강도를 가진 재료일 것
④ 안전난간은 구조적으로 가장 취약한 지점에서 가장 취약한 방향으로 작용하는 100kg 이상의 하중에 견딜 수 있는 튼튼한 구조일 것

**해설**

안전난간의 구조 및 설치요건

| 구성 | 상부 난간대, 중간 난간대, 발끝막이판 및 난간기둥으로 구성할 것(다만, 중간 난간대, 발끝막이판 및 난간기둥은 이와 비슷한 구조와 성능을 가진 것으로 대체할 수 있음) |
|---|---|
| 상부 난간대 | 상부 난간대는 바닥면·발판 또는 경사로의 표면으로부터 90cm 이상 지점에 설치하고, 상부 난간대를 120cm 이하에 설치하는 경우에는 중간 난간대는 상부 난간대와 바닥면 등의 중간에 설치하여야 하며, 120cm 이상 지점에 설치하는 경우에는 중간 난간대를 2단 이상으로 균등하게 설치하고 난간의 상하 간격은 60cm 이하가 되도록 할 것 |
| 발끝막이판 (폭목) | 바닥면 등으로부터 10cm 이상의 높이를 유지할 것(다만, 물체가 떨어지거나 날아올 위험이 없거나 그 위험을 방지할 수 있는 망을 설치하는 등 필요한 예방조치를 한 장소는 제외) |
| 난간기둥 | 상부 난간대와 중간 난간대를 견고하게 떠받칠 수 있도록 적정한 간격을 유지할 것 |
| 상부 난간대와 중간 난간대 | 상부 난간대와 중간 난간대는 난간 길이 전체에 걸쳐 바닥면 등과 평행을 유지할 것 |
| 난간대 | 지름 2.7cm 이상의 금속제 파이프나 그 이상의 강도가 있는 재료일 것 |
| 하중 | 안전난간은 구조적으로 가장 취약한 지점에서 가장 취약한 방향으로 작용하는 100kg 이상의 하중에 견딜 수 있는 튼튼한 구조일 것 |

**116** 추락방지용 방망 중 그물코의 크기가 5cm인 매듭방망 신품의 인장강도는 최소 몇 kg 이상이어야 하는가?

① 60    ② 110
③ 150   ④ 200

**해설**

방망사의 신품에 대한 인장강도

| 그물코의 크기 (단위 : cm) | 방망의 종류 (단위 : kg) | |
|---|---|---|
| | 매듭 없는 방망 | 매듭방망 |
| 10 | 240(150) | 200(135) |
| 5 | | 110(60) |

단, ( )은 폐기 시 인장강도

**117** 건립 중 강풍에 의한 풍압 등 외압에 대한 내력이 설계에 고려되었는지 확인하여야 하는 철골구조물의 기준으로 옳지 않은 것은?

① 높이 20m 이상의 구조물
② 구조물의 폭과 높이의 비가 1 : 4 이상인 구조물
③ 이음부가 공장 제작인 구조물
④ 연면적당 철골량이 50kg/m² 이하인 구조물

**정답** 114 ④  115 ③  116 ②  117 ③

**해설**

외압(강풍에 의한 풍압 등)에 대한 내력 설계 확인 구조물
1. 높이가 20m 이상의 구조물
2. 구조물의 폭과 높이의 비가 1 : 4 이상인 구조물
3. 단면구조에 현저한 차이가 있는 구조물
4. 연면적당 철골량이 50kg/m² 이하인 구조물
5. 기둥이 타이플레이트(Tie Plate)형인 구조물
6. 이음부가 현장 용접인 구조물

## 118 건설업 중 유해위험방지계획서 제출 대상 사업장으로 옳지 않은 것은?

① 지상높이가 31m 이상인 건축물 또는 인공구조물, 연면적 30,000m² 이상인 건축물 또는 연면적 5,000m² 이상의 문화 및 집회시설의 건설공사
② 연면적 3,000m² 이상의 냉동·냉장 창고시설의 설비공사 및 단열공사
③ 깊이 10m 이상인 굴착공사
④ 최대 지간길이가 50m 이상인 다리의 건설공사

**해설**

유해위험방지계획서를 제출해야 될 건설공사
1. 다음의 어느 하나에 해당하는 건축물 또는 시설 등의 건설·개조 또는 해체공사
   • 지상높이가 31미터 이상인 건축물 또는 인공구조물
   • 연면적 3만제곱미터 이상인 건축물
   • 연면적 5천제곱미터 이상인 시설로서 다음의 어느 하나에 해당하는 시설
      - 문화 및 집회시설(전시장 및 동물원·식물원은 제외)
      - 판매시설, 운수시설(고속철도의 역사 및 집배송시설은 제외)
      - 종교시설
      - 의료시설 중 종합병원
      - 숙박시설 중 관광숙박시설
      - 지하도상가
      - 냉동·냉장 창고시설
2. 연면적 5천제곱미터 이상인 냉동·냉장 창고시설의 설비공사 및 단열공사
3. 최대 지간길이(다리의 기둥과 기둥의 중심 사이의 거리)가 50미터 이상인 다리의 건설 등 공사
4. 터널의 건설 등 공사
5. 다목적댐, 발전용댐, 저수용량 2천만 톤 이상의 용수 전용 댐 및 지방상수도 전용 댐의 건설 등 공사
6. 깊이 10미터 이상인 굴착공사

## 119 점토지반의 토공사에서 흙막이 밖에 있는 흙이 안으로 밀려 들어와 내측 흙이 부풀어 오르는 현상은?

① 보일링(Boiling)
② 히빙(Heaving)
③ 파이핑(Piping)
④ 액상화

**해설**

지반의 이상현상

| 구분 | 정의 |
|---|---|
| 히빙(Heaving) 현상 | 연질점토 지반에서 굴착에 의한 흙막이 내·외면의 흙의 중량 차이로 인해 굴착저면이 부풀어 올라오는 현상 |
| 보일링(Boiling) 현상 | 사질토 지반에서 굴착저면과 흙막이 배면과의 수위 차이로 인해 굴착저면의 흙과 물이 함께 위로 솟구쳐 오르는 현상 |
| 파이핑(Piping) 현상 | 보일링 현상으로 인하여 지반 내에서 물의 통로가 생기면서 흙이 세굴되는 현상 |

## 120 가설구조물의 특징으로 옳지 않은 것은?

① 연결재가 적은 구조로 되기 쉽다.
② 부재 결합이 간략하여 불안전 결합이다.
③ 구조물이라는 개념이 확고하여 조립의 정밀도가 높다.
④ 사용부재는 과소 단면이거나 결함재가 되기 쉽다.

**해설**

가설구조물의 특징
1. 연결재가 적은 구조가 되기 쉽다.
2. 부재 결합이 간략하여 불안전 결합이 되기 쉽다.
3. 구조물이라는 개념이 확고하지 않아 조립 정밀도가 낮다.
4. 사용부재는 과소 단면이거나 결함재가 되기 쉽다.

# PART 02
# 25 2024년 2회 기출복원문제

## 1과목 산업재해 예방 및 안전보건교육

**01** 산업안전보건법령상 안전보건교육 교육대상별 교육내용 중 관리감독자 정기교육의 내용으로 틀린 것은?

① 정리정돈 및 청소에 관한 사항
② 유해·위험 작업환경 관리에 관한 사항
③ 표준안전작업방법 및 지도 요령에 관한 사항
④ 작업공정의 유해·위험과 재해 예방대책에 관한 사항

**해설**

관리감독자 정기교육 내용
1. 산업안전 및 산업재해 예방에 관한 사항(화재·폭발 사고 발생 시 대피에 관한 사항을 포함)
2. 산업보건 및 건강장해 예방에 관한 사항(폭염·한파작업으로 인한 건강장해 발생 시 응급조치에 관한 사항을 포함)
3. 위험성평가에 관한 사항
4. 유해·위험 작업환경 관리에 관한 사항
5. 산업안전보건법령 및 산업재해보상보험 제도에 관한 사항
6. 직무스트레스 예방 및 관리에 관한 사항
7. 직장 내 괴롭힘, 고객의 폭언 등으로 인한 건강장해 예방 및 관리에 관한 사항
8. 작업공정의 유해·위험과 재해 예방대책에 관한 사항
9. 사업장 내 안전보건관리체제 및 안전·보건조치 현황에 관한 사항
10. 표준안전 작업방법 결정 및 지도·감독 요령에 관한 사항
11. 현장근로자와의 의사소통능력 및 강의능력 등 안전보건 교육 능력 배양에 관한 사항
12. 비상시 또는 재해 발생 시 긴급조치에 관한 사항
13. 그 밖의 관리감독자의 직무에 관한 사항

**02** 안전교육방법 중 구안법(Project Method)의 4단계의 순서로 옳은 것은?

① 계획수립 → 목적결정 → 활동 → 평가
② 평가 → 계획수립 → 목적결정 → 활동
③ 목적결정 → 계획수립 → 활동 → 평가
④ 활동 → 계획수립 → 목적결정 → 평가

**해설**

구안법(Project Method)
1. 학습자 마음속에 생각하고 있는 것을 외부에 구체적으로 실현하고 형상화하기 위해 학습자 스스로가 계획을 세워서 수행하는 학습활동으로 이루어지는 교육방법
2. 구안법의 4단계

| 1단계 | 2단계 | 3단계 | 4단계 |
|---|---|---|---|
| 목표결정 (목적) → | 계획수립 (계획) → | 활동 (수행) → | 평가 |

**03** 산업안전보건법령상 안전·보건표지의 종류 중 다음 표지의 명칭은?(단, 마름모 테두리는 빨간색이며, 안의 내용은 검은색이다.)

① 폭발성 물질 경고
② 산화성 물질 경고
③ 부식성 물질 경고
④ 급성 독성 물질 경고

**해설**

안전보건표지

| 폭발성 물질 경고 | 산화성 물질 경고 | 부식성 물질 경고 | 급성 독성 물질 경고 |
|---|---|---|---|
| 💥 | 🔥 | 🧪 | ☠️ |

**04** 산업안전보건법령상 유기화합물용 방독마스크의 시험가스로 옳지 않은 것은?

① 이소부탄
② 시클로헥산
③ 디메틸에테르
④ 염소가스 또는 증기

**정답** 01 ① 02 ③ 03 ④ 04 ④

**해설**

방독마스크의 종류 및 표시색

| 종류 | 시험가스 | 정화통 외부 측면의 표시색 |
|---|---|---|
| 유기화합물용 | 시클로헥산($C_6H_{12}$) | 갈색 |
| | 디메틸에테르($CH_3OCH_3$) | |
| | 이소부탄($C_4H_{10}$) | |
| 할로겐용 | 염소가스 또는 증기($Cl_2$) | 회색 |
| 황화수소용 | 황화수소가스($H_2S$) | |
| 시안화수소용 | 시안화수소가스(HCN) | |
| 아황산용 | 아황산가스($SO_2$) | 노랑색 |
| 암모니아용 | 암모니아가스($NH_3$) | 녹색 |

**05** 인간의 의식 수준을 5단계로 구분할 때 의식이 몽롱한 상태의 단계는?

① Phase Ⅰ
② Phase Ⅱ
③ Phase Ⅲ
④ Phase Ⅳ

**해설**

의식수준의 단계

| 단계 | 의식의 상태 | 신뢰성 |
|---|---|---|
| Phase 0 (제0단계) | 무의식, 실신 | 0(Zero) |
| Phase Ⅰ (제Ⅰ단계) | 정상 이하, 의식 흐림, 의식 몽롱함 | 0.9 이하 |
| Phase Ⅱ (제Ⅱ단계) | 정상, 이완상태, 느긋한 기분 | 0.99~0.99999 |
| Phase Ⅲ (제Ⅲ단계) | 정상, 상쾌한 상태, 분명한 의식 | 0.999999 이상 (신뢰도가 가장 높은 상태) |
| Phase Ⅳ (제Ⅳ단계) | 과긴장, 흥분상태 | 0.9 이하 |

**06** 산업안전보건법령상 안전보건관리규정에 반드시 포함되어야 할 사항이 아닌 것은?(단, 그 밖에 안전 및 보건에 관한 사항은 제외한다.)

① 재해코스트 분석 방법
② 사고 조사 및 대책 수립
③ 작업장 안전 및 보건 관리
④ 안전 및 보건 관리조직과 그 직무

**해설**

안전보건관리규정의 포함사항
1. 안전 및 보건에 관한 관리조직과 그 직무에 관한 사항
2. 안전보건교육에 관한 사항
3. 작업장의 안전 및 보건 관리에 관한 사항
4. 사고 조사 및 대책 수립에 관한 사항
5. 그 밖에 안전 및 보건에 관한 사항

**07** 안전보건관리조직의 유형 중 스태프형(Staff형) 조직의 특징이 아닌 것은?

① 생산부분은 안전에 대한 책임과 권한이 없다.
② 권한 다툼이나 조정 때문에 통제수속이 복잡해지며 시간과 노력이 소모된다.
③ 생산부분에 협력하여 안전명령을 전달, 실시하므로 안전지시가 용이하지 않으며 안전과 생산을 별개로 취급하기 쉽다.
④ 명령 계통과 조언 권고적 참여가 혼동되기 쉽다.

**해설**

스태프형(Staff형) – 참모형 조직
1. 의의
   • 회사 내에 별도로 안전활동 전담부서를 두는 방식의 조직 형태
   • 100명 이상 1,000명 미만의 중규모 사업장에 적합한 조직 형태
   • 안전관리에 관한 계획과 조정, 조사, 검토, 보고 등의 일과 현장에 대한 기술지원을 담당하도록 편성된 조직
2. 장점
   • 경영자의 조언과 자문역할을 한다.
   • 안전에 관한 지식, 기술의 정보 수집이 용이하고 빠르다.
3. 단점
   • 생산부분은 안전에 대한 책임과 권한이 없다.
   • 안전과 생산을 별개로 취급하기 쉽다.

**TIP** 라인–스태프형(Line–staff형)–직계 참모형 조직은 명령 계통과 조언 권고적 참여가 혼동되기 쉽다.

**08** 관리감독자를 대상으로 교육하는 TWI의 교육내용이 아닌 것은?

① 문제해결훈련
② 작업지도훈련
③ 인간관계훈련
④ 작업방법훈련

### 해설
TWI의 교육과정
1. Job Method Training(JMT) : 작업방법훈련, 작업개선훈련
2. Job Instruction Training(JIT) : 작업지도훈련
3. Job Relations Training(JRT) : 인간관계훈련, 부하통솔법
4. Job Safety Training(JST) : 작업안전훈련

**09** 다음 중 부주의의 발생 현상으로 혼미한 정신상태에서 심신의 피로나 단조로운 반복작업 시 일어나는 현상은?

① 의식의 과잉
② 의식의 집중
③ 의식의 우회
④ 의식수준의 저하

### 해설
부주의 발생 현상

| | |
|---|---|
| 의식의 단절 (중단) | • 의식의 흐름에 단절이 생기고 공백상태가 나타나는 경우<br>• 의식수준 제0단계의 상태(특수한 질병의 경우) |
| 의식의 우회 | • 의식의 흐름이 옆으로 빗나가 발생한 경우<br>• 의식수준 제0단계의 상태(걱정, 고민, 욕구불만 등) |
| 의식수준의 저하 | • 뚜렷하지 않은 의식의 상태로 심신이 피로하거나 단조로운 작업 등의 경우<br>• 의식수준 제Ⅰ단계 이하의 상태 |
| 의식의 과잉 | • 돌발사태 및 긴급이상사태에 직면하면 순간적으로 긴장되고 의식이 한 방향으로 쏠리는 주의의 일점집중현상의 경우<br>• 의식수준 제Ⅳ단계의 상태 |
| 의식의 혼란 | • 외적조건에 문제가 있을 때 의식이 혼란되고 분산되어 작업에 잠재되어 있는 위험요인에 대응할 수 없는 경우<br>• 외부의 자극이 애매모호하거나, 너무 강하거나 약할 때 |

**10** 다음 중 데이비스(K. Davis)의 동기부여이론에서 인간의 성과(Human Performance)를 가장 적합하게 나타낸 것은?

① 지식(Knowledge)×기능(Skill)
② 기능(Skill)×상황(Situation)
③ 상황(Situation)×태도(Attitude)
④ 능력(Ability)×동기유발(Motivation)

### 해설
데이비스(K. Davis)의 동기부여이론
1. 인간의 성과×물질적 성과 → 경영의 성과
2. 지식(Knowledge)×기능(Skill) → 능력(Ability)
3. 상황(Situation)×태도(Attitude) → 동기유발(Motivation)
4. 능력(Ability)×동기유발(Motivation) → 인간의 성과 (Human Performance)

**11** 매슬로우(Maslow)의 욕구단계이론 중 제2단계 욕구에 해당하는 것은?

① 자아실현의 욕구
② 안전에 대한 욕구
③ 사회적 욕구
④ 생리적 욕구

### 해설
매슬로우(Maslow)의 욕구단계이론

| | | |
|---|---|---|
| 제1단계 | 생리적 욕구 | 기아, 갈증, 호흡, 배설, 성욕 등 생명 유지의 기본적 욕구 |
| 제2단계 | 안전의 욕구 | • 자기보존 욕구 – 안전을 구하려는 욕구<br>• 전쟁, 재해, 질병의 위험으로부터 자유로워지려는 욕구 |
| 제3단계 | 사회적 욕구 | • 소속감과 애정에 대한 욕구<br>• 사회적으로 관계를 향상시키는 욕구 |
| 제4단계 | 인정받으려는 욕구 (자기존중의 욕구) | 자존심, 명예, 성취, 지위 등 인정받으려는 욕구 |
| 제5단계 | 자아실현의 욕구 | • 잠재능력을 실현하고자 하는 성취욕구<br>• 특유의 창의력을 발휘 |

**12** 산업현장에서 재해 발생 시 조치 순서로 옳은 것은?

① 긴급처리 → 재해조사 → 원인분석 → 대책수립
② 긴급처리 → 원인분석 → 대책수립 → 재해조사
③ 재해조사 → 원인분석 → 대책수립 → 긴급처리
④ 재해조사 → 대책수립 → 원인분석 → 긴급처리

### 해설
재해 발생 시 조치사항
산업재해 발생 → 긴급처리 → 재해조사 → 원인강구(원인분석) → 대책수립 → 대책실시계획 → 실시 → 평가

정답 09 ④ 10 ④ 11 ② 12 ①

**13** 인간의 동작특성 중 판단과정의 착오요인이 아닌 것은?

① 합리화
② 정서불안정
③ 작업조건 불량
④ 정보부족

**해설**

착오의 요인

| 종류 | 내용 |
| --- | --- |
| 인지과정 착오 | • 심리 또는 생리적 요인<br>• 정보량 저장의 한계 : 한계정보량보다 더 많은 정보가 들어오는 경우 정보를 처리하지 못하는 현상<br>• 감각차단 현상 : 단조로운 업무가 장시간 지속될 때 작업자의 감각기능 및 판단능력이 둔화 또는 마비되는 현상(예 고도비행, 단독비행, 계기비행, 직선고속도로 운행 등)<br>• 정서적 불안정(불안, 공포)<br>• 정보수용 능력의 한계 : 인간의 감지범위 밖의 정보 |
| 판단과정 착오 | • 정보부족(옹고집, 지나친 자기중심적 인간)<br>• 능력부족(지식부족, 경험부족)<br>• 자기합리화(자기에게 유리하게 판단)<br>• 환경조건 불비(작업조건 불량) |
| 조치과정 착오 | • 기술능력 미숙<br>• 경험 부족<br>• 피로 |

**14** 재해코스트 산정에 있어 시몬즈(R. H. Simonds) 방식에 의한 재해코스트 산정법으로 옳은 것은?

① 직접비+간접비
② 간접비+비보험코스트
③ 보험코스트+비보험코스트
④ 보험코스트+사업부보상금 지급액

**해설**

시몬즈(Simonds) 방식

총재해코스트(Cost) = 보험코스트(Cost) + 비보험코스트

1. 보험코스트 : 산재보험료
2. 비보험코스트=(A×휴업상해건수)+(B×통원상해건수) +(C×응급조치건수)+(D×무상해사고건수)
3. A, B, C, D는 상해 정도별 재해에 대한 비보험코스트의 평균치이다.
4. 사망과 영구 전노동 불능 상해는 재해범주에서 제외된다.

**15** 산업재해보험 적용 근로자 1,000명인 플라스틱 제조 사업장에서 작업 중 재해 5건이 발생하였고, 1명이 사망하였을 때 이 사업장의 사망만인율은?

① 2
② 5
③ 10
④ 20

**해설**

사망만인율

$$사망만인율 = \frac{사망자 수}{산재보험 적용 근로자 수} \times 10,000$$

$$사망만인율 = \frac{1}{1,000} \times 10,000 = 10$$

**16** 보호구 안전인증 고시에 따른 안전화의 정의 중 ( ) 안에 알맞은 것은?

경작업용 안전화란 ( ㉠ )mm의 낙하높이에서 시험했을 때 충격과 (㉡±0.1)kN의 압축하중에서 시험했을 때 압박에 대하여 보호해 줄 수 있는 선심을 부착하여, 착용자를 보호하기 위한 안전화를 말한다.

① ㉠ 500, ㉡ 10.0
② ㉠ 250, ㉡ 10.0
③ ㉠ 500, ㉡ 4.4
④ ㉠ 250, ㉡ 4.4

**해설**

안전화의 시험방법

| 구분 | 내충격시험 충격조건 | 내압박성시험 하중 |
| --- | --- | --- |
| 중작업용 | 1,000mm의 낙하높이에서 시험 | (15.0±0.1)킬로뉴턴(KN)의 압축하중에서 시험 |
| 보통 작업용 | 500mm의 낙하높이에서 시험 | (10.0±0.1)킬로뉴턴(KN)의 압축하중에서 시험 |
| 경작업용 | 250mm의 낙하높이에서 시험 | (4.4±0.1)킬로뉴턴(KN)의 압축하중에서 시험 |

**17** Y-K(Yutaka-Kohate) 성격검사에 관한 사항으로 옳은 것은?

① C,C'형은 적응이 빠르다.
② M,M'형은 내구성, 집념이 부족하다.
③ S,S'형은 담력, 자신감이 강하다.
④ P,P'형은 운동, 결단이 빠르다.

### 해설
Y-K(Yutaka-Kohate) 성격검사

| 작업 성격 유형 | 작업 성격 인자 |
|---|---|
| C,C'형 : 담즙질<br>(진공성형) | ① 운동, 결단, 기민이 빠름<br>② 적응 빠름<br>③ 세심하지 않음<br>④ 내구, 집념 부족<br>⑤ 자신감 강함 |
| M,M'형 :<br>흑담즙질<br>(신경질형) | ① 운동성 느리고 지속성 풍부<br>② 적응 느림<br>③ 세심, 억제, 정확함<br>④ 내구성, 집념, 지속성<br>⑤ 담력, 자신감 강함 |
| S,S'형 : 다혈질<br>(운동성형) | ①, ②, ③, ④ : C,C'형과 동일<br>⑤ 담력, 자신감 약함 |
| P,P'형 : 점액질<br>(평범수동성형) | ①, ②, ③, ④ : M,M'형과 동일<br>⑤ 자신감 약함 |
| Am형(이상질) | ① 극도로 나쁨<br>② 극도로 느림<br>③ 극도로 결핍<br>④ 극도로 강하거나 약함 |

### 18 다음 설명에 해당하는 학습지도의 원리는?

> 학습자가 지니고 있는 각자의 요구와 능력 등에 알맞은 학습활동의 기회를 마련해주어야 한다는 원리

① 직관의 원리
② 자기활동의 원리
③ 개별화의 원리
④ 사회화의 원리

### 해설
학습지도의 원리

| 자발성의 원리 | 학습자의 내적 동기가 유발된 학습, 즉 학습자 자신이 자발적으로 학습에 참여하는 데 중점을 둔 원리 |
|---|---|
| 개별화의 원리 | 학습자가 지니고 있는 각자의 요구와 능력 등 개인차에 맞도록 지도해야 한다는 원리 |
| 사회화의 원리 | 학교에서 경험한 것과 사회에서 경험한 것을 교류시키고 함께하는 학습을 통하여 협력적이고 우호적인 학습을 진행하는 원리 |
| 통합의 원리 | 학습을 통합적인 전체로서 학습자의 모든 능력을 조화적으로 발달시키는 원리 |
| 직관의 원리 | 구체적인 사물을 직접 제시하거나 경험시킴으로써 큰 효과를 볼 수 있다는 원리 |

### 19 보호구 안전인증 고시에 따른 안전모의 일반구조 중 턱끈의 최소 폭 기준은?

① 5mm 이상
② 7mm 이상
③ 10mm 이상
④ 12mm 이상

### 해설
안전모의 일반구조
1. 안전모는 모체, 착장체 및 턱끈을 가질 것
2. 착장체의 머리고정대는 착용자의 머리 부위에 적합하도록 조절할 수 있을 것
3. 착장체의 구조는 착용자의 머리에 균등한 힘이 분배되도록 할 것
4. 모체, 착장체 등 안전모의 부품은 착용자에게 상해를 줄 수 있는 날카로운 모서리 등이 없을 것
5. 모체에 구멍이 없을 것(착장체 및 턱끈의 설치 또는 안전등, 보안면 등을 붙이기 위한 구멍은 제외)
6. 턱끈은 사용 중 탈락되지 않도록 확실히 고정되는 구조일 것
7. 안전모의 착용높이는 85mm 이상이고 외부수직거리는 80mm 미만일 것
8. 안전모의 내부수직거리는 25mm 이상 50mm 미만일 것
9. 안전모의 수평간격은 5mm 이상일 것
10. 머리받침끈이 섬유인 경우에는 각각의 폭이 15mm 이상이어야 하며, 교차지점 중심으로부터 방사되는 끈 폭의 총합은 72mm 이상일 것
11. 턱끈의 폭은 10mm 이상일 것

### 20 학습지도의 형태 중 참가자에게 일정한 역할을 주어 실제적으로 연기를 시켜봄으로써 자기의 역할을 보다 확실히 인식시키는 방법은?

① 포럼(Forum)
② 심포지엄(Symposium)
③ 롤 플레잉(Role Playing)
④ 사례연구법(Case Study Method)

### 해설
역할연기법(Role Playing)
참석자에게 어떤 역할을 주어서 실제로 직접 연기해 본 후 훈련이나 평가에 사용하는 교육방법

| TIP | | |
|---|---|---|
| 포럼<br>(Forum) | 새로운 자료나 주제를 내보이거나 발표한 후 피교육자로 하여금 문제나 의견을 제시하게 하고 다시 깊이 있게 토론해 나가는 방법 | |
| 심포지엄<br>(Symposium) | 발제자 없이 몇 사람의 전문가에 의하여 과제에 관한 견해를 발표한 뒤에 참가자로 하여금 의견이나 질문을 하게 하여 토의하는 방법 | |
| 사례연구법<br>(Case Study Method) | 먼저 사례를 제시하고 문제가 되는 사실들과 그의 상호관계에 대해서 검토하고 대책을 토의하는 방법 | |

## 2과목 인간공학 및 위험성 평가·관리

**21** 다음 중 인간이 현존하는 기계보다 우월한 기능이 아닌 것은?

① 귀납적으로 추리한다.
② 원칙을 적용하여 다양한 문제를 해결한다.
③ 다양한 경험을 토대로 하여 의사 결정을 한다.
④ 명시된 절차에 따라 신속하고, 정량적인 정보처리를 한다.

[해설]
1. 기계가 인간보다 우수한 기능 : 명시된 절차에 따라 신속하고, 정량적인 정보처리를 한다.
2. 인간이 기계보다 우수한 기능
   - 매우 낮은 수준의 자극(시각, 청각, 촉각, 후각, 미각적인)을 감지한다.
   - 수신 상태가 나쁜 음극선관에 나타나는 영상과 같이 배경잡음이 심한 경우에도 신호를 인지할 수 있다.
   - 항공 사진의 피사체나 말소리처럼 상황에 따라 변화하는 복잡한 자극의 형태를 식별할 수 있다.
   - 주의의 예기치 못한 상황을 감지할 수 있다.
   - 많은 양의 정보를 오랜 기간 동안 보관하였다가 적절한 정보를 상기한다.
   - 다양한 경험을 토대로 의사결정을 한다.
   - 어떤 운용 방법이 실패할 경우, 다른 방법을 선택한다.
   - 관찰을 통해서 일반화하여 귀납적으로 추리한다.
   - 원칙을 적용하여 다양한 문제를 해결한다.
   - 완전히 새로운 해결책을 찾을 수 있다.
   - 다양한 운용상의 요건에 맞추어서 신체적인 반응을 적응시킨다.

- 과부하 상황에서 불가피한 경우에는 중요한 일에만 전념한다.
- 주관적으로 추산하고 평가한다.

**22** Swain에 의해 분류된 휴먼에러 중 독립행동에 관한 분류에 해당하지 않는 것은?

① Omission Error
② Commission Error
③ Extraneous Error
④ Command Error

[해설]
인간실수의 분류(심리적인 분류)

| 생략에러<br>(Omission Error)<br>부작위 실수 | 필요한 직무 및 절차를 수행하지 않아(생략) 발생하는 에러<br>예 • 가스밸브를 잠그는 것을 잊어 사고가 났다.<br>• 어떤 제품의 분해·조립 과정을 거쳐서 수리를 마친 후 부품 하나가 남았다. |
|---|---|
| 작위에러<br>(Commission Error) | 필요한 작업 또는 절차의 불확실한 수행(잘못 수행)으로 인한 에러<br>예 전선이 바뀌었다, 틀린 부품을 사용하였다, 부품이 거꾸로 조립되었다. |
| 순서에러<br>(Sequential Error) | 필요한 작업 또는 절차의 순서 착오로 인한 에러 |
| 시간에러<br>(Time Error) | 필요한 직무 또는 절차의 수행지연으로 인한 에러<br>예 프레스 작업 중에 금형 내에 손이 오랫동안 남아 있어 발생한 재해 |
| 과잉행동에러<br>(Extraneous Error) | 불필요한 작업 또는 절차를 수행함으로써 기인한 에러<br>예 자동차 운전 중 습관적으로 손을 창문으로 내밀어 발생한 재해 |

**23** 다음 중 인간이 감지할 수 있는 외부의 물리적 자극 변화의 최소범위는 기준이 되는 자극의 크기에 비례하는 현상을 설명한 이론은?

① 웨버(Weber) 법칙
② 피츠(Fitts) 법칙
③ 신호검출이론(SDT)
④ 힉-하이만(Hick-Hyman) 법칙

[해설]
웨버(Weber)의 법칙
1. 음의 높이, 무게, 빛의 밝기 등 물리적 자극을 상대적으로 판단하는 데 있어 특정 감각기관의 변화감지역은 표준자극에 비례한다는 법칙

[정답] 21 ④ 22 ④ 23 ①

2. 감각기관의 표준자극과 변화감지역의 연관관계
3. 변화감지역은 사용되는 표준자극의 크기에 비례
4. 원래 자극의 강도가 클수록 변화 감지를 위한 자극의 변화량은 커지게 된다.

$$\text{Weber 비} = \frac{\Delta I}{I} = \frac{\text변화감지역}}{\text{표준자극}}$$

여기서, $\Delta I$ : 변화감지역
$I$ : 표준자극

## 24 다음 중 인간-기계 시스템에서 기계의 표시장치와 인간의 눈은 어느 요소에 해당하는가?

① 감지
② 정보저장
③ 정보처리
④ 행동기능

**해설**

체계(System)의 기본기능 및 업무

| 정보입력 | 원하는 결과를 얻기 위한 재료(물체나 물질, 정보, 전력, 열 등과 같은 에너지 등) |
|---|---|
| 감지 | • 정보수용의 과정<br>• 인간에 의한 감지는 시각, 청각, 촉각과 같은 여러 종류의 기관이 사용 |
| 정보보관 | • 인간의 정보저장 : 학습과정을 통해 축적한 기억<br>• 기계의 정보저장 : 펀치카드, 자기테이프, 기록, 자료표, 녹음테이프 등으로 보관<br>• 정보의 보관형태 : 암호화, 부호화된 형태로 보관 |
| 정보처리 및 의사결정 | • 정보처리 : 감지한(받은) 정보를 가지고 수행하는 여러 종류의 조작<br>• 인간의 정보처리시간 : 0.5초 |
| 행동기능 | • 내려진 의사결정의 결과로 발생하는 조작행위를 일컫는다.<br>• 본질적 통신행위 : 음성(사람의 경우), 신호, 기록 등의 행위 |
| 출력 | 제품의 변화, 전달된 통신, 제공된 용역(Service)과 같은 체계의 성과나 결과 |

## 25 3개 공정의 소음 수준 측정 결과 1공정은 100dB에서 1시간, 2공정은 95dB에서 1시간, 3공정은 90dB에서 1시간이 소요될 때 총 소음량(TND)과 소음설계의 적합성을 맞게 나열한 것은?(단, 90dB에 8시간 노출될 때를 허용기준으로 하며, 5dB 증가할 때 허용시간은 1/2로 감소되는 법칙을 적용한다.)

① TND = 0.785, 적합
② TND = 0.875, 적합
③ TND = 0.985, 적합
④ TND = 1.085, 부적합

**해설**

소음 노출 분량과 소음 노출 허용 수준
1. 소음 노출 분량(Noise Dose)

$$\text{부분 노출 분량} = \frac{\text{실제 노출 시간}}{\text{최대 허용 시간}}$$

※ 허용 노출 수준 : 1의 소음 투여량(총 소음 투여량은 부분 노출분량의 합과 같다.)

2. 소음 노출 허용 수준

| 음압 수준 | 90dB | 95dB | 100dB | 105dB | 110dB |
|---|---|---|---|---|---|
| 허용 시간 | 8 | 4 | 2 | 1 | 0.5 |

3. 계산
• 소음 노출 수준 $= \left(\frac{1}{2} + \frac{1}{4} + \frac{1}{8}\right) = 0.875$
• 소음 노출 기준 초과 여부 : 1 미만이므로 적합

## 26 양립성(Compatibility)에 대한 설명 중 틀린 것은?

① 개념 양립성, 운동 양립성, 공간 양립성 등이 있다.
② 인간의 기대에 맞는 자극과 반응의 관계를 의미한다.
③ 양립성의 효과가 크면 클수록 코딩의 시간이나 반응의 시간은 길어진다.
④ 양립성이란 제어장치와 표시장치의 연관성이 인간의 예상과 어느 정도 일치하는 것을 의미한다.

**해설**

양립성의 효과가 크면 클수록 코딩의 시간이나 반응의 시간은 줄어든다.

**TIP** 양립성
• 자극들 간의, 반응들 간의, 자극-반응 조합의 관계가 인간의 기대와 모순되지 않는 것이다.(인간의 기대하는 바와 자극 또는 반응들이 일치하는 관계)
• 양립성의 종류
 - 공간 양립성
 - 운동 양립성
 - 개념 양립성
 - 양식 양립성

**정답** 24 ① 25 ② 26 ③

**27** A작업의 평균 에너지 소비량이 다음과 같을 때, 60분간의 총 작업시간 내에 포함되어야 하는 휴식시간(분)은?

- 휴식 중 에너지소비량 : 1.5kcal/min
- A작업 시 평균 에너지 소비량 : 6kcal/min
- 기초대사를 포함한 작업에 대한 평균 에너지 소비량 상한 : 5kcal/min

① 10.3  ② 11.3
③ 12.3  ④ 13.3

**해설**

휴식시간

$$R = \frac{60(E-5)}{E-1.5}$$

여기서, $R$ = 휴식시간(분)
$E$ = 작업 시 평균 에너지 소비량(kcal/분)
60 = 총작업 시간(분)
1.5kcal/분 = 휴식시간 중의 에너지 소비량

$$R = \frac{60(E-5)}{E-1.5} = \frac{60(6-5)}{6-1.5} = 13.3$$

**28** 상완을 자연스럽게 수직으로 늘어뜨린 상태에서 전완만을 편하게 파악할 수 있는 영역을 무엇이라 하는가?

① 정상작업파악한계  ② 정상작업역
③ 최대작업역  ④ 작업공간포락면

**해설**

수평 작업대

| 정상작업역<br>(표준영역) | 위팔(상완)을 자연스럽게 수직으로 늘어뜨린 채, 아래팔(전완)만으로 편하게 뻗어 파악할 수 있는 구역 |
|---|---|
| 최대작업역<br>(최대영역) | 아래팔(전완)과 위팔(상완)을 곧게 펴서 파악할 수 있는 구역 |

**29** 시스템안전 MIL-STD-882B 분류기준의 위험성 평가 매트릭스에서 발생빈도에 속하지 않는 것은?

① 거의 발생하지 않는(Remote)
② 전혀 발생하지 않는(Impossible)
③ 보통 발생하는(Reasonably Probable)
④ 극히 발생하지 않을 것 같은(Extremely Improbable)

**해설**

시스템안전 MIL-STD-882B 위험성 평가 발생빈도 분류기준
1. 자주 발생(Frequent)
2. 보통 발생하는(Reasonably Probable)
3. 가끔 발생(Occasional)
4. 거의 발생하지 않은(Remote)
5. 극히 발생하지 않을 것 같은(Extremely Improbable)

**TIP** 전혀 발생하지 않는(impossible)은 Chapanis의 위험분석에 포함된다.

**30** 정량적 표시장치에 관한 설명으로 맞는 것은?
① 정확한 값을 읽어야 하는 경우 일반적으로 디지털보다 아날로그 표시장치가 유리하다.
② 동목(Moving Scale)형 아날로그 표시장치는 표시장치의 면적을 최소화할 수 있는 장점이 있다.
③ 연속적으로 변화하는 양을 나타내는 데에는 일반적으로 아날로그보다 디지털 표시장치가 유리하다.
④ 동침(Moving Pointer)형 아날로그 표시장치는 바늘의 진행 방향과 증감 속도에 대한 인식적인 암시 신호를 얻는 것이 불가능한 단점이 있다.

**해설**

정량적 표시장치의 종류(정량적인 동적 표시장치)

| 아날로그<br>(Analog) | 정목동침형<br>(Moving Pointer)<br>(지침이동형) | • 눈금이 고정되고 지침이 움직이는 형 (고정눈금 이동지침 표시장치)<br>• 일정한 범위에서 수치가 자주 또는 계속 변하는 경우 가장 유용한 표시장치<br>• 지침의 위치는 인식적인 암시 신호를 얻을 수 있다. |
|---|---|---|
| | 정침동목형<br>(Moving Scale)<br>(지침고정형) | • 지침이 고정되고 눈금이 움직이는 형 (이동눈금 고정지침 표시장치)<br>• 나타내고자 하는 값의 범위가 클 때, 비교적 작은 눈금판에 모두 나타내고자 할 때(공간을 적게 차지하는 이점이 있음) |
| 디지털<br>(Digital) | 계수형<br>(Digital) | • 전력계나 택시 요금 계기와 같이 기계, 전자적으로 숫자가 표시되는 형<br>• 출력되는 값을 정확하게 읽어야 하는 경우에 가장 적합하다.(수치를 정확하게 읽어야 할 경우)<br>• 판독 오차는 원형 표시 장치보다 적을 뿐 아니라 판독(평균반응)시간도 짧다.(계수형 : 0.94초, 원형 : 3.54초) |

정답 27 ④  28 ②  29 ②  30 ②

**31** 다음과 같은 실내 표면에서 일반적으로 추천 반사율의 크기를 맞게 나열한 것은?

> ㉠ 바닥   ㉡ 천정
> ㉢ 가구   ㉣ 벽

① ㉠ < ㉣ < ㉢ < ㉡
② ㉣ < ㉠ < ㉡ < ㉢
③ ㉠ < ㉢ < ㉣ < ㉡
④ ㉣ < ㉡ < ㉠ < ㉢

**해설**

실내 면(面)의 추천 반사율

| 바닥 | 가구, 사무용 기기, 책상 | 창문 발(Blind), 벽 | 천정 |
|---|---|---|---|
| 20~40% | 25~45% | 40~60% | 80~90% |

**32** 일반적으로 은행의 접수대 높이나 안내 데스크를 설계할 때 가장 적합한 인체 측정 자료의 응용원칙은?

① 조절식 설계
② 평균치를 이용한 설계
③ 최대치수를 이용한 설계
④ 최소치수를 이용한 설계

**해설**

인체 계측 자료의 응용원칙 사례
1. 극단치를 이용한 설계
   - 최대 집단치 설계 : 출입문, 탈출구의 크기, 통로, 그네, 줄사다리, 버스 내 승객용 좌석 간 거리. 위험구역 울타리 등
   - 최소 집단치 설계 : 선반의 높이, 조종 장치까지의 거리, 비상벨의 위치 설계 등
2. 조절 가능한 설계
   자동차 좌석의 전후 조절, 사무실 의자의 상하 조절, 책상 높이 등
3. 평균치를 이용한 설계
   가게나 은행의 계산대, 식당 테이블, 출근버스 손잡이 높이, 안내 데스크 등

**33** 다음 중 제한된 실내 공간에서의 소음문제에 대한 대책으로 가장 적절하지 않은 것은?

① 진동부분의 표면을 줄인다.
② 소음에 적응된 인원으로 배치한다.
③ 소음의 전달 경로를 차단한다.
④ 벽, 천정, 바닥에 흡음재를 부착한다.

**해설**

소음방지대책
1. 소음원의 제거 : 가장 적극적인 대책
2. 소음원을 통제 : 기계의 적절한 설계, 정비 및 주유, 고무 받침대 부착, 소음기 사용(차량) 등
3. 소음의 격리 : 씌우개(Enclosure), 장벽을 사용(창문을 닫으면 약 10dB 감음됨)
4. 적절한 배치(Lay Out)
5. 음향 처리제 사용
6. 차폐 장치(Baffle) 및 흡음재 사용
7. 방음 보호 용구

**34** 국소진동에 지속적으로 노출된 근로자에게 발생할 수 있으며, 말초혈관 장해로 손가락이 창백해지고 동통을 느끼는 질환의 명칭은?

① 레이노 병(Raynaud's Phenomenon)
② 파킨슨 병(Parkinson's Disease)
③ 규폐증
④ C5-dip 현상

**해설**

레이노 현상(Raynaud's Phenomenon)
손가락에 있는 말초혈관 운동의 장애로 손가락이 창백해지고 손이 차며 저리거나 통증이 오는 현상으로 추위에 노출되면 이러한 현상은 더욱 악화되며 백납병을 초래하게 된다.

**35** 빨강, 노랑, 파랑의 3가지 색으로 구성된 교통 신호등이 있다. 신호등은 항상 3가지 색 중 하나가 켜지도록 되어 있다. 1시간 동안 조사한 결과, 파란등은 총 30분 동안, 빨간등과 노란등은 각각 총 15분 동안 켜진 것으로 나타났다. 이 신호등의 총 정보량은 몇 bit 인가?

① 0.5
② 0.75
③ 1.0
④ 1.5

**해설**

정보의 측정 단위
여러 개의 실현 가능한 대안이 있을 경우 평균 정보량은 각 대안의 정보량에 실현 확률을 곱한 것을 모두 합하면 된다.

$$H = \sum_{i=1}^{n} P_i \log_2 \left( \frac{1}{P_i} \right)$$

여기서, $P_i$ = 각 대안의 실현확률

1. 확률 계산
   - 파란등 확률 = $\frac{30}{60}$ = 0.5
   - 빨간등 확률 = $\frac{15}{60}$ = 0.25
   - 노란등 확률 = $\frac{15}{60}$ = 0.25
2. 총 정보량
$$H = 0.5 \times \log_2\left(\frac{1}{0.5}\right) + 0.25 \times \log_2\left(\frac{1}{0.25}\right)$$
$$+ 0.25 \times \log_2\left(\frac{1}{0.25}\right) = 1.5 \text{(bit)}$$

### 36 상황해석을 잘못하거나 목표를 잘못 설정하여 발생하는 인간의 오류 유형은?

① 실수(Slip)
② 착오(Mistake)
③ 위반(Violation)
④ 건망증(Lapse)

**해설**

인간의 오류 모형

| 착오<br>(Mistake) | 상황해석을 잘못하거나 목표를 잘못 이해하고 착각하여 행하는 경우(어떤 목적으로 행동하려고 했는데 그 행동과 일치하지 않는 것) |
|---|---|
| 실수<br>(Slip) | 상황이나 목표의 해석을 제대로 했으나 의도와는 다른 행동을 하는 경우 |
| 건망증<br>(Lapse) | 여러 과정이 연계적으로 계속하여 일어나는 행동 중 일부를 잊어버리고 하지 않거나 또는 기억의 실패에 의해 발생하는 오류 |
| 위반<br>(Violation) | 정해진 규칙을 알고 있음에도 고의적으로 따르지 않거나 무시하는 행위 |

### 37 부품 배치의 원칙 중 기능적으로 관련된 부품들을 모아서 배치한다는 원칙은?

① 중요성의 원칙
② 사용 빈도의 원칙
③ 사용 순서의 원칙
④ 기능별 배치의 원칙

**해설**

부품 배치의 원칙

| 부품의<br>위치 결정 | 중요성의<br>원칙 | 체계의 목표달성에 긴요한 정도에 따른 우선순위를 설정 |
|---|---|---|
| | 사용 빈도의<br>원칙 | 부품이 사용되는 빈도에 따른 우선순위 설정 |
| 부품의<br>배치 결정 | 기능별<br>배치의 원칙 | 기능적으로 관련된 부품들을 모아서 배치 |
| | 사용 순서의<br>원칙 | 순서적으로 사용되는 장치들을 가까이에 순서적으로 배치 |

### 38 동작경제 원칙에 해당되지 않는 것은?

① 신체사용에 관한 원칙
② 작업장 배치에 관한 원칙
③ 사용자 요구 조건에 관한 원칙
④ 공구 및 설비 디자인에 관한 원칙

**해설**

동작경제의 원칙
작업자가 에너지의 낭비 없이 효과적으로 작업할 수 있도록 작업자의 동작을 세밀하게 분석하여 가장 경제적이고 합리적인 표준동작을 설정하는 것을 말한다.
1. 신체사용에 관한 원칙
2. 작업장 배치에 관한 원칙
3. 공구 및 설비 디자인에 관한 원칙

### 39 암호체계의 사용상에 있어서, 일반적인 지침에 포함되지 않는 것은?

① 암호의 검출성
② 부호의 양립성
③ 암호의 표준화
④ 암호의 단일 차원화

**해설**

암호 체계 사용상의 일반적 지침
1. 암호의 검출성(Detectability) : 검출이 가능하여야 한다.
2. 암호의 변별성(Discriminability) : 다른 암호 표시와 구별될 수 있어야 한다.
3. 부호의 양립성(Compatibility) : 자극들 간의, 반응들 간의, 자극-반응 조합의 관계가 인간의 기대와 모순되지 않는 것이다.
4. 부호의 의미 : 사용자가 그 뜻을 분명히 알 수 있어야 한다.
5. 암호의 표준화(Standardization) : 암호를 표준화하여야 한다.
6. 다차원 암호의 사용(Multidimensional) : 2가지 이상의 암호 차원을 조합해서 사용하면 정보전달이 촉진된다.

**정답** 36 ② 37 ④ 38 ③ 39 ④

## 40 다음 중 인간공학에 대한 설명으로 틀린 것은?

① 인간이 사용하는 물건, 설비, 환경의 설계에 적용된다.
② 인간의 생리적, 심리적인 면에서의 특성이나 한계점을 고려한다.
③ 인간을 작업과 기계에 맞추는 설계 철학이 바탕이 된다.
④ 인간 – 기계 시스템의 안전성과 편리성, 효율성을 높인다.

### 해설
인간공학의 정의
1. 인간의 특성과 한계 능력을 공학적으로 분석, 평가하여 이를 복잡한 체계의 설계에 응용함으로써 효율을 최대로 활용할 수 있도록 하는 학문분야이다.
2. 인간의 생리적, 심리적 요소를 연구하여 기계나 설비를 인간의 특성에 맞추어 설계하고자 하는 것이다.
3. 사람과 작업 간의 적합성에 관한 과학을 말한다.(인적오류 예방에 관한 인간공학적 안전보건관리 지침)
4. 인간공학의 초점은 인간이 만들어 생활의 여러 가지 면에서 사용하는 물건, 기구 또는 환경을 설계하는 과정에서 인간을 고려하는 데 있다.

---

### 3과목  기계·기구 및 설비 안전 관리

## 41 롤러의 급정지를 위한 방호장치를 설치하고자 한다. 앞면 롤러 직경이 36cm이고, 분당회전속도가 50rpm이라면 급정지거리는 약 얼마 이내이어야 하는가?(단, 무부하동작에 해당한다.)

① 45cm  ② 50cm
③ 55cm  ④ 60cm

### 해설
롤러기의 급정지거리

$$V = \frac{\pi DN}{1,000} (\text{m/min})$$

여기서, $V$ : 표면속도
$D$ : 롤러 원통의 직경(mm)
$N$ : 1분간에 롤러기가 회전되는 수(rpm)

1. $V = \frac{\pi DN}{1,000}$ (m/min)

   $= \frac{\pi \times 360 \times 50}{1,000}$

   $= 56.52$ (m/min)

2. 무부하 동작에서 급정지거리
   표면속도($V$)가 56.52(m/min)로 30(m/min) 이상이므로 앞면 롤러 원주의 $\frac{1}{2.5}$ 이다.

| 앞면 롤러의 표면속도 (m/min) | 급정지 거리 |
| --- | --- |
| 30 미만 | 앞면 롤러 원주의 1/3 |
| 30 이상 | 앞면 롤러 원주의 1/2.5 |

3. 급정지 거리 = $\pi \times D \times \frac{1}{2.5} = \pi \times 36 \times \frac{1}{2.5}$

   $= 45.216 ≒ 45$ (cm)

원둘레 길이 = $\pi D = 2\pi r$

여기서, $D$ : 지름
$r$ : 반지름

## 42 다음 중 연삭숫돌의 파괴 원인으로 거리가 먼 것은?

① 플랜지가 현저히 클 때
② 숫돌에 균열이 있을 때
③ 숫돌의 측면을 사용할 때
④ 숫돌의 치수 특히 내경의 크기가 적당하지 않을 때

### 해설
연삭숫돌의 파괴 원인
1. 숫돌의 회전속도가 너무 빠를 때
2. 숫돌 자체에 균열이 있을 때
3. 숫돌에 과대한 충격을 가할 때
4. 숫돌의 측면을 사용하여 작업할 때
5. 숫돌의 불균형이나 베어링 마모에 의한 진동이 있을 때 (숫돌이 경우에 따라 파손될 수 있다.)
6. 숫돌 반경방향의 온도변화가 심할 때
7. 작업에 부적당한 숫돌을 사용할 때
8. 숫돌의 치수가 부적당할 때
9. 플랜지가 현저히 작을 때

**43** 다음 중 지게차의 작업상태별 안정도에 관한 설명으로 틀린 것은?[단, $V$는 최고속도(km/h)이다.]

① 기준 부하상태에서 하역작업 시의 전후 안정도는 20% 이내이다.
② 기준 부하상태에서 하역작업 시의 좌우 안정도는 6% 이내이다.
③ 기준 무부하상태에서 주행 시의 전후 안정도는 18% 이내이다.
④ 기준 무부하상태에서 주행 시의 좌우 안정도는 (15+1.1$V$)% 이내이다.

**해설**

지게차의 안정도 기준
1. 하역작업 시의 전후 안정도 4% 이내(5톤 이상 : 3.5% 이내) : 최대하중상태에서 포크를 가장 높이 올린 경우
2. 주행 시의 전후 안정도 18% 이내
3. 하역작업 시의 좌우 안정도 6% 이내 : 최대하중상태에서 포크를 가장 높이 올리고 마스트를 가장 뒤로 기울인 경우
4. 주행 시의 좌우 안정도(15+1.1$V$)% 이내
   $V$ : 최고속도(km/h)

**44** 그림과 같이 2줄의 와이어로프로 중량물을 달아올릴 때, 로프에 가장 힘이 적게 걸리는 각도($\theta$)는?

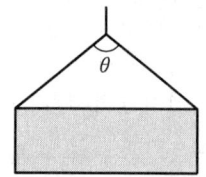

① 0°
② 60°
③ 120°
④ 모두 같음

**해설**

슬링와이어로프의 한 가닥에 걸리는 하중

$$하중 = \frac{화물의 무게(W_1)}{2} \div \cos\frac{\theta}{2}$$

여기서, 각도 $\theta$가 작을수록 힘이 적게 걸린다.

**45** 용접부 결함에서 전류가 과대하고, 용접속도가 너무 빨라 용접부의 일부가 홈 또는 오목하게 생기는 결함은?

① 언더컷     ② 기공
③ 균열       ④ 융합불량

**해설**

언더컷(Under Cut)

| 결함의 모양 | 원인 | 상태 |
| --- | --- | --- |
|  | 과대전류, 운봉속도가 빠를 때, 부당한 용접봉을 사용할 때 | 용접된 경계 부근에 움푹 파여 들어가 홈이 생긴 것 |

**46** 프레스기의 SPM(Stroke Per Minute)이 200이고, 클러치의 맞물림 개소수가 6인 경우 양수기동식 방호장치의 안전거리는?

① 120mm    ② 200mm
③ 320mm    ④ 400mm

**해설**

방호장치 설치 안전거리(양수기동식)

$$D_m = 1.6 T_m$$

여기서, $D_m$ : 안전거리(mm)
$T_m$ : 양손으로 누름단추를 누르기 시작할 때부터 슬라이드가 하사점에 도달하기까지 소요시간(ms)

$$T_m = \left(\frac{1}{클러치 맞물림 개소수} + \frac{1}{2}\right) \times \frac{60,000}{매분 행정수}(\text{ms})$$

1. $T_m = \left(\frac{1}{클러치 맞물림 개소수} + \frac{1}{2}\right) \times \frac{60,000}{매분 행정수}$
   $= \left(\frac{1}{6} + \frac{1}{2}\right) \times \frac{60,000}{200} = 200(\text{ms})$
2. $D_m = 1.6 \times 200 = 320(\text{mm})$

**47** 회전하는 부분의 접선방향으로 물려 들어갈 위험이 존재하는 점으로 주로 체인, 풀리, 벨트, 기어와 랙 등에서 형성되는 위험점은?

① 끼임점       ② 협착점
③ 절단점       ④ 접선물림점

해설

기계운동 형태에 따른 위험점 분류

| 협착점 | 왕복운동을 하는 운동부와 움직임이 없는 고정부 사이에서 형성되는 위험점(고정점+운동점) | • 프레스  • 전단기<br>• 성형기  • 조형기<br>• 밴딩기  • 인쇄기 |
|---|---|---|
| 끼임점 | 회전운동하는 부분과 고정부 사이에 위험이 형성되는 위험점(고정점+회전운동) | • 연삭숫돌과 작업대<br>• 반복동작되는 링크기구<br>• 교반기의 날개와 몸체 사이<br>• 회전풀리와 벨트 |
| 절단점 | 회전하는 운동부 자체의 위험이나 운동하는 기계부분 자체의 위험에서 형성되는 위험점(회전운동+기계) | • 밀링커터<br>• 둥근 톱의 톱날<br>• 목공용 띠톱 날 |
| 물림점 | 회전하는 두 개의 회전체에 형성되는 위험점(서로 반대방향의 회전체)(중심점+반대방향의 회전운동) | • 기어와 기어의 물림<br>• 롤러와 롤러의 물림<br>• 롤러분쇄기 |
| 접선<br>물림점 | 회전하는 부분의 접선방향으로 물려들어갈 위험이 있는 위험점 | • V벨트와 풀리<br>• 랙과 피니언<br>• 체인벨트<br>• 평벨트 |
| 회전<br>말림점 | 회전하는 물체의 길이, 굵기, 속도 등의 불규칙 부위와 돌기 회전부위에 의해 장갑 또는 작업복 등이 말려들 위험이 있는 위험점 | • 회전하는 축<br>• 커플링<br>• 회전하는 드릴 |

**48** 산업안전기준에 관한 규칙에서 정의하고 있는 동력을 사용하여 사람이나 화물을 운반하는 것을 목적으로 사용하는 리프트의 종류에 해당하지 않는 것은?

① 승강용 리프트
② 건설용 리프트
③ 산업용 리프트
④ 이삿짐운반용 리프트

해설

리프트
1. 동력을 사용하여 사람이나 화물을 운반하는 것을 목적으로 하는 기계설비
2. 종류
   • 건설용 리프트
   • 산업용 리프트
   • 자동차정비용 리프트
   • 이삿짐운반용 리프트

**49** 산업안전보건법령상 목재가공용 둥근톱 작업에서 분할날과 톱날 원주면과의 간격은 최대 얼마 이내가 되도록 조정하는가?

① 10mm
② 12mm
③ 14mm
④ 16mm

해설

분할날의 설치구조
1. 분할 날의 두께는 둥근톱 두께의 1.1배 이상일 것

$$1.1t_1 \leq t_2 < b$$

여기서, $t_1$ : 톱 두께
$t_2$ : 분할날 두께
$b$ : 치진폭

2. 견고히 고정할 수 있으며 분할날과 톱날 원주면과의 거리는 12mm 이내로 조정, 유지할 수 있어야 하고 표준 테이블면(승강반에 있어서도 테이블을 최하로 내린 때의 면) 상의 톱 뒷날의 2/3 이상을 덮도록 할 것
3. 재료는 KS D 3751(탄소공구강재)에서 정한 STC 5(탄소공구강) 또는 이와 동등 이상의 재료를 사용할 것
4. 분할날 조임볼트는 2개 이상이어야 하며 볼트는 이완방지 조치가 되어 있어야 한다.

**50** 다음 중 선반의 안전장치 및 작업 시 주의사항으로 잘못된 것은?

① 선반의 바이트는 되도록 짧게 물린다.
② 방진구는 공작물의 길이가 지름의 5배 이상일 때 사용한다.
③ 선반의 베드 위에는 공구를 올려놓지 않는다.
④ 칩 브레이커는 바이트에 직접 설치한다.

해설

선반 작업 시 주의사항
1. 칩(Chip)이 비산할 때는 보안경을 쓰고 방호판을 설치·사용한다.
2. 베드 위에 공구를 올려 놓지 않아야 한다.
3. 작업 중에 가공품을 만지지 않는다.
4. 장갑 착용을 금한다.
5. 작업 시 공구는 항상 정리해 둔다.
6. 가능한 한 절삭 방향은 주축대 쪽으로 한다.
7. 기계 점검을 한 후 작업을 시작한다.
8. 칩(Chip)이나 부스러기를 제거할 때는 기계를 정지시키고 압축공기를 사용하지 말고 반드시 브러시(솔)를 사용한다.

정답 48 ① 49 ② 50 ②

9. 치수 측정, 주유 및 청소를 할 때는 반드시 기계를 정지시키고 한다.
10. 기계를 운전 중에 백 기어(Back Gear)를 사용하지 말고 시동 전에 심압대가 잘 죄어 있는가를 확인한다.
11. 바이트는 가급적 짧게 장치하며 가공물의 길이가 직경의 12배 이상일 때는 반드시 방진구를 사용하여 진동을 막는다.
12. 리드 스크루에는 작업자의 하부가 걸리기 쉬우므로 조심해야 한다.

**51** 산업안전보건법령상 고속회전체의 회전시험을 하는 경우 미리 회전축의 재질 및 형상 등에 상응하는 종류의 비파괴검사를 해서 결함 유무를 확인해야 한다. 이때 검사 대상이 되는 고속회전체의 기준은?

① 회전축의 중량이 0.5톤을 초과하고, 원주속도가 100 m/s 이내인 것
② 회전축의 중량이 0.5톤을 초과하고, 원주속도가 120 m/s 이상인 것
③ 회전축의 중량이 1톤을 초과하고, 원주속도가 100 m/s 이내인 것
④ 회전축의 중량이 1톤을 초과하고, 원주속도가 120 m/s 이상인 것

**해설**
고속회전체의 위험방지

| 고속회전체(원주속도가 25m/s를 초과하는 것)의 회전시험을 하는 경우 | 전용의 견고한 시설물의 내부 또는 견고한 장벽 등으로 격리된 장소에서 하여야 한다. |
|---|---|
| 회전축의 중량이 1톤을 초과하고, 원주속도가 120m/s 이상인 것의 회전시험을 하는 경우 | 미리 회전축의 재질 및 형상 등에 상응하는 종류의 비파괴검사를 해서 결함 유무를 확인하여야 한다. |

**52** 지게차의 방호장치에 해당하는 것은?

① 버킷  ② 포크
③ 마스트  ④ 헤드가드

**해설**
지게차 방호장치
1. 전조등 및 후미등
2. 헤드가드
3. 백레스트
4. 좌석 안전띠

**53** 베어링을 생산하는 사업장에 300명의 근로자가 근무하고 있다. 1년에 21건의 재해가 발생하였다면 이 사업장에서 근로자 1명이 평생 작업 시 약 몇 건의 재해를 당할 수 있겠는가?(단, 1일 8시간씩 1년 300일을 근무하며, 평생근로시간은 10만 시간으로 가정한다.)

① 1건  ② 3건
③ 5건  ④ 6건

**해설**
1. 도수율
$$도수율 = \frac{재해\ 발생\ 건수}{연간\ 총근로시간수} \times 1{,}000{,}000$$
$$= \frac{21}{300 \times 8 \times 300} \times 1{,}000{,}000$$
$$= 29.17$$

2. 환산도수율
환산도수율 = 도수율 × 0.1 = 29.17 × 0.1 = 2.92 ≒ 3(건)
- 환산 재해율
  - 환산강도율($S$) : 10만 시간(평생근로)당의 근로손실일수
  - 환산도수율($F$) : 10만 시간(평생근로)당의 재해건수
- 환산강도율($S$) = 강도율 × $\frac{100{,}000}{1{,}000}$
  = 강도율 × 100(일)
- 환산강도율($F$) = 도수율 × $\frac{100{,}000}{1{,}000{,}000}$
  = 도수율 × $\frac{1}{10}$ (건)
- $\frac{S}{F}$ = 재해 1건당의 근로손실일수

**TIP** 총근로시간수(평생근로시간)이 다를 경우

| 평생근로시간이 100,000시간 | 평생근로시간이 120,000시간 |
|---|---|
| • 환산도수율 = 도수율 × 0.1<br>• 환산강도율 = 강도율 × 100 | • 환산도수율 = 도수율 × 0.12<br>• 환산강도율 = 강도율 × 120 |

**54** 산업안전보건법령상 프레스 및 전단기에서 안전블록을 사용해야 하는 작업으로 가장 거리가 먼 것은?

① 금형가공작업
② 금형해체작업
③ 금형부착작업
④ 금형조정작업

**정답** 51 ④ 52 ④ 53 ② 54 ①

> 해설

**금형조정작업의 위험 방지**
프레스 등의 금형을 부착·해체 또는 조정하는 작업을 할 때에 해당 작업에 종사하는 근로자의 신체가 위험한계 내에 있는 경우 슬라이드가 갑자기 작동함으로써 근로자에게 발생할 우려가 있는 위험을 방지하기 위하여 안전블록을 사용하는 등 필요한 조치를 하여야 한다.

## 55 보일러 발생증기의 이상 현상이 아닌 것은?

① 역화(Back Fire)  ② 프라이밍(Priming)
③ 포밍(Forming)  ④ 캐리오버(Carry Over)

> 해설

**이상현상의 종류**

| 프라이밍(Priming) | 보일러수가 극심하게 끓어서 수면에서 계속하여 물방울이 비산하고 증기부가 물방울로 충만하여 수위가 불안정하게 되는 현상 |
|---|---|
| 포밍(Foaming) | 보일러수에 유지류, 고형물 등의 부유물로 인해 거품이 발생하여 수위를 판단하지 못하는 현상 |
| 캐리오버(Carry Over) | • 보일러에서 증기관 쪽으로 보내는 증기에 대량의 물방울이 포함되는 경우로 프라이밍이나 포밍이 생기면 필연적으로 발생<br>• 보일러에서 증기의 순도를 저하시킴으로써 관내 응축수가 생겨 워터해머의 원인이 되는 것 |
| 워터해머(Water Hammer)(수격작용) | 증기관 내에서 증기를 보내기 시작할 때 해머로 치는 듯한 소리를 내며 관이 진동하는 현상으로, 워터해머는 캐리오버에 기인한다. |

> TIP 역화(Back Fire)
> 연소실 내에서 폭발 등에 의해 화염이 연도로 나가지 못하고 연소실 입구로 분출되는 현상

## 56 곤돌라형 달비계에 사용하는 와이어로프의 사용금지 기준으로 옳지 않은 것은?

① 이음매가 있는 것
② 열과 전기충격에 의해 손상된 것
③ 지름의 감소가 공칭지름의 7%를 초과하는 것
④ 와이어로프의 한 꼬임에서 끊어진 소선의 수가 7% 이상인 것

> 해설

**달비계의 와이어로프 사용금지 사항**
1. 이음매가 있는 것
2. 와이어로프의 한 꼬임에서 끊어진 소선의 수가 10% 이상인 것
3. 지름의 감소가 공칭지름의 7%를 초과하는 것
4. 꼬인 것
5. 심하게 변형되거나 부식된 것
6. 열과 전기충격에 의해 손상된 것

## 57 다음 중 가공재료의 칩이나 절삭유 등이 비산되어 나오는 위험으로부터 보호하기 위한 선반의 방호장치는?

① 바이트  ② 권과방지장치
③ 압력제한스위치  ④ 쉴드(Shield)

> 해설

**선반의 방호장치(안전장치)**

| 칩 브레이커(Chip Breaker) | 절삭 중 칩을 자동적으로 끊어주는 바이트에 설치된 안전장치 |
|---|---|
| 급정지 브레이크 | 가공작업 중 선반을 급정지시킬 수 있는 방호장치 |
| 쉴드(Shield) | 가공물의 칩이 비산되어 발생하는 위험을 방지하기 위해 사용하는 덮개(칩비산방지 투명판) |
| 척 커버(Chuck Cover) | 척과 척으로 잡은 가공물의 돌출부에 작업자가 접촉하지 않도록 설치하는 덮개 |

## 58 다음 중 아세틸렌 용접장치에서 역화의 원인으로 가장 거리가 먼 것은?

① 아세틸렌의 공급 과다
② 토치 성능의 부실
③ 압력조정기의 고장
④ 토치 팁에 이물질이 묻은 경우

> 해설

**역화(Back Fire)**

| 정의 | 용접 도중에 모재에 팁 끝이 닿아 불꽃이 순간적으로 팁 끝에서 순간적으로 폭음을 내며 불꽃이 들어갔다가 꺼지는 현상 |
|---|---|
| 원인 | • 압력조정기의 고장<br>• 과열되었을 때<br>• 산소 공급이 과다할 때<br>• 토치의 성능이 좋지 않을 때<br>• 토치 팁에 이물질이 묻었을 때 |
| 방지법 | • 용접 팁을 물에 담궈서 식힘<br>• 아세틸렌을 차단<br>• 토치의 기능을 점검 |

**정답** 55 ③  56 ④  57 ④  58 ①

**59** 밀링 작업 시 안전수칙으로 틀린 것은?

① 보안경을 착용한다.
② 칩은 기계를 정지시킨 다음에 브러시로 제거한다.
③ 가공 중에는 손으로 가공면을 점검하지 않는다.
④ 면장갑을 착용하여 작업한다.

**해설**
밀링 작업에 대한 안전수칙
1. 제품을 따 내는 데에는 손끝을 대지 말아야 한다.
2. 운전 중 가공면에 손을 대지 말아야 하며 장갑 착용을 금지한다.
3. 칩을 제거할 때에는 커터의 운전을 중지하고 브러시(솔)를 사용하며 걸레를 사용하지 않는다.
4. 칩의 비산이 많으므로 보안경을 착용한다.
5. 커터 설치 시 및 측정은 반드시 기계를 정지시킨 후에 한다.
6. 일감(공작물)은 테이블 또는 바이스에 안전하게 고정한다.
7. 상하 이송장치의 핸들은 사용 후 반드시 빼 두어야 한다.
8. 가공 중에 밀링 머신에 얼굴을 대지 않는다.
9. 절삭 속도는 재료에 따라 정한다.
10. 커터를 끼울 때는 아버를 깨끗이 닦는다.
11. 일감(공작물)을 고정하거나 풀어낼 때는 기계를 정지시킨다.
12. 테이블 위에 공구 등을 올려놓지 않는다.
13. 강력 절삭을 할 때는 일감을 바이스에 깊게 물린다.
14. 급속이송은 백래시 제거장치가 동작하지 않고 있음을 확인한 후 실시하고, 급속이송은 한 방향으로만 한다.

**60** 페일 세이프(Fail Safe)의 기능적인 면에서 분류할 때 거리가 가장 먼 것은?

① Fool Proof
② Fail Passive
③ Fail Active
④ Fail Operational

**해설**
페일 세이프의 기능면에서의 분류

| | |
|---|---|
| Fail Passive | 부품이 고장나면 기계가 정지하는 방향으로 이동하는 것(일반적인 산업기계) |
| Fail Active | 부품이 고장나면 경보를 울리며 잠시 동안 계속 운전이 가능한 것 |
| Fail Operational | 부품이 고장나도 추후에 보수가 될 때까지 안전한 기능을 유지하는 것 |

**TIP** 풀 프루프와 페일 세이프

| | |
|---|---|
| 풀 프루프 (Fool Proof) | 작업자가 기계를 잘못 취급하여 불안전 행동이나 실수를 하여도 기계설비의 안전 기능이 작용되어 재해를 방지할 수 있는 기능을 가진 구조 |
| 페일 세이프 (Fail Safe) | 기계나 그 부품에 파손·고장이나 기능 불량이 발생하여도 항상 안전하게 작동할 수 있는 기능을 가진 구조 |

## 4과목 전기설비 안전관리

**61** 다음 중 산업안전보건기준에 관한 규칙에 따라 누전차단기를 설치하지 않아도 되는 곳은?

① 철판·철골 위 등 도전성이 높은 장소에서 사용하는 이동형 전기기계·기구
② 대지전압이 220V인 휴대형 전기기계·기구
③ 임시배선의 전로가 설치되는 장소에서 사용하는 이동형 전기기계·기구
④ 절연대 위에서 사용하는 전기기계·기구

**해설**
감전방지용 누전차단기의 적용대상(누전차단기 설치장소)
1. 대지전압이 150V를 초과하는 이동형 또는 휴대형 전기기계·기구
2. 물 등 도전성이 높은 액체가 있는 습윤장소에서 사용하는 저압(1.5천V 이하 직류전압이나 1천V 이하의 교류전압)용 전기기계·기구
3. 철판·철골 위 등 도전성이 높은 장소에서 사용하는 이동형 또는 휴대형 전기기계·기구
4. 임시배선의 전로가 설치되는 장소에서 사용하는 이동형 또는 휴대형 전기기계·기구

**TIP** 감전방지용 누전차단기의 적용제외 대상
• 이중절연구조 또는 이와 같은 수준 이상으로 보호되는 구조로 된 전기기계·기구
• 절연대 위 등과 같이 감전위험이 없는 장소에서 사용하는 전기기계·기구
• 비접지방식의 전로

**62** 인체저항을 500Ω이라 한다면, 심실세동을 일으키는 위험한계에너지는 약 몇 J인가?(단, 심실세동전류값 $I=\dfrac{165}{\sqrt{T}}$ mA의 Dalziel의 식을 이용하며, 통전시간은 1초로 한다.)

① 11.5
② 13.6
③ 15.3
④ 16.2

**해설**

위험한계에너지

$$W = I^2RT[J/S] = \left(\dfrac{165}{\sqrt{T}} \times 10^{-3}\right)^2 \times R \times T$$

$W = \left(\dfrac{165}{\sqrt{1}} \times 10^{-3}\right)^2 \times 500 \times 1 = 13.6(J)$

**63** 교류 아크 용접기의 자동전격방지장치는 아크 발생이 중단된 후 출력 측 무부하 전압을 1초 이내 몇 V 이하로 저하시켜야 하는가?

① 25~30
② 35~50
③ 55~75
④ 80~100

**해설**

자동전격방지기
1. 교류 아크 용접기는 65~90(V)의 무부하 전압이 인가되어 감전의 위험성이 높으며, 자동전격방지기를 설치하여 아크 발생을 중단할 때 용접기의 2차(출력) 측 무부하 전압을 25~30(V) 이하로 유지시켜 감전의 위험을 줄이도록 되어 있다.
2. 즉, 용접 시에만 용접기의 주회로가 접속되고 그 외는 용접기 2차 전압을 안전전압 이하로 제한한다.

**TIP** 2차(출력) 측 무부하 전압을 자동적으로 25V 이하로 강하시켜야 하나 전원전압의 변동이 있을 경우 30V 이하로 강하시켜야 한다.

**64** 1종 위험장소로 분류되지 않는 것은?

① 탱크류의 벤트(Vent) 개구부 부근
② 인화성 액체 탱크 내의 액면 상부의 공간부
③ 점검수리 작업에서 가연성 가스 또는 증기를 방출하는 경우의 밸브 부근
④ 탱크롤리, 드럼관 등이 인화성 액체를 충전하고 있는 경우의 개구부 부근

**해설**

가스폭발 위험장소의 구분(1종)
1. 탱크롤리, 드럼관 등 인화성 액체를 충전하고 있는 경우의 개구부 부근
2. 릴리프 밸브가 가끔 작동하여 가연성 가스 또는 증기가 방출되는 경우의 부근
3. 탱크류의 벤트 개구부 부근
4. 점검 및 수리작업 시에 가연성 가스 또는 증기가 방출되는 경우
5. 실내에서 가연성 가스 또는 증기가 방출될 염려가 있는 장소
6. 위험한 가스가 누출될 염려가 있는 장소로서 피트(PIT)와 같이 가스가 축적되는 장소
7. 플로팅 루프 탱크상의 셀 내의 부분

**TIP** 0종 장소
- 인화성 액체 또는 가연성 용기와 설비의 내부
- 인화성 액체의 용기 또는 탱크 내 액면상부 공간
- 가연성 액체 내의 액중 펌프

**65** 피뢰기가 구비하여야 할 조건으로 틀린 것은?

① 제한전압이 낮아야 한다.
② 상용 주파 방전 개시 전압이 높아야 한다.
③ 충격방전 개시전압이 높아야 한다.
④ 속류 차단 능력이 충분하여야 한다.

**해설**

피뢰기의 구비성능
1. 충격방전 개시전압과 제한전압이 낮을 것
2. 반복 동작이 가능할 것
3. 구조가 견고하며 특성이 변화하지 않을 것
4. 점검, 보수가 간단할 것
5. 뇌전류의 방전능력이 클 것
6. 속류의 차단이 확실하게 될 것

**66** 누전으로 인한 화재의 3요소에 대한 요건이 아닌 것은?

① 접속점
② 출화점
③ 누전점
④ 접지점

**정답** 62 ② 63 ① 64 ② 65 ③ 66 ①

### 해설
누전화재의 3요소
누전화재는 전선의 충전부에서 금속 조영재 등으로 전류가 흘러들어 오는 누전점, 과열 개소의 출화점, 접지물로 전기가 들어오는 접지점의 3요소가 있다. 누전으로 인한 전기화재의 원인조사에 있어서도 이것을 분명히 하는 것이 중요하다.

**67** 단로기를 사용하는 주된 목적은?

① 과부하 차단
② 변성기의 개폐
③ 이상전압의 차단
④ 무부하 선로의 개폐

### 해설
단로기(DS : Disconnecting Switch)
1. 무부하상태에서만 차단이 가능하며, 부하상태에서 개폐하면 위험하다.
2. 차단기의 전후 또는 차단기의 측로회로 및 회로접속의 변환에 사용한다.
3. 단로기 전원 개방 시(끊을 경우) : 차단기를 개방한 후에 단로기를 개방
4. 단로기 전원 투입 시(넣을 경우) : 단로기를 투입한 후에 차단기를 투입

**68** 누전화재가 발생하기 전에 나타나는 현상으로 거리가 가장 먼 것은?

① 인체 감전현상
② 전등 밝기의 변화현상
③ 빈번한 퓨즈 용단현상
④ 전기 사용 기계장치의 오동작 감소

### 해설
누전으로 전기 사용 기계장치의 오동작이 증가하면서 누전화재의 발생이 커진다.

**69** 심장의 맥동주기 중 어느 때에 전격이 인가되면 심실세동을 일으킬 확률이 크고, 위험한가?

① 심방의 수축이 있을 때
② 심실의 수축이 있을 때
③ 심실의 수축 종료 후 심실의 휴식이 있을 때
④ 심실의 수축이 있고 심방의 휴식이 있을 때

### 해설
심장의 맥동주기
1. P파 : 심방수축에 따른 파형이다.
2. Q-R-S파 : 심실수축에 따른 파형이다.
3. T파 : 심실의 수축 종료 후 심실의 휴식 시 발생하는 파형이다.
4. R-R : 심장의 맥동주기
※ 전격이 인가되면 심실세동을 일으키는 확률이 가장 크고 위험한 부분은 심실의 휴식 시 발생하는 T파 부분이다.

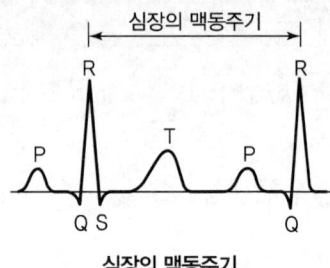

심장의 맥동주기

**70** 다음 중 유입차단기의 기호로 옳은 것은?

① VCB
② MCCB
③ OCB
④ ACB

### 해설
차단기의 종류

| 종류 | 설명 |
|---|---|
| 진공차단기(VCB : Vacuum Circuit Breaker) | 진공 속에서 전극을 개폐하여 소호하는 방식 |
| 배선용 차단기(MCCB : Molded Case Circuit Breaker) | 과전류에 대하여 자동차단하는 브레이크를 내장한 것으로 평상시에는 수동으로 개폐하고 과부하 및 단락 시에는 자동으로 전류를 차단하는 것 |
| 유입차단기(OCB : Oil Circuit Breaker) | 전로의 차단을 절연유를 매질로 하여 동작하는 것 |
| 기중차단기(ACB : Air Circuit Breaker) | 대기의 공기 내에서 회로를 차단할 시 공기의 자연소호방식을 이용한 것(압축공기를 사용하여 아크를 끄는 것) |

**71** 다음은 어떤 방전에 대한 설명인가?

> 정전기가 대전되어 있는 부도체에 접지체가 접근한 경우 대전물체와 접지체 사이에 발생하는 방전과 거의 동시에 부도체의 표면을 따라서 발생하는 나뭇가지 형태의 발광을 수반하는 방전

① 코로나 방전
② 뇌상 방전
③ 연면 방전
④ 불꽃 방전

정답 67 ④ 68 ④ 69 ③ 70 ③ 71 ③

### 해설
정전기 방전의 형태

| | |
|---|---|
| 코로나 방전 | 고체에 정전기가 축적되면 전위가 높아지게 되고 고체 표면의 전위경도가 어느 일정치를 넘어서면 낮은 소리와 연한 빛을 수반하는 방전 |
| 뇌상 방전 | 번개와 같은 수지상의 발광을 수반하고 강력하게 대전한 입자군이 대규모의 구름 모양(대전운)으로 확산되어 일어나는 특수한 방전 |
| 연면 방전 | 부도체의 표면을 따라서 Star-check 마크를 가지는 나뭇가지 형태의 발광을 수반하는 방전 |
| 불꽃 방전 | 도체가 대전되었을 때 접지된 도체 사이에서 발생하는 강한 발광과 파괴음을 수반하는 방전 |

**72** 대전서열을 올바르게 나열한 것은?

(+) (−)

① 폴리에틸렌 - 셀룰로이드 - 염화비닐 - 테프론
② 셀룰로이드 - 폴리에틸렌 - 염화비닐 - 테프론
③ 염화비닐 - 폴리에틸렌 - 셀룰로이드 - 테프론
④ 테프론 - 셀룰로이드 - 염화비닐 - 폴리에틸렌

### 해설
고분자 물질의 대전서열

(+) 유리 - 머리털 - 나일론 - 양모 - 레이온 - 견 - 비스포 - 아세테이트 - 오론 - 펄프 - 고무 - 테릴렌 - 비닐론 - 사란 - 다이노 - 테프 - 카프론 - 폴리에 - 카르릴 - 셀피 - 사판 - 셀비 - 영론 - 테프론 (−)

> **TIP** 일반적으로 대전량은 접촉이나 분리하는 두 가지 물체가 대전서열 내에서 가까운 곳에 있으면 적고 먼 위치에 있을수록 대전량이 큰 경향이 있다.

**73** 유자격자가 아닌 근로자가 방호되지 않은 충전전로 인근의 높은 곳에서 작업할 때에 근로자의 몸은 충전전로에서 몇 cm 이내로 접근할 수 없도록 하여야 하는가?(단, 대지전압이 50kV이다.)

① 50  ② 100
③ 200  ④ 300

### 해설
충전전로를 취급하거나 그 인근에서의 작업
유자격자가 아닌 근로자가 충전전로 인근의 높은 곳에서 작업할 때에 근로자의 몸 또는 긴 도전성 물체가 방호되지 않은 충전전로에서 대지전압이 50kV 이하인 경우에는 300cm 이내로, 대지전압이 50kV를 넘는 경우에는 10kV당 10cm씩 더한 거리 이내로 각각 접근할 수 없도록 할 것

**74** 감전 등의 재해를 예방하기 위하여 특고압용 기계·기구 주위에 관계자 외 출입을 금하도록 울타리를 설치할 때, 울타리의 높이와 울타리로부터 충전부분까지의 거리의 합이 최소 몇 m 이상이 되어야 하는가?(단, 사용전압이 35kV 이하인 특고압용 기계기구이다.)

① 5m  ② 6m
③ 7m  ④ 9m

### 해설
발전소 등의 울타리, 담 등의 시설
1. 울타리·담 등의 높이는 2m 이상으로 하고 지표면과 울타리·담 등의 하단 사이의 간격은 0.15m 이하로 할 것
2. 울타리·담 등과 고압 및 특고압의 충전부분이 접근하는 경우에는 울타리·담 등의 높이와 울타리·담 등으로부터 충전부분까지 거리의 합계는 다음 표에서 정한 값 이상으로 할 것

| 사용전압의 구분 | 울타리·담 등의 높이와 울타리·담 등으로부터 충전부분까지의 거리의 합계 |
|---|---|
| 35kV 이하 | 5m |
| 35kV 초과 160kV 이하 | 6m |
| 160kV 초과 | 6m에 160kV를 초과하는 10kV 또는 그 단수마다 0.12m를 더한 값 |

**75** 접지 목적에 따른 분류에서 병원설비의 의료용 전기전자(M·E)기기와 모든 금속부분 또는 도전바닥에도 접지하여 전위를 동일하게 하기 위한 접지를 무엇이라 하는가?

① 계통 접지
② 등전위 접지
③ 노이즈 방지용 접지
④ 정전기 장해방지 이용 접지

정답 72 ① 73 ④ 74 ① 75 ②

해설
목적에 따른 접지의 분류

| 접지의 종류 | 목적 |
|---|---|
| 계통 접지 | 고압전로와 저압전로가 혼촉되었을 때의 감전이나 화재 방지를 위해 변압기의 중성점을 접지하는 방식 |
| 기기 접지 | 누전되고 있는 기기에 접촉되었을 때의 감전 방지 |
| 피뢰기 접지 | 낙뢰로부터 전기기기의 손상을 방지 |
| 정전기 장해방지용 접지 | 정전기 축적에 의한 폭발 재해 방지 |
| 지락 검출용 접지 | 누전 차단기의 동작을 확실하게 함 |
| 등전위 접지 | 병원에 있어서의 의료기기 사용 시의 안전 |
| 잡음 대책용 접지 | 잡음에 의한 전자장치의 파괴나 오동작을 방지 |
| 기능용 접지 | 전기 방식 설비 등의 접지 |
| 노이즈 방지용 접지 | 노이즈에 의한 전기장치의 파괴나 오동작 방지를 위한 접지 |

**76** 전선로 등에서 아크화상 사고 시 전선이나 개폐기 터미널 등의 금속분자가 고열로 용융되어 피부 속으로 녹아 들어가는 현상은?

① 피부의 광성변화    ② 전문
③ 표피 박탈          ④ 전류반점

해설
감전에 의한 국소 증상

| 피부의 광성변화 | 감전 사고 시 전선이나 금속분자가 그 열로 용융됨으로써 피부 속으로 침투하는 현상 |
|---|---|
| 표피 박탈 | 고전압에 의한 아크 등으로 폭발적인 고열이 발생하여 인체의 표피가 벗겨져 떨어지는 현상 |
| 전문 | 감전전류의 유출입 부분에 회백색 또는 붉은색의 수지상 선이 나타나는 것으로 피부에 상처, 흉터가 남는 현상 |
| 전류반점 | 화상 부위가 검게 반점을 이루고 움푹 들어간 모양 |
| 감전성 궤양 | 신체 내부 조직의 급성 십이지장 궤양, 위궤양 |

**77** 다음 중 전기설비기술기준에 따른 전압의 구분으로 틀린 것은?

① 저압 : 직류 1kV 이하
② 고압 : 교류 1kV 초과 7kV 이하
③ 특고압 : 직류 7kV 초과
④ 특고압 : 교류 7kV 초과

해설
전압의 구분

| 전원의 종류 | 저압 | 고압 | 특고압 |
|---|---|---|---|
| 직류[DC] | 1,500V 이하 | 1,500V 초과 7,000V 이하 | 7,000V 초과 |
| 교류[AC] | 1,000V 이하 | 1,000V 초과 7,000V 이하 | 7,000V 초과 |

**78** 작업자가 교류전압 7,000V 이하의 전로에 활선근접작업 시 감전사고 방지를 위한 절연용 보호구는?

① 고무절연관      ② 절연시트
③ 절연커버       ④ 절연안전모

해설
절연안전모
물체의 낙하·비래, 추락 등에 의한 위험을 방지하고, 작업자 머리 부분의 감전에 의한 위험으로부터 보호하기 위해 전압 7,000V 이하에서 사용한다.

**79** 다음 ( ) 안에 들어갈 내용으로 옳은 것은?

A. 감전 시 인체에 흐르는 전류는 인가전압에 ( ㉠ )하고 인체저항에 ( ㉡ )한다.
B. 인체는 전류의 열작용이 ( ㉢ )×( ㉣ )이 어느 정도 이상이 되면 발생한다.

① ㉠ 비례    ㉡ 반비례  ㉢ 전류의 세기  ㉣ 시간
② ㉠ 반비례  ㉡ 비례    ㉢ 전류의 세기  ㉣ 시간
③ ㉠ 비례    ㉡ 반비례  ㉢ 전압         ㉣ 시간
④ ㉠ 반비례  ㉡ 비례    ㉢ 전압         ㉣ 시간

해설
옴의 법칙 및 전류의 열작용
1. 옴의 법칙
   임의의 도체에 흐르는 전류($I$)의 크기는 전압($V$)에 비례하고($R$이 일정한 경우), 저항($R$)에 반비례($V$가 일정한 경우)한다.

$$V = IR[\text{V}], \ I = \frac{V}{R}[\text{A}], \ R = \frac{V}{I}[\Omega]$$

여기서, $V$ : 전압[V]
        $I$ : 전류[A]
        $R$ : 저항[Ω]

2. 전류의 열작용
   인체에 전류가 흘러서 (전류의 세기)×(시간)이 어느 정도 이상이 되면 전류의 열작용에 의해 전기의 입구와 출구에 화상이 생기고 체내에서는 세포를 파괴하거나 혈구를 변질시킨다.

## 80 전압이 동일한 경우 교류가 직류보다 위험한 이유를 가장 잘 설명한 것은?

① 교류의 경우 전압의 극성 변화가 있기 때문이다.
② 교류는 감전 시 화상을 입히기 때문이다.
③ 교류는 감전 시 수축을 일으킨다.
④ 직류는 교류보다 사용빈도가 낮기 때문이다.

**해설**

직류와 교류
- 직류 : 전류와 전압이 시간의 변화에 따라 방향과 크기가 변하지 않거나 일정하다.
- 교류 : 전류와 전압이 시간의 변화에 따라 방향과 크기가 변화한다.

## 5과목 화학설비 안전관리

## 81 두 물질을 혼합하면 위험성이 커지는 경우가 아닌 것은?

① 이황화탄소+물
② 나트륨+물
③ 과산화나트륨+염산
④ 염소산칼륨+적린

**해설**

이황화탄소
1. 물보다 무겁고 물에 녹기 어렵기 때문에 가연성 증기의 발생을 억제하기 위하여 물속에 저장한다.
2. 고온(150℃ 이상)의 물과 반응하면 이산화탄소와 황화수소를 발생한다.

**TIP** 금수성 물질
1. 정의 : 물과 접촉하면 격렬한 발열반응하는 것으로 물질이 공기 중의 습기를 흡수해서 화학반응을 일으켜 발열하거나, 수분과 접촉해서 발열하여 그 온도가 가속도적으로 높아져 발화되는 물질
2. 종류
   - 칼륨   - 리튬   - 칼슘   - 마그네슘
   - 알킬알루미늄  - 나트륨  - 철분  - 알킬리튬
   - 금속분 등  - 탄화칼슘 등

## 82 물과의 반응으로 유독한 포스핀 가스를 발생하는 것은?

① HCl
② NaCl
③ $Ca_3P_2$
④ $Al(OH)_3$

**해설**

인화칼슘($Ca_3P_2$)
인화석회라고도 하며 적갈색의 고체로 수분($H_2O$)과 반응하여 유독성 가스인 인화수소($PH_3$ : 포스핀) 가스를 발생시킨다.

$$Ca_3P_2 + 6H_2O \rightarrow 3Ca(OH)_2 + 2PH_3 \uparrow$$
(인화칼슘) (물)  (수산화칼슘) (포스핀)

## 83 자연발화성을 가진 물질이 자연발화를 일으키는 원인으로 거리가 먼 것은?

① 분해열
② 증발열
③ 산화열
④ 중합열

**해설**

자연발화의 형태
1. 산화열에 의한 발열(석탄, 건성유, 기름걸레 등)
2. 분해열에 의한 발열(셀룰로이드, 니트로셀룰로오스 등)
3. 흡착열에 의한 발열(활성탄, 목탄분말, 석탄분 등)
4. 미생물에 의한 발열(퇴비, 먼지, 볏짚 등)
5. 중합에 의한 발열(아크릴로니트릴 등)

## 84 유류저장탱크에서 화염의 차단을 목적으로 외부에 증기를 방출하기도 하고 탱크 내 외기를 흡입하기도 하는 부분에 설치하는 안전장치는?

① Vent Stack
② Safety Valve
③ Gate Valve
④ Flame Arrester

**해설**

화염방지기(Flame Arrester)
1. 유류저장탱크에서 화염의 차단을 목적으로 외부에 증기를 방출하기도 하고 탱크 내 외기를 흡입하기도 하는 부분에 설치하는 안전장치
2. 화염방지기 중에서 금속망형으로 된 것을 인화방지망이라고도 하며, 40메시(mesh) 이상의 가는 눈의 철망을 여러 겹으로 해서 화염이 통과할 때 화염을 차단할 목적으로 한다.

**정답** 80 ① 81 ① 82 ③ 83 ② 84 ④

**85** 뜨거운 금속에 물이 닿으면 튀는 현상과 같이 핵비등(Nucleate Boiling) 상태에서 막비등(Film Boiling)으로 이행하는 온도를 무엇이라 하는가?

① Burn-out Point
② Leidenfrost Point
③ Entrainment Point
④ Sub-cooling Boiling Point

**해설**
라이덴프로스트 점(Leidenfrost Point)
핵비등에서 막비등으로 넘어가는 온도(물은 200℃ 근방)

**86** 메탄 50vol%, 에탄 30vol%, 프로판 20vol% 혼합가스의 공기 중 폭발하한계는?(단, 메탄, 에탄, 프로판의 폭발하한계는 각각 5.0vol%, 3.0vol%, 2.1vol%이다.)

① 1.6vol%
② 2.1vol%
③ 3.4vol%
④ 4.8vol%

**해설**
르 샤틀리에의 법칙(순수한 혼합가스일 경우)

$$\frac{100}{L} = \frac{V_1}{L_1} + \frac{V_2}{L_2} + \frac{V_3}{L_3} \cdots$$

$$L = \frac{100}{\frac{V_1}{L_1} + \frac{V_2}{L_2} + \cdots + \frac{V_n}{L_n}}$$

여기서, $V_n$ : 전체 혼합가스 중 각 성분 가스의 체적(비율)[%]
$L_n$ : 각 성분 단독의 폭발한계(상한 또는 하한)
$L$ : 혼합가스의 폭발한계(상한 또는 하한)[vol%]

$$L = \frac{100}{\frac{50}{5} + \frac{30}{3} + \frac{20}{2.1}} = 3.387 = 3.4(\text{vol}\%)$$

**87** 공기 중에서 A가스의 폭발하한계는 2.2vol%이다. 이 폭발하한계 값을 기준으로 하여 표준상태에서 A가스와 공기의 혼합기체 1m³에 함유되어 있는 A가스의 질량을 구하면 약 몇 g인가?(단, A가스의 분자량은 26이다.)

① 19.02
② 25.54
③ 29.02
④ 35.54

**해설**
질량
1. A가스의 부피
$1,000L \times \frac{2.2}{100} = 22L$
2. 표준상태(0℃, 1기압)에서 A가스의 분자량은 26g이므로
A가스의 질량 $= 22L \times \frac{26g}{22.4L} = 25.54(g)$

**TIP** $1m^3 = 1,000L$

**88** 연소에 관한 설명으로 틀린 것은?

① 인화점이 상온보다 낮은 가연성 액체는 상온에서 인화의 위험이 있다.
② 가연성 액체를 발화점 이상으로 공기 중에서 가열하면 별도의 점화원이 없어도 발화할 수 있다.
③ 가연성 액체는 가열되어 완전 열분해되지 않으면 착화원이 있어도 연소하지 않는다.
④ 열 전도도가 클수록 연소하기 어렵다.

**해설**
가연성 액체의 인화점
1. 가연성 액체의 인화에 대한 위험성을 결정하는 요소로 인화점을 사용
2. 가연성 액체의 경우 인화점 이상에서 점화원의 접촉에 의해 인화
3. 인화점이 낮을수록 위험한 물질

**89** 분진폭발의 요인을 물리적 인자와 화학적 인자로 분류할 때 화학적 인자에 해당하는 것은?

① 연소열
② 입도 분포
③ 열전도율
④ 입자의 형성

**해설**
분진의 화학적 성질과 조성
분진의 발열량이 클수록 폭발성이 크며 휘발성분의 함유량이 많을수록 폭발하기 쉽다.

**90** 화학물질 및 물리적 인자의 노출기준에서 정한 유해인자에 대한 노출기준의 표시단위가 잘못 연결된 것은?

① 에어로졸 : ppm
② 증기 : ppm
③ 가스 : ppm
④ 고온 : 습구흑구온도지수(WBGT)

**해설**
노출기준의 표시단위

| 가스 및 증기 | 피피엠(ppm) |
|---|---|
| 분진 및 미스트 등 에어로졸 | 세제곱미터당 밀리그램($mg/m^3$) [다만, 석면 및 내화성 세라믹 섬유의 노출기준 표시단위는 세제곱센티미터당 개수(개/$cm^3$)를 사용] |
| 고온 | 습구흑구온도지수(WBGT)<br>• 태양광선이 내리쬐는 옥외장소 : WBGT(℃) = 0.7×자연습구온도 + 0.2×흑구온도 + 0.1×건구온도<br>• 태양광선이 내리쬐지 않는 옥내 또는 옥외 장소 : WBGT(℃) = 0.7×자연습구온도 + 0.3×흑구온도 |

**91** 다음 중 전기설비에 의한 화재에 사용할 수 없는 소화기의 종류는?

① 포소화기
② 이산화탄소소화기
③ 할로겐화합물소화기
④ 무상수(霧狀水)소화기

**해설**
전기설비 소화설비의 적응성
무상수소화기, 무상강화액소화기, 이산화탄소소화기, 할로겐화합물소화기, 분말소화기(인산염류소화기, 탄산수소염류소화기)

**92** 자동화재탐지설비의 감지기 종류 중 열감지기가 아닌 것은?

① 차동식      ② 정온식
③ 보상식      ④ 광전식

**해설**
자동화재탐지설비 감지기의 종류

| 감지원리 | | 개념 |
|---|---|---|
| 열 감지기 | 차동식 | 온도의 상승률이 소정의 값 이상일 때 동작하는 감지기 |
| | 정온식 | 일정 온도 이상이 될 때 작동하는 감지기 |
| | 보상식 | 저온도에서는 차동식으로 주위 온도가 공칭 작동온도에 도달하면 온도상승률에 상관없이 정온식으로 작동되는 감지기 |
| 연기 감지기 | 광전식 | 연기에 의한 빛의 양 변화를 광전기 같은 전기적 변화에 의해 화재발생을 감지하는 감지기 |
| | 이온화식 | 주위의 공기가 일정한 농도의 연기를 포함하게 되는 경우에 작동하는 감지기 |

**93** $CF_3Br$ 소화약제의 하론 번호를 옳게 나타낸 것은?

① 하론 1031      ② 하론 1311
③ 하론 1301      ④ 하론 1310

**해설**
할론소화약제의 명명법
1. 일취화일염화메탄 소화기($CH_2ClBr$) : 할론 1011
2. 이취화사불화에탄 소화기($C_2F_4Br_2$) : 할론 2402
3. 일취화삼불화메탄 소화기($CF_3Br$) : 할론 1301
4. 일취화일염화이불화메탄 소화기($CF_2ClBr$) : 할론 1211
5. 사염화탄소 소화기($CCl_4$) : 할론 1040

**94** 산업안전보건법령에 따라 유해하거나 위험한 설비의 설치·이전 또는 주요 구조부분의 변경공사 시 공정안전보고서의 제출시기는 착공일 며칠 전까지 관련 기관에 제출하여야 하는가?

① 15일      ② 30일
③ 60일      ④ 90일

**해설**
공정안전보고서의 제출시기 및 절차
유해하거나 위험한 설비의 설치·이전 또는 주요 구조부분의 변경공사의 착공일 30일 전까지 공정안전보고서를 2부를 작성하여 공단에 제출해야 한다.

정답 90 ① 91 ① 92 ④ 93 ③ 94 ②

**95** 산업안전보건법령에 따라 사업주가 급성 독성물질의 누출로 인한 위험을 방지하기 위한 조치사항으로 옳지 않은 것은?

① 사업장 내 급성 독성물질의 저장 및 취급량을 최소화할 것
② 급성 독성물질을 취급 저장하는 설비의 연결 부분은 누출되지 않도록 밀착시키고 매년 1회 이상 연결 부분에 이상이 있는지를 점검할 것
③ 급성 독성물질을 폐기·처리하여야 하는 경우에는 냉각·분리·흡수·흡착·소각 등의 처리공정을 통하여 급성 독성물질이 외부로 방출되지 않도록 할 것
④ 급성 독성물질이 외부로 누출된 경우에는 감지·경보할 수 있는 설비를 갖출 것

**해설**
독성이 있는 물질의 누출방지
1. 사업장 내 급성 독성물질의 저장 및 취급량을 최소화할 것
2. 급성 독성물질을 취급 저장하는 설비의 연결 부분은 누출되지 않도록 밀착시키고 매월 1회 이상 연결부분에 이상이 있는지를 점검할 것
3. 급성 독성물질을 폐기·처리하여야 하는 경우에는 냉각·분리·흡수·흡착·소각 등의 처리공정을 통하여 급성 독성물질이 외부로 방출되지 않도록 할 것
4. 급성 독성물질 취급설비의 이상 운전으로 급성 독성물질이 외부로 방출될 경우에는 저장·포집 또는 처리설비를 설치하여 안전하게 회수할 수 있도록 할 것
5. 급성 독성물질을 폐기·처리 또는 방출하는 설비를 설치하는 경우에는 자동으로 작동될 수 있는 구조로 하거나 원격조정할 수 있는 수동조작구조로 설치할 것
6. 급성 독성물질을 취급하는 설비의 작동이 중지된 경우에는 근로자가 쉽게 알 수 있도록 필요한 경보설비를 근로자와 가까운 장소에 설치할 것
7. 급성 독성물질이 외부로 누출된 경우에는 감지·경보할 수 있는 설비를 갖출 것

**96** 폭발을 기상폭발과 응상폭발로 분류할 때 기상폭발에 해당되지 않는 것은?

① 분진폭발
② 혼합가스폭발
③ 분무폭발
④ 수증기폭발

**해설**
폭발의 분류

| 공정에 따른 분류 | 핵폭발 | 원자핵의 분열이나 융합에 의한 강렬한 에너지 방출 현상 |
|---|---|---|
| | 물리적 폭발 | 화학적 변화 없이 물리 변화를 주체로 한 폭발의 형태(탱크의 감압폭발, 수증기 폭발, 고압용기의 폭발, 전선폭발, 보일러 폭발 등) |
| | 화학적 폭발 | 화학반응이 관여하는 화학적 특성 변화에 의한 폭발(산화폭발, 분해폭발, 중합폭발, 반응폭주) |
| 원인물질의 상태에 따른 분류 | 기상폭발 | 가스폭발, 분무폭발, 분진폭발, 가스분해폭발, 증기운폭발 |
| | 응상폭발 | 수증기폭발(액체일 때), 증기폭발(액화가스일 때), 전선폭발 |

**97** 다음 중 전기화재의 종류에 해당하는 것은?

① A급
② B급
③ C급
④ D급

**해설**
화재의 종류
1. A급 화재 : 일반화재
2. B급 화재 : 유류·가스화재
3. C급 화재 : 전기화재
4. D급 화재 : 금속화재

**98** 인화성 가스가 발생할 우려가 있는 지하작업장에서 작업을 할 경우 폭발이나 화재를 방지하기 위한 조치사항 중 가스의 농도를 측정하는 기준으로 적절하지 않은 것은?

① 매일 작업을 시작하기 전에 측정한다.
② 가스의 누출이 의심되는 경우 측정한다.
③ 장시간 작업할 때에는 매 8시간마다 측정한다.
④ 가스나 발생하거나 정체할 위험이 있는 장소에 대하여 측정한다.

**해설**
인화성 가스에 의한 폭발이나 화재 방지조치
인화성 가스가 발생할 우려가 있는 지하작업장에서 작업하는 경우 또는 가스도관에서 가스가 발산될 위험이 있는 장소에서 굴착작업을 하는 경우에는 폭발이나 화재를 방지하기 위하여 다음의 조치를 하여야 한다.

정답  95 ②  96 ④  97 ③  98 ③

1. 가스의 농도를 측정하는 사람을 지명하고 다음의 경우에 해당 가스의 농도를 측정하도록 할 것
   - 매일 작업을 시작하기 전
   - 가스의 누출이 의심되는 경우
   - 가스가 발생하거나 정체할 위험이 있는 장소의 경우
   - 장시간 작업을 계속하는 경우(이 경우 4시간마다 가스 농도 측정)
2. 가스의 농도가 인화하한계 값의 25% 이상으로 밝혀진 때에는 즉시 근로자를 안전한 장소에 대피시키고 화기나 그 밖에 점화원이 될 우려가 있는 기계·기구 등의 사용을 중지하며 통풍·환기 등을 할 것

## 99 위험물을 저장·취급하는 화학설비 및 그 부속설비를 설치할 때 '단위공정시설 및 설비로부터 다른 단위공정시설 및 설비의 사이'의 안전거리는 설비의 바깥 면으로부터 몇 m 이상이 되어야 하는가?

① 5
② 10
③ 15
④ 20

**해설**

위험물을 저장·취급하는 화학설비 및 그 부속설비를 설치하는 경우의 안전거리

| 구분 | 안전거리 |
|---|---|
| 단위공정시설 및 설비로부터 다른 단위공정시설 및 설비의 사이 | 설비의 바깥 면으로부터 10m 이상 |
| 플레어스택으로부터 단위공정시설 및 설비, 위험물질 저장탱크 또는 위험물질 하역설비의 사이 | 플레어스택으로부터 반경 20m 이상(다만, 단위공정시설 등이 불연재로 시공된 지붕 아래에 설치된 경우에는 제외) |
| 위험물질 저장탱크로부터 단위공정시설 및 설비, 보일러 또는 가열로의 사이 | 저장탱크의 바깥 면으로부터 20m 이상(다만, 저장탱크의 방호벽, 원격조종화설비 또는 살수설비를 설치한 경우에는 제외) |
| 사무실·연구실·실험실·정비실 또는 식당으로부터 단위공정시설 및 설비, 위험물질 저장탱크, 위험물질 하역설비, 보일러 또는 가열로의 사이 | 사무실 등의 바깥 면으로부터 20m 이상(다만, 난방용 보일러인 경우 또는 사무실 등의 벽을 방호구조로 설치한 경우에는 제외) |

## 100 다음 정의에 해당하는 물질의 명칭으로 옳은 것은?

금속의 증기가 공기 중에서 응고되어, 화학변화를 일으켜 고체의 미립자로 되어 공기 중에 부유하는 것

① 흄(Fume)
② 분진(Dust)
③ 미스트(Mist)
④ 스모크(Smoke)

**해설**

유해물질의 종류

| 분진(Dust) | 기계적 작용에 의해 발생된 고체 미립자가 공기 중에 부유하고 있는 것(입경 0.01~500μm 정도) |
|---|---|
| 미스트(Mist) | 액체의 미세한 입자가 공기 중에 부유하고 있는 것(입경 0.1~100μm 정도) |
| 흄(Fume) | 고체 상태의 물질이 액체화된 다음 증기화되고, 증기화된 물질의 응축 및 산화로 인하여 생기는 고체상의 미립자(입경 0.01~1μm 정도) |
| 스모크(Smoke) | 일반적으로 유기물이 불완전연소할 때 생긴 미립자를 말하며, 주성분은 탄소의 미립자임(0.01~1μm) |

# 6과목 건설공사 안전관리

## 101 산업안전보건법령에 따른 지반의 종류별 굴착면의 기울기 기준에 관한 사항이다. ( ) 안에 들어갈 내용으로 옳은 것은?

- 모래 - 1 : 1.8
- 연암 및 풍화암 - ( )
- 경암 - 1 : 0.5
- 그 밖의 흙 : 1 : 1.2

① 1 : 1
② 1 : 1.0
③ 1 : 0.3
④ 1 : 1.5

**해설**

굴착면의 기울기

| 지반의 종류 | 굴착면의 기울기 |
|---|---|
| 모래 | 1 : 1.8 |
| 연암 및 풍화암 | 1 : 1.0 |
| 경암 | 1 : 0.5 |
| 그 밖의 흙 | 1 : 1.2 |

**102** 공사진척에 따른 공정률이 다음과 같을 때 산업안전보건관리비 사용기준으로 옳은 것은?(단, 공정율은 기성공정률을 기준으로 한다.)

| 공정률 : 70퍼센트 이상 90퍼센트 미만 |
|---|

① 50퍼센트 이상　② 60퍼센트 이상
③ 70퍼센트 이상　④ 80퍼센트 이상

**해설**

공사진척에 따른 산업안전보건관리비 사용기준

| 공정률 | 50퍼센트 이상 70퍼센트 미만 | 70퍼센트 이상 90퍼센트 미만 | 90퍼센트 이상 |
|---|---|---|---|
| 사용기준 | 50퍼센트 이상 | 70퍼센트 이상 | 90퍼센트 이상 |

※ 공정률은 기성공정률을 기준으로 한다.

**103** 동력을 사용하는 항타기 또는 항발기에 대하여 무너짐을 방지하기 위하여 준수하여야 할 기준으로 옳지 않은 것은?

① 연약한 지반에 설치하는 경우에는 아웃트리거·받침 등 지지구조물의 침하를 방지하기 위하여 깔판·받침목 등을 사용할 것
② 시설 또는 가설물 등에 설치하는 경우에는 그 내력을 확인하고 내력이 부족하면 그 내력을 보강할 것
③ 궤도 또는 차로 이동하는 항타기 또는 항발기에 대해서는 불시에 이동하는 것을 방지하기 위하여 레일 클램프(Rail Clamp) 및 쐐기 등으로 고정시킬 것
④ 상단 부분은 버팀·말뚝 또는 철골로 고정하여 안정시키고, 그 하단 부분은 견고한 버팀대·버팀줄 등으로 고정시킬 것

**해설**

무너짐의 방지 준수사항
사업주는 동력을 사용하는 항타기 또는 항발기에 대하여 무너짐을 방지하기 위하여 다음의 사항을 준수해야 한다.
1. 연약한 지반에 설치하는 경우에는 아웃트리거·받침 등 지지구조물의 침하를 방지하기 위하여 깔판·받침목 등을 사용할 것
2. 시설 또는 가설물 등에 설치하는 경우에는 그 내력을 확인하고 내력이 부족하면 그 내력을 보강할 것
3. 아웃트리거·받침 등 지지구조물이 미끄러질 우려가 있는 경우에는 말뚝 또는 쐐기 등을 사용하여 해당 지지구조물을 고정시킬 것

4. 궤도 또는 차로 이동하는 항타기 또는 항발기에 대해서는 불시에 이동하는 것을 방지하기 위하여 레일 클램프(Rail Clamp) 및 쐐기 등으로 고정시킬 것
5. 상단 부분은 버팀대·버팀줄로 고정하여 안정시키고, 그 하단 부분은 견고한 버팀·말뚝 또는 철골 등으로 고정시킬 것

**104** 다음 중 앵커 볼트 매립 시 준수사항으로 옳지 않은 것은?

① 앵커 볼트는 매립 후에 수정하지 않도록 설치하여야 한다.
② 기둥중심은 기준선 및 인접기둥의 중심에서 7밀리미터 이상 벗어나지 않을 것
③ 앵커 볼트는 기둥중심에서 2밀리미터 이상 벗어나지 않을 것
④ 베이스 플레이트의 하단은 기준 높이 및 인접기둥의 높이에서 3밀리미터 이상 벗어나지 않을 것

**해설**

앵커 볼트의 매립 시 준수사항
1. 앵커 볼트는 매립 후에 수정하지 않도록 설치하여야 한다.
2. 앵커 볼트를 매립하는 정밀도 범위
   • 기둥중심은 기준선 및 인접기둥의 중심에서 5밀리미터 이상 벗어나지 않을 것
   • 인접기둥 간 중심거리의 오차는 3밀리미터 이하일 것
   • 앵커 볼트는 기둥중심에서 2밀리미터 이상 벗어나지 않을 것
   • 베이스 플레이트의 하단은 기준 높이 및 인접기둥의 높이에서 3밀리미터 이상 벗어나지 않을 것
3. 앵커 볼트는 견고하게 고정시키고 이동, 변형이 발생하지 않도록 주의하면서 콘크리트를 타설해야 한다.

**105** 건물해체공사 시 화염방사기 유의사항으로 옳지 않은 것은?

① 고온의 용융물이 비산하고 연기가 많이 발생되므로 화재발생에 주의하여야 한다.
② 작업자는 방열복, 마스크, 장갑 등의 보호구를 착용하여야 한다.
③ 산소용기가 넘어지지 않도록 밑받침 등으로 고정시키고 빈용기와 채워진 용기의 저장을 통합하여야 한다.
④ 용기 내 압력은 온도에 의해 상승하기 때문에 항상 섭씨 40도 이하로 보존하여야 한다.

**정답** 102 ③　103 ④　104 ②　105 ③

해설

화염방사기 준수사항
1. 고온의 용융물이 비산하고 연기가 많이 발생되므로 화재 발생에 주의하여야 한다.
2. 소화기를 준비하여 불꽃비산에 의한 인접부분의 발화에 대비하여야 한다.
3. 작업자는 방열복, 마스크, 장갑 등의 보호구를 착용하여야 한다.
4. 산소용기가 넘어지지 않도록 밑받침 등으로 고정시키고 빈용기와 채워진 용기의 저장을 분리하여야 한다.
5. 용기 내 압력은 온도에 의해 상승하기 때문에 항상 섭씨 40도 이하로 보존하여야 한다.
6. 호스는 결속물로 확실하게 결속하고, 균열되었거나 노후된 것은 사용하지 말아야 한다.
7. 게이지의 작동을 확인하고 고장 및 작동불량품은 교체하여야 한다.

**106** 말비계를 조립하여 사용하는 경우 지주부재와 수평면의 기울기는 얼마 이하로 하여야 하는가?

① 65°
② 70°
③ 75°
④ 80°

해설

말비계 조립 시의 준수사항
1. 지주부재의 하단에는 미끄럼 방지장치를 하고, 근로자가 양측 끝부분에 올라서서 작업하지 않도록 할 것
2. 지주부재와 수평면의 기울기를 75° 이하로 하고, 지주부재와 지주부재 사이를 고정시키는 보조부재를 설치할 것
3. 말비계의 높이가 2m를 초과하는 경우에는 작업발판의 폭을 40cm 이상으로 할 것

**107** 다음은 사다리식 통로 등을 설치하는 경우의 준수사항이다. ( ) 안에 들어갈 숫자로 옳은 것은?

사다리식 통로의 길이가 10미터 이상인 경우에는 ( )미터 이내마다 계단참을 설치할 것

① 3
② 4
③ 5
④ 6

해설

사다리식 통로
1. 견고한 구조로 할 것
2. 심한 손상·부식 등이 없는 재료를 사용할 것
3. 발판의 간격은 일정하게 할 것

4. 발판과 벽과의 사이는 15센티미터 이상의 간격을 유지할 것
5. 폭은 30센티미터 이상으로 할 것
6. 사다리가 넘어지거나 미끄러지는 것을 방지하기 위한 조치를 할 것
7. 사다리의 상단은 걸쳐놓은 지점으로부터 60센티미터 이상 올라가도록 할 것
8. 사다리식 통로의 길이가 10미터 이상인 경우에는 5미터 이내마다 계단참을 설치할 것
9. 사다리식 통로의 기울기는 75도 이하로 할 것(다만, 고정식 사다리식 통로의 기울기는 90도 이하로 하고, 그 높이가 7미터 이상인 경우에는 바닥으로부터 높이가 2.5미터 되는 지점부터 등받이울을 설치할 것)
10. 접이식 사다리 기둥은 사용 시 접혀지거나 펼쳐지지 않도록 철물 등을 사용하여 견고하게 조치할 것

**108** 다음은 산업안전보건법령에 따른 동바리로 사용하는 파이프 서포트에 관한 사항이다. ( ) 안에 들어갈 내용을 순서대로 옳게 나타낸 것은?

- 파이프 서포트를 ( A ) 이상 이어서 사용하지 않도록 할 것
- 파이프 서포트를 이어서 사용하는 경우에는 ( B ) 이상의 볼트 또는 전용철물을 사용하여 이을 것

① A : 2개, B : 2개
② A : 3개, B : 4개
③ A : 4개, B : 3개
④ A : 4개, B : 4개

해설

동바리로 사용하는 파이프 서포트의 경우 조립 시 안전조치
1. 파이프 서포트를 3개 이상 이어서 사용하지 않도록 할 것
2. 파이프 서포트를 이어서 사용하는 경우에는 4개 이상의 볼트 또는 전용철물을 사용하여 이을 것
3. 높이가 3.5미터를 초과하는 경우에는 높이 2미터 이내마다 수평연결재를 2개 방향으로 만들고 수평연결재의 변위를 방지할 것

**109** 외줄비계·쌍줄비계 또는 돌출비계는 벽이음 및 버팀을 설치하여야 하는데 강관비계 중 단관비계로 설치할 때의 조립간격으로 옳은 것은?(단, 수직방향, 수평방향의 순서이다.)

① 4m, 4m
② 5m, 5m
③ 5.5m, 7.5m
④ 6m, 8m

정답 106 ③ 107 ③ 108 ② 109 ②

해설

강관비계의 조립간격

| 강관비계의 종류 | 조립간격(단위 : m) | |
|---|---|---|
| | 수직방향 | 수평방향 |
| 단관비계 | 5 | 5 |
| 틀비계(높이가 5m 미만인 것은 제외) | 6 | 8 |

**110** 굴착공사에 있어서 비탈면붕괴를 방지하기 위하여 실시하는 대책으로 옳지 않은 것은?

① 지표수의 침투를 막기 위해 표면배수공을 한다.
② 지하수위를 내리기 위해 수평배수공을 설치한다.
③ 비탈면 하단을 성토한다.
④ 비탈면 상부에 토사를 적재한다.

해설
비탈면 상부의 토사를 제거하여 비탈면의 안정을 확보한다.

TIP 붕괴예방대책
- 적절한 경사면의 기울기를 계획하여야 한다.
- 경사면의 기울기가 당초 계획과 차이가 발생되면 즉시 재검토하여 계획을 변경시켜야 한다.
- 활동할 가능성이 있는 토석은 제거하여야 한다.
- 경사면의 하단부에 압성토 등 보강공법으로 활동에 대한 저항대책을 강구하여야 한다.
- 말뚝(강관, H형강, 철근 콘크리트)을 타입하여 지반을 강화시킨다.
- 빗물, 지표수, 지하수의 사전제거 및 침투를 방지하여야 한다.

**111** 다음은 산업안전보건법령에 따른 계단의 강도에 관한 사항이다. ( ) 안에 들어갈 내용으로 옳은 것은?

- 사업주는 계단 및 계단참을 설치하는 경우 매제곱미터당 ( )킬로그램 이상의 하중에 견딜 수 있는 강도를 가진 구조로 설치하여야 하며, 안전율은 ( ) 이상으로 하여야 한다.
- 사업주는 계단 및 승강구 바닥을 구멍이 있는 재료로 만드는 경우 렌치나 그 밖의 공구 등이 낙하할 위험이 없는 구조로 하여야 한다.

① 400, 4　② 400, 5
③ 500, 4　④ 500, 5

해설
계단의 강도
1. 사업주는 계단 및 계단참을 설치하는 경우 매제곱미터당 500킬로그램 이상의 하중에 견딜 수 있는 강도를 가진 구조로 설치하여야 하며, 안전율은 4 이상으로 하여야 한다.
2. 사업주는 계단 및 승강구 바닥을 구멍이 있는 재료로 만드는 경우 렌치나 그 밖의 공구 등이 낙하할 위험이 없는 구조로 하여야 한다.

**112** 보일링(Boiling) 현상을 방지하기 위한 대책으로 가장 거리가 먼 것은?

① 굴착배면의 지하수위를 낮춘다.
② 토류벽의 근입 깊이를 깊게 한다.
③ 토류벽 상단부에 버팀대(Strut)를 보강한다.
④ 토류벽 선단에 코어 및 필터층을 설치한다.

해설
토류벽(흙막이벽) 하단부에 버팀대를 보강한다.

TIP 보일링(Boiling) 현상

| | |
|---|---|
| 정의 | 사질토 지반에서 굴착저면과 흙막이 배면과의 수위 차로 인해 굴착저면의 흙과 물이 함께 위로 솟구쳐 오르는 현상 |
| 안전대책 | • 차수성이 높은 흙막이벽 설치<br>• 흙막이 근입 깊이를 깊게<br>• 약액 주입 등의 굴착면 고결<br>• 주변의 지하수위 저하(웰포인트 공법 등)<br>• 압성토 공법 |

**113** 안전대의 종류는 사용구분에 따라 벨트식과 안전그네식으로 구분되는데, 이 중 안전그네식에만 적용하는 것은?

① 추락방지대, 안전블록
② 1개 걸이용, U자 걸이용
③ 1개 걸이용, 추락방지대
④ U자 걸이용, 안전블록

해설
안전대의 종류

| 종류 | 사용 구분 |
|---|---|
| 벨트식,<br>안전그네식 | 1개 걸이용 |
| | U자 걸이용 |
| | 추락방지대 |
| | 안전블록 |

※ 추락방지대 및 안전블록은 안전그네식에만 적용한다.

정답　110 ④　111 ③　112 ③　113 ①

## 114 시스템 비계를 사용하여 비계를 구성하는 경우의 준수사항으로 옳지 않은 것은?

① 수직재·수평재·가새재를 견고하게 연결하는 구조가 되도록 할 것
② 수평재는 수직재와 직각으로 설치하여야 하며, 체결 후 흔들림이 없도록 견고하게 설치할 것
③ 비계 밑단의 수직재와 받침철물은 밀착되도록 설치하고, 수직재와 받침철물의 연결부의 겹침길이는 받침철물 전체 길이의 3분의 1 이상이 되도록 할 것
④ 벽 연결재의 설치간격은 시공자가 안전을 고려하여 임의대로 결정한 후 설치할 것

**해설**
시스템 비계의 구조
1. 수직재·수평재·가새재를 견고하게 연결하는 구조가 되도록 할 것
2. 비계 밑단의 수직재와 받침철물은 밀착되도록 설치하고, 수직재와 받침철물의 연결부의 겹침길이는 받침철물 전체 길이의 3분의 1 이상이 되도록 할 것
3. 수평재는 수직재와 직각으로 설치하여야 하며, 체결 후 흔들림이 없도록 견고하게 설치할 것
4. 수직재와 수직재의 연결철물은 이탈되지 않도록 견고한 구조로 할 것
5. 벽 연결재의 설치간격은 제조사가 정한 기준에 따라 설치할 것

## 115 미리 작업장소의 지형 및 지반상태 등에 적합한 제한속도를 정하지 않아도 되는 차량계 건설기계의 속도 기준은?

① 최대제한속도가 10km/h 이하
② 최대제한속도가 20km/h 이하
③ 최대제한속도가 30km/h 이하
④ 최대제한속도가 40km/h 이하

**해설**
제한속도의 지정
차량계 하역운반기계, 차량계 건설기계(최대제한속도가 10km/h 이하인 것은 제외)를 사용하여 작업을 하는 경우 미리 작업장소의 지형 및 지반 상태 등에 적합한 제한속도를 정하고, 운전자로 하여금 준수하도록 하여야 한다.

## 116 철근 콘크리트 구조물의 해체를 위한 장비가 아닌 것은?

① 램머(Rammer)
② 압쇄기
③ 철제 해머
④ 핸드 브레이커(Hand Breaker)

**해설**
해체용 기구
1. 압쇄기
2. 대형 브레이커
3. 철제 해머
4. 핸드 브레이커
5. 절단톱
6. 재키
7. 절단줄톱
8. 팽창제 등

**TIP** 램머(Rammer)
충격식 다짐기계로 소형이고 가볍기 때문에 대형 기계를 사용할 수 없는 협소한 장소의 다짐에 적합하다.

## 117 중량물을 운반할 때의 바른 자세로 옳은 것은?

① 허리를 구부리고 양손으로 들어올린다.
② 중량은 보통 체중의 60%가 적당하다.
③ 물건은 최대한 몸에서 멀리 떼어서 들어 올린다.
④ 길이가 긴 물건은 앞쪽을 높게 하여 운반한다.

**해설**
인력운반작업 준수사항
1. 길이가 긴 물건은 앞쪽을 높게 하여 운반할 것
2. 들어 올릴 때는 팔과 무릎을 사용하며, 척추는 곧은 자세로 할 것
3. 중량기준은 일반적으로 자신의 체중의 40% 이내만 들도록 할 것
4. 화물에 최대한 근접하여 중심을 낮게 할 것
5. 무거운 물건은 공동작업으로 실시하고 보조기구를 사용할 것

**118** 겨울철 공사 중인 건축물의 벽체 콘크리트 타설 시 거푸집이 터져서 콘크리트가 쏟아지는 사고가 발생하였다. 이 사고의 발생 원인으로 추정 가능한 사안 중 가장 타당한 것은?

① 콘크리트의 타설속도가 빨랐다.
② 진동기를 사용하지 않았다.
③ 철근 사용량이 많았다.
④ 콘크리트의 슬럼프가 작았다.

**해설**

거푸집 측압 증가에 영향을 미치는 인자(측압의 영향요소)
1. 거푸집 수평단면이 클수록 크다.
2. 콘크리트 슬럼프치가 클수록 커진다.
3. 거푸집 표면이 평활할수록(평탄) 커진다.
4. 철골, 철근량이 적을수록 커진다.
5. 콘크리트 시공연도가 좋을수록 커진다.
6. 외기의 온도, 습도가 낮을수록 커진다.
7. 타설속도가 빠를수록 커진다.
8. 다짐이 충분할수록 커진다.
9. 타설 시 상부에서 직접 낙하할 경우 커진다.
10. 거푸집의 강성이 클수록 크다.
11. 콘크리트의 비중(단위중량)이 클수록 크다.
12. 벽 두께가 두꺼울수록 커진다.

**TIP** 겨울철 외기의 온도가 낮고 타설속도가 빠를수록 측압이 커지게 되므로 거푸집이 터지는 사고가 발생할 수 있다.

**119** 콘크리트 타설작업을 하는 경우에 준수해야 할 사항으로 옳지 않은 것은?

① 당일의 작업을 시작하기 전에 해당 작업에 관한 거푸집 및 동바리 등의 변형·변위 및 지반의 침하 유무 등을 점검하고 이상이 있으면 보수한다.
② 작업 중에는 감시자를 배치하는 등의 방법으로 거푸집 및 동바리의 변형·변위 및 침하 유무 등을 확인해야 하며, 이상이 있으면 작업을 빠른 시간 내 우선 완료하고 근로자를 대피시킬 것
③ 콘크리트 타설작업 시 거푸집 붕괴의 위험이 발생할 우려가 있으면 충분한 보강조치를 한다.
④ 콘크리트를 타설하는 경우에는 편심이 발생하지 않도록 골고루 분산하여 타설한다.

**해설**

콘크리트 타설작업 시 준수사항
1. 당일의 작업을 시작하기 전에 해당 작업에 관한 거푸집 및 동바리의 변형·변위 및 지반의 침하 유무 등을 점검하고 이상이 있으면 보수할 것
2. 작업 중에는 감시자를 배치하는 등의 방법으로 거푸집 및 동바리의 변형·변위 및 침하 유무 등을 확인해야 하며, 이상이 있으면 작업을 중지하고 근로자를 대피시킬 것
3. 콘크리트 타설작업 시 거푸집 붕괴의 위험이 발생할 우려가 있으면 충분한 보강조치를 할 것
4. 설계도서상의 콘크리트 양생기간을 준수하여 거푸집 및 동바리를 해체할 것
5. 콘크리트를 타설하는 경우에는 편심이 발생하지 않도록 골고루 분산하여 타설할 것

**120** 장비가 위치한 지면보다 낮은 장소를 굴착하는 데 적합한 장비는?

① 트럭크레인
② 파워셔블
③ 백호
④ 진폴

**해설**

백호(Back Hoe, 드래그 셔블)
1. 굴삭기가 위치한 지면보다 낮은 곳을 굴착하는 데 적당
2. 도랑파기에 적당하며 굴삭력이 우수
3. 비교적 굳은 지반의 토질에서도 사용 가능
4. 경사로나 연약지반에서는 무한궤도식이 타이어식보다 안전하다.

**TIP** 파워셔블
- 굴삭기가 위치한 지면보다 높은 곳의 굴착에 적당
- 작업대가 견고하여 단단한 토질의 굴착에도 용이

# 2024년 3회 기출복원문제

## 1과목 산업재해 예방 및 안전보건교육

**01** 아담스(Edward Adams)의 사고연쇄반응이론 중 근로자의 행동 실수와 작업조건 결함이 있을 때의 단계에 해당되는 것은?

① 사고
② 작전적 에러
③ 관리구조
④ 전술적 에러

**해설**
아담스(Adams)의 사고연쇄반응이론

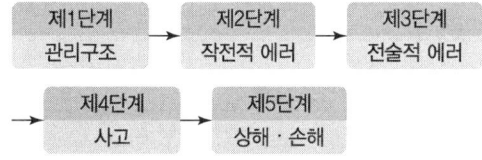

재해의 직접원인을 관리시스템 내의 불안전 행동과 불안전 상태에 두고 전술적 에러로 설명하였으며, 관리상의 잘못으로 인한 개념을 강조하고 있다.

> **TIP**
> - 작전적 에러 : 관리자나 감독자에 의해서 의사결정을 잘못하여 말들어진 에러
> - 전술적 에러 : 불안전한 행동 및 불안전한 상태, 근로자의 행동 실수 및 작업조건 결함 에러

**02** 위험예지훈련의 문제해결 4라운드에 해당하지 않는 것은?

① 현상파악
② 본질추구
③ 대책수립
④ 원인결정

**해설**
위험예지훈련의 4라운드
1. 1라운드(1R) : 현상파악(사실을 파악한다)
2. 2라운드(2R) : 본질추구(요인을 찾아낸다)
3. 3라운드(3R) : 대책수립(대책을 선정한다)
4. 4라운드(4R) : 목표설정(행동계획을 정한다)

**03** 인간의 적응기제 중 방어기제로 볼 수 없는 것은?

① 승화
② 고립
③ 합리화
④ 보상

**해설**
적응기제의 기본유형

| 구분 | 공격적 기제 (행동) | 도피적 기제 (행동) | 방어적(절충적) 기제(행동) |
|---|---|---|---|
| 개념 | 욕구 불만에 대한 반응이나 자기를 괴롭히는 대상에 대하여 적극적이고 능동적으로 적대시하는 감정이나 태도를 취하는 행위 | 욕구불만에 의한 긴장이나 압박으로부터 벗어나 비합리적인 행동으로 공상에 도피하고 현실세계에서 벗어나 안정을 얻으려는 기제 | 자신의 약점이나 무능력, 열등감을 위장하여 유리하게 보호함으로써 안정감을 찾으려는 기제 |
| 유형 | • 직접적 공격 기제 : 폭행, 싸움, 기물파손 등<br>• 간접적 공격 기제 : 비난, 폭언, 욕설 등 | • 백일몽<br>• 퇴행<br>• 억압<br>• 반동형성<br>• 고립 등 | • 승화<br>• 보상<br>• 합리화<br>• 투사<br>• 동일화 등 |

**04** 맥그리거(Mcgregor)의 X, Y이론에서 X이론에 대한 관리처방으로 볼 수 없는 것은?

① 직무의 확장
② 권위주의적 리더십의 확립
③ 경제적 보상체제의 강화
④ 면밀한 감독과 엄격한 통제

**해설**
X, Y이론의 관리처방

| X이론의 관리처방 | Y이론의 관리처방 |
|---|---|
| • 권위주의적 리더십의 확립<br>• 경제적 보상체제의 강화<br>• 면밀한 감독과 엄격한 통제<br>• 상부 책임제도의 강화<br>• 설득, 보상, 벌, 통제에 의한 관리<br>• 조직구조의 고층성 | • 분권화와 권한의 위임<br>• 목표에 의한 관리<br>• 비공식적 조직의 활용<br>• 민주적 리더십의 확립<br>• 직무 확장<br>• 자체 평가제도의 활성화<br>• 조직목표 달성을 위한 자율적인 통제<br>• 조직구조의 평면화 |

**정답** 01 ④ 02 ④ 03 ② 04 ①

**05** 어느 사업장에서 당해 연도에 총 660명의 재해자가 발생하였다. 하인리히의 재해구성비율에 의하면 경상의 재해자는 몇 명으로 추정되겠는가?

① 58
② 64
③ 600
④ 631

해설

하인리히(H.W.Heinrich)의 재해구성비율(1 : 29 : 300)

| 중상 및 사망 | 경상해 | 무상해사고 | 합계 |
|---|---|---|---|
| 1 | 29 | 300 | 1+29+300=330 |
| ① | ② | ③ | ①+②+③=660 |
| 1×2=2 | 29×2=58 | 300×2=600 | 330 : 660 = 1 : $x$<br>비율($x$) = $\frac{660}{330}$ = 2배 |

**06** 산업안전보건법령상 사업 내 안전보건교육의 교육시간에 관한 설명으로 옳은 것은?

① 일용근로자 및 근로계약기간이 1주일 이하인 기간제근로자의 작업내용 변경 시의 교육은 2시간 이상이다.
② 사무직 종사 근로자의 정기교육은 매반기 6시간 이상이다.
③ 일용근로자 및 근로계약기간이 1주일 이하인 기간제근로자의 채용 시 교육은 4시간 이상이다.
④ 관리감독자의 지위에 있는 사람의 정기교육은 연간 8시간 이상이다.

해설

근로자 안전보건교육

| 교육과정 | 교육대상 | | 교육시간 |
|---|---|---|---|
| 정기교육 | 사무직 종사 근로자 | | 매반기 6시간 이상 |
| | 그 밖의 근로자 | 판매업무에 직접 종사하는 근로자 | 매반기 6시간 이상 |
| | | 판매업무에 직접 종사하는 근로자 외의 근로자 | 매반기 12시간 이상 |
| 채용 시 교육 | 일용근로자 및 근로계약기간이 1주일 이하인 기간제근로자 | | 1시간 이상 |
| | 근로계약기간이 1주일 초과 1개월 이하인 기간제근로자 | | 4시간 이상 |
| | 그 밖의 근로자 | | 8시간 이상 |
| 작업내용 변경 시 교육 | 일용근로자 및 근로계약기간이 1주일 이하인 기간제근로자 | | 1시간 이상 |
| | 그 밖의 근로자 | | 2시간 이상 |

| 교육과정 | 교육대상 | 교육시간 |
|---|---|---|
| 특별교육 | 일용근로자 및 근로계약기간이 1주일 이하인 기간제근로자 : 특별교육 대상 작업에 해당하는 작업에 종사하는 근로자에 한정(타워크레인을 사용하는 작업 시 신호업무를 하는 작업은 제외) | 2시간 이상 |
| | 일용근로자 및 근로계약기간이 1주일 이하인 기간제근로자 : 타워크레인을 사용하는 작업 시 신호업무를 하는 작업에 종사하는 근로자에 한정 | 8시간 이상 |
| | 일용근로자 및 근로계약기간이 1주일 이하인 기간제근로자를 제외한 근로자 : 특별교육 대상 작업에 종사하는 근로자에 한정 | • 16시간 이상(최초 작업에 종사하기 전 4시간 이상 실시하고 12시간은 3개월 이내에서 분할하여 실시 가능)<br>• 단기간 작업 또는 간헐적 작업인 경우에는 2시간 이상 |
| 건설업 기초안전·보건교육 | 건설 일용근로자 | 4시간 이상 |

**TIP** 관리감독자 안전보건교육

| 교육과정 | 교육시간 |
|---|---|
| 정기교육 | 연간 16시간 이상 |
| 채용 시 교육 | 8시간 이상 |
| 작업내용 변경 시 교육 | 2시간 이상 |
| 특별교육 | 16시간 이상(최초 작업에 종사하기 전 4시간 이상 실시하고, 12시간은 3개월 이내에서 분할하여 실시 가능) |
| | 단기간 작업 또는 간헐적 작업인 경우에는 2시간 이상 |

**07** 다음 중 안전점검의 목적으로 볼 수 없는 것은?

① 사고원인을 찾아 재해를 미연에 방지하기 위함이다.
② 작업자의 잘못된 부분을 점검하여 책임을 부여하기 위함이다.
③ 재해의 재발을 방지하여 사전대책을 세우기 위함이다.
④ 현장의 불안전 요인을 찾아 계획에 적절히 반영시키기 위함이다.

해설

안전점검의 목적
1. 기기 및 설비의 결함이나 불안전한 상태의 제거로 사전에 안전성을 확보하기 위함

2. 기기 및 설비의 안전상태 유지 및 본래의 성능을 유지하기 위함
3. 재해 방지를 위하여 그 재해 요인의 대책과 실시를 계획적으로 하기 위함
4. 합리적인 생산관리를 하기 위함

## 08 재해누발자의 유형 중 상황성 누발자와 관련이 없는 것은?

① 작업이 어렵기 때문에
② 기능이 미숙하기 때문에
③ 심신에 근심이 있기 때문에
④ 기계설비에 결함이 있기 때문에

**해설**

재해누발자의 유형

| | |
|---|---|
| 상황성 누발자 | • 작업이 어렵기 때문에<br>• 기계설비에 결함이 있기 때문에<br>• 심신에 근심이 있기 때문에<br>• 환경상 주의력의 집중이 혼란되기 때문에 |
| 습관성 누발자 | • 재해의 경험에 의해 겁을 먹거나 신경과민<br>• 일종의 슬럼프 상태 |
| 미숙성 누발자 | • 기능이 미숙하기 때문에<br>• 환경에 익숙하지 못하기 때문에(환경에 적응 미숙) |
| 소질성 누발자 | • 개인의 소질 가운데 재해원인의 요소를 가진 자<br>• 개인의 특수성격 소유자 |

## 09 내전압용 절연장갑의 등급에 따른 최대사용전압이 틀린 것은?(단, 교류 전압은 실효값이다.)

① 등급 00 : 교류 500V
② 등급 1 : 교류 7,500V
③ 등급 2 : 직류 17,000V
④ 등급 3 : 직류 39,750V

**해설**

내전압용 절연장갑의 등급

| 등급 | 최대사용전압 | | 등급별 색상 |
|---|---|---|---|
| | 교류(V, 실효값) | 직류(V) | |
| 00 | 500 | 750 | 갈색 |
| 0 | 1,000 | 1,500 | 빨강색 |
| 1 | 7,500 | 11,250 | 흰색 |
| 2 | 17,000 | 25,500 | 노랑색 |
| 3 | 26,500 | 39,750 | 녹색 |
| 4 | 36,000 | 54,000 | 등색 |

## 10 다음 중 부주의의 현상으로 볼 수 없는 것은?

① 의식의 단절   ② 의식수준의 지속
③ 의식의 과잉   ④ 의식의 우회

**해설**

부주의 발생현상

| | |
|---|---|
| 의식의 단절 (중단) | • 의식의 흐름에 단절이 생기고 공백상태가 나타나는 경우<br>• 의식수준 제0단계의 상태(특수한 질병의 경우) |
| 의식의 우회 | • 의식의 흐름이 옆으로 빗나가 발생한 경우<br>• 의식수준 제0단계의 상태(걱정, 고민, 욕구불만 등) |
| 의식수준의 저하 | • 뚜렷하지 않은 의식의 상태로 심신이 피로하거나 단조로운 작업 등의 경우<br>• 의식수준 제Ⅰ단계 이하의 상태 |
| 의식의 과잉 | • 돌발사태 및 긴급이상사태에 직면하면 순간적으로 긴장되고 의식이 한 방향으로 쏠리는 주의의 일점집중현상의 경우<br>• 의식수준 제Ⅳ단계의 상태 |
| 의식의 혼란 | • 외적 조건에 문제가 있을 때 의식이 혼란되고 분산되어 작업에 잠재되어 있는 위험요인에 대응할 수 없는 경우<br>• 외부의 자극이 애매모호하거나, 너무 강하거나 약할 때 |

## 11 산업안전보건법령상 안전관리자의 업무가 아닌 것은?(단, 그 밖에 고용노동부장관이 정하는 사항은 제외한다.)

① 업무 수행 내용의 기록
② 산업재해에 관한 통계의 유지·관리·분석을 위한 보좌 및 지도·조언
③ 안전교육계획의 수립 및 안전교육 실시에 관한 보좌 및 지도·조언
④ 작업장 내에서 사용되는 전체 환기장치 및 국소 배기장치 등에 관한 설비의 점검

**해설**

안전관리자의 업무
1. 산업안전보건위원회 또는 안전 및 보건에 관한 노사협의체에서 심의·의결한 업무와 해당 사업장의 안전보건관리규정 및 취업규칙에서 정한 업무
2. 위험성평가에 관한 보좌 및 지도·조언
3. 안전인증대상 기계 등과 자율안전확인대상 기계 등 구입 시 적격품의 선정에 관한 보좌 및 지도·조언
4. 해당 사업장 안전교육계획의 수립 및 안전교육 실시에 관한 보좌 및 지도·조언

**정답** 08 ② 09 ③ 10 ② 11 ④

5. 사업장 순회점검, 지도 및 조치 건의
6. 산업재해 발생의 원인 조사 · 분석 및 재발 방지를 위한 기술적 보좌 및 지도 · 조언
7. 산업재해에 관한 통계의 유지 · 관리 · 분석을 위한 보좌 및 지도 · 조언
8. 법 또는 법에 따른 명령으로 정한 안전에 관한 사항의 이행에 관한 보좌 및 지도 · 조언
9. 업무수행 내용의 기록 · 유지
10. 그 밖에 안전에 관한 사항으로서 고용노동부장관이 정하는 사항

**TIP 보건관리자의 업무**
- 작업장 내에서 사용되는 전체 환기장치 및 국소 배기장치 등에 관한 설비의 점검
- 작업방법의 공학적 개선에 관한 보좌 및 지도 · 조언

**12** 다음 중 학습목적을 세분하여 구체적으로 결정한 것을 무엇이라 하는가?

① 주제
② 학습목표
③ 학습정도
④ 학습성과

**해설**
학습성과의 개요
학습목적을 세분하여 구체적으로 결정한 것이다.
1. 학습성과의 설정에는 반드시 주제와 학습정도가 포함될 것
2. 학습목적에 적합하고 타당할 것
3. 구체적으로 서술할 것
4. 수강자의 입장에서 기술할 것

**13** 재해발생의 직접원인 중 불안전한 상태가 아닌 것은?

① 불안전한 인양
② 부적절한 보호구
③ 결함 있는 기계설비
④ 불안전한 방호장치

**해설**
불안전한 행동과 상태의 분류

| 불안전한 행동 (인적 요인) | 설비 · 기계 및 물질의 부적절한 사용 · 관리, 구조물 등 그 밖의 위험방치 및 미확인, 작업수행 소홀 및 절차 미준수, 불안전한 작업자세, 작업수행 중 과실, 무모한 또는 불필요한 행위 및 동작, 복장 · 보호구의 부적절한 사용, 불안전한 속도 조작, 안전장치의 기능 제거, 불안전한 인양 및 운반 |
|---|---|
| 불안전한 상태 (물적 요인) | 물체 및 설비 자체의 결함, 방호조치의 부적절, 작업통로 등 장소불량 및 위험, 물체 · 기계기구 등의 취급상 위험, 작업공정 · 절차의 부적절, 작업환경 등의 부적절, 보호구의 성능 불량, 불안전한 설계로 인한 결함 발생 |

**14** 산업안전보건법령상 중대재해의 범위에 해당하지 않는 것은?

① 1명의 사망자가 발생한 재해
② 1개월의 요양을 요하는 부상자가 동시에 5명 발생한 재해
③ 3개월의 요양을 요하는 부상자가 동시에 3명 발생한 재해
④ 10명의 직업성 질병자가 동시에 발생한 재해

**해설**
중대재해
1. 사망자가 1명 이상 발생한 재해
2. 3개월 이상의 요양이 필요한 부상자가 동시에 2명 이상 발생한 재해
3. 부상자 또는 직업성 질병자가 동시에 10명 이상 발생한 재해

**15** 허츠버그(Herzberg)의 일을 통한 동기부여 원칙으로 틀린 것은?

① 새롭고 어려운 업무의 부여
② 교육을 통한 간접적 정보제공
③ 자기과업을 위한 작업자의 책임감 증대
④ 작업자에게 불필요한 통제를 배제

**해설**
일을 통한 동기부여 원칙(직무확대방법)
1. 근로자에게 정기 보고서를 통하여 직접적인 정보를 제공한다.
2. 자기과업을 위한 근로자의 책임을 증대시킨다.
3. 특정 과업을 수행할 기회를 부여한다.
4. 근로자에게 단위의 분배작업을 부여하도록 조정한다.
5. 근로자에게 보다 새롭고 힘든 과업을 부여한다.
6. 근로자에게 불필요한 통제를 배제한다.

**16** 안전교육방법의 4단계의 순서로 옳은 것은?

① 도입 → 확인 → 적용 → 제시
② 도입 → 제시 → 적용 → 확인
③ 제시 → 도입 → 적용 → 확인
④ 제시 → 확인 → 도입 → 적용

**해설**

교육방법의 4단계

| 단계 | | 내용 |
|---|---|---|
| 제1단계 | 도입<br>(준비) | • 학습할 준비를 시킨다.<br>• 작업에 대한 흥미를 갖게 한다.<br>• 학습자의 동기부여 및 마음의 안정 |
| 제2단계 | 제시<br>(설명) | • 작업을 설명한다.<br>• 한 번에 하나하나씩 나누어 확실하게 이해시켜야 한다.<br>• 강의순서대로 진행하고 설명, 교재를 통해 듣고 말하는 단계 |
| 제3단계 | 적용<br>(응용) | • 작업을 시켜본다.<br>• 상호학습 및 토의 등으로 이해력을 향상시킨다.<br>• 자율학습을 통해 배운 것을 학습한다. |
| 제4단계 | 확인<br>(평가) | • 가르친 뒤 살펴본다.<br>• 잘못된 것을 수정한다.<br>• 요점을 정리하여 복습한다. |

## 17 교육심리학의 기본이론 중 학습지도의 원리가 아닌 것은?

① 직관의 원리   ② 개별화의 원리
③ 계속성의 원리   ④ 사회화의 원리

**해설**

학습지도의 원리

| 자발성의<br>원리 | 학습자의 내적 동기가 유발된 학습, 즉 학습자 자신이 자발적으로 학습에 참여하는 데 중점을 둔 원리 |
|---|---|
| 개별화의<br>원리 | 학습자가 지니고 있는 각자의 요구와 능력 등 개인차에 맞도록 지도해야 한다는 원리 |
| 사회화의<br>원리 | 학교에서 경험한 것과 사회에서 경험한 것을 교류시키고 함께하는 학습을 통하여 협력적이고 우호적인 학습을 진행하는 원리 |
| 통합의<br>원리 | 학습을 통합적인 전체로서 학습자의 모든 능력을 조화적으로 발달시키는 원리 |
| 직관의<br>원리 | 구체적인 사물을 직접 제시하거나 경험시킴으로써 큰 효과를 볼 수 있다는 원리 |

## 18 산업안전보건법상 근로시간 연장의 제한에 관한 기준에서 아래의 ( ) 안에 알맞은 것은?

사업주는 유해하거나 위험한 작업으로서 높은 기압에서 하는 작업 등 대통령령으로 정하는 작업에 종사하는 근로자에게는 1일 ( ㉠ )시간, 1주 ( ㉡ )시간을 초과하여 근로하게 하여서는 아니 된다.

① ㉠ 6, ㉡ 34   ② ㉠ 7, ㉡ 36
③ ㉠ 8, ㉡ 40   ④ ㉠ 8, ㉡ 44

**해설**

유해·위험작업에 대한 근로시간 제한 등
사업주는 유해하거나 위험한 작업으로서 높은 기압에서 하는 작업 등 대통령령으로 정하는 작업(잠함 또는 잠수 작업 등 높은 기압에서 하는 작업)에 종사하는 근로자에게는 1일 6시간, 1주 34시간을 초과하여 근로하게 해서는 아니 된다.

## 19 다음 설명의 학습지도 형태는 어떤 토의법 유형인가?

6-6 회의라고도 하며, 6명씩 소집단으로 구분하고, 집단별로 각각의 사회자를 선발하여 6분간씩 자유토의를 행하여 의견을 종합하는 방법

① 포럼(Forum)
② 버즈 세션(Buzz Session)
③ 케이스 메소드(Case Method)
④ 패널 디스커션(Panel Discussion)

**해설**

토의법의 종류
1. 자유토의법
   참가자가 주어진 주제에 대하여 자유로운 발표와 토의를 통하여 서로의 의견을 교환하고 상호이해력을 높이며 의견을 절충해 나가는 방법
2. 패널 디스커션(Panel Discussion)
   전문가 4~5명이 피교육자 앞에서 자유로이 토의를 하고, 그 후에 피교육자 전원이 사회자의 사회에 따라 토의하는 방법
3. 심포지엄(Symposium)
   발제자 없이 몇 사람의 전문가에 의하여 과제에 관한 견해를 발표한 뒤에 참가자로 하여금 의견이나 질문을 하게 하여 토의하는 방법
4. 포럼(Forum)
   • 사회자의 진행으로 몇 사람이 주제에 대하여 발표한 후 피교육자가 질문을 하고 토론해 나가는 방법
   • 새로운 자료나 주제를 내보이거나 발표한 후 피교육자로 하여금 문제나 의견을 제시하게 하고 다시 깊이 있게 토론해 나가는 방법
5. 버즈 세션(Buzz Session)
   6-6 회의라고도 하며, 참가자가 다수인 경우에 전원을 토의에 참가시키기 위한 방법으로 소집단을 구성하여 회의를 진행시키는 방법

**정답** 17 ③  18 ①  19 ②

**20** 의식의 레벨(Phase)을 5단계로 구분할 때 의식의 신뢰도가 가장 높은 단계는?

① Phase Ⅰ  ② Phase Ⅱ
③ Phase Ⅲ  ④ Phase Ⅳ

**[해설]**
의식수준의 단계

| 단계 | 의식의 상태 | 신뢰성 |
|---|---|---|
| Phase 0 (제0단계) | 무의식, 실신 | 0(Zero) |
| Phase Ⅰ (제Ⅰ단계) | 정상 이하, 의식흐림, 의식 몽롱함 | 0.9 이하 |
| Phase Ⅱ (제Ⅱ단계) | 정상, 이완상태, 느긋한 기분 | 0.99~0.99999 |
| Phase Ⅲ (제Ⅲ단계) | 정상, 상쾌한 상태, 분명한 의식 | 0.999999 이상 (신뢰도가 가장 높은 상태) |
| Phase Ⅳ (제Ⅳ단계) | 과긴장, 흥분상태 | 0.9 이하 |

## 2과목 인간공학 및 위험성 평가·관리

**21** 다음 중 서서하는 작업에서 정밀한 작업, 경작업, 중작업 등을 위한 작업대의 높이에 기준이 되는 신체부위는?

① 어깨  ② 팔꿈치
③ 손목  ④ 허리

**[해설]**
입식 작업대의 높이는 작업자의 체격에 따라 팔꿈치 높이를 기준으로 하여 작업대의 높이를 조정해야 한다.

입식 작업대 높이
1. 경(輕)조립 또는 이와 비슷한 조작 작업 : 팔꿈치 높이보다 5~10cm 정도 낮게
2. 아래로 많은 힘을 필요로 하는 중작업(무거운 물건을 다루는 작업) : 팔꿈치 높이를 10~30cm 정도 낮게
3. 전자조립과 같은 정밀작업(높은 정밀도를 요구하는 작업) : 작업면을 팔꿈치 높이보다 10~20cm 정도 높게 하는 것이 유리
4. 섬세한 작업일수록 높아야 하며, 거친 작업은 약간 낮은 편이 유리
5. 높이 설계 시 고려사항으로는 근전도(EMG), 인체 계측, 무게 중심 결정 등

**22** 중량물 들기 작업 시 5분간의 산소 소비량을 측정한 결과 90L의 배기량 중에 산소가 16%, 이산화탄소가 4%로 분석되었다. 해당 작업에 대한 산소소비량(L/min)은 약 얼마인가?(단, 공기 중 질소는 79vol%, 산소는 21vol%이다.)

① 0.948  ② 1.948
③ 4.74  ④ 5.74

**[해설]**
산소 소비량의 측정

흡기부피를 $V_1$, 배기부피(분당배기량)를 $V_2$라 하면
$$79\% \times V_1 = N_2\% \times V_2$$
$$V_1 = \frac{(100 - O_2\% - CO_2\%)}{79} \times V_2$$
산소 소비량 $= (21\% \times V_1) - (O_2\% \times V_2)$
에너지가(價)(kcal/min) = 분당 산소 소비량(L) × 5kcal
※ 1L의 산소소비 = 5kcal

1. 분당 배기량($V_2$) = $\frac{90}{5}$ = 18(L/min)
2. 흡기부피($V_1$) = $\frac{(100-16-4)}{79} \times 18$ = 18.23(L/min)
3. 산소 소비량 = $(21\% \times V_1) - (O_2\% \times V_2)$
   = $(0.21 \times 18.23) - (0.16 \times 18)$ = 0.948(L/min)

**23** 일반적인 시스템의 수명곡선(욕조곡선)에서 고장 형태 중 증가형 고장률을 나타내는 기간으로 옳은 것은?

① 우발 고장기간  ② 마모 고장기간
③ 초기 고장기간  ④ Burn-in 고장기간

**[해설]**
시스템 수명곡선(욕조곡선)
1. 초기 고장 : 감소형[DFR(Decreasing Failure Rate)] - 고장률이 시간에 따라 감소
2. 우발 고장 : 일정형[CFR(Constant Failure Rate)] - 고장률이 시간에 관계없이 거의 일정
3. 마모 고장 : 증가형[IFR(Increasing Failure Rate)] - 고장률이 시간에 따라 증가

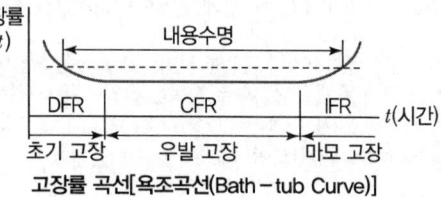

고장률 곡선[욕조곡선(Bath-tub Curve)]

### 24 다음 중 수공구 설계의 기본원리로 가장 적절하지 않은 것은?

① 손목은 곧게 유지되도록 설계한다.
② 손바닥 부위에 압력을 가하는 구조로 설계한다.
③ 공구의 무게를 줄이고 사용 시 무게의 균형이 유지되도록 한다.
④ 동력공구의 손잡이는 두 손가락 이상으로 작동하도록 한다.

**해설**
수공구 설계원칙
1. 손잡이의 길이는 95%tile(백분위수)의 남성의 손 폭을 기준으로 한다. 최소 11cm가 되어야 하며, 장갑 사용 시 최소 12.5cm가 되어야 한다.
2. 손바닥 부위에 압박을 주는 손잡이의 형태는 피할 것(손잡이의 단면이 원형을 이루어야 한다.)
3. 손잡이의 직경은 사용 용도에 따라
   - 힘을 요하는 작업도구일 경우 : 2.5~4cm
   - 정밀을 요하는 작업의 경우 : 0.75~1.5cm
4. 플라이어 형태의 손잡이는 스프링 장치 등을 이용하여 자동으로 손잡이가 열리도록 설계할 것
5. 양손잡이를 모두 고려한 설계를 할 것
6. 손잡이의 재질은 미끄러지지 않고, 비전도성, 열과 땀에 강한 소재로 선택할 것
7. 손목을 꺾지말고 손잡이를 꺾을 것(손목은 곧게 유지되도록 설계한다.)
8. 가능한 수동공구가 아닌 동력공구를 사용할 것
9. 동력공구의 손잡이는 최소 두 손가락 이상으로 작동하도록 설계할 것
10. 최대한 공구의 무게를 줄이고 사용 시 무게의 균형이 유지되도록 설계할 것

### 25 작업개선을 위하여 도입되는 원리인 ECRS에 포함되지 않는 것은?

① Combine    ② Standard
③ Eliminate    ④ Rearrange

**해설**
작업방법의 개선원칙(새로운 작업 방법의 개선원칙, ECRS)
1. 제거(Eliminate)
2. 결합(Combine)
3. 재배치(Rearrange)
4. 단순화(Simplify)

### 26 시스템 수명주기에 있어서 예비위험분석(PHA)이 이루어지는 단계에 해당하는 것은?

① 구상단계    ② 점검단계
③ 운전단계    ④ 생산단계

**해설**
예비위험분석(PHA)
1. 시스템안전 위험분석(SSHA)을 수행하기 위한 예비적인 최초의 작업으로 위험요소가 얼마나 위험한지를 정성적으로 평가하는 것이다.
2. PHA는 구상단계나 설계 및 발주의 극히 초기에 실시된다.

### 27 가스밸브를 잠그는 것을 잊어 사고가 발생했다면 작업자는 어떤 인적오류를 범한 것인가?

① 생략오류(Omission Error)
② 시간 지연 오류(Time Error)
③ 순서오류(Sequential Error)
④ 작위적 오류(Commission Error)

**해설**
인간실수의 분류(심리적인 분류)

| | |
|---|---|
| 생략에러<br>(Omission Error,<br>부작위 실수) | 필요한 직무 및 절차를 수행하지 않아(생략) 발생하는 에러<br>예 • 가스밸브를 잠그는 것을 잊어 사고가 났다.<br>• 어떤 제품의 분해 · 조립과정을 거쳐서 수리를 마친 후 부품 하나가 남았다. |
| 작위에러<br>(Commission<br>Error,<br>실행에러) | • 필요한 작업 또는 절차의 불확실한 수행(잘못 수행)으로 인한 에러<br>• 넓은 의미로 선택착오, 순서착오, 시간착오, 정성적 착오를 포함한다.<br>예 전선이 바뀌었다. 틀린 부품을 사용하였다. 부품이 거꾸로 조립되었다 등 |
| 순서에러<br>(Sequential Error) | 필요한 작업 또는 절차의 순서 착오로 인한 에러<br>예 자동차 출발 시 핸드브레이크를 해제하지 않고 출발하여 발생한 에러 |
| 시간에러<br>(Time Error) | 필요한 직무 또는 절차의 수행지연으로 인한 에러<br>예 프레스 작업 중에 금형 내에 손이 오랫동안 남아 있어 발생한 재해 |
| 과잉행동에러<br>(Extraneous Error,<br>불필요한 행동에러) | 불필요한 작업 또는 절차를 수행함으로써 기인한 에러<br>예 자동차 운전 중 습관적으로 손을 창문으로 내밀어 발생한 재해 |

**28** 인간실수확률에 대한 추정기법으로 가장 적절하지 않은 것은?

① CIT(Critical Incident Technique) : 위급사건기법
② FMEA(Failure Mode and Effect Analysis) : 고장형태 영향분석
③ TCRAM(Task Criticality Rating Analysis Method) : 직무위급도 분석법
④ THERP(Technique for Human Error Rate Prediction) : 인간 실수율 예측기법

**해설**
인간실수확률에 대한 추정기법
1. 위급사건기법(CIT : Critical Incident Technique)
2. 직무위급도 분석(TCRAM : Task Criticality Rating Analysis Method)
3. 인간 실수율 예측기법(THERP : Technique for Human Error Rate Prediction)
4. 조작자 행동 나무(OAT : Operator Action Tree)
5. 인간 실수 자료 은행(Human Error Rate Bank)
6. 간헐적 사건의 결함 나무 분석(FTA : Fault Tree Analysis)
7. 인간 신뢰도 예측을 위한 컴퓨터 모의실험

**TIP** 고장형태와 영향분석(FMEA : Failure Mode and Effects Analysis)
- 시스템 내의 위험요소가 얼마나 위험한 상태에 있는가를 정성적으로 평가하는 기법
- 고장 발생을 최소로 하고자 하는 경우에 유효하다.

**29** 자동차를 타이어가 4개인 하나의 시스템으로 볼 때, 타이어 1개가 파열될 확률이 0.01이라면, 이 자동차의 신뢰도는 약 얼마인가?

① 0.91   ② 0.93
③ 0.96   ④ 0.99

**해설**
신뢰도
1. 타이어 1개의 신뢰도(파열되지 않을 확률)
   $R = 1 - 0.01 = 0.99$
2. 자동차 타이어는 직렬로 연결(1개의 타이어만 파열되어도 시스템은 정지)
   $R = 0.99 \times 0.99 \times 0.99 \times 0.99 = 0.96$

**30** 위험성 평가의 절차를 간략히 나열한 것이다. 다음 중 절차를 올바르게 나타낸 것은?

① 사전준비 → 유해·위험요인 파악 → 위험성 결정 → 위험성 감소대책 수립 및 실행 → 위험성 평가의 공유 → 기록 및 보존
② 유해·위험요인 파악 → 사전준비 → 위험성 결정 → 위험성 감소대책 수립 및 실행 → 위험성 평가의 공유 → 기록 및 보존
③ 유해·위험요인 파악 → 위험성 결정 → 사전준비 → 위험성 감소대책 수립 및 실행 → 위험성 평가의 공유 → 기록 및 보존
④ 위험성 감소대책 수립 및 실행 → 사전준비 → 위험성 결정 → 유해·위험요인 파악 → 위험성 평가의 공유 → 기록 및 보존

**해설**
위험성 평가 절차 및 주요 내용

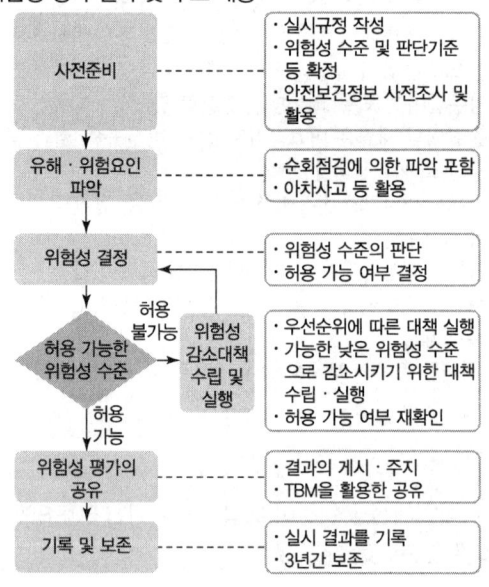

**31** 격렬한 육체적 작업의 작업부담 평가 시 활용되는 주요 생리적 척도로만 이루어진 것은?

① 부정맥, 작업량
② 맥박수, 산소 소비량
③ 점멸융합주파수, 폐활량
④ 점멸융합주파수, 근전도

**해설**

생리적 부담의 척도
작업이 인체에 끼치는 생리적 부담은 흔히 맥박수와 산소 소비량으로 측정한다.

> **TIP** 동적 근력작업에 따른 생리학적 측정법
> 에너지 대사량, 산소 소비량 및 $CO_2$ 배출량 등과 호흡량, 맥박수, 근전도 등

**32** 1sone에 관한 설명으로 ( ) 안에 알맞은 수치는?

> 1sone : ( ㉠ )Hz, ( ㉡ )dB의 음압수준을 가진 순음의 크기

① ㉠ : 1,000, ㉡ : 1
② ㉠ : 4,000, ㉡ : 1
③ ㉠ : 1,000, ㉡ : 40
④ ㉠ : 4,000, ㉡ : 40

**해설**

sone
1,000Hz 순음의 음의 세기 레벨 40dB의 음의 크기를 1sone으로 정의한다.

> **TIP** sone치 = 2(phon치 − 40)/10
> ※ 음량 수준이 10phon 증가하면 음량(sone)은 2배로 증가된다.

**33** 반경 10cm의 조종구(Ball Control)를 30° 움직였을 때 표시장치는 1cm 이동하였다. 이때 통제표시비(C/D)는 약 얼마인가?

① 2.56
② 3.12
③ 4.05
④ 5.24

**해설**

조종 – 표시장치 이동비율(C/D비 : Control – Display Ratio)
회전운동을 하는 조종장치가 선형 표시장치를 움직일 경우

$$C/D비(C/R비) = \frac{(a/360) \times 2\pi L}{표시장치의 이동거리}$$

여기서, $L$ : 반경(지레의 길이)
　　　 $a$ : 조종장치가 움직인 각도

$C/D비 = \dfrac{(a/360) \times 2\pi L}{표시장치의 이동거리}$

$= \dfrac{(30/360) \times 2 \times \pi \times 10}{1} = 5.24$

**34** 다음 중 NOISH Lifting Guideline에서 권장무게한계(RWL) 산출에 사용되는 평가 요소가 아닌 것은?

① 수평거리
② 수직거리
③ 휴식시간
④ 비대칭각도

**해설**

권장무게한계(RWL) 산출 관계식

$$RWL(\text{kg}) = LC \times HM \times VM \times DM \times AM \times FM \times CM$$

여기서, $LC$ : 부하상수(23kg : 최적 작업상태 권장 최대무게, 즉 모든 조건이 가장 좋지 않을 경우 허용되는 최대중량의 의미)
　　　 $HM$ : 수평계수(수평거리에 따른 계수)
　　　 $VM$ : 수직계수(수직거리에 따른 계수)
　　　 $DM$ : 거리계수(물체의 이동거리에 따른 계수, 수직방향의 이동거리)
　　　 $AM$ : 비대칭계수(비대칭각도계수)
　　　 $FM$ : 빈도계수(작업빈도에 따른 계수)
　　　 $CM$ : 결합계수(손잡이 계수)

**35** 음원 수준이 50phon일 때 sone 값은 얼마인가?

① 2
② 5
③ 10
④ 100

**해설**

phon(음량 수준)과 sone(음량)의 관계

$$sone치 = 2(phon치 − 40)/10$$

※ 음량 수준이 10phon 증가하면 음량(sone)은 2배로 증가된다.

$sone치 = 2(phon치 − 40)/10 = 2(50 − 40)/10 = 2$

**36** 다음 중 동작경제의 원칙에 있어 '신체사용에 관한 원칙'에 해당하지 않는 것은?

① 두 손의 동작은 동시에 시작해서 동시에 끝나야 한다.
② 손의 동작은 유연하고 연속적인 동작이어야 한다.
③ 공구, 재료 및 제어장치는 사용하기 가까운 곳에 배치해야 한다.
④ 동작이 급작스럽게 크게 바뀌는 직선 동작은 피해야 한다.

**정답** 32 ③  33 ④  34 ③  35 ①  36 ③

해설
동작경제의 원칙

| | |
|---|---|
| 신체 사용에 관한 원칙 | • 두 손의 동작은 같이 시작하고 같이 끝나도록 한다.<br>• 휴식시간을 제외하고는 양손이 같이 쉬지 않도록 한다.<br>• 두 팔의 동작은 서로 반대방향으로 대칭적으로 움직인다.<br>• 손과 신체의 동작은 작업을 원만하게 처리할 수 있는 범위 내에서 가장 낮은 동작 등급을 사용하도록 한다.<br>• 가능한 한 관성을 이용하여 작업을 하도록 하되, 작업자가 관성을 억제하여야 하는 경우에는 발생되는 관성을 최소한도로 줄인다.<br>• 손의 동작은 유연하고 연속적인 동작이 되도록 하며, 방향이 갑자기 크게 바뀌는 모양의 직선 동작은 피하도록 한다.<br>• 탄도동작(Ballistic Movements)은 제한되거나 통제된 동작보다 더 신속·정확·용이하다.<br>• 가능하다면 쉽고도 자연스러운 리듬이 작업동작에 생기도록 작업을 배치한다.<br>• 눈의 초점을 모아야 작업을 할 수 있는 경우는 가능하면 없애고, 불가피한 경우에는 눈의 초점이 모아지는 서로 다른 두 작업 지점 간의 거리를 짧게 한다. |
| 작업장 배치에 관한 원칙 | • 모든 공구나 재료는 자기 위치에 있도록 한다.<br>• 공구, 재료 및 제어장치는 사용위치에 가까이 두도록 한다.<br>• 중력을 이용한 부품상자나 용기를 이용하여 부품을 제품 사용위치에 가까이 보낼 수 있도록 한다.<br>• 가능하다면 낙하시키는 운반방법을 사용하라.<br>• 공구 및 재료는 동작에 가장 편리한 순서로 배치하여야 한다.<br>• 채광 및 조명장치를 잘 하여야 한다.<br>• 작업자가 작업 중 자세를 변경, 즉 앉거나 서는 것을 임의로 할 수 있도록 작업대와 의자 높이가 조정되도록 한다.<br>• 작업자가 좋은 자세를 취할 수 있도록 의자는 높이 뿐만 아니라 디자인도 좋아야 한다. |
| 공구 및 설비 디자인에 관한 원칙 | • 치구나 발로 작동시키는 기기를 사용할 수 있는 작업에서는 이러한 기기를 활용하여 양손이 다른 일을 할 수 있도록 한다.<br>• 공구의 기능은 결합하여서 사용하도록 한다.<br>• 공구와 자재는 가능한 한 사용하기 쉽도록 미리 위치를 잡아준다.<br>• 각 손가락에 서로 다른 작업을 할 때에는 작업량을 각 손가락의 능력에 맞게 분배해야 한다.<br>• 레버, 핸들 및 제어장치는 작업자가 몸의 자세를 크게 바꾸지 않더라도 조작하기 쉽도록 배열한다. |

**37** 다음 중 소음에 대한 대책으로 가장 적합하지 않은 것은?

① 소음원의 통제  ② 소음의 격리
③ 소음의 분배  ④ 적절한 배치

해설
소음방지대책
1. 소음원의 제거 : 가장 적극적인 대책
2. 소음원의 통제 : 기계의 적절한 설계, 정비 및 주유, 고무받침대 부착, 소음기 사용(차량) 등
3. 소음의 격리 : 씌우개(Enclosure), 장벽을 사용(창문을 닫으면 약 10dB 감음됨)
4. 적절한 배치(Lay Out)
5. 음향 처리제 사용
6. 차폐 장치(Baffle) 및 흡음재 사용
7. 방음 보호 용구

**38** FTA에서 사용되는 사상기호 중 결함사상을 나타낸 기호로 옳은 것은?

① 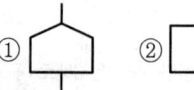  ②   ③ ○  ④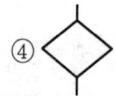

해설
FTA분석 기호

| 기호 | 명칭 | 내용 |
|---|---|---|
| ▭ | 결함사상 | 사고가 일어난 사상(사건) |
| ○ | 기본사상 | 더 이상 전개가 되지 않는 기본적인 사상 또는 발생확률이 단독으로 얻어지는 낮은 레벨의 기본적인 사상 |
| ⬠ | 통상사상<br>(가형사상) | 통상발생이 예상되는 사상(예상되는 원인) |
| ◇ | 생략사상<br>(최후사상) | 정보부족 또는 분석기술 불충분으로 더 이상 전개할 수 없는 사상(작업진행에 따라 해석이 가능할 때는 다시 속행한다.) |
| △ | 전이기호<br>(이행기호) | • FT도상에서 다른 부분에 관한 이행 또는 연결을 나타낸다.<br>• 상부에 선이 있는 경우는 다른 부분으로 전입(IN) |
| △ | 전이기호<br>(이행기호) | • FT도상에서 다른 부분에 관한 이행 또는 연결을 나타낸다.<br>• 측면에 선이 있는 경우는 다른 부분으로 전출(OUT) |

정답 37 ③ 38 ②

**39** 다음 중 은행 창구나 슈퍼마켓의 계산대에 적용하기에 가장 적합한 인체 측정 자료의 응용원칙은?

① 평균치 설계
② 최대 집단치 설계
③ 극단치 설계
④ 최소 집단치 설계

**해설**

인체 계측 자료의 응용원칙의 사례
1. 극단치를 이용한 설계
   - 최대 집단치 설계 : 출입문, 탈출구의 크기, 통로, 그네, 줄사다리, 버스 내 승객용 좌석 간 거리, 위험구역 울타리 등
   - 최소 집단치 설계 : 선반의 높이, 조종 장치까지의 거리, 비상벨의 위치 설계 등
2. 조절 가능한 설계
   자동차 좌석의 전후 조절, 사무실 의자의 상하 조절, 책상 높이 등
3. 평균치를 이용한 설계
   가게나 은행의 계산대, 식당 테이블, 출근버스 손잡이 높이, 안내 데스크 등

**40** 종이의 반사율이 70%이고, 인쇄된 글자의 반사율이 10%라면 대비(Luminance Contrast)는 약 얼마인가?

① 85.7%
② 89.5%
③ 95.3%
④ 99.1%

**해설**

대비
표적의 광도와 배경 광도의 차를 나타내는 척도이며, 광도대비 또는 휘도대비란 표면의 광도와 배경의 광도의 차를 나타내는 척도이다.

$$대비(\%) = \frac{배경의\ 광도(L_b) - 표적의\ 광도(L_t)}{배경의\ 광도(L_b)} \times 100$$
$$= \frac{70-10}{70} \times 100 = 85.7(\%)$$

## 3과목 기계·기구 및 설비 안전 관리

**41** 다음 중 지게차의 안정도에 관한 설명으로 틀린 것은?

① 지게차의 등판능력을 표시한다.
② 좌우 안정도와 전후 안정도가 있다.
③ 주행과 하역작업의 안정도가 다르다.
④ 작업 또는 주행 시 안정도 이하로 유지해야 한다.

**해설**

지게차의 안정도 기준
1. 하역작업 시의 전후 안정도 4% 이내(5톤 이상 : 3.5% 이내) : 최대하중상태에서 포크를 가장 높이 올린 경우
2. 주행 시의 전후 안정도 18% 이내
3. 하역작업 시의 좌우 안정도 6% 이내 : 최대하중상태에서 포크를 가장 높이 올리고 마스트를 가장 뒤로 기울인 경우
4. 주행 시의 좌우 안정도 $(15+1.1V)\%$ 이내
   $V$ : 최고속도(km/h)

**TIP** 등판능력
지게차가 짐을 싣고 올라갈 수 있는 언덕의 경사도를 말한다.

**42** 산업안전보건법령상 산업용 로봇으로 인하여 근로자에게 발생할 수 있는 부상 등의 위험이 있는 경우 위험을 방지하기 위하여 울타리를 설치할 때 높이는 최소 몇 m 이상으로 해야 하는가?(단, 산업표준화법 및 국제적으로 통용되는 안전기준은 제외한다.)

① 1.8
② 2.1
③ 2.4
④ 1.2

**해설**

운전 중 위험방지(근로자가 로봇에 부딪힐 위험이 있을 경우)
1. 높이 1.8m 이상의 울타리 설치
2. 컨베이어 시스템의 설치 등으로 울타리를 설치할 수 없는 일부 구간 : 안전매트 또는 광전자식 방호장치 등 감응형 방호장치 설치

**43** 다음 설명은 보일러의 장해 원인 중 어느 것에 해당되는가?

> 보일러 수중에 용해고형분이나 수분이 발생, 공기 중에 다량 함유되어 증기의 순도를 저하시킴으로써 관 내 응축수가 생겨 워터해머의 원인이 되고 증기과열이나 터빈 등의 고장의 원인이 된다.

① 프라이밍(Priming)
② 포밍(Forming)
③ 캐리오버(Carry Over)
④ 역화(Back Fire)

**해설**

보일러 취급 시 이상현상

| 프라이밍<br>(Priming) | 보일러수가 극심하게 끓어서 수면에서 계속하여 물방울이 비산하고 증기부가 물방울로 충만하여 수위가 불안정하게 되는 현상 |
|---|---|
| 포밍<br>(Foaming) | 보일러수에 유지류, 고형물 등의 부유물로 인해 거품이 발생하여 수위를 판단하지 못하는 현상 |
| 캐리오버<br>(Carry Over) | • 보일러에서 증기관 쪽에 보내는 증기에 대량의 물방울이 포함되는 경우로 프라이밍이나 포밍이 생기면 필연적으로 발생<br>• 보일러에서 증기의 순도를 저하시킴으로써 관 내 응축수가 생겨 워터해머의 원인이 되는 것 |
| 워터해머<br>(Water Hammer)<br>(수격작용) | 증기관 내에서 증기를 보내기 시작할 때 해머로 치는 듯한 소리를 내며 관이 진동하는 현상, 워터해머는 캐리오버에 기인한다. |

**44** 프레스의 양수조작식 방호장치에서 양쪽 누름 버튼 간의 상호 간의 내측 거리는 몇 mm 이상이어야 하나?

① 300mm
② 400mm
③ 200mm
④ 100mm

**해설**

양수조작식
누름 버튼의 상호 간 내측거리는 300mm 이상이어야 한다.

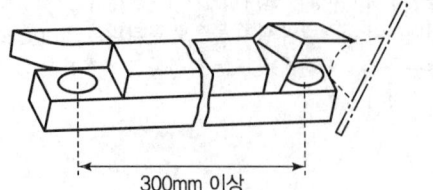

**45** 이상온도, 이상기압, 과부하 등 기계의 부하가 안전한계치를 초과하는 경우에 이를 감지하고 자동으로 안전상태가 되도록 조정하거나 기계의 작동을 중지시키는 방호장치는?

① 감지형 방호장치
② 접근거부형 방호장치
③ 위치제한형 방호장치
④ 접근반응형 방호장치

**해설**

작업점의 방호방법
1. 격리형 방호장치 : 작업점과 작업자 사이에 접촉되어 일어날 수 있는 재해를 방지하기 위해 차단벽이나 망을 설치하는 방호장치
2. 위치제한형 방호장치 : 작업자의 신체부위가 위험한계 밖에 있도록 기계의 조작장치를 위험한 작업점에서 안전거리 이상 떨어지게 하거나 조작장치를 양손으로 동시에 조작하게 함으로써 위험한계에 접근하는 것을 제한하는 방호장치
3. 접근반응형 방호장치 : 작업자의 신체부위가 위험한계 또는 그 인접한 거리 내로 들어오면 이를 감지하여 그 즉시 기계의 동작을 정지시키고 경보등을 발하는 방호장치
4. 접근거부형 방호장치 : 작업자의 신체부위가 위험한계 내로 접근하였을 때 기계적인 작용에 의하여 접근을 못하도록 저지하는 방호장치
5. 포집형 방호장치 : 작업자로부터 위험원을 차단하는 방호장치
6. 감지형 방호장치 : 이상온도, 이상기압, 과부하 등 기계의 부하가 안전한계치를 초과하는 경우 이를 감지하고 자동으로 안전한 상태가 되도록 조정하거나 기계의 작동을 중지시키는 방호장치

**46** 산업안전보건법령상 산업용 로봇의 작업시작 전 점검사항으로 가장 거리가 먼 것은?

① 외부 전선의 피복 또는 외장의 손상 유무
② 압력방출장치의 이상 유무
③ 매니퓰레이터 작동 이상 유무
④ 제동장치 및 비상정지장치의 기능

**해설**

작업시작 전 점검사항
로봇의 작동 범위에서 그 로봇에 관하여 교시 등(로봇의 동력원을 차단하고 하는 것은 제외)의 작업을 할 때
1. 외부 전선의 피복 또는 외장의 손상 유무
2. 매니퓰레이터(Manipulator) 작동의 이상 유무
3. 제동장치 및 비상정지장치의 기능

**47** 사람이 작업하는 기계장치에서 작업자가 실수를 하거나 오조작을 하여도 안전하게 유지되게 하는 안전설계방법은?

① Fail Safe  ② 다중계화
③ Fool Proof  ④ Back Up

**해설**

풀 프루프와 페일 세이프

| 풀 프루프<br>(Fool Proof) | 작업자가 기계를 잘못 취급하여 불안전 행동이나 실수를 하여도 기계설비의 안전기능이 작용되어 재해를 방지할 수 있는 기능을 가진 구조 |
|---|---|
| 페일 세이프<br>(Fail Safe) | 기계나 그 부품에 파손·고장이나 기능 불량이 발생하여도 항상 안전하게 작동할 수 있는 기능을 가진 구조 |

**48** 산업안전보건법령상 보일러의 안전한 가동을 위하여 보일러 규격에 맞는 압력방출장치가 2개 이상 설치된 경우에 최고사용압력 이하에서 1개가 작동되고, 다른 압력방출장치는 최고사용압력의 몇 배 이하에서 작동되도록 부착하여야 하는가?

① 1.03배  ② 1.05배
③ 1.2배   ④ 1.5배

**해설**

보일러의 압력방출장치
1. 보일러의 안전한 가동을 위하여 보일러 규격에 맞는 압력방출장치를 1개 또는 2개 이상 설치하고 최고사용압력(설계압력 또는 최고허용압력) 이하에서 작동되도록 하여야 한다.
2. 압력방출장치가 2개 이상 설치된 경우에는 최고사용압력 이하에서 1개가 작동되고, 다른 압력방출장치는 최고사용압력 1.05배 이하에서 작동되도록 부착하여야 한다.
3. 압력방출장치는 매년 1회 이상 교정을 받은 압력계를 이용하여 설정압력에서 압력방출장치가 적정하게 작동하는지를 검사한 후 납으로 봉인하여 사용하여야 한다.(공정안전보고서 이행상태 평가결과가 우수한 사업장은 압력방출장치에 대하여 4년마다 1회 이상 설정압력에서 압력방출장치가 적정하게 작동하는지를 검사할 수 있다.)
4. 스프링식, 중추식, 지렛대식(일반적으로 스프링식 안전밸브가 많이 사용)

**TIP** 보일러 안전장치의 종류
- 압력방출장치
- 압력제한스위치
- 고저수위조절장치
- 화염검출기

**49** 산업안전보건법령에 따른 가스집합용접장치의 안전에 관한 설명으로 옳지 않은 것은?

① 가스집합장치에 대해서는 화기를 사용하는 설비로부터 5m 이상 떨어진 장소에 설치해야 한다.
② 가스집합용접장치의 배관에서 플랜지, 밸브 등의 접합부에는 개스킷을 사용하고 접합면을 상호 밀착시킨다.
③ 주관 및 분기관에 안전기를 설치해야 하며 이 경우 하나의 취관에 2개 이상의 안전기를 설치해야 한다.
④ 용해아세틸렌을 사용하는 가스집합용접장치의 배관 및 부속기구는 구리나 구리 함유량이 60퍼센트 이상인 합금을 사용해서는 아니 된다.

**해설**

구리 사용의 제한
용해아세틸렌의 가스집합용접장치의 배관 및 부속기구는 구리나 구리 함유량이 70퍼센트 이상인 합금을 사용해서는 아니 된다.

**50** 롤러기의 급정지장치 설치기준으로 틀린 것은?

① 손조작식 급정지장치의 조작부는 밑면에서 1.8m 이내에 설치한다.
② 복부조작식 급정지장치의 조작부는 밑면에서 0.8m 이상 1.1m 이내에 설치한다.
③ 무릎조작식 급정지장치의 조작부는 밑면에서 0.8m 이내에 설치한다.
④ 설치위치는 급정지장치의 조작부 중심점을 기준으로 한다.

**해설**

급정지장치의 설치방법

| 급정지장치 조작부의 종류 | 위치 | 비고 |
|---|---|---|
| 손으로 조작하는 것 | 밑면으로부터 1.8m 이내 | 위치는 급정지장치 조작부의 중심점을 기준으로 함 |
| 복부로 조작하는 것 | 밑면으로부터 0.8m 이상 1.1m 이내 | |
| 무릎으로 조작하는 것 | 밑면으로부터 0.4m 이상 0.6m 이내 | |

**정답** 47 ③  48 ②  49 ④  50 ③

**51** 프레스 작업 중 부주의로 프레스의 페달을 밟는 것에 대비하여 페달에 설치하는 것을 무엇이라 하는가?

① 클램프　　② 로크너트
③ 커버　　　④ 스프링 와셔

해설

U자형 덮개(커버)
페달의 불시작동으로 인한 사고예방을 위해 프레스기 페달에 U자형 덮개를 씌운다.

**52** 크레인의 로프에 질량 2,000kg의 물건을 10m/s²의 가속도로 감아올릴 때, 로프에 걸리는 총 하중은 약 몇 kN인가?

① 9.6　　② 19.6
③ 29.6　　④ 39.6

해설

와이어로프에 걸리는 하중계산

| 와이어로프에 걸리는 총하중 | 총하중($W$) = 정하중($W_1$) + 동하중($W_2$)<br>동하중($W_2$) = $\dfrac{W_1}{g} \times a$<br>여기서, $g$ : 중력가속도(9.8m/s²)<br>　　　　$a$ : 가속도(m/s²) |
|---|---|
| 와이어로프에 작용하는 장력 | 장력[$N$] = 총하중[kg] × 중력가속도[m/s²] |

1. 동하중
　동하중($W_2$) = $\dfrac{W_1}{g} \times a = \dfrac{2,000}{9.8} \times 10 = 2,040.82$(kgf)

2. 총하중
　총하중($W$) = 정하중($W_1$) + 동하중($W_2$)
　　　　　　　= 2,000 + 2,040.82 = 4,040.82(kgf)

3. 장력
　장력[$N$] = 총하중[kg] × 중력가속도[m/s²]
　　　　　　= 4,040.82(kgf) × 9.8
　　　　　　= 39,600(N) = 39.6(kN)

**53** 산업안전보건법령상 공기압축기를 가동할 때 작업시작 전 점검사항에 해당하지 않는 것은?

① 윤활유의 상태
② 회전부의 덮개 또는 울
③ 과부하방지장치의 작동 유무
④ 공기저장 압력용기의 외관상태

해설

공기압축기 작업시작 전 점검사항
1. 공기저장 압력용기의 외관상태
2. 드레인 밸브(Drain Valve)의 조작 및 배수
3. 압력방출장치의 기능
4. 언로드 밸브(Unloading Valve)의 기능
5. 윤활유의 상태
6. 회전부의 덮개 또는 울
7. 그 밖의 연결 부위의 이상 유무

**54** 다음 중 드릴 작업의 안전수칙으로 가장 적합한 것은?

① 손을 보호하기 위하여 장갑을 착용한다.
② 작은 일감은 양손으로 견고히 잡고 작업한다.
③ 정확한 작업을 위하여 구멍에 손을 넣어 확인한다.
④ 작업시작 전 척 렌치(Chuck Wrench)를 반드시 제거하고 작업한다.

해설

드릴 작업에 대한 안전수칙
1. 일감은 견고하게 고정시키며 관통된 것을 확인하기 위해 손으로 만져서는 안 된다.
2. 드릴을 끼운 후 척 렌치(Chuck Wrench)는 반드시 뺀다.
3. 작업모를 착용하고 옷소매가 긴 작업복은 입지 않는다.
4. 드릴작업에서는 보안경 및 안전덮개(Shield)를 설치한다.
5. 칩은 브러시(와이어 브러시)로 제거하고 장갑 착용은 금지한다.
6. 구멍 끝 작업에서는 절삭압력을 주어서는 안 된다.
7. 고정구를 사용하여 작업 중 공작물의 유동을 방지한다.
8. 가공 중에 구멍이 관통되면 기계를 멈추고 손으로 돌려서 드릴을 뺀다.
9. 일감의 설치, 테이블의 고정이나 조정은 기계를 정지시킨 후에 실시한다.
10. 큰 구멍을 뚫을 때는 반드시 작은 구멍을 먼저 뚫은 후 큰 구멍을 뚫는다.
11. 얇은 판에 구멍을 뚫을 때에는 나무판을 밑에 받치고 뚫는다.

정답　51 ③　52 ④　53 ③　54 ④

12. 구멍이 거의 다 뚫리는 끝부분에서 일감이 드릴과 함께 맞물려 회전하기 쉬우므로 주의하여야 한다.

## 55 산업안전보건법령상 프레스의 작업 시작 전 점검사항이 아닌 것은?

① 슬라이드 또는 칼날에 의한 위험방지 기구의 기능
② 프레스의 금형 및 고정볼트 상태
③ 전단기의 칼날 및 테이블의 상태
④ 권과방지장치 및 그 밖의 경보장치의 기능

**해설**
프레스 등을 사용하여 작업을 할 때 작업 시작 전 점검사항
1. 클러치 및 브레이크의 기능
2. 크랭크축·플라이휠·슬라이드·연결봉 및 연결 나사의 풀림 여부
3. 1행정 1정지기구·급정지장치 및 비상정지장치의 기능
4. 슬라이드 또는 칼날에 의한 위험방지 기구의 기능
5. 프레스의 금형 및 고정볼트 상태
6. 방호장치의 기능
7. 전단기의 칼날 및 테이블의 상태

## 56 산업안전보건법령상 아세틸렌 용접장치를 사용하여 금속의 용접·용단 또는 가열작업을 하는 경우 게이지 압력은 얼마를 초과하는 압력의 아세틸렌을 발생시켜 사용하면 안 되는가?

① 98kPa
② 127kPa
③ 147kPa
④ 196kPa

**해설**
압력의 제한
아세틸렌 용접장치를 사용하여 금속의 용접·용단 또는 가열작업을 하는 경우에는 게이지 압력이 127kPa을 초과하는 압력의 아세틸렌을 발생시켜 사용해서는 아니 된다.

## 57 기계의 각 작동 부분 상호 간을 전기적, 기구적, 공유압장치 등으로 연결해서 기계의 각 작동 부분이 정상으로 작동하기 위한 조건이 만족되지 않을 경우 자동적으로 그 기계를 작동할 수 없도록 하는 것을 무엇이라 하는가?

① 인터록 기구
② 과부하방지장치
③ 트립 기구
④ 오버런 기구

**해설**
인터록(Interlock)
1. 기계의 각 작동 부분 상호 간을 전기적, 기구적, 유공압장치 등으로 연결해서 기계의 각 작동 부분이 정상으로 작동하기 위한 조건이 만족되지 않을 경우 자동적으로 그 기계를 작동할 수 없도록 하는 것
2. 인터록(연동장치)의 요건
   • 가드가 완전히 닫히기 전에는 기계가 작동되어서는 안 된다.
   • 가드가 열리는 순간 기계의 작동은 반드시 정지되어야 한다.

## 58 다음 중 회전축, 커플링 등 회전하는 물체에 작업복 등이 말려드는 위험을 초래하는 위험점은?

① 협착점
② 접선물림점
③ 절단점
④ 회전말림점

**해설**
기계운동 형태에 따른 위험점 분류

| | | |
|---|---|---|
| 협착점 | 왕복운동을 하는 운동부와 움직임이 없는 고정부 사이에서 형성되는 위험점(고정점+운동점) | • 프레스  • 전단기<br>• 성형기  • 조형기<br>• 밴딩기  • 인쇄기 |
| 끼임점 | 회전운동하는 부분과 고정부 사이에 위험이 형성되는 위험점(고정점+회전운동) | • 연삭숫돌과 작업대<br>• 반복동작되는 링크기구<br>• 교반기의 날개와 몸체 사이<br>• 회전풀리와 벨트 |
| 절단점 | 회전하는 운동부 자체의 위험이나 운동하는 기계부분 자체의 위험에서 형성되는 위험점(회전운동+기계) | • 밀링커터<br>• 둥근 톱의 톱날<br>• 목공용 띠톱 날 |
| 물림점 | 회전하는 두 개의 회전체에 형성되는 위험점(서로 반대방향의 회전체) (중심점+반대방향의 회전운동) | • 기어와 기어의 물림<br>• 롤러와 롤러의 물림<br>• 롤러분쇄기 |
| 접선물림점 | 회전하는 부분의 접선방향으로 물려들어갈 위험이 있는 위험점 | • V벨트와 풀리<br>• 랙과 피니언<br>• 체인벨트<br>• 평벨트 |
| 회전말림점 | 회전하는 물체의 길이, 굵기, 속도 등의 불규칙 부위와 돌기 회전부위에 의해 장갑 또는 작업복 등이 말려들 위험이 있는 위험점 | • 회전하는 축<br>• 커플링<br>• 회전하는 드릴 |

**정답** 55 ④  56 ②  57 ①  58 ④

**59** 안전계수가 5인 체인의 최대설계하중이 1,000N이라면 이 체인의 극한하중은 약 몇 N인가?

① 200
② 2,000
③ 5,000
④ 12,000

**해설**
안전율(안전계수)
$$안전율(안전계수) = \frac{극한하중}{최대설계하중}$$
극한하중 = 안전계수 × 최대설계하중
= 5 × 1,000N = 5,000(N)

**60** 산업안전보건법령상 양중기를 사용하여 작업하는 운전자 또는 작업자가 보기 쉬운 곳에 해당 양중기에 대해 표시하여야 할 내용으로 가장 거리가 먼 것은?(단, 승강기는 제외한다.)

① 정격하중
② 운전속도
③ 경고표시
④ 최대 인양 높이

**해설**
정격하중 등의 표시
양중기(승강기 제외) 및 달기구를 사용하여 작업하는 운전자 또는 작업자가 보기 쉬운 곳에 해당 기계의 정격하중, 운전속도, 경고표시 등을 부착하여야 한다.(다만, 달기구는 정격하중만 표시)

## 4과목 전기설비 안전관리

**61** 교류 아크 용접기의 자동전격방지장치는 전격의 위험을 방지하기 위하여 아크 발생이 중단된 후 약 1초 이내에 출력 측 무부하 전압을 자동적으로 몇 V 이하로 저하시켜야 하는가?

① 85
② 70
③ 50
④ 25

**해설**
자동전격방지기의 성능조건
1. 자동전격방지기는 아크 발생을 중지하였을 때 지동시간이 1.0초 이내에 2차 무부하 전압을 25V 이하로 감압시켜 안전을 유지할 수 있어야 한다.
2. 시동시간은 0.04초 이내이고, 전격방지기를 시동시키는데 필요한 용접봉의 접촉 소요시간은 0.03초 이내일 것

**62** 정전기 방전현상에 해당되지 않는 것은?

① 연면방전
② 코로나 방전
③ 낙뢰방전
④ 스팀방전

**해설**
정전기 방전의 형태

| | |
|---|---|
| 코로나 (Corona) 방전 | 고체에 정전기가 축적되면 전위가 높아지게 되고 고체 표면의 전위경도가 어느 일정치를 넘어서면 낮은 소리와 연한 빛을 수반하는 방전 |
| 스트리머 (Streamer) 방전 | 일반적으로 브러시(brush) 코로나에서 다소 강해져서 파괴음과 발광을 수반하는 방전 |
| 불꽃(Spark) 방전 | 도체가 대전되었을 때 접지된 도체 사이에서 발생하는 강한 발광과 파괴음을 수반하는 방전 |
| 연면(Surface) 방전 | 공기 중에 놓여진 절연체 표면의 전계강도가 큰 경우 고체 표면을 따라 진행하는 방전 |
| 브러시(Brush) 방전 | 비교적 평활한 대전물체가 만드는 불평등전계 중에서 발생하는 나뭇가지 모양의 방전 |
| 뇌상방전 | 번개와 같은 수지상의 발광을 수반하고 강력하게 대전한 입자군이 대규모의 구름 모양(대전운)으로 확산되어 일어나는 특수한 방전 |

**63** 유자격자가 아닌 근로자가 방호되지 않은 충전전로 인근의 높은 곳에서 작업할 때에 근로자의 몸은 충전전로에서 몇 cm 이내로 접근할 수 없도록 하여야 하는가?(단, 대지전압이 50kV이다.)

① 50
② 100
③ 200
④ 300

**해설**
충전전로를 취급하거나 그 인근에서의 작업
유자격자가 아닌 근로자가 충전전로 인근의 높은 곳에서 작업할 때에 근로자의 몸 또는 긴 도전성 물체가 방호되지 않은 충전전로에서 대지전압이 50kV 이하인 경우에는 300cm 이내로, 대지전압이 50kV를 넘는 경우에는 10kV당 10cm씩 더한 거리 이내로 각각 접근할 수 없도록 할 것

**64** 절연물의 절연계급을 최고허용온도가 낮은 온도에서 높은 온도 순으로 배치한 것은?

① Y종 → A종 → E종 → B종
② A종 → B종 → E종 → Y종
③ Y종 → E종 → B종 → A종
④ B종 → Y종 → A종 → E종

### 해설

절연방식에 따른 분류

| 절연종별 | 허용최고온도[℃] | 용도 |
|---|---|---|
| Y종 | 90 | 저전압의 기기 |
| A종 | 105 | 보통의 회전기, 변압기 |
| E종 | 120 | 대용량 및 보통의 기기 |
| B종 | 130 | 고전압의 기기 |
| F종 | 155 | 고전압의 기기 |
| H종 | 180 | 건식 변압기 |
| C종 | 180 초과 | 특수한 기기 |

**65** 고압 및 특고압 전로에 시설하는 피뢰기의 설치장소로 잘못된 곳은?

① 가공전선로와 지중전선로가 접속되는 곳
② 발전소, 변전소의 가공전선 인입구 및 인출구
③ 고압 가공전선로에 접속하는 배전용 변압기의 저압 측
④ 고압 가공전선로로부터 공급을 받는 수용장소의 인입구

### 해설

피뢰기의 설치장소(고압 및 특고압 전로)
고압 및 특고압의 전로 중 다음의 곳 또는 이에 근접한 곳에는 피뢰기를 시설하고 피뢰기 접지저항 값은 10Ω 이하로 하여야 한다.
1. 발전소·변전소 또는 이에 준하는 장소의 가공전선 인입구 및 인출구
2. 특고압 가공전선로에 접속하는 배전용 변압기의 고압 측 및 특고압 측
3. 고압 또는 특고압의 가공전선로로부터 공급을 받는 수용장소의 인입구
4. 가공전선로와 지중전선로가 접속되는 곳

**66** 방폭전기설비의 용기 내부에서 폭발성 가스 또는 증기가 폭발하였을 때 용기가 그 압력에 견디고 접합면 개구부를 통해서 외부의 폭발성 가스나 증기에 인화되지 않도록 한 방폭구조?

① 내압 방폭구조
② 압력 방폭구조
③ 유입 방폭구조
④ 본질안전 방폭구조

### 해설

내압 방폭구조(Flameproof Enclosure, d)
1. 점화원에 의해 용기 내부에서 폭발이 발생할 경우에 용기가 폭발압력에 견딜 수 있고, 화염이 용기 외부의 폭발성 분위기로 전파되지 않도록 한 방폭구조
2. 전폐형 구조로 용기 내에 외부의 폭발성 가스가 침입하여 내부에서 폭발하더라도 용기는 그 압력에 견뎌야 하고 폭발한 고열가스나 화염이 용기의 접합부 틈을 통하여 새어 나가는 동안 냉각되어 외부의 폭발성 가스에 화염이 파급될 우려가 없도록 한 방폭구조

> **TIP**
> • 압력 방폭구조 : 점화원이 될 우려가 있는 부분을 용기 안에 넣고 보호 기체(신선한 공기 또는 불활성 기체)를 용기 안에 압입함으로써 폭발성 가스가 침입하는 것을 방지하도록 되어 있는 방폭구조(전폐형 구조)
> • 유입 방폭구조 : 유체 상부 또는 용기 외부에 존재할 수 있는 폭발성 분위기가 발화할 수 없도록 전기설비 또는 전기설비의 부품을 보호액에 함침시키는 방폭구조
> • 본질안전 방폭구조 : 정상작동 및 고장상태 시 발생하는 불꽃, 아크 또는 고온에 의해 폭발성 가스

**67** 욕조나 샤워시설이 있는 욕조 또는 화장실에 콘센트가 시설되어 있다. 해당 전로에 설치된 누전차단기의 정격감도전류와 동작시간은?

① 정격감도전류 15mA 이하, 동작시간 0.01초 이하
② 정격감도전류 15mA 이하, 동작시간 0.03초 이하
③ 정격감도전류 30mA 이하, 동작시간 0.01초 이하
④ 정격감도전류 30mA 이하, 동작시간 0.03초 이하

### 해설

설치장소에 따른 누전차단기의 선정기준

| 설치장소 | 선정기준 |
|---|---|
| 욕조나 샤워시설이 있는 욕실 또는 화장실 등 인체가 물에 젖어있는 상태에서 전기를 사용하는 장소 | 인체감전보호용 누전차단기(정격감도전류 15mA 이하, 동작시간 0.03초 이하의 전류동작형의 것에 한함) 또는 절연변압기(정격용량 3kVA 이하인 것에 한함)로 보호된 전로에 접속하거나, 인체감전보호용 누전차단기가 부착된 콘센트를 시설하여야 한다. |
| 의료장소의 전로 | 정격 감도전류 30mA 이하, 동작시간 0.03초 이내의 누전차단기를 설치할 것 |

정답  65 ③  66 ①  67 ②

**68** 지락이 생긴 경우 접촉상태에 따라 접촉전압을 제한할 필요가 있다. 인체의 접촉상태에 따른 허용접촉전압을 나타낸 것으로 다음 중 옳지 않은 것은?

① 제1종 : 2.5V 이하
② 제2종 : 25V 이하
③ 제3종 : 35V 이하
④ 제4종 : 제한 없음

**해설**

허용접촉전압

| 종별 | 접촉상태 | 허용접촉전압 |
|---|---|---|
| 제1종 | • 인체의 대부분이 수중에 있는 상태 | 2.5V 이하 |
| 제2종 | • 인체가 현저하게 젖어있는 상태<br>• 금속성의 전기기계장치나 구조물에 인체의 일부가 상시 접촉되어 있는 상태 | 25V 이하 |
| 제3종 | • 제1종, 제2종 이외의 경우로 통상의 인체상태에 있어서 접촉전압이 가해지면 위험성이 높은 상태 | 50V 이하 |
| 제4종 | • 제1종, 제2종 이외의 경우로 통상의 인체상태에 있어서 접촉전압이 가해지더라도 위험성이 낮은 상태<br>• 접촉전압이 가해질 우려가 없는 상태 | 제한 없음 |

**69** 저압전로의 절연성능 시험에서 전로의 사용전압이 380V인 경우 전로의 전선 상호 간 및 전로와 대지 사이의 절연저항은 최소 몇 MΩ 이상이어야 하는가?

① 0.1
② 0.3
③ 0.5
④ 1.0

**해설**

저압전로의 절연저항

| 전로의 사용전압<br>(V) | DC시험전압<br>(V) | 절연저항<br>(MΩ) |
|---|---|---|
| SELV 및 PELV | 250 | 0.5 |
| FELV, 500V 이하 | 500 | 1.0 |
| 500V 초과 | 1,000 | 1.0 |

※ 특별저압(Extra Low Voltage : 2차 전압이 AC 50V, DC 120V 이하)으로 SELV(비접지회로 구성) 및 PELV(접지회로 구성)는 1차와 2차가 전기적으로 절연된 회로, FELV는 1차와 2차가 전기적으로 절연되지 않은 회로

**70** 감전 재해자가 발생하였을 때 취하여야 할 최우선 조치는?(단, 감전자가 질식상태라 가정한다.)

① 부상 부위를 치료한다.
② 심폐소생술을 실시한다.
③ 의사의 왕진을 요청한다.
④ 우선 병원으로 이동시킨다.

**해설**

감전사고 시 응급조치
질식으로 인하여 맥박과 호흡이 정지하는 경우 인공호흡과 심장마사지를 병행하는 심폐소생술을 실시하여 재해자를 구호하여야 한다.

**71** 어느 변전소에서 고장전류가 유입되었을 때 도전성 구조물과 그 부근 지표상의 점과의 사이(약 1m)의 허용접촉전압은 약 몇 V인가?(단, 심실세동전류 : $I_k = \dfrac{0.165}{\sqrt{t}}$ A, 인체의 저항 : 1,000Ω, 지표면의 저항률 : 150Ω·m, 통전시간 : 1초로 한다.)

① 164
② 186
③ 202
④ 228

**해설**

허용접촉전압

$$허용접촉전압(E) = \left(R_b + \dfrac{3\rho_s}{2}\right) \times I_k$$

여기서, $R_b$ : 인체의 저항(Ω)
$\rho_s$ : 지표상층 저항률(Ω·m)
$I_k : \dfrac{0.165}{\sqrt{T}}$ (A)

$$허용접촉전압(E) = \left(R_b + \dfrac{3\rho_s}{2}\right) \times I_k$$
$$= \left(1,000 + \dfrac{3 \times 150}{2}\right) \times \dfrac{0.165}{\sqrt{1}}$$
$$= 202(V)$$

**72** 방폭전기기기의 등급에서 위험장소의 등급분류에 해당되지 않는 것은?

① 3종 장소
② 2종 장소
③ 1종 장소
④ 0종 장소

### 해설
가스폭발 위험장소

| | | |
|---|---|---|
| 0종 장소 | 인화성 액체의 증기 또는 가연성 가스에 의한 폭발위험이 지속적으로 또는 장기간 존재하는 장소 | 용기·장치·배관 등의 내부 등 |
| 1종 장소 | 정상 작동상태에서 폭발위험분위기가 존재하기 쉬운 장소 | 맨홀·벤트·피트 등의 주위 |
| 2종 장소 | 정상 작동상태에서 폭발위험분위기가 존재할 우려가 없으나, 존재할 경우 그 빈도가 아주 적고 단기간만 존재할 수 있는 장소 | 개스킷·패킹 등의 주위 |

**73** 최소 착화에너지가 0.26mJ인 가스에 정전용량이 100pF인 대전 물체로부터 정전기 방전에 의하여 착화할 수 있는 전압은 약 몇 V인가?

① 2,240
② 2,260
③ 2,280
④ 2,300

### 해설
정전기 에너지

$$W = \frac{1}{2}CV^2 = \frac{1}{2}QV = \frac{1}{2}\frac{Q^2}{C}$$

대전 전하량($Q$) = $C \cdot V$, 대전 전위($V$) = $\frac{Q}{C}$

여기서, $W$ : 정전기 에너지[J]
$C$ : 도체의 정전용량[F]
$V$ : 대전 전위[V]
$Q$ : 대전 전하량[C]

1. $W = \frac{1}{2}CV^2 \rightarrow 2W = CV^2 \rightarrow V^2 = \frac{2W}{C}$
   $\rightarrow V = \sqrt{\frac{2W}{C}}$

2. $V = \sqrt{\frac{2W}{C}} = \sqrt{\frac{2 \times 0.26 \times 10^{-3}}{100 \times 10^{-12}}}$
   $= 2,280(V)$

**TIP** pF = $10^{-12}$F, mJ = $10^{-3}$J

**74** 정전기 발생에 영향을 주는 요인에 대한 설명으로 틀린 것은?

① 물체의 분리속도가 빠를수록 발생량은 적어진다.
② 접촉면적이 크고 접촉압력이 높을수록 발생량이 많아진다.
③ 물체 표면이 수분이나 기름으로 오염되면 산화 및 부식에 의해 발생량이 많아진다.
④ 정전기의 발생은 처음 접촉, 분리할 때가 최대로 되고 접촉, 분리가 반복됨에 따라 발생량은 감소한다.

### 해설
정전기 발생의 영향요인(정전기 발생요인)

| | |
|---|---|
| 물체의 특성 | 일반적으로 대전량은 접촉이나 분리하는 두 가지 물체가 대전서열 내에서 가까운 곳에 있으면 적고 먼 위치에 있을수록 대전량이 큰 경향이 있다. |
| 물체의 표면상태 | • 표면이 거칠수록 정전기 발생량이 커진다.<br>• 기름, 수분, 불순물 등 오염이 심할수록, 산화 부식이 심할수록 정전기 발생량이 커진다. |
| 물체의 이력 | 정전기 발생량은 처음 접촉, 분리가 일어날 때 최대가 되며, 발생횟수가 반복될수록 발생량이 감소한다. |
| 접촉면적 및 압력 | 접촉면적 및 압력이 클수록 정전기 발생량은 커진다. |
| 분리속도 | 분리속도가 빠를수록 정전기 발생량이 커진다. |
| 완화시간 | 완화시간이 길면 전하 분리에 주는 에너지도 커져서 정전기 발생량이 커진다. |

**75** 전류가 흐르는 상태에서 단로기를 끊었을 때 여러 가지 파괴작용을 일으킨다. 다음 그림에서 유입차단기의 차단순서와 투입순서가 안전수칙에 가장 적합한 것은?

전원 ─ DS ㉮ ─ OCB ㉯ ─ DS ㉰ ─ 부하

① 차단 : ㉮ → ㉯ → ㉰, 투입 : ㉮ → ㉯ → ㉰
② 차단 : ㉯ → ㉰ → ㉮, 투입 : ㉯ → ㉰ → ㉮
③ 차단 : ㉰ → ㉯ → ㉮, 투입 : ㉰ → ㉮ → ㉯
④ 차단 : ㉯ → ㉰ → ㉮, 투입 : ㉰ → ㉮ → ㉯

### 해설
유입차단기(OCB)의 투입 및 차단 순서
1. 전원 차단 시 : 차단기(OCB)를 개방한 후 단로기(DS) 개방
2. 전원 투입 시 : 단로기(DS)를 투입한 후 차단기(OCB) 투입

**TIP**
• 단로기가 많을 경우 항상 부하 측부터 먼저 조작한다.
• 차단기 : 차단기는 통상의 부하전류를 개폐하고 사고 시 신속히 회로를 차단하여 전기기기 및 전선류를 보호하고 안전성을 유지하는 기기를 말한다.
• 단로기 : 무부하 선로를 개폐하는 역할을 수행한다.

**정답** 73 ③ 74 ① 75 ④

**76** 인체저항에 대한 설명으로 옳지 않은 것은?

① 인체저항은 인가전압의 함수이다.
② 인가시간이 길어지면 온도상승으로 인체저항은 증가한다.
③ 인체저항은 접촉면적에 따라 변한다.
④ 1,000V 부근에서 피부의 절연파괴가 발생할 수 있다.

**해설**
인가시간에 의한 변화
인가시간이 길어지면 인체의 온도상승에 의해 저항치가 감소된다.

**77** 절연열화가 진행되어 누설전류가 증가하면 여러 가지 사고를 유발하게 되는 경우로서 거리가 먼 것은?

① 감전사고
② 누전화재
③ 정전기 증가
④ 아크 지락에 의한 기기의 손상

**해설**
1. 누설전류와 정전기 증가는 무관하다.
2. 누설전류가 증가하게 되면 인체에 대한 감전사고, 누전에 의한 화재, 아크 지락에 의한 기기의 손상이 발생한다. 이를 방지하기 위하여 누전차단기를 설치한다.

**78** 전기시설의 직접 접촉에 의한 감전방지 방법으로 적절하지 않은 것은?

① 충전부는 내구성이 있는 절연물로 완전히 덮어 감쌀 것
② 충전부가 노출되지 않도록 폐쇄형 외함이 있는 구조로 할 것
③ 충전부에 충분한 절연효과가 있는 방호망 또는 절연덮개를 설치할 것
④ 충전부는 출입이 용이한 전개된 장소에 설치하고, 위험표시 등의 방법으로 방호를 강화할 것

**해설**
직접 접촉에 의한 방지대책(충전 부분에 대한 감전방지)
1. 충전부가 노출되지 않도록 폐쇄형 외함이 있는 구조로 할 것

2. 충전부에 충분한 절연효과가 있는 방호망이나 절연덮개를 설치할 것
3. 충전부는 내구성이 있는 절연물로 완전히 덮어 감쌀 것
4. 발전소·변전소 및 개폐소 등 구획되어 있는 장소로서 관계 근로자가 아닌 사람의 출입이 금지되는 장소에 충전부를 설치하고, 위험표시 등의 방법으로 방호를 강화할 것
5. 전주 위 및 철탑 위 등 격리되어 있는 장소로서 관계 근로자가 아닌 사람이 접근할 우려가 없는 장소에 충전부를 설치할 것

**79** 개폐기로 인한 발화는 스파크에 의한 가연물의 착화화재가 많이 발생한다. 이를 방지하기 위한 대책으로 틀린 것은?

① 가연성 증기, 분진 등이 있는 곳은 방폭형을 사용한다.
② 개폐기를 불연성 상자 안에 수납한다.
③ 비포장 퓨즈를 사용한다.
④ 접속부분의 나사풀림이 없도록 한다.

**해설**
스파크에 의한 화재방지 대책
1. 개폐기를 불연성의 외함 내에 내장시키거나 통형 퓨즈를 사용할 것
2. 접촉부분의 산화, 변형, 퓨즈의 나사풀림 등으로 인한 접촉저항이 증가되는 것을 방지
3. 가연성, 증기, 분진 등 위험한 물질이 있는 곳에는 방폭형 개폐기를 사용할 것
4. 유입개폐기는 절연유의 열화 정도, 유량에 주의하고 주위에는 내화벽을 설치할 것

**80** 산업안전보건법령에 따라 감전될 우려가 있는 장소에서 작업을 하기 위해서는 전로를 차단하여야 한다. 전로 차단을 위한 시행 절차 중 틀린 것은?

① 전기기기 등에 공급되는 모든 전원을 관련 도면, 배선도 등으로 확인
② 각 단로기를 개방한 후 전원 차단
③ 단로기 개방 후 차단장치나 단로기 등에 잠금장치 및 꼬리표를 부착
④ 잔류전하 방전 후 검전기를 이용하여 작업 대상 기기가 충전되어 있는지 확인

**정답** 76 ② 77 ③ 78 ④ 79 ③ 80 ②

> **해설**
>
> 정전전로에서의 전로 차단 절차
> 1. 전기기기 등에 공급되는 모든 전원을 관련 도면, 배선도 등으로 확인할 것
> 2. 전원을 차단한 후 각 단로기 등을 개방하고 확인할 것
> 3. 차단장치나 단로기 등에 잠금장치 및 꼬리표를 부착할 것
> 4. 개로된 전로에서 유도전압 또는 전기에너지가 축적되어 근로자에게 전기위험을 끼칠 수 있는 전기기기 등은 접촉하기 전에 잔류전하를 완전히 방전시킬 것
> 5. 검전기를 이용하여 작업 대상 기기가 충전되었는지를 확인할 것
> 6. 전기기기 등이 다른 노출 충전부와의 접촉, 유도 또는 예비동력원의 역송전 등으로 전압이 발생할 우려가 있는 경우에는 충분한 용량을 가진 단락 접지기구를 이용하여 접지할 것

## 5과목 화학설비 안전관리

**81** 산업안전보건기준에 관한 규칙에서 규정하고 있는 급성 독성 물질의 정의에 해당되지 않는 것은?

① 가스 LC50(쥐, 4시간 흡입)이 2,500ppm 이하인 화학물질
② LD50(경구, 쥐)이 킬로그램당 300밀리그램 −(체중) 이하인 화학물질
③ LD50(경피, 쥐)이 킬로그램당 1,000밀리그램 −(체중) 이하인 화학물질
④ LD50(경피, 토끼)이 킬로그램당 2,000밀리그램 −(체중) 이하인 화학물질

> **해설**
>
> 급성 독성 물질
> 1. 쥐에 대한 경구투입실험에 의하여 실험동물의 50퍼센트를 사망시킬 수 있는 물질의 양, 즉 LD50(경구, 쥐)이 킬로그램당 300밀리그램 −(체중) 이하인 화학물질
> 2. 쥐 또는 토끼에 대한 경피흡수실험에 의하여 실험동물의 50퍼센트를 사망시킬 수 있는 물질의 양, 즉 LD50(경피, 토끼 또는 쥐)이 킬로그램당 1,000밀리그램 −(체중) 이하인 화학물질
> 3. 쥐에 대한 4시간 동안의 흡입실험에 의하여 실험동물의 50퍼센트를 사망시킬 수 있는 물질의 농도, 즉 가스 LC50(쥐, 4시간 흡입)이 2,500ppm 이하인 화학물질, 증기 LC50(쥐, 4시간 흡입)이 10mg/L 이하인 화학물질, 분진 또는 미스트 1mg/L 이하인 화학물질

**82** 다음 중 산업안전보건법령상 산화성 액체 또는 산화성 고체에 해당하지 않는 것은?

① 질산　　　　　　② 중크롬산
③ 과산화수소　　　④ 질산에스테르

> **해설**
>
> 산화성 액체 및 산화성 고체
> 1. 차아염소산 및 그 염류
> 2. 아염소산 및 그 염류
> 3. 염소산 및 그 염류
> 4. 과염소산 및 그 염류
> 5. 브롬산 및 그 염류
> 6. 요오드산 및 그 염류
> 7. 과산화수소 및 무기 과산화물
> 8. 질산 및 그 염류
> 9. 과망간산 및 그 염류
> 10. 중크롬산 및 그 염류
> 11. 그 밖에 1.부터 10.까지의 물질과 같은 정도의 산화성이 있는 물질
> 12. 1.부터 11.까지의 물질을 함유한 물질

**TIP** 질산에스테르 : 폭발성 물질 및 유기과산화물

**83** 송풍기의 회전차 속도가 1,300rpm일 때 송풍량이 분당 300m³였다. 송풍량을 분당 400m³로 증가시키고자 한다면 송풍기의 회전차 속도는 약 몇 rpm으로 하여야 하는가?

① 1,533　　　　　② 1,733
③ 1,967　　　　　④ 2,167

> **해설**
>
> 상사의 법칙(송풍량)
>
> $$Q' = Q \times \left(\frac{N'}{N}\right) \times \left(\frac{D'}{D}\right)^3$$
>
> 여기서, $Q$ : 회전수 및 송풍기의 크기(회전차 직경) 변경 전 송풍량(유량)
> $Q'$ : 회전수 및 송풍기의 크기(회전차 직경) 변경 후 송풍량(유량)
> $N$ : 변경 전 회전 수
> $N'$ : 변경 후 회전 수
> $D$ : 변경 전 송풍기의 크기(회전차 직경)
> $D'$ : 변경 후 송풍기의 크기(회전차 직경)
>
> 1. $Q = 300(\text{m}^3/\text{min})$, $Q' = 400(\text{m}^3/\text{min})$
>    $N = 1,300(\text{rpm})$

2. $Q' = Q \times \left(\dfrac{N'}{N}\right) \rightarrow Q' = \dfrac{Q \times N'}{N}$

$\rightarrow Q' \times N = Q \times N' \rightarrow N' = \dfrac{Q' \times N}{Q}$

3. $N' = \dfrac{400 \times 1,300}{300} = 1,733 (\text{rpm})$

## 84 위험물의 저장방법으로 적절하지 않은 것은?

① 탄화칼슘은 물속에 저장한다.
② 벤젠은 산화성 물질과 격리시킨다.
③ 금속나트륨은 석유 속에 저장한다.
④ 질산은 갈색병에 넣어 냉암소에 보관한다.

**해설**

탄화칼슘은 물과 반응하여 아세틸렌가스를 발생시켜 화재·폭발의 위험이 있으며 밀폐용기에 저장하고 불연성 가스로 봉입한다.

## 85 가연성 가스 A의 연소범위를 2.2~9.5vol%라 할 때 가스 A의 위험도는 얼마인가?

① 2.52
② 3.32
③ 4.91
④ 5.64

**해설**

위험도
위험도 값이 클수록 위험성이 높은 물질이다.

$$H = \dfrac{UFL - LFL}{LFL}$$

여기서, $UFL$ : 연소 상한값
$LFL$ : 연소 하한값
$H$ : 위험도

$H = \dfrac{UFL - LFL}{LFL} = \dfrac{9.5 - 2.2}{2.2} = 3.32$

## 86 공기 중 아세톤의 농도가 200ppm(TLV 500 ppm), 메틸에틸케톤(MEK)의 농도가 100ppm(TLV 200ppm)일 때 혼합물질의 허용농도(ppm)는?(단, 두 물질은 서로 상가작용을 하는 것으로 가정한다.)

① 150
② 200
③ 270
④ 333

**해설**

노출지수(EI : Exposure Index) : 공기 중 혼합물질

$$노출지수(EI) = \dfrac{C_1}{TLV_1} + \dfrac{C_2}{TLV_2} + \cdots + \dfrac{C_n}{TLV_n}$$

여기서, $C_n$ : 각 혼합물질의 공기 중 농도
$TLV_n$ : 각 혼합물질의 노출기준

$$\text{보정된 허용농도(기준)} = \dfrac{\text{혼합물의 공기중 농도}(C_1 + C_2 + \cdots + C_n)}{\text{노출지수}(EI)}$$

1. 노출지수$(EI) = \dfrac{C_1}{TLV_1} + \dfrac{C_2}{TLV_2} = \dfrac{200}{500} + \dfrac{100}{200} = 0.9$

2. 보정된 허용농도(기준)
$= \dfrac{\text{혼합물의 공기 중 농도}(C_1 + C_2 + \cdots + C_n)}{\text{노출지수}(EI)}$
$= \dfrac{200 + 100}{0.9} = 333.33(\text{ppm})$

## 87 다음 중 공기와 혼합 시 최소착화에너지 값이 가장 작은 것은?

① $CH_4$(메탄)
② $C_3H_8$(프로판)
③ $C_6H_6$(벤젠)
④ $H_2$(수소)

**해설**

최소발화에너지의 연소범위

| 가연성 가스 | 최소발화에너지 ($10^{-3}$ Joule) | 가연성 가스 | 최소발화에너지 ($10^{-3}$ Joule) |
|---|---|---|---|
| 수소 | 0.019 | 에탄 | 0.31 |
| 메탄 | 0.28 | 프로판 | 0.26 |
| 이황화수소 | 0.064 | 아세틸렌 | 0.019 |
| 에틸렌 | 0.096 | 벤젠 | 0.20 |
| 시클로헥산 | 0.22 | 부탄 | 0.25 |
| 암모니아 | 0.77 | 아세톤 | 1.15 |

## 88 다음 중 폭발방호(Explosion Protection) 대책과 가장 거리가 먼 것은?

① 불활성화(Inerting)
② 억제(Suppression)
③ 방산(Venting)
④ 봉쇄(Containment)

**정답** 84 ① 85 ② 86 ④ 87 ④ 88 ①

### 해설
불활성화는 폭발방지(예방) 대책이다.

폭발방호(Explosion Protection) 대책

| 폭발 봉쇄 (Explosion Containment) | 유독성 물질이나 공기 중에 방출되어서는 안 되는 물질의 폭발 시 안전밸브나 파열판을 통하여 다른 탱크나 저장소 등으로 보내어 압력을 완화시켜 파열을 방지하는 방법 |
|---|---|
| 폭발 억제 (Explosion Suppression) | 압력이 상승하였을 때 폭발억제장치가 작동하여 고압 불활성 가스가 담겨 있는 소화기가 터져서 증기, 가스, 분진폭발 등의 폭발을 진압하여 큰 파괴적인 폭발압력이 되지 않도록 하는 방법 |
| 폭발 방산 (Explosion Venting) | 안전밸브나 파열판 등에 의해 탱크 내의 기체를 밖으로 방출시켜 압력을 정상화하는 방법 |

## 89 다음 중 자연발화가 쉽게 일어나는 조건으로 틀린 것은?

① 주위 온도가 높을수록
② 열 축적이 클수록
③ 적당량의 수분이 존재할 때
④ 표면적이 작을수록

### 해설
자연발화의 조건(자연발화가 쉽게 일어나는 조건)
1. 표면적이 넓을 것
2. 열전도율이 작을 것
3. 발열량이 클 것
4. 주위의 온도가 높을 것(분자운동 활발)
5. 수분이 적당량 존재할 것

## 90 다음 중 폭발범위에 관한 설명으로 틀린 것은?

① 상한값과 하한값이 존재한다.
② 온도에는 비례하지만 압력과는 무관하다.
③ 가연성 가스의 종류에 따라 각각 다른 값을 갖는다.
④ 공기와 혼합된 가연성 가스의 체적 농도로 나타낸다.

### 해설
가연성 가스의 폭발범위 영향 요소
1. 가스의 온도가 높을수록 폭발범위도 일반적으로 넓어진다.(폭발하한계는 감소, 폭발상한계는 증가)
2. 가스의 압력이 높아지면 폭발하한계는 영향이 없으나 폭발상한계는 증가한다.
3. 산소 중에서의 폭발범위는 공기 중에서 보다 넓어진다.
4. 압력이 상압인 1atm보다 낮아질 때 폭발범위는 큰 변화가 없다.
5. 일산화탄소는 압력이 높을수록 폭발범위가 좁아지고, 수소는 10atm까지는 좁아지지만 그 이상의 압력에서는 넓어진다.
6. 불활성 기체가 첨가될 경우 혼합가스의 농도가 희석되어 폭발범위가 좁아진다.
7. 화학양론농도 부근에서는 연소나 폭발이 가장 일어나기 쉽고 또한 격렬한 정도도 크다.

## 91 다음 중 분진폭발에 관한 설명으로 틀린 것은?

① 폭발한계 내에서 분진의 휘발성분이 많으면 폭발 위험성이 높다.
② 분진이 발화 폭발하기 위한 조건은 가연성, 미분상태, 공기 중에서의 교반과 유동 및 점화원의 존재이다.
③ 가스폭발과 비교하여 연소의 속도나 폭발의 압력이 크고, 연소시간이 짧으며, 발생에너지가 작다.
④ 폭발한계는 입자의 크기, 입도분포, 산소농도, 함유수분, 가연성 가스의 혼입 등에 의해 같은 물질의 분진에서도 달라진다.

### 해설
분진 폭발의 특징
1. 폭발한계 내에서 분진의 휘발성분이 많을수록 폭발이 쉽다.
2. 가스폭발에 비해 연소속도나 폭발압력이 작다.
3. 가스폭발에 비해 연소시간이 길고 발생에너지가 크기 때문에 파괴력과 타는 정도가 크다.
4. 가스에 비해 불완전연소의 가능성이 커서 일산화탄소의 존재로 인한 가스중독의 위험이 있다.(가스폭발에 비하여 유독물의 발생이 많다.)
5. 화염속도보다 압력속도가 빠르다.
6. 주위 분진의 비산에 의해 2차, 3차의 폭발로 파급되어 피해가 커진다.
7. 연소열에 의한 화재가 동반되며, 연소입자의 비산으로 인체에 닿을 경우 심한 화상을 입는다.
8. 분진이 발화 폭발하기 위한 조건은 인화성, 미분상태, 공기 중에서의 교반과 유동, 점화원의 존재이다.

정답  89 ④  90 ②  91 ③

**92** 산업안전보건법령상 특수화학설비를 설치할 때 내부의 이상 상태를 조기에 파악하기 위하여 필요한 계측장치를 설치하여야 한다. 이러한 계측장치로 거리가 먼 것은?

① 압력계  ② 유량계
③ 온도계  ④ 비중계

**해설**
계측장치의 설치
특수화학설비를 설치하는 경우에는 내부의 이상 상태를 조기에 파악하기 위하여 필요한 온도계 · 유량계 · 압력계 등의 계측장치를 설치하여야 한다.

**93** 화염방지기의 설치에 관한 사항으로 ( )에 알맞은 것은?

> 사업주는 인화성 액체 및 인화성 가스를 저장 · 취급하는 화학설비에서 증기나 가스를 대기로 방출하는 경우에는 외부로부터의 화염을 방지하기 위하여 화염방지기를 그 설비 ( )에 설치하여야 한다.

① 상단  ② 하단
③ 중앙  ④ 무게중심

**해설**
통기설비 및 화염방지기 설치
1. 인화성 액체를 저장 · 취급하는 대기압 탱크에는 통기관 또는 통기밸브(Breather Valve) 등을 설치하여야 한다.
2. 인화성 액체 및 인화성 가스를 저장 · 취급하는 화학설비에서 증기나 가스를 대기로 방출하는 경우에는 외부로부터의 화염을 방지하기 위하여 화염방지기를 그 설비 상단에 설치하여야 한다.

**94** 포스겐 가스 누설 검지의 시험지로 사용되는 것은?

① 연당지
② 염화파라듐지
③ 하리슨 시험지
④ 초산벤젠지

**해설**
시험지법
검지하고자 하는 가스와 반응하여 색이 변하는 시약을 종이 등에 침투시킨 것을 사용하는 방법

| 검지가스 | 시험지 | 반응 |
|---|---|---|
| 황화수소 | 연당지 | 회흑색 |
| 일산화탄소 | 염화파라듐지 | 흑색 |
| 포스겐 | 하리슨 시험지 | 유자색 |
| 시안화수소 | 초산벤젠지 | 청색 |

**95** 다음 중 분해폭발의 위험성이 있는 아세틸렌의 용제로 가장 적절한 것은?

① 에테르
② 에틸알코올
③ 아세톤
④ 아세트알데히드

**해설**
분해폭발의 위험을 방지하기 위하여 아세틸렌은 일반적으로 아세톤 용액을 용제로 사용한다.

**96** 다음 중 종이, 목재, 섬유류 등에 의하여 발생한 일반화재의 화재급수로 옳은 것은?

① A급  ② B급
③ C급  ④ D급

**해설**
화재의 종류

| 분류 | A급 화재 | B급 화재 | C급 화재 | D급 화재 |
|---|---|---|---|---|
| 명칭 | 일반화재 | 유류 · 가스화재 | 전기화재 | 금속화재 |
| 분류 | 보통 잔재의 작열에 의해 발생하는 연소에서보통 유기 성질의 고체물질을 포함한 화재 | 액체 또는 액화할 수 있는 고체를 포함한 화재 및 가연성 가스화재 | 통전 중인 전기설비를 포함한 화재 | 금속을 포함한 화재 |
| 가연물 | 목재, 종이, 섬유 등 | 가솔린, 등유, 프로판 가스 등 | 전기기기, 변압기 전기다리미 등 | 가연성 금속(Mg분, Al분) |
| 소화방법 | 냉각 소화 | 질식 소화 | 질식 · 냉각 소화 | 질식 소화 |
| 적응 소화제 | • 물 소화기<br>• 강화액 소화기<br>• 산 · 알칼리 소화기 | • 이산화탄소 소화기<br>• 할로겐화합물 소화기<br>• 분말 소화기<br>• 포말 소화기 | • 이산화탄소 소화기<br>• 할로겐화합물 소화기<br>• 분말 소화기<br>• 무상강화액 소화기 | • 건조사<br>• 팽창 질석<br>• 팽창 진주암 |
| 표시색 | 백색 | 황색 | 청색 | 무색 |

**97** 다음 중 퍼지(Purge)의 종류에 해당하지 않는 것은?

① 압력퍼지  ② 진공퍼지
③ 스위프 퍼지  ④ 가열퍼지

**해설**

불활성화 방법

| | |
|---|---|
| 진공치환<br>(진공퍼지, 저압퍼지) | 용기에 대한 가장 통상적인 치환절차 |
| 압력치환<br>(압력퍼지) | 용기에 가압된 불활성 가스를 주입하는 방법으로, 가압한 가스가 용기 내에서 충분히 확산된 후 그것을 대기로 방출하여야 한다. |
| 스위프치환<br>(스위프 퍼지) | 용기의 한 개구부로 불활성 가스를 인너팅하고 다른 개구부로 대기 등으로 혼합 가스를 방출하는 방법 |
| 사이폰치환<br>(사이폰 퍼지) | 용기에 물 또는 비가연성, 비반응성의 적합한 액체를 채운 후 액체를 뽑아내면서 불활성 가스를 주입하는 방법 |

**98** 5% NaOH 수용액과 10% NaOH 수용액을 반응기에 혼합하여 6% 100kg의 NaOH 수용액을 만들려면 각각 몇 kg의 NaOH 수용액이 필요한가?

① 5% NaOH 수용액 : 33.3, 10% NaOH 수용액 : 66.7
② 5% NaOH 수용액 : 50, 10% NaOH 수용액 : 50
③ 5% NaOH 수용액 : 66.7, 10% NaOH 수용액 : 33.3
④ 5% NaOH 수용액 : 80, 10% NaOH 수용액 : 20

**해설**

혼합 수용액의 양

5% NaOH 수용액 양 : $x$, 10% NaOH 수용액 양 : $y$

$0.05x + 0.1y = 0.06 \times 100$

$x + y = 100 \rightarrow x = 100 - y$

- $y$값 : $0.05(100-y) + 0.1y = 6 \rightarrow 5 - 0.05y + 0.1y = 6$
  $\rightarrow 0.05y = 1 \rightarrow y = 20(kg)$
- $x$값 : $x + y = 100 \rightarrow x = 100 - y = 100 - 20 = 80(kg)$

**99** 압축기와 송풍의 관로에 심한 공기의 맥동과 진동이 발생하면서 불안정한 운전이 되는 서징(Surging) 현상의 방지법으로 옳지 않은 것은?

① 풍량을 감소시킨다.
② 배관의 경사를 완만하게 한다.
③ 교축밸브를 기계에서 멀리 설치한다.
④ 토출가스를 흡입 측에 바이패스 시키거나 방출밸브에 의해 대기로 방출시킨다.

**해설**

조치사항
1. 베인을 컨트롤하여 풍량을 감소시킨다.
2. 배관의 경사를 완만하게 한다.
3. 교축밸브를 기계에 가까이 설치한다.
4. 토출가스를 흡입 측에 바이패스 시키거나 방출밸브에 의해 대기로 방출시킨다.
5. 임펠러의 회전수를 변경시킨다.

**100** 메탄 50vol%, 에탄 30vol%, 프로판 20vol% 혼합가스의 공기 중 폭발하한계는?(단, 메탄, 에탄, 프로판의 폭발하한계는 각각 5.0vol%, 3.0vol%, 2.1vol% 이다.)

① 1.6vol%  ② 2.1vol%
③ 3.4vol%  ④ 4.8vol%

**해설**

르 샤틀리에의 법칙(순수한 혼합가스일 경우)

$$\frac{100}{L} = \frac{V_1}{L_1} + \frac{V_2}{L_2} + \frac{V_3}{L_3} \cdots$$

$$L = \frac{100}{\frac{V_1}{L_1} + \frac{V_2}{L_2} + \cdots + \frac{V_n}{L_n}}$$

여기서, $V_n$ : 전체 혼합가스 중 각 성분 가스의 체적(비율)[%]
$L_n$ : 각 성분 단독의 폭발한계(상한 또는 하한)
$L$ : 혼합가스의 폭발한계(상한 또는 하한)[vol%]

$$L = \frac{100}{\frac{50}{5.0} + \frac{30}{3.0} + \frac{20}{2.1}} = 3.387 = 3.4(vol\%)$$

정답 97 ④ 98 ④ 99 ③ 100 ③

## 6과목 건설공사 안전관리

**101** 산업안전보건법령에 따른 양중기의 종류에 해당하지 않는 것은?

① 고소작업차　② 이동식 크레인
③ 승강기　　　④ 리프트(Lift)

**해설**
양중기의 종류
1. 크레인(호이스트 포함)
2. 이동식 크레인
3. 리프트(이삿짐운반용 리프트의 경우 적재하중 0.1톤 이상인 것)
4. 곤돌라
5. 승강기

**102** 다음은 낙하물 방지망 또는 방호선반을 설치하는 경우의 준수해야 할 사항이다. ( ) 안에 알맞은 숫자는?

- 높이 (A)미터 이내마다 설치하고, 내민 길이는 벽면으로부터 (B)미터 이상으로 할 것
- 수평면과의 각도는 20도 이상 30도 이하를 유지할 것

① A : 10, B : 2　　② A : 8, B : 2
③ A : 10, B : 3　　④ A : 8, B : 3

**해설**
낙하물 방지망 또는 방호선반 설치 시 준수사항
1. 높이 10미터 이내마다 설치하고, 내민 길이는 벽면으로부터 2미터 이상으로 할 것
2. 수평면과의 각도는 20도 이상 30도 이하를 유지할 것

**103** 비계의 높이가 2m 이상인 작업장소에 작업발판을 설치할 경우 준수하여야 할 기준으로 옳지 않은 것은?

① 작업발판의 폭은 30cm 이상으로 한다.
② 발판재료 간의 틈은 3cm 이하로 한다.
③ 추락의 위험성이 있는 장소에는 안전난간을 설치한다.
④ 발판재료는 뒤집히거나 떨어지지 않도록 2개 이상의 지지물에 연결하거나 고정시킨다.

**해설**
비계(달비계, 달대비계 및 말비계는 제외)의 높이가 2m 이상인 작업장소의 작업발판 설치기준
작업발판의 폭은 40cm 이상으로 하고, 발판재료 간의 틈은 3cm 이하로 할 것

**104** 차량계 건설기계를 사용하여 작업할 때에 그 기계가 넘어지거나 굴러떨어짐으로써 근로자가 위험해질 우려가 있는 경우에 조치하여야 할 사항과 거리가 먼 것은?

① 갓길의 붕괴 방지
② 작업반경 유지
③ 지반의 부동침하 방지
④ 도로 폭의 유지

**해설**
차량계 건설기계의 전도 등의 방지조치
차량계 건설기계를 사용하는 작업할 때에 그 기계가 넘어지거나 굴러떨어짐으로써 근로자가 위험해질 우려가 있는 경우에는 유도하는 사람을 배치하고 지반의 부동침하 방지, 갓길의 붕괴 방지 및 도로 폭의 유지 등 필요한 조치를 하여야 한다.

**105** 산업안전보건관리비 계상기준에 따른 건축공사, 대상액 「5억 원 이상~50억 원 미만」의 산업안전보건관리비 비율 및 기초액으로 옳은 것은?

① 비율 : 2.28%, 기초액 : 4,325,000원
② 비율 : 1.99%, 기초액 : 5,499,000원
③ 비율 : 2.35%, 기초액 : 5,400,000원
④ 비율 : 1.20%, 기초액 : 3,250,000원

**해설**
공사종류 및 규모별 산업안전보건관리비 계상기준표

| 구분<br>공사 종류 | 대상액 5억 원 미만인 경우 적용비율(%) | 대상액 5억 원 이상 50억 원 미만인 경우 적용비율(%) | 대상액 5억 원 이상 50억 원 미만인 경우 기초액 | 대상액 50억 원 이상인 경우 적용비율(%) | 보건관리자 선임대상 건설공사의 적용비율(%) |
|---|---|---|---|---|---|
| 건축공사 | 3.11 | 2.28 | 4,325,000원 | 2.37 | 2.64 |
| 토목공사 | 3.15 | 2.53 | 3,300,000원 | 2.60 | 2.73 |
| 중건설공사 | 3.64 | 3.05 | 2,975,000원 | 3.11 | 3.39 |
| 특수건설공사 | 2.07 | 1.59 | 2,450,000원 | 1.64 | 1.78 |

안전관리비 대상액 = 공사원가계산서 구성항목 중 직접재료비, 간접재료비와 직접노무비를 합한 금액(발주자가 재료를 제공할 경우에는 해당 재료비를 포함)

**정답** 101 ① 102 ① 103 ① 104 ② 105 ①

> TIP 본 문제는 법 개정으로 일부 내용이 수정되었습니다. 해설은 법 개정으로 수정된 내용이니 해설을 학습하세요.

**106** 다음 중 공사용 가설도로에 대한 설명 중 옳지 않은 것은?

① 도로는 장비 및 차량이 안전하게 운행할 수 있도록 견고하게 설치한다.
② 도로와 작업장이 접하여 있을 경우에는 울타리 등을 설치한다.
③ 부득이한 경우를 제외하는 경우 최고 허용 경사도는 20%이다.
④ 도로는 배수를 위하여 경사지게 설치하거나 배수시설을 설치할 것

**해설**
공사용 가설도로 설치기준
1. 도로는 장비와 차량이 안전하게 운행할 수 있도록 견고하게 설치할 것
2. 도로와 작업장이 접하여 있을 경우에는 울타리 등을 설치할 것
3. 도로는 배수를 위하여 경사지게 설치하거나 배수시설을 설치할 것
4. 차량의 속도제한 표지를 부착할 것

> TIP 최고 허용 경사도는 부득이한 경우를 제외하고는 10%를 넘어서는 안 된다.

**107** 강풍이 불어올 때 타워크레인의 운전작업을 중지하여야 하는 순간풍속의 기준으로 옳은 것은?

① 순간풍속이 초당 10m 초과
② 순간풍속이 초당 15m 초과
③ 순간풍속이 초당 25m 초과
④ 순간풍속이 초당 30m 초과

**해설**
타워크레인의 작업제한(악천 후 및 강풍 시 작업 중지)

| 순간풍속이 초당 10m를 초과 | 타워크레인의 설치 · 수리 · 점검 또는 해체작업 중지 |
|---|---|
| 순간풍속이 초당 15m를 초과 | 타워크레인의 운전작업 중지 |

**108** 흙막이 공법을 흙막이 지지방식에 의한 분류와 구조방식에 의한 분류로 나눌 때 다음 중 지지방식에 의한 분류에 해당하는 것은?

① 수평 버팀대식 흙막이 공법
② H-Pile 공법
③ 지하연속벽 공법
④ Top Down Method 공법

**해설**
흙막이 공법

| 흙막이 지지방식에 의한 분류 | • 자립공법<br>• 버팀대식 공법(빗버팀대식 공법, 수평 버팀대식 공법)<br>• 어스 앵커 공법 |
|---|---|
| 흙막이 구조방식에 의한 분류 | • 엄지말뚝식 흙막이 공법(H-Pile)<br>• 널말뚝 공법(강 널말뚝식 흙막이 공법, 강관 널말뚝식 흙막이 공법)<br>• 지하연속벽 공법(주열식, 벽식)<br>• 역타식 공법(Top Down) |

**109** 터널공사 등의 건설작업 시 자동경보장치에 대하여 당일의 작업 시작 전 점검하여야 할 사항으로 옳지 않은 것은?

① 검지부의 이상 유무
② 조명시설의 이상 유무
③ 경보장치의 작동 상태
④ 계기의 이상 유무

**해설**
자동경보장치의 작업시작 전 점검사항
당일 작업 시작 전 다음의 사항을 점검하고 이상을 발견하면 즉시 보수하여야 한다.
1. 계기의 이상 유무
2. 검지부의 이상 유무
3. 경보장치의 작동 상태

정답 106 ③ 107 ② 108 ① 109 ②

**110** 근로자의 추락 등의 위험을 방지하기 위한 안전난간의 구조 및 설치요건으로 옳지 않은 것은?

① 상부 난간대와 중간 난간대는 난간 길이 전체에 걸쳐 바닥면 등과 평행을 유지할 것
② 발끝막이판은 바닥면 등으로부터 20cm 이상의 높이를 유지할 것
③ 난간대는 지름 2.7cm 이상의 금속제 파이프나 그 이상의 강도가 있는 재료일 것
④ 안전난간은 구조적으로 가장 취약한 지점에서 가장 취약한 방향으로 작용하는 100kg 이상의 하중에 견딜 수 있는 튼튼한 구조일 것

**해설**

안전난간의 구조 및 설치요건

| 구성 | 상부 난간대, 중간 난간대, 발끝막이판 및 난간기둥으로 구성할 것(다만, 중간 난간대, 발끝막이판 및 난간기둥은 이와 비슷한 구조와 성능을 가진 것으로 대체할 수 있음) |
|---|---|
| 상부 난간대 | 상부 난간대는 바닥면·발판 또는 경사로의 표면으로부터 90cm 이상 지점에 설치하고, 상부 난간대를 120cm 이하에 설치하는 경우에는 중간 난간대는 상부 난간대와 바닥면 등의 중간에 설치하여야 하며, 120cm 이상 지점에 설치하는 경우에는 중간 난간대를 2단 이상으로 균등하게 설치하고 난간의 상하 간격은 60cm 이하가 되도록 할 것 |
| 발끝막이판 (폭목) | 바닥면 등으로부터 10cm 이상의 높이를 유지할 것(다만, 물체가 떨어지거나 날아올 위험이 없거나 그 위험을 방지할 수 있는 망을 설치하는 등 필요한 예방조치를 한 장소는 제외) |
| 난간기둥 | 상부 난간대와 중간 난간대를 견고하게 떠받칠 수 있도록 적정한 간격을 유지할 것 |
| 상부 난간대와 중간 난간대 | 상부 난간대와 중간 난간대는 난간 길이 전체에 걸쳐 바닥면 등과 평행을 유지할 것 |
| 난간대 | 지름 2.7cm 이상의 금속제 파이프나 그 이상의 강도가 있는 재료일 것 |
| 하중 | 안전난간은 구조적으로 가장 취약한 지점에서 가장 취약한 방향으로 작용하는 100kg 이상의 하중에 견딜 수 있는 튼튼한 구조일 것 |

**111** 부두, 안벽 등 하역작업을 하는 장소에서 부두 또는 안벽의 선을 따라 통로를 설치하는 경우에는 폭을 최소 얼마 이상으로 하여야 하는가?

① 85cm  ② 90cm
③ 100cm  ④ 120cm

**해설**

부두·안벽 등 하역작업장 조치사항
1. 작업장 및 통로의 위험한 부분에는 안전하게 작업할 수 있는 조명을 유지할 것
2. 부두 또는 안벽의 선을 따라 통로를 설치하는 경우에는 폭을 90cm 이상으로 할 것
3. 육상에서의 통로 및 작업장소로서 다리 또는 선거 갑문을 넘는 보도 등의 위험한 부분에는 안전난간 또는 울타리 등을 설치할 것

**112** 다음 중 토사붕괴의 내적 원인인 것은?

① 토석의 강도 저하
② 사면법면의 기울기 증가
③ 절토 및 성토 높이 증가
④ 공사에 의한 진동 및 반복 하중 증가

**해설**

토석붕괴의 원인

| 외적 원인 | • 사면, 법면의 경사 및 기울기의 증가<br>• 절토 및 성토 높이의 증가<br>• 공사에 의한 진동 및 반복 하중의 증가<br>• 지표수 및 지하수의 침투에 의한 토사 중량의 증가<br>• 지진, 차량, 구조물의 하중작용<br>• 토사 및 암석의 혼합층 두께 |
|---|---|
| 내적 원인 | • 절토 사면의 토질·암질<br>• 성토 사면의 토질 구성 및 분포<br>• 토석의 강도 저하 |

**113** 이동식 비계를 조립하여 작업을 하는 경우의 준수기준으로 옳지 않은 것은?

① 비계의 최상부에서 작업을 할 때에는 안전난간을 설치하여야 한다.
② 작업발판의 최대적재하중은 400kg을 초과하지 않도록 한다.
③ 승강용 사다리는 견고하게 설치하여야 한다.
④ 작업발판은 항상 수평을 유지하고 작업발판 위에서 안전난간을 딛고 작업을 하거나 받침대 또는 사다리를 사용하여 작업하지 않도록 한다.

**해설**

이동식 비계 조립 시의 준수사항
1. 이동식 비계의 바퀴에는 뜻밖의 갑작스러운 이동 또는 전도를 방지하기 위하여 브레이크·쐐기 등으로 바퀴를 고

정답  110 ②  111 ②  112 ①  113 ②

정시킨 다음 비계의 일부를 견고한 시설물에 고정하거나 아웃트리거를 설치하는 등 필요한 조치를 할 것
2. 승강용 사다리는 견고하게 설치할 것
3. 비계의 최상부에서 작업을 하는 경우에는 안전난간을 설치할 것
4. 작업발판은 항상 수평을 유지하고 작업발판 위에서 안전난간을 딛고 작업을 하거나 받침대 또는 사다리를 사용하여 작업하지 않도록 할 것
5. 작업발판의 최대적재하중은 250kg을 초과하지 않도록 할 것

## 114 다음은 말비계를 조립하여 사용하는 경우에 관한 준수사항이다. ( ) 안에 들어갈 내용으로 옳은 것은?

- 지주부재와 수평면의 기울기를 (A)° 이하로 하고 지주부재와 지주부재 사이를 고정시키는 보조부재를 설치할 것
- 말비계의 높이가 2m를 초과하는 경우에는 작업발판의 폭을 ( B )cm 이상으로 할 것

① A : 75, B : 30
② A : 75, B : 40
③ A : 85, B : 30
④ A : 85, B : 40

### 해설
말비계 조립 시의 준수사항
1. 지주부재의 하단에는 미끄럼 방지장치를 하고, 근로자가 양측 끝부분에 올라서 작업하지 않도록 할 것
2. 지주부재와 수평면의 기울기를 75° 이하로 하고, 지주부재와 지주부재 사이를 고정시키는 보조부재를 설치할 것
3. 말비계의 높이가 2m를 초과하는 경우에는 작업발판의 폭을 40cm 이상으로 할 것

## 115 콘크리트 타설을 위한 거푸집 동바리의 구조검토 시 가장 선행되어야 할 작업은?

① 각 부재에 생기는 응력에 대하여 안전한 단면을 산정한다.
② 가설물에 작용하는 하중 및 외력의 종류, 크기를 산정한다.
③ 하중 및 외력에 의하여 각 부재에 생기는 응력을 구한다.
④ 사용할 거푸집 동바리의 설치간격을 결정한다.

### 해설
거푸집 동바리의 구조검토 순서

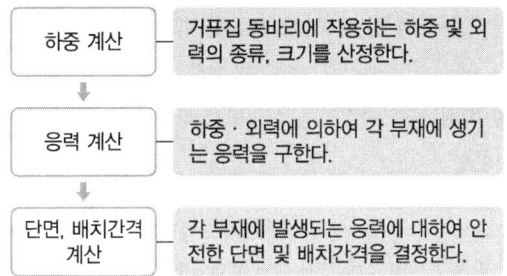

## 116 거푸집 동바리 조립 시 안전조치사항으로 옳지 않은 것은?

① 받침목이나 깔판의 사용, 콘크리트 타설, 말뚝박기 등 동바리의 침하를 위한 조치를 할 것
② 동바리의 이음은 같은 품질의 재료를 사용할 것
③ 강재의 접속부 및 교차부는 볼트·클램프 등 전용철물을 사용하여 단단히 연결할 것
④ 상부·하부의 동바리가 동일 수평선상에 위치하도록 하여 깔판·받침목에 고정시킬 것

### 해설
동바리 조립 시 안전조치
사업주는 동바리를 조립하는 경우에는 하중의 지지상태를 유지할 수 있도록 다음의 사항을 준수해야 한다.
1. 받침목이나 깔판의 사용, 콘크리트 타설, 말뚝박기 등 동바리의 침하를 방지하기 위한 조치를 할 것
2. 동바리의 상하 고정 및 미끄러짐 방지 조치를 할 것
3. 상부·하부의 동바리가 동일 수직선상에 위치하도록 하여 깔판·받침목에 고정시킬 것
4. 개구부 상부에 동바리를 설치하는 경우에는 상부하중을 견딜 수 있는 견고한 받침대를 설치할 것
5. U헤드 등의 단판이 없는 동바리의 상단에 멍에 등을 올릴 경우에는 해당 상단에 U헤드 등의 단판을 설치하고, 멍에 등이 전도되거나 이탈되지 않도록 고정시킬 것
6. 동바리의 이음은 같은 품질의 재료를 사용할 것
7. 강재의 접속부 및 교차부는 볼트·클램프 등 전용철물을 사용하여 단단히 연결할 것
8. 거푸집의 형상에 따른 부득이한 경우를 제외하고는 깔판이나 받침목은 2단 이상 끼우지 않도록 할 것
9. 깔판이나 받침목을 이어서 사용하는 경우에는 그 깔판·받침목을 단단히 연결할 것

**117** 항타기 또는 항발기의 권상장치 드럼축과 권상장치로부터 첫 번째 도르래의 축 간의 거리는 권상장치 드럼폭의 몇 배 이상으로 하여야 하는가?

① 5배  ② 8배
③ 10배  ④ 15배

**해설**

항타기 또는 항발기의 도르래의 위치
항타기 또는 항발기의 권상장치의 드럼축과 권상장치로부터 첫 번째 도르래의 축 간의 거리를 권상장치 드럼폭의 15배 이상으로 하여야 한다.

**118** 강관비계를 사용하여 비계를 구성하는 경우 준수해야 할 기준으로 옳지 않은 것은?

① 비계기둥의 간격은 띠장 방향에서는 1.85m 이하, 장선(長線) 방향에서는 1.5m 이하로 할 것
② 띠장 간격은 2.0m 이하로 할 것
③ 비계기둥의 제일 윗부분으로부터 31m 되는 지점 밑부분의 비계기둥은 2개의 강관으로 묶어 세울 것
④ 비계기둥 간의 적재하중은 600kg을 초과하지 않도록 할 것

**해설**

강관비계의 구조
1. 비계기둥의 간격은 띠장 방향에서는 1.85m 이하, 장선 방향에서는 1.5m 이하로 할 것
2. 띠장 간격은 2.0m 이하로 할 것
3. 비계기둥의 제일 윗부분으로부터 31m 되는 지점 밑부분의 비계기둥은 2개의 강관으로 묶어 세울 것
4. 비계기둥 간의 적재하중은 400kg을 초과하지 않도록 할 것

**119** 철골작업 시 철골부재에서 근로자가 수직방향으로 이동하는 경우에 설치하여야 하는 고정된 승강로의 최대 답단 간격은 얼마 이내인가?

① 20cm  ② 25cm
③ 30cm  ④ 40cm

**해설**

철골작업 시의 위험방지(승강로의 설치)
근로자가 수직방향으로 이동하는 철골부재에는 답단 간격이 30cm 이내인 고정된 승강로를 설치하여야 하며, 수평방향 철골과 수직방향 철골이 연결되는 부분에는 연결작업을 위하여 작업발판 등을 설치하여야 한다.

**120** 흙막이 지보공을 설치하였을 때 정기적으로 점검하여 이상 발견 시 즉시 보수하여야 할 사항이 아닌 것은?

① 굴착 깊이의 정도
② 버팀대의 긴압의 정도
③ 부재의 접속부·부착부 및 교차부의 상태
④ 부재의 손상·변형·부식·변위 및 탈락의 유무와 상태

**해설**

흙막이 지보공의 붕괴 등의 방지를 위한 점검사항
1. 부재의 손상·변형·부식·변위 및 탈락의 유무와 상태
2. 버팀대의 긴압의 정도
3. 부재의 접속부·부착부 및 교차부의 상태
4. 침하의 정도

점답 117 ④ 118 ④ 119 ③ 120 ①

# PART 02

# 27 | 2025년 1회 기출복원문제

## 1과목 | 산업재해 예방 및 안전보건교육

**01** 산업안전보건법에 따라 안전관리자를 정수 이상으로 증원하거나 교체하여 임명할 것을 명할 수 있는 경우가 아닌 것은?

① 중대재해가 연간 5건 발생한 경우
② 해당 사업장의 연간재해율이 같은 업종의 평균재해율의 2배 이상인 경우
③ 안전관리자가 질병 외의 사유로 인하여 6개월 동안 직무를 수행할 수 없게 된 경우
④ 관리자가 질병이나 그 밖의 사유로 1개월 이상 직무를 수행할 수 없게 된 경우

**해설**

안전관리자 등의 증원·교체임명
지방고용노동관서의 장은 다음 각 호의 어느 하나에 해당하는 사유가 발생한 경우에는 사업주에게 안전관리자, 보건관리자 또는 안전보건관리담당자를 정수 이상으로 증원하게 하거나 교체하여 임명할 것을 명할 수 있다.
1. 해당 사업장의 연간재해율이 같은 업종의 평균재해율의 2배 이상인 경우
2. 중대재해가 연간 2건 이상 발생한 경우
3. 관리자가 질병이나 그 밖의 사유로 3개월 이상 직무를 수행할 수 없게 된 경우
4. 화학적 인자로 인한 직업성 질병자가 연간 3명 이상 발생한 경우. 이 경우 직업성 질병자 발생일은 요양급여의 결정일로 한다(직업성 질병자 발생 당시 사업장에서 해당 화학적 인자를 사용하지 아니하는 경우에는 그렇지 않다).

**02** 산업재해보험적용근로자 1,000명인 플라스틱 제조 사업장에서 작업 중 재해 5건이 발생하였고, 1명이 사망하였을 때 이 사업장의 사망만인율은?

① 2  ② 5
③ 10  ④ 20

**해설**

사망만인율

$$사망만인율 = \frac{사망자\ 수}{산재보험\ 적용\ 근로자\ 수} \times 10,000$$

$$사망만인율 = \frac{1}{1,000} \times 10,000 = 10$$

**03** 안전교육방법 중 구안법(Project Method)의 4단계가 아닌 것은?

① 목표결정  ② 계획수립
③ 활동  ④ 대책비교

**해설**

구안법(Project Method)
1. 학습자 마음속에 생각하고 있는 것을 외부에 구체적으로 실현하고 형상화하기 위해 학습자 스스로가 계획을 세워서 수행하는 학습활동으로 이루어지는 교육방법
2. 구안법의 4단계

| 1단계 | 2단계 | 3단계 | 4단계 |
|---|---|---|---|
| 목표결정 (목적) | 계획수립 (계획) | 활동 (수행) | 평가 |

**04** 사고예방대책의 기본원리 5단계 중 틀린 것은?

① 1단계 : 안전관리조직
② 2단계 : 현상파악
③ 3단계 : 분석평가
④ 5단계 : 대책의 선정

**해설**

하인리히의 재해예방 5단계(사고예방대책의 기본원리)
- 제1단계 : 조직(안전관리조직)
- 제2단계 : 사실의 발견(현상파악)
- 제3단계 : 분석평가
- 제4단계 : 시정책의 선정(대책의 선정)
- 제5단계 : 시정책의 적용(목표달성)

**정답** 01 ④ 02 ③ 03 ④ 04 ④

## 05 안전관리조직의 참모식(Staff)형의 장점으로 맞는 것은?

① 안전에 관한 명령과 지시는 생산라인을 통해 신속하게 전달한다.
② 명령계통과 조언이나 권고적 참여가 혼동되기 쉽다.
③ 안전에 대한 전문지식이나 정보가 불충분하다.
④ 안전전문가가 안전계획을 세워 문제해결방안을 모색하고 조치한다.

**해설**

스태프형(Staff형, 참모형 조직)

| | |
|---|---|
| 특징 | • 회사 내에 별도로 안전활동 전담부서를 두는 방식의 조직 형태<br>• 안전관리에 관한 계획과 조정, 조사, 검토, 보고 등의 일과 현장에 대한 기술지원을 담당하도록 편성된 조직<br>• 100명 이상 1,000명 미만의 중규모 사업장에 적합한 조직 형태 |
| 장점 | • 사업장 특성에 적합한 기술연구를 전문적으로 할 수 있음<br>• 경영자의 조언과 자문역할을 함<br>• 안전정보 수집이 용이하고 빠름<br>• 안전전문가가 안전계획을 세워 문제해결방안을 모색하고 조치함 |
| 단점 | • 생산부분은 안전에 대한 책임과 권한이 없음<br>• 권한다툼이나 조정 때문에 시간과 노력이 소모됨<br>• 안전과 생산을 별개로 취급하기 쉬움 |

## 06 보호구 안전인증 고시상 안전인증 방독마스크의 정화통 종류와 외부 측면의 표시색이 올바르게 연결된 것은?

① 황화수소용 – 갈색
② 할로겐용 – 노란색
③ 시안화수소용 – 회색
④ 유기화합물용 – 회색

**해설**

방독마스크의 종류 및 표시색

| 종류 | 시험가스 | 정화통 외부 측면의 표시색 |
|---|---|---|
| 유기화합물용 | 시클로헥산($C_6H_{12}$) | 갈색 |
| | 디메틸에테르($CH_3OCH_3$) | |
| | 이소부탄($C_4H_{10}$) | |
| 할로겐용 | 염소가스 또는 증기($Cl_2$) | 회색 |
| 황화수소용 | 황화수소가스($H_2S$) | |
| 시안화수소용 | 시안화수소가스(HCN) | |
| 아황산용 | 아황산가스($SO_2$) | 노랑색 |
| 암모니아용 | 암모니아가스($NH_3$) | 녹색 |

## 07 산업안전보건법령상 안전모의 시험성능기준 항목으로 옳지 않은 것은?

① 내전압성
② 내관통성
③ 내연성
④ 내수성

**해설**

안전모의 시험성능 항목 및 기준

| 항목 | 시험성능기준 |
|---|---|
| 내관통성 | • 안전인증 : AE, ABE종 안전모는 관통거리가 9.5mm 이하이고, AB종 안전모는 관통거리가 11.1mm 이하이어야 한다.<br>• 자율안전확인 : 안전모는 관통거리가 11.1mm 이하이어야 한다. |
| 충격흡수성 | 최고전달충격력이 4,450N을 초과해서는 안 되며, 모체와 착장체의 기능이 상실되지 않아야 한다. |
| 내전압성 | AE, ABE종 안전모는 교류 20kV에서 1분간 절연파괴 없이 견뎌야 하고, 이때 누설되는 충전전류는 10mA 이하이어야 한다.(※ 자율안전확인에서는 제외) |
| 내수성 | AE, ABE종 안전모는 질량증가율이 1% 미만이어야 한다. (※ 자율안전확인에서는 제외) |
| 난연성 | 모체가 불꽃을 내며 5초 이상 연소되지 않아야 한다. |
| 턱끈 풀림 | 150N 이상 250N 이하에서 턱끈이 풀려야 한다. |

## 08 안전교육 중 한 그룹에 10~15명, 2시간씩 20회의 교육시간과 TWI보다 약간 높은 관리자를 교육하는 방법은?

① ATT(American Telephone & Telegram Co.)
② MTP(Management Training Program)
③ CCS(Civil Communication Section)
④ TWI(Training Within Industry)

**해설**

기업 내 정형교육

| | |
|---|---|
| TWI | 주로 관리감독자를 교육대상으로 하며 작업을 가르치는 능력, 작업방법을 개선하는 기능 등을 교육 내용으로 하는 기업 내 정형교육 |
| MTP | TWI보다 약간 높은 관리자(관리 문제에 치중하는 관리자) |
| CCS | 당초에는 일부 회사의 최고 관리자에 대해서만 행하였던 것이 널리 보급된 것 |
| ATT | 교육대상이 한정되어 있지 않고, 한 번 훈련을 받은 관리자는 그 부하인 감독자에 대해 지도원이 될 수 있음 |

## 09 보호구에 관한 설명으로 옳은 것은?

① 유해물질이 발생하는 산소결핍지역에서는 필히 방독마스크를 착용하여야 한다.
② 차광용보안경의 사용구분에 따른 종류에는 자외선용, 적외선용, 복합용, 용접용이 있다.
③ 선반작업과 같이 손에 재해가 많이 발생하는 작업장에서는 장갑 착용을 의무화한다.
④ 귀마개는 처음에는 저음만을 차단하는 제품부터 사용하며, 일정 기간이 지난 후 고음까지 모두 차단할 수 있는 제품을 사용한다.

**해설**

차광보안경(안전인증)의 종류

| 종류 | 사용구분 |
|---|---|
| 자외선용 | 자외선이 발생하는 장소 |
| 적외선용 | 적외선이 발생하는 장소 |
| 복합용 | 자외선 및 적외선이 발생하는 장소 |
| 용접용 | 산소용접작업 등과 같이 자외선, 적외선 및 강렬한 가시광선이 발생하는 장소 |

**TIP**
- 산소결핍장소에서는 방독마스크를 착용하여서는 안 되며 공기호흡기 또는 송기마스크를 착용한다.
- 선반작업 중 회전물에 장갑이 말려들어 갈 위험이 있어 면장갑 착용을 금지하고 근로자의 손에 밀착이 잘되는 가죽장갑 등과 같이 손이 말려들어 갈 위험이 없는 장갑을 사용한다.
- 1종 귀마개는 저음부터 고음까지 차음하고, 2종 귀마개는 주로 고음을 차음하고 저음(회화음영역)은 차음하지 않는다.

## 10 다음 재해사례에서 기인물에 해당하는 것은?

기계작업에 배치된 작업자가 반장의 지시를 받기 전에 정지된 선반을 운전시키면서 변속치차의 덮개를 벗겨내고 치차를 저속으로 운전하면서 급유하려고 할 때 오른손이 변속치차에 맞물려 손가락이 절단되었다.

① 덮개    ② 급유
③ 선반    ④ 변속치차

**해설**
1. 기인물 : 선반
2. 가해물 : 변속치차

**TIP** 기인물과 가해물의 정의
- 기인물 : 직접적으로 재해를 유발하거나 영향을 끼친 에너지원(운동, 위치, 열, 전기 등)을 지닌 기계·장치, 구조물, 물체·물질, 사람 또는 환경 등을 말한다.
- 가해물 : 사람에게 직접적으로 상해를 입힌 기계·장치, 구조물, 물체·물질, 사람 또는 환경요인을 말한다.

## 11 허즈버그(F. Herzberg)의 위생-동기이론에서 동기요인에 해당하는 것은?

① 감독    ② 안전
③ 책임감    ④ 작업조건

**해설**

허즈버그(F. Herzberg)의 2요인(동기-위생) 이론
허즈버그는 연구를 통해 사람들이 직무에 만족을 느낄 때에는 직무의 내용에 관계되고, 불만족을 느낄 때에는 직무환경과 관련된다는 것을 입증하였다.

| 동기요인(직무내용) | 위생요인(직무환경) |
|---|---|
| • 성취감<br>• 책임감<br>• 성장과 발전<br>• 안정감<br>• 도전감<br>• 일 그 자체 | • 보수<br>• 작업조건<br>• 관리감독<br>• 임금<br>• 지위<br>• 회사 정책과 관리 |

## 12 다음 중 맥그리거(D. McGregor)의 인간해석에 있어 X이론 관리처방으로 가장 적합한 것은?

① 직무의 확장
② 분권화와 권한의 위임
③ 민주적 리더십의 확립
④ 경제적 보상체제의 강화

**해설**

X, Y이론의 관리처방

| X이론의 관리처방 | Y이론의 관리처방 |
|---|---|
| • 권위주의적 리더십의 확립<br>• 경제적 보상 체제의 강화<br>• 면밀한 감독과 엄격한 통제<br>• 상부 책임제도의 강화<br>• 설득, 보상, 벌, 통제에 의한 관리<br>• 조직구조의 고층성 | • 분권화와 권한의 위임<br>• 목표에 의한 관리<br>• 비공식적 조직의 활용<br>• 민주적 리더십의 확립<br>• 직무확장<br>• 자체 평가제도의 활성화<br>• 조직 목표 달성을 위한 자율적인 통제<br>• 조직구조의 평면화 |

**정답** 09 ② 10 ③ 11 ③ 12 ④

## 13 직무적성검사의 특징과 가장 거리가 먼 것은?

① 다양성
② 객관성
③ 타당성
④ 표준화

**해설**

심리검사의 구비조건

| 표준화 | 검사의 관리를 위한 조건, 절차의 일관성과 통일성에 대한 심리검사의 표준화가 마련되어야 한다. |
|---|---|
| 객관성 | 검사결과를 채점하는 과정에서 채점자의 편견이나 주관성이 배제되어야 하며, 공정한 평가가 이루어져야 한다. |
| 규준성 | 검사결과의 해석에 있어 상대적 위치를 결정하기 위한 참조 또는 비교의 기준이 있어야 한다. |
| 타당성 | 측정하고자 하는 것을 실제로 측정하고 있는가를 나타내는 것이다. |
| 신뢰성 | 검사의 일관성을 의미하는 것으로 동일한 문제를 재측정할 경우 오차가 적어야 한다. |

## 14 안전대에 관한 용어 중 다음 설명에 해당하는 것은?

안전그네와 연결하여 추락 발생 시 추락을 억제할 수 있는 자동잠김장치가 갖추어져 있고 죔줄이 자동적으로 수축되는 장치

① 안전블록
② 죔줄
③ 신축조절기
④ 충격흡수장치

**해설**

안전대 용어의 정의
1. "죔줄"이란 벨트 또는 안전그네를 구명줄 또는 구조물 등 그 밖의 걸이설비와 연결하기 위한 줄모양의 부품을 말한다.
2. "신축조절기"란 죔줄의 길이를 조절하기 위해 죔줄에 부착된 금속의 조절장치를 말한다.
3. "안전블록"이란 안전그네와 연결하여 추락 발생 시 추락을 억제할 수 있는 자동잠김장치가 갖추어져 있고 죔줄이 자동적으로 수축되는 장치를 말한다.
4. "충격흡수장치"란 추락 시 신체에 가해지는 충격하중을 완화시키는 기능을 갖는 죔줄에 연결되는 부품을 말한다.

## 15 제조물책임법에 명시된 결함의 종류에 해당되지 않는 것은?

① 제조상의 결함
② 표시상의 결함
③ 사용상의 결함
④ 설계상의 결함

**해설**

결함

| 제조상의 결함 | 제조업자가 제조물에 대하여 제조상·가공상의 주의의무를 이행하였는지에 관계없이 제조물이 원래 의도한 설계와 다르게 제조·가공됨으로써 안전하지 못하게 된 경우를 말한다. |
|---|---|
| 설계상의 결함 | 제조업자가 합리적인 대체설계를 채용하였더라면 피해나 위험을 줄이거나 피할 수 있었음에도 대체설계를 채용하지 아니하여 해당 제조물이 안전하지 못하게 된 경우를 말한다. |
| 표시상의 결함 | 제조업자가 합리적인 설명·지시·경고 또는 그 밖의 표시를 하였더라면 해당 제조물에 의하여 발생할 수 있는 피해나 위험을 줄이거나 피할 수 있었음에도 이를 하지 아니한 경우를 말한다. |

## 16 보호구 안전인증 고시에 따른 안전모의 일반구조 중 턱끈의 최소폭 기준은?

① 5mm 이상
② 7mm 이상
③ 10mm 이상
④ 12mm 이상

**해설**

안전모의 일반구조
1. 안전모는 모체, 착장체 및 턱끈을 가질 것
2. 착장체의 머리고정대는 착용자의 머리 부위에 적합하도록 조절할 수 있을 것
3. 착장체의 구조는 착용자의 머리에 균등한 힘이 분배되도록 할 것
4. 모체, 착장체 등 안전모의 부품은 착용자에게 상해를 줄 수 있는 날카로운 모서리 등이 없을 것
5. 모체에 구멍이 없을 것(착장체 및 턱끈의 설치 또는 안전등, 보안면 등을 붙이기 위한 구멍은 제외한다)
6. 턱끈은 사용 중 탈락되지 않도록 확실히 고정되는 구조일 것
7. 안전모의 착용높이는 85mm 이상이고 외부수직거리는 80mm 미만일 것
8. 안전모의 내부수직거리는 25mm 이상 50mm 미만일 것

9. 안전모의 수평간격은 5mm 이상일 것
10. 머리받침끈이 섬유인 경우에는 각각의 폭이 15mm 이상이어야 하며, 교차지점 중심으로부터 방사되는 끈 폭의 총합은 72mm 이상일 것
11. 턱끈의 폭은 10mm 이상일 것

## 17 산업안전보건법령에 따른 근로자 안전보건 교육 중 근로자 정기교육의 교육내용에 해당하지 않는 것은?

① 건강증진 및 질병 예방에 관한 사항
② 산업보건 및 건강장해 예방에 관한 사항
③ 유해·위험 작업환경 관리에 관한 사항
④ 작업공정의 유해·위험과 재해 예방대책에 관한 사항

**해설**
근로자 정기교육
1. 산업안전 및 산업재해 예방에 관한 사항(화재·폭발 사고 발생 시 대피에 관한 사항을 포함)
2. 산업보건 및 건강장해 예방에 관한 사항(폭염·한파작업으로 인한 건강장해 발생 시 응급조치에 관한 사항을 포함)
3. 위험성 평가에 관한 사항
4. 건강증진 및 질병 예방에 관한 사항
5. 유해·위험 작업환경 관리에 관한 사항
6. 산업안전보건법령 및 산업재해보상보험 제도에 관한 사항
7. 직무스트레스 예방 및 관리에 관한 사항
8. 직장 내 괴롭힘, 고객의 폭언 등으로 인한 건강장해 예방 및 관리에 관한 사항

## 18 하인리히의 재해발생이론이 다음과 같이 표현될 때, $\alpha$가 의미하는 것으로 옳은 것은?

재해의 발생 = 설비적 결함 + 관리적 결함 + $\alpha$

① 노출된 위험의 상태
② 재해의 직접원인
③ 물적 불안전 상태
④ 잠재된 위험의 상태

**해설**
하인리히의 법칙

재해 발생 = 물적 불안전 상태 + 인적 불안전 행위 + $\alpha$
= 설비적 결함 + 관리적 결함 + $\alpha$

여기서, $\alpha$ : 잠재된 위험의 상태(Potential) = 재해

## 19 학습이론 중 자극과 반응의 이론에 해당되지 않는 것은?

① Tolman의 기호형태설
② Thorndike의 시행착오설
③ Pavlov의 조건반사설
④ Skinner의 조작적 조건화설

**해설**
학습이론

| S(자극) - R(반응)이론<br>(행동주의 학습이론) | · 조건반사설(Pavlov)<br>· 시행착오설(Thorndike)<br>· 조작적 조건 형성이론(Skinner) |
|---|---|
| 인지이론(형태이론) | · 통찰설(Köhler)<br>· 장이론(Lewin)<br>· 기호형태설(Tolman) |

## 20 산업재해의 분석 및 평가를 위하여 재해 발생건수 등의 추이에 대해 한계선을 설정하여 목표 관리를 수행하는 재해통계 분석기법은?

① 관리도
② 안전 T점수
③ 파레토도
④ 특성 요인도

**해설**
통계에 의한 원인분석
1. 파레토도 : 사고의 유형, 기인물 등 분류항목을 큰 값에서 작은 값의 순서로 도표화하며, 문제나 목표의 이해에 편리하다.
2. 특성 요인도 : 특성과 요인관계를 어골상으로 도표화하여 분석하는 기법이다(원인과 결과를 연계하여 상호 관계를 파악하기 위한 분석방법).
3. 클로즈(Close) 분석 : 두 개 이상의 문제관계를 분석하는 데 사용하는 것으로, 데이터를 집계하고 표로 표시하여 요인별 결과내역을 교차한 클로즈 그림을 작성하여 분석하는 기법이다.
4. 관리도 : 재해 발생건수 등의 추이에 대해 한계선을 설정하여 목표 관리를 수행하는 데 사용되는 방법으로 관리선은 관리상한선, 중심선, 관리하한선으로 구성된다.

## 2과목 인간공학 및 위험성 평가·관리

**21** 다음 중 인간-기계 시스템에서 기계의 표시장치와 인간의 눈은 어느 요소에 해당하는가?

① 감지
② 정보저장
③ 정보처리
④ 행동기능

**해설**

체계(System)의 기본기능 및 업무

| 정보입력 | 원하는 결과를 얻기 위한 재료(물체나 물질, 정보, 전력, 열 등과 같은 에너지 등) |
|---|---|
| 감지 | • 정보수용의 과정<br>• 인간에 의한 감지는 시각, 청각, 촉각과 같은 여러 종류의 기관이 사용 |
| 정보보관 | • 인간의 정보저장 : 학습과정을 통해 축적한 기억<br>• 기계의 정보저장 : 펀치카드, 자기테이프, 기록, 자료표, 녹음테이프 등으로 보관<br>• 정보의 보관형태 : 암호화, 부호화된 형태로 보관 |
| 정보처리 및 의사결정 | • 정보처리 : 감지한(받은) 정보를 가지고 수행하는 여러 종류의 조작<br>• 인간의 정보처리시간 : 0.5초 |
| 행동기능 | • 내려진 의사결정의 결과로 발생하는 조작행위를 일컫는다.<br>• 본질적 통신행위 : 음성(사람의 경우), 신호, 기록 등의 행위 |
| 출력 | 제품의 변화, 전달된 통신, 제공된 용역(Service)과 같은 체계의 성과나 결과 |

**22** 다음 중 인체계측치의 상위 백분위수(Percentile)를 기준으로 하는 최대 집단치의 사용 예로 적절하지 않은 것은?

① 선반의 높이
② 위험구역 울타리
③ 출입문의 크기
④ 통로의 높이

**해설**

인체계측 자료의 응용원칙의 사례
1. 극단치를 이용한 설계
    • 최대 집단치 설계 : 출입문, 탈출구의 크기, 통로, 그네, 줄사다리, 버스 내 승객용 좌석 간 거리, 위험구역 울타리 등
    • 최소 집단치 설계 : 선반의 높이, 조종 장치까지의 거리, 비상벨의 위치 설계 등
2. 조절 가능한 설계
    자동차 좌석의 전후 조절, 사무실 의자의 상하 조절, 책상 높이 등
3. 평균치를 이용한 설계
    가게나 은행의 계산대, 식당 테이블, 출근버스 손잡이 높이, 안내 데스크 등

**23** 위치나 구조가 변하는 항공기표시장치 등과 같이 배경에 변화되는 상황을 중첩하여 나타내는 표시장치로 효과적인 상황 파악을 위해 사용되는 장치는?

① 헤드업 표시장치
② 정성적 표시장치
③ 묘사적 표시장치
④ 정량적 표시장치

**해설**

묘사적 표시장치
위치나 구조가 변하는 경향이 있는 요소를 배경에 중첩시켜서 변화되는 상황을 나타내는 장치이다.

**24** 국소진동에 지속적으로 노출된 근로자에게 발생할 수 있으며, 말초혈관 장해로 손가락이 창백해지고 동통을 느끼는 질환의 명칭은?

① 레이노병(Raynaud's Phenomenon)
② 파킨슨병(Parkinson's Disease)
③ 규폐증
④ C5-dip 현상

**해설**

레이노 현상(Raynaud's Phenomenon)
손가락에 있는 말초혈관운동의 장애로 손가락이 창백해지고 손이 차며 절이거나 통증이 오는 현상으로 추위에 노출되면 이러한 현상은 더욱 악화되며 백납병을 초래하게 된다.

**25** 3개 공정의 소음수준 측정 결과 1공정은 100dB에서 1시간, 2공정은 95dB에서 1시간, 3공정은 90dB에서 1시간이 소요될 때 총소음량(TND)과 소음설계의 적합성을 맞게 나열한 것은?(단, 90dB에 8시간 노출될 때를 허용기준으로 하며, 5dB 증가할 때 허용시간은 1/2로 감소되는 법칙을 적용한다.)

① TND=0.785, 적합
② TND=0.875, 적합
③ TND=0.985, 적합
④ TND=1.085, 부적합

### 해설

**소음 노출분량과 소음 노출 허용수준**

1. 소음 노출분량(Noise Dose)

$$부분\ 노출\ 분량 = \frac{실제\ 노출시간}{최대\ 허용시간}$$

※ 허용 노출수준 : 1의 소음 투여량(총 소음 투여량은 부분 노출 분량의 합과 같다.)

2. 소음 노출 허용수준

| 음압수준 | 90dB | 95dB | 100dB | 105dB | 110dB |
|---|---|---|---|---|---|
| 허용시간 | 8 | 4 | 2 | 1 | 0.5 |

3. 계산
- 소음 노출수준 = $\left(\frac{1}{2} + \frac{1}{4} + \frac{1}{8}\right) = 0.875 = 0.88$
- 소음 노출기준 초과 여부 : 1 미만이므로 적합

## 26 고용노동부 고시의 근골격계부담작업의 범위에서 근골격계부담작업에 대한 설명으로 옳은 것은?

① 하루에 10회 이상 25kg 이상의 물체를 드는 작업
② 하루에 총 2시간 이상 집중적으로 자료입력 등을 위해 키보드 또는 마우스를 조작하는 작업
③ 하루에 총 1시간 이상 쪼그리고 앉거나 무릎을 굽힌 자세에서 이루어지는 작업
④ 하루에 총 4시간 이상 지지되지 않은 상태에서 4.5kg 이상의 물건을 한 손으로 들거나 동일한 힘으로 쥐는 작업

### 해설

**근골격계부담작업의 범위**

1. 하루에 4시간 이상 집중적으로 자료입력 등을 위해 키보드 또는 마우스를 조작하는 작업
2. 하루에 총 2시간 이상 목, 어깨, 팔꿈치, 손목 또는 손을 사용하여 같은 동작을 반복하는 작업
3. 하루에 총 2시간 이상 머리 위에 손이 있거나, 팔꿈치가 어깨 위에 있거나, 팔꿈치를 몸통으로부터 들거나, 팔꿈치를 몸통 뒤쪽에 위치하도록 하는 상태에서 이루어지는 작업
4. 지지되지 않은 상태이거나 임의로 자세를 바꿀 수 없는 조건에서, 하루에 총 2시간 이상 목이나 허리를 구부리거나 트는 상태에서 이루어지는 작업
5. 하루에 총 2시간 이상 쪼그리고 앉거나 무릎을 굽힌 자세에서 이루어지는 작업
6. 하루에 총 2시간 이상 지지되지 않은 상태에서 1kg 이상의 물건을 한 손의 손가락으로 집어 옮기거나, 2kg 이상에 상응하는 힘을 가하여 한 손의 손가락으로 물건을 쥐는 작업
7. 하루에 총 2시간 이상 지지되지 않은 상태에서 4.5kg 이상의 물건을 한 손으로 들거나 동일한 힘으로 쥐는 작업
8. 하루에 10회 이상 25kg 이상의 물체를 드는 작업
9. 하루에 25회 이상 10kg 이상의 물체를 무릎 아래에서 들거나, 어깨 위에서 들거나, 팔을 뻗은 상태에서 드는 작업
10. 하루에 총 2시간 이상, 분당 2회 이상 4.5kg 이상의 물체를 드는 작업
11. 하루에 총 2시간 이상 시간당 10회 이상 손 또는 무릎을 사용하여 반복적으로 충격을 가하는 작업

## 27 인간 에러(Human Error)에 관한 설명으로 틀린 것은?

① Omission Error : 필요한 작업 또는 절차를 수행하지 않는 데 기인한 에러
② Commission Error : 필요한 작업 또는 절차의 수행 지연으로 인한 에러
③ Extraneous Error : 불필요한 작업 또는 절차를 수행함으로써 기인한 에러
④ Sequential Error : 필요한 작업 또는 절차의 순서 착오로 인한 에러

### 해설

**인간실수의 분류(심리적인 분류)**

| 분류 | 설명 |
|---|---|
| 생략에러<br>(Omission Error,<br>부작위 실수) | 필요한 직무 및 절차를 수행하지 않아(생략) 발생하는 에러<br>예 가스밸브를 잠그는 것을 잊어 사고가 났다. |
| 작위에러<br>(Commission Error,<br>실행에러) | • 필요한 작업 또는 절차의 불확실한 수행(잘못 수행)으로 인한 에러<br>• 넓은 의미로 선택착오, 순서착오, 시간착오, 정성적 착오를 포함한다.<br>예 전선이 바뀌었다, 틀린 부품을 사용하였다, 부품이 거꾸로 조립되었다 등 |
| 순서에러<br>(Sequential Error) | 필요한 작업 또는 절차의 순서 착오로 인한 에러<br>예 자동차 출발 시 핸드브레이크를 해제하지 않고 출발하여 발생한 에러 |
| 시간에러<br>(Time Error) | 필요한 직무 또는 절차의 수행지연으로 인한 에러<br>예 프레스 작업 중에 금형 내에 손이 오랫동안 남아 있어 발생한 재해 |
| 과잉행동에러<br>(Extraneous Error,<br>불필요한 행동에러) | 불필요한 작업 또는 절차를 수행함으로써 기인한 에러<br>예 자동차 운전 중 습관적으로 손을 창문으로 내밀어 발생한 재해 |

**정답** 26 ① 27 ②

**28** 설비의 고장과 같이 발생확률이 낮은 사건의 특정시간 또는 구간에서의 발생횟수를 측정하는 데 가장 적합한 확률분포는?

① 이항분포(Binomial Distribution)
② 푸아송 분포(Poisson Distribution)
③ 와이블 분포(Weibull Distribution)
④ 지수분포(Exponential Distribution)

**해설**

확률분포

| | |
|---|---|
| 이항분포 | 결과가 성공과 실패 두 가지인 경우에, 단 하나의 실험이 아니라 여러 번의 연속된 복원 추출실험의 확률분포 |
| 푸아송 분포 | 특정시간이나 단위구간 및 공간에 대하여 어떤 사건의 발생횟수가 갖는 분포(예를 들어 철판의 흠의 수, 공장의 사고건수와 같은 확률값을 구하려고 할 때) |
| 와이블 분포 | 신뢰성 모델로써 가장 자주 사용되는 분포로 고장률함수 $\lambda(t)$가 상수, 증가 또는 감소함수인 수명분포들을 모형화할 때 적당한 분포 |
| 지수분포 | 여러 개의 부품이 조합되어 만들어진 기기나 시스템의 고장확률 밀도함수는 지수분포에 따르게 되며, 이때의 고장률은 시간에 관계없이 일정하게 된다(시간당 고장률이 일정). |

**29** 초음파를 이용한 초음파탐상시험 방법의 종류에 속하지 않는 것은?

① 펄스 반사법
② 진공법
③ 투과법
④ 공진법

**해설**

초음파검사(Ultrasonic Test : UT)의 종류

| | |
|---|---|
| 펄스 반사법 | 전자파나 초음파의 펄스를 발사하여 측정대상으로부터의 반사파를 수신하고, 반사파의 시간지연으로부터 대상까지의 거리를 측정하는 것이다(가장 널리 이용). |
| 투과법 | 시험체를 투과하는 투과파를 이용하여 시험체의 한쪽 면에서 송신 탐촉자로 일정한 강도의 초음파 펄스를 연속파로 보내고, 반대 면에서 투과되어 나오는 초음파를 수신 탐촉자로 받는 것이다. |
| 공진법 | 시험체의 한쪽 면에서 초음파의 연속파를 입사시키면 시험체 두께가 이 파장의 1/2 정수 배에 해당할 때 공진이 생기므로 결함 위치를 파악하는 것이다. |

**30** 신호검출이론(SDT)의 판정결과 중 신호가 없었는데도 있었다고 말하는 경우는?

① 긍정(Hit)
② 누락(Miss)
③ 허위(False Alarm)
④ 부정(Correct Rejection)

**해설**

신호 유무의 판정
1. 신호의 정확한 판정(Hit) : 신호가 나타났을 때 신호라고 판정
2. 허위 경보(False Alarm) : 잡음을 신호로 판정
3. 신호검출 실패(Miss) : 신호가 나타났는데도 잡음으로 판정
4. 잡음을 제대로 판정(Correct Noise) : 잡음만 있을 때 잡음이라고 판정

**TIP** 신호검출이론(SDT)
인간이 자극을 감지하여 신호를 판단할 경우 잡음이나 소음이 있는 상황에서 이루어질 때, 잡음이 신호검출에 미치는 영향을 다루는 이론을 말한다.

**31** 그림과 같은 시스템의 전체 신뢰도는 약 얼마인가?(단, 네모 안의 수치는 각 구성요소의 신뢰도이다.)

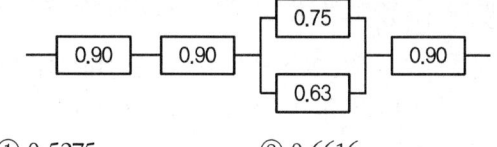

① 0.5275　② 0.6616
③ 0.7575　④ 0.8516

**해설**

시스템의 신뢰도
$R = 0.90 \times 0.90 \times [1-(1-0.75)(1-0.63)] \times 0.90 = 0.6616$

**32** 시각 표시장치보다 청각 표시장치의 사용이 바람직한 경우는?

① 전언이 복잡한 경우
② 전언이 재참조되는 경우
③ 전언이 즉각적인 행동을 요구하는 경우
④ 직무상 수신자가 한곳에 머무는 경우

**해설**

청각장치와 시각장치의 비교

| 청각적 표시장치 | • 전언이 간단하다.<br>• 전언이 짧다.<br>• 전언이 후에 재참조되지 않는다.<br>• 전언이 시간적 사상을 다룬다.<br>• 전언이 즉각적인 행동을 요구한다(긴급할 때).<br>• 수신장소가 너무 밝거나 암조응 유지 필요시<br>• 직무상 수신자가 자주 움직일 때<br>• 수신자의 시각계통이 과부하 상태일 때 |
|---|---|
| 시각적 표시장치 | • 전언이 복잡하다.<br>• 전언이 길다.<br>• 전언이 후에 재참조된다.<br>• 전언이 공간적인 위치를 다룬다.<br>• 전언이 즉각적인 행동을 요구하지 않는다.<br>• 수신장소가 너무 시끄러울 때<br>• 직무상 수신자가 한곳에 머물 때<br>• 수신자의 청각계통이 과부하 상태일 때 |

**33** 양립성(Compatibility)에 대한 설명 중 틀린 것은?

① 개념양립성, 운동양립성, 공간양립성 등이 있다.
② 인간의 기대에 맞는 자극과 반응의 관계를 의미한다.
③ 양립성의 효과가 크면 클수록 코딩의 시간이나 반응의 시간은 길어진다.
④ 양립성이란 제어장치와 표시장치의 연관성이 인간의 예상과 어느 정도 일치하는 것을 의미한다.

**해설**

양립성의 효과가 크면 클수록 코딩의 시간이나 반응의 시간은 줄어든다.

**TIP** 양립성
1. 자극들 간의, 반응들 간의, 자극-반응 조합의 관계가 인간의 기대와 모순되지 않는 것이다(인간의 기대하는 바와 자극 또는 반응들이 일치하는 관계).
2. 양립성의 종류

| 공간 양립성 | 표시장치와 이에 대응하는 조종장치 간의 위치 또는 배열이 인간의 기대와 모순되지 않아야 한다.<br>예 가스버너에서 오른쪽 조리대는 오른쪽 조절장치로, 왼쪽 조리대는 왼쪽 조절장치로 조정하도록 배치한다. |
|---|---|
| 운동 양립성 | 조작장치의 방향과 표시장치의 움직이는 방향이 사용자의 기대와 일치하는 것<br>예 자동차를 운전하는 과정에서 우측으로 회전하기 위하여 핸들을 우측으로 돌린다. |
| 개념 양립성 | 사람들이 가지고 있는(이미 사람들이 학습을 통해 알고 있는) 개념적 연상에 관한 기대와 일치하는 것<br>예 냉온수기에서 빨간색은 온수, 파란색은 냉수가 나온다. |
| 양식 양립성 | 음성과업에 대해서는 청각적 자극 제시와 이에 대한 음성 응답 등에 해당 |

**34** '화재 발생'이라는 시작(초기) 사상에 대하여, 화재감지기, 화재 경보, 스프링클러 등의 성공 또는 실패 작동 여부와 그 확률에 따른 피해 결과를 분석하는 데 가장 적합한 위험 분석 기법은?

① FTA
② ETA
③ FHA
④ THERP

**해설**

사건수 분석(ETA)
초기사건으로 알려진 특정한 장치의 이상 또는 운전자의 실수에 의해 발생되는 잠재적인 사고결과를 정량적으로 평가·분석하는 방법을 말한다.

**35** 컴퓨터 스크린상에 있는 버튼을 선택하기 위해 커서를 이동시키는 데 걸리는 시간을 예측하는 가장 적합한 법칙은?

① Fitts의 법칙
② Lewin의 법칙
③ Hick의 법칙
④ Weber의 법칙

**해설**

핏츠(Fitts)의 법칙
1. 인간의 손이나 발을 이동시켜 조작장치를 조작하는 데 걸리는 시간을 표적까지의 거리와 표적 크기의 함수로 나타내는 모형이다.
2. 인간의 행동에 대해 속도와 정확성 간의 관계를 설명하는 기본적인 법칙을 나타낸다.
3. 목표물의 크기가 작아질수록 속도와 정확도가 나빠지고 목표물과의 거리가 멀어질수록 필요한 시간이 더 길어진다.

**정답** 33 ③ 34 ② 35 ①

**36** 인간의 오류 모형에 있어 상황이나 목표해석은 제대로 하였으나 의도와는 다른 행동을 하는 경우에 발생하는 오류는?

① 착오(Mistake)   ② 실수(Slip)
③ 건망증(Lapse)   ④ 위반(Violation)

**해설**
인간의 오류 모형

| 착오(Mistake) | 상황해석을 잘못하거나 목표를 잘못 이해하고 착각하여 행하는 경우(어떤 목적으로 행동하려고 했는데 그 행동과 일치하지 않는 것) |
|---|---|
| 실수(Slip) | 상황이나 목표의 해석을 제대로 했으나 의도와는 다른 행동을 하는 경우 |
| 건망증(Lapse) | 여러 과정이 연계적으로 계속하여 일어나는 행동 중 일부를 잊어버리고 하지 않거나 또는 기억의 실패에 의해 발생하는 오류 |
| 위반(Violation) | 정해진 규칙을 알고 있음에도 고의적으로 따르지 않거나 무시하는 행위 |

**37** 혈액으로 인한 감염매개체가 아닌 것은?

① 선천성 면역력 감염
② B형·C형 감염
③ 인간면역결핍 감염
④ 매독

**해설**
생물학적 유해요인의 분류

| 혈액매개 감염인자 | 인간면역결핍바이러스, B형·C형 간염바이러스, 매독바이러스 등 혈액을 매개로 다른 사람에게 전염되어 질병을 유발하는 인자 |
|---|---|
| 공기매개 감염인자 | 결핵·수두·홍역 등 공기 또는 비말감염 등을 매개로 호흡기를 통하여 전염되는 인자 |
| 곤충 및 동물매개 감염인자 | 쯔쯔가무시증, 렙토스피라증, 유행성 출혈열 등 동물의 배설물 등에 의하여 전염되는 인자 및 탄저병, 브루셀라병 등 가축 또는 야생동물로부터 사람에게 감염되는 인자 |

**38** HAZOP 기법에서 사용하는 가이드 워드와 그 의미가 잘못 연결된 것은?

① Part of : 성질상의 감소
② As well as : 성질상의 증가
③ Other than : 기타 환경적인 요인
④ More/Less : 정량적인 증가 또는 감소

**해설**
지침단어(가이드 워드)의 의미

| Guide Word | 의미 |
|---|---|
| No 혹은 Not | 설계의도의 완전한 부정 |
| More 혹은 Less | 양의 증가 혹은 감소 (정량적 증가 혹은 감소) |
| As well as | 성질상의 증가(정성적 증가) |
| Part of | 성질상의 감소(정성적 감소) |
| Reverse | 설계의도의 논리적인 역 (설계의도와 반대현상) |
| Other than | 완전한 대체의 필요 |

**39** 신체활동의 생리학적 측정법 중 전신의 육체적인 활동을 측정하는 데 가장 적합한 방법은?

① 플리커(Flicker) 측정
② 산소 소비량 측정
③ 근전도(EMG) 측정
④ 피부전기반사(GSR) 측정

**해설**
생리적 부담의 척도
작업이 인체에 끼치는 생리적 부담은 흔히 맥박 수와 산소 소비량으로 측정한다.

**40** 인간-기계 시스템을 설계할 때에는 특정 기능을 기계에 할당하거나 인간에게 할당하게 된다. 이러한 기능할당과 관련된 사항으로 옳지 않은 것은?(단, 인공지능과 관련된 사항은 제외한다.)

① 인간은 원칙을 적용하여 다양한 문제를 해결하는 능력이 기계에 비해 우월하다.
② 일반적으로 기계는 장시간 일관성이 있는 작업을 수행하는 능력이 인간에 비해 우월하다.
③ 인간은 소음, 이상온도 등의 환경에서 작업을 수행하는 능력이 기계에 비해 우월하다.
④ 일반적으로 인간은 주위가 이상하거나 예기치 못한 사건을 감지하여 대처하는 능력이 기계에 비해 우월하다.

**해설**
인간과 기계의 기능 비교
기계는 주의가 소란하거나 과부하에서도 효율적으로 작동한다.

**정답** 36 ② 37 ① 38 ③ 39 ② 40 ③

## 3과목 기계·기구 및 설비 안전 관리

**41** 재료의 강도시험 중 항복점을 알 수 있는 시험의 종류는?

① 비파괴 시험 ② 충격시험
③ 인장시험 ④ 피로시험

**해설**

인장시험
1. 재료에 인장력을 가해 기계적인 성질을 조사하는 재료시험을 말한다.
2. 종류 : 항복점, 내력, 인장강도, 비례한도, 탄성한도, 신장, 연신율, 단면수축률

**42** 기능의 안전화 방안을 소극적 대책과 적극적 대책으로 구분할 때 다음 중 적극적 대책에 해당하는 것은?

① 기계의 이상을 확인하고 급정지시켰다.
② 원활한 작동을 위해 급유를 하였다.
③ 회로를 개선하여 오동작을 방지하도록 하였다.
④ 기계의 볼트 및 너트가 이완되지 않도록 다시 조립하였다.

**해설**

기능적 안전화
1. 기계나 기구를 사용할 때 기계의 기능이 저하하지 않고 안전하게 작업하는 것으로, 능률적이고 재해방지를 위한 설계를 한다.
2. 적절한 조치가 필요한 이상상태(자동화된 기계설비가 재해 측면에서의 불리한 조건)
   • 전압강하, 정전 시의 기계 오동작
   • 단락, 스위치 릴레이 고장 시 오동작
   • 사용압력 변동 시 오동작
   • 밸브계통의 고장에 의한 오동작
3. 안전화 대책

| 소극적 대책 | • 이상 시 기계를 급정지<br>• 방호장치 작동 |
|---|---|
| 적극적 대책 | • 회로를 개선하여 오동작 방지<br>• 별도의 완전한 회로에 의해 정상기능을 찾을 수 있도록 함<br>• 페일 세이프(Fail Safe)화 |

**43** 다음 중 프레스 작업에서 금형 안에 손을 넣을 필요가 없도록 한 장치가 아닌 것은?

① 롤 피더
② 스트리퍼
③ 다이얼 피더
④ 이젝터

**해설**

스트리퍼(Stripper)
펀치로부터 가공물 또는 스크랩을 제거하기 위한 기구 또는 금형 부분을 말한다.

이송장치(금형 사이에 손을 넣을 필요가 없도록 한 장치)
1. 1차 가공용 송급배출장치(롤 피더, 그리퍼 피드 등)
2. 2차 가공용 송급배출장치(슈트, 다이얼 피더, 푸셔 피더, 트랜스퍼 피더, 프레스용 로봇 등)
3. 제품 및 스크랩이 금형에 부착되는 것을 방지하기 위해 녹아웃, 키거핀 등을 설치한다.
4. 가공 완료한 제품 및 스크랩은 자동적으로 또는 위험한계 밖으로 배출하기 위해 에어분사장치, 키커, 이젝터 등을 설치한다.

**44** 인간이 기계 등의 취급을 잘못해도 그것이 바로 사고나 재해와 연결되는 일이 없는 기능을 의미하는 것은?

① Fail Safe ② Fail Active
③ Fail Operational ④ Fool Proof

**해설**

풀 프루프와 페일 세이프

| 풀 프루프<br>(Fool Proof) | 작업자가 기계를 잘못 취급하여 불안전 행동이나 실수를 하여도 기계설비의 안전기능이 작용되어 재해를 방지할 수 있는 기능을 가진 구조 |
|---|---|
| 페일 세이프<br>(Fail Safe) | 기계나 그 부품에 파손·고장이나 기능 불량이 발생하여도 항상 안전하게 작동할 수 있는 기능을 가진 구조 |

**45** 급정지기구가 부착되어 있지 않아도 유효한 프레스의 방호장치로 옳지 않은 것은?

① 양수기동식 ② 가드식
③ 손쳐내기식 ④ 양수조작식

**정답** 41 ③ 42 ③ 43 ② 44 ④ 45 ④

해설

급정지기구에 따른 방호장치

| 급정지기구가 부착되어<br>있어야만 유효한 방호장치 | • 양수조작식 방호장치<br>• 감응식 방호장치 |
|---|---|
| 급정지기구가 부착되어 있지<br>않아도 유효한 방호장치 | • 양수기동식 방호장치<br>• 게이트 가드식 방호장치<br>• 수인식 방호장치<br>• 손쳐내기식 방호장치 |

**46** 양중기에 사용하지 않아야 하는 와이어로프의 기준에 해당하지 않는 것은?

① 이음매가 있는 것
② 심하게 변형 또는 부식된 것
③ 지름의 감소가 공칭지름의 5% 이상인 것
④ 한 꼬임에서 끊어진 소선의 수가 10% 이상인 것

해설

양중기의 와이어로프 사용금지 조건
1. 이음매가 있는 것
2. 와이어로프의 한 꼬임에서 끊어진 소선의 수가 10% 이상인 것
3. 지름의 감소가 공칭지름의 7%를 초과하는 것
4. 꼬인 것
5. 심하게 변형되거나 부식된 것
6. 열과 전기충격에 의해 손상된 것

**47** 다음 중 기계설비에서 반대로 회전하는 두 개의 회전체가 맞닿는 사이에 발생하는 위험점으로 가장 적절한 것은?

① 물림점        ② 협착점
③ 끼임점        ④ 절단점

해설

기계운동 형태에 따른 위험점 분류

| 협착점 | 왕복운동을 하는 운동부와 움직임이 없는 고정부 사이에서 형성되는 위험점(고정점+운동점) | • 프레스  • 전단기<br>• 성형기  • 조형기<br>• 밴딩기  • 인쇄기 |
|---|---|---|
| 끼임점 | 회전운동하는 부분과 고정부 사이에 위험이 형성되는 위험점(고정점+회전운동) | • 연삭숫돌과 작업대<br>• 반복동작되는 링크기구<br>• 교반기의 날개와 몸체 사이<br>• 회전풀리와 벨트 |
| 절단점 | 회전하는 운동부 자체의 위험이나 운동하는 기계부분 자체의 위험에서 형성되는 위험점(회전운동+기계) | • 밀링커터<br>• 둥근 톱의 톱날<br>• 목공용 띠톱 날 |
| 물림점 | 회전하는 두 개의 회전체에 형성되는 위험점(서로 반대방향의 회전체)(중심점+반대방향의 회전운동) | • 기어와 기어의 물림<br>• 롤러와 롤러의 물림<br>• 롤러분쇄기 |
| 접선<br>물림점 | 회전하는 부분의 접선방향으로 물려 들어갈 위험이 있는 위험점 | • V벨트와 풀리<br>• 랙과 피니언<br>• 체인벨트<br>• 평벨트 |
| 회전<br>말림점 | 회전하는 물체의 길이, 굵기, 속도 등의 불규칙 부위와 돌기 회전부위에 의해 장갑 또는 작업복 등이 말려들 위험이 있는 위험점 | • 회전하는 축<br>• 커플링<br>• 회전하는 드릴 |

**48** 다음 중 드릴작업의 안전사항이 아닌 것은?

① 옷소매가 길거나 찢어진 옷은 입지 않는다.
② 작고, 길이가 긴 물건은 플라이어로 잡고 뚫는다.
③ 회전하는 드릴에 걸레 등을 가까이 하지 않는다.
④ 스핀들에서 드릴을 뽑아낼 때에는 드릴 아래에 손을 내밀지 않는다.

해설

드릴링 작업에서 일감(공작물)의 고정방법
1. 일감이 작을 때 : 바이스로 고정
2. 일감이 크고 복잡할 때 : 볼트와 고정구(클램프)로 고정
3. 대량생산과 정밀도를 요할 때 : 지그(Jig)로 고정
4. 얇은 판의 재료일 때 : 나무판을 받치고 기구로 고정

**49** 다음 설명 중 (  ) 안에 들어갈 알맞은 내용은?

산업안전보건법령상 롤러기의 급정지장치는 롤러를 무부하로 회전시킨 상태에서 앞면 롤러의 표면속도가 30 m/min 미만일 때에는 급정지거리가 앞면 롤러 원주의 (  ) 이내에서 롤러를 정지시킬 수 있는 성능을 보유해야 한다.

① $\frac{1}{4}$         ② $\frac{1}{3}$
③ $\frac{1}{2.5}$      ④ $\frac{1}{2}$

정답  46 ③  47 ①  48 ②  49 ②

**해설**

급정지장치의 성능조건

| 앞면 롤러의 표면속도(m/min) | 급정지거리 |
|---|---|
| 30 미만 | 앞면 롤러 원주의 1/3 |
| 30 이상 | 앞면 롤러 원주의 1/2.5 |

**TIP**

$$V = \pi DN (\text{mm/min}) = \frac{\pi DN}{1,000} (\text{m/min})$$

여기서, $V$ : 표면속도(m/min)
$D$ : 롤러 원통의 직경(mm)
$N$ : 1분간에 롤러기가 회전되는 수(rpm)

**50** 산업안전보건법령상 지게차의 최대하중의 2배 값이 6톤일 경우 헤드가드의 강도는 몇 톤의 등분포 정하중에 견딜 수 있어야 하는가?

① 4
② 6
③ 8
④ 12

**해설**

지게차의 헤드가드
1. 강도는 지게차의 최대하중의 2배 값(4톤을 넘는 값에 대해서는 4톤으로 한다)의 등분포정하중에 견딜 수 있을 것
2. 상부 틀의 각 개구의 폭 또는 길이가 16cm 미만일 것
3. 운전자가 앉아서 조작하거나 서서 조작하는 지게차의 헤드가드는 한국산업표준에서 정하는 높이 기준 이상일 것

**51** 산업안전보건법령상 프레스 및 전단기에서 안전블록을 사용해야 하는 작업으로 가장 거리가 먼 것은?

① 금형 가공작업
② 금형 해체작업
③ 금형 부착작업
④ 금형 조정작업

**해설**

금형 조정작업의 위험 방지
프레스 등의 금형을 부착·해체 또는 조정하는 작업을 할 때에 해당 작업에 종사하는 근로자의 신체가 위험한계 내에 있는 경우 슬라이드가 갑자기 작동함으로써 근로자에게 발생할 우려가 있는 위험을 방지하기 위하여 안전블록을 사용하는 등 필요한 조치를 하여야 한다.

**52** 크레인 로프에 질량 2,000kg의 물건을 10m/s² 의 가속도로 감아올릴 때, 로프에 걸리는 총하중(kN)은?(단, 중력가속도는 9.8m/s²)

① 9.6
② 19.6
③ 29.6
④ 39.6

**해설**

와이어로프에 걸리는 하중계산

| 와이어로프에 걸리는 총하중 | 총하중($W$)=정하중($W_1$)+동하중($W_2$)<br>동하중($W_2$)= $\frac{W_1}{g} \times a$<br>[$g$ : 중력가속도(9.8m/s²), $a$ : 가속도(m/s²)] |
|---|---|
| 와이어로프에 작용하는 장력 | 장력[N]=총하중[kg]×중력가속도[m/s²] |

1. 동하중($W_2$) = $\frac{W_1}{g} \times a = \frac{2,000}{9.8} \times 10 = 2,040.82$(kgf)
2. 총하중($W$) = 정하중($W_1$) + 동하중($W_2$)
   = 2,000 + 2,040.82 = 4,040.82(kgf)
3. 장력($N$) = 총하중(kg) × 중력가속도(m/s²)
   = 4,040.82(kgf) × 9.8
   = 39,600(N) ≒ 39.6(kN)

**53** 산업안전보건법령상 보일러의 안전한 가동을 위하여 보일러 규격에 맞는 압력방출장치가 2개 이상 설치된 경우에 최고사용압력 이하에서 1개가 작동되고, 다른 압력방출장치는 최고사용압력의 몇 배 이하에서 작동되도록 부착하여야 하는가?

① 1.03배
② 1.05배
③ 1.2배
④ 1.5배

**해설**

보일러의 압력방출장치
1. 보일러의 안전한 가동을 위하여 보일러 규격에 맞는 압력방출장치를 1개 또는 2개 이상 설치하고 최고사용압력(설계압력 또는 최고허용압력) 이하에서 작동되도록 하여야 한다.
2. 압력방출장치가 2개 이상 설치된 경우에는 최고사용압력 이하에서 1개가 작동되고, 다른 압력방출장치는 최고사용압력 1.05배 이하에서 작동되도록 부착하여야 한다.
3. 압력방출장치는 매년 1회 이상 교정을 받은 압력계를 이용하여 설정압력에서 압력방출장치가 적정하게 작동하는지를 검사한 후 납으로 봉인하여 사용하여야 한다(공정안전보고서 이행상태 평가결과가 우수한 사업장은 압력방출장치에 대하여 4년마다 1회 이상 설정압력에서 압력방출장치가 적정하게 작동하는지를 검사할 수 있다).

**정답** 50 ① 51 ① 52 ④ 53 ②

4. 스프링식, 중추식, 지렛대식(일반적으로 스프링식 안전밸브가 많이 사용)

> **TIP** 보일러 안전장치의 종류
> - 압력방출장치
> - 압력제한스위치
> - 고저수위조절장치
> - 화염검출기

## 54 유해·위험기계·기구 중에서 진동과 소음을 동시에 수반하는 기계설비로 가장 거리가 먼 것은?

① 컨베이어
② 사출 성형기
③ 가스 용접기
④ 공기 압축기

[해설]
가스 용접기는 진동과 소음을 동시에 수반하지 않는다.

## 55 컨베이어에 사용되는 방호장치와 그 목적에 관한 설명이 옳지 않은 것은?

① 운전 중인 컨베이어 등의 위로 넘어가고자 할 때를 위하여 급정지장치를 설치한다.
② 근로자의 신체 일부가 말려들 위험이 있을 때 이를 즉시 정지시키기 위한 비상정지장치를 설치한다.
③ 정전, 전압강하 등에 따른 화물 이탈을 방지하기 위해 이탈 및 역주행 방지장치를 설치한다.
④ 낙하물에 의한 위험 방지를 위한 덮개 또는 울을 설치한다.

[해설]
컨베이어 안전조치사항

| | |
|---|---|
| 이탈 등의 방지 | 컨베이어, 이송용 롤러 등을 사용하는 경우에는 정전·전압강하 등에 따른 화물 또는 운반구의 이탈 및 역주행을 방지하는 장치를 갖추어야 한다. 다만, 무동력상태 또는 수평상태로만 사용하여 근로자가 위험해질 우려가 없는 경우에는 그러하지 아니하다. |
| 비상정지 장치 | 컨베이어 등에 해당 근로자의 신체의 일부가 말려드는 등 근로자가 위험해질 우려가 있는 경우 및 비상시에는 즉시 컨베이어 등의 운전을 정지시킬 수 있는 장치를 설치하여야 한다. 다만, 무동력상태로만 사용하여 근로자가 위험해질 우려가 없는 경우에는 그러하지 아니하다. |
| 낙하물에 의한 위험 방지 | 컨베이어 등으로부터 화물이 떨어져 근로자가 위험해질 우려가 있는 경우에는 해당 컨베이어 등에 덮개 또는 울을 설치하는 등 낙하방지를 위한 조치를 하여야 한다. |
| 트롤리 컨베이어 | 트롤리 컨베이어(Trolley Conveyor)를 사용하는 경우에는 트롤리와 체인·행거(Hanger)가 쉽게 벗겨지지 않도록 서로 확실하게 연결하여 사용하도록 하여야 한다. |
| 통행의 제한 | • 운전 중인 컨베이어 등의 위로 근로자를 넘어가도록 하는 경우에는 위험을 방지하기 위하여 건널다리를 설치하는 등 필요한 조치를 하여야 한다.<br>• 동일선상에 구간별 설치된 컨베이어에 중량물을 운반하는 경우에는 중량물 충돌에 대비한 스토퍼를 설치하거나 작업자 출입을 금지하여야 한다. |

## 56 다음 설명에 해당하는 기계는?

- 칩(Chip)이 가늘고 예리하여 손을 잘 다치게 한다.
- 주로 평면공작물을 절삭 가공하나, 더브테일 가공이나 나사 가공 등의 복잡한 가공도 가능하다.
- 장갑은 착용을 금하고, 보안경을 착용해야 한다.

① 선반
② 호빙 머신
③ 연삭기
④ 밀링

[해설]
밀링 머신
1. 공작물을 고정하고 많은 날을 가진 밀링커터를 회전시켜 테이블 위에 고정한 공작물을 이송하여 절삭하는 공작기계이다.
2. 주로 평면공작물을 절삭 가공하나, 더브테일 가공이나 나사 가공 등의 복잡한 가공도 가능하다.
3. 공작기계 중 칩(Chip)이 가장 가늘고 예리하여 손을 잘 다치게 한다.

## 57 연삭작업에서 숫돌의 파괴 원인으로 가장 적절하지 않은 것은?

① 숫돌의 회전속도가 너무 빠를 때
② 연삭작업 시 숫돌의 정면을 사용할 때
③ 숫돌에 큰 충격을 주었을 때
④ 숫돌의 회전중심이 제대로 잡히지 않았을 때

[해설]
연삭숫돌의 파괴 원인
1. 숫돌의 회전속도가 너무 빠를 때
2. 숫돌 자체에 균열이 있을 때
3. 숫돌에 과대한 충격을 가할 때

정답 54 ③ 55 ① 56 ④ 57 ②

4. 숫돌의 측면을 사용하여 작업할 때
5. 숫돌의 불균형이나 베어링 마모에 의한 진동이 있을 때
   (숫돌이 경우에 따라 파손될 수 있다.)
6. 숫돌 반경방향의 온도변화가 심할 때
7. 작업에 부적당한 숫돌을 사용할 때
8. 숫돌의 치수가 부적당할 때
9. 플랜지가 현저히 작을 때

## 58 다음 중 아세틸렌 용접장치에서 역화의 원인으로 가장 거리가 먼 것은?

① 아세틸렌의 공급 과다
② 토치 성능의 부실
③ 압력조정기의 고장
④ 토치 팁에 이물질이 묻은 경우

**해설**

역화(Back Fire)
1. 정의 : 용접 도중에 모재에 팁 끝이 닿아 불꽃이 팁 끝에서 순간적으로 폭음을 내며 불꽃이 들어갔다가 꺼지는 현상
2. 원인
   • 압력 조정기의 고장
   • 과열되었을 때
   • 산소 공급이 과다할 때
   • 토치의 성능이 좋지 않을 때
   • 토치 팁에 이물질이 묻었을 때
3. 방지법
   • 용접 팁을 물에 담가서 식힘
   • 아세틸렌을 차단
   • 토치의 기능을 점검

## 59 회전수가 300rpm, 연삭숫돌의 지름이 200mm일 때 숫돌의 원주속도는 약 몇 m/min인가?

① 60.0
② 94.2
③ 150.0
④ 188.5

**해설**

원주속도(회전속도)

$$V = \pi DN (mm/min) = \frac{\pi DN}{1,000} (m/min)$$

여기서, $V$ : 원주속도(회전속도)(m/min)
$D$ : 숫돌의 지름(mm)
$N$ : 숫돌의 매분 회전수(rpm)

$$V = \frac{\pi DN}{1,000} = \frac{\pi \times 200 \times 300}{1,000} = 188.5 (m/min)$$

## 60 기계의 각 작동 부분 상호 간을 전기적, 기구적, 공유압장치 등으로 연결해서 기계의 각 작동 부분이 정상으로 작동하기 위한 조건이 만족되지 않을 경우 자동적으로 그 기계를 작동할 수 없도록 하는 것을 무엇이라 하는가?

① 인터록기구
② 과부하방지장치
③ 트립기구
④ 오버런기구

**해설**

인터록(Interlock)
1. 기계의 각 작동 부분 상호 간을 전기적, 기구적, 공유압장치 등으로 연결해서 기계의 각 작동 부분이 정상으로 작동하기 위한 조건이 만족되지 않을 경우 자동적으로 그 기계를 작동할 수 없도록 하는 것
2. 인터록(연동장치)의 요건
   • 가드가 완전히 닫히기 전에는 기계가 작동되어서는 안된다.
   • 가드가 열리는 순간 기계의 작동은 반드시 정지되어야 한다.

## 4과목 전기설비 안전관리

## 61 누전으로 인한 화재의 3요소에 대한 요건이 아닌 것은?

① 접속점
② 출화점
③ 누전점
④ 접지점

**해설**

누전 화재의 3요소
누전 화재는 전선의 충전부에서 금속 조영재 등으로 전류가 흘러들어 오는 누전점, 과열 개소의 출화점, 접지물로 전기가 들어오는 접지점의 3요소가 있다. 누전으로 인한 전기화재의 원인조사에 있어서도 이것을 분명히 하는 것이 중요하다.

**정답** 58 ① 59 ④ 60 ① 61 ①

**62** 전로에 시설하는 기계·기구의 철대 및 금속제 외함에 접지공사를 생략할 수 없는 경우는?

① 30V 이하의 기계·기구를 건조한 곳에 시설하는 경우
② 물기 없는 장소에 설치하는 저압용 기계·기구를 위한 전로에 정격감도전류 40mA 이하, 동작시간 2초 이하의 전류동작형 누전차단기를 시설하는 경우
③ 철대 또는 외함의 주위에 적당한 절연대를 설치하는 경우
④ 「전기용품 및 생활용품 안전관리법」의 적용을 받는 이중절연구조로 되어 있는 기계·기구를 시설하는 경우

**해설**

기계·기구의 철대 및 외함의 접지를 하지 않아도 되는 대상
1. 사용전압이 직류 300V 또는 교류 대지전압이 150V 이하인 기계·기구를 건조한 곳에 시설하는 경우
2. 저압용의 기계·기구를 건조한 목재의 마루 기타 이와 유사한 절연성 물건 위에서 취급하도록 시설하는 경우
3. 저압용이나 고압용의 기계·기구, 특고압 전선로에 접속하는 배전용 변압기나 이에 접속하는 전선에 시설하는 기계·기구 또는 특고압 가공전선로의 전로에 시설하는 기계·기구를 사람이 쉽게 접촉할 우려가 없도록 목주 기타 이와 유사한 것의 위에 시설하는 경우
4. 철대 또는 외함의 주위에 적당한 절연대를 설치하는 경우
5. 외함이 없는 계기용 변성기가 고무·합성수지 기타의 절연물로 피복한 것일 경우
6. 「전기용품 및 생활용품 안전관리법」의 적용을 받는 이중절연구조로 되어 있는 기계·기구를 시설하는 경우
7. 저압용 기계·기구에 전기를 공급하는 전로의 전원 측에 절연변압기(2차 전압이 300V 이하이며, 정격용량이 3kVA 이하인 것에 한한다)를 시설하고 또한 그 절연변압기의 부하 측 전로를 접지하지 않은 경우
8. 물기 있는 장소 이외의 장소에 시설하는 저압용의 개별 기계·기구에 전기를 공급하는 전로에 「전기용품 및 생활용품 안전관리법」의 적용을 받는 인체감전보호용 누전차단기(정격감도전류가 30mA 이하, 동작시간이 0.03초 이하의 전류동작형에 한한다)를 시설하는 경우
9. 외함을 충전하여 사용하는 기계·기구에 사람이 접촉할 우려가 없도록 시설하거나 절연대를 시설하는 경우

**63** 특고압 계통의 접지극과 저압 접지계통의 접지극을 독립적으로 시설하는 접지방식은?

① 단독접지
② 공통접지
③ 통합접지
④ 등전위 접지

**해설**

접지시스템의 종류
1. 단독접지 : (특)고압 계통의 접지극과 저압 접지계통의 접지극을 독립적으로 시설하는 접지방식
2. 공통접지 : (특)고압 접지계통과 저압 접지계통을 등전위 형성을 위해 공통으로 접지하는 방식
3. 통합접지 : 계통접지, 통신접지, 피뢰접지극의 접지극을 통합하여 접지하는 방식

**64** 변압기의 최소 IP등급은?(단, 유입 방폭구조의 변압기이다.)

① IP55
② IP56
③ IP65
④ IP66

**해설**

유입 방폭구조
IP66 이상의 보호등급을 가져야 한다.

> **TIP** IP등급(IP코드)
> 위험 부분으로의 접근, 외부 분진의 침투 또는 물의 침투에 대한 외함의 방진 보호 및 방수 보호등급을 표시하는 코딩(Coding) 방식으로 보호에 대한 추가 정보를 나타낸다.

**65** 누전차단기의 구성요소가 아닌 것은?

① 누전검출부
② 영상변류기
③ 차단장치
④ 전력퓨즈

**해설**

누전차단기
누전검출부, 영상변류기, 차단기구 등으로 구성된 장치로서, 이동형 또는 휴대형의 전기기계·기구 이하의 금속제 외함, 금속제 외피 등에서 누전, 절연파괴 등으로 인하여 지락전류가 발생하면 주어진 시간 이내에 전기기기의 전로를 차단하는 것을 말한다.

## 66 다음 중 산업안전보건기준에 관한 규칙에 따라 누전차단기를 설치하지 않아도 되는 곳은?

① 철판·철골 위 등 도전성이 높은 장소에서 사용하는 이동형 전기기계·기구
② 대지전압이 220V인 휴대형 전기기계·기구
③ 임시배선의 전로가 설치되는 장소에서 사용하는 이동형 전기기계·기구
④ 절연대 위에서 사용하는 전기기계·기구

**해설**
감전방지용 누전차단기의 적용대상(누전차단기 설치장소)
1. 대지전압이 150V를 초과하는 이동형 또는 휴대형 전기기계·기구
2. 물 등 도전성이 높은 액체가 있는 습윤장소에서 사용하는 저압(1.5천V 이하 직류전압이나 1천V 이하의 교류전압)용 전기기계·기구
3. 철판·철골 위 등 도전성이 높은 장소에서 사용하는 이동형 또는 휴대형 전기기계·기구
4. 임시배선의 전로가 설치되는 장소에서 사용하는 이동형 또는 휴대형 전기기계·기구

> **TIP** 감전방지용 누전차단기의 적용 제외 대상
> • 이중절연구조 또는 이와 같은 수준 이상으로 보호되는 구조로 된 전기기계·기구
> • 절연대 위 등과 같이 감전위험이 없는 장소에서 사용하는 전기기계·기구
> • 비접지방식의 전로

## 67 한국전기설비규정에 따른 전선의 색상에 관한 내용이다. 다음 빈칸에 들어갈 내용으로 알맞은 것은?

• L1 - ( A )   • L2 - 검은색
• L3 - 회색    • N - ( B )

① A : 갈색, B : 흰색
② A : 노란색, B : 파란색
③ A : 갈색, B : 파란색
④ A : 노란색, B : 흰색

**해설**
전선식별

| 상(문자) | 색상 |
|---|---|
| L1 | 갈색 |
| L2 | 검은색 |
| L3 | 회색 |
| N | 파란색 |
| 보호도체 | 녹색-노란색 |

## 68 감전쇼크에 의해 호흡이 정지되었을 경우 일반적으로 약 몇 분 이내에 응급조치를 개시하면 95% 정도를 소생시킬 수 있는가?

① 1분 이내
② 3분 이내
③ 5분 이내
④ 7분 이내

**해설**
감전사고 후 응급조치 개시시간에 따른 소생률

| 호흡정지 후 인공호흡 개시까지의 시간(분) | 소생률 (100명당) | 사망률 (100명당) |
|---|---|---|
| 1 | 95 | 5 |
| 2 | 90 | 10 |
| 3 | 75 | 25 |
| 4 | 50 | 50 |
| 5 | 25 | 75 |

## 69 감전사고를 일으키는 주된 형태가 아닌 것은?

① 충전전로에 인체가 접촉되는 경우
② 이중절연 구조로 된 전기 기계·기구를 사용하는 경우
③ 고전압의 전선로에 인체가 근접하여 섬락이 발생된 경우
④ 충전 전기회로에 인체가 단락회로의 일부를 형성하는 경우

**해설**
감전사고의 형태

| 충전된 전로에 인체가 접촉되는 경우 | 인체를 통해 대지로 지락전류가 흘러 감전된다. |
|---|---|
| 누전된 전기기기에 인체가 접촉하는 경우 | • 절연이 불량한 전기기기에 주로 발생한다.<br>• 누전이 발생하면 외함이 철재로 되어 있기 때문에 기기 내부의 전선에서 외함으로 전류가 흐르게 된다. |
| 충전 전기회로에 인체가 단락회로를 형성하는 경우 | 인체가 직접 또는 도전성 물체를 통해 단락되며, 교류아크용접기에서 많이 발생한다. |
| 고전압의 전선로에 인체가 근접하여 섬락을 이루는 경우 | • 공기의 절연파괴(섬락) : 인체가 고전압 전로에 너무 가깝게 접근하게 되면 공기의 절연파괴 현상이 발생하여 감전사고를 당하게 된다.<br>• 공기의 절연파괴는 30kv/cm 정도이므로 전압이 높을수록 공기의 절연파괴에 의한 감전사고의 발생 위험이 커진다. |

**정답** 66 ④  67 ③  68 ①  69 ②

| 초고압 전선로에 인체가 접근하여 인체에 대전된 전하가 접지된 금속체를 통해 방전하는 경우 | 송전선로 주변서 주로 발생하고 작게는 찌릿한 느낌에서 크게는 전격으로 사망한다. |
| --- | --- |

**TIP** 감전사고를 방지하기 위하여 이중절연 구조로 된 전기 기계·기구를 사용한다.

**70** 두 가지 용제를 사용하고 있는 어느 도장 공장에서 폭발사고가 발생하여 3명의 부상자를 발생시켰다. 부상자와 동일 조건의 복장으로 정전용량이 120pF인 사람이 5m 도보 후에 표면전위를 측정했더니 3,000V가 측정되었다. 사용한 혼합용제 가스의 최소 착화에너지 상한치는 얼마인가?

① 0.54mJ  ② 0.54J
③ 1.08mJ  ④ 1.08J

**해설**

정전 에너지

$$W = \frac{1}{2}CV^2 = \frac{1}{2}QV = \frac{1}{2}\frac{Q^2}{C}$$

대전 전하량($Q$) = $C \cdot V$, 대전 전위($V$) = $\frac{Q}{C}$

여기서, $W$ : 정전기 에너지(J), $C$ : 도체의 정전용량(F)
$V$ : 대전 전위(V), $Q$ : 대전 전하량(C)

$$W = \frac{1}{2}CV^2 = \frac{1}{2} \times (120 \times 10^{-12}) \times (3{,}000)^2$$
$$= 0.00054[J] = 0.54[mJ]$$

**71** 전기화상 사고 시의 응급조치 사항으로 틀린 것은?

① 상처에 달라붙지 않은 의복은 모두 벗긴다.
② 상처 부위에 파우더, 향유, 기름 등을 바른다.
③ 감전자를 담요 등으로 감싸되 상처부위가 닿지 않도록 한다.
④ 화상부위를 세균 감염으로부터 보호하기 위하여 화상용 붕대를 감는다.

**해설**

전기화상 사고의 응급조치
1. 불이 붙은 곳은 물, 소화용 담요 등을 이용하여 소화하거나 급한 경우에는 피해자를 굴리면서 소화한다.
2. 상처에 달라붙지 않은 의복은 모두 벗긴다.
3. 화상부위를 세균 감염으로부터 보호하기 위하여 화상용 붕대를 감는다.
4. 화상을 사지에만 입었을 경우 통증이 줄어들도록 약 10분간 화상부위를 물에 담그거나 물을 뿌릴 수도 있다.
5. 상처부위에 파우더, 향유, 기름 등을 발라서는 안 된다.
6. 진정, 진통제는 의사의 처방에 의하지 않고는 사용하지 말아야 한다.
7. 의식을 잃은 환자에게는 물이나 차를 조금씩 먹이되 알코올은 삼가야 하며 구토증 환자에게는 물, 차 등의 취식을 금해야 한다.
8. 피해자를 담요 등으로 감싸되 상처부위가 닿지 않도록 한다.

**72** 대지를 접지로 이용하는 이유는?

① 대지는 넓어서 무수한 전류통로가 있기 때문에 저항이 작다.
② 대지는 철분을 많이 포함하고 있기 때문에 저항이 작다.
③ 대지는 토양의 주성분이 산화알루미늄($Al_2O_3$)이므로 저항이 작다.
④ 대지는 토양의 주성분이 규소($SiO_2$)이므로 저항이 영(Zero)에 가깝다.

**해설**

접지의 개요
1. 접지란 각종 전기, 전자, 통신장비를 대지와 전기적으로 접속하는 것을 말한다.
2. 접지전극은 지구의 표면이 대단히 넓어 대단히 많은 전하를 충전할 수 있으며, 무수한 전류통로가 있기 때문에 저항이 작아서 대지를 접지로 이용한다.

**73** 인체의 전기저항 $R$을 1,000Ω이라고 할 때 위험 한계에너지의 최저는 약 몇 J인가?(단, 통전시간은 1초이고, 심실세동전류 $I = \frac{165}{\sqrt{T}}$ mA이다.)

① 17.23
② 27.23
③ 37.23
④ 47.23

**해설**

위험한계에너지

$$W = I^2RT[\text{J/s}] = \left(\frac{165}{\sqrt{T}} \times 10^{-3}\right)^2 \times R \times T$$

$$W = \left(\frac{165}{\sqrt{1}} \times 10^{-3}\right)^2 \times 1{,}000 \times 1 = 27.23[\text{J}]$$

## 74 내전압용 절연장갑의 등급에 따른 최대사용전압이 틀린 것은?(단, 교류 전압은 실효값이다.)

① 등급 00 : 교류 500V
② 등급 1 : 교류 7,500V
③ 등급 2 : 직류 17,000V
④ 등급 3 : 직류 39,750V

**해설**

내전압용 절연장갑의 등급

| 등급 | 최대사용전압 | | 등급별 색상 |
|---|---|---|---|
| | 교류(V, 실효값) | 직류(V) | |
| 00 | 500 | 750 | 갈색 |
| 0 | 1,000 | 1,500 | 빨강색 |
| 1 | 7,500 | 11,250 | 흰색 |
| 2 | 17,000 | 25,500 | 노랑색 |
| 3 | 26,500 | 39,750 | 녹색 |
| 4 | 36,000 | 54,000 | 등색 |

## 75 가연성 증기나 먼지 등이 체류할 우려가 있는 장소의 전기회로에 설치하여야 하는 누전경보기의 수신기가 갖추어야 할 성능으로 옳은 것은?

① 음향장치를 가진 수신기
② 차단기구를 가진 수신기
③ 가스감지기를 가진 수신기
④ 분진농도 측정기를 가진 수신기

**해설**

수신부의 설치장소
누전경보기의 수신부는 옥내의 점검에 편리한 장소에 설치하되, 가연성의 증기·먼지 등이 체류할 우려가 있는 장소의 전기회로에는 해당 부분의 전기회로를 차단할 수 있는 차단기구를 가진 수신부를 설치하여야 한다. 이 경우 차단기구의 부분은 해당 장소 외의 안전한 장소에 설치하여야 한다.

## 76 산업안전보건기준에 관한 규칙에 따른 전기기계·기구의 설치 시 고려할 사항으로 거리가 먼 것은?

① 전기기계·기구의 충분한 전기적 용량 및 기계적 강도
② 전기기계·기구의 안전효율을 높이기 위한 시간 가동률
③ 습기·분진 등 사용장소의 주위 환경
④ 전기적·기계적 방호수단의 적정성

**해설**

전기기계·기구 설치 시 고려사항
1. 전기 기계·기구의 충분한 전기적 용량 및 기계적 강도
2. 습기·분진 등 사용장소의 주위 환경
3. 전기적·기계적 방호수단의 적정성

## 77 정전기 발생에 영향을 주는 요인으로 가장 적절하지 않은 것은?

① 분리속도
② 물체의 질량
③ 접촉면적 및 압력
④ 물체의 표면상태

**해설**

정전기 발생의 영향요인(정전기 발생요인)

| | |
|---|---|
| 물체의 특성 | 일반적으로 대전량은 접촉이나 분리하는 두 가지 물체가 대전서열 내에서 가까운 곳에 있으면 적고, 먼 위치에 있을수록 대전량이 큰 경향이 있다. |
| 물체의 표면상태 | • 표면이 거칠수록 정전기 발생량이 커진다.<br>• 기름, 수분, 불순물 등 오염이 심할수록, 산화 부식이 심할수록 정전기 발생량이 커진다. |
| 물체의 이력 | 정전기 발생량은 처음 접촉, 분리가 일어날 때 최대가 되며, 발생횟수가 반복될수록 발생량이 감소한다. |
| 접촉면적 및 압력 | 접촉면적 및 압력이 클수록 정전기 발생량은 커진다. |
| 분리속도 | 분리속도가 빠를수록 정전기 발생량이 커진다. |
| 완화시간 | 완화시간이 길면 전하분리에 주는 에너지도 커져서 정전기 발생량이 커진다. |

## 78 정전기 방전현상에 해당되지 않는 것은?

① 연면 방전
② 코로나 방전
③ 낙뢰 방전
④ 자외선 방전

**정답** 74 ③ 75 ② 76 ② 77 ② 78 ④

**해설**

정전기 방전의 형태

| | |
|---|---|
| 코로나(Corona) 방전 | 고체에 정전기가 축적되면 전위가 높아지게 되고 고체 표면의 전위경도가 어느 일정치를 넘어서면 낮은 소리와 연한 빛을 수반하는 방전 |
| 스트리머(Streamer) 방전 | 일반적으로 브러시(Brush) 코로나에서 다소 강해져서 파괴음과 발광을 수반하는 방전 |
| 불꽃(Spark) 방전 | 도체가 대전되었을 때 접지된 도체 사이에서 발생하는 강한 발광과 파괴음을 수반하는 방전 |
| 연면(Surface) 방전 | 공기 중에 놓여진 절연체 표면의 전계강도가 큰 경우 고체 표면을 따라 진행하는 방전 |
| 브러시(Brush) 방전 | 비교적 평활한 대전물체가 만드는 불평등전계 중에서 발생하는 나뭇가지 모양의 방전 |
| 뇌상방전 | 번개와 같은 수지상의 발광을 수반하고 강력하게 대전한 입자군이 대규모의 구름 모양(대전운)으로 확산되어 일어나는 특수한 방전 |

**79** 방폭전기설비의 용기 내부에서 폭발성 가스 또는 증기가 폭발하였을 때 용기가 그 압력에 견디고 접합면 개구부를 통해서 외부의 폭발성 가스나 증기에 인화되지 않도록 한 방폭구조는?

① 내압 방폭구조
② 압력 방폭구조
③ 유입 방폭구조
④ 본질안전 방폭구조

**해설**

내압 방폭구조(Flameproof Enclosure, d)
1. 점화원에 의해 용기 내부에서 폭발이 발생할 경우에 용기가 폭발압력에 견딜 수 있고, 화염이 용기 외부의 폭발성 분위기로 전파되지 않도록 한 방폭구조
2. 전폐형 구조로 용기 내에 외부의 폭발성 가스가 침입하여 내부에서 폭발하더라도 용기는 그 압력에 견뎌야 하고 폭발한 고열가스나 화염이 용기의 접합부 틈을 통하여 새어 나가는 동안 냉각되어 외부의 폭발성 가스에 화염이 파급될 우려가 없도록 한 방폭구조

 TIP
• 압력 방폭구조 : 점화원이 될 우려가 있는 부분을 용기 안에 넣고 보호 기체(신선한 공기 또는 불활성 기체)를 용기 안에 압입함으로써 폭발성 가스가 침입하는 것을 방지하도록 되어 있는 방폭구조(전폐형 구조)
• 유입 방폭구조 : 유체 상부 또는 용기 외부에 존재할 수 있는 폭발성 분위기가 발화할 수 없도록 전기설비 또는 전기설비의 부품을 보호액에 함침시키는 방폭구조
• 본질안전 방폭구조 : 정상작동 및 고장상태 시 발생하는 불꽃, 아크 또는 고온에 의해 폭발성 가스 또는 증기에 점화되지 않는 것이 점화시점, 기타에 의해 확인된 방폭구조

**80** 전력에 의해 심실세동이 일어날 확률이 가장 큰 심장 맥동주기 파형의 설명으로 옳은 것은?(단, 심장 맥동주기를 심전도에서 보았을 때의 파형이다.)

① 심실의 수축에 따른 파형이다.
② 심실의 팽창에 따른 파형이다.
③ 심실의 수축 종료 후 심실의 휴식 시 발생하는 파형이다.
④ 심실의 수축 시작 후 심실의 휴식 시 발생하는 파형이다.

**해설**

심장의 맥동주기
1. P파 : 심방 수축에 따른 파형이다.
2. Q-R-S파 : 심실 수축에 따른 파형이다.
3. T파 : 심실의 수축 종료 후 심실의 휴식 시 발생하는 파형이다.
4. R-R : 심장의 맥동주기
※ 전격이 인가되면 심실세동을 일으키는 확률이 가장 크고 위험한 부분은 심실의 휴식 시 발생하는 T파 부분이다.

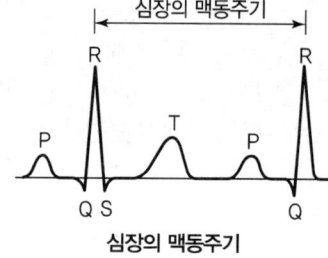

심장의 맥동주기

## 5과목 화학설비 안전관리

**81** 다음 중 질식소화에 해당하는 것은?

① 가연성 기체의 분출화재 시 주밸브를 닫는다.
② 가연성 기체의 연쇄반응을 차단하여 소화한다.
③ 연료 탱크를 냉각하여 가연성 가스의 발생속도를 작게 한다.
④ 연소하고 있는 가연물이 존재하는 장소를 기계적으로 폐쇄하여 공기의 공급을 차단한다.

> **해설**

질식소화
1. 공기 중에 존재하고 있는 산소의 농도 21%를 15% 이하로 낮추어 소화하는 방법
2. 연소하고 있는 가연물이 들어 있는 용기를 기계적으로 밀폐하여 산소의 공급을 차단

> **TIP**
> 1. 제거소화
>    - 가연성 물질을 연소구역에서 제거하여 줌으로써 소화하는 방법
>    - 가연성 기체의 분출화재 시 주밸브를 닫는다.
>    - 연료 탱크를 냉각하여 가연성 가스의 발생속도를 작게 한다.
> 2. 억제소화
>    - 가연성 물질과 산소와의 화학반응을 느리게 함으로써 소화하는 방법(연쇄반응을 억제시켜 소화하는 방법)
>    - 가연성 기체의 연쇄반응을 차단하여 소화한다.

**82** 다음 중 산업안전보건법령상 화학설비의 부속설비로만 이루어진 것은?

① 사이클론, 백필터, 전기집진기 등 분진처리설비
② 응축기, 냉각기, 가열기, 증발기 등 열교환기류
③ 고로 등 점화기를 직접 사용하는 열교환기류
④ 혼합기, 발포기, 압출기 등 화학제품 가공설비

> **해설**

화학설비의 부속설비
1. 배관·밸브·관·부속류 등 화학물질 이송 관련 설비
2. 온도·압력·유량 등을 지시·기록 등을 하는 자동제어 관련 설비
3. 안전밸브·안전판·긴급차단 또는 방출밸브 등 비상조치 관련 설비
4. 가스누출감지 및 경보 관련 설비
5. 세정기, 응축기, 벤트스택(Bent Stack), 플레어스택(Flare Stack) 등 폐가스처리설비
6. 사이클론, 백필터(Bag Filter), 전기집진기 등 분진처리설비
7. 1.부터 6.까지의 설비를 운전하기 위하여 부속된 전기 관련 설비
8. 정전기 제거장치, 긴급 샤워설비 등 안전 관련 설비

**83** 대기압에서 사용하나 증발에 의한 액체의 손실을 방지함과 동시에 액면 위의 공간에 폭발성 위험가스를 형성할 위험이 적은 구조의 저장탱크는?

① 유동형 지붕 탱크
② 원추형 지붕 탱크
③ 원통형 저장탱크
④ 구형 저장탱크

> **해설**

석유류 저장탱크의 종류
1. 유동형 지붕 탱크(FRT ; Floating Roof Tank)
   탱크 상부에 지붕이 없고, 액 표면 위에 부유하는 지붕을 설치하여 저장 액체의 증발 손실을 줄일 수 있도록 한 저장탱크를 말하며, 탱크 내 증기공간이 없어 화재 예방효과가 크다.
2. 원추형 지붕 탱크(CRT ; Cone Roof Tank)
   원추형의 고정 지붕을 가진 저장탱크를 말하며, 설치비가 저렴하고, 석유류의 장기간 보관이 가능하다.
3. 복합형 탱크(IFRT ; Internal Floating Roof Tank)
   원추형 지붕 탱크(CRT) 내부에 액면 위를 부유하는 지붕을 설치한 저장탱크를 말하며, 기존 CRT의 저장제품을 증기압이 높은 것으로 바꾸거나, 빗물 등이 제품에 유입이 되어서는 안 되는 고증기압 제품 저장 시에 적용한다.

**84** 위험물 또는 위험물이 발생하는 물질을 가열·건조하는 경우 내용적이 몇 세제곱미터 이상인 건조설비인 경우 건조실을 설치하는 건축물의 구조를 독립된 단층건물로 하여야 하는가?(단, 건조실을 건축물의 최상층에 설치하거나 건축물이 내화구조인 경우는 제외한다.)

① 1 ② 10
③ 100 ④ 1,000

> **해설**

위험물 건조설비를 설치하는 건축물의 구조
다음 각 호의 어느 하나에 해당하는 위험물 건조설비 중 건조실을 설치하는 건축물의 구조는 독립된 단층건물로 하여야 한다. 다만, 해당 건조실을 건축물의 최상층에 설치하거나 건축물이 내화구조인 경우에는 그러하지 아니하다.
1. 위험물 또는 위험물이 발생하는 물질을 가열·건조하는 경우 내용적이 1세제곱미터 이상인 건조설비
2. 위험물이 아닌 물질을 가열·건조하는 경우로서 다음 각 목의 어느 하나의 용량에 해당하는 건조설비
   ㉠ 고체 또는 액체연료의 최대사용량이 시간당 10킬로그램 이상
   ㉡ 기체연료의 최대사용량이 시간당 1세제곱미터 이상
   ㉢ 전기사용 정격용량이 10킬로와트 이상

**85** 다음 중 가연성 가스가 밀폐된 용기 안에서 폭발할 때 최대폭발압력에 영향을 주는 인자로 가장 거리가 먼 것은?

① 가연성 가스의 농도(몰수)
② 가연성 가스의 초기 온도
③ 가연성 가스의 유속
④ 가연성 가스의 초기 압력

**해설**

밀폐된 용기 내에서의 최대 폭발압력(Pm)
1. 다른 조건이 일정할 때 처음 온도가 높을수록 감소한다.
2. 다른 조건이 일정할 때 초기 압력이 상승할수록 증가한다.
3. 용기의 형태 및 부피에 큰 영향을 받지 않는다.
4. 발화원의 강도가 클수록 증가된다.
5. 가연성 가스의 유량이 클수록 증가한다.
6. 가연성 가스의 농도 증가에 따라 증가한다.

**86** 금속의 증기가 공기 중에서 응고되어 화학변화를 일으켜 고체의 미립자로 되어 공기 중에 부유하는 것을 의미하는 용어는?

① 흄(Fume)  ② 분진(Dust)
③ 미스트(Mist)  ④ 스모크(Smoke)

**해설**

유해물질의 종류

| 분진(Dust) | 기계적 작용에 의해 발생된 고체 미립자가 공기 중에 부유하고 있는 것(입경 0.01~500μm 정도) |
|---|---|
| 미스트(Mist) | 액체의 미세한 입자가 공기 중에 부유하고 있는 것(입경 0.1~100μm 정도) |
| 흄(Fume) | 고체 상태의 물질이 액체화된 다음 증기화되고, 증기화된 물질의 응축 및 산화로 인하여 생기는 고체상의 미립자(입경 0.01~1μm 정도) |
| 스모크(Smoke) | 일반적으로 유기물이 불완전연소할 때 생긴 미립자를 말하며 주성분은 탄소의 미립자이다(0.01~1μm). |

**87** 숯, 코크스, 목탄의 대표적인 연소 형태는?

① 혼합연소  ② 증발연소
③ 표면연소  ④ 비혼합연소

**해설**

표면연소
고체 가연물이 열분해나 증발을 하지 않고 표면에서 산소와 반응하여 연소하는 형태[목탄(숯), 코크스, 금속분, 알루미늄 등]

**88** 위험물을 저장·취급하는 화학설비 및 그 부속설비를 설치할 때 '단위공정시설 및 설비로부터 다른 단위공정시설 및 설비의 사이'의 안전거리는 설비의 바깥 면으로부터 몇 m 이상이 되어야 하는가?

① 5  ② 10
③ 15  ④ 20

**해설**

위험물을 저장·취급하는 화학설비 및 그 부속설비를 설치하는 경우의 안전거리

| 구분 | 안전거리 |
|---|---|
| 단위공정시설 및 설비로부터 다른 단위공정시설 및 설비의 사이 | 설비의 바깥 면으로부터 10미터 이상 |
| 플레어스택으로부터 단위공정시설 및 설비, 위험물질 저장탱크 또는 위험물질 하역설비의 사이 | 플레어스택으로부터 반경 20미터 이상(다만, 단위공정시설 등이 불연재로 시공된 지붕 아래에 설치된 경우에는 제외) |
| 위험물질 저장탱크로부터 단위공정시설 및 설비, 보일러 또는 가열로의 사이 | 저장탱크의 바깥 면으로부터 20미터 이상(다만, 저장탱크의 방호벽, 원격조종화설비 또는 살수설비를 설치한 경우에는 제외) |
| 사무실·연구실·실험실·정비실 또는 식당으로부터 단위공정시설 및 설비, 위험물질 저장탱크, 위험물질 하역설비, 보일러 또는 가열로의 사이 | 사무실 등의 바깥 면으로부터 20미터 이상(다만, 난방용 보일러인 경우 또는 사무실 등의 벽을 방호구조로 설치한 경우에는 제외) |

**89** 다음 중 C급 화재에 해당하는 것은?

① 금속화재  ② 전기화재
③ 일반화재  ④ 유류화재

**해설**

화재의 종류

| 분류 | A급 화재 | B급 화재 | C급 화재 | D급 화재 |
|---|---|---|---|---|
| 명칭 | 일반화재 | 유류화재 | 전기화재 | 금속화재 |
| 분류 | 보통 잔재의 작열에 의해 발생하는 연소에서 보통 유기 성질의 고체물질을 포함한 화재 | 액체 또는 액화할 수 있는 고체를 포함한 화재 및 가연성 가스 화재 | 통전 중인 전기설비를 포함한 화재 | 금속을 포함한 화재 |
| 가연물 | 목재, 종이, 섬유 등 | 가솔린, 등유, 프로판 가스 등 | 전기기기, 변압기, 전기다리미 등 | 가연성 금속(Mg분, Al분) |

정답  85 ③  86 ①  87 ③  88 ②  89 ②

| 분류 | A급 화재 | B급 화재 | C급 화재 | D급 화재 |
|---|---|---|---|---|
| 소화방법 | 냉각소화 | 질식소화 | 질식, 냉각소화 | 질식소화 |
| 적응소화제 | • 물 소화기<br>• 강화액 소화기<br>• 산·알칼리 소화기 | • 이산화탄소 소화기<br>• 할로겐화합물 소화기<br>• 분말 소화기<br>• 포말 소화기 | • 이산화탄소 소화기<br>• 할로겐화합물 소화기<br>• 분말 소화기<br>• 무상강화액 소화기 | • 건조사<br>• 팽창 질석<br>• 팽창 진주암 |
| 표시색 | 백색 | 황색 | 청색 | 무색 |

## 90 자동화재탐지설비의 감지기 종류 중 열감지기가 아닌 것은?

① 차동식  ② 정온식
③ 보상식  ④ 광전식

**해설**

자동화재탐지설비 감지기의 종류

| 감지원리 | | 개념 |
|---|---|---|
| 열 감지기 | 차동식 | 온도의 상승률이 소정의 값 이상일 때 동작하는 감지기 |
| | 정온식 | 일정 온도 이상이 될 때 작동하는 감지기 |
| | 보상식 | 저온도에서는 차동식으로 주위 온도가 공칭 작동온도에 도달하면 온도상승률에 상관없이 정온식으로 작동되는 감지기 |
| 연기 감지기 | 광전식 | 연기에 의한 빛의 양 변화를 광전기 같은 전기적 변화에 의해 화재발생을 감지하는 감지기 |
| | 이온화식 | 주위의 공기가 일정한 농도의 연기를 포함하게 되는 경우에 작동하는 감지기 |

## 91 다음 중 산업안전보건법상 공정안전보고서에 포함되어야 할 사항으로 가장 거리가 먼 것은?

① 평균안전율  ② 공정안전자료
③ 비상조치계획  ④ 공정위험성 평가서

**해설**

공정안전보고서의 내용
1. 공정안전자료
2. 공정위험성 평가서
3. 안전운전계획
4. 비상조치계획
5. 그 밖에 공정상의 안전과 관련하여 고용노동부장관이 필요하다고 인정하여 고시하는 사항

## 92 크롬에 대한 설명으로 옳은 것은?

① 은백색 광택이 있는 금속이다.
② 중독 시 미나마타병이 발병한다.
③ 비중이 물보다 작은 값을 나타낸다.
④ 3가 크롬이 인체에 가장 유해하다.

**해설**

크롬(Cr)
1. 비점 2,200℃의 은백색의 금속이다.
2. 비중격천공증을 유발, 궤양, 폐암을 유발하고 3가 크롬은 피부 흡수가 어려우나 6가 크롬은 쉽게 피부를 통과하여 6가 크롬이 더 해롭다.

## 93 소화약제 IG-100의 구성성분은?

① 질소
② 산소
③ 이산화탄소
④ 수소

**해설**

불연성·불활성 기체혼합가스 소화약제

| IG-01 | 아르곤(Ar) |
|---|---|
| IG-100 | 질소($N_2$) |
| IG-541 | 질소($N_2$) : 52%, 아르곤(Ar) : 40%, 이산화탄소($CO_2$) : 8% |
| IG-55 | 질소($N_2$) : 50%, 아르곤(Ar) : 50% |

## 94 건조설비를 사용하여 작업을 하는 경우에 폭발이나 화재를 예방하기 위하여 준수하여야 하는 사항으로 틀린 것은?

① 위험물 건조설비를 사용하는 경우에는 미리 내부를 청소하거나 환기할 것
② 위험물 건조설비를 사용하여 가열건조하는 건조물은 쉽게 이탈되도록 할 것
③ 고온으로 가열건조한 인화성 액체는 발화의 위험이 없는 온도로 냉각한 후에 격납시킬 것
④ 바깥 면이 현저히 고온이 되는 건조설비에 가까운 장소에는 인화성 액체를 두지 않도록 할 것

**정답** 90 ④ 91 ① 92 ① 93 ① 94 ②

> **해설**

건조설비의 사용 시 준수사항
1. 위험물 건조설비를 사용하는 경우에는 미리 내부를 청소하거나 환기할 것
2. 위험물 건조설비를 사용하는 경우에는 건조로 인하여 발생하는 가스·증기 또는 분진에 의하여 폭발·화재의 위험이 있는 물질을 안전한 장소로 배출시킬 것
3. 위험물 건조설비를 사용하여 가열건조하는 건조물은 쉽게 이탈되지 않도록 할 것
4. 고온으로 가열건조한 인화성 액체는 발화의 위험이 없는 온도로 냉각한 후에 격납시킬 것
5. 건조설비(바깥 면이 현저히 고온이 되는 설비만 해당)에 가까운 장소에는 인화성 액체를 두지 않도록 할 것

**95** $NH_4NO_3$의 가열, 분해로부터 생성되는 무색의 가스로 일명 웃음가스라고도 하는 것은?

① $N_2O$
② $NO_2$
③ $N_2O_4$
④ $NO$

> **해설**

아산화질소($N_2O$)
1. 웃음가스라고도 하며 여러 가지 질소 산화물 중의 하나이다.
2. 상쾌하고 달콤한 냄새와 맛을 가진 무색의 기체로 마취작용이 있다.

> **TIP**
> • $N_2O$ : 아산화질소  • $NO_2$ : 이산화질소
> • $N_2O_4$ : 사산화질소  • $NO$ : 질소

**96** 다음 중 인화성 물질이 아닌 것은?

① 디에틸에테르
② 아세톤
③ 에틸알코올
④ 과염소산칼륨

> **해설**

과염소산 및 그 염류는 산화성 액체 및 산화성 고체에 해당된다.

**97** 일산화탄소에 대한 설명으로 틀린 것은?

① 무색무취의 기체이다.
② 염소와 촉매 존재하에 반응하여 포스겐이 된다.
③ 인체 내의 헤모글로빈과 결합하여 산소운반기능을 저하시킨다.
④ 불연성 가스로서, 허용농도가 10ppm이다.

> **해설**

일산화탄소
1. 무색무취의 기체이며 산소가 부족한 상태로 연료가 연소할 때 불완전연소로 발생한다.
2. 사람의 폐로 들어가면 혈액 중의 헤모글로빈과 결합하여 산소공급을 막아 심한 경우 사망에 이른다.
3. 폭발범위가 12.5~74%의 가연성 가스이다.

**98** 가스 또는 분진폭발 위험장소에 설치되는 건축물의 내화구조를 설명한 것으로 틀린 것은?

① 건축물 기둥 및 보는 지상 1층까지 내화구조로 한다.
② 위험물 저장·취급용기의 지지대는 지상으로부터 지지대의 끝부분까지 내화구조로 한다.
③ 건축물 주변에 자동소화설비를 설치한 경우 건축물 화재 시 1시간 이상 그 안전성을 유지한 경우는 내화구조로 하지 아니할 수 있다.
④ 배관·전선관 등의 지지대는 지상으로부터 1단까지 내화구조로 한다.

> **해설**

가스폭발 위험장소 또는 분진폭발 위험장소에 설치되는 건축물
다음에 해당하는 부분을 내화구조로 하여야 하며, 그 성능이 항상 유지될 수 있도록 점검·보수 등 적절한 조치를 하여야 한다.
1. 건축물의 기둥 및 보 : 지상 1층(지상 1층의 높이가 6미터를 초과하는 경우에는 6미터)까지
2. 위험물 저장·취급용기의 지지대(높이가 30센티미터 이하인 것은 제외) : 지상으로부터 지지대의 끝부분까지
3. 배관·전선관 등의 지지대 : 지상으로부터 1단(1단의 높이가 6미터를 초과하는 경우에는 6미터)까지
4. 건축물 등의 주변에 화재에 대비하여 물 분무시설 또는 폼 헤드(Foam Head) 설비 등의 자동소화설비를 설치하여 건축물 등이 화재 시에 2시간 이상 그 안전성을 유지할 수 있도록 한 경우에는 내화구조로 하지 아니할 수 있다.

**정답** 95 ① 96 ④ 97 ④ 98 ③

## 99 분진폭발의 발생 순서로 옳은 것은?

① 비산 → 분산 → 퇴적분진 → 발화원 → 2차 폭발 → 전면 폭발
② 비산 → 퇴적분진 → 분산 → 발화원 → 2차 폭발 → 전면 폭발
③ 퇴적분진 → 발화원 → 분산 → 비산 → 전면 폭발 → 2차 폭발
④ 퇴적분진 → 비산 → 분산 → 발화원 → 전면 폭발 → 2차 폭발

**해설**

분진폭발 발생 순서

## 100 다음 중 폭발방호대책과 가장 거리가 먼 것은?

① 불활성화         ② 억제
③ 방산             ④ 봉쇄

**해설**

불활성화는 폭발방지(예방) 대책이다.

**TIP 폭발방호대책**

| | |
|---|---|
| 폭발 봉쇄<br>(Explosion Containment) | 유독성 물질이나 공기 중에 방출되어서는 안 되는 물질의 폭발 시 안전밸브나 파열판을 통하여 다른 탱크나 저장소 등으로 보내어 압력을 완화시켜 파열을 방지하는 방법 |
| 폭발 억제<br>(Explosion Suppression) | 압력이 상승하였을 때 폭발억제장치가 작동하여 고압불활성 가스가 담겨 있는 소화기가 터져서 증기, 가스, 분진폭발 등의 폭발을 진압하여 큰 파괴적인 폭발압력이 되지 않도록 하는 방법 |
| 폭발 방산<br>(Explosion Venting) | 안전밸브나 파열판 등에 의해 탱크 내의 기체를 밖으로 방출시켜 압력을 정상화하는 방법 |

## 6과목 건설공사 안전관리

## 101 화물취급작업과 관련한 위험방지를 위해 조치하여야 할 사항으로 옳지 않은 것은?

① 작업장 및 통로의 위험한 부분에는 안전하게 작업할 수 있는 조명을 유지할 것
② 차량 등에서 화물을 내리는 작업을 하는 경우에 해당 작업에 종사하는 근로자에게 쌓여 있는 화물 중간에서 화물을 빼내도록 하지 말 것
③ 육상에서의 통로 및 작업장소로서 다리 또는 선거 갑문을 넘는 보도 등의 위험한 부분에는 안전난간 또는 울타리 등을 설치할 것
④ 부두 또는 안벽의 선을 따라 통로를 설치하는 경우에는 폭을 50cm 이상으로 할 것

**해설**

부두 · 안벽 등 하역작업장 조치사항
1. 작업장 및 통로의 위험한 부분에는 안전하게 작업할 수 있는 조명을 유지할 것
2. 부두 또는 안벽의 선을 따라 통로를 설치하는 경우에는 폭을 90cm 이상으로 할 것
3. 육상에서의 통로 및 작업장소로서 다리 또는 선거 갑문을 넘는 보도 등의 위험한 부분에는 안전난간 또는 울타리 등을 설치할 것

## 102 크레인을 사용하여 작업을 할 때 작업시작 전에 점검하여야 하는 사항에 해당하지 않는 것은?

① 권과방지장치 · 브레이크 · 클러치 및 운전장치의 기능
② 주행로의 상측 및 트롤리가 횡행하는 레일의 상태
③ 와이어로프가 통하고 있는 곳의 상태
④ 압력방출장치의 기능

**해설**

크레인을 사용하여 작업을 하는 때 작업시작 전 점검사항
1. 권과방지장치 · 브레이크 · 클러치 및 운전장치의 기능
2. 주행로의 상측 및 트롤리(Trolley)가 횡행하는 레일의 상태
3. 와이어로프가 통하고 있는 곳의 상태

**정답** 99 ④  100 ①  101 ④  102 ④

**103** 동력을 사용하는 항타기 또는 항발기에 대하여 무너짐을 방지하기 위하여 준수하여야 할 기준으로 옳지 않은 것은?

① 연약한 지반에 설치하는 경우에는 아웃트리거·받침 등 지지구조물의 침하를 방지하기 위하여 깔판·받침목 등을 사용할 것
② 시설 또는 가설물 등에 설치하는 경우에는 그 내력을 확인하고 내력이 부족하면 그 내력을 보강할 것
③ 궤도 또는 차로 이동하는 항타기 또는 항발기에 대해서는 불시에 이동하는 것을 방지하기 위하여 레일 클램프(Rail Clamp) 및 쐐기 등으로 고정시킬 것
④ 상단 부분은 버팀·말뚝 또는 철골로 고정하여 안정시키고, 그 하단 부분은 견고한 버팀대·버팀줄 등으로 고정시킬 것

**해설**
항타기 및 항발기 무너짐의 방지 준수사항
사업주는 동력을 사용하는 항타기 또는 항발기에 대하여 무너짐을 방지하기 위하여 다음의 사항을 준수해야 한다.
1. 연약한 지반에 설치하는 경우에는 아웃트리거·받침 등 지지구조물의 침하를 방지하기 위하여 깔판·받침목 등을 사용할 것
2. 시설 또는 가설물 등에 설치하는 경우에는 그 내력을 확인하고 내력이 부족하면 그 내력을 보강할 것
3. 아웃트리거·받침 등 지지구조물이 미끄러질 우려가 있는 경우에는 말뚝 또는 쐐기 등을 사용하여 해당 지지구조물을 고정시킬 것
4. 궤도 또는 차로 이동하는 항타기 또는 항발기에 대해서는 불시에 이동하는 것을 방지하기 위하여 레일 클램프(Rail Clamp) 및 쐐기 등으로 고정시킬 것
5. 상단 부분은 버팀대·버팀줄로 고정하여 안정시키고, 그 하단 부분은 견고한 버팀·말뚝 또는 철골 등으로 고정시킬 것

**104** 항타기 또는 항발기의 권상용 와이어로프의 사용금지기준에 해당하지 않는 것은?

① 이음매가 없는 것
② 지름의 감소가 공칭지름의 7%를 초과하는 것
③ 꼬인 것
④ 열과 전기충격에 의해 손상된 것

**해설**
항타기 또는 항발기의 권상용 와이어로프 사용금지 조건
1. 이음매가 있는 것
2. 와이어로프의 한 꼬임에서 끊어진 소선의 수가 10% 이상인 것
3. 지름의 감소가 공칭지름의 7%를 초과하는 것
4. 꼬인 것
5. 심하게 변형되거나 부식된 것
6. 열과 전기충격에 의해 손상된 것

**105** 크레인의 운전실 또는 운전대를 통하는 통로의 끝과 건설물 등의 벽체의 간격은 최대 얼마 이하로 하여야 하는가?

① 0.2m   ② 0.3m
③ 0.4m   ④ 0.5m

**해설**
건설물 등의 벽체와 통로의 간격
다음 각 호의 간격을 0.3미터 이하로 하여야 한다. 다만, 근로자가 추락할 위험이 없는 경우에는 그 간격을 0.3미터 이하로 유지하지 아니할 수 있다.
1. 크레인의 운전실 또는 운전대를 통하는 통로의 끝과 건설물 등의 벽체의 간격
2. 크레인 거더(Girder)의 통로 끝과 크레인 거더의 간격
3. 크레인 거더의 통로로 통하는 통로의 끝과 건설물 등의 벽체의 간격

**106** 점토지반의 토공사에서 흙막이 밖에 있는 흙이 안으로 밀려 들어와 내측 흙이 부풀어 오르는 현상은?

① 보일링(Boiling)   ② 히빙(Heaving)
③ 파이핑(Piping)    ④ 액상화

**해설**
지반의 이상현상

| 구분 | 정의 |
| --- | --- |
| 히빙(Heaving) 현상 | 연질점토 지반에서 굴착에 의한 흙막이 내·외면의 흙의 중량 차이로 인해 굴착저면이 부풀어 올라오는 현상 |
| 보일링(Boiling) 현상 | 사질토 지반에서 굴착저면과 흙막이 배면과의 수위 차이로 인해 굴착저면의 흙과 물이 함께 위로 솟구쳐 오르는 현상 |
| 파이핑(Piping) 현상 | 보일링 현상으로 인하여 지반 내에서 물의 통로가 생기면서 흙이 세굴되는 현상 |

정답  103 ④  104 ①  105 ②  106 ②

**107** 차량계 하역운반기계 등에 화물을 적재하는 경우에 준수하여야 할 사항으로 옳지 않은 것은?

① 하중이 한쪽으로 치우쳐서 효율적으로 적재되도록 할 것
② 구내운반차 또는 화물자동차의 경우 화물의 붕괴 또는 낙하에 의한 위험을 방지하기 위하여 화물에 로프를 거는 등 필요한 조치를 할 것
③ 운전자의 시야를 가리지 않도록 화물을 적재할 것
④ 최대적재량을 초과하지 않도록 할 것

**해설**
화물 적재 시의 조치
1. 하중이 한쪽으로 치우치지 않도록 적재할 것
2. 구내운반차 또는 화물자동차의 경우 화물의 붕괴 또는 낙하에 의한 위험을 방지하기 위하여 화물에 로프를 거는 등 필요한 조치를 할 것
3. 운전자의 시야를 가리지 않도록 화물을 적재할 것
4. 화물을 적재하는 경우에는 최대적재량을 초과하지 않을 것

**108** 차량계 건설기계를 사용하여 작업을 하는 경우 작업계획서 내용에 포함되지 않는 것은?

① 사용하는 차량계 건설기계의 종류 및 성능
② 차량계 건설기계의 운행경로
③ 차량계 건설기계에 의한 작업방법
④ 차량계 건설기계의 유지보수방법

**해설**
차량계 건설기계의 작업계획서 내용
1. 사용하는 차량계 건설기계의 종류 및 성능
2. 차량계 건설기계의 운행경로
3. 차량계 건설기계에 의한 작업방법

**109** 이동식 비계를 조립하여 작업을 하는 경우의 준수기준으로 옳지 않은 것은?

① 비계의 최상부에서 작업을 할 때에는 안전난간을 설치하여야 한다.
② 작업발판의 최대적재하중은 400kg을 초과하지 않도록 한다.
③ 승강용 사다리는 견고하게 설치하여야 한다.
④ 작업발판은 항상 수평을 유지하고 작업발판 위에서 안전난간을 딛고 작업을 하거나 받침대 또는 사다리를 사용하여 작업하지 않도록 한다.

**해설**
이동식 비계 조립 시의 준수사항
1. 이동식 비계의 바퀴에는 뜻밖의 갑작스러운 이동 또는 전도를 방지하기 위하여 브레이크·쐐기 등으로 바퀴를 고정시킨 다음 비계의 일부를 견고한 시설물에 고정하거나 아웃트리거(Outrigger, 전도방지용 지지대)를 설치하는 등 필요한 조치를 할 것
2. 승강용사다리는 견고하게 설치할 것
3. 비계의 최상부에서 작업을 하는 경우에는 안전난간을 설치할 것
4. 작업발판은 항상 수평을 유지하고 작업발판 위에서 안전난간을 딛고 작업을 하거나 받침대 또는 사다리를 사용하여 작업하지 않도록 할 것
5. 작업발판의 최대적재하중은 250kg을 초과하지 않도록 할 것

**110** 장비가 위치한 지면보다 낮은 장소를 굴착하는 데 적합한 장비는?

① 트럭크레인  ② 파워 셔블
③ 백호  ④ 진폴

**해설**
백호(Back Hoe, 드래그 셔블)
1. 굴삭기가 위치한 지면보다 낮은 곳을 굴착하는 데 적당
2. 도랑파기에 적당하며 굴삭력이 우수
3. 비교적 굳은 지반의 토질에서도 사용 가능
4. 경사로나 연약지반에서는 무한궤도식이 타이어식보다 안전

**TIP** 파워 셔블
• 굴삭기가 위치한 지면보다 높은 곳의 굴착에 적당
• 작업대가 견고하여 단단한 토질의 굴착에도 용이

**111** 안전계수가 4이고 2,000kg/cm²의 인장강도를 갖는 강선의 최대허용응력은?

① 500kg/cm²
② 1,000kg/cm²
③ 1,500kg/cm²
④ 2,000kg/cm²

**정답** 107 ① 108 ④ 109 ② 110 ③ 111 ①

해설

안전율(안전계수)

$$안전율(안전계수) = \frac{인장강도}{최대허용응력}$$

1. $안전율(안전계수) = \frac{인장강도}{최대허용응력}$

   → $최대허용응력 = \frac{인장강도}{안전계수}$

2. $최대허용응력 = \frac{인장강도}{안전계수} = \frac{2,000}{4}$
   $= 500[kg/cm^2]$

**112** 터널 지보공을 조립하는 경우에는 미리 그 구조를 검토한 후 조립도를 작성하고, 그 조립도에 따라 조립하도록 하여야 하는데 이 조립도에 명시하여야 할 사항과 가장 거리가 먼 것은?

① 이음방법
② 단면규격
③ 재료의 재질
④ 재료의 구입처

해설

조립도

| 흙막이 지보공 | 흙막이판 · 말뚝 · 버팀대 및 띠장 등 부재의 배치 · 치수 · 재질 및 설치방법과 순서가 명시되어야 한다. |
|---|---|
| 터널 지보공 | 재료의 재질, 단면규격, 설치간격 및 이음방법 등을 명시하여야 한다. |
| 거푸집 동바리 | 동바리 · 멍에 등 부재의 재질 · 단면규격 · 설치간격 및 이음방법 등을 명시하여야 한다. |

**113** 산업안전보건관리비 계상기준에 따른 건축공사, 대상액 「5억 원 이상~50억 원 미만」의 산업안전보건관리비 비율 및 기초액으로 옳은 것은?

① 비율 : 2.28%, 기초액 : 4,325,000원
② 비율 : 2.53%, 기초액 : 3,300,000원
③ 비율 : 3.05%, 기초액 : 2,975,000원
④ 비율 : 1.59%, 기초액 : 2,450,000원

해설

공사 종류 및 규모별 산업안전보건관리비 계상기준표

| 구분<br>공사 종류 | 대상액<br>5억 원<br>미만인 경우<br>적용비율(%) | 대상액 5억 원 이상<br>50억 원 미만인 경우 | | 대상액<br>50억 원<br>이상인 경우<br>적용비율(%) | 보건관리자<br>선임대상<br>건설공사의<br>적용비율(%) |
|---|---|---|---|---|---|
| | | 적용비율(%) | 기초액 | | |
| 건축공사 | 3.11% | 2.28% | 4,325,000원 | 2.37% | 2.64% |
| 토목공사 | 3.15% | 2.53% | 3,300,000원 | 2.60% | 2.73% |
| 중건설공사 | 3.64% | 3.05% | 2,975,000원 | 3.11% | 3.39% |
| 특수건설공사 | 2.07% | 1.59% | 2,450,000원 | 1.64% | 1.78% |

안전관리비 대상액 = 공사원가계산서 구성항목 중 직접재료비, 간접재료비와 직접노무비를 합한 금액(발주자가 재료를 제공할 경우에는 해당 재료비를 포함)

**114** 달비계의 구조에서 달비계 작업발판의 폭은 최소 얼마 이상이어야 하는가?

① 30cm
② 40cm
③ 50cm
④ 60cm

해설

달비계의 구조
작업발판은 폭을 40cm 이상으로 하고 틈새가 없도록 할 것

**115** 중량물을 운반할 때의 바른 자세로 옳은 것은?

① 허리를 구부리고 양손으로 들어올린다.
② 중량은 보통 체중의 60%가 적당하다.
③ 물건은 최대한 몸에서 멀리 떼어서 들어 올린다.
④ 길이가 긴 물건은 앞쪽을 높게 하여 운반한다.

해설

인력운반작업 시 준수사항
1. 길이가 긴 물건은 앞쪽을 높게 하여 운반할 것
2. 들어 올릴 때는 팔과 무릎을 사용하며, 척추는 곧은 자세로 할 것
3. 중량기준은 일반적으로 자신의 체중의 40% 이내만 들도록 할 것
4. 화물에 최대한 근접하여 중심을 낮게 할 것
5. 무거운 물건은 공동작업으로 실시하고 보조기구를 사용할 것

정답 112 ④ 113 ① 114 ② 115 ④

## 116 다음은 산업안전보건법령에 따른 계단의 강도에 관한 사항이다. ( )에 들어갈 내용으로 옳은 것은?

- 사업주는 계단 및 계단참을 설치하는 경우 매제곱미터당 ( )킬로그램 이상의 하중에 견딜 수 있는 강도를 가진 구조로 설치하여야 하며, 안전율은 ( ) 이상으로 하여야 한다.
- 사업주는 계단 및 승강구 바닥을 구멍이 있는 재료로 만드는 경우 렌치나 그 밖의 공구 등이 낙하할 위험이 없는 구조로 하여야 한다.

① 400, 4
② 400, 5
③ 500, 4
④ 500, 5

**해설**

계단의 강도
1. 사업주는 계단 및 계단참을 설치하는 경우 매제곱미터당 500킬로그램 이상의 하중에 견딜 수 있는 강도를 가진 구조로 설치하여야 하며, 안전율은 4 이상으로 하여야 한다.
2. 사업주는 계단 및 승강구 바닥을 구멍이 있는 재료로 만드는 경우 렌치나 그 밖의 공구 등이 낙하할 위험이 없는 구조로 하여야 한다.

## 117 사다리식 통로 등을 설치하는 경우 고정식 사다리식 통로의 기울기는 최대 몇 도 이하로 하여야 하는가?

① 60도
② 75도
③ 80도
④ 90도

**해설**

사다리식 통로
1. 견고한 구조로 할 것
2. 심한 손상·부식 등이 없는 재료를 사용할 것
3. 발판의 간격은 일정하게 할 것
4. 발판과 벽과의 사이는 15센티미터 이상의 간격을 유지할 것
5. 폭은 30센티미터 이상으로 할 것
6. 사다리가 넘어지거나 미끄러지는 것을 방지하기 위한 조치를 할 것
7. 사다리의 상단은 걸쳐 놓은 지점으로부터 60센티미터 이상 올라가도록 할 것
8. 사다리식 통로의 길이가 10미터 이상인 경우에는 5미터 이내마다 계단참을 설치할 것
9. 사다리식 통로의 기울기는 75도 이하로 할 것. 다만, 고정식 사다리식 통로의 기울기는 90도 이하로 하고, 그 높이가 7미터 이상인 경우에는 다음 각 목의 구분에 따른 조치를 할 것

㉠ 등받이울이 있어도 근로자 이동에 지장이 없는 경우 : 바닥으로부터 높이가 2.5미터 되는 지점부터 등받이울을 설치할 것
㉡ 등받이울이 있으면 근로자가 이동이 곤란한 경우 : 개인용 추락 방지 시스템을 설치하고 근로자로 하여금 전신안전대를 사용하도록 할 것

10. 접이식 사다리 기둥은 사용 시 접혀지거나 펼쳐지지 않도록 철물 등을 사용하여 견고하게 조치할 것

## 118 차량계 건설기계에 해당되지 않는 것은?

① 불도저
② 콘크리트 펌프카
③ 드래그 셔블
④ 가이데릭

**해설**

가이데릭은 철골세우기용 기계이다.

차량계 건설기계의 종류
1. 도저형 건설기계(불도저, 스트레이트도저, 틸트도저, 앵글도저, 버킷도저 등)
2. 모터그레이더
3. 로더(포크 등 부착물 종류에 따른 용도 변경 형식을 포함한다)
4. 스크레이퍼
5. 크레인형 굴착기계(크램쉘, 드래그라인 등)
6. 굴삭기(브레이커, 크러셔, 드릴 등 부착물 종류에 따른 용도 변경 형식을 포함한다)
7. 항타기 및 항발기
8. 천공용 건설기계(어스드릴, 어스오거, 크롤러드릴, 점보드릴 등)
9. 지반 압밀침하용 건설기계(샌드드레인머신, 페이퍼드레인머신, 팩드레인머신 등)
10. 지반 다짐용 건설기계(타이어롤러, 매커덤롤러, 탠덤롤러 등)
11. 준설용 건설기계(버킷준설선, 그래브준설선, 펌프준설선 등)
12. 콘크리트 펌프카
13. 덤프트럭
14. 콘크리트 믹서 트럭
15. 도로포장용 건설기계(아스팔트 살포기, 콘크리트 살포기, 아스팔트 피니셔, 콘크리트 피니셔 등)
16. 1.부터 15.까지와 유사한 구조 또는 기능을 갖는 건설기계로서 건설작업에 사용하는 것

**정답** 116 ③ 117 ④ 118 ④

**119** 산업안전보건법령에 따른 지반의 종류별 굴착면의 기울기 기준으로 옳지 않은 것은?

① 경암-1 : 0.5
② 모래-1 : 1.0
③ 풍화암-1 : 1.0
④ 연암-1 : 1.0

해설
굴착면의 기울기

| 지반의 종류 | 굴착면의 기울기 |
|---|---|
| 모래 | 1 : 1.8 |
| 연암 및 풍화암 | 1 : 1.0 |
| 경암 | 1 : 0.5 |
| 그 밖의 흙 | 1 : 1.2 |

**120** 굴착공사에서 비탈면 또는 비탈면 하단을 성토하여 붕괴를 방지하는 공법은?

① 배수공
② 배토공
③ 공작물에 의한 방지공
④ 압성토공

해설
압성토 공법
성토의 활동파괴를 방지하기 위해 사면선단에 성토하여 측방 유동을 구속시키는 공법

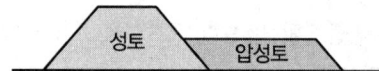

# PART 02
# 28 | 2025년 2회 기출복원문제

## 1과목 산업재해 예방 및 안전보건교육

**01** 교육훈련기법 중 Off.J.T(Off the Job Training)의 장점이 아닌 것은?

① 업무의 계속성이 유지된다.
② 외부의 전문가를 강사로 활용할 수 있다.
③ 특별교재, 시설을 유효하게 사용할 수 있다.
④ 다수의 대상자에게 조직적 훈련이 가능하다.

**해설**
OFF J.T(Off the Job Training)
1. 외부의 전문가를 활용할 수 있다(전문가를 초빙하여 강사로 활용이 가능하다).
2. 다수의 대상자에게 조직적 훈련이 가능하다.
3. 특별교재, 교구, 시설을 유효하게 사용할 수 있다.
4. 타 직종 사람과의 많은 지식, 경험을 교류할 수 있다.
5. 업무와 분리되어 교육에 전념하는 것이 가능하다.
6. 교육목표를 위하여 집단적으로 협조와 협력이 가능하다.
7. 법규, 원리, 원칙, 개념, 이론 등의 교육에 적합하다.

**02** 다음 그림과 같은 안전관리 조직의 특징으로 틀린 것은?

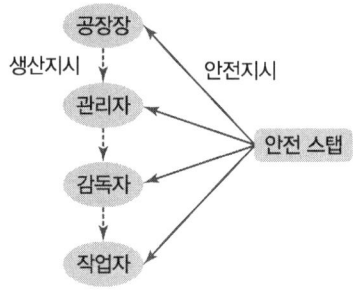

① 1,000명 이상의 대규모 사업장에 적합하다.
② 생산부분은 안전에 대한 책임과 권한이 없다.
③ 사업장의 특수성에 적합한 기술연구를 전문적으로 할 수 있다.
④ 권한다툼이나 조정 때문에 통제수속이 복잡해지며, 시간과 노력이 소모된다.

**해설**
스태프형(Staff형) – 참모형 조직
1. 의의
 • 회사 내에 별도로 안전활동 전담부서를 두는 방식의 조직 형태
 • 100명 이상 1,000명 미만의 중규모 사업장에 적합한 조직 형태
 • 안전관리에 관한 계획과 조정, 조사, 검토, 보고 등의 일과 현장에 대한 기술지원을 담당하도록 편성된 조직
2. 장점
 • 경영자의 조언과 자문역할을 한다.
 • 안전에 관한 지식, 기술의 정보 수집이 용이하고 빠르다.
3. 단점
 • 생산부분은 안전에 대한 책임과 권한이 없다.
 • 안전과 생산을 별개로 취급하기 쉽다.

**03** 인간관계의 메커니즘 중 다른 사람의 행동양식이나 태도를 투입시키거나 다른 사람 가운데서 자기와 비슷한 것을 발견하는 것은?

① 공감
② 모방
③ 동일화
④ 일체화

**해설**
인간관계 메커니즘

| | |
|---|---|
| 투사 (Projection) | 자기 마음속의 억압된 것을 다른 사람의 것으로 생각하는 것 |
| 암시 (Suggestion) | 다른 사람으로부터의 판단이나 행동을 무비판적으로 논리적·사실적 근거 없이 받아들이는 것 |
| 동일화 (Identification) | 다른 사람의 행동양식이나 태도를 투입하거나 다른 사람 가운데서 자기와 비슷한 것을 발견하게 되는 것 |
| 모방 (Imitation) | 남의 행동이나 판단을 표본으로 하여 그것과 같거나 그것에 가까운 행동 또는 판단을 취하려는 것 |
| 커뮤니케이션 (Communication) | 여러 가지 행동양식이 기호를 매개로 하여 한 사람으로부터 다른 사람에게 전달되는 과정으로 언어, 손짓, 몸짓, 표정 등 |

**정답** 01 ① 02 ① 03 ③

**04** 안전교육의 3요소에 해당되지 않는 것은?
① 강사  ② 교육방법
③ 수강자  ④ 교재

**해설**
교육의 3요소
1. 교육의 주체 : 강사
2. 교육의 객체 : 수강자(교육대상)
3. 교육의 매개체 : 교재(교육내용)

**05** 레윈(K. Lewin)은 인간의 행동 특성을 다음과 같이 표현하였다. 변수 'E'가 의미하는 것은?

$$B = f(P \cdot E)$$

① 연령  ② 성격
③ 환경  ④ 지능

**해설**
레윈(K. Lewin)의 행동법칙

$$B = f(P \cdot E)$$

여기서, $B$ : Behavior(인간의 행동)
 $f$ : Function(함수관계) $P \cdot E$에 영향을 줄 수 있는 조건
 $P$ : Person(개체, 개인의 자질, 연령, 경험, 심신상태, 성격, 지능 등)
 $E$ : Environment(심리적 환경 – 작업환경, 인간관계, 설비적 결함 등)

**06** 산업안전보건법령상 안전보건교육 교육대상별 교육내용 중 관리감독자 정기교육의 내용으로 틀린 것은?
① 정리정돈 및 청소에 관한 사항
② 유해 · 위험 작업환경 관리에 관한 사항
③ 표준안전 작업방법 결정 및 지도 · 감독 요령에 관한 사항
④ 작업공정의 유해 · 위험과 재해 예방대책에 관한 사항

**해설**
관리감독자 정기교육 내용
1. 산업안전 및 산업재해 예방에 관한 사항(화재 · 폭발 사고 발생 시 대피에 관한 사항을 포함)
2. 산업보건 및 건강장해 예방에 관한 사항(폭염 · 한파작업으로 인한 건강장해 발생 시 응급조치에 관한 사항을 포함)
3. 위험성평가에 관한 사항
4. 유해 · 위험 작업환경 관리에 관한 사항
5. 산업안전보건법령 및 산업재해보상보험 제도에 관한 사항
6. 직무스트레스 예방 및 관리에 관한 사항
7. 직장 내 괴롭힘, 고객의 폭언 등으로 인한 건강장해 예방 및 관리에 관한 사항
8. 작업공정의 유해 · 위험과 재해 예방대책에 관한 사항
9. 사업장 내 안전보건관리체제 및 안전 · 보건조치 현황에 관한 사항
10. 표준안전 작업방법 결정 및 지도 · 감독 요령에 관한 사항
11. 현장근로자와의 의사소통능력 및 강의능력 등 안전보건교육 능력 배양에 관한 사항
12. 비상시 또는 재해 발생 시 긴급조치에 관한 사항
13. 그 밖의 관리감독자의 직무에 관한 사항

**07** 헤드십(Headship)의 특성에 관한 설명으로 틀린 것은?
① 지휘형태는 권위주의적이다.
② 상사의 권한 근거는 비공식적이다.
③ 상사와 부하의 관계는 지배적이다.
④ 상사와 부하의 사회적 간격은 넓다.

**해설**
헤드십과 리더십의 구분

| 구분 | 헤드십 | 리더십 |
|---|---|---|
| 권한행사 및 부여 | 위에서 위임하여 임명된 헤드 | 밑에서부터의 동의에 의해 선출된 리더 |
| 권한근거 | 법적 또는 공식적 | 개인능력 |
| 상관과 부하와의 관계 | 지배적 | 개인적인 경향 |
| 책임귀속 | 상사 | 상사와 부하 |
| 부하와의 사회적 간격 | 넓다. | 좁다. |
| 지위형태 | 권위주의적 | 민주주의적 |
| 권한귀속 | 공식화된 규정에 의함 | 집단목표에 기여한 공로 인정 |

**08** 위험예지훈련 중 작업현장에서 그때 그 장소의 상황에 즉응하여 실시하는 것은?
① 자문자답 위험예지훈련
② T.B.M 위험예지훈련
③ 시나리오 역할연기훈련
④ 1인 위험예지훈련

정답 04 ② 05 ③ 06 ① 07 ② 08 ②

**해설**

TBM(Tool Box Meeting)
직장에서 행하는 미팅으로 사고의 직접원인 중에서 주로 불안전한 행동을 근절시키기 위하여 5~7명 정도의 소집단으로 나누어 작업장 내의 적당한 장소에서 실시하는 단시간 미팅으로 현장에서 그때그때 주어진 상황에 적응하여 실시하여 즉시 즉응법이라고도 한다.

## 09 하인리히 사고예방대책의 기본원리 5단계로 옳은 것은?

① 조직 → 사실의 발견 → 분석 → 시정방법의 선정 → 시정책의 적용
② 조직 → 분석 → 사실의 발견 → 시정방법의 선정 → 시정책의 적용
③ 사실의 발견 → 조직 → 분석 → 시정방법의 선정 → 시정책의 적용
④ 사실의 발견 → 분석 → 조직 → 시정방법의 선정 → 시정책의 적용

**해설**

하인리히의 재해예방 5단계(사고예방대책의 기본원리)
1. 제1단계 : 조직
2. 제2단계 : 사실의 발견
3. 제3단계 : 분석평가
4. 제4단계 : 시정책의 선정
5. 제5단계 : 시정책의 적용

## 10 억측판단이 발생하는 배경으로 볼 수 없는 것은?

① 정보가 불확실할 때
② 타인의 의견에 동조할 때
③ 희망적인 관측이 있을 때
④ 과거에 성공한 경험이 있을 때

**해설**

억측판단
1. 억측판단 : 자기 멋대로 하는 주관적인 판단
2. 억측판단의 발생 배경
  • 정보가 불확실할 때
  • 희망적인 관측이 있을 때
  • 과거의 성공한 경험이 있을 때
  • 초조한 심정

## 11 재해예방의 4원칙에 대한 설명으로 틀린 것은?

① 재해발생은 반드시 원인이 있다.
② 손실과 사고와의 관계는 필연적이다.
③ 재해는 원인을 제거하면 예방이 가능하다.
④ 재해를 예방하기 위한 대책은 반드시 존재한다.

**해설**

하인리히의 재해예방 4원칙

| | |
|---|---|
| 예방 가능의 원칙 | 천재지변을 제외한 모든 재해는 원칙적으로 예방이 가능하다. |
| 손실 우연의 원칙 | 사고로 생기는 상해의 종류 및 정도는 우연적이다. |
| 원인 계기의 원칙 | 사고와 손실의 관계는 우연적이지만 사고와 원인관계는 필연적이다(사고에는 반드시 원인이 있다). |
| 대책 선정의 원칙 | 원인을 정확히 규명해서 대책을 선정하고 실시되어야 한다(3E, 즉 기술, 교육, 독려를 중심으로). |

## 12 Y-K(Yutaka-Kohate) 성격검사에 관한 사항으로 옳은 것은?

① C,C'형은 적응이 빠르다.
② M,M'형은 내구성, 집념이 부족하다.
③ S,S'형은 담력, 자신감이 강하다.
④ P,P'형은 운동, 결단이 빠르다.

**해설**

Y-K(Yutaka-Kohata) 성격검사

| 작업 성격 유형 | 작업 성격 인자 |
|---|---|
| C,C'형 : 담금질<br>(진공성형) | ① 운동, 결단, 기민이 빠름<br>② 적응 빠름　　④ 내구, 집념 부족<br>③ 세심하지 않음　⑤ 자신감 강함 |
| M,M'형 :<br>흑담즙질<br>(신경질형) | ① 운동성 느리고 지속성 풍부<br>② 적응 느림<br>③ 세심, 억제, 정확함<br>④ 내구성, 집념, 지속성<br>⑤ 담력, 자신감 강함 |
| S,S'형 : 다혈질<br>(운동성형) | ①, ②, ③, ④ : C,C'형과 동일<br>⑤ 담력, 자신감 약함 |
| P,P'형 : 점액질<br>(평범수동성형) | ①, ②, ③, ④ : M,M'형과 동일<br>⑤ 자신감 약함 |
| Am형(이상질) | ① 극도로 나쁨<br>② 극도로 느림<br>③ 극도로 결핍<br>④ 극도로 강하거나 약함 |

**정답** 09 ① 10 ② 11 ② 12 ①

**13** 학습지도의 형태 중 몇 사람의 전문가가 주제에 대한 견해를 발표하고 참가자로 하여금 의견을 내거나 질문을 하게 하는 토의방식은?

① 포럼(Forum)
② 심포지엄(Symposium)
③ 버즈세션(Buzz Session)
④ 자유토의법(Free Discussion Method)

**해설**

토의법의 종류
1. 자유토의법 : 참가자가 주어진 주제에 대하여 자유로운 발표와 토의를 통하여 서로의 의견을 교환하고 상호이해력을 높이며 의견을 절충해 나가는 방법
2. 패널 디스커션(Panel Discussion) : 전문가 4~5명이 피교육자 앞에서 자유로이 토의를 하고, 그 후에 피교육자 전원이 사회자의 사회에 따라 토의하는 방법
3. 심포지엄(Symposium) : 발제자 없이 몇 사람의 전문가에 의하여 과제에 관한 견해를 발표한 뒤에 참가자로 하여금 의견이나 질문을 하게 하여 토의하는 방법
4. 포럼(Forum)
   ㉠ 사회자의 진행으로 몇 사람이 주제에 대하여 발표한 후 피교육자가 질문을 하고 토론해 나가는 방법
   ㉡ 새로운 자료나 주제를 내보이거나 발표한 후 피교육자로 하여금 문제나 의견을 제시하게 하고 다시 깊이 있게 토론해 나가는 방법
5. 버즈 세션(Buzz Session) : 6-6 회의라고도 하며, 참가자가 다수인 경우에 전원을 토의에 참가시키기 위한 방법으로 소집단을 구성하여 회의를 진행시키는 방법

**14** 주의의 수준이 Phase 0인 상태에서의 의식 상태는?

① 무의식상태
② 의식의 이완상태
③ 명료한 상태
④ 과긴장상태

**해설**

의식수준의 단계

| 단계 | 의식의 상태 | 신뢰성 |
|---|---|---|
| Phase 0 (제0단계) | 무의식, 실신 | 0(Zero) |
| Phase I (제I단계) | 정상 이하, 의식 흐림, 의식 몽롱함 | 0.9 이하 |
| Phase II (제II단계) | 정상, 이완상태, 느긋한 기분 | 0.99~0.99999 |
| Phase III (제III단계) | 정상, 상쾌한 상태, 분명한 의식 | 0.999999 이상 (신뢰도가 가장 높은 상태) |
| Phase IV (제IV단계) | 과긴장, 흥분상태 | 0.9 이하 |

**15** 다음 재해사례에서 기인물에 해당하는 것은?

기계작업에 배치된 작업자가 반장의 지시를 받기 전에 정지된 선반을 운전시키면서 변속치차의 덮개를 벗겨내고 치차를 저속으로 운전하면서 급유하려고 할 때 오른손이 변속치차에 맞물려 손가락이 절단되었다.

① 덮개
② 급유
③ 선반
④ 변속치차

**해설**

1. 기인물 : 선반
2. 가해물 : 변속치차

기인물과 가해물의 정의
• 기인물 : 직접적으로 재해를 유발하거나 영향을 끼친 에너지원(운동, 위치, 열, 전기 등)을 지닌 기계·장치, 구조물, 물체·물질, 사람 또는 환경 등을 말한다.
• 가해물 : 사람에게 직접적으로 상해를 입힌 기계·장치, 구조물, 물체·물질, 사람 또는 환경요인을 말한다.

**16** 산업안전보건법령상 안전관리자의 업무가 아닌 것은?(단, 그 밖에 고용노동부장관이 정하는 사항은 제외한다.)

① 업무 수행 내용의 기록
② 산업재해에 관한 통계의 유지·관리·분석을 위한 보좌 및 지도·조언
③ 안전교육계획의 수립 및 안전교육 실시에 관한 보좌 및 지도·조언
④ 작업장 내에서 사용되는 전체 환기장치 및 국소배기장치 등에 관한 설비의 점검

**해설**

안전관리자의 업무
1. 산업안전보건위원회 또는 안전 및 보건에 관한 노사협의체에서 심의·의결한 업무와 해당 사업장의 안전보건관리규정 및 취업규칙에서 정한 업무

**정답** 13 ② 14 ① 15 ③ 16 ④

2. 위험성평가에 관한 보좌 및 지도·조언
3. 안전인증대상 기계 등과 자율안전확인대상 기계 등 구입 시 적격품의 선정에 관한 보좌 및 지도·조언
4. 해당 사업장 안전교육계획의 수립 및 안전교육 실시에 관한 보좌 및 지도·조언
5. 사업장 순회점검, 지도 및 조치 건의
6. 산업재해 발생의 원인 조사·분석 및 재발 방지를 위한 기술적 보좌 및 지도·조언
7. 산업재해에 관한 통계의 유지·관리·분석을 위한 보좌 및 지도·조언
8. 법 또는 법에 따른 명령으로 정한 안전에 관한 사항의 이행에 관한 보좌 및 지도·조언
9. 업무수행 내용의 기록·유지
10. 그 밖에 안전에 관한 사항으로서 고용노동부장관이 정하는 사항

> **TIP** 보건관리자의 업무
> • 작업장 내에서 사용되는 전체 환기장치 및 국소배기장치 등에 관한 설비의 점검
> • 작업방법의 공학적 개선에 관한 보좌 및 지도·조언

**17** 산업현장에서 재해 발생 시 조치 순서로 옳은 것은?

① 긴급처리 → 재해조사 → 원인분석 → 대책수립
② 긴급처리 → 원인분석 → 대책수립 → 재해조사
③ 재해조사 → 원인분석 → 대책수립 → 긴급처리
④ 재해조사 → 대책수립 → 원인분석 → 긴급처리

**해설**
재해 발생 시 조치사항
산업재해 발생 → 긴급처리 → 재해조사 → 원인강구(원인분석) → 대책수립 → 대책실시계획 → 실시 → 평가

**18** 일반적으로 시간의 변화에 따라 야간에 상승하는 생체리듬은?

① 혈압    ② 맥박 수
③ 체중    ④ 혈액의 수분

**해설**
바이오리듬(Biorhythm)의 변화
1. 혈액의 수분, 염분량 : 주간감소, 야간증가
2. 체온, 혈압, 맥박 수 : 주간상승, 야간감소
3. 야간에는 체중감소, 소화분비액 불량, 말초신경기능 저하, 피로의 자각 증상이 증대된다.

**19** 1년간 80건의 재해가 발생한 A사업장은 1,000명의 근로자가 1주일당 48시간, 1년간 52주를 근무하고 있다. A사업장의 도수율은?(단, 근로자들은 재해와 관련 없는 사유로 연간 노동시간의 3%를 결근하였다.)

① 31.06    ② 32.05
③ 33.04    ④ 34.03

**해설**
도수율

$$도수율 = \frac{재해발생건수}{연간 총근로시간수} \times 1,000,000$$

1. 출근율 $= 1 - \frac{3}{100} = 0.97$
2. 도수율 $= \frac{80}{(1,000 \times 48 \times 52) \times 0.97} \times 1,000,000 = 33.04$

**20** 교육심리학의 기본이론 중 학습지도의 원리에 속하지 않는 것은?

① 직관의 원리
② 개별화의 원리
③ 사회화의 원리
④ 계속성의 원리

**해설**
학습지도의 원리

| | |
|---|---|
| 자발성의 원리 | 학습자의 내적 동기가 유발된 학습, 즉 학습자 자신이 자발적으로 학습에 참여하는 데 중점을 둔 원리 |
| 개별화의 원리 | 학습자가 지니고 있는 각자의 요구와 능력 등 개인차에 맞도록 지도해야 한다는 원리 |
| 사회화의 원리 | 학교에서 경험한 것과 사회에서 경험한 것을 교류시키고 함께하는 학습을 통하여 협력적이고 우호적인 학습을 진행하는 원리 |
| 통합의 원리 | 학습을 통합적인 전체로서 학습자의 모든 능력을 조화적으로 발달시키는 원리 |
| 직관의 원리 | 구체적인 사물을 직접 제시하거나 경험시킴으로써 큰 효과를 볼 수 있다는 원리 |

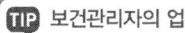  17 ① 18 ④ 19 ③ 20 ④

## 2과목 인간공학 및 위험성 평가·관리

**21** 다음 그림에서 명료도 지수는?

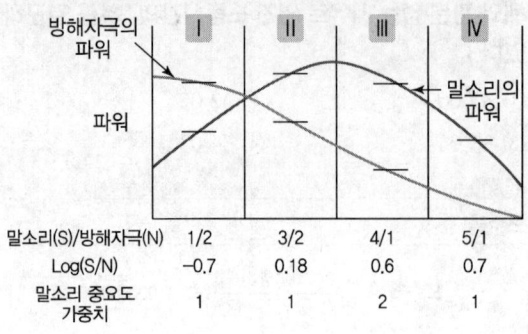

① 0.38
② 0.68
③ 1.38
④ 5.68

**해설**
명료도 지수
옥타브대의 음성과 잡음의 dB값에 가중치를 곱하여 합계를 구하는 것을 말한다.
명료도 지수 = $(-0.7 \times 1) + (0.18 \times 1) + (0.6 \times 2) + (0.7 \times 1)$
= 1.38

**22** 제한된 실내 공간에서 소음문제의 음원에 관한 대책이 아닌 것은?

① 저소음 기계로 대체한다.
② 소음 발생원을 밀폐한다.
③ 방음 보호구를 착용한다.
④ 소음 발생원을 제거한다.

**해설**
소음방지대책
1. 소음원의 제거 : 가장 적극적인 대책
2. 소음원의 통제 : 기계의 적절한 설계, 정비 및 주유, 고무 받침대 부착, 소음기 사용(차량) 등
3. 소음의 격리 : 씌우개(Enclosure), 장벽을 사용(창문을 닫으면 약 10dB이 감음됨)
4. 적절한 배치(Layout)
5. 음향 처리제 사용
6. 차폐 장치(Baffle) 및 흡음재 사용
7. 방음 보호 용구

TIP 작업자의 보호구 착용은 음원에 대한 대책이 아니라 근로자에 대한 대책에 해당된다.

**23** 산업안전보건기준에 관한 규칙상 "강렬한 소음작업"에 해당하는 기준은?

① 85데시벨 이상의 소음이 1일 4시간 이상 발생하는 작업
② 85데시벨 이상의 소음이 1일 8시간 이상 발생하는 작업
③ 90데시벨 이상의 소음이 1일 4시간 이상 발생하는 작업
④ 90데시벨 이상의 소음이 1일 8시간 이상 발생하는 작업

**해설**
강렬한 소음작업
1. 90데시벨 이상의 소음이 1일 8시간 이상 발생하는 작업
2. 95데시벨 이상의 소음이 1일 4시간 이상 발생하는 작업
3. 100데시벨 이상의 소음이 1일 2시간 이상 발생하는 작업
4. 105데시벨 이상의 소음이 1일 1시간 이상 발생하는 작업
5. 110데시벨 이상의 소음이 1일 30분 이상 발생하는 작업
6. 115데시벨 이상의 소음이 1일 15분 이상 발생하는 작업

**24** 위험분석기법 중 고장이 시스템의 손실과 인명의 사상에 연결되는 높은 위험도를 가진 요소나 고장의 형태에 따른 분석법은?

① CA
② ETA
③ FHA
④ FTA

**해설**
치명도 해석(Criticality Analysis : CA)
1. 고장이 직접 시스템의 손실과 인명의 사상에 연결되는 높은 위험도를 가진 요소나 고장의 형태에 따른 분석기법
2. FMEA를 실시한 결과 고장등급이 높은 고장모드가 시스템이나 기기의 고장에 어느 정도로 기여하는가를 정량적으로 계산하고, 고장모드가 시스템이나 기기에 미치는 영향을 정량적으로 평가하는 해석 기법
3. FMEA에다 치명도 해석을 포함시킨 것을 FMECA(Failure Mode Effect and Criticality Analysis)라고 한다.

## 25
8시간 근무를 기준으로 남성작업자 A의 대사량을 측정한 결과, 산소소비량이 1.3L/min으로 측정되었다. Murrell 방법으로 계산 시, 8시간의 총근로시간에 포함되어야 할 휴식시간은?

① 124분
② 134분
③ 144분
④ 154분

**해설**

휴식시간

$$R = \frac{60(E-5)}{E-1.5}$$

여기서, $R$ : 휴식시간(분)
$E$ : 작업 시 평균 에너지소비량(kcal/분)
60 : 총작업시간(분)
1.5kcal/분 : 휴식시간 중의 에너지소비량

1. 1(L/분)당 평균 에너지소비량은 5kcal이다.
2. 작업 시 평균 에너지소비량은
   1.3L/분 × 5kcal = 6.5(kcal/분)이 된다.
3. 총작업시간 = 8시간 × 60분 = 480분
4. $R = \frac{480(6.5-5)}{6.5-1.5} = 144(분)$

**TIP** Murrell은 작업활동에 필요한 휴식시간을 추산할 때 작업에 대한 평균에너지값의 상한을 5(kcal/분)으로 잡아서 계산하였다.

## 26
어떤 설비의 시간당 고장률이 일정하다고 할 때 이 설비의 고장간격은 다음 중 어떤 확률분포를 따르는가?

① $t$분포
② 와이블분포
③ 지수분포
④ 아이링(Eyring) 분포

**해설**

지수분포
여러 개의 부품이 조합되어 만들어진 기기나 시스템의 고장확률 밀도함수는 지수분포에 따르게 되며, 이때의 고장률은 시간에 관계없이 일정하게 된다(시간당 고장률이 일정).

## 27
건구온도 30℃, 습구온도 35℃일 때의 옥스퍼드(Oxford) 지수는?

① 20.75
② 24.58
③ 30.75
④ 34.25

**해설**

옥스퍼스(Oxford) 지수
습건(WD) 지수라고도 부르며, 습구온도(W)와 건구온도(D)의 가중 평균치로서 정의된다.

$$WD = 0.85W + 0.15D$$

$WD = 0.85W + 0.15D = 0.85 \times 35 + 0.15 \times 30 = 34.25(℃)$

## 28
시스템 안전분석 방법 중 예비위험분석(PHA) 단계에서 식별하는 4가지 범주에 속하지 않는 것은?

① 위기상태
② 무시가능상태
③ 파국적상태
④ 예비조치상태

**해설**

예비위험분석(PHA)의 범주

| 구분 | 위험분류 | 특징 |
| --- | --- | --- |
| Class 1 | 파국적 (Catastrophic) | 시스템의 성능을 현저히 저하시키고 그 결과 시스템의 손실, 인원의 사망 또는 다수의 부상자를 내는 상태 |
| Class 2 | 중대 (위험, Critical) | 인원의 부상 및 시스템의 중대한 손해를 초래하거나 인원의 생존 및 시스템의 존속을 위하여 즉시 수정조치를 필요로 하는 상태 |
| Class 3 | 한계적 (Marginal) | 인원의 부상 및 시스템의 중대한 손해를 초래하지 않고 대처 또는 제어할 수 있는 상태 |
| Class 4 | 무시가능 (Negligible) | 시스템의 성능을 그다지 저하시키지도 않고 또한 시스템의 기능도 손해도 인원의 부상도 초래하지 않는 상태 |

## 29
위험구역의 울타리 설계 시 인체 측정자료 중 적용해야 할 인체체수로 가장 적절한 것은?

① 인체측정 최대치
② 인체측정 평균치
③ 인체측정 최소치
④ 구조적 인체 측정치

**해설**

극단치를 이용한 설계

| 구분 | 최대 집단치 설계 | 최소 집단치 설계 |
|---|---|---|
| 개념 | • 대상 집단에 대한 인체 측정 변수의 상위 백분위수를 기준으로 90, 95 혹은 99%치가 사용<br>• 대표치는 남성의 95백분위수를 이용 | • 관련 인체 측정 변수 분포의 1, 5, 10% 등과 같은 하위 백분위수를 기준으로 결정<br>• 대표치는 여성의 5백분위수를 이용 |
| 사례 | • 출입문, 탈출구의 크기, 통로 등과 같은 공간여유를 정할 때 사용<br>• 그네, 줄사다리와 같은 지지물 등의 최소지지 중량(강도)<br>• 버스 내 승객용 좌석 간의 거리, 위험구역 울타리 | • 선반의 높이<br>• 조종 장치까지의 거리(조작자와 제어버튼 사이의 거리)<br>• 비상벨의 위치 설계 |

**30** 인간의 에러 중 불필요한 작업 또는 절차를 수행함으로써 기인한 에러를 무엇이라 하는가?

① Omission Error
② Sequential Error
③ Extraneous Error
④ Commission Error

**해설**

인간실수의 분류(심리적인 분류)

| 생략에러<br>(Omission Error)<br>부작위 실수 | 필요한 직무 및 절차를 수행하지 않아(생략) 발생하는 에러<br>예 가스밸브를 잠그는 것을 잊어 사고가 났다. |
|---|---|
| 작위에러<br>(Commission Error) | • 필요한 작업 또는 절차의 불확실한 수행(잘못 수행)으로 인한 에러<br>• 넓은 의미로 선택 착오, 순서 착오, 시간 착오, 정성적 착오를 포함한다.<br>예 전선이 바뀌었다, 틀린 부품을 사용하였다, 부품이 거꾸로 조립되었다 등 |
| 순서에러<br>(Sequential Error) | 필요한 작업 또는 절차의 순서 착오로 인한 에러<br>예 자동차 출발 시 핸들브레이크를 해제하지 않고 출발하여 발생한 에러 |
| 시간에러<br>(Time Error) | 필요한 직무 또는 절차의 수행지연으로 인한 에러<br>예 프레스 작업 중에 금형 내에 손이 오랫동안 남아 있어 발생한 재해 |
| 과잉행동에러<br>(Extraneous Error) | 불필요한 작업 또는 절차를 수행함으로써 기인한 에러<br>예 자동차 운전 중 습관적으로 손을 창문으로 내밀어 발생한 재해 |

**31** NOISH Lifting Guideline에서 권장무게한계(RWL) 산출에 사용되는 계수가 아닌 것은?

① 휴식 계수
② 수평 계수
③ 수직 계수
④ 비대칭 계수

**해설**

권장무게한계(RWL) 산출 관계식

$$RWL(kg) = LC \times HM \times VM \times DM \times AM \times FM \times CM$$

여기서, $LC$ : 부하상수(23kg : 최적 작업상태 권장 최대무게, 즉 모든 조건이 가장 좋지 않을 경우 허용되는 최대중량의 의미)
$HM$ : 수평계수(수평거리에 따른 계수)
$VM$ : 수직계수(수직거리에 따른 계수)
$DM$ : 거리계수(물체의 이동거리에 따른 계수 ; 수직방향의 이동거리)
$AM$ : 비대칭계수(비대칭각도계수)
$FM$ : 빈도계수(작업빈도에 따른 계수)
$CM$ : 결합계수(손잡이 계수)

**32** 다음 내용의 ( ) 안에 들어갈 내용을 순서대로 정리한 것은?

근섬유의 수축단위는 ( A )(이)라 하는데, 이것은 두 가지 기본형의 단백질 필라멘트로 구성되어 있으며, ( B )이(가) ( C ) 사이로 미끄러져 들어가는 현상으로 근육의 수축을 설명하기도 한다.

① A : 근막, B : 마이오신, C : 액틴
② A : 근막, B : 액틴, C : 마이오신
③ A : 근원섬유, B : 근막, C : 근섬유
④ A : 근원섬유, B : 액틴, C : 마이오신

**해설**

근원섬유는 전체 근섬유의 90% 정도를 차지하는 원통형 구조로 액틴(Actin)과 마이오신(Myosin)의 작용에 의해 근육의 수축 및 이완작용을 한다.

**33** 작업개선을 위하여 도입되는 원리인 ECRS에 포함되지 않는 것은?

① Combine     ② Standard
③ Eliminate    ④ Rearrange

**정답** 30 ③ 31 ① 32 ④ 33 ②

해설

작업방법의 개선원칙(새로운 작업방법의 개선원칙, ECRS)
- 제거(Eliminate)
- 결합(Combine)
- 재배치(Rearrange)
- 단순화(Simplify)

## 34 인간 – 기계시스템 설계과정 중 직무분석을 하는 단계는?

① 제1단계 : 시스템의 목표와 성능명세 결정
② 제2단계 : 시스템의 정의
③ 제3단계 : 기본 설계
④ 제4단계 : 인터페이스 설계

해설

인간 – 기계 체계설계의 기본단계 순서
1. 제1단계 : 목표 및 성능명세 결정
   체계가 설계되기 전에 우선 그 목적이나 존재 이유가 있어야 한다.
2. 제2단계 : 시스템(체계)의 정의
   어떤 체계(특히 복잡한 것)의 경우에 있어서는 목적을 달성하기 위해서 특정한 기본적인 기능(임무)들이 수행되어야 한다.
3. 제3단계 : 기본설계
   주요 인간공학 활동은 ㉠ 인간, 하드웨어, 소프트웨어에 기능할당, ㉡ 인간 성능 요건 명세, ㉢ 직무분석, ㉣ 작업 설계가 있다.
4. 제4단계 : 인터페이스(계면) 설계
   인간 – 기계체계에서 인간과 기계가 만나는 면(面)을 계면이라고 한다.
5. 제5단계 : 촉진물 설계
   촉진물 설계 단계의 주 초점은 만족스러운 인간 성능을 증진시킬 보조물에 대해 설계하는 하는 것이다.
6. 제6단계 : 시험 및 평가
   체계 개발의 산물(기기, 절차 및 요원)이 계획된 대로 작동하는지 알아보기 위해 산물(産物)들을 측정하는 것이다.

## 35 다음 중 청각적 표시장치보다 시각적 표시장치를 이용하는 것이 더 유리한 경우는?

① 메시지가 간단한 경우
② 메시지가 추후에 재참조되지 않는 경우
③ 직무상 수신자가 자주 움직이는 경우
④ 메시지가 즉각적인 행동을 요구하지 않는 경우

해설

청각장치와 시각장치의 비교

| 청각적 표시장치 | • 전언이 간단하다.<br>• 전언이 짧다.<br>• 전언이 후에 재참조되지 않는다.<br>• 전언이 시간적 사상을 다룬다.<br>• 전언이 즉각적인 행동을 요구한다(긴급할 때).<br>• 수신장소가 너무 밝거나 암조응 유지 필요시<br>• 직무상 수신자가 자주 움직일 때<br>• 수신자의 시각계통이 과부하 상태일 때 |
|---|---|
| 시각적 표시장치 | • 전언이 복잡하다.<br>• 전언이 길다.<br>• 전언이 후에 재참조된다.<br>• 전언이 공간적인 위치를 다룬다.<br>• 전언이 즉각적인 행동을 요구하지 않는다.<br>• 수신장소가 너무 시끄러울 때<br>• 직무상 수신자가 한곳에 머물 때<br>• 수신자의 청각계통이 과부하 상태일 때 |

## 36 인간과 기계의 신뢰도가 인간 0.40, 기계 0.95인 경우, 병렬작업 시 전체 신뢰도는?

① 0.89
② 0.92
③ 0.95
④ 0.97

해설

신뢰도
$R = 1 - (1-0.40)(1-0.95) = 0.97$

TIP 인간 – 기계(Man – Machine) 체계의 신뢰도(병렬연결)
① $r_1$ : 인간의 신뢰도, $r_2$ : 기계의 신뢰도
② $R = r_1 + r_2(1-r_1) = 0.40 + 0.95(1-0.40) = 0.97$

## 37 휴먼에러(Human Error) 원인의 레벨(Level) 분류 중 다음 설명의 에러 종류는?

요구된 기능을 실행하고자 하여도 필요한 물건, 정보, 에너지 등의 공급이 없기 때문에 작업자가 움직이려고 해도 움직일 수 없으므로 발생하는 과오

① Command Error
② Extraneous Error
③ Secondary Error
④ Commission Error

정답 34 ③ 35 ④ 36 ④ 37 ①

**해설**

원인의 레벨(Level)적 분류

| Primary Error<br>(1차 에러) | 작업자 자신으로부터 발생한 에러 |
|---|---|
| Secondary Error<br>(2차 에러) | 작업형태나 작업조건 중에서 다른 문제가 발생하여 필요한 직무나 절차를 수행할 수 없는 에러 |
| Command Error<br>(지시 에러) | 작업자가 움직이려 해도 필요한 물건, 정보, 에너지 등이 공급되지 않아서 작업자가 움직일 수 없는 상황에서 발생한 에러 |

## 38 암호체계의 사용상에 있어서, 일반적인 지침에 포함되지 않는 것은?

① 암호의 검출성
② 부호의 양립성
③ 암호의 표준화
④ 암호의 단일 차원화

**해설**

암호체계 사용상의 일반적 지침
1. 암호의 검출성(Detectability) : 검출이 가능하여야 한다.
2. 암호의 변별성(Discriminability) : 다른 암호 표시와 구별될 수 있어야 한다.
3. 부호의 양립성(Compatibility) : 자극들 간의, 반응들 간의, 자극-반응 조합의 관계가 인간의 기대와 모순되지 않는 것이다.
4. 부호의 의미 : 사용자가 그 뜻을 분명히 알 수 있어야 한다.
5. 암호의 표준화(Standardization) : 암호를 표준화하여야 한다.
6. 다차원 암호의 사용(Multidimensional) : 2가지 이상의 암호 차원을 조합해서 사용하면 정보전달이 촉진된다.

## 39 다음 현상을 설명한 이론은?

인간이 감지할 수 있는 외부의 물리적 자극 변화의 최소범위는 표준 자극의 크기에 비례한다.

① 피츠(Fitts) 법칙
② 웨버(Weber) 법칙
③ 신호검출이론(SDT)
④ 힉-하이만(Hick-hyman) 법칙

**해설**

웨버(Weber)의 법칙
1. 음의 높이, 무게, 빛의 밝기 등 물리적 자극을 상대적으로 판단하는 데 있어 특정감각기관의 변화감지역은 표준자극에 비례한다는 법칙
2. 감각기관의 표준자극과 변화감지역의 연관관계
3. 변화감지역은 사용되는 표준자극의 크기에 비례
4. 원래 자극의 강도가 클수록 변화 감지를 위한 자극의 변화량은 커지게 된다.

$$웨버(Weber)비 = \frac{\Delta I}{I} = \frac{변화감지역}{표준자극}$$

여기서, $\Delta I$ : 변화감지역
$I$ : 표준자극

## 40 다음 중 동작경제의 원칙으로 틀린 것은?

① 가능한 한 관성을 이용하여 작업을 한다.
② 공구의 기능을 결합하여 사용하도록 한다.
③ 휴식시간을 제외하고는 양손이 같이 쉬도록 한다.
④ 작업자가 작업 중에 자세를 변경할 수 있도록 한다.

**해설**

동작경제의 원칙

| | |
|---|---|
| 신체 사용에 관한 원칙 | • 두 손의 동작은 같이 시작하고 같이 끝나도록 한다.<br>• 휴식시간을 제외하고는 양손이 같이 쉬지 않도록 한다.<br>• 두 팔의 동작은 서로 반대방향으로 대칭적으로 움직인다.<br>• 손과 신체의 동작은 작업을 원만하게 처리할 수 있는 범위 내에서 가장 낮은 동작 등급을 사용하도록 한다.<br>• 가능한 한 관성을 이용하여 작업을 하도록 하되, 작업자가 관성을 억제하여야 하는 경우에는 발생되는 관성을 최소한도로 줄인다.<br>• 손의 동작은 유연하고 연속적인 동작이 되도록 하며, 방향이 갑자기 크게 바뀌는 모양의 직선동작은 피하도록 한다.<br>• 탄도동작(Ballistic Movements)은 제한되거나 통제된 동작보다 더 신속, 정확, 용이하다.<br>• 가능하다면 쉽고도 자연스러운 리듬이 작업 동작에 생기도록 작업을 배치한다.<br>• 눈의 초점을 모아야 작업을 할 수 있는 경우는 가능하면 없애고, 불가피한 경우에는 눈의 초점이 모아지는 서로 다른 두 작업 지점 간의 거리를 짧게 한다. |

**정답** 38 ④ 39 ② 40 ③

| | |
|---|---|
| 작업장 배치에 관한 원칙 | • 모든 공구나 재료는 자기 위치에 있도록 한다.<br>• 공구, 재료 및 제어장치는 사용위치에 가까이 두도록 한다.<br>• 중력을 이용한 부품상자나 용기를 이용하여 부품을 제품 사용위치에 가까이 보낼 수 있도록 한다.<br>• 가능하다면 낙하시키는 운반방법을 사용하라.<br>• 공구 및 재료는 동작에 가장 편리한 순서로 배치하여야 한다.<br>• 채광 및 조명장치를 잘 하여야 한다.<br>• 작업자가 작업 중 자세를 변경, 즉 앉거나 서는 것을 임의로 할 수 있도록 작업대와 의자 높이가 조정되도록 한다.<br>• 작업자가 좋은 자세를 취할 수 있도록 의자는 높이뿐만 아니라 디자인도 좋아야 한다. |
| 공구 및 설비 디자인에 관한 원칙 | • 치구나 발로 작동시키는 기기를 사용할 수 있는 작업에서는 이러한 기기를 활용하여 양손이 다른 일을 할 수 있도록 한다.<br>• 공구의 기능은 결합하여서 사용하도록 한다.<br>• 공구와 자재는 가능한 한 사용하기 쉽도록 미리 위치를 잡아준다.<br>• 각 손가락에 서로 다른 작업을 할 때에는 작업량을 각 손가락의 능력에 맞게 분배해야 한다.<br>• 레버, 핸들 및 제어장치는 작업자가 몸의 자세를 크게 바꾸지 않더라도 조작하기 쉽도록 배열한다. |

## 3과목 기계·기구 및 설비 안전 관리

**41** 산업안전보건법령상 공기압축기를 가동할 때 작업시작 전 점검사항에 해당하지 않는 것은?

① 윤활유의 상태
② 회전부의 덮개 또는 울
③ 과부하방지장치의 작동 유무
④ 공기저장 압력용기의 외관상태

**해설**
공기압축기 작업시작 전 점검사항
1. 공기저장 압력용기의 외관상태
2. 드레인밸브(Drain Valve)의 조작 및 배수
3. 압력방출장치의 기능
4. 언로드밸브(Unloading Valve)의 기능
5. 윤활유의 상태
6. 회전부의 덮개 또는 울
7. 그 밖의 연결 부위의 이상 유무

**42** 프레스 작동 후 슬라이드가 하사점에 도달할 때까지의 소요시간이 0.3s일 때 양수기동식 방호장치의 안전거리는 최소 얼마인가?

① 180
② 280
③ 380
④ 480

**해설**
방호장치 설치 안전거리(양수기동식)

$$D_m = 1.6 T_m$$

여기서, $D_m$ : 안전거리(mm)
$T_m$ : 양손으로 누름단추 누르기 시작할 때부터 슬라이드가 하사점에 도달하기까지 소요시간(ms)

$$T_m = \left( \frac{1}{\text{클러치 맞물림 개소 수}} + \frac{1}{2} \right) \times \frac{60,000}{\text{매분 행정수}} (ms)$$

1. ms = $\frac{1}{1,000}$ 초  1ms = 0.001s
   여기서는 0.3초 × 1,000 = 300(ms)
2. $D_m = 1.6 T_m = 1.6 \times 300 = 480$(mm)

**TIP** 단위환산에 주의할 것

**43** 기계설비의 안전조건인 구조의 안전화와 거리가 가장 먼 것은?

① 전압 강하에 따른 오동작 방지
② 재료의 결함 방지
③ 설계상의 결함 방지
④ 가공 결함 방지

**해설**
구조상의 안전화

| | |
|---|---|
| 설계상의 결함 | • 가장 큰 원인은 강도산정(부하예측, 강도계산)상의 오류<br>• 사용상 강도의 열화를 고려하여 안전율을 산정 |
| 재료의 결함 | 기계 재료 자체에 균열, 부식, 강도 저하 등 결함이 있으므로 설계 시 재료의 선택에 유의하여야 한다. |
| 가공의 결함 | 재료 가공 도중 결함이 생길 수 있으므로 기계적 특성을 갖는 적절한 열처리 등이 필요하다. |

**44** 산업안전보건법령상 롤러기의 방호장치 중 롤러의 앞면 표면속도가 30m/min 이상일 때 무부하 동작에서 급정지거리는?

① 앞면 롤러 원주의 1/2.5 이내
② 앞면 롤러 원주의 1/3 이내
③ 앞면 롤러 원주의 1/3.5 이내
④ 앞면 롤러 원주의 1/5.5 이내

**해설**

급정지거리

| 앞면 롤러의 표면속도(m/min) | 급정지거리 |
|---|---|
| 30 미만 | 앞면 롤러 원주의 1/3 |
| 30 이상 | 앞면 롤러 원주의 1/2.5 |

**45** 프레스의 종류에서 슬라이드 운동기구에 의한 분류에 해당하지 않는 것은?

① 액압 프레스
② 크랭크 프레스
③ 너클 프레스
④ 마찰 프레스

**해설**

슬라이드 운동기구에 의한 분류
1. 크랭크프레스
2. 크랭크레스프레스
3. 너클프레스
4. 마찰프레스
5. 랙프레스
6. 스크류프레스
7. 링크프레스
8. 캠프레스

**46** 회전하는 부분의 접선방향으로 물려 들어갈 위험이 존재하는 점으로 주로 체인, 풀리, 벨트, 기어와 랙 등에서 형성되는 위험점은?

① 끼임점
② 협착점
③ 절단점
④ 접선물림점

**해설**

기계운동 형태에 따른 위험점 분류

| | | |
|---|---|---|
| 협착점 | 왕복운동을 하는 운동부와 움직임이 없는 고정부 사이에서 형성되는 위험점(고정점+운동점) | • 프레스 • 전단기<br>• 성형기 • 조형기<br>• 밴딩기 • 인쇄기 |
| 끼임점 | 회전운동하는 부분과 고정부 사이에 위험이 형성되는 위험점(고정점+회전운동) | • 연삭숫돌과 작업대<br>• 반복동작되는 링크기구<br>• 교반기의 날개와 몸체 사이<br>• 회전풀리와 벨트 |
| 절단점 | 회전하는 운동부 자체의 위험이나 운동하는 기계부분 자체의 위험에서 형성되는 위험점(회전운동+기계) | • 밀링커터<br>• 둥근 톱의 톱날<br>• 목공용 띠톱 날 |
| 물림점 | 회전하는 두 개의 회전체에 형성되는 위험점(서로 반대 방향의 회전체)(중심점+반대방향의 회전운동) | • 기어와 기어의 물림<br>• 롤러와 롤러의 물림<br>• 롤러분쇄기 |
| 접선<br>물림점 | 회전하는 부분의 접선방향으로 물려 들어갈 위험이 있는 위험점 | • V벨트와 풀리<br>• 랙과 피니언<br>• 체인벨트<br>• 평벨트 |
| 회전<br>말림점 | 회전하는 물체의 길이, 굵기, 속도 등의 불규칙 부위와 돌기 회전부위에 의해 장갑 또는 작업복 등이 말려들 위험이 있는 위험점 | • 회전하는 축<br>• 커플링<br>• 회전하는 드릴 |

**47** 프레스 작업 중 부주의로 프레스의 페달을 밟는 것에 대비하여 페달에 설치하는 것을 무엇이라 하는가?

① 클램프
② 로크너트
③ 커버
④ 스프링 와셔

**해설**

U자형 덮개(커버)
페달의 불시작동으로 인한 사고 예방을 위해 프레스기 페달에 U자형 덮개를 씌운다.

정답 44 ① 45 ① 46 ④ 47 ③

**48** 산업안전보건기준에 관한 규칙상 지게차의 헤드가드 설치기준에 관한 설명으로 틀린 것은?

① 강도는 지게차의 최대하중의 2배 값의 등분포정하중에 견딜 수 있을 것
② 상부 틀의 각 개구의 폭 또는 길이가 16cm 미만일 것
③ 강도는 지게차의 최대하중의 값이 4톤을 넘는 것에 대하여서는 4톤으로 할 것
④ 상부 틀의 각 개구의 폭 또는 길이가 26cm 미만일 것

**해설**
지게차의 헤드가드
1. 강도는 지게차의 최대하중의 2배 값(4톤을 넘는 값에 대해서는 4톤으로 한다)의 등분포정하중에 견딜 수 있을 것
2. 상부 틀의 각 개구의 폭 또는 길이가 16cm 미만일 것
3. 운전자가 앉아서 조작하거나 서서 조작하는 지게차의 헤드가드는 한국산업표준에서 정하는 높이 기준 이상일 것

**49** 와이어로프로 중량물을 달아 올릴 때, 로프에 가장 힘이 적게 걸리는 각도는?

① 각도와 관계없다.
② 0°일 때 최소이다.
③ 120°일 때 최소이다.
④ 60°일 때 최소이다.

**해설**
슬링와이어로프의 한 가닥에 걸리는 하중

$$하중 = \frac{화물의\ 무게(W_1)}{2} \div \cos\frac{\theta}{2}$$

여기서, 각도 $\theta$가 작을수록 힘이 적게 걸린다.

**50** 보일러 발생증기의 이상현상이 아닌 것은?

① 역화(Back Fire)
② 프라이밍(Priming)
③ 포밍(Forming)
④ 캐리오버(Carry Over)

**해설**
이상현상의 종류

| 프라이밍<br>(Priming) | 보일러수가 극심하게 끓어서 수면에서 계속하여 물방울이 비산하고 증기부가 물방울로 충만하여 수위가 불안정하게 되는 현상 |
|---|---|
| 포밍<br>(Foaming) | 보일러수에 유지류, 고형물 등의 부유물로 인해 거품이 발생하여 수위를 판단하지 못하는 현상 |
| 캐리오버<br>(Carry Over) | • 보일러에서 증기관 쪽에 보내는 증기에 대량의 물방울이 포함되는 경우로 프라이밍이나 포밍이 생기면 필연적으로 발생<br>• 보일러에서 증기의 순도를 저하시킴으로써 관내 응축수가 생겨 워터해머의 원인이 되는 것 |
| 워터해머<br>(Water Hammer,<br>수격작용) | 증기관 내에서 증기를 보내기 시작할 때 해머로 치는 듯한 소리를 내며 관이 진동하는 현상으로, 워터해머는 캐리오버에 기인한다. |

**TIP** 역화(Back Fire)
연소실 내에서 폭발 등에 의해 화염이 연도로 나가지 못하고 연소실 입구로 분출되는 현상

**51** 프레스기의 방호장치 중 위치제한형 방호장치에 해당되는 것은?

① 수인식 방호장치
② 광전자식 방호장치
③ 손쳐내기식 방호장치
④ 양수조작식 방호장치

**해설**
위치제한형 방호장치
1. 작업자의 신체부위가 위험한계 밖에 있도록 기계의 조작장치를 위험한 작업점에서 안전거리 이상 떨어지게 하거나 조작장치를 양손으로 동시에 조작하게 함으로써 위험한계에 접근하는 것을 제한하는 방호장치
2. 프레스의 양수조작식 방호장치

**TIP** 기타 프레스의 방호장치

| 접근 반응형<br>방호장치 | 프레스 및 전단기의 광전자식 방호장치 |
|---|---|
| 접근 거부형<br>방호장치 | 프레스의 수인식 · 손쳐내기식 방호장치 |

**정답** 48 ④  49 ②  50 ①  51 ④

## 52 가공기계에 쓰이는 주된 풀 푸르프(Fool Proof)에서 가드(Guard)의 형식으로 틀린 것은?

① 인터록 가드(Interlock Guard)
② 안내 가드(Guide Guard)
③ 조정 가드(Adjustable Guard)
④ 고정 가드(Fixed Guard)

**해설**

가드(Guard)의 형식

| 형식 | 기능 |
| --- | --- |
| 고정 가드 (Fixed Guard) | 개구부로부터 가공물과 공구 등을 넣어도 손은 위험영역에 머무르지 않음 |
| 조절 가드 (Adjustable Guard) | 가공물과 공구에 맞도록 형상과 크기를 조절함 |
| 경고 가드 (Warning Guard) | 손이 위험영역에 들어가기 전에 경고함 |
| 인터록 가드 (Interlock Guard) | 기계가 작동 중에 개폐되는 경우 기계가 정지함 |

## 53 산업안전보건법령상 강렬한 소음작업에서 데시벨에 따른 노출시간으로 적합하지 않은 것은?

① 100데시벨 이상의 소음이 1일 2시간 이상 발생하는 작업
② 110데시벨 이상의 소음이 1일 30분 이상 발생하는 작업
③ 115데시벨 이상의 소음이 1일 15분 이상 발생하는 작업
④ 120데시벨 이상의 소음이 1일 7분 이상 발생하는 작업

**해설**

강렬한 소음작업
1. 90데시벨 이상의 소음이 1일 8시간 이상 발생하는 작업
2. 95데시벨 이상의 소음이 1일 4시간 이상 발생하는 작업
3. 100데시벨 이상의 소음이 1일 2시간 이상 발생하는 작업
4. 105데시벨 이상의 소음이 1일 1시간 이상 발생하는 작업
5. 110데시벨 이상의 소음이 1일 30분 이상 발생하는 작업
6. 115데시벨 이상의 소음이 1일 15분 이상 발생하는 작업

## 54 프레스기의 SPM(Stroke Per Minute)이 200이고, 클러치의 맞물림 개소 수가 6인 경우 양수기동식 방호장치의 안전거리는?

① 120mm
② 200mm
③ 320mm
④ 400mm

**해설**

방호장치 설치 안전거리(양수기동식)

$$D_m = 1.6 T_m$$

여기서, $D_m$ : 안전거리(mm)
$T_m$ : 양손으로 누름단추 누르기 시작할 때부터 슬라이드가 하사점에 도달하기까지 소요시간(ms)

$$T_m = \left( \frac{1}{\text{클러치 맞물림 개소 수}} + \frac{1}{2} \right) \times \frac{60{,}000}{\text{매분 행정수}} (\text{ms})$$

1. $T_m = \left( \dfrac{1}{\text{클러치 맞물림 개소 수}} + \dfrac{1}{2} \right) \times \dfrac{60{,}000}{\text{매분 행정수}}$
 $= \left( \dfrac{1}{6} + \dfrac{1}{2} \right) \times \dfrac{60{,}000}{200} = 200(\text{ms})$

2. $D_m = 1.6 \times 200 = 320(\text{mm})$

## 55 산업용 로봇의 작동범위 내에서 해당 로봇에 대하여 교시 등의 작업 시 예기치 못한 작동 및 오조작에 의한 위험을 방지하기 위하여 수립해야 하는 지침사항에 해당하지 않는 것은?

① 로봇의 조작방법 및 순서
② 작업 중의 매니퓰레이터의 속도
③ 로봇 구성품의 설계 및 조립방법
④ 2명 이상의 근로자에게 작업을 시킬 경우의 신호방법

**해설**

교시 등의 작업 시 안전조치 사항
1. 다음 각 목의 사항에 관한 지침을 정하고 그 지침에 따라 작업을 시킬 것
 ㉠ 로봇의 조작방법 및 순서
 ㉡ 작업 중의 매니퓰레이터의 속도
 ㉢ 2명 이상의 근로자에게 작업을 시킬 경우의 신호방법
 ㉣ 이상을 발견한 경우의 조치
 ㉤ 이상을 발견하여 로봇의 운전을 정지시킨 후 이를 재가동시킬 경우의 조치
 ㉥ 그 밖에 로봇의 예기치 못한 작동 또는 오조작에 의한 위험을 방지하기 위하여 필요한 조치
2. 작업에 종사하고 있는 근로자 또는 그 근로자를 감시하는 사람은 이상을 발견하면 즉시 로봇의 운전을 정지시키기 위한 조치를 할 것
3. 작업을 하고 있는 동안 로봇의 기동스위치 등에 작업 중이라는 표시를 하는 등 작업에 종사하고 있는 근로자가 아닌 사람이 그 스위치 등을 조작할 수 없도록 필요한 조치를 할 것

정답 52 ② 53 ④ 54 ③ 55 ③

**56** 일반적으로 장갑을 착용해야 하는 작업은?

① 드릴작업
② 밀링작업
③ 선반작업
④ 전기용접작업

**해설**

장갑의 사용 금지
1. 회전체에 말려들어 가는 위험을 방지하기 위해 장갑 착용 금지
2. 날·공작물 또는 축이 회전하는 기계를 취급하는 경우 : 근로자의 손에 밀착이 잘되는 가죽장갑 등과 같이 손이 말려들어 갈 위험이 없는 장갑을 사용

**57** 산업안전보건법령상 승강기의 종류에 해당하지 않는 것은?

① 리프트
② 에스컬레이터
③ 화물용 엘리베이터
④ 승객용 엘리베이터

**해설**

승강기
1. 개요
 건축물이나 고정된 시설물에 설치되어 일정한 경로에 따라 사람이나 화물을 승강장으로 옮기는 데에 사용되는 설비를 말한다.
2. 종류
 • 승객용 엘리베이터 : 사람의 운송에 적합하게 제조·설치된 엘리베이터
 • 승객화물용 엘리베이터 : 사람의 운송과 화물 운반을 겸용하는 데 적합하게 제조·설치된 엘리베이터
 • 화물용 엘리베이터 : 화물 운반에 적합하게 제조·설치된 엘리베이터로서 조작자 또는 화물취급자 1명은 탑승할 수 있는 것(적재용량이 300kg 미만인 것은 제외)
 • 소형화물용 엘리베이터 : 음식물이나 서적 등 소형 화물의 운반에 적합하게 제조·설치된 엘리베이터로서 사람의 탑승이 금지된 것
 • 에스컬레이터 : 일정한 경사로 또는 수평로를 따라 위·아래 또는 옆으로 움직이는 디딤판을 통해 사람이나 화물을 승강장으로 운송시키는 설비

**58** 재료가 변형 시에 외부응력이나 내부의 변형과정에서 방출되는 낮은 응력파(Stress Wave)를 감지하여 측정하는 비파괴시험은?

① 와류탐상 시험
② 침투탐상 시험
③ 음향탐상 시험
④ 방사선투과 시험

**해설**

음향방출검사
하중을 받고 있는 재료의 결함부에서 방출되는 응력파(Stress Wave)를 수신하여 분석함으로써 결함의 위치판정, 손상의 진전감시 등 동적거동을 판단하는 검사방법이다.

**59** 질량이 100kg인 물체를 그림과 같이 길이가 같은 2개의 와이어로프로 매달아 옮기고자 할 때 와이어로프 Ta에 걸리는 장력은 약 몇 N인가?

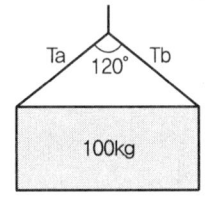

① 200
② 400
③ 490
④ 980

**해설**

슬링와이어로프의 한 가닥에 걸리는 하중

$$하중 = \frac{화물의\ 무게(W_1)}{2} \div \cos\frac{\theta}{2}$$

$하중 = \frac{100}{2} \div \cos\frac{120°}{2} = 50 \div \cos 60°$
$= 100(kg) \times 9.8 = 980[N]$

**TIP** 장력[N] = 총하중[kg] × 중력가속도[m/s²]

**60** 크레인을 사용하여 작업을 할 때 작업시작 전에 점검하여야 하는 사항에 해당하지 않는 것은?

① 권과방지장치·브레이크·클러치 및 운전장치의 기능
② 주행로의 상측 및 트롤리가 횡행하는 레일의 상태
③ 와이어로프가 통하고 있는 곳의 상태
④ 압력방출장치의 기능

**해설**
크레인을 사용하여 작업을 하는 때 작업시작 전 점검사항
1. 권과방지장치·브레이크·클러치 및 운전장치의 기능
2. 주행로의 상측 및 트롤리(Trolley)가 횡행하는 레일의 상태
3. 와이어로프가 통하고 있는 곳의 상태

**해설**
허용접촉전압

| 종별 | 접촉상태 | 허용접촉전압 |
|---|---|---|
| 제1종 | 인체의 대부분이 수중에 있는 상태 | 2.5V 이하 |
| 제2종 | · 인체가 현저하게 젖어 있는 상태<br>· 금속성의 전기기계장치나 구조물에 인체의 일부가 상시 접촉되어 있는 상태 | 25V 이하 |
| 제3종 | 제1종, 제2종 이외의 경우로 통상의 인체상태에 있어서 접촉전압이 가해지면 위험성이 높은 상태 | 50V 이하 |
| 제4종 | · 제1종, 제2종 이외의 경우로 통상의 인체상태에 있어서 접촉전압이 가해지더라도 위험성이 낮은 상태<br>· 접촉전압이 가해질 우려가 없는 상태 | 제한 없음 |

## 4과목  전기설비 안전관리

**61** 인체 피부의 전기저항에 영향을 주는 주요인자와 가장 거리가 먼 것은?

① 접촉면적
② 인가전압의 크기
③ 통전경로
④ 인가시간

**해설**
피부의 전기저항
1. 접촉부위에 따른 저항
2. 습기에 의한 변화
3. 피부와 전극 접촉면적에 의한 변화
4. 인가전압에 따른 변화
5. 인가시간에 의한 변화

**62** 일반 허용접촉전압과 그 종별을 짝지은 것으로 틀린 것은?

① 제1종 : 0.5V 이하
② 제2종 : 25V 이하
③ 제3종 : 50V 이하
④ 제4종 : 제한 없음

**63** 저압전로의 절연성능에 관한 설명으로 적합하지 않은 것은?

① 전로의 사용전압이 SELV 및 PELV일 때 절연저항은 0.5MΩ 이상이어야 한다.
② 전로의 사용전압이 FELV일 때 절연저항은 1.0MΩ 이상이어야 한다.
③ 전로의 사용전압이 FELV일 때 DC 시험전압은 500V이다.
④ 전로의 사용전압이 600V일 때 절연저항은 1.5MΩ 이상이어야 한다.

**해설**
저압전로의 절연저항

| 전로의 사용전압(V) | DC시험전압(V) | 절연저항(MΩ) |
|---|---|---|
| SELV 및 PELV | 250 | 0.5 |
| FELV, 500V 이하 | 500 | 1.0 |
| 500V 초과 | 1,000 | 1.0 |

[주] 특별저압(Extra Low Voltage : 2차 전압이 AC 50V, DC 120V 이하)으로 SELV(비접지회로 구성) 및 PELV(접지회로 구성)은 1차와 2차가 전기적으로 절연된 회로, FELV는 1차와 2차가 전기적으로 절연되지 않은 회로

**64** 고압전로에 설치된 전동기용 고압전류 제한퓨즈의 불용단전류의 조건은?

① 정격전류 1.3배의 전류로 1시간 이내에 용단되지 않을 것
② 정격전류 1.3배의 전류로 2시간 이내에 용단되지 않을 것

**정답** 60 ④ 61 ③ 62 ① 63 ④ 64 ②

③ 정격전류 2배의 전류로 1시간 이내에 용단되지 않을 것
④ 정격전류 2배의 전류로 2시간 이내에 용단되지 않을 것

**해설**

고압전로에 사용하는 퓨즈

| 포장퓨즈 | 비포장 퓨즈 |
|---|---|
| • 정격전류의 1.3배의 전류에 견딜 것<br>• 2배의 전류로 120분 안에 용단되는 것 | • 정격전류의 1.25배의 전류에 견딜 것<br>• 2배의 전류로 2분 안에 용단되는 것 |

---

**65** 감전에 의해 호흡이 정지한 후에 인공호흡을 즉시 실시하면 소생할 수 있는데, 감전에 의한 호흡정지 후 3분 이내에 올바른 방법으로 인공호흡을 실시하였을 경우 소생률은 약 몇 % 정도인가?

① 25  ② 50
③ 75  ④ 95

**해설**

감전사고 후 응급조치 개시시간에 따른 소생률

| 호흡정지 후 인공호흡 개시까지의 시간(분) | 소생률 (100명당) | 사망률 (100명당) |
|---|---|---|
| 1 | 95 | 5 |
| 2 | 90 | 10 |
| 3 | 75 | 25 |
| 4 | 50 | 50 |
| 5 | 25 | 75 |

---

**66** 절연전선의 과전류에 의한 연소단계 중 착화단계의 전선전류밀도(A/mm²)로 알맞은 것은?

① 50~65  ② 43~60
③ 40~45  ④ 60~70

**해설**

배선의 용단단계에 따른 전선전류밀도(전선의 연소 과정)

| 단계 | 인화단계 | 착화단계 | 발화단계 | | 순시용단단계 |
|---|---|---|---|---|---|
| | 허용전류의 3배 정도 | 큰 전류, 점화원 없이 착화연소 | 심선이 용단 | | 심선용단 및 도선폭발 |
| | | | 발화 후 용단 | 용단과 동시 발화 | |
| 전류밀도 (A/mm²) | 40~43 | 43~60 | 60~70 | 75~120 | 120 이상 |

---

**67** 정전용량 $C = 10\mu F$, 방전 시 전압 $V = 2kV$일 때 정전에너지(J)는 얼마인가?

① 20  ② 80
③ 400  ④ 800

**해설**

정전에너지

$$W = \frac{1}{2}CV^2 = \frac{1}{2}QV = \frac{1}{2}\frac{Q^2}{C}$$

대전전하량$(Q) = C \cdot V$, 대전전위$(V) = \dfrac{Q}{C}$

여기서, $W$ : 정전기 에너지(J)
$C$ : 도체의 정전용량(F)
$V$ : 대전전위(V)
$Q$ : 대전전하량(C)

$W = \frac{1}{2}CV^2 = \frac{1}{2} \times (100 \times 10^{-6}) \times (2 \times 10^3)^2 = 20[J]$

**TIP** $\mu F = 10^{-6} F$, $kV = 1{,}000V$

---

**68** 교류아크용접기의 자동전격방지장치는 아크 발생이 중단된 후 출력 측 무부하 전압을 1초 이내 몇 V 이하로 저하시켜야 하는가?

① 25~30  ② 35~50
③ 55~75  ④ 80~100

**해설**

자동전격방지기
1. 교류아크용접기는 65~90V의 무부하 전압이 인가되어 감전의 위험성이 높으며, 자동전격방지기를 설치하여 아크 발생을 중단할 때 용접기의 2차(출력) 측 무부하 전압을 25~30V 이하로 유지시켜 감전의 위험을 줄이도록 되어 있다.
2. 즉, 용접 시에만 용접기의 주회로가 접속되고 그 외는 용접기 2차 전압을 안전전압 이하로 제한한다.

**TIP** 2차(출력) 측 무부하 전압을 자동적으로 25V 이하로 강하시켜야 하나 전원전압의 변동이 있을 경우 30V 이하로 강하시켜야 한다.

---

**정답** 65 ③  66 ②  67 ①  68 ①

**69** 전자파 중에서 광량자 에너지가 가장 큰 것은?

① 극저주파
② 마이크로파
③ 가시광선
④ 적외선

해설
전자파
전자파란 전기 및 자기의 흐름에서 발생하는 일종의 전자기 에너지이다. 즉, 전기가 흐를 때 그 주위에 전기장과 자기장이 동시에 발생하는데 이들이 주기적으로 바뀌면서 생기는 파동을 전자파라고 하며 광량자 에너지의 크기는 자외선 > 가시광선 > 적외선 > 마이크로파 순이다.

TIP 광량자 에너지
빛을 입자로 보았을 때 그 빛의 입자들(광량자)의 에너지를 말한다.

**70** 제전기의 제전효과에 영향을 미치는 요인으로 볼 수 없는 것은?

① 제전기의 설치 위치 및 설치 각도
② 대전물체의 대전전위 및 대전분포
③ 제전기의 이온 생성 능력
④ 전원의 극성 및 전선의 길이

해설
제전기의 제전효과에 영향을 미치는 요인
1. 단위시간당 이온 생성 능력
2. 설치 위치와 거리 및 설치 각도
3. 대전물체의 대전전위 및 대전분포
4. 피대전물체의 이동속도
5. 대전물체와 제전기 사이의 기류
6. 피대전물체의 형상
7. 근접 접지체의 형상 위치 크기

**71** 충격전압시험 시 표준충격파형을 $1.2 \times 60\mu s$로 나타내는 경우 1.2와 60이 뜻하는 것은?

① 파두장 – 파미장
② 파미장 – 파두장
③ 파두장 – 스테이블타임
④ 파미장 – 충격전압인가시간

해설
충격파 표시방법
1. 파두장 : 파고값 30%에서 파고값 90%까지 직선을 그었을 때 가로축과 만나는 기점~파고값과 만나는 교점까지의 파형을 그리는 시간
2. 파미장 : 파고값 30%에서 파고값 90%까지 직선을 그을 때 가로축과 만나는 기점~파고점의 50%까지 내려오는 파형을 그리는 시간
3. 충격파 표시법
   • 충격파 : 파두장 × 파미장($\mu s$)
   • 우리나라 표준충격파 : $1.2 \times 50\mu s$

**72** 저압 충전부에 인체가 접촉할 때 전격으로 인한 재해사고 중 1차적인 인자로 볼 수 없는 것은?

① 통전전류
② 통전경로
③ 인가전압
④ 통전시간

해설
감전재해의 요인

| | |
|---|---|
| 1차적 감전요소 | • 통전전류의 크기 : 크면 위험, 인체의 저항이 일정할 때 접촉전압에 비례<br>• 통전경로 : 인체의 주요한 부분을 흐를수록 위험<br>• 통전시간 : 장시간 흐르면 위험<br>• 전원의 종류 : 전원의 크기(전압)가 동일한 경우 교류가 직류보다 위험하다. |
| 2차적 감전요소 | • 인체의 조건(저항) : 땀에 젖어 있거나 물에 젖어 있는 경우 인체의 저항이 감소하므로 위험성이 높아진다.<br>• 전압 : 전압의 크기가 클수록 위험하다.<br>• 계절 : 계절에 따라 인체의 저항이 변화하므로 전격에 대한 위험도에 영향을 준다. |

**73** 온도 $t[℃]$에서 동선의 저항을 $R_t$, 온도계수 $a_t$일 때 $T[℃]$에 있어서의 저항 $R_T$는 어떻게 구해지는가?

① $R_t\{1+a_t(T-t)\}$
② $R_t\{a_t+234.5(t-T)\}$
③ $a_t\{1+R_t(T-t)\}$
④ $R_t\{1+a_t(T+t)\}$

해설
저항의 온도계수
저항값이 온도에 따라 변화하는 비율을 나타내는 것이다.

$$R_T = R_t\{1+\alpha_t(T-t)\}$$

여기서, $R_T$ : $T$[℃]에서의 저항값
$R_t$ : $t$[℃]에서의 저항값
$\alpha_t$ : $t$[℃]에서의 저항의 온도계수

## 74 대전서열을 올바르게 나열한 것은?

　　(+)　　　　　　　　　　　(-)
① 폴리에탈린 – 셀룰로이드 – 염화비닐 – 테프론
② 셀룰로이드 – 폴리에틸렌 – 염화비닐 – 테프론
③ 염화비닐 – 폴리에틸렌 – 셀룰로이드 – 테프론
④ 테프론 – 셀룰로이드 – 염화비닐 – 폴리에틸렌

**해설**

고분자 물질의 대전서열

## 75 내압 방폭구조의 필요충분조건에 대한 사항으로 틀린 것은?

① 폭발화염이 외부로 유출되지 않을 것
② 습기침투에 대한 보호를 충분히 할 것
③ 내부에서 폭발한 경우 그 압력에 견딜 것
④ 외함의 표면온도가 외부의 폭발성 가스를 점화하지 않을 것

**해설**

내압 방폭구조(Flameproof Enclosure, d)
1. 점화원에 의해 용기 내부에서 폭발이 발생할 경우에 용기가 폭발압력에 견딜 수 있고, 화염이 용기 외부의 폭발성 분위기로 전파되지 않도록 한 방폭구조
2. 전폐형구조로 용기 내에 외부의 폭발성 가스가 침입하여 내부에서 폭발하더라도 용기는 그 압력에 견뎌야 하고 폭발한 고열가스나 화염이 용기의 접합부 틈을 통하여 새어 나가는 동안 냉각되어 외부의 폭발성 가스에 화염이 파급될 우려가 없도록 한 방폭구조
3. 주요 성능 시험항목은 폭발압력(기준압력) 측정, 폭발강도(정적 및 동적)시험, 폭발인화시험 등이 있다.

## 76 한국전기설비규정에 따라 피뢰설비에서 외부피뢰시스템의 수뢰부시스템으로 적합하지 않은 것은?

① 돌침
② 수평도체
③ 메시도체
④ 환상도체

**해설**

수뢰부시스템(Air – termination System)
낙뢰를 포착할 목적으로 돌침, 수평도체, 메시도체 등과 같은 금속 물체를 이용한 외부피뢰시스템의 일부를 말한다.

## 77 고압 및 특고압 전로에 시설하는 피뢰기의 설치장소로 잘못된 곳은?

① 가공전선로와 지중전선로가 접속되는 곳
② 발전소, 변전소의 가공전선 인입구 및 인출구
③ 고압 가공전선로에 접속하는 배전용 변압기의 저압 측
④ 고압 가공전선로로부터 공급을 받는 수용장소의 인입구

**해설**

피뢰기의 설치장소(고압 및 특고압 전로)
고압 및 특고압의 전로 중 다음의 곳 또는 이에 근접한 곳에는 피뢰기를 시설하고 피뢰기 접지저항값은 10Ω 이하로 하여야 한다.
1. 발전소·변전소 또는 이에 준하는 장소의 가공전선 인입구 및 인출구
2. 특고압 가공전선로에 접속하는 배전용 변압기의 고압 측 및 특고압 측
3. 고압 또는 특고압의 가공전선로로부터 공급을 받는 수용장소의 인입구
4. 가공전선로와 지중전선로가 접속되는 곳

## 78 50kW, 60Hz 3상 유도전동기가 380V 전원에 접속된 경우 흐르는 전류(A)는 약 얼마인가?(단, 역률은 80%이다.)

① 82.24
② 94.96
③ 116.30
④ 164.47

정답 74 ① 75 ② 76 ④ 77 ③ 78 ②

**해설**

전류

1. 3상 전력

$$P = \sqrt{3}\,VI\cos\theta$$

여기서, $P$ : 전력[W], $V$ : 전압[V], $I$ : 전류[A]
$\cos\theta$ : 역률

2. 전류 계산

$$I = \frac{P}{\sqrt{3}\,V\cos\theta} = \frac{50,000}{\sqrt{3} \times 380 \times 0.8} = 94.96$$

**TIP** 1kW = 1,000W

---

**79** 최소 착화에너지가 0.26mJ인 가스에 정전용량이 100pF인 대전물체로부터 정전기 방전에 의하여 착화할 수 있는 전압은 약 몇 V인가?

① 2,240
② 2,260
③ 2,280
④ 2,300

**해설**

정전에너지

$$W = \frac{1}{2}CV^2 = \frac{1}{2}QV = \frac{1}{2}\frac{Q^2}{C}$$

대전전하량$(Q) = C \cdot V$, 대전전위$(V) = \frac{Q}{C}$

여기서, $W$ : 정전기 에너지(J)
$C$ : 도체의 정전용량(F)
$V$ : 대전전위(V)
$Q$ : 대전전하량(C)

1. $W = \frac{1}{2}CV^2 \rightarrow 2W = CV^2 \rightarrow V^2 = \frac{2W}{C} \rightarrow V = \sqrt{\frac{2W}{C}}$

2. $V = \sqrt{\frac{2W}{C}} = \sqrt{\frac{2 \times 0.26 \times 10^{-3}}{100 \times 10^{-12}}} = 2,280[V]$

**TIP** $pF = 10^{-12}F$, $mJ = 10^{-3}J$

---

**80** 누전차단기를 설치하여야 하는 곳은?

① 기계기구를 건조한 장소에 시설한 경우
② 대지전압이 220V에서 기계기구를 물기가 없는 장소에 시설한 경우
③ 전기용품안전 관리법의 적용을 받는 2중 절연구조의 기계기구
④ 전원 측에 절연변압기(2차 전압이 300V 이하)를 시설한 경우

**해설**

누전차단기의 적용 대상

1. 대지전압이 150V를 초과하는 이동형 또는 휴대형 전기기계·기구
2. 물 등 도전성이 높은 액체가 있는 습윤장소에서 사용하는 저압(750V 이하 직류전압이나 600V 이하의 교류전압을 말한다)용 전기기계·기구
3. 철판·철골 위 등 도전성이 높은 장소에서 사용하는 이동형 또는 휴대형 전기기계·기구
4. 임시배선의 전로가 설치되는 장소에서 사용하는 이동형 또는 휴대형 전기기계·기구

**TIP** 누전차단기 설치 제외 대상

1. 기계기구를 발전소·변전소·개폐소 또는 이에 준하는 곳에 시설하는 경우
2. 기계기구를 건조한 곳에 시설하는 경우
3. 대지전압이 150V 이하인 기계기구를 물기가 있는 곳 이외의 곳에 시설하는 경우
4. 「전기용품 및 생활용품 안전관리법」의 적용을 받는 이중 절연구조의 기계기구를 시설하는 경우
5. 그 전로의 전원 측에 절연변압기(2차 전압이 300V 이하인 경우에 한함)를 시설하고 또한 그 절연 변압기의 부하 측의 전로에 접지하지 아니하는 경우
6. 기계기구가 고무·합성수지 기타 절연물로 피복된 경우
7. 기계기구가 유도전동기의 2차 측 전로에 접속되는 것일 경우
8. 기계기구가 전기욕기·전기로·전기보일러·전해조 등 대지로부터 절연하는 것이 기술상 곤란한 것
9. 기계기구 내에「전기용품 및 생활용품 안전관리법」의 적용을 받는 누전차단기를 설치하고 또한 기계기구의 전원 연결선이 손상을 받을 우려가 없도록 시설하는 경우

 79 ③  80 ②

## 5과목 화학설비 안전관리

**81** 알루미늄분이 고온의 물과 반응하였을 때 생성되는 가스는?

① 이산화탄소
② 수소
③ 메탄
④ 에탄

**해설**

알루미늄

$$2Al + 6H_2O \rightarrow 2Al(OH)_3 + 3H_2$$
(알루미늄) (물) (수산화알루미늄) (수소)

**TIP** 물과 반응 시 생성되는 가스
- 칼륨, 알루미늄분 : 수소 발생
- 인화칼슘 : 포스핀 발생
- 탄화칼슘(카바이드) : 아세틸렌 발생

**82** 다음 관(Pipe) 부속품 중 관로의 방향을 변경하기 위하여 사용하는 부속품은?

① 니플(Nipple)
② 유니온(Union)
③ 플랜지(Flange)
④ 엘보우(Elbow)

**해설**

피팅류(Fittings)

| | |
|---|---|
| 두 개의 관을 연결할 때 | 플랜지(Flange), 유니온(Union), 커플링(Coupling), 니플(Nipple), 소켓(Socket) |
| 관로의 방향을 바꿀 때 | 엘보우(Elbow), Y지관(Y-branch), 티(Tee), 십자(Cross) |
| 관로의 크기를 바꿀 때 (관의 지름을 변경할 때) | 리듀서(Reducer), 부싱(Bushing) |
| 가지관을 설치할 때 | Y지관(Y-branch), 티(Tee), 십자(Cross) |
| 유로를 차단할 때 | 플러그(Plug), 캡(Cap), 밸브(Valve) |
| 유량조절 | 밸브(Valve) |

**83** 다음 중 분진폭발이 발생하기 쉬운 조건으로 적절하지 않은 것은?

① 발열량이 클 때
② 입자의 표면적이 작을 때
③ 입자의 형상이 복잡할 때
④ 분진의 초기 온도가 높을 때

**해설**

분진폭발의 영향 인자

| | |
|---|---|
| 분진의 화학적 성질과 조성 | 분진의 발열량이 클수록 폭발성이 크며 휘발성분의 함유량이 많을수록 폭발하기 쉽다. |
| 입도와 입도분포 | • 분진의 표면적이 입자체적에 비하여 커지면 열의 발생속도가 방열속도보다 커져서 폭발이 용이해진다.<br>• 평균 입자의 직경이 작고 밀도가 작을수록 비표면적은 크게 되고 표면에너지도 크게 되어 폭발이 용이해진다. |
| 입자의 형상과 표면의 상태 | 평균입경이 동일한 분진인 경우, 입자의 형상이 복잡하면 폭발이 잘된다. |
| 수분 | • 수분 함유량이 적을수록 폭발성이 급격히 증가된다.<br>• 분진 속에 존재하는 수분은 분진의 부유성을 억제하고 대전성을 감소시켜 폭발성을 둔감하게 한다. |
| 분진의 농도 | 분진의 농도가 양론조성농도보다 약간 높을 때, 폭발속도가 최대가 된다. |
| 분진의 온도 | • 초기 온도가 높을수록 최소폭발농도가 적어져서 위험하다.<br>• 초기 온도가 높을수록 최소점화에너지(MIE)는 감소된다. |
| 분진의 부유성 | • 입자가 작고 가벼운 것은 공기 중에서 부유하기 쉽다.<br>• 부유성이 큰 것일수록 공기 중에서의 체류시간도 길고 위험성도 증가한다. |
| 산소의 농도 | • 산소나 공기가 증가하면 폭발하한농도가 낮아짐과 동시에 입도가 큰 것도 폭발성을 갖게 된다.<br>• 불활성 가스($CO_2$, $N_2$ 등)를 사용하여 산소농도를 낮춘다. |

**84** 포스겐가스 누설검지의 시험지로 사용되는 것은?

① 연당지
② 염화파라듐지
③ 하리슨 시험지
④ 초산벤젠지

**정답** 81 ② 82 ④ 83 ② 84 ③

**해설**

시험지법
검지하고자 하는 가스와 반응하여 색이 변하는 시약을 종이 등에 침투시킨 것을 사용하는 방법

| 검지가스 | 시험지 | 반응 |
|---|---|---|
| 황화수소 | 연당지 | 회흑색 |
| 일산화탄소 | 염화파라듐지 | 흑색 |
| 포스겐 | 하리슨 시험지 | 유자색 |
| 시안화수소 | 초산벤젠지 | 청색 |

**85** 처음 온도가 20℃인 공기를 절대압력 1기압에서 3기압으로 단열압축하면 최종온도는 약 몇 도인가? (단, 공기의 비열비는 1.4이다.)

① 68℃  ② 75℃
③ 128℃  ④ 164℃

**해설**

단열압축 과정에서의 온도 변화

$$\frac{T_2}{T_1} = \left(\frac{P_2}{P_1}\right)^{(k-1)/k} \quad T_2 = T_1 \times \left(\frac{P_2}{P_1}\right)^{(k-1)/k}$$

여기서, $T_1$ : 압축 전 절대온도(K)
$T_2$ : 단열압축 후의 절대온도(K)
$P_1$ : 압축 전 압력, $P_2$ : 단열압축 시의 압력
$k$ : 압축비(통상 1.4를 기준)[1.1~1.8의 값]

절대온도[K] = ℃ + 273, ℃ = 절대온도[K] − 273

1. $T_2 = T_1 \times \left(\frac{P_2}{P_1}\right)^{(k-1)/k}$
   $= (273 + 20) \times \left(\frac{3}{1}\right)^{(1.4-1)/1.4} = 401.04(K)$

2. 절대온도를 섭씨온도로 바꾸면,
   401.04 − 273 = 128.04 = 128[℃]

**86** 액체 표면에서 발생한 증기농도가 공기 중에서 연소하한농도가 될 수 있는 가장 낮은 액체온도를 무엇이라 하는가?

① 인화점
② 비등점
③ 연소점
④ 발화온도

**해설**

인화점
1. 가연성 물질에 점화원을 주었을 때 연소가 시작되는 최저 온도
2. 사용 중인 용기 내에서 인화성 액체가 증발하여 인화될 수 있는 가장 낮은 온도
3. 액체의 표면에서 발생한 증기농도가 공기 중에서 연소하한 농도가 될 수 있는 가장 낮은 액체온도

**87** 분진폭발의 요인을 물리적 인자와 화학적 인자로 분류할 때 화학적 인자에 해당하는 것은?

① 연소열
② 입도분포
③ 열전도율
④ 입자의 형성

**해설**

분진의 화학적 성질과 조성
분진의 발열량이 클수록 폭발성이 크며 휘발성분의 함유량이 많을수록 폭발하기 쉽다.

**88** 어떤 습한 고체재료 10kg을 완전 건조 후 무게를 측정하였더니 6.8kg이었다. 이 재료의 건량기준 함수율은 몇 kg · H₂O/kg인가?

① 0.25
② 0.36
③ 0.47
④ 0.58

**해설**

함수율
1. 재료가 함유하고 있는 물의 양을 정량적으로 표시한 것을 말한다.
2. 재료의 질량에 대한 물의 질량의 비율로 표시된다.

$$함수율 = \frac{W_1 - W_2}{W_2}$$

여기서, $W_1$ : 건조 전 질량
$W_2$ : 건조 후 질량

$함수율 = \frac{W_1 - W_2}{W_2} = \frac{10 - 6.8}{6.8} = 0.47[\text{kg} \cdot \text{H}_2\text{O/kg}]$

**정답** 85 ③ 86 ① 87 ① 88 ③

## 89 폭발에 관한 용어 중 "BLEVE"가 의미하는 것은?

① 고농도의 분진폭발
② 저농도의 분해폭발
③ 개방계 증기운 폭발
④ 비등액 팽창증기 폭발

**해설**

BLEVE(비등액 팽창증기 폭발 : Boliling Liquid Expanding Vapor Explosion)
비등점이 낮은 인화성액체 저장탱크가 화재로 인한 화염에 장시간 노출되어 탱크 내 액체가 급격히 증발하여 비등하고 증기가 팽창하면서 탱크 내 압력이 설계압력을 초과하여 폭발을 일으키는 현상

## 90 다음 중 공기 중 최소발화에너지 값이 가장 작은 물질은?

① 에틸렌
② 아세트알데히드
③ 메탄
④ 에탄

**해설**

최소발화에너지

| 가연성 가스 | 최소발화에너지[$10^{-3}$ Joule] |
|---|---|
| 에틸렌 | 0.096 |
| 아세트알데히드 | 0.36 |
| 메탄 | 0.28 |
| 에탄 | 0.31 |

## 91 다음 중 왕복펌프에 속하지 않는 것은?

① 피스톤 펌프
② 플런저 펌프
③ 기어 펌프
④ 격막 펌프

**해설**

왕복펌프
피스톤의 왕복운동에 의해 액체를 압송하는 펌프를 말한다.

> **TIP** 회전펌프
> • 스크루, 기어, 편심모터 등의 회전운동에 의해 액체를 압송하는 펌프
> • 종류 : 기어 펌프, 스크루 펌프, 나사 펌프, 캠 펌프, 베인 펌프

## 92 다음 중 퍼지(Purge)의 종류에 해당하지 않는 것은?

① 압력 퍼지
② 진공 퍼지
③ 스위프 퍼지
④ 가열 퍼지

**해설**

불활성화 방법

| | |
|---|---|
| 진공 치환 (진공 퍼지, 저압 퍼지) | 용기에 대한 가장 통상적인 치환절차 |
| 압력 치환 (압력 퍼지) | 용기에 가압된 불활성 가스를 주입하는 방법으로 가압한 가스가 용기 내에서 충분히 확산된 후 그것을 대기로 방출하여야 한다. |
| 스위프 치환 (스위프 퍼지) | 용기의 한 개구부로 불활성 가스를 이너팅하고 다른 개구부로 대기 등으로 혼합가스를 방출하는 방법 |
| 사이폰 치환 (사이폰 퍼지) | 용기에 물 또는 비가연성, 비반응성의 적합한 액체를 채운 후 액체를 뽑아내면서 불활성 가스를 주입하는 방법 |

## 93 공정안전보고서 중 공정안전자료에 포함하여야 할 세부내용에 해당하는 것은?

① 비상조치계획에 따른 교육계획
② 안전운전지침서
③ 각종 건물·설비의 배치도
④ 도급업체 안전관리계획

**해설**

공정안전자료
1. 취급·저장하고 있거나 취급·저장하려는 유해·위험물질의 종류 및 수량
2. 유해·위험물질에 대한 물질안전보건자료
3. 유해하거나 위험한 설비의 목록 및 사양
4. 유해하거나 위험한 설비의 운전방법을 알 수 있는 공정도면
5. 각종 건물·설비의 배치도
6. 폭발위험장소 구분도 및 전기단선도
7. 위험설비의 안전설계·제작 및 설치 관련 지침서

**94** 다음 중 산업안전보건법령상 산화성 액체 또는 산화성 고체에 해당하지 않는 것은?

① 질산
② 중크롬산
③ 과산화수소
④ 질산에스테르

해설
산화성 액체 및 산화성 고체
1. 차아염소산 및 그 염류
2. 아염소산 및 그 염류
3. 염소산 및 그 염류
4. 과염소산 및 그 염류
5. 브롬산 및 그 염류
6. 요오드산 및 그 염류
7. 과산화수소 및 무기과산화물
8. 질산 및 그 염류
9. 과망간산 및 그 염류
10. 중크롬산 및 그 염류
11. 그 밖에 1.부터 10.까지의 물질과 같은 정도의 산화성이 있는 물질
12. 1.부터 11.까지의 물질을 함유한 물질

TIP 질산에스테르
폭발성 물질 및 유기과산화물

**95** 다음 중 인화점이 가장 낮은 것은?

① 벤젠
② 메탄올
③ 이황화탄소
④ 경유

해설
인화성 액체의 인화점

| 액체 | 인화점 | 액체 | 인화점 |
|---|---|---|---|
| 벤젠 | -11℃ | 이황화탄소 | -30℃ |
| 메탄올 | 16℃ | 경유 | 50℃ |

**96** 다음 중 펌프의 공동현상(Cavitation)을 방지하기 위한 방법으로 가장 적절한 것은?

① 펌프의 유효 흡입양정을 작게 한다.
② 펌프의 회전속도를 크게 한다.
③ 흡입 측에서 펌프의 토출량을 줄인다.
④ 펌프의 설치 위치를 높게 한다.

해설
공동현상(Cavitation)의 발생원인 및 조치사항
1. 정의
   물이 관 내를 유동하고 있을 때에 흐르는 물속의 어떤 부분의 정압력이 그때의 수온에 상당하는 증기압 이하가 되면 부분적으로 증기를 발생하는 현상을 공동현상이라 하며, 펌프의 임펠러나 동체 안에서 자주 일어난다.
2. 발생원인
   - 펌프의 흡입 측 수두, 펌프속도, 마찰손실이 클 때
   - 수원이 펌프보다 아래에 있을 때
   - 펌프의 흡입관경이 적을 때
   - 펌프 흡입압력이 유체증기보다 낮을 때
3. 조치사항
   - 펌프의 설치높이를 낮추어 흡입양정을 짧게 한다.
   - 펌프 회전수를 낮추어 흡입비교 회전도를 적게 한다.
   - 펌프의 임펠러를 수중에 완전히 잠기게 한다.
   - 흡입배관의 관지름을 굵게 하거나 굽힘을 적게 한다.
   - 양 흡입 펌프 사용 또는 두 대 이상의 펌프를 사용한다.
   - 펌프 흡입관의 마찰손실 및 저항을 작게 한다.
   - 유효흡입 헤드를 크게 한다.

**97** 산업안전보건법상 인화성 물질이나 부식성 물질을 액체상태로 저장하는 저장탱크를 설치하는 때에 위험물질이 누출되어 확산되는 것을 방지하기 위하여 설치하여야 하는 것은?

① Flame Arrester
② Vent Stack
③ 긴급방출장치
④ 방유제

해설
방유제의 설치
위험물을 액체상태로 저장하는 저장탱크를 설치하는 경우에는 위험물질이 누출되어 확산되는 것을 방지하기 위하여 방유제를 설치하여야 한다.

**98** 불연성이지만 다른 물질의 연소를 돕는 산화성 액체물질에 해당하는 것은?

① 히드라진
② 과염소산
③ 벤젠
④ 암모니아

해설
과염소산
산화성 액체로 무색무취의 유동하기 쉬운 액체이며 대단히 불안정한 강산이다.

정답 94 ④ 95 ③ 96 ① 97 ④ 98 ②

**99** 다음 위험물 중 산화성 액체 및 산화성 고체가 아닌 것은?

① 질산 및 그 염류
② 염소산 및 그 염류
③ 과염소산 및 그 염류
④ 유기과산화물

**해설**
유기과산화물은 폭발성 물질 및 유기과산화물에 해당된다.

**100** 자연발화 성질을 갖는 물질이 아닌 것은?

① 질화면
② 목탄분말
③ 아마인유
④ 과염소산

**해설**
자연발화의 형태
외부로 방열하는 열보다 내부에서 발생하는 열의 양이 많은 경우에 발생
1. 산화열에 의한 발열(석탄, 건성유, 기름걸레 등)
2. 분해열에 의한 발열(셀룰로이드, 니트로셀룰로오스 등)
3. 흡착열에 의한 발열(활성탄, 목탄분말, 석탄분 등)
4. 미생물에 의한 발열(퇴비, 먼지, 볏짚 등)
5. 중합에 의한 발열(아크릴로니트릴 등)

**TIP** 과염소산
산화성 액체로 무색무취의 유동하기 쉬운 액체이며 대단히 불안정한 강산이다.

## 6과목 건설공사 안전관리

**101** 산업안전보건관리비 계상기준에 따른 공사 중 대상액 5억 원 미만인 경우 적용비율이 틀린 것은?

① 건축공사 : 2.28%
② 토목공사 : 3.15%
③ 중건설공사 : 3.64%
④ 특수건설공사 : 2.07%

**해설**
공사 종류 및 규모별 산업안전보건관리비 계상기준표

| 공사 종류 | 대상액 5억 원 미만인 경우 적용비율(%) | 대상액 5억 원 이상 50억 원 미만인 경우 적용비율(%) | 대상액 5억 원 이상 50억 원 미만인 경우 기초액 | 대상액 50억 원 이상인 경우 적용비율(%) | 보건관리자 선임대상 건설공사의 적용비율(%) |
|---|---|---|---|---|---|
| 건축공사 | 3.11% | 2.28% | 4,325,000원 | 2.37% | 2.64% |
| 토목공사 | 3.15% | 2.53% | 3,300,000원 | 2.60% | 2.73% |
| 중건설공사 | 3.64% | 3.05% | 2,975,000원 | 3.11% | 3.39% |
| 특수건설공사 | 2.07% | 1.59% | 2,450,000원 | 1.64% | 1.78% |

안전관리비 대상액 = 공사원가계산서 구성항목 중 직접재료비, 간접재료비와 직접노무비를 합한 금액(발주자가 재료를 제공할 경우에는 해당 재료비를 포함)

**102** 기존에 구축된 건축물 가까이에서 건축공사를 실시할 경우 기존 건축물의 지반과 기초를 보강하는 공법은?

① 리버스 서큘레이션 공법
② 언더피닝 공법
③ 슬러리 월 공법
④ 탑다운 공법

**해설**
언더피닝(Under Pinning) 공법
기존 구조물에 근접 시공 시 기존 구조물의 기초 저면보다 깊은 구조물을 시공하거나 기존 구조물의 증축 또는 지하실 등을 축조 시 기존 구조물을 보호하기 위하여 실시하는 공법을 말한다.

**103** 중량물 운반 시 크레인에 매달아 올릴 수 있는 최대하중으로부터 달아올리기 기구의 중량에 상당하는 하중을 제외한 하중은?

① 정격하중
② 적재하중
③ 임계하중
④ 작업하중

**해설**
크레인의 정격하중
크레인의 권상(호이스팅)하중에서 훅, 크래브 또는 버킷 등 달기기구의 중량에 상당하는 하중을 뺀 하중을 말한다. 다만, 지브가 있는 크레인 등으로서 경사각의 위치에 따라 권상능력이 달라지는 것은 그 위치에서의 권상하중에서 달기기구의 중량을 뺀 하중을 말한다.

**정답** 99 ④ 100 ④ 101 ① 102 ② 103 ①

**104** 항만하역작업에서의 선박승강설비 설치기준으로 옳지 않은 것은?

① 200톤급 이상의 선박에서 하역작업을 하는 경우에 근로자들이 안전하게 오르내릴 수 있는 현문(舷門) 사다리를 설치하여야 하며, 이 사다리 밑에 안전망을 설치하여야 한다.
② 현문 사다리는 견고한 재료로 제작된 것으로 너비는 55cm 이상이어야 한다.
③ 현문 사다리의 양측에는 82cm 이상의 높이로 울타리를 설치하여야 한다.
④ 현문 사다리는 근로자의 통행에만 사용하여야 하며, 화물용 발판 또는 화물용 보관으로 사용하도록 해서는 아니 된다.

**해설**

선박승강설비의 설치
1. 300톤급 이상의 선박에서 하역작업을 하는 경우에 근로자들이 안전하게 오르내릴 수 있는 현문 사다리를 설치하여야 하며, 이 사다리 밑에 안전망을 설치하여야 한다.
2. 현문 사다리는 견고한 재료로 제작된 것으로 너비는 55cm 이상이어야 하고, 양측에 82cm 이상의 높이로 울타리를 설치하여야 하며, 바닥은 미끄러지지 않도록 적합한 재질로 처리되어야 한다.
3. 현문 사다리는 근로자의 통행에만 사용하여야 하며, 화물용 발판 또는 화물용 보관으로 사용하도록 해서는 아니 된다.

**105** 건축물의 해체공사에 대한 설명으로 틀린 것은?

① 압쇄기와 대형 브레이커(Breaker)는 파워쇼벨 등에 설치하여 사용한다.
② 철제 햄머(Hammer)는 크레인 등에 설치하여 사용한다.
③ 핸드 브레이커(Hand Breaker) 사용 시 수직보다는 경사를 주어 파쇄하는 것이 좋다.
④ 절단톱의 회전날에는 접촉방지 커버를 설치하여야 한다.

**해설**

핸드 브레이커
1. 압축공기, 유압의 급속한 충격력에 의거 콘크리트 등을 해체할 때 사용하는 것

2. 작은 부재의 파쇄에 유리하고 소음, 진동 및 분진이 발생
3. 준수사항
   ㉠ 끝의 부러짐을 방지하기 위하여 작업자세는 하향 수직방향으로 유지하도록 하여야 한다.
   ㉡ 기계는 항상 점검하고, 호스의 꼬임·교차 및 손상 여부를 점검하여야 한다.

**106** 건설공사 위험성평가에 관한 내용으로 옳지 않은 것은?

① 건설물, 기계·기구, 설비 등에 의한 유해·위험요인을 찾아내어 위험성을 결정하고 그 결과에 따른 조치를 하는 것을 말한다.
② 사업주는 위험성평가의 실시내용 및 결과를 기록·보존하여야 한다.
③ 위험성평가 기록물의 보존기간은 2년이다.
④ 위험성평가 기록물에는 평가대상의 유해·위험요인, 위험성결정의 내용 등이 포함된다.

**해설**

위험성평가 실시내용 및 결과의 기록·보존
1. 사업주가 위험성평가의 결과와 조치사항을 기록·보존할 때에는 다음 각 호의 사항이 포함되어야 한다.
   ㉠ 위험성평가 대상의 유해·위험요인
   ㉡ 위험성 결정의 내용
   ㉢ 위험성 결정에 따른 조치의 내용
   ㉣ 그 밖에 위험성평가의 실시내용을 확인하기 위하여 필요한 사항으로서 고용노동부장관이 정하여 고시하는 사항
   • 위험성평가를 위해 사전조사 한 안전보건정보
   • 그 밖에 사업장에서 필요하다고 정한 사항
2. 사업주는 1.에 따른 자료를 3년간 보존해야 한다.
3. 기록의 최소 보존기한은 위험성평가의 실시 시기 시기별 위험성평가를 완료한 날부터 기산한다.

**107** 흙막이 가시설 공사 시 사용되는 각 계측기 설치 목적으로 옳지 않은 것은?

① 지표침하계 - 지표면 침하량 측정
② 수위계 - 지반 내 지하수위의 변화 측정
③ 하중계 - 상부 적재하중 변화 측정
④ 지중경사계 - 지중의 수평 변위량 측정

> 해설

계측기

| 장치 | 용도 |
|---|---|
| 지표면 침하계 (Level and Staff) | 주위 지반에 대한 지표면의 침하량을 측정 |
| 지하수위계 (Water Level Meter) | 지하수의 수위 변화를 측정 |
| 하중계 (Load Cell) | 흙막이 버팀대에 작용하는 토압, 어스앵커의 인장력 등을 측정 |
| 지중 경사계 (Inclino Meter) | 지중 수평변위를 측정하여 흙막이의 기울어진 정도를 파악 |

## 108 철골공사 시 사전안전성 확보를 위해 공작도에 반영하여야 할 사항이 아닌 것은?

① 주변 고압전주
② 외부 비계받이
③ 기둥 승강용 트랩
④ 방망 설치용 부재

> 해설

공작도 포함사항
건립 후에 가설부재나 부품을 부착하는 것은 위험한 작업(고소작업 등)이 예상되므로 다음 항목의 사항을 사전에 계획하여 공작도에 포함시켜야 한다.
1. 외부 비계받이 및 화물승강설비용 브래킷
2. 기둥 승강용 트랩
3. 구명줄 설치용 고리
4. 건립에 필요한 와이어 걸이용 고리
5. 난간 설치용 부재
6. 기둥 및 보 중앙의 안전대 설치용 고리
7. 방망 설치용 부재
8. 비계 연결용 부재
9. 방호선반 설치용 부재
10. 양중기 설치용 보강재

## 109 다음은 동바리로 사용하는 파이프 서포트의 설치기준이다. ( ) 안에 들어갈 내용으로 옳은 것은?

| 파이프 서포트를 ( ) 이상이어서 사용하지 않도록 할 것 |
|---|

① 2개
② 3개
③ 4개
④ 5개

> 해설

동바리로 사용하는 파이프 서포트의 경우 조립 시 안전조치
1. 파이프 서포트를 3개 이상 이어서 사용하지 않도록 할 것
2. 파이프 서포트를 이어서 사용하는 경우에는 4개 이상의 볼트 또는 전용철물을 사용하여 이을 것
3. 높이가 3.5미터를 초과하는 경우에는 높이 2미터 이내마다 수평연결재를 2개 방향으로 만들고 수평연결재의 변위를 방지할 것

## 110 토사붕괴의 예방대책으로 틀린 것은?

① 적절한 경사면의 기울기를 계획한다.
② 활동할 가능성이 있는 토석은 제거하여야 한다.
③ 지하수위를 높인다.
④ 말뚝(강관, H형강, 철근 콘크리트)을 타입하여 지반을 강화시킨다.

> 해설

붕괴 예방대책
1. 적절한 경사면의 기울기를 계획하여야 한다.
2. 경사면의 기울기가 당초 계획과 차이가 발생되면 즉시 재검토하여 계획을 변경시켜야 한다.
3. 활동할 가능성이 있는 토석은 제거하여야 한다.
4. 경사면의 하단부에 압성토 등 보강공법으로 활동에 대한 저항대책을 강구하여야 한다.
5. 말뚝(강관, H형강, 철근 콘크리트)을 타입하여 지반을 강화시킨다.
6. 빗물, 지표수, 지하수의 사전제거 및 침투를 방지하여야 한다.

## 111 근로자가 추락하거나 넘어질 위험이 있는 장소에서 추락방호망의 설치기준으로 옳지 않은 것은?

① 망의 처짐은 짧은 변 길이의 10% 이상이 되도록 할 것
② 추락방호망은 수평으로 설치할 것
③ 건축물 등의 바깥쪽으로 설치하는 경우 추락방호망의 내민 길이는 벽면으로부터 3m 이상 되도록 할 것
④ 추락방호망의 설치위치는 가능하면 작업 면으로부터 가까운 지점에 설치하여야 하며, 작업 면으로부터 망의 설치지점까지의 수직거리는 10m를 초과하지 아니할 것

**정답** 108 ① 109 ② 110 ③ 111 ①

### 해설
**추락방호망의 설치기준**
1. 추락방호망의 설치위치는 가능하면 작업 면으로부터 가까운 지점에 설치하여야 하며, 작업 면으로부터 망의 설치지점까지의 수직거리는 10미터를 초과하지 아니할 것
2. 추락방호망은 수평으로 설치하고, 망의 처짐은 짧은 변 길이의 12퍼센트 이상이 되도록 할 것
3. 건축물 등의 바깥쪽으로 설치하는 경우 추락방호망의 내민 길이는 벽면으로부터 3미터 이상 되도록 할 것. 다만, 그물코가 20밀리미터 이하인 추락방호망을 사용한 경우에는 낙하물에 의한 위험 방지에 따른 낙하물방지망을 설치한 것으로 본다.

**112** 미리 작업장소의 지형 및 지반상태 등에 적합한 제한속도를 정하지 않아도 되는 차량계 건설기계의 속도 기준은?

① 최대 제한속도가 10km/h 이하
② 최대 제한속도가 20km/h 이하
③ 최대 제한속도가 30km/h 이하
④ 최대 제한속도가 40km/h 이하

### 해설
**제한속도의 지정**
차량계 하역운반기계, 차량계 건설기계(최대 제한속도가 시속 10킬로미터 이하인 것은 제외)를 사용하여 작업을 하는 경우 미리 작업장소의 지형 및 지반상태 등에 적합한 제한속도를 정하고, 운전자로 하여금 준수하도록 하여야 한다.

**113** 추락방지용 방망의 구조 및 치수의 기준으로 옳지 않은 것은?

① 그물코는 사각 또는 마름모로서 그 크기는 10센티미터 이하이어야 한다.
② 매듭방망으로서 매듭은 원칙적으로 단매듭을 한다.
③ 방망의 소재는 합성섬유를 사용하지 않는다.
④ 테두리로프는 각 그물코를 관통시키고 서로 중복됨이 없이 재봉사로 결속한다.

### 해설
**방망의 구조 및 치수**
1. 소재 : 합성섬유 또는 그 이상의 물리적 성질을 갖는 것이어야 한다.
2. 그물코 : 사각 또는 마름모로서 그 크기는 10센티미터 이하이어야 한다.
3. 방망의 종류 : 매듭방망으로서 매듭은 원칙적으로 단매듭을 한다.
4. 테두리로프와 방망의 재봉 : 테두리로프는 각 그물코를 관통시키고 서로 중복됨이 없이 재봉사로 결속한다.
5. 테두리로프 상호의 접합 : 테두리우프를 중간에서 결속하는 경우는 충분한 강도를 갖도록 한다.
6. 달기로프의 결속 : 달기로프는 3회 이상 엮어 묶는 방법 또는 이와 동등 이상의 강도를 갖는 방법으로 테두리로프에 결속하여야 한다.
7. 시험용 사는 방망 폐기 시 방망사의 강도를 점검하기 위하여 테두리로프에 연하여 방망에 재봉한 방망사이다.

**114** 비계에서 벽 고정을 하고 기둥과 기둥을 수평재나 가새로 연결하는 가장 큰 이유는?

① 작업자의 추락재해를 방지하기 위해
② 좌굴을 방지하기 위해
③ 인장파괴를 방지하기 위해
④ 해체를 용이하게 하기 위해

### 해설
**가설구조물의 좌굴현상**
1. 부재의 강성이 부족하여 가늘고 긴 부재가 압축력에 의하여 파괴되는 현상이다.
2. 좌굴방지를 위해 비계에서 벽 고정을 하고 기둥과 기둥을 수평재나 가새로 연결한다.

**115** 정격하중이 10톤인 크레인의 화물용 와이어로프에 대한 절단하중은 얼마인가?(단, 화물용 와이어로프의 안전계수는 5이다.)

① 2톤
② 5톤
③ 15톤
④ 50톤

### 해설
**안전계수**

$$안전계수 = \frac{절단하중}{정격하중}$$

절단하중 = 안전계수 × 정격하중
= 5 × 10 = 50(톤)

**116** 콘크리트 타설작업을 하는 경우에 준수해야 할 사항으로 옳지 않은 것은?

① 당일의 작업을 시작하기 전에 해당 작업에 관한 거푸집 동바리 등의 변형·변위 및 지반의 침하 유무 등을 점검하고 이상이 있으면 보수한다.
② 작업 중에는 거푸집 동바리 등의 변형·변위 및 침하 유무 등을 감시할 수 있는 감시자를 배치하여 이상이 있으면 작업을 빠른 시간 내 우선 완료하고 근로자를 대피시킨다.
③ 콘크리트 타설작업 시 거푸집 붕괴의 위험이 발생할 우려가 있으면 충분한 보강조치를 한다.
④ 콘크리트를 타설하는 경우에는 편심이 발생하지 않도록 골고루 분산하여 타설한다.

**해설**

콘크리트 타설작업 시 준수사항
1. 당일의 작업을 시작하기 전에 해당 작업에 관한 거푸집 동바리 등의 변형·변위 및 지반의 침하 유무 등을 점검하고 이상이 있으면 보수할 것
2. 작업 중에는 거푸집 동바리 등의 변형·변위 및 침하 유무 등을 감시할 수 있는 감시자를 배치하여 이상이 있으면 작업을 중지하고 근로자를 대피시킬 것
3. 콘크리트 타설작업 시 거푸집 붕괴의 위험이 발생할 우려가 있으면 충분한 보강조치를 할 것
4. 설계도서상의 콘크리트 양생기간을 준수하여 거푸집 동바리 등을 해체할 것
5. 콘크리트를 타설하는 경우에는 편심이 발생하지 않도록 골고루 분산하여 타설할 것

**117** 다음은 가설통로를 설치하는 경우의 준수사항이다. ( ) 안에 들어갈 숫자로 옳은 것은?

- 수직갱에 가설된 통로의 길이가 15미터 이상인 경우에는 ( A )미터 이내마다 계단참을 설치할 것
- 건설공사에 사용하는 높이 8미터 이상인 비계다리에는 ( B )미터 이내마다 계단참을 설치할 것

① A : 10, B : 7
② A : 10, B : 6
③ A : 7, B : 10
④ A : 7, B : 8

**해설**

가설통로의 구조
1. 견고한 구조로 할 것
2. 경사는 30도 이하로 할 것. 다만, 계단을 설치하거나 높이 2미터 미만의 가설통로로서 튼튼한 손잡이를 설치한 경우에는 그러하지 아니하다.
3. 경사가 15도를 초과하는 경우에는 미끄러지지 아니하는 구조로 할 것
4. 추락할 위험이 있는 장소에는 안전난간을 설치할 것. 다만, 작업상 부득이한 경우에는 필요한 부분만 임시로 해체할 수 있다.
5. 수직갱에 가설된 통로의 길이가 15미터 이상인 경우에는 10미터 이내마다 계단참을 설치할 것
6. 건설공사에 사용하는 높이 8미터 이상인 비계다리에는 7미터 이내마다 계단참을 설치할 것

**118** 철근인력운반에 대한 설명으로 옳지 않은 것은?

① 운반할 때에는 중앙부를 묶어 운반한다.
② 긴 철근은 두 사람이 한 조가 되어 어깨메기로 운반하는 것이 좋다.
③ 운반 시 1인당 무게는 25kg 정도가 적당하다.
④ 긴 철근을 한 사람이 운반할 때는 한쪽을 어깨에 메고 한쪽 끝을 땅에 끌면서 운반한다.

**해설**

철근의 인력운반
1. 1인당 무게는 25kg 정도가 적절하며, 무리한 운반을 삼가야 한다.
2. 2인 이상이 1조가 되어 어깨메기로 하여 운반하는 등 안전을 도모하여야 한다.
3. 긴 철근을 부득이 한 사람이 운반할 때에는 한쪽을 어깨에 메고 한쪽 끝을 끌면서 운반하여야 한다.
4. 운반할 때에는 양끝을 묶어 운반하여야 한다.
5. 내려놓을 때는 천천히 내려놓고 던지지 않아야 한다.
6. 공동작업을 할 때에는 신호에 따라 작업을 하여야 한다.

**119** 경암지반을 인력으로 굴착할 때 연직높이가 2m일 때, 수평길이는 최소 얼마 이상이 필요한가?

① 2.0m 이상
② 1.5m 이상
③ 1.0m 이상
④ 0.5m 이상

해설

굴착면의 기울기

| 지반의 종류 | 굴착면의 기울기 |
|---|---|
| 모래 | 1 : 1.8 |
| 연암 및 풍화암 | 1 : 1.0 |
| 경암 | 1 : 0.5 |
| 그 밖의 흙 | 1 : 1.2 |

경암의 기울기가 1 : 0.5이므로
1 : 0.5 = 2 : $x$(수평길이)
∴ $x$(수평길이) = 0.5 × 2 = 1.0(m)

**120** 다음은 굴착공사 표준안전 작업지침에 따른 트렌치 굴착 시 준수사항이다. (     ) 안에 들어갈 내용으로 옳은 것은?

굴착 폭은 작업 및 대피가 용이하도록 충분한 넓이를 확보하여야 하며, 굴착 깊이가 2m 이상일 경우에는 (     ) 이상의 폭으로 한다.

① 1m
② 1.5m
③ 2.0m
④ 2.5m

해설

트렌치 굴착 시 준수사항
굴착 폭은 작업 및 대피가 용이하도록 충분한 넓이를 확보하여야 하며, 굴착 깊이가 2m 이상일 경우에는 1m 이상의 폭으로 한다.

# PART 02
# 29 | 2025년 3회 기출복원문제

## 1과목 산업재해 예방 및 안전보건교육

**01** 적응기제(適應機制, Adjustment Mechanism)의 종류 중 도피적 기제(행동)에 해당하지 않는 것은?

① 고립
② 퇴행
③ 억압
④ 승화

**해설**

적응기제의 기본유형

| 공격적 기제 (행동) | 도피적 기제 (행동) | 방어적(절충적) 기제(행동) |
| --- | --- | --- |
| • 직접적 공격 기제 : 폭행, 싸움, 기물파손 등<br>• 간접적 공격 기제 : 비난, 폭언, 욕설 등 | • 백일몽<br>• 퇴행<br>• 억압<br>• 반동형성<br>• 고립 등 | • 승화<br>• 보상<br>• 합리화<br>• 투사<br>• 동일화 등 |

**02** 인간관계 관리기법에 있어 구성원 상호 간의 선호도를 기초로 집단 내부의 동태적 상호 관계를 분석하는 방법으로 가장 적절한 것은?

① 소시오메트리(Sociometry)
② 그리드 훈련(Grid Training)
③ 집단역학(Group Dynamic)
④ 감수성 훈련(Sensitivity Training)

**해설**

소시오메트리
1. 사회 측정법으로 집단에 있어 각 구성원 사이의 견인과 배척관계를 조사하여 어떤 개인의 집단 내에서의 관계나 위치를 발견하고 평가하는 방법(집단의 인간관계를 조사하는 방법)
2. 구성원 상호 간의 선호도를 기초로 집단 내부의 동태적 상호관계를 분석하는 기법

**03** A사업장의 현황이 다음과 같을 때 이 사업장의 강도율은?

- 근로자수 : 500명
- 연근로시간수 : 2,400시간
- 신체장해등급
  - 2급 : 3명
  - 10급 : 5명
- 의사 진단에 의한 휴업일수 : 1,500일

① 0.22
② 2.22
③ 22.28
④ 222.88

**해설**

강도율

$$강도율 = \frac{근로손실일수}{연간 총근로시간수} \times 1,000$$

$$강도율 = \frac{근로손실일수}{연간 총근로시간수} \times 1,000$$

$$= \frac{(7,500 \times 3) + (600 \times 5) + \left(1,500 \times \frac{300}{365}\right)}{500 \times 2,400} \times 1,000$$

$$= 22.28$$

**TIP** 근로손실일수의 산정 기준

- 사망 및 영구 전 노동불능(신체장해등급 1~3급) : 7,500일
- 영구 일부 노동불능(근로손실일수)

| 신체장해 등급 | 4 | 5 | 6 | 7 | 8 | 9 |
| --- | --- | --- | --- | --- | --- | --- |
| 근로손실 일수 | 5,500 | 4,000 | 3,000 | 2,200 | 1,500 | 1,000 |

| 신체장해 등급 | 10 | 11 | 12 | 13 | 14 |
| --- | --- | --- | --- | --- | --- |
| 근로손실 일수 | 600 | 400 | 200 | 100 | 50 |

- 일시 전 노동불능

$$근로손실일수 = 휴업일수 \times \frac{연간 근무일수}{365}$$

**정답** 01 ④  02 ①  03 ③

**04** 산업안전보건법령상 안전보건관리규정 작성 시 포함되어야 하는 사항을 모두 고른 것은?(단, 그 밖에 안전 및 보건에 관한 사항은 제외한다.)

ㄱ. 안전보건교육에 관한 사항
ㄴ. 재해사례 연구·토의결과에 관한 사항
ㄷ. 사고 조사 및 대책 수립에 관한 사항
ㄹ. 작업장의 안전 및 보건 관리에 관한 사항
ㅁ. 안전 및 보건에 관한 관리조직과 그 직무에 관한 사항

① ㄱ, ㄴ, ㄷ, ㄹ
② ㄱ, ㄴ, ㄹ, ㅁ
③ ㄱ, ㄷ, ㄹ, ㅁ
④ ㄴ, ㄷ, ㄹ, ㅁ

**해설**
안전보건관리규정의 포함 사항
1. 안전 및 보건에 관한 관리조직과 그 직무에 관한 사항
2. 안전보건교육에 관한 사항
3. 작업장의 안전 및 보건 관리에 관한 사항
4. 사고 조사 및 대책 수립에 관한 사항
5. 그 밖에 안전 및 보건에 관한 사항

**05** 재해조사의 목적과 가장 거리가 먼 것은?
① 재해예방 자료수집
② 재해 관련 책임자 문책
③ 동종 및 유사재해 재발 방지
④ 재해 발생원인 및 결함 규명

**해설**
재해조사의 목적
재해 원인과 결함을 규명하고 예방 자료를 수집하여 동종재해 및 유사재해의 재발 방지 대책을 강구하는 데 목적이 있다.
1. 재해 발생원인 및 결함 규명
2. 재해예방 자료수집
3. 동종 및 유사재해 재발 방지

**06** 아담스(Edward Adams)의 사고연쇄반응이론 5단계에서 불안전행동 및 불안전상태는 어느 단계에 해당되는가?
① 제1단계 : 관리구조
② 제2단계 : 작전적 에러
③ 제3단계 : 전술적 에러
④ 제4단계 : 사고

**해설**
아담스(Adams)의 사고연쇄 반응이론

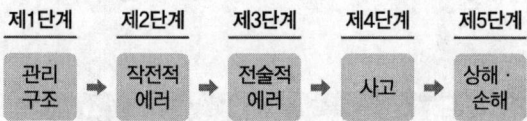

재해의 직접원인을 관리시스템 내의 불안전 행동과 불안전 상태에 두고 전술적 에러로 설명하였으며, 관리상의 잘못으로 인한 개념을 강조하고 있다.

**07** 의식의 레벨(Phase)을 5단계로 구분할 때 의식의 신뢰도가 가장 높은 단계는?
① Phase Ⅰ
② Phase Ⅱ
③ Phase Ⅲ
④ Phase Ⅳ

**해설**
의식수준의 단계

| 단계 | 의식의 상태 | 신뢰성 |
|---|---|---|
| Phase 0 (제0단계) | 무의식, 실신 | 0(Zero) |
| Phase Ⅰ (제Ⅰ단계) | 정상 이하, 의식 흐림, 의식 몽롱함 | 0.9 이하 |
| Phase Ⅱ (제Ⅱ단계) | 정상, 이완상태, 느긋한 기분 | 0.99~0.99999 |
| Phase Ⅲ (제Ⅲ단계) | 정상, 상쾌한 상태, 분명한 의식 | 0.999999 이상 (신뢰도가 가장 높은 상태) |
| Phase Ⅳ (제Ⅳ단계) | 과긴장, 흥분상태 | 0.9 이하 |

**08** 유기화합물용 방독마스크 시험가스의 종류가 아닌 것은?
① 염소가스 또는 증기
② 시클로헥산
③ 디메틸에테르
④ 이소부탄

### 해설

방독마스크의 종류 및 표시색

| 종류 | 시험가스 | 정화통 외부 측면의 표시색 |
|---|---|---|
| 유기화합물용 | 시클로헥산($C_6H_{12}$) | 갈색 |
| | 디메틸에테르($CH_3OCH_3$) | |
| | 이소부탄($C_4H_{10}$) | |
| 할로겐용 | 염소가스 또는 증기($Cl_2$) | 회색 |
| 황화수소용 | 황화수소가스($H_2S$) | 회색 |
| 시안화수소용 | 시안화수소가스(HCN) | 회색 |
| 아황산용 | 아황산가스($SO_2$) | 노랑색 |
| 암모니아용 | 암모니아가스($NH_3$) | 녹색 |
| 복합용 및 겸용의 정화통 | | • 복합용의 경우 : 해당 가스 모두 표시(2층 분리)<br>• 겸용의 경우 : 백색과 해당 가스 모두 표시(2층 분리) |

## 09 동기부여이론 중 데이비스(K. Davis)의 이론은 동기유발을 식으로 표현하였다. 옳은 것은?

① 지식(Knowledge) × 기능(Skill)
② 능력(Ability) × 태도(Attitude)
③ 상황(Situation) × 태도(Attitude)
④ 능력(Ability) × 동기유발(Motivation)

### 해설

데이비스(K. Davis)의 동기부여이론
1. 인간의 성과 × 물질적 성과 = 경영의 성과
2. 지식(Knowledge) × 기능(Skill) = 능력(Ability)
3. 상황(Situation) × 태도(Attitude) = 동기유발(Motivation)
4. 능력(Ability) × 동기유발(Motivation) = 인간의 성과(Human Performance)

## 10 다음 중 맥그리거(D. McGregor)의 Y이론과 가장 거리가 먼 것은?

① 성선설
② 상호신뢰
③ 선진국형
④ 권위주의적 리더십

### 해설

맥그리거(D. McGregor)의 X, Y이론

| X이론 | Y이론 |
|---|---|
| 인간불신감 | 상호신뢰감 |
| 성악설 | 성선설 |
| 인간은 본래 게으르고 태만, 수동적, 남의 지배받기를 즐긴다. | 인간은 본래 부지런하고 근면, 적극적, 스스로 일을 자기책임 하에 자주적으로 행한다. |
| 저차적 욕구(물질적 욕구) | 고차적 욕구(정신적 욕구) |
| 명령, 통제에 의한 관리 | 자기통제와 자율 확보 |
| 저개발국형의 관리 형태 | 선진국형의 관리 형태 |
| 권위주의적 리더십 | 민주적 리더십 |

## 11 안전관리조직의 참모식(Staff형)에 대한 장점이 아닌 것은?

① 경영자의 조언과 자문역할을 한다.
② 안전정보 수집이 용이하고 빠르다.
③ 안전에 관한 명령과 지시는 생산라인을 통해 신속하게 전달한다.
④ 안전전문가가 안전계획을 세워 문제해결방안을 모색하고 조치한다.

### 해설

스태프형(Staff형, 참모형 조직)
1. 의의
   • 회사 내에 별도로 안전활동 전담부서를 두는 방식의 조직 형태
   • 100명 이상 1,000명 미만의 중규모 사업장에 적합한 조직 형태
   • 안전관리에 관한 계획과 조정, 조사, 검토, 보고 등의 일과 현장에 대한 기술지원을 담당하도록 편성된 조직
2. 장점
   • 경영자의 조언과 자문역할을 함
   • 안전에 관한 지식, 기술의 정보 수집이 용이하고 빠름
3. 단점
   • 생산부분은 안전에 대한 책임과 권한이 없음
   • 안전과 생산을 별개로 취급하기 쉬움

**12** 바닥 위에 서 있던 작업자가 바닥에 의해 넘어져 바닥 위에 있는 철근에 머리를 부딪쳤다. 이때 기인물과 가해물에 해당하는 것은?

① 기인물 : 바닥, 가해물 : 바닥
② 기인물 : 바닥, 가해물 : 철근
③ 기인물 : 철근, 가해물 : 바닥
④ 기인물 : 철근, 가해물 : 철근

**해설**
기인물과 가해물
1. 기인물 : 바닥
2. 가해물 : 철근

> **TIP** ① 기인물 : 직접적으로 재해를 유발하거나 영향을 끼친 에너지원(운동, 위치, 열, 전기 등)을 지닌 기계·장치, 구조물, 물체·물질, 사람 또는 환경 등을 말한다.
> ② 가해물 : 사람에게 직접적으로 상해를 입힌 기계·장치, 구조물, 물체·물질, 사람 또는 환경요인을 말한다.

**13** 산업재해보상보험법령상 보험급여의 종류가 아닌 것은?

① 장례비
② 간병급여
③ 직업재활급여
④ 생산손실비용

**해설**
보험급여의 종류
1. 요양급여      5. 유족급여
2. 휴업급여      6. 상병(傷病)보상 연금
3. 장해급여      7. 장례비
4. 간병급여      8. 직업재활급여

> **TIP** 하인리히 재해코스트(직접비와 간접비)
> 
> | | |
> |---|---|
> | 직접비 | 법적으로 정한 산재보상비(산재자에게 지급되는 보상비 일체)<br>1. 요양급여(진찰비, 간호비용 등)<br>2. 휴업급여    5. 유족급여<br>3. 장해급여    6. 장의비<br>4. 간병급여    7. 상병보상 연금<br>8. 기타(장해특별급여, 유족특별급여, 직업재활급여) |
> | 간접비 | 직접비를 제외한 모든 비용(산재로 인해 기업이 입은 재산상의 손실)<br>1. 인적 손실    4. 특수 손실<br>2. 물적 손실    5. 기타 손실<br>3. 생산 손실 |

**14** 방진마스크의 사용조건 중 산소농도의 최소기준으로 옳은 것은?

① 16%
② 18%
③ 21%
④ 23.5%

**해설**
방진마스크의 사용조건
산소농도 18% 이상인 장소에서 사용하여야 한다.

> **TIP** • 방독마스크 : 산소농도가 18% 이상인 장소에서 사용
> • 송기마스크 : 공기 중 산소농도가 부족하고(산소농도 18% 미만 장소), 공기 중에 미립자상 물질이 부유하는 장소에서 사용

**15** 버드(Bird)의 최신 도미노이론 5단계에 해당하지 않는 것은?

① 제어부족(관리)
② 직접원인(징후)
③ 간접원인(평가)
④ 기본원인(기원)

**해설**
버드(Bird)의 최신 도미노이론
1. 제1단계 : 제어의 부족(관리)
2. 제2단계 : 기본원인(기원)
3. 제3단계 : 직접원인(징후)
4. 제4단계 : 사고(접촉)
5. 제5단계 : 상해(손실)

> **TIP** 재해발생의 근원적 원인은 경영자의 관리 소홀이다.

**16** 다음 설명의 학습지도 형태는 어떤 토의법 유형인가?

> 6-6 회의라고도 하며, 6명씩 소집단으로 구분하고, 집단별로 각각의 사회자를 선발하여 6분간씩 자유토의를 행하여 의견을 종합하는 방법

① 포럼(Forum)
② 버즈세션(Buzz Session)
③ 케이스 메소드(Case Method)
④ 패널 디스커션(Panel Discussion)

해설

토의법의 종류
1. 자유토의법
   참가자가 주어진 주제에 대하여 자유로운 발표와 토의를 통하여 서로의 의견을 교환하고 상호이해력을 높이며 의견을 절충해 나가는 방법
2. 패널 디스커션(Panel Discussion)
   전문가 4~5명이 피교육자 앞에서 자유로이 토의를 하고, 그 후에 피교육자 전원이 사회자의 사회에 따라 토의하는 방법
3. 심포지엄(Symposium)
   발제자 없이 몇 사람의 전문가에 의하여 과제에 관한 견해를 발표한 뒤에 참가자로 하여금 의견이나 질문을 하게 하여 토의하는 방법
4. 포럼(Forum)
   ㉠ 사회자의 진행으로 몇 사람이 주제에 대하여 발표한 후 피교육자가 질문을 하고 토론해 나가는 방법
   ㉡ 새로운 자료나 주제를 내보이거나 발표한 후 피교육자로 하여금 문제나 의견을 제시하게 하고 다시 깊이 있게 토론해 나가는 방법
5. 버즈 세션(Buzz Session)
   6-6 회의라고도 하며, 참가자가 다수인 경우에 전원을 토의에 참가시키기 위한 방법으로 소집단을 구성하여 회의를 진행시키는 방법

**17** 다음 중 부주의의 발생 현상으로 혼미한 정신 상태에서 심신의 피로나 단조로운 반복작업 시 일어나는 현상은?

① 의식의 과잉
② 의식의 집중
③ 의식의 우회
④ 의식 수준의 저하

해설

부주의 발생 현상

| 의식의 단절 (중단) | • 의식의 흐름에 단절이 생기고 공백상태가 나타나는 경우<br>• 의식수준 제0단계의 상태(특수한 질병의 경우) |
|---|---|
| 의식의 우회 | • 의식의 흐름이 옆으로 빗나가 발생한 경우<br>• 의식수준 제0단계의 상태(걱정, 고민, 욕구불만 등) |
| 의식수준의 저하 | • 뚜렷하지 않은 의식의 상태로 심신이 피로하거나 단조로운 작업 등의 경우<br>• 의식수준 제Ⅰ단계 이하의 상태 |
| 의식의 과잉 | • 돌발사태 및 긴급이상사태에 직면하면 순간적으로 긴장되고 의식이 한 방향으로 쏠리는 주의의 일점집중현상의 경우<br>• 의식수준 제Ⅳ단계의 상태 |
| 의식의 혼란 | • 외적조건에 문제가 있을 때 의식이 혼란되고 분산되어 작업에 잠재되어 있는 위험요인에 대응할 수 없는 경우<br>• 외부의 자극이 애매모호하거나, 너무 강하거나 약할 때 |

**18** 다음 중 산업재해조사표를 작성할 때 기입하는 상해의 종류에 해당하는 것은?

① 낙하·비래
② 유해광선 노출
③ 중독·질식
④ 이상온도 노출·접촉

해설

재해의 분류

| 재해 발생 형태별 분류 | • 추락<br>• 전도<br>• 충돌<br>• 낙하, 비래<br>• 붕괴, 도괴<br>• 협착<br>• 감전 | • 폭발<br>• 파열<br>• 화재<br>• 무리한 동작<br>• 이상온도접촉<br>• 유해물접촉 등 |
|---|---|---|
| 상해 종류에 의한 분류 | • 골절<br>• 동상<br>• 부종<br>• 찔림(자상)<br>• 타박상(좌상)<br>• 절단<br>• 중독, 질식<br>• 찰과상 | • 베임(창상)<br>• 화상<br>• 뇌진탕<br>• 익사<br>• 피부병<br>• 청력장해<br>• 시력장해 등 |

**19** 사용장소에 따른 방진마스크의 등급을 구분할 때 베릴륨 등과 같이 독성이 강한 물질들을 함유한 분진 등 발생장소에 가장 적합한 등급은?

① 특급
② 1급
③ 2급
④ 3급

정답 17 ④ 18 ③ 19 ①

| 해설 |
| --- |

방진마스크의 등급 및 사용장소

| 등급 | 특급 | 1급 | 2급 |
| --- | --- | --- | --- |
| 사용 장소 | • 베릴륨 등과 같이 독성이 강한 물질들을 함유한 분진 등 발생장소<br>• 석면 취급장소 | • 특급 마스크 착용장소를 제외한 분진 등 발생장소<br>• 금속흄 등과 같이 열적으로 생기는 분진 등 발생장소<br>• 기계적으로 생기는 분진 등 발생장소(규소 등과 같이 2급 방진마스크를 착용하여도 무방한 경우는 제외) | • 특급 및 1급 마스크 착용 장소를 제외한 분진 등 발생장소 |

배기밸브가 없는 안면부여과식 마스크는 특급 및 1급 장소에 사용해서는 안 된다.

**20** Y · G 성격검사에서 "안전, 적응, 적극형"에 해당하는 형의 종류는?

① A형
② B형
③ C형
④ D형

| 해설 |
| --- |

Y-G 성격검사
1. A형(평균형) : 조화적, 적응적
2. B형(우편형) : 정서 불안정, 활동적, 외향적(불안전, 적극형, 부적응)
3. C형(좌편형) : 안정 소극형(온순, 소극적, 안정, 내향적, 비활동)
4. D형(우하형) : 안정, 적응, 적극형(정서 안정, 활동적, 사회 적응, 대인관계 양호)
5. E형(좌하형) : 불안정, 부적응 수동형(D형과 반대)

## 2과목 인간공학 및 위험성 평가·관리

**21** 그림과 같은 FT도에 대한 최소 컷셋(Minimal Cut Sets)으로 옳은 것은?(단, Fussell의 알고리즘을 따른다.)

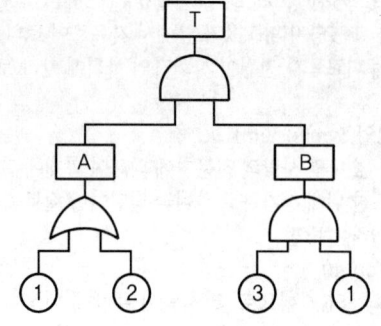

① {1, 2}
② {1, 3}
③ {2, 3}
④ {1, 2, 3}

| 해설 |
| --- |

미니멀 컷셋(Minimal Cut Set)

|  | ⓐ | ⓑ | ⓒ | ⓓ |
| --- | --- | --- | --- | --- |
| T → | A, B → | 1, B<br>2, B | → | 1, 3, 1<br>2, 3, 1 | → | 1, 3 |

**TIP** ⓒ에서 1행의 컷셋은 (1)이 중복되어 있으므로 (1, 3)이 되고 ⓒ의 2행에서는 (1, 3)이 포함되어 있기 때문에 최소 컷셋은 ⓓ와 같다.

**22** 반사경 없이 모든 방향으로 빛을 발하는 점광원에서 5m 떨어진 곳의 조도가 120lux라면 2m 떨어진 곳의 조도는?

① 150lux
② 192.2lux
③ 750lux
④ 3,000lux

| 해설 |
| --- |

조도

$$조도 = \frac{광도}{(거리)^2}$$

1. 광도 = 조도 × (거리)$^2$
2. 5m 거리의 광도 = $120 \times 5^2$ = 3,000[cd]이므로
3. 2m 거리의 조도 = $\frac{3,000}{2^2}$ = 750[lux]

**23** 손이나 특정 신체부위에 발생하는 누적손상장애(CTD)의 발생인자와 가장 거리가 먼 것은?

① 무리한 힘
② 다습한 환경
③ 장시간의 진동
④ 반복도가 높은 작업

해설
근골격계 질환
1. 반복적인 동작, 부적절한 작업자세, 무리한 힘의 사용, 날카로운 면과의 신체접촉, 진동 및 온도 등의 요인에 의하여 발생하는 건강장해로서 목, 어깨, 허리, 팔·다리의 신경·근육 및 그 주변 신체조직 등에 나타나는 질환을 말한다.
2. 유사용어로는 누적 외상성 질환(CTDs), 반복성긴장 상해 등이 있다.

**24** 다음 중 동작경제의 원칙에 있어 신체사용에 관한 원칙이 아닌 것은?

① 두 손의 동작은 같이 시작해서 같이 끝나야 한다.
② 손의 동작은 유연하고 연속적인 동작이어야 한다.
③ 공구, 재료 및 제어장치는 사용하기 가까운 곳에 배치해야 한다.
④ 동작이 급작스럽게 크게 바뀌는 직선 동작은 피해야 한다.

해설
동작경제의 원칙

| | |
|---|---|
| 신체 사용에 관한 원칙 | • 두 손의 동작은 같이 시작하고 같이 끝나도록 한다.<br>• 휴식시간을 제외하고는 양손이 같이 쉬지 않도록 한다.<br>• 두 팔의 동작은 서로 반대방향으로 대칭적으로 움직인다.<br>• 손과 신체의 동작은 작업을 원만하게 처리할 수 있는 범위 내에서 가장 낮은 동작 등급을 사용하도록 한다.<br>• 가능한 한 관성을 이용하여 작업을 하도록 하되, 작업자가 관성을 억제하여야 하는 경우에는 발생되는 관성을 최소한도로 줄인다.<br>• 손의 동작은 유연하고 연속적인 동작이 되도록 하며, 방향이 갑자기 크게 바뀌는 모양의 직선동작은 피하도록 한다.<br>• 탄도동작(Ballistic Movements)은 제한되거나 통제된 동작보다 더 신속, 정확, 용이하다.<br>• 가능하다면 쉽고도 자연스러운 리듬이 작업동작에 생기도록 작업을 배치한다. |
| | • 눈의 초점을 모아야 작업을 할 수 있는 경우는 가능하면 없애고, 불가피한 경우에는 눈의 초점이 모아지는 서로 다른 두 작업 지점 간의 거리를 짧게 한다. |
| 작업장 배치에 관한 원칙 | • 모든 공구나 재료는 자기 위치에 있도록 한다.<br>• 공구, 재료 및 제어장치는 사용위치에 가까이 두도록 한다.<br>• 중력을 이용한 부품상자나 용기를 이용하여 부품을 제품 사용위치에 가까이 보낼 수 있도록 한다.<br>• 가능하다면 낙하시키는 운반방법을 사용하라.<br>• 공구 및 재료는 동작에 가장 편리한 순서로 배치하여야 한다.<br>• 채광 및 조명장치를 잘 하여야 한다.<br>• 작업자가 작업 중 자세를 변경, 즉 앉거나 서는 것을 임의로 할 수 있도록 작업대와 의자 높이가 조정되도록 한다.<br>• 작업자가 좋은 자세를 취할 수 있도록 의자는 높이뿐만 아니라 디자인도 좋아야 한다. |
| 공구 및 설비 디자인에 관한 원칙 | • 치구나 발로 작동시키는 기기를 사용할 수 있는 작업에서는 이러한 기기를 활용하여 양손이 다른 일을 할 수 있도록 한다.<br>• 공구의 기능은 결합하여서 사용하도록 한다.<br>• 공구와 자재는 가능한 한 사용하기 쉽도록 미리 위치를 잡아준다.<br>• 각 손가락에 서로 다른 작업을 할 때에는 작업량을 각 손가락의 능력에 맞게 분배해야 한다.<br>• 레버, 핸들 및 제어장치는 작업자가 몸의 자세를 크게 바꾸지 않더라도 조작하기 쉽도록 배열한다. |

**25** 산업안전보건법령에 따라 제조업 중 유해·위험방지계획서 제출대상 사업의 사업주가 유해·위험방지계획서를 제출하고자 할 때 첨부하여야 하는 서류에 해당하지 않는 것은?(단, 기타 고용노동부장관이 정하는 도면 및 서류 등은 제외한다.)

① 공사개요서
② 기계·설비의 배치도면
③ 기계·설비의 개요를 나타내는 서류
④ 원재료 및 제품의 취급, 제조 등의 작업방법의 개요

해설
유해·위험 방지계획서 제출 시 첨부서류(제조업)
1. 건축물 각 층의 평면도
2. 기계·설비의 개요를 나타내는 서류
3. 기계·설비의 배치도면
4. 원재료 및 제품의 취급, 제조 등의 작업방법의 개요
5. 그 밖에 고용노동부장관이 정하는 도면 및 서류

정답 23 ② 24 ③ 25 ①

**26** 스트레스의 영향으로 발생된 신체 반응의 결과인 스트레인(Strain)을 측정하는 척도가 잘못 연결된 것은?

① 인지적 활동 - EEG
② 육체적 동적 활동 - GSR
③ 정신 운동적 활동 - EOG
④ 국부적 근육 활동 - EMG

**해설**

피부전기반사(GSR ; Galvanic Skin Reflex)
작업부하의 정신적 부담이 피로와 함께 증대하는 현상을 전기저항의 변화로 측정, 정신 전류현상이라고도 한다.

**27** 다음 중 위험 조정을 위해 필요한 방법(위험조정기술)과 가장 거리가 먼 것은?

① 위험 회피(Avoidance)
② 위험 감축(Reduction)
③ 보류(Retention)
④ 위험 확인(Confirmation)

**해설**

위험처리기술(위험관리기법)

| | |
|---|---|
| 위험의 회피<br>(Avoidance) | • 위험 자체를 피하는 행위<br>• 잠재적 이익도 포기하는 극히 소극적인 수단 |
| 위험의 감소<br>(Reduction) | • 위험을 적극적으로 예방하고 경감하는 행위<br>• 잠재적 위험의 노출을 최대한 감소하는 방법 |
| 위험의 전가<br>(Transfer) | • 위험을 제3자에게 전가하거나 공유하는 행위<br>• 보험, 공제조합, 기금 등 |
| 위험의 보유(보류)<br>(Retention) | • 무계획적 보유 : 가장 위험한 행위<br>• 계획적 보유 : 회피, 감소, 전가될 수 없는 위험에 적극적으로 대응 |

**28** 부품고장이 발생하여도 기계가 추후 보수될 때까지 안전한 기능을 유지할 수 있도록 하는 기능은?

① Fail-soft
② Fail-active
③ Fail-operational
④ Fail-passive

**해설**

페일 세이프(Fail Safe)의 기능면에서의 분류

| | |
|---|---|
| Fail-passive | 부품이 고장 나면 기계가 정지하는 방향으로 이동하는 것(일반적인 산업기계) |
| Fail-active | 부품이 고장 나면 경보를 울리며 잠시 동안 계속 운전이 가능한 것 |
| Fail-operational | 부품이 고장 나도 추후에 보수가 될 때까지 안전한 기능을 유지하는 것 |

**29** 작업의 강도는 에너지대사율(RMR)에 따라 분류된다. 분류 기준 중, 중(中)작업(보통작업)의 에너지대사율은?

① 0~1RMR
② 2~4RMR
③ 4~7RMR
④ 7~9RMR

**해설**

에너지대사율(RMR ; Relative Metabolic Rate)
에너지대사율이 높을수록 힘든 작업이므로 작업강도에 따른 적정한 휴식시간의 증가가 필요하다.

1. 공식

$$RMR = \frac{\text{작업 시 소비에너지} - \text{안정 시 소비에너지}}{\text{기초대사량}}$$

$$= \frac{\text{작업대사량}}{\text{기초대사량}}$$

2. RMR에 의한 작업강도단계

| RMR 단계 | 강도 | 작업 |
|---|---|---|
| 0~2 | 경(輕)작업 | 사무작업, 감시작업, 정밀작업 등 |
| 2~4 | 중(中)작업(보통) | 손이나 발작업 동작, 속도가 적은 것 |
| 4~7 | 중(重)작업(무거운) | 일반적인 전신작업 |
| 7 이상 | 초중(超重)작업(무거운) | 과격한 작업(중노동)에 해당하는 전신작업 |

**30** 휴먼에러(Human Error) 원인의 레벨(Level)을 분류할 때 작업조건이나 작업형태 중에서 다른 문제가 생겨서 그것 때문에 필요한 사항을 실행할 수 없는 에러를 무엇이라고 하는가?

① Command Error
② Primary Error
③ Secondary Error
④ Third Error

**정답** 26 ② 27 ④ 28 ③ 29 ② 30 ③

**해설**

원인의 레벨(Level)적 분류

| Primary Error (1차 에러) | 작업자 자신으로부터 발생한 에러 |
|---|---|
| Secondary Error (2차 에러) | 작업형태나 작업조건 중에서 다른 문제가 발생하여 필요한 직무나 절차를 수행할 수 없는 에러 |
| Command Error (지시 에러) | 작업자가 움직이려 해도 필요한 물건, 정보, 에너지 등이 공급되지 않아서 작업자가 움직일 수 없는 상황에서 발생한 에러 |

**31** 의도는 올바른 것이었지만, 행동이 의도한 것과는 다르게 나타나는 오류는?

① Slip
② Mistake
③ Lapse
④ Violation

**해설**

인간의 오류 모형

| 착오 (Mistake) | 상황해석을 잘못하거나 목표를 잘못 이해하고 착각하여 행하는 경우(어떤 목적으로 행동하려고 했는데 그 행동과 일치하지 않는 것) |
|---|---|
| 실수 (Slip) | 상황이나 목표의 해석을 제대로 했으나 의도와는 다른 행동을 하는 경우 |
| 건망증 (Lapse) | 여러 과정이 연계적으로 계속하여 일어나는 행동 중 일부를 잊어버리고 하지 않거나 또는 기억의 실패에 의해 발생하는 오류 |
| 위반 (Violation) | 정해진 규칙을 알고 있음에도 고의적으로 따르지 않거나 무시하는 행위 |

**32** 어떤 결함수를 분석하여 Minimal Cut Set을 구한 결과 다음과 같았다. 각 기본사상의 발생확률을 $q_i$, $i = 1, 2, 3$이라 할 때, 정상사상의 발생확률함수로 맞는 것은?

$$k_1 = [1, 2],\ k_2 = [1, 3],\ k_3 = [2, 3]$$

① $q_1q_2 + q_1q_2 - q_2q_3$
② $q_1q_2 + q_1q_3 - q_2q_3$
③ $q_1q_2 + q_1q_3 + q_2q_3 - q_1q_2q_3$
④ $q_1q_2 + q_1q_3 + q_2q_3 - 2q_1q_2q_3$

**해설**

Minimal Cut Set을 FT도로 표시하면 다음과 같다.

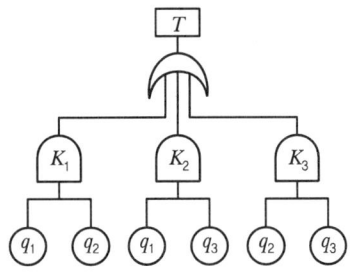

$T = 1 - (1-K_1)(1-K_2)(1-K_3)$
$T = 1 - [(1-K_2-K_1+K_1K_2)(1-K_3)]$
$T = 1 - (1-K_3-K_2+K_2K_3-K_1+K_1K_3+K_1K_2-K_1K_2K_3)$
$T = 1 - 1 + K_1 + K_2 + K_3 - K_1K_2 - K_1K_3 - K_2K_3 + K_1K_2K_3$
$T = K_1 + K_2 + K_3 - K_1K_2 - K_1K_3 - K_2K_3 + K_1K_2K_3$
$T = q_1q_2 + q_1q_3 + q_2q_3 - q_1q_2q_3 - q_1q_2q_3 - q_1q_2q_3 + q_1q_2q_3$
$T = q_1q_2 + q_1q_3 + q_2q_3 - 2q_1q_2q_3$

**33** 시스템의 수명곡선(욕조곡선)에 있어서 디버깅(Debugging)에 관한 설명으로 옳은 것은?

① 초기고장의 결함을 찾아 고장률을 안정시키는 과정이다.
② 우발고장의 결함을 찾아 고장률을 안정시키는 과정이다.
③ 마모고장의 결함을 찾아 고장률을 안정시키는 과정이다.
④ 기계결함을 발견하기 위해 동작시험을 하는 기간이다.

**해설**

초기고장

1. 감소형 - DFR(Decreasing Failure Rate) : 고장률이 시간에 따라 감소
2. 불량제조, 생산과정에서 품질관리 미비, 설계미숙 등으로 일어나는 고장
3. 점검작업이나 시운전 등으로 감소시킬 수 있다.
4. 디버깅(Debugging) 기간 : 초기에 기계의 결함을 찾아내 고장률을 안정시키는 기간
5. 번인(Burn-in) 기간 : 제품을 실제로 장시간 가동하여 결함의 원인을 제거하는 기간
6. 보전예방(MP) 실시

**정답** 31 ① 32 ④ 33 ①

> **TIP** 시스템 수명곡선(욕조곡선)
> - 초기고장 : 감소형 – DFR(Decreasing Failure Rate)
>   고장률이 시간에 따라 감소
> - 우발고장 : 일정형 – CFR(Constant Failure Rate)
>   고장률이 시간에 관계없이 거의 일정
> - 마모고장 : 증가형 – IFR(Increasing Failure Rate)
>   고장률이 시간에 따라 증가

| 개념 양립성 | • 사람들이 가지고 있는(이미 사람들이 학습을 통해 알고 있는) 개념적 연상에 관한 기대와 일치하는 것<br>• 냉온수기에서 빨간색은 온수, 파란색은 냉수가 나온다. |
|---|---|
| 양식 양립성 | 음성과업에 대해서는 청각적 자극 제시와 이에 대한 음성 응답 등에 해당 |

**34** 자동차는 타이어가 4개인 하나의 시스템으로 볼 수 있다. 타이어 1개가 파열될 확률이 0.01이라면, 이 자동차의 신뢰도는 약 얼마인가?

① 0.91　　② 0.93
③ 0.96　　④ 0.99

**해설**

신뢰도
1. 타이어 1개의 신뢰도(파열되지 않을 확률)
   $R = 1 - 0.01 = 0.99$
2. 자동차 타이어는 직렬로 연결(1개의 타이어만 파열되어도 시스템은 정지)
   $R = 0.99 \times 0.99 \times 0.99 \times 0.99 = 0.96$

**35** A회사에서는 새로운 기계를 설계하면서 레버를 위로 올리면 압력이 올라가도록 하고, 오른쪽 스위치를 눌렀을 때 오른쪽 전등이 켜지도록 하였다면, 이것은 각각 어떤 유형의 양립성을 고려한 것인가?

① 레버 – 공간양립성, 스위치 – 개념양립성
② 레버 – 운동양립성, 스위치 – 개념양립성
③ 레버 – 개념양립성, 스위치 – 운동양립성
④ 레버 – 운동양립성, 스위치 – 공간양립성

**해설**

양립성의 종류

| 공간 양립성 | • 표시장치와 이에 대응하는 조종장치 간의 위치 또는 배열이 인간의 기대와 모순되지 않아야 한다.<br>• 가스버너에서 오른쪽 조리대는 오른쪽 조절장치로, 왼쪽 조리대는 왼쪽 조절장치로 조정하도록 배치한다. |
|---|---|
| 운동 양립성 | • 조작장치의 방향과 표시장치의 움직이는 방향이 사용자의 기대와 일치하는 것<br>• 자동차를 운전하는 과정에서 우측으로 회전하기 위하여 핸들을 우측으로 돌린다. |

**36** 안전교육을 받지 못한 신입직원이 작업 중 전극을 반대로 끼우려고 시도했으나, 플러그의 모양이 반대로 끼울 수 없도록 설계되어 있어서 사고를 예방할 수 있었다. 작업자가 범한 오류와 이와 같은 사고 예방을 위해 적용된 안전설계 원칙으로 가장 적합한 것은?

① 누락(Omission) 오류, Fail Safe 설계원칙
② 누락(Omission) 오류, Fool Proof 설계원칙
③ 작위(Commission) 오류, Fail Safe 설계원칙
④ 작위(Commission) 오류, Fool Proof 설계원칙

**해설**

인간실수의 분류 및 안전설계
1. 인간실수의 분류(심리적인 분류)

| 생략에러<br>(Omission Error)<br>부작위 실수 | 필요한 직무 및 절차를 수행하지 않아(생략) 발생하는 에러<br>예 가스밸브를 잠그는 것을 잊어 사고가 났다. |
|---|---|
| 작위에러<br>(Commission Error) | 필요한 작업 또는 절차의 불확실한 수행(잘못 수행)으로 인한 에러<br>예 전선이 바뀌었다, 틀린 부품을 사용하였다, 부품이 거꾸로 조립되었다 등 |
| 순서에러<br>(Sequential Error) | 필요한 작업 또는 절차의 순서 착오로 인한 에러<br>예 자동차 출발 시 핸들브레이크를 해제하지 않고 출발하여 발생한 에러 |
| 시간에러<br>(Time Error) | 필요한 직무 또는 절차의 수행지연으로 인한 에러<br>예 프레스 작업 중에 금형 내에 손이 오랫동안 남아 있어 발생한 재해 |
| 과잉행동에러<br>(Extraneous Error) | 불필요한 작업 또는 절차를 수행함으로써 기인한 에러<br>예 자동차 운전 중 습관적으로 손을 창문으로 내밀어 발생한 재해 |

2. 풀 프루프(Fool Proof)
   작업자가 기계를 잘못 취급하여 불안전 행동이나 실수를 하여도 기계설비의 안전 기능이 작용되어 재해를 방지할 수 있는 기능을 가진 구조

**정답** 34 ③　35 ④　36 ④

**37** 인간의 에러 중 불필요한 작업 또는 절차를 수행함으로써 기인한 에러를 무엇이라 하는가?

① Omission Error
② Sequential Error
③ Extraneous Error
④ Commission Error

**해설**
문제 36번 해설 참고

**38** 설비의 고장과 같이 발생확률이 낮은 사건의 특정시간 또는 구간에서의 발생횟수를 측정하는 데 가장 적합한 확률분포는?

① 이항분포(Binomial Distribution)
② 푸아송 분포(Poisson Distribution)
③ 와이블 분포(Weibull Distribution)
④ 지수분포(Exponential Distribution)

**해설**
확률분포

| 이항분포 | 결과가 성공과 실패 두 가지인 경우에, 단 하나의 실험이 아니라 여러 번의 연속된 복원 추출실험의 확률 분포 |
|---|---|
| 푸아송 분포 | 특정시간 이나 단위구간 및 공간에 대하여 어떤 사건의 발생횟수가 갖는 분포(예를 들어 철판의 흠의 수, 공장의 사고건수와 같은 확률값을 구하려고 할 때) |
| 와이블 분포 | 신뢰성 모델로써 가장 자주 사용되는 분포로 고장률 함수 $\lambda(t)$가 상수, 증가 또는 감소함수인 수명분포들을 모형화할 때 적당한 분포이다. |
| 지수분포 | 여러 개의 부품이 조합되어 만들어진 기기나 시스템의 고장확률 밀도함수는 지수분포에 따르게 되며, 이때의 고장률은 시간에 관계없이 일정하게 된다(시간당 고장률이 일정). |

**39** 다음 중 신체 동작의 유형에 관한 설명으로 틀린 것은?

① 내선(Medial Rotation) : 몸의 중심선으로의 회전
② 외전(Abduction) : 몸의 중심선으로의 이동
③ 굴곡(Flexion) : 신체 부위 간의 각도의 감소
④ 신전(Extension) : 신체 부위 간의 각도의 증가

**해설**
신체부위의 운동(기본적인 동작)

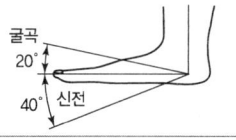
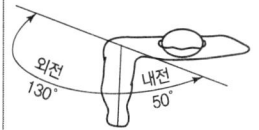

- 굴곡(Flexion) : 관절에서의 (부위 간의) 각도가 감소하는 동작
- 신전(Extension) : 관절에서의(부위 간의) 각도가 증가하는 동작

- 내전(內轉, Adduction) : 몸(신체)의 중심선으로 향하는 이동 동작
- 외전(外轉, Abduction) : 몸(신체)의 중심선으로부터 멀어지는 이동 동작

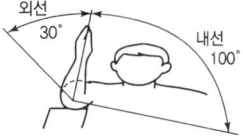

- 내선(內旋, Medial Rotation) : 몸(신체)의 중심선으로 향하는 회전 동작
- 외선(外旋, Lateral Rotation) : 몸(신체)의 중심선으로부터 회전 동작

- 하향(Pronation) : 몸(신체) 또는 손바닥을 아래로 향하는 회전
- 상향(Supination) : 몸(신체) 또는 손바닥을 위로 향하는 회전

**40** 시스템 분석 및 설계에 있어서 인간공학의 가치와 가장 거리가 먼 것은?

① 훈련비용의 절감
② 인력 이용률의 향상
③ 생산 및 보전의 경제성 감소
④ 사고 및 오용으로부터의 손실 감소

**해설**
체계 분석 및 설계에 있어서의 인간공학의 가치(기여도)
1. 성능(Performance)의 향상
2. 훈련비용의 절감
3. 인력 이용률(Utilization)의 향상
4. 사고 및 오용으로부터의 손실 감소
5. 생산 및 보전의 경제성 증대
6. 사용자의 수용도 향상

## 3과목 기계·기구 및 설비 안전 관리

**41** 산업안전보건법령상 산업용 로봇의 작업시작 전 점검사항으로 가장 거리가 먼 것은?

① 외부 전선의 피복 또는 외장의 손상 유무
② 압력방출장치의 이상 유무
③ 매니퓰레이터 작동 이상 유무
④ 제동장치 및 비상정지 장치의 기능

**해설**

작업시작 전 점검사항
로봇의 작동 범위에서 그 로봇에 관하여 교시 등(로봇의 동력원을 차단하고 하는 것은 제외한다)의 작업을 할 때
1. 외부 전선의 피복 또는 외장의 손상 유무
2. 매니퓰레이터(Manipulator) 작동의 이상 유무
3. 제동장치 및 비상정지장치의 기능

**42** 산업안전보건법령상 다음 중 보일러의 방호장치와 가장 거리가 먼 것은?

① 언로드밸브
② 압력방출장치
③ 압력제한스위치
④ 고저수위 조절장치

**해설**

보일러 안전장치의 종류
1. 압력방출장치
2. 압력제한스위치
3. 고저수위 조절장치
4. 화염검출기

**43** 완전 회전식 클러치 기구가 있는 프레스의 양수기동식 방호장치에서 SPM(Stroke Per Minute)이 150, 확동클러치 봉합 개소 수가 4개인 경우 방호장치의 최소안전거리는?

① 48mm
② 250mm
③ 360mm
④ 480mm

**해설**

방호장치 설치 안전거리(양수기동식)

$$D_m = 1.6 T_m$$

여기서, $D_m$ : 안전거리(mm)
$T_m$ : 양손으로 누름단추 누르기 시작할 때부터 슬라이드가 하사점에 도달하기까지 소요시간(ms)

$$T_m = \left( \frac{1}{\text{클러치 맞물림 개소 수}} + \frac{1}{2} \right) \times \frac{60,000}{\text{매분 행정수}} (\text{ms})$$

1. $T_m = \left( \frac{1}{4} + \frac{1}{2} \right) \times \frac{60,000}{150} = 300 (\text{ms})$
2. $D_m = 1.6 \times 300 = 480 (\text{mm})$

**44** 회전하는 동작부분과 고정부분이 함께 만드는 위험점으로 주로 연삭숫돌과 작업대, 교반기의 교반 날개와 몸체 사이에서 형성되는 위험점은?

① 협착점
② 절단점
③ 물림점
④ 끼임점

**해설**

기계운동 형태에 따른 위험점 분류

| | | |
|---|---|---|
| 협착점 | 왕복운동을 하는 운동부와 움직임이 없는 고정부 사이에서 형성되는 위험점(고정점+운동점) | • 프레스<br>• 전단기<br>• 성형기<br>• 조형기<br>• 밴딩기<br>• 인쇄기 |
| 끼임점 | 회전운동하는 부분과 고정부 사이에 위험이 형성되는 위험점(고정점+회전운동) | • 연삭숫돌과 작업대<br>• 반복동작되는 링크기구<br>• 교반기의 날개와 몸체 사이<br>• 회전풀리와 벨트 |
| 절단점 | 회전하는 운동부 자체의 위험이나 운동하는 기계부분 자체의 위험에서 형성되는 위험점(회전운동+기계) | • 밀링커터<br>• 둥근 톱의 톱날<br>• 목공용 띠톱 날 |
| 물림점 | 회전하는 두 개의 회전체에 형성되는 위험점(서로 반대방향의 회전체)(중심점+반대방향의 회전운동) | • 기어와 기어의 물림<br>• 롤러와 롤러의 물림<br>• 롤러분쇄기 |
| 접선<br>물림점 | 회전하는 부분의 접선방향으로 물려들어 갈 위험이 있는 위험점 | • V벨트와 풀리<br>• 랙과 피니언<br>• 체인벨트<br>• 평벨트 |
| 회전<br>말림점 | 회전하는 물체의 길이, 굵기, 속도 등의 불규칙 부위와 돌기 회전부위에 의해 장갑 또는 작업복 등이 말려들 위험이 있는 위험점 | • 회전하는 축<br>• 커플링<br>• 회전하는 드릴 |

**45** 롤러의 급정지를 위한 방호장치를 설치하고자 한다. 앞면 롤러 직경이 36cm이고, 분당회전속도가 50rpm이라면 급정지거리는 약 얼마 이내이어야 하는가?(단, 무부하동작에 해당한다.)

① 45cm
② 50cm
③ 55cm
④ 60cm

**해설**

롤러기의 급정지거리

$$V = \frac{\pi DN}{1,000} (\text{m/min})$$

여기서, $V$ : 표면속도
$D$ : 롤러 원통의 직경(mm)
$N$ : 1분간에 롤러기가 회전되는 수(rpm)

1. $V = \frac{\pi DN}{1,000}(\text{m/min}) = \frac{\pi \times 360 \times 50}{1,000} = 56.52(\text{m/min})$

2. 무부하 동작에서 급정지거리
   표면속도($V$)가 56.52(m/min)로 30(m/min) 이상이므로 앞면 롤러 원주의 $\frac{1}{2.5}$ 이다.

| 앞면 롤러의 표면속도(m/min) | 급정지거리 |
| --- | --- |
| 30 미만 | 앞면 롤러 원주의 1/3 |
| 30 이상 | 앞면 롤러 원주의 1/2.5 |

3. 급정지거리 $= \pi \times D \times \frac{1}{2.5} = \pi \times 36 \times \frac{1}{2.5}$
   $= 45.216 ≒ 45(\text{cm})$

**TIP** 원둘레 길이 $= \pi D = 2\pi r$
여기서, $D$ : 지름, $r$ : 반지름

**46** 산업안전보건법령상 롤러기의 방호장치 중 롤러의 앞면 표면속도가 30m/min 이상일 때 무부하 동작에서 급정지거리는?

① 앞면 롤러 원주의 1/2.5 이내
② 앞면 롤러 원주의 1/3 이내
③ 앞면 롤러 원주의 1/3.5 이내
④ 앞면 롤러 원주의 1/5.5 이내

**해설**

급정지거리

| 앞면 롤러의 표면속도(m/min) | 급정지거리 |
| --- | --- |
| 30 미만 | 앞면 롤러 원주의 1/3 |
| 30 이상 | 앞면 롤러 원주의 1/2.5 |

**47** 방사선 투과검사에서 투과사진의 상질을 점검할 때 확인해야 할 항목으로 거리가 먼 것은?

① 투과도계의 식별도
② 시험부의 사진농도 범위
③ 계조계의 값
④ 주파수의 크기

**해설**

투과사진이 구비할 조건(확인해야 할 항목)
1. 투과도계 식별도 : 보통 요구하는 식별도는 2.0% 이하
2. 시험부 사진농도 : 1.0~3.5
3. 계조계 농도 차 : 0.1 이상
4. 흠이나 얼룩현상의 유무

**48** 인장강도가 250N/mm²인 강판에서 안전율이 4라면 이 강판의 허용응력(N/mm²)은 얼마인가?

① 42.5
② 62.5
③ 82.5
④ 102.5

**해설**

안전율(안전계수)

$$\text{안전율(안전계수)} = \frac{\text{인장강도}}{\text{허용응력}}$$

허용응력 $= \frac{\text{인장강도}}{\text{안전율}} = \frac{250}{4} = 62.5[\text{N/mm}^2]$

**49** 와이어로프 클립(Clip) 고정법의 클립 고정방법으로 옳은 것은?

①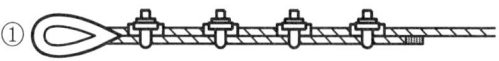
②
③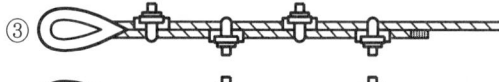
④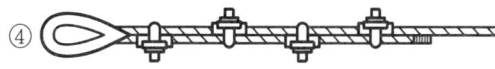

**해설**

클립(Clip) 고정법
클립의 새들(Saddle)은 와이어로프의 힘이 걸리는 쪽에 있어야 한다.

**정답** 45 ① 46 ① 47 ④ 48 ② 49 ①

**50** 취성재료의 극한강도가 128MPa이며, 허용응력이 64MPa일 경우 안전계수는?

① 1  ② 2
③ 4  ④ 1/2

해설
안전율(안전계수)
안전율(안전계수) = $\dfrac{극한강도}{허용응력} = \dfrac{128}{64} = 2$

**51** 산업안전보건법령상 크레인에서 권과방지장치의 달기구 윗면이 권상장치의 아랫면과 접촉할 우려가 있는 경우 최소 몇 m 이상 간격이 되도록 조정하여야 하는가?(단, 직동식 권과방지장치의 경우는 제외)

① 0.1  ② 0.15
③ 0.25  ④ 0.3

해설
방호장치의 조정
크레인 및 이동식 크레인의 양중기에 대한 권과방지장치는 훅·버킷 등 달기구의 윗면(그 달기구에 권상용 도르래가 설치된 경우에는 권상용 도르래의 윗면)이 드럼, 상부 도르래, 트롤리프레임 등 권상장치의 아랫면과 접촉할 우려가 있는 경우에 그 간격이 0.25m 이상(직동식 권과방지장치는 0.05m 이상으로 한다)이 되도록 조정하여야 한다.

**52** 재료가 변형 시에 외부응력이나 내부의 변형과정에서 방출되는 낮은 응력파(Stress Wave)를 감지하여 측정하는 비파괴시험은?

① 와류탐상시험
② 침투탐상시험
③ 음향탐상시험
④ 방사선투과시험

해설
음향방출검사
하중을 받고 있는 재료의 결함부에서 방출되는 응력파를 수신하여 분석함으로써 결함의 위치판정, 손상의 진전감시 등 동적거동을 판단하는 검사방법이다.

**53** 어떤 양중기에서 3,000kg의 질량을 가진 물체를 한쪽이 45°인 각도로 그림과 같이 2개의 와이어로프로 직접 들어 올릴 때, 안전율이 고려된 가장 적절한 와이어로프 지름을 표에서 구하면?(단, 안전율은 산업안전보건법령을 따르고, 두 와이어로프의 지름은 동일하며, 기준을 만족하는 가장 작은 지름을 선정한다.)

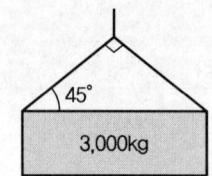

와이어로프 지름 및 절단강도

| 와이어로프 지름 | 절단강도 |
| --- | --- |
| 10mm | 56kN |
| 12mm | 88kN |
| 14mm | 110kN |
| 16mm | 144kN |

① 10mm  ② 12mm
③ 14mm  ④ 16mm

해설
와이어로프에 걸리는 하중계산
1. 슬링와이어로프의 한 가닥에 걸리는 하중

$$하중 = \dfrac{화물의\ 무게(W_1)}{2} \div \cos\dfrac{\theta}{2}$$

하중 = $\dfrac{3,000}{2} \div \cos\dfrac{90°}{2} = 1,500 \div \cos 45°$
= 2,121.32(kg)
= 2.12(ton)

2. 안전계수
- 안전율(안전계수) = $\dfrac{파단하중}{안전하중}$
- 파단하중 = 안전율 × 안전하중 = 5 × 2.12 = 10.6(ton)
  = 10.6 × 9.8 = 103.88kN

3. 파단하중이 103.88(kN)으로 근사값을 표에서 구하면 110(kN)이 된다.
∴ 와이어로프 지름은 14(mm)이다.

 • 안전계수
 화물의 하중을 직접 지지하는 달기와이어로프 또는 달기체인의 경우 : 5 이상
• 1ton = 9.8kN

**54** 지름이 $D$(mm)인 연삭기 숫돌의 회전수가 $N$(rpm)일 때 숫돌의 원주속도(m/min)를 옳게 표시한 식은?

① $\dfrac{\pi DN}{1,000}$
② $\pi DN$
③ $\dfrac{\pi DN}{60}$
④ $\dfrac{DN}{1,000}$

**해설**
원주속도(회전속도)

$$V = \pi DN \text{(mm/min)} = \dfrac{\pi DN}{1,000} \text{(m/min)}$$

여기서, $V$ : 원주속도(회전속도)(m/min)
$D$ : 숫돌의 지름(mm)
$N$ : 숫돌의 매분 회전수(rpm)

**55** 프레스기의 안전대책 중 손을 금형 사이에 집어 넣을 수 없도록 하는 본질적 안전화를 위한 방식(No-hand in Die)에 해당하는 것은?

① 수인식
② 광전자식
③ 방호울식
④ 손쳐내기식

**해설**
프레스의 안전대책

| 구분 | | 종류 |
|---|---|---|
| No-hand in Die 방식 | 위험한계에 손을 넣으려 해도 들어가지 않는 방식 | • 안전울을 부착한 프레스<br>• 안전금형을 부착한 프레스<br>• 전용프레스 |
| | 위험한계에 손을 넣을 수 있으나 넣을 필요가 없는 방식 | 자동프레스 |
| Hand in Die 방식 | 프레스기의 종류, 압력능력, 매분 행정수, 작업방법에 상응하는 방호장치 | • 가드식 방호장치<br>• 수인식 방호장치<br>• 손쳐내기식 방호장치 |
| | 정지 성능에 상응하는 방호장치 | • 양수조작식<br>• 광전자식(감응식) |

**56** 연삭숫돌의 파괴원인이 아닌 것은?

① 외부의 충격을 받았을 때
② 플랜지가 현저히 작을 때
③ 회전력이 결합력보다 클 때
④ 내·외면의 플랜지 지름이 동일할 때

**해설**
연삭숫돌의 파괴원인
1. 숫돌의 회전속도가 너무 빠를 때
2. 숫돌 자체에 균열이 있을 때
3. 숫돌에 과대한 충격을 가할 때
4. 숫돌의 측면을 사용하여 작업할 때
5. 숫돌의 불균형이나 베어링 마모에 의한 진동이 있을 때 (숫돌이 경우에 따라 파손될 수 있다.)
6. 숫돌 반경방향의 온도변화가 심할 때
7. 작업에 부적당한 숫돌을 사용할 때
8. 숫돌의 치수가 부적당할 때
9. 플랜지가 현저히 작을 때

**57** 다음 중 크레인의 방호장치로 가장 거리가 먼 것은?

① 권과방지장치
② 과부하방지장치
③ 비상정지장치
④ 자동보수장치

**해설**
방호장치의 조정

| 방호장치의 조정 대상 | • 크레인 • 곤돌라<br>• 이동식 크레인 • 승강기<br>• 리프트 |
|---|---|
| 방호장치의 종류 | • 과부하방지장치<br>• 권과방지장치<br>• 비상정지장치 및 제동장치<br>• 그 밖의 방호장치(승강기의 파이널 리미트 스위치, 속도조절기, 출입문 인터록 등) |

**58** 산업안전보건법령상 지게차의 최대하중의 2배 값이 6톤일 경우 헤드가드의 강도는 몇 톤의 등분포 정하중에 견딜 수 있어야 하는가?

① 4
② 6
③ 8
④ 10

**해설**

지게차의 헤드가드
1. 강도는 지게차의 최대하중의 2배 값(4톤을 넘는 값에 대해서는 4톤으로 한다.)의 등분포정하중에 견딜 수 있을 것
2. 상부 틀의 각 개구의 폭 또는 길이가 16cm 미만일 것
3. 운전자가 앉아서 조작하거나 서서 조작하는 지게차의 헤드가드는 한국산업표준에서 정하는 높이 기준 이상일 것

**59** 사출성형기에서 동력 작동식 금형고정장치의 안전사항에 대한 설명으로 옳지 않은 것은?

① 금형 또는 부품의 낙하를 방지하기 위해 기계적 억제장치를 추가하거나 자체 고정장치(Self Retain Clamping Unit) 등을 설치해야 한다.
② 자석식 금형 고정장치는 상·하(좌·우) 금형의 정확한 위치가 자동적으로 모니터(Monitor)되어야 한다.
③ 상·하(좌·우)의 두 금형 중 어느 하나가 위치를 이탈하는 경우 플레이트를 작동시켜야 한다.
④ 전자석 금형 고정장치를 사용하는 경우에는 전자기파에 의한 영향을 받지 않도록 전자파 내성대책을 고려해야 한다.

**해설**

사출성형기의 동력 작동식 금형고정장치 안전기준
1. 금형 또는 부품의 낙하를 방지하기 위해 기계적 억제장치를 추가하거나 자체 고정장치(Self Retain Clamping Unit) 등을 설치해야 한다.
2. 자석식 금형 고정장치는 상·하(좌·우) 금형의 정확한 위치가 자동적으로 모니터(Monitor)되어야 하며, 두 금형 중 어느 하나가 위치를 이탈하는 경우 플레이트를 더 이상 움직이지 않아야 한다.
3. 전자석 금형 고정장치를 사용하는 경우에는 전자기파에 의한 영향을 받지 않도록 전자파 내성대책을 고려해야 한다.

**60** 롤러기에서 앞면 롤러의 지름이 200mm, 회전속도가 30rpm인 롤러의 무부하 동작에서의 급정지거리로 옳은 것은?

① 66mm 이내  ② 84mm 이내
③ 209mm 이내  ④ 248mm 이내

**해설**

롤러기의 급정지거리

$$V = \frac{\pi DN}{1,000} \text{(m/min)}$$

여기서, $V$ : 표면속도
$D$ : 롤러 원통의 직경(mm)
$N$ : 1분간에 롤러기가 회전되는 수(rpm)

1. $V = \frac{\pi DN}{1,000} = \frac{\pi \times 200 \times 30}{1,000} = 18.85 \text{(m/min)}$

2. 무부하 동작에서 급정지거리
   표면속도($V$)가 18.85(m/mm)로 30(m/min) 미만이므로 앞면 롤러 원주의 $\frac{1}{3}$이다.

| 앞면 롤러의 표면속도(m/min) | 급정지거리 |
|---|---|
| 30 미만 | 앞면 롤러 원주의 1/3 |
| 30 이상 | 앞면 롤러 원주의 1/2.5 |

3. 급정지거리 $= \pi \times D \times \frac{1}{3} = \pi \times 200 \times \frac{1}{3}$
   $= 209.43 = 209 \text{(cm)}$

**TIP** 원둘레 길이 $= \pi D = 2\pi r$
여기서, $D$ : 지름, $r$ : 반지름

## 4과목 전기설비 안전관리

**61** 저압전로의 절연성능 시험에서 전로의 사용전압이 380V인 경우 전로의 전선 상호 간 및 전로와 대지 사이의 절연저항은 최소 몇 MΩ 이상이어야 하는가?

① 0.1  ② 0.3
③ 0.5  ④ 1

**해설**

저압전로의 절연저항

| 전로의 사용전압(V) | DC시험전압(V) | 절연저항(MΩ) |
|---|---|---|
| SELV 및 PELV | 250 | 0.5 |
| FELV, 500V 이하 | 500 | 1.0 |
| 500V 초과 | 1,000 | 1.0 |

[주] 특별저압(Extra Low Voltage : 2차 전압이 AC 50V, DC 120V 이하)으로 SELV(비접지회로 구성) 및 PELV(접지회로 구성)은 1차와 2차가 전기적으로 절연된 회로, FELV는 1차와 2차가 전기적으로 절연되지 않은 회로

정답 59 ③ 60 ③ 61 ④

**62** 인체의 전기저항을 0.5kΩ이라고 하면 심실세동을 일으키는 위험한계에너지는 몇 J인가?(단, 심실세동전류값 $I = \frac{165}{\sqrt{T}}$ mA의 Dalziel의 식을 이용하며, 통전시간은 1초로 한다.)

① 13.6
② 12.6
③ 11.6
④ 10.6

**해설**

위험한계에너지

$$W = I^2RT[J/s] = \left(\frac{165}{\sqrt{T}} \times 10^{-3}\right)^2 \times R \times T$$

$W = \left(\frac{165}{\sqrt{1}} \times 10^{-3}\right)^2 \times 500 \times 1 = 13.61[J]$

**TIP** 1kΩ = 1,000Ω

---

**63** 다음 중 전기설비기술기준에 따른 전압의 구분으로 틀린 것은?

① 저압 : 직류 1kV 이하
② 고압 : 교류 1kV 초과, 7kV 이하
③ 특고압 : 직류 7kV 초과
④ 특고압 : 교류 7kV 초과

**해설**

전압의 구분

| 전원의 종류 | 저압 | 고압 | 특고압 |
|---|---|---|---|
| 직류(DC) | 1,500V 이하 | 1,500V 초과 7,000V 이하 | 7,000V 초과 |
| 교류(AC) | 1,000V 이하 | 1,000V 초과 7,000V 이하 | 7,000V 초과 |

---

**64** 전격의 위험을 결정하는 주된 인자로 가장 거리가 먼 것은?

① 통전전류
② 통전시간
③ 통전경로
④ 접촉전압

**해설**

감전재해의 요인

| | |
|---|---|
| 1차적 감전요소 | • 통전전류의 크기 : 크면 위험, 인체의 저항이 일정할 때 접촉전압에 비례<br>• 통전경로 : 인체의 주요한 부분을 흐를수록 위험<br>• 통전시간 : 장시간 흐르면 위험<br>• 전원의 종류 : 전원의 크기(전압)가 동일한 경우 교류가 직류보다 위험하다. |
| 2차적 감전요소 | • 인체의 조건(저항) : 땀에 젖어 있거나 물에 젖어 있는 경우 인체의 저항이 감소하므로 위험성이 높아진다.<br>• 전압 : 전압의 크기가 클수록 위험하다.<br>• 계절 : 계절에 따라 인체의 저항이 변화하므로 전격에 대한 위험도에 영향을 준다. |

---

**65** 전기시설의 직접 접촉에 의한 감전방지 방법으로 적절하지 않은 것은?

① 충전부는 내구성이 있는 절연물로 완전히 덮어 감쌀 것
② 충전부가 노출되지 않도록 폐쇄형 외함이 있는 구조로 할 것
③ 충전부에 충분한 절연효과가 있는 방호망 또는 절연덮개를 설치할 것
④ 충전부는 출입이 용이한 전개된 장소에 설치하고, 위험표시 등의 방법으로 방호를 강화할 것

**해설**

직접 접촉에 의한 방지대책(충전 부분에 대한 감전방지)
1. 충전부가 노출되지 않도록 폐쇄형 외함이 있는 구조로 할 것
2. 충전부에 충분한 절연효과가 있는 방호망이나 절연덮개를 설치할 것
3. 충전부는 내구성이 있는 절연물로 완전히 덮어 감쌀 것
4. 발전소·변전소 및 개폐소 등 구획되어 있는 장소로서 관계 근로자가 아닌 사람의 출입이 금지되는 장소에 충전부를 설치하고, 위험표시 등의 방법으로 방호를 강화할 것
5. 전주 위 및 철탑 위 등 격리되어 있는 장소로서 관계 근로자가 아닌 사람이 접근할 우려가 없는 장소에 충전부를 설치할 것

---

정답 62 ① 63 ① 64 ④ 65 ④

**66** 감전되어 사망하는 주된 메커니즘으로 틀린 것은?

① 심장부에 전류가 흘러 심실세동이 발생하여 혈액순환기능이 상실되어 일어난 것
② 흉골에 전류가 흘러 혈압이 약해져 뇌에 산소공급기능이 정지되어 일어난 것
③ 뇌의 호흡중추 신경에 전류가 흘러 호흡기능이 정지되어 일어난 것
④ 흉부에 전류가 흘러 흉부수축에 의한 질식으로 일어난 것

**해설**

전격(감전)현상의 메커니즘
1. 심장부에 전류가 흘러 심실세동이 발생하여 혈액순환기능이 상실되어 일어난 것
2. 뇌의 호흡중추신경에 전류가 흘러 호흡기능이 정지되어 일어난 것
3. 흉부에 전류가 흘러 흉부근육수축에 의한 질식으로 일어난 것

**67** 인체감전보호용 누전차단기의 정격감도전류(mA)와 동작시간(초)의 최댓값은?

① 10mA, 0.03초
② 20mA, 0.01초
③ 30mA, 0.03초
④ 50mA, 0.1초

**해설**

감전방지용 누전차단기
정격 감도전류가 30mA 이하이고, 동작시간이 0.03초 이내인 누전차단기를 말한다.

**68** 다음 중 산업안전보건기준에 관한 규칙에 따라 누전차단기를 설치하지 않아도 되는 곳은?

① 철판·철골 위 등 도전성이 높은 장소에서 사용하는 이동형 전기기계·기구
② 대지전압이 220V인 휴대형 전기기계·기구
③ 임시배선의 전로가 설치되는 장소에서 사용하는 이동형 전기기계·기구
④ 절연대 위에서 사용하는 전기기계·기구

**해설**

감전방지용 누전차단기의 적용대상(누전차단기 설치장소)
1. 대지전압이 150V를 초과하는 이동형 또는 휴대형 전기기계·기구
2. 물 등 도전성이 높은 액체가 있는 습윤장소에서 사용하는 저압(1.5천V 이하 직류전압이나 1천V 이하의 교류전압)용 전기기계·기구
3. 철판·철골 위 등 도전성이 높은 장소에서 사용하는 이동형 또는 휴대형 전기기계·기구
4. 임시배선의 전로가 설치되는 장소에서 사용하는 이동형 또는 휴대형 전기기계·기구

**TIP** 감전방지용 누전차단기의 적용 제외 대상
- 이중절연구조 또는 이와 같은 수준 이상으로 보호되는 구조로 된 전기기계·기구
- 절연대 위 등과 같이 감전위험이 없는 장소에서 사용하는 전기기계·기구
- 비접지방식의 전로

**69** 교류아크용접기의 자동전격방지장치는 아크 발생이 중단된 후 출력 측 무부하 전압을 1초 이내 몇 V 이하로 저하시켜야 하는가?

① 25~30
② 35~50
③ 55~75
④ 80~100

**해설**

자동전격방지기
1. 교류아크용접기는 65~90V의 무부하 전압이 인가되어 감전의 위험성이 높으며, 자동전격방지기를 설치하여 아크 발생을 중단할 때 용접기의 2차(출력) 측 무부하 전압을 25~30V 이하로 유지시켜 감전의 위험을 줄이도록 되어 있다.
2. 즉, 용접 시에만 용접기의 주회로가 접속되고 그 외는 용접기 2차 전압을 안전전압 이하로 제한한다.

**TIP** 2차(출력) 측 무부하 전압을 자동적으로 25V 이하로 강하시켜야 하나 전원전압의 변동이 있을 경우 30V 이하로 강하시켜야 한다.

**70** 다음 중 전동기를 운전하고자 할 때 개폐기의 조작순서로 옳은 것은?

① 메인 스위치 → 분전반 스위치 → 전동기용 개폐기
② 분전반 스위치 → 메인 스위치 → 전동기용 개폐기

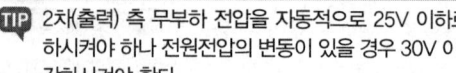

③ 전동기용 개폐기 → 분전반 스위치 → 메인 스위치
④ 분전반 스위치 → 전동기용 개폐기 → 메인 스위치

**해설**

전동기 운전 시 개폐기의 조작순서
메인 스위치 → 분전반 스위치 → 전동기용 개폐기

> **TIP** 개폐기
> 회로나 장치의 상태(ON, OFF)를 바꾸어 접속하기 위한 물리적 또는 전기적 장치

**71** 교류 3상 전압 380V, 부하 50kVA인 경우 배선에서의 누전전류의 한계는 약 mA인가?(단, 전기설비 기술기준에서의 누설전류 허용값을 적용한다.)

① 10mA  ② 38mA
③ 54mA  ④ 76mA

**해설**

누설전류

$$누설전류 = 최대공급전류 \times \frac{1}{2,000}$$

1. 3상 전력

$$P = \sqrt{3}\,VI$$

여기서, $P$ : 전력[W], $V$ : 전압[V], $I$ : 전류[A]

2. $P = \sqrt{3}\,VI \rightarrow I = \dfrac{P}{\sqrt{3}\,V} = \dfrac{50 \times 1,000}{\sqrt{3} \times 380} = 75.967[A]$

3. 누설전류 $= 최대공급전류 \times \dfrac{1}{2,000}$

$= 75.967 \times \dfrac{1}{2,000} = 0.0379[A] ≒ 38[mA]$

**72** 방폭전기설비의 용기 내부에 보호가스를 압입하여 내부압력을 외부 대기 이상의 압력으로 유지함으로써 용기 내부에 폭발성 가스 분위기가 형성되는 것을 방지하는 방폭구조는?

① 내압 방폭구조
② 압력 방폭구조
③ 안전증 방폭구조
④ 유입 방폭구조

**해설**

방폭구조

| | |
|---|---|
| 내압 방폭구조 | 점화원에 의해 용기 내부에서 폭발이 발생할 경우에 용기가 폭발압력에 견딜 수 있고, 화염이 용기 외부의 폭발성 분위기로 전파되지 않도록 한 방폭구조 |
| 압력 방폭구조 | 점화원이 될 우려가 있는 부분을 용기 안에 넣고 보호 기체(신선한 공기 또는 불활성기체)를 용기 안에 압입함으로써 폭발성 가스가 침입하는 것을 방지하도록 되어 있는 방폭구조(전폐형구조) |
| 안전증 방폭구조 | 전기기구의 권선, 접점부, 단자부 등과 같은 부분이 정상적인 운전 중에는 불꽃, 아크 또는 과열이 발생되지 않는 부분에 대하여 방지하기 위한 구조와 온도상승에 대해 특히 안전도를 증가시킨 구조 |
| 유입 방폭구조 | 유체 상부 또는 용기 외부에 존재할 수 있는 폭발성 분위기가 발화할 수 없도록 전기설비 또는 전기설비의 부품을 보호액에 함침시키는 방폭구조 |

**73** KS C 4613 누전차단기의 규정에서 언급된 고속형 누전차단기란 다음 중 어느 것인가?

① 정격감도전류에서 동작시간이 0.1초 이내
② 정격감도전류의 1.4배에서 동작시간이 0.05초 이내
③ 정격감도전류에서 동작시간이 0.2초를 초과하고 1초 이내
④ 정격감도전류에서 동작시간이 0.1초를 초과하고 2초 이내

**해설**

고속형 누전차단기
정격감도전류에서 동작시간이 0.1초 이내인 누전차단기

**74** 산업안전보건법령에 따라 감전될 우려가 있는 장소에서 작업을 하기 위해서는 전로를 차단하여야 한다. 전로 차단을 위한 시행 절차 중 틀린 것은?

① 전기기기 등에 공급되는 모든 전원을 관련 도면, 배선도 등으로 확인
② 각 단로기를 개방한 후 전원 차단
③ 단로기 개방 후 차단장치나 단로기 등에 잠금장치 및 꼬리표를 부착
④ 잔류전하 방전 후 검전기를 이용하여 작업 대상기기가 충전되어 있는지 확인

### 해설
정전전로에서의 전로 차단 절차
1. 전기기기 등에 공급되는 모든 전원을 관련 도면, 배선도 등으로 확인할 것
2. 전원을 차단한 후 각 단로기 등을 개방하고 확인할 것
3. 차단장치나 단로기 등에 잠금장치 및 꼬리표를 부착할 것
4. 개로된 전로에서 유도전압 또는 전기에너지가 축적되어 근로자에게 전기위험을 끼칠 수 있는 전기기기 등은 접촉하기 전에 잔류전하를 완전히 방전시킬 것
5. 검전기를 이용하여 작업 대상 기기가 충전되었는지를 확인할 것
6. 전기기기 등이 다른 노출 충전부와의 접촉, 유도 또는 예비동력원의 역송전 등으로 전압이 발생할 우려가 있는 경우에는 충분한 용량을 가진 단락 접지기구를 이용하여 접지할 것

## 75 인체저항에 대한 설명으로 옳지 않은 것은?

① 인체저항은 인가전압의 함수이다.
② 인가시간이 길어지면 온도상승으로 인체저항은 증가한다.
③ 인체저항은 접촉면적에 따라 변한다.
④ 1,000V 부근에서 피부의 절연파괴가 발생할 수 있다.

### 해설
인가시간에 의한 변화
인가시간이 길어지면 인체의 온도상승에 의해 저항치가 감소된다.

## 76 다음은 어떤 방전에 대한 설명인가?

정전기가 대전되어 있는 부도체에 접지체가 접근한 경우 대전물체와 접지체 사이에 발생하는 방전과 거의 동시에 부도체의 표면을 따라서 발생하는 나뭇가지 형태의 발광을 수반하는 방전

① 코로나 방전
② 뇌상 방전
③ 연면 방전
④ 불꽃 방전

### 해설
정전기 방전의 형태

| | |
|---|---|
| 코로나 방전 | 고체에 정전기가 축적되면 전위가 높아지게 되고 고체 표면의 전위경도가 어느 일정치를 넘어서면 낮은 소리와 연한 빛을 수반하는 방전 |
| 뇌상 방전 | 번개와 같은 수지상의 발광을 수반하고 강력하게 대전한 입자군이 대규모의 구름 모양(대전운)으로 확산되어 일어나는 특수한 방전 |
| 연면 방전 | 부도체의 표면을 따라서 Star-check 마크를 가지는 나뭇가지 형태의 발광을 수반하는 방전 |
| 불꽃 방전 | 도체가 대전되었을 때 접지된 도체 사이에서 발생하는 강한 발광과 파괴음을 수반하는 방전 |

## 77 220V 전압에 접촉된 사람의 인체저항이 약 1,000Ω일 때 인체 전류와 그 결과값의 위험성 여부로 알맞은 것은?

① 22mA, 안전
② 220mA, 안전
③ 22mA, 위험
④ 220mA, 위험

### 해설
옴의 법칙

$$V = IR[V], \quad I = \frac{V}{R}[A], \quad R = \frac{V}{I}[\Omega]$$

여기서, $V$ : 전압[V], $I$ : 전류[A], $R$ : 저항[Ω]

1. $I = \frac{V}{R} = \frac{220}{1,000} = 0.22[A] = 220[mA]$
2. 심실세동전류(치사전류)가 일반적으로 50~100mA이므로 100mA 이상이면 위험하다.

TIP: 1A = 1,000mA, 1mA = 0.001A

## 78 다음 중 정전기의 재해방지 대책으로 틀린 것은?

① 설비의 도체 부분을 접지
② 작업자는 정전화를 착용
③ 작업장의 습도를 30% 이하로 유지
④ 배관 내 액체의 유속제한

> **해설**
>
> 정전기 재해의 방지대책
> 1. 접지(도체의 대전방지)
> 2. 유속의 제한
> 3. 보호구의 착용
> 4. 대전방지제 사용
> 5. 가습(상대습도를 60~70% 정도 유지)
> 6. 제전기 사용
> 7. 대전물체의 차폐
> 8. 정치시간의 확보
> 9. 도전성 재료 사용

**79** 전선로 등에서 아크화상 사고 시 전선이나 개폐기 터미널 등의 금속분자가 고열로 용융되어 피부 속으로 녹아 들어가는 현상은?

① 피부의 광성 변화
② 전문
③ 표피박탈
④ 전류반점

> **해설**
>
> 감전에 의한 국소 증상
>
> | | |
> |---|---|
> | 피부의 광성 변화 | 감전 사고 시 전선이나 금속분자가 그 열로 용융됨으로써 피부 속으로 침투하는 현상 |
> | 표피박탈 | 고전압에 의한 아크 등으로 폭발적인 고열이 발생하여 인체의 표피가 벗겨져 떨어지는 현상 |
> | 전문 | 감전전류의 유출입 부분에 회백색 또는 붉은색의 수지상 선이 나타나는 것으로 피부에 상처, 흉터가 남는 현상 |
> | 전류반점 | 화상 부위가 검게 반점을 이루고 움푹 들어간 모양 |
> | 감전성 궤양 | 신체 내부 조직의 급성 십이지장 궤양, 위궤양 |

**80** 교류아크용접기에 전격방지기를 설치하는 요령 중 틀린 것은?

① 이완 방지 조치를 한다.
② 직각으로만 부착해야 한다.
③ 동작 상태를 알기 쉬운 곳에 설치한다.
④ 테스트 스위치는 조작이 용이한 곳에 위치시킨다.

> **해설**
>
> 자동전격방지기의 설치방법
> 1. 직각으로 부착 할 것(단, 직각이 어려울 때는 직각에 대해 20°를 넘지 않을 것)
> 2. 용접기의 이동·진동·충격으로 이완되지 않도록 이완 방지 조치를 취할 것
> 3. 전방장치의 작동상태를 알기 위한 표시 등은 보기 쉬운 곳에 설치할 것
> 4. 전방장치의 작동상태를 시험하기 위한 테스트 스위치는 조작하기 쉬운 곳에 설치할 것
> 5. 용접기의 전원 측에 접속하는 선과 출력 측에 접속하는 선을 혼동하지 말 것
> 6. 외함이 금속제인 경우는 이것에 적당한 접지단자를 설치할 것

## 5과목 화학설비 안전관리

**81** 폭발한계와 완전연소 조정 관계인 Jones식을 이용하여 부탄($C_4H_{10}$)의 폭발하한계를 구하면 몇 vol%인가?

① 1.4
② 1.7
③ 2.0
④ 2.3

> **해설**
>
> 연소(폭발)하한계
>
> 1. $C_{st} = \dfrac{100}{1+4.773\left(n+\dfrac{m-f-2\lambda}{4}\right)}$
>
>    $= \dfrac{100}{1+4.773\left(4+\dfrac{10}{4}\right)} = 3.12[\%]$
>
>    (단, $C_4H_{10} \rightarrow n=4,\ m=10,\ f=0,\ \lambda=0$)
>
> 2. 연소(폭발)하한계 : $C_{st} \times 0.55 = 3.12 \times 0.55 = 1.7[vol\%]$
>
> > **TIP** 완전연소 조성농도(화학양론농도)
> >
> > $$C_{st} = \dfrac{100}{1+4.773\left(n+\dfrac{m-f-2\lambda}{4}\right)}$$
> >
> > 여기서, $n$ : 탄소의 원자 수, $m$ : 수소의 원자 수
> > $f$ : 할로겐 원소의 원자 수
> > $\lambda$ : 산소의 원자 수
> >
> > Jones식 폭발한계
> > • 연소(폭발)하한계 : $C_{st} \times 0.55$
> > • 연소(폭발)상한계 : $C_{st} \times 3.5$

**82** 메탄, 에탄, 프로판의 폭발하한계가 각각 5vol%, 3vol%, 2.1vol%일 때 다음 중 폭발하한계가 가장 낮은 것은?(단, Le Chatelier의 법칙을 이용한다.)

① 메탄 20vol%, 에탄 30vol%, 프로판 50vol%의 혼합가스
② 메탄 30vol%, 에탄 30vol%, 프로판 40vol%의 혼합가스
③ 메탄 40vol%, 에탄 30vol%, 프로판 30vol%의 혼합가스
④ 메탄 50vol%, 에탄 30vol%, 프로판 20vol%의 혼합가스

**해설**

르샤틀리에의 법칙(순수한 혼합가스일 경우)

$$\frac{100}{L} = \frac{V_1}{L_1} + \frac{V_2}{L_2} + \frac{V_3}{L_3} + \cdots$$

$$L = \frac{100}{\frac{V_1}{L_1} + \frac{V_2}{L_2} + \cdots + \frac{V_n}{L_n}}$$

여기서, $V_n$ : 전체 혼합가스 중 각 성분 가스의 체적(비율)[%]
$L_n$ : 각 성분 단독의 폭발한계(상한 또는 하한)
$L$ : 혼합가스의 폭발한계(상한 또는 하한)[vol%]

1. $L = \dfrac{100}{\frac{20}{5} + \frac{30}{3} + \frac{50}{2.1}} = 2.64 [\text{vol}\%]$

2. $L = \dfrac{100}{\frac{30}{5} + \frac{30}{3} + \frac{40}{2.1}} = 2.85 [\text{vol}\%]$

3. $L = \dfrac{100}{\frac{40}{5} + \frac{30}{3} + \frac{30}{2.1}} = 3.09 [\text{vol}\%]$

4. $L = \dfrac{100}{\frac{50}{5} + \frac{30}{3} + \frac{20}{2.1}} = 3.38 [\text{vol}\%]$

**83** 다음 중 자연발화가 쉽게 일어나는 조건으로 틀린 것은?

① 주위온도가 높을수록
② 열 축적이 클수록
③ 적당량의 수분이 존재할 때
④ 표면적이 작을수록

**해설**

자연발화의 조건(자연발화가 쉽게 일어나는 조건)
1. 표면적이 넓을 것
2. 열전도율이 작을 것
3. 발열량이 클 것
4. 주위의 온도가 높을 것(분자운동 활발)
5. 수분이 적당량 존재할 것

**84** 물과의 반응으로 유독한 포스핀가스를 발생하는 것은?

① HCl
② NaCl
③ $Ca_3P_2$
④ $Al(OH)_3$

**해설**

인화칼슘($Ca_3P_2$)
인화석회라고도 하며 적갈색의 고체로 수분($H_2O$)과 반응하여 유독성 가스인 인화수소($PH_3$ : 포스핀)가스를 발생시킨다.

$$Ca_3P_2 + 6H_2O \rightarrow 3Ca(OH)_2 + 2PH_3 \uparrow$$
(인화칼슘) (물) (수산화칼슘) (포스핀)

**85** 물이 관 속을 흐를 때 유동하는 물속의 어느 부분의 정압이 그때의 물의 증기압보다 낮을 경우 물이 증발하여 부분적으로 증기가 발생되어 배관의 부식을 초래하는 경우가 있다. 이러한 현상을 무엇이라 하는가?

① 서어징(Surging)
② 공동현상(Cavitation)
③ 비말동반(Entrainment)
④ 수격작용(Water Hammering)

**해설**

펌프의 현상

| | |
|---|---|
| 공동현상 (Cavitation) | 물이 관 내를 유동하고 있을 때에 흐르는 물속의 어떤 부분의 정압력이 그때의 수온에 상당하는 증기압 이하가 되면 부분적으로 증기를 발생하는 현상을 말하며, 펌프의 임펠러나 동체 안에서 자주 일어난다. |
| 서징 [맥동현상] (Surging) | 펌프나 기타 유체기계에 펌프출구, 입구에 부착한 압력계 및 진공계의 바늘이 흔들리고 동시에 송출유량이 변화하는 현상 |
| 수격현상 (Water Hammering) | 관 속의 액체가 충만하게 흐르고 있을 때 정전 등으로 펌프가 급히 멈추거나 수량조절밸브를 급히 폐쇄할 때 관 속의 유속이 급격히 변화하면 액체에 큰 압력의 변화가 생기는 현상 |

**86** 에틸알코올 1몰이 완전연소 시 생성되는 $CO_2$와 $H_2O$의 몰수로 옳은 것은?

① $CO_2$ : 1, $H_2O$ : 4
② $CO_2$ : 2, $H_2O$ : 3
③ $CO_2$ : 3, $H_2O$ : 2
④ $CO_2$ : 4, $H_2O$ : 1

**해설**

에틸알코올의 연소 반응식
$C_2H_5OH + 3O_2 \rightarrow 2CO_2 + 3H_2O$
∴ $CO_2 = 2$, $H_2O = 3$

**87** 산업안전보건기준에 관한 규칙에서 규정하고 있는 급성 독성 물질의 정의에 해당되지 않는 것은?

① 가스 LC50(쥐, 4시간 흡입)DL 2,500ppm 이하인 화학물질
② LD50(경구, 쥐)이 킬로그램당 300mg-(체중) 이하인 화학물질
③ LD50(경피, 쥐)이 킬로그램당 1,000mg-(체중) 이하인 화학물질
④ LD50(경피, 토끼)이 킬로그램당 2,000mg-(체중) 이하인 화학물질

**해설**

급성 독성 물질
1. 쥐에 대한 경구투입실험에 의하여 실험동물의 50%를 사망시킬 수 있는 물질의 양, 즉 LD50(경구, 쥐)이 킬로그램당 300mg-(체중) 이하인 화학물질
2. 쥐 또는 토끼에 대한 경피흡수실험에 의하여 실험동물의 50%를 사망시킬 수 있는 물질의 양, 즉 LD50(경피, 토끼 또는 쥐)이 킬로그램당 1,000mg-(체중) 이하인 화학물질
3. 쥐에 대한 4시간 동안의 흡입실험에 의하여 실험동물의 50%를 사망시킬 수 있는 물질의 농도, 즉 가스 LC50(쥐, 4시간 흡입)이 2,500ppm 이하인 화학물질, 증기 LC50(쥐, 4시간 흡입)이 10mg/L 이하인 화학물질, 분진 또는 미스트 1mg/L 이하인 화학물질

**88** 제2종 분말소화약제의 주성분에 해당하는 것은?

① 사염화탄소
② 브롬화메탄
③ 수산화암모늄
④ 탄산수소칼륨

**해설**

분말소화약제

| 종별 | 소화약제 | 화학식 | 적응성 |
|---|---|---|---|
| 제1종 분말 | 탄산수소나트륨 | $NaHCO_3$ | B, C급 |
| 제2종 분말 | 탄산수소칼륨 | $KHCO_3$ | B, C급 |
| 제3종 분말 | 제1인산암모늄 | $NH_4H_2PO_4$ | A, B, C급 |
| 제4종 분말 | 탄산수소칼륨+요소 | $KHCO_3 + (NH_2)_2CO$ | B, C급 |

**89** 두 물질을 혼합하면 위험성이 커지는 경우가 아닌 것은?

① 이황화탄소+물
② 나트륨+물
③ 과산화나트륨+염산
④ 염소산칼륨+적린

**해설**

이황화탄소
1. 물보다 무겁고 물에 녹기 어렵기 때문에 가연성증기의 발생을 억제하기 위하여 물속에 저장한다.
2. 고온(150℃ 이상)의 물과 반응하면 이산화탄소와 황화수소를 발생한다.

**TIP** 금수성 물질
1. 정의 : 물과 접촉하면 격렬한 발열반응하는 것으로 물질이 공기 중의 습기를 흡수해서 화학반응을 일으켜 발열하거나, 수분과 접촉해서 발열하여 그 온도가 가속도적으로 높아져 발화되는 물질
2. 종류
   - 칼륨
   - 나트륨
   - 리튬
   - 철분
   - 칼슘
   - 알킬리튬
   - 마그네슘
   - 금속분 등
   - 알킬알루미늄
   - 탄화칼슘 등

**90** 비중이 1.5이고, 직경이 74μm인 분체가 종말속도 0.2m/s로 직경 6m의 사일로(Silo)에서 질량유속 400kg/h로 흐를 때 평균 농도는 약 얼마인가?

① 10.8mg/L
② 14.8mg/L
③ 19.8mg/L
④ 25.8mg/L

해설
평균 농도
1. 단위 환산(h → s)
$400(kg/h) = \dfrac{400}{60분 \times 60초} = 0.111(kg/s)$
2. 단위 환산(kg → mg)
$0.111 kg/s = 0.111 \times 10^6 = 111,000(mg/s)$
3. 평균 농도
$평균\ 농도(mg/L) = \dfrac{111,000}{\dfrac{\pi}{4} \times 6^2 \times 0.2}$
$= 19,629(mg/m^3) = 19.6(mg/L)$

## 91 다음 중 유기과산화물로 분류되는 것은?

① 메틸에틸케톤
② 과망간산칼륨
③ 과산화마그네슘
④ 과산화벤조일

해설
유기과산화물
1. 과산화벤조일
2. 과산화메틸에틸케톤
3. 다이소프로필러옥시디카르보네이트
4. 아세틸퍼옥사이드

## 92 다음 설명이 의미하는 것은?

> 온도, 압력 등 제어상태가 규정의 조건을 벗어나는 것에 의해 반응속도가 지수 함수적으로 증대되고, 반응용기 내의 온도, 압력이 급격히 이상 상승되어 규정 조건을 벗어나고, 반응이 과격화되는 현상

① 비등
② 과열·과압
③ 폭발
④ 반응폭주

해설
반응폭주
1. 반응속도가 지수 함수적으로 증가하고 반응용기 내부의 온도 및 압력이 비정상적으로 급격히 상승되어 규정 조건을 벗어나고 반응이 과격하게 진행되는 현상을 말한다.
2. 반응폭주는 서로 다른 물질이 폭발적으로 반응하는 현상으로 화학공장의 반응기에서 일어날 수 있는 현상이다.
3. 주로 화학공장에서 화합, 분해, 중합, 치환, 부가 반응의 제어가 실패한 경우 반응기 내부의 압력증가, 온도증가에 의해 반응속도가 가속화되어 반응폭주가 일어나며, 이러한 반응은 반응물질이 완전히 소모될 때까지 지속된다.

## 93 비점이 낮은 가연성 액체 저장탱크 주위에 화재가 발생했을 때 저장탱크 내부의 비등현상으로 인한 압력 상승으로 탱크가 파열되어 그 내용물이 증발, 팽창하면서 발생되는 폭발현상은?

① Back Draft
② BLEVE
③ Flash Over
④ UVCE

해설
BLEVE(비등액 팽창증기 폭발)
비등점이 낮은 인화성액체 저장탱크가 화재로 인한 화염에 장시간 노출되어 탱크 내 액체가 급격히 증발하여 비등하고 증기가 팽창하면서 탱크 내 압력이 설계압력을 초과하여 폭발을 일으키는 현상

> **TIP** UVCE(개방계 증기운 폭발)
> 가연성 가스 또는 기화하기 쉬운 가연성 액체 등이 저장된 고압가스 용기(저장탱크)의 파괴로 인하여 대기 중으로 유출된 가연성 증기가 구름을 형성(증기운)한 상태에서 점화원이 증기운에 접촉하여 폭발하는 현상

## 94 분진폭발의 발생 순서로 옳은 것은?

① 비산 → 분산 → 퇴적분진 → 발화원 → 2차 폭발 → 전면 폭발
② 비산 → 퇴적분진 → 분산 → 발화원 → 2차 폭발 → 전면 폭발
③ 퇴적분진 → 발화원 → 분산 → 비산 → 전면 폭발 → 2차 폭발
④ 퇴적분진 → 비산 → 분산 → 발화원 → 전면 폭발 → 2차 폭발

해설
분진폭발 발생 순서

**95** 폭발(연소)범위에 영향을 미치는 요소에 대한 설명으로 가장 거리가 먼 것은?

① 폭발(연소)하한계는 온도 증가에 따라 감소한다.
② 폭발(연소)상한계는 온도 증가에 따라 증가한다.
③ 폭발(연소)하한계는 압력 증가에 따라 감소한다.
④ 폭발(연소)상한계는 압력 증가에 따라 증가한다.

**해설**
가연성 가스의 폭발범위 영향 요소
1. 가스의 온도가 높을수록 폭발범위도 일반적으로 넓어진다(폭발하한계는 감소, 폭발상한계는 증가).
2. 가스의 압력이 높아지면 폭발하한계는 영향이 없으나 폭발상한계는 증가한다.
3. 산소 중에서의 폭발범위는 공기 중에서 보다 넓어진다.
4. 압력이 상압인 1atm보다 낮아질 때 폭발범위는 큰 변화가 없다.
5. 일산화탄소는 압력이 높을수록 폭발범위가 좁아지고, 수소는 10atm까지는 좁아지지만 그 이상의 압력에서는 넓어진다.
6. 불활성 기체가 첨가될 경우 혼합가스의 농도가 희석되어 폭발범위가 좁아진다.
7. 화학양론농도 부근에서는 연소나 폭발이 가장 일어나기 쉽고 또한 격렬한 정도도 크다.

**96** 사업주는 가스폭발 위험장소 또는 분진폭발 위험장소에 설치되는 건축물 등에 대해서는 규정에서 정한 부분을 내화구조로 하여야 한다. 다음 중 내화구조로 하여야 하는 부분에 대한 기준이 틀린 것은?

① 건축물의 기둥 : 지상 1층(지상 1층의 높이가 6미터를 초과하는 경우에는 6미터)까지
② 위험물 저장·취급용기의 지지대(높이가 30센티미터 이하인 것은 제외) : 지상으로부터 지지대의 끝부분까지
③ 건축물의 보 : 지상 2층(지상 2층의 높이가 10미터를 초과하는 경우에는 10미터)까지
④ 배관·전선관 등의 지지대 : 지상으로부터 1단(1단의 높이가 6미터를 초과하는 경우에는 6미터)까지

**해설**
가스폭발 위험장소 또는 분진폭발 위험장소에 설치되는 건축물 다음에 해당하는 부분을 내화구조로 하여야 하며, 그 성능이 항상 유지될 수 있도록 점검·보수 등 적절한 조치를 하여야 한다.

1. 건축물의 기둥 및 보 : 지상 1층(지상 1층의 높이가 6미터를 초과하는 경우에는 6미터)까지
2. 위험물 저장·취급용기의 지지대(높이가 30센티미터 이하인 것은 제외) : 지상으로부터 지지대의 끝부분까지
3. 배관·전선관 등의 지지대 : 지상으로부터 1단(1단의 높이가 6미터를 초과하는 경우에는 6미터)까지
4. 건축물 등의 주변에 화재에 대비하여 물 분무시설 또는 폼 헤드(Foam Head) 설비 등의 자동소화설비를 설치하여 건축물 등이 화재 시에 2시간 이상 그 안전성을 유지할 수 있도록 한 경우에는 내화구조로 하지 아니할 수 있다.

**97** 다음 중 인화점에 관한 설명으로 옳은 것은?

① 액체의 표면에서 발생한 증기농도가 공기 중에서 연소하한 농도가 될 수 있는 가장 높은 액체온도
② 액체의 표면에서 발생한 증기농도가 공기 중에서 연소상한 농도가 될 수 있는 가장 낮은 액체온도
③ 액체의 표면에서 발생한 증기농도가 공기 중에서 연소하한 농도가 될 수 있는 가장 낮은 액체온도
④ 액체의 표면에서 발생한 증기농도가 공기 중에서 연소상한 농도가 될 수 있는 가장 높은 액체온도

**해설**
인화점
1. 가연성 물질에 점화원을 주었을 때 연소가 시작되는 최저온도
2. 사용 중인 용기 내에서 인화성 액체가 증발하여 인화될 수 있는 가장 낮은 온도
3. 액체의 표면에서 발생한 증기농도가 공기 중에서 연소하한 농도가 될 수 있는 가장 낮은 액체온도

**98** 산업안전보건법령에서 인화성 액체를 정의할 때 기준이 되는 표준압력은 몇 kPa인가?

① 1
② 100
③ 101.3
④ 273.15

**해설**
인화성 액체
표준압력(101.3kPa)하에서 인화점이 60℃ 이하이거나 고온·고압의 공정운전조건으로 인하여 화재·폭발위험이 있는 상태에서 취급되는 가연성 물질을 말한다.

**정답** 95 ③ 96 ③ 97 ③ 98 ③

**99** 다음 중 연소 후에 재가 거의 없는 화재로 가연성 액체 등에 발생하는 화재의 급수는?

① A급
② B급
③ C급
④ D급

해설

화재의 종류

| 분류 | A급 화재 | B급 화재 | C급 화재 | D급 화재 |
|---|---|---|---|---|
| 명칭 | 일반화재 | 유류화재 | 전기화재 | 금속화재 |
| 분류 | 보통 잔재의 작열에 의해 발생하는 연소에서 보통 유기 성질의 고체물질을 포함한 화재 | 액체 또는 액화할 수 있는 고체를 포함한 화재 및 가연성 가스 화재 | 통전 중인 전기설비를 포함한 화재 | 금속을 포함한 화재 |
| 가연물 | 목재, 종이, 섬유 등 | 가솔린, 등유, 프로판 가스 등 | 전기기기, 변압기, 전기다리미 등 | 가연성 금속 (Mg분, Al분) |
| 소화방법 | 냉각소화 | 질식소화 | 질식, 냉각소화 | 질식소화 |
| 적응소화제 | • 물 소화기<br>• 강화액 소화기<br>• 산·알칼리 소화기 | • 이산화탄소 소화기<br>• 할로겐화합물 소화기<br>• 분말 소화기<br>• 포말 소화기 | • 이산화탄소 소화기<br>• 할로겐화합물 소화기<br>• 분말 소화기<br>• 무상강화액 소화기 | • 건조사<br>• 팽창 질석<br>• 팽창 진주암 |
| 표시색 | 백색 | 황색 | 청색 | 무색 |

**100** 위험물안전관리법령상 제1류 위험물에 해당하는 것은?

① 과염소산나트륨
② 과염소산
③ 과산화수소
④ 과산화벤조일

해설

1. 과염소산나트륨 : 제1류 위험물(산화성 고체)
2. 과염소산, 과산화수소 : 제6류 위험물(산화성 액체)
3. 과산화벤조일 : 제5류 위험물(자기반응성 물질)

---

**6과목** 건설공사 안전관리

**101** 사다리식 통로 등을 설치하는 경우 고정식 사다리식 통로의 기울기는 최대 몇 도 이하로 하여야 하는가?

① 60도
② 75도
③ 80도
④ 90도

해설

사다리식 통로
1. 견고한 구조로 할 것
2. 심한 손상·부식 등이 없는 재료를 사용할 것
3. 발판의 간격은 일정하게 할 것
4. 발판과 벽과의 사이는 15cm 이상의 간격을 유지할 것
5. 폭은 30cm 이상으로 할 것
6. 사다리가 넘어지거나 미끄러지는 것을 방지하기 위한 조치를 할 것
7. 사다리의 상단은 걸쳐 놓은 지점으로부터 60cm 이상 올라가도록 할 것
8. 사다리식 통로의 길이가 10m 이상인 경우에는 5m 이내마다 계단참을 설치할 것
9. 사다리식 통로의 기울기는 75° 이하로 할 것, 다만, 고정식 사다리식 통로의 기울기는 90° 이하로 하고, 그 높이가 7m 이상인 경우에는 다음의 구분에 따른 조치를 할 것
   ㉠ 등받이울이 있어도 근로자 이동에 지장이 없는 경우 : 바닥으로부터 높이가 2.5m되는 지점부터 등받이울을 설치할 것
   ㉡ 등받이울이 있으면 근로자가 이동이 곤란한 경우 : 개인용 추락 방지 시스템을 설치하고 근로자로 하여금 전신안전대를 사용하도록 할 것
10. 접이식 사다리 기둥은 사용 시 접혀지거나 펼쳐지지 않도록 철물 등을 사용하여 견고하게 조치할 것

**102** 다음은 말비계를 조립하여 사용하는 경우에 관한 준수사항이다. ( ) 안에 들어갈 내용으로 옳은 것은?

- 지주부재와 수평면의 기울기를 ( A )° 이하로 하고 지주부재와 지주부재 사이를 고정시키는 보조부재를 설치할 것
- 말비계의 높이가 2m를 초과하는 경우에는 작업발판의 폭을 ( B )cm 이상으로 할 것

① A : 75, B : 30
② A : 75, B : 40
③ A : 85, B : 30
④ A : 85, B : 40

정답 99 ② 100 ① 101 ④ 102 ②

### 해설
말비계 조립 시의 준수사항
1. 지주부재의 하단에는 미끄럼 방지장치를 하고, 근로자가 양측 끝부분에 올라서서 작업하지 않도록 할 것
2. 지주부재와 수평면의 기울기를 75도 이하로 하고, 지주부재와 지주부재 사이를 고정시키는 보조부재를 설치할 것
3. 말비계의 높이가 2미터를 초과하는 경우에는 작업발판의 폭을 40센티미터 이상으로 할 것

### 103 점토지반의 토공사에서 흙막이 밖에 있는 흙이 안으로 밀려 들어와 내측 흙이 부풀어 오르는 현상은?

① 보일링(Boiling)
② 히빙(Heaving)
③ 파이핑(Piping)
④ 액상화

### 해설
지반의 이상현상

| 구분 | 정의 |
|---|---|
| 히빙(Heaving) 현상 | 연질점토 지반에서 굴착에 의한 흙막이 내·외면의 흙의 중량 차이로 인해 굴착저면이 부풀어 올라오는 현상 |
| 보일링(Boiling) 현상 | 사질토 지반에서 굴착저면과 흙막이 배면과의 수위 차이로 인해 굴착저면의 흙과 물이 함께 위로 솟구쳐 오르는 현상 |
| 파이핑(Piping) 현상 | 보일링 현상으로 인하여 지반 내에서 물의 통로가 생기면서 흙이 세굴되는 현상 |

### 104 굴착공사에서 비탈면 또는 비탈면 하단을 성토하여 붕괴를 방지하는 공법은?

① 배수공
② 배토공
③ 공작물에 의한 방지공
④ 압성토공

### 해설
압성토 공법
성토의 활동파괴를 방지하기 위해 사면선단에 성토하여 측방 유동을 구속시키는 공법

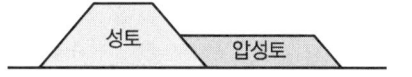

### 105 강관비계를 사용하여 비계를 구성하는 경우 준수해야 할 기준으로 옳지 않은 것은?

① 비계기둥의 간격은 띠장 방향에서는 1.85m 이하, 장선(長線) 방향에서는 1.5m 이하로 할 것
② 띠장 간격은 2.0m 이하로 할 것
③ 비계기둥의 제일 윗부분으로부터 31m되는 지점 밑부분의 비계기둥은 2개의 강관으로 묶어세울 것
④ 비계기둥 간의 적재하중은 600kg을 초과하지 않도록 할 것

### 해설
강관비계의 구조
1. 비계기둥의 간격은 띠장 방향에서는 1.85m 이하, 장선 방향에서는 1.5m 이하로 할 것
2. 띠장 간격은 2.0m 이하로 할 것
3. 비계기둥의 제일 윗부분으로부터 31m되는 지점 밑부분의 비계기둥은 2개의 강관으로 묶어세울 것
4. 비계기둥 간의 적재하중은 400kg을 초과하지 않도록 할 것

### 106 강관비계의 수직방향 벽이음 조립간격(m)으로 옳은 것은?(단, 틀비계이며 높이가 5m 이상일 경우)

① 2m
② 4m
③ 6m
④ 9m

### 해설
강관비계의 조립간격

| 강관비계의 종류 | 조립간격(단위 : m) | |
|---|---|---|
| | 수직방향 | 수평방향 |
| 단관비계 | 5 | 5 |
| 틀비계(높이가 5m 미만인 것은 제외) | 6 | 8 |

### 107 달비계의 구조에서 달비계 작업발판의 폭은 최소 얼마 이상이어야 하는가?

① 30cm
② 40cm
③ 50cm
④ 60cm

### 해설
달비계의 구조
작업발판은 폭을 40cm 이상으로 하고 틈새가 없도록 할 것

정답 103 ② 104 ④ 105 ④ 106 ③ 107 ②

**108** 바리를 조립하는 경우에 준수해야 할 기준으로 옳지 않은 것은?

① 동바리의 상하 고정 및 미끄러짐 방지조치를 하고, 하중의 지지상태를 유지한다.
② 강재의 접속부 및 교차부는 볼트·클램프 등 전용 철물을 사용하여 단단히 연결한다.
③ 동바리로 사용하는 파이프 서포트의 경우 높이가 3.5m를 초과하는 경우에는 높이 2m 이내마다 수평연결재를 2개 방향으로 만들고 수평연결재의 변위를 방지할 것
④ 동바리로 사용하는 파이프 서포트는 4개 이상 이어서 사용하지 않도록 할 것

**해설**
동바리로 사용하는 파이프 서포트의 경우 조립 시 안전조치
1. 파이프 서포트를 3개 이상 이어서 사용하지 않도록 할 것
2. 파이프 서포트를 이어서 사용하는 경우에는 4개 이상의 볼트 또는 전용철물을 사용하여 이을 것
3. 높이가 3.5m를 초과하는 경우에는 높이 2m 이내마다 수평연결재를 2개 방향으로 만들고 수평연결재의 변위를 방지할 것

**109** 항만하역작업에서의 선박승강설비 설치기준으로 옳지 않은 것은?

① 200톤급 이상의 선박에서 하역작업을 하는 경우에 근로자들이 안전하게 오르내릴 수 있는 현문(舷門) 사다리를 설치하여야 하며, 이 사다리 밑에 안전망을 설치하여야 한다.
② 현문 사다리는 견고한 재료로 제작된 것으로 너비는 55cm 이상이어야 한다.
③ 현문 사다리의 양측에는 82cm 이상의 높이로 울타리를 설치하여야 한다.
④ 현문 사다리는 근로자의 통행에만 사용하여야 하며, 화물용 발판 또는 화물용 보관으로 사용하도록 해서는 아니 된다.

**해설**
선박승강설비의 설치
1. 300톤급 이상의 선박에서 하역작업을 하는 경우에 근로자들이 안전하게 오르내릴 수 있는 현문 사다리를 설치하여야 하며, 이 사다리 밑에 안전망을 설치하여야 한다.
2. 현문 사다리는 견고한 재료로 제작된 것으로 너비는 55cm 이상이어야 하고, 양측에 82cm 이상의 높이로 울타리를 설치하여야 하며, 바닥은 미끄러지지 않도록 적합한 재질로 처리되어야 한다.
3. 현문 사다리는 근로자의 통행에만 사용하여야 하며, 화물용 발판 또는 화물용 보관으로 사용하도록 해서는 아니 된다.

**110** 화물을 적재하는 경우의 준수사항으로 옳지 않은 것은?

① 침하 우려가 없는 튼튼한 기반 위에 적재할 것
② 건물의 칸막이나 벽 등이 화물의 압력에 견딜 만큼의 강도를 지니지 아니한 경우에는 칸막이나 벽에 기대어 적재하지 않도록 할 것
③ 불안정할 정도로 높이 쌓아 올리지 말 것
④ 하중을 한쪽으로 치우치더라도 화물을 최대한 효율적으로 적재할 것

**해설**
화물의 적재 시 준수사항
1. 침하 우려가 없는 튼튼한 기반 위에 적재할 것
2. 건물의 칸막이나 벽 등이 화물의 압력에 견딜 만큼의 강도를 지니지 아니한 경우에는 칸막이나 벽에 기대어 적재하지 않도록 할 것
3. 불안정할 정도로 높이 쌓아 올리지 말 것
4. 하중이 한쪽으로 치우치지 않도록 쌓을 것

**111** 산업안전보건관리비계상 및 사용기준에 따른 공사종류별, 대상액 「5억 원 미만」의 산업안전보건관리비 비율로 옳지 않은 것은?

① 건축공사 : 3.11%
② 토목공사 : 3.15%
③ 중건설공사 : 3.64%
④ 특수건설공사 : 1.85%

정답 108 ④ 109 ① 110 ④ 111 ④

### 해설
공사 종류 및 규모별 산업안전보건관리비 계상기준표

| 공사 종류 | 대상액 5억 원 미만인 경우 적용비율(%) | 대상액 5억 원 이상 50억 원 미만인 경우 적용비율(%) | 대상액 5억 원 이상 50억 원 미만인 경우 기초액 | 대상액 50억 원 이상인 경우 적용비율(%) | 보건관리자 선임대상 건설공사의 적용비율(%) |
|---|---|---|---|---|---|
| 건축공사 | 3.11% | 2.28% | 4,325,000원 | 2.37% | 2.64% |
| 토목공사 | 3.15% | 2.53% | 3,300,000원 | 2.60% | 2.73% |
| 중건설공사 | 3.64% | 3.05% | 2,975,000원 | 3.11% | 3.39% |
| 특수건설공사 | 2.07% | 1.59% | 2,450,000원 | 1.64% | 1.78% |

안전관리비 대상액 = 공사원가계산서 구성항목 중 직접재료비, 간접재료비와 직접노무비를 합한 금액(발주자가 재료를 제공할 경우에는 해당 재료비를 포함)

### 112 건설업 산업안전보건관리비 내역 중 사용항목에 해당되지 않는 것은?

① 근로자 건강장해 예방비
② 안전시설비
③ 건설재해예방기술지도비
④ 외부비계, 작업발판 등의 가설구조물 설치 소요비

### 해설
건설업 산업안전보건관리비의 사용내역
1. 안전관리자 · 보건관리자의 임금 등
2. 안전시설비 등
3. 보호구 등
4. 안전보건진단비 등
5. 안전보건교육비 등
6. 근로자 건강장해 예방비 등
7. 건설재해예방전문지도기관의 지도에 대한 대가로 자기공사자가 지급하는 비용

> TIP 안전발판, 안전통로, 안전계단 등과 같이 명칭에 관계없이 원활한 공사수행을 위한 가설시설 등은 사용이 불가하도록 정하고 있다.

### 113 다음 중 토사붕괴의 내적 원인인 것은?

① 토석의 강도 저하
② 사면법면의 기울기 증가
③ 절토 및 성토 높이 증가
④ 공사에 의한 진동 및 반복하중 증가

### 해설
토석붕괴의 원인

| 외적 원인 | · 사면, 법면의 경사 및 기울기의 증가<br>· 절토 및 성토 높이의 증가<br>· 공사에 의한 진동 및 반복하중의 증가<br>· 지표수 및 지하수의 침투에 의한 토사중량의 증가<br>· 지진, 차량, 구조물의 하중작용<br>· 토사 및 암석의 혼합층 두께 |
|---|---|
| 내적 원인 | · 절토 사면의 토질 · 암질<br>· 성토 사면의 토질구성 및 분포<br>· 토석의 강도 저하 |

### 114 건설공사 위험성 평가에 관한 내용으로 옳지 않은 것은?

① 건설물, 기계 · 기구, 설비 등에 의한 유해 · 위험요인을 찾아내어 위험성을 결정하고 그 결과에 따른 조치를 하는 것을 말한다.
② 사업주는 위험성 평가의 실시내용 및 결과를 기록 · 보존하여야 한다.
③ 위험성 평가 기록물의 보존기간은 5년이다.
④ 위험성 평가 기록물에는 평가대상의 유해 · 위험요인, 위험성결정의 내용 등이 포함된다.

### 해설
위험성 평가 실시내용 및 결과에 관한 기록(3년간 보존)
위험성 평가의 실시내용 및 결과를 기록 · 보존할 때에는 다음의 사항이 포함되어야 한다.
1. 위험성 평가 대상의 유해 · 위험요인
2. 위험성 결정의 내용
3. 위험성 결정에 따른 조치의 내용
4. 그 밖에 위험성 평가의 실시내용을 확인하기 위하여 필요한 사항으로서 고용노동부장관이 정하여 고시하는 사항

### 115 달비계에 사용하는 와이어로프의 사용금지 기준으로 옳지 않은 것은?

① 이음매가 있는 것
② 열과 전기 충격에 의해 손상된 것
③ 지름의 감소가 공칭지름의 7%를 초과하는 것
④ 와이어로프의 한 꼬임에서 끊어진 소선의 수가 7% 이상인 것

**정답** 112 ④  113 ①  114 ③  115 ④

해설
달비계의 와이어로프 사용금지 사항
1. 이음매가 있는 것
2. 와이어로프의 한 꼬임 에서 끊어진 소선의 수가 10% 이상인 것
3. 지름의 감소가 공칭지름의 7%를 초과하는 것
4. 꼬인 것
5. 심하게 변형되거나 부식된 것
6. 열과 전기충격에 의해 손상된 것

**116** 항타기 또는 항발기의 권상장치 드럼축과 권상장치로부터 첫 번째 도르래의 축 간의 거리는 권상장치 드럼폭의 몇 배 이상으로 하여야 하는가?

① 5배
② 8배
③ 10배
④ 15배

해설
항타기 또는 항발기의 도르래의 위치
1. 항타기 또는 항발기의 권상장치의 드럼축과 권상장치로부터 첫 번째 도르래의 축 간의 거리를 권상장치 드럼폭의 15배 이상으로 하여야 한다.
2. 도르래는 권상장치의 드럼 중심을 지나야 하며 축과 수직면상에 있어야 한다.

**117** 안전대의 종류는 사용구분에 따라 벨트식과 안전그네식으로 구분되는데 이 중 안전그네식에만 적용하는 것은?

① 추락방지대, 안전블록
② 1개 걸이용, U자 걸이용
③ 1개 걸이용, 추락방지대
④ U자 걸이용, 안전블록

해설
안전대의 종류

| 종류 | 사용 구분 |
| --- | --- |
| 벨트식, 안전그네식 | 1개 걸이용 |
| | U자 걸이용 |
| | 추락방지대 |
| | 안전블록 |

※ 추락방지대 및 안전블록은 안전그네식에만 적용한다.

**118** 크레인을 사용하여 작업을 할 때 작업시작 전에 점검하여야 하는 사항에 해당하지 않는 것은?

① 권과방지장치・브레이크・클러치 및 운전장치의 기능
② 주행로의 상측 및 트롤리가 횡행하는 레일의 상태
③ 와이어로프가 통하고 있는 곳의 상태
④ 압력방출장치의 기능

해설
크레인을 사용하여 작업을 하는 때 작업시작 전 점검사항
1. 권과방지장치・브레이크・클러치 및 운전장치의 기능
2. 주행로의 상측 및 트롤리(Trolley)가 횡행하는 레일의 상태
3. 와이어로프가 통하고 있는 곳의 상태

**119** 차량계 건설기계에 해당되지 않는 것은?

① 불도저
② 콘크리트 펌프카
③ 드래그 셔블
④ 가이데릭

해설
가이데릭은 철골 세우기용 기계이다.

차량계 건설기계의 종류
1. 도저형 건설기계(불도저, 스트레이트도저, 틸트도저, 앵글도저, 버킷도저 등)
2. 모터그레이더
3. 로더(포크 등 부착물 종류에 따른 용도 변경 형식을 포함한다)
4. 스크레이퍼
5. 크레인형 굴착기계(크램쉘, 드래그라인 등)
6. 굴삭기(브레이커, 크러셔, 드릴 등 부착물 종류에 따른 용도 변경 형식을 포함)
7. 항타기 및 항발기
8. 천공용 건설기계(어스드릴, 어스오거, 크롤러드릴, 점보드릴 등)
9. 지반 압밀침하용 건설기계(샌드드레인머신, 페이퍼드레인머신, 팩드레인머신 등)
10. 지반 다짐용 건설기계(타이어롤러, 매커덤롤러, 탠덤롤러 등)
11. 준설용 건설기계(버킷준설선, 그래브준설선, 펌프준설선 등)

12. 콘크리트 펌프카
13. 덤프트럭
14. 콘크리트 믹서 트럭
15. 도로포장용 건설기계(아스팔트 살포기, 콘크리트 살포기, 아스팔트 피니셔, 콘크리트 피니셔 등)
16. 1.부터 15.까지와 유사한 구조 또는 기능을 갖는 건설기계로서 건설작업에 사용하는 것

**120** 부두·안벽 등 하역작업을 하는 장소에서 부두 또는 안벽의 선을 따라 통로를 설치하는 경우에는 폭을 최소 얼마 이상으로 하여야 하는가?

① 85cm
② 90cm
③ 100cm
④ 120cm

**해설**

부두·안벽 등 하역작업장 조치사항
1. 작업장 및 통로의 위험한 부분에는 안전하게 작업할 수 있는 조명을 유지할 것
2. 부두 또는 안벽의 선을 따라 통로를 설치하는 경우에는 폭을 90센티미터 이상으로 할 것
3. 육상에서의 통로 및 작업장소로서 다리 또는 선거 갑문을 넘는 보도 등의 위험한 부분에는 안전난간 또는 울타리 등을 설치할 것

**정답** 120 ②

## 2026 산업안전기사 필기
### 10개년 과년도 문제풀이

| | |
|---|---|
| **초 판 발 행** | 2019년 02월 20일 |
| **개정7판1쇄** | 2026년 01월 20일 |
| **편   저** | 최현준 |
| **발 행 인** | 정용수 |
| **발 행 처** | (주)예문아카이브 |
| **주   소** | 경기도 파주시 광인사길 79 4층(문발동) |
| **T E L** | 031) 955-0550 |
| **F A X** | 031) 955-0660 |
| **등 록 번 호** | 제2016-000240호 |
| **정   가** | 38,000원 |

- 이 책의 어느 부분도 저작권자나 발행인의 승인 없이 무단 복제하여 이용할 수 없습니다.
- 파본 및 낙장은 구입하신 서점에서 교환하여 드립니다.

홈페이지 http://www.yeamoonedu.com

ISBN  979-11-6386-530-8  [13530]